绦虫学基础

李海云　编著

科学出版社
北　京

内 容 简 介

本书是一部系统介绍绦虫学研究基础与进展的著作。书中首先概述了绦虫的形态、绦虫蚴、虫卵、生活史、代谢，以及绦虫样品的制备方法、绦虫的分类系统与分类检索表；接着详细介绍了绦虫17个目的识别特征、分类检索及主要属种，具体包括两线目、旋缘目、鲤蠢目、佛焰苞槽目、单槽目、日带目、四槽目、双叶槽目、双叶目、四叶目、锥吻目、光槽目、犁槽目、槽首目、盘头目、原头目和圆叶目。书中附有丰富的插图，便于读者识别鉴定。

本书可供寄生虫研究领域的学生、教师、科研人员，以及广大医务工作者、兽医从业者阅读参考。

图书在版编目（CIP）数据

绦虫学基础/李海云编著. —北京：科学出版社, 2021.3
ISBN 978-7-03-067705-1

Ⅰ.①绦…　Ⅱ.①李…　Ⅲ. ①绦虫纲－研究　Ⅳ.①Q959.156

中国版本图书馆 CIP 数据核字(2020)第 271830 号

责任编辑：王海光　赵小林 / 责任校对：王　静
责任印制：赵　博 / 封面设计：无极书装

科学出版社 出版
北京东黄城根北街 16 号
邮政编码: 100717
http://www.sciencep.com

三河市春园印刷有限公司印刷

科学出版社发行　各地新华书店经销

*

2021 年 3 月第 一 版　开本：889×1194 1/16
2025 年 1 月第二次印刷　印张：78 1/2
字数：2 540 000

定价：980.00 元

(如有印装质量问题, 我社负责调换)

前　言

绦虫（cestode）或称带虫（tapeworm）隶属于扁形动物门（Platyhelminthes）绦虫纲（Cestoidea），为三胚层、无体腔、两侧对称的动物。中胚层的出现使其组织、器官、系统进一步分化完善，达到了器官系统水平。由于适应内寄生生活，其消化系统完全退化，生殖器官高度发达，生殖能力十分强大。这类独特的动物，由 Rudolphi 最先对其进行鉴别，并于 1809 年提出绦虫纲（Cestoidea）作为该类群的分类名称，虽然有一些权威人士更喜欢使用 Cestoda，但 Cestoidea 较为规范，一直被广泛使用至今。

几乎每一种脊椎动物都有 1 至多种绦虫寄生。已记录的脊椎动物约有 66 400 种（其中哺乳动物约 5400 种，鸟类约 10 000 种，爬行动物约 10 000 种，两栖类约 7900 种，鱼类约 33 000 种，圆口类约 130 种）。据不完全统计，已描述的绦虫仅有不足 6000 种，其中有相当一部分为同物异名或异物同名，还有一些未定种。这意味着有大量的绦虫新种有待记录，同物异名、异物同名及未定种需要重新描述、分类并进行厘清。近年来，每年都有一些绦虫新种被报道，同时亦有重描述及修订等。但令人感到十分遗憾的是，目前国内绦虫学研究基础十分薄弱，对绦虫进行基础研究的动物学工作者很少，同时缺乏绦虫学专著及绦虫检索相应的工具书。可以说没有一部中文的绦虫学系统理论著作。国内绦虫学工作者常用的绦虫方面的检索著作有：Wardle 和 Mcleod（1952）的 *The Zoology of Tapeworms*；Yamaguti（1959）的 *Systema Helminthum*；Wardle 等（1974）的 *Advances in the Zoology of Tapeworms*（1950-1970）；Schmidt（1970）的 *How to Know the Tapeworms* 和 Schmidt（1986）的 *Handbook of Tapeworm Identification*；Khalil 等（1994）的 *Keys to the Cestode Parasites of Vertebrates*；Jensen（2005b）的 *Tapeworms of Elasmobranchs*（Part Ⅰ）*A Monograph on the Lecanicephalidea* (*Platyhelminthes, Cestoda*)；Tyler（2006）的 *Tapeworms of Elasmobranchs* (Part Ⅱ) *A Monograph on the Diphyllidea* (*Platyhelminthes, Cestoda*)等。这些著作由于年份比较久远且为外文，国内也仅有少数图书馆及学者收藏，作为公共资源的共享性很有限。这种现状直接影响畜牧、水产甚至医务工作者正确认识和鉴定绦虫病原，不利于国内绦虫学研究工作的开展且制约了后继人才的培养。本书以绦虫学基础内容为重，目的在于使国内更多的人可以容易地从事绦虫相关研究，促进我国绦虫研究工作的正常、持续开展。

本书内容包括绦虫概述，绦虫分类检索，绦虫 17 个目的识别特征、分类检索及主要属种介绍；尽可能以前人较为肯定、普遍认同并使用的内容为基础，略去那些记录不全，没有足够证据的目、科、属、种；并尽可能地选取有实物照片的近期文献资料作为参考。

绦虫相关研究文献主要集中在形态、分类（经典形态分类和分子分类）、生理、病理、人兽绦虫病的防控与治疗，以及绦虫与宿主的相互关系等方面，关于生活史的研究相对较少。绦虫学是一个有众多内容可以研究、可以获得丰硕研究成果的领域之一，一旦进入此研究领域并专注探究，一定会有许多激动人心的发现与收获。

李海云

2018 年 12 月 30 日

目　录

1 绦虫概述

古代，Hippocrates、Aristotle、Galen 等已开始鉴别绦虫的动物本性。阿拉伯人提出粪便中传递的绦虫节片与绦虫本身不是同一个种，由于节片和黄瓜籽相似，他们便将其称为瓜籽虫（cucurbitini）。Andry 于 1718 年首次阐明了采自人的一种绦虫的头节。当时，所有科学家因对人类 3 种常见绦虫，即牛带绦虫（*Taenia saginata*）、猪带绦虫（*T. solium*）和阔节裂头绦虫或称阔节双叶槽绦虫（*Diphyllobothrium latum*）无法区分而将其混为一谈。在我国古代医籍中，猪带绦虫与牛带绦虫一起被称为“寸白虫”或“白虫”。公元 3 世纪早期，《金匮要略》中就有关于“白虫”的记载，公元 610 年巢元方在《诸病源候论》中将该虫体形态描述为“长一寸而色白、形小扁”，并指出是因“炙食肉类而传染”。《神农本草经》中记录了 3 种驱“白虫”的草药。直到后来 Küchenmeister、Leuckart、Mehlis、Siebold，以及 19 世纪其他研究者对一些常见绦虫的内、外部解剖结构的研究与描述取得了重要成就后，常见种才得以区分。这些研究同时也表明：棘球蚴（echinococcus）或包虫（hydatid）和共尾蚴（coenurus）或称多头蚴都是绦虫的童虫，而不是独立的种或在不适宜宿主中的退化形式。此后绦虫的研究取得长足的进展，至今已鉴别命名过 5000 多种。

性成熟的绦虫生活于所有各纲脊椎动物的消化管道及与其相通的器官中，很少生活于体腔内。目前为止仅知两种绦虫以无脊椎动物为终末宿主：一种是鲤蠹目（Caryophyllidea）或称核叶目古绦虫属未定种（*Archigetes* sp.），其成熟于淡水环节动物寡毛类体腔中；另一种是佛焰苞槽目（Spathebothriidea）的截形杯头绦虫（*Cyathocephalus truncatus*），其成熟于节肢动物端足目血腔中。

绦虫生活史多较复杂，需 1～2 个中间宿主。人可作为一些带绦虫的终末宿主或中间宿主。

1.1 绦虫的一般形态

1.1.1 成体的大体形态

绦虫成体通常呈背腹扁平的带状，多由众多节片（proglottid）组成（单节绦虫亚纲及鲤蠹目绦虫例外）（图 1-1）。无色素体，呈现白色或乳白色或淡黄色，体长因虫种而异，自数毫米［如寄生于鸡小肠的少睾变带绦虫（*Amoebotaenia oligorchis*）］至数米［如寄生于人小肠的牛带绦虫一般长几米至 10m 以上，据记载最长可达 25m］不等。虫体一般可分为头节（scolex）、颈区（neck）和链体（strobila）三部分。头节为虫体前方的运动、吸附和固着器官（详情见下文“头节及其多样性”内容）。颈区一般比头节细，不分节，具有生发细胞（germinal cell），为生长区。链体的节片即由此向后芽殖（budding）。颈区可长可短，甚至于有人认为不存在（实际上是存在的，有时不明显，其长短与绦虫的活动状况相关）。有的种类头节与颈区有明显区分，有的种类区别不明显。由颈区芽殖为节片的过程称为“节裂”（strobilization）。

链体由前后相连的不同成熟度节片构成。靠近颈区的节片较细小，一般宽显著大于长，其内的生殖器官尚未出现或尚未发育成熟，称为未成熟节片（immature proglottid），简称幼节或未成节。雄性先熟（protandry 或 androgyny）的绦虫，幼节中先出现精巢及阴茎囊原基结构，随后出现卵巢原基及卵黄腺原基；雌性先熟（protogyny）的种类则先出现雌性生殖器官原基，随后才出现雄性生殖器官原基。往后至链体中部节片逐渐增大，其内的生殖器官逐渐发育成熟。生殖器官发育成熟的

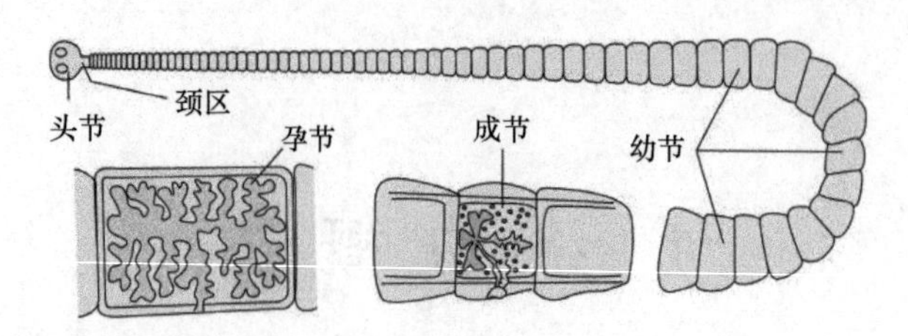

图 1-1　多节绦虫成体示意图

节片称为成熟节片（mature proglottid），简称成节。成节一般宽大于或等于长。在链体后部，子宫逐步发育，虫卵进入其中。已有虫卵的节片称为孕卵节片（gravid proglottid），简称孕节。孕节一般宽等于或小于长。随着孕节的继续发育，节片的子宫内充满虫卵，有的种类虫卵在成熟的孕节中已完全胚化，而有的种类则不胚化。孕节中其他的生殖器官逐渐凋亡、消失，其营养物质被发育中的子宫与虫卵吸收利用。末端的孕节体积最大，它们可从链体上脱落或裂解。若脱落的节片与宿主的粪便一起完整地排至体外，如带属绦虫（*Taenia* sp.），或在排出途径中节片碎裂，释放出虫卵，如膜壳属绦虫（*Hymenolepis* sp.），这样的过程称为解离或优解离（apolysis 或 euapolysis）。有些种类卵自孕节中通过子宫孔释放（如裂头绦虫）或通过节片的破缝或裂缝释出［如锥吻目（Trypanorhyncha）绦虫］，节片要到衰老或耗尽时才脱离，称为假解离（pseudapolysis）或无解离（anapolysis）。在另一些绦虫中，节片可能未成熟时就脱离，脱下的节片在肠腔中尚能独立生存并发育至成熟，这种状况称为超解离（hyperapolysis）或过解离，超解离常发生于一些四叶目（Tetraphyllidea）绦虫中。“老”的节片不断脱落，“幼”的节片不断从颈区长出，这样就使绦虫成体始终保持一定的长度。

绦虫链体的节片不同于环节动物与节肢动物等的分节（segmentation）。绦虫链体节片之间内部无来源于中胚层组织的膜隔开，一些组织如皮层和肌肉等是通体连续的。由多个节片构成链体的绦虫称为多节（polyzoic）绦虫。有些绦虫通体仅由一个节片构成，这样的类群称为单节（monozoic）绦虫。多节绦虫的链体中，如果各节片叠盖于后方的节片上，这样的链体称为有缘膜（craspedote）链体；反之称为无缘膜（acraspedote）链体（图 1-2）。

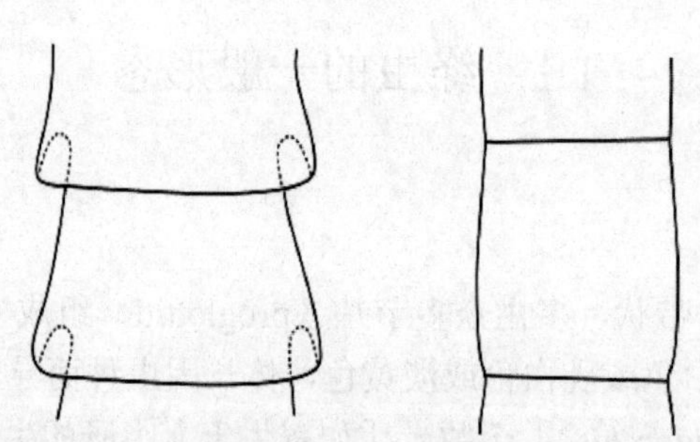

图 1-2　多节绦虫链体的有缘膜（左）与无缘膜（右）示意图

头节及其多样性：绦虫的头节位于虫体的最前端，为吸附和固着器官，也是主要的运动器官（图 1-3）。绦虫头节的形态特征是分类的重要依据。不同种绦虫均有自己独特的头节结构，活体状态下随运动而不断变形。一些绦虫种类头节扫描结构见图 1-4 和图 1-5。

不同类群中头节固有组织上的吸附器（holdfast）不一样（图 1-3），一般常见的主要是 3 种类型：吸盘（sucker 或 acetabulum）、吸叶（或裂片、突盘）（bothridium）、吸槽（或吸沟或吸凹）（bothrium）。吸盘为头节表面的肌肉质附着器，其肌纤维不与链体的肌纤维相连，并有一基底膜使之与链体组织隔离。吸盘外形有杯状、圆形或卵圆形，其内具厚实的肌肉壁。吸叶或裂片、突盘是头节固有组织上突出的吸附器，富含肌纤维，伸缩活动能力很强。吸槽（或吸沟或吸凹）是表面结构，无基底膜，其附着能力较弱，主要功能是移动。

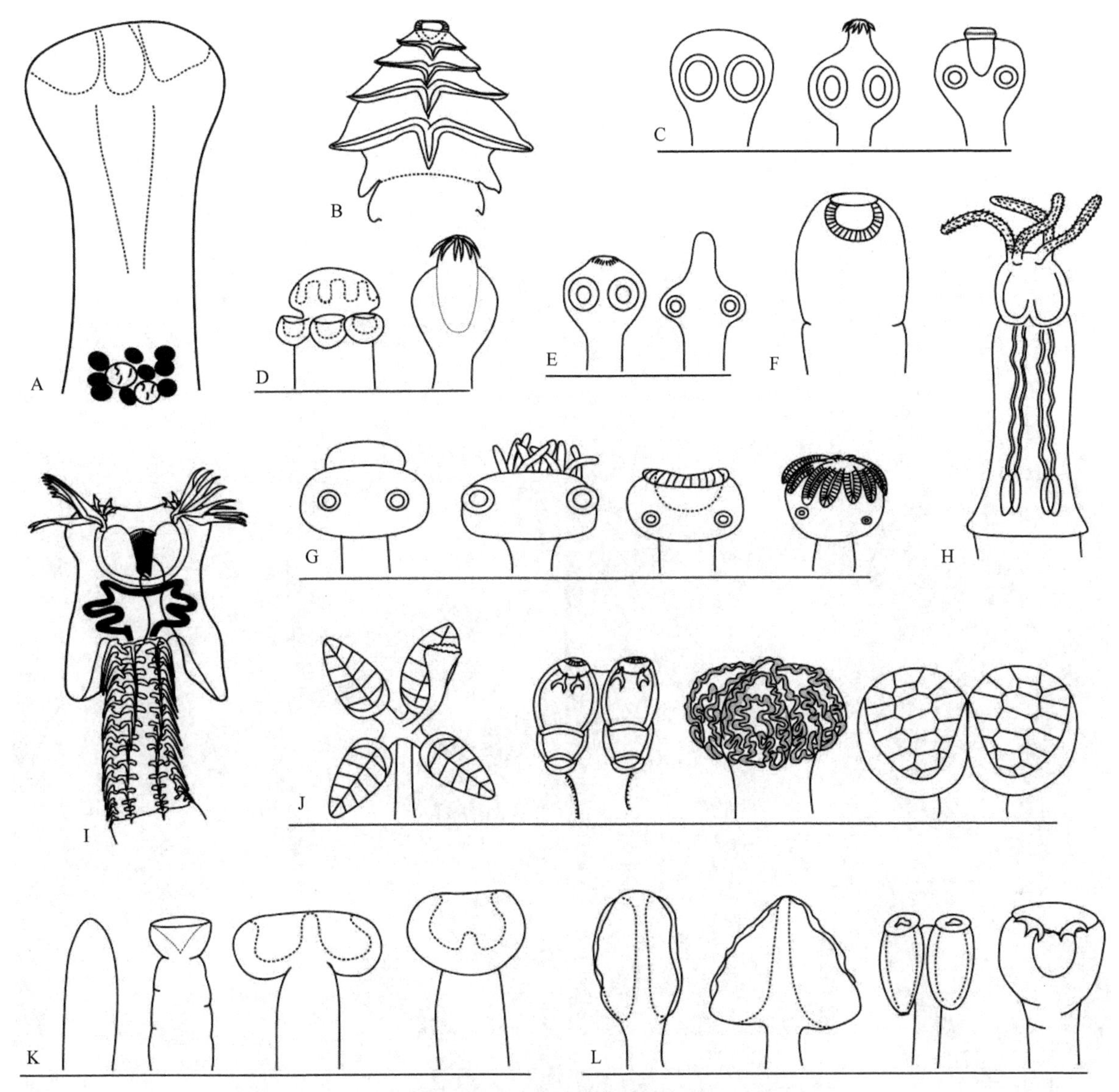

图 1-3 绦虫一些常见目的头节类型示意图

A. 鲤蠢目；B. 光槽目；C. 圆叶目；D. 无孔目（科）；E. 原头目；F. 日带目；G. 盘头目；H. 锥吻目；
I. 双叶目；J. 四叶目；K. 佛焰苞槽目；L. 槽首目

常见头节具吸盘的绦虫一般有 4 个吸盘，均匀分布；吸叶（或裂片、突盘）通常亦是 4 个，肌肉质，从头节急剧突出，可能存在高度可变、叶状的边缘；吸槽（或吸沟或吸凹）通常为 2 个，也有 6 个的情况，形状为浅凹状或较长的沟状，位于侧方或背腹部，成对排列。有的绦虫头节上尚有附属吸盘。大多数绦虫头节上还有多样化的角质钩棘将虫体锚定于宿主肠壁上。有的绦虫头节较为复杂，可能同时有吸盘、吸槽、钩、棘和触手等构造。有的绦虫头节则较为简单，仅有固有组织而缺乏这些特化结构的一些类型或全无这些结构。少数几种绦虫，没有正常的头节，功能由链体前端称为假头节（pseudoscolex）的变形结构代替。常见圆叶目绦虫的头节多膨大成球形，其上有 4 个圆形或椭圆形的吸盘，位于头节前端的侧面，均匀排列，如莫尼茨绦虫属（*Moniezia*）等。有的种类在头节顶端的中央有顶突或吻突（rostellum），其上有 1 圈或数圈角质化的小钩，如寄生于人小肠的猪带绦虫、寄生于犬小肠的细粒棘球绦虫（*Echinococcus granulosus*）等。顶突的有无及顶突上钩的形态、排列和数目在分类定种上有重要参考价值。双叶槽目绦虫的头节一般为指形，在其背腹面各具一沟样的吸槽，如阔节裂头绦虫。有些种类的头节可以穿入宿主的肠壁，头节与链体的一部分可在宿主组织中由宿主反应产生的组织包被，剩余的链体则悬挂在肠腔中。

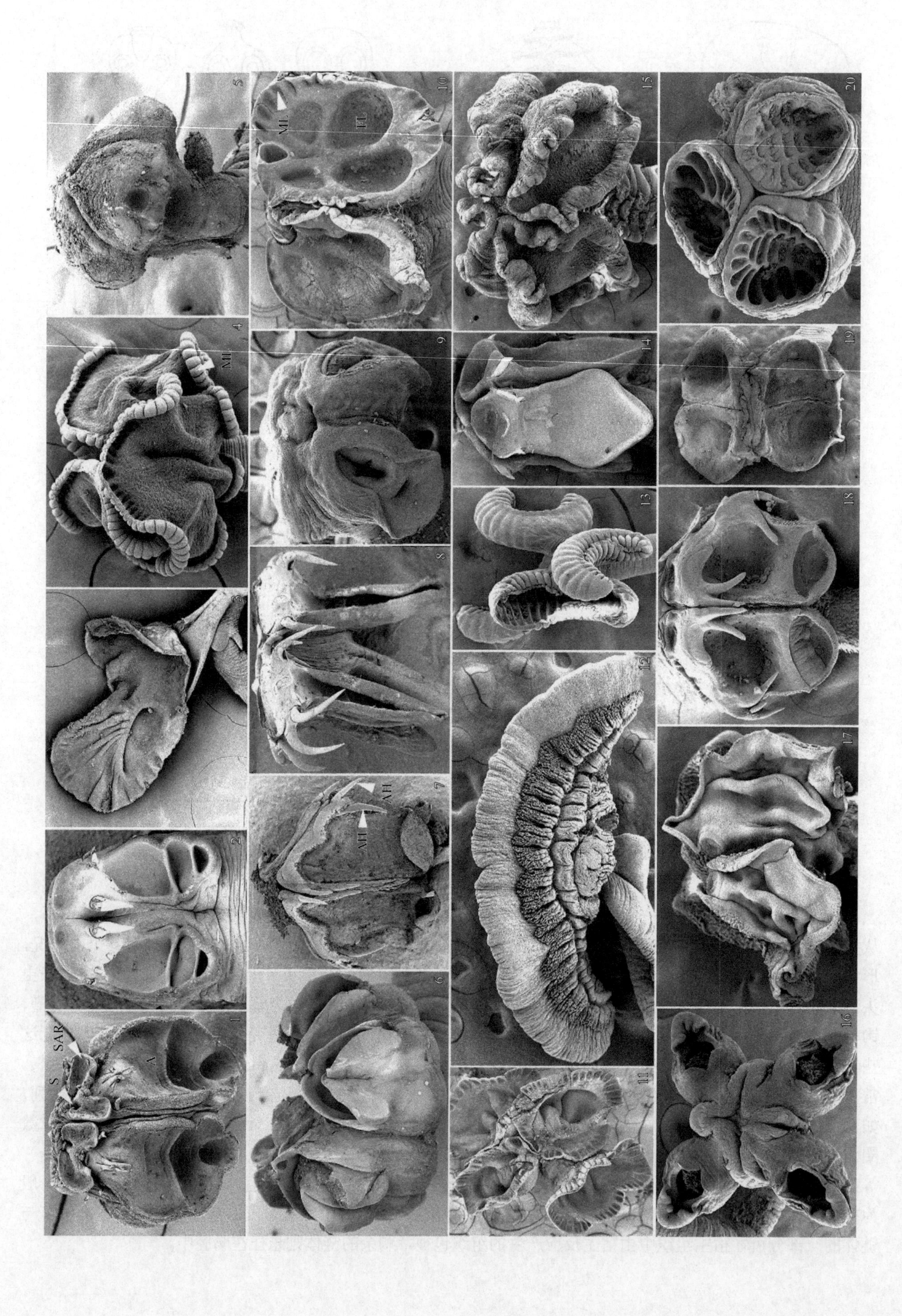

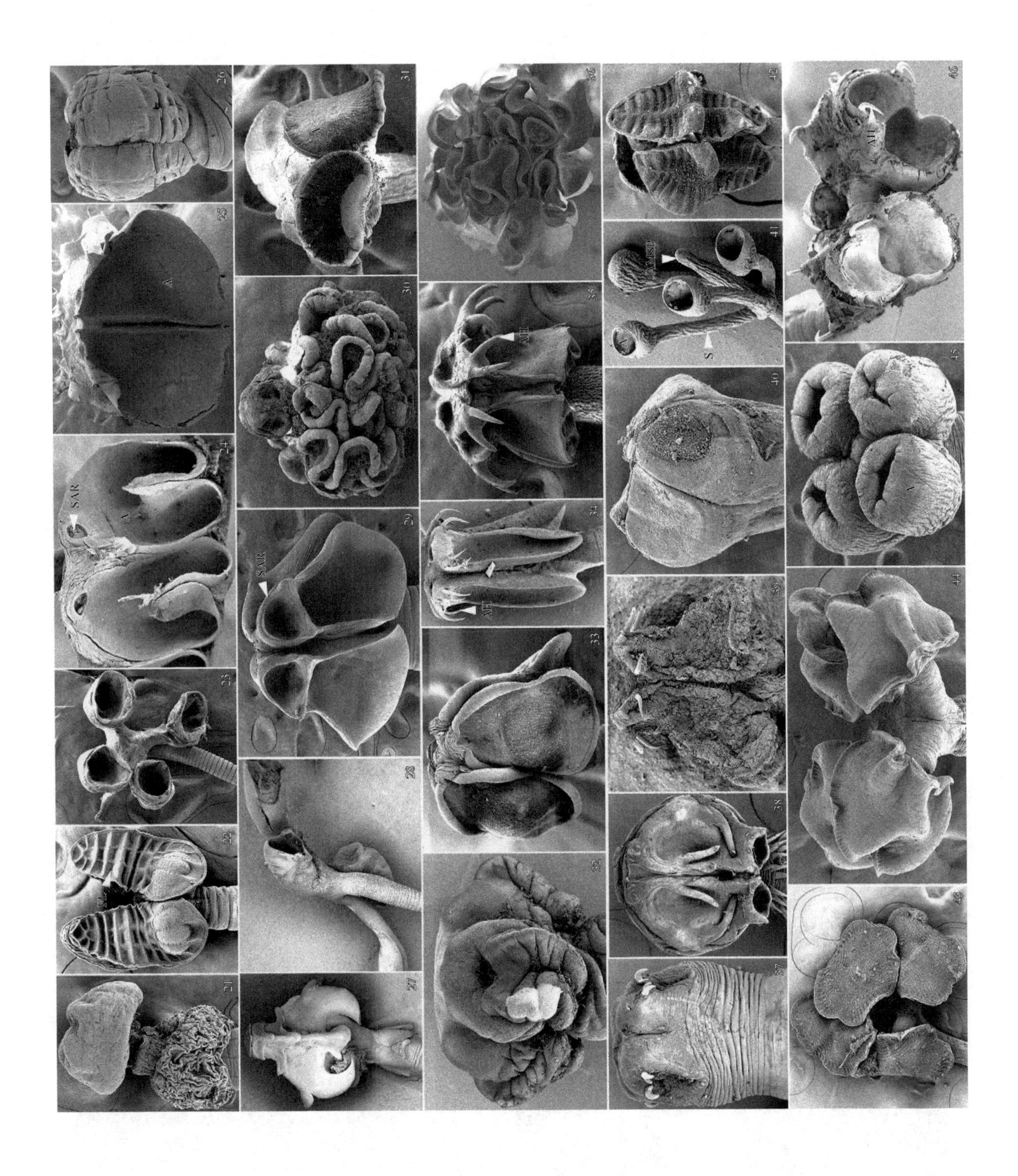

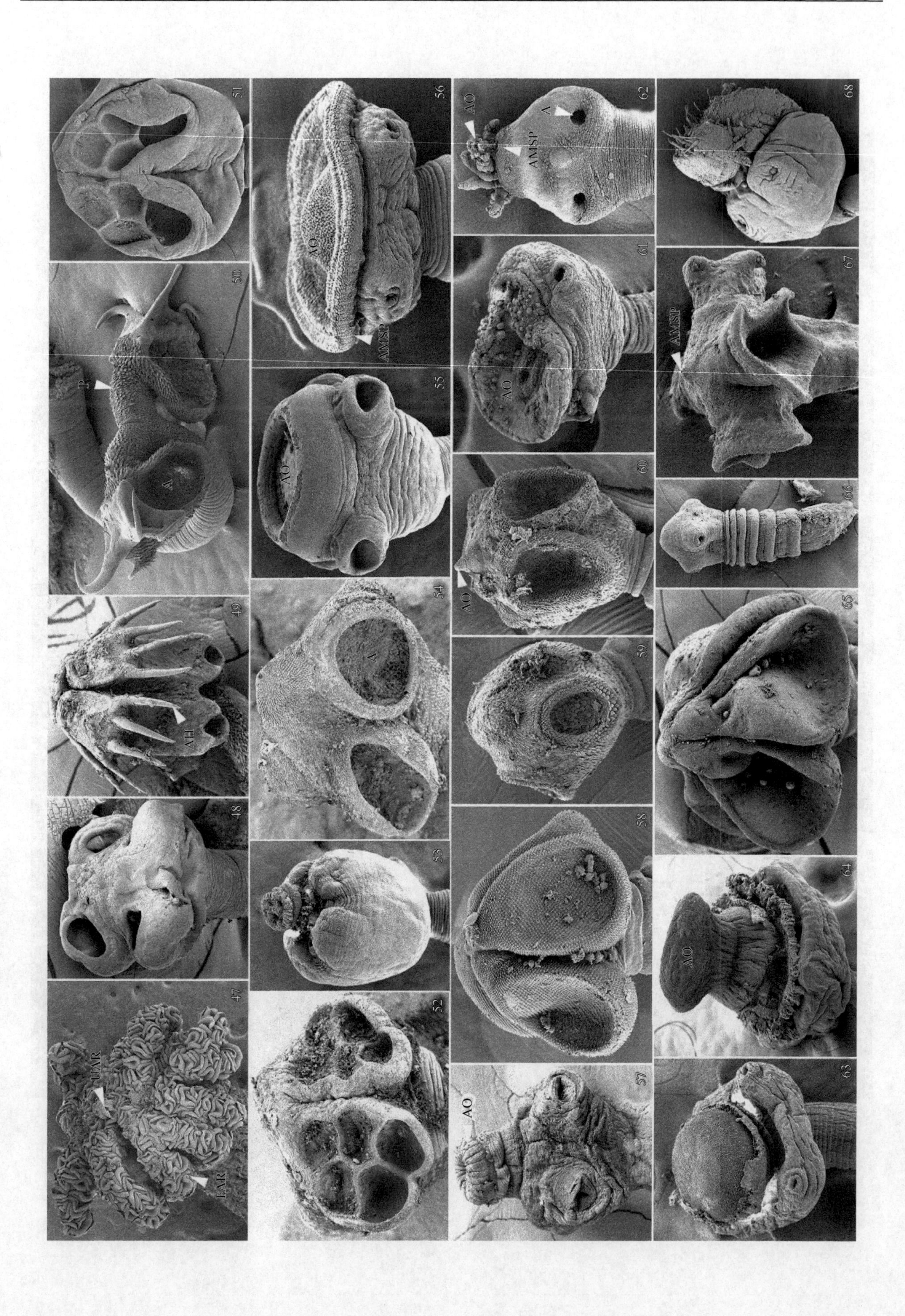
51
56
62
AO
A
AMSP
68
50
P
A
AO
AMSP
55
AO
61
AO
67
AMSP
60
AO
66
49
AH
54
A
59
65
48
53
58
64
AO
47
UAR
LAR
52
57
AO
63

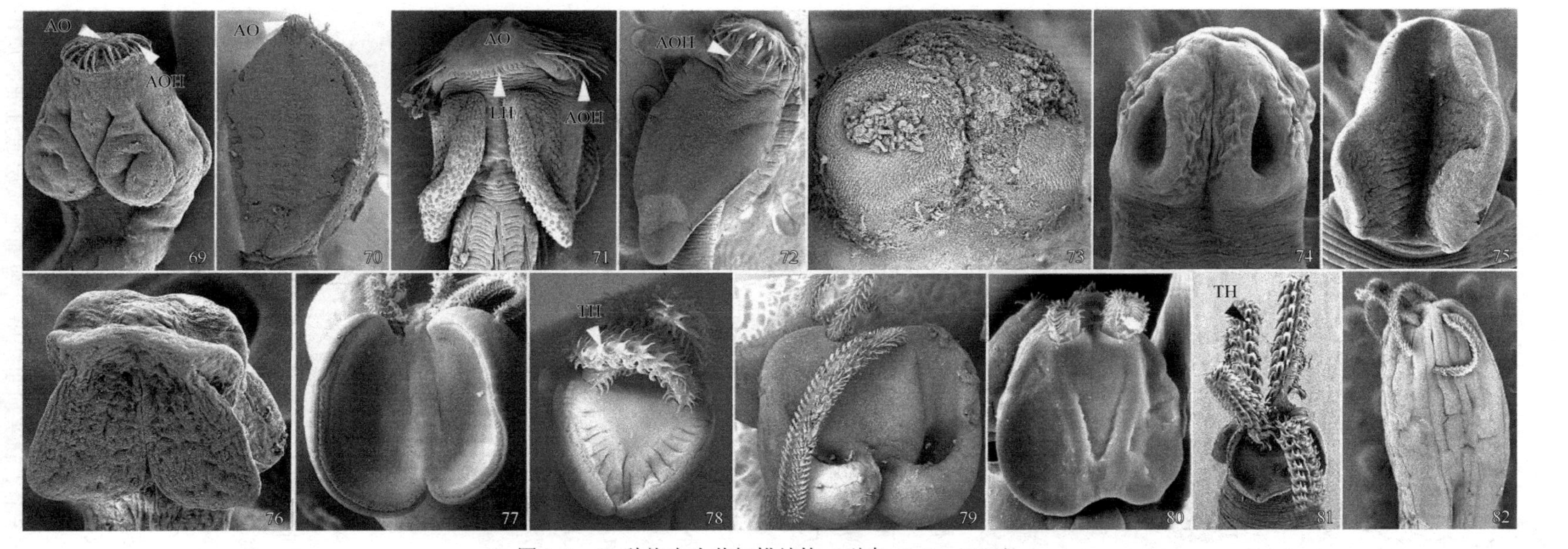

图 1-4 82 种绦虫头节扫描结构（引自 Coil，1991）

1. 小钩钩槽绦虫（*Acanthobothrium parviuncinatum*）；2. 索尔森钩槽样绦虫（*Acanthobothroides thorsoni*）；3. 类科纳科皮亚花槽绦虫（*Anthobothrium* c. f. *cornucopia*），仅显示 1 个吸槽；4. 杜辛斯基花头绦虫（*Anthocephalum duszynskii*）；5. 龟头槽属新种（*Balanobothrium* n. sp.）；6. 古尔登双囊槽绦虫（*Bibursibothrium gouldeni*）；7. 普里查德双腔绦虫（*Biloculuncus pritchardoe*）；8. 伊氏丽槽绦虫（*Calliobothrium evoni*）；9. 帽槽绦虫未定种（*Calptrobothrium* sp.）；10. 贝弗里奇心槽绦虫（*Cardiobothrium beveridgei*）；11. 孢囊槽新种（*Carpobothrium* n. sp.）；12. 锤头绦虫未定种（*Cathetocephalus* sp.）；13. 柄槽绦虫新种（*Caulobothrium* n. sp.）；14. 黄头角槽绦虫（*Ceratobothrium xanthocephalum*）；15. 银鲛绦虫新种（*Chimaerocestos* n. sp.）；16. 鲭鲨摄吸槽绦虫（*Clistobothrium carcharodoni*）；17. 条裂交槽绦虫（*Crossobothrium laciniatum*）；18. 微刺双盏槽绦虫（*Dicranobothrium spinulifero*）；19. 旋槽绦虫未定种（*Dinobothrium* sp.）；20. *Dioccotoenia* sp.；21. 圆盘头绦虫未定种（*Disculiceps* sp.）；22. 复槽绦虫新种（*Duplicibothrium* n. sp.）；23. 鲫槽绦虫未定种（*Echeneibothrium* sp.）；24. 儒克曲槽绦虫（*Flexibothrium ruhnkei*）；25. 扁平胃黄绦虫（*Gastrolecithus planus*）；26. 兹沃纳竖槽绦虫（*Glyphobothrium zwerneri*）；27. 扩大光槽绦虫（*Litobothrium amplifica*）；28. 哥白林袋槽绦虫（*Marsupiobothrium gobelinus*）；29. 单欧鲁格玛绦虫未定种（*Monorygma* sp.）；30. 吸头绦虫未定种（*Myzocephalus* sp.）；31. 欧鲁格玛槽绦虫未定种（*Orygmatobothrium* sp.）；32. 赫特森厚槽绦虫（*Pachybothrium hutsoni*）；33. 副欧鲁格玛槽绦虫未定种（*Paraorygmatobothrium* sp.）；34. 长棘足槽绦虫（*Pedibothrium longispine*）；35. 托槽绦虫新种（*Phoreiobothrium* n. sp.）；36. 叶槽绦虫未定种（*Phyllobothrium* sp.）；37. 邻槽邻槽绦虫（*Pinguicollum pinguicollum*）；38. 微小扁槽绦虫（*Platybothrium parvum*）；39. 马格达莱纳江魟绦虫（*Potamotrygonocestus magdalenensis*）；40. 前槽绦虫未定种（*Prosobothrium* sp.）；41. 伪花槽绦虫新种（*Pseudanthobothrium* n. sp.）；42. 犁槽绦虫（*Rhinebothrium urobatidium*）；43. 莫里拉里犁槽样绦虫（*Rhinebothroides moralarai*）；44. 蔷薇槽绦虫未定种（*Rhodobothrium* sp.）；45. 杯叶绦虫未定种（*Scyphophyllidium* sp.）；46. 棘腔绦虫新种（*Spiniloculus* n. sp.）；47. 穗头绦虫未定种（*Thysanocephalum* sp.）；48. 棘阴道三腔绦虫（*Trilocularia acanthiaevulgaris*）；49. 钩双腔绦虫未定种（*Uncibilocularis* sp.）；50. 约克绦虫新种（*Yorkeria* n. sp.）；51. 卡米恩斑联槽绦虫（*Zyxibothrium kamienae*）；52. 新属新种 1；53. 隐槽绦虫未定种（*Adelobothrium* sp.）；54. 前孔绦虫新种（*Anteropora* n. sp.）；55. 头槽绦虫新种 1（*Cephalobothrium* n. sp. 1）；56. 头槽绦虫新种 2（*Cephalobothrium* n. sp. 2）；57. 欧氏皱纹头绦虫（*Corrugatocephalum ouei*）；58. 盘槽绦虫新种（*Discobothrium* n. sp.）；59. *Eniochobothrium* sp.；60. 霍尼尔槽绦虫新种（*Hornellobothrium* n. sp.）；61. 盘头绦虫未定种（*Lecanicephalum* sp.）；62. 多头绦虫新种（*Polypocephalus* n. sp.）；63. 四性首绦虫未定种（*Tetragonocephalum* sp.）；64. 疣头绦虫新种（*Tylocephalum* n. sp.）；65. 新属新种 2；66. 新属新种 3；67. 新属新种 4；68. 新属新种 5；69. 细粒棘球绦虫（*Echinococcus granulosus*）；70. 巨头双粗槽绦虫（*Ditrachybothrium macrocephalum*）；71. 棘槽绦虫新种（*Echinobothrium* n. sp.）；72. 巨槽绦虫未定种（*Macrobothrium* sp.）；73. 伦哈蒙提西利绦虫（*Monticellia lenha*）；74. 迷惑原头绦虫（*Proteocephalus perplexus*）；75. 心形裂头绦虫（*Diphyllobothrium cordatum*）；76. 圆柱四槽绦虫（*Tetrabothrius cylindraceus*）；77. 微棘花头绦虫（*Floriceps minacanthus*）；78. 相似格里略特绦虫（*Grillotia similis*）；79. 鲭鲨裸吻绦虫（*Gymnorhynchus isuri*）；80. 细线混合迪格码绦虫（*Mixodigma leptaleum*）；81. 耳槽绦虫新种（*Otobothrium* n. sp.）；82. 触手绦虫未定种（*Tentacularia* sp.）。缩略词：A. 吸槽；AH（AOH）. 吸槽钩；AMSP. 头节固有结构顶端变形；AO. 顶器官；FAR. 折叠的吸槽区；FL. 表面腔；LH. 侧方的钩；TH. 触手钩；ML. 边缘腔；P. 肉茎；S. 吸盘或柄；SAR. 特异性的吸槽前方区域；UAR. 非折叠的吸槽区域

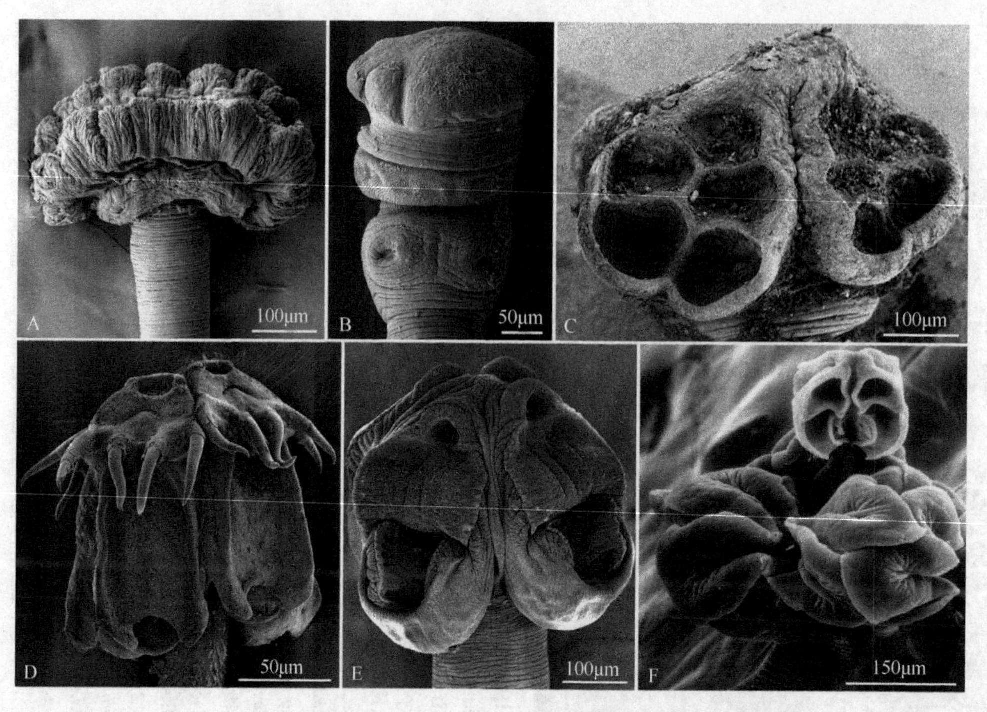

图 1-5　6 个不同属绦虫的头节扫描结构（引自 Caira et al.，2014b）

不同种绦虫的头节可能分布有不同类型的腺细胞。在一些双叶槽目和鲤蠢目绦虫中腺细胞的分泌物可能有助于头节黏附到宿主的肠黏膜上，双叶槽目树状裂头绦虫或树状双叶槽绦虫（*Diphyllobothrium dendriticum*）的一型腺细胞的分泌物在感染终末宿主 3 天内排出；另一型则保持活跃并与头节的神经系统相协调。

圆叶目的缩小膜壳绦虫（*Hymenolepis diminuta*）顶突上没有钩，但有一可以内陷的称为顶器官（apical organ）或前沟（anterior canal）的结构。变形的皮层胞体分泌物质通过围绕顶突的皮层进入顶器官。这些物质可能对虫体的发育起调节作用；有相应证据表明这些物质具有抗原性。顶器官或类似或同源的结构存在于许多其他种绦虫中，如原头目（Proteocephalidea）的一些绦虫，顶器官的分泌物有蛋白水解酶活性，能溶解宿主组织，具有使虫体穿插入宿主组织的功能。头节有主要的神经节（在神经系统中另有介绍）分布，前方表面有大量感觉神经末梢，可以感知物理和化学性刺激。这些感觉信息输入可能使绦虫头节和整个链体找到肠道环境中最理想的理化梯度位置。

1.1.2　成体细微结构

1.1.2.1　体壁

绦虫缺乏消化管，所需营养物质必须通过其体壁吸收（图 1-6）完成。为此绦虫体壁的结构和功能一度成为寄生虫学研究者感兴趣的焦点之一，并通过电镜和放射示踪技术等进行了深入的研究。这对绦虫学的发展有重要贡献。1960 年之前，一般认为绦虫的体壁外层为一角质层，之后才逐渐认识到绦虫的体壁是一活组织，具有高代谢活力。在电镜下观察发现，绦虫体壁多分为两层，即表面的皮层（tegument）和内里的皮下层（subtegumental layer）。皮层是一个合胞体细胞质层，覆盖着整个链体，包括吸盘。其外缘具有无数细小指状细胞质突起，称微毛（microvilli 或 microtrich），微毛下面则为结构致密、较宽阔、含有各型分泌囊泡和胞饮或胞吞囊泡及大量线粒体等的基质区，它的内侧为一明显的基底膜（basement membrane）。皮层合胞体细胞质层的具核胞体或核周体深陷于髓实质组织中，与细胞质层通过细胞质桥（cytoplasmic bridge）相连，皮层合胞体细胞质层中的分泌囊泡由核周体产生，并通过细胞质桥运出，这些分泌囊泡中的物质至少与营养代谢有关，同时也与微毛的形成有关。有免疫细胞化学证据表明链体前后存在不同类群的核周体，可能反映链体前后功能上的差异。绦虫的微毛与脊椎、无脊椎动物肠黏膜上皮细胞游离面的微绒毛相似，但其致密的远端部和基部由多层板隔开。微毛表面质膜外覆盖有一层含糖的大分子物质层，称为糖萼（glycocalyx），为多糖-蛋白质复合物。有报道，大量的生化代谢现象明显依赖于某些分子与糖萼的相互作用：如宿主淀粉酶活性的增强，宿主胰蛋白酶、胰凝乳蛋白酶和胰脂肪酶的抑制，阳离子的吸收及胆盐的吸收等。这些生化代谢现象中的一些反应似乎依赖于分子被糖萼的吸收，但也有证据表明胰蛋白酶的抑制并非如此。在孵育缩小膜壳绦虫时，胰蛋白酶似乎经历微妙的构象改变而降低其蛋白质水解活性。这一现象对绦虫的作用意义不明确，但可能与营养吸收、绦虫与宿主的相互作用，绦虫抵抗宿主酶的消化、维持虫体表面膜的完整性有关。有学者研究表明绦虫皮层有两种明显的分泌机制：一种是囊泡，另一种是内源性大分子物质的分泌。也有证据表明绦虫表膜同样有 G 蛋白耦联的信号转导系统。皮下层为紧接基底膜之下的肌肉系统。绝大多数绦虫具有发育良好的外环、内纵向肌纤维束及分散的背腹贯穿的肌纤维。头节具有发育良好的肌纤维分布而使其运动非常活跃。链体中，纵向肌纤维束常在实质中布局为一明确的层，将实质分为界线清晰的皮质区和髓质区（图 1-7）。这些肌肉的排布在分类上很重要，但由于需要对样品进行切片才能观察清楚，它们的应用在检索表中有的就被忽略了。纵肌贯穿整个链体，唯在节片成熟后逐渐萎缩退化，越往后端退化越为显著，于是最后端孕节多能自动从链体脱落。绦虫整个体壁的构造在某种意义上很像一个向外翻转的高等动物的肠壁。绦虫这样的体壁结构与其无消化道有关，由体壁行使了与高等动物消化道相类似的功能。

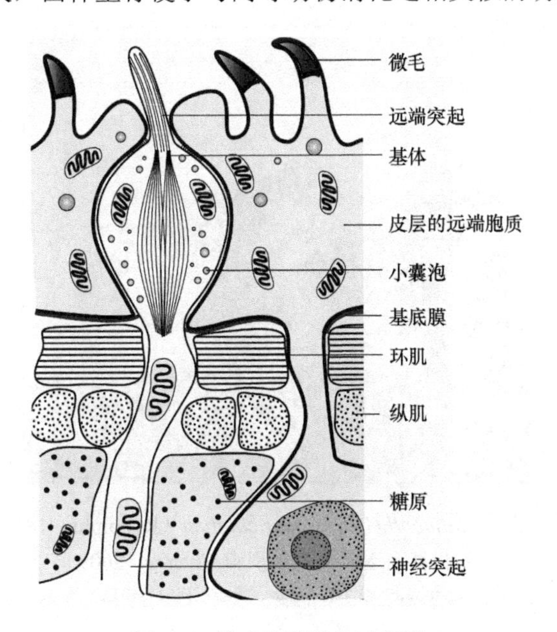

图 1-6　绦虫体壁结构示意图

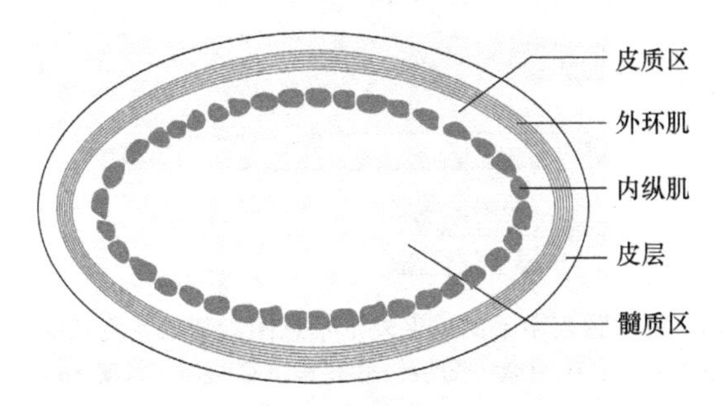

图 1-7　绦虫体横切面示意图

1.1.2.2 绦虫体表的微毛

绦虫的表面布满微毛结构（图 1-8～图 1-16），其疏密、长短、形态因种及不同发育区段等而有差异。单一微毛内部的基本结构（图 1-8）为：远端电子致密部为其帽（cap），近端电子密度较低区域为其基部（base），两部分之间由基板（baseplate）分开。帽部由帽小管（cap tubule）组成，基部电子透明的中央部为其核心（core）。核心可由电子致密被膜（tunic）包围。整条微毛由质膜包围，外方为糖萼。已识别的微毛为明显不同的两型：基部宽度≤200nm 的称为丝毛（filithrix），基部宽度＞200nm 的称为棘毛（spinithrix）。丝毛从长度上又分为 3 种形状：乳头状（papilliform）（长为宽的 2 倍或 2 倍以下），针状（acicular）（长为宽的 2～6 倍）及毛状（capilliform）（长为宽的 6 倍以上）（图 1-9）。有时丝毛基部分叉成双，则使用“变形复出”（the modifer duplicated）术语描述。棘毛在形态上变化很大，目前已可区分出至少 25 种棘毛类型，即 13 种宽度显著超过厚度的种类［包括：叉状（bifid）、二叉状（bifurcate）、心状（cordate）、剑状（gladiate）、弯曲状（hamulate）、披针状（lanceolate）、线状（lineate）、舌状（lingulate）、掌状（palmate）、梳状（pectinate）、匙状（spathulate）、三裂状（trifid）及三叉状（trifurcate）］和 12 种宽度与厚度大致相等的种类［包括：螯状（chelate）、棍棒状（clavate）、柱状（columnar）、锥状（coniform）、肋骨状（costate）、顶尖状（cyrillionate）、戟状（hastate）、喙状（rostrate）、勺状（scolopate）、星状（stellate）、耳状（trullate）和钩状（uncinate）］。棘毛边缘可能有锯齿状突起和/或圆柱状突起（gongylate）；顶部可能具有针形突起，称为有刺。棘毛术语的使用顺序为：端部、边缘、形态。

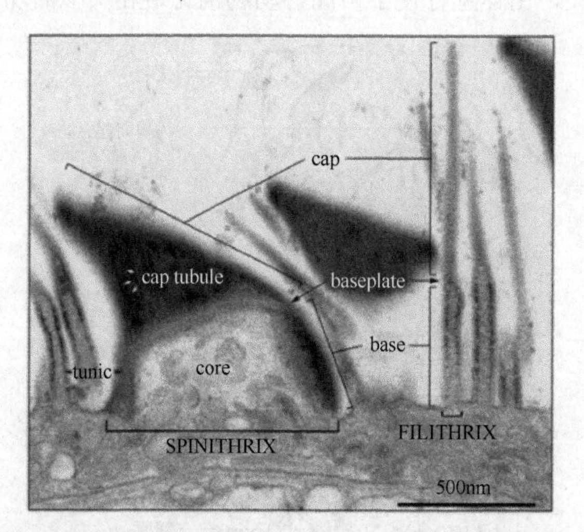

图 1-8 类轮叶丽槽绦虫［*Calliobothrium* cf. *verticillatum*（Rudolphi，1819）］吸槽近端表面的丝毛和棘毛透射结构（引自 Chervy，2009）

base. 基部；baseplate. 基板；cap. 帽；cap tubule. 帽小管；core. 核心；FILITHRIX. 丝毛；SPINITHRIX. 棘毛；tunic. 被膜

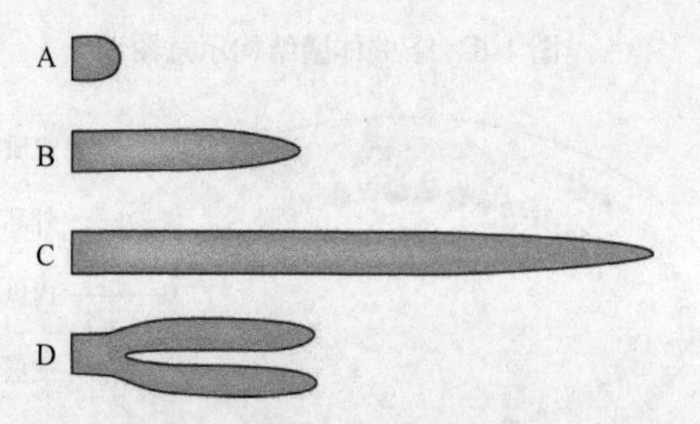

图 1-9 绦虫体表微毛的丝毛外形示意图（基部宽度≤200nm）

A. 乳头状（长度≤2 倍宽度）；B. 针状（长度=2～6 倍宽）；C. 毛状（长度＞6 倍宽度）；D. 复出针状

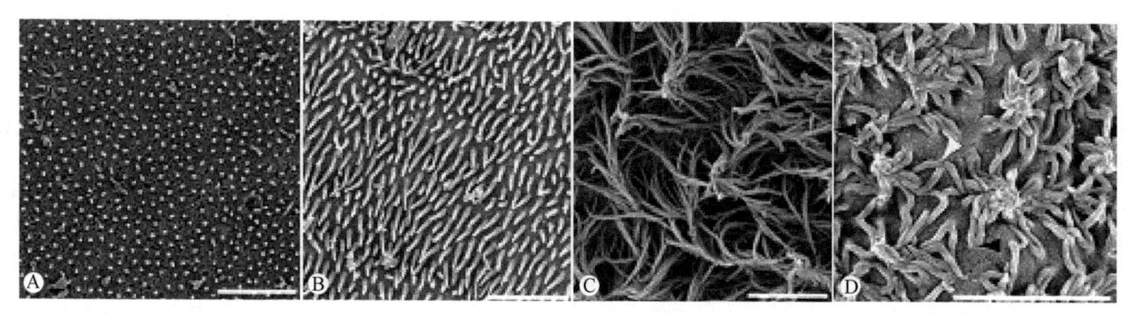

图 1-10 丝毛的扫描结构（引自 Chervy，2009）

A. 加纳约克绦虫（*Yorkeria garneri*）吸槽前方顶部区的乳头状丝毛；B. 雅诺维光槽绦虫（*Litobothrium janovyi*）节片锯齿状结构处的针状丝毛；C. *Megalonchos sumansinghai* 前吸槽顶部区域的毛状丝毛；D. 雅诺维光槽绦虫的第 4 个十字形的假节，复出和三出的针状丝毛。标尺=2μm

棘毛类型（基部宽度>200nm）

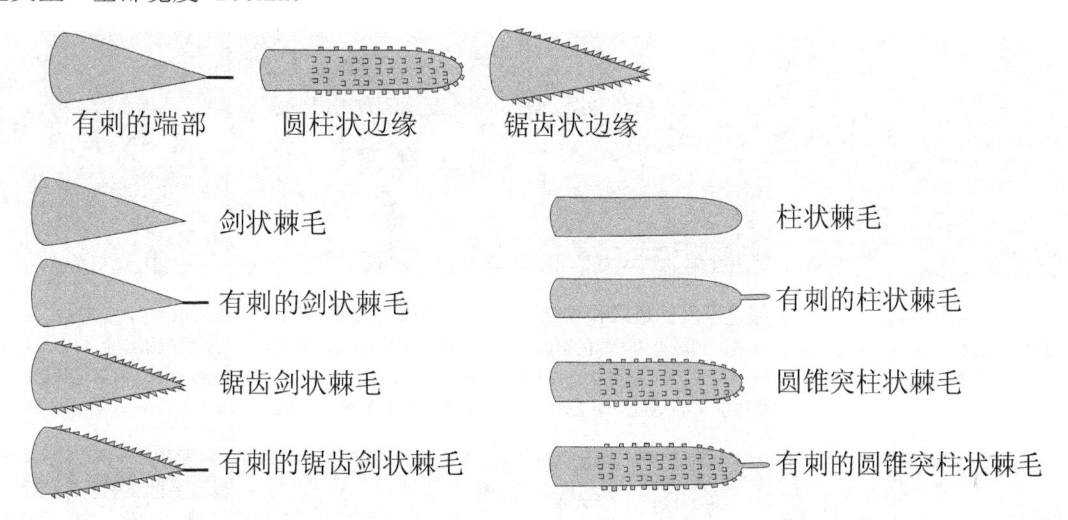

宽度显著超过厚度的棘毛类型　　宽度和厚度大致相等的棘毛类型

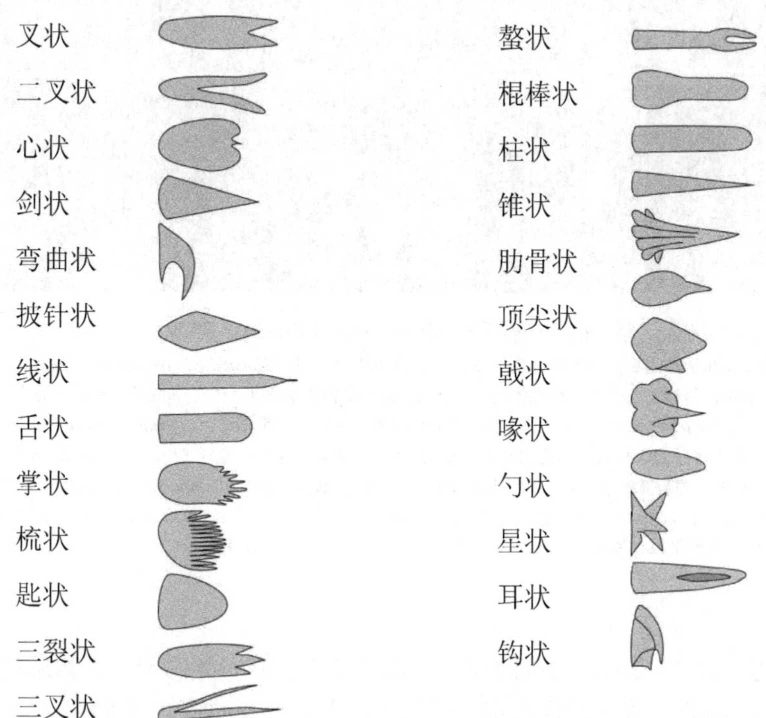

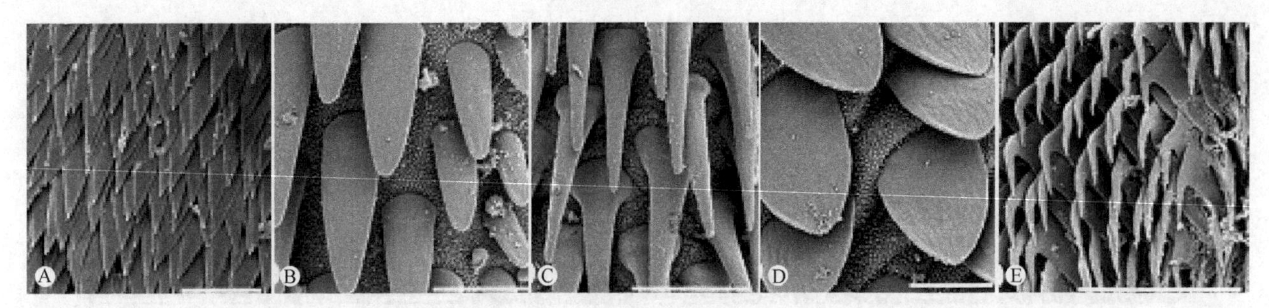

图 1-11　宽度显著超过厚度的一些棘毛扫描结构（引自 Chervy，2009）

A. 启发性钩属未定种（*Erudituncus* sp.）头茎上的剑状棘毛；B. 帝维约克绦虫（*Yorkeria teeveeyi*）近端吸槽表面的剑状棘毛和乳头状丝毛；C. 勒温承槽绦虫（*Phoreiobothrium lewinensis*）肉茎上的剑状棘毛和乳头状丝毛；D. 伊泽德约克绦虫（*Yorkeria izardi*）吸槽肉茎上的匙状棘毛和乳头状丝毛；E. 竹潜甲异尼氏绦虫（*Heteronybelinia estigmena*）吸槽边缘的弯曲状棘毛和毛状丝毛。标尺：A=2μm；B，D=5μm；E=10μm；C=20μm

图 1-12　宽度显著超过厚度的边缘和顶部有些变形的棘毛扫描结构（引自 Chervy，2009）

A. 洛蕾塔须鲨绦虫（*Orectolobicestus lorettae*）顶吸盘侧方部的锯齿剑状棘毛和毛状丝毛；B. 雅尼娜副欧鲁格玛槽绦虫（*Paraorygmatobothrium janinae*）近端吸槽表面的锯齿剑状棘毛和毛状丝毛；C. 棘腔绦虫未定种（*Spiniloculus* sp.）吸槽对之肉茎上的有刺剑状棘毛和针状丝毛；D. 卢茨四槽绦虫（*Tetrabothrius lutzi*）链体上的有刺披针状棘毛。标尺=2μm

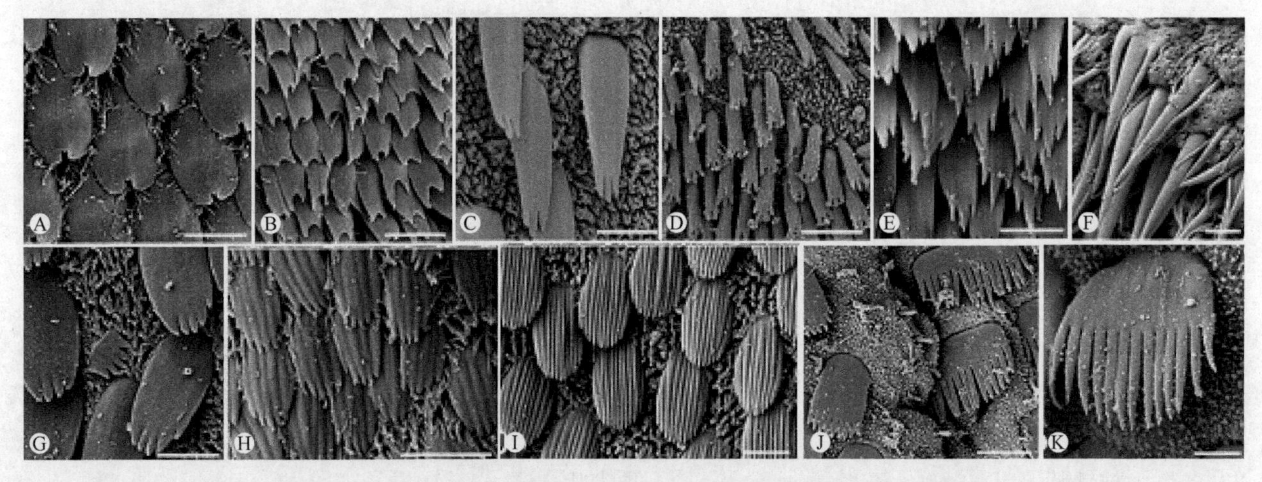

图 1-13　宽度显著大于厚度的一些棘毛扫描结构（引自 Chervy，2009）

A. 犁槽目（Rhinebothriidea）新属近端吸槽表面和柄部的心状棘毛和毛状丝毛；B. 大头霍尼尔绦虫（*Hornelliella annandalei*）触手下头节顶部的二叉棘毛和少量毛状丝毛；C. *Paroncomegas areiba* 鞘部三裂状棘毛和毛状丝毛；D. 相似副格里略特绦虫（*Paragrillotia similis*）近端吸槽表面三裂状棘毛和乳头状丝毛；E. 优雅美丽四吻绦虫（*Callitetrarhynchus gracilis*）鞘部的三裂状棘毛；F. 巨头双粗槽绦虫（*Ditrachybothridium macrocephalum*）远端吸槽表面三叉状棘毛；G. 真四吻绦虫内部吸槽区的掌状棘毛和毛状丝毛；H. 前克里斯蒂安妮绦虫未定种（*Prochristianella* sp.）近端吸槽面的掌状棘毛和毛状丝毛；I. 前克里斯蒂安妮绦虫未定种鞘部的掌状棘毛和毛状丝毛；J. 欧忒耳佩棘槽绦虫（*Echinobothrium euterpes*）前方的近端吸槽表面掌状棘毛和针状丝毛；J. 霍夫曼棘槽绦虫（*E. hoffmanorum*）近端吸槽表面梳状棘毛和乳头状丝毛；K. 罗亚尔曼棘槽绦虫（*E. rayallemangi*）远端吸槽表面的梳状棘毛和乳头状丝毛。标尺：A～E，G～J=2μm；F，K=1μm

1.1.2.3　实质

绦虫无体腔，皮层和皮下层的肌肉层共同构成的体壁包围了整个虫体，类同于一囊状结构，也称其为皮肤肌肉囊（简称皮肌囊）。囊内充满着海绵样的实质组织（相当于高等动物的结缔组织）（图 1-17），

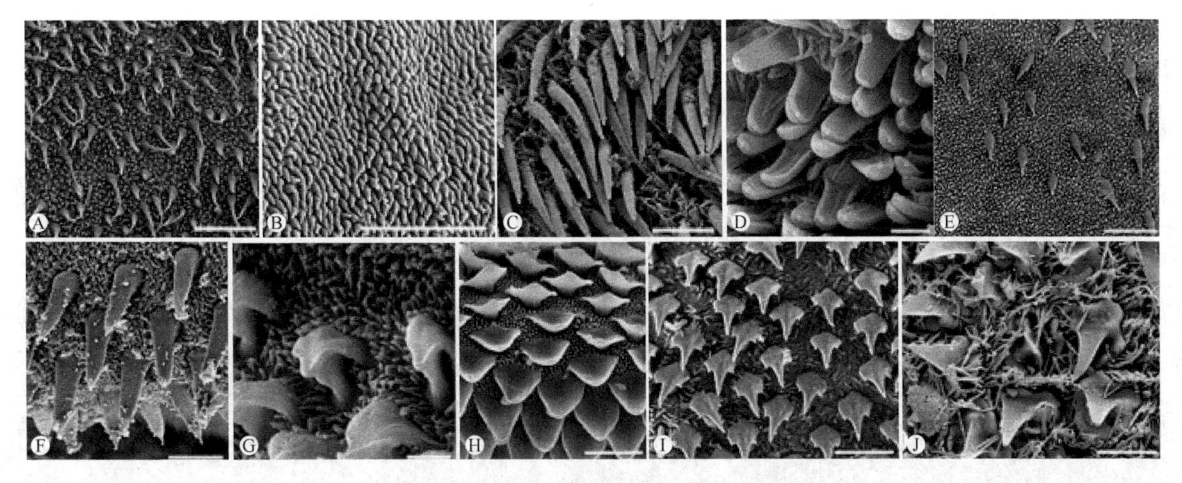

图 1-14 宽度和厚宽大致相等的一些棘毛扫描结构（引自 Chervy，2009）

A. 阶室绦虫未定种（*Scalithrium* sp.）远端吸槽表面的勺状棘毛和乳头状丝毛；B. 头槽绦虫未定种（*Cephalobothrium* sp.）链体前方的勺状棘毛；C. *Heteronybelinia estigmena* 吸槽间头节的锥状棘毛和毛状丝毛；D. 交叉槽绦虫未定种（*Crossobothrium* sp.）远端吸槽表面的耳状棘毛和针状丝毛；E. *Nandocestus guariticus* 近端吸槽表面近吸槽边缘的顶尖状棘毛和乳头状丝毛；F. *Quadcuspibothrium francisi* 吸盘边缘的喙状棘毛和针状丝毛；G. 盘头目新属头节本体顶部变形处的戟状棘毛和针状丝毛；H. *Aberrapex manjajae* 吸盘边缘戟状棘毛和乳头状丝毛；I. 赫尔穆特多头绦虫（*Polypocephalus helmuti*）头节本体顶部变形结构上的戟状棘毛和针状丝毛；J. 采自舌形双鳍电鳐（*Narcine lingula*）的盘头目新种吸盘边缘的戟状棘毛和毛状丝毛。标尺：D，G=1μm；A～C，E，F，H～J=2μm

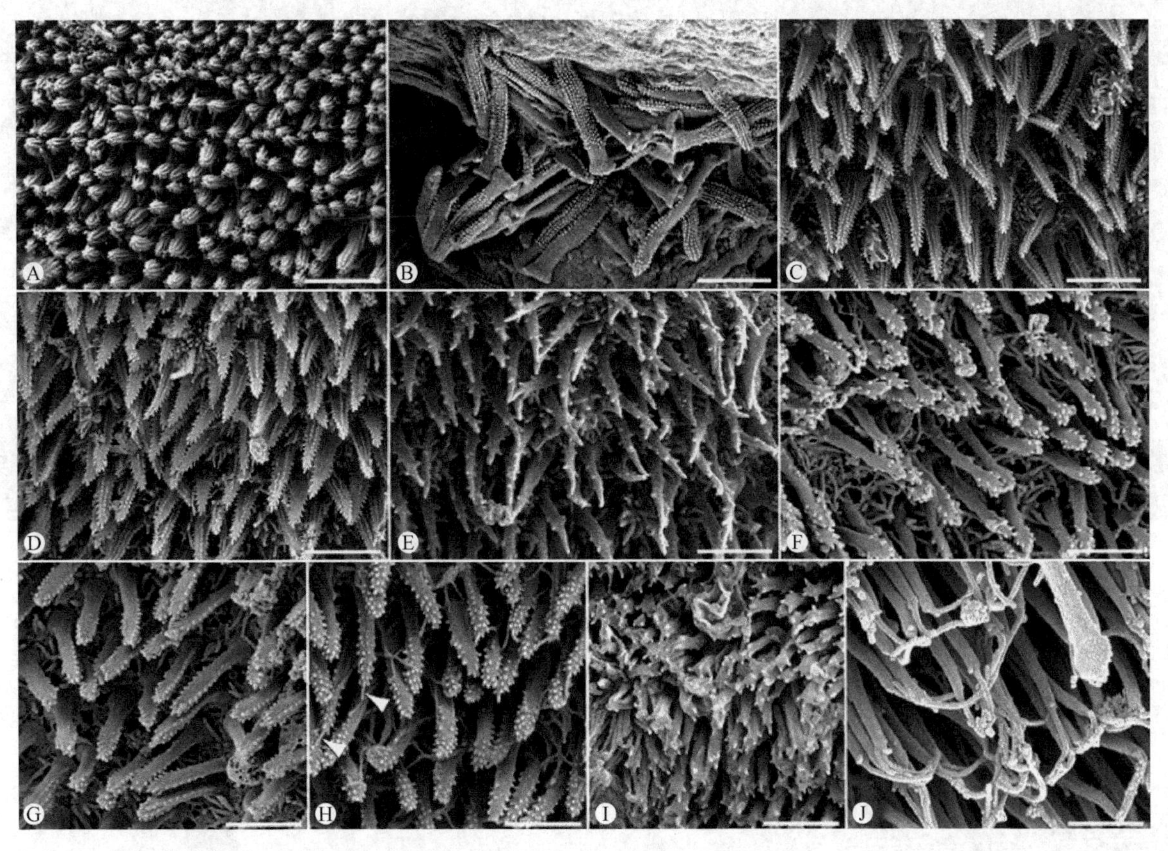

图 1-15 宽度和厚宽大致相等的一些背腹变形的棘毛扫描结构（引自 Chervy，2009）

A. 角鲨叶槽绦虫（*Phyllobothrium squali*）远端吸槽表面圆柱棘柱状棘毛和毛状丝毛；B. *Pithophorus* sp.远端吸槽表面圆柱棘柱状棘毛（突起限于远端表面）；C，D. 副欧鲁格玛槽绦虫未定种（*Paraorygmatobothrium* sp.）远端表面圆柱棘锥状棘毛和针状丝毛；E. 花头绦虫未定种（*Anthocephalum* sp.）远端吸槽表面圆柱棘锥状棘毛和针状丝毛；F. 凯利须鲨绦虫（*Orectolobicestus kelleyae*）远端吸槽表面圆柱棘锥状棘毛（突起限于远端）和毛状丝毛；G. 穆卡须鲨绦虫（*O. mukahensis*）吸槽边缘小室远端表面圆柱棘锥状棘毛和针状丝毛；H. 洛蕾塔须鲨绦虫（*O. lorettae*）远端吸槽表面圆柱棘柱状棘毛和有刺的圆柱棘柱状棘毛（白色箭头）混合及毛状丝毛；I. *Clistobothrium montaukensis* 远端吸槽表面圆柱棘柱状棘毛（突起限于远端；略长于典型类群所见）；J. 袋槽绦虫未定种（*Marsupiobothrium* sp.）吸槽顶吸盘的远端表面，柱状棘毛有 3 种不等长的末端突起。标尺：A～D=2μm；E～J=1μm

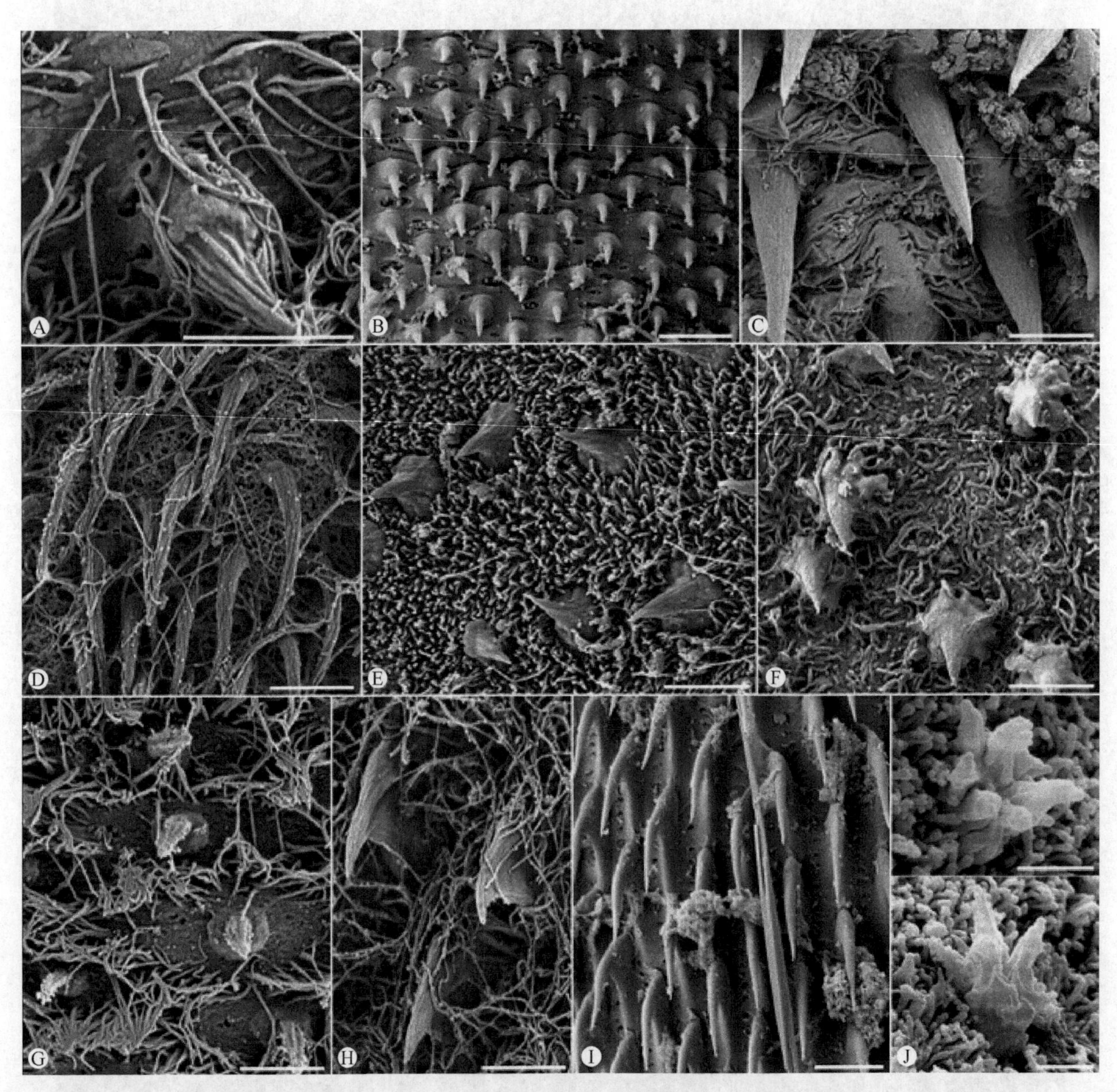

图 1-16　扫描结构示阴茎微毛（引自 Chervy，2009）

A. 犁槽绦虫未定种（*Rhinebothrium* sp.）的阴茎具锥状棘毛和有不正常基部的毛状丝毛；B. 奥德纳前雌带绦虫（*Progynotaenia odhneri*）阴茎远端区的锥状棘毛；C. 犁槽绦虫未定种的阴茎具锥状棘毛和毛状丝毛；D，E. 采自昆士兰锯鳐（*Pristis clavata*）的四叶目新属（D. 阴茎上的锥状棘毛和毛状丝毛；E. 阴茎上的喙状棘毛和毛状丝毛）；F. *Nandocestus guariticus* 阴茎的喙状棘毛（有星状基部）和毛状丝毛；G. *Rhinebothrium copianullum* 阴茎上的喙状棘毛和毛状丝毛；H. 采自昆士兰锯鳐的四叶目新属阴茎上的钩状棘毛和毛状丝毛；I. 奥德纳前雌带绦虫阴茎近端区域弯曲的棘毛；J. 四叶形尤泽特绦虫（*Euzetiella tetraphylliformis*）阴茎上星状棘毛和针状丝毛（两个略为不同的面）。

标尺：A～H，J=2μm；I=4μm

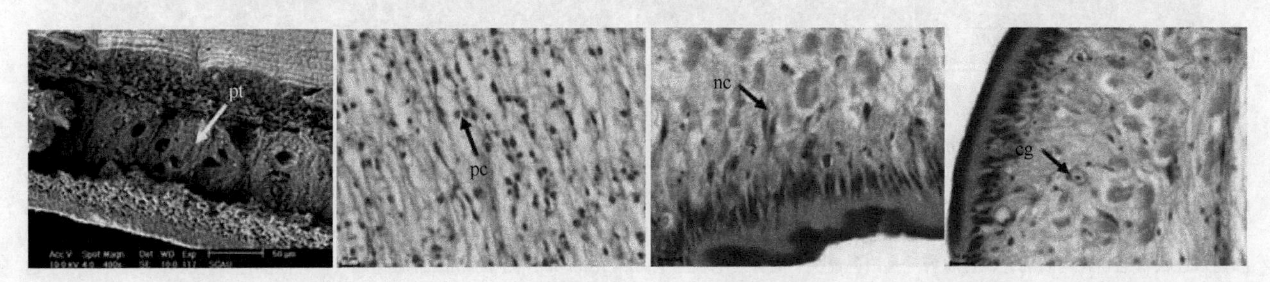

图 1-17　四角瑞利绦虫（*Raillietina tetragona*）的实质组织（pt），示实质细胞（pc）、神经细胞（nc）和钙小体（cg）

紧接肌层下面是深埋入实质组织内的巨大电子致密细胞体（electron dense cyton），即核周体，以及较小的电子透明细胞（electron light cell）（实质细胞）。核周体通过一些细胞质桥和皮层相通。其细胞本身具有一个大而具双层单位膜的细胞核，核的外壁连接着多而复杂的内质网。此外，细胞内还含有线粒体、蛋白质类晶体和脂肪或糖原微滴。各器官系统主要埋藏在此实质组织内。发育过程中，形成的实质细胞膨胀产生空泡，空泡的泡壁互相联系而产生细胞内的网状结构；各细胞间也有空隙。通常节片内层实质细胞会失去细胞核，而每当生殖器官发育膨胀时，便压迫这些无核的实质细胞，使其退化，它们退化后可转变为生殖器官的被膜。另外，在实质组织内常散布许多球形或椭圆形的石灰小体或称钙小体，直径 12～32μm，此类小体亦为绦虫的重要组成部分，由分化的钙微粒细胞分泌产生，在产生过程中分泌细胞本身碎裂（全浆分泌）。钙小体主要的无机组分为碳酸钙、碳酸镁及磷酸钙，它们以水合形态埋于同心环状的有机基质中，并由一双层的外膜包被；基质中含有蛋白质、脂质、糖原、黏多糖、碱性磷酸酶、RNA 和 DNA 等。钙小体中含有的一系列小分子无机元素受宿主食物组分的影响。钙小体的可能功能为：无机化合物的利用，调节渗透压，中和绦虫组织能量代谢过程中产生的大量有机酸及调节酸碱度，作为离子或二氧化碳库，以应对不良环境，启动虫体在宿主肠道中的定居作用等。也有人认为钙小体是排泄产物。为此，钙小体的确切功能仍需要以创新的科学方法进行深入研究阐明。

1.1.2.4 生殖系统

目前已知除少数采自鸟类和两种采自黄貂鱼（stingray）的绦虫是雌雄异体外，其他所有已知的绦虫均为雌雄同体。绦虫的生殖器官特别发达，可以说链体主要就是由一连串的生殖器官构成的。通常每个节片都具有雄性和雌性生殖系统各一套，有些种类有两套或多套。水禽绦虫中有少数种类的每一节片均含有一套雌性、两套雄性生殖系统。正如上面所提到的一样，随着节片向后端移动，生殖器官成熟，精子运动，卵母细胞受精，受精卵进一步胚胎化。一般情况下，绝大多数绦虫雄性生殖器官先成熟并产生精子，精子贮藏至卵巢成熟产卵为止。这样的不同步发育也适应于防止同一节片的自体受精。不同绦虫中生殖器官的形态结构、布局等有诸多差异，是形态分类的重要依据之一。

雄性生殖系统（图 1-18）由 1 至数百个精巢及其相连的管（输精小管、输精管等）、相关的附属腺体和交配结构等组成。精巢呈圆形或椭圆形，每个精巢有 1 条细的输精小管，输精小管汇合成一输精管，将精子导向阴茎囊和生殖孔。输精管可能是 1 条简单的管，也可能是具有精子贮藏能力的回旋或是形成椭球状膨大、称为外贮精囊的结构，最终，输精管通向阴茎囊，阴茎囊为一肌肉质的鞘包围着雄性生殖系统末端的结构。在阴茎囊内输精管可以膨大为 1 个内贮精囊，之后形成 1 个旋绕的射精管或直管状射精管，射精管周围通常有前列腺细胞分布。末端，射精管变形为肌肉质的阴茎——雄性交配器官。不同种绦虫阴茎的大小不同，形态结构有一定差异，其上可能有或无棘。阴茎通常可以收进阴茎囊内，交配时通过生殖孔向外翻出。

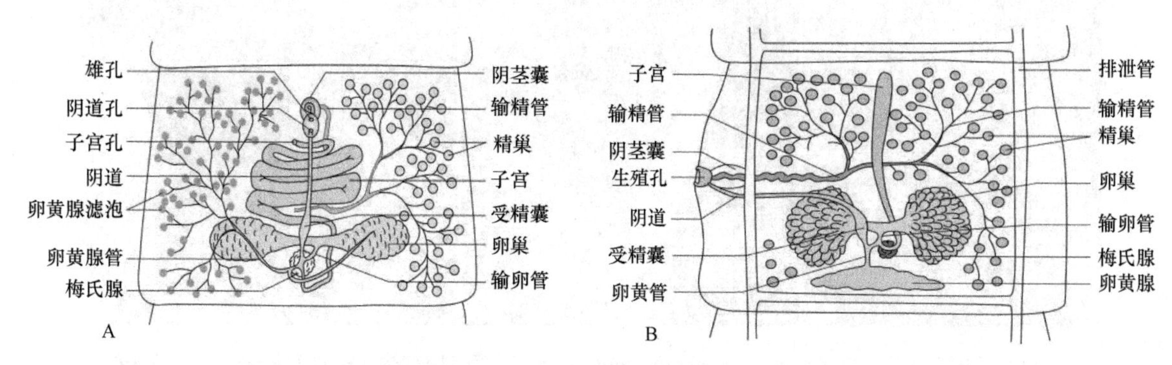

图 1-18 阔节裂头绦虫（A）和带绦虫（B）成节，示生殖系统

分图 A 中，精巢仅在节片一侧绘出而卵黄腺仅在另一侧绘出

通常雄孔和雌孔开入一公共的凹陷——生殖腔中，生殖腔的开孔称为生殖孔。

不同种绦虫的末端生殖器官的结构会有一些区别，图 1-19 示锥吻绦虫生殖器官末端的差异。不同种绦虫阴茎表面结构亦有区别，见图 1-20。

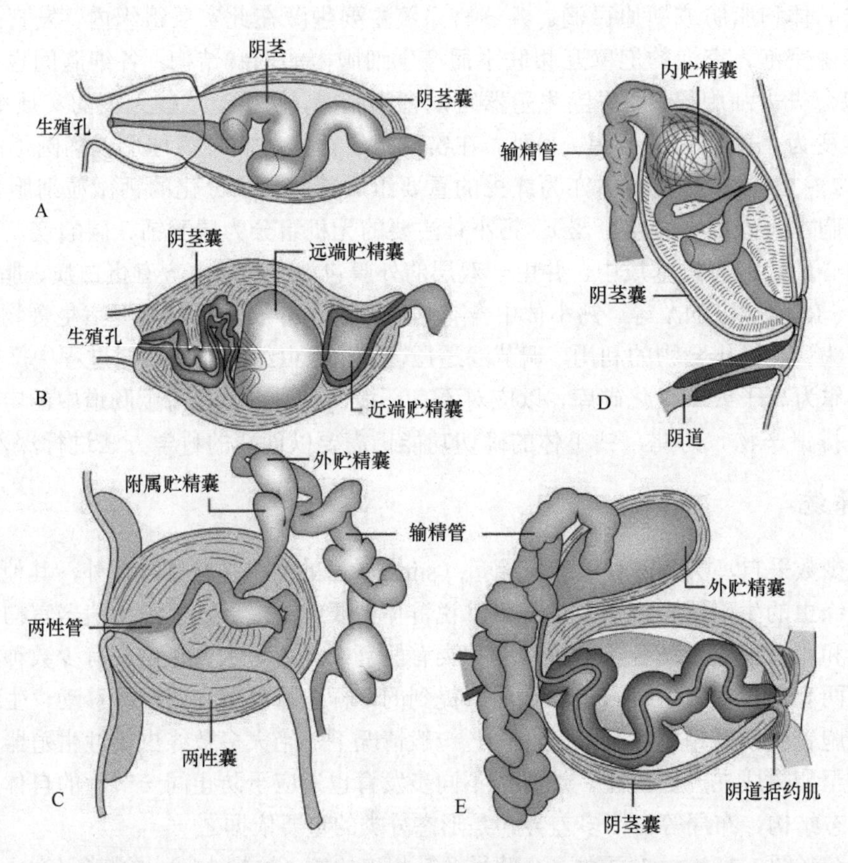

图 1-19　锥吻绦虫生殖器官末端结构示意图（改绘自 Campbell & Beveridge，1994）

A. 巴特勒雪莉吻绦虫（*Shirleyrhynchus butlerae*）；B. 罗西四吻槽绦虫（*Tetrarhynchobothrium rossii*）；C. *Stragulorhynchus orectolobi*；D. 欧文斯真四吻绦虫（*Eutetrarhynchus owensi*）；E. 瓦格纳巨钩绦虫（*Oncomegas wageneri*）

图 1-20　日本副棘叶绦虫（*Paraechinophallus japonicus*）阴茎扫描结构（引自 Levron et al.，2008）

A. 链体中部示节片（Sg），近侧边缘（LM）处有凸出的阴茎（箭头）；B. 部分凸出的阴茎有棘覆盖；C. 凸出的阴茎整体观，注意大多数的棘（S）损失，阴茎的端部无棘（箭头示）；D. 阴茎的棘（S）放大；E. 棘（S）之间的微毛（M）。标尺：A=300μm；B，C=40μm；D=10μm；E=1μm

生殖腔可能是简单的，也可能具有不同的棘或针，或可能具有腺体或附属囊结构。阴茎孔可能开在绦虫节片边缘或节片腹部扁平表面的某些特定部位。如果存在两套雄性生殖系统，则开口在节片两侧边缘相对的位置。

雌性生殖系统由卵巢、卵黄腺、卵模（ootype）或称成卵腔、梅氏腺、子宫、阴道及相关联的管道等组成。整个复合体又称为卵形成器（oogenotop）（图 1-21）。不同属、种中，这些结构的大小、形态和布局都有差异，同样也是形态分类的重要依据。通常卵模位于雌性生殖器官的中心区域，卵巢、卵黄腺、子宫、阴道等均有管道（如输卵管、卵黄管等）与之相连。卵巢一般呈两瓣（翼）状，由许多细胞组成。随着卵母细胞的成熟，通过一简单输卵管离开卵巢，与卵模相通。输卵管可能具有起控制作用的括约肌［称为捕卵器（ovicapt）］以调节卵母细胞的排放，离开卵巢的卵母细胞处于第一次成熟分裂前期。阴道（包括阴道近端的膨大部分——受精囊）远端可能有大量小棘，沿其长度方向可能有 1 个或多个括约肌，远端常开口于生殖腔、阴茎孔附近，近端通卵模。交配后精子贮存于受精囊中，卵母细胞成熟时，受精囊内的精子多通过卵模移行到输卵管的近端，并在其内发生受精作用，穿入卵母细胞，激活使其恢复并完成减数分裂。卵黄腺分为两叶或为一叶，在卵巢附近（如圆叶目），或呈泡状散布在髓质中（如双叶槽目和槽首目），由卵黄管导向卵模，有些种类在导入卵模前有小的卵黄贮藏室。卵黄腺产物与卵壳的形成有关，同时也可能为发育过程中的胚胎提供营养。卵模可以看作周围有单细胞梅氏腺包围的输卵管区域，梅氏腺分泌一薄层膜，包围着合子和相关联的卵黄腺细胞（或其分泌物）。卵壳的形成在一些种类中是由卵黄腺细胞完成的，而在许多种类中是由胚胎细胞完成的。双叶槽目和槽首目绦虫的卵由一层厚的硬壳蛋白囊包被，硬壳蛋白囊由梅氏腺的分泌物：黏液致密体、膜状体和卵黄腺细胞共同形成。囊状子宫亚群绦虫的卵壳由胚胎细胞形成的几层复杂结构组成。这些层状囊壁物包括外被、胚托（胚膜）、六钩蚴膜等。囊壁通常可以区分为 3 种类型：①复孔属或双叶属（*Diphyllidium*）型，具有一薄的囊和一个胚托［如圆叶目的复孔属、莫尼茨属和膜壳属及原头目和四叶目的绦虫卵］；②带属（*Taenia*）型，此型有一薄的囊和一厚的胚托（如带属绦虫和棘球属绦虫卵）；③斯泰勒属（*Stilesia*）型，由没有明显卵黄腺的种类组成，细胞状覆盖层明显是由子宫壁产生的。与双叶槽目和槽首目绦虫比较，复孔属和带属类型仅有 1 个或少数几个

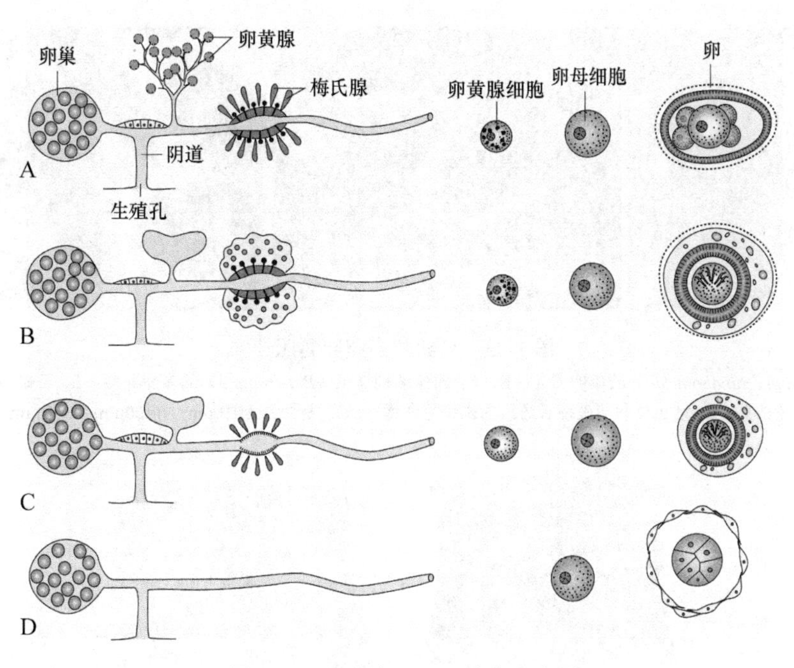

图 1-21　绦虫卵形成器结构示意图

A. 双叶槽目和槽首目；B. 复孔属；C. 带属；D. 斯泰勒属

卵黄腺细胞参与合子膜形成。在胚胎发生早期，几个细胞与胚体的其余部分是隔离的，随后围绕着胚体融合形成外膜（outer envelope，OE），其他细胞形成内膜（inner envelope，IE）。卵黄腺细胞参与外膜的形成。外被在外膜外形成，加入或取代卵囊。胚托和六钩蚴膜由内膜形成（图 1-22）。

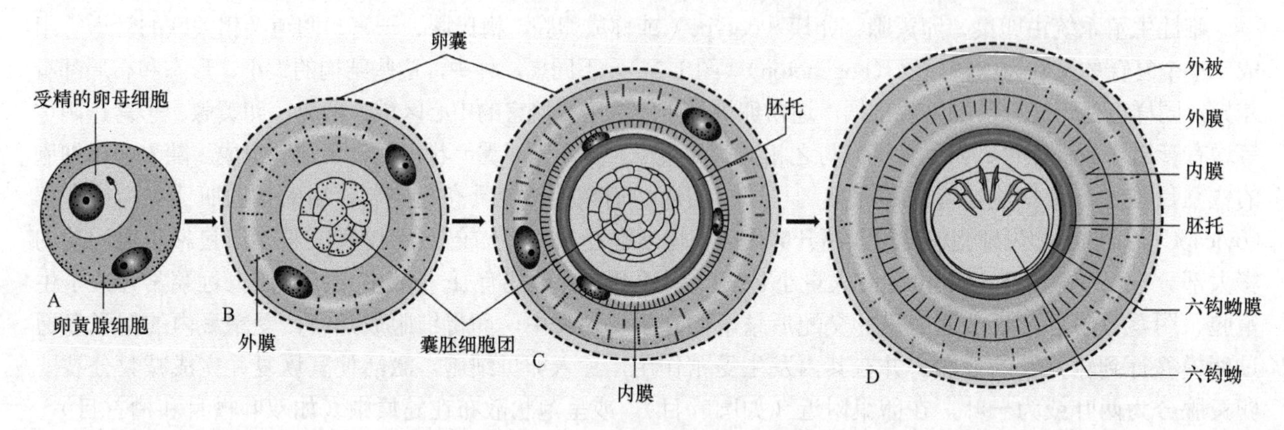

图 1-22　圆叶目绦虫胚膜形成示意图

A. 受精的卵母细胞由卵黄腺细胞和卵囊包围；B. 发育早期，示卵黄腺细胞和囊胚细胞形成外膜；C. 发育后期，示其他囊胚细胞形成内膜；D. 成熟六钩蚴具有完全发育的胚膜：外被、内层胚膜（外膜+内膜）、胚托及六钩蚴膜（光镜下看不到）

伴随着合子和卵黄腺细胞通过卵模，加入梅氏腺的分泌物，此分泌物可以使卵黄腺细胞的壳物质释放出形成卵囊的结构性支持组分。离开卵模，有些种类的受精卵在子宫中发育直至完成胚化过程，有些种类的受精卵在子宫中并未胚化，而处于休眠状态。子宫的结构除因绦虫的种类不同而有管状、网状、叶状、囊状或环状等外，还受虫卵的积聚与压力的影响而形成各种不规则的形状。一般单管状的子宫，由于长度不断地增加，可以变成螺旋状，以便容纳更多的虫卵。袋状的子宫又可有袋状或网状分支。有的子宫到一定时期还会退化消失，而虫卵遂散布在由实质形成的袋状腔（卵囊）内，有的种类卵囊中含有 1 个虫卵，有的种类卵囊中含有多个虫卵（图 1-23）。还有些种类出现一个或多个纤维-肌肉质的结构[称为副子宫器（paruterine organ）（图 1-24）]并附着于子宫。在这些种类中，卵从子宫进入副子宫器（副

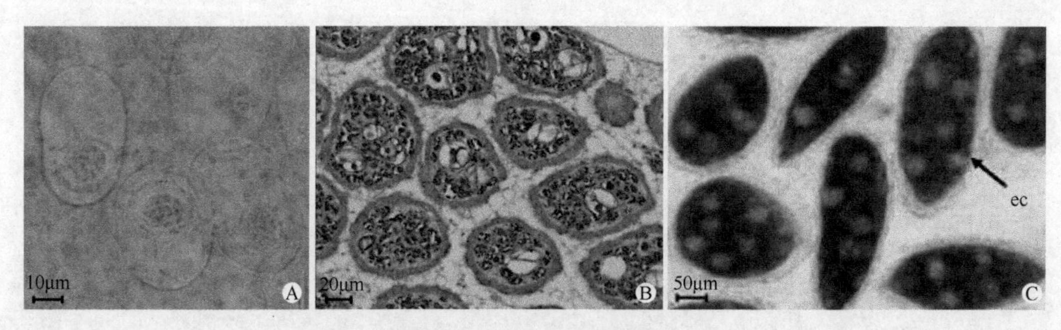

图 1-23　单卵和多卵卵囊照片

A. 棘盘瑞利绦虫（*Raillietina echinobothrida*）的单卵卵囊；B，C. 四角瑞利绦虫（*R. tetragona*）的多卵卵囊：B. 石蜡切片苏木精-伊红（HE）染色结果；C. 活虫体孕节破裂后逸出的未染色卵囊（ec）。标尺：A=10μm；B=20μm；C=50μm

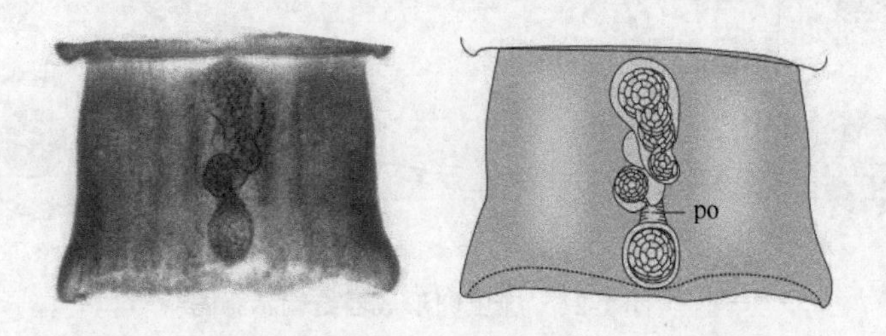

图 1-24　中殖孔绦虫（*Mesocestoides corti*）孕节的子宫和副子宫器（po）及结构示意图

子宫器的功能类似于子宫），副子宫器形成之后子宫常常退化。一些类群（如双叶槽目和槽首目的绦虫），由于虫卵成熟后可通过一个预成的子宫孔释放，子宫不是很发达。而在其他类群中（如圆叶目绦虫），无子宫孔释放虫卵，而是通过节片裂隙或断裂释放虫卵。节片成熟后，配子形成并受精，雄性生殖系统渐趋萎缩而后凋亡消失，雌性生殖系统仅子宫扩大充满虫卵，其他部分亦逐渐萎缩消失，至此即成为孕节。

1.1.2.5 排泄或渗透调节系统

与其他扁形动物的排泄系统一致，绦虫的排泄系统为原肾管型，基本结构单位为焰细胞和管细胞（图 1-25）。焰细胞为中空、特化的腺细胞，细胞向中空的腔内形成鞭毛（也有人称为纤毛）束（1 条至上百条不等，因种而异），这些单细胞腺中的鞭毛摆动，将虫体实质中过多的液体和溶入液体的一些代谢废物排入一系列由管细胞围成的排泄小管（或称收集管）中，之后汇入较大的小管，最大的小管称为排泄管，排泄小管和排泄管的管腔面有大量微绒毛，表明其具有积极的吸收转运功能。绦虫典型的排泄管为两对，一对位于各体侧腹侧位，另一对为背侧位（通常较腹侧位排泄管细小）。这些管可以是通体独立的，也可以在每一节片中有分支相吻合。通常情况是在各节片的近后部边缘位置有一横向管道将腹侧管连接到一起，而背侧管保持单条状态。背侧和腹侧管在头节相汇，通常有复杂的分支联合。链体后端两对管接通汇入一排泄囊，之后经排泄孔通体表。在多节绦虫种中，排泄囊及之后的排泄孔随末端链体节片的脱落而消失，因而随后排泄管在链体的末端独立排空。在少数种类中，主管通过短的侧管排空。

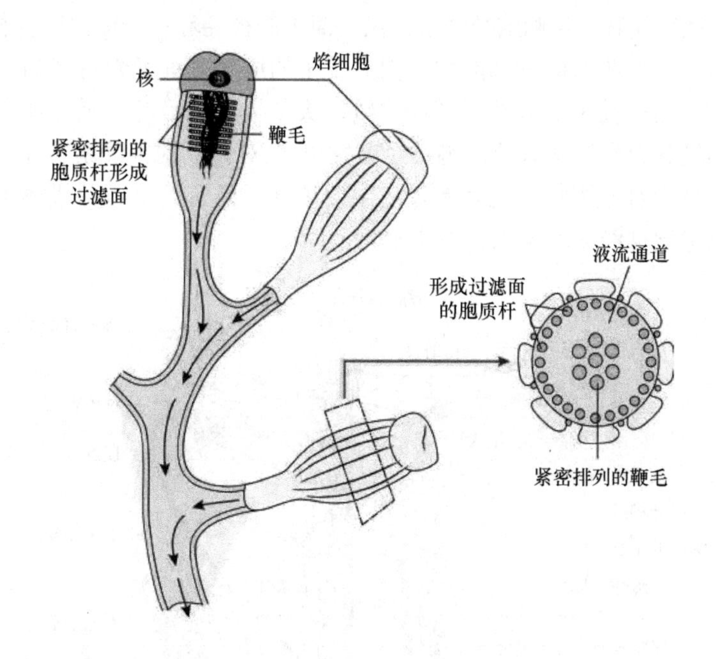

图 1-25 绦虫原肾管系统局部末端及焰细胞过鞭毛束横切结构示意图（箭头示液流方向）

排泄系统的主要功能可能包括代谢废物的排泄和活跃的离子转运，以调节虫体离子与水的平衡等。缩小膜壳绦虫排泄管中的液体含有葡萄糖、可溶性蛋白、乳酸、尿素和氨，但没有脂类。

绦虫能量代谢的主要末端产物——短链脂肪酸，很可能通过扩散或其他转运方式运出皮层。

绦虫排泄或渗透调节系统背侧管液体的流向是从后端流向前端的头节，而腹侧管的液体则是从头节流向链体后部末端。偶然会存在缺乏背侧管的例子。绦虫主要排泄管道的排布在分类上有一定的参考价值。

皮层表面的另一功能是渗透调节。虽然人们认为绦虫是适渗动物（osmoconformer），但它们在不同渗透浓度条件下调节能力并不强。例如，当5mmol/L葡萄糖存在时，缩小膜壳绦虫可在渗透压为210～335mOsm/L的平衡盐溶液进行渗透调节。没有葡萄糖的情况下，当pH为7.4、渗透压在300mOsm/L时，缩小膜壳绦虫会快速失水。有人将此总结为：缩小膜壳绦虫的水平衡与排泄的酸浓度和介质的pH密切相关。

1.1.2.6 消化系统

绦虫无消化系统，其皮层和与之相连的细胞具有相当于其他动物消化系统的功能，吸收营养物依靠皮层外的微毛。绦虫微毛尖端较硬（透射电镜下微毛尖端电子密度高），能擦损宿主肠上皮细胞，从而使宿主高浓度而富有营养的胞质渗出于虫体周围，无数的微毛又极大地扩展了吸收面积。此外，微毛还有吸附能力，以避免虫体从宿主消化道中排出。绦虫的体壁能抵抗宿主的消化液，同时它能借助深埋在实质中的电子致密细胞体不断更新。皮层浅部的大量空泡显示它具有胞饮作用（pinocytosis）和运输功能。线粒体、内质网及晶体状储存体（crystalline storage body）足以证明其能“加工”所吸收的物质并能把它们储存和运送到皮层或实质中去。

1.1.2.7 神经系统和感觉器官

绦虫的主要神经中枢位于头节。神经节、神经联合、运动支配和感觉神经末梢的复杂性取决于虫体头节上结构的复杂程度。其中最简单的神经系统存在于吸槽型绦虫如槽首绦虫（*Bothriocephalus* spp.）中（图1-26），其神经系统仅有一对侧脑神经节，由一简单的神经环和一横向联合相联系。从侧脑神经节发出成对向前的神经索，支配头节的顶部区域，向后发出的成对侧神经索持续向后达链体末端，吸槽由侧神经分出的小支支配。与此简单的神经系统相比较，头节上具有吸叶、吸盘和吻突、吻钩等的绦虫，头节上有更为复杂的神经联合和连接系统，脑神经节发出5对纵行的神经索贯穿整个链体。头节除了运动神经支配，还有很多感觉神经末梢，尤其是在皮层的顶部，已有人报道并描述了其张力感受器，这些感觉神经末梢能将理化感觉神经冲动传入神经中枢。

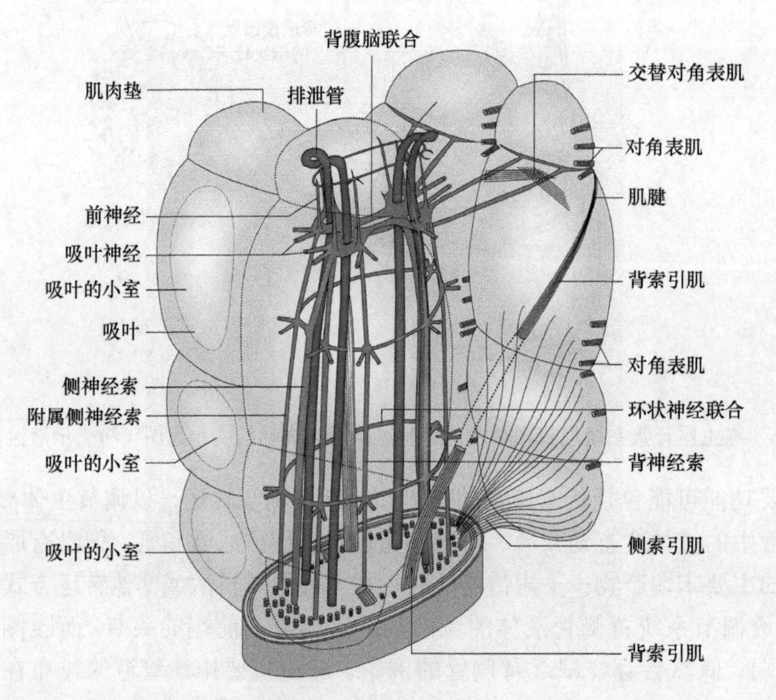

图1-26　槽首绦虫前端神经系统结构示意图（仿绘自Schmidt & Roberts，2000）

总体而言，绦虫的神经系统同样为典型扁形动物的矩形或梯形设计，纵行神经索在每一个节中都有较多的节间神经联合相连。神经联合发出小的神经分支，支配体壁肌肉。阴茎和阴道部位有丰富的神经支配，同时，围绕生殖孔的感觉神经末梢比链体其他部位更为丰富。这样的分布对其繁殖行为有重要意义。

由于绦虫神经纤维无髓鞘，传统的组织学染色不易着色，研究其解剖结构极为困难。使用乙酰胆碱酯酶活性位点及免疫组化和免疫细胞化学技术阐明神经肽与5-羟色胺（血清素，5-HT）等使绦虫神经系统的研究得以实施。5-羟色胺是一种重要的兴奋性神经递质，而乙酰胆碱似乎是一种主要的抑制性神经递质。经酶与免疫组化定位研究，人们已在绦虫中发现有几十种神经肽。例如，扩张莫尼茨绦虫整个中枢和外周神经系统中就有胆碱能、血清素能和肽能组分。此外，绦虫神经元中经典神经递质和肽类共存，其中神经肽的功能目前还不是十分清楚。

绦虫的体表有很多感觉乳突，尤其较多地分布于头节部位，皮层（尤其是头节皮层）中含有多种形态的相应感受器，其中有一些感受器的末端具有变形的纤毛结构，有的感受器则没有纤毛（图1-27～图1-29）。

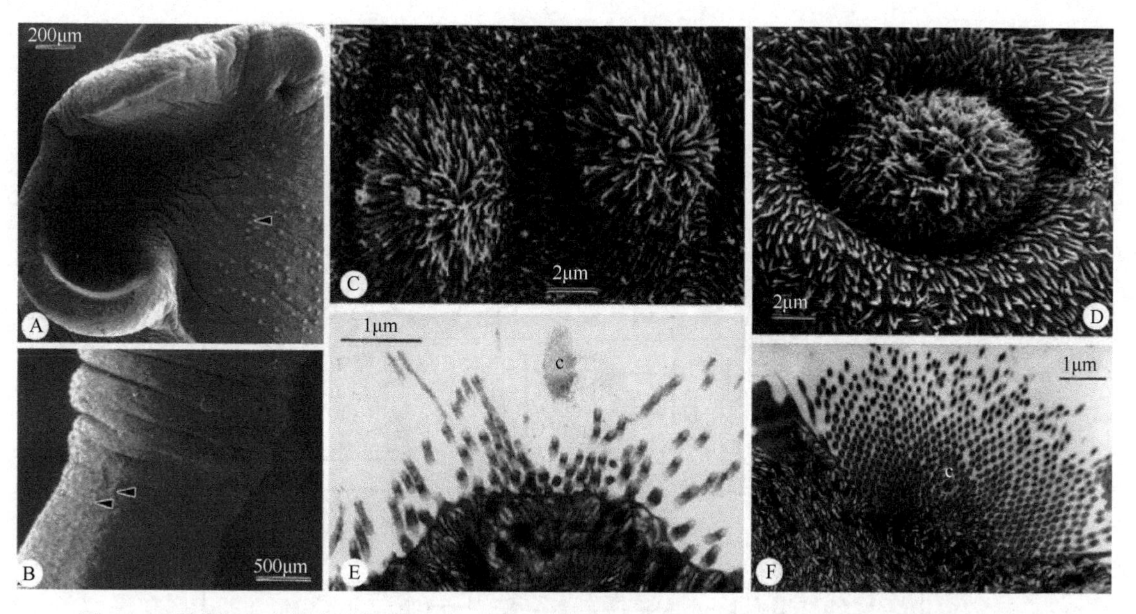

图1-27　锥吻目巨大裸吻绦虫（*Gymnorhynchus gigas*）实尾蚴头节及其附近乳突和推断性感受器
（引自Casado et al.，1999）

A. 吸槽部位，示大量乳突（箭头所示）；B. 吸槽后部有两列乳突（箭头所示）；C. 舒展的吸槽上的两个乳突状纤毛丛；D. 收缩的吸槽上的一个乳突状纤毛丛；E. 图C之一乳突状纤毛丛切面透射结构；F. 图D结构切面透射结构。缩略词：c. 纤毛

1.1.2.8　循环及呼吸系统

绦虫无循环及呼吸系统，主要靠实质组织行使相应功能，其呼吸以厌氧呼吸为主。

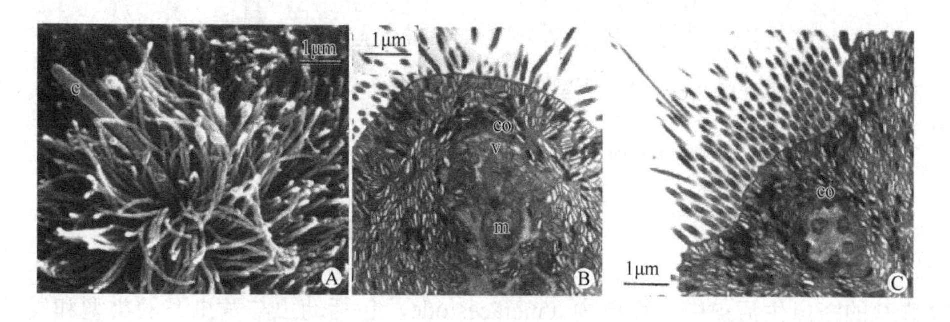

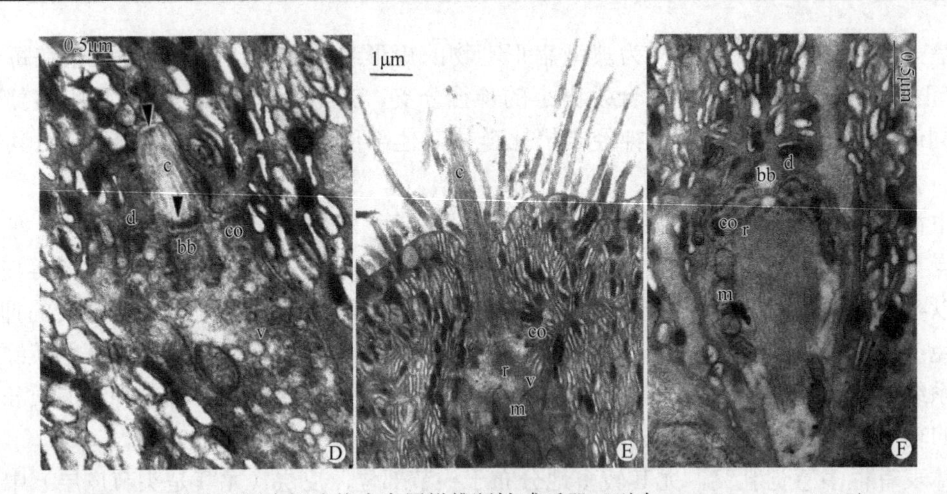

图 1-28　锥吻目巨大裸吻绦虫实尾蚴推断性感受器（引自 Casado et al.，1999）

A～C. Ⅰ型感受器扫描与透射结构；D～F. 依次为Ⅱ、Ⅲ和Ⅳ型感受器纵切面透射结构。缩略词：c. 纤毛；co. 电子致密领；m. 线粒体；v. 囊泡；bb. 基体；d. 桥粒；r. 小根

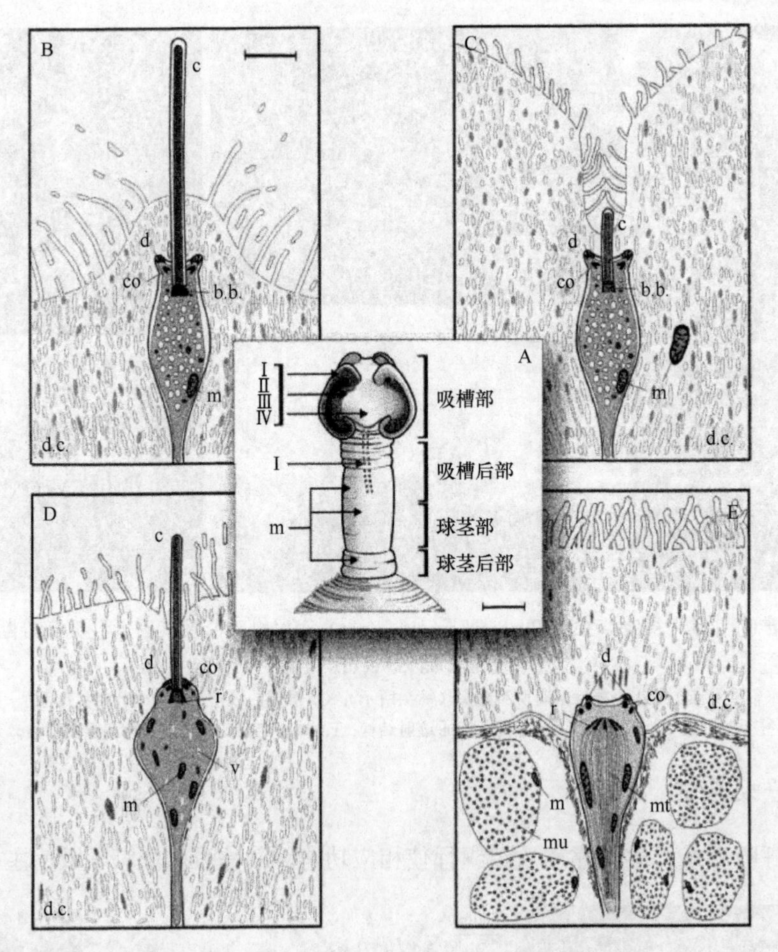

图 1-29　巨大裸吻绦虫实尾蚴头节的Ⅰ～Ⅳ型感受器的定位分布及结构示意图（引自 Casado et al.，1999）

A. 实尾蚴头节；B～D. Ⅰ～Ⅲ型具纤毛的感受器；E. Ⅳ型无纤毛感受器。缩略词：c. 纤毛；co. 电子致密领；m. 线粒体；v. 囊泡；b.b. 基体；d.c. 远端胞质；mt. 微管；mu. 肌肉；d. 桥粒；r. 小根。标尺=1mm

1.2　绦　虫　蚴

在已研究清楚的绦虫生活史中，绦虫蚴（metacestode，包括幼虫与童虫）的类型和发育细节存在很

大区别，但都有一个基本的发育过程框架：①终末宿主体内虫体受精卵胚胎发育，产生的幼虫为六钩蚴、十钩蚴或钩毛蚴；②六钩蚴、十钩蚴或钩毛蚴在被中间宿主食入前后孵化，孵出后进行活跃的变形运动，钻入宿主肠胃外的组织部位；③幼虫在宿主肠胃外组织部位变形成为童虫，通常具有 1 个头节；④绦虫蚴到成虫的发育在同一宿主或另一宿主肠胃内进行。各种绦虫蚴的形态结构各不相同，常见的有以下类型（图 1-30）。

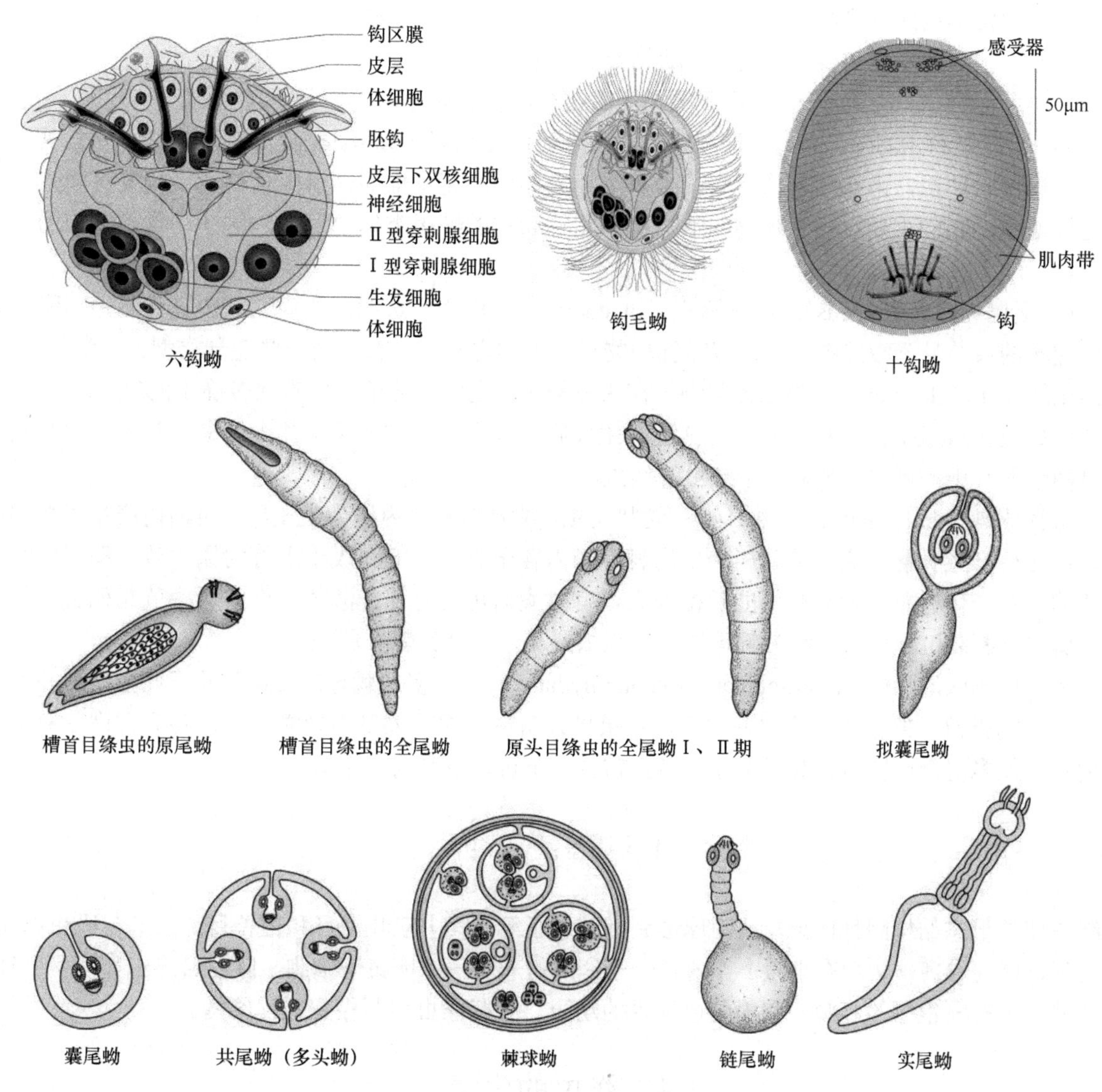

图 1-30 常见的绦虫蚴

常见绦虫的幼虫与童虫的类型和主要特征归纳简述如下。

（1）六钩蚴（hexacanth，oncosphere）：自卵孵出的小型球状幼虫，有 6 个小钩，用于穿过宿主肠壁。

（2）十钩蚴（decacanth，lycophore）：有 10 个小钩、肌肉带和感觉器。

（3）钩毛蚴（coracidium）：又称钩球蚴。形态构造与六钩蚴类似，不同之处是全身分布有纤毛。

（4）原尾蚴（procercoid）：由钩毛蚴发育而来。为一简单、伸长的幼虫，体后方常有一个球状物，称为尾球，尾球上有 6 个小钩，原尾蚴感染下一个宿主前，尾球常会脱落。

（5）全尾蚴(plerocercoid) 又称裂头蚴或全尾幼虫。从原尾蚴发育而来，是一个伸长的未分化或部分分化的幼虫，被终末宿主吞食后则在终末宿主体内发育为成虫。

（6）裂头蚴（sparganum）：最初用于表示原假叶目的全尾蚴，由原尾蚴发育而来。现在通常用于表示双叶槽属的全尾蚴。裂头蚴体为实心的实质结构，已失去小尾球及小钩，并开始形成附着器，分化出头节。有时可以通过无性出芽的方式增殖。在鱼、两栖、爬行和哺乳类动物体内发育。

（7）实尾蚴（plerocercus）：锥吻目的一些种类中发现有大量的全尾蚴样幼虫，此幼虫体后部是一个称为胚囊的囊，体其余部分可以缩入胚囊中。在鱼体中发育。

（8）拟囊尾蚴（cysticercoid）：由六钩蚴发育而来，体前端有很小的囊腔和相比之下较大的头节，后部则是实心的带小钩的尾状结构。其有很多类型：不同形态、不同被膜，是圆叶目绦虫常见的幼虫类型，发现于节肢、软体、环节和少量更低等的动物类群体中。

（9）链尾样蚴（strobilocercoid）：囊尾蚴样的结构，有链体分化，见于蝴蝶体内。

（10）四盘蚴（tetrathyridium）：该型幼虫为圆叶目中殖孔属（*Mesocestoides*）绦虫的幼虫。其是一个相当大的囊尾状幼虫，由脊椎动物吞食了含有早期囊尾蚴的无脊椎动物后由早期囊尾蚴发育而来，有的可以无性增殖。它们主要在哺乳动物的啮齿类和爬行动物的蜥蜴类体中发育，这些动物是它们的第二中间宿主。

（11）囊尾蚴（cysticercus）：俗称囊虫（bladderworm），为半透明泡状囊，其中充满囊液，囊壁上有一向内翻转的头节悬于囊液中。在许多哺乳动物包括人体内发育。有下列一些变异类型。

链尾蚴（strobilocercus）：类似囊尾蚴，在头节与尾囊之间有分节，如带状带绦虫的幼虫。

共尾蚴（coenurus）：亦称多头蚴。其尾囊生发膜层以出芽的方式长出几个到多个头节，每个头节以一简单柄陷入共用的囊中，如多头带绦虫的幼虫。

单房棘球蚴（unilocular hydatid cyst）：囊状幼虫，囊壁分层，内层为生发层，可向内产生子囊和原头节。子囊还可产生孙囊和原头节。一个单房棘球蚴内含子囊、孙囊和成千上万的原头节；偶尔也发现无原头节的不育个体。单房棘球蚴可能长得很大，有时囊内可含有几升液体。许多原头节在死去或不正常情况下偶尔会断裂沉于囊底，称为棘球沙。此绦虫蚴见于圆叶目棘球属绦虫。

多房棘球蚴或泡状蚴（multilocular，alveolar hydatid cyst）：多房棘球绦虫的幼虫，此型幼虫基本结构与单房棘球蚴类似，但存在广泛的外生芽，结果导致宿主组织被大量小型囊渗入，各囊含许多原头节，终末宿主食入多房棘球蚴后，其每个原头节正常状况下可以发育为一个成体。

1.3 虫　卵

绦虫卵的形态结构因种而异，从圆球形到椭圆形不等。其中双叶槽目和槽首目绦虫卵与吸虫卵相似，为椭圆形，卵壳较薄，一端有小盖，卵内含一个卵细胞和若干个卵黄腺细胞。圆叶目绦虫卵多呈圆球形，卵壳很薄，内有一很厚的胚膜，卵内是已发育的幼虫。有些绦虫卵两极有极丝结构。

1.4 绦虫的生活史

绝大多数绦虫种的生活史都没有人研究过。目前世界范围内进行绦虫生活史研究的专门团队几乎已不存在。事实上，好几个目的绦虫没有任何完整的生活史记录。在已知的绦虫生活史中，发育过程中幼虫的形成与类型存在较大区别。已研究清楚生活史的绦虫除个别如寄生于人类和啮齿动物的微小膜壳绦虫又称短膜壳绦虫（*Hymenolepis nana*）（圆叶目：膜壳科）［可以是单宿主的生活循环，通过自体感染在终末宿主体内完成整个幼虫阶段的发育，也可以通过中间宿主（蚤类、面粉甲虫、拟谷盗等）完成生活史］外，绝大多数绦虫在其生活史中都需要一个或两个中间宿主。性成熟期寄生于 1 种动物（终末宿主），而幼虫期寄生于不同的动物（中间宿主），幼虫与成虫在形态结构和生理、行为和习性等方面都有区别，属于变态发育。性成熟的绦虫绝大多数寄生于所有各纲脊椎动物的肠、肠分支或与肠道相通连的器官内，少量寄生于无脊椎动物的体腔或血腔中。一旦成熟，不同种的绦虫可以存活几天到十年或更长时期不等。

在绦虫繁殖期中，不同种绦虫可产几个到上百万个虫卵不等，因种而异，同种也因不同个体及不同生理状况而异。每个虫卵含有一个有发育为成虫潜力的幼虫。显然这些幼虫的死亡率很高，否则绦虫量会很大。由于很多绦虫是雌雄同体的，它们可以使自己的卵受精。同一节片的精子可以通过阴茎转移到阴道，或当有机会时，链体相邻节片的精子可以进入本节阴道。通常精子贮存在阴道的膨大部——受精囊中，但少数种类不存在阴道孔。不存在阴道孔的绦虫已有研究者观察到其通过皮下注入，即阴茎通过体壁插入（图 1-31），精子贮存在实质组织中。少数绦虫是雌雄异体的，其链体性别的决定因子尚不清楚，同一链体的节片全都表现出具有发育为任一性别的潜力。有研究表明，在雌雄异体绦虫中，两条或多条链体的相互作用对于性别的决定很重要。例如，无棘西普利绦虫（*Shipleya inermis*）（圆叶目：双体科），如果宿主滨鸟体内仅有一条链体存在，则通常为雌性；如果存在两条链体，则一为雌性，一为雄性。事实上，多数情况下一个宿主就只有雌、雄性各一条链体存在。在一些类群中，成节在宿主肠道中脱离并独立存在，并与其他相接触的节片交配。绦虫在其终末宿主体内的受精方式大多为自体受精，少数为异体受精或异体节受精。无脊椎和脊椎动物都可以作为绦虫的中间宿主。几乎在每一类群的无脊椎动物中都发现有绦虫蚴寄生，最常见且发生量多的是节肢动物中的甲壳类、昆虫和蜱螨类及软体动物和环节动物等。通常，当一绦虫幼虫发现于一水生无脊椎动物中，则成虫一般发生于水生的脊椎动物或以此类水生无脊椎动物为食的脊椎动物中。相似的理论同样可以用于陆生的宿主。脊椎动物中间宿主主要为鱼类、两栖类、爬行类和哺乳类。绦虫幼虫常发现于这些宿主中，成熟于以这些中间宿主为食的捕食者。

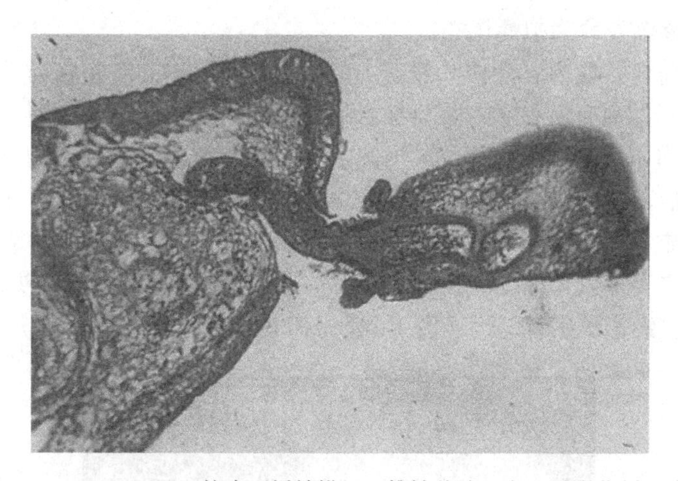

图 1-31 *Dioecotaenia cancellatum* 的皮下授精横切：雄性节片（右）以阴茎刺入雌性节片（左）
（引自 Schmidt & Roberts，2000）

生活史研究较为完整、清楚的主要有圆叶目、槽首目、双叶槽目中少数与人畜关系密切的种类，现按目分别介绍如下。

1）圆叶目绦虫的生活史

圆叶目绦虫卵的发育是在成虫孕节内进行的，其卵壳较脆弱，没有卵盖，卵壳多在未离母体前脱落，因此常见的所谓“卵壳”实际上是胚膜。虫卵从母体释放出时，成熟的六钩蚴已经形成。由于圆叶目绦虫的子宫不向外开口，因此，成熟的虫卵随着孕节脱落后，在从终末宿主肠道排出过程中的机械作用下，或排出体外节片破裂后才能释放出来。虫卵被适宜的中间宿主吞食后，其内的六钩蚴（图 1-32A、B）逸出，做变形运动，辅以钩的穿刺作用，迅速穿过宿主肠壁移行至相应寄生部位，并发育成为具有某种形态特征的绦虫蚴，圆叶目绦虫的绦虫蚴主要有拟囊尾蚴（图 1-32C）和囊尾蚴两种类型（图 1-32D）。

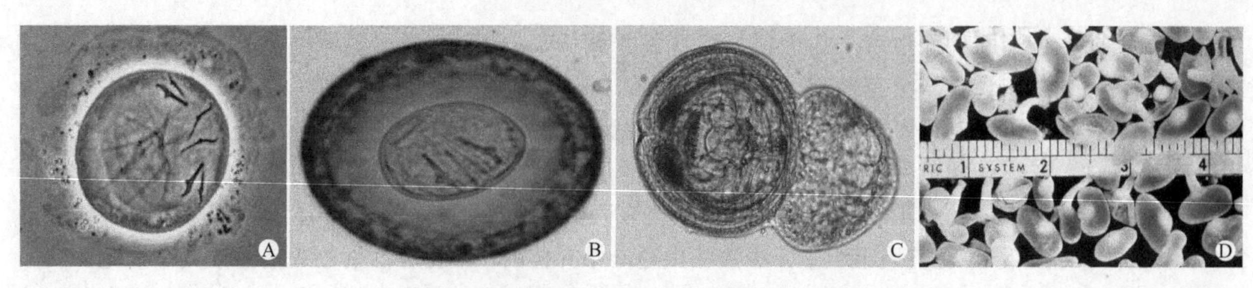

图 1-32　六钩蚴、拟囊尾蚴和囊尾蚴实物

A. 短膜壳绦虫（*Hymenolepis nana*）的六钩蚴；B. 缩小膜壳绦虫（*H. dimimuta*）的六钩蚴；C. 短膜壳绦虫的拟囊尾蚴；D. 取自牛心的牛带绦虫囊尾蚴（A，B 引自 http://www.soton.ac.uk/～ceb/Diagnosis/volume22.jpg；C 引自 http://www.research.kobe-u.ac.jpg；D 引自 http://www.k-state.edu/parasitology/）

拟囊尾蚴为一个含有凹入头节的双层囊状体，其一端具有尾巴样的构造，发育经过随绦虫的种类而异。主要可分为头节在囊内发育及头节在囊外发育后缩入囊内的两种发育类型。生活史研究得较为清楚的犬复孔绦虫，其虫卵被跳蚤吞食后，六钩蚴从胚膜逸出，做变形虫样运动，经跳蚤胃壁钻入血腔，初期变化是体积增大，原始囊腔出现，带有六钩的前端开始分化为尾体或小尾球，头节在囊内逐渐形成，小尾球最后脱落，约经 1 个月，拟囊尾蚴成熟。有的绦虫，拟囊尾蚴的尾体只出现于发育的早期，这种绦虫蚴称为隐拟囊尾蚴（cryptocystis），如果早、晚期均有尾体则称有尾拟囊尾蚴（cercocystis）。寄生于鸟类和哺乳类动物体内的许多绦虫的绦虫蚴虫体在其中间宿主体内为拟囊尾蚴类型。例如，寄生于牛、羊、马小肠的裸头科绦虫的卵，随宿主粪便排出体外，被中间宿主地螨吞食后，在地螨体内释放出六钩蚴，六钩蚴在地螨体内逐渐发育为拟囊尾蚴。

囊尾蚴为半透明的囊体，囊内含液体，并有头节凹入。囊尾蚴的囊腔相当于拟囊尾蚴的尾部。囊尾蚴的形态随绦虫的种类不同而有所差异。带科绦虫的绦虫蚴均属于囊尾蚴类型。囊尾蚴多寄居于中间宿主的肝、肺、腹腔、肌肉、大脑及眼等部位，中间宿主有草食动物和杂食动物，也包括人类。中间宿主吞食了带科绦虫的虫卵后，六钩蚴在其十二指肠中逸出，做变形运动并借助 6 个小钩的机械作用钻入肠黏膜，随血流到达其特定寄生部位，逐渐发育为成熟的囊尾蚴。猪囊尾蚴、牛囊尾蚴、羊囊尾蚴、细颈囊尾蚴只有一个头节。多头绦虫（*Multiceps multiceps*）的绦虫蚴为共尾蚴或多头蚴（图 1-33）。棘球绦虫（*Echiococcus* sp.）的绦虫蚴为单房棘球蚴（图 1-34，图 1-35）。

图 1-33　取自两岁栗鼠（chinchilla）腿肌间膜的多头蚴（引自 http://picasaweb.google.com/）

多房棘球绦虫的绦虫蚴为多房棘球蚴或多房泡状蚴。此外，还有链状囊尾蚴或称链尾蚴，该类型幼虫头节在体的前端，一个小囊泡在体末端，头节与囊泡之间有很长并且分成许多节但无性器官的链体，如猫带状泡尾绦虫（*Hydatigera taeniaeformis*）的绦虫蚴。以上几种绦虫蚴虫体基本上与囊尾蚴相似，所以仍归在囊尾蚴类型里。

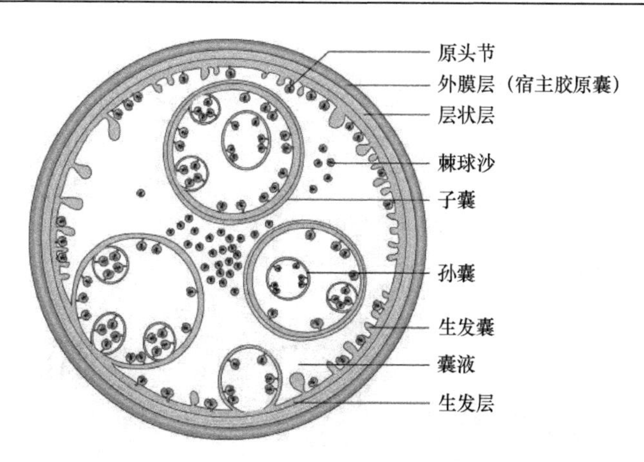

图 1-34 单房棘球蚴结构示意图

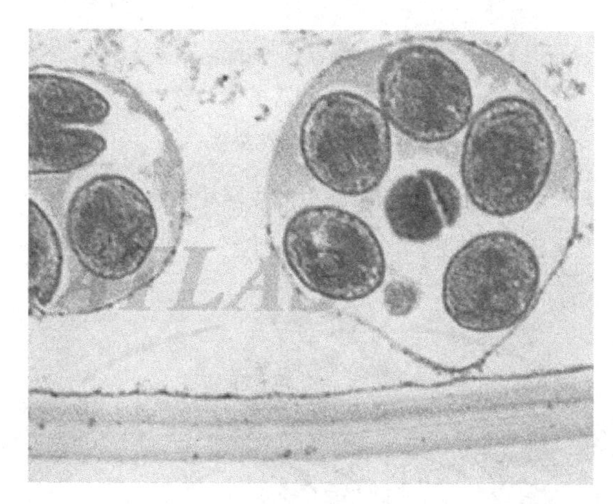

图 1-35 细粒棘球绦虫的棘球蚴，示三层囊壁和两个内含多个原头节的子囊实物照
（引自 http://www.atlas.or.kr/.../include/viewImg.html?uid）

当终末宿主吞食了含有拟囊尾蚴或囊尾蚴或棘球蚴的中间宿主组织后，在胃肠内经消化液作用，蚴体逸出，头节外翻，吸附在肠壁上，逐渐发育为成虫。以猪带绦虫和细粒棘球绦虫的生活史为例，说明如下。

（1）猪带绦虫的生活史 人既是猪带绦虫的终末宿主，也可成为其中间宿主。成虫以头节上的吸盘和小钩附着于人小肠黏膜上。孕节在离开宿主前，其内的卵已发育成具有 6 个小钩的六钩蚴。虫体末端的孕节随粪便排出宿主体外，节片或随着节片的破裂而散落的虫卵被猪吞食后，在猪胃液的作用下，六钩蚴脱壳而出，钻入肠壁内，随血液或淋巴循环到达身体各部，而以肌肉中存留最多，尤其是咀嚼肌、心肌、舌肌及肋间肌等处，经 60～70 天发育为成熟的猪囊尾蚴。囊尾蚴为黄豆大小的白色囊泡，囊内充满半透明的液体，头节凹陷入囊泡中。有囊尾蚴寄生的猪肉，俗称“米猪肉”或“豆猪肉”。人因食用未煮熟的米猪肉或豆猪肉而感染。囊尾蚴在人胃肠液的作用下，头节翻出，并进入小肠，用钩和吸盘吸附在肠壁上，并自颈区不断长出节片，经 2～3 个月后发育成熟（图 1-36）。成虫在人体内可存活数年，长者可达 25 年。

人若误食猪带绦虫的虫卵，或已感染成虫的患者，由于消化道的逆向蠕动，将孕节返入胃中而自体感染，成为猪带绦虫的中间宿主，引起人囊尾蚴病，俗称囊虫病。

（2）细粒棘球绦虫的生活史 细粒棘球绦虫成虫寄生于狗、狼和狐等食肉动物的小肠内。虫卵随终末宿主的粪便排出体外，污染牧场、畜舍、水源和周围环境，若被中间宿主（人、牛、羊、骆驼和马等）吞食后至小肠，自卵内孵出六钩蚴，六钩蚴穿过肠壁进入门静脉系统，大部分停留在肝，部分随血流到达肺、肾和脑等部位寄生，经数月发育长大为棘球蚴。含有棘球蚴的牛、羊等的内脏被终末宿主食入，棘球蚴内的原头节即在终末宿主的小肠内散出，并吸附于肠壁上寄生，经 3～10 周发育为成虫（图 1-37）。棘球蚴引起人体包虫病。

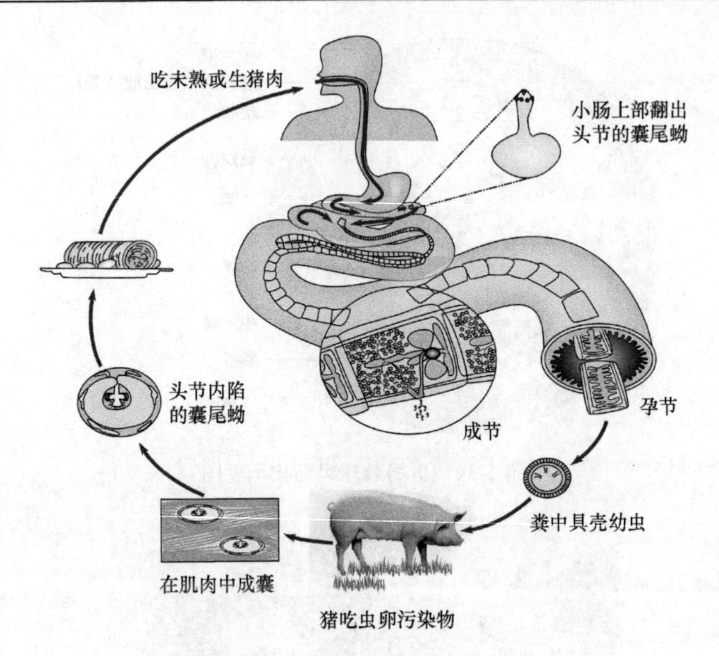

图 1-36　猪带绦虫的生活史示意图

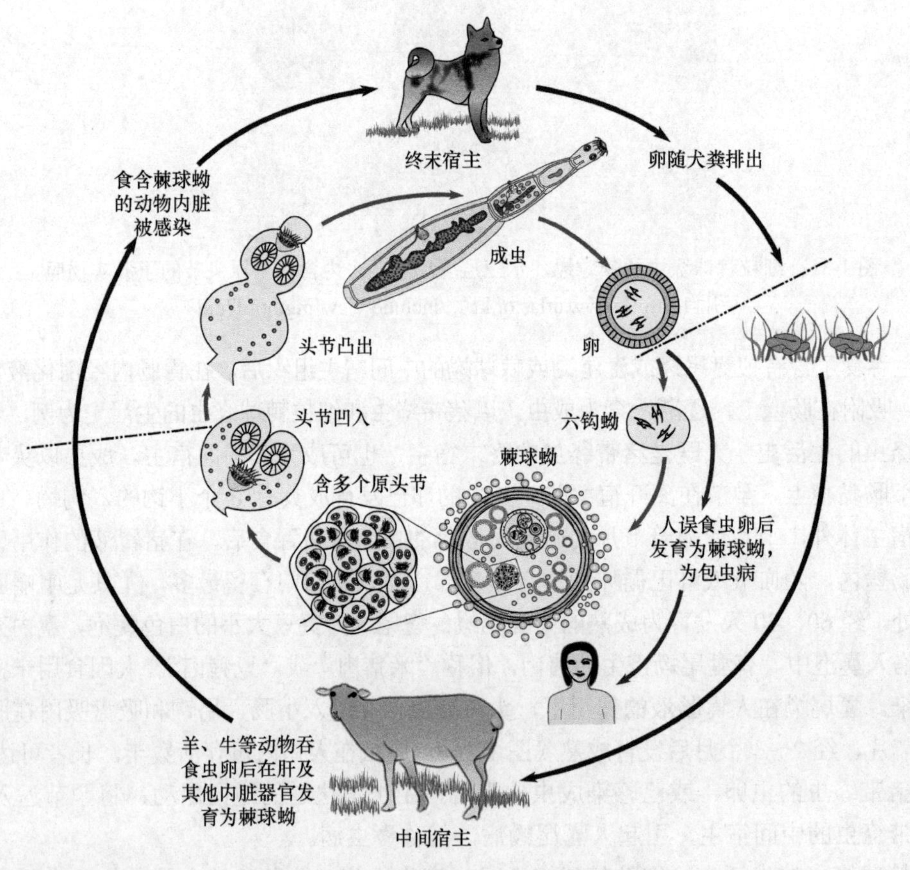

图 1-37　细粒棘球绦虫的生活史示意图

2）槽首目和双叶槽目绦虫的生活史

槽首目和双叶槽目绦虫孕节的子宫向外开口，虫卵可从子宫孔排出，随终末宿主粪便排到外界。其卵壳厚，且一端常有卵盖。排出体外时对中间宿主不具有感染性，只有在水中发育后，才能形成含有 6 个小钩的幼虫。由于其六钩幼虫外面有密布纤毛的胚膜，因此又称为钩毛蚴或钩球蚴（图 1-38）。

以裂头绦虫为例：钩毛蚴被第一中间宿主剑水蚤（*Cyclops*）吞食后，在剑水蚤的血腔中发育为原尾蚴（图 1-39）。

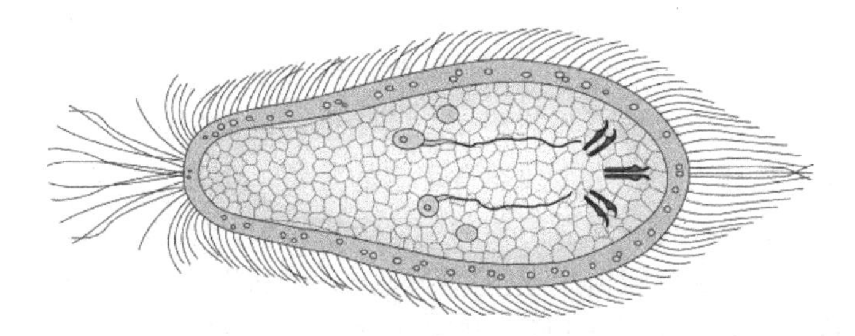

图 1-38 猬裂头绦虫（*Diphyllobothrium erinacei*）钩毛蚴结构示意图

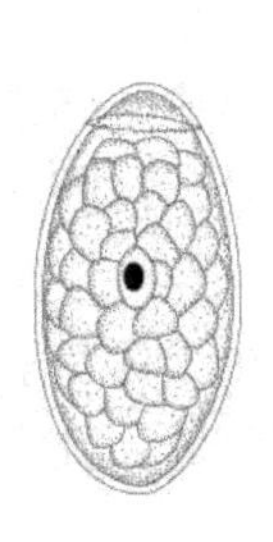

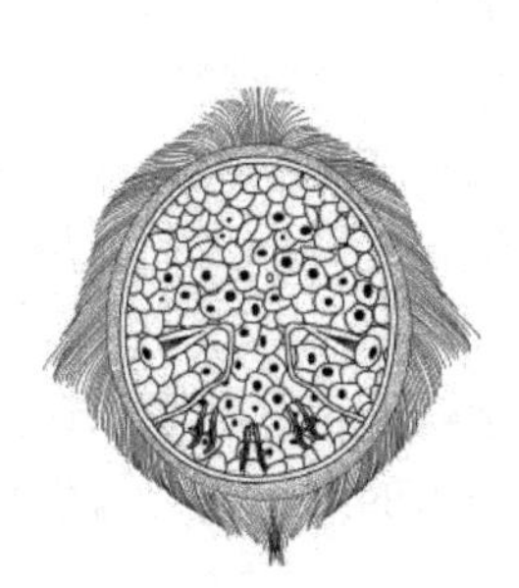

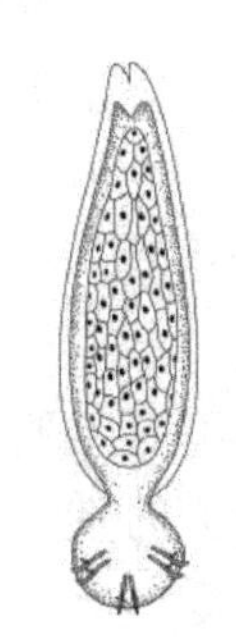

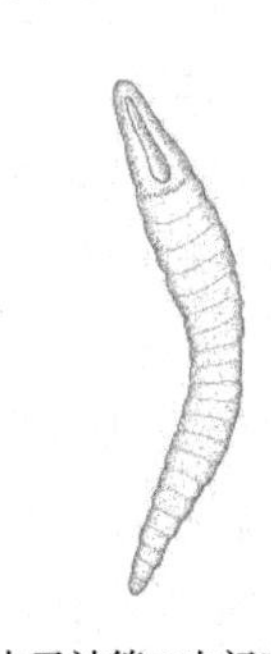

图 1-39 槽首目和双叶槽目绦虫发育过程的幼虫结构示意图

原尾蚴为实心结构，它的前端有一凹陷处，称为前漏斗，末端有一个小尾球（cercomer），其内有 3 对小钩。体表有许多微毛，密布全身。含有原尾蚴的剑水蚤被第二中间宿主——鱼、蛙、蛇及多种哺乳动物吞食后，就逐渐发育变为全尾蚴（图 1-39）。全尾蚴亦为实心结构，已无小钩，且具有成虫样的头节，但链体及生殖器官尚未发育。含有全尾蚴的第二中间宿主或组织被相应的终末宿主（如犬、猫、狼、狐狸等）吞食后，在终末宿主的消化道内经消化液作用，蚴体逸出，吸附在肠壁上，逐渐发育为成虫。

绦虫生活史中偶然存在转续宿主（paratenic host），在转续宿主中，某一期幼虫可以存活但不会发育。通常这是寄生虫的一种结局，当转续宿主被终末宿主作为食物吃掉后，绦虫幼虫则可发育为成虫，转续宿主在小型中间宿主和大型终末宿主之间提供了一个有用的“生态桥”。

槽首目和双叶槽目绦虫在终末宿主体内的发育由于仅有一些大致的数据积累，没有详尽的研究报道，细节的内容有待进一步深入研究阐明。

当幼虫到达终末宿主小肠时，在宿主消化道环境中脱囊、外翻、附着、开始生长并达性成熟。有囊幼虫在宿主肠道中需要宿主消化酶的作用使其从囊中逸出，或至少是部分逸出。人们曾用胃蛋白酶和胰蛋白酶先后处理缩小膜壳绦虫成囊幼虫的囊壁，大多数幼虫可以逸出，少数幼虫只有在胆盐存在的情况下，才能从囊中外翻和逸出。

有些槽首目绦虫的全尾蚴本身有一发育良好的链体［如舌形属（*Ligula*）和裂头属（*Schistocephalus*）的种类］，终末宿主体内相对高的温度是全尾蚴成熟所必需的。温度激活的这种全尾蚴伴随着糖分解代谢、有机酸分泌和三羧酸循环的代谢水平速率急剧增高。在树状裂头绦虫全尾蚴的代谢激活过程中，有突然爆发的神经分泌活动。棘球属绦虫中，幼虫顶突释放的物质与一适当的蛋白质受体接触是诱导链体生长所必需的。

随着链体的生长，随后的一系列发育过程受各种因素影响，包括感染幼虫的大小、幼虫与宿主的种类、宿主的食谱与食量、是否有其他虫体存在，以及宿主肠道的免疫与炎症状态等。理想状态下，某些种为爆发式的生长，为动物界生长速率最快的。有记录表明，缩小膜壳绦虫在 15～16 天重量可增加 180

万倍。这样快速的生长，伴随着严格的组织器官分化，使这种绦虫成为研究发育的迷你系统，尤其是其生长过程可以实验性改变。

绦虫的生长尤其对宿主食谱中的糖类敏感。在缩小膜壳绦虫中这种状况研究得最为深入，可以推广应用于其他绦虫，因为它们至少在一定程度上是相似的。缩小膜壳绦虫明显需要大量碳水化合物，但通过皮层它只能吸收葡萄糖和少量半乳糖。其他测试过的绦虫，虽说也能吸收一定量的其他单糖和双糖，但仍以吸收葡萄糖和少量半乳糖为主。绦虫要获得理想的生长，必须在宿主的食谱中提供多糖形式的碳水化合物，以便在宿主肠道消化过程中释放出葡萄糖。如果将葡萄糖本身或是一含葡萄糖的双糖，如蔗糖提供给宿主作为食物，由于单糖和双糖易被宿主吸收，绦虫则相当于被放置在一相对不利的葡萄糖环境中。宿主肠黏膜或肠道生理状况改变，或两者状况同时改变，将使绦虫的生长受到很大影响。

另一个影响绦虫生长的重要因素是其他绦虫存在量的增加，即所谓的拥挤效应。这是一种很有趣的适应，寄生虫的生物量调节宿主的承载能力。证据源于研究得最为清楚的缩小膜壳绦虫，同样也存在于其他一些绦虫中。在一定限度内，感染一宿主的绦虫平均重量与感染的虫体数量成反比，感染数量多则个体小，感染数量少则个体大。结果不管虫数多少，总虫生物量及产生的卵量大致是一样的，对宿主来说都是最大的量。

拥挤效应的运作机制作为发育控制模型有重要的生物学意义。一种观点认为绦虫个体竞争宿主食物中的碳水化合物。碳水化合物不足很可能同时造成宿主和绦虫的细胞分裂与生长率降低，且绦虫通过分泌“拥挤因子”影响种群中其他绦虫的发育。

随着一条绦虫向其最大体积生长，其生长率降低，新节片产生仅足以取代解离失去的节片，有些种类如短膜壳绦虫，在生长一定时期后出现衰老特征并自宿主排出，有些绦虫的寿命可能受宿主生命时段的限制，如牛带绦虫可以在人体内生长长达30年之久；缩小膜壳绦虫的寿命与其寄生的老鼠宿主一样长。Read曾报道过一例“不朽”的大鼠绦虫，周期性地从其宿主中移出，在生长区切断链体，将头节用外科手术重移入大鼠，结果其保持存活了14年。

有些绦虫在宿主肠道中有相当大的可调节活动的能力。绦虫可先在宿主肠道的一定位置定居，随其生长再移动到另外的区域。缩小膜壳绦虫日间在大鼠肠道中进行活跃的移动，这一移动与大鼠夜间摄食的习性相联系，可在白天喂养大鼠来逆转。此外，有人提出绦虫的移动明显由胃肠道功能性迷走神经刺激介导，而不是由食物本身的存在所刺激。

体外绦虫培养方法的成功对于研究绦虫生理学有重要意义。可以排除宿主生理效应物的混合干扰，同时可以收集绦虫的排泄/分泌物作免疫原性研究。

1.5 绦虫的代谢

1.5.1 营养需求与转运

绦虫所需的所有营养分子必须通过皮层吸收。吸收机制包括主动转运、介导扩散和简单扩散等。有关绦虫表面的胞饮作用一直有争论，实体裂头绦虫（*Schistocephalus solidus*）和肠舌状绦虫（*Ligula intestinalis*）具有胞饮作用。体外培养的粗头带绦虫（*Taenia crassiceps*，亦有译为肥头绦虫）囊尾蚴也有胞饮作用，这一过程由培养基中存在的葡萄糖、酵母提取物或小牛血清白蛋白所激发。

葡萄糖是绦虫能量代谢过程中重要的营养分子。我们曾提到过，绝大多数绦虫可以吸收的碳水化合物为葡萄糖和半乳糖，有一些绦虫还可能吸收少量其他的单糖和双糖，再代谢为葡萄糖和半乳糖。半乳糖最初的命运是结合到膜或其他结构组分，如糖萼上。半乳糖可参与糖原合成，但不能单独合成糖原。葡萄糖和半乳糖经逆浓度梯度主动转运，积累于虫体中。这两种糖中，对葡萄糖的研究较为深入。在大量绦虫中葡萄糖通过耦联钠泵机制内流，即通过跨膜的钠浓度差维持系统来完成。至少在缩小膜壳绦虫中葡萄糖的积聚也是钠依赖的。在缩小膜壳绦虫皮层中葡萄糖至少有两种动力学上有差异的转运方式，发育过程中这些位点的相对比率不断发生变化。完全发育的有完整皮层构造的缩小膜壳绦虫幼虫仅吸收很少量葡萄糖，但经甲虫类中间宿主摄入后，则能吸收大量的葡萄糖。

与葡萄糖的转运相比，我们对氨基酸的转运知之较少，但其也是通过主动转运积聚的。周围介质中存在的其他氨基酸可刺激绦虫氨基酸外流。因此虫体的氨基酸库与肠道环境的氨基酸库很快就趋于平衡。

嘌呤和嘧啶由易化扩散作用吸收，转运位点与氨基酸和葡萄糖位点不同。

脂吸收的实际机制尚未查到相关报道，但很可能是以扩散的形式进行。当脂肪酸、甘油酸酯和固醇与胆盐混合为溶液时具有更快的吸收率。

研究绦虫维生素需求很困难。由于它们通常是寄生状态，体外培养技术尚有限，虫体可能对宿主食物维生素缺乏不敏感，通常宿主维生素缺乏可能对绦虫有间接的影响。已证实有两种绦虫需要外源性维生素供给：缩小膜壳绦虫需加维生素 B_6（吡啶衍生物吡哆醇，$C_{18}H_{11}NO_3$），阔节裂头绦虫积聚大量的维生素 B_{12}，从而可以推断它需要维生素 B_{12}；在一些研究中，阔节裂头绦虫成功地与宿主竞争维生素而导致遗传上对其敏感的宿主个体产生不利的贫血症状。

缩小膜壳绦虫顺肠道向下运行的现象可能与其营养的需要有关。该虫引起宿主肠道肌电改变，致使推进活性降低并增加非推进收缩性。当使用药物将虫体驱除后，宿主肠道肌电活性恢复正常。

1.5.2 能量代谢

1）糖酵解

绦虫成虫是厌氧性生物，自葡萄糖和糖原的分解代谢中获取能量，但它们仅部分氧化葡萄糖分子，排泄高度简化的终末产物，如短链有机酸。

由于绦虫降解脂肪和氨基酸的能力有限，故其碳水化合物的贮藏和代谢对其能量的产生很重要。事实上，童虫和成虫特征性地贮集巨量的糖原，从体干重的 20%至超过体重的 50%不等。居住于组织中的童虫暴露于宿主内稳态机制下保持相对恒定的葡萄糖浓度中，而绦虫成体则因居住于宿主肠道而受宿主摄食的影响，在宿主停止摄食期间，绦虫大量的糖原贮备可以作为有效的缓冲。实验表明，宿主饥饿头 24h，缩小膜壳绦虫消耗其糖原的 60%，接下来饥饿 24h，则消耗另 20%的糖原。当重新获得葡萄糖时，糖原贮备很快获得补充。

自糖原来的葡萄糖或直接来自宿主肠道的葡萄糖由经典的糖酵解途径降解至磷酸烯醇丙酮酸盐（或酯）(phosphoenolpyruvate，PEP)。并在此代谢途径点上有一支路，或是 PEP 脱磷酸作用产生乳酸盐且减少丙酮酸盐（或酯），或者通过将二氧化碳固定产生草酰乙酸盐（或酯）再还原为苹果酸盐（或酯）。两条分支通路的功能相当，各产生一个高能磷酸键及氧化糖酵解中形成的 NADH（还原型烟酰胺腺嘌呤二核苷酸）；因此，细胞质里的氧化还原作用保持平衡。

当苹果酸盐（或酯）进入线粒体，部分苹果酸盐（或酯）则代谢产生乙酸盐或经转氨作用成为丙氨酸排出，同时获得额外的能量。另一部分苹果酸盐（或酯）代谢还原为琥珀酸盐（或酯）(succinate)。还原的等价物延胡索酸盐（或酯）(fumarate) 由苹果酸盐（或酯）氧化提供。而在缩小膜壳绦虫和微口膜壳绦虫中，苹果酸盐（或酯）的氧化脱羧基作用依赖于 NADP（烟酰胺腺嘌呤二核苷酸磷酸），而延胡索酸盐（或酯）的还原作用是 NAD（烟酰胺腺嘌呤二核苷酸）依赖的。因此，氢离子必须从 NADP 传到 NAD，由 NADPH（还原型辅酶Ⅱ）和 NAD 转氢酶帮助完成。琥珀酸盐（或酯）和乙酸盐的产生比葡萄糖的碳仅产生乳酸多产两分子 ATP（三磷酸腺苷）。在一些绦虫中，丙酸盐或丙酸酯由琥珀酸盐（或酯）脱磷酸形成，产生额外的 ATP。丙氨酸排泄物的优点是酸性比乳酸低。

虽然琥珀酸盐（或酯）和乙酸盐排泄/分泌物与线粒体的作用有能量产生上的优势，但这些反应对绦虫的意义尚不清楚。有些品系的缩小膜壳绦虫排泄/分泌物大部分是乳酸，少量是琥珀酸盐（或酯）和乙酸盐，而其他品系分泌物中占优势的是琥珀酸盐（或酯）和乙酸盐。另外，就是同一品系，这些酸的排泄/分泌也随绦虫的发育、链体节段的不同而改变，同时也随宿主的免疫状态而不同。绦虫排泄/分泌的酸，可由宿主分解为二氧化碳和水。宿主与寄生虫相互关系的解释，仍然是晦涩、不透彻的。

2）三羧酸循环

绦虫成虫中三羧酸循环的意义不大，但在一些绦虫蚴中，相当数量的葡萄糖的碳通过三羧酸循环代谢。多房棘球绦虫和羊株细粒棘球绦虫原头节利用的碳水化合物的 40%通过三羧酸循环路径，而实体裂头绦虫全尾蚴仅 22%糖原代谢通过三羧酸循环排泄/分泌酸，当环境温度升高时，实体裂头绦虫全尾蚴活跃，此时三羧酸循环活性增加。

3）电子传递

当氧存在时，绦虫摄取之，但氧的功能不是作为能量产生系列反应（如通过经典的细胞色素系统的氧化磷酸化）的终端电子受体。虽然早期的研究表明在一些绦虫中存在一些细胞色素，而后期的研究却不能肯定细胞色素系统有作用，且这样的细胞色素系统的存在功能目前仍是一个谜。使用更为敏感的当代技术研究表明，至少在某些绦虫中存在经典的哺乳动物类型的电子传递系统，这一经典的反应链可能意义不大，且其主要的色素系统是所谓的 O 型，相似于许多细菌中所报道的系统。这一系统可能是对特殊的乏氧生活的适应。终端氧化酶可以传递电子到延胡索酸盐（或酯）或氧，依赖于有氧或无氧的环境，产物是琥珀酸盐（或酯）或过氧化氢。过氧化氢达到中毒水平前由过氧化氢酶降解。无氧条件下，在此通路中琥珀酸盐（或酯）形成并被排泄/分泌。

猪带绦虫囊尾蚴经胰蛋白酶处理受刺激翻出头节时氧消耗增加 40%，但翻出头节不受呼吸毒药如氰化物的影响。这些绦虫蚴明显有一电子传递分支。

绦虫很可能不从脂肪或蛋白质降解中获得能量。缩小膜壳绦虫仅有一适度的转氨作用和仅能降解 4 个氨基酸的能力。它们可能将胱氨酸转化成半胱氨酸，并通过氧化作用而非转氨基作用代谢半胱氨酸。

绦虫中脂类的作用仍未完全阐明，因为没有人能证实绦虫在饥饿过程中耗尽其脂类。虽然脂类的组成占绦虫整体干重的 20%，孕节实质中占到 30%。实体裂头绦虫有用于脂类 β 氧化系列所需的所有酶类，而它却不能进行相应的代谢反应。绦虫的脂类可能代表了代谢终产物，因为贮藏相对来说无毒，且孕节的实质在离解过程中是丢掉的。

缩小膜壳绦虫排泄的氮终产物包括一定量的氨、α 氨基氮和尿素。

4）合成代谢

绦虫具有合成蛋白质和核酸的能力。明显地，绦虫可以吸收氨基酸、嘌呤、嘧啶，以及来源于肠环境中的核苷并合成它们自己的蛋白质和核酸。扩张莫尼茨绦虫不能合成氨甲酰磷酸（carbamyl phosphate），因此它需依赖宿主获得嘧啶和精氨酸。

相反，一般认为绦虫合成脂类的能力极小。绦虫既不能由乙酰辅酶 A 重新合成脂肪酸，又不能将双键引入其吸收的脂肪酸。但在缩小膜壳绦虫的代谢研究中，发现其能迅速水解吸收甘油一酸酯，之后能重新合成甘油三酸酯。如果酸已含有 16 个或更多的碳原子，它仍能加长其脂肪酸链，而缩小膜壳绦虫不能合成胆固醇，胆固醇的合成需要其他系统的分子氧。相似的能力发现报道于曼氏裂头绦虫（*Diphyllobothrium mansonoides*，亦译为曼氏双叶槽绦虫）中。也有一些证据表明微口膜壳绦虫（*Hymenolepis microstoma*）有能力重新合成脂肪酸。

1.5.3 代谢的激素影响

绦虫产生的某些物质对宿主有影响，可以模仿宿主自身的激素环境。例如，感染肠舌形绦虫全尾蚴的鱼不能繁殖，它们的性腺不发育，并且它们的脑垂体有明显的推断性促性腺激素产生细胞的抑制。绦虫可能产生了干扰宿主促性腺激素产生和性腺发育的性激素，人们研究了这类化合物的存在，但仍未完全明了绦虫对宿主的这种影响机制。

更为有趣的一个例子是曼氏裂头绦虫，其全尾蚴产生了一种实尾蚴生长因子（plerocercoid growth factor，PGF），在一些哺乳动物中其作用类同于生长激素，但很明确，它不是生长激素（growth hormone，GH），尽管宿主垂体将其当作生长激素识别，并减少自体生长激素的产生。在正常人生长激素环境中它具有抗胰岛素和致糖尿病的活性。这些特性不伴随 PGF 的处理。其他脊椎动物（除灵长类外）的生长激素在人类中没有活性，因为人类受体分子有严格的结合特异性。而 PGF 有与人类 GH 一样的结合特异性，使其对人 GH 抗原表位产生的独特单克隆抗体有交叉反应。然而，当识别 *PGF* 基因，并以 PCR 扩增，确定其碱基序列，却发现它与人 GH 或任何其他激素非同源。令人惊讶的是，*PGF* 基因与已知的半胱氨酸蛋白酶基因有 40%～50%的同源性。序列分析表明，PGF 实际上有半胱氨酸蛋白酶活性，且最为广泛水解的基质是胶原。这一观察及对全尾蚴表面 PGF/蛋白酶定位结果，使得 Phases 提出 PGF/蛋白酶的主要功能是易化绦虫在宿主组织中的移行。另外，由于哺乳动物 GH 的一个功能是激活免疫系统，而 PGF 无此功能，且 PGF 抑制宿主产生 GH，因此 PGF 可能介导绦虫引起的宿主免疫反应逃避。

1.6 常规绦虫样品的制备方法

绦虫一般解剖形态的基础知识对绦虫分类中检索表的使用很重要。样品解剖及微细结构的阐明有赖于正确的样品制备技术。接下来介绍常规的样品制备方法。

有大量相关技术的参考文献，在此我们仅介绍最常用、最基本的方法。

1.6.1 获取样品

绦虫的成虫多发现于各类群脊椎动物的消化道中，而幼虫常发现于各种脊椎和无脊椎动物内脏器官及肌肉组织中。由于成虫主要寄生于肠道，因而易于检出。一般宿主死后应马上进行检查，此时绦虫还活着。宿主死后不久绦虫也会随之死亡，因死亡的绦虫吻钩常会脱落而使样品无法鉴定。如果宿主死后不能马上检查，则应将内脏尽快冷冻保存至可检查时。

检查动物绦虫成虫感染情况时，先处死动物，解剖移出消化道。如果动物因射击而死，可能会导致肠穿孔而使绦虫发现于异常位置。检查时，将肠道置于放有自来水的浅盘或浅盆中（小型肠道一般置于培养皿中），用锋利的小剪刀剪开。需仔细，勿将存在于肠腔中的虫体剪坏。大型虫体肉眼可观察到，小型虫体需借助解剖镜才能观察到。获取样品时，一定要注意保持虫体的完整性，尤其是不能丢失头节，因为形态分类很大程度上依赖于头节特性的研究。移出脱离的虫体，将余下肠道浸入自来水中使虫体麻痹、虫体自宿主肠黏膜中自然脱出，同时使链体松弛。直到虫体深度麻痹、对触动无反应时才能进行固定处理，否则绦虫对固定剂可能会产生应急反应而导致虫体收缩变形（也有报道绦虫最好直接放入热福尔马林液中固定或剧烈摇动固定）。

牛、羊等大型动物肠道内容物多，最好将可见的虫体移出，之后再用解剖刀或载玻片轻轻地刮肠黏膜。移去肠道，将余物倒入大量筒或其他高的容器中，加入自来水使沉积物沉入底部后，倒掉上清液，再加自来水摇动后静止，倒掉上清液。重复这一程序直至上清液清澈为止，然后每次取少量沉积物放入小培养皿中进行检查。以此方法处理，最小的虫体也能检出。

1.6.2 固定

好的固定剂应使样品保持自然生活状态，不脆弱也无其他不利的副作用。而实际运用中尚未发现完美的固定剂。两种使用广泛、价格便宜、容易获得且操作简单的固定剂是复合固定剂（AFA）和5%福尔马林溶液。前者由5份冰醋酸、10份福尔马林、85份85%乙醇混合而成。两种固定剂都必须轻轻倾泻于松弛、伸展的大型样本上，而小型样本可以直接浸入固定剂中。如果固定前样品还没有完全松弛，固定时发生收缩，固定后的样品变形，这样的样品不再有研究价值。样品在固定剂中可以贮存1年或可移入70%乙醇另加入少量甘油进行长期贮存。

AFA不推荐用于组织化学研究中，因为它是一种凝结类型的固定剂。用于组织化学研究建议采用4%福尔马林或丙烯醛溶液或戊二醛（glutaraldehyde）溶液进行固定，亦有学者使用布安氏液（Bouin's solution）进行固定。

1.6.3 染色

几种染色方法在制备绦虫样品中的效果较令人满意。

苏木精-伊红红（HE）染色法：为最常用的方法。由于苏木精是水溶液，曙红是用乙醇配制的，样品必须经过系列梯度乙醇复水或脱水至染色水平。例如，如果样品固定于福尔马林中，要想用70%乙醇曙红溶液染色，则样品必须先水洗去固定剂后，经30%、50%、70%乙醇处理后方能置入70%乙醇曙红溶液中染色，在每一浓度乙醇和染液中的停留时间视样本的大小而定，大多数情况下，15min已足够。由于苏木精几年以后会褪色，故此法只能用于短期研究。

明矾洋红染液染色：此法对有些绦虫可以获得较好的染色效果。其配方是：洋红1g溶于100ml 2.5%硫酸铝铵水溶液中，煮沸20min，冷却后滤纸过滤，再加少许麝香草粉等防腐剂即可。

染色有两套基本程序，一种是渐进（progressive）法，一种是退行（regressive）法。渐进法是将样品置于染液中直到内部器官的正确界定完成，此时停止染色，将虫体过渡到下一程序中，这一技术成功与否依赖于染色者的技巧，因为区分适当染色和过染色需要相当多的经验。而退行法则是先将虫体过染，之后脱色达到适当可区分的程度即可。初学者常使用退行法染色，这种方法具有从表层移去染液的优点，同时可使内部器官更为清晰。退苏木精使用5%盐酸水溶液，退曙红使用5%盐酸的70%乙醇溶液。两种染色都不推荐复染，复染常会使微细结构模糊不清。

染色完成后，通过系列梯度乙醇溶液使样品脱水，从70%乙醇到100%乙醇，每级约15min，之后对样品进行透明准备固定。透明剂可以选用二甲苯、冬青油、丁香油、松油醇、柏木油或山毛榉木馏油等。尽可能不使样品发脆。样品放入盛透明剂的容器中一般几分钟就能沉到容器底部而获得最大的透明。

1.6.4 封存

封存样品一般使用加拿大香胶或其他中性树胶。小样品可以一整个放在一张玻片上，大样品需切成小片段按序排成列或只选取有代表性的区段封存。如果封存单个样品，可以用小玻璃片或毛细管片在盖玻片的各边垫上，以使封存的样品均衡。如果一个以上的样品放置于1张玻片上，则盖片下需要均衡的支撑物。将盖片细心盖上，勿使样品中央有气泡。如果封存剂不够，可从盖片边缘加入，封存剂可从边缘渗向中央。

需等封存剂硬化后方能对样品进行集中研究。将玻片在室温条件下放置于安全无尘的地方使其缓慢硬化，若需加快硬化过程，则可将玻片放在约56℃的恒温箱中干燥。随着溶剂的蒸发，封存介质缩减，可以从盖片边缘再加入适量封存剂。

1.6.5 标签与贮存玻片

每一个完成的玻片标本必须标注上采集信息（日期、采集地、宿主、寄生部位、采集者等，越详细越好）及相应的编码，以免研究时造成混乱。

将玻片盒竖放以使玻片处于水平状态以防止样品慢慢移到玻片边缘。

在收集很多样品之前，值得花时间建立样品分类方法，这将保证将来当需要某一样品时，可以很方便地找到。建立按字母排序的科、属索引文档，对于几千种样品的收藏是很恰当的。

1.7 绦虫的分类系统与分类

由于系统分类学家努力建立一个避免有多系（polyphyly）及并系（paraphyly）现象的系统，同时由于研究手段的不断更新，新的形态、生理生化及分子特征越来越明晰，绦虫的分类状况不断变动，同时也存在较多的争议。绦虫最先的分类是以形态特征为主的，由于处理样品的方式不一样（有的进行压片固定、有的用热处理固定、有的振荡固定等），所得结果有差异，因而出现了众多的同物异名和异物同名现象，早期的描述有的不详细，提供的结构示意图有的结构难识别，同时无实物照片提供，很难令人信服，为此出现了众多的重描述与修订等。由于绦虫的分类系统出现过多版本，现按时间顺序将部分内容简列如下。

Lönnberg（1889）系统

带目（Order Taeniada）

　　带科（Family Taeniidae）

　　　　带属（*Taenia*）

四叶目（Order Tetraphyllida）

　　叶槽科（Family Phyllobothridae）

　　　　四槽属（*Tetrabothrium*）、花槽属（*Anthobothrium*）、叶槽属（*Phyllobothrium*）、圆盘槽属（*Discobothrium*）、鲫槽属（*Echeneibothrium*）、三孔属（*Tritaphros*）、三腔属（*Trilocularia*）

　　叶棘科（Family Phyllacanthidae）

　　　　棘槽属（*Acanthobothrium*）、瘤槽属（*Onchobothrium*）

　　叶吻科（Family Phylloryhnchidae）

　　　　四吻属（*Tetrarhynchum*）

双叶目（Order Diphyllida）

　　　　棘槽属（*Echinobothrium*）

假叶目（Order Pseudophyllida）

　　槽首科（Family Bothriocephalidae）

　　　　槽首属（*Bothriocephalus*）、翼槽属（*Ptychobothrium*）、无槽属（*Abothrium*）

　　舌形科（Family Ligulidae）

　　　　裂头属（*Schistocephalus*）

　　三支钩科（Family Triaenophoridae）

　　　　三支钩属（*Triaenophorus*）

单槽目（Order Monobothrida）

　　　　杯头属（*Cyathocephalus*，或译为盅首属）

Linton（1890）系统

绦虫目（Order Cestoidea）

　　假叶科（Family Pseudophyllidae）

　　四槽科（Family Tetrabothriidae）

叶槽亚科（Subfamily Phyllobothriinae）

花槽属（*Anthobothrium*）、䲟槽属（*Echeneibothrium*）、犁槽属（*Rhinebothrium*）、海棉槽属（*Spongiobothrium*）、圆盘头属（*Discocephalum*）、交叉槽属（*Crossobothrium*）、盘头属（*Lecanicephalum*）、疣头属（*Tylocephalum*）

叶棘亚科（Subfamily Phyllacanthinae）

丽槽属（*Calliobothrium*）、棘槽属（*Acanthobothrium*）、柄槽属（*Phoreiobothrium*）、扁槽属（*Platybothrium*）、穗头属（*Thysanocephalum*）

四吻科（Family Tetrarhynchidae）

双槽吻亚科（Subfamily Dibothriorhynchinae）

四槽吻亚科（Subfamily Tetrabothriorhynchinae）

带科（Family Taeniidae）

副带属（*Parataenia*）

Braun（1894-1900）系统

假叶目（Order Pseudophyllidea）

槽首科（Family Bothriocephalidae）

舌形亚科（Subfamily Ligulinae）

双槽首亚科（Subfamily Dibothriocephalinae）

折叠槽亚科（Subfamily Ptychobothriinae）

三支钩亚科（Subfamily Triaenophorinae）

杯头亚科（Subfamily Cyathocephalinae）

四叶目（Order Tetraphyllidea）

钩槽科［Family Onchobothriidae=叶棘类（Phylliacanthiens v. Ben.）］

钩槽属（*Onchobothrius*）、丽槽属（*Calliobothrium*）、棘槽属（*Acanthobothrium*）、前囊槽属（*Prosthecobothrium*）、穗头属（*Thysanocephalum*）、盘槽属（*Platybothrium*）、柄槽属（*Phoreiobothrium*）、角槽属（*Ceratobothrium*）、圆柱孔属（*Cylindrophorus*）

叶槽科［Family Phyllobothriidae=叶槽类（Phyllobothriens v. Ben.）］

花槽属（*Anthobothrium*）、单欧鲁格玛属（*Monorygma*）、三腔属（*Trilocularia*）、欧鲁格玛槽属（*Orygmatobothrium*）、叶槽属（*Phyllobothrium*）、旋槽属（*Dinobothrium*）、帽槽属（*Calyptrobothrium*）、交叉槽属（*Crossobothrium*）、二倍槽属（*Diplobothrium*）、三孔属（*Tritaphros*）、䲟槽属（*Echeneibothrium*）［同物异名：圆盘头属（*Discobothrium*）、犁槽属（*Rhinebothrium*）］、海棉槽属（*Spongiobothrium*）［同物异名：*Pelichnibothrium*、八槽属（*Octobothrium*）］

盘头科［Family Lecanicephalidae=结合槽科（Gamobothriidae）］

圆盘头属（*Discocephalum*）、盘头属（*Lecanicephalum*）、疣头属（*Tylocephalum*）、槽首属（*Bothriocephalus*）、折叠槽属（*Ptychobothrium*）、无槽属（*Abothrium*）

鱼带科（Family Ichthyotaeniidae）

圆叶目（Order Cyclophyllidea）

带科（Family Taeniidae）

中殖孔亚科（Subfamily Mesocestoidinae）

四槽亚科（Subfamily Tetrabothriinae）

裸头亚科（Subfamily Anoplocephalinae）

双叶亚科（Subfamily Dipylidiinae）

戴维亚科（Subfamily Davaineinae=Echinocotylinae）

带亚科（Subfamily Taeniinae）

双叶目（Order Diphyllidea）

棘槽科（Family Echinobothriidae）

锥吻目（Order Trypanorhyncha）

未定属：两性型属（*Amphoteromorphus*）、麻黄头属（*Ephedrocephalus*）、袋头属（*Marsypocephalus*）、副带属（*Parataenia*）、*Peltidocotyle*、多头属（*Polypocephalus*）、歇尔多头属（*Sciadocephalus*）、四营属（*Tetracampos*）、合槽属（*Zygobothrium*）

Perrier（1897）系统

单节绦虫目（Order Cestodaria）

核叶科或鲤蠢科（Family Caryophyllaeidae）

古绦虫科（Family Archigetidae）

真绦虫目（Order Dicestoda）

槽首科（Family Bothriocephalidae）

突盘族（Tribe Bothridiinae）、槽首族（Tribe Bothriocephalinae）、吸槽族（Tribe Bothrimoninae）、舌形族（Tribe Ligulinae）

槽带科（Family Bothriotaeniidae）

洛卡特科（Family Leuckartiidae）

三支钩科（Family Triaenophoridae）

锥吻目（Order Trypanorhyncha）

棘槽科（Family Echinobothriidae）

吻槽科（Family Rhychobothriidae）

四吻科（Family Tetrarhynchidae）

四绦虫目（Order Tetracestoda）

四营科（Family Tetracamipdae）

中殖孔绦虫科（Family Mesocestoidae）

四槽科（Family Tetrabothriidae）

丽槽族（Tribe Calliobothriinae）

丽槽属（*Calliobothrium*）、棘槽属（*Acanthobothrium*）、瘤槽属（*Onchobothrium*）、柄槽属（*Phoreiobothrium*）、圆柱孔（*Cylindrophorus*）、前囊槽属（*Prosthecobothrium*）、扁槽属（*Platybothrium*）、多瘤槽属（*Polyonchobothrium*）

叶槽族（Tribe Phyllobothriinae）

鲫槽属（*Echeneibothrium*）、犁槽属（*Rhinebothrium*）、海棉槽属（*Spongiobothrium*）、叶槽属（*Phyllobothrium*）、花槽属（*Anthobothrium*）、交叉槽属（*Crossobothrium*）、花头属（*Anthocephalum*）

四槽族（Tribe Tetrabothriinae）

旋槽属（*Dinobothrium*）、二倍槽属（*Diplobothrium*）、四槽属（*Tetrabothrium*）、角槽属（*Ceratobothrium*）、叶槽属（*Phyllobothrium*）、单欧鲁格玛属（*Monorygma*）、帽槽属（*Calyptrobothrium*）、*Pelichnibothrium*、合槽属（*Zygobothrium*）、欧鲁格玛槽属（*Orygmatobothrium*）、袋头属（*Marsypocephalus*）、前囊杯属（*Prosthecocotyle*）、八槽属

（*Octobothrium*）、副带属（*Parataenia*）、两性杯属（*Amphoterocotyle*）、两性型属（*Amphoteromorphus*）、*Peltidocotyle*、*Ephedocephalus*

联合槽科（Family Gamobothriidae）

盘头属（*Lecanicephalum*）、疣头属（*Tylocephalum*）、圆盘头属（*Discocephalum*）、歇尔多头属（*Sciadocephalus*）

带科（Family Taeniidae）

四杯族（Tribe Tetracotylinae）

棘杯族（Tribe Echinocotylinae）

膜壳族（Tribe Hymenolepinae）

带族（Tribe Taeniinae）

裸头族（Tribe Anoplocephalinae）

Ariola（1899）系统

双槽目（Order Dibothria）

非托米奥体族（Tribe Atomiosoma）

舌形科（Family Ligulidae）

三尖瓣科（Family Tricuspidaridae）

吸槽科（Family Bothriomonidae）

杯槽科（Family Cyathobothridae）

托米奥体族（Tribe Tomiosoma）

洛卡特科（Family Leuckartiidae）

双槽吻科（Family Dibothriorhynchidae）

双槽四吻科（Family Dibothriotetrarhynchidae）

双槽科（Family Dibothridae）

三槽目（Order Tribothria）

杯头科（Family Scyphocephalidae）

四槽目（Order Tetrabothria）

四槽亚目（Suborder Tetrabothriina）

中殖孔族（Tribe Mesoporina）

四营科（Family Tetracampidae）

双杯科（Family Amphilocotylidae）

侧孔族（Pleuroporina）

四槽科（Family Tetrabothridae）

叶槽科（Family Phyllobothridae）

丽槽科（Family Calliobothridae）

四槽吻科（Family Tetrabothriorhynchidae）

联合槽科（Family Gamobothridae）

四杯亚目（Suborder Tetracotylina）

中殖孔族（Tribe Mesoporina）

中殖孔科（Family Mesocestoidae）

侧孔族（Tribe Pleuroporina）

鱼带科（Family Ichthyotaeniidae）

裸带科（Family Anoplotaeniidae）
膜壳科（Family Hymenolepidae）
带科（Family Taeniidae）
棘杯科（Family Echinocotylidae）
八槽目（Order Octobothria）
八槽科（Family Octobothridae）

de Beauchamp（1905）系统
假叶目（Order Pseudophylles 或槽首目（Order Bothriocephalides *sensu* Latiori）
四叶目（Order Tetraphylles）
叶棘科（Family Phyllacanthides）
棘槽属（*Acanthobothrium*）、瘤槽属（*Onchobothrium*）
叶槽科（Family Phyllobothrides）
叶槽族（Tribe Phyllobothrines）
叶槽属（*Phyllobothrium*）、单鲁格玛属（*Monorygma*）
鲫槽族（Tribe Echeneibothrines）
圆盘槽属（*Discobothrium*）、鲫槽属（*Echeneibothrium*）
联合槽科（Family Gamobothrides）
双叶目（Order Diphylles）
棘槽科（Family Echinobothides）
棘槽属（*Echinobothrium*）
锥吻目（Order Trypanorhynques）
吻槽科（Family Rhynchobothrides）
吻槽属（*Rhynchobothrius*）
四杯目（Order Tetracotyles 或 Teniades *sensu* Latiori）
多头属（*Polypocephalus*）、副带属（*Parataenia*）

Mola（1921）系统
假叶目（Order Pseudophyllidea）
舌形科（Family Ligulidae）
槽首科（Family Bothriocephalidae）
单叶目（Order Monophyllidea）
双叶目（Order Diphyllidea）
双槽叶科（Family Dibothriophyllidae）
两性杯亚科（Subfamily Amphicotylinae）
沟孔亚科（Subfamily Solenophorinae）
盘头亚科（Subfamily Lecanicephalinae）
吸槽亚科（Subfamily Bothrimoninae）
迪图头亚科（Subfamily Dittocephalinae）
二槽棘科（Family Dibothriacanthidae）
四叶目（Order Tetraphylidea）
四叶棘科（Family Tetraphyllacanthidae）

四叶槽科（Family Tetraphyllabothridae）
原头科（Family Proteocephalidae）
圆叶目（Order Cyclophyllidea）
四槽科（Family Tetrabothriidae）
中殖孔绦虫科（Family Mesocestoidae）
裸头科（Family Anoplocephalidae）
戴维科（Family Davaineidae）
双鳞科（Family Dilepididae）
膜壳科（Family Hymenolepididae）
带科（Family Taeniidae）
无鞘科（Family Acoleidae）
安比丽科（Family Ambiliidae）
绉缘科（Family Fimbriariidae）
吻叶目（Order Rhynchophyllidea）
双槽吻科（Family Dibothriorhynchidae）
四槽吻科（Family Tetrabothriorhynchidae）

Meggitt（1924）系统
绦虫纲（Class Cestoda）
单节绦虫亚纲（Subclass Cestodaria）
吻口亚纲（Subclass Rhynchostomida）
真绦虫亚纲（Subclass Cestoda）
圆叶目（Order Cyclophyllidea）
假叶目（Order Pseudophyllidea）
四叶目（Order Tetraphylidea）
鱼带科（Family Ichthyotaeniidae）
盘头科（Family Lecanicephalidae）
隐槽属（*Adelobothrium*）、头槽属（*Cephalobothrium*）、圆盘头属（*Discocephalium*）、盘头属（*Lecanicephalum*）、疣头属（*Tylocephalum*）
瘤槽科（Family Onchobothriidae）
棘槽属（*Acanthobothrium*）、龟头槽属（*Balanobothrium*）、丽槽属（*Calliobothrium*）、角槽属（*Ceratobothrium*）、圆柱孔属（*Cylindrophorus*）、瘤槽属（*Onchobothrium*）、足槽属（*Pedibothrium*）、叶槽样属（*Phyllobothroides*）、扁槽属（*Platybothrium*）、前囊槽属（*Prosthecobothrium*）、穗头属（*Thysanocephalum*）
叶槽科（Family Phyllobothriidae）
花槽属（*Anthobothrium*）、奥科槽属（*Aocobothrium*）、两腔属（*Bilocularia*）、帽槽属（*Calyptobothrium*）、腕槽属（*Carpobothrium*）、旋槽属（*Dinobothrium*）、双倍槽属（*Diplobothrium*）、鲫槽属（*Echeneibothrium*）、*Eniochobothriums*、霍尼尔属（*Hornellobothrium*）、单欧鲁格玛属（*Monorygma*）、吸头属（*Myzocephalus*）、吸叶槽属（*Myzophyllobothrium*）、奥利安娜属（*Oriana*）、欧鲁格玛槽属（*Orygmatobothrium*）、*Pelichnibothrium*、*Peltidocotyle*、叶槽属（*Phyllobothrium*）、前槽属（*Prosobothrium*）、犁槽属（*Rhinebothrium*）、茧槽属（*Rhoptrobothrium*）、海棉槽属（*Spongiobothrium*）、

冠槽属（*Tiarabothrium*）、三腔属（*Trilocularia*）、三孔属（*Tritaphros*）、合槽属（*Zygobothrium*）

锥吻目（Order Trypanorhyncha）

Southwell（1925）系统

假叶目（Order Pseudophyllidea）

圆叶目（Order Cyclophyllidea）

单卵黄腺亚目（Suborder Univitellata），所有属种来自 Braun（1900）的圆叶目=Stiles（1906）的带亚科

多卵黄腺亚目（Suborder Multivitellata）

原头科（Family Proteocephalidae）

盘头科（Family Lecanicephalidae）与 Linton（1889）的联合槽科（Gamobothriidae）和 Meggitt（1924）的多头科（Polypocephalidae）同义。

龟头属（*Balanobothrium*）、花萼槽属（*Calycobothrium*）、多头属（*Polypocephalus*）、头槽属（*Cephalobothrium*）、疣头属（*Tylocephalum*）、盘头属（*Lecanicephalum*）、隐槽属（*Adelobothrium*）

亚目 A（Suborder A）

双倍槽属（*Diplobothrium*）=奥利安娜属（*Oriana*）、*Eniochobothrium*

四叶目（Order Tetraphylidea）

锥吻目（Order Trypanorhyncha）

异叶目（Order Heterophyllidea）

棘槽属（*Echinobothrium*）、*Peltidocotyle*、两性型属（*Amphoteromorphus*）、圆盘头属（*Discocephalum*）、对角槽属（*Diagonobothrium*）、合槽属（*Zygobothrium*）、栅栏槽属（*Staurobothrium*）、圆盘槽属（*Discobothrium*）=霍尼尔槽属（*Hornellobothrium*）、前槽属（*Prosobothrium*）

Poche（1926）系统

绦虫纲（Class Cestoidea）

两线亚纲（Subclass Amphilinoidei）

两线目（Order Amphilinidea）

两线科（Family Amphilinidae）

旋缘目（Order Gyrocotylidea）

旋缘科（Family Gyrocotylidae）

带亚纲（Subclass Taenioinei）

槽首目（Order Bothriocephalidea）

鲤蠢样族（Tribe Caryophyllaeoidae）

杯头科（Family Cyathocephalidae）

鲤蠢科（Family Caryophyllaeidae）

双叶槽族（Tribe Diphyllobothridoidae）

双叶槽科（Family Diphyllobothriidae）

鲁氏科（Family Lüheellidae）

槽首样族（Tribe Bothriocephaloidae）

槽首科（Family Bothriocephalidae）

三支钩族（Tribe Triaenophoroidae）

三支钩科（Family Triaenophoridae）

双性杯科（Family Amphicotylidae）

棘阴茎科（Family Echinophallidae）

四槽族（Tribe Tetrabothrioidae）

四槽科（Family Tetrabothriidae）

棘槽目（Order Echinobothriidea）

棘槽科（Family Echnobothriidae）

四吻目（Order Tetrarhynchidea）

单槽亚目（Suborder Haplobothrinea）

单槽科（Family Haplobothriidae）

四吻亚目（Suborder Tetrarhynchoinea）

四吻亚族（Subtribe Tetrarhynchoinae）

触手科（Family Tentaculariidae）

无吻亚族（Subtribe Aporhynchoinae）

无吻科（Family Aporhynchidae）

带目（Order Taeniidea）

叶槽亚目（Suborder Phyllobothriinea）

瘤槽科（Family Onchobothriidae）

叶槽科（Family Phyllobothriidae）

花槽属（*Anthobothrium*）、奥科槽属（*Aocobothrium*）、双腔属（*Bilocularia*）、帽槽属（*Calyptobothrium*）、腕槽属（*Carpobothrium*）、旋槽属（*Dinobothrium*）、二倍槽属（*Diplobothrium*）、鲫槽属（*Echeneibothrium*）、霍尼尔槽属（*Hornellobothrium*）、单鲁格玛属（*Monorygma*）、合头属（*Myzocephalus*）、合叶槽属（*Myzophyllobothrium*）、奥利安娜属（*Oriana*）、欧鲁格玛槽属（*Orygmatobothrium*）、*Pelichnibothrium*、叶槽属（*Phyllobothrium*）、前槽属（*Prosobothrium*）、犁槽属（*Rhinebothrium*）、棒槽属（*Rhoptrobothrium*）、海棉槽属（*Spongiobothrium*）、冠槽属（*Tiarabothrium*）、三腔属（*Trilocularia*）、三孔属（*Tritaphros*）、栅栏槽属（*Staurobthrium*）

盘头科（Family Lecanicephalidae）

隐槽属（*Adelobothrium*）、头槽属（*Cephalobothrium*）、圆盘头属（*Discocephalum*）、盘头属（*Lecanicephalum*）、疣头属（*Tylocephalum*）、龟头属（*Balanobothrium*）

多头科（Family Polypocephalidae）

花槽属（*Anthemobothrium*）、花萼槽属（*Calycobothrium*）、多头属（*Polypocephalus*）、副带属（*Parataenia*）

带亚目（Suborder Taeniinea）

现槽科（Family Phanobothriidae）

中殖孔绦虫科（Family Mesocestoididae）

裸头科（Family Anoplocephalidae）

戴维科（Family Davaineidae）

线带科（Family Nemtotaeniidae）
囊宫科（Family Dilepididae）
膜壳科（Family Hymenolepididae）
带科（Family Taeniidae）
Family Diplopsthidae
无鞘科（Family Acoleidae）
安比丽科（Family Amabiliidae）

Woodland（1927）系统
假叶目（Order Pseudophyllidea）
圆叶目（Order Cyclophyllidea）
四叶目（Order Tetraphylidea）
叶槽科（Family Phyllobothridae）
盘头属（*Lecanicephalum*）、头槽属（*Cephabothrium*）、龟头槽属（*Balanobothrium*）、多头属（*Polypocephalus*）、花萼槽属（*Calycobothrium*）、疣头属（*Tylocephalum*）
四吻科（Family Tetrarhynchidae）
隐槽属（*Adelobothrium*）
原头科（Family Proteocephalidae）
林敦属（*Lintoniella*）

Pintner（1928）系统
两线目（Order Amphilinidea）
两线科（Family Amphilinidae）
旋缘科（Family Gyrocotylidae）
绦虫目（Order Cestodes）
槽首科（Family Bothriocephalidae）
棘槽科（Family Echnobothriidae）
四吻科（Family Tetrarhynchidae）
四叶科（Family Tetraphyllidae）
原头科（Family Proteocephalidae）
带科（Family Taeniidae）
圆盘头科（Family Discocephalidae）
四性头科（Family Tetragonocephalidae）
头槽科（Family Cephalobothriidae）
龟头槽科（Family Balanobothriidae）

Mola（1929）系统
单节绦虫纲（Class Cestodaria Monticelli，1892=Amphilinoinei Poche，1925）
两线目（Order Amphilinidea Poche，1922）
两线科（Family Amphilinidae Claus，1879）
旋缘目（Order Gyrocotylidea Poche，1925）
旋缘科（Family Gyrocotylidae Benham，1901）

鲤蠹目（Order Caryophyllidea Mola，1929，亦有译为核叶目者）

鲤蠹科（Family Caryophyllidae Claus，1879，亦有译为核叶科者）

真绦虫纲（Class Cestoda）

假叶目（Order Pseudophyllidea Mola，1921）

舌形科（Family Ligulidae Claus，1861）

槽首科（Family Bothriocephalidae Blanchard，1849）

单叶目（Order Monophyllidea Mola，1921）

杯头科（Family Cyathocephalidae Nybelin，1922）

圆盘头科（Family Discocephalidae Mola，1921）

双叶目（Order Diphyllidea Mola，1921）

双槽叶科（Family Dibothriophyllidae Mola，1921）

两性杯亚科（Subfamily Amphicotylinae Mola，1921）

沟孔亚科（Subfamily Solenophorinae Mont. & Crety，1891）

盘头亚科（Subfamily Lecanicephalinae Mola，1921）

盘头属（*Lecanicephalum*）、疣头属（*Tylocephalum*）

吸槽亚科（Subfamily Bothrimoninae Mola，1921）

迪图头亚科（Subfamily Dittocephalinae Mola，1921）

双槽棘科（Family Dibothriacanthidae Mola，1921）

四叶目（Order Tetraphylidea）

四叶棘科（Family Tetraphyllacanthidae Mola，1921）

四叶槽科（Family Tetraphyllabothridae Mola，1921）

花槽属（*Anthobothrium*）、叶槽属（*Phyllobothrium*）、欧鲁格玛属（*Orygmatobothrium*）、帽槽属（*Calyptrobothrium*）、交叉槽属（*Crossobothrium*）、二倍槽属（*Diplobothrium*）、三孔属（*Tritaphros*）、鲫槽属（*Echeneibothrium*）、犁槽属（*Rhinebothrium*）、前槽属（*Prosobothrium*）、旋槽属（*Dinobothrium*）、*Cyatocotyle*、*Polipobothrium*、奥科槽属（*Aocobothrium*）、海棉槽属（*Spongiobothrium*）、*Mynorygma*、三腔属（*Trilocularia*）、头槽属（*Cephalobothrium*）

鱼带科（Family Ichthyotaeniidae Ariola，1899）

蒙提西利亚科（Subfamily Monticellinae Mola，1929）

麻黄头亚科（Subfamily Ephedrocephallinae Mola，1929）

原头亚科（Subfamily Proteocephallinae Mola，1929）

多头亚科（Subfamily Polypocephallinae Mola，1929）

多头属（*Polypocephallus*）=副带属（*Parataenia*）

圆叶目（Order Cyclophyllidea Van Beneden，1850）

圆叶无棘亚目（Suborder Cyclophyllanacanthidae Mola，1929）

四槽样族（Tribe Tetrabothrioidae Mola，1929）

四槽科（Family Tetrabothriidae Fuhr.，1907）

中殖孔科（Family Mesocestoididae Fuhr.，1907）

裸头族（Tribe Anoplocephalioidae Mola，1929）

裸头科（Family Anoplocephalidae Mola，1929）

林斯顿科（Family Linstowidae Mola，1920）

穗体科（Family Thysanosomidae Mola，1929）
线带科（Family Nemataeniidae Lühe，1910）
圆叶有棘亚目（Suborder Cyclophyllacantha Mola，1929）
维斯苛族（Tribe Viscoioidae Mola，1929）
维斯苛科（Family Viscoidae Mola，1929）
戴维样族（Tribe Davaineioidae Mola，1929）
戴维科（Family Davaineidae Mola，1929）
眉杯科（Family Ophryocotylidae Mola，1929）
Family Idiogenidae Mola，1929
囊宫样族（Tribe Dilepinoidae Mola，1929，亦有译为双鳞样族者）
囊宫科（Family Dilepinidae Mola，1929，亦有译为双鳞科者）
双叶科（Family Diphylididae Mola，1929）
副子宫科（Family Paruteriidae Mola，1929）
现槽族（Tribe Phanobothrioidae Mola，1929）
现槽科（Family Phanobothridae Poche，1925）
带样族（Tribe Taenioidae Mola，1929）
带科（Family Taeniidae Perrier，1897）
膜壳样族（Tribe Hymenolepidioidae Mola，1929）
膜壳科（Family Hymenolepididae Fuhrm.，1907）
双阴科（Family Diploposthidae Poche，1925）
无鞘族（Tribe Acoleinidae Mola，1929）
无鞘科（Family Acoleinidae Fuhr.，1907）
安比丽族（Tribe Amabilinioidae Mola，1929）
安比丽科（Family Amabilinidae Fuhr.，1907）
皱缘样族（Tribe Fimbriarioidae Mola，1929）
皱缘科（Family Fimbriariidae Wolffhügel，1900）
棘吻族（Tribe Echinorhynchotioidae Mola，1929）
棘吻科（Family Echinorhynchotiidae Mola，1929）
吻叶目（Order Rhynchophyllidea Mola，1921）
双槽吻科（Family Dibothriorhynchidae Mola，1921）
四槽吻科（Family Tetrabothrioryhnchidae Mola，1921）

Southwell（1930）系统
真绦虫目（Order Eucestoda）
双槽首超科（Superfamily Dibothriocephaloidea Stiles，1906）
双槽首科（Family Dibothriocephalidae Lühe，1902）
三支钩科（Family Triaenophoridae Nybelin，1920）
折叠槽科（Family Ptychobothriidae Lühe，1902）
双杯科（Family Amphicotylidae Nybelin，1920）
棘叶科（Family Echinophallidae Schumacher，1914）
四吻超科（Superfamily Tetrarhynchoidea=Trypanorhyncha Diesing，1863）
四吻科（Family Tetrarhynchoidae Cobboid，1864）

常态科（Family Coenomorphidae Lühe，1902）
单槽科（Family Haplobothriidae Meggitt，1924）
叶槽超科（Superfamily Phyllobothrioidea=Tetraphyllidea Carus，1863）
叶槽科（Family Phyllobothriidea Braun，1900）
钩槽科（Family Onchobothriidea Braun，1900）
盘头超科（Superfamily Lecanicephaloidea）
盘头科（Family Lecanicephalidea Braun，1900）
盘头属（*Lecanicephalum*）、头槽属（*Cephalobothrium*）、疣头属（*Tylocephalum*）、隐槽属（*Adelobothrium*）、龟槽属（*Balanobothrium*）、多头属（*Polypocephalus*）、花萼槽属（*Calycobothrium*）、栅栏槽属（*Staurobothrium*）
原头超科（Superfamily Proteocephaloidea）
原头科（Family Proteocephalidae La Rue，1911）
带超科（Superfamily Taenioidea Zwicke，1841）=圆叶超科（Cyclophyllidea Braun，1900）
带科（Family Taeniidae Ludwig，1886）
裸头科（Family Anoplocephalidae Cholodkowsky，1902）
戴维科（Family Davaineidae Fuhrmann，1907）
膜壳科（Family Hymenolepididae Railliet & Henry，1909）
囊宫科（Family Dilepididae Fuhrmann，1907，亦有译为双鳞科或双壳科者）
中殖孔绦虫科（Family Mesocestoididae Fuhrmann，1907）
线带科（Family Nemtotaeniidae Lühe，1910）
安比丽科（Family Ambillidae Fuhrmann，1908）
无鞘科（Family Acoleidae Ransom，1909）
四槽科（Family Tetrabothriidae Linton，1891）
异体绦科（Family Dioicocestidae）

Fuhrmann（1931）系统
绦虫纲（Class Cestoidea）
单节绦虫亚纲（Subclass Cestodaria Monticelli，1892）
两线目（Order Amphilinidea Poche，1922）
旋缘目（Order Gyrocotylidea）
鲤蠢目（Order Caryophyllidea Mola，1929，亦有译为核叶目者）
鲤蠢科（Family Caryophyllidae Claus，1879，亦有译为核叶科者）
真绦虫亚纲（Subclass Cestoda）
四叶目（Order Tetraphylidea）
叶槽科（Family Phyllobothriidae Van Beneden）
叶槽属（*Phyllobothrium*）=单鲁格玛属（*Monorygma*）+交叉槽属（*Crossobothrium*）+花头属（*Anthocephalum*）、花槽属（*Anthobothrium*）=海棉槽属（*Spongiobothrium*）、欧鲁格玛槽属（*Orygmatobothrium*）、旋槽属（*Dinobothrium*）、杯叶属（*Scyphophyllidium*）、腕槽属（*Carpobothrium*）、三腔属（*Trilocularia*）、双腔属（*Bilocularia*）、帽槽属（*Calyptrobothrium*）、吸叶槽属（*Myzophyllobothrium*）=茧槽属（*Rhoptrobothrium*）、鲫槽属（*Echeneibothrium*）=冠槽属（*Tiarabothrium*）=犁槽属（*Rhinebothrium*）
瘤槽科（Family Onchobothriidae Braun）

瘤槽属（*Onchobothrium*）、棘槽属（*Acanthobothrium*）、丽槽属（*Calliobothrium*）、钩双腔属（*Uncibilocularis*）、扁槽属（*Platybothrium*）、足槽属（*Pedibothrium*）、棘腔属（*Spiniloculus*）、龟槽属（*Balanobothrium*）、约克属（*Yorkeria*）、圆柱孔属（*Cylindrophorus*）= 柄槽属（*Phoreiobothrium*）、穗头属（*Thysanocephalum*）=吸头属（*Myzocephalus*）

盘头科（Family Lecanicephalidea Braun=Gamobothriidae Linton）

盘头属（*Lecanicephalum*）=疣头属（*Tylocephalum*）的一部分=四性头属（*Tetragonocephalum*）=头槽属（*Cephalobothrium*）、多头属（*Polypocephalus*）=副带属（*Parataenia*）=穗槽属（*Thysanobothrium*）=花槽属（*Anthemobothrium*）=隐槽属（*Adelobothrium*）

头槽科（Family Cephalobothriidae Pintner）

头槽属（*Cephalobothrium*）、疣头属（*Tylocephalum*）的一部分、圆盘槽属（*Discobothrium*）

原头科（Family Proteocephalidae La Rue）

蒙蒂西利科（Family Monticelliidae La Rue）

圆盘头科（Family Discocephalidae Pintner）

圆盘头属（*Discocephalum*）

双叶目（Order Diphyllidea）

四吻目（Order Tetrarhynchidea）

假叶目（Order Pseudophyllidea）

圆叶目（Order Cyclophyllidea）

Joyeux & Baer（1936）系统

绦虫纲（Class Cestoidea）

单节绦虫亚纲（Subclass Cestodaria Monticelli，1892）

旋缘目（Order Gyrocotylidea Fuhrmann，1931）

两线目（Order Amphilinidea Poche，1926）

真绦虫亚纲（Subclass Cestoda Carus，1885）

四吻目（Order Tetrarhynchidea Olsson，1893）

双叶目（Order Diphyllidea Carus，1863）

四叶目（Order Tetraphylidea Carus，1863）

头槽科（Family Cephalobothriidae Pintner，1928）

圆盘头科（Family Disculicipitidae Joyeux & Baer，1936）

鱼带科（Family Ichthyotaeniidae Ariola，1899）=原头科（Proteocephalidae La Rue，1911）

叶槽科（Family Phyllobothriidae Braun，1900）

瘤槽科（Family Onchobothriidae Braun，1900）

假叶目（Order Pseudophyllidea Carus，1863）

圆叶目（Order Cyclophyllidea Braun，1900）

Hyman（1951）系统

绦虫纲（Class Cestoda）

单节绦虫亚纲（Subclass Cestodaria）

两线目（Order Amphilinidea）

旋缘目（Order Gyrocotylidea）

真绦虫亚纲（Subclass Cestoda）

四叶目（Order Tetraphylidea）

盘头目（Order Lecanicephaloidea）

盘头科（Family Lecanicephalidae）

盘头属（*Lecanicephalum*）、多头属（*Polypocephalus*）=副带属（*Parataenia*）=穗槽属（*Thysanobothrium*）、花槽属（*Anthemobothrium*）、隐槽属（*Adelobothrium*）

头槽科（Family Cephalobothridae）

头槽属（*Cephalobothrium*）、圆盘槽属（*Discobothrium*）、疣头属（*Tylocephalum*）

圆盘头科（Family Discocephalidae）

圆盘头属（*Discocephalum*）

原头样目（Order Proteocephaloidea）

双叶目（Order Diphyllidea）

锥吻目或四吻样目（Order Trypanorhyncha 或 Tetrarhynchoidea）

假叶目（Order Pseudophyllidea）

日带目（Order Nippotaeniidea）

带目或圆叶目（Order Taenioidea 或 Cyclophyllidea）

无鞘目（Order Aporidea）

Wardle & Mcleod（1952）系统

单节绦虫亚纲（Subclass Cestodaria）

两线目（Order Amphilinidea Poche，1922）

两线科（Family Amphilinidae）

旋缘目（Order Gyrocotylidea）

旋缘科（Family Gyrocotylidae）

双孔叶目（Order Biporophyllidea Subramanian，1930）

双孔叶科（Family Biporophyllaeidae）

真绦虫亚纲（Subclass Cestoda Carus，1885）

原头目（Order Proteocephala）

原头科（Family Proteocephalidae）

四叶目（Order Tetraphyllidea）

叶槽科（Family Phyllobothriidae）

瘤槽科（Family Onchobothriidae）

圆盘头目（Order Disculicepitidea）

圆盘头科（Family Disculicepitidae）

盘头目（Order Lecanicephala）

盘头科（Family Lecanicephalidae）

头槽科（Family Cephalobothriidae）

锥吻目（Order Trypanorhyncha）

触手科（Family Tentaculariidae）

肝木质科（Family Hepatoxylidae）

钵头科（Family Sphyriocephalidae）

粗毛吻科（Family Dasyrhynchidae）

花边吻科（Family Lacistorhynchidae）
裸吻科（Family Gymnorhynchidae）
翼槽科（Family Pterobothriidae）
真四吻科（Family Eutetrarhynchidae）
吉奎科（Family Gilquiniidae）
耳槽科（Family Otobothriidae）
圆叶目（Order Cyclophyllidea）
中殖孔科（Family Mesocestoididae）
四槽科（Family Tetrabothriidae）
线带科（Family Nematotaeniidae）
裸头科（Family Anoplocephalidae）
链带科（Family Catenotaeniidae）
带科（Family Taeniidae）
戴维科（Family Davaineidae）
双子宫科（Family Biuterinidae）
膜壳科（Family Hymenolepididae）
囊宫科（Family Dilepididae）
无鞘科（Family Acoleidae）
安比丽科（Family Amabiliidae）
异体科（Family Dioicocestidae）
双阴科（Family Diplposthidae）
无鞘目（Order Aporidea）
线副带科（Family Nematoparataeniidae）
日带目（Order Nippotaeniidea）
日带科（Family Nippotaeniidae）
鲤蠢目（Order Caryophyllidea，亦有译为核叶目者）
温杨科（Family Wenyonidae）
鲤蠢科（Family Caryophyllaeidae，亦有译为核叶科者）
丽多科（Family Lytocestidae）
盖顶科（Family Capingentidae）
佛焰苞槽目（Order Spathebothriidea）
佛焰苞槽科（Family Spathebothriidae）
杯头科（Family Cyathocephalidae）
双杯科（Family Diplocotylidae）
假叶目（Order Pseudophyllidea）
单槽科（Family Haplobothridae）
双槽头科（Family Dibothriocephalidae）
翼槽科（Family Ptychobothriidae）
槽首科（Family Bothriocephallidae）
棘叶科（Family Echinophalidae）
三支钩科（Family Triaenophoridae）
双杯科（Family Amphicotylidae）

Riser（1955）系统

三栖超目（Superorder Trixenidea）

四叶目（Order Tetraphyllidea）=出自 Fuhrmann（1930）的四叶目（Tetraphyllidea Carus，1863）+双叶目（Diphyllidea Carus，1863）和四槽目（Tetrabothridea Baer，1954）

叶槽超科（Superfamily Phyllobothrioidea Southwell，1930）

叶槽科（Family Phyllobothriidae Braun，1900）

瘤槽科（Family Onchobothriidae Braun，1900）

鲫槽科（Family Echeneibothriidae）

盘头超科（Superfamily Lecanicephaloidea Southwell，1930）

盘头科（Family Lecanicephalidae Braun，1900）

头槽科（Family Cephalobothriidae Pintner，1928）

龟头槽科（Family Balanobothriidae Pintner，1928）

圆盘头科（Family Disculicipitidae Joyeux & Baer，1935）

棘槽科（Family Echinobothriidae Fuhrmann，1930）

原头超科（Superfamily Proteocephaloidea Southwell，1930）

四槽超科（Superfamily Tetrabothrioidea）=四槽目（Tetrabothridea Baer，1948）

假叶目（Order Pseudophyllidea Carus，1863）

锥吻目（Order Trypanorhyncha Diesing，1863）

双栖超目（Superorder Dixenidea）=圆叶目（Order Cyclophyllidea Braun，1900）

Euzet（1956）系统

四叶目（Tetraphyllidea Carus，1863）

叶槽超科（Superfamily Phyllobothriides）

叶槽科（Family Phyllobothriidae Braun）

叶槽亚科（Subfamily Phyllobothriinae）

鲫槽亚科（Subfamily Echeneibothriinae）

犁槽亚科（Subfamily Rhinebothriinae）

穗头亚科（Subfamily Thysanocephalinae）

瘤槽科（Family Onchobothriidae Braun）

盘头超科（Superfamily Lecanicephalides）

盘头科（Family Lecanicephalidae Braun）

头槽科（Family Cephalobothriidae Pintner）

前槽超科（Superfamily Prosobothriides）

前槽科（Family Prosobothriidae Baer & Euzet）

载槽科（Family Phoreiobothriidae Baer & Euzet）

Spasski（1958）系统

四叶目（Tetraphyllidea（Beneden，1849）Carus，1863）

叶槽亚目（Superorder Phyllobothrata Spassky）=四叶目（Tetraphyllata Spassky，1957）

盘头超科（Superfamily Lecanicephaloidea Southwell，1930）

四叶科（Family Tetraphyllidae）=盘头科（Family Lecanicephalidae Braun，1900）

头槽科（Family Cephalobothriidae Pintner，1928）
叶槽超科（Superfamily Phyllobothrioidea Southwell，1930）
叶槽科（Family Phyllobothriidae（Ariola，1899）Braun，1900）
瘤槽科（Family Onchobothriidae Braun，1900）
原头亚目（Suborder Proteocephalata Spassky，1957）
四槽亚目（Suborder Tetrabothriata（Ariola，1899）Skejabin，1940）
日带亚目（Suborder Nippotaeniata）
锥吻目（Order Trypanorhyncha Diesing，1863）
圆叶目（Order Cyclophyllidea Braun，1900）=带目（Taeniidea Carus，1863）
裸头亚目（Suborder Anoplocephalata Skejabin，1933）=圆叶棘亚目（Cyclophyllacantha Mola，1929）
带亚目（Suborder Taeniata Skejabin & Schulz，1937）
中殖孔亚目（Suborder Mesocestoidata Skrjabin，1940）
假叶目（Order Pseudophyllidea（Beneden，1849）Carus，1863）

Euzet（1959）系统
四叶目（Tetraphyllidea Carus，1863）
叶槽超科（Superfamily Phyllobothrioidea Southwell，1930）
叶槽科（Family Phyllobothriidae Braun，1900）
叶槽亚科（Subfamily Phyllobothriinae de Beauchamp，1905）
鲫槽亚科（Subfamily Echeneibothriinae de Beauchamp，1905）
犁槽亚科（Subfamily Rhinebothriinae Euzet，1953）
穗头亚科（Subfamily Thysanocephalinae Euzet，1953）
瘤槽科（Family Onchobothriidae Braun，1900）
前槽超科（Superfamily Prosobothrioidea）
前槽科（Family Prosobothriidae Baer & Euzet，1955）
前槽亚科（Subfamily Prosobothriinae）
扁槽亚科（Subfamily Platybothriinae）
载槽科（Family Phoreiobothriidae）
载槽亚科（Subfamily Phoreiobothriinae）
里斯亚科（Subfamily Reesiinae）
胃黄科（Family Gastrolecithidae Euzet，1955）
盘头超科（Superfamily Lecanicephaloidea Southwell，1930）
盘头科（Family Lecanicephalidae Braun，1900）
头槽科（Family Cephalobothriidae Pintner，1928）

Yamaguti（1959）系统
单节绦虫亚纲（Subclass Cestodaria Monticelli，1892）
两线目（Order Amphilinidea Poche，1922）
旋缘目（Order Gyrocotylidea Poche，1926）
核叶目（Order Caryophyllidea Beneden in Olsson，1893）
真绦虫亚纲（Subclass Euestoda Southwell，1930）
佛焰苞槽目（Order Spathebothriidea Wardle & Mcleod，1952）

假叶目（Order Pseudophyllidea Carus，1863）
四叶目（Order Tetraphyllidea Carus，1863）
盘头目（Order Lecanicephalidea Baylis，1920）
盘头科（Family Lecanicephalidae Braun，1900）
盘头属（*Lecanicephalum*）不同于盘头属（*Lecanicephalus* Diesing，1851）、花萼槽属（*Calycobothrium*）=环槽属（*Cyclobothrium*）、头槽属（*Cephalobothrium*）、六管属（*Hexacanalis*）、多头属（*Polypocephalus*）=副带属（*Parataenia*）、穗槽属（*Thysanobothrium*）、花槽属（*Anthemobothrium*）、疣头属（*Tylocephalum*）=吻头属（*Kystocephalus*）=神秘槽属（*Aphanobothrium*）
隐槽科（Family Adelobothriidae）
隐槽属（*Adelobothrium*）
龟头槽科（Family Balanobothriidae Pintner，1928）
龟头槽属（*Balanobothrium*）
圆盘头科（Family Disculicepitidae Joyeux & Baer，1935）=圆盘头科（Discocephalidae Pintner，1928）
圆盘头属（*Disculiceps*）=圆盘头属（*Discocephalum* Macquat，1838）=圆盘头属（*Discocephallus* Ehrenberg，1829）
四性首科（Family Tetragonocephalidae）
四性首属（*Tetragonocephalum*）
日带目（Order Nippotaeniidea Yamaguti，1939）
锥吻目（Order Trypanorhyncha Diesing，1863）
原头目（Order Proteocephalidea Mola，1928）

Joyeux & Baer（1961）系统
绦虫纲（Class Cestoda Carus）
单槽目（Order Haplobothrioidea Baer）
假叶目（Order Pseudophyllidea Carus）
四吻目（Order Tetrarhynchidea Carus）
双叶目（Order Diphyllidea Van Beneden）
四叶目（Order Tetraphyllidea Carus）
叶槽超科（Superfamily Phyllobothrioidea Southwell）
叶槽科（Family Phyllobothriidae Braun）
叶槽亚科（Subfamily Phyllobothriinae Carus）
鲫槽亚科（Subfamily Echeneibothriinae de Beauchamp）
犁槽亚科（Subfamily Rhinebothriinae Euzet）
穗头亚科（Subfamily Thysanocephalinae Baer & Euzet）
瘤槽科（Family Onchobothriidae Braun）
盘头超科（Superfamily Lecanicephaloidea Southwell）
盘头科（Family Lecanicephalidae Braun）
头槽科（Family Cephalobothriidae Pintner）
前槽超科（Superfamily Prosobothrioidea Euzet）
前槽科（Family Prosobothriidae Baer & Euzet）

前槽亚科（Subfamily Prosobothriinae Euzet）
扁槽亚科（Subfamily Platybothriinae Euzet）
载槽科（Family Phoreiobothriidae Baer & Euzet）
载槽亚科（Subfamily Phoreiobothriinae Euzet）
里斯亚科（Subfamily Reesiinae Euzet）
胃黄科（Family Gastrolecithidae_Euzet）
圆盘头科（Family Disculicepitidae Joyeux & Baer）
日带目（Order Nippotaeniidea Yamaguti）
鱼带目（Order Ichthytaeniidea）
四槽目（Order Tetrabothridea Baer）
圆叶目（Order Cyclophyllidea Van beneden）
无鞘目（Order Aporidea Fuhrmann）

Schmidt（1970）系统
单节绦虫亚纲（Subclass Cestodaria Monticelli，1891）
真绦虫亚纲（Subclass Euestoda Southwell，1930）
核叶目（Order Caryophyllidea Beneden in Olsson，1893）
佛焰苞槽目（Order Spathebothriidea Wardle & Mcleod，1952）
锥吻目（Order Trypanorhyncha Diesing，1863）
假叶目（Order Pseudophyllidea Carus，1863）
盘头目（Order Lecanicephalidea Baylis，1920）
龟头槽科（Family Balanobothriidae Pintner，1928）
圆盘头科（Family Disculicepitadae Joyeux & Baer，1935）
隐槽科（Family Adelobothriidae Yamaguti，1959）
盘头科（Family Lecanicephalidae Braun，1900）
无鞘目（Order Aporidea Fuhrmann，1934）
四叶目（Order Tetraphyllidea Carus，1863）
双叶目（Order Diphyllidea Beneden in Carus，1863）
光槽目（Order Litobothridea Dailey，1969）
日带目（Order Nippotaeniidea Yamaguti 1939）
原头目（Order Proteocephalidea Mola，1928）
圆叶目（Order Cyclophyllidea Beneden in Braun，1900）

Wardle，Mcleod & Radinovsky（1974）系统
旋缘目（Order Gyrocotylidea Poche，1926）
两线目（Order Amphilinidea Poche，1922）
核叶目（Order Caryophyllidea Beneden in Olsson，1893）
佛焰苞槽目（Order Spathebothriidea Wardle & Mcleod，1952）
假叶目（Order Pseudophyllidea Carus，1863）
双叶目（Order Diphyllidea）
原头目（Order Proteocephalidea Mola，1928）
四叶目（Order Tetraphyllidea Carus，1863）

光槽目（Order Litobothridea Dailey，1969）
锥吻目（Order Trypanorhyncha Diesing，1863）
中殖孔目（Order Mesocestoididea）
四槽目（Order Tetrabothriidea Baer，1954 或 Tetrabothridea）
线带目（Order Nematotaeniidea）
带目（Order Taeniidea）
戴维目（Order Davaineidea）
裸头目（Order Anoplocephalidea）
膜壳目（Order Hymenolepididea）
囊宫目（Order Dilepididea）
圆叶目（Order Cyclophyllidea Beneden in Braun，1900）
无鞘目（Order Aporia）

Schmidt（1986）系统
单节绦虫亚纲（Subclass Cestodaria Monticelli，1891）
真绦虫亚纲（Subclass Euestoda Southwell，1930）
　核叶目（Order Caryophyllidea Beneden in Carus，1863）
　佛焰苞槽目（Order Spathebothriidea Wardle & Mcleod，1952）
　锥吻目（Order Trypanorhyncha Diesing，1863）
　假叶目（Order Pseudophyllidea Carus，1863=Diphyllidea Wardle，Mcleod & Radinowski，1974）
　盘头目（Order Lecanicephalidea Baylis，1920）
　　龟头槽科（Family Balanobothriidae Pintner，1928）
　　圆盘头科（Family Disculicepitadae Joyeux & Baer，1935）=圆盘头科（Discocephalidae Pintner，1928）
　　盘头科（Family Lecanicephalidae Braun，1900）
　　隐槽科（Family Adelobothriidae Yamaguti，1959）
　无鞘目（Order Aporidea Fuhrmann，1934）
　四叶目（Order Tetraphyllidea Carus，1863）
　　瘤槽科（Family Onchobothriidae Braun，1900）
　　锤头科（Family Cathetocephalidae Dailey & Overstreet，1973））
　　三腔科（Family Triloculariidae Yamaguti，1959）=尿殖孔科（Urogonoporidae Odhner，1904）
　　叶槽科（Family Phyllobothriidae Braun，1900）
　双叶目（Order Diphyllidea Beneden in Carus，1863）
　光槽目（Order Litobothridea Dailey，1969）
　日带目（Order Nippotaeniidea Yamaguti 1939）
　原头目（Order Proteocephalidea Mola，1928）
　异体带目（Order Dioecotaeniidea Schmidt，1986）
　圆叶目（Order Cyclophyllidea Beneden in Braun，1900）

Brooks & Mclennan（1993b）系统
真绦虫亚群（Subcohort Eucestoda Southwell，1930）
　假叶形目（Order Pseudophylliformes Carus，1863）

日带形目（Order Nippotaeniiformes Yamaguti，1939）
四叶形目（Order Tetraphylliformes Carus，1863）
原头形目（Order Proteocephaliformes Mola，1928）
盘头形目（Order Lecanicephaliformes Baylis，1920）
盘头科（Family Lecanicephalidae Braun，1900）

Khalil，Jones & Bray（1994）系统
两线目（Order Amphilinidea）
旋缘目（Order Gyrocotylidea）
佛焰苞槽目（Order Spathebothriidea）
鲤蠹目或核叶目（Order Caryophyllidea）
双叶目（Order Diphyllidea）
锥吻目（Order Trypanorhyncha）
四叶目（Order Tetraphyllidea）
盘头目（Order Lecanicephalidea）
假叶目（Order Pseudophyllidea）
单槽目（Order Haplobothriidea）
日带目（Order Nippotaeniidea）
原头目（Order Proteocephalidea）
四槽目（Order Tetrabothriidea）
圆叶目（Order Cyclophyllidea）
中殖孔科（Family Mesocestoididae）
裸头科（Family Anoplocephalidae）
链带科（Family Catenotaeniidae）
线带科（Family Nematotaeniidae）
前雌带科（Family Progynotaeniidae）
无鞘科（Family Acoleidae）
异体绦虫科（Family Dioecocestidae）
安比丽科（Family Ambiliidae）
戴维科（Family Davaineidae）
囊宫科（Family Dilepididae）
双叶科（Family Dipylidiidae）
副子宫科（Family Paruterinidae）
后囊宫科（Family Metadilepididae）
膜壳科（Family Hymenolepididae）
带科（Family Taeniidae）

从上述简列的分类系统中，可以看出绦虫分类一直不统一，也很难统一。在本书中我们仅选取有充分证据的、普遍认同的内容。对下列各目进行分目介绍。

两线目（Amphilinidea）

单节绦虫；体叶状或细长；缺乏明显的附着器官，小型吸盘样器官可能存在于体前端。卵巢位于身体的后部区域，形状各异。精巢滤泡状，位于窄的、卵巢侧面前方区带。无阴茎囊。雌孔、雄孔常常分

离，偶尔发现雄性管道与阴道联合并形成 1 个简单的孔；雄孔和阴道孔位于体后端部。阴道孔通常位于体后端附近，为一个孔时开于腹部，偶尔在远部分为二支，分别向背部和腹部开孔。受精囊或小或大，卵圆形到长椭圆形。子宫长管状，N 形或环状，自卵巢伸展至体前端，子宫孔位于体前端。卵无盖。幼虫的尾球上有 10 个小钩，至成体时小钩可能残留。卵黄腺滤泡位于精巢带和体边缘之间的侧方区带。渗透调节系统有两条侧管在体后端通过 1 个共同的开口通体外。已知成体寄生于软骨硬鳞鱼、原始的淡水硬骨鱼、演化的海水硬骨鱼和淡水龟的体腔中，幼体寄生于甲壳动物。

旋缘目（Gyrocotylidea）

体单节，粗壮，纺锤状或伸长。前端有肌肉质吸盘样附着器官。体后部区域渐弱，通常终止于圆花饰簇样附着器官（偶尔丢失或缺？）。侧方边缘多有凹凸的体褶。体表广泛分布有棘或分布区窄或无棘。精巢滤泡状，位于两前侧区。无阴茎囊。生殖孔分离。雄孔位于腹部中央，体前端和子宫孔之间。卵巢滤泡状，围绕着受精囊呈 V 或 U 形带，位于子宫后方。阴道孔在雄孔的背侧方。阴道长，有受精囊。子宫在体中部盘曲于受精囊与子宫孔之间，子宫端部形成子宫囊，子宫孔位于体前部腹中央。卵有盖。幼虫尾球上有 10 个钩。卵黄腺滤泡状，充满体侧方区域。渗透调节管网状，有两个前方开孔。已知寄生于全头亚纲鱼类的肠螺旋瓣上。

鲤蠢目或核叶目（Caryophyllidea）

细长的虫体，没有内、外分节，有 1 套生殖器官。头节不特化或有小腔、吸槽或吸沟、吸盘或端部内翻或有盘状结构，无小钩。生殖孔位于腹部中央；子宫及阴道口开于雄孔后方或一起开孔。精巢位于卵巢后方。卵黄腺滤泡状，位于卵巢前方，有或无卵巢后方群。卵有盖。主要寄生于鲇形目和鲤形目淡水鱼的消化道中。有些属生活史原始，在水生环节动物中间宿主体腔中发育。分科：鲤蠢科、龟头带科（Balanotaeniidae）、纽带绦虫科（Lytocestidae）和头颊绦虫科（Capingentidae）等。

佛焰苞槽目（Spathebothriidea）

虫体长纺锤状到带状；背腹扁平；通体有线性的多套生殖器官，但无明显的外部分节。头节分化明显或不明显；明显时有 1～2 个吸盘样附着器官。精巢滤泡状；位于链体大部分连续的侧方区带。阴茎囊小到很发达；阴茎可能有棘。雄孔与雌孔靠近，位于虫体的同一面中央；生殖孔不规则交替开口于背部和腹部或仅在腹部。阴道和子宫开在雄孔后方，共同或通过公共生殖腔开口。卵巢簇状或分两叶，由小叶片组成，位于中央生殖孔后方。阴道连接阴道口和输卵管；可能在近端部膨大形成小的受精囊。子宫管状卷曲，成环填充于卵巢和生殖孔之间的中央区域，可能向前和/或向后方扩展达卵巢和生殖孔水平。卵有盖。卵黄腺滤泡状，位于精巢和体边缘的连续的侧方区带。渗透调节系统为链体各边有侧管的形式，有不规则的联合和侧方开孔。已发现寄生于北半球淡水、广盐性和海洋软骨硬鳞鱼和硬骨鱼类肠道中。分科：杯头科（Cyathocephalidae）、佛焰苞槽科（Spathebothriidae）和吸槽科（Bothrimonidae）等。

单槽目（Haplobothriidea）

基本或初生头节球棒样，上有 4 条触手，触手基部有棘状微毛，触手可能缩入肌肉质的囊中。无吸槽。初级链体不能自身发育出节片但有分节的区域。在初生头节之后相隔一定距离，各自分离开形成次生链体。次生链体的前方节片变形为假头（或次生头节）。假头前方扁平，有 4 个浅的凹口围绕着凸起的中央拱顶。假头的后部边缘和随后的节片形成 4 个扁平的突起附属物。每节具有 1 套生殖器官。生殖孔位于腹部中央前方。阴茎囊位于中央前方。阴茎具小棘。精巢位于两侧髓质区。卵巢位于后方中央，马蹄形，前方有峡部。阴道开口于阴茎囊的后方。受精囊存在。卵黄腺滤泡位于髓质，在前方和后方中线汇合。子宫有螺旋形的子宫管和膨大的子宫囊。子宫孔永久存在或暂时存在。卵有盖，胚化。采自北美淡水硬骨鱼（弓鳍鱼 *Amia calva*）。模式科：单槽科（Haplobothriidae Cooper，1917）。

日带目（Nippotaeniidea）

简单的顶吸盘存在，头节上未发现有其他附着器官。链体相对短，老节不解离到超解离。内纵肌不成束，鞘状、附着于顶吸盘括约肌样前端。皮质中纵向渗透调节管数目众多，髓质中有少量。神经索位于阴茎囊和阴道腹面。精巢在卵黄腺前方髓质区，孕节中存在或无。阴茎囊壁薄，主要位于髓质，有卷曲的射精管；近端部分可能形成内贮精囊。阴茎简单。生殖孔开口于近节片前半部分的侧方边缘。卵巢有对称的2叶；位于节片中央或后部。卵黄腺为对称的叶状，位于卵巢前方。阴道开口于生殖腔、阴茎囊后方。子宫位于髓质，横向卷曲，几乎充满了整个髓质。卵有3层壳。已知采自日本、中国、俄罗斯和新西兰淡水硬骨鱼。模式科：日带科（Nippotaeniidae Yamaguti，1939）。

四槽目（Tetrabothriidea）

真绦虫。头节通常有4个肌肉质吸叶。卵黄腺实质状，位于卵巢前方腹部。子宫为一横管状，位于卵巢背部；有单一或多个孔。已知为海洋恒温动物的寄生虫。模式科：四槽科（Tetrabothriidae Linton，1891）。

双叶槽目（Diphyllobothriidea）

链体中到大型，通常无缘膜，不解离。外分节完全或不完全。头节形态可变，偶尔发育不良。吸槽通常很发达，形状可变，偶尔仅有浅的裂隙，很少肥大者。渗透调节管位于皮质或髓质，数目多或少。生殖器官通常单套，可能有双套或偶尔多套。精巢数目多，位于髓质。阴茎囊存在。卵巢位于后部。雄性与雌性生殖管分别或共同开口于腹部中央前方表面。卵黄腺滤泡位于皮质，可能突入纵肌束之间。子宫形状可变，开口于腹部，生殖孔后方。已知幼虫期寄生于鱼类、爬行类，偶尔寄生于其他类群，成体期寄生于爬行类、鸟类和哺乳类。模式科：双叶槽科（Diphyllobothriidae Lühe，1910）。其他科：头衣科（Cephalochlamydidae Yamaguti，1959，亦有译为蓬头科者）和钵头科（Scyphocephalidae Freze，1974）。

双叶目（Diphyllidea）

头节由固有结构和头茎组成，其上有2个固着的吸叶，有棘的顶突存在或无，头茎有或无棘。节片无缘膜。生殖孔位于节片后腹部中央。精巢多个，位于卵巢前方。阴茎囊大，梨形，开口于阴道孔前方。卵巢两叶，位于后部。卵黄腺滤泡位于侧方或围绕节片。无子宫孔。已知为软骨鱼类的寄生虫。目下分类：棘槽科（Perrier，1897）1个科6属。

四叶目（Tetraphyllidea）

头节有4个固着的或有柄的、不同形态的吸槽；钩存在或无。极少情况头节缺吸槽、吸盘和钩；或有4个固着的腺体样盘；或可能为具缘膜的垫状结构；或由单一的顶吸盘组成。有时存在头节后结构。链体通常为雌雄同体，少量雌雄异体；通常有单套生殖器官，很少多套；有或无缘膜；老节不解离、真解离或超解离。生殖孔位于侧方或亚侧方，不规则交替。精巢数目多；孔侧阴道后存在精巢或无。卵巢位于节片后部，横切面两叶或四叶状。阴道在阴茎囊前方与输精管交叉。卵黄腺滤泡位于髓质，通常在侧方，有时围绕节片，很少集中于卵巢周围。子宫位于腹部中央；子宫孔有时存在，位于中央。卵可能集群形成茧。已知成体寄生于板鳃亚纲和全头亚纲动物的肠螺旋瓣上。分科：锤头科（Cathetocephalidae）、瘤槽科（Onchobothriidae）、叶槽科（Phyllobothriidae）、前槽科（Prosobothriidae）和异体带科（Dioecotaeniidae）等。

锥吻目（Tryanorhyancha）

小型到中型多节带状绦虫。头节具2个或4个运动活跃的、固着或有柄的吸槽和4条可伸缩的、具有螺旋排列小钩的中空触手。各触手有由触手鞘和起源于肌肉质球茎的牵引肌组成的吻器官，可以外翻和缩回［无吻属（*Aporhynchus*）无此结构］，所有这些结构都包含在伸长的肉茎样头节中。触手的钩棘类型分为：同棘型、异棘型（典型与非典型）和花棘型，并显示出特征性的等距形式。链体的分节通常明显，节片有或无缘膜，解离或非解离。节片前部由纵向实质肌层分为皮质区和髓质区。生殖器官几乎限于髓质区。精巢数目多。精巢区可能扩展至卵巢后空间或越过侧方渗透调节管。输精管位于中央。阴茎包于阴茎囊或两性囊中。外附属和内贮精囊存在或无。阴道位于子宫和子宫管腹方。生殖腔位于侧方边缘，常开于唇样膨胀物之间。阴道孔与阴茎孔分离（侧方、腹方或后部）或阴道穿过两性囊形成两性小囊或管。阴道括约肌存在或缺。受精囊存在或无。卵巢位于后部，通常接近节片后部边缘；横切面上为两叶、四叶或多叶状。壳腺位于卵巢峡部后方。卵黄腺滤泡位于皮质，形成套筒围绕着内部器官或分为侧方带，偶然伸入实质肌肉层。未孕子宫管状，位于中央或为侧方的弓状结构，偶尔为倒U、Y或X形。孕子宫囊状，常有分支。子宫内虫卵可能为六钩蚴，外胚膜有或无突起。已知成体寄生于板鳃类软骨鱼，很少寄生于全头类。幼虫发生于海洋浮游生物，浮游的和深海的无脊椎动物、鱼和爬行动物。分科：粗毛吻科（Dasyrhynchidae）、真四吻科（Eutetrarhynchidae）、吉尔奎恩科（Gilquiniidae）、裸吻科（Gymnorhynchidae）、肝木质科（Hepatoxylidae）、霍尔尼科（Hornelliellidae）、方网眼花边吻科（Lacistorhynchidae）、星鲨居科（Mustelicolidae）、耳槽科（Otobothriidae）、副尼氏科（Paranybeliniidae）、翼槽科（Pterobothriidae）、触手科（Tentaculariidae）、混合迪格马科（Mixodigmatidae）和犁翼科（Rhinoptericolidae）等。

光槽目（Litobothridea）

头节具有顶吸盘和多个十字形的假节。缺乏吸叶。颈区不明显。链体有大量具缘膜的节片；生殖器官位于髓质。生殖孔位于侧方。精巢数目多，位于卵巢前方。卵巢位于中央后方。卵黄腺滤泡状，围绕着中央髓实质。子宫中的卵没有发育至六钩蚴期。已知成体寄生于鼠鲨目鲨鱼的肠螺旋瓣上。或不似上述而是具如下特征：头节固有结构圆顶形，具有扩展的头柄，含有4种不同的组织类型；节片极端超解离；成节不知。分科：光槽科（Litobothridae）。

犁槽目（Rhinebothriidea）

真绦虫。小型虫体。链体多分节，具多个节片。节片雌雄同体，具缘膜或无缘膜，通常真解离，偶尔超解离。每节1套生殖器官。两对侧渗透调节管，腹管宽于背管。颈区不明显。头节具有4个肌肉质无棘钩吸叶。吸叶具柄，通常无明显的顶器官，有或无边缘的和/或表面的隔。吸吻存在或无。精巢通常多个，很少2个；孔后精巢通常不存在。输精管卷曲。外贮精囊存在或无。阴茎囊无内贮精囊；阴茎具棘样微毛。生殖孔位于侧方，不规则交替。阴道在阴茎囊前方开于共同的生殖腔。卵巢位于后方，横切面两叶或四叶状。卵黄腺滤泡状，滤泡位于两侧区域，偶尔侵入节片中线。子宫管状，有或无侧支囊；预成子宫孔缺。已知寄生于鳐类动物的肠螺旋瓣上。模式科：犁槽科（Rhinebothriidae Euzet，1953）。

槽首目（Bothriocephalidea）

小到大型绦虫。链体通常分节。分节完全、不完全或很少不存在分节现象。节片通常具缘膜，宽大于长，不解离；两对主要的渗透调节管，腹管通常更宽、壁薄，背管窄、壁厚。头节形态多变，无棘或很少有钩，可能由假头或头节变形物取代。头节有背、腹纵向的沟（吸槽）。顶盘存在或缺。颈区明显或不明显。生殖器官每节1套，很少2套。精巢数目多，位于髓质，通常在两侧区域。输精管卷曲；外贮精囊不存在。阴茎囊有或无内贮精囊；阴茎无棘或有棘或有皮层形成的鳞片状毛。生殖孔位于背部表面（中央或亚中央位）或侧方，不规则交替。卵巢位于髓质，通常为两叶，实质状、滤泡状或树枝状，位于节片后方。卵黄腺滤泡状，广泛分布于内纵肌束之间，很少分布于皮质。子宫形状可变，多为管状，卷曲的子宫管可能扩大入实质或具短突起的（分支的）子宫囊；腹子宫孔存在或不存在。卵有或无盖，在子宫中可能胚化为有纤毛的钩球蚴。1个或2个中间宿主：原尾蚴在甲壳类剑水蚤体中发育，如果存在实尾蚴，则在鱼体中发育。已知成体寄生于鱼的消化道中，有例外者寄生于两栖类（蝾螈）。分科：槽首科（Bothriocephalidae）、棘阴茎科（Echinophallidae）、亲深海科（Philobythiidae）和三支钩科（Triaenophoridae）等。

盘头目（Lecanicephalidea）

头节无沟槽，但有一横向凹陷，将其分为前后两个区域。后部（基部）有4个吸槽样吸盘，前部（顶部）多变，有肌肉质吸盘、巨大的吸吻或是触手冠。链体有或无缘膜，老节脱落。生殖孔位于侧方，不规则交替。精巢数目少或多，占据排泄管内侧卵巢与节片前缘之间的整个区域，或局限于阴茎囊前的节片前部区域。阴道开口于阴茎囊后部，有时开口于侧方，不与雄性生殖管交叉。卵巢位于后方，横切面两叶状或多叶状。卵黄腺滤泡位于侧方或围绕着节片。子宫有或无孔。成虫寄生于板鳃亚纲动物的肠螺旋瓣上。分科：梳板鳐绦虫科（Zanobatocestidae）、近无顶科（Paraberrapecidae）、无顶科（Aberrapecidae）和盘头科（Lecanicephalidae）等。

原头目（Proteocephalata）

链体小型到中等大小。头节变化大；有 4 个简单的吸盘，或吸盘可能为两室、三室或四室；顶吸盘或有棘的吻突偶尔存在。后头区存在或缺。分节通常明显。链体通常不解离。成节宽大于长或方形。孕节通常长大于宽。实质分为皮质区和髓质区，一般由内纵肌来分隔；纵肌可能少或不明显，尤其是蒙蒂西利科（Monticellidae）。生殖器官有位于髓质或髓质与皮质位置不同的组合。卵黄腺滤泡通常在侧方区域。生殖孔位于侧方。孕节中子宫一般有分支并具有纵向的孔。已知成体寄生于淡水鱼类、两栖类和爬行类。分科：原头科（Proteocephalidae）和蒙蒂西利科。

圆叶目（Cyclophyllidea）

头节通常有 4 个吸盘。吻突通常存在但也可能缺乏，有钩或无。链体通常有明显的分节现象，通常雌雄同体。生殖孔通常位于侧方（中殖孔科位于腹部中央）。卵黄腺实质状，通常在卵巢后方。子宫变化大；可能持续存在或由副子宫器或其他衍生物替代。成体寄生于两栖类、爬行类、鸟类和哺乳类动物。分科：中殖孔科（Mesocestoididae）、线带科（Nematotaeniidae）、先雌带科（Progynotaeniidae）、链带科（Catenotaeniidae）、无鞘科（Acoleidae）、异体绦虫科（Dioecocestidae）、安比丽科（Amabiliidae）、副子宫科（Paruterinidae）、后囊宫科（Metadilepididae）、带科（Taeniidae）、复孔科（Dipylidiidae）、囊宫科（Dilepididae）、膜壳科（Hymenolepididae）、戴维科（Davaineidae）和裸头科（Anoplocephalidae）等。

1.8 如何使用检索表

本书检索表的编制使用的是二歧和多歧分类法，即每一步有两种或多种选择。每一项特性都尽可能避免含糊，但对一类群中一般的设计通常会存在许多例外，以至于可能造成误选。如果一次查完检索表仍检不出样品，则返回不确定的步骤通过另一选择检下去。

根据有问题种类的具体情况，可以从检索表的任何一步开始检索。即如果对于工作者来说绦虫完全是未知的，则应该从检索表开始先检索到亚纲，再检索到目、科、属、种等。如果事先已知绦虫所在的目，那么就可以从目下的分科检索开始，如果事先已知绦虫所在的科，就从科下的分属检索开始，等等。

如果在分种检索表中检索种，发现所检样品与已描述的种中有匹配的话，分类工作就完成了。如果一个都不匹配，只能得出结论：该样品可能代表着一个新种。那么研究者随后就有义务和责任将该种进行恰当的描述，并提供足够的证明此材料为新种的证据。

物种是客观存在的，对于有性生物，种的内涵包括如下方面：①物种由演化形成，而且仍然在发展变化中，但在一定阶段，却又保持了一定的稳定性，即“变”是绝对的，“不变”是相对的，通过量变至一定程度时，就可发生质变，形成新物种；②种是以种群，而非以个体为其存在形式，并占据一定的生态位，因此在进行分类时，不宜只靠个别标本，而应以一系列标本为依据，从中选出模式标本；③同种的动物不仅在形态构造上彼此相似，而且在生理上相同，它们在生理上的相亲合，较之形态上的近似，更为基本。同种间可以交配，并把特征传于后代，不同种的动物虽然也可以用人工的方法促使其互配，但是在自然界中它们并不进行杂交，纵使杂交，一般也不能产生杂种，或即使是产生杂种，也不能生育，因而并不能传种下去。

1.8.1 常见绦虫幼虫分类检索

1a. 幼虫从卵中孵出 ·· 2

1b. 幼虫寄生于脊椎或无脊椎动物 ·· 4

2a. 幼虫有10个小钩……十钩蚴
2b. 幼虫有6个小钩……3
3a. 幼虫有纤毛……钩毛蚴
3b. 幼虫无纤毛……六钩蚴
4a. 幼虫有充满液体的囊……5
4b. 幼虫有实质结构代替囊……10
5a. 为鱼类寄生虫，头节有4个具棘触手……实尾蚴
5b. 为哺乳类寄生虫……6
6a. 链体有明显的分节……链尾蚴
6b. 链体无明显的分节……7
7a. 存在单个头节……囊尾蚴
7b. 存在1个以上头节……8
8a. 子囊没有外生或内生的芽……共尾蚴
8b. 子囊存在，由外生或内生的芽形成……9
9a. 芽主要为内生的……单房棘球蚴
9b. 芽主要为外生的……多房棘球蚴
10a. 幼虫寄生于脊椎动物……11
10b. 幼虫寄生于无脊椎动物……12
11a. 头节无分化，或有背/腹凹陷或触手……裂头蚴或称实尾蚴
11b. 头节有4个吸盘……四盘蚴
12a. 链体有明显的分节……链尾状蚴
12b. 链体无明显的分节……13
13a. 头节有分化，有4个吸盘且常有具棘吻突……拟囊尾蚴
13b. 头节不分化，常有尾球，尾球上有6个钩……原尾蚴

1.8.2 绦虫成虫分类检索

1.8.2.1 绦虫亚纲检索

1a. 多节［除鲤蠹目（核叶目）］，每节有1到多套生殖系统；头节存在；具壳的胚胎具有六钩蚴；已知为鱼类、两栖类、爬行类、鸟类和哺乳类的寄生虫，有一个属在淡水寡毛纲动物体腔内成熟……真绦虫亚纲
1b. 单节，有1套生殖系统；不存在头节；具壳的胚胎具有十钩蚴；已知为鱼类的寄生虫……单节绦虫亚纲

1.8.2.2 单节绦虫亚纲分目检索

1a. 生殖孔位于近后端；子宫孔位于前方……两线目（Amphilinidea Poche，1922）
1b. 生殖孔和子宫孔位于体前1/4处……旋缘目（Gyrocotylidea Poche，1926）

1.8.2.3 真绦虫亚纲分目检索

1a. 链体单节；存在1套雌雄同体的生殖器官……鲤蠹目（核叶目）（Caryophyllidea Beneden in Olsson，1893）
1b. 链体多节；存在1套或以上的生殖器官……2
2a. 头节无真正的吸盘、吸叶、吸槽或触手；无外分节……佛焰苞槽目（Spathebothriidea Wardle & Mcleod，1952）
2b. 头节有一或多种2a所列类型的固着器；外分节常明显存在；雌雄异体类型……3
3a. 基本或初生头节球棒样，上有4条触手，触手基部有棘状微毛，触手可能缩入肌肉质的囊中；无吸槽……单槽目（Haplobothriidea）
3b. 头节与3a所述情况不同……4
4a. 头节有吸叶……5
4b. 头节有吸盘或吸槽……9
5a. 头节有2个吸叶，有或无具棘吻突；生殖孔腹位……双叶目（Diphyllidea Benden & Carus，1863）

5b. 头节有 4 个吸叶……………………………………………………………………………………6
6a. 头节有 4 个吸叶和 4 个有棘的触手 ……………………………锥吻目（Trypanorhyncha Diesing，1863）
6b. 头节与 6a 所述情况不同 ………………………………………………………………………………7
7a. 头节有或无顶部的腺体样肌肉质吸吻，吸叶具柄，小室数目多………犁槽目（Rhinebothriidea Healy et al.，2009）
7b. 头节与 7a 特征不同 ……………………………………………………………………………………8
8a. 头节通常有 4 个肌肉质吸叶；无吸槽小室……………………………四槽目（Tetrabothriidea Baer，1954）
8b. 头节有 4 个吸叶，有或无后头结构；吸槽小室数目少……………四叶目（Tetraphyllidea Carus，1863）
9a. 头节有吸盘……………………………………………………………………………………………10
9b. 头节有吸槽……………………………………………………………………………………………14
10a. 头节有 1 个吸盘………………………………………………………………………………………11
10b. 头节有 4 个吸盘………………………………………………………………………………………12
11a. 头节有 1 个简单吸盘，之后是几个特殊的节片，在横切面上呈十字形；链体有缘膜……………………
……………………………………………………………………光槽目（Litobothridea Dailey，1969）
11b. 头节实质状，有 1 个简单的顶吸盘；头节后方没有 11a 所述特异化的节片，链体无缘膜……………
……………………………………………………………日带目（Nippotaeniidea Yamaguti，1939）
12a. 头节由水平沟分为前方和后方区域；有时有小吸盘或无棘的触手 ………盘头目（Lecanicephalidea Baylis，1920）
12b. 头节与 12a 所述情况不同 ……………………………………………………………………………13
13a. 头节有时有额外的顶吸盘或有棘的吻突；卵黄腺滤泡状，常位于侧方边缘 … 原头目（Proteocephallidea Mola，1928）
13b. 吻突存在或无；卵黄腺实体状，中央位，常在卵巢后方………圆叶目（Cyclophyllidea Beneden & Braun，1928）
14a. 头节有 2 个吸槽；生殖孔位于腹部、子宫孔前方，有肌肉质外贮精囊，无子宫囊，成体通常寄生于哺乳动物中………
……………………………………………………双叶槽目（Diphyllobothriidea Kuchta et al.，2008）
14b. 头节有 2 个吸槽；生殖孔位于背部、子宫孔后方，无肌肉质外贮精囊，有 1 子宫囊，成体主要寄生于硬骨鱼类………
……………………………………………………槽首目（Bothriocephalidea Kuchta et al.，2008）

在绦虫的分类史上，有些研究者仅凭少量甚至于 1 个不完整的标本就建立新种、新属；而且在文章发表后不久，其建立新种、新属所依据的标本就遗失或破损不可考了，如此不慎重的做法只能是给后人增加不必要的麻烦。还有一些早期的文献仅依据少量的形态差异就定新种。相当一部分的形态差异是由标本的新鲜程度及固定处理过程造成的，有些死后略久的标本，其头节上的钩可能已经脱落，以此类标本为依据则结果就是“无钩”；有些研究者习惯在固定时对标本进行加压，如此固定的标本已经变形，其变形程度与所加压力有关。还有一些研究者将结构错认，如将精巢与卵黄腺滤泡混淆，还有一些是视觉错误，如将扩展莫尼茨绦虫本只有一轮的节间腺误认为两轮，只是将立体的结构看成了平面而已；有些文献仅提供手绘图，无实物照片，有些文献的结构示意图不够细致；同时也因研究者的认识及绘图技术而异，致使有些结构很难理解，有些甚至于作者本人也无法解释。以上所述种种原因，造成了绦虫中的许多同物异名及异物同名现象，其中相当一部分种是无效的。为此，本书尽可能选用较为公认（有多个版本）、绘图相对精美、有实物光镜和/或电镜照片的种的文献进行参考与使用。

2 两线目（Amphilinidea Poche，1922）

2.1 简 介

两线绦虫是绦虫中的一个小类群，因虫体只有一个节片而与大多数真绦虫有显著区别。两线绦虫成虫寄生于软骨硬鳞鱼、原始的淡水硬骨鱼、演化的海水硬骨鱼和淡水龟的体腔中。甲壳动物为其中间宿主。此类群的修订包括 Dubinina（1982）、Bandoni 和 Brooks（1987）等的工作。Dubinina（1982）的研究工作结果使其出版了一部较为详细的专著，将两线目分为了如下 4 科 6 属。

两线科（Amphilinidae）
　两线亚科（Amphilininae）
　　两线属（*Amphilina*）
　桥线亚科（Gephyrolininae）
　　桥线属（*Gephyrolina*）
裂豚科（Schizochoeridae）
　　裂豚属（*Schizochoerus*）
　　岛卵黄属（*Nesolecithus*）
澳洲两线科（Austramphilinidae）
　　澳洲两线属（*Austramphilina*）
巨线科（Gigantolinidae）
　　巨线属（*Gigantolina*）

Bandoni 和 Brooks（1987）严格采用支序理论方法分类，仅认可 1 科 2 亚科 3 属。此外，在 Schmidt（1986）的专著中认可两线目有 2 科 8 属；Xylander（1986）对两线目绦虫系统和生物学的其他方面进行过讨论；Khalil 等（1994）在脊椎动物绦虫检索专著中综合采用 Dubinina（1982）及 Bandoni 和 Brooks（1987）的分类系统，将两线绦虫分为 2 科 6 属，但对一些属的地位进行了调整：根据桥线属寄生于硬骨鱼而不是软骨硬鳞鱼、阴道不与雄性管交叉等特征将其放入裂豚科而不放入两线科；Dubinina 尤其强调其受精囊小，而 Bandoni 和 Brooks 则认为受精囊小是次生性的。Bandoni 和 Brooks 认为桥线属与裂豚属尽管在卵巢形态、阴道孔数目和受精囊大小方面存在差异，但其他方面大致类似，认为两属是同义的。Dubinina 的分类依据是桥线属存在共同的生殖孔，从而认为其属于独立的单型科。Dubinina（1982）认可 4 科。Gibson（1994）区别了两线科和裂豚科，前者包括两线属，后者包括两亚科，即裂豚亚科（桥线属、岛卵黄属和裂豚属）及澳洲两线亚科（澳洲两线属和巨线属）。科下面种之间的区别似乎很小。另外，Gibson 在两线属和桥线属中发现有卵柄（其他属则无）。Bandoni 和 Brooks 认为澳洲两线属与巨线属同义，并且岛卵黄属、桥线属与裂豚属同义。Rohde（2000）有专论公开于网上，内容较全面，他主要接受 Dubinina 的分类体系，并进行了调整，且只认可 1 科 3 属 8 种。进一步的研究，尤其是排泄系统、受精卵的早期卵裂、生理生化、分子系统及生活史的研究对于两线目分类地位、其内各类群的分科、分属地位及判断上述这些同物异名是必需的，特别是考虑到极性卵柄仅存在于两线属和桥线属，而不存在于其他属中的事实，而且澳洲两线属和巨线属生殖系统的结构有显著区别等。

2.2 两线目的识别特征

单节绦虫；体叶状或细长；缺乏明显的附着器官，小型吸盘样器官可能存在于体前端。卵巢位于身体的后部区域，形状各异。精巢滤泡状，位于窄的、卵巢侧面前方区带。无阴茎囊。雌孔、雄孔常常分离，偶尔发现雄性管道与阴道联合并形成 1 个简单的孔；雄孔和阴道孔位于体后端部。阴道孔通常位于体后端附近，为 1 个孔时开于腹部，偶尔在远部分为 2 支，分别向背部和腹部开孔。受精囊或小或大，卵圆形到长椭圆形。子宫长管状，N 形或环状，自卵巢伸展至体前端，子宫孔位于体前端。卵无盖。幼虫的尾球上有 10 个小钩，至成体时小钩可能残留。卵黄腺滤泡位于精巢带和体边缘之间的侧方区带。渗透调节系统有两条侧管在体后端通过 1 个共同的开口通体外。已知成体寄生于软骨硬鳞鱼、原始的淡水硬骨鱼、演化的海水硬骨鱼和淡水龟的体腔中，幼体寄生于甲壳动物。

2.3 两线目分科检索

1a. 目前已知为北极区软骨硬鳞鱼的寄生虫；阴道与雄性管交叉；子宫的末支在其他两支附近高度盘旋（图 2-1A、B、F）
………………………………………………………………………………………………两线科（Amphilinidae Claus，1879）

1b. 目前已知主要分布于冈瓦纳大陆的南部，寄生于硬骨鱼和龟类；阴道不与雄性管交叉；子宫的末支在其他两支附近非高度盘旋（图 2-1C～E）………………………………………………………………裂豚科（Schizochoeridae Poche，1922）
［同物异名：澳洲两线科（Austramphilinidae Johnston，1931）；巨线科（Gigantolinidae Dubinina，1982）］

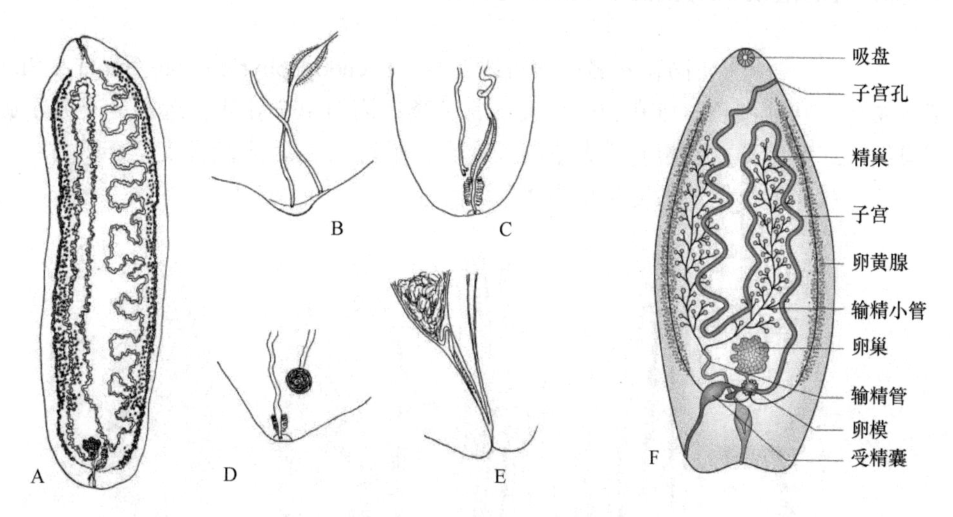

图 2-1　两线绦虫的一些结构特征示意图
A. 日本两线绦虫；B～E. 后端部，示生殖管、阴道孔与雄孔相互关系位置；B. 日本两线绦虫；C. 舌状裂豚绦虫；D. 马格纳巨线绦虫；E. 细长澳洲两线绦虫；F. 两线科绦虫结构示意图（A～E 引自 Gibson，1994）

2.4 两线科（Amphilinidae Claus，1879）

识别特征：虫体纺锤状，端部钝，雄孔和阴道孔分离；单个阴道孔；阴道与雄性管交叉。卵巢分叶。受精囊小。子宫 N 形，末支高度盘旋，降支邻近于最初的升支。目前已知寄生于北极区软骨硬鳞鱼体腔。代表属也是目前唯一认定的属，即两线属（*Amphilina* Wagener，1858）。

两线属（*Amphilina* Wagener，1858）

（同物异名：*Aridmostomum* Grimm，1871）

识别特征：同科的特征，模式种：叶状两线绦虫（*Amphilina foliacea* Rudolphi，1819）

2.5 裂豚科（Schizochoeridae Poche，1922）

［同物异名：澳洲两线科（Austramphilinidae Johnston，1931）；
巨线科（Gigantolinidae Dubinina，1982）］

识别特征：虫体叶状或细长，雄孔和阴道孔通常分离，偶尔联合；阴道单个孔或在远端分叉并经腹部和背部开口通体外；阴道不与雄性管交叉。卵巢细长，亚球状、肾状或分两叶。受精囊或大或小。子宫N形或环状，子宫的末支非高度盘旋，降支通常不邻近于最初的升支。目前已知分布于冈瓦纳大陆的南部，寄生于硬骨鱼和龟类体腔。模式属：裂豚属（*Schizochoerus* Poche，1922）。

2.5.1 裂豚科亚科分类检索

1a. 寄生于南美、非洲和印度的原始淡水硬骨鱼类体腔中；子宫N形，末端升支位于侧方，窄管状；受精囊大而细长，由阴道前方的膨大部形成，或极小（图2-2A～C）……裂豚亚科（Schizochoerinae Poche，1922）
［同物异名：假桥线亚科（Pseudogephyrolininae Gupta & Singh，1992）］

1b. 寄生于印澳区的较演化的海洋硬骨鱼或龟类体腔中；子宫环状，末端升支位于中央；子宫扩大；受精囊卵圆形到肾形，由阴道中央膨胀形成（图2-2D～E）……澳洲两线亚科（Austramphilininae Johnston，1931）

2.5.2 裂豚亚科（Schizochoerinae Poche，1922）

［同物异名：假桥线亚科（Pseudogephyrolininae Gupta & Singh，1992）］

识别特征：虫体叶状或细长，雄孔和阴道孔通常分离；阴道单个孔或在远端分支并于腹部和背部开口通体外；卵巢细长或亚球形。受精囊或大或细长或小。子宫N形，末端升支位于侧方；窄管状。已发现寄生于南美、非洲和印度原始淡水硬骨鱼类体腔。

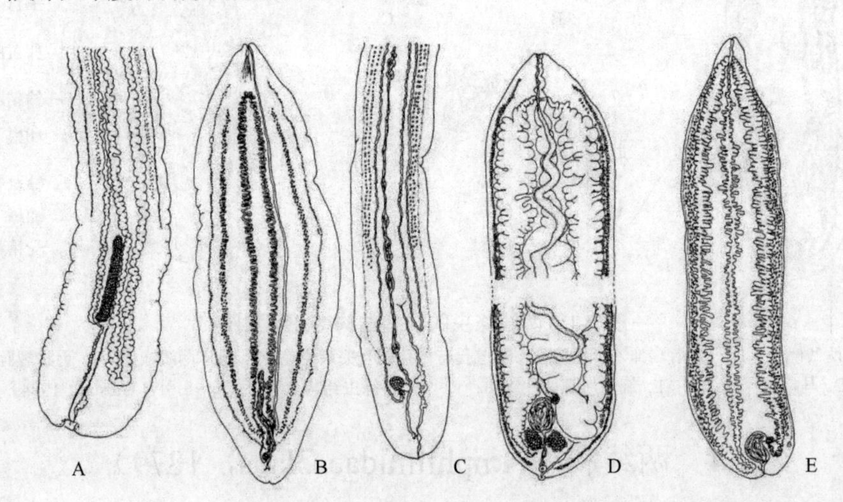

图2-2 裂豚科两线绦虫结构示意图（引自Gibson，1994）
A. 副性孔桥线绦虫；B. 杰尼克岛卵黄绦虫；C. 舌状裂豚绦虫；D. 马格纳巨线绦虫；E. 细长澳洲两线绦虫

裂豚亚科分属检索

1a. 寄生于巴西和西非骨舌鱼类；阴道在远端部分为两支，开口于背、腹表面；子宫降支邻近于末支；卵巢亚球状；受精囊大而细长，位于卵巢前方……2

1b. 寄生于印度次大陆鲇形目鱼类；具有后部的凹陷和尾叶；阴道有单个开孔；子宫降支不邻近于末支；卵巢细长；受精囊极小……桥线属（*Gephyrolina* Poche，1926）

［同物异名：亨特样属（*Hunteroides* Johri，1959）；伪桥线属（*Pseudogephyrolina* Gupta & Singh，1992）］

识别特征：虫体很长，后端部有明显的中央凹陷，并由小的尾叶覆盖。阴道孔单个。卵巢细长。受精囊极小。子宫邻近初级升支处有降支。已知寄生于印度次大陆鲇形目鱼类体腔中。模式种：副性孔桥线绦虫（*Gephyrolina paragonopora* Woodland，1923）（图 2-2A）。

2a. 巴西和西非骨舌鱼类寄生虫；体纺锤状；受精囊约为体长的 1/6……………………岛卵黄属（*Nesolecithus* Poche，1922）

识别特征：虫体叶状，后端部有凹陷。阴道远端部二分支，通过背部和腹部的开口通体外。卵巢亚球状。受精囊大而细长，约为体长的 1/6。子宫邻近初级升支处有降支。已知寄生于南美淡水食用鱼：巨骨舌鱼属（*Arapaima*）和裸臀鱼属（*Gymnarchus*）的体腔中。模式种：杰尼克岛卵黄绦虫（*Nesolecithus janickii* Poche，1922）（图 2-2B）。

2b. 巴西骨舌鱼类寄生虫；体细长；受精囊约为体长的 1/3……………………………………裂豚属（*Schizochoerus* Poche，1922）

识别特征：虫体很长，后端部无凹陷。阴道远端部二分支，通过背部和腹部的开口通体外。卵巢亚球形。受精囊大且很长，约为体长的 1/3。子宫邻近末端升支处有降支。已知寄生于南美淡水食用鱼：巨骨舌鱼的体腔中。模式种：舌状裂豚绦虫（*Schizochoerus liguloideus* Diesing，1850）（图 2-2C）。

2.5.3 澳洲两线亚科（Austramphilininae Johnston，1931）

识别特征：虫体细长。雄孔和阴道孔分离或联合；阴道孔单个。卵巢亚球形到肾形或分两叶。受精囊大，呈囊状。子宫环状，末支位于中央。已知寄生于印澳（Indo-Australian）区演化的海洋硬骨鱼类（鲈形目鱼类）或淡水龟类体腔中。

澳洲两线亚科分属检索

1a. 寄生于北印度洋和东印度洋鲈形目硬骨鱼类体腔中；雄孔和雌孔分离；后端部有雄性乳突；阴道孔肌肉质；卵巢为对称的两叶状；受精囊位于卵巢前方……………………………………巨线属（*Gigantolina* Poche，1922）

识别特征：虫体大型，很长；后部边缘有雄性乳突。雄孔和雌孔分离。阴道孔肌肉质。受精囊位于卵巢前方。有功能不清的、接于子宫末支的明显的管道（山口佐仲管）存在。寄生于北印度洋和东印度洋鲈形目硬骨鱼类体腔中。模式种：马格纳巨线绦虫（*Gigantolina magna* Southwell，1915）（图 2-2D）。

1b. 寄生于澳大利亚淡水龟类体腔中；存在共同的生殖孔；阴道长度一半以上的区域有棘；卵巢为不规则的肾形；受精囊位于卵巢的侧方……………………………………澳洲两线属（*Austramphilina* Johnston，1931）

（同物异名：*Kosterina* Ihle-Landenberg，1932）

识别特征：虫体细长；后部边缘略微凹陷。雄性管和阴道联合通过一共同的生殖孔开口。卵巢为不规则的肾形。受精囊位于卵巢侧方。不存在山口佐仲管。已知寄生于澳大利亚淡水龟类体腔中。模式种：细长澳洲两线绦虫（*Austramphilina elongate* Johnston，1931）（图 2-2F）。

2.6 两线目主要虫种介绍

目前普通认可的两线目绦虫主要有 8 种，多属小型蠕虫，长几厘米。下面分别对这 8 种绦虫的形态结构和与其生活史相关的研究状况进行介绍。

2.6.1 叶状两线绦虫（*Amphilina foliacea* Rudolphi，1819）（图 2-3～图 2-8）

［同物异名：叶状单孔绦虫（*Monostomum foliaceum*）；游螺两线绦虫（*Amphilina neritina*）］

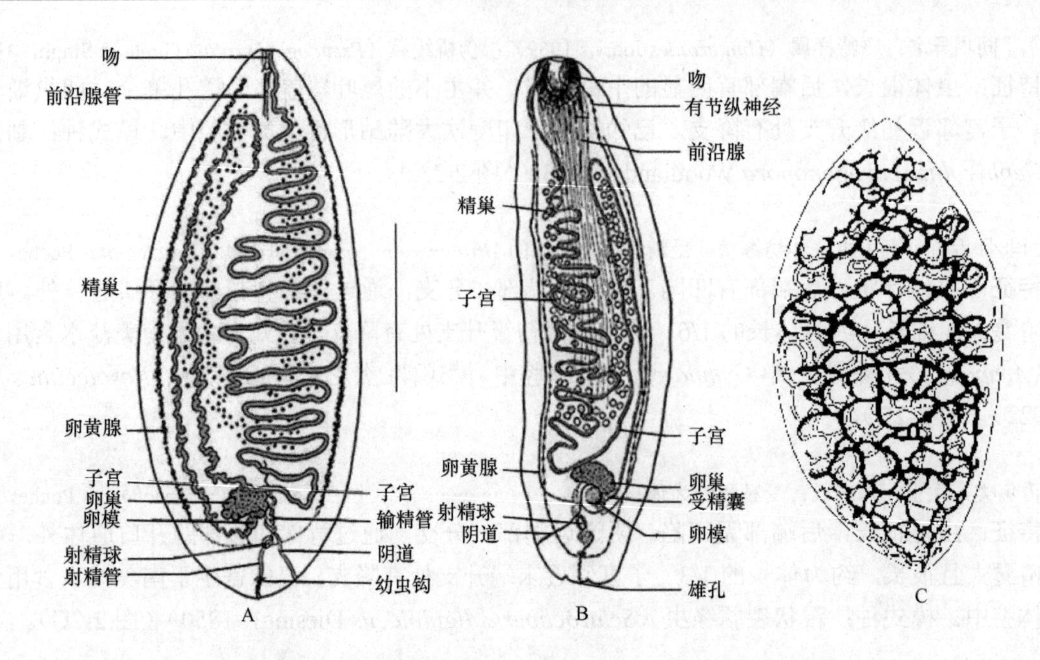

图 2-3　叶状两线绦虫结构示意图（引自 Dubinina，1982）

A. 收集自鲟鱼的成体标本示意图（注意精巢在子宫卷曲之间的位置，以及阴道孔和雄孔在体后端完全分离）（标尺=10mm）；B. 幼龄绦虫（注意子宫开口在前端，阴道孔和雄孔开在后端）；C. 网状排泄管系统

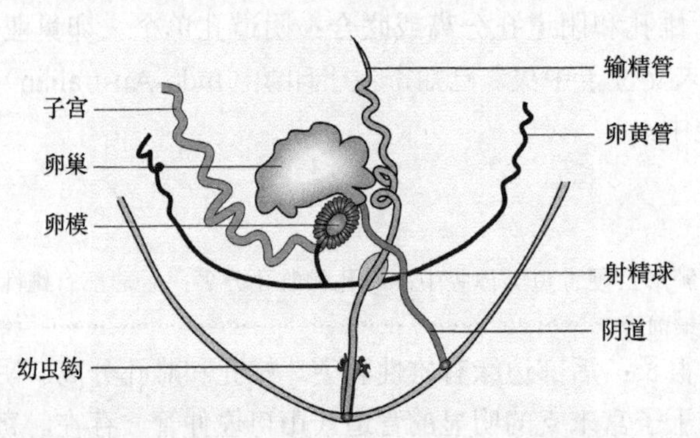

图 2-4　叶状两线绦虫，示阴道孔和雄孔不同的生殖器官和管道（仿 Dubinina，1982）

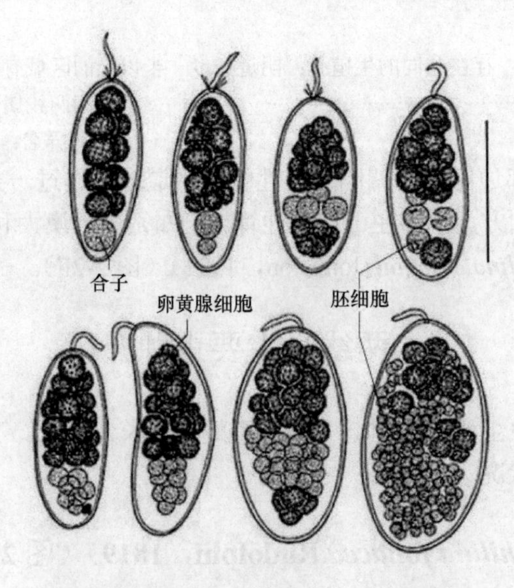

图 2-5　叶状两线绦虫的早期卵裂示意图（引自 Dubinina，1982）

注意卵一极的柄、深色卵黄腺细胞和浅色胚细胞。标尺=0.1mm

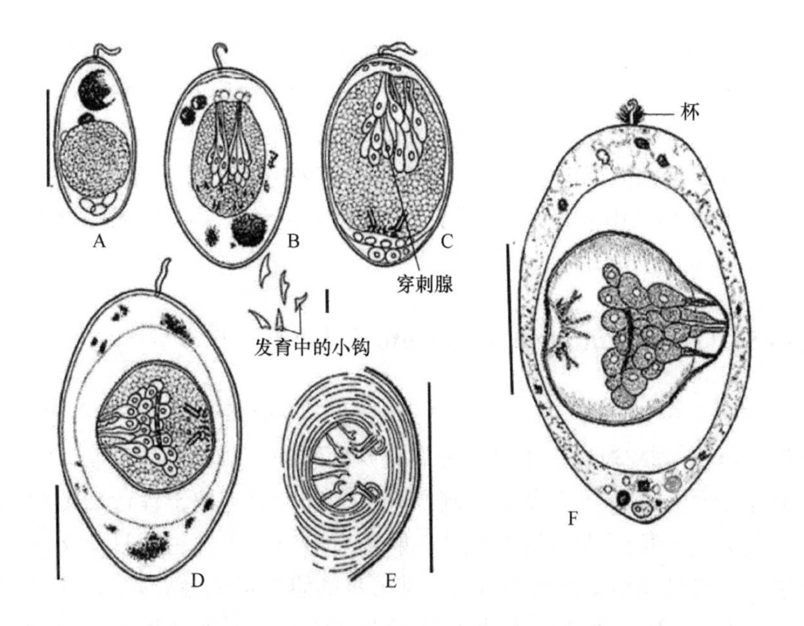

图 2-6　叶状两线绦虫发育过程图解（引自 Dubinina，1982）

A～E. 逐渐发育的幼虫（注意钩的形状和穿刺腺发育的变化）；F. 虫卵中完全发育的幼虫。小钩标尺=0.01mm；其余标尺=0.1mm

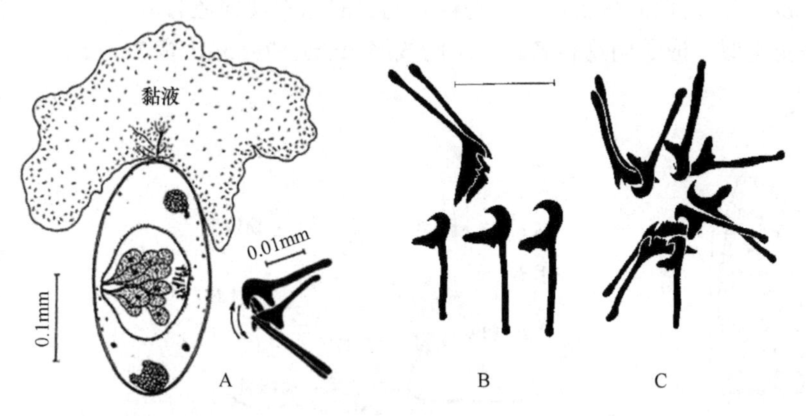

图 2-7　叶状两线绦虫完全发育的幼虫及钩结构示意图（引自 Dubinina，1982）

A. 幼虫有黏液通过卵柄排入水中，活体观察到的幼虫钩拮抗运动方向由箭头所示；B. 幼虫钩各对中的 1 个分别绘图；C. 幼虫中观察到的 10 个钩（注意有 2 对锯齿状钩，3 对不同大小的戟状钩）。标尺：B，C=0.02mm

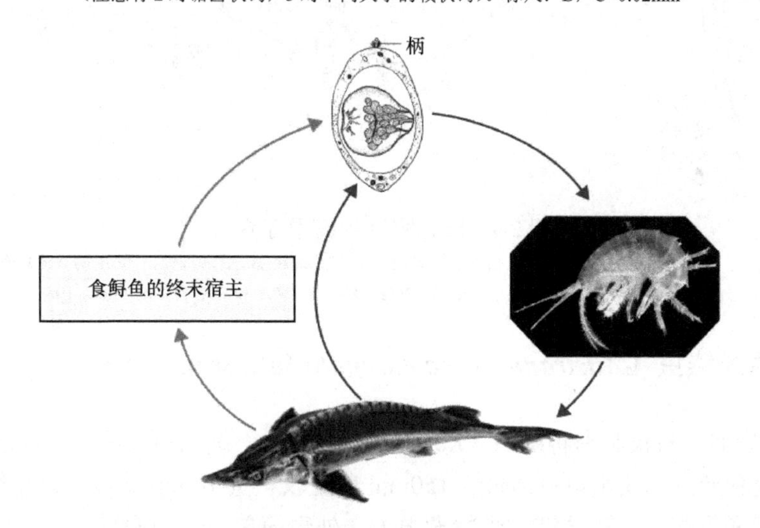

图 2-8　叶状两线绦虫的生活史（据 Janicki，1930）

体卵圆叶状。吻相对不发达，没有特殊的肌肉。排泄系统网状，无纵行排泄管。卵巢深分叶，扇状。精巢不规则分布于子宫卷曲之间。阴道的外部开孔位于末端雄孔侧方一定距离。阴道在输精管末端、射精球前方水平与雄性管交叉。样本最大长度为 65mm，最大宽度为 30mm。目前已知广泛分布于除了欧洲西部、西南部及亚洲东部、南部的欧洲和亚洲。Janicki 于 1930 年研究了该种的生活史，发现甲壳动物为其第一中间宿主，鲟鱼为其第二中间宿主，以第二中间宿主鲟鱼为食的动物为终末宿主。成体栖息于终末宿主消化道内。

2.6.2　日本两线绦虫（*Amphilina japonica* Goto & Ishii，1936）

［同物异名：双点两线绦虫（*A. bipunctata*）］

体卵圆叶状（图 2-9）。吻相对发育不良，没有特殊的肌肉。排泄系统网状，无纵行排泄管。卵巢深分叶，扇状。精巢集中于体侧方、子宫卷曲之侧方区域，仅少数延伸于体近后端的子宫卷曲之间。阴道开口于末端位置的雄孔附近。阴道在射精管水平、射精球后方与雄性生殖管交叉。该种与叶状两线绦虫类似，只有小的差别如生殖管和精巢滤泡的位置。进一步的研究可能会更好地说明这是“两种”或是“同种”，或是叶状两线绦虫的“两个亚种”。该种已发现分布于我国黑龙江地区、日本和北美。黑龙江地区的宿主是史氏鲟（*Acipenser schrencki*）和鳇（*Huso dauricus*）。日本的宿主为中吻鲟（*Acipenser medirostris*）［=米氏鲟（*A. mikadoi*）］。北美的宿主也为中吻鲟。北美的标本被描述为双点两线绦虫（*A. bipunctata*），因其与日本两线绦虫类似，应是同物异名。日本两线绦虫长达 73mm，宽 25mm。

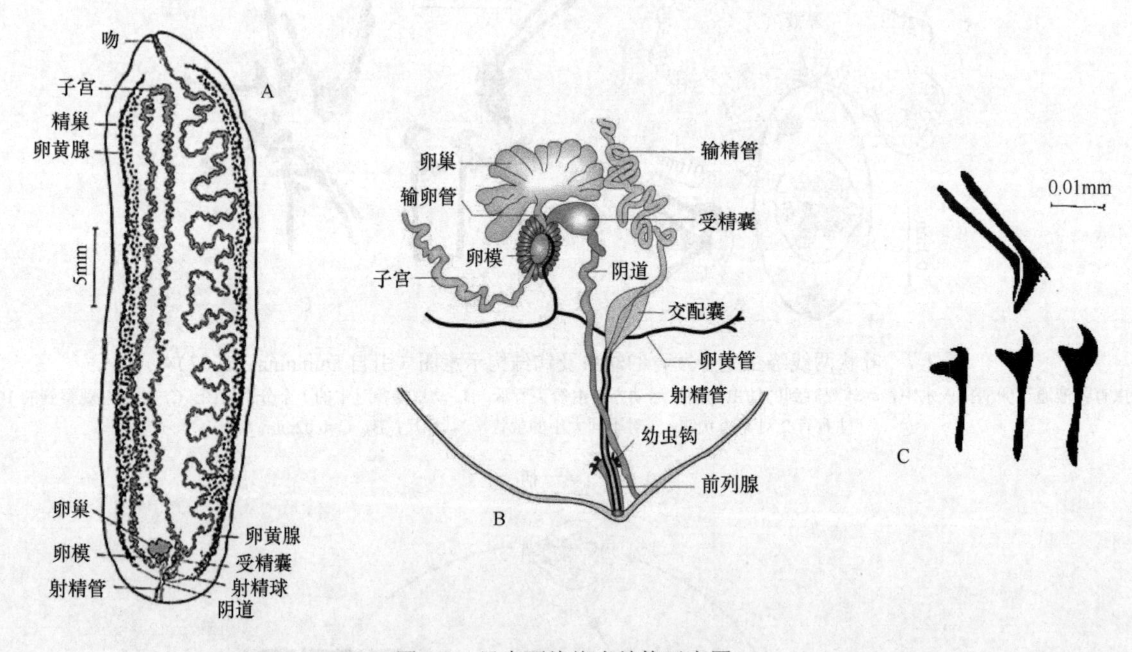

图 2-9　日本两线绦虫结构示意图

A. 成虫（注意阴道和雄孔在体后端紧相近，精巢限于侧方区域）；B. 后端部；C. 幼虫钩（注意有四型，锯齿形及 3 种不同大小的戟状，只绘出成对中的 1 个）（A 和 C 引自 Dubinina，1982）

2.6.3　细长澳洲两线绦虫（*Austramphilina elongate* Johnston，1931）

［同物异名：魁氏科斯特绦虫（*Kosterina kuiperi*）；细长巨线绦虫（*Gigantolina elongata*）］

该种寄生于澳大利亚东部淡水龟。体长达 150mm 或更长，宽 14mm 或以上。精巢滤泡状，分散于整个体部除最前、最后和最侧方外的区域。受精囊很大，外表简单，分为两部分，包括一附属受精囊，有时可能次生性消失。阴道的外部开孔与雄性生殖管联合形成共同的开孔（公共生殖孔）。卵巢不分叶，不规则豆状，位于附属受精囊的侧方到前方。前沿腺有很多细胞组成且仅限于体的前端，单管直接开于吻的水平。体中子宫形成 3 个环：从后端卵巢位置伸展到前端，转向背部之后又向前，通过一个子宫孔开口于体前端。卵黄腺伸展于体侧自体前端到后端。卵为椭球体状。严重感染的龟类，解剖时可见到鲜活的亮黄色虫体（图 2-10A）。专家对其生活史、幼虫、童虫的光镜及电镜结构进行了广泛研究，但卵如何从龟逸出仍不清楚（或是通过口或是泄殖腔、雌性可能经输卵管逸出）。有的大型虫体有一些中心为黑色的小团粒，分散于精巢滤泡之间，其功能尚不清楚（图 2-10B 中的 X）。

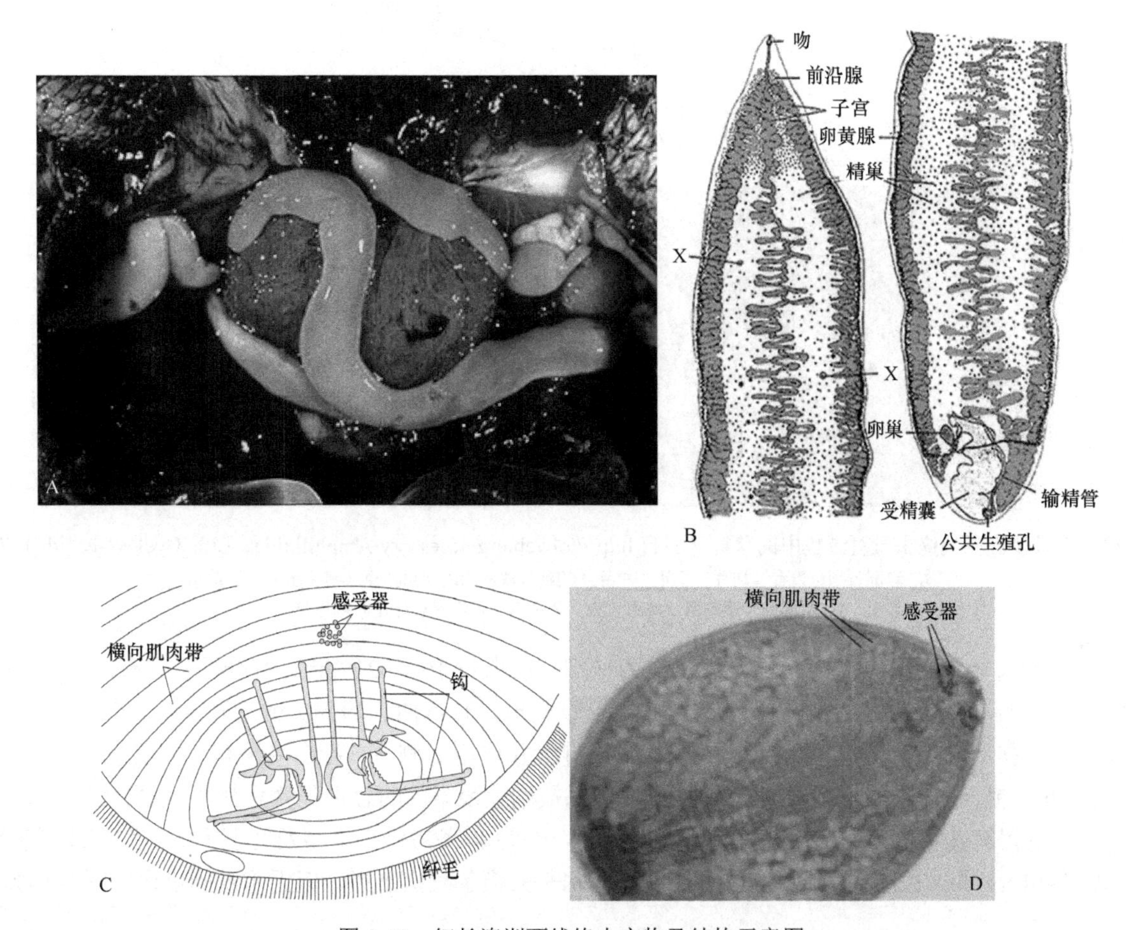

图 2-10　细长澳洲两线绦虫实物及结构示意图

A. 在淡水龟（澳洲长颈龟 *Chelodina longicollis*）的体腔中；B. 示意图（注意大的囊状附属受精囊在后端，以及分散的前沿腺在前端）；C. 幼虫后端结构示意图（注意成簇的感受器，横向肌肉带，具纤毛的表皮和 5 对钩；D. 幼虫浸银（注意横向肌肉带和感受器）（A 为 Russ Hobbs 拍摄；B，D 引自 Rohde，2000）

细长澳洲两线绦虫的生活史（图 2-11）：卵需放入淡水中观察其进一步的发育。卵从宿主逸出路径不清楚。幼虫在淡水中孵化。在水中游动直至与小龙虾（螯虾）接触。在小龙虾宿主的表皮上幼虫弯曲，两端靠近。镰刀状的钩刺入表皮，锯齿状的钩实施锯开运动，切开表皮。3 型前方的穿刺腺明显产生分泌物（性质不明，可能是多种酶）溶解表层。幼虫穿入宿主组织，在此过程中脱去有纤毛的表皮。有人观察到幼虫通过鳃穿入，或通过小龙虾节段间薄的连接进入。

从幼虫接触到完成穿入需时不超过 30min。幼虫对龟有感染力是在其体长为几毫米时，发现于小龙虾的腹部。龟吃含虫小龙虾而感染。童虫穿过食道壁（图 2-12A），迁向气管（图 2-12B）并通过隔膜进入体腔，在体腔中进一步生长。成虫主要见于体腔，偶尔也发现于肺中。这表明卵可能通过气管和口腔离开宿主，通过气管和口腔被吐入水中。曾有报道，一例成虫见于龟的膀胱中，一例成虫见于龟的输卵管中，表明卵可能通过泄殖腔逸出。可实验感染淡水虾，但在其体内幼虫不能发育到对龟有感染力的大小。

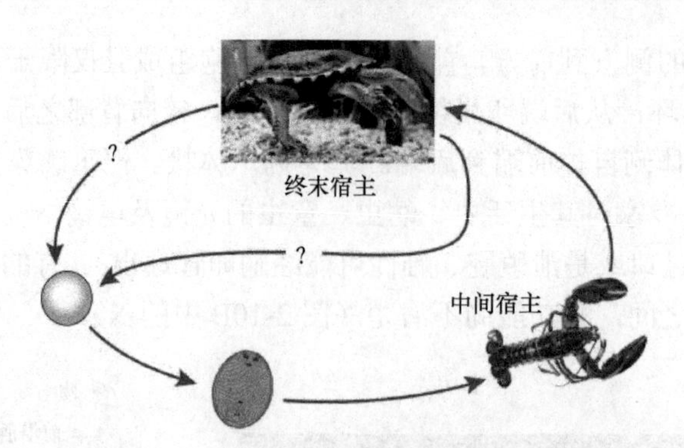

图 2-11　细长澳洲两线绦虫的生活史示意图

? 代表卵自龟逸出路径不明

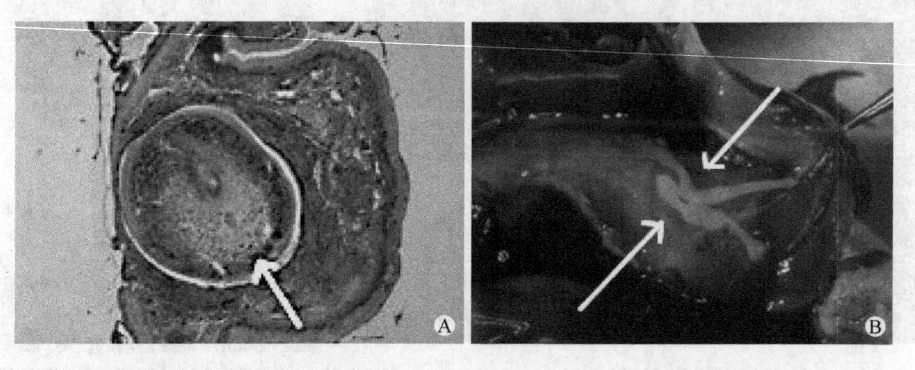

图 2-12　细长澳洲两线绦虫发育过程中的移行（引自 http://tolweb.org/accessory/Amphilinidea_Life_Cycles?acc_id=1776）

A. 澳洲长颈龟过食道切片，示正切中穿入的细长澳洲两线绦虫童虫（箭头示）位置；

B. 两条细长澳洲两线绦虫童虫（箭头示）正沿着气管迁向龟体腔

专家对细长澳洲两线绦虫的幼虫研究得较为详细。幼虫长 160～219μm。有纤毛，仅有的一最大的无纤毛区域为后端具有小钩的区域。10 个钩，其中 6 个戟形，有弯曲、端部尖的刀片，4 个有锯齿状的刃，在体后部呈环排列。3 型前沿腺开口于近前端。2 个排泄孔位于后侧方，各连接至有 3 个焰茎球的排泄管。

约有 36 条横向肌肉带分布于前、后端之间，可以被硝酸银染色的感觉乳突呈丛状，主要位于前端（图 2-13B）。感受器有几型，一为单纤毛且具有微毛类型，一为 4 条短纤毛类型及几型无纤毛和有或无基体的类型（图 2-14）。具纤毛的上皮为合胞体。纤毛具有水平的横条纹状小根，但无垂直的小根（图 2-15）。

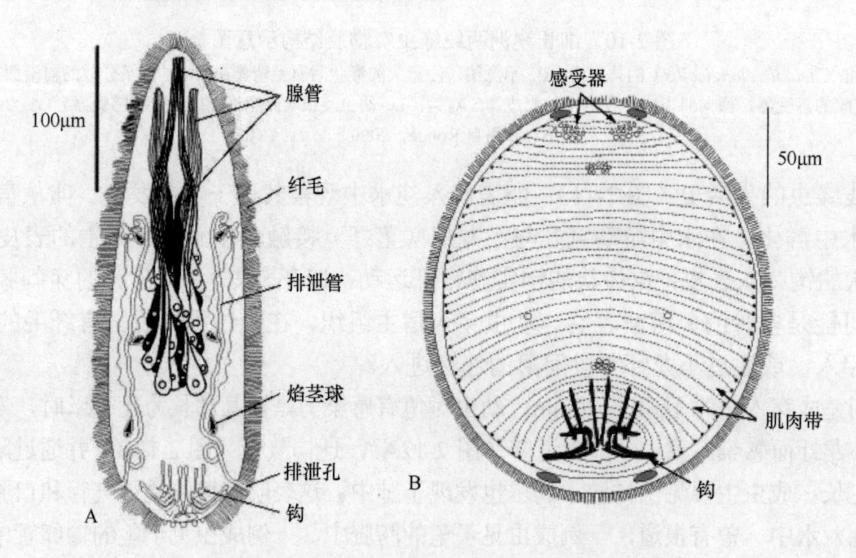

图 2-13　细长澳洲两线绦虫的幼虫结构示意图

A. 示纤毛、钩、穿刺腺和原肾管系统；B. 示感受器、钩和横向肌肉带（A 引自 Rohde，1986；B 引自 Rohde & Georgi，1983）

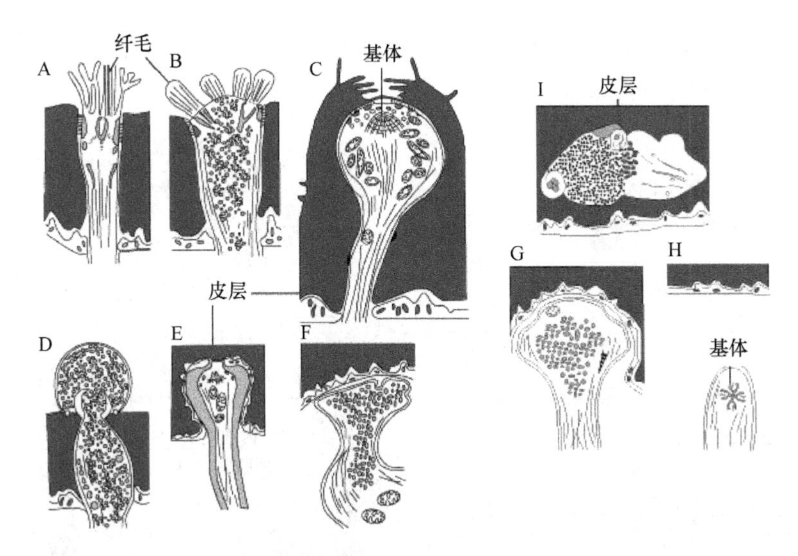

图 2-14　基于电镜研究的细长澳洲两线绦虫幼虫的感受器类型（引自 Rohde et al.，1986）

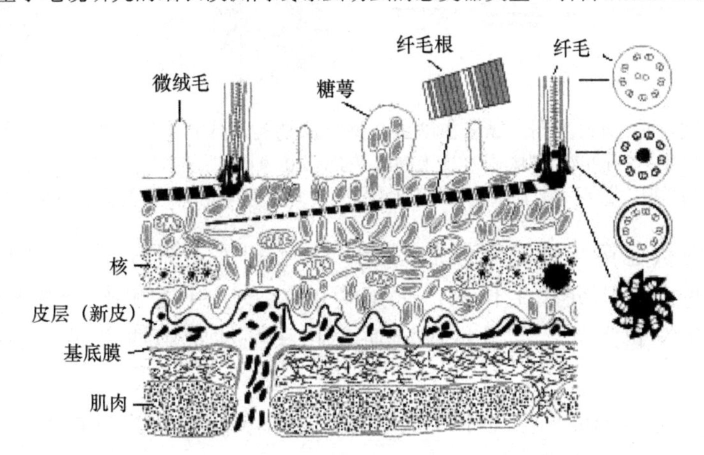

图 2-15　细长澳洲两线绦虫幼虫过表层纵切面的电镜研究结果示意图（引自 Rohde & Georgi，1983）

注意具纤毛的表皮覆盖着有基底膜的皮层（新皮），皮层的核周体（细胞的有核部分）下陷，即它们位于组织深部。当幼虫穿入小龙虾时，具纤毛的表皮脱落，皮层成为童虫和成虫的表层

表皮位于薄层的合胞体皮层上，皮层的具核部分深陷入幼虫内部（图 2-15）。纤毛端部微管数目减少并靠拢围成一短的致密杆（图 2-16）。

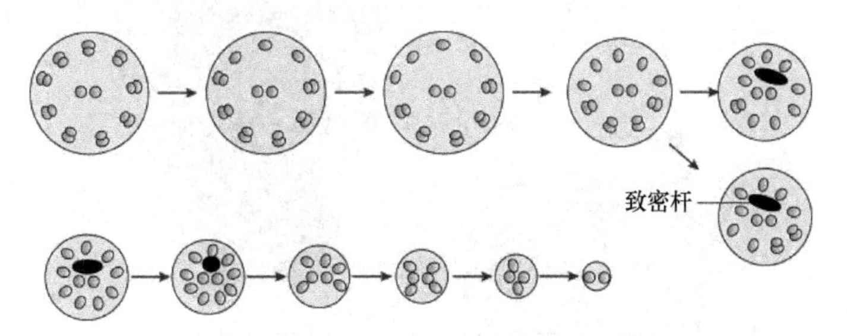

图 2-16　细长澳洲两线绦虫幼虫通过表皮纤毛横切面示意图

注意近纤毛端部的致密杆及纤毛向端部微管数目渐进减少现象

前沿穿刺腺的分泌物由内质网和高尔基体或由内质网、高尔基体和微管共同完成（图 2-17A）。

原肾管结构（图 2-17B）的近端由 3 个焰茎球束构成，各由 1 个端细胞和近管细胞的分支组成。各端细胞有一束鞭毛（也有人称为纤毛）——“火焰”，其杆状细胞质突起与近管细胞的细胞质突起互相交叉，以此与细胞外基质的滤过膜相连，形成滤过结构或称“堰”。内杆状细胞质突起（内突起）与端细胞连续，外杆状细胞质突（外肋条）与近端管细胞连续。端细胞也有很多内在毛（细胞质突入焰茎球腔）和一些外在的毛（细胞质突入周围组织间隙）。

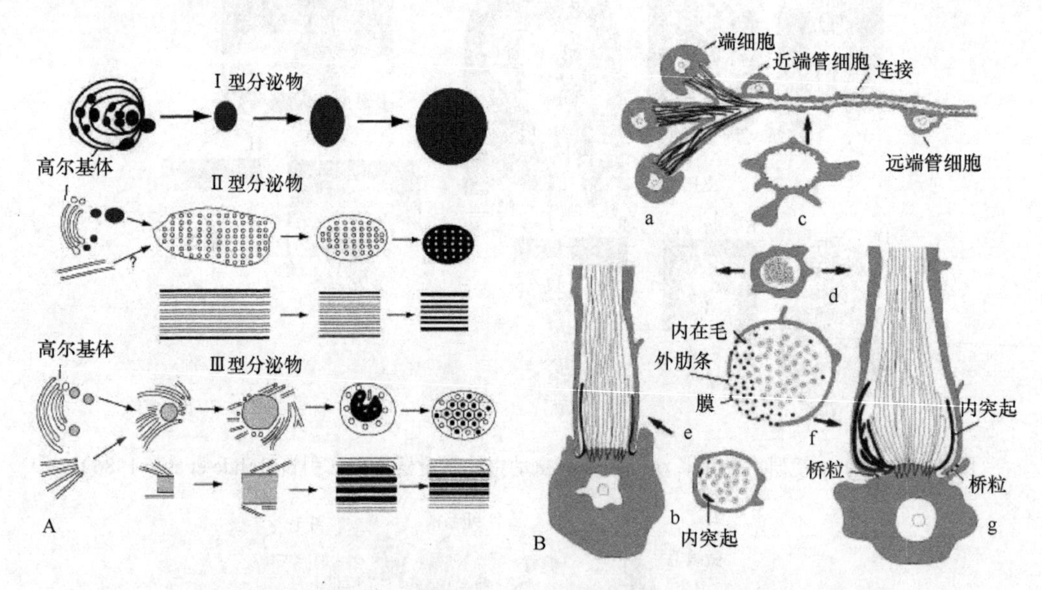

图 2-17　细长澳洲两线绦虫幼虫 3 型分泌物的形成和原肾管结构示意图

A. 3 型分泌物的形成：Ⅰ型分泌物由内质网和高尔基体形成，Ⅱ型和Ⅲ型分泌物由内质网、高尔基体和微管形成；B. 原肾管结构（a 和 c）及焰茎球的发育（b 比 g 略早期。c～f，通过箭头所示部位的横切）（A 引自 Rohde，1987；B 引自 Rohde & Watson，1988）

近端管细胞通过隔状连接与远端管细胞相连。近端和远端管壁都有短的微绒毛。在焰茎球的发育过程中，端细胞的内胞质突起生长入“火焰”的最外层纤毛和围绕“火焰”的近端管细胞长出的连续的圆柱状胞质突起之间，并且在细胞质突起和圆柱状胞质突起接触的部位形成外杆状细胞质突。

细长澳洲两线绦虫的卵黄形成（图 2-18）过程中，小卵黄腺细胞的胞质体积逐渐增加，许多脂滴和对卵壳形成起作用的壳蛋白颗粒形成。

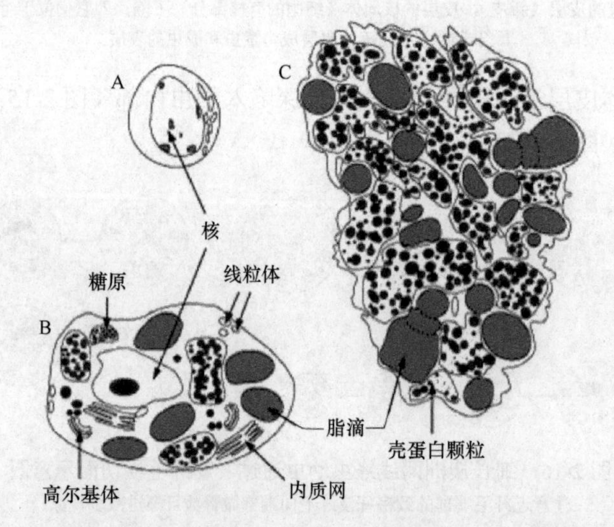

图 2-18　细长澳洲两线绦虫卵黄形成过程示意图（引自 Xylander，1988）

A. 幼卵黄腺细胞；B. 成熟中的卵黄腺细胞；C. 卵黄（注意脂滴和壳蛋白颗粒的形成）

精子形成与其他寄生扁虫类似，即精细胞形成簇，由一细胞质托相连，精细胞伸长变形成精子，两条鞭毛生长，从近端到远端方向，即从近基部开始，与精子体融合。最后，精子离开细胞簇，成为独立、成熟的精子（Rohde & Watson，1986a）。

2.6.4 舌状裂豚绦虫（*Schizochoerus liguloideus* Diesing，1850）（图 2-19）

［同物异名：舌状单孔绦虫（*Monostomum liguloideum*）；舌状两线绦虫（*Amphilina liguloidea*）］

体细长，叶状。附属受精囊大约为体长的 1/3。

该种发现于亚马孙河巨骨舌鱼［*Arapaima gigas*，骨舌鱼目（Osteoglossiformes）］体腔中。最大长度为 83mm，最大宽度为 3.5mm。卵缺柄，人们对其进行过幼虫发育的研究（图 2-20）。

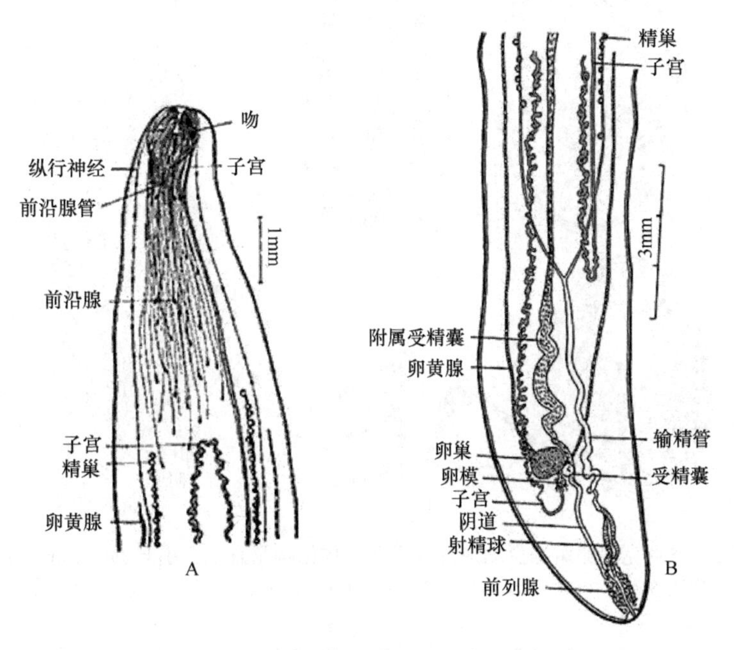

图 2-19 舌状裂豚绦虫结构示意图（引自 Dubinina，1982）

A. 成虫前端；B. 成虫后端（注意附属受精囊）

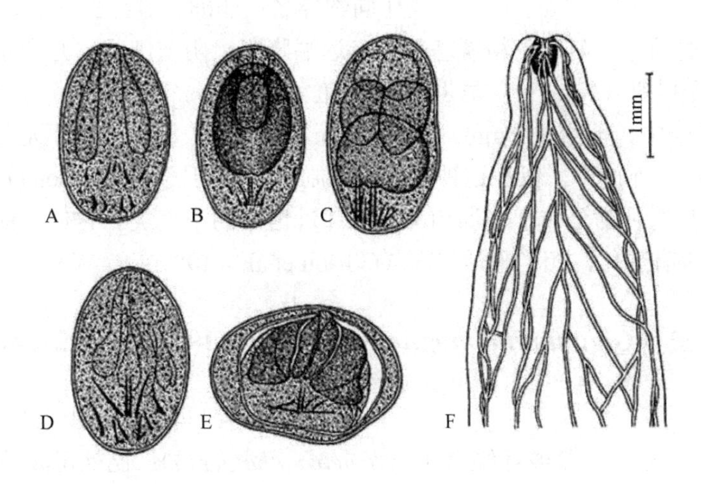

图 2-20 舌状裂豚绦虫幼虫的发育及虫体前部的排泄管示意图（引自 Dubinina，1982）

A～E. 幼虫的发育（注意卵缺柄）；F. 虫体前部的排泄管

2.6.5 杰尼克岛卵黄绦虫（*Nesolecithus janickii* Poche，1922）（图 2-21）

［同物异名：舌状两线绦虫（*Amphilina liguloidea*）；

舌状单孔绦虫（*Monostomum liguloideum*）；杰尼克裂豚绦虫（*Schizochoerus janickii*）]

卵黄腺伸展于精巢更前方。附属受精囊没有窄的基部，沿长轴向等宽。阴道短，从远端分支到附属受精囊的长度等于卵巢的直径。已知寄生于亚马孙河巨骨舌鱼的体腔。最大长度为 86mm，最大宽度为 22mm。卵缺柄。该种可以很容易地与同一宿主中的舌状裂豚绦虫区别开来，因其体更宽，且附属受精囊更短。与非洲岛卵黄绦虫的区别主要是附属受精囊的形状（杰尼克岛卵黄绦虫的附属受精囊在长度方向上宽度一致；而非洲岛卵黄绦虫的附属受精囊由窄的基部和宽的远端部组成）。

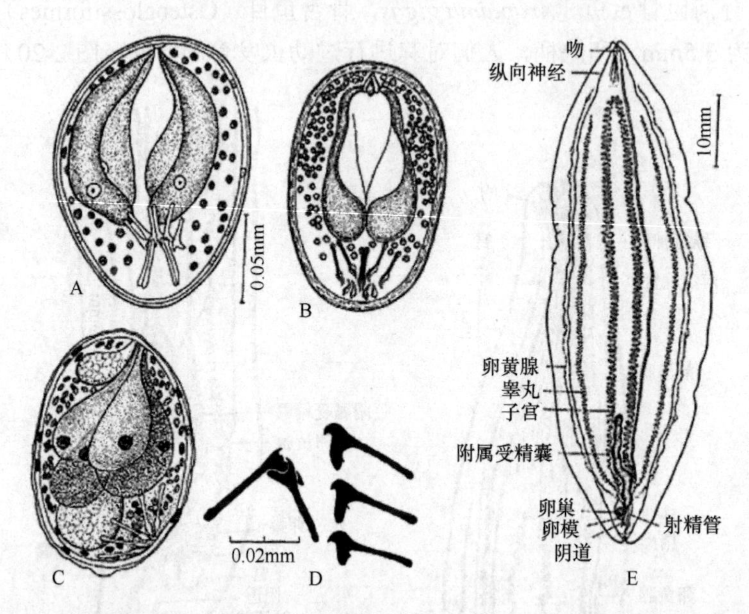

图 2-21　杰尼克岛卵黄绦虫幼虫的发育及成体结构示意图（引自 Dubinina，1982）

A～C. 幼虫的发育（注意缺卵柄）；D. 幼虫钩，仅绘了各对中的 1 个；E. 成体示意图（注意附属受精囊长度向通体宽度一致）

2.6.6　非洲岛卵黄绦虫（*Nesolecithus africanus* Dubinina，1982）（图 2-22，图 2-23）

[同物异名：非洲裂豚绦虫（*Schizochoerus africanus*）]

精巢伸展于卵黄腺更前方。附属受精囊基部窄、远端膨胀。阴道细长，是卵巢直径的几倍。该种记录的样品采自西非尼日利亚（Nigeria）尼罗河魔鬼鱼［*Gymnarchus niloticus*，长颌鱼目或管嘴鱼目（Mormyriformes）］的体腔中。长达 40.5mm，宽 19.5mm，卵缺柄。童虫发现于尼日利亚淡水虾：三棘皮虾（*Desmocaris trispinosa*）血腔中。似乎这种寄生虫限制了虾卵的发育（Gibson et al.，1987）。该种类似于杰尼克岛卵黄绦虫，且两种都分布于非洲和南美洲邻近地区的甲壳类。它们可能是冈瓦纳大陆种的残余，在过去的 1 亿年里少有变化，相当于活化石（Gibson et al.，1987）。

2.6.7　马格纳巨线绦虫（*Gigantolina magna* Southwell，1915）（图 2-24，图 2-25）

[同物异名：马格纳两线绦虫（*Amphilina magna*）；

白带波环绦虫（*Gyrometra albotaenia*）；昆杜奇波环绦虫（*G. kunduchi*）]

阴道背部的外开孔在末端雄孔前方不远处。卵巢深分叶，有两翼，位于中央，附属受精囊后方。前沿腺细胞集中围绕一条共同的管，此管起于附属受精囊前方边缘并在前方顶部低凹处开孔。卵球形。该种记录的样品采自印度洋西部到大堡礁一带。虫体最大长度为 160mm，最大宽度为 15mm。已知宿主为海洋鱼类：胡椒鲷属（*Plectorhinchus*）和石鲈属（*Diagramma*）等石鲈科（Haemulidae）鱼类，生活史尚无研究报道。

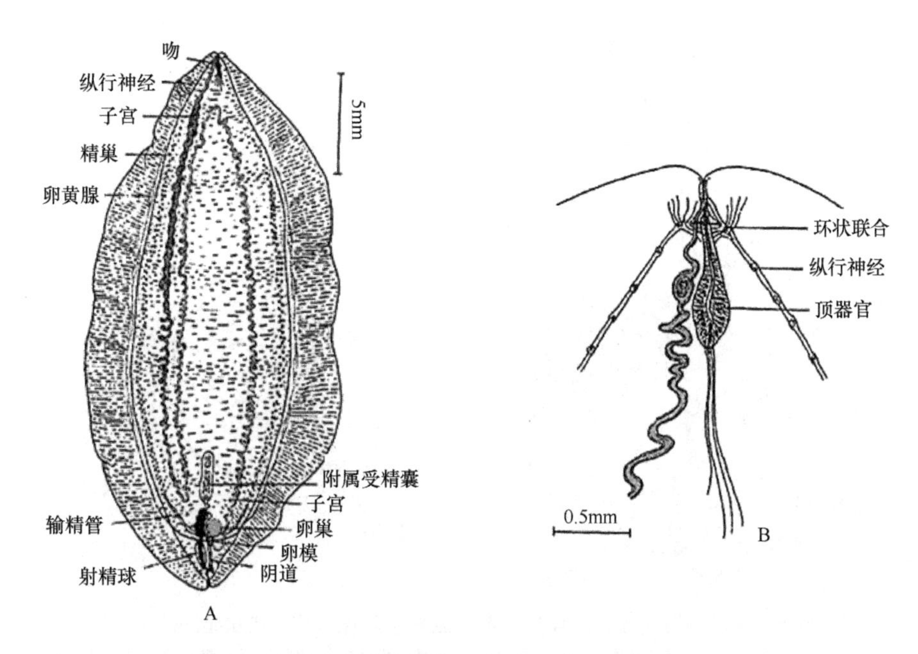

图 2-22　非洲岛卵黄绦虫结构示意图（引自 Dubinina，1982）

A. 成虫（注意附属受精囊由窄的基部和加宽的远端部组成）；B. 前端放大示意图

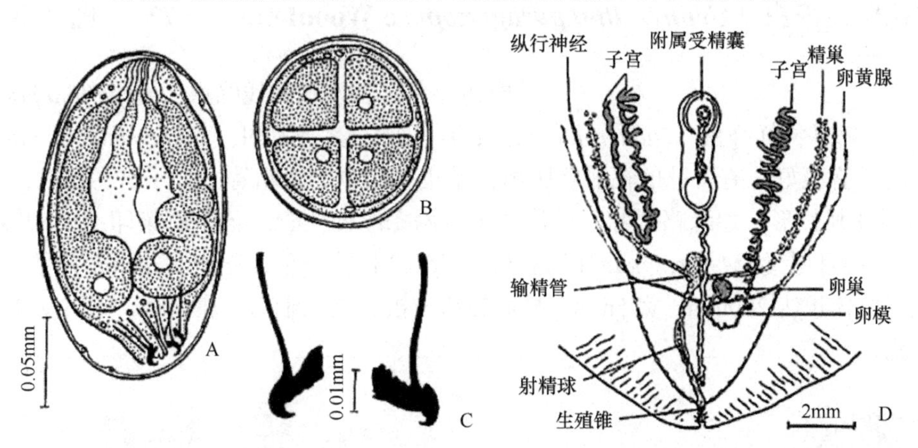

图 2-23　非洲岛卵黄绦虫虫卵、幼虫钩及成体后端放大结构示意图（引自 Dubinina，1982）

A. 虫卵侧面观；B. 虫卵顶面观（注意卵无柄）；C. 幼虫钩（仅绘了 2 个）；D. 虫体后端放大（注意附属受精囊由窄的基部和宽的远端部组成）

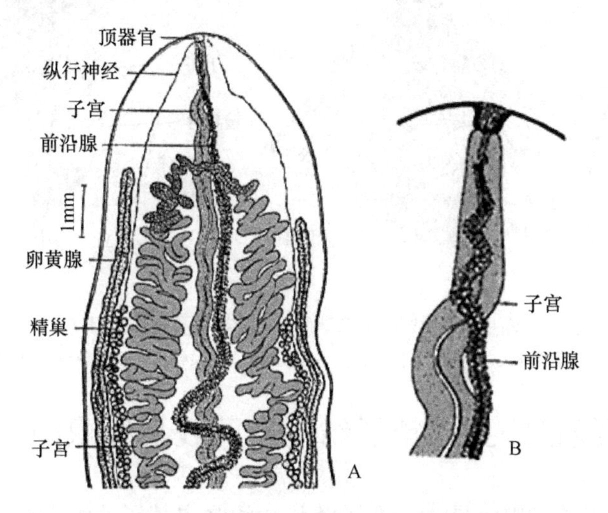

图 2-24　马格纳巨线绦虫体前部及前端放大结构示意图（引自 Dubinina，1982）

A. 前部；B. 前端放大，示子宫和前沿腺

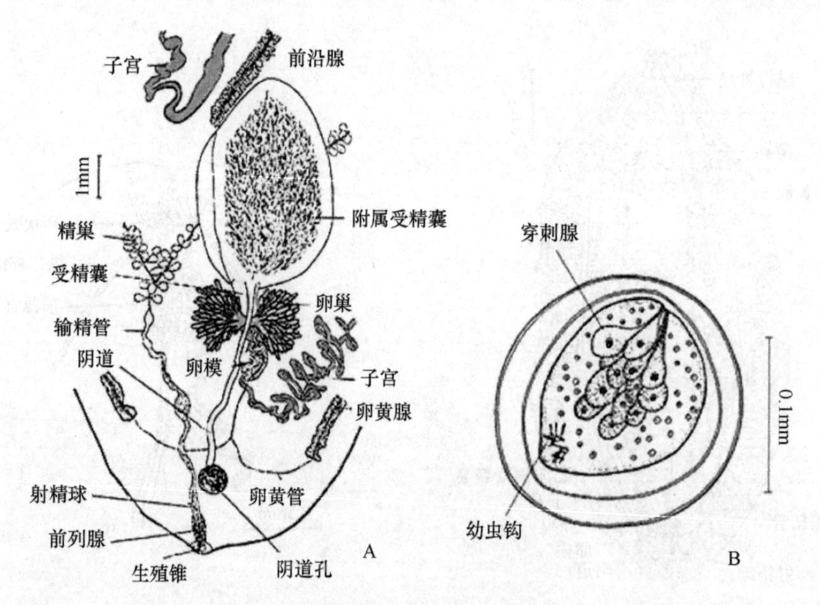

图 2-25　马格纳巨线绦虫成体后端及卵结构示意图（引自 Dubinina，1982）

A. 后端放大（注意分开的阴道和雄孔，深叶状卵巢由两翼组成，除受精囊之外有大的附属受精囊）；B. 有幼虫的卵（注意缺卵柄）

2.6.8　副性孔桥线绦虫（*Gephyrolina paragonopora* Woodland，1923）（图 2-26）

［同物异名：副性孔两线绦虫（*Amphilina paragonopora*）；
鳠亨特样绦虫（*Hunteroides mystel*）；副性孔裂豚绦虫（*Schizochoerus paragonopora*）］

体细长，吻发育良好，有特殊的辐射状肌肉。精巢直接位于输精管上、子宫卷曲的侧方、卵黄腺管内侧。卵巢为不规则长形，边缘略分叶。排泄系统有两条纵向侧管。该种感染印度的剑鳠（*Mystus aor* 或 *Macrones aor*）和月尾鳠（*M. seenghala*）［鲿科（Bagridae）］及巨魾（*Bagarius yarrelli*）［鮡科（Sisoridae）］。成熟于其体腔。虫体长达 280mm，宽 5mm。早期的卵一极有类似于两线属的柄，同时幼虫钩形态上与两线属的钩有区别。

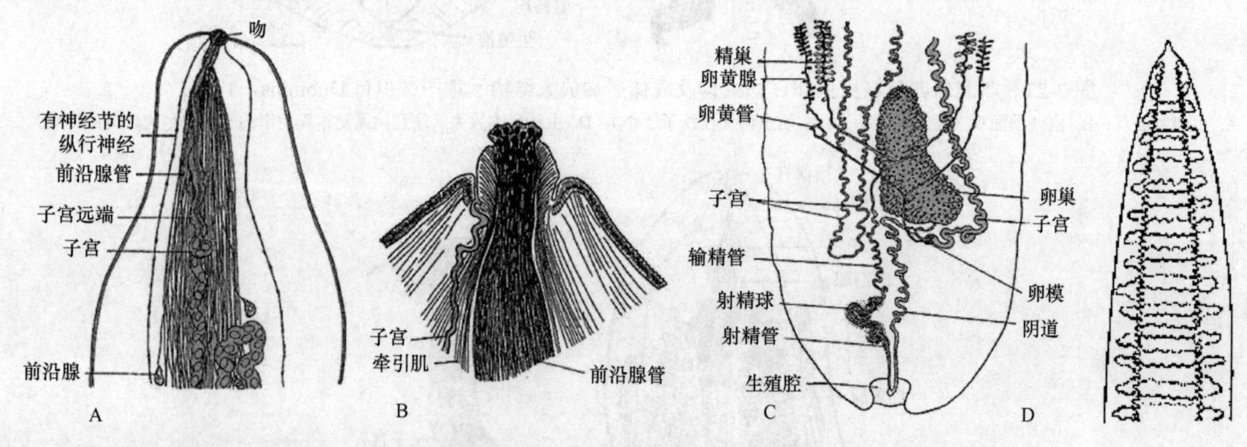

图 2-26　副性孔桥线绦虫前后放大及排泄管系统结构示意图（引自 Dubinina，1982）

A. 前部；B. 前端放大，示吻伸出；C. 后端；D. 排泄管系统（注意侧纵管由环状管连接）

2.7　两线目绦虫的精子结构及两线目绦虫的系统地位

Bruňanská 等（2012）用透射电镜技术研究了叶状两线绦虫精子的细微结构，结果表明：其成熟精子为丝状，两端变细，在其中等电子致密的细胞质中有两条长度不等的、平行的“9+1”移行式的轴丝结构，

1 个线粒体，1 个细胞核，平行的皮层微管，4 个电子致密的附着区，以及电子致密的糖原颗粒。不存在冠状体结构。精细胞前端含有单一的轴丝。第二条轴丝出现时，可以观察到最前面的皮层微管。皮层微管的数量在精子有核的第Ⅲ区内达到最大（达 25 条）。单一的线粒体从精子的第Ⅱ区域扩展到精子的第Ⅲ区末端。两条轴丝以类似的方式不断解聚：轴丝双连体微管首先消失，随后中央核心消失。核在第Ⅴ区近端部周围由少量微管围绕。在成熟精子的远端部，仅有核存在（图 2-27）。

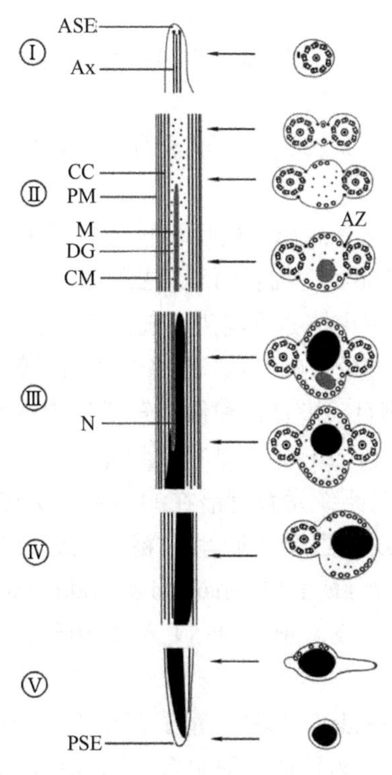

图 2-27 叶状两线绦虫成熟精子重建结构示意图（引自 Bruňanská et al.，2012）

ASE. 精子前端；Ax. 轴丝；AZ. 附着区；CC. 中央核心；CM. 皮质微管；DG. 致密颗粒；M. 线粒体；N. 核；PM. 质膜；PSE. 精子后端

叶状两线绦虫成熟精子的基本细胞组分与两线目其他种（Xylander，1986；Rohde & Watson，1986a）和旋缘目绦虫（Xylander，1989）的相似，都具有两条不等长的“9+1”移行式（Ehlers，1985）的轴丝结构，具有 1 个线粒体、1 个核、平行的皮层微管和电子致密的糖原颗粒。而叶状两线绦虫成熟精子的近端和远端与其他类群中的不一样。其他差异表现在附着区的存在与否，Ⅱ、Ⅳ、和Ⅴ区的组成。叶状两线绦虫近端仅含一条轴丝，细长两线绦虫也是只有一条轴丝（Rohde & Watson，1986a）。Xylander（1986）描述叶状两线绦虫精子前端区域的一条轴丝由皮层微管半环状围绕。这样的结构在上述作者的文献附图中很难识别。两条轴丝的精子，前方Ⅰ区单一条轴丝没有皮层微管的情况在双叶目实体裂头绦虫（Levron et al.，2013）和很多复殖吸虫如 *Dicrocoelim dendriticum*（Cifrian et al.，1993）、*Opecoeloides furcatus*（Miquel et al.，2000）、*Scaphiostomum palaearcticum*（Ndiaye et al.，2002）、*Notocotylus neyrai*（Ndiaye et al.，2003）、*Fasciola gigantica*（Ndiaye et al.，2004）、*Carmyerius endopapillatus*（Seck et al.，2008）、*Diplodiscus subclavatus*（Bakhoum et al.，2011）及 *Acanthostomum spiniceps*（Mansour，2012）中均有出现。该型精子在单殖吸虫中未发现（Justine et al.，1985）。叶状两线绦虫精子Ⅱ区有两条轴丝，细胞质的电子密度极低，类似于复殖吸虫 *Neopolystoma spratti*（Watson & Rohde，1995）或佛焰苞槽目的截形杯头绦虫和鲁氏双槽绦虫（*Didymobothrium rudolphii*）精子的近端区域（Bruňanská et al.，2006，Bruňanská & Poddubnaya，2010）。在此区域，两群皮层微管位于对侧。这和旋缘目绦虫（Xylander，1989），槽首目绦虫（Bruňanská et al.，2010；Šípková et al.，2010，2011；Marigo et al.，2012），双叶槽目的阔节裂头绦虫、肠舌状绦虫和实体裂头绦虫（Levron et al.，2006，2009，2012），佛焰苞槽目绦虫（Bruňanská

& Poddubnaya，2010）及锥吻目绦虫（Marigo et al.，2011）的精子的相应区域类似。这一系列特征在有些吸虫如盾腹吸虫（Levron et al.，2009）及 Opecoelidae 和 Cryptogonimidea 两科复殖吸虫种中有描述（Quilichini et al.，2010），但从未在两线目和单殖吸虫中描述过。附着区标示着大多数新皮类精子发生过程中两条轴丝与细胞质突起的融合区，在细长两线绦虫中报道有附着区 2 对（Rohde & Watson，1986a），在槽首目绦虫（Levron et al.，2006）、双叶槽目绦虫（Levron et al.，2013）、佛焰苞槽目绦虫（Bruňanská & Poddubnaya，2010）、锥吻目绦虫（Miquel & Świderski 2006；Miquel et al.，2007）和圆叶目绦虫（Ndiaye et al.，2003）精子中亦有报道。附着区通常也发现于复殖吸虫（Ndiaye et al.，2011；Quilichini et al.，2009）。

叶状两线绦虫具核的第 Ⅳ区有 1 条轴丝，先前没有发现，但在细长两线绦虫中亦类似（Rohde & Watson，1986a）。

叶状两线绦虫精子轴丝的消失相当有规律：向后端移行过程中，先是轴丝双连体微管消失，随后是中央核心消失。Rohde 和 Watson（1986）在细长两线绦虫中报道了同一类型，但陈述轴丝的消失没有明确的秩序。相反，在旋缘目绦虫中，中央核心先消失，随后才是轴丝微管的终止（Xylander，1989）。最后部第Ⅴ区是已报道的真绦虫精子变异最大的区域，是系统学信息最多的区域（Justine，1998；Bruňanská，2010），但这些特征的变异性在双叶槽目、槽首目和佛焰苞槽目中表明在这些目中不适用于作为类群识别或系统学考虑的标准（Bruňanská et al.，2010，2012）。此外，在复殖吸虫中，从后端部可以区分出不同类型的精子，并且其特征形式被认为与系统发育有潜在的相关（Quilichini et al.，2010）。叶状两线绦虫的后端仅有核，与此相对应，细长两线绦虫精巢腔里的精子的远端区域仅含一些细胞质和周围的微管（Rohde & Watson，1986a）。佛焰苞槽目绦虫（Bruňanská & Poddubnaya，2010）、双叶槽绦虫（Bruňanská et al.，2012）、单槽目绦虫（MacKinnon & Burt，1985）和复殖吸虫（Quilichini et al.，2010）一样，核位于精子的远端部。

叶状两线绦虫和旋缘目绦虫（Xylander，1989）精子存在 1 个线粒体。细长两线绦虫中也只发现 1 个线粒体，但 Rohde 和 Watson（1986）认为可能出现更多。两线目、旋缘目、单殖吸虫、复殖吸虫和盾腹吸虫存在 1 个或 1 个以上线粒体。任何情况下，单节绦虫亚纲或真绦虫亚纲动物成熟精子缺失线粒体是独征（Justine，1998；Xylander，2001）。两线目、旋缘目、单殖吸虫和吸虫存在线粒体为祖征，真绦虫中线粒体的缺失表明真绦虫的单系性。叶状两线绦虫精子皮层微管的位置和数量，存在或缺失被用于单殖吸虫的比较精子学研究（Justine et al.，1985），与一些基础真绦虫和一些复殖吸虫相吻合。因此，目前的精子学数据和先前的叶状两线绦虫其他器官系统的超微结构观察（Rohde & Georgi，1983；Davydov & Kuperman，1993；Xylander，1992）支持两线目和真绦虫是姐妹群的关系（Xylander，2001；Waeschenbach et al.，2012）。

3　旋缘目（Gyrocotylidea Poche，1926）

3.1　简　　介

旋缘目绦虫为原始的单节绦虫类群，已知寄生于全头亚纲鱼类（银鲛）的肠螺旋瓣上。在许多寄生蠕虫的系统分类研究包括 Ehlers（1985）、Brooks 等（1985，1989）的支系分类中，都将旋缘目绦虫看作最原始的类群，同时认为它们与单殖吸虫的关系最为密切。而实际上，有相当一部分研究者如 Llewellyn（1987）则是将该类群归入单殖吸虫。Blair（1993）初步的 DNA 序列分析结果不支持将旋缘目绦虫归入单殖吸虫。Poddubnaya 等（2006）研究了采自大西洋银鲛（*Chimaera monstrosa*）的旋缘绦虫未定种的微细结构，首次发现该绦虫有微毛（microtriches）结构，微毛结构是绦虫的特征性结构，此研究也表明旋缘目绦虫不属于吸虫类。旋缘目绦虫未定种简单的形态、小的个体及微毛的均匀一致性，可能也说明旋缘绦虫代表了原始祖征（plesiomorphy），随后再演化到衍生的、多样化的类群。旋缘绦虫未定种的微毛类似于那些最基础的真绦虫类群如鲤蠹目、佛焰苞槽目、槽首目和锥吻目绦虫的微毛，表明它们之间可能有相近的亲缘关系。

据 William 等（1987）的研究结果：旋缘目绦虫与其宿主全头亚纲鱼类之间的关系在古生代（大致 3.5 亿年前）时就已存在，之后变化不大，旋缘目绦虫的起源还可能追溯至更早。

旋缘目绦虫的命名和系统研究历史长且复杂。相关的综述见于 William 等（1987）、Bandoni 和 Brooks（1987）。问题的产生是由于活体的样品形态变异太大，人为的差异主要由固定方法及固定剂的不同造成。同时，旋缘目绦虫缺乏分节或其他不变的特征。该目有 13 个命名过的种，一般只认为其中的 10 个种有效。该目的一个特征是仅以某类全头亚纲鱼作为宿主，且 2 个或 3 个种常同时发现存在于同一宿主中。Colin 等（1986）曾怀疑分布区重叠种类的有效性。

Poche 于 1926 年认为该目由单一旋缘属（*Gyrocotyle* Diesing，1850）构成，而 Joyeux 和 Baer（1951）认为有 3 个属：旋缘属是大型种类，有一长且可以收缩的后部附着器官，其上有一小的圆花饰簇或玫瑰花饰簇（rosette），缺乏侧方的体褶，体棘仅限于两群；两翼属（*Amphiptyches* Grube & Wagnener，1952）为小型种类，有后吸附器官，其上有圆花饰簇，具有凹凸的侧体褶，体棘分布广泛；旋缘样属（*Gyrocotyloides* Fuhrmann，1931）为大型种类，后部附着器官上无圆花饰簇，无侧体褶，也无体棘。van der Land 和 Dienske（1968）认为两翼属为旋缘属的亚属；而后来的研究者趋向于认为两属同义。旋缘样属作为一单种属，虽然 Schmidt（1986）在其专著中将其当作一有效属，但之后的争议一直很大。争议涉及尼氏旋缘样绦虫（*Gyrocotyloides nybelini* Fuhrmann，1931）的状况及其与乌尔纳旋缘绦虫（*Gyrocotyle urna* Grube & Wagnener，1852）的关系，两者都采自挪威大西洋银鲛。经 Colin 等（1986）详细研究得出的结论认为：尼氏旋缘样绦虫及困惑旋缘绦虫（*G. confusa* van der Land & Dienske，1968）和乌尔纳旋缘绦虫等都是同物异名，它们的差异在种内变异范围之内，或是由于样品损坏才造成差异。Bandoni 和 Brooks（1987）对此目进行了支系分析；Bristow 和 Berland（1988）进行了初步电泳研究；Berland（1989）进行了脂肪酸方面的研究，但结果仍未最终定论。虽然尼氏旋缘样绦虫的有效性仅是一个暂时的问题，但所有这些学者都赞成将旋缘样属当作旋缘属的同物异名。

3.2 旋缘目的识别特征

体单节，粗壮，纺锤状或伸长。前端有肌肉质吸盘样附着器官。体后部区域渐弱，通常终止于圆花饰簇样附着器官（偶尔丢失或缺？）。侧方边缘多有凹凸的体褶。体表广泛分布有棘或分布区窄或无棘。精巢滤泡状，位于两前侧区。无阴茎囊。生殖孔分离。雄孔位于腹部中央，体前端和子宫孔之间。卵巢滤泡状，围绕着受精囊呈V或U形带，位于子宫后方。阴道孔在雄孔的背侧方。阴道长，有受精囊。子宫在体中部盘曲于受精囊与子宫孔之间，子宫端部形成子宫囊，子宫孔位于体前部腹中央。卵有盖。幼虫尾球上有10个钩。卵黄腺滤泡状，充满体侧方区域。渗透调节管网状，有2个前方开孔。已知寄生于全头亚纲鱼类的肠螺旋瓣上。

3.3 旋缘科（Gyrocotylidae Benham，1901）的识别特征

识别特征：同目的特征。模式属：旋缘属（*Gyrocotyle* Diesing，1850）。

3.3.1 旋缘属（*Gyrocotyle* Diesing，1850）。

［同物异名：*Crobylophorus* Kroyer，1852；旋缘样属（*Gyrocotyloides* Fuhrmann，1931）；两翼属（*Amphiptyches* Grube & Wagnener，1952）］

识别特征：同科的特征。模式种：玫瑰旋缘绦虫（*G. rugosa* Diesing，1850）

3.3.1.1 旋缘绦虫成虫结构：以皱襞旋缘绦虫（*G. fimbriata* Watson，1911）为例

和所有的新皮类一样，皱襞旋缘绦虫成体的表层是新皮，即合胞体非纤毛的表皮取代了幼虫的具纤毛表皮。吸附器官为一有褶的圆花饰簇（图3-1，图3-2）。体后端部有一所谓的漏斗通过孔开于背部，功能不明（有可能与附着有关）。成体原肾管系统由焰茎球、毛细管网及管道组成。成对的排泄孔开在体前端不远处。旋缘绦虫雌雄同体，滤泡状的精巢在体前方部，连通至输精小管会合为一大的输精管，末端形成一肌肉质的射精管，开口于体近前端。雌性生殖系统由1个由很多小滤泡组成的卵巢构成，位于体后部。排出卵细胞的输卵管通向由壳腺（梅氏腺）包围的卵模，卵黄管和阴道也开口于卵模或卵模附近。卵黄腺滤泡几乎分散于整个虫体。在卵模中受精的卵细胞和卵黄由壳包围形成成熟的“卵”并通过子宫排出。子宫孔开于体近前端，阴道孔开于子宫孔附近。神经系统的主要部分由前方神经节（神经细胞集团）和1更大的、位于接近玫瑰花饰的神经节组成。两神经节之间有大的连索（纵向神经索）相连。旋缘绦虫和所有其他绦虫一样，缺消化道，食物的吸收是通过大量微毛进入皮层的。

3.3.1.2 幼虫的结构：以乌尔纳旋缘绦虫［*Gyrocotyle urna* Grube & Wagnener，1852］为例

幼虫为所谓的十钩蚴（decacanth或lycophore）（图3-3），具有10个位于后部的小钩且有一具纤毛的表皮。前方有2对穿刺腺细胞开孔，各对含不同的分泌物。原肾管由少量连于毛细管的焰茎球组成，毛细管会合为2条大的排泄管并开孔于约前方1/3处。纤毛状的光感受器位于脑的前方边缘。Xylander(1991)对乌尔纳旋缘绦虫幼虫的腺体系统、原肾管、神经系统、感受器和钩等进行了较详细的超微结构研究并描述了7种感受器（有单一纤毛或无纤毛感受器），以及1种有纤毛的层状感受器（可能是感光的，暂时称为光感受器）。

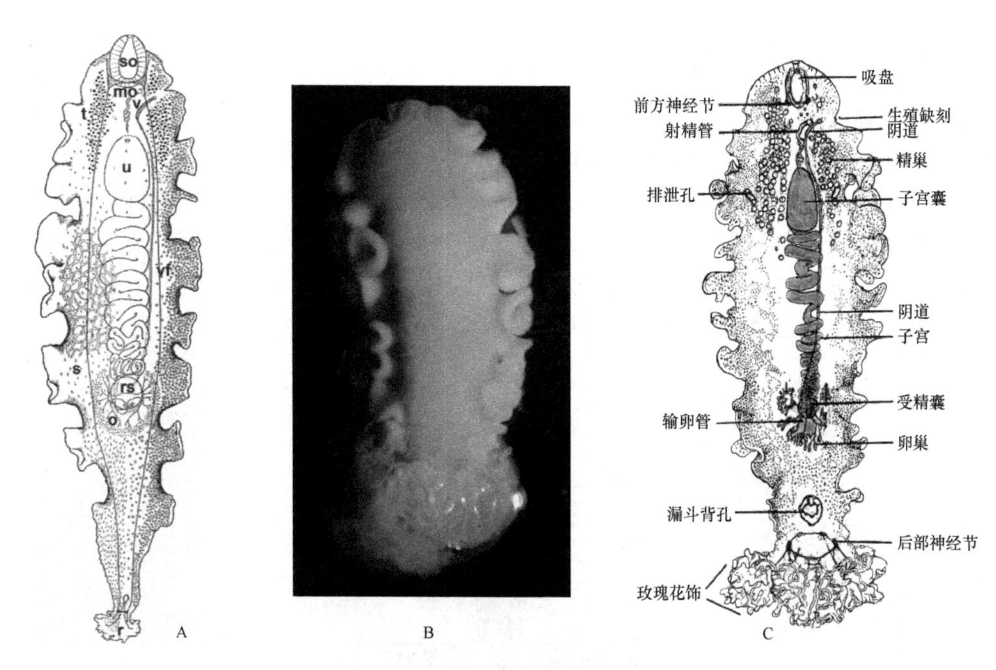

图 3-1　旋缘绦虫结构示意图及实物

A，B. 乌尔纳旋缘绦虫：A. 结构示意图；B. 实物照片，下方为玫瑰花饰；C. 皱襞旋缘绦虫成体背面观结构示意图。缩略词：o. 卵巢；mo. 腹部雄孔；r. 有漏斗的玫瑰花饰；rs. 受精囊；s. 体棘；so. 吸盘样器官；t. 精巢；u. 子宫；v. 阴道和背方的阴道孔；vf. 卵黄腺滤泡（A 引自 Kuchta et al.，2017；B，C 引自 Rohde，2007b）

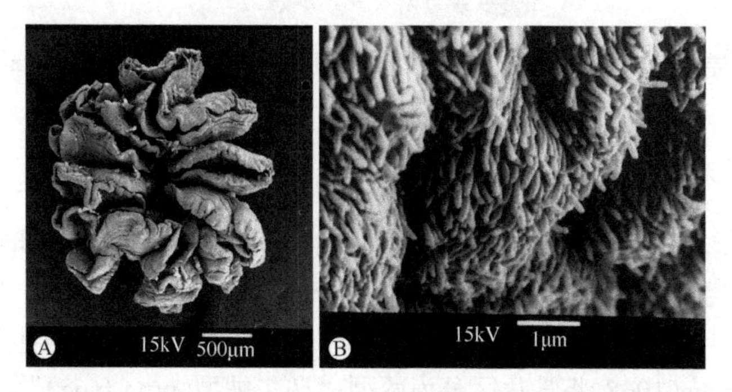

图 3-2　旋缘绦虫未定种（*Gyrocotyle* sp.）的局部扫描结构（引自 Rohde，2007b）

样品采自塔斯马尼亚岛（Tasmania）米氏叶吻银鲛（*Callorhinchus milii*）。A. 圆花饰簇；B. 皮层表面的大量微毛

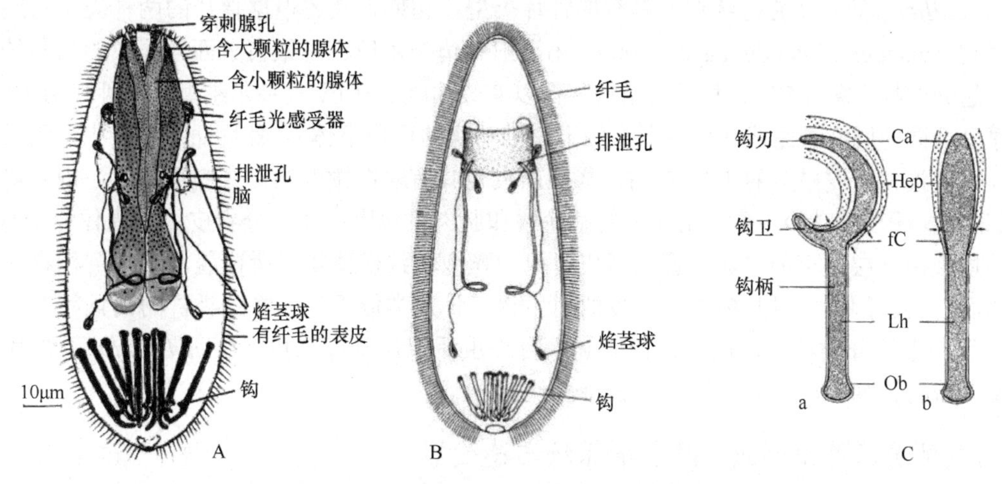

图 3-3　乌尔纳旋缘绦虫的幼虫结构示意图

A. 结构示意图；B. 原肾管系统；C. 钩和相关组织示意图：a. 侧面观；b. 前面观（箭头示钩胚，尾腔第一个细胞和尾腔细胞表皮之间的细胞连接）。缩略词：Ca. 尾腔；fC. 尾腔第一个细胞；Hep. 尾腔表皮；Lh. 幼虫钩；Ob. 钩胚（A，B 引自 Rohde，2007b；C 引自 Xylander，1991）

3.3.1.3　旋缘目绦虫的微毛结构

旋缘目绦虫每条微毛由 3 个不同的区域组成：①近端电子透明轴；②非常短的电子致密棘；③分离区域的基板（图 3-4）。轴细长，长 480～650nm，直径 65～80nm，截面圆形。它由一个中心的、电子透明的核心组成，由质膜下的厚壁管包围。轴芯的细胞质充满了纵向微丝的远端皮层胞质基质。棘短，锥形，从基板向远端逐渐变尖。棘的长度很一致，为 72～90nm。棘有电子致密的髓，由一窄的、不致密的皮层包围。基板位于轴和棘之间，由 2 个横向薄电子致密区组成，中间由一个电子透明层隔开。基板与质膜之间没有接触。微毛由表面质膜和一薄层糖萼覆盖。

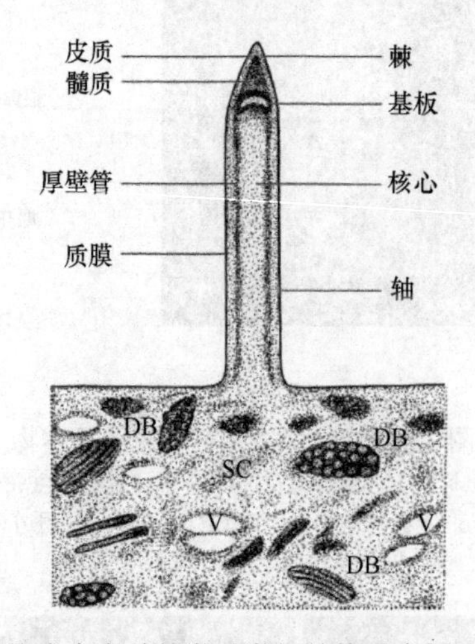

图 3-4　采自大西洋银鲛的旋缘绦虫未定种的微毛微细结构示意图（引自 Poddubnaya et al.，2006）
缩略词：SC. 表面胞质层；DB. 致密体；V. 囊泡

3.3.1.4　旋缘目绦虫的独特性状——骨片

旋缘绦虫的一个结构特征是有特殊形态的坚硬结构：骨片（sclerite）[早期有人称为棘（spine）]。骨片沿整个身体分布，尤其主要集中于体的前、后端（Lynch，1945；Bandoni & Brooks，1987b），当把样品放在两片玻片之间时，用光镜很容易观察到骨片。骨片的形态变化较大，甚至于在同一个个体中也有变化。van der Land 和 Dienske（1968）将骨片区分为两型："乌尔纳型（urna-type）"和"困惑型（confusa-type）"。"乌尔纳型"为采自大西洋银鲛的乌尔纳旋缘绦虫所具有的骨片类型；"困惑型"为采自科氏兔银鲛（*Hydrolagus colliei*）的困惑旋缘绦虫所具有的骨片类型。初期，其还根据骨片的两种类型将旋缘绦虫分为两群。直到 Xylander 和 Poddubnaya（2009）用透射电镜技术研究了采自大西洋银鲛的乌尔纳旋缘绦虫的体壁骨片超微结构（图 3-5D），其详细结构才得以有较清晰的认识。"乌尔纳型"各骨片由 10～15 个电子密度和厚度不同的同心层组成（形态上类似于脊椎动物的环层小体）。骨片插入囊袋中，囊袋表皮与体的新皮连续，但仅为新皮厚度的 1/14 左右。囊袋新皮也具有表面微毛结构（胞质突起，内有电子致密圆柱体及端部小的电子致密帽）。囊袋由完好的基底膜和肌肉束包围；此部分新皮的核周体位于基底膜下。囊袋内腔的质膜由一层很可能是源于囊袋新皮释放的囊泡和致密体物质所覆盖，这些沉积物应该是用于构建骨片的源材料。因此，骨片应当是新皮的衍生物。骨片类似于其他绦虫类群的钙颗粒。骨片可能代表了一类有用的系统分类特征，同时也说明旋缘目绦虫［尼氏旋缘绦虫（*G. nybelini*）无骨片，需除外（Bandoni & Brooks，1987b）］具有这样的独特性状。

3.3.1.5　乌尔纳旋缘绦虫幼虫的原肾管系统与感受器

Xylander（1987）研究了乌尔纳旋缘绦虫幼虫原肾管系统、感受器和神经系统的超微结构。发现其原肾管系统由 6 个端细胞，至少 2 个近管细胞，2 个远管细胞和 2 个肾孔细胞组成。端细胞和近管细胞用其两轮堤杆组成滤过堤（图 3-5A～C）。近管细胞构成一坚固中空的圆柱体，没有细胞间隙和桥粒。远管细胞的特征是由不规则形态微绒毛内壁形成的极小的管腔。肾孔区由肾孔细胞构成，其细胞体位于幼虫近身体中央一定距离位置。不同管细胞之间多通过具隔膜的桥粒相连接，近管细胞没有桥粒结构是绦虫原肾管系统的一个独征。后期幼虫的原肾管系统发育为网状，如图 3-6D 所示。

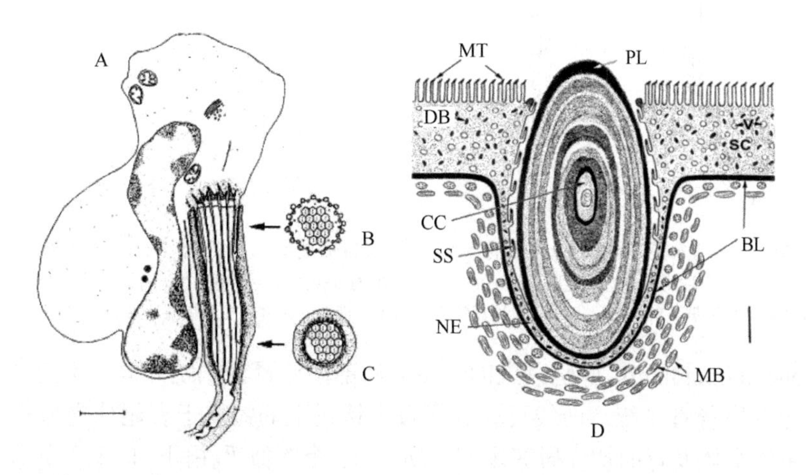

图 3-5 乌尔纳旋缘绦虫幼虫原肾管系统局部及新皮骨片结构示意图

A～C. 幼虫端细胞和近管细胞重构：A. 过端细胞纵切；B. 滤过区横切；C. 近管细胞横切；箭头示切面水平；D. 新皮骨片。缩略词：BL. 基底层；CC. 骨片中央核心；DB. 致密体；MB. 肌束；MT. 微毛；NE. 新皮；PL. 骨片周围层；SC. 体壁新皮；SS. 囊袋新皮表面结构；V. 囊泡。标尺：A～C=1μm；D=2μm（A～C 引自 Xylander，1987；D 引自 Xylander et al.，2009）

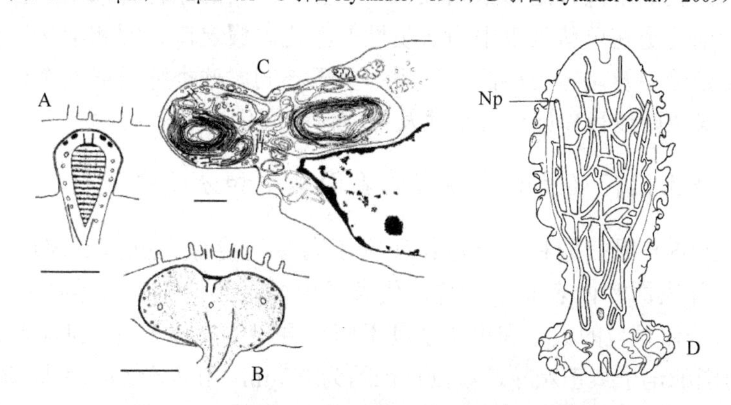

图 3-6 乌尔纳旋缘绦虫幼虫感受器及原肾管系统结构示意图

A～C. Ⅱ型无纤毛感受器（A，B）和Ⅰ型可能为纤毛光感受器（C）；D. 乌尔纳旋缘绦虫后期幼虫的网状原肾管系统。缩略词：Np. 排泄孔（A～C 引自 Xylander，1987；D 引自 Xylander，1991）

Allison（1980）描述了玫瑰旋缘绦虫玫瑰花饰上的 3 型感受器：Ⅰ型感受器位于上、下表层边缘，特征为长纤毛埋于含有电子致密领和一些线粒体的球茎中；Ⅱ型感受器大于Ⅰ型，位于玫瑰花饰的上表层，有一长的纤毛和纤毛状小根，也有电子致密领和少量线粒体；这两型的感觉纤毛均有“9+2”的轴丝结构，可能为机械感受器。Ⅲ型感受器位于表层下，缺感觉纤毛但有一纤毛状小根被包于皮层和肌肉中；有复杂的微纤维三维球状格子框架与小根相连。感觉球茎含有大量膜包小泡和神经微管，可能为本体感受器。

乌尔纳旋缘绦虫幼虫感受器被发现有不同的 8 型：Ⅴ型位于表皮内，感觉纤毛伸向外；Ⅱ型位于表面内，缺感觉纤毛轴丝；Ⅰ型多纤毛排成薄片层形状的感受器位于脑神经节前端表皮下。旋缘绦虫的 8 型感受器图示如图 3-6A～C 和图 3-7 所示。

3.3.1.6 旋缘绦虫幼虫的原肾管系统及尾球类型的演化

乌尔纳旋缘绦虫的幼虫（十钩蚴）的原肾管系统是两侧对称的，有 2 个肾孔位于体前半部。该系统

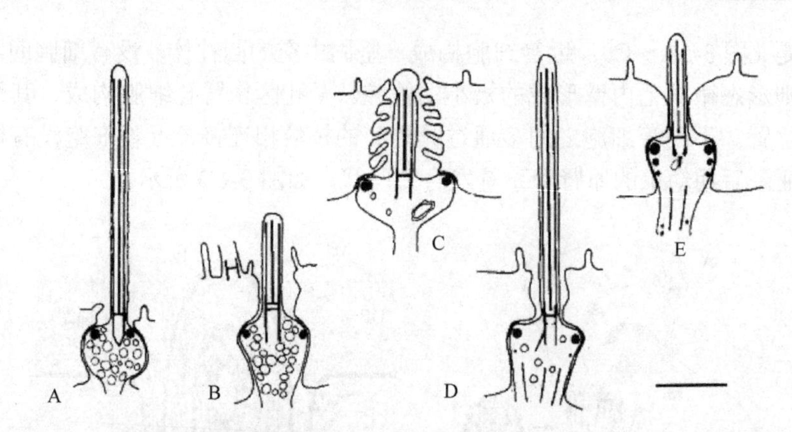

图 3-7 乌尔纳旋缘绦虫幼虫的 5 型有纤毛的感受器（引自 Xylander，1987）
注意区分特征主要是纤毛的长短，囊泡的多少，纤毛小根的有无等。
（如此区分依据不够充分，如纤毛的长短囊泡的多少与切面的角度和虫体的生理状况密切相关）

很类似于囊毛蚴（oncomiracidium：单殖吸虫的幼虫）后部的原肾管系统，但又不完全像囊毛蚴，旋缘绦虫的十钩蚴没有前方的原肾管系统。两线目和旋缘目十钩蚴上的钩属于有尾球类型幼虫中同样基本的类型。对叶状两线绦虫钩个体发育的初步研究表明：所有 10 个钩似乎在同一时间开始发育，6 个普通的钩早期认为与六钩蚴的钩形态和布局相似。4 个异常的钩在早期发育过程中似乎很少异常。基于钩的数目和其他相关的特征，幼虫水平尾球类型的演化陈述如是：由于旋缘绦虫个体发育中没有口、咽和消化道的痕迹，十钩蚴中这些体结构的缺失设定为原始性状。单殖吸虫类的原肾管系统源自旋缘绦虫十钩蚴类型的系统，并且口、咽和消化道在单殖吸虫中为次生性的演化。假定口、咽和消化道退化，有消化性体壁覆盖的动物就会产生复殖吸虫及尾球类型演化线系。基于不同尾球类型类群的个体发育和生活史表明，成体单殖吸虫从未达到绦虫两线目和旋缘目个体发育类似的演化水平。

3.3.1.7 乌尔纳旋缘绦虫圆花饰簇附着器官的表面结构和分泌腺

Poddubnaya 等（2008）用扫描和透射电镜研究了乌尔纳旋缘绦虫体后部玫瑰花饰器官的表面结构和腺细胞。玫瑰花饰外表面和内表面不一样，代表了由微绒毛向微毛过渡的形式。内表面有大量腺体（图 3-8），基于腺体分泌颗粒的大小和电子密度不同，将腺体分为 3 型单细胞腺：最少量的 I 型单细胞腺，其分泌物为小而圆的电子致密颗粒，颗粒直径约为 0.3μm；II 型分泌物为均质、中等电子密度球状

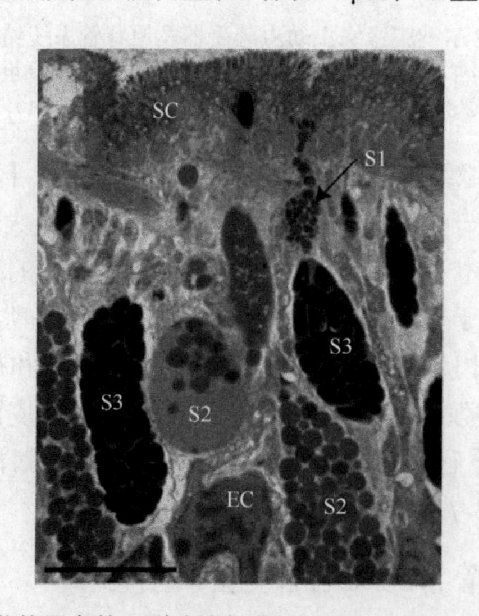

图 3-8 乌尔纳旋缘绦虫玫瑰花饰器官的 3 型分泌细胞：S1、S2、S3（引自 Poddubnaya et al.，2008）

颗粒，颗粒直径约为 0.7μm；最常见的Ⅲ型分泌物为大而长的电子致密颗粒，颗粒长约 1μm，宽约为 0.5μm。Ⅲ型腺体分泌物的释放受外分泌机制调控，腺管通过小孔开口于玫瑰花饰内表面。乌尔纳旋缘绦虫后部玫瑰花饰的分泌腺的复杂性类似于单殖吸虫的前方附着器官(与存在于其他蠕虫的腺体不同)。

3.3.1.8 乌尔纳旋缘绦虫前方器官和后方漏斗状管的超微结构（图 3-9）

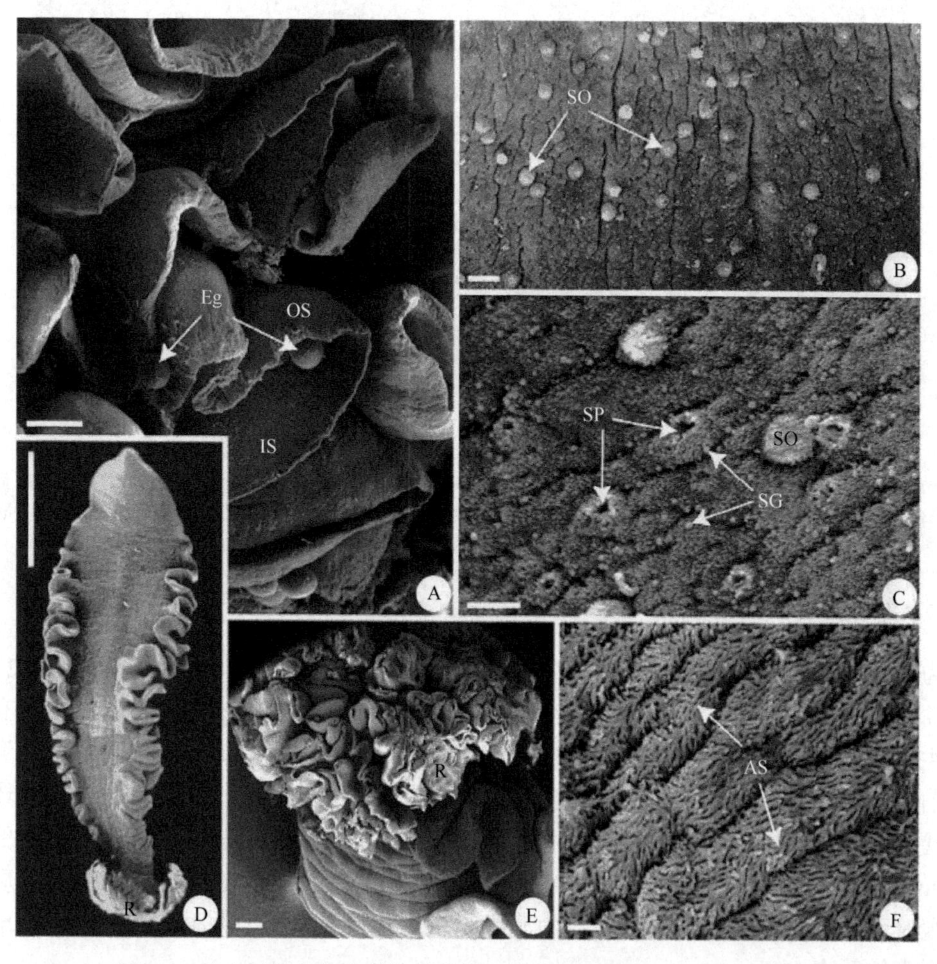

图 3-9 乌尔纳旋缘绦虫的扫描结构（引自 Poddubnaya et al.，2008）

A. 玫瑰花饰褶的区域，示它们的内外表面，褶间可观察到卵；B. 褶的内表面区，覆盖有高起的圆屋顶样突起，为分泌孔；C. 褶的内表面，示关闭的和打开的分泌孔及其之间的分泌颗粒；D. 整个虫体玫瑰花饰位于后端；E. 玫瑰花饰器官由大量的褶组成；F. 外表面覆盖有表面微毛结构。缩略词：AS. 顶部皮层结构；Eg. 卵；IS. 内表面；OS. 外表面；R. 玫瑰花饰；SG. 分泌颗粒；SO. 关闭的分泌孔；SP. 分泌孔。标尺：A=100μm；B=4μm；C，F=1μm；D=10mm；E=200μm

Poddubnaya 等（2015）首次用扫描和透射电镜技术研究了采自银鲛的乌尔纳旋缘绦虫前方器官和后方漏斗状管的超微结构（图 3-10）。前方器官主体位于距顶孔约 170μm 处，由体区包围，远端部有明显的括约肌分界，器官皮层表面覆盖着短的、长度不等的丝毛；皮层下有大面积肌层穿越。乌尔纳旋缘绦虫的漏斗状管（长 2.5～3.0mm）是后部附着器官一特殊的肌肉质部，开孔于体背部圆形的突起上。皮层具有圆锥形骨样结构（长达 1.5μm），它产生运入管腔的电子致密体，由与大量的神经纤维混合的厚的肌肉区围绕。这些结果表明旋缘目绦虫和佛焰苞槽目绦虫有共同之处，有单一的前方吸盘样附着器官。相比之下，旋缘目绦虫独特的后方圆花饰簇样附着器官（具有漏斗状管的结构）在其体末端的位置类似于多后盘单殖吸虫的吸着器且可能为其起源。这些特性进一步支持旋缘目绦虫在绦虫中位于基础位置。此外也表明旋缘目绦虫的祖先与单殖吸虫祖先的可能关系。

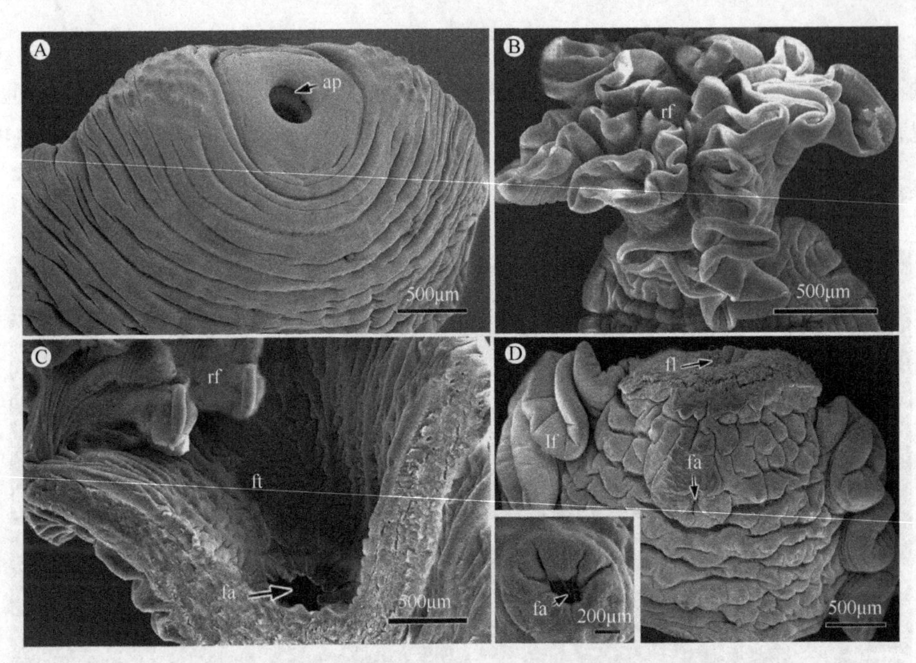

图 3-10　采自银鲛的乌尔纳旋缘绦虫前方器官和后方漏斗状管的超微结构（引自 Poddubnaya et al.，2015）

A. 体前方扫描；B. 后端玫瑰花样附着器官；C. 通过整个漏斗状管的纵切面，示其腔面、玫瑰花状褶皱和漏斗状管的孔；D. 后端部（注意漏斗状管的孔位于圆形台上），插图示有孔的圆形台。缩略词：ap. 前方器官的顶孔；fa. 漏斗状管的开孔；fl. 漏斗状管的腔；ft. 漏斗状管的皮层；lf. 侧体褶皱；rf. 玫瑰花状褶皱

3.3.1.9　生活史

到目前为止，所有试图完成任何旋缘绦虫生活史的研究都以失败告终。Ruzskowski（1932）和 Simmons（1974）均试图研究乌尔纳旋缘绦虫的生活史。通常，宿主个体多只寄生有 1 种旋缘绦虫，有时也有 2 种旋缘绦虫寄生，寄生虫通常沿着肠螺旋瓣吸附于不同部位。通常一种为乌尔纳旋缘绦虫，另一种为困惑旋缘绦虫。前者体侧边缘有大量褶襞，且体末端的玫瑰花饰有复杂的褶；而后者玫瑰花饰较小且褶少，体更长且侧褶更少。宿主越年幼，寄生虫量可能越多，而通常的寄生量是 1～2 条。很有趣的是，所谓的后期幼虫（post-larvae），即充分发育的旋缘绦虫幼虫可以存在于同一种旋缘绦虫幼虫的实质中，似乎随后才分离（很难理解）。Xylander（2005）认为旋缘绦虫为间接发育类型并列出其理由，指出其中间宿主可能是小型甲壳类动物。

3.3.1.10　生态经济意义

旋缘绦虫对宿主的病理影响通常不明显，且限于严重感染的个体。鉴于旋缘绦虫少量的种类寄生于小的宿主类群（银鲛）的实际情况，该类群绦虫似乎不可能有重要的生态与经济意义，但其仍有其存在的、可能还不为人类所理解的价值。

3.3.1.11　关于旋缘绦虫的种

曾命名过 10 余种（还有一些变种等），主要包括以下种类：

深海突吻鳕旋缘绦虫（*Gyrocotyle abyssicola* van der Land & Templeman，1968）

困惑旋缘绦虫（*Gyrocotyle confusa* van der Land & Dienske，1968）

皱襞旋缘绦虫（*Gyrocotyle fimbriata* Watson，1911）

主要旋缘绦虫（*Gyrocotyle major* van der Land & Templeman，1968）

马克西姆旋缘绦虫（*Gyrocotyle maxima* MacDonagh，1927）

黑刚毛旋缘绦虫（*Gyrocotyle nigrosetosa* Haswell，1902）

微棘旋缘绦虫（*Gyrocotyle parvispinosa* Lynch，1945）

玫瑰旋缘绦虫（*Gyrocotyle rugosa* Diesing，1850）

乌尔纳旋缘绦虫［*Gyrocotyle urna* Grube & Wagnener，1852）］

尼氏旋缘样绦虫（*Gyrocotyloides nybelini* Fuhrmann，1930）

多回纹旋缘绦虫（*Gyrocotyle meandrica* Mendivil-Herrera，1946）；此种被认为与马克西姆旋缘绦虫为同物异名。

Johnston（1943）认为乌尔纳旋缘绦虫与玫瑰旋缘绦虫为同物异名；Bandoni 和 Brooks（1987）认为乌尔纳旋缘绦虫与马克西姆旋缘绦虫为同物异名；Colin 等于 1981 年 10 月至 1984 年 10 月剖检了挪威海域 1136 条大西洋银鲛，收集到 1361 条旋缘目绦虫。他们最初将其中 15 条鉴定为尼氏旋缘绦虫；33 条鉴定为困惑旋缘绦虫；其余均鉴定为乌尔纳旋缘绦虫。进一步的分析研究发现这些虫体形态高度变异，很难用先前认为有重要分类意义的形态特征区分这 3 个种群，最后的结论认为尼氏旋缘绦虫、困惑旋缘绦虫和乌尔纳旋缘绦虫均为同物异名（Colin et al.，1986）。

故上述所列旋缘绦虫的有效性有待进一步研究证实。

3.3.2 较肯定的旋缘绦虫虫种介绍（图 3-11，图 3-12）

3.3.2.1 微棘旋缘绦虫（*G. parvispinosa* Lynch，1945）

形态描述：成熟样品正常扩展状态体长 14～55mm（平均 36mm）。生殖孔缺刻水平位于体长距前端 7%～14%（平均 9.5%）处。吸盘长×宽为（1.7～2.75）mm（平均 2.6mm）×（0.93～1.45）mm（平均 1.1mm）。侧皱边为简单类型，数目为 8～30（平均 15）个，不达背孔水平。玫瑰花饰宽为体宽的 35%～60%（平均 45%），为简单褶皱类型。“骨片”为“困惑型”，但异常类型可能发生结节状近端膨大。吸盘具“骨片”17～25 个，为正常类型，最大长 220～360μm，通常小于最大（长 420～800μm）的体“骨片”。背、腹和侧体“骨片”存在。背体“骨片”从漏斗区的中部扩展至子宫囊区，包括受精囊的背部区和子宫的后半部。腹体“骨片”限于漏斗区的前半部和背孔前方的一个小区域。侧体“骨片”可以发生于整个长度方向，但通常仅在卵巢水平后部，棘才大、量多并且明显。体“骨片”长度为 150～360μm。

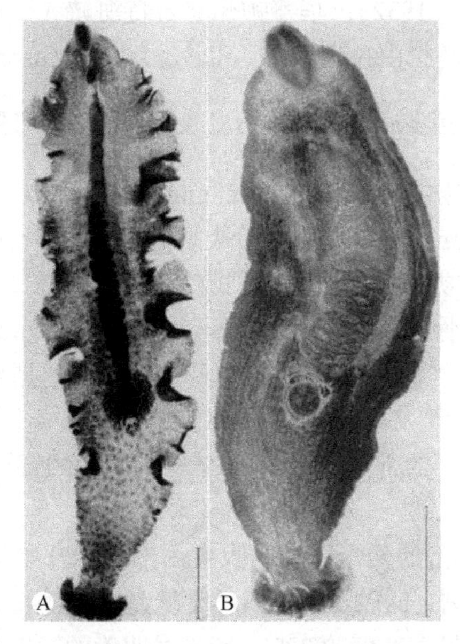

图 3-11 旋缘绦虫实物（引自 van der Land & Dienske，1968）

A. 微棘旋缘绦虫背面观。由 Lynch 进行整体固定［选模标本（lectotype）］；B. 困惑旋缘绦虫腹面观，由 Bnnkmann 进行整体固定（样品采自 Herdlafjord）。标尺=0.5cm

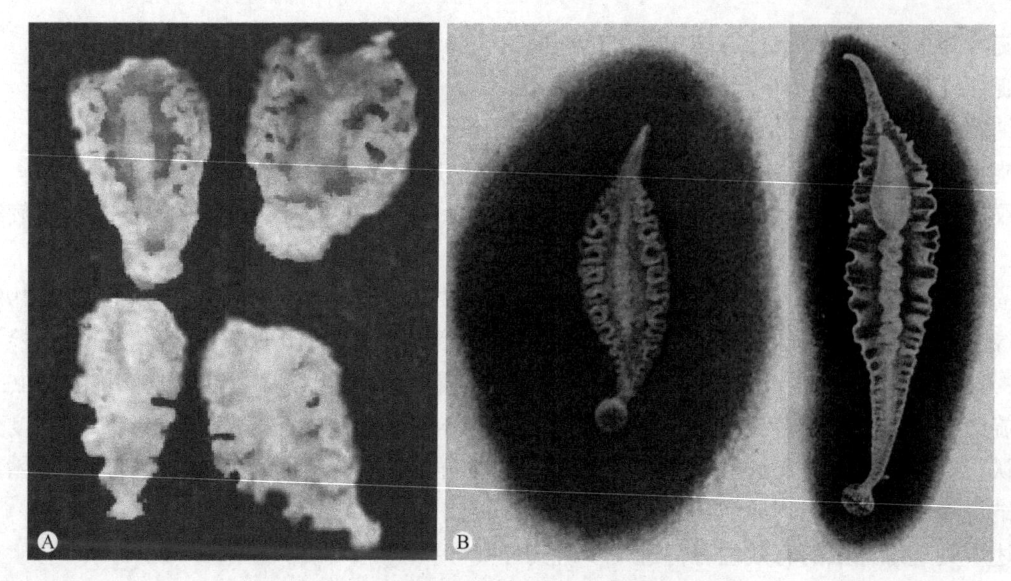

图 3-12 两种旋缘绦虫实物（引自 Watson，1911）
A. 皱襞（下）及其变种（上）活虫体，都处于收缩状态（笔者认为可能都是皱襞旋缘绦虫）；B. 乌尔纳旋缘绦虫

雄孔位于中线略偏右。精巢滤泡的两个区域从吸盘后 1/4 水平开始扩展至子宫囊前缘水平，或很少至中央。阴道孔位于中线到生殖缺刻之间约 2/3 距离。受精囊位于体长方向前 62%～75%距离处。子宫长度是体长的 30%～47%；宽为体最大宽度的 32%。有一界线明确的子宫囊，长度为体长的 11%～17%。子宫孔位于体长前方 14%～22%处。卵黄腺自吸盘后端水平伸展至略前于背孔水平。自吸盘到受精囊的中央腹部和中央背部区无卵黄腺。

自然产的卵长×宽为（81～111）μm（平均 94μm）×（55～72）μm（平均 65.5μm）。由透明胶质层（厚 6～12μm）包围。未找到幼虫。

宿主：科氏兔银鲛（*Hydrolagus colliei*）。Lynch（1945）报道 167 尾宿主中 39 尾有该种绦虫，感染率为 23.35%。但 Laurie 检查同一地区同种宿主 1500 尾，感染率仅 2%～3%（大多数宿主感染的是皱襞旋缘绦虫）。

分布：英属哥伦比亚（Wardle，1932）；华盛顿州普吉特海峡（Lynch，1945）；加利福尼亚州蒙特雷湾、圣地亚哥加布雷尔（Cabral）和拉由拉市（La Jolla）沿岸（Watson，1911）。

3.3.2.2 困惑旋缘绦虫（*G. confusa* van der Land & Dienske，1968）

形态描述：略收缩、固定的成熟样品体长 17～28mm，最大体宽 9～14mm。生殖孔缺刻水平位于体长距前端约 13%处。吸盘长约 2mm。侧皱边为简单类型，数目为 4～9 个，不达背孔水平。玫瑰花饰宽为体宽的 27%～50%，为简单褶皱类型。在一些强烈收缩的样品中，玫瑰花饰完全消失。

“骨片”为困惑型。吸盘具“骨片”30～40 个，长度 270～300μm 或 400～450μm（可能为两种类型，一种为短“骨片”、一种为长“骨片”）。在绝大多数样品中，通常小于最大的体“骨片”。背、腹和侧体“骨片”存在。背体“骨片”从漏斗区的中部扩展至子宫囊区，包括受精囊的背部区和子宫的后半部。腹体“骨片”限于漏斗区的前半部。侧体“骨片”发生于整个体长。体“骨片”最长的为 250～373μm。

雄孔位于中线略偏右。精巢滤泡的两个区域从吸盘后部水平开始扩展至子宫，自子宫孔至其总长的 1/3 处。阴道孔位于中线到生殖缺刻之间约 2/3 距离。受精囊位于体长方向距离前端 60%～65%处。子宫长度是体长的 40%～45%；宽为体最大宽度的 32%。无界线明确的子宫囊。子宫孔位于体长距前方 14%～25%处。卵黄腺自吸盘后端水平伸展至略前于背孔水平。生殖器官腹方中央腹部区和子宫中部背方一小块中背区无卵黄腺。

自然产的卵长×宽为（80～90）μm×（51～63）μm，长宽比为 1.43～1.65，壳约厚 2μm。未发现幼虫。

宿主：大西洋银鲛（*Chimaera monstrosa*）。较为稀少，感染率不高，vide Dienske（1968）在约 175 尾宿主中仅找到 6 条困惑旋缘绦虫。

分布：巴伦支海（Barents Sea）（Poljanskij，1955）；北海北部卑尔根附近 Herdlafjord 及 Sartöro 岛特隆赫姆峡湾（Trondheimsfjord）（Lönnberg，1890）；奥斯陆峡湾（Oslofjord）（Lönnberg，1891）及卡特加特海峡（Kattegat）等地。

3.3.3 旋缘绦虫分种检索

1a. 后部的玫瑰花饰边复杂，阴茎孔在阴道孔中央，同一水平……皱襞旋缘绦虫（*G. fimbriata*）
1b. 后部的玫瑰花饰边简单……2
2a. 子宫中的卵含有有钩胚体；阴茎开孔位于阴道孔的侧方和前方……玫瑰旋缘绦虫（*G. rugosa*）
2b. 子宫中的卵不含有有钩胚体；阴茎开孔位于阴道孔的中央……3
3a. 阴茎孔和阴道孔在同一水平……乌尔纳旋缘绦虫变种［*G. urna*（var.?）］
3b. 阴茎孔在阴道孔背部……4
4a. 卵无盖……乌尔纳旋缘绦虫（*G. urna*）
4b. 卵有盖……黑刚毛旋缘绦虫（*G. nigrosetosa*）

之前在网站（http://bio-ditrl.sunsite.ualberta.ca/）上搜到的旋缘绦虫寄生状态及实物照片（图 3-13）十分直观，但目前网站打不开。

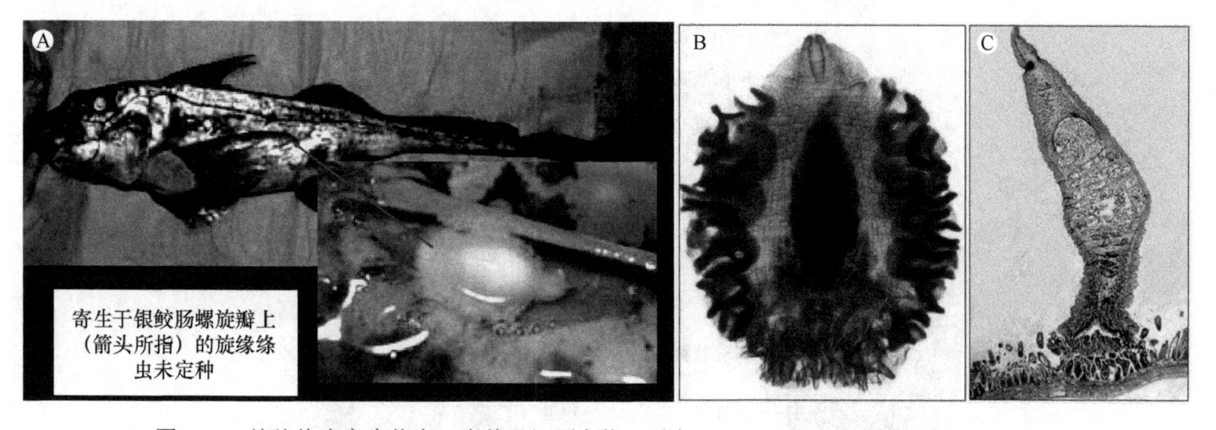

图 3-13 旋缘绦虫寄生状态、虫体及切面实物（引自 http://bio-ditrl.sunsite.ualberta.ca/）
A，B. 未定种（*Gyrocotyle* sp.）；C. 软骨鱼肠道组织切片，有乌尔纳旋缘绦虫附着

Kuchta 等（2017）在 Caira 和 Jensen 编撰的专著（*Planetary Biodiversity Inventory (2008-2017): Tapeworms from Vertebrate Bowels of the Earth*）中负责旋缘目的内容，他们提供的照片很直观（图 3-14），是该目绦虫目前可以找到的最好的资料之一。

旋缘目绦虫是最奇特且鲜为人知的绦虫类群之一，1 个属中，只有约 10 个种被描述。它们早期不同的系统发育地位表明它们在绦虫的演化中起着重要的作用。它们的成体专性寄生于广泛分布于深海的全头类鱼，至今已从 52 种已知全头类鱼中的 14 个种中找到旋缘目绦虫。旋缘目绦虫是一残遗的、演化古老的寄生扁虫，与其宿主一样，可以称为“活化石”。

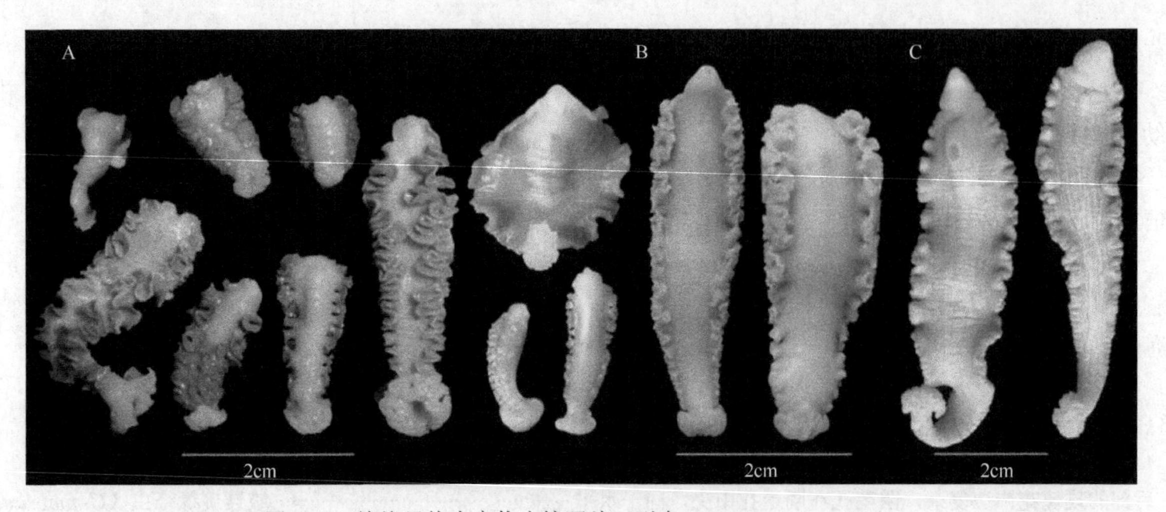

图 3-14 旋缘目绦虫实物光镜照片（引自 Kuchta et al.，2017）

A～C 从大西洋外赫布里底岛（Hebrides）获得的样品：A. 采自大西洋银鲛的乌尔纳旋缘绦虫；B. 采自苍白兔银鲛（*Hydrolagus pallidus*）的旋缘绦虫未定种；C. 采自尖吻银鲛（*Harriotta raleighana*）的旋缘绦虫未定种

3.4 旋缘目旋缘绦虫（*Gyrocotyle* spp.）与两线目两线绦虫（*Amphilina* spp.）成体结构比较

旋缘目和两线目绦虫成体的主要区别在于：体末端玫瑰花饰的有无，阴道与雄孔的开口位置，子宫的盘曲形态，精巢的分布等，图示比较见图 3-15。

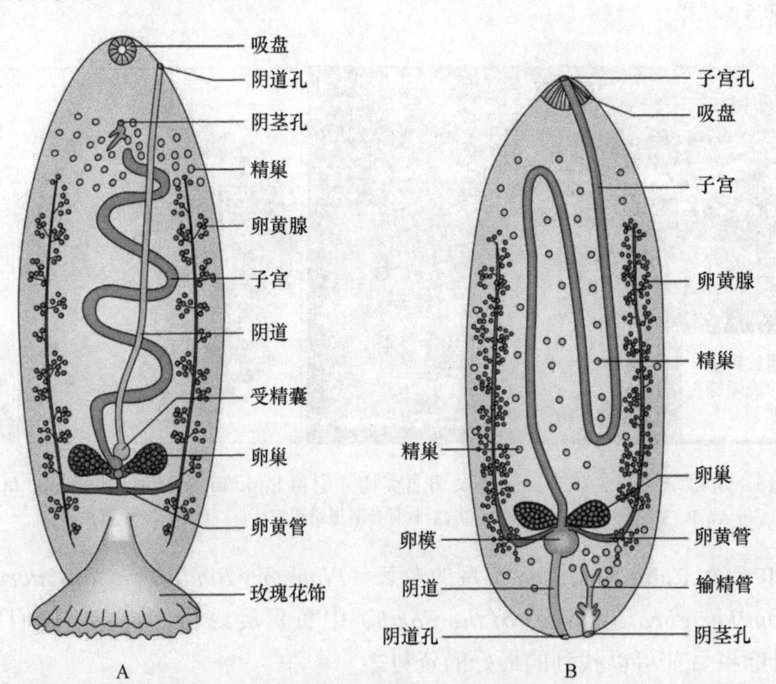

图 3-15 旋缘目和两线目绦虫成体结构的比较

A. 寄生于银鲛类鱼（chimaeroid fish）肠胃的单节绦虫旋缘绦虫（*Gyrocotyle* spp.）成体（约长 3cm）一般结构示意图，旋缘绦虫的特征性侧方和后部褶缘没显示；B. 两线绦虫（*Amphilina* spp.）成体（约长 2cm）结构示意图

4 鲤蠢目（Caryophyllidea van Beneden in Carus，1863）

4.1 简　　介

鲤蠢目（亦有译核叶目）绦虫在绦虫纲中是独特的，具有单节体制，仅有 1 套生殖器官。它们外形上类似于单节绦虫亚纲的种类。事实上，Yamaguti（1959）等认可鲤蠢绦虫是单节绦虫亚纲下的一个目，而另一群真正的单节绦虫属：亨特样属（*Hunteroides* Johri，1959）=桥线属（*Gephyrolina* Poche，1926）却被错误地识别为鲤蠢目绦虫。与单节绦虫有十钩蚴不一样，鲤蠢目绦虫有六钩蚴，这是绦虫纲真绦虫的特征，而单节的体制使此类群的绦虫与有链体的绦虫明显地区别开来。

已有报道中，鲤蠢目普遍被认同的有 4 科，约 45 属，140 种，为广泛分布的以底栖生物为食的鲇形目（Siluriformes）和鲤形目（Cypriniformes）淡水鱼消化道寄生虫。其中一属：古绦虫属（*Archigetes* Leuckart，1878），通常认为其中间宿主为颤蚓科环节动物。

鲤蠢目绦虫的头节变异很大（图 4-1），故分科与分属的争论一直存在。宿主的演化在绦虫演化中起着重要作用。已报道的属中，约 50%为单种属。仅 4 个属中种数多于 10 个，其中的纽带属（*Lytocestus*）、双吸槽属（*Biacetabulum*）和等格拉属（*Isoglaridacris*）似乎可以反映属的复杂性。属不是客观的，其内含的种常出现变动。

属的系统差异有很多文献可以追溯：有的是内在的差异，包括不同成熟状态下的变异及寄生于不同宿主造成的差异；而有的个体太小，很难界定种。到目前为止，两个最重要的惯例深深影响了对属的理解，并阻碍了属的分类：①新属（或新种）的描述基于死的样本，甚至于样品已经部分解体；②固定前对样品进行压扁，实际已造成变形。随后，自然性状消失，通常就出现了新的“性状”。新种或新属如果仅基于少量变形或解体的样本就给予建立，只能造成混乱及无休止的争论，纯属浪费自己和他人的时间与精力。

属的区别特征仅包含少量恰当的、有分化的性状。目前描述的同一属中的所有种可能不完全符合属的特征，这也反映了系统的不完善性。有些属可能还可以再分，而有些属可能应当合并，都有待深入研究再定。

现用于分属的特征包括：头节形态、卵黄腺滤泡的排布、卵巢形态、生殖孔的状况及位置、外贮精囊的存在与否、子宫的前方扩展区及卵巢后卵黄腺滤泡的存在与否。受精囊状况不用于分属依据，因为在很多属中其状况不明，而且仅在充满精子时才成为可视的结构。

使用分类检索表时需要记住，除头颊属巨大而固定的头节外，很多其他属的头节是高度可变的，可能形成各种各样的形状。生殖孔的状况较难确定，一般需要有保存完好且没有收缩的标本才能正确区分，通常还需要进行切片以澄清管的相互位置关系（图 4-2）。当阴茎（射精管）加入子宫阴道管形成两性管开口于表面时则为单孔（图 4-2D）；或当深的、界线明确的生殖腔形成时，表面也可能见到单孔（图 4-2C）。阴茎和子宫阴道管可明显分别开口于表面（图 4-2A）或开口于浅的生殖腔中（图 4-2B），如有些格拉属（*Glaridacris*）的绦虫，当明显的生殖腔存在时，通常可以看到 2 个生殖孔，而生殖腔本身仅 1 个，也可能看到单一的孔，如果样品略微收缩的话则为一大的生殖孔。如果成熟样品中子宫前方扩展最大处仅由子宫宽度在阴茎囊前方水平构成，则认为子宫在阴茎囊前方不成环。卵巢前方的卵黄腺滤泡当与精

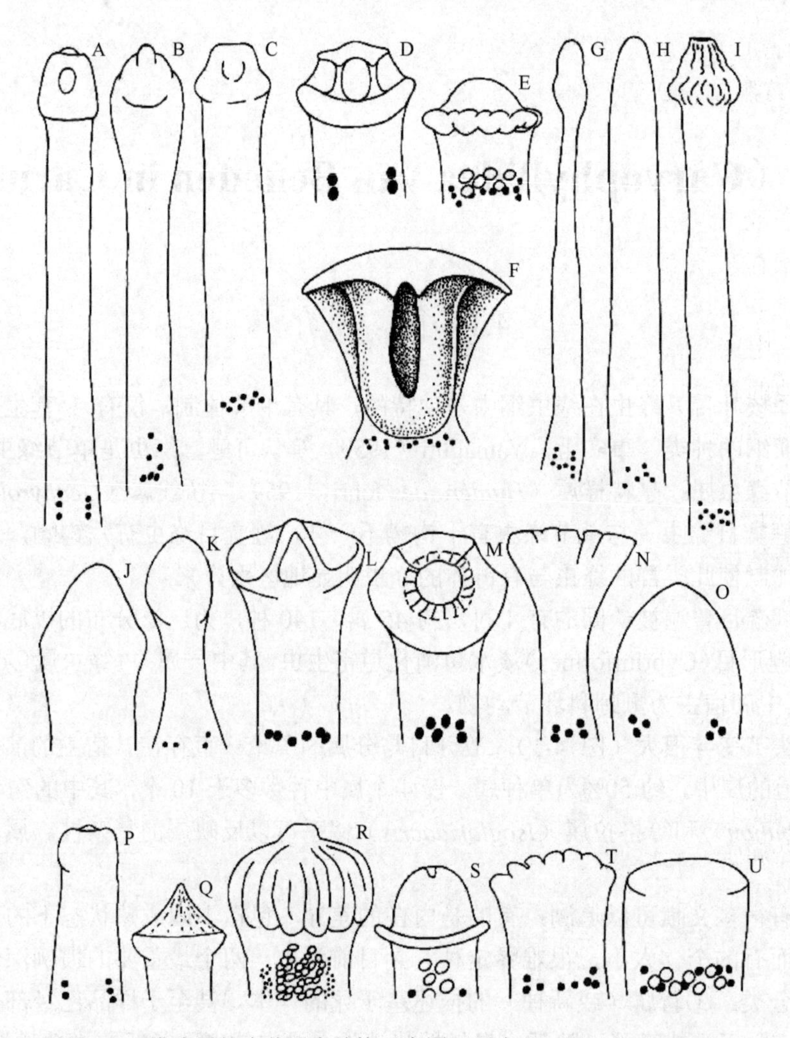

图 4-1　模式属的头节形态结构示意图（引自 Mackiewicz，1994）

A. 小腔单槽状，单槽属；B. 小腔乳头状，双流出属；C. 小腔切头状，前单槽属；D. 槽腔盘状，古绦虫属；E. 小冠状，龟头带属；F. 固定巨槽状，头颊绦虫属；G. 匙状，纽带绦虫属；H. 指状，新月卵属；I. 毯单槽状，单槽样属；J. 戟状，假纽带绦虫属；K. 球茎状，球状渐尖形，梭形纽带属；L. 楔叶腔状，格拉属；M. 双吸槽状，双吸槽属；N. 楔叶卷曲状、扇状，鲤蠢属；O. 圆屋顶状，亨特属；P. 单槽状，单槽属；Q. 山峰状，许氏属［=槽头节属］；R. 巨山峰状，维庸属；S. 领钟状，鲤澳属；T. 楔皱缘状，许氏属；U. 楔状，鲤蠢属

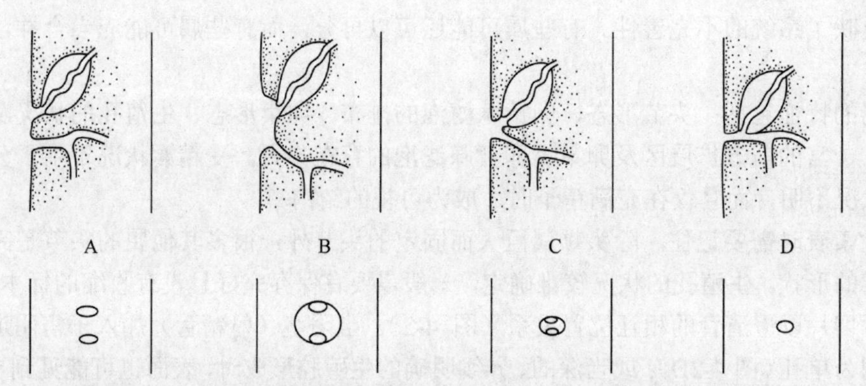

图 4-2　生殖孔状况：正中矢状面（上）和表面观（下）

A. 分离；B. 分离，有浅的生殖腔；C. 分离，有明显的生殖腔；D. 单孔，没有生殖腔

巢混合或包围精巢时则定为侧方和中央位。在识别特征中，侧方和中央位则意味着卵黄腺呈月牙状或滤泡与精巢相混。如果卵巢为高度滤泡状，后方有的卵巢滤泡常被误认为卵巢后卵黄腺滤泡，通常后方的卵巢滤泡形成排泄囊上的侧方丛，而卵巢后卵黄腺滤泡形成一中央丛，据此可将两者进行区分。

如果倒 A 形的卵巢高度滤泡状且后方的滤泡形成中央丛，则需仔细进行区分，高倍镜下卵巢滤泡缺囊泡状细胞核而卵黄腺滤泡有；此外，组化反应中，卵巢滤泡多酚氧化酶呈阴性，而卵黄腺滤泡呈阳性。

鲤蠢目绦虫中有些术语一直都较混乱，如“吸槽或吸沟（bothrium）”和“小腔（loculus）”通常被互换。为避免进一步的混乱，界定如下：小腔指任何浅腔，可以随头节的运动或出现或消失。当中央腔更深，发育完全，持续存在不会消失则为吸槽或吸沟，如槽首目绦虫头节上的吸槽或吸沟。鲤蠢目绦虫的吸槽通常为中央 1 对，有或无附属小腔。不考虑发育状态，当仅有 1 对凹陷时就认为可能是吸槽或吸沟是否正确也有争论。中央小腔有可能认作发育不完善的吸槽或吸沟，将如此解释用于具有 3 对浅腔或凹陷的等格拉属或其他的有楔状头节的属很困难，所有这些凹陷在固定材料中表现相似，但被认为是小腔。为使术语一致，所有浅的中央凹陷都定为小腔。

本章所有图中大型种类（大于 10mm）仅有体后部结构示意图，没有按比例绘制，而只强调属、种的特征。小型种类（小于 10mm）则多有整体图，并有标尺。由于卵巢的形状比其他结构更为关键，故很多属未表示卵巢的实质结构，而仅有形状。为简化之故，图中多省略子宫。

4.2　鲤蠢目的识别特征

细长的虫体，没有内、外分节，有 1 套生殖器官。头节不特化或有小腔、吸槽或吸沟、吸盘或端部内翻或有盘状结构，无小钩。生殖孔位于腹部中央；子宫及阴道口开于雄孔后方或一起开孔。精巢位于卵巢后方。卵黄腺滤泡状，位于卵巢前方，有或无卵巢后方群。卵有盖。主要寄生于鲇形目和鲤形目淡水鱼的消化道。有些属生活史原始，在水生环节动物中间宿主体腔中发育。

4.3　鲤蠢目分科检索

1a. 精巢和卵黄腺在皮质实质的同一平面，从不达内纵肌内部……龟头带科（Balanotaeniidae Mackiewicz & Blair，1978）

识别特征：头节无小腔。精巢和卵黄腺位于皮质实质、内纵肌外侧。模式属：龟头带属（*Balanotaenia* Johnston，1924）。

1b. 精巢、卵黄腺在不同的平面或两者都在内纵肌内部……2

2a. 卵黄腺完全位于皮质实质；内纵肌将髓质的精巢与皮质的卵黄腺分开……纽带绦虫科（Lytocestidae Hunter，1927）

识别特征：头节无小腔。精巢位于髓实质。卵黄腺位于皮质实质，内纵肌将髓质的精巢与皮质的卵黄腺分开。模式属：纽带绦虫属（*Lytocestus* Cohn，1908）。

2b. 卵黄腺完全在髓质实质或是部分在髓质实质、部分在皮质实质……3

3a. 卵黄腺和精巢在髓实质；内纵肌在卵黄腺外部……鲤蠢科（Caryophyllaeidae Leuckart，1878）

识别特征：头节变异大。精巢和卵黄腺位于髓实质，内纵肌内侧。模式属：鲤蠢属（*Caryophyllaeus* Gmelin，1790）。

3b. 卵黄腺部分在髓质、部分在皮质；内纵肌在相邻的卵黄腺滤泡之间……头颊绦虫科（Capingentidae Hunter，1930）

识别特征：头节变异大。精巢和卵黄腺部分位于髓实质、部分位于皮质实质，不完全分布于内纵肌的一侧。模式属：头颊绦虫属（*Capingens* Hunter，1927）。

鲤蠢目四科的体结构区别如图 4-3 所示。

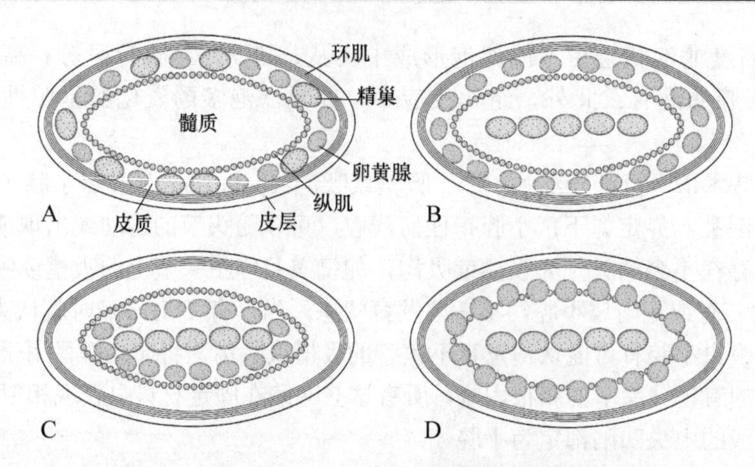

图 4-3　环肌、纵肌、卵黄腺和精巢的分布状况示意图

A. 龟头带科；B. 纽带绦虫科；C. 鲤蠹科；D. 头颊绦虫科

4.4　龟头带科（Balanotaeniidae Mackiewicz & Blair，1978）

识别特征：种类较少的科。精巢和卵黄腺在皮质实质，精巢的分布与其余 3 科分布于髓质相区别。这样不寻常的分布使精巢和卵黄腺滤泡相混，理论上妨碍卵黄腺滤泡分布于两侧区带（其他 3 个科卵黄腺滤泡通常分布于两侧区带），可能最有趣的是皮质位置使每个虫体容纳的精巢更多，但事实上可能与虫体很小（小于 1mm）有关。新几内亚龟头带绦虫（*Balanotaenia newguinensis* Mackiewicz & Blair，1978）是已知最小的绦虫之一。此科目前仅有一属：龟头带属（*Balanotaenia* Johnston，1924），两个种，都采自澳大利亚动物地理区。

4.4.1　龟头带属（*Balanotaenia* Johnston，1924）

识别特征：头节不规则，小冠状（coronulate）。生殖孔分离，有明确的生殖腔。无外贮精囊。卵巢 H 形到哑铃形。子宫在阴茎囊前方不成环。卵黄腺滤泡和精巢位于同一平面。环状分布，围绕着髓实质。卵巢后卵黄腺不存在。已知寄生于鳗鲇科（Plotosidae）鱼类，采自澳大利亚和新几内亚。模式种：班氏龟头带绦虫（*Balanotaenia bancrofti* Johnston，1924）（图 4-4）。

Mackiewicz 和 Blair（1978）报道新几内亚龟头带绦虫并比较了其与班氏龟头带绦虫的主要区别：新几内亚龟头带绦虫个体很小，精巢和卵黄腺始于同一水平，环状分布，生殖孔位于卵巢联合之后（图 4-4）。

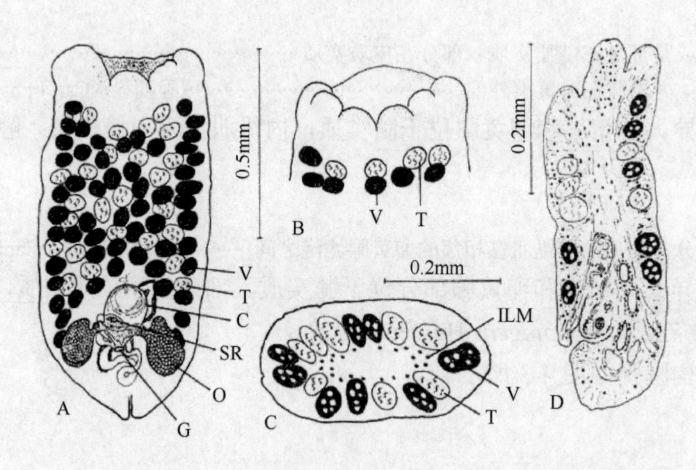

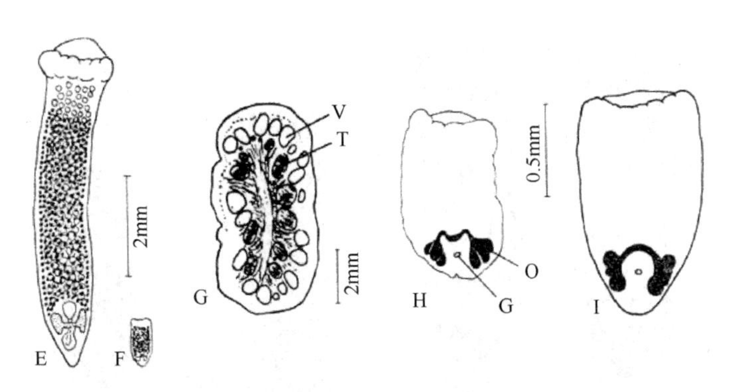

图 4-4　2 种龟头带绦虫结构示意图（引自 Mackiewicz & Blair，1978）

新几内亚龟头带绦虫（A～D，F，H～I）和班氏龟头带绦虫（E，G）。A. 整条虫体；B. 头节；C. 过虫体中部横切面；D. 正中矢状切面；E. 绦虫整体；F. 绦虫整体；G. 过虫体中部横切面；H，I. 不同的卵巢形态和生殖孔位置。缩略词：C. 阴茎；G. 生殖孔；ILM. 内纵肌；O. 卵巢；SR. 受精囊；T. 精巢；V. 卵黄腺

4.5　纽带绦虫科（Lytocestidae Hunter，1927）

（同物异名：Lytocestinae Hunter，1927；Bovieninae Fuhrmann，1931；Lallidae Johri，1959）

识别特征：此科的主要特征是内纵肌将位于皮层实质的卵黄腺滤泡和髓质的精巢分隔开。这一构造的结果使精巢在整体装片中分布于一狭窄的中央核心区，侧方或环状的卵黄腺滤泡位于皮层近侧。在不同的平面，精巢与卵黄腺滤泡常不混合，因而卵黄腺滤泡可围绕着精巢而使其模糊不清。如果卵黄腺滤泡接近于皮层，可考虑为纽带绦虫科，根据横切面同样也可进行如此判断。

纽带绦虫科现由 16 属组成，6 个属分布于东洋区，其他属分散于除新热带区外的所有区域。描述约 50 种；纽带绦虫属（*Lytocestus* Cohn，1908）是最大的属，约 13 种；许氏属（*Khawia* Hsu，1935）是第二大属，有 7 种；有 5 个单种属。除斯托克斯属（*Stocksia* Woodland，1937）只来自对一个样本的描述外，其他属的描述来自两个或以上样本。

纽带绦虫科头节没有任何小腔、吸槽（吸沟）或吸盘。此科所有属都无外贮精囊；卵巢前方卵黄腺滤泡位于环形区或在侧方和中央区者占优势。

4.5.1　纽带绦虫科分属检索

1a. 子宫在阴茎囊前方成环 ·· 2

1b. 子宫在阴茎囊前方不成环 ·· 4

2a. 卵巢后方存在卵黄腺滤泡；卵巢为倒 A 形 ··························· 鲤蠢样属（*Caryophyllaeides* Nybelin，1922）

识别特征：头节楔形（cuneiform）。生殖孔单个。无外贮精囊。子宫在阴茎囊前方成环。卵黄腺滤泡位于侧方和中央。已知寄生于鲤科（Cyprinidae）鱼类，采自斯堪的纳维亚、德国和俄罗斯。模式种：芬尼克鲤蠢样绦虫［*Caryophyllaeides fennica*（Schneider，1902）Nybelin，1922）］（图 4-5A，图 4-6，图 4-7）。

2b. 卵巢后不存在卵黄腺滤泡；卵巢 H 形 ·· 3

3a. 头节圆屋顶状（tholate）；有些精巢和卵黄腺滤泡在子宫前方 ··· 背纽带属（*Notolytocestus* Johnston & Muirhead，1950）

识别特征：生殖孔单个。无外贮精囊。卵巢 H 形。子宫主要在阴茎囊前方。精巢在子宫前方和侧方。卵黄腺滤泡围绕着子宫和后方的精巢。卵巢后不存在卵黄腺滤泡。已知寄生于鳗鲇科鱼类，采自澳大利亚。模式种：小型背纽带绦虫（*Notolytocestus major* Johnston & Muirhead，1950）（图 4-5H）。

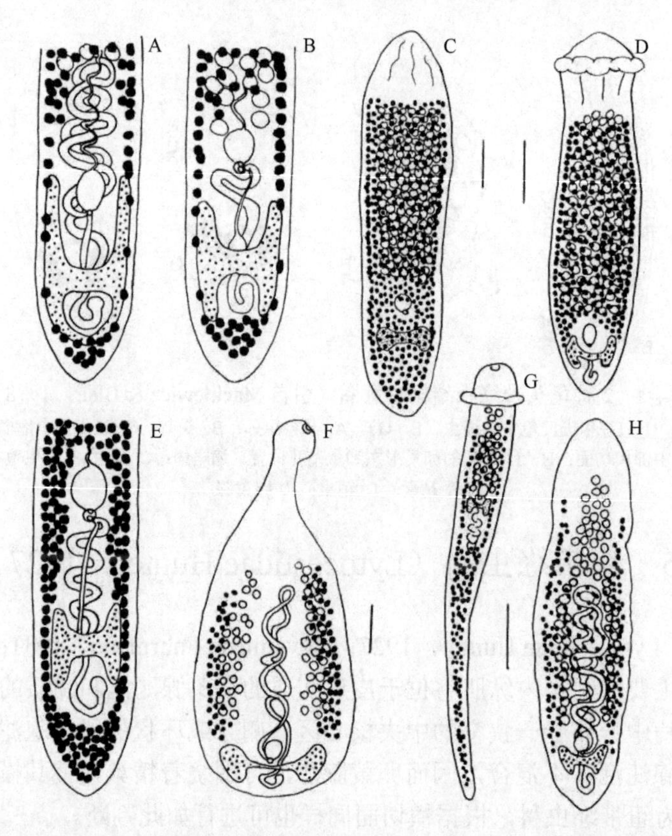

图 4-5 2 科 8 种绦虫局部或整体结构示意图（引自 Mackiewicz，1994）

纽带绦虫科（A～C，E～H）和龟头带科（D）。A. 芬尼克鲤蠢样绦虫；B. 中华许氏绦虫；C. 坦刚伊卡纽带样绦虫；D. 班氏龟头带绦虫；E. 魅力纽带属绦虫；F. 德班属绦虫；G. 斯氏鲤澳绦虫；H. 小型背纽带绦虫。标尺=1mm

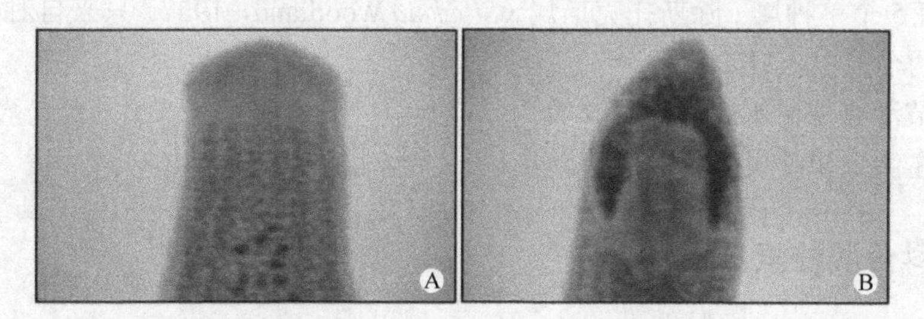

图 4-6 采自白鲑（*Leuciscus cephalus*）的芬尼克鲤蠢样绦虫（经乳酚处理）（引自 Tieri et al.，2006）

A. 前端；B. 后端

3b. 头节球状，有顶端腺体结构；精巢和卵黄腺滤泡位于子宫侧方……………………………德班属（*Djombangia* Bovien，1926）

识别特征：生殖孔单个，生殖腔存在。阴茎囊发育不良。无外贮精囊。卵巢两叶状。子宫在阴茎囊前方远处成环。卵巢后不存在卵黄腺滤泡。已知寄生于胡子鲇科（Clariidae）和异囊鲇科（Heteropneustidae）鱼类，已报道采自印度、爪哇等。模式种：穿透德班绦虫（*Djombangia penetrans* Bovien，1926）。

穿透德班绦虫（图 4-8）寄生于蟾胡子鲇（*Clarias batrachus*）的胃及十二指肠。体短宽，肉质，长 5.61～11.35mm，阴茎囊水平最大宽 2.97～5.28mm；体本身由两层纵向的肌肉分为外部的皮质和内部的髓质。头节球状，具一端部的吸盘，颈区与体有明显界线。精巢 155～383 个，球状或椭圆状，从颈区后一定距离起自两侧向后伸展至卵巢前方水平；阴茎囊界线不清，在子宫阴道孔前方开入共同的生殖腔；生殖腔接近体后部，刚好在卵巢峡部之前。卵巢位于后端，滤泡状，两叶，中央由峡部相连接；子宫部分腺体状，在髓质中央卷曲，并向前方伸达精巢区的起始部。卵黄腺滤泡球状，扩展于精巢和卵巢区的皮质实质中；卵巢后不存在卵黄腺滤泡。卵椭圆形，具棘，有盖，大小为（56～73）μm×（28～39）μm。

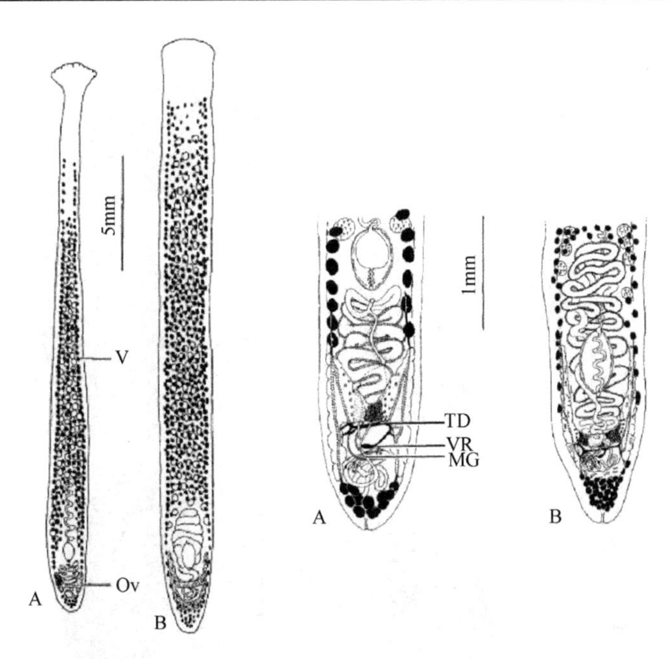

图 4-7 鲤蠢绦虫和鲤蠢样绦虫整体与体后端的结构比较示意图（引自 Mackiewicz，1968）

A. 侧头鲤蠢绦虫；B. 芬尼克鲤蠢样绦虫。缩略词：V. 卵黄腺；Ov. 卵巢；MG. 梅氏腺；TD. 横管；VR. 卵黄池

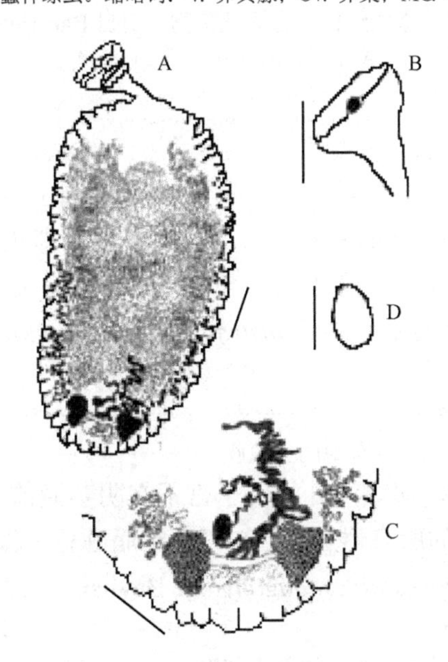

图 4-8 穿透德班绦虫结构示意图（引自 Zaman & Seng，1986）

A. 整条虫体；B. 头节，示顶端吸盘（放大）；C. 虫体后部放大，示生殖系统不同组分的位置；D. 虫卵。标尺：A～C=1mm；D=50μm

该属绦虫早期报道的 3 种都采自印度：分别为采自蟾胡子鲇的穿透德班绦虫和印度德班绦虫［*D. indica*（Satpute & Agarwal，1980）］；采自印度囊鳃鲇（*Heteropneustes fossilis*）的卡氏德班绦虫［*D. caballeroi*（Sahay & Sahay，1977）］。因文献及虫种描述不全或图不明晰，后两种被认为无效。Banerjee 等（2016）又报道了一个种：曼纳德班绦虫（*D. mannai*）（图 4-9）。该种的特征是小型球状的头节具有球状的顶器官；体无横向沟；颈区缺乏（可能是收缩引起）；无受精囊，有 300～350 个精巢。

德班属两种绦虫检索表

1A. 体具有多数横沟；存在窄的颈区，大型膨胀的头节具有顶器官……穿透德班绦虫 *D. penetrans*

1B. 体无横沟；不存在颈区，头节很小，球状，有顶器官……曼纳德班绦虫 *D. mannai*

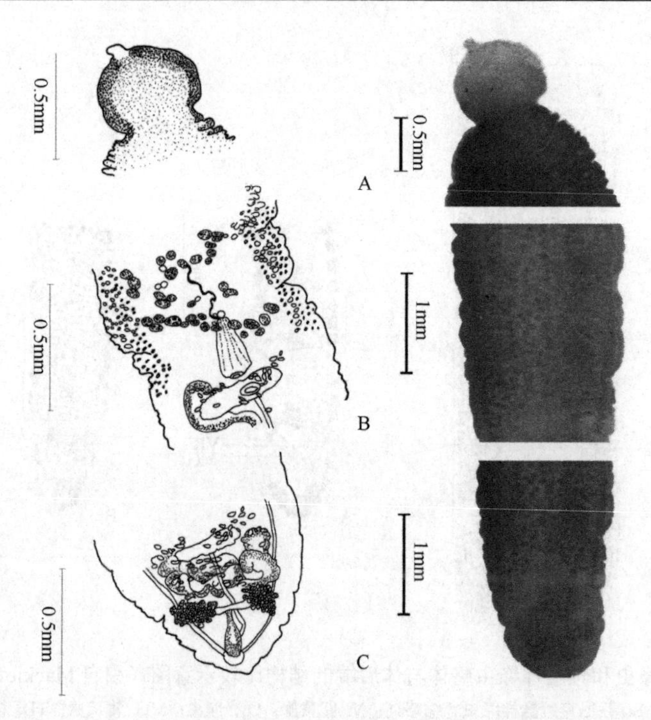

图 4-9　曼纳德班绦虫结构示意图及实物（引自 Banerjee et al.，2016）

A. 头节；B. 主体部；C. 体后端

4a. 卵巢后存在卵黄腺滤泡 ·· 5

4b. 卵巢后不存在卵黄腺滤泡 ·· 8

5a. 生殖孔单个，位于虫体前半部 ·············· 鲤澳属（*Caryoaustralus* Mackiewicz & Blair，1980）

识别特征：头节领钟状（choanocampanulate）。无外贮精囊。卵巢 H 形。子宫不在阴茎囊前方成环，主要位于卵巢后方。卵黄腺滤泡位于侧方和中央，与扩展的卵巢后滤泡汇合。已知寄生于鳗鲇科鱼类，采自澳大利亚。模式种：斯氏鲤澳绦虫（*Caryoaustralus sprenti* Mackiewicz & Blair，1980）（图 4-5G）。

5b. 生殖孔单个或成双，位于虫体后 1/4 处 ·· 6

6a. 头节圆屋顶状；颈区不明显；单个生殖孔，有深的生殖腔 ·············· 纽带样属（*Lytocestoides* Baylis，1928）

识别特征：外贮精囊状况不清。卵巢两叶状。子宫不在阴茎囊前方成环。卵巢前、后的卵黄腺滤泡形成一扩展层，覆盖了除阴茎囊外的所有器官。已知寄生于脂鲤科（Characidae）鱼类，已报道采自非洲。模式种：坦刚伊卡纽带样绦虫（*Lytocestoides tanganyikae* Baylis，1928）（图 4-5C）。

6b. 头节非圆屋顶状；颈区不明显；两个生殖孔位于深的生殖腔中 ·· 7

7a. 头节楔皱缘状（cuneifimbriate）或山峰状（montanate），可能形成端部可以翻转的腔；颈区短 ·· 许氏属（*Khawia* Hsu，1935）

［同物异名：槽头节属（*Bothrioscolex* Szidat，1937）；曾氏属（*Tsengia* Li，1964）］

识别特征：生殖孔分离但很近，位于明显的生殖腔中。无外贮精囊。卵巢 H 形，很少倒 A 形。卵黄腺滤泡位于侧方和中央，卵巢后滤泡存在。已知寄生于鲤科鱼类，已报道采自北美、欧洲、俄罗斯和中国。模式种：中华许氏绦虫（*Khawia sinensis* Hsu，1935）（图 4-5B，图 4-10）。

中华许氏绦虫自 Hsu 报道采自中国之后相继有报道采自白俄罗斯、拉脱维亚、立陶宛、乌克兰、俄罗斯、捷克共和国、罗马尼亚、哈萨克斯坦、德国、波兰、匈牙利、日本、美国、波斯尼亚和黑塞哥维亚、保加利亚、英国和斯洛伐克等地。

其他的许氏绦虫还有微小许氏绦虫（*K. parva*）（图 4-11）、罗塞特许氏绦虫（*K. rossittensis*）（图 4-11）、日本许氏绦虫（*K. japonensis*）（图 4-12）等。

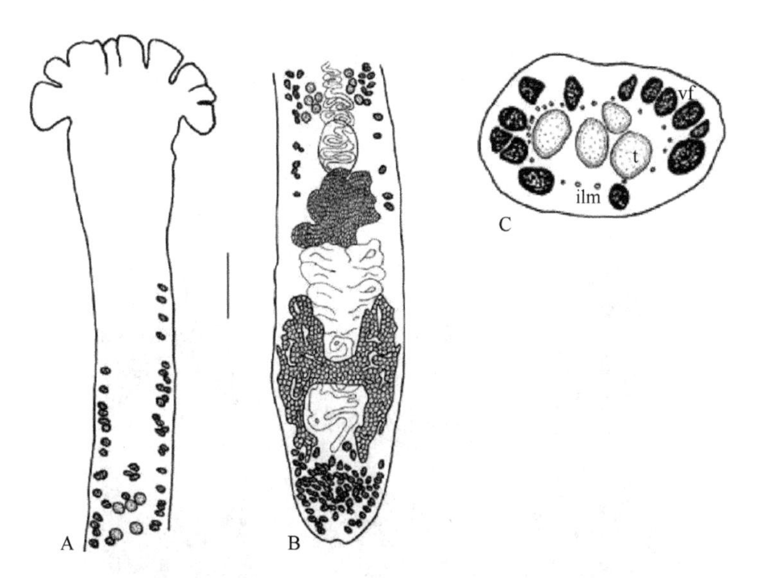

图 4-10　采自斯洛伐克鲤鱼的中华许氏绦虫结构示意图（引自 Oros et al.，2009）

A. 头节；B. 体后部；C. 横切面。比例尺：A～B=1mm；C=200μm。缩略词：ilm. 内纵肌；t. 精巢；vf. 卵黄腺滤泡

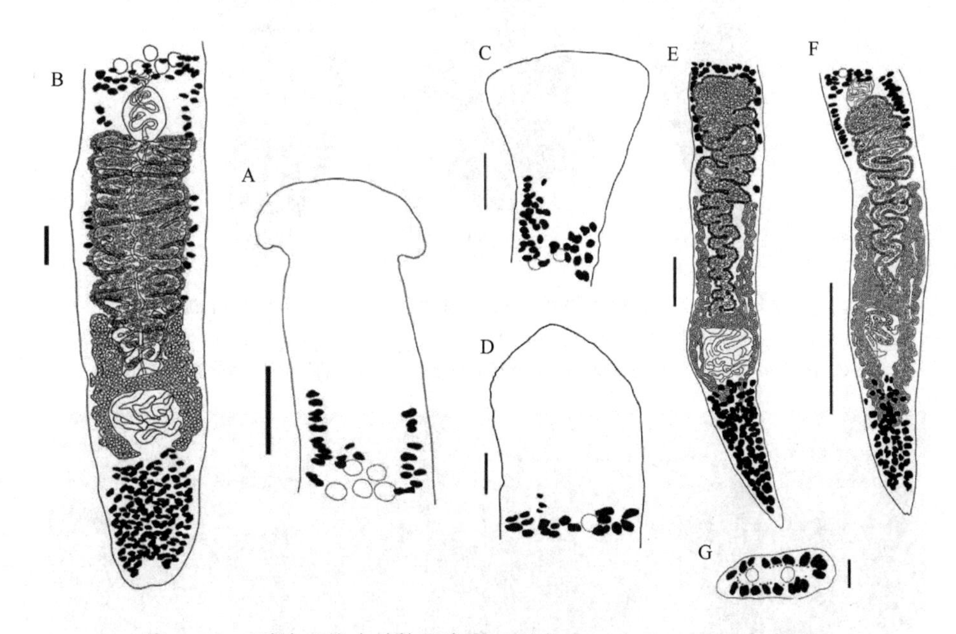

图 4-11　2 种许氏绦虫结构示意图（引自 Oros & Hanzelova，2007）

采自俄罗斯博隆湖（Lake Bolon）鲫鱼（*Carassius auratus auratus*）的微小许氏绦虫（A～B）和采自斯洛伐克蒂萨河（Tisa）鲫鱼的罗塞特许氏绦虫（C～G）。A. 头节；B. 体后部；C，D. 头节；E，F. 体后部；G. 横切面。标尺：A，F=1mm；B，C～E，G=500μm

Xi 等（2009）报道了蛇鮈许氏绦虫（*K. saurogobii* n. sp.），采自中国鲤科鱼：蛇鮈（*Saurogobio dabryi*）和长蛇鮈（*Saurogobio dumerili*）。蛇鮈许氏绦虫头节无凹陷，卵黄腺滤泡位于皮质实质中，子宫在阴茎囊前方不成环，生殖孔分离，但在明显的生殖腔中紧密靠近，无外贮精囊，卵巢后卵黄腺滤泡存在。蛇鮈许氏绦虫不同于其他同属种的特征为：①体形自体前 1/3 向后显著变细（是否由于样品固定变形造成？）；②头节很短并且明显宽于颈区，匙形无切口，但具浅的表面沟；③卵黄腺滤泡和精巢始于头节后；④卵巢 1 个，有长形后方的臂，向中央弯曲，成为倒 A 形（图 4-13，图 4-14）。

Xi 等（2013）报道了采自中国长江流域棒花鱼［*Abbottina rivularis*（Basilewsky）（鲤科：鮈亚科（Gobioninae）］的棒花鱼许氏绦虫（*K. abbottinae*），该种与同属种的主要区别为精巢的布局为两纵带（其他同属种不规则分散于整个精巢区域）和精巢的数目最多 85 个（其他同属种至少有 160 个），头节的形

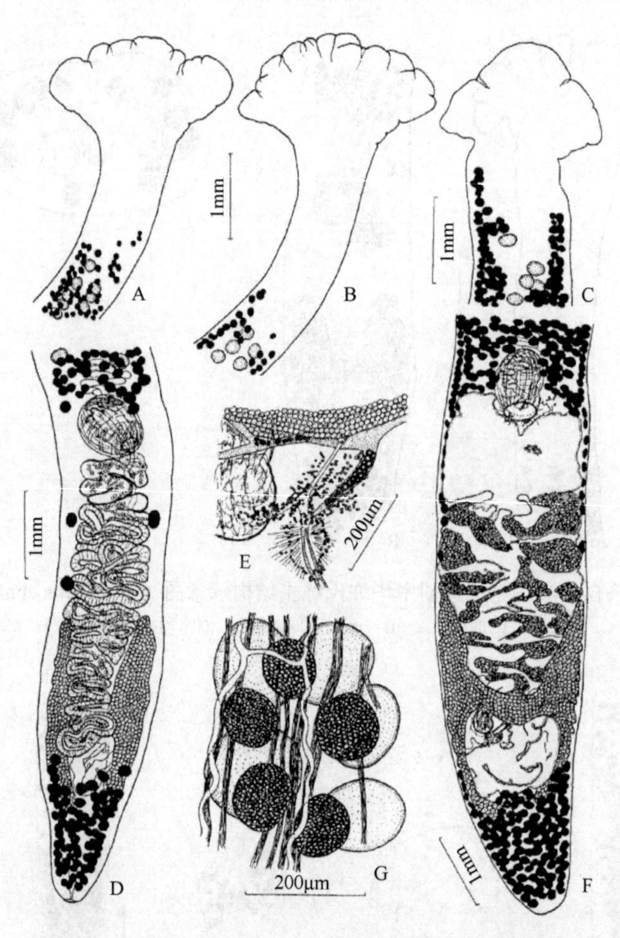

图 4-12 中华许氏绦虫和日本许氏绦虫结构示意图（引自 Scholz et al.，2001）

采自日本须鲭（*Hemibarbus barbus*）的中华许氏绦虫（A，B，D，G），采自鲤鱼（*Cyprinus carpio*）的日本许氏绦虫（C，E，F）。A～C. 体前端；D，F. 体后端背面观；E. 卵巢后复合体；G. 内纵肌纤维与卵黄腺滤泡和精巢

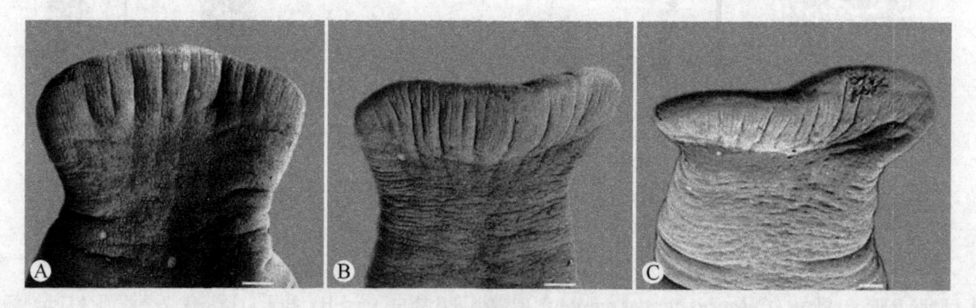

图 4-13 蛇鮈许氏绦虫扫描结构（引自 Xi et al.，2009）

A. 体前端背面观；B，C. 体前端亚腹面观。标尺=100μm

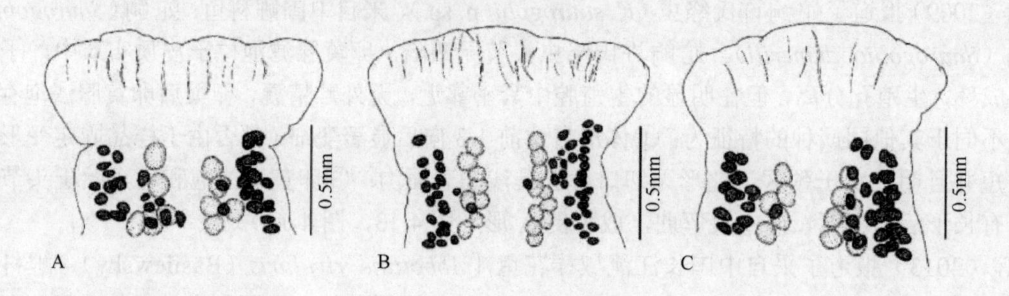

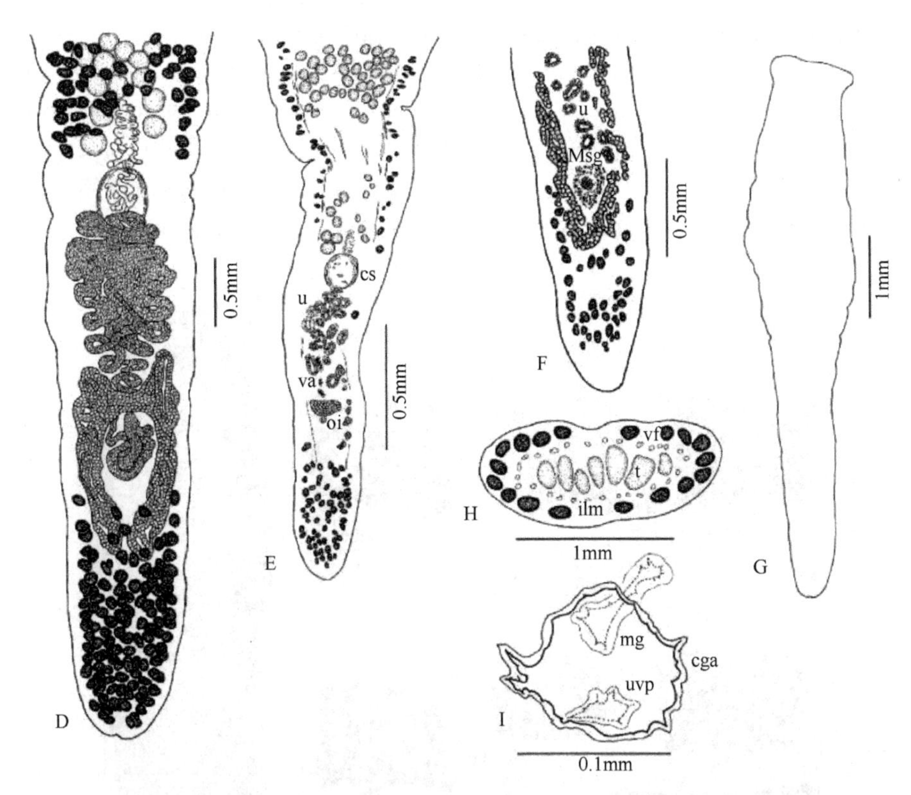

图 4-14 蛇鮈许氏绦虫的结构示意图（引自 Xi et al.，2009）

A. 全模标本体前部；B，C. 副模标本体前部；D. 全模标本体后部；E，F. 副模标本体后部，矢状面；G. 整条虫体外形示意图；H. 横断面上精巢和卵黄腺的排布；I. 末端生殖腔额面观。缩略词：cs. 阴茎囊；cga. 公共生殖腔；ilm. 内纵肌；mg. 雄孔；Msg. 梅氏腺；oi. 卵巢峡部；t. 精巢；u. 子宫；uvp. 子宫阴道孔；va. 阴道；vf. 卵黄腺滤泡

态从楔形到宽膨胀形，以短颈与其余的身体部分开，有光滑、钝或圆形的前缘。其他典型特征是体型小（总长小于 1.5cm），以及体形最大体宽在其前 1/3 处。该种的独特地位得到分子数据（ssr DNA 和 ITS 1 序列）的证实。系统发育分析表明，棒花鱼许氏绦虫与鲫鱼和金鱼的罗塞特许氏绦虫与微小许氏绦虫关系密切，但形态上却有明显的区别。

目前认为有效的许氏绦虫种检索表

1A. 卵巢蝴蝶状，有短宽的侧臂蝴蝶 ··············· 杏许氏绦虫［*K. armeniaca*（Cholodkovsky，1915）］
1B. 卵巢 H 或倒 A 形，有长而相对窄的侧臂 ··············· 2
2A. 头节有皱缘，前缘有叶片 ··············· 3
2B. 头节楔形或扇形，前缘没有皱缘或叶片 ··············· 4
3A. 头节浮雕形（festoon-shaped），皱褶深，明显大于颈区；精巢开始于卵黄腺滤泡的后部 ··············· 中华许氏绦虫（*K. sinensis* Hsu，1935）
3B. 头节楔皱缘状，具前缘有小叶的皱纹；精巢几乎始于与卵黄腺滤泡相同水平 ··············· 日本许氏绦虫［*K. japonensis*（Yamaguti，1934）］
4A. 头节扇形，前缘有明显的皱纹；卵黄腺滤泡存在于卵巢臂旁 ··············· 波罗地许氏绦虫（*K. baltica* Szidat，1941）
4B. 头节楔形，没有明显皱纹；卵巢臂旁无卵黄腺滤泡 ··············· 5
5A. 子宫环旁卵缺失卵黄腺滤泡 ··············· 蛇鮈许氏绦虫（*K. saurogobii* Xi，Oros，Wang，Wu，Gao & Nie，2009）
5B. 子宫环旁卵存在卵黄腺滤泡 ··············· 6
6A. 卵巢的后卵巢臂向内弯曲或倒 A 形 ··············· 罗塞特许氏绦虫［*K. rossittensis*（Szidat，1937）］
6B. 卵巢 H 形或后卵巢臂略向内弯曲 ··············· 7
7A. 精巢在髓质中不规则分布 ··············· 微小许氏绦虫［*K. parva*（Zmeev，1936）］
7B. 精巢大致呈两纵带分布 ··············· 棒花鱼许氏绦虫（*K. abbottinae* Xi，Oros，Wang，et al.，2013）

7b. 头节球茎状（bulbate）或球状渐尖形（bulboacuminate）；存在明显的颈区…………………………………………………………魅力纽带绦虫属（*Atractolytocestus* Anthony，1958）（图 4-15）
（同物异名：*Markevitschia* Kulakovskaya & Akhmerov，1965）

识别特征：生殖孔分离，位于生殖腔中。无外贮精囊。卵巢 H 形或两叶。子宫在阴茎囊前方不成环。卵黄腺滤泡位于侧方和中央，与卵巢后滤泡汇合。已知寄生于鲤科鱼类，采自北美、欧洲和俄罗斯。模式种：休伦湖魅力纽带绦虫（*Atractolytocestus huronensis* Anthony，1958）。

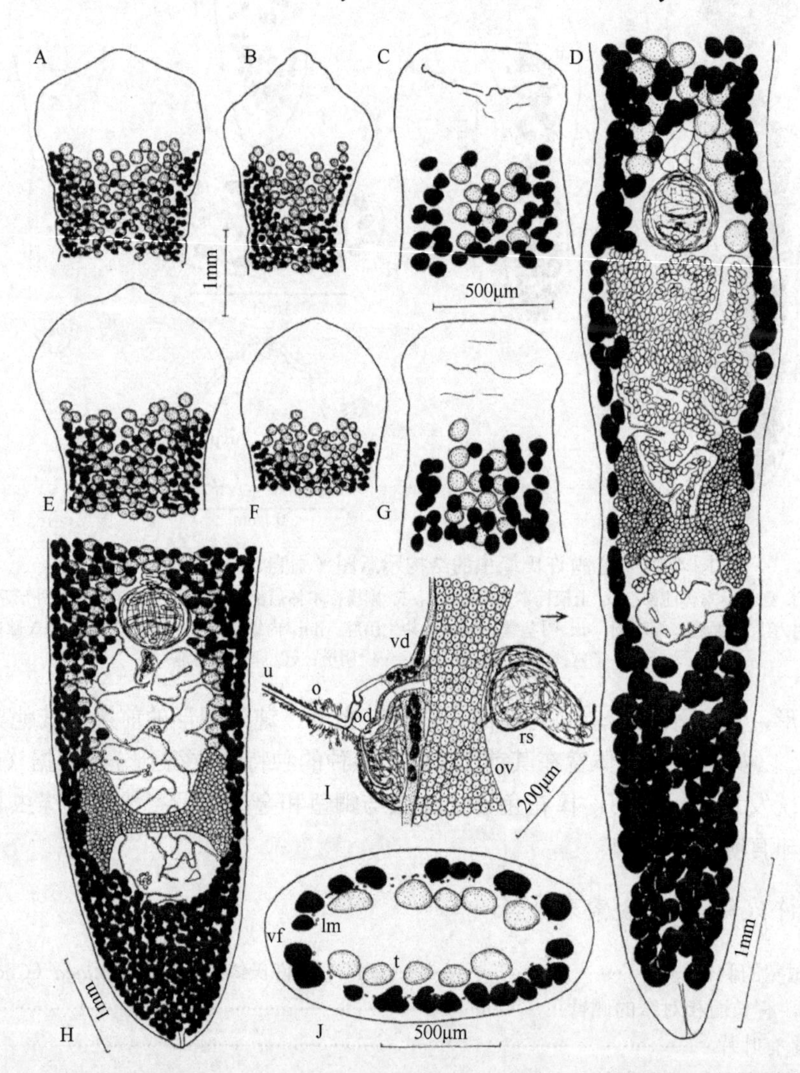

图 4-15　箭状魅力纽带绦虫和东方短头节绦虫结构示意图（引自 Scholz et al.，2001）
采自鲤鱼的箭状魅力纽带绦虫［*A. sagittatus*（Kulakovskaya & Akhmerov，1965）］（A，B，E，F，H，I）；采自日本须鲭（*Hemibarbus barbus*）的东方短头节绦虫（*Breviscolex orientalis* Kulakovskaya，1962）（C，D，G，J）。A～C，E～G. 虫体前端；D，H. 虫体后部；I. 卵巢后复合体（腹面观；转 90°；前方由箭头指示）；J. 横切面。缩略词：lm. 纵肌；o. 卵模；od. 输卵管；ov. 卵巢；rs. 受精囊；t. 精巢；u. 子宫；vd. 卵黄管；vf. 卵黄腺滤泡

8a. 有 1 个生殖孔……………………………………………………………………………………………9
8b. 有 2 个生殖孔，可能在生殖腔中…………………………………………………………………………10
9a. 头节圆屋顶状，卵黄腺环状……………………………………梭罗叶属（*Tholophyllaeus* Markiewicz & Blair，1980）

识别特征：生殖孔单个。无外贮精囊。卵巢 H 形。子宫在阴茎囊前方不成环。卵黄腺滤泡位于侧方和中央，卵巢后不存在卵黄腺滤泡。已知寄生于鳗鲇科鱼类，采自澳大利亚。模式种：约翰斯顿梭罗叶绦虫（*Tholophyllaeus johnstoni* Markiewicz & Blair，1980）（图 4-16A）。

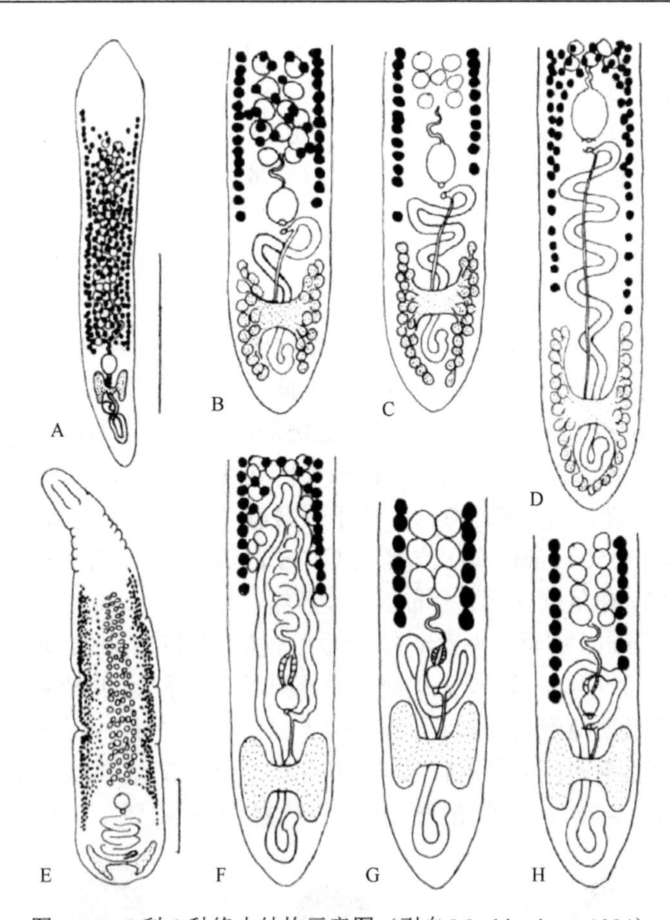

图 4-16 2 科 8 种绦虫结构示意图（引自 Mackiewicz，1994）

纽带绦虫科（A～E）和鲤蠢科（F～H）。A. 约翰斯顿梭罗叶绦虫；B. 缅甸纽带绦虫；C. 系列博维绦虫；D. 双腔新月卵绦虫；E. 普杰布斯托克斯绦虫；F. 单乳突双外流绦虫；G. 佩讷劳沃德绦虫；H. 副指次鲤蠢绦虫。标尺=1mm

9b. 头节非圆屋顶状，卵黄腺滤泡主要在侧方区带……斯托克斯属（*Stocksia* Woodland，1937）

识别特征：头节形状不确定；略扩展，可能有沟。生殖孔单个。卵巢呈 H 形。子宫在阴茎囊前方不成环。横切面上卵黄腺滤泡呈月牙状围绕着精巢。卵巢后不存在卵黄腺滤泡。已知寄生于胡子鲇科鱼类，采自非洲。模式种：普杰布斯托克斯绦虫（*Stocksia pujebuni* Woodland，1937）（图 4-16E）。

10a. 卵黄腺滤泡位于侧方区带，没有中央滤泡；卵巢通常 H 形，很少倒 A 形……波维属（*Bovienia* Fuhrmann，1931）

［同物异名：内向属（*Introvertus* Satpute & Agarwal，1980）］

识别特征：头节指状到锥状，可能有可伸出的顶。生殖孔分离。无外贮精囊。子宫在阴茎囊前方不成环。卵巢后存在卵黄腺滤泡。已知寄生于胡子鲇科鱼类，采自爪哇和印度。模式种：系列博维绦虫［*Bovienia serialis*（Bovien，1926）Fuhrmann，1931］（图 4-16C）。

10b. 卵黄腺新月状或位于侧方和中央……11

11a. 头节毯单槽状（rugomonobothriate）……单槽样属（*Monobothrioides* Fuhrmann & Baer，1925）

识别特征：生殖孔分离。无外贮精囊。卵巢 H 形。子宫在阴茎囊前方不成环。卵黄腺滤泡位于侧方和中央，卵巢后不存在。已知寄生于鲿科（Bagridae）和胡子鲇科鱼类，采自非洲。模式种：坎宁顿单槽样绦虫（*Monobothrioides cunnungtoni* Fuhrmann & Baer，1925）。

11b. 头节指状不特化或匙状……12

12a. 卵巢 H 形，松散滤泡状；生殖孔分离较远，生殖腔不明显……纽带属（*Lytocestus* Cohn，1908）

［同物异名：勒克瑙属（*Lucknowia* Gupta，1961）］

识别特征：头节形态可变，从不特化或匙状、锥状；颈区明显。无外贮精囊。子宫在阴茎囊前方不成环。卵黄腺滤泡位于侧方和中央，卵巢后不存在。已知寄生于管嘴鱼科（Mormyridae）、异囊鲇科、胡子鲇科和脂鲤科鱼类，采自非洲、印度、新加坡、中国（香港、福建）。模式种：突吻纽带绦虫（*Lytocestus adhaerens* Cohn，1908）。

杨文川等（2002）记述该种绦虫形态特征见图 4-17：虫体扁平叶状，新鲜时灰白色，透明。虫体边缘不整齐，体侧略近折叠状，具拟外分节现象，但无内分节。体长 40～112mm，宽 2.2～4.3mm。前端略内凹，具有一囊状结构，头吻部无明显的分化，伸缩幅度较大，可自由伸出或缩进囊体。虫体内具一套雌雄生殖器官，精巢分布于节片中髓质区，前端起自虫体前端不远处，后端延伸至子宫前缘；精巢数目 300～400 个，大小为（0.263～0.282）mm×（0.046～0.058）mm，平均（0.271×0.051）mm，前部略呈数个重叠的精巢柱纵向紧密排列，后会合为精巢区；每个精巢发出输出管，会合成细长的输精管后，下行盘曲折叠，通入发达的阴茎囊。阴茎囊近圆形，位于子宫前缘，大小为（0.836～0.872）mm×（0.328～0.379）mm，平均（0.848×0.356）mm。雄孔与雌孔开口于圆形肌肉质生殖腔，圆形的雄孔在前，雌孔在后。卵巢分两叶，呈麦穗状，略呈倒 A 形，分布于虫体后缘，大小为（2.801～2.836）mm×（0.358～0.375）mm，平均（2.815×0.367）mm，卵巢近中后部有峡部状"横桥"相连。阴门近扁圆形，开口于生殖腔中的雄孔下缘。阴道向后延伸至近输卵管处，近端膨大为椭圆形的受精囊，受精囊平均大小为（0.257×0.103）mm，末端通入输卵管。卵黄腺滤泡状，长瓜子形，位于虫体节片的背、腹面皮质部，分布始于虫体前端 1/4 处，后部连续延伸至阴茎囊两侧，卵巢后无卵黄腺分布。子宫管状上行，高度盘曲折叠，远端伸达阴茎囊后缘，但未越过阴茎囊，子宫孔开口于生殖腔外后侧缘。子宫内充满虫卵，虫卵短

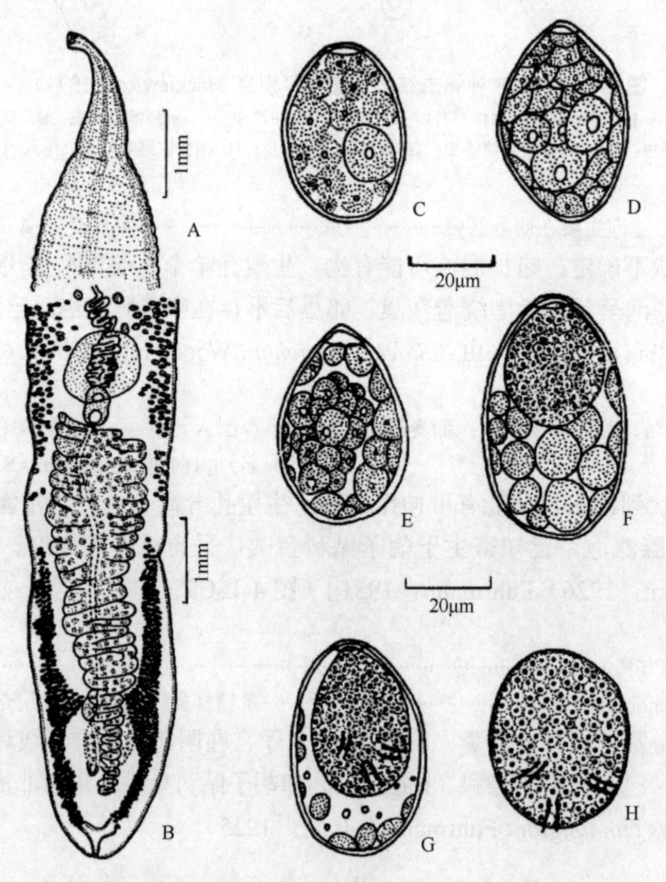

图 4-17 突吻纽带绦虫及发育示意图（引自杨文川等，2002）
A. 成虫前端；B. 成虫后端；C. 新鲜虫卵；D. 培养 1 天的虫卵；E. 培养 2 天的虫卵；F. 培养 4 天的虫卵；G. 培养 6 天的虫卵；H. 六钩蚴

卵圆形，灰黄色，前端稍尖，具卵盖，后端较钝，最宽处位于虫卵后端 1/3 处。刚从虫体子宫排出的新鲜虫卵多数尚未发育，内含 1 个胚细胞和 5～15 个卵黄细胞。根据 36 个新鲜虫卵测量并统计，虫卵大小为（37.9～49.27）μm×（26.53～32.22）μm，平均（43.11×29.85）μm。在子宫内有些虫卵可出现早期卵裂现象，部分虫卵内可见到 2～4 个已卵裂的胚细胞。

从成虫子宫自然排出的新鲜虫卵，在水中经 28℃温箱培养，其卵中的六钩蚴发育较快，第 2 天六钩蚴雏形就已基本形成；第 3 天六钩蚴后端出现 2 个胚钩，体细胞增多，幼虫开始蠕动；第 4 天胚钩就达 4～6 个；第 5 天 6 个胚钩全部形成，钩长 13.27μm，位于后端并开始摆动；第 6 天六钩蚴就基本发育成熟，大小为（28.43～43.59）μm×（18.95～30.32）μm，平均（36.01×23.60）μm（*n*=11）。六钩蚴体表不具纤毛，未发现焰细胞，虫体不甚活动，在温箱中培养 10 天后，卵内的六钩蚴仍然未能自然从卵盖处逸出，虫卵在载玻片上加盖玻片人工轻压，六钩蚴才能从卵盖处挤出，但六钩蚴不大活动，推测含六钩蚴的虫卵需经中间宿主吞食后，六钩蚴才能逸出。通过培养并将含有发育成熟的六钩蚴虫卵经人工感染水中自由生活的颤蚓（红蚯蚓），共 3 批 300 余条，均未找到幼虫。生活史后期发育情况和中间宿主种类还待今后进一步研究。

12b. 卵巢松散滤泡状，像倒 A 形，很少 H 形；生殖孔分离开口于明显的生殖腔中……………………新月卵属（*Crescentovitus* Murhar，1963）

识别特征：头节指状。颈区不明显。生殖孔分离，较近地开口于生殖腔中。无外贮精囊。子宫在阴茎囊前方不成环。卵黄腺滤泡位于侧方和中央，卵巢后不存在。已知寄生于异囊鲇科鱼类，采自印度。模式种：双腔新月卵绦虫（*Crescentovitus biloculus* Murhar，1963）（图 4-16D）。

4.6 鲤蠢科（Caryophyllaeidae Leuckart，1878）

［同物异名：鲤蠢亚科（Caryophyllaeinae Nybelin，1922）；
维庸亚科（Wenyoninae Hunter，1927）］

识别特征：此科的主要特征是卵黄腺和精巢都分布于内纵肌内侧。此外整体装片还有两个特征：一是精巢和卵黄腺可以混合，呈现镶嵌效果；若卵黄腺滤泡很多，则可能围绕并使精巢模糊不清。二是皮层厚度通常比纽带绦虫科更厚。此外，此科的头节形态变异比其他 3 科都大。

目前的鲤蠢科由 20 个属组成，17 个属分布于新北区，9 个属为单种属。最大的属是等格拉属（*Isoglaridacris* Mackiewicz，1968），包含 12 个种；第二大属是双吸盘属（*Biacetabulum* Hunter，1927），包含 10 个种。除了副鲤蠢属（*Paracaryophyllaeus* Kulakovskaya，1961）（此属暂时放在此处），其他所有属纵肌的排列都已知。*Bialovarium* Fischthal，1951 只描述自单一个体，其他属都描述自多个样品。鲤蠢科已记述过的种约 73 种，主要采自亚口鱼科（Catostomidae），少量采自鲤科、鳅科（Cobitidae）和鲇科（Siluridae）的淡水鱼类。

关于古绦虫属（*Archigetes* Leuckart，1878）是否为有效属还是其他属的幼虫期的争论持续了 100 多年，但仍未得到很好的解决。

4.6.1 鲤蠢科分属检索

1a. 子宫明显在阴茎囊前方成环，占据子宫区宽度的一半……………………2
1b. 子宫在阴茎囊前方不成环……………………7
2a. 卵巢前卵黄腺滤泡分布于明显的两侧区带……………………3
2b. 卵巢前卵黄腺滤泡呈环状或位于侧方和中央……………………4
3a. 有 2 个生殖孔，头节楔叶腔状（cuneiloculate）……………………次鲤蠢属（*Hypocaryophyllaeus* Hunter，1927）

识别特征：生殖腔存在。外贮精囊存在。卵巢 H 形。子宫在阴茎囊前方成环。卵黄腺滤泡位于侧方区带，卵巢后不存在。已知寄生于亚口鱼科鱼类，采自北美。模式种：副指次鲤蠹绦虫（*Hypocaryophyllaeus paratarius* Hunter，1927）（图 4-16H）。

3b. 有 1 个生殖孔，头节楔叶腔状……………………………………劳沃德属（*Rowardleus* Mackiewicz & Deutsch，1976）

识别特征：外贮精囊存在。卵巢 H 形。子宫在阴茎囊前方成环。卵黄腺滤泡位于侧方区带，卵巢后不存在。已知寄生于亚口鱼科鱼类，采自北美。模式种：佩讷劳沃德绦虫（*Rowardleus pennensis* Mackiewicz & Deutsch，1976）（图 4-16G）。

4a. 卵巢后卵黄腺滤泡不存在；头节小腔乳头状（loculopapillate）………………双外流属（*Diefflluvium* Williams，1978）

识别特征：生殖孔单个。外贮精囊存在。卵巢 H 形。子宫在阴茎囊前方成环。卵黄腺滤泡位于侧方和中央。已知寄生于亚口鱼科鱼类，采自北美。模式种：单乳突双外流绦虫（*Diefflluvium unipapillatum* Williams，1978）（图 4-16F）。

4b. 卵巢后卵黄腺滤泡存在；头节非小腔乳头状……………………………………………………………5

5a. 头节不特化，扩张或扁平；卵巢 H 形………………………………副鲤蠹属（*Paracaryophyllaeus* Kulakovskaya，1961）

识别特征：生殖孔明显为单个。无外贮精囊。受精囊大。子宫在阴茎囊前方成环。卵黄腺滤泡位于侧方和中央，卵巢后不存在。已知寄生于鳅科鱼类，采自俄罗斯和日本。模式种：古氏副鲤蠹绦虫［*Paracaryophyllaeus gotoi*（Motomura，1927）Dubinina，1971］（图 4-18）。

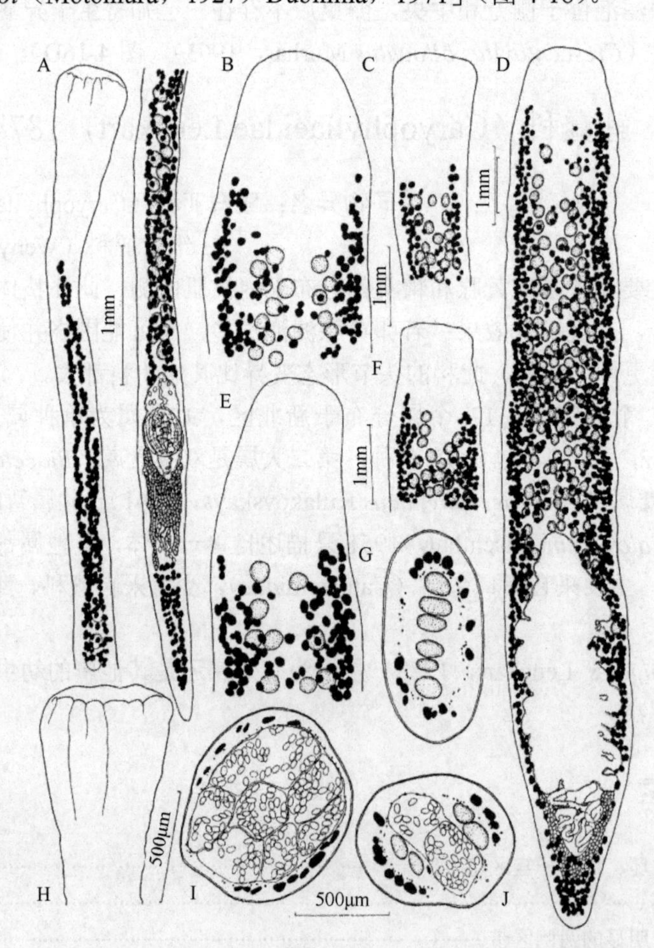

图 4-18　古氏副鲤蠹绦虫和尔氏鲤蠹样绦虫结构示意图（引自 Scholz et al.，2001）

采自泥鳅（*Misgurnus anguillicaudatus*）的古氏副鲤蠹绦虫（A，H）；采自箱根三齿雅罗鱼（*Tribolodon hakonensis*）的尔氏鲤蠹样绦虫（*Caryophyllaeides ergensi* Scholz，1990）（B～G，I～J）。A，D. 整条虫体；B，C，E，F，H. 虫体前端；G，I，J. 横切面

Scholz 等（2014）对广泛收集自欧亚大陆泥鳅（鲤形目：鳅科）的副鲤蠢属绦虫的种类进行了分子系统分析，结果揭示该属长期以来的单种属有多样化的隐存种，尤其是古氏副鲤蠢绦虫复合体［同物异名：杜氏副鲤蠢绦虫 *P. dubininorum*（Kulakovskaya，1961）；模式种］。基于分子数据发现有 3 个独立的、良好支持的支：①采自中国、俄罗斯远东和日本的泥鳅（*Misgurnus anguillicaudatus*）及黑龙江花鳅（*Cobitis lutheri*）的类古氏副鲤蠢绦虫 1（*P.* cf. *gotoi* 1），其与古氏副鲤蠢绦虫可能是同种，尽管没有采自模式地理位置（韩国 Kumkan 河流盆地）的古氏副鲤蠢绦虫序列数据，但仍可进行有关其不确定的较一致性的推导；②采自中国和日本泥鳅的为类古氏副鲤蠢绦虫 2（*P.* cf. *gotoi* 2），其与类古氏副鲤蠢绦虫 1 在形态上难以区分；③采自土耳其西南贝伊谢希尔湖（Beyşehir Gölü）比氏鳅（*Cobitis bilseli*）的种形态上有明显的区别，描述为新种弗拉达卡副鲤蠢绦虫（*P. vladkae* Scholz et al.，2014）（图 4-19，图 4-20），其与同属的其他种在下列特征方面不同：精巢始于第 1 卵黄腺滤泡之前（与始于后方相对应），体形短粗（与细长相对），头节宽、圆或项部锥形（与棒状到截形相对）。

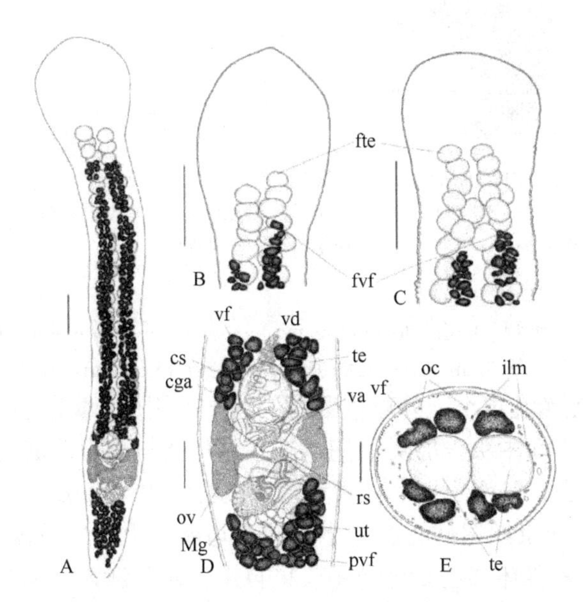

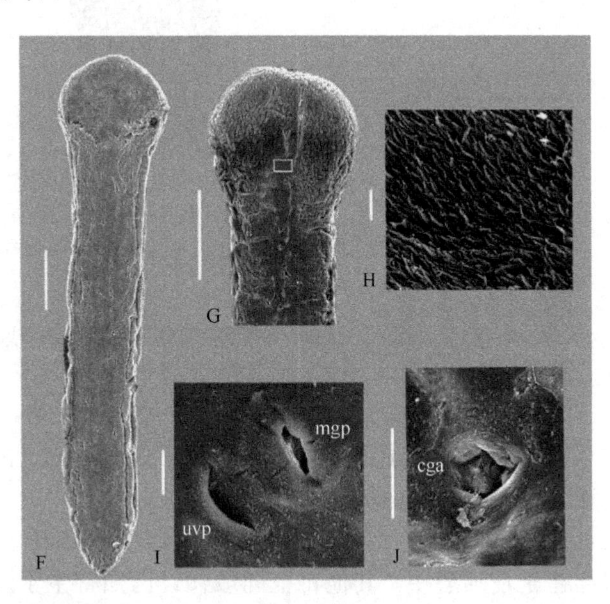

图 4-19 弗拉达卡副鲤蠢绦虫结构示意图与扫描结构（引自 Scholz et al.，2014）

A. 整体观；B，C. 体前部，含第 1 精巢和卵黄腺滤泡，腹面观；D. 体后端部腹面观；E. 精巢水平横切面，注意背部的卵黄腺在图 A～C 中看不到；F. 整体观；G. 具头节的前方，方框为 H 图所取部位；H. 针状丝毛（丝状微毛）；I. 分离的生殖孔没有公共生殖腔；J. 公共生殖腔。缩略词：cga. 公共生殖腔；cs. 阴茎囊；fte. 第 1 精巢；fvf. 第 1 卵黄腺滤泡；ilm. 内纵肌；Mg. 梅氏腺；oc. 渗透调节管；ov. 卵巢；pvf. 卵巢后卵黄腺滤泡；rs. 受精囊；te. 精巢；va. 阴道；vd. 输精管；vf. 卵黄腺滤泡；ut. 子宫；mgp. 雄孔；uvp. 子宫阴道孔。标尺：A～C，F～G=500μm；D=200μm；E=100μm；H=2μm；I=20μm；J=50μm

副鲤蠢属绦虫分种检索表

1A. 体伸长、窄，长显著大于宽 ········· 2
1B. 体结实，更短、更粗壮 ········· 5
2A. 头节扇状，加宽，与体部分界明显，具收缩的颈区 ········· 3
2B. 头节指状，与体部没有明显的界线，具收缩的颈区 ········· 4
3A. 中国、日本和俄罗斯泥鳅的寄生虫 ········· 类古氏副鲤蠢绦虫 1 和 2（*P.* cf. *gotoi* 1 和 *P.* cf. *gotoi* 2）
3B. 印度冈特似鳞头鳅（*Lepidocephalichthys guntea*）的寄生虫 ········· 似鳞头鳅副鲤蠢绦虫（*P. lepidocephali*）
4A. 头节杆状，前端几乎为矩形，小圆锥顶端尖，颈区不明显 ········· 库拉考斯基副鲤蠢绦虫（*P. kulakowskae*）
4B. 头节仅略宽于颈区，具稍凸的前缘 ········· 泥鳅副鲤蠢绦虫（*P. misgurni*）
5A. 第 1 精巢在第 1 卵黄腺滤泡前方 ········· 弗拉达卡副鲤蠢绦虫（*P. vladkae*）
5B. 第 1 精巢在第 1 卵黄腺滤泡后方 ········· 6
6A. 体强健；头节球茎形；欧洲鳅属（*Cobitis*）鱼类的寄生虫 ········· 副鲤蠢绦虫未定种［*P.* sp.（‘*gotoi*’）］
6B. 体小；头节扁平；朝鲜泥鳅的寄生虫 ········· 古氏副鲤蠢绦虫（*P. gotoi*）

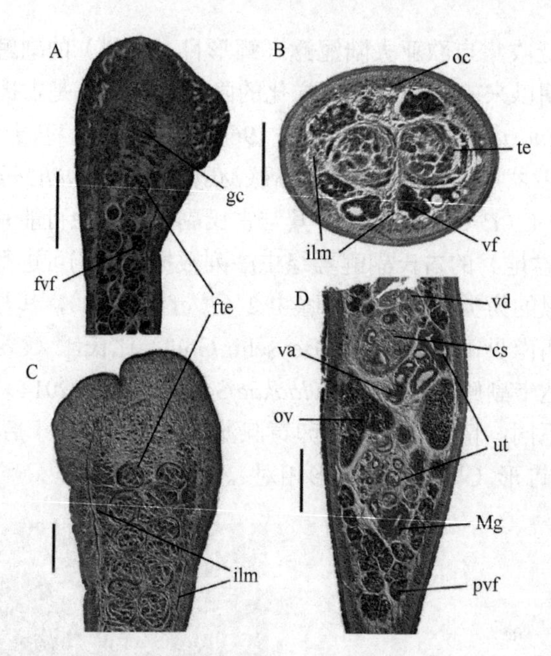

图 4-20　弗拉达卡副鲤蠹绦虫组织切片（引自 Scholz et al.，2014）

A，C. 头节纵切［注意精巢的前方位置和大型腺细胞（gc）位于头节中央］；B. 体中部横切面；D. 体后部纵切［注意卵巢（ov）的短侧臂和子宫环（ut）达阴茎囊（cs）的前方部］。其他缩略词同图 4-19。标尺：A=500μm；B=100μm；C，D=200μm

5b. 头节双吸盘状（biacetabulate）、球腔状（bulboloculate）或槽腔盘状（bothrioloculodiscate）……6

6a. 头节槽腔盘状，颈区不明显；卵巢哑铃形或带状；体小型，一般小于 3mm……古绦虫属（*Archigetes* Leuckart，1878）

识别特征：成体小型，一般小于 3mm。无尾球。生殖孔单个。外贮精囊存在。子宫在阴茎囊前方略成环，孕卵个体中子宫环更明显。卵黄腺滤泡位于侧方和中央，卵巢后滤泡存在，可能与卵巢前滤泡相连。已知寄生于鲤科和鳅科鱼类肠道，采自北美、欧洲和俄罗斯。模式种：西氏古绦虫（*Archigetes sieboldi* Leuckart，1878）（图 4-21D～F，图 4-22B）。幼虫期尾球存在。生殖孔无功能，由皮层覆盖。卵存在于皮质囊中。其他特征同成体。已知寄生于颤蚓科环节动物体腔中。采自南、北美洲，欧洲和俄罗斯。

6b. 头节双吸盘状、球腔状或槽腔盘状，颈区界线明显；卵巢通常为 H 形；虫体长 4～16mm……双吸盘属（*Biacetabulum* Hunter，1927）

识别特征：生殖孔单个。无外贮精囊。卵巢 H 形。子宫在阴茎囊前方不成环。卵黄腺滤泡位于侧方和中央。已知寄生于亚口鱼科（Catostomidae）鱼类肠道，采自北美。模式种：罕见双吸盘绦虫（*Biacetabulum infrequens* Hunter，1927）（图 4-22H）。

7a. 头节双吸盘状……罗杰斯属（*Rogersus* Williams，1980）

识别特征：生殖孔分离。无外贮精囊。卵巢 H 形。子宫在阴茎囊前方不成环。卵黄腺滤泡位于侧方和中央。已知寄生于亚口鱼科鱼类肠道，采自北美。模式种：罗杰斯罗杰斯绦虫（*Rogersus rogersi* Williams，1980）（图 4-22E）。

7b. 头节非双吸盘状……8

8a. 卵巢前卵黄腺滤泡明显在侧方区带……9

8b. 卵巢前卵黄腺滤泡新月形或在侧方和中央……15

9a. 有 2 个生殖孔……10

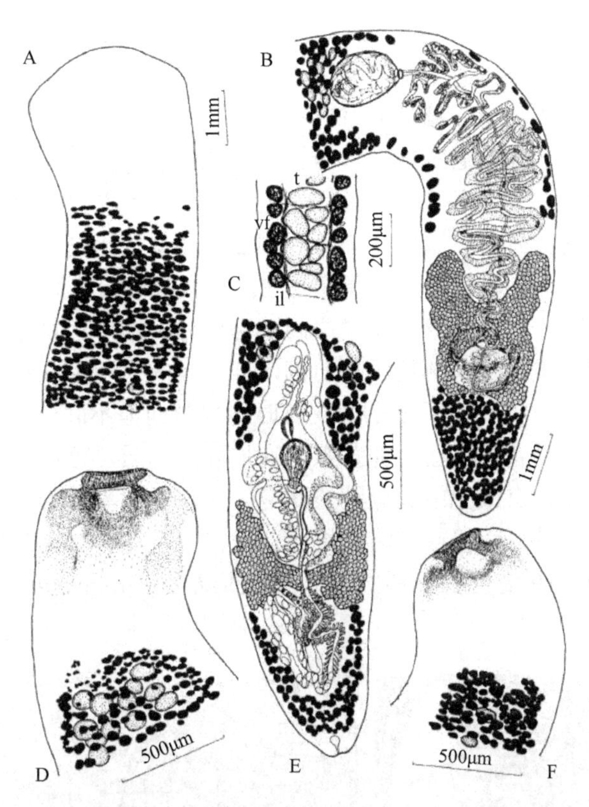

图 4-21　微小许氏绦虫和西氏古绦虫结构示意图（引自 Scholz et al.，2001）

采自鲫鱼未定种的（*Carassius* sp.）的微小许氏绦虫（A～C）；采自麦穗鱼（*Pseudorasbora parva*）的西氏古绦虫（D～F）。A，D，F. 头节；B，E. 后端背面观；C. 矢状面（注意皮层卵黄腺滤泡）。缩略词：il. 内纵肌；t. 精巢；vf. 卵黄腺滤泡

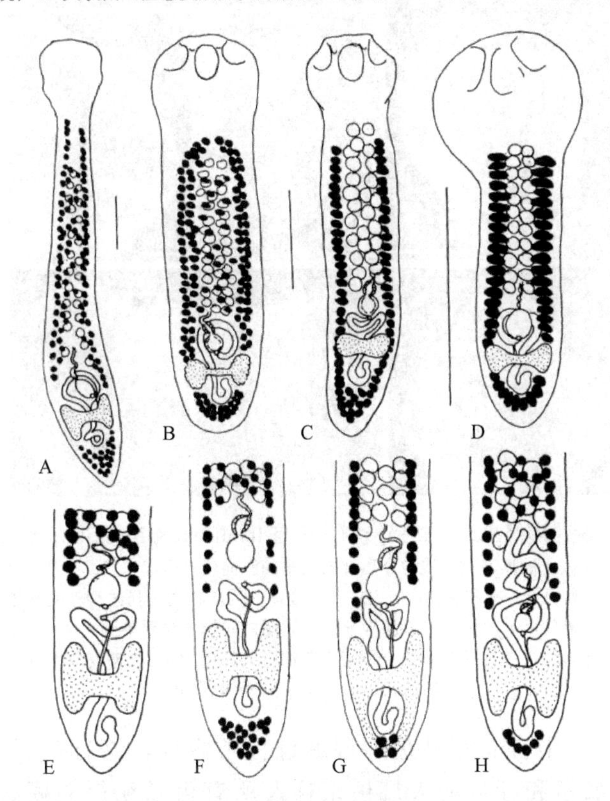

图 4-22　鲤蠢科 8 种绦虫整体或后端部结构示意图（引自 Mackiewicz，1994）

A. 古氏副鲤蠢绦虫；B. 西氏古绦虫；C. *Paraglaridacris limnodrili*；D. 奥克兰泛古绦虫；E. 罗杰斯罗杰斯绦虫；F. 胭脂鱼格拉绦虫；G. 球茎等格拉绦虫；H. 罕见双吸盘绦虫。标尺=0.5mm（原文献中未说明标尺所对应的分图）

识别特征（**Schaeffner et al.，2011 修订**）：体表覆盖丝状微毛。内纵肌很发达。体区之间、种之间、精巢和卵黄腺滤泡外形有变异。排泄管很发达、有主要的侧管和小的居中的吻合管；向体后管数减少；管开口于接近后端的排泄囊。头节形态可变，通常为毯单槽状，具深和/或浅纵向沟，顶端可内翻；大多数种类有横向深染细胞带以区分基部。颈区明显或不明显。精巢位于髓质，达阴茎囊水平背方或略后，可能包围输精管或前方的子宫环，多数不与卵黄腺滤泡在一层或多层相混；精巢最前方起始于第 1 个卵黄腺滤泡前方、后方或同一水平。输精管位于中央阴茎囊前方，大多由精巢包围。阴茎囊发达，卵形，含有射精管和阴茎。无外贮精囊。生殖孔位于体前部，开于浅的生殖腔或独立开于腹部表面。雄孔通常比雌孔大和宽。卵巢位于髓质，H 形，后部的两支有时向内弯曲但不联合。阴道管状，通常弯曲，与子宫会合形成短的子宫阴道管。受精囊存在。卵黄腺滤泡扩展于髓质，可达后端。卵巢后滤泡分布为明显的两侧带，沿卵巢支存在或无，有或无中央分散的滤泡。子宫在卵巢前形成大量的环，但不扩展到阴茎囊前方；无子宫腺。卵有盖，壁厚，粗糙或略为坑面，子宫中可能含有完全发育的六钩蚴。已知为非洲歧须鮠属（*Synodontis*）淡水鱼的寄生虫。模式种：黑维庸绦虫（*Wenyonia virilis* Woodland，1923）（图 4-23～图 4-28）。

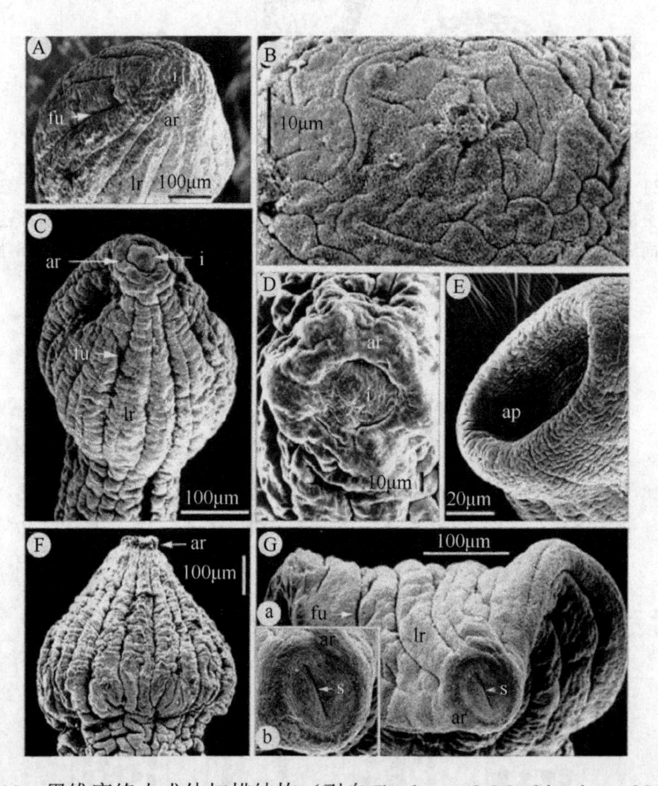

图 4-23　黑维庸绦虫成体扫描结构（引自 Ibraheem & Mackiewicz，2006）

A. 具完全扩展内向物的头节（注意顶环微弱的痕迹及由浅沟分离开的扁平的纵向嵴状突起）；B. 一扩展内向物末端表面，示起皱褶的皮层；C. 内向物通过顶环部分收缩的头节（注意明显的嵴和深的沟）；D. 部分收缩的内向物由明显的褶将其从顶环分开；E. 头节顶部当内向物完全收缩时形成一深 U 形顶囊；F. 头节，示界线明显的纵嵴，由深沟分隔，此图内向物本身看不到；Ga. 伸展的背腹扁平的头节，嵴和沟尤其显著，在浅吸盘样凹陷中由顶环和内向物形成一背腹向裂缝或由收缩的内向物形成的褶；Gb. 内向物放大观。缩略词：ap. 顶囊；ar. 顶环；fu. 沟；i. 内向物；lr. 纵嵴；s. 背腹裂缝

Schaeffner 等（2011）对采自非洲鲇鱼的该属进行了修订，修订基于 2006～2009 年在刚果民主共和国、肯尼亚、塞内加尔和苏丹的大规模采样及所有可以获得的模式样品的测量。认为下列 6 个种是有效的并提供了重描述：黑维庸绦虫［模式种，与卡因吉维庸绦虫（*W. kainjii* Ukoli，1972）为同物异名］；疣维庸绦虫（*W. acuminata* Woodland，1923）；长尾维庸绦虫（*W. longicauda* Woodland，

1937）；短小维庸绦虫（*W. minuta* Woodland，1923）（与 *W. mcconnelli* Ukoli，1972 为同物异名）；须鮠维庸绦虫（*W. synodontis* Ukoli，1972）及尤德维庸绦虫（*W. youdeoweii* Ukoli，1972）。提供了分种检索表，报道了新宿主和新的地理分布。4 个种的 28S rRNA 基因部分序列系统分析将单系属分为两个线系，一个线系由疣维庸绦虫和短小维庸绦虫为代表，另一个线系由黑维庸绦虫和尤德维庸绦虫组成。

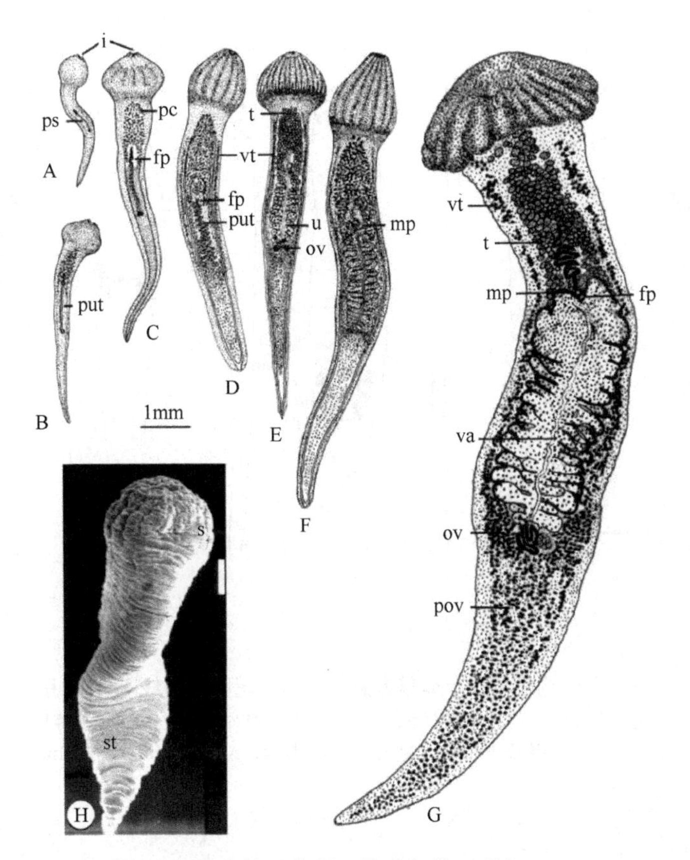

图 4-24 黑维庸绦虫几个不同发育期结构示意图及外表扫描（引自 Ibraheem & Mackiewicz，2006）

样品采自歧须鮠（*Synodontis schall*）。A. 第 1 期（注意大的头节，前端内向物及生殖原基）；B. 第 2 期，原基条纹上有帽；C. 第 3 期（小的个体），观察其不完整的头节上的纵向嵴和雌孔；D. 第 3 期（大的个体，注意头节上完整的嵴及精巢和卵黄腺相互分化开来）；E. 第 4 期（小的个体），头节界线良好；F. 第 4 期（大的个体），雄孔和卵巢后卵黄腺界线不清；G. 成虫期，观察头节上大量界线分明的纵嵴和发育完善的卵巢后卵黄腺；H. 黑维庸绦虫外表扫描。缩略词：fp. 雌孔；i. 内向物或末端内向物；mp. 雄孔；ov. 卵巢；pc. 原始帽；pov. 卵巢后卵黄腺；ps. 原始条纹；put. 原始子宫管；s. 背腹裂缝；st. 横褶；t. 精巢；u. 子宫；va. 阴道；vt. 卵黄腺

维庸属（*Wenyonia*）分种检索表

1A. 体线虫样，整体几乎等宽；卵巢后部区域的卵黄腺滤泡不分布于中央（位于两侧区带）……疣维庸绦虫（*W. acuminata*）

1B. 体为其他形态，最宽处在头节或子宫区；卵巢后部区域的卵黄腺滤泡分布于中央……2

2A. 体披针形，有很短的锥状卵巢后区域；排泄管很宽，尤其是在卵巢后区域；卵黄腺滤泡位于精巢区域中央，与精巢相混……短小维庸绦虫（*W. minuta*）

2B. 体为其他形态；排泄管不明显；精巢区域中央无卵黄腺……3

3A. 卵巢前方的支比后方的支长很多；尾区（卵巢后没有卵黄腺滤泡区域的后部）很长，占卵巢后区域的 4/5……长尾维庸绦虫（*W. longicauda*）

3B. 卵巢前方的支与后方的支长度相当；尾区为卵巢后区域的 3/4……4

4A. 卵巢后区域末端钝……须鮠维庸绦虫（*W. synodontis*）

4B. 卵巢后区域末端变细至窄的尾端……5

5A. 头节疣突状，基部与精巢区等宽或略窄，头节与精巢区分离不明显；卵巢后区域不弯曲……

……………………………………………………………………………………………………尤德维庸绦虫（*W. youdeoweii*）

5B. 头节锥状或箭头状，总是宽过精巢区域，明显与后者分离；卵巢后区域弯曲……………………黑维庸绦虫（*W. virilis*）

6 个有效种的部分形态特征示意图见图 4-25～图 4-28。

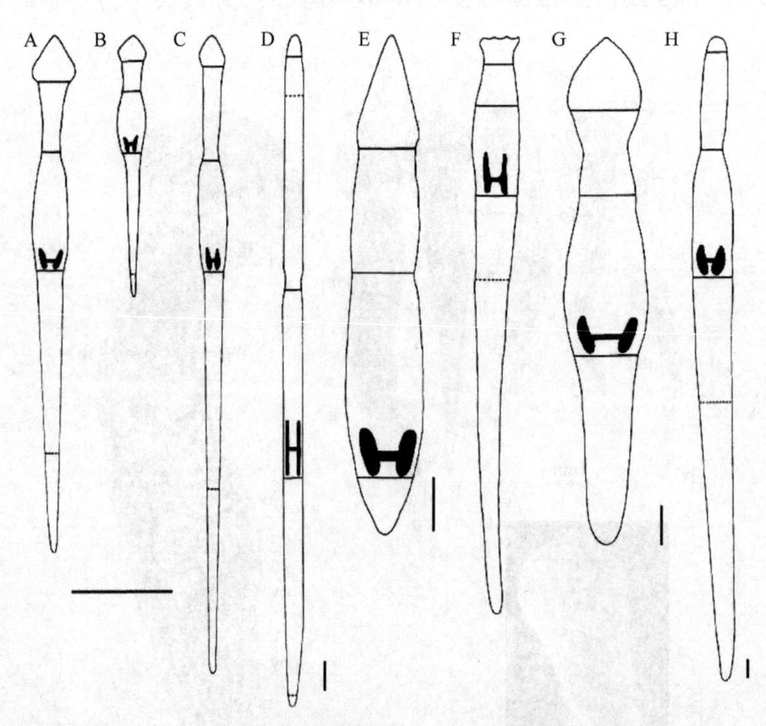

图 4-25　维庸属绦虫的形态与体区结构示意图（卵巢为黑色显示，尾区由虚线隔开）（引自 Schaeffner et al.，2011）

A～C. 黑维庸绦虫（形态变异时有发生，注意整体形态、精巢区和尾区长度与体的相对比例）；D. 疣维庸绦虫；E. 短小维庸绦虫；F. 长尾维庸绦虫；G. 须鮠维庸绦虫；H. 尤德维庸绦虫。标尺：A～C=5mm；D～H=1mm

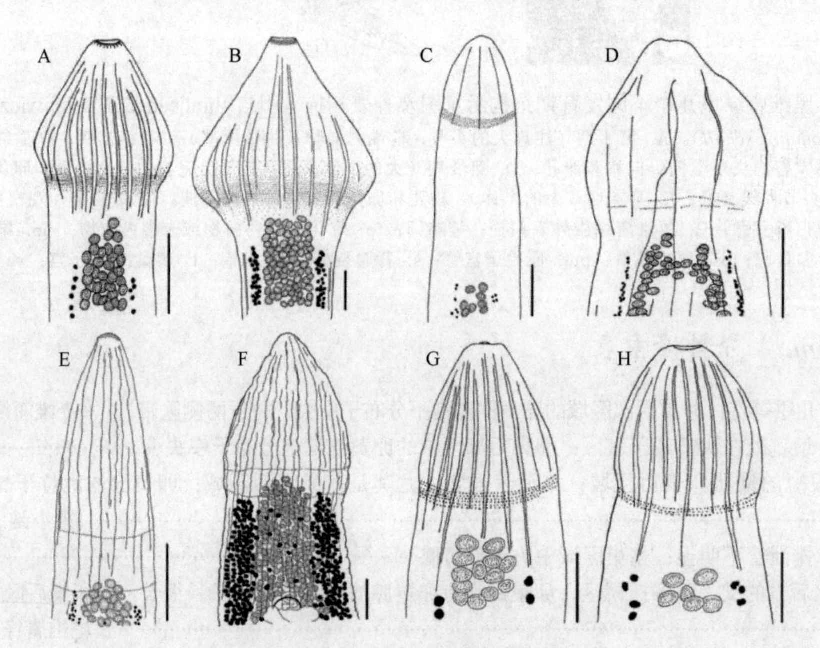

图 4-26　5 种维庸绦虫头节形态（引自 Schaeffner et al.，2011）

A，B. 黑维庸绦虫；C. 疣维庸绦虫；D. 长尾维庸绦虫；E，F. 短小维庸绦虫；G，H. 尤德维庸绦虫。

注意 A，B 和 E，F 中头节形态的变异。标尺=500μm

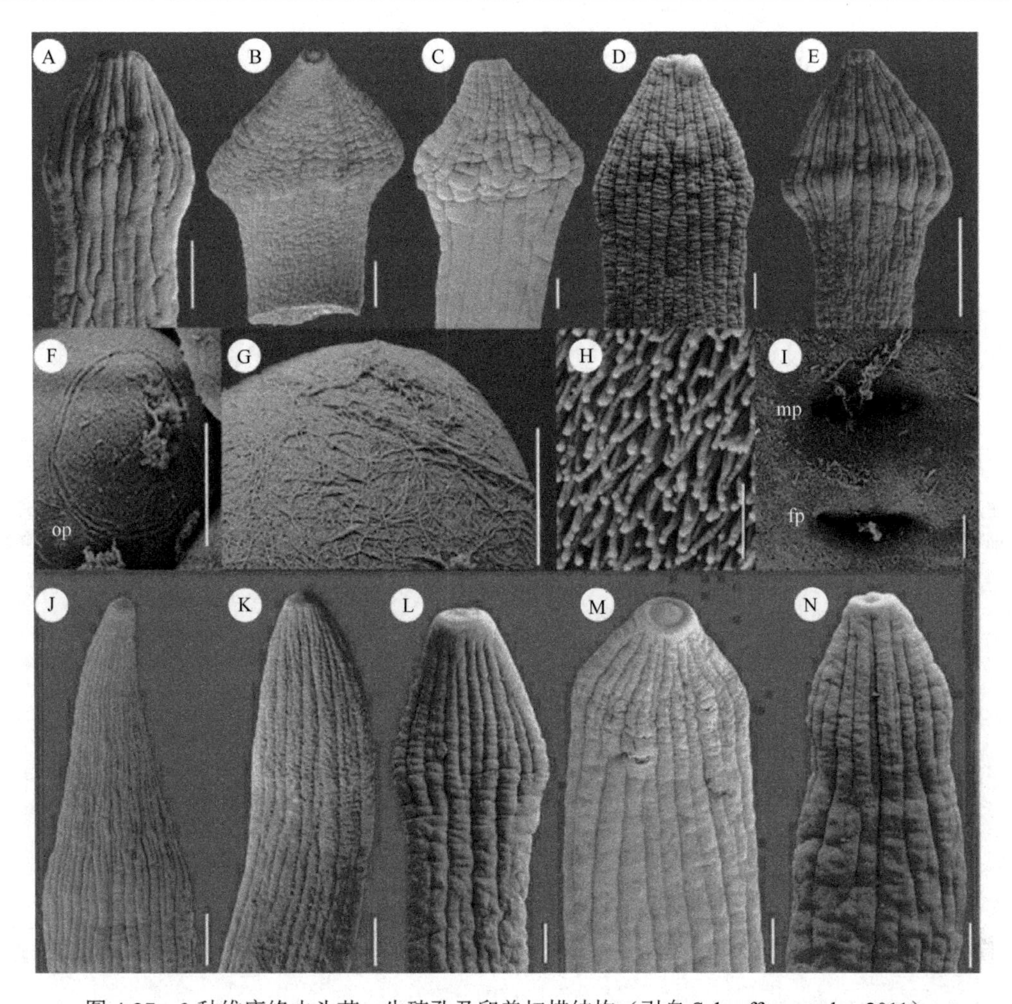

图 4-27　3 种维庸绦虫头节、生殖孔及卵盖扫描结构（引自 Schaeffner et al.，2011）

A～I. 黑维庸绦虫；J～L. 短小维庸绦虫；M～N. 尤德维庸绦虫；A～E，J～N. 头节；F，G. 卵盖极（注意卵盖和表面的网状结构）；H. 头节的丝状微毛；I. 分离的生殖孔。缩略词：fp. 雌孔；mp. 雄孔；op. 卵盖。标尺：A～E，J～N=300μm；F，I=10μm；G=5μm；H=1μm

10b. 生殖孔分离，在体后部 1/4 处……………………………………………………格拉属（*Glaridacris* Cooper，1920）

识别特征：头节楔叶腔状或槽腔盘状。生殖腔可能存在。外贮精囊存在。卵巢 H 形。子宫在阴茎囊前方不成环。卵黄腺滤泡位于侧方区带或侧方和中央，卵巢后卵黄腺滤泡存在。已知寄生于亚口鱼科鱼类肠道，采自北美。模式种：胭脂鱼格拉绦虫（*Glaridacris catostomi* Cooper，1920）（图 4-22F、图 4-29）。

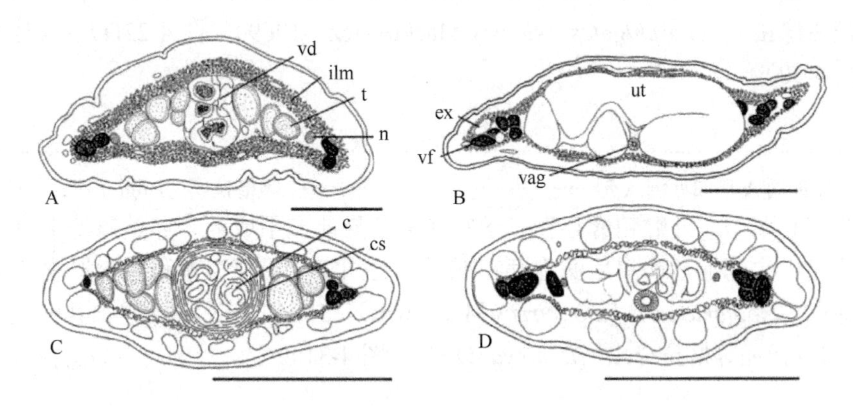

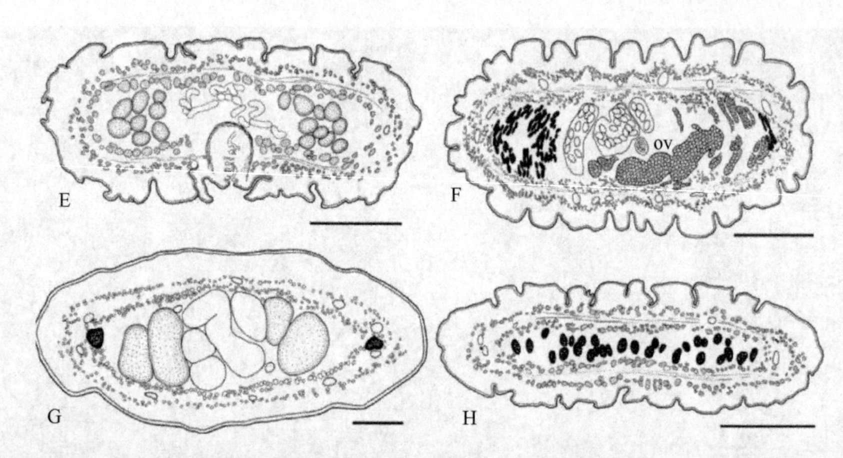

图 4-28　4 种维庸绦虫的横切面结构示意图（引自 Schaeffner et al.，2011）

精巢（A，C，E，G）、子宫（B，D，F）和卵巢后部区域（H）水平。A，B. 黑维庸绦虫 C，D. 短小维庸绦虫；E，F，H. 长尾维庸绦虫；G. 尤德维庸绦虫。缩略词：c. 阴茎；cs. 阴茎囊；ex. 排泄管；ilm. 内纵肌；n. 神经；ov. 卵巢；t. 精巢；ut. 子宫；vag. 阴道；vd. 输精管；vf. 卵黄腺滤泡。标尺：A～D=300μm；E，H=500μm；F=250μm；G=200μm

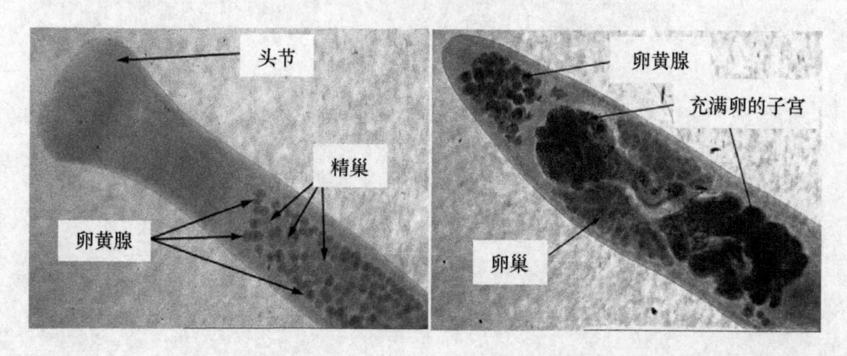

图 4-29　胭脂鱼格拉绦虫的前、后端部（引自 http://www. umanitoba.ca/science/zoology/faculty/dick/z346/glaridhome.html）

11a. 卵巢 V 形；头节腔圆屋顶状（loculotholate）……………………………………*Bialovarium* Fischthal，1953

识别特征：生殖孔单个。外贮精囊存在。子宫在阴茎囊前方不成环，全在卵巢前方。卵黄腺滤泡位于侧方区带。卵巢后无卵黄腺滤泡。已知寄生于鲤科鱼类肠道，采自北美。模式种：*Bialovarium nocomis* Fischthal，1953。

11b. 卵巢 H 形或哑铃形或倒 A 形；头节非圆屋顶状……………………………………………………12

12a. 无外贮精囊……………………………………………………泛古绦虫属（*Penarchigetes* Mackiewicz，1969）

识别特征：头节槽腔盘状，扩展或不扩展。生殖孔单个。卵巢哑铃形。子宫在阴茎囊前方不成环。卵黄腺滤泡位于侧方区带，有时与卵巢后卵黄腺滤泡相连。已知寄生于亚口鱼科鱼类肠道，采自北美。模式种：奥克兰泛古绦虫（*Penarchigetes oklensis* Mackiewicz，1969）（图 4-22D）。其他如菲萨斯泛古绦虫（*P. fessus*）（图 4-30）。

12b. 外贮精囊存在……………………………………………………………………………………13

13a. 头节楔叶腔状；卵巢倒 A 形或近倒 A 形……………………等格拉属（*Isoglaridacris* Mackiewicz，1965）

识别特征：生殖孔单个。外贮精囊存在。子宫在阴茎囊前方不成环。卵黄腺滤泡位于侧方区带，有时有一中央带或少量中央滤泡，卵巢后滤泡存在或无。已知寄生于亚口鱼科鱼类肠道，采自北美。模式种：球茎等格拉绦虫（*Isoglaridacris bulbocirrus* Mackiewicz，1965）（图 4-22G）。其他种：艾芮等格拉绦虫（*I. erraticus*）和呃托瓦等格拉绦虫（*I. etowani*）等（图 4-31）。

13b. 头节槽腔盘状；卵巢 H 形或哑铃形……………………………………………………………14

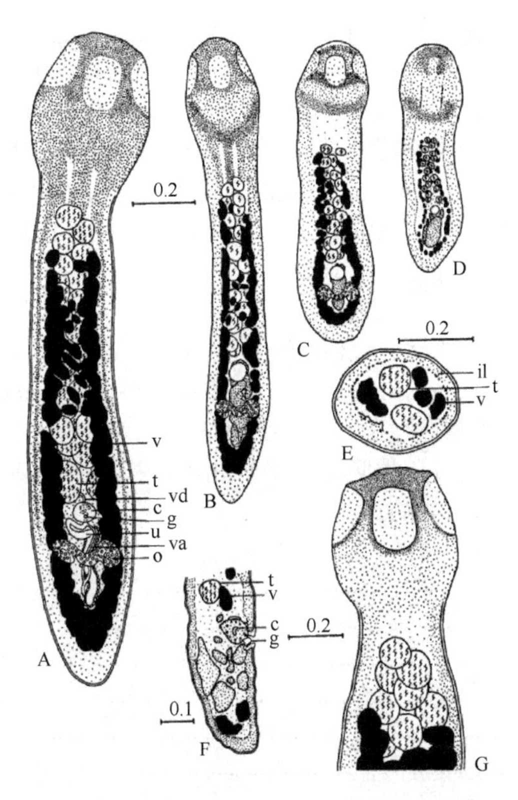

图 4-30 菲萨斯泛古绦虫结构示意图（引自 Williams，1979）

A. 成熟样品；B～D. 不成熟样品；E. 通过精巢区横切面；F. 通过生殖孔矢状面；G. 头节。缩略词：c. 阴茎；g. 生殖孔；il. 内纵肌；o. 卵巢；t. 精巢；u. 子宫；v. 卵黄腺滤泡；vd. 输精管；va. 阴道。标尺单位为 mm

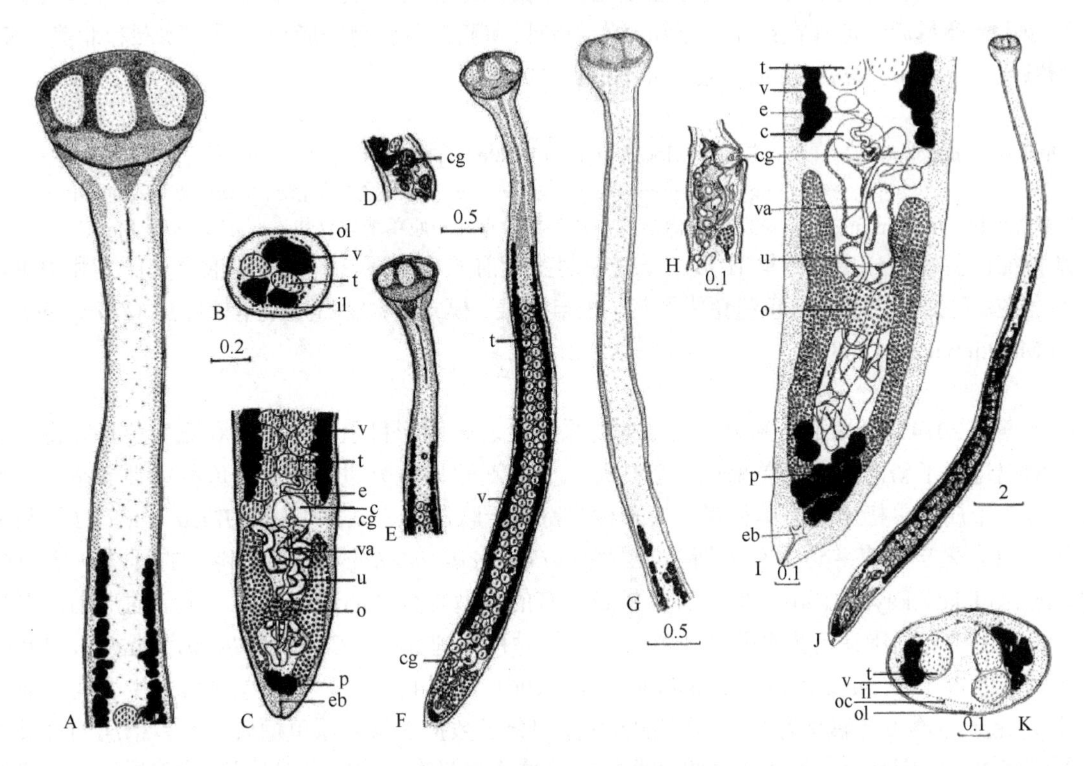

图 4-31 艾芮等格拉绦虫和呃托瓦等格拉绦虫结构示意图（引自 Williams，1975）

A～F. 艾芮等格拉绦虫：A. 头节；B. 精巢区域横切面；C. 生殖器官；D. 通过生殖孔的矢状面；E. 前端有异常精巢；F. 整条样品。G～K. 呃托瓦等格拉绦虫：G. 头节；H. 通过生殖孔的矢状面；I. 生殖器官；J. 整条样品；K. 通过精巢区域横切面。缩略词：c. 阴茎囊；cg. 公共生殖孔；e. 外贮精囊；eb. 排泄囊；il. 内纵肌；o. 卵巢；oc. 渗透调节管；ol. 外纵肌；p. 卵巢后卵黄腺；t. 精巢；u. 子宫；v. 卵黄腺；va. 阴道。标尺单位为 mm

14a. 卵巢前、后卵黄腺滤泡区连续；卵巢哑铃形或带状；小型种类，一般小于3mm ……副等格拉属（*Paraglaridacris* Janiszewska，1950）
（同物异名：*Brachyurus* Szidat，1938 非 Fischer-Waldheim，1913；*Szidatinus* McCrae，1961）

识别特征： 生殖孔明显单个。外贮精囊存在。子宫在阴茎囊前方不成环。卵黄腺滤泡位于侧方区带，与卵巢后滤泡相连。原生于颤蚓科环节动物。已知成体寄生于鲤科、鳅科鱼类肠道，采自欧洲、俄罗斯和日本。模式种：哥比副等格拉绦虫［*Paraglaridacris gobii*（Szidat，1938）］（同物异名：*Paraglaridacris limnodrili*；*Glaridacris limnodrili* Yamaguti，1934）。

14b. 卵巢前、后卵黄腺滤泡区不连续；卵巢H形；体一般大于4mm ……詹尼斯属（*Janiszewskella* Mackiewicz & Deutsch，1976）

识别特征： 生殖孔单个。外贮精囊存在。子宫在阴茎囊前方不成环。卵黄腺滤泡位于侧方区带，卵巢后滤泡存在。已知寄生于亚口鱼科鱼类肠道，采自北美。模式种：堡槽詹尼斯绦虫（*Janiszewskella fortobothria* Mackiewicz & Deutsch，1976）。

15a. 有2个生殖孔 …………………………………………………… 16
15b. 有1个生殖孔 …………………………………………………… 21
16a. 头节有小腔或单沟槽状 ……………………………………… 17
16b. 头节无小腔 …………………………………………………… 20
17a. 卵巢后存在卵黄腺滤泡 ……………………………………… 18
17b. 卵巢后不存在卵黄腺滤泡 …………………………………… 19
18a. 头节槽腔盘状或楔叶腔状；外贮精囊存在……………………格拉属（*Glaridacris* Cooper，1920）（同上述10）
18b. 头节单槽状（monobothriate）；无外贮精囊 ……………（古北区）单槽属（*Monobothrium* Diesing，1863）

识别特征： 生殖孔分离。外贮精囊存在或无。卵巢H形。子宫在阴茎囊前方不成环。卵黄腺滤泡位于侧方和中央，卵巢后滤泡存在或无。已知寄生于鲤科和亚口鱼科鱼类肠道，采自欧洲和北美。模式种：瓦格纳单槽绦虫（*Monobothrium wageneri* Nybelin，1922）。

19a. 头节单槽状（monobothriate）或腔单槽状（loculomonobothriate）；外贮精囊存在 ……（古北区）单槽属（*Monobothrium* Diesing，1863）
19b. 头节腔截头状（loculotruncate），缺端部的内翻物；外贮精囊存在…原单槽属（*Promonobothrium* Mackiewicz，1968）

识别特征： 生殖孔分离。卵巢H形。子宫在阴茎囊前方不成环。卵黄腺滤泡位于侧方和中央，卵巢后滤泡不存在。已知寄生于亚口鱼科鱼类肠道，采自北美。模式种：亚口鱼原单槽绦虫（*Promonobothrium minytremi* Mackiewicz，1968）。

Scholz 等（2014）利用形态和分子的证据对采自全北区鲤形目鱼类（鲤科和亚口鱼科）寄生虫单槽属和原单槽属进行了新的界定。单槽属，包括寄生于欧洲鲤科鱼类和北美亚口鱼科鱼类形态上有差异的种类被分为3个属。单槽属成为单种属，模式种为寄生于欧洲鲤、欧洲丁鱥（*Tinca tinca*）（鲤科）的瓦格纳单槽绦虫。采自乌克兰达尼列夫斯基雅罗鱼（*Leuciscus danilevskii*）（鲤科）的耳状单槽绦虫（*M. auriculatum* Kulakovskaya，1961）因具有单槽属没有的典型鲤蠢属的形态特征（头节的形态、受精囊的存在、短颈及生殖孔周围缺乏大型肌肉质乳头等）暂时移入鲤蠢属（*Caryophyllaeus* Gmelin，1790），并作为耳状鲤蠢绦虫［*C. auriculatus*（Kulakovskaya，1961）新组合］。余下的单槽属寄生于北美亚口鱼科的5个种，由于与原单槽属享有共同的形态学特征和分子数据而移入原单槽属。原单槽属的种类不同于瓦格纳单槽绦虫，它们具有1个外贮精囊（瓦格纳单槽绦虫没有），缺乏卵巢后卵黄腺滤泡（瓦格纳单槽绦虫存在）且头节为指乳头状、腔乳头状或腔截头状，即具有弱腔和一终端内向物或乳头（瓦格纳单槽绦虫为棒状的钝端，并有6条弱而浅的纵向沟）（图4-32）。

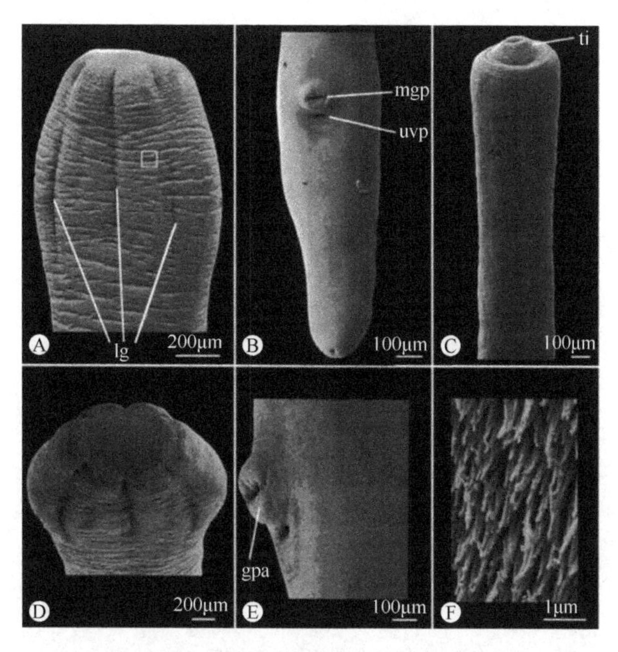

图 4-32　两种单槽绦虫的扫描结构（引自 Scholz et al.，2014）

采自意大利欧洲丁鱥的瓦格纳单槽绦虫（A，B，D～F）和采自美国小孔亚口鱼（*Minytrema melanops*）的阿米瑞原单槽绦虫（*P. ulmeri*）（C）。A，C. 头节背腹面观；方框为 F 图取处；B. 体后端腹面观；D. 头节亚顶面观；E. 雄性生殖乳突侧面观；F. 针状丝毛。缩略词：gpa. 生殖乳突；lg. 纵沟；mgp. 雄孔；ti. 端部内向；uvp. 子宫阴道孔

20a. 头节扇状（flabellate）或楔叶卷曲状（cuneicrispitate）；无外贮精囊……………鲤蠢属（*Caryophyllaeus* Gmelin，1790）

识别特征：生殖孔分离，生殖腔存在。卵巢 H 形。子宫在阴茎囊前方不成环。卵黄腺滤泡位于侧方和中央，卵巢后滤泡存在。已知寄生于鲤科鱼类肠道，采自欧洲和俄罗斯。模式种：宽头鲤蠢绦虫［*Caryophyllaeus laticeps*（Pallas，1781）］（图 4-33，图 4-34D）。

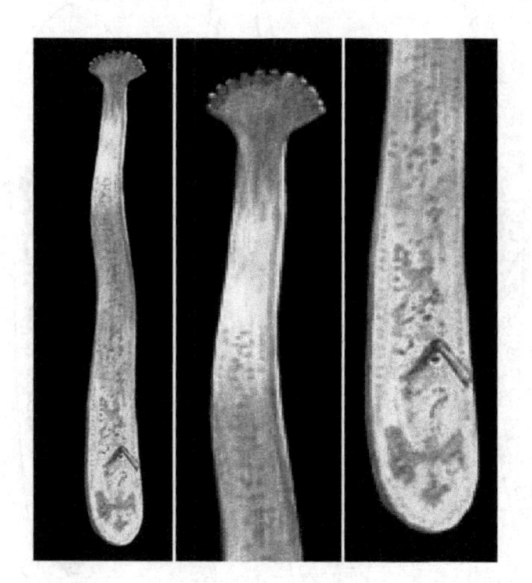

图 4-33　宽头鲤蠢绦虫整体形态（https://animaldiversity.org/collections/contributors/Grzimek_inverts/Cestoda/Caryophyllaeus_laticeps/）

样品采自鲤科和亚口鱼科鱼类肠道。长约 3cm。中间宿主为水生环节动物，或可能是转续宿主

20b. 头节圆屋顶状；外贮精囊存在……………………………………………………亨特属（*Hunterella* Mackiewicz & McCrae，1962）

识别特征：头节圆屋顶状。生殖孔分离。外贮精囊存在。卵巢两叶状或哑铃形。子宫在阴茎囊前方不成环。卵黄腺滤泡位于侧方和中央，卵巢后滤泡存在。已知寄生于亚口鱼科鱼类肠道，采自北美。模式种：结节亨特绦虫（*Hunterella nodulosa* Mackiewicz & McCrae，1962）（图 4-35C）。

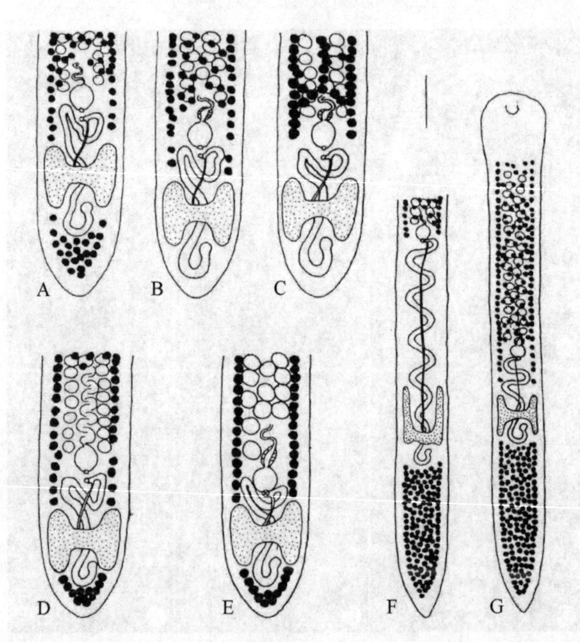

图 4-34　鲤蠢科 7 种绦虫后部或整体结构示意图（引自 Mackiewicz，1994）

A. 瓦格纳单槽绦虫（古北区）；B. 亨特单槽绦虫；C. 亚口鱼前单槽绦虫；D. 宽头鲤蠢绦虫；E. 堡槽詹尼斯绦虫；F. 恩特尼卡伦丁绦虫；G. 威斯康星普利亚卵黄腺绦虫。标尺=1mm

21a. 无外贮精囊……卡伦丁属（*Calentinella* Mackiewicz，1974）

识别特征：头节楔叶状（cuneiform）。生殖孔单个。卵巢 U 形。子宫在阴茎囊前方不成环。卵黄腺滤泡位于侧方和中央，卵巢后滤泡存在。已知寄生于亚口鱼科鱼类肠道，采自北美。模式种：恩特尼卡伦丁绦虫（*Calentinella etnieri* Mackiewicz，1974）（图 4-34F）。

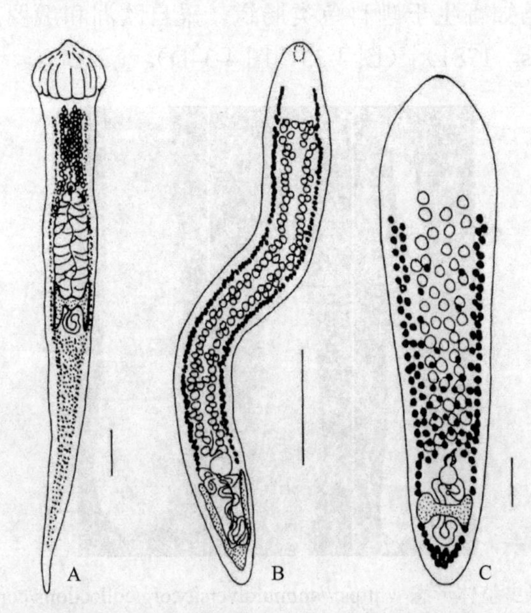

图 4-35　鲤蠢科 3 种绦虫结构示意图（引自 Mackiewicz，1994）

A. 黑维庸绦虫；B. *Bialovarium nocomis*；C. 结节亨特绦虫。标尺=1mm

21b. 外贮精囊存在……22

22a. 生殖孔在体前半部或前 2/3 处；头节腔圆屋顶状……普利亚卵黄腺属（*Pliovitellaria* Fischthal，1950）

识别特征：生殖孔单个。外贮精囊存在。卵巢 H 形。子宫在阴茎囊前方不成环。卵黄腺滤泡位于侧方和中央，卵巢后滤泡扩展过卵巢前卵黄腺区的一半。寄生于鲤科鱼类肠道，采自北美。模式种：威斯康星普利亚卵黄腺绦虫（*Pliovitellaria wisconsinensis* Fischthal，1951）（图 4-34G）。

22b. 生殖孔在体后方 1/6 处；头节楔叶腔状 ………………………………………… 等格拉属（*Isoglaridacris* Mackiewicz，1965）

4.7 头颊绦虫科（Capingentidae Hunter，1930）

［同物异名：伪纽带绦虫亚科（Pseudolytocestinae Hunter，1929）；
头颊绦虫亚科（Capingentinae Hunter，1930）］

此科的主要特征是内纵肌的中间位置，使之与它同目的科区分开来，更多依赖于肌肉束的发达与扩展程度及卵巢前卵黄腺滤泡的大小与形态。当肌肉束很多时则形成一界线分明的层，卵黄腺滤泡大、分叶、不规则时，大部分可以部分分布于皮质，部分分布于髓质。而当肌肉束小且不规则且卵黄腺滤泡小、圆形或大而不分叶时，则是另一种情况。除非大多数卵黄腺滤泡分叶并伸展到肌肉层的内外两侧，否则此科需仔细评估。

此科属于小科，已描述过 9 属约 15 种，是同目中已知种类最少的一科。原材料处理状况较差、不恰当的描述及结构的误解等致使后人难于信服，9 个属中仅 6 个属是后人认可的，其他 3 属为不确定属或是认可的 6 个属中属的同物异名。6 个属中 5 个属是单种属，3 种采自新北区。所有原始的描述都基于多个样品并且除伪头颊样属（*Pseudocapingentoides* Verma，1971）外，所有属都有纵肌位置数据。

采自印度的属的状况不明确，对模式种：印度伪鲤蠢绦虫（*Pseudocaryophyllaeus indica* Gupta，1961）和蛙头颊样绦虫（*Capingentoides batrachii* Gupta，1961）的系列重研究表明：这两个种的肌肉结构都类似于鲤蠢科，且可能是同种。此外，原作者提到的蛙头颊样绦虫系列可能由混合绦虫组成，Gupta（1961）的插图显示出了横切面上新月形的卵黄腺滤泡，但在整体装片中其仅在侧方。而随后的一些学者对伪鲤蠢属（*Pseudocaryophyllaeus* Gupta，1961）和头颊样属（*Capingentoides* Gupta，1961）绦虫的描述没有横切面状况，且一致地将卵巢滤泡混同为卵巢后卵黄腺滤泡。伪头颊样属的插图及描述缺乏足够的细节内容，立属依据不充分，Schmidt（1986）将其当作头颊样属的同物异名。Mackiewicz（1994）将头颊样属当作伪鲤蠢属的同义属。

4.7.1 头颊绦虫科分属检索

1a. 子宫在阴茎囊前方成环 ……………………………………………………………… 2
1b. 子宫在阴茎囊前方不成环 ……………………………………………………………… 3
2a. 卵巢前卵黄腺滤泡明显位于两侧区带；头节楔叶腔状 ………………………… 鲷科鱼绦虫属（*Spartoides* Hunter，1929）

识别特征：生殖孔分离。外贮精囊存在。卵巢 U 形。卵巢后无卵黄腺滤泡。已知寄生于鲷科、亚口鱼科鱼类肠道，采自北美。模式种：沃德鲷科鱼绦虫（*Spartoides wardi* Hunter，1929）（图 4-36G）。

2b. 卵巢前卵黄腺滤泡位于侧方和中央或新月形分布；头节巨大，有 1 对发育良好的吸槽 ……………………………………………………………… 头颊属（*Capingens* Hunter，1927）

识别特征：生殖孔分离。外贮精囊存在。卵巢 H 形。子宫在阴茎囊前成环。卵巢后卵黄腺滤泡存在。已知寄生于亚口鱼科鱼类肠道，采自北美。模式种：奇特头颊绦虫（*Capingens singularis* Hunter，1927）（图 4-36F）。

3a. 卵巢后卵黄腺滤泡存在 ……………………………………………………………… 4
3b. 卵巢后卵黄腺滤泡不存在 ……………………………………………………………… 6
4a. 卵巢为倒 A 形 ……………………………………………………………… 腺头节属（*Adenoscolex* Fotedar，1958）

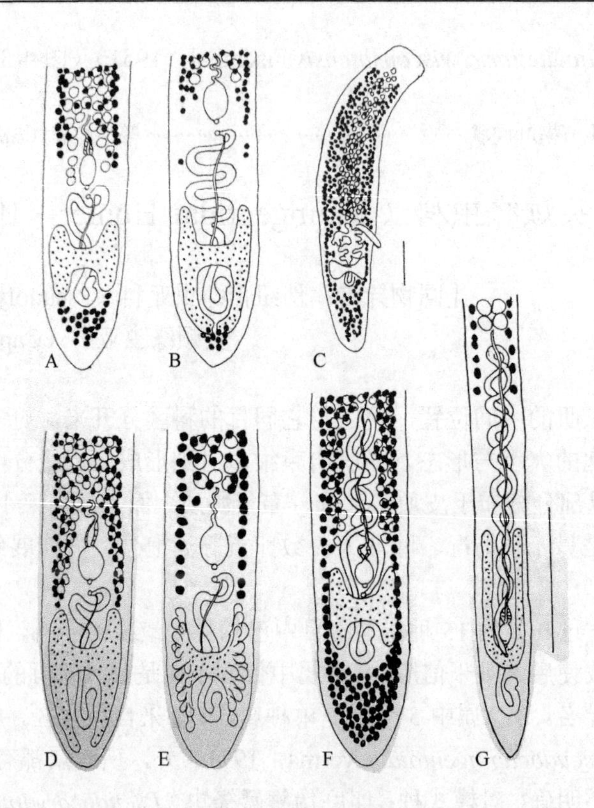

图 4-36 头颊绦虫科 7 种绦虫后部或整体结构示意图（引自 Mackiewicz，1994）

A. 叶唇鱼埃德林顿绦虫；B. 奥瑞尼腺头节绦虫；C. 东方短头节绦虫；D. 异议伪纽带绦虫；E. 印度伪鲤蠹绦虫；F. 奇特头颊绦虫；G. 沃德鲴科鱼绦虫。标尺=1mm

识别特征：头节楔形。生殖孔分离。外贮精囊存在。子宫在阴茎囊前不成环。卵黄腺滤泡位于侧方和中央，卵巢后滤泡存在。已知寄生于鲤科鱼类肠道，采自克什米尔（Kashmir）。模式种：奥瑞尼腺头节绦虫（*Adenoscolex oreini* Fotedar，1958）（图 4-36B）。

4b. 卵巢不为倒 A 形……………………………………………………………………………………………… 5

5a. 外贮精囊存在；卵巢前、后卵黄腺滤泡不连续……………………………埃德林顿属（*Edlintonia* Mackiewicz，1970）

识别特征：头节楔形。生殖孔分离。卵巢 H 形。子宫在阴茎囊前不成环。卵黄腺滤泡位于侧方和中央，卵巢后滤泡存在。已知寄生于鲤科鱼类肠道，采自北美。模式种：叶唇鱼埃德林顿绦虫（*Edlintonia ptychocheila* Mackiewicz，1970）（图 4-36A，图 4-37）。

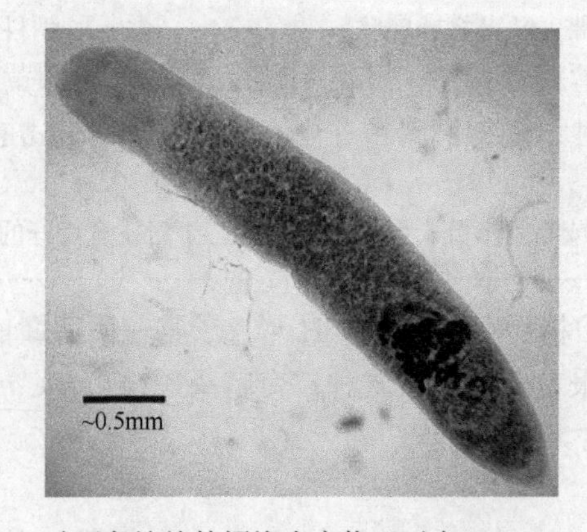

图 4-37 叶唇鱼埃德林顿绦虫实物（引自 Alvarez，2008）

采自加利福尼亚普卢马斯（Plumas）县，北叉羽（North Fork Feather）河硬鱼（hardfish）肠道。样品用 Semichon 洋红染色并用固绿复染

5b. 外贮精囊不存在；卵巢前、后卵黄腺滤泡连续……………………………短头节属（*Breviscolex* Kulakovskaya，1962）

识别特征：头节短，切头样，颈区不明显。生殖孔状况不明。外贮精囊存在。卵巢两叶状。子宫在阴茎囊前方不成环。卵黄腺滤泡位于侧方和中央，卵巢后滤泡存在。已知寄生于鲤科鱼类肠道，采自俄罗斯。模式种：东方短头节绦虫（*Breviscolex orientalis* Kulakovskaya，1962）（图 4-36C）。

6a. 外贮精囊存在……………………………………………………………伪纽带绦虫属（*Pseudolytocestus* Hunter，1929）

识别特征：头节弱戟状，无小腔。生殖孔分离。卵巢 H 形。子宫在阴茎囊前不成环。卵黄腺滤泡位于侧方和中央，卵巢后滤泡不存在。已知寄生于亚口鱼科和胡子鲇科鱼类肠道，采自北美、印度。模式种：异议伪纽带绦虫（*Pseudolytocestus differtus* Hunter，1929）（图 4-36D）。

6b. 无外贮精囊……………………………………………………………伪鲤蠢属（*Pseudocaryophyllaeus* Gupta，1961）

［同物异名：头颊样属（*Capingentoides* Gupta，1961）；伪头颊样属（*Pseudocapingentoides* Verma，1971）］

识别特征：头节球茎状，顶部平切。生殖孔分离。无外贮精囊。子宫在阴茎囊前不成环。卵黄腺滤泡位于侧方和中央，卵巢后滤泡不存在。已知寄生于胡子鲇科鱼类肠道，采自印度。模式种：印度伪鲤蠢绦虫（*Pseudocaryophyllaeus indica* Gupta，1961）（图 4-36E）。

4.8 鲤蠢目绦虫近期研究进展

4.8.1 亚洲热带地区寄生于胡子鲇的鲤蠢目绦虫分类修订

Ash 等（2011）修订了亚洲热带（印度动物地理区）寄生于经济鱼类蟾胡子鲇（*Clarias batrachus*）的单节绦虫。基于新近采自印度、印度尼西亚和泰国的标本及原模式标本的研究，前人描述的鲤蠢目的 3 科 15 属 59 个命名的种，仅 8 种纽带科的绦虫被认为是有效种，它们包括：印度博维绦虫［*Bovienia indica*（Niyogi，Gupta & Agarwal，1982）］新组合；赖布尔博维绦虫［*Bovienia raipurensis*（Satpute & Agarwal，1980）］（Mackiewicz，1994）；链形博维绦虫［*Bovienia serialis*（Bovien，1926）Fuhrmann，1931］；穿透德班绦虫（*Djombangia penetrans* Bovien，1926）；小头勒克瑙绦虫［*Lucknowia microcephala*（Bovien，1926）］新组合；印度纽带绦虫［*Lytocestus indicus*（Moghe，1925）Woodland，1926］；丽塔伪鲤蠢绦虫（*Pseudocaryophyllaeus ritai* Gupta & Singh，1983）和细颈伪鲤蠢绦虫［*P. tenuicollis*（Bovien，1926）］新组合。对有效种进行了重描述并首次提供有头节扫描电镜照片及卵的照片（图 4-38，图 4-39）。其他 50 余种实际都是同物异名种，包括采自其他鱼类宿主的 4 个种的描述。其余采自胡子鲇的鲤蠢目绦虫，至少还有 6 个类群由于未获得原始描述而无法澄清。Ash 等（2011）提供了寄生于胡子鲇的鲤蠢目绦虫分类检索表。为了避免无效种描述的增加，研究人员强烈建议只用固定良好的材料进行描述，损坏、分解或强烈压扁平的标本不能用于分类研究，模式标本必须进行存放，以便将来的核实。

4.8.1.1 胡子鲇鲤蠢目绦虫分种检索表

1a. 体短，瓶状（即具有窄的颈区、膨胀的体部和圆的后端部），具有球状的头节……………………………………………………………穿透德班绦虫（*Djombangia penetrans* Bovien，1926）

1b. 体伸长，颈区不明显……………………………………………………………2

2a. 卵黄腺滤泡仅位于侧方（中央不存在）……………………………………………3

2b. 卵黄腺滤泡位于侧方和中央……………………………………………………5

3a. 头节钝箭状，有指状末端部，卵黄腺滤泡达后方的卵巢位置……………………………………………………………赖布尔博维绦虫［*Bovienia raipurensis*（Satpute & Agarwal，1980）］

3b. 头节非箭状，卵黄腺滤泡不达卵巢位置……………………………………………4

图 4-38　印度区胡子鲇鲤鳌目绦虫头节扫描结构（引自 Ash et al.，2011）

A. 印度博维绦虫；B. 赖布尔博维绦虫；C. 链形博维绦虫；D. 穿透德班绦虫；E. 小头勒克瑙绦虫；F. 印度纽带绦虫；G. 丽塔伪鲤鳌绦虫；H. 细颈伪鲤鳌绦虫

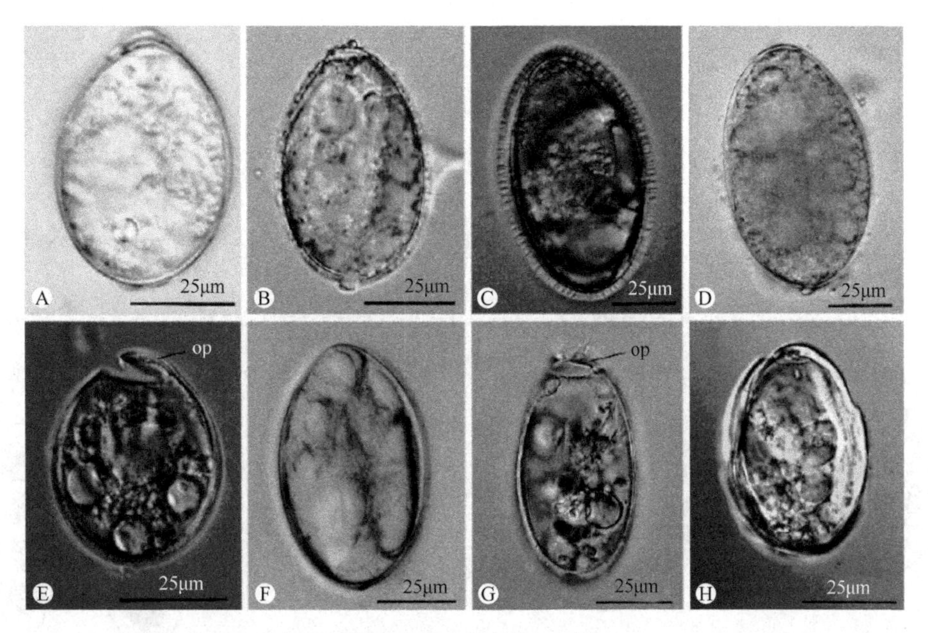

图 4-39 7 种鲤蠢目绦虫卵的光镜结构（引自 Ash et al.，2011）

A. 印度博维绦虫；B. 赖布尔博维绦虫；C. 穿透德班绦虫（注意成熟卵具有短丝状物厚被覆盖）；D. 穿透德班绦虫不成熟卵有光滑的外表；E. 小头勒克瑙绦虫（注意卵盖）；F. 印度纽带绦虫；G. 丽塔伪鲤蠢绦虫（注意卵盖）；H. 细颈伪鲤蠢绦虫。缩略词：op. 卵盖

4a. 阴茎囊后方无卵黄腺滤泡；头节略宽而不窄，颈长；存在公共生殖腔……………………………………印度博维绦虫［*Bovienia indica*（Niyogi，Gupta & Agarwal，1982）］

4b. 阴茎囊后方存在卵黄腺滤泡；头节显著宽于窄的颈区；不存在公共生殖腔（生殖孔分离）……………………………………系列博维绦虫［*Bovienia serialis*（Bovien，1926）Fuhrmann，1931］

5a. 体强壮；卵巢蝶状；头节粗大，披针形到指状，具圆形的前端；颈很短；无受精囊……………………………………印度纽带绦虫［*Lytocestus indicus*（Moghe，1925）］

5b. 体细长；卵巢具长臂，H 形或倒 A 形；头节细长，具不同的形态；颈长；存在受精囊……………………6

6a. 卵巢后端臂向内弯曲，通常为倒 A 形；体很长（达 60mm）、细长；头节披针形……………………………………小头勒克瑙绦虫［*Lucknowia microcephala*（Bovien，1926）］

6b. 卵巢 H 形；体短；头节铲状……………………7

7a. 卵黄腺滤泡达卵巢位置；头节短；颈长……………细颈伪鲤蠢绦虫［*Pseudocaryophyllaeus tenuicollis*（Bovien，1926）］

7b. 卵黄腺滤泡不达卵巢位置；头节长；颈短…………丽塔伪鲤蠢绦虫（*Pseudocaryophyllaeus ritai* Gupta & Singh，1983）

4.8.2 黑维庸绦虫的相关研究

4.8.2.1 卵黄腺发生

Swiderski 等（2009）用透射电镜和过碘酸氨基硫脲蛋白银（periodic acid-thiosemicarbazide-silver proteinate，PA-TSC-SP）对糖原进行细胞化学染色等方法研究了黑维庸绦虫卵黄腺发生的超微结构及细胞化学变化。成体卵黄腺滤泡细胞处于不同发育期，从滤泡周围不成熟的卵黄原细胞进行性地过渡到成熟过程中及中央的成熟卵黄腺细胞。成熟的特征（图 4-40）有如下几点：①细胞体积增大；②核表面积增加，恢复核/质（*N*/*C*）比；③核仁的转变；④壳蛋白产生单位——粗面内质网（GER）平行池的扩张发育；⑤高尔基复合体的发育，参与壳颗粒形成与包装；⑥糖原在细胞质里的合成与贮存；⑦核内糖原独立形成与贮存；⑧小壳颗粒不断融合为更大的壳颗粒，并且这些颗粒融入大的壳颗粒丛，壳颗粒丛的数量和大小进行性增加；⑨卵黄腺细胞质中间层 GER 的离解，退行性变化及糖原和壳颗粒在细胞质内的积累。与其他鲤蠢绦虫的卵黄腺发生不一样，黑维庸绦虫成熟卵黄腺细胞核的糖原是随机分散于核质中的，不形成中央集聚的所谓“核胞”。黑维庸绦虫卵黄腺细胞的营养功能大大降低了，有可能是其早期胚胎在

子宫内发育所致。

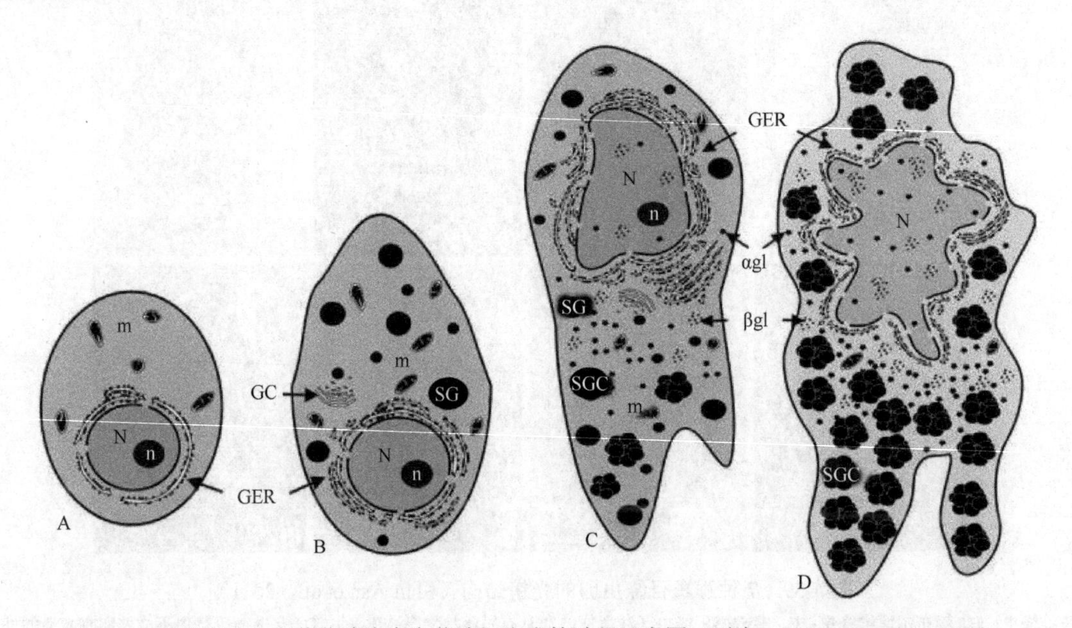

图 4-40 黑维庸绦虫卵黄腺滤泡中卵黄腺细胞成熟过程示意图（引自 Swiderski et al.，2009）
A. 未成熟细胞（卵黄腺原细胞）；B. 早期；C. 成熟过程中的卵黄腺细胞；D. 成熟的卵黄腺细胞。缩略词：GC. 高尔基复合体；GER. 粗面内质网；m. 线粒体；n. 核仁；N. 核；SG. 壳颗粒；SGC. 壳颗粒丛；αgl. α 糖原；βgl. β 糖原

4.8.2.2 精子发生

黑维庸绦虫的精子发生（图 4-41）与鲤蠢目特征性的类型相似，最初源于分化区的形成。分化区的基部弓状细胞膜环由皮层微管分界，含有两个与典型纹状根相关联的中心粒，之间有退化的间中心体。分化区的顶部出现有电子致密物质，仅存在于精子形成的早期阶段。两个中心粒中仅一个发育为游离鞭毛，长成与相关胞质突起呈>90°角的状况。在黑维庸绦虫精子发生中观察到的最为有趣的特性是存在退化、狭窄的间中心体及独特的鞭毛转动>90°角现象。

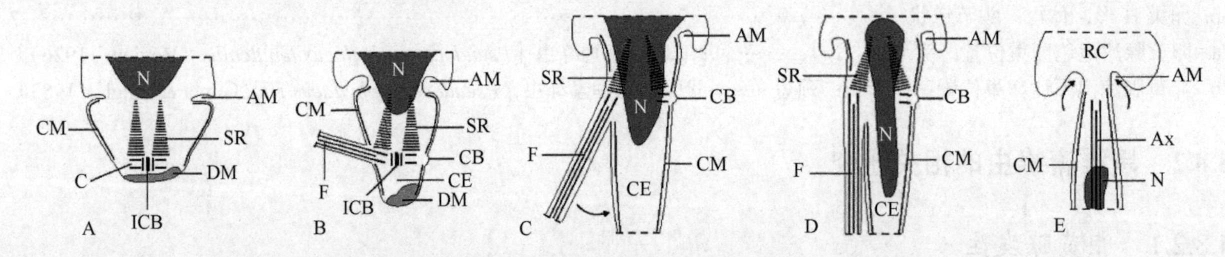

图 4-41 黑维庸绦虫精子发生主要连续期重建示意图（引自 Miquel et al.，2008）
缩略词：AM. 弓状细胞膜；Ax. 轴丝；C. 中心粒；CB. 中心粒芽；CE. 细胞质突起；CM. 皮层微管；DM. 电子致密物质；F. 鞭毛；ICB. 间中心体；N. 核；RC. 残留的细胞质；SR. 纹状根

4.8.3 印度纽带绦虫的精子发生与精子形态

Yoneva 等（2012）描述了印度纽带绦虫的精子发生和成熟精子的超微结构；这是单节绦虫类群的第一个代表，可能是采自印度区最基础的绦虫（真绦虫亚纲）的精子发生与精子形态记录。与其他鲤蠢目的绦虫类似，其精子发生涉及锥状分化区的形成，区内具有两个与纹状根相关联的中心粒和一个间中心体。在精子发生过程中，中心粒中的 1 个长出游离鞭毛，随后与胞质突起融合，而另一个中心粒保持定位于胞质芽中。其精子形成的另一个特点是在精子形成的早期阶段的电子致密物质的存在和轻微旋转的鞭毛芽。印度纽带绦虫的成熟精子为丝状（图 4-42），两端锥状，缺线粒体；其核与轴丝平行，不达后端，

属于典型的III型精子类型。新数据证实鲤蠢目绦虫与真绦虫中被认为是祖征的精子发生类型一致。现存的采自 4 个动物地理区（古北区、新热带区、埃塞俄比亚区和印度地区）不同宿主群［鲤形目：鲤科、亚口鱼科；鲇形目：倒立鲇科（Mochokidae）和胡子鲇科的鱼类］的鲤蠢目 4 科 3 属 8 种的精子超微结构信息表明，它们在精子发生和精子超微结构上的一致性不足以用于识别不同物种的分类地位。

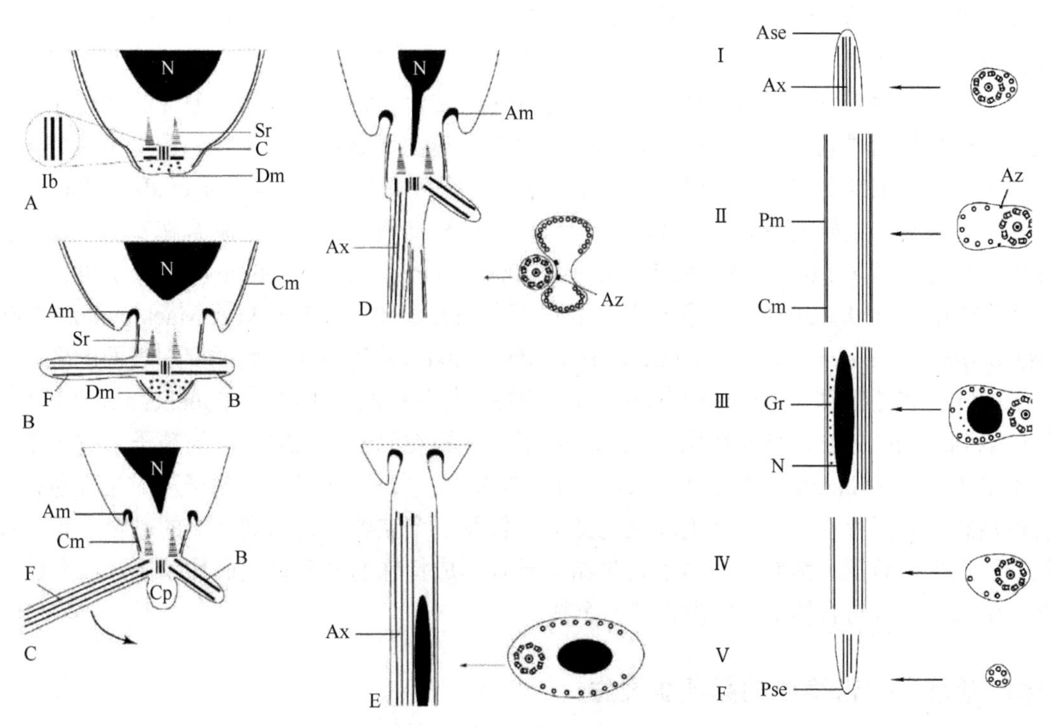

图 4-42　印度纽带绦虫精子发生和成熟精子超微结构示意图（引自 Yoneva et al.，2012）

A. 起始期，示分化区的形成；B. 两个中心粒的位置及游离鞭毛的发生；C. 游离鞭毛旋转和胞质芽；D. 鞭毛与胞质突起近端到远端融合前；E. 精子形成末期，示弓状膜环收缩；F. 成熟精子超微结构：自前向后分为 5 区（Ⅰ～Ⅴ）。缩略词：Am. 弓状膜；Ase. 精子前端；Ax. 轴丝；Az. 附着区；B. 胞质芽；C. 中心粒；Cm. 皮层微管；Cp. 胞质突起；Dm. 致密物质；F. 游离鞭毛；Gr. 电子致密颗粒；Ib. 间中心体；N. 核；Pm. 质膜；Pse. 精子后端；Sr. 纹状根

Bruňanská 和 Kostič（2012）基于对宽头鲤蠢绦虫精子分化和超微结构的研究，进一步认识了鲤蠢目绦虫的精子发生类型，其结果与 Yoneva 等（2012）的结果类似，但他们提出游离鞭毛+鞭毛芽旋转是鲤蠢目绦虫精子发生的一个重要的发育特征，这是前人没有述及的。

Świderski（1986）基于鲤蠢目绦虫精子发生类型（第Ⅰ型）的一系列特征：第二条轴丝早期消失，无鞭毛旋转及单一轴丝与一中央胞质突起表面的近端到远端融合等认为鲤蠢目是绦虫演化中的独立线系。不久后人们发现鲤蠢目绦虫精子发生符合 II 型精子发生，具有鞭毛旋转、近端到远端融合，而且在精子分化过程中第二中心粒保持不变（Bâ & Marchand，1995）。之后又有人阐明第二中心粒长出鞭毛芽且与游离鞭毛旋转异步（Bruňanská，2009，2010；Bruňanská & Poddubnaya 2006；Miquel et al.，2008；Yoneva et al.，2011）。这些后续的研究揭示鲤蠢目绦虫精子发生过程中可能有 3 个特征具有系统学意义：早期精子细胞中的顶端致密物质，游离鞭毛和鞭毛芽均发生旋转及完全的近端向远端的融合。真绦虫顶端致密物质的发生最初报道于厚真槽绦虫（*Eubothrium crassum*）的早期精子细胞（Bruňanská et al.，2001）。随后在具有两条轴丝的其他目的种中观察到，如槽首目绦虫（Levron et al.，2005，2006；Šípková et al.，2010）、双叶槽目绦虫（Levron et al.，2006，2009）和佛焰苞槽目绦虫（Bruňanská et al.，2006；Bruňanská & Poddubnaya，2010）。致密物质亦存在于鲤蠢目具有一条轴丝精子的精子发生过程中（Bruňanská & Poddubnaya，2006；Gamil，2008；Miquel et al.，2008；Bruňanská，2009，2010；Yoneva et al.，2011）。因此，早期精子细胞中的顶端致密物质是上述类群特有的。游离鞭毛和鞭毛芽的旋转是鲤蠢目绦虫精子发生的一个重要特征而在早期没有描述过（Świderski，1986；Bâ & Marchand，1995；Swiderski & Mackiewicz，2002；Arafa & Hamada，2004；Gamil，2008）。最近在纽带科绦虫中有探查到类似现象（Bruňanská & Poddubnaya，2006；Bruňanská，2009，2010），在鲤蠢科（Miquel et al.，2008）和头颊绦虫科（Yoneva et al.，2011）也有得到证实。该种旋转类型类似于佛焰苞槽目、双叶槽目和槽首目绦虫精子发生中发现的状况，这些绦虫产生两条不等长游离鞭毛，精子具有两条轴丝（Bruňanská et al.，2001，2006；Levron et al.，2005）。游离鞭毛和鞭毛芽的旋转可能揭示鲤蠢目精子发生的衍生期，当第二条鞭毛极度退化时，就形成鞭毛芽，并且与游离鞭毛一起旋转。相似的游离鞭毛和鞭毛芽的旋转先前仅描述于更为演化的四槽目的四槽属绦虫（Stoitsova et al.，1995）。宽头鲤蠢绦虫精子发生的一个有趣的特征是额外的纹状根位于典型根的对方位置，相似的特征仅报道于阔节裂头绦虫（Levron et al.，2006），这可能支持鲤蠢目与双叶槽目为姐妹关系的推测（Olson et al.，2008）。近端到远端的融合在宽头鲤蠢绦虫和其他鲤蠢目绦虫中均有报道（Bruňanská & Poddubnaya，2006；Gamil，2008；Miquel et al.，2008；Bruňanská，2009，2010；Yoneva et al.，2011），不符合鲤蠢目胭脂鱼格拉绦虫（Swiderski & Mackiewicz，2002）和单槽绦虫 *Monobothrioides chalmersius*（Arafa & Hamada，2004）鞭毛与中央胞质突起表面的融合，是一个类似报道于四叶目和叶槽目（Mokhtar-Maamouri，1979）与其他演化类群（Miquel et al.，1999，2007a）的完全的近端到远端的融合。宽头鲤蠢绦虫成熟精子的结构类似于黑维庸绦虫的精子：有一条轴丝和完全纳入精子主体的核（Gamil，2008；Miquel et al.，2008）。总之，鲤蠢目型精子形成过程包括：早期精子细胞的顶端致密物质存在，游离鞭毛和鞭毛芽的旋转及一个完整的近端到远端的融合。鞭毛和鞭毛芽的旋转代表了衍生的状况。鲤蠢目型精子发生结果导致形成特殊的鲤蠢目型成熟精子。成熟的精子缺乏顶体，含一条轴丝、有与长轴平行的微管及一个核。

4.8.4 休伦湖魅力纽带绦虫的卵黄腺发生

休伦湖魅力纽带绦虫（*Atractolytocestus huronensis* Anthony，1958）的卵黄腺发生见图 4-43。

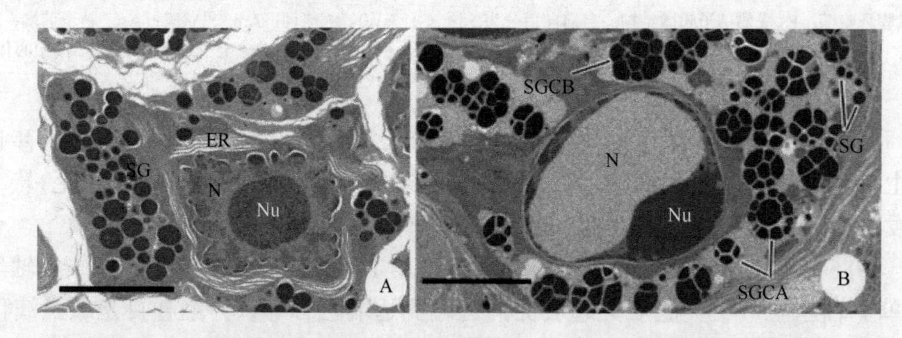

图 4-43 休伦湖魅力纽带绦虫的卵黄腺发生（引自 Bruňanská，2009）

A. 成熟中的卵黄腺细胞（Ⅱ期），含有高电子密度壳颗粒（SG）、内质网（ER）、核（N）、核仁（Nu）；B. 成熟卵黄腺细胞（Ⅳ期），壳颗粒丛（SGC），不断增大的体积明显是由单个小的高电子密度颗粒融合成的。注意有两型壳颗粒丛：SGCA 和 SGCB。标尺=5μm

Bruňanská（2009）用光镜和透射电镜技术研究了寄生于鲤鱼的休伦湖魅力纽带绦虫的卵黄腺发生，并用 PA-TSC-SP 对糖原进行细胞化学染色。结果发现，该绦虫的卵黄腺细胞与单性生殖和正常生殖的较低等的绦虫具有相同的基本形式。休伦湖魅力纽带绦虫各卵黄腺滤泡由不同发育期的卵黄腺细胞和间质组织组成。间质组织的突起围绕着各卵黄腺细胞并伸展为滤泡周围的细胞质鞘。与其他真绦虫不同，休伦湖魅力纽带绦虫的间质组织包含有大量电子密度高、大小不一的囊泡。正在成熟过程中和成熟的卵黄腺细胞含有单一小壳颗粒形式的卵黄物质，颗粒逐渐地融合形成大的壳颗粒丛。休伦湖魅力纽带绦虫的壳颗粒丛有两型。成熟卵黄腺细胞中其他的卵黄腺物质为单一的层状颗粒和胞质中的糖原。

4.8.5 中华许氏绦虫卵黄腺细胞的组成

中华许氏绦虫（*Khawia sinensis* Hsü，1935）卵黄腺细胞的组成见图 4-44。

Bruňanská 等（2013）应用透射电镜显微术和 PA-TSC-SP 染糖原的细胞化学技术对采自鲤鱼的侵袭性鲤蠢目绦虫：中华许氏绦虫的卵黄腺进行了研究。一个卵黄腺由大小不规则的大量滤泡构成，并由卵黄腺管网相连。卵黄腺滤泡由不同发育阶段的卵黄腺细胞组成，这些卵黄腺细胞由间质组织相连。卵黄腺滤泡由一与细胞间基质相关的细胞质鞘包围。粗面内质网和高尔基复合体的广泛发展均参与卵黄腺细胞的壳球/壳球丛的产生及特征性的细胞分化。核和核仁的变化导致核内糖原的形成和存储，这是鲤蠢目绦虫特有的特征。近期在许氏绦虫成熟卵黄腺细胞中观察到存在层状体和少量脂滴。这些细胞质内含物最初发生于滤泡中的成熟细胞并持续存在于卵黄腺管中的卵黄腺细胞和子宫内虫卵中。探测到两型层状体：规则层状结构体和不规则层状结构体。层状体均无膜包围。层状体的形成可能与内质网或壳球丛密切相关，一些壳球转变成为层状体丛。

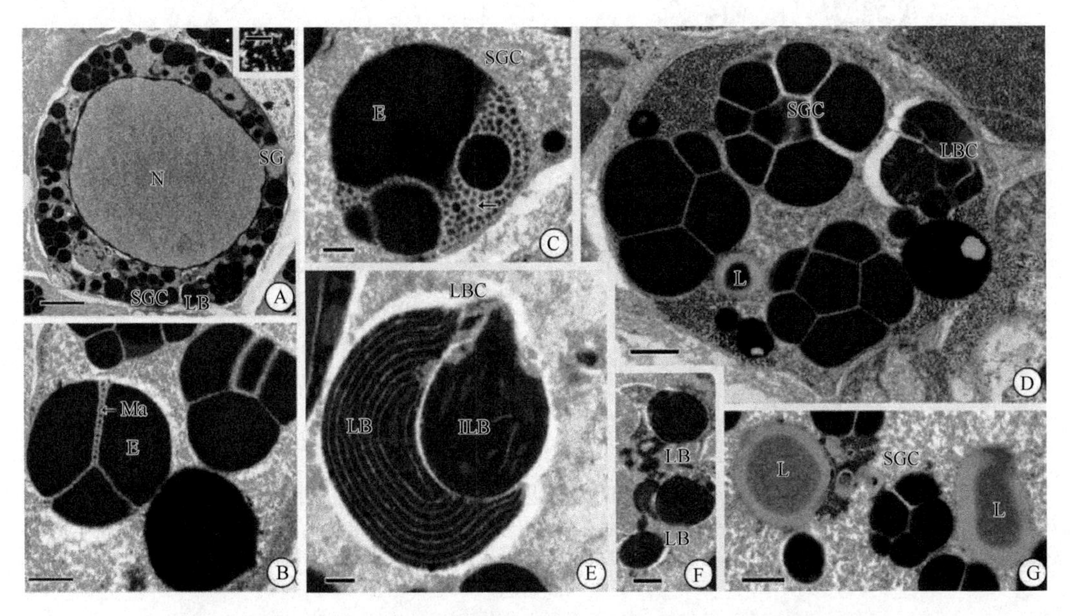

图 4-44 中华许氏绦虫卵黄腺细胞的组成（引自 Bruňanská et al.，2013）

A. 具有壳球（SG）和壳球丛（SGC）的成熟卵黄腺细胞［注意核（N）周区有小层状体（LB）］；插图为成熟卵黄腺细胞核中的糖原；标尺=250nm；B. 壳球丛的两种组分：电子透明的基质，偶尔囊泡化（Ma）和由聚集的壳球组成的电子致密的核心（E）；C. 壳球粒丛一电子透明的基质中大量的微囊泡（箭头示）；D. 壳球丛变形为层状体丛（LBC），L 代表脂滴；E. 成熟卵黄腺细胞胞质中的层状体丛（注意两类层状体）：规则层状体（LB）和不规则层状体（ILB）；F. 一成熟卵黄腺细胞的典型的单个层状体；G. 成熟卵黄腺细胞中的脂滴。标尺：A=2.5μm；B，D，F=0.5μm；C=0.25μm；E=0.2μm；G=0.3μm

4.8.6 叶状卵巢属的建立

Oros 等（2012）描述了采自印度和孟加拉国恒河与我国雅鲁藏布江流域的小鲃属（*Puntius*）（鲤形目：鲤科）鱼类的一个鲤蠢目绦虫新种（图 4-45～图 4-48），新种以斑尾小鲃（*Puntius sophore*）作为其模式宿主，并提出用新属：叶状卵巢属（*Lobulovariumn* Oros，Ash，Brabec，Kar & Scholz，2012）容纳该种。新属属于纽带绦虫科，因为其卵黄腺滤泡位于皮质区。其特殊之处在于：①有一个奇特的卵巢，大致是 H 形，但在其腹部和背侧有不对称、不规则的分叶；②大量的卵黄腺滤泡分散在皮层形成一个广泛的卵黄腺区；③体后端长锥状卵巢后区域有大量的卵黄腺滤泡；④宽的指状头节有一可略伸缩的中央锥；⑤单一生殖孔（雄性与雌性生殖管通过一单孔开口，没有公共生殖腔）；⑥有少量精巢（<60 个）。分子（大亚基核糖体 DNA 部分序列）数据表明长卵叶状卵巢绦虫新种（*L. longiovatum* n. sp.）属于最基础的鲤蠢

目绦虫，与采自印度区鲇形目鱼类的种不相关。采自印度北部一鲤形目鱼：大头骨鳊（*Osteobrama cotio*）的骨鳊副鲤蠢绦虫［*Paracaryophyllaeus osteobramensis*（Gupta & Sinha，1984）Hafeezullah，1993，同物异名为 *Pliovitellaria osteobramensis* Gupta & Sinha，1984］暂时转入叶状卵巢属，更名为骨鳊叶状卵巢绦虫［*L. osteobramense*（Gupta & Sinha，1984）］。它与长卵叶状卵巢绦虫的区别在于其卵更小（长 50μm，长卵叶状卵巢绦虫的卵长 90μm），其卵的长宽比为 1∶1，而长卵叶状卵巢绦虫卵的长宽比为（2.5～3）∶1，且卵黄腺滤泡沿卵巢叶分布（而长卵叶状卵巢绦虫几乎没有）。

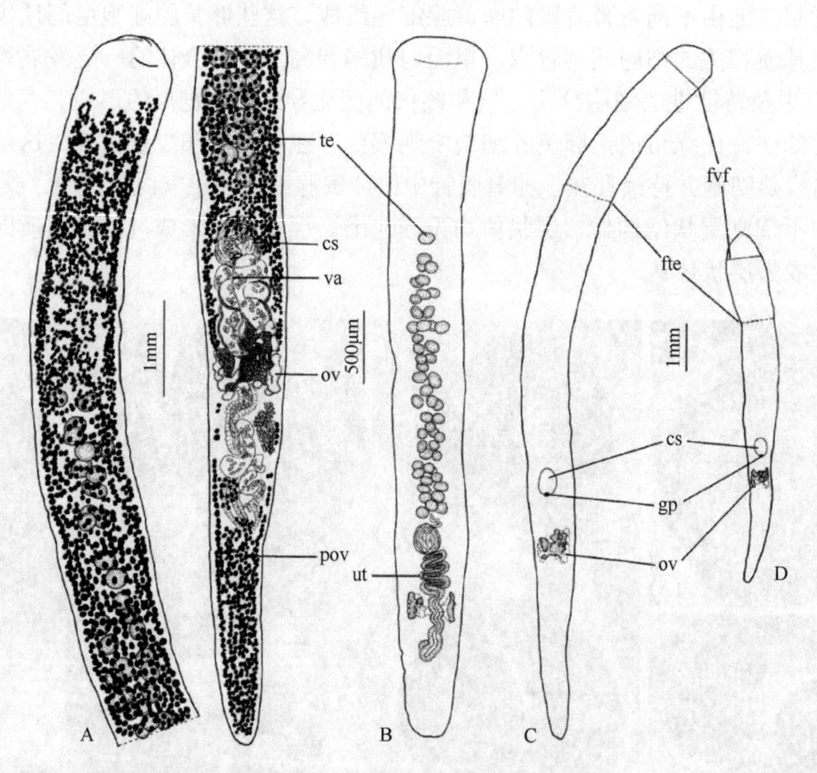

图 4-45　采自印度区斑尾小鲃的长卵叶状卵巢绦虫结构示意图（引自 Oros et al.，2012）

A. 全模标本整体腹面观（IPCAS C-619）；B. 未成熟虫体（IPCAS C-619）（注意精巢的分布和少量的数目）；C～D. 孕卵虫体外观（注意体大小的变化）。缩略词：cs. 阴茎囊；fte. 第 1 精巢水平；fvf. 第 1 卵黄腺滤泡水平；gp. 生殖孔；ov. 卵巢；pov. 卵巢后卵黄腺滤泡；te. 精巢；ut. 子宫；va. 阴道

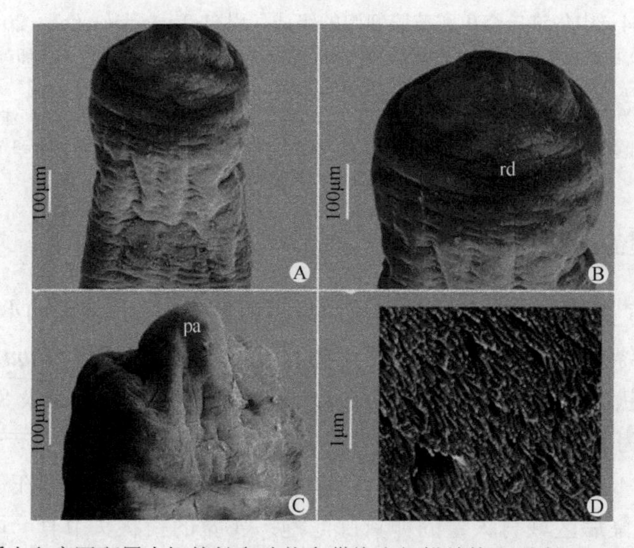

图 4-46　采自印度区斑尾小鲃的长卵叶状卵巢绦虫扫描结构（引自 Oros et al.，2012）

A～C. 头节；D. 微毛（针状丝毛）。缩略词：pa. 头节突出的顶部；rd. 轮状凹陷

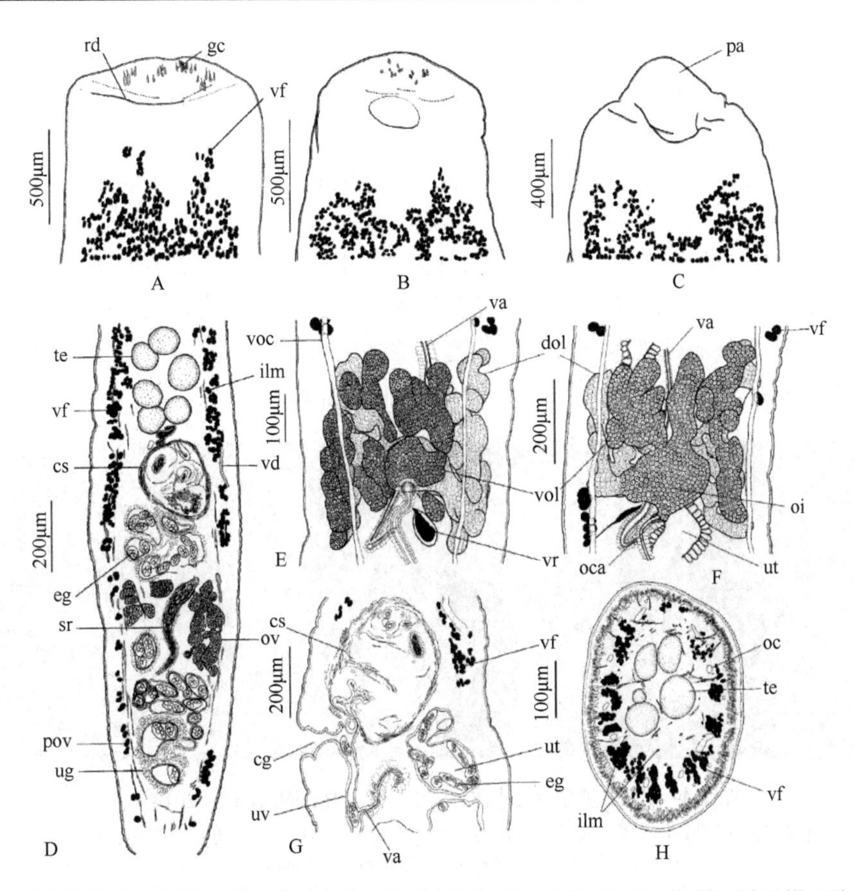

图 4-47 采自印度区斑尾小鲃的长卵叶状卵巢绦虫头节、体后部矢状面、卵巢区域及横切结构示意图（引自 Oros et al.，2012）

A～B. 无凹，宽的指状头节，注意腺细胞的位置，第 1 卵黄腺滤泡和轮状凹陷；C. 凸尖的头节；D. 体后部矢状面；E～F. 卵巢区域腹面观，注意不规则形状的卵巢有几叶在腹部和背方通过卵巢峡部相连；G. 阴茎囊水平矢状面，注意子宫阴道管和单一生殖孔；H. 精巢区域横切面。缩略词：cg. 公共生殖孔；cs. 阴茎囊；dol. 背侧卵巢叶；eg. 卵；gc. 腺细胞；ilm. 内纵肌；oc. 渗透调节管；oca. 捕卵器；oi. 卵巢峡部；ov. 卵巢；pa. 突出的顶端；pov. 卵巢后卵黄腺滤泡；rd. 轮状凹陷；sr. 受精囊；te. 精巢；ug. 子宫腺；ut. 子宫；uv. 子宫阴道管；va. 阴道；vd. 卵黄管；vf. 卵黄腺滤泡；voc. 腹渗透调节管；vol. 腹卵巢叶；vr. 卵黄池

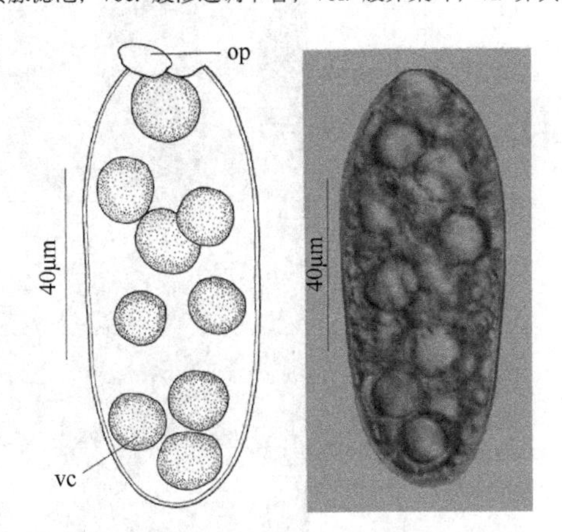

图 4-48 长卵叶状卵巢绦虫特征性的长形卵实物及其结构示意图（引自 Oros et al.，2012）

虫卵为整装样品子宫内的卵，注意分离的卵盖。虫卵照片为未染色虫体子宫远端部分离的虫卵。缩略词：op. 卵盖；vc. 卵黄细胞

4.8.7 鲤蠢绦虫形态可塑性研究

Barčák 等（2014）研究了采自不同终末宿主的短颈鲤蠢绦虫（*C. brachycollis* Janiszewska，1953）（图 4-49）表型的可塑性问题，基于新近采集的样品重新界定其两种形态并进行了重描述，1 型采自鲃属鱼类

(*Barbus* spp.) 包括模式宿主触须鲃 (*Barbus barbus*) [鲃亚科 (Barbinae)] 和 *Squalius* spp. [雅罗鱼亚科 (Leuciscinae)]。该型虫体身体更为强壮；具有铲形的头节，略宽与很短的颈区；精巢和卵黄腺滤泡的前方位置起于头节后。2 型样品采自欧鳊亚科 (Abraminae) 的欧鳊鱼 (*Abramis* spp.)、*Ballerus* spp.和粗鳞鳊属 (*Blicca* spp.)，原先被误认为是宽头鲤蠢绦虫，具有更细的身体和一扇状、比长的颈区宽很多的头节，第 1 个精巢起于第 1 个卵黄腺滤泡之后一定距离。除了头节形态、精巢和卵黄腺的前方扩展区位的差异，两型绦虫态模式标本在体后端的形态是一致的，尤其是阴茎囊，均为大型、厚壁、长梨状，含有一长的阴茎。卵黄腺滤泡的分布，环绕中央靠近阴茎囊的输精管。而采自法国阿尔让河 (Argens) 触须鲃的一条 1 型标本被认为是短颈鲤蠢绦虫的新类型。表型的可塑性若不借助分子细胞遗传学等手段进行判别，又没有完整的生活史研究，很可能会被认为是不同的种。

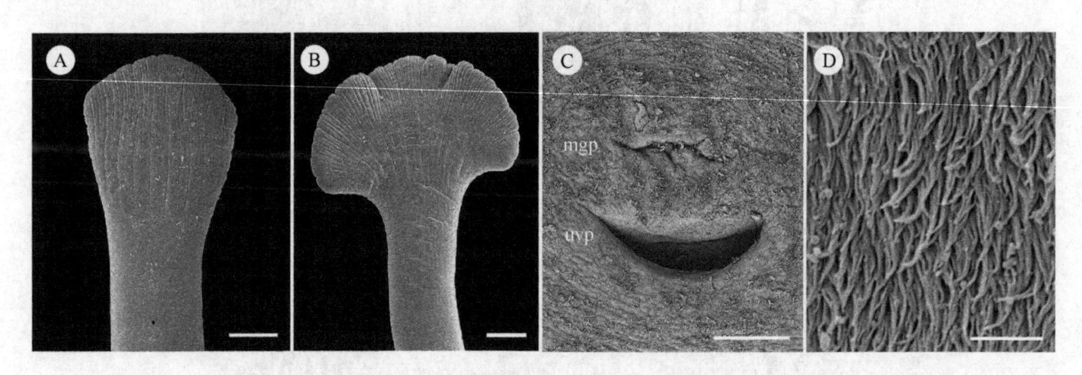

图 4-49　短颈鲤蠢绦虫扫描结构（引自 Barčák et al.，2014）

A. 1 型体前端和头节；B. 2 型体前端和头节；C. 分离的生殖孔；D. 针状丝毛。缩略词：mgp. 雄孔；uvp. 子宫阴道孔。标尺：A，B=200μm；C=100μm；D=2μm

Hanzelová 等 (2015) 对采自不同鱼宿主的宽头鲤蠢绦虫（图 4-50～图 4-52）形态类型特征进行了重描述，亦说明了绦虫形态的多态性。近期形态学和分子数据表明古北区淡水鱼类最常见的寄生虫

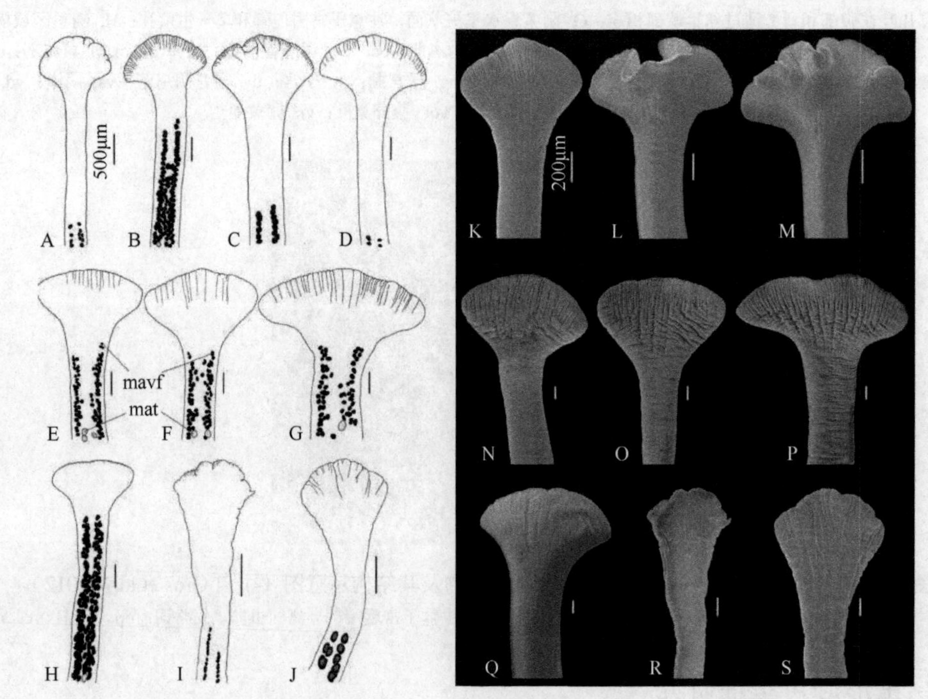

图 4-50　宽头鲤蠢绦虫体前端结构示意图及扫描结构（引自 Hanzelová et al.，2015）

A～J. 体前端结构示意图：A～D. 1 型；E～G. 4 型；H. 2 型；I. 3 型；J. 5 型，注意最前端精巢的位置（B，E～G）和卵黄腺滤泡（A～J）。K～S. 体前端扫描结构：K～M. 1 型；N～P. 4 型；Q. 2 型；R. 3 型；S. 5 型，注意头节形态在 1 型（K～M）和 4 型（N～P）中的变异。缩略词：mat. 最前端定位的精巢；mavf. 最前端定位的卵黄腺滤泡。标尺：A～J=500μm；K～S=200μm

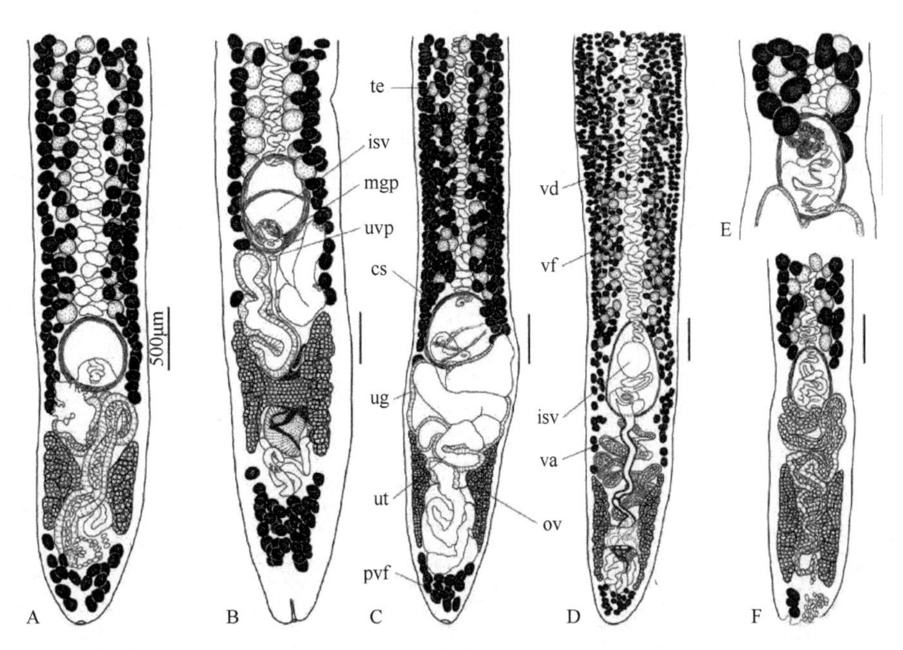

图 4-51　宽头鲤槽绦虫体后端结构示意图（引自 Hanzelová et al.，2015）

A. 1 型背面观；B. 2 型腹面观；C. 3 型背面观；D. 4 型腹面观；E. 5 型，阴茎囊区域的详细结构腹面观；F. 5 型背面观。注意卵黄腺滤泡不包围输精管（A～D，F）、发育良好的内贮精囊（A～D）及卵巢前卵黄腺滤泡的最后端（E，F）。缩略词：cs. 阴茎囊；isv. 内贮精囊；mgp. 雄孔；ov. 卵巢；pvf. 卵巢后卵黄腺滤泡；te. 精巢；ug. 子宫腺；ut. 子宫；uvp. 子宫阴道孔；va. 阴道；vd. 输精管；vf. 卵黄腺滤泡。标尺=500μm

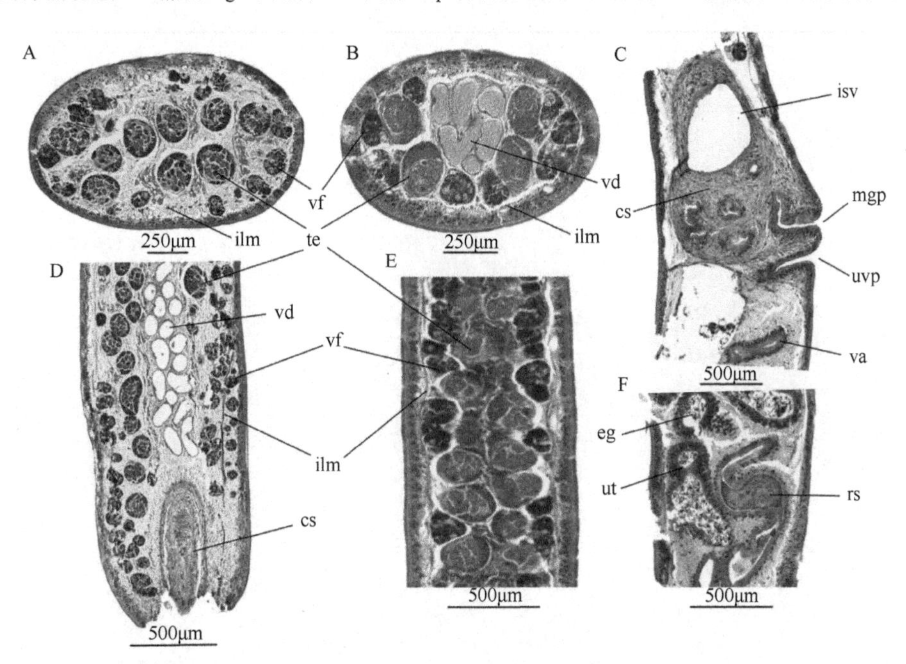

图 4-52　宽头鲤槽绦虫组织切片（引自 Hanzelová et al.，2015）

A，C，D，F. 采自大鼻软口鱼的 4 型；B，E. 采自欧鳊的 1 型。A～B. 横切面；C～F. 纵切面。注意卵黄腺滤泡的肌肉周围位置（A，D），输出管远端部没有被卵黄腺滤泡包围（D），大的内贮精囊（C）和分离的生殖孔（C）。缩略词：cs. 阴茎囊；eg. 卵；ilm. 内纵肌；isv. 内贮精囊；mgp. 雄孔；rs. 受精囊；te. 精巢；ut. 子宫；uvp. 子宫阴道孔；va. 阴道；vd. 输精管；vf. 卵黄腺滤泡。标尺：A～B=250μm；C～F=500μm

之一宽头鲤蠢绦虫具有高度多态性。其 5 个不同的形态型在很大程度上对应于不同的鱼宿主和代表不同的但密切相关的遗传谱系，已经确认，它们的特点如下：1 型采自鲂、欧鳊（*Abramis brama*）（模式宿主）和 *Ballerus* spp.，对应于最初宽头带绦虫（*Taenia laticeps* Pallas，1781）及其指定的新型［采自俄罗斯欧鳊的副性孔属（*Paragenophore*）绦虫］，这种形态的特征是具有一个细长的身体和扇形的头节。2 型发现于马其顿文鳊鱼黑目文鳊（*Vimba melanops*）和文鳊（*V. vimba*）；其特征是具有强壮的身体，卵黄腺滤泡的最前端扩展接近头节，阴茎囊的位置比其他形态类型更前。3 型的代表采自鲤鱼，有或楔皱状头节（楔形，前方边缘有浅凹槽）。4 型采自大鼻软口鱼（*Chondrostoma nasus*），具有大型、强壮的身体和宽的头节及体前部有大量浅表的沟（褶皱）。5 型的代表采自白眼欧鳊（*Ballerus sapa*），它的典型特征是头节具有垂花饰前缘，阴茎囊后方卵黄腺滤泡缺乏及没有发育良好的内受精囊。同一虫种形态特征的差异与其广泛的终末宿主谱有关，与终末宿主的分布区广阔有关，该种绦虫的终末宿主已报道分布于欧洲、大多数亚洲和非洲北部地区。

5 佛焰苞槽目（Spathebothriidea Wardle & Mcleod，1952）

5.1 简　介

佛焰苞槽目（也有人译为窄槽目）绦虫是寄生于软骨硬鳞鱼和硬骨鱼的一个独特的原始绦虫类群；沿着其链体分布有一系列重复的生殖器官，但链体无明显的分节现象。该目仅暂定了 2 科 5 属。已发现广泛但不连续地分布于北半球。

该群较早期的研究是 Nybelin（1922）的工作，其图在许多相关著作中一直被引用。缺分节现象尚未确定是原始的特征还是次生性的特征（有可能是次生性的）。该类群中有一些种类可在甲壳动物端足类体内成熟并产卵。Freeman（1973）研究提出佛焰苞槽目源自“原绦虫”（protocestodes），独立于原假叶目，并由其产生出鲤蠹目。Mackiewicz（1982）综述了鲤蠹目绦虫的系统学，提出佛焰苞槽目的地位处于鲤蠹目和原假叶目之间。

该目在 Wardle 和 Mcleod（1952）的著作中，明显地与原假叶目区别开来，但作者提到：没有证据表明佛焰苞槽目头节吸附器官源自典型的原假叶目吸槽。当时此类群未被广泛认可，Joyeux 和 Baer（1961）与 Dubinina（1987）等仍将其归于原假叶目中。

该类群在 Nybelin（1922）的文献中分类如是：杯头科（Cyathocephalidae），包括 4 属：杯头属（*Cyathocephalus*），采自淡水和海水硬骨鱼类［主要是鲑科的和河鲈科的鱼类］；双杯属（*Diplocotyle*），采自海水硬骨鱼类［主要是鲑科和鲽科的鱼类］；吸槽属（*Bothrimonus*），采自软骨硬鳞鱼；双槽属（*Didymobothrium*）采自海洋硬骨鱼（soleids）。

Schmidt（1986）认可由 Akhmerov（1960）建立的属 *Schyzocotyle*，Akhmerov 将此属作为杯头科的一个属，但 Schmidt 归之入吸槽科（Bothrimonidae）。而 Dubinina（1982）认为 *Schyzocotyle* 的特征明显属于原假叶目，认为其与 Rudolphi（1808）的槽首属（*Bothriocephalus*）同义。

Gibson 和 Valtonen（1983）、Petkeviciute（1996）、Davydov 等（1997）、Okaka（2000）、Mackiewiez（2003）、Poddubnaya 等（2003，2005，2007）及 Bruňanská 等（2006）研究了佛焰苞槽目动物的染色体、生殖系统、卵黄腺发生及卵黄管超微结构、神经系统、分子系统分析及精子发生等内容。此群由于沿着链体分布有一系列重复的生殖器官，无明显的分节现象，在甲壳纲端足目动物中发育等特征而成为一个特殊类群，可能代表着一个多样化的支系。另外，分子系统研究表明其确实构成了真绦虫的一个基础线系（很可能与其他真绦虫是姐妹群），相关的综述见 Olson 和 Tkach（2005）。

Kuchta 等（2014）重新评估了 Wardle 和 McLeod（1952）的佛焰苞槽目绦虫。分子数据首次使此评估成为可能。所有属的系统关系肯定了吸槽属（*Bothrimonus* Duvernoy，1842）、双杯属（*Diplocotyle* Krabbe，1874）和双槽属（*Didymobothrium* Nybelin，1922）的有效性。对所有被认为有效的物种进行了调查，并提供了关于卵和头节形态及表面超微结构（即微毛）的新数据。这一群成员的特殊形态，以 5 个有效的单型属为代表，其寄主组合和地理分布几乎没有共同性，表明它是一个曾经多样化和广泛存在的亲缘群。这个目可能代表了最早的真绦虫分支。

5.2 佛焰苞槽目的识别特征

［同物异名：杯头目（Cyathocephalidea Renaud & Gabrion，1988）］

虫体长纺锤状到带状；背腹扁平；通体有线性的多套生殖器官，但无明显的外部分节。头节分化明显或不明显；明显时有1～2个吸盘样附着器官（图5-1）。精巢滤泡状；位于链体大部分连续的侧方区带。阴茎囊小到很发达；阴茎可能有棘。雄孔与雌孔靠近，位于虫体的同一面中央；生殖孔不规则交替开口于背部和腹部或仅在腹部。阴道和子宫开在雄孔后方，共同或通过公共生殖腔开口。卵巢簇状或分两叶，由小叶片组成，位于中央生殖孔后方。阴道连接阴道口和输卵管；可能在近端部膨大形成小的受精囊。子宫管状卷曲；成环填充于卵巢和生殖孔之间的中央区域，可能向前和/或向后方扩展达卵巢和生殖孔水平。卵有盖。卵黄腺滤泡状，位于精巢和体边缘的连续的侧方区带。渗透调节系统为链体各边有侧管的形式，有不规则的联合和侧方开孔。已发现寄生于北半球淡水、广盐性和海洋软骨硬鳞鱼及硬骨鱼类肠道。

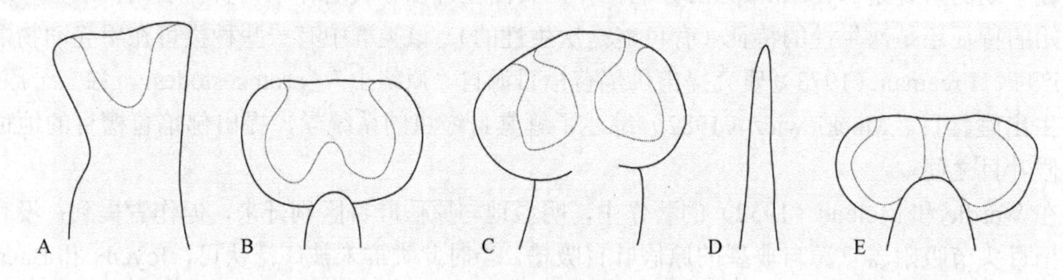

图5-1 佛焰苞槽5种绦虫头节示意图

A. 截形杯头绦虫；B. 小叶吸槽绦虫（*Bothrimonus fallax* Lühe，1900）；C. 双槽绦虫未定种（*Didymobothrium* sp.）；D. 简单佛焰苞槽绦虫；E. 奥瑞克双杯绦虫

5.3 佛焰苞槽目分科检索

1a. 虫体缺明显的头节和任何明显的附着器官……………………………………佛焰苞槽科（Spathebothriidae Yamaguti，1934）

1b. 虫体有分化的头节和1～2个明显的吸盘样附着器官……………………………………顶槽科（Acrobothriidae Olsson，1872）

［同物异名：吸槽科（Bothrimonidae Perrier，1897）；杯头科（Cyathocephalidae Lühe，1899）；双杯科（Diplocotylidae Monticelli，1892）］

5.4 佛焰苞槽科（Spathebothriidae Yamaguti，1934）

识别特征：虫体长纺锤状，但向后端渐弱。无明显的头节分化；缺附着器官。阴茎囊小。生殖孔不规则或规则交替。子宫和阴道孔相邻近。卵巢簇状。已知寄生于海洋硬骨鱼肠道。模式属：佛焰苞槽属（*Spathebothrium* Linton，1922）。

5.4.1 佛焰苞槽属（*Spathebothrium* Linton，1922）

识别特征：同科的特征。模式种：简单佛焰苞槽绦虫（*Spathebothrium simplex* Linton，1922）。

Banerjee 等于 2017 报道了该属的第2个种：维韦卡南达佛焰苞槽绦虫（*S. vivekanandai* Banerjee, Manna & Sanyal，2017）（图5-2）。样品采自印度西孟加拉邦北24帕加纳斯的巴西尔哈特（Basirhat）的一条淡水纹鳢（*Channa striatus*）的肠道。该种的特点是头节小，前部圆形；颈区存在；生殖孔不规则或有规律地交替，以及U形卵巢。除了这些特征，阴道括约肌的缺失和受精囊的缺失也使目前的物种与先前所描述的简单佛焰苞槽绦虫不同。

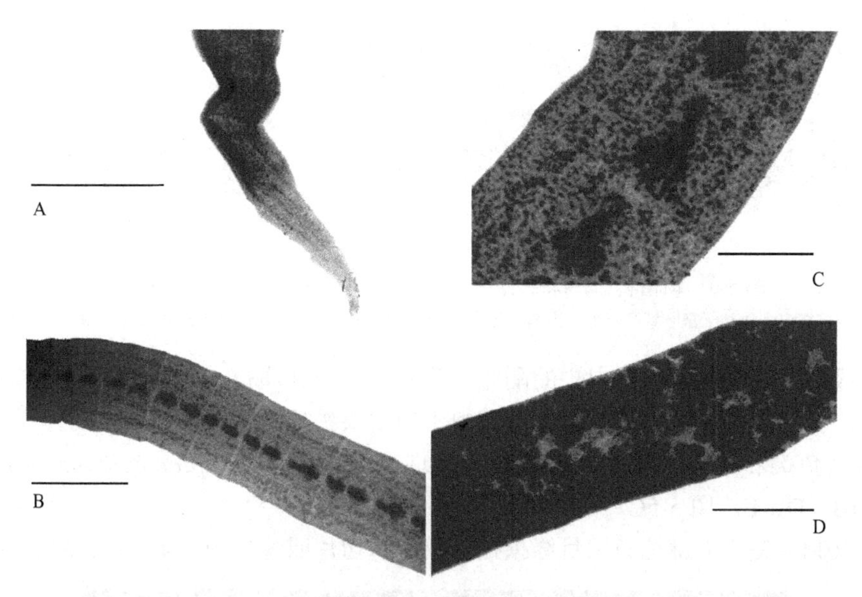

图 5-2　维韦卡南达佛焰苞槽绦虫光镜结构（引自 Banerjee et al.，2017，重排重标）

A. 头节（此照片的头节外表上看不出与简单佛焰苞槽绦虫有区别）；B. 未成节；C. 成节；D. 孕节。标尺=1mm

5.5　顶槽科（Acrobothriidae Olsson，1872）

［同物异名：吸槽科（Bothrimonidae Perrier，1897）；杯头科（Cyathocephalidae Lühe，1899）；双杯科（Diplocotylidae Monticelli，1892）］

识别特征： 虫体伸长成带状。头节分化；有 1～2 个明显的吸盘样附着器官。阴茎囊发达；内常有成形阴茎。生殖孔不规则交替或在腹部（多常在腹面）。子宫和阴道联合形成一短管状，通生殖腔或共同开口。卵巢两叶状，有光滑的峡部。已知寄生于广盐性、海洋、淡水硬骨鱼和软骨硬鳞鱼肠道。模式属：杯头属（*Cyathocephalum* Kessler，1868）。

5.5.1　顶槽科分属检索

1a. 有 1 个漏斗状的附着器官；寄生于淡水和半咸水硬骨鱼类，尤其是鲑科鱼 ··· 杯头属（*Cyathocephalum* Kessler，1868）
［同物异名：顶槽属（*Acrobothrium* Olsson，1872）］

识别特征： 虫体细长。头节由微收缩区与链体分离开；有漏斗状的附着器官。生殖孔不规则交替。子宫和阴道通过共同的孔开口。卵巢叶状围绕着子宫。已发现寄生于全北区硬骨鱼类（尤其是鲑科鱼类；少量报道采自软骨硬鳞鱼）肠道。模式种：截形杯头绦虫（*Cyathocephalum truncatus* Pallas，1781）（图 5-1A）。

1b. 有 2 个指向前方的吸盘样器官 ··· 2

2a. 吸附器官的腔联合；子宫区域窄，侧方由卵巢叶包围；已发现寄生于全北区软骨硬鳞鱼 ··吸槽属（*Bothrimonus* Duvernoy，1842）（图 5-3A）
［同物异名：双同叶槽属（*Disymphytobothrium* Diesing，1854）］

识别特征： 吸附器官的腔完全合并，仅基部有退化的隔。生殖孔不规则交替。子宫和阴道联合形成一短管状生殖腔。卵黄腺向中央扩展，部分覆盖卵巢叶。已知寄生于全北区软骨硬鳞鱼肠道。模式种：鲟鱼吸槽绦虫（*Bothrimonus sturionis* Duvernoy，1842）。

2b. 吸附器官的腔独立，由中央隔分离；子宫区域广，重叠于卵巢叶上；寄生于硬骨鱼 ································· 3

3a. 生殖孔位于腹部 ··· 双杯属（*Diplocotyle* Krabbe，1874）（图 5-3B）

图 5-3　顶槽科 2 种绦虫的生殖器官示意图（引自 Gibson，1994）
A. 小叶吸槽绦虫（注意子宫区域窄，侧方由卵巢包围）；B. 奥瑞克双杯绦虫（注意子宫区域宽，侧方与卵巢重叠）

识别特征：吸附器官的腔由内部中央的隔完全分开。生殖孔腹位。阴道和子宫孔邻近，通过共同的孔开口。子宫区广，不被卵巢叶覆盖。卵黄腺滤泡不向中央扩展达卵巢叶。已知寄生于海洋、半咸水硬骨鱼［主要是鲑科鱼类和鲽类］肠道。模式种：奥瑞克双杯绦虫（*Diplocotyle olrikii* Krabbe，1874）（图 5-1E，图 5-4B、D、E，图 5-5C，图 5-6C）。

Kuchta 等（2014）提供的佛焰苞槽目绦虫扫描及组织切片照片见图 5-4～图 5-6。

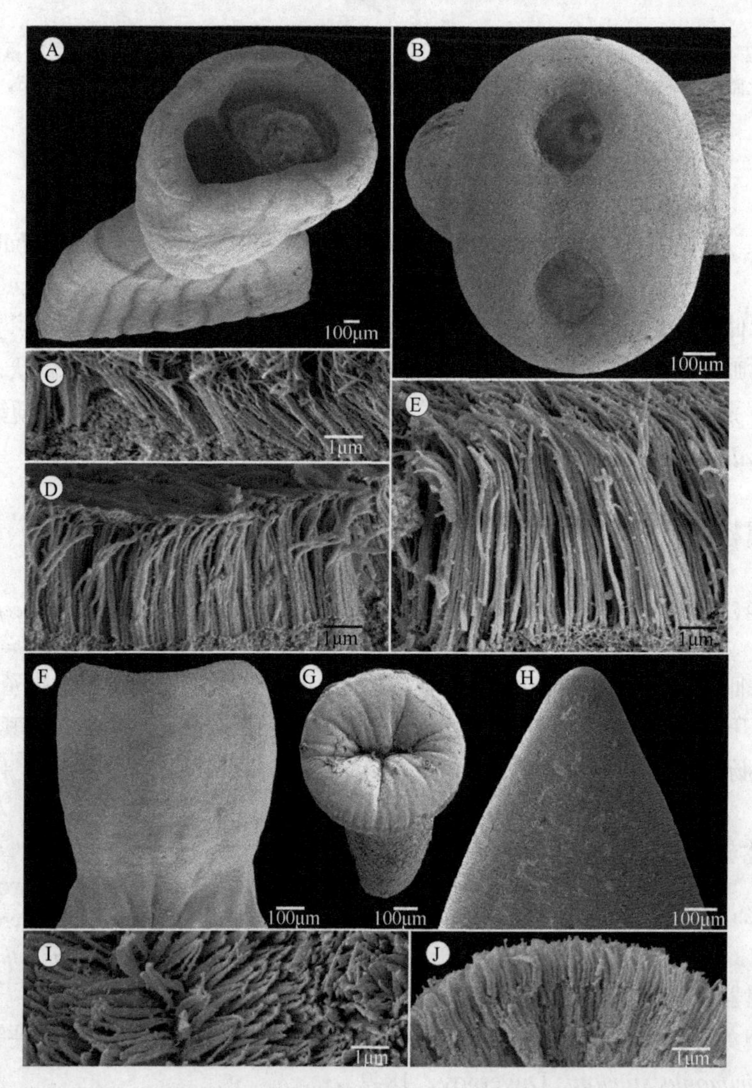

图 5-4　佛焰苞槽目绦虫扫描结构（引自 Kuchta et al.，2014）
A，C. 采自俄罗斯里海裸腹鲟（*Acipenser nudiventris*）的小叶吸槽绦虫；B，E. 采自北冰洋佩尼亚湾斯瓦尔巴群岛（Svalbard）短角床杜父鱼（*Myoxocephalus scorpius*）的奥瑞克双杯绦虫；D. 采自英国苏格兰圣安德鲁斯 *Marinogammarus* sp.的奥瑞克双杯绦虫；F，G，I. 采自意大利布伦塔河海鳟（*Salmo trutta*）的截形杯头绦虫；H，J. 采自北冰洋，佩尼亚湾，斯瓦尔巴德费氏狮子鱼（*Liparis fabricii*）的简单佛焰苞槽绦虫。头节顶面观（A，B，G）和背腹观（F，H）。头节表面覆盖着毛状的微毛（C～E，I，J）

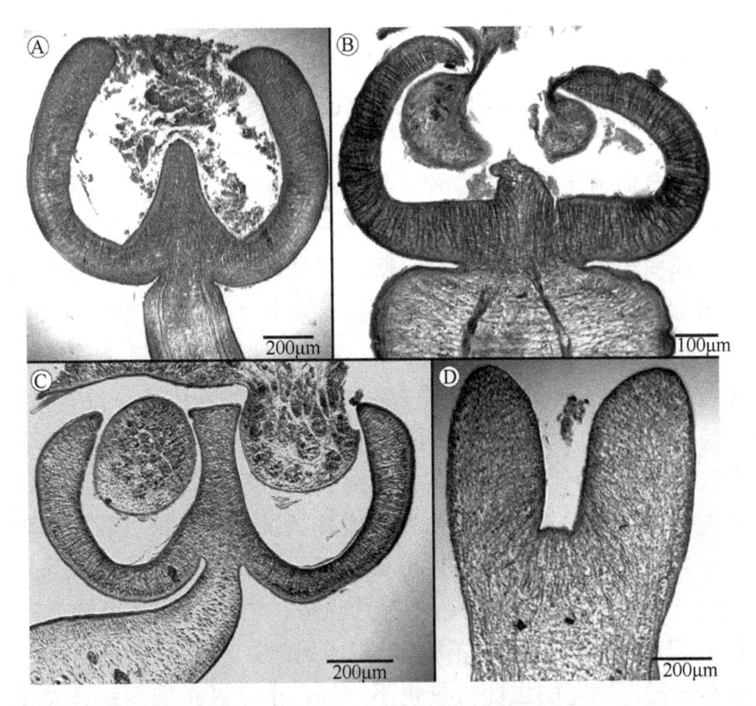

图 5-5 佛焰苞槽目绦虫头节组织切面光镜结构（引自 Kuchta et al.，2014）

A. 采自俄罗斯里海裸腹鲟（*Acipenser nudiventris*）的小叶吸槽绦虫；B. 采自法国地中海滨海巴纽尔斯（Banyuls-sur-Mer）几内亚大鼻鳎（*Pegusa lascaris*）的鲁氏双槽绦虫；C. 采自北冰洋佩尼亚湾斯瓦尔巴德短角床杜父鱼的奥瑞克双杯绦虫；D. 采自意大利布伦塔河海鳟的截形杯头绦虫

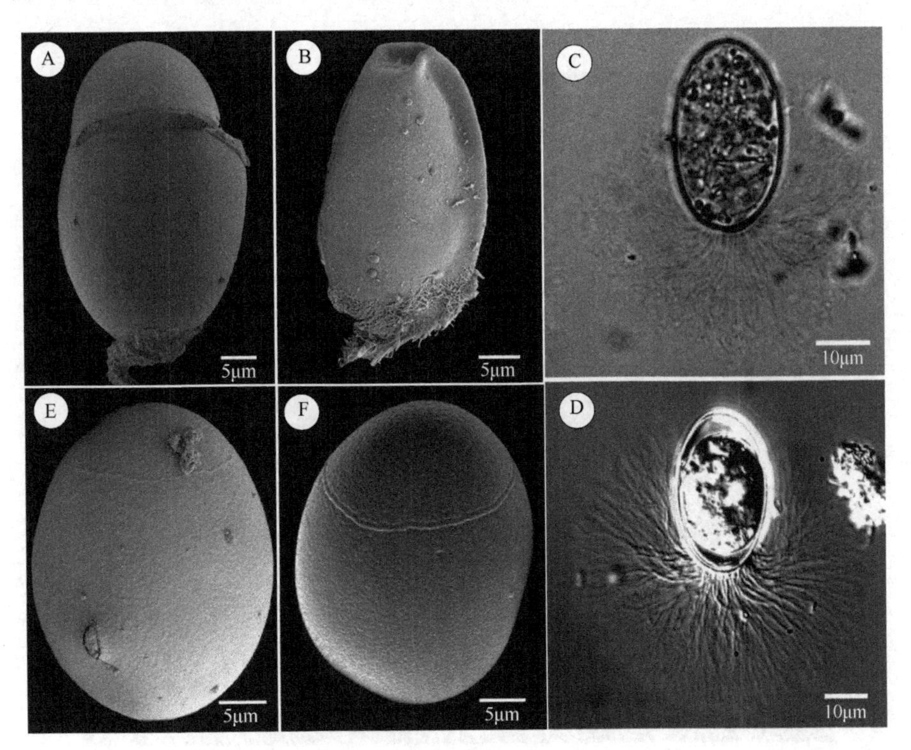

图 5-6 佛焰苞槽目绦虫虫卵扫描和光镜结构（引自 Kuchta et al.，2014）

A. 采自北冰洋佩尼亚湾斯瓦尔巴德短角床杜父鱼的奥瑞克双杯绦虫；B. 采自北冰洋佩尼亚湾斯瓦尔巴德费氏狮子鱼的简单佛焰苞槽绦虫；C. 采自英国苏格兰圣安德鲁斯 *Marinogammarus* sp.的奥瑞克双杯绦虫；D. 采自美国新罕布什尔州黑麦海滩附近大西洋狮子鱼（*Liparis atlanticus*）的简单佛焰苞槽绦虫；E. 采自俄罗斯里海裸腹鲟的小叶吸槽绦虫；F. 采自俄罗斯卡里亚塞戈泽罗湖（Lake Segozero，Karelia）白鲑（*Coregonus lavaretus*）的截形杯头绦虫

3b. 生殖孔不规则交替开口于背部和腹部表面 ·· 双槽属（*Didymobothrium* Nybelin，1922）

识别特征：吸附器官的腔完全由中央隔分开。生殖孔不规则交替。阴道和子宫孔邻近，通过共同的孔开口。子宫区广，不被卵巢叶覆盖。卵黄腺滤泡不向中央扩展达卵巢叶。已知寄生于硬骨鱼肠道。模式种：鲁氏双槽绦虫（*Didymobothrium rudolphii* Monticelli，1890）。

Marques 等（2007）采自葡萄牙海岸柠檬鳎（*Solea lascaris*）的鲁氏双槽绦虫（图 5-7，图 5-8）体细长，背腹扁平，长 10～90mm，宽 0.2～1.8mm，有 78 个节片，绝大多数成熟度一致。头节略为圆形，由 2 个强有力、肌肉质、朝向前方、由隔膜完全分隔的吸槽组成（鲜活时头节形态变异极大，由于隔膜的收缩和伸展，表现为或是 1 个或是 2 个中空的吸槽）。整个身体，包括头节和吸槽的内表面均覆盖有长度约为 2μm 的短丝状微毛。雄孔与雌孔分别开口，相互邻近，沿着链体中线，绝大多数在一面，但在链体的某些区域常不规则交替。雄孔在雌孔前方；外翻的阴茎乳头状，没有微毛覆盖。阴茎囊卵形；壁肌肉质。雌孔卵形，有公共的肌肉质腔，腔内阴道和子宫相近开口。绝大多数个体节片表现为相同的成熟度，但有些虫体表现为前方节片发育不完善。内纵肌发育良好，在卵黄腺和髓质区之间形成束。卵黄腺滤泡状，连续地沿链体的边缘分布。精巢数目据成熟状况不同，每“节”中变化范围为 12～42 个。输精管卷曲，常充满精子，输精管进入阴茎囊后形成射精管。卵黄腺据成熟状况不同，每“节”中占据体宽的 7%～43%。卵巢位于髓质子宫后方，由小叶片组成，占据链体宽度的 32%～83%，薄壁，含有肌纤维和糖原（PAS 反应阳性，淀粉酶显示不稳定），成熟时，所有的卵母细胞发育阶段相似。子宫管状、盘卷，通体成熟度不一样，填充的虫卵数量也不一样；子宫区扩展至链体宽度的 33%～84%，并重叠于卵巢上。近端子宫内充满的卵母细胞由薄层透明的壳包围，而卵在中央，远端区有以糖原成分为主的外套；子宫最远端区椭圆形的卵有完全发育的变成褐色的壳，在窄的极部有细丝丛，卵长 25～42μm，宽 14～22μm。

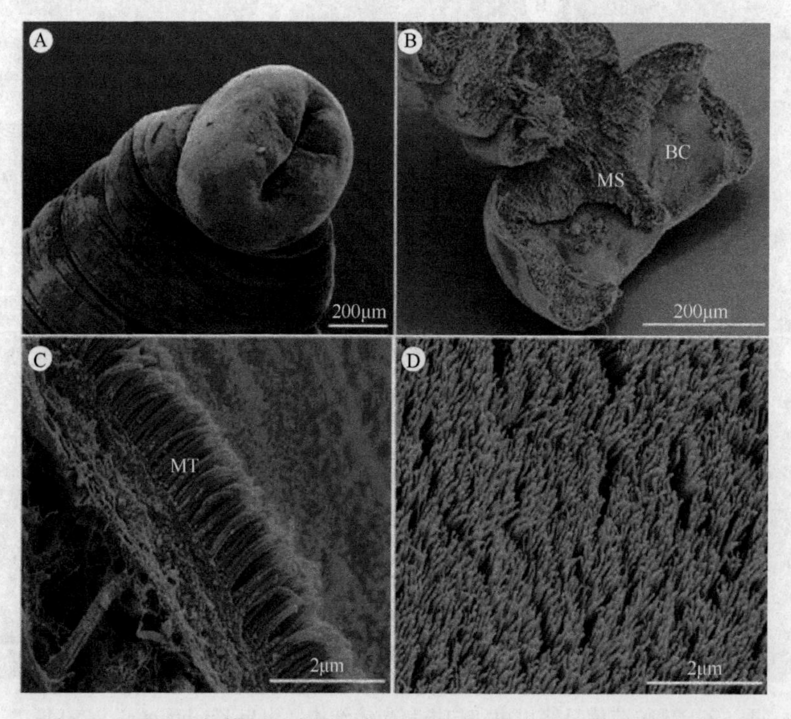

图 5-7 采自葡萄牙海岸柠檬鳎的鲁氏双槽绦虫扫描结构（引自 Marques et al.，2007）

A. 头节顶面观，示纵向开口；B. 头节纵断面，示中央隔；C. 体横切，示纵向的微毛；D. 头节表面覆盖的微毛。缩略词：BC. 吸槽腔；MS. 中央隔；MT. 微毛

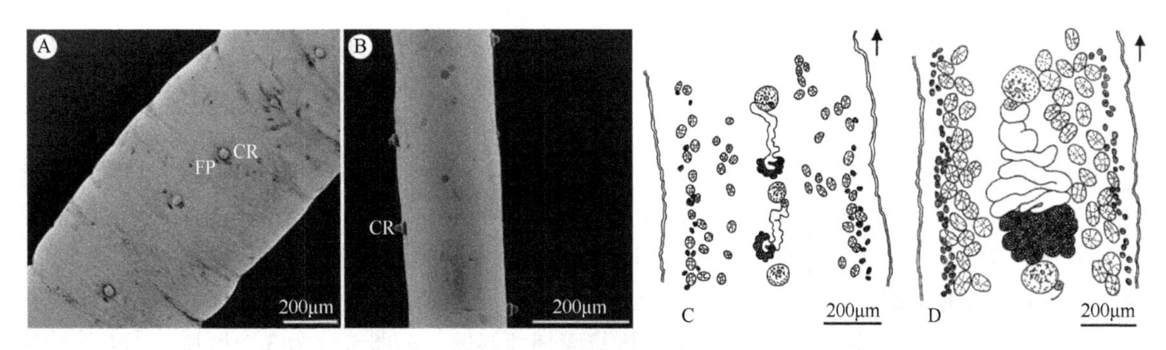

图 5-8　鲁氏双槽绦虫扫描结构及成熟区与未成熟区链体结构示意图（引自 Marques et al.，2007）
样品采自葡萄牙海岸柠檬鳎。A. 链体腹面观；B. 链体侧面观，示不规则交替的生殖孔；C. 未成熟区段；D. 成熟区段。缩略词：CR. 阴茎；FP. 雌孔

5.6　佛焰苞槽目绦虫的近期研究状况

5.6.1　对鲁氏双槽绦虫的研究

5.6.1.1　鲁氏双槽绦虫卵黄腺细胞发育

未成熟卵黄腺细胞具有大的细胞核和少量胞质，核周胞质中含有游离核糖体和线粒体（图 5-9A），成熟过程的卵黄腺细胞胞质中出现明显的粗面内质网和高尔基体。自高尔基体产生膜包的分泌颗粒，单个圆形、电子密度高的膜包颗粒最先发生于近质膜层区，随后数量增多并扩展至整个胞质区。紧接

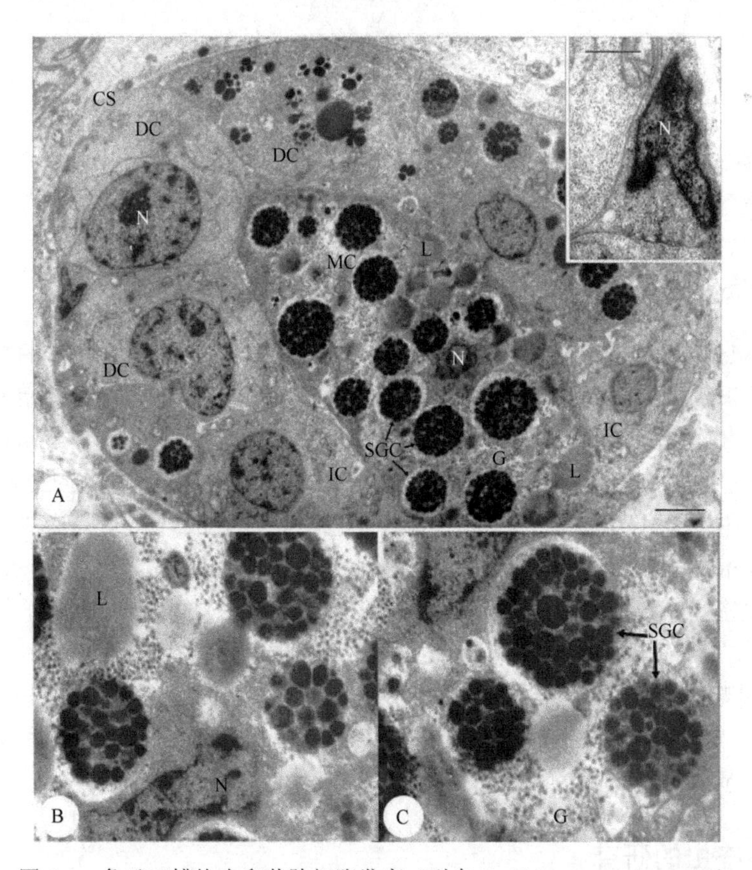

图 5-9　鲁氏双槽绦虫卵黄腺细胞发育（引自 Poddubnaya et al.，2006）
A. 卵黄腺滤泡超微结构，卵黄腺发育的分化期（右上角插图为外周间质组织核高倍放大）；B，C. 成熟卵黄腺细胞胞质局部放大，示 3 种内含物。标尺：A=3μm；插图=0.5μm。缩略词：CS. 胞质鞘；DC. 发育中的细胞；G. 糖原；IC. 未成熟细胞；L. 脂滴；MC. 成熟细胞；N. 核；SGC. 壳颗粒群

着颗粒会聚成有膜包的壳颗粒群，胞质中出现少量脂滴。成熟卵黄腺细胞核大致位于中央，其周围含有少量平行排列的粗面内质网层；胞质中主要为大小不一的壳颗粒群，少量较大的脂滴和大量分布均匀的糖原（图 5-9B、C）。

Poddubnaya 等（2007）研究了采自柠檬鳎（*Solea lascaris*）的鲁氏双槽绦虫的卵巢、捕卵器和输卵管的微细结构，结果表明：卵原细胞、成熟过程中的卵母细胞和成熟的卵母细胞由合胞体的间质细胞质包围，一个明显的特征是存在大量髓样体。卵母细胞包含体由皮层颗粒和少量脂滴组成。捕卵器加厚、有核的表皮缺任何顶端的结构，并且为窄的卵巢上皮的延长部分。捕卵器（图 5-10）肌肉质的括约肌由纵肌带及其外辐射状的肌肉带组成，大量的肌细胞围绕着捕卵器壁。输卵管分为 3 个区域：①近端输卵管；②受精腔：从受精囊管入口处的远端区；③卵黄管：卵黄池管入口处的远端区。

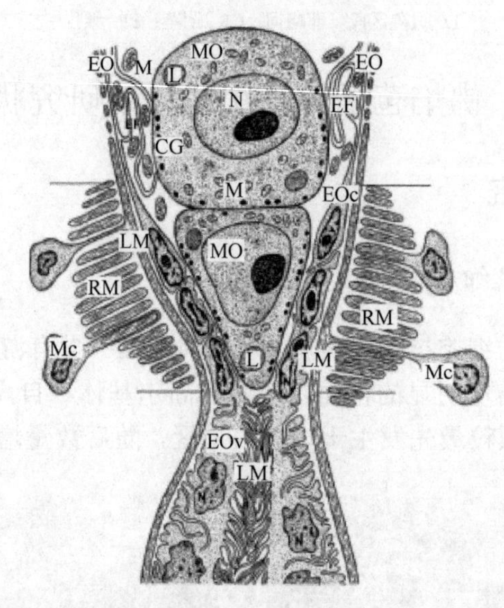

图 5-10　鲁氏双槽绦虫捕卵器结构示意图（引自 Poddubnaya et al.，2007）

捕卵器区在上、下水平线之间。缩略词：CG. 皮层颗粒；EO. 卵巢上皮；EOc. 捕卵器上皮；EOv. 输卵管上皮；EF. 上皮褶；L. 脂滴；LM. 纵肌；M. 线粒体；Mc. 肌细胞体；MO. 成熟卵母细胞；N. 核；RM. 放射肌

5.6.1.2　鲁氏双槽绦虫的精子发生和精子结构

Bruňanská 和 Poddubnaya（2010）采用透射电镜技术对鲁氏双槽绦虫成体的精子发生和精子结构进行了首次研究，结果表明：精子发生早期的分化区顶部区域存在致密物质，相似于其他已研究的基础绦虫。两条鞭毛垂直发育，随后鞭毛旋转并与中央胞质突起（the median cytoplasmic process，MCP）进行近端到远端融合。MCP 中的两对电子致密附着区标志着两条轴丝与 MCP 近端到远端融合的发生地。在精子发生过程中，鲁氏双槽绦虫的间中心体存在多态性。成熟精子具有“9+1”形式轴丝、核、皮层微管（cortical microtubule，CM）和电子致密颗粒，精子前端缺乏冠状体（crested body），中心粒由一半弧状电子致密管状结构包围。平行的两排 CM 在真绦虫中第一次在精子的两条轴丝区的近端部分发现。配子的后端具有解聚的轴丝模式。鲁氏双槽绦虫的成熟精子（图 5-11）与截形杯头绦虫成熟精子结构除了后端略有区别（鲁氏双槽绦虫成熟精子后端含微管、截形杯头绦虫成熟精子后端含核），其余结构类似。精子/精子发生的超微结构特点支持佛焰苞槽目和双叶槽目密切相关，且佛焰苞槽目在真绦虫中位于基础地位的观点。

5.6.2　对截形杯头绦虫的研究

近期绦虫学工作者对截形杯头绦虫进行了一系列研究，包括精子发生及成熟精子超微结构（图

5-12A)、生殖系统相关结构（图 5-12B、C）、头节及微毛结构（图 5-13）等项。

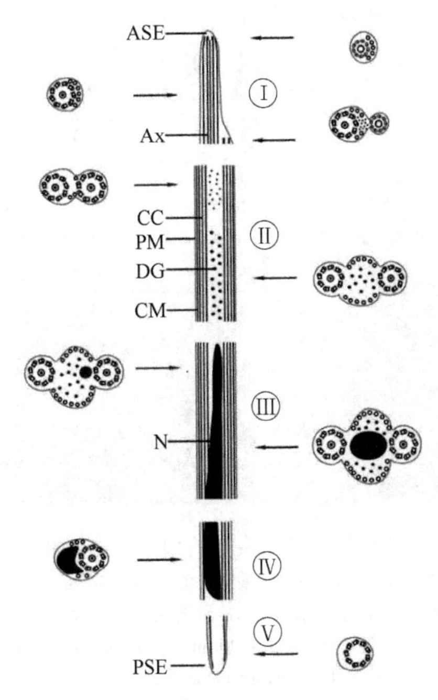

图 5-11　鲁氏双槽绦虫成熟精子结构重建（引自 Bruňanská & Poddubnaya，2010）

缩略词：ASE. 精子前端；Ax. 轴丝；CC. 中央核心；CM. 皮层微管；DG. 致密颗粒；N. 核；PM. 质膜；PSE. 精子后端

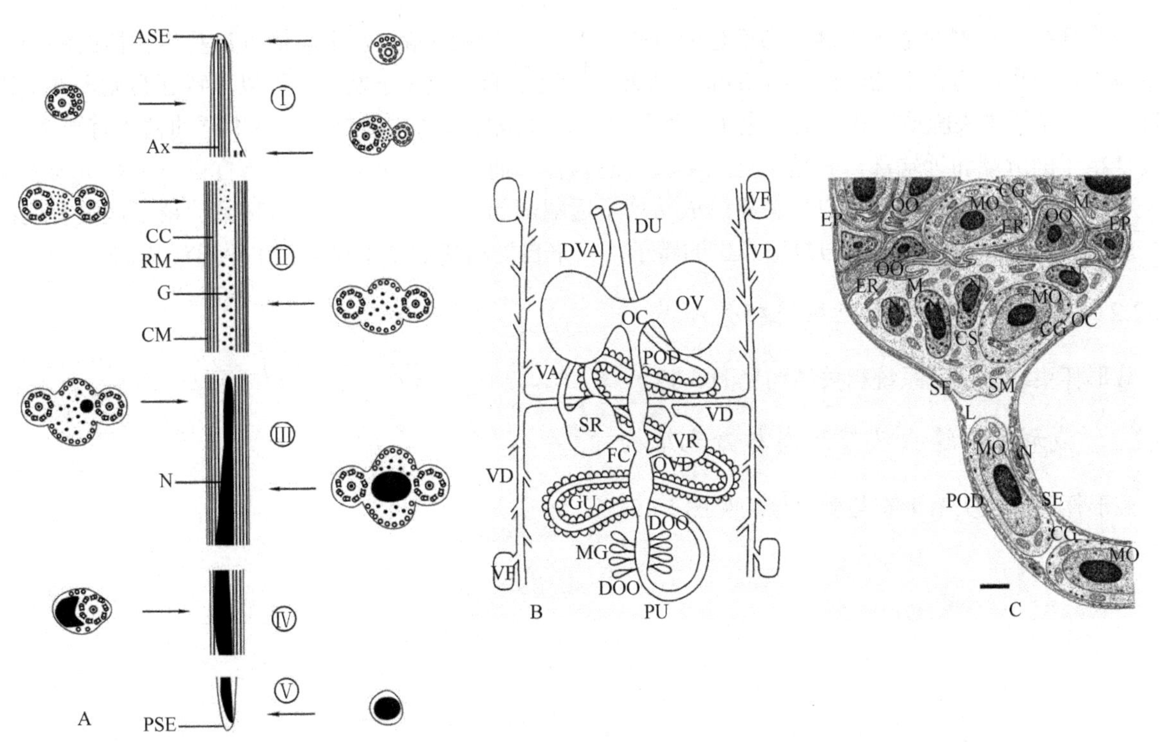

图 5-12　截形杯头绦虫生殖系统相关结构示意图

A. 成熟精子结构重建图，从前到后分为五个区，以罗马数字表示；B，C. 雌性生殖系统及捕卵器结构示意图：B. 雌性生殖系统；C. 捕卵器。缩略词：ASE. 精子前端；Ax. 轴丝；CC. 中央核心；CG. 皮层颗粒；CM. 皮层微管；CS. 合胞体胞质；DOO. 卵模远端部；DVA. 阴道远端部；DU. 子宫远端部；EP. 表皮突起；ER. 内质网；FC. 受精管；G. 颗粒；GU. 腺体样子宫；L. 膜层；M. 线粒体；MG. 梅氏腺；MO. 成熟卵母细胞；N. 核；OC. 捕卵器；OO. 卵母细胞；OV. 卵巢；OVD. 卵巢卵黄腺管；PM. 质膜；POD. 输卵管近端部；POO. 卵模近端部；PSE. 精子后端；PU. 子宫近端部；SE. 合胞体表皮；SM. 合胞体；SR. 受精囊；VA. 阴道；VD. 卵黄管；VF. 卵黄腺滤泡；VR. 卵黄池。标尺：C=4μm（A 引自 Bruňanská et al.，2006；B～C 引自 Poddubnaya et al.，2005）

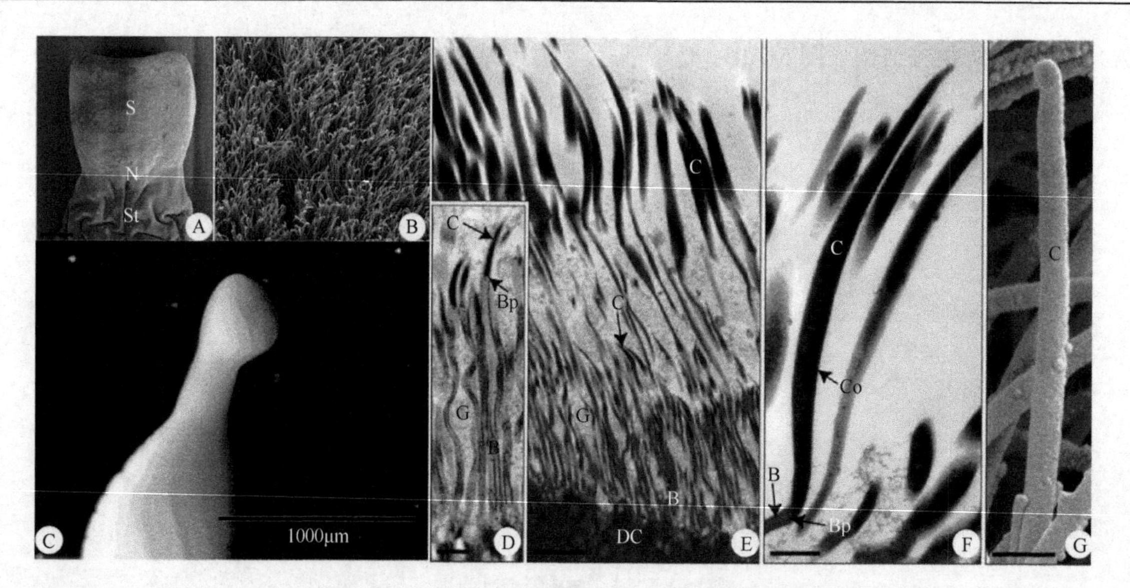

图 5-13　截形杯头绦虫头节的扫描、光镜和透射结构

A. 体前部，示头节、颈和链体的近端部；B. 具细毛的丝状微毛；C. 采自褐鳟（*Salmo trutta*）的截形杯头绦虫漏斗状的链体前端；D. 针状的丝状微毛；E. 2 种丝状微毛纵切面；F. 具细毛的丝状微毛远端电子致密帽；G. 具细毛的丝状微毛远端部。缩略词：B. 基部；Bp. 基板；C. 帽；Co. 皮质；DC. 远端胞质；G. 糖萼；N. 颈；S. 头节；St. 链体。标尺：A=200μm；B=5μm；D～G=0.3μm（A～B，D～G 引自 Levron et al.，2008；C 引自 Mladineo et al.，2009）

5.6.2.1　截形杯头绦虫精子发生及成熟精子超微结构

作为真绦虫亚纲的基础类群，佛焰苞槽目的截形杯头绦虫的精子发生与槽首目基本类群的精子发生类型基本相一致，均属于 Bâ 和 Marchand（1995）研究中的 I 型精子发生。但以下特征为截形杯头绦虫独特的：①精子中央胞质存在 2 对高电子密度附着区；②成熟精子与槽首目基本类群的精子有显著差异，尤其是精子的近端和远端部，其精子近端部缺乏冠状体，而冠状体存在于一些槽首目绦虫和更为演化的绦虫精子中；③来自精巢和来自受精囊的成熟精子远端部的形态不一样。来自精巢的精子远端有侧向的细胞质突起，类似于一些单殖与复殖吸虫的精子，而来自受精囊的精子仅含有 1 个核结构。

5.6.2.2　截形杯头绦虫生殖系统相关结构

截形杯头绦虫生殖系统相关结构见图 5-12。

5.6.2.3　截形杯头绦虫头节形态与微毛结构

截形杯头绦虫头节形态与微毛结构见图 5-13。

6 单槽目（Haplobothriidea Joyeux & Baer，1961）

6.1 简　　介

Cooper（1914）提出的单槽属（*Haplobothrium*）与其他绦虫的亲缘关系和系统地位一直都有争议。此属也是单槽目的唯一属，已知采自北美淡水鱼：弓鳍鱼（*Amia calva*，一种“活化石”软骨硬鳞鱼）。该属被描述过两个种：球状单槽绦虫（*H. globuliforme* Cooper，1914）和双链单槽绦虫（*H. bistrobilae* Premvati，1969）。该属有一初级头节，其上有 4 条锥吻目绦虫样的触手，但节片的解剖（Cooper，1914）及生活史类型却具有原假叶目的特征（Essex，1929；Thomas，1930；Meinkoth，1947）。Nybelin（1922）和 Poche（1924）将单槽属作为亚目，而 Fuhrmann（1931）将单槽属与锥吻绦虫联盟为一个类群，Woodland（1927）和 Dollfus（1942）认为单槽属与原假叶目亲缘关系近，其类似锥吻绦虫的触手代表了平行演化。Dollfus（1942）指出有一类复殖吸虫：*Rhopalias* Stiles & Hassall，1898 亦具有 1 对有钩的可以伸缩的长吻（proboscides），在一定程度上与单槽绦虫相似。Thomas（1983）认为球状单槽绦虫的触手肌肉系统不同于锥吻绦虫，单槽属与原假叶目亲缘关系更为接近。

Cooper（1914）最初对球状单槽绦虫的描述仅包括有次生性的头节，缺乏触手。因此他将该属放于双叶槽科［Diphyllobothriidae（=双槽首科 Dibothriocephalidae）］。后来因发现其具有有触手的初生头节，故 Cooper（1917）在同一科下建立了单槽亚科（Haplobothriinae）；随后，Meggitt（1924）将亚科上升到科的水平。根据国际动物命名法规，科的权威名称为 Cooper（1917）所定名，Meggitt（1924）对此有一定贡献。Wardle 和 McLeod（1952）、Yamaguti（1959）、Schmidt（1986）等则接受单槽科为原假叶目中的一个科。

Joyeux 和 Baer（1961）为单槽属建立单独的一个目：单槽样目（Haplobothrioidea），其依据是它在绦虫系统学中占有重要地位且形态上明显地与锥吻目和原假叶目绦虫有别。这一目得到 MacKinnon 等（1985）、MacKinnon 和 Burt（1985）的认可并采用。其重要性与它的寄主仅限于弓鳍鱼有关。MacKinnon 和 Burt（1985）研究了球状单槽绦虫的精子结构，表明该类群与原假叶目绦虫的亲缘关系近于与锥吻目绦虫的关系。根据 MacKinnon 等（1985）的研究，球状单槽绦虫表现为绦虫中独特的无性繁殖形式。Jones（1994）认可单槽目、单槽属，而 Joy 等（2009）仍然将单槽属绦虫放在原假叶目中。

6.2 单槽目的识别特征

基本或初生头节球棒样，上有 4 条触手，触手基部有棘状微毛，触手可能缩入肌肉质的囊中。无吸槽。初级链体自身不能发育出节片但有分节的区域，在初生头节之后相隔一定距离，各自分离开形成次生链体。次生链体的前方节片变形为假头（或次生头节）。假头节前方扁平，有 4 个浅的凹口围绕着凸起的中央拱顶。假头的后部边缘和随后的节片形成 4 个扁平的突起附属物。每节具有 1 套生殖器官。生殖孔位于中央腹部前方。阴茎囊位于中央前方。阴茎具小棘。精巢位于两侧髓质区。卵巢位于后方中央，马蹄铁形，前方有峡部。阴道开口于阴茎囊的后方。受精囊存在。卵黄腺滤泡位于髓质，在前方和后方中线汇合。子宫有螺旋形的子宫管和膨大的子宫囊。子宫孔永久存在或暂时存在。卵有盖，胚化。采自北美淡水硬骨鱼（弓鳍鱼）。模式科：单槽科（Haplobothriidae Cooper，1917）。

6.3　单槽科（Haplobothriidae Cooper，1917）

识别特征：同目的特征。模式属为：单槽属（*Haplobothrium* Cooper，1914）。

6.3.1　单槽属（*Haplobothrium* Cooper，1914）

识别特征：同科的特征。模式种：球状单槽绦虫（*Haplobothrium globuliforme* Cooper，1914）（图 6-1）。

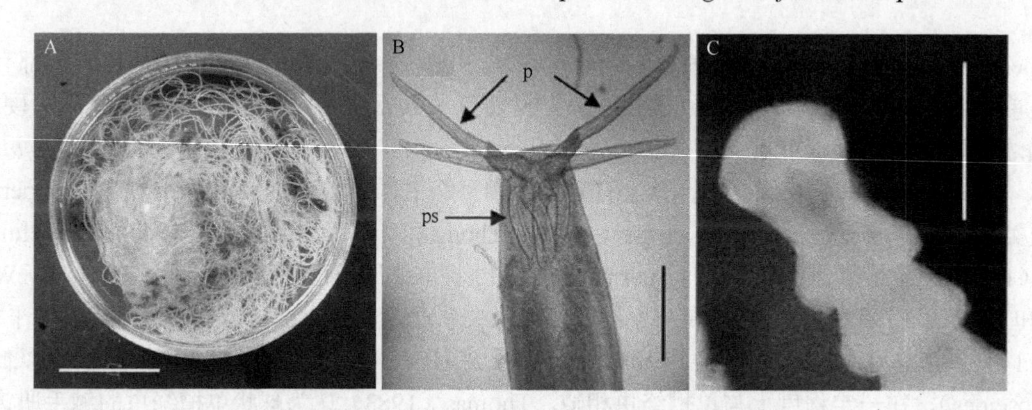

图 6-1　球状单槽绦虫实物（引自 Joy et al.，2009）

A. 大体观，个体附着于弓鳍鱼中肠区近端；B. 水固定基本的初生头节结构；C. 水固定的次生头节。

标尺：A=3.0cm；B～C=500μm。缩略词：p. 长吻；ps. 长吻鞘

MacKinnon 和 Burt（1985）用透射电镜技术研究了球状单槽绦虫发育中的原尾蚴的皮层和穿刺腺的超微结构。其原尾蚴在约 20℃时，需 12～20 天发育为感染性期。6 天大的原尾蚴有微绒毛样皮层和大量未分化的亚皮层细胞。9 天大的原尾蚴尾球可见，为后端部一明显的附着物。11～15 天后发育为感染期的原尾蚴，幼虫体的前方有健全细长的微毛，其余体部仅有细长的微毛。原尾蚴始终保持有微绒毛的皮层结构，直至幼虫完全发育，此时尾球最前方部分的皮层突起物具有小的电子致密端部。幼虫前部的穿刺腺含有电子致密的分泌颗粒。穿刺腺分泌通道扩展至皮层，周边有微管衬里。同时，研究了球状单槽绦虫精子发生和成熟精子的超微结构。精原细胞含有大量的游离核糖体和少量线粒体。第四期精原细胞有一花结样外表，8 个核围绕着中央的细胞质托。精母细胞为发育中最大的生精细胞，含有游离核糖体和几个有明显嵴的线粒体。没有见到联会复合体，有少量内质网形成。早期的精子细胞表现为核、高尔基复合体和线粒体的规则排列。随着精子发生的开始，规则打乱，分化区形成一锥状精子胞质凹槽，以微管为界。分化区中发展出两个相互关联的基体，有各自的鞭毛小根。从各基体产生一“9+1”微管构造的轴丝。轴丝伸长，最终与分化区的细胞质扩展融合，同时凝缩的核迁移入精子体。成熟精子细胞（长约 30μm）具有电子致密的核、两条侧方的轴丝、α 糖原和 β 糖原及周边微管。精子结构与原假叶目绦虫的更为类似。此外他们还对球状单槽绦虫次生链体和头节的组织与超微结构进行了观察。附着于初生头节的链体分节产生大量次生头节。这些次生头节发育为成熟节片和孕卵节片。次生头节上有 4 个浅盘样吸槽，围绕着一凸起的顶部区域。皮层具有长 0.6μm 的小微毛，皮层胞质充满电子致密的盘状体和线粒体。充满电子致密体的通道见于头节，偶尔见到与皮层融合。颈区皮层类似于头节皮层。后部多数链体的皮层具有伸长、一致的微毛，长 1.2～1.5μm，有明显电子致密的端部。前方多数节片附着于次生头节，各终止于 4 个裙状附属物。这些附属物的内部、后表面具有粗棒状的微毛或棘。邻近这些微毛，分泌通道释放电子致密的分泌体到皮层表面，表明这些分泌物可能起到辅助附着的作用。他们还比较了采自褐首鲇（*Ictalurus nebulosus*）肝脏的球状单槽绦虫全尾蚴和采自弓鳍鱼肠道成体初生头节的超微结构。全尾蚴和成体头节都有 4 条可外翻的吻（触吻）。光镜下，各吻中央有明显的腔，通过腔，吻可在内翻过程中

缩入头节内的肌肉囊中。各触吻含有大量腺样囊。用 Heidenhain's Azan 染色表明绦虫颈区细胞可能为这些腺囊生产分泌物质。超微结构上，全尾蚴和成体的头节皮层很相似。各吻的远端部有长 0.25μm 的短微毛覆盖，电子致密端部界线不清。接近吻基部，皮层微毛伸长并具有精致、细长的端部。围绕着吻的基部，这些微毛间点缀着粗棘样微毛（长 6.0μm），其具有棒状的端部，并以杯状的根部锚入皮层中。整条吻长度向存在亚皮层腺囊，观察到它们与皮层胞质融合。头节侧面覆盖有细长、精致的微毛，点缀着有角的粗微毛（长 2.0μm）。头节其余部分和颈区覆盖着小的钉样（peg-like）微毛，成体上微毛更长（1.0μm），全尾蚴上微毛长 0.8μm。全尾蚴颈区皮层胞质具有分层的外貌，有膜界的电子透明囊占据着端部区，并且层状体和大的线粒体形成接近内部质膜的层。成体皮层胞质缺这样的层状结构并含有电子致密盘和稀少的电子透明囊。球状单槽绦虫全尾蚴结构上表现为成体对终末宿主的预适应，处于发展期。

弓鳍鱼广泛分布于整个北美东部沼泽多、杂草多的缓流环境（Berra，2001）。几次一般的鱼类寄生虫调查均发现弓鳍鱼有寄生虫寄生（Bangham，1941；Bangham & Venard，1942；Fischthal，1947，1950，1952；Sogandares-Bernal，1955；Anthony，1963；Amin & Cowen，1990），其中两次专门集中进行了弓鳍鱼的蠕虫调查（Aho et al.，1991；Joy，2008）。还有专家（Joy et al.，2009）对球状单槽绦虫感染所致宿主组织反应进行了相关研究。

球状单槽绦虫特异性寄生于弓鳍鱼，是单槽目、科、属的代表种。该绦虫很特别，因为它有两种形态学上不同的个体。初期的链体头节有 4 条突出的触手，与正常寄生于海洋板鳃鱼类的锥吻绦虫相似，有人认为其为畸变的锥吻绦虫；据 Wardle 和 McLeod（1968）描述：当初生分节的链体达到 10mm 长时，其最后部的节片开始分化为一次生链体，最终从初级链体上脱离开来。次生链体具有一个完全不同的头节，有发育不良的沟，为正常寄生于淡水鱼类的原假叶目绦虫（现分为槽首目和双叶槽目）的特征。次生个体随后的分节产生的节片类似于原假叶目绦虫的特征。此外人们对球状单槽绦虫的卵和钩球幼虫及生活史各期的陈述更类似于原假叶目的绦虫，而不同于锥吻目的畸变体（Meinkoth，1947）。有关球状单槽绦虫的分类地位仍有争议，暂时还单列。

双链单槽绦虫同样也采自弓鳍鱼。Premvati（1969）认为它与球状单槽绦虫的不同点在于精巢数目的差异、永久子宫孔的存在与否、虫卵的大小、吻突的可伸缩性及有无单一连续的排泄管等。这些差异证据不是很充分，它们是否为同种有待再度收集所谓的“双链单槽绦虫”进行深入研究确定。

7 日带目（Nippotaeniidea Yamaguti，1939）

7.1 简　介

此小目包括采自日本、中国、俄罗斯和新西兰的大约 6 个种。Hine（1977）研究了新西兰的 3 个种并继续采用 2 个属：日带属（*Nippotaenia* Yamaguti，1939）和黑龙江带属（*Amurotaenia* Akhmerov，1941）。而之前和随后时期中，很多学者都认为黑龙江带属无效，甚至于包括建立该属的 Akhmerov 本人亦如此认为。Yamaguti（1951）认为该目介于原假叶目和圆叶目之间，而 Freeman（1973）认为此目与佛焰苞槽目和鲤蠢目一起，最接近原始绦虫主干。Brooks（1991）等的绦虫系统分析认为日带目是其他非原假叶目绦虫的姐妹群。生活史研究结果表明此类绦虫最早期就有单独的、简单的顶吸盘存在，并且其绦虫幼虫是一种原始的类型，没有可见的腔隙（Yamaguti，1951；Demshin，1985 等）。

7.2 日带目的识别特征

简单的顶吸盘存在，头节上未发现有其他附着器官。链体相对短，老节不解离到超解离。内纵肌不成束，鞘状、附着于顶吸盘括约肌样结构前端。皮质中纵向渗透调节管数目众多，髓质中有少量。神经索位于阴茎囊和阴道腹面。精巢在卵黄腺前方髓质区，孕节中存在或无。阴茎囊壁薄，主要位于髓质，有卷曲的射精管；近端部分可能形成内贮精囊。阴茎简单。生殖孔开口于近节片前半部分的侧方边缘。卵巢有对称的 2 叶；位于节片中央或后部。卵黄腺为对称的叶状，位于卵巢前方。阴道开口于生殖腔、阴茎囊后方。子宫位于髓质，横向卷曲，可能几乎充满了整个髓质。卵有 3 层壳。已知采自日本、中国、俄罗斯和新西兰淡水硬骨鱼。模式科也为到目前仅有的科：日带科（Nippotaeniidae Yamaguti，1939）。

7.3 日带科（Nippotaeniidae Yamaguti，1939）

识别特征：同目的特征。模式属：日带属（*Nippotaenia* Yamaguti，1939）。

7.3.1 日带科分属检索

1a. 不解离或亚解离；精巢在孕节中退化；已知寄生于日本、俄罗斯和新西兰淡水硬骨鱼··日带属（*Nippotaenia* Yamaguti，1939）（图 7-1～图 7-4）

识别特征：同科的特征。模式种：裸头鰕虎鱼日带绦虫（*Nippotaenia chaenogobii* Yamaguti，1939）。其他种：彩塘鳢日带绦虫（*N. mogurndae* Yamaguti & Miyata，1940）（图 7-1，图 7-2）；纽体日带绦虫（*N. contorta* Hine，1977）（图 7-3）；脆弱日带绦虫（*N. fragilis* Hine，1977）（图 7-4A～C）等。

1b. 超解离；孕节中精巢部分或完全存在；已知寄生于日本、中国、俄罗斯和新西兰淡水硬骨鱼··黑龙江带属（*Amurotaenia* Akhmerov，1941）

识别特征：同科的特征。模式种：鲈塘鳢黑龙江日带绦虫（*Amurotaenia perccotti* Akhmerov，1941）。其他种：蜕膜黑龙江日带绦虫（*A. decidua* Hine，1977）（图 7-4D～G）。

几种日带绦虫测量数据比较见表 7-1。

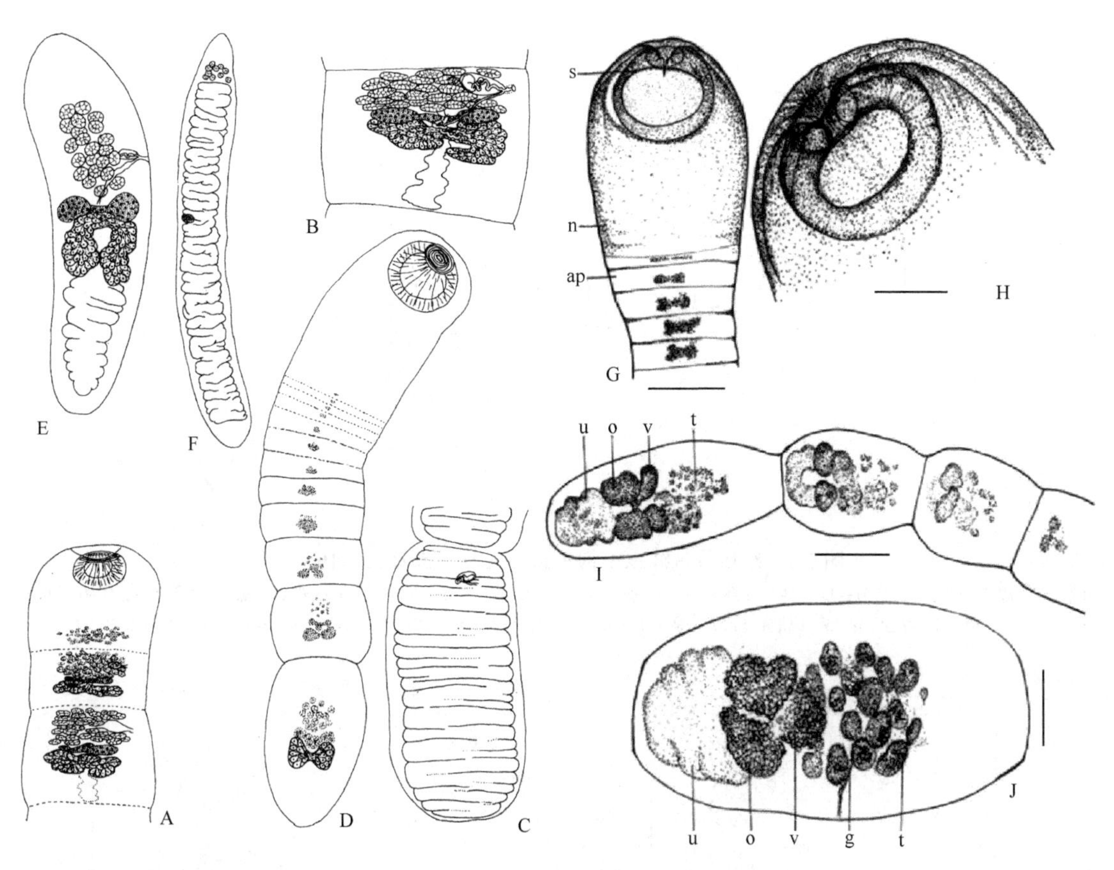

图 7-1 日带绦虫结构示意图

A～C. 裸头鰕虎鱼日带绦虫：A. 头节和早期节片；B. 成熟节片；C. 孕节。D～E. 彩塘鳢黑龙江带绦虫：D. 链体；E. 脱落的孕节。F. 蜕膜黑龙江日带绦虫脱落的孕节。G～J. 采自葛氏鲈塘鳢（*Perccottus glenii* Dybowski，1877）的彩塘鳢日带绦虫：G. 头节；H. 有括约肌的顶吸盘细节图；I. 链体；J. 脱离的成熟节片。缩略词：ap. 前方节片；g. 生殖孔；n. 颈；o. 卵巢；s. 顶吸盘；t. 精巢；u. 子宫；v. 卵黄腺。标尺：G，I=0.2mm；H，J=0.1mm（A～F 引自 Bray，1994；G～J 引自 Košuthová et al.，2004）

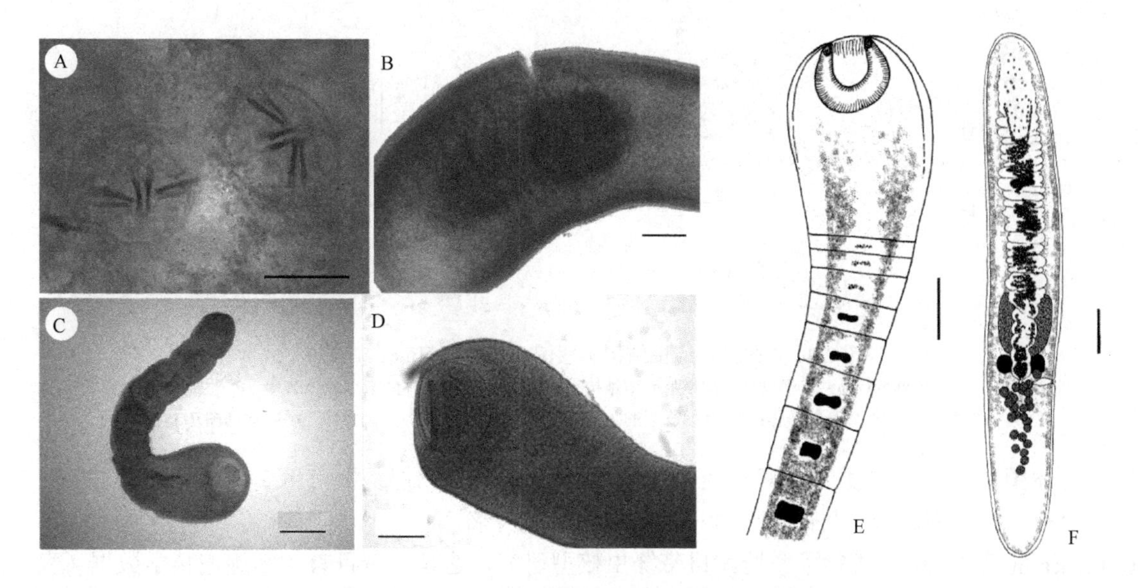

图 7-2 彩塘鳢日带绦虫实物照片及结构示意图

A～D. 实物照片：A. 肠刮取物涂片中含六钩蚴的虫卵；B. 脱落的节片；C. 有顶吸盘的链体；D. 头节放大。E～F. 采自葛氏鲈塘鳢的标本示意图：E. 头节及幼节；F. 脱落的节片。标尺：A=0.05mm；B～C，E～F=0.2mm；D=0.1mm（A～D 引自 Mierzejewska et al.，2010；E～F 引自 Kvach et al.，2013）

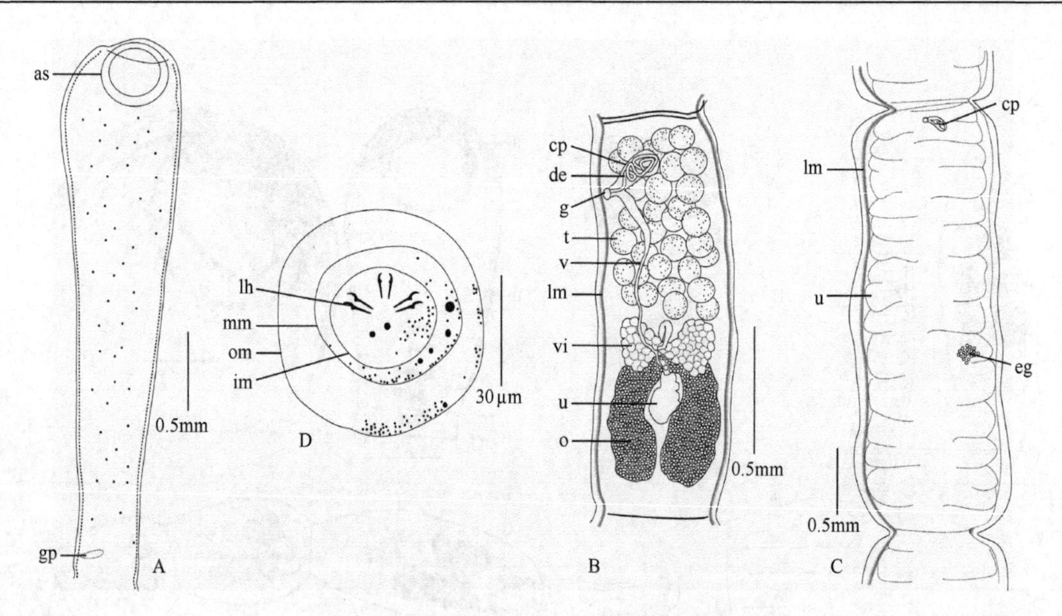

图 7-3　纽体日带绦虫结构示意图（改绘自 Hine，1977）

A. 头节和颈；B. 成熟节片；C. 孕节；D. 虫卵。缩略词：as. 顶吸盘；cp. 阴茎囊；de. 射精管；eg. 虫卵；g. 生殖孔；gp. 生殖腺原基；im. 内膜；lh. 幼虫钩；lm. 纵肌；mm. 中膜；o. 卵巢；om. 外膜；t. 精巢；u. 子宫；v. 阴道；vi. 卵黄腺

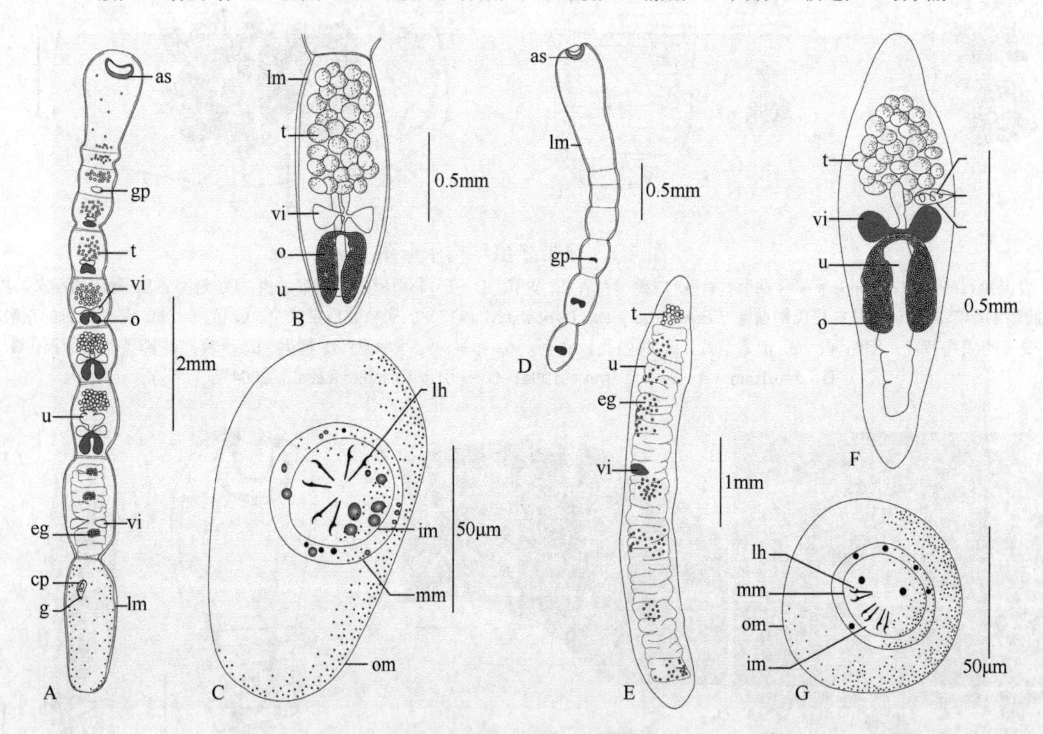

图 7-4　2 种日带绦虫结构示意图（改绘自 Hine，1977）

A～C. 脆弱日带绦虫：A. 完全成熟的样品，示沿链体不同期的生殖结构序列；B. 发育中链体的末端成熟节片；C. 虫卵。D～G. 蜕膜黑龙江日带绦虫：D. 完全发育的链体；E. 成熟脱落的孕节；F. 成熟脱落的节片；G. 虫卵。缩略词同图 7-3

基于上述图和表 7-1 的数据，其相当一些数据可疑，如节片数目 0～30、＜13、2～11、7～19、10 和 7～10 没有实质区别。故该目的 6 个种中可能存在同物异名。

Bombarova 等（2005）进行了彩塘鳢日带绦虫核型研究，这是日带目首例细胞遗传学数据（表 7-2）。彩塘鳢日带绦虫核型由 14 对具中间着丝粒（m）和亚中间着丝粒（sm）的染色体组成［$2n$=28；n=7m+3（sm-m）+4sm］（图 7-5）。所有染色体对都小，范围在 1.16～2.74μm。个别对染色体长度逐渐降低，与相邻对的分化不明显。核型特征与系统假说相一致：日带绦虫与圆叶目尤其是中殖孔科的关系十分密切。

表 7-1 日带绦虫的测量尺寸比较（引自 Hine，1977）

	裸头鰕虎鱼日带绦虫（*N. chaenogobii* Yamaguti，1939）	纽体日带绦虫（*N. contorta* Hine，1977）	脆弱日带绦虫（*N. fragilis* Hine，1977）
吸盘尺寸（μm）	（190～330）×（240～350）	（209～601）×（269～635）	（135～300）×（155～346）
吸盘壁厚（μm）	27～80	35～135	37～152
皮层厚（μm）	3	3～5	6.4～7.6
皮层下核（μm）	5～7	2. 5～6. 4	16～20
末端节片（mm）	（2.0～3.0）×（0.7～1.0）	（3.20～5.02）×（0. 45～0. 96）	（0.5～3.7）×（0.3～0.9）
精巢（μm）	（90～130）×（70～105）	36～77（平均直径）	（67～76）×（68～70）
卵巢（μm）	（170～330）×（400～570）	（86～118）×（106～420）	（141～334）×（67～283）
卵黄腺（μm）	（80～150）×（320～480）	（50～171）×（60～174）	（53～125）×（50～198）
卵外膜（μm）	（80～200）×（80～190）	（51.2～51.6）×（67.5～69.5）	51.62×（42～50）
胚体（μm）	（33～36）×（27～33）	（21.9～22.9）×（26.5～29.7）	（29～31）×（21～23）
节片数目	7～10	0～30	10
虫体全长（mm）	13.0	72.0	12.5

	鲈塘鳢黑龙江日带绦虫（*A. perccotti* Akhmerov，1941）	鲈塘鳢黑龙江日带绦虫（*A. perccotti* Akhmerov，1941）（Dubinina，1964）	彩塘鳢日带绦虫（*N. mogurndae* Yamaguti & Miyata，1940）	蜕膜黑龙江日带绦虫（*A. decidua* Hine，1977）
吸盘尺寸（μm）	（150～320）×（115～285）	—	（180～260）×（210～300）	（72～174）×（87～139）
吸盘壁厚（μm）	—	—	35～80	35.0～43.5
皮层厚（μm）	—	—	3～5	6.0～7.4
皮层下核（μm）	—	—	—	12.6～23.0
末端节片（mm）	300×600	—	（280～400）×（200～350）	（197～246）×（283～629）
脱离的节片（mm）	（1.23～3.45）×（0.37～0.75）	（0.8～2.0）×（0.3～0.5）（鲜样）	（1.6～4.4）×（0.50～0.85）	0.54～8.81（长）
精巢（μm）	—	—	75～145	74～84
卵巢（μm）	150～300（长）	—	（130～200）×（340～460）	（189～299）×（56～94）
卵黄腺（μm）	120×120	—	（70～120）×（75～125）	（44～138）×（52～137）
卵外膜（μm）	—	（80～200）×（70～180）	（70～160）×（65～150）	（66～90）×（65～66）
胚体（μm）	—	24～32	24～35	（32～39）×（35～37）
节片数目	2～11	7～19	25～45	<13
虫体全长（mm）	<3.6	<4.1	<5.3	<4.4

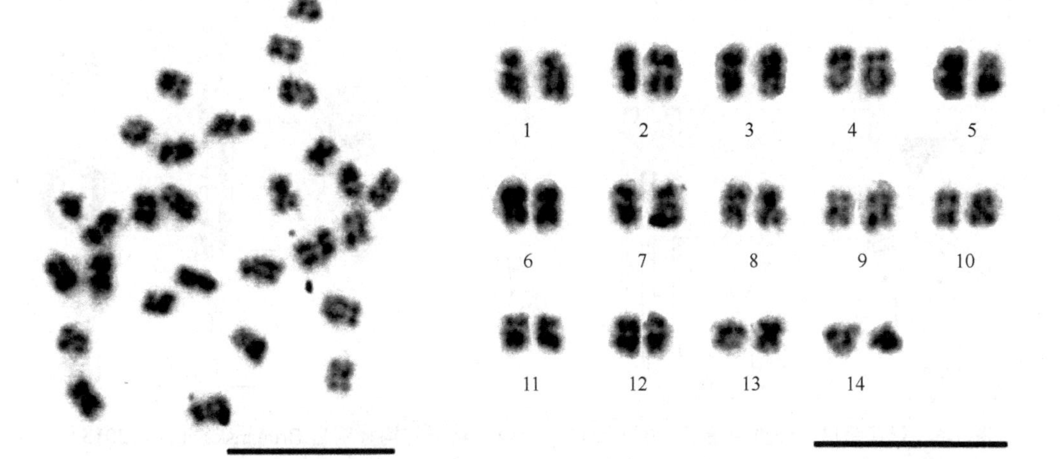

图 7-5 彩塘鳢日带绦虫核型（引自 Bombarova et al.，2005）

精原细胞有丝分裂中期扩散的染色体及相应的核型图。标尺=10μm

表 7-2　河鲈日带绦虫染色体分类数据（平均值±标准误 SD）（引自 Bombarova et al.，2005）

染色体序号	绝对长度（μm）	相对长度（%）	着丝粒指数	分类
1	2.74±0.61	9.52±0.61	28.53±3.22	sm
2	2.60±0.57	9.02±0.48	46.25±2.37	m
3	2.47±0.49	8.60±0.31	39.90±2.73	m
4	2.39±0.46	8.32±0.20	30.32±2.37	sm
5	2.30±0.42	8.03±0.27	45.80±2.63	m
6	2.24±0.39	7.80±0.12	42.40±1.84	m
7	2.13±0.41	7.41±0.29	33.67±2.92	sm
8	2.09±0.36	7.29±0.15	37.98±2.25	sm-m
9	1.93±0.28	6.77±0.25	38.72±3.74	sm-m
10	1.86±0.26	6.52±0.20	46.18±2.08	m
11	1.69±0.25	5.86±0.51	38.70±4.04	sm-m
12	1.58±0.22	5.62±0.48	45.30±1.21	m
13	1.47±0.14	5.18±0.58	30.72±5.19	sm
14	1.16±0.17	4.07±0.51	43.22±4.12	m

注：m. 中间着丝粒；sm. 亚中间着丝粒

彩塘鳢日带绦虫与鲈塘鳢黑龙江日带绦虫有可能是同物异名，由于没有实物比较，有待证实。

Bruňanská 等于 2015 年采用透射电镜显微术研究了采自葛氏鲈塘鳢（鲈形目：沙塘鳢科）的彩塘鳢日带绦虫的精子发生和精子超微结构（图 7-6），并用过碘酸-氨基硫脲蛋白银（PA-TSC-SP）对糖原进行了细胞化学染色和电子断层扫描。结果表明其精子形成特征在于：①两个中心粒没有典型的纹状小根；

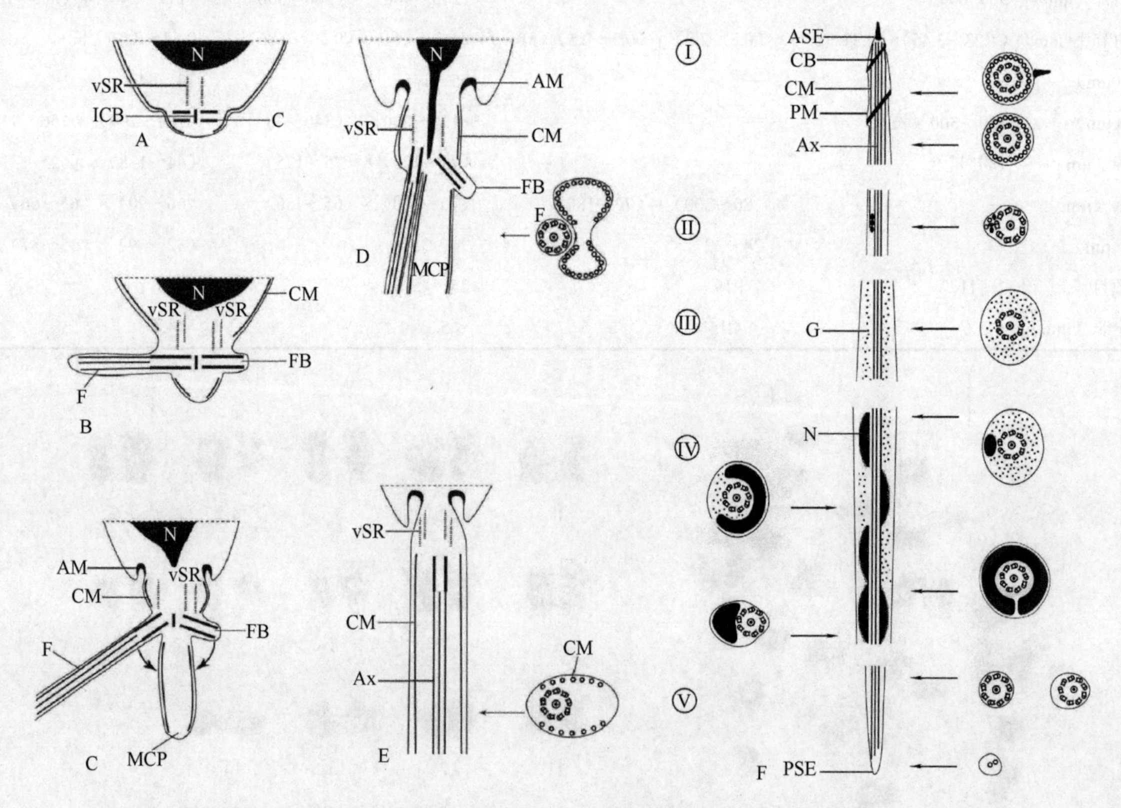

图 7-6　彩塘鳢日带绦虫的精子发生主要过程及成熟精子重构（引自 Bruňanská et al.，2015）

A～C. 早期；D. 进一步发育期；E. 末期；F. 成熟精子重构图。缩略词：AM. 弧形膜；ASE. 精子前端；Ax. 轴丝；C. 中心粒/基体；CB. 冠状体；CM. 皮层微管；F. 鞭毛；FB. 鞭毛芽；G. 糖原；ICB. 间中心体；MCP. 中央胞质突起；N. 核；PM. 质膜；PSE. 精子后端；vSR. 残余的纹状小根

②有 1 个间中心体；③鞭毛旋转（游离鞭毛+鞭毛芽）；④完全的近端向远端的融合。彩塘鳢日带绦虫的成熟精子含有一个螺旋的冠状体，一条“9+1”式的轴丝，细胞的后部区域平行的皮层微管排成环，一螺旋形的核环绕着轴丝。细胞内组分位于电子密度适中的胞质中，在精子的主体区段（Ⅲ、Ⅳ）内含有糖原。电子断层扫描的应用首次揭示绦虫轴丝中央筒中央电子致密核心的螺旋性。彩塘鳢日带绦虫的精子发生和精子超微结构最类似于中殖孔绦虫，可能反映日带目和中殖孔科之间的相互关系。

Korneva 和 Pronin（2015）用透射电镜研究了彩塘鳢日带绦虫交配器的微细结构（图 7-7）；描述了阴茎囊和生殖腔的结构，交配器生殖管的超微结构，以及位于阴茎囊的单细胞前列腺。生殖腔表面观察到与皮层微毛相似的管状和锥形微毛。这些特征与其他更低等绦虫的交配器结构类似。彩塘鳢日带绦虫交配器明显的特征是其阴茎的顶部表面和阴道上皮不存在微毛。微毛是与绦虫交配有关的结构，彩塘鳢日带绦虫可能靠参与杂交的节片从链体脱离时强烈的运动活力来完成交配过程。

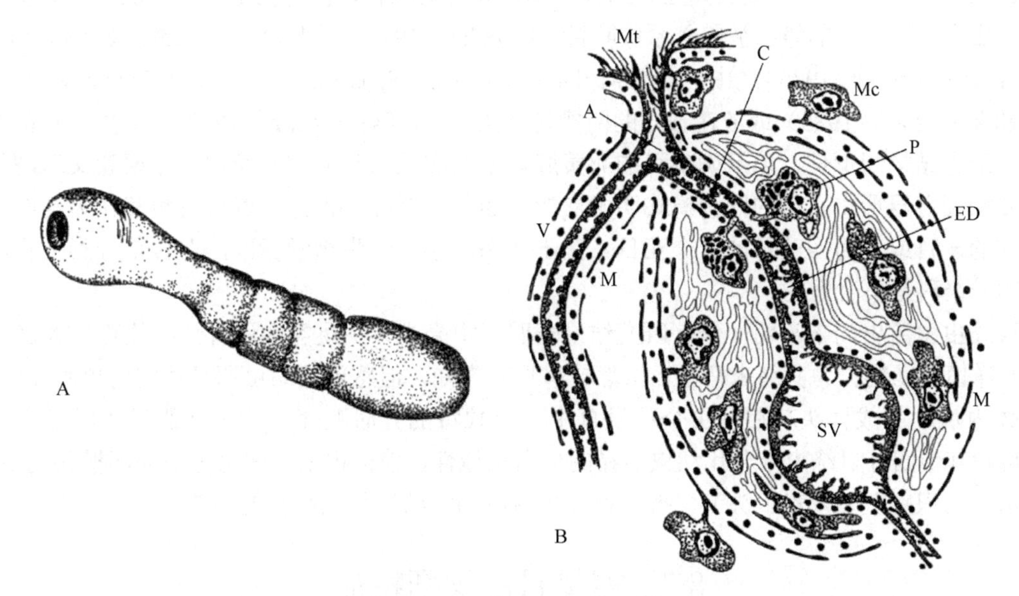

图 7-7　彩塘鳢日带绦虫整体及交配器结构示意图（引自 Korneva & Pronin，2015）
A. 整条虫体；B. 交配器。缩略词：A. 生殖腔的腔；C. 阴茎；ED. 射精管；M. 肌肉层；Mc. 肌肉细胞；Mt. 微毛；P. 前列腺；SV. 贮精囊；V. 阴道壁

8 四槽目（Tetrabothriidea Baer，1954）

8.1 简　介

四槽科（Tetrabothriidae Linton，1891）为一单系科，当时分为 6 个属，全部采自海洋恒温动物（Hoberg，1989）。虽然这一科的绦虫主要采自海鸟、鳍脚类动物和鲸类动物，但它们更进一步的分类和生物学仍难以理解。历史上，四槽科的绦虫被归入原假叶目（Nybelin，1922）、圆叶目（Wardle & Mcleod，1952；Yamaguti，1959；Schmidt，1986）之中，或被当作四叶目的亚目（Spasskii，1958，1992；Temirova & Skryabin，1978；Ryzhikov et al.，1985）或放在独立的四槽目（Baer，1954；Galkin，1987）。分类分化的源由集中在于对头节形态结构同形性，以及确定科的卵黄腺典型的实质状和前方腹面位置重要意义理解的不同。该类群绦虫蚴固着器形态发生的同源模式明确支持四槽科为四叶目祖先。可考虑将其作为与四叶目密切相关的独立的一目或作为四叶目的一个亚目。基于形态、系统与生物学标准，在传统分类上将四槽科作为圆叶目的一个科是不合适的。

四槽科绦虫生活史尚未阐明，但有研究结果表明：甲壳类、头足类和硬骨鱼类均可作为其中间和转续宿主，海洋恒温动物作为其终末宿主。虽然转移形式未知，但感染性幼虫期已鉴定为单吸盘的全尾蚴。终末宿主体内启动的成体头节后幼虫个体发育中一个独特的异时顺序已确定并假设为科发育的统一模式。四槽科和其他四叶目绦虫未分化幼虫明显的形态相似性，使得识别中间宿主中的四槽科幼虫很困难。

属级水平的识别主要依赖于头节、吸叶和耳状附属物的结构与生殖腔的构造。

8.2 四槽目的识别特征

真绦虫。头节通常有 4 个肌肉质吸叶。卵黄腺实质状，位于卵巢前方腹部。子宫为一横管状，位于卵巢背部；有单一或多个孔。已知为海洋恒温动物的寄生虫。模式科：四槽科（Tetrabothriidae Linton，1891）。

8.3 四槽科（Tetrabothriidae Linton，1891）

识别特征：链体微小到大型，节片数目多，通常有缘膜，宽大于长。头节无吻突。吸叶长方形到圆形，扁平或吸盘状，有耳状肌肉质附属物；或缺吸叶和附属物［彼利亚波头属（*Priapocephalus* Nybelin，1922)］。颈区明显。生殖腔位于单侧，肌肉质、复杂。阴茎囊卵形或伸长。精巢少到多数，略分叶，横向伸长。卵黄腺实质状，位于卵巢前方腹部。子宫为一横管状；背孔存在。已知链体期寄生于海鸟和海洋哺乳动物。模式属：四槽属（*Tetrabothrius* Rudolphi，1819）。

8.3.1 四槽科分属检索

1a. 头节巨大，球体状到圆锥状，基部有领，无吸叶和附属物；生殖管位于渗透调节管腹方；阴茎囊伸长、梨形；生殖腔无肌肉修饰；精巢主要位于雌性生殖器官侧方；卵黄腺趋向于滤泡状；子宫孔位于背方，多个……………………………………………………………………………………………………彼利亚波头属（*Priapocephalus* Nybelin，1922）（图 8-1A～C）

识别特征：头节圆锥状到球体状，巨大，有领样基部区；吸叶和耳突缺。生殖孔位于腹侧方。雄性生殖腔管不存在。阴茎囊长形到梨形。阴茎具棘。精巢数目多（>200），位于侧方。输精管多卷曲。阴道有发状棘，开口于阴茎腹方。阴道和内受精囊存在。卵巢略偏孔侧，高度分叶。卵黄腺分支，位于卵巢的前方腹部。子宫囊状。已知寄生于鲸类。全球性分布。模式种：壮丽彼利亚波头绦虫（*Priapocephalus grandis* Nybelin，1922）。

1b. 头节有 4 个耳状吸叶；生殖腔肌肉质，发育良好，有明显的雄性腔管；卵黄腺实质状，位于卵巢前方腹部；生殖管通常位于渗透调节管之间；子宫孔单个，位于背部中央……2
2a. 各吸叶有简单、侧向耳状附属物（耳突）；耳突前方融合形成顶复合物或顶器官……3
2b. 耳突独立，不融合形成顶器官；生殖腔肌肉质或退化……4

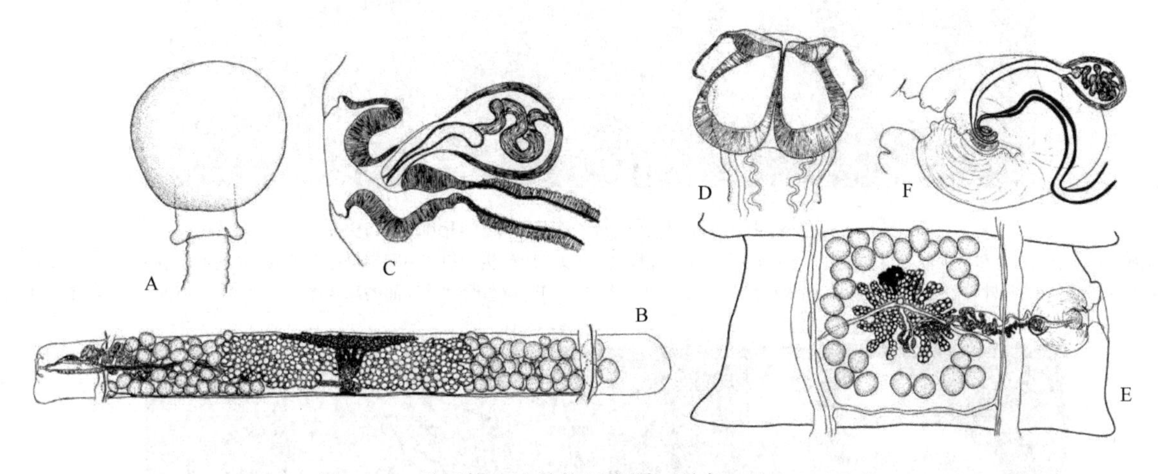

图 8-1 2 种四槽绦虫结构示意图（引自 Hoberg，1994）
A～C. *Priapocephalus eschrichtii* Muravéva & Treshchev，1970：A. 头节；B. 成节腹面观；C. 生殖腔横切前部观。
D～F. *Tetrabothrius*（*Culmenamniculus*）*laccocephalus* Spatlich，1909：D. 头节；E. 成节背面观；F. 生殖腔横切前部观

3a. 吸叶长方形；阴茎囊卵圆形；精巢围绕着雌性器官……四槽属（*Tetrabothrius* Rudolphi，1819）

［同物异名：四槽属（*Tetrabothrium* Monticelli，1891）；真四槽属（*Eutetrabothrium* Diesing，1854）；两性杯属（*Amphoterocotyle* Diesing，1863）；双槽属（*Diplobothrium* Lönnberg，1891）；奥利安娜属（*Oriana* Leiper & Atkinson，1914）；孔带属（*Porotaenia* Szpotanska，1917）；新四槽属（*Neotetrabothrius* Nybelin，1929）；三角杯属（*Trigonocotyle* Baer，1932）；副四槽属（*Paratetrabothrius* Yamaguti，1940）］

识别特征：头节矩形，有 4 个扁平或杯状长方形的吸叶，各有一侧向、肌肉质耳突。耳突融合形成顶器官。生殖孔单侧；生殖管道位于孔侧渗透调节管之间，很少位于腹部。生殖腔深、肌肉质。阴茎囊不伸出渗透调节管外。阴茎通过发育良好的雄性腔管进入生殖腔，位于阴道孔背方。阴道和内受精囊存在。卵巢多叶，伸展过渗透调节管。卵黄腺实质状，位于卵巢前方、腹部。子宫囊状，略有分叶，位于背部，孕时伸展过渗透调节管。中央背部存在有子宫孔。已知寄生于海洋性鸟类［鸊鷉目（Podicipediformes）、潜鸟目（Gaviiformes）、企鹅目（Sphenisciformes）、鹱形目（Procellariiformes）、鹈形目（Pelecaniformes）和鸻形目（Charadriiformes），很少见于雁形目（Anseriformes）］及哺乳类的齿鲸亚目（Odontoceti）和须鲸亚目（Mysticeti）动物，全球性分布。模式种：巨头四槽绦虫（*Tetrabothrius macrocephalus* Rudolphi，1810）。其他种：近缘四槽绦虫（*T. affinis* Lonnberg，1891）（图 8-2）；拉克头四槽绦虫（*T. laccocephalus*）（图 8-1D～F，图 8-3）和丝状四槽绦虫（*T. filiformis*）（图 8-4）等。

四槽属亚属检索表

1A. 生殖腔缺明显的生殖乳突……2
1B. 生殖腔有显著的生殖乳突……3
2A. 雄性管与阴道腔区独立，独立开口于生殖腔近中央处，阴道在腹方……

……………………………………………………………四槽亚属［*Tetrabothrius*（*Tetrabothrius*）Rudolphi，1819］（图 8-5A）

2B. 雄性管与阴道腔于远端融合形成共同的管，并以单一孔开口于生殖腔……………………………………………………………新四槽亚属［*Tetrabothrius*（*Neotetrabothrius*）Nybelin，1929］（图 8-5C）

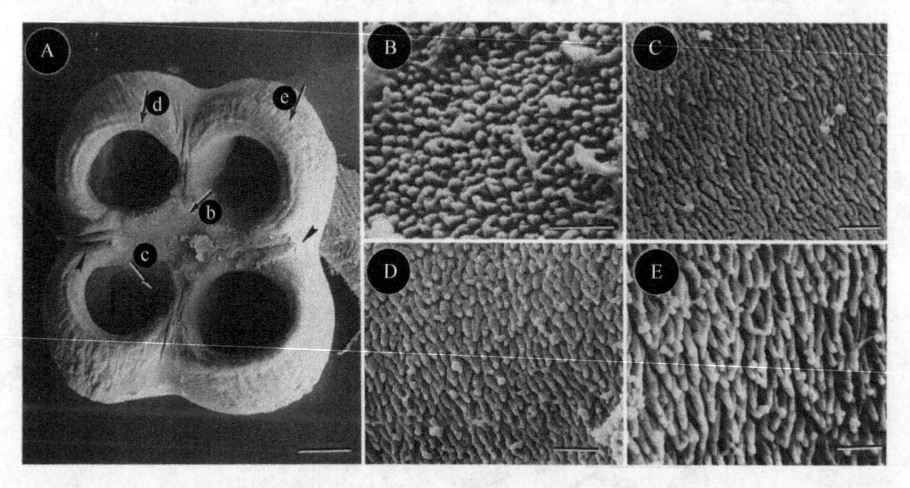

图 8-2　近缘四槽绦虫头节扫描结构（引自 Hoberg，1995）

A. 头节顶面观，示顶器官和巨大的吸盘样吸叶，退化的耳突（指针标处），以及用箭头和相应小写字母指示了 B～E 的取图位置；B. 顶器官上乳头状到丝状微毛；C. 吸叶吸附边缘的棘状微毛；D. 沿吸叶边缘的棘状微毛；E. 覆盖吸叶外表面的棘状微毛。标尺：A=500μm；B～E=1.0μm

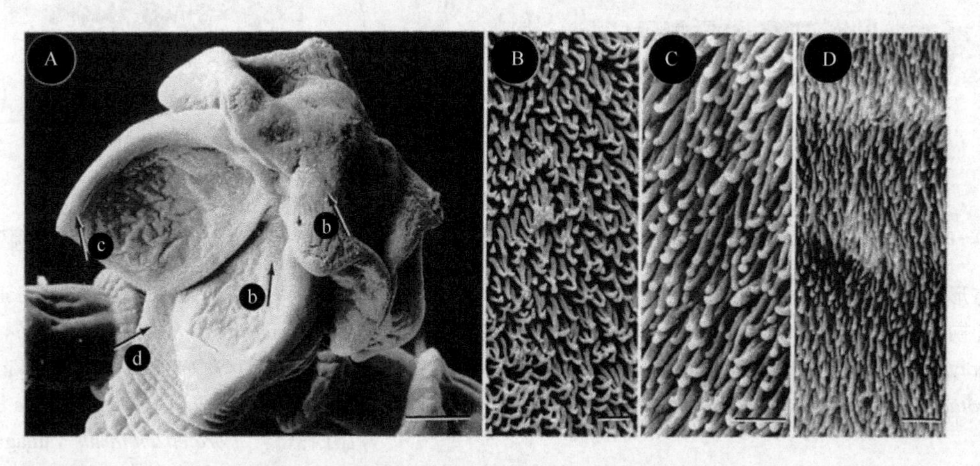

图 8-3　拉克头四槽绦虫头节扫描结构（引自 Hoberg，1995）

A. 头节，示一般结构，箭头和相应小写字母指示了 B～D 的取样位置；B. 顶器官和耳突吸附表面一致的棘样微毛结构，扫描的是附着表面，耳突箭头指示区域延伸到顶器官都是一致的微毛；C. 吸叶吸附边缘的棘状微毛；D. 颈区的棘样微毛。标尺：A=100μm；B～D=1.0μm

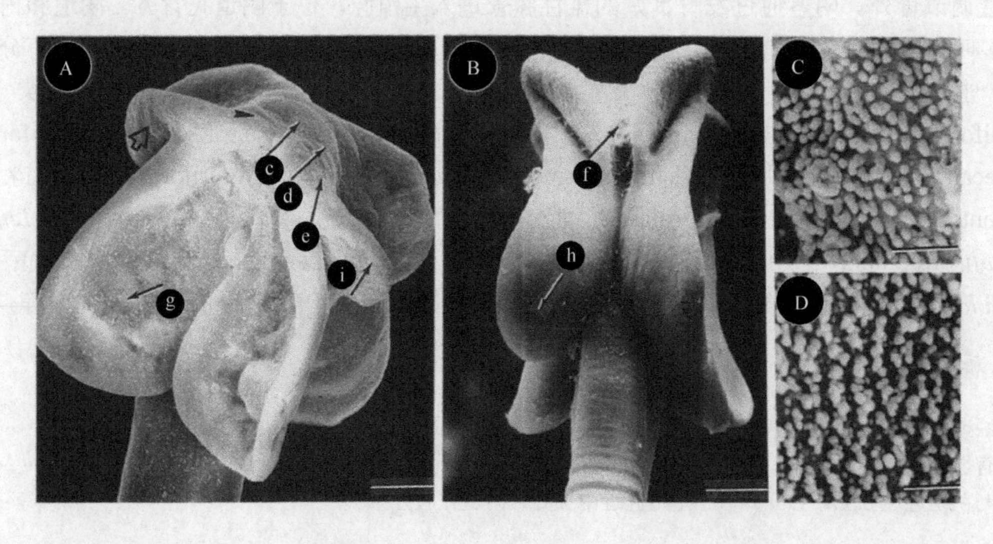

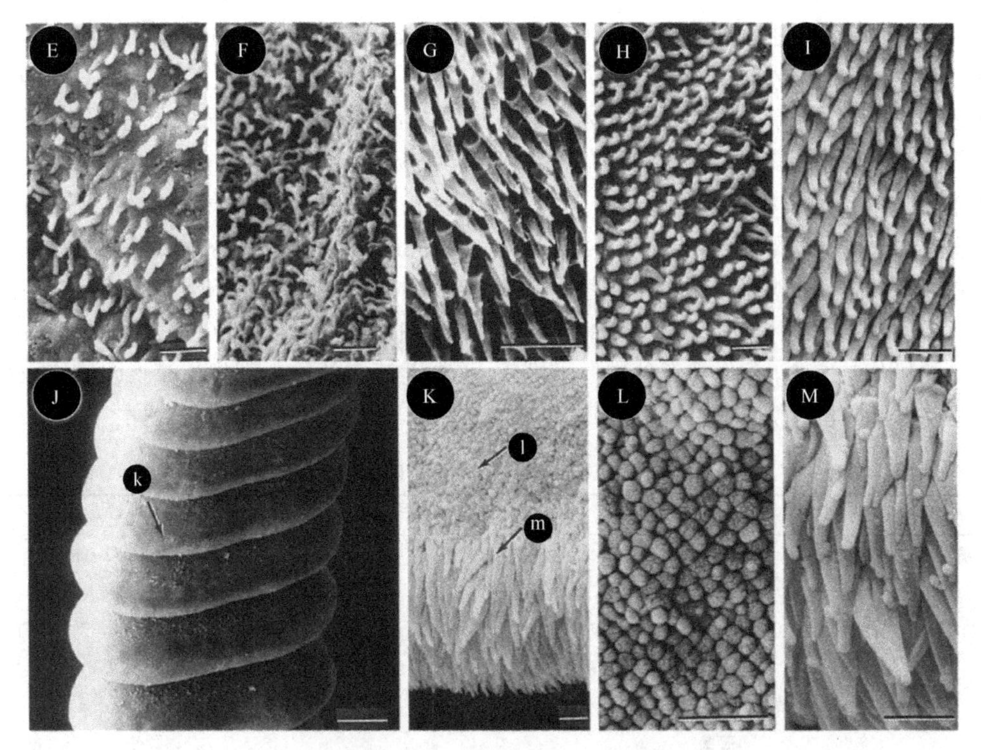

图 8-4 丝状四槽绦虫头节扫描结构（引自 Hoberg，1995）

A. 头节背腹观，示一般结构，有发育良好的耳突（宽箭头示）和顶器官（指针指示中央），小写字母指示相应图取样处；B. 头节侧面观，小写字母示相应图取样处；C. 顶器官中央乳头状到短丝状微毛；D. 顶器官中央侧方区域短丝状微毛；E. 顶器官侧方边缘伸长的丝状微毛；F. 位于吸叶之间的丝状微毛；G. 吸叶吸附面上的棘状微毛；H. 吸叶外表面上细长的棘状微毛；I. 耳突远端边缘的棘状微毛；J. 高度具缘膜的链体，箭头指示图 K 取样处；K. 节片后部边缘，示乳头状和棘状微毛的分布，小写字母指示相应图取样处；L. 节片中部垫样乳头状微毛的细节放大；M. 沿节片后部边缘棘样微毛的细节放大。标尺：A～B，J=50μm；其他=1.0μm

{同物异名：单阿姆尼卡鲁斯亚属［*Tetrabothrius*（*Uniamniculus*）Muravéva，1975］}

3A. 雄性管和阴道开口位于腹部向下弯曲的乳突的顶部……………………………………………………………………………………山顶阿姆尼卡鲁斯亚属［*Tetrabothrius*（*Culmenamniculus*）Muraveva，1975］（图 8-1D～F）

3B. 雄性管开口于乳突顶部，阴道孔分离，开口于乳突腹面基部……………………………………………………………………………………奥利安娜亚属［*Tetrabothrius*（*Orianas*）Leiper & Atkinson，1914］（图 8-5B）

［同物异名：双阿姆尼卡鲁斯亚属 *Tetrabothrius*（*Biamniculus*）Muraveva，1975］

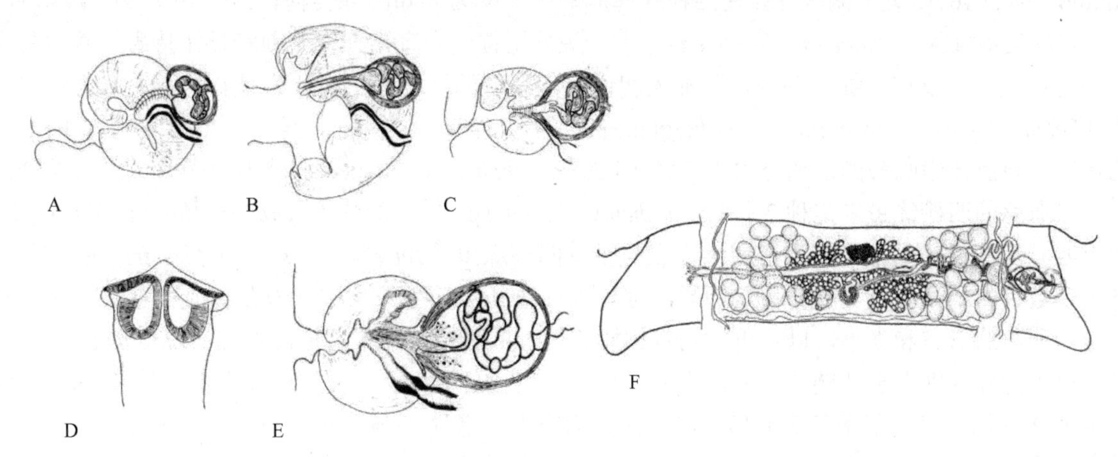

图 8-5 四槽亚属种类的生殖腔、伞状毛茎绦虫头节及成节结构示意图（引自 Hoberg，1994）

A. 巨头四槽绦虫［*Tetrabothrius*（*Tetrabothrius*）*macrocephalus*（Rudolphi，1819）］；B. 无吻突四槽绦虫［*Tetrabothrius*（*Oriana*）*erostris* Lönnberg，1896］；C. *Tetrabothrius*（*Neotetrabothrius*）*eudyptidis*（Lönnberg，1896）；D～F. 伞状毛茎绦虫（*Chaetophallus umbrella* Fuhrmann，1899）：D. 头节；E. 生殖腔横切（前面观）；F. 成节背面观

Burt（1978）研究了标注为异体带绦虫（*Taenia heterosoma* Baird，1853）的样品，包括从一个被鉴定为大军舰鸟（*Tachypetes aquila=Fregata aquila* Linnaeus）的一条寄生虫碎片及由戈斯（Gosse）先生采自牙买加未描述但 Baird 认为是带绦虫‘*Taenia pelecani aquilae*’Rudolphi 的同物异名的寄生虫。阿森松岛的大军舰鸟与加勒比海及其岛屿的丽色军舰鸟罗思亚种（*Fregata magnificens rothschildi* Mathews，1915）混淆。异体带绦虫最初被识别为四槽属的一个种，之后又被认为是一未发表种，再后来被作为一无记述名，1913 又重新恢复种，同时作为北鲣鸟（*Sula bassana* Linnaeus=*Morus bassanus*）的寄生虫。Fuhrmann 进行了简短和最初的描述，组合了采自军舰鸟和鲣鸟的绦虫特征，将军舰鸟和鲣鸟都作为其宿主，而 Baer（1954）认为该绦虫仅有 1 个北鲣鸟宿主。Burt（1978）用贝尔德四槽绦虫（*Tetrabothnus bairdi*）替代采自丽色军舰鸟的异体带绦虫，并作为新种进行了描述，采自北鲣鸟的绦虫则作为鲣鸟四槽绦虫（*T. bassani*）新种进行了描述。两者的区别见表 8-1 及图 8-6。

表 8-1 贝尔德四槽绦虫和鲣鸟四槽绦虫比较

	贝尔德四槽绦虫（*T. bairdi*）	鲣鸟四槽绦虫（*T. bassani*）
宿主	丽色军舰鸟（*Fregata magnificens rothschildi* Mathews，1915）	北鲣鸟（*Morus bassanus*）
精巢数目	80～100	65～79
雄性腔管	长 0.114～0.121mm，壁厚 0.005mm，开口于生殖腔中复合生殖乳突顶部	长 0.061～0.076mm，壁厚 0.016mm，直接开口于生殖腔壁中央
阴道	内衬无“毛”	内衬有“毛”
纵肌	内层背腹各 24 束	内层背腹各 45～54 束
排泄管	薄壁	厚壁

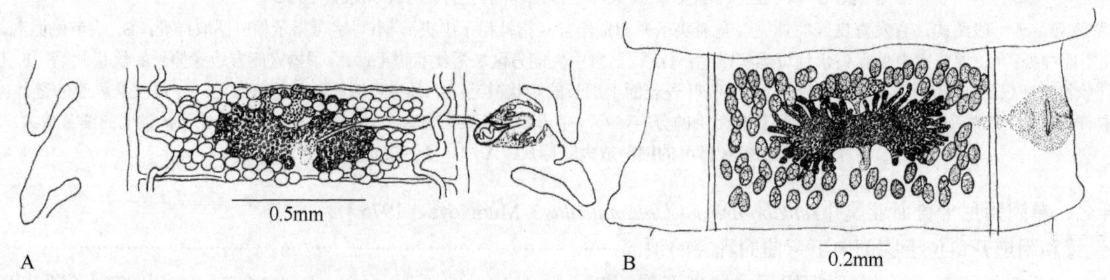

图 8-6 2 种四槽绦虫节片结构示意图（引自 Burt，1978）

A. 贝尔德四槽绦虫早期孕节，子宫省略；B. 鲣鸟四槽绦虫整体封片中的未成熟节片

Nikolov 等（2010）研究了搁浅并死在阿根廷海岸的两头鲜为人知的鲸类物种：赫氏中喙鲸（*Mesoplodon hectori*）和南美鼠海豚（*Phocoena dioptrica*）（各一头分别位于布宜诺斯艾利斯和丘比特省）蠕虫的寄生情况，经光镜观察，发现了绦虫并进行了描述和说明。获得的一种绦虫被认为是新种并命名为霍贝格四槽绦虫［*Tetrabothrius*（*Tetrabothrius*）*hobergi* n. sp.］（含几个节片的样品，至少有 1 个孕节）（图 8-7），另外的还有采自赫氏中喙鲸的四槽绦虫未定种 1［*Tetrabothrius*（*s. l.*）sp. 1］（含几个节片的未成熟样品）、采自南美鼠海豚的四槽绦虫未定种 2［*Tetrabothrius*（*s. l.*）sp. 2］（单节片未成熟样品）（图 8-8A～B），以及两个四叶目绦虫的幼虫。霍贝格四槽绦虫与企鹅四槽绦虫［*Tetrabothrius*（*T.*）*forsteri*］的区别在于其具有更多数目的精巢和更大的卵与六钩蚴，而与 *Tetrabothrius*（*T.*）*curilensis* 的区别则在于更小的精巢和卵黄腺，卵巢的形态和大小，以及更大的六钩蚴和更长的胚钩，与采自柯氏喙鲸（*Ziphius cavirostris*）的四槽绦虫未定种区别在于其链体更窄、头节更小、精巢数目更少。广义四槽绦虫未定种 1 和广义四槽绦虫未定种 2 的属的确定基于其头节形态。广义四槽绦虫未定种 1 与企鹅四槽绦虫和无名双阿姆尼卡鲁斯四槽绦虫［*Tetrabothrius*（*Biamniculus*）*innominatus*］精巢数目相似，关系密切，而四槽绦虫未定种 2 的头节大小在已报道的企鹅四槽绦虫的变异范围内。由于不能获得充足、完好的样品，无法提供更多的信息对种进行确定。尽管如此，这是首次描述采自赫氏中喙鲸和南美鼠海豚的绦虫，丰富了海洋哺乳类蠕虫知识内容。

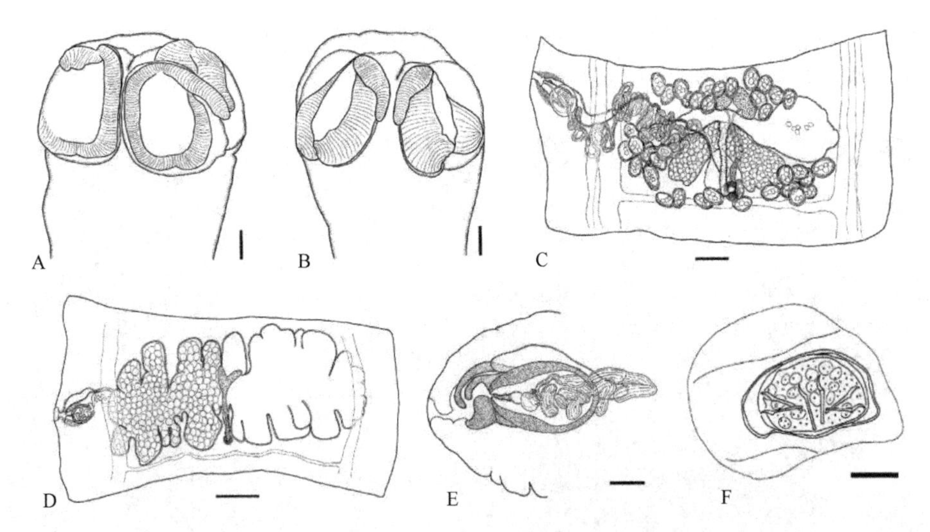

图 8-7　采自赫氏中喙鲸的霍贝格四槽绦虫结构示意图（引自 Nikolov et al.，2010）

A. 头节背腹面观；B. 头节侧面观；C. 成熟节片；D. 孕节；E. 生殖腔；F. 虫卵。标尺：A～C=100μm；D=200μm；E=50μm；F=20μm

Diaz 等（2011）从采自巴塔哥尼亚北海岸的黑背鸥（*Larus dominicanus*）中检获了圆柱体四槽绦虫［*Tetrabothrius cylindraceus*（Rudolphi，1819）］（图 8-8C）。该种绦虫是一个世界性物种，在欧洲、北美和南美等地均有报道。

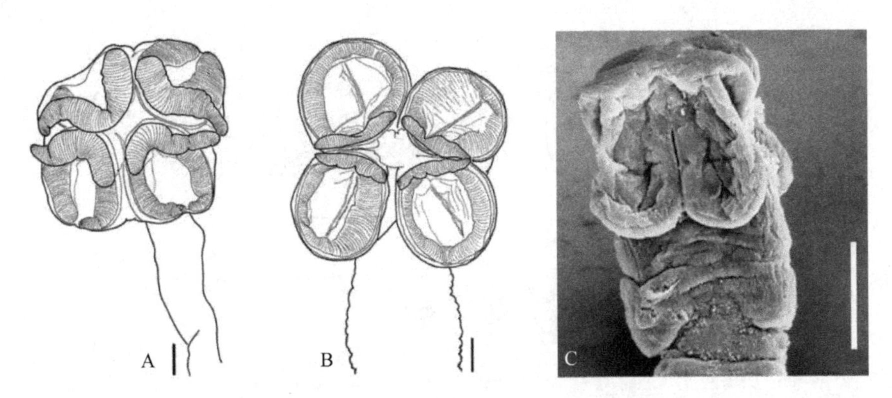

图 8-8　四槽绦虫头节结构示意图及扫描结构

A. 采自赫氏中喙鲸的广义四槽绦虫未定种 1 的头节背腹面观；B. 采自南美鼠海豚的广义四槽绦虫未定种 2 的头节背腹面观；C. 采自黑背鸥的圆柱体四槽绦虫头节扫描电镜照片。标尺 A～B=100μm；C=200μm（A～B 引自 Nikolov et al.，2010；C 引自 Diaz et al.，2011）

Oliveira 等于 2001～2009 年检查了在哥斯达黎加太平洋海岸搁浅的鲸类的寄生虫感染情况，在条纹（蓝白）海豚（*Stenella coeruleoalba*）十二指肠中检获企鹅四槽绦虫（图 8-9）并于 2011 年进行了相关报道。

图 8-9　采自条纹（蓝白）海豚十二指肠的企鹅四槽绦虫实物（引自 Oliveira et al.，2011）

此外，Hoberg（1995）报道了一个四槽绦虫未定种，并提供了头节及吸叶表面扫描形态照片（图 8-10）；Fernández 等（2004）则报道了另一个采自柯氏喙鲸（*Ziphius cavirostris*）的四槽绦虫未定种（图 8-11）。

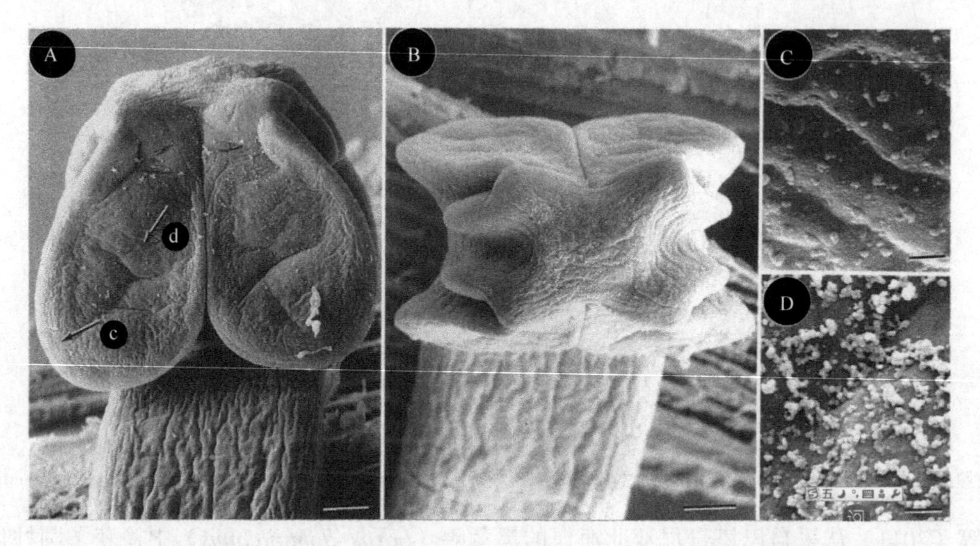

图 8-10　四槽绦虫未定种［*Tetrabothrius*（*Tetrabothrius*）sp.］（引自 Hoberg，1995）

A. 头节背腹面观，小写字母示 C～D 图取样处；B. 头节顶面观，示发达的顶器官；C. 吸叶边缘，示皮层缺乏微毛；D. 吸叶吸附面，示皮层缺乏微毛。标尺：A～B=50μm；C～D=1.0μm

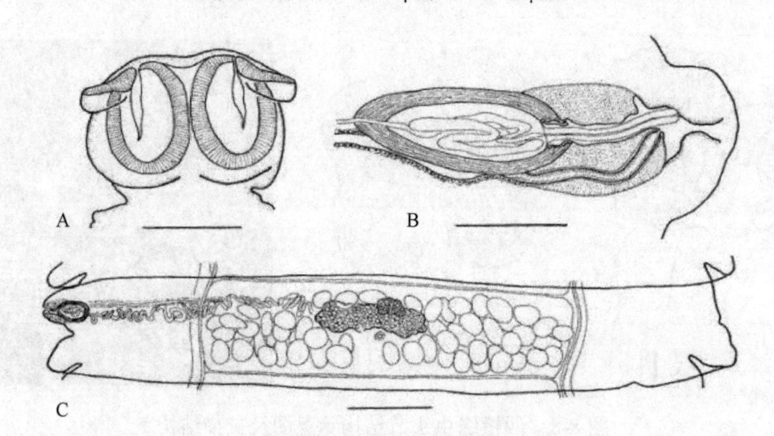

图 8-11　采自柯氏喙鲸的四槽绦虫未定种结构示意图（引自 Fernández et al.，2004）

A. 头节；B. 通过生殖腔横切面示雄性和雌性末端管；C. 成熟节片。标尺：A，C=500μm；B=100μm

3b. 吸叶圆形；阴茎囊长形；生殖腔具棘；精巢位于侧方和卵巢后部………毛茎属（*Chaetophallus* Nybelin，1916）（图 8-5D～F）

识别特征：头节圆形到长方形，有 4 个圆形吸叶，各有 1 个侧向肌肉质耳突。生殖孔位于单侧方，略腹位。生殖管位于渗透调节管之间，生殖腔深，肌肉质，腔表面有短鬃毛样棘；长发状棘自阴茎囊近基部开始扩展到雄性整个管道。阴茎囊不超出渗透调节管。阴道在雄性管腹部进入生殖腔；阴道近端膨大形成受精囊；内贮精囊存在。卵巢多叶，不达渗透调节管。卵黄腺实质状，位于卵巢前方。子宫囊状，中央背部子宫孔存在。已知寄生于鹱形目（Procellariiformes）鸟类，分布于南半球。模式种：强状毛茎绦虫（*Chaetophallus robustus* Nybelin，1916）。

4a. 耳突独立，通常肌肉不发达；各吸叶有 3 个耳突；阴茎囊长形；生殖腔肌肉质，很发达……………………………………………………………………………………………三角杯属（*Trigonocotyle* Baer，1932）

识别特征：头节长方形到立方形，有 4 个强壮的、高度肌质化的吸叶，各有 3 个肌肉质耳突。耳突独立，顶部略发达。生殖孔单侧，生殖管位于渗透调节管之间。生殖腔深，生殖乳突不存在；阴道腔开口于腹部邻近雄性腔管的开口。阴茎囊长形到梨形；阴茎具棘。精巢相对少，围绕着雌性生殖器官。阴道有具棘的腔区；内贮精囊存在。卵巢明显分为两叶，各叶略分小叶。卵黄腺实质状，位于卵巢前方。子宫囊状，孕节中超出渗透调节管；中央子宫孔存在。已知寄生于齿鲸亚目（Odontoceti）动物，分布于全球。模式种：球头三角杯绦虫（*Trigonocotyle globicephalae* Baer，1954）。其他种：六睾三角杯绦虫（*T. sexitesticulae* Hoberg，1990）（图 8-12）。

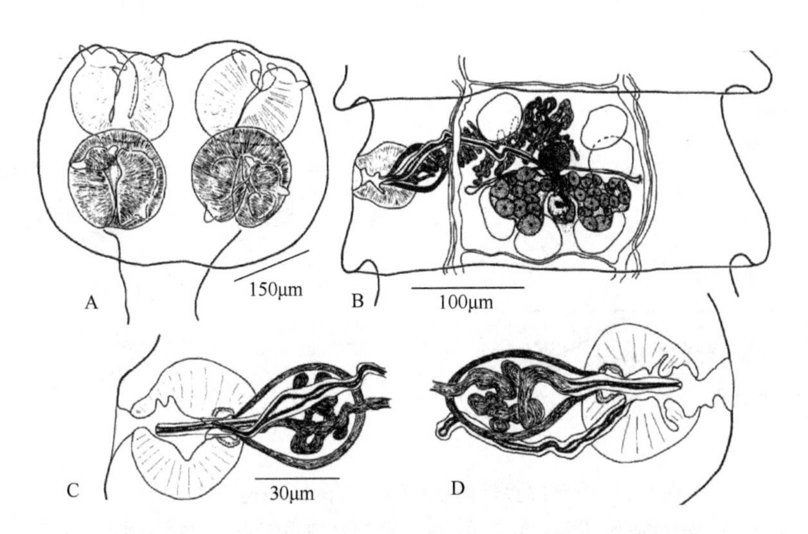

图 8-12 六睾三角杯绦虫结构示意图（引自 Hoberg，1990）

A. 头节；B. 成熟节片腹面观；C. 生殖腔、阴茎囊和阴道，腹面观；D. 生殖腔横切面，示后部观（标尺同 C）

六睾三角杯绦虫由 Hoberg（1990）描述，其所用的标本采自佛罗里达小虎鲸。该种与同属的其他种的差异在于：整体尺寸小，头节宽 372～523μm，链体孕前样品最大长度为 13.7mm；阴茎囊长 40～54μm；精巢数目为 6 个；头节和生殖腔形态不同。同属的其他种头节、链体和阴茎囊都远超过六睾三角杯绦虫，且每节精巢数目典型多于 20 个。Hoberg（1990）重新测定球头三角杯绦虫数据表明，其头节结构、精巢数目及阴茎囊尺寸与原先描述的数据不相符，普拉德霍三角杯绦虫（*T. prudhoei* Markowski，1955）的原始描述似乎基于三角杯绦虫未定种（*Trigonocotyle* sp.）和三角链头绦虫［*Strobilocephalus triangularis*（Diesing，1850）］的组合。

4b. 耳突成对或单个，生殖腔背部退化；阴道开口的腹方为显著的肌肉质腔；生殖孔位于腹侧方……………………………………5

5a. 头节圆形到长方形；吸叶吸盘状；耳状附属物成对，肌肉质，位于各吸叶前方边缘；颈相对长；背部渗透调节管萎缩；卵巢在节片后部区域，由精巢围绕和叠置……………………………………*Anophryocephalus* Baylis，1922

识别特征：头节复杂，有 4 个装饰性、圆形吸盘样吸叶，各自前方边缘有 2 个融合的或分离的耳状附属物；吸叶复合结构的开孔有膜盖或封闭在实质组织中。背部渗透调节管存在，后部退化。生殖孔位于单侧，常位于腹侧方；生殖管位于渗透调节管之间。生殖腔阴道开口腹部为显著的肌肉质腔，有肌肉质垫略背位并邻近雄性管的开口。阴茎囊卵圆形到长形。精巢大，数目相对少；在卵巢背部并覆盖卵巢。卵巢大。卵黄腺实质状，卵圆形到长形，位于卵巢前腹侧。阴道和内贮精囊存在。有些种类阴道腔具棘，在雄性管的腹部进入生殖腔。子宫为一横囊状，孕时通常在渗透调节管的内侧，中央背孔存在。已知寄生于海豹科（Phocidae）和海狮科（Otariidae）动物，分布于北极区。模式种：*Anophryocephalus anophrys* Baylis，1922（图 8-13A～C）。

Hoberg 等（1990）修订了 *Anophryocephalus* Baylis，1922，使其包括了那些有复杂的头节（成对的耳状附属物和吸叶盖），复杂的生殖腔（阴道腹部有肌肉质的腔；雄性管开口附近有肌肉质的垫）及背部渗透调节管萎缩的四槽目绦虫；重新描述了 *Anophryocephalus anophrys*（模式种）、*A. skrjabini* 和 *A. ochotensis*；描述了采自斑海豹（*Phoca largha*）的绦虫新种 *Anophryocephalus nunivakensis*，该新种具有宽阔的前方开口的吸叶盖和卵形的阴茎囊（直径 57～95μm），腹侧向雄性管（成熟节片中长 26～44μm），精巢 26～56 个。新种 *Anophryocephalus eumetopii* 采自北海狮（*Eumetopias jubatus*），该新种的吸叶叶盖具有窄缝状对角方向的孔，球状的阴茎囊（直径 51～72μm），一显著的生殖乳突和腹侧向雄性管（成熟节片中长 36～51μm）及 32～66 个精巢。*Anophryocephalu*s 一些头节在幼虫后期的发育中表现出与四槽属的已知种类相似，表明四槽科绦虫固着器官形态发生的一致性。*Anophryocephalus* spp.是全北区鳍脚类的典型寄生虫，与先前的报道相反，*A. skrjabini 和 A. ochotensis* 分别是北太平洋与白令海的高纬度地区斑海豹（*Phoca* spp.）和北海狮的专性寄生虫。

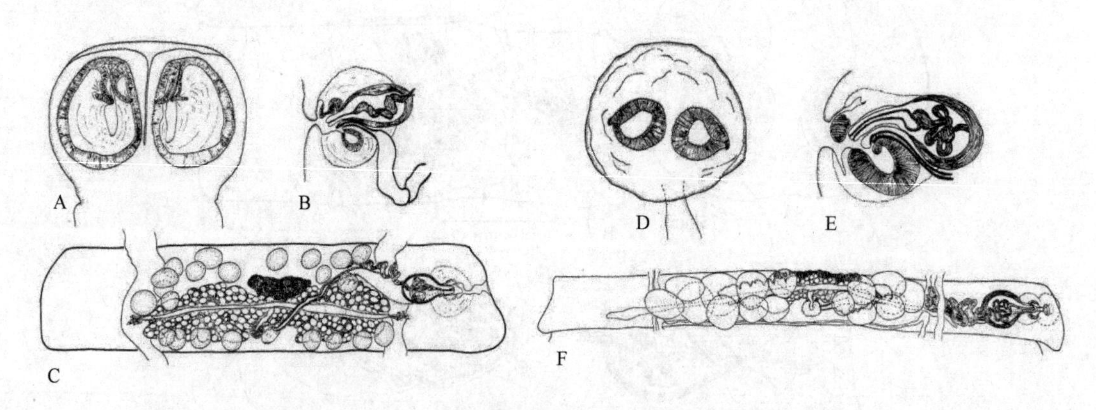

图 8-13 2 种绦虫结构示意图（引自 Hoberg，1994）

A～C. *Anophryocephalus anophrys* Baylis，1922：A. 头节；B. 生殖腔横切面前面观；C. 成节背面观。D～F. 三角链头绦虫：D. 头节；E. 生殖腔横切面前面观；F. 成节背面观

Anophryocephalus Baylis，1922 分种检索表

1A. 头节有吸叶盖及独立发生的耳突 ………………………………………… 2

1B. 头节无吸叶盖，耳突向前部汇合 ………………………………………… 4

2A. 吸叶盖有窄缝状纵向开孔不扩展至吸叶边缘外；阴茎囊伸长；生殖乳突缺乏；生殖腔分支具肌肉质垫；已知为北大西洋盆地环斑海豹（*Phoca hispida*）和冠海豹（*Cystophora cristata*）的寄生虫 ……………… *Anophryocephalus anophrys*

2B. 吸叶盖有开孔扩展至吸叶的肌肉质边缘外；吸叶位于实质组织凹陷之中；阴茎囊卵圆形；肌肉垫实体状；生殖乳突存在；分布仅限于北太平洋盆地 ………………………………………… 3

3A. 吸叶盖对角开孔；生殖乳突明显；雄性管高度向腹部下弯；阴道腔具棘；已知为北海豹（*Eumetopias jubatus*）的绦虫 ………………………………………… *Anophryocephalus eumetopii*

3B. 吸叶盖纵向开孔，向前开孔变宽；吸叶有前方的边缘间隙；生殖乳突不明显；无棘的阴道腔有显著的括约肌，已知为斑海豹（*Phoca largha*）的绦虫 ……………… *Anophryocephalus nunivakensis*

4A. 颈特别长（＞16mm）；阴茎囊伸长；生殖乳突不发达；肌肉质垫大；雄性管直；已知为斑海豹（*Phoca* spp.）的寄生虫，分布于北太平洋盆地 ……………… *Anophryocephalus skrjabini*

4B. 颈短（=2mm）；吸叶位于实质组织凹陷之中；阴茎囊卵圆形；生殖乳突显著；肌肉质垫很小；雄性管强烈向腹面弯曲；已知为北海豹（*Eumetopias jubatus*）的绦虫 ……………… *Anophryocephalus ochotensis*

5b. 头节球状、巨大（直径可能超过 5mm）；吸叶吸盘状，略为三角形，位于肥大的顶点基部；耳状附属物单个，指向侧方；阴茎囊巨大，卵圆形，壁厚 ……………… 链头属（*Strobilocephalus* Baer，1932）

识别特征：头节有肥大的顶器官和 4 个三角形、肌肉质、吸盘样耳状吸叶位于近基部。生殖孔位于腹侧方；生殖管位于渗透调节管之间。生殖腔在阴道开口腹部为显著的肌肉质腔。肌肉质垫邻近于雄性管的开口。雄性管开口于阴道背部乳头腔里。阴茎具棘。精巢少，围绕着雌性器官。阴道有毛发样棘。内贮精囊存在。卵巢 2 叶，横向伸展至渗透调节管位置。卵黄腺实质状，位于卵巢前腹部。子宫为一横囊状，孕时扩展于渗透调节管之间；中央背孔存在。已知寄生于齿鲸亚目（Odontoceti）动物，分布于全球。模式种：三角链头绦虫［*Strobilocephalus triangularis*（Diesing，1850）］（图 8-13D～F）。

8.3.2 无吻突四槽绦虫的研究

Stoitsova 等（1995）研究了无吻突四槽绦虫（*Tetrabothrius erostris* Loennberg，1896）的精子发生和成熟精子的超微结构。其精子发生的特征是出现如下事件：①含有两个基体和 1 对鞭毛小根的分化区的形成，基体中的一个产生 1 条游离的鞭毛，另一个诱导产生 1 鞭毛芽；②鞭毛在与分化区中央胞质突起融合前旋转 90°，鞭毛芽则部分旋转；③核在小根之间进入并在分化区中形成一圆柱状突起；④分化区的伸长和扭转导致外围微管的扭转与核的迁移；⑤冠状体的形成；⑥精子在精细胞簇群之前近端致密化。成熟精子具有单一“9+1”类型的轴丝和扭转的外周微管。成熟精子由 3 部分组成：近端部具有一个冠状体，中部区域 β 糖原丰富，远部区含有细胞核。无吻突四槽绦虫（图 8-14）的精子发生最类似于四叶目叶槽科（Phyllobothriid）的绦虫，可能反映四槽科与叶槽科有一定系统关系。

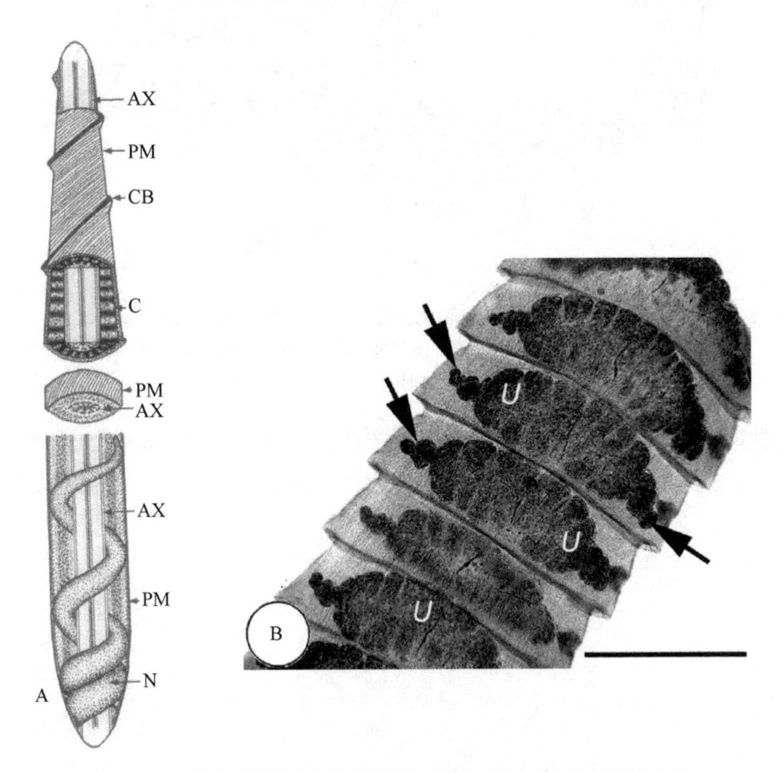

图 8-14 无吻突四槽绦虫成熟精子结构重建及孕节装片实物

A. 成熟精子结构重建（AX. 轴丝；C. 围绕轴丝的圆柱体；CB. 冠状体；N. 核；PM. 外周微管）；B. 整体装片光镜结构，示孕节，子宫（U）内有胚胎，可见子宫的近端部份（箭头所示）。标尺=1mm（A 引自 Stoitsova et al.，1995；B 引自 Korneva et al.，2014）

Korneva 等（2014）用扫描和透射电镜技术研究了无吻突四槽绦虫子宫的微细结构。在性成熟的节片中，子宫壁由合胞体的上皮组成（厚 1.4～2.5μm，含核的区域例外）。上皮中可观察到含有核糖体、线粒体和大量的、具同心或平行排列的电子透明的粗面内质网潴泡。子宫壁的特征是具有丰富的脂滴，定位于子宫上皮的长突起（称为指样乳突）内，突起可达 15～17μm，并由髓实质组织包围。子宫近端有脂滴的突起位置彼此靠近。基部的基质（厚达 0.6μm）支持着子宫上皮。肌肉组织由 1～2 层发育良好的肌肉组成；大型肌细胞体由肌丝相连，具一个大小达 4μm 的细胞核。孕节中，子宫上皮没有细胞核，厚度减至 0.2～1.6μm，突起数目和脂滴减少。此期稀疏的小肌肉束垫于子宫壁；基部的基质显著变弱。无吻突四槽绦虫属于寡黄卵绦虫，在其胚胎发育过程中子宫壁具有大量的脂滴，为母体营养胚胎提供了物质保障。

Korneva 等（2015）用光镜和透射电镜技术研究了无吻突四槽绦虫复合交配器的微细结构（图 8-15）。

结果发现生殖管表面的微毛具有多样性：雄性生殖管的顶面具有管状和刀片状微毛，在管的各个切面上具有特殊的结构。输精管近端切面管状微毛的顶部含有大量压缩物；阴茎刀片状微毛顶部具有纵纹，基部由电子致密带加强。阴茎表面具有两型微毛，它们的存在可考虑为系统学特征。位于阴茎囊中的前列腺含有中等电子密度的颗粒（直径达 130nm）。生殖腔含有大量的非纤毛受体（non-ciliated receptor）围绕雄性腔管的肌纤维中发现有副肌球蛋白纤维（达 200nm）。雄性腔管远端区的表面微毛由糖萼覆盖。生殖腔和阴道顶膜下有电子致密的膜样结构。这些结构不形成连续的层，它的边缘会陷入上皮顶端的内陷。这些微细结构适应于其交配行为与生理。

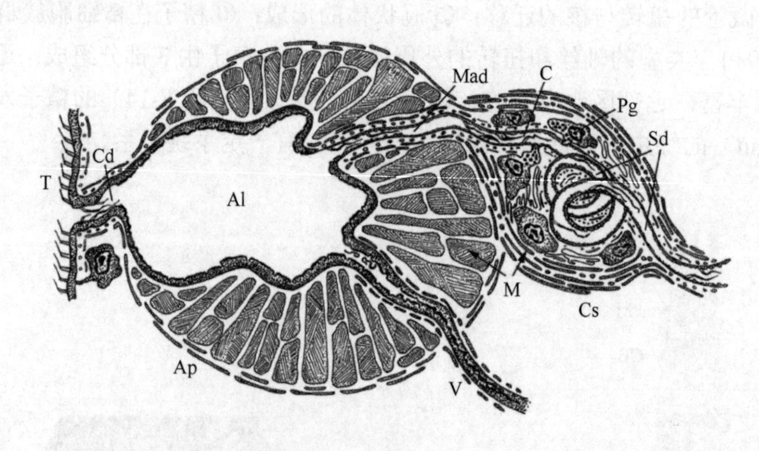

图 8-15　无吻突四槽绦虫交配器结构示意图，不按比例（引自 Korneva et al.，2015）
缩略词：Al. 生殖腔；Ap. 腔囊；C. 阴茎；Cs. 阴茎囊；Cd. 公共生殖管；M. 肌纤维；Mad. 雄性腔管；Pg. 前列腺；Sd. 输精管；T. 皮层；V. 阴道

目前北鲣鸟四槽绦虫（*Tetrabothrius bassani*）/北鲣鸟（*Morus bassanus*）鲣鸟科（Sulidae）组合已被认为是一个很有前途的生物系统，用于监测海洋生态系统环境中 Cd 和 Pb 的污染。

9　双叶槽目（Diphyllobothriidea Kuchta，Scholz，Brabec & Bray，2008）

9.1　简　　介

双叶槽目是 Kuchta 等（2008）从原假叶目（Pseudophyllidea van Beneden in Carus，1863）中分出来的。原假叶目是绦虫的一个主要类群，绝大多数都是海洋和淡水鱼类的寄生虫，极少数属特异性地寄生于哺乳类、鸟类、爬行类和两栖类（Schmidt，1986；Bray et al.，1994），也包括几种重要的人体寄生虫，如双叶槽属（*Diphyllobothrium*）、旋宫属（*Spirometra*）和双性孔属（*Diplogonoporus*）的种类，以及养殖和自由生活鱼类的病原，如槽首属（*Bothriocephalus*）、真槽属（*Eubothrium*）、舌状属（*Ligula*）、裂头属（*Schistocephalus*）和三支钩属（*Triaenophorus*）（Williams & Jones，1994；Kassai，1999；Muller，2002；Chai et al.，2005）。

最初放在假叶目的是“鱼阔节双叶槽绦虫或称阔节裂头绦虫（broad fish tapeworm：*Diphyllobothrium latum*），为大型的人体寄生虫。Linnaeus（1758）对其进行过简短的描述，命名为阔节带绦虫（*Taenia lata*）。一个世纪后，van Beneden 在 Carus（1863）著作中提出假叶目名用于容纳绦虫纲当时的五大类群之一。假叶目由 van Beneden 建立，而不是有些文献（Wardle & McLeod，1952；Yamaguti，1959；Schmidt，1986；Bray et al.，1994）提到的由 Carus 建立，Carus 编书时将其内容编入，故有学者就认为是 Carus 建立的目（证据见 Carus，1863，p. 482）。该类群系统学主要的贡献者为 Lühe（1902）、Wardle 和 McLeod（1952）、Yamaguti（1959）、Protasova（1977）、Delyamure 等（1985）、Yurakhno（1992）及 Bray 等（1994，1999）。

假叶目在真绦虫（Eucestoda）中的精确地位变化频繁，但假叶目的绦虫通常被放于接近最基础的目如鲤蠢目（Caryophyllidea）和佛焰苞槽目（Spathebothriidea）（见 Hoberg et al.，1997，2001 等文献）。假叶目在大多数分类中一直被当作单系类群，其典型的特征是头节上有两个吸槽（Schmidt，1986；Jones et al.，1994）。Hoberg 等（1997）基于比较形态和个体发育的研究得到一系列的 49 个特征，并用其测定了真绦虫的系统发生。这些作者发现假叶目中分析的 49 个特征中多达 10 个是多态的，同时陈述了假叶目可能是并系或是多系。随后，Mariaux（1998）基于 18S rRNA 基因部分序列的分子数据，Kodedová 等（2000）基于“低等”脊椎动物绦虫 18S rRNA 基因全序列，Olson 等（2001）基于所有认可目成员的 18S 和 28S rRNA 的基因序列，都表明假叶目是并系或多系的。Brabec 等（2006）提供了假叶目实际上是由两个不相关的支系组成的证据，在真绦虫的系统发生地位上相互之间有显著差异。他们分析了 Bray 等（1994）认可的所有假叶目科的 25 个代表的 18S 和 28S rRNA 基因序列，其中之一群（一个支）暂时命名为“双叶槽目（Diphyllobothriidea）”，形成了仅有 1 属 2 种的单槽目的姐妹群。这些类群依次与单节的鲤蠢目密切相关，并且推导其与最基础的佛焰苞槽目的绦虫也密切相关（Brabec et al.，2006）。第二支“槽首目（Bothriocephalidea）”明显是演化的，因为它表现为“更高等的”吸臼类（Acetabulate）或四凹槽类（Tetrafossates）绦虫的姐妹群（Brabec et al.，2006；Waeschenbach et al.，2007）（图 9-1）。因此，假叶目正式取消，以两个新目容纳原假叶目头节具有背腹纵向吸沟（或称为吸槽）的两个不相关的支系。此外，两个新目基于形态和生活史的特征与分化的识别见关于目的系统修订文献（Kuchta，2007；Kuchta & Scholz，2007），反映了近期系统研究的结果。Kuchta 等（2008）将两个目分化的形态特征显示于图 9-2 中。

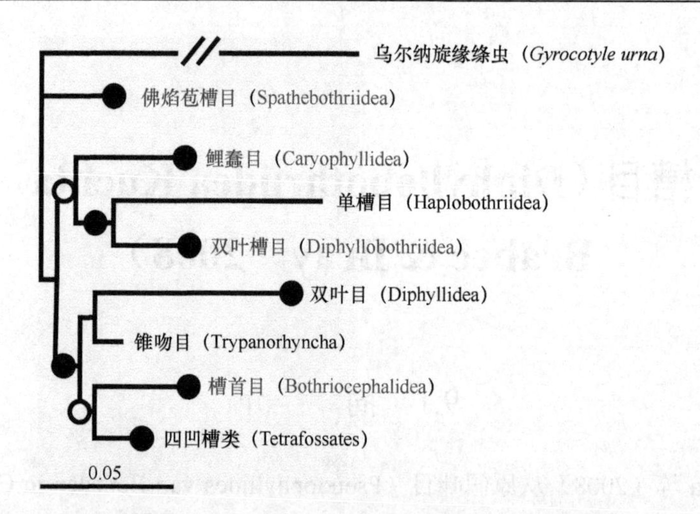

图 9-1　真绦虫的系统发生树（仿绘自 Kuchta et al.，2008，最初见于 Brabec et al.，2006）

从 *SSU+LSU*（小亚基和大亚基 rRNA 基因，Brabec et al.，2006）数据推出的贝叶斯一致树，节点支持基于贝叶斯事件概率。节点支持为 1.00 和＞0.90 的分别用实心和空心圆圈标示

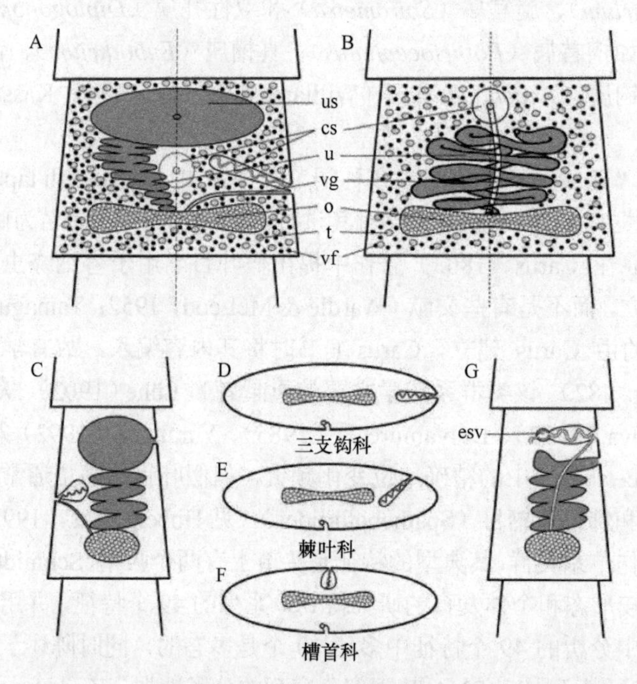

图 9-2　槽首目和双叶槽目分化的形态特征示意图（引自 Kuchta et al.，2008）

槽首目（A，C～F）和双叶槽目（B，G）：A，B. 腹面观；C，G. 侧面观；D～F. 横切面。缩略词：cs. 阴茎囊；esv. 外贮精囊；o. 卵巢；t. 精巢；u. 子宫；us. 子宫囊；vf. 卵黄腺滤泡；vg. 阴道

9.2　双叶槽目的识别特征

链体中到大型，通常无缘膜，不解离。外分节完全或不完全。头节形态可变，偶尔发育不良。吸槽通常很发达，形状可变，偶尔仅有浅的裂隙，很少肥大者。渗透调节管位于皮质或髓质，数目多或少。生殖器官通常单套，可能有双套或偶尔多套。精巢数目多，位于髓质。阴茎囊存在。卵巢位于后部。雄性与雌性生殖管分别或共同开口于腹部中央前方表面。卵黄腺滤泡位于皮质，可能突入纵肌束之间。子宫形状可变，开口于腹部、生殖孔后方。已知幼虫期寄生于鱼类、爬行类，偶尔寄生于其他类群，成体期寄生于爬行类、鸟类和哺乳类。模式科：双叶槽科（Diphyllobothriidae Lühe，1910）。其他科：头衣科（Cephalochlamydidae Yamaguti，1959，亦有译为蓬头科者）和钵头科（Scyphocephalidae Freze，1974）。

9.3 双叶槽科（Diphyllobothriidae Lühe，1910）

［同物异名：贝利西科（Baylisiidae Yurakhno，1992）；贝利思利科（Baylisiellidae Yurakhno，1992）；舌状科（Ligulidae Claus，1868）；腺头科（Glandicephalidae Yurakhno & Maslev，1995）；裂头科（Schistocephalidae Yurakhno，1992）］。

识别特征：同目的特征。模式属：双叶槽属（*Diphyllobothrium* Cobbold，1858）。其他有效属：贝利西属（*Baylisia* Markowski，1952）；贝利思利属（*Baylisiella* Markowski，1952）；双性孔属（*Diplogonoporus* Lönnberg，1892）；曲槽属（*Flexobothrium* Yurakhno，1979）；腺头属（*Glandicephalus* Fuhrmann，1921）；舌状属（*Ligula* Bloch，1782）；褶襞槽属（*Plicobothrium* Rausch & Margolis，1969）；角锥头属（*Pyramicocephalus* Monticelli，1890）；裂头属（*Schistocephalus* Creplin，1829）；旋宫属（*Spirometra* Faust，Campbell & Kellogg，1929）；四性孔属（*Tetragonoporus* Skriabin，1961）等。

基于分子数据（Luo et al.，2003；Logan et al.，2004），双线属（*Digramma* Cholodkovsky，1915）与舌状属（*Ligula*）为同物异名，与 Wardle 和 McLeod（1952）认为双带绦虫属仅只是舌状属很稀少的一个双性类型相一致。多管属（*Multiductus* Clarke，1962）与四性孔属为同物异名（Delyamure & Skriabin，1968）。Bray 等（1994）认为多性孔属（*Polygonoporus* Skriabin，1967）与六性孔属（*Hexagonoporus* Gubanov in Delyamure，1955）为同物异名，Kuchta 等（2008）认为多性孔属是有问题的属，因为其原始描述不全（没有头节的数据等）。

9.3.1 双叶槽科分属检索

1a. 外分节限于链体前部 ························ 2
1b. 整条链体都有外分节 ························ 3
2a. 每节一套生殖器官 ························ 舌状属（*Ligula* Bloch，1782）
（同物异名：*Braunia* Leon，1908）

识别特征：新鲜虫体长达 400mm，宽 7～8mm。链体前部分节，其余不分节但有横向皱纹。链体前端钝，有不发达的头节；吸槽仅为两个浅的小裂隙。每节一套或两套生殖器官。已知成体寄生于食鱼鸟类；大型肉质的全尾蚴寄生于鲤科鱼类的体腔。全球性分布。模式种：肠舌状绦虫（*Ligula intestinalis* Linnaeus，1758）（图 9-3，图 9-4，图 9-5A、C）。

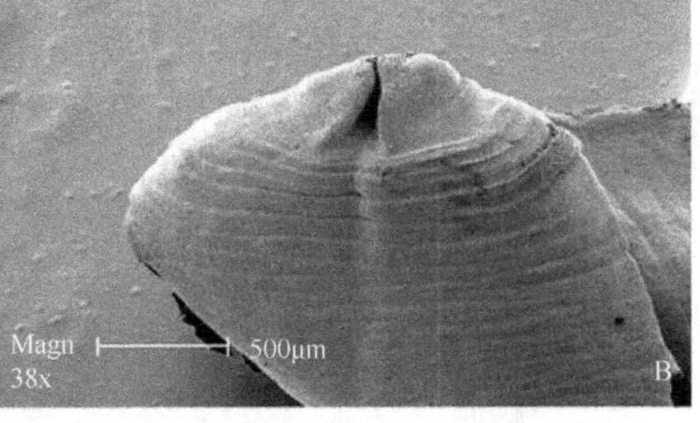

图 9-3 肠舌状绦虫感染鱼及虫体前端扫描结构

A. 受感染的鱼体内的虫体；B. 前端部扫描结构（A 引自 https://baike.baidu.com/item/舌状绦虫?fr=aladdin；B 引自 http://otvety.mail.ru/question/33317912）

肠舌状绦虫已被用作研究后生动物寄生虫培养和体外绦虫及裂头蚴发育的模型，也已作为研究大范围的生物因子（尤其是中间宿主鱼体内的因子）与其相互作用的有用模型。从广泛的长期寄生虫和鲤科鱼类宿主之间的相互作用的生态研究，至最近利用分子生物技术在寄生虫多样性和物种方面取得了大量进展，在过去的 60 年里，人们对肠舌状绦虫的研究获得了宿主-寄生虫相互关系结果的显著进展。肠舌状绦虫已作为有用的模型生物用于研究污染、免疫、寄生虫生态和遗传，以及典型的内分泌干扰物对机体的影响等。

2b. 每节两套生殖器官……………………………………………………………………双线属（*Digramma* Cholodkowsky，1915）

识别特征：除每节两套生殖器官外，与舌状属相似。模式种：交替双线绦虫［*Digramma alternans*（Rudolphi，1810）］。其他种：中断双线绦虫（*D. interrupta* Rudolphi，1810）（图 9-5B、D）。

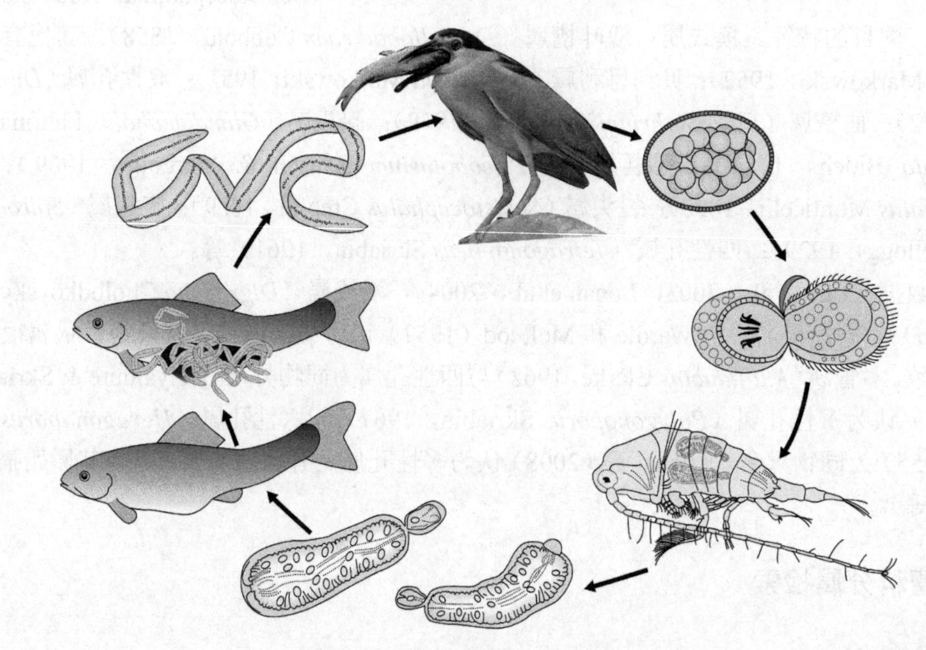

图 9-4　肠舌状绦虫生活史示意图

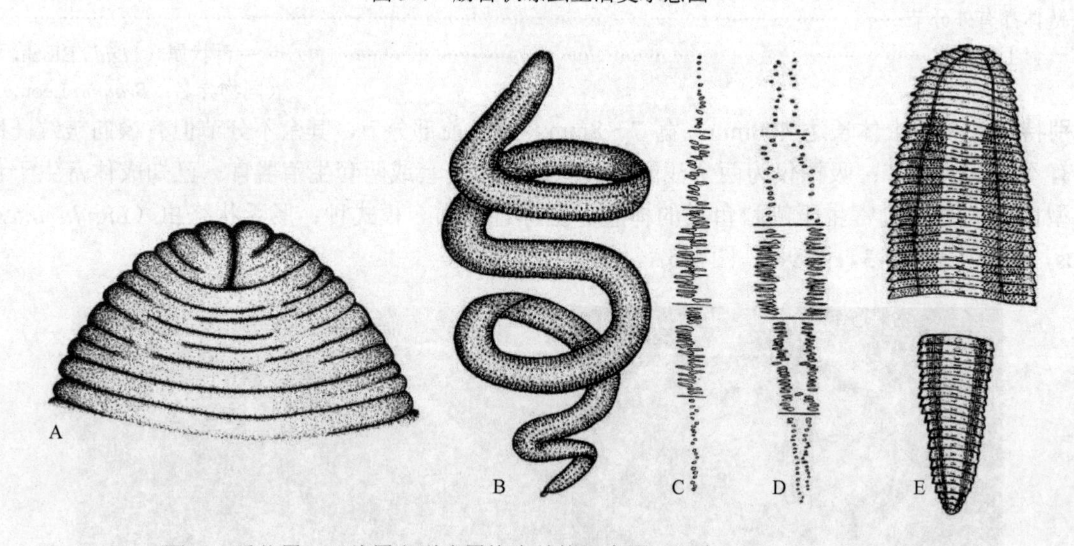

图 9-5　舌状属、双线属和裂头属绦虫结构示意图（引自 Bray et al.，1994）

A. 肠舌状绦虫实尾蚴前端结构示意图；B. 中断双线绦虫实尾蚴；C. 肠舌状绦虫生殖器官原基；D. 中断双线绦虫生殖器官原基；E. 实体裂头绦虫

Luo 等（2003）通过对采自中国长江下游和中游的湖泊及青藏高原青海湖的双线绦虫与舌状虫样品的核糖体 DNA 完整的内转录间隔区（ITS rDNA）及 28S rDNA 5′端的比较研究发现，两者的核苷酸变异度低，两者属于并系，双线属与舌状属为同物异名。而先前确定的双线属绦虫是否都代表舌状属不同的种，仍需要更深入的研究。

3a. 头节不发达，吸槽仅由链体最前方两个小裂隙代表……………………………………裂头属（*Schistocephalus* Creplin，1829）

［同物异名：裂吻属（*Schistorhynchus* Zschokke，1896）］

识别特征：虫体相对小，披针状，最长约 200mm。节片宽大于长，明显具缘膜。有很发达的实质纵肌。已知成体寄生于食鱼鸟类；大型分节的全尾蚴寄生于刺鱼（sticklebacks）和其他小型淡水鱼的体腔。

模式种：实体裂头绦虫［*Schistocephalus solidus*（Müller，1776）］（图 9-5E，图 9-6～图 9-8）。

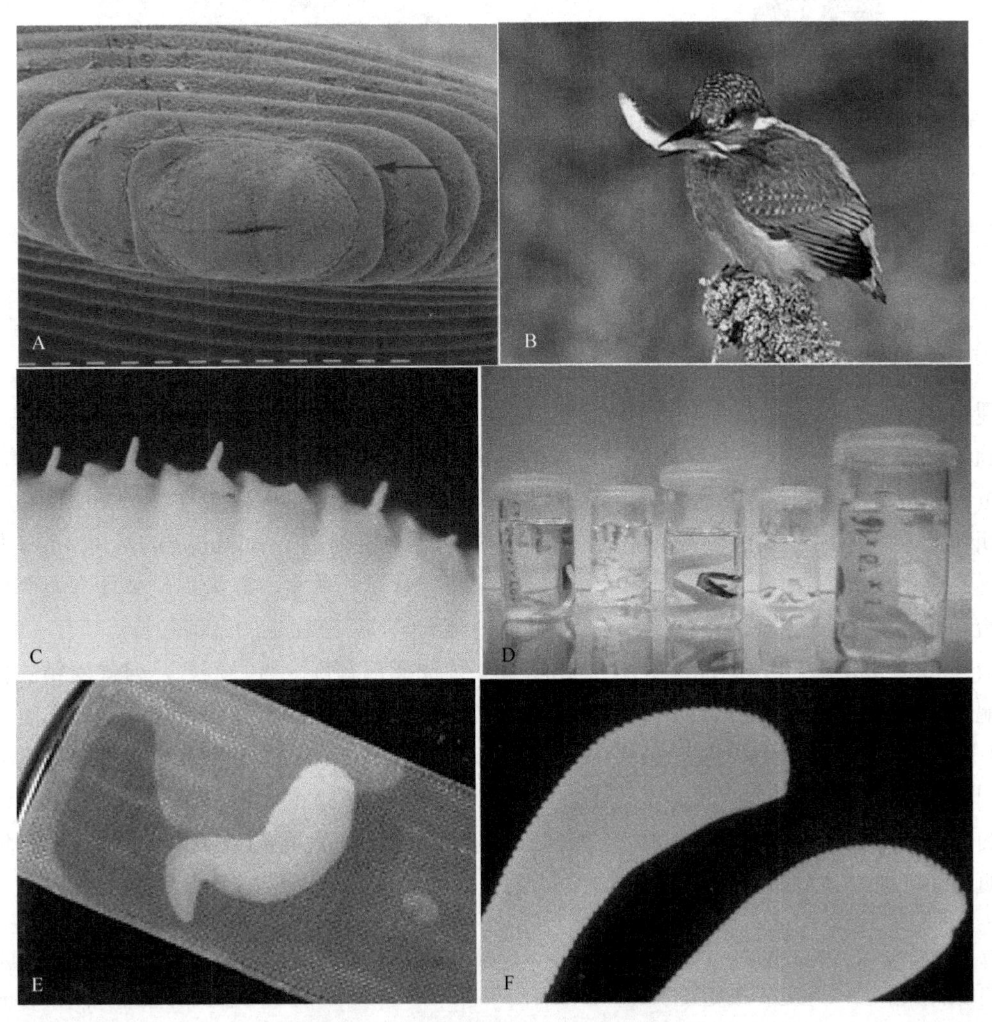

图 9-6　实体裂头绦虫及其可能的宿主

A. 采自环斑海豹（*Phoca hispida botnica*）的实体裂头绦虫成体头节顶面扫描结构，箭头所指为第一节边缘，见于裂头蚴头节，凸起的嵴在此例中也可见。B. 普通翠鸟（*Alcedo atthis*）可能是实体裂头绦虫的终末宿主；C. 体内受精的实体裂头绦虫挺立的阴茎，各节片含有雌雄生殖器官；D. 实验后保存于乙醇中的标本；E. 封闭于尼龙层间收缩的实体裂头绦虫个体；F. 两条实体裂头绦虫个体的前端部。标尺：A=100μm（A 引自 Chubb et al.，1995；B～F 引自 Kiel，2002）

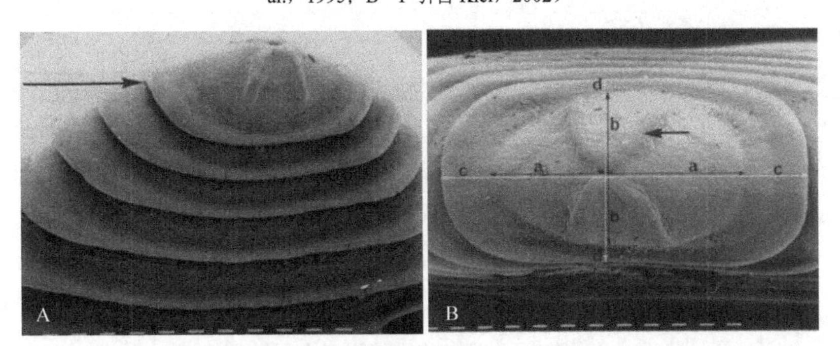

图 9-7　采自无鳞甲三刺鱼的实体裂头绦虫前端扫描（引自 Chubb et al.，1995）

A. 成体头节背腹面观的扫描结构，箭头所指为第一节边缘，见于裂头蚴头节凸起的嵴在此例中清晰可见；B. 示头节测量 a×b（黑箭头线条），第一节片的测量 c×d（白箭头线条），黑箭头所指为嵴。标尺：A=100μm；B=62.5μm

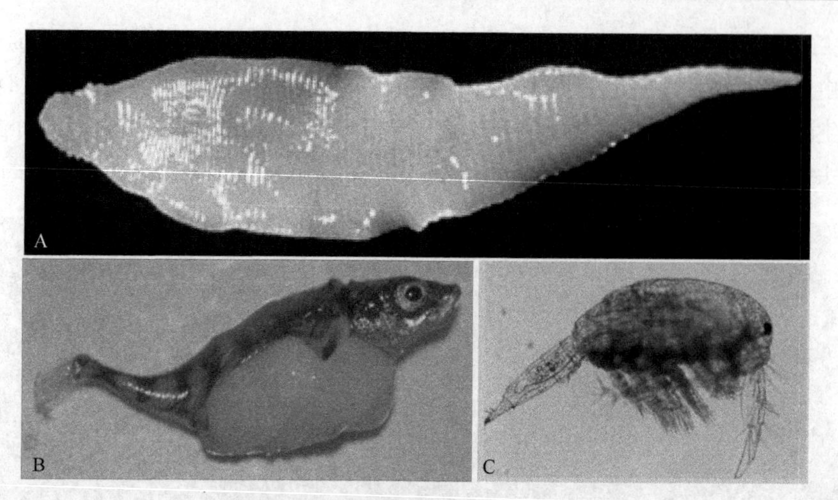

图 9-8 实体裂头绦虫及其宿主实物（引自 Kiel，2002）
A. 采自三刺鱼的活成体照片；B. 新解剖严重感染的无鳞甲三刺鱼；C. 感染的桡足类动物，绦虫幼虫位于其尾部

实体裂头绦虫是鱼类和食鱼鸟类的一种常见绦虫。该绦虫雌雄同体，食鱼水禽为其终末宿主，繁殖发生于鸟类肠道。绦虫卵通过鸟的粪便传播，在水里孵化，产生第一期幼虫钩球蚴，钩球蚴随后被第一中间宿主剑水蚤目的桡足类［如白色大剑水蚤（*Macrocyclops albidus*）］摄取。随后便在第一中间宿主组织中发育为第二期幼虫。感染 1～2 周的剑水蚤被第二中间宿主无鳞甲三刺鱼（*Gasterosteus aculeatus*）摄取。第三期幼虫全尾蚴或裂头蚴就在鱼的腹部生长。当鱼被终末宿主食鱼鸟所食，2 天内幼体便在其肠道内发育为成体并开始产卵，繁殖进行 1～2 周后，虫体死亡。由于雌雄同体，该绦虫的繁殖独特。其有 3 种交配选择：①自体受精；②同胞相配；③与不相关的个体相配。3 种选择都有优缺点。例如，自体受精的优势在于周围没有交配对象时可以繁殖，而其缺点则是近交衰退（由于密切相关的个体的繁殖，暴露出有害的隐性基因，减少了后代的适应性）。自体受精的另一个缺点是没有与其他绦虫进行基因交换导致遗传变异增加的能力。同样同胞相配，也被称为近亲交配也有自体受精一样的缺点：近交衰退和缺乏遗传变异。但近亲交配也有有利的一面，它有助于维持科内基因复合体，这对局部适应可能是重要的。与不相关的个体相配似乎是最有利的选择，因为它增加了遗传变异，避免了近交衰退，但它可能是一个非常耗时的过程。

3b. 头节明显且很发达……………………………………………………………………………………… 4
4a. 头节宽扇状，吸槽边缘具褶边或细褶皱层理……………………………… 杜氏属（*Duthiersia* Perrier，1873）

识别特征：虫体小，长度不超过 200mm。亚洲类型存在后部的吸槽孔，非洲类型不存在后部的吸槽孔。阴道括约肌存在，阴道开口于阴茎囊后。子宫管状，侧方成环且呈丛状。发现于亚洲和非洲东南部的各种蜥蜴体内。模式种：扩张杜氏绦虫（*Duthiersia expansa* Perrier，1873）（图 9-9）。

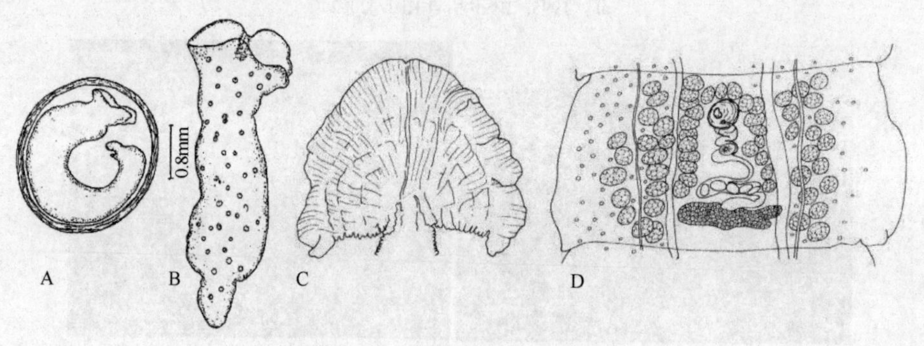

图 9-9 杜氏绦虫结构示意图
A～B. 绘自活样品的扩展杜氏绦虫：A. 囊；B. 幼虫。C～D. 皱襞杜氏绦虫（*D. fimbriata* Diesing，1850）：C. 头节；D. 成节（A～B 引自 Pandey & Rajvanshi，1984；C～D 引自 Bray et al.，1994）

4b. 头节有点匙状，有两个明显的吸槽，吸槽边缘通常平滑无皱……………………………………5
4c. 头节变形……………………………………………………………………………………10
5a. 节片缘膜发达；皮质的卵黄腺滤泡似单层，翼状扩展……………腺头属（*Glandicephalus* Fuhrmann，1921）

识别特征：很小的蠕虫，约长200mm。链体粗，外部分节明显，节片有翼状突起。精巢为单层。子宫蛇样强烈盘旋。已知寄生于南极海豹。模式种：南极腺头绦虫（*Glandicephalus antarcticus*）（图9-10A），同义于南极槽首绦虫［*Bothriocephalus antarcticus*（Blair，1853）Wojciechowska，Pisano & Zdzitowiecki，1995］、南极双槽首绦虫（*Dibothriocephalus antarcticus*）、南极双叶槽绦虫（*Diphyllobothrium antarcticum*）。

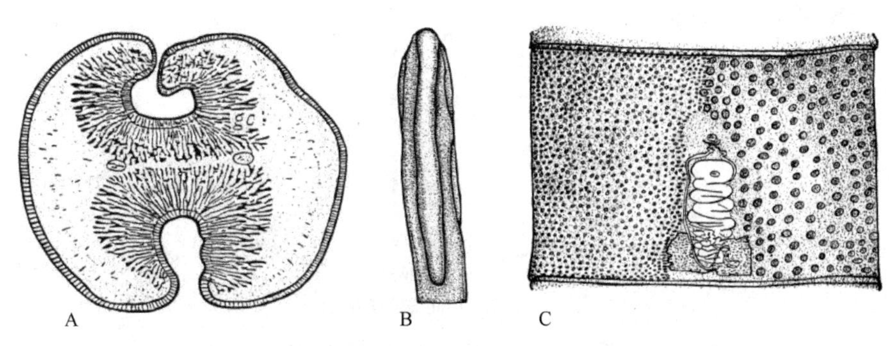

图9-10　腺头属和旋宫属绦虫结构示意图（引自Bray et al.，1994）

A. 南极腺头绦虫头节横切，示腺体；B～C. 刺猬旋宫绦虫：B. 头节；C. 成节

5b. 正常分节…………………………………………………………………………………6
6a. 阴茎囊复杂，与贮精囊不分离，外贮精囊位于阴茎背方………旋宫属（*Spirometra* Faust，Campbell & Kellogg，1929）

识别特征：头节汤匙状或指状，边缘有吸槽，无定形消失于节片的背中和腹中沟。通常为中等体型，肌肉不发达，有明显的颈区。子宫为紧靠的卷曲的简单螺旋，在子宫孔前扩大成囊。卵两端尖。已知成体主要寄生于猫科食肉动物，偶尔寄生于犬科动物和人。全尾蚴（裂头蚴）寄生于除鱼类外的所有脊椎动物。环热带和亚热带分布，但在美国和南欧尚无发现。模式种：刺猬旋宫绦虫［*Spirometra erinaceieuropaei*（Rudolphi，1819）］（图9-10B、C，图9-11）。

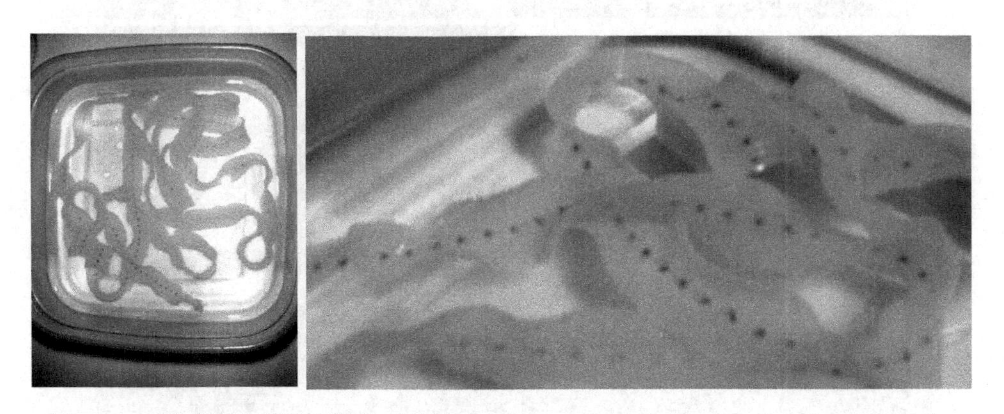

图9-11　采自猫的刺猬旋宫绦虫（引自http://www.nekohon.jp/netshops/parasite-01m.html）

其他有命名的种：猬旋宫绦虫（*S. erinacei*）、曼氏旋宫绦虫（*S. mansoni*）、拟曼氏旋宫绦虫（*S. mansonoides*）。其中猬旋宫绦虫与曼氏旋宫绦虫为同物异名；而刺猬旋宫绦虫与拟曼氏旋宫绦虫是否是同种尚有待证实。所有这些种的成虫都寄生于犬科和猫科等动物小肠，产卵后，卵随宿主粪便传递到外界，于水体中孵化为钩球蚴，钩球蚴被中间宿主桡足类（如剑水蚤）吞食后发育形成原尾蚴，脊椎动物第二中间宿主或转续宿主（如蛙、蛇等）吃到含有原尾蚴的桡足类而受感染，在此期脊椎动物体内原尾蚴发育为全尾蚴（或称裂头蚴），犬、猫等食入含有全尾蚴的宿主而受感染，随后全尾蚴发育为成虫并开始产卵。

在转续宿主中，全尾蚴从小肠移入皮下组织和眼中引起疼痛、水肿和炎症等。人多因外用蛙、蛇肉或皮敷贴患处或食用不熟的蛙、蛇肉等导致裂头蚴病（sparganosis），少数人因此类感染致死，故受到一些重视。旋宫绦虫的生活史示意图见图 9-12。

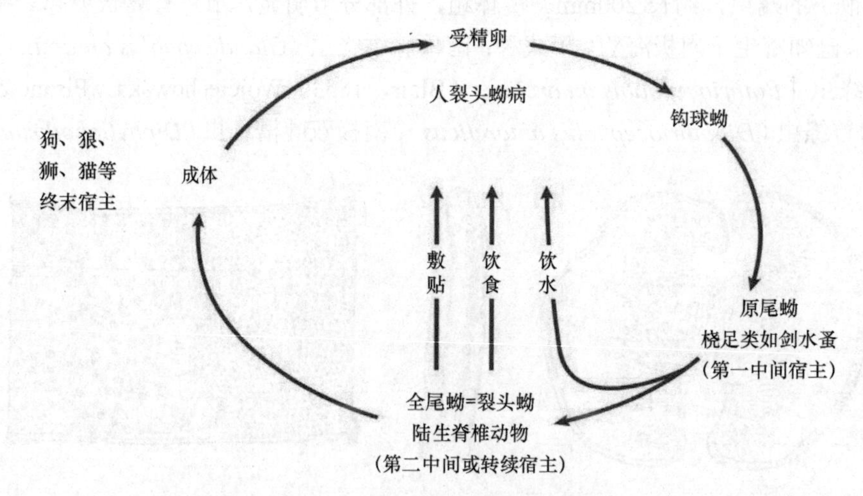

图 9-12　旋宫绦虫生活史示意图

旋宫绦虫的一些实物照片见图 9-13～图 9-17。

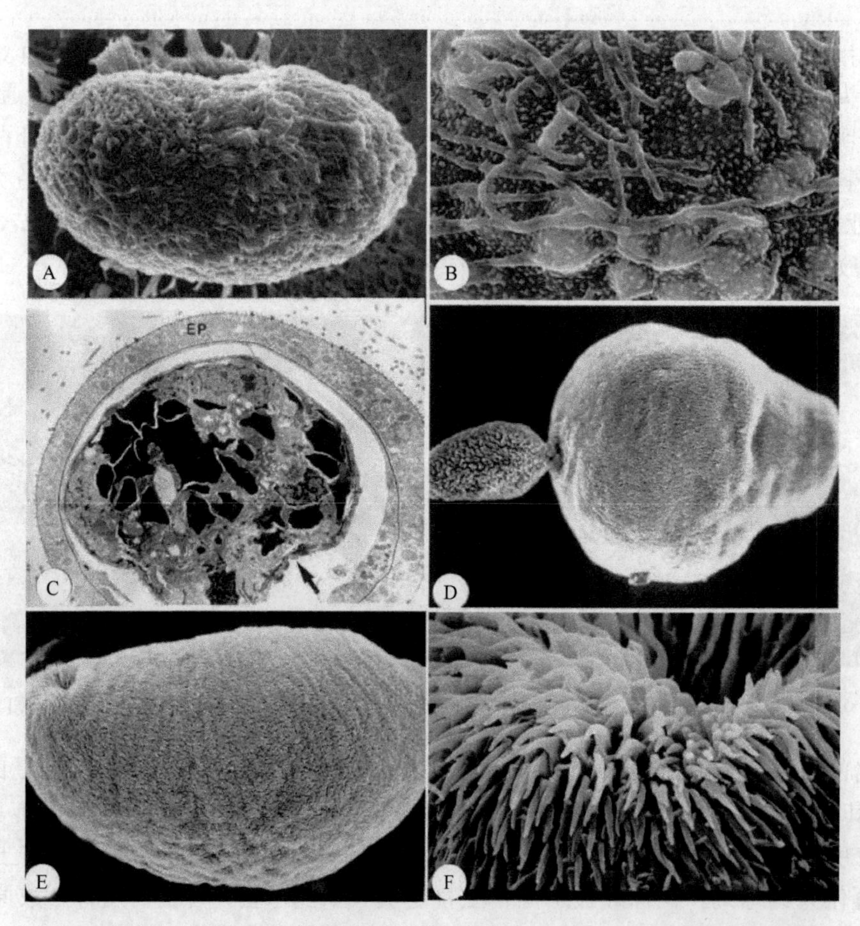

图 9-13　猬旋宫绦虫幼虫扫描和透射结构（引自 http://www.atlas.or.kr/index.html）

A. 钩球蚴扫描结构；B. 钩球蚴表面结构扫描放大；C. 钩球蚴透射结构；D. 原尾蚴扫描结构；E～F. 拟曼氏旋宫绦虫：E. 3 日龄全尾蚴（裂头蚴）扫描结构；F. 前端放大正面观。缩略词：EP. 外膜

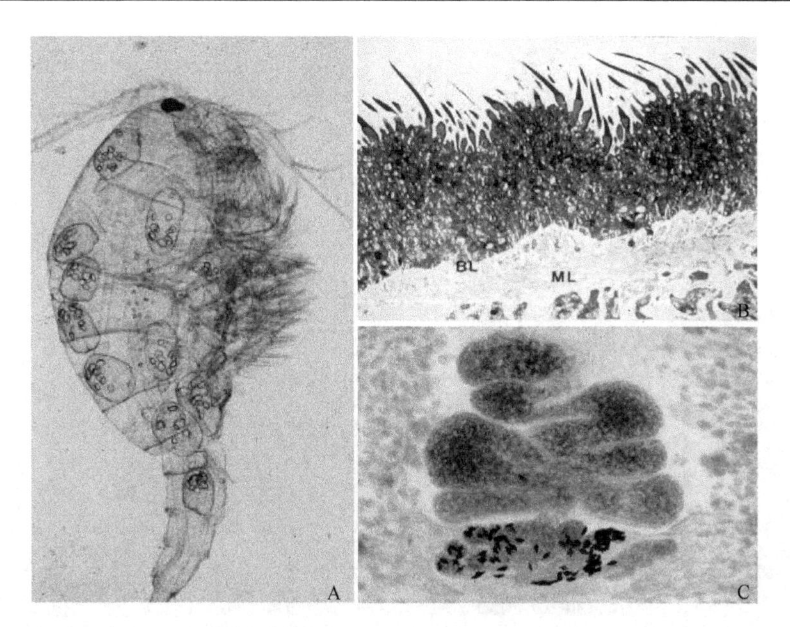

图 9-14　猬旋宫绦虫原尾蚴、全尾蚴透射结构及孕节中部放大（引自 http://www.atlas.or.kr/index.html）

A. 剑水蚤体内的原尾蚴，以钩球蚴实验性感染而得；B. 全尾蚴透射结构，示皮肌囊局部结构；C. 孕节中央部，半薄切片，醋酸洋红染色。缩略词：BL. 基底层；ML. 肌层

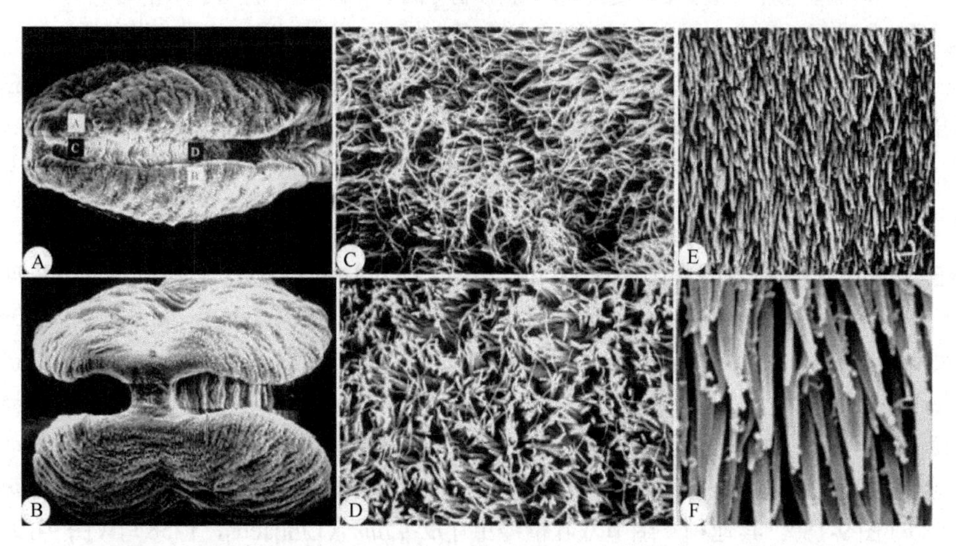

图 9-15　猬旋宫绦虫头节扫描结构（引自 http://www. atlas.or.kr/index.html）

A. 头节侧面观；B. 头节正面观；C. 头节前部微毛扫描；D. 头节中部微毛扫描；E～F. 颈区和幼节微毛

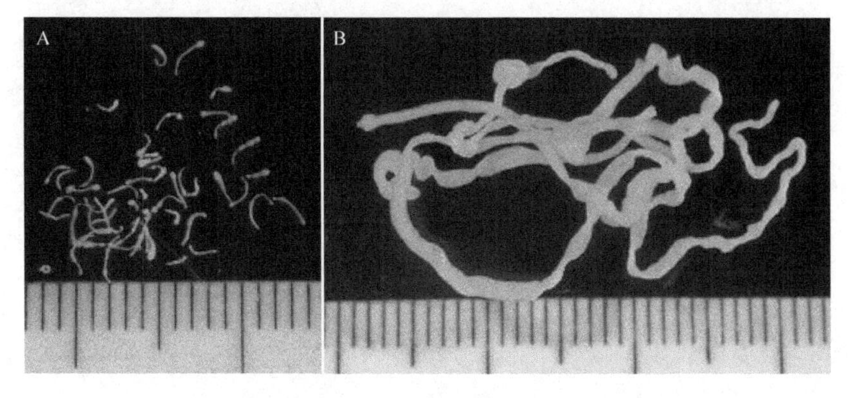

图 9-16　裂头蚴实物照片（引自 http://www.atlas.or.kr/index.html）

A. 实验感染蝌蚪 30 天后获得的样品；B. 收集自蛇的样品

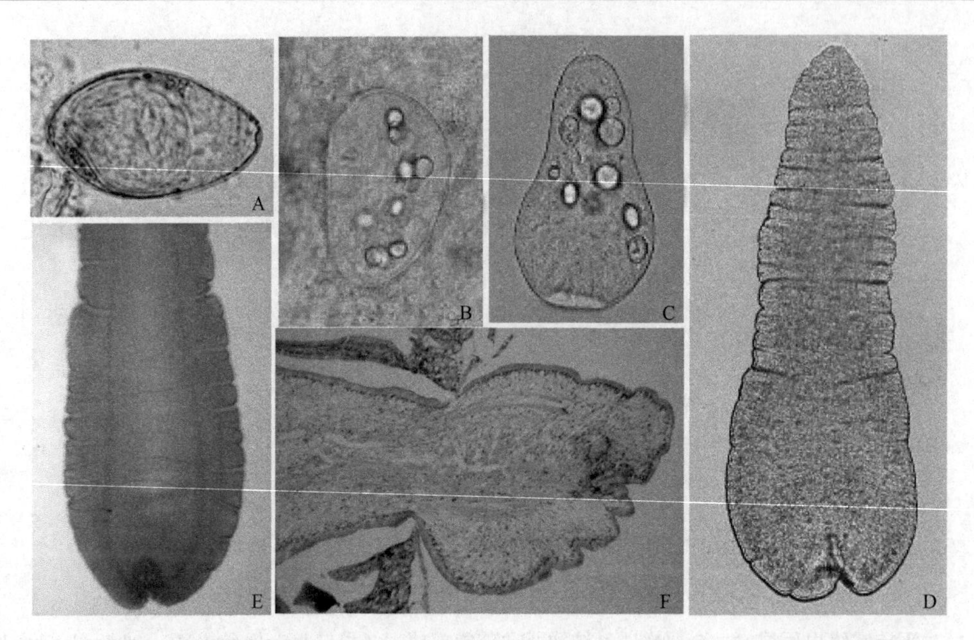

图 9-17　刺猬旋宫绦虫虫卵及幼虫实物（引自 http://www.atlas.or.kr/index.html）

A. 胚化的虫卵，实验孵育与成熟；B. 实际感染原尾蚴蝌蚪肠壁的全尾蚴；C. 实验感染蝌蚪 1 天后分离到的全尾蚴；D. 实验感染蝌蚪 11 天后分离到的全尾蚴；E. 裂头蚴（引起人类裂头蚴病）的头节；F. 小鼠中裂头蚴穿过肠壁进入腹膜腔

6b. 阴茎囊与贮精囊分离……………………………………………………………………………………………… 7

7a. 每节通常仅有一套生殖器官……………………………双叶槽属（*Diphyllobothrium* Cobbold，1858）（图 9-18～图 9-37）

［同物异名：腺头属（*Adenocephalus* Nybelin，1931）；心头属（*Cordisephalus* Wardle，Mcleod & Stewart，1947）；*Diancyrobothrium* Bacigalupo，1945；双槽首属（*Dibothriocephalus* Lühe，1899）；曲槽属（*Flexobothrium* Yurakhno，1988）；裂头蚴属（*Gatesius* Stiles，1908）；吕喜乐属（*Lueheella* Baer，1924）；金字塔头属（*Pyramicocephalus* Monticelli，1890）］

识别特征：不同大小的蠕虫，成体长 4～10m，头节长形，1mm×3mm，有两个浅的、纵向吸槽，随着节片的成熟，它们可能以少到多节的形式自链体断开。节片宽大于长，长为 2～4mm，宽为 10～12mm。子宫卷绕成丛状外貌，生殖孔在节片的中央。大量精巢见于各节片的侧方区域。卵黄腺滤泡数量多，在节片两侧相连。虫卵椭圆形，大小范围为（55～75）μm×（40～50）μm，一端有卵盖，可能不太显眼，卵盖对方为一小结节，可能仅可辨别。卵经粪便传递，不胚化。已知成体寄生于食鱼的鸟类和哺乳动物（陆生的和海洋的）。全尾蚴（裂头蚴）寄生于鱼类。模式种：冠头双叶槽绦虫（*Diphyllobothrium stemmacephalum* Cobbold，1858）（图 9-18）。其他种：阔节双叶槽绦虫［*D. latum*（Linnaeus，1758）］（图 9-19～图 9-26）；太平洋双叶槽绦虫（*D. pacificum*）（图 9-27）和仙女双叶槽绦虫（*D. fayi* Rausch 2005）（图 9-29）等。

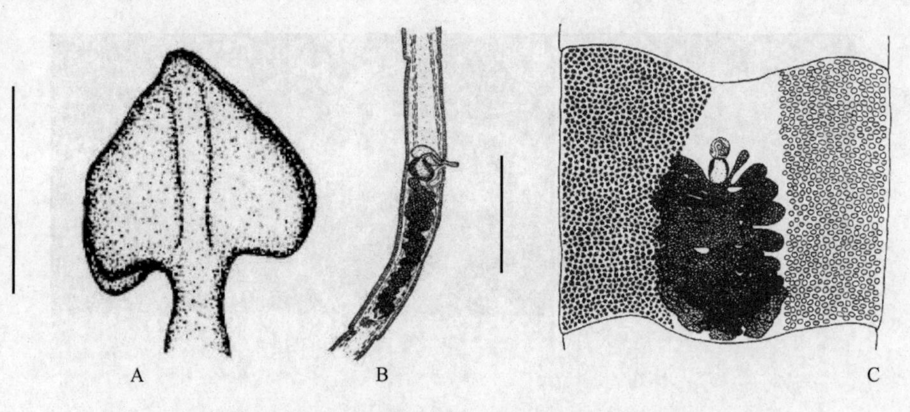

图 9-18　冠头双叶槽绦虫结构示意图（引自 Balbuena & Raga，1993）

A. 头节侧面观；B. 节片矢状切面；C. 节片腹面观。标尺：A=0.5mm；B～C=2mm

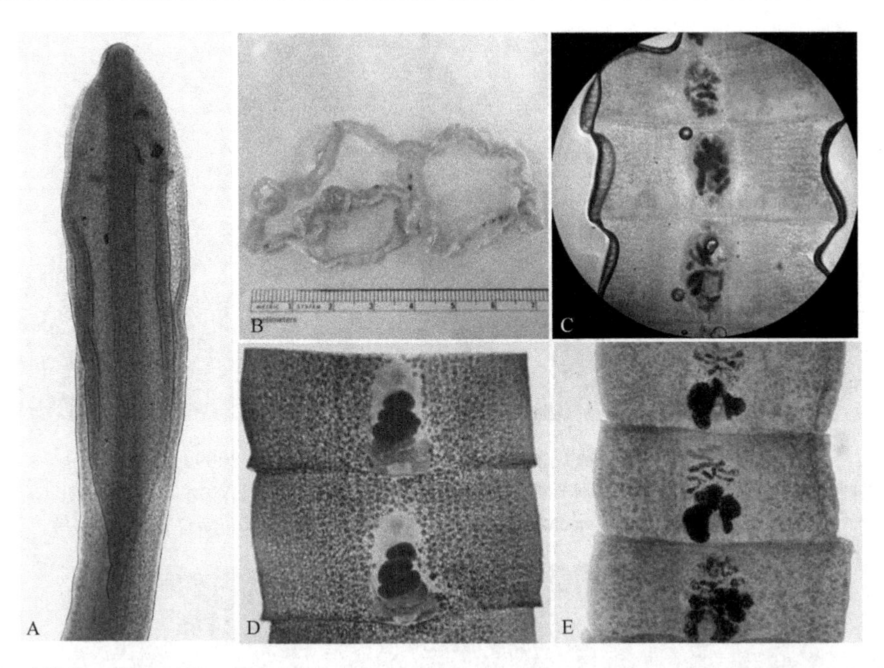

图 9-19 阔节双叶槽绦虫实物照片（引自 http://www.dpd.cdc.gov/dpdx/hTML/ImageLibrary/Diphyllobothriasis_il.htm）

A. 头节；B. 含很多节片，但此样品无头节；C. B 样品节片近观，示各节片中央丛状的子宫；D～E：洋红染色的节片，主要示卵巢

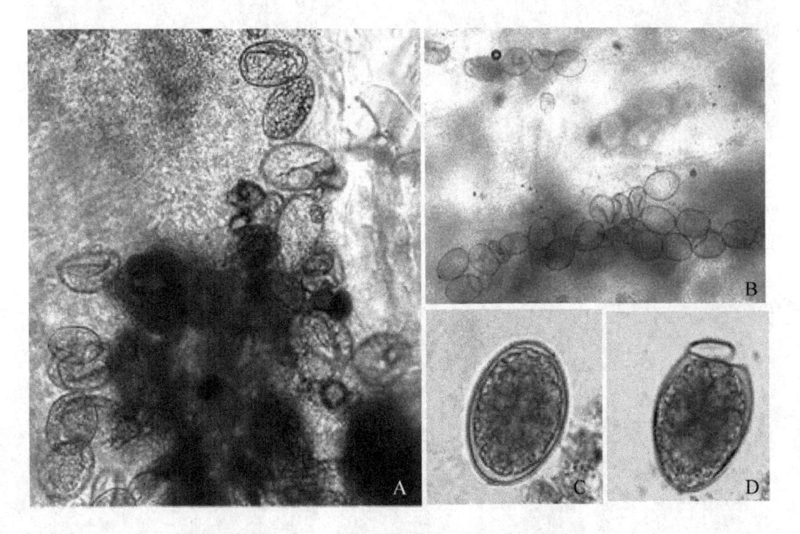

图 9-20 阔节双叶槽绦虫的虫卵（引自 http://www.dpd.cdc.gov/dpdx/hTML/ImageLibrary/Diphyllobothriasis_il.htm）

A～B. 节片中的虫卵；C～D. 湿固定未染色的虫卵及卵盖打开的虫卵

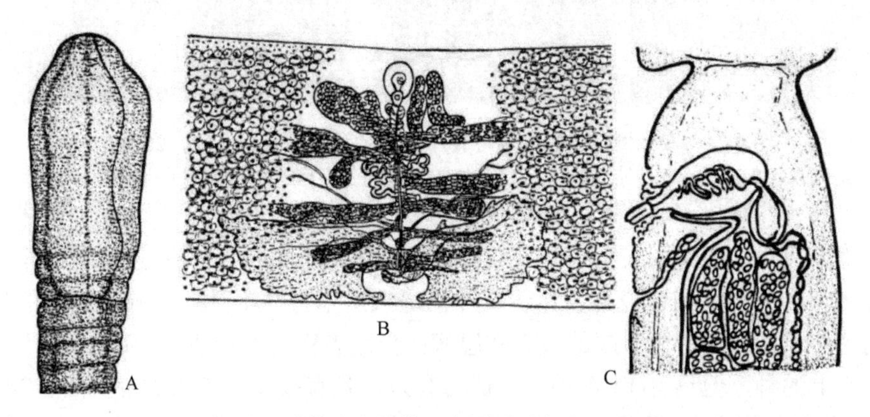

图 9-21 阔节双叶槽绦虫结构示意图（引自 Bray et al.，1994）

A. 头节；B. 成节，中央区；C. 矢状面，示末端生殖管的关系

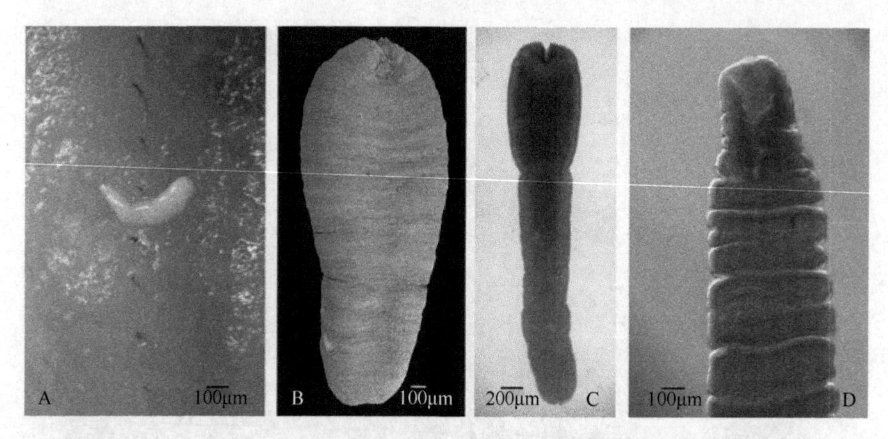

图 9-22　裂头蚴实物照片（引自 Scholz et al.，2009）

A～C. 采自意大利科莫湖梭鱼（狗鱼）的阔节双叶槽绦虫的裂头蚴：A. 位于鱼的肌肉中；B. 表面扫描；C. 光镜照。D. 采自英国罗蒙湖（Loch Lomond）白鱼的树状双叶槽绦虫（*D. dendriticum*）的裂头蚴前段

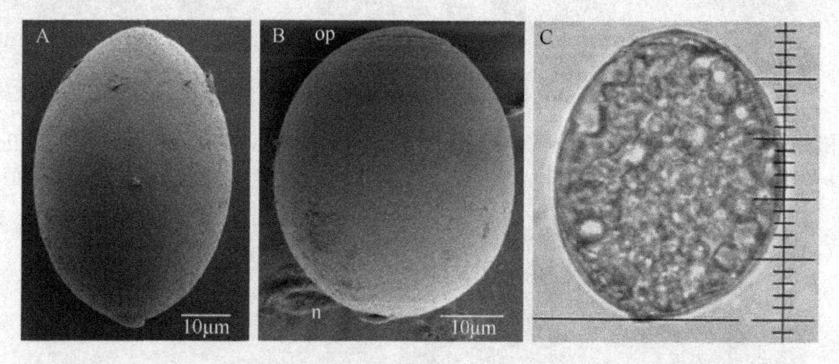

图 9-23　双叶槽绦虫的虫卵实物照片（引自 Scholz et al.，2009）

A～B. 扫描结构：A. 采自俄罗斯一条狗的阔节双叶槽绦虫的虫卵；B. 采自利马（秘鲁首都）一男子的太平洋双叶槽绦虫的虫卵。C. 采自日内瓦城（瑞士西南部城市）一男子的日本海双叶槽绦虫（*D. nihonkaiense*）虫卵，目镜测微尺的主要单位等于 10μm。缩略词：op. 卵盖；n. 反盖结

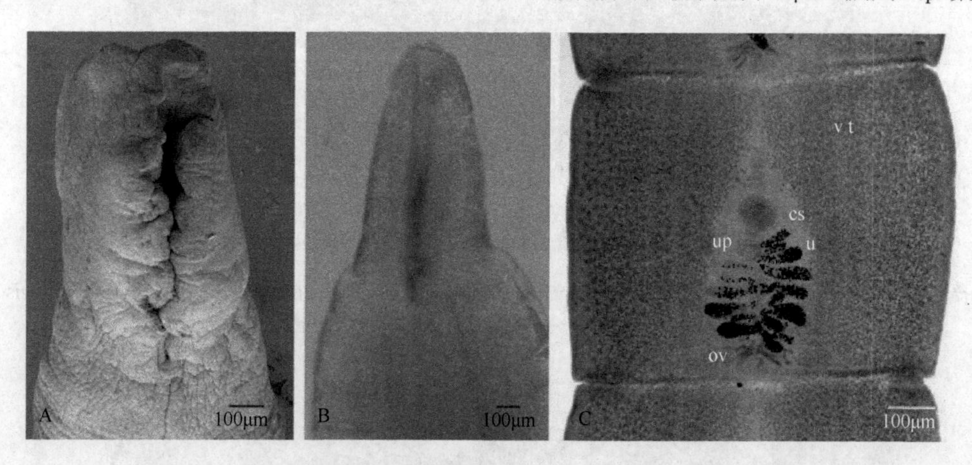

图 9-24　双叶槽绦虫的头节与节片实物（引自 Scholz et al.，2009）

A. 采自俄罗斯一条狗的阔节双叶槽绦虫的头节扫描结构；B. 采自俄罗斯堪察加半岛一棕熊的日本海双叶槽绦虫的头节；C. 采自利马一男子的太平洋双叶槽绦虫的节片。缩略词：cs. 阴茎囊；ov. 卵巢；t. 精巢；u. 子宫；up. 子宫孔；v. 卵黄腺

由双叶槽属绦虫成虫期引起的人类疾病为双叶槽绦虫病（diphyllobothriosis）。双叶槽属的种通常称为阔节绦虫或鱼绦虫，在人体肠道中成熟。尽管双叶槽绦虫病本身并不是一种威胁生命的疾病，但是它被认为是最重要的鱼传播的绦虫寄生引起的人畜共患病，全世界感染人数估计多达 2000 万。目前为止已经描述了几十个名义上的种，但只有 14 个种被公认为有效，且有报道感染人类者（图 9-34～图 9-37）。在这些种中，只有阔节双叶槽绦虫、日本海双叶槽绦虫、树状双叶槽绦虫和太平洋双叶槽绦虫（*D. pacificum*）被认为是潜在的人类病原体。尽管在分类、生物学和双叶槽绦虫病病原体流行病学的很多方面长期存在

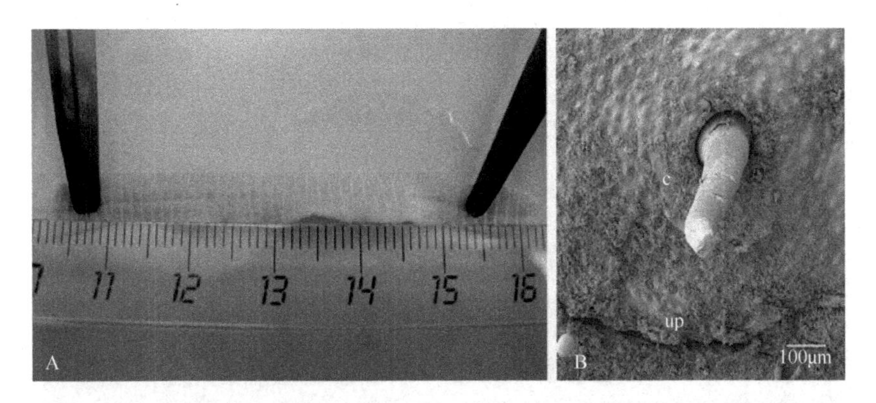

图 9-25　双叶槽绦虫链体及阴茎和子宫孔细节（引自 Scholz et al.，2009）

A. 采自瑞士沃州一男子的阔节双叶槽绦虫的链体；B. 采自马萨诸塞州一大西洋斑纹海豚的冠头双叶槽绦虫的阴茎和子宫孔细节扫描结构。缩略词：c. 阴茎；up. 子宫孔

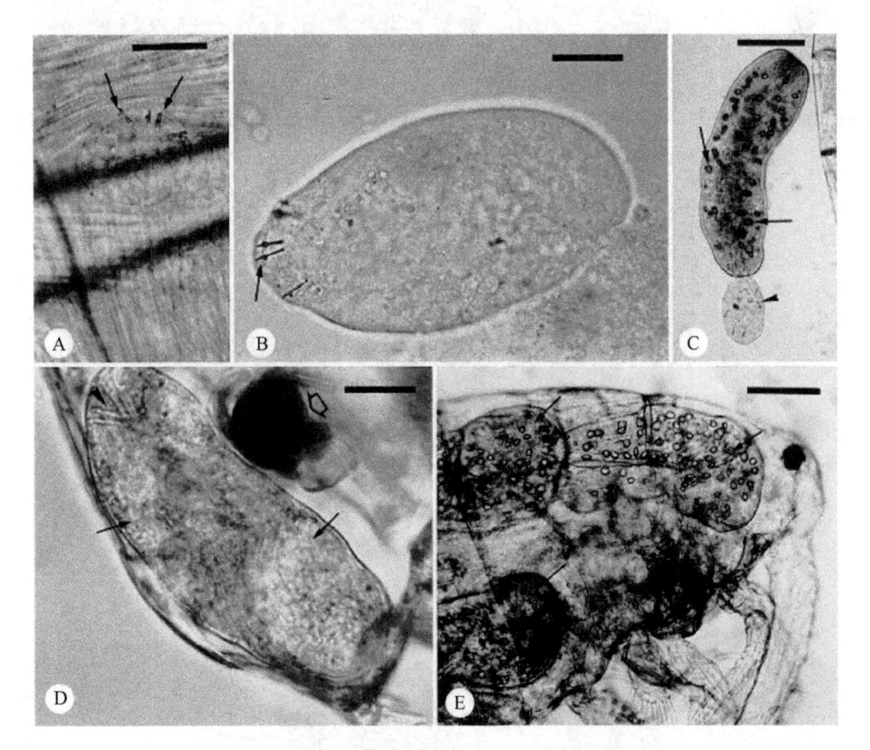

图 9-26　阔节双叶槽绦虫受精卵的发育（引自 Torres et al.，2004）

20℃实验条件下在镖水蚤（*Diaptomus diabolicus*）中的发育

A. 感染 3 天后在体腔中，示胚钩（箭号）；B. 感染 9 天后未发育的原尾蚴，示胚钩（箭号）；C. 感染 20 天后发育中的原尾蚴，示钙质小体（箭号）和尾球（箭头）；D. 感染 10 天后未发育的原尾蚴（箭号）有胚钩（箭头），在桡足动物眼（宽箭头）前方；E. 感染 23 天后发育的原尾蚴（箭号），位于体腔的背部和腹部区。标尺：A=5.39mm；B=5.25mm；C=5.147mm；D=5.25mm；E=5.126mm

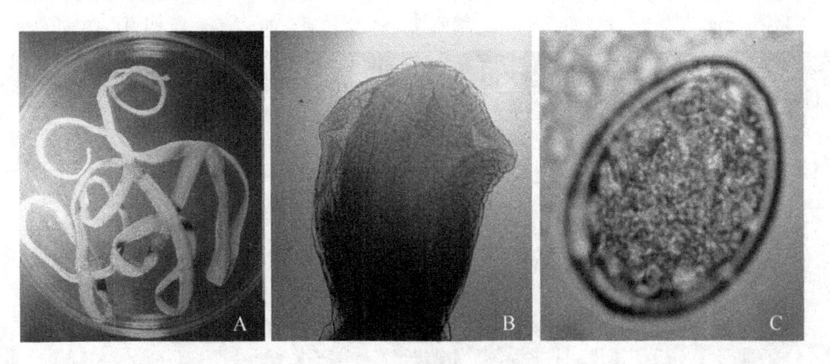

图 9-27　太平洋双叶槽绦虫（引自秘鲁 Alexander von Humboldt 的课件）

A. 成体；B. 头节；C. 虫卵

意见分歧，但是近年来，由于分子遗传方法的应用和持续的方法改进，许多以前未解决的问题得以逐渐阐明，这有利于临床病例的诊断，同时能提供物种识别的明确数据，可靠地区分寄生虫的不同种，拓展了目前流行学、宿主的特异性和分布的知识。

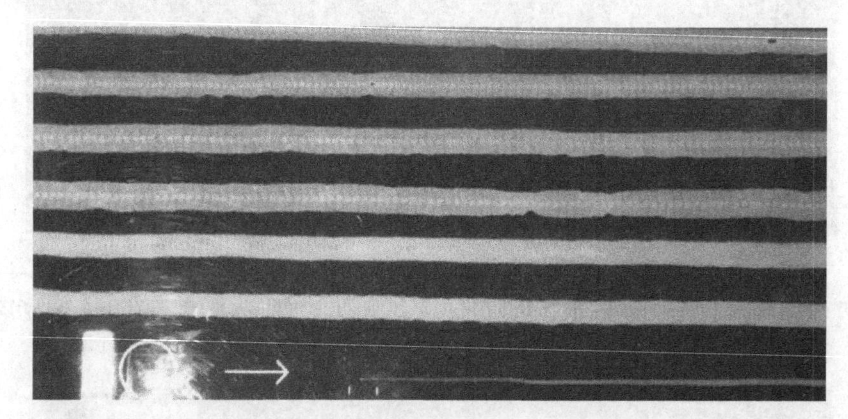

图 9-28　采自人体的日本海双叶槽绦虫成体实物（自 Kobayashi 博士）

体长 8.8m。因吃生鳟鱼而感染。头节线状，前端有 1 对沟（吸槽）。此虫有 3000 个节片，每天散发虫卵多达 100 万

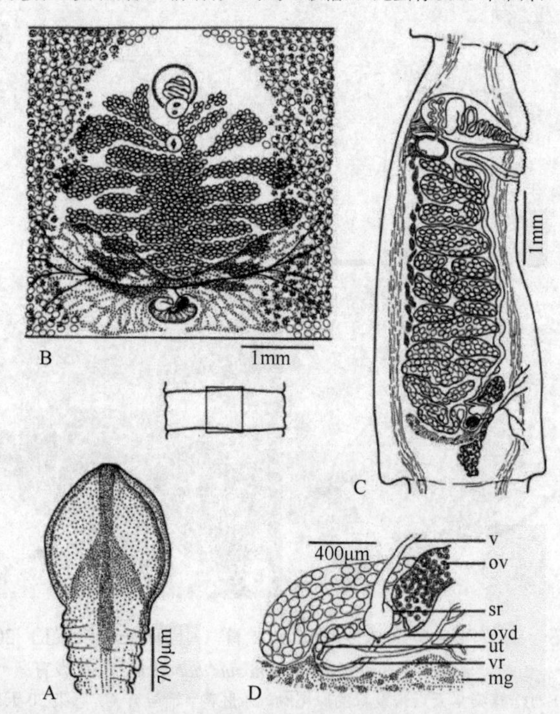

图 9-29　仙女双叶槽绦虫结构示意图（引自 Rausch，2005）

A. 头节；B. 孕节中央部分腹面观，小插图示图片选取处；C. 中央矢状面器官的相互关系；D. 雌性生殖管腹面观。

缩略词：mg. 梅氏腺；ov. 卵巢；ovd. 输卵管；sr. 受精囊；ut. 子宫；v. 阴道；vr. 卵黄池

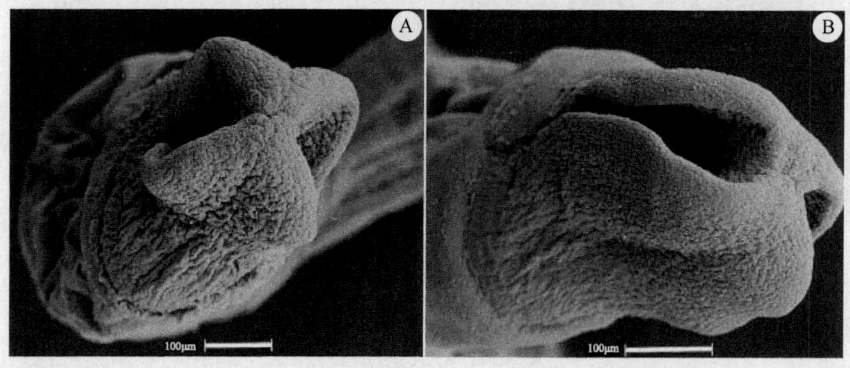

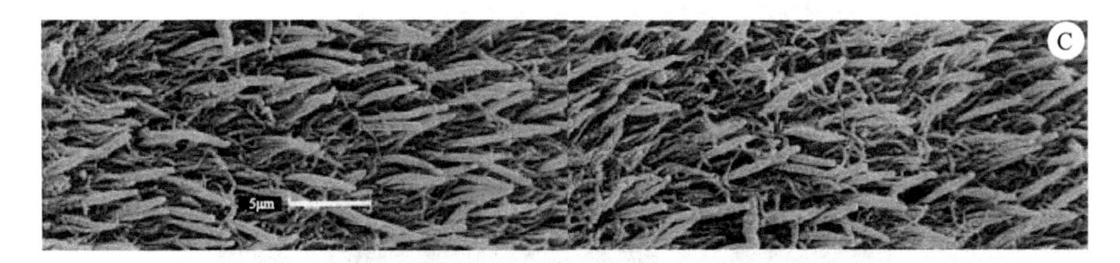

图 9-30 原双叶槽绦虫未定种的裂头蚴扫描结构（引自 Torres et al.，2002）

智利养殖虹鳟［*Oncorhynchus mykiss*（Walbaum）］内脏裂头绦虫病病原：A～B. 头节不同面；C. 微毛

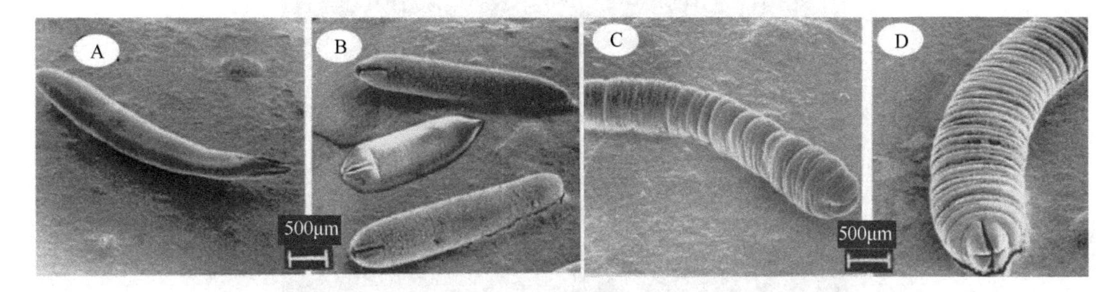

图 9-31 双叶槽属不同种的裂头蚴扫描结构（引自 Andersen，1977）

A. 采自海洋鱼类蓝鳕的双叶槽绦虫未定种的裂头蚴；B. 采自嘉鱼（char）的迪特马双叶槽绦虫（*D. ditremum*）的裂头蚴；C. 采自梭鱼（狗鱼）的阔节双叶槽绦虫的裂头蚴；D. 采自鳟鱼的分支双叶槽绦虫的裂头蚴

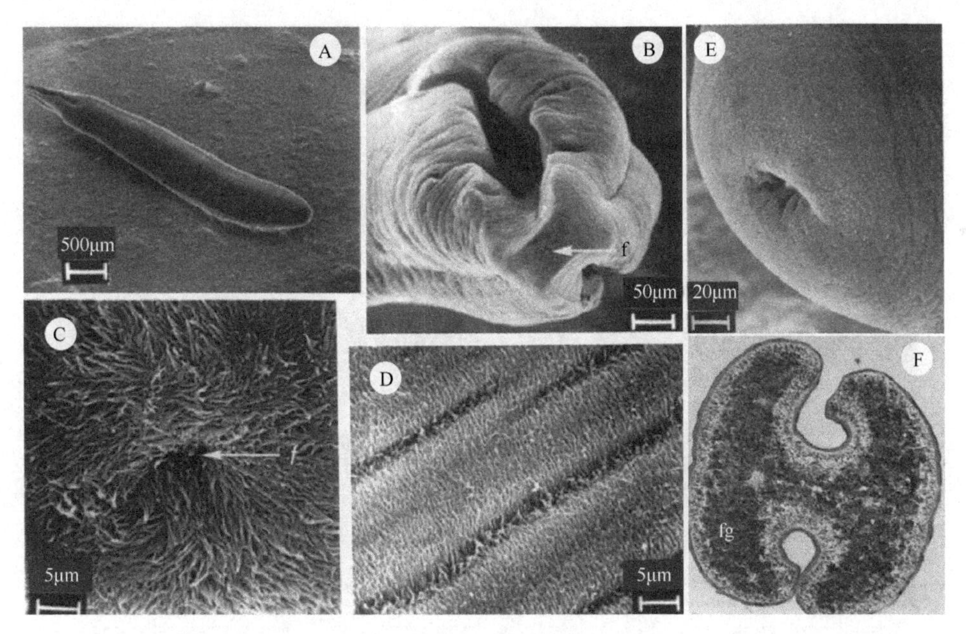

图 9-32 双叶槽绦虫未定种的裂头蚴扫描和透射结构（引自 Andersen，1977）

采自海洋鱼类蓝鳕（blue whiting，*Micromestius poutasson*）的样品：A. 完整裂头蚴；B. 头节（f 表示前面的凹坑）；C. 围绕凹坑的微毛；D. 体中部微毛；E. 体后部；F. 过头节后部横切透射，示前方腺体（fg）

7b. 每节两套或更多套生殖器官 ··· 8

8a. 每节两套以上生殖器官 ··· 六性孔属（*Hexagonoporus* Gubanov in Delyamure，1955）

［同物异名：多性孔属（*Polygonoporus* Skryabin，1967）；四性孔属（*Tetragonoporus* Skryabin，1961）］

识别特征：链体长可达 30m。顶盘肉质，不分叶，吸槽短、肉质。头节后链体急剧扩展，然后变窄。节片宽明显大于长。每节 4～14 对生殖器官，并排分布。外贮精囊存在。卵巢两叶状，横向伸长。卵黄腺位于皮质。子宫每侧有 5～7 个环。已知寄生于鲸类动物，分布于南极洲。模式种：抹香鲸六性孔绦虫（*Hexagonoporus physeteris* Gubanov in Delyamure，1955）（图 9-38）。

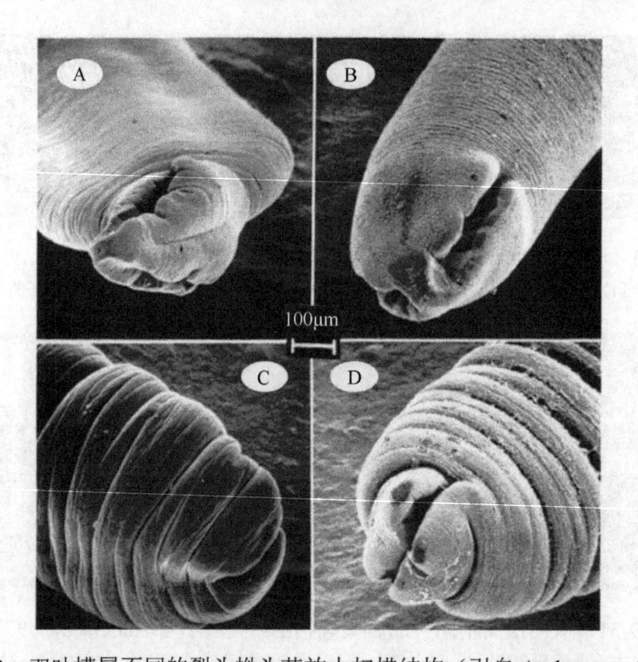

图 9-33　双叶槽属不同的裂头蚴头节放大扫描结构（引自 Andersen，1977）

A. 采自蓝鳕的双叶槽绦虫未定种；B. 采自嘉鱼的迪特马双叶槽绦虫；C. 采自梭鱼（狗鱼）的阔节双叶槽绦虫；D. 采自鳟鱼的分支双叶槽绦虫

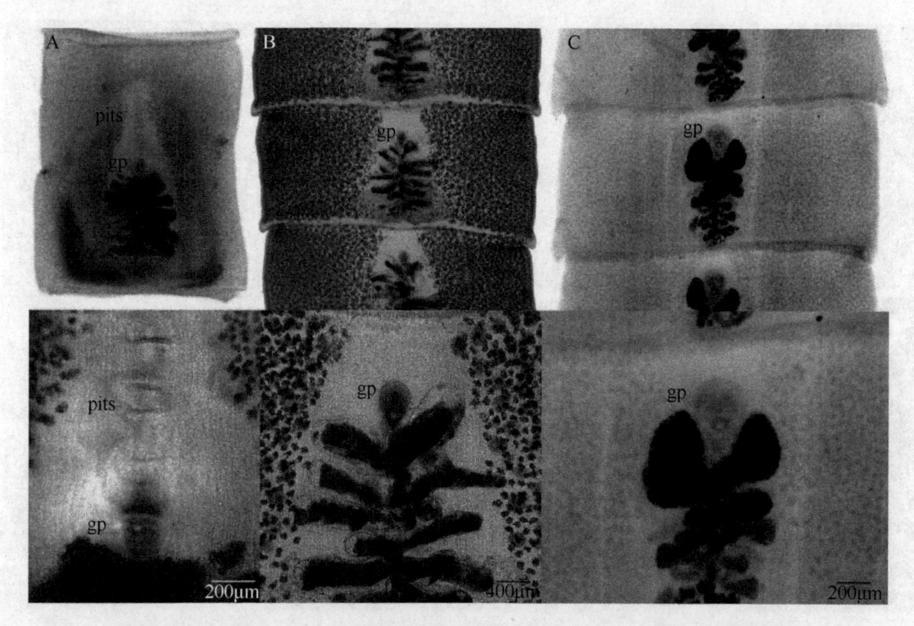

图 9-34　感染人的 3 种双叶槽绦虫实物（引自 Kuchta et al.，2014）

A. 太平洋双叶槽绦虫；B. 阔节双叶槽绦虫；C. 日本海双叶槽绦虫。缩略词：gp. 生殖孔；pits. 太平洋双叶槽绦生殖腔前典型的凹陷

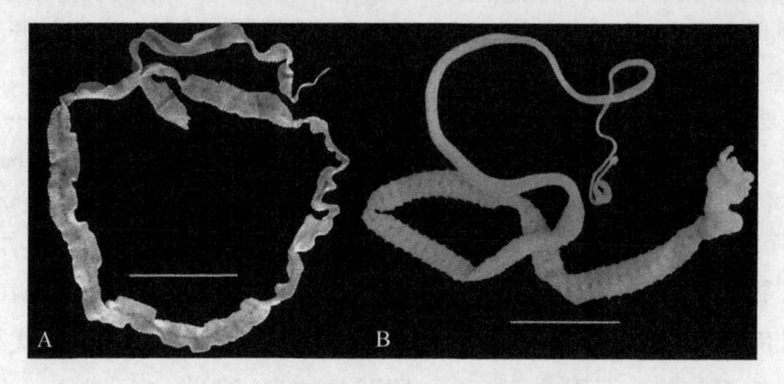

图 9-35　两种双叶槽绦虫实物（引自 Kuchta et al.，2014）

A. 采自仓鼠的树状双叶槽绦虫；B. 阔节双叶槽绦虫。标尺=2cm

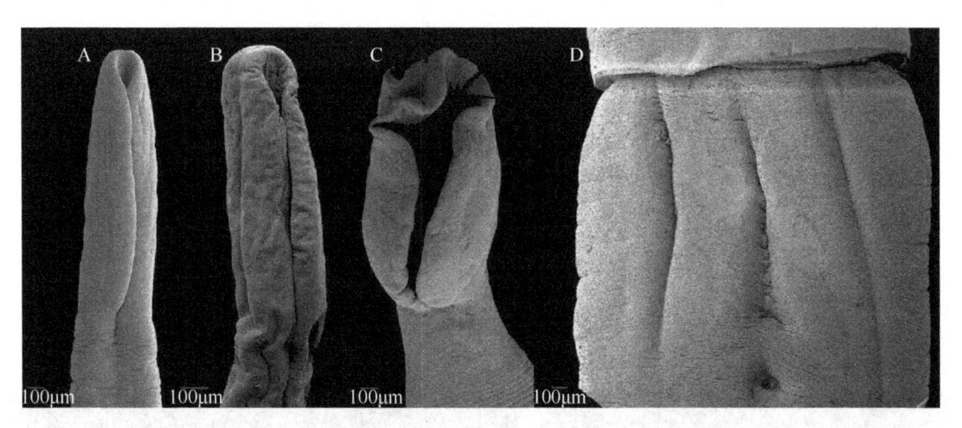

图 9-36　感染人的 3 种双叶槽绦虫头节及 1 绦虫链体节片表面扫描结构（引自 Kuchta et al.，2015）

A～C. 头节：A. 采自仓鼠的阔节双叶槽绦虫；B. 采自狗的树状双叶槽绦虫；C. 采自海豹的太平洋双叶槽绦虫。D. 采自海豹的太平洋双叶槽绦虫链体节片，示生殖腔前典型的凹陷

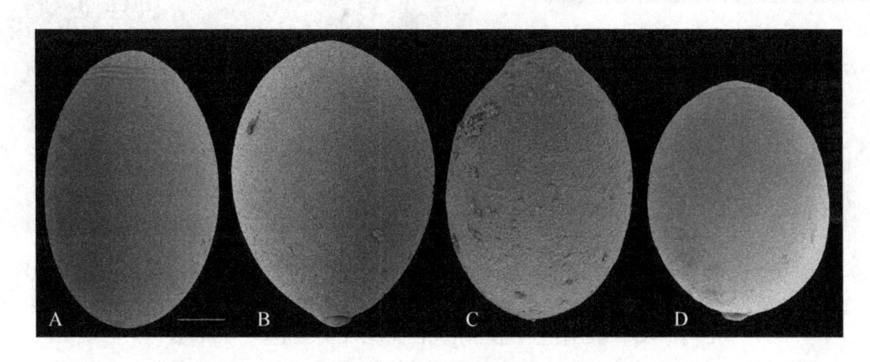

图 9-37　感染人的 4 种双叶槽绦虫虫卵扫描结构（引自 Kuchta et al.，2015）

A. 采自狗的树状双叶槽绦虫；B. 采自狗的阔节双叶槽绦虫；C. 采自人的日本海双叶槽绦虫；D. 采自人的太平洋双叶槽绦虫。标尺=10μm

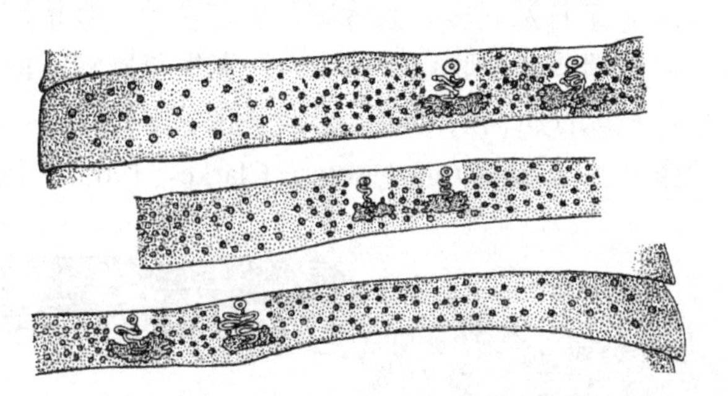

图 9-38　抹香鲸六性孔绦虫的成节结构示意图（引自 Bray et al.，1994）

8b. 每节两套生殖器官……………………………………………………………………………………9

9a. 渗透调节管位于皮质，数量不多……………………………………双性孔属（*Diplogonoporus* Lönnberg，1892）

［同物异名：克拉贝属（*Krabbea* Blanchard，1894）］

识别特征：很大的链体，肌肉不发达。节片短且很宽。具大型贮精囊。子宫环平行或呈丛状。已知寄生于鲸类动物。模式种：须鲸双性孔绦虫（*Diplogonoporus balaenopterae* Lönnberg，1892）（图 9-39）。其他种：寄生于人体的双性孔绦虫（图 9-40）。

须鲸双性孔绦虫偶尔发生于人类，尤其是在日本人中偶有发生。Arizono 等（2008）分析了采自 5 名患者的双性孔绦虫株未成节和成节的 18S rDNA、*ITS1* 和 *cox1* 基因核苷酸序列。结果表明种内核苷酸序列差异不大。几种双叶槽科绦虫的系统发生分析表明双性孔绦虫株与鲸类动物的冠头双叶槽绦虫有密切关系。结果揭示双叶槽属为并系，同时提出双性孔属的有效性值得怀疑。

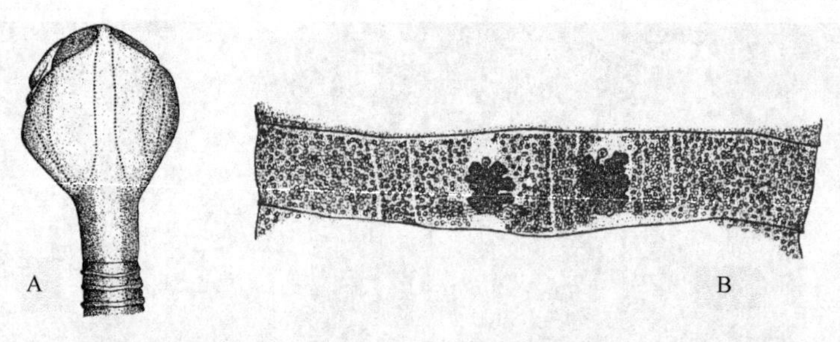

图 9-39　须鲸双性孔绦虫结构示意图（引自 Bray et al.，1994）

A. 头节；B. 成节

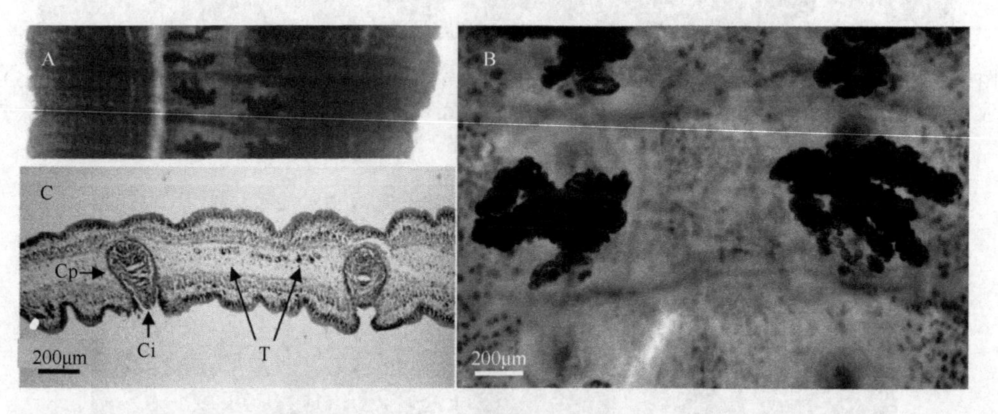

图 9-40　采自日本一名患者的双性孔绦虫分离株 DgK2 实物（引自 Arizono et al.，2008）

A～B. 节片用 Schneider 醋酸洋红染色，可见两套生殖器官原基；C. 过阴茎和阴茎囊水平横切，精巢位于阴茎囊之间中央区域，排成行，为单层。C 为苏木精-曙红染色。缩略词：Ci. 阴茎；Cp. 阴茎囊；T. 精巢

9b. 渗透调节管位于髓质，多数（35～70 条）…………多管属（*Multiductus* Clarke，1962）

识别特征：链体长可达 18m，节片数目多，具缘膜。头节球状，吸槽深。纵行肌纤维两层，内层通常成束，外层有些区域成束。渗透调节管由联合管相接。两套生殖器官对称地分布。精巢位于髓质，多于一层。卵黄腺滤泡位于皮质，在纵行肌肉层之间。子宫囊和子宫管存在。已知寄生于抹香鲸。分布于南极洲。模式种：抹香鲸多管绦虫（*Multiductus physeteris* Clarke，1962）（图 9-41）。

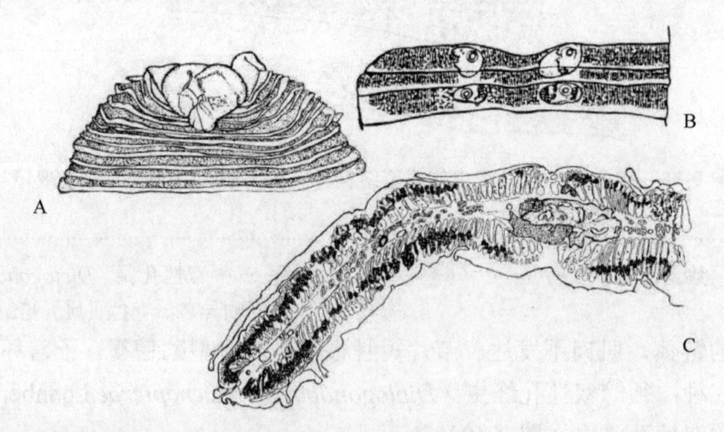

图 9-41　抹香鲸多管绦虫结构示意图（引自 Bray et al.，1994）

A. 头节；B. 成节；C. 成节一半的横切

10a. 头节有合并的吸槽边缘，吸槽形成杯…………贝利西属（*Baylisia* Markowski，1952）

识别特征：头节短，具有两个杯状吸槽。内部纵行和横向的肌肉很发达。每节两套生殖器官。已知寄生于食虾海豹，分布于南极洲。**模式种**：贝利西贝利西绦虫（*Baylisia baylisi* Markowski，1952）（图 9-42A）。

10b. 头节为其他形态……………………………………………………………………………………………………11

11a. 前方的吸槽扩展形成花椰菜样顶器官………………………………………贝利西拉属（*Baylisiella* Markowski，1952）

识别特征：头节通常深埋于宿主的肠壁中。链体粗，向端部渐尖。节片又短又宽。精巢为 2 层或 3 层。已知寄生于象海豹，分布于南极洲。模式种：掩盖贝利西拉绦虫［*Baylisiella tecta*（Linstow，1892）］（图 9-43B）。

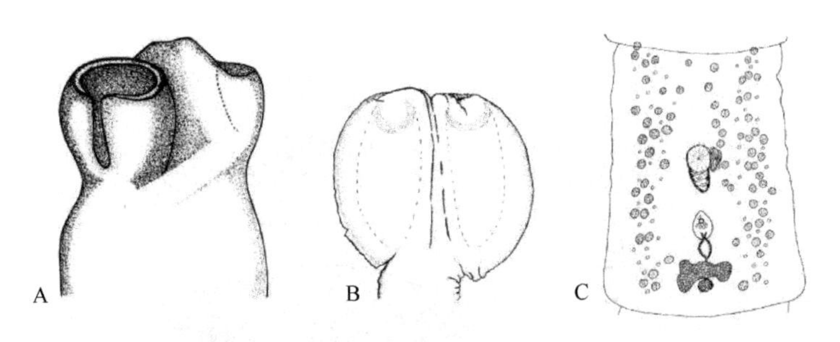

图 9-42　两种绦虫头节及一成节结构示意图（引自 Bray et al.，1994）

A. 贝利西贝利西绦虫的头节；B～C. 毗敦吸叶绦虫：B. 头节；C. 成节

11b. 所有吸槽肥大，形成很多复杂的褶…………………………………褶襞槽属（*Plicobothrium* Rausch & Margolis，1969）

识别特征：链体肌肉质，有很多节片（多于 6000 节），全部节片宽明显大于长。两套生殖器官一前一后排列，有时存在于外部不分节的节片中。精巢和卵黄腺滤泡分别位于侧方区域。阴茎囊大型。已知寄生于鲸类动物，分布于南极洲。模式种：球头褶襞槽绦虫（*Plicobothrium globicephalae* Rausch & Margolis，1969）（图 9-43C）。

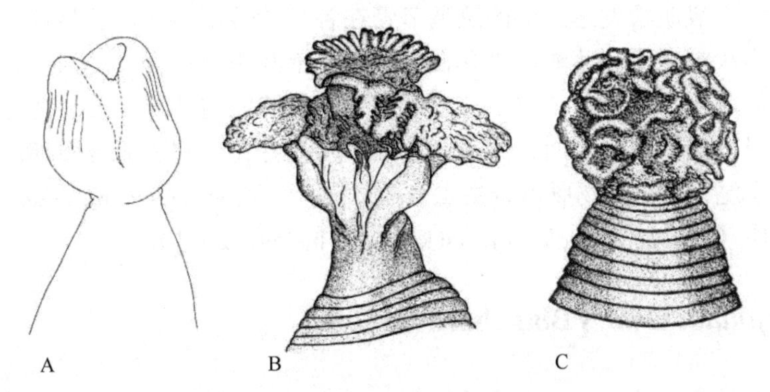

图 9-43　3 种绦虫的头节结构示意图（引自 Bray et al.，1994）

A. 第二钵头绦虫（*S. secundus* Tubangui，1938）；B. 掩盖贝利西拉绦虫；C. 球头褶襞槽绦虫

9.4　钵头科（Scyphocephalidae Freze，1974）

识别特征：节片宽大于长。生殖孔位于中央、赤道前方。精巢数目多，在节片前方和后方区域中央汇合。阴茎囊占据整个髓质深度。卵巢两叶状，位于后方。受精囊存在。阴道开口于阴茎囊口后。卵黄腺滤泡围绕着皮质。子宫有少量卷绕。已知寄生于巨蜥科蜥蜴。分布于东南亚。模式属：钵头属（*Scyphocephalus* Riggenbach，1898）。其他有效属：吸叶属（*Bothridium* Blainville，1824）；杜氏属（*Duthiersia* Perrier，1873）。

9.4.1　钵头科分属检索

1a. 头节的前端内陷形成吸吮器官；吸槽退化…………………………………钵头属（*Scyphocephalus* Riggenbach，1898）

识别特征：同科。模式种：双沟钵头绦虫（*Scyphocephalus bisulcatus* Riggenbach，1898）。

1b. 吸槽形成管……………………………………………………………………………………吸叶属（*Bothridium* Blainville，1824）

［同物异名：前双腔属（*Prodicoelia* Leblond，1836）；管孔属（*Solenophorus* Creplin，1839）］

识别特征：体适中到长 500mm，宽 6mm。链体具大量短节片。子宫具厚管和背囊。精巢位于两侧带。已知寄生于蛇和蜥蜴等爬行动物。分布于非洲、斯里兰卡、印度和菲律宾。模式种：毗敦吸叶绦虫（*Bothridium pithonis* Blainville，1824）（图 9-42B、C，图 9-44）。

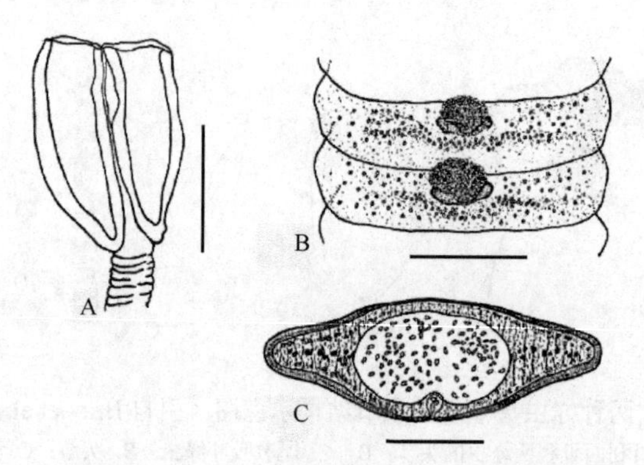

图 9-44　毗敦吸叶绦虫结构示意图（引自 Balasingam，1962）

A. 头节；B. 成节；C. 成节横切。标尺：A=3mm；B～C=1mm

9.5　头衣科（Cephalochlamydidae Yamaguti，1959）

识别特征：头节像箭头，有两个（背部和腹部的）伸长的吸槽在顶部联合。颈区明显。生殖器官出现后再出现分节现象。内纵肌很发达。纵渗透调节管在各节片后部由横向管相连。精巢数目少，位于髓质、卵巢前方两个亚中央群。无阴茎囊，雄孔在生殖腔基部与阴道汇合，生殖腔开口于节片近前方边缘腹部中线处。卵巢两叶状或为一整体，位于节片后部。卵黄腺滤泡伸展于节片两侧皮质区，在后部可能汇合。子宫横向悬于纵渗透调节管之间、卵巢前方，子宫孔开在生殖腔后方腹部。卵薄壁，胚化，无卵盖。已知为无尾目和有尾目两栖动物肠道寄生虫。模式属：头衣属（*Cephalochlamys* Blanchard，1908）。其他有效属：副头衣属（*Paracephalochlamys* Jackson & Tinsley，2001）。

9.5.1　头衣属（*Cephalochlamys* Blanchard，1908）

［同物异名：衣头属（*Chlamydocephalus* Cohn，1906，非 Diesing，1850，非 Schmarda，1859）；伪头衣属（*Pseudocephalochlamys* Yamaguti，1959）］

识别特征：同科的特征。模式种：纳马昆头衣绦虫［*Cephalochlamys namaquensis*（Cohn，1906）］（图 9-45）。

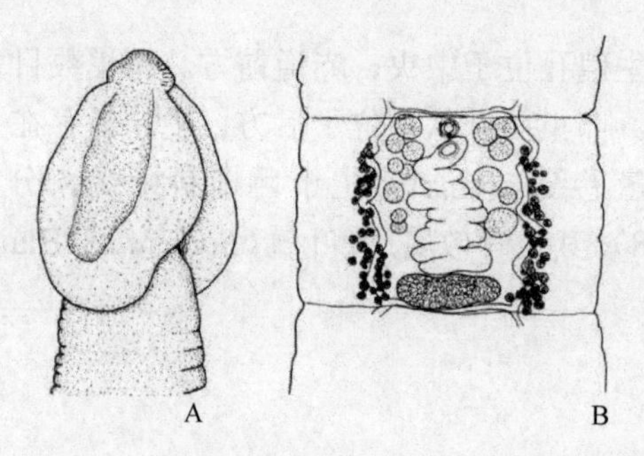

图 9-45　纳马昆头衣绦虫结构示意图（引自 Bray et al.，1994）

A. 头节；B. 成节

Yoneva 等（2015）采用透射电镜和细胞化学法研究比较了双叶槽目 3 个科绦虫卵黄腺发生的形态结构和糖原的变化（图 9-46），包括不同发育期的卵黄腺细胞和间质细胞。发育中的卵黄腺细胞的特征是线粒体的存在，粗面内质网和高尔基体参与壳颗粒的合成与壳颗粒丛的形成。成熟的卵黄腺细胞含有不同比例的脂滴和糖原。3 个科绦虫显著的区别在于层状体的存在与否（表 9-1）。

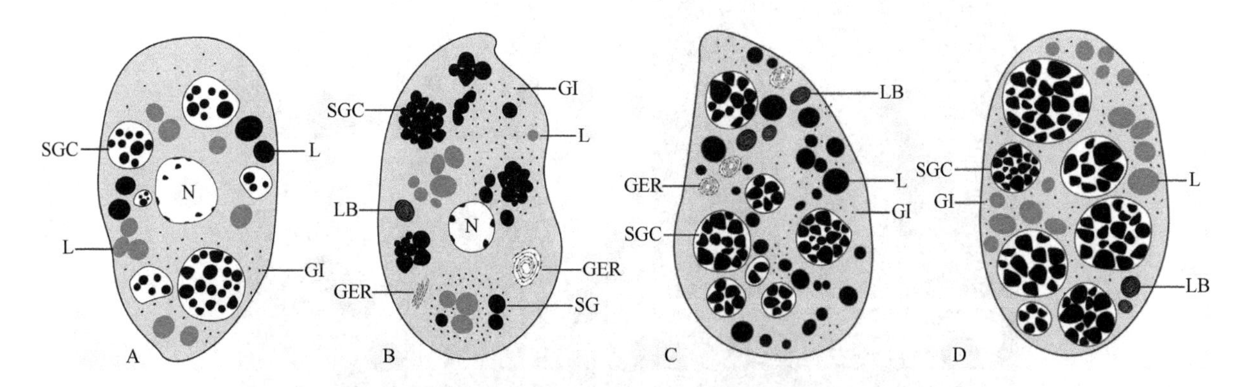

图 9-46 4 种双叶槽绦虫的成熟卵黄腺细胞结构示意图（引自 Yoneva et al.，2015）

A. 纳马昆头衣绦虫；B. 扩张杜氏绦虫；C. 实体裂头绦虫；D. 阔节双叶槽绦虫。缩略词：GER. 粗面内质网；Gl. 糖元；L. 脂滴；LB. 层状体；N. 核；SG. 壳颗粒；SGC. 壳颗粒丛

表 9-1 双叶槽目 3 个科绦虫成熟卵黄腺细胞一般特征的比较

	SG	SGC	L	Gl	LB	参考文献
头衣科（Cephalochlamydidae） 纳马昆头衣绦虫	多达 35，0.6μm	疏松堆积，有膜界；2μm	S U	胞质	—	Yoneva et al.，2015
钵头科（Scyphocephalidae） 扩张杜氏绦虫	多达 10，2μm	致密堆积，无膜界；5μm	S	胞质	+	Yoneva et al.，2015
双叶槽科（Diphyllobothriidae） 阔节双叶槽绦虫	多达 35，0.4～0.9μm	疏松堆积，有膜界；3μm	S	胞质	+	Swiderski et al.，2014
实体裂头绦虫	多达 10，0.9μm	疏松堆积，有膜界；2.5μm	U	胞质	+	Yoneva et al.，2015

注：Gl. 糖原颗粒；L. 脂滴（类型：S. 饱和的，电子疏松；U. 不饱和的，电子致密）；LB. 层状体（+/–表示存在/不存在）；SG. 壳颗粒（每丛的数量，直径）；SGC. 壳颗粒丛（布局和直径）

Yoneva 等（2017）近期用扫描和透射电镜研究比较了采自不同宿主（蛙、蛇、蜥蜴、鸟类和哺乳类动物）和不同生物地理区的 7 种双叶槽目绦虫（毗敦吸叶绦虫、纳马昆头衣绦虫、阔节双槽首绦虫、扩展杜氏绦虫、皱襞杜氏绦虫、肠舌状绦虫和实体裂头绦虫）的头节及邻近链体的微毛情况（图 9-47～图 9-52）。结果表明：①这 7 种绦虫的皮层基本结构与其他绦虫的没有明显差异，主要特征是远端细胞质中存在电子致密的小体和小泡。②该项研究表明，即使在同一科的物种之间，微毛的形态也有差异。发现了两种不同类型的微毛：丝状微毛和棘状微毛，棘状微毛有两种形式。③研究揭示双叶槽目绦虫通常都具有毛样的丝状微毛，主要分布于链体和头节上，仅有肠舌状绦虫例外，其表面只有锥状棘毛。阔节双槽首绦虫的阴茎上也发现有锥状棘毛。杜氏属两种绦虫都有剑状棘毛覆盖，并且在皱襞杜氏绦虫的链体前方和毗敦吸叶绦虫头节的后部区域观察到剑状棘毛间穿插分布着毛样的丝状微毛。纳马昆头衣绦虫的个体仅覆盖有小的针状丝毛（表 9-2）。微毛的类型和分布在不同科、寄生于远缘宿主的物种间没有明显的分布规律。

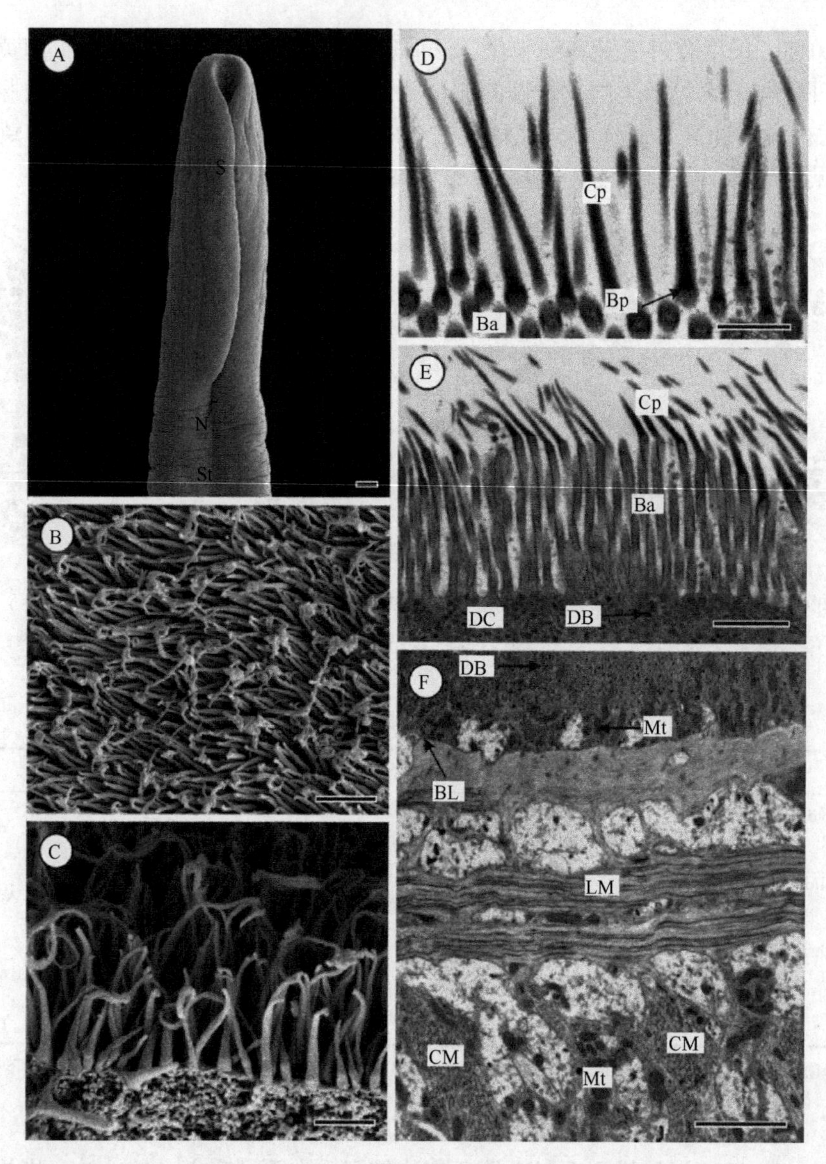

图 9-47 阔节裂头绦虫扫描电镜和透射电镜结构（引自 Yoneva et al.，2017）

A～C. 扫描电镜照：A. 头节；B. 覆盖在头节表面的毛样丝毛；C. 阴茎皮层，示锥状棘毛。D～F. 透射电镜照：D，E. 链体表面中部，示毛样丝毛；F. 皮层，远端胞质含大量的电子致密体和线粒体。缩略词：Ba. 基部；BL. 基底层；Bp. 基板；CM. 环肌；Cp. 帽；DB. 致密体；DC. 远端胞质；LM. 纵肌；Mt. 线粒体；N. 颈区；S. 头节；St. 链体。标尺：A=100μm；B，C，E=1μm；D=0.5μm；F=0.1μm

表 9-2 双叶槽目绦虫的微毛比较

科与种	丝毛	分布（长度，μm）	棘毛	分布（长度，μm）
双叶槽科				
阔节双叶槽绦虫	毛样	头节和链体（2.5～2.9）	锥状	阴茎（～1.3）
实体裂头绦虫	毛样	头节和链体（2.0～10）	未观察到	
肠舌状绦虫	未观察到		锥状	头节和链体（～1.7）
管孔科（Solenophoridae）（也有人放在双叶槽科）				
皱襞杜氏绦虫	毛样	链体（2.0～3.7）	剑状	头节和链体（2.0～3.0）
扩展杜氏绦虫	毛样	链体（2.5～3.2）	未观察到	
毗敦吸叶绦虫	毛样	头节（1.4～1.9）；链体（～2.8）	剑状	头节（～1.5）
头衣科				
纳马昆头衣绦虫	针状	头节和链体（～0.5）		未观察到

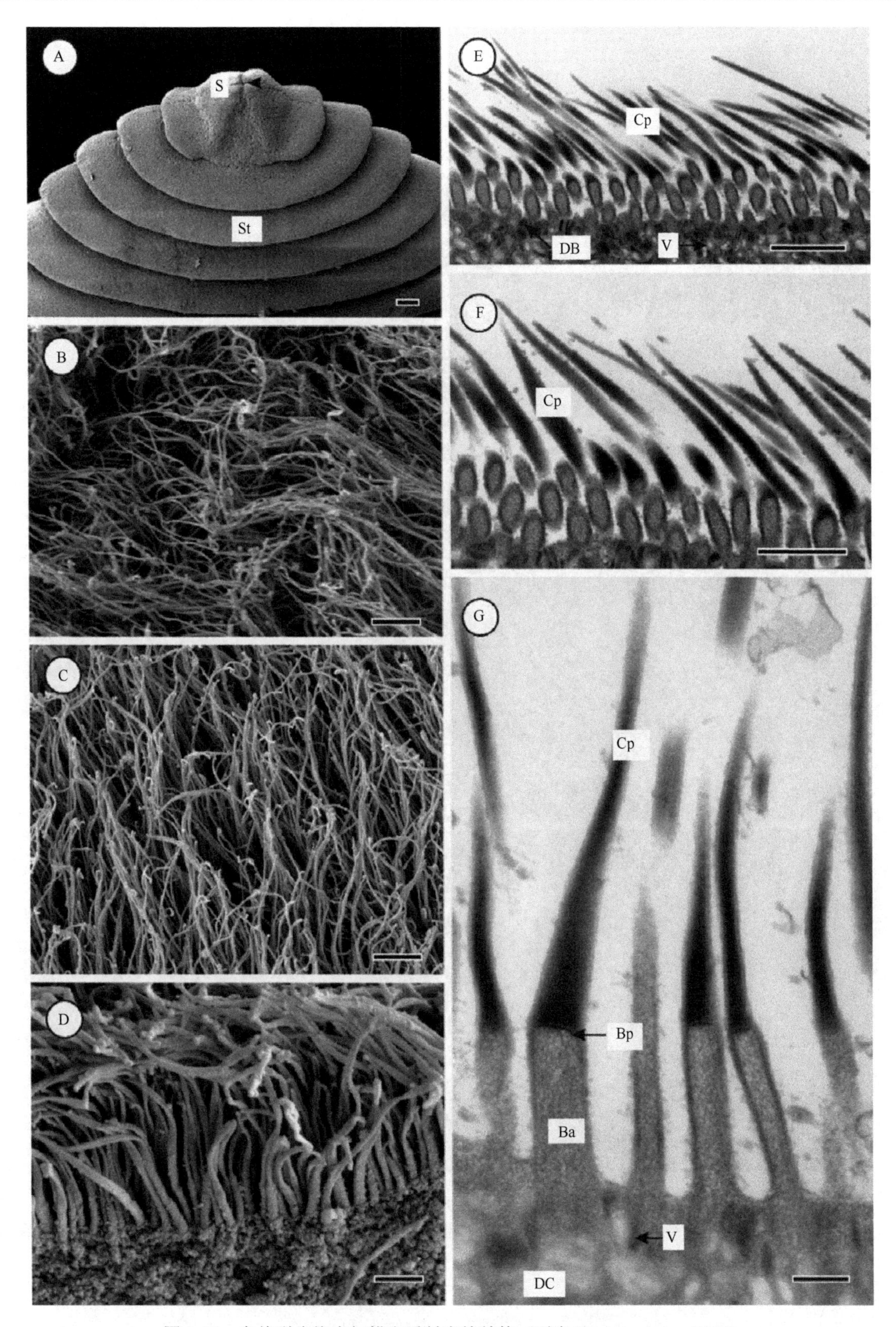

图 9-48 实体裂头绦虫扫描和透射电镜结构（引自 Yoneva et al.，2017）

A～D. 扫描电镜；E～G. 透射电镜照。A. 头节背腹面观，注意头节穹窿上的缝（箭头）；B. 覆盖在头节表面的毛样丝毛；C～G. 覆盖在链体表面的毛状丝毛。缩略词：Ba. 基部；Bp. 基板；Cp. 帽；DB. 致密体；DC. 远端胞质；S. 头节；St. 链体；V. 囊泡。标尺：A=100μm；B～D=1μm；E～G=0.2μm

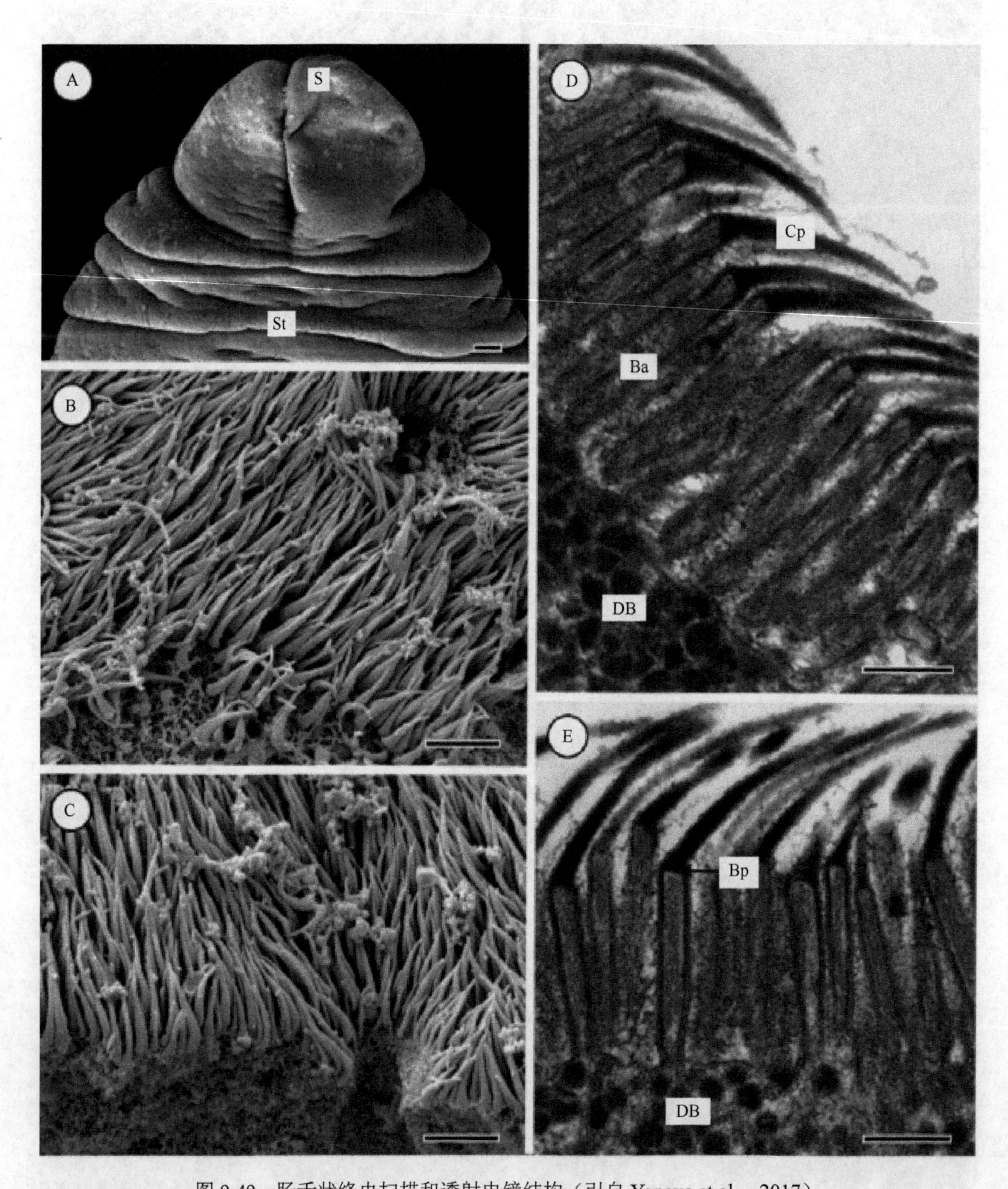

图 9-49　肠舌状绦虫扫描和透射电镜结构（引自 Yoneva et al.，2017）

A～C. 扫描电镜：A. 头节；B. 覆盖在头节表面的锥状棘毛；C. 覆盖在链体表面的锥状棘毛。D～E. 透射电镜照：覆盖在链体表面的锥状棘毛。缩略词：Ba. 基部；Bp. 基板；Cp. 帽；DB. 致密体；S. 头节；St. 链体。标尺：A=100μm；B～C=1μm；D～E=0.4μm

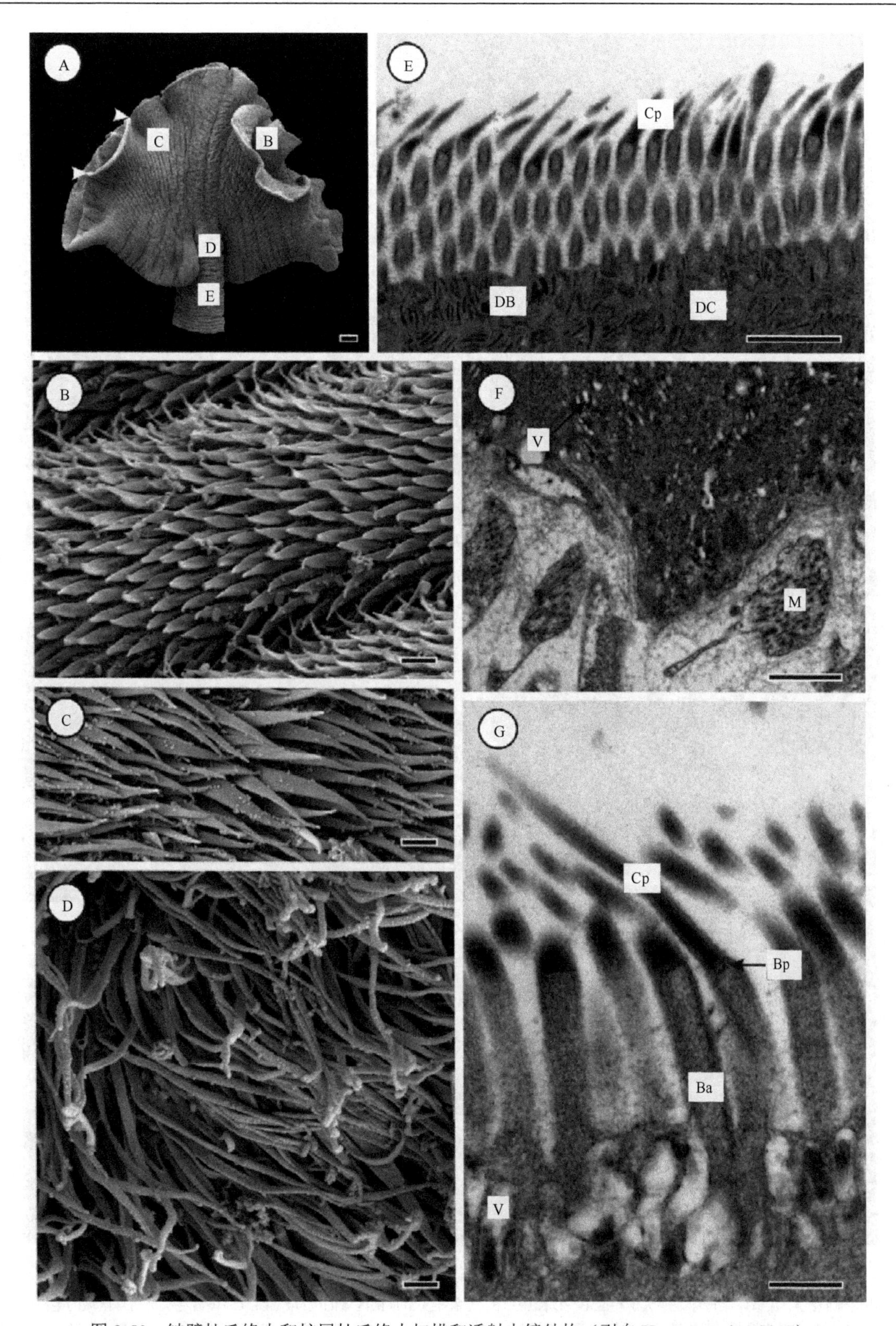

图 9-50　皱襞杜氏绦虫和扩展杜氏绦虫扫描和透射电镜结构（引自 Yoneva et al.，2017）

A～D. 扫描电镜照：A. 皱襞杜氏绦虫的头节，远端的吸槽表面覆盖着无数的脊（箭头），字母标处放大于相应 B～E 图中；B，C. 覆盖在皱襞杜氏绦虫头节表面的剑状棘毛；D. 覆盖在链体前部表面的剑状棘毛，穿插着毛样丝毛。E～G. 透射电镜照：E. 皱襞杜氏绦虫链体的毛状丝毛；F，G. 覆盖在扩展杜氏绦虫链体上的毛状丝毛。缩略词：Ba. 基部；Bp. 基板；Cp. 帽；DB. 致密体；DC. 远端胞质；M. 肌肉；V. 囊泡。标尺：A=100μm；B～E=1μm；F～G=0.1μm

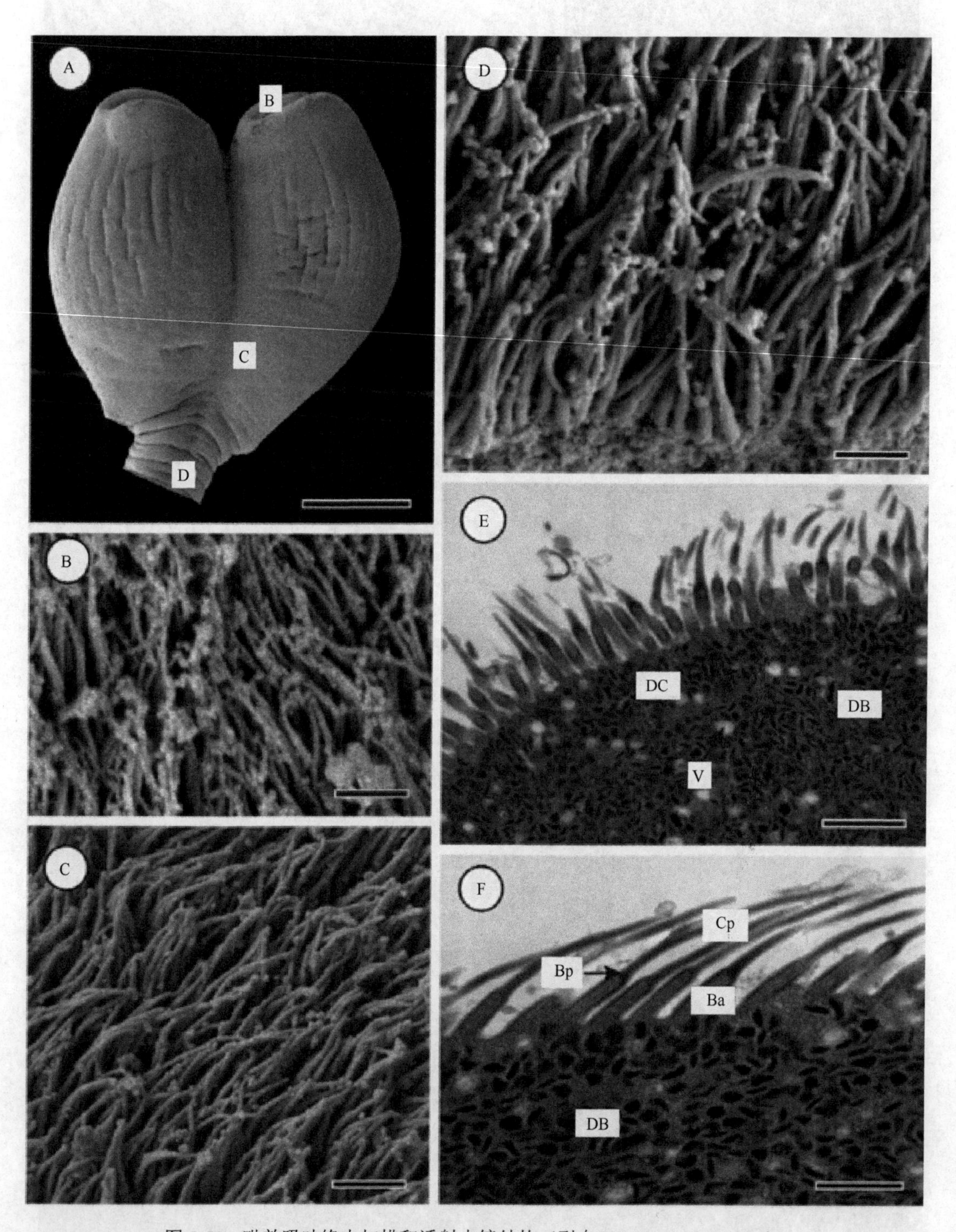

图 9-51　毗敦吸叶绦虫扫描和透射电镜结构（引自 Yoneva et al.，2017）

A～D. 扫描电镜照：A. 头节，字母标处放大于相应 B～D 图中；B. 覆盖在头节顶部区域的毛样丝毛；C. 覆盖在头节后部区域的毛样丝毛，穿插有剑状棘毛。E～F. 透射电镜照：覆盖链体的毛状丝毛。缩略词：Ba. 基部；Bp. 基板；Cp. 帽；DB. 致密体；DC. 远端胞质；V. 囊泡。标尺：A=100μm；B～E=1μm；F=0.5μm

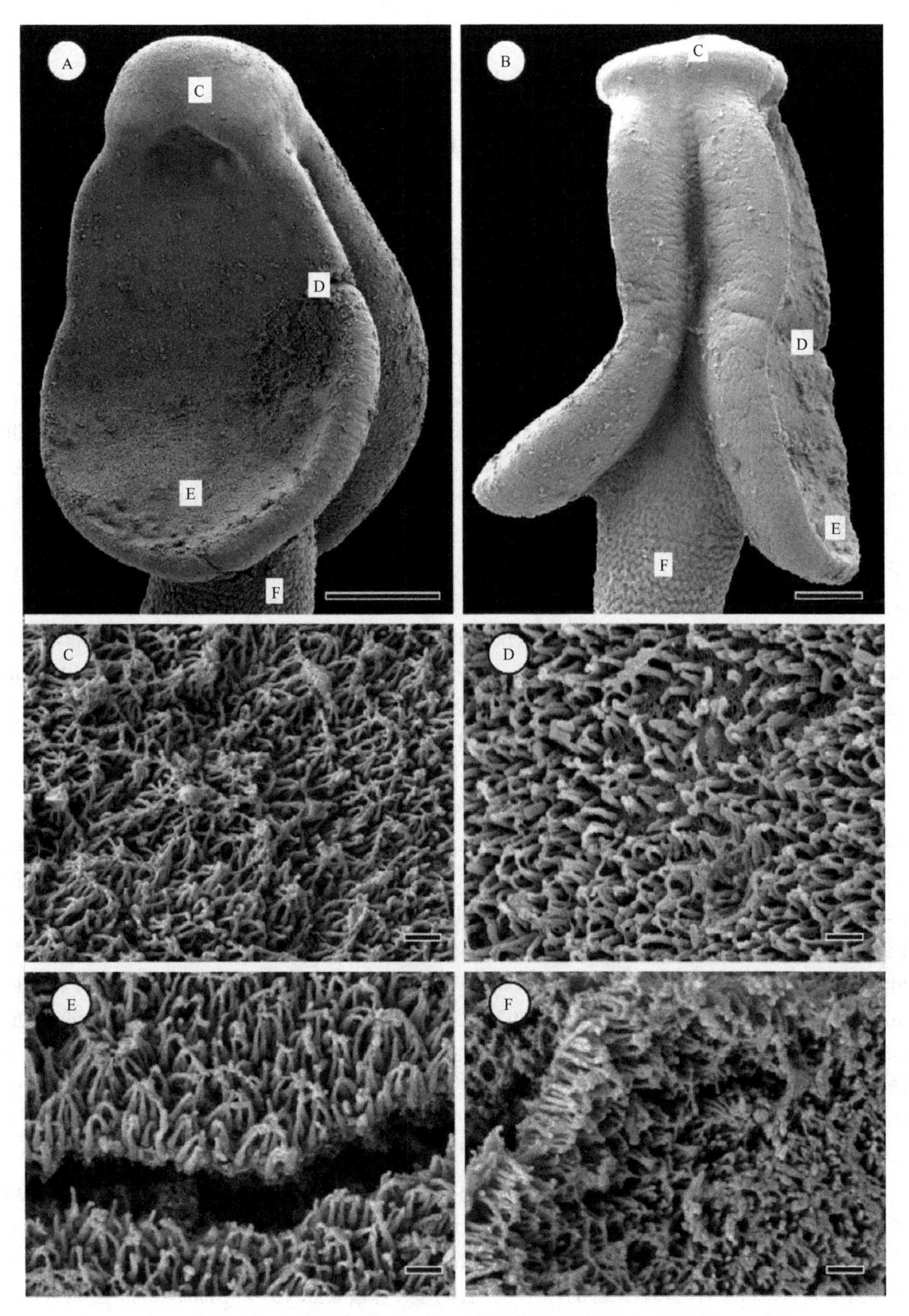

图 9-52　纳马昆头衣绦虫扫描结构（引自 Yoneva et al.，2017）

A，B. 头节，字母标处示相应 C～F 图所取部位；C. 覆盖头节穹窿上的针状丝毛；D，E. 覆盖吸槽表面的针状丝毛；F. 链体表面的针状丝毛。标尺：A，B=50μm；C～F=1μm

10　双叶目（Diphyllidea van Beneden in Carus，1863）

10.1　简　　介

双叶目的有效性一直有争议。Rees（1959）、Yamaguti（1959）、Joyeux 和 Baer（1961）、Schmidt（1970，1986）等均认可此目绦虫，认为此目绦虫采自软骨鱼类，绦虫头节上有或无有棘顶突，但都有两个固定的吸叶，但 Southwell（1925）、Wardle 和 McLeod（1952）、Wardle 等（1974）不认可此目。分目问题主要集中于棘槽属（*Echinobothrium* van Beneden，1849）。Southwell（1925）建立异叶目（Heterophyllidea），包含了棘槽属和其他 4 个属，而 Wardle 和 McLeod（1952）则将棘槽属与其他 8 个有问题的属归为一组，找不到合适的目。Wardle 等（1974）使此问题进一步复杂化，他们宣称双叶目（Diphyllidea van Beneden in Carus，1863）是一个被遗忘的名称，并提出一个新的双叶目用于包容双叶槽科（裂头科），这一建议忽视了大多数学者的工作。Schmidt（1986）总结认为：Wardle 等（1974）的双叶目应当作假叶目（Pseudophyllidea Carus，1863）的初级同物异名。

双叶目自建立后长期只包含 1 个棘槽科（Echinobothriidae Perrier，1897），仅 1 个棘槽属，包含采自软骨鱼的 20 余种。种中除里萨棘槽绦虫（*E. reesae* Ramadavi，1969）和迪海棘槽绦虫（*E. deehae* Gupta & Parmar，1988）外，其余种的头节均有具棘的吻突及具有有根的纵列直钩分布的头茎。例外的这 2 个种均采自印度沿海，据描述，这 2 个种头茎上无钩分布（钩是棘槽属重要的特征），是否能归入棘槽属还有待进一步调查研究。实际上自这 2 个种报道后，尽管印度学者对沿海海洋鱼类绦虫进行了大量调查研究工作，但未再有上述 2 种的相关报道，因此这 2 个种的有效性十分可疑。

Rees（1959）为采自苏格兰沿海软骨鱼的巨头双粗吸叶绦虫（*Ditrachybothridium macrocephalum*）建立了双粗吸叶属（*Ditrachybothridium*），并将其归入双叶目。Schmidt（1970）建立了独立的双粗吸叶科（Ditrachybothridiidae），仅含 1 个双粗吸叶属。Khalil 和 Abdul-Salam（1989）为采自阿拉伯湾软骨鱼的犁头鳐巨吸叶绦虫（*Macrobothridium rhynchobati*）建立了巨吸叶属（*Macrobothridium*），并将此单种属放入巨吸叶科（Macrobothridiidae）而归属于双叶目。初期的 3 个单属科［棘槽科、双粗吸叶科和巨槽科（Macrobothriidae Khalil & Abdul-Salam，1989）］被一些学者认可（Ivanov & Hoberg，1999；Khalil & Abdul-Salam，1989；Khalil，1994）。与此相反，Tyler（2006）仅认可双粗吸叶科和棘槽科，他认为巨槽科与棘槽科为同物异名。事实上，Marques 等（2012）未为阿木丽娜属（*Ahamulina*）归置科。Caira 等（2013）的结果与前述的三科分类不一致，在获得更多样品进行分类前，暂时将已建立的 6 个属放在棘槽科（此科具有目的特征）。

美国康涅狄格大学的 Tyler 于 2006 年撰写过一本 142 页的双叶目绦虫专著，主要综合介绍了双叶目绦虫的多样性、系统学、宿主关联及生物地理方面的知识。全面回顾了将对槽属（*Diagonobothrium* Shipley & Hornell，1906）转到双叶目下作为一个可疑属的文献；将 *Yogeshwaria* Chincholikar & Shinde，1976 移入双叶目作为棘槽属的同物异名，其新组合的种——纳吉胡莎娜棘槽绦虫（*E. nagabhushani*）被认为是有问题的种。新材料的收集结果描述了棘槽属的一个新种；对 36 个有效的双叶目的种（包括新种）中 31 个种的模式和/或凭证标本用光镜和扫描电镜测量了，并对所研究的 31 个种均进行了重描述和绘图。研究结果对用于支序分析的 67 个形态特征进行了阐明，包括 34 个双叶目绦虫种和 7 个外群种，外群包括四叶目、假叶目（现分为槽首目和双叶槽目）和锥吻目的种。采用不同的数据分别进行了几种系统发生分析。类群和特征都用了 20%排除原则。所有的特征未加权且无序。最大简约法是用于所有分析中最理想的方法。从这些分析中得出的最简约树支持双粗吸叶属作为一单系类群。所有先前放在巨吸叶属中的 3 个种表现为在棘槽属的种之间。因此排除了巨吸叶属与棘槽属为并系的可能，认为巨吸叶属与棘槽属同义。构成巨吸叶属的种被移入棘槽属中。这些分析得到的系统树不支持恢复先前发表的该目系统发生的任何拓扑结构，限制了这一研究结果树应用于先前发表的树的拓扑结构，导致了实质上更长的树距。双叶目绦虫之间系统发生关系树与已知棘槽属宿主鳐属之间关系树的综合比较表明，板鳃类动物和它们双叶目绦虫之间的严格共演化是不可能发生的。然而，由于潜在的板鳃类动物宿主样品尚未被全面了解，结论也只是初步的。

双叶目是寄生于软骨鱼类的 7 个绦虫目之一，在过去的十多年中描述了众多的有效种，整体而言，该目的种类发生于多种软骨鱼，大多数种类寄生于鳐。不似发现于软骨鱼的其他目，双叶目的单系性是无可争辩的（Ivanov & Hoberg，1999；Tyler，2006）。虽然收集到的种表现出头节钩型有一定范围的变化（图 10-1），但其种类均为头节有两个吸叶，顶器官可能有顶钩和侧小钩，头茎也可能有 8 列棘，以及中央腹部有共同的生殖孔。公认的 3 个属中，棘槽属有三型钩（顶钩、侧小钩和头茎棘），而双粗吸叶属缺乏所有的三型钩。近期的单种属阿木丽娜属（*Ahamulina* Marques，Jensen & Caira，2012）具有顶钩但缺乏侧小钩和头茎棘（图 10-1A）。巨吸叶属（*Macrobothridium* Khalil & Abdul-Salam，1989）最初是为有顶

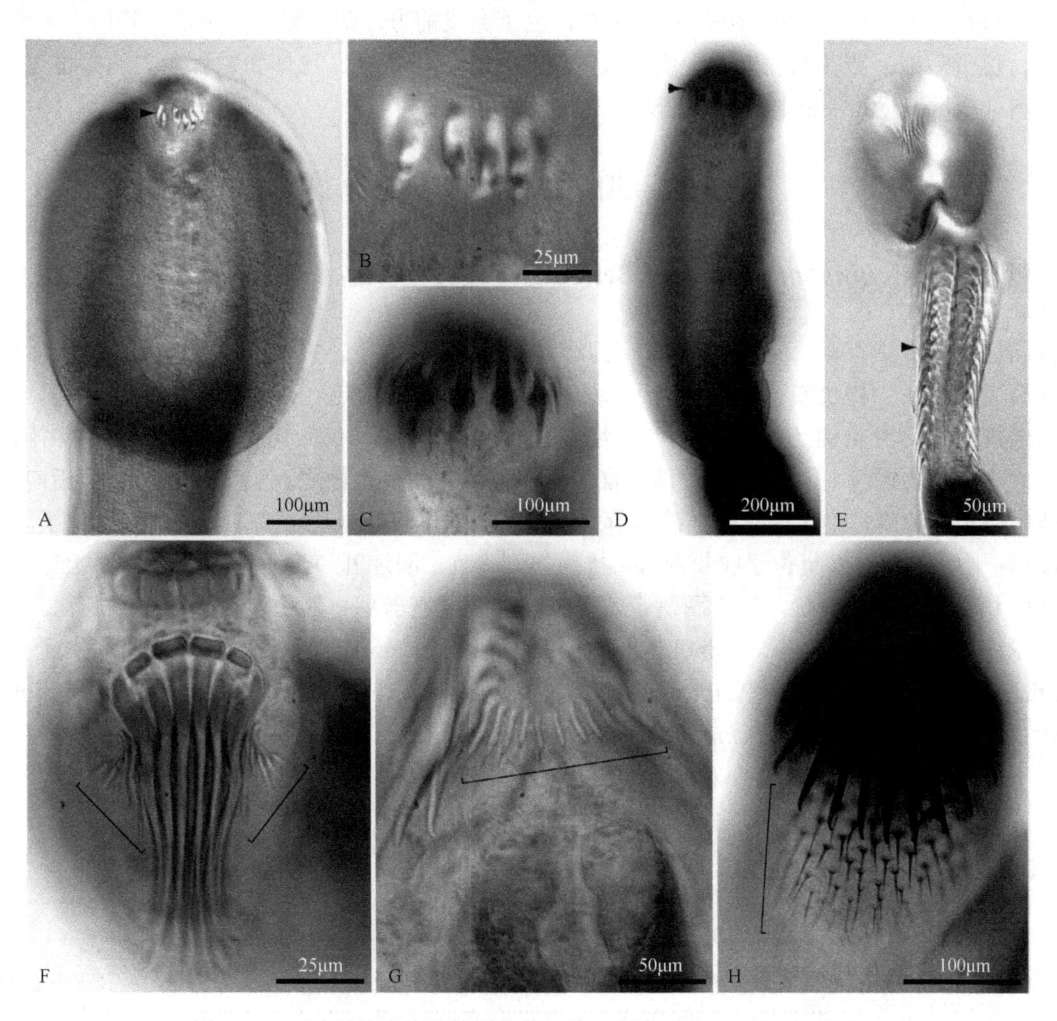

图 10-1　双叶目绦虫头节钩型光镜照片（引自 Caira et al.，2013a）

A. 卡特琳娜阿木丽娜绦虫（*Ahamulina catarina*）的头节，箭头示单排的顶钩；B. 卡特琳娜阿木丽娜绦虫单排顶钩放大近观；C. 阿木丽娜绦虫新种 1 单排顶钩放大近观(注意顶钩长度不等)；D. 阿木丽娜绦虫新种 1 的头节，箭头示单排的顶钩；E. 道伯曼棘槽绦虫(*Echinobothrium dougbermani*)的头节，箭头示头茎棘；F. 道伯曼棘槽绦虫的顶钩类型，中括号示两簇侧小钩；G. 墨西哥链钩绦虫（*Halysioncum mexicanum*）的顶钩类型，中括号示连续的侧小钩带；H. 采自低鳍星鲨（*Iago* sp.）冠绦虫属（*Coronocestus*）未描述种的头节的前方区域，中括号示棘冠

钩和侧小钩但缺乏头茎棘的种类建立的属，最近被认为与棘槽属同义（Tyler，2006; Kuchta & Caira，2010），所有 3 个属的单系性有待全面评估。事实上，双叶目亲缘关系已经有认真研究的只有两例（Ivanov & Hoberg，1999；Tyler，2006），两例均仅根据形态数据。虽然这两项研究推导的关系暗示了棘槽属相对于巨吸叶属非单系是一致的，并处于双粗吸叶属位置系统的姐妹群，它们在形态方面有实质区别。从分子角度看，双叶目绦虫或在研究其他绦虫目的系统关系中被作为外群（Olson & Caira，1999；Olson et al.，1999，2001，2010；Littlewood & Olson，2001；Bray & Olson，2004；Caira et al.，2005；Brabec et al.，2006；Palm et al.，2009），或作为大尺度分析评估绦虫目之间关系的典型（Waeschenbach et al.，2007，2012），直至 Caira 等（2013）采用线粒体基因（细胞色素和核糖体小亚基——18S rDNA）对双叶目绦虫进行了系统分析并重构了双叶目的属，使分子和形态数据在属水平分类上获得了一致，并对双叶目的属进行了修订，确定为 1 科 6 属。

10.2 双叶目的识别特征

头节由固有结构和头茎组成，其上有 2 个固着的吸叶，有棘的顶突存在或无，头茎有或无棘。节片无缘膜。生殖孔位于节片后腹部中央。精巢多个，位于卵巢前方。阴茎囊大，梨形，开口于阴道孔前方。卵巢两叶，位于后部。卵黄腺滤泡位于侧方或围绕节片。无子宫孔。已知为软骨鱼类的寄生虫。目下分类：棘槽科（Echinobothriidae Perrier，1897）1 科 6 属。

10.3 双叶目棘槽科各属介绍

10.3.1 棘槽属（*Echinobothrium* van Beneden，1849）

识别特征：头节具有背、腹两个吸叶，有具棘的顶器官和头茎。吸叶长度方向有些区域后部游离，近端表面覆盖着掌状、栉状或三裂棘毛，远端表面覆盖着三叉状棘毛。顶器官有一背一腹实体钩群；各钩群排为两规则排，由 a 钩（前方排）和 b 钩（后方排）交替；相邻的钩相互关节。侧小钩排在背腹顶钩群各边，为显著的钩簇（图 10-1F）。顶器官钩型和吸叶之间缺乏棘冠。头茎有或无 8 列指向后方、基部三叉或很少多叉的棘，绝大多数种类链体节片无缘膜。虫体解离或优解离。公共生殖孔位于腹部中央。阴茎囊简单；阴茎具棘。精巢位于卵巢前方，排为一到多列。阴道开口于阴茎囊后部。卵巢正面观 H 形，横切面两叶状。卵黄腺滤泡状，位于两侧带或围绕皮质。子宫囊状，腹位。卵释放时不胚化。已知主要以鳐科（Rajidae）、犁头鳐科（Rhinobatidae）和魟科（Dasyatidae）为宿主；有时寄生于无刺鳐科（Anacanthobatidae）、圆扇鳐科（Platyrhinidae）、尖犁头鳐科（Rhynchobatidae）和鲼科（Myliobatidae）鱼类。模式种：模式棘槽绦虫（*Echinobothrium typus* van Beneden，1849）。其他还有 30 余个有效种，分种检索如下。

10.3.1.1 棘槽属分种检索表

1a. 头茎无棘……2
1b. 头茎有 8 列棘……6
2a. 顶钩基部通过一联锁的球形柄和凹槽系统相互关节……尖犁头鳐棘槽绦虫（*E. rhynchobati*）新组合
2b. 顶钩基部相互间无关节……3
3a. 虫体大，长于 5mm……4
3b. 虫体小，长在 5mm 以下……5
4a. 吻突钩有两群、14 个钩……迪海棘槽绦虫（*E. deeghai*）
4b. 吻突钩有两群、17 个钩……里斯棘槽绦虫（*E. reesae*）

5a. 吸叶大，叶状；卵巢H形；生殖孔在卵巢前方……欧忒耳珀棘槽绦虫（*E. euterpes*）新组合
5b. 吸叶细长；卵巢U形；生殖孔在卵巢后方……赛尔特棘槽绦虫（*E. syrtensis*）新组合
6a. 吻突和吸叶之间有几排小棘……7
6b. 吻突和吸叶之间无棘……8
7a. 卵巢U形；生殖孔与卵巢在同一水平……鼬鼠棘槽绦虫（*E. musteli*）
7b. 卵巢H形；生殖孔在卵巢前方……*E. notoguidoi*
8a. 顶钩为典型的"A"对称……9
8b. 顶钩为典型的"B"对称……12
9a. 头茎有8纵列棘、各列棘≥100……10
9b. 头茎有8纵列棘、各列棘＜100……11
10a. 侧方的小钩为两群；吸叶后部边缘存在裂隙；卵巢H形，头茎棘有三放的基部……尤泽特棘槽绦虫（*E. euzeti*）
10b. 无侧方的小钩；吸叶后部边缘不存在裂隙；卵巢U形，头茎棘有叶状的基部……长领棘槽绦虫（*E. longicolle*）
11a. 钩式［1 9/8 1］；头茎有8列棘，各列棘11～15个；精巢9～11个……科恩福姆棘槽绦虫（*E. coenoformum*）
11b. 钩式［(3～4) 13/14 (3～4)］；头茎有8列棘，各列棘57～60个；精巢20～30个……马赛厄斯棘槽绦虫（*E. mathiasi*）
12a. 生殖孔在卵巢前方……13
12b. 生殖孔与卵巢在同一水平……21
13a. 侧方小钩排为两个不同的群……14
13b. 侧方小钩排为单一连续的列……16
14a. 各群侧方小钩位置错列……冠棘槽绦虫（*E. coronatum*）
14b. 各群侧方小钩位置一致……15
15a. 钩式［(3～4) 10/9 (3～4)］……秀丽棘槽绦虫（*E. elegans*）
15b. 钩式［(2～3) 6/5 (2～3)］……姻亲棘槽绦虫（*E. affine*）
16a. 精巢单列……色素棘槽绦虫（*E. pigmentatum*）
16b. 精巢2到多列……17
17a. 卵黄腺完全在卵巢前方……18
17b. 卵黄腺扩展至整个节片长度……19
18a. 各群第一和最末侧方小钩长度至少是其他侧方小钩的2倍……福特利棘槽绦虫（*E. fautleyae*）
18b. 相关的侧方小钩的长度相等……博纳斯棘槽绦虫（*E. bonasum*）
19a. 侧方小钩位置错列；吸叶后部边缘裂隙存在……拉什棘槽绦虫（*E. raschii*）
19b. 侧方小钩位置一致；吸叶后部边缘裂隙不存在……20
20a. 钩式［(5～7) 12/11 (5～7)］……墨西哥棘槽绦虫（*E. mexicanum*）
20b. 钩式［6 14/13 6］……大棘棘槽绦虫（*E. megacanthum*）
21a. 侧方小钩布局为两个不同的群或完全无……22
21b. 侧方小钩布局为单一连续的排……32
22a. 卵巢U形……23
22b. 卵巢H形……25
23a. 精巢排为单列……奇瑟姆棘槽绦虫（*E. chisholmae*）
23b. 精巢排为两列……24
24a. 钩式［(2～4) 4/3 (2～4)］……模式棘槽绦虫（*E. typus*）
24b. 钩式［(3～4) 6/3 (3～4)］……短体棘槽绦虫（*E. brachysoma*）
25a. 头茎后部末端有缘膜……26
25b. 头茎后部末端无缘膜……27
26a. 侧方的小钩不存在；头茎有8列棘，各列棘5～9个……瑞吉棘槽绦虫（*E. raji*）
26b. 侧方的小钩存在有两群；头茎有8列棘，各列棘11～16个……棒头棘槽绦虫（*E. clavatum*）
27a. 吸叶后部边缘裂隙存在……28
27b. 吸叶后部边缘裂隙不存在……30
28a. 精巢排为单列……赫伦棘槽绦虫（*E. heroniense*）
28b. 精巢排为2列……29

29a. 头茎有 8 列棘，各列棘 11～14 个；精巢 6～7 个……哈福德棘槽绦虫（*E. harfordi*）
29b. 头茎有 8 列棘，各列棘 16～17 个；精巢 12～17 个……埃尔米穆罕默德棘槽绦虫（*E. helmymohamedi*）
30a. 精巢排为 4～5 列……棘领棘槽绦虫（*E. acanthocolle*）
30b. 精巢排为 2 列……31
31a. 钩式［(2～4) 12/11 (2～4)］；精巢 11～14 个……棘叶棘槽绦虫（*E. acanthinophyllum*）
31b. 钩式［4 14/12 4］；精巢 10 个……贝氏棘槽绦虫（*E. benedeni*）
32a. 吸叶后部边缘裂隙存在……加州棘槽绦虫（*E. californiense*）
32b. 吸叶后部边缘裂隙不存在……33
33a. 头茎有 8 列棘，各列棘 2～5 个……拉亚勒曼棘槽绦虫（*E. rayallemangi*）
33b. 头茎有 8 列棘，各列棘 10～17 个……霍夫曼棘槽绦虫（*E. hoffmanorum*）

10.3.1.2 棘槽绦虫种例

1）霍夫曼棘槽绦虫（*E. hoffmanorum* Tyler，2001）（图 10-2，图 10-3）

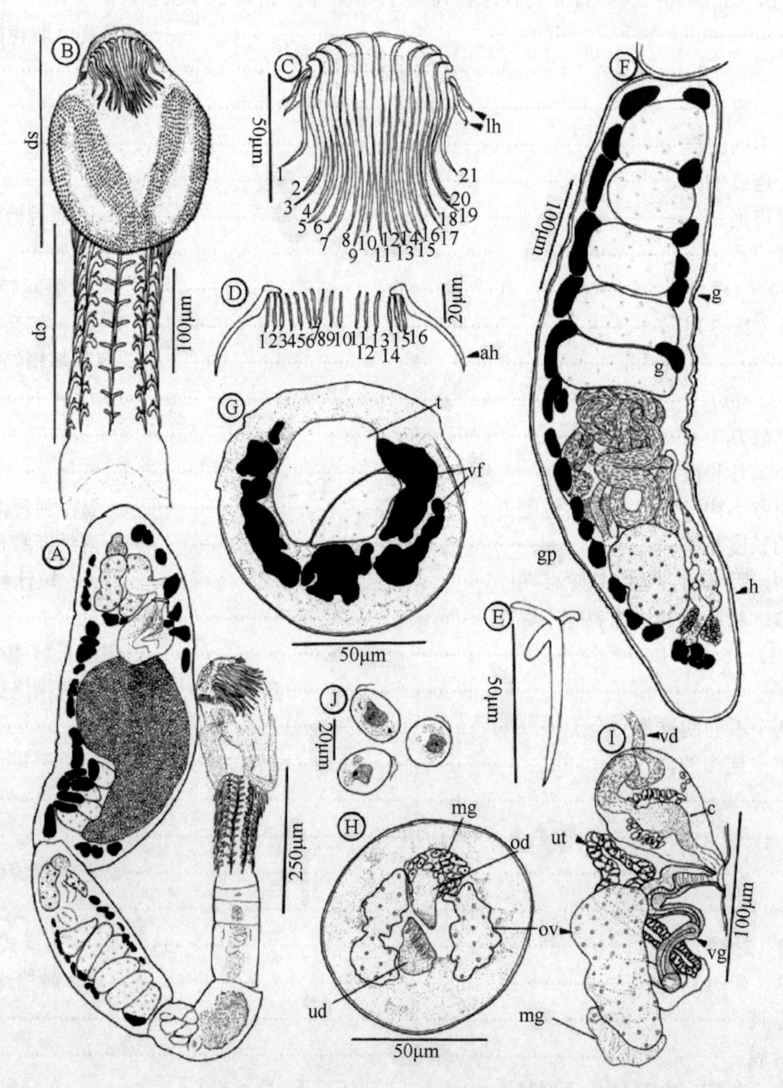

图 10-2 霍夫曼棘槽绦虫结构示意图（引自 Tyler，2001）

A. 整条虫体；B. 头节；C. 一背腹群顶钩详图；D. 一侧小钩群详图；E. 头茎棘详图；F. 成节略旋转，示左侧和背部表面；G. 通过图 F 中成节 g 处箭头所示部位横切；H. 通过图 F 中成节 h 处箭头所示部位横切；I. 末端生殖器官侧面观；J. 虫卵。缩略词：ah. 顶钩；c. 阴茎；cp. 头茎；gp. 生殖孔；lh. 侧小钩；mg. 梅氏腺；od. 输卵管；ov. 卵巢；sp. 头节固有结构；t. 精巢；ud. 子宫管；ut. 子宫；vd. 输精管；vg. 阴道

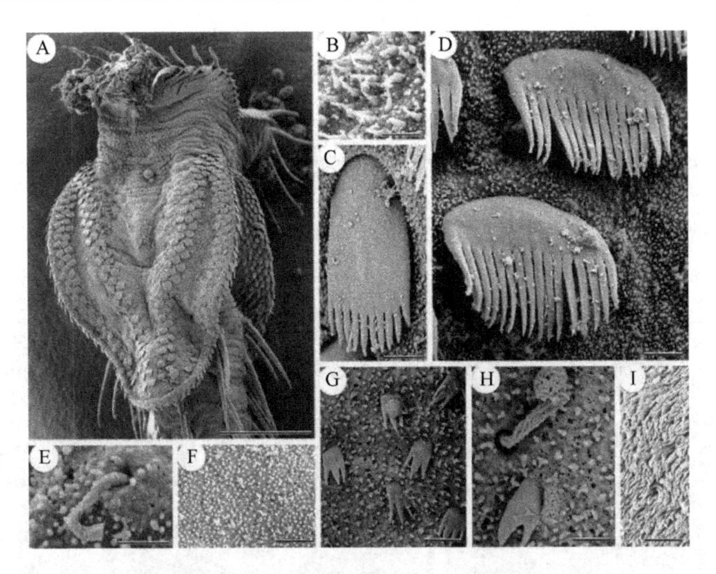

图 10-3 霍夫曼棘槽绦虫扫描结构（引自 Tyler，2001）

A. 头节固有结构；B. 头节顶部表面；C. 吸叶近端表面；D，E. 吸叶远端表面；F. 吸叶远端中央表面；G. 头节固有结构侧方；H. 头节固有结构侧方表面放大观，示纤毛；I. 链体表面。标尺：A=50μm；B，E，H=500nm；C～D，F～G，I=1μm

2）拉亚勒曼棘槽绦虫（*E. rayallemangi* Tyler，2001）（图 10-4，图 10-5）

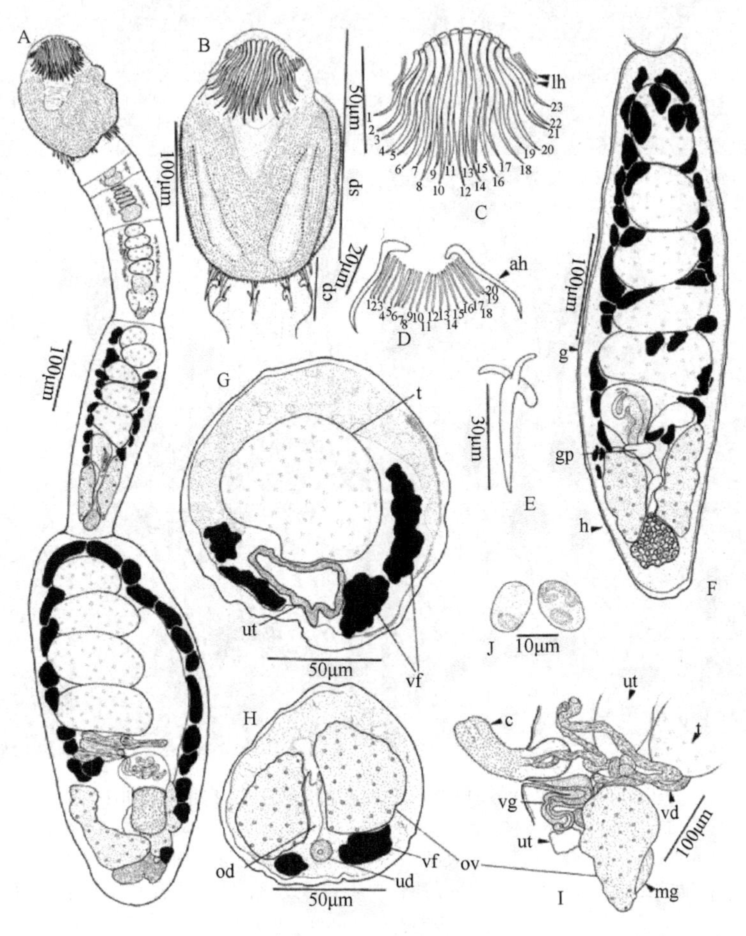

图 10-4 拉亚勒曼棘槽绦虫结构示意图（引自 Tyler，2001）

A. 整条虫体；B. 头节；C. 一顶钩背腹群详图；D. 一侧小钩群详图；E. 头茎棘详图；F. 成节；G. 通过图 F 中成节 g 处箭头所示部位横切；H. 通过图 F 中成节 h 处箭头所示部位横切；I. 末端生殖器官侧面观；J. 虫卵。缩略词：ah. 顶钩；c. 阴茎；cp. 头茎；gp. 生殖孔；lh. 侧小钩；mg. 梅氏腺；od. 输卵管；ov. 卵巢；sp. 头节固有结构；t. 精巢；ud. 子宫管；ut. 子宫；vd. 输精管；vf. 卵黄腺滤泡；vg. 阴道

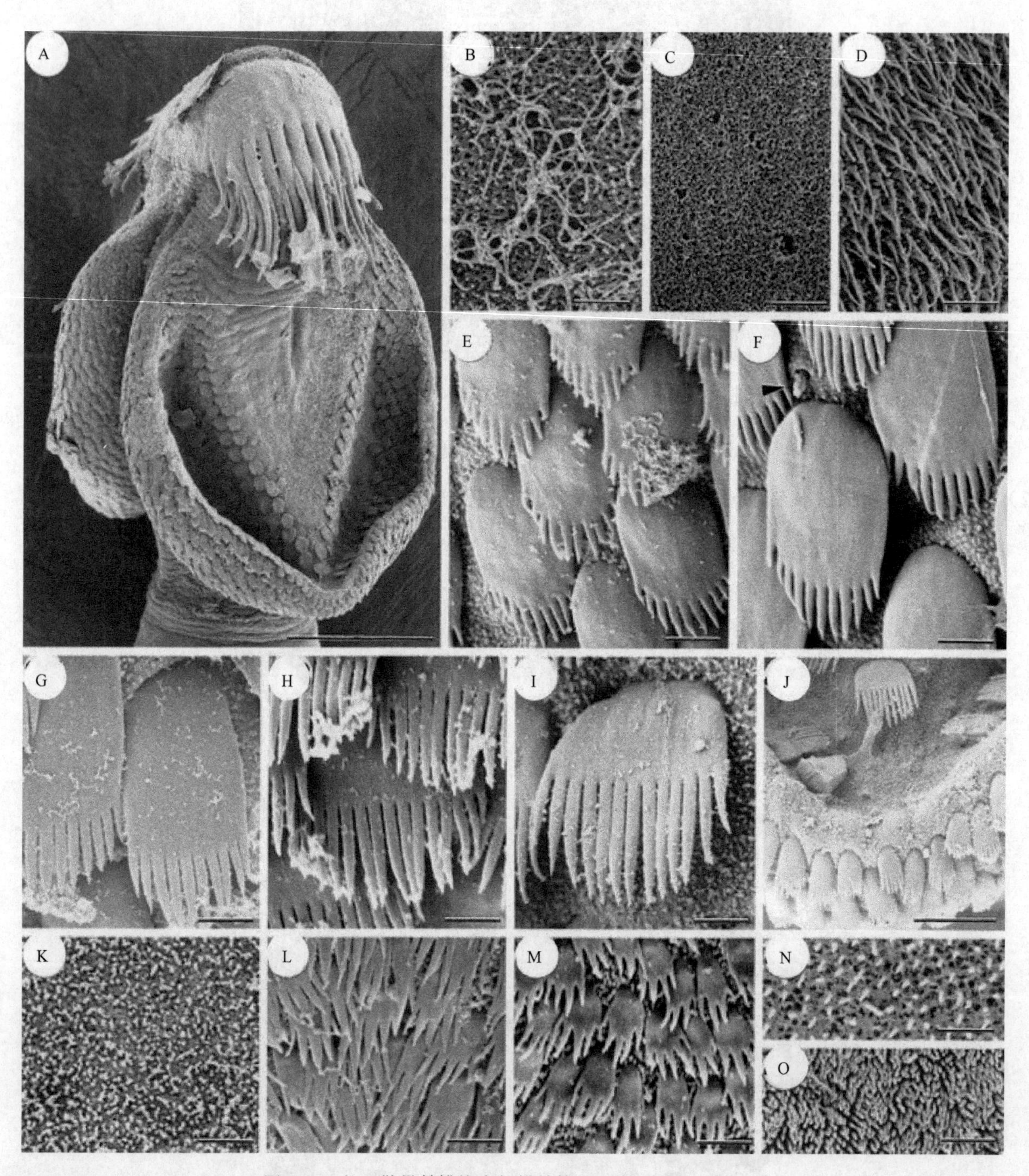

图 10-5 拉亚勒曼棘槽绦虫扫描结构（引自 Tyler，2001）

A. 头节固有结构；B. 头节顶部；C. 顶钩前方头节背部区；D. 头节侧方区，侧小钩前方；E. 吸叶近端前方表面；F. 吸叶近端表面，长度方向中央，示纤毛（箭头）；G. 吸叶近端后部表面；H. 吸叶远端前方表面；I. 吸叶远端表面，长度方向中央；J. 吸叶后部边缘，示近端和远端表面的微毛；K. 吸叶远端表面中央；L. 头节固有结构前部侧面区；M. 头节固有结构后部侧方区；N. 颈部表面；O. 链体表面。标尺：A=40μm；B～I，K～O=1μm；J=5μm

3）迪亚曼蒂棘槽绦虫（*E. diamanti* Ivanov & Lipshitz，2006）（图 10-6～图 10-8，表 10-1）

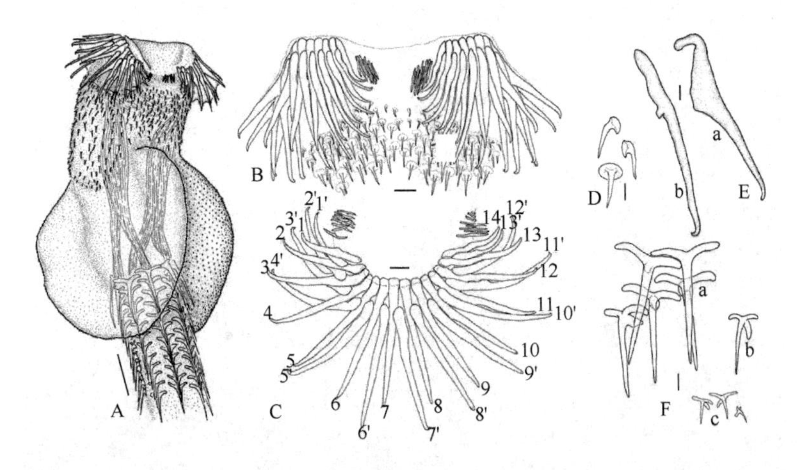

图 10-6 迪亚曼蒂棘槽绦虫头节及顶钩放大（引自 Ivanov & Lipshitz，2006）

A. 头节固有结构；B. 顶钩、侧方小钩及来自冠状物上的一套棘；C. 顶钩（一背腹群）及侧方小钩顶面观（1～14 前方列，1′～13′ 后方列）；D. 顶钩后方冠状物上小棘的详细结构；E. 顶钩的详细结构（a 为前方列的钩，b 为后方列的钩）；F. 头茎棘的详细结构（a 为最前方的棘，b 为中部区的棘，c 为最后端的棘）。标尺：A=100μm；B，C，F=20μm；D，E=10μm

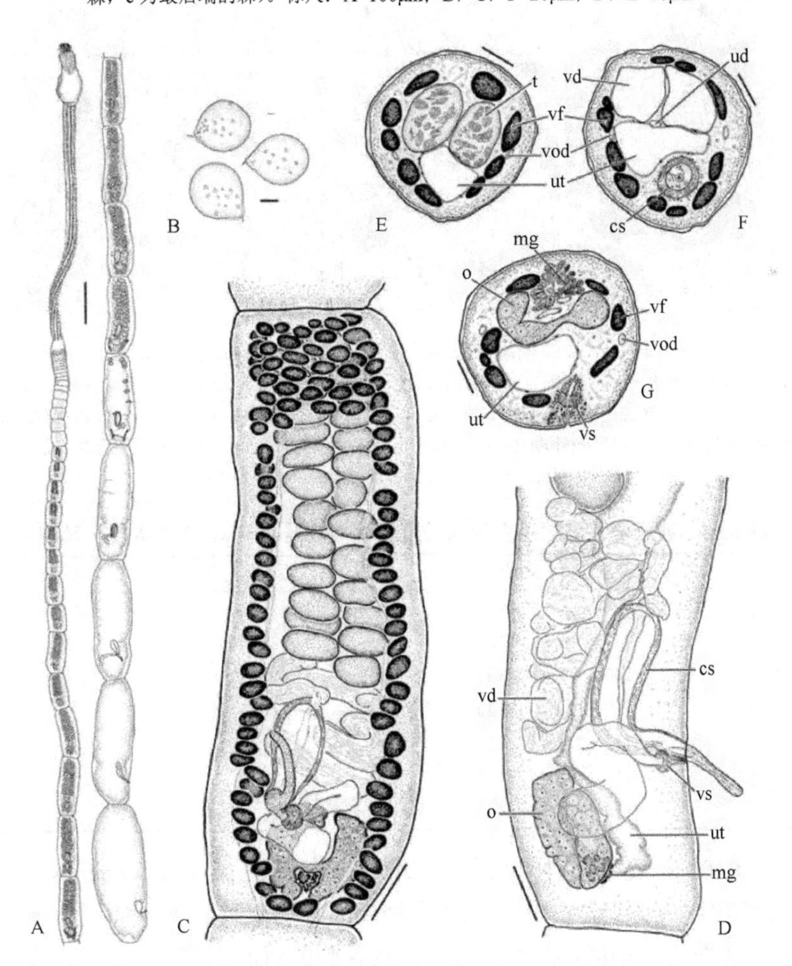

图 10-7 迪亚曼蒂棘槽绦虫结构示意图（引自 Ivanov & Lipshitz，2006）

A. 整条链体；B. 卵的详细结构；C. 成熟节片腹面观（卵黄腺滤泡仅绘出部分以便可以观察到内部器官）；D. 生殖器官详细结构侧面观（未绘出卵黄腺滤泡）；E. 成熟节片精巢水平横切面；F. 成熟节片阴茎囊水平横切面；G. 成熟节片卵巢峡部水平横切面。缩略词：cs. 阴茎囊；mg. 梅氏腺；o. 卵巢；t. 精巢；ud. 子宫管；ut. 子宫；vd. 输精管；vf. 卵黄腺滤泡；vod. 腹渗透调节管；vs. 阴道括约肌。标尺：A=500μm；B=20μm；C=100μm；D=150μm；E～G=50μm

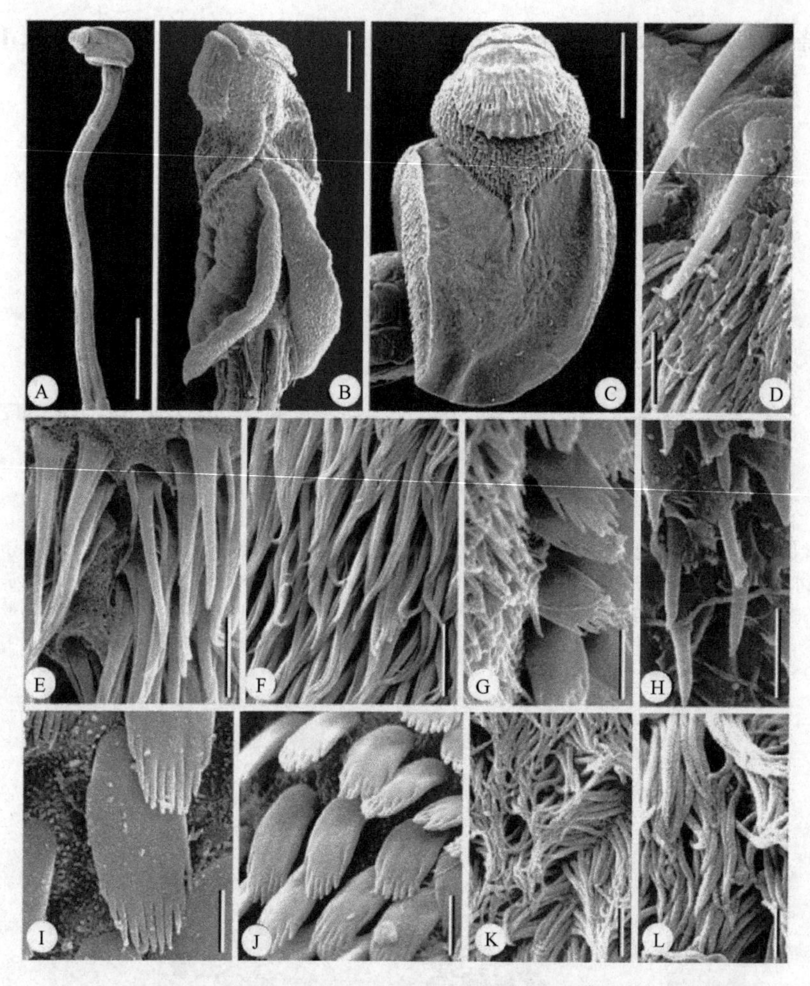

图 10-8 迪亚曼蒂棘槽绦虫扫描结构（引自 Ivanov & Lipshitz，2006）

A. 完整的头节由头节固有结构和头茎组成；B. 头节固有结构侧面观；C. 头节固有结构背/腹观；D. 后部边缘冠状物上的棘（注意皮层表面缺乏微毛）；E. 吸叶远端表面（前方区）微毛详细结构；F. 吸叶远端表面（前方区）；G. 吸叶侧方边缘，示远端和近端表面（前方区）之间的边界；H. 阴茎表面；I. 吸叶近端表面微毛详细结构；J. 吸叶近端表面（前方区）；K. 增殖区表面；L. 成熟节片表面。标尺：A=500μm；B，C=100μm；D=4μm；E，G～J=2μm；F=2. 5μm；K，L=1μm

表 10-1 迪亚曼蒂棘槽绦虫顶钩长度比较（数据基于 10 个样本各一套钩）

前方钩列	范围（均值±SD）	后方钩列	范围（均值±SD）
1（14）	58～68（62±5）	1′（13′）	59～70（62±4）
2（13）	81～89（85±3）	2′（12′）	79～92（87±5）
3（12）	100～108（104±3）	3′（11′）	85～116（104±13）
4（11）	109～120（113±4）	4′（10′）	98～131（116±11）
5（10）	117～124（120±3）	5′（9′）	110～137（121±10）
6（9）	119～136（123±6）	6′（8′）	118～144（124±9）
7（8）	120～125（122±2）	7′	119～121（120±1）

Kuchta 和 Caira（2010）描述了 3 种采自印度和太平洋萝卜魟属（*Pastinachus*）、刺魟（stingrays）双叶目绦虫。此 3 种与棘叶属 36 个有效种中除 10 个种外的区别在于此 3 种的侧方小钩排成连续的带，穿过吻突的侧面加入背、腹面的顶钩群，而不是排在顶钩各侧的背面和腹面群。娜塔莉亚棘槽绦虫新种（*E. nataliae*）采自婆罗洲（Borneo）魟（*Pastinachus solocirostris*），其与其他相关种的区别在于系列组合特征：头茎及各列的棘数、侧钩数目和顶钩数目。采自马达加斯加岛褶尾萝卜魟（*Pastinachus* cf. *sephen*）的里贾纳棘槽绦虫（*E. reginae*）不同于同属种的组合特征如下：小钩的数目和头茎棘的数目。采自婆罗洲未描述的萝卜魟属（*Pastinachus*）的沃尔塔棘槽绦虫（*E. vojtai*）不同于同属种的特征组合在于：小钩数目、

顶钩数目和头茎上各列棘的数目。他们将巨吸叶绦虫的两个种：*Macrobothridium djeddensis* 和中华巨吸叶绦虫（*M. sinensis*）移入棘槽属，并认为迪海棘槽绦虫（*E. deeghai*）是有问题的种。

4）短体棘槽绦虫（*E. brachysoma* Aragort et al.，2001）（图 10-9）

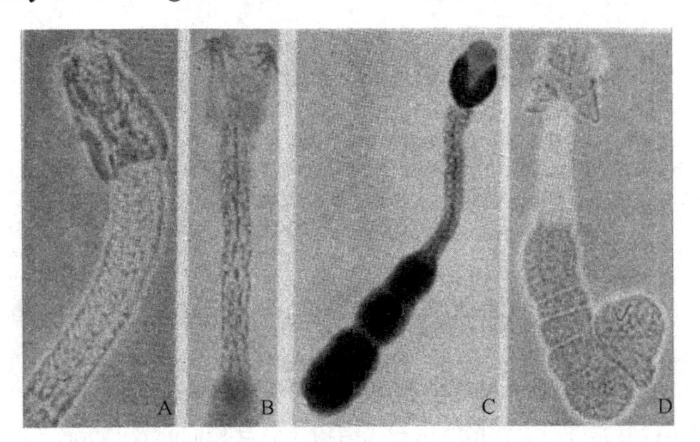

图 10-9　短体棘槽绦虫实物（引自 Aragort et al.，2001）

A～B. 采自短尾鳐（*Raja brachyura*）；C. 采自小睛斑鳐（*Raja microocellata*）；D. 采自蒙鳐（*Raja montagui*）

5）娜塔莉亚棘槽绦虫（*E. nataliae* Kuchta & Caira，2010）（图 10-10A、D～H，图 10-11）

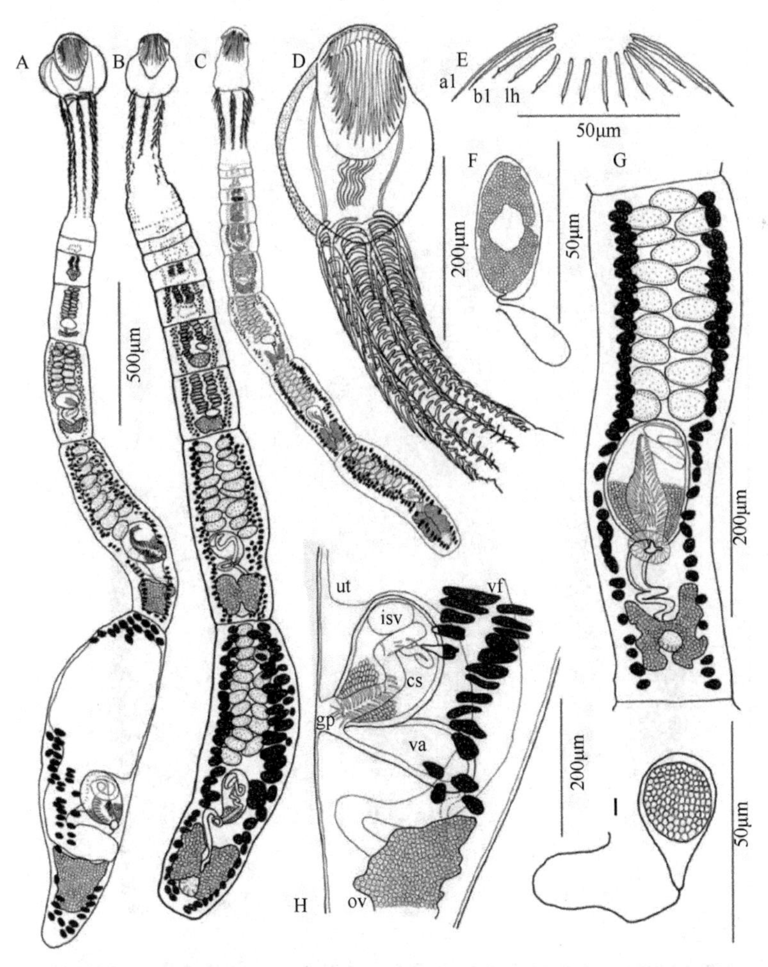

图 10-10　娜塔莉亚、里贾纳和沃尔塔棘槽绦虫结构示意图（引自 Kuchta & Caira，2010）

A，D～H. 娜塔莉亚棘槽绦虫：A. 整条虫体；D. 头节；E. 侧方小钩；F. 卵；G. 成熟节片；H. 末端生殖器官细节，侧面观。B. 里贾纳棘槽绦虫整条虫体。C，I. 沃尔塔棘槽绦虫：C. 整条虫体；I. 虫卵。缩略词：al. 前方钩 1；bl. 后方钩 1；cs. 阴茎囊；gp. 生殖孔；isv. 内贮精囊；lh. 侧方小钩；ov. 卵巢；ut. 子宫；va. 阴道；vf. 卵黄腺滤泡。分图 A，B，C 的比例尺为同一个

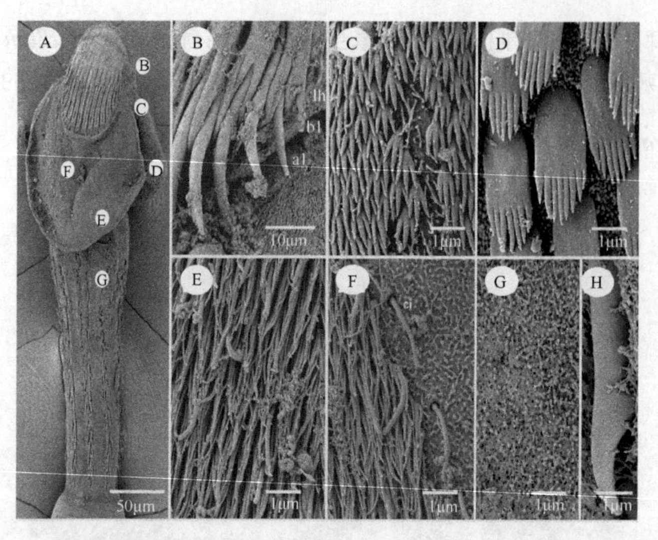

图 10-11　娜塔莉亚棘槽绦虫扫描结构（引自 Kuchta & Caira，2010）

A. 头节；B. 第 1 顶钩和侧方小钩的微细结构；C. 吸叶近端表面前方区域；D. 吸叶近端表面后方区域；E. 吸叶远端表面的后方；F. 吸叶远端表面中央三角区边缘；G. 头茎的表面；H. 小钩的细节。缩略词：a1. 前方钩 1；b1. 后方钩 1；lh. 侧方小钩

6）里贾纳棘槽绦虫（*E. reginae* Kuchta & Caira，2010）（图 10-10B，图 10-12A～D，图 10-13）

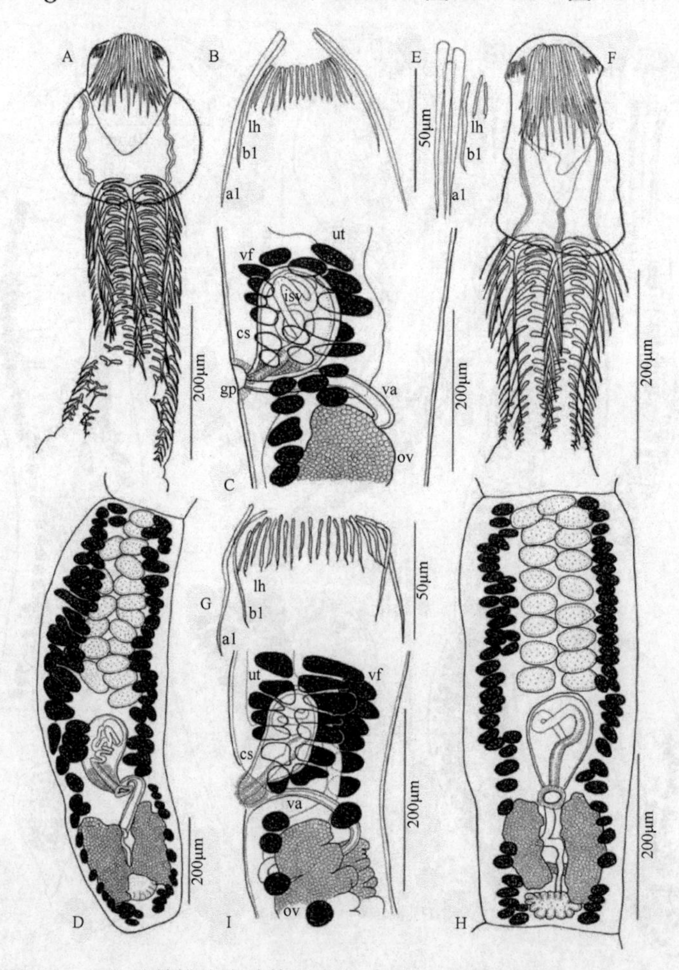

图 10-12　3 种棘槽绦虫结构示意图（引自 Kuchta & Caira，2010）

A～D. 里贾纳棘槽绦虫；E. 福特利棘槽绦虫（*E. fautleyae*）最侧方钩和小钩的细节；F～I. 沃尔塔棘槽绦虫；A，F. 头节；B，G. 小钩；C，I. 末端生殖器官详细结构侧面观；D，H. 成熟节片。缩略词：a1. 前方钩 1；b1. 后方钩 1；cs. 阴茎囊；gp. 生殖孔；isv. 内贮精囊；lh. 侧方小钩；ov. 卵巢；ut. 子宫；va. 阴道；vf. 卵黄腺滤泡

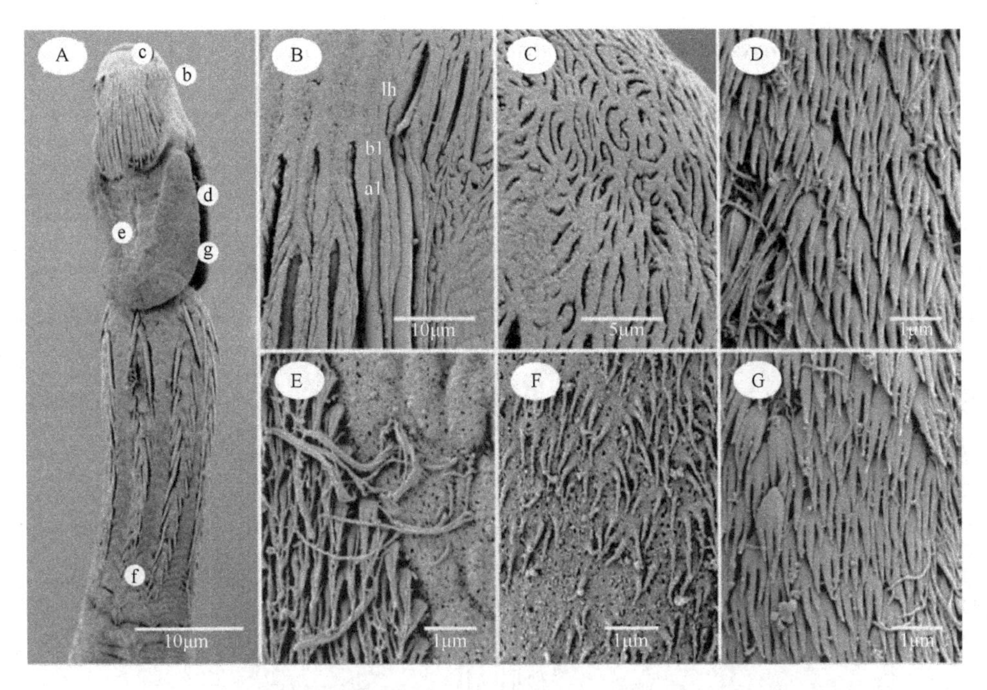

图 10-13 里贾纳棘槽绦虫扫描结构（引自 Kuchta & Caira，2010）

A. 头节，注意小写字母标注处为相应大写字母图取处；B. 第 1 顶钩和侧方小钩的细节；C. 头节顶区表面；D. 吸叶近端表面前方区域；E. 吸叶远端表面中央三角区边缘；F. 头茎的表面；G. 吸叶近端表面的后方区域。缩略词：a1. 前方钩 1；b1. 后方钩 1；lh. 侧方小钩

7）沃尔塔棘槽绦虫（*E. vojtai* Kuchta & Caira，2010）（图 10-10C、I，图 10-12F～I，图 10-14）

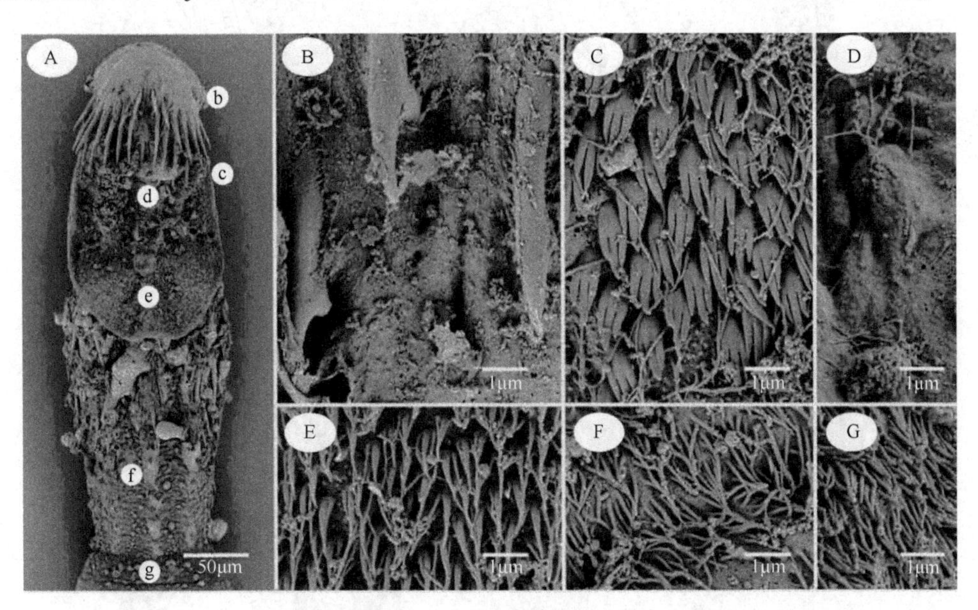

图 10-14 沃尔塔棘槽绦虫扫描结构（引自 Kuchta & Caira，2010）

A. 头节，注意小写字母标注处为相应放大图 B～G 的区域；B. 小钩的细节；C. 吸叶近端表面；D. 吸叶远端表面中央三角区边缘；E. 吸叶远端后部区域；F. 头茎的表面；G. 增殖分化区表面

Caira 等（2013）又描述了两个棘槽绦虫：默西迪丝棘槽绦虫（*E. mercedesae*）和易棘槽绦虫（*E. yiae*）。此 2 种绦虫都是小型蠕虫，不同于其他同属 29 种的特征在于：每列头茎棘数的组合、钩的类型、精巢的数目和分布，以及卵黄腺的分布。而此两新种间的主要区别在于易棘槽绦虫的卵黄腺滤泡围绕皮质，而默西迪丝棘槽绦虫的卵黄腺位于两侧，每列头茎棘的数目不一样（14～17 vs. 10～12）。易棘槽绦虫的头茎棘止于茎前方短距位置也不寻常。

8）默西迪丝棘槽绦虫（*E. mercedesae* Caira et al.，2013）（图 10-15A～E，图 10-16A～F）

模式和已知的宿主：似镜鳐（*Raja* cf. *miraletus*，自 Naylor et al.，2012）。

模式种唯一的采集地：塞内加尔的 Soumbādioune（14°40′42″N，17°27′42″W）。

感染部位：肠螺旋瓣。

流行程度：检测的 6 尾鳐中的 1 尾（SE-12）感染（16.7%）；强度为 17 条绦虫。

样品贮存：全模标本（MNHN No. HEL323）和 4 个副模标本（MNHN No. HEL324-327）；4 个副模标本（LRP Nos. 8044-8047）；4 个副模标本（USNPC No. 106971）。用于 SEM 检测的样品保存于 JNC 的个人收藏。

词源：该种以第二作者的妈妈［默西迪丝-罗德里格兹（Mercedes Rodriguez）］的名字命名，以认可她的不断鼓励与支持。

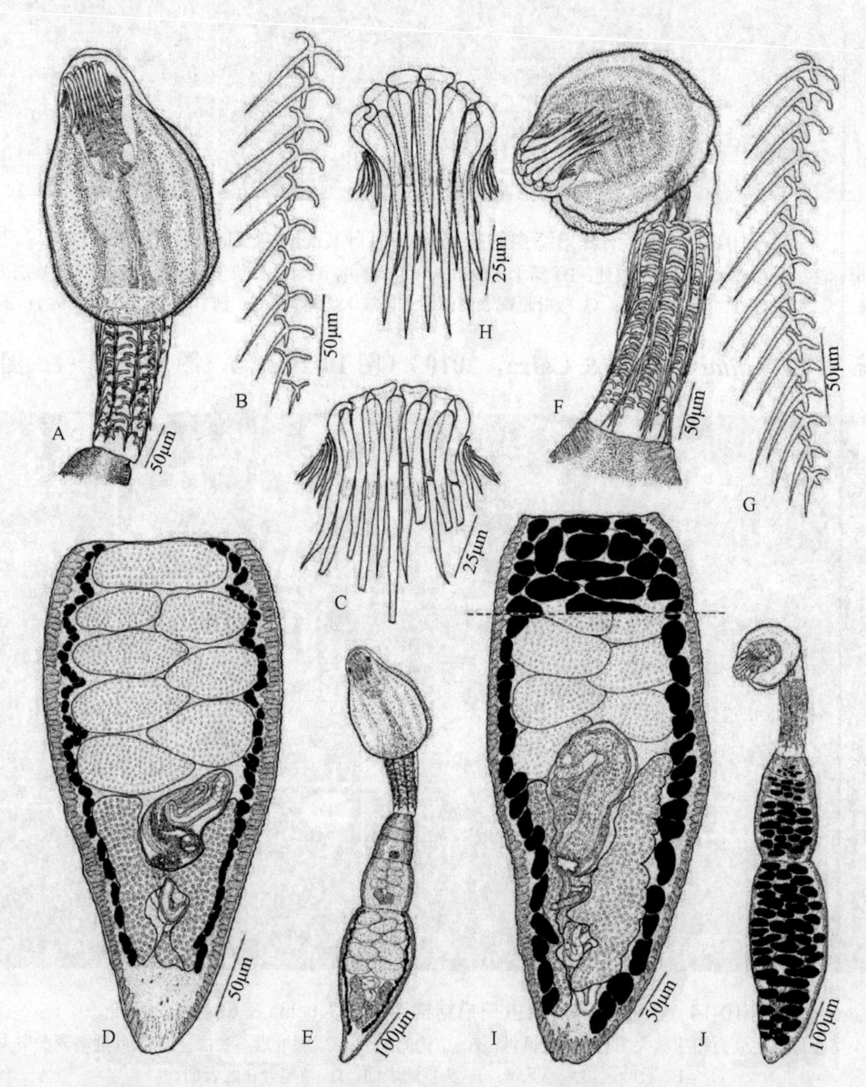

图 10-15　2 种棘槽绦虫结构示意图（引自 Caira et al.，2013c）

默西迪丝棘槽绦虫（A～E）和易棘槽绦虫（F～J）。A. 头节（MNHN No. HEL323）；B. 单列头茎棘（USNPC No. 106971）；C. 顶钩群（MNHN No. HEL323）；D. 末端节片（USNPC No. 106971）；E. 整条虫体（MNHN No. HEL323）；F. 头节（SAMCTA No. 61802）；G. 单列头茎棘；H. 顶钩群（SAMCTA No. 61802）；I. 末端节片（SAMCTA No. 61802）；J. 整条虫体（SAMCTA No. 61802）

9）易棘槽绦虫（*E. yiae* Caira et al.，2013）（图 10-15F～J，图 10-16G～L）

模式和已知的宿主：似镜鳐（*Raja* cf. *miraletus* 1，自 Naylor et al.，2012）。

模式种采集地：南非海岸（33°48′42″S，26°38′24″E），80m 深度处。

感染部位：肠螺旋瓣。

流行程度：检测的 6 尾鳐中的 2 尾（AF-146，AF-148）感染（33.3%）；强度为 25.5 条绦虫。

样品贮存：全模标本（SAMCTA No. 61802）和 4 个副模标本（SAMCTA Nos. 61803-61806）；5 个副模标本（LRP Nos. 8048-8052）；4 个副模标本（USNPC Nos. 106972，106973）。用于 SEM 检测的样品保存于 JNC 的个人收藏。

词源：该种名是为了纪念康涅狄格州大学信息和技术服务部的张易，因为她对开发和实施全球绦虫数据库及其相关内容作出了广泛贡献。

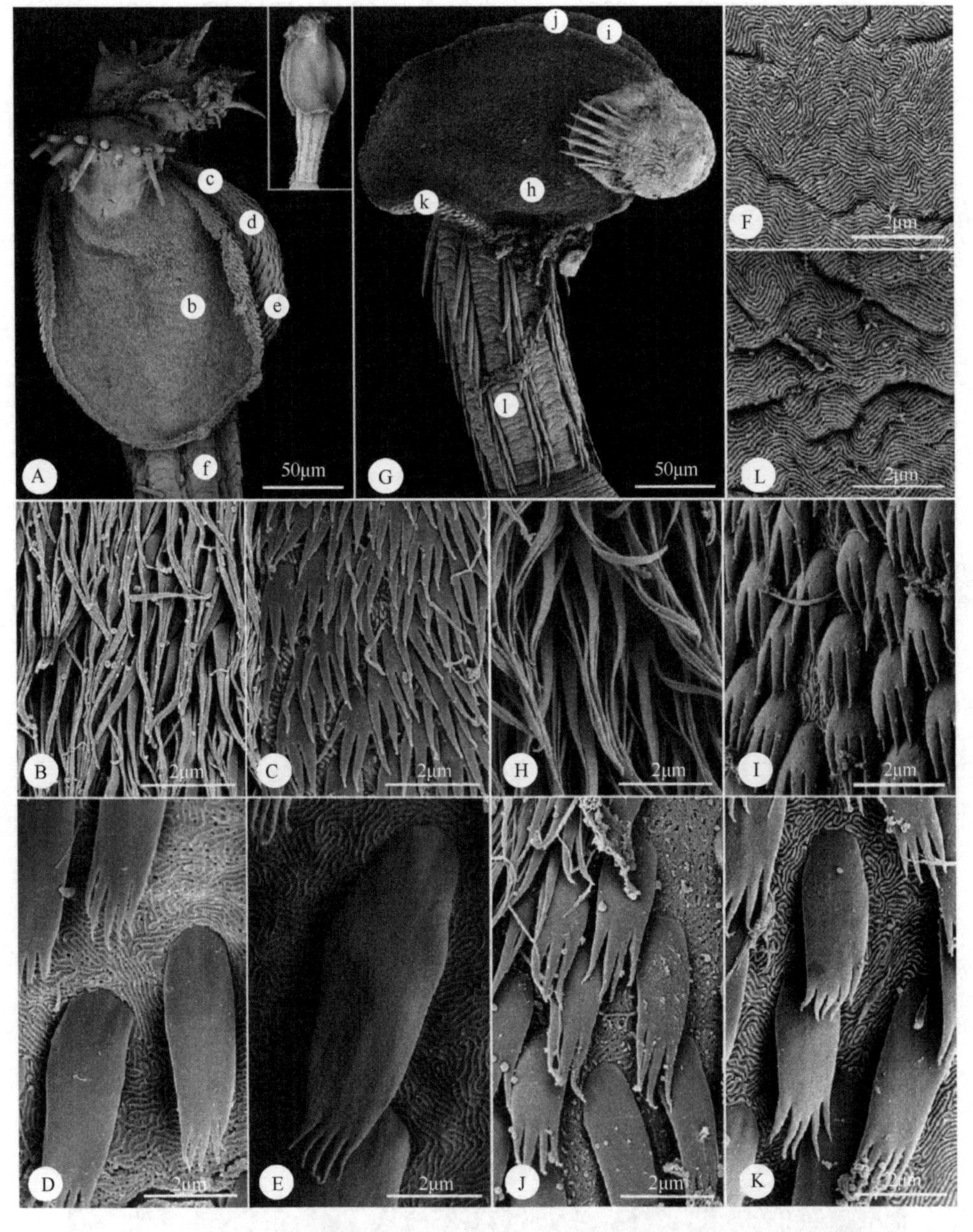

图 10-16　2 种棘槽绦虫的扫描结构（引自 Caira et al.，2013c）

默西迪丝棘槽绦虫（A～F）和易棘槽绦虫（G～L）。A. 头节，小字字母示相应图 B～F 取样处（完整头节见插图）；B. 吸叶远端表面；C. 吸叶近端表面前方；D. 吸叶近端表面中部；E. 吸叶近端表面后部；F. 头茎表面；G. 头节，小字字母示相应图 H～K 取样处；H. 吸叶远端表面；I. 吸叶近端表面前方；J. 吸叶近端表面中部；K. 吸叶近端表面后部；L. 头茎表面

10）马奎斯棘槽绦虫（*E. marquesi* Abbott & Caira，2014）（图 10-17，图 10-18）

模式和唯知宿主：黄斑鳐［*Leucoraja wallacei*（Hulley，1970）］（鳐目：鳐科）。

感染部位：肠螺旋瓣。

模式种采集地：印度洋，南非，34°22.26′S，26°16.94′E，海拔 288m。

其他地点：34°10.27′S，26°38.96′E，海拔 169m。

流行程度：检测 6 尾鱼，2 尾感染（33.3%）。宿主编号：AF-119，AF-129。

词源：种名荣誉给予巴西圣保罗大学的费尔南多·马奎斯（Fernando Marques）博士，彰显他在分子方面的研究，重构双叶目分类的贡献。

标本贮存：全模标本（SAMCTA 61825）；1 个副模标本（SAMCTA 61826）；2 个副模标本（USNPC 107915）；2 个副模标本（LRP 8423～8424），1 虫体的凭证标本和横切面（LRP 8426～8430），1 个 SEM 凭证标本（LRP 8425）。用于 SEM 检测的标本属于 JNC 的个人收藏。

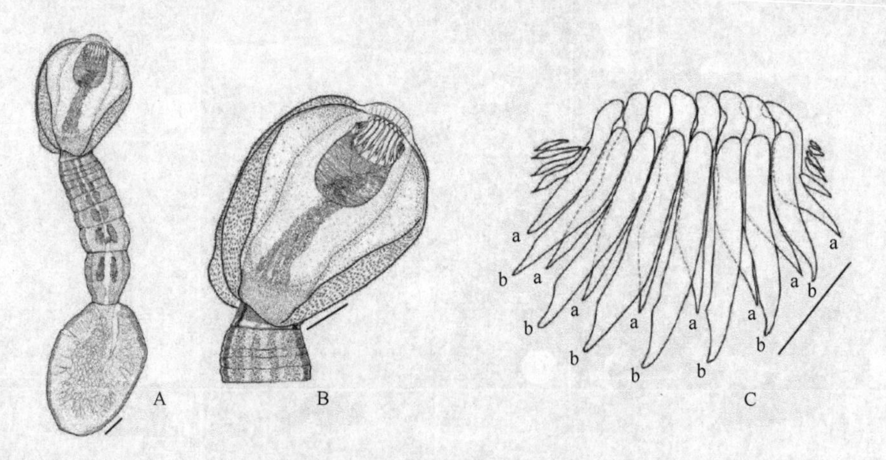

图 10-17 马奎斯棘槽绦虫结构示意图（引自 Abbott & Caira，2014）

A. 头节（全模标本 SAMCTA 61825）；B. 顶钩和侧钩（副模标本 USNPC 107915）；C. 整条未成熟虫体（全模标本 SAMCTA 61825）。标尺：A～B=100μm；C=50μm

11）中国棘槽绦虫（*E. sinensis* Li & Wang，2007）（图 10-19，图 10-20）

［同物异名：中国巨吸叶绦虫（*Macrobothridium sinensis* Li & Wang，2007）］

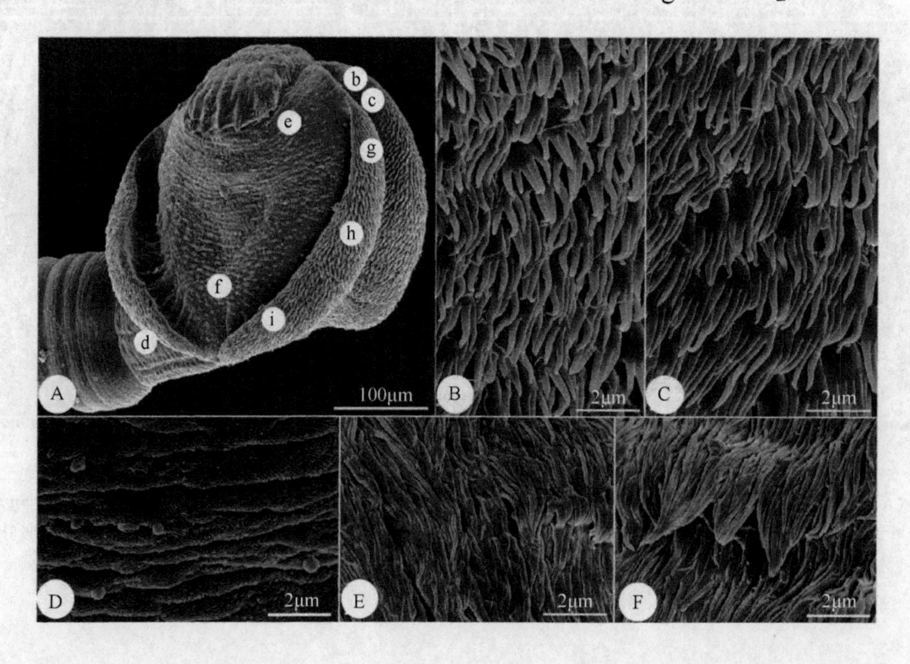

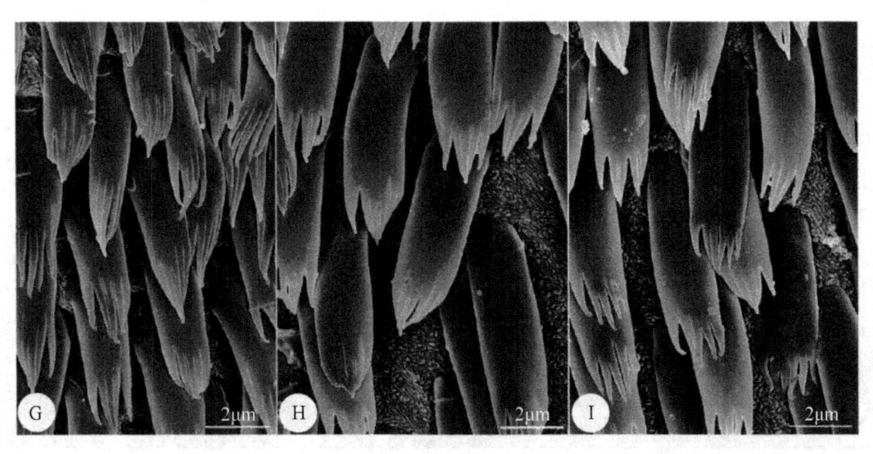

图 10-18 马奎斯棘槽绦虫扫描结构（引自 Abbott & Caira，2014）

A. 头节，小写字母示相应图 B～I 取样处；B. 吸叶近端表面最前方细节；C. 紧接分图 B 吸叶近端表面细节；D. 头茎表面细节；E. 吸叶远端表面前方区域细节；F. 吸叶远端后方区域细节；G. 吸叶近端表面分图 C 后方细节；H. 吸叶近端表面中央细节；I. 吸叶近端表面后方细节

模式宿主：中国团扇鳐［*Platyrhina sinensis*（Bloch et Schneider，1801)］（鳐形目：团扇鳐科）。

模式种采集地：中国福建厦门 24°28′N，118°10′E。

感染部位：肠螺旋瓣。

标本贮存：全模标本（C2005 121801）和 5 个副模标本（C2005110401-C2005110403 和 C2005 120101-C2005120102）贮存于中国福建厦门大学生命科学学院寄生动物研究室。

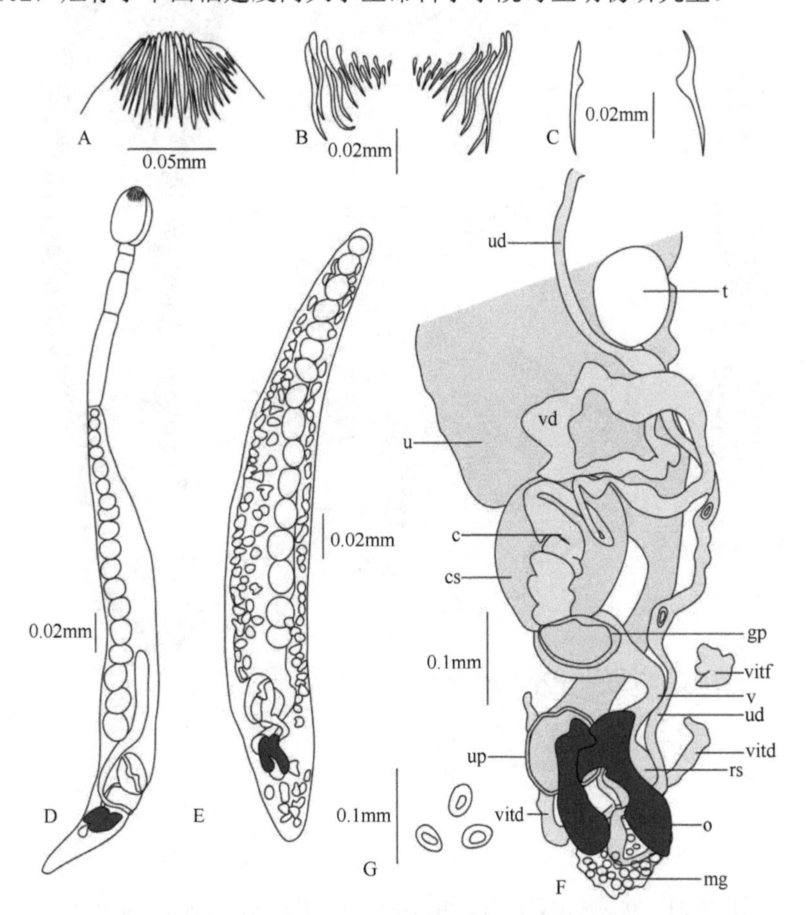

图 10-19 中国棘槽绦虫结构示意图（引自 Li & Wang，2007）

A. 吻突钩腹面观；B. 吻突钩侧面观；C. 交替的钩类型；D. 整条虫体；E. 成熟节片；F. 生殖器官详图；G. 卵。缩略词：c. 阴茎；cs. 阴茎囊；gp. 生殖孔；mg. 梅氏腺；o. 卵黄；rs. 受精囊；t. 精巢；u. 子宫；ud. 子宫管；up. 子宫孔；v. 阴道；vd. 输精管；vitd. 卵黄管；vitf. 卵黄腺滤泡

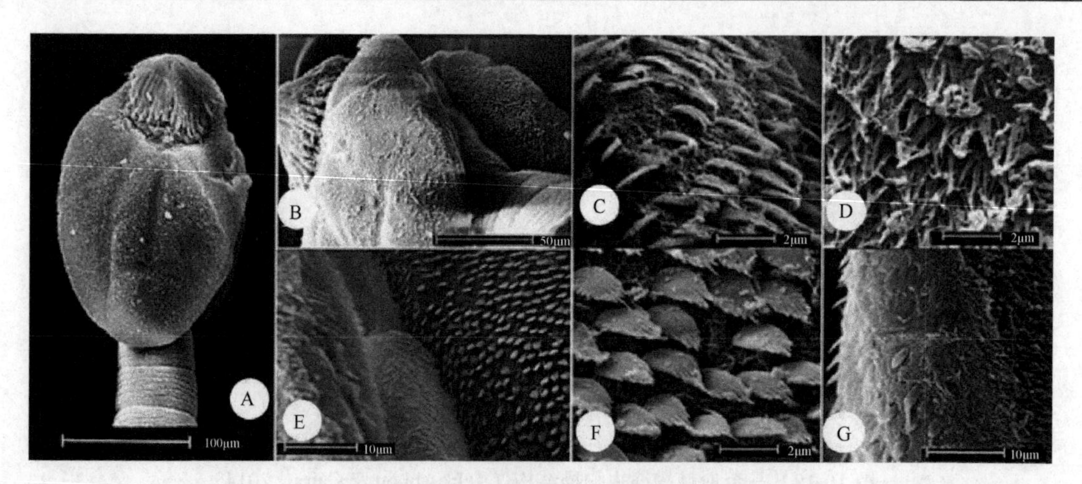

图 10-20　中国棘槽绦虫扫描结构（引自 Li & Wang，2007）

A. 头节；B. 头节侧面观；C. 头茎上掌状的微毛；D. 吸叶远端表面 3 数栉齿状结构；E. 2 吸叶之间侧面观；F. 吸叶近端表面 6～7 数掌状微毛；G. 吸叶远端和近端表面之间标志性的突然变化，微毛类型从 3 数栉齿状结构变为 6～7 数的掌状微毛

12）欧忒耳珀棘槽绦虫（*E. euterpes*）（图 10-21，图 10-22）

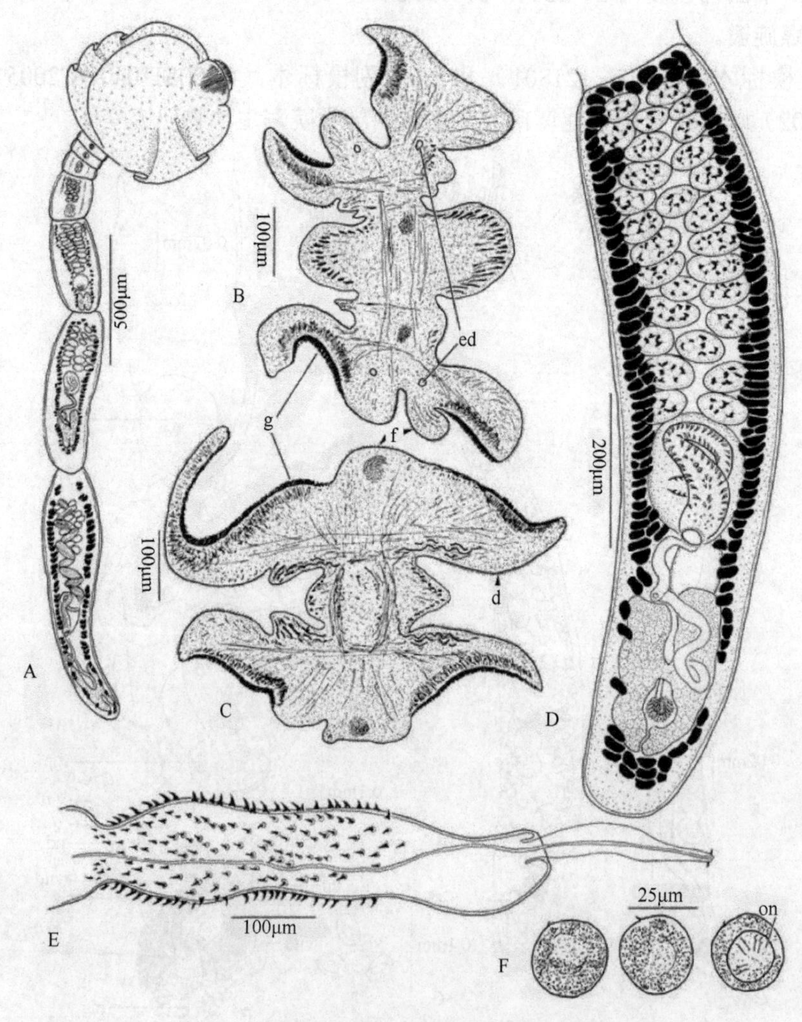

图 10-21　欧忒耳珀棘槽绦虫结构示意图（引自 Neifar et al.，2001）

A. 整条虫体；B. 通过头节后部的横切面；C. 通过头节前部的横切面（d、f、g 为图 10-22D、F、G 取图部位）；D. 成熟节片；E. 阴茎；F. 卵。缩略词：ed. 排泄管；on. 六钩蚴

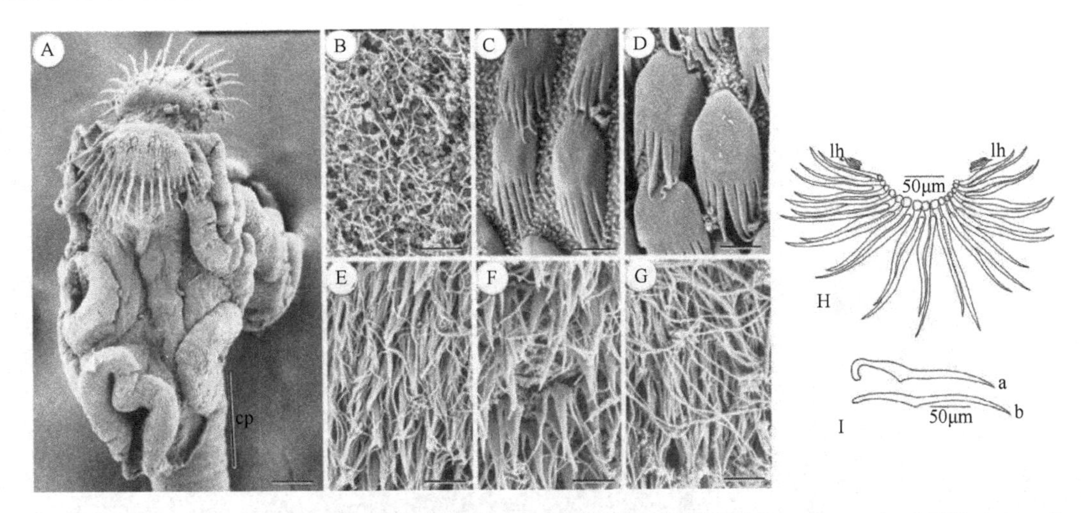

图 10-22　欧忒耳珀棘槽绦虫扫描结构及吻突钩结构示意图（引自 Neifar et al.，2001）

A. 头节；B. 头节固有结构顶部的长丝状微毛；C. 吸叶近端边缘前部栉状棘样微毛及短的丝状微毛；D. 吸叶近端边缘后部栉状棘样微毛及短的丝状微毛；E. 位于吸叶远端表面前部中央三分裂栉状棘样微毛；F. 位于吸叶远端表面后部中央三分裂栉状棘样微毛；G. 吸叶远端表面侧方长丝状微毛；H. 吻突钩背腹群详图；I. 交替的钩类型。缩略词：CP. 头茎（柄）；LH. 侧方小钩。标尺：A=50μm；B～G=1μm

13）赛尔特棘槽绦虫（*E. syrtensis*）（图 10-23，图 10-24）

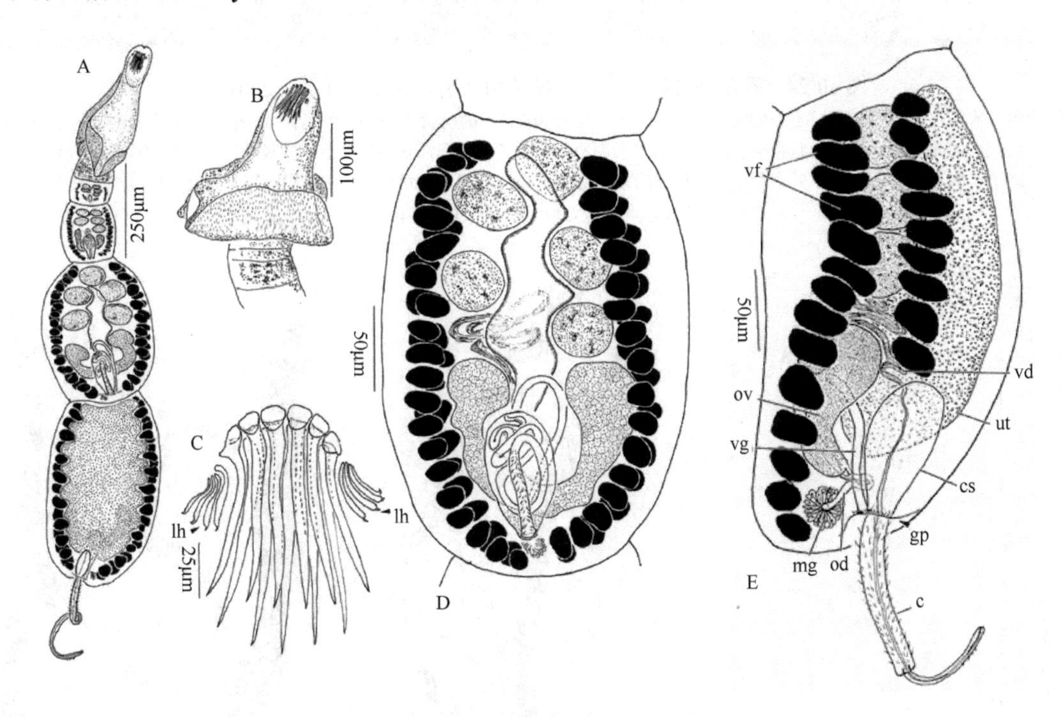

图 10-23　赛尔特棘槽绦虫结构示意图（引自 Neifar et al.，2001）

A. 整条虫体；B. 头节；C. 吻突钩背腹群详图；D. 成熟节片；E. 孕节侧面观。缩略词：c. 阴茎；cs. 阴茎囊；gp. 生殖孔；lh. 侧方小钩；mg. 梅氏腺；od. 输卵管；ov. 卵巢；ut. 子宫；vd. 输精管；vf. 卵黄腺滤泡；vg. 阴道

Moghadam 和 Haseli（2014）又报道了棘槽属的 1 个新种：波斯湾棘槽绦虫新种（*E. parsadrayaiense* sp. n.）采自波斯湾伊朗海岸带状鹰鹞鲼（*Aetomylaeus* cf. *nichofii*）。新种以其特殊的钩式与同属的其他种相区别，棘叶棘槽绦虫（*E. acanthinophyllum* Rees，1961）例外。头茎每列棘数、精巢数目和具有厚壁阴道而不是薄壁阴道，可将波斯湾棘槽绦虫新种与棘叶棘槽绦虫区分开来。

14）波斯湾棘槽绦虫（*E. parsadrayaiense* Moghadam & Haseli，2014）（图 10-25，图 10-26）

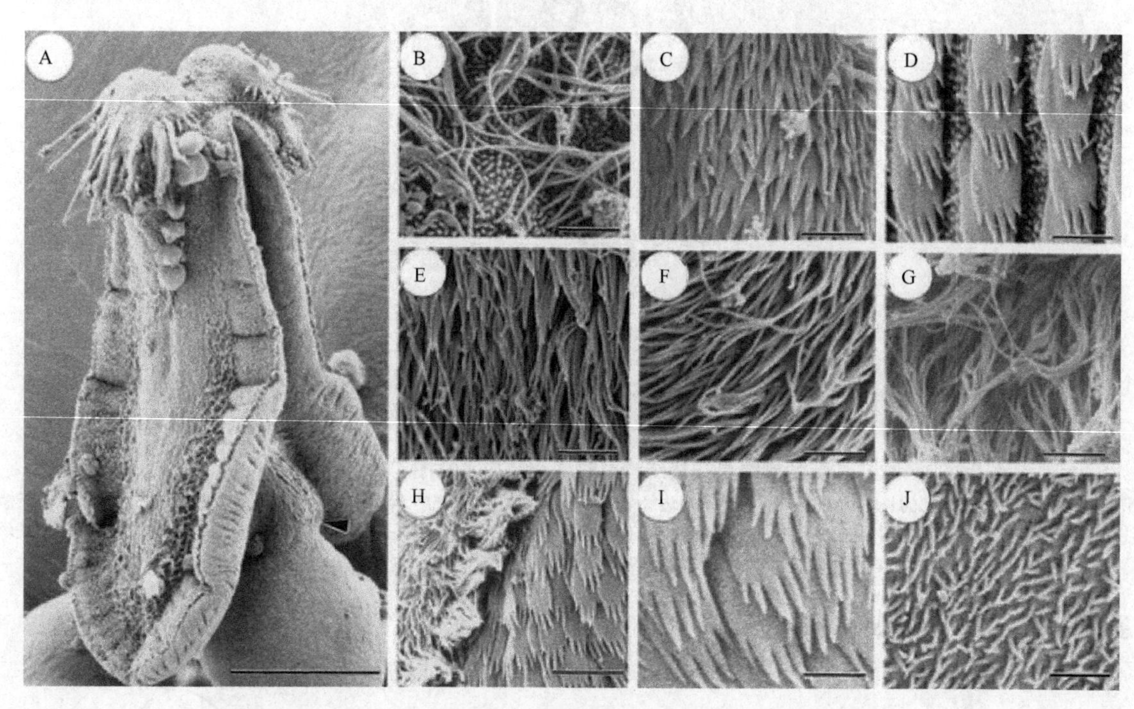

图 10-24　赛尔特棘槽绦虫的扫描结构（引自 Neifar et al.，2001）

A. 头节，箭头示头节固有结构和头茎之间的边界；B. 头节固有结构上短的和长的丝状微毛；C. 吸叶近端表面前方栉状棘样微毛；D. 吸叶近端表面后方栉状棘样微毛、小棘样微毛和短丝状微毛；E. 头节背部表面小钩前方长丝状和栉状棘样微毛；F. 吸叶远端表面中央长丝状和栉状棘样微毛；G. 吸叶远端表面侧方长丝状微毛；H. 吸叶表面近端和远端的分界处；I. 吸叶之间头节固有结构侧区栉状棘样微毛；J. 链体上短丝状微毛。标尺：A=50μm；H=2μm；B～G，I～J=1μm

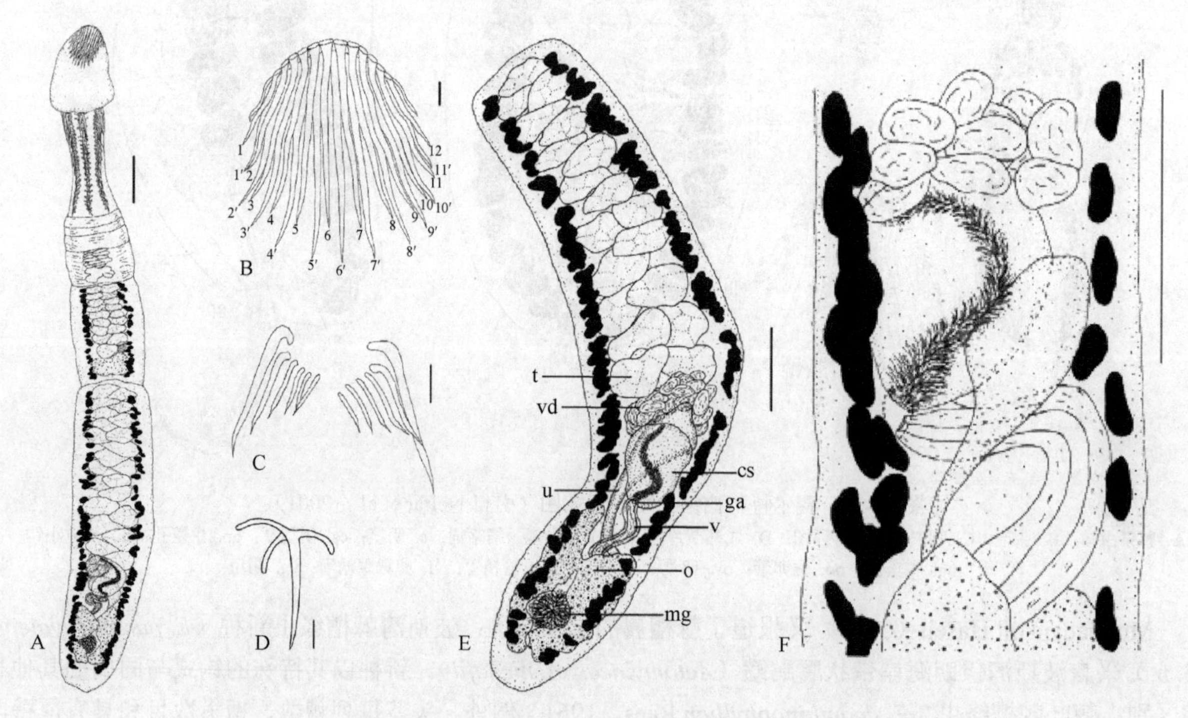

图 10-25　波斯湾棘槽绦虫结构示意图（引自 Moghadam & Haseli，2014）

A. 整条虫体；B. 顶钩；C. 小钩；D. 头茎上的棘；E. 成熟节片；F. 生殖器官末端。缩略词：cs. 阴茎囊；ga. 生殖腔；mg. 梅氏腺；o. 卵巢；t. 精巢；u. 子宫；v. 阴道；vd. 输精管。标尺：A，E～F=100μm；B～D=10μm

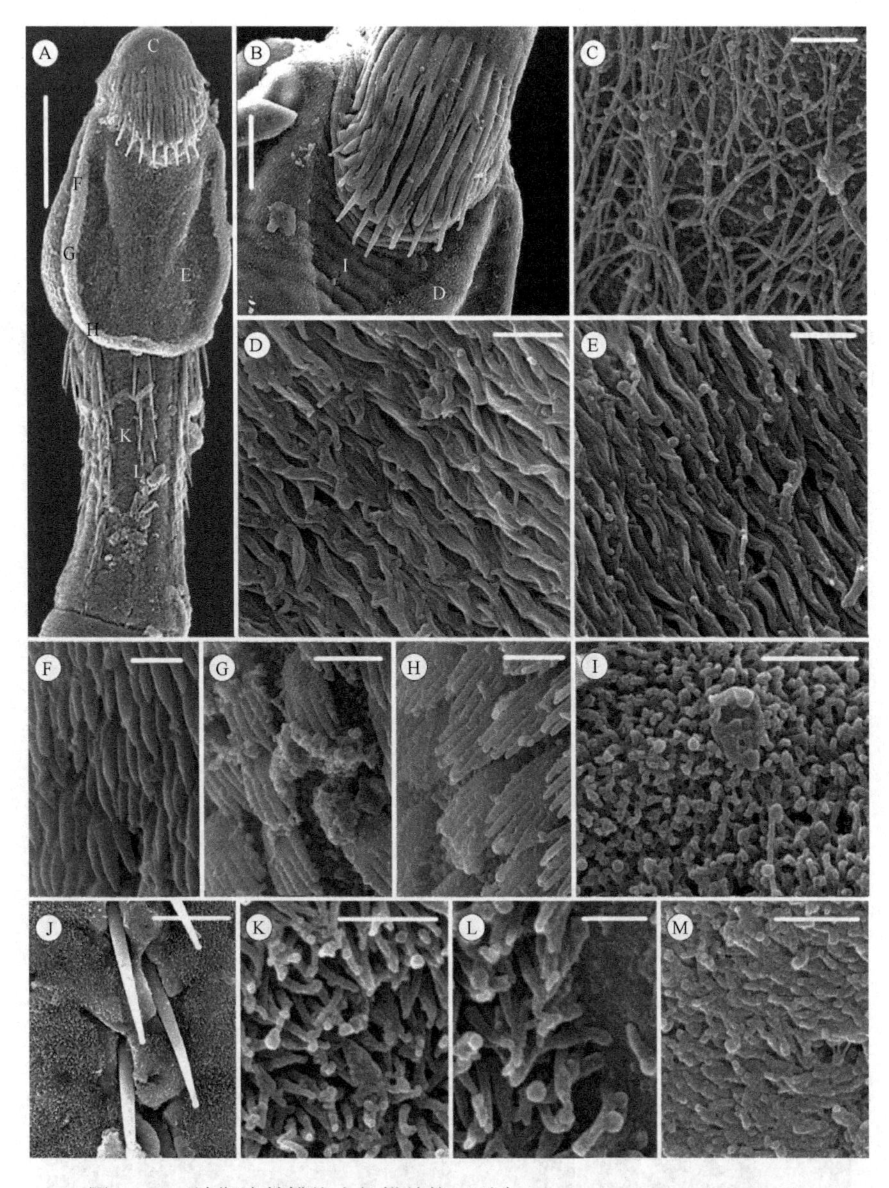

图 10-26　波斯湾棘槽绦虫扫描结构（引自 Moghadam & Haseli，2014）

A. 头节，标注的大写字母与放大的图相对应；B. 顶钩，标注的大写字母与放大的图相对应；C. 顶点；D，E，I. 吸叶远端表面；F～H. 吸叶近端表面；J～L. 头茎表面；M. 节片表面。标尺：A=50μm；B=20μm；C～F，H，I，K，M=1μm；G，L=0.5μm；J=10m

四种棘槽绦虫（*Echinobothrium* spp.）的特征比较见表 10-2。

表 10-2　四种棘槽绦虫（*Echinobothrium* spp.）的特征比较

种	*E. rhynchobati*	*E. euterpes*	*E. sinensis*	*E. syrtensis*
作者	Khalil & Abdul-Salam，1989	Neifar et al.，2001	Li & Wang，2007	Neifar et al.，2001
宿主	颗粒尖犁头鳐（*Rhynchobatus granulatus*）	琴犁头鳐（*Rhinobatos rhinobatos*）	中国团扇鳐（*Platyrhina sinensis*）	吻斑犁头鳐（*Rhinobatos cemiculus*）
体长（mm）	30～43	2～4.5	1.77～6.23	1～1.5
节片数	82～115	5～9	6～8	5～7
钩类型	（6）（6/5）（6）	（3～5）（13～15/14～16）（3～5）		（4～5）（6/5）（4～5）
链体状况	优解离	解离		不解离
精巢数目	29～37	27～46	6～24	5～6
卵巢形态	V	H		V
生殖孔位置	重叠于卵巢	位于卵巢前方		位于卵巢后方
阴道位置	阴茎囊前成环	位于阴茎囊后		阴茎囊前成环

10.3.2 双粗吸叶属（*Ditrachybothridium* Rees，1959）

识别特征：头节有背、腹两个吸叶。顶器官不发达，缺乏顶钩和侧小钩。头茎无棘、短而有缘膜。吸叶长度向的大部分后部游离，近端表面覆盖着锥状棘毛，远端表面覆盖着三叉、掌状或栉状棘毛。虫体解离。公共生殖孔位于腹面中央。阴茎囊简单。阴茎具棘毛。精巢位于卵巢前方，多列。阴道开口于阴茎囊后部。卵巢正面观 H 形，横切面两叶状。卵黄腺滤泡状，位于两侧带。子宫囊状，腹位。卵释放时不胚化。已知主要以猫鲨［猫鲨科（Scyliorhinidae）］和鳐科（Rajidae）鱼类为宿主。模式种：巨头双粗吸叶绦虫（*Ditrachybothridium macrocephalum* Rees，1959）（图 10-27）。其他种：发状双粗吸叶绦虫（*D. piliformis*）（图 10-28～图 10-30）。

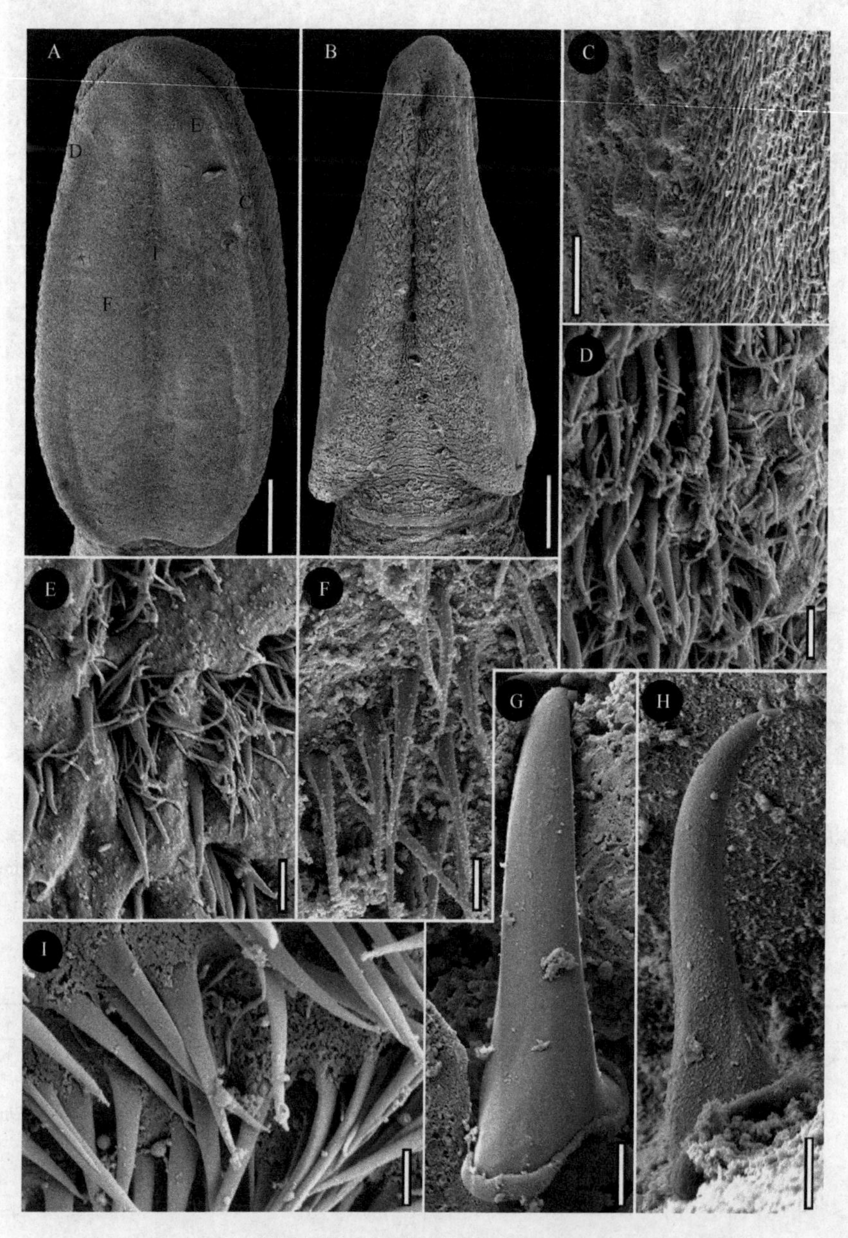

图 10-27 巨头双粗吸叶绦虫扫描结构（引自 Dallarés et al.，2015）

样品采自西地中海黑口锯尾鲨（*Galeus melastomus*）。A. 头节背腹面观，字母标示处示相应图取样处；B. 头节侧面观；C. 吸叶远端（右）和近端（左）表面，示含棘的突起；D～F，I. 吸叶远端表面，示剑状、锥状或三叉状棘毛；G～H. 刺状棘细节。标尺：A～B=100μm；C=10μm；D～F，I=1μm；G～H=2μm

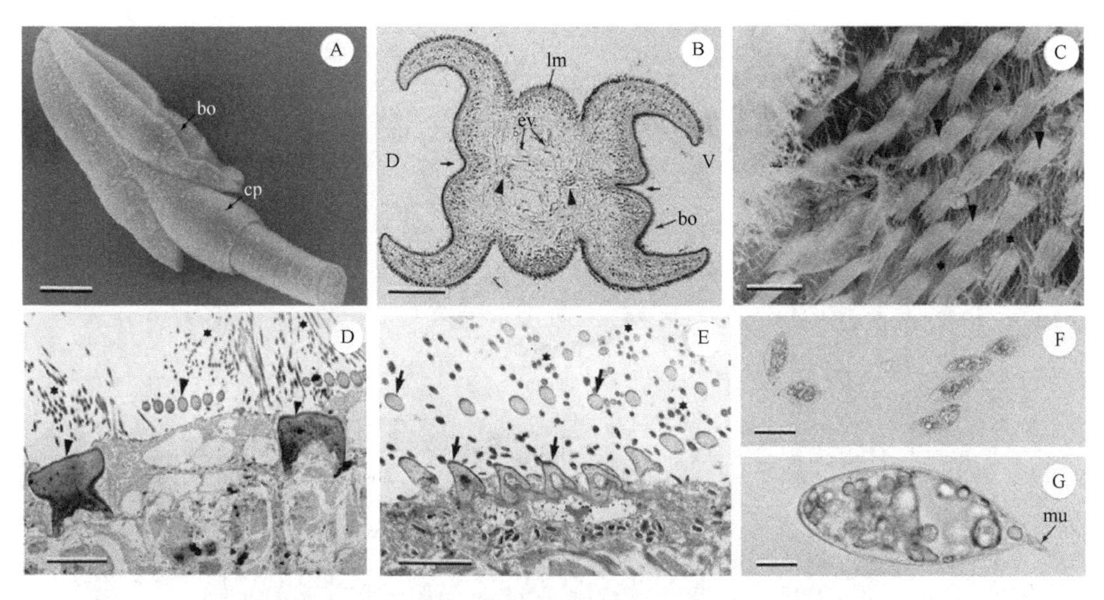

图 10-28 发状双粗吸叶绦虫电镜结构（引自 Faliex et al.，2000）

A. 头节；B. 头节横切，示中央纵沟（箭号）及背腹纵肌束（箭头）；C. 头节表面观，示栉状棘样微毛（箭头）和丝状微毛；D. 透射结构，示栉状棘样微毛（箭头）和丝状微毛（*）详细结构；E. 透射结构，示覆盖于吸叶近端表面匙形棘样微毛（箭号）和长的丝状微毛；F. 卵；G. 卵的详细结构，示端节。缩略词：bo. 吸叶；cp. 头茎；D. 背部；lm. 纵肌束；mu. 端节；V. 腹部。标尺：A=215μm；B=100μm；C=6μm；D=0.25μm；E=15μm；F=μm；G=1.25μm

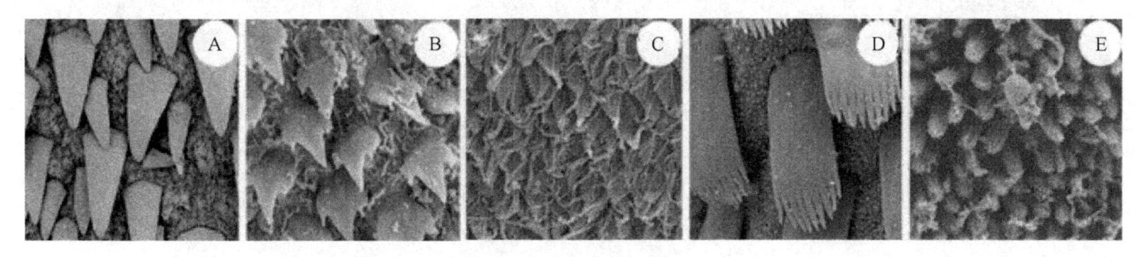

图 10-29 发状双粗吸叶绦虫不同类型的棘状微毛（引自 Faliex et al.，2000）

A. 铲形；B. 三尖形；C. 锯齿形；D. 栉状（掌状）；E. 麦穗状（maisiform）

10.3.3 链钩属（*Halysioncum* Caira et al.，2013）

识别特征：头节有背、腹两个吸叶，具棘顶器官和头茎；吸叶长度向的部分后部游离，近端表面覆盖着掌状、栉状和/或三裂棘毛，远端表面覆盖着掌状、三裂或三叉状棘毛。顶器官有一背一腹实体钩群；各群钩排为规则的两排，由 a 钩（前排钩）和 b 钩（后排钩）交替；相邻的钩相互间有关节。侧方小钩排为单一连续带，在背腹顶钩群各边两侧翼。顶器官钩型和吸叶之间缺乏棘冠。头茎有 8 列有三叉基部指向后方的棘。链体节片无缘膜。虫体解离或真解离。公共生殖孔位于腹面中央。阴茎囊简单。阴茎具棘毛。精巢位于卵巢前方，一到多列。阴道开口于阴茎囊后部。卵巢正面观 H 形，横切面两叶状。卵黄腺滤泡状，位于两侧带。子宫囊状，腹位。卵释放时不胚化。已知主要以鲼科（Myliobatidae）和牛鼻鲼科（Rhinopteridae）的鱼类为宿主，有时寄生于魟科（Dasyatidae）、巨尾魟科（Urotrygonidae）、单鳍鳐科（Arhynchobatidae）鱼类，偶尔寄生于圆扇鳐科（Platyrhinidae）和犁头鳐科（Rhinobatidae）鱼类。模式种：墨西哥链钩绦虫（*Halysioncum mexicanum* Tyler & Caira，1999）。其他种：吉普森链钩绦虫（*H. gibsoni* Ivanov & Caira，2013）；博伊斯链钩绦虫（*H. boisii* Southwell，1911）；博纳斯链钩绦虫（*H. bonasum* Williams & Campbell，1980）；加州链钩绦虫（*H. californiense* Ivanov & Campbell，1998）；尤泽特链钩绦虫（*H. euzeti* Campbell & Carvajal，1980）；福特利链钩绦虫（*H. fautleyae* Tyler & Caira，1999）；霍夫曼链钩绦虫（*H. hoffmanorum* Tyler，2001）；巨棘链钩绦虫（*H. megacanthum* Ivanov & Campbell，1998）；纳塔莉亚链钩绦

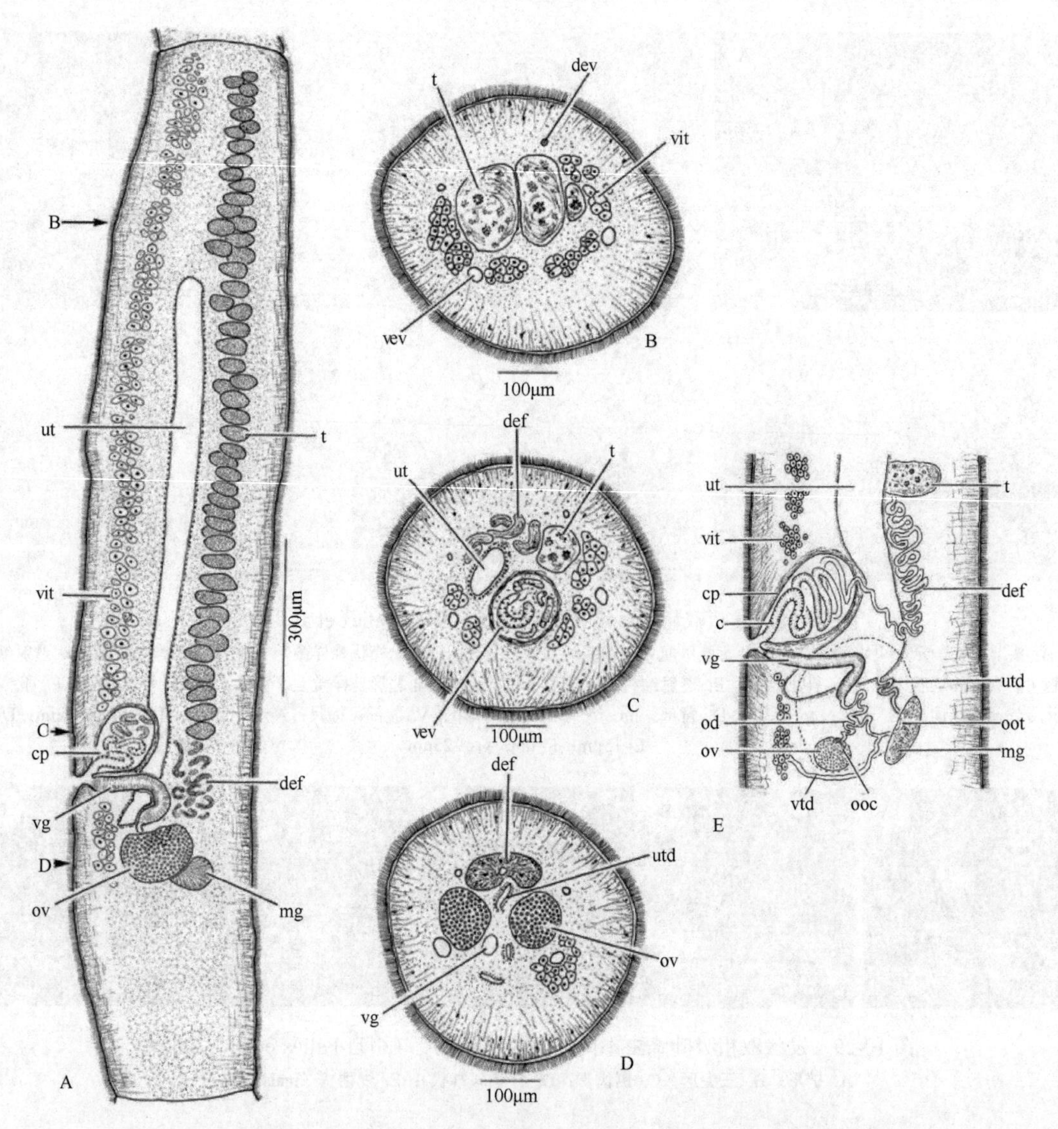

图 10-30　发状双粗吸叶绦虫节片解剖结构示意图（引自 Faliex et al.，2000）

A. 近矢状纵切面；B. 分图 A 箭头标 B 处水平横切面；C. 分图 A 箭头标 C 处水平横切面；D. 分图 A 箭头标 D 处水平横切面；E. 生殖复合体侧面观示意图。缩略词：c. 阴茎；cp. 阴茎囊；def. 输精管；dev. 背排泄管；mg. 梅氏腺；od. 输卵管；ooc. 捕卵器；oot. 卵模；ov. 卵巢；t. 精巢；ut. 子宫；utd. 子宫管；vev. 腹排泄管；vg. 阴道；vit. 卵黄腺滤泡；vtd. 卵黄腺管

虫（*H. nataliae* Kuchta & Caira，2010）；色素链钩绦虫（*H. pigmentatum* Ostrowski de Nez，1971）；拉什链钩绦虫（*H. raschii* Campbell & Andrade，1997）；*H. rayallemangi* Tyler，2001；女王链钩绦虫（*H. reginae* Kuchta & Caira，2010）；牛鼻鲼链钩绦虫（*H. rhinoptera* Shipley & Hornell，1906）和沃伊塔链钩绦虫（*H. vojtai* Kuchta & Caira，2010）。链钩属的种多是从原双叶目棘槽属中移入的重组合种，形态特征在棘槽属中有部分介绍。

属名词源：“*Halysioncum*”（“*halysion*”希腊语意为“小型的链”；“*onkos*”希腊语意为“钩”）指该属成员的侧方小钩连续排列，似链状。故译为“链钩属”。

双叶目属的分类由 Caira 等（2013）基于分子数据系统发生分析结果进行了重新评估，结果为一些最初被放在棘槽属（*Echinobothrium* van Beneden，1849）的种被移入冠绦虫属（*Coronocestus* Caira，Marques，Jensen，Kuchta & Ivanov，2013）和链钩属（*Halysioncum* Caira，Marques，Jensen，Kuchta & Ivanov，2013），致使棘槽绦虫属的种类变少。冠绦虫属定义为用于吸叶前方头节区域和顶器官体棘的后方具有一轮棘的种类，链钩属则为包含侧方小钩排为连续带状的种类（Caira et al.，2013a）。余下的侧方小钩在背腹方各侧成簇排列的种类为棘槽属。这一新的双叶目分类系统增强了头节特征用于区别属和种（Campbell &

Andrade，1997；Ivanov & Campbell 1998；Tyler，2006）的识别价值。

Ivanov 和 Caira（2013）从太平洋几个采样点的鲼科（Myliobatid）、无刺鲼属（*Aetomylaeus*）的两个种中收集绦虫，描述了链钩属的两个新种。①吉普森链钩绦虫新种（*H.gibsoni* sp. n.），采自中国南部海域婆罗洲的花点无刺鲼（*Aetomylaeus maculatus*），其不同于同属其他种的组合特征为：具有 27 个顶钩（14 个 a 钩和 13 个 b 钩），11～12 个侧方小钩，头茎上每列 22～28 个棘，精巢排布为单列，具有 1 个内贮精囊。②阿拉弗拉链钩绦虫新种（*Halysioncum arafurense* sp. n.），采自澳大利亚北部阿拉弗拉海域的韦塞尔群岛（Wessel Islands）的带状鹰鹞鲼（*Aetomylaeus* cf. *nichofii*），与同属其他种的区别在于如下组合特征：具有 23 个顶钩（12 个 a 钩和 11 个 b 钩），侧钩数目为 9～11，头茎每列棘数为 20～24，精巢 13～15 个，排为不规则的两列，卵黄腺滤泡的分布在卵巢叶水平，背方中断。两个种为无刺鲼属（*Aetomylaeus*）鹰鹞双叶目绦虫的首次验证记录，并正式将与双叶目相关的宿主扩展到鲼形目（Myliobatiformes）的第 3 个属。 鲼形目确实是一个没有深入研究的双叶目绦虫宿主类群，值得进一步进行研究。

Moghadam 和 Haseli(2014)又报道了链钩属的 1 个新种，采自波斯湾伊朗海岸带状鹰鹞鲼(*Aetomylaeus* cf. *nichofii*）的基什链钩绦虫新种（*H. kishiense* sp. n.），其不同于同属的种在于其顶钩的数目，霍夫曼链钩绦虫和色素链钩绦虫例外。新种与霍夫曼链钩绦虫和色素链钩绦虫的明显区别在于小钩的数目。至今，从波斯湾报道的双叶目绦虫已有 5 个种。

10.3.3.1 链钩属的几个种

1）吉普森链钩绦虫（图 10-31，图 10-32）

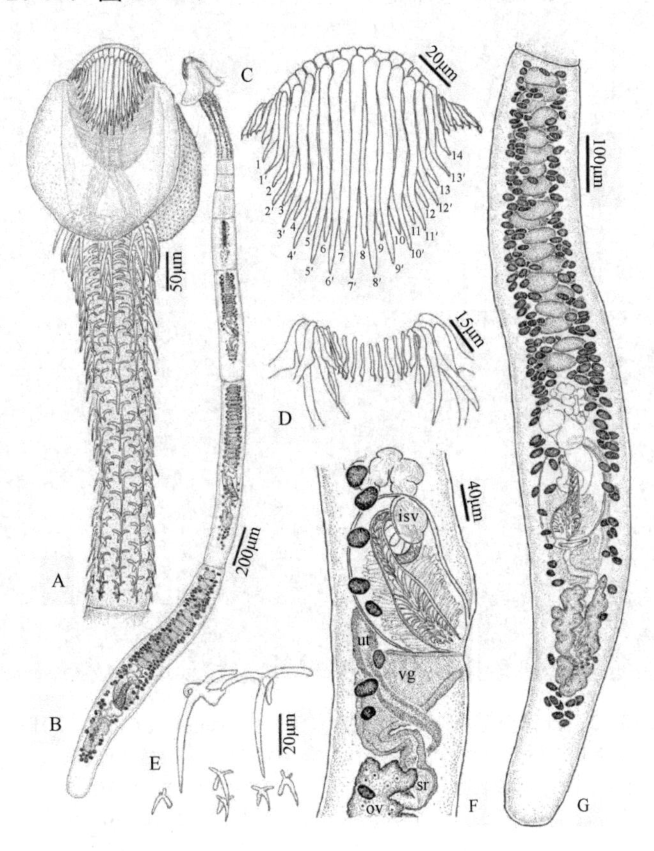

图 10-31 吉普森链钩绦虫结构示意图（引自 Ivanov & Caira，2013）

A. 头节，背腹面观（全模标本 MZUMP 2013.32）；B. 整条虫体（副模标本 USNPC 106974）；C. 顶钩，背腹面观（全模标本 MZUMP 2013.32）；D. 侧方小钩连续的列（副模标本 USNPC 106974）；E. 头茎棘细节（全模标本 MZUMP 2013.32）；F. 末端生殖器官细节侧面观（副模标本 USNPC 106974）；G. 成熟节片腹面观（全模标本 MZUMP 2013.32）。缩略词：isv. 内贮精囊；ov. 卵巢；sr. 受精囊；ut. 子宫；vg. 阴道；1～14. 前方钩；1′～13′. 后方钩

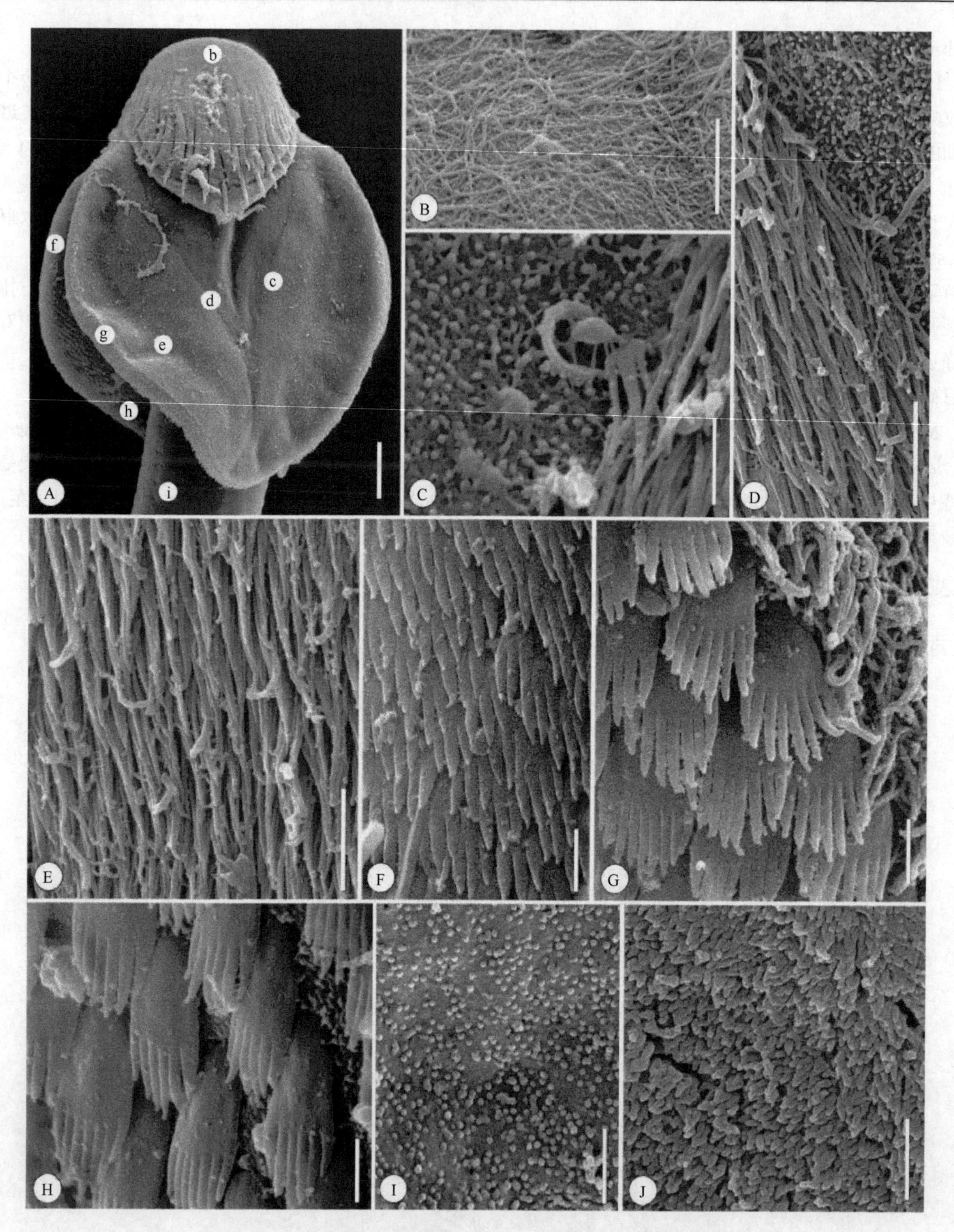

图 10-32　吉普森链钩绦虫扫描结构（引自 Ivanov & Caira，2013）

A. 头节实体形态，背腹面观，上面标注的小写字母与相应的放大图对应；B. 头节顶端表面；C. 吸叶远端表面侧方区域上的三叉棘毛细节；D. 吸叶远端表面中央和侧方区域之间的边界；E. 吸叶远端表面的侧方区域；F. 吸叶近端表面前方的区域；G. 吸叶远端和近端表面中央区间的边界；H. 吸叶近端表面后部区域；I. 头茎表面；J. 成熟节片的表面。标尺：A=25μm；B，D～E=2μm；C，F～J=1μm

2）阿拉佛拉链钩绦虫（*Halysioncum arafurense* Ivanov & Caira，2013）（图 10-33，图 10-34）

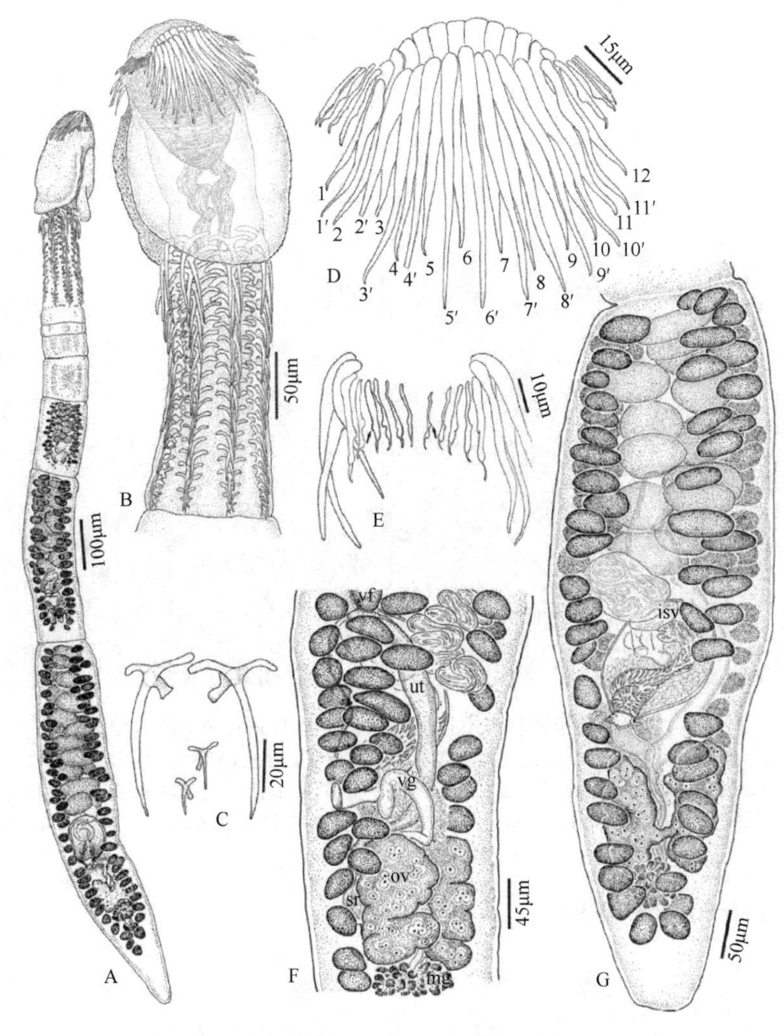

图 10-33　阿拉佛拉链钩绦虫结构示意图（引自 Ivanov & Caira，2013）

A. 整条虫体（全模标本 QM G234249）；B. 头节背腹面观（副模标本 QM G234250）；C. 头茎棘细节（副模标本 QM G234250）；D. 顶棘背腹面观（副模标本 LR P 8058）；E. 侧方小钩连续列，箭头示小钩上的近端突起（副模标本 USNPC 106955）；F. 末端生殖器官侧面观细节（副模标本 USNPC 106955）；G. 成熟节片腹面观（副模标本 LR P 8058）。缩略词：isv. 内贮精囊；mg. 梅氏腺；ov. 卵巢；sr. 受精囊；ut. 子宫；vf. 卵黄腺滤泡；vg. 阴道；1～12. 前方钩；1′～11′. 后方钩

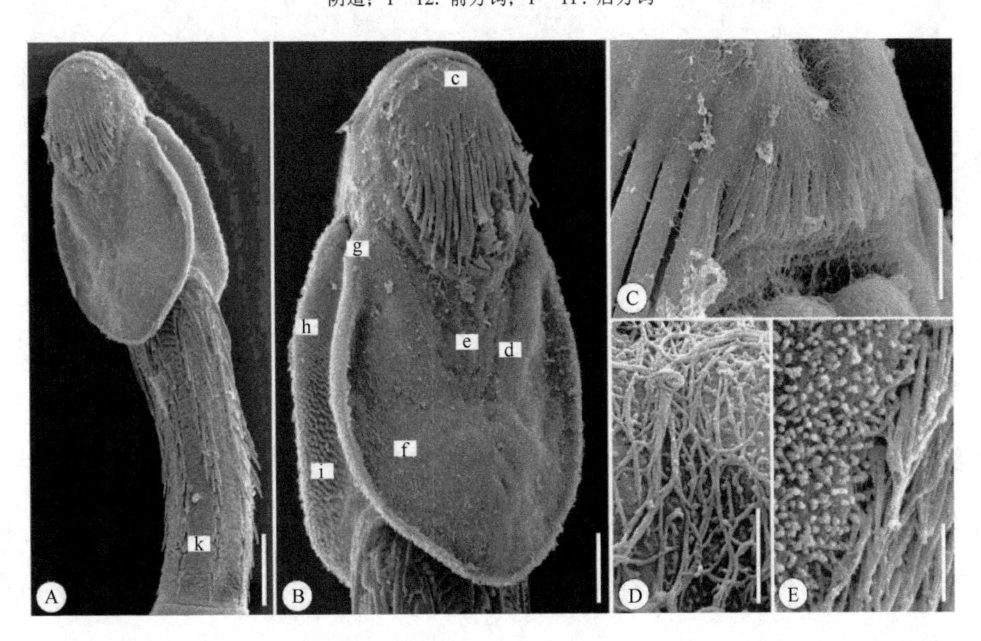

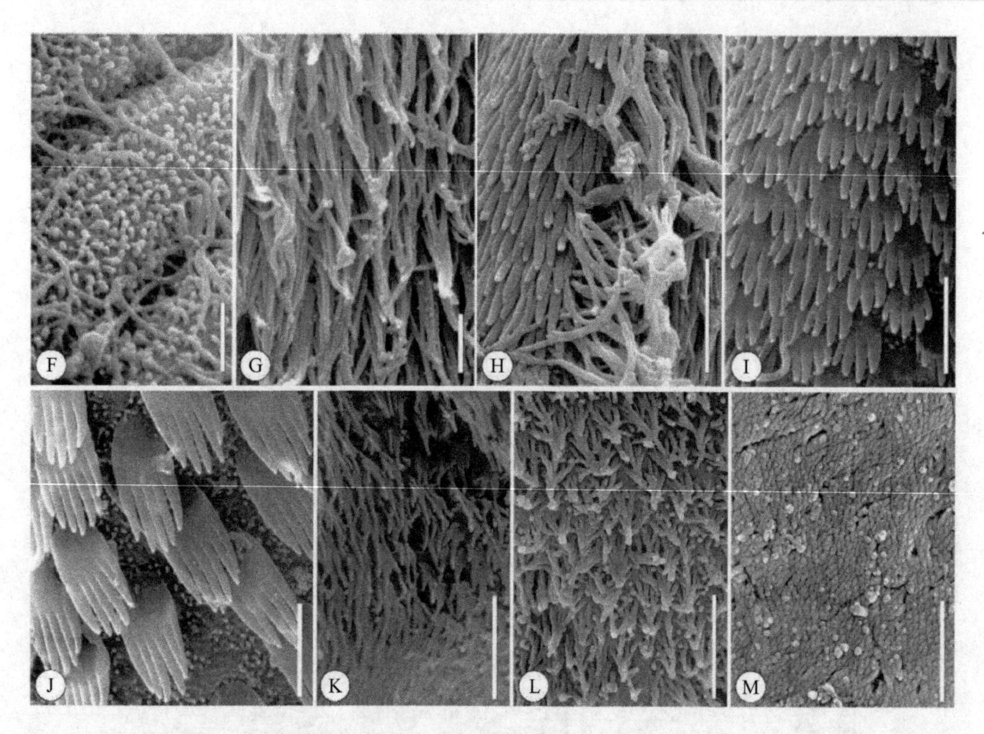

图 10-34　阿拉佛拉链钩绦虫扫描结构（引自 Ivanov & Caira，2013）

A～B. 头节实体形态背腹面观，上面标注的小写字母与相应的放大图对应；C. 侧方小钩连续列细节；D. 头节顶部表面；E. 吸叶远端表面中央和侧方区域之间的边界；F. 吸叶近端表面的中央区；G. 吸叶远端表面的侧方和后部区域；H. 吸叶远端和近端表面之间的边界；I. 吸叶近端表面前方区域；J. 吸叶近端表面后方区域；K. 头节实体的表面；L. 头茎的表面；M. 未成熟节片的表面。标尺：A=50μm；B=25μm；C=10μm；D，H～M=2μm；E～G=1μm

3）基什链钩绦虫（图 10-35，图 10-36）

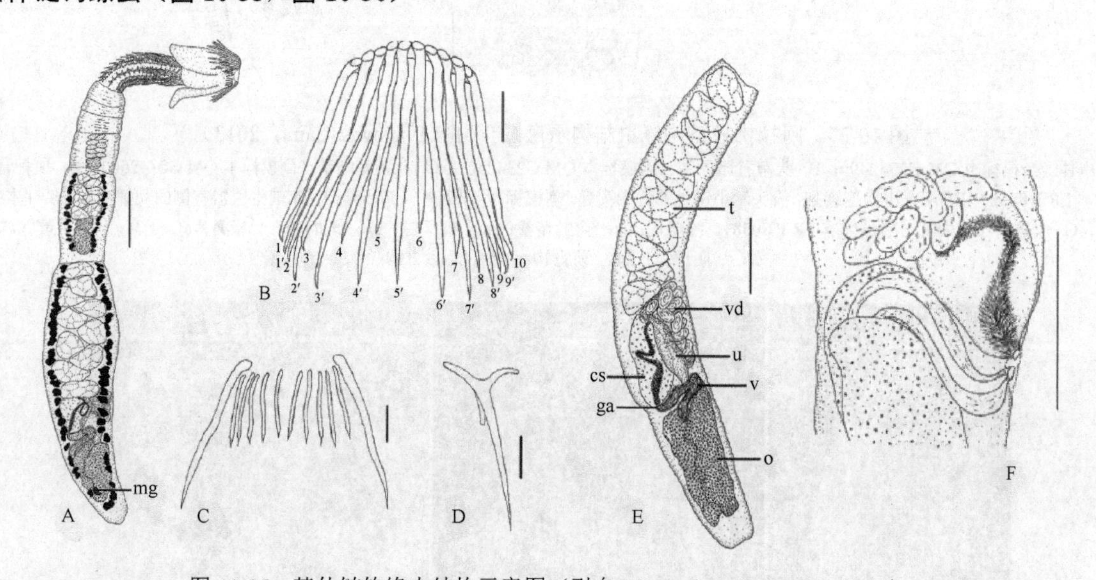

图 10-35　基什链钩绦虫结构示意图（引自 Moghadam & Haseli，2014）

A. 整条虫体；B. 顶钩；C. 单一小钩带；D. 头茎上的棘；E. 成熟节片侧面观；F. 末端生殖器官侧面观细节（E，F 未显示卵黄腺滤泡）。缩略词：cs. 阴茎囊；ga. 生殖腔；mg. 梅氏腺；o. 卵巢；t. 精巢；u. 子宫；v. 阴道；vd. 输精管。标尺：A，E～F=100μm；B～D=10μm

10.3.4　冠绦虫属（*Coronocestus* Ivanov & Caira，2013）

识别特征：头节有背、腹两个吸叶，具棘顶器官和头茎。吸叶长度向的部分后部游离，近端表面覆盖着掌状、栉状和/或三裂棘毛，远端表面覆盖着三叉状棘毛。顶器官有背、腹实体钩群；各群钩排为规

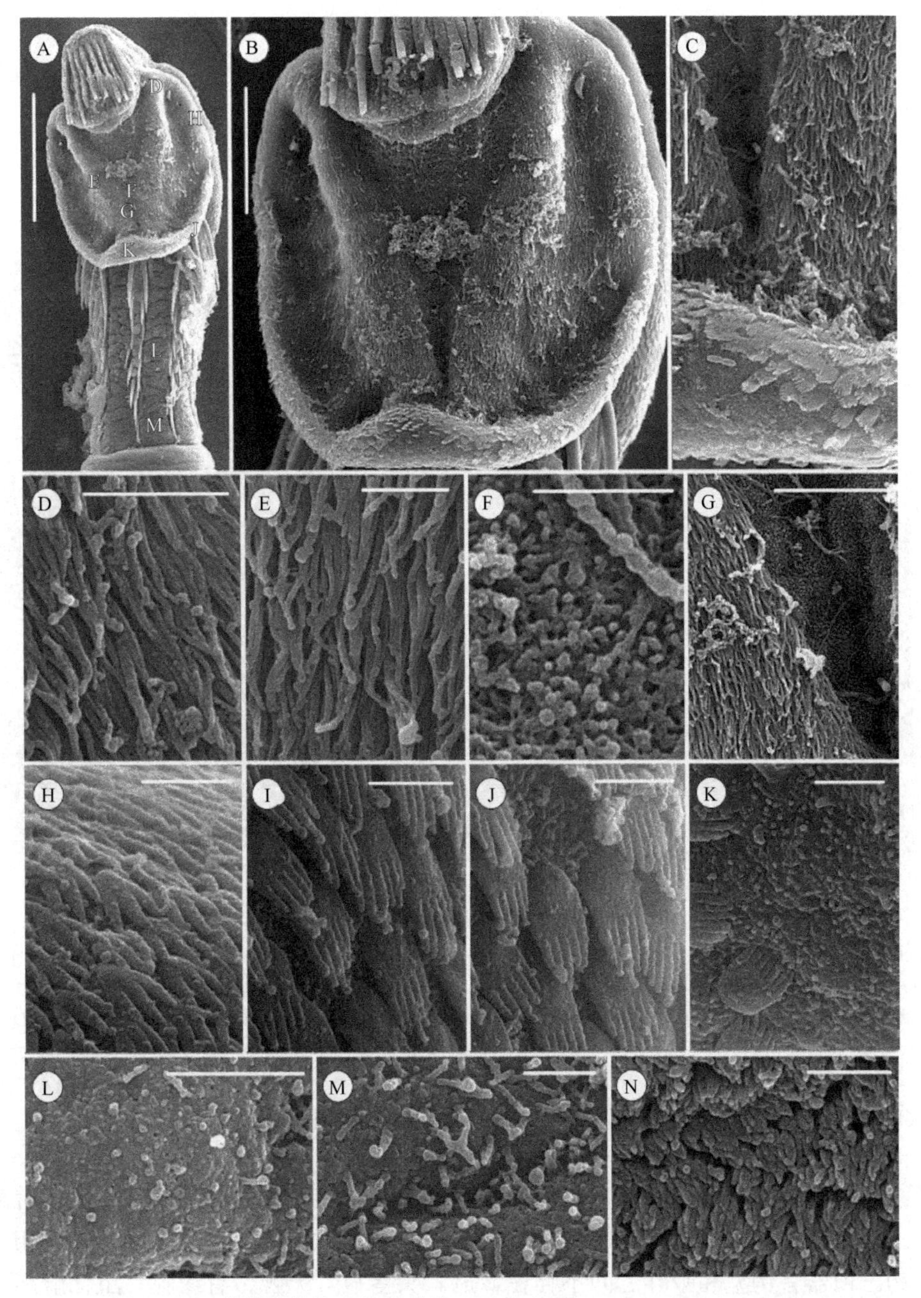

图 10-36 基什链钩绦虫扫描结构（引自 Moghadam & Haseli，2014）

A. 头节，标注的大写字母与放大的图相对应；B. 吸叶；C. 吸叶的中央三角区；D～G. 吸叶远端表面；H～J. 吸叶近端表面；K. 吸叶后端最近的表面中线；L. 头茎的中央表面；M. 头茎的后方表面；N. 节片表面。标尺：A=50μm；B=20μm；C，G=5μm；D=2μm；E，F，H～N=1μm

则的两排，由 a 钩（前排钩）和 b 钩（后排钩）交替组成；相邻的钩相互间有关节。侧方小钩在背腹顶钩群各边排为明显的簇。顶器官钩型和吸叶之间存在棘冠。头茎有 8 列有三叉基部指向后方的棘。链体节片无缘膜。虫体解离或优解离。公共生殖孔位于腹面中央。阴茎囊简单。阴茎具棘毛。阴道开口于阴茎囊后部。卵巢正面观 H 形，横切面两叶状。卵黄腺滤泡状，围绕髓质或位于两侧带。子宫囊状，腹位。卵释放时不胚化。已知主要为皱唇鲨［皱唇鲨科（Triakidae）］鱼类的寄生虫，可能也寄生于竹鲨［天竺鲨科（Hemiscyllidae）］鱼类。模式种：迪亚曼蒂冠绦虫（*Coronocestus diamanti* Ivanov & Lipshitz，2006）。其他种：冠状冠绦虫（*C. coronatus* Robinson，1959）；霍尔木兹甘冠绦虫（*C. hormozganiensis* Haseli，Malek，Palm & Ivanov，2012）；星鲨冠绦虫（*C. musteli* Pintner，1889）；南方吉多冠绦虫（*C. notoguidoi* Ivanov，1997）（图 10-37）；斜齿鲨冠绦虫（*C. scoliodoni* Sanaka，Vijaya Lakshmi & Hanumantha Rao，1986）。冠绦虫属的种目前几乎都是新组合种。

属名词源："*Coronocestus*"（"*coron*"拉丁文意为"冠或环"；"*cestus*"拉丁文意为"蠕虫""绦虫"）指顶器官和吸叶之间存在棘冠。

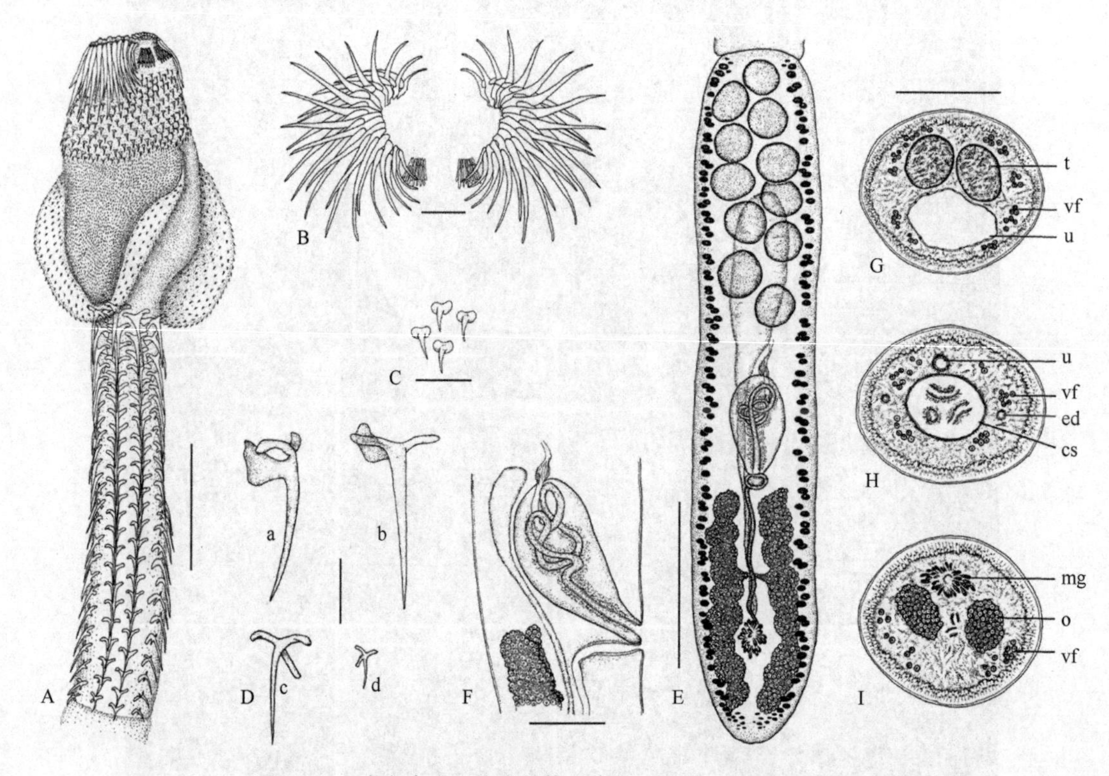

图 10-37 南方吉多冠绦虫结构示意图（引自 Ivanov，1997）

A. 头节背腹观；B. 吻突钩，钩细节及小钩侧面观；C. 吻突后方冠上的小棘细节；D. 头茎棘，排前端第 1 棘侧面（a）和正面（b）观，排中央棘（c）和排后部棘（d）；E. 成熟节片；F. 末端生殖器官细节侧面观；G～I. 成熟节片横切面：G. 精巢水平；H. 阴茎囊水平；I. 卵巢水平。缩略词：cs. 阴茎囊；ed. 排泄管；mg. 梅氏腺；o. 卵巢；t. 精巢；u. 子宫；vf. 卵黄腺滤泡。标尺：A=200mm；B=50μm；C=35μm；D=30μm；E=300mm；F=100μm；G～I=100mm

10.3.5 阿木丽娜属（*Ahamulina* Marques，Jensen & Caira，2012）

识别特征：头节有背、腹两个吸叶，具棘顶器官和头茎。吸叶长度向的大部分后部游离，近端和远端表面覆盖着三叉状棘毛。顶器官有背、腹各一实体钩群；各群钩排为单排；相邻的钩相互间有或无关节。无侧方小钩。顶器官钩型和吸叶之间不存在棘冠。头茎短、无棘、有缘膜。虫体解离。公共生殖孔位于腹面中央。阴茎囊由球状的近端部和管状的远端部组成；阴茎具棘毛。精巢位于卵巢前方，多列。阴道开口于阴茎囊后部。卵巢正面观 H 形，横切面两叶状。卵黄腺滤泡状，围绕皮质，位于卵巢前方。子宫囊状，腹位；子宫管扩展、弯曲。卵释放时不胚化。已知为猫鲨［猫鲨科（Scyliorhinidae）］鱼类的寄生虫。模式种：卡特琳娜阿木丽娜绦虫（*Ahamulina catarina* Marques，Jensen & Caira，2012）。其他种：基于形态和分子数据，采自南非（印度洋）网纹似梅花鲨［*Holohalaelurus regani*（Gilchrist 1922）］的绦虫可以算该属第 2 个种。

Abbott 和 Caira（2014）在修订双叶目分类的分子系统研究时将采自南非黄斑鳐（*Leucoraja wallacei*）的 2 种形态差异大且未描述过的双叶目绦虫一起进行研究。从分子观点看，这 2 种绦虫相互间关系较远。其中一种（原认为是棘槽绦虫的种）表现出与寄生于鳐的狭义的棘槽绦虫相似，描述为马奎斯棘槽绦虫新种（*Echinobothrium marquesi* n. sp.），马奎斯棘槽绦虫新种与约书亚棘槽绦虫（*E. joshuai*）最为接近，分子研究亦支持它们相近，但"b"钩的形态和吸叶与头茎重叠程度不同。另一种（最初被当作新属 1），表现出头节钩型完全互补，最初发现寄生于鲨鱼的属中钩都是成群的，绝大多数缺乏或表现为头节钩型退化。经光镜和扫描电镜研究表明该种的头节侧钩不似棘槽属和冠绦虫属排成两簇，而是独特地排为前后两排，故而建立了一个双叶目绦虫新属：交替侧小钩属（*Andocadoncum*），以梅甘交替侧小钩绦虫（*Andocadoncum meganae*）为其模式种。

10.3.6 交替侧小钩属（*Andocadoncum* Abbott & Caira，2014）

识别特征：头节具背、腹吸叶，顶部器官具钩，具头茎。吸叶近、远端表面分别由三叉和掌状棘毛覆盖。顶器官具有背、腹实体钩群；各群钩排为规则的两排，由前方钩排（a 钩）和后方钩排（b 钩）交替组成；邻近的钩相互关节。侧方的小钩排为 2 簇，位于顶钩背腹群侧翼两边，各簇由一前方小钩排（a 钩）和一后方小钩排（b 钩）交替构成。顶器官钩型和吸叶之间缺乏棘冠。头茎有 8 列三放基部，端部指向后方的棘。虫体解离。公共生殖孔位于腹部中央。阴茎囊简单，阴茎具棘毛。精巢在卵巢前方排为几列。阴道开口于阴茎囊后方。卵巢正面观 H 形，横切面两叶状。卵黄腺滤泡围绕皮质。子宫囊状，位于腹部。目前已知仅采自鳐科（Rajidae）鱼类。模式种：梅甘交替侧小钩绦虫（*Andocadoncum meganae* Abbott & Caira，2014）。

属名词源：来自希腊语"*andokaden*"意为"交替"，"*oncus*"意为"倒钩"，指该属侧小钩交替的特性。为中性词。

1）梅甘交替侧小钩绦虫（图 10-38，图 10-39）

模式和仅知宿主：黄斑鳐（*Leucoraja wallacei* Hulley，1970）（鳐目：鳐科）。

感染部位：肠螺旋瓣。

模式种采集地：印度洋，南非，36°31.08′S，21°12.16′E，海拔 184m。

其他地点：36°17.60′S，20°6.6′E，海拔 208m；34°10.97′S，26°26.92′E，海拔 106m。

流行程度：检测 6 尾鱼，4 尾感染（66.7%）。宿主编号：AF-6、AF-28、AF-29、AF-127。

词源：种名荣誉给予第 1 作者 Lauren McKenna Abbott 的表弟梅甘多尔蒂（Megan Dougherty），因他们姐弟关系密切，且鼓励她不停止探索周围的世界。

标本贮存：全模标本（SAMCTA 61821）；3 个副模标本（SAMCTA 61822-61824）；4 个副模标本（USNPC 107914）；6 个副模标本（LRP 8408-8413），1 虫体（LRP Nos. 8418-8422）的凭证标本和横切面，4 个 SEM 凭证标本（LRP Nos. 8414-8417）。用于 SEM 检测的标本属于 JNC 的个人收藏。

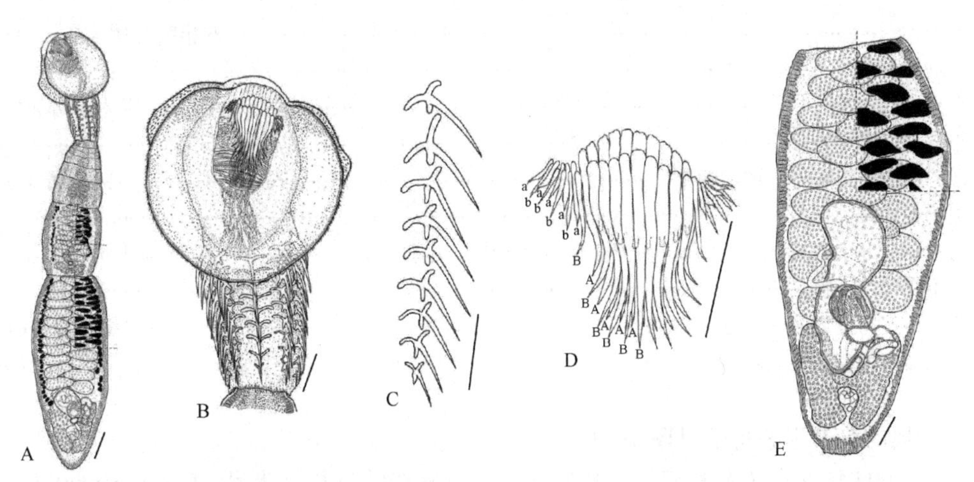

图 10-38 梅甘交替侧小钩绦虫结构示意图（引自 Abbott & Caira，2014）

A. 整条成熟虫体（副模标本 USNPC 107914）；B. 头节（全模标本 SAMCTA 61821）；C. 头茎棘（全模标本 SAMCTA 61821）；D. 顶钩和侧方小钩（副模标本 USNPC 107914）；E. 成熟节片（围绕皮质的卵黄腺滤泡仅显示于虚线中）（全模标本 SAMCTA 61821）。标尺：A=100μm；B～E=50μm

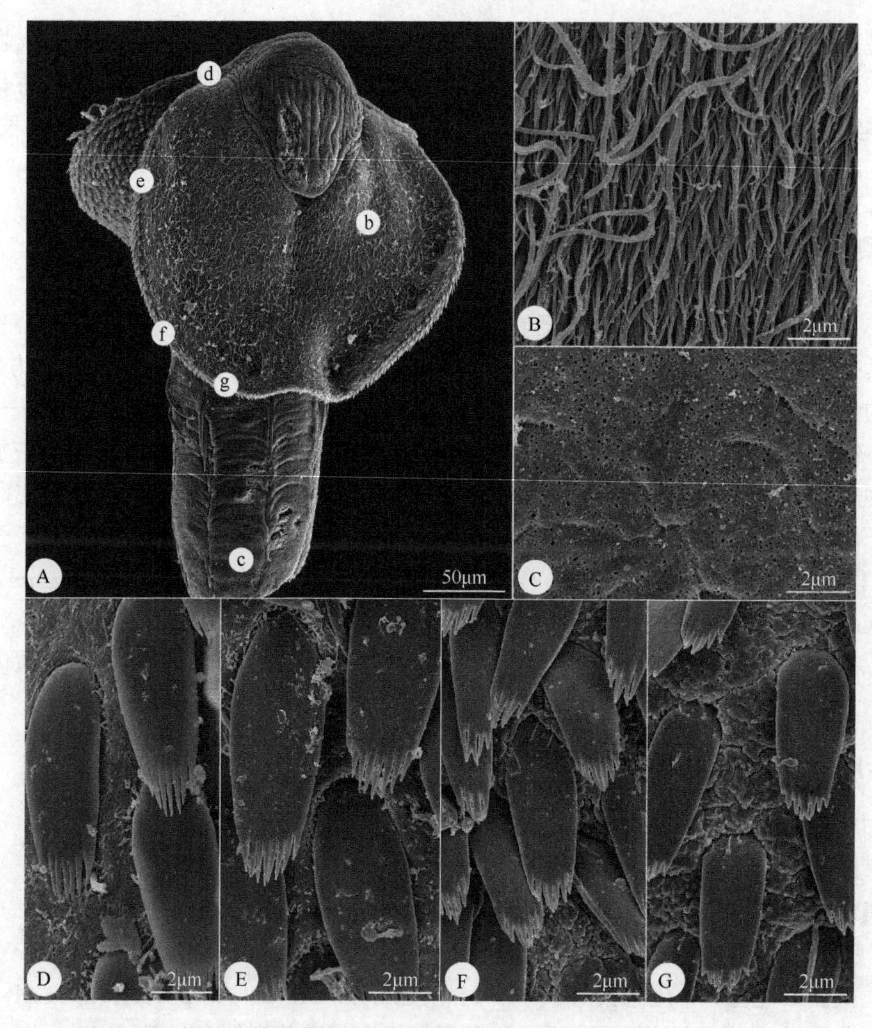

图 10-39　梅甘交替侧小钩绦虫扫描结构（引自 Abbott & Caira，2014）

A. 头节，小写字母示相应图取样处；B. 吸叶远端表面细节；C. 头茎表面细节；D. 吸叶近端前方表面细节；E. 吸叶近端前方中部表面细节；F. 吸叶近端后方中部表面细节；G. 吸叶近端后部表面细节

10.4　双叶目 6 个有效绦虫属分属检索表

1a. 头节无背腹顶钩群……………………………………双粗吸叶属（*Ditrachybothridium*）
1b. 头节有背腹顶钩群……………………………………2
2a. 头节无侧小钩……………………………………阿木丽娜属（*Ahamulina*）
2b. 头节有侧小钩……………………………………3
3a. 侧小钩在顶钩各边排为单一、连续的带……………………………………链钩属（*Halysioncum*）
3b. 侧小钩在顶钩各边排为两簇……………………………………4
4a. 各簇侧小钩由一前方小钩排（a 钩）和一后方小钩排（b 钩）交替构成……………………交替侧小钩属（*Andocadoncum*）
4b. 各簇侧小钩不交替……………………………………5
5a. 头节吸叶和顶器官钩型之间有棘冠……………………………………棘冠绦虫属（*Coronocestus*）
5b. 头节吸叶和顶器官钩型之间无棘冠……………………………………棘槽属（*Echinobothrium*）

双叶目 5 个属的头节形态特征见图 10-40。

Carrier 等于 2004 年在鲨鱼及其相关生物专著中提供有双叶目和盘头目（Lecanicephalidea）一些绦虫的头节结构扫描照片（图 10-41），对认识相应绦虫有重要帮助。

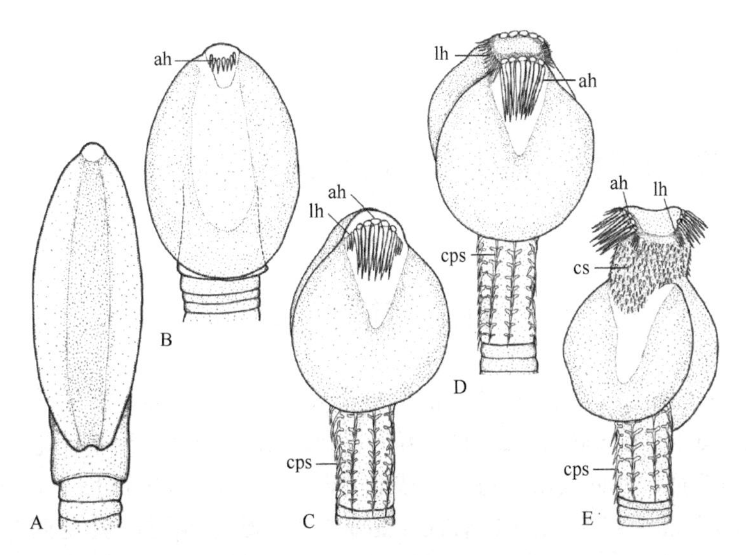

图 10-40 双叶目 5 个属的头节形态结构示意图（引自 Caira et al.，2013a）

A. 双粗吸叶属；B. 阿木丽娜属；C. 狭义的棘槽属；D. 链钩属；E. 棘冠绦虫属。缩略词：ah. 顶钩；cps. 头茎棘；cs. 棘冠；lh. 侧小钩

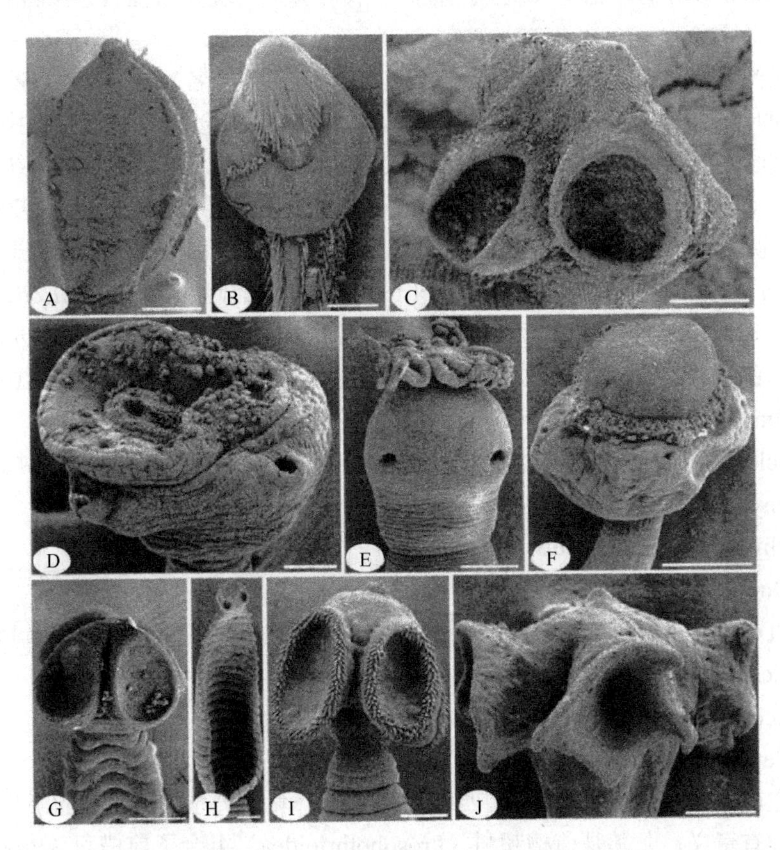

图 10-41 双叶目和盘头目一些绦虫头节结构扫描（引自 Carrier et al.，2004）

A. 采自白魟（*Leucoraja fullonica*）的巨头双粗吸叶绦虫（*D. macrocephalum*）；B. 采自蓝点魟（*Taeniura lymma*）的埃尔米穆罕默德棘槽绦虫；C. 盘头目前孔科：采自斑点长尾须鲨（*Hemiscyllium ocellatum*）的前孔绦虫未定种（*Anteropora* sp.）；D. 盘头目盘头科：采自粗尾魟（*Dasyatis centroura*）的盘头绦虫未定种（*Lecanicephalum* sp.）；E. 盘头目多头科：采自牛鼻鲼未定种（*Rhinoptera* sp.）的多头绦虫未定种（*Polypocephalus* sp.）；F. 盘头目方垫首科：采自波缘窄尾魟（*Himantura undulata*）的方垫首绦虫未定种（*Tetragonocephalum* sp.）；G. 盘头目：采自加州鲼（*Myliobatis californicus*）的刺无顶绦虫（*Aberrapex senticosus*）；H. 盘头目：采自牛鼻鲼的牛鼻鲼绦虫未定种（*Rhinoptera* sp.）；I. 盘头目：采自纳氏鹞鲼（*Aetobatus narinari*）的霍尼尔槽未定种（*Hornellobothrium* sp.）；J. 盘头目：采自日本蝠魟（*Mobula japanica*）的弗朗西斯四顶槽绦虫（*Quadcuspibothrium francisi*）。

标尺：A，F=200μm；B，D～E，G～H=50μm；C，J=100μm；I=20μm

11　四叶目（Tetraphyllidea Carus，1863）

11.1　简　　介

软骨鱼板鳃类（selachians）绦虫系统研究的历史长久，此处限于篇幅不记录太多，相关内容可以在Southwell（1925）、Wardle和Mcleod（1952）的专著中查到。Euzet（1994）简单评论了1850年van Beneden最早识别的这些绦虫的特征，并据数据，将之组成群“四叶类（Tetraphyllides）”，其所含的类群为：“叶槽类（Phyllobothriens）”和“叶棘类（Phyllacanthiens）”（现此两类都放在四叶目中）及“叶吻类（Phyllorhynchiens）”。叶吻类由Diesing（1863）另立为一个不同的目（锥吻目）。

最初由van Beneden细分的叶槽类（现为叶槽科）和叶棘类（现为瘤槽科）在随后的研究中几乎一直见于四叶目系统中。

四叶目第3个科为盘头科（Lecanicephalidae Brau，1900）[同物异名：联合槽科（Gamobothriidae Linton，1901）]。这样就将四叶目分为了3个科，见于Southwell（1925）的著作中，而盘头科因其头节有4个圆形吸盘还同时被放于圆叶目（Cyclophllidea）中。自1930年始，不断有人提出四叶目系统中新的科、属和种。

Joyeux 和 Baer（1936）建立圆盘头科（Disculicipiditae）用于取代 Pintner（1928）使用的圆盘头科（Discocephalidae），圆盘头属（*Disculiceps*）取代圆盘头属（*Discocephalum*）；模式种羽冠圆盘头绦虫[*Disculiceps pileatum*（Linton，1890）]与Linton（1890）的羽冠圆盘头绦虫（*Discocephalum pileatum*）为同物异名。这一修订似更符合《国际动物命名法规》（*International Code of Zoological Nomenclature*），但却没有提交给适当的委员会认定。在此我们仍使用Joyeux和Baer（1936）的圆盘头属（*Disculiceps*）和圆盘头科（Disculicipitidae）。

在Wardle和Mcleod（1952）的绦虫学专著中将一些科如盘头科上升为目，当时四叶目的分类如下：

四叶目（Tetraphyllidea Carus，1863）

　　叶槽科（Phyllobothriidae Braun，1900）

　　瘤槽科（Onchobothriidae Braun，1900）

　　圆盘头科（Disculicipitidae Wardle & Mcleod，1952）=圆盘头科（Disculicipitidae Joyeux & Baer，1936）

盘头目（Lecanicephala Wardle & Mcleod，1952）

　　盘头科（Lecanicephalidae Braun，1900）

　　头槽科（Cephalobothriidae Pintner，1928）

Euzet（1959）完成了其于1953年草拟的四叶目绦虫的一套分类系统。随后的工作表明其使用的分类标准没有先前的标准有意义，尤其是前槽超科（Prosobothrioidea）组合了前槽科（Prosobothriidae）、扁槽科（Platybothriinae）、柄槽科（Phoreibothriidae）、里斯亚科（Reesiinae）和胃黄科（Gastrolecithidae），显得不太合适，这些人为的分类系统没有得到认可。Yamaguti（1959）建立了三腔科（Trilocularidae），以三腔属（*Trilocularia* Olsson，1867）作为其模式属。采自白斑角鲨（*Squalus acanthias*）的常棘三腔绦虫（*T. acanthiaevulgaris* Olsson，1867）存在一特别的生殖器官结构。这可能是超解离的种的直接解剖结果。而这一解剖结构，与发现于马格达莱纳江魟绦虫（*Potamotrygonocestus magdalenensis* Brooks & Thorson，1976）的节片中的结构很相近，不属于四叶目叶槽绦虫的基本特征。

Schmidt（1986）为三腔科增加了五腔属（*Pentaloculum* Alexander，1963）[用于容纳采自艾氏盲电鳐

（*Typhlonarke aysoni*）（电鳐科 Torpedinidae）的一种绦虫］及联槽属（*Zyxibothrium* Hayden & Campbell，1981），其代表种采自鳐科（Rajidae）的无刺鳐（*Raja senta* Garman，1885）。三腔科这 3 属除头节相似外，似乎没有太多共同之处，它们头节的 4 个吸槽表面被肌肉质的隔分开，形成少量小腔。之后此 3 属被 Yamaguti（1959）放在三腔亚科中，归于叶槽科。

1960 年以后，四叶目不断有一些类群报道，包括光槽属（*Litobothrium* Dailey，1969），光槽科（Litobothriidae Dailey，1969）；异体带属（*Dioecotaenia* Schmidt，1969），异体带科（Dioecotaeniidae Schmidt，1969），异体带亚目（Dioecotaeniidea Schmidt，1986）；锤头属（*Cathetocephalus* Dailey & Overstreet，1973），锤头科（Cathetocephalidae Dailey & Overstreet，1973）；银鲛绦虫属（*Chimaerocestos* Williams & Bray，1984），银鲛绦虫科（Chimaerocestidae Williams & Bray，1984）。这些报道的类群有的后来被放在明显不同的目中。

各科中一些有问题的类群说明详见 Euzet（1994）。

11.2　四叶目的识别特征

头节（图 11-1）有 4 个固着的或有柄的、不同形态的吸槽；钩存在或无。极少情况头节缺吸槽、吸盘和钩；或有 4 个固着的腺体样盘；或可能为具缘膜的垫状结构；或由单一的顶吸盘组成。有时存在头节后结构。链体通常为雌雄同体，少量雌雄异体；通常有单套生殖器官，很少多套；有或无缘膜；老节不解离、真解离或超解离。生殖孔位于侧方或亚侧方，不规则交替。精巢数目多；孔侧阴道后存在精巢或无。卵巢位于节片后部，横切面两叶或四叶状。阴道在阴茎囊前方与输精管交叉。卵黄腺滤泡位于髓质，通常在侧方，有时围绕节片，很少集中于卵巢周围。子宫位于腹部中央；子宫孔有时存在，位于中央。卵可能集群形成茧。已知成体寄生于板鳃亚纲和全头亚纲动物的肠螺旋瓣上。

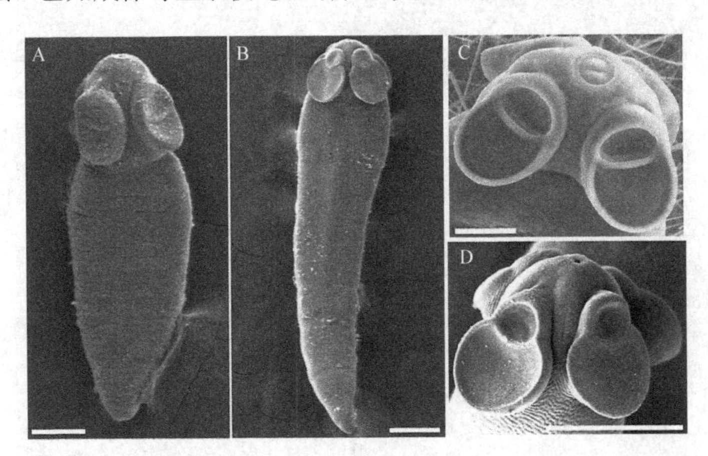

图 11-1　四叶目绦虫全尾蚴扫描结构（引自 Agustí et al.，2005）

采自地中海条纹海豚（*Stenella coeruleoalba*）。A. 采自结肠末端的整条样品；B. 采自肛窦的整条样品；C. 结肠末端样品的头节；D. 肛窦样品的头节。A~B 和 D 为扫描电镜所拍，C 为环境扫描电镜所拍。标尺：A，C=50μm；B，D=250μm

11.3　四叶目的分科检索表

1a. 头节有 1 个横向附着器官，无吸槽；每个头节有 1～24 节的横裂体 ………………………………… 锤头科（Cathetocephalidae Dailey & Overstreet，1973）

1b. 头节有 4 个附着器官 ……………………………… 2

2a. 头节有 4 个吸附器官并形成一个褶皱的领，且有一球状的顶器官埋于宿主肠壁 ………………………………… 圆盘头科（Disculicipitidae Joyeux & Baer，1936）

2b. 头节仅有 4 个器官 ……………………………… 3

3a. 头节有 4 个杯状、腺体样器官 ……………………………… 前槽科（Prosobothriidae Baer & Euzet，1955）

3b. 头节有 4 个肌肉质器官（吸槽）………………………………………………………………………………………………4
4a. 链体性别完全分离………………………………………………………………………异体带科（Dioecotaeniidae Schmidt，1969）
4b. 链体为雌雄同体的节片………5
5a. 吸槽有钩………………………………………………………………………………………瘤槽科（Onchobothriidae Braun，1900）
5b. 吸槽无钩………6
6a. 链体通体节片的卵黄腺位于两侧区带………………………………………………………叶槽科（Phyllobothriidae Braun，1900）
6b. 链体仅体后部节片的卵黄腺限于两侧区带………………………银鲛绦虫科（Chimaerocestidae Williams & Bray，1984）

11.4 锤头科（Cathetocephalidae Dailey & Overstreet，1973）

识别特征：头节有一个简单横向、肉质器官，缺吸槽、吸盘或钩。顶部表面多皱纹，前后边缘有肉质、乳头状突起。头节后部表面平滑，有一中央的横向褶扩展于整个宽度方向。每个头节有 1～24 节的横裂体。链体略具缘膜，老节解离。生殖孔位于侧方，不规则交替。精巢数目多。大型的卵巢位于节片中央后方，横切面为两叶状。阴道位于阴茎囊前方。卵黄腺滤泡围绕髓质。模式且为目前仅有的一属：锤头属（*Cathetocephalus* Dailey & Overstreet，1973）（图 11-2）。

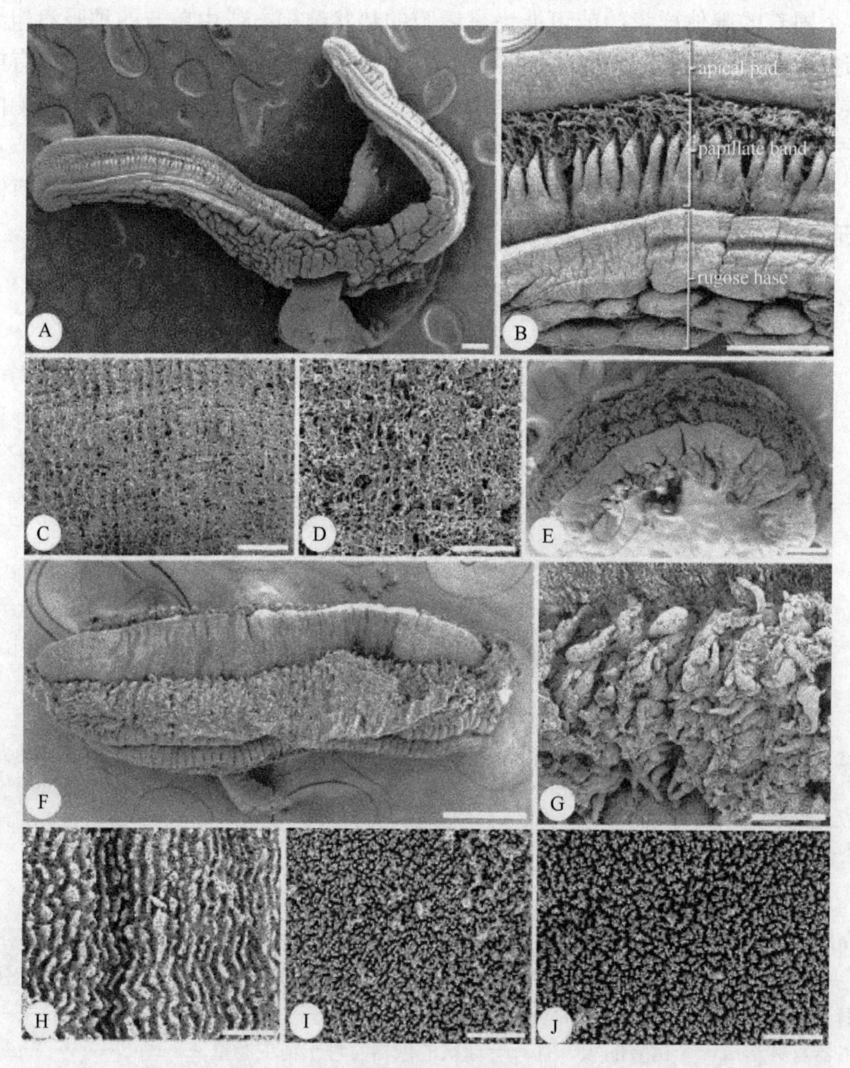

图 11-2　锤头属种的扫描结构（引自 Caira et al.，2005）

A～D. 撒切尔锤头绦虫：A 头节；B. 乳头状带详细结构（用于陈述锤头属之种的术语：apical pad. 顶垫，papillate band. 乳头状带，rugose base. 多皱的基部）；C. 顶垫表面；D. 头节基部表面；E. 澳大利亚锤头绦虫（SAMA 16188）的头节。F～J. 采自高鳍真鲨（*Carcharhinus amboinensis*）的锤头绦虫未定种：F. 头节；G. 乳头状带远端区域的详细结构；H. 顶垫；I. 头节基部；J. 链体。标尺：A～B，E～F=200μm；G=50μm；C，H=10μm；D，I～J=20μm

11.4.1 锤头属（*Cathetocephalus* Dailey & Overstreet，1973）

识别特征：同科的特征（图 11-3）。已知寄生于真鲨科（Carcharhinidae）动物，全球性分布。模式种：撒切尔锤头绦虫（*Cathetocephalus thatcheri* Dailey & Overstreet，1973）。其他种：澳大利亚锤头绦虫（*C. australis* Schmidt & Beveridge 1990）；雷森德斯锤头绦虫（*C. resendezi* Caira et al.，2005）（图 11-4，图 11-5）等。

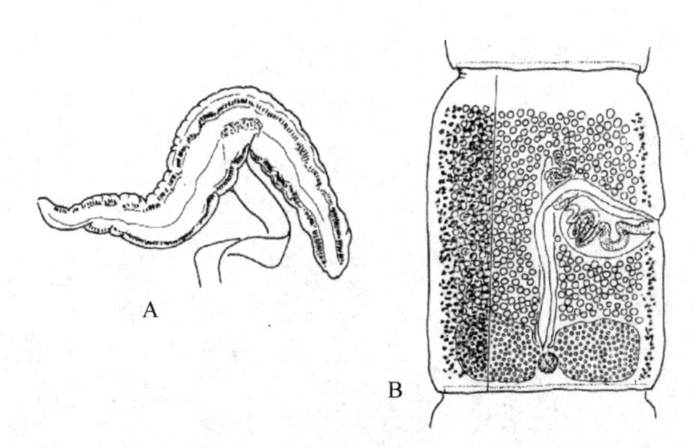

图 11-3 锤头属绦虫结构示意图（引自 Euzet，1994）

A. 头节；B. 成节背面观，卵黄腺滤泡，仅绘于左侧周边髓质

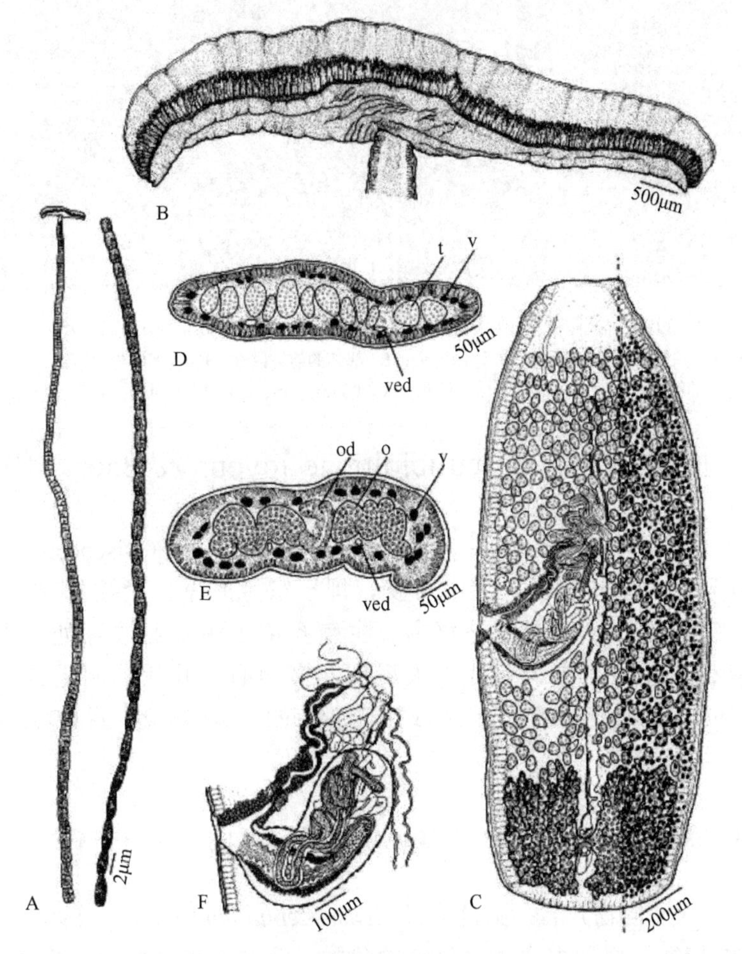

图 11-4 雷森德斯锤头绦虫的结构示意图（引自 Caira et al.，2005）

A. 整条虫体；B. 头节；C. 成节；D. 通过节片子宫前方精巢处横切面；E. 通过卵巢略后峡部横切；F. 生殖器官端部详细结构。缩略词：o. 卵巢；od. 输卵管；t. 精巢；v. 卵黄腺滤泡；ved. 腹排泄管

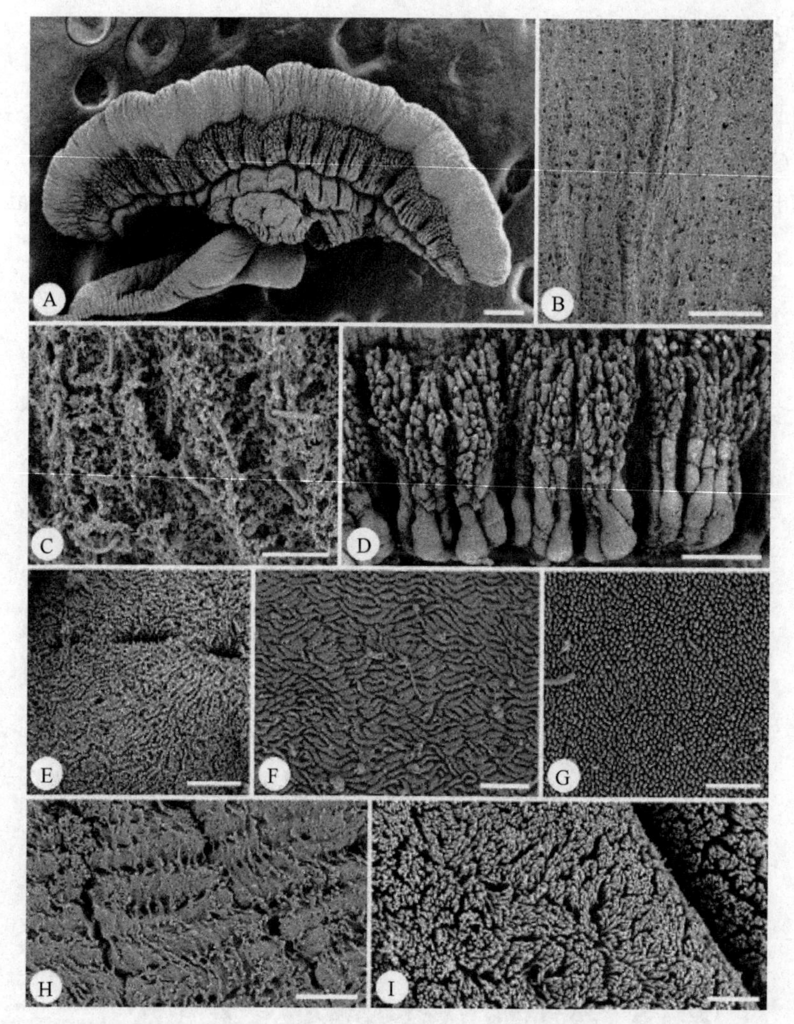

图 11-5　雷森德斯锤头绦虫的扫描结构（引自 Caira et al.，2005）

A. 头节；B. 顶垫；C. 顶垫侧方边缘表面；D. 边缘乳突；E. 基部的前方区域；F. 基部的中央区域；G. 基部的后部区域；H. 基部的最后区域；I. 链体表面。标尺：A=200μm；B=10μm；D=100μm；其余标尺=2μm

11.5　圆盘头科（Disculicipitidae Joyeux & Baer，1936）

［同物异名：圆盘头科（Discocephalidae Pintner，1928）］

识别特征：头节分为大型垫状区，大小可变，埋于宿主肠壁，紧接的是复杂、起皱褶的缘膜，可能分为四个部分。链体无缘膜，老节不解离。生殖孔位于腹方亚边缘处，不规则交替。精巢很多；孔侧阴道后精巢存在。卵巢位于节片中央后部，横切面两叶状。阴道位于阴茎囊前方。卵黄腺滤泡围绕髓质。子宫位于中央，有侧方突囊。模式且为仅有的一属：圆盘头属（*Disculiceps* Joyeux & Baer，1936）。

11.5.1　圆盘头属（*Disculiceps* Joyeux & Baer，1936）（图 11-6A～C）

［同物异名：圆盘头属（*Discocephalum* Linton，1890），被先占用了的属名］

识别特征：同科的特征。已知寄生于真鲨科的鱼类。分布于全球各地。模式种：羽冠圆盘头绦虫［*Disculiceps pileatum*（Linton，1890）］。其他种：加拉帕戈斯圆盘头绦虫（*D. galapagoensis* Nock & Caira，1988）。加拉帕戈斯圆盘头绦虫寄生于采自加拉帕戈斯群岛的远洋白鳍鲨（*Carcharhinus longimanus*），它不同于该属模式种（当时唯一识别的种）羽冠圆盘头绦虫的特征在于：与垫状体相比领更宽，垫状体逐渐变细地与领会合而非突然会合；输精管扩展和弯曲度更小。此外，扫描电镜揭示加拉帕戈斯圆盘头绦虫垫状体表面具有多排平行、规则的孔，而羽冠圆盘头绦虫则明显没有。

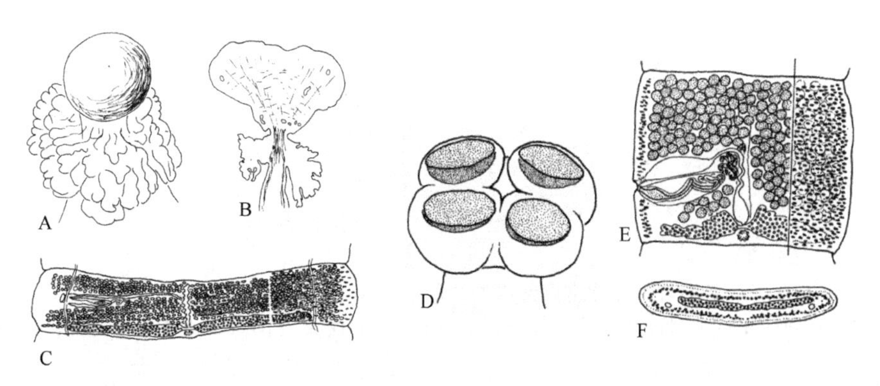

图 11-6 圆盘头属和前槽属绦虫结构示意图（引自 Euzet，1994）

A～C. 圆盘头属结构示意图：A. 头节；B. 头节纵切面；C. 成节解剖腹面观，卵黄腺滤泡和周边髓质仅绘于右侧。D～F. 前槽属结构示意图：D. 头节；E. 成节背面观，卵黄腺滤泡及周边髓质，仅绘于右侧；F. 通过卵巢区域横切

11.6 前槽科（Prosobothriidae Baer & Euzet，1955）

识别特征：头节有 4 个固着、腺体样盘。颈部有致密小棘。链体无缘膜，优解离。生殖孔位于侧方，不规则交替。精巢数目很多；孔侧阴道后精巢存在。卵巢位于后部，横切面两叶状。阴道位于阴茎囊前方。阴道括约肌存在。卵黄腺滤泡围绕髓质（有些位于卵巢后方）。卵在茧中成簇。模式且为仅有的一属：前槽属（*Prosobothrium* Cohn，1902）。

11.6.1 前槽属（*Prosobothrium* Cohn，1902）（图 11-6D～F）

［同物异名：林顿属（*Lintoniella* Woodland，1927）］

识别特征：同科的特征。已知寄生于真鲨科（Carcharhinidae）的鱼类。分布于全球各地。模式种：阿米杰前槽绦虫（*Prosobothrium armigerum* Cohn，1902）。

11.7 异体带科（Dioecotaeniidae Schmidt，1969）

识别特征：雌雄异体。链体在大小和形态上为两型。头节有 4 个吸槽，各有横向和纵向隔分为小室。无吸吻。雄性链体：节片的生殖孔位于侧方，不规则交替。精巢在阴茎囊的两侧围成两层。无外贮精囊，有内贮精囊。阴茎长，具棘。雌性链体：节片后部有分叶的卵巢，无阴道孔。阴道位于中央，卷曲。受精囊位于卵巢叶中，不规则交替。两个卵黄腺在侧方围绕着卵巢叶。子宫位于卵巢前方，两叶横囊状。精子的输送通过阴茎皮下插入实现。模式且为仅有的一属：异体带属（*Dioecotaenia* Schmidt，1969）。

11.7.1 异体带属（*Dioecotaenia* Schmidt，1969）

识别特征：同科的特征（图 11-7）。已知寄生于牛鼻鲼科（Rhinopteridae）鱼类。分布于美国北部大西洋。模式种：坎塞拉异体带绦虫（*Dioecotaenia cancellata* Linton，1890）。

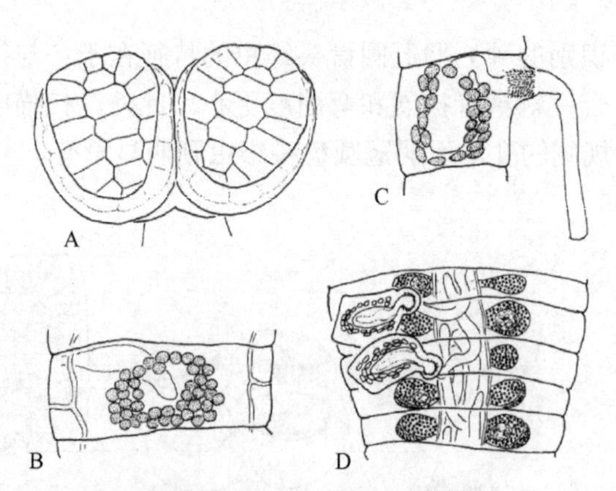

图 11-7 异体带属绦虫结构示意图（引自 Euzet，1994）

A. 头节；B. 雄性节片；C. 雄性节片有阴茎翻出及充盈的贮精囊；D. 雌性节片有两个雄性节附着进行皮下输精

11.8 瘤槽科（Onchobothriidae Braun，1900）

识别特征：头节有 4 个固着、肌肉质吸槽，各有简单或有叉的钩；吸槽表面简单或由横隔分隔，前方的肌肉垫有或无吸盘。链体有或无缘膜；老节解离或孕节解离。生殖孔位于侧方，不规则交替。精巢数目多；孔侧阴道后方精巢存在或不存在。卵巢位于后方，横切面上为两叶或四叶状。子宫位于腹部中央；子宫孔有时存在，位于中央。卵可能组群为茧。已知成体寄生于板鳃亚纲软骨鱼类肠螺旋瓣上（图 11-8）。模式属：瘤槽属（*Onchobothrium* de Blainville，1828）。

11.8.1 瘤槽科分属检索

1a. 吸槽由 1 或 2 横隔分开 ··· 2
1b. 吸槽不分隔 ··· 10
2a. 吸槽由 1 横隔分开 ··· 3
2b. 吸槽由 2 横隔分开 ··· 8
3a. 吸槽有 2 对钩 ··· 丽槽属（*Calliobothrium* van Beneden，1850）

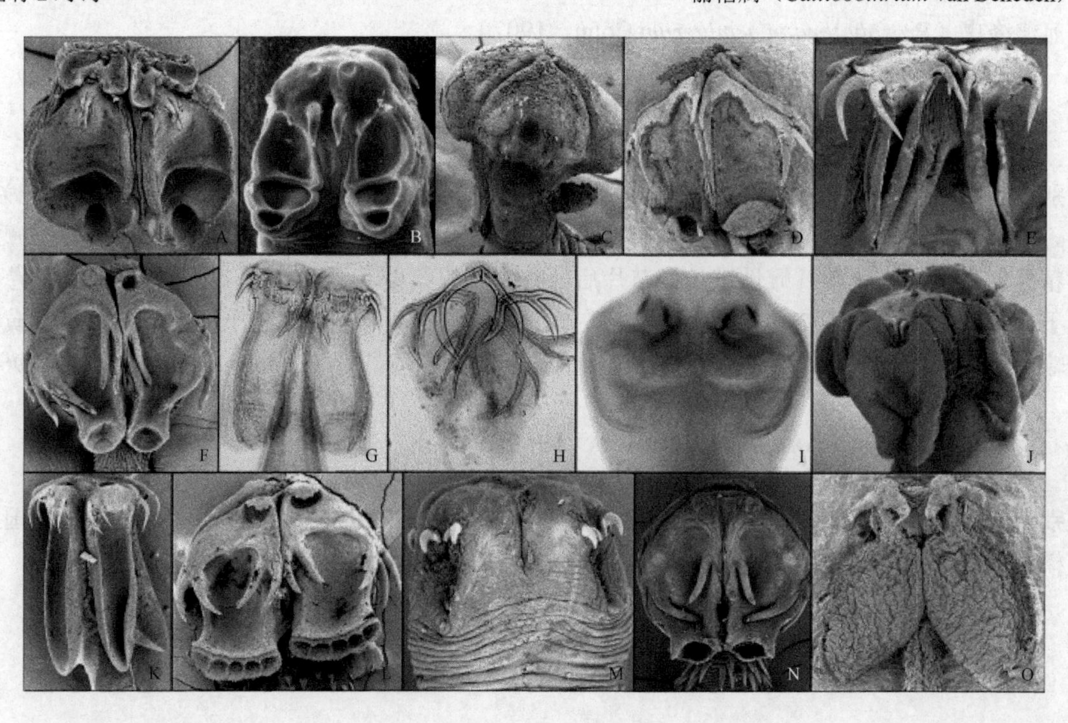

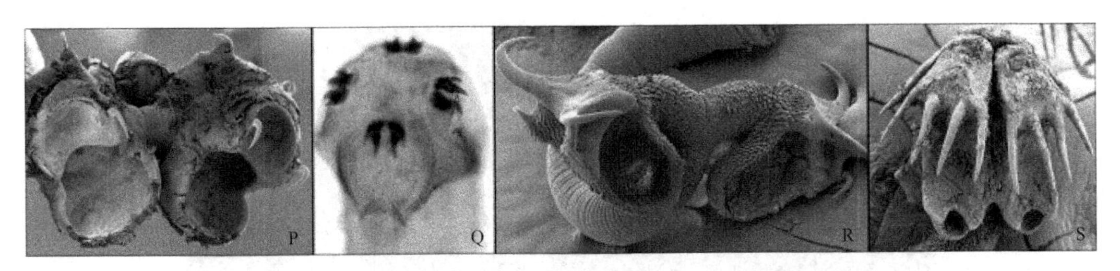

图 11-8 瘤槽科不同属的代表性头节形态结构（引自 Caira & Jensen，2001）

A. 钩槽属（*Acanthobothrium* van Beneden，1849）；B. 钩槽样属（*Acanthobothroides* Brooks，1977）；C. 龟头槽属（*Balanobothrium* Hornell，1911）；D. 双腔属（*Biloculuncus* Nasin，Caira & Euzet，1997）；E. 丽槽属（*Calliobothrium* van Beneden，1850）；F. 双冠槽属（*Dicranobothrium* Euzet，1953）；G. 靓钩属（*Erudituncus* Healy，2001）；H. 巨柄属（*Megalonchos* Baer & Euzet，1962）；I. 瘤槽属（*Onchobothrium* de Blainevile，1828）；J. 厚槽属（*Pachybothrium* Baer & Euzet，1962）；K. 足槽属（*Pedibothrium* Linton，1909）；L. 承槽属（*Phoreiobothrium* Linton，1889）；M. 邻槽属（*Pinguicollum* Riser，1955）；N. 扁槽属（*Platybothrium* Linton，1890）；O. 江魟绦虫属（*Potamotrygonocestus* Brooks & Thorson，1976）；P. 棘腔属（*Spiniloculus* Southwell，1925）；Q. 钩双腔属（*Uncibilocularis* Southwell，1925）；R. 约克属（*Yorkeria* Southwell，1927）；S. 新属

识别特征：头节有 4 个吸槽，各有 2 横隔分为 3 个浅腔。吸槽前方有垫状结构，其上有 1 个或 3 个吸盘和 2 对简单有关节的钩。链体无缘膜，有细长裂片或否，孕节脱落。生殖孔位于侧方，不规则交替。精巢数目多；位于两侧区带；孔侧阴道后精巢存在。卵巢位于后方。阴道位于阴茎囊前方。卵黄腺滤泡位于侧方。子宫囊状，位于腹部中央。子宫孔位于腹部中央。卵组群为茧。已知寄生于鼬科（Mustelidae）动物。分布于全球各地。模式种：轮叶丽槽绦虫［*Calliobothrium verticillatum*（Rudolphi，1819）］。其他种：施耐德丽槽绦虫（*C. schneiderae* Pickering & Caira，2008）（图 11-9，图 11-10 和表 11-1）；澳大利亚丽槽绦虫（*C. australis* Ostrowski de Nuñez，1973）（图 11-11～图 11-13）；巴巴拉丽槽绦虫（*C. barbarae*

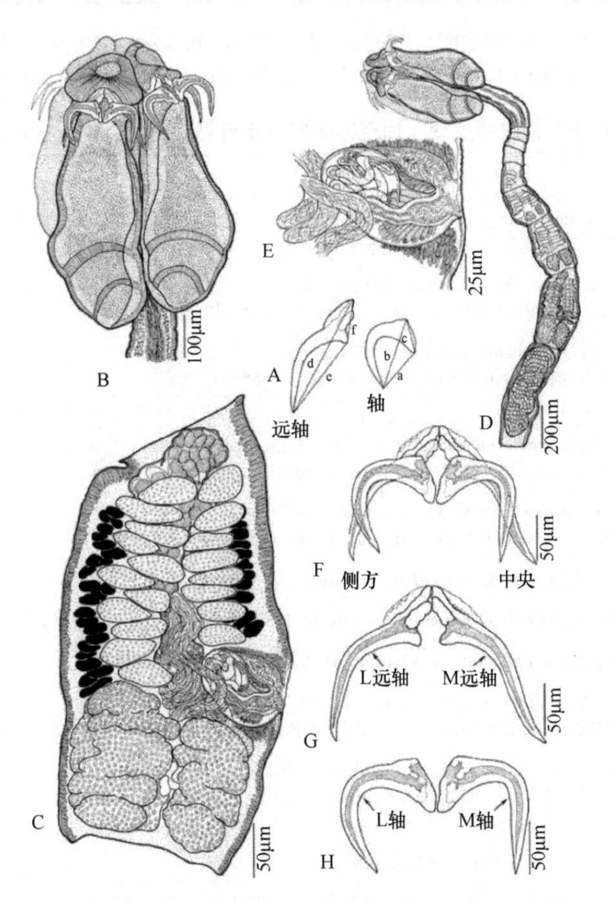

图 11-9 施耐德丽槽绦虫结构示意图（引自 Pickering & Caira，2008）

A. 轴和远轴钩的中央与侧钩对的测量（字母用于描述测量部位）；B. 头节；C. 孕节；D. 整条虫体；E. 生殖器官末端；F. 钩的详细结构；G. 远轴钩的详细结构；H. 轴钩的详细结构。缩略词：L. 侧方的；M. 中央的

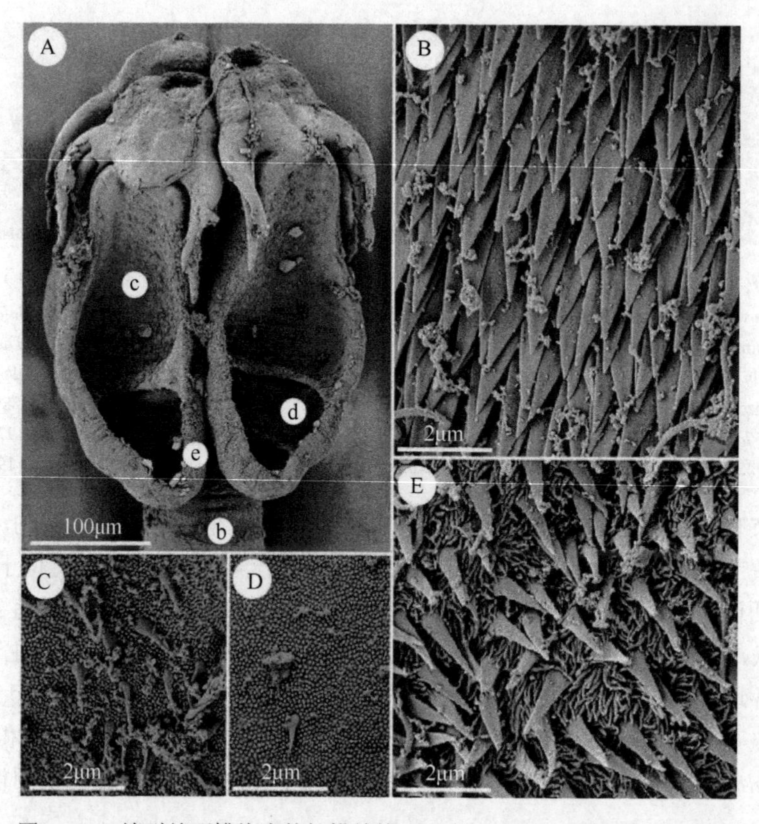

图 11-10　施耐德丽槽绦虫的扫描结构（引自 Pickering & Caira，2008）

A. 头节，字母示相应图取样处；B. 头茎微毛；C. 前方小浅腔吸槽远端表面的微毛；D. 中央小浅腔远端表面的微毛；E. 吸槽近端表面的微毛

表 11-1　丽槽绦虫种类与宿主的关联（加粗字体部分示可疑种）（引自 Pickering & Caira，2008）

绦虫种类与宿主	文献来源
翅鲨［*Galeorhinus galeus*（Linnaeus，1758）］ 克里维丽槽绦虫（*Calliobothrium creeveyae* Butler，1987）	Butler，1987
南极星鲨（*Mustelus antarcticus* Günther，1870） 海豪丽槽绦虫（*Calliobothrium hayhowi* Nasin，Caira & Euzet，1997）	Nasin et al.，1997
加州星鲨（*Mustelus californicus* Gill，1864） 透明丽槽绦虫（*Calliobothrium pellucidum* Riser，1955）	Riser，1955
玲珑星鲨［*Mustelus canis*（Mitchell，1815）］ 维奥拉丽槽绦虫（*Calliobothrium violae* Nasin，Caira & Euzet，1997） 丽槽绦虫新种 1（*Calliobothrium* n. sp. 1）；类轮叶丽槽绦虫（*Calliobothrium* cf. *verticillatum*）	Nasin et al.，1997 Caira et al.，2001；Fyler，2007
美星鲨（*Mustelus canis* sensu Euzet，1959） **灰鲸丽槽绦虫［*Calliobothrium eschrichti*（van Beneden，1849）van Beneden，1850］**	Euzet，1959
刘卡特丽槽绦虫（*Calliobothrium leukarti* van Beneden，1850）	Euzet，1959
林顿丽槽绦虫（*Calliobothrium lintoni* Euzet，1954）	Euzet，1959
轮叶丽槽绦虫［*Calliobothrium verticillatum*（Rudolphi，1819）van Beneden，1850］	Euzet，1959
褐星鲨［*Mustelus henlei*（Gill，1863）］ 赖泽丽槽绦虫（*Calliobothrium riseri* Nasin，Caira & Euzet，1997）	Nasin et al.，1997
新西兰星鲨（*Mustelus lenticulatus* Phillipps，1932） 施耐德丽槽绦虫（*Calliobothrium schneiderae*） 结节头丽槽绦虫（*Calliobothrium tylotocephalum* Alexander，1963）	Alexander，1963
Calliobothrium verticillatum	Alexander，1963
巴拿马星鲨（*Mustelus lunulatus* Jordan & Gilbert，1883） 伊万丽槽绦虫（*Calliobothrium evani* Caira，1985）	Caira，1985

续表

绦虫种类与宿主	文献来源
白斑星鲨（*Mustelus manazo* Bleeker，1854） **克里维丽槽绦虫（*Calliobothrium creeveyae*）**	Yamaguchi et al.，2003
海豪丽槽绦虫（*Calliobothrium hayhowi*）	Yamaguchi et al.，2003
结节头丽槽绦虫（*Calliobothrium tylotocephalum*）	Yamaguchi et al.，2003
轮叶丽槽绦虫（*Calliobothrium verticillatum*）	Yamaguchi et al.，2003
结节丽槽绦虫（*Calliobothrium nodosum* Yoshida，1917）	Yoshida，1917
星鲨（*Mustelus mustelus* Linnaeus，1758） 灰鲸丽槽绦虫（*Calliobothrium eschrichti* Euzet，1959）	Euzet，1959
林顿丽槽绦虫（*Calliobothrium lintoni* Euzet，1954）	Euzet，1959
轮叶丽槽绦虫（*Calliobothrium verticillatum*）	Euzet，1959
舒氏星鲨（*Mustelus schmitti* Springer，1939） 澳大利亚丽槽绦虫（*Calliobothrium australis* Ostrowski de Nuñez，1973）	Ivanov & Brooks，2002
巴巴拉丽槽绦虫（*Calliobothrium barbarae* Ivanov & Brooks，2002）	Ivanov & Brooks，2002
新月丽槽绦虫（*Calliobothrium lunae* Ivanov & Brooks，2002）	Ivanov & Brooks，2002

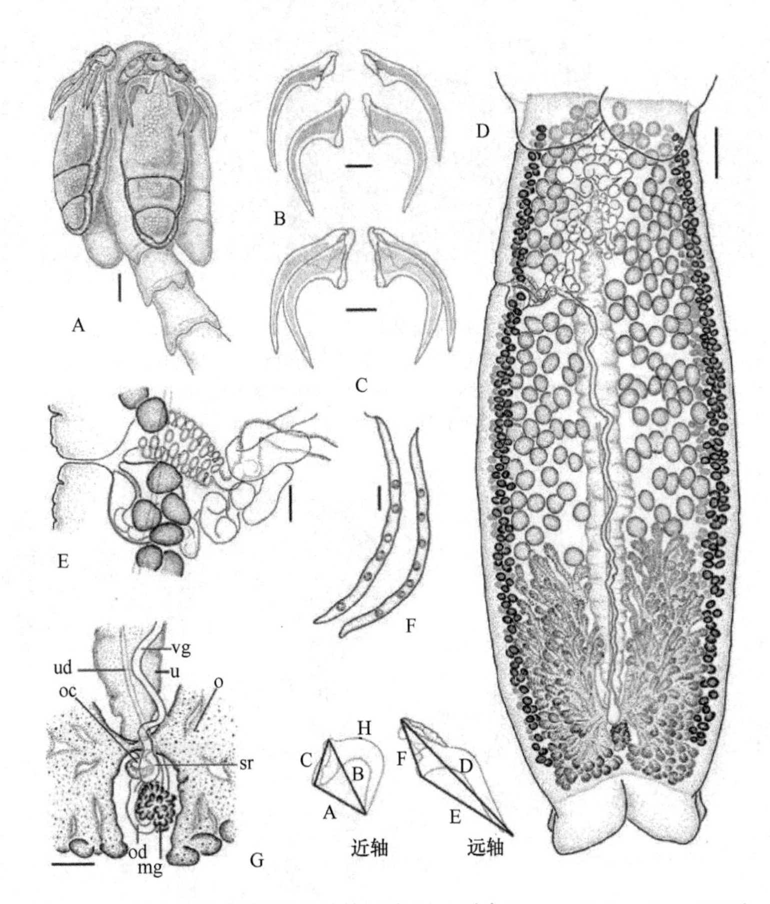

图 11-11　澳大利亚丽槽绦虫结构示意图（引自 Ivanov & Brooks，2002）

A. 头节；B～C. 钩的详细结构；D. 成节；E. 生殖器官末端详细结构；F. 茧的详细结构；G. 卵模区详细结构；H. 钩测量。缩略词：mg. 梅氏腺；o. 卵巢；oc. 捕卵器官；od. 输卵管；sr. 受精囊；u. 子宫；ud. 子宫管；vg. 阴道。标尺：A=50μm；B～C=25μm；D=200μm；E=40μm；F～G=100μm

Ivanov & Brooks，2002）（图 11-14，图 11-15）和新月丽槽绦虫（*C. lunae* Ivanov & Brooks，2002）（图 11-16，图 11-17）等。

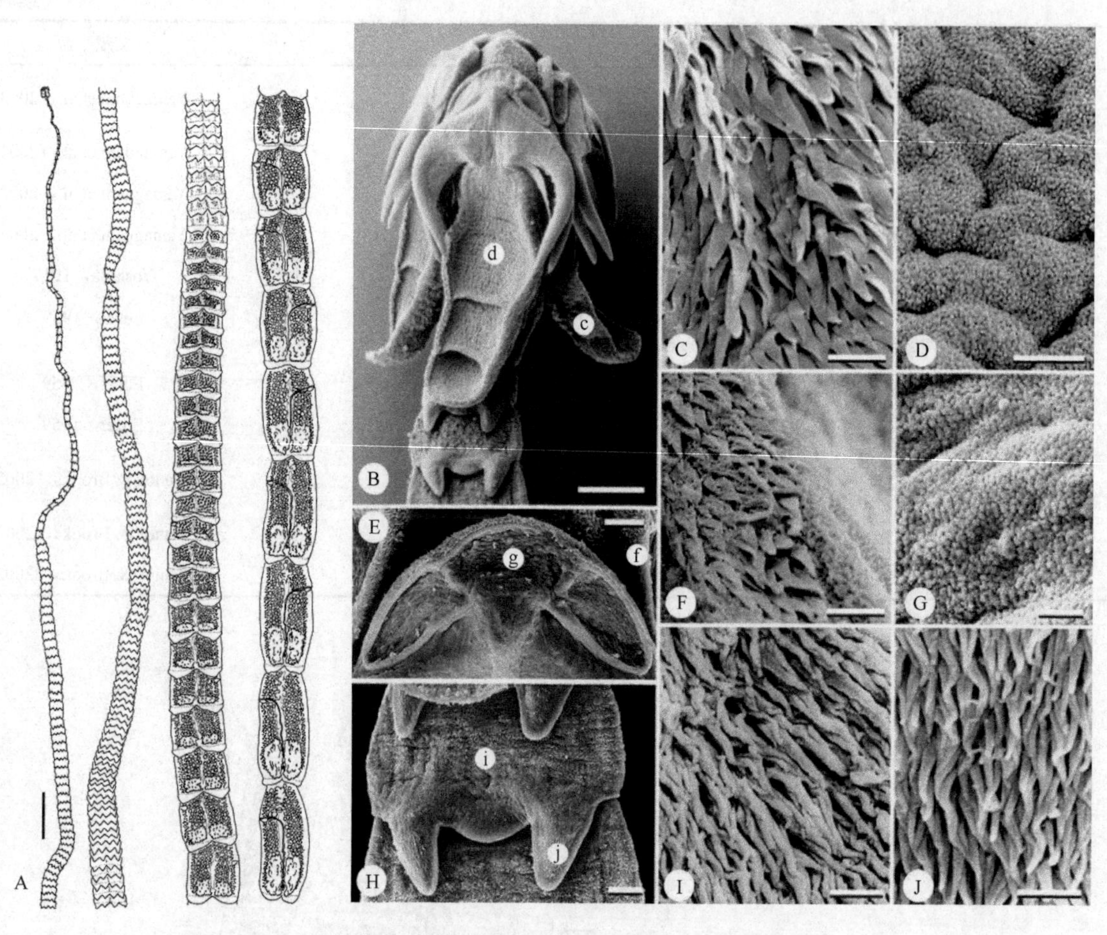

图 11-12　澳大利亚丽槽绦虫扫描结构（引自 Ivanov & Brooks，2002）

A. 整条虫体；B～J. 扫描结构：B. 头节；C. 吸槽近端表面微毛；D. 吸槽远端表面微毛；E. 肌肉质垫细节，示顶吸盘；F. 肌肉质垫近端表面微毛；G. 肌肉质垫远端表面微毛；H. 未成节；I. 未成节前半部微毛详细结构；J. 未成节襟翼上的微毛详细结构。标尺：A=1mm；B=50μm；C，D，F，J=2. 5μm；G，I=1μm；E，H=10μm

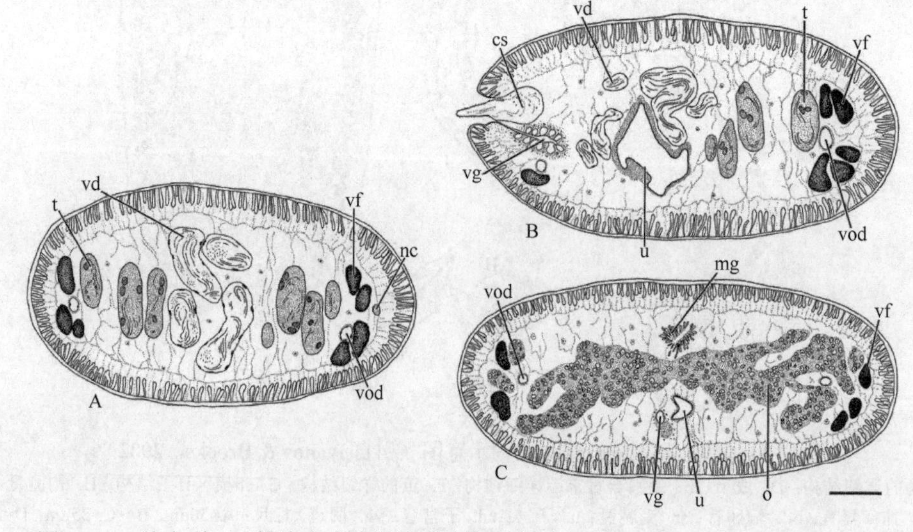

图 11-13　澳大利亚丽槽绦虫成节横切面结构示意图（引自 Ivanov & Brooks，2002）

A. 阴茎囊前方精巢水平横切面；B. 阴茎囊水平横切面；C. 卵巢峡部水平横切面。标尺=100μm。缩略词：cs. 阴茎囊；mg. 梅氏腺；nc. 神经索；o. 卵巢；t. 精巢；u. 子宫；vd. 输精管；vf. 卵黄腺滤泡；vg. 阴道；vod. 腹部渗透调节管

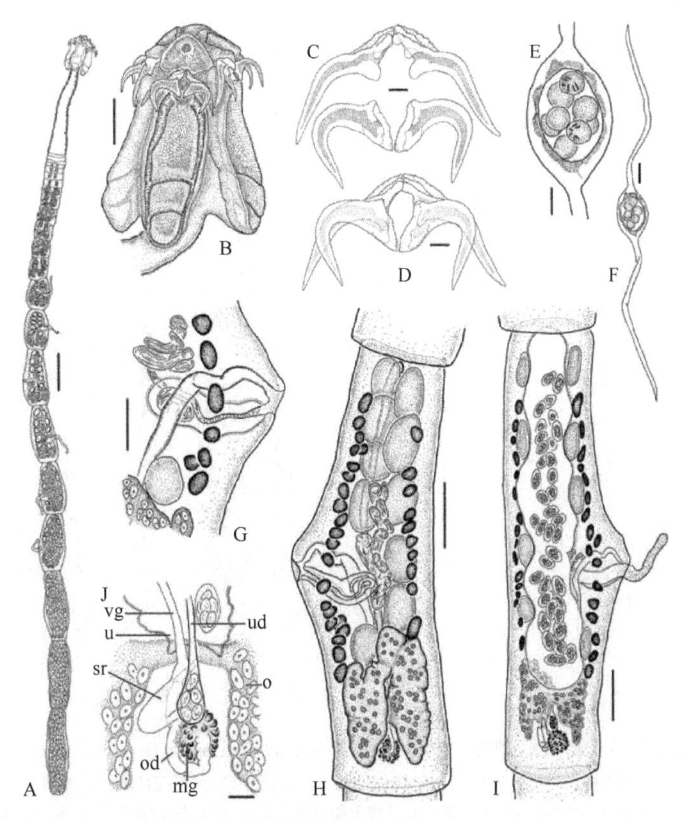

图 11-14 巴巴拉丽槽绦虫结构示意图（引自 Ivanov & Brooks，2002）

A. 整条虫体；B. 头节；C，D. 钩的详细结构；E，F. 卵茧的结构；G. 生殖器官末端详细结构；H. 成节；I. 孕节；J. 卵模详细结构。缩略词：mg. 梅氏腺；o. 卵巢；od. 输卵管；sr. 受精囊；u. 子宫；ud. 子宫管；vg. 阴道。标尺：A=0.5mm；B，H，I=100μm；C，D=15μm；E=25μm；F，G=50μm；J=20μm

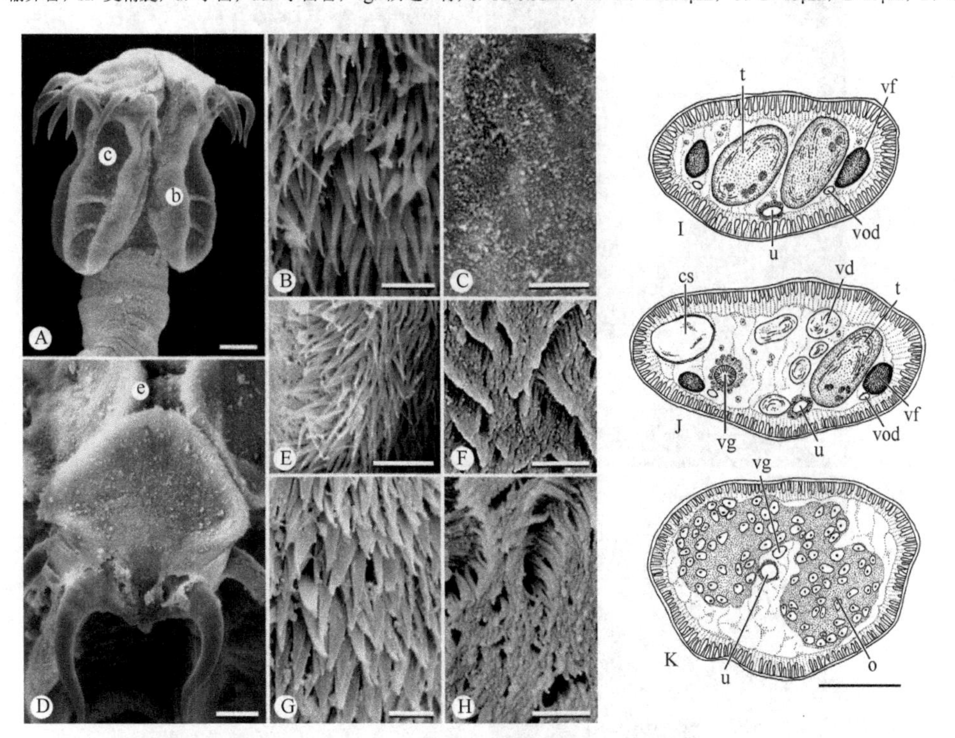

图 11-15 巴巴拉丽槽绦虫扫描结构和成节横切面结构示意图（引自 Ivanov & Brooks，2002）

A～H. 扫描结构：A. 头节，字母示相应图取样处；B. 吸槽近端表面微毛；C. 吸槽远端表面微毛；D. 肌肉质垫细节，示顶吸盘；E. 肌肉质垫近端表面微毛；F. 未成节表面微毛；G. 头茎表面微毛；H. 成节表面微毛。I～K. 成节横切面：I. 阴茎囊前方精巢水平横切面；J. 阴茎囊水平横切面；K. 卵巢峡部水平横切面。缩略词：cs. 阴茎囊；o. 卵巢；t. 精巢；u. 子宫；vd. 输精管；vf. 卵黄腺滤泡；vg. 阴道；vod. 腹部渗透调节管。标尺：A，D，I～K=50μm；B，C，E，F=2μm；G，H=2.5μm

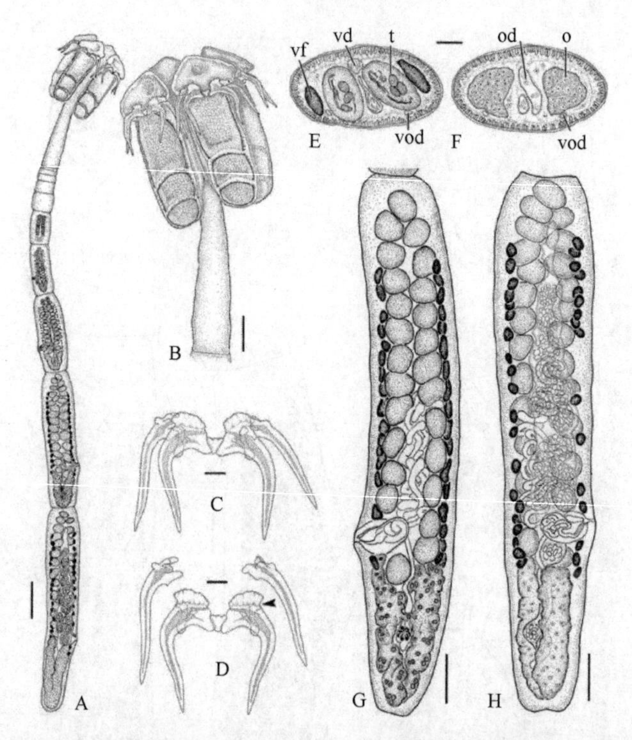

图 11-16　新月丽槽绦虫结构示意图（引自 Ivanov & Brooks，2002）

A. 整条虫体；B. 头节；C，D. 钩的详细结构，箭头示轴钩前方边缘的凹口；E. 成节精巢水平横切面；F. 成节卵巢峡部后方水平横切面；G. 成节；H. 孕节。缩略词：o. 卵巢；od. 输卵管；t. 精巢；vd. 输精管；vf. 卵黄腺滤泡；vod. 腹部渗透调节管。标尺：A=200μm；B，G，H=100μm；C，D=20μm；E，F=25μm

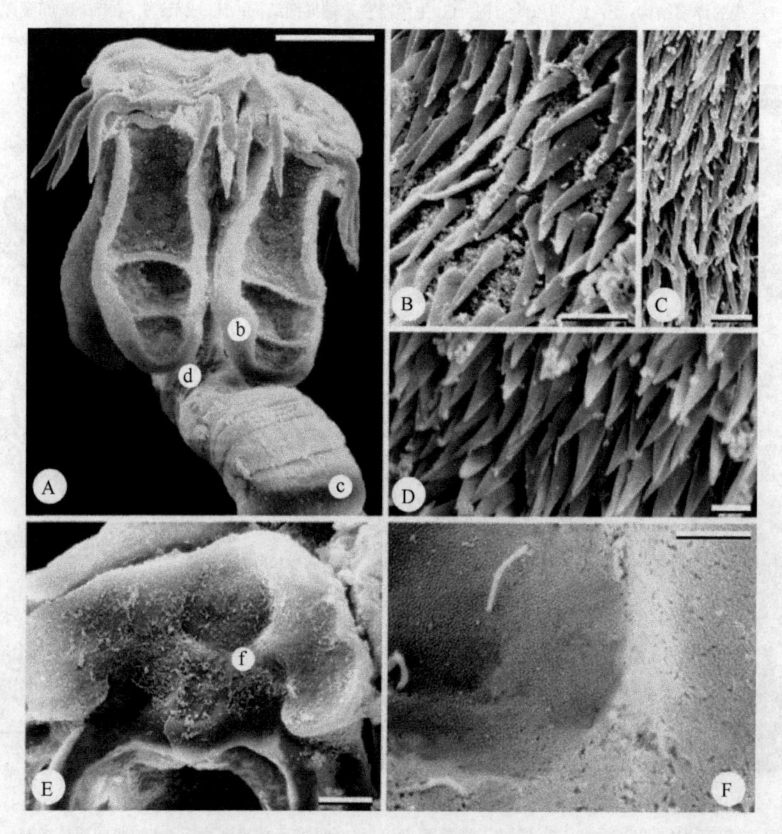

图 11-17　新月丽槽绦虫扫描结构（引自 Ivanov & Brooks，2002）

A. 头节，字母示相应图取样处；B. 吸槽近端表面微毛；C. 成节微毛；D. 头茎表面微毛；E. 肌肉质垫细节，示吸盘；F. 肌肉质垫远端表面微毛。标尺：A=100μm；B，D，F=2.5μm；C=1μm；E=25μm

3b. 吸槽有 1 对钩……………………………………………………………………………………………………4
4a. 成对的钩相似……………………………………………………………………………………………………5
4b. 成对的钩不相似…………………………………………………………………………………………………6
5a. 钩有 1 个叉，基部联合……………………………………瘤槽属（*Onchobothrium* De Blainville，1828）（图 11-18A～B）

识别特征：头节有 4 个吸槽，各由 2 横隔分为 3 个浅腔。各吸槽前方有一肌肉质的垫状结构，其上有 1 个附属吸盘和 2 个荆棘样钩，成对的钩在基部由一马蹄铁样板相连。基部有小管状或毛发样突起。链体无缘膜，老节解离。生殖孔位于侧方，不规则交替。精巢数目多；位于两侧区带；孔侧阴道后精巢存在。阴道位于阴茎囊前方。卵巢位于后方，横切面为四叶状。卵黄腺滤泡位于侧方。子宫位于腹部中央。卵球体状。已知寄生于秧鸡科（Rallidae）鸟类，分布于全球各地。模式种：钩骨瘤槽绦虫［*Onchobothrium uncinatum*（Rudolphi，1819）］。其他种：南极瘤槽绦虫（*O. antarcticum* Wojciechowska，1990）（图 11-19）。

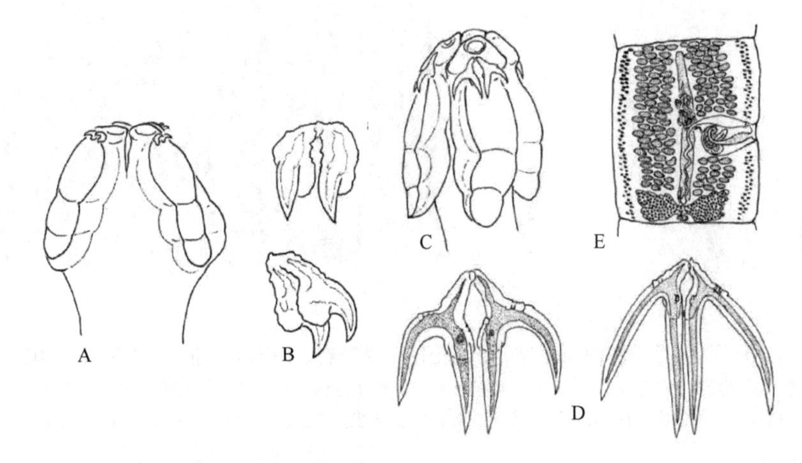

图 11-18　瘤槽属和钩槽属结构示意图（引自 Euzet，1994）

A～B. 瘤槽属：A. 头节；B. 钩腹面和侧面观。C～E. 钩槽属：C. 头节；D. 钩形态；E. 成节

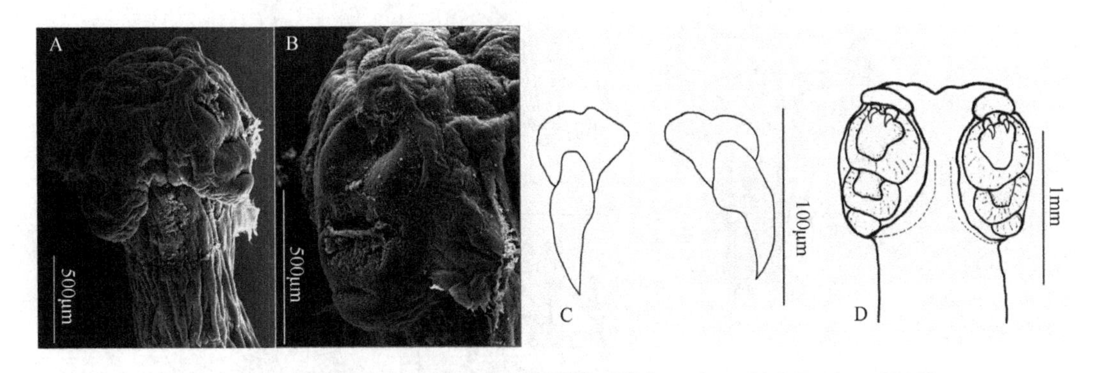

图 11-19　南极瘤槽绦虫扫描及结构示意图（引自 Laskowski & Rocka，2014）

A. 头节；B. 有钩的吸槽；C. 吸槽钩放大示意图；D. 头节示意图

5b. 钩叉有 2 支……………………………………………………钩槽属（*Acanthobothrium* van Beneden，1849）（图 11-18C～E）

［同物异名：高槽属（*Acrobothrium* Baer，1948）；真瘤槽属（*Euonchobothrium* Diesing，1854）；花瓣头属（*Petalcephalus* Jeude，1829）；花瓣口属（*Petalostoma* Jeude，1829）；臼叶槽属（*Prosthecobothrium* Diesing，1863）］

识别特征：头节有 4 个吸槽，各由 2 横隔分为 3 个浅腔。各吸槽前方有一肌肉质的垫状结构，其上有 1 个附属吸盘和成对的对称叉状钩。头茎有时存在。链体无缘膜，孕节脱落。生殖孔位于侧方，不规则交替。精巢数目多；孔侧阴道后精巢存在。阴茎具棘。卵巢位于后方，横切面为四叶状。阴道位于阴茎囊前方。卵黄腺滤泡位于侧方。子宫囊状，位于腹部中央。卵球体状。已知寄生于板鳃亚纲软骨鱼类，分布于全球各地。模式种：冠钩槽绦虫［*Acanthobothrium coronatum*（Rudolphi，1819）］。其他种：波特

西托钩槽绦虫（*A. puertecitens*）（图 11-20）；圣罗莎钩槽绦虫（*A. santarosaliense*）（图 11-21）；短钩槽绦虫（*A. brevissime*）（图 11-22）；阿斯尼钩槽绦虫（*A. asnihae*）（图 11-23，图 11-24A～E）；艾田钩槽绦虫

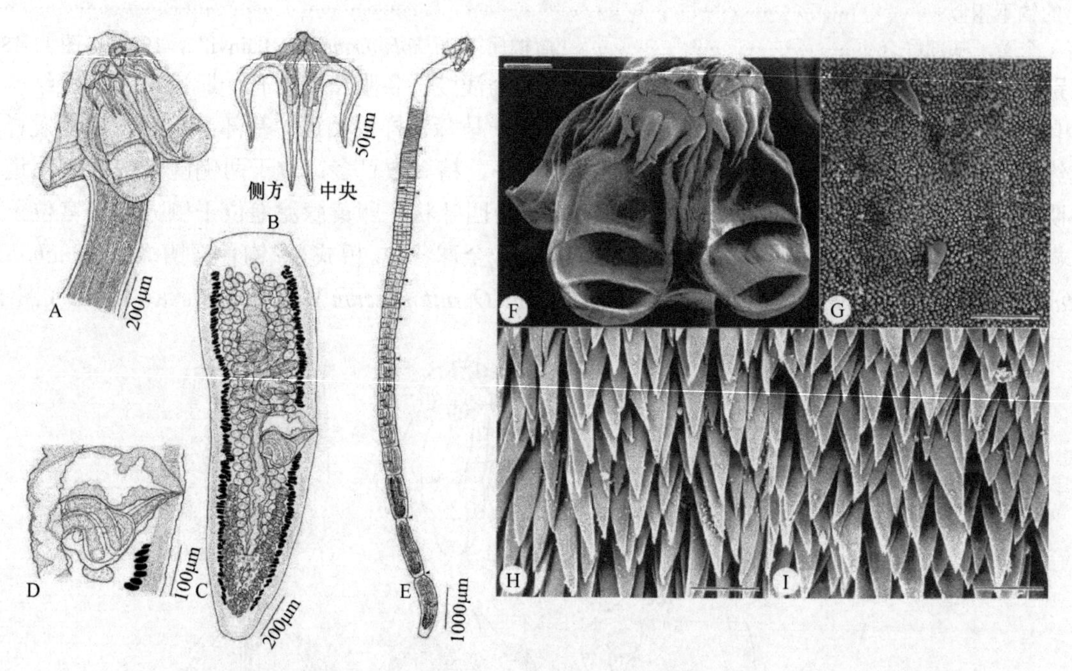

图 11-20　波特西托钩槽绦虫结构示意图及扫描结构（引自 Caira & Zahner，2001）

A～E. 结构示意图：A. 头节；B. 钩；C. 末端成节；D. 生殖器官远端；E. 整条虫体，箭头示实际节间部位。F～I. 头节扫描结构：F. 头节；G. 吸槽远端表面放大；H. 吸槽近端表面放大；I. 头茎表面放大。标尺：F=100μm；G～I=2μm

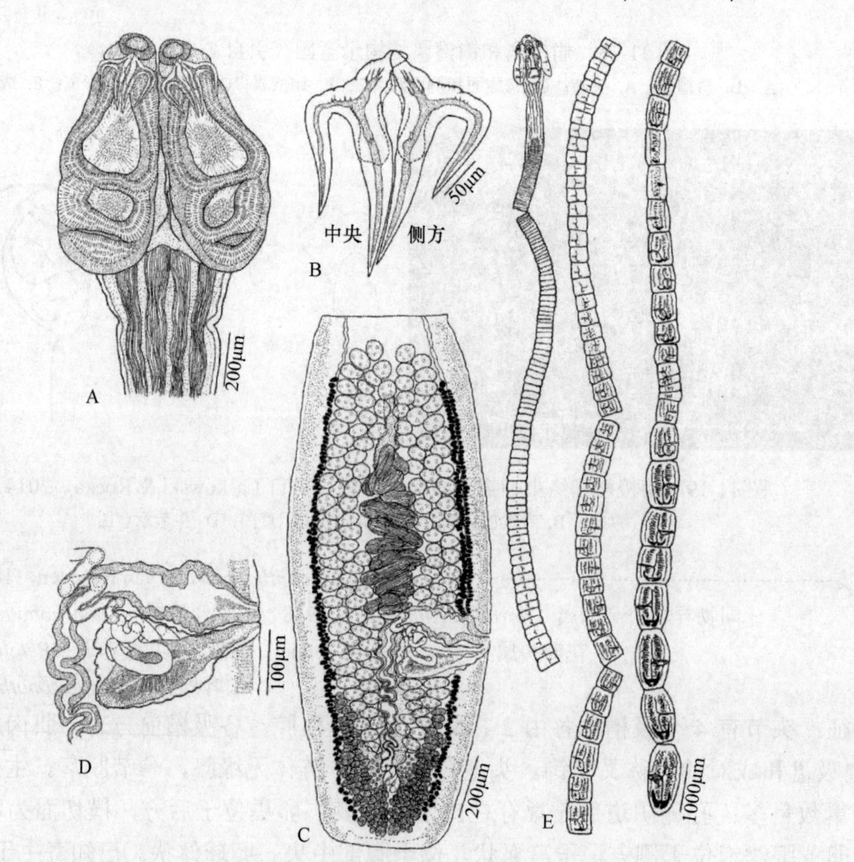

图 11-21　圣罗莎钩槽绦虫结构示意图（引自 Caira & Zahner，2001）

A. 头节，注意绘出的是固定样品上较低的 1 对吸槽；B. 钩；C. 成节；D. 生殖器官末端部详细结构；E. 整条虫体

（*A. etini*）（图 11-24F～I，图 11-25）；马斯尼海钩槽绦虫（*A. masnihae*）（图 11-26，图 11-27A～F）；萨利克钩槽绦虫（*A. saliki*）（图 11-27G～L，图 11-28）；扎娜丽钩槽绦虫（*A. zainali*）（图 11-29，图 11-30）；布拉德钩槽绦虫（*A. bullardi*）（图 11-31）；达西钩槽绦虫（*A. dasi*）（图 11-32，图 11-33A～C）；拉吉夫

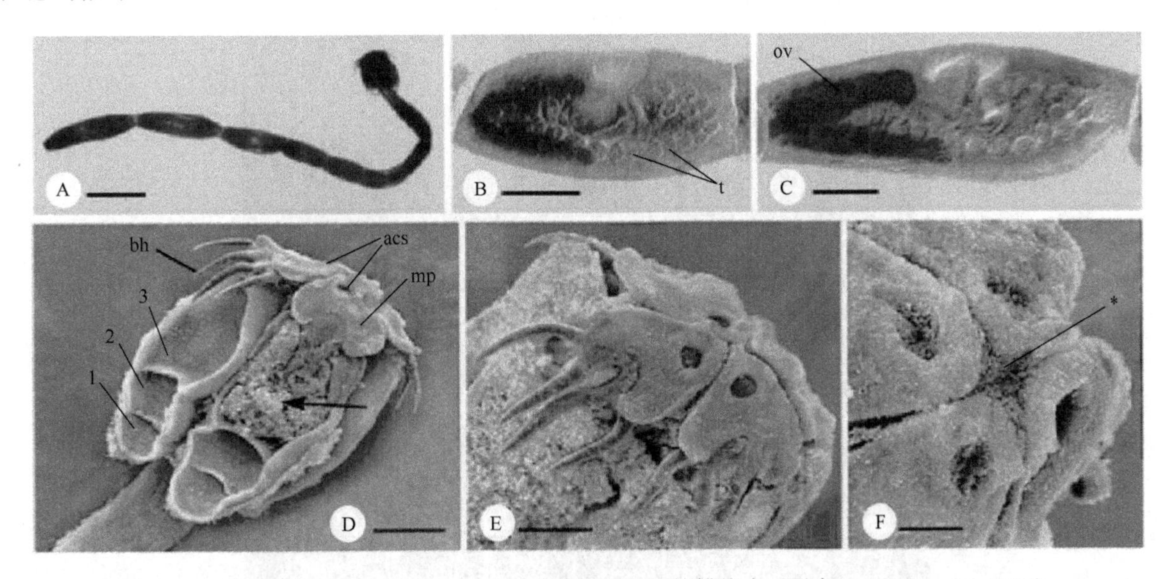

图 11-22 寄生于钝头魟（*Dasyatis say*）肠螺旋瓣的短钩槽绦虫（引自 Holland et al.，2009）

A. 整条虫体光镜结构；B. 相对幼龄节片光镜照，精巢（t）明显；C. 老节光镜照含有不对称的卵巢（ov），反孔侧支伸展至更前方；D. 成体头节扫描结构，各吸槽由隔分为 3 个小浅腔（标示为 1～3），且前方由一对 2 支的吸槽钩（bh）相关联，肌肉质垫（mp）有一附属吸盘（acs），箭头示来自宿主肠壁的碎片；E. 吸槽钩放大扫描；F. 头节前端（星号标示）无前方吸盘。标尺：A=500μm；B～D=100μm；E=50μm；F=20μm

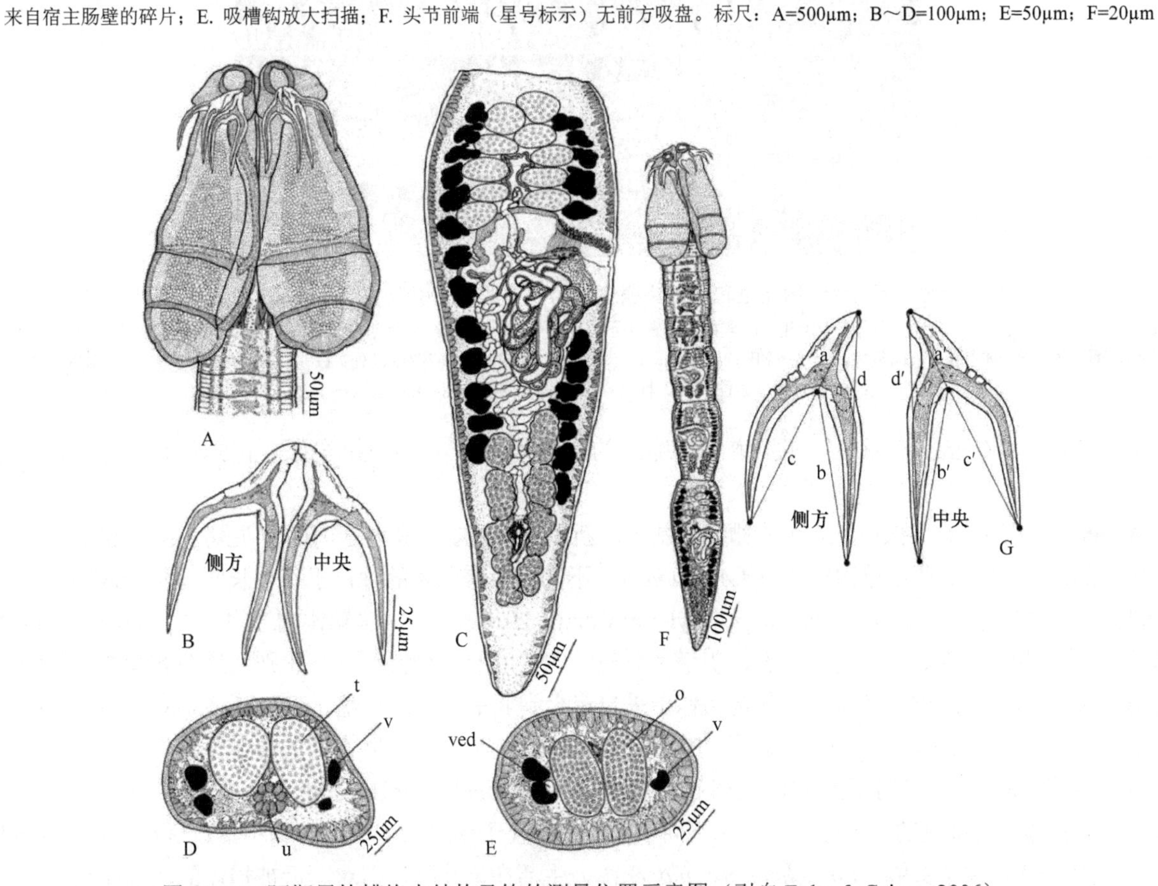

图 11-23 阿斯尼钩槽绦虫结构及钩的测量位置示意图（引自 Fyler & Caira，2006）

A. 头节；B. 钩；C. 成节，示卵巢有相等长度的分叶，但在图中有些失真；D. 成节精巢水平横切面；E. 成节卵巢水平横切面；F. 整条虫体；G. 钩的测量位置。缩略词：o. 卵巢；t. 精巢；u. 子宫；v. 卵黄腺滤泡；ved. 腹排泄管

钩槽绦虫（*A. rajivi*）（图 11-33D～F，图 11-34A～F）；马德普拉塔钩槽绦虫（*A. marplatensis*）（图 11-34G～K，图 11-35）；玛丽迈克尔钩槽绦虫（*A. marymichaelorum*）（图 11-36）及索伯龙钩槽绦虫（*A. soberoni*）（图 11-37）等。

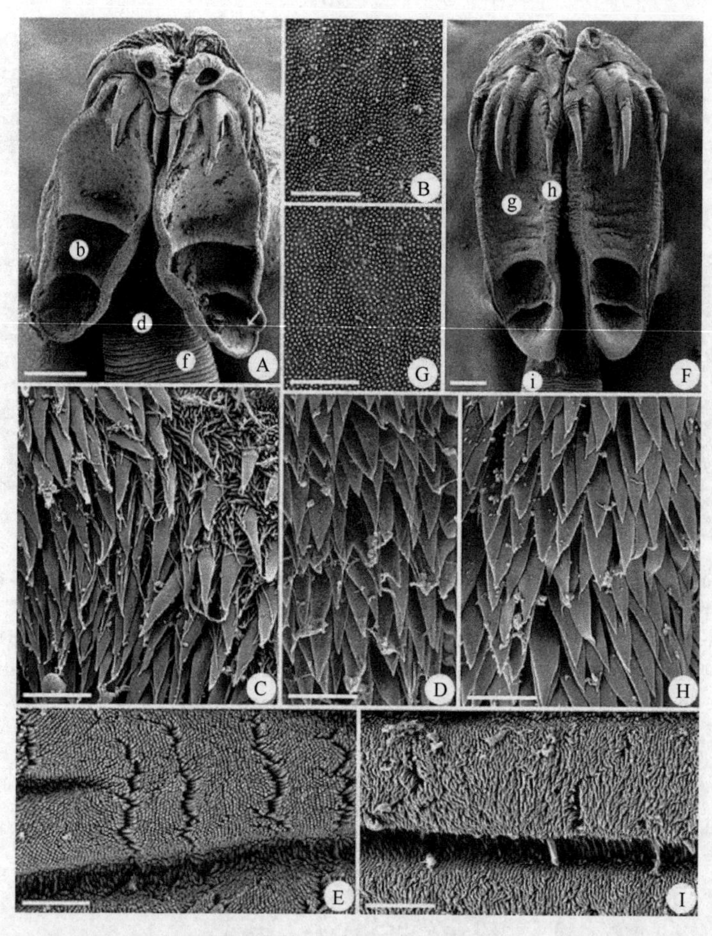

图 11-24 阿斯尼钩槽绦虫和艾田钩槽绦虫的扫描结构（引自 Fyler & Caira，2006）

A～E. 阿斯尼钩槽绦虫：A. 头节，小写字母示相应图取样处，箭头示弱的水平肌肉带；B. 吸槽远端表面放大；C. 吸槽近端中央部位表面放大；D. 头茎表面放大；E. 前方链体表面放大。F～I. 艾田钩槽绦虫：F. 头节，小写字母示相应图取样处；G. 吸槽远端表面放大；H. 吸槽近端表面放大；I. 前方链体表面放大。标尺：A=50μm；F=50μm；B～E，G～I=2μm

Ghoshroy 和 Caira 于 2001 年在报道钩槽绦虫的同时提供了 4 种绦虫详细的主要形态测量数据，见表 11-2。

Maleki 等（2015）又报道了 4 个钩槽绦虫新种。新种采自阿曼湾和波斯湾的犁头鳐（guitarfish）。都属于有卵巢后精巢的类群。贾尼尼钩槽绦虫（*A. janineae*）不同于所有同属的种在于有一长阴道延伸入输精管且有不同的节片和精巢数目（*A. hypermekkolpos* Fyler & Caira，2010 除外）。法勒钩槽绦虫（*A. fylerae*）可以从包括总长、节片和精巢数、阴茎囊的形态、阴道和卵巢叶的长度等组合特征进行识别。这两新种在头节固有结构长度、钩的大小和肌肉质垫方面都各自相似于采自澳大利亚平滑尖犁头鳐［*Rhynchobatus laevis*（Bloch & Schneider）］的 *A. hypermekkolpos*。娅瑟琳钩槽绦虫（*A. asrinae*）不同于同类群的种在于钩的形态及轴向齿中部结节的位置；此方面类似于报道自澳大利亚的 *A. bartonae* Campbell & Beveridge，2002。杰姆斯钩槽绦虫（*A. jamesi*）为有卵巢后精巢的 6 个种之间，它不同于其他物种在于体总长度、节片和精巢数目及卵巢叶的延伸。虽然人们认为吉达尖犁头鳐（*Rhynchobatus djiddensis*）生活在该地区，但对新近被描述的钩槽属物种的宿主有待核实。在该地区存在 2 种类型宿主，指定为类吉达尖犁头鳐 1（*R.* cf. *djiddensis* 1）和类吉达尖犁头鳐 2（*R.* cf. *djiddensis* 2）。宿主的最终识别亦需要更多的分类工作并应用分子技术加以支持。

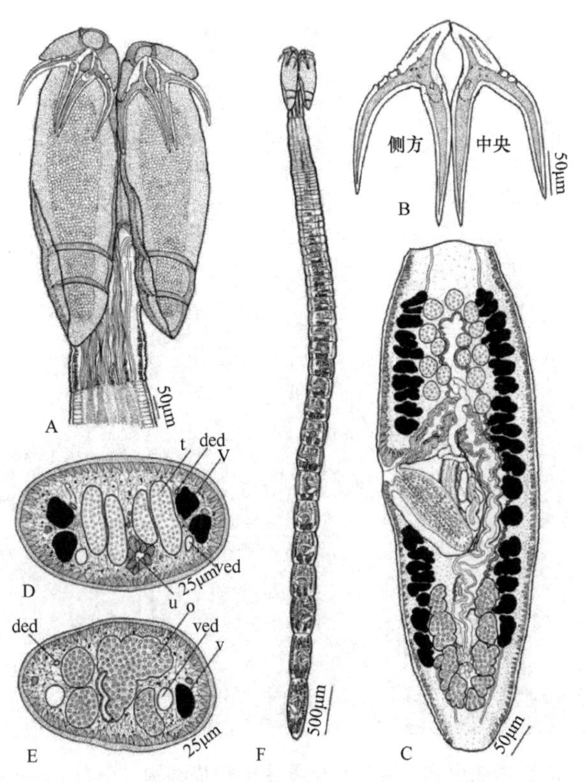

图 11-25 艾田钩槽绦虫结构示意图（引自 Fyler & Caira，2006）

A. 头节；B. 钩；C. 成节；D. 成节精巢水平横切面；E. 成节卵巢水平横切面；F. 整条虫体。缩略词：ded. 背排泄管；o. 卵巢；t. 精巢；u. 子宫；v. 卵黄腺滤泡；ved. 腹排泄管

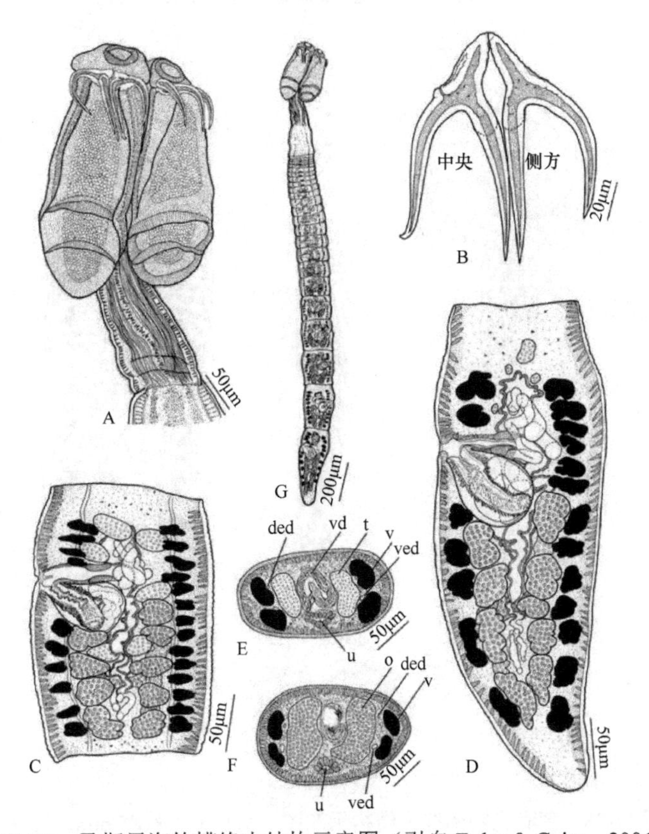

图 11-26 马斯尼海钩槽绦虫结构示意图（引自 Fyler & Caira，2006）

A. 头节；B. 钩；C. 成熟亚末端节片；D. 成熟末端节片；E. 成节精巢水平横切面；F. 成节卵巢水平横切面；G. 整条虫体。缩略词：ded. 背排泄管；o. 卵巢；t. 精巢；u. 子宫；v. 卵黄腺滤泡；vd. 输精管；ved. 腹排泄管

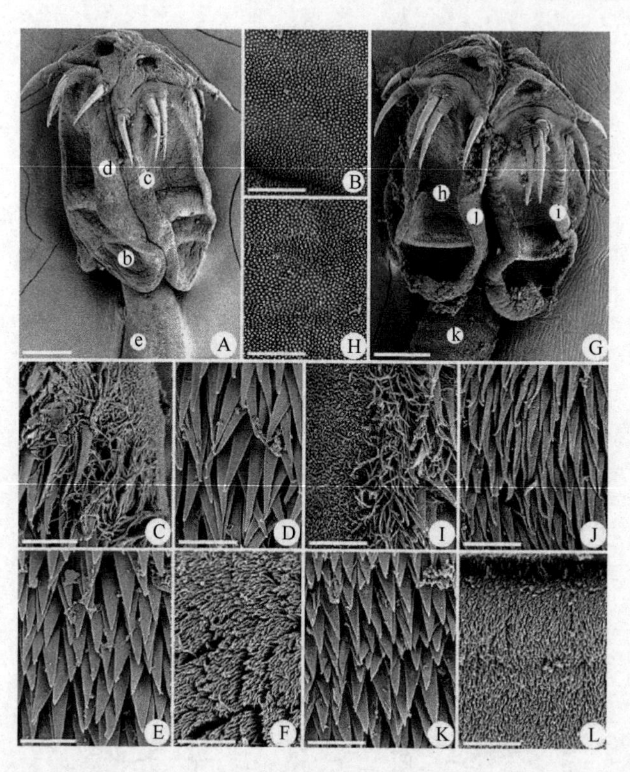

图 11-27　马斯尼海钩槽绦虫和萨利克钩槽绦虫的扫描结构（引自 Fyler & Caira，2006）

A～F. 马斯尼海钩槽绦虫：A. 头节，小写字母示相应图取样处；B. 吸槽远端表面放大；C. 吸槽中部边缘表面放大；D. 吸槽近端表面放大；E. 头茎表面放大；F. 前方链体表面放大。G～L. 萨利克钩槽绦虫：G. 头节，小写字母示相应图取样处；H. 吸槽远端表面放大；I. 吸槽侧边缘表面放大；J. 吸槽近端表面放大；K. 头茎表面放大；L. 前方链体表面放大。标尺：A=50μm；B～F=2μm；G=50μm；H～L=2μm

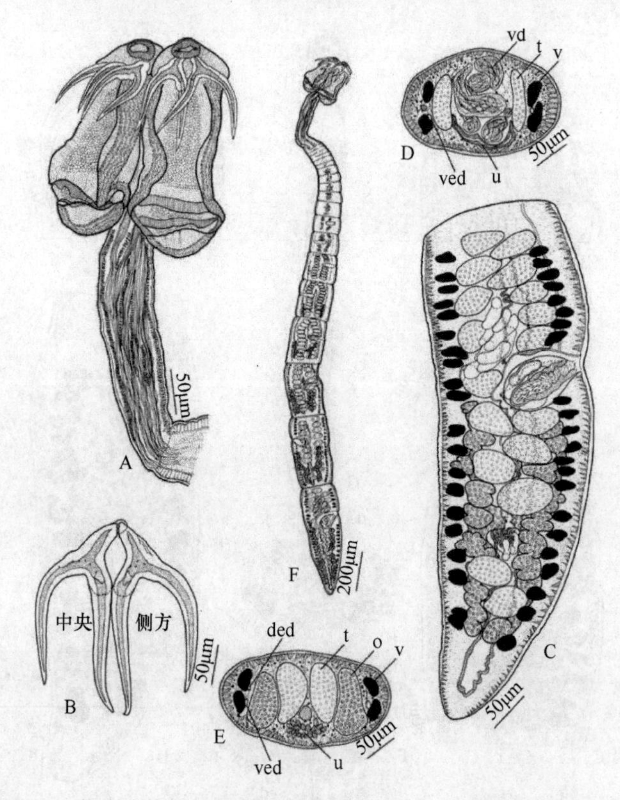

图 11-28　萨利克钩槽绦虫结构示意图（引自 Fyler & Caira，2006）

A. 头节；B. 钩；C. 末端成节；D. 成节精巢水平横切面；E. 成节卵巢水平横切面；F. 整条虫体。缩略词：ded. 背排泄管；o. 卵巢；t. 精巢；u. 子宫；v. 卵黄腺滤泡；vd. 输精管；ved. 腹排泄管

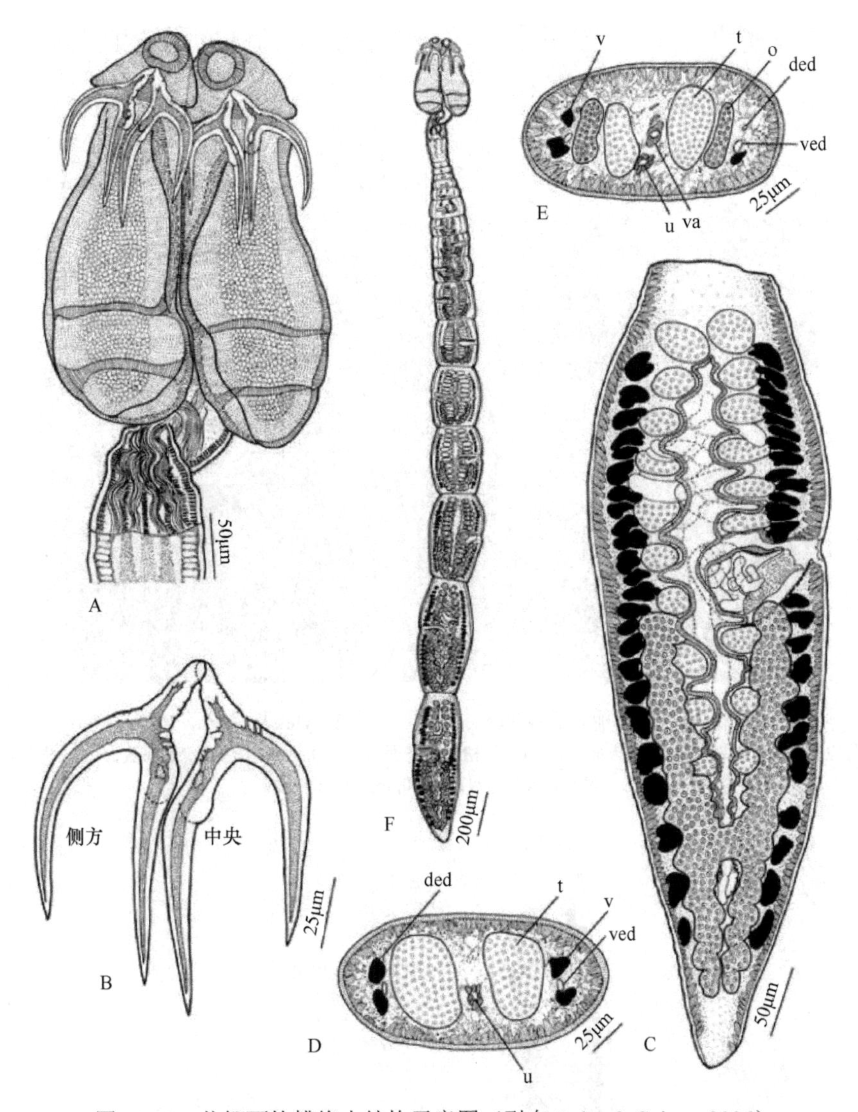

图 11-29　扎娜丽钩槽绦虫结构示意图（引自 Fyler & Caira，2006）

A. 头节；B. 钩；C. 末端成节；D. 成节精巢水平横切面；E. 成节卵巢水平横切面；F. 整条虫体。缩略词：ded. 背排泄管；o. 卵巢；t. 精巢；u. 子宫；v. 卵黄腺滤泡；va. 阴道；ved. 腹排泄管

1）贾尼尼钩槽绦虫（*Acanthobothrium janineae* Maleki et al.，2015）（图 11-38A～E，图 11-39A～F）

模式宿主：类吉达尖犁头鳐 1（*Rhynchobatus* cf. *djiddensis* 1 Forsskål）［鳐形目（Rajiformes）：尖犁头鳐科（Rhynchobatidae）］。

模式宿主采集地：伊兰阿曼湾（Gulf of Oman）（25°11′N～25°25′N，57°43′E～60°33′E）。

其他采集地：无。

寄生部位：肠螺旋瓣。

感染率：6 尾中 1 尾感染（17%）。

感染强度：16 个样品。

模式材料：全模标本（ZUTC Platy. 1311），5 个副模标本（ZUTC Platy. 1312-1316），5 个副模标本（ZMB E. 7566），2 个 SEM 凭证标本（ZUTC Platy. 1317，1318）。

词源：种名荣誉给予康涅狄格大学的贾尼尼凯拉（Janine Caira），她在绦虫系统学和分类研究中作出了杰出的贡献。

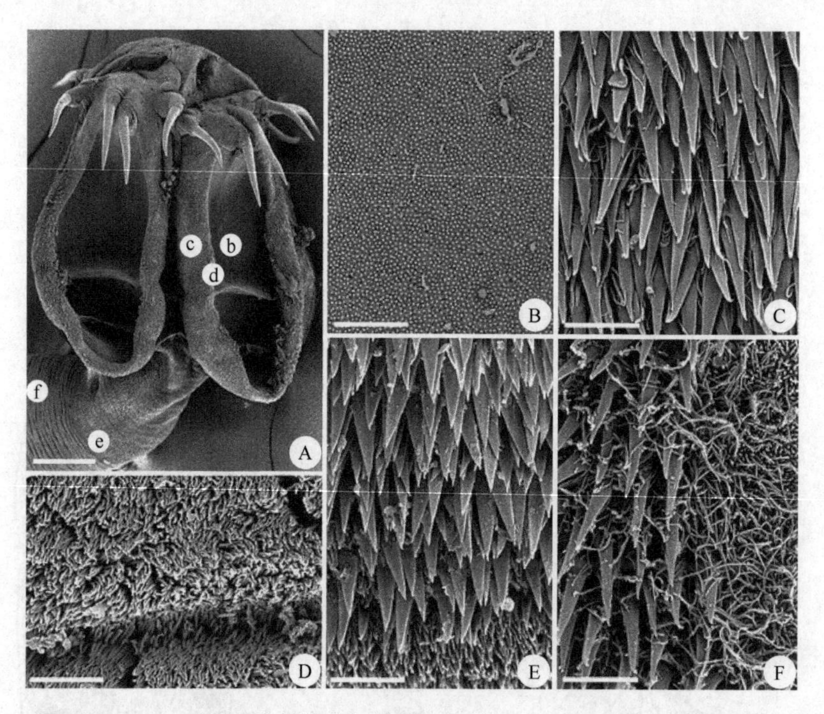

图 11-30 扎娜丽钩槽绦虫扫描结构（引自 Fyler & Caira，2006）

A. 头节，小写字母示相应图取样处；B. 吸槽远端表面放大；C. 吸槽近端表面放大；D. 吸槽中部边缘表面放大；E. 头茎表面放大；F. 前方链体表面放大。标尺：A=50μm；B～F=2μm

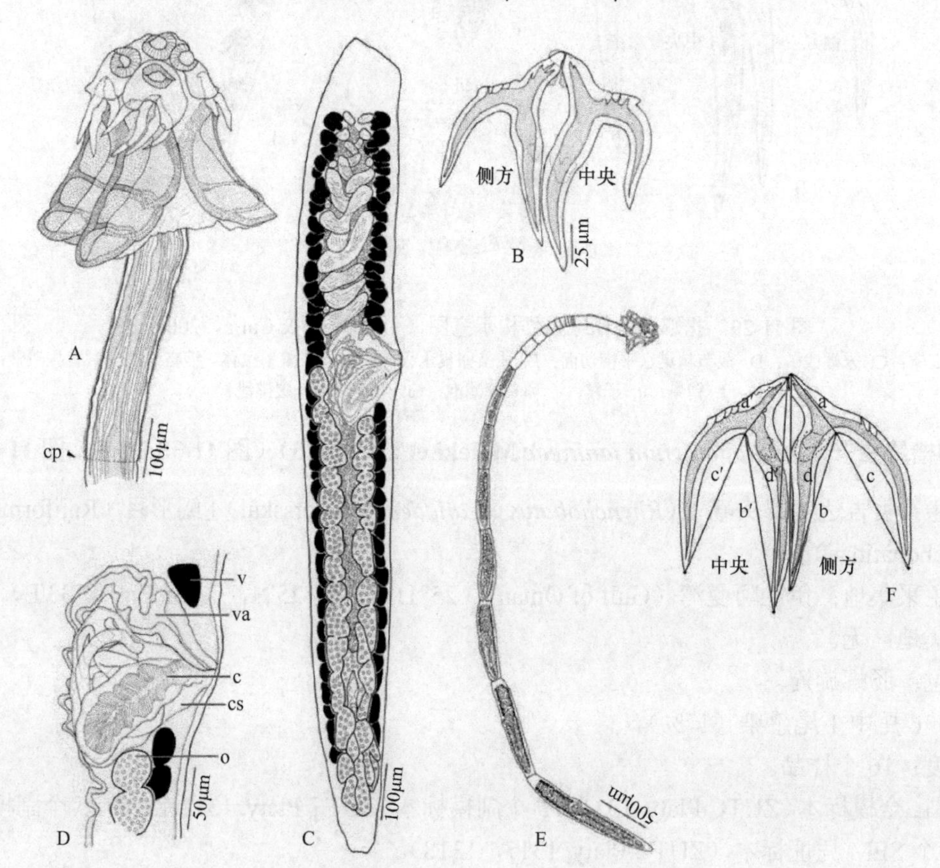

图 11-31 布拉德钩槽绦虫及钩的测量位置

A. 头节；B. 钩；C. 成节；D. 生殖器官末端详细结构；E. 整条虫体；F. 钩的测量位置。缩略词：c. 阴茎；cp. 头茎后部区域；cs. 阴茎囊；o. 卵巢；v. 卵黄腺；va. 阴道（A～E 引自 Ghoshroy & Caira，2001；F 引自 Fyler & Caira，2006）

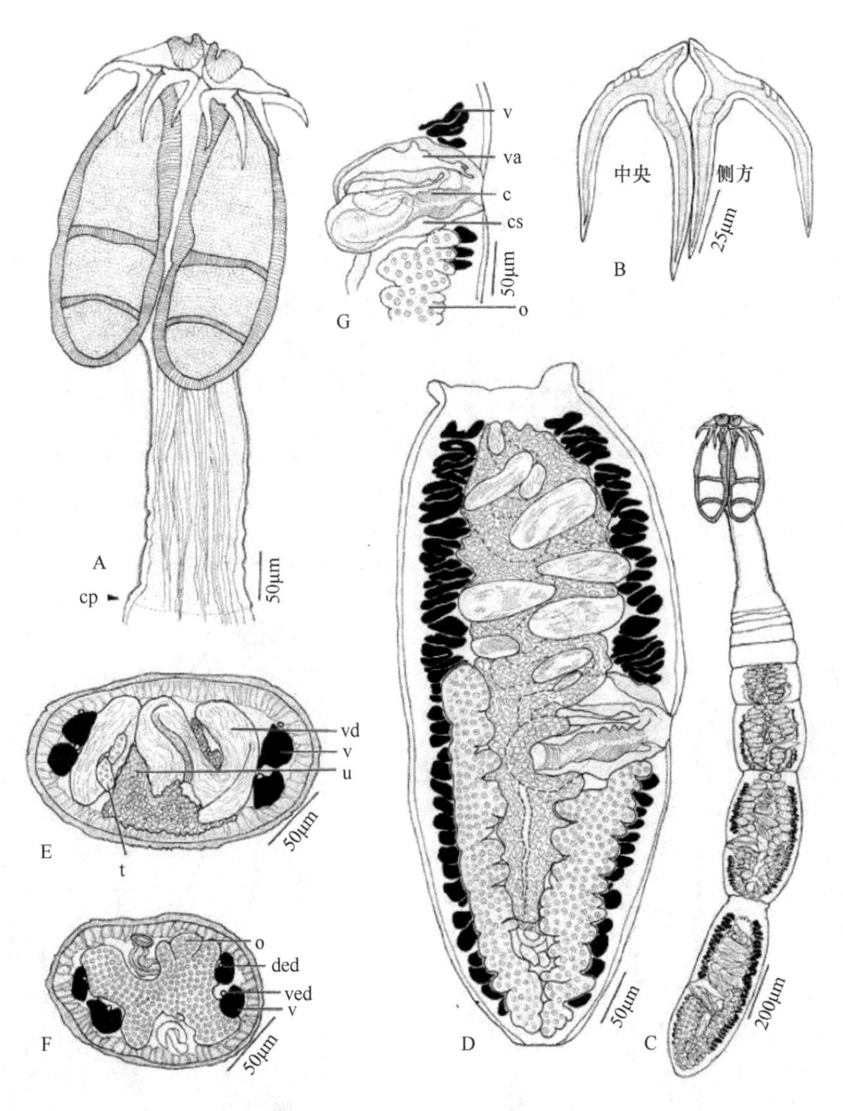

图 11-32 达西钩槽绦虫结构示意图（引自 Ghoshroy & Caira，2001）

A. 头节；B. 钩；C. 整条虫体；D. 成节；E. 成节精巢水平横切面；F. 成节卵巢水平横切面；G. 生殖器官末端详细结构。缩略词：c. 阴茎；cp. 头茎后部区域；cs. 阴茎囊；ded. 背排泄管；o. 卵巢；t. 精巢；u. 子宫；v. 卵黄腺；va. 阴道；vd. 输精管；ved. 腹排泄管

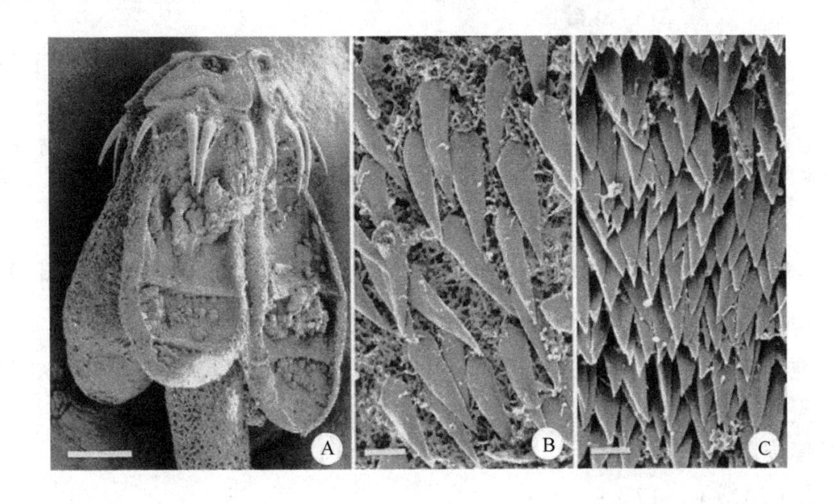

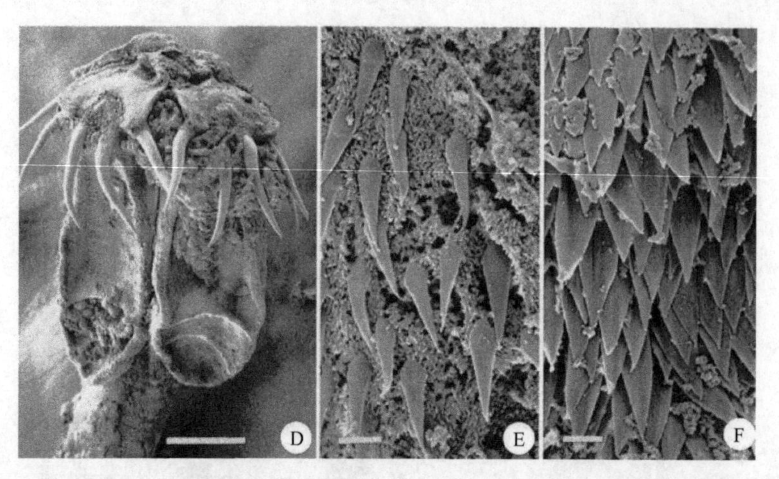

图 11-33　达西钩槽绦虫和拉吉夫钩槽绦虫的扫描结构（引自 Ghoshroy & Caira，2001）

A～C. 达西钩槽绦虫：A. 头节；B. 吸槽近端表面放大；C. 头茎表面放大。D～F. 拉吉夫钩槽绦虫：D. 头节；E. 吸槽近端表面放大；F. 头茎表面放大。标尺：A，D=50μm；B，C，E，F=1μm

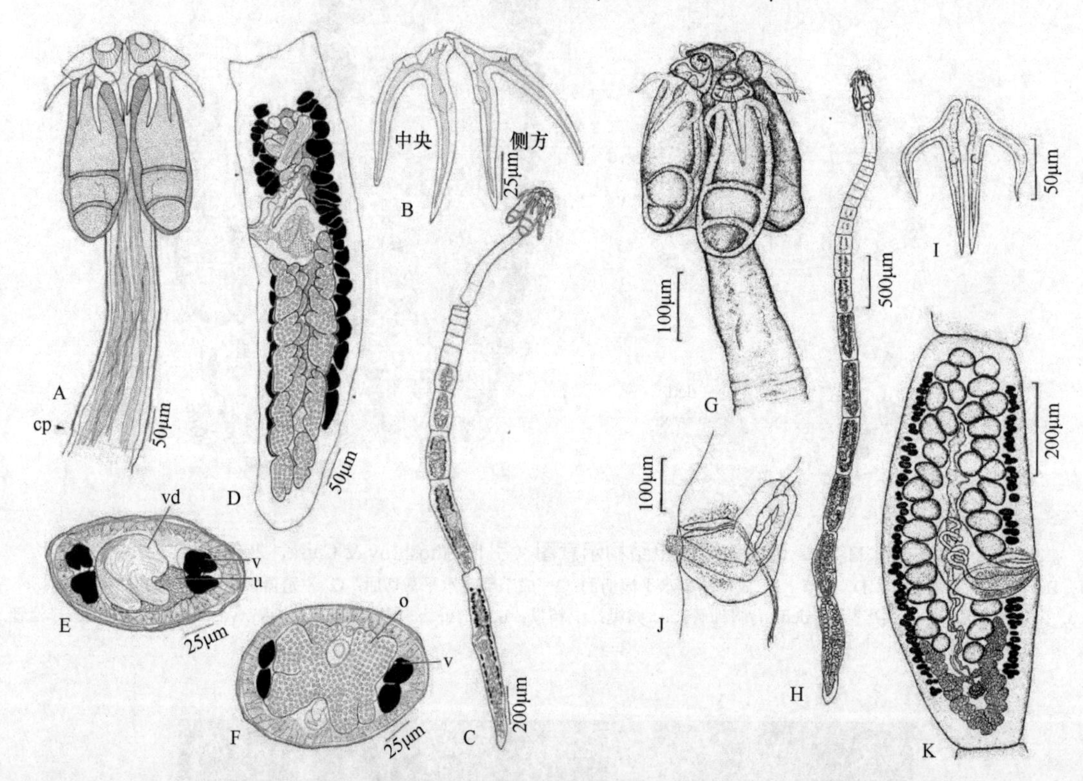

图 11-34　2 种钩槽绦虫结构示意图

A～F. 拉吉夫钩槽绦虫：A. 头节；B. 钩；C. 整条虫体；D. 成节；E. 成节精巢水平横切面；F. 成节卵巢水平横切面。G～K. 马德普拉塔钩槽绦虫：G. 头节；H. 整条虫体；I. 吸槽钩；J. 生殖器官末端详细结构；K. 成节腹面观。缩略词：cp. 头茎后部区域；o. 卵巢；u. 子宫；v. 卵黄腺；vd. 输精管（A～F 引自 Ghoshroy & Caira，2001；G～K 引自 Ivanov & Campbell，1998）

2）法勒钩槽绦虫（*Acanthobothrium fylerae* Maleki et al.，2015）（图 11-38F～J，图 11-39G～L）

模式宿主：类吉达尖犁头鳐（鳐形目：尖犁头鳐科）。

模式宿主采集地：伊兰阿曼湾（Gulf of Oman）（25°11′N～25°25′N，57°43′E～60°33′E）。

其他采集地：无。

寄生部位：肠螺旋瓣。

感染率：6 尾中 1 尾感染（17%）。

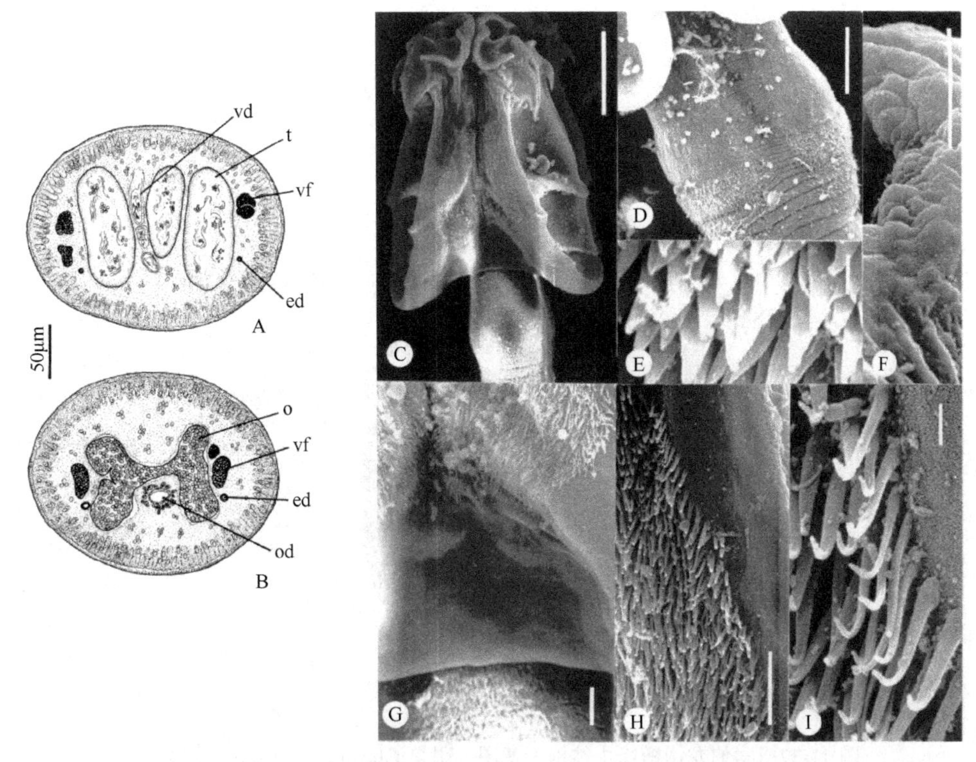

图 11-35　马德普拉塔钩槽绦虫成节横切面结构示意图及头茎扫描结构（引自 Ivanov & Campbell，1998）

A. 过成节精巢水平横切；B. 过成节卵巢水平横切。C～I. 扫描结构：C. 头节；D. 头茎（注意中央带无大型微毛）；E. 头茎上的棘样微毛细节；F. 顶吸盘表面；G. 缘膜表面；H. 吸槽近端表面的镰刀状微毛；I. 左侧镰刀状微毛细节（注意更小的丝状微毛在右侧）。缩略词：ed. 排泄管；o. 卵巢；od. 输卵管；t. 精巢；vf. 卵黄腺滤泡。标尺：C=100μm；A，B，D=50μm；E，I=1μm；F～H=10μm

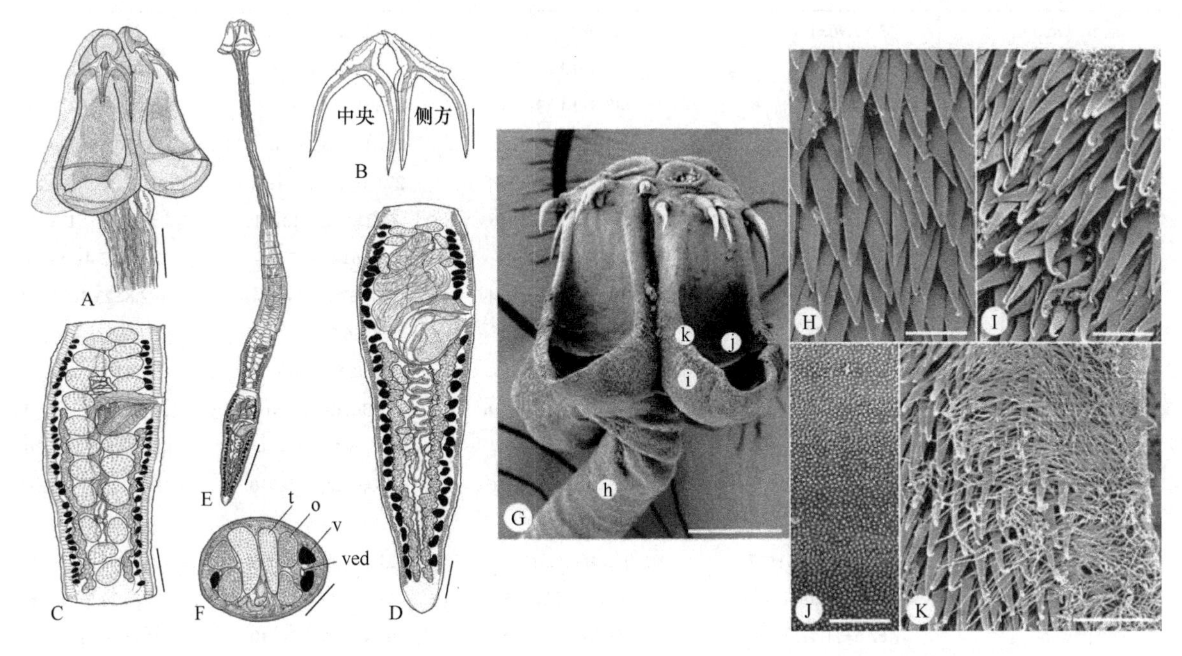

图 11-36　玛丽迈克尔钩槽绦虫结构示意图及扫描结构（引自 Twohig，Caira & Fyler，2008）

A～F. 结构示意图：A. 头节；B. 钩；C. 成节；D. 成节中的输精管，其中精巢萎缩了；E. 整条虫体；F. 通过卵巢峡部前方横切。G～K. 扫描结构：G. 头节，小写字母示相应图取样处；H. 头茎表面；I. 吸槽近端表面；J. 吸槽前方小室远端表面；K. 吸槽近端和远端表面分界处。缩略词：o. 卵巢；t. 精巢；v. 卵黄腺；ved. 腹排泄管。标尺：A，C，D，F，G=50μm；B=15μm；E=200；H～K=2μm

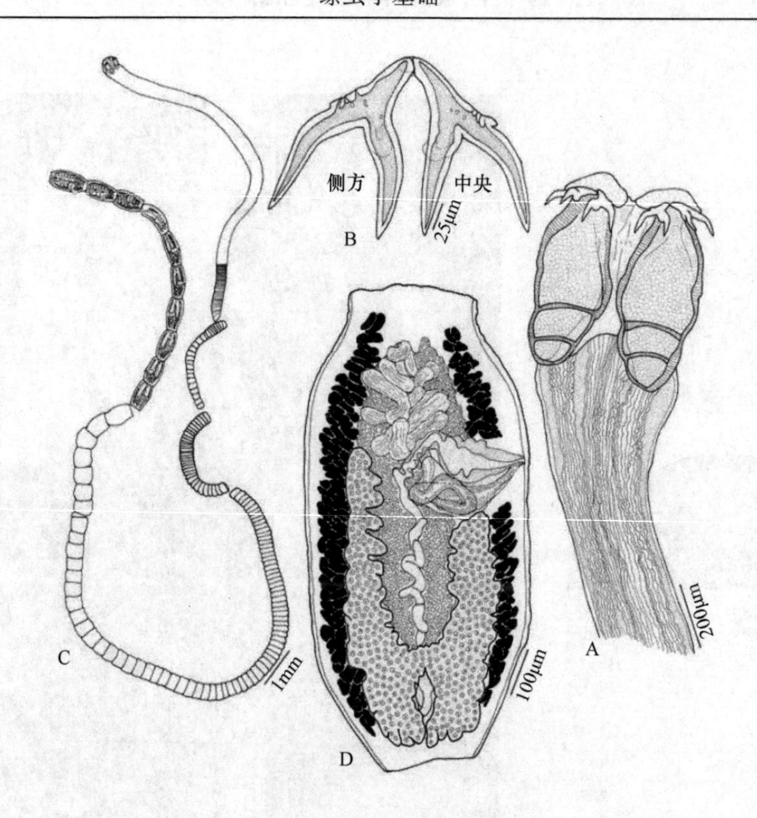

图 11-37　索伯龙钩槽绦虫结构示意图（引自 Ghoshroy & Caira，2001）

A. 头节；B. 钩；C. 整条虫体；D. 成节

表 11-2　4 种钩槽绦虫的主要测量数据比较

特征	*A. bullardi*	*A. dasi*	*A. rajivi*	*A. soberoni*
总长（mm）	5.96±1.8；7	2.38±0.4；16	2.62±0.3；10	23.5±7.4；7
节片数	20.7±3.9；8	9.3±1.8；16	12.6±2.6；10	149.1±60；8
头节长度	754.5±146.1；6	747.5±147.3；16	605.6±101.6；8	3912.2±1653.7；13
头节宽度	300.4±56.4；6	240.3±24.6；16	160.6±26；8	452.2±53.8；9
吸槽长度	349±60.9；8；6	347.5±29.6；20；13	271.1±24.4；14；11	531.6±53；21；12
吸槽宽度	134.7±17；9；7	121±13.6；23；16	84.2±10.2；13；11	231±36.7；17；11
肌肉垫长度	81.3±25；9；6	57.8±12；20；13	54.6±4.6；7；6	70.8±23.4；9；8
肌肉垫宽度	118.8±20；11；8	99.8±11.1；20；14	84.6±7.1；14；11	172.8±23.4；9；8
顶吸盘长度	37.7±8.7；10；6	34±4.8；24；14	37±6.2；10；8	38±10；9；6
顶吸盘宽度	48.7±8.6；10；6	40.8±4.5；22；13	33.7±5.1；10；8	54.2±7.9；10；7
前部小腔长度	120±17.6；8；7	161.1±16.3；23；16	133±20；13；10	250.7±52.7；19；12
中部小腔长度	55.3±5.8；7；6	60±9；26；16	45±5.4；13；10	80±13.8；15；10
后部小腔长度	63.4±9.8；8；7	62.7±10.9；26；16	44.4±4.2；13；10	77.9±12.4；16；10
钩的数据				
侧钩 a	46.8±6.5；11；7	34.2±6；23；16	31.2±2.6；12；10	74.7±12；11；9
侧钩 b	77.5±14.3；11；7	69±11；22；15	67.2±3.1；12；10	74.3±22.5；8；6
侧钩 c	62.6±11.4；11；7	61±8.4；23；16	62.4±3.6；12；10	85.5±10.7；9；8
侧钩 d	115.7±18.4；11；7	95.8±16.1；22；15	92.1±4.2；12；10	136.5±23.7；8；6
中钩 a′	47.1±8.4；10；7	34.5±7.2；24；16	29.5±4.1；12；10	63.5±10.7；10；8
中钩 b′	89.1±17.2；10；7	73.3±8.4；24；16	73.3±3.5；12；10	79.3±16.5；10；8
中钩 c′	57.8±10.2；10；7	61.3±8.6；24；16	62.2±2，7；12；10	89.7±13.1；9；7
中钩 d′	127±22.9；10；7	100.2±14.6；24；16	96.8±4；12；10	130±29.3；9；7

续表

特征	A. bullardi	A. dasi	A. rajivi	A. soberoni
头茎长度	469.2±132；7	482±162.5；16	400.2±87.4；10	3430.8±1539.4；12
头茎宽度	103.4±17.8；8	85.7±16.7；14	65±13.3；10	289.2±81.7；13
未成节数	18±3.5；8	8.3±1.8；16	10±1；10	137.1±60.4；7
成节数	3.1±0.7；7	1.1±0.3；16	3±1；9	16.1±7；8
成节长度	1053.3±313；6；6	653.9±111.8；16；16	629.6±175.3；10；10	702.3±163.3；13；6
成节宽度	166±19.4；5；5	241.2±24.2；16；16	134.3±22.5；8；8	403.8±114.1；13；6
精巢数目	35.7±4.3；19；8	30.5±4.6；31；16	10.4±1.1；24；9	47±9.2；9；6
精巢长度	33.2±6.8；21；7	28.4±5.6；47；16	25.8±3.4；23；8	39.8±7.2；15；5
精巢宽度	31.7±3.4；21；7	50.3±8.3；47；16	27.3±5.3；22；8	53.8±13.1；15；5
主区精巢数	29.9±4.4；19；8	26.6±3.9；30；16	9.1±0.99；24；9	n/a
阴道后区精巢数	5.7±0.7；19；8	3.7±1.1；30；16	1.69±1.66；23；9	n/a
阴茎囊长	142.5±25.6；5	133.3±12.2；15	98.8±12.6；9	221.6±51.6；3；2
阴茎囊宽	125.5±19.8；5	60.4±11.9；16	74.4±11.1；9	85±14.1；3；2
卵巢宽	106.8±17.2；4	155.1±21；16	63.4±13.3；8	259.5±52.8；6；4
卵巢长（孔侧臂）	523±148；4	259.8±51.2；16	293.7±64.5；8	376.1±90；7；4
卵巢长（反孔侧臂）	599.4±171.3；4	327±50.2；16	325±69.8；8	480±112；6；4
生殖孔位置（自后端%）	56.4±4.4；8	49.4±2.4；16	68±3.1；9	68.6±5.2；3；3

注：表中的数据依次为平均数±标准误；测量数量；虫体数量。n/a 代表没有数据；测量单位除有标明外为 μm

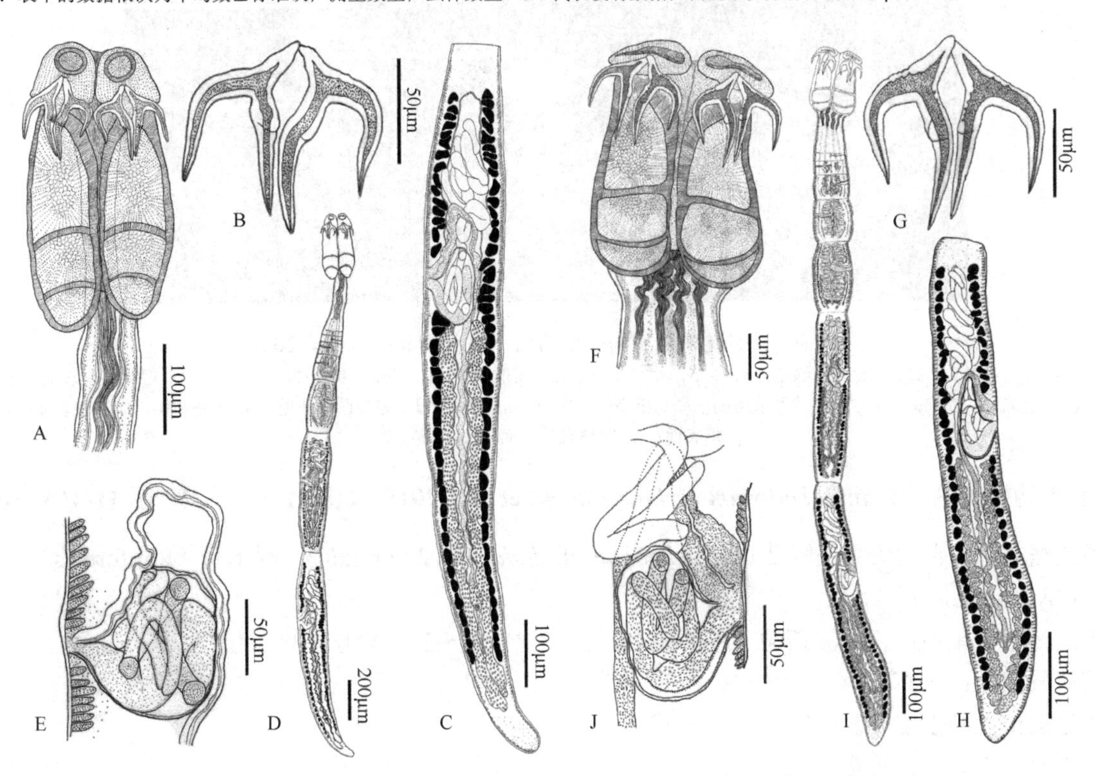

图 11-38　采自类吉达尖犁头鳐的贾尼尼钩槽绦虫和法勒钩槽绦虫结构示意图（引自 Malekiet al.，2015）

A～E. 贾尼尼钩槽绦虫：A. 头节；B. 钩；C. 末端成节；D. 整条虫体；E. 末端生殖器官。F～J. 法勒钩槽绦虫：F. 头节；G. 钩；H. 末端成节；I. 整条虫体；J. 末端生殖器官

感染强度：10 个样品。

模式材料：全模标本（ZUTC Platy. 1319），4 个副模标本（ZUTC Platy. 1320-1323），3 个副模标本（ZMB E. 7568），1 个 SEM 凭证标本（ZUTC Platy. 1324）。

词源：种名荣誉给予卡罗琳法勒（Caroline Fyler），她在钩槽属系统学和分类研究中作出了贡献。

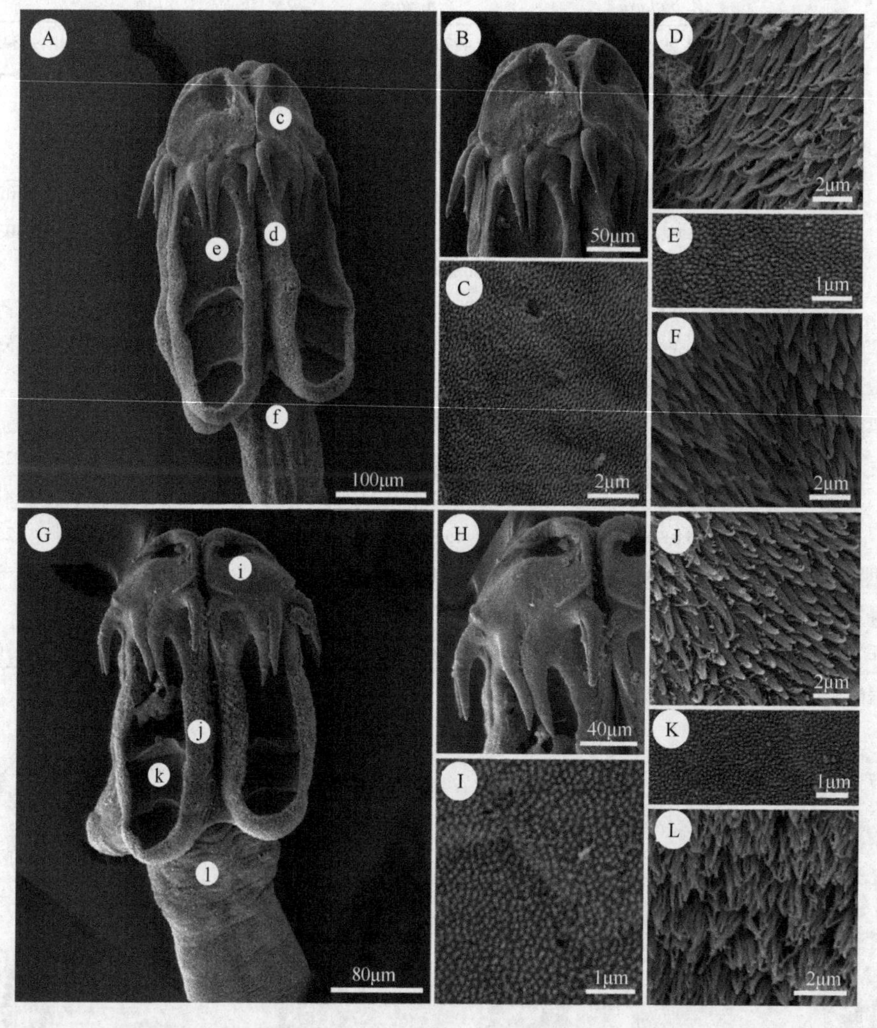

图 11-39　2 种钩槽绦虫的扫描结构（引自 Maleki et al.，2015）

A～F. 采自类吉达尖犁头鳐的贾尼尼钩槽绦虫：A. 头节，小写字母示相应图取样处；B. 顶垫和钩；C. 顶垫表面；D. 吸槽近端表面；E. 吸槽远端表面；F. 头茎表面。G～L. 采自类吉达尖犁头鳐的法勒钩槽绦虫：G. 头节，小写字母示相应图取样处；H. 顶垫和钩；I. 顶垫表面；J. 吸槽近端表面；K. 吸槽远端表面；L. 头茎表面

3）娅瑟琳钩槽绦虫（*Acanthobothrium asrinae* Maleki et al.，2015）（图 11-40A～E，图 11-41A～F）

模式宿主：类吉达尖犁头鳐 2（*Rhynchobatus* cf. *djiddensis* 2 Forsskål）［鳐形目（Rajiformes）：尖犁头鳐科（Rhynchobatidae）］。

模式宿主采集地：伊兰波斯湾（Persian Gulf）（26°15′N～27°04′N，53°02′E～57°01′E）。

其他采集地：无。

寄生部位：肠螺旋瓣。

感染率：2 尾中 1 尾感染（50%）。

感染强度：5 个样品。

模式材料：全模标本（ZUTC Platy. 1325），1 个副模标本（ZUTC Platy. 1326），1 个副模标本（ZMB E. 7569），1 个 SEM 凭证标本（ZUTC Platy. 1327）。

词源：种名荣誉给予第一作者的妻子娅瑟琳哈萨尼（Asrin Hassani），她对生物学感兴趣并在项目进行过程中给予鼓励。

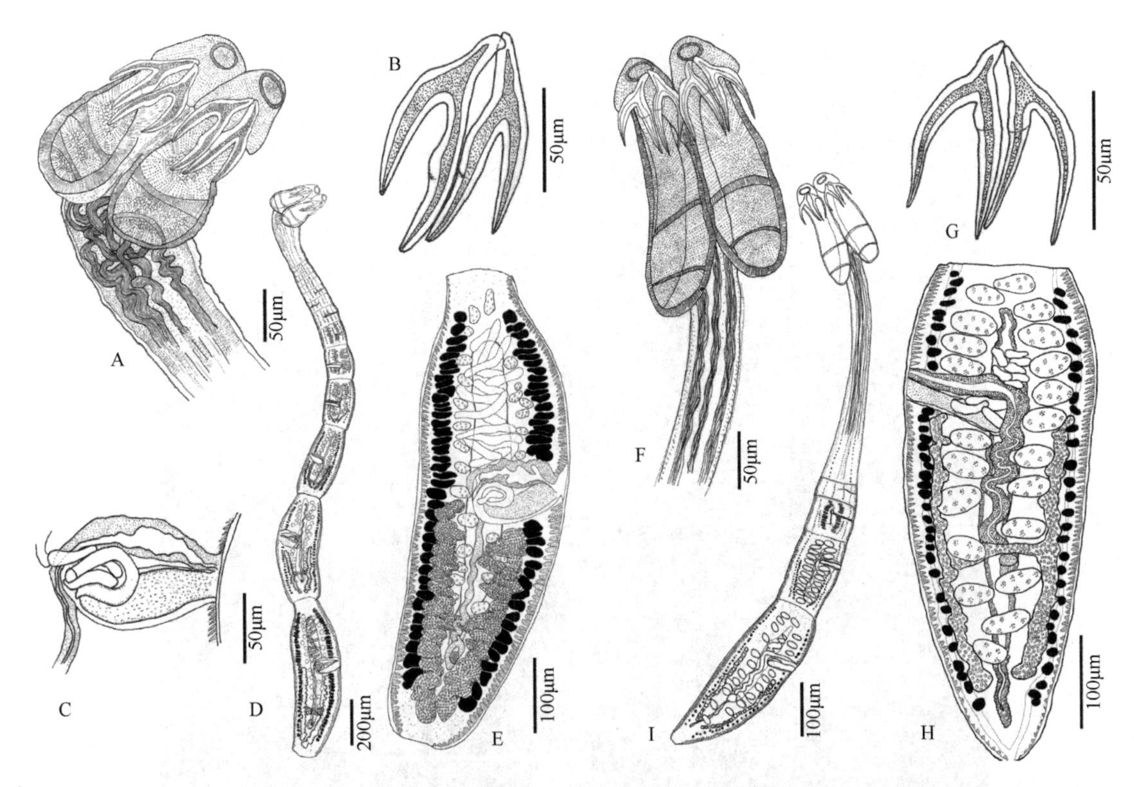

图 11-40 采自类吉达尖犁头鳐的娅瑟琳钩槽绦虫和杰姆斯钩槽绦虫的结构示意图（引自 Maleki et al.，2015）
A～E. 娅瑟琳钩槽绦虫：A. 头节；B. 钩；C. 末端成节；D. 整条虫体；E. 末端生殖器官。F～I. 杰姆斯钩槽绦虫：F. 头节；G. 钩；H. 末端成节；I. 整条虫体

4）杰姆斯钩槽绦虫（*Acanthobothrium jamesi* Malek et al.，2015）（图 11-40F～I，图 11-41G～L）

模式宿主：类吉达尖犁头鳐 2（*Rhynchobatus* cf. *djiddensis* 2 Forsskål）（鳐形目：尖犁头鳐科）。

模式宿主采集地：伊兰波斯湾（Persian Gulf）（26°15′N～27°04′N，53°02′E～57°01′E）。

其他采集地：无。

寄生部位：肠螺旋瓣。

感染率：2 尾中 1 尾感染（50%）。

感染强度：4 个样品。

模式材料：全模标本（ZUTC Platy. 1328），1 个副模标本（ZMB E. 7570），1 个 SEM 凭证标本（ZUTC Platy. 1329）。

词源：种名荣誉给予威尔士斯旺西大学（University of Wales，Swansea）的布朗杰姆斯（Brian James），在第二作者（Ma-soumeh Malek）进行博士项目过程中为她介绍了精彩的海洋寄生虫世界。

6a. 钩不相似，侧钩有 1 个叉突，中央钩有 2 个叉突……… 钩槽样属（*Acanthobothroides* Brooks，1977）（图 11-42A～C）

识别特征：头节有 4 个吸槽，各由 2 横隔分为 3 个浅腔。各吸槽前方有一肌肉质的垫状结构，其上有 1 个附属吸盘和 1 对不相似的钩。中央的钩有钩基和单一叉突，侧钩有柄和 2 个叉突。链体略有缘膜，孕节解离。生殖孔位于侧方，不规则交替。精巢数目多；孔侧阴道后精巢存在。阴茎具棘。卵巢位于后方，横切面为两叶状。阴道位于阴茎囊前方。卵黄腺滤泡位于侧方。已知寄生于淡水魟科（Dasyatidae）鱼类，分布于南美洲。模式种：索尔森钩槽样绦虫（*Acanthobothroides thorsoni* Brooks，1977）。

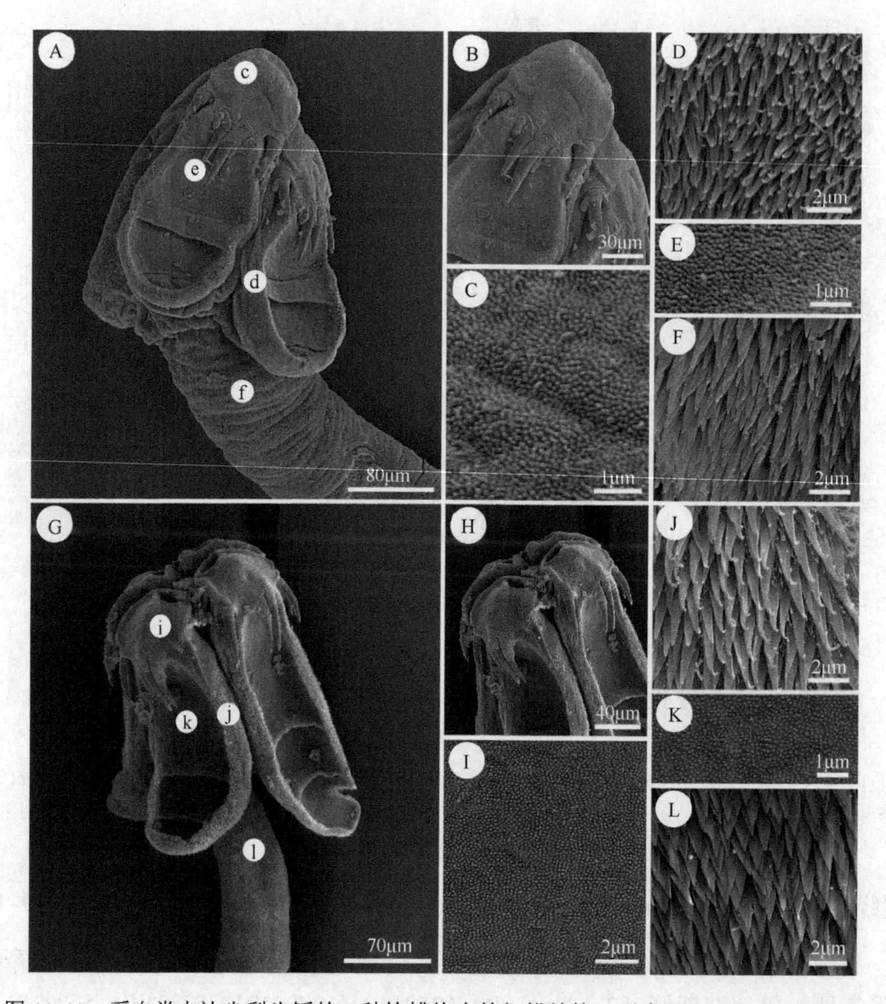

图 11-41　采自类吉达尖犁头鳐的 2 种钩槽绦虫的扫描结构（引自 Maleki et al.，2015）

A～F. 娅瑟琳钩槽绦虫：A. 头节，小写字母示相应图取样处；B. 顶垫和钩；C. 顶垫表面；D. 吸槽近端表面；E. 吸槽远端表面；F. 头茎表面。G～L. 杰姆斯钩槽绦虫：G. 头节，小写字母示相应图取样处；H. 顶垫和钩；I. 顶垫表面；J. 吸槽近端表面；K. 吸槽远端表面；L. 头茎表面

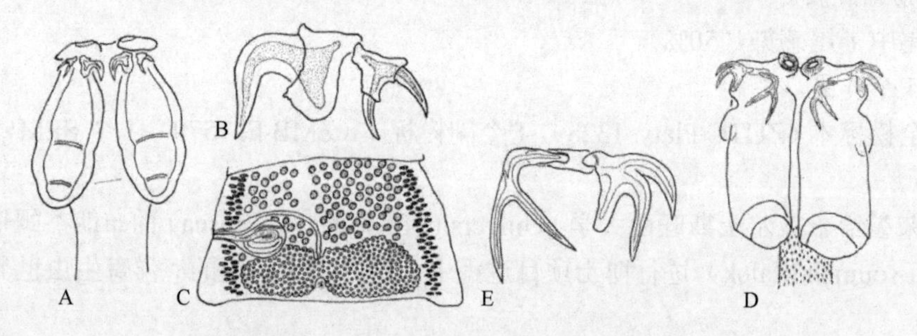

图 11-42　2 属绦虫的结构示意图（引自 Euzet，1994）

A～C. 钩槽样属：和 A. 头节；B. 钩；C. 成节。D～E. 扁槽属：D. 头节；E. 钩

6b. 钩叉状，有两个尖头但有不同的柄 ………………………………………………………………………… 7

7a. 钩柄之间有一骨化的板 ……………………………………… 扁槽属（*Platybothrium* Linton，1890）（图 11-42D～E）

识别特征：头节具棘，有 4 个固着的吸槽，各由 2 横隔分为 3 个浅腔。前方的小浅腔有一侧叶。各吸槽前方有一肌肉质的垫状结构，其上有 1 个附属吸盘和 1 对不相似的钩。钩有两个叉突和不相等的基部。颈和链体有大型的棘。链体无缘膜，孕节解离。生殖孔位于侧方，不规则交替。精巢数目多，位于两侧区域；孔侧阴道后精巢存在或不存在。阴茎具棘。卵巢位于后方，横切面为两叶状。阴道位于阴茎囊前方。卵黄腺滤泡位于髓质周围。子宫位于腹部中央。卵亚球体状。已知寄生于真鲨科鱼类，分布于

全球各地。模式种：鹿扁槽绦虫（*Platybothrium cervinum* Linton，1890）。

7b. 钩柄之间无板……双冠槽属（*Dicranobothrium* Euzet，1953）（图 11-43A～B）

识别特征：头节有 4 个固着的吸槽，各由 2 横隔分为 3 个浅腔。前方的小浅腔有一侧小叶。各吸槽前方有一肌肉质的垫状结构，其上有 1 个附属吸盘和 1 对不相似的两叉突钩。颈和链体具棘。链体无缘膜，孕节解离。生殖孔位于侧方，不规则交替。精巢数目多，位于两侧区域；孔侧阴道后精巢存在。卵巢位于后方，横切面为两叶状。阴道位于阴茎囊前方。卵黄腺滤泡位于髓质周围。子宫位于腹部中央。卵亚球体状。已知寄生于真鲨科鱼类，分布于全球各地。模式种：微棘双冠绦虫[*Dicranobothrium spinulifera*（Southwell，1912）]。

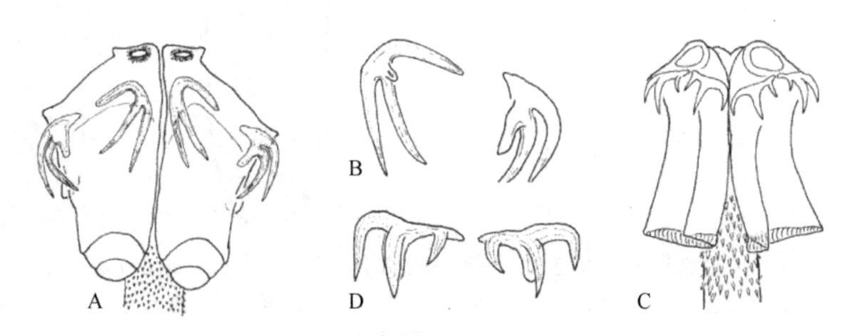

图 11-43　2 属绦虫结构示意图（引自 Euzet，1994）
A～B. 双冠槽属：A. 头节；B. 钩。C～D. 承槽属：C. 头节；D. 钩（钩间无板）

8a. 吸槽有小腔化的后部分室……承槽属（*Phoreiobothrium* Linton，1889）（图 11-43C～D）

识别特征：头节有 4 个吸槽，各吸槽前方有一肌肉质的垫状结构，其上有 1 个附属吸盘和 1 对有 2 个或 3 个不等叉突的钩。吸槽简单，后部边缘分为单列小腔。颈明显，有大棘。链体无缘膜，孕节脱落。生殖孔位于侧方，不规则交替。精巢数目多，位于两侧区域；孔侧阴道后精巢存在。卵巢位于后方，横切面为两叶状。阴道肌肉质，位于阴茎囊前方。卵黄腺滤泡位于侧方。子宫囊状，位于腹部中央。已知寄生于真鲨目（Carchariniformes）鱼类，分布于全球各地。模式种：拉西承槽绦虫（*Phoreiobothrium lasium* Linton，1889）（图 11-44B～D，图 11-45A～E）。其他种：蒂布龙承槽绦虫（*P. tiburonis*）（图 11-44E～G，图 11-45F～L）；对孔承槽绦虫（*P. anticaporum*）（图 11-46A～F，图 11-47A～F）；布利斯拉姆承槽绦虫（*P. blissorum*）（图 11-46G～I，图 11-47G～K）；勒温承槽绦虫（*P. lewinense*）（图 11-46J～L，图 11-47L～Q）；危险鳄承槽绦虫（*P. perilocrocodilus*）（图 11-48A～C，图 11-49A～F）；罗伯逊承槽绦虫（*P. robertsoni*）（图 11-48D～F，图 11-49G～L）等。

Caira 等（2005）提供了 7 种承槽绦虫整条绦虫的比较（图 11-50），并提供了相关测量数据表（表 11-3）及承槽属的种和宿主关联关系表（表 11-4），使人们对承槽属的 7 种绦虫有了较全面清晰的认识。

8b. 吸槽有 1 后部的室，没有小腔化……9

9a. 吸槽有 2 个叉状钩，各有小柄……钩双腔属（*Uncibilocularis* Southwell，1925）（图 11-51）

识别特征：头节有 4 个固着的吸槽，各由 1 横隔分为 2 个小浅腔。各吸槽前方有一小肌肉质的垫状结构，其上有附属吸盘？和 1 对具不等叉突的对称钩。链体无缘膜，老孕节解离。生殖孔位于侧方，不规则交替。精巢数目少，位于两侧区域，孔侧阴道后精巢存在。阴茎具棘。卵巢位于后方。阴道位于阴茎囊前方。卵黄腺滤泡位于侧方。子宫位于腹部，有侧突。卵球体状。已知寄生于鲼形目（Myliobatiformes）鱼类，分布于印度洋和太平洋。模式种：魟钩双腔绦虫（*Uncibilocularis trygonis* Shipley & Hornell，1927）。其他种：Jensen 和 Caira（2008）描述的洛伦钩双腔绦虫（*U. loreni*）（图 11-52A～E，图 11-53A，图 11-54A～E）；奥克钩双腔绦虫（*U. okei*）（图 11-52F～J，图 11-53B，图 11-54F～J）；西多西姆巴钩双腔绦虫

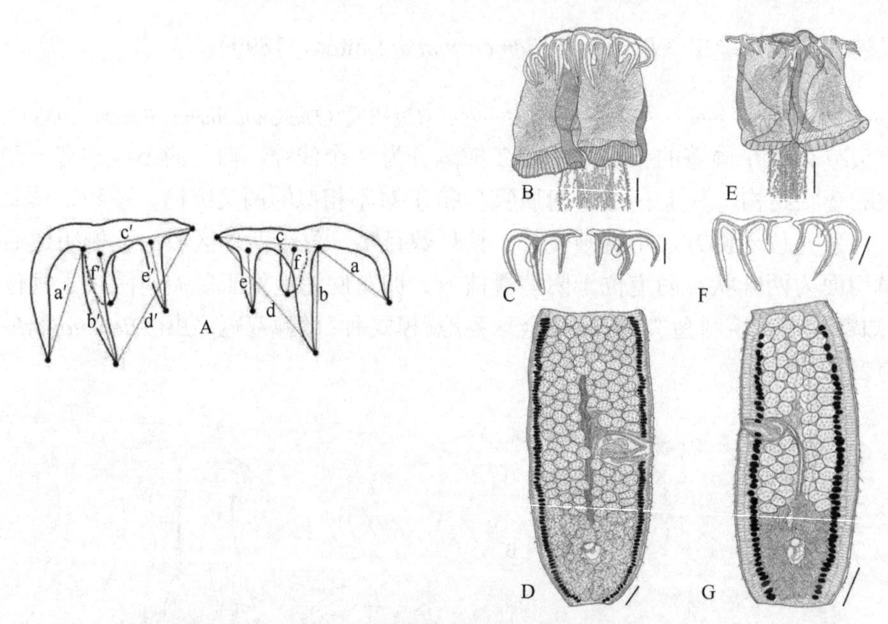

图 11-44　钩的测量部位及 2 种承槽绦虫结构示意图（引自 Caira et al.，2005）

A. 钩的测量部位。B～D. 拉西承槽绦虫：B. 头节；C. 钩；D. 成节。E～G. 蒂布龙承槽绦虫：E. 头节；F. 钩；G. 成节。标尺：B～C，E=50μm；F=25μm；D，G=100μm

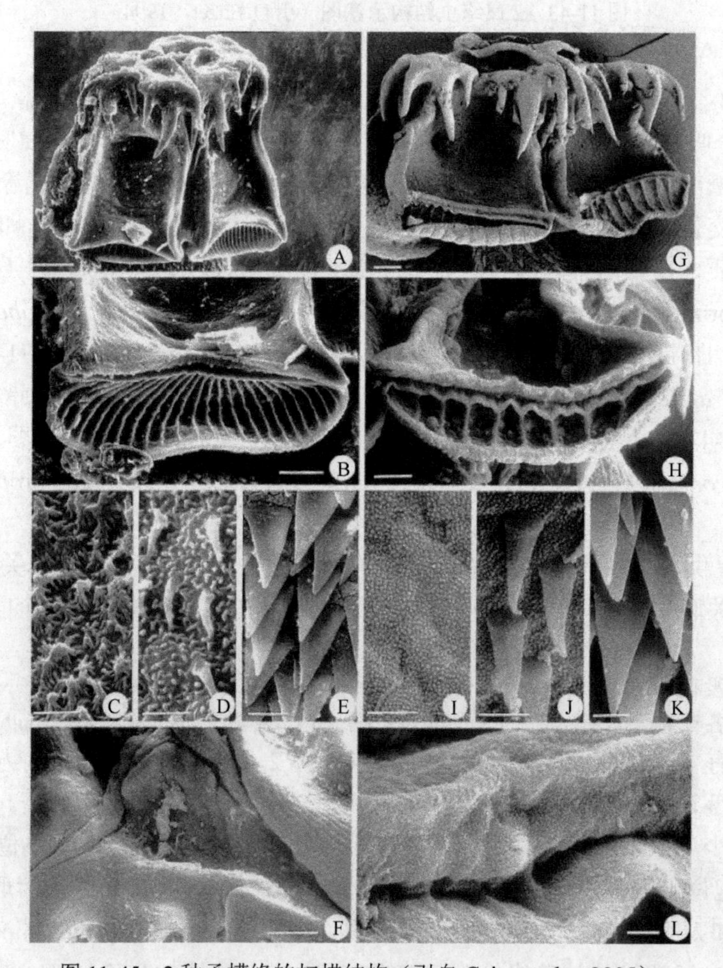

图 11-45　2 种承槽绦的扫描结构（引自 Caira et al.，2005）

A～F. 拉西承槽绦虫：A. 头节；B. 亚室放大；C. 吸槽远端表面放大；D. 吸槽近端表面放大；E. 头茎表面放大；F. 吸槽的顶吸盘放大。G～L. 蒂布龙承槽绦虫：G. 头节；H. 亚室放大；I. 吸槽远端表面放大；J. 吸槽近端表面放大；K. 头茎表面放大；L. 前、后小室间界线处表面放大。标尺：A=50μm；B～D，G=20μm；E=5μm；F，H=10μm；I，J=1μm；K，L=2μm

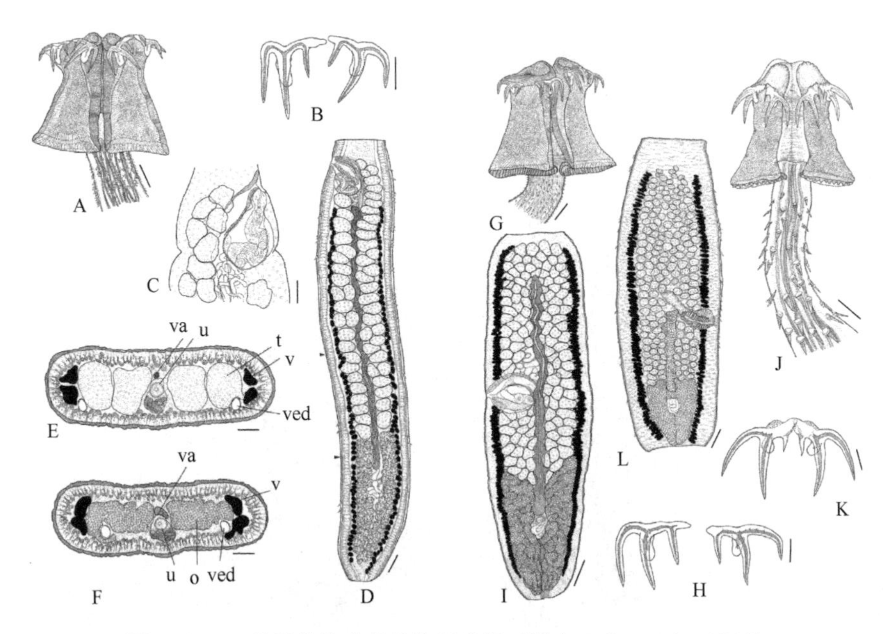

图 11-46　3 种承槽绦虫的结构示意图（引自 Caira et al.，2005）

A～F. 对孔承槽绦虫：A. 头节；B. 钩；C. 末端生殖器官细节；D. 成节；E. 过分图 D 上方箭头处横切；F. 过分图 D 下方箭头处横切。G～I. 布利斯拉姆承槽绦虫：G. 头节；H. 钩；I. 成节。J～L. 勒温承槽绦虫：J. 头节；K. 钩；L. 未成节。缩略词：o. 卵巢；t. 精巢；u. 子宫；v. 卵黄腺；va. 阴道；ved. 腹排泄管。标尺：A～D，H，J=50μm；E～F=200μm；G，I=100μm；K=20μm

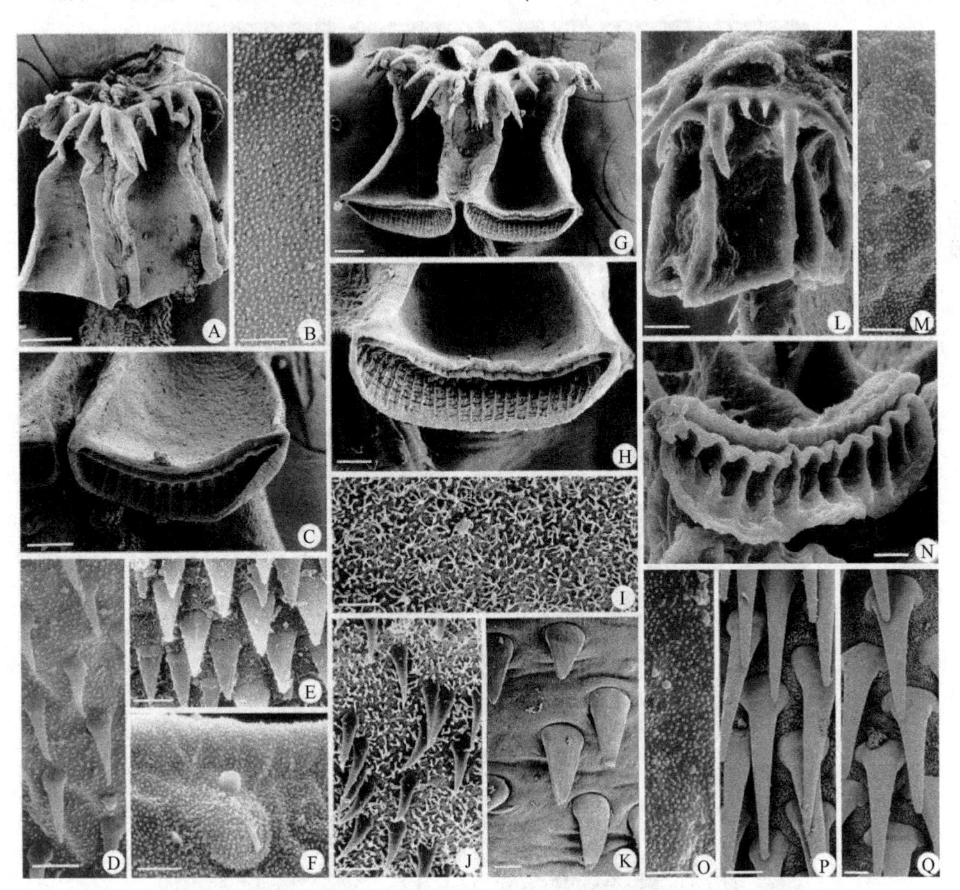

图 11-47　3 种承槽绦虫的扫描结构（引自 Caira et al.，2005）

A～F. 对孔承槽绦虫：A. 头节；B. 吸槽远端表面放大；C. 亚室放大；D. 吸槽近端表面放大；E. 头茎表面放大；F. 前方小室后部边缘的纤毛乳突放大。G～K. 布利斯拉姆承槽绦虫：G. 头节；H. 亚室放大；I. 吸槽远端表面放大；J. 吸槽近端表面放大；K. 头茎表面放大。L～Q. 勒温承槽绦虫：L. 头节；M. 吸槽远端表面放大；N. 亚室放大；O. 吸槽近端表面放大；P. 头茎前方区域表面放大；Q. 头茎后方区域表面放大。标尺：A，G=50μm；B，D，F，I，J，M，O=1μm；C，H=25μm；E，K，N=5μm；L=20μm；P，Q=5μm

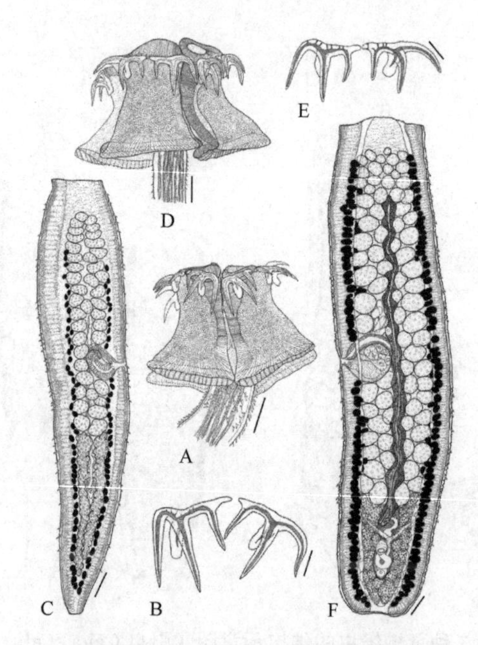

图 11-48　2 种承槽绦虫的结构示意图（引自 Caira et al.，2005）

A～C. 危险鳄承槽绦虫：A. 头节；B. 钩；C. 成节。D～F. 罗伯逊承槽绦虫：D. 头节；E. 钩；F. 成节。标尺：A，C，D，F=50μm；B=20μm；E=25μm

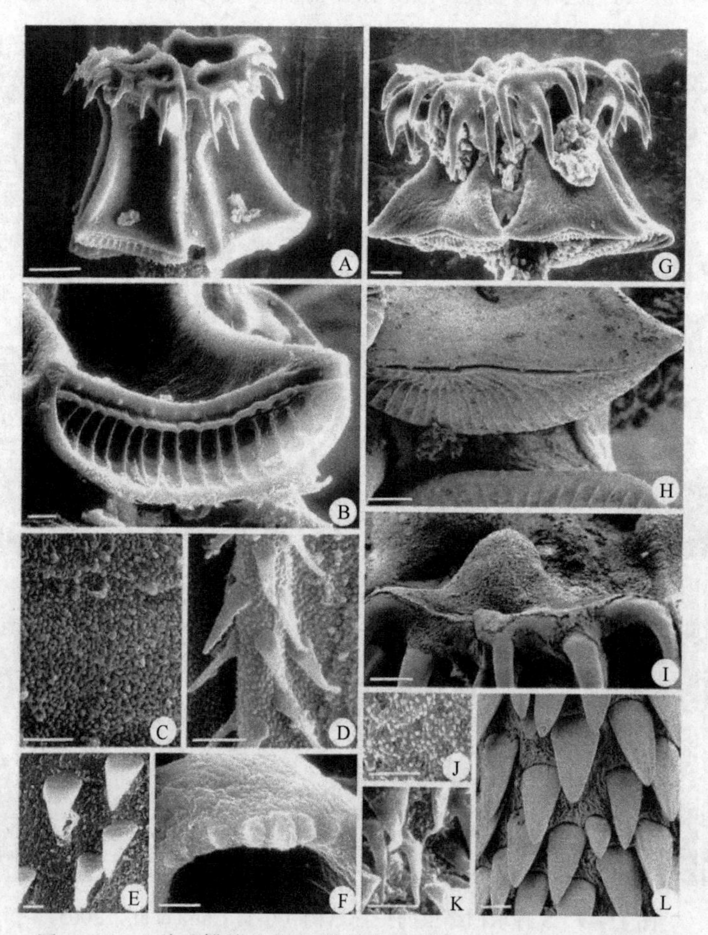

图 11-49　2 种承槽绦虫的扫描结构（引自 Caira et al.，2005）

A～F. 危险鳄承槽绦虫：A. 头节；B. 亚室放大；C. 吸槽远端表面放大；D. 吸槽近端表面放大；E. 头茎表面放大；F. 顶吸盘乳突表面放大。G～L. 罗伯逊承槽绦虫：G. 头节；H. 亚室放大；I. 顶吸盘放大；J. 吸槽远端表面放大；K. 吸槽近端表面放大；L. 头茎表面放大。标尺：A=50μm；B=10μm；C，D，J，K=1μm；E=2μm；F，L=5μm；G～I=20μm

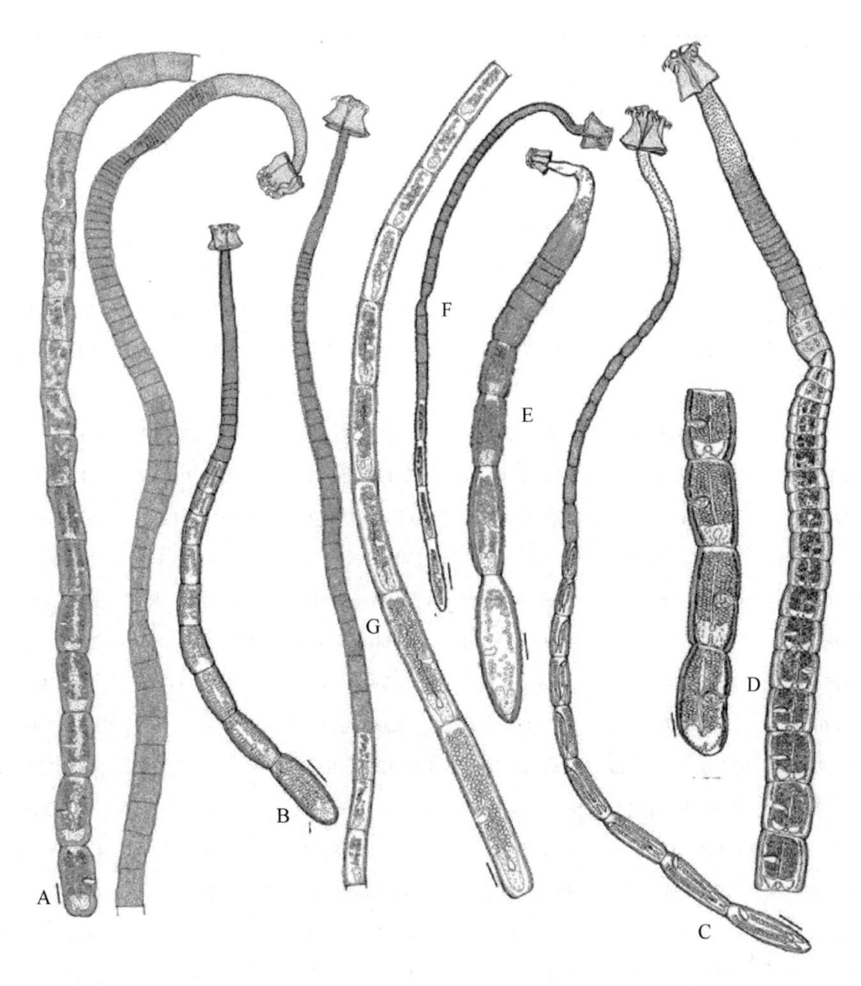

图 11-50 同一标尺下的 7 种绦虫整条虫体比较（引自 Caira et al.，2005）

A. 拉西承槽绦虫；B. 蒂布龙承槽绦虫；C. 对孔承槽绦虫；D. 布利斯拉姆承槽绦虫；E. 勒温承槽绦虫；F. 危险鳄承槽绦虫；G. 罗伯逊承槽绦虫。标尺=200μm

表 11-3 承槽属（*Phoreiobothrium*）7 种绦虫的主要测量数据比较

特征	*P. lasium*	*P. tiburonis*	*P. anticaporum*	*P. blissorum*	*P. lewinense*	*P. perilocrocodilus*	*P. robertsoni*
总长（mm）	17±6；12	5±0.7；8	6±1；11	15±2；9	3±1；11	4±0.4；9	9±1；6
节片数目	80±15；11	33±5；8	24±5；11	67±9；8	7±2；11	17±4；7	37±3；6
头节长	1361±433；7	525±72；7	592±154；11	1066±259；8	1114±279；9	828±399；8	1173±146；9
头节宽	444±87；10	303±37；8	300±42；10	525±45；7	246±37；10	264±27；8	353±26；9
头节固有长度	308±36；7	216±21；7	280±33；8	451±154；9	213±10；11	217±27；8	231±14；9
头茎长	979±319；12	375±40；7	370±144；11	775±276；9	884±228；11	593±291；10	972±118；9
吸槽长	466±140；7	212±21；6；10	278±30；7；12	504±50；9；16	216±7；11；10	215±27；10	223±12；9；12
吸槽宽	194±26；8	156±19；7；11	165±18；7；12	294±29；9；11	103±11；10；12	137±12；8；13	186±11；9；14
前方区域小室长	78±10；6	32±5；5；8	44.2±29；3；3	77±12；8；16	37±4；11；17	24±6；7	37±9；5；8
前方小室长	340±117；11	159±18；8；11	226±25；10；13	403±48；9；13	174±22；10；14	174±24；10；17	183±14；9；15
后方小室长	56±13；12	35±7；8；12	29±5；8；12	48±6；9；11	20±2；10；14	23±5；9；13	23±4；9；13
亚小室数目	28±2；6；6	11±1；7；13	17±1.2；7；9	27±3；8；9	10±1；14；5；13	17±1；9；11	27±1；9；16
亚小室宽	8±2；8；28	14±2；8；25	10±2；9；22	11±2；9；22	10±1；5；14	9±2；8；18	7±1；9；27

续表

特征	P. lasium	P. tiburonis	P. anticaporum	P. blissorum	P. lewinense	P. perilocrocodilus	P. robertsoni
钩的测量数据							
A	67±17；5	39±3；7；10	41±5；5；5	72±6；6	47±3；6	36±1；4	49±4；5；8
B	87±17；5	50±5；7；10	55±8；7；5；5	82±15；5	51±4；6	46±1；4	63±13；5；9
C	89±16；5	40±5；7；10	48±4；5；5	84±15；5	33±2；6	38±0；4	57±3；5；10
D	112±26；5	56±3；7；10	74±3；6；6	124±17；5	73±4；6	56±3；4	78±1；5；9
E	48±12；5	25±2；7；10	28±4；6；6	53±9；6	15±2；6；9	25±1；4；7	32±3；7；9
F	41±5；5	21±3；7；10	29±3；7；7	44±7；7	14±2；6；8	21±2；6；8	30±2；7；11
中央钩测量							
A′	93±20；8	53±2；5；8	56±4；6；6	93±11；9；11	46±3；10；18	48±3.3；8；11	55±1.9；6；10
B′	108±19.7；8	63±4.1；6；9	76±6.3；6；6	111±12；9；11	52±5；10；18	54±4；8；11	66±6；6；10
C′	99±20；8	58±4；6；9	59±5；6；6	107±10；9；11	34±4；17	46±3；8；10	59±3；6；10
D′	127±19；8	66±7；6；9	91±3；6；6	140±12；9；11	73±5；9；17	70±6；8；10	80±6；6；10
E′	55±10；8	25±3；6；9	30±4；6；6	59±10；9；11	11±1；11；18	29±3；8；11	34±3；7；11
F′	52±9；8	28±2；6；9	33±3；8；10	54±8；8；10	15±2；9；17	25±4；8；12	36±3；6；11
未成节数目	72±15；8	31±5；8	23±5；11	63±10；9	7±2；11	15±4；8	36±3；6
成节数目	3.3±1.6；9	1.7±0.7；7	1.2±0.4；11	3.3±0.9；9	—	1.2±0.4；5	1±0；6
成节长度	982±218；9；17	637±82.7；7；10	961±191；11；13	1327±258；9；16	—	690±127；6	1061±284；6；6
成节宽度	427±95；9；17	273±33；7；10	182±24；11；13	448±87；9；15	—	154±23；5	226±53；6；6
节片长/宽	2.3±1；1；9；17	2.4±0.4；1；7；10	5.1±1；1；11；13	3±0.8；1；9；14	—	4.4±0.8；1；5	4.8±1.3；1；6；6
全部精巢数目	120±15；4；10	77±9；8；18	48±5；11；12	116±6；9；15	173	41±4；8；10	103±16；9；12
阴道后精巢数目	16±3；4；5	12±3；7；8	21±3；11；12	17±3；9；12	22	4±1；8；11	14±2；9；130
精巢长度	33±7；11；32	19±6；6；18	30±8；11；32	41±7；9；25	—	24±4；4；11	26±8；7；20
精巢宽度	46±11；11；32	28±11.7；7；18	42±8；11；32	55±18；9；25	—	30±6；4；11	25±7；7；20
生殖孔位置	44±23；8；18	56±4；7；9	91±3；11；13	50±3；9；13	—	57±3；4	47±3；8；12
阴茎囊长度	180±48；9；16	89±15；7；9	102±13；10；11	170±31；9；13	—	96±8；3	108±20；7；7
阴茎囊宽度	92±26；9；16	36±7；7；9	52±9；11；12	94±22；9；13	—	33±4；3	58±20；7；7
卵巢长度	252±95；7；16	189±45；7；9	304±75；11；13	364±85；8；13	—	218±67；3	265±69；7；7
卵巢宽度	274±74；7；19	170±33；7；9	97±14；11；13	279±73；8；12	—	64±10；3	130±20；7；7

注：①测量数据为平均数±标准误；测量的虫体数；每条虫体观察总数（有的虫体观察了2次）。除有特别说明外，所有测量单位为微米（μm）。②生殖孔位置是每节自后部的百分比。③头节长度包括头节固有结构和头茎

（*U. sidocymba*）（图11-54K～O，图11-55A～D）；斯夸尔钩双腔绦虫（*U. squireorum*）（图11-53C～F，图11-54P～T，图11-55E～I）等。Jensen和Caira（2008）不仅提供有相应结构示意图、一些组织切片照、一些扫描电镜照，还提供有钩双腔属的种类、宿主及当时状况表（表11-5）。

表11-4　承槽属（*Phoreiobothrium*）的种和宿主关联（引自Caira et al.，2005）

绦虫种类与宿主
真鲨科（Carcharhinidae）
短尾真鲨（*Carcharhinus brachyurus*）
罗伯逊承槽绦虫（*Phoreiobothrium robertsoni*）
暗体真鲨（*Carcharhinus obscurus*）
拉西承槽绦虫（*P. lasium* Linton，1889）

续表

绦虫种类与宿主
三室承槽绦虫（*P. triloculatum* Linton，1901[*]）
高鳍真鲨（*Carcharhinus plumbeus*）
布利斯拉姆承槽绦虫（*P. blissorum*）
犁鳍柠檬鲨（*Negaprion acutidens*）
危险鳄承槽绦虫（*P. perilocrocodilus*）
短吻柠檬鲨（*Negaprion brevirostris*）
对孔承槽绦虫（*P. anticaporum*）
尖吻斜锯牙鲨（*Carcharias acutus*）（有多个同物异名）
阿拉伯承槽绦虫［*P. arabiansi* Shinde，Jadhav & Mohekar，1984（有问题种）］
勒德纳吉里承槽绦虫［*P. ratnagiriensis* Shinde & Jadhav，1987（有问题种）］
欣德承槽绦虫［*P. shindei* Shinde，Jadhav & Jadhav，1990（有问题种）］
吉尔加玛承槽绦虫［*P. girjamami* Shinde，Motinge & Pardeshi，1993（有问题种）］
维诺德承槽绦虫［*P. vinodae* Jadhav，1993（有问题种）］
双髻鲨科（Sphyrnidae）（hammerhead sharks）
丁字双髻鲨（*Eusphyra blochii*）
普利承槽绦虫（*P. puriensis* Srivastav & Capoor，1982）
路氏（勒温）双髻鲨（*Sphyrna lewini*）
勒温承槽绦虫（*P. lewinense*）
无沟双髻鲨（*Sphyrna mokarran*）
马尼尔承槽绦虫（*P. manirei* Caira，Healy & Swanson，1996）
窄头双髻鲨（*Sphyrna tiburo*）
蒂布龙承槽绦虫（*P. tiburonis* Cheung，Nigrelli & Reuggieri，1982）
锤头双髻鲨（*Sphyrna zygaena*）
例外承槽绦虫（*P. exceptum* Linton，1924）
梳状承槽绦虫（*P. pectinatum* Linton，1924）

*加粗字体表示未经证实的类群和/或宿主记录

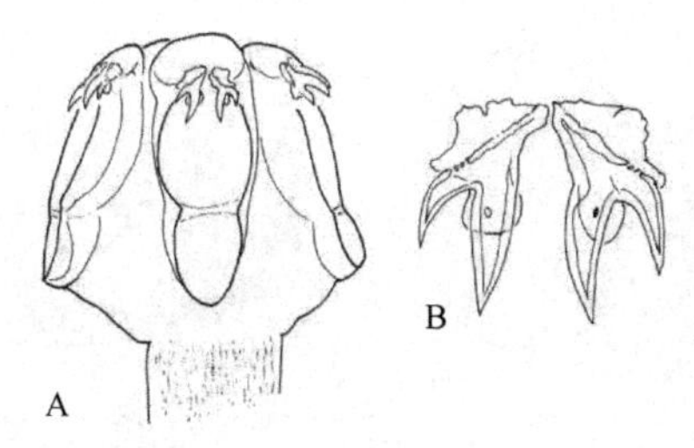

图 11-51　钩双腔属特征结构示意图（引自 Euzet，1994）

A. 头节；B. 钩

9b. 吸槽有 1 对钩，各钩有 2 个突起和大柄 ………………………… 巨柄属（*Megalonchos* Baer & Euzet，1962）（图 11-56A）

识别特征：头节有 4 个吸槽，各由 1 横隔分为 2 个不等的浅腔。各吸槽前方有 1 对叉状钩，大小不同，有很长的柄。链体无缘膜，老孕节解离。生殖孔位于侧方，不规则交替。精巢数目少，位于两侧区域；孔侧阴道后精巢不存在。卵巢位于后方。阴道位于阴茎囊前方。卵黄腺滤泡情况不明。已知寄生于白眼鲛目（Carchariniformes）的倍尔福氏沙条鲛（*Hemigaleus balfouri*），分布于斯里兰卡。模式种：曼德勒巨柄绦虫［*Megalonchos mandleyi*（Southwell，1927）］。

10a. 头节叉状，吸槽成对，背腹联合 ………………………………………………………………………… 11

10b. 头节非叉状，前方有肌肉垫 ……………………………………………………………………………… 12

11a. 吸槽有 2 个等大的 C 形钩，1 个大的附属吸盘 ………………………… 棘腔属（*Spiniloculus* Southwell，1925）（图 11-56B）

［同物异名：棘双腔属（*Spinibiloculus* Deshmukh & Shinde，1980）］

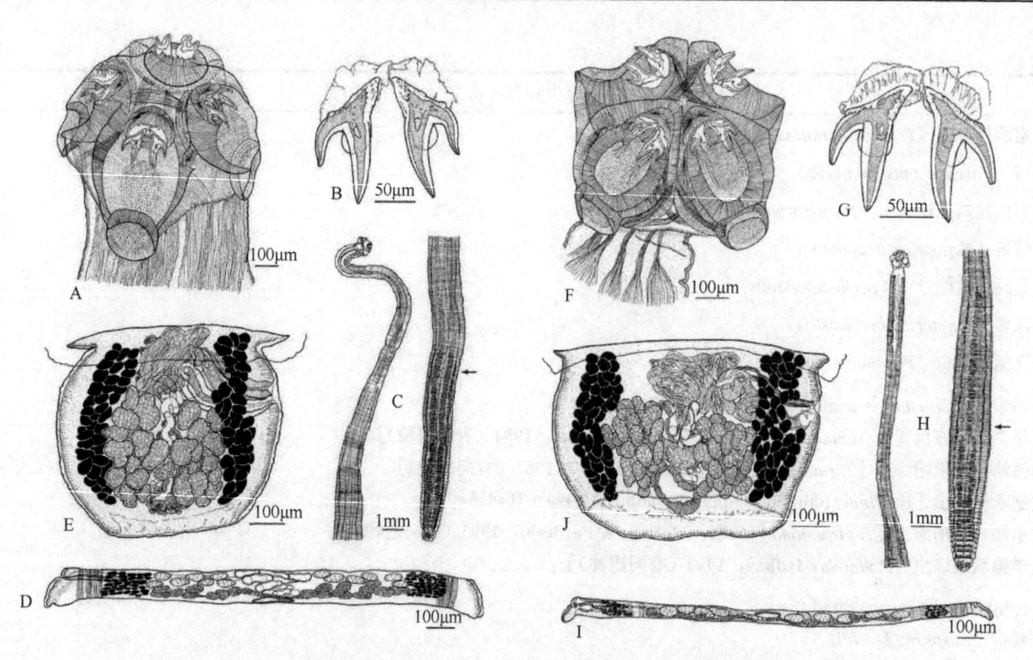

图 11-52　2 种钩双腔绦虫的结构示意图（引自 Jensen & Caira，2008）

A～E. 洛伦钩双腔绦虫：A. 头节；B. 钩；C. 整条虫体，箭头示分图 D 所绘的成节；D. 有精巢的成节；E. 末端节片。F～J. 奥克钩双腔绦虫：F. 头节；G. 钩；H. 整条虫体，箭头示分图 I 所绘的成节；I. 有精巢的成节；J. 末端节片

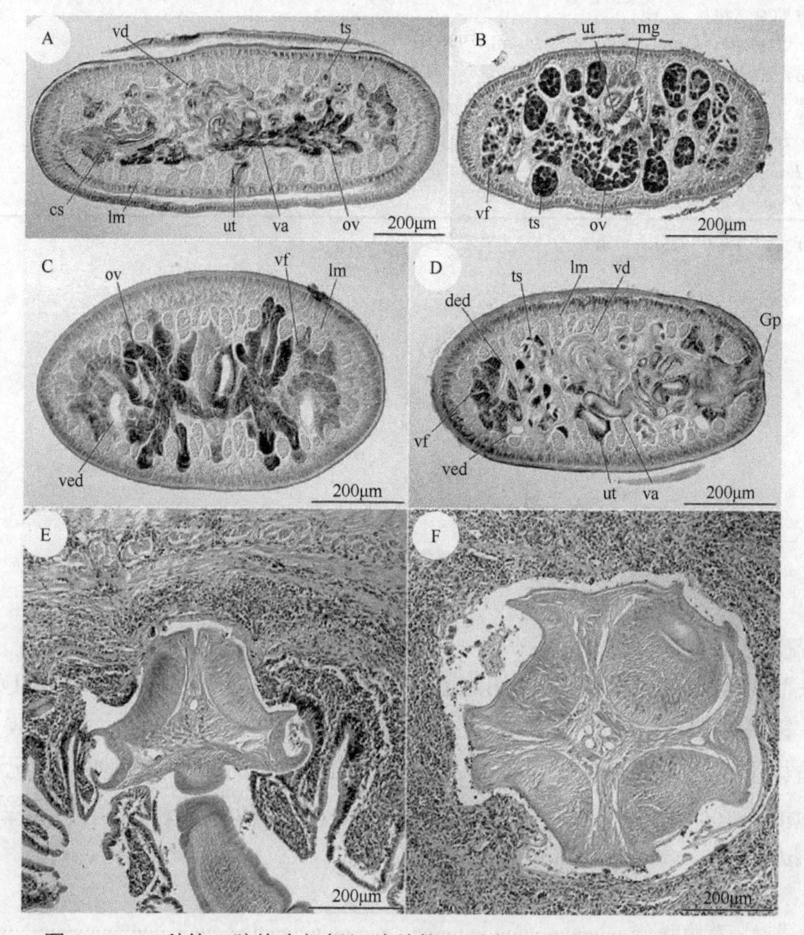

图 11-53　3 种钩双腔绦虫组织切片结构（引自 Jensen & Caira，2008）

A. 洛伦钩双腔绦虫过成节卵巢桥水平横切，有精巢；B. 奥克钩双腔绦虫过成节卵巢桥水平横切，有精巢。C～F. 斯夸尔钩双腔绦虫：C. 过成节卵巢桥水平横切；D. 过成节生殖孔水平横切；E. 头节原位纵切；F. 头节原位前方小室水平横切。缩略词：cs. 阴茎囊；ded. 背排泄管；gp. 生殖孔；lm. 纵向肌肉束；mg. 梅氏腺；ov. 卵巢；ts. 精巢；ut. 子宫；va. 阴道；vd. 输精管；ved. 腹排泄管；vf. 卵黄腺滤泡

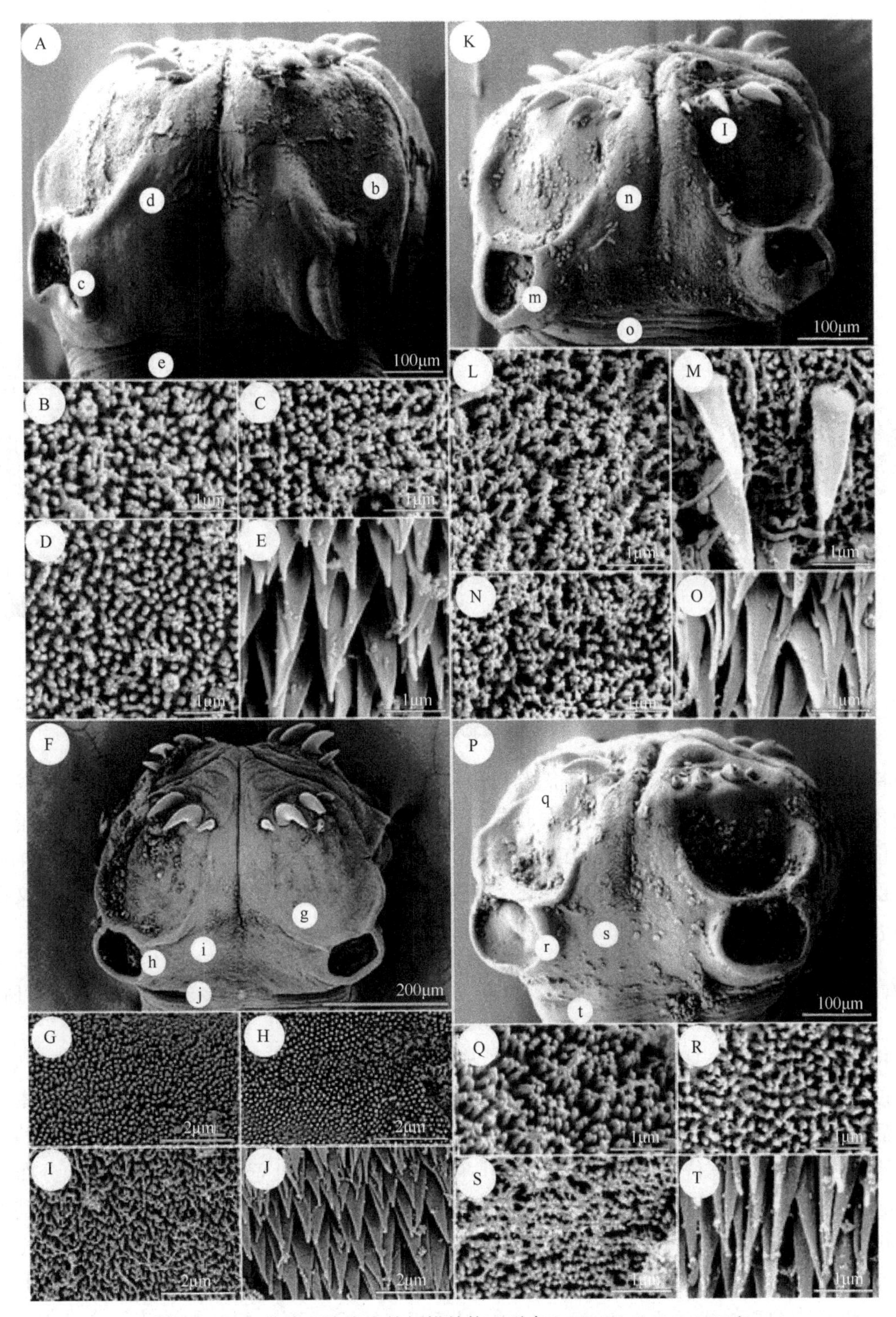

图 11-54 4种钩双腔绦虫的扫描结构（引自 Jensen & Caira，2008）

A～E. 洛伦钩双腔绦虫：A. 头节；B. 吸槽远端表面；C. 吸槽近端表面；D. 固有头节表面；E. 头茎表面。F～J. 奥克钩双腔绦虫：F. 头节；G. 吸槽远端表面；H. 吸槽近端表面；I. 固有头节表面；J. 头茎表面。K～O. 西多西姆巴钩双腔绦虫：K. 头节；L. 吸槽远端表面；M. 吸槽表面近端吸槽；N. 固有头节表面；O. 头茎表面。P～T. 斯夸尔钩双腔绦虫：P. 头节；Q. 吸槽远端表面；R. 吸槽近端表面；S. 固有头节表面；T. 头茎表面（分图 A，F，K，P 中的小写字母示相应图取样处）

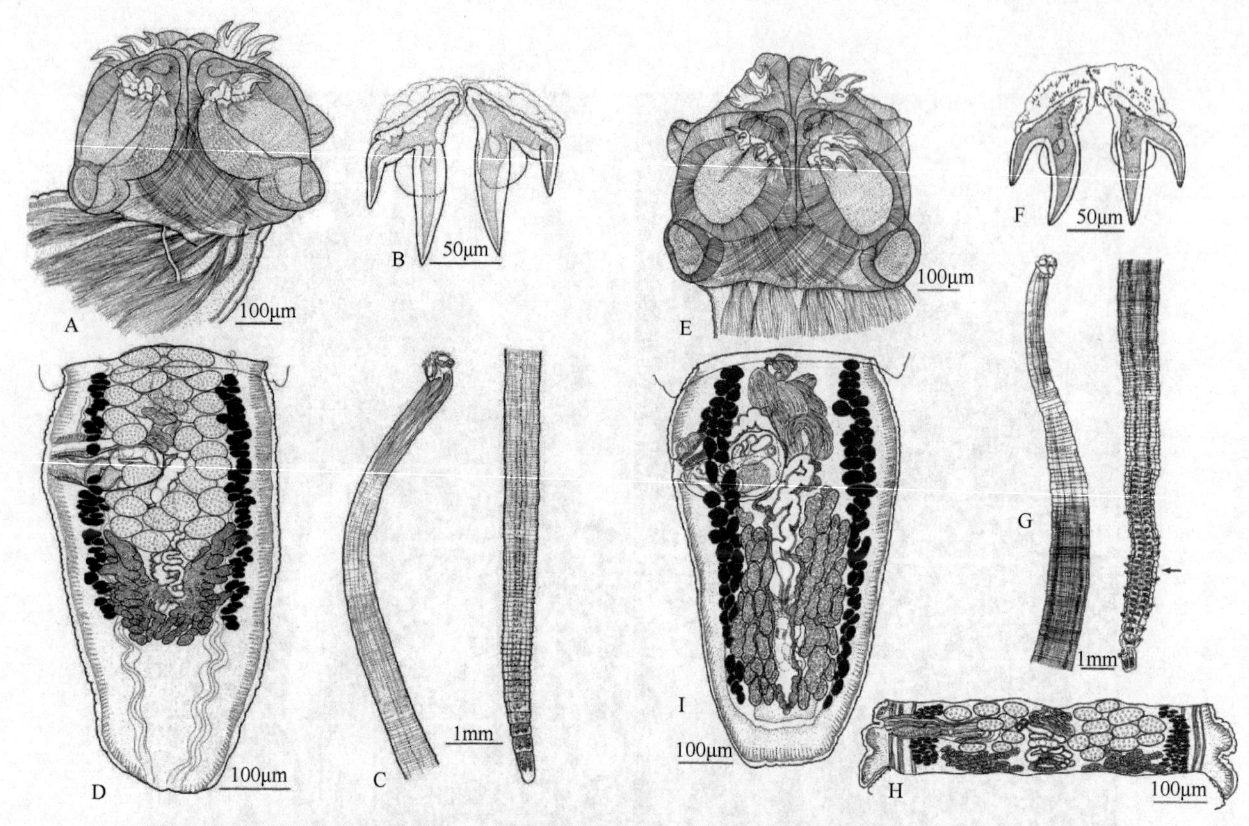

图 11-55　西多西姆巴钩双腔绦虫和斯夸尔钩双腔绦虫结构示意图（引自 Jensen & Caira，2008）

A～D. 西多西姆巴钩双腔绦虫：A. 头节；B. 钩；C. 整条虫体；D. 末端节片。E～I. 斯夸尔钩双腔绦虫：E. 头节；F. 钩；G. 整条虫体，箭头示分图 H 所绘的成节；H. 有精巢的成节；I. 末端节片

识别特征：头节叉状，具棘，有 4 个简单吸槽，各有 1 个很大的附属吸盘。1 对 C 形钩位于附属吸盘的后侧角。链体无缘膜，孕节解离。生殖孔位于侧方，不规则交替。精巢数目多，孔侧阴道后精巢存在。卵巢位于后方。阴道位于阴茎囊前方。卵黄腺滤泡位于侧方。子宫位于腹部中央，从卵巢伸达阴茎囊水平。已知寄生于须鲨目（Orectolobiformes）鱼类，分布于印度洋和太平洋。模式种：马文西斯棘腔绦虫（*Spiniloculus mavensis* Southwell，1925）。

11b. 吸槽有 2 个大小不等的 C 形钩，1 个小的附属吸盘……………………约克属（*Yorkeria* Southwell，1927）（图 11-56C）

识别特征：头节叉状，具棘，有 4 个吸槽，成两对背腹相连。吸槽亚环状，有一前方的肌肉垫，2 个 C 形钩大小不等，中央的大。链体无缘膜，孕节解离。生殖孔位于侧方，不规则交替。精巢数目多，孔侧阴道后精巢不存在。阴茎具棘。卵巢位于节片后方 1/4 位置，横切面为四叶状。阴道位于阴茎囊前方。卵黄腺滤泡位于侧方。子宫位于腹部中央，仅伸达阴茎囊水平。已知寄生于须鲨目鱼类，分布于印度洋和太平洋。模式种：小约克绦虫（*Yorkeria parva* Southwell，1927）（图 11-57A～E、K～P）。其他种：帝维约克绦虫（*Y. teeveeyi*）（图 11-57F～J、Q～V）；加纳约克绦虫（*Y. garneri*）（图 11-58 A～E、K～P）；鱼波豆约克绦虫（*Y. yubodohensis*）（图 11-58F～J、Q～V）；普希勒约克绦虫（*Y. pusillulus*）（图 11-59A～E、K～P）；萨利普约克绦虫（*Y. saliputium*）（图 11-59F～J、Q～X）；伊扎德约克绦虫（*Y. izardi*）（图 11-60A～E、K～P）；朗斯塔夫约克绦虫（*Y. longstaffae*）（图 11-60F～J、Q～V）；希利约克绦虫（*Y. hilli*）（图 11-61）和凯利约克绦虫（*Y. kelleyae*）（图 11-62）等。

表 11-5 钩双腔属的种类、宿主及当时状况（引自 Jensen & Caira，2008）

绦虫种类	宿主	当时状况
U. aurangabadensis Deshmukh & Shinde，1975	真鲳未定种（*Stromateus* sp.）	*Acanthobothrium aurangabadensis*（Deshmukh & Shinde，1975）组合种
U. indiana Jadhav，Shinde，Muralidhar & Mohekar，1989	尖嘴魟（*Trygon zugei*）	*Acanthobothrium indiana*（Jadhav，Shinde，Muralidhar & Mohekar，1989）组合种
U. indica Subhapradha，1955	灰斑竹鲨（*Chiloscyllium griseum*）	*Acanthobothrium indica*（Subhapradha，1955）组合种
U. shatri Jadhav，Shinde，Muralidhar & Mohekar，1989	灰斑竹鲨	*Acanthobothrium shatri*（Jadhav，Shinde，Muralidhar & Mohekar，1989）组合种
U. somnathii Deshmukh，1979	花尾燕魟（*Pteroplatea micrura*）	*Acanthobothrium somnathii*（Deshmukh，1979）组合种
U. mandleyi Southwell，1927	倍尔福氏沙条鲛（*Hemigaleus balfouri*）	*Megalonchos mandleyi*（Southwell，1927）Baer & Euzet，1962
U. bombayensis Jadhav，Shinde & Phad，1984	牛尾魟（*Trygon sephen*）	疑难学名（nomen dubium）
U. ratnagiriensis Shinde & Chincholikar，1975	魟未定种［*Trygon*（*sic*）sp.］	疑难学名
U. shindei Deshmukh，1979	尖嘴魟	疑难学名
U. southwelli Shinde & Chincholikar，1976	魟未定种（*Trygon* sp.）	疑难学名
U. thapari Deshmukh，1979	牛尾魟	疑难学名
U. veravalensis Jadhav & Shinde，1981	尖嘴魟	疑难学名
U. trygonis（Shipley & Hornell，1906）Southwell，1925	沃尔格窄尾魟（*Trygon walga*） 牛尾魟	有效（模式种）
U. loreni Jensen & Caira，2008	类褶尾萝卜魟（*Pastinachus* cf. *sephen*）	有效
U. okei Jensen & Caira，2008	类褶尾萝卜魟	有效
U. sidocymba Jensen & Caira，2008	豹纹魟（*Himantura uarnak*）	有效
U. squireorum Jensen & Caira，2008	豹纹魟	有效

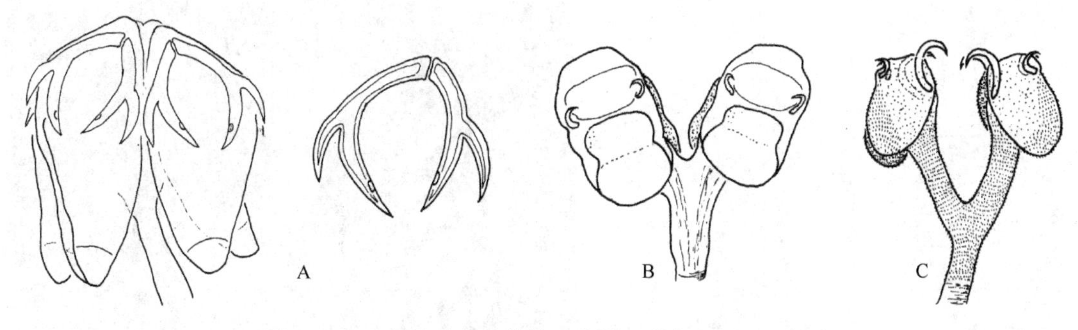

图 11-56 3 属绦虫头节结构示意图（引自 Euzet，1994）

A. 巨柄属的头节和钩；B. 棘腔属的头节；C. 约克属的头节

补录：（长度单位为毫米：mm）

厦门约克绦虫（*Y. xiamenensis* Li & Wang，2006），最长达 15.8，节片数 63～95。

普希勒约克绦虫（*Y. pusillulus*），长 1.2～2.2，节片数 7～9。

萨利普约克绦虫（*Y. saliputium*），长 1.4～2.8，节片数不明，孕节解离。

朗斯塔夫约克绦虫（*Y. longstaffae*），长 1.5～2.4，节片数 16～22。

帝维约克绦虫（*Y. teeveeyi*），长 5.2～8.6，节片数 32～38。

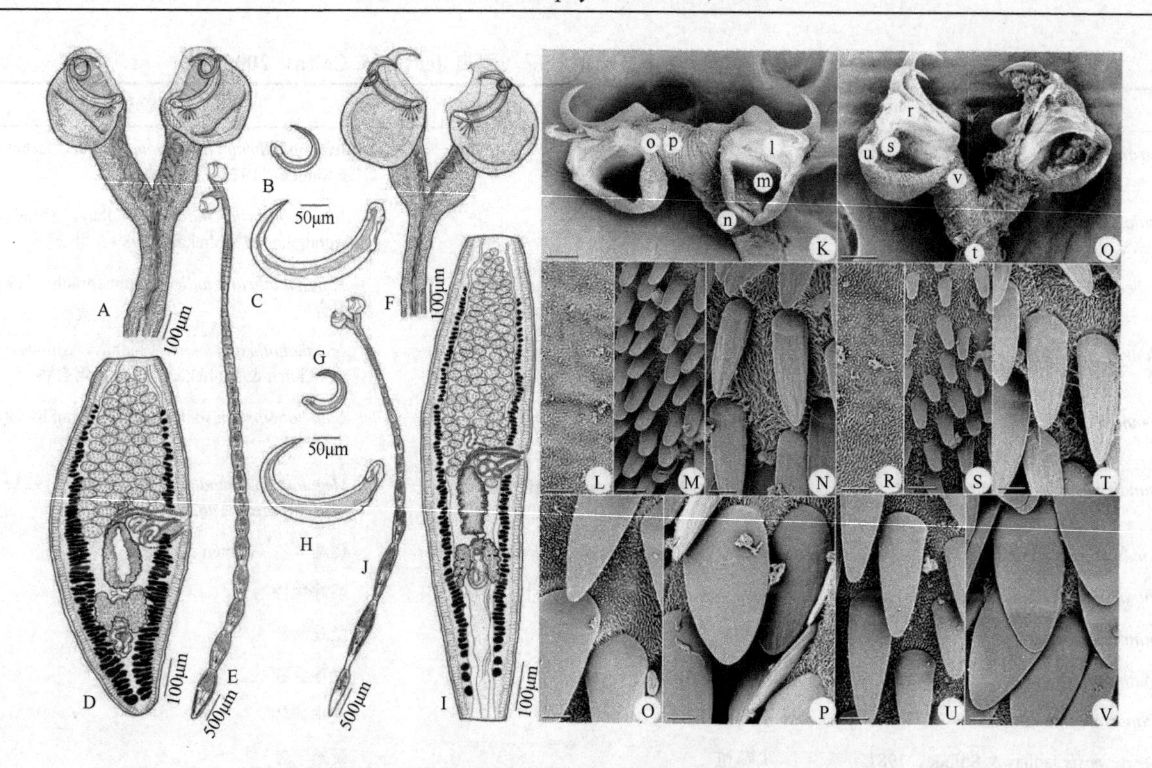

图 11-57　小约克绦虫和帝维约克绦虫的结构示意图和扫描结构（引自 Caira et al.，2007）

A～E，K～P. 小约克绦虫：A. 头节；B. 侧钩；C. 中央钩；D. 成节腹面观；E. 整条虫体；K. 头节，小写字母示相应图取样处；L. 前方区域远端表面；M. 后钩小室远端表面；N. 头茎表面；O. 吸槽近端表面；P. 柄表面。F～J，Q～V. 帝维约克绦虫：F. 头节；G. 侧钩；H. 中央钩；I. 成节腹面观；J. 整条虫体；Q. 头节，小写字母示相应图取样处；R. 前方区域远端表面；S. 后钩小室远端表面；T. 头茎表面；U. 吸槽近端表面；V. 柄表面。标尺：K，Q=100μm；L～P，R～V=2μm

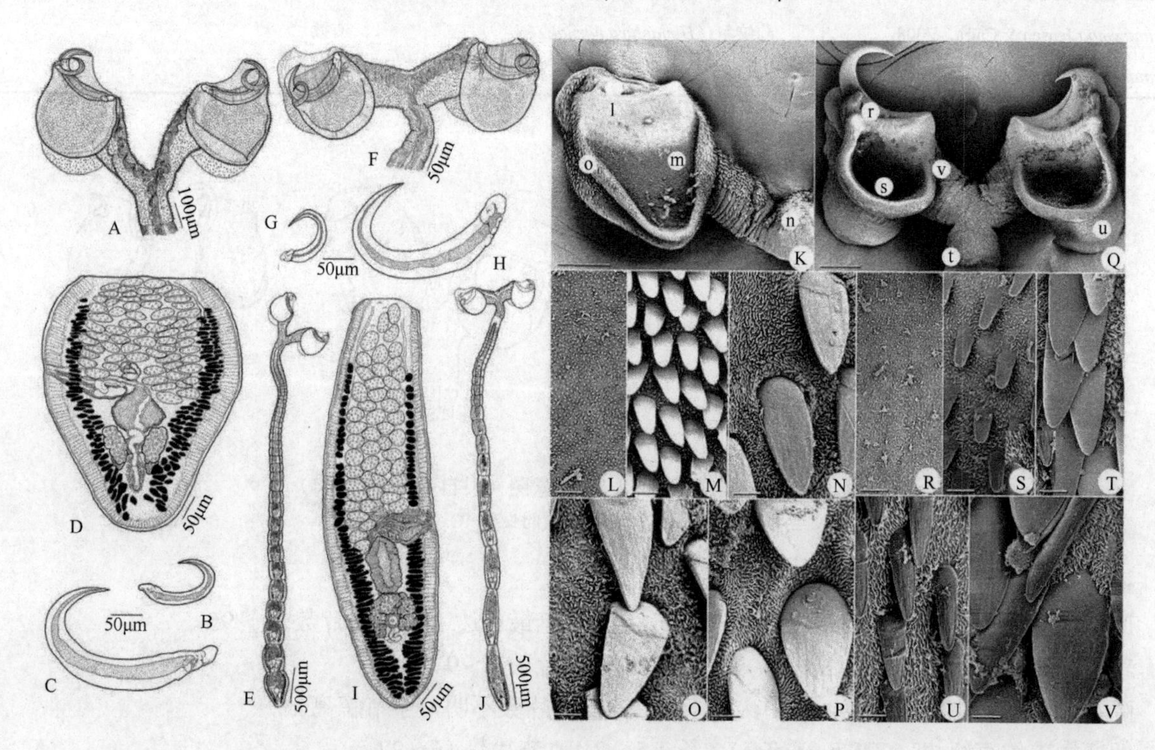

图 11-58　加纳约克绦虫和鱼波豆约克绦虫的结构示意图和扫描结构（引自 Caira et al.，2007）

A～E，K～P. 加纳约克绦虫：A. 头节；B. 侧钩；C. 中央钩；D. 成节背面观；E. 整条虫体；K. 吸槽和柄，小写字母示相应图取样处（注意 2 个吸槽对只显示 1 个）；L. 前方区域远端表面；M. 后钩小室远端表面；N. 头茎表面；O. 吸槽近端表面；P. 柄表面。F～J，Q～V. 鱼波豆约克绦虫：F. 头节；G. 侧钩；H. 中央钩；I. 成节腹面观；J. 整条虫体；Q. 头节，小写字母示相应图取样处；R. 前方区域远端表面；S. 后钩小室远端表面；T. 头茎表面；U. 吸槽近端表面；V. 柄表面。标尺：K，Q=100μm；L～P，R～V=2μm

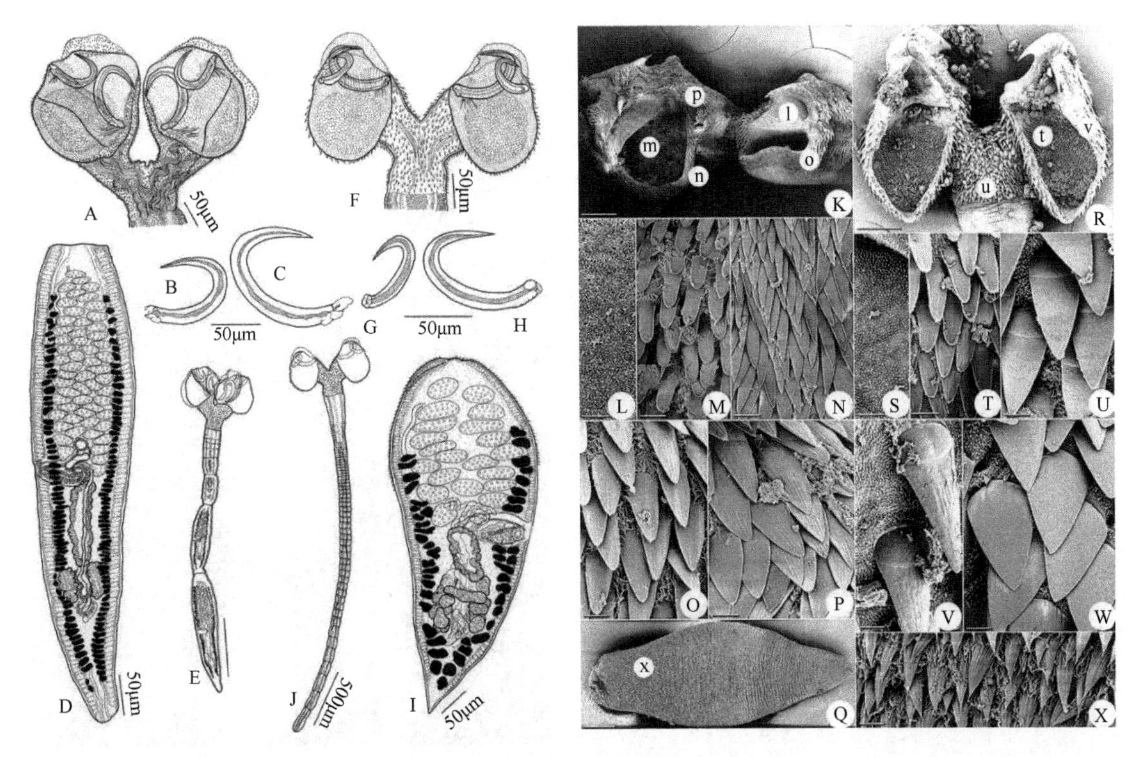

图 11-59 普希勒约克绦虫和萨利普约克绦虫的结构示意图和扫描结构（引自 Caira et al.，2007）

A～E，K～P. 普希勒约克绦虫：A. 头节；B. 侧钩；C. 中央钩；D. 成节背面观；E. 整条虫体；K. 头节，小写字母示相应图取样处；L. 前方区域远端表面；M. 后钩小室远端表面；N. 头茎表面；O. 吸槽近端表面；P. 柄表面。F～J，Q～X. 萨利普约克绦虫：F. 头节；G. 侧钩；H. 中央钩；I. 成节腹面观；J. 整条虫体；Q. 游离节片，小写字母示相应图取样处；R. 头节，小写字母示相应图取样处；S. 前方区域远端表面；T. 后钩小室远端表面；U. 头茎表面；V. 吸槽近端表面；W. 柄表面；X. 游离节片前部放大。标尺：K，Q～R=100μm；L～P，S～X=2μm

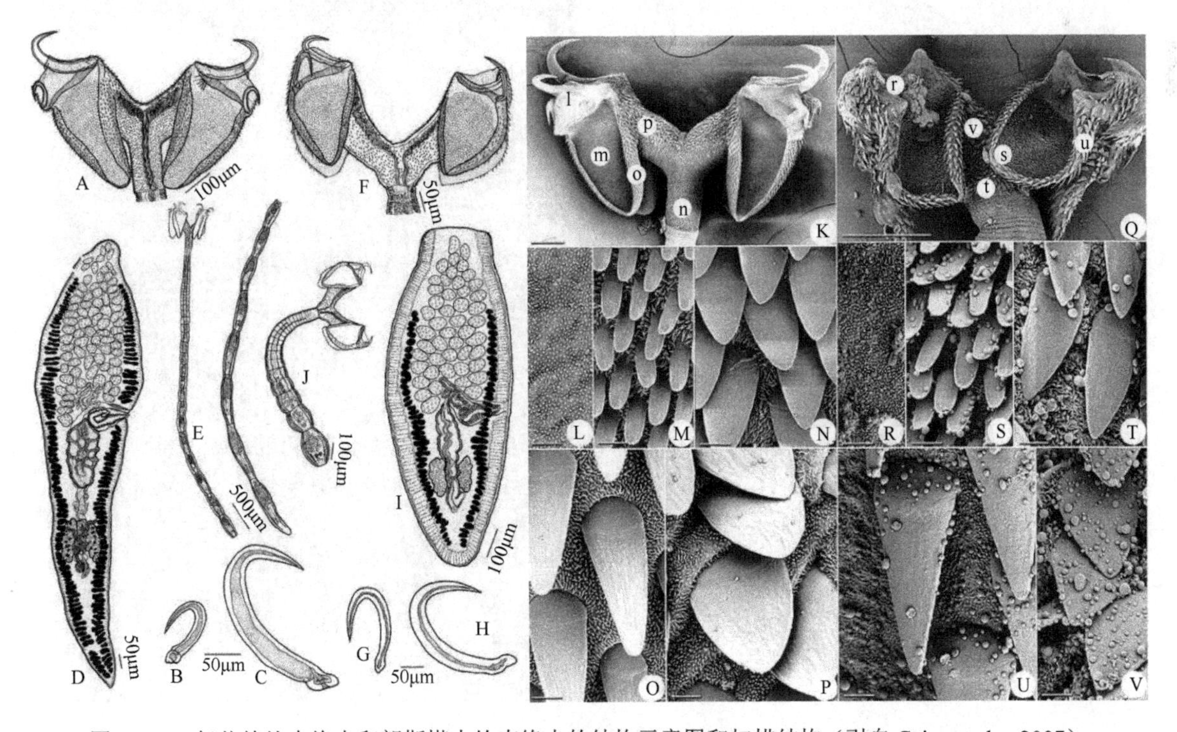

图 11-60 伊扎德约克绦虫和朗斯塔夫约克绦虫的结构示意图和扫描结构（引自 Caira et al.，2007）

A～E，K～P. 伊扎德约克绦虫：A. 头节；B. 侧钩；C. 中央钩；D. 衰竭的解离节片腹面观；E. 整条虫体；K. 头节，小写字母示相应图取样处；L. 前方区域远端表面；M. 后钩小室远端表面；N. 头茎表面；O. 吸槽近端表面；P. 柄表面。F～J，Q～V. 朗斯塔夫约克绦虫：F. 头节；G. 侧钩；H. 中央钩；I. 成节背面观；J. 整条虫体；Q. 头节，小写字母示相应图取样处；R. 前方区域远端表面；S. 后钩小室远端表面；T. 头茎表面；U. 吸槽近端表面；V. 柄表面。扫描结构标尺：K，Q=100μm；L～P，R～V=2μm

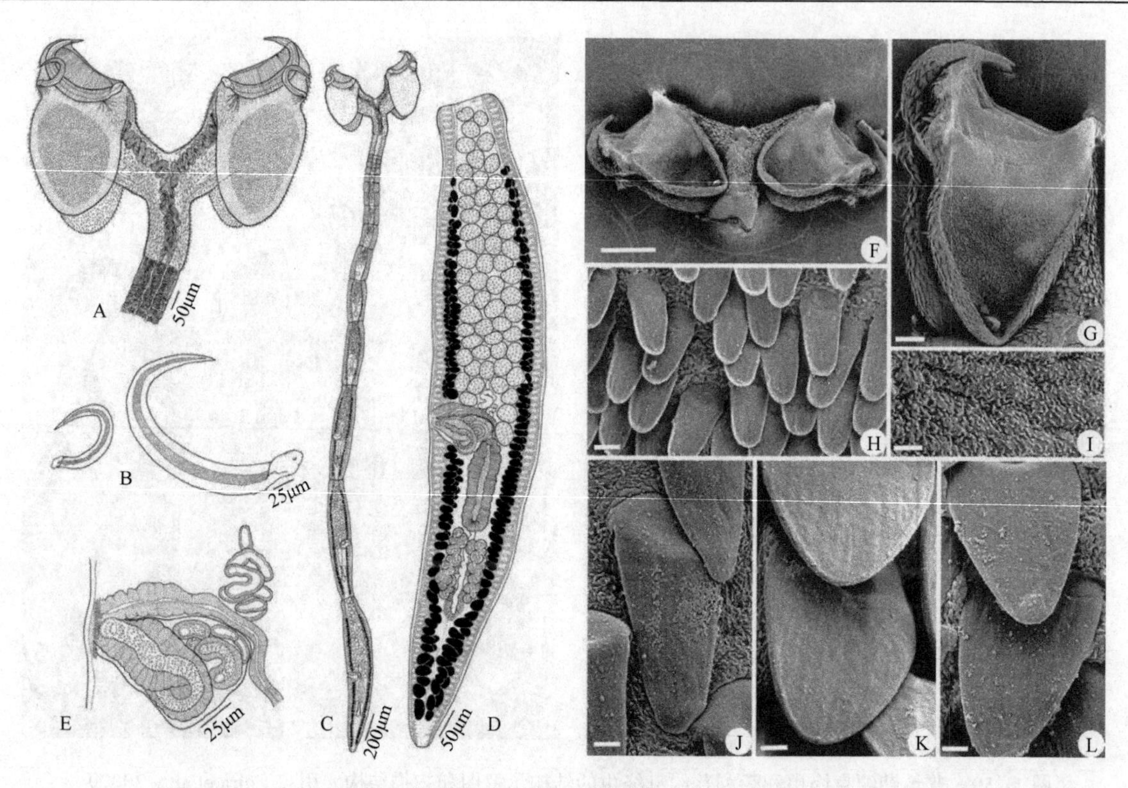

图 11-61　希利约克绦虫的结构示意图和扫描结构（引自 Caira & Tracy，2002）

A. 头节；B. 侧钩；C. 整条虫体；D. 成节；E. 生殖器官末端详细结构；F. 头节；G. 吸槽；H. 后钩小室远端表面放大；I. 吸槽修饰的前方区域放大；J. 吸槽近端表面放大；K. 柄表面放大；L. 头茎表面放大。标尺：F=100μm；G=25μm；H～L=2μm

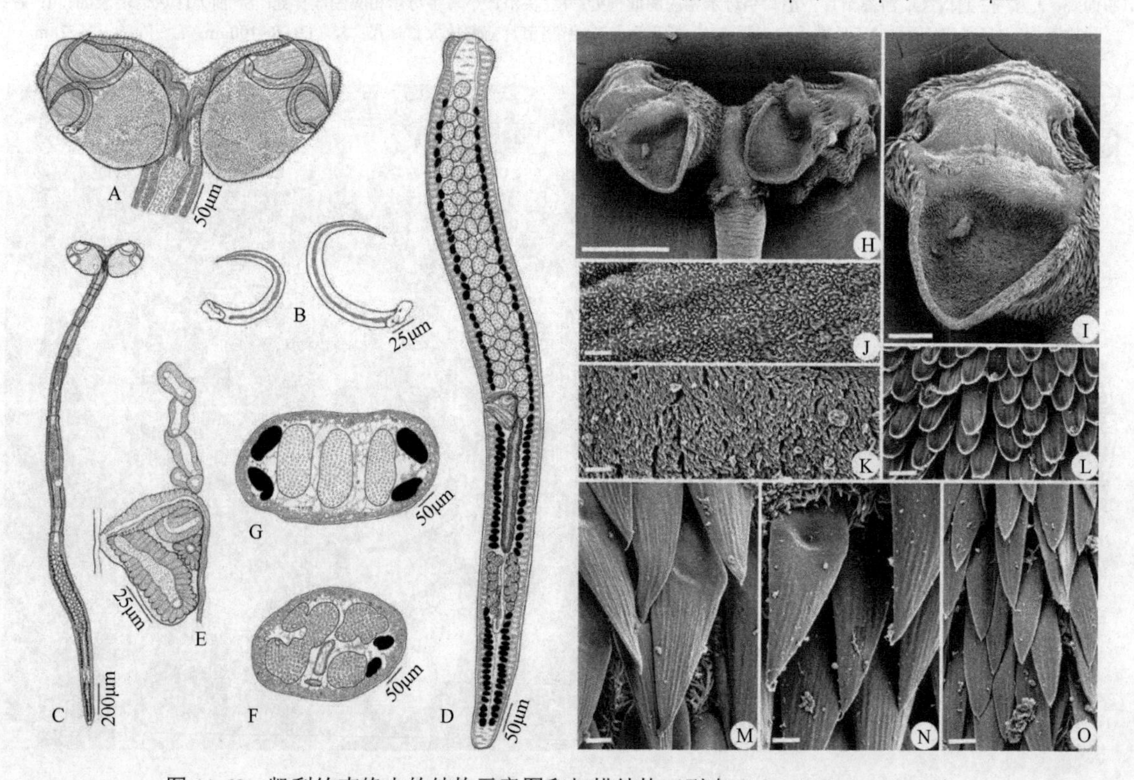

图 11-62　凯利约克绦虫的结构示意图和扫描结构（引自 Caira & Tracy，2002）

A. 头节；B. 钩；C. 整条虫体；D. 成节；E. 生殖器官末端详细结构；F. 过卵巢横切；G. 过精巢横切；H. 头节；I. 吸槽；J. 吸槽修饰的前方区域放大；K. 节片表面放大；L. 后钩小室远端表面放大；M. 吸槽近端表面放大；N. 柄表面放大；O. 头茎表面放大。标尺：H=100μm；I=25μm；J～O=1μm

加纳约克绦虫（*Y. garneri*），长 5.4～6，节片数 39～57。

鱼波豆约克绦虫（*Y. yubodohensis*），长 3.7～7.8，节片数 22～43。

伊扎德约克绦虫（*Y. izardi*），长 5.1～10.2，节片数不明；吸槽不伸达头节茎和柄相连处。

约克绦虫虫种与宿主情况见表 11-6。

表 11-6　约克绦虫虫种与宿主情况一览表

斑竹鲨科（Hemiscyliidae）斑竹鲨（bamboo shark）
- 印度斑竹鲨（*Chiloscyllium indicum*）
  - 小约克绦虫（*Y. parva* Southwell，1927）
  - 帝维约克绦虫（*Y. teeveeyi* Caira et al.，2007）
- 哈氏斑竹鲨（*Chiloscyllium hasseltii*）
  - 加纳约克绦虫（*Y. garneri* Caira et al.，2007）
- 点纹斑竹鲨（*Chiloscyllium punctatum*）
  - 懦弱约克绦虫（*Y. pusillulus* Caira et al.，2007）
  - 萨利普约克绦虫（*Y. saliputium* Caira et al.，2007）
  - 鱼波豆约克绦虫（*Y. yubodohensis* Caira et al.，2007）
  - 凯利约克绦虫（*Y. kelleyae* Caira & Tracy，2002）
  - 希利约克绦虫（*Y. hilli* Caira & Tracy，2002）
- 类点纹斑竹鲨（*Chiloscyllium* cf. *punctatum*）
  - 伊扎德约克绦虫（*Y. izardi* Caira et al.，2007）
  - 朗斯塔夫约克绦虫（*Y. longstaffae* Caira，2007）
- 灰斑竹鲨（*Chiloscyllium griseum*）
  - 斑竹鲨约克绦虫（*Y. chiloscyllii* Shinde，Mohekar & Jadhav，1986）

绞口鲨科（Ginglymostomatidae）绞口鲨（nurse shark）
- 长尾光鳞鲨（*Nebrius ferrugineus*）或称同色巨光鳞鲨（*Ginglymostoma concolor*）
  - 索思韦尔约克绦虫（*Y. southwell* Deshmukh，1979）
- 条纹斑竹鲨（*Chiloscyllium plagiosum*）
  - 厦门约克绦虫（*Y. xiamenensis* Li & Wang，2006）

8 种约克绦虫种的测量数据比较见表 11-7。

表 11-7　不同约克绦虫种的测量数据

特征	*Y. parva*	*Y. teeveeyi*	*Y. garneri*	*Y. yubodohensis*	*Y. pusillulus*	*Y saliputiumn*	*Y. izardi*	*Y. longstaffae*
总长（mm）	7.8±1.3；9	6.9±1.3；8	5.7±0.4；2	5.2±1.0；14	1.6±0.4；8	2.1±0.4；12	7±1.9；7	1.8±0.5；3
节片总数	49±10；9	35±2；8	47±9；3	32±7；13	8±1；9	76±17；12	47±17；7	19±3；3
吸槽长度	368±28；9；17	317±35；8；16	416±29；3；6	346±38；15；26	216±20；11；19	167±16；12；23	474±35；8；16	309±21；3；6
前端小腔宽度	257±14；8；16	252±14；8；16	257±20；3；6	252±21；15；29	179±12；9；17	114±5；12；24	233±22；8；15	157±9；3；5
钩后小腔长度	251±27；10；18	200±24；8；16	259±23；3；6	219±27；14；27	130±15；11；19	113±11；12；23	365±43；8；16	211±26；3；6
钩后小腔宽度	313±26；10；21	291±20；8；16	313±29；3；6	286±24；13；25	166±14；9；14	120±7；12；24	226±22；7；12	176±12；3；6
肉茎长度	315±141；11；22	250±41；8；16	308±38；3；6	269±52；12；21	177±22；3；4	81±11；12；24	253±43；8；15	220±8；3；4
肉茎宽度	149±37；11；21	125±9；8；16	113±15；3；6	127±25；13；25	68±5；7；12	73±6；12；24	123±12；8；16	88±13；3；6
头茎长度	427±81；9	354±70；8	213±14；3	334±80；12	90±12；7	104±13；12	287±63；8	117±5；3
头茎宽度	74±31；12	162±15；8	166±26；3	138±80；12	99±7.8；5	81±7；12	120±11；8	116±12；3
中央钩长	241±11；13；26	233±8；8；16	256±12；3；6	223±10；15；30	114±6；11；21	100±4；12；24	202±11；8；14	131±3；3；6
中央钩宽	149±11；13；26	143±8；8；16	166±10；3；6	142±10；15；30	79±8；11；20	65±5；12；24	121±19；8；14	83±8；3；6
侧钩长度	93±18；13；25	80±5；8；16	102±8；3；6	86±6；15；30	80±9；10；19	64±4；12；24	91±7；7；16	86±7；3；6
侧钩宽度	63±15；13；25	62±6；8；16	72±6；3；6	62±6；15；30	59±7；9；18	34±5；12；24	62±12；8；16	47±8；3；6
成节数目	2.4±1.6；9	0.5±0.9；8	2±1.4；2	2.3±1；15	0.3±0.5；8	0	1.7±1.1；7	0.7±0.6；3

续表

特征	*Y. parva*	*Y. teeveeyi*	*Y. garneri*	*Y. yubodohensis*	*Y. pusillulus*	*Y saliputiumn*	*Y. izardi*	*Y. longstaffae*
最成节长度	874±159；8	1218±138；2	479±12；2	830±146；14	796±275；2	103±15；12	872±215；7	540±4；2
最成节宽度	333±44；8	N/A	304±90；2	230±47；13	146±17；2	46±7；12	188±32；6	212±10；2
节片长宽比率	2.6：1±0.4；8	4.1：1±0.7；9	1.7：1±0.5；2	3.7：1±0.7；13	5.4：1±1.3；2	2.3±0.1；3*	4.9：1±1.5；6	2.6：1±0.1；2
精巢总数	67±7；8；11	66±16；6；13	69±5；2；3	59±7；12；28	55±2；2；3	19±1；3*	69±11；4；8	49±7；3；5
精巢长度	26±6；8；24	23±2；2；6	15±1；3；9	25±6；12；42	17±5；2；6	29±7；3；9*	22±5；5；15	19±3；2；6
精巢宽度	47±6；8；24	38±6；1；3	34±9；3；9	38±8；14；42	28±4；2；6	54±11；3；9*	29±9；5；15	25±2；2；6
阴茎囊长度	138±13；8；12	131±19；1；2	136±17；2	111±23；14	64±2；2	76±16；3*	85±15；4	76±11；2
阴茎囊宽度	61±13；8；12	63±4；1；2	46±1；2	57±10；14	14±11；2	50±16；3*	62±11；5	38±4；2
卵巢长度	96±19；8；12	90±7；2；3	89±4；2	81±13；14	64±19；2	101±26；2*	99±29；5	64±3；2
卵巢宽度	130±21；8；12	109±1；1；2	106±21；2	100±21；14	71±2；2	108±28；2*	73±5；4	78±4；2
卵巢前方边缘	30±10；6；8	46±5；2	38±4；2	32±5；14	32±0；2	43±2；3*	34±9；7	37±6；2
生殖孔位置	54±10；8	61±4；2	57±5；2	50±6；14	54±1；2	56±5；3*	52±6；7	51±6；2
卵黄腺滤泡长度	12±3；8；24	12±3；2；6	8±2；3；9	10±3；14；42	8±2；2；6	16±7；3；9*	15±4；5；15	10±2；2；6
卵黄腺滤泡宽度	35±11；8；24	28±3；1；3	18±6；3；9	26±9；14；42	16±3；2；6	28±14；3；9*	18±7；5；15	17±3；2；6

注：①表中数据单位除有特殊注明外，均为μm，数据为平均值±标准差；测定的虫体数；每条观察的总次数。②卵巢前方边缘数据为距离节片后端的百分比。③生殖孔位置数据为距离节片后端的百分比。④带*号数据为测定游离（成节和孕节）节片的结果。⑤N/A 为没有数据

12a. 吸槽有 1 对简单的钩 ……………………………………………………………………………… 13

12b. 吸槽有 1 对分叉的钩 ……………………………………………………………………………… 14

13a. 前方肌肉质垫球状；1 对钩，各钩玫瑰刺样，埋于前方垫中 ……………………………………………
……………………………………………………… 厚槽属（*Pachybothrium* Baer & Euzet，1962）（图 11-63A、B）

识别特征：头节有 4 个又大又粗厚、固着的吸槽，单室，在前方肌肉质垫中央有 1 对简单的钩。颈部明显。链体无缘膜，孕节脱落。生殖孔位于侧方，不规则交替。精巢数目多，孔侧阴道后精巢不存在。卵巢位于后方，横切面为两叶状。阴道位于阴茎囊前方。卵黄腺滤泡位于侧方。子宫位于腹部中央、卵巢和阴茎囊之间。已知寄生于须鲨目鱼类，分布于印度洋和太平洋。模式种：赫特森厚槽绦虫［*Pachybothrium hutsoni*（Southwell，1911）］。

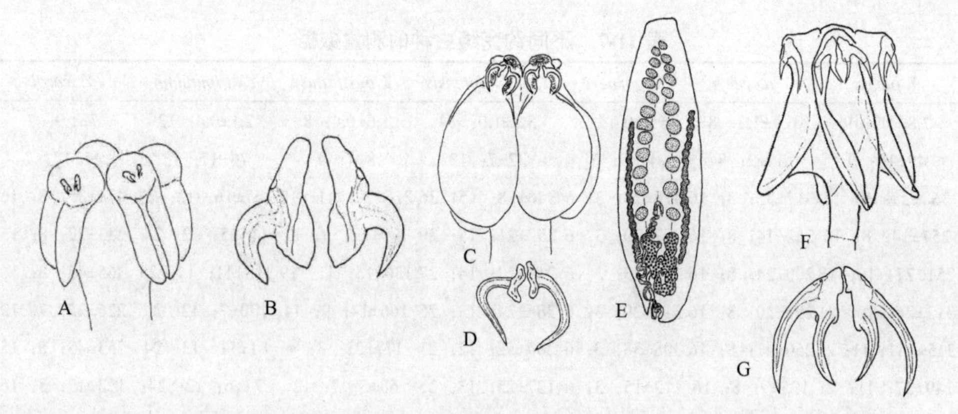

图 11-63　厚槽属、江魟绦虫属和足槽属的结构示意图（引自 Euzet，1994）

A～B. 厚槽属：A. 头节；B. 钩。C～E. 江魟绦虫属：C. 头节；D. 钩；E. 成节背面观。F～G. 足槽属：F. 头节；G. 钩

13b. 前方的附属吸盘有 1 对简单的钩 ……… 江魟绦虫属（*Potamotrygonocestus* Brooks & Thorson，1976）（图 11-63C～E）

识别特征：头节有 4 个固着不分隔的吸槽。各有 1 附属吸盘和 1 对对称的钩，各钩有 1 个叉。头节和颈区具棘。链体无缘膜，孕节解离。生殖孔位于侧方，不规则交替。精巢数目多，位于两侧区域；孔侧阴道后精巢不存在。卵巢位于后方，横切面为两叶状。阴道位于阴茎囊前方。卵黄腺滤泡位于侧方。子宫囊

状，位于腹部中央。卵球体状。已知寄生于淡水魟科（Dasyatidae）鱼类，分布于南美洲。模式种：马格达莱纳江魟绦虫（*Potamotrygonocestus magdalenensis* Brooks & Thorson，1976）（图 11-64A～E）。其他种：查奥江魟绦虫（*P. chaoi*）（图 11-65A～D）；玛拉加拉江魟绦虫（*P. marajoara*）（图 11-65E～J，图 11-66，图 11-67）；亚马孙江魟绦虫（*P. amazonensis*）（图 11-64F～L，图 11-68A～D）；特拉瓦索斯江魟绦虫（*P. travassosi*）（图 11-68E～I，图 11-69A，C）；奥里诺科河江魟绦虫（11-68J～K，图 11-69B）；菲茨杰拉德江魟绦虫（*P. fitzgeraldae*）（图 11-70E～G，图 11-71A～D）；莫拉江魟绦虫（*P. maurae*）（图 11-71E～H）。

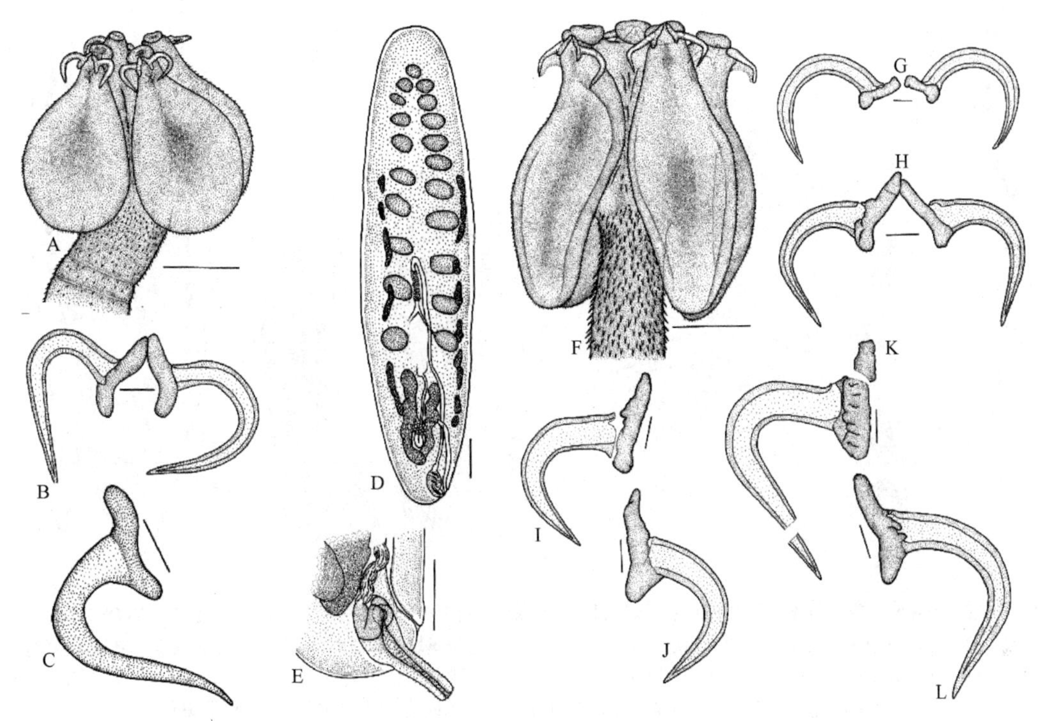

图 11-64　马格达莱纳江魟绦虫和亚马孙江魟绦虫的结构示意图（引自 Marques et al.，2003）

A～E. 马格达莱纳江魟绦虫：A. 头节；B. 钩；C. 副模标本的钩；D. 成节（副模标本）；E. 阴茎囊详细结构。F～L. 亚马孙江魟绦虫：F. 头节（凭证标本）；G. 全模标本的钩；H～L. 不同宿主、不同标本的钩。标尺：A，D～F=100μm；B，C，G～L=10μm

江魟绦虫属（*Potamotrygonocestus*）分种检索表

1A. 吸槽钩在前方 1/10 处对称，钩叉从柄中部出现……………………………………2

1B. 吸槽钩在前方 1/4～1/3 处不对称，钩叉从柄后端部出现……………………………4

2A. 生殖孔位于孔侧卵巢叶前端水平；卵黄腺扩展至卵巢叶后部区域……………莫拉江魟绦虫（*P. maurae*）

2B. 生殖孔位于卵巢峡部水平或后方；卵黄腺不扩展至卵巢峡部后方……………………3

3A. 吸槽长 380～423μm，侧钩长 71～77μm，中央钩长 75～91μm，生殖腔不存在……亚马孙江魟绦虫（*P. amazonensis*）

3B. 吸槽长 205～330μm，侧钩长 26～51μm，中央钩长 33～78μm，生殖腔不存在………………………………马格达莱纳江魟绦虫（*P. magdalenensis*）

4A. 每节精巢多于 50 个……………………………………查奥江魟绦虫（*P. chaoi*）

4B. 每节精巢少于 50 个……………………………………………………5

5A. 生殖孔位于卵巢峡部略上方水平，精巢平均 21～24 个……………特拉瓦索斯江魟绦虫（*P. travassosi*）

5B. 生殖孔位于孔侧卵巢叶前端水平，精巢平均 31～41 个……………菲茨杰拉德江魟绦虫（*P. fitzgeraldae*）

14a. 阴道后精巢不存在；头节有 4 个固着不分隔的吸槽………………足槽属（*Pedibothrium* Linton，1909）（图 11-63F～G）
［同物异名：叶槽样属（*Phyllobothrioides* Southwell，1911）］

识别特征：头节有 4 个大型不分隔的吸槽；各有 1 对不对称的 2 叉钩；前方肌肉垫存在。链体无缘膜，孕节解离。生殖孔位于侧方，不规则交替。精巢数目多，孔侧阴道后精巢不存在。卵巢位于后方。

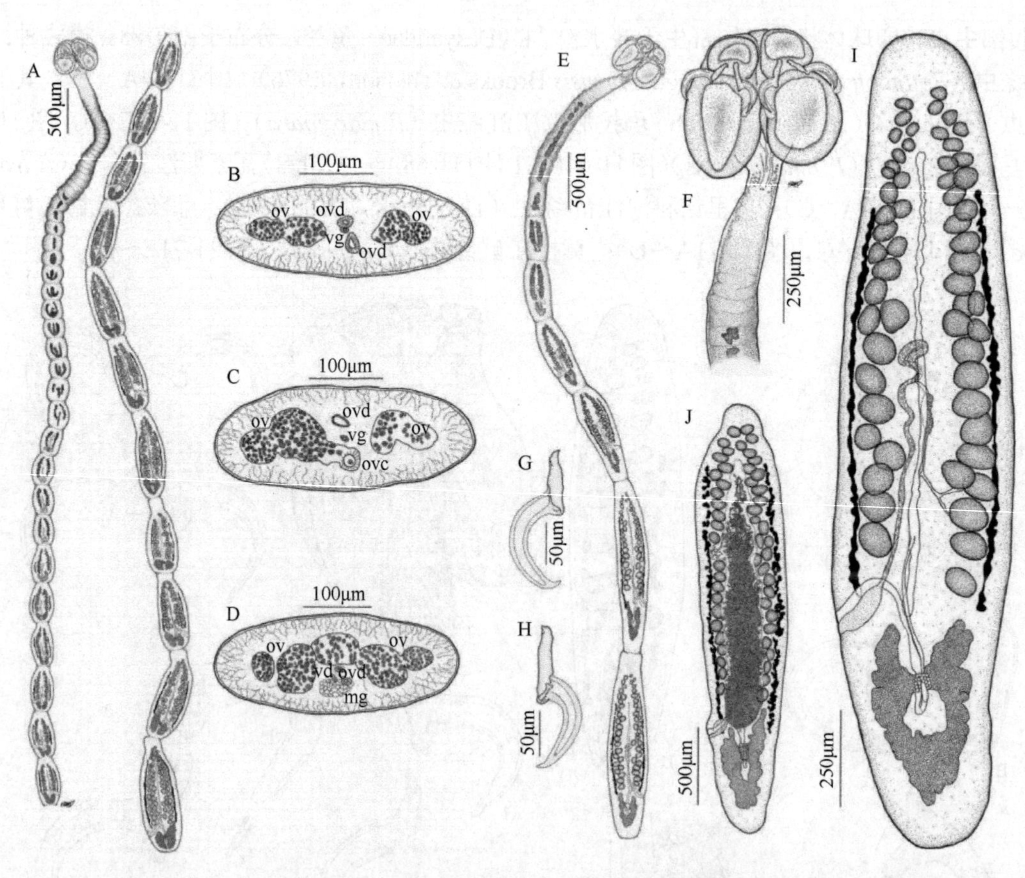

图 11-65　查奥江魟绦虫和玛拉加拉江魟绦虫的结构示意图（引自 Luchetti et al.，2008）

A～E. 查奥江魟绦虫：A. 整条虫体；B. 过输卵管和阴道管联合区横切面；C. 过卵巢峡部和捕卵器横切面；D. 卵黄腺管到梅氏腺间插区横切。E～J. 玛拉加拉江魟绦虫（*P. marajoara*）：E. 整条虫体（全模标本）；F. 头节；G. 侧钩；H. 中央钩；I. 成节（副模标本）；J. 孕节（副模标本）。缩略词：mg. 梅氏腺；ov. 卵巢；ovc. 捕卵器；ovd. 输卵管；vd. 卵黄腺管；vg. 阴道管

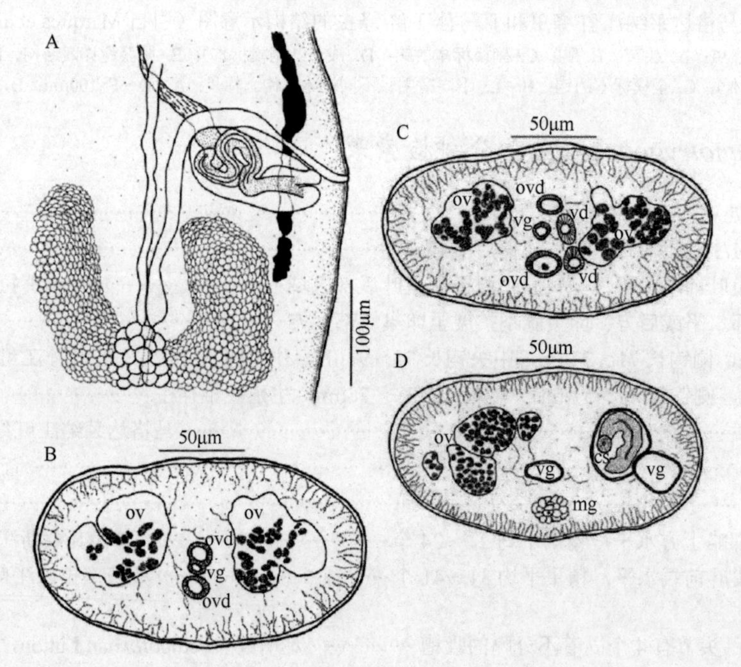

图 11-66　玛拉加拉江魟绦虫生殖器官末端及成节横切结构示意图（引自 Luchetti et al.，2008）

A. 成节（副模标本）生殖器官末端；B. 输卵管和阴道管联合区横切面；C. 过卵巢峡部后卵巢区横切面，示生殖管的排列；D. 阴茎和生殖孔区横切。缩略词：cs. 阴茎囊；mg. 梅氏腺；ov. 卵巢；ovd. 输卵管；vg. 阴道管

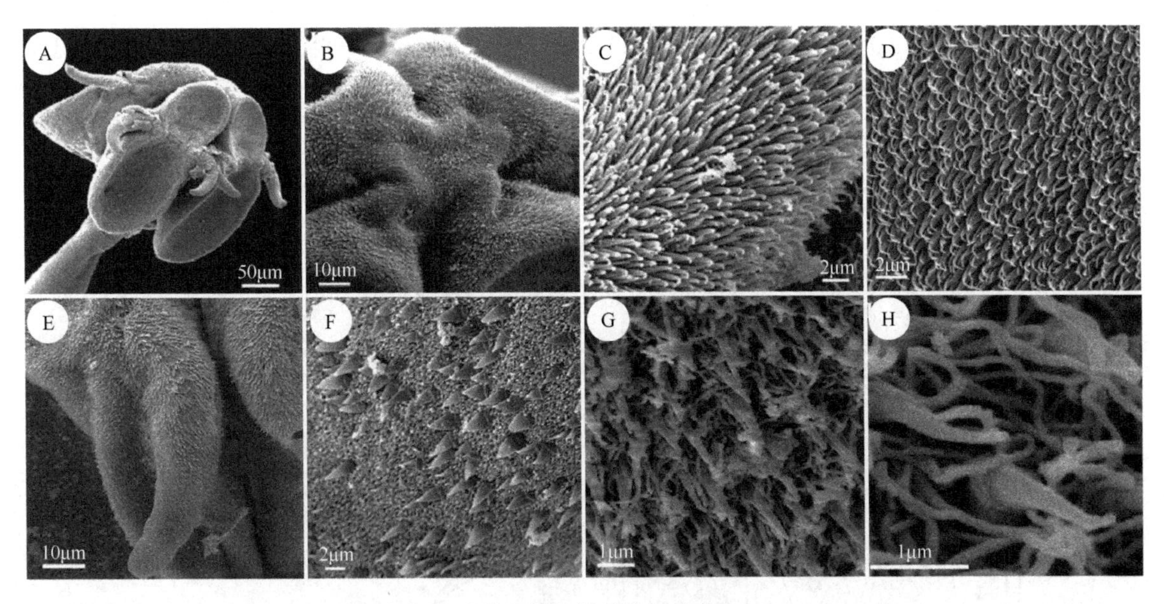

图 11-67 玛拉加拉江魟绦虫的扫描结构（引自 Luchetti et al.，2008）

A. 头节；B. 头节顶吸盘边缘区微毛；C. 顶吸盘边缘区微毛；D. 吸槽中央区微毛；E. 中央钩区微毛；F. 头茎区微毛；G. 阴茎近端区微毛；H. 阴茎远端区微毛

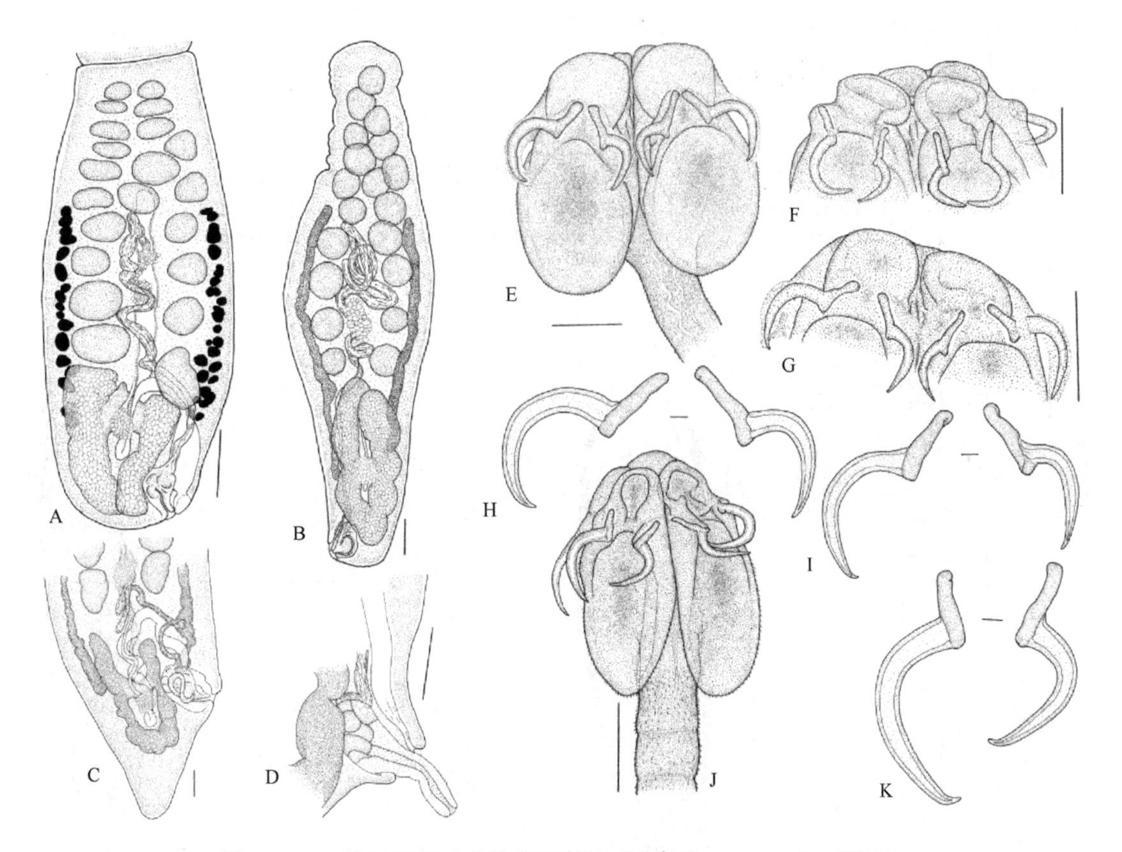

图 11-68 3 种江魟绦虫的结构示意图（引自 Marques et al.，2003）

A～D. 亚马孙江魟绦虫：A. 成节（副模标本）；B. 成熟解离的节片；C. 卵巢区示意图；D. 阴茎区示意图。E～I. 特拉瓦索斯江魟绦虫：E. 头节（副模标本）；F，G. 头节顶部区域；H，I. 钩。J～K. 奥里诺科河江魟绦虫：J. 头节（副模标本）；K. 钩。标尺：A～G，J=100μm；H～I，K=10μm

阴道位于阴茎囊前方。卵黄腺滤泡位于侧方（有些位于卵巢后）。子宫位于腹部中央、卵巢和阴茎囊之间。已知寄生于须鲨目鱼类，全球性分布。模式种：球头足槽绦虫（*Pedibothrium globicephalum* Linton，1909）。其他种：卡布瑞尔足槽绦虫（*P. cabrali*）（图 11-72A～C，图 11-73A，图 11-74A～D）；基斯特呐足槽绦虫（*P. kistnerae*）（图 11-72D～F，图 11-73B，图 11-74E～H）；劳埃德足槽绦虫（*P. lloydae*）（图 11-72G～I，图 11-73C，图 11-74I～L）；芒西足槽绦虫（*P. mounseyi*）（图 11-72J～M，图 11-73D，图 11-74M～P）；普氏金枪鱼足槽绦虫（*P. puerobesus*）（图 11-73E～G，图 11-74Q～S）等。

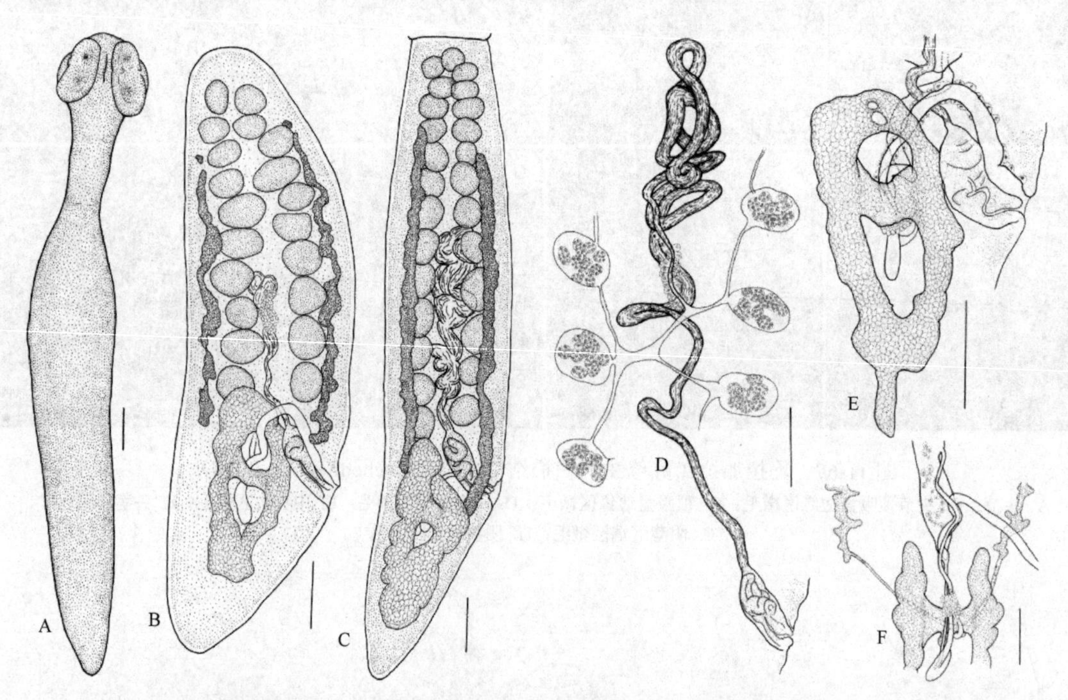

图 11-69　特拉瓦索斯江魟绦虫和奥里诺科河江魟绦虫的结构示意图（引自 Marques et al.，2003）

A，C～D，F. 特拉瓦索斯江魟绦虫：A. 未分化幼虫；C. 成节；D. 生殖系统详细结构；F. 卵巢区域。B，E. 奥里诺科河江魟绦虫（副模标本）：B. 解离的成节；E .卵巢区域。标尺=100μm

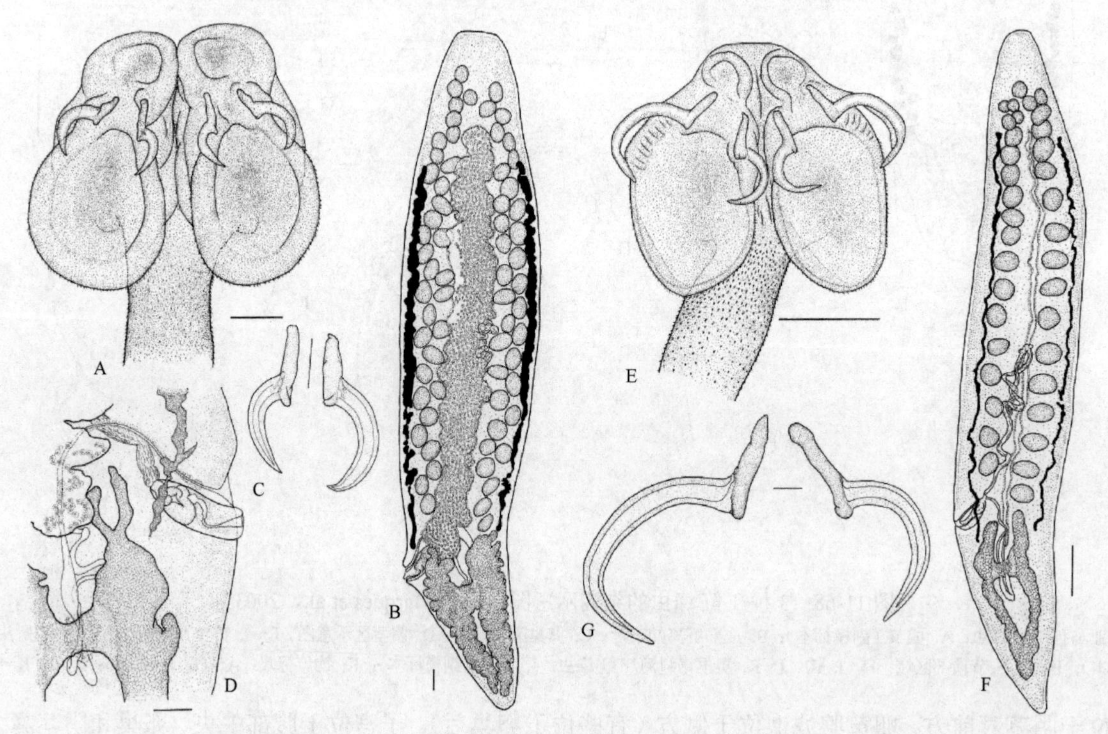

图 11-70　查奥江魟绦虫和菲茨杰拉德江魟绦虫的结构示意图（引自 Marques et al.，2003）

A～D. 查奥江魟绦虫：A. 头节；B. 解离的孕节；C. 吸槽钩；D. 阴茎囊区。E～G. 菲茨杰拉德江魟绦虫：E. 头节；F. 解离的成熟孕节；G. 吸槽钩。标尺：A～B，D～F=100μm；C=50μm；G=10μm

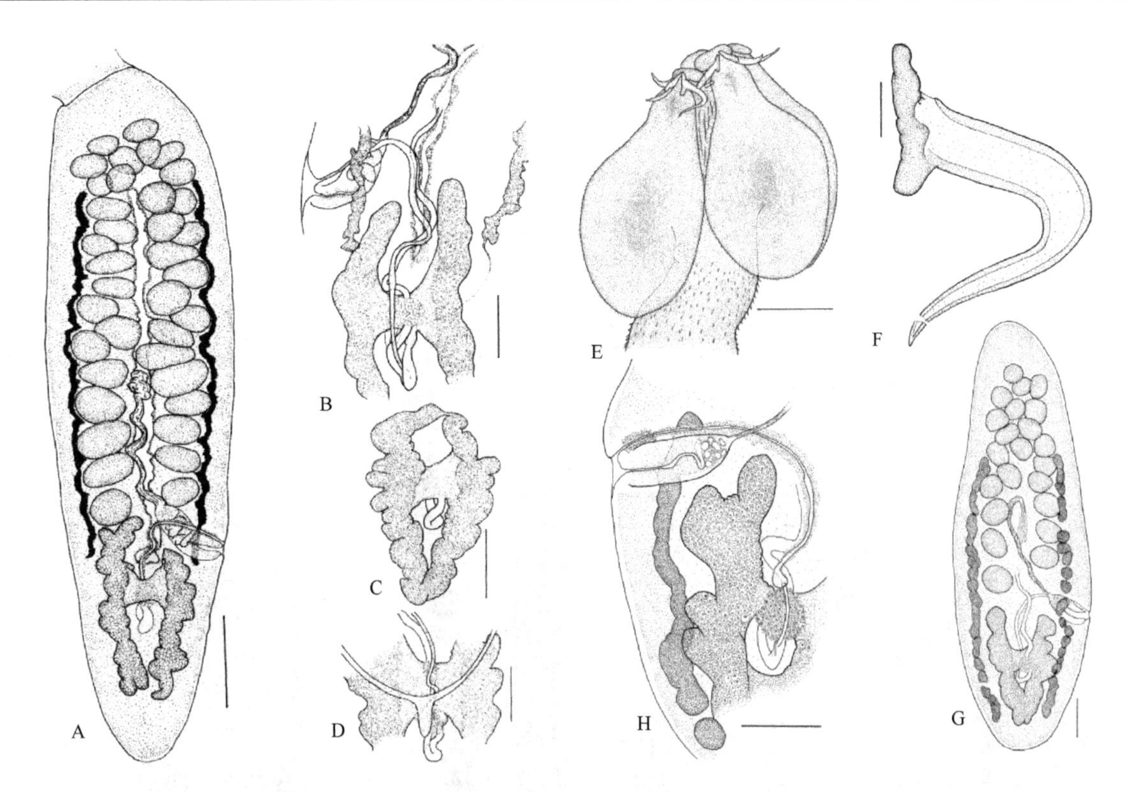

图 11-71　菲茨杰拉德江魟绦虫和莫拉江魟绦虫的结构示意图（引自 Marques et al.，2003）

A～D. 菲茨杰拉德江魟绦虫：A. 成熟孕节；B～D. 卵巢区。E～H. 莫拉江魟绦虫：E. 头节；F. 吸槽钩；G. 成熟解离的节片；H. 阴茎囊区。标尺：A～D，E，G～H=100μm；F=10μm

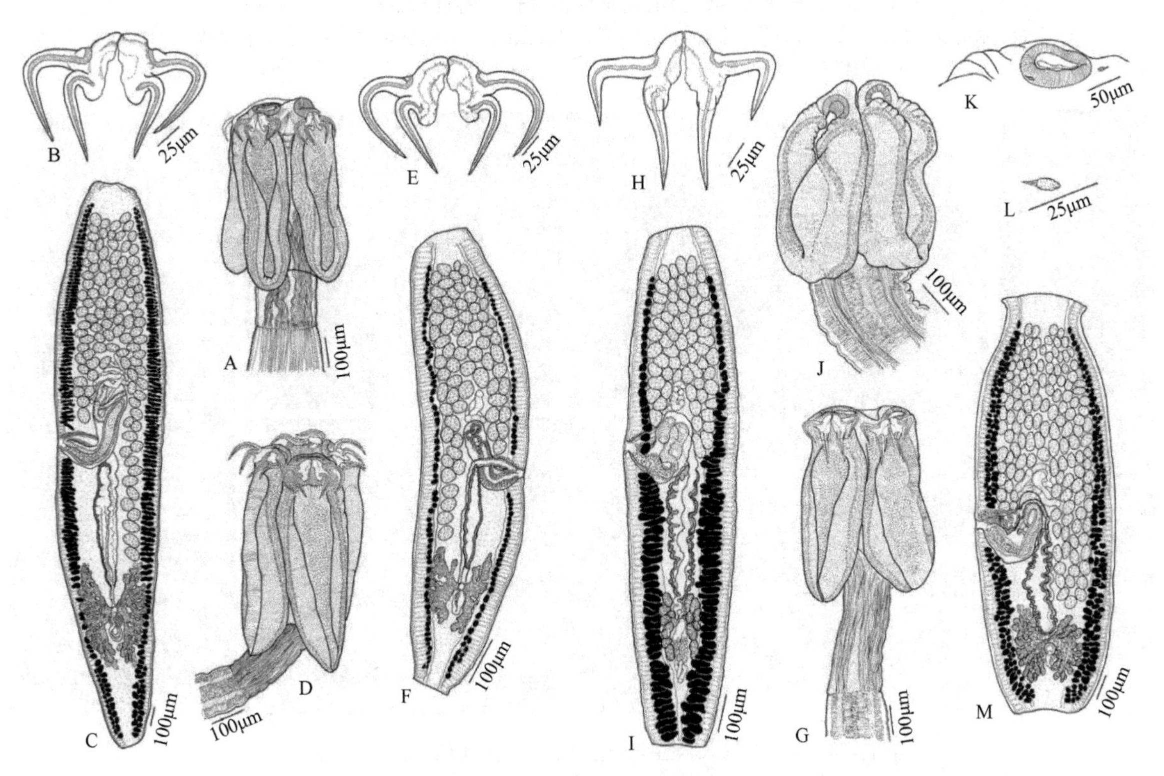

图 11-72　4 种足槽属绦虫的结构示意图（引自 Caira et al.，2004）

A～C. 卡布瑞尔足槽绦虫：A. 头节；B. 钩；C. 成节。D～F. 基斯特呐足槽绦虫：D. 头节；E. 钩；F. 成节。G～I. 劳埃德足槽绦虫：G. 头节；H. 钩；I. 成节。J～M. 芒西足槽绦虫：J. 头节；K. 有钩顶吸盘的详细结构；L. 钩；M. 成节

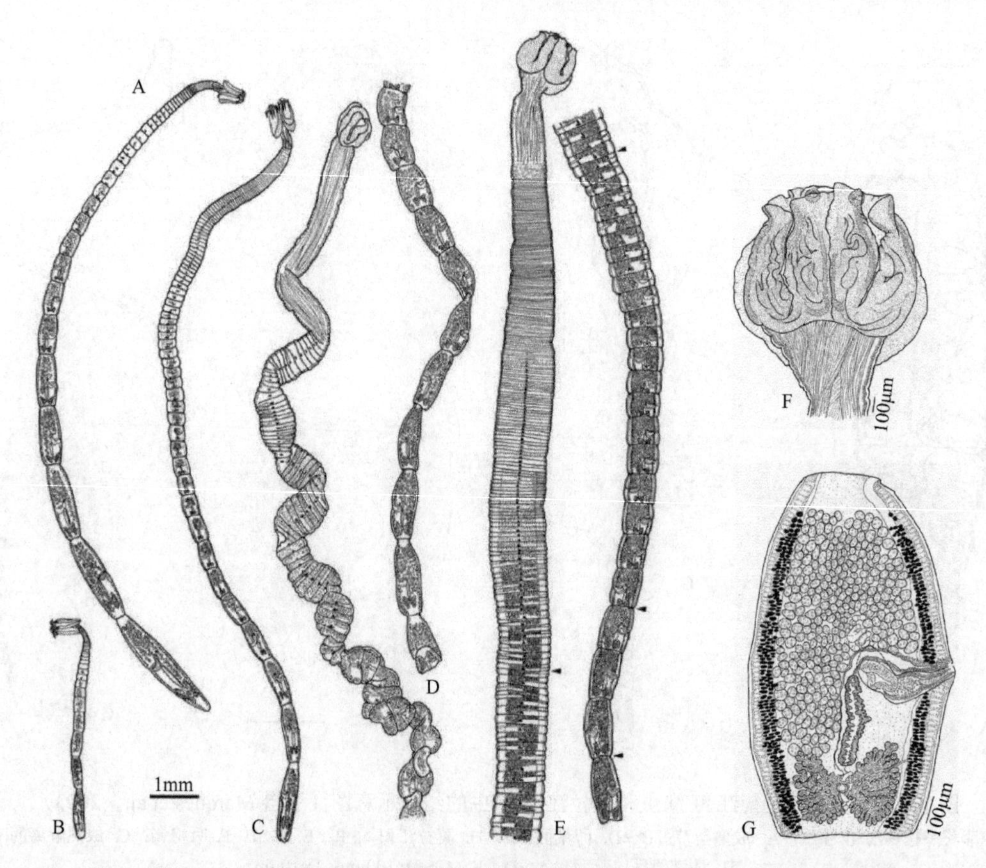

图 11-73　5 种足槽属绦虫的整条虫体比较（引自 Caira et al.，2004）

A. 卡布瑞尔足槽绦虫；B. 基斯特呐足槽绦虫；C. 劳埃德足槽绦虫；D. 芒西足槽绦虫；E～G. 普氏金枪鱼足槽绦虫：E. 整体结构，箭头示样品断开处；F. 头节；G. 成节。A～E 所有图标尺一样

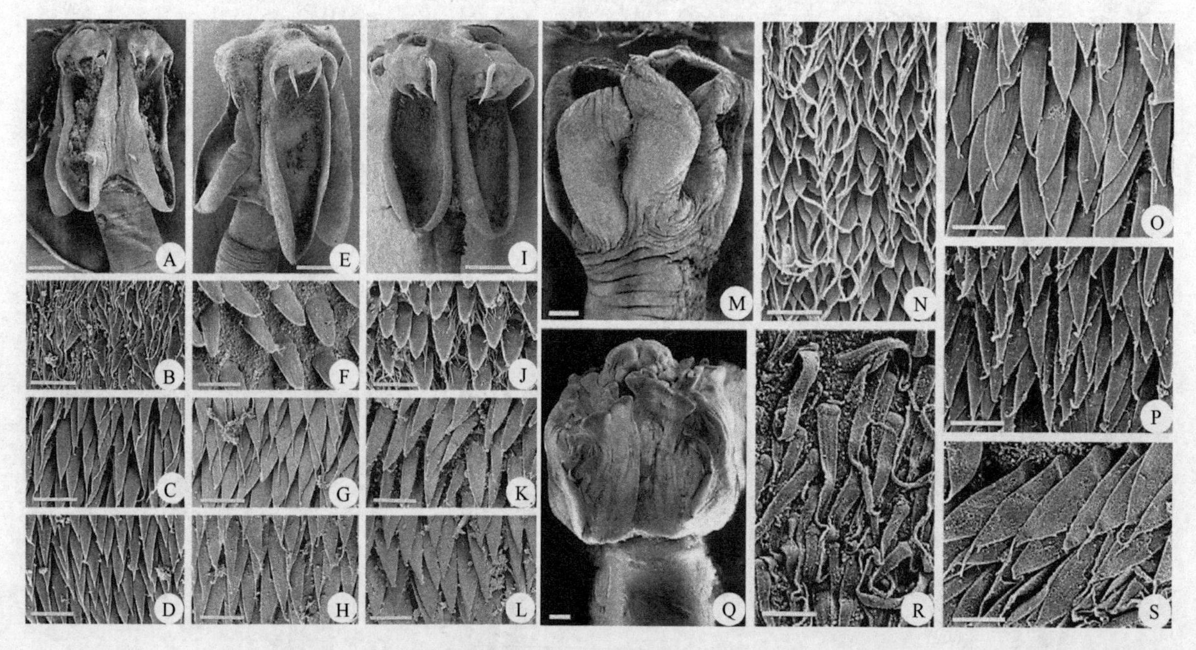

图 11-74　5 种足槽属绦虫的扫描结构（引自 Caira et al.，2004）

A～D. 卡布瑞尔足槽绦虫：A. 头节；B. 吸槽远端表面放大；C. 吸槽近端表面放大；D. 头茎表面放大。E～H. 基斯特呐足槽绦虫：E. 头节；F. 吸槽远端表面放大；G. 吸槽近端表面放大；H. 头茎表面放大。I～L. 劳埃德足槽绦虫：I. 头节；J. 吸槽远端表面放大；K. 吸槽近端表面放大；L. 头茎表面放大。M～P. 芒西足槽绦虫：M. 头节；N. 吸槽远端表面放大；O. 吸槽近端表面放大；P. 头茎表面放大。Q～S. 普氏金枪鱼足槽绦虫：Q. 头节；R. 吸槽近端表面后部放大；S. 吸槽近端表面前部放大。标尺：A，E，I，M，Q=100μm；B～D，F～H，J～L，N～P，R～S=2μm

5 种足槽属绦虫形态特征测量数据比较见表 11-8。

表 11-8 5 种足槽属（*Pedibothrium*）绦虫形态特征测量数据比较（引自 Caira et al.，2004）

特征	*P. cabrali*	*P. kistnerae*	*P. lloydae*	*P. mounseyi*	*P. puerobesus*
全长	14 666±1 582；20	5 096±1 086；13	16 368±2 472；14	27 265±7 337；12	39 114±9 875；13
节片数	51±5；20	23±3；13	80±18；13	110±24；9	168±28；10
生殖孔位置	52±3；16	49±4；9	51±5；14	45±2；9	47±3；12
头节长	792±61；20	775±75；16	720±57；15	5 341±802；12	8 549±1 887；12
头节宽	493±39；19	355±33；15	479±138；15	699±128；14	1 235±192；14
头茎长	491±53；19	407±78；16	421±62；15	4415±812；12	7 250±1 692；13
头茎宽	189±19；20	121±11；16	193±32；15	483±129；14	505±113；14
吸槽长	623±62；16；23	631±28；12；18	531±39；14；27	710±148；8；12	1 057±144；13；25
吸槽宽	241±35；13；19	198±22；11；12	233±60；7；13	321±76；8；10	617±113；11；20
顶区长	52±13；16；21	32±9；9	63±17；7；10	66±30；5；8	-
顶区宽	91±17；15；19	70±16；9	100±30；7；10	95±34；5；8	-
肌肉垫长	74±8；16；21	67±9；10；11	96±31；8；12	87±54；4；6	123±14；6；11
肌肉垫宽	141±24；15；19	123±16；10；11	153±26；7；11	146±107；5；7	131±26；6；11
小室长	502±54；16；21	547±24；12；15	400±28；8；12	686±41；10；12	936±130；10；20
小室宽	236±38；15；19	192±26；11；13	253±54；7；9	360±38；10；12～10*	576±105；9；17
钩长					
中央 a′	68±8；15；25	78±10；16；24	59±8；10；14	—	—
中央 b′	78±6；15；25	88±7；15；24	96±13；10；14	—	—
中央 c′	53±5；15；25	56±4；16；24	58±5；10；14	—	—
中央 d′	116±8；15；25	123±9；15；24	139±8；10；14	—	—
侧方 a	72±7；15；23	79±9；16；24	61±10；10；14	—	—
侧方 b	78±6；15；24	86±5；16；24	92±17；10；14	—	—
侧方 c	54±4；15；24	55±5；16；25	59±9；10；14	—	—
侧方 d	118±6；15；24	120±8；16；24	134±12；10；14	—	—
成节数目	5±1；20	2±1；11	10±2；10	11±2；11	10±2；10
成节长度	2 739±376；19	785±160；10	1 004±198；12	1 678±245；8	1 218±208；13
成节宽度	471±53；20	191±45；10	312±33；12	525±89；8	664±79；13
节片长/宽	5±1；19	4±1；10	3±1；12	3±1；8	2±0. 3；13
精巢数目	11±14；16	65±6；5	60±6；11	150±19；7	265±14；11
精巢长	49±8；16；48	25±7；10；30	39±7；14；42	44±10；10；30	44±9；13；39
精巢宽	53±8；16；48	26±6；10；30	34±5；14；42	42±10；10；30	42±10；13；39
阴茎囊长	568±69；17	187±27；5	214±40；13	405±75；9	413±56；11
阴茎囊宽	138±31；16	65±13；5	86±25；13	125±25；9	140±28；11
卵巢长	401±104；18	157±37；4	153±48；13	318±76；9	271±51；12
卵巢宽	256±48；18	123±40；4	122±22；13	287±16；9	363±79；12

注：①测量数据为平均值±标准误；测量虫体条数；每条虫测量的次数；所有测量单位为μm。②生殖孔位置指距节片末端百分比。③头节测量数据包括头节固有结构和头茎

*原文献如此

足槽属绦虫种与宿主变化见表 11-9。

表 11-9　足槽属绦虫种与宿主变化（引自 Caira et al.，2004）

铰口鲨（*Ginglymostoms cirratum*）
　短棘足槽绦虫（*P. brevispine* Linton，1909）
　球头足槽绦虫（*P. globicephalum* Linton，1909）
　长棘足槽绦虫（*P. longispine* Linton，1909）
　麦卡勒姆足槽绦虫（*P. maccallumi* Caira & Pritchard，1986）
　曼特足槽绦虫（*P. manteri* Caira，1992）
　塞尔瓦托足槽绦虫（*P. servattorum* Caira，1992）
长尾光鳞鲨（*Nebrius ferrugineus*）
　卡布瑞尔足槽绦虫（*P. cabrali* Caira et al.，2004）
　基斯特呐足槽绦虫（*P. kistnerae* Caira et al.，2004）
　劳埃德足槽绦虫（*P. lloydae* Caira et al.，2004）
　芒西足槽绦虫（*P. mounseyi* Caira et al.，2004）
　普氏金枪鱼足槽绦虫（*P. puerobesus* Caira et al.，2004）
短尾绞口鲨（*Pseudoginglymostoma brevicaudatum*）
　托里足槽绦虫（*P. toliarensis* Caira & Rosolofonirina，1998）
豹纹鲨（*Stegostoma fasciatum*）
　柯卡姆足槽绦虫［*P. kerkhami*（Southwell，1911）Southwell，1925］
　林敦足槽绦虫（*P. lintoni* Shinde，Jadhav & Deshmukh，1980）
　韦拉沃尔足槽绦虫（*P. veravalensis* Shinde，Jadhav & Deshmukh，1980）

14b. 阴道后精巢存在；头节球茎状，埋于宿主肠壁·························龟头槽属（*Balanobothrium* Hornell，1911）（图 11-75）

识别特征：头节有 4 个扁平、固着、不分隔的吸槽；各有 1 顶附属吸盘和 1 对小钩；各钩有 2 叉。前方肌肉质垫存在。链体无缘膜，老孕节解离。生殖孔位于侧方，不规则交替。精巢数目多，孔侧阴道后精巢存在。阴茎具棘。卵巢位于后方，横切面为两叶状。阴道位于阴茎囊前方。卵黄腺滤泡位于侧方。子宫位于腹部，有侧支囊。整个头节扩大，球茎状，埋于宿主肠壁。寄生于板鳃亚纲软骨鱼类，分布于太平洋和印度洋。模式种：特纳克斯龟头槽绦虫（*Balanobothrium tenax* Hornell，1911）。

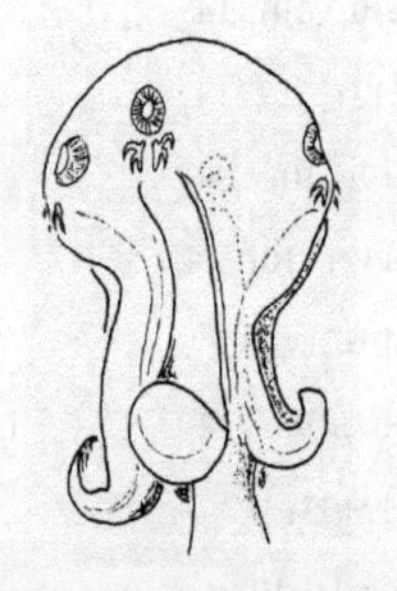
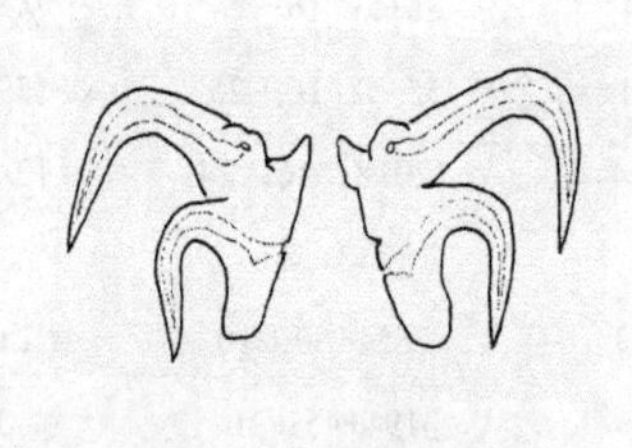

图 11-75　龟头槽属的头节和钩结构示意图（引自 Euzet，1994）

11.9　叶槽科（Phyllobothriidae Braun，1900）

识别特征：头节有 4 个固着或有柄的吸槽；简单或由隔分为小室，有或无前方的附属吸盘；顶吸吻可能存在；后头有时存在。链体有或无缘膜，成节解离或不解离，孕节解离或超解离。生殖孔位于侧方，不规则交替。精巢数目多，孔侧阴道后精巢存在或不存在。卵巢位于后方，横切面为两叶或四叶状。阴道位于阴茎囊前方，与输精管交叉。卵黄腺滤泡位于侧方。子宫位于腹部中央，子宫孔可能存在。卵有时群集为茧。已知成体寄生于板鳃亚纲软骨鱼类肠螺旋瓣。模式属：叶槽属（*Phyllobothrium* van Beneden，1850）。

11.9.1 亚科检索表

1a. 头节有 4 个小吸槽，紧接一强大的后头……穗头亚科（Thysanocephalinae Euzet，1953）
1b. 头节有 4 个吸槽，没有后头结构……2
2a. 头节有 4 个不分裂的吸槽，有简单、起皱或分小浅室的边缘……叶槽亚科（Phyllobothriinae de Beauchamp，1905）
2b. 头节有 4 个吸槽，由肌肉质的隔完全分为几个小腔……三腔亚科（Trilocvariinae Yamaguti，1959）

11.9.2 穗头亚科（Thysanocephalinae Euzet，1953）

识别特征： 头节有 4 个小吸槽，有或无前方肌肉质垫或吸盘，有或无 1 个大型的后头褶皱或分 4 叶。阴道后精巢存在。卵黄腺滤泡位于侧方。

11.9.2.1 分属检索

1a. 后头有 4 个不明显的部分，很多饰边和褶皱；头节有 4 个小吸槽，各自前方有肌肉质垫……穗头属（*Thysanocephalum* Linton，1889）（图 11-76 A～C）

识别特征： 头节很小，有 4 个固着吸槽，各有 2 个小的肌肉质叉状物和 1 前方肌肉质垫形成的侧耳突。链体无缘膜，老节解离。生殖孔不规则交替。精巢数目多，孔侧阴道后精巢存在。卵巢位于后方。阴道位于阴茎囊前方。卵黄腺滤泡形成边缘带，沿着整个节片长度分布。已知寄生于真鲨科鱼类，全球性分布。模式种：穗头穗头绦虫（*Thysanocephalum thysanocephalum* Linton，1889）。

1b. 后头有 4 个明显褶叶……2
2a. 头节有 4 个吸槽，各有前方吸盘……吸头属（*Myzocephalus* Shipley & Hornell，1906）（图 11-76D）
（同物异名：粘叶槽属 *Myxophyllobothrium* Shinde & Chincholikar，1981）

识别特征： 头节小，后头部位于 4 个皱褶中。生殖孔不规则交替。链体解剖不明。已知寄生于燕魟科（Myliobatidae）鱼类，采自印度洋。模式种：纳氏吸头绦虫（*Myzocephalus narinari* Shipley & Hornell，1906）。

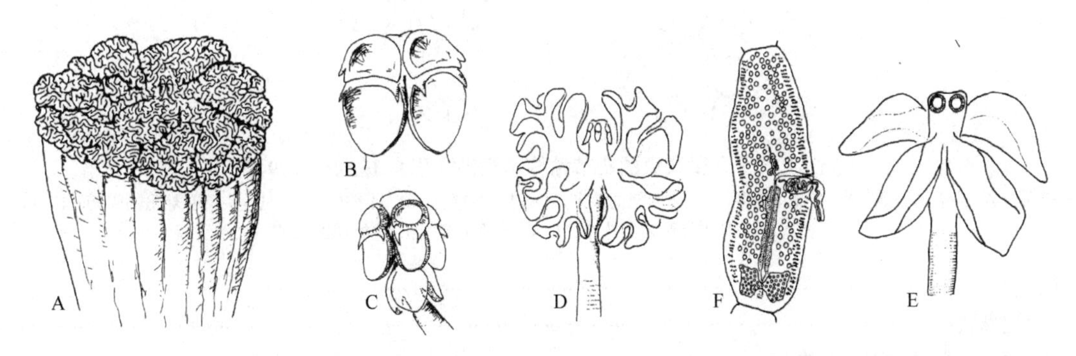

图 11-76 3 个属的绦虫结构示意图（引自 Euzet，1994）
A～C. 穗头属：A. 成体头节和后头部；B. 头节；C. 幼体头节和后头部。D. 吸头属头节。E～F. 吸叶槽属：E. 头节和后头部；F. 成节

2b. 头节有 4 个吸槽，无前方吸盘……吸叶槽属（*Myzophyllobothrium* Shipley & Hornell，1906）（图 11-76E～F）

识别特征： 头节小，有 4 个大的环状吸槽。后头部分为 4 个明显的部分，边缘光滑。后头基部有红色素。链体无缘膜，老节解离。生殖孔位于侧方，不规则交替。精巢数目多，孔侧阴道后精巢存在。卵巢位于后方。阴道位于阴茎囊前方。卵黄腺滤泡位于侧方。子宫位于腹部中央，自卵巢伸展到阴茎囊水平。已知寄生于鲼形目（Myliobatiformes）鱼类，分布于印度洋。模式种：红吸叶槽绦虫（*Myzophyllobothrium rubrum* Shipley & Hornell，1906）。

11.9.3　叶槽亚科（Phyllobothriinae de Beauchamp，1905）

识别特征：叶槽科。头节无棘，有4个吸槽，无腔，有简单褶皱或边缘有小室。无吸吻。

11.9.3.1　分属检索

1a. 吸槽无附属吸盘……2

1b. 吸槽有附属吸盘……7

2a. 吸槽固着，管状，有前、后端开孔……前后孔属（*Pithophorus* Southwell，1925）（图11-77A～B）

识别特征：头节有4个球状或圆柱状中空吸槽，各在前、后端开孔。链体无缘膜。生殖孔位于侧方，不规则交替。精巢数目多，孔侧阴道后精巢存在。卵巢横切面为两叶状。阴道位于阴茎囊前方。卵黄腺滤泡位于侧方。已知寄生于板鳃亚纲软骨鱼类，分布于太平洋、印度洋和日本海。模式种：四球前后孔绦虫［*Pithophorus tetraglobus*（Southwell，1911）］。

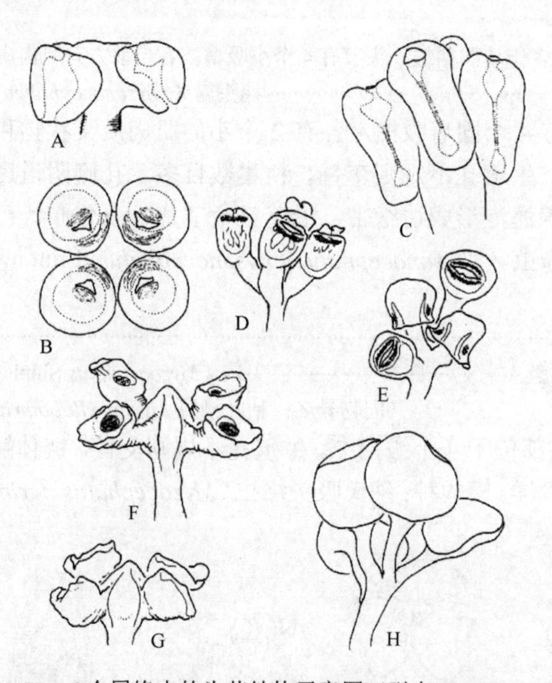

图11-77　5个属绦虫的头节结构示意图（引自Euzet，1994）

A～B. 前后孔属：A. 头节侧面观；B. 头节顶面观。C. 钵叶属的头节。D～E. 腕槽属：D. 收缩的头节；E. 头节有翻出的吸槽。F～G. 克利斯托槽属：F. 具扩展吸槽的头节；G. 收缩的头节。H. 花槽属的头节

2b. 吸槽非管状……3

3a. 吸槽球状或囊状……4

3b. 吸槽非球状，有简单或褶皱的边缘……5

4a. 吸槽开孔，无肌肉质垫……钵叶属（*Scyphophyllidium* Woodland，1927）（图11-77C）

识别特征：头节有4个球状、固着的吸槽，有不规则的前方开孔。附属吸盘不存在。链体无缘膜，老节不解离。生殖孔位于侧方，不规则交替。精巢数目多；孔侧阴道后精巢存在。卵巢位于后方，横切面为两叶状。卵黄腺滤泡位于广大的侧方区域。已知寄生于真鲨科鱼类，分布于北大西洋。模式种：巨大钵叶绦虫［*Scyphophyllidium giganteum*（van Beneden，1858）］。

4b. 吸槽开孔，有肌肉质垫……腕槽属（*Carpobothrium* Shipley & Hornell，1906）（图11-77D～E）

识别特征：头节有4个具柄吸槽，各有1简单垂片围绕着缝隙状开孔。垂片边缘无小室。垂片基部有1对肌肉质垫。链体无缘膜，老节解离。生殖孔位于侧方，不规则交替。精巢数目多，孔侧阴道后精

巢不存在。阴茎囊U形。卵巢位于后方。阴道粗大，位于阴茎囊前方。卵黄腺滤泡位于侧方。子宫位于中央，从卵巢伸展至阴茎囊。已知寄生于须鲨目鱼类，分布于印度洋。模式种：斑竹鲨腕槽绦虫（*Carpobothrium chiloscyllii* Shipley & Hornell，1906）（图 11-78）。

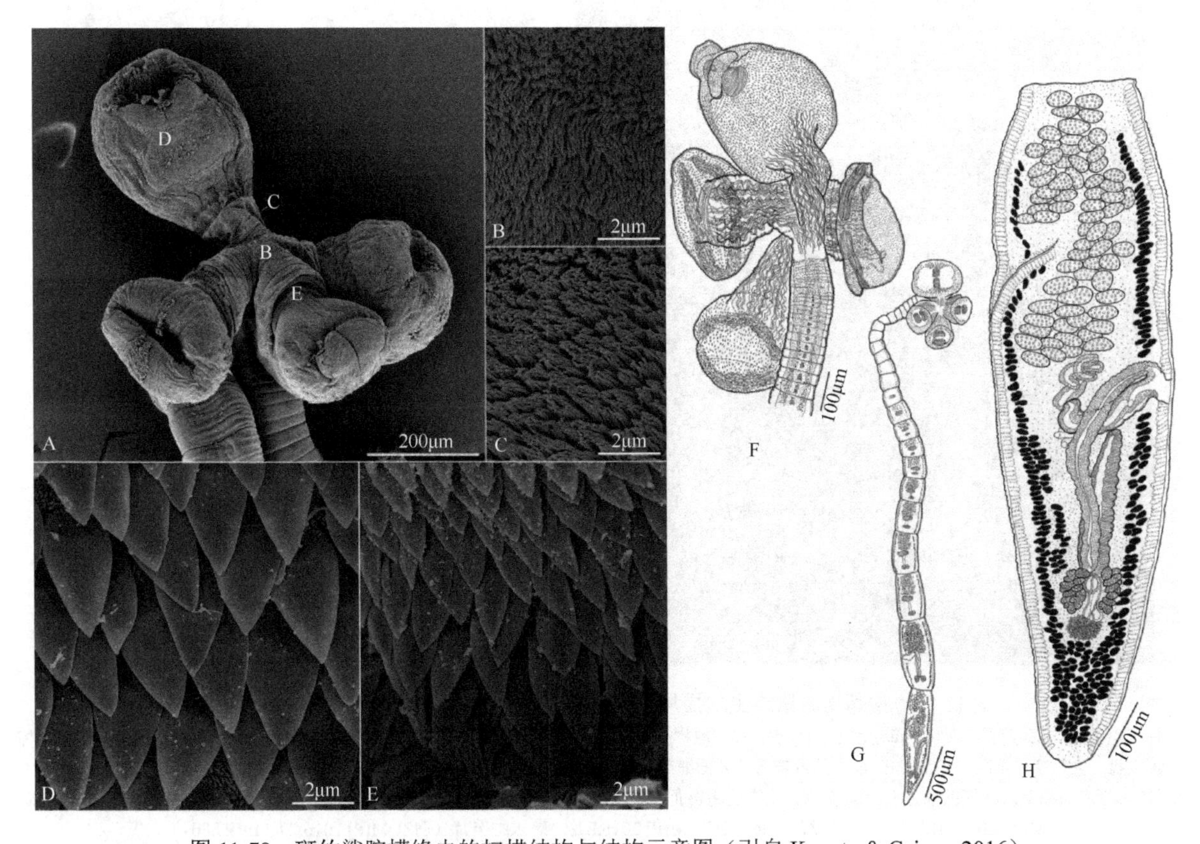

图 11-78　斑竹鲨腕槽绦虫的扫描结构与结构示意图（引自 Koontz & Caira，2016）

A～E. 扫描电镜照：A. 头节，大写字母示分图B～E取样处；B. 4个吸槽汇合处表面细节；C. 柄的后部表面细节；D. 吸槽近端表面细节；E. 柄的前方表面细节。F～H. 结构示意图：F. 头节（LRP 8804）；G. 完整的虫体（USNM 1404440）；H. 末端节片（USNM 1404440）

Koontz 和 Caira（2016）从印度尼西亚和马来西亚婆罗洲的印度斑竹鲨［*Chiloscyllium indicum*（Gmelin，1789）］和哈氏斑竹鲨（*Chiloscyllium hasseltii* Bleeker，1852）收集到新的材料，对腕槽属绦虫的特征和宿主的关联性进行了重新评估。用光镜测定了整体固定标本、组织切片和卵制品，结合头节扫描电镜研究，重新描述了采自印度斑竹鲨的斑竹鲨腕槽绦虫，同时描述了1个采自哈氏斑竹鲨的新种：埃莉诺腕槽绦虫（*C. eleanorae*）（图 11-79），首次描述了斑竹鲨腕槽绦虫的节片解剖。该属已被证实为具有囊状吸槽，有相对小的前方和后方的舌瓣倾向于缩进吸槽囊内，精巢完全位于孔前方，子宫只延伸到阴茎囊，输精管在阴茎囊后部卷曲。尽管先前未见报道，该属的两个种确定在前方吸槽舌瓣的前方边缘具有顶吸盘。新腕槽绦虫游离孕节输精管的后部卷曲使之可以明显地与约克属（*Yorkeria* Southwell，1927）的种类相区别，并且前者的卵是球状、具两极丝，后者的卵为纺锤状、具单极丝。他们测定了 Southwell 采自斯里兰卡鳐宿主糙沙粒魟［*Urogymnus asperrimus*（Bloch & Schneider，1801）］和达尖犁头鳐［*Rhynchobatus djeddensis*（Forsskål，1775）］，鉴定为斑竹鲨腕槽绦虫的材料，这些绦虫也具有囊状的吸槽，而分子研究的证据表明，它们代表了与寄生于斑竹鲨的绦虫明显不同的类群。此项工作既肯定了腕槽绦虫与斑竹鲨属（*Chiloscyllium* Müller & Henle，1837）宿主的关联，又建立了鳐宿主寄生的新绦虫属。

5a. 吸槽有1中央吸盘，链体无缘膜……………克利斯托槽属（*Clistobothrium* Dailey & Vogelbein，1990）（图 11-77F～G）

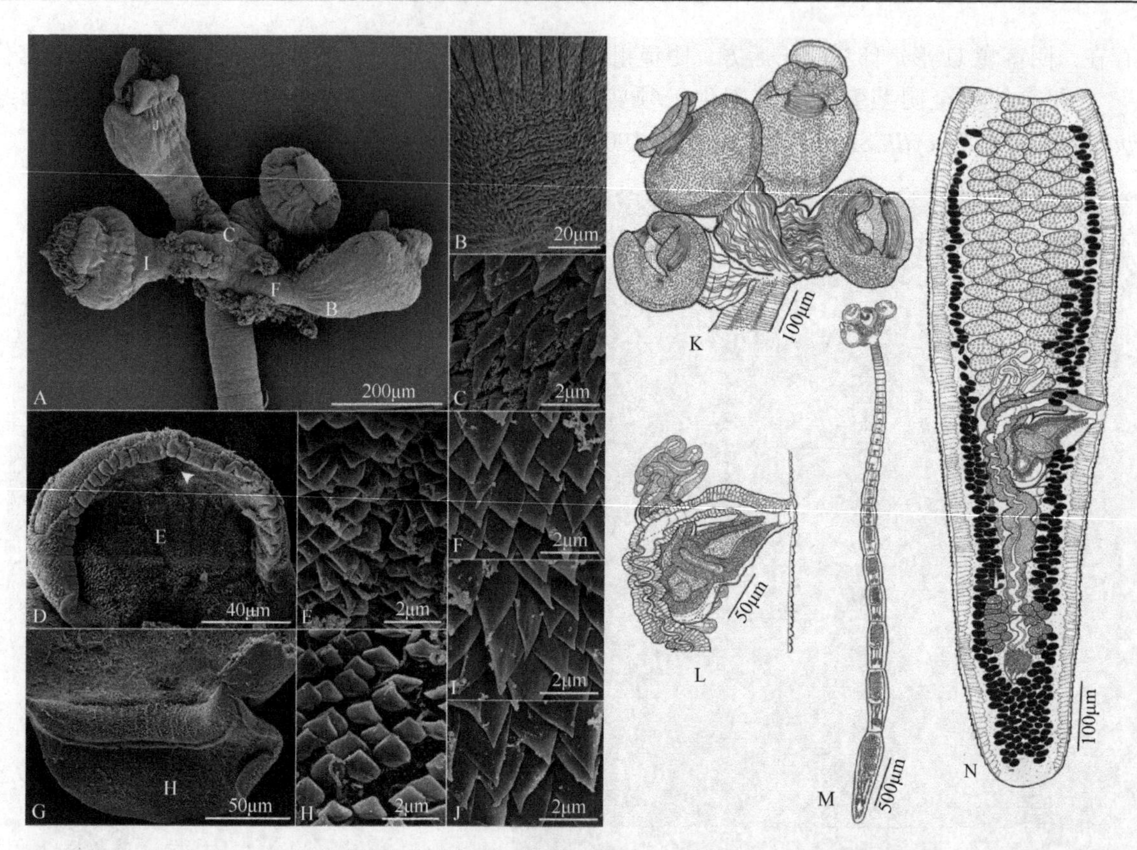

图 11-79　埃莉诺腕槽绦虫扫描与结构示意图（引自 Koontz & Caira，2016）

A～J. 扫描电镜照：A. 头节，大写字母示图 B、C、F、I、J 取样处；B. 柄后表面无棘区；C. 4 个吸槽汇合处的表面细节；D. 前方的吸槽舌瓣，箭头示顶吸盘，大写字母示图 E 位置；E. 前方的舌瓣远端表面细节；F. 柄的后方表面细节；G. 后方的吸槽舌瓣，大写字母示图 H 位置；H. 后方吸槽舌瓣远端表面细节；I. 柄的前方表面细节；J. 吸槽近端表面细节；K～N. 结构示意图：K. 头节（USNM 1404442）；L. 末端生殖器官细节（MZUM[P] 2016.2）；M. 完整的虫体（MZUM[P] 2016.2）；N. 末端节片（MZUM[P] 2016.2）（LRP 8804）

识别特征：头节有 4 个具柄吸槽，由一大的十字形顶点分开。各吸槽有一大型碗状吸盘及起皱的垂片，伸展时突出盖过吸槽开孔。链体无缘膜，老节不解离。生殖孔位于侧方，不规则交替。精巢数目多，孔侧阴道后精巢存在。卵巢位于后方。阴道位于阴茎囊前方。卵黄腺滤泡位于宽广的侧方区带。子宫位于中央，仅达到阴茎囊后方边缘。已知寄生于真鲨科鱼类，分布于美国太平洋沿岸。模式种：噬人鲨克利斯托槽绦虫（*Clistobothrium carcharodoni* Dailey & Vogelbein，1990）。

5b. 吸槽有或无中央吸盘，链体有或无缘膜 ………………………………………………………………… 6

6a. 吸槽简单、盘状 ……………………………………… 花槽属（*Anthobothrium* van Beneden，1850）（图 11-77H）

识别特征：头节有 4 个吸槽，柄有简单的边。附属吸盘不存在。有时有一中央肌肉质吸盘。链体有缘膜，条裂状，孕节解离。生殖孔不规则交替。精巢数目多；孔侧阴道后精巢存在。卵巢位于后方。卵黄腺滤泡位于侧方。已知寄生于真鲨目鱼类，分布于全球各地。模式种：科纳科皮亚花槽绦虫（*Anthobothrium cornucopia* van Beneden，1850）。

Williams 等（2004）报道了采自澳大利亚赫伦岛（Heron Island）黑鳍鲨（*Carcharhinus melanopterus*）的莱斯特花槽绦虫（*Anthobothrium lesteri* Williams，Burt & Caira，2004）（图 11-80，图 11-81）。其组合的特征：精巢数目、弱小有穗边的链体及成节明显长大于宽等，与花槽属的其他种相区别。与链体的其余部分及脱落的节片相比，头节和头茎相对小而脆弱。无吸吻，具柄、不分叉的简单吸叶有加厚的边缘。两个肌肉环状区，类似于附属吸盘，位于各吸叶中央。有明显的头茎，具棘形刀状微毛，紧接后部有四叶缘膜的节片，很好地解离，六钩蚴有一极丝和具棘的厚覆盖层。

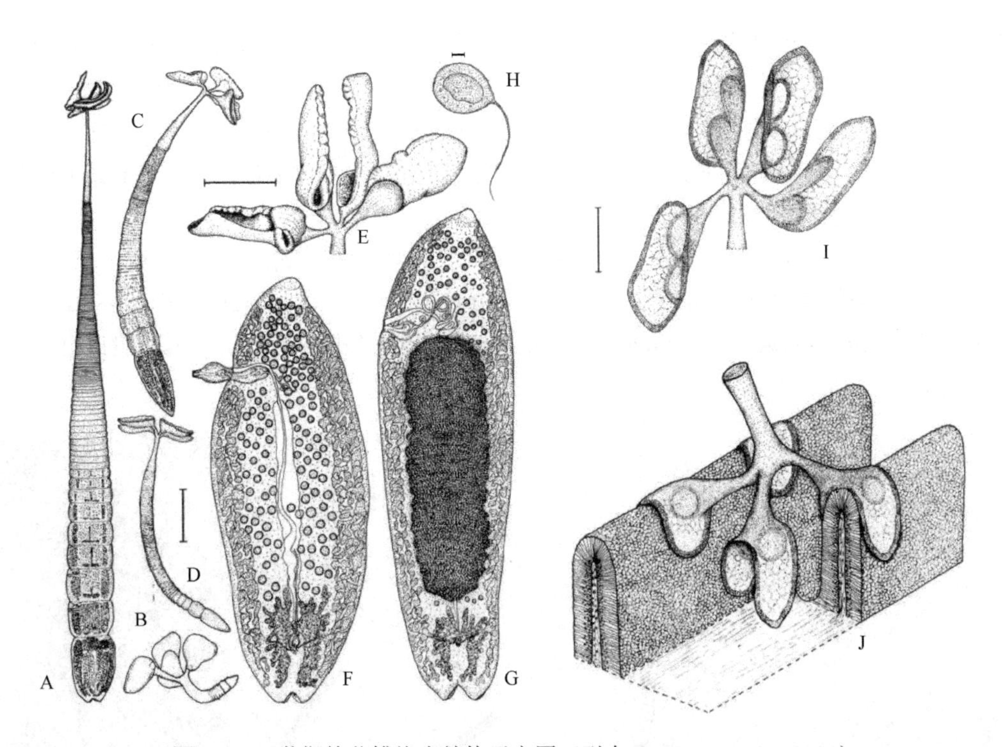

图 11-80 莱斯特花槽绦虫结构示意图（引自 Williams et al.，2004）

A～D. 固定和染色样品；E. 头节详细结构；F. 成节；G. 孕节；H. 六钩蚴，覆盖着棘和 1 条极丝；I. 头节详细结构；J. 头节吸附于肠黏膜上的吸附模型。标尺：A～D，F，G=1mm；E，I，J=250μm；H=10μm

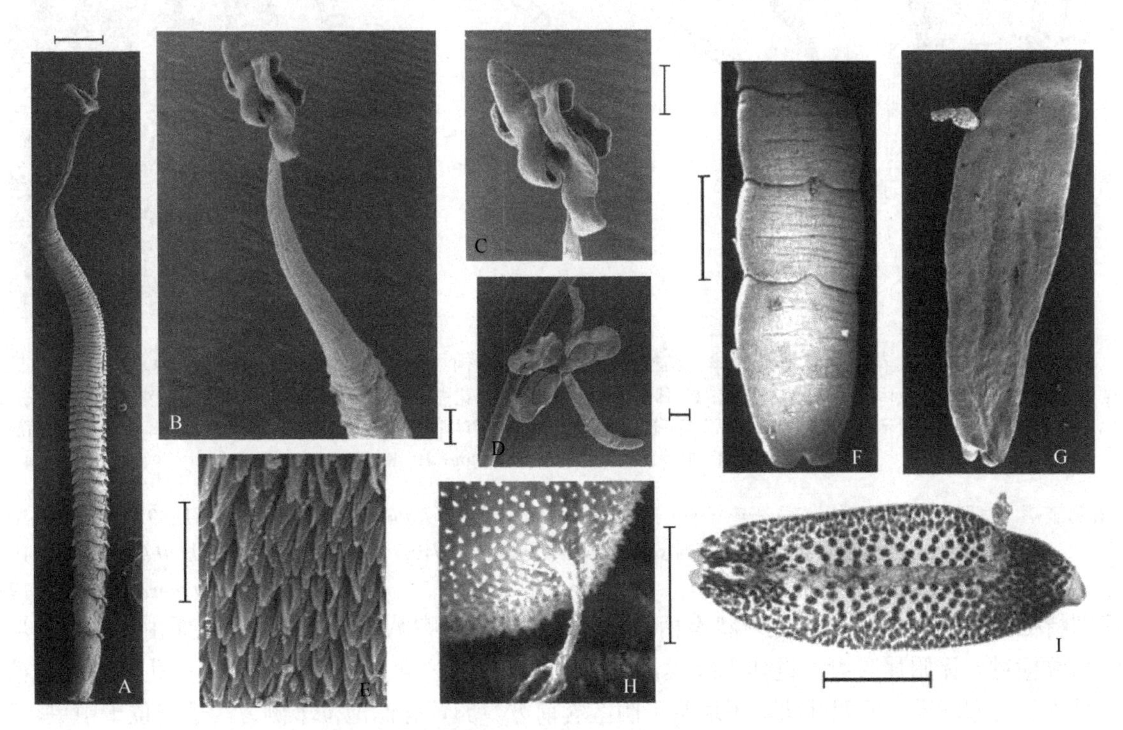

图 11-81 莱斯特花槽绦虫实物（引自 Williams et al.，2004）

A～H. 扫描结构：A. 整条虫体；B. 头节和头茎；C. 成体的头节；D. 未成熟样品的头节；E. 头茎的叶片状微毛；F. 链体部分节片表面；G. 解离的孕节中外翻的阴茎；H. 六钩蚴部分，示表面的棘和 1 条极丝；I. 成熟解离节片光镜照片。标尺：A，G，I=1mm；B～D=100μm；E=5μm；F=400μm；H=8μm

Ruhnke 和 Caira（2009）基于采自大西洋西北灰真鲨［*Carcharhinus obscurus*（Lesueur，1818）］的样品重新描述了穗边花槽绦虫（*A. laciniatum* Linton，1890）（图 11-82A、D～K）并指定了新模标本。穗边花槽绦虫不同于科纳科皮亚花槽绦虫、莱斯特花槽绦虫和棘花槽绦虫（*A. spinosum* Subhapradha，1955）

在于其全长，以及它们节片数目有很大区别。不同于翅鲨花槽绦虫（*A. galeorhini* Suriano，2002）、科纳科皮亚花槽绦虫和棘花槽绦虫在于其精巢数目。林登花槽绦虫（*A. lyndoni* Ruhnke & Caira，2009）（图 11-82B，图 11-83A～B、E～I）描述自铅灰真鲨（*C. plumbeus* Nardo），其不同于穗边花槽绦虫在于其卵巢的宽度，不同于科纳科皮亚花槽绦虫、*A. altavelae*、翅鲨花槽绦虫和棘花槽绦虫在于其节片的总数，与科纳科皮亚花槽绦虫、翅鲨花槽绦虫和棘花槽绦虫的区别还在于其全长，与科纳科皮亚花槽绦虫、翅鲨花槽绦虫的区别还在于其精巢的数目。林登花槽绦虫与莱斯特花槽绦虫的区别在于其吸叶的肌肉和卵巢的形态。凯西花槽绦虫（*A. caseyi* Ruhnke & Caira，2009）（图 11-82C，图 11-83C～D、J～N）描述自大青鲨［*Prionace glauca*（Linnaeus，1758）］。此种明显不同于狭义花槽属的其他 6 种在于其节片穗边的形态。

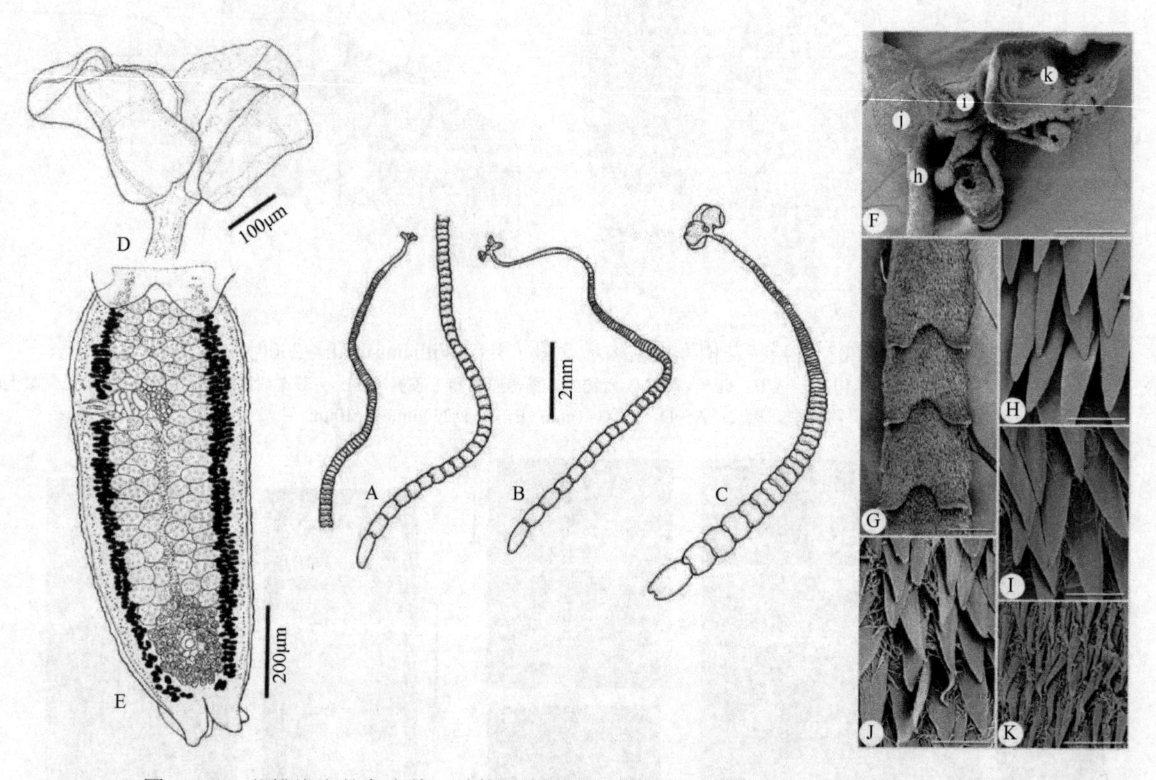

图 11-82　花槽绦虫整条虫体、结构示意图及扫描结构（引自 Ruhnke & Caira，2009）

A～E. 结构示意图。A～C 整条虫体：A. 穗边花槽绦虫；B. 林登花槽绦虫；C. 凯西花槽绦虫。D～K. 穗边花槽绦虫：D. 头节；E. 末端孕节。F～K. 扫描结构：F. 头节，小写字母示相应图取样处；G. 头茎后部区域和最前部两个节片；H. 头茎表面放大；I. 柄放大；J. 吸槽近端表面放大；K. 吸槽远端表面放大。标尺：F～G=100μm；H～K=2μm

6b. 吸槽起皱褶，有时伸缩自如……………………………………………玫瑰槽属（*Rhodobothrium* Linton，1889）（图 11-84A～B）

［同物异名：*Proboscidosaccus* Gallien，1949；无棘叶属（*Inermiphyllidium* Riser，1955）；球槽属（*Sphaerobothrium* Euzet，1959）］

识别特征：头节有 4 个大的近球状有柄吸槽。吸槽放松时喇叭状，凸的吸附表面由大量回旋形成的不规则褶纹横过。无附属吸盘。链体无缘膜，老节解离，节片三角形。精巢数目多；孔侧阴道后精巢存在。卵巢位于后方，横切面四叶状。阴道位于阴茎囊前方。卵黄腺滤泡位于侧方。子宫位于中央，囊状，有侧支囊。已知寄生于鲼形目鱼类，分布于全球各地。模式种：垫状玫瑰槽绦虫（*Rhodobothrium pulvinatum* Linton，1889）。

7a. 吸槽有中央腺体样盘……………………………………………欧鲁格马槽属（*Orygmatobothrium* Diesing，1863）（图 11-84C）

识别特征：头节有 4 个吸槽，各有简单或有皱的边。附属吸盘存在。一腺体样环状器官位于近各吸

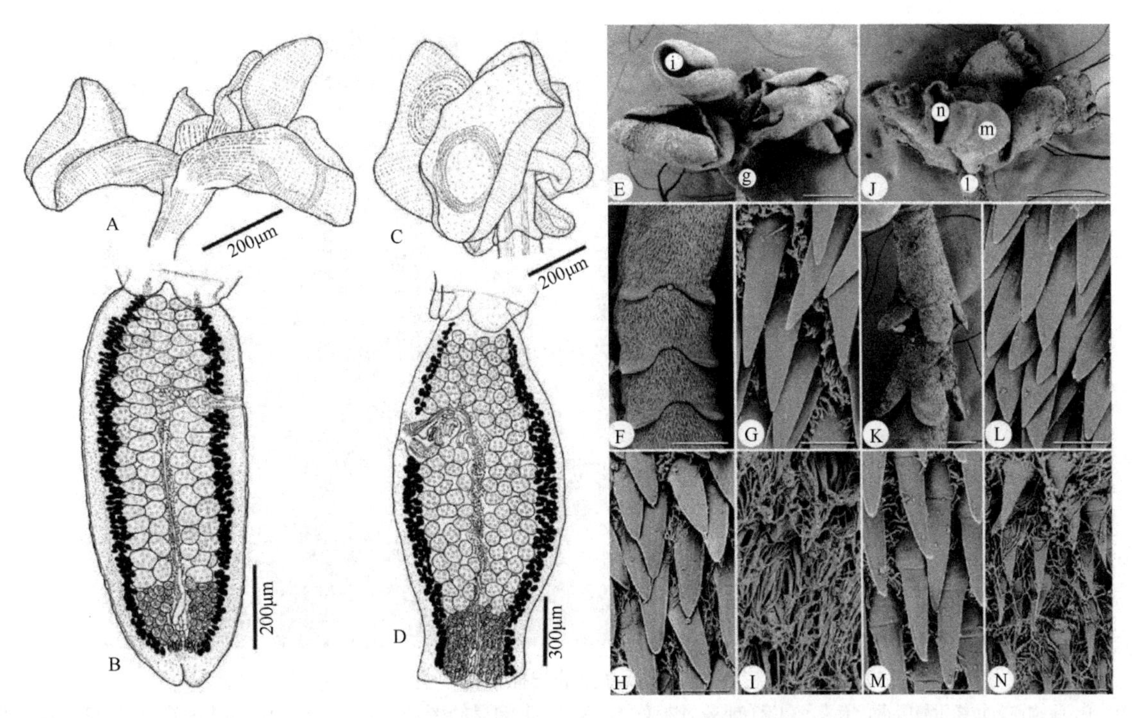

图 11-83 2 种花槽绦虫结构示意图及扫描结构（引自 Ruhnke & Caira，2009）

A～D. 结构示意图。A～B. 林登花槽绦虫：A. 头节；B. 末端节片。C～D. 凯西花槽绦虫：C. 头节；D. 末端节片。E～N. 扫描结构：E～I. 林登花槽绦虫：E. 头节，小写字母示相应图取样处；F. 头茎后部区域和最前部两个节片；G. 头茎表面放大；H. 吸槽近端表面放大；I. 吸槽远端表面放大。J～N. 凯西花槽绦虫：J. 头节，小写字母示相应图取样处；K. 头茎后部区域和最前部节片；L. 头茎表面放大；M. 吸槽近端表面放大；N. 吸槽远端表面放大。标尺：E=100μm；J=200μm；F，K=50μm；G～I，L～N=2μm

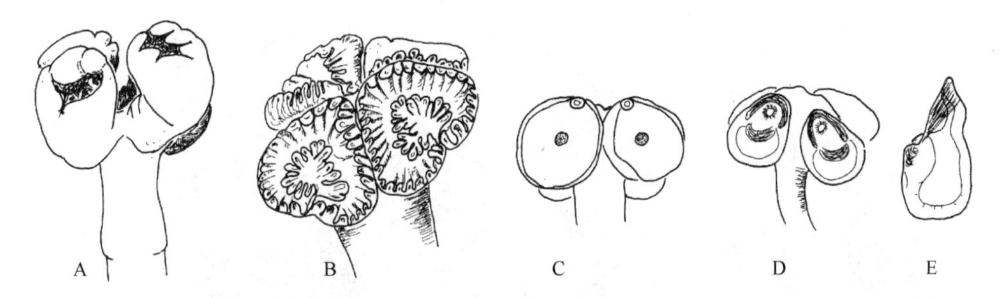

图 11-84 3 属绦虫头节及吸槽结构示意图（引自 Euzet，1994）

A～B. 玫瑰槽属：A. 收缩的头节；B. 头节扩展。C. 欧鲁格马槽属的头节。D～E. 袋槽属：D. 头节；E. 吸槽

槽中央。链体无缘膜，孕节解离。生殖孔不规则交替。精巢数目多；孔侧阴道后精巢存在。卵巢位于后方，横切面四叶状。卵黄腺滤泡位于侧方。已知寄生于鼬科（Mustelidae）动物，分布于全球各地。模式种：鼬欧鲁格马槽绦虫（*Orygmatobothrium musteli* van Beneden，1850）。其他种：施密特欧鲁格马槽绦虫（*O. schmittii* Suriano & Labriola，2001）（图 11-85，图 11-86A、C～I）；胡安妮欧鲁格马槽绦虫（*O. juani* Ivanov，2008）（图 11-86B，图 11-87，图 11-88）等。

7b. 吸槽无中央腺体样盘……………………………………………………………………………………8

8a. 吸槽球状、囊状……………………………………袋槽属（*Marsupiobothrium* Yamaguti，1952）（图 11-84D～E）

识别特征：头节有 4 个固着吸槽，各形状像梨形囊，开口处有括约肌样肌肉，尤其在后部区域。各吸槽前方近边缘处存在有附属吸盘。链体无缘膜，孕节解离。生殖孔位于侧方，不规则交替。精巢数目多；孔侧阴道后精巢存在。卵巢位于后方，有 2 个细长的翼。卵黄腺滤泡位于广大的侧方区域。已知寄生于鼠鲨目长尾鲨科（Alopiidae）鱼类，分布于太平洋。模式种：长尾鲨袋槽绦虫（*Marsupiobothrium alopias* Yamaguti，1952）（图 11-89）。

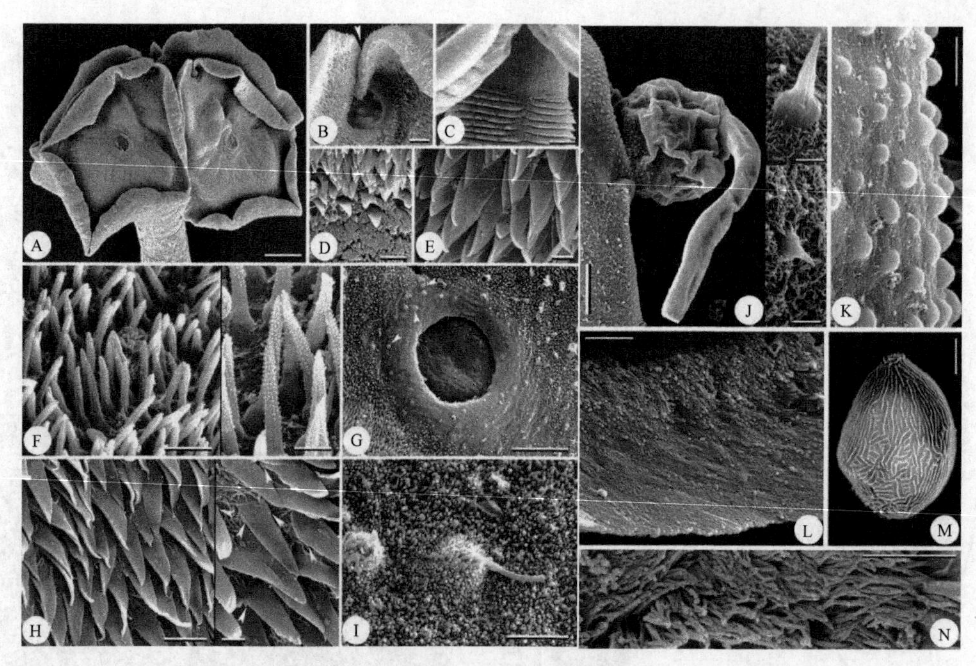

图 11-85 施密特欧鲁格马槽绦虫的扫描结构（引自 Ivanov，2008）

A. 头节；B. 吸槽前方边缘附属吸盘，箭头示裂缝有重叠的边缘；C. 头节和生长区详细结构；D. 头茎微毛详细结构；E. 头节固有区微毛详细结构；F. 吸槽远端表面，插图示微毛放大（插图标尺= 1μm）；G. 吸槽远端表面腺样肌肉质器官，箭头示具有纤毛的圆形突起物；H. 吸槽近端表面，插图示放大的微毛，箭头示三分裂微毛中的突起物位置（插图标尺= 1μm）；I. 圆形突起物详细结构，有中央纤毛和丝状微毛，位于腺样肌肉质器官的外表面；J. 外翻的阴茎，上角插图示覆盖阴茎基部膨大的微毛放大（插图标尺= 2μm），下角插图示覆盖阴茎远端细长部微毛放大（插图标尺=2μm）；K. 成节表面，示围绕生殖孔的乳突；L. 生长区微毛形成盾板的详细结构；M. 卵；N. 成节表面微毛详细结构。标尺：A，J=100μm；B，K=10μm；C=25μm；D=2. 5μm；E=1μm；F，H，I，L，N=2μm；G=20μm；M=5μm

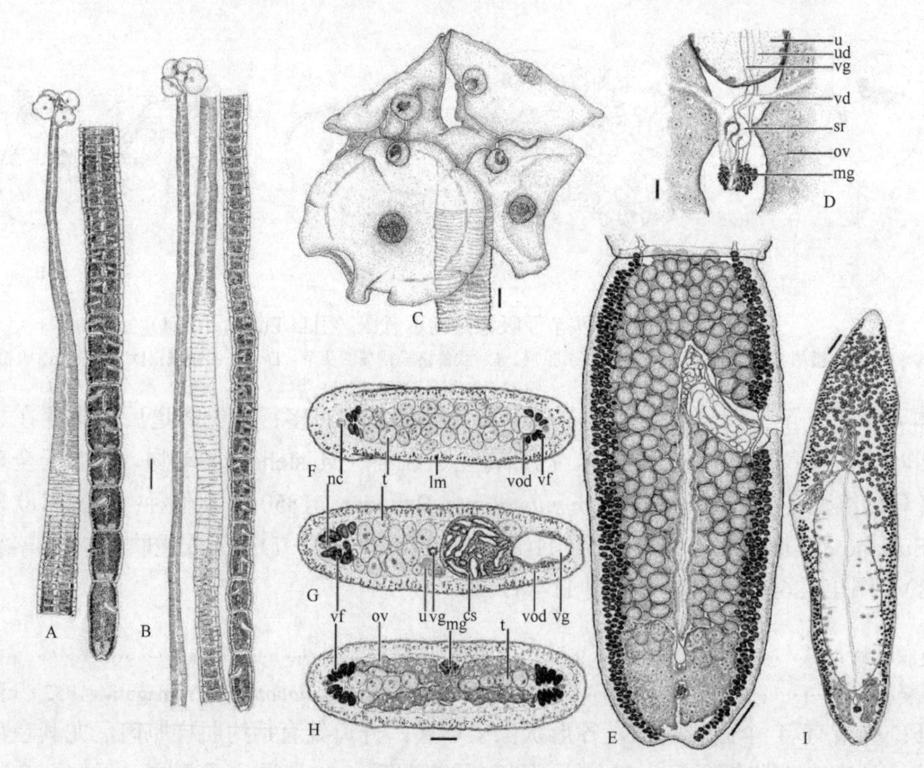

图 11-86 欧鲁格马槽绦虫结构示意图（引自 Ivanov，2008）

A. 施密特欧鲁格马槽绦虫；B. 胡安妮欧鲁格马槽绦虫。C～I. 施密特欧鲁格马槽绦虫：C. 头节；D. 卵模区详细结构；E. 最后的成节；F～H. 成节横切面（F. 过阴茎囊前方精巢水平；G. 过生殖孔水平；H. 过卵巢峡部水平）；I. 解离的孕节。缩略词：cs. 阴茎囊；lm. 纵肌；mg. 梅氏腺；nc. 神经索；ov. 卵巢；sr. 受精囊；t. 精巢；u. 子宫；ud. 子宫管；vd. 输精管；vf. 卵黄腺滤泡；vg. 阴道；vod. 腹渗透调节管。标尺：A～C=1mm；D=100μm；E=200μm；F～H=100μm；I= 600μm

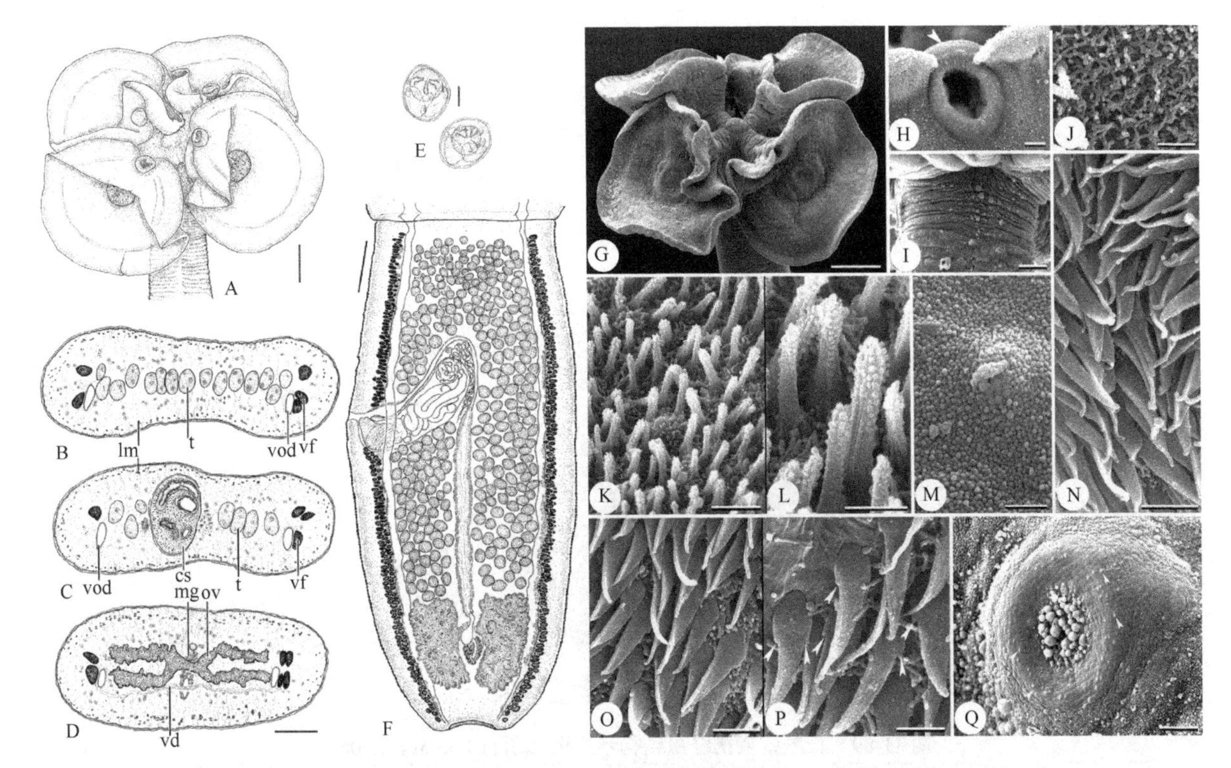

图 11-87 胡安妮欧鲁格马槽绦虫结构示意图及扫描结构（引自 Ivanov，2008）

A～F. 结构示意图。A. 头节；B～D. 成节横切面：B. 阴茎囊前方精巢水平；C. 阴茎囊水平；D. 卵巢峡部水平；E. 卵；F. 最后的成节。缩略词：cs. 阴茎囊；lm. 纵肌；mg. 梅氏腺；ov. 卵巢；t. 精巢；vd. 卵黄腺管；vf. 卵黄腺滤泡；vod. 腹渗透调节管。G～Q. 扫描结构：G. 头节；H. 吸槽前方边缘附属吸盘，箭头示裂缝没有重叠的边缘；I. 头节和生长区详细结构；J. 吸槽远端表面；K. 微毛放大；L. 微毛进一步放大；M. 中央腺体肌肉质器官外表面有中央纤毛和丝状微毛的圆形突起结构；N. 头茎微毛详细结构；O. 吸槽近端表面；P. 放大的微毛，箭头示三分裂微毛中的突起物位置；Q. 吸槽远端表面腺样肌肉质器官，箭头示具有纤毛的圆形突起物。标尺：A，F，G=200μm；B～D=100μm；E=10μm；H=20μm；I，L，M，P=1μm；J，K，N，O=2μm；Q=25μm

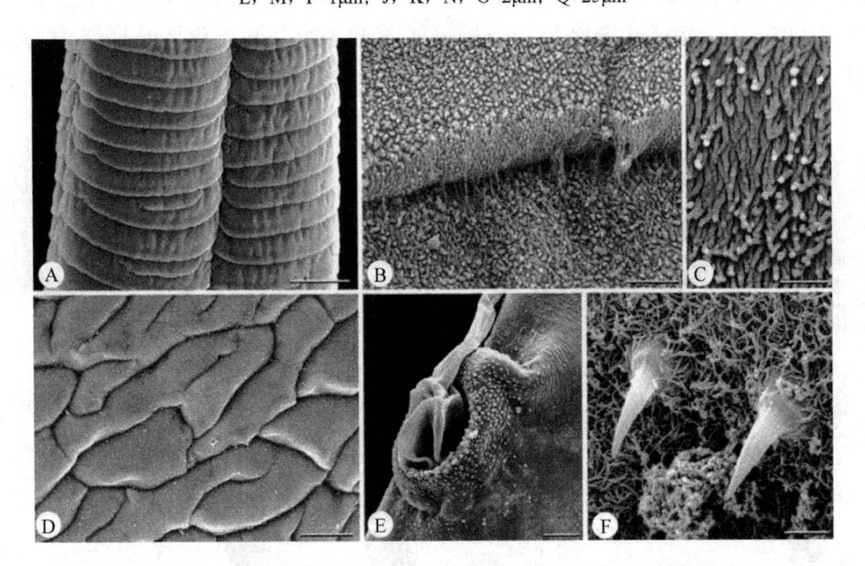

图 11-88 胡安妮欧鲁格马槽绦虫的扫描结构（引自 Ivanov，2008）

A. 生长区表面；B. 生长区盾板详细结构；C. 形成盾板的微毛细节图；D. 成节表面结构；E. 成节表面结构，示围绕生殖孔的乳突；F. 覆盖阴茎基部膨大处的微毛详细结构。标尺：A=50μm；B，C=1μm；D=20μm；E=100μm；F=2μm

8b. 吸槽非囊状…………………………………………………………………………………………………… 9

9a. 吸槽有皱纹或边缘有小室 ……………………………… 叶槽属（*Phyllobothrium* van Beneden，1850）（图 11-90，图 11-91A～E）

识别特征：头节有 4 个吸槽，各自固着或有柄。有 1 附属吸盘。吸槽边缘有褶皱，卷曲，有或无小

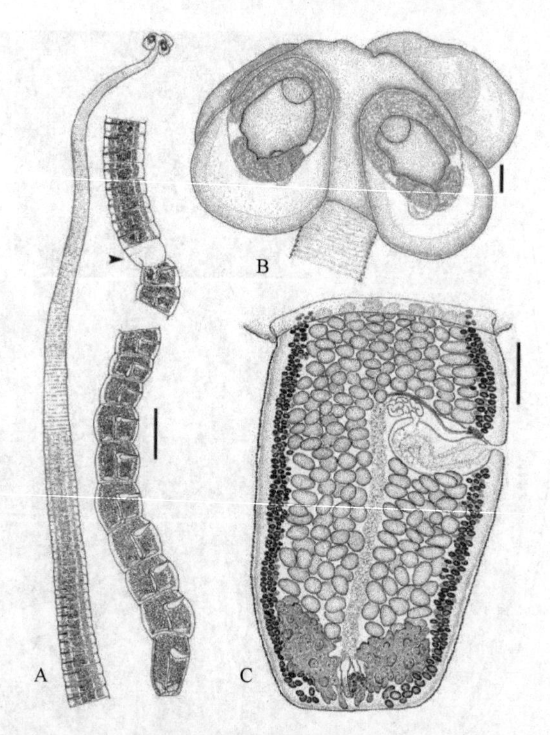

图 11-89 长尾鲨袋槽绦虫结构示意图（引自 Ivanov，2006）

A. 整条虫体，箭头示链体转折处，生殖孔位于单侧；B. 头节；C. 成节。标尺：A=1mm；B=50μm；C=200μm

室。顶部有时存在腺体样器官。链体有或无缘膜，老节解离或不解离。生殖孔位于侧方，不规则交替，有时沿节片单侧分布。精巢数目多，孔侧阴道后精巢存在或不存在。卵巢位于后方，横切面四叶或两叶状。卵黄腺滤泡位于侧方。已知寄生于板鳃亚纲软骨鱼，分布于全球各地。模式种：莴苣叶槽绦虫（*Phyllobothrium lactuca* van Beneden，1850）（图 11-90A～E，图 11-91A～C）。其他种：锯齿状叶槽绦虫（*P. serratum*）（图 11-90F～I）；赖泽叶槽绦虫（*P. riseri*）（图 11-92A～E）；角鲨叶槽绦虫（*P. squali* Yamaguti，1952）（图 11-92F～I，图 11-93）；纤弱叶槽绦虫（*P. gracile* Wedl，1855）（图 11-91D～E）等。

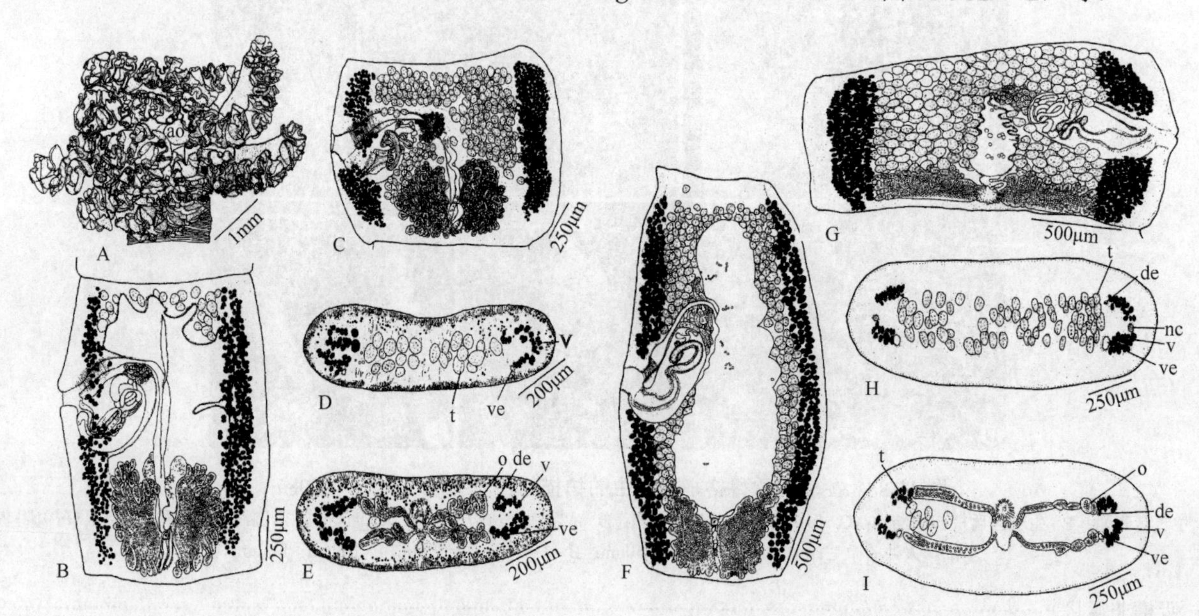

图 11-90 2 种叶槽绦虫结构示意图（引自 McCullough & Fairweather，1983）

A～E. 莴苣叶槽绦虫：A. 头节；B. 解离的节片；C. 成节；D. 过精巢水平横切面；E. 过卵巢水平横切面。F～I. 锯齿状叶槽绦虫：F. 孕节；G. 成节；H. 过精巢水平横切面；I. 过卵巢水平横切面。缩略词：ao. 顶器官；de. 背排泄管；nc. 神经索；o. 卵巢；t. 精巢；v. 卵黄腺；ve. 腹排泄管

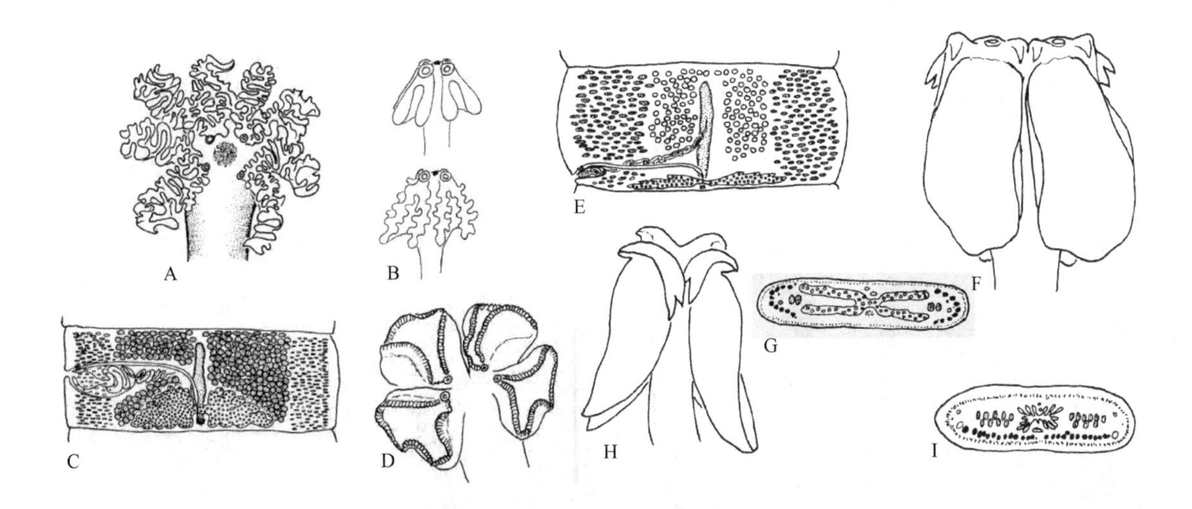

图 11-91 叶槽属、旋槽属和腹卵黄属绦虫的结构示意图（引自 Euzet，1994）

A～E. 叶槽属。A～C. 莴苣叶槽绦虫：A. 头节；B. 吸槽的多样性；C. 成节有阴道后的精巢。D～E. 纤弱叶槽绦虫（*P. gracile* Wedl，1855）：D. 头节；E. 成节没有阴道后的精巢。F～G. 旋槽属：F. 头节；G. 横切面，示侧方的卵黄腺滤泡。H～I. 腹卵黄属：H. 头节侧面观；I. 横切面，示腹部的卵黄腺滤泡

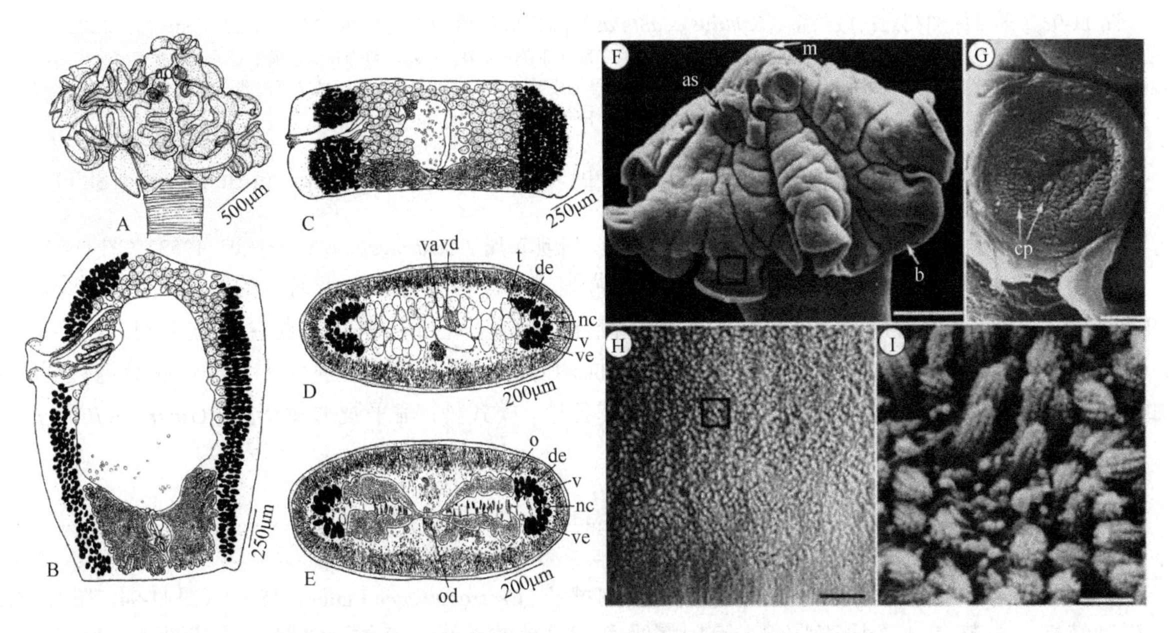

图 11-92 叶槽绦虫结构示意图及扫描结构（引自 McCullough & Fairweather，1983）

A～E. 赖泽叶槽绦虫的结构示意图：A. 头节；B. 孕节；C. 成节；D. 过精巢水平横切面；E. 过卵巢水平横切面。F～I. 角鲨叶槽绦虫的扫描结构：F. 头节；G. 头节的附属吸盘；H. 吸槽的吸附表面，方框示图 I 取样处；I. 吸槽吸附面玉米棒样突起。缩略词：ao. 顶器官；as. 附属吸盘；b. 吸槽；cp. 圆锥形乳突；de. 背排泄管；m. 吸吻；o. 卵巢；od. 捕卵器；t. 精巢；v. 卵黄腺；va. 阴道；vd. 输精管；ve. 腹排泄管

9b. 吸槽有简单的边……10

10a. 吸槽有前侧方 2 叉的叶……11

10b. 吸槽无前侧方 2 叉的叶……12

11a. 节片有侧方卵黄腺滤泡……旋槽属（*Dinobothrium* van Beneden，1889）（图 11-91F～G）

［同物异名：倍槽属（*Diplobothrium* van Beneden，1889；里斯属（*Reesium* Euzet，1955））

识别特征：头节有 4 个固着吸槽，大型，无折叠，边缘各由有两个小叉突的肌肉质垫围绕，肌肉质垫端部止于二叉叶，垫中央表面有 1 个附属吸盘。链体无缘膜，老节不解离。生殖孔位于侧方，不规则交替。精巢数目多；孔侧阴道后精巢存在。卵巢位于后方，横切面四叶状。卵黄腺滤泡位于侧方。已知寄生于鲭鲨目（Lamniformes）

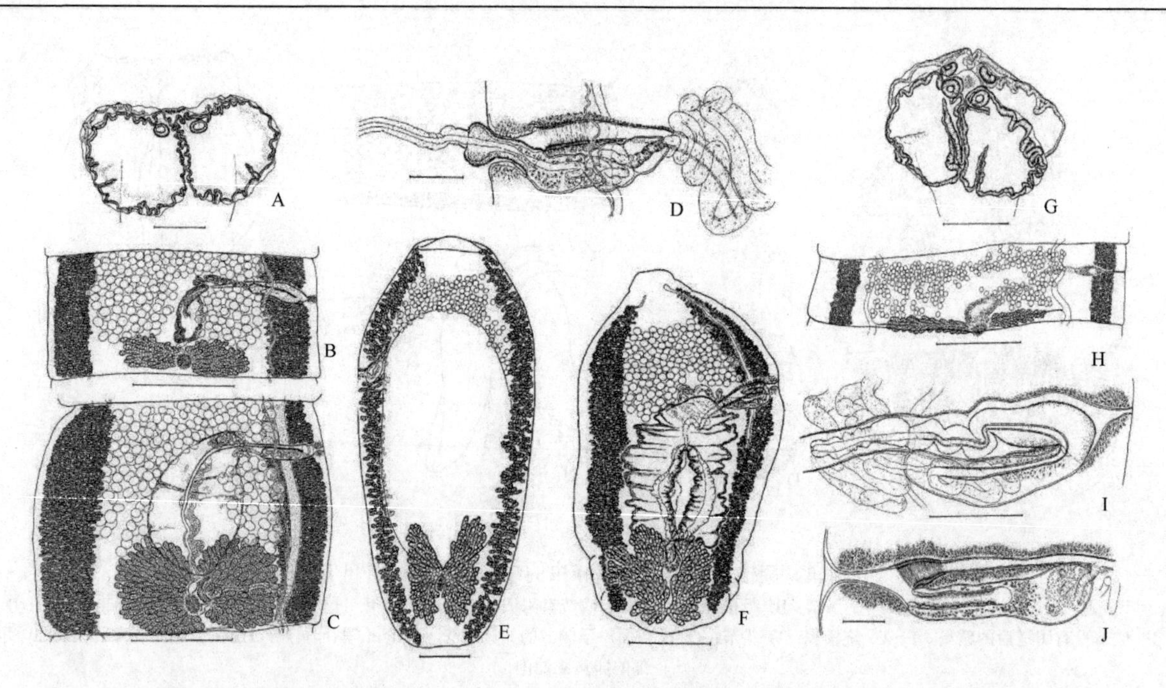

图 11-93　采自保加利亚白斑角鲨（*Squalus acanthias*）的角鲨叶槽绦虫结构示意图（引自 Vasileva，2002）
A. 头节；B. 早期成节；C. 发育良好的成节（分图 B～C 孔侧卵黄腺带背半部省略以清楚显示生殖管和渗透调节管）；D. 生殖器官末端；E. 孕节背面观；F 孕节腹面观（分图 E～F 孔侧卵黄腺带省略）；G. 头节；H. 早期成节；I. 末端生殖器官；J. 成节通过生殖器官末端横切面。标尺：A～C，E～G=1mm；D=200μm；H=300μm；I=150μm；J=100μm

鱼类，分布于全球各地。模式种：龟裂旋槽绦虫（*Dinobothrium septaria* van Beneden，1889）。

11b. 节片有腹部的卵黄腺滤泡……………………………………腹卵黄属（*Gastrolecithus* Yamaguti，1952）（图 11-91H～I）

识别特征：头节大，有 4 个固着、拱形吸槽，背腹成对。各吸槽有 1 个前方的肌肉质垫，1 个附属吸盘和 2 个小的侧突及前背角两裂的冠状附属物。链体有缘膜，老节不解离。生殖孔位于侧方，不规则交替。精巢数目多，孔侧阴道后精巢存在。卵巢横切面两叶状。阴道在阴茎囊前方。卵黄腺滤泡位于腹部。已知寄生于姥鲨科（Cetorhinidae）鱼类，分布于全球各地。模式种：扁平腹卵黄绦虫［*Gastrolecithus planus*（Linton，1922）］。

12a. 附属吸盘环状……………………………………………………………………………………………13

12b. 附属吸盘三角形，后侧有两个肌肉质突……………………………………………………………14

13a. 附属吸盘杯状，阴道后精巢存在……………………………对槽属（*Crossobothrium* Linton，1889）（图 11-94，图 11-95A）

识别特征：头节有 4 个固着吸槽，有附属吸盘和简单的边缘。链体无缘膜，孕节解离。生殖孔位于侧方，不规则交替。精巢数目多；孔侧阴道后精巢存在。卵巢位于后方，横切面四叶状。阴道在阴茎囊前方。卵黄腺滤泡位于侧方。已知寄生于侧孔总目（鲨形总目）（Pleurotremata）鱼类，分布于全球各地。模式种：狭窄对槽绦虫［*Crossobothrium angustum*（Linton，1889）］。其他种：角鲨对槽绦虫［*C. squali* Euzet（1959）］（图 11-94）。

13b. 附属吸盘球状；阴道后精巢不存在……………………………帽槽属（*Calyptrobothrium* Monticelli，1893）（图 11-95B）

识别特征：头节有 4 个固着吸槽，边缘简单。附属吸盘大，亚球形。链体无缘膜，成节解离。生殖孔位于侧方，不规则交替。精巢数目多，孔侧阴道后精巢不存在。卵巢位于后方。阴道在阴茎囊前方。卵黄腺滤泡位于侧方。已知寄生于电鳐科（Torpedinidae）鱼类，分布于北大西洋和地中海。模式种：绳索帽槽绦虫（*Calyptrobothrium riggii* Monticelli，1893）。

14a. 卵黄腺滤泡位于侧方……………………………………………角槽属（*Ceratobothrium* Monticelli，1892）（图 11-95C）

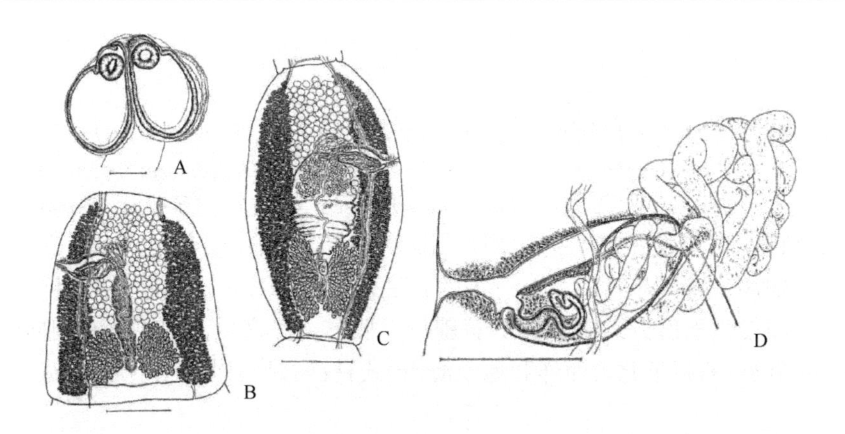

图 11-94　角鲨对槽绦虫［*C. squali*（Euzet，1959）］结构示意图（引自 Vasileva，2002）
采自地中海黑腹乌鲨（*Etmopterus spinax*）。A. 头节；B. 成节；C. 前期孕节；D. 生殖器官末端。分图 B～C 孔侧卵黄腺背部带不显示。
标尺：A～C=300μm；D=150μm

识别特征：头节有 4 个固着吸槽，各直接位于大的肌肉质垫之下，有 2 个突出的角状附属物，主要由环状肌纤维组成。略黄的头节常埋于肠壁。链体无缘膜，老节解离。生殖孔位于侧方，不规则交替。精巢数目多，孔侧阴道后精巢存在。阴茎囊长，斜前方位。卵巢位于后方，横切面 X 形。阴道在阴茎囊前方。已知寄生于鲭鲨目（Lamniformes）鱼类，分布于全球各地。模式种：黄头角槽绦虫（*Ceratobothrium xanthocephalum* Monticelli，1892）。

14b. 卵黄腺滤泡围绕髓质……………………………………………………单鲁格玛属（*Monorygma* Diesing，1863）（图 11-95D）
识别特征：头节顶部有腺体样物及 4 个大的、固着吸槽，吸槽各有一前方肌肉质垫，马蹄铁形，有 2 个小的侧方附属物。链体无缘膜，老节不解离。生殖孔位于侧方，不规则交替。有生殖腔。精巢数目多，孔侧阴道后精巢存在。卵巢位于后方。阴道在阴茎囊前方。子宫囊状，位于卵巢和阴茎囊之间。已知寄生于角鲨目（Squaliformes）鱼类，分布于北大西洋和地中海。模式种：完美单鲁格玛绦虫［*Monorygma perfectum*（van Beneden，1853）］。

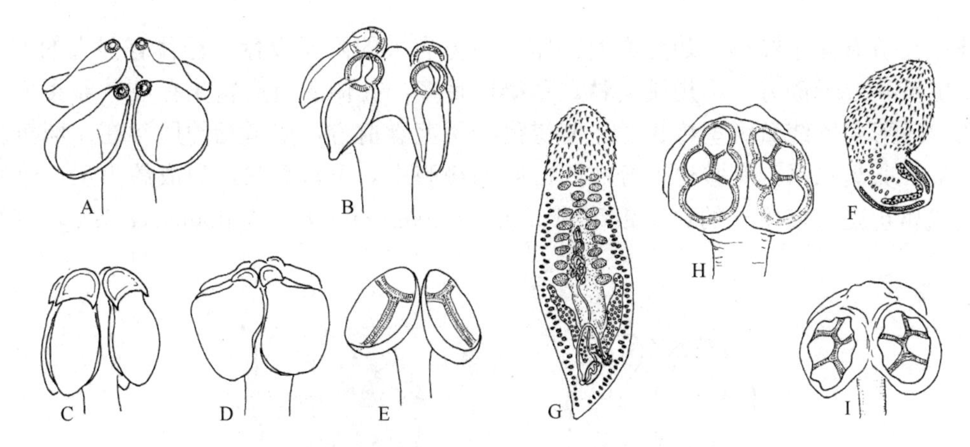

图 11-95　6 个属绦虫头节、三腔属幼节与成节结构示意图（引自 Euzet，1994）
A. 对槽属的头节；B. 帽槽属的头节；C. 角槽属的头节；D. 单鲁格玛属的头节。E～G. 三腔属：E. 头节；F. 幼节；G. 成节；H. 联槽属的头节；I. 五腔属的头节

11.9.4　三腔亚科 Trilocülariinae Yamaguti，1959

识别特征：头节有 4 个吸槽，由隔分为几个小室。无后头或吸吻结构。

11.9.4.1　分属检索

1a. 头节有 4 个吸槽，各分为 3 个小室；成节解离；生殖孔位于后方……………………………………………………三腔属（*Trilocularia* Olsson，1867）（图 11-95E～G）

［同物异名：叶槽属（*Phyllobothrideum* Olsson，1867）；尿殖孔属（*Urogonoporus* Lühe，1901）］

识别特征：头节有 4 个固着吸槽，各由肌肉质隔分为 3 个小室（1 个在顶部，2 个在后部）。没有吸吻。链体丝状，成节解离。游离节片的前方有大棘。生殖孔近节片后端。精巢数目少，位于前方；孔侧阴道后精巢不存在。卵巢位于后方，U 形。卵黄腺位于侧方。子宫位于中央，有侧向的支囊。已知寄生于角鲨科(Squalidae)鱼类，分布于北大西洋和地中海。模式种：常棘三腔绦虫(*Trilocularia acanthiaevulgaris* Olsson，1867)。

1b. 头节有 4 个吸槽，各分为 3 个以上小室；老节解离；生殖孔位于侧方……………………………………2

2a. 吸槽分为 4 个对称的小室……………………………联槽属（*Zyxibothrium* Hayden & Campbell，1981）（图 11-95H）

识别特征：头节有 4 个固着吸槽，各由肌肉质隔分为 4 个小室（1 个在前方，2 个在中央，1 个在后方）。没有吸吻。链体略有缘膜，老节解离。生殖孔位于边缘，不规则交替。精巢位于前方；孔侧阴道后精巢不存在。卵巢位于后方，U 形，横切面两叶状。阴道在阴茎囊前方。卵黄腺滤泡位于侧方。子宫囊状。已知寄生于鳐属（*Raja*）鱼类，采自北大西洋。模式种：卡米联槽绦虫（*Zyxibothrium kamienae* Hayden & Campbell，1981）。

2b. 吸槽分为 5 个不对称的小室……………………………五腔属（*Pentaloculum* Alexander，1963）（图 11-95I）

识别特征：头节有 4 个固着吸槽，各由肌肉质隔分为 5 个辐射状、大致相等的小室。没有吸吻。链体小，略有缘膜，老节解离。生殖孔位于侧方，不规则交替。精巢数目多；孔侧阴道后精巢不存在。卵巢位于后方。阴道在阴茎囊前方。卵黄腺位于侧方。已知寄生于艾氏电鳐（*Torpedo aysoni*），已报道分布于新西兰。模式种：巨头五腔绦虫（*Pentaloculum macrocephalum* Alexander，1963）。

11.10　银鲛绦虫科（Chimaerocestidae Williams & Bray，1984）

识别特征：头节有 4 个吸槽，边缘具有小室，前方有大的附属吸盘。链体有强大的四叶缘膜，老节不解离。生殖孔位于侧方，不规则交替。精巢数目多，孔侧阴道后精巢存在。卵巢位于中央后方，以肿胀的裂环形式围绕着大型梅氏腺。阴道位于阴茎囊前方，阴道括约肌存在。卵黄腺滤泡位于两背侧方，限于卵巢水平，有些滤泡分布于四叶的缘膜中。子宫囊状。卵成簇为茧。已知寄生于全头鱼类。模式属也是目前唯一的属：银鲛绦虫属（*Chimaerocestos* Williams & Bray，1984）（图 11-96）。

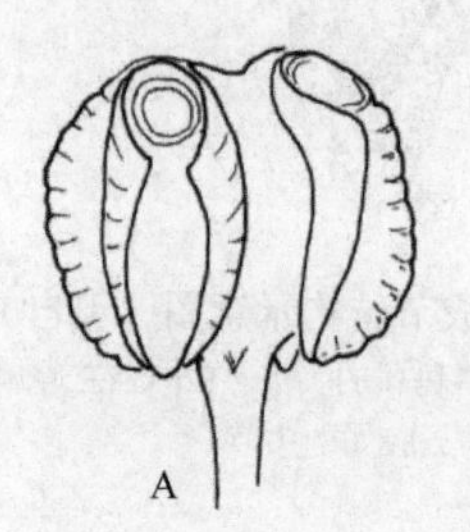

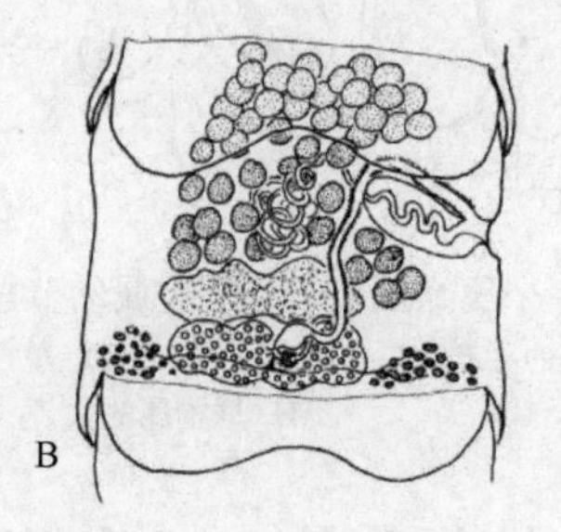

图 11-96　银鲛绦虫属结构示意图（引自 Euzet，1994）

A. 头节；B. 成节

11.10.1 银鲛绦虫属（*Chimaerocestos* Williams & Bray，1984）

识别特征：与科的特征相同。已知寄生于全头类大西洋长吻银鲛（*Rhinochimaera atlantica*）。采自北大西洋。模式种：普鲁德霍银鲛绦虫（*Chimaerocestos prudhoei* Williams & Bray，1984）。

11.11 近二十余年来新建立的四叶目的几个属

11.11.1 背巨吻属（*Notomegarhynchus* Ivanov & Campbell，2002）

该属是为采自阿根廷马德普拉塔（Mar del Plata）斑点背鳐（*Atlantoraja castelnaui*）的纳沃纳背巨吻绦虫（*Notomegarhynchus navonae*）（图 11-97，图 11-98A~J）而建立。采自南极洲南设得兰群岛（Shetlands）区域伊氏深海鳐（*Bathyraja eatonii*）和马氏深海鳐（*Bathyraja maccaini*）的设得兰背巨吻绦虫（*N. shetlandicum*）（图 11-98K，图 11-99，图 11-100）为该属第 2 个种。该属与四叶目其他属的区别在于：头节有一巨大的吸吻，由头节前部一顶器官组成，两者都不能伸缩；此外，有 4 个具柄不分小室的吸槽。设得兰背巨吻绦虫与纳沃纳背巨吻绦虫的区别主要在于吸槽、吸吻形态的区别及精巢的排列和卵巢形态。

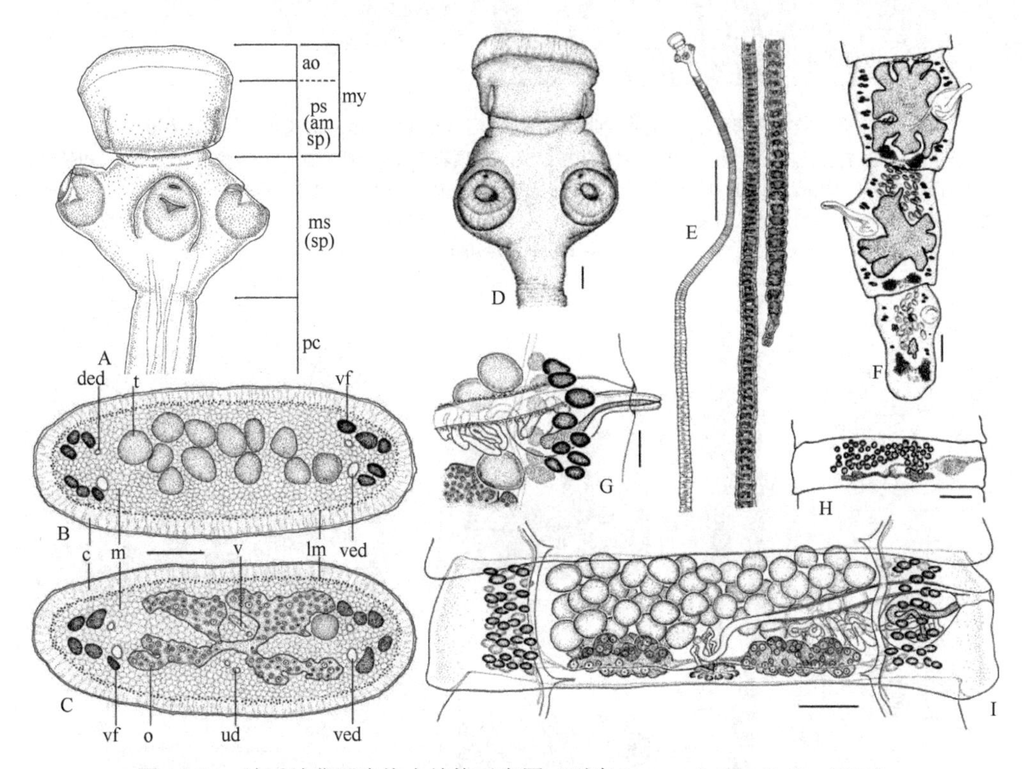

图 11-97 纳沃纳背巨吻绦虫结构示意图（引自 Ivanov & Campbell，2002）

A. 头节术语：ao. 顶器官；cp. 头茎；ms. 中头节；my. 吸吻；ps. 前头节。括号中为 Caira 等（1999）所用的术语：amsp. 头节实体结构顶部变形；sp. 头节实体区。B. 成节过阴茎囊前方精巢水平横切面；C. 成节过卵巢峡部横切面；D. 头节背腹观；E. 完整的虫体；F. 末端节片；G. 生殖器官末端详细结构；H. 未成节；I. 成节。缩略词：c. 皮质；ded. 背排泄管；lm. 纵行肌肉；m. 髓质；o. 卵巢；t. 精巢；v. 阴道；ved. 腹排泄管；vf. 卵黄腺滤泡；ud. 子宫管。标尺：B～D，F，H，I=200μm；E=3mm；G=100μm

11.11.2 鲁克绦虫属（*Ruhnkecestus* Caira & Durkin，2006）

鲁克绦虫属由 Caira 和 Durkin（2006）报道建立，属于叶槽科，但其在叶槽科的属中是独特的，其各吸槽前方有 1 个、中央有 3 个、后方有 2 个表面浅室。其微毛类型、节片解剖及宿主关联等表明其与叶槽绦虫关系密切。在叶槽绦虫的属中，此属最接近于副欧鲁格玛槽属（*Paraorygmatobothrium*），它们的颈

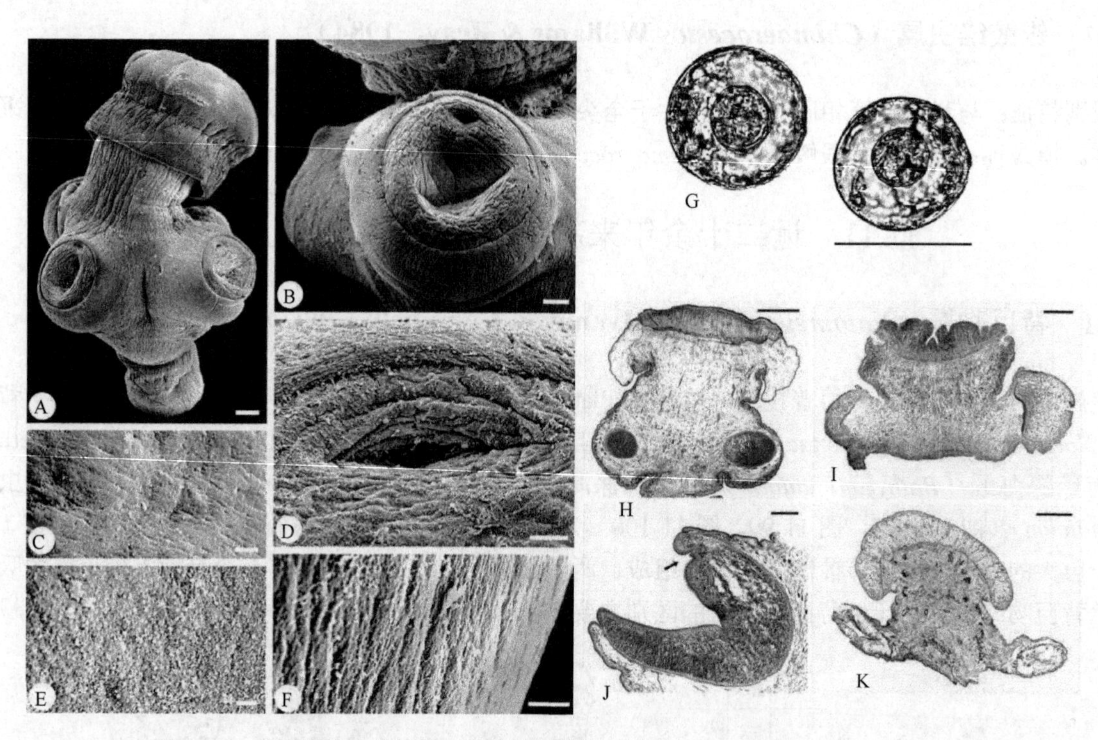

图 11-98　背巨吻绦虫的扫描、卵及组织结构（引自 Ivanov & Campbell，2002）

A~J. 纳沃纳背巨吻绦虫。A～F. 扫描结构：A. 头节；B. 吸盘样吸槽细节；C. 顶器官水平吸吻表面；D. 吸槽前方边缘的窝和吸槽远端表面；E. 吸槽内表面；F. 头茎表面。G. 卵的详细结构；H～J. 组织切片：H. 通过放松的头节纵切面；I. 通过收缩的头节纵切面；J. 过吸槽纵切面，箭头示前方边缘的窝。K. 设得兰背巨吻绦虫通过放松的头节纵切面。标尺：A=150μm；B=60μm；C，E，F=10μm；D=20μm；G=50μm；H=400μm；I，K=200μm；J=100μm

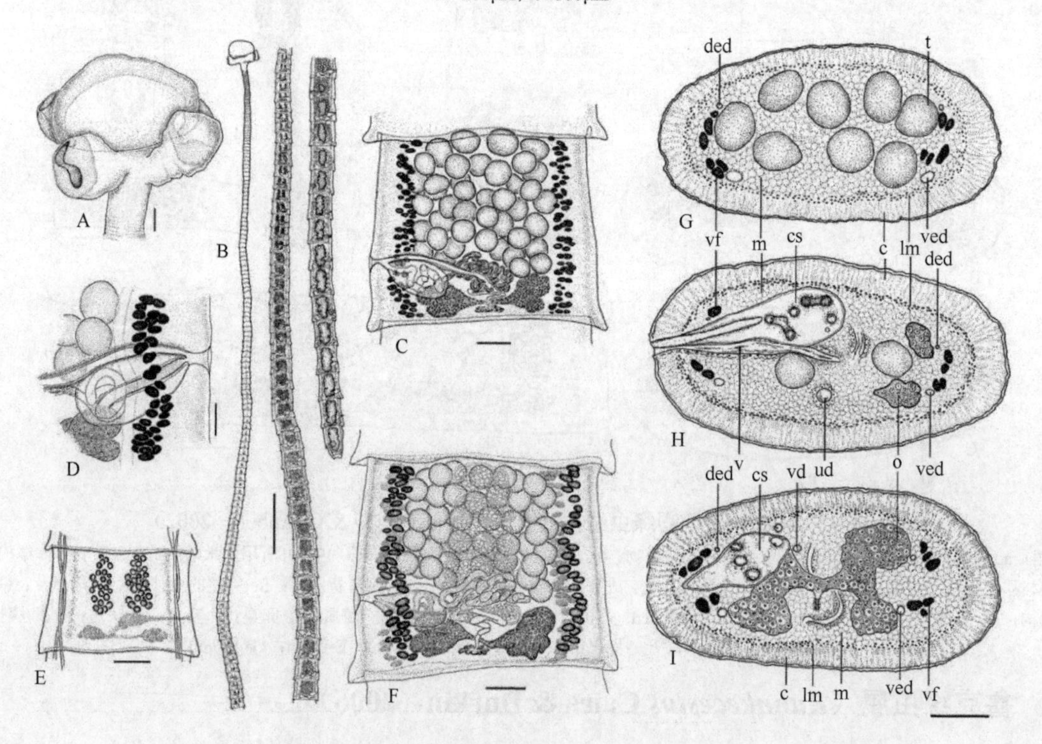

图 11-99　设得兰背巨吻绦虫结构示意图（引自 Ivanov & Campbell，2002）

A. 头节；B. 完整的虫体；C. 成节；D. 末端生殖器官细节；E. 未成节；F. 孕节；G. 成节过阴茎囊前方精巢水平横切面；H. 成节过阴茎囊水平横切面；I. 成节过卵巢峡部水平横切面。缩略词：c. 皮质；cs. 阴茎囊；ded. 背排泄管；lm. 纵行肌肉；m. 髓质；o. 卵巢；t. 精巢；v. 阴道；ved. 腹排泄管；vf. 卵黄腺滤泡；ud. 子宫管。标尺：A，D=100μm；B=3mm；C，E～I=200μm

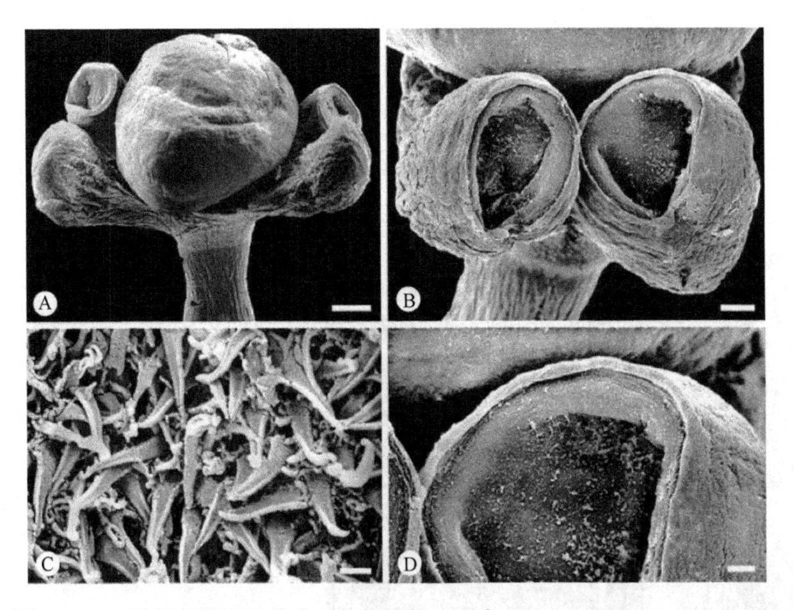

图 11-100 设得兰背巨吻绦虫的扫描结构（引自 Ivanov & Campbell，2002）

A. 头节；B. 吸槽细节；C. 柄表面，示棘样微毛；D. 吸槽前方边缘放大（注意缺窝）。标尺：A=120μm；B=100μm；C=1μm；D=50μm

部都有鳞片状结构，吸槽近端表面均有锯齿状的微毛，同样有四叶状卵巢，卵黄腺都被卵巢中断。鲁克绦虫属为单种属，是斜齿鲨属宿主四叶目绦虫的首例报道。解剖检查 2002～2003 年采自马来西亚婆罗洲沙捞越穆卡（Mukah，Sarawak）的 23 尾铲鼻鲨或称尖头斜齿鲨（*Scoliodon laticaudus*）（板鳃亚纲：真鲨目：真鲨科）绦虫感染情况时，检出 1 个新种，定了 1 个新属，属于四叶目叶槽科。拉蒂普鲁克绦虫（*Ruhnkecestus latipi*）描述自 4 个样品，其中 3 个为整体固定。1 个链体用于整体固定，头节用于扫描电镜观察（图 11-101）。

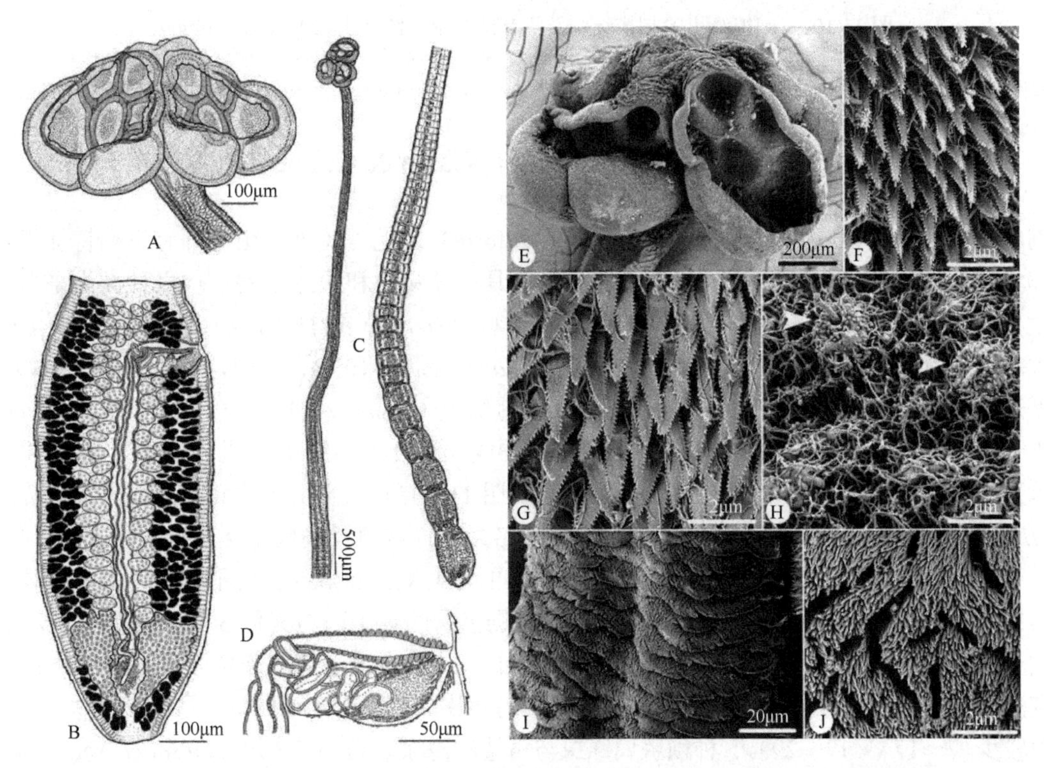

图 11-101 拉蒂普鲁克绦虫结构示意图及扫描结构（引自 Caira & Durkin，2006）

A～D. 结构示意图：A. 头节；B. 成节；C. 整条虫体（前、后半部）；D. 生殖器官末端详细结构。E～J. 扫描结构：E. 头节；F. 吸槽近端表面微毛放大；G. 吸槽远端表面微毛放大；H. 头节固有结构顶部放大（注意箭头处的纤毛感受器）；I. 颈区鳞片状排列的伸长的丝状微毛；J. 颈区组成鳞片状结构的丝状微毛放大

11.11.3　归德属（*Guidus* Ivanov，2006）

识别特征：具有 4 个固着、显著为肌肉质的囊状吸槽；各吸槽开孔朝向头节的前端，孔由连续的环状括约肌围绕，各有 1 个边缘的附属吸盘。已知寄生于鳐形目（Rajiformes）鳐科（Rajidae）鱼类。代表种：阿根廷归德绦虫（*Guidus argentinense* Ivanov，2006）（图 11-102）。

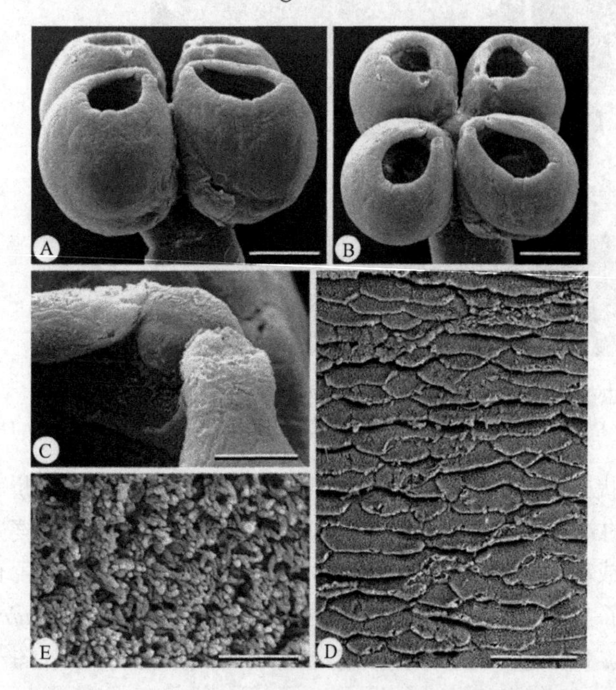

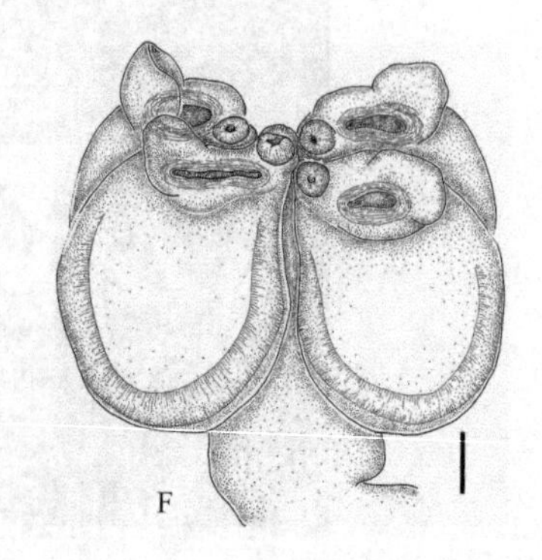

图 11-102　归德绦虫的扫描结构及头节结构示意图（引自 Ivanov，2006）

A～E. 阿根廷归德绦虫的扫描结构：A. 头节侧面观；B. 头节顶面观；C. 附属吸盘细节；D. 生长区表面鳞片状结构；E. 鳞片上的微毛结构。F. 南极归德绦虫（*G. antarcticus* Wojciechowska，1991）的头节。标尺：A=500μm；B=500μm；C=100μm；D=50μm；E=2μm；F=200μm

11.11.4　须鲨绦虫属（*Orectolobicestus* Ruhnke，Caira & Carpenter，2006）

识别特征：吸槽表面具有变形的玉米棒样（maisiform）棘毛。此外，由于都有下列特征组合而易于识别：卵黄腺区域由卵巢中断，颈区有小鳞片；吸槽具有顶吸盘和边缘小室。代表种类为采自婆罗洲点纹斑竹鲨（*Chiloscyllium punctatum*）的泰勒须鲨绦虫（*O. tyleri*）（图 11-103A、F～G，图 11-104A～F）；采自澳大利亚点纹斑竹鲨的洛蕾塔须鲨绦虫（*O. lorettae*）（图 11-103B、H～I，图 11-104G～N）；采自婆罗洲印度斑竹鲨（*Chiloscyllium indicum*）的马克汉须鲨绦虫（*O. mukahensis*）（图 11-103C，图 11-105A～B、E～J）和凯洛野须鲨绦虫（*O. kelleyae*）（图 11-103D，图 11-105C～D，图 11-106），以及采自婆罗洲哈氏斑竹鲨的冉迪须鲨绦虫（*O. randyi*）（图 11-103E，图 11-107）。此外，斑竹鲨叶槽绦虫（*Phyllobothrium chiloscyllii* Subhapradha，1955）移入须鲨绦虫属，更名为斑竹鲨须鲨绦虫［*O. chiloscyllii*（Subhapradha，1955）］。斑竹鲨须鲨绦虫与其他 5 种的区别在于其体更为大型。除节片数目不同外，凯洛野须鲨绦虫和冉迪须鲨绦虫因吸槽近端表面具有 3 裂的而不是完全锯齿状的棘毛而与其他 3 种有明显区别。后 2 种的节片数明显不同（11～21 vs. 27～38）。泰勒须鲨绦虫的节片数少于洛蕾塔须鲨绦虫（7～17 vs. 13～23）并似马克汉须鲨绦虫具有剑形（spathate）而不为长形的鳞片。泰勒须鲨绦虫易与马克汉须鲨绦虫区别，因其节片数较少（7～17 vs. 19～29）。5 种须鲨属绦虫与角鲨叶槽绦虫（*Phyllobothrium squali* Yamaguti，1952）、穗头绦虫未定种（*Thysanocephalum* sp.）、欧鲁格玛槽绦虫未定种（*Orygmatobothrium* sp.）和鲁克绦虫属及副欧鲁格玛槽属（*Paraorygmatobothrium* Ruhnke，1994）具有衍生的吸槽微毛特征。在这些属中，须鲨绦虫属与副欧鲁格玛槽属和鲁克绦虫属的卵黄腺区域由卵巢中断及颈区具有鳞片状结构方面最为相似。

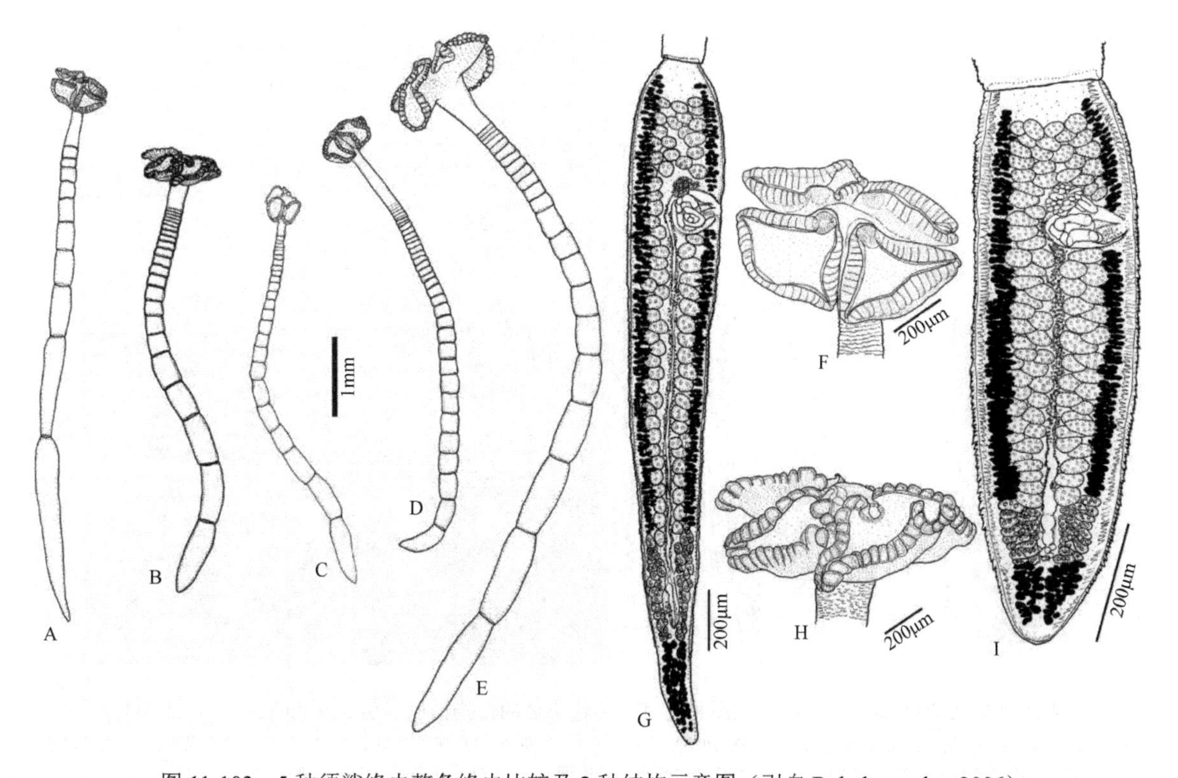

图 11-103 5种须鲨绦虫整条绦虫比较及2种结构示意图（引自 Ruhnke et al.，2006）

A～E. 整条绦虫：A. 泰勒须鲨绦虫；B. 洛蕾塔须鲨绦虫；C. 马克汉须鲨绦虫；D. 凯洛野须鲨绦虫；E. 冉迪须鲨绦虫。F～G. 泰勒须鲨绦虫：F. 头节；G. 末端节片。H～I. 洛蕾塔须鲨绦虫：H. 头节；I. 末端节片

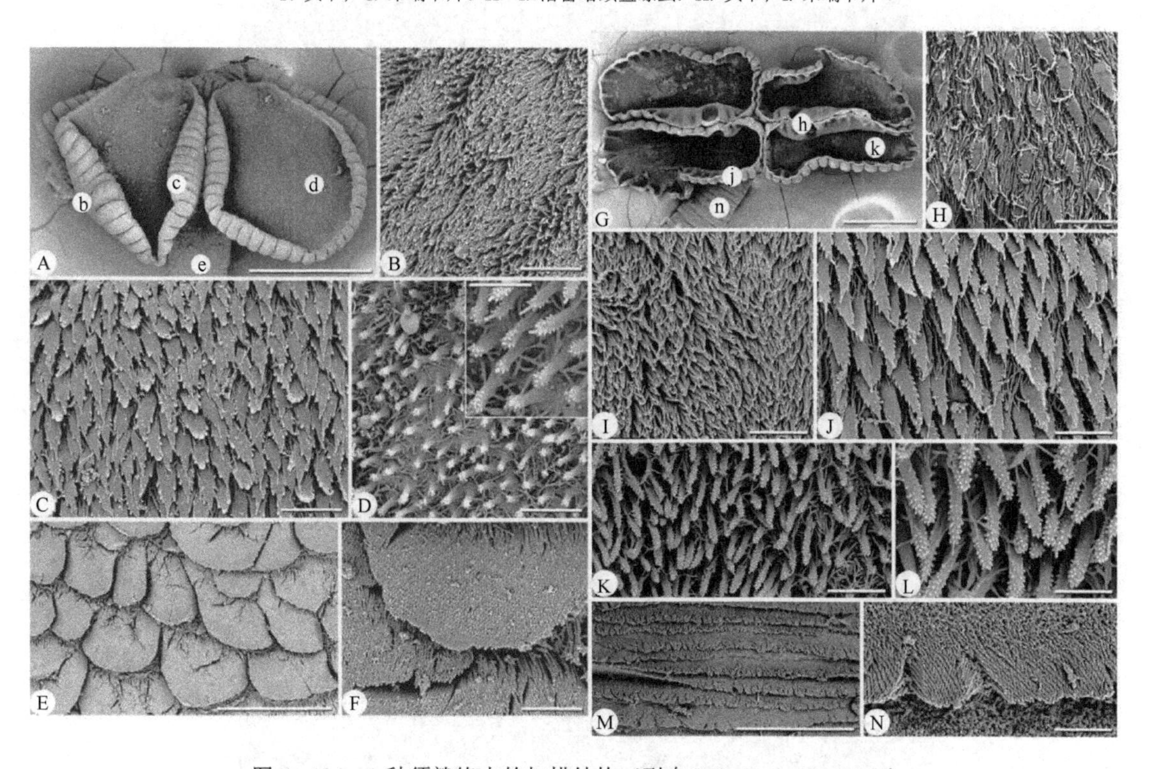

图 11-104 2种须鲨绦虫的扫描结构（引自 Ruhnke et al.，2006）

A～F. 泰勒须鲨绦虫：A. 头节，小写字母示相应图取样处；B. 吸槽近端、非边缘小室表面；C. 吸槽近端边缘小室表面；D. 吸槽远端表面，插图为远端表面放大的微毛；E. 链体前方区域的鳞片状结构；F. 鳞片状结构放大（注意其由细长的丝状微毛组成）。G～N. 洛蕾塔须鲨绦虫：G. 头节，小写字母示相应图取样处；H. 顶吸盘区侧面细节（注意吸盘远端表面、吸盘边缘和吸槽近端表面间微毛不同）；I. 吸槽近端表面，非边缘小室表面；J. 吸槽近端表面，边缘小室表面；K. 吸槽远端表面；L. 吸槽远端表面放大；M. 链体前方区域的鳞片状结构；N. 鳞片状结构放大（注意鳞片状结构由细长的丝状微毛组成）。标尺：A，G=200μm；B～D，F，I～K，N=2μm；图D之插图，L=1μm；E，M=20μm；H=10μm

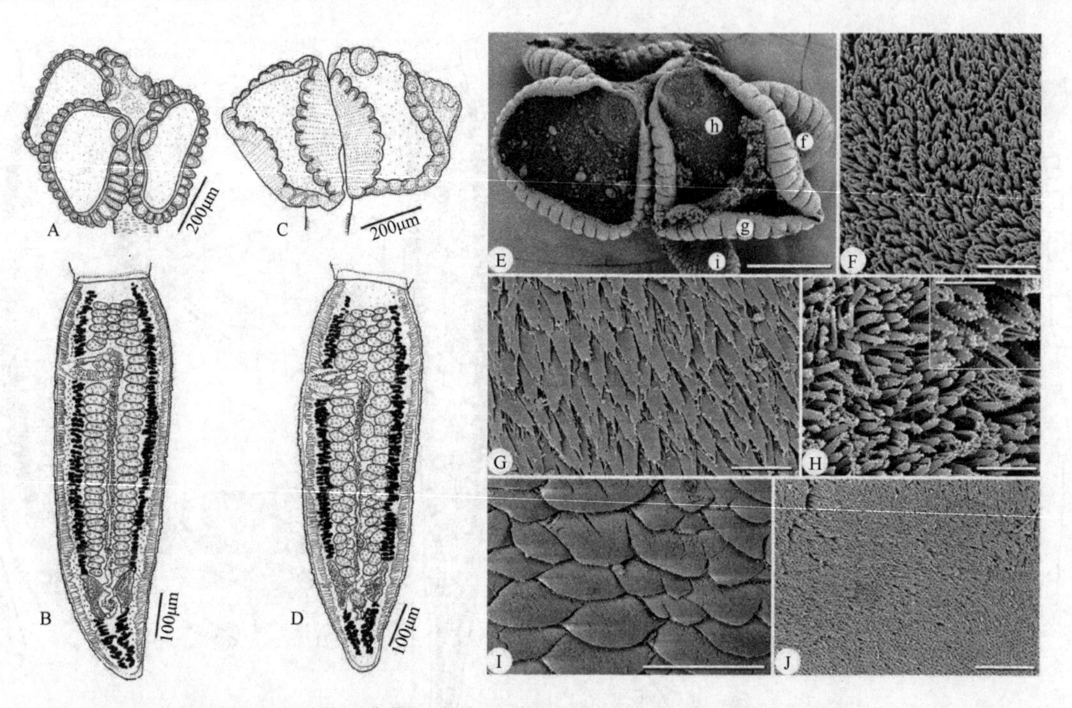

图 11-105　2 种须鲨绦虫结构示意图和马克汉须鲨绦虫的扫描结构（引自 Ruhnke et al.，2006）

A～B. 马克汉须鲨绦虫：A. 头节；B. 末端节片。C～D. 凯洛野须鲨绦虫：C. 头节；D. 末端节片。E～J. 马克汉须鲨绦虫：E. 头节，小写字母示相应图取样处；F. 吸槽近端非边缘小室表面；G. 吸槽近端边缘小室处表面；H. 吸槽远端表面，插图示微毛放大；I. 链体前方区域的鳞片状结构；J. 鳞片状结构放大（注意鳞片状结构由细长的丝状微毛组成）。标尺：E=100μm；F～H，J=2μm；图 H 之插图=1μm；I=20μm

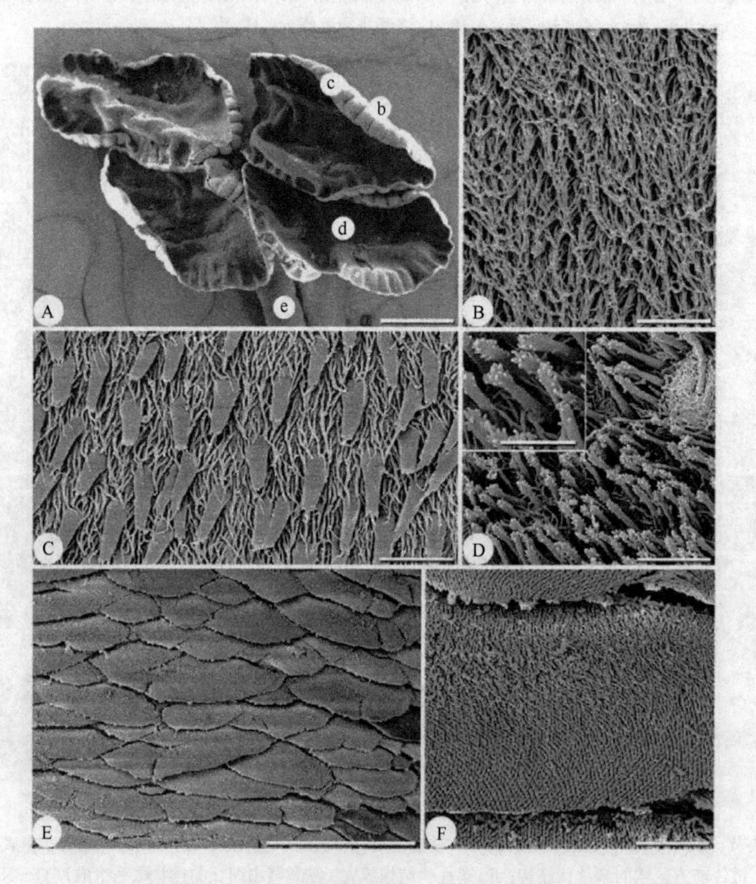

图 11-106　凯洛野须鲨绦虫的扫描结构（引自 Ruhnke et al.，2006）

A. 头节，小写字母示相应图取样处；B. 吸槽近端表面，非边缘小室表面；C. 吸槽近端边缘小室处表面；D. 吸槽远端表面，插图示微毛放大；E. 链体前方区域的鳞片状结构；F. 鳞片状结构放大（注意鳞片状结构由细长的丝状微毛组成）。标尺：A=200μm；B～D，F=2μm；D 之插图=1μm；E=20μm

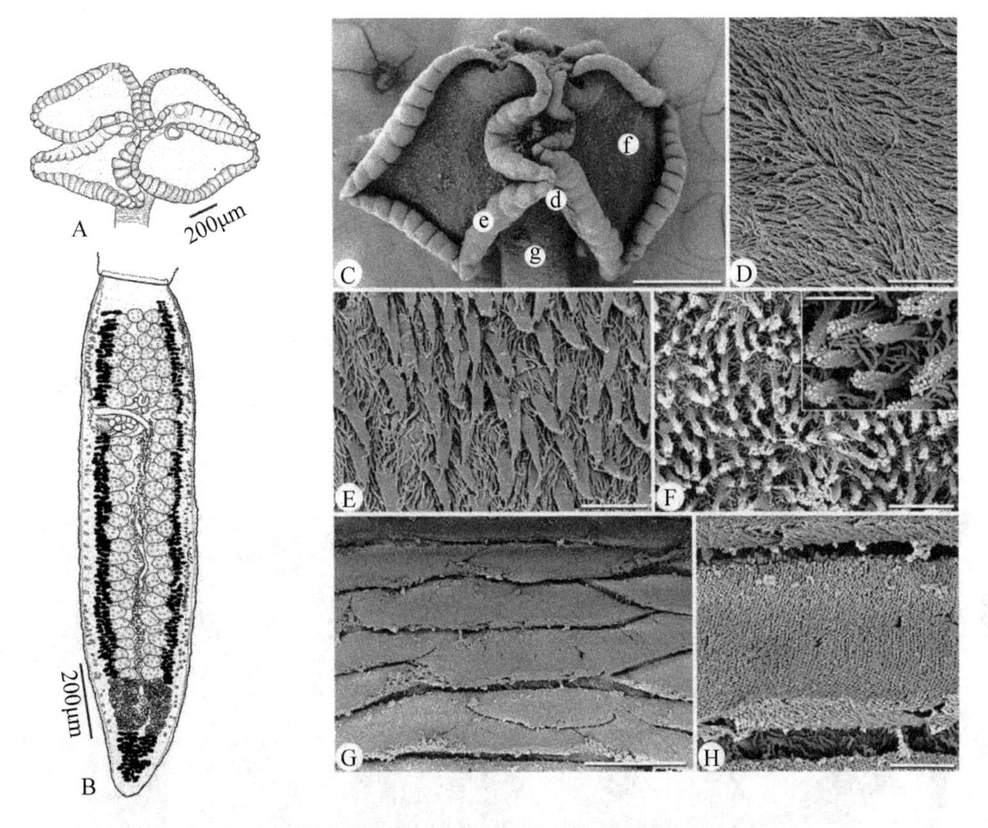

图 11-107 冉迪须鲨绦虫结构示意图和扫描结构（引自 Ruhnke et al.，2006）

A. 头节；B. 末端节片；C. 头节，小写字母示相应图取样处；D. 吸槽近端非边缘小室表面；E. 吸槽近端边缘小室处表面；F. 吸槽远端表面，插图示微毛放大；G. 链体前方区域的鳞片状结构；H. 鳞片状结构放大（注意鳞片状结构由细长的丝状微毛组成）。标尺：C=100μm；D～F，H=2μm；图 F 之插图=1μm；G=20μm

11.11.5 副欧鲁格玛槽属（*Paraorygmatobothrium* Ruhnke，1994）

识别特征：虫体解离，颈区明显。头节有 4 个吸槽，各吸槽具 1 单一顶吸盘，后部不分小室。吸槽近端表面覆盖有边缘呈锯齿状的（serrated）微毛和丝状微毛；远端小腔表面覆盖有丝状微毛和边缘呈锯齿状的微毛或玉米棒样微毛。颈区具有小盾板；小盾板表面覆盖有小三角形结构。未成节宽大于长，成节长至少为宽的 2 倍。成片精巢多个，位于髓质，横切面上位于深部。生殖孔位于侧方，生殖腔浅。阴茎囊梨状或卵圆形，含具棘阴茎。阴道开口于阴茎囊前方。卵巢位于后方，H 形，横切面上为四叶。子宫位于中央，成节中达阴茎囊的后缘到前缘，游离节片中达阴茎囊的前方边缘。子宫管存在，在阴茎囊后方内侧进入子宫。卵黄腺滤泡状，位于侧方，分散于背腹带，完全被卵巢和阴茎囊中断。卵壳纺锤形或圆形。软骨鱼类的寄生虫。模式种：大青鲨副欧鲁格玛槽绦虫[*P. prionacis*（Yamaguti，1934）]（图 11-108）。其他种：微小副欧鲁格玛槽绦虫（*P. exiguum*）（图 11-109，图 11-110A～E）；巴巴拉副欧鲁格玛槽绦虫（*P. barberi*）（图 11-110F～K，图 11-111）；詹妮副欧鲁格玛槽绦虫（*P. janineae*）（图 11-112）及柯尔斯顿副欧鲁格玛槽绦虫（*P. kirstenae*）（图 11-113）等。

11.11.6 柄碟属（*Caulopatera* Cutmore，Bennett & Cribb，2010）

Cutmore 等（2010）描述了一个采自澳大利亚莫顿湾（Moreton Bay）的点纹斑竹鲨（*Chiloscyllium punctatum* Müller & Henle）的四叶目绦虫的新属新种佩奇柄碟绦虫（*Caulopatera pagei*）。

柄碟属（*Caulopatera*）隶属于叶槽科叶槽亚科。它与其他叶槽亚科属的区别在于其有具杯、环状无腔、缺乏顶吸盘的吸槽，精巢限于阴茎囊前方区域并环绕髓质卵黄腺滤泡。柄碟属与腕槽属非常相似，二者都有无小室、有杯、无钩吸槽，没有附属吸盘且精巢全部位于阴茎囊前方的特征。但区别在于柄碟属各吸槽缺乏狭缝样开口，且开口周围没有襟翼。吸槽具杯在四叶目和犁槽目中是一致的。吸槽柄的形态与其他四叶目属的一致。柄碟属的三角形吸槽柄围绕在吸槽的背部，表明其属于严格意义的四叶目而不是近期认可的犁槽目。

识别特征：虫体优解离。头节有 4 个环状、具柄的吸槽；各吸槽具明显边缘，缺乏顶端吸盘。吸槽近端表面覆盖着剑状的棘毛；吸槽远端表面边缘（边缘的内表面）覆盖着舌状的棘毛。头茎是否存在不清楚。节片表面覆盖着毛状丝毛，排列成鳞甲样。节片无缘膜，仅末端节片成熟。精巢数目多，限于阴茎囊前方区域，位于中央呈单层分布。阴茎囊梨形到肾形，含有卷曲和具棘阴茎。生殖孔位于单侧，不规则交替。生殖腔浅。阴道在阴茎囊前方开口于生殖腔。卵巢接近于节片后端，背腹观 H 形。子宫囊状，

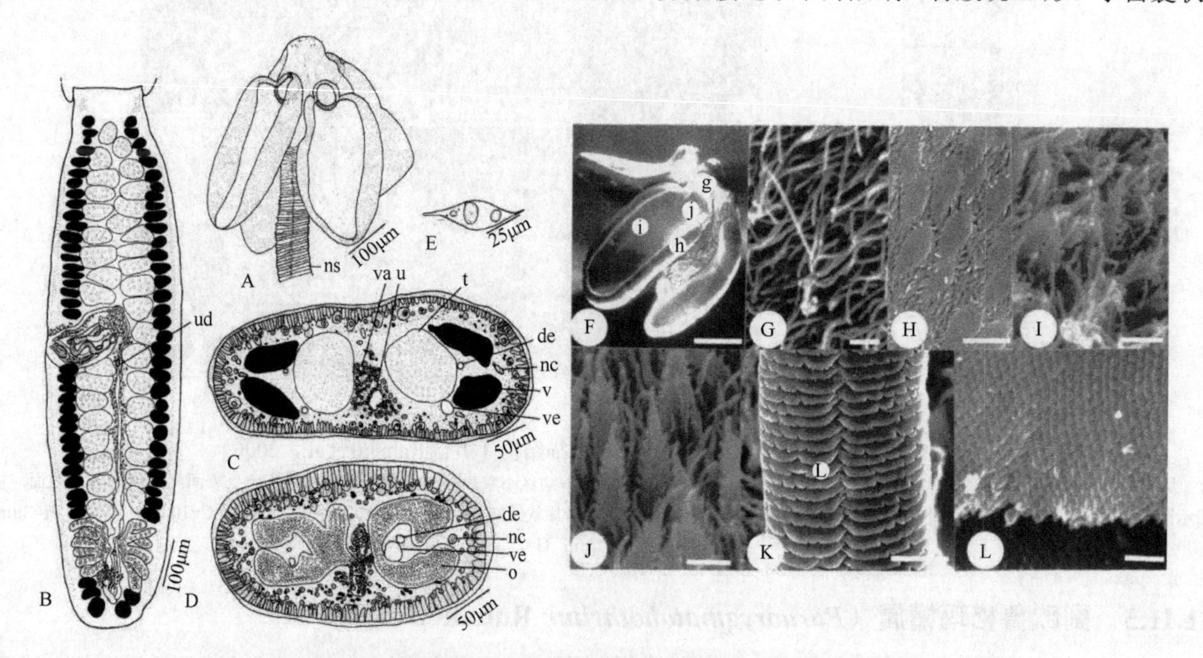

图 11-108　大青鲨副欧鲁格玛槽绦虫结构示意图及扫描结构（引自 Ruhnke et al.，1994）

A～E. 结构示意图：A. 头节；B. 成节；C. 通过节片阴茎囊后方，卵巢前方精巢水平横切；D. 通过节片卵巢部位横切；E. 卵。F～L. 扫描结构：F. 头节，小写字母示相应图取样处；G. 头节的顶部区域；H. 吸槽近端表面；I. 吸槽远端表面；J. 顶吸盘远端表面；K. 头节后部颈区；L. 颈表面放大。缩略词：de. 背排泄管；nc. 神经索；ns. 颈鳞片状结构；o. 卵巢；t. 精巢；u. 子宫；ud. 子宫管；v. 卵黄腺滤泡；va. 阴道；ve. 腹排泄管。标尺：F=100μm；H=2μm；K=50μm；G，I，J，L=500nm

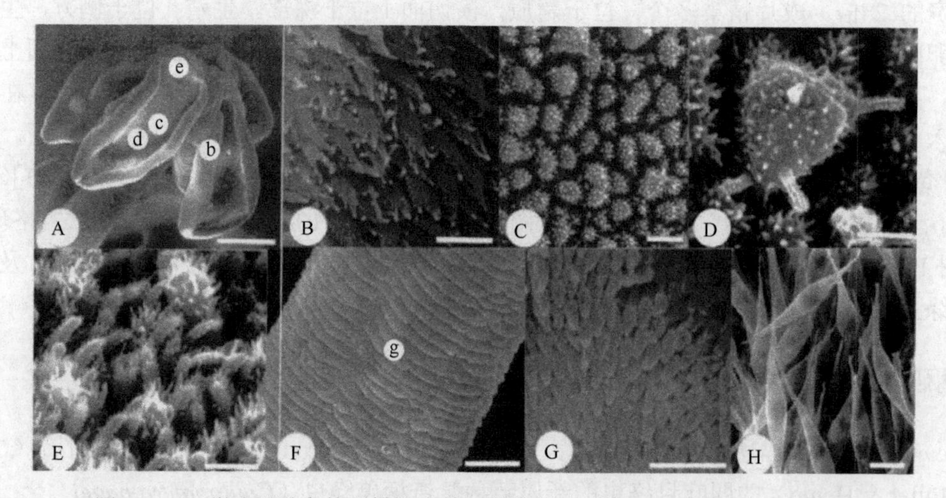

图 11-109　微小副欧鲁格玛槽绦虫的扫描结构（引自 Ruhnke et al.，1994）

A. 头节，小写字母示相应图取样处；E. 头节的顶部区域；B. 吸槽近端表面；C. 吸槽远端表面；D（请调整先后顺序）. 吸槽远端表面放大；F. 头节后部颈区；G. 分图 F 中 g 处放大；H. 颈表面进一步放大。标尺：A=100μm；C=2μm；G=500nm；B，D，E=1μm；F，H=20μm

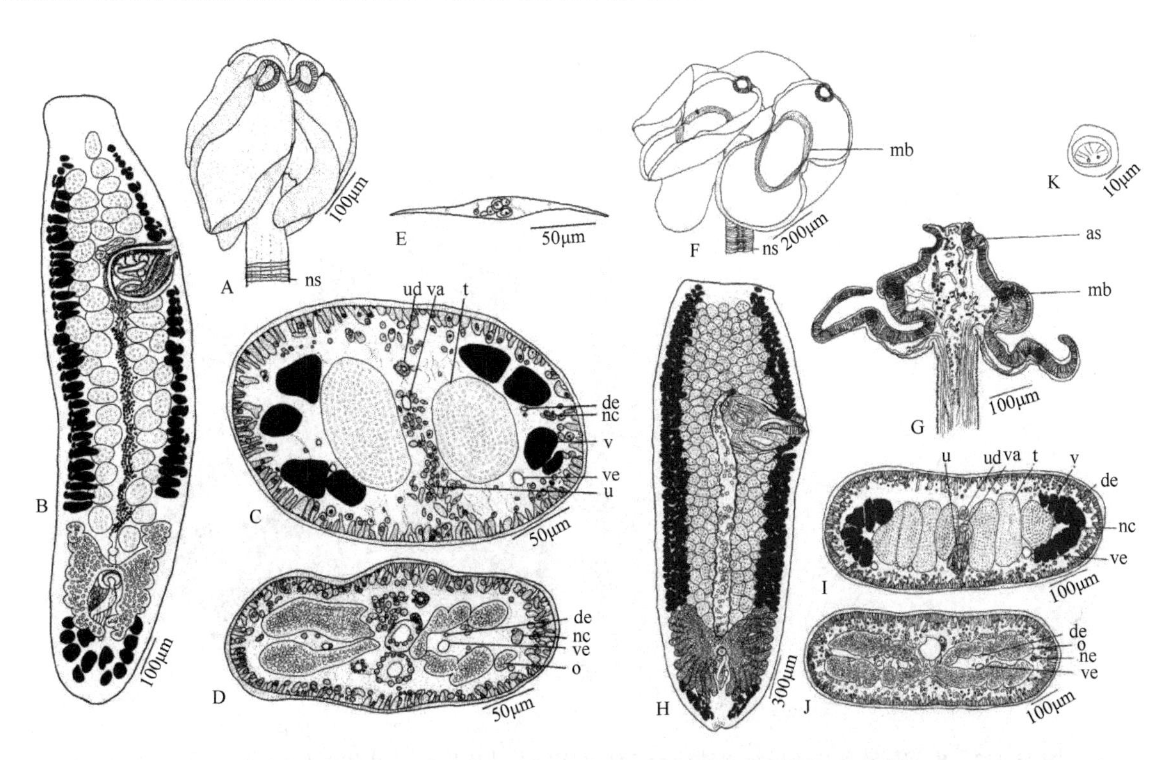

图 11-110 微小副欧鲁格玛槽绦虫和巴巴拉副欧鲁格玛槽绦虫的结构示意图（引自 Ruhnke et al.，1994）

A～E. 微小副欧鲁格玛槽绦虫：A. 头节；B. 成节；C. 通过节片阴茎囊后方、卵巢前方横切；D. 通过节片卵巢部位横切；E. 卵。F～K. 巴巴拉副欧鲁格玛槽绦虫：F. 头节；G. 通过头节额切面；H. 成节；I. 通过节片阴茎囊后方、卵巢前方横切；J. 通过节片卵巢部位横切；K. 卵。缩略词：as. 附属吸盘；de. 背排泄管；mb. 肌肉带；nc. 神经索；ns. 颈鳞片状结构；o. 卵巢；t. 精巢；u. 子宫；ud. 子宫管；v. 卵黄腺滤泡；va. 阴道；ve. 腹排泄管

图 11-111 巴巴拉副欧鲁格玛槽绦虫的扫描结构（引自 Ruhnke et al.，1994）

A. 头节，小写字母示相应图取样处；B. 吸槽近端表面；C. 吸槽远端表面；D. 顶吸盘远端表面；E. 头节后部颈区；F. 颈表面放大。标尺：A=100μm；E=20μm；F=500nm；B～D=1μm

位于阴道腹面，从卵巢前叶之间向前方扩展，腹面与阴茎囊的后部重叠。子宫管存在，进入子宫前 1/3 处。卵黄腺滤泡围绕髓质，成节中的卵黄腺滤泡在整个长度方向伸展，输精管背方、子宫腹部、卵巢背部和腹部缺失，阴茎囊背部和腹部部分缺失。排泄管位于侧方。斑竹鲨（*Chiloscyllium*）的寄生虫。模式及仅知的种：佩奇柄碟绦虫（*C. pagei*）（图 11-114，图 11-115）。

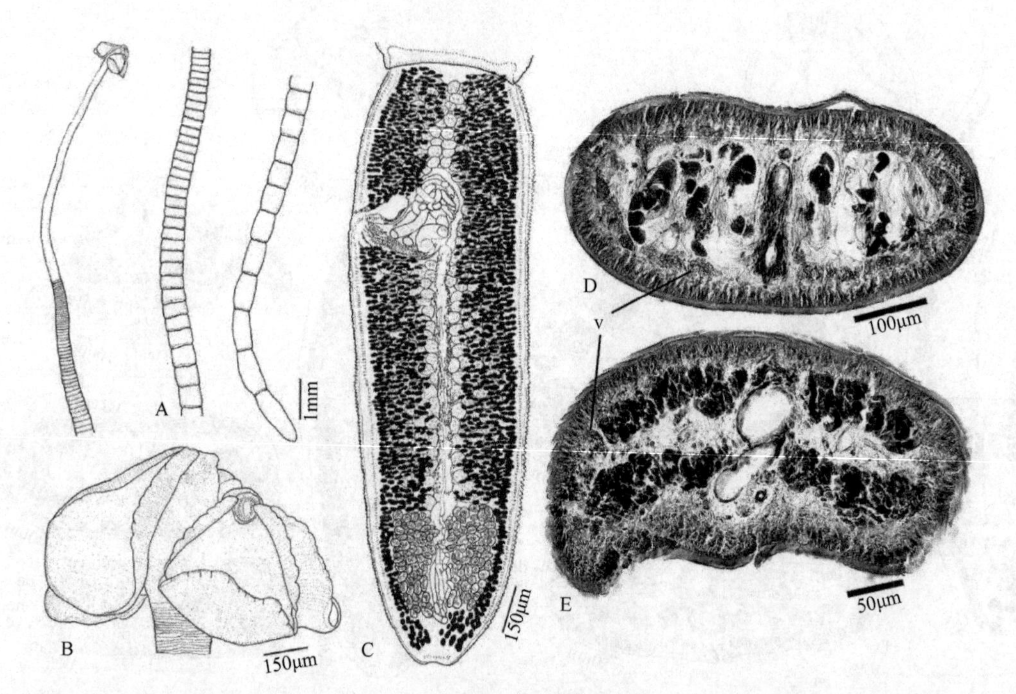

图 11-112　詹妮副欧鲁格玛槽绦虫结构示意图及实物节片横切面（引自 Ruhnke et al.，2006）

A. 完整的虫体；B. 头节；C. 末端节片；D. 节片在阴茎囊后方、卵巢前方、精巢水平横切面；E. 节片过卵巢水平横切面。缩略词：v. 卵黄腺滤泡

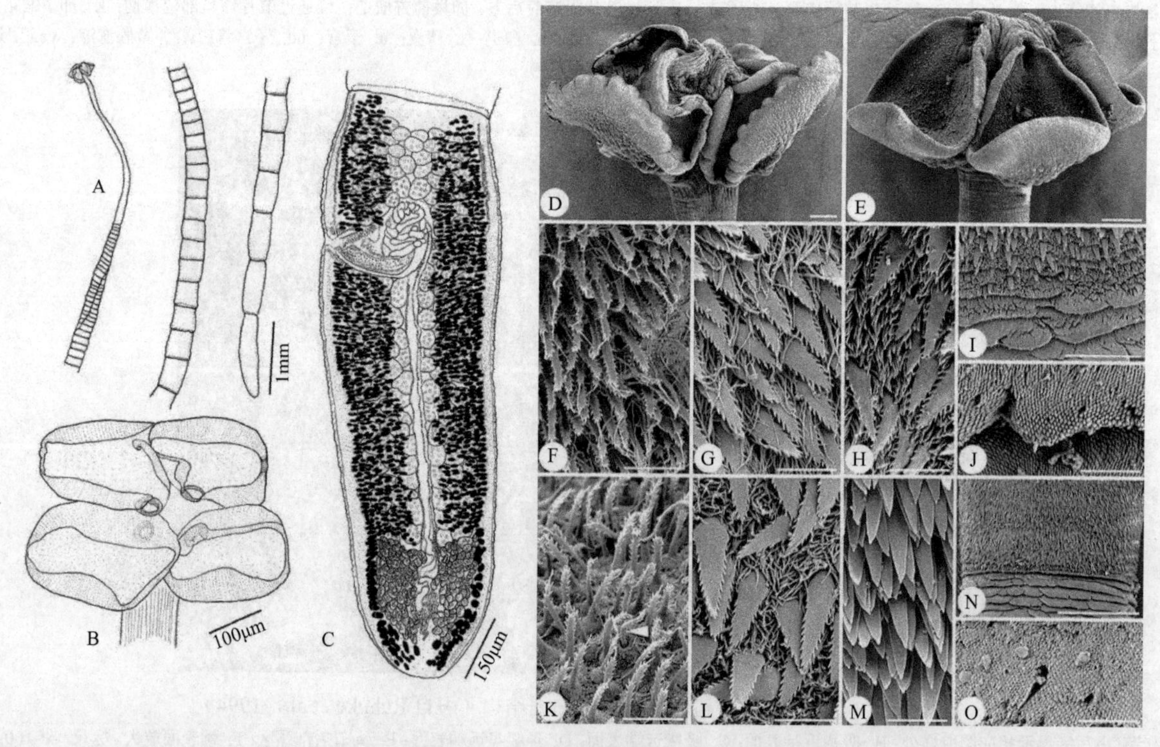

图 11-113　柯尔斯顿副欧鲁格玛槽绦虫结构示意图及 2 种副欧鲁格玛槽绦虫的扫描结构（引自 Ruhnke et al.，2006）

A～C. 柯尔斯顿副欧鲁格玛槽绦虫：A. 完整的虫体；B. 头节；C. 末端节片。D，F～J. 詹妮副欧鲁格玛槽绦虫的扫描结构：D. 头节；F. 吸槽远端表面；G. 吸槽近端表面；H. 头茎表面；I. 头茎，示鳞片状结构；J. 链体鳞片状结构表面放大。E，N～O. 柯尔斯顿副欧鲁格玛槽绦虫的扫描结构：E. 头节；K. 吸槽远端表面，注意纤毛（箭头示）的存在；L. 吸槽近端表面；M. 头茎表面；N. 头茎；O. 链体鳞片状结构表面。标尺：D，E=50μm；F～H，J～M，O=2μm；I，N=5μm

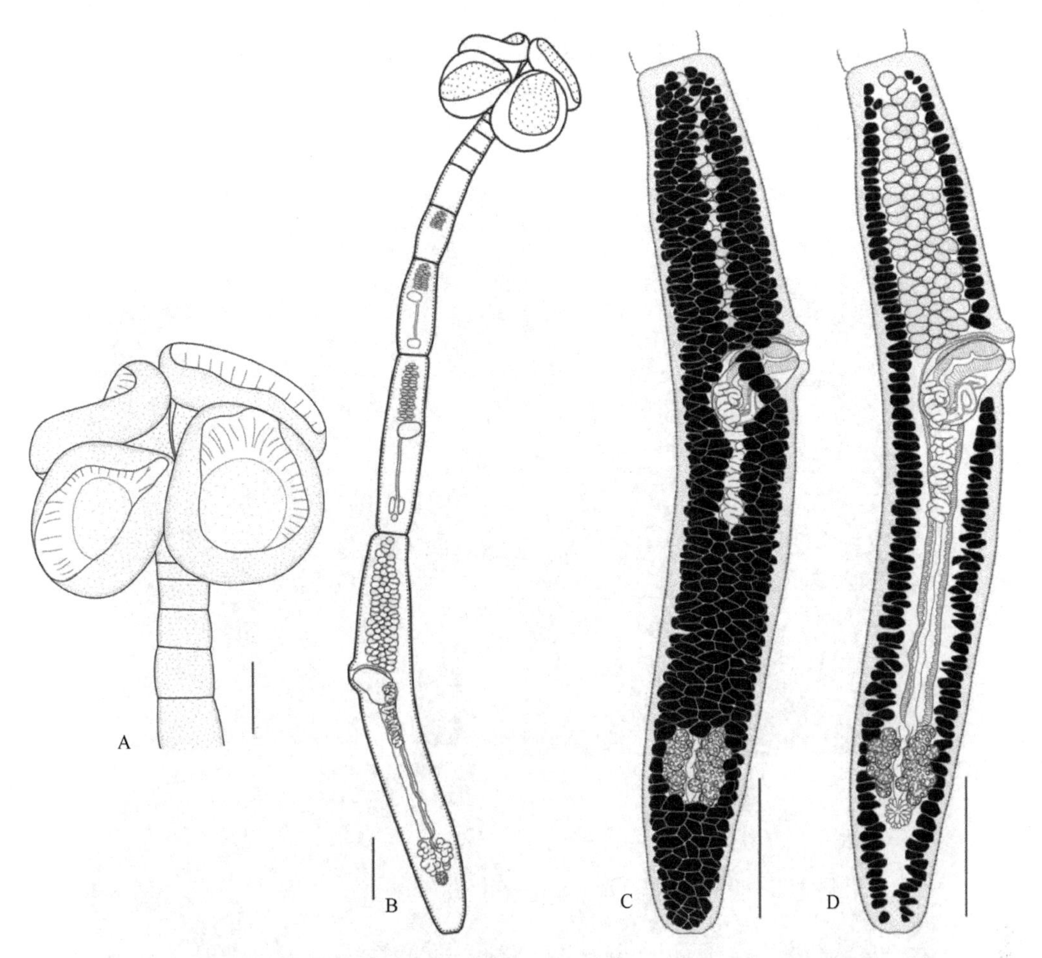

图 11-114　佩奇柄碟绦虫结构示意图（全模标本 QM G 231742）（引自 Cutmore et al.，2010）

A 头节放大；B. 整条虫体；C. 末端节片所有卵黄腺滤泡可见；D. 末端节片仅可见侧方卵黄腺滤泡。标尺：A=200μm；B～D=400μm

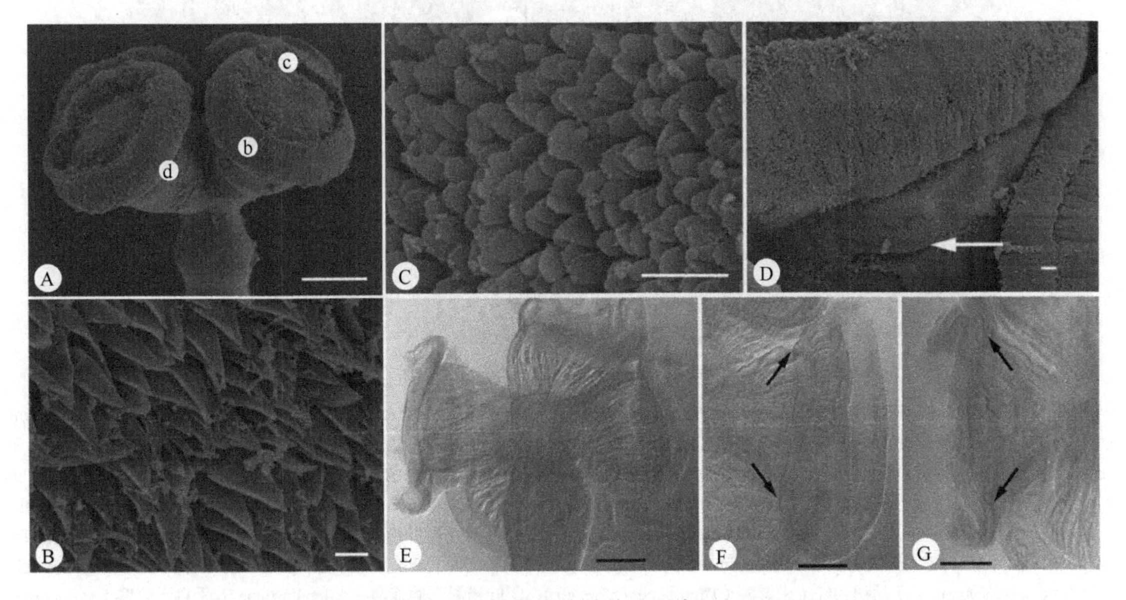

图 11-115　佩奇柄碟绦虫扫描和光镜结构（引自 Cutmore et al.，2010）

A. 头节，小写字母示相应图取样处；B. 吸槽近端表面；C. 吸槽远端表面边缘（边缘内表面）；D. 吸槽柄远端部，白箭头示剑状棘毛的近端扩展；E. 副模标本（QM G 231743）的头节；F. 全模标本（QM G 231742）的吸槽；G. 副模标本（QM G 231746）的吸槽。F～G 中黑箭头示尾柄附着位置。标尺：A，E，F=100μm；B，C=1μm；D=10μm

词源：属名取自拉丁语"*caulis*"（柄、茎）和"*patera*"（茶杯托、茶碟、垫盘等），指吸槽的外观。种名取自约翰·佩奇（John Page）之名，极大地赞赏他的友谊和感谢他持续帮助收集软骨鱼。

Carrier 等（2004）提供的部分四叶目绦虫头节扫描结构比较照片（图 11-116），可以帮助我们对部分四叶目绦虫头节有更好的感性认识。

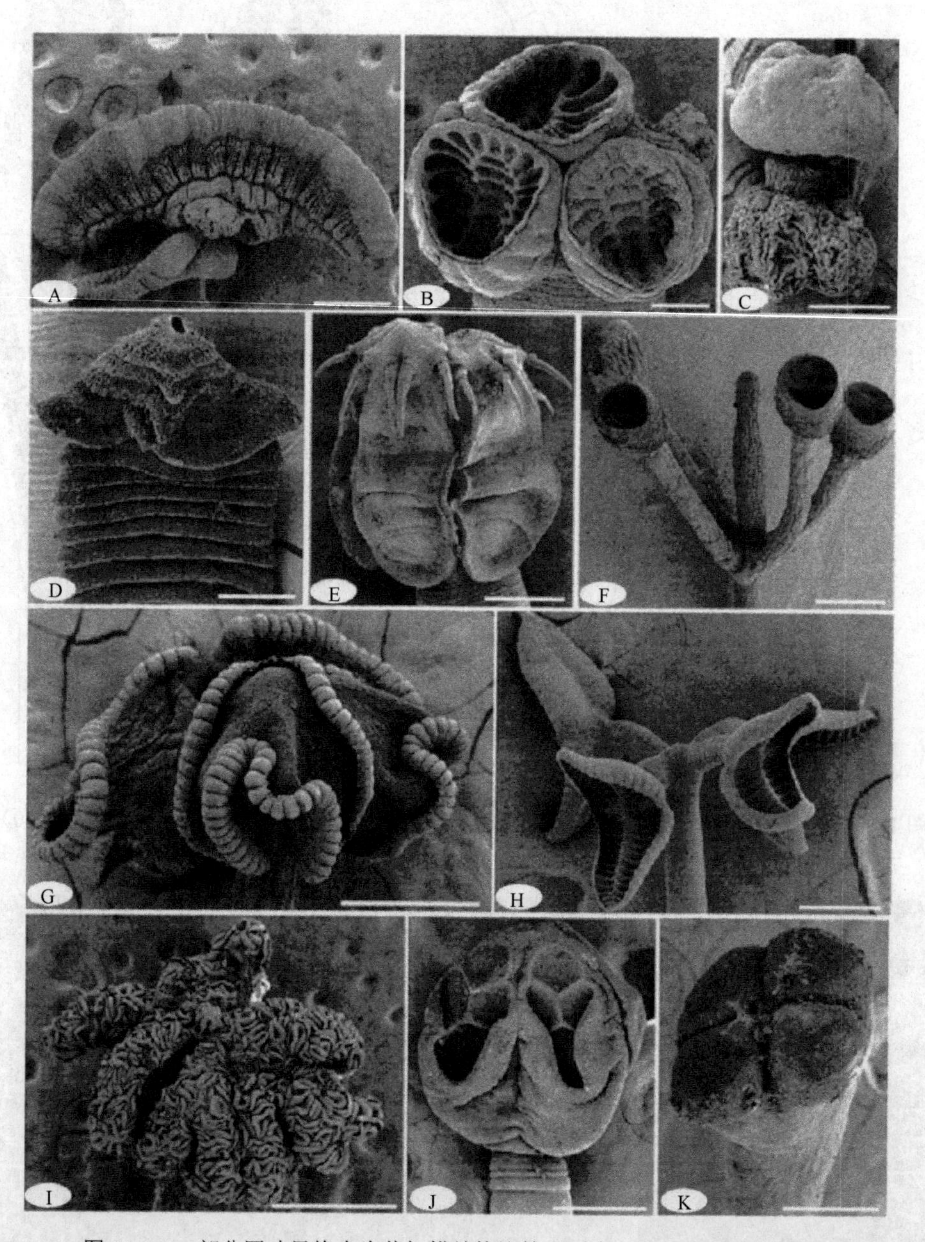

图 11-116　部分四叶目绦虫头节扫描结构比较（引自 Carrier et al.，2004）

A. 锤头科（Cathetocephalidae）：采自公牛真鲨（*Carcharhinus leucas*）的锤头绦虫未定种（*Cathetocephalus* sp.）；B. 异体带科（Dioecotaeniidae）：采自大西洋牛鼻鲼（*Rhinoptera bonasus*）的异体带绦虫未定种（*Dioecotaenia* sp.）；C. 圆盘头科（Disculicepitidae）：采自短鳍真鲨（*Carcharhinus brevipinna*）的盘头绦虫未定种（*Disculiceps* sp.）；D. 光槽科（Litobothriidae）：采自浅海长尾鲨（*Alopias pelagicus*）戴丽光槽绦虫（*Litobothrium daileyi*）；E. 瘤槽科（Onchobothriidae）：采自纳氏鹞鲼（*Aetobatus narinari*）的钩槽绦虫未定种（*Acanthobothrium* sp.）；F. 叶槽科印槽亚科（Echeneibothriinae）：采自猬鳐（*Leucoraja erinacea*）的伪花槽绦虫未定种（*Pseudanthobothrium* sp.）；G. 叶槽科叶槽亚科：采自长魟（*Dasyatis longus*）的花槽绦虫未定种（*Anthocephalum* sp.）；H. 叶槽科犁槽亚科（Rhinebothriinae）：采自长魟的犁槽绦虫未定种（*Rhinebothrium* sp.）；I. 叶槽科穗头亚科（Thysanocephalinae）：采自居氏鼬鲨（*Galeocerdo cuvier*）的穗头绦虫未定种（*Thysanocephalum* sp.）；J. 叶槽科三腔亚科（Triloculariinae）：采自无刺鳐（*Malacoraja senta*）的卡米尔联槽绦虫（*Zyxibothrium kamienae*）；K. 前槽科（Prosobothriidae）：采自大青鲨（*Prionace glauca*，又名锯峰齿鲛）的前槽绦虫未定种（*Prosobothrium* sp.）。标尺：A=500μm；B，C，F～H，J，K=200μm；D=50μm；E=100μm；I=1mm

12 锥吻目（Trypanorhyncha Diesing，1863）

12.1 简　　介

锥吻目绦虫有独特的吻器：锥吻。成虫寄生于板鳃类软骨鱼的胃肠道中，幼虫寄生于包括海洋浮游动物、软骨鱼、硬骨鱼和其他多种海洋脊椎和无脊椎动物体内。在软骨鱼的寄生虫中，本目种类仅次于四叶目。

最初Claus建立四吻目（Tetrarhynahidea），Dollfus赞成，但Diesing（1863）以锥吻目将其取代。锥吻目绦虫头节锥吻非常复杂。大量的描述不够详尽、模式标本丢失、锥吻（如吻钩）解说不一，以及没有生活史资料等使得其在分类上十分混乱。Guiart（1927）最初提出有囊亚目（Cystidea）和无囊亚目（Acystidea），但发现这些名称已被前人用于棘皮动物（如Guiart，1931），并提出仍用Diesing的无胚囊亚目（Atheca）和有胚囊亚目（Thecaphora）。Guiart（1931）以Diesing的亚类划分为依据将锥吻目细分为无胚囊亚目和有胚囊亚目，依据是幼虫是否有胚囊存在。Joyeux和Baer（1934）、Dollfus（1942）认为以绦虫幼虫有无胚囊的区分是错误的。实际原因有两个：①幼虫胚囊的存在与否没有统一的认识标准，无法判别；②异物同名普遍存在。Fuhrman（1931）认可这一分类系统并一直使用，但同时也被许多研究者混用，Campbell和Beveridge（1994）认为亚目的分类无太大实际意义，而科的分类则主要基于吻钩类型与排列。

锥吻目传统的系统分类主要依据头节和节片的解剖结构（图12-1，图12-2），以及触手钩棘类型与实尾幼虫的结构。头节吸槽的数目与形态、头茎锥吻的特征是主要的识别特征。头茎可以进一步区分为含有触手鞘的鞘部（pars vaginalis）、有肌肉质的球茎部（pars bulbosa），以及球茎部后方区域球茎后部（pars postbulbosa）。这些结构的特征及头节区与这些结构长度的比率等在分类上很有用。有些内部的特征也被提出用于锥吻目分类（Woodland，1927），包括实质由纵肌层区分为皮质与髓质；卵黄腺滤泡形成套筒环绕在髓质周围；精巢伸展至卵巢后部；阴道位于子宫和阴茎囊腹面；阴道开口于阴茎口附近、腹方或略后方。此外，卵巢被描述为多叶的结构，横切面上大致为X形。近期对锥吻目许多种的详细研究表明这些特征有很多例外。其中，阴道相对于子宫位于腹部是稳定的特征。卵巢可以是两叶、四叶或多叶状，由中央峡部相连在一起或无中央峡部。非孕子宫表现为一中央管，有或无分支或为倒U形。子宫的形态在区别两个亚目时尤其重要。生殖孔通常开在侧缘或可能在腹方亚侧缘，通常不规则交替但也可以位于单侧，常位于节片边缘凹槽样下陷中，并常由肉质的膨胀区分界线。生殖器官末端虽由Dollfus（1942）讨论过为4种类型，但仍未获得应有的重视。此外，阴道和雄性管是联合形成一雌雄两性管还是囊尚不十分清楚，未来锥吻目的厘清分类工作至少应当包括内部解剖切面的详细内容。

围绕触手的钩的排列为触手钩棘类型，是重要的分类识别特征。为正确解释触手钩棘类型结构，必不可少地要识别触手的“外表面”和“内表面”、“吸槽面”和“反吸槽面”（图12-3）。触手钩棘类型的方向则仅只能通过整体装片外翻的触手来确定。而绘制触手钩棘类型的完整图大多数都容易完成，将触手从基部切下，放于滴有甘油的载玻片上加盖玻片于显微镜下观察，借助描绘器绘图，绘完一面后，略微移动盖玻片将触手转动至另一面，调清晰再接续绘图即可。

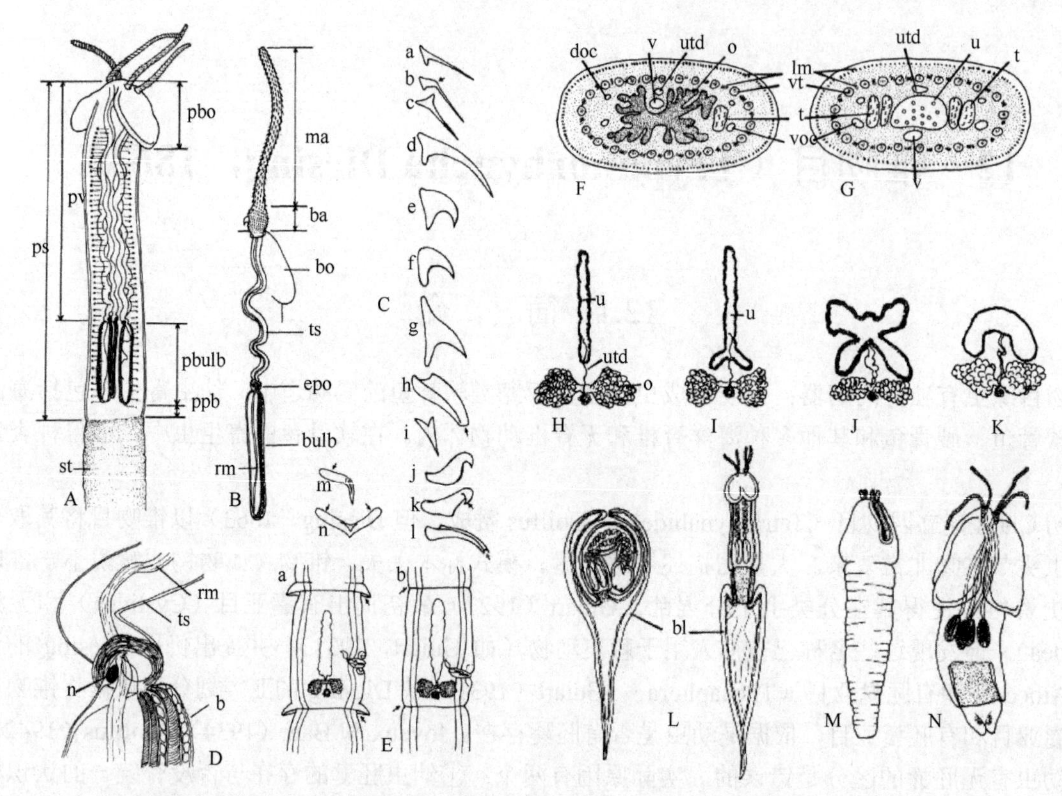

图 12-1 锥吻绦虫头节和节片特点及幼虫（引自 Campbell & Beveridge，1994）

A. 头节区；B. 吻器官；C. 钩型［a. 棘样；b. 弯曲棘样；c. 戟状；d. 镰刀状；e，f. 钩状；g. 玫瑰刺样（上方膨胀的基部为“刺根”，下方膨胀的部分为“尖部”）；h. 槽舌状；i. 箭头形；j. 鸟喙状；k. 端部后弯钩；l. 端部有凹口的钩；m. 单翼状；n. 双翼状］；D. 球茎前器官；E. 节片间连接（a. 有缘膜；b. 无缘膜）；F，G. 节片横切，示内部各类结构的相对位置。H～K. 雌性生殖器官的相对位置及子宫形态：H. I 形；I. 倒 Y 形；J. X 形；K. 倒 U 形。L. 实尾幼虫（头节包在胚囊中或外翻）。M. 肝蠹属（*Hepatoxylon*）的后期幼虫。N. 尼氏属（*Nybelinia*）的后期幼虫。缩略词：b. 球茎；ba. 基部钩型；bl. 胚囊；bo. 吸槽；bulb. 触手球茎；doc. 背渗透调节管；epo. 球茎前器官；lm. 纵肌；ma. 转变区钩型；n. 核；o. 卵巢；pbo. 吸槽部；pbulb. 球茎部；ppb. 球茎后部；ps. 头节肉茎；pv. 鞘部；rm. 牵引肌；st. 链体；t. 精巢；ts. 触手鞘；u. 子宫；utd. 子宫管；v. 阴道；voc. 腹渗透调节管；vt. 卵黄腺滤泡

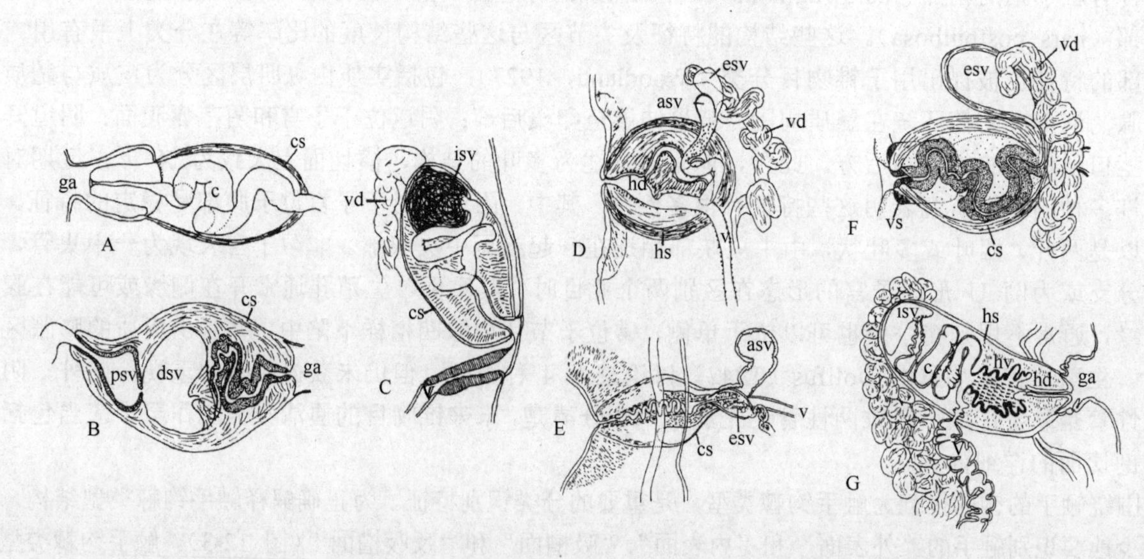

图 12-2 锥吻绦虫生殖器官末端（引自 Campbell & Beveridge，1994）

A. 巴特勒雪莉吻绦虫（*Shirleyrhynchus butlerae* Beveridge & Campbell，1988）；B. 罗西四吻槽绦虫［*Tetrarhynchobothrium rossii*（Southwell，1912）Beveridge & Campbell，1988］；C. 欧文斯真四吻绦虫（*Eutetrarhynchus owensi* Beveridge，1990）；D. 须鲨迷吻绦虫（*Stragulorhynchus orectolobi* Beveridge & Campbell，1988）；E. *Chimaerarhynchus rougetae* Beveridge & Campbell，1989；F. 瓦格纳巨钩绦虫（*Oncomegas wageneri*（Linton，1890）Dollfus，1929）；G. 巨孔霍尼尔绦虫［*Hornelliella macropora*（Shipley & Hornell，1906）］。缩略词：asv. 附属贮精囊；c. 阴茎；cs. 阴茎囊；dsv. 远端贮精囊；esv. 外贮精囊；ga. 生殖腔；hd. 两性管；hs. 两性囊；hv. 两性泡；isv. 内贮精囊；psv. 近端贮精囊；v. 阴道；vd. 输精管；vs. 阴道括约肌

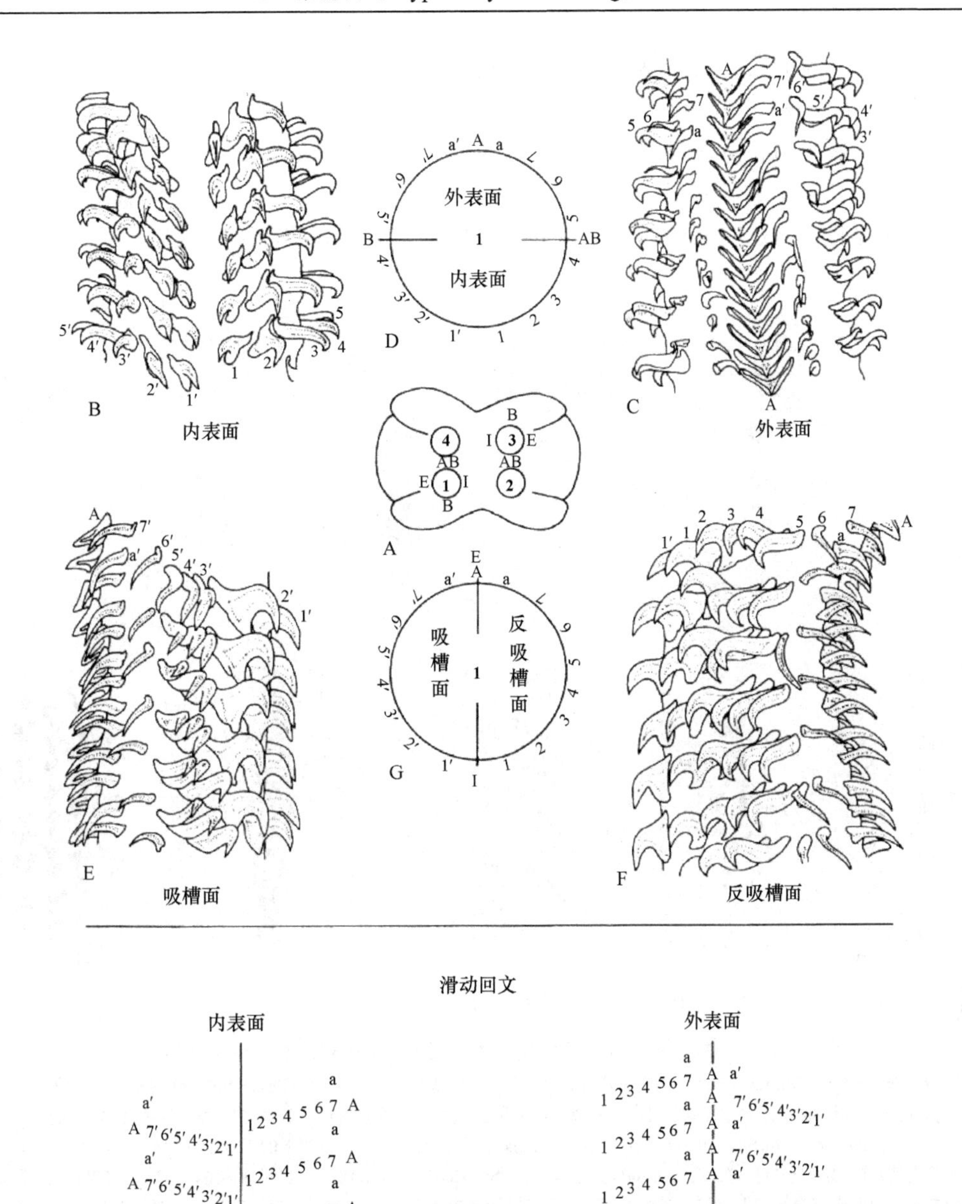

图 12-3　囊状花头绦虫（*Floriceps saccatus* Cuvier）的触手钩型（引自 Campbell & Beveridge，1994）

A. 头节正前面观，示 4 条触手的位置，触手编号与触手面的标识同 Dollfus（1942）；编号是任意的。触手 1 和 3 的钩型相同，触手 2 和 4 的钩型相同（B. 吸槽面；AB. 反吸槽面；E. 外面；I. 内面）。B. 触手 1 内表面，左边吸槽面（1′2′3′等）；C. 触手 1 的外表面，右边吸槽面（3′4′5′6′7′）及卫星钩（a′），悬链线组分标注为 A；D. 触手 1 横切面示意图，注意钩排列为半螺旋排，起于内表面，终止于外表面的悬链线（A）；E. 触手 1 的吸槽面；F. 触手 1 的反吸槽面；G. 触手 1 横切面示意图，比较图 D，注意钩列的方向；H. 囊状花头绦虫的钩型转换成二维平面等距映射，此类型为滑动反射对称，为两侧（反射）对称和移位（滑动）对称，注意通过触手内外表面轴两侧（反射）面的类型和方向的重复

Dollfus（1942）将触手的钩棘类型分为 3 种基本型：同棘型、异棘型（典型和非典型的）和花棘型（图 12-4），并用于超科分类。正如 Dollfus（1942）注意到，钩的类型两侧对称，当钩布局为半螺旋排时，典型的为行进于内、外表面之间。绘制钩的类型于二维图上，钩棘类型与两侧对称面会变得很明显。典型的钩列始于内表面而终止于外表面。围绕吸槽表面螺旋的钩列依序用数字标示为 1′、2′、3′等，那些围绕反吸槽表面螺旋的钩列依序用数字标示为 1、2、3 等。Dollfus 没有考虑同棘型对称的两侧对称性质，实际上，尼氏属（*Nybelinia*）的许多种存在很好的两侧对称例子。整个钩棘类型的两侧对称明显存在于作为列变换的钩型延续螺旋绕到触手对面过程中。尽管有的种类钩纵列交替完美形成梅花型，但多数种

具有异形钩使触手内外表面之间的钩棘类型形成一清晰的对称面。在由 Euzet 和 Radujkovic（1989）描述的科特里属（*Kotorella*）中，“分解开”的钩棘类型在二维空间清晰地揭示了梅花型并且异形性质的钩从吸槽表面扩展到反吸槽表面有两侧对称面。仅在同棘型有同一形态的钩布局为梅花型，或连续的螺纹型，整个钩型完美对称，在触手的两对面之间没有明显的两侧对称面。不仅大量的同棘型种类有异形的钩并有一对称面，而且钩的倾向是明显扭曲梅花型布局，形成空间较大的分离的螺旋排。

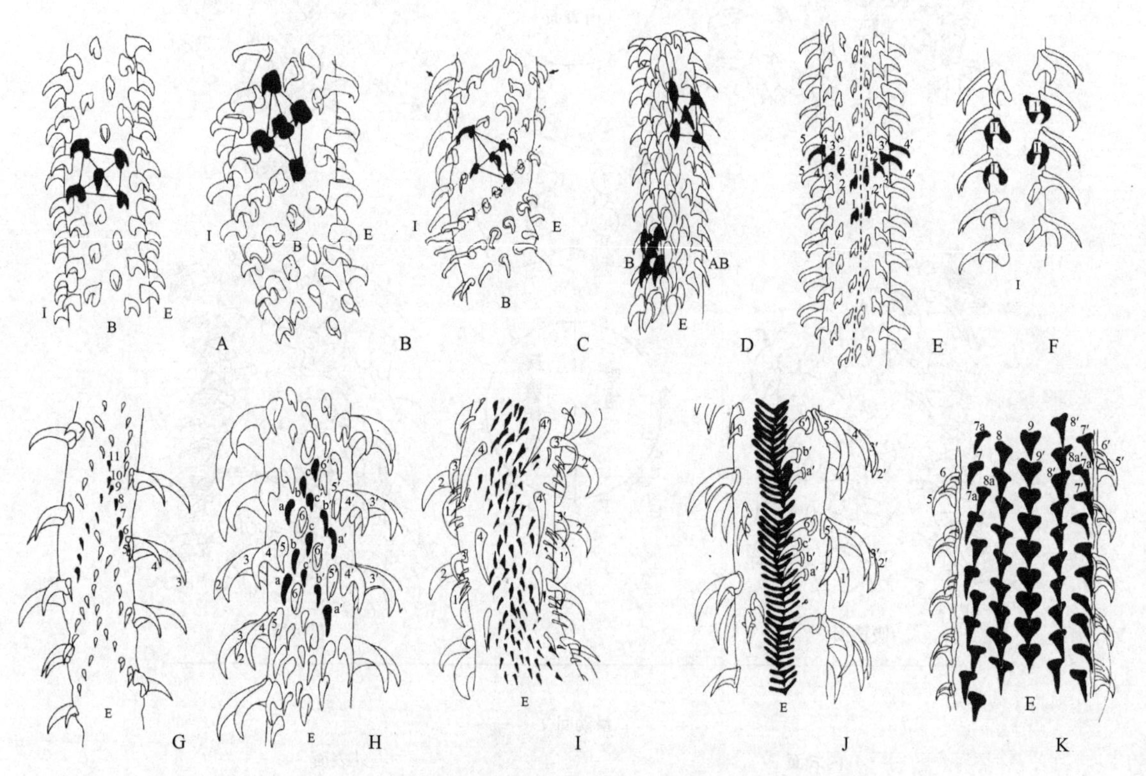

图 12-4　同棘、异棘和花棘钩型（引自 Campbell & Beveridge，1994）

A. 圆尼氏绦虫（*Nybelinia strongyla* Dollfus）：同形钩组成的同棘钩型，五点型（黑色）表示几乎为完善的 90°旋转对称。B. 非洲尼氏绦虫（*N. africana* Dollfus，1960）：同形钩组成的同棘钩型，钩纵排空间宽于钩横排，导致五点型（黑色）变形并且呈现出 180°旋转对称，变形产生连续的螺旋排。C. 山口佐仲尼氏绦虫（*N. yamagutii* Dollfus，1960）：异形钩组成的同棘钩型吸槽面观，注意变形的五点型（黑色）形成螺旋排，内面（左边）的钩大于外面（右边）的钩。D. 显体科特里绦虫［*Kotorella pronosoma*（Stossich）］：异形钩组成的同棘钩型，吸槽面的钩最大，形成紧密的五点型（黑色），但反吸槽面由小钩形成宽空间的五点型（黑色）。E. 瓦格纳巨钩绦虫［*Oncomegas wageneri*（Linton，1890）Dollfus，1929］：异棘钩型，内表面，转变区钩型，注意密集的钩 1（1′）在相对钩排会合处。F. 巴弗斯托克副克里斯蒂安娜绦虫（*Parachristianella baverstocki* Beveridge）：异棘钩型，内表面转变区钩型，注意在相对钩排会合处有显著分离的钩 1（1′）。G. 单巨棘副克里斯蒂安娜绦虫［（*P. monomegacantha*（Kruse）］：外表面转变区钩型，说明典型的异棘钩型排列，主钩排形成倒 V 字形（黑色）并且额外的钩排插入主排之间。H. 勋章耳槽绦虫（*Otobothrium insigne* Linton）：外表面转变区钩型，说明非典型的异棘钩型排列，额外钩排（黑色 a，b，c）插入主钩排之间。I. *Grillotia recurvispinis* Dollfus：外表面转变区钩型说明钩带（黑色），注意插入钩排位于主钩排之间，并且它们的近端到钩带。在此检索中考虑到一非典型的异棘钩型。J. 大头哈里斯吻绦虫［*Halysiorhynchus macrocephalus*（Shipley & Hornell，1906）Pintner，1913］外表面转变区钩型，示简单的 V 形组分（黑色）组成的悬链线说明花棘钩型。K. 五链髌槽绦虫（*Patellobothrium quinquecatenatum* Beveridge & Campbell）：外表面转变区钩型，说明由 5 个悬链线组成的花棘钩型，注意主钩排 9 个钩的交替。1 对间插钩（7a，8a）存在于连续的主钩排之间并且合并形成了悬链线侧方到 9′的形式与位置

钩列等距式的应用：锥吻目触手钩棘类型之间的不同解释可以用等距形式来阐明。很明显，虽然由于永久的旋转而没有平衡，但钩围绕锥吻触手的螺旋布局代表了对称的匀称。一平衡的对称性是各类型的特征，在一个平面上用刚体运动的几何学工具或等距式描述。刚体运动或等距意味着所有角度和距离、形状和大小的平面图。由于特殊的等距式保持不变，平面图只有 4 种可能的等距：回文、旋转、平行移动（滑动）、滑动回文。触手钩棘类型是三维的，在一个平面上不可能出现，但物理学家在结晶学中通常将复杂的三维图像转换成为二维图像用于对称性的解释。这种转换很大程度上易化了锥吻目触手钩棘类型的区别与比较。

（1）回文（两侧对称）：一条线的左右镜像对称，通常也称为两侧对称。的确，如三维人像两侧对称线为通过背腹体表的正中矢状面，两侧为镜像对称。锥吻目触手钩棘类型也类似，钩列始于触手的

一面，螺旋形围绕触手，止于相对的一面。例如，异棘型中，钩列典型地始于触手的内表面，而终止于外表面。钩型（吸槽面/反吸槽面）侧面观正像人体左右侧面一样镜像对称。简化的回文例子：TTAGCAGGACGATT。

（2）旋转：图像旋转对称，如果有一中心，则围绕此中心旋转某一角度但外形保持不变。正方形是这样的图像，围绕其中心旋转 90°（1/4 圈）外形保持不变；长方形需要转 180°（半圈）使其外形保持不变。另一个例子是按字母 S 旋转。当然，旋转对称很容易在同棘型钩棘的梅花图案中识别出来。

（3）平行移动（滑动）：如果它能沿自身滑动，没有旋转，没有外形的改变，则此型等距式图像为平行移动（滑动）对称，如 VVVVVVVVVVV。

（4）滑动回文：这是平行移动（滑动）与回文（两侧对称）的组合，对称线平行于移动方向，如 bpbpbpbpbp。

实际上，对称常是组合的。所有的类型都基于 4 种基本对称形式的组合（图 12-5），使其类型不变而可以用于简单的分类。因此，当斐波那契序列（Fibonacci sequence）用于钩序，数字计算机图像分析尚未用于锥吻目钩棘类型，如果将三维触手钩棘类型转变为不复杂的二维图像，就可以很容易地进行识别。无论何种情况，这样的两侧对称面存在时，正确的绘图必须考虑对称面的方向。

锥吻目不同钩型转换为二维图像揭示了两侧等距的重复：旋转的和滑行的回文。旋转的对称由钩的梅花样布局形成，或连续规则的空间螺旋于同形棘类型的钩棘型，所有的钩形态与大小一样（同形的钩）。滑行回文对称存在于由钩的连续螺旋组成的钩棘类型，其对面钩的形态规则变化（异形钩）或由半螺旋钩列组成的钩棘类型，上升到右侧和左侧，围绕着触手终止于对面。滑行回文对称也是所有异棘型和花棘型钩棘的特征，因为钩的布局为统一的右手和左手半螺旋排。需要注意的是锥吻目触手钩棘类型实际存在大量不同的对称性及对称组合。这些均需要进一步研究、分析及综合归类。

锥吻目目前认可的转变区触手钩棘型的等距形式识别如下。

同棘型：钩形成梅花样或连续的螺旋排；2 种对称如下。

（1）1 型：旋转对称；钩同形，布局为梅花型。

（2）2 型：滑行的回文对称；钩异形插入回文面。

a. 两侧对称或回文面通过触手内外表面。

b. 两侧对称或回文面通过触手吸槽/反吸槽面。

异棘型：钩形成半螺旋排；滑动回文对称。

（1）典型的异棘型：在触手内、外表面的钩列数目恒定。

a. 会聚列 1（1′）：一单列钩位于两侧对称面附近起始的地方 V 形半螺旋排的起始外。

b. 发散列 1（1′）；两侧对称面处相对的半螺旋排的第一个钩之间存在空间间隔。

（2）非典型的异棘型：触手外表面内插额外的钩或钩列。

a. 卫星状钩。

b. 额外列。

c. 连续的带。

花棘型：明显的 1 个钩列或多个钩列形成 1 或多条悬链线，典型的位于触手外表面的两侧对称面；滑动回文对称。

（1）简单的悬链线（单或双列钩）。

（2）复杂的悬链线（几型多数钩）。

（3）多重悬链线。

锥吻目绦虫吸槽和触手钩棘类型及微细结构例（图 12-6～图 12-10）。

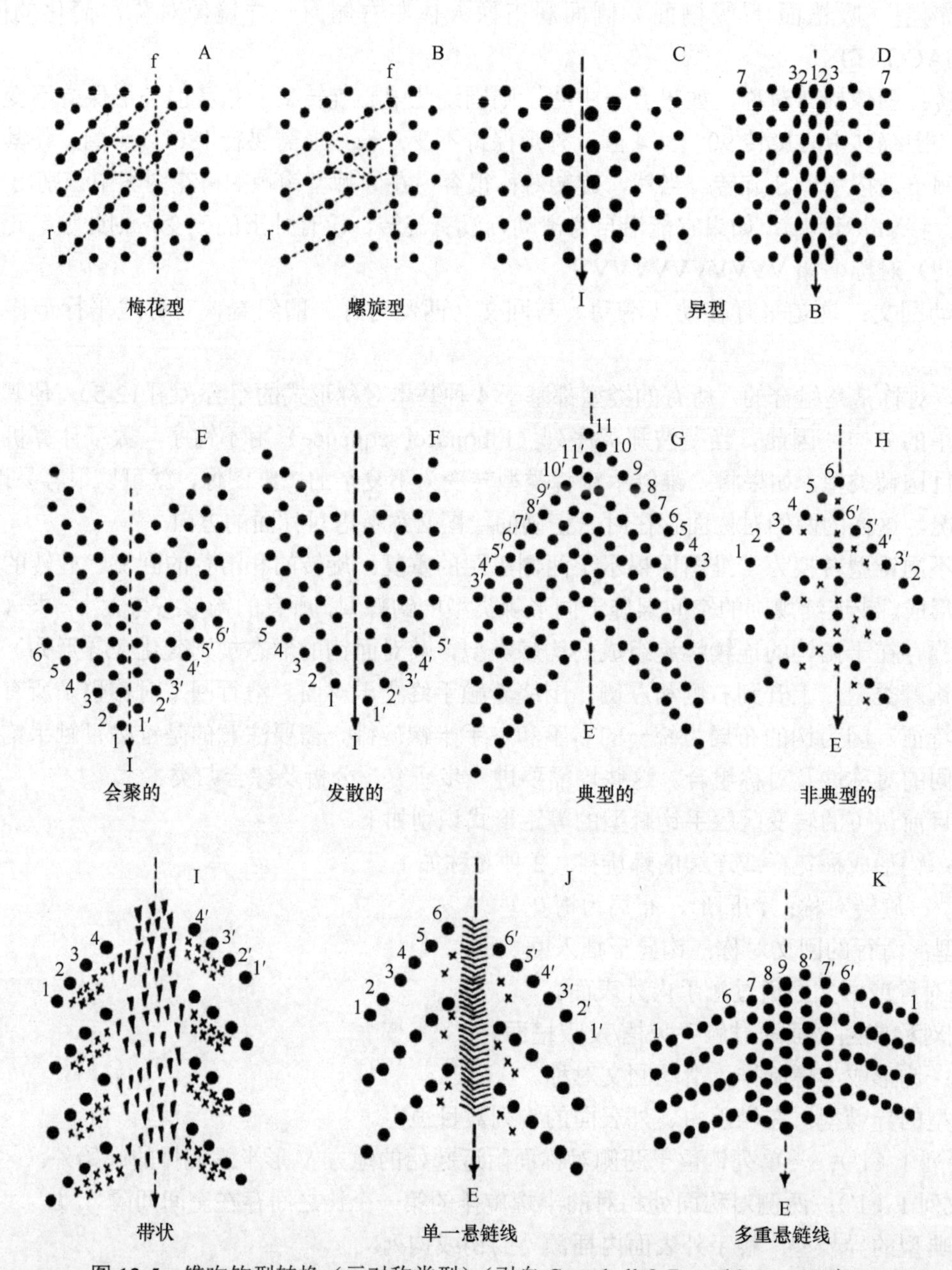

图 12-5　锥吻钩型转换（示对称类型）（引自 Campbell & Beveridge，1994）

A，B. 同形钩形成的同棘型：A. 同形类型，示五点型 90°旋转对称，见于圆尼氏绦虫；B. 同形类型，示五点型变形为连续的螺旋排，示 180°旋转对称，见于非洲尼氏绦虫（r. 主排；f. 纵排）。C，D. 异形钩构成的同棘型并且为滑动反射对称，重叠于五点型的旋转对称：C. 山口佐仲尼氏绦虫，示内表面最大的钩，箭头示通过内表面（I）观察到的两侧对称面，两侧对称叠于五点型 180°旋转对称之上；D. 显体科特里绦虫，示吸槽面五点型紧密排列的大钩。两侧对称面通过反吸槽面和吸槽面，旋转对称为 180°，图片的旋转可说明旋转对称，转化仅可能存在于长轴。E，F. 异棘钩型，所有类型由半螺旋排钩组成。所有例子箭头指示通过转变区钩型内/外表面的两侧对称面。所有这些都表现出滑动反射类型的对称性。E. 瓦格纳巨钩绦虫内表面，示钩 1（1′）附近半螺旋排会聚，注意倒 V 形（仔细比较上述 A 和 C）。F. 巴弗斯托克副克里斯蒂安娜绦虫钩 1（1′）间明显的空间表明主排散开，为绝大多数异棘型和花棘型的特征。G. 单巨棘副克里斯蒂安娜绦虫的外表面（E），说明交替的半螺旋端部倒 V 形，为典型的异棘型特征。H. 勋章耳槽绦虫的外表面（E），说明外表面（E）上接近主钩的 3 个钩（×）的额外排的插入。外表面额外钩排的存在是非典型异棘型的特征。I. *Grillotia recurvispinis* Dollfus 的外表面（E），示小钩带占据着主钩排端部之间的位置。带上的钩表现紊乱但沿着对称面（箭头）弯曲。注意大量的插入钩成排接近于各主排并且注意它们如何与相似的钩合并形成带。J，K. 有悬链线的花棘型，都说明滑动反射对称，对称面由箭头指示，外表面观（E）。J. V 形钩单纵列的简单悬链线，见于大头哈里斯吻绦虫，注意插入的钩（×）。K. 五链骸槽绦虫的多重（5）悬链线，注意所有的悬链线钩为相似的形态并形成紧密的纵列，与 H 比较

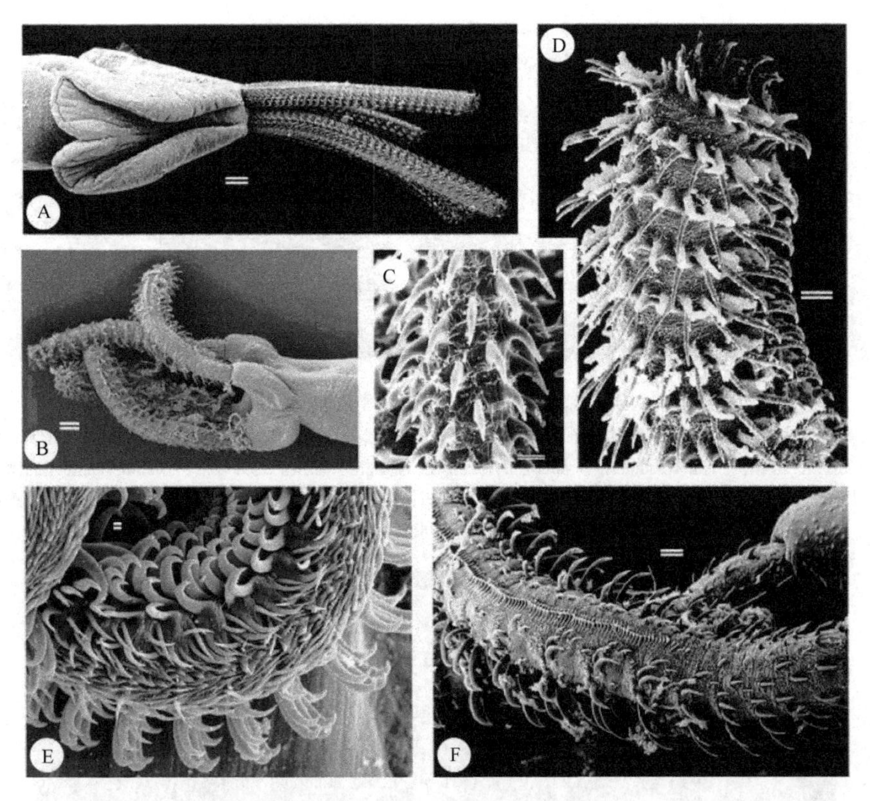

图 12-6　锥吻目绦虫吸槽和触手钩棘类型（引自 Palm et al.，2009）

A. 囊状花头绦虫（*Floriceps saccatus*）的双槽型头节；B. 大头哈里斯吻绦虫的四槽型头节；C. 印度尼氏绦虫的同棘钩型（据 Palm，2004 的“同棘样的同形钩”）；D. 星鲨居平特纳绦虫（*Pintneriella musculicola*）异棘型典型的钩棘型（异棘型典型的异形钩）；E. 细弱格力罗绦虫（*Grillotiella exilis*）异棘型非典型的钩棘型（异棘型的多重非典型类型）；F. 巨头哈里斯吻绦虫的花棘型钩棘类型（花棘样多重典型类型）。标尺：A，B=100μm；C=10μm；D=20μm；E=2μm；F=30μm

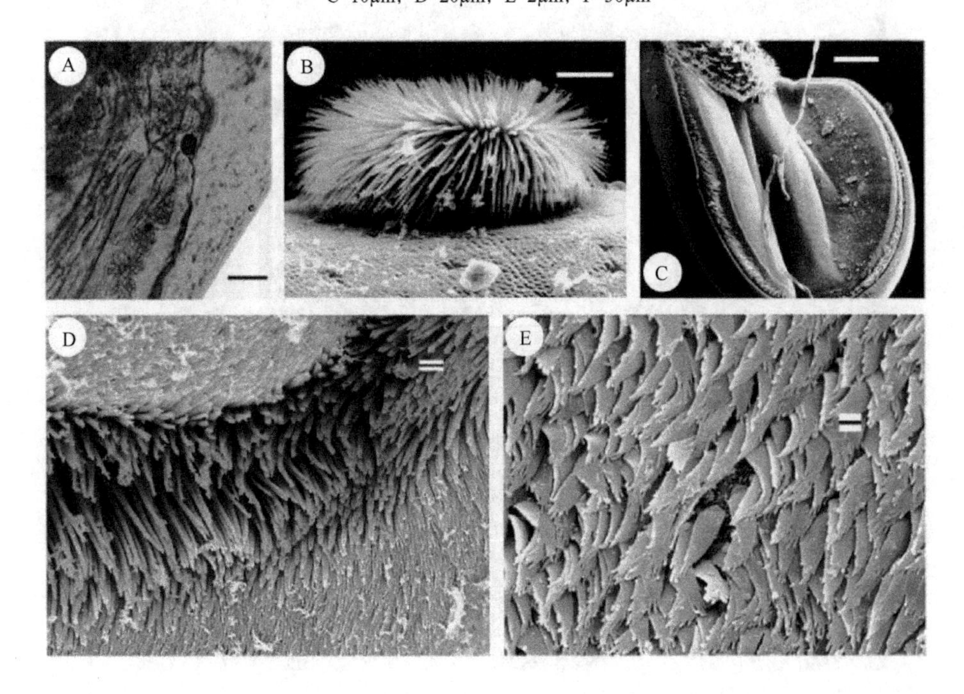

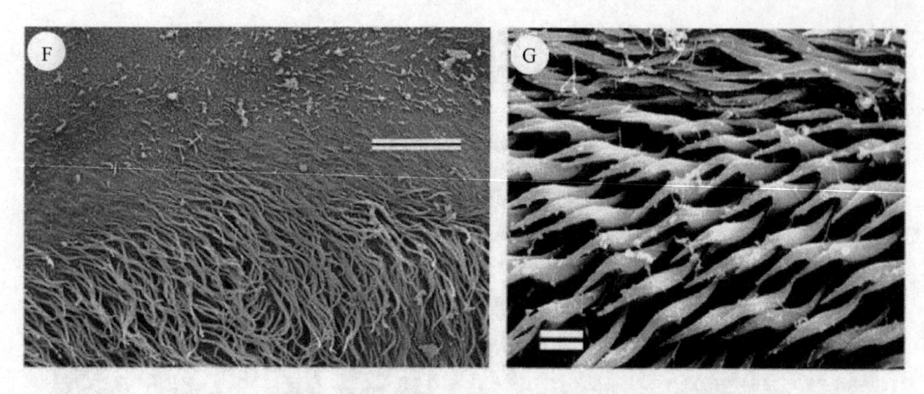

图 12-7　锥吻绦虫的微细结构（引自 Palm et al.，2009）

A. 扁头真四吻绦虫的球茎前器官，在触手鞘壁中有深染的核心；B. 巴利准耳槽绦虫（*Parotobothrium balli*）外翻的吸槽窝；C. 优雅美丽四吻绦虫（*Callitetrarhynchus gracilis*）的吸槽沟（sinneskante），有特征性的微毛；D. 囊状花头绦虫的装饰吸槽沟（sinneskante）的微毛；E. 囊状花头绦虫头节肉茎上覆盖的丝状微毛及球茎部的棘样掌状微毛；F. 细弱格力罗绦虫末端部的毛状微毛；G. 印度尼氏绦虫沿吸槽边缘的钩状微毛。标尺：A=75μm；B，F=10μm；C=100μm；D，G=2μm；E=1μm

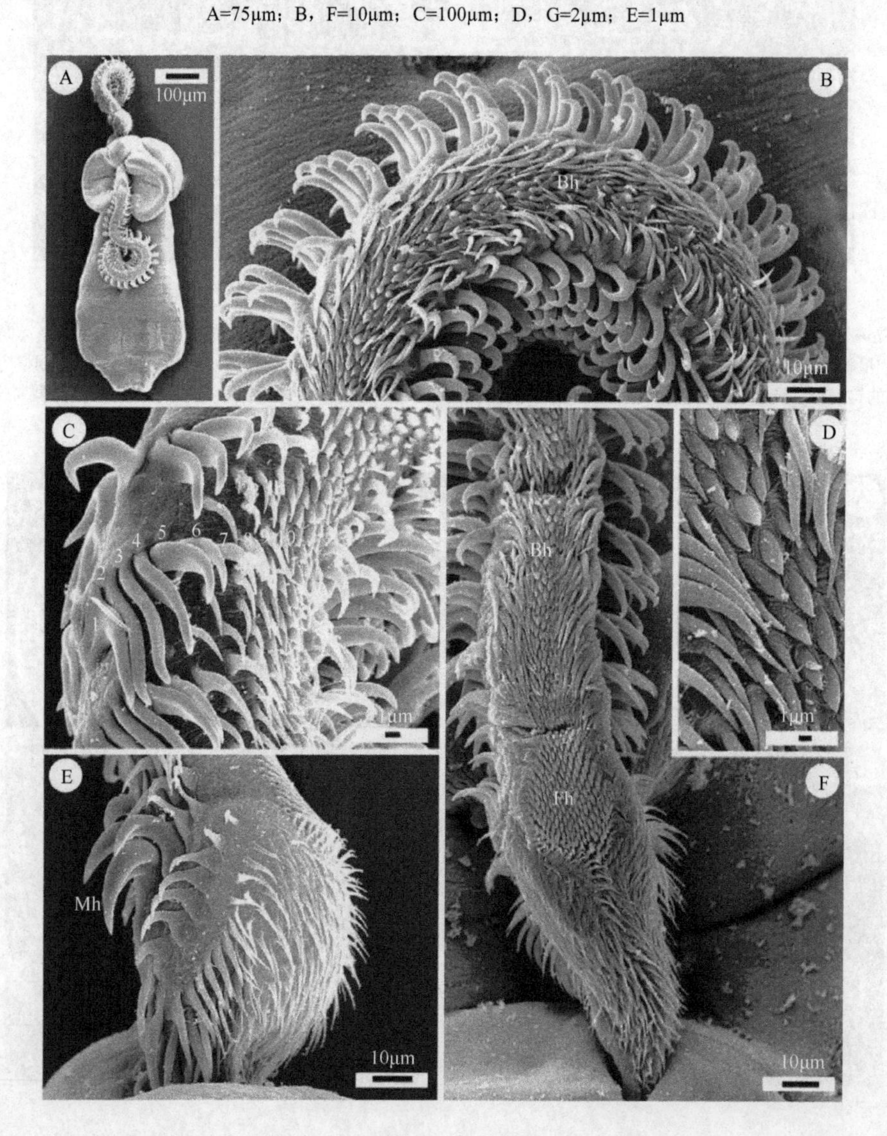

图 12-8　细弱格力罗绦虫的头节和触手钩棘型（引自 Palm et al.，2008）

样品采自印度尼西亚康氏马鲛（*Scomberomorus commerson*）。A. 头节全长约 800μm；B. 外部触手表面转变区钩棘型，注意钩状钩形成的带（Bh）；C. 反吸槽面转变区钩棘型，注意 7～8 个内插钩（Ih）在外表面和钩带相连；D. 触手外表面转变区钩棘型，注意钩状钩的形态；E. 反吸槽面基部钩棘型，注意放大的钩状钩（Mh）位于内表面及钩缺乏的区域；F. 外表面基部钩棘型，有小型钩状钩区（Fh）

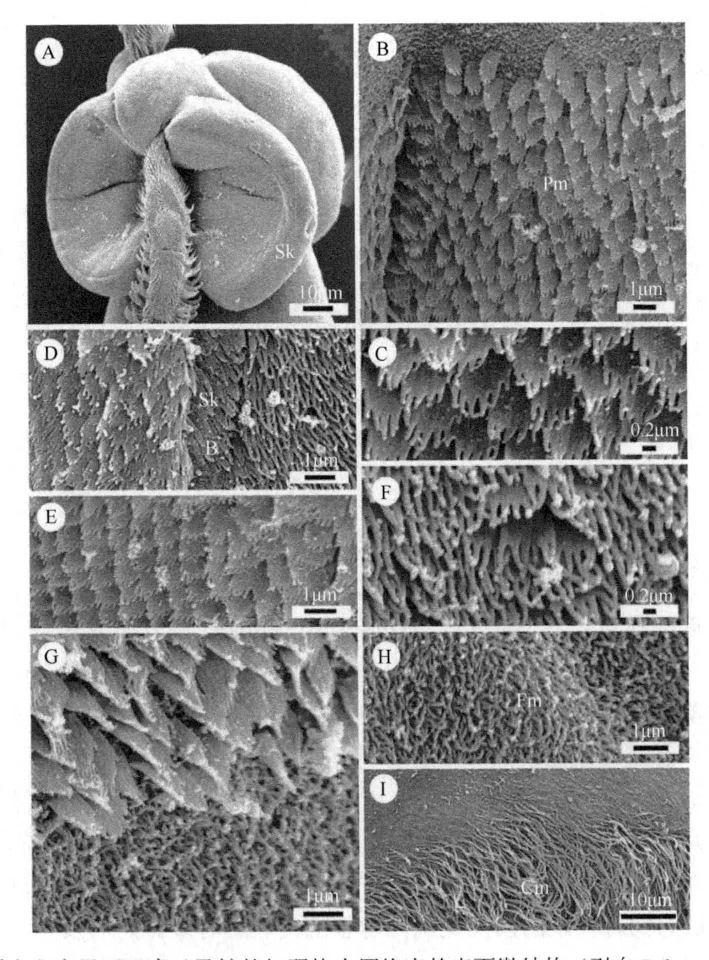

图 12-9　采自印度尼西亚康氏马鲛的细弱格力罗缘虫的表面微结构（引自 Palm et al.，2008）

A. 吸槽部；B，C. 吸槽的顶部，吸槽远端表面，6～8 个指状分支的掌状微毛（Pm）；D. 吸槽边缘分叉的微毛（B）（SK. “sinneskante” 吸槽沟），吸槽远端和近端表面 5～6 个指状分支的掌状微毛位于侧面；E. 吸槽远端表面，6～8 个指状分支的掌状微毛；F. 吸槽近端表面 6 个指状分支的掌状微毛；G. 吸槽部后方的鞘部，丝状微毛前方 8 个指状分支掌状微毛区的后部边缘；H. 鞘部的丝状微毛（Fm）；I. 球茎后部末端的毛发状微毛（Cm）

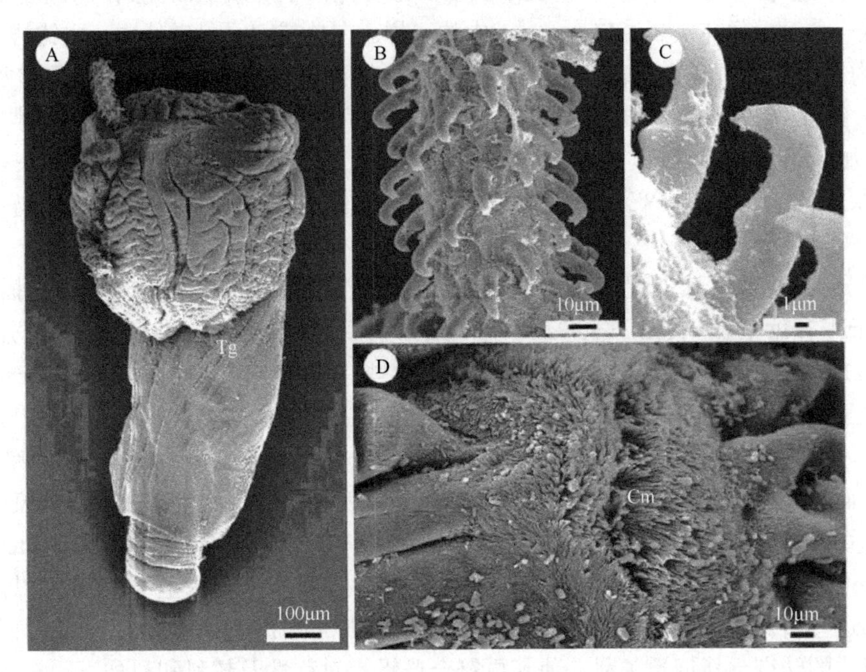

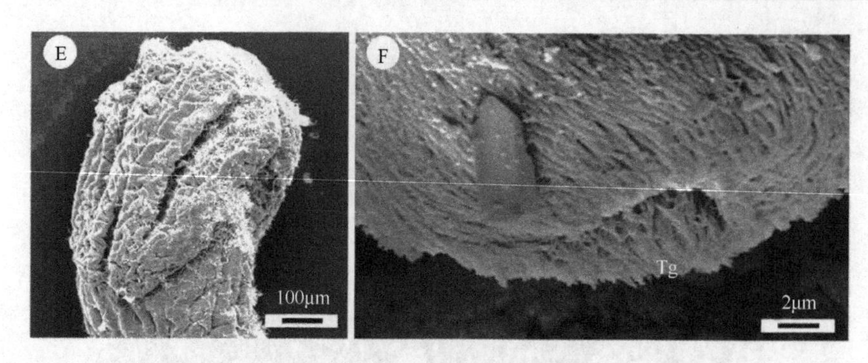

图 12-10　采自海洋浮游生物的齿棘伪尼氏绦虫（*Pseudonybelinia odontacantha*）
头节的触手钩棘型（引自 Palm et al.，2008）

A. 头节，注意前方吸槽与皮层沟（Tg）融合；B，C. 转变区钩棘型有特征性的齿棘（odontacanth）钩；D. 头节的前方部有毛发状微毛（Cm）；E. 吸槽部后端部有皮层沟，注意吸槽在后端部不完全的融合；F. 吸槽后部的皮层沟

12.2　锥吻目的分类

锥吻目历史上分为两个亚目：无胚囊亚目（Atheca=Acystidea）和有胚囊亚目（Thecaphora=Cystidea）。有同棘钩型及全尾蚴样“后期幼虫”的种类因缺乏胚囊而放在无胚囊亚目，有胚囊包围的实尾幼虫及异棘钩型或花棘钩型的种类被放在有胚囊亚目。在有胚囊亚目中，主要的类群是“典型的”和“非典型的”异棘型，且异棘型具有一悬链线或是一钩带，各群均基于其特征性的钩棘类型。

传统的分类不是一成不变的。Beveridge 和 Campbell（1988）表明有胚囊亚目的四吻槽科（Tetrarhynchobothriidae）有 3 个属，其中有一种钩型与传统亚目的分类规则不符，更重要的是，有胚囊亚目锥吻绦虫钩棘类型的变异是从同棘型（梅花式的）向异棘型逐渐地转变而来的，不是像亚目分类时所指的突然区分。可以认为钩棘类型的演变是从同棘型的旋转对称逐渐地转变为异棘型的滑动回文对称。所有目前已知的花棘型钩型可能是从典型的异棘型简单地由钩列空间位置的改变衍生而来。以花边吻属（*Lacistorhynchus*）和美丽四吻属（*Callitetrarhynchus*）为例，增加钩列 8（8′）和 9（9′）之间的空间使中央交替的悬链线有一个钩为各主要钩列的组分。在这些属中悬链线很容易根据钩型的改变识别，钩 7（7′）和钩 8（8′）占据卫星位置且由钩 6（6′）变小且在前方异位，不形成上面提到的双重悬链线，悬链线的钩可能合并形成一单列，像花头属（*Floriceps*）中的一样。在单或双重悬链线中，主钩排之间的钩数可以增加。哈里斯吻属（*Halysiorhynchus*）的悬链线类似于花头属，但各主钩排的钩数增加。在粗毛吻属（*Dasyrhynchus*）的种中，有一额外的悬链线钩与各间插钩列相关联，以致产生各主钩排的悬链线钩数呈 2 倍和 4 倍的增加。“卫星”钩 7（7′）和 8（8′）进一步的改变是悬链线变为迪辛属（*Diesingium*）中的三重悬链线。当钩 7（7′）与钩 8（8′）分离，而钩 8（8′）与钩 9（9′）相邻时，复合悬链线类型见于霍尼尔属中。

在非典型的异棘钩型中，变形是基于钩或钩排的内插造成的。内插范围从各主排内插一单钩，3 个钩的一小排［见于牛鼻鲼居属（*Rhinoptericola*）］，到如勋章耳槽绦虫中各边产生的一短排。在花棘属（*Poecilancistrum*）中各主排有 4 个额外的钩排，并且这些钩排交织形成触手外表面上一连续的钩带。更不规则的钩带见于格力罗属（*Grillotia*）的种中，可能是次生性演化的结果，在翼槽属（*Pterobothrium*）中对其过程有较好的陈述。因此，过去使用的术语“花棘”包括有一悬链线的钩型或有钩“带”的钩型，仅限于有悬链线而与那些有钩“带”无关的科。“非典型异棘型”钩型的定义中有“外表面的钩列多于内表面的钩列”，适合于容纳有钩“带”的科。考虑到格力罗科（Grillotiidae）、翼槽科（Pterobothriidae）和莫里科拉科（Molicolidae）有它们的内插钩和钩“带”，为“非典型的异棘型”，因此从以前的包含有花棘型的科中分离出这些科。Campbell 和 Beveridge（1994）提出保留 Dollfus（1942）的超科分类概念但基于触手钩型对称形式的转变重新调整了科，使其更符合逻辑，对称性及超科和科如下。

（1）同棘样超科（Homeacanthoidea）

［相当于 Dollfus（1942）的 Homeacantha；同棘型（2 种对称形式），其下有科：肝蠹科（Hepatoxylidae）、副尼氏科（Paranybeliniidae）、钵头科（Sphyriocephalidae）、触手科（Tentaculariidae）、四吻槽科（Tetrarhynchobothriidae）］

（2）异棘样超科（Heteracanthoidea）

［相当于 Dollfus（1942）典型的 Heteracantha；典型的异棘型（2 种类型），其下有科：真四吻科（Eutetrarhynchidae）、吉奎科（Gilquiniidae）、雪莉吻科（Shirleyrhynchidae）］

（3）耳槽样超科（Otobothrioidea）

［相当于 Dollfus（1942）非典型的 Heteracantha；非典型的异棘型（有额外的钩、钩排或钩带），其下有科：耳槽科（Otobothriidae）、牛鼻鲼居科（Rhinoptericolidae）、格力罗科（Grillotiidae）、翼槽科（Pterobothriidae）、莫里科拉科（Molicolidae）］

（4）花棘样超科（Poecilacanthoidea）

［相当于 Dollfus（1942）的 Pecilacantha；花棘型（1 或多重悬链线），其下有科：花边吻科（Lacistorhynchidae）、粗毛吻科（Dasyrhynchidae）、霍尼尔科（Hornelliellidae）、星鲨居科（Mustelicolidae）、裸吻科（Gymnorhynchidae）、混合迪格玛科（Mixodigmatidae）］

应当注意，Dollfus（1942）提出 3 个超科：同棘超科（Homeacanthides）、异棘超科（Heteracanthides）和花棘超科（Poecilacanthides）用于正式的分类，但其字尾不符合《国际动物命名法规》。在 Dollfus 后来的出版物中（如 1969 年）使用了 4 个超科分类，引用其 1942 年的专论，虽然事实上他并未提出正式的名称，但却将异棘超科分为典型和非典型类型。Dollfus 使用的拼写仍然不一致（Poecil-，Pecil-）并且被其他学者（Wardle & Mcleod，1952）英语化了。Joyeux 和 Baer（1961）趋向使用超科而不趋向使用有问题的亚目并遵守《国际动物命名法规》，保留采用了 Dollfus 正式分类的概念。提出下面的系统不仅有利于识别，而且能使类型符号、形态矩阵分析得以应用并且还能反映系统发生关系。

钩棘型的解释是某些科分类上混乱的根源。Dollfus 试图对格力罗属进行亚分，产生格力罗亚属（*Grillotia* Dollfus，1969）、副格力罗亚属（*Paragrillotia* Dollfus，1969）和前格力罗亚属（*Progrillotia* Dollfus，1946）。其中，前格力罗亚属又上升为属（Dollfus，1969），但 Schmidt（1986）将其省略了。Campbell 和 Beveridge（1994）舍弃副格力罗亚属，是因为其模式种：西门副格力罗绦虫［*G.*（*P*）. *simmons*］（=*R. simile* Linton，1900）不符合亚属的定义并且它的特征——外方带有内插钩的解释，很容易混淆。Campbell 和 Beveridge（1994）同意 Schmidt（1986）的观点，舍弃伪格力罗科（Pseudogrillotia Dollfus，1969）的地位，因为其依据了具缘膜的头节和后幼虫期。Joyeux 和 Baer（1934）修订了真四吻亚科（Eutetrarhynchinae）的识别特征，此亚科暂时包含四吻槽属（*Tetrarhynchobothrium*）。Dollfus（1969）将此属上升为四吻槽科（Tetrarhynchobothriidae），并将其放置在真四吻样超科（Eutetrarhynchoidea）作为典型的异棘型代表。Beveridge 和 Campbell（1988）显示四吻槽属的钩棘类型为同棘型（旋转形式的对称），不像真四吻绦虫（有滑动回文对称的典型异棘型），并在四吻槽科中增加了两个新属。四吻槽属和双吻属（*Didymorhynchus*）梅花式的钩棘类型、短的球茎和长的球茎后部表现为与其他同棘型（无胚囊类/胚囊类）平行演化。耳槽科是需要修订的非典型异棘型的一个复杂类群。勋章耳槽绦虫每一主排仅有 1 个内插钩但在花棘属中有多排内插钩。

12.3 锥吻目的识别特征

小型到中型多节带状绦虫。头节具 2 个或 4 个运动活跃的、固着或有柄的吸槽和 4 条可伸缩的、具有螺旋排列小钩的中空触手。各触手有由触手鞘和起于肌肉质球茎的牵引肌组成的吻器官控制，可以外翻和缩回［无吻属（*Aporhynchus*）无此结构］，所有这些结构都包含在伸长的肉茎样头节中。触手的钩棘类型分为：同棘型、异棘型（典型与非典型）和花棘型，并显示出特征性的等距形式。链体的分节通常明显，节片有或无缘膜，解离或非解离。节片前部由纵向实质肌层分为皮质和髓质区。生殖器官几乎限于髓质区。精巢数目多。精巢区可能扩展至卵巢后空间或越过侧方渗透调节管。输精管位于中央。阴茎包于阴茎囊或两性囊中。外附属囊和内贮精囊存在或无。阴道位于子宫和子宫管腹方。生殖腔位于侧方边缘，常开于唇样膨胀物之间。阴道孔与阴茎孔分离（侧方、腹方或后部）或阴道穿过两性囊形成两性小囊或管。阴道括约肌存在或缺。受精囊存在或无。卵巢位于后部，通常接近节片后部边缘；横切面上为两叶、四叶或多叶状。壳腺位于卵巢峡部后方。卵黄腺滤泡位于皮质，形成套筒围绕着内部器官或分为侧方带，偶尔伸入实质肌肉层。未孕子宫管状，位于中央或为侧方的弓状结构，偶尔为倒 U、Y 或 X 形。孕子宫囊状，常有分支。子宫孔常有功能。子宫内虫卵可能为六钩蚴，外胚膜有或无突起。已知成体寄生于板鳃类软骨鱼，很少寄生于全头类。幼虫发生于海洋浮游生物，浮游的和深海的无脊椎动物和脊椎动物。

12.4 锥吻目超科分类检索

1a. 后期幼体通常无胚囊；触手转变区的钩型由梅花型组成，旋转类型对称或为连续的螺旋排；触手相对面的钩同形或异形；缺典型特殊的基部钩或触手的膨胀；同棘型……………………同棘样超科（Homeacanthoidea Dollfus，1942

1b. 幼虫由胚囊包围，通常不存在后期幼体……………………2

2a. 内插钩、外部的钩带或悬链线钩列不存在；相对面的主钩排在起始处形成 V 形，对面相遇处形成倒 V 形；典型的异棘型……………………异棘样超科（Heteracanthoidea Dollfus，1942）

2b. 除主钩排外，内插钩、外部的钩带或悬链线钩排存在……………………3

3a. 外表面存在悬链线钩列、额外的钩列、内插钩或钩带；非典型的异棘型……耳槽样超科（Otobothrioidea Dollfus，1942）

3b. 不同于上述情况；悬链线存在于外表面；花棘型……………………花棘样超科（Poecilacanthoidea Dollfus，1942）

12.4.1 同棘样超科（Homeacanthoidea Dollfus，1942）

12.4.1.1 分科检索

1a. 4 个吸槽，钩实心，头节有强烈的皱褶与明显的缘膜……………………触手科（Tentaculariidae Poche，1926）

［同物异名：科特里科（Kotorellidae Euzet & Radujkovic，1989）；
尼氏科（Nybelinidae Poche，1926）；拉弗科（Rufferidae Guiart，1927）］

识别特征：吸槽固着，边缘部分游离或整个融合于头节。触手钩为同棘型。钩实心，通常形态一致。触手鞘部短，不螺旋。球茎短，后部明显。节片很宽，非解离。生殖孔位于赤道前方、边缘或亚边缘位。精巢位于髓质，在卵巢前、后方区域。卵巢有明显的间隔区与节片后部边缘分开。卵黄腺滤泡形成层围绕着内部器官。子宫 U 形。已知成体寄生于板鳃亚纲软骨鱼肠螺旋瓣上。后期幼体广泛存在于浮游生物、不同水层的硬骨鱼、板鳃类软骨鱼和头足类软体动物中，很少存在于后鳃目软体动物和海洋龟类中。模式属：触手属（*Tentacularia* Bosc，1797）。

1b. 2 个吸槽，钩实心或中空，头节有或无缘膜……………………2

2a. 吸槽后部边缘有可外翻的感觉小窝……………………副尼氏科（Paranybeliniidae Schmidt，1970）

识别特征：头节短粗，缘膜有皱褶。触手短。钩型为同棘型，同形的钩。2 个固着的肌肉质吸槽。吸槽部长于鞘部。触手鞘 S 形弯曲。球茎椭球体状，短。节片解剖与终末宿主不明。后期幼体存在于浮游生物中。模式属：副尼氏属（*Paranybelinia* Dollfus，1966）。

2b. 吸槽无感觉小窝……………………3

3a. 头节有缘膜，吸槽由中央嵴分隔，触手孔由吸槽边缘围绕；每节1套生殖器官……………………………………………………………………钵头科（Sphyriocephalidae Pintner，1913）

［同物异名：布查德科（Bouchardidae Guiart，1927）］

识别特征：大型肌肉质虫体。2个深的、卵形吸槽由厚边围绕。吸槽部深大于宽从而使头节呈木槌状。触手短。钩型为同棘型。基部钩存在。钩中空，同形。鞘部和球茎部短。触手鞘弯曲非S形。牵引肌不进入球茎。球茎短，横向。节片无缘膜，宽四边形，非解离。生殖孔位于边缘。精巢位于髓质，呈层状。雄性器官末端由两部分构成，一部分为肌肉质的射精管，一部分为包入贮存器的阴茎。贮精囊存在或无。卵黄腺滤泡在皮质周围，围绕着生殖器官。子宫移位于孔侧，子宫孔有功能。卵一极有突起。已知成体寄生于鲨鱼，后期幼体寄生于硬骨鱼。模式属：钵头属（*Sphyriocephalus* Pintner，1913）［同物异名：布查德属（*Bouchardia* Guiart，1927）］。

3b. 头节无缘膜，吸槽有或无中央嵴，触手孔不由吸槽边缘围绕；每节1套或2套生殖器官……………4

4a. 每节2套生殖器官；吸槽有加厚的边缘和中央嵴；触手孔使吸槽边缘中断；吸槽部窄于肉茎样头节……………………………………………………………………肝蠹科（Hepatoxylidae Dollfus，1940）

［同物异名：双槽吻科（Dibothriorhynchidae Ariola，1899）；双殖科（Diplogonimidae Guiart，1931）］

识别特征：大型肌肉质虫体。吸槽部埋于头节中，窄缝隙状。吸槽边缘增厚，前端由触手孔中断。触手短粗。钩型为同棘型。钩中空。球茎短，椭球体状，有时横向。触手鞘弯曲非S形。牵引肌起于触手鞘近端。球茎后部短。节片非解离。生殖孔位于边缘中央前方。精巢在髓质背腹方成层。雄性末端由两部分构成，一部分为射精管膨大成的肌肉质贮精囊，一部分为包入贮存器的阴茎。阴道有2个括约肌和受精囊。卵巢小，位于节片近后端。卵黄腺滤泡在皮质周围。子宫有大的分支和有功能的孔。卵没有突起。已知成体寄生于鲨鱼，后期幼体寄生于硬骨鱼和鲨鱼。模式属：肝蠹属（*Hepatoxylon* Bosc，1811）［同物异名：双槽吻属（*Dibothriorhynchus* Blainville，1828）；双殖属（*Diplogonimus* Guiart，1931）；*Tetrantaris* Templeton，1836］。

4b. 每节1套生殖器官；2个小盘状的吸槽无加厚的边缘，宽于肉茎样头节……………………………………………………………………四吻槽科（Tetrarhynchobothriidae Dollfus，1969）

识别特征：头节细长，苗条。吸槽小盘状伸出，耳状。转变区钩型为梅花型。钩中空，同形或异形。鞘部长，触手鞘弯曲为S形或不规则卷曲。肉茎样头节中存在腺细胞。球茎长于吸槽。牵引肌起于球茎基部。球茎前器官存在；有明显外在的肌肉附着于球茎。球茎后部发达，通常长于球茎部。链体有缘膜，节片非解离。生殖孔位于边缘。阴茎囊含有1～2个内囊或两部分的阴茎。精巢位于髓质，排成层，有些在侧方达腹渗透调节管位置。卵巢横切面两叶或四叶状。卵黄腺滤泡围绕髓质或在侧方带。孕子宫囊状或有大量分支。模式属：四吻槽属（*Tetrarhynchobothrium* Diesing，1854）。

12.4.2 异棘样超科（Heteracanthoidea Dollfus，1942）

12.4.2.1 分科检索

1a. 2个小盘状吸槽；球茎细长，球茎前器官存在……………………真四吻科（Eutetrarhynchidae Guiart，1927）

识别特征：头节无缘膜。转变区钩型为异棘型。钩同形或异形，实心或中空。触手长，有或无基部膨大。明显的基部钩存在或无。触手鞘长于吸槽部。球茎通常细长，牵引肌起于球茎基部。腺细胞通常与球茎内的牵引肌相连。球茎前器官存在。球茎后部可以忽略。节片有或无缘膜，又长又窄。阴茎囊和阴道开口于边缘生殖孔。内、外贮精囊存在或无。精巢位于卵巢前方，可能向侧方扩展达渗透调节管。卵巢位于节片后端。卵黄腺滤泡围绕皮质，在卵巢前方或形成侧方带。孕子宫囊状，通常有大量侧分支。模式属：真四吻属（*Eutetrarhynchus* Pintner，1913）。

1b. 4 个吸槽；球茎长或短，球茎前器官存在或无……………………………………………………………………………2

2a. 球茎长，球茎前器官存在，无附属贮精囊……………………雪莉吻科（Shirleyrhynchidae Beveridge & Campbell，1994）

识别特征：头节细长，无或有缘膜。4 个耳状吸槽，缘膜存在或无。转变区钩型为异棘型。基部钩与膨大存在。钩不同形。触手鞘 S 形弯曲。鞘部长。牵引肌起于球茎基部。球茎后部短。链体无缘膜。节片细长。生殖孔位于边缘，不规则交替。精巢位于卵巢前方。卵巢位于后部。卵黄腺滤泡围绕皮质。子宫位于中央，管状，扩展至节片前端。模式属：雪莉吻属（*Shirleyrhynchus* Beveridge & Campbell，1988）。

2b. 球茎短，球茎前器官存在，有附属贮精囊……………………………………………吉奎科（Gilquiniidae Dollfus，1942）

识别特征：头节无或有缘膜。4 个固着吸槽，中央或前方边缘不完全。吻器官存在或无。触手短，钩型为异棘型。钩的半螺旋排交替，不覆盖外表面。钩同形。球茎小，椭球体样。球茎后部长或不存在。链体无缘膜。生殖孔位于边缘中央前方。附属贮精囊和外贮精囊存在。卵巢与节片后部边缘有明显的空间分开。有些精巢位于卵巢后方。卵黄腺滤泡形成套筒状围绕内部器官。子宫管状，远端部偏离孔侧。模式属：吉奎属（*Gilquinia* Guiart，1927）。

12.4.3 耳槽样超科（Otobothrioidea Dollfus，1942）

12.4.3.1 分科检索

1a. 2 个吸槽……2

1b. 4 个吸槽……3

2a. 各吸槽有 1 对可外翻的感觉小窝………………………………………………耳槽科（Otobothriidae Dollfus，1942）

识别特征：头节具皱褶或比链体宽很多，缘膜发达或不存在。有 2 个宽或长卵形小盘状吸槽。吸槽伸过头节侧方边缘。吸槽边缘不同程度的加厚，后端可能有缺口。触手短。钩型为异棘型非典型类型。钩异形、中空。触手鞘卷曲或 S 形。球茎相对长或短。牵引肌起于球茎的前方区域。球茎后部短或不存在。链体无缘膜。生殖孔单个或成对。位于节片边缘中央或中央后方。精巢在排泄管的内侧，有些位于卵巢后部。卵巢在节片前方。卵黄腺滤泡形成套筒状围绕内部器官。子宫线状并形成侧分支。没有有功能的子宫孔。已知实尾蚴寄生于硬骨鱼和鲨鱼，成体寄生于鲨鱼。模式属：耳槽属（*Otobothrium* Linton，1890）。

2b. 各吸槽无感觉小窝……………………………………………………………………格力罗科（Grillotiidae Dollfus，1969）

识别特征：头节有或无缘膜，有 2 个宽吸槽，心形或小盘状，有或无加厚的边，后端和侧方边缘游离。主钩排交替，插入的钩排存在，触手外表面有不规则的小钩带。基部钩存在或无。钩异形、中空。鞘部长，触手鞘 S 形。球茎或长或短，球茎前器官存在或无。牵引肌起于球茎后半部。链体无缘膜，解离。成节细长。生殖孔位于边缘，不规则交替。模式种中存在外贮精囊。精巢位于髓质，有些通常位于卵巢后方。卵巢不达节片后部边缘。卵黄腺滤泡形成套筒状围绕内部器官。子宫囊状有侧向分支。已知原尾蚴寄生于桡足类动物，后期幼体寄生于硬骨鱼，成体寄生于板鳃亚纲软骨鱼。模式属：格力罗属（*Grillotia* Guiart，1927）。

3a. 4 个有柄的吸槽……………………………………………………………………翼槽科（Pterobothriidae Pintner，1931）

识别特征：头节细长无缘膜；吸槽部十字形。吸槽有或无加厚的边。触手长，鞘螺旋或否。球茎细长，牵引肌起于前方或后方区域。球茎前器官不存在。钩异形、中空。每一主排有 5 个钩。插入的钩列存在。外表面存在钩带或无。链体无缘膜，长形、解离。精巢分散于髓质，有些位于卵巢后方。生殖孔位于边缘，不规则交替。卵巢从节片后部边缘分离开。卵黄腺滤泡围绕皮质，连续分布。子宫简单，位于中央；孕子宫发育出侧向分支。已知实尾蚴寄生于硬骨鱼，成体寄生于板鳃亚纲软骨鱼。模式属：翼槽属（*Pterobothrium* Diesing，1850）[同物异名：米尔米罗吻属（*Myrmillorhynchus* Bilqees，1980）；新裸吻属（*Neogymnorhynchus* Bilqees & Shah，1982）；合槽属（*Synbothrium* Diesing，1850）；联合槽属（*Syndesmobothrium* Diesing，1854）]。

3b. 4个固着的吸槽……4
4a. 每一主排有5个钩，外表面主钩排之间有额外钩列；球茎长……牛鼻鲼居科（Rhinoptericolidae Carvajal & Campbell，1975）

识别特征：头节无缘膜。4个固着吸槽相互分离，边缘游离。触手长，鞘部长；触手鞘S形。转变区钩型为非典型的异棘型；内表面各主钩排有两列位于外表面。钩异形、中空。存在明显的基部钩型。球茎长；牵引肌起于球茎基部。球茎前器官不存在。链体无缘膜。精巢为纵向列。外贮精囊存在。卵巢位于节片后部，横切面四叶状。卵黄腺滤泡围绕皮质连续分布。线形子宫有两条有功能的分支。已知寄生于鳐的肠螺旋瓣上。模式属：牛鼻鲼居属（*Rhinoptericola* Carvajal & Campbell，1975）。

4b. 每一主排多于5个钩，外表面钩带存在；球茎短……莫里科拉科（Molicolidae Beveridge & Campbell，1989）

识别特征：头节无缘膜。4个耳状吸槽，后方和侧方边缘游离，前方融合于头节。间插钩列存在。钩异形，中空。触手鞘螺旋形。球茎前器官不存在。牵引肌起于球茎前半部。链体节片无缘膜。生殖孔位于边缘。附属贮精囊存在。精巢位于髓质，卵巢前后方。卵巢有空间与节片后部边缘分开。卵黄腺滤泡围绕皮质分布。子宫位于中央，管状，不达前方端部，在模式种中弯向生殖孔；子宫孔有或无功能。已知实尾蚴寄生于硬骨鱼，成体寄生于鲨鱼。模式属：莫里科拉属（*Molicola* Dollfus，1935）。

12.4.4 花棘样超科（Poecilacanthoidea Dollfus，1942）

12.4.4.1 分科检索

1a. 2个吸槽……2
1b. 4个吸槽……5
2a. 每一主排5个钩……3
2b. 每一主排多于5个钩……4
3a. 单一悬链线，钩7和8在卫星位置……花边吻科（Lacistorhynchidae Guiart，1927）
[同物异名：花头科（Floricipitidae Dollfus，1929）]

识别特征：头节有或无缘膜。2个吸槽，后方有缺口。钩型为花棘型，悬链线简单；每一主排5个大钩，钩6小，移位于前方。无间插钩列。基部钩型存在或无。钩异形、中空。触手鞘S形。球茎前器官不存在。牵引肌位于前部。链体节片无缘膜。生殖孔位于边缘。有些精巢位于卵巢后方。两性管存在。卵巢有空间与节片后部边缘分开。卵黄腺滤泡形成套筒状围绕着内部器官。子宫简单，位于中央，囊状无开孔。已知实尾蚴寄生于硬骨鱼和桡足类动物，成体寄生于鲨鱼。模式属：花边吻属（*Lacistorhynchus* Pintner，1913）。

3b. 存在多重悬链线……星鲨居科（Mustelicolidae Dollfus，1969）

识别特征：头节无缘膜。2个完全分离的固着吸槽，有游离边缘。钩型为花棘型，多重悬链线与主排相对；钩异形、中空。触手鞘S形。触手和球茎相对短。牵引肌起于球茎前半部。球茎前器官不存在。两性管存在。贮精囊存在。精巢数目多，位于渗透调节管之间，有些在卵巢后方。卵巢位于节片后方，有空间与节片后部边缘分开。子宫简单，位于中央，囊状，有腹方开孔。卵黄腺滤泡围绕皮质分布。已知成体寄生于鲨鱼肠螺旋瓣上。模式属：迪辛属[*Diesingium*（Pintner，1929）Guiart，1931][同物异名：星鲨居属（*Mustelicola* Dollfus，1969）]。

4a. 每主排 7 个钩，悬链线由交替的类似于组成主钩排的大钩对组成 ············ 霍尼尔科（Hornelliellidae Yamaguti，1954）

识别特征：头节细长，无缘膜。2 个卵形吸槽，各有一中央纵嵴。转变区钩型为花棘型。无间插钩排。明显的基部钩型存在，无基部膨大。触手鞘卷曲。球茎前器官不存在。生殖孔位于节片边缘，不规则交替。精巢分散，前方达生殖孔区。内贮精囊存在。雄性和雌性管联合形成两性囊。卵巢不位于节片后部边缘。卵黄腺滤泡围绕皮质、卵巢前后均存在。子宫简单，位于中央，有功能的子宫孔存在。已知寄生于板鳃亚纲软骨鱼。模式属：霍尼尔属（*Hornelliella* Yamaguti，1954）。

4b. 每主排 9 个钩，悬链线钩与主排钩不相似 ························ 粗毛吻科（Dasyrhynchidae Dollfus，1935）

识别特征：头节有缘膜。2 个吸槽。悬链线存在，或单或双，基部扩大。间插钩存在。明显的基部钩型存在，钩异形、中空。牵引肌嵌入球茎前端基部。球茎前器官不存在。内、外贮精囊存在。精巢数目多，位于渗透调节管之间，有些在卵巢后方。两性管存在。卵巢四叶状。子宫简单，位于中央，囊状，无孔。模式属：粗毛吻属（*Dasyrhynchus* Pintner，1928）（同物异名：*Sbesterium* Dollfus，1929）。

5a. 成对的悬链线组分有单侧翼，有或无双侧翼（V 形）钩，附属贮精囊存在 ································
································ 裸吻科（Gymnorhynchidae Dollfus，1935）

识别特征：4 个吸槽。头节无缘膜。球茎相对短。球茎前器官不存在。生殖孔位于侧方边缘。子宫偏离，终止于生殖孔附近。模式属：裸吻属（*Gymnorhynchus* Rudolphi，1819）。

5b. 双侧翼（V 形）悬链线组分，无附属贮精囊 ··················· 混合迪格玛科（Mixodigmatidae Dailey & Vogelbein，1982）

识别特征：头节无缘膜。4 个吸槽。球茎细长。球茎前器官存在。牵引肌始于球茎基部。腺细胞围绕着牵引肌。转变区每主排有 9 个钩。钩异形、实心。子宫线形。模式属：混合迪格玛属（*Mixodigma* Dailey & Vogelbein，1982）。

12.5 同棘样超科（Homeacanthoidea Dollfus，1942）

12.5.1 触手科（Tentaculariidae Poche，1926）

［同物异名：科特里科（Kotorellidae Euzet & Radujkovic，1989）；尼氏科（Nybelinidae Poche，1926）；拉弗科（Rufferidae Guiart，1927）］

12.5.1.1 分属检索

1a. 4 个吸槽，头节有缘膜，钩型排为梅花型；钩异形，吸槽面与反吸槽面的钩不相似，两侧（回文）对称，对称面通过触手吸槽和反吸槽面 ································ 科特里属（*Kotorella* Euzet & Radujkovic，1989）

识别特征：头节于触手孔前方形成顶部圆屋顶样结构。4 个伸长的吸槽，边缘在前方与头节融合。吸槽部长于球茎部。触手短，基部侧方膨大。钩型为异棘型，异形钩，实心。梅花型紧密排在吸槽面，随着列绕过触手到反吸槽面，空间变大。触手鞘为不规则 S 形。球茎前器官不存在。球茎小、卵圆形。牵引肌始于球茎基部。链体无缘膜。节片解剖知之甚少。生殖孔位于侧方，中央偏前，不规则交替。阴茎无棘。卵巢位于节片中央。精巢围绕着卵巢。子宫位于中央。已知寄生于魟类（dasyatid）肠螺旋瓣上，采自亚得里亚海。模式种：显体科特里绦虫［*Kotorella pronosoma*（Stossich，1901）Euzet & Radujkovic，1989］（图 12-11A～D）。同物异名：纳莉尼氏绦虫（*Nybelinia narinari* MacCallum，1917）。

Morsy 等（2013）对新采自赤鲷（*Pagrus pagrus*）的显体科特里绦虫样品进行了测量与描述，其具有大而宽的吸槽，吸槽后部自由的侧边缘交叠了头节的一半，而不是特征性的边缘钩样微毛排为 V 形的形式。可以在光学显微镜下看到这些结构，其被认为是最有特色的科特里属和尼氏属之间的识

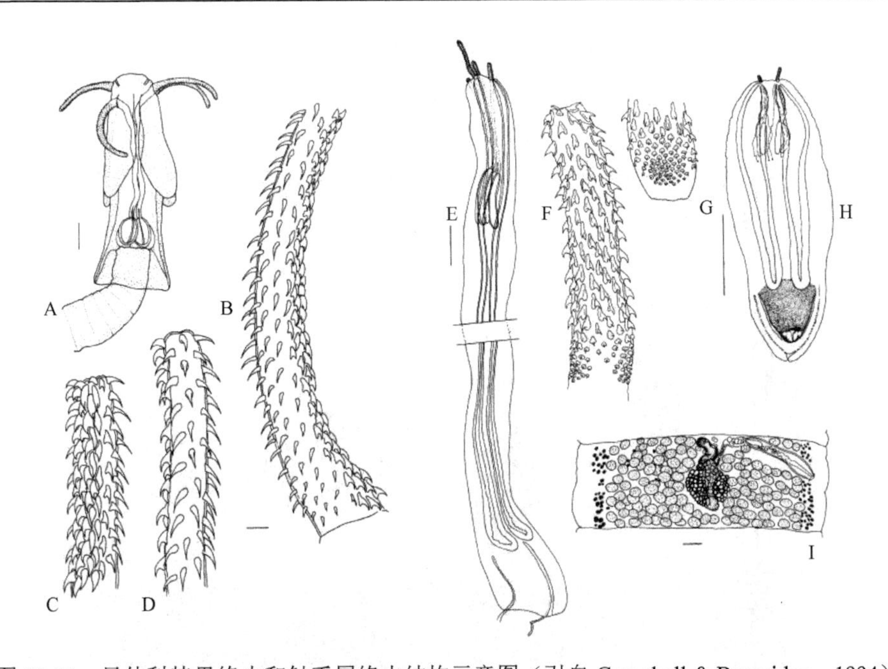

图 12-11 显体科特里绦虫和触手属绦虫结构示意图（引自 Campbell & Beveridge，1994）

A～D. 显体科特里绦虫：A. 头节；B. 触手转变区外表面观；C. 触手端部，左边吸槽面；D. 触手端部，反吸槽面。E～I. 触手属。E～G，I. 鲯鳅触手绦虫：E. 头节（从中央移动 3mm）；F. 钩型；G. 触手基部；I. 成节。H. 双色触手绦虫（*T. bicolor*）的后期幼虫。标尺：A，I=0.1mm；B～D，F，G=0.01mm；E，H=1mm

别特征。相同形态的显体科特里绦虫先前也有学者（Euzet & Radujkovic，1989；Campbell & Beveridge，1994；Palm et al.，1998；Palm & Walter，1999）描述过，支持科特里属完全不同于尼氏属的结论。Palm 和 Overstreet（2000）描述的采自云纹犬牙石首鱼（*Cynoscion nebulosus*）的显体科特里绦虫（图 12-12A，B）具有相同的形态与大小。Morsy 等（2013）提供了幼虫形态结构相关数据（图 12-12C～F）。

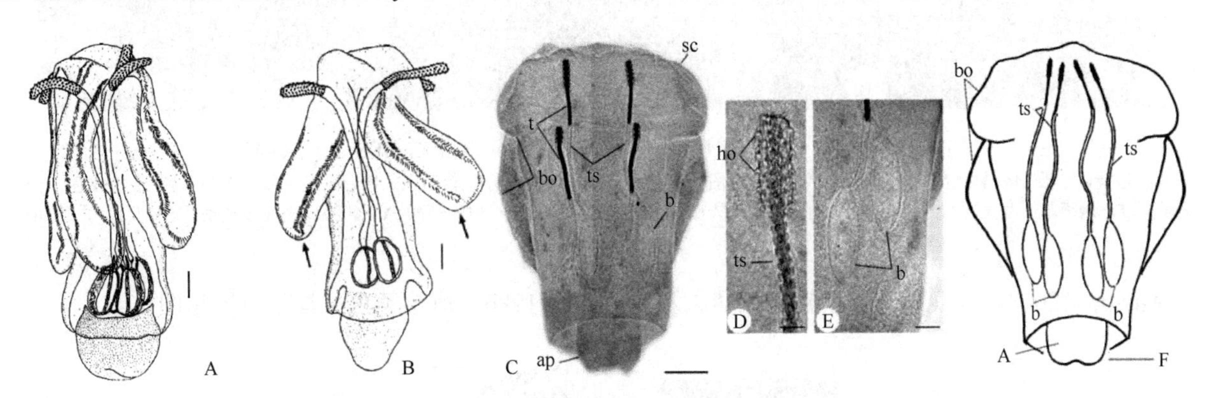

图 12-12 显体科特里绦虫

A，B. 采自云纹犬牙石首鱼，可明显见到吸槽的游离后部边缘（B）；C. 整条幼虫具有大的头节，终止于附属物，有 4 个吸槽，4 个内陷的触手位于触手鞘内及 4 个球茎；D，E. 触手和触手鞘（D）及 2 个球茎（E）高倍放大；F. 幼虫结构示意图。缩略词：a=ap. 附属物；b. 球茎；bo. 吸槽；sc. 头节；t. 触手；ts. 触手鞘。标尺：A，B=50μm；C=0.03mm；D，E=0.06mm；F=0.3mm（A，B 引自 Palm & Overstreet，2000；C～F 引自 Morsy et al.，2013）

1b. 4 个吸槽，头节有缘膜，钩型排为梅花型或连续的螺旋型，钩同形或异形，但在触手的内表面和外表面钩列之间有两侧对称形式的对称面……………………………………………………………………………………………… 2

2a. 4 个吸槽，固着，又长又窄，后部边缘不游离，吸槽部完全覆盖球茎部………………触手属（*Tentacularia* Bosc，1797）

［同物异名：无槽属（*Abothros* Welch，1876）；皮埃尔属（*Pierretia* Guiart，1927）；狭小槽属（*Stenobothrium* Diesing，1850）］

识别特征：头节皱褶有明显的膜。4 个伸长、固着的吸槽，又长又窄。吸槽边缘完全与头节融合。触手短。钩型为同棘型，钩实心，通常同形。鞘部短，S 形或不规则卷曲，不呈螺旋状。球茎前器官不存在。

球茎短，椭球体状。牵引肌始于球茎基部。链体有或无缘膜。节片宽大于长，但不超过 2 倍。生殖孔位于中央偏前，侧方或亚侧方。精巢位于髓质，在卵巢前后位置。卵巢与节片后部边缘由明显的空间分隔。卵黄腺滤泡位于髓质，围绕着内部器官。子宫 U 形。已知成体寄生于板鳃亚纲软骨鱼。后期幼体广泛寄生于浮游生物及生活于不同水层的硬骨鱼，全球分布。模式种：鲯鳅触手绦虫（*Tentacularia coryphaenae* Bosc，1797）（图 12-13，图 12-14）。

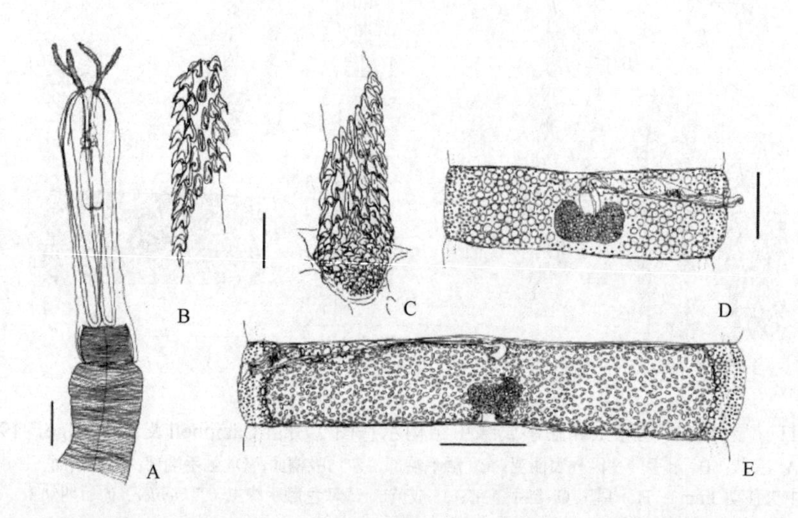

图 12-13　采自大青鲨（*Prionace glauca*）的鲯鳅触手绦虫结构示意图（引自 Knoff et al.，2004）

A. 头节；B. 触手转变区吸槽面；C. 触手基部区吸槽面；D. 成节腹面观；E. 孕节腹面观。标尺：A=0.5mm；B，C=0.05mm；D，E=0.25mm

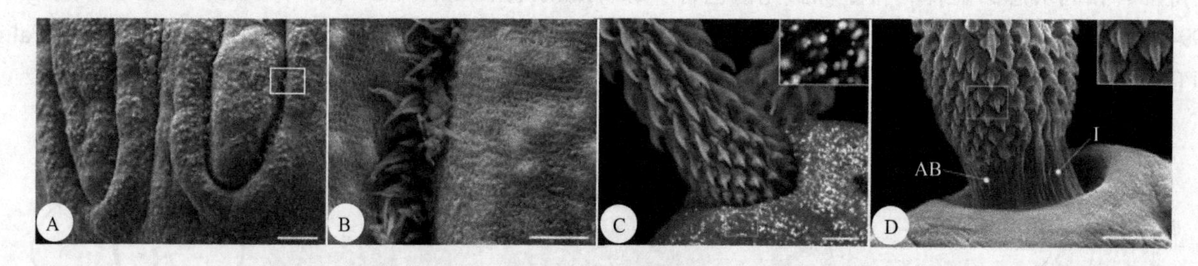

图 12-14　采自大青鲨的鲯鳅触手绦虫扫描结构（引自 Knoff et al.，2004）

A. 吸槽区远端，示沿着吸槽边缘的钩样微毛，方框为 B 取图处；B. 沿着吸槽边缘的钩样微毛；C. 接近触手的头节表面区，有丝状微毛，方框示区域细节；D. 触手基部内表面（I），示基部无棘的 L 形区域，反吸槽面（AB），示基部钩排下降的 V 形区域，方框示钩细节。标尺：A，C=60mm；B=9mm；D=90mm

Amado（2008）观察到的触手属绦虫幼虫及 Farooqi（1986）所绘幼虫结构示意图见图 12-15。

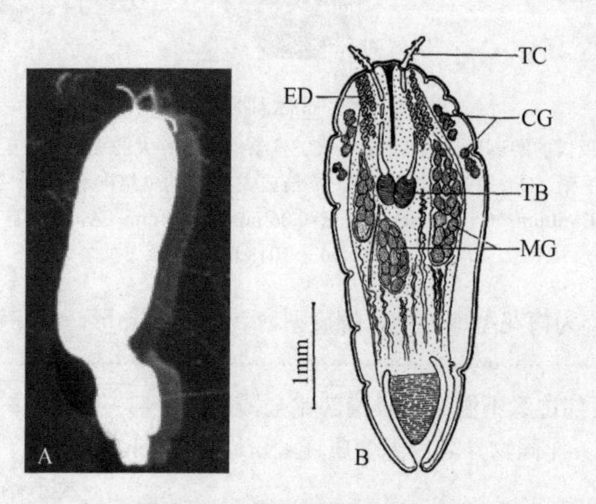

图 12-15　触手属绦虫幼虫实物整体及纵切面结构示意图

A. 完整幼虫照片；B. 纵切面，部分结构示意图。缩略词：CG. 皮层腺滤泡；ED. 分泌管；MG. 髓质腺；TB. 触手球茎；TC. 触手（A 引自 Amado，2008；B 引自 Farooqi，1986）

2b. 4个吸槽，固着，又短又窄，后部边缘游离，吸槽部分覆盖球茎部或完全不覆盖……尼氏属（*Nybelinia* Poche，1926）

［同物异名：无腔吻属（*Acoleorhynchus* Poche，1926）；盾吻属（*Aspidorhynchus* Molin，1858）；康格属（*Congeria* Guiart，1935）；实尼氏属（*Pleronybelinia* Sezen & Price，1969）；拉弗属（*Rufferia* Guiart，1927）］

识别特征：头节有缘膜，短粗。吸槽成对位于表面相对位置，宽肾形；吸槽后方和侧方边缘游离。球茎常短。触手短。钩型为同棘型，钩实心，触手对侧钩同形或异形。基部钩减小或增大。触手鞘S形或不规则卷曲。球茎前器官不存在。牵引肌始于球茎基部。球茎后部比吸槽部短。节片宽、方形，有或无缘膜，非解离。生殖孔不规则交替，位于腹部亚边缘。阴茎囊明显，内贮精囊存在或缺。精巢位于髓质，在卵巢前后区域呈层状。卵巢小，横切面X形，位于节片后部边缘前方。子宫倒U形。卵黄腺滤泡围绕皮质包围着除卵巢外的器官。已知寄生于板鳃亚纲软骨鱼，全球性分布。后期幼体通常寄生于硬骨鱼和板鳃亚纲软骨鱼。模式种：舌状尼氏绦虫［*Nybelinia lingualis*（Cuvier，1817）Poche，1926］。其他种：杖鱼尼氏绦虫（*N. thyrsites* Korotaeva，1971）（图12-16）及下列记述的一些种等。

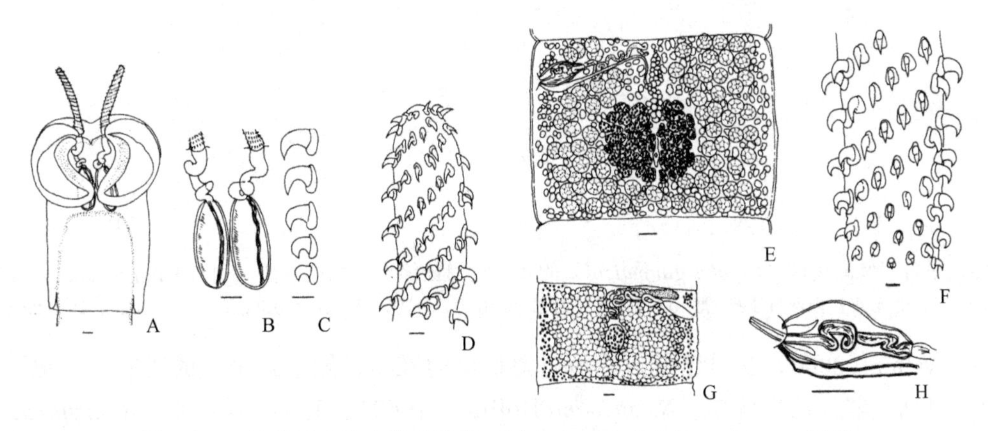

图12-16 杖鱼尼氏绦虫结示构意（引自Campbell & Beveridge，1994）

A. 头节；B. 球茎；C. 钩；D. 转变区钩型；E. 成节；F. 触手基部；G. 孕节；H. 生殖器官末端。标尺：A，B，E，G，H=0.1mm；C，D，F=0.01mm

Palm和Walter（1999）在研究保存于伦敦自然历史博物馆的尼氏属材料过程中，发现了索斯韦尔尼氏绦虫（*N. southwelli* Palm & Walter，1999）（图12-17）。该种在材料之中被鉴别描述为普瑞达四吻绦虫（*Tetrarhynchus perideraeus* Shipley & Hornell，1906），采自斯里兰卡圆犁头鳐（*Rhina ancylostoma*）和锈

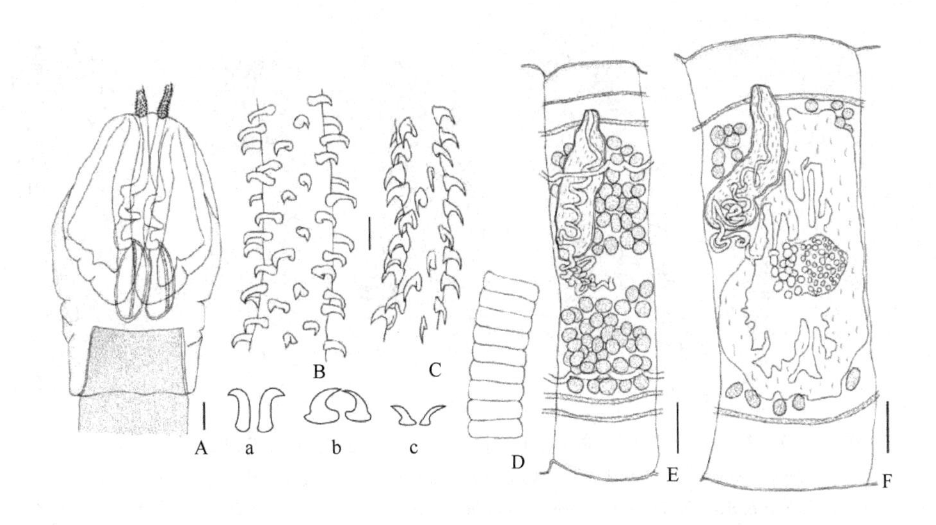

图12-17 索斯韦尔尼氏绦虫结构示意图（引自Palm & Walter，1999）

A. 采自锈须鲛的绦虫头节；B. 同形基部触手钩型，外表面；C. 转变区内表面触手钩型；a. 基部触手钩；b. 转变区触手钩；c. 顶部触手钩；D. 链体一部分，示节片无缘膜，具特征性的凸边缘；E. 成节具有大的阴茎囊和卵形的精巢；F. 孕节。标尺：A=150μm；B，C=20μm；E=100μm；F=110μm

须鲛（*Nebrius ferrugineus*）。索斯韦尔尼氏绦虫属于 Palm 等（1997）的 IIBa 亚群。该亚群包括同棘异形转变区钩型和一特征性的基部钩型，基部钩小于或等于转变区钩。这很易于与其他具有玫瑰刺样的转变区钩和细长的基部钩的所有成员相区别。普瑞达尼氏绦虫［*N. perideraeus*（Shipley & Hornell，1906）］（图 12-18）的模式材料是从维也纳自然历史博物馆借来的，用于比较和重描述。达喀尔尼氏绦虫（*N. dakari* Dollfus，1960）被认为是普瑞达尼氏绦虫的同物异名。赫德曼尼氏绦虫［*N. herdmani*（Shipley & Hornell，1906）］也被 Palm 等（1997）放于亚群 IIBa，被认为是显体科特里绦虫的同物异名，后来人们又发现两者有明显的区别，见科特里属中的相关内容。尼氏属中基于种特异性的触手钩型的亚群似乎对属中进一步的分类有用。

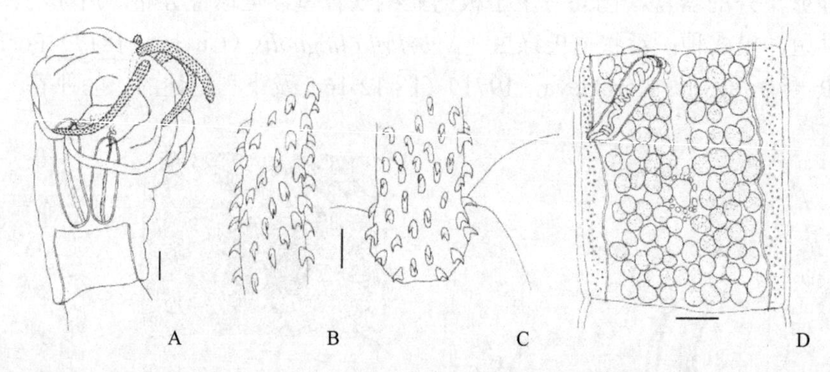

图 12-18　采自印度露齿鲨（*Glyphis gangeticus*）的普瑞达尼氏绦虫结构示意图（引自 Palm & Walter，1999）

A. 头节；B. 转变区内表面触手钩型；C. 基部外表面触手钩型；D. 成节。标尺：A=150μm；B，C=20μm；D=100μm

Palm 和 Walter（2000）在对巴黎自然历史博物馆的锥吻目触手科绦虫的研究中，记述有多种尼氏属的绦虫，包括：非洲尼氏绦虫（*N. africana* Dollfus，1960）、正红尼氏绦虫（*N. erythraea* Dollfus，1960）（图 12-19A）、戈里尼氏绦虫（*N. goreensis* Dollfus，1960）（图 12-19B）、舌状尼氏绦虫、类舌状尼氏绦虫［*N.* cf. *lingualis*（Cuvier，1817）］、赖泽尼氏绦虫（*N. riseri* Dollfus，1960）（图 12-19C～E）、斜齿鲨尼氏绦虫［*N. scoliodoni*（Vijayalakshmi，Vijayalakshmi & Gangadharam，1996）］、圆尼氏绦虫（图 12-20A～C）、苏门尼科拉尼氏绦虫（*N. surmenicola* Okada，1929）（图 12-20D～F）和杖鱼尼氏绦虫等。

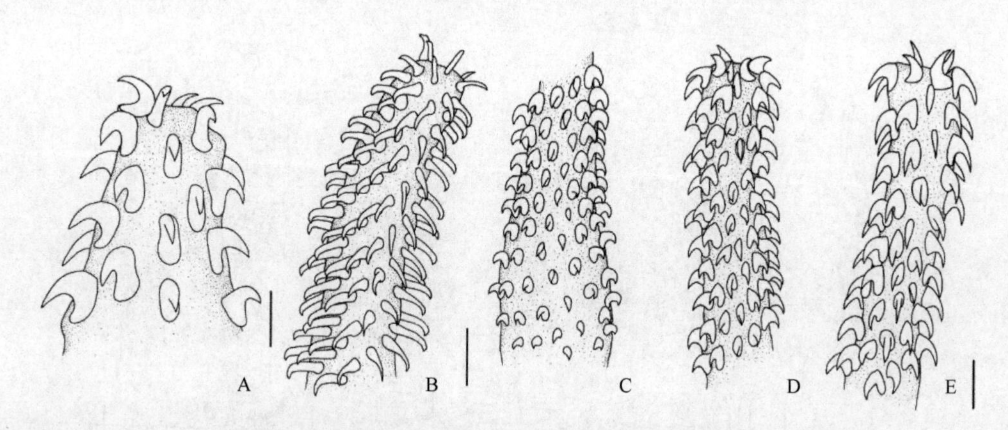

图 12-19　3 种尼氏绦虫触手钩型排列示意图（引自 Palm & Walter，2000）

A. 分离自红海舌鳎（*Cynoglossus sinusarabici*）的正红尼氏绦虫（典型的）基部钩型；B. 采自路氏双髻鲨（*Sphyrna lewini*）的戈里尼氏绦虫，同型转变区和顶部钩型。C～E. 赖泽尼氏绦虫。C，D. 采自双斑鳐（*Raja binoculata*）：C. 基部钩型；D. 转变区钩型。E. 采自纵带羊鱼（*Mullus surmuletus*），顶部钩型。标尺：A=15μm；B=30μm；C～E=25μm

Bayoumy 等（2008）在利比亚高地海岸（Syrt Coast）采集到 68 尾活鱼类，解剖检查寄生虫时检获到尼氏绦虫未定种（*Nybelinia* sp.）幼虫，并对其形态进行了扫描电镜研究（图 12-21）。

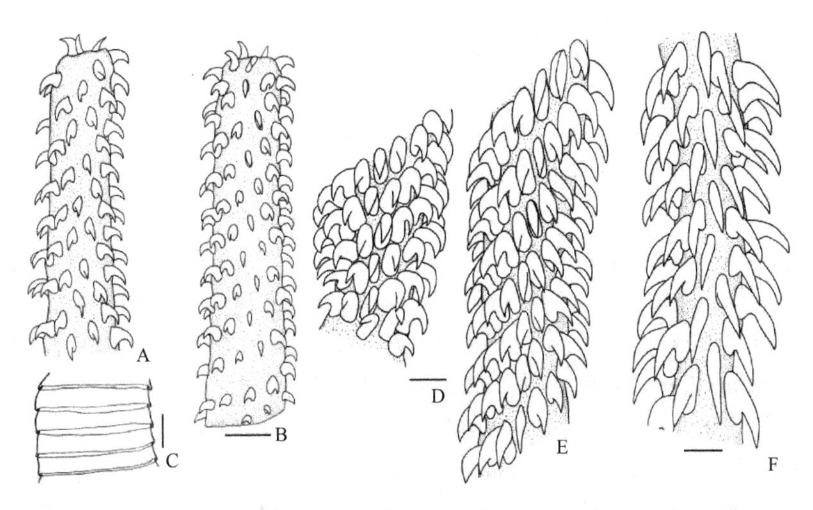

图 12-20　2 种尼氏绦虫触手钩型排列示意图（引自 Palm & Walter，2000）

A～C. 圆尼氏绦虫：A. 采自皱纹圆鲀（*Sphoeroides pachygaster*），转变区钩型；B，C. 采自小眼双髻鲨（*Sphyrna tudes*），B. 基部和转变区钩型；C. 具缘膜的链体小段。D～F. 采自蛇鳕（*Ophiodon elongatus*）的苏门尼科拉尼氏绦虫：D. 基部钩型；E. 转变区钩型；F. 项部钩型。标尺：A，B，D～F=30μm；C=300μm

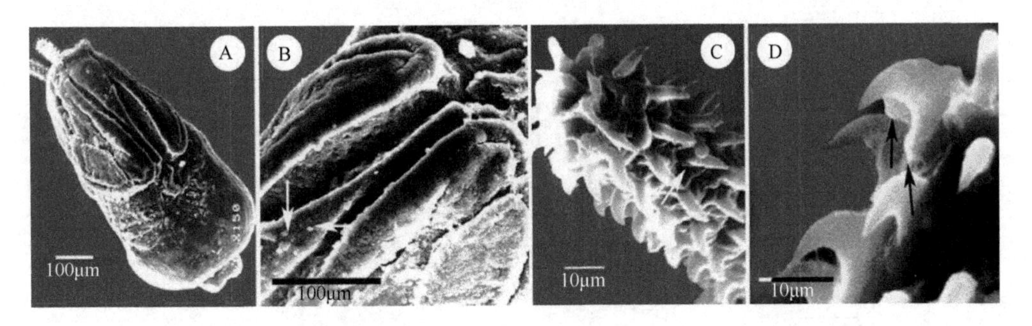

图 12-21　尼氏绦虫未定种幼虫扫描结构（引自 Bayoumy et al.，2008）

A. 幼虫具 4 个吸槽；B. 感觉小窝；C. 由小结节或芽支持的钩；D. 玫瑰刺样转变区钩

Biserova 等（2016）研究了苏门尼科拉尼氏绦虫全尾蚴感受器的超微结构。其全尾蚴吸槽吸附面缺乏乳头，有感觉纤毛。一种无纤毛感受器位于吸槽折中央。这样的无纤毛游离神经末梢含有中央电子致密盘，3 个致密支持环，宽根部。神经末梢定位于皮层下和基部基质中。其皮层有大量的超微结构特征，与其他锥吻绦虫有明显不同：①皮层胞质中有复杂的基底褶皱结构；②皮层下有多层基底基质；③其鳞形和鬃样微毛，缺乏基部和基板。（图 12-22）

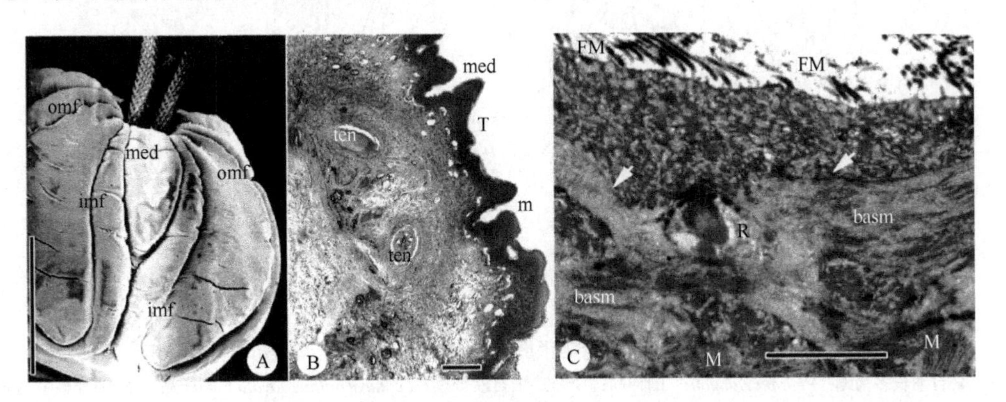

图 12-22　苏门尼科拉尼氏绦虫全尾蚴扫描及透射结构（引自 Biserova et al.，2016）

A. 全尾蚴吸槽表面，有外部边缘、内部边缘折叠和头节固有结构的中央部扫描结构；B. 头节区域过中央折有吸槽处半薄切面光镜照；C. 透射电镜下中央折皮层和亚皮层超微结构，具单一游离神经末梢，箭头指示皮层基底膜。缩略词：basm. 多层基部基质；FM. 丝状微毛；imf. 内部边缘；M. 肌肉；m. 边缘；med. 中央部；omf. 外部边缘；R. 无纤毛感受器（受体）；T. 皮层；ten. 触手。标尺：A=1000μm；B=100μm；C=2μm

附 1：Palm（1999）建立了异尼氏属（*Heteronybelinia* Palm，1999）

识别特征：头节坚实，4 个三角形的吸槽，沿着吸槽边缘具有钩样微毛，吸槽的其他部分和头节具有丝状微毛。从球茎伸出 4 条触手，牵引肌起于球茎基部。4 条触手长度和宽度不一样，具有钩；转变区触手钩型为同棘型，在不同的触手表面有异形钩。基部钩异形，特征性的基部钩型缺乏或存在。阴茎无棘。阴茎囊不规则交替。模式种：耻辱异尼氏绦虫［*Heteronybelinia estigmena*（Dollfus，1960）］（图 12-23A～C）。其他种：*H. alloiotica*（Dollfus，1960）（图 12-23D，E）；*H. annakohnae* Pereira & Boeger，2005；澳大利亚异尼氏绦虫（*H. australis* Palm & Beveridge，2002）；细长异尼氏绦虫［*H. elongata*（Shah & Bilqees，1979）］（图 12-24）；异形异尼氏绦虫（*H. heteromorphi* Palm，1999）（图 12-25A～C）；极小异尼氏绦虫（*H. minima* Palm，1999）（图 12-25D～H）；粗壮异尼氏绦虫（*H. robusta*（Linton，1890）（图 12-26）；厄尔异尼氏绦虫［*H. eureia*（Dollfus，1960）］；马提斯异尼氏绦虫（*H. mattisi* Menoret & Ivanov，2013）；日本异尼氏绦虫［*H. nipponica*（Yamaguti，1952）］；奥弗斯特里特异尼氏绦虫（*H. overstreeti* Palm，2004）；缓和异尼氏绦虫［*H. palliata*（Linton，1924）］；普瑞达异尼氏绦虫［*H. perideraeus*（Shipley & Hornell，1906）］；伪粗壮异尼氏绦虫（*H. pseudorobusta* Palm & Beveridge，2002）；山口佐仲异尼氏绦虫［*H. yamagutii*（Dollfus，1960）］等。

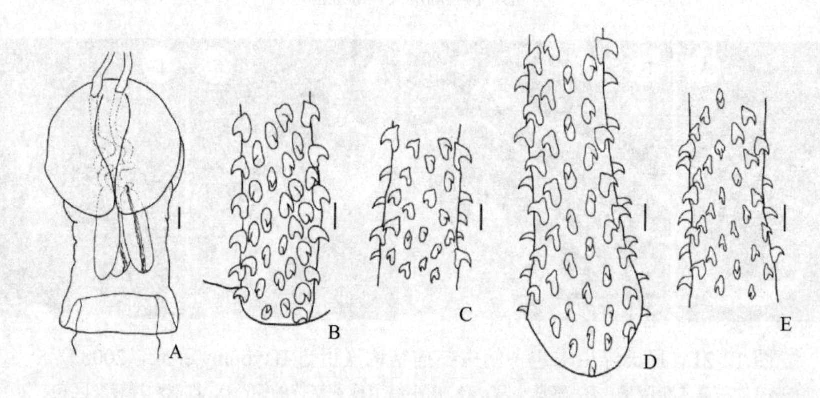

图 12-23　采自黑边鳍真鲨（*Carcharhinus limbatus*）的异尼氏绦虫的头节和触手钩型（引自 Palm，1999）

A～C. 耻辱异尼氏绦虫：A. 头节；B. 异形基部钩型吸槽面；C. 异形转变区钩型反吸槽面。D，E. *H. alloiotica*：D. 异形基部钩型吸槽面；E. 异形转变区钩型反吸槽面。标尺：A=100μm；B～E=10μm

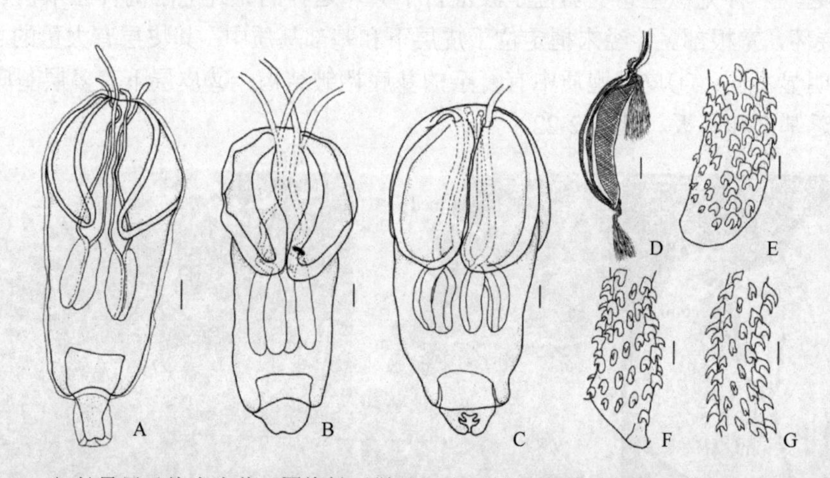

图 12-24　细长异尼氏绦虫头节、围绕触手鞘的肌肉及触手钩型示意图（引自 Palm，1999）

A～C. 头节；A. 采自细长多齿鳓（*Pellona elongata*）的样品；B～G. 采自沙带鱼（*Lepturacanthus savala*）的样品；D. 围绕触手鞘的肌肉环；E～G. 触手钩型：E. 异形基部钩型外表面；F. 异形基部钩型吸槽面，外表面在左边；G. 异形转变区钩型外表面。标尺：A=200μm；B，C=100μm；D=50μm；E～G=10μm

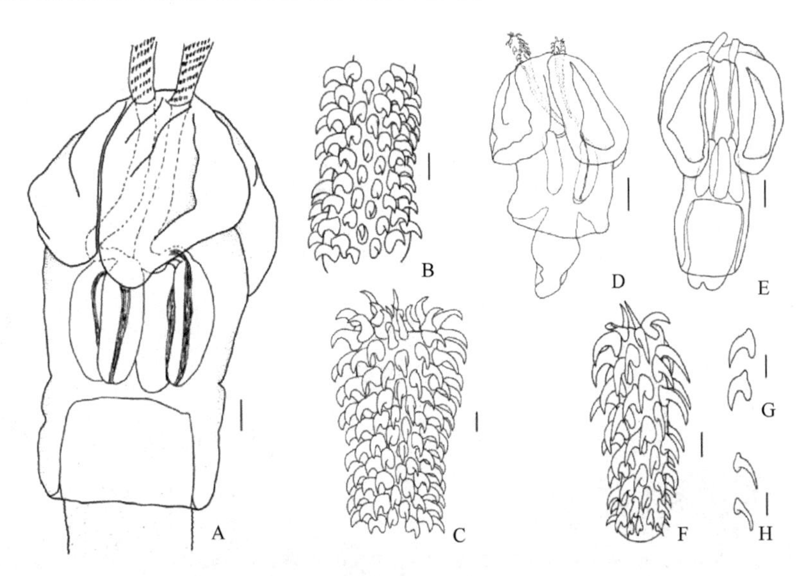

图 12-25 2 种异尼氏绦虫的头节和触手钩型（引自 Palm，1999）

A～C. 采自双髻鲨（*Sphyrna makorran*）的异形异尼氏绦虫：A.头节；B. 异形基部钩型吸槽（左）和反吸槽（右）表面；C. 转变区钩型吸槽（左）和反吸槽（右）表面；D～H. 极小异尼氏绦虫：D. 采自龙头鱼（*Harpodon nehereus*）的样品头节；E. 采自马鲅（*Polynemus paradiseus*）的样品头节；F. 采自马鲅的样品的异形转变区钩型，吸槽（左）和反吸槽（右）面；G. 吸槽面的钩；H. 反吸槽面的钩。标尺：A，E=100μm；B，C，F～H=15μm；D=50μm

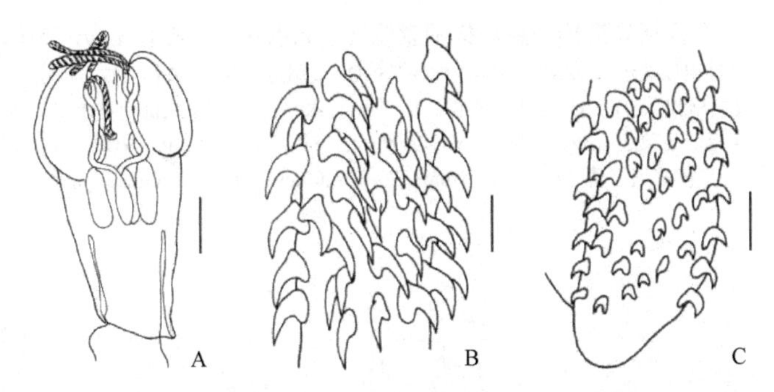

图 12-26 采自黑边鳍真鲨（*Carcharhinus limbatus*）的粗状异尼氏绦虫的头节和触手钩型（引自 Palm，1999）

A. 头节；B. 异形转变区钩型，吸槽（右）和反吸槽（左）表面；C. 异形基部钩型，反吸槽表面。标尺：A=100μm；B，C=10μm

Menoret 和 Ivanov（2013）描述了马提斯异尼氏绦虫（*H. mattisi* Menoret & Ivanov，2013）（图 12-27～图 12-29）。其成体采自波拿巴同鳍鳐（*Sympterygia bonapartii*）（鳐形目：鳐科），全尾蚴采自 2 种硬骨鱼：巴西雷尼亚鱼（*Raneya brasiliensis*）[鼬鳚目（Ophidiiformes）：鼬鱼科（Ophidiidae）] 和伯氏软鲭鲈（*Nemadactylus bergi*）[鲈形目（Perciformes）：唇指鳎科（Cheilodactylidae）]。该种不同于同属的种在于其一触手钩型钩的组成在大小和形态上与触手相对表面略有不同（吸槽面钩状钩的基部是圆的，反吸槽面的钩状钩的基部是细长的），没有特征性的基部钩型，钩的大小向着触手的端部逐渐增大，吸槽部略重叠在球茎上。考虑到精巢的分布包括没有卵巢后方精巢的种类（缓和异尼氏绦虫和马提斯异尼氏绦虫）及孔侧阴茎囊前方没有精巢的种类（粗状异尼氏绦虫和马提斯异尼氏绦虫），故对异尼氏属的描述进行了校订。对 15 个异尼氏属的有效种宿主数据进行了总结。异尼氏属绦虫的成体和全尾蚴的宿主特异性种间是有差别的，成体的宿主特异性强于全尾蚴。马提斯异尼氏绦虫例外，其他已知的异尼氏属绦虫的终末宿主包括真鲨目的鲨鱼，而马提斯异尼氏绦虫似乎对其鳐类宿主同鳍鳐有严格的特异性，且对中间宿主的特异性也比同属的大多数种强。

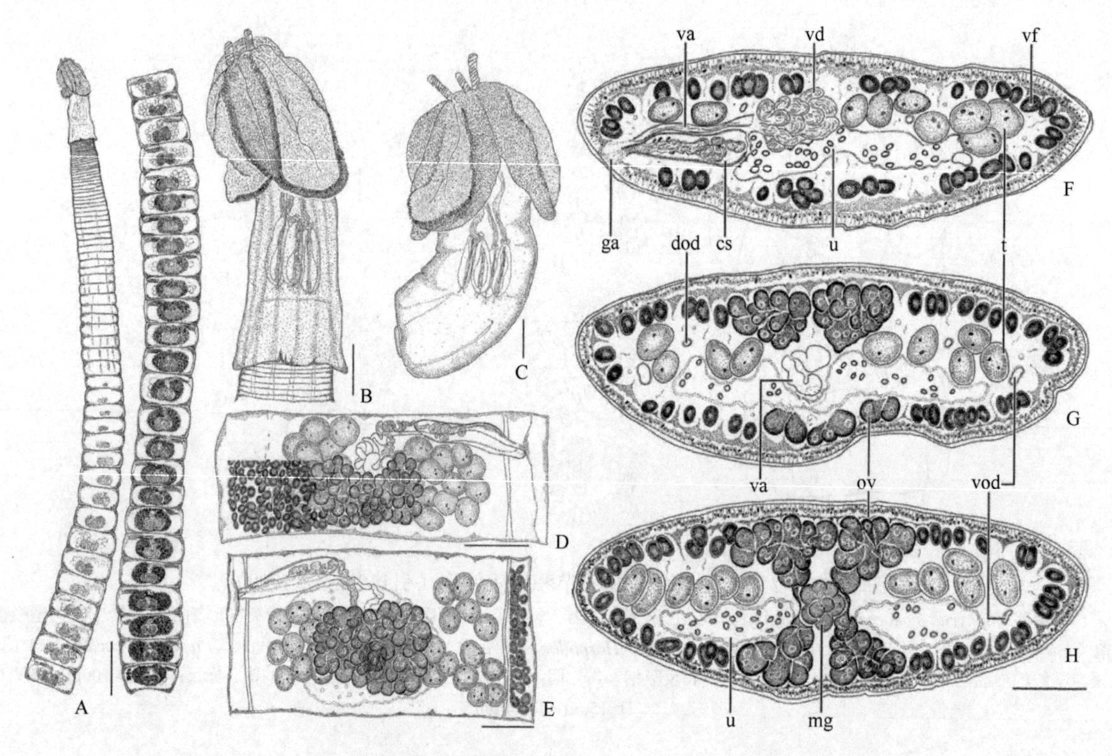

图 12-27 马提斯异尼氏绦虫结构示意图（引自 Menoret & Ivanov，2013）

A. 整条虫体，围绕髓质的卵黄腺滤泡未绘出以显示内部器官；B. 成体头节；C. 全尾蚴；D. 成节背面观，围绕髓质的卵黄腺滤泡仅绘出部分；E. 孕节腹面观，围绕髓质的卵黄腺滤泡仅绘出部分。F～H. 孕节横切面：F. 生殖孔水平；G. 卵巢峡部前方水平；H. 卵巢峡部后方梅氏腺水平。缩略词：cs. 阴茎囊；dod. 背渗透调节管；ga. 生殖腔；mg. 梅氏腺；ov. 卵巢；t. 精巢；u. 子宫；va. 阴道；vd. 输精管；vf. 卵巢腺滤泡；vod. 腹渗透调节管。标尺：A=1mm；B，C=200μm；D～H=150μm

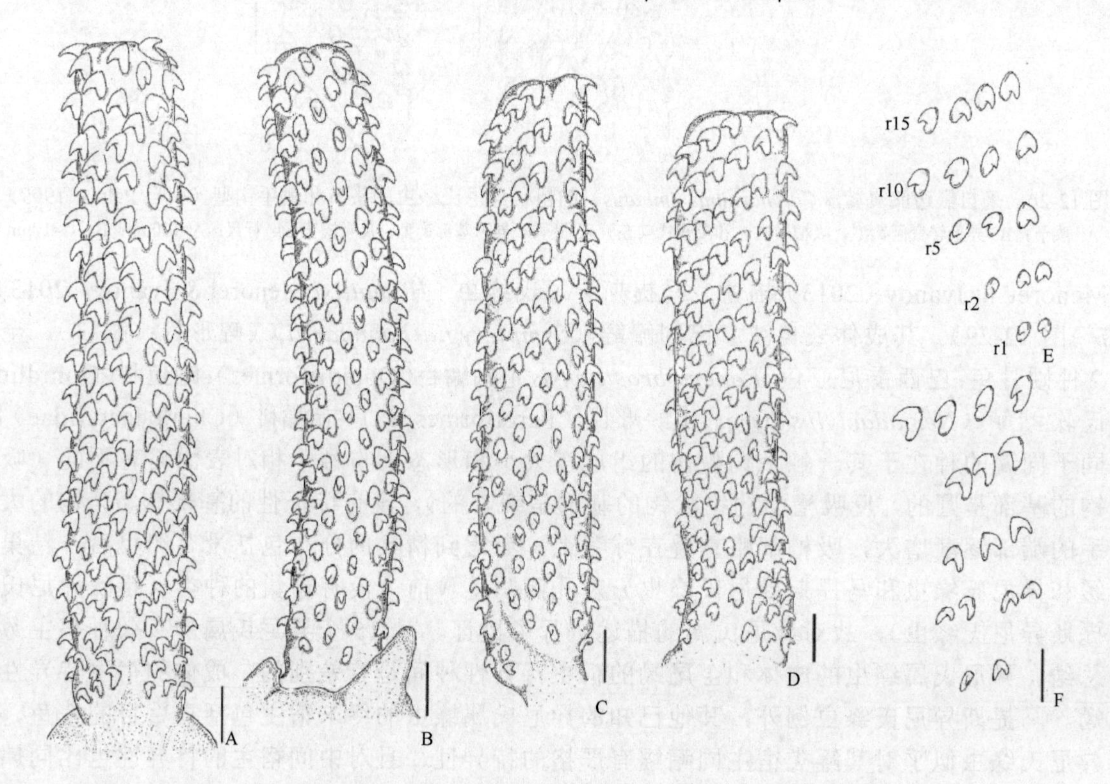

图 12-28 马提斯异尼氏绦虫的触手钩型（引自 Menoret & Ivanov，2013）

A. 全尾蚴触手反吸槽面；B. 全尾蚴触手吸槽面；C. 全尾蚴触手外表面；D. 全尾蚴触手内表面；E. 吸槽面有圆形基部的钩状钩（r 为排，后面的数字顺序号表示第 1、2、5、10 和 15 排钩）；F. 反吸槽面有细长基部的钩状钩。标尺：A～D=25μm；E，F=20μm

图 12-29　马提斯异尼氏绦虫扫描结构（引自 Menoret & Ivanov，2013）

A. 成体头节背腹面观，小写字母示相应大写字母图取处；B. 成体吸槽边缘侧方和后部；C. 全尾蚴吸槽远端表面；D. 成体吸槽后部边缘；E. 成体吸槽边缘侧面放大；F. 成体吸槽后部边缘上的顶端弯折的棘毛；G. 全尾蚴吸槽近端表面；H. 全尾蚴头节侧面观，小写字母示相应大写字母图取处；I. 全尾蚴头节的顶部；J. 全尾蚴吸槽后部边缘上的顶端弯折的棘毛；K. 全尾蚴鞘部；L. 成体球茎部表面；M. 全尾蚴接近吸槽后部边缘的吸槽远端表面。N～T. 触手钩型：N. 全尾蚴触手反吸槽面；O. 全尾蚴转变区钩型细节，反吸槽面示第 8 排（箭头）水平的中断钩排；P. 全尾蚴触手的吸槽面；Q. 全尾蚴转变区钩吸槽面；R. 成体反吸槽面转变区；S. 全尾蚴反吸槽面基部钩；T. 全尾蚴触手的吸槽面。标尺：A=300μm；B=30μm；C，K，M=2μm；D=25μm；E=5μm；F=10μm；G=3μm；H=150μm；I=1μm；J，Q=15μm；L=1.5μm；N，T=20μm；O，R=7μm；P=20μm；S=5μm

12.5.2　副尼氏科（Paranybeliniidae Schmidt，1970）

12.5.2.1　分属检索

1a. 球茎长约是宽的 3 倍，各钩有腹齿 ·································· 伪尼氏属（*Pseudonybelinia* Dollfus，1966）（图 12-30A、B）

识别特征：头节皱褶具缘膜。2 个伸长、分离、固着的吸槽，后部边缘各有 1 对感觉小窝。吸槽部长于鞘部。触手短。钩型为同棘型；钩列空间紧密，为变形的梅花型到窄的长方形，具 180°旋转形式的对称。钩组成螺旋排从左侧上升到右侧。钩实心，各有腹齿和后弯的端部。触手鞘 S 形。球茎前器官不

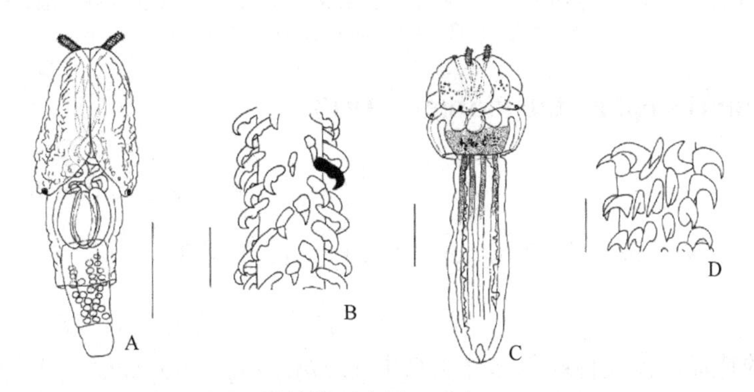

图 12-30　伪尼氏属和副尼氏属结构示意图（引自 Campbell & Beveridge，1994）

A，B. 伪尼氏属：A. 后期幼虫；B. 钩型，注意有腹齿（黑色）钩排。C，D. 副尼氏属：C. 后期幼虫；D. 钩型，注意钩状钩的排列。标尺：A=1.0mm；B=0.05mm；C=0.2mm；D=0.025mm

存在。链体不明。宿主不明。发现于夜间活动于表层的浮游生物。已知分布于大西洋，近佛得角半岛。模式种：齿棘伪尼氏绦虫（*Pseudonybelinia odontacantha* Dollfus，1966）。

1b. 球茎长约为宽的 2 倍，各钩无腹齿 ··· 副尼氏属（*Paranybelinia* Dollfus，1966）（图 12-30C、D）

识别特征：头节皱褶。2 个肌肉质吸槽，后部边缘各有 1 对感觉小窝。吸槽部达球茎部。触手短。触手鞘 S 形。钩型为同棘型；钩列空间紧密，为变形的梅花型到窄的长方形，具 180°旋转形式的对称。钩组成螺旋排从左侧上升到右侧。钩实心同形，无腹齿。球茎前器官不存在。链体不明。宿主不明。发现于夜间活动于表层的浮游生物。已知分布于大西洋，近佛得角半岛。模式种：齿槽样副尼氏绦虫（*Paranybelinia otobothroides* Dollfus，1966）。

12.5.3 肝蠹科（Hepatoxylidae Dollfus，1940）

［同物异名：双槽吻科（Dibothriorhynchidae Ariola，1889）；双阴科（Diplogonimidae Guiart，1931）］

12.5.3.1 肝蠹属（*Hepatoxylon* Bosc，1811）（图 12-31）

［同物异名：常态属（*Coenomorphus* Lönnberg，1889）；双槽吻属（*Dibothriorhynchus* Blainville，1828）；双孔属（*Diplogonimus* Guiart，1931）；*Tetrantaris* Templeton，1836）］

识别特征：同科的特征。模式种：毛状肝蠹绦虫［*Hepatoxylon trichiuri*（Holten，1802）］。

此属描述较完全的暂时有 3 个种：大头肝蠹绦虫［*H. megacephalum*（Rudolphi，1819）］、角鲨肝蠹绦虫（*H. squali*）和毛状肝蠹绦虫［*H. trichiuri*（Holten，1802）］（图 12-32）。

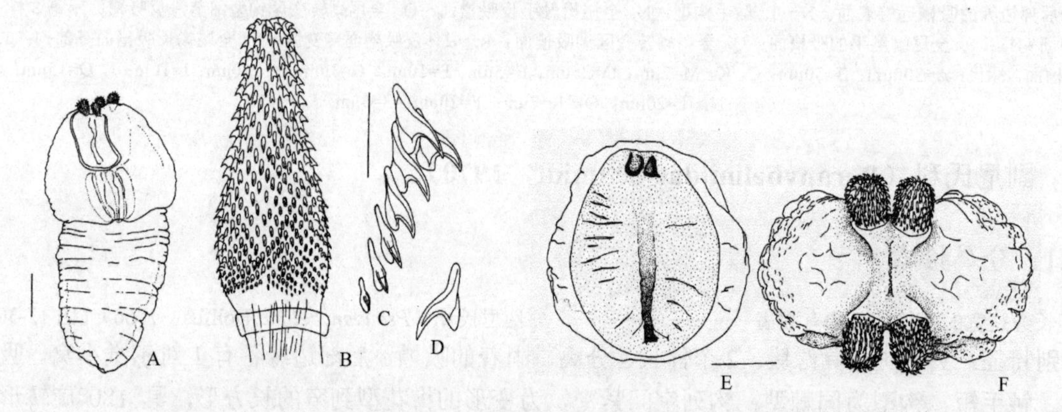

图 12-31 肝蠹属绦虫后期幼虫、触手及钩、吸槽和头节正面观（引自 Campbell & Beveridge，1994）

A. 毛状肝蠹绦虫的后期幼虫；B. 大头肝蠹绦虫的触手；C～F. 毛状肝蠹绦虫：C. 钩；D. 钩，注意扩展的跟部；E. 吸槽，注意触手孔和部分中央沟；F. 头节正面观。标尺：A=2.0mm；C，D=0.25mm；E，F=1.0mm

12.5.4 钵头科（Sphyriocephalidae Pintner，1913）

［同物异名：布查德科（Bouchardidae Guiart，1927）］

12.5.4.1 钵头属（*Sphyriocephalus* Pintner，1913）（图 12-33）

［同物异名：布查德属（*Boucharda* Guiart，1927）］

识别特征：同科的特征。模式种：翠绿钵头绦虫［*Sphyriocephalus viridis*（Wagener，1854）Pintner，1913］。

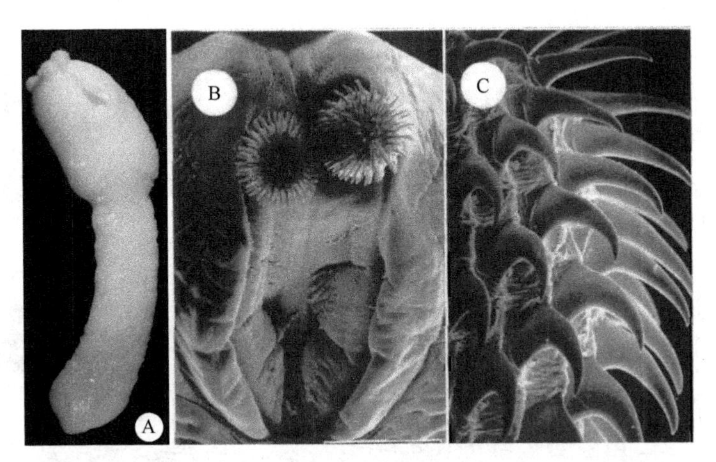

图 12-32 毛状肝蠹绦虫虫体光镜照及头节和触手钩棘的扫描结构采自北方蓝鳍金枪鱼（*Thunnus thynnus*）的胃壁

A. 完整虫体；B，C. 头节和触手钩棘的扫描结构：B. 吸槽，注意简单增厚的肌肉质边缘和多孔黏附表面，缺微毛，注意短的粗触手；C. 吸槽面触手钩棘型的详细结构，内表面的钩状钩，外表面的镰刀状钩。标尺：B=1mm；C=0.1mm（A 引自 Mladineo，2006；B，C 引自 Campbell & Callahan，1998）

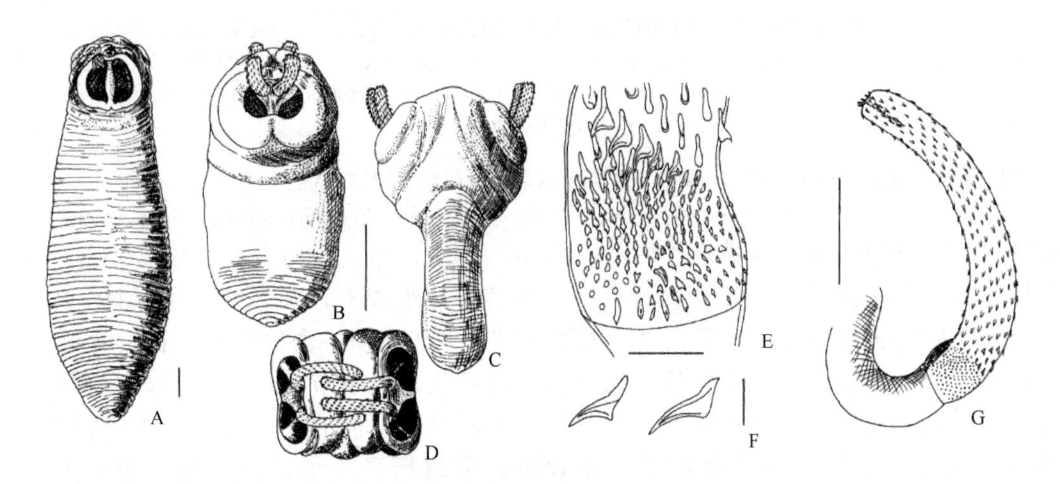

图 12-33 钵头属后期幼虫、头节触手及触手钩型（引自 Campbell & Beveridge，1994）

A. 钵头绦虫未定种的后期幼虫，注意吸槽中央嵴；B～G. *S. tergestinus* Pinter，1913：B. 后期幼虫；C. 侧面观；D. 头节正面观；E. 基部钩型，注意小钩；F. 转变区钩侧面观；G. 触手，注意基部膨大及钩型。标尺：A，B～D=0.1mm；E=0.4mm；F=0.05mm；G=0.5mm

12.5.5 四吻槽科（Tetrarhynchobothriidae Dollfus，1969）

12.5.5.1 分属检索

1a. 头节急剧突出，颈不明显，节片有缘膜，卵巢两叶状，卵黄腺滤泡在侧方区带，子宫有 2 个有功能的分支和开孔 ……………………………………………… 双吻属（*Didymorhynchus* Beveridge & Campbell，1988）

识别特征：头节无缘膜，具棘。2 个卵圆形的吸槽边缘游离。钩小，布局为梅花型，没有基部的钩型或膨大。触手鞘规则卷曲。球茎短，鞘部和球茎后部长；球茎前器官存在。生殖孔不规则交替。阴茎囊含有由肌肉包围的由两部分构成的阴茎。精巢位于卵巢前方两侧带。卵黄腺滤泡区弯向髓质围绕着精巢。背渗透调节管侧位于腹渗透调节管背方。已知寄生于板鳃亚纲软骨鱼，采自斯里兰卡。模式种：索斯韦尔双吻绦虫（*Didymorhynchus southwelli* Beveridge & Campbell，1988）（图 12-34）。

1b. 头节界限分明或否，颈明显，节片无缘膜，卵巢四叶状，卵黄腺滤泡围绕着生殖器官，子宫线状，无有功能的分支和开孔 ……………………………………………… 2

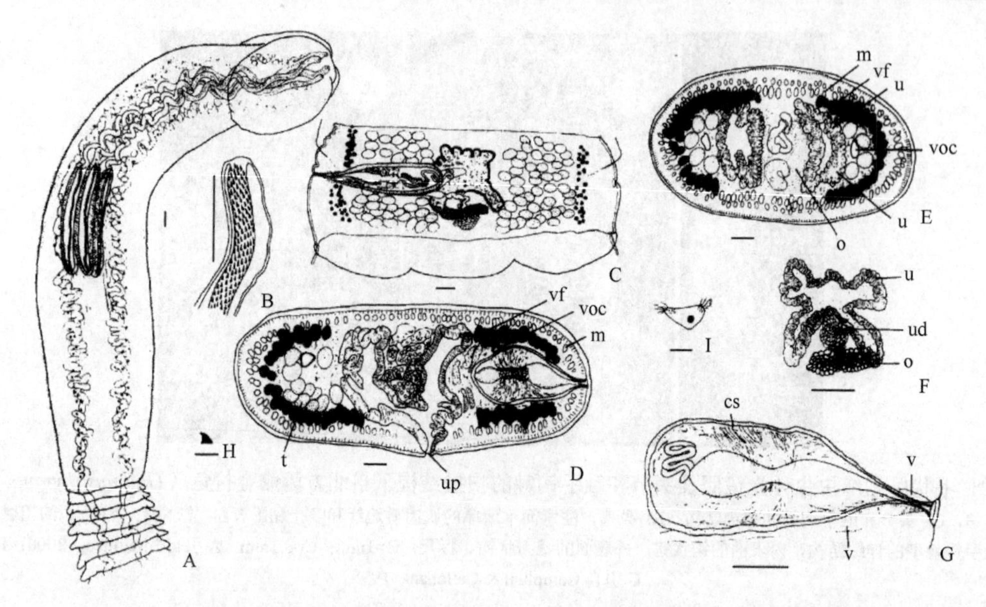

图 12-34　索斯韦尔双吻绦虫结构示意图（引自 Beveridge & Campbell，1988）

A. 头节；B. 触手钩型；C. 成节；D. 孕节横切，示子宫孔；E. 孕节横切，示子宫分支；F. X 形子宫；G. 生殖器官末端；H. 钩；I. 卵。缩略词：cs. 阴茎囊；m. 纵肌；o. 卵巢；t. 精巢；u. 子宫；ud. 子宫管；up. 子宫孔；v. 阴道；voc. 腹渗透调节管；vf. 卵黄腺滤泡。标尺：A～G=0.1mm；H，I=0.01mm

2a. 头节无缘膜，精巢位于卵巢前方，内贮精囊存在，阴道远端有厚肌肉壁围绕……………………合吻属（*Zygorhynchus* Beveridge & Campbell，1988）

识别特征：2 个卵圆形的吸槽边缘游离。钩小，中空，布局为梅花型；没有基部的钩型或膨大。触手鞘 S 形。球茎细长，球茎前器官存在。球茎后部小或不存在。节片无缘膜。生殖孔不规则交替。生殖管从腹部与渗透调节管交叉。阴茎囊球形，肌肉质；内贮精囊存在。精巢位于髓质、分散，与腹部渗透调节管交叉。受精囊存在。卵巢四叶状，位于节片后方。卵黄腺滤泡围绕着髓质。子宫位于中央，管状，孕子宫囊状，没有分支；没有有功能的子宫孔。背渗透调节管位于腹渗透调节管背侧方。已知寄生于板鳃亚纲软骨鱼，采自斯里兰卡。模式种：罗伯逊合吻绦虫（*Zygorhynchus robertsoni* Beveridge & Campbell，1988）（图 12-35）。其他种：婆罗合吻绦虫（*Z. borneensis* Beveridge，2008）（图 12-36）；细长合吻绦虫（*Z. elongatus* Beveridge & Campbell，1988）（图 12-37）等。

2b. 头节不急剧突出，卵巢后精巢存在，阴茎囊含有 2 个内贮精囊，远端阴道无厚肌肉壁围绕……………………四吻槽属（*Tetrarhynchobothrium* Diesing，1854）

识别特征：2 个吸槽，顶端不相连，边缘游离，不加厚。小钩围绕触手排成梅花型。没有基部的钩型和基部膨大。触手鞘 S 形。鞘部长于球茎部。球茎长至少是宽的 6 倍。球茎后部很发达。鞘部假分节。节片略有缘膜。生殖孔不规则交替。精巢位于髓质，与腹部渗透调节管交叉，多数在卵巢前方；有些可能在卵巢后方。卵巢横切面四叶状，位于节片后方。卵黄腺滤泡围绕着髓质。发育中的子宫为单管状，位于中央；孕子宫囊状，有小分支；没有有功能的子宫孔。背渗透调节管位于腹渗透调节管背侧方。已知寄生于板鳃亚纲软骨鱼，采自地中海沿岸国家、印度洋和澳大利亚。模式种：薄颈四吻槽绦虫（*Tetrarhynchobothrium tenuicolle* Diesing，1854）（图 12-38）。其他种：澳大利亚四吻槽绦虫（*T. australe* Beveridge & Campbell，1988）（图 12-39）和纹状四吻槽绦虫（*T. striatum* Wagener，1854）（图 12-40）等。

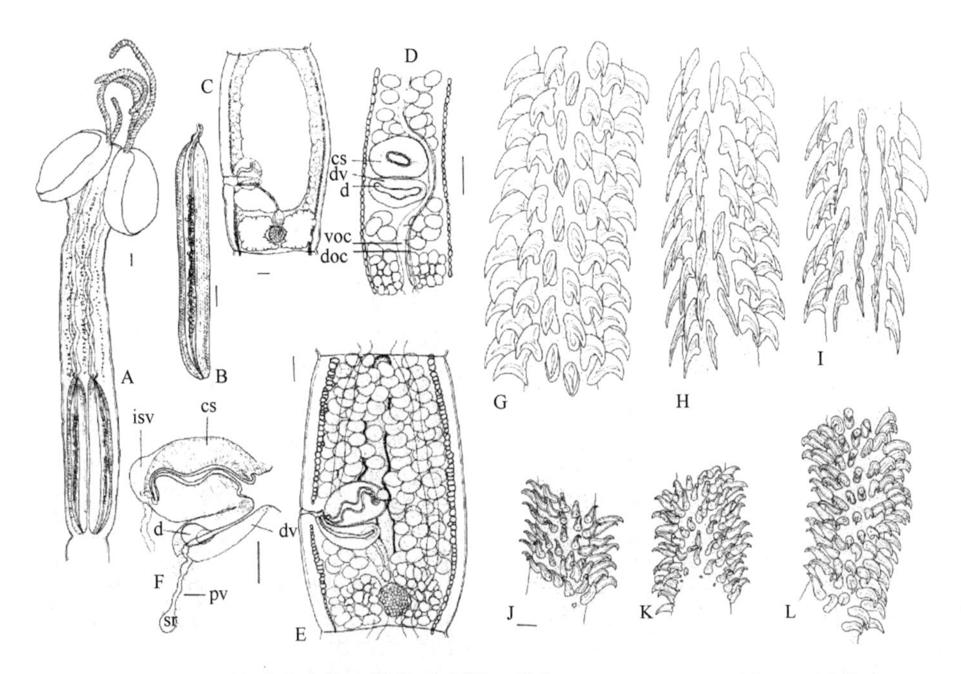

图 12-35 罗伯逊合吻绦虫结构示意图（引自 Campbell & Beveridge，1994）

A. 头节；B. 球茎；C. 孕节；D. 通过生殖器官端部矢状切面；E. 成节；F. 生殖器官末端，注意肌肉质的远端阴道和支囊。G～L. 钩型：G. 内表面转变区钩型；距基部 0.4mm；H. 吸槽面转变区钩型，内表面在右边；I. 外表面转变区钩型远端区；J. 吸槽面基部钩型，内表面在右边；K. 外表面基部钩型；L. 内表面基部钩型。缩略词：cs. 阴茎囊；d. 支囊；doc. 背渗透调节管；dv. 远端阴道；isv. 内贮精囊；pv. 近端阴道；sr. 受精囊；voc. 腹渗透调节管。标尺：A～F=0.1mm；G～L=0.01mm

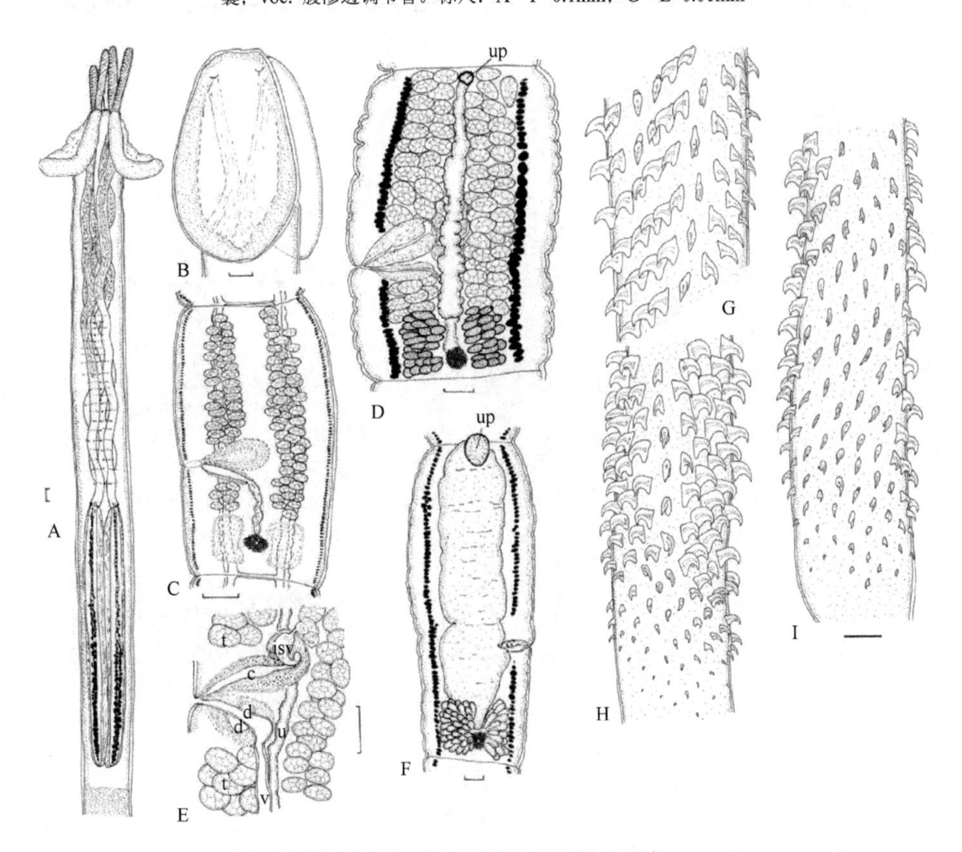

图 12-36 婆罗合吻绦虫结构示意图及触手钩型（引自 Beveridge，2008）

样品采自马来西亚沙巴东北部山打根、沙巴及婆罗洲白鼻鞭魟（*Himantura uarnacoides*）。A. 头节；B. 吸槽背面观；C. 成熟前节片，示精巢的分布；D. 成节；E. 生殖器官末端；F. 孕节。G～I. 触手钩型：G. 吸槽面转变区钩型，左边内表面；H. 基部和转变区，内表面，右边吸槽表面；I. 基部和转变区外表面，右边吸槽表面。缩略词：c. 阴茎；d. 支囊；isv. 内贮精囊；t. 精巢；u. 子宫；up. 子宫孔；v. 阴道。标尺：A～F=100μm；G～I=10μm

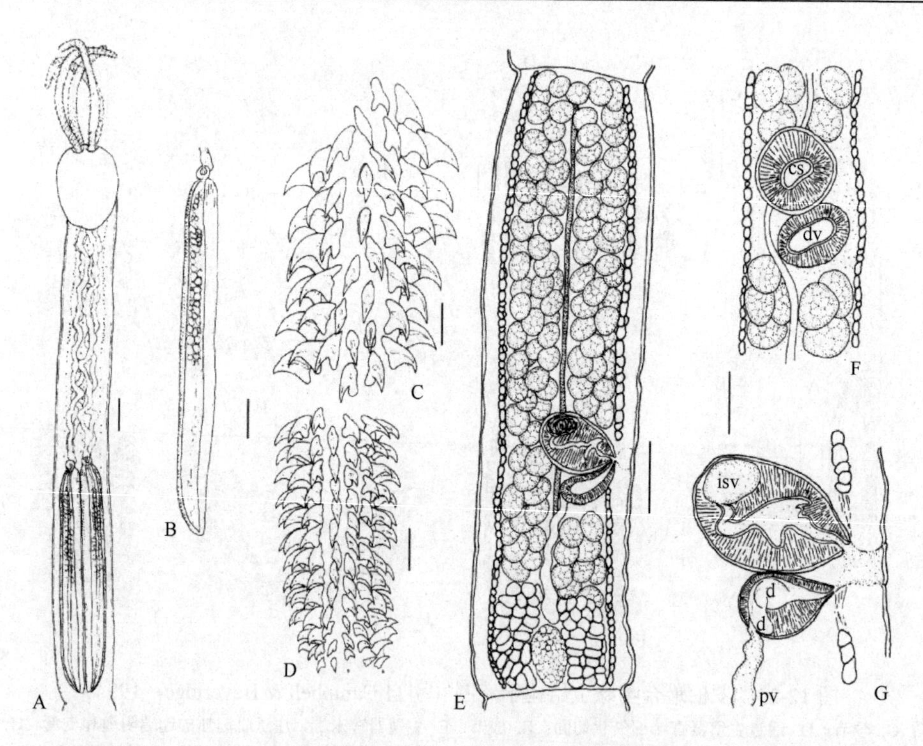

图 12-37　细长合吻绦虫结构示意图（引自 Beveridge & Campbell，1988）

A. 头节；B. 球茎；C. 吸槽面转变区钩型；D. 吸槽面基部钩型；E. 成节；F. 通过远端生殖管道的矢状光学部分；G. 阴茎囊和远端阴道。缩略词：cs. 阴茎囊；d. 支囊；dv. 远端阴道；isv. 内贮精囊；pv. 近端阴道。标尺：A=0.3mm；B，E=0.2mm；C，D=0.02mm；F，G=0.1mm

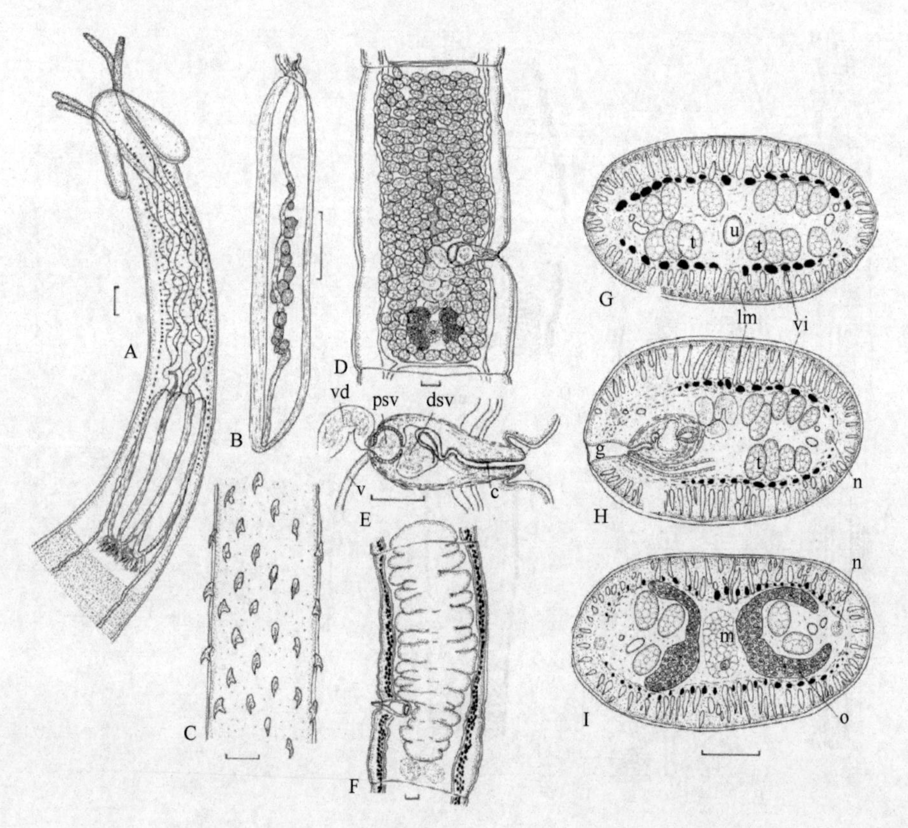

图 12-38　由 Kner 采自达尔马提亚亚得里亚海背棘鳐（*Raja clavata*）的薄颈四吻槽绦虫（引自 Beveridge，2008）

A. 头节；B. 球茎；C. 转变区钩型，外表面；D. 成节；E. 生殖器官末端；F. 孕节；G. 过成节阴茎囊前方横切；H. 过成节生殖腔水平横切；I. 过成节卵巢水平横切。缩略词：c. 阴茎；dsv. 远端贮精囊；g. 生殖腔；lm. 纵肌；m. 梅氏腺；n. 纵向神经索；o. 卵巢；psv. 近端贮精囊；t. 精巢；u. 子宫；v. 阴道；vd. 输精管；vi. 卵黄腺滤泡。标尺：A，B，D～I=100μm；C=10μm

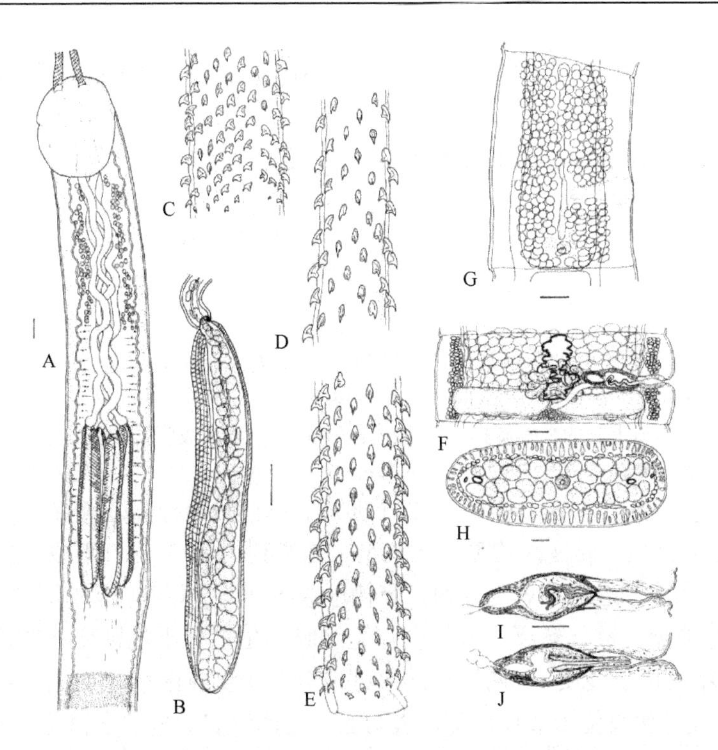

图 12-39 澳大利亚四吻槽绦虫结构示意图（引自 Campbell & Beveridge，1994）

A. 头节；B. 球茎；C. 触手基部外表面；D. 吸槽面，转变区钩型，内表面在右边；E. 吸槽面，触手基部，内表面在右边；F. 成节；G. 未成节，示精巢分布；H. 横切面，示精巢层、腹渗透调节管和中央位置的子宫；I. 阴茎囊，示内贮精囊；J. 阴茎囊和部分伸出的阴茎。标尺：A，B=0.1mm；C～E=0.01mm；F～J=0.1mm（该结构示意图中未成节与成节的形态可能发生了变形）

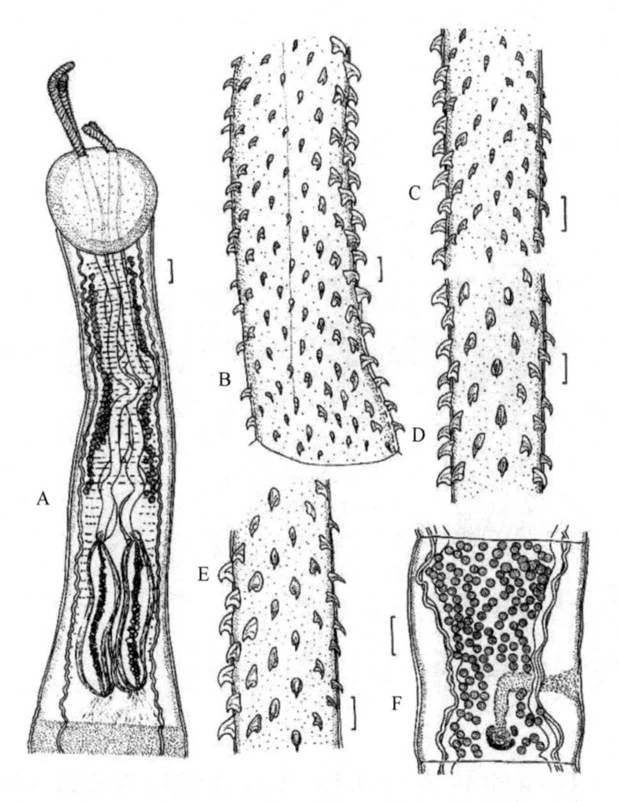

图 12-40 纹状四吻槽绦虫结构示意图（引自 Beveridge，2008）

采自意大利西南部那不勒斯鲼（*Myliobatis aquila*）。A. 头节；B. 触手钩型外表面，右边吸槽面基部区域；C. 触手钩型转变区外表面；D. 触手钩型转变区内表面，与图 C 为同一水平；E. 触手钩型转变区吸槽面；F. 成熟前节片。标尺：A=100μm；B～F=10μm

12.6 异棘样超科（Heteracanthoidea Dollfus，1942）

12.6.1 真四吻科（Eutetrarhynchidae Guiart，1927）

［同物异名：肾球茎科（Renibulbidae Feigenbaum，1975）］

12.6.1.1 分属检索

1a. 转变区的钩同形或异形，排为上升的半螺旋排，钩纵列 1（1′）与邻近的钩纵列（1′）在顶部具有相对钩列的统一的 V 形……2

1b. 转变区的钩明显为异形，排为上升的半螺旋排，钩纵列 1（1′）宽分离形成明显的左右手钩列的交替排布……4

2a. 基部的钩型在触手基部膨大处有单一大钩……巨钩属（*Oncomegas* Dollfus，1929）

识别特征：小型绦虫。头节细长，无缘膜。2 个卵形、小盘状吸槽，边缘游离，有厚边和后部的凹口。触手长，有不对称的基部膨大。转变区钩型为异棘型，钩纵列 1（1′）邻近形成 V 形，端部的列邻近为倒 V 形；钩同形或异形。触手鞘近端不规则卷曲，吸槽区为 S 形。球茎前器官存在。球茎长，牵引肌源于球茎基部。球茎后部短或无。链体解离，节片少，无缘膜。生殖孔不规则交替或位于单侧。外贮精囊存在，内贮精囊不存在。精巢位于髓质，成两平行的纵列或分散于侧方区域，背腹排为 1 至多层。阴道有 1～2 处括约肌。受精囊存在。卵巢位于节片后部，横切面上为四叶状。未孕子宫位于中央，管状；孕子宫有侧向支囊。子宫孔存在或无。卵黄腺滤泡状，位于皮层周围。渗透调节管螺旋或直，从阴茎囊背部通过。已知寄生于锯鲛肠螺旋瓣上，采自美国大西洋西北沿岸、墨西哥太平洋沿岸；实尾蚴寄生于大西洋和太平洋的硬骨鱼、浮游生物和海参中。模式种：瓦格纳巨钩绦虫［*Oncomegas wageneri*（Linton，1890）Dollfus，1929］（图 12-41，表 12-1）。

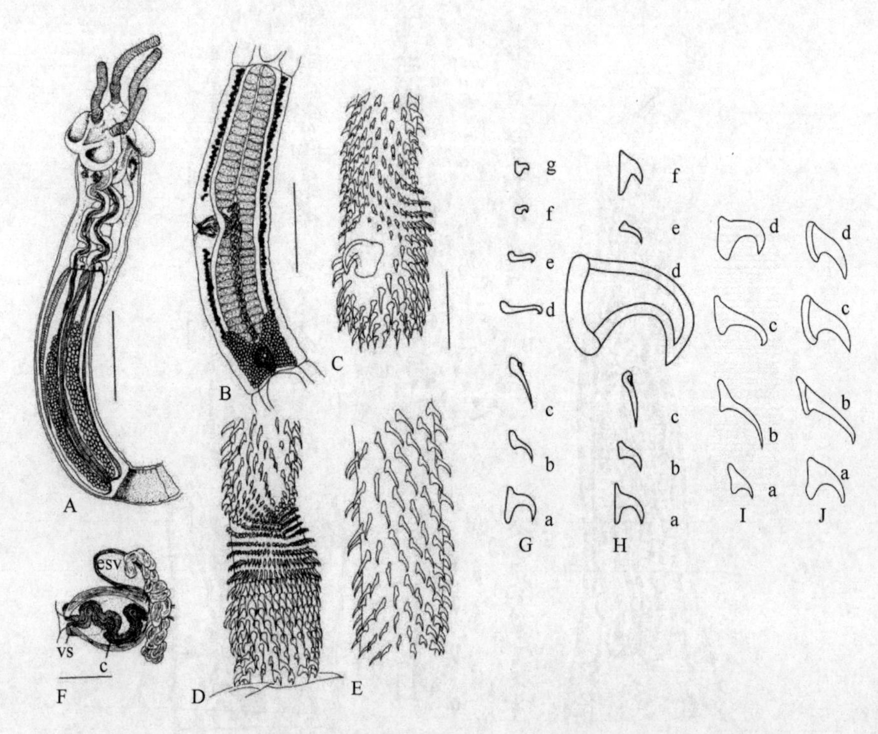

图 12-41 瓦格纳巨钩绦虫头节、成节、生殖器官末端及触手钩型

A. 头节；B. 成节；C. 触手基部外表面，注意大钩；D. 触手基部内表面；E. 吸槽面转变区钩型；F. 生殖器官末端，示外贮精囊和阴道括约肌；G. 基部钩型的钩类型，从近到远端，沿内表面的一列；H. 基部钩型的钩类型，从近到远端，沿外表面的一列；I. 来自触手顶部转变区下方内表面一列转变区钩型；J. 来自触手顶部转变区下方外表面一列转变区钩型。标尺：A=0.5mm；B=0.3mm；C～E=0.05mm；F=0.1mm（A～F 引自 Campbell & Beveridge，1994；G～J 引自 Toth et al.，1992）

表 12-1 巨钩属（*Oncomegas* Dollfus，1929）3 种绦虫的识别特征比较

	瓦格纳巨钩绦虫（*O. wageneri*）	保利娜巨钩绦虫（*O. paulinae*）	澳大利亚巨钩绦虫（*O. australiensis*）
总长	9.9～11.2	17.4～27.6	未成熟样品
（平均）	（10.6）mm	（23.2）mm	
节片数	非孕节：19～22（21）	孕节：33～45（39）	?：?
头节比率（球茎部：鞘部：球茎后部）	1：3.1：4.1	1：3.5：4.6	1：2.7：2.8
头茎部的腺细胞	存在	不存在	不存在
腺细胞与牵引肌相连	含于球茎后 2/3	扩展至触手鞘近端区	扩展至触手鞘近端区
基部钩型			
钩列数	16～18	20～21	25
基部钩			
每列近端到基部大钩数	8～10	12～14	18
每列邻近基部大钩的数	10	10～12	20～22
每列大钩远端钩数	18～20	18～20	26～28
基部大钩			
钩长	35～40（37）	30～32（31）	34
基部长	26～29（28）	27～30（28）	35
钩高度	18～22（20）	16～21（17）	14
转换钩每排数目	10～12	14	18～20
生殖孔	不规则交替，通常在赤道位置	单侧，赤道前方	生殖原基表现为单侧，赤道后方
精巢			
形状	正面观长方形；扁圆柱形	亚球形	正面观长方形
每节数目	60～70（65）	62～92（73）	61～78
排列	2 纵列	2 纵带	2 纵列
分布	卵巢峡部前方	节片后端部前方	未成节后端部前方
精巢层数	1	2～3	?
阴道括约肌	1 大型远端括约肌可见	1 大型远端和 1 小型近端括约肌	?
孕子宫位置	卵巢前方	充满节片	?
子宫分支	大量，短	小量、长	?
子宫孔	未观察到	孕节中观察到	?
渗透调节管	直，背管通常直接在腹管上方	螺旋，背管通常直接在腹管上方	腹管直，背管弯曲并在腹管侧方
纵肌束	圆形；紧密	亚圆柱形；分离良好	?

注：长度单位除有标明外均为μm；？表示没有数据

Beveridge 和 Campbell（2005）描述了收集自北领地阿拉弗拉海域澳大利亚的软骨鱼的属：巨钩样属（*Oncomegoides*）及其模式种：隐藏巨钩样绦虫（*Oncomegoides celatus*）。此模式种采自小眼魟（*Dasyatis microps* Annandale，1908）和豹纹窄尾魟或称詹金斯鞭尾魟（*Himantura jenkinsi*）的肠螺旋瓣上。巨钩样属类似于巨钩属（*Oncomegas* Dollfus，1929），具有 2 个吸槽和吸槽面基部钩型有 1 个大钩，而不同之处在于具有 1 额外钩排，由 4 个间插钩组成，在相对的主排钩之间触手外表面两间插钩重叠，因而是非典型的异棘型。

附 1：巨钩样属（*Oncomegoides* Beveridge & Campbell，2005）

识别特征：头节无缘膜；具 2 个吸槽。鞘部略短于吸槽部。球茎细长，有球茎前器官和内部的腺细胞。牵引肌起于球茎的后端部。触手具有明显的基部钩型或膨大；吸槽面膨大处有大钩。钩型为异棘型，异形钩；钩中空。钩排 1 和 1′之间由明显的空间隔开。钩排起于反吸槽面，止于吸槽面；间插钩单排位于各主排之间。规则排的钩在反吸槽面的最大，向吸槽面逐渐变小。节片无缘膜。生殖孔位于边缘，不规则交替；精巢位于卵巢前，排为两列。已知寄生于刺魟［魟科（Dasyatididae）］。模式种：隐藏巨钩样绦虫（*Oncomegoides celatus* Beveridge & Campbell，2005）（图 12-42）。

模式材料：全模标本采自澳大利亚北领地阿拉弗拉海域细眼魟［*Dasyatis microps*（Annandale）］的肠螺旋瓣，采集人为 K. Jensen，采集时间为 1999 年 9 月 20 日，标本编号为 SAM 28644。同时获得的副模标本有 23 个，SAM 28645；5 个样品为 BMNH 2004.7.12.6；5 个样品 USNPC 94896；10 个样品为 LPP 3715～6。

额外测定的材料：3 个样品采自澳大利亚北领地阿拉弗拉海域豹纹窄尾魟或称詹金斯鞭尾魟（*Himantura jenkinsi*）的肠螺旋瓣，采集人为 J. Caira，采集时间为 1999 年 9 月 12 日，标本编号为 SAM 28648。

词源：属名巨钩样属暗示与巨钩属相似；种名“*celatus*”，拉丁文意为“隐藏”。

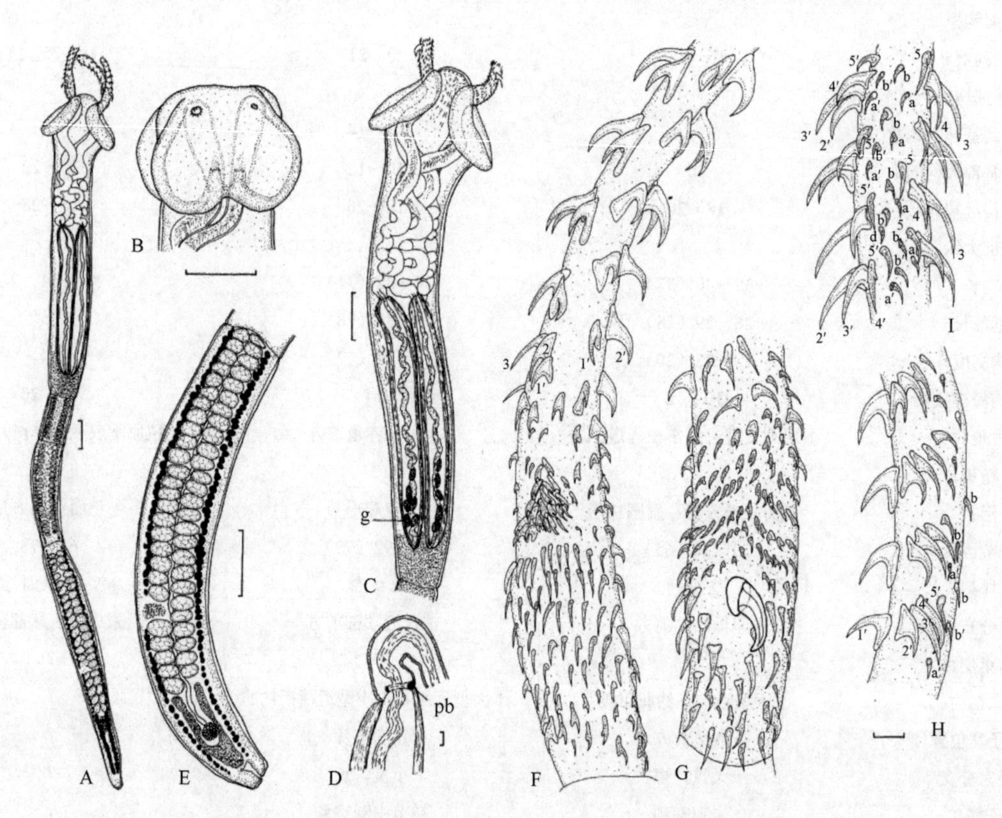

图 12-42　隐藏巨钩样绦虫结构示意图（引自 Beveridge & Campbell，2005）

A. 整条虫体；B. 吸槽背腹面观；C. 头节侧面观；D. 球茎前部，示球茎前器官；E. 成熟前节片；F～I. 触手钩型：F. 反吸槽面基部和转变区；G. 吸槽面基部区；H. 外表面转变区；I. 吸槽面转变区=。缩略词：g. 腺细胞；pb. 球茎前器官。标尺：A～C，E=0.1mm；D，F～I=0.01mm

2b. 基部的钩型无大钩，基部区膨大或否 ………………………………………………………… 3

3a. 基部的钩型存在，膨大存在；精巢前后串联排列，内贮精囊不存在 ……………………………………………………… 道尔夫属（*Dollfusiella* Campbell & Beveridge，1994）

识别特征：头节无缘膜。2 个卵形、小盘状吸槽，边缘游离。钩型为异棘型，钩纵列 1（1′）邻近形成 V 形主排源；钩排在对侧终止处为倒 V 形；钩同形或异形。基部膨大，螺旋型的基部钩存在。触手鞘螺旋形或 S 形。球茎长，牵引肌源于球茎基部。球茎前器官存在。节片无缘膜、细长。精巢位于两排泄管之间的平行带，层状背腹位 2～4 平行排。生殖孔位于边缘。卵巢位于节片后部。卵黄腺滤泡形成套筒围绕着内部器官。子宫位于中央、管状。寄生于板鳃亚纲软骨鱼，采自加勒比海、太平洋、地中海和亚马孙。模式种：澳大利亚道尔夫绦虫（*Dollfusiella australis* Prudhoe，1969）（图 12-43）［同物异名：澳大利亚真四吻绦虫（*Eutetrarhynchus australis* Prudhoe，1969）］。其他种：细长道尔夫绦虫（*D. longata* Beveridge et al.，2004）（图 12-44，图 12-45）；针尾道尔夫绦虫（*D. aculeata* Beveridge，Neifar & Euzet，2004）（图 12-46A～G）；多棘道尔夫绦虫（*D. spinifer* Beveridge et al.，2004）（图 12-46H～O）等。

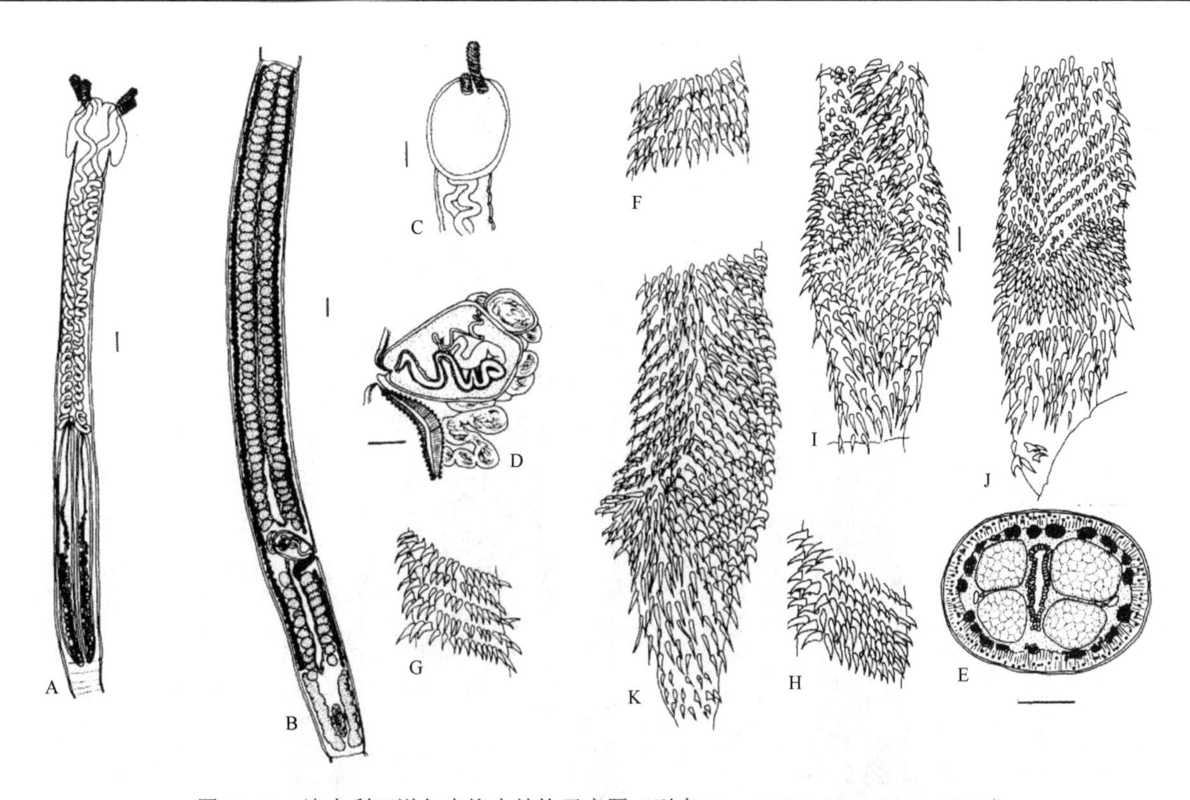

图 12-43 澳大利亚道尔夫绦虫结构示意图（引自 Campbell & Beveridge，1994）

A. 头节；B. 成节；C. 吸槽；D. 生殖器官末端；E. 横切面，示精巢层；F. 吸槽面，转变区钩型；G. 外表面，转变区钩型；H. 内表面，转变区；I. 吸槽面，基部钩型；J. 内表面，基部钩型；K. 外表面，基部钩型。标尺：A～E=0.1mm；F～K=0.01mm

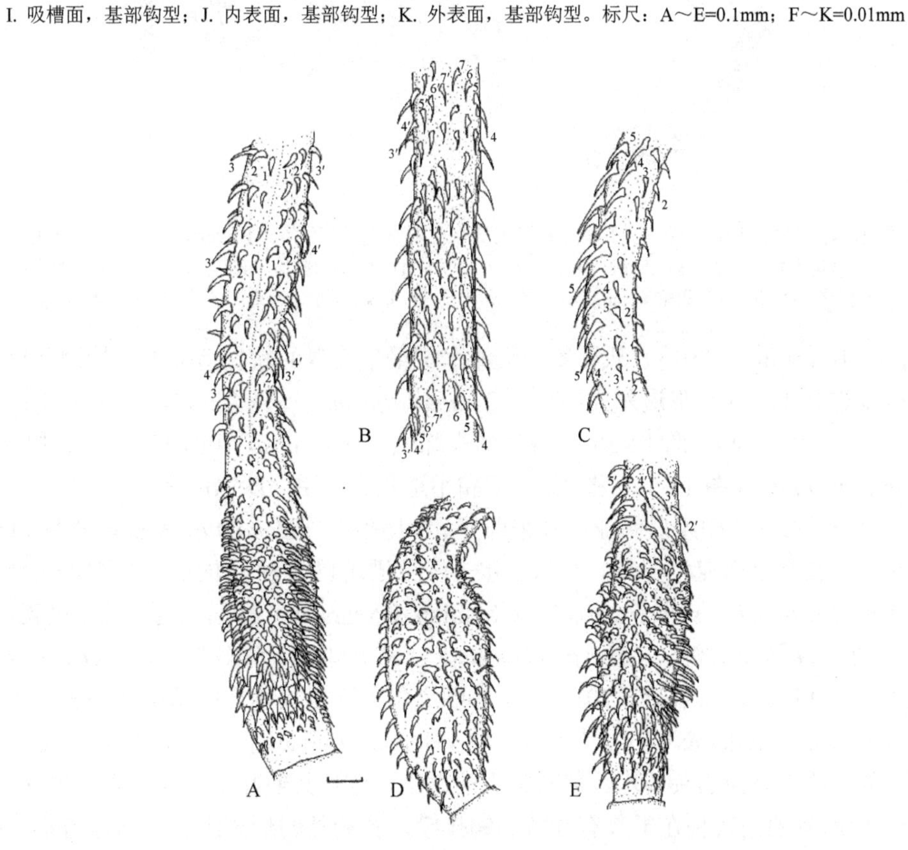

图 12-44 细长道尔夫绦虫触手钩型结构示意图（引自 Beveridge et al.，2004）

采自吻斑犁头鳐（*Rhinobatos cemiculus*）。A. 基部和转变区钩型，反吸槽面，有点的线表示钩列 1 和 1′之间很小的分离；B. 转变区，钩列在基部膨大处，吸槽面；C. 转变区，钩列在基部膨大处，内表面；D. 基部膨大，吸槽面；E. 基部膨大处外表面。标尺=10μm

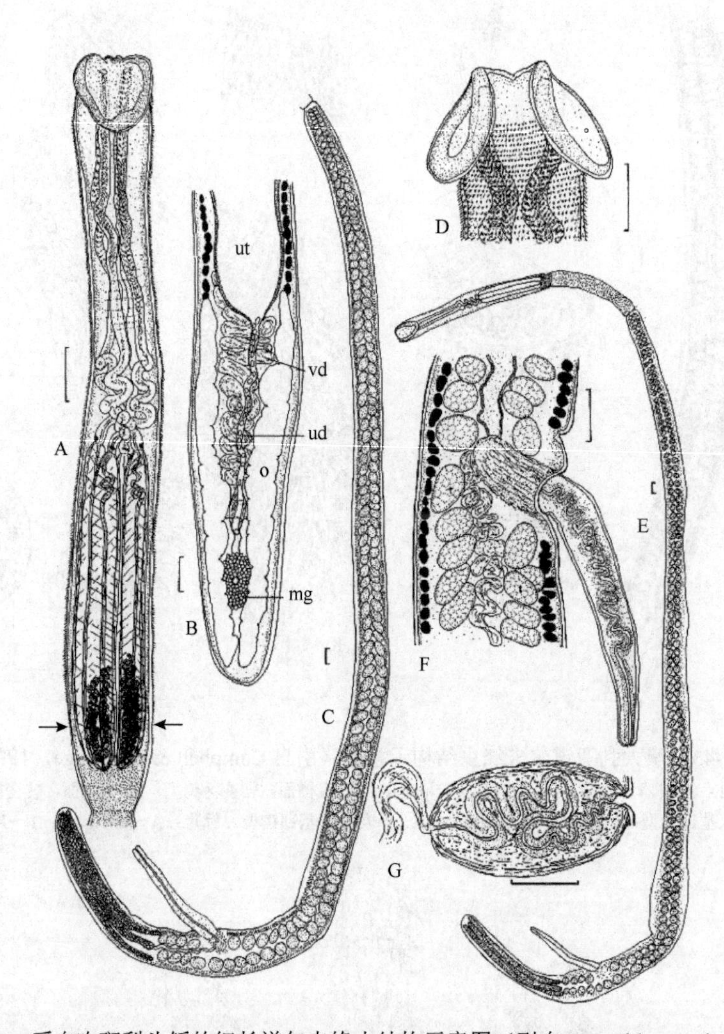

图 12-45　采自吻斑犁头鳐的细长道尔夫绦虫结构示意图（引自 Beveridge et al.，2004）

A. 头节，箭头示头节皮层棘状微毛的后部扩展；B. 雌性生殖器官；C. 成节；D. 头节吸槽部，示此区棘在吸槽之间扩展；E. 整条虫体；F. 有外翻阴茎的生殖腔区域；G. 阴茎囊。缩略词：mg. 梅氏腺；o. 卵巢；t. 精巢；ud. 子宫管；ut. 子宫；vd. 输精管。标尺=100μm

Schaeffner 和 Beveridge（2013）从婆罗洲沿海水域采集大量的软骨鱼标本，检测并报道了几个道尔夫属绦虫种，分别定名为：狭长形道尔夫绦虫（*D. angustiformis*）（图 12-47，图 12-48）；半棘道尔夫绦虫（*D. hemispinosa*）（图 12-49，图 12-50）；棘道尔夫绦虫（*D. spinosa*）（图 12-51，图 12-52）；不等棘道尔夫绦虫（*D. imparispinis*）（图 12-53，图 12-54）和小道尔夫绦虫（*D. parva*）（图 12-55，图 12-56）。狭长形道尔夫绦虫采自婆罗洲（印度尼西亚和马来西亚）窄尾魟属（*Himantura* Müller & Henle）4 种赤魟的肠螺旋瓣。其余种采自马来西亚婆罗洲。半棘道尔夫绦虫描述自 3 种魟的肠螺旋瓣，而棘道尔夫绦虫则是采自几个圆鼻魟（*Pastinachus solocirostris* Last，Manjaji & Yearsley）（魟科），也采自 1 尾蓝点 魟（*Taeniura lymma*）（魟科）、2 尾库尔氏新魟（*Neotrygon kuhlii*）（魟科）和类大鲽鲛魟（*Glaucostegus* cf. *typus*）[犁头鳐科（Rhinobatidae）]（Naylor et al.，2012）。不等棘道尔夫绦虫描述自中国南部海域沙捞越点纹斑竹鲨（*Chiloscyllium punctatum* Müller & Henle）[天竺鲨科（Hemiscylliidae）]，而小道尔夫绦虫则是从窄尾魟属的几个种中获得的。这 5 个种的头节均覆盖有扩大的微毛，这是其他几个同属种表现出的一个形态特征。这 5 种不同于其他所有的同属种在于具有独特的钩排模式及额外的形态组合。这样道尔夫属的有效种增至 26 种。

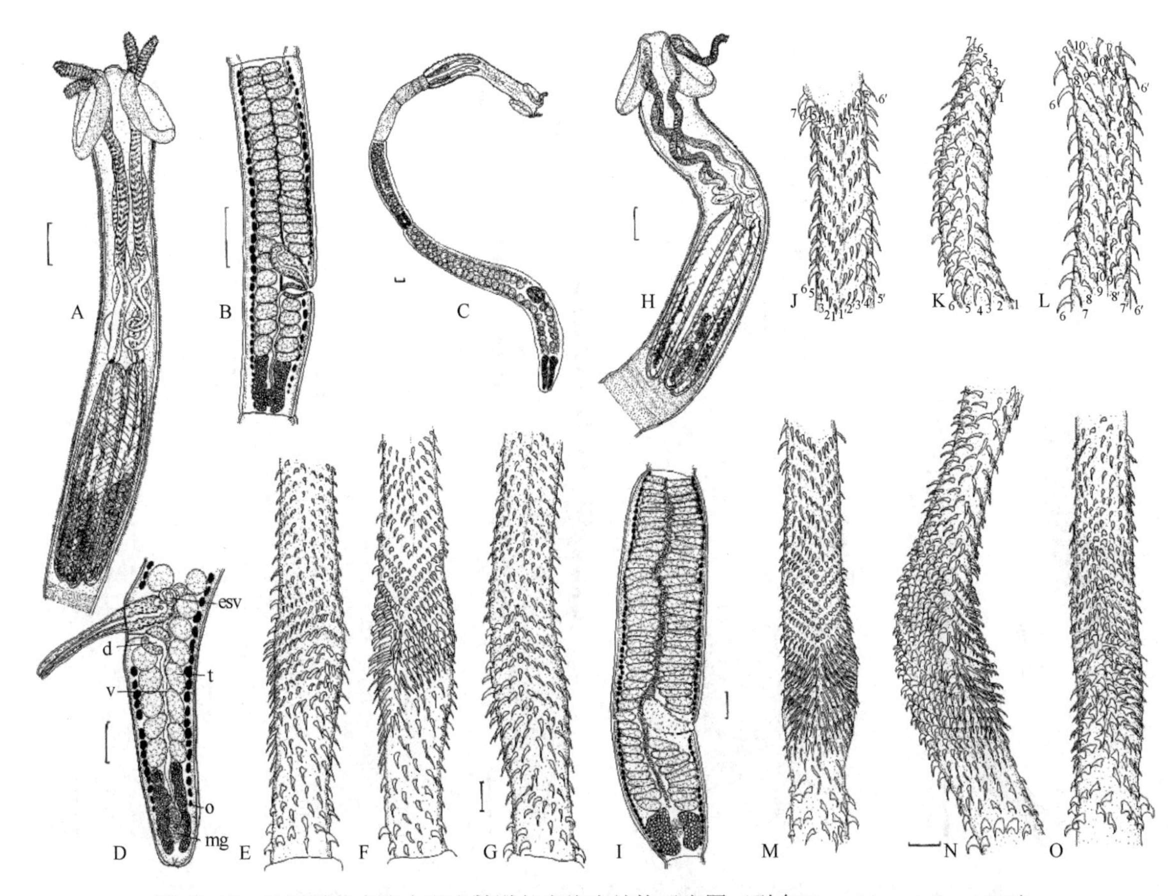

图 12-46 针尾道尔夫绦虫和多棘道尔夫绦虫结构示意图（引自 Beveridge et al.，2004）

A～G. 采自托氏魟（*Dasyatis tortonesei*）的针尾道尔夫绦虫：A. 头节；B. 成节；C. 整条虫体；D. 成节后端有外翻的阴茎，示生殖器官末端部；E. 触手外表面斜面观，示基部和转变区钩型，左边为反吸槽面，右边为吸槽面；F. 触手吸槽表面，示基部和转变区钩型，转变区有点的线示主排钩的起始处，左边为内表面；G. 触手吸槽面，示基部和转变区钩，转变区有点的线示主排钩的终止处，左边为内表面。H～O. 采自鲼（*Myliobatis aquila*）的多棘道尔夫绦虫：H. 头节；I. 成节；J. 转变区触手钩型，反吸槽面，点线示主排钩的起始处；K. 转变区触手钩型，内表面；L. 吸槽面转变区触手钩型，点线示主排钩的终止处；M. 基部的触手钩型，反吸槽面；N. 基部的触手钩型，内表面；O. 基部的触手钩型，吸槽面。缩略词：d. 阴道分支；esv. 外贮精囊；mg. 梅氏腺；o. 卵巢；t. 精巢；v. 阴道。标尺：A～D，H，I=100μm；E～G，J～O=10μm

Menoret 和 Ivanov（2015）在近期阿根廷沿海的软骨鱼寄生虫病原学调查中，发现了道尔夫属的另一个种：锐道尔夫绦虫（*D. acuta*）（图 12-57～图 12-59），该种绦虫发现于 4 种无鳍鳐（arhynchobatid skates），即锐同鳍鳐（*Sympterygia acuta* Garman）（模式宿主）、波拿巴同鳍鳐（*S. bonapartii* Müller & Henle）、斑背鳐［*Atlantoraja castelnaui*（Miranda Ribeiro）］和普拉塔鳐［*A. platana*（Günther）］。锐道尔夫绦虫的触手钩型由基部的钩状钩排组成，明显的基部膨大上有钩状、镰状和喙状钩，以及具异形（吸槽面的钩状钩和反吸槽面的镰状钩）钩的异棘的转变区钩型，钩 1（1′）不分离。精巢排为 2 列，具 1 个内贮精囊。修正后的科特斯海道尔夫绦虫（*D. cortezensis*）的描述（Friggens et al.，2005）也提供了明确详细的头节和触手钩型（图 12-60）。在西南大西洋，道尔夫属成员有特定的宿主种或特定的宿主科。

Haseli 和 Palm（2015）描述了采自波斯湾格什姆岛牛尾鳐［*Pastinachus sephen*（Forsskål）］的格什姆道尔夫绦虫（*D. qeshmiensis* Haseli & Palm，2015）（图 12-61）。该种具有扩大的外贮精囊使其与迈克道尔夫绦虫［*D. michiae*（Southwell，1929）］、巴拉德西道尔夫绦虫［*D. bareldsi*（Beveridge，1990）］、欧文斯道尔夫绦虫［*D. owensi*（Beveridge，1990）］、杰拉施密德道尔夫绦虫［*D. geraschmidti*（Dollfus，1974）］、狭长形道尔夫绦虫（*D. angustiformis* Schaeffner & Beveridge，2013）、半棘道尔夫绦虫（*D. hemispinosa* Schaeffner & Beveridge，2013）、棘道尔夫绦虫（*D. spinosa* Schaeffner & Beveridge，2013）和塔米尼道尔夫绦虫（*D. taminii* Menoret & Ivanov，2014）相区别，与道尔夫属其他种的区别在于如下的一些形态组合特征：每节精巢的数目、精巢的列数，以及转变区每半螺旋排同形钩数等。

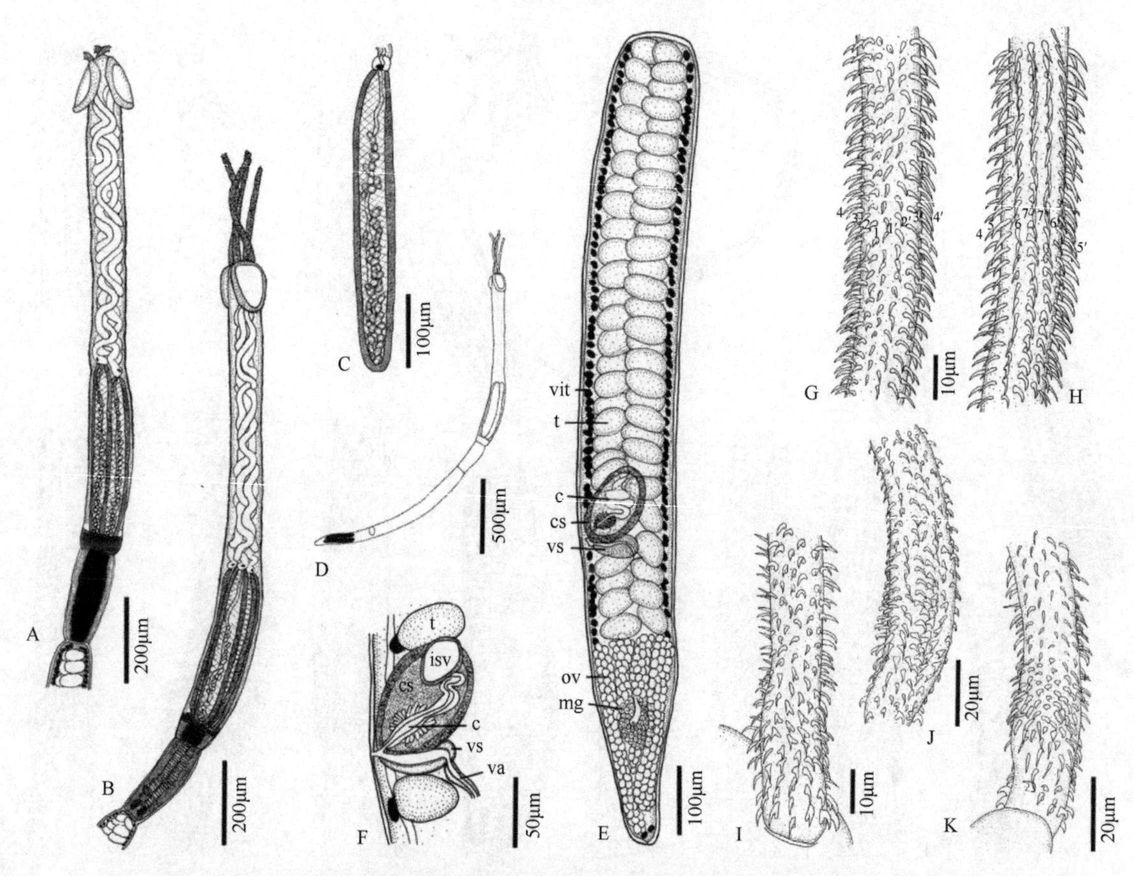

图 12-47　狭长形道尔夫绦虫结构示意图（引自 Schaeffner & Beveridge，2013a）

采自爪哇白鼻鞭魟［*Himantura uarnacoides*（Bleeker）］（KA-146）。A. 头节侧面观；B. 头节背腹观；C. 球茎；D. 整条绦虫外观；E. 成节；F. 阴茎囊细节，系列节片组合绘制；G. 转变区触手钩型，反吸槽面；H. 转变区触手钩型，吸槽面（与 G 相对的触手表面）；I. 外表面基部触手钩型；J. 吸槽面基部触手钩型；K. 反吸槽面基部触手钩型。缩略词：c. 阴茎；cs. 阴茎囊；isv. 内贮精囊；mg. 梅氏腺；ov. 卵巢；t. 精巢；va. 阴道；vit. 卵黄腺滤泡；vs. 阴道括约肌

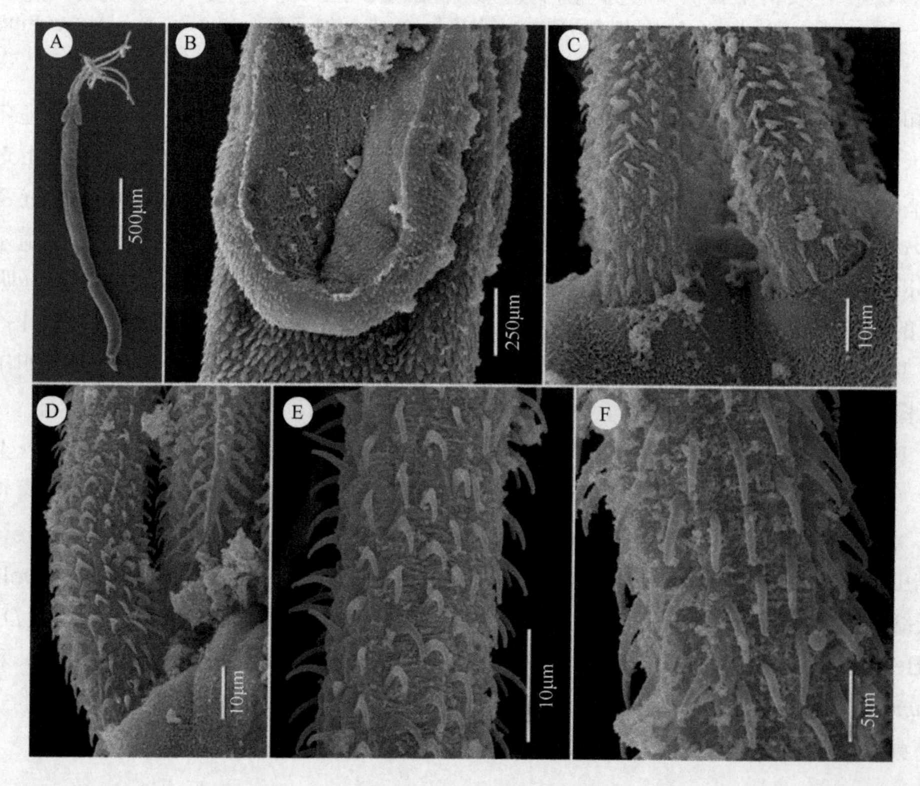

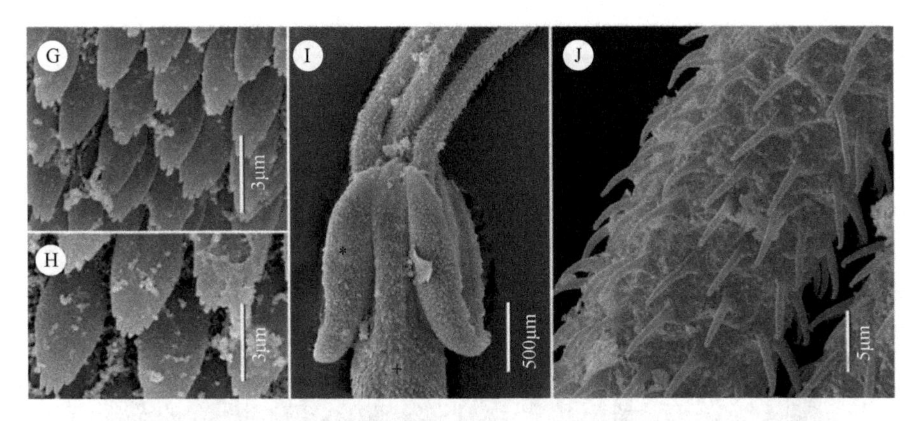

图 12-48 狭长形道尔夫绦虫扫描结构（引自 Schaeffner & Beveridge，2013a）

样品采自爪哇白鼻鞭魟（KA-146）。A. 完整样品侧面观；B. 吸槽细节，注意放大的毛状微毛衬于吸槽远端和近端表面边缘；C. 吸槽面基部钩型；D. 外表面基部钩型；E. 吸槽到外表面转变区钩型；F. 反吸槽面转变区钩型；G. 覆盖吸槽近端表面的掌状棘毛；H. 覆盖头节柄部的掌状棘毛；I. 头节前部侧面观，符号“*”为图 G 取图处，“+”为图 H 取图处；J. 外表面转变区钩型

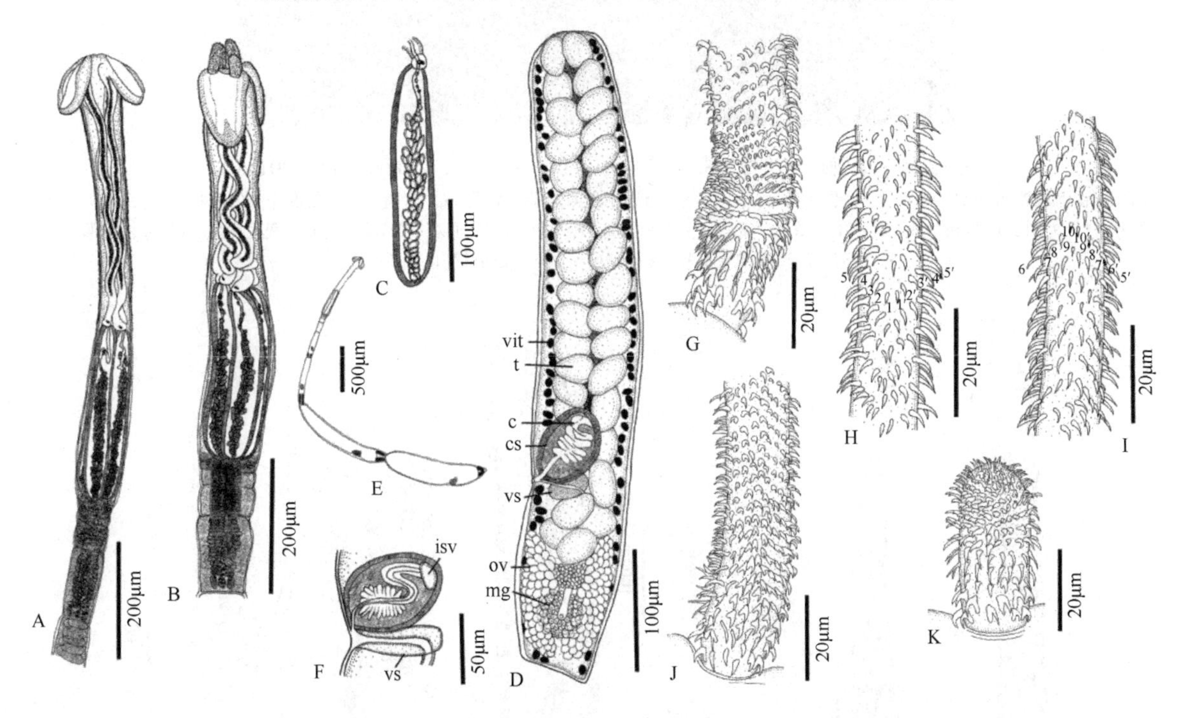

图 12-49 半棘道尔夫绦虫结构示意图（引自 Schaeffner & Beveridge，2013a）

样品采自中国南海圆鞭魟［*Himantura pastinacoides*（Bleeker）］（BO-12）。A. 头节侧面观；B. 头节背腹观；C. 球茎；D. 成节；E. 整条绦虫外观；F. 阴茎囊细节，系列节片组合绘制；G. 外表面基部触手钩型；H. 反吸槽面转变区触手钩型；I. 吸槽面触手钩型（与 H 相对的触手面）；J. 吸槽面基部触手钩型；K. 反吸槽面基部触手钩型。缩略词：c. 阴茎；cs. 阴茎囊；isv. 内贮精囊；mg. 梅氏腺；ov. 卵巢；t. 精巢；vit. 卵黄腺滤泡；vs. 阴道括约肌

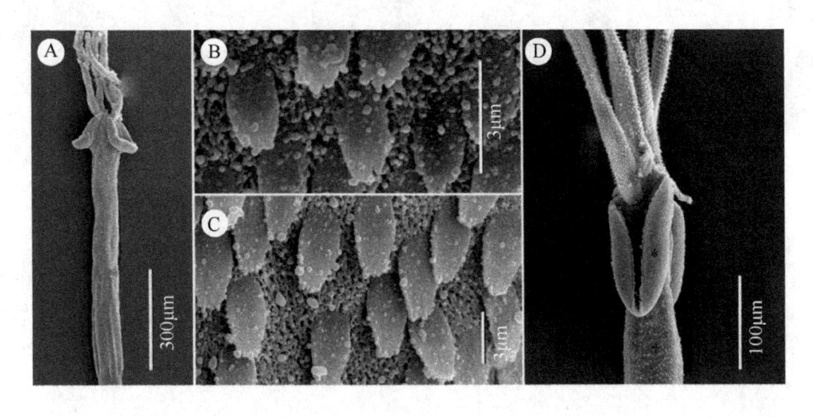

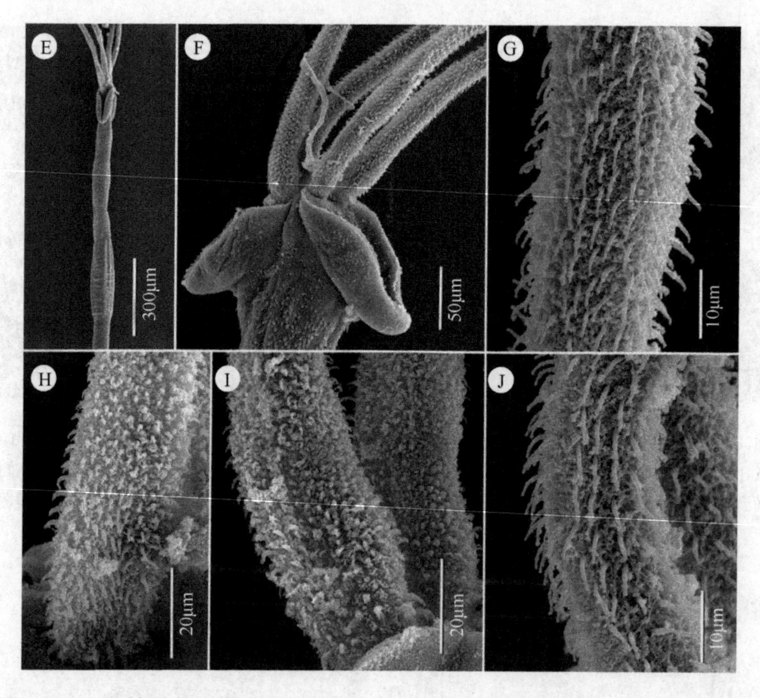

图 12-50　半棘道尔夫绦虫扫描结构（引自 Schaeffner & Beveridge，2013a）

样品采自中国南海圆鞭魟（BO-12）。A. 头节侧面观；B. 覆盖吸槽近端表面的掌状棘毛；C. 覆盖头节柄部的扩大的掌状棘毛；D. 头节前部背腹面观，符号“*”为图 B 取图处，“+”为图 C 取图处；E. 头节背腹面观；F. 头节前部侧面观；G. 反吸槽面转变区钩型；H. 吸槽表面基部触手钩型；I. 反吸槽表面基部触手钩型；J. 外表面转变区触手钩型

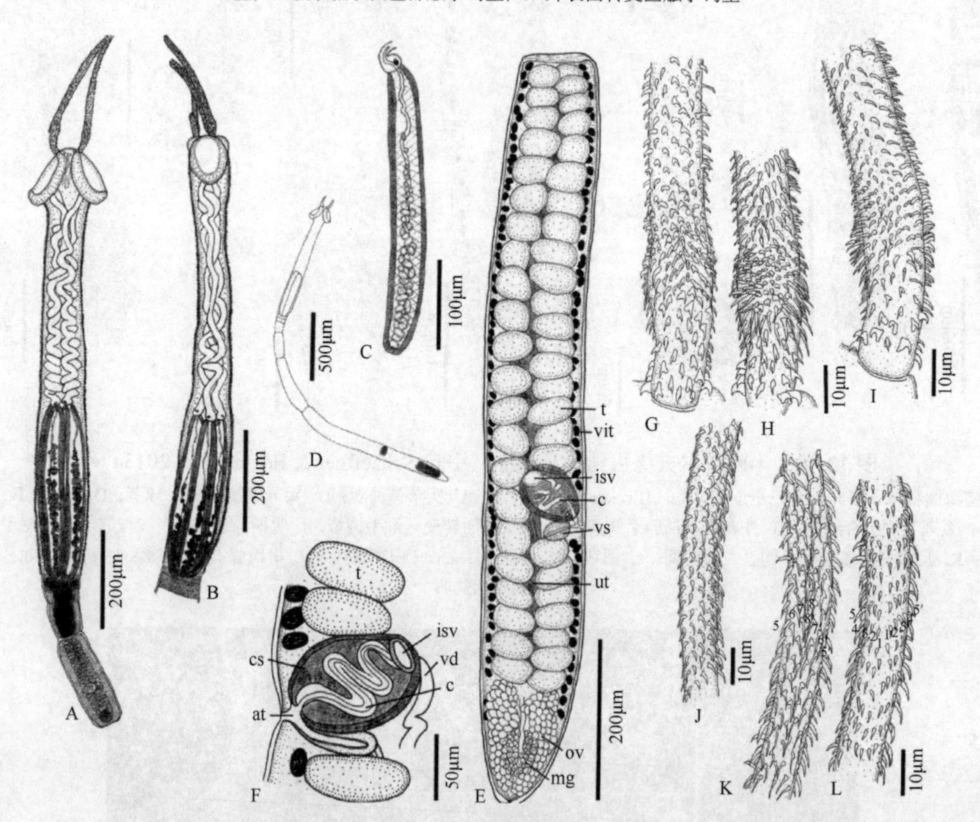

图 12-51　棘道尔夫绦虫结构示意图（引自 Schaeffner & Beveridge，2013a）

样品采自中国南海圆鼻魟（BO-267）。A. 头节侧面观；B. 头节背腹观；C. 球茎；D. 整条绦虫外观；E. 成节；F. 阴茎囊细节，系列节片组合绘制；G. 吸槽面基部触手钩型；H. 反吸槽面基部触手钩型（与 G 相对的触手面）；I. 外表面基部触手钩型；J. 内表面转变区触手钩型；K. 吸槽面转变区触手钩型；L. 反吸槽面转变区触手钩型（与 K 相对的触手面）。缩略词：at. 生殖腔；c. 阴茎；cs. 阴茎囊；isv. 内贮精囊；mg. 梅氏腺；ov. 卵巢；t. 精巢；ut. 子宫；vd. 输精管；vit. 卵黄腺滤泡；vs. 阴道括约肌

图 12-52 棘道尔夫绦虫扫描结构（引自 Schaeffner & Beveridge，2013a）

样品采自中国南海圆鼻魟（BO-267）。A. 完整的样品背腹面观；B. 覆盖吸槽远端表面的毛状棘毛；C. 覆盖吸槽近端表面的掌状棘毛；D. 覆盖头节柄部的扩大的掌状棘毛；E. 头节前部侧到背腹面观，符号“#”为图 B 取图处，“*”为图 C 取图处，“+”为图 D 取图处；F. 吸槽表面基部触手钩型；G. 反吸槽面基部膨大处触手钩型；H. 内表面转变区触手钩型；I. 吸槽到外表面基部触手钩型

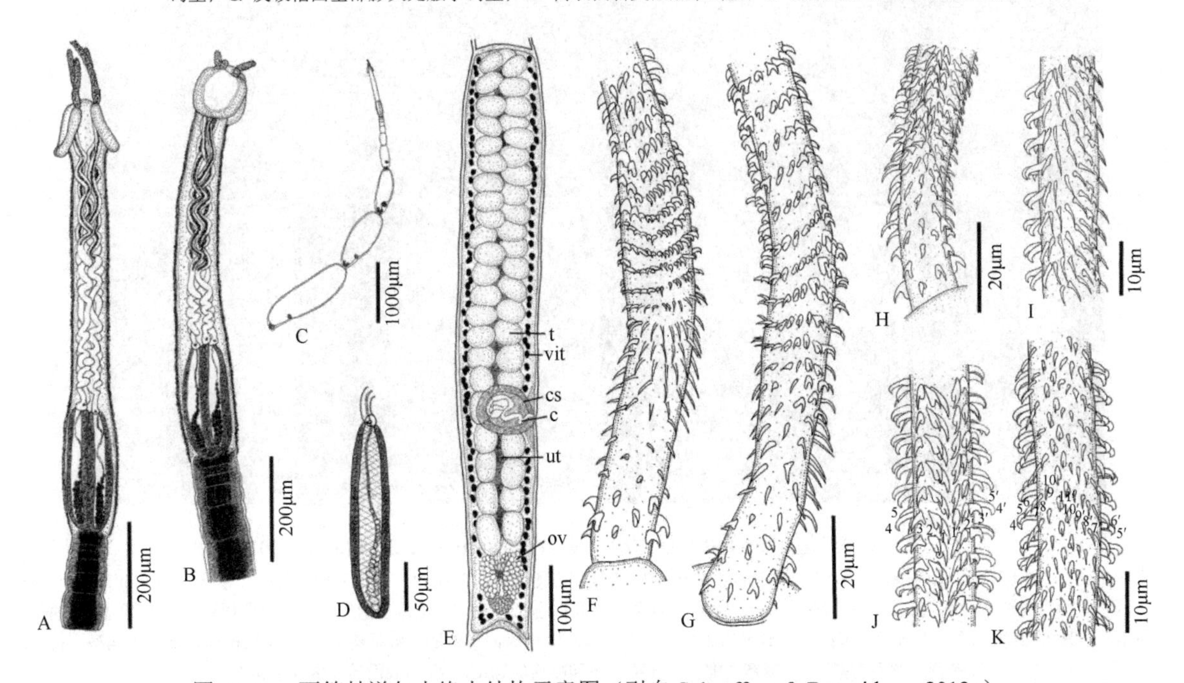

图 12-53 不等棘道尔夫绦虫结构示意图（引自 Schaeffner & Beveridge，2013a）

样品采自中国南海点纹斑竹鲨（BO-282）。A. 头节侧面观；B. 头节背腹观；C. 整条绦虫外观；D. 球茎；E. 成节；F. 反吸槽面基部触手钩型；G. 吸槽面基部触手钩型（与 F 相对的触手面）；H. 外表面基部触手钩型；I. 内表面转变区触手钩型；J. 反吸槽面转变区触手钩型；K. 吸槽面转变区触手钩型。缩略词：c. 阴茎；cs. 阴茎囊；ov. 卵巢；t. 精巢；ut. 子宫；vit. 卵黄腺滤泡

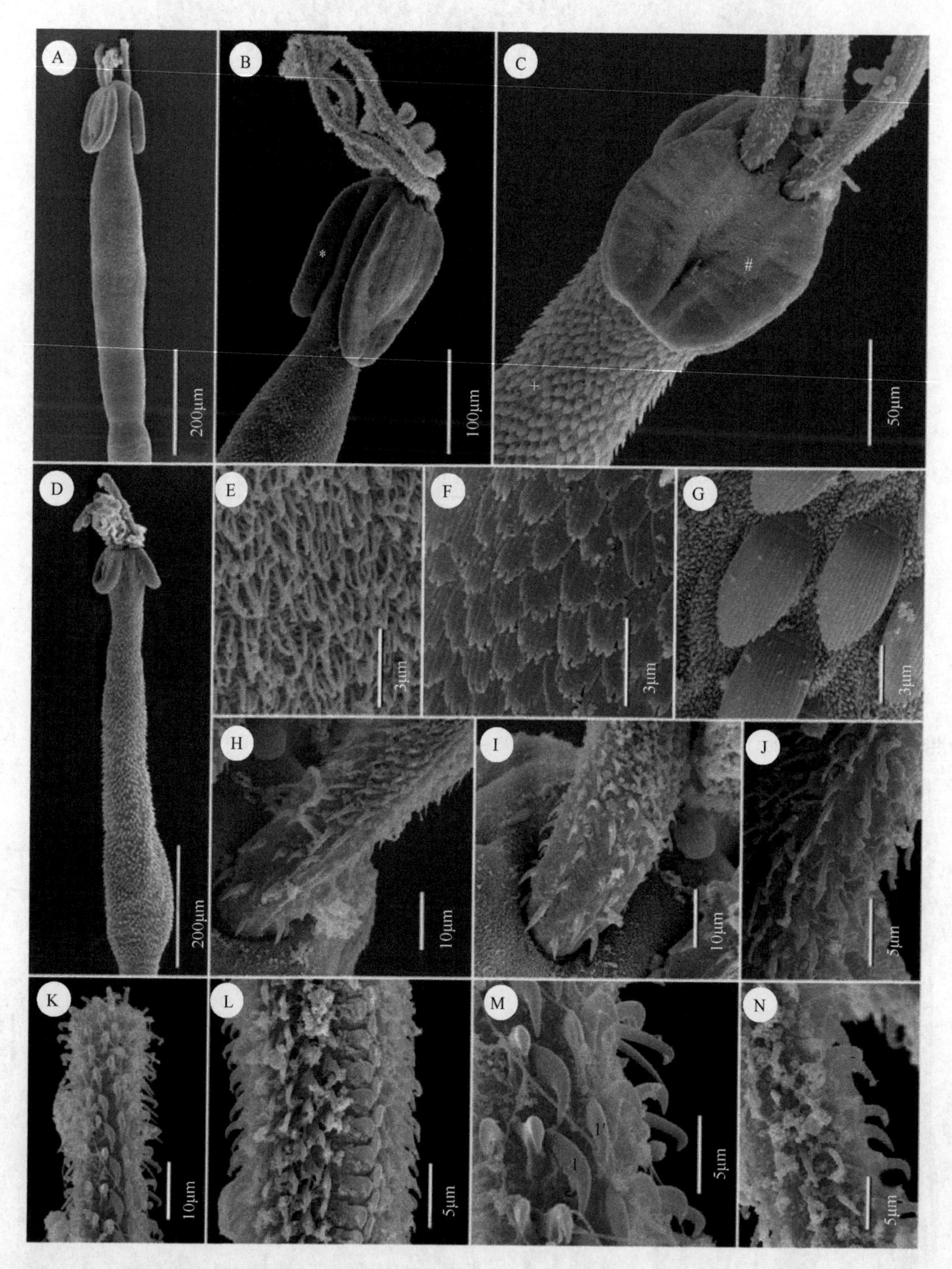

图 12-54 不等棘道尔夫绦虫扫描结构（引自 Schaeffner & Beveridge，2013a）

样品采自中国南海点纹斑竹鲨（BO-282）。A. 头节侧到背腹面观；B. 头节前部侧面观，符号“*”为图 F 取图处；C. 头节前部背腹面观，符号“#”为图 E 取图处，“+”为图 G 取图处；D. 头节侧面观；E. 覆盖吸槽远端表面的毛状棘毛；F. 覆盖吸槽近端表面的掌状棘毛；G. 覆盖头节柄部的扩大的掌状棘毛；H. 内到吸槽面基部触手钩型；I. 外到吸槽面基部触手钩型；J. 内表面基部膨大触手钩型；K. 反吸槽面顶端触手钩型；L. 吸槽面转变区触手钩型；M. 吸槽面细节，注意钩 1 和毗连的钩 1′；N. 内表面转变区触手钩型

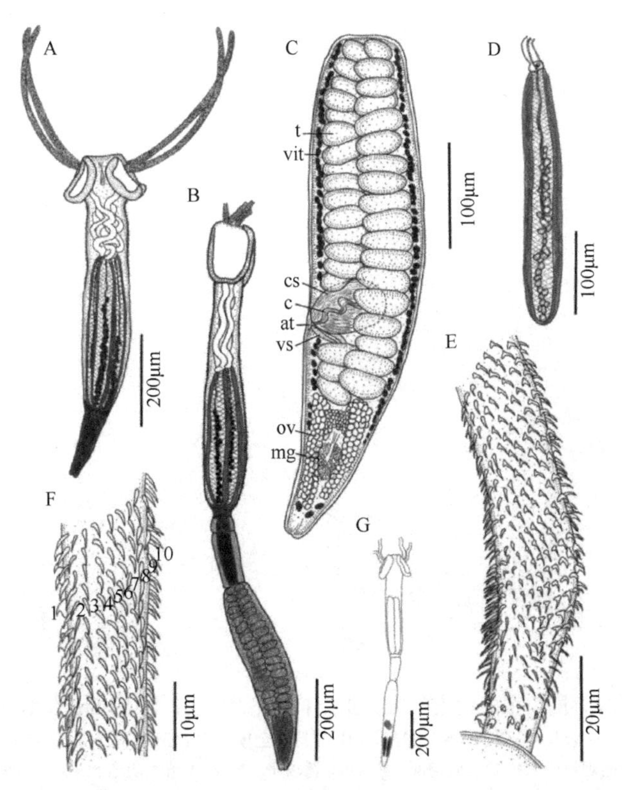

图 12-55 采自不同宿主个体的小道尔夫绦虫结构示意图（引自 Schaeffner & Beveridge，2013a）

A，D～G. 采自中国南海齐氏窄尾魟（黄点魟）[*Himantura gerrardi*（Gray）] 的小道尔夫绦虫（BO-23）；B，C. 采自西里伯斯海似齐氏窄尾魟2（*Himantura* cf. *gerrardi* 2）的小道尔夫绦虫（BO-138）。A. 完整样品（未成熟）侧面观；B. 完整样品背腹观；C. 成节；D. 球茎；E. 外表面基部触手钩型；F. 外表面转变区触手钩型；G. 完整样品外观。缩略词：at. 生殖腔；c. 阴茎；cs. 阴茎囊；mg. 梅氏腺；ov. 卵巢；t. 精巢；vit. 卵黄腺滤泡；vs. 阴道括约肌

图 12-56 小道尔夫绦虫扫描结构（引自 Schaeffner & Beveridge，2013a）

样品采自西里伯斯海似齐氏窄尾魟2（BO-138）。A. 完整样品侧面观；B. 覆盖吸槽近端表面的掌状棘毛；C. 覆盖头节柄部的扩大的掌状棘毛；D. 反吸槽面转变区触手钩型；E. 头节前部背腹面观；F. 头节前部背腹到侧面观，符号“*”为图 B 取图处，“+”为图 C 取图处；G. 外表面转变区触手钩型；H. 后部吸槽边缘细节，注意在吸槽远端和近端表面之间边缘衬的放大的毛状丝毛；I. 吸槽面基部触手钩型；J. 吸槽面转变区触手钩型

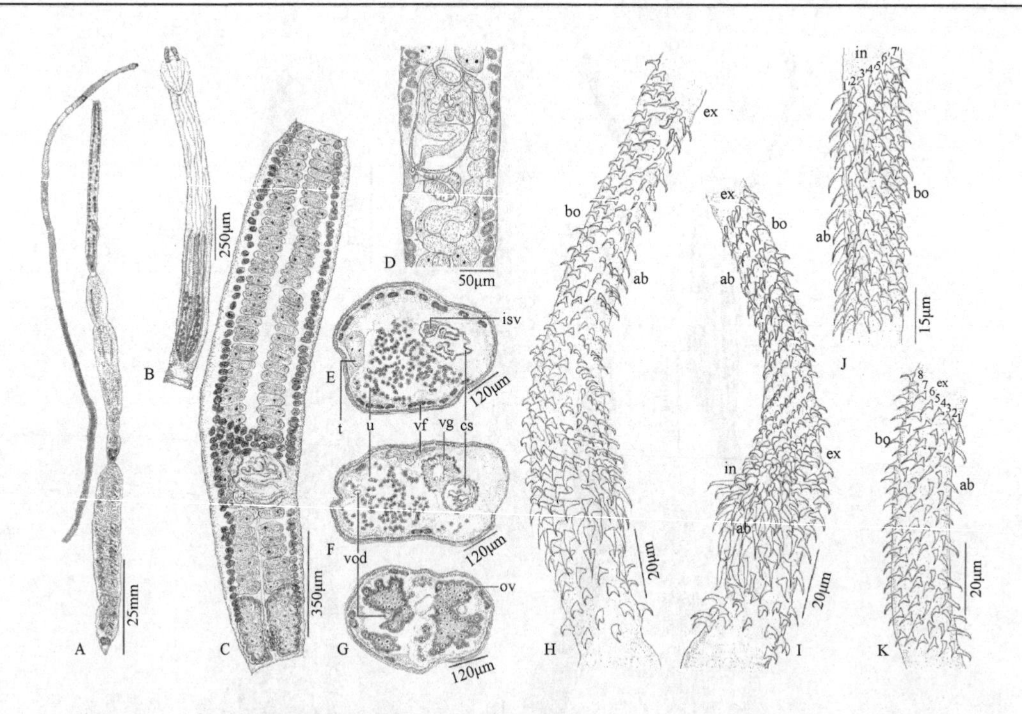

图 12-57　采自不同宿主的锐道尔夫绦虫结构示意图（引自 Menoret & Ivanov，2015）

A～I. 采自锐同鳍鳐：A. 整条虫体（全模标本 MACN-Pa No. 575/1）；B. 头节（全模标本 MACN-Pa No. 575/1）；C. 成节背面观（副模标本 MACN-Pa No. 575/2）；D. 末端生殖器官细节背面观；E～G. 成节横切面；E. 阴茎囊水平；F. 近生殖腔阴道水平；G. 卵巢峡部前方水平，在图 A，C，D 中环髓质的卵黄腺滤泡没有绘出或部分绘出以显示内部器官；H. 基部和转变区触手钩型，外表面；I. 基部和转变区，反吸槽面（触手轻轻转动显示外部表面的尖端）。J，K. 采自普拉塔鳐：J. 转变区内表面；K. 转变区外表面。缩略词：ab. 反吸槽面；bo. 吸槽面；cs. 阴茎囊；ex. 外表面；in. 内表面；isv. 内贮精囊；ov. 卵巢；t. 精巢；u. 子宫；vf. 卵黄腺滤泡；vg. 阴道；vod. 腹渗透调节管

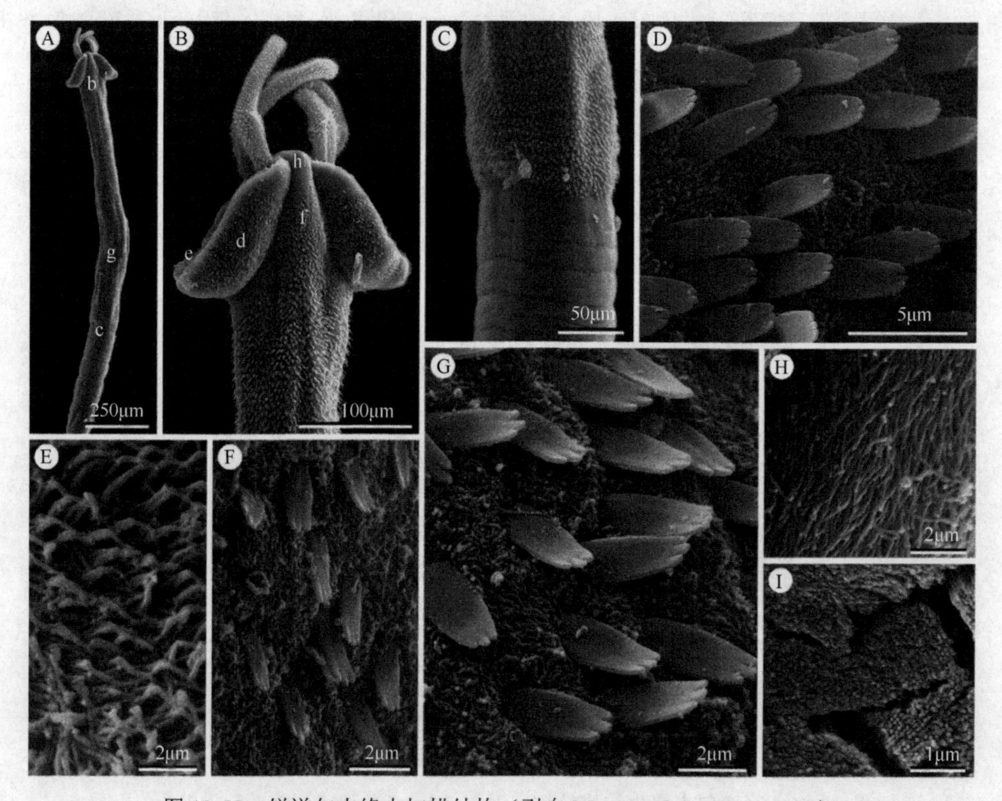

图 12-58　锐道尔夫绦虫扫描结构（引自 Menoret & Ivanov，2015）

A～D，I. 采自锐同鳍鳐：A. 头节，小写字母示相应放大图取处；B. 头节前部，小写字母示相应大图取处；C. 球茎后部区域和第 1 未成节；D. 吸槽近端表面（三叉棘毛穿插针状丝毛）。E～H. 采自波拿巴同鳍鳐：E. 吸槽远端表面（锥状棘毛穿插针状丝毛）；F. 头节固有结构表面（三叉棘毛穿插针状丝毛）；G. 球茎表面（三叉棘毛穿插针状丝毛）；H. 头节顶部表面（毛状丝毛）；I. 未成节表面（毛状丝毛）

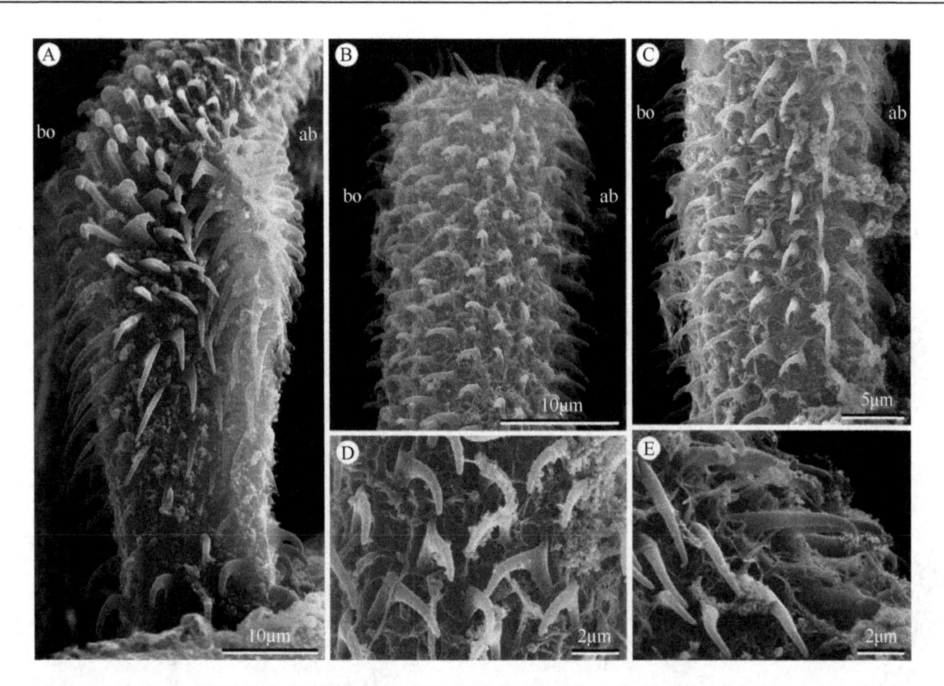

图 12-59 锐道尔夫绦虫触手钩型扫描结构（引自 Menoret & Ivanov，2015）

A，B. 采自锐同鳍鳐；C. 采自拉普拉塔鳐；D，E. 采自波拿巴同鳍鳐；A. 基部钩型外表面；B. 转变区钩型外表面；C. 转变区内表面；D. 转变区吸槽面钩；E. 转变区反吸槽面钩。缩略词：ab. 反吸槽面；bo. 吸槽面

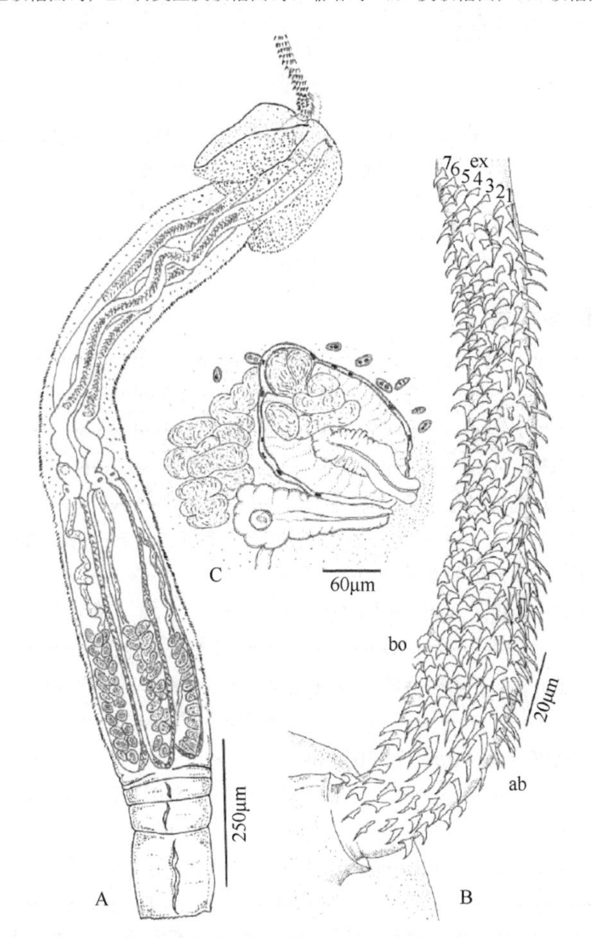

图 12-60 科特斯海道尔夫绦虫结构示意图（引自 Menoret & Ivanov，2015）

采自圆魟（*Urobatis halleri* Cooper）的绦虫（全模标本 USNPC No. 92215）。A. 头节；B. 触手的基部和转变区外表面；C. 孕节末端生殖器官细节。缩略词：ab. 反吸槽面；bo. 吸槽面；ex. 外表面

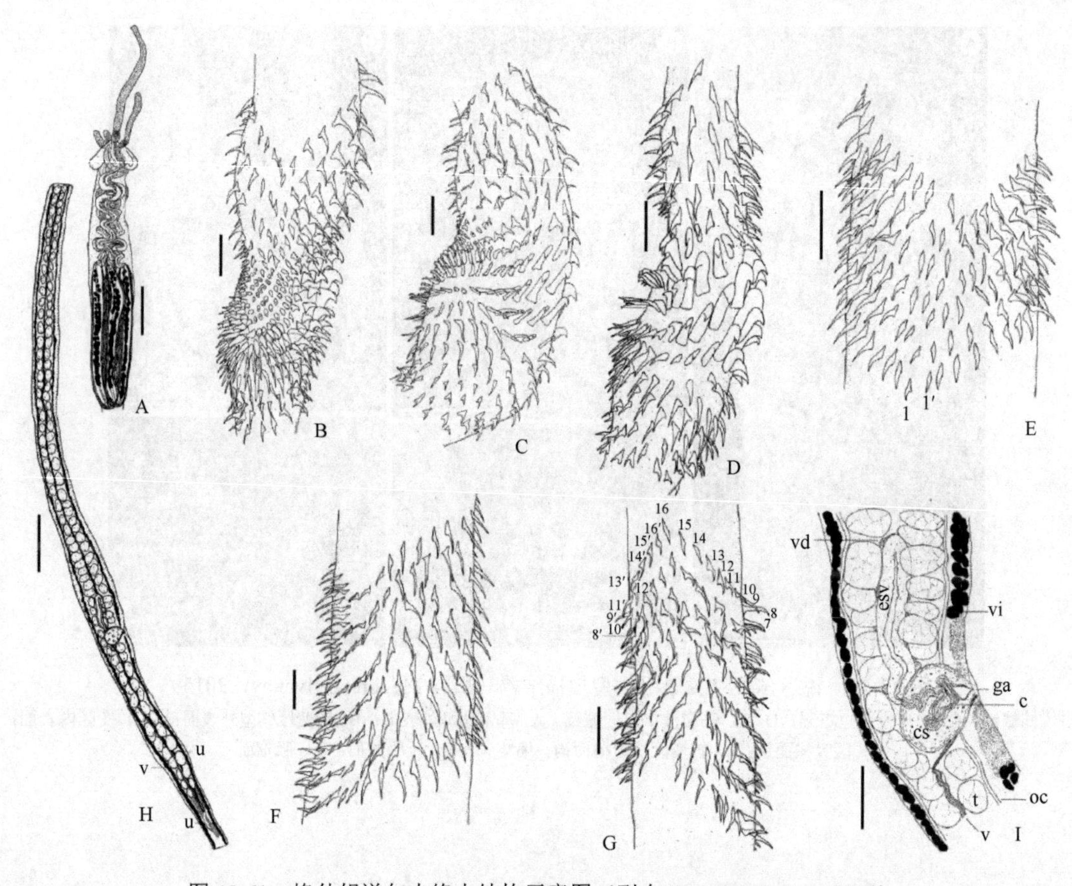

图 12-61　格什姆道尔夫绦虫结构示意图（引自 Haseli & Palm，2015）

A. 头节；B. 反吸槽面基部钩型；C. 外表面基部钩型；D. 吸槽面基部钩型；E. 反吸槽面转变区钩型；F. 外表面转变区钩型；G. 吸槽面转变区钩型；H. 成节（卵黄腺滤泡，仅示节片侧方边缘）；I. 末端生殖器官（卵黄腺滤泡，仅示节片侧方边缘，子宫未显示）。缩略词：c. 阴茎；cs. 阴茎囊；esv. 外贮精囊；ga. 生殖腔；oc. 渗透调节管；t. 精巢；u. 子宫；v. 阴道；vd. 输精管；vi. 卵黄腺滤泡。标尺：A，H=400μm；B～G=20μm；I=100μm

附 2：道尔夫属绦虫分种检索表

1A. 中转变区触手钩型有异形钩 ………………………………………… 2

1B. 中转变区触手钩型有同形钩 ………………………………………… 11

2A. 转变区触手钩型每规则排有 7～8 个钩 ………………………………… 3

2B. 转变区触手钩型每规则排>9 个钩 ……………………………………… 5

3A. 每节精巢数目>130（139～215）个；外贮精囊不存在 ………………………………………… 细长道尔夫绦虫（*D. elongata* Beveridge，Neifar & Euzet，2004）

3B. 每节精巢数目<100（20～60）个；外贮精囊存在 ………………………… 4

4A. 头节长<1000（460～950）μm；转变区触手钩型每规则排 8 个钩，至端部减至 7 个；球茎长 200～500μm；链体有 3 个节片 ………………………… 棘叶道尔夫绦虫［*D. spinulifera*（Beveridge & Jones，2000）］

4B. 头节长>1000（1260～1680）μm；转变区触手钩型每规则排 7～8 个钩，端部不减少；球茎长 540～750μm；链体节片达 8 个 ………………………… 奥卡拉汉道尔夫绦虫［*D. ocallaghani*（Beveridge，1990）］

5A. 球茎后部存在，长度明显>20 000（23 110～77 330）μm ………………………………………… 巨颈道尔夫绦虫［*D. macrotrachela*（Heinz & Dailey，1974）］

5B. 球茎后部不存在或长度<250μm ………………………………………… 6

6A. 基部钩型由 2 个在不同触手表面的、由不同形态的钩组成的半排与转变区钩型特征性的镰状和棘状钩排形成对比 ………………………… 科特斯海道尔夫绦虫［*D. cortezensis*（Friggens & Duszynski，2005）］

6B. 与转变区钩型相比，基部钩型>10 排，在不同排和不同触手表面由不同形态的钩组成 ………… 7

7A. 精巢数目>130 个 ………………………………………… 8

7B. 精巢数目<100 个 ………………………………………… 9

8A. 转变区钩型每规则排钩数 11～12 个，远端部减少至 9 个；精巢排为 2 列……………………………………………………………………线性道尔夫绦虫［*D. lineata*（Linton，1909）］

8B. 转变区钩型每规则排钩数 14 个，向远端部减少；精巢排为 4 列…澳大利亚道尔夫绦虫［*D. australis* Prudhoe，1969］

9A. 转变区钩型每规则排钩数 16～22 个………………扶瑞米道尔夫绦虫［*D. vooremi*（São Clemente & Gomes，1989）］

9B. 转变区钩型每规则排钩数＜16 个……………………………………………………………………………………10

10A. 转变区钩型每规则排钩 12 个，远端减少至 10～11 个；球茎长 230～285μm；球茎长宽比为（4.0～6.0）：1.0；链体有节片 9～11 个……………………………不等棘道尔夫绦虫（*D. imparispinis* Schaeffner & Beveridge，2013）

10B. 转变区钩型每规则排钩 12～15 个，远端不减少；球茎长 380～430μm；球茎长宽比为（6.7～10.5）：1.0；链体有节片 2～4 个……………………………………………小道尔夫绦虫（*D. parva* Schaeffner & Beveridge，2013）

11A. 转变区钩型每规则排钩＞13 个……………………………………………………………………………………12

11B. 转变区钩型每规则排钩≤13 个……………………………………………………………………………………14

12A. 球茎后部存在，长 4130～10 000μm；精巢排为 4 列…利托头道尔夫绦虫［*D. litocephala*（Heinz & Dailey，1974）］

12B. 球茎后部存在；精巢排为 2 列……………………………………………………………………………………13

13A. 每节精巢数目＞100（117）个；外贮精囊显著（长约 250μm）；头节长＜2000（1666～1970）μm；球茎长＜1100（843～1039）μm；链体有节片 8～10 个……………………格什姆道尔夫绦虫（*D. qeshmiensis* Haseli & Palm，2015）

13B. 每节精巢数目＜100（65～87）个；无外贮精囊；头节长＞2000（2380～4050）μm；球茎长＞1100（1260～2520）μm；链体有节片 21 个………………………………………………………………迈克道尔夫绦虫［*D. michiae*（Southwell，1929）］

14A. 基部触手钩型有或无起始的钩状钩；如果有，钩状钩不显著大于下一排基部钩……………………………15

14B. 基部触手钩型起始排为显著增大的钩状钩……………………………………………………………………22

15A. 基部膨大处存在扩大的钩镰…………………………………………欧文斯道尔夫绦虫［*D. owensi*（Beveridge，1990）］

15B. 基部膨大处不存在扩大的钩镰……………………………………………………………………………………16

16A. 转变区触手钩型每规则排有钩 5～6 个…………………………马天尼道尔夫绦虫［*D. martini*（Beveridge，1990）］

16B. 转变区触手钩型每规则排有钩≥7（7～13）个……………………………………………………………………17

17A. 转变区钩型大小从反吸槽面到内、外表面增大，吸槽面减小……………棘道尔夫绦虫［*D. spinifer*（Dollfus，1969）］

17B. 转变区钩型大小不表现出从反吸槽面到内、外表面增大，吸槽面减小……………………………………………18

18A. 转变区触手钩型有镰刀状的钩；规则排钩的钩数远端减少··塔米尼道尔夫绦虫（*D. taminii* Menoret & Ivanov，2014）

18B. 转变区钩型有钩状或棘状钩；规则排的钩数在远端不减少…………………………………………………………19

19A. 基部触手钩型没有起始钩状钩排………微棘道尔夫绦虫［*D. micracantha*（Carvajal，Campbell & Cornford，1976）］

19B. 基部触手钩型有起始钩状钩排……………………………………………………………………………………20

20A. 转变区触手钩型每规则排钩数为不变的 12 个………………施密德道尔夫绦虫［*D. schmidti*（Heinz & Dailey，1974）］

20B. 转变区触手钩型每规则排钩数可变，为 8～13 个………………………………………………………………21

21A. 转变区触手钩型每规则排钩数为 9～13 个；绦虫长度约为 6mm；头节约长 2210μm；链体有 10 个节片；球茎长 900～950μm；每节精巢数约为 31 个…………………………………………星鲨道尔夫绦虫［*D. musteli*（Carvajal，1974）］

21B. 转变区触手钩型每规则排钩数为 8～10 个；绦虫长 1.8～3.9mm；头节长 950～1510μm；链体有 3～6 个节片；球茎长 420～560μm；每节精巢数为 47～63 个………………针尾道尔夫绦虫（*D. aculeata* Beveridge，Neifar & Euzet，2004）

22A. 每规则排转变区钩数向远端减少……………………………………………………………………………………23

22B. 每规则排转变区钩数向远端不减少…………………………………………………………………………………24

23A. 转变区触手钩型每规则排钩数为 7～8 个，远端减少至 5 个；头节长度＜1500（1050～1400）μm；球茎长度＜600（410～560）μm；球茎长宽比为（6.5～7.2）：1.0………………杰拉施密德道尔夫绦虫［*D. geraschmidti*（Dollfus，1974）］

23B. 转变区触手钩型每规则排钩数为 12 个，远端减少至 9 个；头节长度＞1500（1510～2240）μm；球茎长度＞600（617～700）μm；球茎长宽比为（7.5～10.0）：1.0……………………卡拉杨道尔夫绦虫［*D. carayoni*（Dollfus，1942）］

24A. 每节精巢数＜50 个……………………………………………………………………………………………25

24B. 每节精巢数≥55 个……………………………………………………………………………………………27

25A. 外贮精囊存在………………………………………………………鹞鲼道尔夫绦虫［*D. aetobati*（Beveridge，1990）］

25B. 外贮精囊不存在……………………………………………………………………………………………26

26A. 转变区触手钩型每排 10 个钩；球茎长 290～350μm；每节精巢数目为 29～35 个……………………………………………………………………………半棘道尔夫绦虫（*D. hemispinosa* Schaeffner & Beveridge，2013）

26B. 转变区触手钩型每排 8 个钩；球茎长 370～450μm；每节精巢数目为 42～48 个……………………………………………………………………………棘道尔夫绦虫（*D. spinosa* Schaeffner & Beveridge，2013）

27A. 转变区触手钩型每排 8～10 个……细棘道尔夫绦虫［*D. tenuispinis*（Linton，1890）］
27B. 转变区触手钩型每排 7 个或 8 个……28
28A. 链体有 3～5 节；内贮精囊存在；绦虫长 2.3～3.3mm；转变区触手钩型每排 7 个……狭长形道尔夫绦虫（*D. angustiformis* Schaeffner & Beveridge，2013）
28B. 链体有 7 节；内贮精囊不存在；绦虫长 5.4mm；转变区触手钩型每排 7～8 个……巴拉德西道尔夫绦虫［*D. bareldsi*（Beveridge，1990）］

3b. 基部钩型和膨大不存在；精巢分散于侧方区带，有 1～2 个内贮精囊……真四吻属（*Eutetrarhynchus* Pintner，1913）

真四吻属最初由 Pintner 建立，用于容纳两个种：赤颈真四吻绦虫［*Eutetrarhynchus ruficollis*（Eysenhardt，1829）Pintner，1913］（模式种）和白色真四吻绦虫［*E. leucomelanus*（Shipley & Hornell，1906）Pintner，1913］。Pintner 界定的属征为：具有 1 个细长的头节，有 2 个吸槽，伸长的肌肉质的球茎，1 个具缘膜的链体，多数分散的精巢占据了整个排泄管间的空间，生殖孔接近节片的中线，触手具有大量、同形的钩。Dollfus（1942）重新界定属并加了两个种：卡拉永真四吻绦虫（*E.* Dollfus，1942）和线性真四吻绦虫［*E. lineatus*（Linton，1908）］。在后来的由 Campbell 和 Beveridge（1994）提供的属的识别特征中，真四吻属的种的特征是典型的具有同形或异形、中空的钩的异棘钩型，缺乏基部膨大和明显的基部钩型，以及具有有缘膜或无缘膜的链体。这一界定使真四吻属和道尔夫属（*Dollfusiella* Campbell & Beveridge，1994）得以区别开来（Campbell & Beveridge，1994）。许多种被移到密切相关的道尔夫属中（Campbell & Beveridge，1994；Beveridge & Jones，2000；Beveridge et al.，2004）。然而，种的归属完全依赖于形态的相似性。之后又有学者报道了 2 个真四吻绦虫：扁头真四吻绦虫（*E. platycephali* Palm，2004）和科特斯海真四吻绦虫（*E. cortezensis* Friggens & Duszynski 2005），使该属的种增至 4 种（Palm，2004；Friggens & Duszynski，2005）。而这 4 个代表在其节片形态上有显著差异，有可能是不同属的物种的组合。在 Schaeffner（2014）的研究报道中，基于采自婆罗洲马来西亚区域魟科的魟的材料描述了种：贝弗里奇真四吻绦虫（*E. beveridgei*）。贝弗里奇真四吻绦虫具有与同属模式种密切相关的组合形态特征。Schaeffner 对属的识别特征进行了修订并编制了真四吻属绦虫分种检索表。

识别特征：头节无缘膜，细长。最大宽度在吸槽部水平。两个卵形吸槽具游离的后部边缘。鞘部长过吸槽部；扩大的微毛存在或不存在。球茎细长。牵引肌插入球茎基部。球茎中存在球茎前器官和腺细胞。转变区钩型为典型的异棘型；钩同形或异形，钩排 1 和 1′不分离。基部膨大和明显的基部钩型存在或无。节片有缘膜或无缘膜。生殖孔位于边缘，在节片中线或后 1/3 处；阴茎囊梨形到椭圆形；1 个或 2 个内贮精囊存在（扁头真四吻绦虫不知）。精巢分散填充于髓质，排为几层。卵巢位于节片的后部末端。卵黄腺滤泡围绕着髓质或排为纵向带。子宫位于中央、管状。子宫孔不存在。已知寄生于皱唇鲨［真鲨目（Carcharhiniformes）：皱唇鲨科（Triakidae）］，犁头鳐［鳐形目（Rajiformes）：犁头鳐科（Rhinobatidae）］和/或魟鱼［鲼形目（Myliobatiformes）：魟科（Dasyatidae）］。采自大西洋、太平洋和地中海。模式种：赤颈真四吻绦虫［*Eutetrarhynchus ruficollis*（Eysenhardt，1829）Pintner，1913］（图 12-62H）。其他种：白色真四吻绦虫（图 12-62A～G）；科特斯海真四吻绦虫（*E. cortezensis*）（图 12-63，图 12-64）［该种后来被认为是科特斯海道尔夫绦虫（*Dollfusiella cortezensis*）的同物异名］；贝弗里奇真四吻绦虫（图 12-65，图 12-66）等。

附 3：真四吻属绦虫分种检索表

1A. 头节由扩大的、显微镜下可见的微毛覆盖；转变区触手钩型为异形钩……2
1B. 头节不由扩大的微毛覆盖；触手钩型为同形钩……3
2A. 头节长＞10mm；球茎长 7～8mm；链体由有缘膜节片组成；触手钩型没有基部膨大和明显的基部钩型……赤颈真四吻绦虫［*E. ruficollis*（Eysenhardt，1829）Pintner，1913］
2B. 头节长＜3mm；球茎约长 1mm；链体由无缘膜节片组成；触手钩型有基部膨大和明显的基部钩型……贝弗里奇真四吻绦虫（*E. beveridgei* Schaeffner，2014）

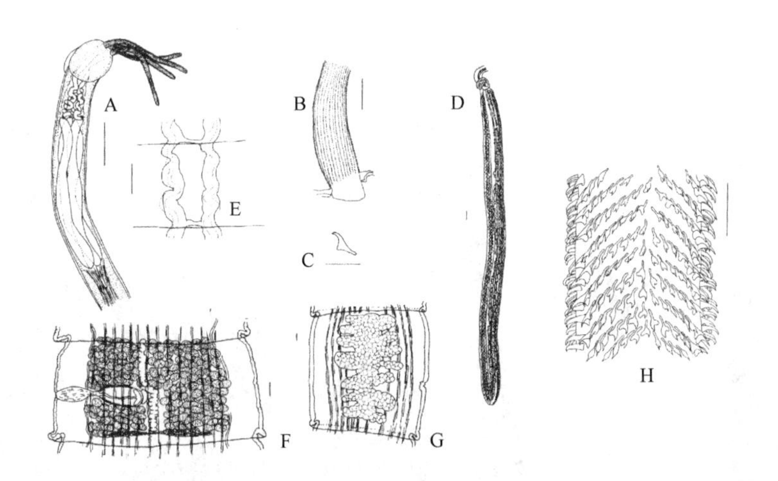

图 12-62 真四吻属绦虫结构示意图（引自 Campbell & Beveridge，1994）

A～G. 白色真四吻绦虫：A. 头节；B. 基部钩型；C. 钩；D. 触手球茎；E. 渗透调节管；F. 成节；G. 孕节。H. 赤颈真四吻绦虫转变区外表面钩型。标尺：A=1.0mm；B，D～G=0.1mm；C=0.01mm；H=0.05mm

图 12-63 科特斯海真四吻绦虫扫描结构（引自 Friggens & Duszynski，2005）

A. 头节；B. 触手，示钩型的同棘性质；C. 头节的吸槽近端部表面栉刃样微毛

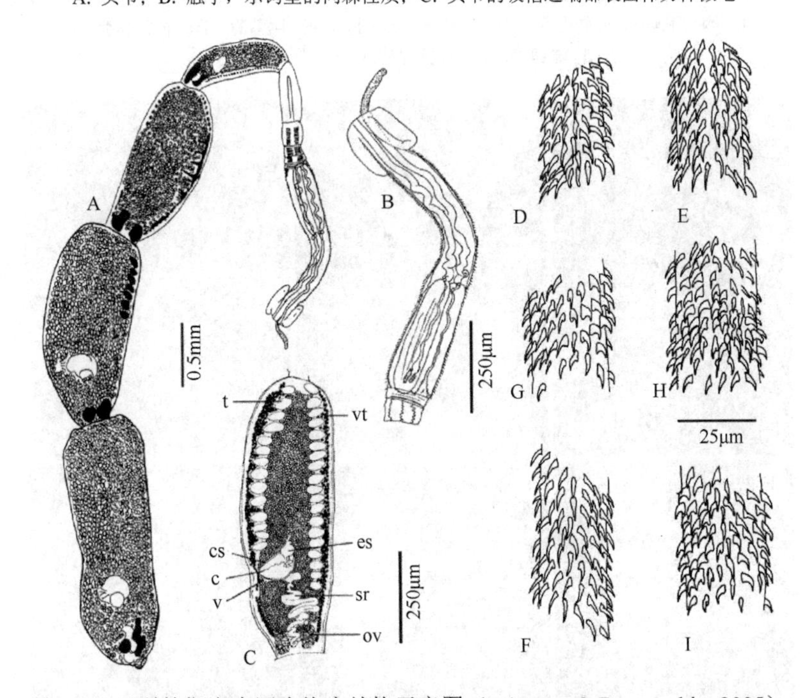

图 12-64 科特斯海真四吻绦虫结构示意图（Friggens & Duszynski，2005）

A. 整条虫体；B. 头节；C. 早期孕节。D～I. 触手钩型：D. 转变区吸槽面；E. 转变区外表面；F. 转变区反吸槽面；G. 基部区吸槽面；H. 基部区外表面；I. 基部区反吸槽面。缩略词：c. 阴茎；cs. 阴茎囊；es. 外贮精囊；ov. 卵巢；sr. 受精囊；v. 阴道；vt. 卵黄腺；t. 精巢

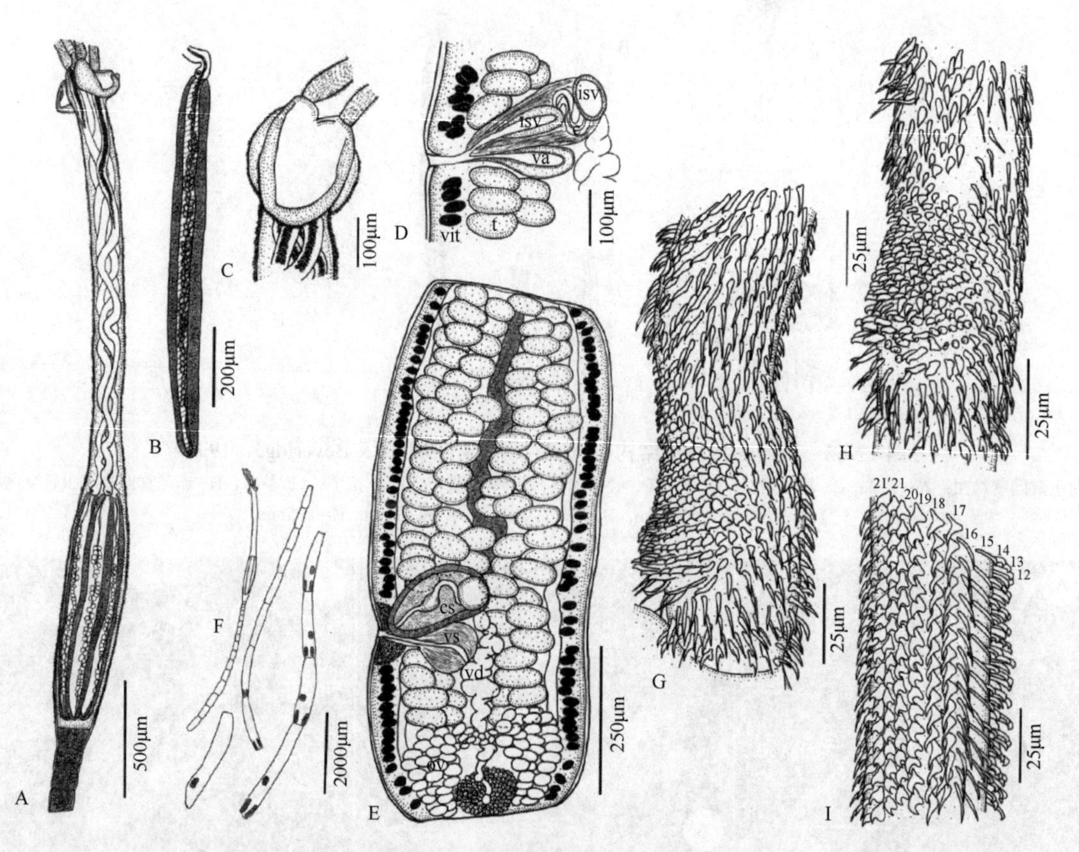

图 12-65　贝弗里奇真四吻绦虫结构示意图（引自 Schaeffner，2014）

样品采自中国南海沃尔窄尾魟［*Himantura walga*（Müller & Henle）］（BO-141：B，C，E；BO-162：A，F；BO-238：D；BO-30：H；BO-162：G，I）。A. 头节侧面观；B. 球茎；C. 吸槽部背腹面观；D. 阴茎囊细节，系列节片组合绘制；E. 成节；F. 整条绦虫外观；G. 基部钩型内表面；H. 反吸槽面到外表面基部触手钩型；I. 吸槽面到外表面转变区钩型。缩略词：c. 阴茎；cs. 阴茎囊；isv. 内贮精囊；mg. 梅氏腺；ov. 卵巢；t. 精巢；vd. 输卵管；vit. 卵黄腺滤泡；vs. 阴道括约肌

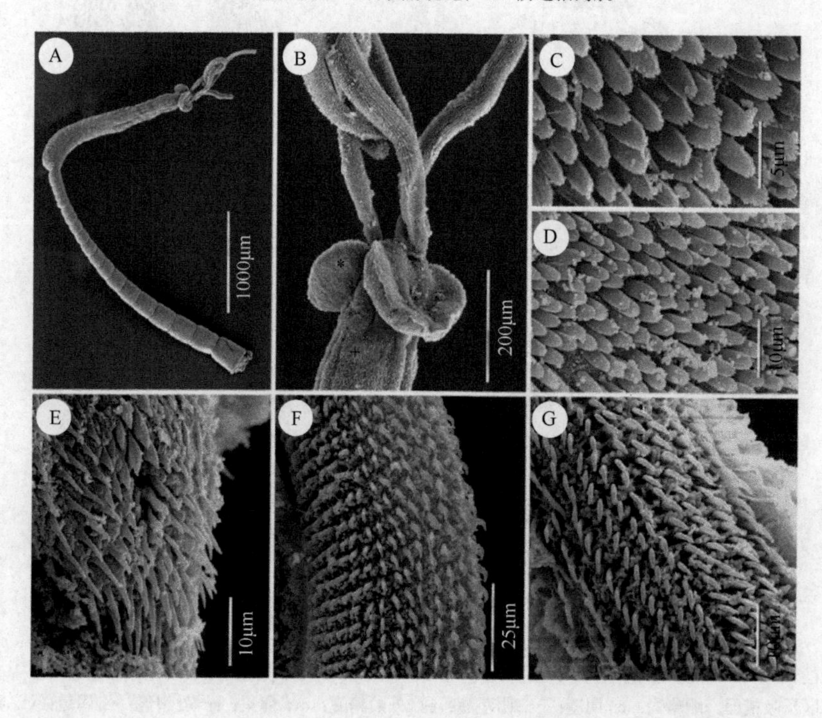

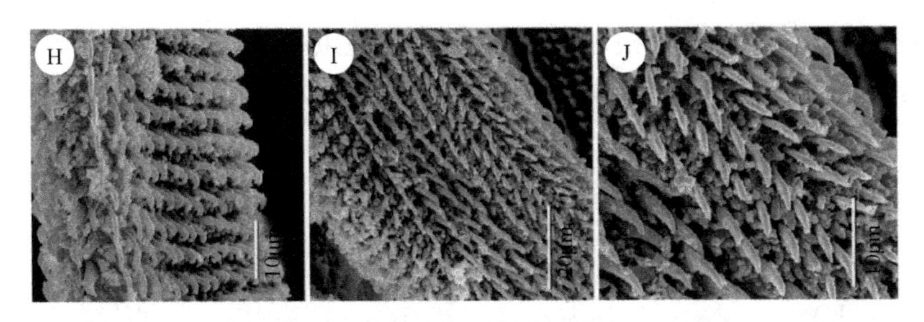

图 12-66　贝弗里奇真四吻绦虫扫描结构（引自 Schaeffner，2014）

样品采自中国南海沃尔窄尾魟（BO-238）。A. 完整的样品侧面观；B. 吸槽部细节，符号“*”标示图 C 取图处，“+”标示图 D 取图处；C. 覆盖吸槽近端表面的掌状棘毛和针状丝毛；D. 覆盖头节柄部的掌状棘毛和针状丝毛；E. 吸槽面基部触手钩型；F. 转变区外表面触手钩型；G. 反吸槽面转变区触手钩型；H. 内表面转变区触手钩型；I. 吸槽面转变区触手钩型；J. 近吸槽面转变区触手钩型

3A. 头节长 2.7～4.1mm，球茎长＜2mm；球茎后部不存在；链体由无缘膜节片组成……………………………………扁头真四吻绦虫（*E. platycephali* Palm，2004）

3B. 头节长 4.8～6.2mm；球茎长＞3mm；球茎后部长＞1.4mm；链体由有缘膜节片组成……………………………………白色真四吻绦虫［*E. leucomelanus*（Shipley & Hornell，1906）Pintner，1913］

4a. 球茎短于吸槽……………………………………长槽属（*Mecistobothrium* Heinz & Dailey，1974）

［同物异名：肾球茎属（*Renibulbus* Feigenbaum，1975）］

识别特征：虫体小，有多数节片。头节无缘膜。2 个卵形、固着的吸槽，在模式种中有缘膜相联合。钩型为异棘型。转变钩排 1（1′）明显分离，钩排列为交替上升的半螺旋排在触手外表面相遇形成倒 V 形。主钩排源于内表面，钩为大型、玫瑰刺样，持续的钩为小棘状。触手鞘略为 S 形或螺旋形。球茎前器官存在。牵引肌源于球茎基部。球茎后部存在或无。节片有缘膜。未成节宽大于长；末端节片长大于宽。卵巢大，占据节片后部区域。精巢位于卵巢前方多层。生殖孔位于边缘，略偏后，不规则交替。阴茎囊明显。子宫位于中央、管状，终止于节片近前端。卵黄腺滤泡形成套筒状围绕着内部器官。已知成体寄生于鳐类肠螺旋瓣，采自北美、大西洋和太平洋。模式种：鲼长槽绦虫（*Mecistobothrium myliobati* Heinz & Dailey，1974）（图 12-67A～E）。

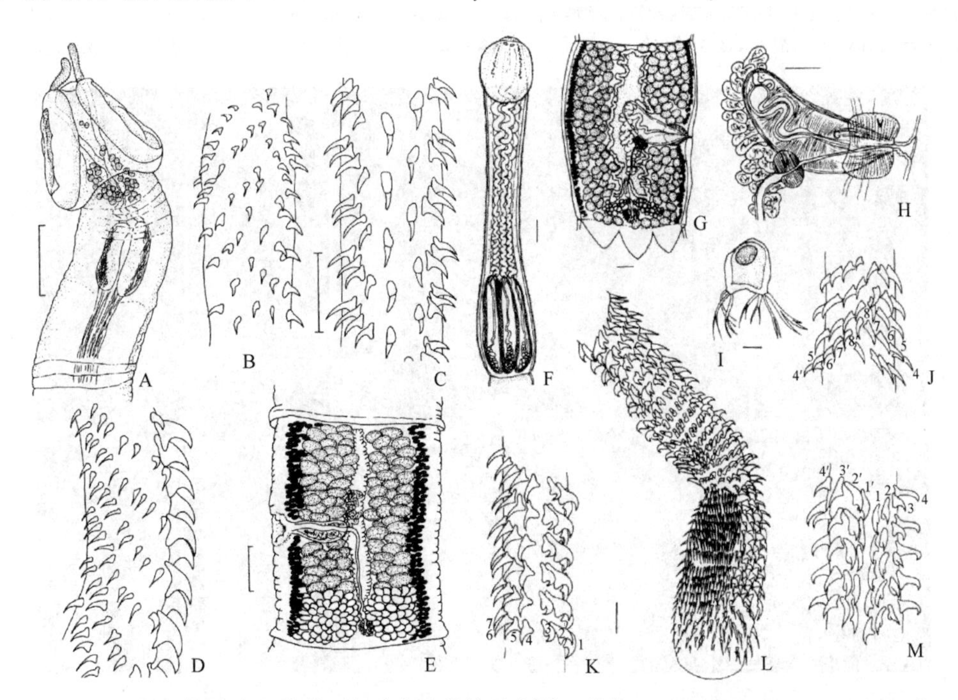

图 12-67　鲼长槽绦虫和微棘三角叶绦虫结构示意图（引自 Campbell & Beveridge，1994）

A～E. 鲼长槽绦虫：A. 头节；B. 外表面基部钩型；C. 内表面基部钩型；D. 反吸槽面转变区，内表面在右边；E. 成节。F～M. 微棘三角叶绦虫：F. 头节；G. 成节；H. 生殖器官末端，示阴道括约肌；I. 卵；J. 外表面基部钩型；K. 吸槽面转变区；L. 基部钩型，内表面在左边；M. 内表面转变区钩型。标尺：A～D=0.25mm；E=0.2mm；F～H=0.1mm；I～M=0.01mm

Menoret 和 Ivanov（2015）在近期阿根廷沿海的软骨鱼寄生虫病原学调查中发现鹰鳐（*Myliobatis goodei* Garman）中有纵室长槽绦虫（*M. oblongum*）（图 12-68，图 12-69），这是大西洋西南长槽属的首种记录。

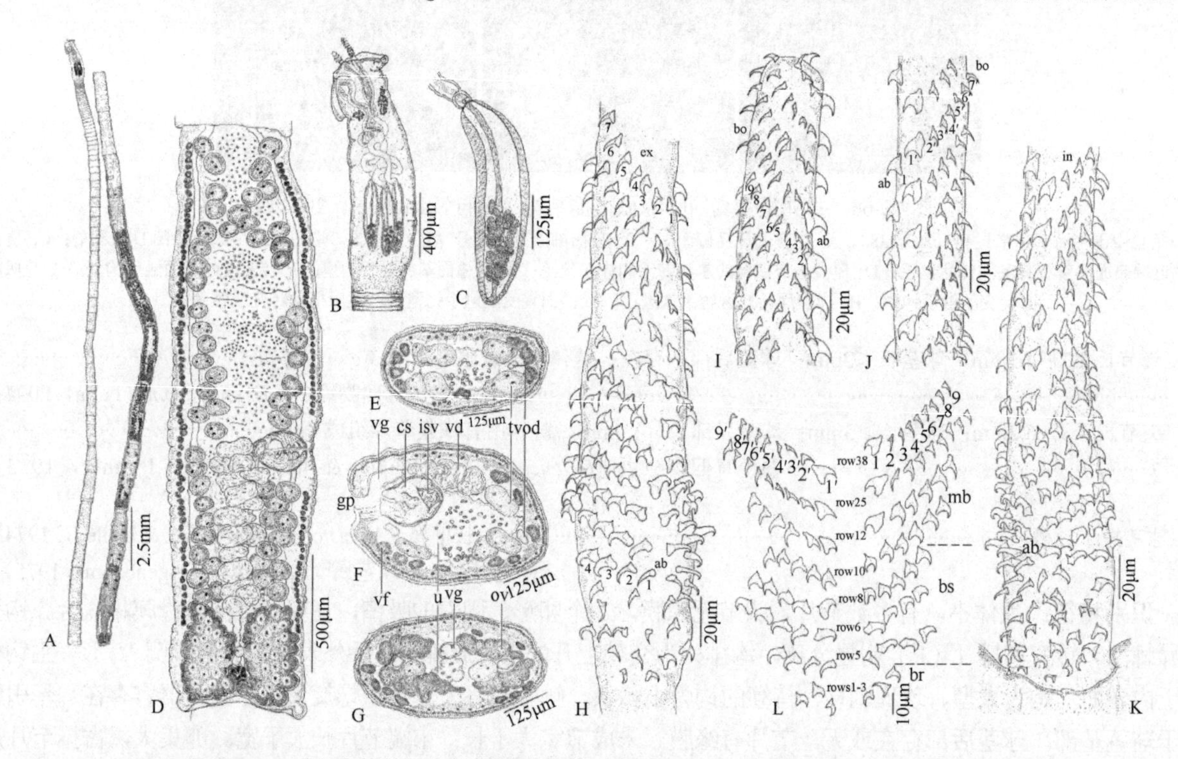

图 12-68　采自鹰鳐的纵室长槽绦虫结构示意图（引自 Menoret & Ivanov，2015）

A. 整条虫体（全模标本 MACN-Pa No. 576/1）；B. 头节（全模标本 MACN-Pa No. 576/1）；C. 球茎（副模标本 MACN-Pa No. 576/2）；D. 末端孕节背面观（全模标本 MACN-Pa No. 576/1）。E～G. 孕节横切面：E. 节片前 1/3 水平；F. 阴茎囊水平；G. 卵巢峡部前方水平，图 A，B 中围绕髓质的卵黄腺滤泡没有绘出或部分绘出，以能看到内部器官。H～L. 触手钩型：H. 反吸槽面基部和转变区（触手略转，示外表面到端部）；I. 外表面转变区钩型；J. 内表面转变区钩型；K. 反吸槽面基部和转变区；L. 基部和转变区钩外形。缩略词：ab. 反吸槽面；bo. 吸槽面；br. 基部钩排；bs. 基部膨大；cs. 阴茎囊；gp. 生殖孔；ex. 外表面；in. 内表面；isv. 内贮精囊；mb. 转变区钩；ov. 卵巢；t. 精巢；u. 子宫；vd. 输精管；vf. 卵黄腺滤泡；vg. 阴道；vod. 腹渗透调节管

图 12-69　采自鹰鳐的纵室长槽绦虫扫描结构（引自 Menoret & Ivanov，2015）

A. 头节，字母为相应图取处；B. 吸槽远端表面，侧方边缘顶端弯折的棘毛；C. 吸槽远端表面，中央区顶端弯折的棘毛；D. 鞘部表面的锥状棘毛。E～J. 触手钩型：E. 基部区内表面；F. 基部区吸槽面；G. 基部区反吸槽面；H. 转变区外表面；I. 基部区外表面；J. 基部膨大和近转变区内表面。缩略词：ab. 反吸槽面；bo. 吸槽面；ex. 外表面；in. 内表面

4b. 球茎长于吸槽………5

5a. 节片缘膜有叶状膜……………………………………………………三角叶属（*Trigonolobium* Dollfus，1929）

识别特征：头节无缘膜，具棘。2个吸槽宽卵形。鞘部长。触手鞘部分螺旋形或S形。球茎前器官存在。牵引肌源于球茎基部。转变区钩型为异棘型；在基部膨大处存在明显的基部钩。钩异形。主钩排交替；钩排1（1′）有明显空间分离，末列在外表面相邻形成倒V字形。生殖孔位于边缘。内、外贮精囊不存在。精巢占据两侧髓质区的可用空间。阴道有括约肌。卵巢四叶状，位于近节片后端边缘。卵黄腺滤泡形成侧方区带弯曲围绕精巢。子宫线状，近端分为两部分，孔不存在；孕子宫囊状。卵有分支的丝。已知寄生于板鳃亚纲软骨鱼。采自南亚岛国斯里兰卡和澳大利亚。模式种：微棘三角叶绦虫（*Trigonolobium spinuliferum* Southwell，1911）（图12-67F～M）。

5b. 节片无缘膜………6

6a. 基部膨大，不存在钩型……………………………………………副克里斯蒂安属（*Parachristianella* Dollfus，1946）

识别特征：小型绦虫有少量节片。头节无缘膜。2个宽卵形吸槽，边缘薄。钩型为异棘型，钩异形实心。钩1（1′）分离良好，在主排中比其他钩大。触手鞘不规则螺旋形或S形。球茎细长，牵引肌源于球茎基部。球茎前器官存在。节片无缘膜，细长，快速成熟。生殖孔位于边缘。精巢位于卵巢前方排泄管内侧两平行纵列。阴茎囊显著，内、外贮精囊不存在。阴道在阴茎囊前方进入生殖腔。卵巢显著，位于后端。卵黄腺滤泡围绕卵巢前方器官。子宫单个，位于中央；孕子宫囊状。已知实尾蚴寄生于甲壳动物和硬骨鱼，成体寄生于板鳃亚纲软骨鱼，采自大西洋、地中海和太平洋。模式种：特里戈尼斯副克里斯蒂安娜绦虫（*Parachristianella trygonis* Dollfus，1946）（图12-70）。其他种：单巨棘副克里斯蒂安娜绦虫［*P. monomegacantha*（Kruse，1959）］（图12-71）。

Choukami 和 Haseli（2016）基于微毛的标准术语首次研究了印度尼西亚副克里斯蒂安娜绦虫（*P. indonesiensis* Palm，2004）的表面超微结构（图12-72），并对副克里斯蒂安娜绦虫属的识别特征增加了微毛内容。印度尼西亚副克里斯蒂安娜绦虫表面超微结构由3种微毛组成，从吸槽近端到远端分别覆盖着针状到短毛状丝毛和有刺剑状棘毛夹杂着毛状丝毛。头节的其余部分覆盖着毛状丝毛。节片的表面覆盖的是针状丝毛。头节柄部不同部位覆盖的毛状丝毛的长度没有明显差异。首次报道了该种绦虫作为感受器的没有纤毛的乳头由微毛覆盖。

6b. 基部膨大处钩型存在……………………………………………………………………………………………………7

7a. 钩1（1′）小，向中央增大之后又变小……………………………前克里斯蒂安娜属（*Prochristianella* Dollfus，1946）

识别特征：有少量节片的小型绦虫。头节有或无缘膜。2个宽卵形吸槽，有薄边缘或适度发达。转变区钩型为异棘型。钩异形、中空。钩1（1′）分离良好。大钩在主排中央。基部膨大并有明显的基部钩型存在。触手鞘不规则螺旋形或S形。球茎细长，牵引肌源于球茎基部。球茎前器官存在。节片无缘膜，细长。生殖孔位于边缘。精巢位于卵巢前方排泄管内侧两平行纵列。阴茎囊显著，内、外贮精囊不存在。卵巢显著，位于节片后端部。卵黄腺滤泡围绕卵巢前方器官。子宫单个，位于中央；孕子宫囊状。已知实尾蚴寄生于甲壳动物和硬骨鱼，成体寄生于板鳃亚纲和全头亚纲软骨鱼，采自大西洋、地中海和太平洋。模式种：乳头状前克里斯蒂安娜绦虫（*Prochristianella papillifer* Dollfus，1946）（图12-73）。其他种：莫雷阿前克里斯蒂安娜绦虫（*P. mooreae* Beveridge，1990）（图12-74）；格尔沙普前克里斯蒂安娜绦虫（*P. garshaspi* Haseli，2013）（图12-75）；马蒂斯前克里斯蒂安娜绦虫（*P. mattisi* Schaeffner & Beveridge，2013）（图12-76）；大量前克里斯蒂安娜绦虫（*P. multidum* Friggens & Duszynski，2005）（图12-77，图12-78）等。

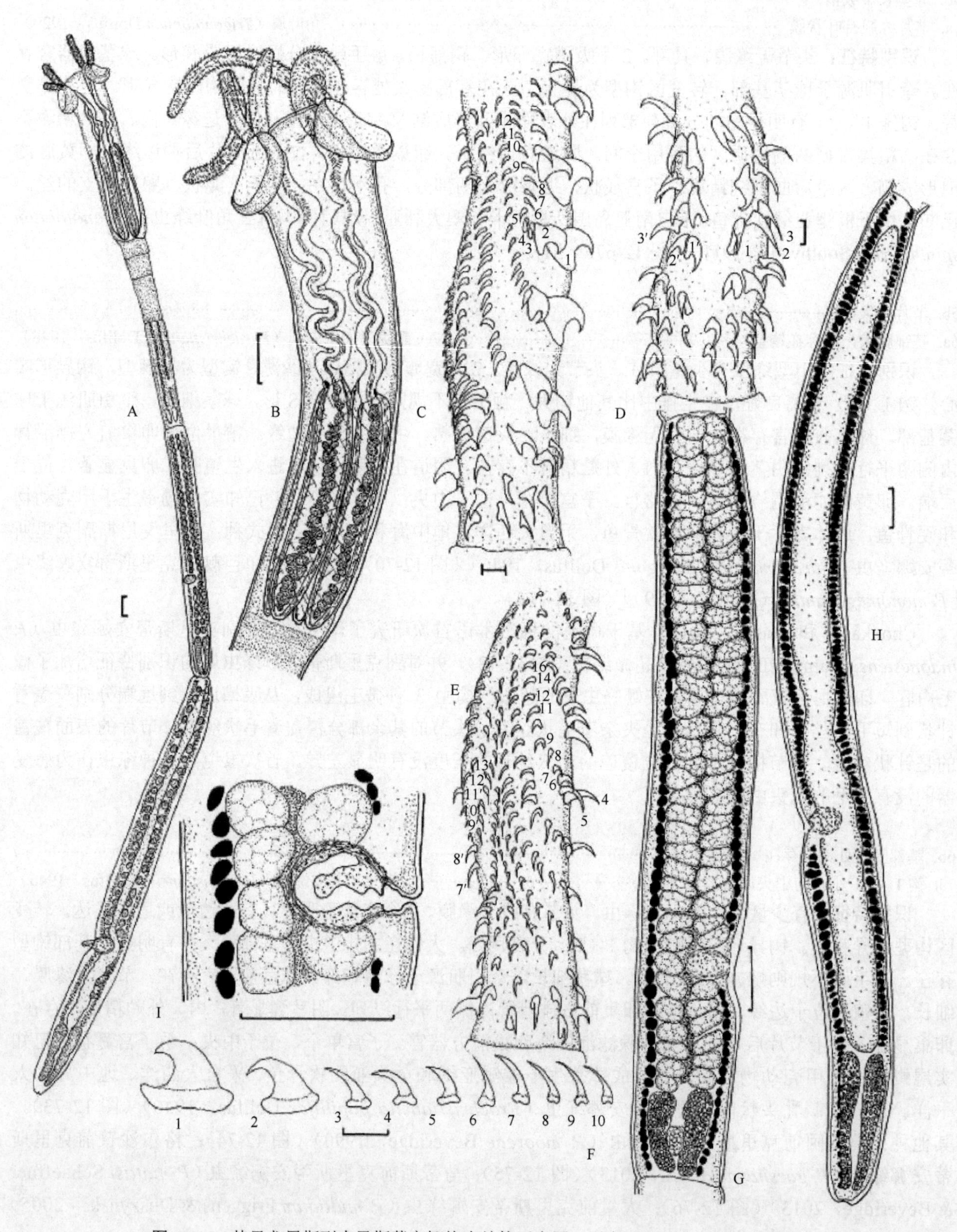

图 12-70　特里戈尼斯副克里斯蒂安娜绦虫结构示意图（引自 Beveridge et al.，2004）

采自托氏魟（*Dasyatis tortonesei*）。A. 整条绦虫；B. 头节；C. 反吸槽面基部的触手钩型，左边外表面；D. 内表面基部的触手钩型，左边吸槽面；E. 外表面基部的触手钩型，左边吸槽面；F. 钩 1～10 侧面观；G. 成节；H. 预孕节；I. 阴茎囊和生殖腔。标尺：A，B，G～I=100μm；C～F=10μm

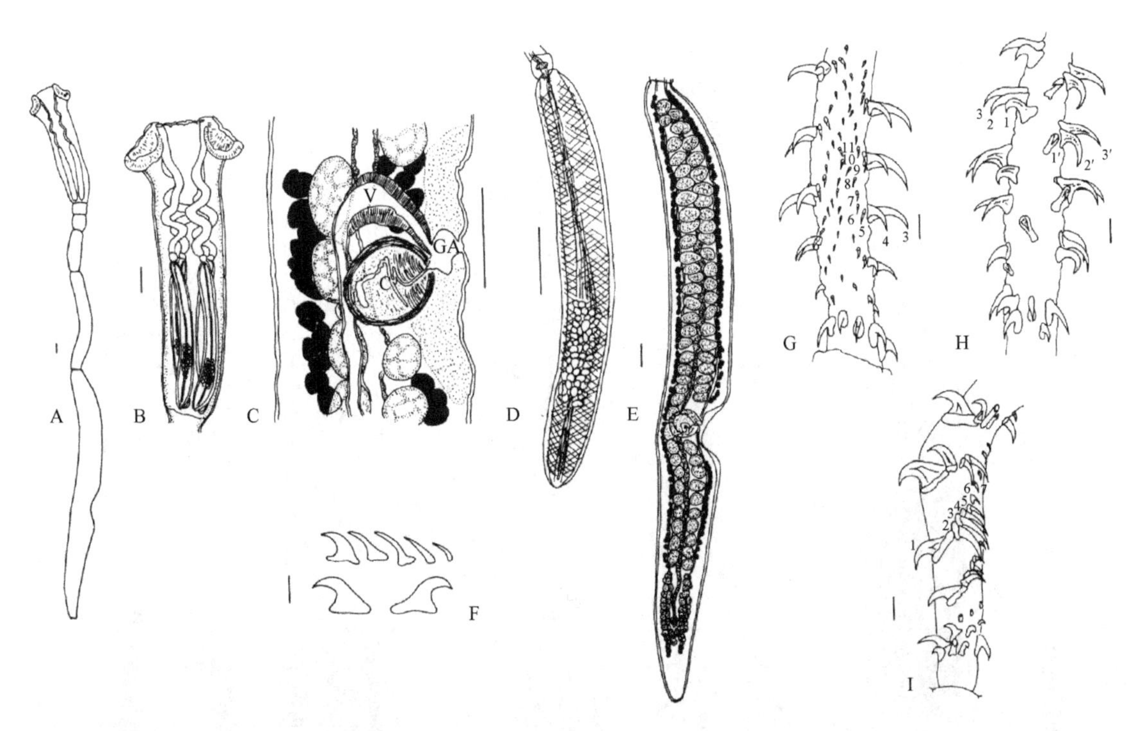

图 12-71 单巨棘副克里斯蒂安娜绦虫结构示意图（引自 Campbell & Beveridge，1994）

A. 整条虫体；B. 头节；C. 生殖器官末端；D. 球茎；E. 成节；F. 钩 1～6 侧面观；G. 内表面基部区；H. 外表面基部区；I. 吸槽面基部区。标尺：A～E=0.1mm；F～I=0.01mm

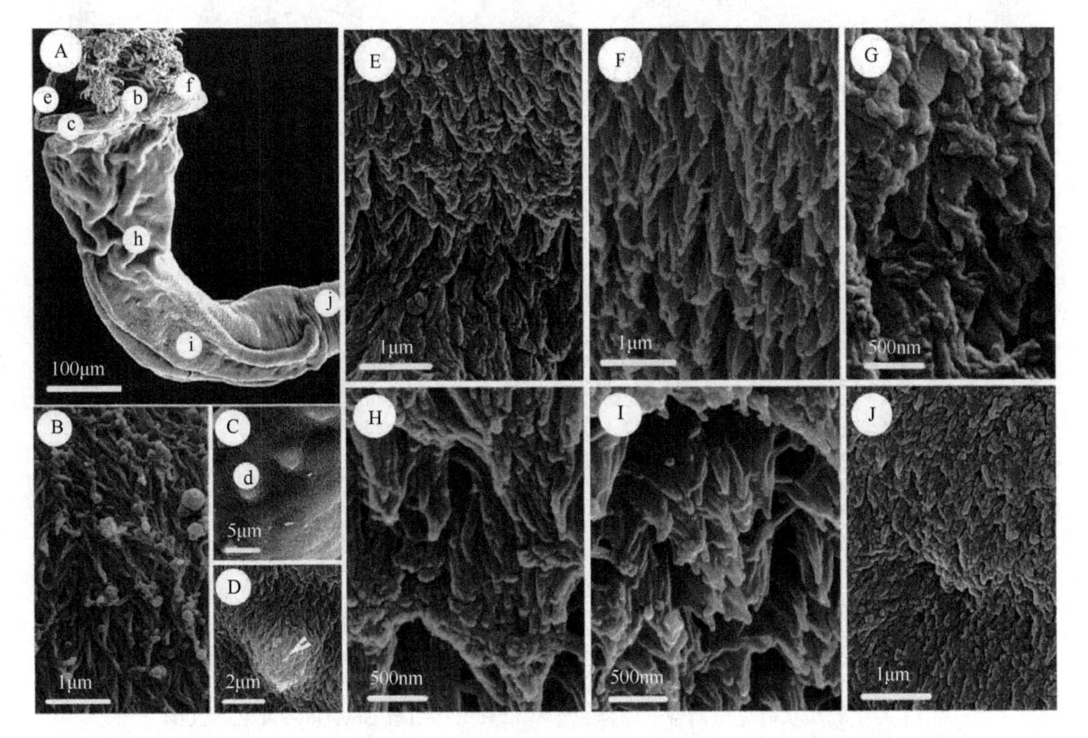

图 12-72 印度尼西亚副克里斯蒂安娜绦虫表面超微结构（引自 Choukami & Haseli，2016）

A. 头节（小写字母为相应大写字母图取处）；B. 顶部；C. 吸槽上的感觉乳突（小写字母为相应大写字母图取处）；D. 由丝毛装饰的无纤毛乳突（箭头指纤毛）；E. 吸槽近端表面；F，G. 吸槽远端表面；H. 鞘部；I. 球茎部；J. 节片

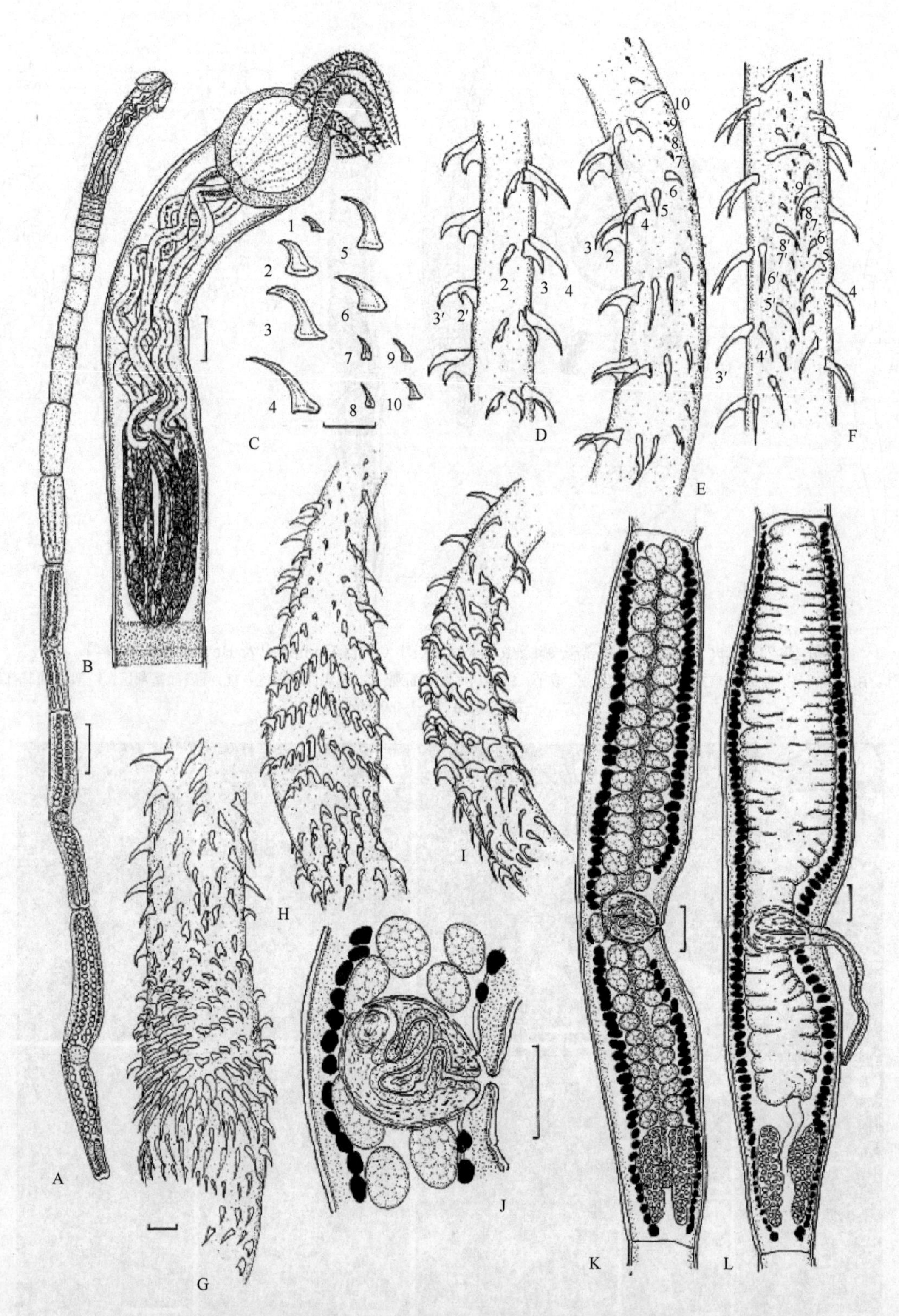

图 12-73 乳头状前克里斯蒂安娜绦虫结构示意图（引自 Beveridge et al.，2004）

样品采自托氏魟（*Dasyatis tortonesei*）。A. 整条成熟绦虫；B. 头节；C. 主排钩的侧面观；D. 吸槽面远端触手钩型；E. 内表面远端触手钩型，左边为反吸槽面，右边为吸槽面；F. 吸槽面远端触手钩型，左边为外表面，右边为内表面；G. 反吸槽面基部钩型；H. 吸槽面基部钩型，左边为外表面；I. 外表面基部钩型，左边为吸槽面；J. 阴茎囊和生殖腔；K. 成节；L. 孕节。标尺：A=500μm；B，J～L=100μm；C～I=10μm

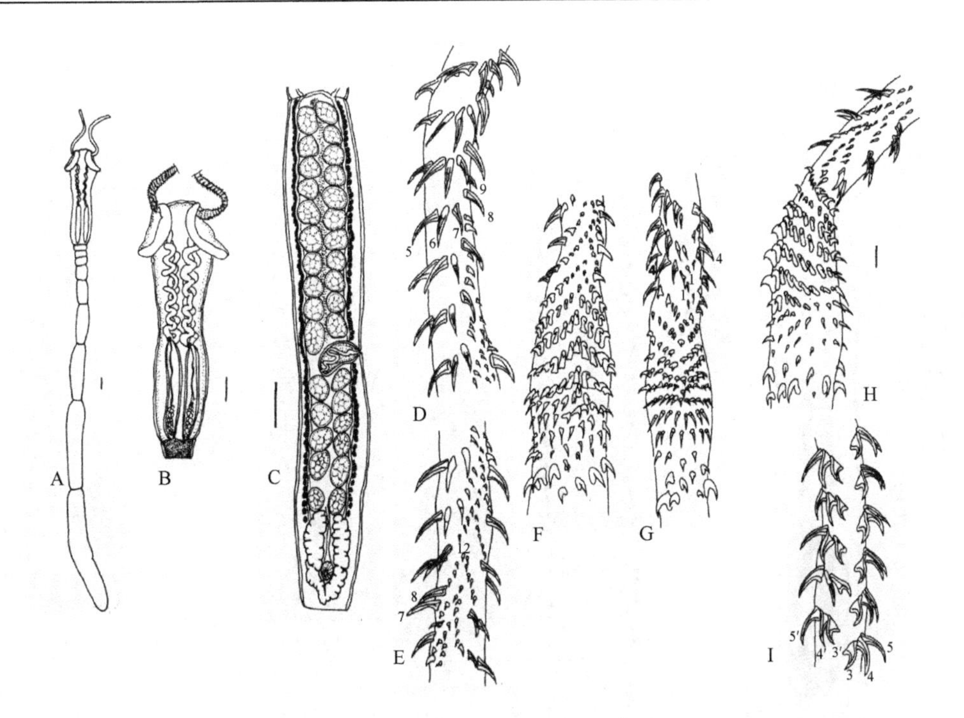

图 12-74 莫雷阿前克里斯蒂安娜绦虫结构示意图（引自 Campbell & Beveridge，1994）

A. 整条虫体；B. 头节；C. 成节；D. 吸槽面转变区；E. 外表面转变区；F. 外表面基部钩型；G. 内表面基部钩型；H. 吸槽面基部钩型；I. 内表面转变区钩型。标尺：A，B=0.1mm；C～I=0.01mm

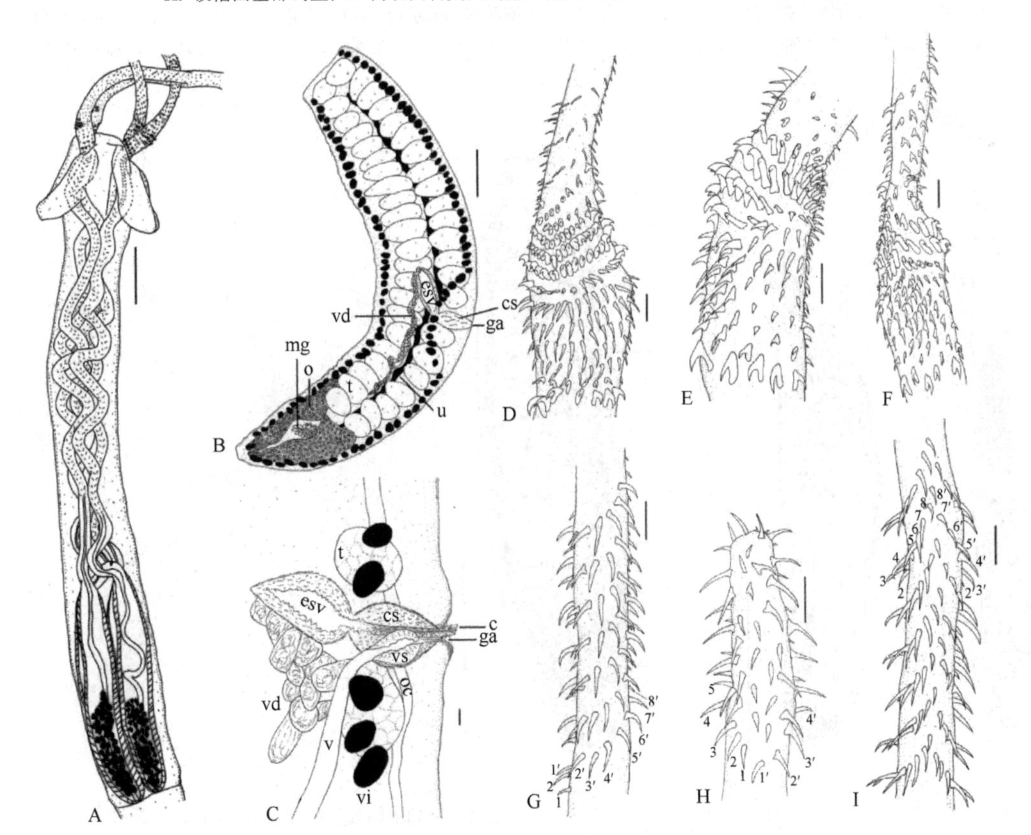

图 12-75 格尔沙普前克里斯蒂安娜绦虫结构示意图（引自 Haseli，2013）

A. 头节；B. 成节；C. 末端生殖器官；D. 反吸槽面基部触手钩型；E. 外表面基部钩型；F. 吸槽面基部钩型；G. 外表面转变区钩型；H. 反吸槽面转变区钩型；I. 吸槽面转变区钩型。缩略词：c. 阴茎；cs. 阴茎囊；esv. 外贮精囊；ga. 生殖腔；mg. 梅氏腺；o. 卵巢；oc. 渗透调节管；t. 精巢；u. 子宫；v. 阴道；vd. 输精管；vi. 卵黄腺滤泡；vs. 阴道括约肌。标尺：A，B=100μm；C～I=10μm

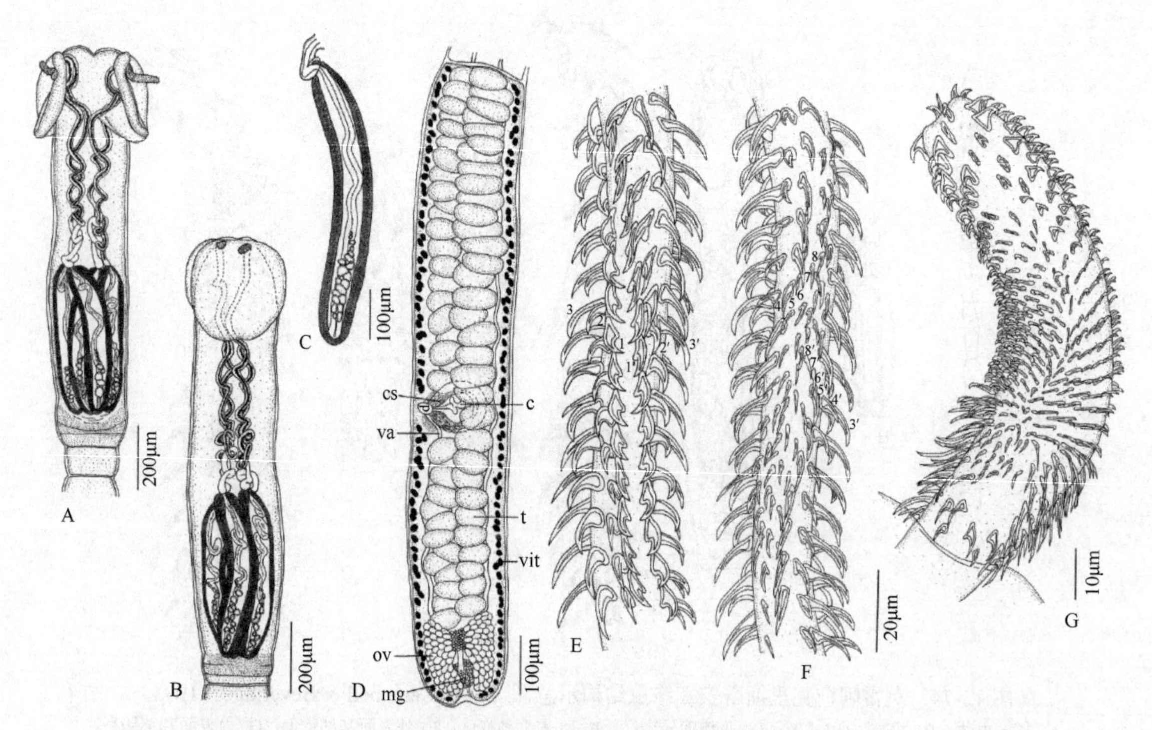

图 12-76 马蒂斯前克里斯蒂安娜绦虫结构示意图（引自 Schaeffner & Beveridge，2013d）

A. 头节侧面观；B. 头节背腹面观；C. 球茎；D. 成节；E. 反吸槽面基部触手钩型；F. 吸槽面转变区钩型（与 E 相对的触手表面）；G. 外表面基部钩型。缩略词：c. 阴茎；cs. 阴茎囊；mg. 梅氏腺；ov. 卵巢；t. 精巢；va. 阴道；vit. 卵黄腺滤泡

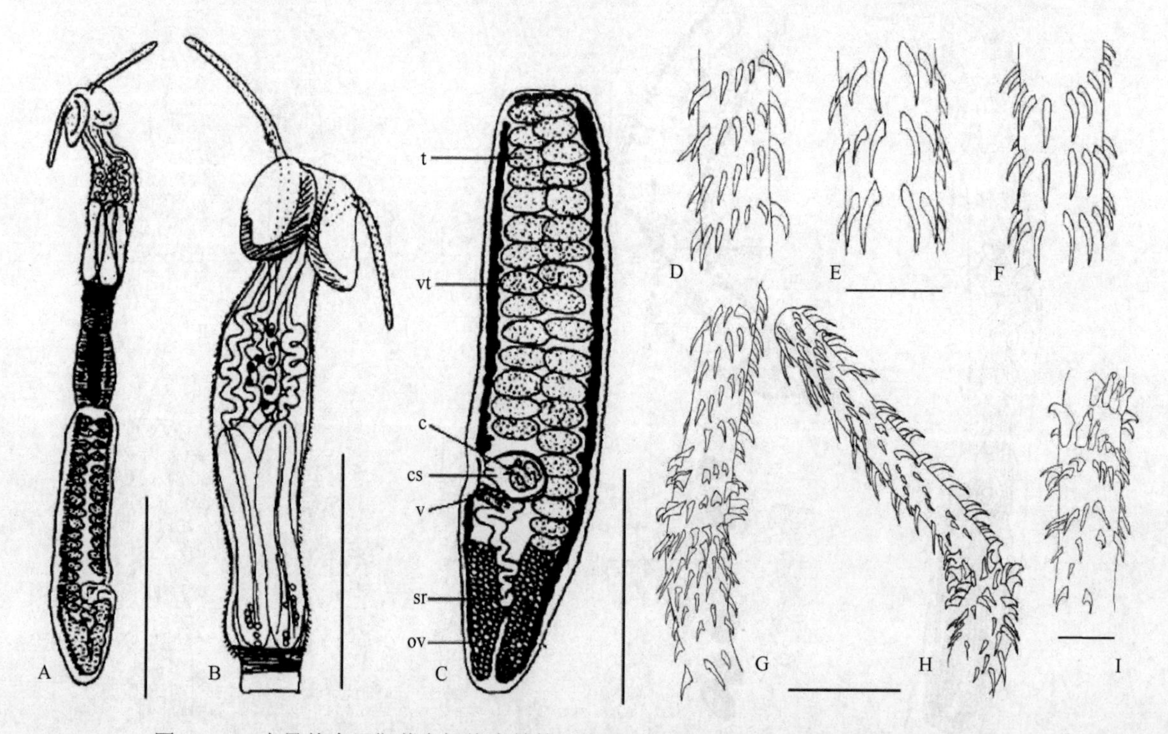

图 12-77 大量前克里斯蒂安娜绦虫结构示意图（引自 Friggens & Duszynski，2005）

A. 整条虫体；B. 头节；C. 成节。D～I. 触手钩型：D. 外表面远端钩型；E. 吸槽面远端钩型；F. 反吸槽面远端钩型；G. 外表面基部和转变区钩型；H. 吸槽面基部和转变区钩型斜视图；I. 反吸槽面基部钩型。缩略词：c. 阴茎；cs. 阴茎囊；ov. 卵巢；sr. 受精囊；t. 精巢；v. 阴道；vt. 卵黄腺。标尺：A～C=0.5mm（从 A 与 B 和 C 图的比例尺可以判断比例尺不准确，用 A 的比例尺测成节就 0.8mm 左右长度，可是 C 图中的按其比例尺则成节远比 A 中长很多，约长 1 倍）；D～F，I=10μm；G，H=20μm

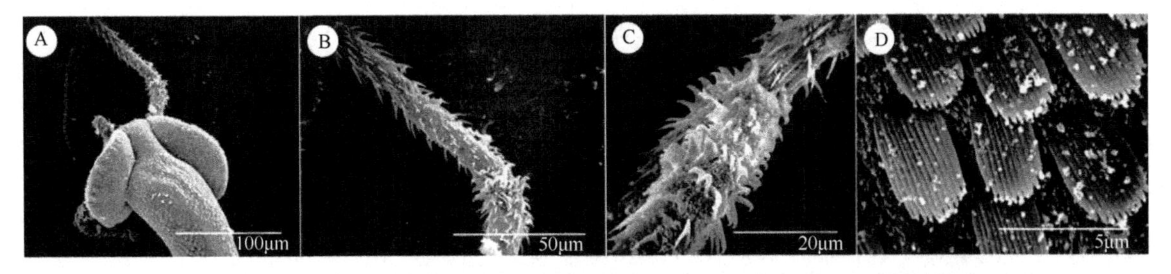

图 12-78 大量前克里斯蒂安娜绦虫扫描结构（引自 Friggens & Duszynski，2005）
A. 头节；B. 触手，示基部和转变区钩型；C. 触手基部区；D. 吸槽近端和头节的吸槽部表面的梳状微毛

附 4：前克里斯蒂安娜属绦虫分种检索表

1A. 头节由扩大的、显微镜下可见的微毛覆盖……2
1B. 头节缺乏扩大的微毛……6
2A. 绦虫长＞4mm……3
2B. 绦虫长＜4mm……4
3A. 短卵圆形的球茎，球茎比率 1.0∶5.4；精巢数目为 43～57 个……凯瑞前克里斯蒂安娜绦虫（*P. cairae*）
3B. 长而细的球茎，球茎比率为 1.0∶10.6；精巢数目为 28～35 个……撒拉斯前克里斯蒂安娜绦虫（*P. thalassia*）
4A. 头节长＜1mm；精巢数目为 30～37 个……大量前克里斯蒂安娜绦虫（*P. multidum*）
4B. 头节长＞1mm；精巢数目＞40 个……5
5A. 转变区触手钩型有极度扩大的钩状钩 1 和很小的镰刀形钩 1′……刚毛前克里斯蒂安娜绦虫（*P. hispida*）
5B. 转变区触手钩型有钩状钩 1（1′）；钩 1 仅略大于钩 1′……克拉克前克里斯蒂安娜绦虫（*P. clarkeae*）
6A. 节片精巢数目＜25 个……7
6B. 节片精巢数目＞30 个……8
7A. 头节长 530～680μm；球茎长 180～350μm，宽 30～50μm；转变区触手钩型每规则排钩 9 个；钩 1（1′）很小；触手基部不存在扩大的钩……微小前克里斯蒂安娜绦虫（*P. minima*）
7B. 头节长 692～1200μm；球茎长 325～470μm，宽 54～75μm；转变区触手钩型每规则排钩 13～15 个；钩 1（1′）大而强；触手基部存在扩大的钩……奥蒙前克里斯蒂安娜绦虫（*P. omunae*）
8A. 孔前后精巢数目相等；生殖孔位于中央；球茎内腺细胞缺乏……詹森前克里斯蒂安娜绦虫（*P. jensenae*）
8B. 孔前精巢数目多于孔后数目；生殖孔位于节片后半部；球茎内存在腺细胞……9
9A. 头节长＞3mm；球茎长＞1mm……圆滑前克里斯蒂安娜绦虫（*P. glabra*）
9B. 头节长＜2.2mm；球茎长＜0.85mm……10
10A. 钩 1（1′）在转变区钩型规则排中代表最大的钩……异棘前克里斯蒂安娜绦虫（*P. heteracantha*）
10B. 钩 1（1′）小于钩 2（2′）……11
11A. 钩的大小有等级变化（增大随后减小），沿规则排由较小的钩中断……12
11B. 沿规则排钩逐渐增大和减小……16
12A. 球茎长＜420μm；每节精巢数目＜50 个……13
12B. 球茎长＞450μm；每节精巢数目＞50 个……14
13A. 头节长 960～1250μm；球茎长 330～420μm；钩 1（1′）和 2（2′）存在于转变区钩型近端的 4～6 排，前方无……摩尔前克里斯蒂安娜绦虫（*P. mooreae*）
13B. 头节长 640～1050μm；球茎长 250～340μm；钩 1（1′）和 2（2′）沿着触手一直存在……针状前克里斯蒂安娜绦虫（*P. aciculata*）
14A. 球茎长＞600μm；球茎内牵引肌很宽；转变区钩型每规则排钩 8 个……马蒂斯前克里斯蒂安娜绦虫（*P. mattisi*）
14B. 球茎长＜570μm；球茎内牵引肌不宽；每规则排钩 10 个……15
15A. 腺细胞不明显；触手基部存在扩大的钩；转变区钩型最端部钩 1（1′）后存在额外的钩……舒尔次前克里斯蒂安娜绦虫（*P. scholzi*）
15B. 腺细胞大；触手基部无放大的钩；转变区钩型不存在 1（1′）钩后的额外钩……*P. kostadinovae*
16A. 额外的小钩存在于基部到转变区过渡规则排的起始处……17
16B. 额外的小钩不存在于基部到转变区过渡规则排的起始处……18

17A. 总长 6.4～12.8mm；球茎长 360～480μm，宽 60～90μm；节片有精巢 34～65 个……………………乳突状前克里斯蒂安娜绦虫（*P. papillifer*）

17B. 总长 3.5～4.2mm；球茎长 360～370μm，宽 50～60μm；节片有精巢 63 个……………………肿胀前克里斯蒂安娜绦虫（*P. tumidula*）

18A. 几个极度扩大的特征性的喙钩位于基部膨大处；3 个极度扩大的镰状钩位于触手基部……………………奥多诺霍前克里斯蒂安娜绦虫（*P. odonoghuei*）

18B. 基部膨大处不存在极度扩大的喙钩；基部钩不扩大或仅略微扩大……………………19

19A. 转变区钩型规则排有不相同的钩数（即 8 个和 10 个），规则排起于反吸槽面并终止于吸槽面……………………巴特勒前克里斯蒂安娜绦虫（*P. butlerae*）

19B. 转变区钩型规则排有相同的钩数，规则排起于吸槽面终止于反吸槽面…………脆弱前克里斯蒂安娜绦虫（*P. fragilis*）

7b. 钩 1（1′）最大，其余的钩沿排渐进变小，有基部膨大的钩型存在……………………8

8a. 在不对称的基部膨大上存在大型的三角钩……………………三巨棘属（*Trimacracanthus* Beveridge & Campbell，1987）

识别特征：头节细长无缘膜。2 个吸槽，边缘厚，游离，顶部不连续，后部可能有缺口。球茎部和鞘部比吸槽长很多。球茎细长。触手鞘 S 形但不螺旋。球茎前器官存在。牵引肌源于球茎后端部。转变区钩型为异棘型。典型的钩异形、实心。交替的半螺旋排。转变区钩型起始于大钩 1（1′），钩 2（2′）略小，其余的钩列渐进减小。链体无缘膜，超解离。生殖孔位于边缘。精巢位于髓质、卵巢后方。外贮精囊存在。卵巢位于后部，横切面四叶状。受精囊存在。子宫位于中央。卵黄腺滤泡位于皮质周围。已知寄生于板鳃亚纲软骨鱼的肠螺旋瓣上，采自大西洋西北、新西兰和澳大利亚。模式种：鳐三巨棘绦虫［*Trimacracanthus aetobatidis*（Robinson，1959）Beveridge & Campbell，1987］（图 12-79，图 12-80A～G）。

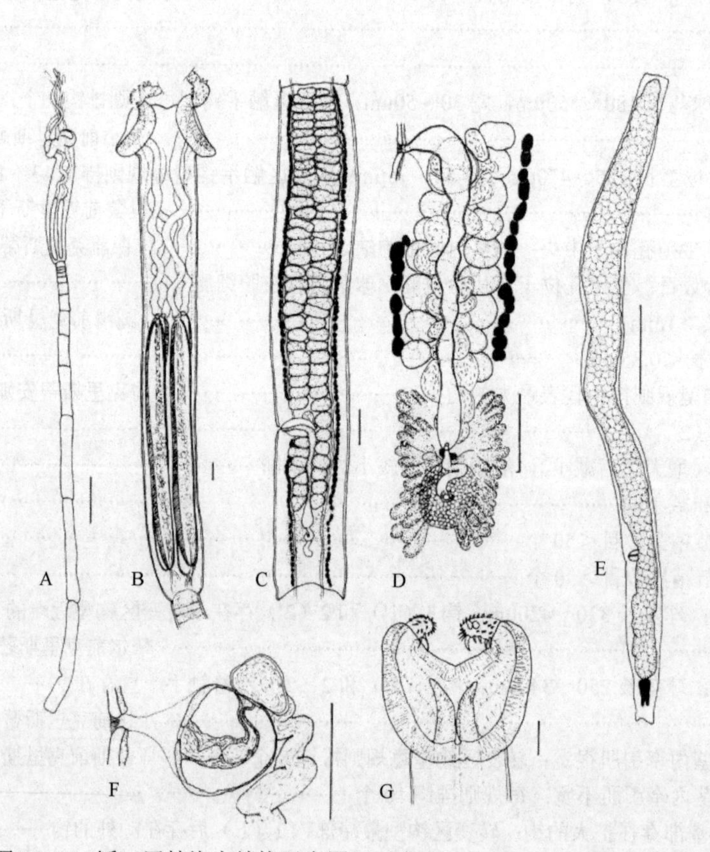

图 12-79 鳐三巨棘绦虫结构示意图（引自 Campbell & Beveridge，1994）

A. 整条虫体；B. 头节；C. 成节；D. 生殖系统；E. 孕节；F. 生殖器官末端；G. 吸槽面。标尺：A，E=1.0mm；B～D，F，G=0.1mm

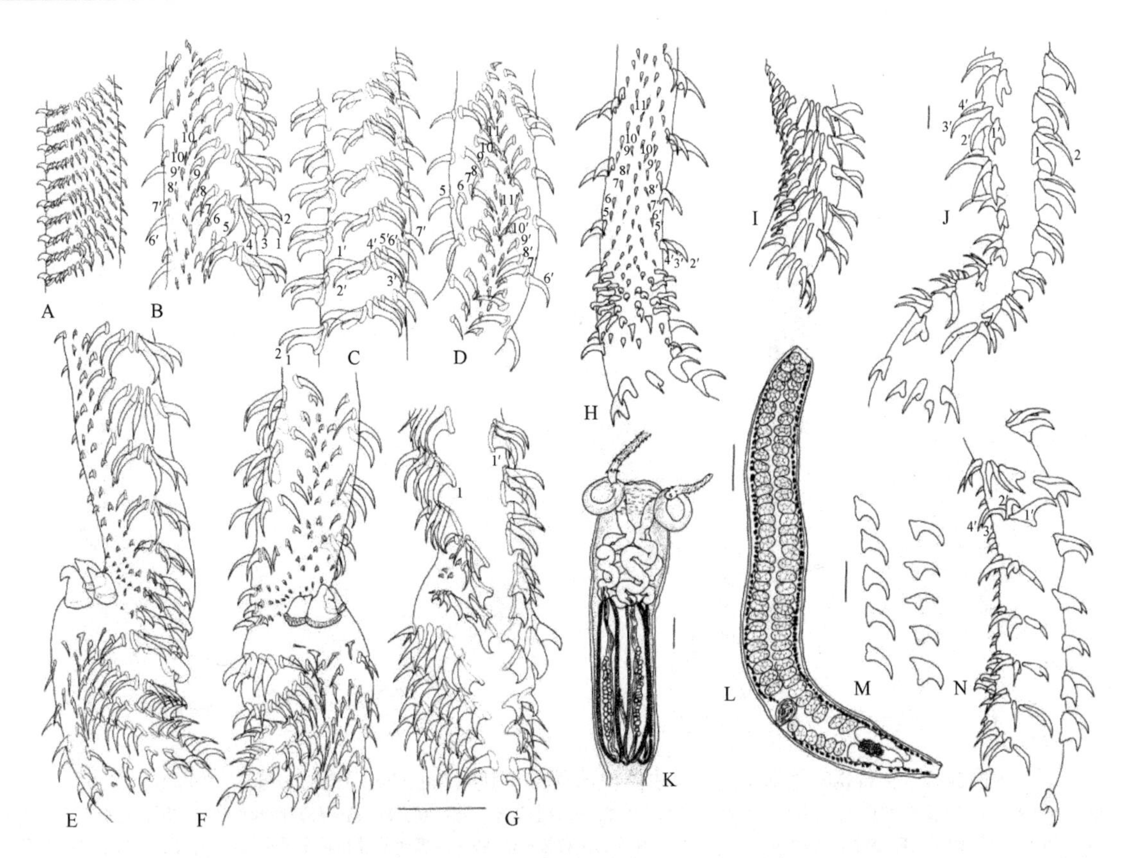

图 12-80 鳐三巨棘绦虫和索斯韦尔伪克里斯蒂安娜绦虫的触手钩型（引自 Campbell & Beveridge，1994）
A～G. 鳐三巨棘绦虫：A. 吸槽面近触手端部；B. 外表面转变区；C. 反吸槽面转变区；D. 外表面转变区；E. 吸槽面基部区；F. 外表面基部区；G. 内表面基部区。H～N. 索斯韦尔伪克里斯蒂安娜绦虫：H. 外表面基部区；I. 吸槽面转变区；J. 内表面基部区；K. 头节；L. 成节；M. 钩 1（1′）侧面观；N. 吸槽面基部区。标尺：A～G，K，L=0.1mm；H～J，M，N=0.01mm

8b. 基部钩型无大型的三角钩，明显的基部钩型限于外表面……………………………………………………伪克里斯蒂安妮属（*Pseudochristianella* Beveridge & Campbel，1987）

识别特征：小型虫体，有 2 个吸槽和细长的球茎。球茎前器官存在。球茎后部和缘膜不存在。转变区钩型为异棘型，典型的异形钩。转变的钩排为交替的半螺旋排。钩 1（1′）大，由明显的空间分开，主排其余的钩渐小。触手基部膨大。节片无缘膜。精巢为两纵列。内、外贮精囊不存在。已知寄生于软骨鱼，采自印度洋。模式种：索斯韦尔伪克里斯蒂安娜绦虫（*Pseudochristianella southwelli* Beveridge & Campbell，1990）（图 12-80H～N）。

Campbell 和 Beveridge（2006b）报道了 2 种伪克里斯蒂安妮属绦虫：优雅伪克里斯蒂安娜绦虫（*P. elegantissima*）（图 12-81）和赤裸伪克里斯蒂安娜绦虫（*P. nudisculo*）（图 12-82）。前者采自墨西哥加利福尼亚湾鞭尾魟（*Dasyatis brevis*）（Garman，1880）和长魟（*D. longus*）（Garman，1880）的肠螺旋瓣；后者采自相同地点的环吻犁头鳐（*Rhinobatos productus* Ayres，1854）、长魟、长吻鲼（*Myliobatis longirostris* Applegate & Fitch，1964）和斑纹犁头鳐肠螺旋瓣。此 2 种之间相互有别，且 2 种与索斯韦尔伪克里斯蒂安娜绦虫有区别，在于触手基部膨大、外表面喙钩的排列及转变区钩型各排的钩数。

12.6.2 无吻科（Aporhynchidae Nybelin，1918）

无吻科较为特殊，没有锥吻目绦虫的特征性结构。不存在具棘触手和吻器。从形态学上看放在锥吻目并不合适。

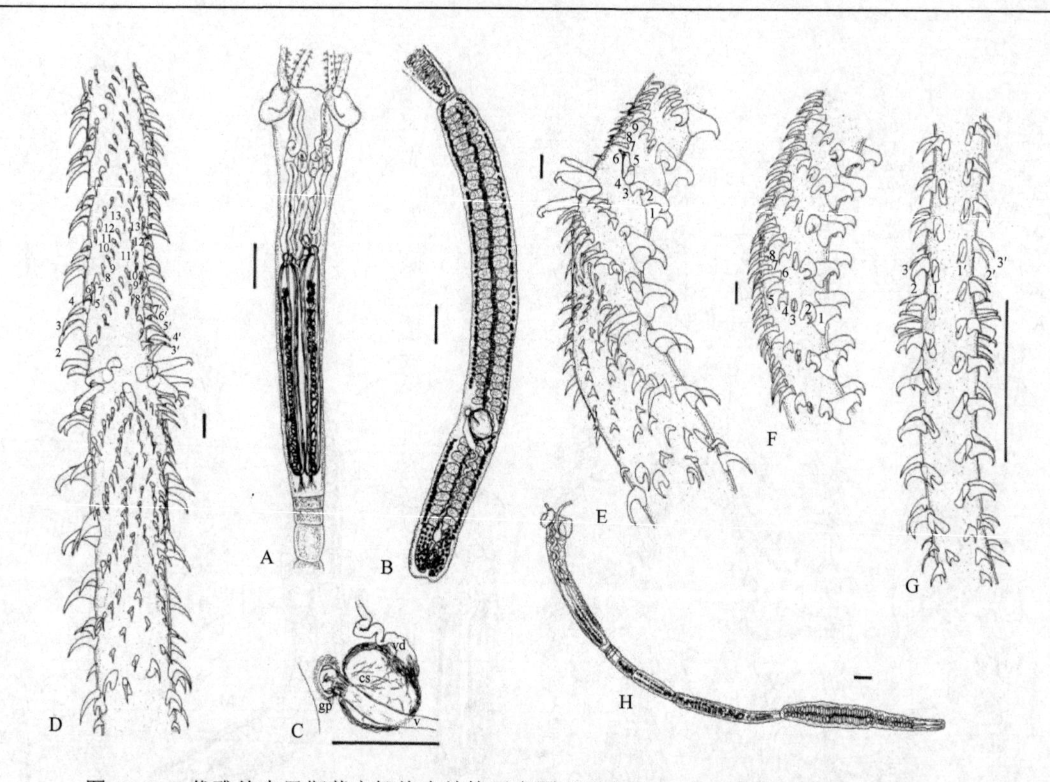

图 12-81　优雅伪克里斯蒂安娜绦虫结构示意图（引自 Campbell & Beveridge，2006b）

样品采自鞭尾魟（A～G）和长魟（H）。A. 头节侧面观；B. 成节；C. 末端生殖器官腹面观；D. 触手外表面基部和转变区，反槽面在右边；E. 触手反吸槽面基部和转变区钩型；F. 触手反吸槽面转变区钩型，内表面在右边；G. 触手内表面基部和转变区钩型，吸槽面在右边；H. 整条虫体。标尺：A～C，G，H=0.1mm；D～F=0.01mm。缩略词：cs. 阴茎囊；gp. 生殖孔；v. 阴道；vd. 输精管

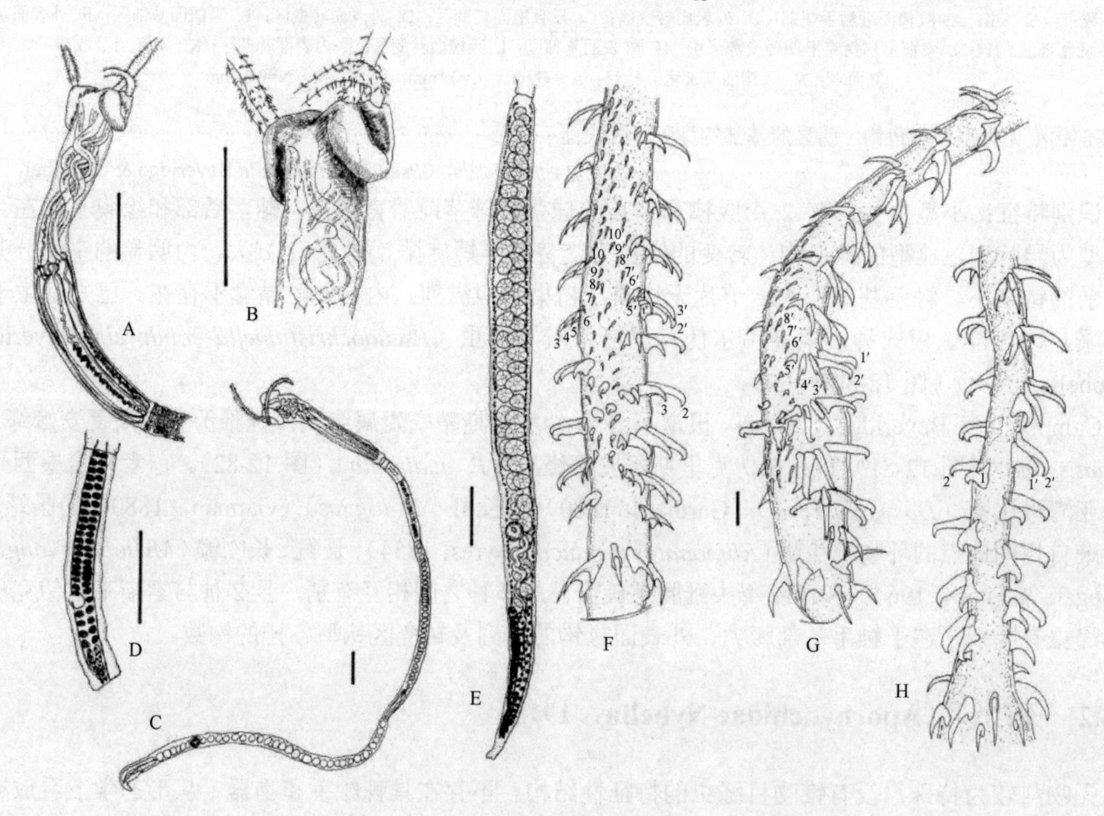

图 12-82　采自环吻犁头鳐的赤裸伪克里斯蒂安娜绦虫结构示意图（引自 Campbell & Beveridge，2006b）

A. 头节；B. 吸槽；C. 整条虫体；D. 成熟前节片；E. 成节；F. 触手外表面基部和转变区钩型，吸槽面在右边；G. 触手吸槽面基部和转变区钩型，内表面在右边；H. 触手内表面基部和转变区钩型，吸槽面在右边。标尺：A～E=0.1mm；F～H=0.01mm

12.6.2.1 无吻属（*Aporhynchus* Nybelin，1918）

识别特征：头节无缘膜。有 4 个耳状吸槽，前方边缘不完全。链体无缘膜。生殖腔近于节片前端，由括约肌包围。附属贮精囊、内贮精囊和外贮精囊存在。精巢分散、成层位于两侧区、卵巢的前方和后方。卵巢小，与节片后部边缘由明显的空间分离。子宫位于中央，偏离孔侧；子宫孔存在；孕子宫囊状。卵黄腺滤泡围绕着髓质。已知寄生于鲨鱼，采自大西洋西北塔斯马尼亚岛。模式种：诺夫吉卡无吻绦虫［*Aporhynchus norvegicus*（Olsson，1868）］（图 12-83，图 12-84A）。

Noever 等（2010）描述了新收集自大西洋亚速尔群岛法亚尔岛（the island of Faial，in the Azores）沿岸黑腹乌鲨（*Etmopterus spinax*）和光鳞乌鲨（*Etmopterus pusillus*）肠螺旋瓣的无吻属绦虫的两个新种：梅内泽斯无吻绦虫（*A. menezesi*）（图 12-84B～K）和皮克林无吻绦虫（*A. pickeringae*）（图 12-84L～Q，图 12-85）。该 2 种绦虫都没有吻器结构，符合无吻属的特征。

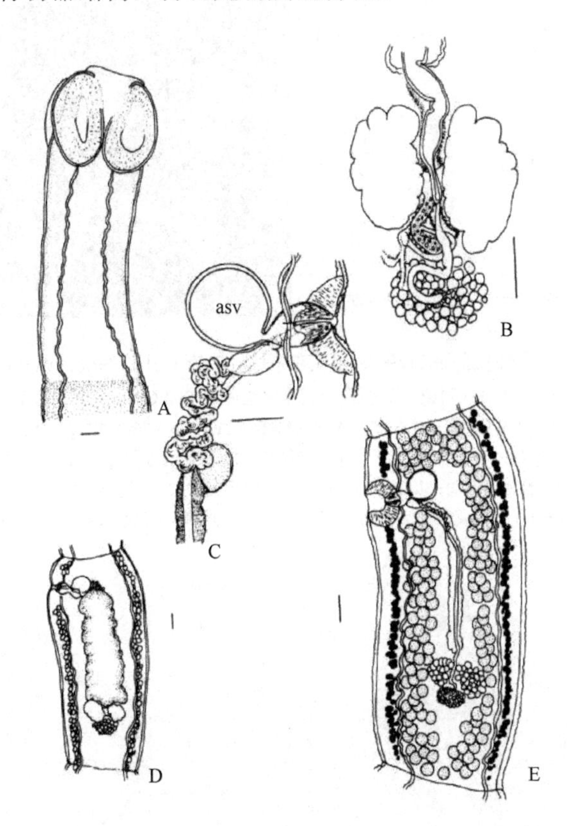

图 12-83 诺夫吉卡无吻绦虫结构示意图（引自 Campbell & Beveridge，1994）

A. 头节；B. 雌性生殖复合体；C. 雄性生殖器官；D. 孕节；E. 成节。缩略词：asv. 附属贮精囊。标尺：A～E=0.1mm

附 1：无吻属绦虫分种检索表

1A. 成节和孕节宽明显大于长；头节缺乏棘毛；额腺缺乏……………………梅内泽斯无吻绦虫（*A. menezesi*）

1B. 成节和孕节长明显大于宽；头节具有棘毛；额腺存在……………………2

2A. 精巢 180 个，前方或后方不汇合；头节与链体融合……………………塔斯马尼亚无吻绦虫（*A. tasmaniensis*）

2B. 精巢 160 个，前方和后方汇合；头节与链体分界明显……………………3

3A. 多达 10 个节片；仅吸槽区额腺明显；吸槽圆形到椭圆形……………………诺夫吉卡无吻绦虫（*A. norvegicus*）

3B. 多达 22 个节片；额腺扩展至整个头节；吸槽卵形……………………皮克林无吻绦虫（*A. pickeringae*）

Caira 等（2010）从台湾的猫鲨［真鲨目（Carcharhiniformes）：猫鲨科（Scyliorhinidae）］肠螺旋瓣上收集到两个无吻科绦虫，并建立了仲谷绦虫属（*Nakayacestus*）。仲谷绦虫属与无吻属明显的区别在于棘毛的排列：仲谷绦虫属头节有双、三或梳状棘毛，而无吻属头节或整个缺棘毛或有剑形的棘毛。两属

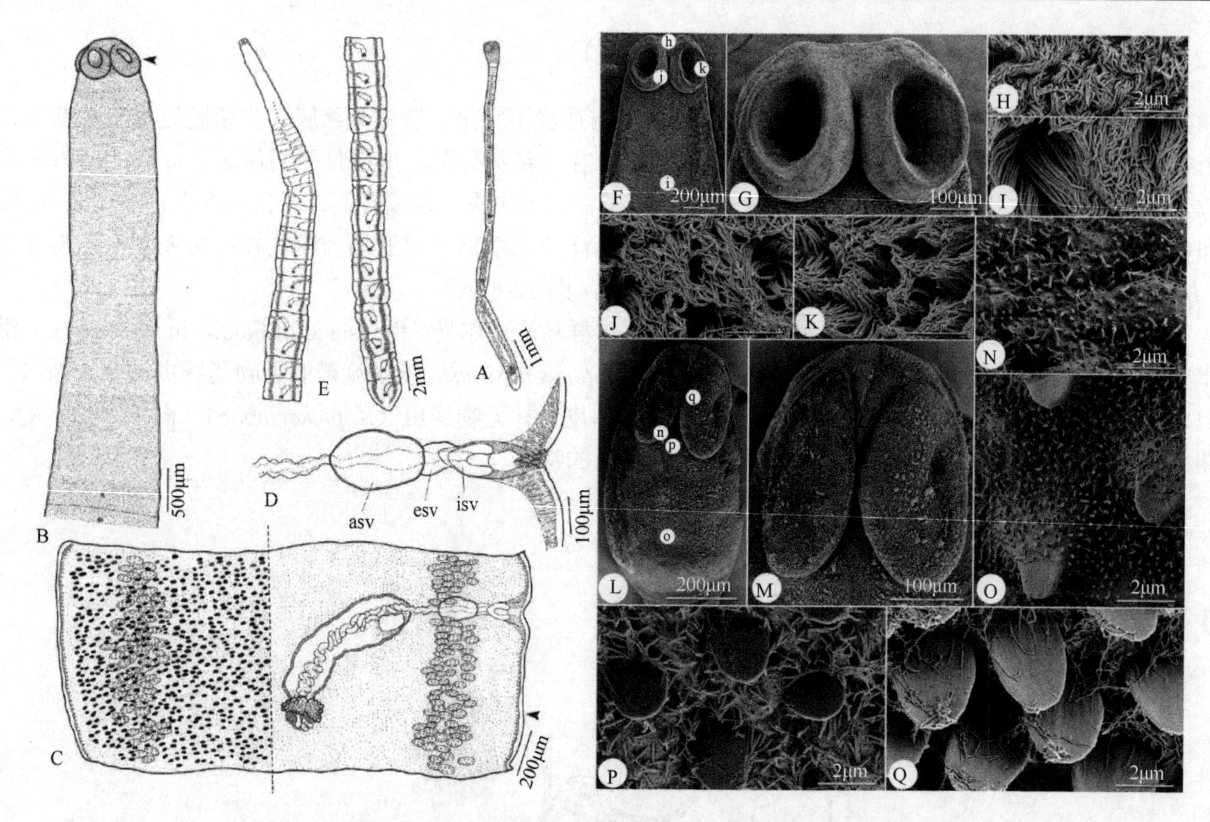

图 12-84　无吻绦虫结构示意图和头节扫描结构（引自 Noever et al.，2010）

诺夫吉卡无吻绦虫（A）和梅内泽斯无吻绦虫（B～E）的结构示意图：A. 绦虫整体（USNPC No. 103221）；B. 头节与前部链体（USNPC No. 103216），箭头示头节；C. 成节（MHNFCUP No. 078882）；D. 末端生殖器官细节（MHNFCUP No. 078882）；E. 绦虫整体分为两段（MHNFCUP No. 078882）。梅内泽斯无吻绦虫（F～K）和皮克林无吻绦虫（L～Q）头节前半部扫描结构：F. 头节，小写字母示相应大写字母图取处；G. 吸槽；H. 头节顶区；I. 头节的后柄部；J. 吸槽近端表面；K. 吸槽远端表面；L. 头节，小写字母示相应大写字母图取处；M. 吸槽；N. 吸槽近端表面；O. 头节的后柄部；P. 头节前柄部表面；Q. 吸槽远端表面。缩略词：asv. 附属贮精囊；esv. 外贮精囊；isv. 内贮精囊

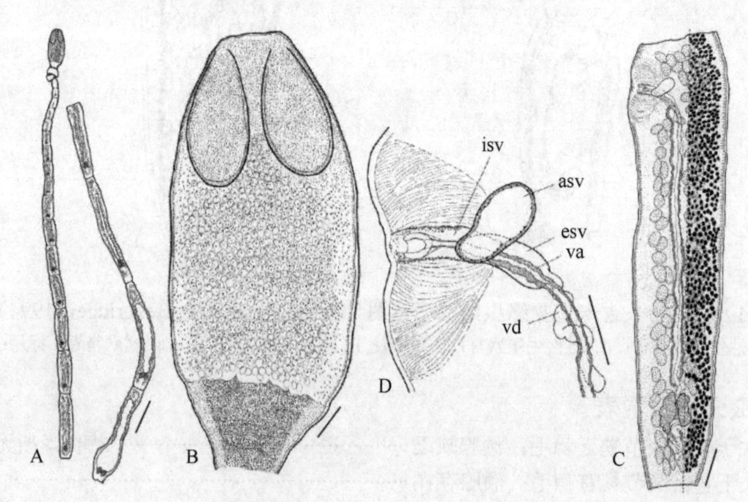

图 12-85　皮克林无吻绦虫结构示意图（引自 Noever et al.，2010）

标本号：MHNFCUP No. 00000。A. 整条虫体；B. 头节；C. 成节；D. 末端生殖器官细节。缩略词：asv. 附属贮精囊；esv. 外贮精囊；isv. 内贮精囊；va. 阴道；vd. 输精管。标尺：A=1mm；B，D=100μm；C=200μm

的吸槽构造也明显有别：无吻属绦虫的吸槽是固着的且通常不伸出头茎的侧方边缘外，而仲谷绦虫属种类的吸槽与头节固有结构只有一个脆弱的连接，前部和后部明显游离，并明显地延伸到头茎之外。此外，头节和链体之间的界线是清晰的，而无吻属的种类此界线是模糊的。仲谷绦虫属的模式种高桥仲谷绦虫（*N. takahashii*）采自大嘴猫鲨（*Apristurus macrostomus*）。长颈仲谷绦虫（*N. tanyderus*）采自黑头（沙氏）

锯尾猫鲨（*Galeus sauteri*）。两者相比，长颈仲谷绦虫更短，具有更长头茎的头节，卵巢在节片中的位置更靠后部，而卵巢后的精巢数目更少。此外，两者在头节棘毛排列上也有明显差异。

12.6.2.2 仲谷绦虫属（*Nakayacestus* Caira，Kuchta & Desjardins，2010）

识别特征：头节无缘膜，由 4 个界线明确的吸槽和细长的头节柄组成。吸槽与头节实体有脆弱的联系。吸槽和头节的柄部各自表面覆盖着明显的二叉、三叉和/或栉状及不同数量的指状棘毛。所有的吻器官不存在。头节和链体之间的界线明确。生殖孔位于边缘，接近节片的前方边缘，由肌肉质的括约肌包围。阴茎囊发育不良；阴茎无棘；内贮精囊、外贮精囊和附属贮精囊存在。精巢数目多，在前方汇合，在后方汇合或不汇合。卵巢正面观为 H 形，横切面两叶状；阴道在阴茎囊的背方开口入生殖腔；卵黄腺滤泡状，围绕着髓质；子宫位于中央，囊状；没有见到预成的子宫孔。卵不明。已知为猫鲨科鲨鱼的寄生虫。模式种：高桥仲谷绦虫（*Nakayacestus takahashii* Caira，Kuchta & Desjardins，2010）（图 12-86A～C）。其他种：长颈仲谷绦虫（*N. tanyderus* Caira，Kuchta & Desjardins，2010）（图 12-86D、E）。

词源：属名是为了纪念日本北海道大学北海道水产学院生物多样性海洋实验室的仲谷一弘（Kazuhiro Nakaya）教授，纪念他终身对猫鲨分类学和系统学的贡献及非常感谢他愿意协助 Caira 等从猫鲨科软骨鱼中收集绦虫标本。

高桥仲谷绦虫种名词源：本种名荣誉给予日本北海道大学北海道水产学院生物多样性研究室的高桥正治（Masashi Takahashi），是他收集了这一物种的模式材料。

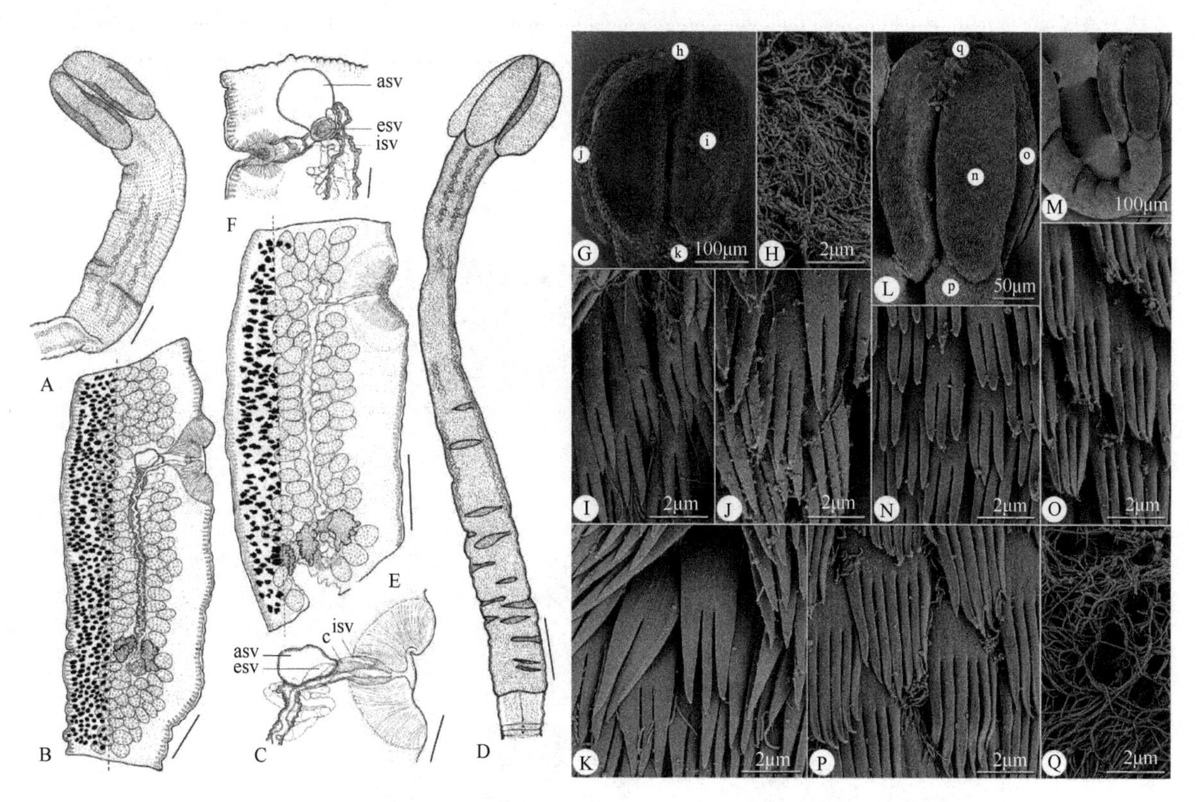

图 12-86 2 种仲谷绦虫结构示意图及扫描结构（引自 Caira et al.，2010）

高桥仲谷绦虫（A～C）和长颈仲谷绦虫（D，E）。A. 头节（NMNS No. 6350-001）；B. 成节（NMNS No. 6350-001）；C. 末端生殖器官细节（NMNS No. 6350-001）；D. 头节（USNPC No. 103222）；E. 成节（USNPC No. 103223）；F. 末端生殖器官细节（USNPC No. 103223）。高桥仲谷绦虫（G～K）和长颈仲谷绦虫（L～Q）扫描结构：G. 吸槽，小写字母示相应图取处；H. 头节顶部表面；I. 吸槽远端表面；J. 吸槽近端表面；K. 头节柄部表面；L. 吸槽，小写字母示相应图取处；M. 头节；N. 吸槽远端表面；O. 吸槽近端表面；P. 头节柄部表面；Q. 头节顶部表面。缩略词：asv. 附属贮精囊；c. 阴茎；esv. 外贮精囊；isv. 内贮精囊。标尺：A，B，D，E=200μm；C，F=100μm

长颈仲谷绦虫种名词源：*tany*（希腊语：长）*dere*（希腊语：颈），识别时该种表现为具有显著细长的头茎，故名“长颈”。

仅从形态上看，无吻科并不适合于放在锥吻目。

12.6.3 吉奎科（Gilquiniidae Dollfus，1942）

12.6.3.1 分属检索

1a. 头节有显著缘膜……田氏鲨绦虫属（*Deanicola* Beveridge，1990）

识别特征：4个耳状吸槽有厚边，前方边缘不完全。鞘部长于球茎部。球茎后部存在或无。球茎卵圆形或长形；牵引肌始于基部。触手短，鞘S形。转变区钩型异棘型，异形钩；主排在外表面相邻，不覆盖。触手基部膨大，有明显的基部钩型存在。链体无缘膜。节片四方形到长形。生殖孔位于侧方边缘近于节片前端，由括约肌包围。附属贮精囊存在。精巢分散于两侧区带，在子宫前方和卵巢后方连续。卵巢小，位于节片后部边缘前方。子宫位于中央，管状，偏向生殖孔；孕子宫囊状；有功能的子宫孔存在或无。卵黄腺滤泡围绕着髓质。已知寄生于田氏鲨属（*Deania*）鲨鱼，采自塔斯马尼亚岛和大西洋北部。模式种：前向田氏鲨绦虫（*Deanicola protentus* Beveridge，1990）（图12-87，图12-88B～E）。其他种：采自粗吻田氏鲨（*Deania histricosa*）的微小田氏鲨绦虫（*Deanicola minor* Palm & Schröder，2001）（图12-88A）。

1b. 头节无缘膜……2

2a. 球茎后部存在，钩1（1′）不发散……近吻属 *Plesiorhynchus* Beveridge，1990

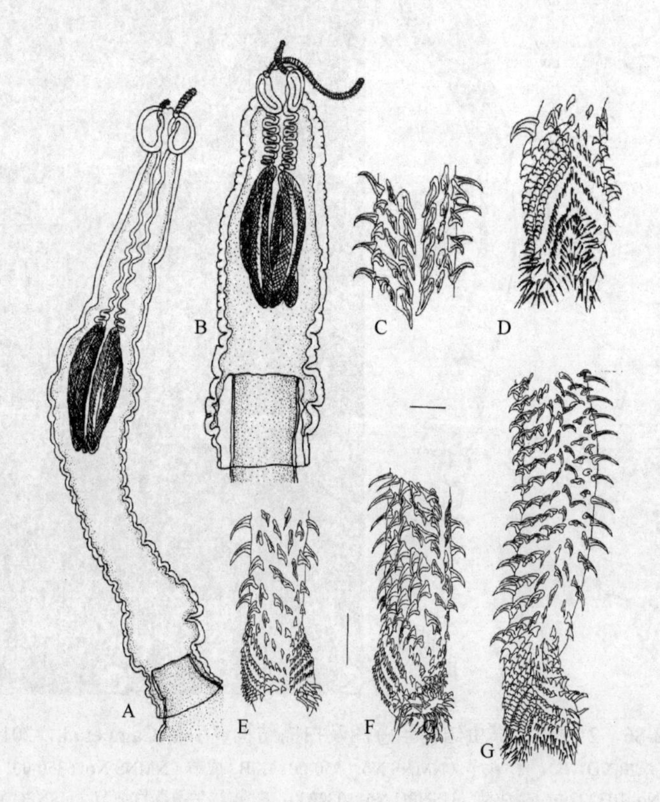

图12-87 前向田氏鲨绦虫结构示意图（引自Campbell & Beveridge，1994）

A. 头节，放松的样品；B. 头节，收缩的样品；C. 内表面转变区；D. 外表面从基部到转变区钩型的过渡区；E. 内表面从基部到转变区钩型的过渡区；F. 吸槽面，内表面在右边；G. 触手的反吸槽面，外表面在右边，基部扭折示内表面。标尺：C～G=0.1mm

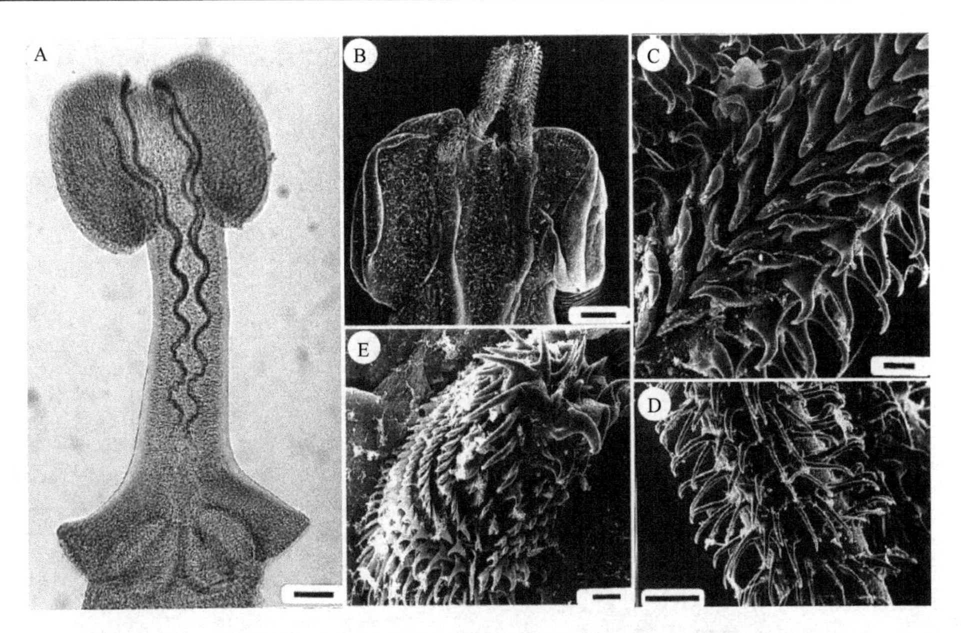

图 12-88　田氏鲨属绦虫实物光镜及扫描结构（引自 Palm & Schröder，2001）

A. 采自粗吻田氏鲨的微小田氏鲨绦虫头节。B～E. 前向田氏鲨绦虫：B. 头节；C. 触手内表面转变区钩型；D. 触手外表面转变区钩型；E. 触手外表面基部钩型。标尺：A=90μm；B=200μm；C，E=20μm；D=50μm

识别特征：4 个卵圆形吸槽，边缘厚，前方不完全。触手短。鞘略为 S 形，略长于球茎部。球茎短，牵引肌起于球茎基部。转变区钩型为典型的异棘型，钩异形，钩排在外表面不重叠。触手无明显的基部钩型和膨大。链体无缘膜。生殖孔位于近节片前端边缘，由括约肌围绕，不规则交替。附属贮精囊、外贮精囊、内贮精囊存在。精巢分散于卵巢两侧区带，可能超出侧方排泄管，前、后端连续或不连续。卵巢小，位于节片后部边缘前方。子宫管状，偏向生殖孔；孕子宫囊状；子宫孔存在或无。卵黄腺滤泡围绕着髓质。已知寄生于鲨鱼，采自塔斯马尼亚岛。模式种：乌鲨近吻绦虫（*Plesiorhynchus etmopteri* Beveridge，1990）（图 12-89）。

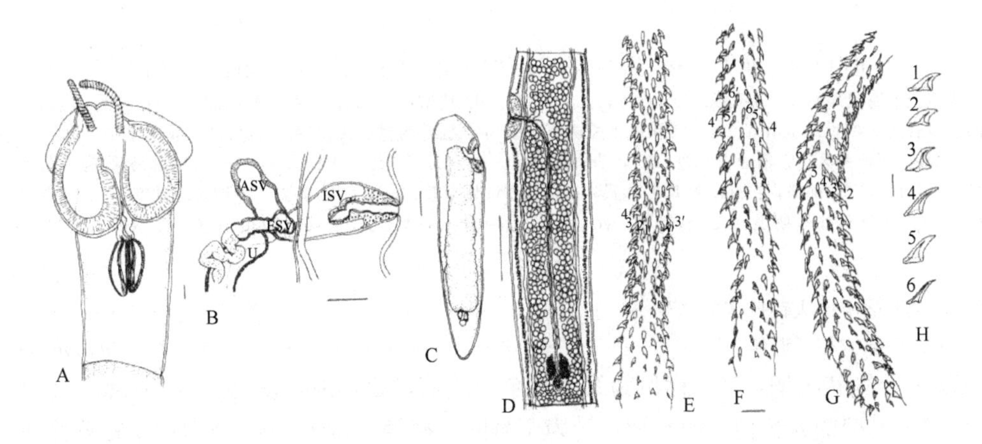

图 12-89　乌鲨近吻绦虫结构示意图（引自 Campbell & Beveridge，1994）

A. 头节；B. 雄性生殖器官末端背面观；C. 孕节；D. 成节；E. 内表面基部和转变区；F. 外表面基部和转变区；G. 吸槽面基部和转变区；H. 钩 1～6 侧面观。标尺：A，B=0.1mm；C，D=1.0mm；E～G=0.025mm；H=0.01mm

2b. 无明显的球茎后部……………………………………………………………………………………………3

3a. 触手基部的内部表面上有 3 个大钩排为短列………………………小带吻属（*Vittirhynchus* Beveridge & Justine，2006）

识别特征：小型绦虫有大量节片。头节无缘膜；4 个吸槽；吸槽部短于鞘部。转变区钩型为典型的异棘型；钩排始于触手的内表面，止于触手外表面，不重叠；钩中空。基部膨大和基部钩型存在。基部内表面存在 3 个扩大的大钩排列，类似悬链线。球茎短，牵引肌起于球茎基部。球茎前器官不存在。节片无缘膜。生殖器官单一。生殖孔不规则交替。精巢数目多，分散，在卵巢后方不汇合。内贮精囊、外贮精囊和附属贮精囊存在。阴道管状。卵巢四叶状，位于节片后部边缘。子宫终止于节片中央的子宫孔。卵黄腺滤泡围绕髓质。已知寄生于角鲨属鲨鱼（squalid shark）的肠螺旋瓣上。模式种：角鲨小带吻绦虫（*Vittirhynchus squali* Beveridge & Justine，2006）（图 12-90）。

词源：属名衍生自拉丁文的"*vitta*"，意思为"一条带"，并指"小的悬链线"。种名源于宿主。

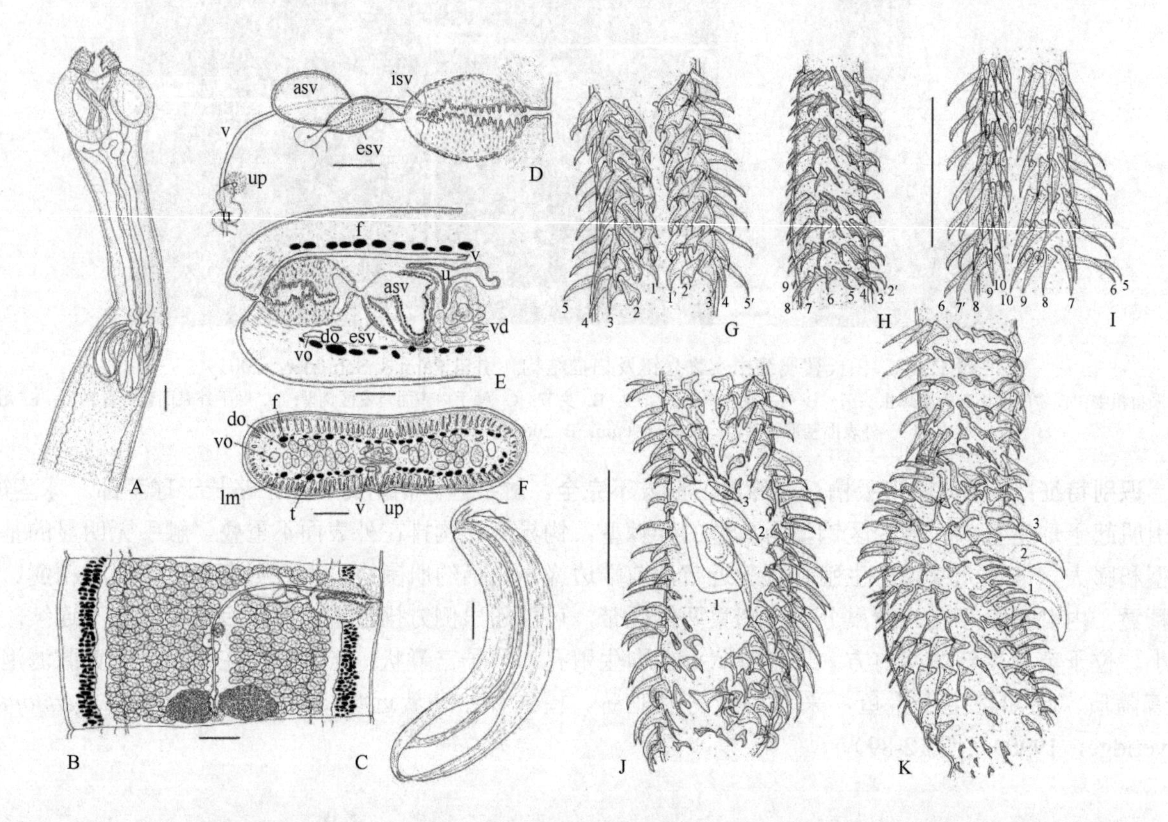

图 12-90　角鲨小带吻绦虫结构示意图（引自 Beveridge & Justine，2006）

样品采自新喀里多尼亚沿海黑尾角鲨（*Squalus melanurus*）。A. 头节；B. 成节；C. 球茎和牵引肌的起始；D. 生殖器官末端；E. 通过生殖器官末端横切面的复合图（纵肌未显示）；F. 子宫孔水平横切面。G～K. 触手钩型：G. 内表面转变区，吸槽面在右边；H. 吸槽面转变区，内表面在右边；I. 外表面转变区，吸槽面在左边；J. 内表面基部区，吸槽面在左边，大钩数字（1～3）示悬链线钩；K. 吸槽面基部区，大钩数字（1～3）示悬链线钩。缩略词：asv. 附属贮精囊；do. 背渗透调节管；esv. 外贮精囊；f. 卵黄腺滤泡；isv. 内贮精囊；lm. 纵肌；t. 精巢；u. 子宫；up. 子宫孔；v. 阴道；vd. 输精管；vo. 腹渗透调节管。标尺：A，B，F=200μm；C～E，G～K=100μm；G，H，J，K 为同一个标尺

3b. 触手基部的内部表面上无大钩排成的短列 ························ 4

4a. 触手基部膨大，基部钩型不退化 ························ 吉奎属（*Gilquinia* Guiart，1927）

识别特征：4 个耳状吸槽，吸槽内侧边缘不完全与头节融合。锥吻系统发达。鞘部长于球茎部。触手短。转变区钩型为典型的异棘型。钩异形，排为交替的半螺旋。钩 1（1′）发散；半螺旋排在外表面相邻但不重叠。触手基部膨大，明显的基部钩型存在。触手鞘 S 形。球茎相对短，卵圆形。牵引肌起于球茎基部。无球茎前器官。链体无缘膜，节片细长。生殖孔位于近节片前端边缘。精巢数目多，分散于排泄管之间的两侧区带、卵巢前后方。除内贮精囊、外贮精囊外，尚有附属贮精囊。卵巢位于节片后部边缘前方，有空间与后部边缘分开。子宫位于中央，单管状，远端部分偏向生殖孔；无子宫孔。卵黄腺滤泡围绕着髓质。已知寄生于角鲨科（Squalidae）鲨鱼，采自大西洋和太平洋。模式种：角鲨吉奎绦虫［*Gilquinia squali*（Fabricius，1794）］（图 12-91，图 12-92）。

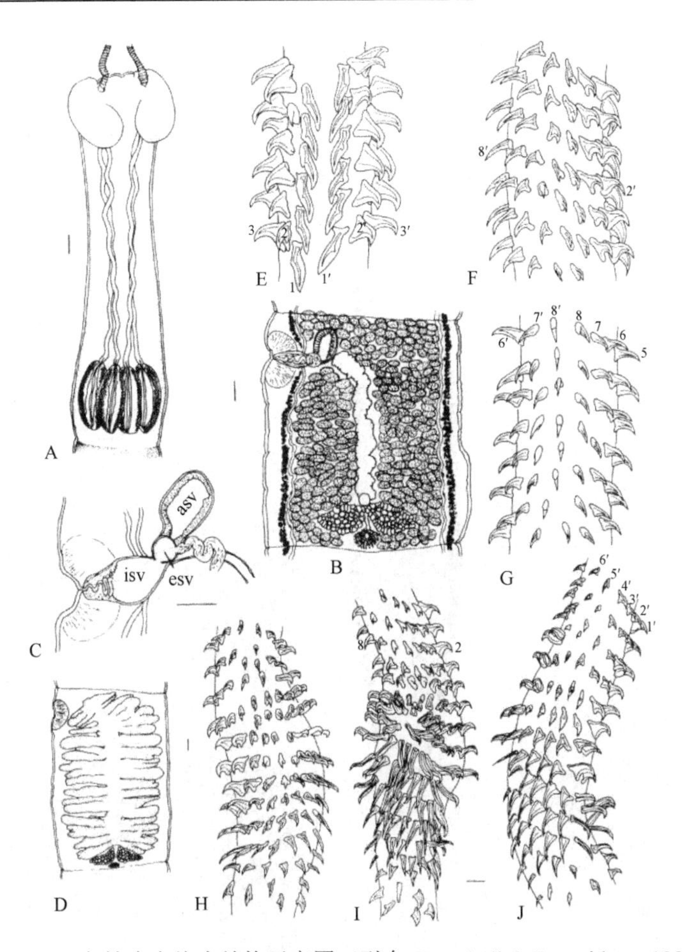

图 12-91　角鲨吉奎绦虫结构示意图（引自 Campbell & Beveridge，1994）

A. 头节；B. 成节；C. 生殖器官末端；D. 孕节；E. 转变区钩型内表面；F. 吸槽面转变区，内表面在右边；G. 外表面转变区；H. 外表面基部钩型；I. 内表面基部钩型；J. 吸槽面基部钩型。缩略词：asv. 附属贮精囊；esv. 外贮精囊；isv. 内贮精囊。标尺：A～D=0.1mm；E～J=0.01mm

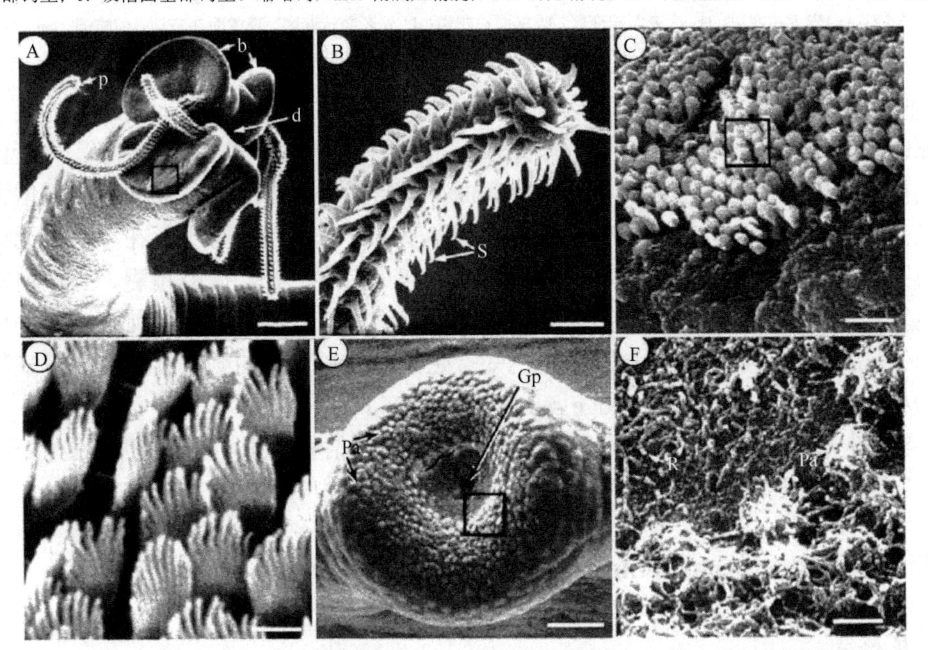

图 12-92　角鲨吉奎绦虫的扫描结构（引自 McCullough & Fairweather，1983）

A. 头节（b. 吸槽；d. 背腹凹陷；p. 触手），方框区放大为图 C；B. 触手放大（S. 棘）；C. 吸槽吸附面，方框区放大为图 D；D. 吸槽吸附面掌样突起；E. 节片生殖腔区域（Gp. 生殖孔；Pa. 乳突），方框区放大为图 F；F. 节片生殖腔区放大（Pa. 乳突；R. 小杆）。标尺：A=200μm；B=15μm；C=7μm；D=1μm；E=100μm；F=10μm

Beveridge 和 Justine（2006）报道了收集自南太平洋新喀里多尼亚沿岸深海鲨鱼的小吉奎绦虫（*G. minor*）（图 12-93）和 1 个吉奎绦虫未定种（*Gilquinia* sp.），小吉奎绦虫采自刺鲨未定种（*Centrophorus* sp.），它与同属种的区别在于：每规则排只有 5 个钩，同属种有 8 个钩。吉奎绦虫未定种采自黑尾角鲨。罗伯逊吉奎绦虫（*G. robertsoni* Beveridge，1990）采自短吻角鲨［*S. megalops*（MacLeay）］。

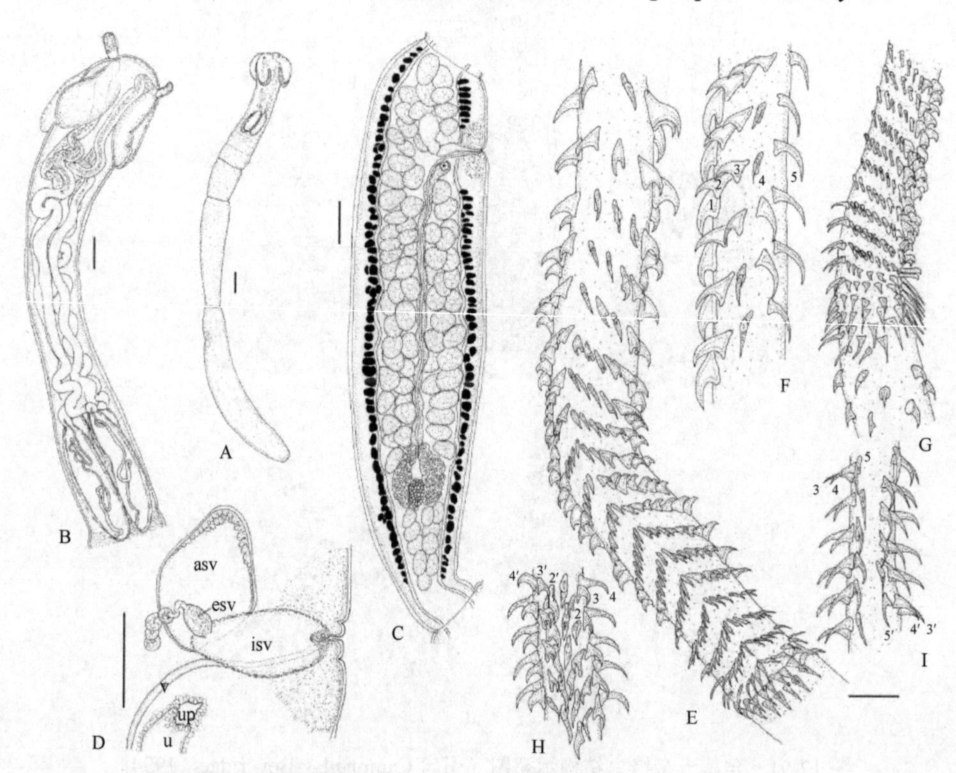

图 12-93　采自新喀里多尼亚沿岸刺鲨的小吉奎绦虫结构示意图（引自 Beveridge & Justine，2006）

A. 整条绦虫；B. 头节；C. 成节；D. 末端生殖器官。E～I. 触手钩型：E. 外表面基部和转变区，始于基部略前方；F. 反吸槽面转变区，内表面在左边；G. 基部和转变区，内表面在右边；H. 内表面转变区，吸槽面在左边；I. 外表面转变区，吸槽面在右边。缩略词：asv. 附属贮精囊；esv. 外贮精囊；isv. 内贮精囊；u. 子宫；up. 子宫孔。标尺：A=2mm；B～D=1mm；E～I=20μm

4b. 触手基部不膨大，基部钩型极度退化，最后的钩列有宽的基部·箭钩吻属（*Sagittirhynchus* Beveridge & Justine，2006）

识别特征：小型绦虫，有大量的节片。头节无缘膜；4 个吸槽；吸槽部短于鞘部。转变区钩型为典型的异棘型；钩排起于触手的内表面，止于触手外表面，不重叠；钩中空；主排的终止钩增大。触手缺乏基部膨大；基部钩型略改变。球茎短；牵引肌起于球茎基部。球茎前器官不存在。节片无缘膜；生殖器官单套；生殖孔不规则交替。精巢数目多，分散，不在卵巢后方汇合。内贮精囊、外贮精囊和附属贮精囊存在。阴道管状；卵巢四叶状，位于节片的后端部；子宫管状，位于中央，前方末端偏离孔侧，终止于中线孔侧的子宫孔。卵黄腺滤泡围绕髓质。已知寄生于角鲨科鲨鱼的肠螺旋瓣上。模式种：有刺箭钩吻绦虫（*Sagittirhynchus aculeatus* Beveridge & Justine，2006）（图 12-94）。

词源：属名衍生于拉丁文“*sagitta*”，意思为“箭”，指的是箭样的钩 7（7′）。种名衍生于“*aculeatus*”，意思是“有刺”，指钩 7（7′）从触手外表面突出的方式。

12.6.4　雪莉吻科（Shirleyrhynchidae Beveridge & Campbell，1994）

12.6.4.1　分属检索

1a. 略膨大区有基部钩型；钩 1（1′）发散，排在外表面，相邻……………………………………………………………………………雪莉吻属（*Shirleyrhynchus* Beveridge & Campbell，1988）

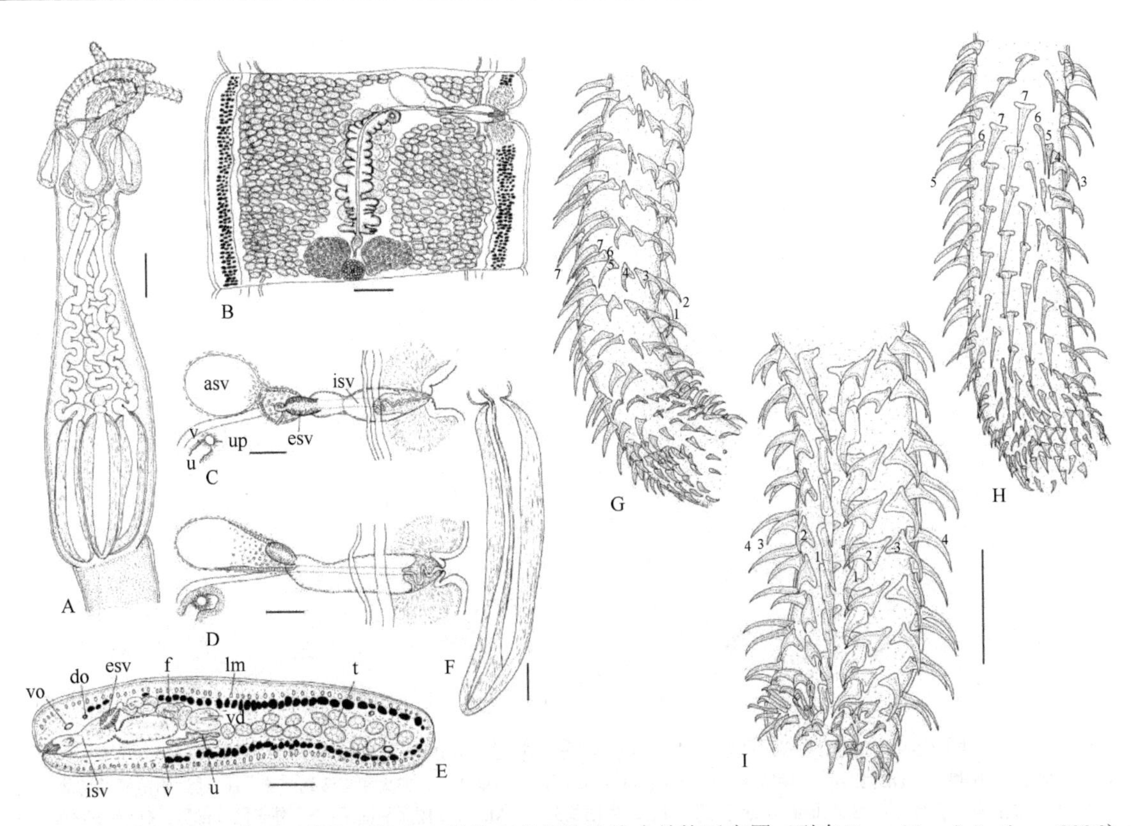

图 12-94 采自新喀里多尼亚沿海刺鲨未定种的有刺箭钩吻绦虫结构示意图（引自 Beveridge & Justine，2006）

A. 头节；B. 成节；C，D. 生殖器官末端，示内部和附属贮精囊形态的变异；E. 节片末端生殖管水平横切面；F. 球茎，示牵引肌的起始。G～I. 触手钩型：G. 反吸槽面基部和转变区，内表面在右边；H. 外表面基部和转变区，吸槽面在右边；I. 内表面基部和转变区。缩略词：asv. 附属贮精囊；do. 背渗透调节管；esv. 外贮精囊；f. 卵黄腺滤泡；isv. 内贮精囊；lm. 纵肌；t. 精巢；u. 子宫；up. 子宫孔；v. 阴道；vd. 输精管；vo. 腹渗透调节管。标尺：A=400μm；B，E，F=200μm；C，D，G～I=100μm

识别特征：头节长，无缘膜。4 个浅杯状吸槽，开口类似于纵向的裂缝。球茎长，牵引肌起于球茎基部。球茎前器官存在。鞘部长；触手鞘 S 形；球茎后部明显。转变区钩型为典型的异棘型，钩异形。基部钩型明显。基部的钩中空；转变区的钩实心。链体无缘膜。节片长形，数目多，老节解离。精巢位于卵巢前方，为平行的纵向列。生殖孔位于边缘，不规则交替。附属贮精囊、内贮精囊及外贮精囊不存在。卵黄腺滤泡围绕着髓质。子宫管状，位于中央，末端接近节片前端部；子宫孔存在。卵棕色，球体状。已知寄生于鳐目的魟科（Dasyatidae）鱼类，采自澳大利亚。模式种：巴特勒雪莉吻绦虫（*Shirleyrhynchus butlerae* Beveridge & Campbell，1988）（图 12-95）。

1b. 基部钩型存在；钩 1（1′）在内表面有宽间隔，排在外表面，不相邻……………………………………………………………………姥鲨居属（*Cetorhinicola* Beveridge & Campbell，1988）

识别特征：头节长，无缘膜。4 个吸槽后部边缘通过缘膜相联合。触手细长。基部钩型存在。转变区钩型为异棘型，典型的钩异形、实心，排为半螺旋的排，自内表面上升到外表面。鞘部长；触手鞘 S 形。球茎长，牵引肌起于球茎基部。球茎前器官存在。球茎后部短。链体不明。已知寄生于姥鲨（basking shark）。采自澳大利亚南部。模式种：大棘姥鲨居绦虫（*Cetorhinicola acanthocapax* Beveridge & Campbell，1988）（图 12-96～图 12-98）。大棘姥鲨居绦虫最初的描述基于采自澳大利亚南部海岸姥鲨（*Cetorhinus maximus*）的大量未成熟样品。尽管当时没有成熟样品，但绦虫的钩型很独特，触手外表面缺乏钩，故而建立了姥鲨居属（*Cetorhinicola*）用于容纳此绦虫。Beveridge 和 Duffy（2005）基于新采自姥鲨的该绦虫进行了重描述，补充了其成节和孕节的信息，同时提供了清晰的实物扫描结构照片。

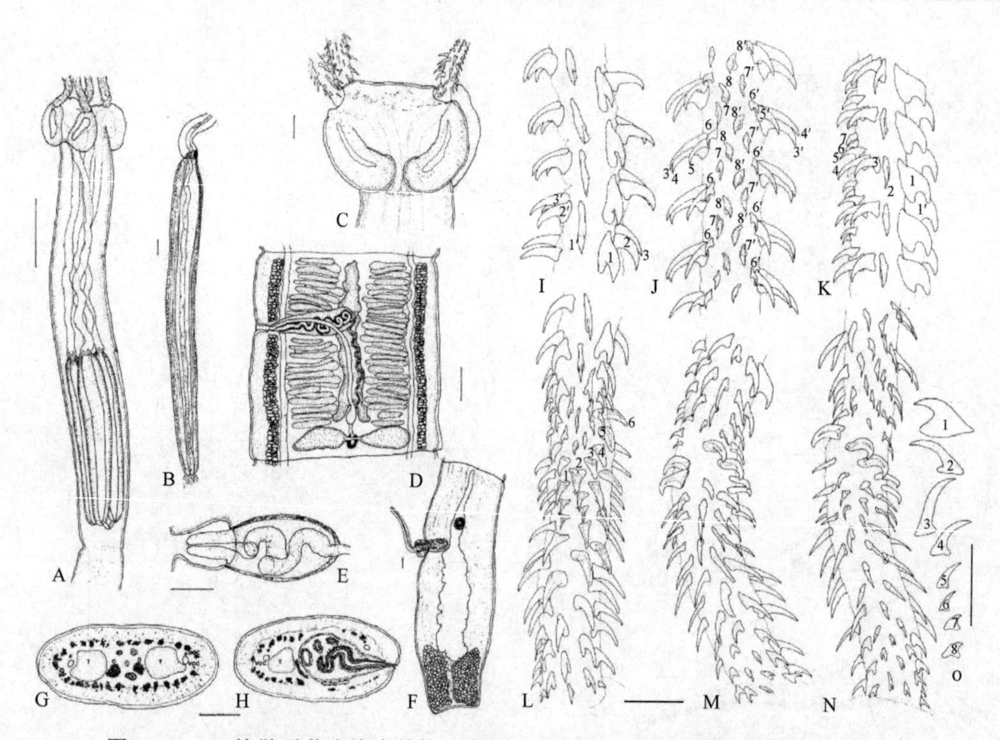

图 12-95　巴特勒雪莉吻绦虫结构示意图（引自 Campbell & Beveridge，1994）

A. 头节；B. 球茎；C. 吸槽部；D. 成节；E. 阴茎囊；F. 孕节；G. 横切面，示精巢 2 列、卵巢和渗透调节管；H. 通过阴茎囊横切面；I. 内表面转变区钩型；J. 外表面转变区钩型；K. 吸槽面转变区钩型；L. 内表面基部区；M. 反吸槽面基部区；N. 外表面基部区；O. 转变区钩 1～8 侧面观。标尺：A=1.0mm；B～O=0.1mm

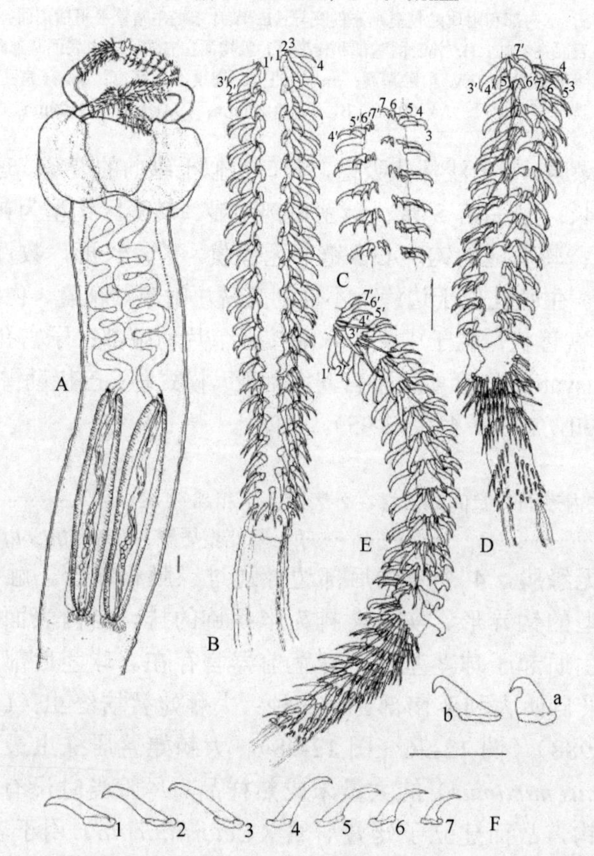

图 12-96　大棘姥鲨居绦虫结构示意图（引自 Campbell & Beveridge，1994）

A. 头节；B. 内表面触手基部和转变区；C. 外表面转变区；D. 触手外表面基部和转变区；E. 触手反吸槽面基部和转变区；F. 主钩 1～7 侧面观，反吸槽面（a）和吸槽面（b）钩放大。标尺=0.1mm

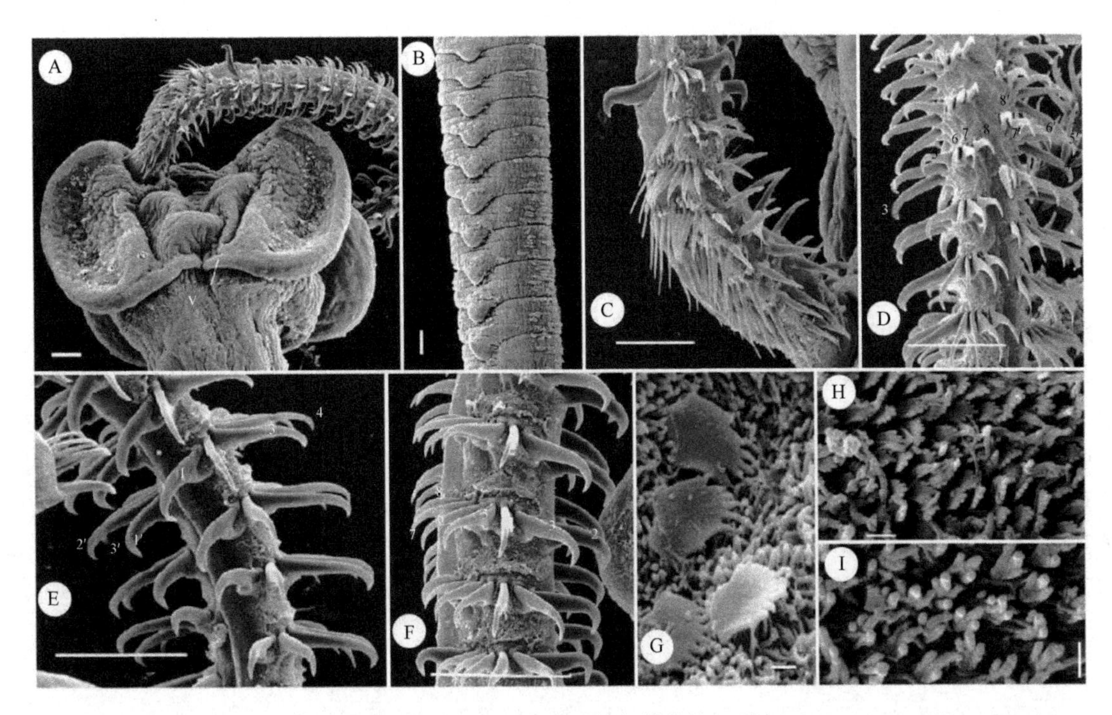

图 12-97　大棘姥鲨居绦虫头节、链体、触手和微毛的扫描结构（引自 Beveridge & Duffy，2005）

A. 头节，示吸槽由一明显的缘膜在其后部边缘加入；B. 未成节，示垂片悬挂于后续节片之上；C. 基部触手钩型，外表面在左侧；D. 外表面转变区钩型，示钩列 8 和 8′之间的间隙；E. 内表面转变区钩型斜观；F. 反吸槽面转变区钩型；G. 紧接吸槽后部的头节柄前方部栉状微毛分散于短的指状微毛之间；H. 吸槽吸附表面的栉状微毛；I. 吸槽外部边缘上的三指微毛。缩略词：v. 缘膜。标尺：A～C，G～I=100μm；D～F=1μm

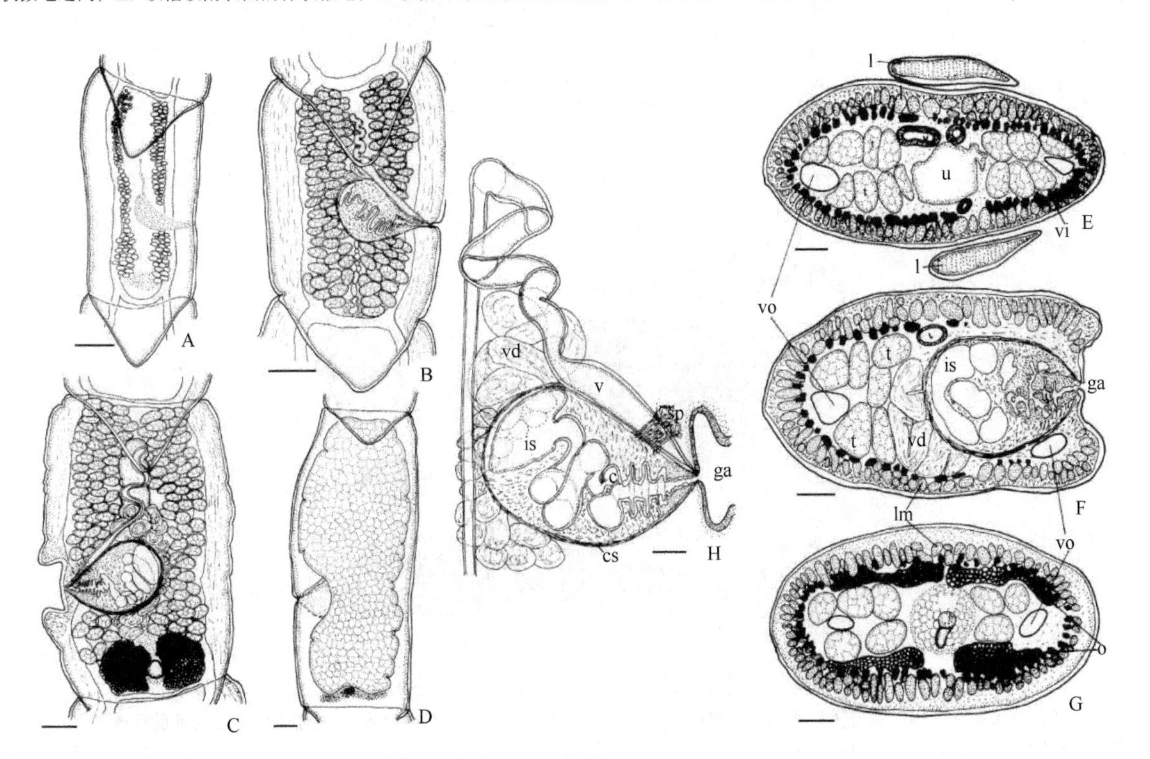

图 12-98　大棘姥鲨居绦虫结构示意图（引自 Beveridge & Duffy，2005）

A. 成熟前节，示精巢排为两列；B. 卵巢充分发育前的成节；C. 卵巢完全发育、子宫开始扩大的成节；D. 前孕节；E. 通过节片前方区域横切，含后续节片上的垂片；F. 成节过生殖腔横切，示子宫囊；G. 成节卵巢和梅氏腺水平横切；H. 生殖管背腹面观。缩略词：c. 阴茎；cs. 阴茎囊；ga. 生殖腔；is. 内贮精囊；l. 垂片；lm. 纵肌；mg. 梅氏腺；o. 卵巢；sp. 括约肌；t. 精巢；u. 子宫；v. 阴道；vd. 输精管；vi. 卵黄腺滤泡；vo. 腹渗透调节管。标尺：A～D=200μm；E～G=100μm

12.7 耳槽样超科（Otobothrioidea Dollfus，1942）

12.7.1 耳槽科（Otobothriidae Dollfus，1942）

12.7.1.1 分属检索

1a. 每节 2 套生殖器官；头节缘膜有面盘结构……………………………………双耳槽属（*Diplootobothrium* Chandler，1942）

识别特征：大型锥吻绦虫，2 个亚球形吸槽，有侧感觉窝。触手鞘螺旋形。球茎细长，球茎部略长于吸槽部。鞘部是吸槽部长度的 4 倍多。牵引肌起于球茎基部。钩型为非典型的异棘型，钩异形、中空。钩排源于吸槽面，止于反吸槽面。吸槽面大钩的交替主排由小钩间插排分隔开。链体宽扁，节片无缘膜。生殖孔位于节片边缘中央偏前。阴茎囊球形，阴茎具棘。附属贮精囊存在。精巢数目多，分散于整个髓质空间。阴道在阴茎囊后方。卵巢两叶状，位于后部边缘前方中线两侧。子宫细长，管状平行，达前部节片边缘。子宫管加入子宫近端。孕子宫有大量支囊。卵黄腺滤泡分散于皮质区。已知寄生于鲨鱼，采自大西洋西北、墨西哥湾和印度洋。模式种：斯普林格双耳槽绦虫（*Diplootobothrium springeri* Chandler，1942）（图 12-99）。

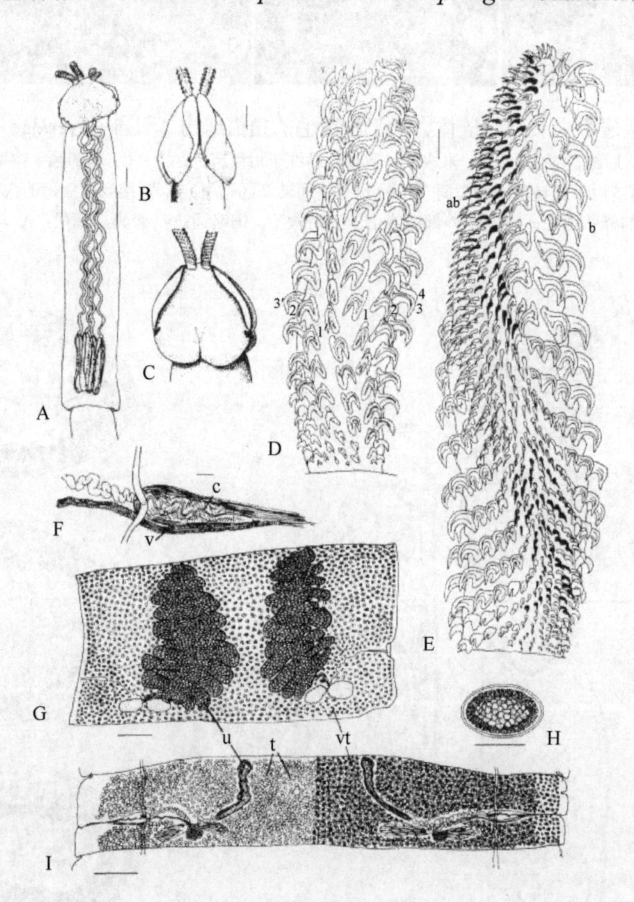

图 12-99 斯普林格双耳槽绦虫结构示意图（引自 Campbell & Beveridge，1994）

A. 头节，牵引肌源于球茎基部；B. 吸槽侧面观；C. 吸槽表面；D. 触手吸槽面；E. 触手反吸槽面，注意扭转，夹于中间的钩排（黑色）；F. 生殖器官末端，注意两性管；G. 孕节；H. 卵；I. 成节。缩略词：ab. 反吸槽面；b. 吸槽面；c. 阴茎；t. 精巢；u. 子宫；v. 阴道；vt. 卵黄腺。标尺：A～C，G，I=1.0mm；D～F=0.1mm；H=0.05mm

1b. 每节 1 套生殖器官；头节有或无缘膜………………………………………………………………………………………2

2a. 头节无缘膜………3

2b. 头节有缘膜，触手鞘螺旋或强 S 形……………………………………………………………………………………5

3a. 主钩排间缺间插钩，触手转变区外表面具有一悬链线………………… 爱莪槽属（*Iobothrium* Beveridge & Campbell，2005）

识别特征：头节无缘膜；2个吸槽后部边缘有吸槽凹。鞘部长于吸槽部。球茎细长，缺乏球茎前器官和内部的腺细胞。牵引肌起于球茎的中央。触手没有明显的基部钩型或膨大。钩型为花棘型。钩异形、中空。钩排1和1′之间有显著的间隔。钩排起于触手的内面，止于外面。每个主排最后的钩形状独特，在触手的外表面上形成悬链线。节片无缘膜。已知寄生于魟［魟科（Dasyatidae）］。模式种：优雅爱莪槽绦虫（*Iobothrium elegans* Beveridge & Campbell，2005）（图12-100）。

模式材料：全模标本采自澳大利亚北部地区阿拉弗拉海域豹纹窄尾魟或称詹金斯鞭魟［*Himantura jenkinsi*（Annandale）］肠螺旋瓣上，采集人为K. Jensen，采集时间为1999年9月12日，头节标本编号为SAM 28634。触手放于甘油胶中的样品编号为SAM 28635。

词源：属名的"*Io*"即"爱莪"是希腊主神宙斯的情人，后为宙斯之妻Hera施法变为母牛，将之作属名以反映该属奇异不寻常的历史（Stapleton，1978），种名则反映了感知蠕虫的优雅。

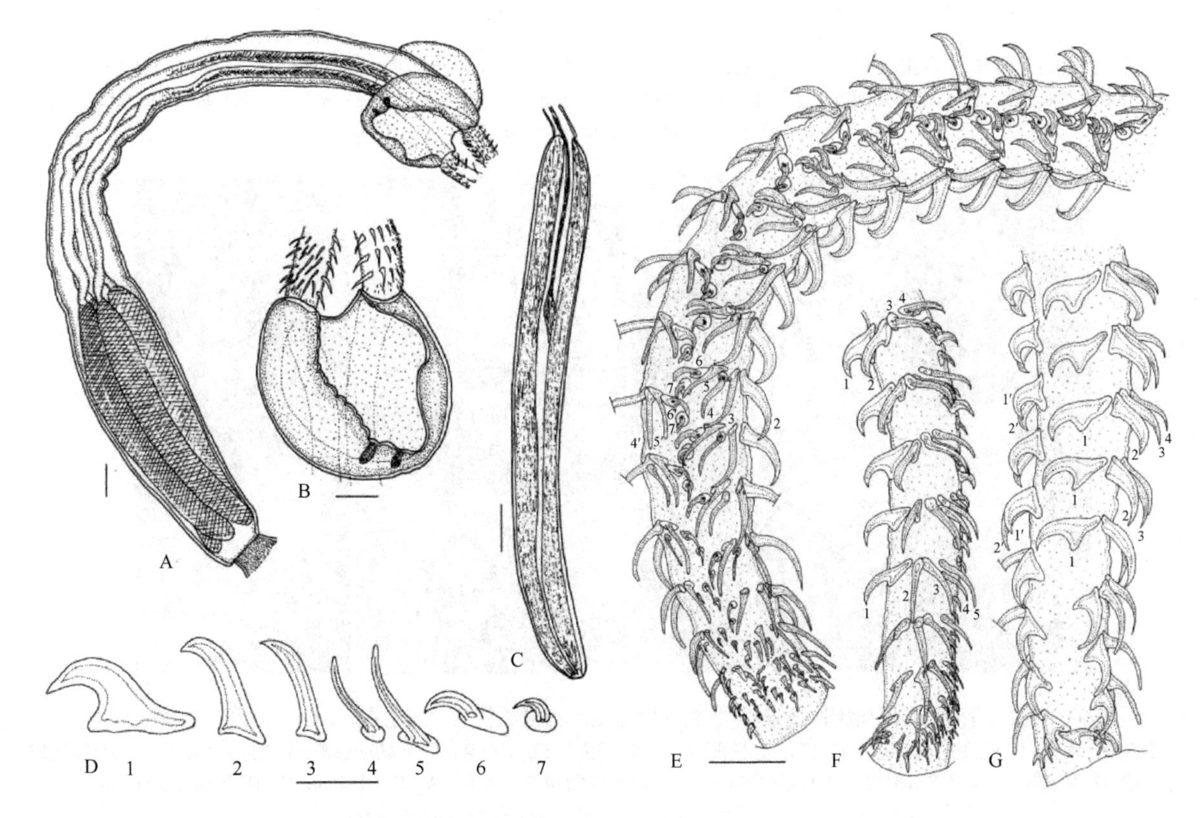

图12-100 优雅爱莪槽绦虫结构示意图（引自Beveridge & Campbell，2005）

A. 全模标本的头节；B. 全模标本的吸槽，示后部边缘的凹；C. 球茎；D. 触手钩1～7侧面。E～G. 触手钩型：E. 外表面基部和转变区；F. 吸槽面基部和转变区；G. 内表面基部和转变区。标尺：A=0.4mm；B，C，E～G=0.2mm；D=0.1mm

3b. 主钩排间有间插钩，触手转变区外表面无悬链线··4

4a. 球茎短；牵引肌起于球茎入口处；每排大钩有1排以上小钩························耳槽属（*Otobothrium* Linton，1890）

［同物异名：*Paramecistobothrium* Bilqees & Kurshid，1987；合槽吻属（*Symbothriorhynchus* Yamaguti，1952）］

识别特征：头节有缘膜。2个小盘状吸槽，有或无后方缺口，向基部倾斜；边缘或多或少有加厚，后侧方边缘有成对可外翻的感觉窝。触手相对短。钩型为非典型的异棘型；起始于内表面的每排主钩外表面有1至多排（或群）小钩。钩异形、中空。球茎短，牵引肌源于球茎入口处。无球茎后部。链体老节解离，可能为优解离，起始脱离处又窄又细。节片无缘膜，长形。每节1套生殖器官。生殖孔位于边缘，不规则交替开口于边缘中央或中央偏后。精巢位于髓质排泄管之间区域；有些在卵巢后部。卵巢位于节片后部边缘前方。卵黄腺滤泡围绕皮质。子宫位于中央，管状；孕节中为囊状；没有功能性子宫孔。已知实尾蚴寄生于硬骨鱼和鲨鱼，成体寄生于鲨鱼，采自全球各地。模式种：圆齿耳槽绦虫（*Otobothrium* *crenacolle* Linton，1890）。其他种：耳槽绦虫未定种（*Otobothrium* sp.）（图 12-101A、C～E）；勋章耳槽绦虫（图 12-101B、F）及囊耳槽绦虫（*O. cystium* Palm & Overstreet，2000）（图 12-102～图 12-104）等。

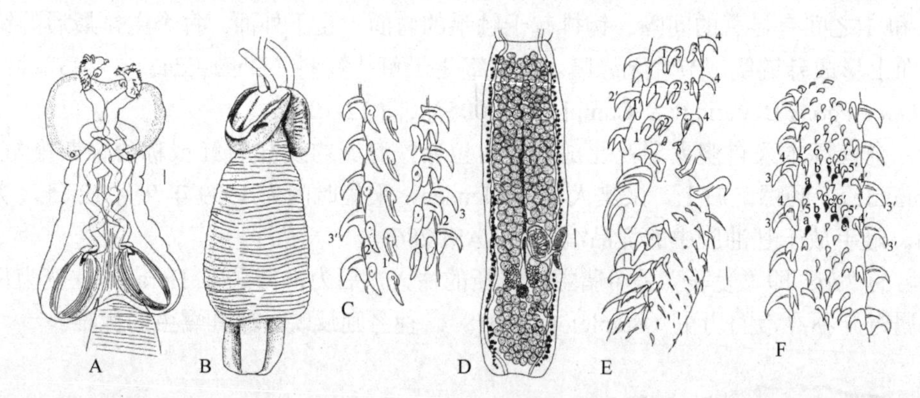

图 12-101　耳槽属绦虫头节、后期幼虫、成节及触手钩型示意图（引自 Campbell & Beveridge，1994）

A，C～E. 耳槽绦虫未定种：A. 头节（采自澳大利亚）；B. 勋章耳槽绦虫的后期幼虫；C. 触手内表面；D. 成节；E. 触手内表面基部区左侧；F. 勋章耳槽绦虫触手外表面。标尺=0.01mm

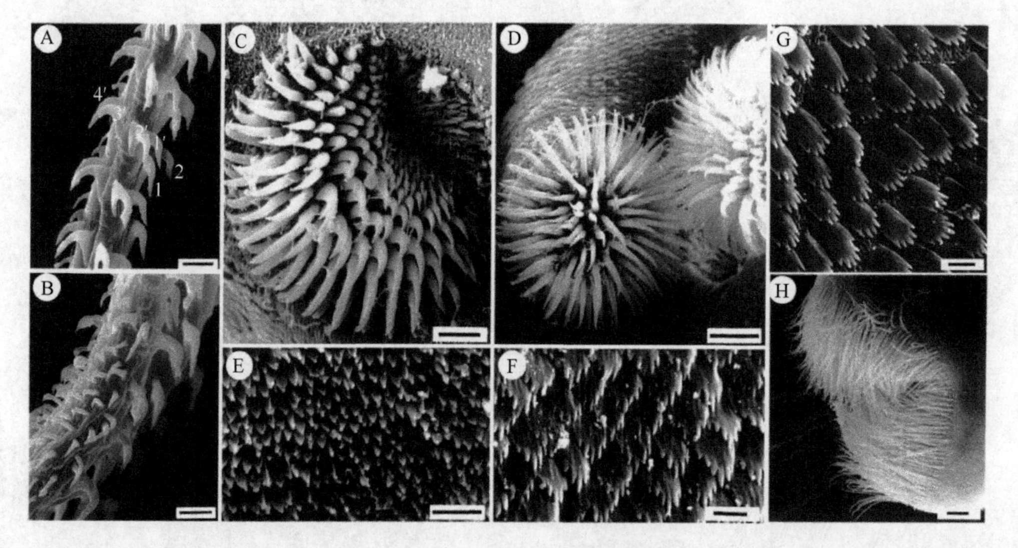

图 12-102　采自三刺胡椒鲳（鲳科）的囊耳槽绦虫的扫描结构（引自 Palm & Overstreet，2000）

A. 内表面转变区钩型；B. 吸槽面基部钩型；C. 部分凸出的吸槽窝；D. 完全凸出的吸槽窝；E. 吸槽远端表面的三指掌状微毛；F. 吸槽近端表面的六指掌状微毛；G. 头节表面的 5～6 指掌状微毛；H. 附属物后部的微毛。标尺：A，B，H=5μm；C，D=2μm；E～G=1μm

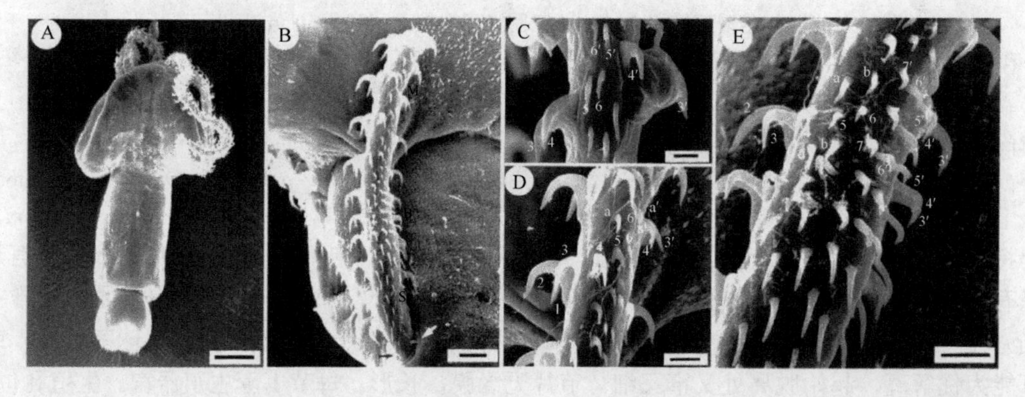

图 12-103　采自三刺胡椒鲳的囊耳槽绦虫的扫描结构，示头节及触手钩型（引自 Palm & Overstreet，2000）

A. 头节；B. 一凸出触手的外表面，示转变区钩型（M）和基部钩型［强烈内弯（B）的和棘状（S）的钩］，注意外表面（箭号）相对大的基部钩；C. 外表面转变区钩型；D. 反吸槽面转变区钩型；E. 外表面基部钩型，注意强内弯钩排。标尺：A=50μm；B=10μm；C=2.5μm；D，E=50μm

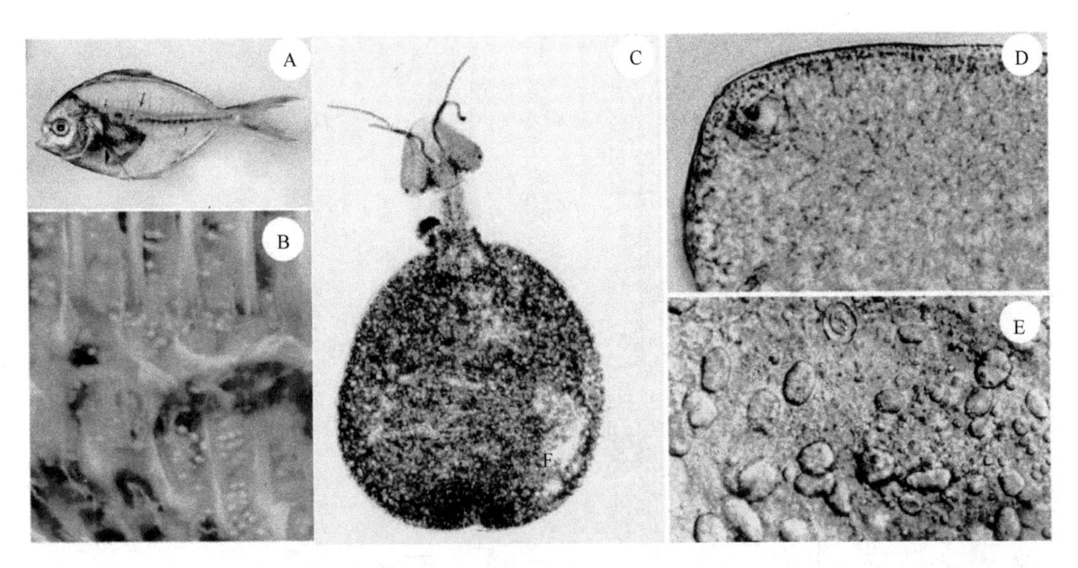

图 12-104 囊耳槽绦虫实物（引自 Palm & Overstreet，2000）
A. 解冻并切开的感染海湾低鳍鲳（*Peprilus burti*）；B. 沿宿主脊柱适度感染的实尾蚴；C. 盖玻片加压可见的有胚囊的实尾蚴；D. 活样品未凸出吸槽窝；E. 头节中的钙颗粒

Palm（2004）对耳槽属进行了综述，认可了 9 个种：亚历山大耳槽绦虫（*O. alexanderi* Palm，2004）、澳大利亚耳槽绦虫（*O. australe* Palm，2004）、真鲨耳槽绦虫［*O. carcharidis*（Shipley & Hornell，1906）Pintner，1913］、囊耳槽绦虫［*O. cysticum*（Mayer，1842）Dollfus，1942］、勋章耳槽绦虫、微小耳槽绦虫（*O. minutum* Subhapradha，1955）、鲻耳槽绦虫（*O. mugilis* Hiscock，1954）、穿透耳槽绦虫（*O. penetrans* Linton，1907）和适囊耳槽绦虫（*O. propecysticum* Dollfus，1969）。在这些绦虫中，所谓的"大型种"：亚历山大耳槽绦虫、澳大利亚耳槽绦虫、勋章耳槽绦虫、鲻耳槽绦虫和穿透耳槽绦虫（其中 3 种是 Dollfus 专著出版后加的）是比较容易辨认的，且有争议的同物异名也不复杂。而属中的"小型种"则不是这么回事。在这些小型种中，种的界定存在问题，很难识别且同物异名也有争议。

Dollfus（1942）基于头节和触手的球茎将耳槽属亚分为几群。他识别了一个群（小型种），其具有短的球茎和小的头节，包括巴利耳槽绦虫（*O. balli* Southwell，1929）、真鲨耳槽绦虫、圆齿耳槽绦虫（图 12-105）、简短耳槽绦虫［*O. curtum*（Linton，1909）Dollfus，1942］（图 12-106）、囊耳槽绦虫和 *O. pronosomum*（Stossich，1900）Dollfus，1942。巴利耳槽绦虫后来放在一个不同的属：副耳槽属（*Parotobothrium* Palm，2004），而 *O. pronosomum* 被移到科特里属（*Kotorella* Euzet & Radujkovic，1989）（Palm，2004）。在 Palm（2004）对耳槽属的综述中，他认可该群中所谓的"小型种"：适囊耳槽绦虫（图 12-107）、真鲨耳槽绦虫（图 12-108）、囊耳槽绦虫和小耳槽绦虫，后 2 种自 Dollfus（1942）专著出版后有描述过，但被当作圆齿耳槽绦虫和简短耳槽绦虫，作为囊耳槽绦虫的同物异名却无详细的解释。Beveridge 和 Justine（2007）收集了耳槽属绦虫样品，在后续相关模式标本检查中对该"小型种"群之间的相互关系有一些新的发现，基于这些新的发现尤其是成节的形态特征重新描述了 4 个"小型种"，此外还为"小型种"增加了一个新种：微小耳槽绦虫（*O. parvum*）（图 12-109，图 12-110C、D）。

Schaeffner 和 Beveridge（2013）重新描述了原先描述不完全的 5 个耳槽绦虫种：采自澳大利亚北部 3 个地方的 2 种真鲨科的鲨鱼，即敏锐真鲨［*Carcharhinus cautus*（Whitley）］和乌翅真鲨［*C. melanopterus*（Quoy & Gaimard）］的亚历山大耳槽绦虫（图 12-111，图 12-112）；采自模式宿主和模式宿主采集地收集

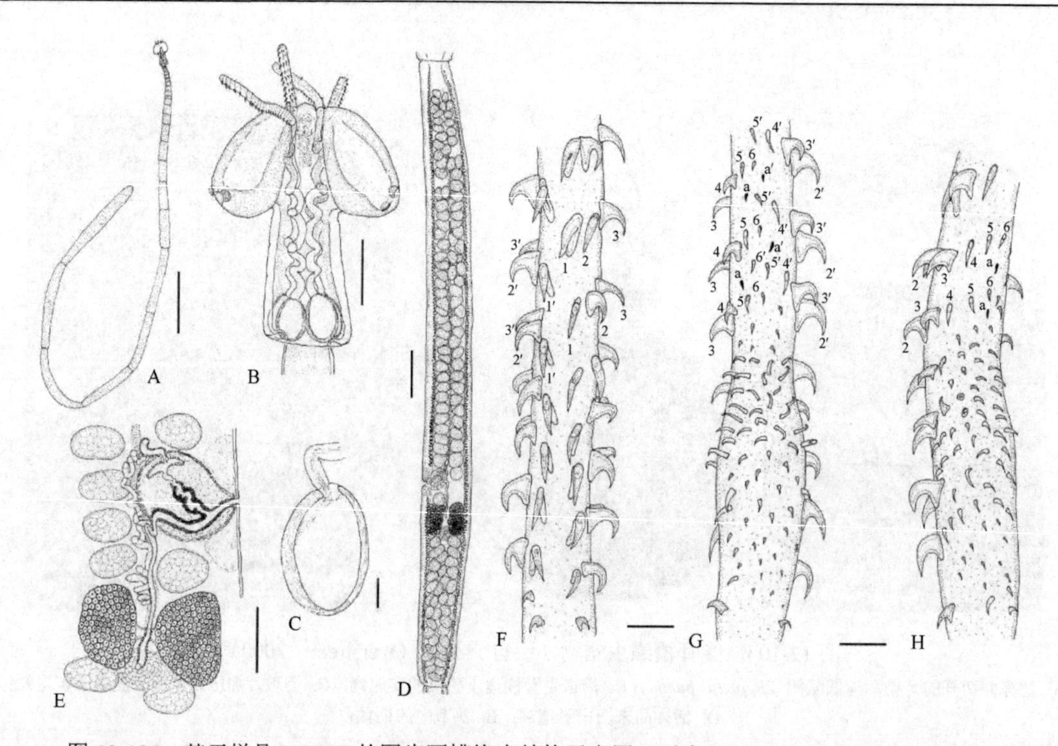

图 12-105　基于样品 MHNG 的圆齿耳槽绦虫结构示意图（引自 Beveridge & Justine，2007）

A. 整条虫体；B. 头节侧面观；C. 球茎；D. 成节；E. 末端生殖器官。F～H. 基部和转变区钩型：F. 内表面；G. 外表面；H. 反吸槽面。标尺：A=1.0mm；C=0.02mm；D=0.2mm；B，E=0.1mm；F～H=0.01mm

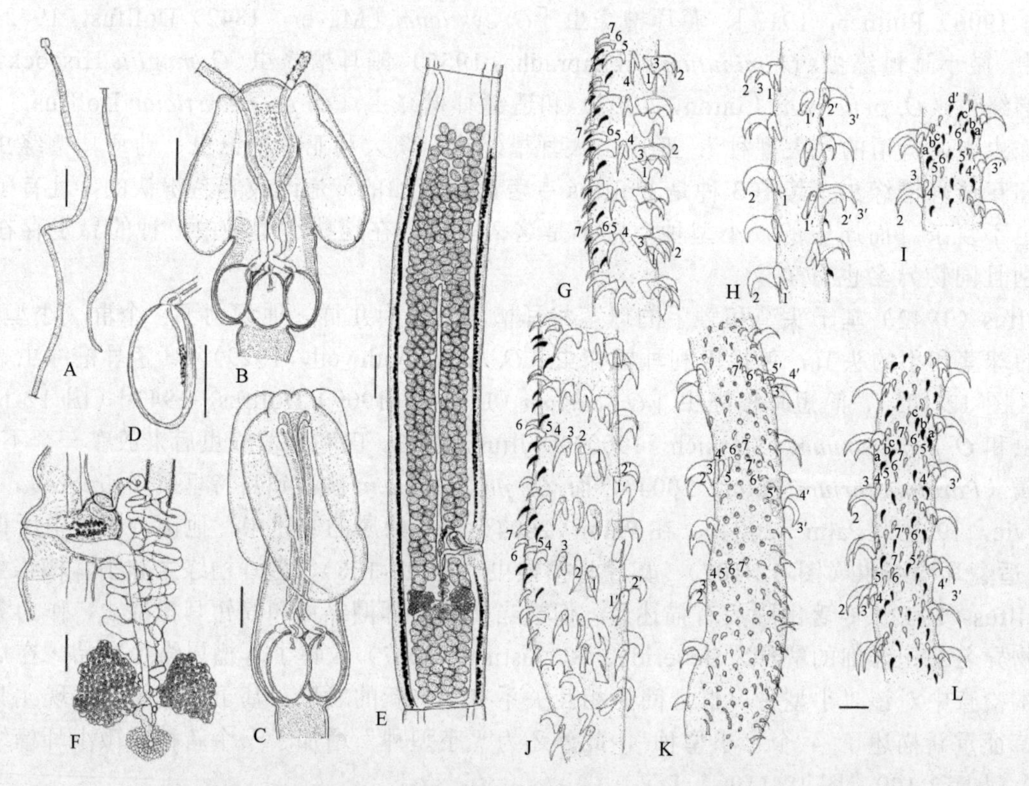

图 12-106　基于采自新喀里多尼亚样品的简短耳槽绦虫结构示意图（引自 Beveridge & Justine，2007）

A. 整条成体；B. 头节侧面观；C. 头节背腹观；D. 球茎；E. 成节；F. 末端生殖器官。G～L. 触手钩型：G. 反吸槽面转变区钩型，自基部 22 钩排；H. 内表面转变区钩型，自基部 13 排钩；I. 外表面转变区钩型，自基部 16 排钩；J. 反吸槽面基部钩型，K. 外表面基部钩型；H. 外表面转变区钩型，示钩的交替数。标尺：A=2.0mm；E=0.2mm；B～D，F=0.1mm；G～L=0.01mm

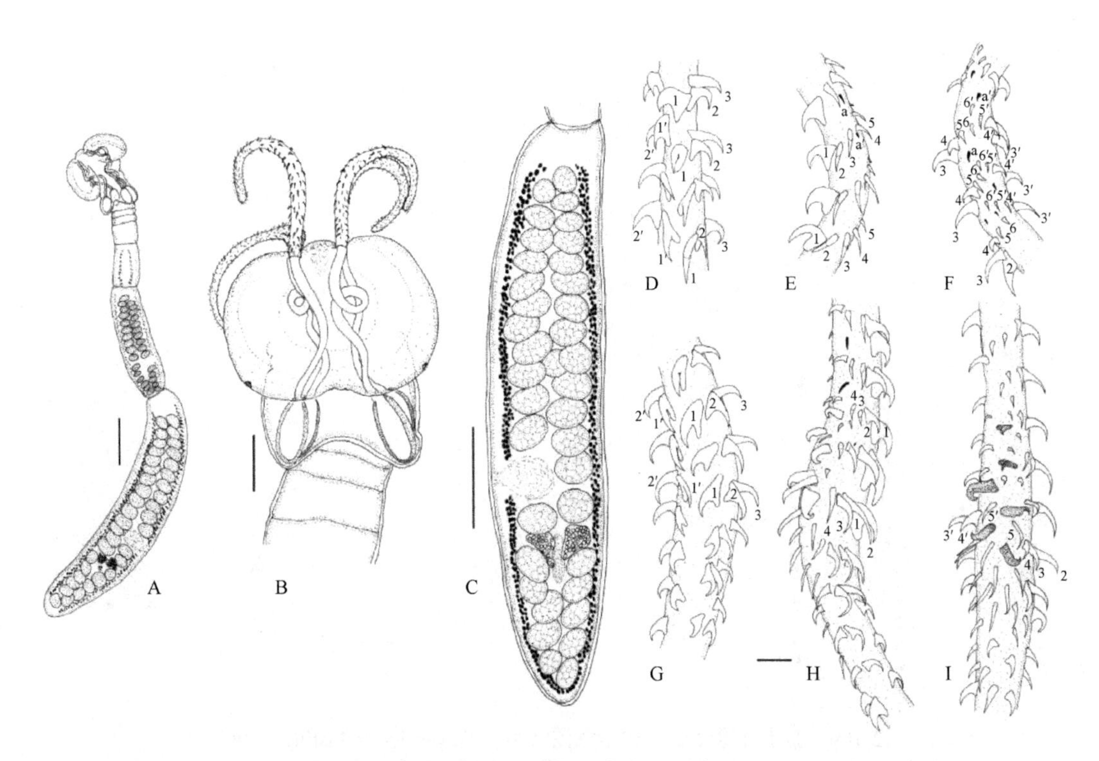

图 12-107 基于共模标本的适囊耳槽绦虫结构示意图（引自 Beveridge & Justine，2007）

A. 整条虫体；B. 头节；C. 成节。D～I. 触手钩型：D. 吸槽面转变区钩型，基部前方 6 个钩排，内表面在左边；E. 外表面转变区钩型；F. 反吸槽面转变区钩型；G. 吸槽面基部钩型，内表面在右边；H. 外表面基部钩型；I. 反吸槽面基部钩型，外表面在右边。标尺：A=0.02mm；B～I=0.01mm

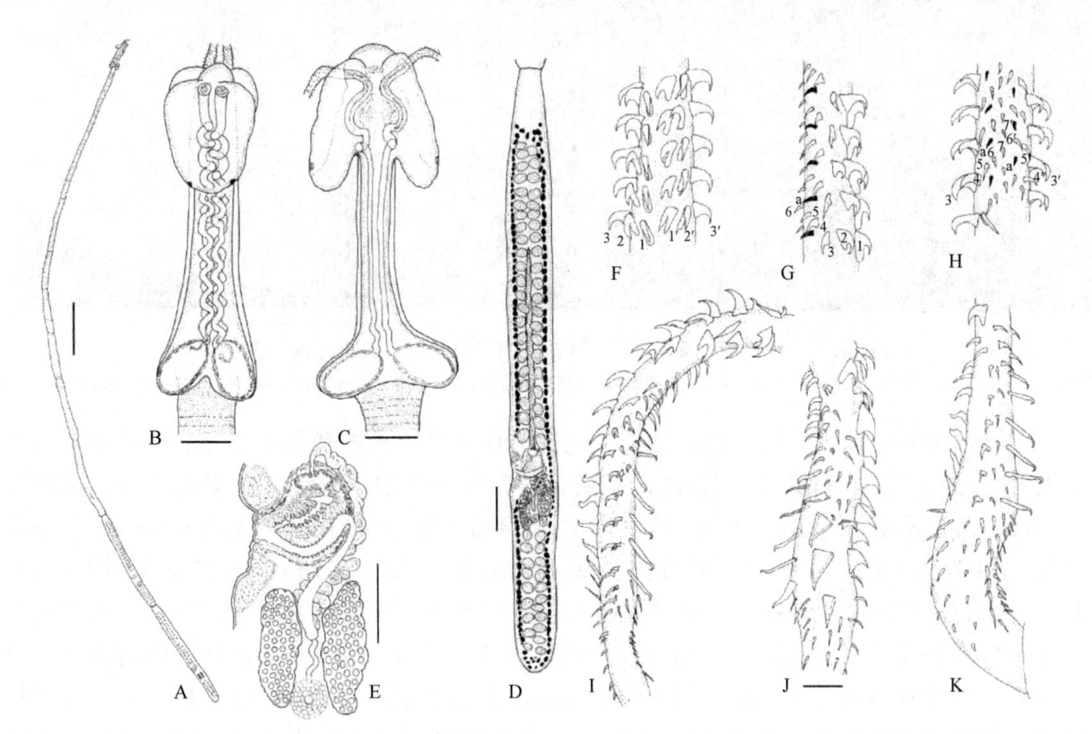

图 12-108 真鲨耳槽绦虫结构示意图（引自 Beveridge & Justine，2007）

A. 整条虫体；B. 头节背腹观；C. 头节侧面观；D. 成节；E. 末端生殖器官。F～K. 触手钩型：F. 吸槽面转变区钩型；G. 外表面转变区钩型；H. 反吸槽面转变区钩型；I. 外表面从基部到转变区的过滤，吸槽面在右边；J. 触手基部的斜面观（略扭曲），显示吸槽面钩的叶片样结构；K. 外表面基部钩型，吸槽面在右边。标尺：A=1.0 mm；B，C，E=0.1 mm；D=0.2mm；F～K=0.01mm

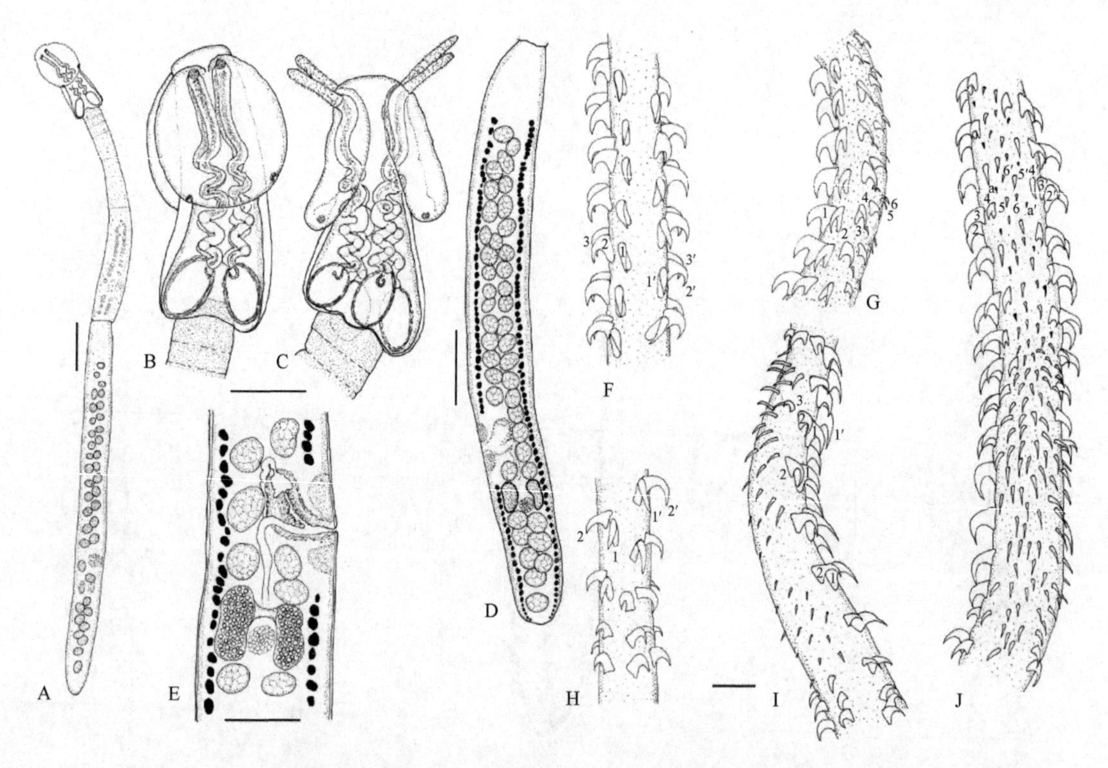

图 12-109　微小耳槽绦虫结构示意图（引自 Beveridge & Justine，2007）

A. 整条虫体；B. 头节背腹观；C. 头节侧面观；D. 成节；E. 末端生殖器官。F～J. 触手钩型：F. 吸槽面转变区触手钩型；G. 吸槽面基部触手钩型；H. 外表面转变区钩型；I. 外表面基部钩型；J. 反吸槽面基部和转变区钩型。标尺：A，D=0.2mm；B，C，E=0.1 mm；F～J=0.01mm

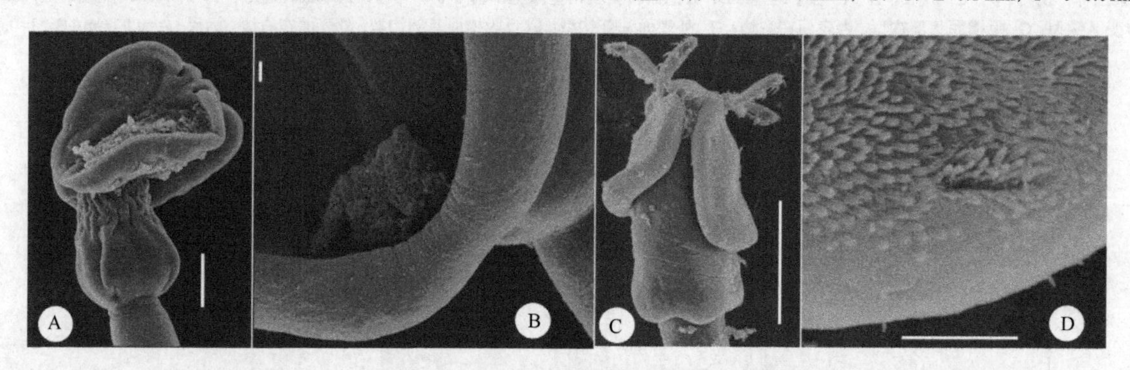

图 12-110　2 种耳槽绦虫的扫描结构（引自 Beveridge & Justine，2007）

A，B. 简短耳槽绦虫；C，D. 微小耳槽绦虫；A，C. 头节；B. 吸槽边缘缺乏吸槽窝；D. 吸槽边缘具有吸槽窝。标尺：A，C=0.1mm；B，D=0.01mm

的样品，以及从澳大利亚西部、北领地、昆士兰北部沿岸 6 个额外的鲼科和真鲨科中采集的样品——澳大利亚耳槽绦虫（图 12-113，图 12-114）；采自大西洋塞内加尔海域、刚果民主共和国斜锯齿鲨［*Rhizoprionodon terraenovae*（Richardson）］和小眼双髻鲨［*Sphyrna tudes*（Valenciennes）］的勋章耳槽绦虫（图 12-115，图 12-116）；鲻耳槽绦虫（*O. mugilis* Hiscock，1954）（图 12-117，图 12-118）先前只知其幼体期，对采自澳大利亚北部和马来西亚婆罗洲 5 个双髻鲨科及真鲨科终宿主的样品进行了重描述；穿透耳槽绦虫（*O. penetrans* Linton，1907）（图 12-119）是基于从约旦的红海和澳大利亚西部的印度洋采集的 2 种锤头鲨［双髻鲨科（Sphyrnidae）］中收集的样品。增加了模式种圆齿耳槽绦虫和真鲨耳槽绦虫的额外宿主及采集地记录。提供了 2 个耳槽绦虫未定种的描述（图 12-120，图 12-121），未定种 1 采自澳大利亚北部沿海的乌翅真鲨，未定种 2 采自墨西哥加利福尼亚湾的锤头双髻鲨［*Sphyrna zygaena*（Linnaeus）］。

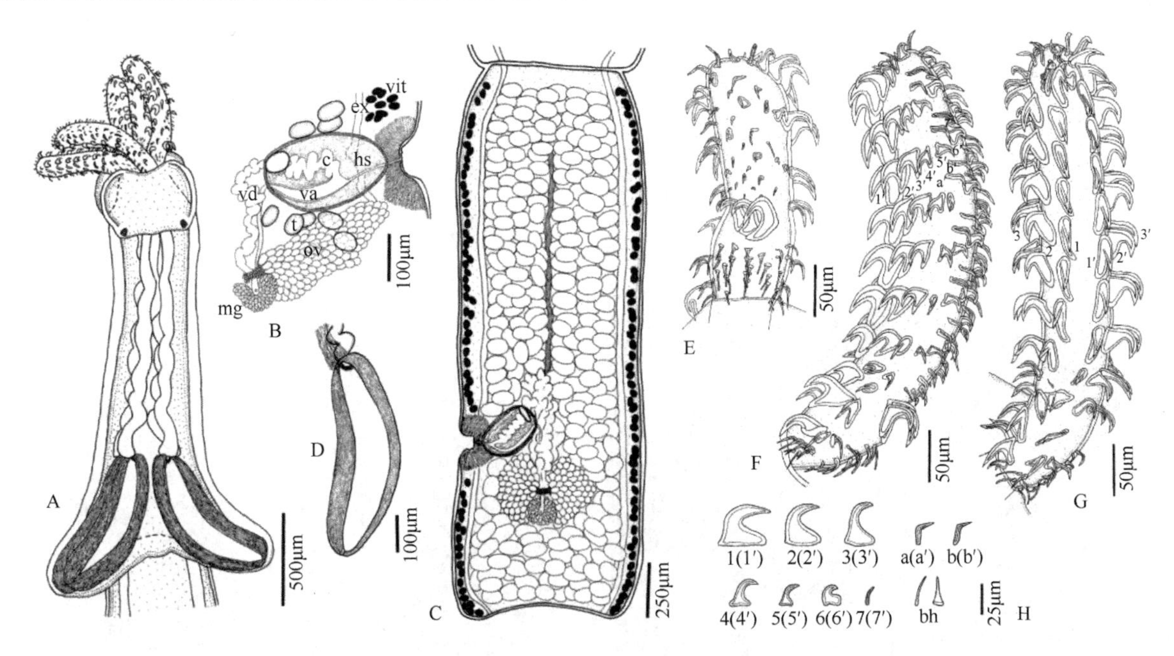

图 12-111 亚历山大耳槽绦虫结构示意图（引自 Schaeffner & Beveridge，2013e）

A～D，F～H. 采自阿拉弗拉海乌翅真鲨；E. 采自帝汶海敏锐真鲨；A. 头节背腹面观；B. 末端生殖器官细节；C. 成节；D. 球茎；E. 外表面基部触手钩型；F. 吸槽面基部和转变区触手钩型；G. 内表面基部和转变区触手钩型；H. 触手钩侧面。缩略词：bh. 外表面基部触手钩侧面（左）和背面观（右）；c. 阴茎；ex. 排泄管；hs. 两性囊；mg. 梅氏腺；ov. 卵巢；t. 精巢；va. 阴道；vd. 输精管；vit. 卵黄腺滤泡

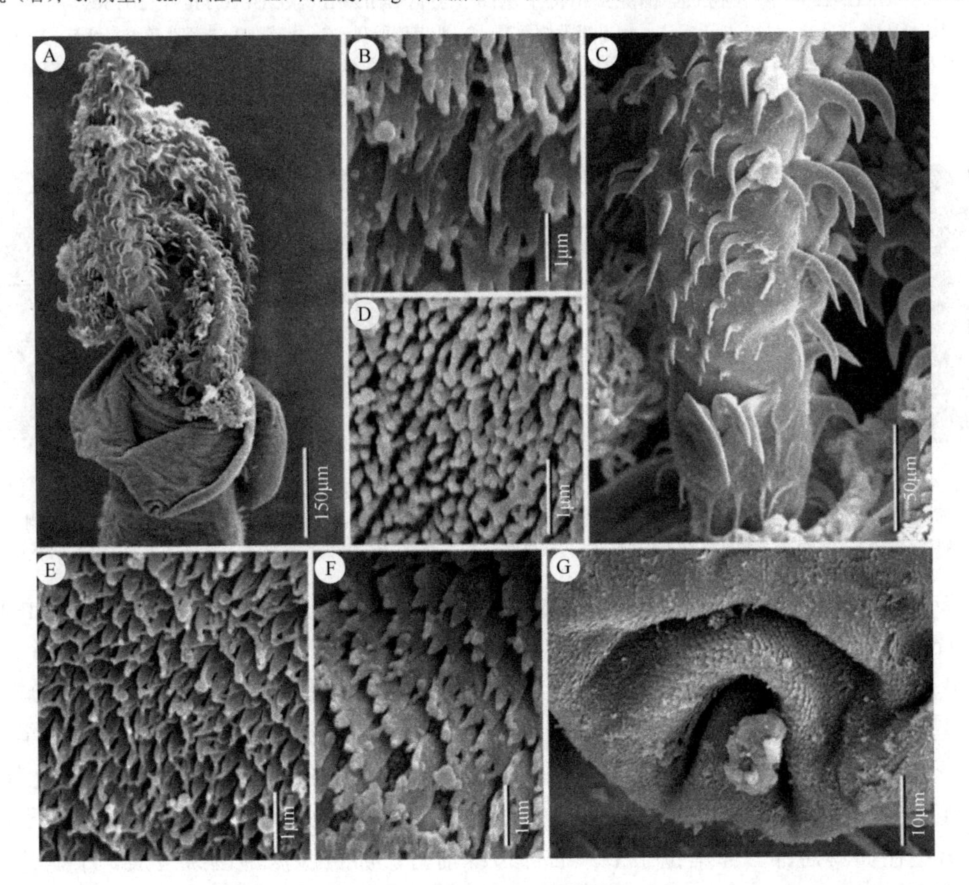

图 12-112 采自帝汶海乌翅真鲨的亚历山大耳槽绦虫的扫描结构（引自 Schaeffner & Beveridge，2013e）

A. 头节前方区域，背腹到侧面观；B. 吸槽近端表面，示 3 分支的棘毛；C. 外表面基部和转变区触手钩型，注意 3 种钩的特征性群；D. 覆盖鞘部的针状丝毛；E. 吸槽远端表面，示有刺的、3 分支棘毛；F. 围绕吸槽窝的 3 分支棘毛；G. 吸槽后部边缘，示吸槽窝

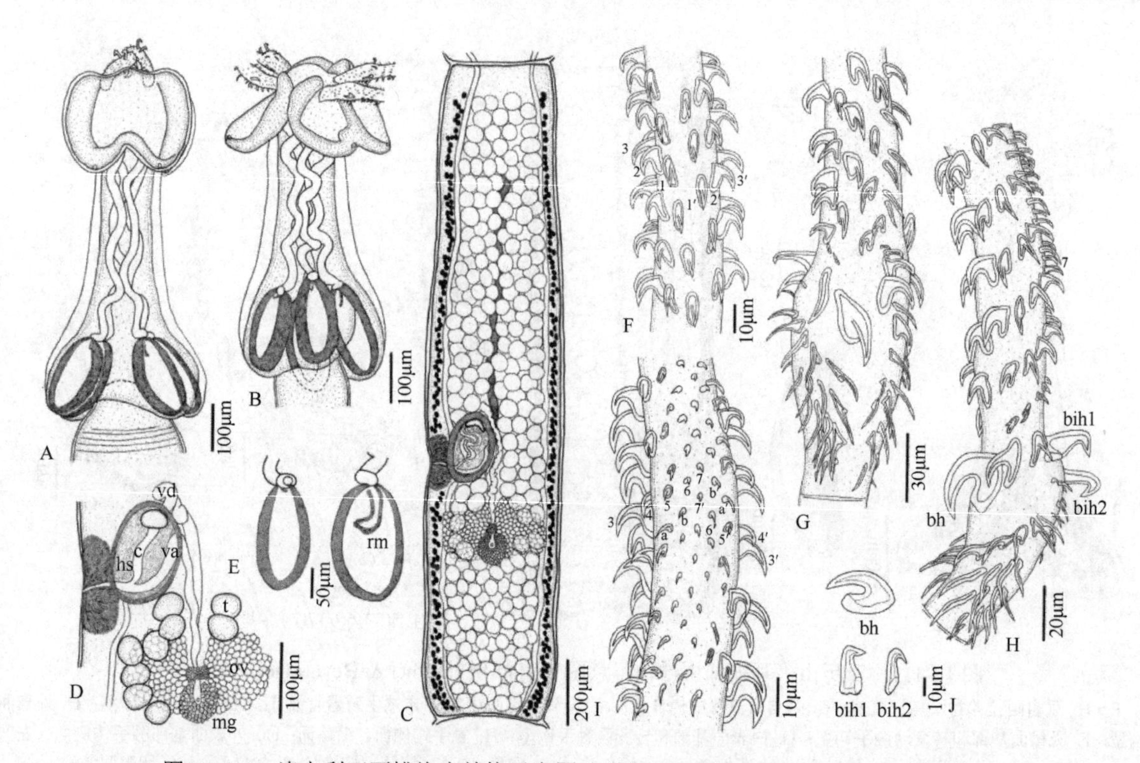

图 12-113　澳大利亚耳槽绦虫结构示意图（引自 Schaeffner & Beveridge，2013e）

样品采自印度洋黑边鳍真鲨（*Carcharhinus limbatus*）。A. 头节背腹面观；B. 头节侧面观；C. 成节；D. 末端生殖器官细节；E. 球茎，示牵引肌起于前方区域（左侧）并形成内部环（右侧）；F. 内表面转变区触手钩型；G. 内表面基部触手钩型；H. 吸槽面基部和转变区触手钩型；I. 外表面转变区触手钩型；J. 特征性的触手钩侧面。缩略词：bh. 基部膨大处内表面的大钩；bih1 和 bih2. 基部膨大外表面特征性的喙钩；c. 阴茎；hs. 两性囊；mg. 梅氏腺；ov. 卵巢；rm. 牵引肌；t. 精巢；va. 阴道；vd. 输精管

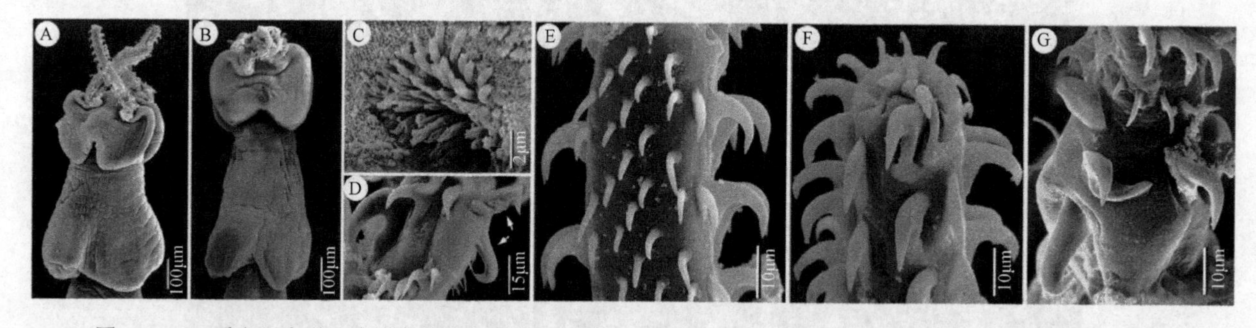

图 12-114　采自印度洋黑边鳍真鲨的澳大利亚耳槽绦虫的扫描结构（引自 Schaeffner & Beveridge，2013e）

A. 头节背腹到侧面观；B. 头节背腹观；C. 吸槽窝，示伸长的 2 叉棘毛；D. 基部膨大的吸槽面基部触手钩型，注意大钩（左侧）和两个特征性的喙钩（右侧）；E. 外表面转变区触手钩型；F. 内表面顶部触手钩型；G. 基部触手钩型，基部膨大的内到反吸槽面

4b. 球茎长；牵引肌起于球茎前方 1/4 处；每排大钩有 1 排小钩······················伪耳槽属（*Pseudotobothrium* Dollfus，1942）

识别特征：头节有缘膜。2 个小盘状吸槽，有或无后方缺口，向基部倾斜；球茎长；牵引肌起于球茎前方 1/4 处；边缘或多或少有加厚，后侧方边缘有成对可外翻的感觉窝。触手相对短。钩型为非典型的异棘型；起始于内表面的每排主钩外表面有 1 排小钩。钩异形、中空。球茎长，牵引肌源于球茎前 1/4 处。无球茎后部。链体老节解离，可能为优解离，起始脱离处又窄又细。节片无缘膜，长形。每节 1 套生殖器官。生殖孔位于边缘，不规则交替开口于边缘中央或中央偏后。精巢位于髓质排泄管之间区域；有些在卵巢后部。卵巢位于节片后部边缘前方。卵黄腺滤泡围绕皮质。子宫位于中央，管状；孕节中为囊状；没有功能性子宫孔。已知实尾蚴寄生于硬骨鱼和鲨鱼，成体寄生于鲨鱼，采自全球各地。模式种：大伪耳槽绦虫（*Pseudotobothrium magnum* Southwell，1924）。该属最初被当作耳槽属的亚属。

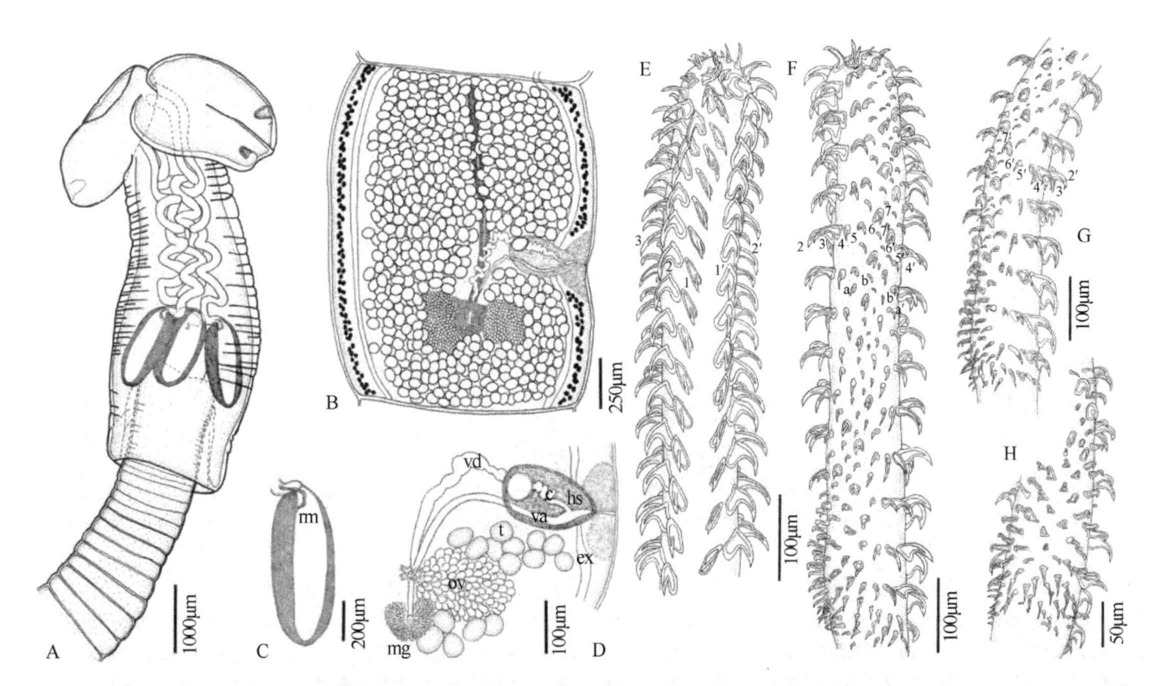

图 12-115 采自南大西洋斜锯齿鲨的勋章耳槽绦虫结构示意图（引自 Schaeffner & Beveridge，2013e）

A. 头节侧面观；B. 成节；C. 球茎；D. 末端生殖器官细节；E. 吸槽面转变区和顶部触手钩型；F. 外部到反吸槽面基部到顶部触手钩型，注意触手扭曲倾向于从外部（基部）到反吸槽（端部）表面；G. 外表面基部和转变区触手钩型；H. 反吸槽面基部触手钩型。缩略词：c. 阴茎；ex. 排泄管；hs. 两性囊；mg. 梅氏腺；ov. 卵巢；rm. 牵引肌；t. 精巢；va. 阴道；vd. 输精管

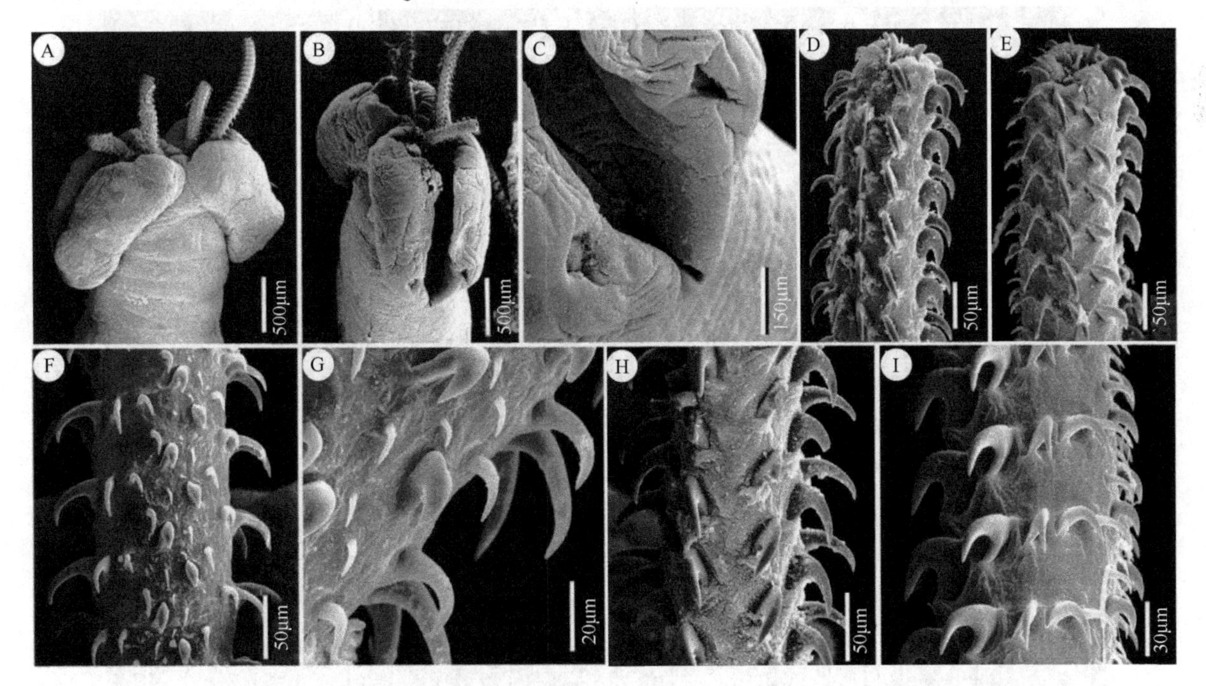

图 12-116 采自南大西洋斜锯齿鲨的勋章耳槽绦虫的扫描结构（引自 Schaeffner & Beveridge，2013e）

A. 头节侧面观；B. 头节背腹观；C. 吸槽后部边缘，示成对的吸槽窝；D. 吸槽面顶部触手钩型；E. 外表面的斜面观顶部触手钩型；F. 反吸槽面转变区触手钩型；G. 反吸槽面钩的排列；H. 吸槽面转变区触手钩型；I. 外表面转变区触手钩型

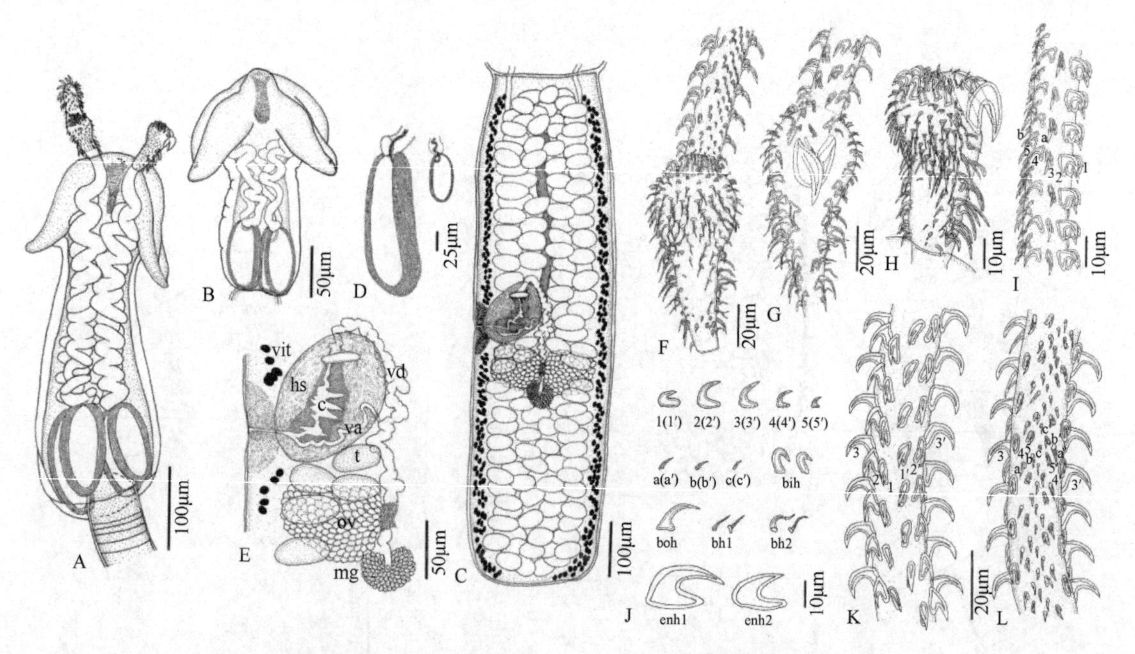

图 12-117　鲻耳槽绦虫结构示意图（引自 Schaeffner & Beveridge，2013e）

样品采自中国南海广鳍鲨（*Lamiopsis tephrodes*）（A，D，H）、阿拉弗拉海无沟双髻鲨（*Sphyrna mokarran*）（B，C，E）和珊瑚海普通鲻鱼（*Mugil cephalus*）（F，G，I～L）。A. 大型头节侧面观；B. 小型头节侧面观；C. 成节；D. 球茎，注意大小不一，左大右小；E. 末端生殖器官细节；F. 反吸槽面基部和转变区触手钩型；G. 吸槽面基部和转变区触手钩型，注意相对于 F 的面；H. 外表面基部触手钩型；I. 内表面转变区触手钩型；J. 触手钩侧面观；K. 吸槽面转变区触手钩型；L. 反吸槽面转变区触手钩型，注意与 K 相对的面。缩略词：bih. 喙钩；boh. 吸槽面基部钩；bh 1 和 bh 2. 不同的基底钩在横向（左）和背侧（右）；c. 阴茎；enh 1 和 enh 2. 吸槽表面基部膨大处的大钩；hs. 两性囊；mg. 梅氏腺；ov. 卵巢；t. 精巢；va. 阴道；vd. 输精管；vit. 卵黄腺滤泡

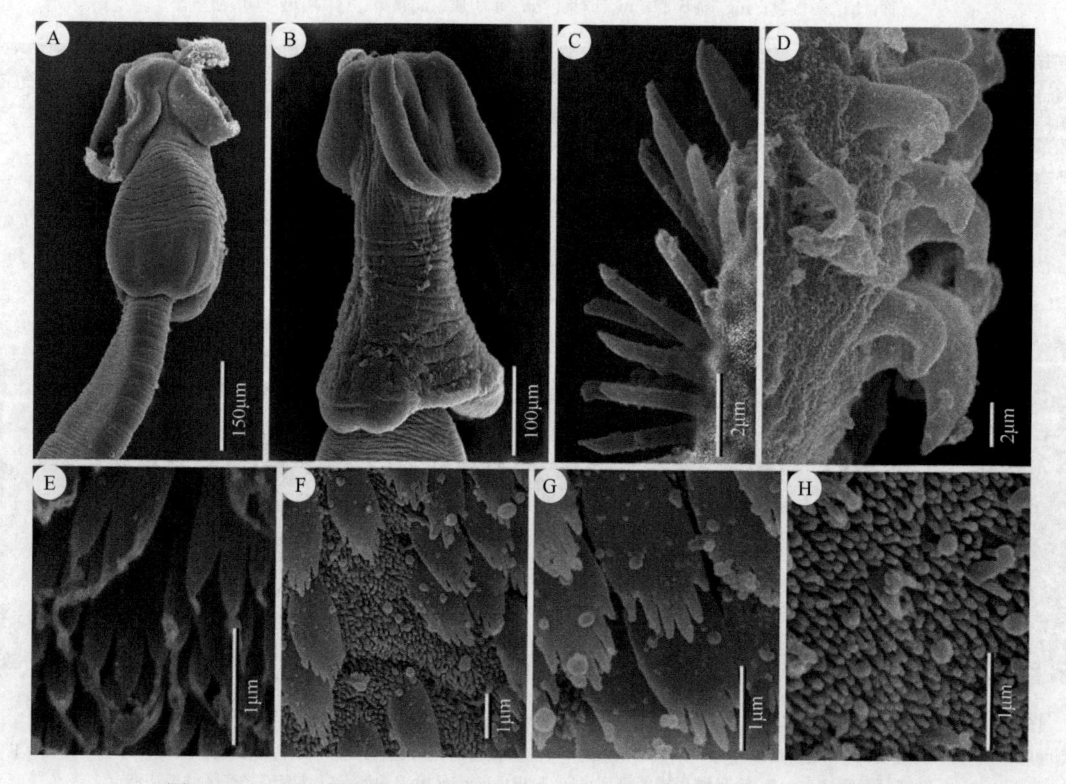

图 12-118　鲻耳槽绦虫扫描结构（引自 Schaeffner & Beveridge，2013e）

样品采自帝汶海（A，C～G）敏锐真鲨和中国南海（B，H）广鳍鲨。A. 头节侧面观；B. 头节斜观；C. 外翻的吸槽窝，示双歧棘毛；D. 反吸槽触手表面上的喙钩群；E. 吸槽远端表面，示具刺三裂棘毛；F. 吸槽近端表面，示 5 或 6 指状棘毛和针状丝毛；G. 吸槽近端表面 5 或 6 指状棘毛细节；H. 覆盖鞘部的针状丝毛

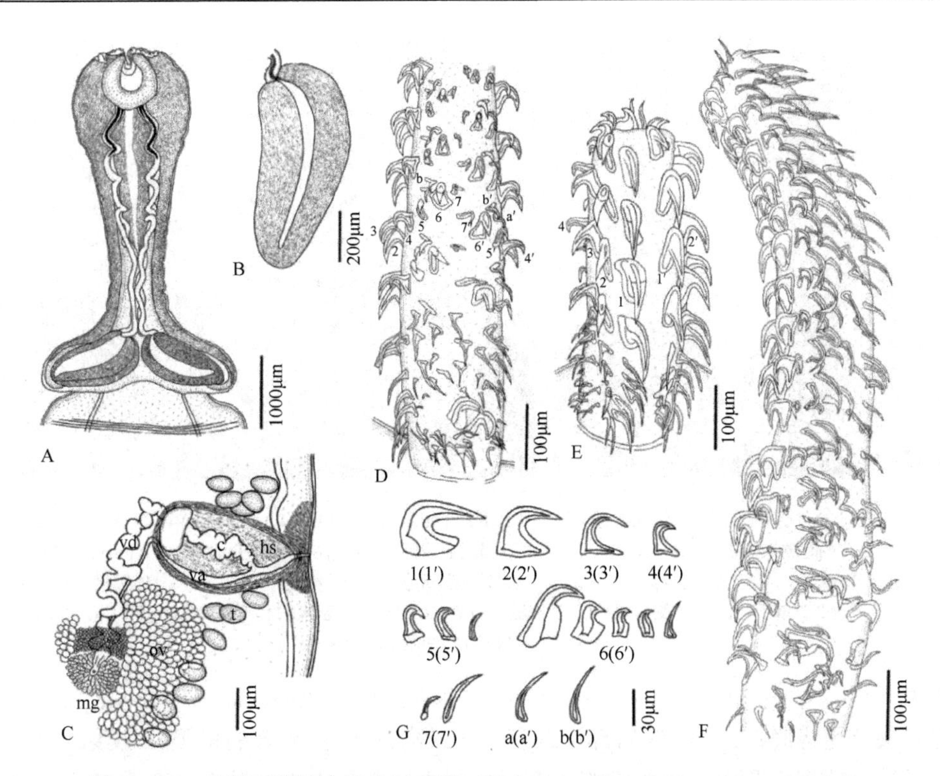

图 12-119 穿透耳槽绦虫结构示意图（引自 Schaeffner & Beveridge，2013e）

样品采自印度洋（A，B）路氏双髻鲨（*Sphyrna lewini*）、红海（C）双髻鲨未定种、北太平洋（D，E）路氏双髻鲨和地中海（F，G）锤头双髻鲨（*Sphyrna zygaena*）。A. 头节背腹面观；B. 球茎；C. 末端生殖器官细节；D. 外表面基部和转变区触手钩；E. 内表面基部触手钩；F. 吸槽面基部和转变区触手钩；G. 触手钩侧面，注意钩列 5（5′）到 7（7′）形状和大小的转换。缩略词：c. 阴茎；hs. 两性囊；mg. 梅氏腺；ov. 卵巢；t. 精巢；va. 阴道；vd. 输精管

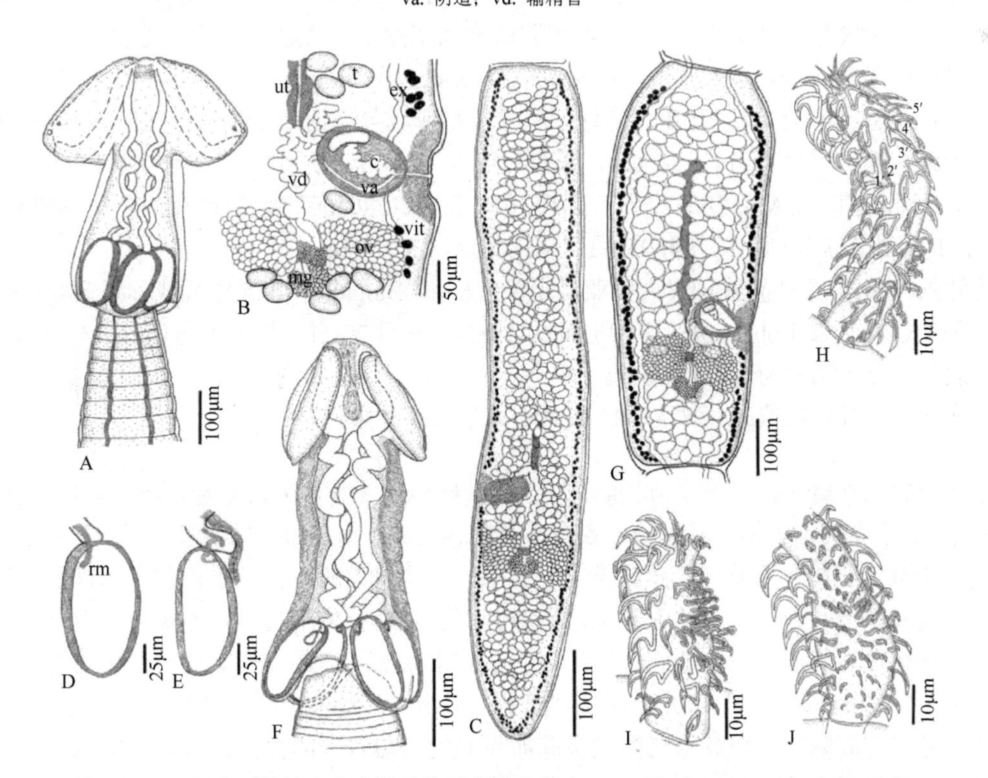

图 12-120 两个耳槽绦虫未定种结构示意图（引自 Schaeffner & Beveridge，2013e）

样品采自阿拉弗拉海乌翅真鲨的耳槽绦虫未定种 1（A，B，D，G～J）和采自加利福尼亚湾锤头双髻鲨的耳槽绦虫未定种 2（C，E，F）。A. 头节侧面观；B. 末端生殖器官细节；C. 成节；D，E. 球茎；F. 头节侧面观；G. 成节；H. 吸槽、内表面基部和转变区触手钩型；I. 外表面基部触手钩型；J. 反吸槽面基部触手钩型。缩略词：c. 阴茎；ex. 排泄管；mg. 梅氏腺；ov. 卵巢；rm. 牵引肌；t. 精巢；ut. 子宫；va. 阴道；vd. 输精管；vit. 卵黄腺滤泡

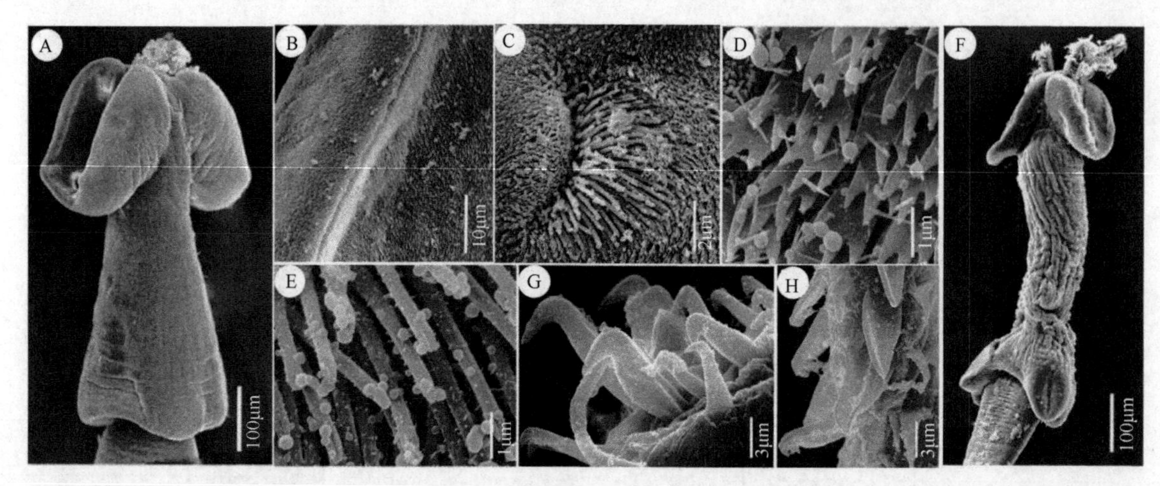

图 12-121 两个耳槽绦虫未定种及真鲨耳槽绦虫的扫描结构（引自 Schaeffner & Beveridge，2013e）

样品采自阿拉弗拉海乌翅真鲨的耳槽绦虫未定种 1（A～E）、采自加利福尼亚湾锤头双髻鲨的耳槽绦虫未定种 2（F，G）和采自帝汶海丁字双髻鲨（*Eusphyra blochii*）的真鲨耳槽绦虫（H）。A. 头节背腹到侧面观；B. 侧方吸槽边缘，示吸槽嵴；C. 吸槽窝；D. 吸槽远端表面，示 3 裂的棘毛和乳头状丝毛；E. 吸槽窝放大的 2 裂棘毛；F. 头节侧面观；G. 基部触手钩型，反吸槽面，示喙钩群；H. 基部触手钩型，吸槽表面，示细长的喙钩侧面观（左）和板状的喙钩背面观（右）

5a. 吸槽后部边缘的凹由显著的帆膜相连接……………………………………凹槽属（*Fossobothrium* Beveridge & Campbell，2005）

识别特征：头节无缘膜；2 个吸槽后部边缘有凹（或窝）；凹由显著的帆膜相连接。鞘部长于吸槽部。球茎细长，缺乏球茎前器官和内部的腺细胞。牵引肌起于球茎的中央。触手没有明显的基部钩型或膨大。钩型为异棘型。钩同形、中空。钩列 1 和 1′之间有显著的间隔。钩排起于触手的吸槽面，止于反吸槽面。反吸槽面有规则排列的钩带，每主排钩带有 2 排。节片长大于宽，无缘膜或略具缘膜。生殖孔位于节片侧方边缘，不规则交替。精巢数目多，位于卵巢前后。两性囊存在。内贮精囊存在；外贮精囊缺乏。子宫位于节片中央，线状而无预成形子宫孔。卵黄腺滤泡围绕皮质。已知寄生于锯鳐［锯鳐科（Pristidae）］。模式种：困惑凹槽绦虫（*Fossobothrium perplexum* Beveridge & Campbell，2005）（图 12-122）。

模式材料：全模标本采自澳大利亚北部地区阿拉弗拉海域尖齿锯鳐或称窄锯鳐［*Anoxypristis cuspidata*（Latham）］肠螺旋瓣，采集人为 K. Jensen，采集时间为 1999 年 9 月 14 日，标本编号为 SAM 28636。3 个副模标本，同时采集，SAM 28637～9；副模标本 SAM 28640 的系列切片；1 个副模标本 BMNH 2004.7.12.5；1 个副模标本 USNPC 94895；1 个副模标本 LRP 3714。

其他检测的样品：2 个样品采自澳大利亚昆士兰班格尔（Balgal）一普通锯鳐或称绿锯鳐（*Pristis zijsron* Bleeker），采集人为 B. G. Robertson，采集时间为 1985 年 9 月 23 日，标本编号为 SAM 28641～2。触手固定于甘油胶中，标本编号为 SAM 28643。

词源：属名暗示吸槽窝或凹。种名指凹或窝不寻常的形态排列。

5b. 吸槽后部边缘的凹无帆膜相连接；触手鞘不螺旋但在与球茎相连处突然弯曲 花棘属（*Poecilancistrum* Dollfus，1929）

识别特征：2 个宽卵形吸槽，有厚边，各有 1 对侧感觉窝。鞘部短。球茎长大于宽。触手出现自前方球茎的边缘。钩型为非典型的异棘型；钩异形、中空。大钩组成的主排源于内面，由外面多数有些不规则的小钩列分隔开。节片无缘膜，长大于宽，老节解离。生殖孔位于边缘，不规则交替开口于边缘中央或中央偏后。精巢位于髓质排泄管之间区域；有些在卵巢后部。卵巢位于后部边缘中央前方，不规则交替。外贮精囊存在。精巢数目多，填充于髓质卵巢前后区域。阴道位于阴茎囊后。卵巢两叶状，横切面 X 形，与节片后缘有空间隔开。卵黄腺滤泡围绕除卵巢和生殖器官外的内部器官。子宫窄，位于中央，达近前端；没有功能性子宫孔。胚囊（blastocyst）有长尾扩张。已知实尾蚴寄生于硬骨鱼，成体寄生于鲨鱼。采自墨西哥湾、大西洋中部、印度洋和澳大利亚。模式种：核叶花棘绦虫［*Poecilancistrum caryophyllum*（Diesing，1850）Dollfus，1929］（图 12-123，图 12-124）。

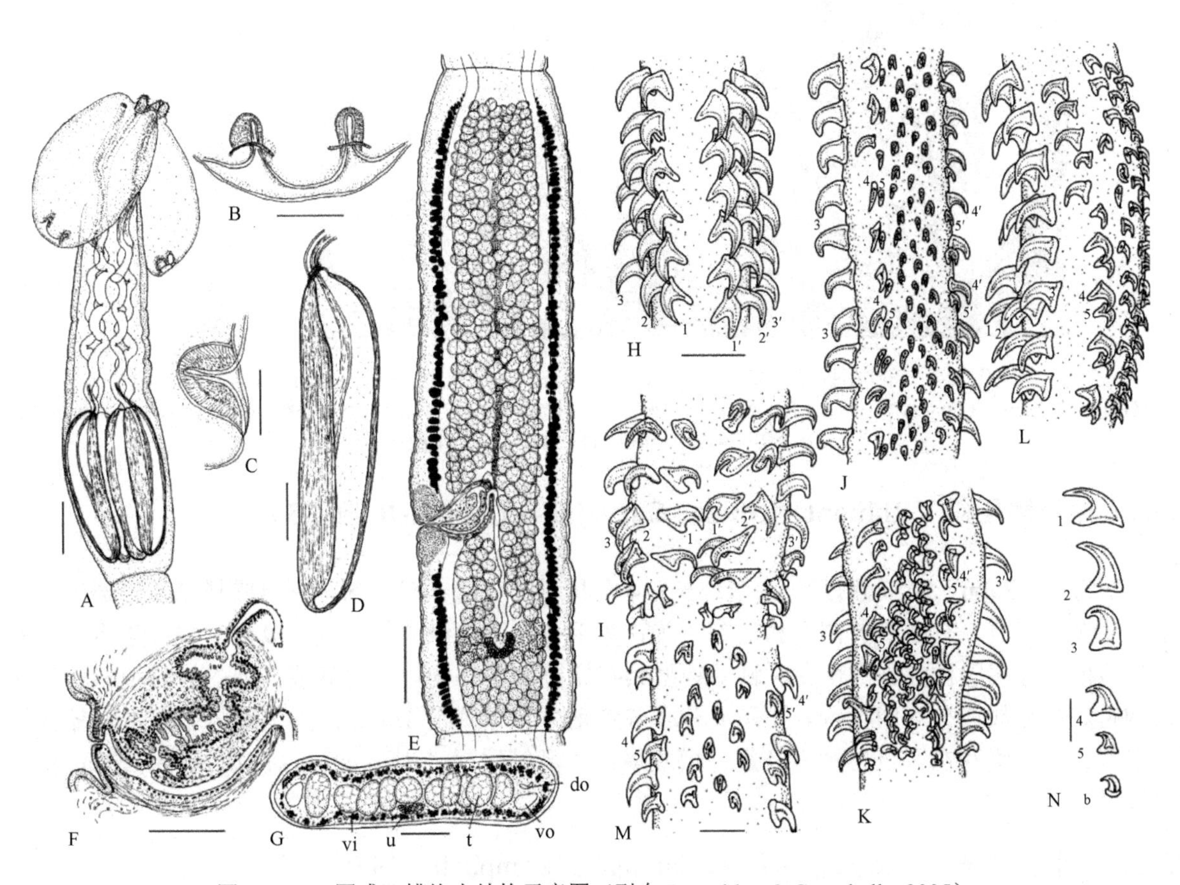

图 12-122 困惑凹槽绦虫结构示意图（引自 Beveridge & Campbell，2005）

A. 头节背腹面观；B. 吸槽凹背腹观，示凹连接处的帆膜；C. 吸槽凹侧面观；D. 球茎；E. 成节；F. 重构自系列切面的两性囊；G. 通过成节前方部的横切。H～N. 触手钩型：H. 吸槽面转变区；I. 吸槽面基部区；J. 反吸槽面转变区；K. 吸槽面基部区；L. 内表面转变区；M. 反吸槽面转变区，示沟带细节；N. 钩 1～5 和钩带（b）侧面=。缩略词：c. 阴茎；do. 背渗透调节管；isv. 内贮精囊；t. 精巢；u. 子宫；v. 阴道；vd. 输精管；vi. 卵黄腺滤泡；vo. 腹渗透调节管。标尺：A=0.4mm；B，C，F，G=0.1mm；D，E=0.2mm；H=0.04mm；I～N=0.02mm

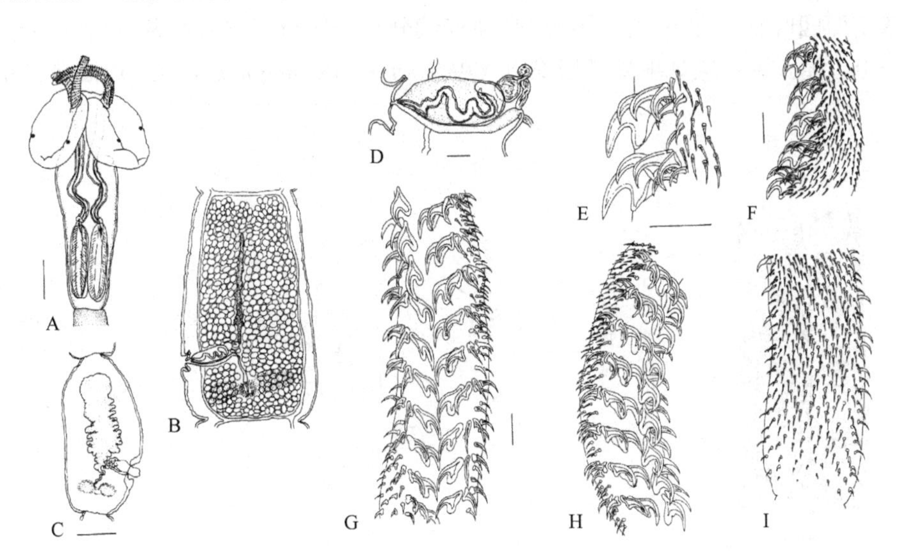

图 12-123 核叶花棘绦虫结构示意图（引自 Campbell & Beveridge，1994）

A. 头节；B. 成节；C. 孕节；D. 生殖器官末端；E. 反吸槽面主钩细节；F. 吸槽面；G. 内表面；H. 反吸槽面；I. 外表面。标尺：A～C=1.0mm；D～I=0.1mm

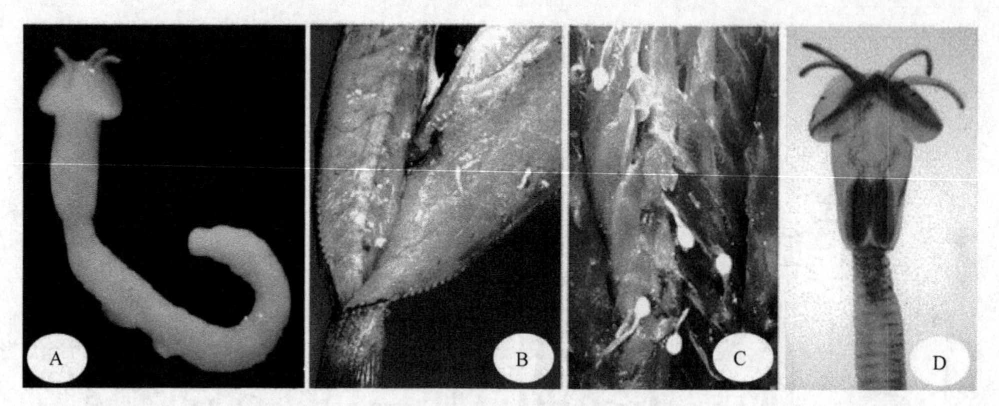

图 12-124　核叶花棘绦虫实尾蚴实物、寄生状态及头节放大（引自 Overstreet，2005）

样品采自新鲜云纹犬牙石首鱼（*Cynoscion nebulosus*）。A. 实尾蚴；B. 一条鱼中发现 2 条实尾蚴，但消费者认为可能更多，有时虫给切断了；C. 5 个实尾蚴近观，示球茎部包围头节；D. 伸展的头节

12.7.2　牛鼻鲼居科（Rhinoptericolidae Carvajal & Campbell，1975）

识别特征（**Palm，2010 修订**）：头节细长；4 个相对的吸槽；球茎部扩展过吸槽部，鞘部细长。吸槽不与头节柄融合，有游离的侧方和后部边缘；触手自吸槽边缘前方出现。吸槽窝缺；球茎前器官存在。球茎内不存在腺样细胞。转变区触手钩型具有完整的实体钩排，同棘或典型的异棘型。触手外表面缺钩带、悬链线成分和间插钩。生殖孔位于赤道前方、节片前 1/3 处，阴茎囊与雌性生殖复合体分离开很宽；贮精囊存在。全尾蚴有胚囊。模式属：牛鼻鲼居属（*Rhinoptericola* Carvajal & Campbell，1975）。

12.7.2.1　牛鼻鲼居属（*Rhinoptericola* Carvajal & Campbell，1975）

识别特征：头节无缘膜。4 个固着吸槽相互分离，边缘游离。触手长，鞘部长；触手鞘 S 形。转变区钩型为非典型的异棘型；内表面各主钩排有 2 列位于外表面。钩异形、中空。存在明显的基部钩型。球茎长；牵引肌起于球茎基部。球茎前器官不存在。链体无缘膜。精巢为纵向列。外贮精囊存在。卵巢位于节片后部，横切面四叶状。卵黄腺滤泡围绕皮质连续分布。线形子宫有两条有功能的分支。已知寄生于鳐的肠螺旋瓣上。模式种：巨棘牛鼻鲼居绦虫（*Rhinoptericola megacantha* Carvajal & Campbell，1975）（图 12-125）。

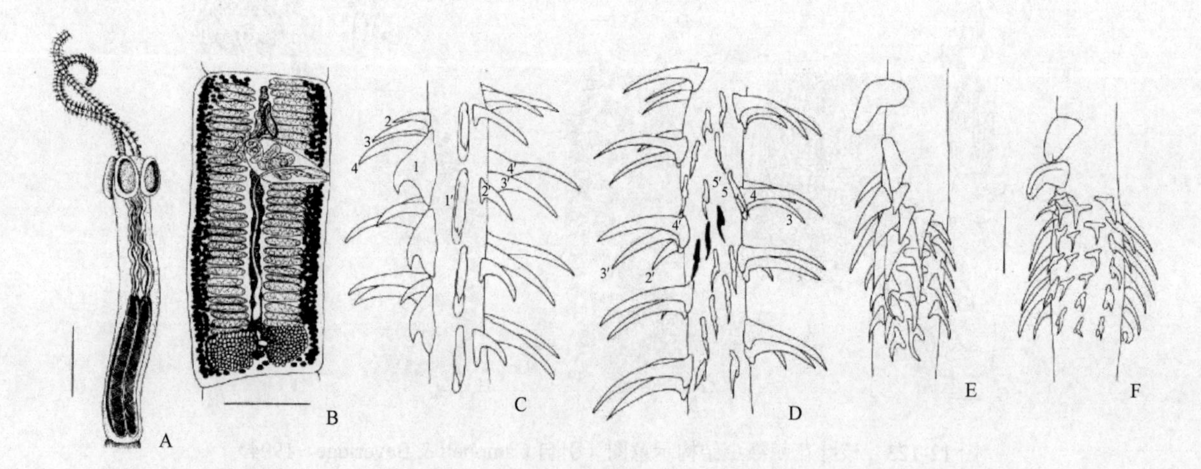

图 12-125　巨棘牛鼻鲼居绦虫结构示意图（引自 Campbell & Beveridge，1994）

A. 头节；B. 成节；C. 内表面转变区；D. 外表面转变区；E. 内表面基部钩型；F. 外表面基部钩型。标尺：A=1.0mm；B=0.3mm；C～F=0.06mm

12.7.2.2　娜塔莉属（*Nataliella* Palm，2010）

识别特征：头节细长，具缘膜。4 个相对的耳状吸槽，有不加厚的边缘和游离的侧方及后部边缘，无凹槽。鞘部长于吸槽部；球茎后部短。4 条细长的触手，基部略膨大；球茎细长；牵引肌起于球茎基部；球茎前器官存在。触手鞘弯曲。转变区钩型为同棘型，每半螺旋 5～6 个钩；转变区钩实体状。特征性的基部钩型，包括明显的大钩存在；基部钩实体样。链体不明。模式种：马歇尔娜塔莉绦虫（*Nataliella marcelli* Palm，2010）（图 12-126，图 12-127）。

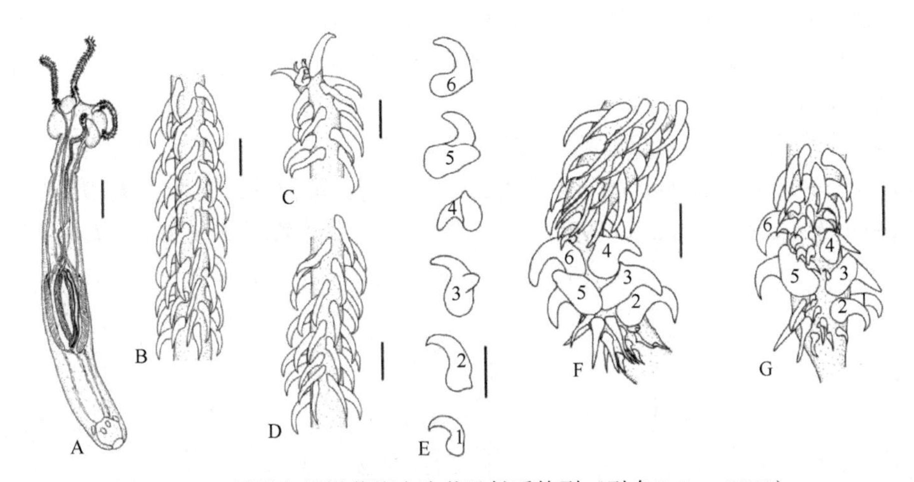

图 12-126　马歇尔娜塔莉绦虫头节及触手钩型（引自 Palm，2010）

样品采自金枪鱼扁舵鲣（*Auxis thazard thazard*）。A. 整个头节；B. 转变区同棘钩型；C. 同棘钩型顶部；D. 基部上方触手外表面同棘钩型；E. 基部大钩 1～6；F. 触手内表面基部钩型；G. 触手外表面基部钩型。标尺：A=500μm；B～G=50μm

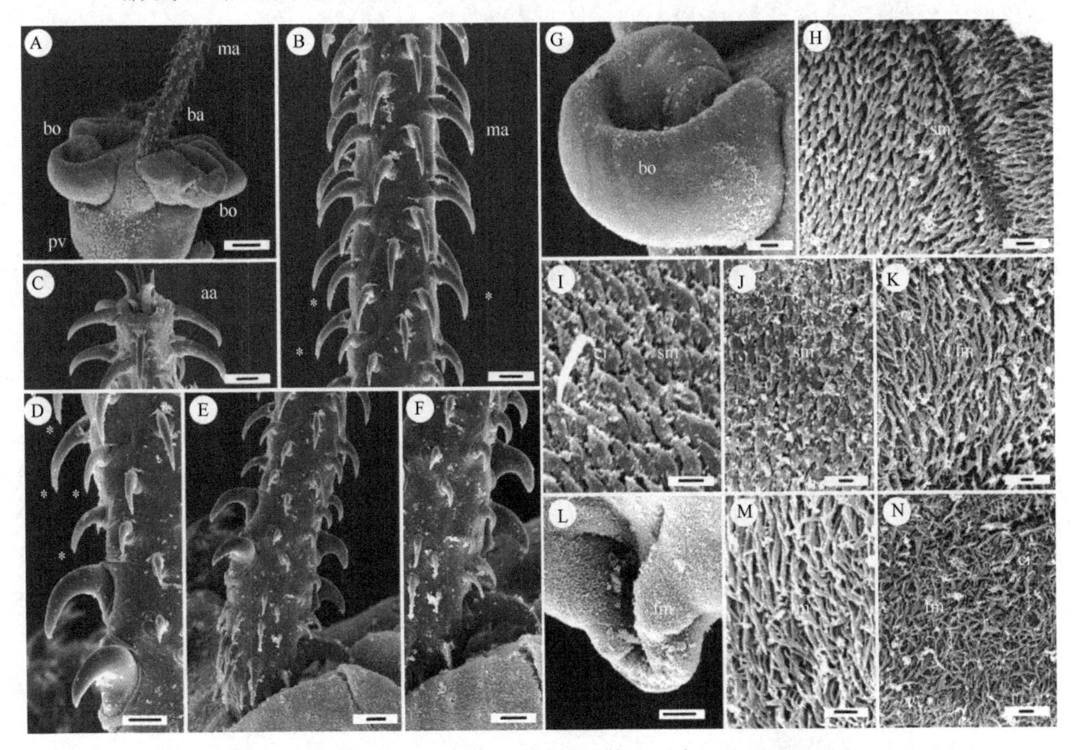

图 12-127　马歇尔娜塔莉绦虫扫描结构（引自 Palm，2010）

样品采自血斑异大眼鲷（*Heteropriacanthus cruentatus*）。A. 吸槽部；B. 转变区同棘钩型（基部之上的双歧钩用星号标注）；C. 同棘钩型顶部；D. 反吸槽大钩 5 和 6，基部钩型（基部之上的双歧钩用星号标注）；E，F. 触手外表面基部钩型，注意大钩 1～4 和 5～6 之间成对的钩状钩；G. 耳状吸槽；H. 吸槽远端表面剑状棘样微毛；I，J. 吸槽近端表面剑状棘样微毛，注意纤毛；K. 鞘部的丝状微毛；L，M. 头节端部的丝状微毛；N. 头节端部的丝状微毛和纤毛。缩略词：aa. 端部钩型；ba. 基部钩型；bo. 吸槽；ci. 纤毛；fm. 丝状微毛；ma. 转变区钩型；pv. 鞘部；sm. 棘状微毛。标尺：A=100μm；B～G，L=10μm；H，N=2μm；I～K，M=1μm

12.7.3 翼槽科（Pterobothriidae Pintner，1931）

12.7.3.1 翼槽属（*Pterobothrium* Diesing，1850）（图 12-128～图 12-132）

［同物异名：*Myrmillorhynchus* Bilquees，1980；*Meogymnorhynchus* Bilquees & Shah，1982；合槽属（*Synbothrium* Diesing，1850）；*Syndesmobothrium* Diesing，1854］

识别特征：头节细长无缘膜；吸槽部十字形。吸槽有或无加厚的边。触手长，鞘螺旋或否。球茎细长，牵引肌起于前方或后方区域。球茎前器官不存在。钩异形、中空。每一主排有 5 个钩。插入的钩列存在。外表面存在钩带或无。链体无缘膜，长形、解离。精巢分散于髓质，有些位于卵巢后方。生殖孔位于边缘，不规则交替。卵巢从节片后部边缘分离开。卵黄腺滤泡围绕皮质，连续分布。子宫简单，位于中央；孕子宫发育出侧向分支。已知实尾蚴寄生于硬骨鱼，成体寄生于板鳃亚纲软骨鱼。模式种：巨大翼槽绦虫［*Pterobothrium macrourum*（Rudolphi，1819）］。其他种：夏威夷翼槽绦虫（*P. hawaiiensis* Carvajal，Campbell & Cornford et al.，1976）（图 12-129）；金斯顿翼槽绦虫（*P. kingstoni* Palm，1997）（图 12-130A～C）。

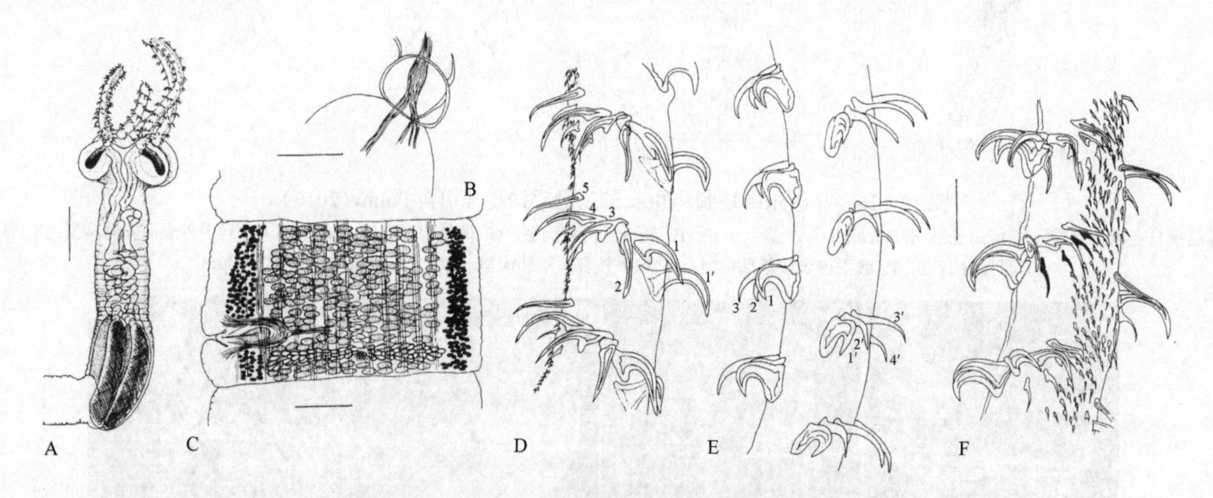

图 12-128　翼槽属绦虫未定种结构示意图（引自 Campbell & Beveridge，1994）

A. 头节；B. 触手鞘起始处；C. 成节；D. 反吸槽面转变区钩型；E. 内表面转变区钩型；F. 吸槽面转变区钩型，外表面在右侧（注意带），间插钩为黑色。标尺：A=0.8mm；B=0.1mm；C=0.25mm；D～F=0.08mm

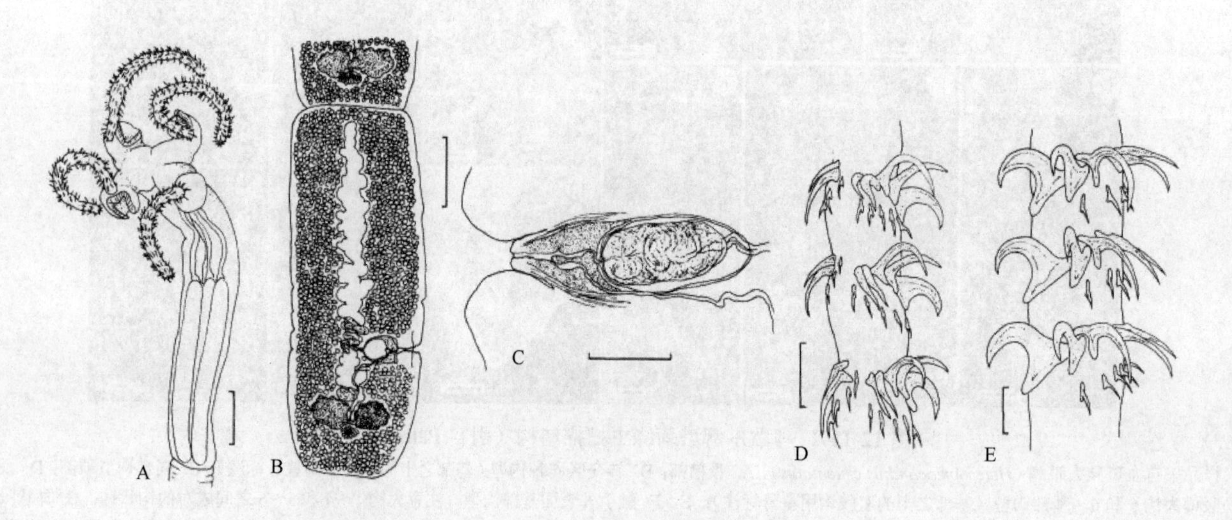

图 12-129　夏威夷翼槽绦虫结构示意图（引自 Campbell & Beveridge，1994）

A. 头节；B. 成节；C. 生殖器官末端；D. 外表面转变区钩型；E. 吸槽面转变区钩型。标尺：A，B=0.5mm；C，D=0.1mm；E=0.05mm

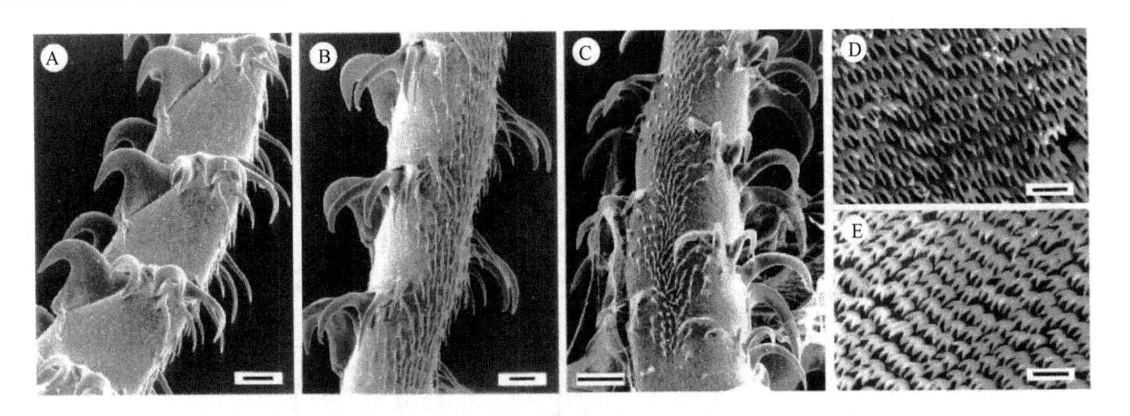

图 12-130 2 种绦虫的钩型及吸槽远端表面的微毛扫描结构（引自 Palm，1997）

A～C. 金斯顿翼槽绦虫：A. 吸槽面转变区异棘钩型；B. 外表面转变区；C. 外表面基部。D，E. 伪槽绦虫 *Pseudotobothrium dipsacum* 吸槽远端表面的微毛。标尺：A，B=25μm；C=50μm；D，E=2μm

Schaeffner 和 Beveridge（2012）重新描述了翼槽属的两个种：扁头翼槽绦虫［*P. platycephalum*（Shipley & Hornell，1906）Dollfus，1930］（图 12-131）和莱斯特翼槽绦虫（*P. lesteri* Campbell & Beveridge，1996）（图 12-132），重描述基于收集自婆罗洲和澳大利亚几个地方的样品。

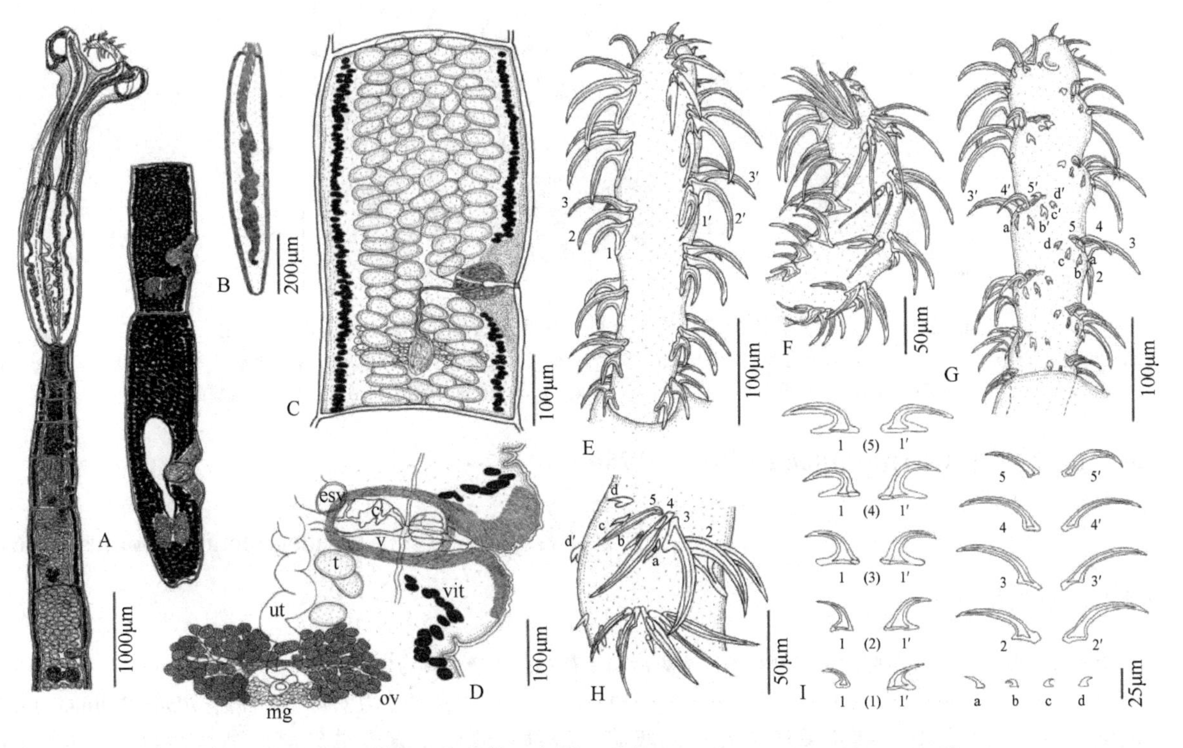

图 12-131 扁头翼槽绦虫结构示意图（引自 Schaeffner & Beveridge，2012）

样品分别采自白鼻鞭鳐（*Himantura uarnacoides*）（A～D，F）和刺鳐未定种（*Himantura* sp.）（E，G～I）。A. 完全的样品；B. 球茎；C. 成节；D. 末端生殖器官。E～I. 触手钩型：E. 反吸槽面基部区；F. 反吸槽面到外表面基部区；G. 吸槽面基部钩型；H. 内表面转变区切面，注意 4 个间插钩的位置；I. 钩侧面，注意括号中的数字代表沿触手的钩排数。缩略词：c. 阴茎；esv. 外贮精囊；mg. 梅氏腺；ov. 卵巢；t. 精巢；ut. 子宫；v. 阴道；vit. 卵巢腺滤泡

12.7.3.2 腔吻属（*Cavearhynchus* Schaeffner & Beveridge，2012）

识别特征：头节无缘膜，细长。4 个有柄吸槽十字形排布。吸槽窝存在于各吸槽的后部边缘，窝内没有微毛分布。最大宽度在吸槽部水平。鞘部长过吸槽部，具有乳头状的丝毛。球茎长而窄。球茎前器官和内部腺细胞不存在。牵引肌源于球茎后半部。触手基部无膨大，有明显的基部钩型。钩型为异棘型。

钩同形、中空。钩排起于反吸槽面，止于吸槽面；反吸槽面上的钩列 1 和 10 之间有明显的间隙。每规则排 5 个钩。间插钩 a（a′）存在，在触手的吸槽面形成交替的纵向列。成节无缘膜，细长。精巢数目多，位于髓质、卵巢前方和后方。生殖孔位于节片后半部边缘，不规则交替。两性囊前方和后部区域增厚，伴随肌纤维密度增加。两性囊壁厚；阴茎无棘。内贮精囊存在，外贮精囊缺乏。卵巢背腹面观两叶状。卵黄腺滤泡围绕皮质。子宫简单，位于中央；子宫孔接近节片前方边缘。已知寄生于魟科的刺魟类（stingrays）如小眼鞭魟（*Himantura lobistoma*）。模式种：小窝腔吻绦虫（*Cavearhynchus foveatus* Schaeffner & Beveridge，2012）（图 12-133，图 12-134）。

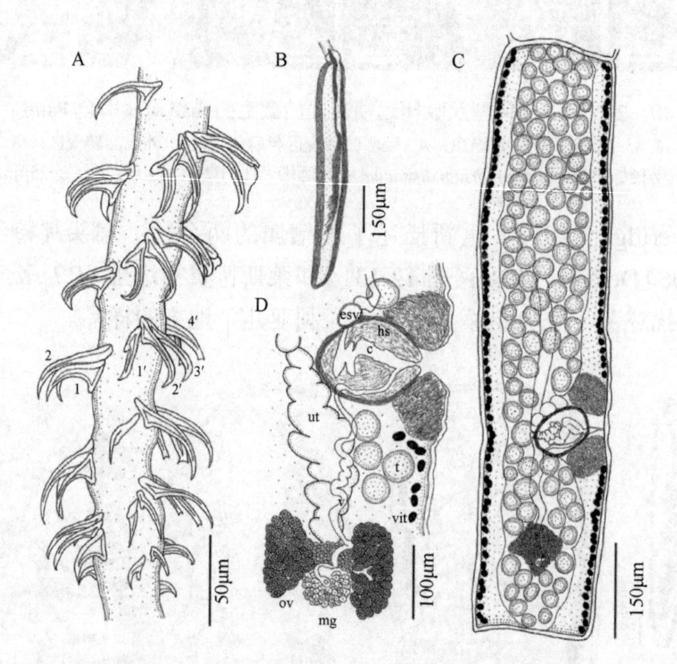

图 12-132　莱斯特翼槽绦虫结构示意图（引自 Schaeffner & Beveridge，2012）

样品采自花尾燕魟（*Gymnura poecilura*）。A. 触手钩型，反吸槽面基部到转变区；B. 球茎；C. 成节；D. 末端生殖器官示意图。缩略词：c. 阴茎；esv. 外贮精囊；hs. 两性囊；mg. 梅氏腺；ov. 卵巢；t. 精巢；ut. 子宫；v. 阴道；vit. 卵巢腺滤泡

12.7.4　格力罗科（Grillotiidae Dollfus，1969）

（同物异名：伪格力罗科 Pseudogrillotiidae Dollfus，1969）

12.7.4.1　分属检索

1a. 头节有缘膜，球茎短；卵黄腺滤泡在侧区带；卵巢后精巢存在；生活史有后期幼虫……………………………………………………伪格力罗属（*Pseudogrillotia* Dollfus，1969）

识别特征：头节细长，有不发达或发达的缘膜。链体有缘膜，真老节解离，节片数目多。头节的 2 个吸槽后部边缘有缺口。鞘部长。触手鞘螺旋或 S 形。球茎前器官存在。球茎部比鞘部短很多。球茎后部不存在。转变区钩型外表面有小钩带，带可以或不可伸展至触手的整个长度向；基部钩型有或无特殊的钩。基部膨大存在或无。节片细长。生殖孔位于边缘，不规则交替。精巢数目多，占据卵巢前、后髓质区域；卵巢位于节片后 1/3 区域，由明显的空间与节片后部边缘分开。子宫简单，位于中央，管状，不达前端。已知成体寄生于鲨鱼肠螺旋瓣，后期幼虫寄生于硬骨鱼，采自墨西哥湾、智利和澳大利亚。模式种：密棘伪格力罗绦虫（*P. pleistacantha* Dollfus，1969）。其他种：斯普拉特伪格力罗绦虫（*P. spratti* Campbell & Beveridge，1993）（图 12-135）。

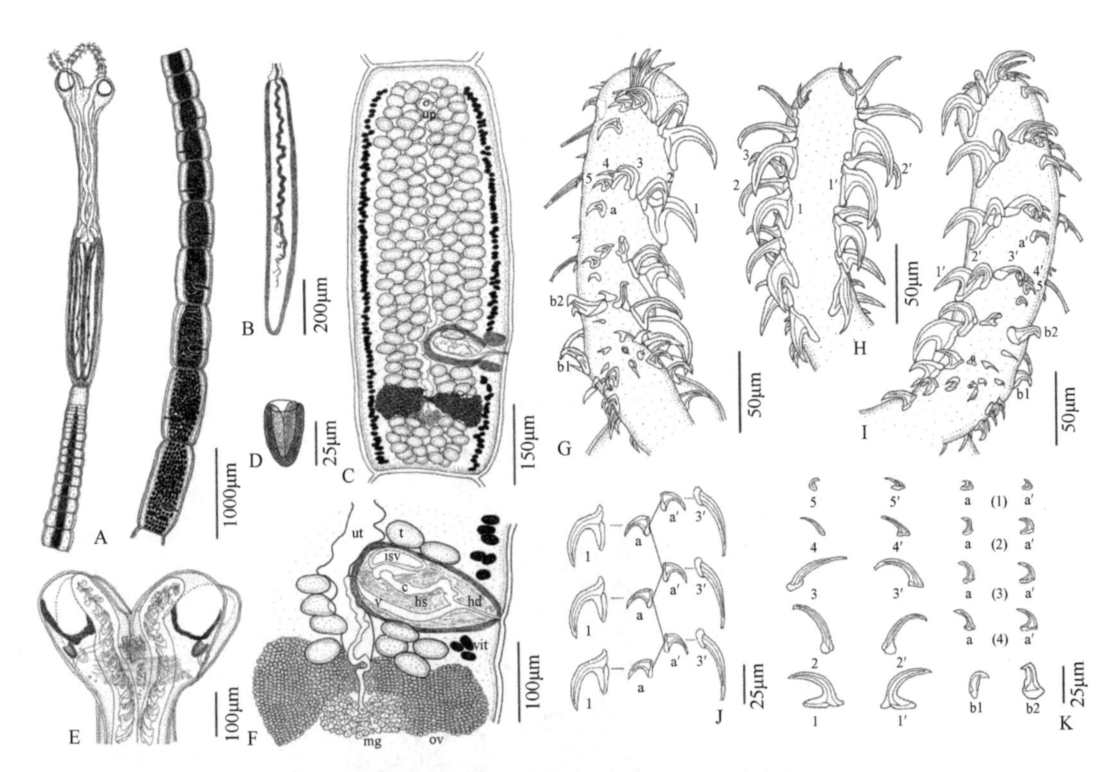

图 12-133 采自小眼鞭魟的小窝腔吻绦虫结构示意图（引自 Schaeffner & Beveridge，2012）

A. 完整的样品；B. 球茎；C. 成节；D. 吸槽窝；E. 头节前部，注意 4 个吸槽窝在后部的吸槽边缘上；F. 末端生殖器官。G～K. 触手钩型：G. 内表面基部区；H. 反吸槽面基部区；I. 外表面基部到转变区；J. 吸槽触手表面钩排列示意图，注意钩 a（a′）与规则排的独立的钩相一致；K. 钩的侧面，注意括号中的数字代表着钩排 a（a′）沿着触手的出现情况。缩略词：c. 阴茎；hd. 两性管；hs. 两性囊；isv. 内贮精囊；mg. 梅氏腺；ov. 卵巢；t. 精巢；up. 子宫孔；ut. 子宫；v. 阴道；vit. 卵巢腺滤泡；b1. 喙钩 1；b2. 喙钩 2

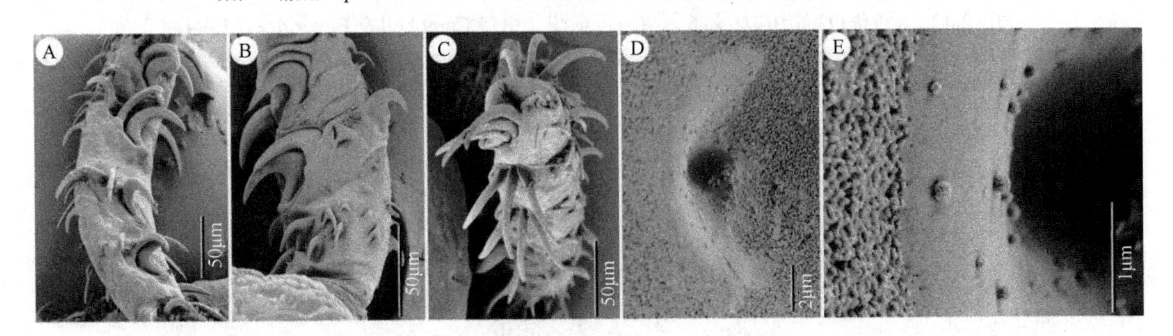

图 12-134 采自小眼鞭魟的小窝腔吻绦虫的扫描结构（引自 Schaeffner & Beveridge，2012）

A. 外表面基部触手钩型；B. 内表面基部触手钩型；C. 外到吸槽面远端触手钩型；D. 吸槽窝，部分倒转；E. 吸槽窝的边缘，注意吸槽窝内缺乏微毛

1b. 头节无缘膜，球茎或长或短；卵黄腺位于周围皮质区；球茎前器官和卵巢后精巢存在或无；生活史中没有后期幼虫……2

2a. 球茎典型长过吸槽，球茎前器官和卵巢后精巢存在……格力罗属（*Grillotia* Guiart，1927）

识别特征：头节细长。2 个吸槽，向基部倾斜，固着，小盘状或心形，边缘游离，加厚或不加厚。触手鞘略 S 形。球茎细长，典型的长过吸槽部，很少短的。牵引肌源于球茎后半部。转变区钩型为由 4～6 个主钩组成的交替半螺旋排，由间插列分隔开。外表面上小钩组成的纵列将主排分开。基部钩型缺。有或无基部膨大。钩异形中空。节片长形、无缘膜，真解离。生殖孔位于节片边缘中央偏后，不规则交替。外贮精囊、内贮精囊存在。附属贮精囊存在或无。两性管存在。精巢位于髓质，常多数，大致为平行列，有些在卵巢后髓质区域。卵巢四叶状、小，与后部边缘明显分开或否。卵黄腺滤泡围绕皮质，分散于纵肌之间。子宫位于中央，管状，有小的支囊；孕子宫囊状，有腹部开孔。已知实尾蚴通常寄生于硬骨鱼，

成体寄生于板鳃亚纲尤其是鳐形总目软骨鱼。采自大西洋、地中海、太平洋和澳大利亚。模式种：刺猬格力罗绦虫［*Grillotia erinaceus*（van Beneden，1858）］（图 12-136）。

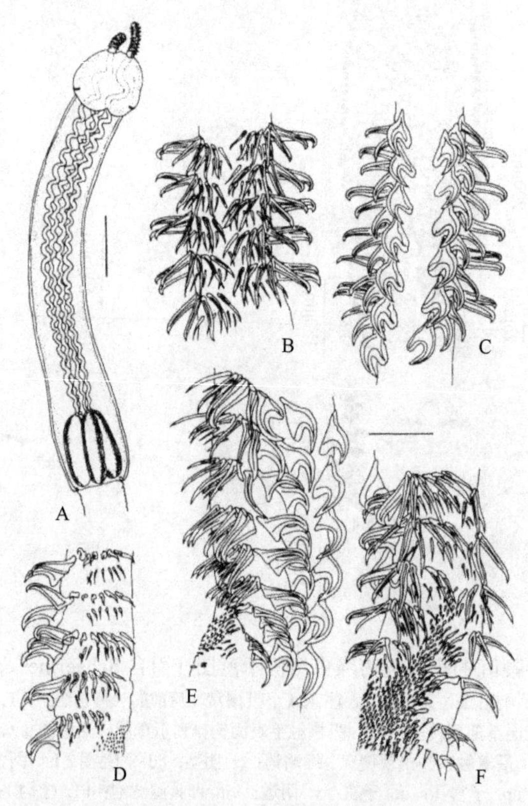

图 12-135 斯普拉特伪格力罗绦虫结构示意图（引自 Campbell & Beveridge，1994）

A. 头节；B. 外表面转变区；C. 内表面转变区；D. 反吸槽面正好在基部前方，注意间插钩排；E. 吸槽面正好在基部前方，内表面在右方；F. 外表面基部区。标尺：A=1.0mm；B～F=0.1mm

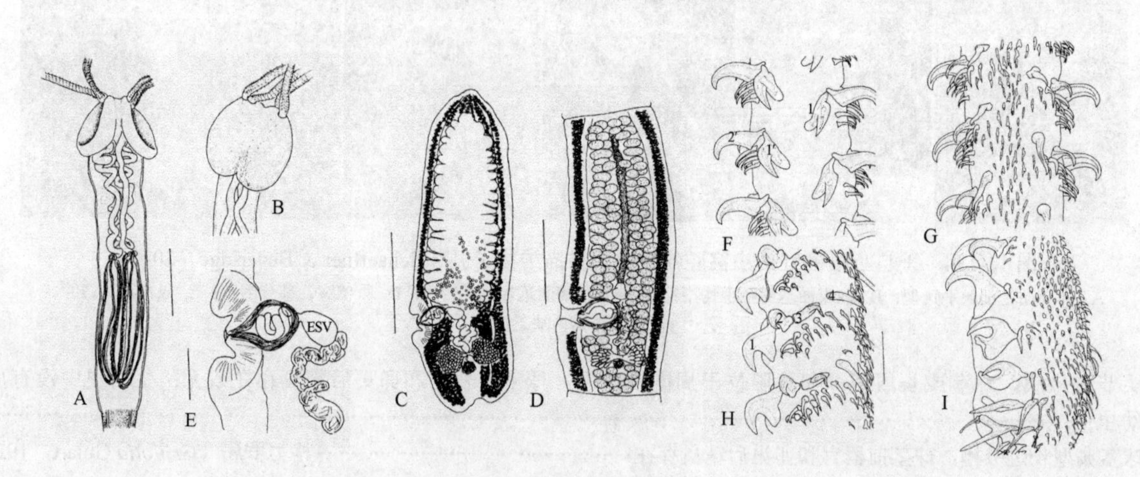

图 12-136 刺猬格力罗绦虫结构示意图（引自 Campbell & Beveridge，1994）

A. 头节；B. 吸槽的表面观；C. 孕节；D. 成节；E. 雄性生殖器官末端；F. 转变区内表面；G. 转变区外表面；H. 反吸槽面转变区；I. 反吸槽面基部区。标尺：A，B=1.0mm；C=1.5mm；D=0.5mm；E=0.32mm；F～I=0.05mm

Menoret 和 Ivanov（2009）根据最近收集于阿根廷海岸宿主的新样品［采自 10 种硬骨鱼的裂头蚴或全尾蚴和采自南美扁鲨（*Squatina guggenheim* Marini）的成体］重新测定、描述和评估了道尔夫前格力罗绦虫（*Progrillotia dollfusi* Carvajal & Rego，1983）的分类地位。不同作者不同处理下的特征得到了更正和肯定：触手外表面小钩带限于触手的基部，转变区外表面有 3～5 个间插钩，排为单排，立即合并入排为2排的3～4个小钩群；牵引肌起于球茎后1/3处，钩中空，吸槽后部边缘有缺口。这些特征加上成节卵巢后方存在精巢，清晰地肯定了此道尔夫前格力罗绦虫属于格力罗属（*Grillotia* Guiart，1927）。为避免与道尔夫格力罗绦虫（*Grillotia dollfusi* Carvajal，1971）同名，提出更名为卡瓦哈尔格力罗绦虫（*G. carvajalregorum*）新组合种（图12-137，图12-138）。该种不同于格力罗属的16个有效种的组合特征是：触手近端转变区规则排钩的数目和形态，间插钩的数目和分布，小钩群的存在，外表面基部钩型小钩带的扩展，牵引肌的起始位点，以及末端生殖器官的特征等。

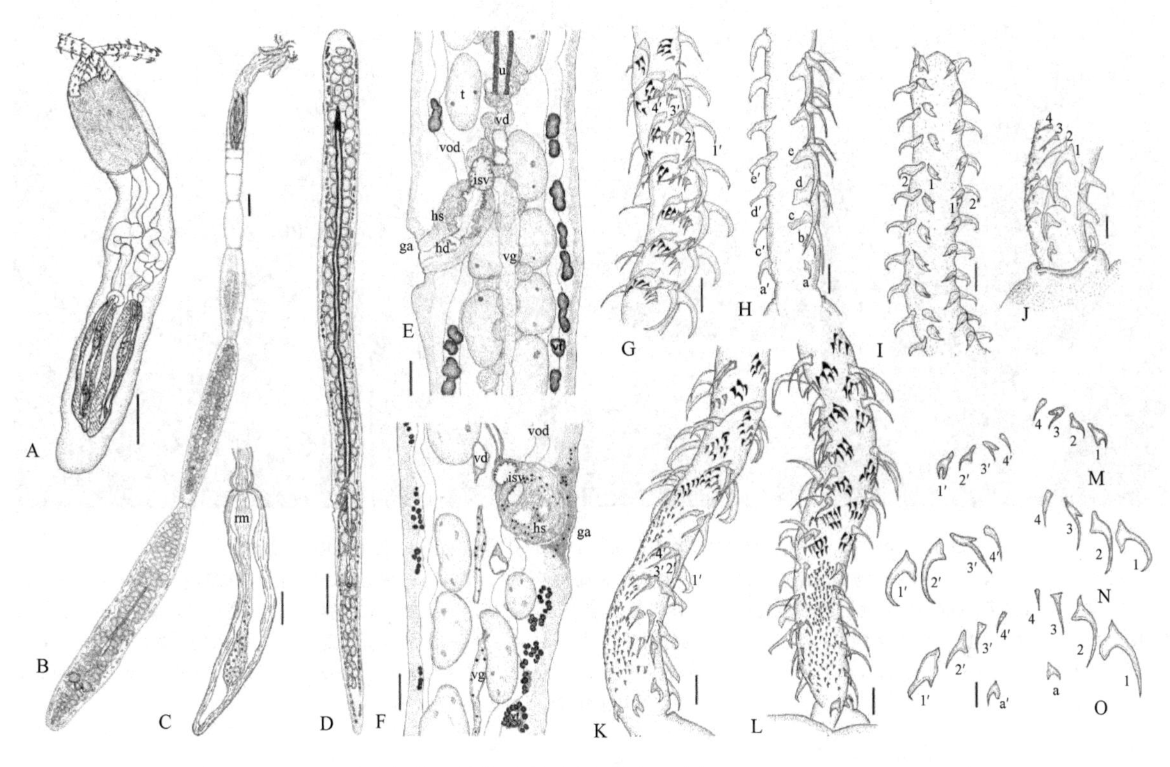

图12-137 卡瓦哈尔格力罗绦虫结构示意图（引自Menoret & Ivanov，2009）

A. 采自乌拉圭犬牙石首鱼（*Cynoscion guatucupa*）的裂头蚴；B. 采自南美扁鲨的成体；C. 裂头蚴球茎细节；D. 脱落的成节腹面观；E. 末端生殖器官腹面观细节；F. 生殖器官细节纵切面。在图B，D～F中卵黄腺围绕着髓质，但仅绘出部分以显示内部器官。G～O. 触手钩型：G. 裂头蚴反吸槽面转变区；H. 裂头蚴内表面基部和近端转变区；I. 裂头蚴内表面转变区；J. 成体吸槽面基部区；K. 裂头蚴外表面基部和近端转变区；L. 裂头蚴吸槽和外表面基部和近端转变区；M. 裂头蚴触手最远端转变区规则钩；N. 成体触手转变区第12排处的规则钩；O. 裂头蚴基部区的钩，钩群在图G，K，L中显示为黑色。缩略词：ga. 生殖腔；hd. 两性管；hs. 两性囊；isv. 内贮精囊；rm. 牵引肌；t. 精巢；u. 子宫；vd. 输精管；vf. 卵巢腺滤泡；vg. 阴道；vod. 腹渗透调节管。标尺：A=100μm；B=150μm；C，E，F=50μm；D=250μm；G=20μm；H，K，L=15μm；I，J，M～O=10μm

Beveridge和Campbell（2013）描述了另一个格力罗属的种：胃格力罗绦虫（*Grillotia gastrica*）（图12-139）。该绦虫描述用样品采自澳大利亚西部珀斯（Perth）沿岸硬骨鱼：蓝点似绯鲤［*Upeneichthys lineatus*（Bloch & Schneider）］和斑鳕鱼［*Sillaginodes punctatus*（Cuvier）］的胃壁肌肉中。该种与锯鲨格力罗绦虫（*G. pristiophori* Beveridge & Campbell，2001）最为相似，它们的转变区触手钩型每规则排有6个钩，但区别在于新种具有一光滑的头节皮层且沿触手外表面的整个长度向有一小钩带，在锯鲨格力罗绦虫中钩带宽度减小至单一小钩。重新描述了赫普坦奇格力罗绦虫［*G. heptanchi*（Vaullegeard，1899）］（图12-140），其成节的细节描述为首次。根据模式样品重新描述了腺加格力罗绦虫［*G. adenoplusius*（Pintner，1903）］（图12-141～图12-143），并认为其为棘头节格力罗绦虫（*G. acanthoscolex* Rees，1944）［同物异名：密棘格力罗绦虫（*G. spinosissima* Dollfus，1969）和微毛格力罗绦虫（*G. microthrix* Dollfus，1969）］的幼虫期。腺加格力罗绦虫的成体也是基于密棘格力罗绦虫的模式样品重描述的。对长头格力罗绦虫（*G. dolichocephala* Guiart，1935）（图12-144）和微小格力罗绦虫（*G. minor* Guiart，1935）的模式样品进行了重新测定，同时微小格力罗绦虫被认为是长头格力罗绦虫的同物异名，流星格力罗绦虫（*G. meteori* Palm & Schröder，2001）亦与长头格力罗绦虫同义。基于对科莱切纳格力罗绦虫［*G. scolecina*（Rudolphi，1819）］模式样品的测定结果认为该种是有疑问的。

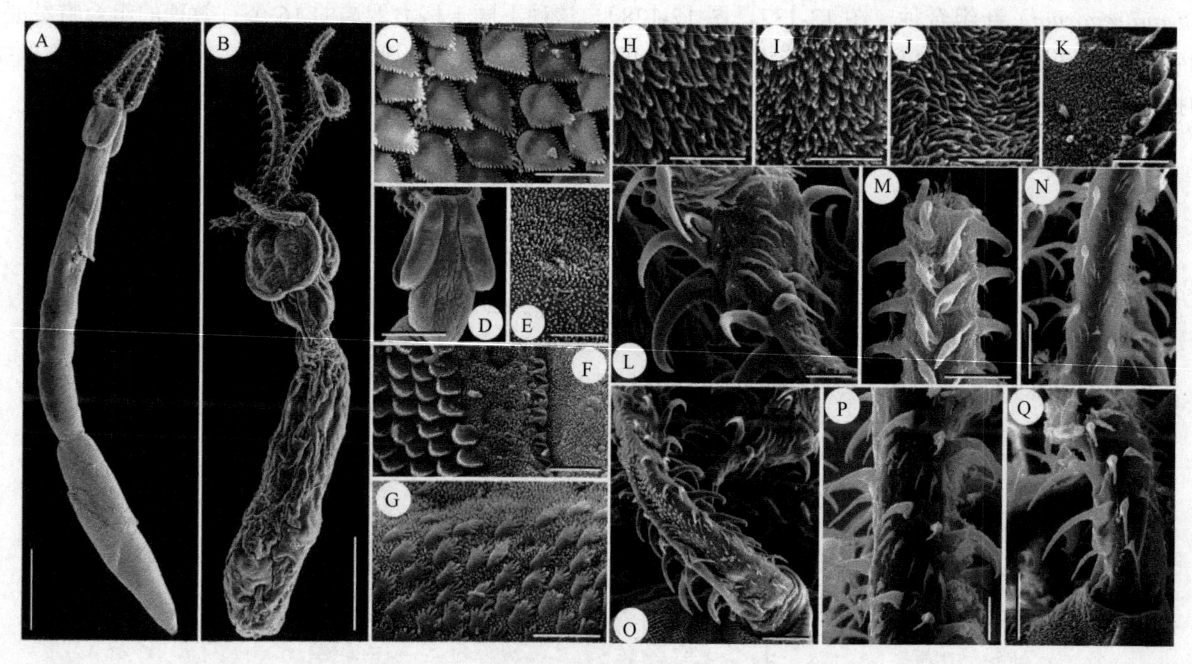

图 12-138　卡瓦哈尔格力罗绦虫扫描结构（引自 Menoret & Ivanov，2009）

A. 整条虫体（成体）；B. 裂头蚴或称实尾蚴；C. 裂头蚴吸槽远端表面微毛；D. 成体头节侧面观。E～K. 头节不同表面微毛细节：E. 成体头节实体部；F. 裂头蚴吸槽远端表面近吸槽沟处；G. 成体吸槽近端表面近吸槽沟处；H. 裂头蚴鞘部；I. 裂头蚴球茎部；J. 裂头蚴球茎后部；K. 成体头节顶部。L～Q. 触手钩型：L. 裂头蚴反吸槽面转变区；M. 裂头蚴内表面远端转变区；N. 裂头蚴外表面转变区；O. 裂头蚴外表面基部和近端转变区；P. 成体吸槽面转变区；Q. 成体吸槽面基部区。标尺：A=250μm；B=200μm；C，E～K=2μm；D=100μm；L，M，P，Q=10μm；N，O=20μm

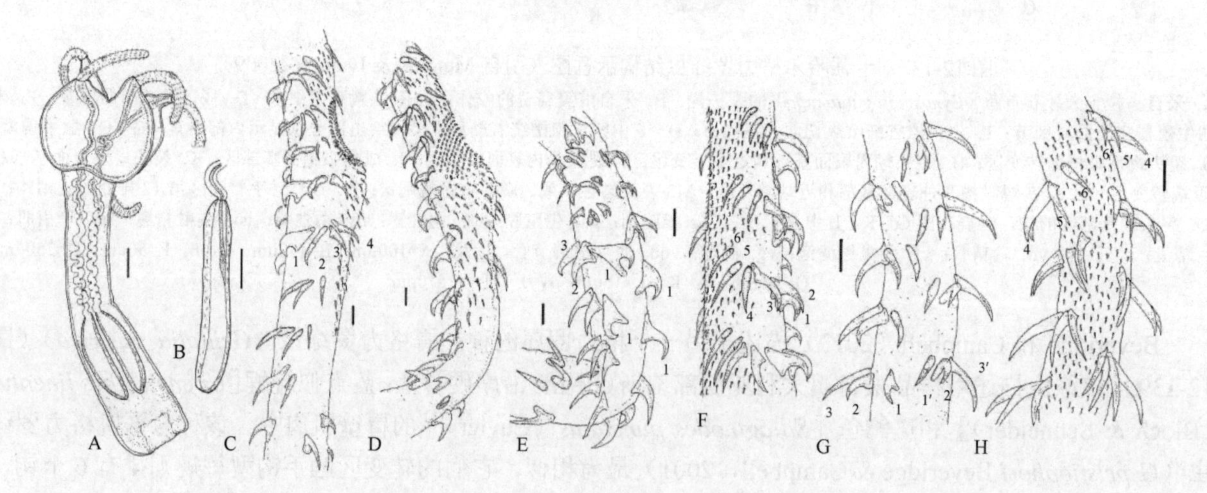

图 12-139　绘自模式样品的胃格力罗绦虫头节、球茎及触手钩型（引自 Beveridge & Campbell，2013）

A. 头节；B. 球茎。C～H. 触手钩型：C. 反吸槽面基部区；D. 外表面基部区斜视图；E. 内表面转变区；F. 反吸槽面转变区；G. 内表面转变区；H. 外表面转变区。标尺：A，B=0.1mm；C～H=0.01mm

附 1：格力罗属（*Grillotia* Guiart，1927）绦虫种近期的基本状况小结

1）格力罗属（格力罗）亚属［*Grillotia*（*Grillotia*）］

北极格力罗绦虫［*G.*（*G.*）*borealis* Keeney & Campbell，2001］

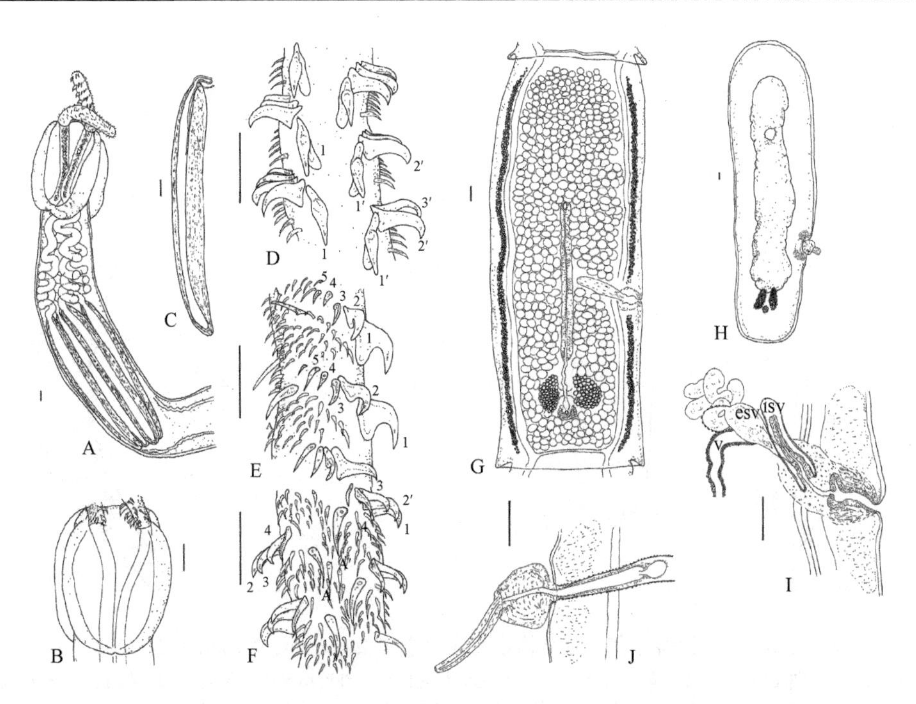

图 12-140 赫普坦奇格力罗绦虫结构示意图（引自 Beveridge & Campbell，2013）

根据采自那不勒斯（意大利西南部港市）灰六鳃鲨（*Hexanchus griseus*）的样品（MHNG 37258）（A～F）、（MHNG 40835）（G），以及采自美国皮吉特海湾灰六鳃鲨（H～J）的样品（MHNG 35732）［又名为大槽触手绦虫（*Tentacularia megabothridia*）］所绘。A. 头节；B. 吸槽；C. 触手的球茎，示牵引肌的插入；D. 内表面基部区触手钩型；E. 反吸槽面转变区触手钩型；F. 外表面转变区触手钩型，A，A′表明间插钩排放大；G. 成节；H. 孕节；I. 末端生殖器官；J. 外翻的阴茎。缩略词：isv. 内贮精囊；esv. 外贮精囊；v. 阴道。标尺=0.1mm

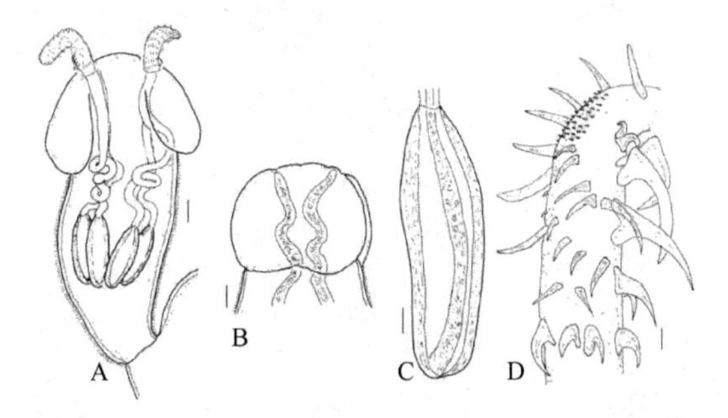

图 12-141 根据模式样品绘制的腺加格力罗绦虫头节及吸槽面基部钩型（引自 Beveridge & Campbell，2013）

A. 头节；B. 吸槽；C. 触手球茎；D. 吸槽面基部钩型。标尺：A=0.1mm；B～D=0.01mm

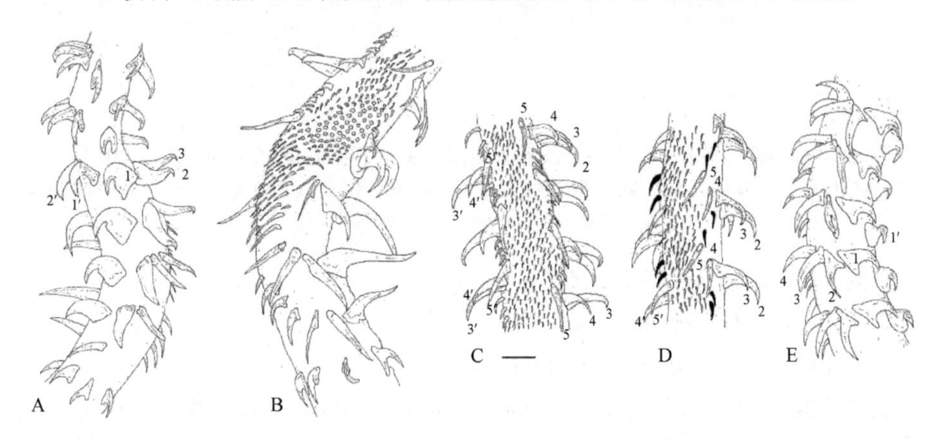

图 12-142 腺加格力罗绦虫触手钩型示意图（引自 Beveridge & Campbell，2013）

A. 触手内表面的基部钩型，斜视图；B. 触手外表面的基部钩型，斜视图；C. 触手外表面转变区的钩型，基部钩型前方的起始 3 个钩排；D. 触手反吸槽面转变区的钩型，斜视图，基部钩型前方的起始 2 个钩排；E. 触手内表面转变区的钩型，斜视图，基部钩型前方的起始 5 个钩排。间插钩示为黑色。所有图根据采自灰六鳃鲨的样品，即密棘格力罗绦虫的模式标本（MNHN Bd 16.34）绘制。标尺=0.02mm

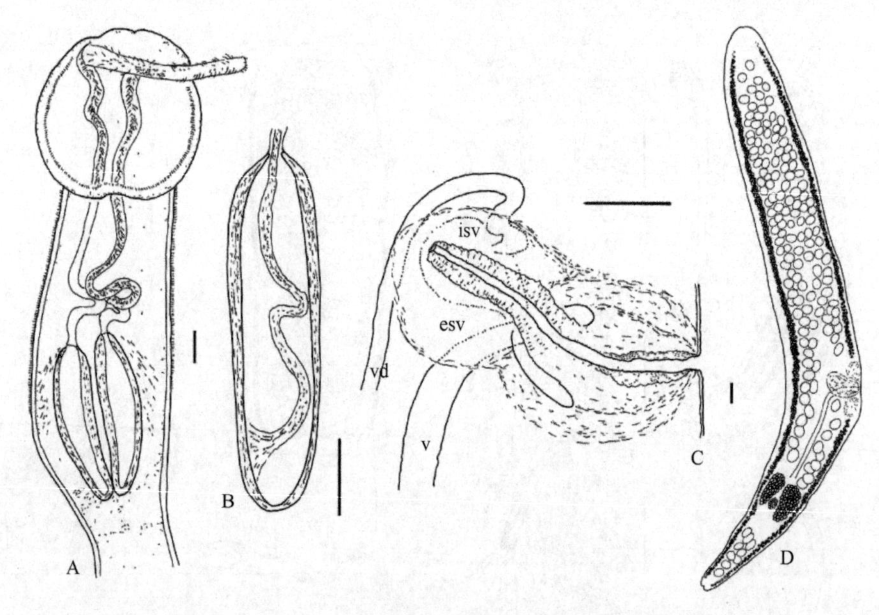

图 12-143　腺加格力罗绦虫结构示意图（引自 Beveridge & Campbell，2013）

A. 头节；B. 触手球茎；C. 末端生殖器官；D. 成节。缩略词：isv. 内贮精囊；esv. 外贮精囊；v. 阴道；vd. 输精管。图 A，B 绘自美国蒙特雷湾灰六鳃鲨的样品（MNHN Bd 29.8）；图 C，D 绘自采自灰六鳃鲨的样品，即密棘格力罗绦虫的模式样品（MNHN Bd 16.34）。标尺：A～C=0.1mm；D=0.2mm

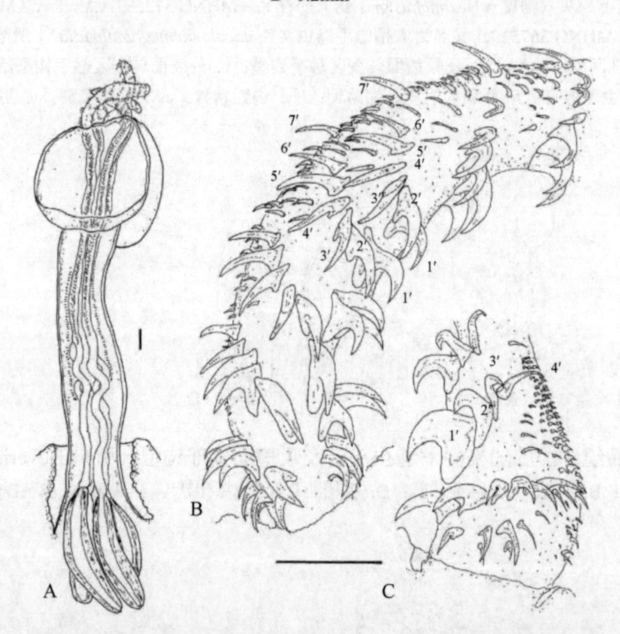

图 12-144　长头格力罗绦虫头节及触手钩型（引自 Beveridge & Campbell，2013）

A. 头节；B. 内吸槽面基部和转变区触手钩型，斜视图；C. 吸槽面基部触手钩型。图绘自选模标本（IOM Inv 19963～4）。标尺：A=0.2mm；B，C=0.1mm

布雷格力罗绦虫［*G.*（*G.*）*brayi* Beveridge & Campbell，2007］

道尔夫格力罗绦虫［*G.*（*G.*）*dollfusi* Carvajal，1971］

刺猬格力罗绦虫［*G.*（*G.*）*erinaceus*（van Beneden，1858）（模式种）

［同物异名：伪刺猬格力罗绦虫（*G. pseuderinaceus* Dollfus，1969）；后弯棘格力罗绦虫（*G. recurvispinis* Dollfus，1969）］

强壮格力罗绦虫［*G.*（*G.*）*muscularа*（Hart，1936）］

巴塔哥尼亚格力罗绦虫［*G.*（*G.*）*patagonica* Menoret & Ivanov，2012］

2）格力罗属（克里斯蒂安娜）亚属［*Grillotia*（*Christianella*）］

澳大利亚格力罗绦虫［*G.*（*C.*）*australis* Beveridge & Campbell，2011］
卡瓦哈尔格力罗绦虫［*G.*（*C.*）*carvajalregorum* Menoret & Ivanov，2009］
［同物异名：道尔夫前格力罗绦虫（*Progrillotia dollfusi* Carvajal & Rego，1983）］
长棘格力罗绦虫［*G.*（*C.*）*longispinis*（Linton，1890）］
微小格力罗绦虫［*G.*（*C.*）*minuta* van Beneden，1849］
［同物异名：天使格力罗绦虫（*G. angeli* Dollfus，1969）；槽斑格力罗绦虫（*G. bothridiopunctata* Dollfus，1969）；斯马里斯戈拉格力罗绦虫（*G. smarisgora* Wagener，1854）］
尤尼格力罗绦虫［*G.*（*C.*）*yuniariae* Palm，2004］

3）广义上的格力罗属（*Grillotia sensu lato*）

腺加格力罗绦虫［*G. adenoplusius*（Pintner，1903）］
［同物异名：棘头节格力罗绦虫（*G. acanthoscolex* Rees，1944）；密棘格力罗绦虫（*G. spinosissima* Dollfus，1969）；微毛格力罗绦虫（*G. microthrix* Dollfus，1969）］
钝吻格力罗绦虫（*G. amblyrhynchos* Campbell & Beveridge，1993）
长头格力罗绦虫（*G. dolichocephala* Guiart，1935）
［同物异名：微小格力罗绦虫（*G. minor* Guiart，1935）；流星格力罗绦虫（*G. meteori* Palm & Schröder，2001）］
赫普坦奇格力罗绦虫［*G. heptanchi*（Vaullegeard，1899）］
锯鲨格力罗绦虫（*G. pristiophori* Beveridge & Campbell，2001）

4）有疑问的种

庸鲽格力罗绦虫［*G. hippoglossi*（Olsson，1869）］
科莱切纳格力罗绦虫［*G. scolecina*（Rudolphi，1819）］

2b. 球茎很长，球茎前器官无，卵巢后精巢不存在……………………………………前格力罗属（*Progrillotia* Dollfus，1946）

识别特征：吸槽后部边缘非锯齿状。钩的纵带由对面各主排打断。特殊的基部钩型可能存在。球茎很长，无球茎前器官。精巢为纵向列。附属贮精囊存在。卵巢位于节片后部。已知寄生于板鳃亚纲软骨鱼。模式种：蓝纹魟前格力罗绦虫（*Progrillotia pastinacae* Dollfus，1946）。

该属最初是Dollfus（1946）建立作为格力罗属（*Grillotia* Guiart，1927）的亚属，用于容纳收集自法国大西洋沿岸孔卡诺（Concarneau）蓝纹魟［*Dasyatis pastinaca*（Linnaeus，1758）］肠螺旋瓣的一种绦虫：蓝纹魟格力罗绦虫［*Grillotia*（*P.*）*pastinacae*］（模式种），其具有两个吸槽和一非典型的异棘钩型，但与格力罗属的种类不同在于成体解剖后其精巢完全位于卵巢前方，故名为前格力罗亚属（*Progrillotia*）。随后，Dollfus（1969）将前格力罗亚属提升为属，同时增加了第2个种：路易斯尤泽前格力罗绦虫（*P. louiseuzeti*），采自法国地中海沿岸塞特（Sète）的紫魟［*Dasyatis violacea*（Bonaparte，1832）］。除精巢分布于卵巢前方区域外，前格力罗属的两个种所具有的触手钩型不同于格力罗属的种，其触手外表面上缺乏一连续的小钩带。当时对前格力罗属两个物种的描述是不全面的，触手外表面转变区的钩分布的关键细节没有描述。此外，末端生殖器官的特征亦未描述。Carvajal和Rego（1983）描述了采自巴西硬骨鱼条纹犬牙石首鱼［*Cynoscion striatus*（Cuvier，1829）］的道尔夫前格力罗绦虫（*P. dollfusi*），只是根据裂头蚴进行了描述，种的成节特征和精巢的分布特性一无所知。Pereira（1998）对道尔夫前格力罗绦虫进行了重描述。Beveridge等（1999）对锥吻绦虫属初步的分支系统分析未能解决前格力罗属在目中的地位，其位置介于含有真四吻科（Eutetrarhynchidae）、四吻槽科

（Tetrarhynchobothriidae）、牛鼻鲼居科（Rhinoptericolidae）、雪莉吻科（Shirleyrhynchidae）和混合迪格玛科（Mixodigmatidae）的支系及含有格力罗科（Grillotiidae）、耳槽科（Otobothriidae）、翼槽科（Pterobothriidae）、星鲨居科（Mustelicolidae）、花边吻科（Lacistorhynchidae）、粗毛吻科（Dasyrhynchidae）和霍尼尔科（Hornelliellidae）的姐妹支之间。在表型分类中，前格力罗属被 Campbell 和 Beveridge（1994）放在格力罗科（Grillotiidae），被 Palm（1997）放在花边吻科中。因此此期无论是表型分类还是支系分类，前格力罗属的地位仍不清楚。由于前格力罗属绦虫形态信息不全面，Beveridge 等（2004）根据新采集自加斯科涅湾（the Golfe de Gascogne）的模式宿主蓝纹魟样品重新测定了模式种蓝纹魟前格力罗绦虫（图 12-145）的形态特征，并描述了采自地中海托氏魟（*Dasyatis tortonesei* Capapé，1975）的一个新种：魟前格力罗绦虫（*Progrillotia dasyatidis*）（图 12-146A～E，图 12-147A～E），也重新测定了路易斯尤泽前格力罗绦虫（*P. louiseuzeti* Dollfus，1969）（图 12-146F～G，图 12-147F～I）。重新审视了前格力罗属的主要形态特征，重新定义属并尝试解决其分类及系统发育关系。

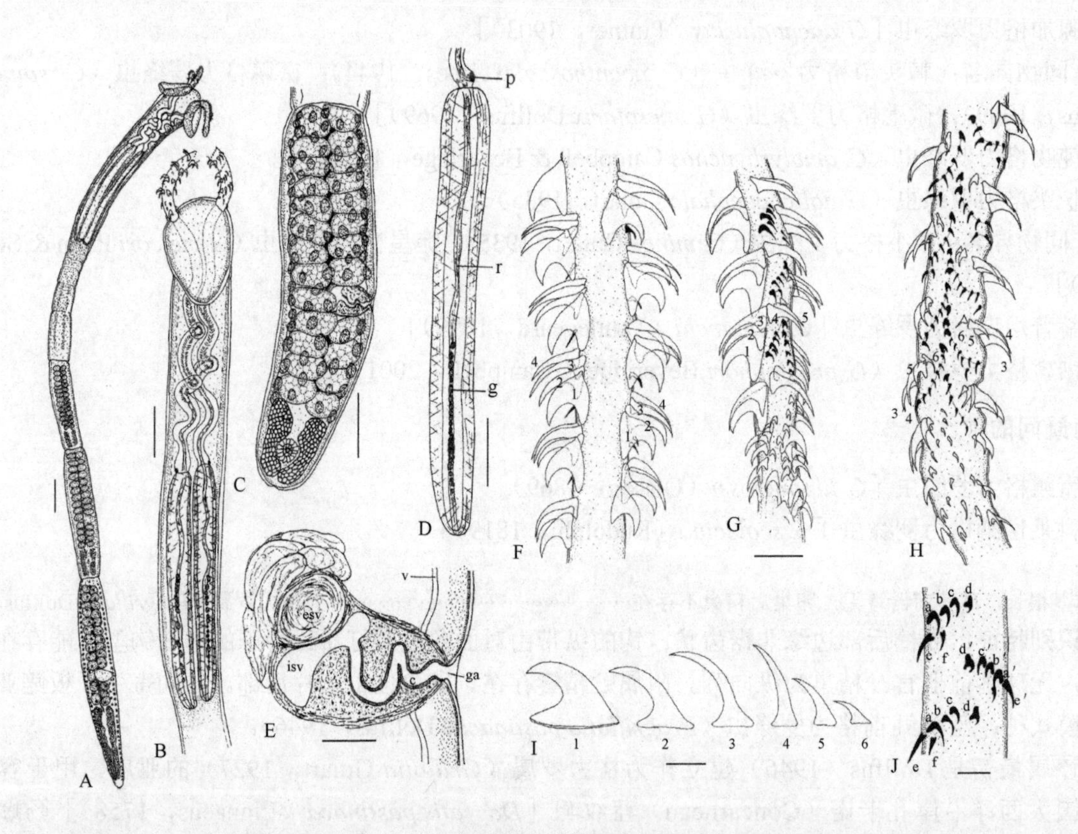

图 12-145 采自蓝纹魟的蓝纹魟前格力罗绦虫结构示意图（引自 Beveridge et al.，2004）

A. 整条成体；B. 头节；C. 成节；D. 球茎，示牵引肌（r）、附于牵引肌的腺体（g），球茎前器官（p）位于球茎的前部；E. 阴茎囊，示无棘阴茎（c）自生殖腔（ga）到内贮精囊（isv）及贴生的外贮精囊（esv），具有腹部渗透调节管（v）。F～J. 触手钩型：F. 触手内表面转变区钩型；G. 触手反吸槽面基部和转变区钩型；H. 外表面基部和转变区钩型；I. 自规则排取下的钩 1（1′）到 6（6′）侧面观；J. 触手钩间插排的分布，外表面，示 3 个钩，a（a′）～c（c′），钩具有宽的基部和细长下弯的钩刃，钩 d（d′）为钩状钩，具有宽的基部和短粗、下弯的钩刃，钩的第二排（E，F）由棘状钩组成。规则排的钩数反吸槽面为 1～6，吸槽面为 1′～6′。标尺：A=0.2mm；B～D=0.1mm；E～H=0.02 mm；I，J=0.01mm

前格力罗属（*Progrillotia*）绦虫种的形态特征比较见表 12-2。

12.7.5 莫里科拉科（Molicolidae Beveridge & Campbell，1989）

12.7.5.1 分属检索

1a. 间插钩列存在，两性管存在；子宫直，缺开口……………………迷吻属（*Stragulorhynchus* Beveridge & Campbell，1988）

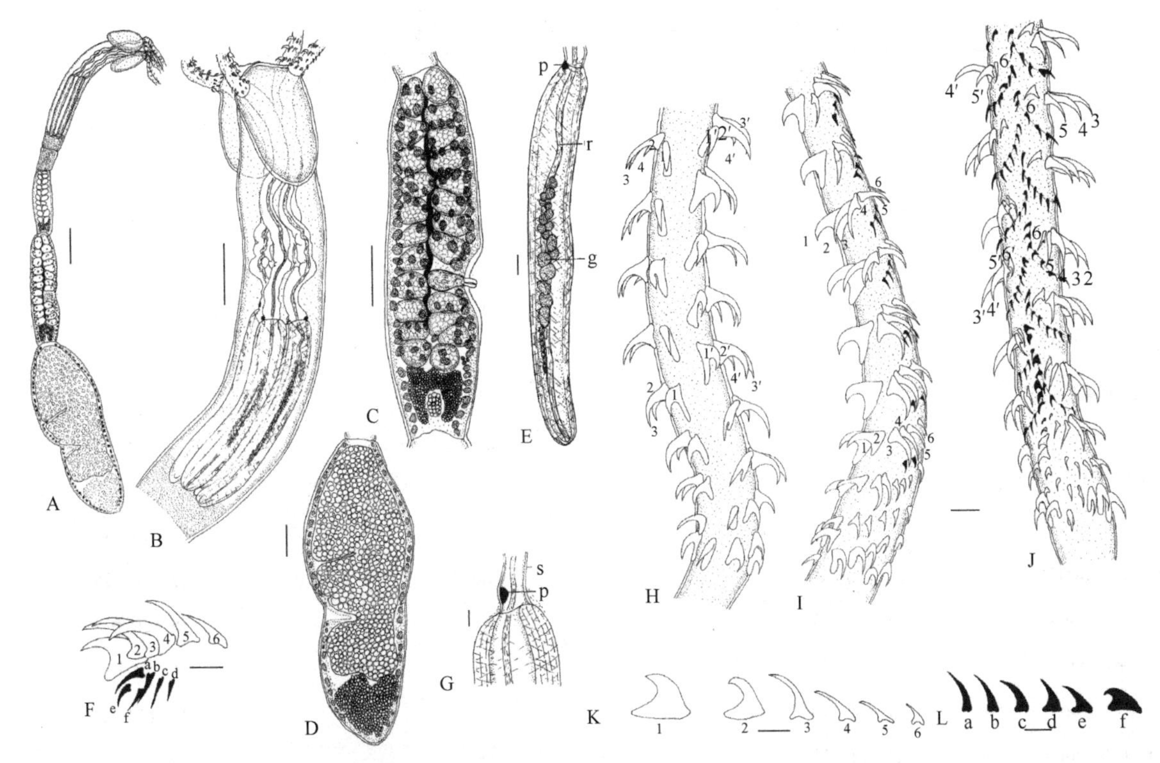

图 12-146 两种前格力罗绦虫结构示意图（引自 Beveridge et al.，2004）

A～E. 采自拖氏魟的魟前格力罗绦虫：A. 整条成体；B. 头节；C. 成熟前节片；D. 孕节；E. 球茎，示球茎前器官（p）和球茎内的腺细胞（g），附着于牵引肌（r）上。F，G. 绘自路易斯尤泽前格力罗绦虫的全模标本：F. 规则排和间插排钩，示规则排为 6 个钩，间插排由 4 个一般钩和 2 个棘状钩组成；G. 鞘（s）和球茎结合处，示球茎前器官（p）。H～L. 触手钩型：H. 触手内表面基部和转变区钩型；I. 触手反吸槽面基部和转变区钩型；J. 外表面基部和转变区钩型；K. 规则排取下的钩 1（1′）到 6（6′）侧面观；L. 近触手基部间插钩排的钩，规则排钩数 1～6 为反吸槽面，1′～6′为吸槽面。标尺：A=0.2mm；B～D=0.1mm；E=0.02mm；F～K=0.01mm；L=0.002mm

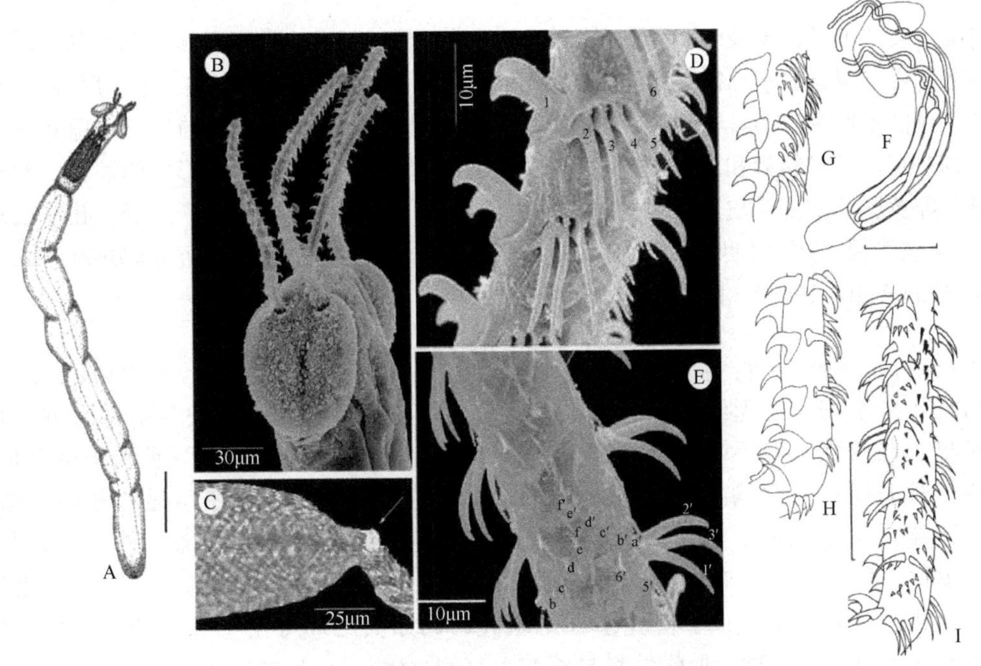

图 12-147 2 种前格力罗绦虫结构示意图及扫描结构

样品采自蝶形目腋孔蟾鱼（*Halobatrachus didactylus*）的魟前格力罗绦虫（A～E）和路易斯尤泽前格力罗绦虫（F～I）。A. 整条虫体，示无缘膜的头节；B. 吸槽区和外翻的触手扫描结构；C. 一分离的球茎顶部深色区域显微图，示球茎前器官（箭头所指）；D. 触手反吸槽面（主钩排用数字标注）；E. 触手外表面示间插钩排（间插钩排用字母标明）；F. 头节；G. 左侧内表面转变区钩型；H. 侧方表面转变区钩型；I. 外表面转变区钩型，略靠右。标尺：A=1.0mm；F～I=0.5mm（A～E 引自 Marques et al.，2005，F～I 引自 Campbell & Beveridge，1994）

表 12-2 3种前格力罗属绦虫种的形态特征比较（范围后括号中为平均值）

	蓝纹魟前格力罗绦虫（*P. pastinacae*）	路易斯尤泽前格力罗绦虫（*P. louiseuzeti*）	魟前格力罗绦虫（*P. dasyatidis*）
头节长（mm）	0.96～1.06（1.01）	1.9	0.61～0.83（0.73）
吸槽部（mm）	0.18～0.23（0.24）	0.45	0.15～0.22（0.20）
鞘部（mm）	0.40～0.51（0.46）	0.85	0.28～0.46（0.37）
球茎长（mm）	0.44～0.65（0.54）	0.88	0.30～0.38（0.33）
球茎比率	6.7～10.4（7.8）	15	4.8～8.8（6.5）
球茎中腺细胞	+	?	+
球茎前器官	+	+	+
钩实体	+	+	+
钩排钩数	5～6	6	6
钩 1（1′）（μm）	21～27（25）	24	13～19（16）
钩 2（2′）（μm）	21～27（25）	20	12～20（16）
钩 3（3′）（μm）	23～29（27）	—	16～20（18）
钩 4（4′）（μm）	20～25（22）	—	11～14（13）
钩 5（5′）（μm）	13～18（16）	—	8～13（11）
钩 6（6′）（μm）	10～13（11）	—	5～7（6）
间插钩	3 排，6	2 排，4～12	1 排，5～7
精巢数	20～28（24）	33	16～23（18）
宿主	蓝纹魟（*Dasyatis pastinaca*）	紫魟（*D. violacea*）	托氏魟（*D. tortonesei*）及蓝纹魟

注：“？”表示不明；“—”表示未测量

识别特征：头节细长，无缘膜。4 个耳状、“具棘”吸槽。触手出现于吸槽顶部；基部膨大存在。转变区钩型有宽钩带。明显的基部钩型存在。触手鞘螺旋形。球茎前器官不存在。牵引肌源于球茎前半部。无球茎后部。颈区不明显。节片无缘膜，高度解离。精巢数目多，位于卵巢前后。生殖孔位于节片后部边缘，不规则交替。外贮精囊和附属贮精囊存在。雄性与雌性管末端部会合形成两性管。卵巢与节片后端分离明显。卵黄腺滤泡围绕皮质。子宫简单，位于中央，管状，不达前端；无子宫孔。已知寄生于须鲨科鲨鱼。采自斯潘塞湾和澳大利亚南部。模式种：须鲨迷吻绦虫（*Stragulorhynchus orectolobi* Beveridge & Campbell，1988）（图 12-148）。

1b. 间插钩列不存在，两性管不存在；子宫弯曲，子宫孔接近生殖腔……………………莫里科拉属（*Molicola* Dollfus，1935）

识别特征：头节细长，无缘膜。4 个耳状吸槽，弯曲倾向基部，与头节前部合并，边缘加厚。触手孔在吸槽边缘前面。触手鞘 S 形。球茎前器官不存在。球茎长；牵引肌源于球茎前半部。钩异形、中空。外表面中央主钩排由小钩带分开。间插钩排不存在。存在明显的基部钩型，触手基部由大钩环围绕。生殖孔位于节片边缘，不规则交替。阴道在阴茎囊腹部。外贮精囊和附属贮精囊存在。精巢位于髓质、排泄管之间、卵巢前后区域。卵巢位于节片后端。卵黄腺滤泡围绕皮质。子宫简单，管状，弯向生殖孔；子宫孔接近生殖腔。已知实尾蚴寄生于硬骨鱼，成体寄生于鲨鱼，采自大西洋和太平洋。模式种：龙莫里科拉绦虫［*Molicola horridus*（Goodsir，1841）］（图 12-149～图 12-151）。

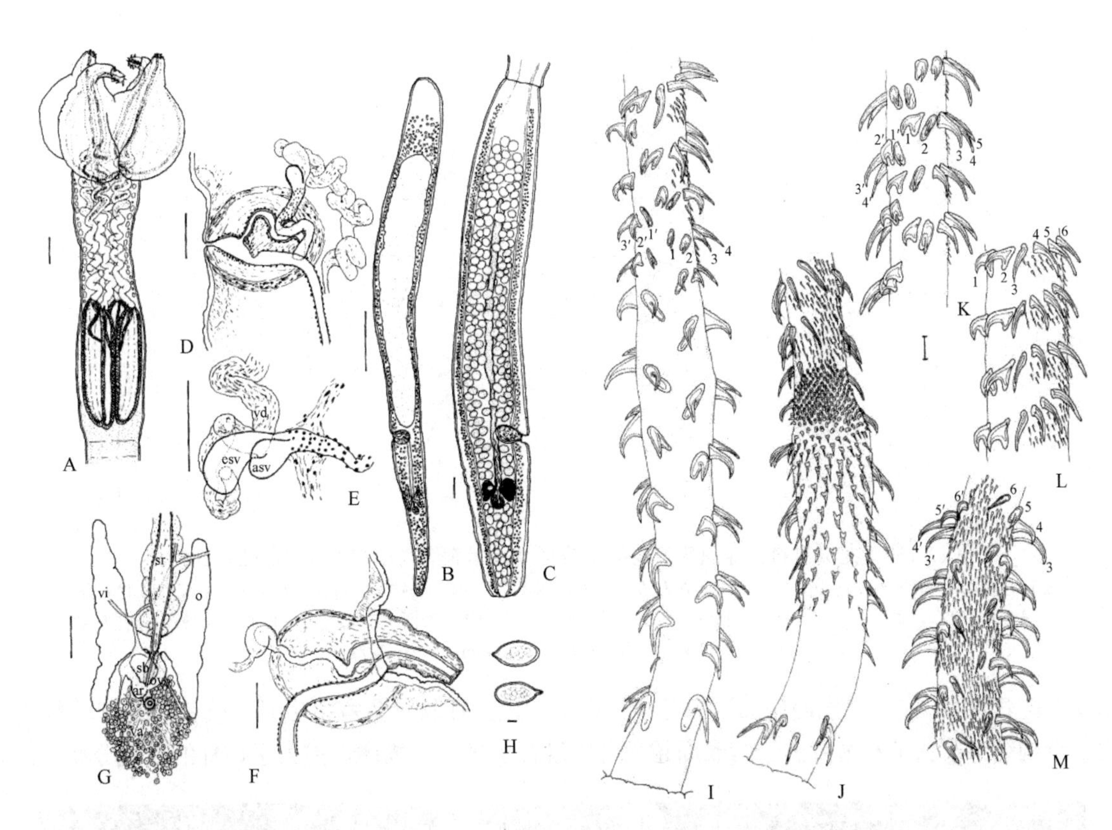

图 12-148 须鲨迷吻绦虫（*Stragulorhynchus orectolobi*）Beveridge & Campbell，1988（引自 Campbell & Beveridge，1994）

A. 头节；B. 孕节；C. 成节；D. 生殖器官末端和两性管；E. 雄性囊和输精管；F. 两性囊有"阴茎" 外翻；G. 雌性生殖复合体；H. 卵；I. 触手内表面基部区；J. 外表面基部区；K. 内表面转变区；L. 吸槽面转变区；M. 外表面转变区。缩略词：asv. 附属贮精囊；esv. 外贮精囊；mg.梅氏腺；o. 卵巢；ov. 输卵管；sd. 精子管； sr. 受精囊；vd. 输精管；vi. 卵黄管；vr. 卵黄池。标尺：A～H=0.1mm；I～M=0.01mm

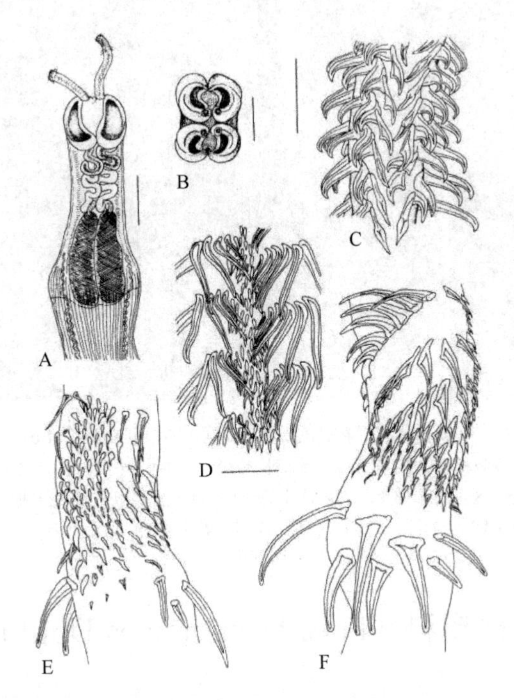

图 12-149 龙莫里科拉绦虫头节及触手钩型结构示意图（引自 Campbell & Beveridge，1994）

A. 头节；B. 头节正面观；C. 内表面转变区；D. 外表面转变区；E. 外表面基部钩型；F. 反吸槽面基部钩型，外表面在右边。标尺：A，B=1.0mm；C～F=125μm

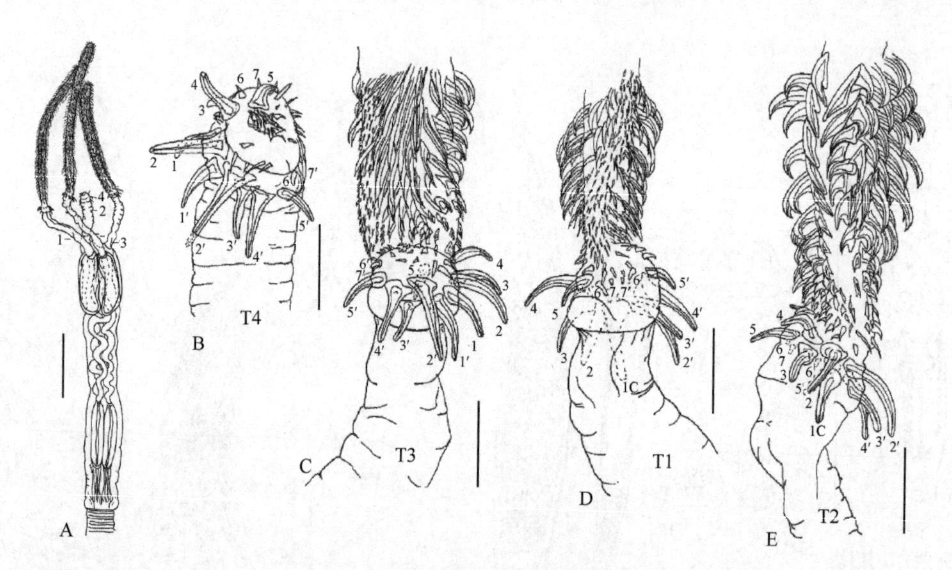

图 12-150　龙莫里科拉绦虫头节及触手钩型结构示意图（引自 Knoff et al.，2004）

A. 头节；B. 触手 4（T4），基部长钩冠，钩 1 和 1′，内面在左边；C. 触手 3（T3），基部长钩冠，有钩 1 和 1′，转变区主排半螺旋，内面在右边及小钩带外面；D. 触手 1（T1），基部长钩冠，有钩 1 和中央（1C）钩，转变区小钩带外表面；E. 触手 2（T2），基部长钩冠有中央钩（1C），转变区主排半螺旋，内面。标尺：A=1.0mm；B～E=125μm

Knoff 等（2004）在研究巴西南部沿海圣卡塔琳娜和巴拉那软骨鱼寄生虫时，检获到龙莫里科拉绦虫，对其内部结构细节及头节和节片的一些表面超微结构进行了进一步描述，扩大了该种的地理分布记录。

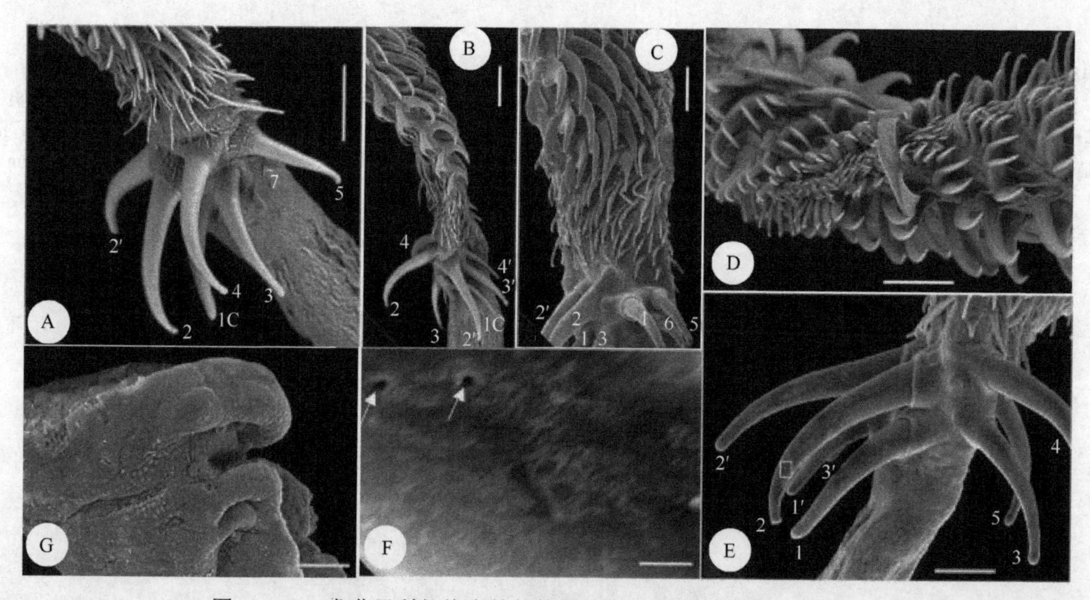

图 12-151　龙莫里科拉绦虫的扫描结构（引自 Knoff et al.，2004）

A. 触手 1 基部长钩冠，有中央钩 1（1C），反吸槽面；B. 触手 2，基部长钩冠，有中央钩 1（1C），转变区，主排的半螺旋，吸槽面；C. 触手 4，基部长钩冠，有钩 1 和 1′，内表面上部，转变区主排半螺旋，内表面上部；D. 转变区，小钩带在外表面；E. 触手 3，基部长钩冠，有钩 1 和 1′，内表面在左侧，方框为图 F 取图处；F. 钩冠 1 钩上的孔细节；G. 生殖孔周围的乳突细节，背腹面观。标尺：A，D，E=80μm；B，C=50μm；F=2μm；G=100μm

12.8　花棘样超科（Poecilacanthoidea Dollfus，1942）

12.8.1　花边吻科（Lacistorhynchidae Guiart，1927）

［同物异名：花头科（Floricipitidae Dollfus，1929）］

12.8.1.1　分属检索

1a. 悬链线钩两翼状……………………………………花头属（*Floriceps* Cuvier，1817）（图 12-152，图 12-153）

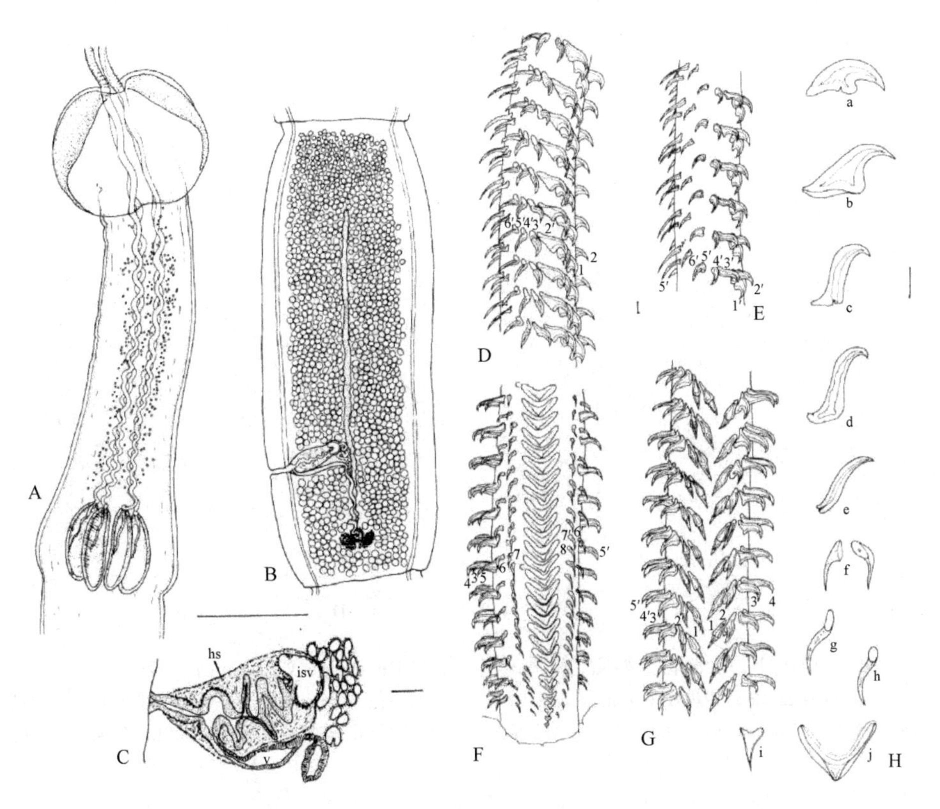

图 12-152　微棘花头绦虫（*F. minacanthus* Campbell & Beveridge，1987）结构示意图

A. 头节；B. 成节（未示卵黄腺滤泡）；C. 生殖器官末端切面，示两性囊；D，E. 吸槽面转变区钩型；F. 外表面基部和转变区；G. 内表面转变区；H. 主钩 1～7（a～g）、卫钩 8（h）、自触手中部的悬链线（i）、近触手基部的悬链线（j）。缩略词：hs. 两性囊；isv. 内贮精囊；v. 阴道。标尺：A，B=1.0mm；C～G=0.1mm；H=0.01mm（A～C 引自 Richmond & Caira，1991；D，E 引自 Campbell & Beveridge，1994）

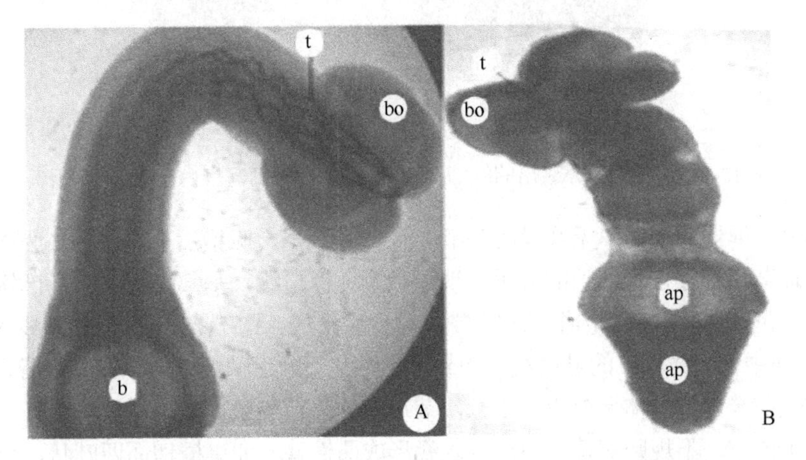

图 12-153　微棘花头绦虫的幼虫（引自 Al-Zubaidy & Mhaisen，2011）

A. 舒展状态；B. 略收缩状态。缩略词：bo. 吸槽；t. 触手；b. 球茎；ap. 附属体

识别特征：头节大，细长，略有缘膜。具有 2 个反向心形吸槽，后部边缘锯齿状。触手出现于近头节顶部。鞘部比球茎部长很多。触手鞘螺旋形，有大量腺细胞围绕。球茎相对短。牵引肌源于球茎前半部。球茎后部不存在。钩型为花棘型，由交替的半螺旋排组成。钩异形、中空。没有基部钩型或膨大。无间插钩。主排钩 7、8 位于邻近悬链线的卫星位置。钩 9（9′）为两翼状，使触手近半部增大，形成外

表面中央简单的空间紧密的悬链线基本单位。链体无缘膜，老节解离。生殖孔位于边缘中央偏后。精巢数目多，位于排泄管之间、有些在卵巢后部区域。两性囊含有内贮精囊。阴道进入囊形成两性管。卵巢小，横切面四叶状，位于节片后端边缘前方。卵黄腺滤泡围绕皮质，背部中断，围绕卵巢和壳腺。胚囊没有尾部扩展。已知实尾蚴寄生于硬骨鱼，成体寄生于板鳃亚纲软骨鱼。采自大西洋和太平洋。模式种：囊状花头绦虫（*Floriceps saccatus* Cuvier，1817）。

1b. 悬链线钩非两翼状 ·· 2

2a. 存在基部膨大和钩型 ···························· 花边吻属（*Lacistorhynchus* Pintner，1913）

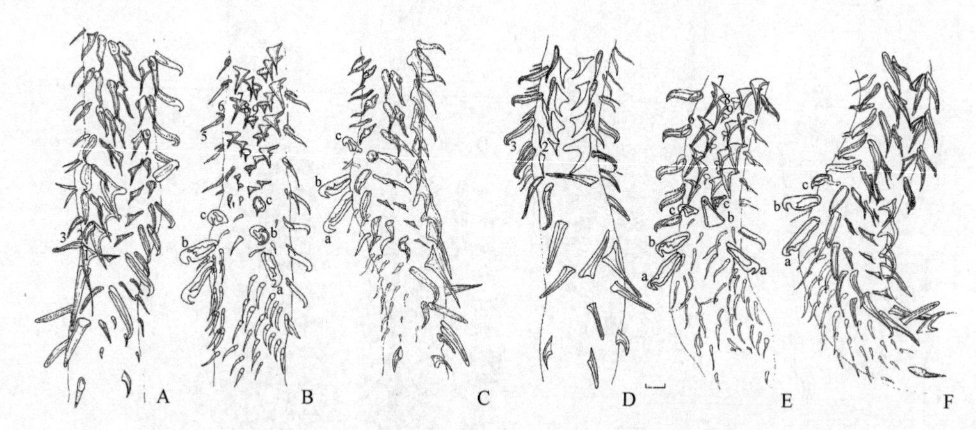

图 12-154 纤细花边吻绦虫触手钩型（引自 Beveridge & Sakanari，1987）

样品采自美国伍兹霍尔（Woods Hole）的玲珑星鲨（*Mustelus canis*）。A、D. 内表面基部区；B、E. 外表面基部区；C. 吸槽面基部区，触手钩型样品采自法国塞特颌针鱼（*Belone belone*）；F. 反吸槽面基部区。a～c. 喙状钩。钩编号系统依据 Dollfus（1942）。标尺=0.01mm

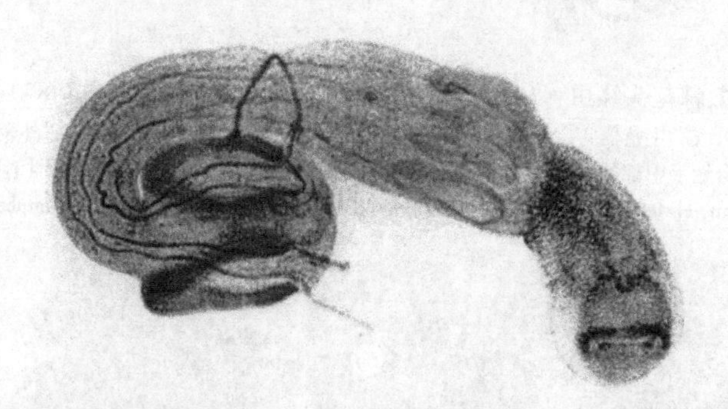

图 12-155 胚囊中分离出的纤细花边吻绦虫的幼虫（引自 Grabda，1981）

识别特征：小型、薄弱的虫体，无缘膜的头节上有 2 个吸槽，吸槽后部有缺口。吸槽部较球茎部短或相等。鞘部相对长。球茎后部存在。细长的触手出现于吸槽前部边缘，基部略膨大，基部钩型有特征性的镰刀状钩。转变区钩型为花棘型，由 8 个钩组成的半螺旋排交替形成。钩 7、8 移位至悬链线的卫星位置；相对列的钩 9（9′）在外表面中部形成简单的悬链线。钩异形、中空。触手鞘螺旋形。球茎前器官不存在。球茎相对短。牵引肌源于球茎前半部。链体无缘膜，细长，节片多数。精巢数目多，位于排泄管之间，有些在卵巢后部区域。生殖孔位于侧方，不规则交替。阴道进入囊形成两性管。卵巢横切面四叶状，位于节片后端边缘略前方。子宫位于中央、管状，终止于近节片前 1/4 处，孕时囊状。卵黄腺滤泡围绕内部器官，在两性囊、卵巢和壳腺处中断。已知实尾蚴寄生于桡足类动物和硬骨鱼，成体寄生于鲨鱼，采自美国太平洋沿海和澳大利亚。模式种：纤细花边吻绦虫［*Lacistorhynchus tenuis*（van Beneden，1858）Pintner，1913］（图 12-154，图 12-155）。其他种：道尔夫花边吻绦虫（*L. dollfusi* Beveridge & Sakanari，1987）（图 12-156）。

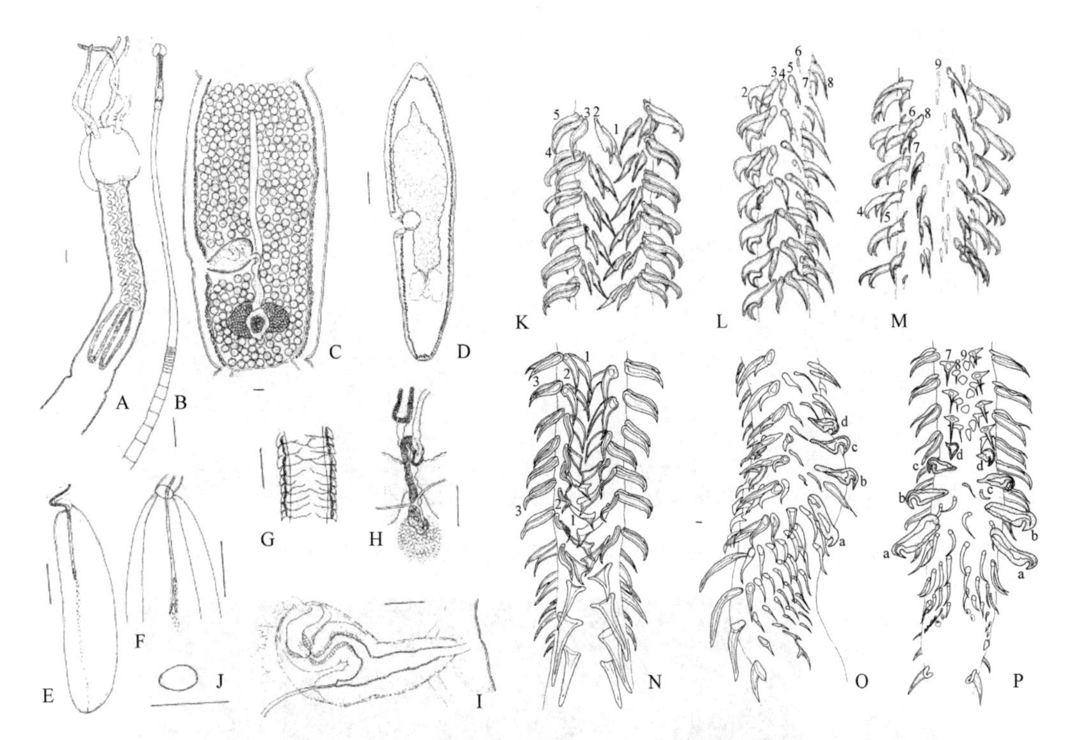

图 12-156　道尔夫花边吻绦虫（引自 Campbell & Beveridge，1994）

A. 头节；B. 头节和链体，注意细长的颈样区；C. 成节；D. 孕节；E. 球茎；F. 牵引肌起始处细节；G. 新形成的节片细节；H. 雌性生殖复合体；I. 生殖器官末端和两性囊；J. 卵；K. 内表面转变区；L. 反吸槽面转变区；M. 外表面转变区，示简单的悬链线；N. 内表面基部钩型；O. 反吸槽面基部钩型，右方外表面；P. 内表面基部钩型，鸟喙样钩（a～d）。标尺：A～J=0.1mm；K～P=0.01mm

2b. 基部膨大，不存在明显的钩型……………………………………………………美丽四吻属（*Callitetrarhynchus* Pintner，1931）

［同物异名：花头属（*Anthocephalus* Rudolphi，1819）；美丽四吻属（*Callotetrarhynchus* Pintner，1931）；林顿属（*Lintoniella* Yamaguti，1934 非 Woodland，1927）］

识别特征：头节细长，缘膜不发达。两个小盘状吸槽，后部边缘有缺口。鞘部长。触手鞘呈规则 S 形，前部膨大。大量腺细胞围绕着触手鞘，从球茎部到几乎整个鞘部。球茎前器官不存在。球茎相对短。牵引肌源于球茎前部 1/3 处。球茎后部不存在。钩型为花棘型，没有基部钩型或膨大。主钩排半螺旋、交替、钩 6 个、形成明显的三重轴并与其余的主钩排分离，钩 7 在钩 8 前方，作为悬链线的卫星位置。间插钩排不存在。悬链线简单，基部的组成没有翼，由钩 9（9′）组成，分离良好，并在外表面形成单排。链体长，薄而无缘膜。生殖孔位于侧方，不规则交替。阴道穿透两性囊并加入雄性管形成两性管。两性囊梨形。精巢数目多，小，有些在卵巢后部区域。卵巢小，位于节片后端边缘前方。子宫位于中央、管状。卵黄腺滤泡位于侧方皮质区。已知实尾蚴有扩张的尾，寄生于硬骨鱼；成体寄生于鲨鱼。采自全球各地。模式种：优雅美丽四吻绦虫［*Callitetrarhynchus gracilis*（Rudolphi，1819）Pintner，1931］（图 12-157～图 12-159）。

Morsy 等（2013）报道其团队自 2010 年 9 月到 2011 年 6 月间，对从红海的苏伊士和格达城市市场购买的 66 尾赤鲷（*Pagrus pagrus*）［鲷科（Sparidae）］和 43 尾红鲻鱼（*Mullus barbatus*）［须鲷科（Mullidae）］进行了测量，并检查其器官的蠕虫感染。结果发现，调查的 109 尾鱼中 41 尾感染有锥吻绦虫绦虫蚴，感染率达 37.6%，其中疑似美丽四吻绦虫（*C. speciouses* Linton，1897）蚴（图 12-160）的感染率达 16.5%。幼虫包于胚囊中。疑似美丽四吻绦虫的特征是具有细长的头节，2 个吸槽，1 长的球茎后部和 4 个细长的球茎。

Abdelsalam 等（2016）的研究发现埃及野生大西洋小金枪鱼（*Euthynnus alletteratus*）自然感染锥吻绦虫蚴，感染率达 38.7%。胚囊或是松散地附着于被感染鱼的肠系膜上，或是牢固附着并深埋入肝实质内。这些成囊的裂头蚴经形态和分子特征鉴定为优雅美丽四吻绦虫的幼虫期（图 12-161）。其形态特征包括头节的形态、吸槽沟、额腺的存在、后幼虫的长度（附属体）、转变区钩型等。

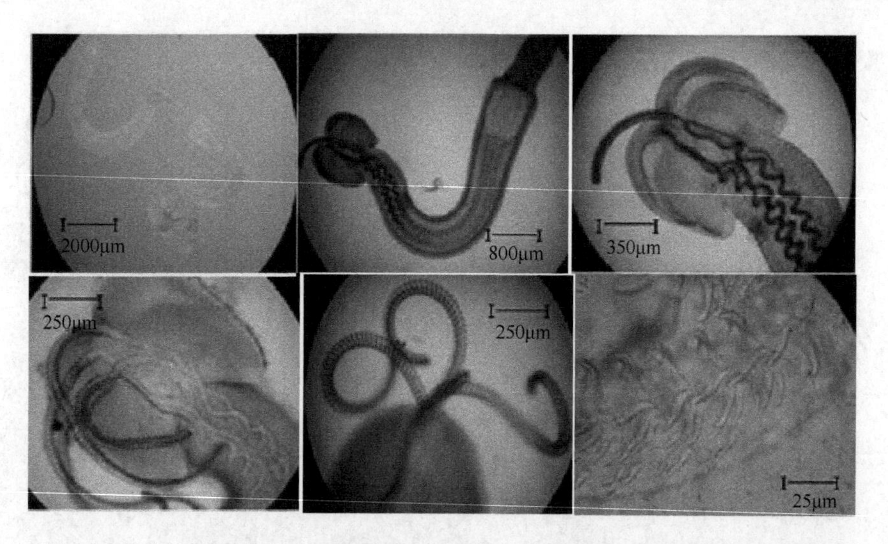

图 12-157　采自爱琴海大西洋巴鲣（black skipjack）包囊中的优雅美丽四吻绦虫（引自 Akmirza，2006）

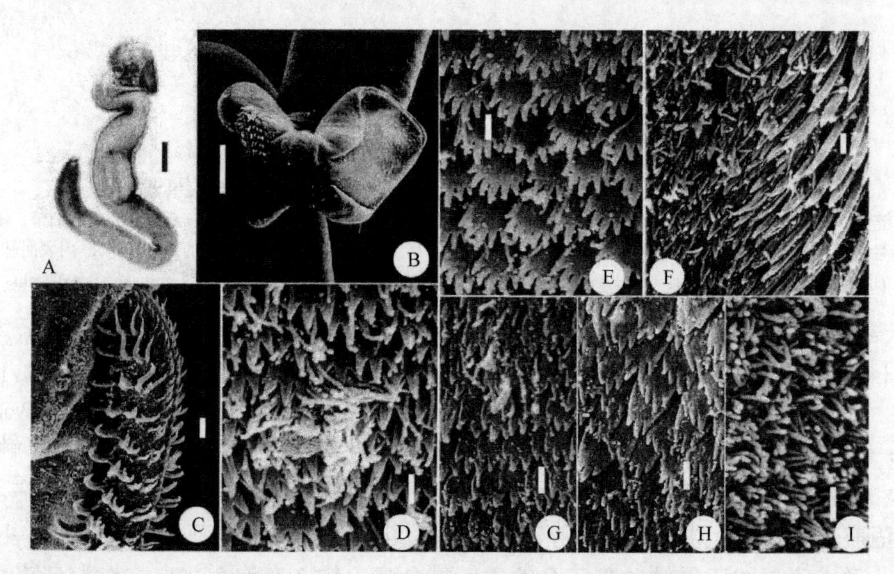

图 12-158　采自斑驳裸颊鲷（*Lethrinus variegates*）的优雅美丽四吻绦虫的扫描结构（引自 Abdou & Palm，2008）

A. 从胚囊中移出的裂头蚴，有 2 个吸槽、触手、触手鞘和 4 个球茎；B. 裂头蚴具 2 个吸槽和触手；C. 外翻的触手，示 7 个规则半螺旋排、单个间插钩和悬链线；D. 吸槽近端表面上的三尖的和丝状微毛簇；E. 覆盖吸槽远端表面的 5 指和 6 指微毛；F. 覆盖吸槽远端表面沿着吸槽边缘的三尖和细长二尖微毛；G. 吸槽近端表面覆盖着三尖微毛，排列规则，注意丝状微毛簇和纤毛；H. 头节柄部的三尖微毛和掌状 4 指和 5 指微毛；I. 头节附属部整个表面的丝状微毛。标尺：A=0.6mm；B=100μm；C=10μm；D～I=1μm

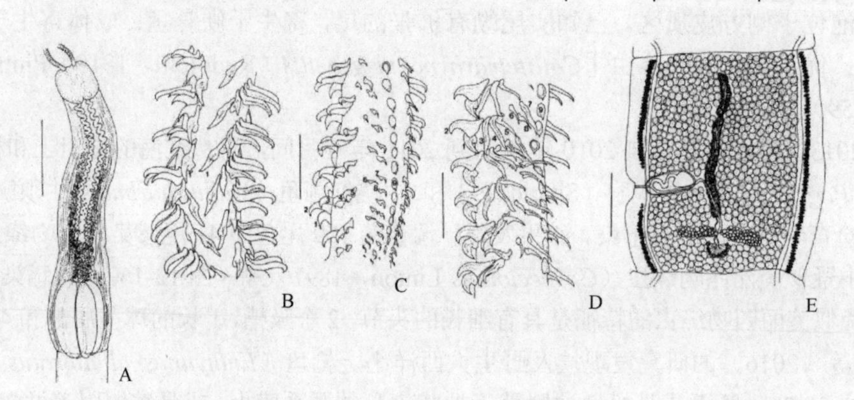

图 12-159　优雅美丽四吻绦虫结构示意图（引自 Campbell & Beveridge，1994）

A. 头节；B. 内表面转变区；C. 近基部外表面，D. 反吸槽面，外表面在右侧；E. 成节，注意两性管和内贮精囊。

标尺：A=1.0mm；B～D=0.05mm；E=0.5mm

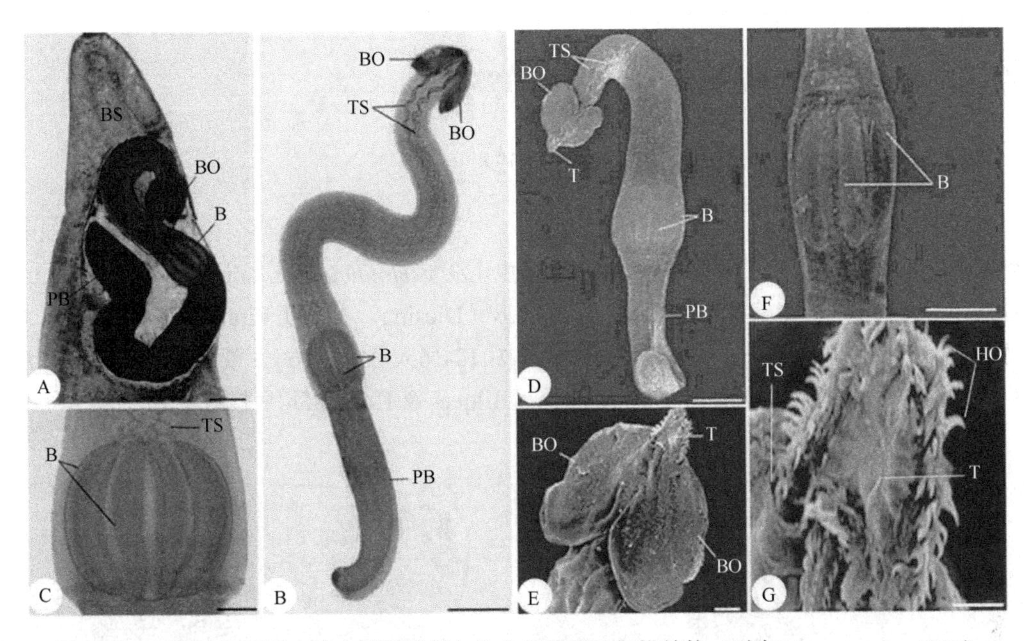

图 12-160 疑似美丽四吻绦虫蚴醋酸洋红染色光镜照及扫描结构（引自 Morsy et al.，2013）

A～C. 光镜照：A. 胚囊（BS）包着幼虫，幼虫由吸槽（BO）、4 个球茎（B）和球茎后部（PB）区域组成；B. 游离幼虫整体固定，具有明显的触手鞘（TS）卷到球茎基部；C. 高倍放大，示 4 个球茎（B）。D～G. 扫描结构：D. 整个幼体。E～G. 高倍放大：E. 吸槽（BO）和触手（T）；F. 4 个球茎（B）；G. 从一触手鞘（TS）外翻的触手（T）。缩略词：HO. 钩。标尺：A，B=1mm；C=0.4mm；D，F=500μm；E=100μm；G=50μm

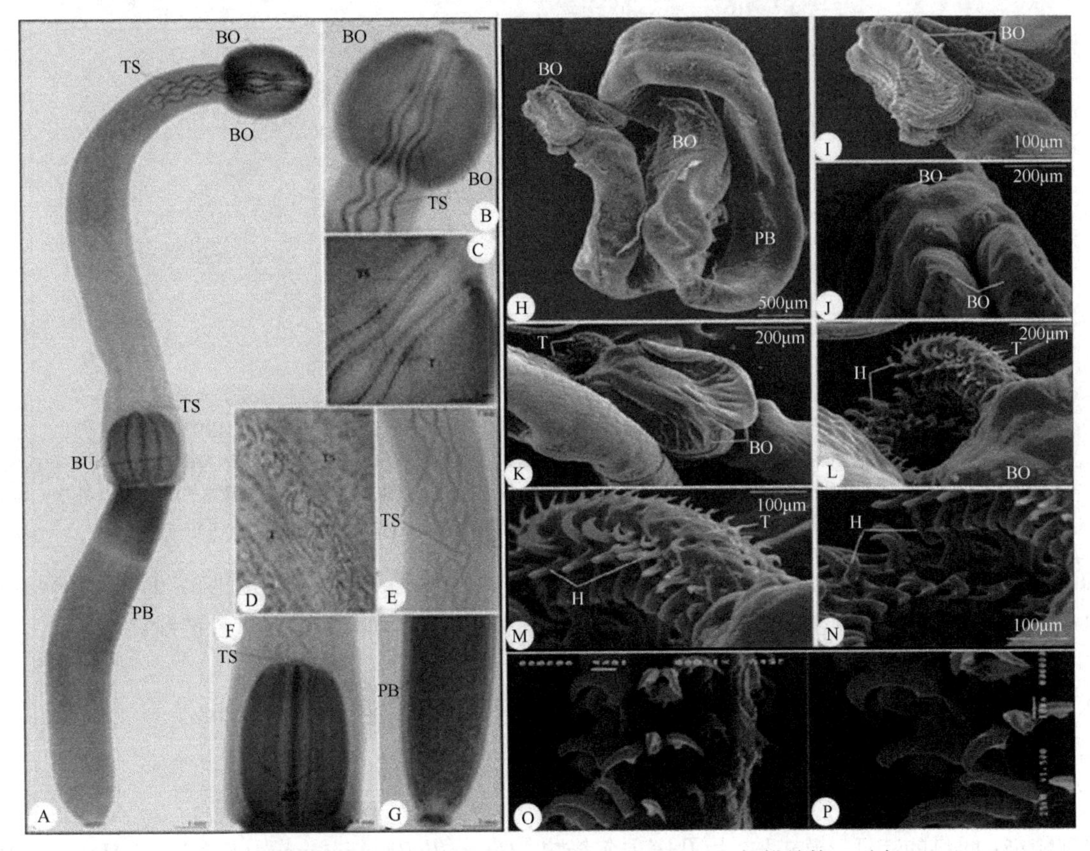

图 12-161 感染大西洋小金枪鱼的优雅美丽四吻绦虫蚴醋酸洋红染色光镜照及扫描结构（引自 Abdelsalam et al.，2016）

A～G. 光镜照：A. 绦虫蚴整体固定，示吸槽、触手鞘及其内卷曲的触手、4 个球茎及球茎基部、球茎后部；B～G. 高倍放大。B、C. 前部示 4 个吸槽、触手鞘内的触手；D. 触手鞘内的 1 个触手；E. 4 个触手鞘缠绕至球茎基部；F. 头腺（额腺）不扩展至球茎部；G. 长的球茎后部（或附属体）。H～P. 扫描结构：H. 完整个体具有 2 个吸槽、球茎基部和球茎后区域；I～K. 头节，注意明显的吸槽沟接近吸槽边缘；L. 头节具心形的吸槽和有钩的触手；M，N. 触手具连续的螺旋钩排；O，P. 转变区钩型，示外表面，注意“悬链线”和不同大小的卫星钩。缩图词：BO. 吸槽；BU. 球茎及球茎基部；PB. 球茎后部或附属体；T. 触手；TS. 触手鞘

12.8.2　粗毛吻科（Dasyrhynchidae Dollfus，1935）

12.8.2.1　粗毛吻属（*Dasyrhynchus* Pintner，1928）

（同物异名：*Sbesterium* Dollfu，1929）

识别特征：同科的特征。模式种：变钩粗毛吻绦虫［*D. variouncinatus*（Pintner，1913）Pintner，1928］（图 12-162）。其他种：巨大粗毛吻绦虫［*D. giganteus*（Diesing，1850）Pintner，1929］（图 12-163，图 12-164）；太平洋粗毛吻绦虫（*D. pacificus* Robinson）（图 12-165，图 12-166）；魔符粗毛吻绦虫（*D. talismani* Dollfus）（图 12-167）和大粗毛吻绦虫［*D. magnus*（Bilqees & Kurshid）］（图 12-168）等。

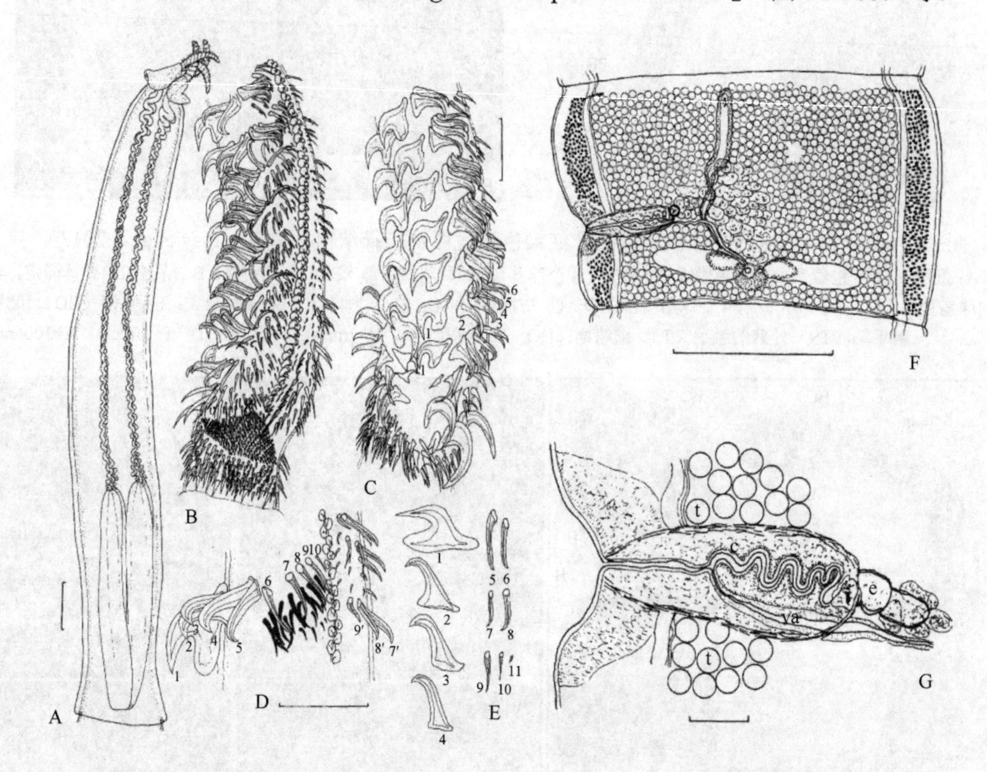

图 12-162　变钩粗毛吻绦虫结构示意图（引自 Beveridge & Campbell，1993）

样品采自黑尾真鲨（*Carcharhinus amblyrhynchos*）。A. 头节；B. 触手外表面基部和转变区钩型；C. 触手内表面基部和转变区钩型；D. 主钩排详情，示相关联的间插钩（黑色）和悬链线外面观；E. 主钩 1～11 侧面观；F. 成节；G. 远端生殖管，示在阴茎囊内的阴茎（c）和阴道（va），内贮精囊（i）、外贮精囊（e）和渗透调节管内侧的精巢（t）。标尺：A，F，G=1.0mm；B～E=0.1mm

Palm（2000）在对印度尼西亚海域鱼类锥吻绦虫研究后，描述了托马斯粗毛吻绦虫（*D. thomasi*）（图 12-169）。其区分特征是具典型的吸槽形态，以及一触手外表面上有翼钩的三重悬链线。

12.8.3　霍尼尔科（Hornelliellidae Yamaguti，1954）

12.8.3.1　霍尼尔属（*Hornelliella* Yamaguti，1954）

识别特征：同科的特征。模式种：巨孔霍尼尔绦虫［*Hornelliella macropora*（Shipley & Hornell，1906）］（图 12-170）。

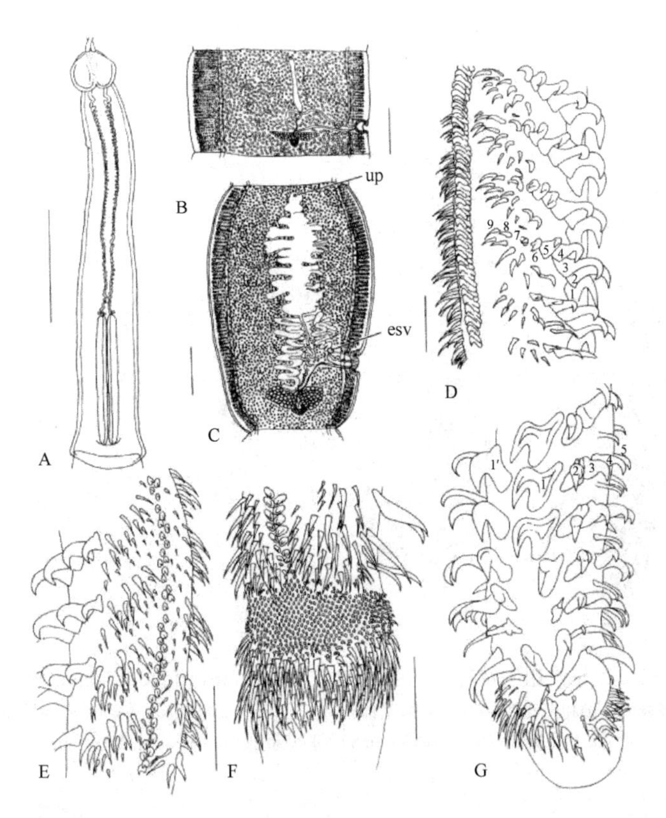

图 12-163 巨大粗毛吻绦虫头节、成节、孕节及触手钩型结构示意图（引自 Campbell & Beveridge，1994）

A. 头节；B. 成节；C. 孕节，注意外贮精囊；D. 反吸槽面，悬链线在左侧；E. 外表面转变区；F. 外表面基部钩型；G. 内表面基部钩型。缩略词：esv. 外贮精囊；up. 子宫孔。标尺：A=5.0mm；B，C=1.0mm；D～G=0.1mm

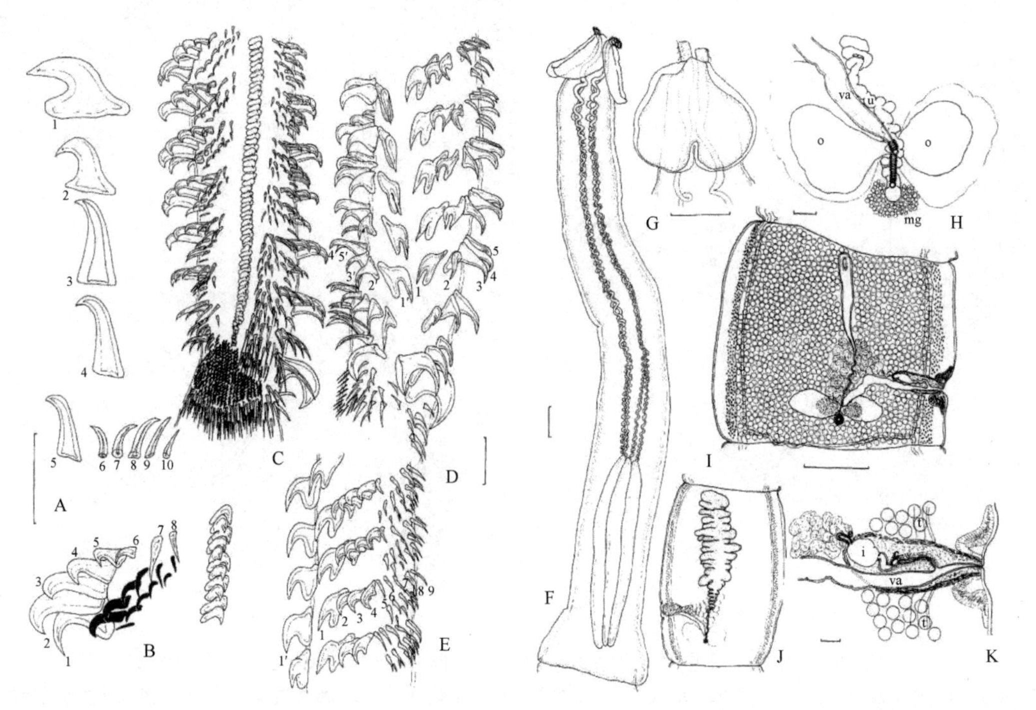

图 12-164 巨大粗毛吻绦虫触手钩型、头节、成节、孕节及生殖器官放大结构示意图（引自 Beveridge & Campbell，1993）

样品采自大西洋斜锯齿鲨（*Rhizoprionodon terraenovae*）。A. 主钩 1～10 侧面观；B. 主钩排详情，无钩 9 和 10，示相关联的间插钩和悬链线外表面；C. 触手外表面基部和转变区钩型；D. 触手内表面基部和转变区钩型；E. 触手吸槽面转变区钩型；F. 头节；G. 吸槽；H. 雌性生殖器官；I. 成节；J. 孕节；K. 远部生殖管横过渗透调节管。缩略词：c. 阴茎；e. 外贮精囊；i. 内贮精囊；mg. 梅氏腺；o. 卵巢；t. 精巢；u. 子宫管；va. 阴道。标尺：A～E，G～I，K=0.1mm；F，J=1.0mm

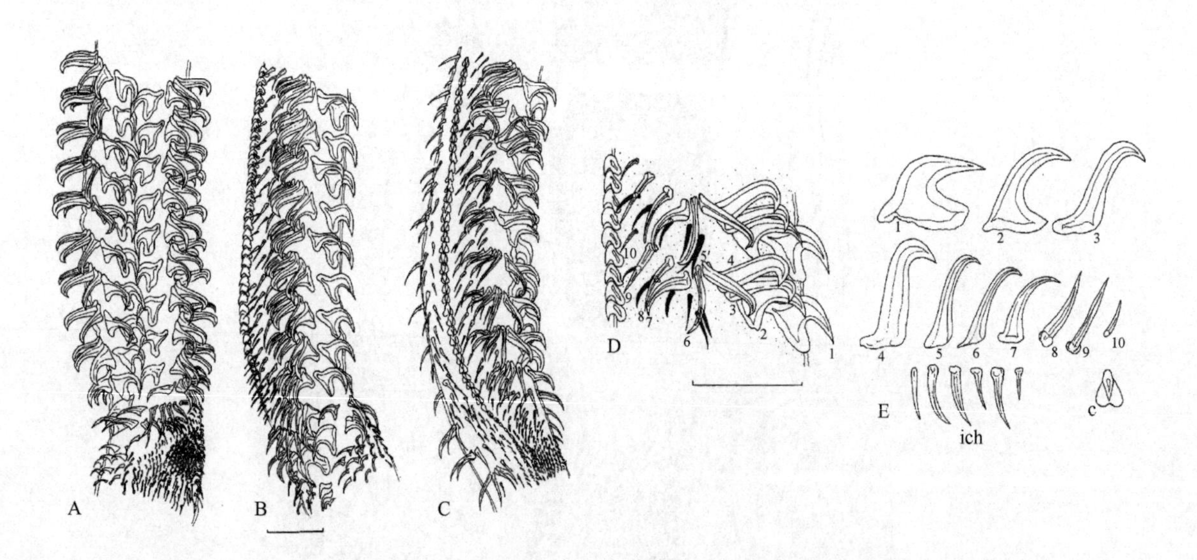

图 12-165　太平洋粗毛吻绦虫的触手钩型（引自 Beveridge & Campbell，1993）

A. 内表面基部和转变区；B. 吸槽表面基部和转变区；C. 外表面基部和转变区；D. 吸槽表面细化，示两钩排和间插排（黑色）及左侧悬链线；E. 钩 1～10 侧面观，间插钩（ich）和悬链线组分（c）。标尺=0.1mm

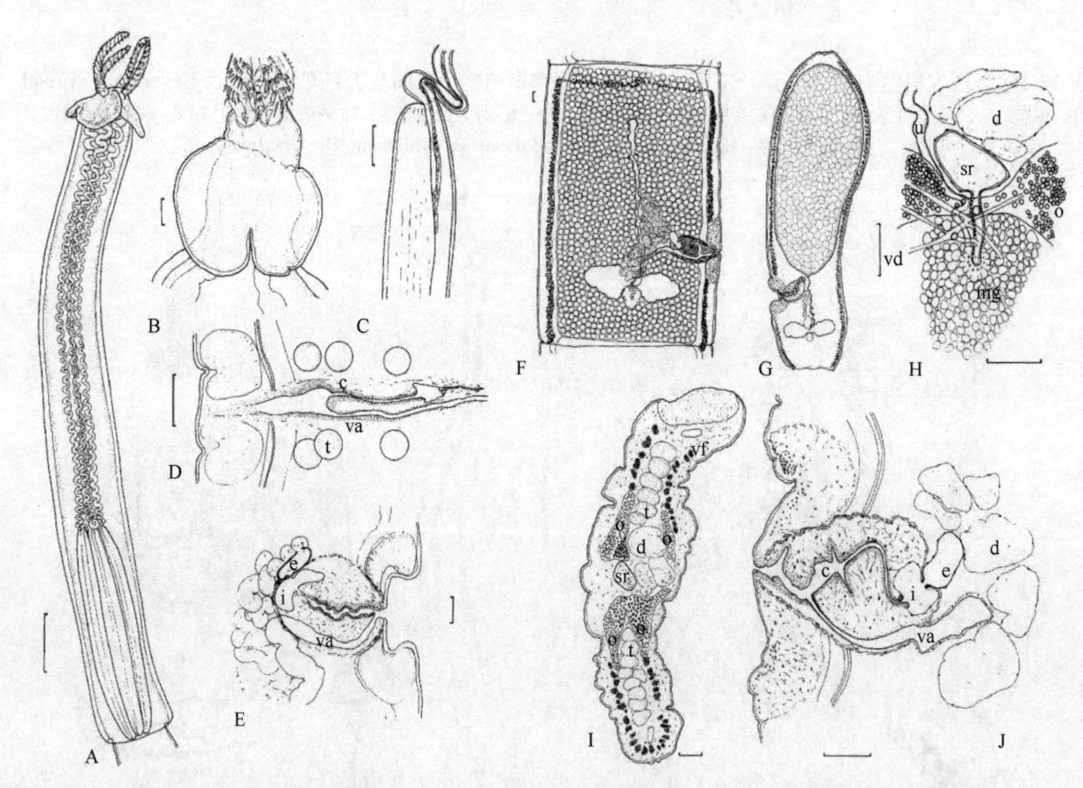

图 12-166　太平洋粗毛吻绦虫结构示意图（引自 Beveridge & Campbell，1993）

A. 头节；B. 吸槽；C. 球茎前端，示牵引肌附着；D. 在未成节中发育着的阴茎囊；E. 成节远端生殖器官，注意阴道正好在进入生殖腔前加入阴茎；F. 成节；G. 孕节；H. 切面中见到的生殖管；I. 通过卵巢的横切面；J. 通过远端生殖管的纵向组织切片。缩略词：c. 阴茎；d. 输精管；e. 外贮精囊；i. 内贮精囊；mg. 梅氏腺；o. 卵巢；sr. 受精囊；t. 精巢；u. 子宫管；va. 阴道；vd. 卵黄腺管；vf. 卵黄腺滤泡。标尺：A，G=1.0mm；B～F，H～J=0.1mm

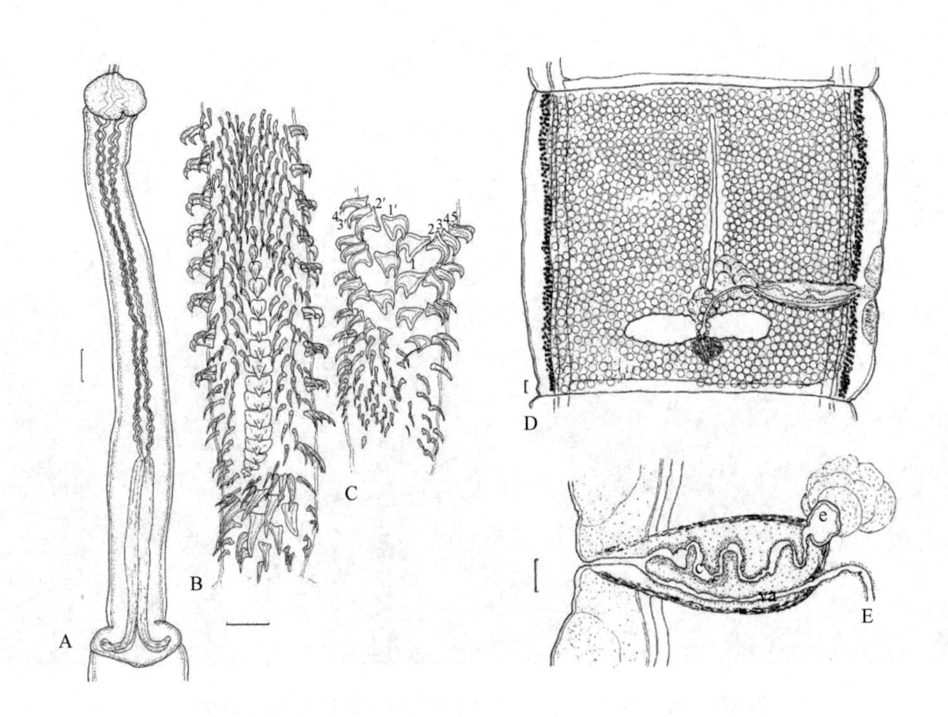

图 12-167　魔符粗毛吻绦虫结构示意图（引自 Beveridge & Campbell，1993）

样品采自短尾真鲨（*Carcharhinus brachyurus*）。A. 头节；B. 外表面触手钩型；C. 内表面触手钩型；D. 成节；E. 远端生殖管。缩略词：c. 阴茎；e. 外贮精囊；va. 阴道。标尺：A=1.0mm；B～E=0.1mm

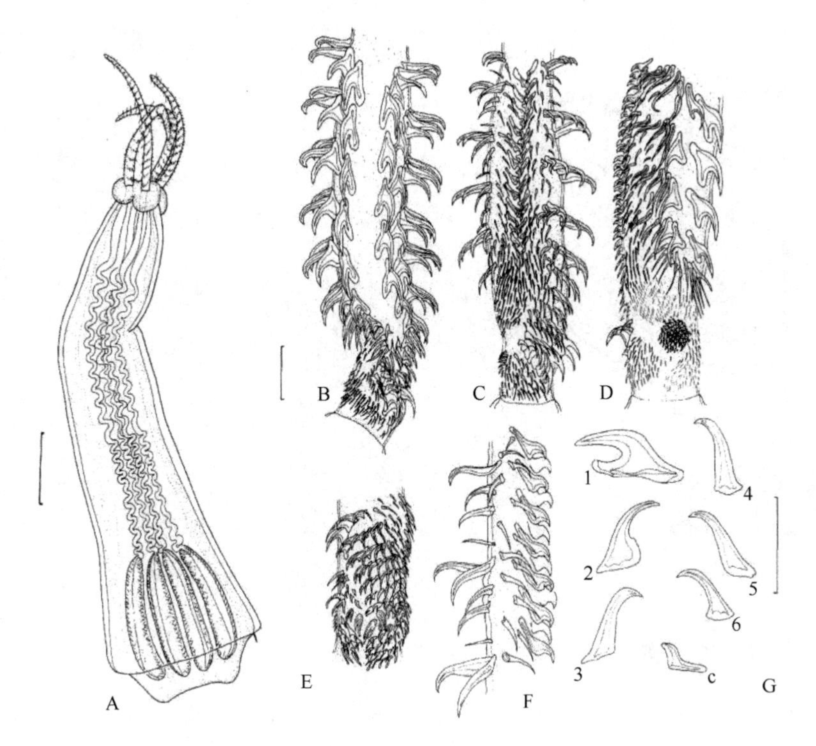

图 12-168　大粗毛吻绦虫结构示意图（引自 Beveridge & Campbell，1993）

样品采自约氏笛鲷（*Lutjanus johni*）。A. 头节。B～G. 触手钩型：B. 内表面基部和转变区；C. 外表面基部和转变区；D. 吸槽面基部和转变区；E. 内表面基部区；F. 吸槽面远端悬链线间插钩；G. 主钩 1～6 侧面观和悬链线组分（c）。标尺：A=1.0mm；B～G=0.1mm

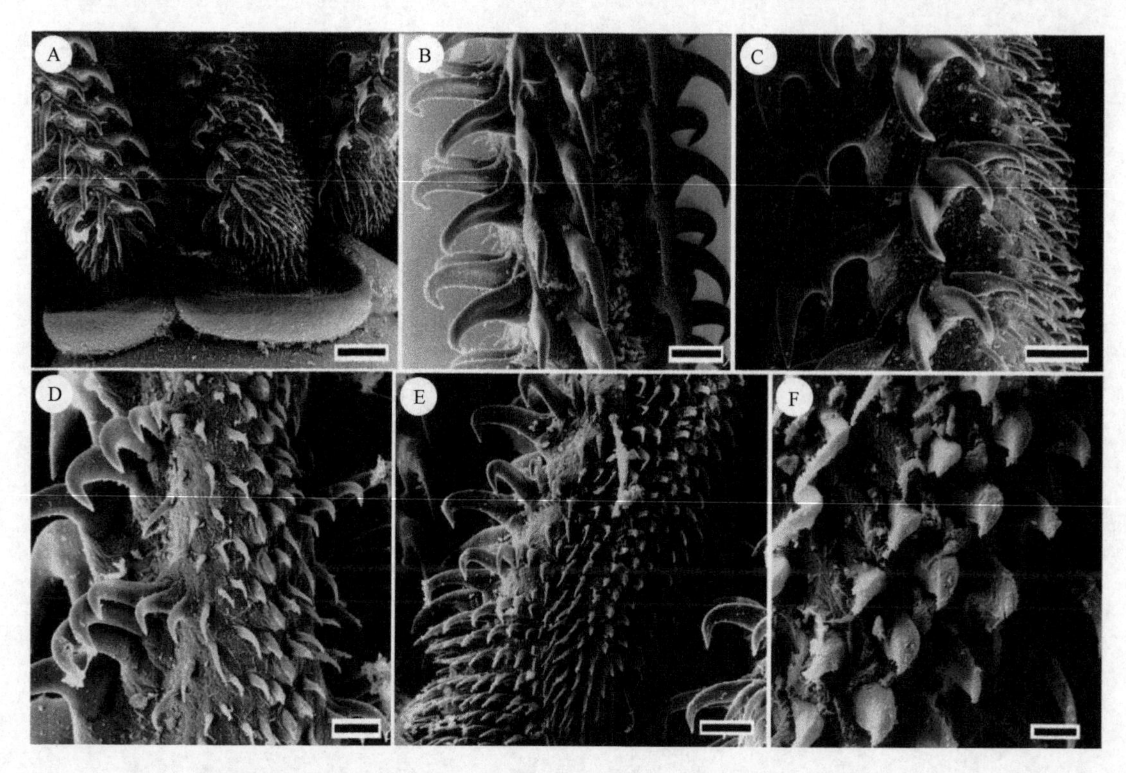

图 12-169　托马斯粗毛吻绦虫的扫描结构（引自 Palm，2000）

样品采自正大口鲽（*Psettodes erumei*）。A. 心形的吸槽具有深的后部槽口和游离的边缘；B. 触手内表面转变区钩型；C. 触手吸槽面转变区钩型；D. 触手外表面转变区钩型；E. 外部观基部钩型；F. 触手外表面的三重悬链线。标尺：A=100μm；B，C，E=50μm；D=20μm；F=10μm

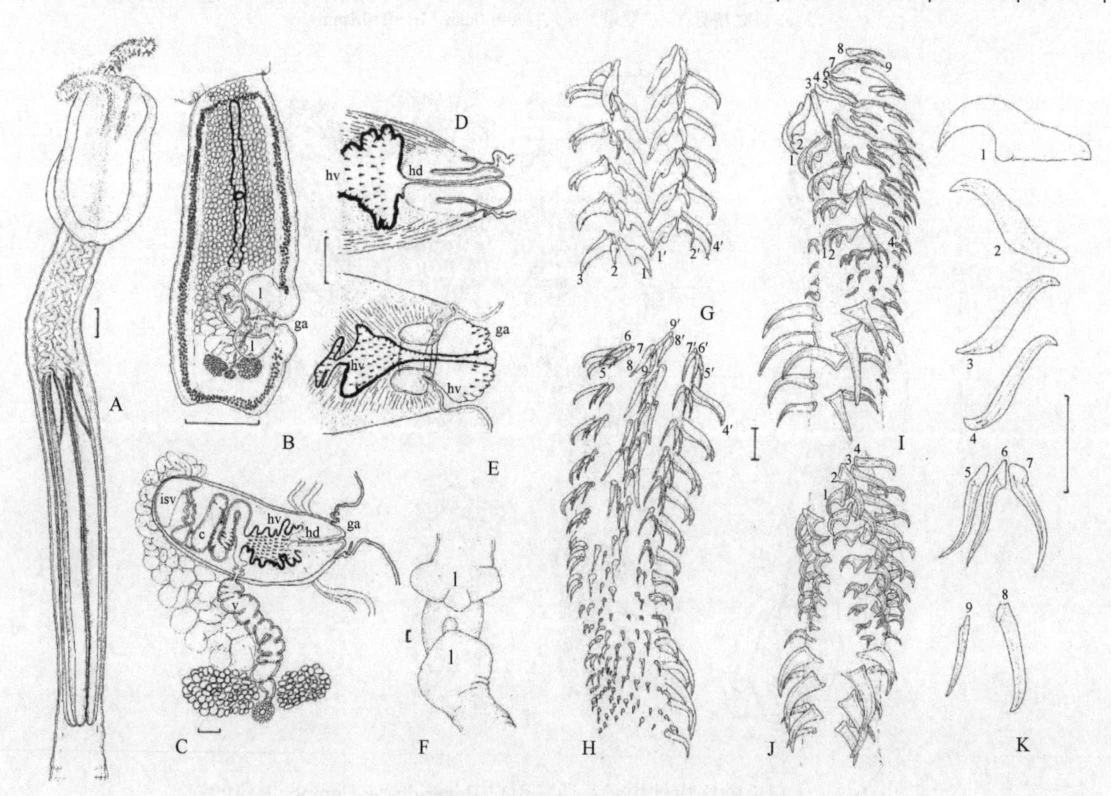

图 12-170　巨孔霍尼尔绦虫结构示意图（引自 Campbell & Beveridge，1987）

样品采自大尾虎鲛（*Stegostoma fasciatum*）。A. 头节；B. 成节；C. 生殖系统；D. 生殖腔，两性管部分外翻；E. 生殖腔，两性囊部分外翻；F. 生殖孔侧面观，示孔前后垂片。G～K. 触手钩型：G. 内表面转变区；H. 外表面基部区；I. 吸槽面基部区；J. 内表面基部区；K. 钩 1（1′）～9（9′）侧面观。缩略词：c. 阴茎；ga. 生殖腔；hd. 两性管；hv. 两性囊；isv. 内贮精囊；l. 垂片；v. 阴道。标尺：A，B=1.0mm；C～K=0.1mm

王彦海（2001）在其博士学位论文中记述了采自闽南—台湾浅滩白斑星鲨（*Mustelus manazo*）的另一个霍尼尔绦虫：星鲨霍尼尔绦虫（*H. musteli*）（图 12-171）。

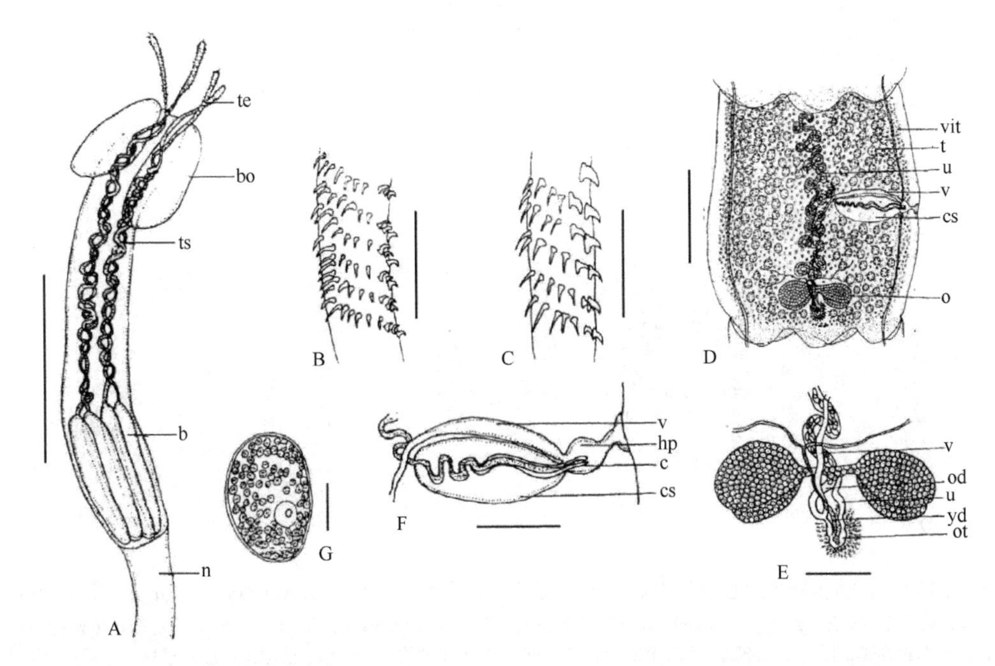

图 12-171 采自闽南—台湾浅滩白斑星鲨的星鲨霍尼尔绦虫结构示意图（引自王彦海，2001）

A. 头节；B. 触手内表面钩型；C. 触手外表面钩型；D. 成节；E. 生殖器官末端管道开口处；F. 生殖系统；G. 卵。缩略词：c. 阴茎；cs. 阴茎囊；b. 球茎；bo. 吸槽；hp. 两性囊；n. 颈区；o. 卵巢；ot. 卵模；t. 精巢；te. 触手；u. 子宫；v. 阴道；vit. 卵黄腺；yd. 卵黄总管。标尺：A，D=0.5mm；B，C=0.03mm；E，F=0.1mm；G=0.01mm

12.8.4 星鲨居科（Mustelicolidae Dollfus，1969）

12.8.4.1 分属检索

1a. 吸槽部重叠于球茎部，有 5 条悬链线……………………………………髌槽属（*Patellobothrium* Beveridge & Campbell，1989）

识别特征：头节短，无缘膜。鞘部短于吸槽部。球茎短，鞘 S 形。球茎前器官不存在。牵引肌源于球茎前端。2 个大型、髌样的吸槽。钩型为花棘型，钩异形、中空。触手外表面有 5 条悬链线。链体不明。已知成体寄生于板鳃亚纲软骨鱼，实尾蚴寄生于硬骨鱼，采自澳大利亚。模式种：五链髌槽绦虫（*Patellobothrium quinquecatenatum* Beveridge & Campbell，1989）（图 12-172）。

1b. 吸槽部不重叠于球茎部，存在 3 条悬链线……………………………………迪辛属（*Diesingium* Pintner，1929）

［同物异名：星鲨居属（*Mustelicola* Dollfus，1969）；迪辛属（*Diesingella* Guiart，1931）］

识别特征：头节无缘膜。2 个髌样的吸槽，有边缘，顶端不连续。鞘部长于吸槽部。球茎短。球茎后部很短。触手鞘呈不规则 S 形。球茎前器官不存在。腺细胞数目多，位于有柄头节的球茎前区域。触手基部无膨大。钩型由 3 条双重悬链线相对于主钩排 1（1′）组成。主钩排交替。节片无缘膜，生殖孔不规则交替。两性囊存在，阴茎存在。贮精囊存在。精巢位于髓质、渗透调节管之间，占据卵巢前后空间。卵巢背腹观两叶状，位于节片近后端边缘。子宫位于中央，囊状，有前方的开孔。卵黄腺滤泡围绕着内部器官。卵无盖。渗透调节系统复杂，有吻合支。已知寄生于鲨鱼。采自地中海、大西洋和澳大利亚。模式种：节荚状迪辛绦虫［*Diesingium lomentaceum*（Diesing，1850）］（图 12-173，图 12-174）。其他种：南极迪辛绦虫（*D. antarcticum* Campbell & Beveridge，1988）（图 12-175）。

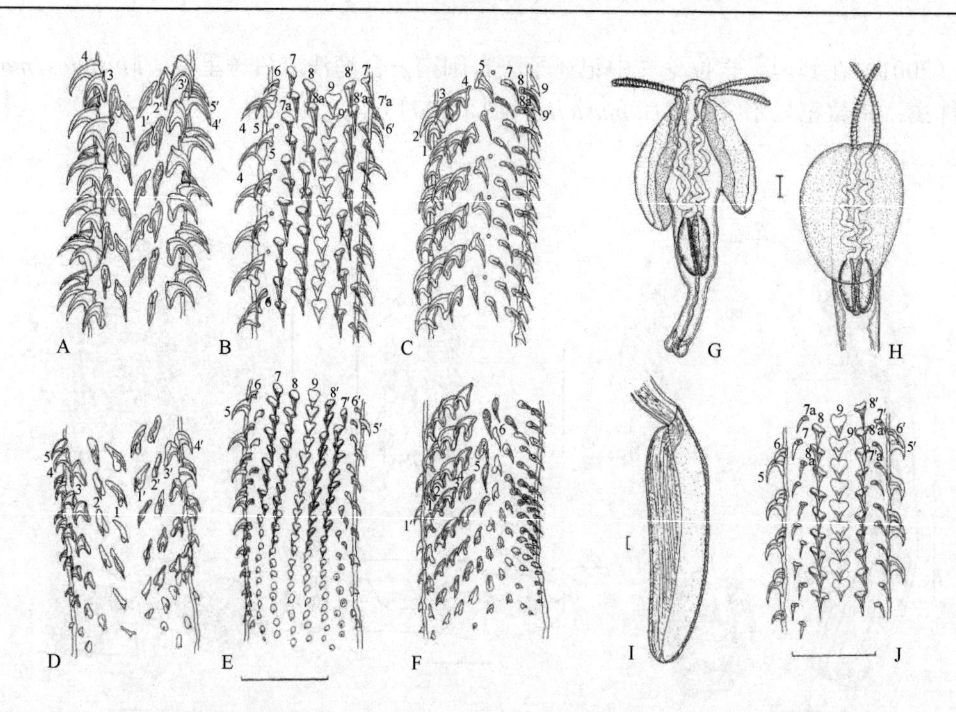

图 12-172　五链髌槽绦虫触手钩型、头节及球茎结构示意图（引自 Beveridge & Campbell，1989）

A～F. 触手钩型：A. 内表面转变区，距基部 0.84mm；B. 外表面转变区，距基部 0.70mm；C. 吸槽面转变区，距基部 0.46mm；D. 内表面基部区；E. 外表面基部区；F. 吸槽面基部区。G. 副模标本头节侧面观；H. 副模标本头节背腹观；I. 触手的球茎；J. 副模标本触手外表面转变区，距基部 0.80mm。标尺：A～F=0.01mm；G，H=1.0mm；I，J=0.1mm

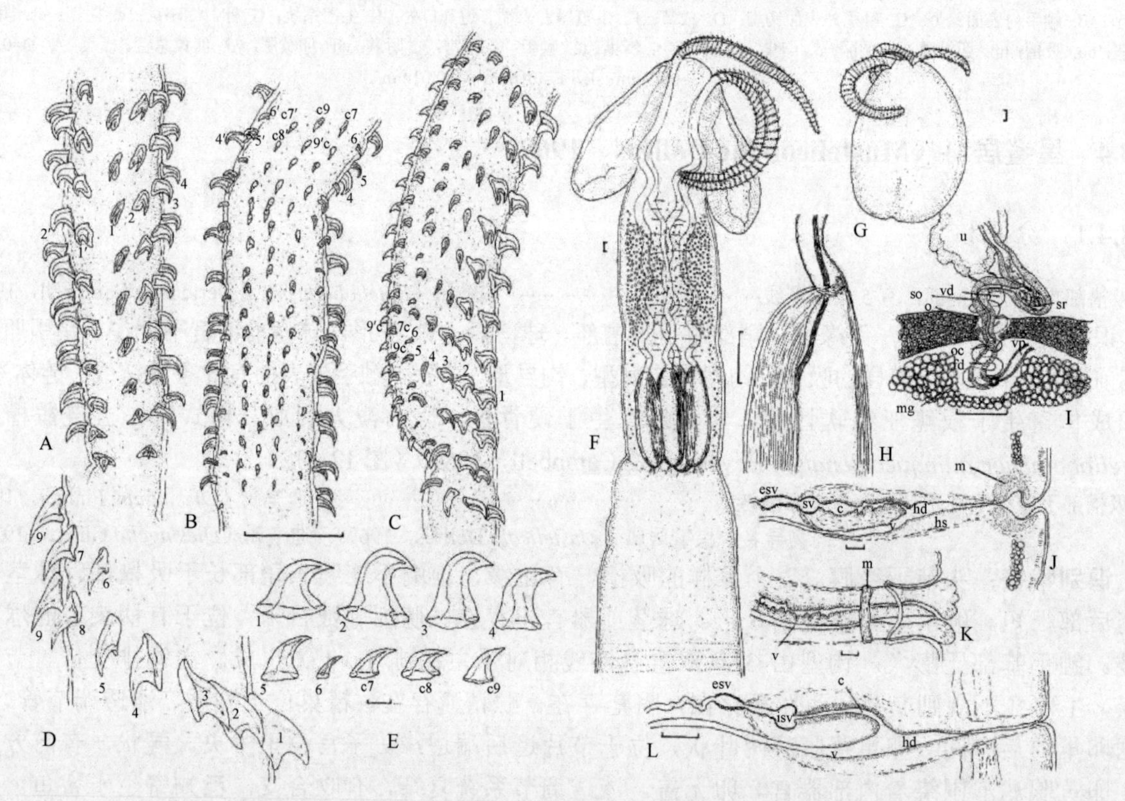

图 12-173　节荚状迪辛绦虫触手钩型及结构示意图（引自 Beveridge & Campbell，1994）

A～E. 触手钩型：A. 内表面基部区；B. 外表面基部区；C. 吸槽面基部区；D. 钩构成一单排加中央的悬链线（钩 9、9′）；E. 钩 1～6 侧面观，7 和 8 构成外部的悬链线（c），9 构成中央悬链线（c）。F. 头节；G. 吸槽；H. 球茎前端，示牵引肌插入；I. 雌性生殖复合体背面观；J. 成节两性囊，围绕生殖腔有发达的肌肉；K. 外翻的阴茎，有肌肉环围绕外翻的囊；L. 成熟前节片中的两性囊，两性管明显，但生殖腔尚未完全形成，注意没有围绕腔的环状结构。缩略词：c. 阴茎；esv. 外贮精囊；fd. 受精管；hd. 两性管；hs. 两性囊；isv. 内贮精囊；m. 肌肉；mg. 梅氏腺；o. 卵巢；oc. 捕卵器；sd. 输精管；sr. 受精囊；u. 子宫；ud. 子宫管；v. 阴道；vd. 卵黄管。标尺：A～C，F～L=0.10mm；D，E=0.01mm

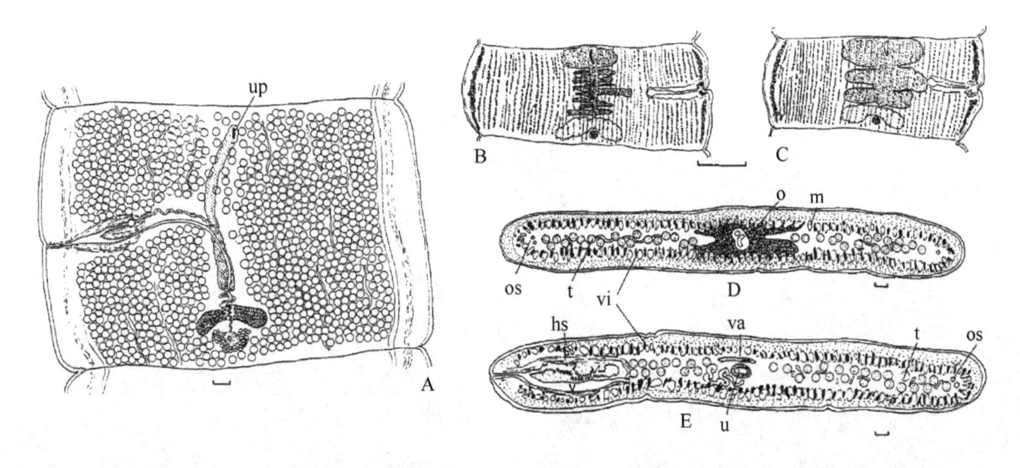

图 12-174 节荚状迪辛绦虫成节与孕节结构示意图（引自 Beveridge & Campbell，1994）

A. 成节；B. 孕节，内有发育中的子宫；C. 孕节，内有完全发育好的子宫；D. 过卵巢横切面；E. 过两性囊横切面。缩略词：hs. 两性囊；m. 肌肉束；o. 卵巢；os. 渗透调节管；t. 精巢；u. 子宫；up. 子宫孔；v. 远端阴道；va. 近端阴道；vi. 卵黄腺滤泡。标尺：A，D，E=0.10mm；B，C=1.00mm

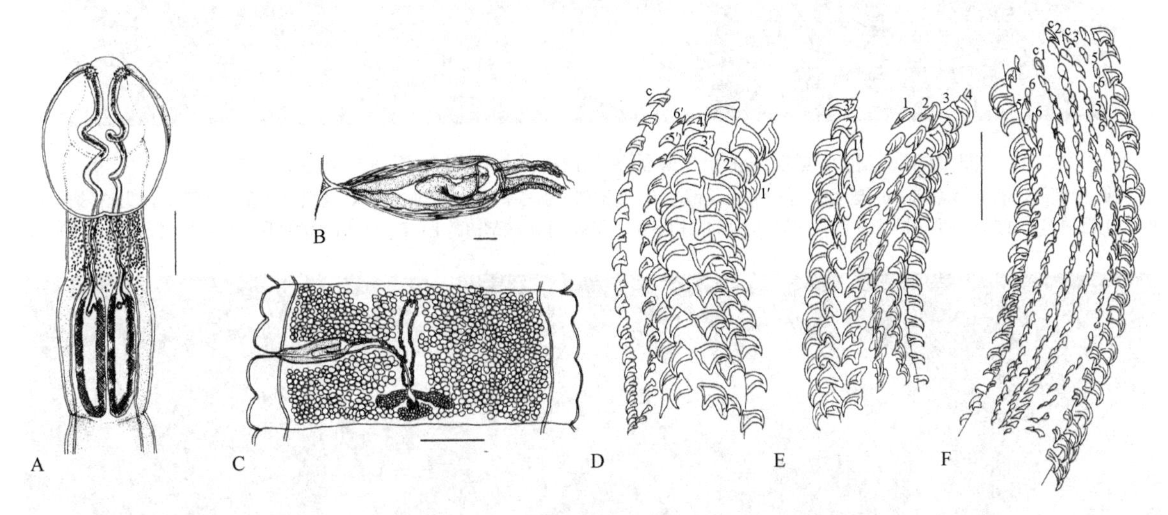

图 12-175 南极迪辛绦虫结构示意图及部分钩型（引自 Campbell & Beveridge，1994）

A. 头节；B. 两性囊；C. 成节；D. 反吸槽面转变区；E. 内表面转变区；F. 外表面转变区，示 3 条悬链线（c）。标尺：A，C=0.5mm；B，D～F=0.1mm

12.8.5 裸吻科（Gymnorhynchidae Dollfus，1935）

12.8.5.1 分属检索

1a. 成对组分组成的双重悬链线，全为单翼……………………裸吻属（*Gymnorhynchus* Rudolphi，1819）

［同物异名：棘头属（*Acanthocephalus* Cobbold，1879；误用）

识别特征：大型锥吻绦虫。头节无缘膜。具 4 个又长又窄的吸槽，后部和侧方边缘游离，前方与头节融合。吸槽分离但在头节对面表面由膜连接成对。触手由吸槽边缘前部伸出，触手近端区域无棘。基部钩始于长镰刀状钩冠。明显的基部钩型存在。钩异形、中空。转变区钩型为花棘型，由 8～9 个钩构成的半螺旋排交替而成。触手鞘 S 形。球茎前器官不存在。球茎相对短。牵引肌源于球茎基部。球茎后部明显。生殖孔位于边缘、中央前方。附属受精囊存在。阴道和阴茎囊分离。精巢位于卵巢前方。卵巢位于节片后端。子宫和卵黄腺未描述。实尾蚴有大型胚囊和长的尾部扩展。已知实尾蚴寄生于海洋太阳鱼、箭鱼和其他硬骨鱼，成体寄生于鲨鱼，采自大西洋、地中海、印度洋和澳大利亚。模式种：巨型裸吻绦虫［*Gymnorhynchus gigas*（Cuvier，1817）Rudolphi，1819］（图 12-176～图 12-180）。

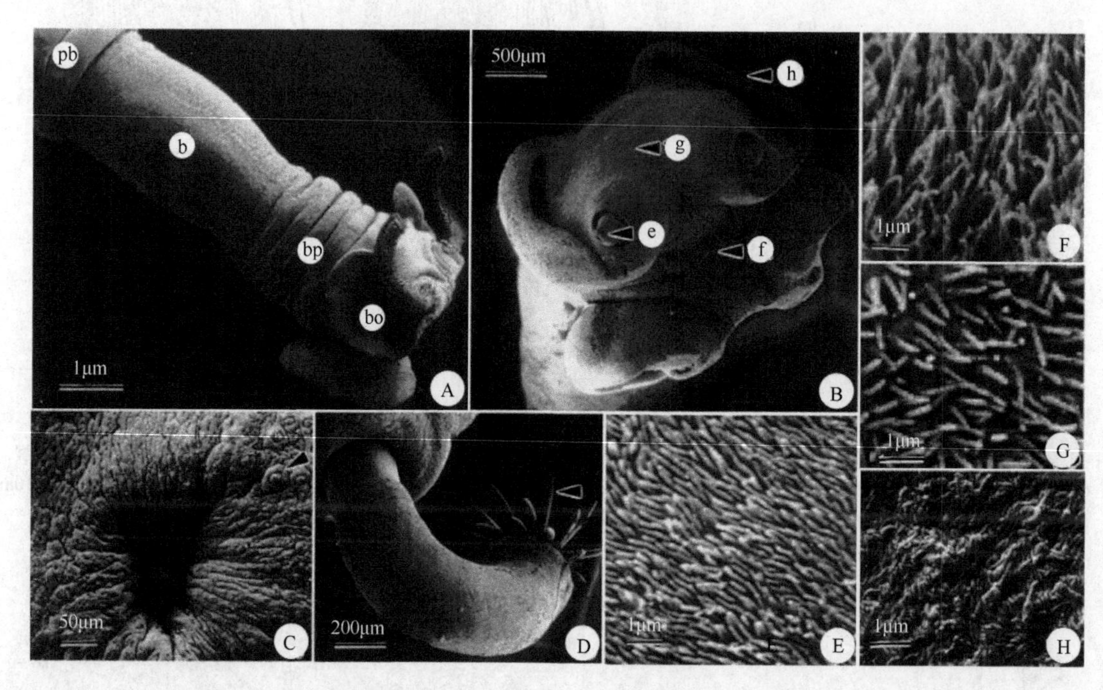

图 12-176　巨型裸吻绦虫全尾蚴的头节扫描结构（引自 Casado et al.，1999）

A. 头节（bo. 吸槽部；bp. 吸槽后部；b. 球茎部；pb. 球茎后部）；B. 吸槽部（小写字示相应图取处）；C. 触手出现的孔（箭头示圆丘样结构）；D. 外翻触手的近端部［箭头示触手棘样（远部）区基部钩型的大钩］；E. 覆盖触手近端部的微毛；F，G. 细丝状微毛；H. 吸槽侧方边缘扁平的微毛

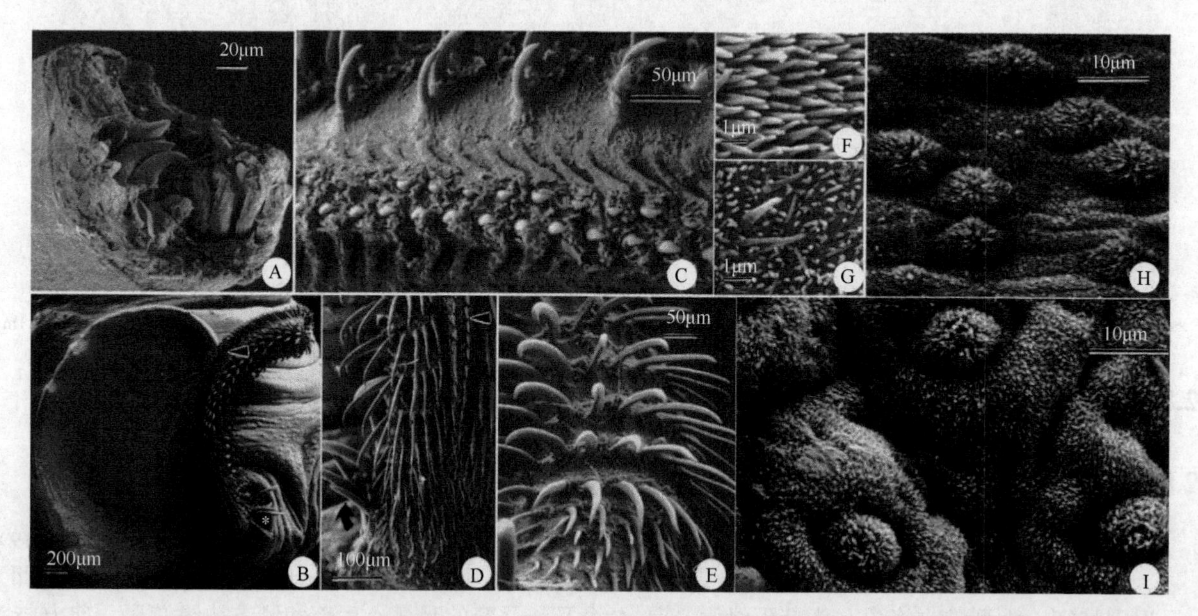

图 12-177　巨型裸吻绦虫全尾蚴的触手及吸槽扫描结构（引自 Casado et al.，1999）

A. 触手无端部断面，可观察到缩入的钩；B. 吸槽面观，示触手远端（棘部）完全外翻（箭头示双重悬链线似肌肉质的冠，星号示基部钩型）；C. 双重悬链线明显的侧翼的细节图；D. 外表面触手钩型（箭号示基部钩型，箭头示双重悬链线）；E. 内表面触手钩型（基部和转变区）；F. 吸槽后部的棘样微毛；G. 球茎部皮层的微毛；H. 放松的吸槽上丝状微毛的圆屋顶样簇；I. 收缩的吸槽上同样的结构

Knoff 等（2007）根据 1999 年采自巴西圣卡塔琳娜软骨鱼尖吻鲭鲨或灰鲭鲨（*Isurus oxyrinchus* Rafinesque）的灰鲭鲨裸吻绦虫（*G. isuri* Robinson，1959）（图 12-181～图 12-183）样品，对该种进行了重新描述，提供了该种头节和节片形态的细节资料。

图 12-178 巨型裸吻绦虫全尾蚴球茎后部、胚囊及尾扩展中央区扫描结构（引自 Casado et al.，1999）

A. 球茎后部的结节状结构；B. 胚囊；C. 覆盖胚囊表面的纤维层；D. 尾扩展中央区，注意薄层（箭头）下可以看到微毛；E. 尾扩展后部的微毛

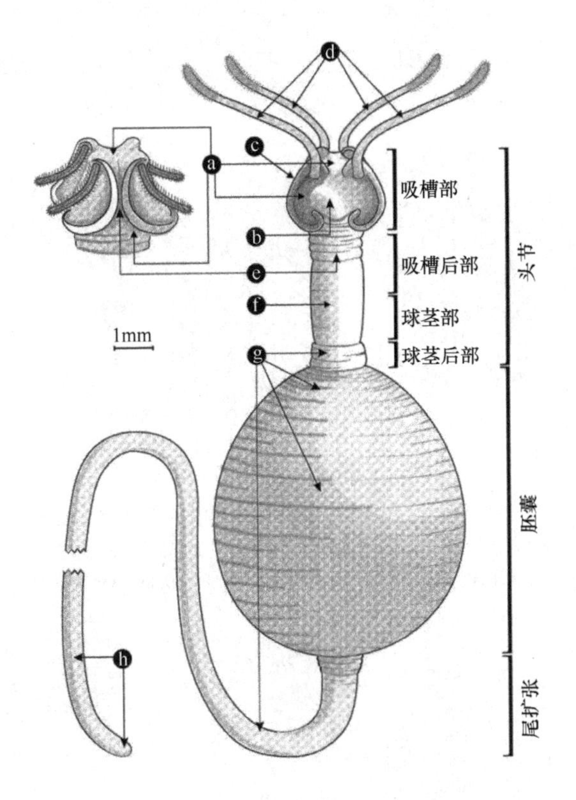

图 12-179 巨型裸吻绦虫全尾蚴结构示意图（引自 Casado et al.，1999）

包括不同位置（a～h）8 个不同的微毛类型点。左边：头节侧面观。右边：整条幼虫，示头节背腹观。a. 细丝状的微毛；b. 丝状微毛；c. 扁化的丝状微毛；d. 丝状盘旋的微毛；e. 棘状微毛；f. 棘状微毛分散于丝状微毛中；g. 结节样结构；h. 细丝状体微毛

1b. 复合的悬链线，由单翼钩对和双翼钩对交替组成……………嵌合吻属（*Chimaerarhynchus* Beveridge & Campbell，1989）

识别特征：头节细长、无缘膜。鞘部和球茎部长过吸槽部。牵引肌源于球茎基部。4 个耳状吸槽有游离边缘。基部膨大和基部钩型不存在。转变区钩型为花棘型，钩异形、中空。链体无缘膜。节片宽大于长。精巢数目多，位于两渗透调节管之间，分散于孔侧和反孔侧区域，卵巢后无分布。生殖孔位于节片侧方中央偏前，不规则交替。外贮精囊、内贮精囊和附属贮精囊存在。阴道位于阴茎囊腹方。卵巢位于节片后端。子宫弯向生殖孔；无功能性子宫孔。卵黄腺滤泡围绕着髓质。已知寄生于鲨鱼。采自塞内加尔大西洋沿岸东南和非洲。模式种：鲁格特嵌合吻绦虫（*Chimaerarhynchus rougetae* Beveridge & Campbell，1989）（图 12-184，图 12-185）。

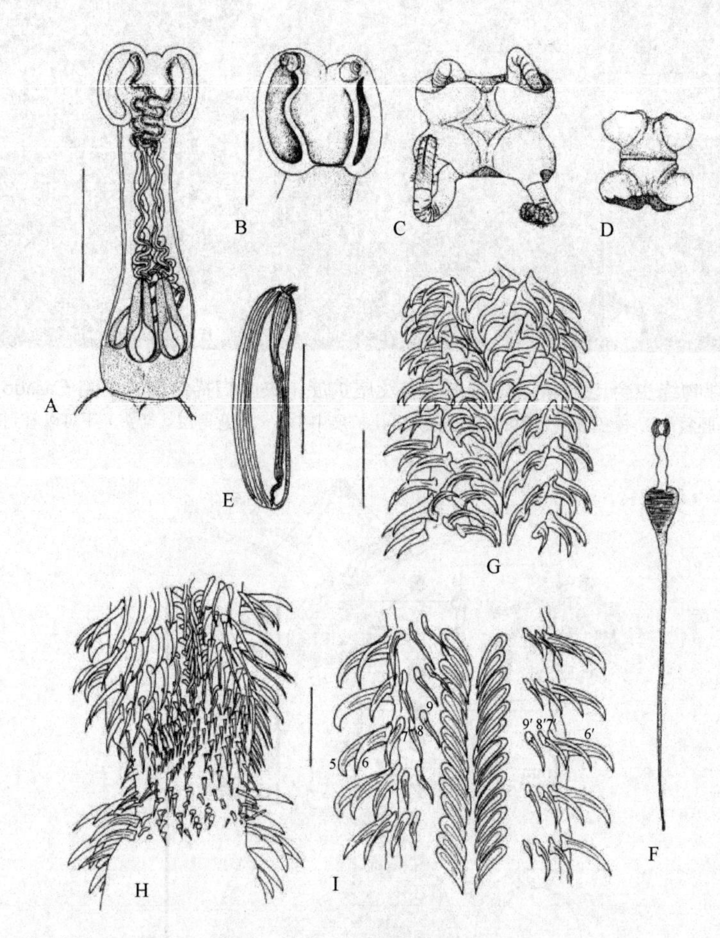

图 12-180　巨型裸吻绦虫实尾蚴及头节、球茎和部分触手钩型（引自 Campbell & Beveridge，1994）

A. 实尾蚴的头节；B. 吸槽部；C. 头节正面观，示触手；D. 头节正面观，示吸槽；E. 球茎；F. 实尾蚴；G. 内表面转变区钩型；H. 外表面基部区；I. 外表面转变区。标尺：A=1.0mm；B，E=2.0mm；G～I=0.2mm

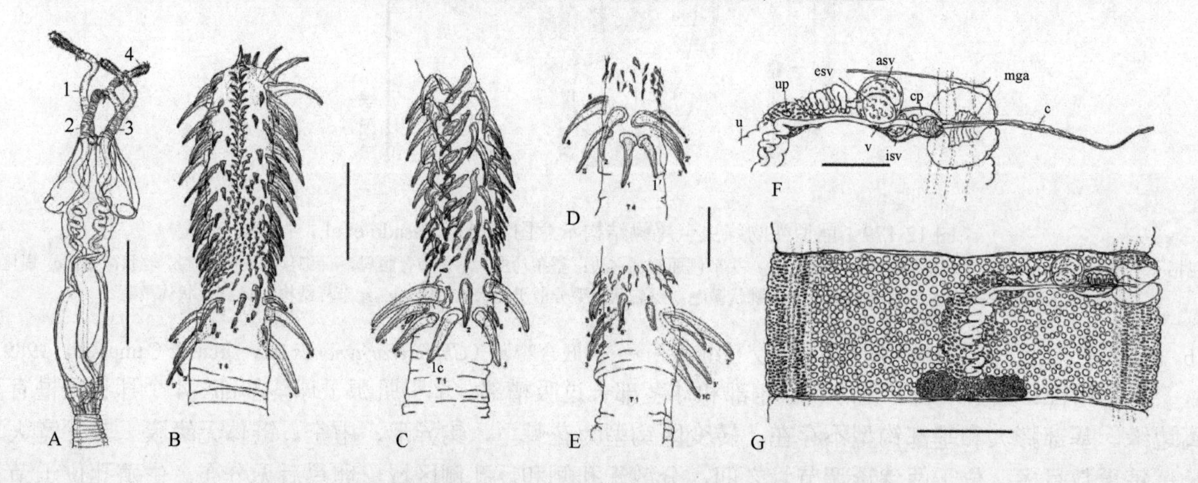

图 12-181　灰鲭鲨裸吻绦虫结构示意图（引自 Knoff et al.，2007）

A. 头节；B. 触手 4 外表面上有成套的 4 条单翼双悬链线；C. 触手 1 内表面基部钩型，长钩冠，有中央钩 1（1C）；D. 触手 4 内表面基部钩型，长钩冠，有钩 1（1′）；E. 触手 1 外表面；F. 末端生殖器官细节腹面观；G. 孕节腹面观，子宫中有少量卵。缩略词：asv. 附属贮精囊；c. 阴茎；cp. 阴茎囊；esv. 外贮精囊；isv. 内贮精囊；mga. 生殖腔；u. 子宫；up. 子宫孔。标尺：A=3.0mm；B，C=0.2mm；D，E=0.25mm；F=0.5mm；G=1.0mm

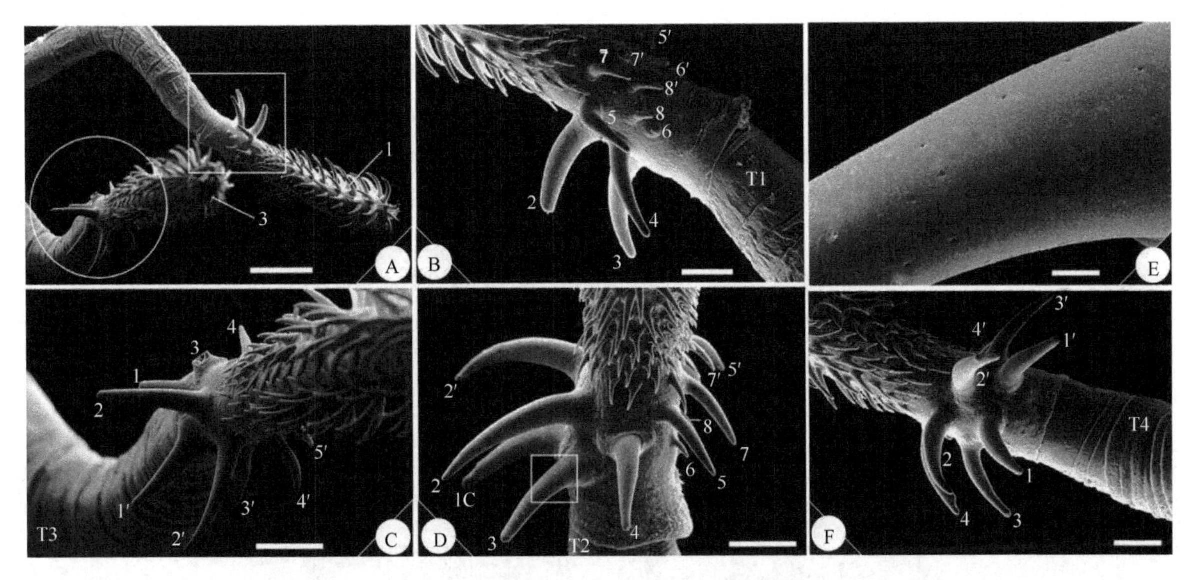

图 12-182 灰鲭鲨裸吻绦虫触手的扫描结构（引自 Knoff et al.，2007）

A. 触手 1 和 3，方形和圆形分别为图 B 和 C 取图处；B. 触手 1 反吸槽面基部钩型，长钩冠；C. 触手 3 内表面基部钩型，长钩冠，有钩 1（1′）；D. 触手 2 反吸槽面基部钩型，长钩冠，有中央钩 1（1C），方形为 E 取图处；E. 钩冠之 1 钩上孔的细节；F. 触手 4 内表面基部钩型，长钩冠，有钩 1（1′）。标尺：A=300μm；B=80μm；C=40μm；D，F=90μm；E=9μm

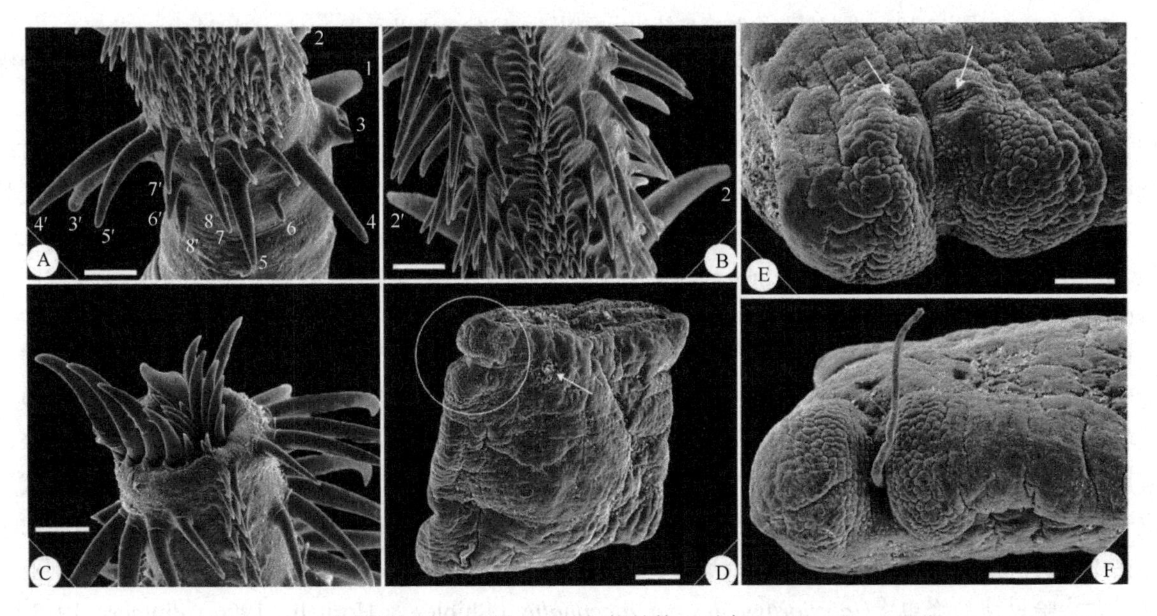

图 12-183 灰鲭鲨裸吻绦虫触手 3 的扫描结构（引自 Knoff et al.，2007）

A. 触手 3 外表面基部钩型；B. 触手 3 外表面转变区钩型，双重悬链线由 4 套单翼钩对组成；C. 触手 3 外表面顶端转变区钩型，未完全翻出；D. 节片腹面观，生殖孔，箭号示子宫孔，圆形示 E 取图处；E. 围绕着生殖孔的区域具有波纹和大量的乳头，侧腹面观，箭头所指示的是生殖孔旁边的 1 对椭圆形结构；F. 生殖孔侧面观，阴茎外翻。标尺：A～C=50μm；D=500μm；E=100μm；F=200μm

12.8.6 混合迪格玛科（Mixodigmatidae Dailey & Vogelbein，1982）

12.8.6.1 分属检索

1a. 吸槽固着，成对；头节无缘膜……………………………………混合迪格玛属（*Mixodigma* Dailey & Vogelbein，1982）

识别特征：头节长，吸槽合并为背腹对。球茎后部存在。鞘部长，触手鞘 S 形。球茎前器官存在。球茎长。牵引肌源于球茎基部。腺细胞与牵引肌相关联。钩型为花棘型，钩异形、实心。模式种中 V 形钩构成的悬链线位于触手基部。转变区各由 9 个钩组成的半螺旋排交替组成，在典型的异棘型中在外表

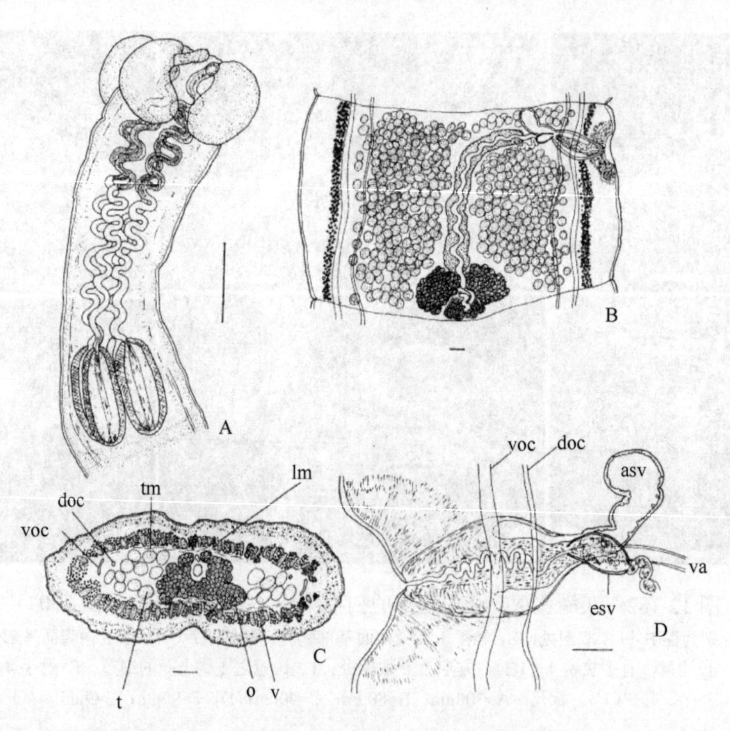

图 12-184　鲁格特嵌合吻绦虫结构示意图（引自 Campbell & Beveridge，1994）

A. 头节；B. 成节；C. 成节横切面；D. 阴茎囊和受精囊。缩略词：asv. 附属贮精囊；doc. 背渗透调节管；esv. 外贮精囊；lm. 纵肌；o. 卵巢；t. 精巢；tm. 横肌（环肌）；v. 卵黄腺；va. 阴道；vod. 腹渗透调节管。标尺：A=1.0mm；B～D=0.1mm

面相遇。触手基部无膨大。链体无缘膜，老节不解离。生殖孔位于边缘。精巢位于髓质、卵巢前方。阴茎囊存在，贮精囊缺乏。阴道有膨大的受精囊部。卵黄腺滤泡围绕着髓质区域。子宫位于中央、线状，终止于节片前端。已知寄生于深海的鲨鱼，采自太平洋。模式种：丝状混合迪格玛绦虫（*Mixodigma leptaleum* Dailey & Vogelbein，1982）（图 12-186A～G）。

1b. 吸槽位于短肉茎上，分离；头节有缘膜……………………………………哈里斯吻属（*Halysiorhynchus* Pintner，1913）

识别特征：头节细长。触手长。无基部膨大；触手鞘 S 形。球茎长，牵引肌源于球茎基部。腺细胞围绕着牵引肌。转变区钩型为花棘型，钩异形、实心。转变区每排半螺旋 9 个钩，外表面悬链线钩 9（9′）两翼状（V 形）。链体无缘膜，老节解离。节片长形，前部扁，后部亚圆柱形。生殖孔位于节片边缘，中央偏后，不规则交替。阴茎囊达到近中线处。外贮精囊、内贮精囊存在。精巢位于卵巢前侧方区域。卵巢位于节片后部，横切面为四叶状。受精囊不存在。子宫位于中央，线状，终止于节片近前端部。子宫孔存在。卵黄腺滤泡围绕着髓质区域。已知寄生于鳐目（Batoidea）鱼类，采自斯里兰卡和澳大利亚。模式种：大头哈里斯吻绦虫［*Halysiorhynchus macrocephalus*（Shipley & Hornell，1906）Pintner，1913］（图 12-186H～K）。

附 1：深海鱼格力罗属（*Bathygrillotia* Beveridge & Campbell，2012）

识别特征：花边吻科（Lacistorhynchoidae Guiart，1927）花边吻亚科（Lacistorhynchinae Guiart，1927）。头节长形。无缘膜；2 个小盘状的吸槽，有游离的后部边缘。鞘部长过吸槽部；触手鞘弯曲。球茎长形；牵引肌附着于球茎前方区域。球茎后部的长度可变。转变区钩型异棘、非典型、同形钩，由交替的半螺旋钩组成，始于触手内表面，止于外表面；各规则排 5～6 个钩；钩排 1（10）在触手的内表面由间隙隔开；单一的间插钩排存在或缺乏；触手外表面有 2 纵列钩排为 3 个钩的群，1 个大钩后跟着 2 个小钩；不存在明显的转变区和膨大；钩中空。链体不明。模式种：荣威深海鱼格力罗绦虫［*Bathygrillotia rowei*（Campbell，1977）］新组合种（图 12-187）。其他种：科瓦列夫深海鱼格力罗绦虫［*Bathygrillotia kovalevae*（Palm，1995）］新组合种。

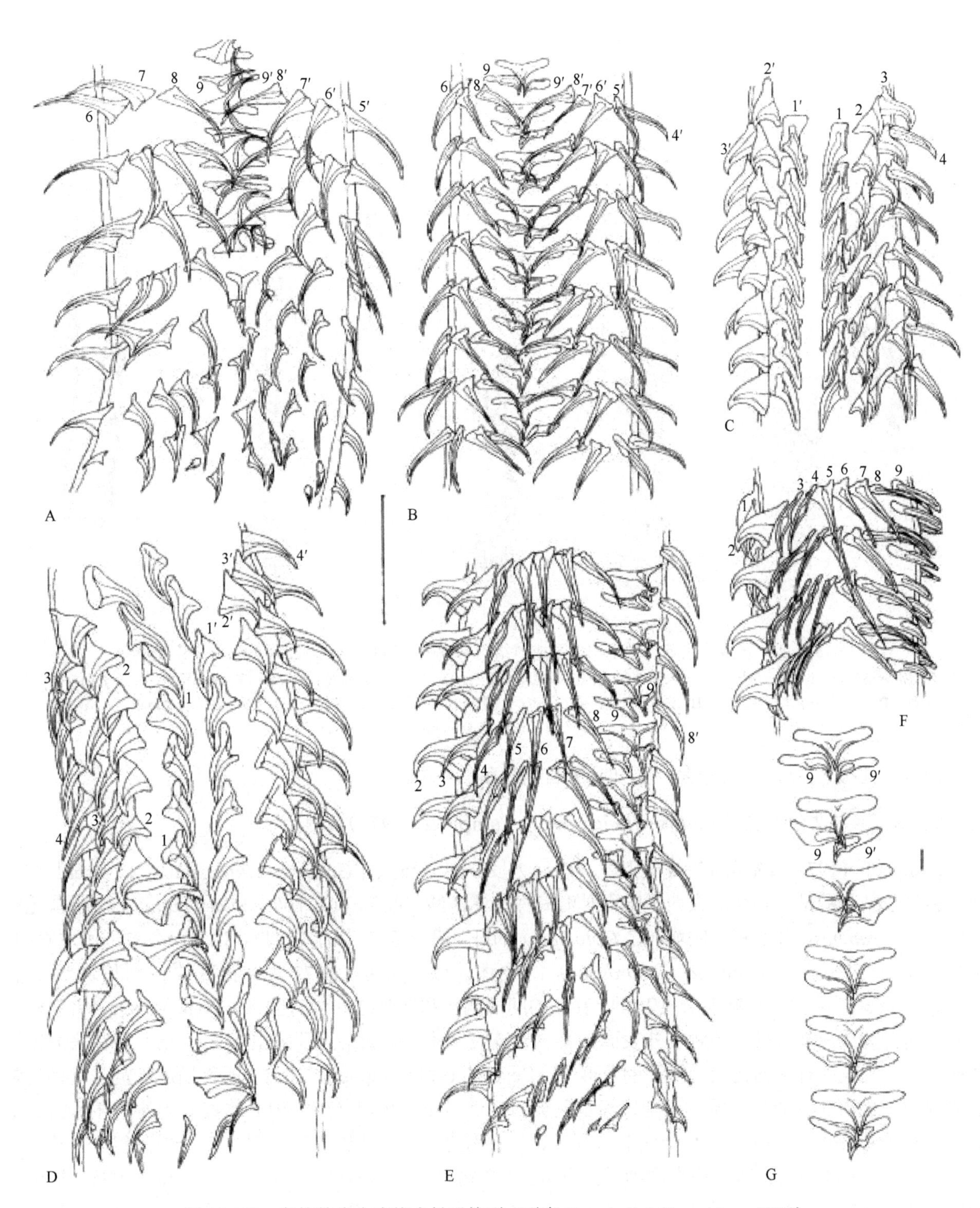

图 12-185 鲁格特嵌合吻绦虫触手钩型（引自 Campbell & Beveridge，1994）
A. 外表面基部区；B. 外表面转变区；C. 内表面转变区；D. 内表面基部区；E. 吸槽面基部区，悬链线在右侧；F. 吸槽面转变区；G. 悬链线详细结构（复合型）。标尺：A～F=0.1mm；G=0.01mm

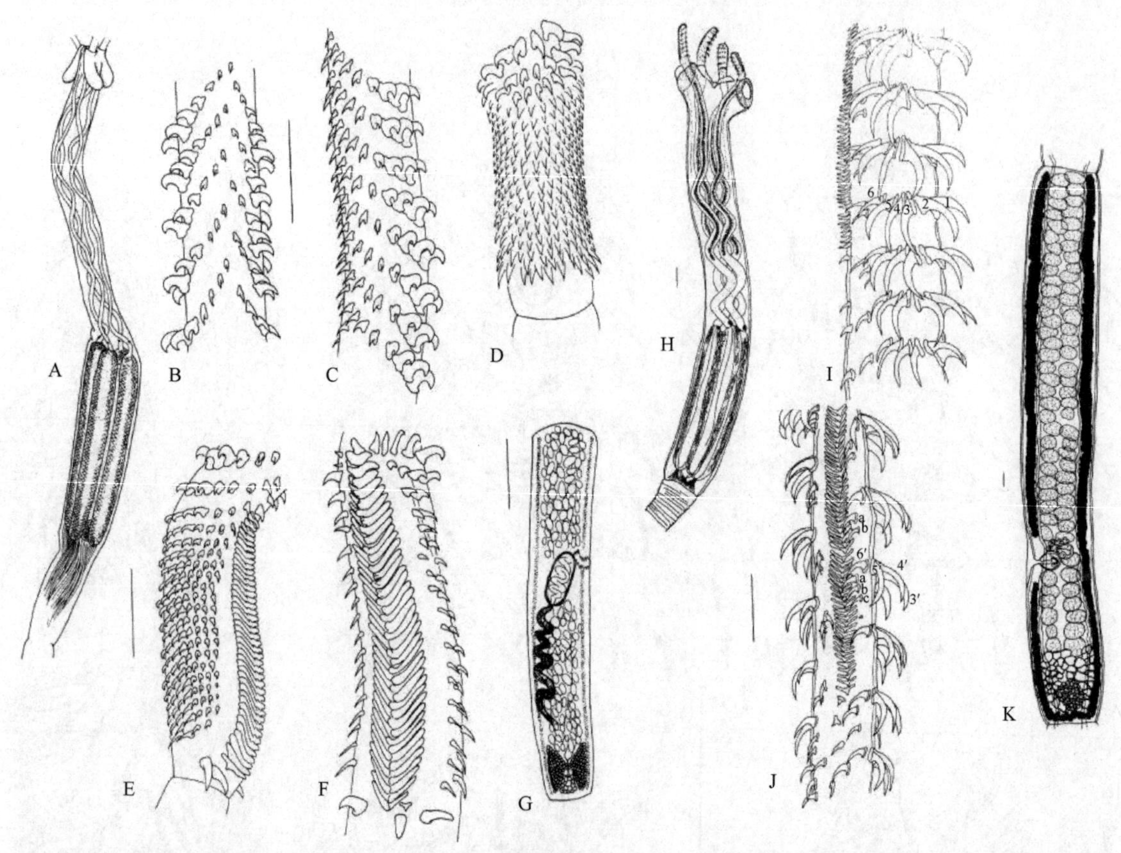

图 12-186　2 种绦虫的头节、触手钩型及成节结构示意图（引自 Campbell & Beveridge，1994）

A～G. 丝状混合迪格玛绦虫：A. 头节；B. 外表面转变区；C. 吸槽面转变区；D. 内表面基部钩型；E. 反吸槽面基部钩型；F. 外表面基部钩型；G. 末端节片。H～K. 大头哈里斯吻绦虫：H. 头节；I. 反吸槽面基部区，悬链线在左侧；J. 外表面基部和转变区，注意悬链线；K. 成节。标尺：A=1.0mm；B～F=0.2mm；G=0.5mm；H～K=0.1mm

词源：前缀“*bathy-*”意思是：已知只采自深海鱼的种类。

1）荣威深海鱼格力罗绦虫［*Bathygrillotia rowei*（Campbell，1977）］组合种

Campbell（1977）描述的荣威格力罗（副格力罗亚属）绦虫［*Grillotia*（*Paragrillotia*）*rowei*］作为一个新种仅依据的是采自西北大西洋哈得孙海底深海的薄鳞突吻鳕（*Coryphaenoides armatus*）、小鼠尾突吻鳕（*C. carapinus*）和小鳞突吻鳕（*C. leptolepis*）的肝脏及肠系膜上的实尾蚴，以及一条单一不成熟的、可能是理氏深海鳐（*Bathyraja richardsoni*）的成体。Campbell（1977）将新种放在副格力罗亚属（*Paragrillotia*），因为其在触手的内表面上存在的间插钩排和钩列之间没有区别。Palm（2004）将副格力罗亚属提升为属，基于模式种触手外表面上有一悬链线。他将荣威格力罗绦虫（*G. rowei*）留在格力罗属并放在触手外表面有纵向钩列为特征的亚群中。Beveridge 和 Campbell（2012）的重描述肯定了这种反常的情况。与先前的解释相矛盾，对副模标本及英国自然历史博物馆（BMNH）收集的额外的样品的测定表明：触手外表面上的钩型由 5 个钩的规则排、2 个钩的单一间插排和交替钩的 2 个纵列组成，排为 3 个钩的群。Campbell（1977）认为规则排含有 6～7 个钩和单一间插排 2～3 个钩。Palm（1995）提供了一简短的重描述并提供了扫描结构照片，基于英国自然历史博物馆的样品，并用了略为不同的计数钩数的方法，触手外表面上钩排的 1 个钩（没有准确的规定）被认为是规则排的钩 6（6′），2 个间插钩 a（a′）和 b（b′）及外表面上标为 c′的排的额外的钩。在 Palm（2004）的系统中，缺失了 1 个钩。Beveridge 和 Campbell（2012）没有采用上述编号系统；如果在触手外表面上的纵向排的任何钩被认为是主排的延伸，那么它将是 1 个大的和 2 个小钩在纵向排重复的第 2 个小钩（钩 B′B）（图 12-187E～H）。为此，上面建议的钩编号系统较好，特别是与同属种科瓦列夫格力罗绦虫（*G. kovalevae*）相符。Campbell（1977）描述牵引肌是插入球茎基部的，与 Beveridge 和 Campbell（2012）的描述相悖（牵引肌是插入球茎的前方区域，插入位置之后向球茎基部延伸的是腺体组织而不是肌肉组织）。鉴于触手钩型的主要区别，Beveridge 和 Campbell（2012）提出建立海鱼格力罗属（*Bathygrillotia*），并将荣威格力罗绦虫和科瓦列夫格力罗绦虫移入新属成为组合种。

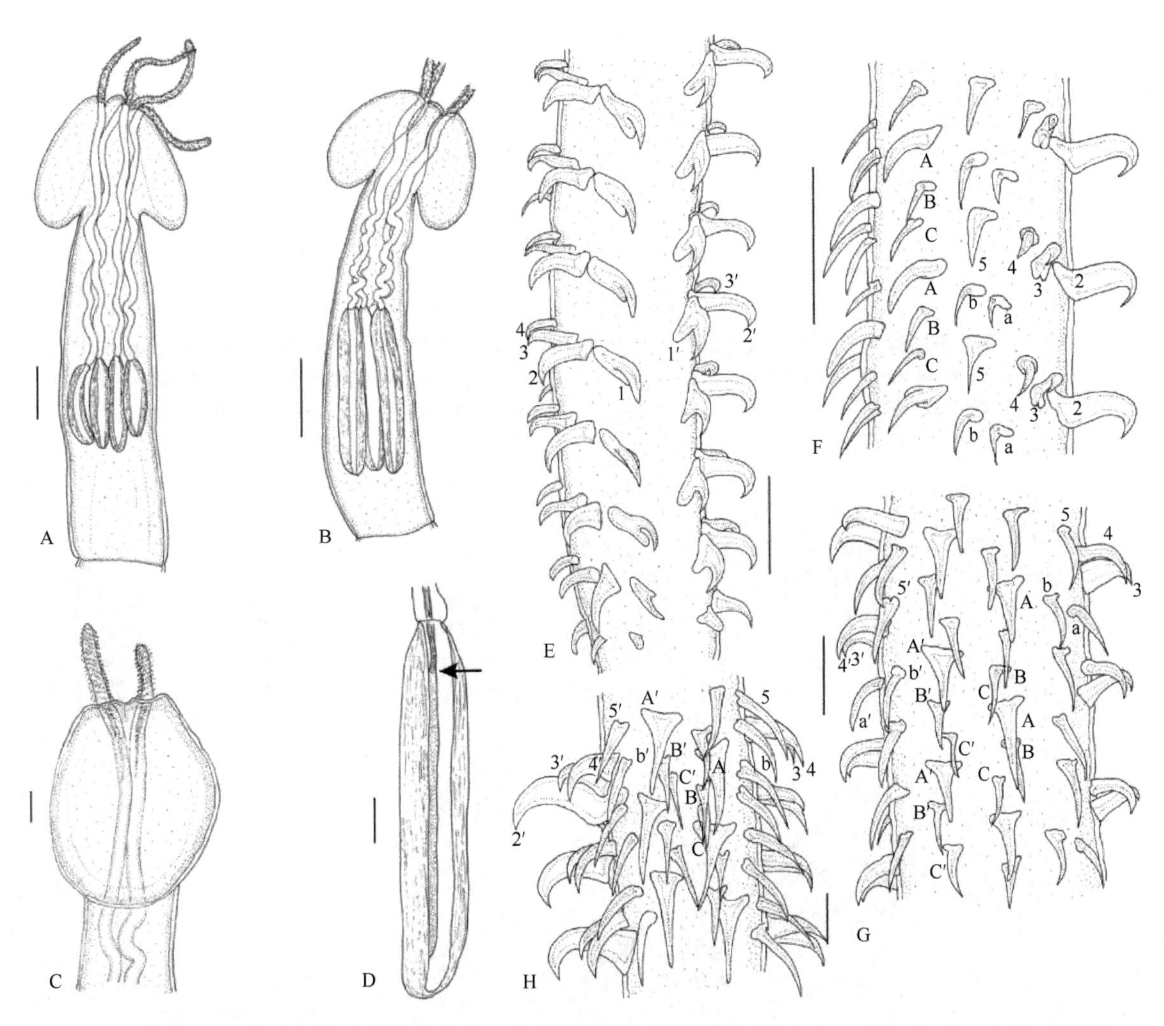

图 12-187 荣威深海鱼格力罗绦虫组合种头节、球茎及触物钩型示意图（引自 Beveridge & Campbell，2012）

A. 头节，副模标本（BMNH 2011.10.10.1～3）；B. 采自圆鼻颞孔鳕（*Trachyrincus murrayi*）的样品（BMNH 1992.3.24. 1～2）的头节，示球茎形态的变异；C. 采自短须突吻鳕（*Coryphaenoides brevibarbis*）的样品（BMNH 1992.3.24.3）的头节，示吸槽表面；D. 触手的球茎副模标本（BMNH 2011.10.10.1～3），示牵引肌在球茎前方区插入（箭头），后方跟着的是非肌组织，几乎延伸到球茎后端。E～H. 触手钩型：E. 内表面基部和转变区，采自薄鳞突吻鳕（*Coryphaenoides armatus*）的副模标本；F. 反吸槽面转变区，标本同 E；G. 外表面转变区，标本同 E；H. 反吸槽面转变区，样品为采自圆鼻颞孔鳕的样品（BMNH1992.3.24.1～2），未显示更拥挤的钩排。标尺：A，B=1.0mm；C，D=0.2mm；E，F=0.1mm；G，H=0.02mm

2）科瓦列夫深海鱼格力罗绦虫［*Bathygrillotia kovalevae*（Palm，1995）］组合种（图 12-188）

花棘型锥吻绦虫几个属种的悬链线、钩排布位置比较见图 12-189。

在 Carrier 等（2004）编著的鲨鱼及其相关动物生物学（*Biology of Sharks and Their Relatives*）专著中，有 Caira 和 Healy 提供的锥吻目部分绦虫头节扫描电镜结构比较照片（图 12-190），对实际认识锥吻目绦虫有很大帮助。

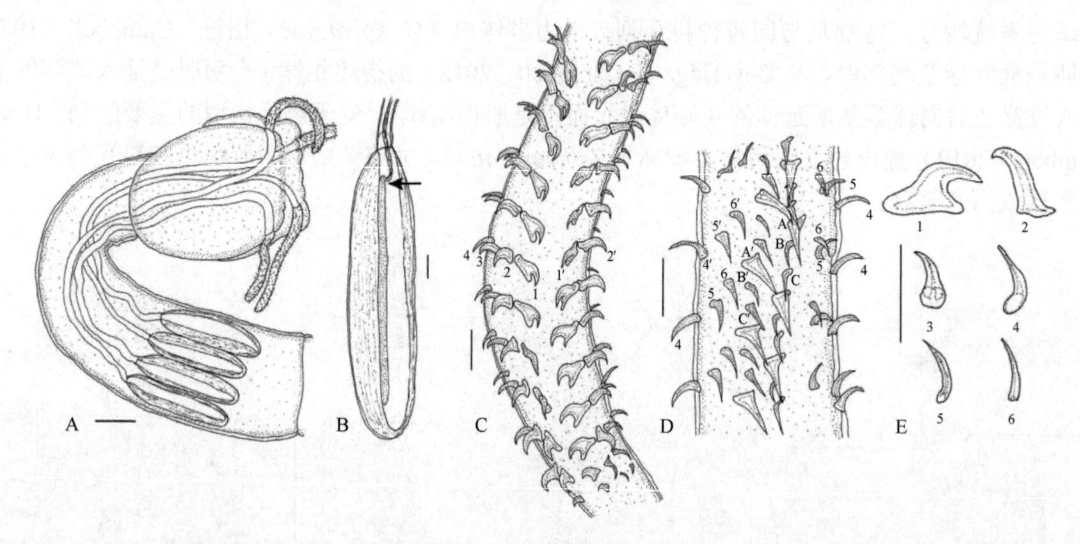

图 12-188　科瓦列夫深海鱼格力罗绦虫组合种的头节、球茎及部分触手钩型（引自 Beveridge & Campbell，2012）

绘自全模标本。A. 头节；B. 触手球茎，示牵引肌在球茎前方区域插入（箭头示），后方跟着的是非肌组织，几乎延伸到球茎后端；C. 内表面基部和转变区触手钩型；D. 外表面转变区触手钩型；E. 主排钩 1（1′）～6（6′）的侧面。标尺：A=1.0 mm；B=0.2mm；C～E=0.1 mm

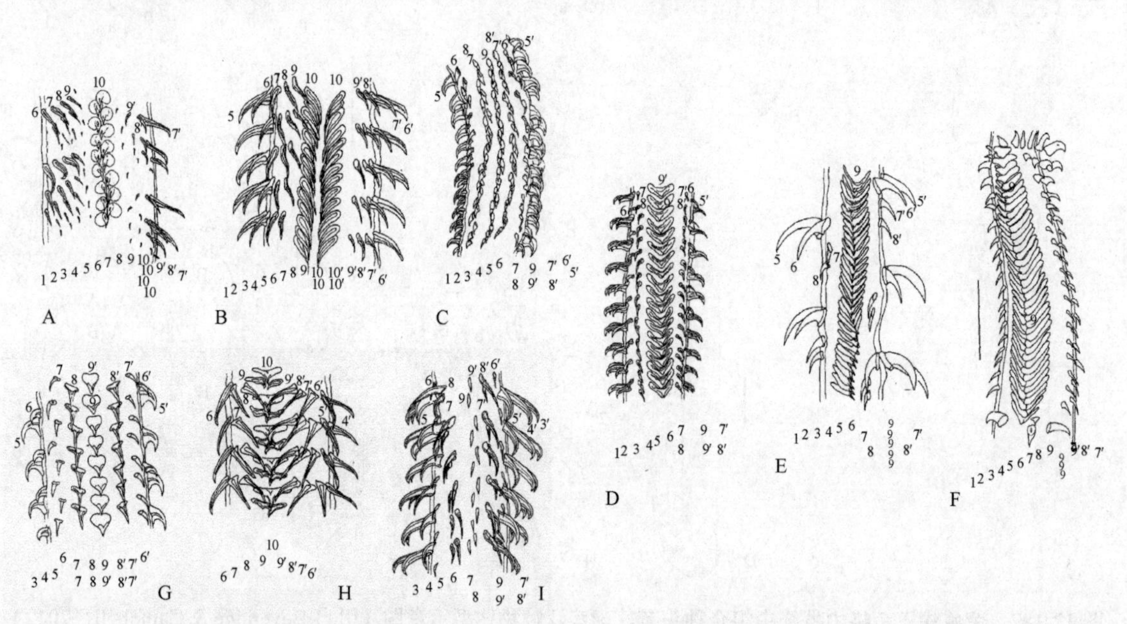

图 12-189　花棘型锥吻绦虫几个属种的悬链线、钩排布位置示意图（引自 Beveridge & Campbell，1989）

A. 变钩粗毛吻绦虫；B. 巨大裸吻绦虫；C. 伍兹霍尔星鲨居绦虫；D. 微棘花头绦虫；E. 大头哈里斯吻绦虫；F. 丝状混合迪格玛绦虫；G. 五链髌槽绦虫；H. 鲁格特嵌合吻绦虫；I. 道尔夫花边吻绦虫。标尺：A～H=0.1mm；I=0.01mm

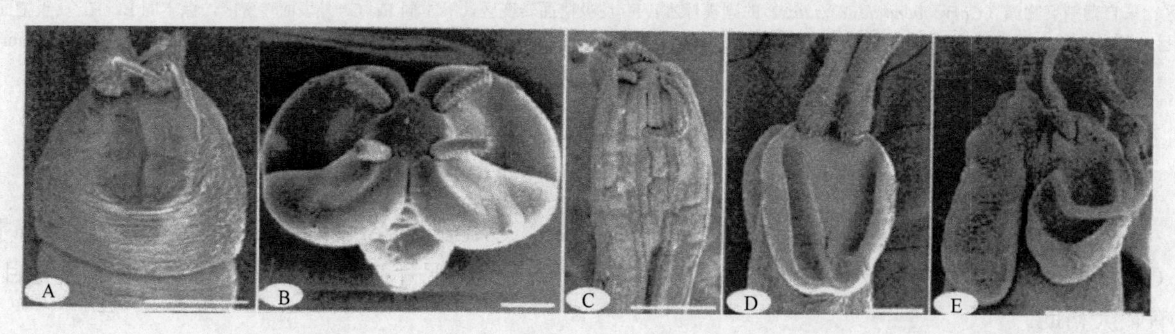

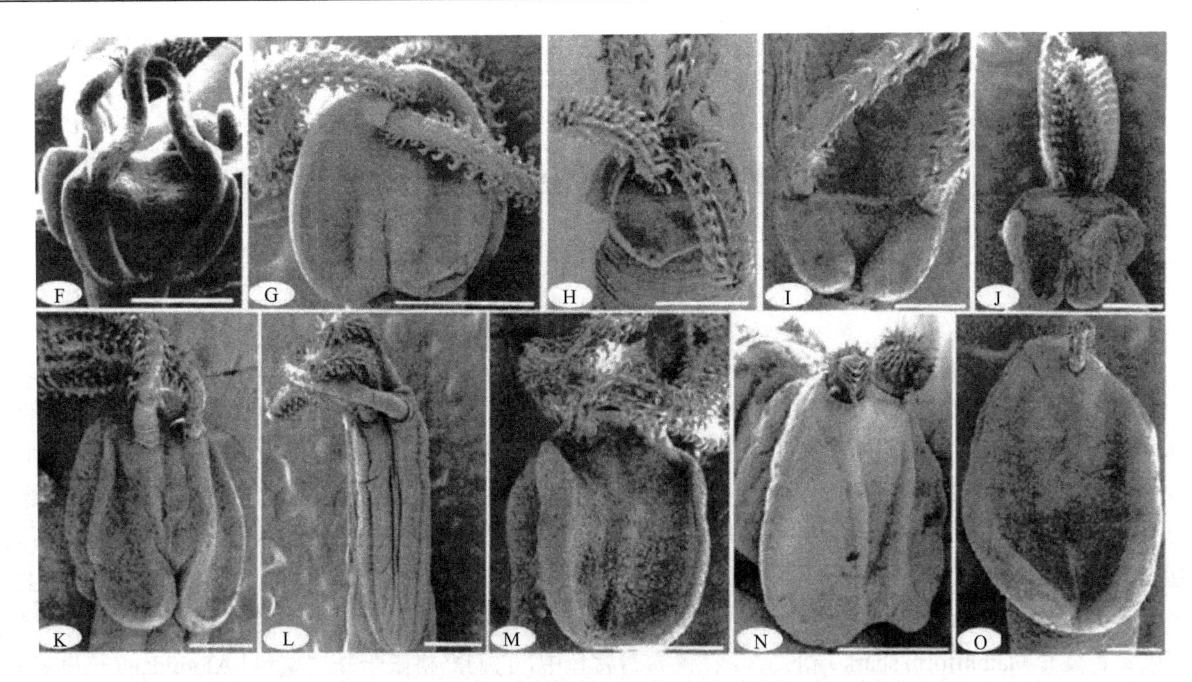

图 12-190　锥吻目部分绦虫头节扫描电镜结构比较（引自 Carrier et al.，2004）

A. 肝蠹科（Hepatoxylidae）：采自大青鲨（*Prionace glauca*）又名锯峰齿鲛的肝蠹绦虫未定种（*Hepatoxylon* sp.）；B. 伪耳槽科：伪耳槽绦虫未定种（*Pseudotobothrium* sp.）；C. 触手科：采自大青鲨（*Prionace glauca*）的触手绦虫未定种；D. 真四吻科：采自铰口鲨（*Ginglymostoma cirratum*）的福氏真四吻绦虫（*Eutetrarhynchus fneatus*）；E. 吉奎科（Gilquiniidae）：采自白斑角鲨（*Squalus suckleyi*）的角鲨吉奎绦虫（*Gilquinia squali*）；F. 雪莉吻科（Shirleyrhynchidae）：采自姥鲨（*Cetorhinus maximus*）的棘顶姥鲨居绦虫（*Cetorhinocola acanthocapax*）；G. 格力罗科（Grillotiidae）：采自铰口鲨（*Ginglymostoma cirratum*）的西米格力罗绦虫（*Grillotia simihs*）；H. 耳槽科（Otobothriidae）：采自犁鳍柠檬鲨（*Negaprion acutidens*）的耳槽绦虫未定种（*Otobothrium* sp.）；I. 牛鼻鲼居科（Rhinoptericolidae）：采自大西洋牛鼻鲼（*Rhinoptera bonasus*）的牛鼻鲼居绦虫未定种（*Rhinoptericola* sp.）；J. 粗毛吻科（Dasyrhynchidae）：采自高鳍真鲨（*Carcharhinus plumbeus*）的粗毛吻绦虫未定种（*Dasyrhynchus* sp.）；K. 裸吻科（Gymnorhynchidae）：采自短鳍鲭鲨［Shortfin mako shark（*Isurus oxyrhynchus*）］的鲭鲨裸吻绦虫（*Gymnorhynchus isuri*）；L. 霍尼尔绦虫科（Hornelliellidae）；采自大尾虎鲛（*Stegostoma fasciatum*）或称豹纹鲨的霍尼尔绦虫未定种（*Hornelliella* sp.）；M. 花边吻科（Lacistorhynchidae）：采自玲珑星鲨（*Mustelus canis*）的纤细花边吻绦虫（*Lacistorhynchus tenuis*）；N. 混合迪格玛科（Mixodigmatidae）：采自大嘴鲨或大口鲨（*Megachasma pelagios*）的丝状混合迪格玛绦虫（*Mixodigma leptaleum*）；O. 星鲨居科（Mustelicolidae）：采自星鲨（*Mustelus mustelus*）的迪辛绦虫未定种（*Diesingium* sp.）。标尺：A=2mm；B，E，H，I，N，O=200μm；C，J～L=500μm；D，M=100μm；F=400μm；G=1mm

13　光槽目（Litobothriidea Dailey，1969）

13.1　简　　介

光槽目是寄生于软骨鱼类宿主第二少的绦虫目，该目仅光槽属 1 个属 9 个种。另一个雷尼克斯属（*Renyxa*）已被 Euzet（1994）当作光槽属的同物异名并得到 Caira 等（2014a）分子分析的支持。除 1 个种显著不同外，光槽目绦虫头节由 1 个顶吸盘及其后一系列十字形的假节构成。例外的种是谜光槽绦虫（*Litobothrium aenigmaticum*），该绦虫除具有锥状棘毛外，完全不同于同属的种，事实上与其他绦虫也不同，尽管尚未找到其生殖器官，但是分子数据却将其归于光槽目（Caira et al.，2014a）。典型的光槽目绦虫虫体大小范围为 1～9mm；而谜光槽绦虫的大小为 14～32mm。光槽目绦虫是宿主专一的种类，每一种绦虫只与一种鼠鲨目鲨鱼（lamniform shark）相关联。在鼠鲨目鲨鱼中，它们严格限于长尾鲨科［Alopiidae（长尾鲨）］、剑吻鲨科［Mitsukurinidae（尖吻鲨）］和锥齿鲨科［Odontaspididae（沙虎鲨）］。由于这些科的宿主未检查的种不多，故想发现许多其他种绦虫似是不可能的。光槽目由 Dailey（1969）建立，已知仅采自太平洋。分子数据表明该目代表了绦虫吸盘型支的姐妹群（Caira et al.，2014a），同时表明头节吸盘缺乏是一种祖征。

13.2　光槽目的识别特征

Caira 等（2014a）修订：头节具有顶吸盘和多个十字形的假节。缺乏吸叶。颈区不明显。链体有大量具缘膜的节片；生殖器官位于髓质。生殖孔位于侧方。精巢数目多，位于卵巢前方。卵巢位于中央后方。卵黄腺滤泡状，围绕着中央髓实质。子宫中的卵没有发育至六钩蚴期。已知成体寄生于鼠鲨目鲨鱼的肠螺旋瓣上。或不似上述而是具如下特征：头节固有结构圆顶形，具有扩展的头茎，含有 4 种不同的组织类型；节片极端超解离；成节不知。模式科：光槽科（Litobothriidae Dailey，1969）。

13.3　光槽科（Litobothriidae Dailey，1969）

识别特征：同目的特征。模式属：光槽属（*Litobothrium* Dailey，1969）。

13.3.1　光槽属（*Litobothrium* Dailey，1969）（图 13-1A～C）

［同物异名：雷尼克斯属（*Renyxa* Kurochkin & Slankis，1973）］

识别特征（**Caira et al.，2014a 修订**）：头节具有单一发育良好的顶吸盘和多个十字形的假节。链体具缘膜，锯齿状条裂，真解离。生殖孔位于节片侧方，不规则交替。精巢数目多，阴道后的精巢存在。卵巢正面观倒 U 形，横切面两叶或四叶状。阴道扩展至阴茎囊前方。卵黄腺滤泡围绕着髓质，穿过节片。子宫位于中央腹面，从卵巢桥伸展至阴茎囊。或不似上述而是具如下特征：头节固有结构圆顶形，可能可以内陷，具有扩展的头茎，含有 4 种不同的组织类型；节片极端超解离；成节不知。已知寄生于鼠鲨目：长尾鲨科、锥齿鲨科和剑吻鲨科鱼类，分布于太平洋。模式种：长尾鲨光槽绦虫（*Litobothrium alopias* Dailey，1959）（图 13-1A～C）。其他种：扩大光槽绦虫（*L. amplifica*）（图 13-2，图 13-3A～H）；澳博悉鱼光槽绦虫（*L. amsichensis* Caira & Runkle，1993）（图 13-1D～I，图 13-3I～L）；戴丽光槽绦虫（*L. daileyi*）

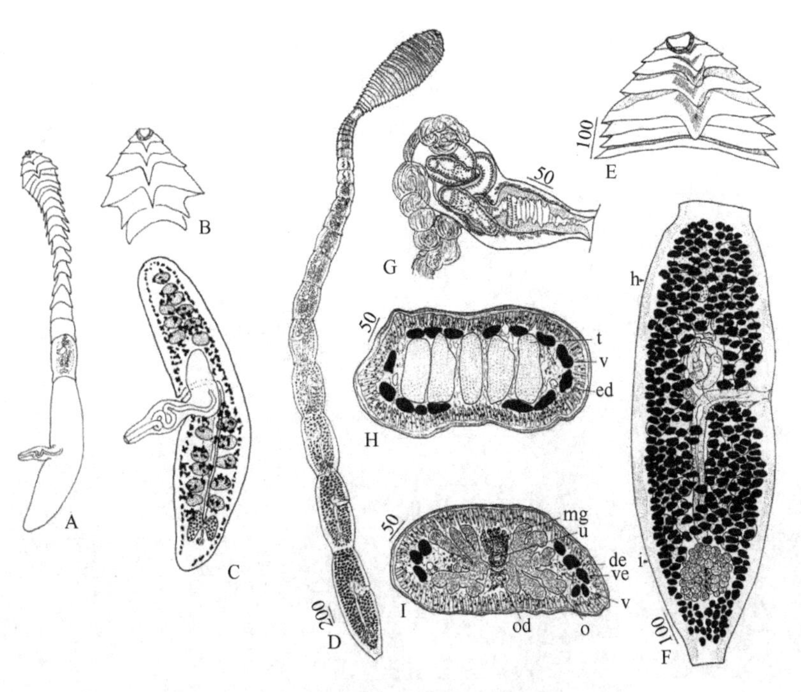

图 13-1　两种光槽属绦虫结构示意图

A～C. 长尾鲨光槽绦虫：A. 完整的链体；B. 链体前部，示顶吸盘和变形的节片；C. 成节背面观。D～I. 绘自全模和副模标本的澳博悉鱼光槽绦虫：D. 整条样品；E. 头节详细结构；F. 成节（h、i 处切片分别显示于图 H、I 中）；G. 阴茎囊详细结构；H. 通过精巢的切片；I. 通过卵巢的切片。缩略词：de. 背排泄管；ed. 排泄管；mg. 梅氏腺；od. 输卵管；t. 精巢；u. 子宫；v. 卵黄腺滤泡；ve. 腹排泄管。图中标尺单位为μm（A～C 转引自 Euzet，1994；D～I 引自 Caira & Runkle，1993）

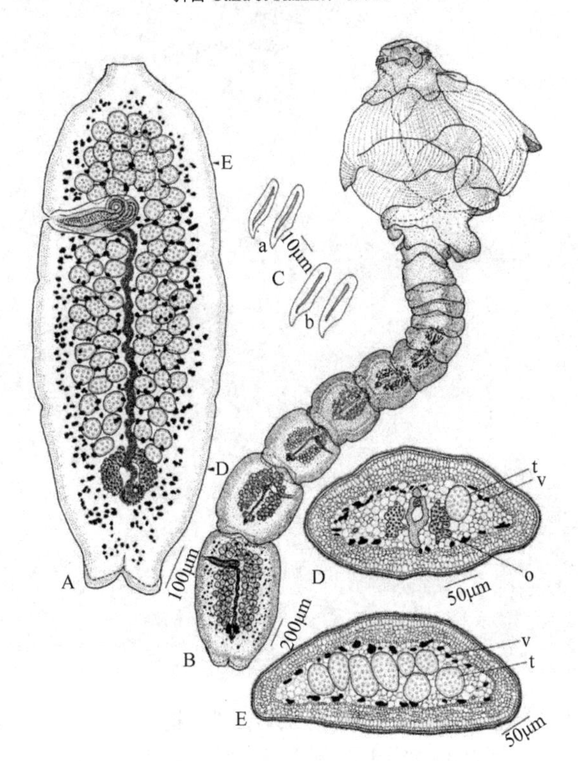

图 13-2　扩大光槽绦虫的结构示意图（引自 Olson & Caira，2001）

A. 成熟的游离节片（箭头示相应图横切部位）；B. 整条样品；C. 第 1 和第 2 假节的棘样结构；D. 节片过卵巢横切；E. 节片过阴茎囊前方横切。缩略词：o. 卵巢；t. 精巢；v. 卵黄腺滤泡

（图 13-4，图 13-5A～F，图 13-6A～D）；贾氏光槽绦虫（*L. janovyi*）（图 13-5G～M，图 13-6E～H，图 13-7）；尼科光槽绦虫（*L. nickoli*）（图 13-8，图 13-9）；锥状光槽绦虫（*L. coniformis* Dailey，1969）；细弱光槽绦虫（*L. gracile* Dailey，1971）；谜光槽绦虫（*L. aenigmaticum* Caira et al.，2014）（图 13-10，图 13-11）等。

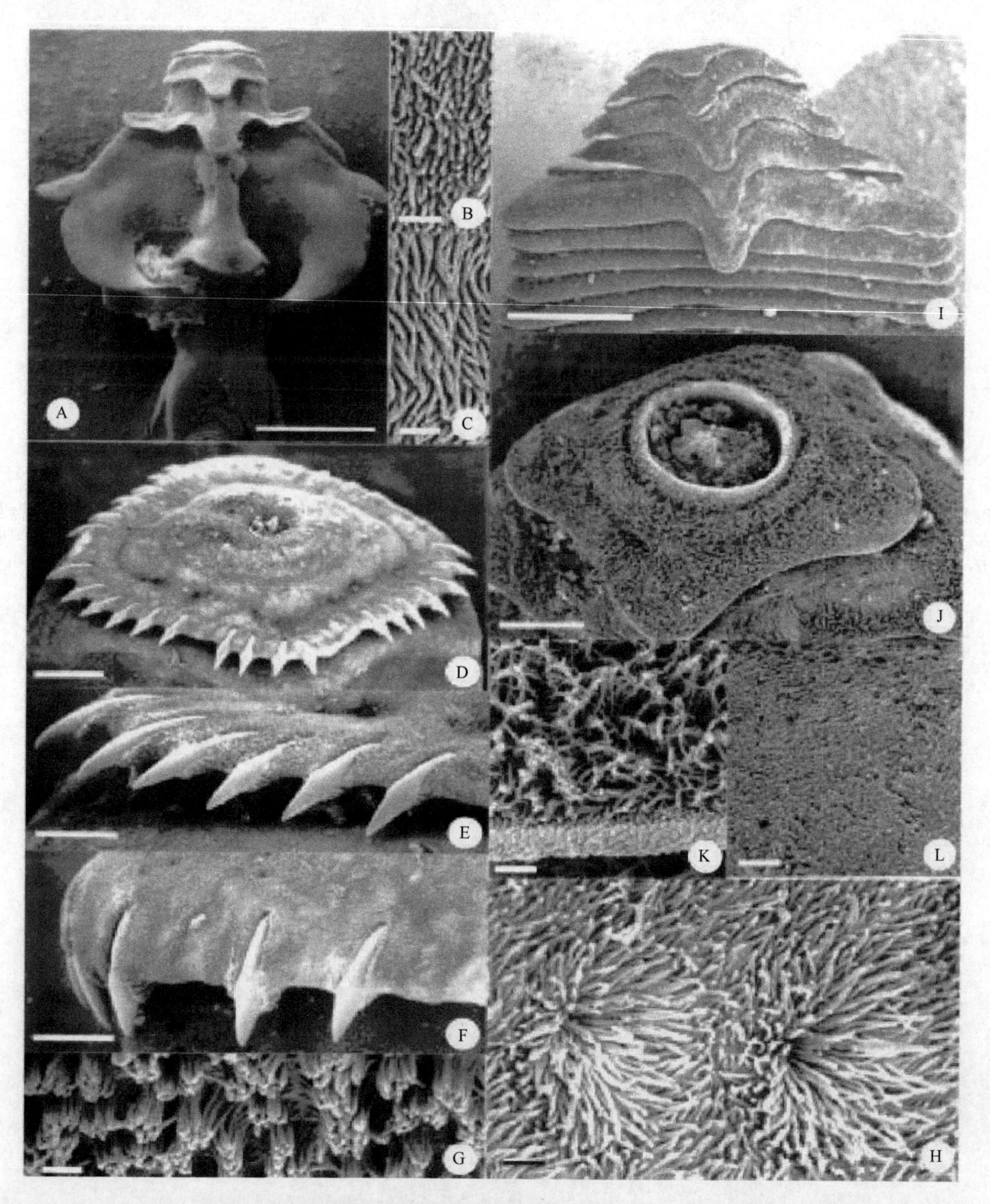

图 13-3　扩大光槽绦虫和澳博悉鱼光槽绦虫的扫描结构（引自 Olson & Caira，2001）

A～H. 扩大光槽绦虫：A. 头节；B. 变形的十字形节片后的第 4 节的微毛；C. 变形的十字形节片后的第 5 节的微毛；D. 头节顶部，示第 1 十字形假节及顶吸盘的开口；E. 第 1 十字形假节边缘的棘样结构；F. 第 2 十字形假节边缘的棘样结构；G. 链体末端节片的丝状微毛；H. 围绕第 2 十字形假节窝的丝状微毛。I～L. 澳博悉鱼光槽绦虫：I. 头节；J. 头节顶部，示第 1 十字形假节及顶吸盘开口；K. 第 3 十字形假节边界的大型微毛；L. 链体末端密集的丝状微毛。标尺：A=500μm；B，C，G，H，K，L=1μm；D=50μm；E，F，J=20μm；I=100μm

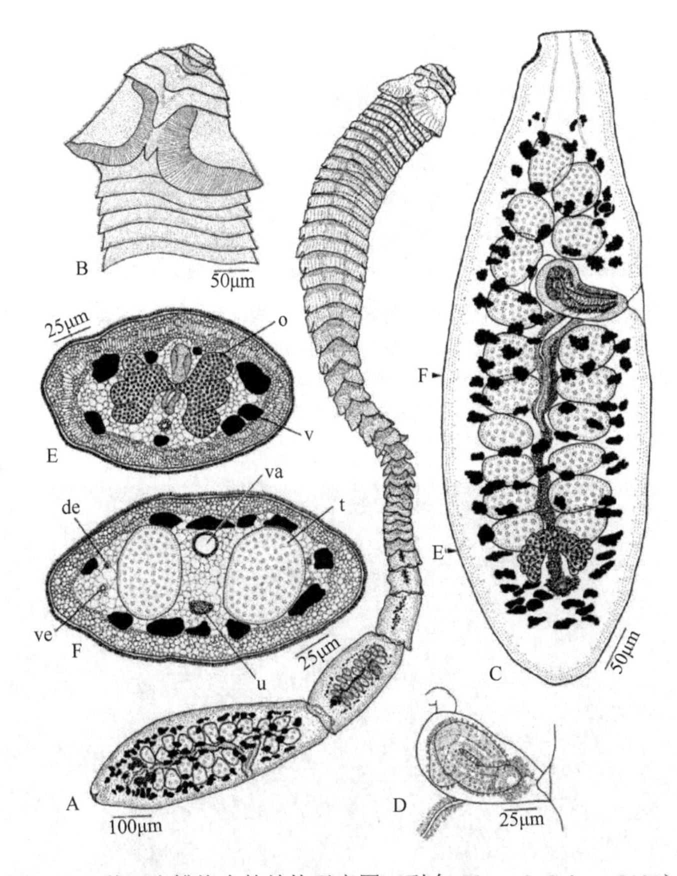

图 13-4 戴丽光槽绦虫的结构示意图（引自 Olson & Caira，2001）

A. 整条样品；B. 头节；C. 成节（字母示相应图切片位置）；D. 生殖器官远端详细结构；E. 节片过卵巢横切面；F. 节片过阴茎囊后方横切。缩略词：de. 背排泄管；o. 卵巢；t. 精巢；v. 卵黄腺滤泡；va. 阴道；ve. 腹排泄管

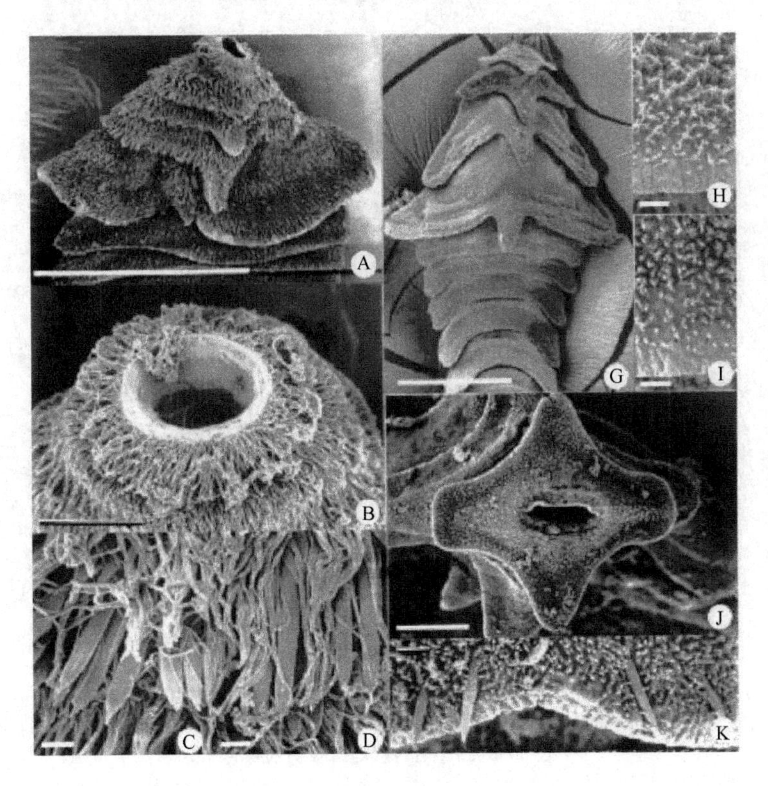

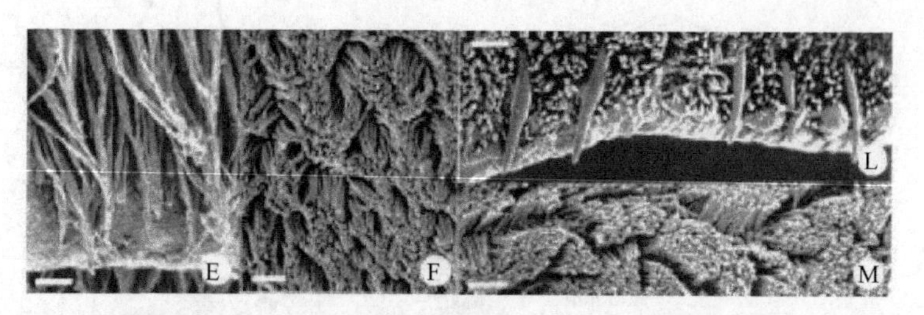

图 13-5　戴丽光槽绦虫和贾氏光槽绦虫扫描结构（引自 Olson & Caira，2001）

A～F. 戴丽光槽绦虫：A. 头节；B. 头节顶部，示第 1 非十字形假节及顶吸盘开口；C. 第 1 假节后部边缘的棘样结构；D. 第 3 假节后部边缘的棘样结构；E. 第 5 假节后部边缘（注意缺棘样结构）；F. 链体末端密集的丝状微毛。G～M. 贾氏光槽绦虫：G. 头节；H. 第 1 假节后侧缘（注意缺棘样结构）；I. 第 2 假节后侧缘（注意缺棘样结构）；J. 头节顶部，示第 1 十字形假节及顶吸盘开口；K. 第 3 假节后侧缘棘样结构；L. 第 4 十字形假节后侧缘棘样结构；M. 链体末端密集的丝状微毛。标尺：A，G=100μm；B，J=20μm；C～F，H，I，K～M=100μm

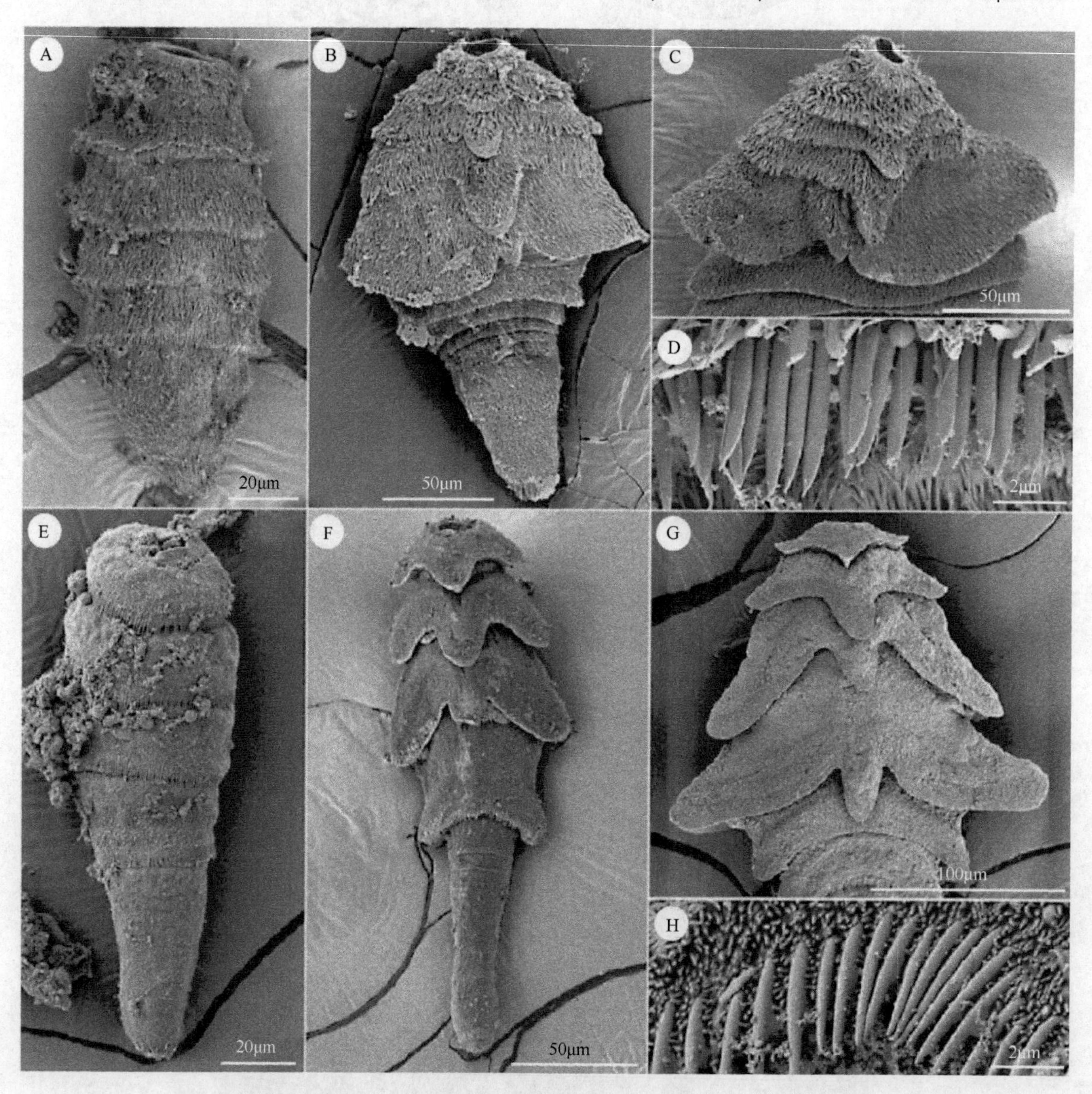

图 13-6　戴丽光槽绦虫和贾氏光槽绦虫的扫描结构（引自 Caira et al.，2014a）

A～D. 戴丽光槽绦虫：A. 早期童虫；B. 晚期童虫；C. 成体头节；D. 成体假节后方的棘毛细节。E～H. 贾氏光槽绦虫：E. 早期童虫；F. 晚期童虫；G. 成体头节；H. 成体假节后方的棘毛细节

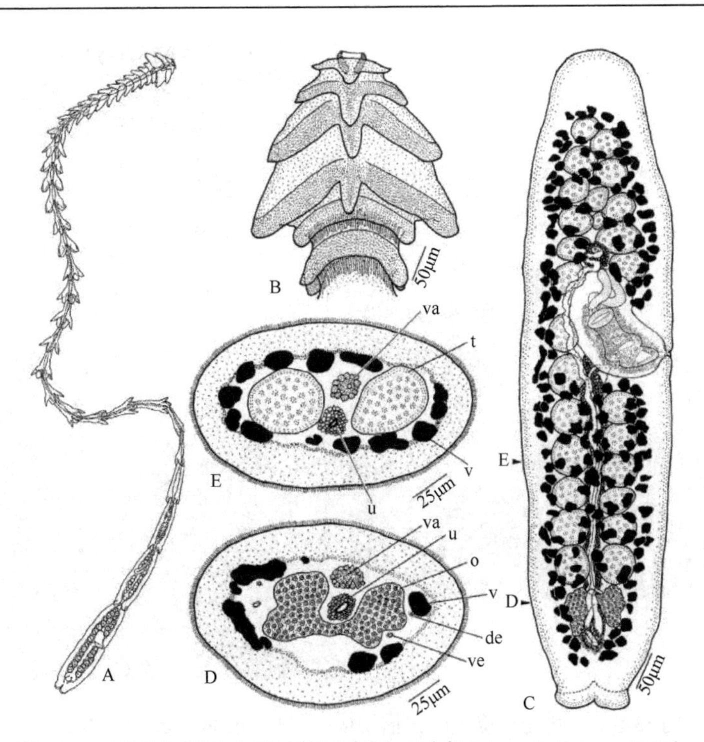

图 13-7　贾氏光槽绦虫的结构示意图（引自 Olson & Caira，2001）

A. 整条样品（约=7.8mm）；B. 头节；C. 成熟的游离节片（箭头示字母相应图横切部位）；D. 节片过卵巢横切；E. 节片过阴茎囊后方横切。缩略词：de. 背排泄管；o. 卵巢；t. 精巢；u. 子宫；v. 卵黄腺滤泡；va. 阴道；ve. 腹排泄管

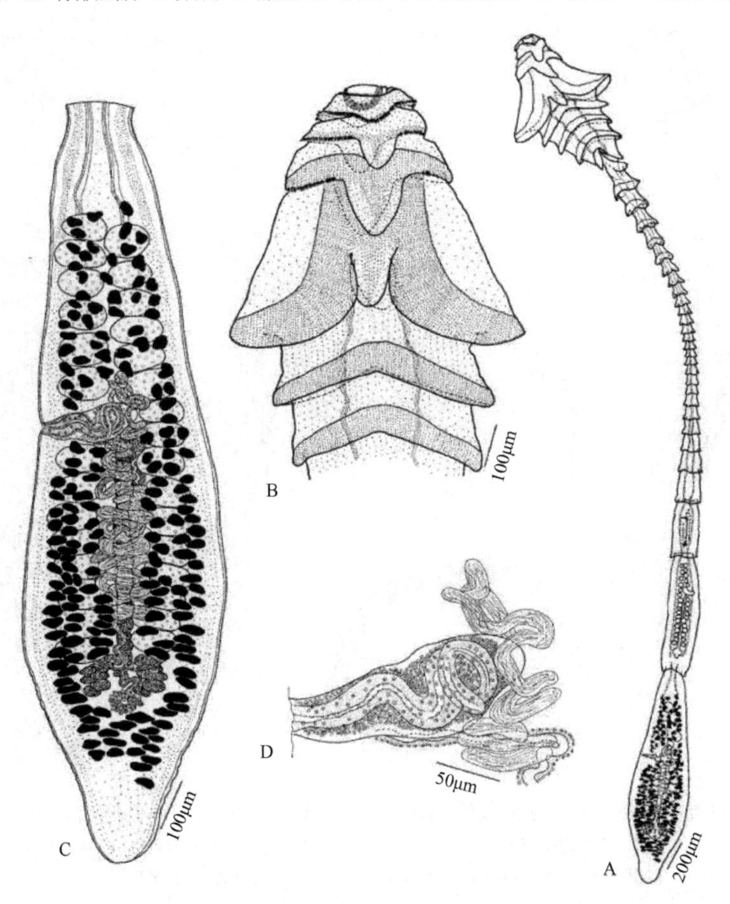

图 13-8　尼科光槽绦虫的结构示意图（引自 Olson & Caira，2001）

A. 整条样品；B. 头节；C. 成熟的末端节片；D. 生殖器官末端详细结构

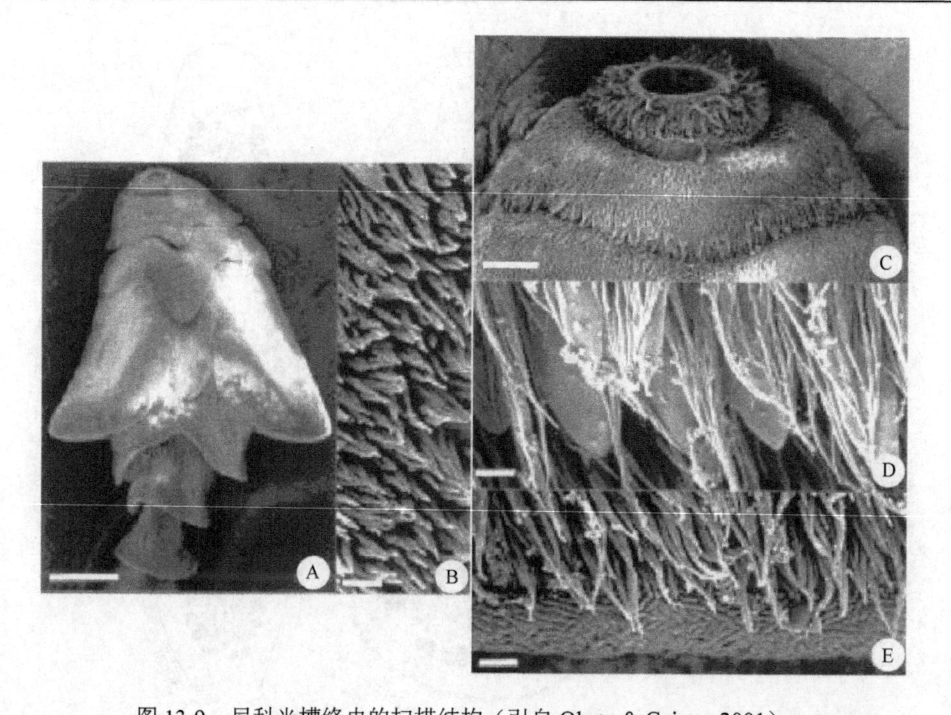

图 13-9　尼科光槽绦虫的扫描结构（引自 Olson & Caira，2001）

A. 头节；B. 链体第 3 节密集的丝状微毛；C. 头节顶部，示第 1 十字形假节及顶吸盘开口；D. 第 2 假节后部边缘的棘样结构；E. 第 3 假节后部边缘的丝状微毛（注意缺棘样结构）。标尺：A=100μm；B，D～E=1μm；C=20μm

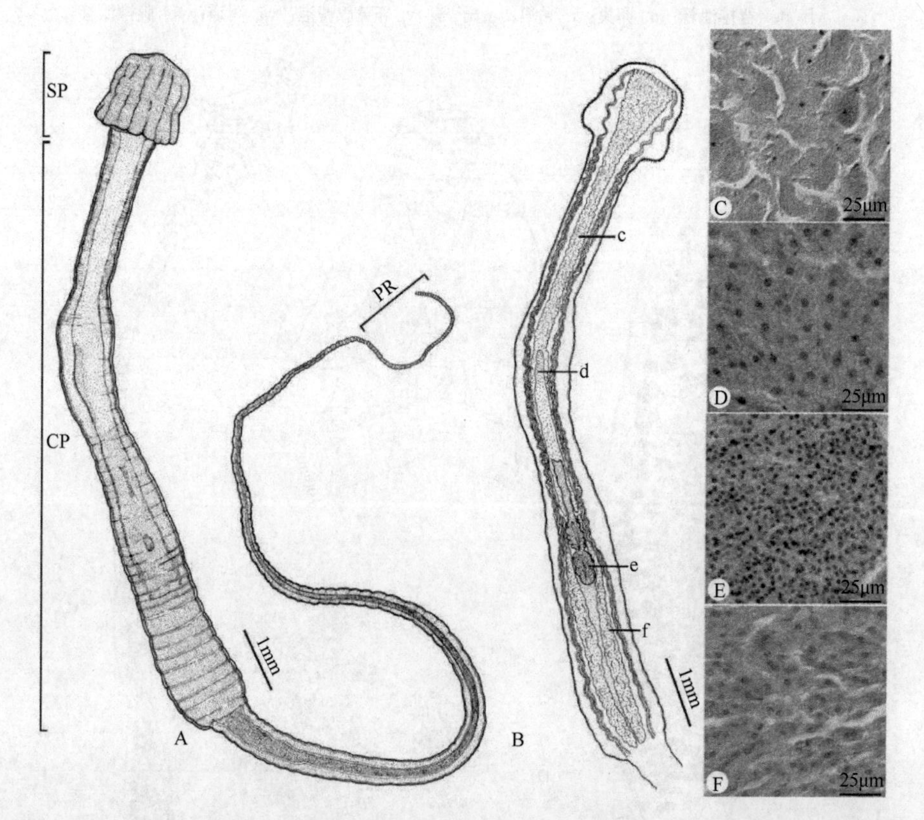

图 13-10　谜光槽绦虫结构示意图及组织切片，示 4 种类型的组织（引自 Caira et al.，2014a）

A. 整条虫体；B. 由整体固定样品和组织切片重构头节的内部结构，示四型不同组织的大致分布状况，c～f 为第 I 至第Ⅳ型组织，分别对应放大于图 C～F 中。缩略词：CP. 头茎；PR. 未成节；SP. 头节固有结构

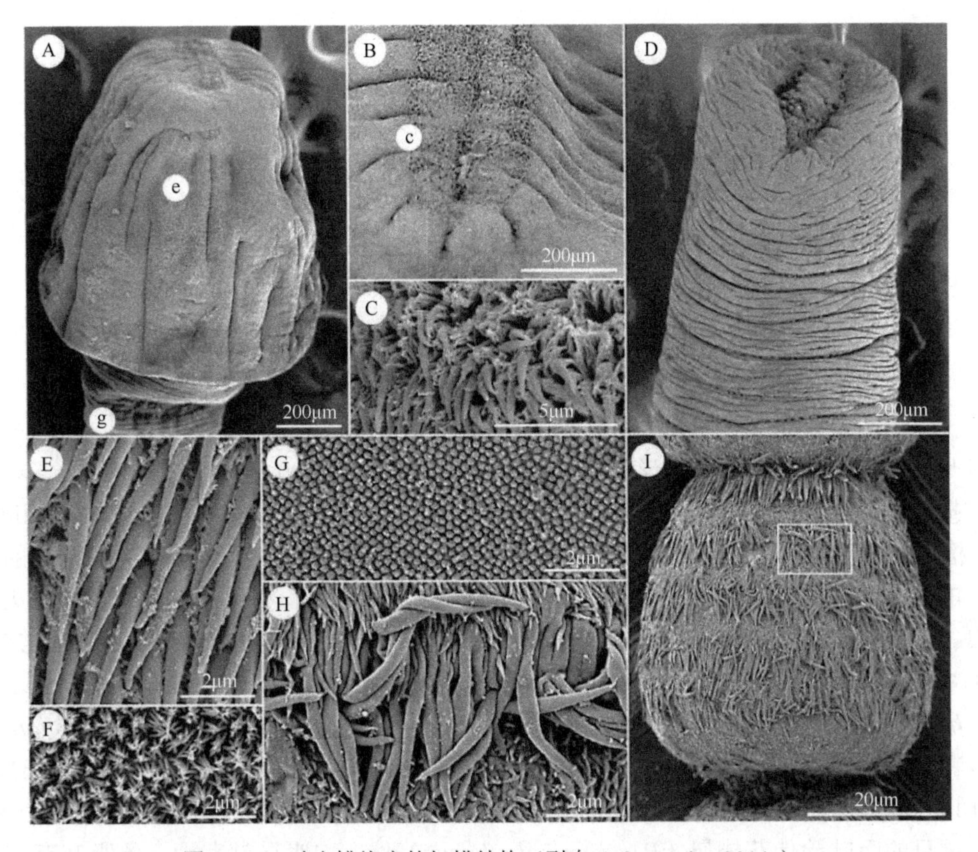

图 13-11　谜光槽绦虫的扫描结构（引自 Caira et al.，2014a）

A. 头节固有结构，小写字母示相应大写字母图取处；B. 头节固有结构顶部的孔，小写字母示相应大写字母图取处；C. 头节固有结构孔边缘的微毛细节；D. 样品的头茎含内陷的头节固有结构；E. 头节固有结构表面的锥状棘毛；F. 链体表面的毛状丝毛；G. 头茎表面的乳头状丝毛；H. 未成节呈带状的锥状棘毛细节；I. 未成节，示锥状棘毛 5 条带，白色矩形示 H 图取样处

14　犁槽目（Rhinebothriidea Healy，Caira，Jensen，Webster & Littlewood，2009）

14.1　简　　介

犁槽目是根据 Healy（2006）的形态学数据及 Healy 等（2009）分子数据分析的结果，由 Healy 等（2009）提出，主要由原四叶目（Tetraphyllidea Carus，1863）中叶槽科（Phyllobothriidae Braun，1900）的犁槽亚科（Rhinebothriinae）和鲫槽亚科（Echeneibothriinae）及具有相类似特征的成员组成。支持目建立的分子数据来自 58 个绦虫种｛2 种锤头目、2 种光槽目、2 种盘头目、3 种原头目和 49 种四叶目绦虫。四叶目的绦虫种中有 3 种钩槽科、3 种偶然科（Serendipidae）（该科名因与先用的昆虫纲类群命名相同而不宜使用）、43 种叶槽科［1 种穗头亚科（Thysanocephalinae）、1 种鲫槽属种（*Echeneibothrium*）、5 种叶槽亚科、35 种犁槽亚科和知之甚少的 1 个海绵槽属（*Spongiobothrium*）种］｝的小亚基核糖体 DNA（ss rDNA）的完整序列和部分（D1～D3）大亚基核糖体 DNA（ls rDNA）序列数据的贝叶斯、最大似然和简约性分析。犁槽目类似于四叶目之处在于它们都具有由 4 个吸叶组成的头节，但犁槽目的吸叶除伪花槽属（*Pseudanthobothrium*）外，均明显具有柄。各吸叶有浅表的小腔，有很多种类顶吸盘上亦有小腔。大多数种类幼虫的顶器官在幼虫向成体变态过程中退化了，伪花槽属和鲫槽属例外，顶器官在成体中形成吸吻结构。犁槽目包括 20 个属（含 Healy et al.，2009 未描述的 4 个属）111 个种。犁槽目绦虫链体总长为 1mm～3cm。Ruhnke 等（2015）肯定了该目的 4 个科，包括犁槽科（Rhinebothriidae Euzet，1953）、鲫槽科（Echeneibothriidae de Beauchamp，1905）、花头科（Anthocephaliidae Ruhnke，Caira & Cox，2015）和埃舍尔槽科（Escherbothriidae Ruhnke，Caira & Cox，2015）。犁槽科指定包括犁槽属、杆耳槽属（*Rhabdotobothrium*）、犁槽样属（*Rhinebothroides*）、玫瑰槽属（*Rhodobothrium*）、阶室属（*Scalithrium*）和海绵槽属。犁槽亚科、鲫槽亚科成员的重构，一旦属间关系更为明确后，可能可以容纳一些属。Healy 等（2009）和 Caira 等（2014b）的分析结果表明 20 个属中 13 个属的代表种获得一个由花头属和 Healy 等（2009）的 4 个未描述的属组成的支系，另一支系由除鲫槽属外的其余属组成，在分析中鲫槽属不稳定。

该目仅限寄生于广泛分布的鳐类，报道采自除燕魟科（Gymnuridae）、近魟科（Plesiobatidae）和六鳃魟科（Hexatrygonidae）外鲼形目（Myliobatiformes）所有的科；除圆犁头鳐科（Rhinidae）外犁头鳐目（Rhinobatiformes 或 Rhinopristiformes）所有的科；鳐形目（Rajiformes）3 个科中种类最少的无刺鳐科（Anacanthobatidae）除外的所有科。电鳐目（Torpediniformes）4 个科暂时没有犁槽目的宿主报道。犁槽目的分布是世界性的，热带和亚热带区多样性最丰富，而伪花槽属和鲫槽属似乎对更冷的水域有特殊的亲和力。犁槽目绦虫是南美和婆罗洲（Healy，2006）淡水刺魟（stingray）的常见动物群（Mayes et al.，1981；Brooks et al.，1981；Reyda，2008；Reyda & Marques，2011）。海洋种类似乎有严格的宿主特异性。而南美淡水种类的宿主特异性不是很强（Reyda，2008；Reyda & Marques，2011）。目前犁槽目的有些成员仍需要修订。一些研究类群的组织切片和扫描电镜结果表明吸叶柄的存在可以作为犁槽目识别的一个有效的形态学特征。该类群仅限寄生于软骨鱼类，似乎对鲼形目鱼类有特别的亲和力。

14.2 犁槽目的识别特征

［同物异名：四叶目（Tetraphyllidea Carus，1863）的一部分；犁槽亚科（Rhinebothriinae Euzet，1953）和鲫槽亚科（Echeneibothriinae de Beauchamp，1905）］

真绦虫。小型虫体。链体多分节并具多个节片。节片雌雄同体，有或无缘膜，通常真解离，偶尔解离或超解离。每节一套生殖器官。两对侧渗透调节管，腹管宽于背管。颈区不明显。头节具有 4 个肌肉质无棘钩吸叶。吸叶具柄，通常无明显的顶器官，有或无边缘的和/或表面的隔。吸吻存在或无。精巢通常数目多，很少 2 个；孔后通常不存在精巢。输精管卷曲。外贮精囊存在或无。阴茎囊无内贮精囊；阴茎具棘样微毛。生殖孔位于侧方，不规则交替。阴道在阴茎囊前方开于共同的生殖腔。卵巢位于节片后方，横切面两叶或四叶状。卵黄腺滤泡状，位于两侧区域，偶尔侵入节片中线。子宫管状，有或无侧支囊；预成子宫孔缺。已知寄生于鳐类动物的肠螺旋瓣上。模式属：犁槽属（*Rhinebothrium* Linton，1890）。其他有效属：花头属（*Anthocephalum* Linton，1890）；鲫槽属（*Echeneibothrium* van Beneden，1850）；杆耳槽属（*Rhabdotobothrium* Euzet，1953）；犁槽样属（*Rhinebothroides* Mayes，Brooks & Thorson，1981）；玫瑰槽属（*Rhodobothrium* Linton，1889）；阶室属（*Scalithrium* Ball，Neifar & Euzet，2003）；海棉槽属（*Spongiobothrium* Linton，1889）。未描述属：新属 1～新属 4 等。

14.3 犁槽亚科（Rhinebothriinae Euzet，1953）

14.3.1 分属检索

1a. 孔侧阴道后不存在精巢 ………………………………………………………………………………………… 2
1b. 孔侧阴道后存在有精巢 ………………………………………………………………………………………… 3
2a. 卵巢分叶不相等，孔侧短 ………………………… 犁槽样属（*Rhinebothroides* Mayes，Brooks & Thorson，1981）

识别特征：头节有 4 个有柄的吸叶，各由几个肌肉质横隔和 1 个纵隔分为多个小室。没有吸吻。链体无缘膜，老节解离。生殖孔位于侧方，不规则交替。精巢数目多，位于阴茎囊前方；孔侧阴道后不存在精巢。卵巢位于节片后方，背面观孔侧叶极为退化，横切面 X 形。阴道在阴茎囊前方。卵黄腺滤泡位于侧方。已知仅寄生于淡水魟科（Dasyatidae）、江魟属（*Potamotrygon*）鱼类。分布于南美洲。模式种：莫拉拉犁槽样绦虫（*Rhinebothroides moralarai* Brooks & Thorson，1976）。

对于该属，Marques 和 Brooks（2003）广泛采集不同地点的新热带淡水江魟科的鱼类收集犁槽样属绦虫样品，对该属名义上的 7 个种的有效性进行了临界评估。先前用于该群分类的定性特征在种群内和种群间是高度可变的，他们认为有分类价值的多数形态特征和分节性状在一些先前界定的种间有重叠。种群中特征一致，有明显形态差异的有 4 种：弗雷塔斯犁槽样绦虫（*R. freitasi*）［同物异名：环状犁槽样绦虫（*R. circularisi*）和委内瑞拉犁槽样绦虫（*R. venezuelensis*）］（图 14-1）；腺体状犁槽样绦虫（*R. glandularis*）［同物异名：麦克伦南犁槽样绦虫（*R. mclennanae*）］（图 14-2）；莫拉拉犁槽样绦虫（*R. moralarai*）（图 14-3）和斯科尔扎犁槽样绦虫（*R. scorzai*）（图 14-4）。Marques 和 Brooks 对该属分类进行了综述，并报道了 8 个额外的宿主、7 个新采样点，同时提供了新的分种检索表。

14.3.1.1 犁槽样属的四个种

1）弗雷塔斯犁槽样绦虫［*Rhinebothroides freitasi*（Rego，1979）Brooks，Mayes & Thorson，1981］

模式宿主：奥氏江魟（*Potamotrygon orbignyi*）。

模式宿主采集地：亚马孙河，巴西帕拉迈库鲁河（Maicuru）。

其他宿主：同点江魟（*Potamotrygon constellata*）、南美江魟（*P. motoro*）、耶氏江魟（*P. yepezi*

Castex & Castello）。新宿主记录：石纹江魟（*P. falkneri*）、金点魟（*P. henlei*）、豹江魟（*P. leopoldi*）、施氏江魟（*P. schroederi*）和白点江魟（*P. scobina*）。

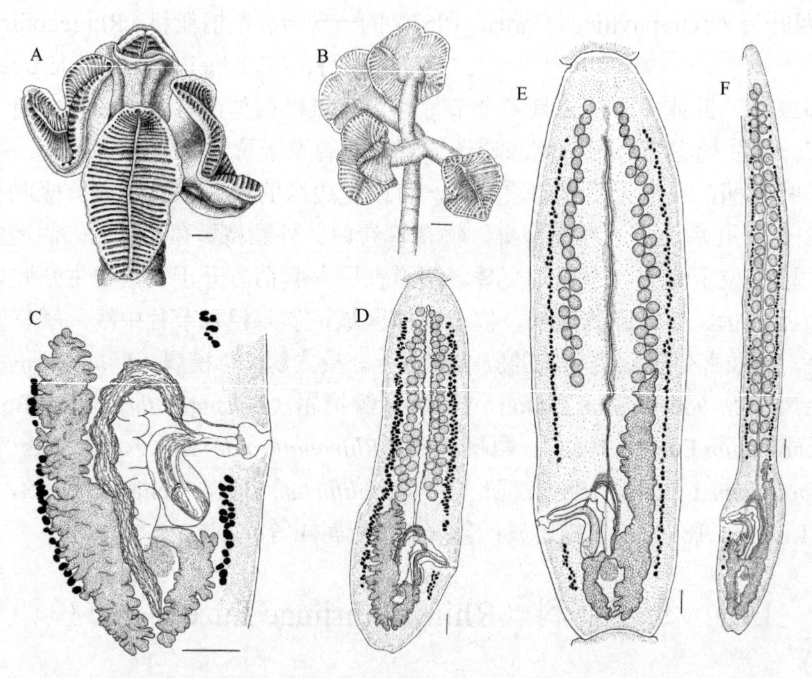

图 14-1　弗雷塔斯犁槽样绦虫结构示意图（引自 Marques & Brooks，2003）
A，B. 头节（分别为 HWML 21020，环状犁槽样绦虫副模标本；CHIOC 31486b，弗雷塔斯犁槽样绦虫副模标本）；C. 阴茎囊区域（HWML 2102）；D. 成熟末端节片（HWML 21020）；E. 成节（USNPC 750706，委内瑞拉犁槽样绦虫副模标本）；F. 成熟脱离的节片（CHIOC 31486b），弗雷塔斯犁槽样绦虫副模标本）。标尺=100μm

分布：拉戈马拉开波湖（Lago Maracaibo）、奥里诺科河（Rio Orinoco）、亚马孙河、索利米斯河（Rio Solimões）、辛古河（Rio Xingu）、托坎廷斯河（Rio Tocantins）和巴拉圭上游。新分布区记录：内格罗河（Rio Negro）和阿帕河（Rio Apa-巴拉圭水系）。

2）腺体状犁槽样绦虫（*Rhinebothroides glandularis* Brooks，Mayes & Thorson，1981）

模式宿主：奥氏江魟。

模式宿主采集地：奥里诺科河三角洲，靠近库里亚波（Curiapo），委内瑞拉。

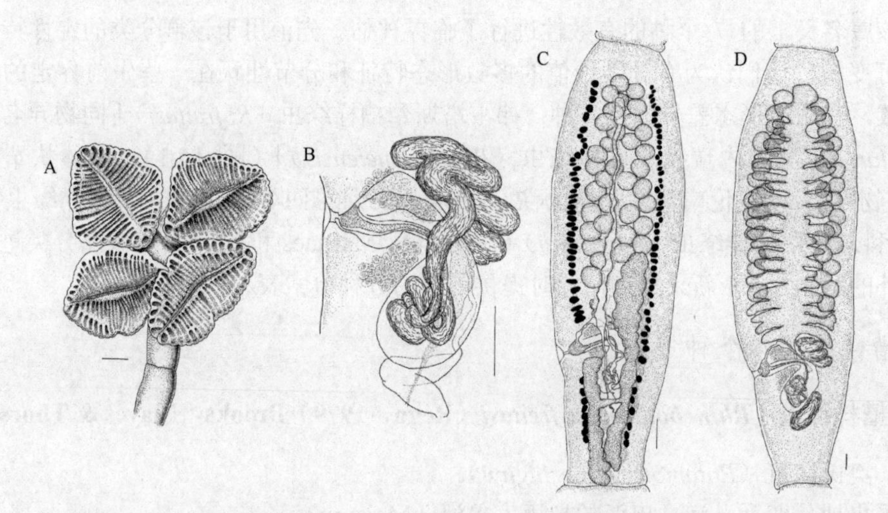

图 14-2　腺体状犁槽样绦虫结构示意图（引自 Marques & Brooks，2003）
A. 头节（HWML 21007）；B. 阴茎囊区域；C. 成节（HWML 21007）；D. 孕后节片（HWML 21007）。标尺=100μm

其他宿主：南美江魟。新宿主记录：金点魟、白点江魟、灰江魟（*P. signata*）和魟未定种（*Potamotrygon* sp.）（委内瑞拉）。

分布：奥里诺科河和巴拉圭上游。新分布区记录：亚马孙河下游、索利米斯河、内格罗河、托坎廷斯河和巴纳伊巴河（Rio Parnaíba）。

3）莫拉拉犁槽样绦虫［*Rhinebothroides moralarai*（Brooks & Thorson，1976）］

模式宿主：马格达莱纳江魟（*Potamotrygon magdalenae*）。

新宿主：江魟未定种（*Potamotrygon* sp.）内格罗河上游。

模式宿主采集地：马格达莱纳（Magdalena）河、哥伦比亚圣克里斯托瓦尔（San Cristóbal）附近的西纳加拉邦（Cienaga Rabón）。

分布：马格达莱纳河和内格罗河上游（新分布区）。

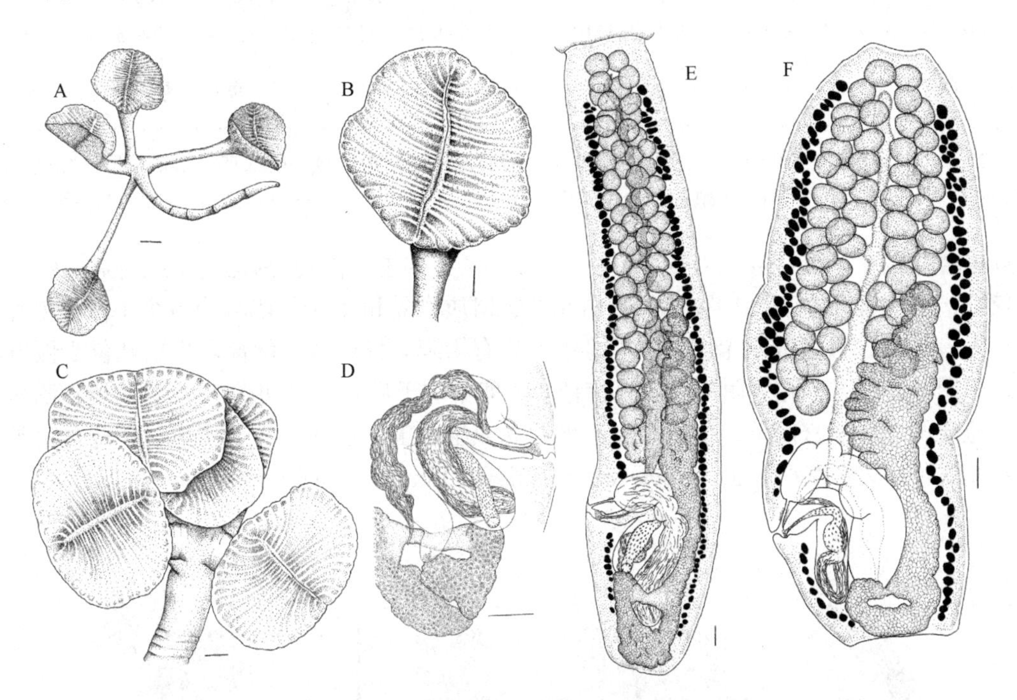

图 14-3 莫拉拉犁槽样绦虫结构示意图（引自 Marques & Brooks，2003）

A. 未成熟样品（USNPC 73545）头节；B. 未成熟样品（USNPC 73545）吸叶细节；C. 成熟样品的头节；D. 阴茎囊区域；E. 成节［样品采自里奥内格罗（Rio Negro）］；F. 取自全模标本（USNPC 73544）的成节。标尺=100μm

4）斯科尔扎犁槽样绦虫［*Rhinebothroides scorzai*（López-Neyra & Diaz-Ungriá，1958）Brooks，Mayes & Thorson，1981］

模式宿主：奥氏江魟。

模式宿主采集地：奥里诺科河，委内瑞拉。

其他宿主：巴西副江魟（*Paratrygon aiereba*）和南美江魟（新宿主）。

分布：奥里诺科河，巴拉圭上游（？）和亚马孙河下游（新分布区）。

14.3.1.2 犁槽样属分种检索表

1A. 阴茎囊的孔侧端由深染的腺体细胞包围，整个生殖腔有微毛，输精管在阴茎囊中部进入阴茎囊……………………腺体状犁槽样绦虫（*R. glandularis*）

1B. 阴茎囊的孔侧端无深染的腺体细胞包围，生殖腔大部分仅有少量微毛，输精管在阴茎囊前部生殖孔附近进入阴茎囊………2

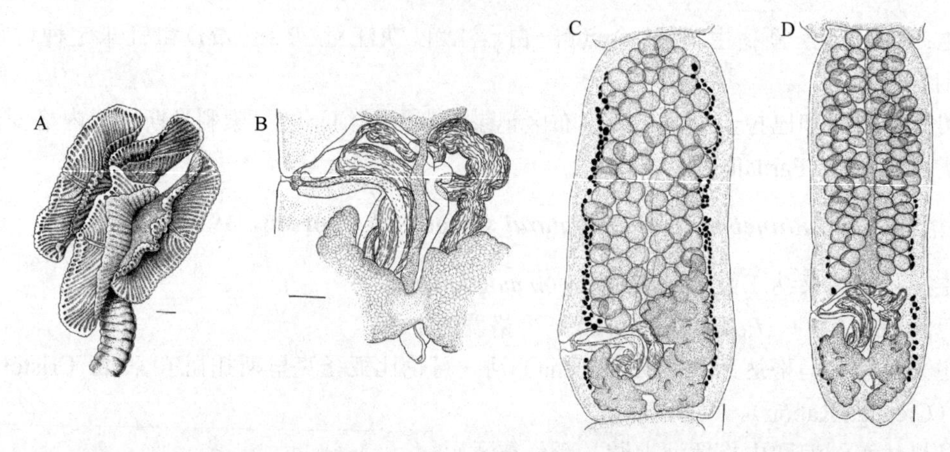

图 14-4 斯科尔扎犁槽样绦虫结构示意图（引自 Marques & Brooks，2003）

A. 成熟样品的头节；B. 阴茎囊区域；C. 成节（HWML 21015），注意孔侧卵巢叶较小；D. 发育起始阶段的孕节。标尺=100μm

2A. 吸叶方形，阴茎具棘 ······ 莫拉拉犁槽样绦虫（*R. moralarai*）
2B. 吸叶菱形，阴茎具微毛 ······ 3
3A. 链体 5～25 节，精巢形成单列或双列，生殖腔无微毛，卵黄腺不达阴道区域 ······ 弗雷塔斯犁槽样绦虫（*R. freitasi*）
3B. 链体 35～86 节，精巢形成 3 列，生殖腔部分由微毛覆盖 ······ 斯科尔扎犁槽样绦虫（*R. scorzai*）

2b. 卵巢分叶相等 ······ 犁槽属（*Rhinebothrium* Linton，1890）（图 14-5）

识别特征：头节有 4 个有柄的吸叶，各由几个肌肉质横隔和 1 个纵隔分为多个小室。吸叶边缘完整或有小室。没有吸吻。头茎短或无。链体无缘膜或略有缘膜。怀卵节片解离。生殖孔位于侧方。精巢或少或多，位于阴茎囊前方；孔侧阴道后不存在精巢。卵巢位于后方，横切面 X 形。阴道在阴茎囊前方。卵黄腺滤泡位于侧方。子宫简单、位于中央。卵独立或组成茧。已知寄生于鲼形目和鳐目鱼类，分布于全球各地。模式种：柔韧犁槽绦虫（*Rhinebothrium flexile* Linton，1890）。

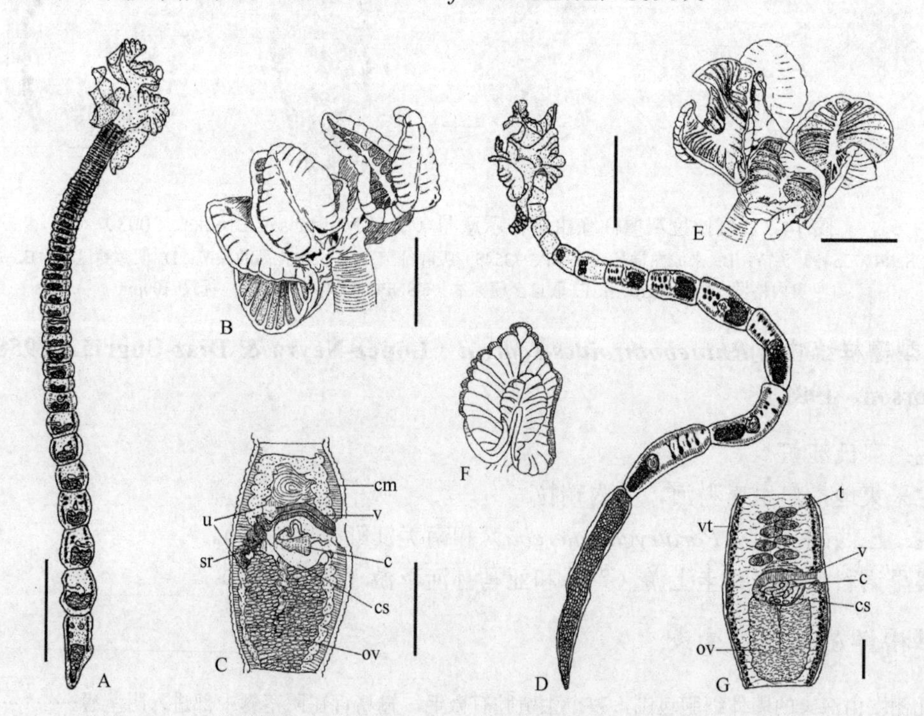

图 14-5 2 种犁槽绦虫结构示意图（引自 Friggens & Duszynski，2005）

A～C. 仙人掌湾犁槽绦虫（*R. chollaensis* Friggens & Duszynski，2005）：A. 整条虫体；B. 头节；C. 早期孕节。D～G. 孕犁槽绦虫（*R. gravidum* Friggens & Duszynski，2005）：D. 整条虫体；E. 头节；F. 吸叶；G. 成节。缩略词：c. 阴茎；cm. 环状肌肉；cs. 阴茎囊；ov. 卵巢；sr. 受精囊；t. 精巢；u. 子宫；v. 阴道；vt. 卵黄腺。标尺：A，D=0.5mm；B，E=200μm；C=100μm；G=30μm（原文献中未说明分图 F 的标尺）

犁槽属由 41 个种组成（Reyda & Marques，2011），其中大多数的修订仍然悬而未决。在该目的不同属中，犁槽属最为有趣，因为该属不仅描述了几个海洋的种类，而且描述了一些适应寄生于南美和亚洲内陆水域的淡水鳐的种类。有些淡水的种类最近被修订，有些新种被描述（Menoret & Ivanov，2009，2011；Reyda & Marques，2011）。而最近描述的海洋种类也被重描述（Healy，2006），同期许多未描述的种类的分子数据业已发表（Healy et al.，2009；Caira et al.，2014b）。Golestaninasab 和 Malek（2015）在研究阿曼湾（Gulf of Oman）鳐的犁槽目绦虫时，报道了犁槽属的两个新种：克鲁伯犁槽绦虫（*R. kruppi*）（图 14-6，图 14-7）和波斯犁槽绦虫（*R. persicum*）（图 14-8～图 14-9），这两种绦虫采自颗粒蓝吻犁头鳐［*Glaucostegus granulatus*（Cuvier，1829）］。可以将克鲁伯犁槽绦虫和波斯犁槽绦虫区别开来的一些重要特征包括：头节特征（吸叶铰链状，有 42～46 个小室 vs 梭形，有 68～62 个小室）；精巢的数目（4～5 vs 20～27）；生殖孔的位置（节片长度的 61.1%～76.9% vs 47.2%～63.3%）；卵巢形态（分叶状 vs 滤泡状）；阴茎囊扩展（过节片中线 vs 限于节片孔侧）；输精管排列（跨越近卵巢峡部后方 vs 跨卵巢前方边缘水平），以及微毛形态的细节差异。此外，前述特征的组合差异可用于将这两种从犁槽属其他有效种中区别开来。克鲁伯犁槽绦虫和波斯犁槽绦虫是伊朗阿曼首次系统描述的犁槽目绦虫，这两种的报道使犁槽属的有效种增至 43 个。这些有效种的形态特征比较见表 14-1 和表 14-2。

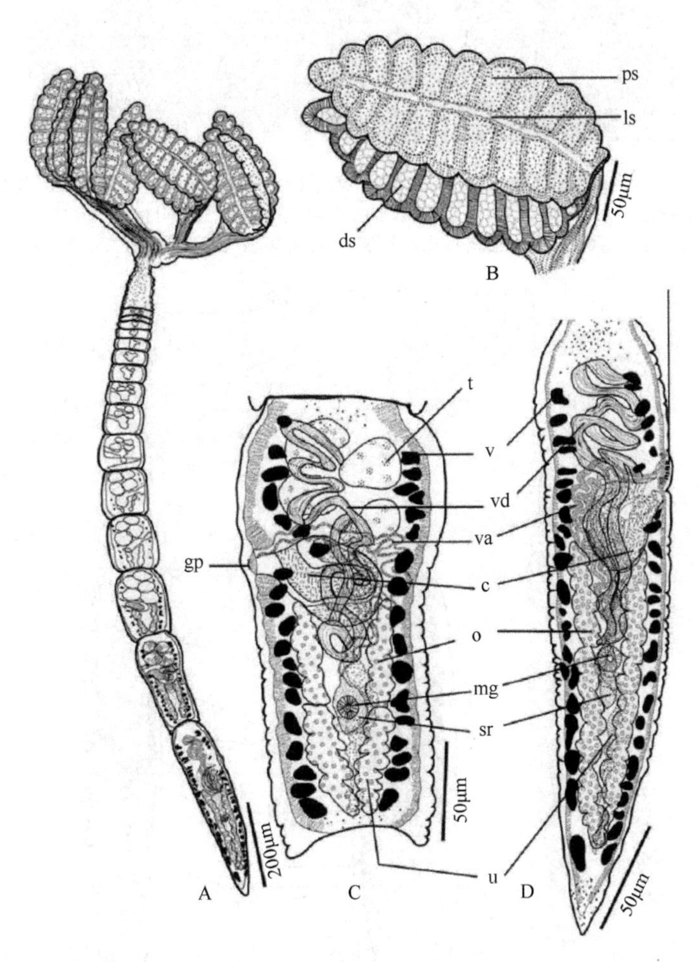

图 14-6 克鲁伯犁槽绦虫的结构示意图（引自 Golestaninasab & Malek，2015）

A. 凭证标本整条虫体；B. 全模标本的单个吸叶；C. 全模标本亚末端成节；D. 全模标本末端成节，具有扩展的输精管和萎缩的精巢。缩略词：c. 阴茎；ds. 吸叶远端表面；gp. 生殖孔；ls. 纵隔；mg. 梅氏腺；o. 卵巢；ps. 吸叶近端表面；sr. 受精囊；t. 精巢；u. 子宫；v. 卵黄腺；va. 阴道；vd. 输精管

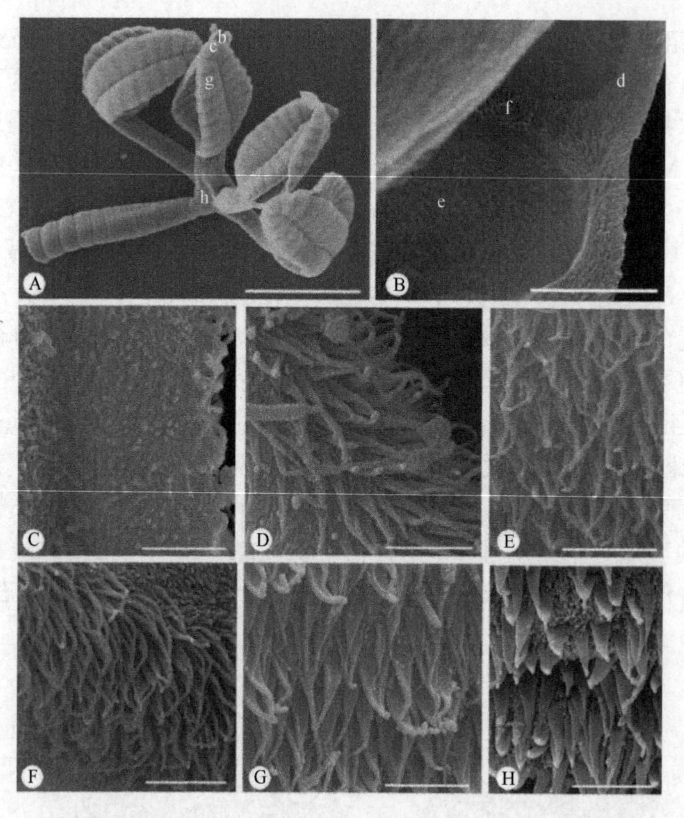

图 14-7　克鲁伯犁槽绦虫的扫描结构（引自 Golestaninasab & Malek，2015）

A，B 中小写字母示相应大写字母图取处。A. 头节；B. 吸叶远端表面；C. 吸叶近端表面，近吸叶边缘；D. 吸叶远端表面，小腔和边缘之间；E. 吸叶远端表面，小腔中部；F. 吸叶远端表面横隔；G. 远离吸叶边缘的吸叶近端表面；H. 头茎表面。标尺：A=200μm；B=12μm；C～H=2μm

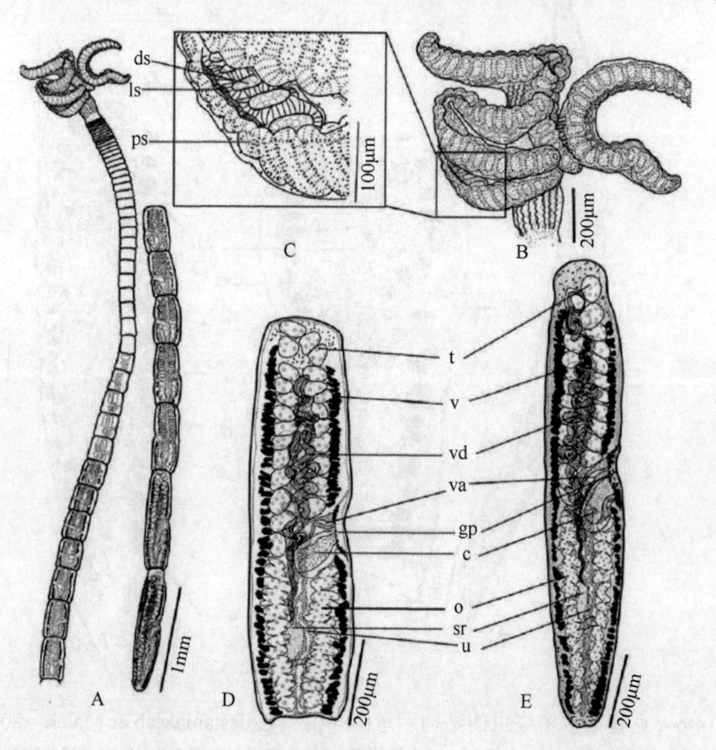

图 14-8　波斯犁槽绦虫的结构示意图（引自 Golestaninasab & Malek，2015）

A. 凭证标本整条虫体；B. 全模标本的头节；C. 吸叶远端表面具明显的纵隔；D. 全模标本亚端部成节，具有精巢；E. 全模标本末端成节，具有扩展的输精管（精巢或存在或萎缩）。缩略词：c. 阴茎；ds. 吸叶远端表面；gp. 生殖孔；ls. 纵隔；o. 卵巢；ps. 吸叶近端表面；sr. 受精囊；t. 精巢；u. 子宫；v. 卵黄腺；va. 阴道；vd. 输精管

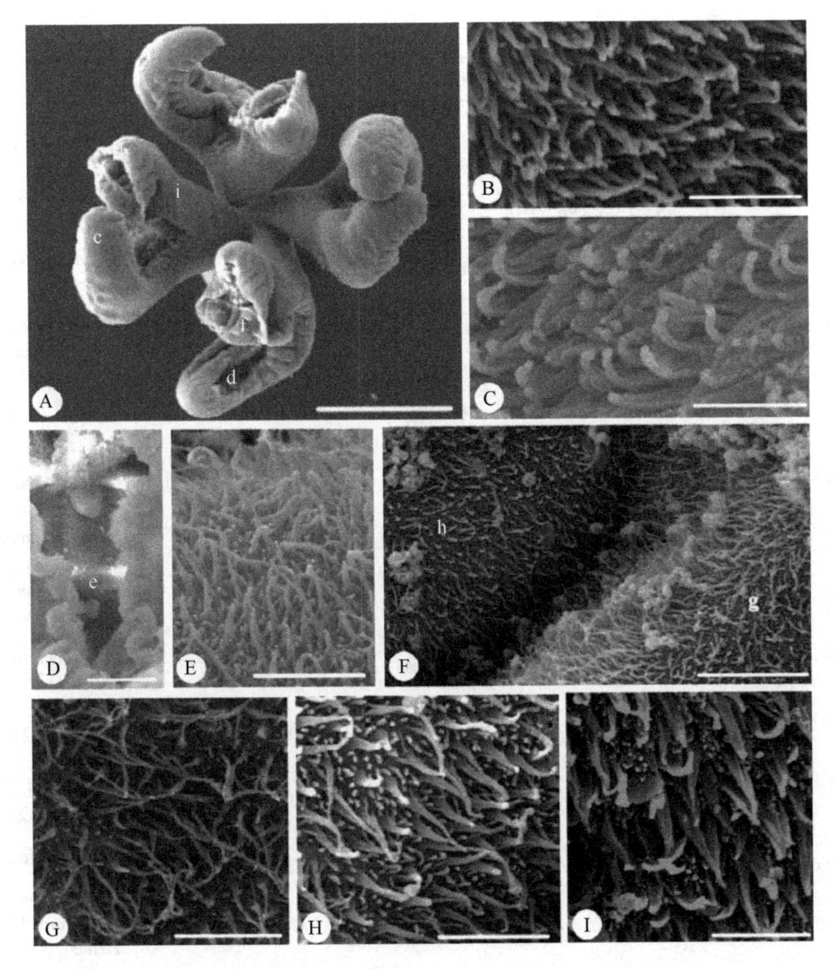

图 14-9 波斯犁槽缘虫的扫描结构（引自 Golestaninasab & Malek，2015）

A，D，F 中小写字母示相应大写字母图取处。A. 头节；B. 吸叶近端表面，近吸叶边缘；C. 远离吸叶边缘的吸叶近端表面；D. 吸叶远端表面；E. 吸叶远端表面的横隔；F. 吸叶远端表面纵隔位置；G. 远离吸叶表面，小腔中部；H. 吸叶远端表面的纵隔；I. 柄表面。标尺：A=200μm；B，C，E，G=2μm；D=20μm；F=6μm

表 14-1 犁槽属有效种的形态特征比较

种*	*N*	体总长（mm）	节片数	吸叶小腔数	精巢数	宿主	分布
R. abaiensis Healy，2006*	18	3.56（2.8～4.78）	15.3（13～19）	47.5（46～50）	17.7（15～21）	查菲窄尾 魟（*Himantura chaophraya* Monkolprasit & Roberts）	马来西亚婆罗洲
R. asymmetrovarium Dailey & Carvajal，1976	6	2.35（1.8～2.8）	24（18～33）	23	2	扁头犁头鳐［*Rhinobatos planiceps*（Garman）］	智利
R. baeri Euzet，1959	NA	40～50	50～75	34	40（28～52）	紫 魟（*Dasyatis violacea* =紫色翼魟［*Pteroplatytrygon violacea*（Bonaparte）］	法国塞特
R. biorchidum Huber & Schmidt，1985	9	1.84（1.22～2.55）	20.4（15～26）	22～30	2	牙买加扁魟［*Urolophus jamaicensis*（Cuvier）］	牙买加愉景湾
R. brooksi Reyda & Marques 2011*	39	16（6～27）	83（53～139）	59（55～65）	9（7～13）	巴西副江 魟［*Paratrygon aiereba*（Müller & Henle）］	南美洲
R. burgeri Baer，1948	NA	8	20～22	48～50	30～35	粗尾 魟［*Dasyatis centroura*（Mitchill）］	美国马萨诸塞州
R. chilensis Euzet & Carvajal，1973	11	<45	80～280	36	35～45	黏同鳍鳐［*Sympterygia lima*（Poeppig）］	智利北部海岸
R. chollaensis Friggens & Duszynski，2005	21	3（1.3～5.1）	61.1（32～84）	45（40～49）	4	圆 魟［*Urobatis halleri*（Cooper）］	墨西哥

续表

种*	N	体总长（mm）	节片数	吸叶小腔数	精巢数	宿主	分布
R. copianullum Reyda，2008*	115	28（10～68）	305（128～880）	74（63～78）	6（4～12）	巴西副江 魟［*Paratrygon aiereba*（Müller & Henle）］	秘鲁
R. corbatai Menoret & Ivanov，2011*	14	5.1（3.3～7.5）	128（96～190）	73（71～75）	4（3～5）	南美江 魟［*Potamotrygon motoro*（Müller & Henle）］	阿根廷
R. corymbum Campbell，1975	>2	7.6（4.7～11.5）	19（14～24）	58（56～58）	25（18～34）	美洲魟(*Dasyatis americana* Hildebrand & Schroeder)	美国弗吉尼亚
R. devaneyi Brooks & Deardoff，1988	8	9（5～12）	33（26～39）	128（94～152）	37（30～43）	非洲沙粒 魟［*Urogymnus asperrimus*（Bloch & Schneider）］	［大洋洲］马绍尔群岛
R. ditesticulum Appy & Dailey，1977	18	21（9.6～29）	229（160～276）	50（48～54）	2	圆 魟［*Urobatis halleri*（Cooper）］	美国加利福尼亚
R. euzeti Williams，1958	6	<5	NA	78	12	土 魟 未定种（*Dasybatis* sp.）	斯里兰卡
R. flexile Linton，1890（Type species）	25	7.5～16	31（21～50）	52（50～54）	14～20	粗尾 魟（*Dasyatis centroura*）	美国马萨诸塞
R. fulbrighti Reyda & Marques 2011*	57	6.3（3.1～18）	66（40～168）	47（43～53）	2～3	锁链 魟［*Potamotrygon orbignyi*（Castelnau）］	南美
R. ghardaguensis Ramadan，1984	5	5.25～7	22～25	34～46	15	蓝斑条尾 魟［*Taeniura lymma*（Forsskål）］	埃及红海
R. gravidum Friggens & Duszynski，2005	9	3.1（1.8～5.3）	14.8（9～21）	50.7（46～56）	7（8～10）	圆 魟［*Urobatis halleri*（Cooper）］	墨西哥
R. hawaiiensis Cornford，1974	2	NA	13	46	11～13	鬼土 魟（*Dasyatis latus*）［原文亦写为 *D. lata*（Garman）］	美国夏威夷
R. himanturi Williams，1964	1	5	22	54	19～20	细点窄尾 魟［*Himantura granulata*（Macleay）］	澳洲
R. hui（Tseng，1933）Healy，2006	NA	15	40～50	48	12	赤 魟［*Dasyatis akajei*（Müller & Henle）］	中国
R. leiblei Euzet & Carvajal，1973	12	<52	310	60	36～46	黏同鳍鳐（*Sympterygia lima*）	智利
R. lintoni Campbell，1970	>10	5.5（3.7～8）	51（41～65）	56（54～56）	6（5～8）	美洲 魟（*Dasyatis americana* Hildebrand & Schroeder）	美国切萨皮克湾
R. kruppi Golestaninasab & Malek，2015	4	1.89（1.56～2.44）	14.4（12～17）	44（42～46）	4.6（4～5）	颗粒蓝吻犁头鳐［*Glaucostegus granulatus*（Cuvier）］	伊朗阿曼湾
R. maccallumi Linton，1924	>2	28	>150	33	4～5	粗尾 魟［*Dasyatis centroura*（Mitchill）］	美国马萨诸塞
R. margaritense Mayes & Brooks，1981**	15	<5.7	75～100	53～55	4（3～6）	长吻魟［*Dasyatis guttata*（Bloch & Schneider）］	委内瑞拉
R. megacanthophallus Healy，2006	27	6.7（3.6～10.3）	31（20～45）	55（50～58）	14（10～18）	查菲窄尾魟（*Himantura chaophraya* Monkolprasit & Roberts）	马来西亚婆罗洲
R. mistyae Menoret & Ivanov，2011*	19	37（20～59.9）	554（353～974）	77（75～79）	5（4～7）	南美江魟［*Potamotrygon motoro*（Müller & Henle）］	阿根廷
R. oligotesticularis（Subramaniam，1940）Healy，2006	13	14.5	66	39-53	4～7	颗粒蓝吻犁头鳐［*Glaucostegus granulatus*（Cuvier）］	印度
R. paratrygoni Rego & Dias，1976* Brazil	62	32（8～80）	610（266～1060）	66（63～71）	5（4～9）	副河魟未定种（*Paratrygon* sp.）	巴西
R. pearsoni Butler，1987	25	14（4～25）	60（42～94）	34～38	24（20～33）	班克西铲吻犁头鳐（*Aptychotrema banksii* 钩鼻铲吻犁头鳐［*A. rostrata*?（Shaw）］	澳洲
R. Persicum Golestaninasab & Malek，2015	14	11.9（9～15.6）	61（55～80）	61（58～62）	23（20～27）	颗粒蓝吻犁头鳐［*Glaucostegus granulatus*（Cuvier）］	伊朗阿曼湾
R. rhinobati（Yamaguti，1960）组合种	1	6.35	29	NA	8（7～9）	许氏犁头鳐（*Rhinobatos schlegelii* Müller & Henle）（亦写为 *R. schlegeli*）	日本

续表

种*	N	体总长（mm）	节片数	吸叶小腔数	精巢数	宿主	分布
R. scobinae Euzet & Carvajal，1973	30	3～5	25～35	19	18～24	斯科比砂鳐［*Psammobatis scobina*（Philippi）］	智利
R. setiensis Euzet，1955	NA	1.5～1.8	25～30	47	27～34	普通鲼［*Myliobatis aquila*（Linnaeus）］	法国
R. spinicephalum Campbell，1970	>10	3.9（1.7～4.4）	44（36～49）	32（32～34）	2	美洲魟（*Dasyatis americana* Hildebrand & Schroeder）	美国弗吉尼亚
R. taeniuri Ramadan，1984	2	5.08～5.75	29～30	18～22	4～8	蓝斑条尾魟［*Taeniura lymma*（Forsskål）］	埃及红海
R. tetralobatum Brooks，1977	6	15～30	82～100	50～54	2	施氏窄尾魟［*Himantura schmardae*（Werner）］	哥伦比亚
R. tumidulum（Rudolphi，1819）Euzet，1953	NA	10～15	80～100	22	10～12	光魟［*Rajae pastinaca*（*Dasyatis pastinaca*? Linnaeus）］	未给出
R. urobatidium（Young，1955）Appy & Dailey，1977	18	3.3（3.1～3.4）	30～41	38～42	6～12	圆魟［*Urobatis halleri*（Cooper）］	美国加利福尼亚
R. verticillatum（Subhaprada，1955）Healy，2006	NA	33	76～115	42～50	12～14	吉达尖犁头鳐［*Rhynchobatus djiddensis*（Forsskål）］	印度
R. walga（Shipley & Hornell，1906）Euzet，1953	NA	NA	15～25	42	4～6	瓦魟（*Trygon walga*）、沃尔窄尾魟［（*Himantura walga*（Müller & Henle）］	斯里兰卡（南亚岛国）
R. xiamenensis Wang & Yang，2001	9	8.2（7.6～9.3）	39（36～42）	39（36～42）	12（10～14）	尖嘴魟［*Dasyatis zugei*（Müller & Henle）］	中国

注：*N*. 测定的样品数；器官大小或数量范围在括号内；NA. 没有数据

*淡水种。6 个海洋种：*R. brooksi*，*R. copianullum*，*R. fulbrighti*，*R. mistyae*，*R. paratrygoni* 和 *R. urobatidium* 有报道采自额外的宿主和额外的地点

** 唯一的具额外宿主的海洋犁槽属种 *R. margaritense*，也报道采自与模式宿主同地点的美洲魟（*Dasyatis americana* Hildebrand & Schroeder）

表 14-2 含有 2 个后部吸叶腔的犁槽绦虫种的比较

种	总长（mm）	节片数	吸叶腔数	精巢数	生态区域†	模式宿主
淡水种						
R. brooksi Reyda & Marques，2011	6～27	53～139	55～65	7～13	新热带区的淡水/亚马孙	巴西副江魟（*Paratrygon aiereba* Mü ller & Henle）
R. copianullum Reyda，2008	10～68	128～880	63～87	4～12	新热带区的淡水/亚马孙	巴西副江魟
R. corbatai Menoret & Ivanov，2011	3.3～7.5	96～100	71～75	3～5	新热带区的淡水/拉普拉塔河流域	南美江魟（*Potamotrygon motoro* Mü ller & Henle）
R. fulbrighti Reyda & Marques，2011	3.1～18.0	40～168	43～53	2～3	新热带区的淡水/亚马孙	奥氏江魟（*Potamotrygon orbignyi* Castelnau）
R. jaimei sp. n.	3.1～6.6	18～33	49～55	6～8	新热带区的淡水/亚马孙	奥氏江魟
R. kinabatanganensis Healy，2006	2.8～6.4	29～51	33～43	10～15	印度太平洋中部/马来西亚（婆罗洲）淡水	多鳞窄尾魟（*Himantura polylepis* Bleeker）
R. mistyae Menoret & Ivanov，2011	20.0～59.9	353～974	75～79	4～7	新热带区的淡水/拉普拉塔河流域	南美江魟
海洋种						
R. ghardaguensis Ramadan，1984	20～25	22～25	34～36	15	印度-太平洋西：红海	蓝斑条尾魟（*Taeniura lymma* Forsskål）
R. margaritense Mayes & Brooks，1981	5.7	75～100	26～28	3～6	热带东北大西洋/加勒比海	长吻魟（*Dasyatis guttata* Bloch & Schneider）
R. rhinobati Dailey & Carvajal，1976	1.8～2.8	18～33	23	2	暖温带东南太平洋	扁头犁头鳐（*Rhinobatos planiceps* Garman）
R. setiensis Euzet，1955	15～18	25～30	47	27～34	温带北大西洋/地中海	斑点燕魟（*Myliobatis aquila* Linnaeus）
R. tetralobatum Brooks，1977*	15～30	82～100	50～54	2	热带西北大西洋/加勒比海	施氏窄尾魟（*Himantura schmardae* Werner）
R. tumidulum（Rudolphi，1819）	10～15	80～100	22	10～12	温带北大西洋/路西坦尼亚或地中海	蓝纹魟（*Dasyatis pastinaca* Linnaeus）

† 基于 Spalding 等（2007）的修改

* 数据测量自副模标本（HWML 20266）

Marques 和 Reyda（2015）报道了犁槽属另一个种：贾梅犁槽绦虫（*Rhinebothrium jaimei*）（图 14-10～图 14-12）。

模式宿主：奥氏江魟。

其他宿主：白点江魟（*Potamotrygon scobina* Garman）。

模式宿主采集地：仅采集于巴西帕拉（Pará）科拉里斯（Colares）的 Bahía de Marajó（0°55′35″S；48°17′25″W）。

感染位置：肠螺旋瓣。

感染率：检查的 18 尾奥氏江魟中 5 尾感染；27 尾白点江魟中 1 尾感染。

模式材料：全模标本（MZUSP 7758）；5 个副模标本（MZUSP 7759～7763）；5 个副模标本（LRP 8729～8733）；2 个副模标本（IPCAS C-699）；2 个副模标本（USNM 1283296～1283297）。

词源：种名荣誉给予乔治贾梅卡瓦略（Jaime Carvalho Jr.），他多年在亚马孙帮助专家进行相关研究工作的开展。

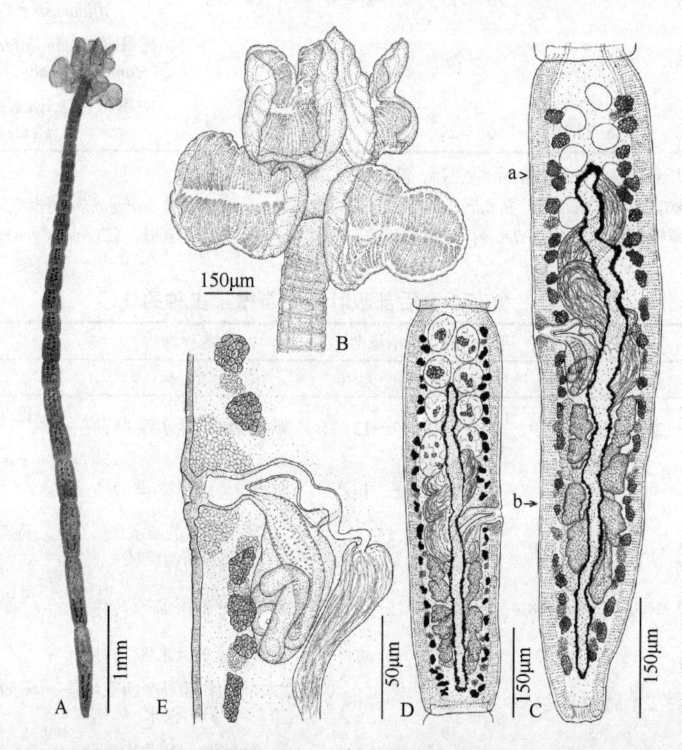

图 14-10　采自奥氏江魟的贾梅犁槽绦虫结构示意图（引自 Marques & Reyda，2015）

全模标本（MZUSP 7758）。A. 整条虫体；B. 头节；C. 末端节片，其中精巢萎缩了，箭头示图 14-12 横切面取样位置；D. 成熟的亚末端节片；E. 生殖器官末端

3a. 吸叶分两个部分，仅后部有纵向隔 ……………………………………双槽属（*Duplicibothrium* Williams & Campbell，1978）

识别特征（Ruhnke，Curran & Holbert，2000 修订）：偶然科（Serendipidae）。虫体雄性先熟，真解离。头节有背腹吸叶纵向融合成两对。背部的吸叶表面由水平隔或水平和纵隔分为小室。头茎存在或缺。精巢分布于两个不规则的背腹区域，伸展至卵巢的后方区域。生殖孔位于节片亚边缘前方 1/4 处，不规则交替。卵巢指状分叶，从中央峡部向外辐射。在末端节片中子宫发育不良。卵黄腺滤泡汇集于背部区域，卵巢和阴茎囊水平例外。已知为牛鼻刺魟（cownose stingray）的寄生虫。模式种：微小双槽绦虫（*D. minutum* Williams & Campbell，1978）。其他种：凯拉双槽绦虫（*D. cairae* Ruhnke，Curran & Holbert，2000）（图 14-13，图 14-14A～C）；短双槽绦虫（*D. paulum* Ruhnke，Curran & Holbert，2000）（图 14-14D～F，图 14-15）等。

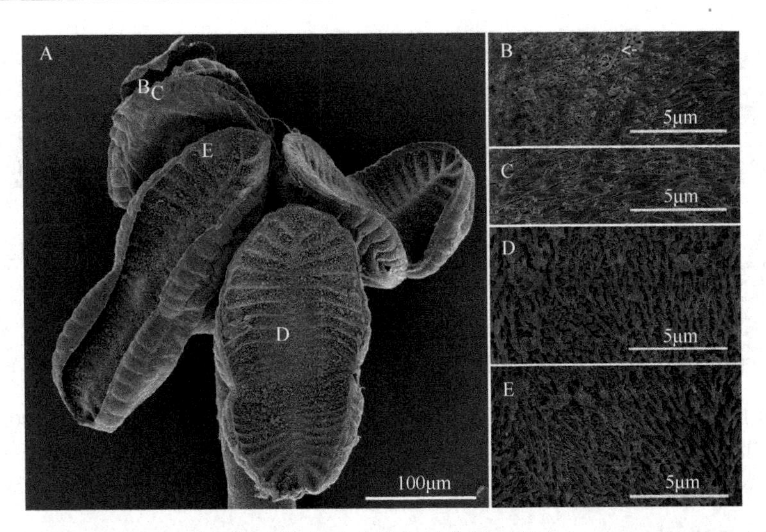

图 14-11 采自奥氏江魟的贾梅犁槽绦虫头节扫描结构（引自 Marques & Reyda，2015）

A. 头节，字母标注为相应图取处；B. 近边缘吸叶近端表面，白箭头示纤毛；C. 吸叶近端表面；D. 近吸叶中央吸叶远端表面；E. 近横隔膜吸叶远端表面

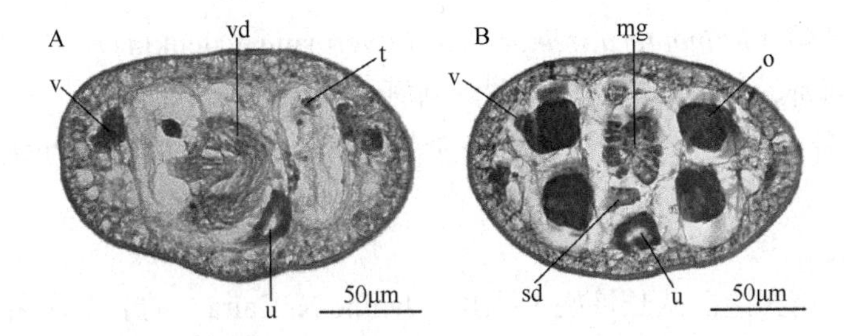

图 14-12 采自奥氏江魟的贾梅犁槽绦虫成节横切面（引自 Marques & Reyda，2015）

副模标本（MZUSP 7760）。A. 精巢水平切面；B. 卵巢水平切面。缩略词：mg. 梅氏腺；o. 卵巢；sd. 输精小管；t. 精巢；u. 子宫；v. 阴道；vd. 输精管

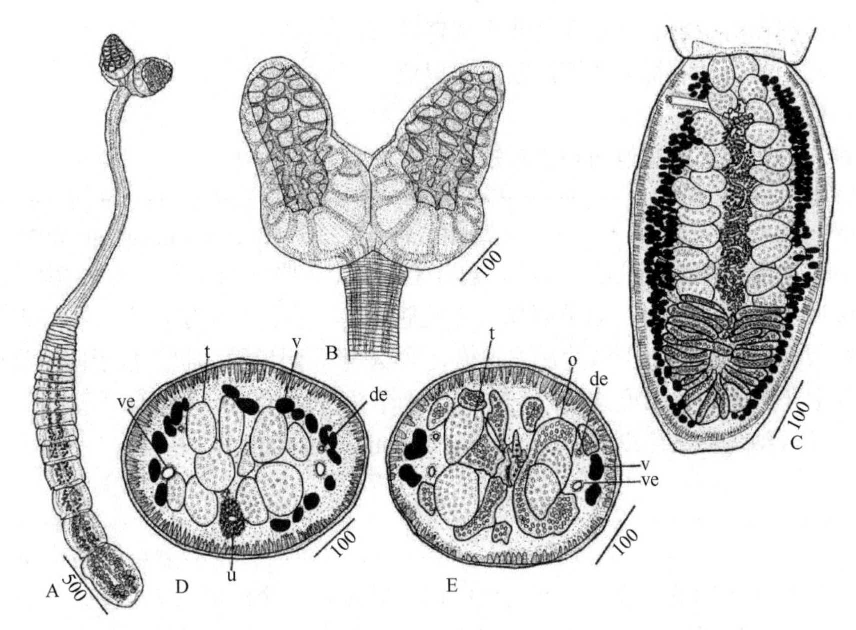

图 14-13 凯拉双槽绦虫结构示意图（引自 Ruhnke et al.，2000）

A. 全模标本（CNHE No. 3846）整条虫体；B. 副模标本（CNHE No. 3847）的头节。C～E. 副模标本（USNPC No. 89726）：C. 末节腹面观；D. 卵巢前方横切；E. 卵巢水平横切。缩略词：de. 背排泄管；o. 卵巢；t. 精巢；u. 子宫；v. 卵黄腺；ve. 腹排泄管。标尺单位为 μm

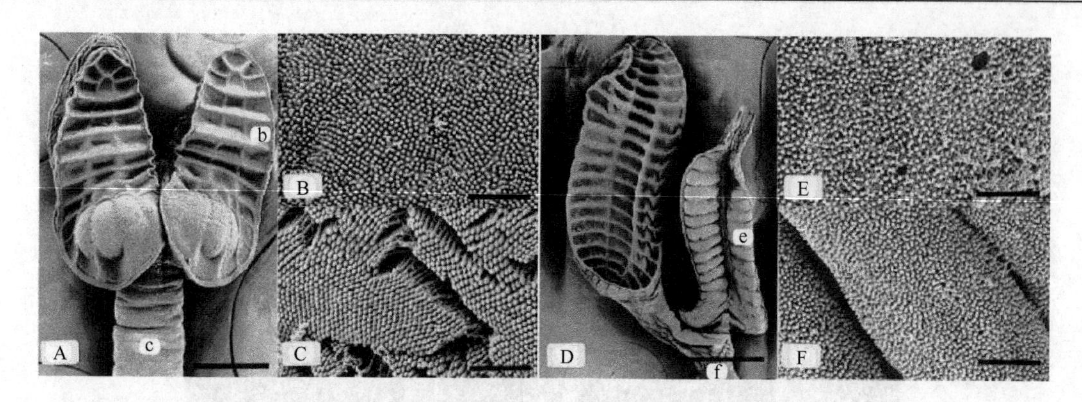

图 14-14 凯拉双槽绦虫和短双槽绦虫的扫描结构（引自 Ruhnke et al.，2000）

A～C. 凯拉双槽绦虫：A. 头节（小写字母示相应大写字母图取处）；B. 吸叶远端表面放大；C. 头茎部表面放大。D～F. 短双槽绦虫；D. 头节（小写字母示相应大写字母图取处）；E. 吸叶远端表面放大；F. 链体前方放大。标尺：A，D=200μm；B，C，E，F=1μm

14.3.1.3 双槽属的两个种

1）凯拉双槽绦虫（*Duplicibothrium cairae* Ruhnke，Curran & Holbert，2000）

模式宿主：斯氏牛鼻鲼（*Rhinoptera steindachneri* Evermann & Jenkins）、太平洋牛鼻鲼。

模式种采集地：墨西哥、加利福尼亚湾圣罗萨莉娅（Santa Rosalia）。

其他采集地：墨西哥、加利福尼亚湾普雷特奇托斯和洛杉矶巴伊亚（Puertecitos & Bahia de Los Angeles）。

感染部位：肠螺旋瓣。

词源：以加利福尼亚湾探险队队长珍妮·凯拉（Janine N. Caira）的名字命名。

2）短双槽绦虫（*D. paulum* Ruhnke，Curran & Holbert，2000）

模式宿主：斯氏牛鼻鲼、太平洋牛鼻鲼。

模式种采集地：墨西哥、加利福尼亚湾普雷特奇托斯。

其他采集地：墨西哥、加利福尼亚湾洛杉矶巴伊亚。

感染部位：肠螺旋瓣。

词源：以该种相对于同属的其他两种相对短的形态命名。

3b. 吸叶有横向和纵向隔 ·· 4

4a. 吸叶固着，有 3 纵列小室 ························ 竖沟槽属（*Glyphobothrium* Williams & Campbell，1977）（图 14-16G、H）

识别特征：头节球形，有 4 个固着的吸叶，融合于头节。各吸叶由几个肌肉质横隔和 2 个纵隔分为 3 纵列小室。没有吸吻。链体有缘膜，老节解离。生殖腔存在。生殖孔位于侧方，不规则交替。精巢数目多，孔侧阴道后精巢存在。卵巢位于节片后方，横切面 X 形。阴道腺体状，位于阴茎囊前方。卵黄腺滤泡围绕着髓质，伸展于整个节片长度方向。已知寄生于犁头鳐科（Rhinobatidae）鱼类，分布于美国和北大西洋。模式种：兹沃纳竖沟槽绦虫（*G. zwerneri* Williams & Campbell，1974）。

4b. 吸叶有柄，有 2 纵列小室 ·· 5

5a. 头茎很长 ·· 茎槽属（*Caulobothrium* Baer，1948）

识别特征：头节有 4 个固着的吸叶，被几个肌肉质横隔和 1 个纵隔分为小室。没有吸吻。头茎很发达。链体有或无缘膜，老节解离。生殖孔位于侧方，不规则交替。精巢数目多，孔侧阴道后精巢存在。阴茎囊大，并有具棘的阴茎。卵巢位于节片后方，横切面 X 形。阴道位于阴茎囊前方。阴道括约肌存在。卵黄腺滤泡位于侧方，背腹发育良好。子宫位于中央，有侧向支囊。已知寄生于鲼科（Myliobatidae）鱼类，分布于北大西洋和地中海。模式种：长领茎槽绦虫［*Caulobothrium longicolle*（Linton，1890）］。

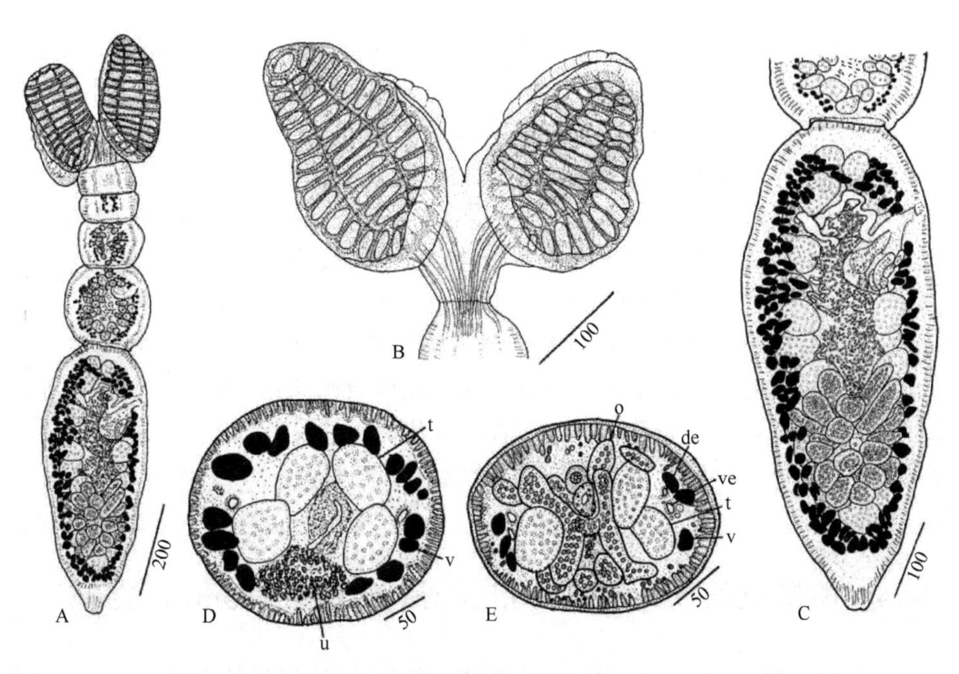

图 14-15 短双槽绦虫结构示意图（引自 Ruhnke et al，2000）

A. 全模标本（CNHE No. 3848）整条虫体；B. 副模标本（CNHE No. 3849）的头节；C. 全模标本末节腹面观。D，E. 副模标本（USNPC No. 89729）：D. 卵巢前方横切；E. 卵巢水平横切。缩略词：de. 背排泄管；o. 卵巢；t. 精巢；u. 子宫；v. 卵黄腺；ve. 腹排泄管。标尺单位为 μm

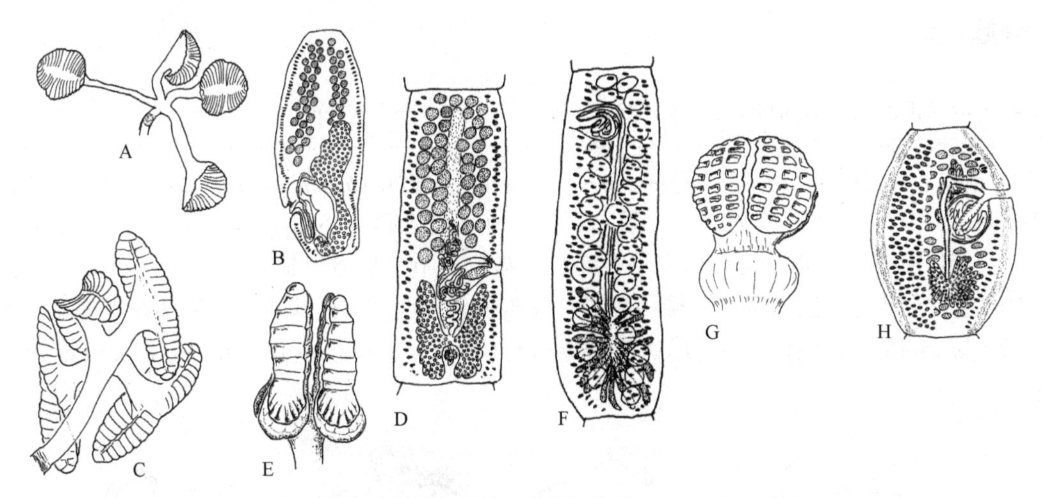

图 14-16 4 属绦虫结构示意图（引自 Euzet，1994）

A，B. 犁槽样属：A. 头节；B. 成节。C，D. 犁槽属：C. 头节；D. 成节。E，F. 双槽属：E. 头节；F. 成节。G，H. 竖沟槽属：G. 头节；H. 成节，卵黄腺滤泡仅在左侧

5b. 头茎短或无……………………………………………………………………………… 杆耳槽属（*Rhabdotobothrium* Euzet，1953）

识别特征：头节有 4 个有柄的吸叶，由几个横向隔和 1 个中央纵隔分为小室。没有吸吻。茎短或无。链体有缘膜，怀卵孕节解离。生殖孔位于侧方，不规则交替。精巢数目多，孔侧阴道后精巢存在。阴茎囊大，并有具棘的阴茎。卵巢位于后方，横切面 X 形。阴道位于阴茎囊前方，形成大环位于节片前半部分。卵黄腺滤泡位于侧方，背腹发育良好。子宫位于中央，囊状。已知寄生于魟科（Dasyatidae）鱼类。分布于北大西洋和地中海。模式种：杜氏杆耳槽绦虫（*Rhabdotobothrium dollfusi* Euzet，1953）。

犁槽目很容易与其他有效目相区别（Khalil et al.，1994；Olson et al.，2001；Caira et al.，2005；Kuchta et al.，2007），区别特征如下：与两线目（Amphilinidea）和旋缘目（Gyrocotylidea）的区别在

于其具有显著的头节且是多节的链体结构；与槽首目（Bothriocephalidea）、鲤蠹目（Caryophyllidea）、双叶目（Diphyllidea）、双叶槽目（Diphyllobothriidea）、单槽目（Haplobothriidea）、佛焰苞槽目（Spathebothriidea）和锥吻目（Trypanorhyncha）的区别在于其头节具有 4 个吸臼（acetabula）[通常为吸叶状（bothridia）] 而不是吸槽状（bothria）]；同样其与锤头目（Cathetocephalidea）、光槽目（Litobothriidea）和日带目（Nippotaeniidea）的区别在于头节形态。与犁槽目不同，锤头目拥有一个本质上不可分割和横向扩展的头节；而光槽目和日带目的头节仅有单一的顶吸盘。在吸臼类目：盘头目（Lecanicephalidea）、四叶目（Tetraphyllidea）、原头目（Proteocephalidea）、圆叶目（Cyclophyllidea）和四槽目（Tetrabothriidea）中，犁槽目区别最为显著的是其具有有柄的吸叶（即吸臼）。与这些目更进一步的区别表现如下：圆叶目和四槽目各自存在实体状卵黄腺结构，犁槽目的卵黄腺为滤泡状；盘头目的头节通常具有一顶器官，仅少数例外，而大多数犁槽目不具有顶器官；原头目实质组织由其显著的纵肌分为皮质和髓质区，犁槽目则无此区分。显然，犁槽目与四叶目最为相似，两者明显的区别在于柄的有无。

14.4 鲫槽亚科（Echeneibothriinae de Beauchamp，1905）

识别特征：头节顶部有吸吻。4 个有柄吸叶，光滑或由隔分开。阴道后精巢存在。已知为鳐科（Rajidae）鱼类的寄生虫。

14.4.1 分属检索

1a. 头节有 4 个光滑的吸叶，各有简单或分小室的边缘 ········ 2
1b. 头节有 4 个吸叶，部分或完全由隔分开 ········ 3
2a. 吸叶杯状，有简单的边缘 ········ 伪花槽属（*Pseudoanthobothrium* Baer，1956）（图 14-17A）

识别特征：头节有 4 个有柄的吸叶。吸吻存在。链体无缘膜，怀卵孕节脱落。生殖孔不规则交替。精巢少，位于节片前方。孔侧阴道后精巢不存在。卵巢位于节片后方，横切面 X 形。阴道位于阴茎囊前方。卵黄腺滤泡位于侧方。已知寄生于鳐科鱼类，分布于北大西洋。模式种：汉生伪花槽绦虫（*P. hanseni* Baer，1956）（图 14-18）。其他种：拍托尼伪花槽绦虫（*P. purtoni* Randhawa，Saunders，Scott & Burt，2008）（图 14-19）。

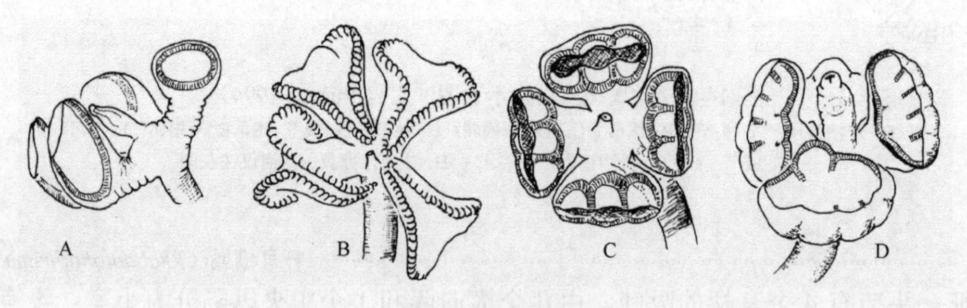

图 14-17 鲫槽亚科 4 属的结构示意图（转引自 Euzet，1994）
A. 伪花槽属头节；B. 克莱登槽属的头节；C. 三孔属的头节；D. *Phormobothrium* Alexander，1963 的头节

2b. 吸叶边缘有 1 列小室 ········ 克莱登槽属（*Clydonobothrium* Euzet，1959）（图 14-17B）

识别特征：头节有小的顶部吸吻和 4 个大吸叶，吸叶边缘有褶皱或有小室。附属吸盘不存在。链体无缘膜，老节不解离。生殖孔位于侧方，不规则交替。精巢位于阴茎囊前方。孔侧阴道后精巢不存在。卵巢位于节片后方。阴道位于阴茎囊前方。卵黄腺滤泡位于侧方。已知寄生于鳐科鱼类，分布于北大西洋。模式种：秀丽克莱登槽绦虫［*C. elegantissimum*（Lönnberg，1889）］。

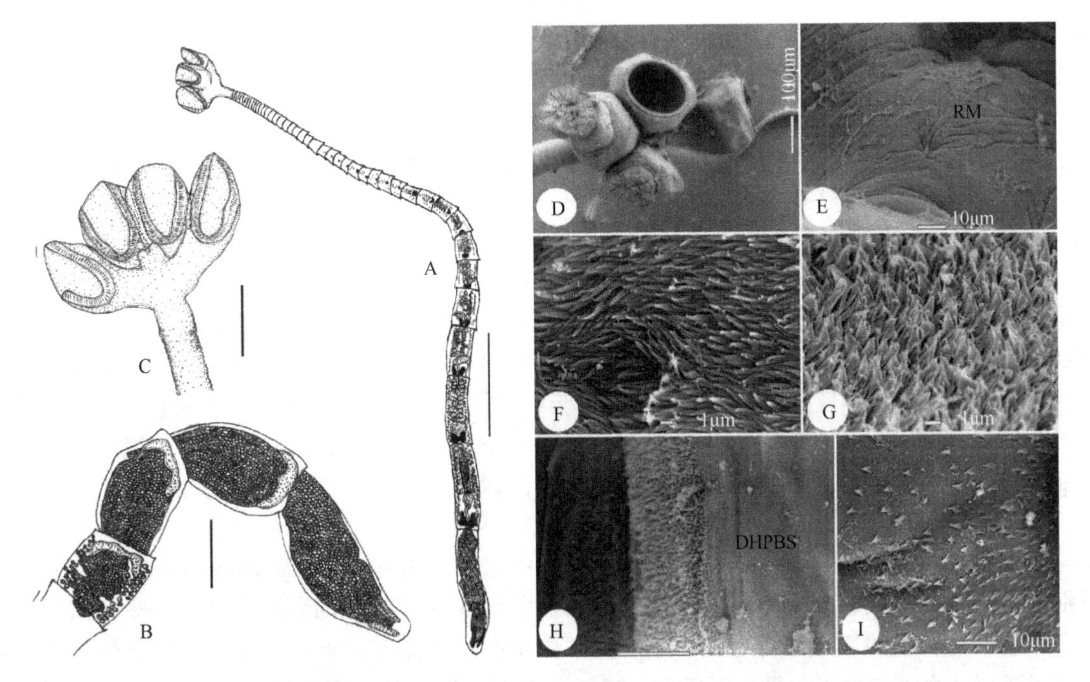

图 14-18 汉生伪花槽绦虫结构示意图及扫描结构（引自 Randhawa et al.，2008）

A～C. 结构示意图：A. 完整固定和染色的成熟样品；B. 末端孕节有完全膨胀充满六钩蚴的子宫，精巢见不到；C. 头节具伸展的吸叶和半收缩的吸吻。D～I. 扫描结构：D. 头节有 4 个有柄的杯状吸叶（其中 2 个吸叶长绒毛卷入）；E. 吸叶之间的区域，示吸吻（收缩）的位置；F. 吸叶远端表面，示丝状微毛；G. 吸叶边缘，示丝状微毛；H. 吸叶近端表面，示吸叶边缘和裸的远端区域；I. 吸吻表面，示叶片样微毛。缩略词：DHPBS. 吸叶近端表面远端部；RM. 收缩的吸吻。标尺：A=1mm；B=200μm；C=350μm；D=100μm；E，H，I=10μm；F，G=1μm

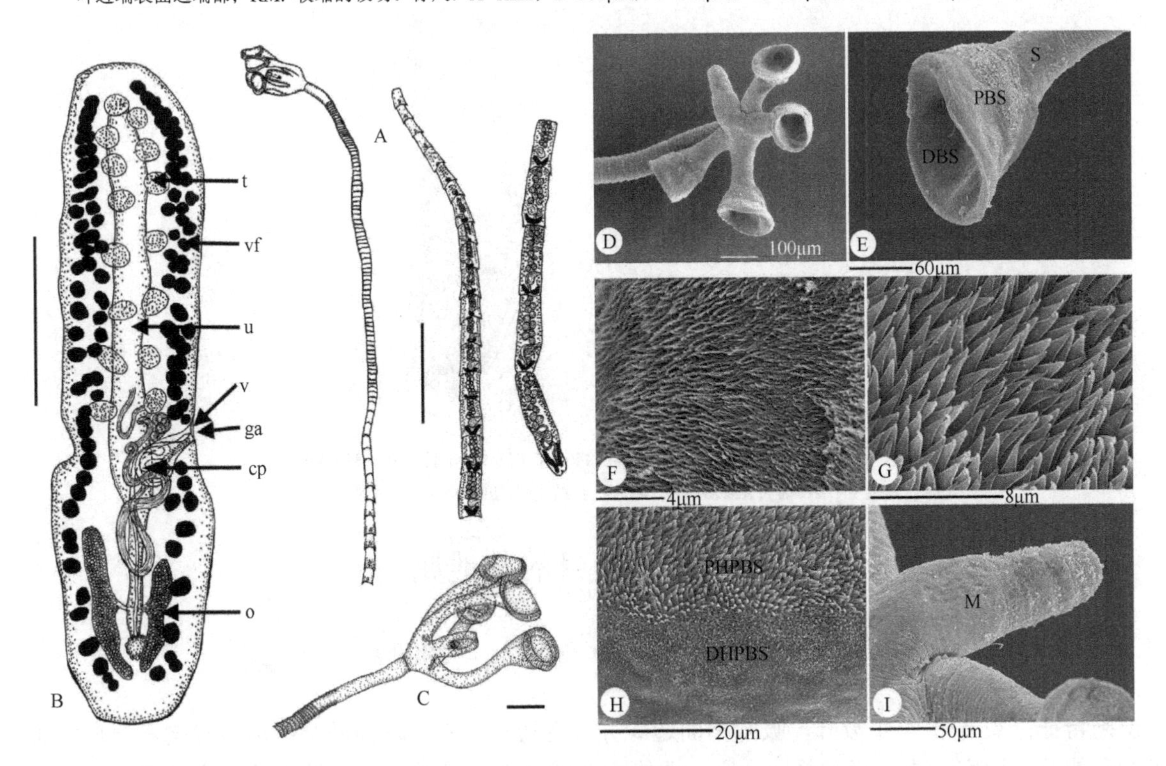

图 14-19 拍托尼伪花槽绦虫结构示意图及扫描结构（引自 Randhawa et al.，2008）

A～C. 结构示意图：A. 完整固定和染色的成熟样品，末端孕节有完全膨胀的子宫；B. 成节；C. 具伸展的吸叶和吸吻的头节。D～I. 扫描结构：D. 头节有 4 个有柄的吸叶和 1 个吸吻；E. 单个无隔室、杯状吸叶侧面观；F. 吸叶远端表面，示丝状微毛；G. 吸叶近端近半部表面，示叶片状微毛；H. 吸叶近端表面近和远半部的叶状微毛；I. 可伸缩的吸吻侧面观。缩略词：cp. 阴茎囊；ga. 生殖腔；o. 卵巢；t. 精巢；u. 子宫；v. 阴道；vf. 卵黄腺滤泡；DBS. 吸叶远端表面；DHPBS. 吸叶近端表面远半部；M. 吸吻；PBS. 吸叶近端表面；PHPBS. 吸叶近端表面近半部；S. 柄。标尺：A=1mm；B=300μm；C=200μm

3a. 吸叶有不完全的分隔……………………………………………………………属 *Phormobothrium* Alexander，1963（图 14-17D）

识别特征：头节顶部有吸吻和 4 个有柄吸叶，各吸叶有少量不完全纵隔。链体无缘膜，孕节解离与否不明。生殖孔位于侧方，不规则交替。精巢少，孔侧阴道后精巢不存在。卵巢位于后方。阴道位于阴茎囊前方。卵黄腺滤泡位于侧方。已知寄生于鳐科鱼类。分布于新西兰。模式种：*P. affine*（Olsson，1867）。

3b. 吸叶完全分隔……4

4a. 吸叶分隔为 3 个室……………………………………………………三孔属（*Tritaphros* Lönnberg，1889）（图 14-17C）

识别特征：头节有小吸吻和 4 个固着吸叶。各吸叶由 2 纵隔分为 3 个大腔。链体略有缘膜，老节不解离。生殖孔位于侧方，不规则交替。精巢位于前方；孔侧阴道后不存在精巢。卵巢位于后方，横切面 X 形。阴道位于阴茎囊前方。卵黄腺滤泡位于侧方。子宫位于中央，管状。已知寄生于鳐科鱼类，分布于全球各地。模式种：雷茨三孔绦虫（*T. retzii* Lönnberg，1899）。

4b. 吸叶分隔为大量小室…………………………………………鲫槽属（*Echeneibothrium* van Beneden，1850）（图 14-20）

识别特征：头节有顶部可收缩的、不同大小的吸吻和 4 个有柄或固着的吸叶，各吸叶由横向和纵向隔分为多个腔。链体无缘膜或略有缘膜，优解离。生殖孔位于侧方，不规则交替。精巢数目少；位于前方；孔侧阴道后精巢不存在。卵巢位于后方，横切面 X 形。阴道位于阴茎囊前方。卵黄腺滤泡位于侧方。子宫位于中央，管状。已知寄生于鳐科鱼类，分布于全球各地。模式种：易变鲫槽绦虫（*Echeneibothrium variabile* van Beneden，1850）。

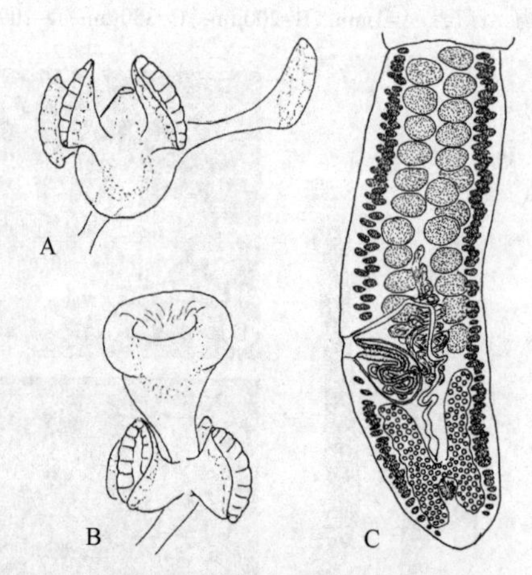

图 14-20　鲫槽属绦虫结构示意图（转引自 Euzet，1994）

A. 有内陷吸吻的头节；B. 有翻出吸吻的头节；C. 成节

14.5　犁槽目的其他属

14.5.1　对耳槽属（*Biotobothrium* Tan，Zhou & Yang，2009）

识别特征：头节带 4 个吸叶，吸叶槽面边缘分布有边缘小室，槽面两端区域被纵向和横向肌束分隔形成对称的分格图案，末端形成单一分室，边缘小室的分布在槽面两末端被大的分室打断。节片间一般不交叠，节片成为孕节前脱离链体。生殖孔位于节片侧缘，左右不规则交替。输精管沿阴茎囊的侧面进入。精巢数目多，阴道后方靠孔侧没有分布。卵巢位于节片后方。卵黄腺位于节片的两侧。已知成体寄生于软骨鱼类。模式种也是目前唯一种：团扇鳐对耳槽绦虫（*Biotobothrium platyrhina* Tan，Zhou & Yang，2009）（图 14-21）。

宿主：中国团扇鳐［*Platyrhina sinensis*（Bloch & Schneider，1801）］。
寄生部位：肠螺旋瓣。
分布：福建沿海。

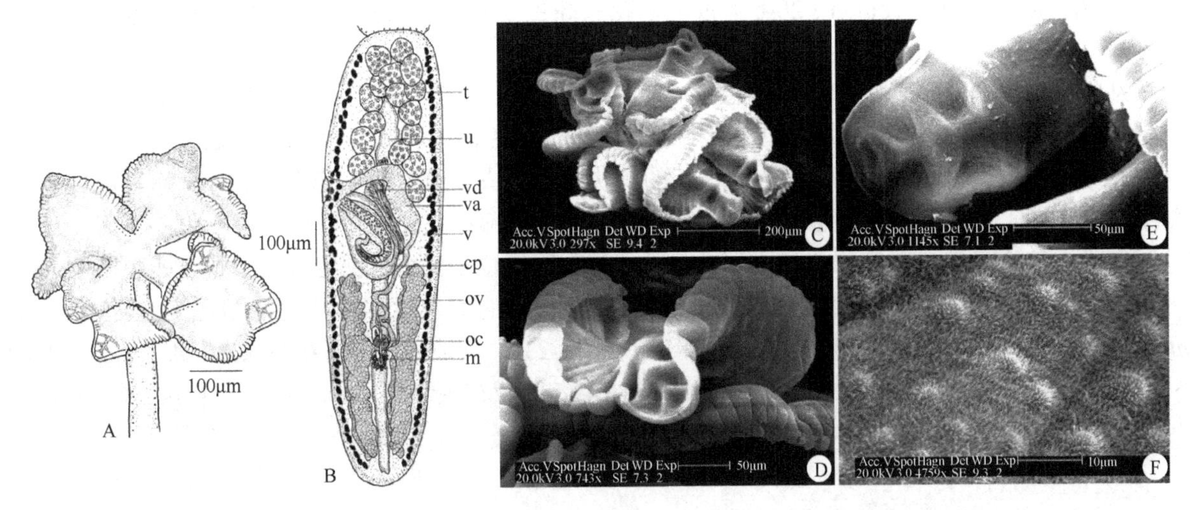

图 14-21 团扇鳐对耳槽绦虫结构示意图及扫描结构（引自周霖，2003 并调整）
A，B. 结构示意图：A. 头节；B. 成节。C～F. 扫描结构：C. 头节全面观；D. 吸叶；E. 末端分隔区；F. 槽面乳突。缩略词：cp. 阴茎囊；m. 梅氏腺；oc. 捕卵器；ov. 卵巢；t. 精巢；u. 子宫；v. 卵黄腺；va. 阴道；vd. 储精管

根据 Euzet（1994）文献，由于该种头节带有 4 个具柄无钩吸叶，节片中雌雄同体，卵黄腺沿节片两侧分布，应归入犁槽目，同时该种头节上 4 个吸叶彼此分离，在这个特征上亦明显区别于 Brook（1995）建立的偶然科。在叶槽科的类群中，副犁槽样属（*Pararhinebothroides* Brook，1999）、犁槽样属（*Rhinebothroides* Mayers，Brooks & Thorson，1981）、安氏槽属（*Anindobothrium* Marques，2001）的种类和凯拉花头绦虫等都具有边缘小室，但该种吸叶两端分布的肌肉质分隔能明显地区别以上种类。该种吸叶末端的分隔模式和犁槽属种类吸叶上的分隔模式接近，都具备横向和纵向分隔（形成末端单室），只是犁槽属种类吸叶分隔是全吸叶分布，而该种在吸叶末端其余部分分布的为边缘小室。在节片形态上，该种和以上类群有相似之处，都有相对较大的阴茎囊，精巢不分布于生殖孔侧的阴道下方。特别值得一提的是副犁槽样属、犁槽属、安氏槽属、花头属中的种类和该种的输精管进入阴茎囊的位置都是在阴茎囊的侧面，而非如四叶目（许多种类中的进入位置为阴茎囊末端）。在已报道的犁槽属种类中，没有发现对于该特征状况的描述，据周霖采集到的犁槽属种类的观察，也发现输精管入口位于侧面，但是否这个特征为所有该属种类共有，还需要对已发表的种类的模式标本进行重新的检查描述。鉴于该种同其他种类的异同，并且当前的叶槽科中的属并不能容纳该种，故建议建立一个新属来容纳该种。鉴于其吸叶上的特征，即吸叶两端突出，像吸叶上的一对耳朵，故命名为对耳槽属，根据该种寄生宿主的名字，种名命名为团扇鳐对耳槽绦虫。

14.5.2 花头属（*Anthocephalum* Linton，1890）

1890 年，Linton 提出四叶目的花头属（*Anthocephalum*）用于容纳采自盾尾刺鳐或粗尾魟[（*Dasyatis centroura*（Mitchill，1815））的细弱花头绦虫（*A. gracile* Linton，1890）[=粗尾魟叶槽绦虫（*Phyllobothrium centrurum* Southwell，1925）]。Southwell（1925）认为花头属与叶槽属（*Phyllobothrium* van Beneden，1849）为同物异名。Williams（1968）对叶槽属的限制概念进行了初步论证并建议当时放在叶槽属的一些种与叶槽属的限定概念不相符，如果花头属重建，则应移到花头属。Ruhnke（1994b）反对将花槽属与叶槽属同义化，重新建立四叶目的花头属（*Anthocephalum* Linton，1890）用于采自蝙蝠形鱼

类（batoid fish）的 5 种绦虫。Rocka 和 Zdzitowiecki（1998）将叶槽属的阿尔茨托夫斯基叶槽绦虫（*P. arctowskii* Wojciechowska，1991）、乔治亚叶槽绦虫（*P. georgiense* Wojciechowska，1991）、拉库斯叶槽绦虫（*P. rakusai* Wojciechowska，1991）和谢德莱茨基叶槽绦虫（*P. siedleckii* Wojciechowska，1991）移入花头属。Ruhnke 和 Seaman（2009）报道了花头绦虫 3 新种。Ruhnke 等（2015）描述了 8 个花头绦虫新种。

识别特征（在 Ruhnke，1994b 基础上的修订）：叶槽科。链体解离。颈部不明显。头节具有 4 个吸叶；各吸叶有 1 个顶吸盘和大量边缘小室。吸叶远端表面未完全小室化。吸叶近端表面覆盖着短粗的微毛和厚的棘状微毛。吸叶远端表面覆盖着细长的棘状微毛。成节通常长大于宽。节片中精巢数目多，位于髓质，横切面上排数可变。生殖孔位于侧方，虫体的后半部；生殖腔存在。阴道在阴茎囊前方开于生殖腔。卵巢在节片后部，H 形，横切面四叶状。卵黄腺区域位于侧方，滤泡分布于背方和腹方，分布区在卵巢和阴茎囊水平被部分或完全中断。已知为软骨鱼类的寄生虫。模式种：粗尾魟花头绦虫［*A. centrurum*（Southwell，1925）］组合种（图 14-22，图 14-23）。其他种：细弱花头绦虫（*A. gracile*（Wedl，1855）组合种；爱丽丝花头绦虫（*A. alicae*）（图 14-24）；凯拉花头绦虫（*A. cairae*）（图 14-25，图 14-26）和杜申斯基花头绦虫（*A. duszynskii*）（图 14-27，图 14-28）等。

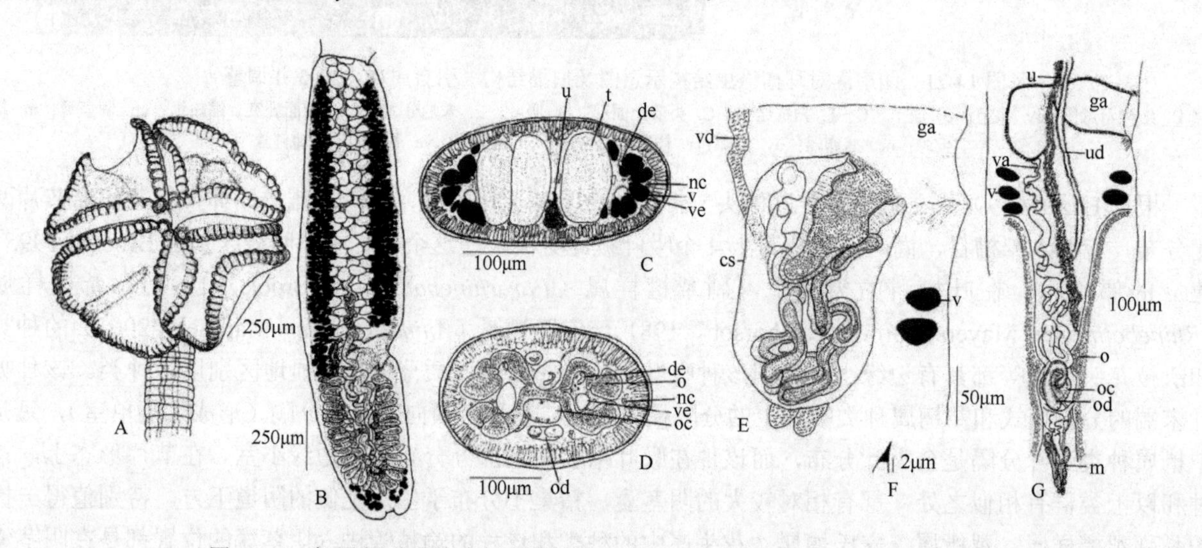

图 14-22　粗尾魟花头绦虫组合种结构示意图（引自 Ruhnke，1994b 并调整）

A，B. 凭证标本（USNM No. 83431）：A. 头节；B. 成节。C，D. 凭证标本（HWML No. 37092）：C. 通过阴茎囊前方节片横切；D. 通过卵巢水平节片横切。E～G. 凭证标本（USNM No. 83431）：E. 成节雄性生殖系统末端细节；F. 阴茎微毛；G. 成节雌性生殖系统，雄性生殖系统省略了。缩略词：cs. 阴茎囊；de. 背排泄管；ga. 生殖腔；m. 梅氏腺；nc. 神经索；o. 卵巢；oc. 捕卵器；od. 输卵管；t. 精巢；u. 子宫；ud. 子宫管；v. 卵黄腺滤泡；va. 阴道；vd. 输精管；ve. 排泄管

Ruhnke 和 Seaman（2009）报道了采自加利福尼亚湾刺鳐或魟（dasyatid stingrays）肠螺旋瓣上的 3 种花头绦虫：迈克尔花头绦虫（*A. michaeli*）（图 14-29）描述自长魟［*Dasyatis longus*（Garman）］，该种与爱丽丝花头绦虫最相似，但节片数目不同；卢克花头绦虫（*A. lukei*）（图 14-30）亦描述自长魟，该种相似于凯拉花头绦虫，但边缘小室数和节片数不同；库兰花头绦虫（*A. currani*）（图 14-31）描述自鞭尾魟［*D. brevis*（Garman）］，该种与粗尾魟花头绦虫最相似，但边缘小室数、精巢数和卵巢的长度不同。金叶槽绦虫（*Phyllobothrium kingae* Schmidt，1978）因与花头属的种类形态一致而被移入花头属，成为金花头绦虫新组合种（图 14-32），该种与迈克尔花头绦虫最相似，但精巢的形态不同。至此，花头绦虫就有了 9 个种。已知的这 9 种花头绦虫，全部寄生于鳐鱼，6 种发现于魟属（*Dasyatis* Garman）。

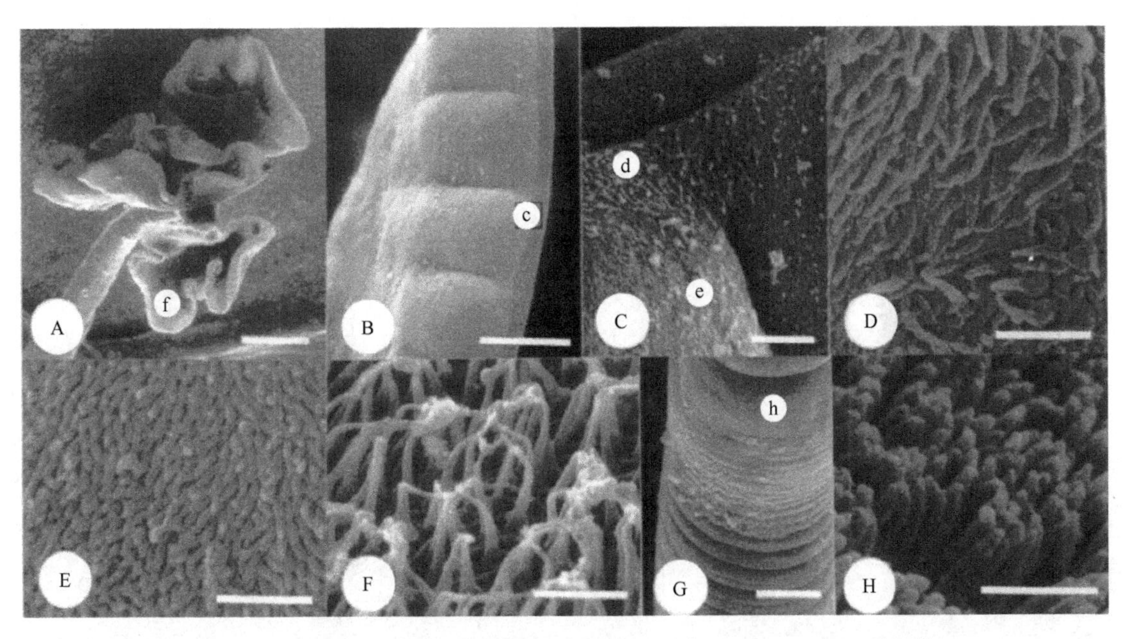

图 14-23 粗尾魟花头绦虫组合种的扫描结构（引自 Ruhnke，1994b 并调整）

A. 头节（f 为图 F 取图处片）；B. 边缘小室放大，近端表面观（c 为图 C 取图处）；C. 吸叶近端近边缘小室周围放大（d，e 为图 D，E 取图处）；D. 近小室周围吸叶近端表面放大；E. 代表吸叶体和边缘小室基部的吸叶近端表面放大；F. 吸叶远端表面放大；G. 链体前部区域表面；H. 链体前部区域表面放大。标尺：A=200μm；B=20μm；C=2μm；D～F=1μm；G=50μm；H=500nm

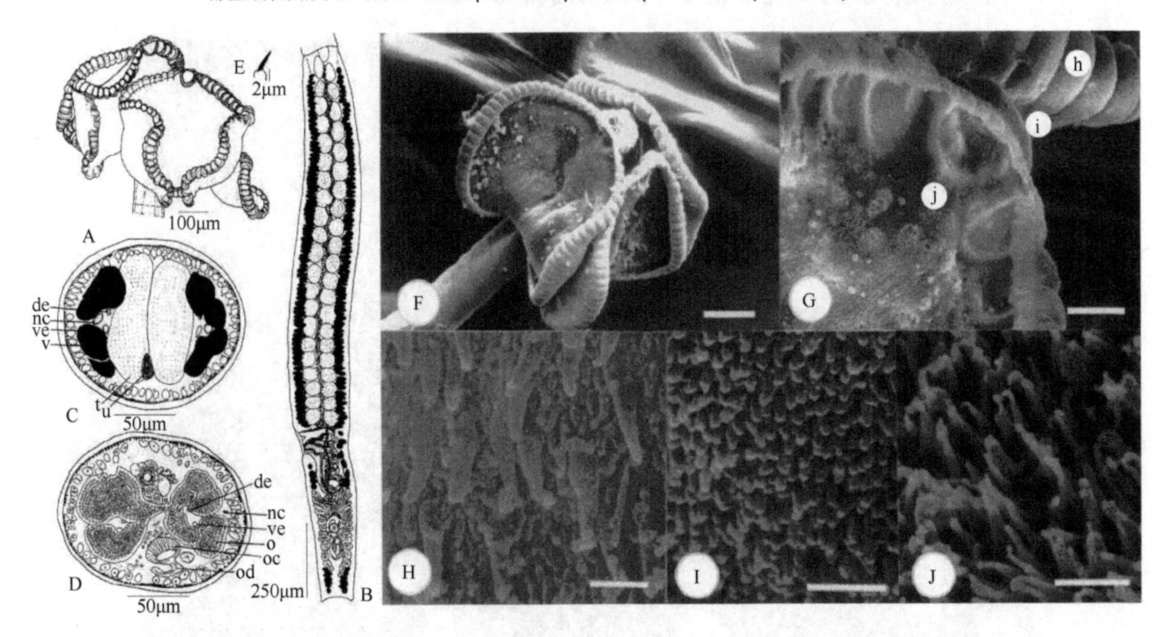

图 14-24 爱丽丝花头绦虫结构示意图及扫描结构（引自 Ruhnke，1994b 并调整）

A～E. 结构示意图：A. 全模标本（USNM No. 83422）的头节；B. 副模标本（USNM No. 83433）的成节；C～E. 副模标本（HWML No. 37093）：C. 通过节片阴茎囊前方横切；D. 通过节片卵巢水平横切；E. 阴茎微毛。F～J. 扫描结构：F. 头节；G. 边缘小室放大（小写字母标处为相应图取处）；H. 吸叶近端近边缘小室周围放大；I. 代表吸叶体和边缘小室基部的吸叶近端表面放大；J. 吸叶远端表面放大。缩略词：de. 背排泄管；nc. 神经索；o. 卵巢；oc. 捕卵器；od. 输卵管；t. 精巢；u. 子宫；v. 卵黄腺滤泡；ve. 排泄管。标尺：F=100μm；G=20μm；H，I=500nm；J=1μm

几种花头绦虫的主要形态测量值比较见表 14-3。

14.5.3 凯拉花属（*Cairaeanthus* Kornyushin & Polyakova，2012）

识别特征：犁槽目。中等大小，解离的蠕虫。头节有 4 个吸叶。各吸叶后方分支。无吸吻。吸叶具

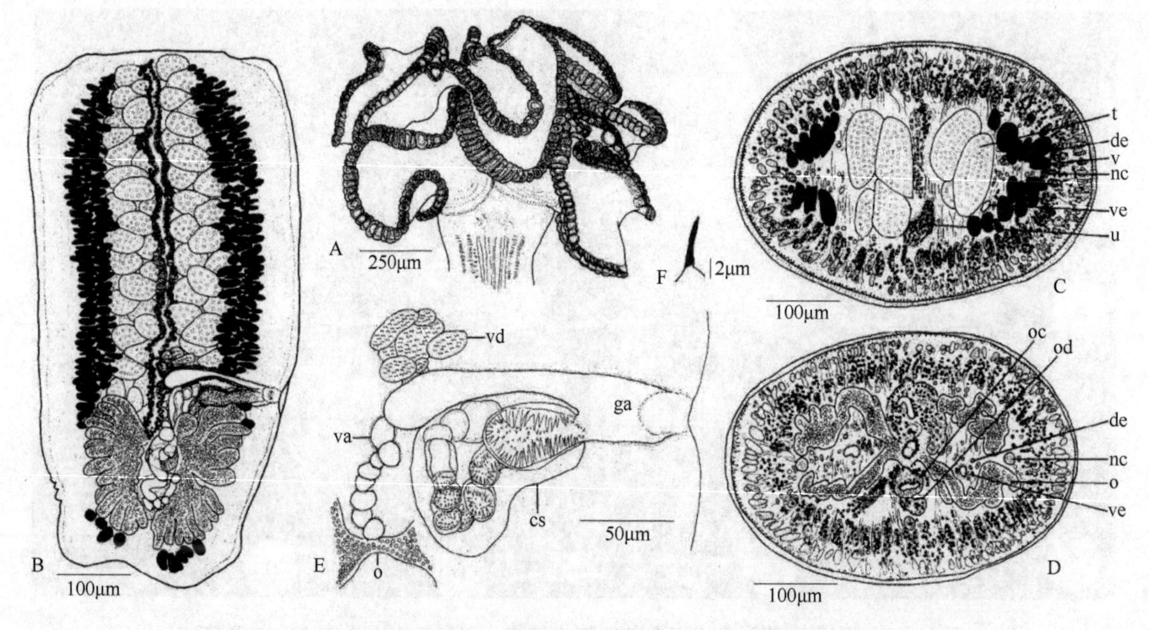

图 14-25 凯拉花头绦虫的结构示意图（引自 Ruhnke，1994b 并调整）

A. 全模标本（USNM No. 83435）的头节；B. 副模标本（USNM No. 83436）的成节；C～F. 副模标本（HWML No. 37094）：C. 过节片阴茎囊前方横切面；D. 过节片卵巢水平横切；E. 生殖器官远端部；F. 阴茎微毛。缩略词：cs. 阴茎囊；de. 背排泄管；ga. 生殖腔；nc. 神经索；o. 卵巢；oc. 捕卵器；od. 输卵管；t. 精巢；u. 子宫；v. 卵黄腺滤泡；va. 阴道；vd. 输精管；ve. 排泄管

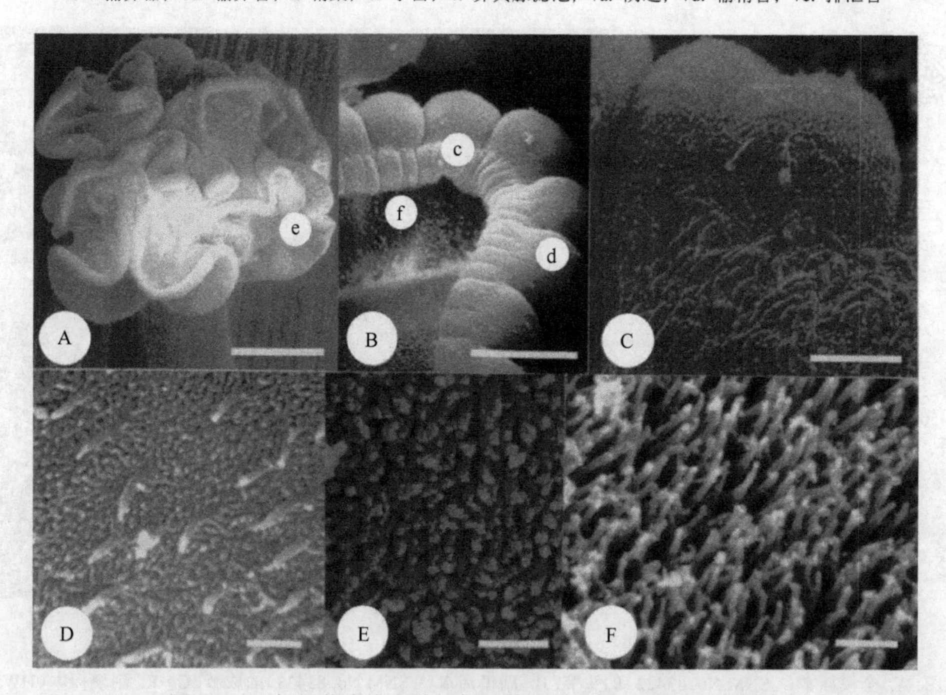

图 14-26 凯拉花头绦虫的扫描结构（引自 Ruhnke，1994b）

A，B 小写字母标处为相应大写字母图取处。A. 头节；B. 边缘小室放大；C. 吸叶近端近边缘小室周围放大；D. 小室周围后部近吸叶表面放大；E. 吸叶体部吸叶近端表面放大；F. 吸叶远端表面放大。标尺：A=200μm；B=20μm；C=2μm；D，F=1μm；E=500nm

柄，各有大量边缘小室。无顶吸盘。头茎存在。链体有缘膜，多节。精巢数目多，位于中央，排成几层；孔后无精巢。输精管卷曲；无受精囊。阴茎具棘样微毛。生殖孔开于节片近后部边缘，不规则交替。阴道在阴茎囊前方开于生殖腔。阴道括约肌不存在。卵巢近节片后部，中央位，H 形，横切面四叶状，叶不对称，为分叶状卵泡。卵黄腺滤泡状，数目多，侧方位；由两条宽的侧带组成，从节片侧方边缘扩展到中线处，包围着排泄管。卵黄腺区域在生殖腔水平不中断，变细，成节中止于卵巢的前

方边缘，不扩展至卵巢的后部。子宫腹位，达节片前方边缘，内具袋状分区。已知为魟科（Dasyatidae）鱼类的寄生虫。模式种：孺克凯拉花绦虫（*C. ruhnkei* Kornyushin & Polyakova，2012）（图 14-33）。其他种：希利凯拉花绦虫（*C. healyae* Kornyushin & Polyakova，2012）（图 14-34）。孺克凯拉花绦虫和希利凯拉花绦虫的形态特征比较见表 14-4。

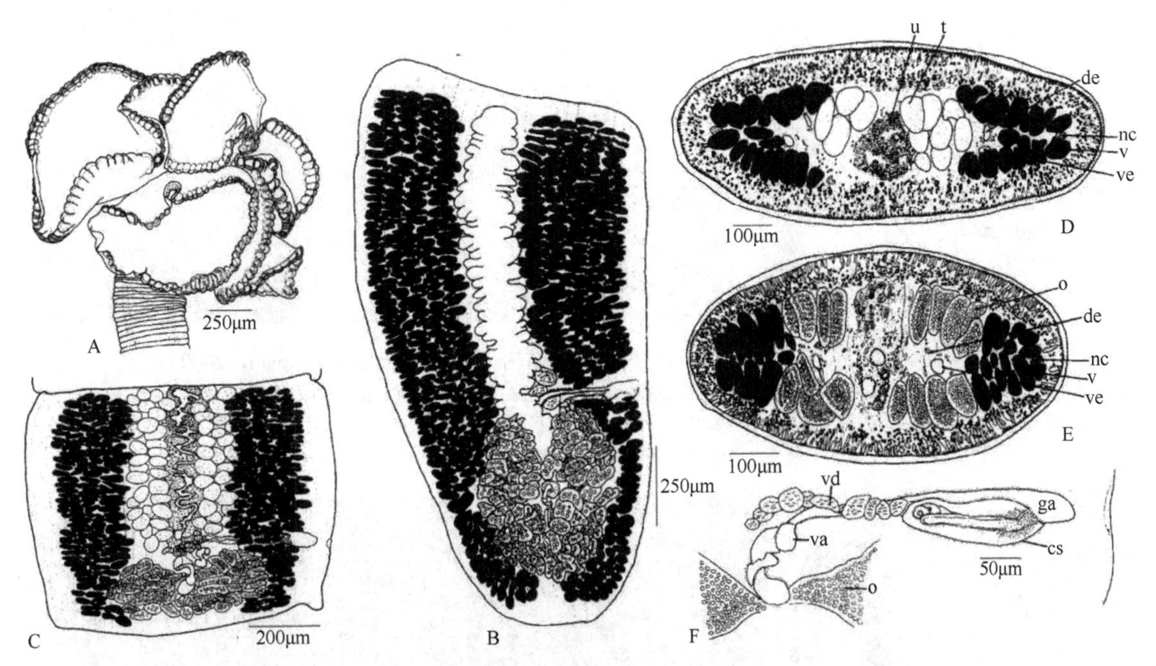

图 14-27 杜申斯基花头绦虫的结构示意图（引自 Ruhnke，1994b 并调整）

A. 全模标本（USNM No. 83437）的头节；B. 副模标本（USNM No. 83438）的末端节片；C. 全模标本的链体节片。D，E. 副模标本（HWML No. 37095）：D. 过节片阴茎囊前方横切；E. 过节片卵巢水平横切；F. 生殖器官远端细节。缩略词：cs. 阴茎囊；de. 背排泄管；ga. 生殖腔；nc. 神经索；o. 卵巢；t. 精巢；u. 子宫；v. 卵黄腺滤泡；va. 阴道；vd. 输精管；ve. 排泄管

图 14-28 杜申斯基花头绦虫的扫描结构（引自 Ruhnke，1994b）

B，F 小写字母标处为相应大写字母图取处。A. 头节；B. 近端表面边缘小室系列；C. 吸叶近端近边缘小室周围放大；D. 代表吸叶体和边缘小室基部的吸叶近端表面放大；E. 吸叶远端表面放大；F. 链体的前方区域；G. 链体前方区域表面放大。标尺：A=500μm；B=20μm；C～E，G=500nm；F=50μm

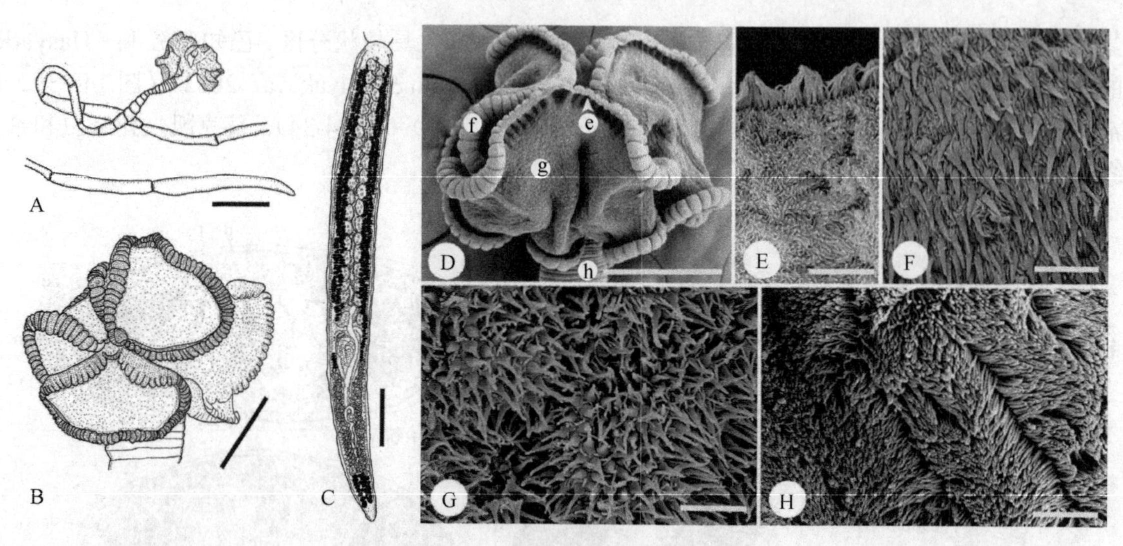

图 14-29 迈克尔花头绦虫结构示意图及扫描结构（引自 Ruhnke & Seaman，2009）

A～C. 结构示意图：A. 副模标本（LRP 4232）整条虫体；B. 副模标本（LRP 4233）的头节；C. 全模标本（CNHE 6230）的末端节片。D～H. 扫描结构：D. 头节（小写字母标处为相应大图取处）；E. 吸叶边缘远端；F. 边缘小室近端表面；G. 吸叶远端表面；H. 链体表面。标尺：A=1mm；B，C=200μm；D=200μm；E～H=2μm

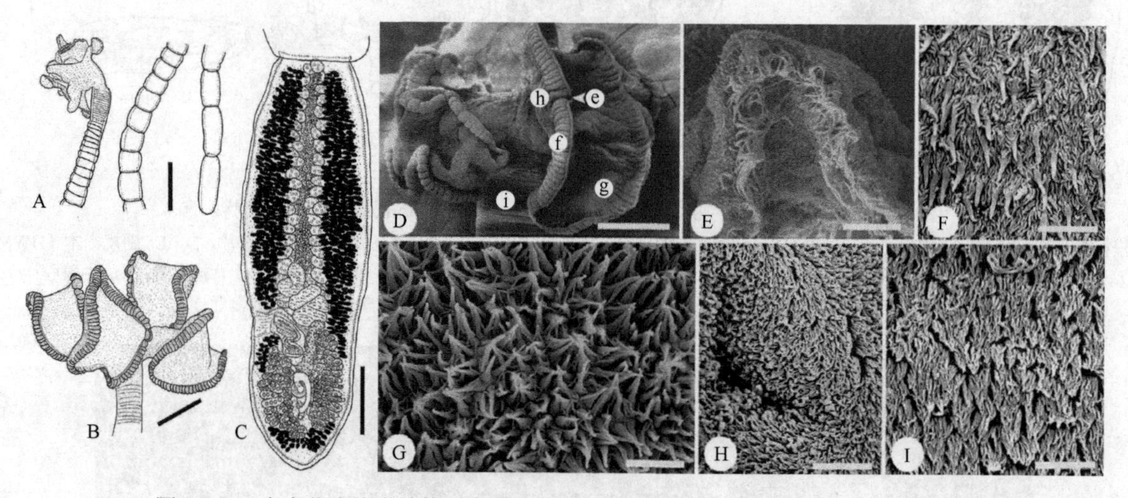

图 14-30 卢克花头绦虫结构示意图及扫描结构（引自 Ruhnke & Seaman，2009）

A～C. 结构示意图：A. 全模标本（CNHE 6232）整条虫体；B. 副模标本（LRP 4238）的头节；C. 全模标本的末端节片。D～I. 扫描结构：D. 头节（小写字母标处为相应大图取处）；E. 吸叶边缘；F. 边缘小室近端表面；G. 吸叶远端表面；H. 吸叶近端表面；I. 链体表面。标尺：A=1mm；B～D=200μm；E～I=2μm

词源：属名为彰显珍妮·凯拉（Janine N. Caira）博士在四叶目和犁槽目绦虫研究中的贡献；拉丁语“*anthus*”为“花”之意。

凯拉花属符合犁槽目的识别特征。在犁槽目的 8 个有效属中，花头属最接近凯拉花属，表现在略具柄的吸叶和折叠的吸叶上有大量边缘小室，孔后精巢不存在，生殖孔位于近节片后端的边缘位置。凯拉花属不同于花头属在于其缺顶吸盘，吸叶后部分支，卵黄腺区域被卵巢中断，不扩展至节片后端。凯拉花属从其他犁槽目的属区别出来的特征如下。与鲫槽属、犁槽属、杆耳槽属、犁槽样属和阶室属的区别在于吸叶上不存在面部小室，以及大量的卵黄腺滤泡终止于卵巢的前方边缘；与玫瑰槽属的区别在于孔后部精巢不存在；与海棉槽属的区别在于大量的卵黄腺滤泡终止于卵巢水平（Euzet，1994；Ruhnke，1994b；Ball et al.，2003）。寄生于软骨鱼的其他绦虫类群中，四叶目叶槽科的代表类群与凯拉花属相似。凯拉花属相似于叶槽属之处在于存在后部分支的吸叶，但不同之处在于有柄吸叶上边缘小室的存在及颈部不明

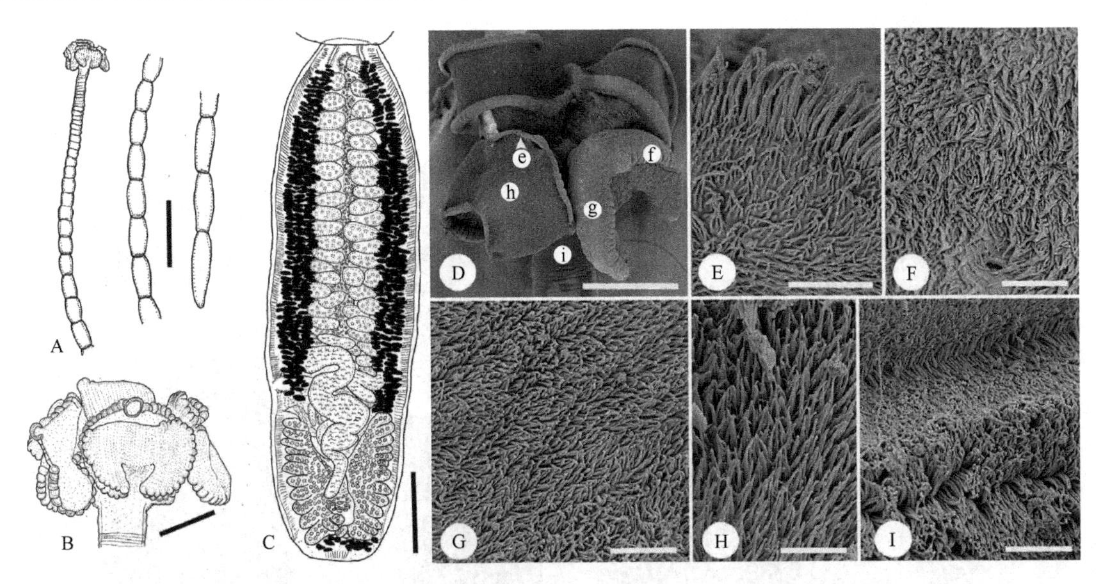

图 14-31　库兰花头绦虫结构示意图及扫描结构（引自 Ruhnke & Seaman，2009）

A～C. 结构示意图：A，B. 副模标本（LRP 4243）；A. 整条虫体；B. 头节；C. 全模标本（CNHE 6234）的末端节片。D～I. 扫描结构：D. 头节（小写字母标处为相应大图取处）；E. 吸叶边缘；F. 边缘小室近端表面；G. 吸叶近端表面；H. 吸叶远端表面；I. 链体表面。标尺：A=1mm；B～D=200μm；E～I=2μm

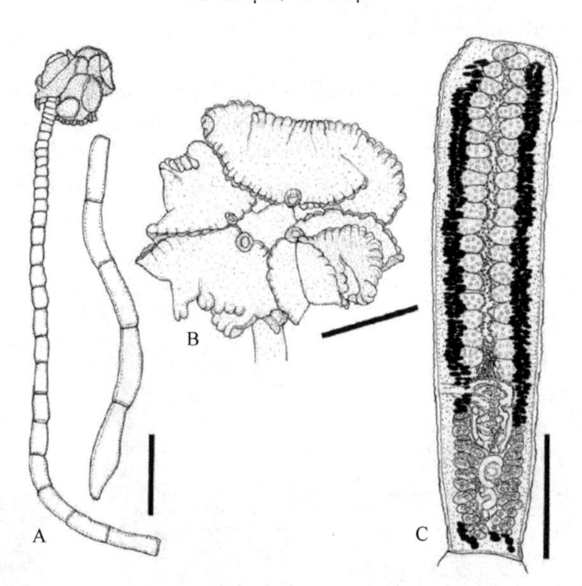

图 14-32　金花头绦虫组合种结构示意图（引自 Ruhnke & Seaman，2009）

A. 凭证标本（HWML 20926）整条虫体；B. 全模标本（USNPC No. 74636）的头节；C. 凭证标本（LRP 4231）亚端部节片。标尺：A=1mm；B=500μm；C=200μm

表 14-3　几种花头绦虫的主要形态测量值比较

种	体长（mm）	节片数	精巢数
细弱花头绦虫［*A. gracile*（Wedl，1855）］	40～50	500～600	100～130
粗尾魟花头绦虫（*A. centrurum* Ruhnke，1994）	11～20	35～65	35～75
爱丽丝花头绦虫（*A. alicae* Ruhnke，1994）	4～9	90～15	30～67
凯拉花头绦虫（*A. cairae* Ruhnke，1994）	8～14	80～110	28～52
杜申斯基花头绦虫（*A. duszynskii* Ruhnke，1994）	18～31	120～160	30～70
金花头绦虫（*A. kingae* Ruhnke & Seaman，2009）	8.6～13	33～50	30～37
迈克尔花头绦虫（*A. michaeli* Ruhnke &Seaman，2009）	5.7～16.3	23～41	30～49
卢克花头绦虫（*A. lukei* Ruhnke & Seaman，2009）	7.9～17.2	28～56	32～48
库兰花头绦虫（*A. currani* Ruhnke & Seaman，2009）	6.6～14.4	35～70	37～50

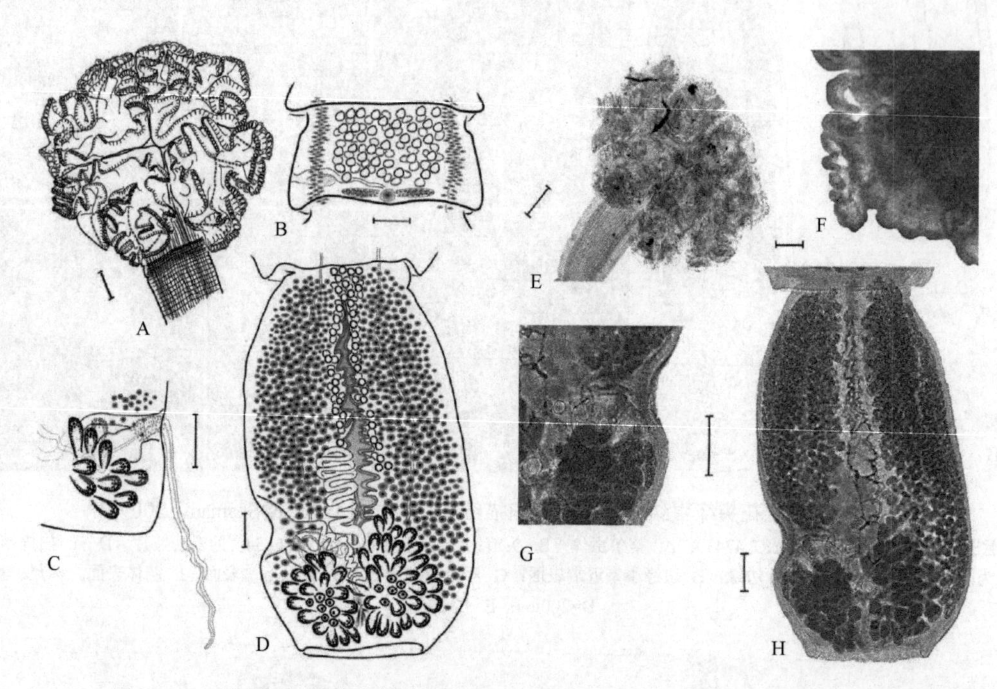

图 14-33 孺克凯拉花绦虫结构示意图（引自 Kornyushin & Polyakova，2012）

样品采自黑海前蓝纹魟（*Dasyatis pastinaca*）。A～D. 结构示意图。A. 副模标本（C.178.002.20）的头节；B～D. 全模标本（C.186.002.23）：B. 未成节；C. 示阴茎外翻；D. 成节。E～H. 显微照片。E，F. 副模标本（C.178.002.20）：E. 头节；F. 边缘小室。G，H. 全模标本（C.186.002.23）：G. 示内陷的阴茎；H. 成节。标尺：A，E=300μm；B=100μm；C，D，G，H=200μm；F=50μm

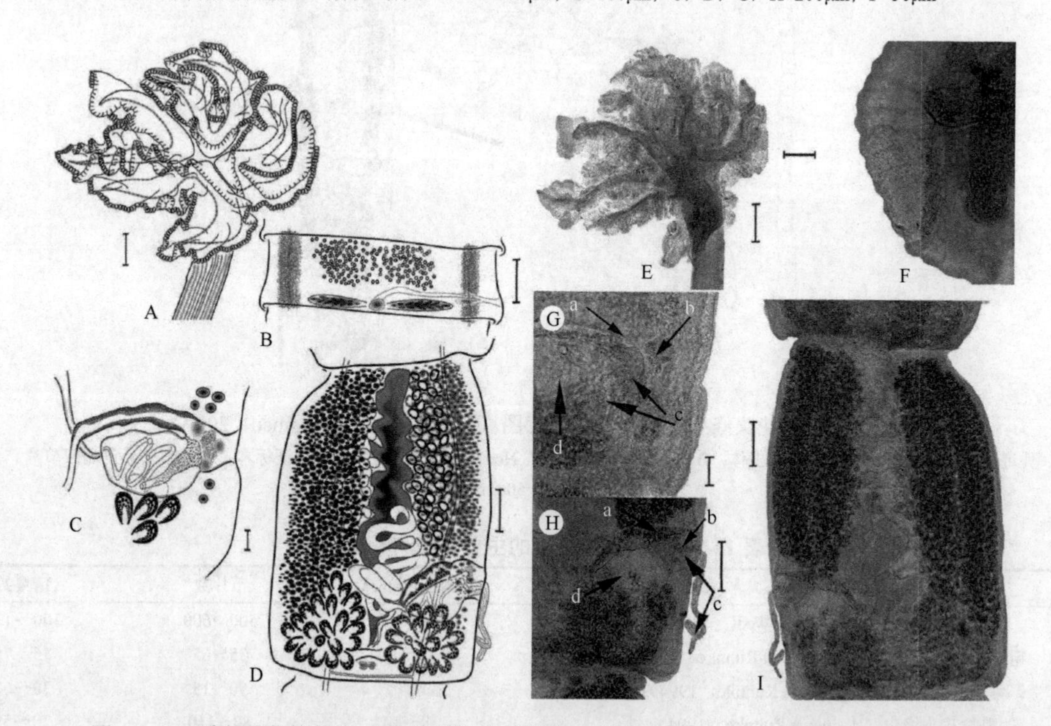

图 14-34 采自黑海前蓝纹魟的希利凯拉花绦虫（引自 Kornyushin & Polyakova，2012）

A～D. 结构示意图。A. 副模标本（Ñ.26.001.27）的头节；B～D. 全模标本（Ñ.137.001.163）：B. 未成节；C. 内陷的阴茎；D. 成节（节片孔侧卵黄腺滤泡已省略）。E～H. 显微照片。E，F. 副模标本（Ñ.26.001.27）：E. 头节；F. 边缘小室；G～I. 全模标本（Ñ.137.001.163）：G. 内陷的阴茎；H. 外翻的阴茎；I. 成节。缩略词：a. 阴道；b. 生殖腔微毛；c. 阴茎；d. 阴茎囊。标尺：A，E=300μm；B，D，H，I=200μm；C，F，G=50μm

表 14-4 孺克凯拉花绦虫和希利凯拉花绦虫的形态特征比较

特征	孺克凯拉花绦虫（n=36）	希利凯拉花绦虫（n=30）	T 检验
链体长（mm）	123.0 ± 8.3	182.2 ± 9.6	4.7**
链体宽（mm）	960 ± 29	677 ± 31	–6.7
头节长	1447 ± 72	1642 ± 83	1.8
头节宽	1789 ± 70	2096 ± 75	3.0
吸叶长	839 ± 47	986 ± 42	2.3
吸叶宽	639 ± 34	622 ± 24	–0.4
柄槽长	273 ± 17	357 ± 19	3.3
柄槽宽	251 ± 20	247 ± 15	0.1
边缘小室长	57 ± 2	25 ± 1.1	–11.6
边缘小室宽	52 ± 2	24 ± 1.1	–12.2
头茎长	460 ± 22	8117 ± 354	23.7
头茎宽	558 ± 26	459 ± 21	–2.9
排泄管直径	35 ± 2	28 ± 2	–2.3
未成节长	121 ± 8	165 ± 9.4	3.5
未成节宽	703 ± 35	557 ± 23	–3.6
成节长	331 ± 19	447 ± 26	3.7
成节宽	1198 ± 44	867 ± 45	–5.2
末端节片长	1071 ± 95	1105 ± 81	0.3
末端节片宽	1194 ± 50	796 ± 52	–5.5
生殖孔位置，%	32 ± 2	31 ± 1.2	–0.2
精巢数目	86 ± 2	126 ± 2.1	13.03
精巢直径	62 ± 4	47 ± 3	–2.9
输精管直径	61 ± 5	60 ± 5	–0.13
阴茎囊长	204 ± 13	159 ± 10	–2.8
阴茎囊宽	156 ± 11	176 ± 17	1.03
阴茎长	526 ± 27	549 ± 48	–1.3
生殖腔长	109 ± 9	93 ± 9	–1.2
生殖腔宽	91 ± 7	68 ± 5	–2.6
卵巢长	255 ± 28	138 ± 16	–2.8
卵巢宽	343 ± 22	237 ± 14	–4.3
捕卵器直径	86 ± 6	92 ± 5	0.8
梅氏腺宽	61 ± 8	28 ± 2	–3.7
卵黄腺区域宽	241 ± 17	164 ± 10	–3.7
卵黄腺滤泡直径	43 ± 4	42 ± 3	0.1
卵长	34	40	34.2
卵宽	20	20	20.0
节片数	981 ± 48	1447 ± 69	5.7

注：除链体长度单位为 mm 外，其余均为 μm；生殖孔位置的%为节片边缘生殖孔后部长度与生殖孔前部长度之比。
**T 检验：$P \leqslant 0.05$ 有显著性差异

显，无顶吸盘、腺体样顶器官、阴道括约肌和孔后部的精巢。此外，新属是解离的而叶槽属是不解离的。以缺乏顶吸盘的特征凯拉花属不同于下列叶槽科的属：花槽属、欧鲁格玛槽属（*Orygmatobothrium* Diesing，1863）、单鲁格玛属（*Monorygma* Diesing，1863）、旋槽属（*Dinobothrium* van Beneden，1889）、交叉槽属（*Crossobothrium* Linton，1889）、帽槽属（*Calyptrobothrium* Monticelli，1893）、袋槽属（*Marsupiobothrium* Yamaguti，1952）、胃黄属（*Gastrolecithus* Yamaguti，1952）、银鲛绦虫属（*Chimaerocestos* Williams & Bray，1984）、克利斯特槽属（*Clistobothrium* Dailey & Vogelbein，1990）、副欧鲁格玛槽属（*Paraorygmatobothrium* Ruhnke，1994）、阿宁多槽属（*Anindobothrium* Marques，Brook & Lasso，2001）、须鲨绦虫属［*Orectolobicestus* Ruhnke，Caira & Carpenter，2006（Yamaguti，1959；Euzet，1994；Marques et al.，2001；Ruhnke et al.，2006；Ruhnke & Caira，2009）］。凯拉花属可与穗头属（*Thysanocephalum* Linton，1889）、吸头属（*Myzocephalus* Shipley & Hornell，1906）、吸叶槽属（*Myzophyllobothrium* Shipley & Hornell，1906）、*Pithophorus* Southwell，1925、杯叶属（*Scyphophyllidium* Woodland，1927）、茎槽属、竖沟槽属、双槽属区别开来的特征在于其孔后部不存在精巢。与三腔属（*Trilocularia* Olsson，1867）、三孔属（*Tritaphros* Loennberg，1889）、鲤槽属（*Carpobothrium* Shipley & Hornell，1906）、伪花槽属、五腔属（*Pentaloculum* Alexander，1963）、*Phormobothrium* Alexander，1963、联槽属（*Zyxibothrium* Hayden & Campbell，1981）的区别是边缘小腔的存在；与克莱多诺槽属（*Clydonobothrium* Euzet，1959）的区别则是不存在吸吻（Euzet，1994；Yamaguti，1959；Randhawa et al.，2008）。

Borcea（1934）首次报道了黑海魟科刺魟：前蓝纹魟（*Dasyatis pastinaca* Linnaeus，1758）的叶槽属绦虫。在他的文章中黑海软骨鱼类绦虫区系的两个种被认作莴苣叶槽绦虫（*Phyllobothrium lactuca* van Beneden，1850）和细弱叶槽绦虫（*P. gracilis* Wedl，1855），作为采自黑海的新种。随后，很多研究者（如Chulkova，1939；Osmanov，1940；Chernyshenko，1949，1955；Pogoreltseva，1952，1960，1964，1970；Reshetnikova，1955；Gayevskaya et al.，1975；Mange，1993；Miroshnichenko，2004）在黑海和亚速海的刺魟［前蓝纹魟和团扇鳐（*Raja clavata*）］采到并报道了这些寄生虫。自 Borcea（1934）之后，这些种的描述及示意图仅在 1 篇文章（Pogoreltseva，1960）中提到过。随后，叶槽科的原始材料丢失，黑海刺魟的绦虫识别在之后的出版物上都是仅基于上述提到的描述。收集自黑海前蓝纹魟的绦虫中有两种与莴苣叶槽绦虫和细弱叶槽绦虫绝大多数形态特征相一致。而与采自北海鲨鱼——星鲨［*Mustelus mustelus*（Linnaeus，1758）］的莴苣叶槽绦虫描述的模式形态（Ruhnke，1996b）相比较，有明显的差异，与叶槽属的识别特征不一致，此外，采自黑海刺魟的绦虫既不是叶槽科（Phyllobothriidae Braun，1900）的种类，也不是四叶目（Tetraphyllidea Carus，1863）的种类。根据形态特征如存在有柄的吸叶，其上有边缘小腔，有头茎，无顶吸盘和孔后方的精巢等，应归属于犁槽目（Healy et al.，2009）。细弱叶槽绦虫已被移入花头属［*Anthocephalum* Linton，1890（Ruhnke，1994）］并放入犁槽目中（Healy et al.，2009），而寄生于黑海和亚速海前蓝纹魟的种类明显不同于细弱叶槽绦虫的描述与花头属一般的识别特征。随后的分析表明这些种与犁槽目已知的任何属都不完全相符。因此，寄生于黑海和亚速海前蓝纹魟、先前被识别为莴苣叶槽绦虫和细弱叶槽绦虫（Borcea，1934；Pogoreltseva，1960）的种，被 Kornyushin 和 Polyakova（2012）当作犁槽目的新属新种加以描述。

Eyring 等（2012）首次对短翅蝠鲼［*Mobula kuhlii*（Müller & Henle，1841）］的寄生虫区系进行了研究。这项工作发现了 1 个犁槽目绦虫新属种：皮埃特拉法斯厚隔绦虫（*Crassuseptum pietrafacei*，n. gen. n. sp.），建立属种基于其独特的头节和节片形态。组织学切片及光镜和扫描电镜研究表明，新属与犁槽目所有其他属的区别在于：其吸叶近端和远端边缘是汇合的，即不被一边缘组织分隔，并拥有延伸到卵巢后缘的精巢。新种的部分特征是有具柄的、拉长的吸叶，吸叶没有侧方的紧束、有 13～15 个明显的横隔和 4 个退化的横隔。节片有缘膜，横切面上各有 2～3 层精巢。输精管在节片前方边缘连接阴茎囊。通过吸叶隔的组织学和光学切片揭示，横隔是由隔肌形成，与吸叶辐射状的肌肉组织分离，从前侧延伸到每个隔的后侧。这是报道自蝠鲼科宿主的第二个犁槽目绦虫种。这项研究增加了在婆罗洲岛外发现的软骨鱼绦虫的新种和新属数量。

Healy 等（2009）犁槽目建立选用的 16 个属种绦虫的头节扫描结构见图 14-35。

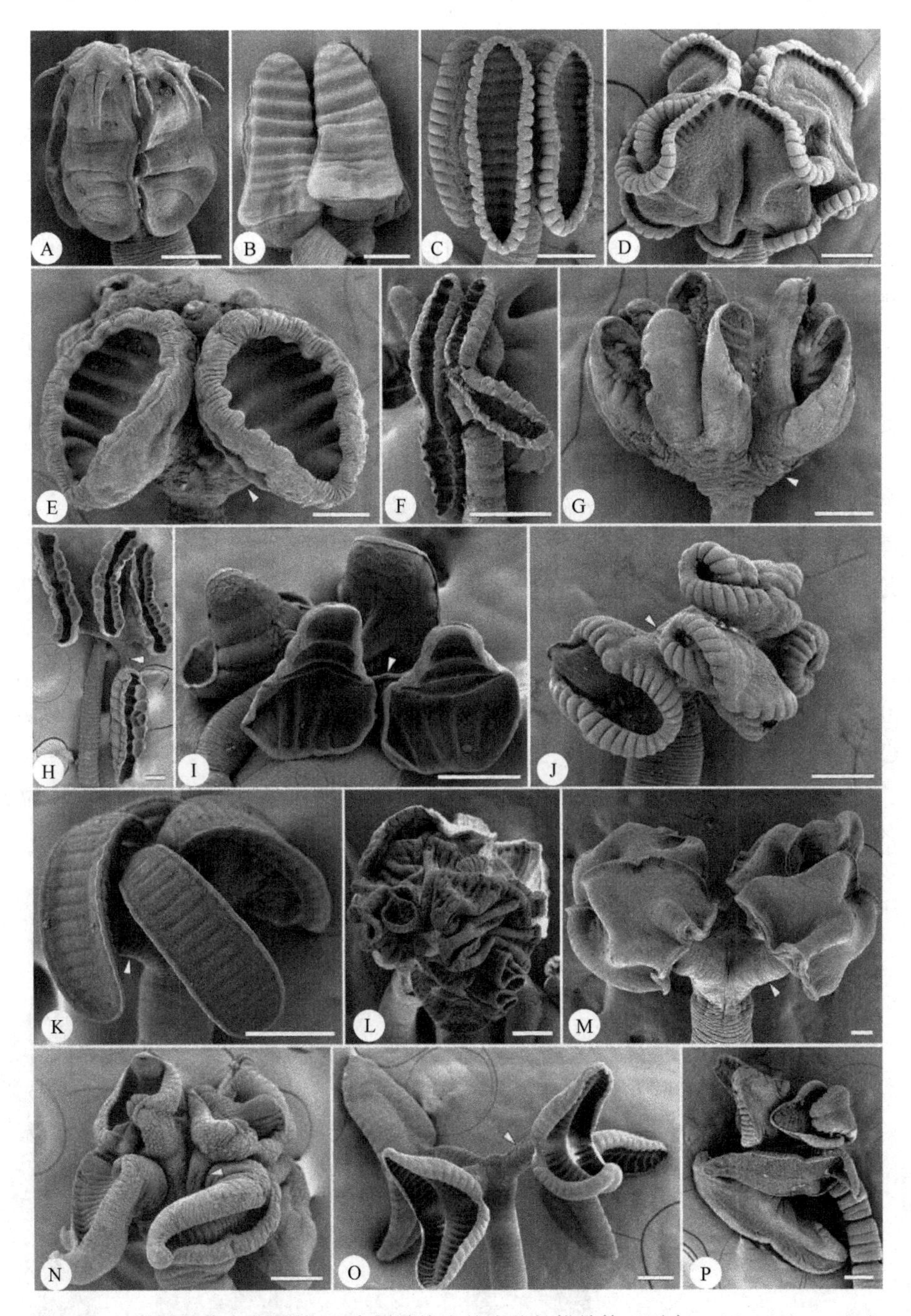

图 14-35　犁槽目建立选用的 16 个属种绦虫的头节扫描结构（引自 Healy et al.，2009）

A. 棘槽绦虫未定种（*Acanthobothrium* sp.）；B. 微小双槽绦虫（*Duplicibothrium minutum* Williams & Campbell，1978）；C. 茎槽绦虫新种 1（*Caulobothrium* n. sp. 1）；D. 艾利丝花槽绦虫（*Anthocephalum alicae* Ruhnke，1994）；E. 鲫槽绦虫未定种（*Echeneibothrium* sp.）；F. 犁槽亚科新种（Rhinebothriinae n. sp.）[采自昆士兰锯鳐（*Pristis clavata*）]；G. 新属 1 新种；H. 新属 2 希普利绦虫；I. 新属 3 凯登纳提绦虫；J. 新属 4 马来亚绦虫；K. 阶室绦虫新种（*Scalithrium* n. sp.）；L. 海绵槽绦虫未定种（*Spongiobothrium* sp.）；M. 寡睾玫瑰槽绦虫（*Rhodobothrium paucitesticulare* Mayes & Brooks，1981）；N. 前阴茎杆耳槽绦虫（*Rhabdotobothrium anterophallum* Campbell，1975）；O. 犁槽绦虫未定种（*Rhinebothrium* sp.）；P. 犁槽样绦虫未定种（*Rhinebothroides* sp.）。图中的箭头示柄

14.5.4　厚隔属（Crassuseptum Eyring，Healy & Reyda，2012）

识别特征：Healy 等（2009）界定的狭义犁槽目犁槽科［Rhinebothriidae，sensu Euzet（1994）］［同犁槽亚科（Rhinebothriinae Euzet，1956）］，虫体优解离。头节具固有结构和 4 个具柄吸叶。吸叶前方特化的区域为小腔的形式。吸叶为长形，由明显的横隔分为小腔，缺纵隔和边缘小腔。横隔由隔膜肌构成，

与吸叶本身的辐射状肌肉分离，从前侧延伸到隔膜的后侧。吸叶中央有不明显的横隔。吸叶近侧和远侧汇合，没有组织边缘分隔。节片有缘膜。未成节宽大于长，成节长大于宽。生殖孔位于侧方，不规则交替。精巢数目众多，背腹面观多纵列，横切面2～3层，存在于阴道后区域及节片孔侧和反孔侧卵巢背腹叶之间，从节片前方边缘伸展到节片近后部边缘。输精管盘绕，进入阴茎囊前方边缘。阴茎具棘。阴道近于或略重叠但不与阴茎囊交叉，开在生殖腔阴茎前方。卵巢在节片后端，背腹面观H形，横切面四叶状。卵黄腺滤泡在两侧区带，从节片前方边缘伸展到后方边缘。子宫腹位，伸展到节片后方边缘；子宫管存在。是蝠鲼肠螺旋瓣上的寄生虫。

词源：属名为“*crassus* ”（希腊语“厚”之意）及“*septum*”（隔膜）合成，指此类群吸叶上有显著厚的横隔膜。

模式种：皮埃特拉法斯厚隔绦虫（*Crassuseptum pietrafacei* Eyring，Healy & Reyda，2012）（图14-36～图14-37）。

模式和已知宿主：短翅蝠鲼［*Mobula kuhlii*（Müller & Henle，1841）］（鳐目：鲼科）。

模式种采集地：马来西亚婆罗洲沙捞越，中国南海附近士马丹（01°48′15.45″N，109°46′47.17″E）。

其他采集地：马来西亚婆罗洲沙巴，塔沃附近的西里伯斯海（04°14′24.25″N，117°53′00″E）。

感染部位：肠螺旋瓣。

样品贮存：全模标本：MZUM（P）No. 2012.13（H）。副模标本：USNPC No. 105266；MZUM（P）Nos. 2012.14-2012.15（P）；IPMB 77.31.01-77.31.02；LRP Nos. 7771-7796（包括纵切、横切和扫描电镜样品）；ROMIZ C570。凭证标本：LRP Nos. 7797-7828。

种名词源：这个特殊的称谓是为了纪念纽约州立大学奥尼恩塔学院的威廉·皮埃特拉法斯博士，感谢他孜孜不倦的服务和对学生的奉献。

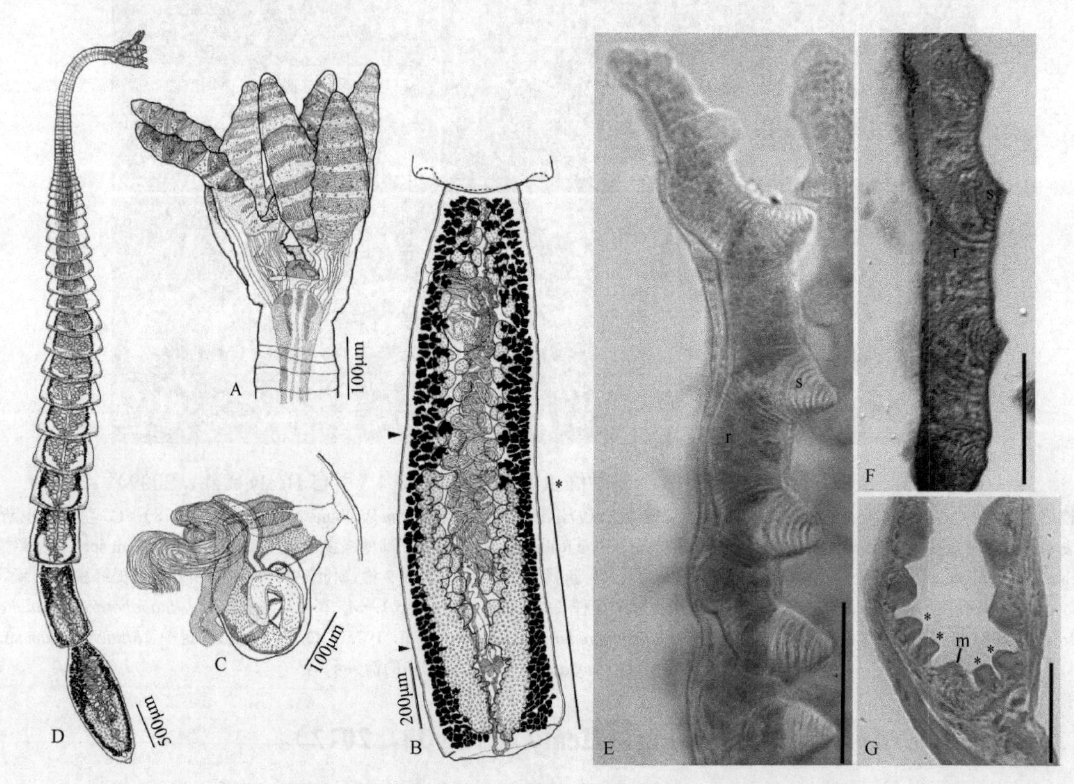

图14-36　皮埃特拉法斯厚隔绦虫结构示意图和头节组织照片（引自Eyring et al.，2012）

A. 头节（全模标本）；B. 成节（副模标本）（为了清晰，仅绘了整个节片上2～3层精巢中的1层；箭头对应图14-37的横切部位；*表示与卵巢相对应的孕节部分，其中精巢未绘全）；C. 生殖器末端细节（副模标本）；D. 整条蠕虫（副模标本）；E. 通过吸叶前方部纵向光学片（USNPC No. 105266）；F. 通过吸叶前方部纵向组织切片（LRP No. 7796）；G. 通过吸叶中部纵向组织切片（LRP No. 7795）（*示吸叶中部各边2个退化的隔膜）。缩略词：m. 吸叶中部区域；r. 辐射状肌肉；s. 隔膜肌。标尺：E，F=50mm

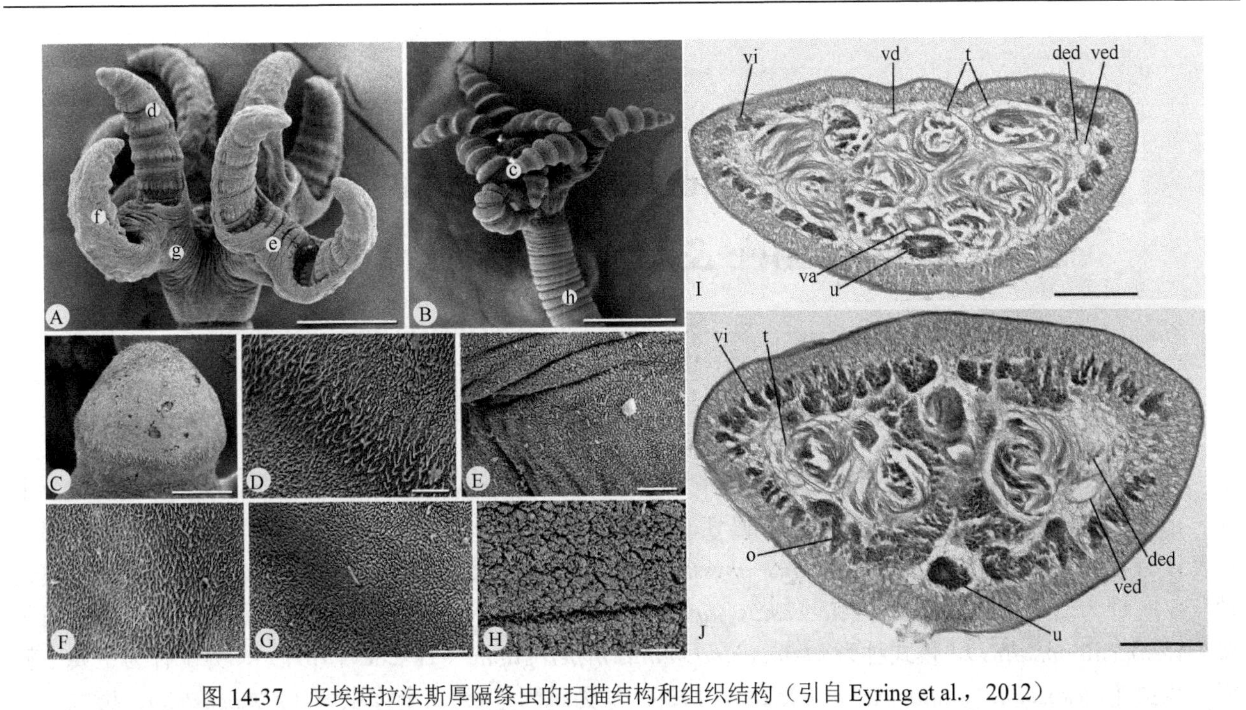

图 14-37 皮埃特拉法斯厚隔绦虫的扫描结构和组织结构（引自 Eyring et al.，2012）

A，B. 头节，小写字母对应相应大写字母图取处；C. 吸叶远端表面的前方小腔；D. 吸叶远端表面的其他小腔；E. 吸叶部中央无腔区；F. 吸叶近端表面；G. 柄，注意纤毛；H. 链体；I. 精巢水平横切面；J. 卵巢峡部水平横切面（LRP No. 7787）。缩略词：ded. 背排泄管；o. 卵巢；t. 精巢；u. 子宫；va. 阴道；vd. 输精管；ved. 腹排泄管；vi. 卵黄腺。标尺：A=100μm；B=200μm；C=10μm；D～H=2μm；I，J=100μm

15 槽首目（Bothriocephalidea Kuchta，Scholz，Brabec & Bray，2008）

15.1 简 介

该目由 Kuchta 等（2008）提出［主要由取消的假叶目（Pseudophyllidea Beneden in Carus，1863）中的一部分组成］并对其识别特征等进行了修订。同时建立了 4 个新属：安迪绦虫属（*Andycestus*），模式种及仅有种为深海安迪绦虫［*Andycestus abyssmus*（Thomas，1953）］；皱襞绦虫属（*Plicocestus*），模式种及仅有种为贾尼基皱襞绦虫［*Plicocestus janickii*（Markowski，1971）］（两属都为槽首科）；中棘阴茎属（*Mesoechinophallus*），模式种为 *Mesoechinophallus hyperogliphe*（Tkachev，1979），另 1 种为主要中棘阴茎绦虫［*Mesoechinophallus major*（Takao，1986）］（为棘阴茎科）；金绦虫属（*Kimocestus*），模式种及仅有种为塞拉蒂金绦虫［*Kimocestus ceratias*（Tkachev，1979）］（为三支钩科）。副槽首样属（*Parabothriocephaloides* Yamaguti，1934）、穿头属（*Penetrocephalus* Rao，1960）和四营属（*Tetracampos* Wedl，1861）被重新启用为有效属。而属 *Alloptychobothrium* Yamaguti，1968［后来与褶纹槽属 *Plicatobothrium* Cable & Michaelis，1967 同义化］；*Capooria* Malhotra，1985；腔槽属（*Coelobothrium* Dollfus，1970）［为槽首属（*Bothriocephalus* Rudolphi，1808）的同物异名］；裂槽属（*Fissurobothrium* Roitman，1965）［为深海鱼槽属（*Bathybothrium* Lühe，1902）的同物异名）；副远分绦虫属（*Paratelemerus* Gulyaev，Korotaeva & Kurochkin，1989）［为副槽首样属（*Parabothriocephaloides* Yamaguti，1934）的同物异名］；方垫首属（*Tetrapapillocephalus* Protasova & Mordvinova，1986）［为瘤盘属（*Oncodiscus* Yamaguti，1934）的同物异名］都被视为无效属。近期建立的新属：指槽属（*Dactylobothrium* Srivastav，Khare & Jadhav，2006）及其模式和仅有的种：乔普拉指槽绦虫（*Dactylobothrium choprai* Srivastav，Khare & Jadhav，2006）有疑问，难辨识，因为其描述有一些明显的错误并与其他类群（至少是两个目）相混；采自中国刺鲳（*Psenopsis anomala*）的王氏副槽首样绦虫（*Parabothriocephaloides wangi* Wang，Liu & Yang，2004）更名为刺鲳副槽首绦虫（*Parabothriocephalus psenopsis* Wang，Liu & Yang，2004），以免出现同物异名。对有效的 46 属进行了修订，其中属识别特征的修订基于广泛的博物馆贮存样品及新采集样品的慎重测量。除了有些槽首目的科［Bray 等于 1994 提出的 4 个科：槽首科、棘阴茎科、亲深海科（Philobythiidae）和三支钩科（Triaenophoridae）］，尤其是三支钩科有明显的并系和多系外，其他科暂时仅进行微小的修改，以待将来形态与分子数据丰富与全面后再作进一步的修订。现槽首目内容主要以 Kuchta 等（2008）文献为主。

15.2 槽首目的建立

槽首目为近期提出的用于容纳先前认作假叶目的一部分绦虫，其特征是：①生殖孔位于节片背部、背侧或侧方，且在腹部子宫孔后；②无肌肉质的外贮精囊；③存在囊状子宫（子宫形成囊状，因此有时称为子宫囊）；④终末宿主范围主要为硬骨鱼。一直以来，假叶目是主要绦虫类群之一，主要由海洋和淡水硬骨鱼类寄生虫组成，但有些属是哺乳动物特有，少数寄生于鸟类、爬行动物和两栖动物。

假叶目模式化的特征主要是头节有 2 个吸槽。吸槽为附着器官，由头节背腹表面纵向的沟或凹陷形成，沟或凹陷的形态与深度不同。吸槽边缘由略为发达的、由扩散的肌纤维组成的肌肉为界，有边缘清楚的质膜结构，与周围的组织不相分离。

假叶目系统学最值得注意的贡献是19世纪与20世纪之交，以Lühe（1899，1902）为中心的工作所作出的；另一个重要的贡献是Nybelin（1922）修订了现归入鲤蠢目（Caryophyllidea）、佛焰苞槽目（Spathebothriidea）、原假叶目和原头目（Proteocephalidea）的鱼类绦虫，建立了几个新属和种，如真槽属（*Eubothrium* Nybelin，1922）和副槽属（*Parabothrium* Nybelin，1922）。对绦虫系统学包括原假叶目的另一个很重要的贡献是Wardle和McLeod（1952）提出的。这些学者识别了7个科的40个属（包括20个槽首目的属和17个双叶槽目的属），并将鲤蠢目和佛焰苞槽目等被先前的研究者如Nybelin（1922）和Fuhrmann（1931）当作原假叶目的类群从假叶目中移出当作独立的目，随后这一状态被广泛认可及采用。

20多年后，Wardle和McLeod（1974）出版了其新版专著，提出绦虫系统的不同观点。他们认可将假叶目分为两个独立的目：假叶目及双叶目。假叶目（Pseudophyllidea Beneden in Carus，1863）严格地说有24属，大致与现在的槽首目相当，但其包括目前认为是独立的单槽目（Haplobothriidea Joyeux & Baer，1961）；双叶目主要由寄生于板鳃亚纲软骨鱼类的绦虫组成，有16个属；属于Lühe（1910）的双叶槽科和Yamaguti（1959）的头衣科（Cephalochlamydidae），均属于目前的双叶槽目。

绦虫包括原假叶目的另一修订是Yamaguti（1959）进行的，作为其蠕虫所有类群专著的1个组成部分。他认可了假叶目的9个科、44个属（28个属为现槽首目，16个属为现双叶槽目）。Euzet（1982）在会议文集中根据生殖孔的位置将原假叶目分为2个亚目：槽首亚目和双叶槽亚目，但并未正式提出将它们作为新类群。Schmidt（1986）列出了10个科，包括单槽科（Haplobothriidae Meggitt，1924）（现认为是独立的1个目：单槽目）有多达58个有效属［单槽属（Haplobothrium Cooper，1914）+40个槽首目的属+17个双叶槽目的属］。

俄罗斯的学者在系列“绦虫学基本原理”的两卷著作中对原假叶目系统有详细的处理，其处理基于Freze（1974）提出的系统，认可两个新亚目：槽首亚目（Bothriocephalata Freze，1974）［含槽首亚科（Bothriocephaloidea Blanchard，1849）、双杯样亚科（Amphicotyloidea Lühe，1902）］和双叶槽亚目（Diphyllobothriata Freze，1974）［含两个超科：双叶槽样超科（Diphyllobothrioidea Lühe，1910）、钵头样超科（Scyphocephaloidea Freze，1974）］。这一系统Dubinina（1987）用于苏联淡水鱼类寄生虫检索中。

Protasova（1974，1977）回顾了槽首亚目，她将其分为2个超科、7个科。她认可32个属的96个有效种，提到其他的31个有问题的种。虽然Protasova（1977）基于其观察重新描述了一些种，但其检索仅到科、亚科和一些属。她基于子宫的发育讨论了槽首亚目不同类群的可能演化关系，但对其结论，Brabec等（2006）的分子数据不予支持。

Khalil等（1994）编著的、广泛认可的绦虫分类专著，有属的识别特征和所有属的检索，其中假叶目由Bray、Jones和Andersen编写，减少到6个科［槽首科、头衣科、双叶槽科、棘阴茎科、亲深海科（Philobythiidae）、三支钩科］56个有效属（为现40个槽首目的属，16个双叶槽目的属）。

假叶目先前被认为是相对基础的、“双凹”绦虫单系群（Hoberg et al.，1997，2001），而Mariaux（1998）基于18S rRNA基因的部分序列结果，以及Kodedovà等（2000）分析的采自较低等脊椎动物绦虫同一基因的全序列，表明存在不相关的支系，即假叶目绦虫存在并系和多系。

Brabec等（2006）进行了最为全面的分子研究，基于Bray等（1994）认可的所有假叶目科的25个代表种的18S rRNA和28S rRNA基因序列，提供了假叶目实际上由两个不相关的支系组成的明确证据，两个支系在真绦虫的主要类群系统地位中有显著区别。随后Waeschenbach等（2007）的研究数据也证实了这一结果。

最近，两个新目：槽首目和双叶槽目已提出用于容纳分子数据不相关的原为假叶目的两个类群（Kuchta et al.，2008），并基于文献的主要观测数据与博物馆现有及新采集的样品的形态和分子数据对槽首目的大多数属进行了修订；提供了槽首目科属的分类检索与识别特征，并提出了4个新属。

数据与图版来源：①已有的大量文献，尤其是模式属种的描述；②英国、俄罗斯、捷克、法国、德国、日本、美国及挪威等各大博物馆收集的标本的重新观测；③世界各地新采集样品的形态、结构（尤其是描述的电镜下的形态结构）与分子研究结果。总共研究了槽首目46个有效属中的43个属及其代表种。

15.3 槽首目的识别特征

[同物异名：原假叶目（Pseudophyllidea Beneden，1863）的一部分；槽首亚目（Bothriocephalata Freze，1974）的一部分；槽首亚科（Bothriocephalinea Euzet，1982）的一部分]

真绦虫。小型到大型绦虫。链体节片化。分节完全或不完全，很少不分节。节片常具缘膜，宽大于长，不解离。头节形态可变化，通常无棘，很少有钩，可由假头节或头节变形体取代。不同类群头节通常有不同形态与深度的背、腹吸槽各 1 个。顶盘存在或无。颈部明显或不明显。节片中生殖器官多为单套，很少成双的。精巢数目多，位于髓质，通常在两侧区域，在节片之中央区中断或连续。输精管弯曲；外贮精囊不存在。阴茎囊有或无内贮精囊；阴茎具棘或小隆起物或都无。生殖孔位于背部表面中央、亚侧方或侧方，不规则交替。卵巢位于髓质，通常为两叶，实质状、滤泡状或树枝状，位于节片后部。卵黄腺由大量滤泡组成，例外的为实质状，位于皮质、髓质或皮质和髓质均有。子宫管弯曲，孕节中可能膨大。子宫形成形态可变的囊，实质状或分支。腹部子宫存在或无，存在时位于生殖孔前方。卵有或无卵盖，在子宫中胚化或不胚化；水中具纤毛的钩球蚴可在卵囊中发育。多数种类有 1 个中间宿主，少数种类有 2 个中间宿主（原尾蚴常寄生于桡足类，全尾蚴常寄生于鱼类），成体寄生于鱼类肠道，有的寄生于两栖动物（蝾螈类）。分科：槽首科（Bothriocephalidae Blanchard，1849）、棘阴茎科（Echinophallidae Schumacher，1914）、亲深海科（Philobythiidae Campbell，1977）和三支钩科（Triaenophoridae Lönnberg，1889）。

15.4 槽首目分科检索表

此检索表在 Bray 等（1994）的基础上进行了略微的调整。很明显，槽首目的科不是系统学相关类群的自然类群，尤其是此目中最大、多样性最明显的三支钩科。由于缺少分子学数据，目前仅就现有知识暂时作如此分类处理。

1a. 生殖孔位于中央……………………………………………………………………槽首科
1b. 生殖孔位于侧方或亚侧方……………………………………………………………2
2a. 生殖孔位于亚侧方……………………………………………………………棘阴茎科
2b. 生殖孔位于侧方…………………………………………………………………………3
3a. 卵黄腺实质状……………………………………………………………………亲深海科
3b. 卵黄腺滤泡状……………………………………………………………………三支钩科

15.5 槽首科（Bothriocephalidae Blanchard，1849）

[同物异名：层槽亚科（Ptychobothriidae Lühe，1902）；无构件头科（Acompsocephalidae Rees，1969）]

识别特征：小到中型绦虫。链体扁平或很少螺旋扭曲。有或无分节。节片有或无缘膜，通常宽大于长。头节形态可变，通常有 2 个吸槽，有例外无吸槽者。顶盘存在或无，很少有小钩。节片有 1 套生殖器官，很少有两套者。精巢位于髓质，绝大多数在两侧区带，中间连续或分离。阴茎囊小；阴茎无棘。生殖孔位于中央或略为亚中央。卵巢位于节片后部，通常横向伸展。阴道位于阴茎囊后部。卵黄腺滤泡通常位于皮质，可能与纵向肌纤维相混或很少位于髓质。子宫管弯曲，围绕着阴茎囊。子宫球体状到卵圆形，很少分叶。子宫孔位于中央或亚中央。卵有或无盖，胚化或不胚化。通常有 1 个中间宿主（甲壳纲动物：桡足类）。已知成体寄生于海洋或淡水鱼类肠道，有寄生于两栖动物（蝾螈类）的。模式属：槽首属（*Bothriocephalus*

Rudolphi，1808）。其他属：无腔属（*Anantrum* Overstreet，1968）；安迪绦虫属（*Andycestus* Kuchta，Scholz，Brabec & Bray，2008）；克莱斯特槽属（*Clestobothrium* Lühe，1899）；鱼槽属（*Ichthybothrium* Khalil，1971）；瘤盘属（*Oncodiscus* Yamaguti，1934）；穿头属（*Penetrocephalus* Rao，1960）；褶纹槽属（*Plicatobothrium* Cable & Michaelis，1967）；皱襞绦虫属（*Plicocestus* Kuchta，Scholz，Brabec & Bray，2008）；多瘤槽属（*Polyonchobothrium* Diesing，1854）；层槽属（*Ptychobothrium* Lönnberg，1889）；圣加属（*Senga* Dollfus，1934）；塔扶槽属（*Taphrobothrium* Lühe，1899）和四营属（*Tetracampos* Wedl，1861）等。

15.5.1 槽首科分属检索

1a. 分节无或不完全……2
1b. 分节存在……5
2a. 头节伸长或棒状，无吸槽……无腔属（*Anantrum* Overstreet，1968）
［同物异名：无构件头属（*Acompsocephalum* Rees，1969）］

识别特征：中型蠕虫。链体可能螺旋扭曲并有波纹状边缘。无外分节现象。头节形态可变，无棘，锥状、细长或棒状，没有吸槽和顶盘。颈区不明显或明显。精巢位于两侧区域。阴茎囊小，厚壁；内贮精囊存在；阴茎无棘。生殖孔位于中央。卵巢两叶状，侧翼有微分叶。阴道位于阴茎囊后方。受精囊存在。卵黄腺滤泡位于皮质，在宽广的侧方区带。子宫管弯曲，在孕节中扩大。子宫拉长，子宫孔位于亚中央。卵有盖，不胚化。已知寄生于海产硬骨［狗母鱼属（*Synodus*）］鱼类。分布于大西洋和太平洋。模式种：托尔图姆无腔绦虫［*Anantrum tortum*（Linton，1905）］（图 15-1A～C）。采自波弗特海、美国北卡罗来纳州（模式种获取地址）和百慕大群岛（北大西洋西部群岛）多鳞狗母鱼（*Synodus foetens*）（模式宿主）和中间狗母鱼（*Synodus intermedius*）［仙女鱼目（Aulopiformes）：合齿鱼科（Synodontidae）］。其他种：Jensen 和 Heckmann（1977）采自美国（洛杉矶、加利福尼亚）太平洋尖头狗母鱼（*Synodus lucioceps*）的组织头无腔绦虫（*A. histocephalum*）。

Linton（1905）描述了采自百慕大群岛多鳞狗母鱼的绦虫托尔图姆双槽绦虫（*Dibothrium tortum*）。Overstreet（1968）发现了同种绦虫，提出将托尔图姆双槽绦虫归入无腔属。一年后，Rees（1969）建立新属：无构件头属用于容纳托尔图姆双槽绦虫。1977 年，Jensen 和 Heckmann 描述了无腔属的另一个种：组织头无腔绦虫（*Anantrum histocephalum* Jensen & Heckmann，1977）（图 15-2）。在形态特征上该种与模式种有显著区别，如头节变形结构与明显的颈区的存在（托尔图姆双槽绦虫中不存在），发达的内纵肌由巨大的肌纤维束构成（托尔图姆双槽绦虫中肌肉微弱）。这两种仍放在同一属是由于两者都缺外部的分节现象，链体形态相似且寄生于相同的宿主类群。

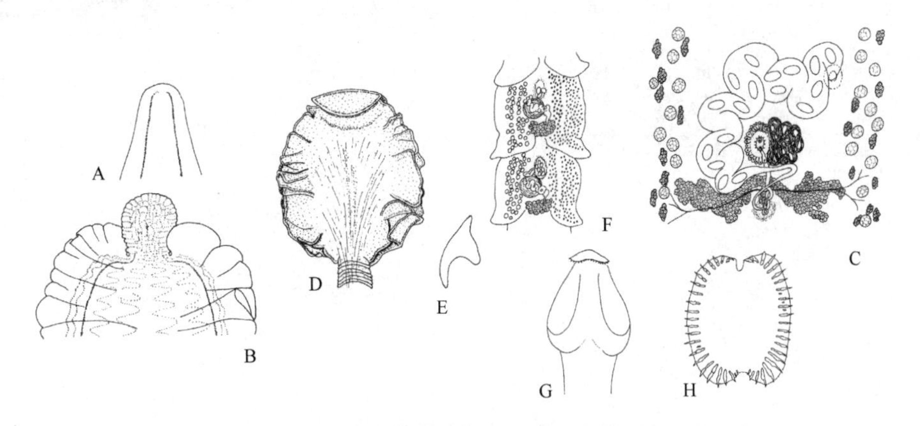

图 15-1 3 种绦虫的结构示意图（引自 Bray et al.，1994）

A～C. 托尔图姆无腔绦虫：A. 放松态头节；B. 收缩态头节；C. 生殖器官。D～F. 蛇鲻瘤盘绦虫（*Oncodiscus sauridae* Yamaguti，1934）：D. 头节；E. 钩；F. 孕节，精巢示于左侧，卵黄腺滤泡示于右侧。G，H. 贝纳德圣加绦虫（*Senga besnardi* Dollfus，1934）：G. 头节；H. 顶盘

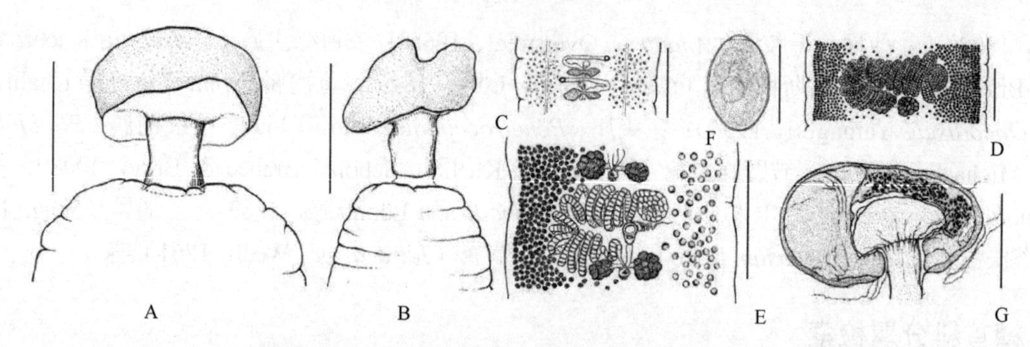

图 15-2　组织头无腔绦虫结构示意图（引自 Jensen & Heckmann，1977）

A. 蘑菇样头节；B. 不规则形态头节；C. 未成节腹面观；D. 孕节；E. 生殖器官细节背面观，注意末端支囊；F. 肠碎片中未染色的卵；G. 埋在肠壁中的头节切面，由结缔组织囊包着。标尺：A～E，G=1.0mm；F=0.05mm

2b. 头节有发达的吸槽……………………………………………………………………………………………3

3a. 头节卵圆形……………………………………………………………鱼槽属（*Ichthybothrium* Khalil，1971）

识别特征：小型蠕虫。分节现象不完全。链体肌肉少；节片无缘膜。每节通常有 1 套生殖器官，很少 2 套或 3 套。头节椭圆形，明显比链体始段窄，无棘。吸槽拉长，浅。无顶盘。颈区不明显。阴茎囊壁厚；阴茎无棘。精巢位于两侧区带。生殖孔位于中央。卵巢两叶状，位于节片后部中央。阴道位于阴茎囊后方。卵黄腺滤泡位于皮质，在两侧区域，中央汇合，围绕着节片。子宫管弯曲，在孕节中扩大。子宫椭圆形，壁薄。子宫孔位于中央，近节片前缘。卵无盖，胚化。已知寄生于淡水硬骨鱼类［长脂鲤属(*Ichthyborus*)］。分布于非洲(苏丹)。模式种即仅有种：长脂鲤鱼槽绦虫(*Ichthybothrium ichthybori*Khalil，1971)（图 15-3，图 15-4D、E），采自苏丹的非洲长脂鲤（*Ichthyborus besse*）［脂鲤目（Characiformes）：长脂鲤科（Ichthyboridae）］。

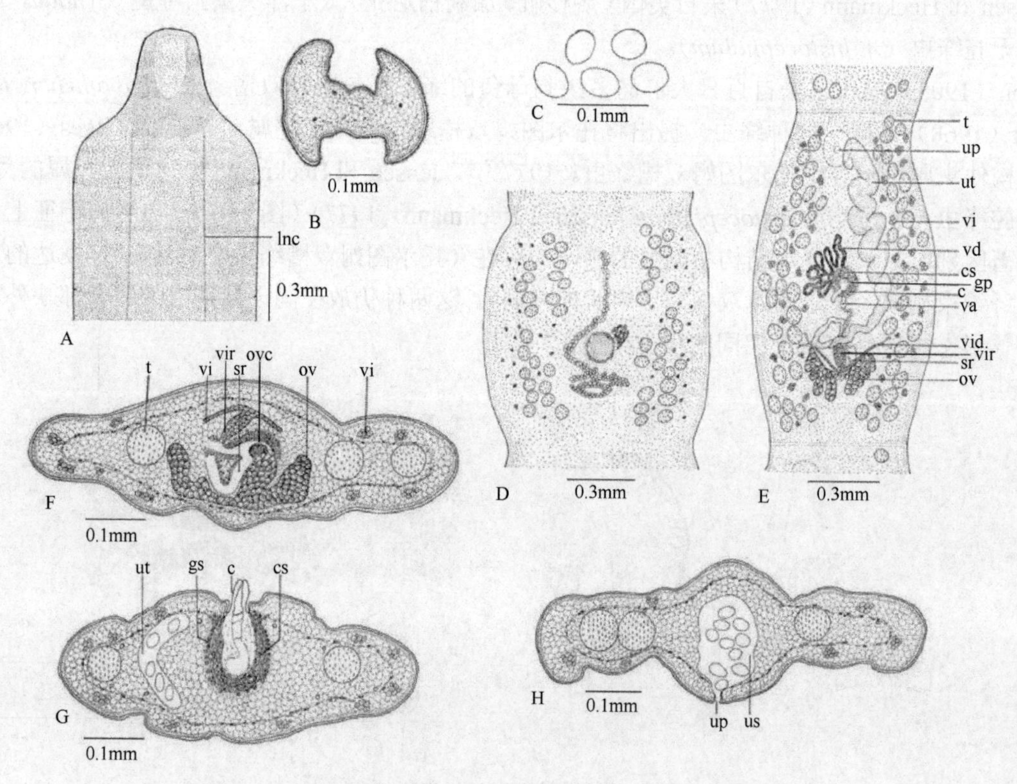

图 15-3　长脂鲤鱼槽绦虫结构示意图（引自 Khalil，1971）

A. 头节背面观；B. 头节近吸槽后部横切；C. 卵；D. 早期生殖区，示 1 套生殖器官发育；E. 近链体末端节片，示成熟的生殖器官背面观；F. 成节过卵巢水平横切；G. 成节过阴茎囊水平横切；H. 成节过子宫孔水平横切。缩略词：c. 阴茎；cs. 阴茎囊；gs. 腺细胞；gp. 生殖孔；lnc. 纵神经索；ov. 卵巢；ovc. 捕卵器；sr. 受精囊；t. 精巢；ut. 子宫；up. 子宫孔；us. 子宫囊；va. 阴道；vd. 输精管；vi. 卵黄腺；vid. 卵黄管；vir. 卵黄池

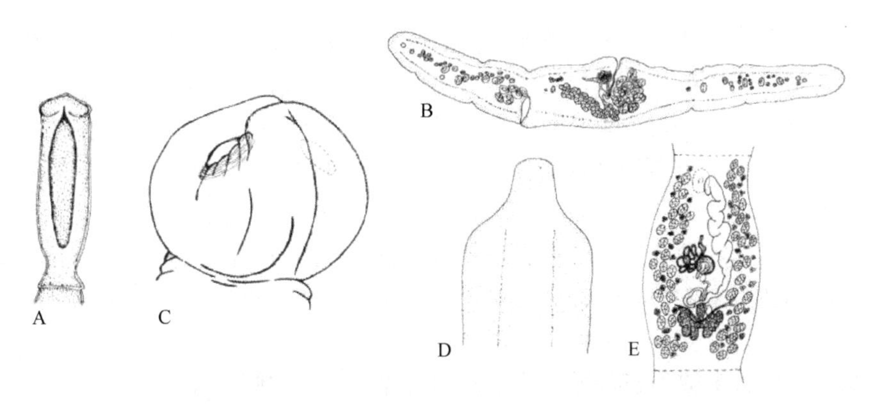

图 15-4 3 种绦虫的结构示意图（引自 Bray et al.，1994）

A，B. 日本塔扶槽绦虫：A. 头节；B. 孕节横切。C. 粗头克莱斯特槽绦虫［*Clestobothrium crassiceps*（Rudolphi，1819）］的头节；D，E. 长脂鲤鱼槽绦虫：D. 头节；E. 未成节

该属暂为单种属，与其他槽首绦虫在头节形态上有别，其头节显著窄于链体的前端，同时存在一长段没有生殖复合体和原基的前方链体。Khalil（1971）报道了该种识别的卵黄腺位置，但在鱼槽属的识别特征中错误地陈述为“卵黄腺滤泡侧位于髓实质”。

最近新收集于模式种采集地［苏丹库斯提白尼罗河（White Nile At Kosti）］及模式宿主的样品，在节片形态上与原模式样品有明显区别，其宽显著大于长。Khalil（1971）的样品是非自然地伸长，很可能是固定了过度放松或死虫而致。此外，新材料的有些节片中生殖器官为 2 套或 3 套。

3b. 头节细长，长显著大于宽……………………………………………………………………………………………………4

4a. 头节泪珠状，无顶盘；子宫分叶……………………………………………………………………………………………
……………………………………………………………………安迪绦虫属（*Andycestus* Kuchta，Scholz，Brabec & Bray，2008）

识别特征：小型蠕虫。无外分节现象。头节泪珠状，顶部锐利，明显比链体窄。吸槽拉长，在头节的前部有模糊的边缘。顶盘不存在。颈区不明显。精巢位于两侧区带，纵向连续分布。阴茎囊椭圆形到球形；阴茎无棘。生殖孔位于中央。卵巢两叶状或哑铃形。阴道位于阴茎囊后方。卵黄腺滤泡位于两侧皮质区域。子宫管弯曲。子宫星状（簇状）。子宫孔位于中央。卵梨形，宽的一极有盖，不胚化。已知寄生于深海硬骨鱼类［美冠鳚属（*Eulophias*）为主］，分布于北大西洋。模式种及仅有种：采自大西洋百慕大群岛单须刺巨口鱼（*Echiostoma barbatum*）［鲈形目：巨口鱼科（Stomiidae）］的深渊安迪绦虫［*Andycestus abyssmus*（Thomas，1953）］。

词源：属名源于人名安德鲁 Andrew（=Andy）P. Shinn（英国斯特灵大学水产学院），为纪念其对鱼类寄生虫学的卓著贡献及其在苏格兰和北大西洋帮助获取鱼类绦虫样品作出的贡献。

深渊安迪绦虫最初由 Thomas（1953）描述为深渊槽首绦虫（*Bothriocephalus abyssmus*）。仅发现一次，与现放于槽首属的其他绦虫有一些区别，有必要建立新的安迪属以容纳此绦虫。其特征为：①梨形卵（真槽样属也有梨形卵报道，但真槽样属为三支钩科，生殖孔位于侧方）；②头节的形态为倒棍棒状或泪珠状，明显比相邻的链体前部窄；③星状的子宫有 4～8 个支囊；④无外分节现象［仅无腔属、皱襞绦虫属和前槽首属（*Probothriocephalus*）有完全或部分不分节的链体，但头节和链体形态有别］。

对全模标本进行测量，表现出一些与原始描述不相符的特点：①没有发现 Thomas（1953）报道并在其文献图 9 中说明的阴茎上的棘；②吸槽的形态（Thomas，1953：图 1～3）原始的描述和图解说明不正确，事实上吸槽不是狭缝样，而是相对又浅又宽，侧方边缘向头节的前端消失；③未观察到阴道括约肌，而 Thomas（1953）描述有阴道括约肌；事实上，阴道管的近端部分壁加厚，但没有发现括约肌。

4b. 头节很大而伸长，吸槽边缘具细圆齿状微毛，顶盘存在；子宫卵圆形………………………………………………
……………………………………………………………皱襞绦虫属（*Plicocestus* Kuchta，Scholz，Brabec & Bray，2008）

识别特征：小型、细长的蠕虫。无分节现象。链体有褶皱的侧边缘。两层内纵肌围绕着卵黄腺滤泡。头节明显为长形，与链体相比很长，无棘。吸槽很长、沟状，有褶皱的侧边。顶盘不发达。颈区不明显。精巢形成沿中央线的宽纵区带。阴茎囊椭圆形，位于中央；阴茎无棘。生殖孔位于中央。卵巢横向伸长，分叶。阴道位于阴茎囊后方。卵黄腺滤泡位于肌肉周围，限于节片腹部层，在内、外同心层肌肉之间。子宫管弯曲。子宫和子宫孔位于中央。卵无盖，不胚化。已知寄生于海洋鲯鳅属（*Coryphaena*）鱼类。分布于印度洋和大西洋。模式种及仅有种：贾尼基皱襞绦虫［*Plicocestus janickii*（Markowski，1971）］，采自大西洋和印度洋的鲯鳅未定种（*Coryphaena* sp.）（模式宿主）和鲯鳅（*Coryphaena hippurus*）（鲈形目：鲯鳅科）。

词源：新属名源于绝大多数形态特征，即吸槽和链体具褶皱的侧边缘。

Markowski（1971）描述了采自印度洋鲯鳅未定种（*Coryphaena* sp.）的贾尼基槽首绦虫（*Bothriocephalus janickii*）。同样的种随后发现于孟加拉湾（Devil，1975）和波多黎各沿海（Dyer et al.，1997）鲯鳅（*C. hippurus*）。基于该种全模标本的研究，提出新属用于容纳贾尼基槽首绦虫。新属不同于槽首科的属，包括节片数目少的两个属：无腔属和安迪绦虫属，新属头节的形态与大小［与细长的链体长度相比头节很长（5mm），宽约 1mm］，吸槽存在褶皱的边缘，以及存在两层同心环的内纵肌围绕着肌肉周围的卵黄腺滤泡，并且仅存在于链体的腹侧区域等。

5a. 头节椭圆形、长方形到箭头形 ………………………………………………………… 6
5b. 头节吸槽有细圆齿状边缘或由头节变形结构取代 ……………………………………… 11
6a. 头节无棘 ……………………………………………………………………………… 7
6b. 头节有棘 ……………………………………………………………………………… 9
7a. 卵黄腺滤泡位于髓质，与精巢相混；卵胚化 ……………… 塔扶槽属（*Taphrobothrium* Lühe，1899）

识别特征：大型蠕虫。分节现象存在，可能分节不完全。链体由有缘膜的节片组成，节片宽大于长，后部边缘有凹口。头节长形。吸槽长形，浅。顶盘突出，无棘；颈区不明显。精巢位于两侧区带，节片间连续。阴茎囊椭圆形，小；阴茎无棘。生殖孔位于中央。阴道位于阴茎囊后方。卵巢横向伸长，实质状。卵黄腺滤泡位于髓质，与精巢相混，形成两侧区带，中央分开，节片间连续。子宫管强烈弯曲，孕节中常扩大。子宫椭圆形，壁薄，亚中央位。子宫孔位于亚中央（卵巢翼的侧方）。卵有盖，胚化。已知寄生于海洋硬骨鱼类［海鳗属（*Muraenesox*）］，分布于太平洋（日本沿海）。模式种及仅有种：日本塔扶槽绦虫（*Taphrobothrium japonense* Lühe，1899）（图 15-4A、B），采自日本内海的海鳗（*Muraenesox cinereus*）［鳗鲡目（Anguilliformes）：海鳗科（Muraenesocidae）］。

该属先由 Lühe（1899）进行了简短的描述，Yamaguti（1934）基于采自日本沿海的标本进行了详细的重描述。识别为塔扶槽属的绦虫也报道采自孟加拉国眼鳢（*Channa marulius*）（Arthur & Ahmed，2002），但这一发现明显是错误的。属的典型特征主要是卵黄腺滤泡的髓质位置，显著亚中央位的子宫孔，以及子宫中的有盖的卵中存在有六钩的钩球蚴（Yamaguti，1934）。

7b. 卵黄腺滤泡位于皮质，卵不胚化 ……………………………………………………… 8
8a. 头节吸槽的前方开口无括约肌环绕 ……………… 槽首属（*Bothriocephalus* Rudolphi，1808）

［同物异名：双槽属（*Dibothrium* Diesing，1850）；钵杯属（*Schyzocotyle* Akhmerov，1960）；腔槽属（*Coelobothrium* Dollfus，1970）；卡普尔属（*Capooria* Malhotra，1985）］

识别特征：小型到大型蠕虫。分节现象存在。链体通常有缘膜，节片宽大于长。头节形态可变：细长，偶尔椭圆形或心形；顶盘常存在，无棘；吸槽又浅又长，很少有深的，有简单的边缘（无细圆齿状结构）。颈区不明显。精巢位于两侧区带，节片间连续。阴茎囊椭圆形到球形，横切面细长到梨形；阴茎无棘。生殖孔位于中央。卵巢位于中央，横向伸长或为两叶，实质状。阴道位于阴茎囊后方。卵黄腺滤泡数量多，位于皮质，围绕着节片。子宫管弯曲，孕节中常扩大。子宫球形到横向椭圆形，末端节片中占据几乎节片整个中央空间。子宫孔位于中央或略为亚中央。卵有盖，不胚化。已知寄生于海洋和淡水硬骨鱼类，分布于全球各地。模式种：蝎鲉槽首绦虫［*Bothriocephalus scorpii*（Müller，1776）］，采自蝎鲉或称短角大杜夫鱼（*Myoxocephalus scorpius*）［鲉形目（Scorpaeniformes）：杜父鱼科（Cottidae）］。其他种：可能有 30 多个有效种（Kuchta & Scholz，2007）。常见种如下。

1）鳝槽首绦虫（*Bothriocephalus acheilognathi* Yamaguti，1934）

鳝槽首绦虫（图 15-5）是鱼绦虫病的主要病原，可造成重大经济损失。

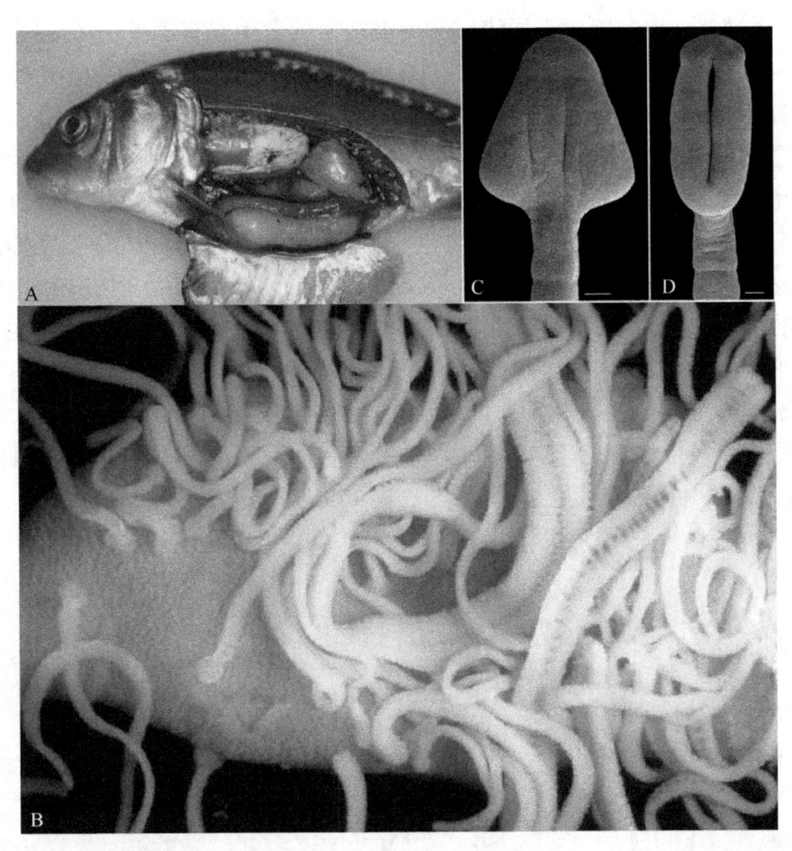

图 15-5 鳝槽首绦虫宿主、寄生状况及头节扫描实物（引自 Scholz et al.，2012）

A. 感染鳝槽首绦虫的幼鲤鱼，可见其肠道被虫体充塞膨大；B. 肠剖开后可见大量虫体；C，D. 头节不同面扫描电镜观，标尺=100μm

鳝槽首绦虫是一种严重危害鲤科鱼类健康的寄生虫病原。该绦虫由日本鱼类寄生虫学家 Yamaguti 于 1934 年在日本小仓（Ogura）湖的菱形鳝（*Acheilognathus rhombea*）肠道中发现并命名。由于其在世界范围内的广泛传播和对土著鱼类及养殖鱼类造成的严重危害而受到国际鱼类寄生虫学家的广泛关注。鳝槽首绦虫在分类上曾经比较混乱，先后出现过 20 多个同物异名（Kuchta et al.，2007，2008），其中，在报道中最为常见的同物异名有：九江槽首绦虫（*B. gowkongensis* Yeh，1955）和马口鱼槽首绦虫（*B. opsariichthydis* Yamaguti，1934）。国内，葉亮盛（1955）曾在广东池塘养殖的草鱼（*Ctenopharyngodon idella*）肠道中发现一种绦虫，并将其命名为九江槽首绦虫。Pool 等（1985）和 Scholz（1997）通过对不同来源标本的分析认为鳝槽首绦虫和九江槽首绦虫的形态差异主要是由不同的样品处理方法造成的，根据命名优先原则将九江槽首绦虫视为鳝槽首绦虫的同物异名。

鳝槽首绦虫是亚洲地区鲤科鱼类土著寄生蠕虫。它伴随该地区草鱼、鲤鱼（*Cyprinus carpio*）和观赏鱼等终末宿主向其他地区的引种而在世界范围内广泛传播扩散。目前，除了南极洲，在亚洲、非洲、美洲、欧洲、大洋洲（澳大利亚）皆有报道。鳝槽首绦虫不仅可以感染引进的鲤鱼和草鱼，还对当地土著种甚至一些濒危鱼类产生严重的威胁。在世界范围内已报道鳡槽首绦虫感染鱼类宿主种类达 100 多种，涵盖了鲤形目、鲱形目、银汉鱼目、鲇形目和鲈形目等鱼类（Dove & Fletcher，2000；Salgado-Maldonado et al.，2003；Bean et al.，2007；Retief et al.，2007）。根据目前已有的报道表明，鳡槽首绦虫在其流行发生过程中不具有严格的宿主和地域特异性。鳡槽首绦虫在不同地区的成功入侵和建立种群得益于其生活史中具有两个替换宿主（鱼）和中间宿主蚤类），且其宿主在世界范围内的广泛分布。此外，Prigli（1975）发现水鸟在鳡槽首绦虫（文中称九江槽首绦虫）的传播扩散过程中也起着一定的作用。

国内，鳡槽首绦虫对养殖草鱼、鲤鱼危害非常严重。该绦虫曾造成广东养殖草鱼 90%以上的死亡率（廖翔华等，1956）。鳡槽首绦虫的寄生会破坏鱼类肠道组织，影响宿主生长，严重感染后会阻塞肠道，导致宿主大量死亡。鳡槽首绦虫在国内不同流域和鱼类宿主的发生曾有零星记录或报道（廖翔华等，1998；Nie et al.，2000；Luo et al.，2002；Liao，2007；Xi et al.，2011）。习丙文等（2013）通过文献整理和长期的鱼类寄生虫调查后系统汇总了鳡槽首绦虫在我国不同水体与鱼类宿主中的发生情况：我国鳡槽首绦虫广泛分布于从北至南的自然水域或养殖水体中（辽河、海河、额尔齐斯河、伊犁河、黄河、淮河、长江、闽江、珠江等流域）；感染宿主鱼类达 31 种，其中鲤科（Cyprinidae）26 种、鳢科（Channidae）1 种、塘鳢科（Eleotridae）1 种、慈鲷科（Cichlidae）1 种、花鳉科（Poeciliidae）2 种。在调查的各水系野生鱼类中，马口鱼（*Opsariichthys bidens*）和赤眼鳟（*Squaliobarbus curriculus*）具有较高的感染率，可能为该绦虫在自然水体中的主要宿主；各大流域池塘养殖的草鱼几乎都有鳡槽首绦虫的寄生。

有关槽首绦虫的发育，Scholz（1997）研究了特异寄生于鳗鱼（*Anguilla* spp.）的麦角槽首绦虫［*Bothriocephalus claviceps*（Goeze，1782）］的生活史（图 15-6～图 15-8）。

麦角槽首绦虫的虫卵自虫体自发释放入水体中，卵具盖、不胚化，有颗粒状内含物。卵长 56～63μm，宽 37～40μm，卵盖宽 10～11μm。

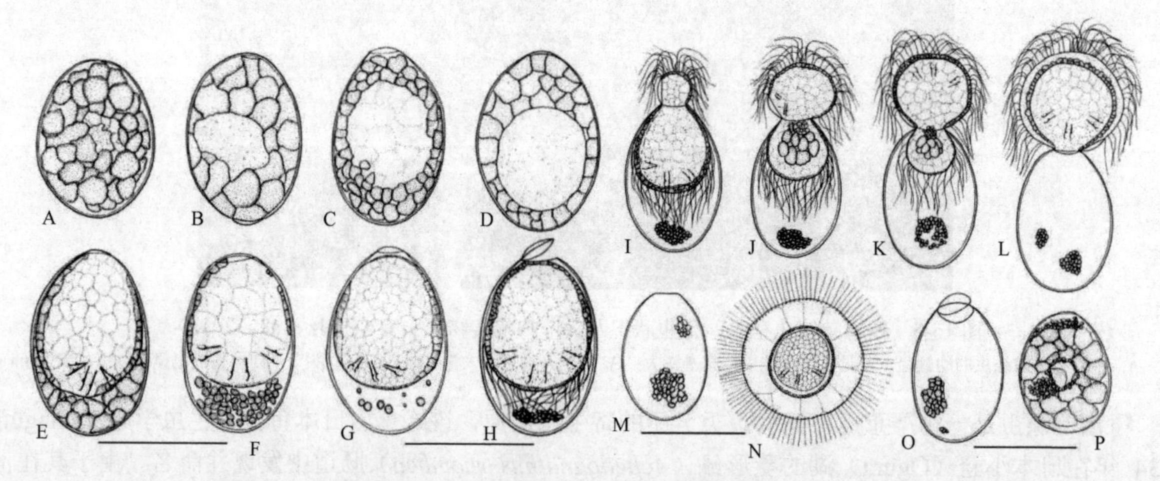

图 15-6 麦角槽首绦虫的胚胎发育示意图（引自 Scholz，1997）

A. 释放入水体中的卵；B～D. 钩毛蚴的形成过程；E～G. 具胚钩的形成中的钩毛蚴；H～L. 钩毛蚴孵出；M，O. 空卵囊；N. 刚孵出的钩毛蚴；P. 4℃放置 6 天的不发育的卵。标尺=0.04mm

麦角槽首绦虫的胚胎发育：释放入水体中的卵的中央出现一个更为透明的区域（图 15-6B）不断变大成为卵形，达卵直径的 2/3～3/4（图 15-6C、D）。在此区域形成钩毛蚴，3 对胚钩出现于其近后部（图 15-6E）。随着钩毛蚴的生长，卵的颗粒状内含物被压到卵囊的边缘（图 15-6F、G）。发育速率和钩毛蚴孵出时间依赖于水的温度，在 2～4℃和 6℃条件下，没有观察到有发育（图 15-6P），但卵仍保持存活，将其从前述温度转入 10～12℃，此卵会以与在 10～12℃中孵育的其他卵相似的速率发育。若将卵放在 33℃条件下则不能存活并很快死亡。同样钩毛蚴的形成在不同季节和不同卵间也有差异。

钩毛蚴使用密集的纤毛运动主动从卵囊孵出（图 15-6H～L）。孵化很快，持续 10～20s。自由游泳的钩毛蚴大小为（36～46）μm×（33～36）μm，具有 3 对长约 11μm 的胚钩。钩毛蚴覆盖着两层膜：内层厚 5～8μm，直径 40～50μm，接近外边缘由无定形的颗粒团块组成；外层由高度空泡化的细胞组成，大多是 1 层（图 15-6N）。外层的厚度依赖于钩毛蚴的孵化年龄，在 15～40μm 变动；外膜的直径范围为 65～90μm。纤毛长 15～20μm，深埋于外层的表面下；在钩毛蚴的生命活动（最长约 2 天）中纤毛主动的运动。空卵囊仅含少量的颗粒（图 15-6M、O）。

已观察到麦角槽首绦虫原尾蚴的完全发育发生于桡足类的白色大剑水蚤（*Macrocyclops albidus*）、棕色大剑水蚤（*M. fuscus*）、草绿绿刺剑水蚤（*Megacyclops viridis*）、英勇剑水蚤（*Cyclops strenuus*）、近邻剑水蚤（*C. vicinus*）和矮小刺剑水蚤（*Acanthocyclops vernalis*）[全为剑水蚤科（Cyclopidae）]。在大尾真剑水蚤（*Eucyclops macruroides*）（剑水蚤科）和纤细镖水蚤（*Eudiaptomus gracilis*）[镖水蚤科（Diaptomidae）]体腔中没有观察到绦虫蚴。在广布中剑水蚤（*Mesocyclops leuckarti*）中绦虫蚴大量穿过肠壁进入血腔，但不发育或不生长，几天后在血腔中死亡。

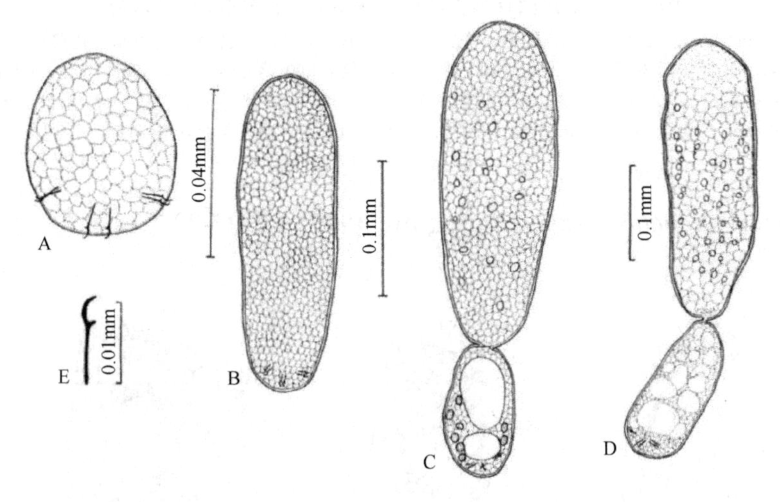

图 15-7 麦角槽首绦虫在中间宿主中的发育示意图（引自 Scholz，1997）

A. 感染 1h 后血腔中的绦虫蚴；B. 来自感染 5 天后的矮小刺剑水蚤的幼虫；C. 来自感染 7 天后的矮小刺剑水蚤的形成尾球的幼虫；D. 来自感染 8 天后的白色大剑水蚤的幼虫；E. 胚钩

钩毛蚴被中间宿主水蚤吞入后，在其消化道中脱去外膜，六钩蚴逸出，做变形虫样运动同时借助胚钩的机械作用，很快穿过肠壁进入血腔中发育为原尾蚴。几乎所有的原尾蚴均位于桡足类的胸节中，多于 40%的幼虫发现于第 1 节，2/3 的幼虫位于第 1～2 节。不同年龄段的幼虫和不同种类的中间宿主在分布位置上无明显差异。

实验中让终末宿主鳗鱼（3 条）吞入感染有麦角槽首绦虫原尾蚴的桡足类，感染 14 天后检查一条鳗鱼，获得 1 条童虫，不分节、没有尾球，有 1 发育良好的头节，其上有顶盘和 2 个宽而浅的吸槽；童虫大小为 208μm × 120μm。另一条鳗鱼感染 30 天后检查，找到 2 条未成熟、链体化的虫体，分别长 2.68mm 和 4.67mm，最大宽度分别为 147μm 和 173μm。分别由 13 节和 24 节组成；头节长 536～620μm，宽 154～163μm，具有一明显分离的宽 134～138μm 的顶盘和 2 个又长又宽的浅槽。没有观察到发育着的生殖器官。感染 98 天后，实验鳗鱼水族箱中发现脱离的孕节；节片宽大于长到几乎方形，长 368～832μm，宽 995～1260μm。感染 102 天后检查第 3 条鳗鱼，在其肠道发现有 3 条完全发育成熟的孕虫体自发释放活虫卵进入水体中。虫体长 34～41mm，最大宽度达 1mm，节片多数宽大于长（成节和大多数孕节）到仅略大于长（最末端的孕节）。孕节大小为（168～660）μm ×（816～1024）μm。头节长 700μm，宽 218μm。头节有一弱分离的顶盘，宽 182μm 和 2 个长的、前方界限清晰的吸槽。从孕节自发释放的卵有盖，长 53～57μm，宽 34～37μm。形态上完全符合 Scholz（1997）重描述的麦角槽首绦虫，仅只是略小一些。

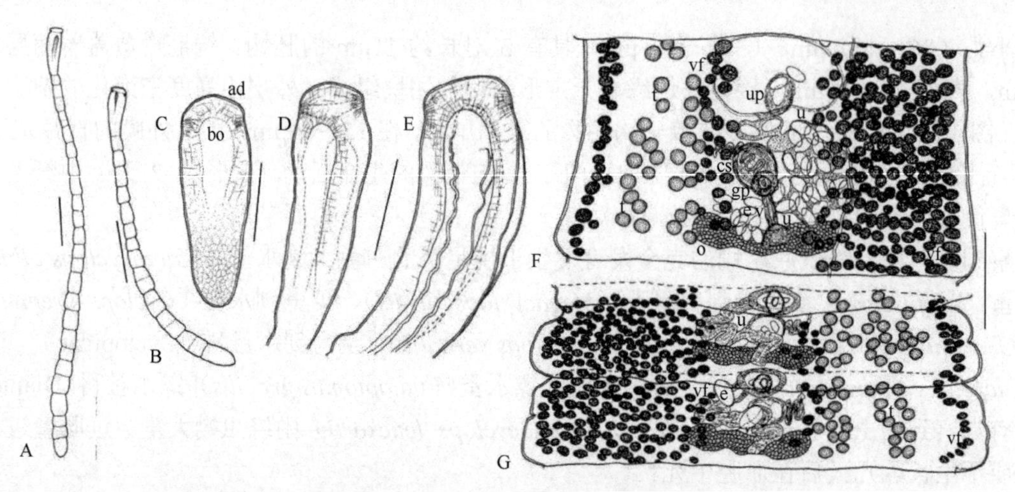

图 15-8　麦角槽首绦虫结构示意图（引自 Scholz，1997）

实验感染终宿主欧洲鳗鲡（*Anguilla anguilla*）体中获得的麦角槽首绦虫（A，B，D～G），实验感染转续宿主孔雀鱼（*Poecilia reticulata*）体中获得的麦角槽首绦虫（C）。A，B，D. 感染后 30 天；C. 感染后 14 天；E～G. 感染后 102 天。A～C. 整体观；D，E. 头节；F. 末端孕节之一背面观；G. 最末成节和第一个孕节。在分图 F 和 G 中，除了侧方和中央的多数滤泡，一侧的卵黄腺滤泡被省略了；精巢仅显示于一侧。缩略词：ad. 顶盘；bo. 吸槽；cs. 阴茎囊；e. 卵；gp. 生殖孔（背方）；o. 卵巢；t. 精巢；u. 子宫；up. 子宫孔（腹面）；v. 阴道；vf. 卵黄腺滤泡。标尺：A，B=0.5mm；C=0.1mm；D～G=0.2mm

2）鲹槽首绦虫（*Bothriocephalus carangis* Yamaguti，1968）（图 15-9）

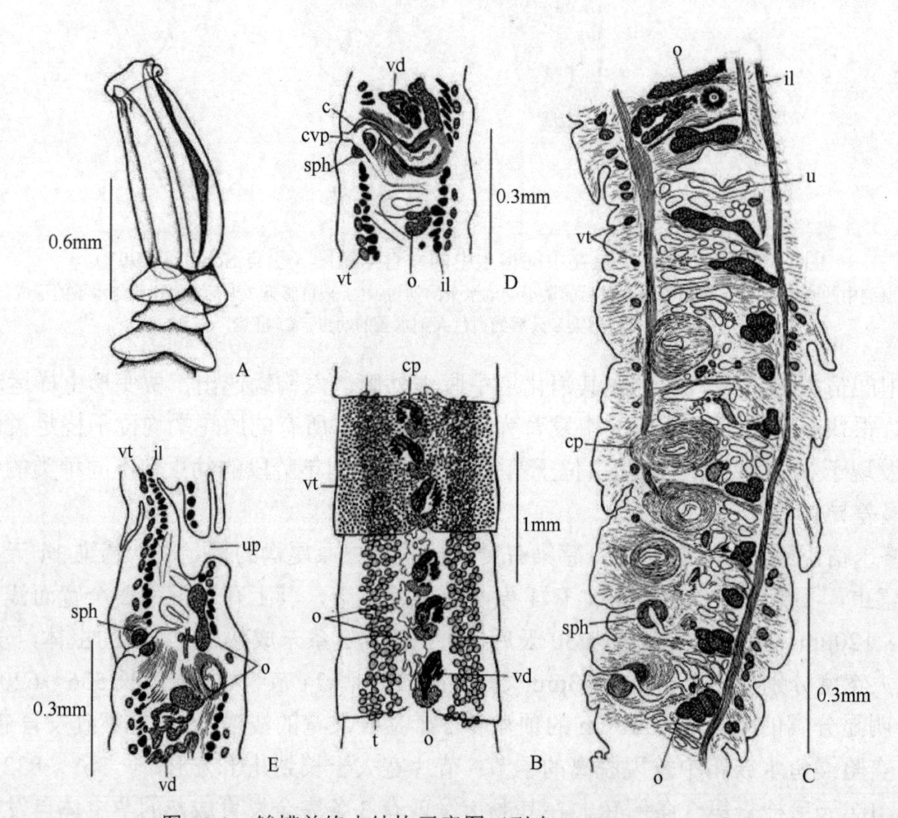

图 15-9　鲹槽首绦虫结构示意图（引自 Yamaguti，1968）

样品采自平线若鲹（*Carangoides ferdau*，原名为 *Caranx beloolus*）。A. 副模标本头节腹面观；B. 全模标本成节背面观；C. 副模标本纵切；D. 副模标本成节过生殖孔纵切；E. 副模标本成节过子宫孔纵切。缩略词：c. 阴茎；cp. 阴茎孔；cvp. 阴茎阴道孔；il. 内纵肌；o. 卵巢；sph. 括约肌；t. 精巢；u. 子宫；up. 子宫孔；vd. 阴道管；vt. 卵黄腺

3）短稚鳕槽首绦虫（*Bothriocephalus gadellus* Blend & Dronen，2003）（图 15-10）

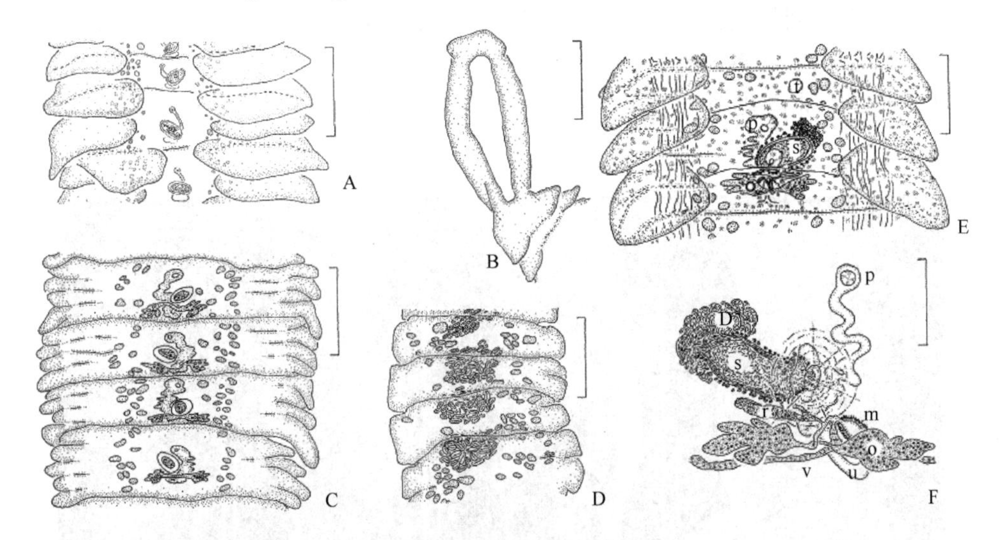

图 15-10　短稚鳕槽首绦虫结构示意图（引自 Blend & Dronen，2003）

样品采自缺须短稚鳕（*Gadella imberbis*）。A. 节片翼状扩展背面观，绘自凭证标本；B. 头节腹面观，绘自全模标本；C. 翼样扩展省略的成节背面观，绘自副模标本；D. 孕节腹面观，绘自全模标本；E. 成节，示翼状扩展和生殖系统综合，背面观；F. 卵巢复合体和生殖器官末端综合，背面观。缩略词：D. 输精管；M. 梅氏腺；O. 卵巢；P. 子宫孔；R. 受精囊；S. 内贮精囊；T. 精巢；U. 子宫；V. 卵黄腺管。标尺：A，C=250μm；B，D=300μm；E=100μm；F=50μm

4）替米槽首绦虫（*Bothriocephalus timii* de Pertierra et al.，2015）（图 15-11，图 15-12）

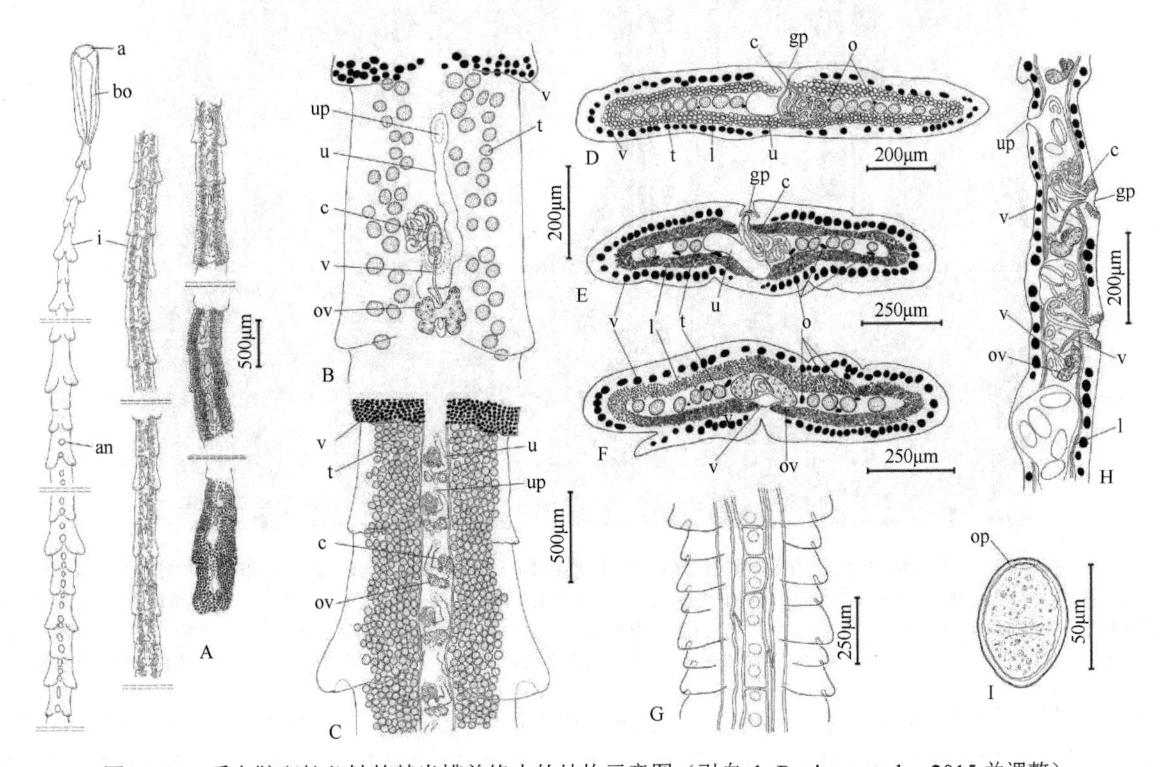

图 15-11　采自鞍斑杜父鲈的替米槽首绦虫的结构示意图（引自 de Pertierra et al.，2015 并调整）

A. 整条虫体（全模标本 IPCAS C-646/1）；B. 每体节有 1 套生殖器官，卵黄腺滤泡仅显示于节片前方（副模标本 IPCAS C-646/2）；C. 每体节有 2 套生殖器官，卵黄腺滤泡仅显示于节片前方（副模标本 IPCAS C-646/4）；D. 成节阴茎囊和子宫水平横切（副模标本 IPCAS C-646/4）；E. 成节阴茎囊和子宫水平横切（副模标本 MACN-Pa 569/1A～C）；F. 成节卵巢水平横切（副模标本 MACN-Pa 569/1A～C）；G. 孕节矢状切面（副模标本 IPCAS C-646/3）；H. 未成熟链体节片，示渗透调节管（副模标本 IPCAS C-646/4）；I. 子宫内的卵。缩略词：a. 顶盘；an. 原基；ad. 顶盘；bo. 后部开口的吸槽；cs. 阴茎囊；gp. 生殖孔；is. 未成熟体节；lm. 纵肌束；oc. 渗透调节管；op. 卵盖；ov. 卵巢；t. 精巢；up. 子宫孔；ut. 子宫；vc. 阴道管；vf. 卵黄腺滤泡；vr. 卵黄池

模式宿主：鞍斑杜父鲈［*Cottoperca gobio*（Günther，1861）］［鲈形目（Perciformes）：牛鱼科（Bovichtidae）］；通用名：阿根廷称“torito de los Canales Fueguinos”，“yakouroum”；智利称“toro de los canales”；英国称“channel bull blenny”。

模式宿主采集地：阿根廷巴塔哥尼亚（Patagonian）（49°19′S～53°49′S；63°45′W～65°42′W），大西洋西南。

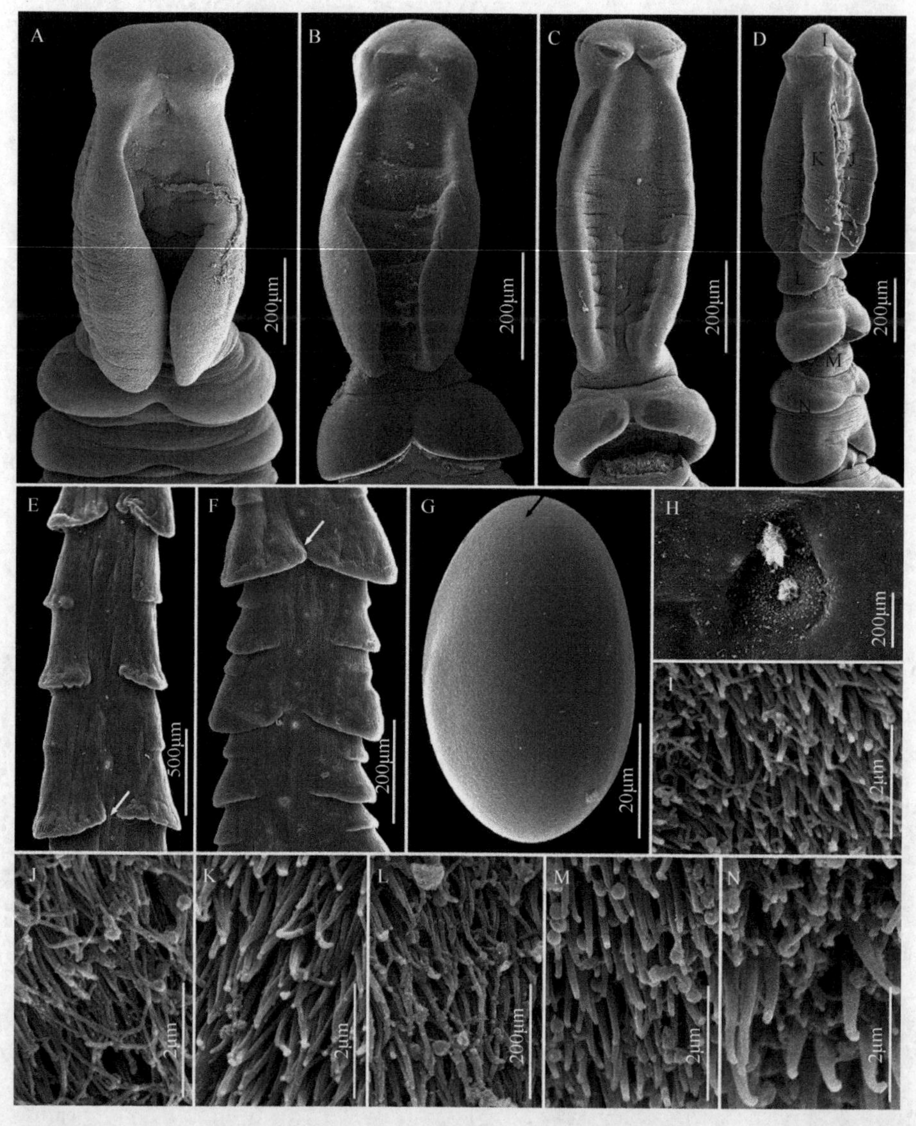

图 15-12　采自鞍斑杜父鲈的替米槽首绦虫的扫描结构（引自 de Pertierra et al.，2015 并调整）

A～C. 头节背面观，示吸槽开口于后部及侧瓣的不同收缩状态；D. 头节侧面观（大写字母示相应放大图取处）；E. 成熟链体节片，示外分节和后侧方翼状扩张，背腹表面具有中央缺口；F. 孕链体小片，白箭头示体节的缺口；G. 子宫内的卵，黑箭头示卵盖；H. 生殖孔，示生殖腔；I. 顶盘表面；J. 吸槽的腔表面；K. 头节的侧表面；L. 头节覆盖于第 1 体节上的后方表面；M. 未成节的前方表面；N. 未成节的后方表面

模式材料：全模标本 IPCAS C-646/1（完整虫体和横切面固定在 1 个玻片上）；3 个副模标本 IPCAS C-646/2（完整虫体和横切面固定在 1 个玻片上），IPCAS C-646/3（完整虫体和横切面及矢状切面固定在 2 个玻片上），IPCAS C-646/4（完整虫体和横切面固定在 3 个玻片上）；2 个副模标本 BMNH（2014.12.5.1-4）（2 个完整虫体和矢状切面固定在 4 个玻片上）；10 个副模标本 MACN-Pa569/1A-C（完整虫体和横切面及矢状切面固定在 3 个玻片上），MACN-Pa 569/2A-C（整个完整虫体和矢状切面固定在 3 个玻片上），MACN-Pa 569/3（完整虫体和横切面固定在 1 个玻片上），MACN-Pa 569/4（完整虫体和横切面固定在 1

个玻片上，一段链体存在 99%纯度乙醇中），MACNPa 569/5（完整虫体和横切面固定在 1 个玻片上），MACN-Pa 569/6A，B（完整虫体和横切面固定在 2 个玻片上）；MACN-Pa 569/7A，B（完整虫体和横切面固定在 2 个玻片上），MACN-Pa 569/8A-B（完整虫体和横切面固定在 2 个玻片上），MACN-Pa 569/9（完整虫体和矢状切面固定在 1 个玻片上），MACN-Pa 569/10（完整虫体和横切面固定在 1 个玻片上）；一段链体在捷克寄生虫学研究所进行测序。

感染部位：幽门盲囊，前、中和后肠。

感染率：85%（35/41）；感染强度每尾鱼 1～17 条虫，平均 3.9 条。

词源：以马德普拉塔国立大学（阿根廷）的胡安替米（Juan Timi）博士的名字命名，因为他慷慨地捐赠了该种的研究材料。

替米槽首绦虫是第一个报道采自牛鱼科鱼类的绦虫。通常（患病率为 85%）发现于阿根廷巴塔戈尼亚沙洲鞍斑杜父鲈肠道中。其特征是链体有分节，节片通常长大于宽，具有后侧方翼状扩张，背腹表面有中央缺口；头节有顶盘；伸长的吸槽向后方开孔，有侧方和纵向延伸的凸瓣；精巢数目为 42～185 个，一层，沿着链体排在两侧连续的带上；一个细长的阴茎囊，位置倾斜，于近端向前侧方弯曲；一个卵巢通常为蝶形。替米槽首绦虫形态上类似于采自横带若鲹（*Carangoides plagiotaenia* Bleeker）的孟加拉槽首绦虫（*B. bengalensis* Devi，1975），采自日本方头鱼（*Branchiostegus japonicus* Houttuyn）的方头鱼槽首绦虫（*B. branchiostegi* Yamaguti，1952），采自平线若鲹（*Carangoides ferdau* Forsskål，1775）的若鲹槽首绦虫（*B. carangis* Yamaguti，1968）和采自缺须短稚鳕的短稚鳕槽首绦虫。除沿着链体节片存在后侧方翼状扩张和中央背腹均有缺口的特征外，替米槽首绦虫可以与孟加拉槽首绦虫、方头鱼槽首绦虫和若鲹槽首绦虫的区别在于缺乏阴道括约肌，与短稚鳕槽首绦虫的区别在于精巢数目和头节的大小。

槽首属是槽首目至今为止最大的一属，曾命名的种约 100 个，但其中相当一部分是无效或有问题的种，Protasova（1977）列出 28 个有问题的种；Kuchta 和 Schole（2007）列出 33 个有效种。此外，有人提出该属是由一些不相关的种混合组成的，应当分成几个自然类群（Škeříková et al.，2004）。有分子数据也表明：海洋宿主和淡水宿主的此属绦虫种类形成了两个不相关的组合。

模式种蝎鲉槽首绦虫有报道采自不相关的目、科几乎 50 个属的海洋鱼类。很明显，其中许多是错误的，这些错误由后来的研究者不断给予指出和修正（Renaud et al.，1984；Robert & Gabrion，1991；Bray et al.，1994；Kuchta et al.，2007，2008）。

Kuchta 等（2008）将两个种：深渊槽首绦虫（*B. abyssmus* Thomas，1953）和贾尼基槽首绦虫（*B. janickii* Markowski，1971）分别移至安迪绦虫属（*Andycestus*）和皱襞绦虫属（*Plicocestus*）。因为它们有足够的形态特征与槽首属相区别。此外，重新确立穿头属（*Penetrocephalus*）的有效性，与 Protasova（1977）和 Bray 等（1994）的结论又相矛盾，但穿头属种类与槽首属有显著区别。

Dollfus（1970）提出腔槽属（*Coelobothrium*）用于容纳其当时提出的采自鹿斑二须鲃（*Capoeta damascina*）[鲤科：鲃亚科（Barbinae）] 的新种莫诺底腔槽绦虫（*Coelobothrium monodi*）。该种与鲬槽首绦虫除一个形态特征有差异外，其他都一致，有相同的头节形态，缺顶盘，很深的吸槽及宿主同为鲃。人们发现鲬槽首绦虫寄生于很多种鲃（鲃亚科），分布于非洲、欧洲和亚洲等（Pool，1987）。唯一所谓的差异是莫诺腔槽绦虫无卵盖，但此差异受到质疑，类似情况出现于采自日本珠星三块鱼（*Tribolodon hakonensis*）（鲤科）的腔槽绦虫（*Coelobothrium oitense*）和采自中国食蚊鱼（*Gambusia affinis*）的中国食蚊鱼腔槽绦虫（*C. gambusiensis*）。这些种实际上都是鲬槽首绦虫的同物异名。腔槽属则是槽首属的同物异名。

Malhotra（1985）描述了采自印度鲤科鱼波拉长嘴鱲（*Raiamas bola*）的贝里利卡普尔绦虫（*Capooria barilli*），将其当作双叶槽科的新属与新种。Bray 等（1994）认为其表面上的特征类似于槽首科的成员，并认为卡普尔属是有问题的属。而贝里利卡普尔绦虫在形态上与鲬槽首绦虫完全相符。由于宿主鱼类的一致性及形态上的无法区别，Kuchta 和 Schole（2007）认为贝里利卡普尔绦虫与鲬槽首绦虫为同物异名，卡普尔属则是槽首属的同物异名。

槽首属仍需依据全方位的数据进行修订。有些属所属的科可能需要变动，有些需要建立新属，有些属可能是无效的、与其他属是同物异名等。

8b. 头节吸槽的前方开口有括约肌环绕 ··················· 克莱斯特槽属（*Clestobothrium* Lühe，1899）（图 15-44K，图 15-50A）

识别特征：中型蠕虫。有分节现象。链体有显著的缘膜，节片宽大于长。头节宽椭圆到球形，强壮。吸槽深，可能有顶沟相连，被大型括约肌围绕。无顶盘。精巢位于两侧区带，通常在中央分离，节片间连续。阴茎囊小，椭圆形，有内贮精囊；阴茎无棘。生殖孔位于中央。卵巢横向伸长或两叶状。阴道位于阴茎囊后方。卵黄腺滤泡位于皮质，围绕着节片。子宫管弯曲，孕节中常扩大。子宫椭圆形，子宫孔位于亚中央。卵有盖，不胚化。已知寄生于海洋硬骨鱼类［鳕形目（Gadiformes）］。分布于大西洋和太平洋。模式种：粗头克莱斯特槽绦虫［*Clestobothrium crassicep* Rudolphi，1819）］（图 15-4C），采自无须鳕（*Merluccius* spp.）［模式宿主为：欧洲无须鳕（*Merluccius merluccius*），鳕形目：无须鳕科（Merlucciidae）］、海鲂（*Zeus faber*）［海鲂目（Zeiformes）：海鲂科（Zeidae）］、鲉示定种（*Scorpaena* sp.）（鲉形目：鲉科）。其他种：吉布森克莱斯特槽绦虫（*C. gibsoni* Dronen & Blend，2005），采自墨西哥湾大眼底尾鳕（*Bathygadus macrops*）（长尾鳕科）；疏忽克莱斯特槽绦虫［*C. neglectum*（Lönnberg，1893）］，采自瑞士波罗的海平头鳕（*Raniceps raninus*）［鳕科（Gadidae）］。

1）吉布森克莱斯特槽绦虫（*Clestobothrium gibsoni* Dronen & Blend，2005）（图 15-13）

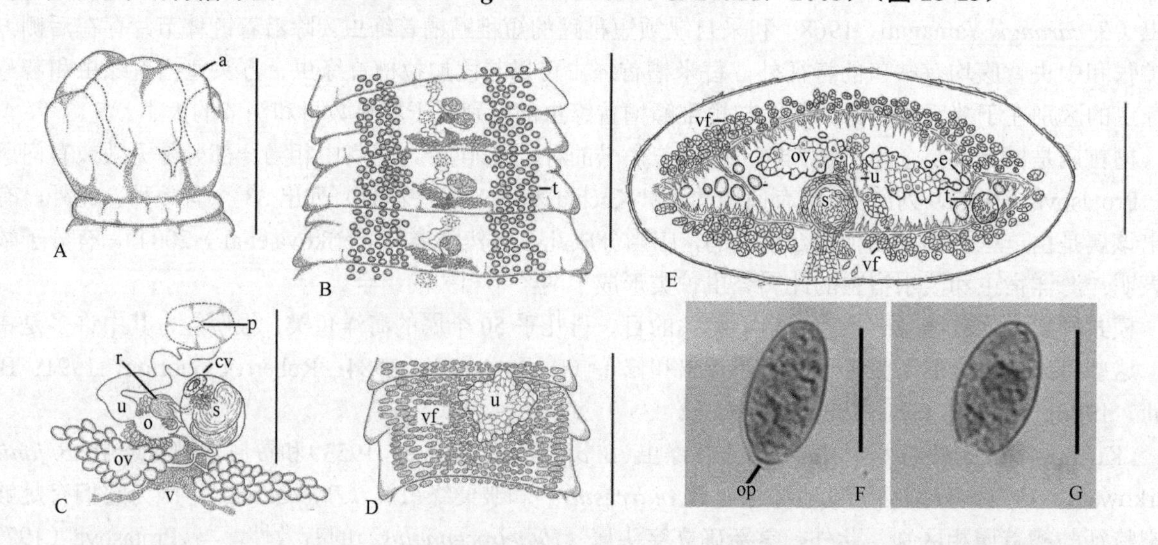

图 15-13　采自大眼底尾鳕的吉布森克莱斯特槽绦虫（引自 Dronen & Blend，2005）

A. 头节；B. 成节腹面观，示链体化过程的一系列节片（整体固定标本中见不到排泄管）；C. 雌雄生殖器官综合，背面观；D. 孕节腹面观；E. 后期成节横切面；F. 卵有卵盖；G. 卵移去卵盖。缩略词：a. 吸槽孔；cv. 阴茎阴道孔；e. 排泄管；o. 卵模；op. 卵盖；ov. 卵巢；p. 子宫孔；r. 受精囊；s. 贮精囊；t. 精巢；u. 子宫；v. 卵黄腺池；vf. 卵黄腺滤泡。标尺：A=265μm；B=750μm；C=190μm；D=700μm；E=300μm；F，G=50μm

2）疏忽克莱斯特槽绦虫（*Clestobothrium neglectum* Dronen & Blend，2003）组合种

疏忽克莱斯特槽绦虫（图 15-14）描述自先前贮存于英国伦敦自然历史博物馆由 David I. Gibson 收集自瑞典西海岸，靠近克里斯汀伯格平头鳕（*Raniceps raninus*）（鳕科）肠道的样品。其类似于该属当时唯一仅有的模式种粗头克莱斯特槽绦虫。但不同之处在于有细棘状类似于微毛的结构覆盖于头节后第 4 节之后的所有节片；高度折叠的皮层在背侧和腹侧表面形成许多纵向脊，使它们具有扇形的外观。卵相对小（68 μm × 35 μm vs 75 μm × 40 μm）；U 形而非 H 形卵巢和每节更多数目的精巢（70～85 vs 40～50）。

模式种粗头克莱斯特槽绦虫，有报道采自不同属的鱼，但这些记录都需进行再核实。该属与槽首属的区别在于其吸槽具有括约肌（Rees，1958）及卵无卵盖。而后来证实其模式种的卵有盖，同属其他两种中有一种的卵也有盖。事实上，克莱斯特槽属与槽首目其他属的区别仅只是吸槽前方开口处存在括约

肌（Rees，1958；Bray et al.，1994）。

Tadros（1967）、Kornyushin 和 Kulakovskaya（1984）等将 Yamaguti（1934）的鲘槽首绦虫放入克莱斯特槽属，因为其有球状或心形有深吸槽的头节。而槽首属的种类缺克莱斯特槽属种类中围绕吸槽孔的环状括约肌，同时槽首属的节片略有缘膜或无缘膜（克莱斯特槽属有显著的缘膜）。此外，从 3 个基因序列分子数据提供的证据推导表明：鲘槽首绦虫和粗头克莱斯特槽绦虫不相关，并且它们形态的相似性是头节会聚演化的结果（Škeříková et al.，2004）。故应为不同的属。

Miquel 等（2012）用扫描电镜对模式种粗头克莱斯特槽绦虫的头节进行了研究（图 15-15），通过对各种固定程序和技术的比较研究结果表明：粗头克莱斯特槽绦虫的头节椭圆形到球状，具有 2 个深吸槽，表现为由纵向凹槽隔开的两叶形式。不同固定程序和技术对粗头克莱斯特槽绦虫的头节形态有一定影响。

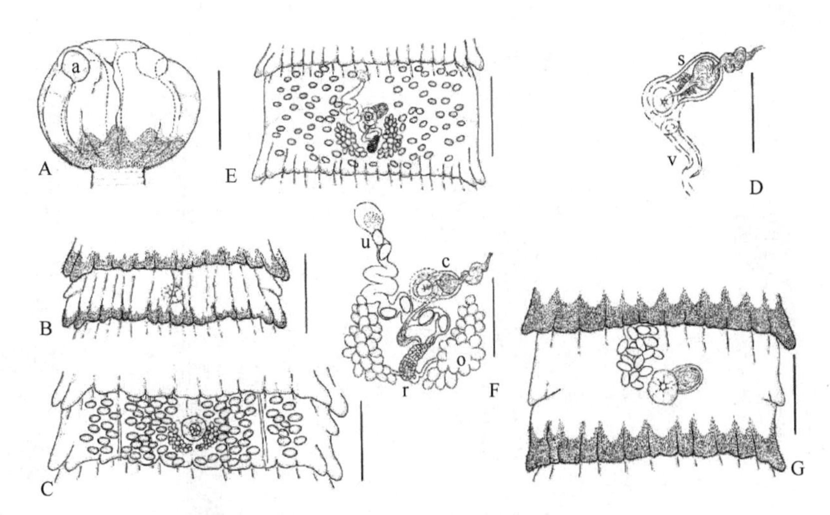

图 15-14　疏忽克莱斯特槽绦虫组合种（引自 Dronen & Blend，2003）

A. 新模式标本头节，示微毛；B. 未成节，示微毛及皮层纵褶；C. 早期成节有皮层棘和皮层纵褶；D. 生殖器官末端综合图；E. 晚期成节背面观综合，有皮层棘，纵向皮层褶（卵黄腺滤泡省略）；F. 卵巢复合体和生殖器官末端综合背面观；G. 孕节腹面观，示皮层棘和皮层纵褶。缩略词：a. 开孔；c. 阴茎囊；o. 卵巢；r. 卵黄池；s. 贮精囊；u. 子宫；v. 阴道。标尺：A=430μm；B=215μm；C=290μm；D=40μm；E=320μm；F=135μm；G=310μm

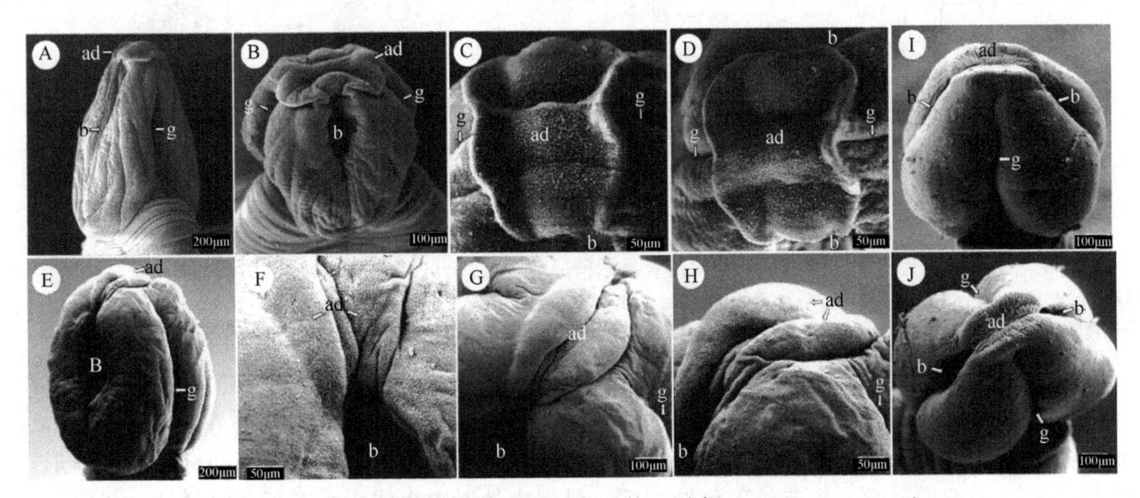

图 15-15　粗头克莱斯特槽绦虫的扫描结构（引自 Miquel et al.，2012）

A～D. 固定于冷的 2.5%戊二醛溶液：A. 头节腹侧观；B. 头节腹面观；C. 顶盘腹侧观；D. 顶盘顶面观。E～H. 固定于热的 4%福尔马林溶液：E. 头节腹侧观；F. 顶盘吸槽连接处细节；G. 顶盘顶面观；H. 顶盘腹侧观。I，J. 固定于热的 70%乙醇溶液：I. 侧面观；J. 顶面观。缩略词：ad. 顶盘；b. 吸槽；g. 纵沟。标尺：A，E=200μm；B，G，I，J=100μm；C，D，F，H=50μm

Marigo 等（2012）对粗头克莱斯特槽绦虫的精子发生和精子结构（图 15-16）进行了研究。其精子发生源于分化区的形成。它的特点是该区的顶端区域存在两个中心粒及其相关联的纹状根，一间中心体和一电子致密物质。后来，从中心粒长出 2 条鞭毛，相对于中央胞质突起呈垂直生长。随后鞭毛进行 90°旋转直至它们与中央胞质突起平行，之后是鞭毛和中央胞质突起从近端到远端的融合。核拉长，然后沿精子细胞体迁移。精子形成完成时，外形上精细胞基部单一冠状体围绕着顶锥。最后，拱形膜环收缩脱离，形成完全的精子。粗头克莱斯特槽绦虫的成熟精子为丝状，包含 2 条“9+1”式的轴丝，为密螺旋轴丝（trepaxonematan）模式，含 1 平行核，平行的皮层微管，电子致密的糖原颗粒。配子的前端有一短电子致密锥顶和一冠状体，围绕精子细胞一圈。第 1 条轴丝由厚的皮层微管环围绕，直至第 2 条轴丝出现。随后，厚的皮层微管消失，因此，成熟的精子表现为 2 束薄的皮层微管。唯一的核位于雄配子后端。

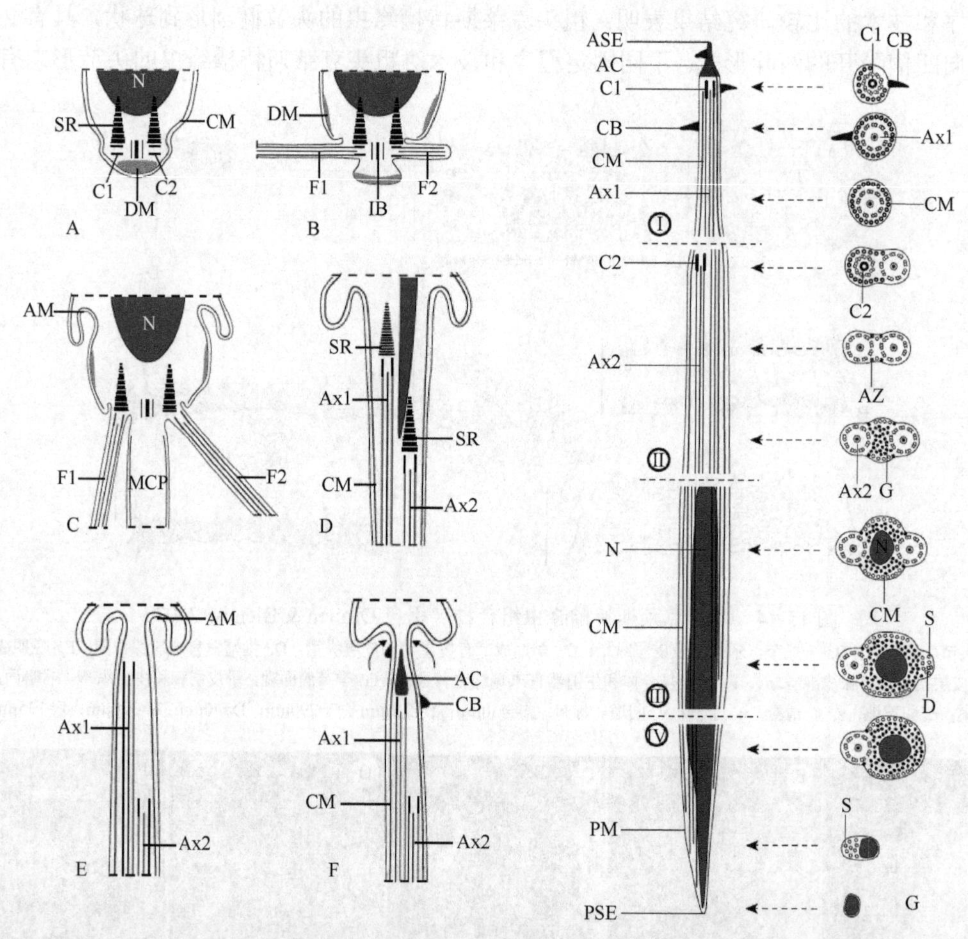

图 15-16 粗头克莱斯特槽绦虫精子发生示意图（A～F）和成熟精子重构示意图（G）

（为简化之故，纵切面中没有显示糖原颗粒）（引自 Marigo et al.，2012）

AC. 顶锥；AM. 拱形膜；ASE. 精子前端；Ax1. 第 1 条轴丝；Ax2. 第 2 条轴丝；AZ. 附着区；C1. 第 1 中心粒；C2. 第 2 中心粒；CB. 冠状体；CM. 皮层微管；D. 成对的微管；DM. 电子致密物质；F1. 第 1 条鞭毛；F2. 第 2 条鞭毛；G. 糖原颗粒；IB. 间中心体；MCP. 中央胞质突起；N. 核；PM. 质膜；PSE. 精子的后端；S. 成单的微管；SR. 纹状根

9a. 卵胚化，有外部透明膜……………………………………………………………… 四营属（*Tetracampos* Wedl，1861）

识别特征：小型蠕虫。有分节现象。链体微小，由无缘膜的节片构成，横切面椭圆形或球形。内纵肌由宽的个别肌纤维带组成。头节长形到椭圆形，最大宽处近中央或中央略后。吸槽浅，长形。顶盘发育不良，有小钩。颈区不明显。精巢数目不多，大，位于两侧区，节片间连续。阴茎囊球形；阴茎无棘。生殖孔位于中央。卵巢两叶状。阴道位于阴茎囊后部。卵黄腺滤泡不多，不容易观察到，位于髓质，外部突出于内纵肌最内部的纤维之间，在背、腹部两侧区，未成节与大多数孕节中不存在。子宫管短。子宫壁厚，实质状，在孕节中显著扩大并占据末端节片的几乎所有空间。子宫孔略位于亚中央。卵椭圆形到球形，在末端节片中由外部透明的膜和内部的颗粒状层完全包围，形成钩球蚴，卵在子宫中随发育而增大，完全形成钩球蚴时有3对胚钩。已知寄生于淡水鲇鱼：胡子鲇属（*Clarias*），已知分布于非洲和亚洲。模式种及仅有的种：纤毛囊四营绦虫（*Tetracampos ciliotheca* Wedl，1861）（图15-17），采自埃及（模式宿主采集地）尼罗河盆地，非洲和亚洲的鳗胡鲇（*Clarias anguillaris*）（模式宿主）和尖齿胡鲇（*Clarias gariepinus*）。

Wedl（1861）建立四营属（*Tetracampos*）用于容纳发现于埃及鳗胡鲇的纤毛囊四营绦虫。由于最初的描述不完全，随后大多数学者认为纤毛囊四营绦虫有问题或将其放在原头目或四叶目中（Southwell，1925；Janicki，1926）。

Kuchta 等（2008）基于对采自苏丹模式宿主新材料的测量，比较了采自非洲鲇鱼模式样品的描述并研究了一些关键的文献，包括 Wedl（1861）的最初描述，重新确立了该属。此属易与槽首科的其他属相区别，因为其链体微小，横切面为椭圆形或圆形；独特的卵的形态；孕节的外观，几乎由充满虫卵的子宫占据等。Wedl（1861）描述纤毛囊四营绦虫的卵有一纤毛层，但后来的学者未观察到。Wedl（1861）对头节的描述与近期发现于非洲鲇鱼的绦虫相符，与那些先前放在多瘤槽属和圣加属的一致（见Protasova，1977 综述）。

Kuchta 等（2008）的研究提示四营属的卵黄腺滤泡位于髓质，此特征仅发现于槽首目两个属的绦虫[层槽属（*Ptychbothrium*）和亚夫槽属（*Yaphrobothrium*）]。Janicki（1926）提供了一很详细的有关圆柱多瘤槽绦虫（*Polyonchobothrium cylindraceum*）的描述。而 Tadros（1968）将其与采自鳗胡鲇的鲇鱼多瘤槽绦虫（*P. clarias* Woodland，1925）同义化，并首次报道了链体的圆柱状和卵黄腺滤泡的髓质位置，以及卵的典型形态。

Meggitt（1930）描述了同一宿主的灿烂多瘤槽绦虫（*P. fulgidum*）。但很明显鲇鱼多瘤槽绦虫、圆柱多瘤槽绦虫、灿烂多瘤槽绦虫与纤毛囊四营绦虫都是同一个种（Kuchta & Scholz，2007）。

Tadros（1968）则将具有有钩顶盘的槽首科的属：多瘤槽属、四营属、圣加属和钩槽头属（*Onchobothriocephalus*）全部同义化了，但并未被广泛接受。Dubinina（1987）认为多瘤槽属和圣加属同义。

Madanire-Moyo 和 Avenant-Oldewage（2013）报道，为识别尖齿胡鲇（*Clarias gariepinus* Burchell，1822）（锐齿鲇鱼）的绦虫感染情况，于2011年10月、2012年1月和4月间，在瓦尔水库（Vaal Dam）用网捕到45尾尖齿胡鲇，解剖检查后发现，纤毛囊四营绦虫的感染率达86.7%，平均感染强度为15条为。雌雄鱼的感染情况统计学上没有差异。鱼标准长度在40～54cm（≥3年）时感染率最高，平均感染强度最大；体长在10～24cm（<1年）时感染率最低，平均感染强度最小。

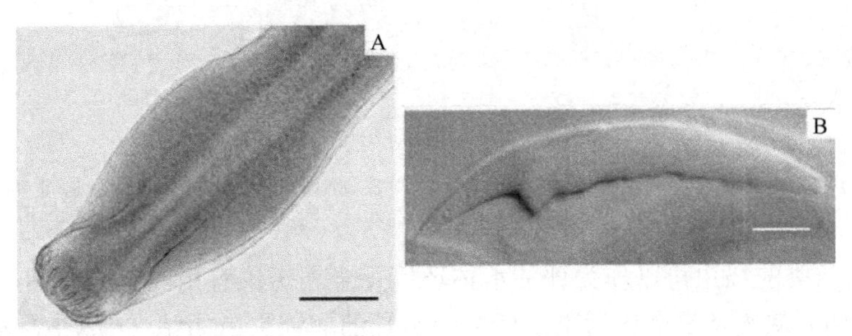

图15-17　醋酸洋红染色的纤毛囊四营绦虫光镜照（引自 Madanire-Moyo & Avenant-Oldewage，2013）
A. 头节；B. 吻突钩。标尺：A=30μm；B=100μm

9b. 卵不胚化，无外部透明膜……………………………………………………………… 10
10a. 头节的顶盘显著，四方叶状，宽于头节固有结构…………………… 多瘤槽属（*Polyonchobothrium* Diesing，1854）

识别特征：中型蠕虫。有分节现象。链体有明显缘膜，节片为梯形。头节长形，向后部窄。吸槽浅而伸长。顶盘显著，宽于头节的固有结构，顶面观四叶状，有大型钩排且为4个象限（各个象限有钩6～9个）。颈区不明显。精巢位于两侧区，节片间连续。阴茎囊梨形，壁厚；有内贮精囊；阴茎无棘。生殖孔位于中央。卵巢实质状，横向伸长。阴道位于阴茎囊后部。卵黄腺滤泡位于皮质，形成两侧区带，节片间连续。子宫管弯曲为 S 形，孕节中扩大，形成小的椭圆形子宫囊。子宫孔位于中央。卵无盖，不胚化。已知寄生于淡水多鳍鱼（*Polypterus*）类，分布于非洲。模式种：多鳍鱼多瘤槽绦虫（*Polyonchobothrium polypteri* Leydig，1853）（图 15-18A～C），采自非洲埃及（模式种采集地），尼罗河多鳍鱼（*Polypterus bichir*）（模式宿主）和塞内加尔多鳍鱼（*P. senegalus*）（多鳍鱼目：多鳍鱼科）。其他种：胡子鲇多瘤槽绦虫（*Polyonchobothrium clarias*）等。

有关该属的分类历史，Protasova（1977）和 Jones（1980）有综述。模式种最初由 Leydig（1853）进行了简短的描述，当时种名为多鳍鱼四槽绦虫（*Tetrabothrium polypteri*）。Jones（1980）提供了基于采自苏丹多鳍鱼、加卢塞内多鳍鱼（*Polypterus galussene*）、恩氏多鳍鱼（*Polypterus endlicheri*）样品的多鳍鱼多瘤槽绦虫形态的详细记录。新收集自苏丹塞内加尔多鳍鱼的样品与 Jones（1980）重描述的种是一致的。

Kuchta 等（2008）的研究肯定了单种属多瘤槽绦虫属的有效性。依照 Bray 等（1994），该属很易区别于采自淡水鱼的其他槽首科的属。它有顶盘，顶盘有小钩及下面的特征（海洋瘤盘属有一显著不同的头节及链体形态在此不考虑）：①头节长形，向后变窄，有一显著的顶盘，宽于头节固有结构，有长形、窄的吸槽；②顶盘上的钩大，长可达 190μm（其他属＜100μm，圣加属和四营属通常为 50μm）；③链体巨大，由显著具缘膜、梯形的节片组成。

Yamaguti（1959）建立瘤槽首属（*Oncobothriocephalus*）用于容纳 Fuhrmann（1902）采自埃及 *Turdus parochus* 的竹叶层槽绦虫（*Ptychobothrium armatum*），Tadros（1968）、Protasova（1977）、Schmidt（1986）和 Bray 等（1994）认为其无效，Kuchta 等（2008）则认为它是多鳍鱼多瘤槽绦虫的同物异名。

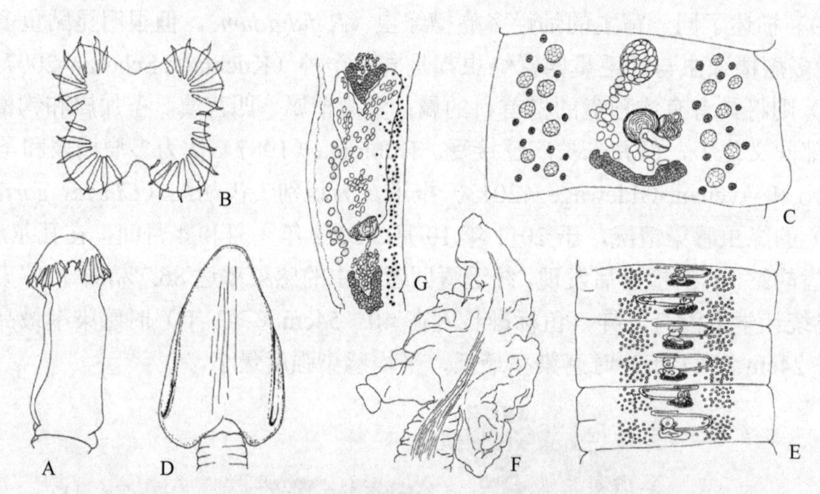

图 15-18　3 种绦虫的结构示意图（引自 Bray et al.，1994）

A～C. 多鳍鱼多瘤槽绦虫：A. 头节；B. 顶盘；C. 成节。D，E. 颌针鱼层槽绦虫：D. 头节；E. 正在成熟的节片。F，G. 飞鱼褶纹槽绦虫：F. 头节；G. 孕卵节片

近期，人们提出鱼类的绦虫可以作为评估水体环境重金属污染有用的生物指标，并得到了初步证实。Abdel-Gaber 等（2016）从埃及重金属污染水环境中生长的非洲尖齿胡鲇（*Clarias gariepinus*）体内检获的胡子鲇多瘤槽绦虫（图 15-19）就是一个有力的证据。

10b. 头节的顶盘不显著，窄于头节固有结构 ······································ 圣加属（*Senga* Dollfus，1934）（图 15-2G、H）

［同物异名：环瘤槽属（*Circumoncobothrium* Shinde，1968）］

识别特征：小到中型蠕虫。有分节现象。链体无缘膜或略有缘膜，通常宽大于长。头节椭圆形或箭形，最宽处近于后方边缘。吸槽椭圆形到长形。顶盘存在，但发育不良，具有小钩，通常排为两个半环。颈区不明显。精巢位于两侧区带，节片间连续。阴茎囊椭圆形，中等大小。生殖孔位于中央。卵巢两叶状，各具小叶。阴道位于阴茎囊后方。卵黄腺滤泡位于皮质，围绕着节片或在两侧纵区带，中央分离，

节片间连续。子宫管弯曲，子宫椭圆形，在孕节中扩大。子宫孔略位于亚中央。卵无盖，不胚化。已知寄生于淡水硬骨鱼类，分布于亚洲、非洲和澳大利亚。模式种：贝纳德圣加绦虫（*Senga besnardi* Dollfus，1934），采自巴黎水族馆的五彩搏鱼（*Betta splendens*）[鲈形目：丝足鱼科（Osphronemidae）]。

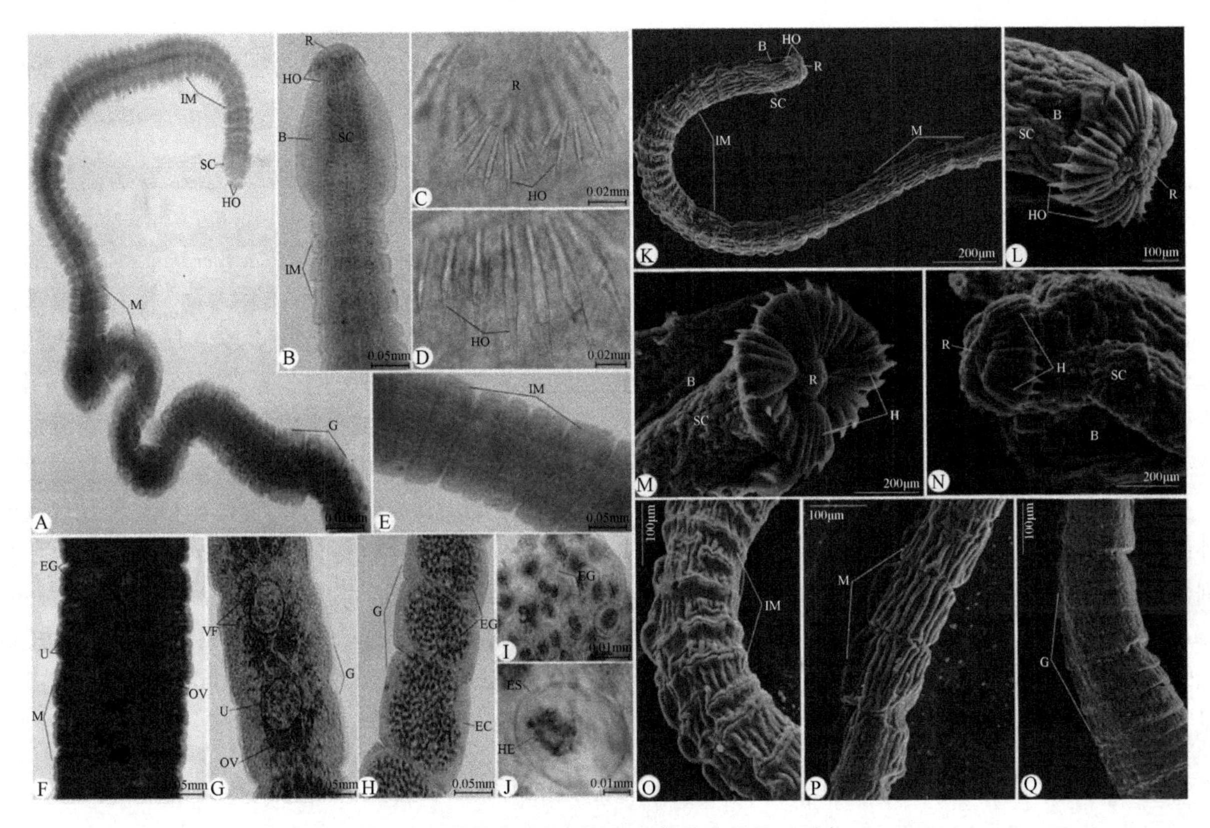

图 15-19 重金属污染水体尖齿胡鲇体中的胡子鲇多瘤槽绦虫成体（引自 Abdel-Gaber et al.，2016）

A～J. 光镜结果：A. 成体，有方形的头节，吻突具钩，吸槽后为未成节、成节和孕节；B. 头节、吻突、吻突钩、吸槽和未成节；C. 吻突及其一环钩冠；D. 钩放大；E. 未成节；F. 成节有卵巢，子宫充满少量卵；G. 早期孕节有卵巢，子宫和卵，注意卵黄腺滤泡的存在；H. 后期孕节有子宫和大量卵，以及排泄管；I. 卵群；J. 成熟卵有六钩胚，由卵壳包围。K～Q. 扫描电镜结果：K. 链体前部，有头节、吻突、钩、吸槽、未成节和成节；L～N. 头节不同面观；O. 未成节表面；P. 成节表面；Q. 孕节表面。缩略词：B. 吸槽；EC. 排泄管；EG. 卵；ES. 卵壳；HE. 六钩胚；G. 孕节；HO. 钩；IM. 未成节；M. 成节；OV. 卵巢；R. 吻突；SC. 头节；VF. 卵黄腺滤泡；U. 子宫

Kuchta 和 Scholz（2007）将该属有效种减至 15 种，但实际有效的种类可能更少。

圣加属由 Dollfus（1934）为贝纳德圣加绦虫建立，该种发现于泰国斗鱼，此种鱼为亚洲东南部的鱼种，来自巴黎附近一水族馆。属的分类史较为复杂，相关的综述可参考 Tadros（1966）和 Protasova（1977）等。绝大多数学者包括 Protasova（1977）和 Bray 等（1994）认为圣加属是有效的，截然不同于多瘤槽属。此文保持两属有效，但恢复使用四营属（*Tetracampos*），采自胡子鲇属鲇鱼的绦虫，先前被放在多瘤槽属或圣加属的种类，已移到四营属。这意味着圣加属现所含的种类主要采自印度马来半岛（Indomalayan）地区淡水鱼：黑鱼（snakeheads）和棘鳅科（mastacembelids）的鱼等，另一种圣加属绦虫：龙鱼圣加绦虫 [*S. scleropagis*（Blair，1978）] 与龙鱼多瘤槽绦虫（*P. scleropagis* Blair，1978）为同物异名，采自澳大利亚骨舌鱼目（Osteoglossiform）的红珍珠龙鱼（*Scleropages leichardti*）。Woodland（1937）描述采自非洲异鳃鲇属（*Heterobranchus*）鲇鱼的戈登圣加绦虫（*S. gordoni*），由 Kuchta 和 Scholz（2007）暂时移入四营属。而最近对戈登圣加绦虫模式材料的测量表明此种保留在圣加属较好，它与四营属的纤毛囊四营绦虫在一系列特征包括链体和孕节的形态等方面均有不同。

Bray 等（1994）将环瘤槽属与圣加属同义化。先前环瘤槽属不同于圣加属之处仅在于前者顶盘上不中断的钩环。圣加属绦虫仍需要进行修订，因为常在相同的鱼类宿主中发现很多种该属绦虫，且

有些被不恰当地描述了。此外几乎所有印度报道的种，描述质量均较差，它们的模式样本或是不存在或是损坏没有用了。很有可能各鱼宿主仅 1 个绦虫有效种，其他所有的均是无效的（Kuchta & Scholz，2007）。所有这些种类新的、固定良好的采自模式宿主和模式地点的新鲜材料都需要用于圣加属系统的修订。

Rego（1997）曾报道了一个圣加属的种，采自巴西淡水鱼，但因其虫体未成熟，无法识别到种水平；此外，由于凭证标本不存在，肯定其属的位置亦是不合适的。

11a. 节片有明显的后侧翼状突起……………………………………………………………………………………… 12
11b. 节片无后侧翼状突起………………………………………………………………………………………………… 13
12a. 头节由头节变形结构取代，包于假囊中……………………………………………… 穿头属（*Penetrocephalus* Rao，1960）

识别特征：中型蠕虫。有分节现象，但可能不完全（链体中线处缺失）。链体有缘膜，节片有显著的后侧翼状突起。头节无棘，由长棒状的头节变形物取代，前端部渐尖。颈区细长，穿入肠壁，包入肠系膜或肝脏中，卷于囊中并常退化为丝状。精巢位于两侧区带，节片间连续。阴茎囊椭圆形；阴茎有小棘。生殖孔略位于亚中央。卵巢横向伸长，两叶状。阴道开口于阴茎囊侧方或前侧方。卵黄腺滤泡数量多，位于皮质，形成两侧区带，达节片的后侧突起内。子宫管弯曲，在孕节中扩大。子宫壁厚。子宫孔位于中央。卵有盖，不胚化。已知寄生于海洋硬骨鱼类的蛇鲻属（*Saurida*），分布于印度洋。模式种及仅有的种：加纳帕提穿头绦虫［*Penetrocephalus ganapatti*（Rao，1954）Rao，1960］（图 15-20）［同物异名：穿刺槽首绦虫（*Bothriocephalus penetratus* Subhapradha，1955）、加纳帕提槽首绦虫（*Bothriocephalus ganapattii* Rao，1954）］，采自印度洋、印度沃尔代尔（Waltair）沿海多齿蛇鲻（*Saurida tumbil*）（模式宿主）、短臂蛇鲻（*Saurida micropectoralis*）和花斑蛇鲻（*Saurida undosquamis*）［仙女鱼目（Aulopiformes）：合齿鱼科（Synodontidae］。

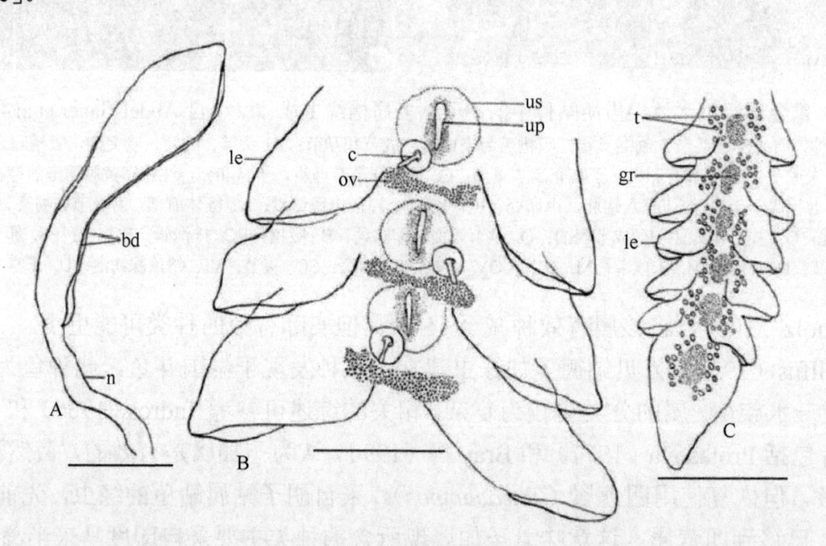

图 15-20　加纳帕提穿头绦虫（加纳帕提槽首绦虫）结构示意图（引自 Rao，1960）

A. 头节；B. 节片，示翼样侧方扩展，子宫囊、子宫孔、卵巢和阴茎；C. 幼体的末端节片。缩略词：bd. 吸槽；c. 阴茎；gr. 雌性生殖器官的雏形；le. 侧方扩展；n. 颈；ov. 卵巢；up. 子宫孔；us. 子宫囊。标尺=0.5mm

穿头属由 Rao（1960）年建立，用于容纳 Rao（1954）描述的加纳帕提槽首绦虫（*Bothriocephalus ganapatti*），但错拼为加纳帕提穿头绦虫。Subhapradha（1955）描述了明显为同种的绦虫，名为穿刺槽首绦虫。Protasova（1977）及 Bray 等（1994）认为加纳帕提槽首绦虫名称未定，并保留该种，认为穿头属为槽首属的同物异名。虽然对加纳帕提槽首绦虫的原始描述仅有两张头节变形结构的显微照片，但可以与槽首属相区别。因此后人认为加纳帕提槽首绦虫有效，并移入穿头属成为穿头属的模式种。

Kuchta（2007）基于 Rao（1954，1960）和 Subhapradha（1955）的形态描述及对采自印度尼西亚新

材料的测量重新启用穿头属，此属与槽首属的区别如下：①独特的头节形态（头节变形结构）及其穿过肠壁；②存在细长、丝状的颈区，与头节一起卷曲于肠壁外的囊中；③节片有显著的后侧翼状突起，相似于瘤盘属（*Oncodiscus*）绦虫的类型。同时，分子数据也支持穿头属的有效性。

12b. 头节侧向扁平，吸槽边缘有细圆齿状突 ……………………………… 瘤盘属（*Oncodiscus* Yamaguti，1934）（图 15-2D～F）

［同物异名：四乳头首属（*Tetrapapillocephalus* Protasova & Mordvinova，1986）］

识别特征：中型蠕虫。有分节现象，可能不完全（链体中线处缺失分节）。链体有缘膜，节片有显著的后侧翼状突起。头节椭圆形到不规则形，通常侧向扁平。吸槽窄长形，有强折边。顶盘扁平。有大量易脱落的小钩。颈部不明显。精巢位于两侧区带。阴茎囊大，壁厚；阴茎无棘。生殖孔位于中央。卵巢横向伸长，分叶。阴道开口于阴茎囊侧方或前侧方，远端壁厚。卵黄腺滤泡位于皮质、两侧区带，达节片的后侧突起内。子宫管弯曲，孕节中扩大。子宫壁厚。子宫孔位于节片边缘中央。卵有盖，不胚化。已知寄生于海洋硬骨鱼类的蛇鲻属（*Saurida*），分布于太平洋和印度洋。模式种及仅有的种：蛇鲻瘤盘绦虫（*Oncodiscus sauridae* Yamaguti，1934）[同物异名：褶缘蛇鲻瘤盘绦虫（*O. fimbriatus* Subhapradha，1955）；沃尔代尔瘤盘绦虫（*O. waltairensis* Shinde，1975）；马哈拉施特拉瘤盘绦虫（*O. maharashtrae* Jadhav & Shinde，1981）；印度槽首绦虫（*Bothriocephalus indicus* Ganapati & Rao，1955）；大型四乳头首绦虫（*Tetrapapillocephalus magnus* Protasova & Mordvinova，1986）（图 15-21C、D）]，采自太平洋和印度洋的多齿蛇鲻（*Saurida argyrophanes*=*S. tumbil*）（模式宿主）、长鳍蛇鲻（*S. longimanus*）（新宿主）、短臂蛇鲻（*S. micropectoralis*）和花斑蛇鲻（*S. undosquamis*）[仙女鱼目（Aulopiformes）：合齿鱼科]。

瘤盘属由 Yamaguti（1934）建立，用于容纳采自多齿蛇鲻的蛇鲻瘤盘绦虫。Khalil 和 Abu-Hakima（1985）进行修订，他们研究了采自多齿蛇鲻和花斑蛇鲻的样品，认为采自印度沿海［马德拉斯海岸和孟加拉湾（Madras coast and the Bay of Bengal）］多齿蛇鲻的褶缘蛇鲻瘤盘绦虫和沃尔代尔瘤盘绦虫为同种。至今一直被接受。Khalil 和 Abu-Hakima 同时讨论了其他种的分类地位，将马哈拉施特拉瘤盘绦虫当作寄生于印度西海岸孟买沿海牛尾魟（*Trygon sephen*）［后来订正为：褶尾萝卜魟（*Pastinachus sephen*）］（魟科）肠螺旋瓣上的四叶目绦虫成员。事实上它属于槽首科的绦虫，而非四叶目的，它有一中央的生殖孔和扩展的卵黄腺滤泡（作者明显将卵黄腺滤泡误认为是精巢，而认为有大量的精巢）及有盖的卵。Khalil 和 Abu-Hakima（1985）认为马哈拉施特拉瘤盘绦虫有疑问，而 Kuchta 和 Scholz（2007）认为马哈拉施特拉瘤盘绦虫形态上与蛇鲻瘤盘绦虫一致，包括顶盘上有小钩的存在，宽的头节有褶皱的边缘，以及节片后侧方翼状突起等。很明显这种槽首绦虫发现于魟鱼宿主是偶然的，是由于其真正鱼宿主蛇鲻的过度消耗。印度槽首绦虫描述自印度东南部沿海安得拉邦（Andhra Pradesh）多齿蛇鲻，因其形态特征与蛇鲻瘤盘绦虫完全一致，而同样被当作同物异名（Kuchta & Scholz，2007）。

俄罗斯学者 Protasova 和 Mordvinova（1986）提出四乳头首属（*Tetrapapillocephalus*）用于容纳采自印度洋花斑蛇鲻（也是蛇鲻瘤盘绦虫的宿主）的大型四乳头首绦虫，并建立四乳头首亚科（Tetrapapillocephalinae）。据说此属的不同点仅在于顶盘上无小钩，而实际上小钩在样品的处理过程中或是死亡的样品中易于脱落。对其大型四乳头首绦虫模式样品的重新观测表明其处于较差状态，明显是由死后自溶造成的。此外，虽然此属此种与瘤盘属仅有的一种为相同的宿主，但俄罗斯的学者不将他们提出的属与瘤盘属进行比较，实际上大型四乳头首绦虫在形态、宿主等与蛇鲻瘤盘绦虫是一样的，属于同物异名。

Protasova 和 Mordvinova（1986）图示了一个同种的头节，据说发现于红金眼鲷（*Beryx splendens*）［金眼鲷目（Beryciformes）：鲷科（Berycidae）］，但此鱼种可能只是转续宿主或偶然宿主，因为仅发现不成熟的绦虫样品。

Šípková 等（2011）用透射电镜研究了蛇鲻瘤盘绦虫和圣加属绦虫未定种（*Senga* sp.）的精子发生和成熟精子的结构（图 15-22）。精子的形成包括分化区的形成，分化区在两中心粒之间。两条鞭毛长度不等，成长并经历了一个垂直的旋转和与中央胞质突起的近端到远端的融合。随后，细胞核穿入中央胞质的中间突起。在精子形成的早期阶段电子致密物质是分化区顶部的特征。这种电子致密物质存在于典型的基础绦虫，如槽首目、核叶目（鲤蠢目）、双叶槽目和佛焰苞槽目。蛇鲻瘤盘绦虫和圣加绦虫成熟的精子是丝状，具有2条轴丝（“9+1”密螺旋轴丝模式）、含1核、皮层微管和电子致密颗粒。配子的前部包含1个电子致密的冠状体。最有趣的特点是在精子的前部存在一圈皮层微管包围着轴丝。

13a. 头节后部边缘不向后突起于链体前部，吸槽边缘内部细圆齿状……………层槽属（*Ptychobothrium* Lönnberg，1889）

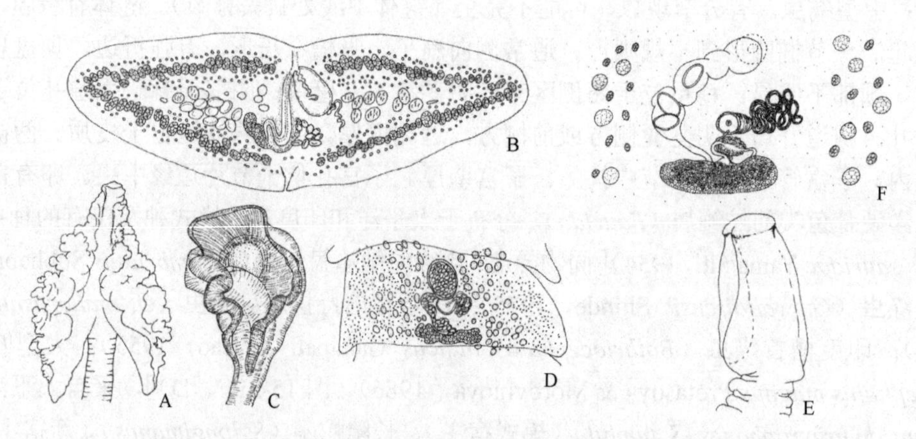

图 15-21 3种绦虫的结构示意图（引自 Bray et al.，1994）

A，B. 飞鱼褶纹槽绦虫：A. 头节；B. 成节横切。C，D. 大型四乳头首绦虫：C. 头节；D. 孕节。E，F. 天蝎槽首绦虫［*B. scorpii*（Müller，1776）］：E. 头节；F. 生殖器官

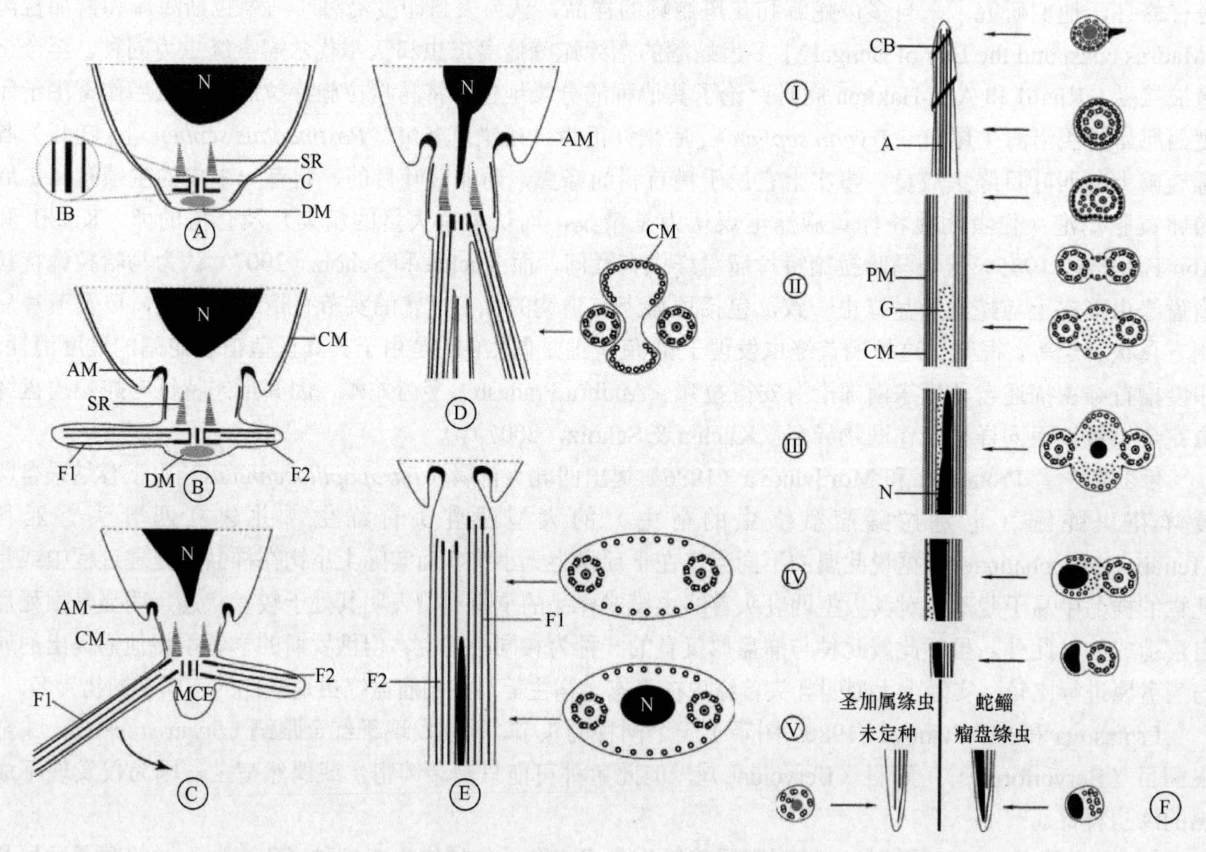

图 15-22 蛇鲻瘤盘绦虫和圣加属绦虫未定种的精子发生和成熟精子的结构（引自 Šípková et al.，2011）

缩略词：A. 轴丝；AM. 拱形膜；C. 中心粒；CB. 冠状体；CM. 皮层微管；DM. 电子致密颗粒；F. 鞭毛；G. 糖原；IB. 间中心体；MCE. 中央胞质突起；N. 核；PM. 质膜；SR. 纹状根

识别特征：中型蠕虫。有分节现象，可能分节不完全。链体由具缘膜的节片组成，节片宽大于长。头节箭状或扇状，侧向扁平，无棘；顶盘存在；槽深。内部边缘平滑或略为小圆齿状。颈区不明显。精巢紧密堆叠于相对窄的两侧区，中央分离。阴茎囊小，椭圆形；阴茎无棘。生殖孔位于中央，赤道前方。阴道孔位于阴茎囊后方。卵巢横向伸长，实质状。卵黄腺滤泡位于髓质，有一些滤泡穿行于内纵肌的肌纤维之间，形成中央分开的两大侧区，节片之间相连。子宫管强烈弯曲，在第 1 孕节中为 S 形，在末端孕节中扩大充满了几乎所有的空间，宽椭圆形，厚壁。子宫孔略位于亚中央。卵无盖，胚化。已知寄生于海洋硬骨鱼类［（颌针鱼科（Belonidae）］，分布于大西洋、印度洋、太平洋和红海。模式种：颌针鱼层槽绦虫［*Ptychobothrium belones*（Dujardin，1945）］（图 15-18D、E）［同物异名：绳状双槽绦虫（*Dibothrium restiforme* Linton，1891）］，采自颌针鱼（*Esox belone*）（现名为 *Belone belone*，为模式宿主）、腭针鱼（*Strongylura* spp.）、圆颌针鱼（*Tylosurus* spp.）［颌针鱼目（Beloniformes）：颌针鱼科（Belonidae）］。其他种：拉特纳层槽绦虫（*P. ratnagirensis* Deshmukh & Shinde，1975），采自印度洋背斑燕鳐鱼（*Exocoetus bahiensis*）（颌针鱼目：颌针鱼科）。

该属由 Lönnberg（1889）为容纳 Dujardin（1845）的颌针鱼层槽绦虫而建立。层槽属是有效的，并广泛地被接受。Janicki（1926）提供了基于采自红海鳄形圆颌针鱼（*Belone choram*）［现称红海圆颌针鱼（*Tylosurus choram*）］样品的颌针鱼层槽绦虫，但他误解了成节的方向（前后颠倒了）并报道卵巢位于节片近前方边缘。

链体形态上，层槽属很类似于褶纹槽属（*Plicatobothrium*）。两属的种都有很相似的箭状的头节（尽管层槽属的种可能是扇状的），两属间仅有的微小差异是褶纹槽属吸槽侧缘的褶纹扩展，而层槽属仅吸槽内部有褶纹，外部没有。鱼类宿主谱也很相似，均为颌针鱼目，但层槽属的种报道采自颌针鱼科，而褶纹槽绦虫对宿主是特异性的，寄生于飞鱼属（*Cypselurus*）和燕鳐鱼属（*Cheilopogon*）的种类。进一步的研究，包括分子数据，应当可以阐明这两属的关系。

几种采自印度和泰国淡水鱼类的槽首科的绦虫基于它们的头节表面与层槽属种类的相似性而先前被归入层槽属，但层槽属是海洋宿主专有绦虫属，后来所有采自印度和泰国淡水鱼类的绦虫种类被认为与鳝槽首绦虫是同种（Kuchta & Scholz，2007）。

13b. 头节后部边缘突起于链体前部，吸槽边缘外部有细圆齿状突……褶纹槽属（*Plicatobothrium* Cable & Michaelis，1967）

（同物异名：*Alloptychobothrium* Yamaguti，1968）

识别特征：小型蠕虫。分节完全或不完全。链体无缘膜；节片宽大于长。内纵肌由双层同心的肌纤维构成。头节箭状，后方的突起覆盖链体的前部，侧扁，无棘。吸槽深，边缘有明显细圆齿状突起。顶盘存在。颈部不明显。阴茎囊小，椭圆形，略指向前侧方；阴茎无棘。精巢在两侧区，在节片中央和节片间分离。生殖孔位于中央。卵巢三角形到 V 形，阴道位于阴茎囊后方。卵黄腺滤泡位于内纵肌的内、外环纤维之间，围绕着节片。子宫管弯曲。子宫椭圆形到 Y 形，宽的主干斜向前外侧支。子宫孔不明显。卵无盖，胚化。已知寄生于海洋硬骨鱼类［飞鱼属（*Cypselurus*）和燕鳐鱼属（*Cheilopogon*）］，分布于全球各地。模式种及仅有的种：飞鱼褶纹槽绦虫［*Plicatobothrium cypseluri*（Rao，1959）Khalil，1971］（图 15-18F、G，图 15-21A、B）［同物异名：飞鱼层槽绦虫（*Ptychobothrium cypseluri* Rao，1959）；*Alloptychobothrium spinolotopteri* Yamaguti，1968；拉奥褶纹槽绦虫（*Plicatobothrium raoi* Khalil，1971）］，采自大西洋、印度洋、太平洋的红海斑鳍飞鱼（*Cypselurus poecilopterus*）（模式宿主）、寡鳞飞鱼（*Cypselurus oligolepis*）、黑鳍飞鱼（*Cheilopogon cyanopterus*）、紫斑鳍飞鱼（*Cheilopogon spilonotopterus*）［颌针鱼目（Beloniformes）：飞鱼科（Exocoetidae）］。

褶纹槽属由 Cable 和 Michaelis（1967）建立，用于容纳采自加勒比海飞鱼背斑燕鳐鱼［*Cypselurus bahiensis*（Ranzani）］（原名），现名为黑鳍飞鱼的飞鱼褶纹槽绦虫。而 Cable 和 Michaelis 不知 Rao（1959）描述的采自印度另一斑鳍飞鱼的飞鱼层槽绦虫（现已移到褶纹槽属，并作为其模式种）。这两种明显是同种，它们的形态是一致的，包括内纵肌束两同心层之间卵黄腺滤泡的存在。它们寄生于同属的鱼宿主。因此，后者是前者的同物异名。Khalil（1971）也支持这两种为同种的看法，但他未正式使之同种化，因印度种的模式材料已无法获得。为避免歧义，他根据优先原则，提出重命名 Rao 的种为拉奥褶纹槽绦虫。Protasva（1977）也考虑到这两种是同义的，但他跟随 Khalil（1971）的提议，忽视了 Rao 的飞鱼或飞鱼“*cypseluri*”的名称。

Yamaguti（1968）建立属 *Alloptychobothrium* 用于容纳其采自夏威夷岛飞鱼（*Cypselurus spinolotopterus*）（现名为 *Cheilopogon spinolotopterus*）的绦虫种 *Alloptychobothrium spinolotopteri*，他认为此种与飞鱼褶纹槽绦虫很相似，并且两种可能是同属的。然而，他基于所谓的卵巢及子宫形态（褶纹槽属 V 形；*Alloptychobothrium* 为 Y 形）的差异，认为它们为不同属的截然不同的种。事实上，Yamaguti（1968）对其绦虫卵巢的描述是不正确的，卵巢没有他所描述的指向后方的两侧翼。有学者对 Yamaguti 的材料进行观察发现，根据其阴道和子宫管的位置，其成节倒置了，卵巢实际上为 V 形，就像飞鱼褶纹槽绦虫中一样，阴茎囊指向后部中央且子宫有一中央主干和两侧翼，因此为 Y 形。侧翼位置的细微区别反映了 Rao（1959）、Cable 和 Michaelis（1967）描述的样品实际情况比 Yamaguti（1968）研究的样品中的侧翼更长。

基于上述形态学的特征，发现于同属鱼类的这 3 种绦虫考虑为同种。因此，*Alloptychobothrium* 与褶纹槽属为同物异名，*Alloptychobothrium spinolotopteri* 与飞鱼褶纹槽绦虫为同物异名。

15.6 棘阴茎科（Echinophallidae Schumacher，1914）

［同物异名：棘阴茎科（Acanthophallidae Cholodkovsky，1914）；Amphitretidae Cholodkovsky，1914（软体动物中的水母蛸科用此名）；副槽首科（Parabothriocephalidae Yamaguti，1934）］

识别特征：小型到大型绦虫。链体扁平，很少螺旋和有凹的腹面。有分节现象或不完全分节。每节生殖器官单套或成对。节片有缘膜，宽大于长。节片或假节片后侧边缘通常有巨大的棘样微毛带。头节存在或由假头节取代。有或无顶盘。吸槽发育较差，在伸长的后部可能有吸盘样结构。精巢位于髓质。阴茎囊大，通常壁厚。阴茎通常具棘。生殖孔位于亚侧方。卵巢位于后方，分叶状到树枝状。阴道位于阴茎囊后方。卵黄腺滤泡位于皮质，很少在肌肉周围或髓质。子宫管弯曲。子宫椭圆形。子宫孔位于腹部、中央或亚中央。卵有或无盖，不胚化。已知寄生于海产的、通常是长鲳科（Centrolophid）（鲈形目）硬骨鱼类肠道。模式属：棘阴茎属（*Echinophallus* Schumacher，1914）。其他属：槽杯属（*Bothriocotyle* Ariola，1900）；中棘阴茎属（*Mesoechinophallus* Kuchta，Scholz，Brabec & Bray，2008）；新槽首属（*Neobothriocephallus* Mateo & Bullock，1966）；副槽首样属（*Parabothriocephaloides* Yamaguti，1934）；副槽首属（*Parabothriocephalus* Yamaguti，1934）；副棘阴茎属（*Paraechinophallus* Protasova，1975）；伪双杯属（*Pseudamphicotyla* Yamaguti，1959）等。

Bray 等（1994）将伪双杯属放在三支钩科，这里放在棘阴茎科，因其存在亚侧方位置的生殖孔和阴茎具棘。另外，Bray 等（1994）放在棘阴茎科中的舌槽属（*Glossobothrium*）和变槽首属（*Metabothriocephalus*），由于有侧方的生殖孔、无棘阴茎及节片后侧方边缘缺大型棘样微毛（此为绝大多数棘阴茎科绦虫的典型特征）等，现移到三支钩科。

15.6.1 棘阴茎科分属检索

1a. 每节生殖器官单套……2
1b. 每节生殖器官双套……6
2a. 头节由假头节取代……副槽首样属（*Parabothriocephaloides* Yamaguti，1934）
［同物异名：副远分绦虫属（*Paratelemerus* Gulyaev，Korotaeva & Kurochkin，1989）］

识别特征：小型蠕虫。分节不完全（沿链体中线缺分节）。链体栉状；具缘膜的节片背腹表面有成对的后侧突出物，有大型棘样微毛覆盖带。头节由锥状或梯形假头节取代。颈部不明显。精巢位于两侧区带，后端汇合，节片间连续。阴茎囊中等大小到很大，壁厚，朝向前方中央；阴茎具棘。生殖孔位于亚侧方。卵巢两叶状，有叶状或树枝状侧翼，位于孔侧亚中央。阴道位于阴茎囊后方，有扩张的端部，通常存在大型、环状的括约肌，但可能在同一虫体的有些节片中又没有。卵黄腺滤泡位于皮质，围绕着节片。子宫管弯曲，在孕节中扩大。子宫椭圆形，在孕节中不扩张。子宫孔位于接近节片前方边缘的中央。卵有盖，不胚化。已知寄生于长鲳科（centrolophid）的刺鲳属（*Psenopsis*）和鰤鲳属（*Seriolella*）鱼类，分布于太平洋和印度洋。模式种：分节副槽首样绦虫（*Parabothriocephaloides segmentatus* Yamaguti，1934），采自印度洋、日本（模式标本采集地）的中国刺鲳（*Psenopsis anomala*）（鲈形目：长鲳科）。其他种：刺鲳副槽首样绦虫［*P. psenopsis*（Gulyaev，Korotaeva & Kurochkin，1989）Kuchta & Scholz，2007］，采自澳大利亚刺鲳（*Psenopsis humerosa*）；鰤鲳副槽首样绦虫［*P. seriolella*（Gulyaev，Korotaeva & Kurochkin，1989）Kuchta & Scholz，2007］，采自澳大利亚西北部沿海镰鳍鰤鲳（*Seriolella brama*）；汪氏副槽首样绦虫（*P. wangi* Wang，Liu & Yang，2004），采自中国南海厦门的中国刺鲳（*Psenopsis anomala*）。

副槽首样属由 Yamaguti（1934）描述，Bray 等（1994）将其当作副槽首属的同物异名，因为他们未考虑如下因素：①假头的存在与否；②节片的后侧方突起物是否存在；③阴道括约肌及卵黄腺的分布。但这些性状代表了有效属的特征。

基于棘阴茎绦虫类群的大量研究，上述最后的特征实际上不适合区分各属，而假头的存在与否及成对的后侧突出物的存在被认为是属的特征。此外，副槽首样属与副槽首属的显著区别在于链体的形态（前者为栉状），外分节的程度（副槽首样属的所有节片分节不完全）及前一属节片后侧突出物上存在巨棘样微毛宽带（而副槽首属为更小的微毛）。基于以上所列区别特征，副槽首样属重新启用。同时棘阴茎科副槽首样属与副槽首属分子数据表现为不相关的分支也支持这一分类（Kuchta，2007）。

Gulyaev 等（1989）建立副远分绦虫属（*Paratelemerus*）用于容纳两个种：采自中国刺鲳的刺鲳副远分绦虫（*P. psenopsis*）和采自镰鳍鰤鲳的鰤鲳副远分绦虫（*P. seriolella*）（图 15-23F、G），两种都发现于澳大利亚水域。Bray 等（1994）保留副远分绦虫属为有效属，其区分于棘阴茎科其他属的特征是有一很大的阴茎囊，达孔侧部并至节片的前方边缘。实际上，Gulyaev 等（1989）的两个种也有很大的阴茎囊，但并不被当作属的有效特征。因为棘阴茎科，包括副槽首样属与副槽首属的种类相对和绝对阴茎囊的大小在属内变异很大。在一些形态上相近的种类中划分大小的界线是不合适的。因此，Kuchta 和 Scholz（2007）将副远分绦虫属的两个种移入副槽首样属作为新的组合种，同时虽没明确提出，但实际意味着副远分绦虫属无效，而是副槽首样属的同物异名。

Wang 等（2004）描述的采自中国刺鲳的刺鲳副槽首绦虫（*Parabothriocephalus psenopsis*），明显属于副槽首样属，因为其具有所有该属具有的典型形态学特征，故将其从副槽首属组合入副槽首样属，由于其与 Gulyaev 等（1989）的刺鲳副槽首样绦虫同名，Kuchta 和 Scholz（2007）提出更其名为汪氏副槽首样绦虫。而刺鲳副槽首样绦虫与汪氏副槽首样绦虫是否为同种，还有待进一步研究证明。

2b. 头节存在…………………………………………………………………………………………………… 3

3a. 吸槽有后方狭缝状凹陷……………………………………………………………… 槽杯属（*Bothriocotyle* Ariola，1900）

识别特征：大型蠕虫。分节现象存在。链体沿纵向呈现螺旋状皱褶（背凸腹凹）；节片具缘膜，宽明显大于长。链体有无数强染色小体。节片背部表面后侧边缘有大型棘样微毛窄带。头节无棘、椭圆形。吸槽浅，朝向后方，后端有窄的缝隙状凹陷。顶盘不发达。颈部不明显。精巢位于两侧区带，于近后端边缘中央汇合，节片间连续。阴茎囊大，壁厚，近端部分有腺细胞围绕；阴茎有大型的棘。生殖孔位于亚侧方。卵巢两叶状，位于孔侧，在阴茎囊后部中央，滤泡状。阴道管弯曲，位于孔侧阴茎囊后方，端部有明显的膨胀，壁厚，膨胀末端的近端部分有微毛。卵黄腺滤泡位于髓质，围绕着节片。子宫位于中央，椭圆形。子宫孔位于中央。卵有盖，不胚化。已知寄生于海洋硬骨鱼类长鲳属（*Centrolophus*）的种类，分布于地中海、大西洋和太平洋。模式种：索利诺索马槽杯绦虫（*Bothriocotyle solinosomum* Ariola，1900）（图 15-23A、B），采自黑长鲳或称黑尖鳍鲛（*Centrolophus niger*）（鲈形目：鲳科）。

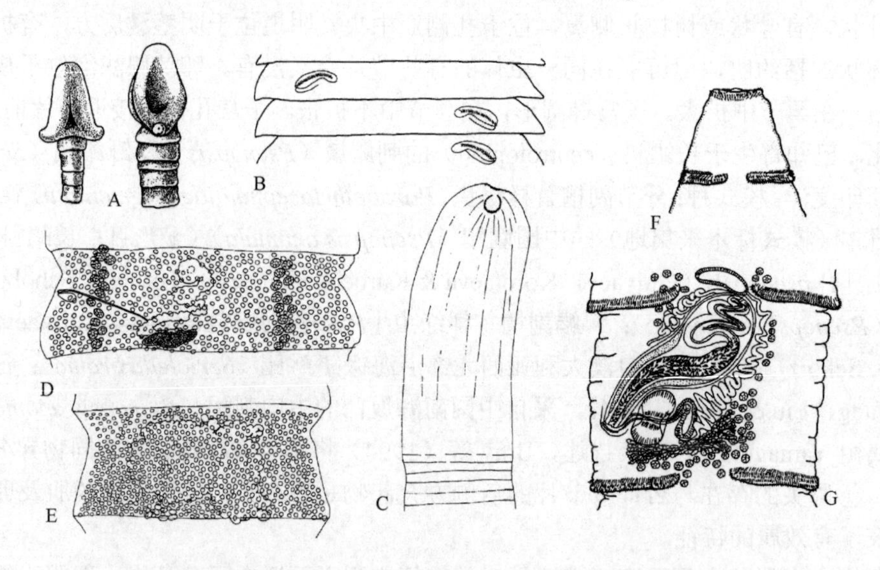

图 15-23　槽杯、变槽首及副远分绦虫结构示意图（引自 Bray et al.，1994）

A，B. 索利诺索马槽杯绦虫：A. 头节两面观；B. 3 个节片，示末端生殖器官的位置。C～E. 门巴奇变槽首绦虫（*Metabothriocephalus menpachi* Yamaguti，1968）：C. 头节；D. 成节；E. 孕节。F，G. 鲕鲳副远分绦虫（鲕鲳副槽首样绦虫）：F. 假头节；G. 成节

Yamaguti（1959）将槽杯属移到双杯科（Amphicotylidae）[后来人们认为双杯科是三支钩科的同物异名（Bray et al.，1994；Kuchta et al.，2008）并提出了槽杯亚科（Bothriocotylinae），但有的学者又将该属放回棘阴茎科（Protasova，1977；Schmidt，1986；Bray et al.，1994；Kuchta et al.，2008）]。该属最主要的识别特征是链体的形态，沿纵轴折叠并形成螺旋状；此外头节的形态，吸槽后端具有小的窄缝样凹陷。

3b. 吸槽无后方狭缝状凹陷……………………………………………………………………………………4

4a. 吸槽分为几个小室……………………………………………伪双杯属（*Pseudamphicotyla* Yamaguti，1959）

识别特征：大型蠕虫。有分节现象。链体由有缘膜的节片构成，节片宽大于长。渗透调节系统网状，有几条纵管。头节细长。吸槽由横隔分为几个小室，后部边缘突起覆盖于第 1 节片上。顶盘显著。精巢位于两侧区带，节间连续。阴茎囊大型，壁厚，朝向前方中央；阴茎具棘。生殖孔位于亚侧方，明显在中央偏后。卵巢两叶状，位于孔侧亚中央。阴道位于阴茎囊后方。卵黄腺滤泡位于皮质，偶尔进入髓质，围绕节片。子宫管 S 形，在孕节中膨大。子宫球状到椭球状，子宫孔位于中央。已有报道的卵无盖，很可能不胚化。已知寄生于海洋硬骨鱼类的五棘鲷属（*Pentaceros*），分布于太平洋。模式种及仅有的种：五棘鲈伪双杯绦虫［*Pseudamphicotyla quinquarii*（Yamaguti，1952）Yamaguti，1959］，采自太平洋、日本的日本五棘鲈（*Quinquarius japonicus*）（现名为：日本五棘鲷 *Pentaceros japonicus*）［鲈形目：五棘鲷科（Pentacerotidae）］。

Yamaguti（1952）描述"五棘鲈双杯绦虫"作为双杯属（*Amphicotyle*）的一个种，但后来 Yamaguti（1959）因其独特的吸槽形态提出了新属：伪双杯属（*Pseudamphicotyla*），用于容纳该种。该种自最初描述后再未有发现。Protasova（1977）将该属放于棘阴茎科，但 Bray 等（1994）却认为伪双杯属属于三支钩科。由于该属生殖孔的亚侧位置和具棘的阴茎，在此仍将该属作为棘阴茎科的一个属。而另一种：马氏伪双杯绦虫（*P. mamaevi* Tkachev，1978）被 Kuchta 和 Scholz（2007）移入了新槽首属（*Neobothriocephallus*）。

4b. 吸槽不分为几个小室……………………………………………………………………………………5

5a. 阴茎囊近端部无显著膨大……………………………………副槽首属（*Parabothriocephalus* Yamaguti，1934）

识别特征：小到中型蠕虫。有分节现象，最后的成节和孕节可能分节不完全（链体中线处缺失分节）。链体由有缘膜的节片构成。节片后侧边缘覆盖有大型微毛。头节长形无棘。吸槽长形、浅。顶盘不存在。颈区不明显。精巢位于两侧区带，于后部汇合，节间连续。阴茎囊中等大小到大型，壁厚处主要位于远端部，略向前腹中央倾斜；阴茎具棘。生殖孔位于亚侧方。卵巢有不对称强分叶的两翼。阴道位于阴茎囊后方，末端部膨胀。有些种［纤细副槽首绦虫（*Parabothriocephalus gracilis*）］在膨胀区的近端部有小棘；阴道括约肌存在或无，甚至于在同一虫体的不同节片中都不一样。卵黄腺滤泡主要位于皮质，有些滤泡进入髓质，或位于髓质，位于一几乎完全围绕节片的区域。子宫管弯曲，S形，在孕节中膨大。子宫椭圆形，在孕节中不扩大。子宫孔位于近节片前方边缘中央。卵有盖，不胚化。已知寄生于海洋硬骨鱼类的鲳科、长尾鳕科（Macrouridae）和平鲉科（Sebastidae）的种类，分布于大西洋和太平洋。模式种：纤细副槽首绦虫（*Parabothriocephalus gracilis* Yamaguti，1934），采自印度洋、日本（模式标本采集地）和中国的刺鲳（鲈形目：鲳科）。其他种：约翰斯顿副槽首绦虫（*P. johnstoni* Prudhoe，1969），采自南极威德尔海怀氏长尾鳕（*Macrourus whitsoni*）和大眼长尾鳕（*Macrourus holotrachys*）；巨尾副槽首绦虫（*P. macrouri* Campbell，Correia & Haedrich，1982），采自大西洋纽芬兰和福克兰群岛海域的北大西洋长尾鳕（*Macrourus berglax*）和龙首长尾鳕（*Macrourus carinatus*）；箭头副槽首绦虫（*P. sagitticeps* Sleggs，1927），采自太平洋加利福尼亚州沿海稀棘平鲉（*Sebastes paucispinus*）［鲉形目（Scorpaeniformes）：平鲉科］。

Bray 等（1994）将副槽首属与副槽首样属当成同物异名，但由于其形态特征有明显的差异不似副槽首样属，而重新确立副槽首属。副槽首属的种类存在可能会分离的头节，节片通常独特，但成节和孕节沿中线分节现象可能不完全。如同在模式种中观察到的一样，Kuchta 等（2008）也肯定了这一特征，在一些节片中阴道括约肌可能存在，而在同一虫体的另一些节片中可能不存在，致使这一特征在分类上意义不大。副槽首属包括寄生于系统关系较远的鱼类，形态学上将这些绦虫归为同一个属。Wang 等（2004）描述的刺鲳副槽首绦虫，被移入副槽首样属，重命名为汪氏副槽首样绦虫（图 15-24），以避免与其他学者描述的刺鲳副槽首样绦虫同名。

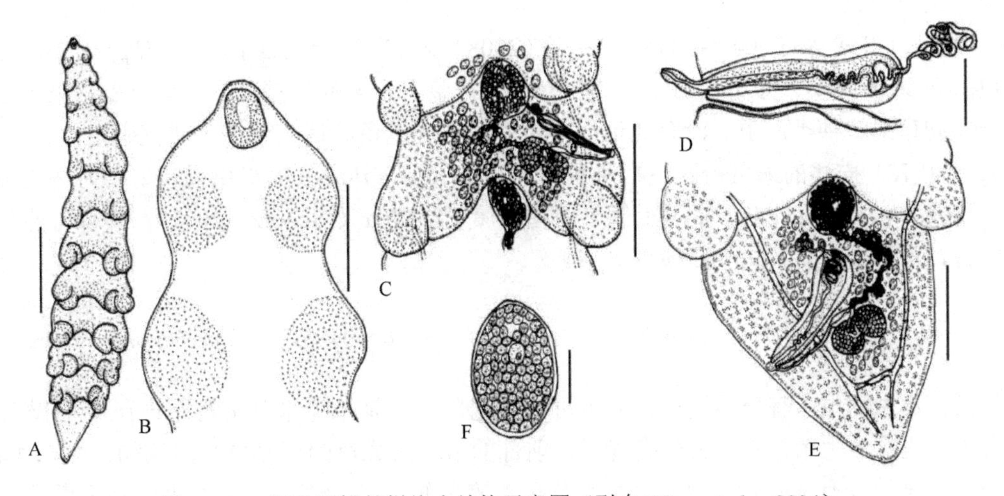

图 15-24　汪氏副槽首样绦虫结构示意图（引自 Wang et al.，2004）

A. 整条虫体；B. 假头；C. 成节；D. 阴茎囊和阴道；E. 末端节片；F. 卵。标尺：A=2mm；B～C，E=0.5mm；D=0.2mm；F=0.02mm

5b. 阴茎囊近端部有显著球状膨大……新槽首属（*Neobothriocephallus* Mateo & Bullock，1966）

识别特征：中型蠕虫。分节可能不完全（链体中线处不分节）。链体由具缘膜的节片构成，节片有扩大的后侧边缘。头节矛状无棘。吸槽浅。顶盘存在。颈区不明显。精巢位于两侧区带，于后方部汇合。阴茎囊大，壁厚，倾斜向，近节片前方边缘近端处有显著球状膨大（基部球茎），由腺细胞围绕；阴茎无棘。生殖孔位于亚侧方。卵巢肾形，分叶。阴道位于阴茎囊后方，有环状括约肌。受精囊存在。卵黄腺滤泡主要位于皮质，有些滤泡进入髓质，形成中央分离的两侧带，不达节片侧方边缘。子宫管弯曲，在孕节中膨大。子宫椭球状到球状。子宫孔位于亚中央。卵有盖，不胚化。已知寄生于海洋硬骨鱼类的鲫鲳属（*Seriolella*），分布于太平洋。模式种：无棘新槽首绦虫（*N. aspinosus* Mateo & Bullock，1966）（图 15-25C～F），采自秘鲁（模式标本采集地）和智利沿海智利鲫鲳（*Seriolella violacea*）［原名为（*Neptomenus crassus*）（鲈形目：鲳科）］。其他种：马亚山新槽首绦虫（*N. mamaevi* Tkachev，1978），采自新西兰灰鲫鲳（*S. tinro*）。

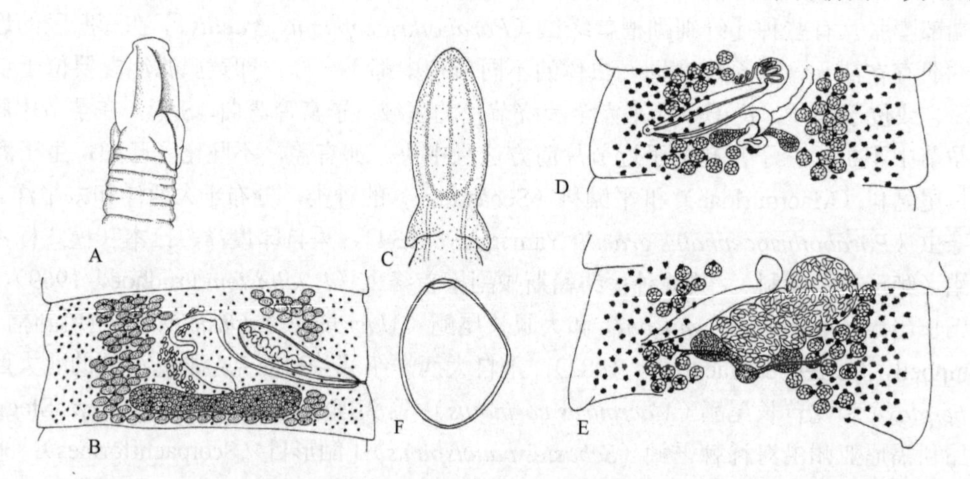

图 15-25 日本舌槽绦虫和无棘新槽首绦虫的结构示意图（引自 Bray et al.，1994）

A，B. 日本舌槽绦虫（*Glossobothrium nipponicum* Yamaguti，1952）：A. 头节；B. 孕节。C～F. 无棘新槽首绦虫：C. 头节；D. 成节；E. 孕节；F. 卵

Mateo 和 Bullock（1966）报道了无棘新槽首绦虫一不对称形态的卵，其卵一侧膨大。之后虽研究了大量的活样品，在体研究或用扫描电镜观察都未再发现有不对称形态的卵。最初的模式宿主记录为 *Neptomenus crassus*，这一名称在当代鱼类数据库中已不存在而是列为智利鲫鲳的同物异名。该绦虫对智利鲫鲳的感染率几乎为 100%，感染强度很高，据 Mateo 和 Bullock（1966）报道感染强度为：从 19 尾受感染的鱼中收集到 4800 条绦虫。

Riffo（1991）、Oliva 等（2004）和 González 等（2008）发现寄生于大眼小庸鲽（*Hippoglossina macrops*）［鲽形目（Pleuronectiformes）：牙鲆科（Paralichthyidae）］被鉴定为无棘新槽首绦虫的绦虫感染率很低（6%）。这一报道于不同宿主的种类，由于没有凭证标本进而成为问题留给后人进一步研究确定。

Tkachev（1978）描述的采自新西兰沿海灰鲫鲳（*Seriolella tinro*）的绦虫最初定名为马亚山伪双杯绦虫（*Pseudamphicotyla mamaevi*），实际上属于新槽首属（Kuchta & Scholz，2007），并有可能与无棘新槽首绦虫是同种，但因没有材料进一步研究证实。

6a. 生殖孔近于侧方边缘；阴茎大，有大型棘……………………………………副棘阴茎属（*Paraechinophallus* Protasova，1975）

识别特征：小型蠕虫。有分节现象，分节可能不完全（沿前部链体中线处无分节）。各节片由两假节组成，各有 1 对平行的生殖器官。链体有缘膜；前部的节片有成对的后侧翼状附属物，位于体表背腹面。最后部的节片后部边缘有无数舌状垂片，腹侧表面又宽又短；节片边缘覆盖有大的棘样微毛。头节由梯形的假头取代，其上有 2 个浅的吸槽样凹陷。颈部不明显。精巢位于两横向侧区带，中央分离，沿节片前方边缘无精巢分布。阴茎囊大，凹陷，肌肉质；阴茎大，有很大的棘，常凸出。生殖孔位于近节片侧方边缘。卵巢两叶状，分小叶或树枝状，位于近侧方边缘。阴道位于阴茎囊后方或后腹方，无阴道括约肌。卵黄腺滤泡位于皮质，围绕着节片。子宫管弯曲，子宫椭圆形，位于亚中央。子宫孔位于亚中央。已知寄生于海洋硬骨鱼类、鲳科和双鳍鲳科（Nomeidae），分布于太平洋。模式种及仅有的种：日本副棘阴茎绦虫［*Paraechinophallus japonicus*（Yamaguti，1934）］［同物异名：日本棘阴茎绦虫（*Echinophallus japonicus* Yamaguti，1934］，采自日本内海（模式种采集地）及中国沿海的瓜子鲳或称刺鲳［*Psenopsis* *anomala*（Temminck & Schlegel，1844）]（鲈形目：鲳科）。

副棘阴茎属与棘阴茎属很相似，区别在于副棘阴茎属的生殖孔位置更偏侧方，存在假头节（棘阴茎属存在真正、初级的头节）且前部节片不完全分节，链体背腹面有成对的后侧翼状附属物。副棘阴茎属的种的阴茎通常凸出并覆盖有大棘。在拥有具棘的阴茎的属中，副棘阴茎属的状况明显区别于中棘阴茎属（其阴茎光滑）。

近期人们相继对日本副棘阴茎绦虫进行了较为细致的研究。

Levron 等（2007）使用透射电镜技术首次对采自刺鲳的日本副棘阴茎绦虫卵黄生成过程（图 15-26）进行了研究。日本副棘阴茎绦虫卵黄生成作用与在其他绦虫中观察到的一般方式一样，卵黄细胞发育可以区分为 5 期：第 1 期对应于含有核糖体和线粒体的未成熟细胞。发育的第 2 期的特点是粗面内质网和高尔基体发达，在细胞周围的胞质中壳球和脂滴形成。第 3 期的卵黄腺细胞表现为壳球和脂滴积累。在第 4 期中，壳球形成簇，脂滴和莲座状 α 糖原积累。成熟的卵黄腺细胞的特点是大量的脂滴和糖原位于细胞质的中央，而壳球簇位于外周。卵黄腺滤泡间的间质组织为合胞体，其长突起延伸于卵黄腺细胞之间。日本副棘阴茎绦虫卵内大量脂滴存在于卵黄腺胞质内可能与子宫囊的卵积累有关。

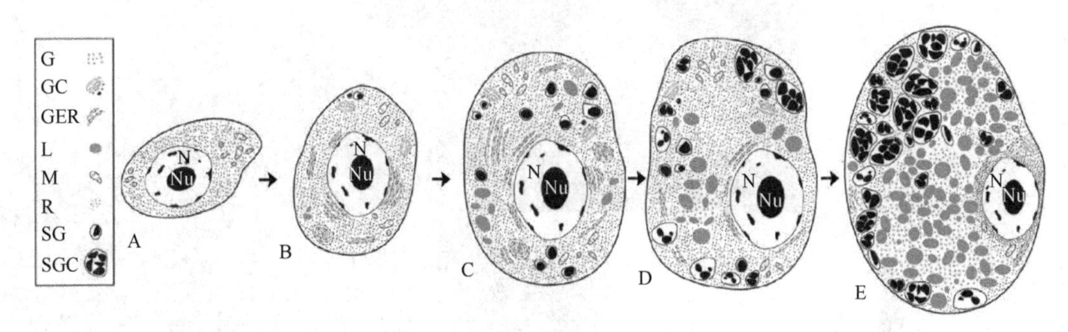

图 15-26　日本副棘阴茎绦虫卵黄腺滤泡中卵黄腺细胞发育示意图（引自 Levron et al.，2007）

A. 未成熟细胞；B. 卵黄腺细胞成熟早期；C. 卵黄腺细胞成熟中期；D. 卵黄腺细胞成熟更晚期；E. 成熟的卵黄腺细胞。缩略词：G. 糖原；GC. 高尔其复合体；GER. 粗面内质网；L. 脂滴；M. 线粒体；N. 核；Nu. 核仁；R. 核糖体；SG. 壳颗粒；SGC. 壳球簇

Levron 等（2008）首次用扫描和透射电镜术研究了日本副棘阴茎绦虫阴茎棘的超微结构（图 15-27）。链体每节近侧方边缘背侧存在两套可翻转的交配器官（长约 300μm，宽约 130μm）。除了端部，阴茎覆盖

图 15-27　日本副棘阴茎绦虫阴茎扫描结构（引自 Levron et al.，2008）

A. 链体中部，示节片（Sg），近侧边缘（LM）处有凸出的阴茎（箭头）；B. 部分凸出的阴茎有棘覆盖；C. 凸出的阴茎整体观，注意大多数的棘（S）损失，阴茎的端部无棘（箭头示）；D. 阴茎的棘（S）放大；E. 棘（S）之间的微毛（M）。标尺：A=300μm；B，C=40μm；D=10μm；E=1μm

着大棘（长达 40μm），由两部分组成。基部含有一叶状电子致密的外区及中央的网状电子致密网。棘的顶区由一均匀、中等电子密度基质组成，远端略弯曲。棘由一皮层区覆盖。棘之间，远端胞质由长约 1.2μm 的微毛所覆盖。长 500μm、宽 250μm 的阴茎囊的壁由两层肌肉组成，即内环肌层和外纵肌层。日本副棘阴茎绦虫阴茎微毛的报道在当时绦虫中为首例，而阴茎具棘可能代表了棘阴茎科槽首目绦虫的一个共有衍征。

Levron 等（2008）使用扫描和透射电镜术研究了采自刺鲳（*Psenopsis anomala*）的日本副棘阴茎绦虫的皮层超微结构（图 15-28）。日本副棘阴茎绦虫缺乏真正的头节。其皮层表面观察到有 4 种不同类型的微毛：假头节表面毛状微毛（长达 2.3μm）和刀样微毛（长达 1.4μm）相混合。毛状微毛明显具有短的基部和一长的电子透明帽。链体由两型微毛覆盖：丝状微毛（长达 1μm）和牙形微毛（长达 4.5μm）。牙形微毛仅限于每节的后部边缘，其特点是短而窄的基部和一个大而宽、尖锐尖端的电子致密帽。相似的牙形微毛先前发现于寄生于长鲳科鱼类（centrolophid fish）的棘阴茎科的成员中，可能代表棘阴茎科的一个独征。

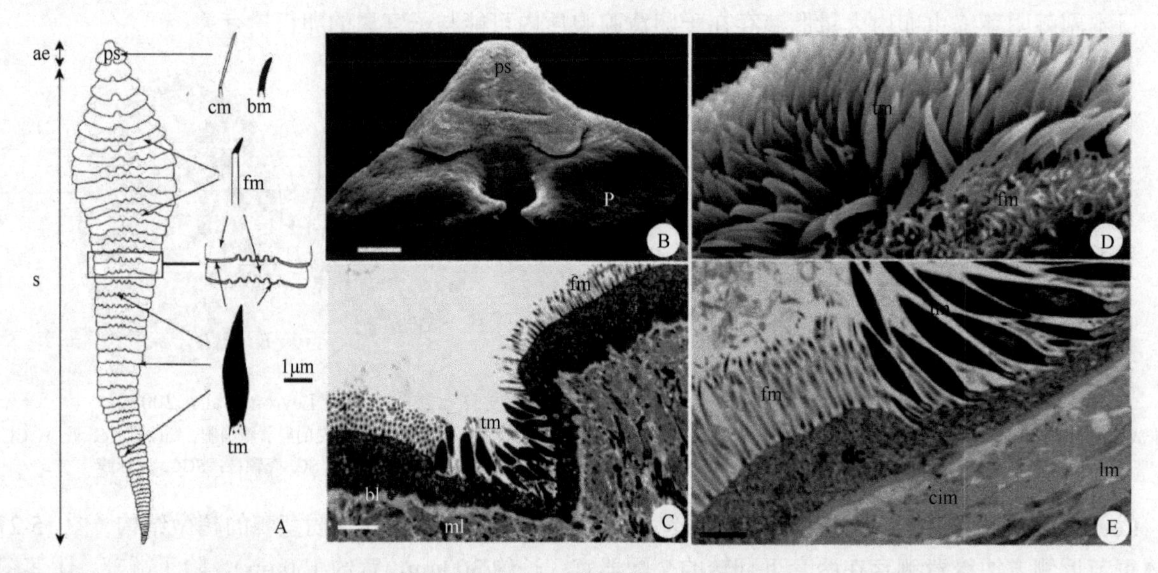

图 15-28　日本副棘阴茎绦虫皮层超微结构（引自 Levron et al.，2008）

A. 整体和两个节片，示不同类型微毛的分布；B. 假头节和第 1 节；C. 节片皮层切面，具有丝状和牙形微毛、基层和肌肉层等结构；D. 节片后部边缘覆盖着牙形微毛，节片表面覆盖着丝状微毛；E. 丝状微毛和牙形微毛的过渡区，注意牙形微毛下远端胞质厚度减少。缩略词：ae. 前端；bl. 基层；bm. 刀样微毛；cim. 环状肌肉；cm. 毛状微毛；dc. 远端胞质；fm. 丝状微毛；lm. 纵肌；ml. 肌肉层；p. 具缘膜节片；ps. 假头节；s. 链体；tm. 牙形微毛。标尺：B=100μm；C，D=2μm；E=1μm

Poddubnaya 等（2007）使用扫描和透射电镜技术研究了采自刺鲳的日本副棘阴茎绦虫假头节上的腺体结构（图 15-29，图 15-30），观察到两型腺体，发现了具有不同形态的分泌颗粒和释放颗粒分泌物的机制。两型腺细胞体均位于假头的实质中。I 型合胞体腺的特点是产物为小型（所有直径在 0.25μm 内）、圆的电子致密颗粒，通过细突起进入假头的远端皮层。该型腺体具有其独特的释放分泌颗粒的方法，称为肿瘤形成。其分泌物的排除是通过基底膜的侵入和皮层下肌肉进入皮层远端胞质的表面区域，导致形成“腺柄”，腺柄上发展出一浅表的腺冢而实现的。在腺冢的腺体样物质区，柄的基底膜形成一扩张，膜界区的出现使腺冢和皮层远端胞质相分离。II 型单细胞腺的特点是分泌大颗粒（直径 0.4～0.9μm），腺细胞远端形成腺管，管内表面有微管存在，分泌颗粒通过腺管释放。

6b. 生殖孔明显位于亚侧方；阴茎小 ·· 7

7a. 头节存在；卵黄腺滤泡仅在腹部；阴茎具棘 ························ 棘阴茎属（*Echinophallus* Schumacher，1914）

［同物异名：*Amphitretus*（该词用于软体动物，意为水母蛸）Blanchard，1894；
棘头属（*Acanthocephallus* Lühe，1910）；无远分绦虫属（*Atelemerus* Guiart，1935）］

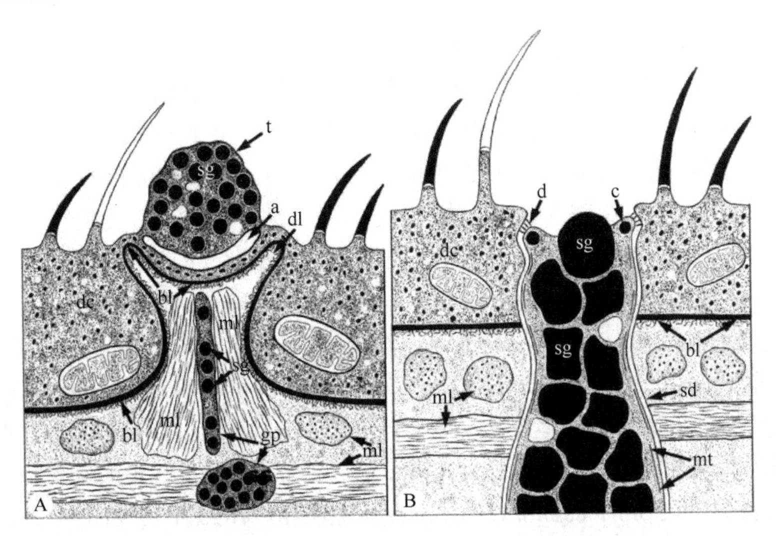

图 15-29　日本副棘阴茎绦虫假头节腺 I 型（A）和 II 型（B）结构示意图（引自 Poddubnaya et al.，2007）

缩略词：a. 膜界区；bl. 基底膜层；d. 桥粒；dc. 远端胞质；dl. 侧顶扩张；c. 领；ml. 肌纤维；mt. 微管；gp. 腺突；sd. 分泌管；sg. 分泌颗粒；t. 腺冢

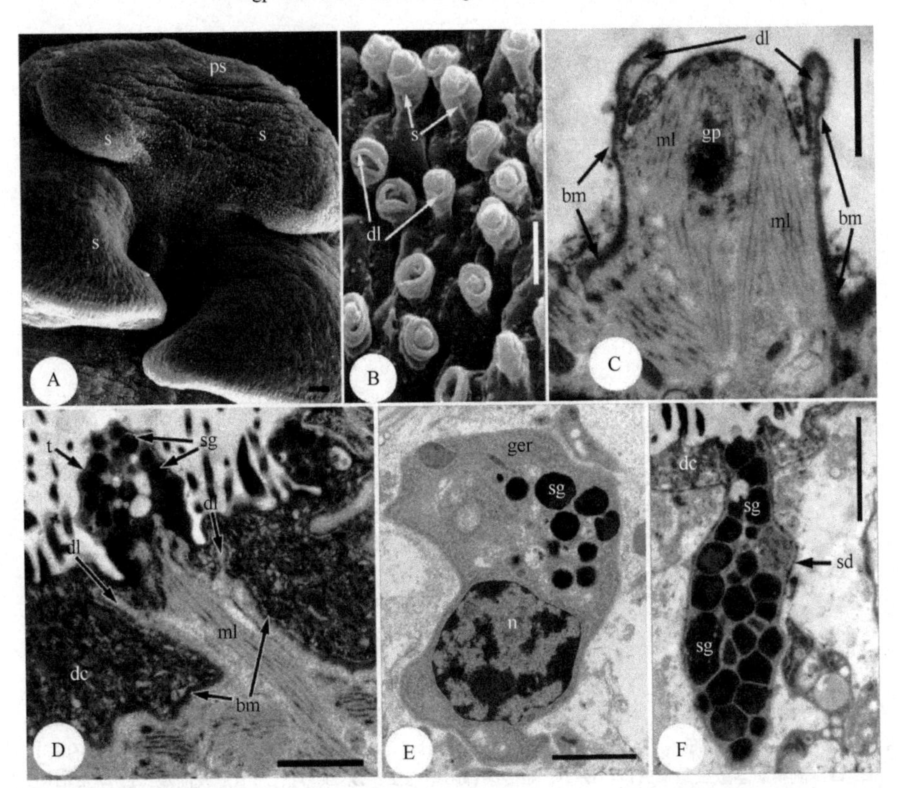

图 15-30　日本副棘阴茎绦虫假头节腺 I 型（A～D）和 II 型（E，F）扫描与透射电镜结构（引自 Poddubnaya et al.，2007）

A. 假头节和第 1 节扫描结构，示腺柄的分部，形成 I 型腺的末端区域；B. 假头节表面的一部分，其远端的皮层胞质已丢失，显示有一明显亚端部扩张的腺柄；C. 表层的透射电镜照片，远端的皮层胞质丢失，示由基底膜包裹的腺柄，有侧顶扩张、含肌纤维和具分泌颗粒的腺突起小片段；D. 一个腺冢下面是一个从基底膜深侵蚀形成的腺柄，有一周围的侧向扩张，内部有肌纤维，该透射电镜照片显示了远端皮层胞质和腺冢的腺体胞质之间的不同形态的划分；E. 髓实质细胞体，在其发展的不同阶段中的胞体中含有一个核、高尔基体及分泌颗粒；F. 分泌颗粒从穿透远端胞质的管排出。缩略词：bm. 基底膜；dc. 远端胞质；dl. 侧顶扩张；ml. 肌纤维；ger. 粗面内质网；gp. 腺突；n. 核；ps. 假头；s. 腺柄；sd. 分泌管；sg. 分泌颗粒；t. 腺冢。标尺：A=20μm；B，E，F=2μm；C，D=1μm

识别特征：为大型很宽的蠕虫。分节现象存在。各节片由 2 个假节组成，含有 2 套平行的生殖器官。链体扁平，沿纵轴背凸腹凹；节片具显著缘膜，宽明显大于长，腹面有缘膜样后部边缘。整条链体都有无数强染色小体。节片背部表面后背边缘有大型棘样微毛窄带。头节无棘、金字塔形或梯形，比第 1 个节片窄很多。吸槽很浅，后端有窄的缝隙状缺刻。顶盘略微发达。颈区不明显。精巢仅位于腹侧髓质区，沿着节片生殖孔间从前向后边缘形成窄的、横向区带。阴茎囊大，细长，壁厚，近端部分有腺细胞围绕；阴茎有大型的棘。生殖孔位于亚侧方。卵巢分为两叶、滤泡状，位于阴茎囊后部中央。阴道位于阴茎囊后方，壁厚，有显著膨胀的远端部分，有大的环状括约肌围绕。卵黄腺滤泡位于皮质和髓质，沿着内纵肌的腹层。子宫管弯曲，在孕节中膨大。子宫椭球状，位于亚中央。子宫孔位于亚中央，接近节片前方边缘。卵椭圆形，有盖，不胚化。已知寄生于海洋硬骨鱼类的鲳科（Centrolophidae），分布于地中海、大西洋和太平洋。模式种：瓦格纳棘阴茎绦虫［*Echinophallus wageneri*（Monticelli，1890）］（图 15-31D～F）［同物异名：棘样无远分绦虫（*Atelemerus acanthoides* Guiard，1935）；塞提双腺孔绦虫（*Diplogonoporus settii* Ariola，1895）］，采自珍珠鲳（*Centrolophus pompilius*）和黑长鲳（*Centrolophus niger*）［鲈形目：鲳科（Centrolophidae）］。其他种：鰤鲳棘阴茎绦虫（*E. seriolellae* Korotaeva，1975），采自镰鳍鰤鲳（*Seriolella brama*）；佩尔托头棘阴茎绦虫［*E. peltocephalus*（Monticelli，1893）］，采自地中海鲯鳅（*Coryphaena hippurus*）［同物异名：洛氏槽首绦虫（*Bothriocephalus loennbergii* Ariola，1895），采自地中海、意大利沿海卵形高体鲳（*Schedophilus ovalis*）］；斯托斯棘阴茎绦虫［*E. stossichi*（Ariola，1896）］，采自地中海粗鳍鱼（*Trachipterus trachypterus*）。

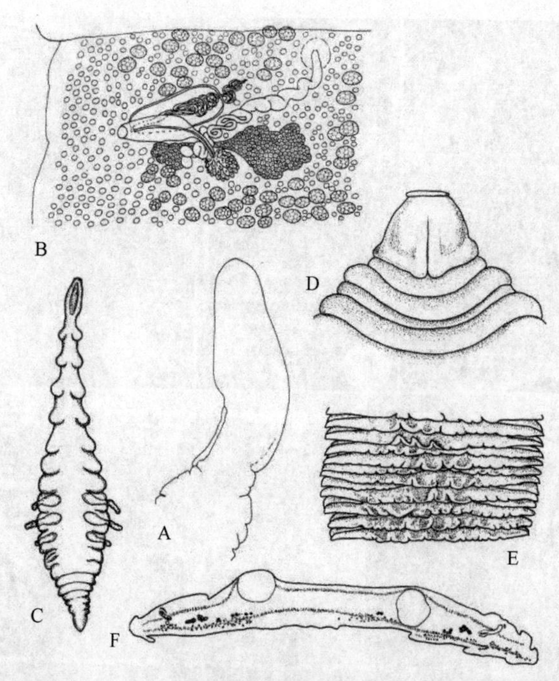

图 15-31　副槽首、槽首和棘阴茎绦虫结构示意图（引自 Bray et al.，1994）

A. 约翰斯顿副槽首绦虫的头节；B. *Bothriocephalus macruri* Campbell，Correia & Haedrich，1982 的成节；C. 日本副棘阴茎绦虫整条虫体。D～F. 瓦格纳棘阴茎绦虫：D. 头节；E. 节片表面观；F. 孕节横切

该属由 Schumacher（1914）提出，用于容纳瓦格纳槽首绦虫（*Bothriocephalus wageneri* Monticelli，1890）。Kuchta 等（2008）基于新采集到的样品重新描述了该种，认为棘样无远分绦虫和塞提双腺孔绦虫与瓦格纳槽首绦虫是同物异名。

Kuchta 和 Scholz（2007）列出了棘阴茎绦虫有命名的 8 个种，其中 5 个有效种，并将两个槽首属绦虫种：*Bothriocephalus lonchinobothrium* Monticelli，1890 和佩尔托头槽首绦虫（*Bothriocephalus peltocephalus* Monticelli，1890）移入棘阴茎属。Ariola（1895）描述了洛氏槽首绦虫，之后于 1900 年他又认为此种与佩尔托头槽首绦虫，是次同物异名。Ariola（1896）描述了采自粗鳍鱼属（*Trachipterus*）鱼类、有双套生殖复合体的两种绦虫：粗鳍鱼槽首绦虫（*Bothriocephalus trachypteris*）和斯托斯槽首绦虫（*B.*

stossichi），均采自粗鳍鱼，而 Ariola（1900）又认为粗鳍鱼槽首绦虫是斯托斯槽首绦虫的次同物异名，因为它们寄生于同种宿主。Protasova（1977）列出“粗鳍鱼槽首绦虫（*Bothriocephalus trachypteris-iris* Ariola，1896）”，但 Ariola（1896）的原始文章中并未如此命名，他只是提到采自此种鱼的一种绦虫，故此“*Bothriocephalus trachypteri-iris* Ariola，1896”是无根据的。

Ariola（1900）重新描述了由 Monticelli 和 Ariola 粗浅和不充分描述的、采自意大利沿海鱼类的所有绦虫种，并暂时放置于棘阴茎属。这些种的模式材料依其陈述存于意大利那不勒斯大学（the University of Naples，Italy），但除少数几个样品外，现均已无法使用。

Ichihara（1974b）报道的鰤鲳棘阴茎绦虫（*Echinophallus seriolellae*）与采自日本沿海镰鳍鰤鲳（*Seriolella brama*）的棘阴茎绦虫未定种相似。Takao（1986）描述的采自中国沿海真鲷（*Pagrus major*）的主要无远分绦虫（*Atelemerus major*）则被置于中棘阴茎属（*Mesoechinophallus*）。

发现于新西兰沿海长缟鲹（*Pseudocaranx dentex*）的绦虫属于棘阴茎属，并有可能是一新种，但可用的材料品质太差，使其描述无法进行，有待新样品的获取。

Poddubnaya 等（2007）用扫描和透射电镜技术研究了采自深海鱼黑尖鲳鲛（*Centrolophus niger*）的瓦格纳棘阴茎绦虫节片皮层的超微结构（图 15-32）。节片腹侧凹的表面覆盖有约 1.7μm 长的丝状微毛。它们的糖萼虽然很厚，但与微毛相比则不值一提。节片背侧覆盖着指状微毛和丝状微毛。凸背侧的指状微毛长约 0.6μm，有一非常短、圆形的脊突和广泛被视为絮状物质的糖萼（多糖）。瓦格纳棘阴茎绦虫短指状微毛似乎不同于先前透射电镜研究的其他绦虫中的微毛报道。所有节片的后背部边缘是典型的具有一横向大棘状、牙形微毛带，有长棘（约长 13μm），与丝状微毛相混。研究发现，瓦格纳棘阴茎绦虫节片微毛的形态和分布有明显的区域性差异，可能与链体不同部位的不同功能有关，绦虫在其宿主鱼肠道内身体常发生卷曲。

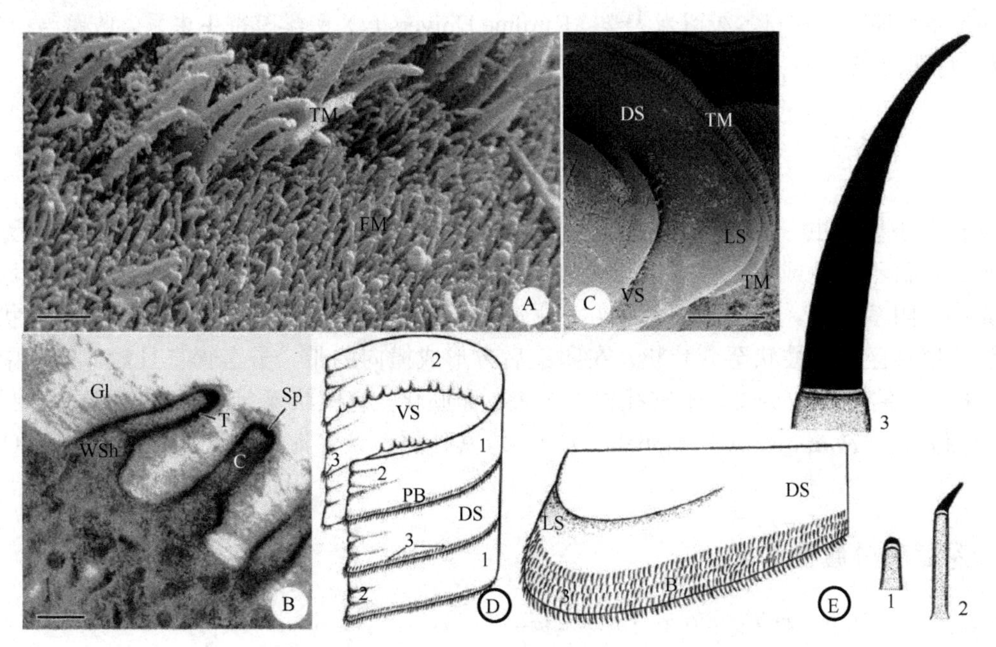

图 15-32　瓦格纳棘阴茎绦虫（引自 Poddubnaya et al.，2007）

A. 节片表面丝状和牙形微毛扫描结构；B. 透射结构，示微毛基部稍微加宽的轴，注意轴的核心，致密的管壁、短棘和丰富的多糖；C. 节片的一部分，示位于背侧、侧方边缘和腹侧侧方端部的牙形微毛带；D. 节片示意图，节片弯曲，背面凸形，腹面凹形，牙形微毛带位于后部边缘，背面观示不同类型的微毛的分布（相应放大于 E 中）；E. 节片的一部分，背侧的后部边缘和侧方边缘具一牙形微毛带；1. 指状微毛有一短圆棘；2. 丝状微毛；3. 牙形微毛。缩略词：B. 带；C. 核心；DS. 背侧；FM. 丝状微毛；Gl. 多糖；LS. 侧方边缘；PB. 后部边缘；Sp. 短棘；T. 管；TM. 牙形微毛；VS. 腹侧；WSh. 宽基轴。标尺：A=1μm；B=200nm；C=100μm

7b. 头节由头节变形结构取代；卵黄腺滤泡围绕着节片；阴茎无大型的棘……………………………………………………………中棘阴茎属（*Mesoechinophallus* Kuchta，Scholz & Bray，2008）

识别特征：大型很宽的蠕虫。分节不完全，链体中线无分节的踪迹。节片具显著缘膜，宽明显大于长。节片后侧边缘覆盖有大型棘样微毛组成的窄区带。头节由梯形的假头节取代，有 2 个浅槽样凹陷；假头节顶部有大型棘状微毛环。颈区不明显。精巢位于 1 个区域，节片间连续。阴茎囊大，细长，壁厚，近端部分有腺细胞围绕；阴茎无棘。生殖孔位于亚侧方。卵巢两叶、滤泡状，位于阴茎囊后部中央。阴道位于阴茎囊后方，壁薄，远端部有小环状括约肌围绕。卵黄腺滤泡位于皮质。子宫管弯曲，在孕节中膨大。子宫椭圆形，位于亚中央。子宫孔位于亚中央，接近节片前方边缘。卵椭圆形，有盖，不胚化。已知寄生于海洋硬骨鱼类的鲳科和鲷科种，分布于太平洋。模式种：栉鲳中棘阴茎绦虫[*Mesoechinophallus hyperoglyphe*（Tkachev，1979）][同物异名：栉鲳副棘阴茎绦虫（*Paraechinophallus hyperoglyphe* Tkachev，1979）]，采自太平洋夏威夷岛沿海的日本栉鲳（*Hyperoglyphe japonica*）。其他种：主要中棘阴茎绦虫[*M. major*（Takao，1986）][同物异名：主要无远分绦虫（*Atelemerus major* Takao，1986）]，采自日本九州沿海的真鲷（*Pagrus major*）]。

词源说明：属的命名反映中棘阴茎属具有棘阴茎属和副棘阴茎属形态特征的中间类型。

区别特征：中棘阴茎属与棘阴茎属和副棘阴茎属密切相关，它们每节都有两假节。不同的是中棘阴茎属的阴茎无大型的棘。

中棘阴茎属是研究新样品材料时提出的，其模式种明显与 Tkachev（1979）描述的栉鲳副棘阴茎绦虫是同种，而后者的模式样品材料已得不到或可能已不存在。Tkachev（1979）对该种的原始描述是粗浅的，其插图也不能提供有关其形态的足够信息。因其沿着链体中线不完全分节，生殖孔位于显著的亚侧方位置，无阴道括约肌，且阴茎无棘等而不能归入副棘阴茎属。

Takao（1986）描述了采自中国沿海真鲷的主要无远分绦虫。但 Bray 等（1994）、Kuchta 等（2008）认为无效。Kuchta 和 Scholz（2007）将主要无远分绦虫归入副棘阴茎属，虽然其有效性是有疑问的［模式及仅有的标本可能贮存在日本久留米大学（Kurume University）医学院寄生虫系。收藏号：79-01-05，但已无法从中获取更多的形态学数据］。该种暂时放入中棘阴茎属，作为新组合种。

15.7　亲深海科（Philobythiidae Campbell，1977）

识别特征：小型绦虫。链体扁平。分节现象存在。节片有缘膜，梯形。头节椭圆形，无棘；吸槽椭圆到长形；顶盘不发达或无。每节 1 套生殖器官。精巢位于髓质，分布于 1 个或 2 个区域，前方连续。阴茎囊小；阴茎无棘。生殖孔位于侧方。阴道位于阴茎囊前方。卵巢位于后方，实质状。卵黄腺实质状，位于髓质区，树枝状至分叶状，在卵巢后方形成横向的带。子宫管直且短。成节中子宫倒 V 形，孕节中扩大，略分叶或分支。子宫孔位于中央。卵胚化，有膜状囊包围。寄生于深海硬骨鱼肠道。模式属：亲深海属（*Philobythos* Campbell，1977）。其他属：亲深海样属（*Philobythoides* Campbell，1979）。

15.7.1　亲深海科分属检索

1a. 头节有顶盘；子宫三叶状；膜质囊中有 3～5 个六钩蚴……………………………………………亲深海属（*Philobythos* Campbell，1977）

识别特征：小型蠕虫。分节现象存在，链体有缘膜，节片梯形，宽大于长，有圆形后侧突起。头节椭圆形、无棘。吸槽长形。顶盘存在。颈部明显。精巢数量少，形成 2 个不规则分布区域，于后方汇合。阴茎囊小，椭圆形；阴茎无棘。生殖孔位于边缘。卵巢实质状，椭圆形。阴道位于阴茎囊前方。受精囊存在。卵黄腺位于髓质，树枝状到叶状，形成卵巢后的单一横向带。子宫管直而短。子宫宽，倒 V 形，有椭圆形的前方中央部分和直而细长的侧翼，在孕节中扩大形成 3 大囊状的室。子宫孔位于中央。六钩蚴 3～5 个成簇，由膜状结构包被成囊。已知寄生于深海硬骨鱼，分布于北大西洋。模式种及仅有的种：

大西洋亲深海鱼绦虫（*Philobythos atlanticus* Campbell，1977）（图 15-33，图 15-34A～C），采自北大西洋罗氏棘冠鲷（*Acanthochaenus luetkenii*）[冠鲷目（Stephanoberyciformes）：冠鲷科（Stephanoberycidae）]。

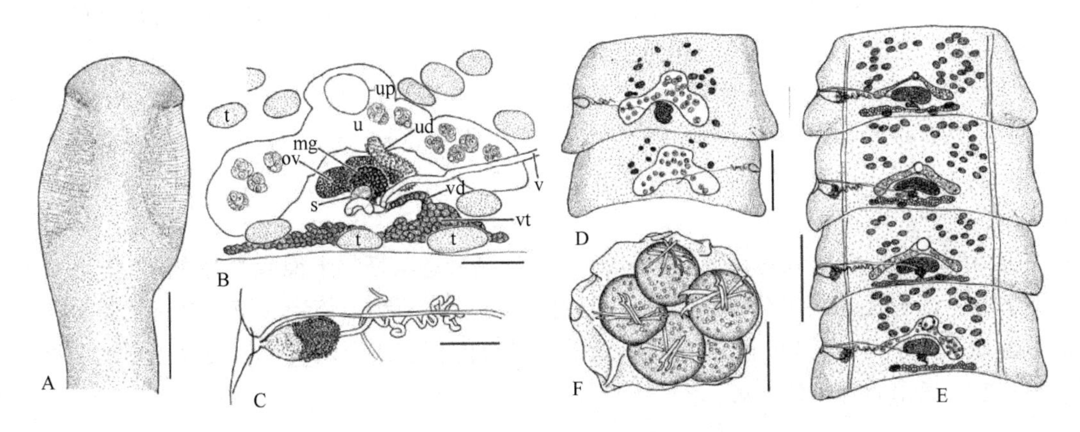

图 15-33　大西洋亲深海鱼绦虫结构示意图（引自 Campbell，1977）

A. 头节；B. 雌性生殖系统细节；C. 末端生殖器官细节；D. 孕节；E. 链体成节到孕节的过渡区，注意单侧的生殖孔、精巢的分布和子宫的发育；F. 含有 5 个六钩蚴的卵囊。缩略词：ov. 卵巢；s. 受精囊；t. 精巢；u. 子宫；ud. 子宫管；up. 子宫孔；v. 阴道；vd. 卵黄腺管；vt. 卵黄腺。标尺：A=0.3mm；B，C=0.1mm；D=0.5mm；E=1mm；F=50μm

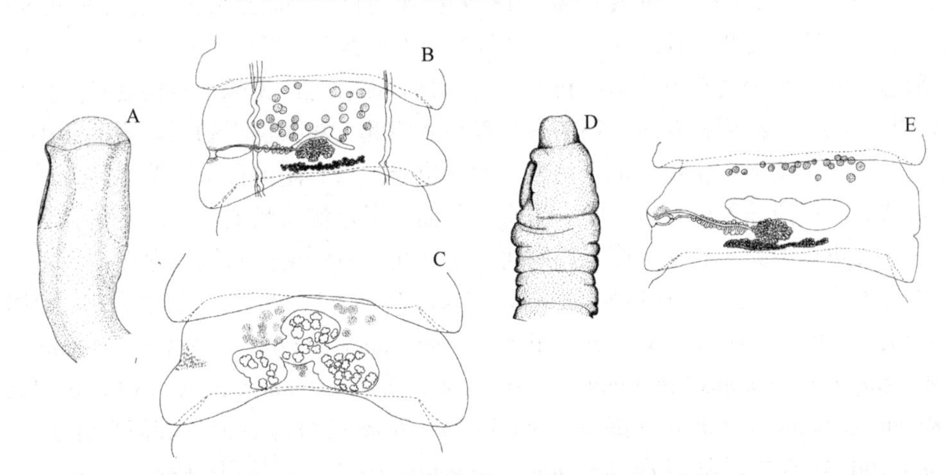

图 15-34　亲深海鱼属绦虫和亲深海样属绦虫结构示意图（引自 Bray et al.，1994）

A～C. 大西洋亲深海鱼绦虫：A. 头节；B. 成节；C. 孕节。D，E. 斯顿卡德亲深海样绦虫：D. 头节；E. 早期孕节

亲深海属易于与槽首目除亲深海样属外的其他属相区别，它有实质状、位于卵巢后方的卵黄腺。该属与亲深海样属的区别在亲深海样属条目中有列。Bray 采自五线鼬鳚（*Spectrunculus grandis*）的绦虫无疑属于亲深海属，但它们与大西洋亲深海鱼绦虫是否是同种尚有疑问，因为它们有一些形态上有差异；也有可能代表新种。

Zubchenko（1985）报道的大西洋亲深海鱼绦虫采自深海长尾鳕（*Coryphaenoides rupestris*）。Kuchta（2007）报道未成熟的绦虫获自北大西洋相同的宿主，其头节与大西洋亲深海鱼绦虫不同。几乎肯定属于棘阴茎科或三支钩科的新属，详细情况尚待深入研究。

1b. 头节无顶盘；子宫横向伸长；膜质囊中有 1 个六钩蚴……………………………………………………………………………………亲深海样属（*Philobythoides* Campbell，1979）

识别特征： 小型蠕虫。分节现象存在，链体有缘膜，节片梯形，宽大于长。头节椭圆形、无棘。吸槽长形到椭圆形。顶盘不存在。颈区不明显。精巢形成近节片前方边缘的横向带或位于两侧区域。阴茎囊小；阴茎无棘。生殖孔位于边缘。卵巢椭圆形，略偏孔侧。阴道位于阴茎囊前方。卵黄腺位于髓质，叶状，形成卵巢后的单一横向带。子宫管直而短。成节中子宫倒 V 形，在孕节中扩大成为横向、略分叶

的形态。子宫孔位于中央。单个六钩蚴覆盖有膜状层构成囊。已知寄生于深海硬骨鱼的平头鱼属（*Alepocephalus*），分布于北大西洋。模式种及仅有的种：斯顿卡德亲深海样绦虫（*Philobythoides stunkardi* Campbell，1979）（图 15-34D、E），采自北大西洋大眼平头鱼（*Alepocephalus agassizii*）[胡瓜鱼目（Osmeriformes）：平头鱼科（Alepocephalidae）]。

亲深海样属和亲深海属在槽首目绦虫中是独特的，它们具有卵巢后实质状的卵黄腺。此两属相互之间可由头节的形态、顶盘存在与否、颈区明显程度（前者不明显）、孕节子宫形态（前者为横向伸长，后者为三叶状）及卵囊中六钩蚴的数目（前者 1 个，后者 3～5 个）相区别，子宫、生殖孔和卵巢的相对位置也略有区别。

Bray 采自鼻平头鱼（*Alepocephalus rostratus*）的样品形态与斯顿卡德亲深海样绦虫一致。唯一的差异是精巢的分布，新样品的精巢分布于两侧，节片间连续，而斯顿卡德亲深海样绦虫精巢分布局限于节片的最前方区域。基于这一差异，采自鼻平头鱼的样品可能代表一个新种，但现存可用的两种样品的内部形态很难观察，提出新种依据不足。

15.8　三支钩科（Triaenophoridae Lönnberg，1889）

[同物异名：双杯科（Amphicotylidae Lühe，1889）；钩头科（Ancistrocephalidae Protasova，1974）]

识别特征：体型中等到大型。通常有分节。每节 1 套生殖器官，很少 2 套。节片绝大多数宽大于长，有缘膜。头节形态可变，很少由头节变形结构取代。顶盘存在或无，无棘，有钩的种类例外。吸槽存在（有例外没有吸槽的种类），浅或很发达，偶尔有后部边缘突起。精巢位于髓质。阴茎囊小到大型；阴茎无棘或少部分由小隆起物覆盖。生殖孔位于侧方。卵巢位于后部。阴道位于阴茎囊后方或前方。卵黄腺滤泡位于皮质或髓质，可能侵入内纵肌之间。子宫管弯曲。子宫实质状或分叶。子宫孔存在或无，有孔者孔位于腹部、中央或亚中央。卵有盖或无，胚化或不胚化。有纤毛的六钩蚴存在或无。已知寄生于淡水或海产硬骨鱼的肠道。模式属：三支钩属（*Triaenophorus* Rudolphi，1793）。其他属：无槽属（*Abothrium* Bewneden，1871）；爱琳属（*Ailinella* Gil de Pertierra & Semenas，2006）；双杯属（*Amphicotyle* Diesing，1863）；钩头属（*Anchistrocephalus* Monticelli，1890）；无钩头属（*Anonchocephalus* Lühe，1902）；澳居属（*Australicola* Kuchta & Scholz，2006）；深海鱼槽属（*Bathybothrium* Lühe，1902）；深海鱼绦虫属（*Bathycestus* Kuchta & Scholz，2004）；真槽样属（*Eubothrioides* Yamaguti，1952）；真槽属（*Eubothrium* Nybelin，1922）；管腔属（*Fistulicola* Lühe，1899）；南乳鱼带属（*Galaxitaenia* Gil de Pertierra & Semenas，2005）；舌槽属（*Glossobothrium* Yamaguti，1952）；金姆绦虫属（*Kimocestus* Kuchta，Scholz，Brabec & Bray，2008）；袋宫属（*Marsipometra* Cooper，1917）；变槽首属（*Metabothriocephalus* Yamaguti，1968）；米兰属（*Milanella* Kuchta & Scholz，2008）；副槽属（*Parabothrium* Nybelin，1922）；皮斯塔娜属（*Pistana* Campbell & Gartner，1982）；伪真槽样属（*Pseudeubothrioides* Yamaguti，1968）；前槽首属（*Probothriocephalus* Campbell，1979）。可疑及未定属：指槽属（*Dactylobothrium* Srivastav，Khare & Jadhav，2006）。

15.8.1　三支钩科分属检索

1a. 头节有棘……………………………………………………………………………………………2
1b. 头节无棘……………………………………………………………………………………………3
2a. 头节有几个围绕顶盘的小钩排 ……………………钩头属（*Anchistrocephalus* Monticelli，1890）（图 15-35C～E）

[同物异名：钩头属（*Ancistrocephalus* Lühe，1899）；双性孔属（*Amphigonoporus* Mendes，1944）；厚槽属（*Pachybothrium* Pozdniakov，1983）]

识别特征：大型蠕虫。有分节现象。链体强壮；节片具缘膜，宽大于长。每节 1 套生殖器官，很少有节片生殖器官重复。头节箭头样或三角形。吸槽细长，有发达的侧方和后部边缘。顶盘有基部宽的小钩，排为 1 到多列。颈区不明显。精巢位于两侧连续的区带，在节片近后部边缘汇合。阴茎囊细长；阴茎有小隆起物，生殖孔位于侧方。卵巢分叶，略位于中央偏孔侧。阴道位于阴茎囊后方。卵黄腺滤泡限于节片背部层，主要位于髓质，背侧方穿入皮质，形成两个宽广的区域并在后部汇合。子宫管显著弯曲。子宫椭圆形，位于反孔侧，节片壁破裂后裂开，卵散出。卵有盖，不胚化。已知寄生于海产硬骨鱼类四齿鲀型目（Tetraodontiformes）的种类，分布于地中海、大西洋、太平洋和印度洋。模式种：小头钩头绦虫（*Anchistrocephalus microcephalus*），采自翻车鲀（*Mola mola*）（模式宿主）和拉氏翻车鲀（*Mola ramsayi*）［巨口鱼类、四齿鲀型目：翻车鲀科（Molidae）］。其他种：采自美国伍兹霍尔（Woods Hole）橙斑革鲀（*Aluterus schoepfii*）（模式宿主）的革鲀钩头绦虫［*A. aluterae*（Linton，1889）Linton，1941］和采自爪哇、印度尼西亚新宿主单角革鲀（*Aluterus monoceros*）的单角革鲀钩头绦虫（*A. monoceros*）等。

钩头属由 Monticelli（1890）建立，用于容纳小头槽首绦虫（*Bothriocephalus microcephalus* Rudolphi，1819）。Lühe（1899）将属名改为 *Ancistrocephalus*，但这一修订根据《国际动物命名法规》是无效的，*Ancistrocephalus* 成为钩头属（*Anchistrocephalus*）的同物异名。

Mendes（1944）从钩头属中区分出双性孔属（*Amphigonoporus*），仅由于后者顶盘基部无钩环绕，且生殖器官为 2 套。而 Kennedy 和 Andersen（1982）提供的证据为：头节钩可能容易损失，固定后绝大多数钩可能脱落，并且小头钩头绦虫有些节片也有 2 套生殖器官。同样的情况 Kuchta 等（2008）也观察到。因此，双性孔属无效。

Bray 等（1994）认可双性孔属，并认为其是厚槽属（*Pachybothrium* Pozdniakov，1983）的同物异名，目前我们亦认可厚槽属和钩头属同义。

Diesing（1850）描述的采自一海龟的绦虫：覆瓦状双槽绦虫（*Dibothrium imbricatum*）被 Lühe（1900）归入钩头属，但 Lühe（1902）又认为其是一有问题的种。双性孔属的另一个采自橙斑革鲀的革鲀钩头绦虫也被 Protasova（1977）认为是有疑问的种。

2b. 头节有 4 个三齿的钩……………………………………三支钩属（*Triaenophorus* Rudolphi，1793）（图 15-35F～H）

识别特征：中型蠕虫。无分节现象。头节梯形到方形。吸槽浅椭圆形。顶盘有 4 个三叉形状的钩。颈区明显。精巢数目众多，在整个链体中分布形成连续的区域。阴茎囊梨形，大，壁厚；有内贮精囊；

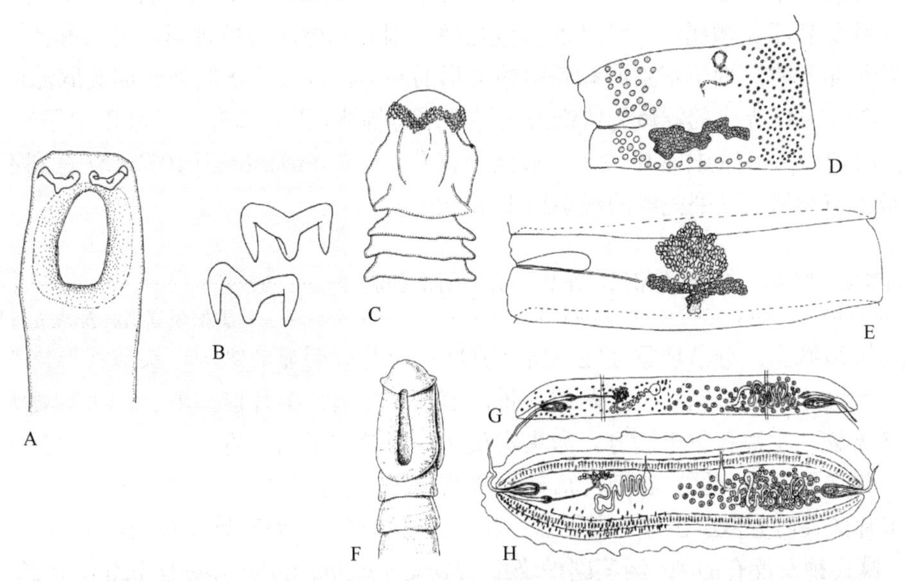

图 15-35　结节三支钩绦虫、小头钩头绦虫和卡瓦柳双性孔绦虫的结构示意图（引自 Bray et al.，1994）

A，B. 结节三支钩绦虫：A. 头节；B. 钩。C～E. 小头钩头绦虫：C. 头节；D. 成节；E. 孕节。F～H. 卡瓦略双性孔绦虫（*Amphigonoporus carvalhoi* Mendes，1944）=卡瓦柳三支钩绦虫：F. 头节（钩可能已脱落）；G. 成节；H. 成节横切面。G，H 中左侧略去精巢，右侧略去卵黄腺滤泡

阴茎无棘。生殖孔位于侧方。卵巢形状不规则，略偏孔侧。阴道位于阴茎囊背方。受精囊存在。卵黄腺滤泡位于皮质，围绕着节片。子宫管略弯曲。子宫椭球状。子宫孔缝隙状，略近亚中央。卵有盖，不胚化。已知寄生于食肉的淡水硬骨鱼类的狗鱼属（*Esox*）和梭鲈属（*Sander*），分布于环北带。模式种：结节三支钩绦虫[*Triaenophorus nodulosus*（Pallas，1781）]（图 15-35A、B），采自环北带白斑狗鱼（*Esox lucius* Linnaeus）、北美狗鱼（*E. masquinongy*）和黑斑狗鱼（*E. reicherti*）[狗鱼目（Esociformes）：狗鱼科（Esocidae）]。其他种：粗大三支钩绦虫（*T. crassus* Forel，1868），采自欧亚和北美的白斑狗鱼、北美狗鱼和黑斑狗鱼；梭鲈三支钩绦虫（*T. stizostedionis* Miller，1945），采自北美的玻璃梭鲈（*Sander vitreus*）（鲈形目：鲈科）。

三支钩属由 Kuperman（1973）修订，特征是顶盘上存在 4 个大的三叉形钩，不分节的链体和大的、厚壁阴茎囊。生活史包括桡足类作为第一中间宿主，淡水鱼作为第二中间宿主；实尾蚴在中间宿主肝脏或肌肉中。卵产于水中通常是不胚化的，但在活虫子宫中，提高水温可以获得提早发育的效果。

Dubinina（1987）和 Kuchta 等（2007，2008）认为黑龙江三支钩绦虫（*T. amurensis* Kuperman，1968）、鲇三支钩绦虫（*T. meridionalis* Kuperman，1968）、东方三支钩绦虫（*T. orientalis* Kuperman，1968）及细三支钩绦虫（*T. procerus* Özcelik，1979）这 4 个种是无效的种。

3a. 头节由头节变形结构取代 ………………………………………………………………………… 4
3b. 常态头节存在 ………………………………………………………………………………………… 5
4a. 卵黄腺滤泡与精巢相混，围绕着节片，在节片之间连续 ……………… 无槽属（*Abothrium* Bewneden，1871）

识别特征：大型蠕虫。链体强壮，有发达的、由几层巨大的肌纤维束组成的内纵肌。有分节现象，节片宽明显大于长，略有缘膜。头节变形，无棘。顶盘和吸槽不存在。颈区不明显。精巢位于两侧区带，节片间分离。阴茎囊小，有内贮精囊；阴茎无棘。生殖孔位于边缘。卵巢实质状，位于中央。阴道位于阴茎囊后方。卵黄腺滤泡位于髓质两侧区带，节片间分离。子宫弯曲而短，壁薄，横向伸长，末端孕节中占据节片体积的绝大部分。子宫通过节片壁破裂释放虫卵。卵无盖，胚化。已知寄生于海产硬骨鱼类鳕形目（Gadiformes）的种类，分布于北大西洋和太平洋。模式种及仅有的种：鳕鱼无槽绦虫（*Abothrium gadi* Beneben，1871），采自鳕形目鳕属（*Gadus*）、黑线鳕属（*Melanogrammus*）和无须鳕属（*Merluccius*）的鱼类。

无槽属最初包括几个寄生于海产和淡水鱼的绦虫种，但 Nybelin（1922）提出了另两个属：真槽属和副槽属，容纳了除放置于无槽属的一种外的其他几种。因此无槽属为单种属，可与其他三支钩科的属区别开来的主要特征是其有深埋于宿主肠黏膜中的变形的头节，以及位于髓质的卵黄腺滤泡。据 Williams（1960）和 Bray 等（1994）提供的鳕鱼无槽绦虫的详细形态描述，无槽属有 1 子宫孔（“子宫孔位于中央”），但在 Kuchta 等（2008）研究的样品中没有观察到子宫孔。这与 Protasova（1977）注意到不存在真正的子宫孔，卵的释放由节片壁的破裂完成的观察结果相一致。

4b. 卵黄腺滤泡通常位于腹面，与精巢不相混，在节片后部两侧区域 ……………………………………………………
……………………………………………………………………………………… 副槽属（*Parabothrium* Nybelin，1922）

识别特征：大型蠕虫。分节现象存在。链体强壮；节片有明显的纵沟。头节变形物存在。无棘。无吸槽。无顶盘。颈区不明显。精巢位于两侧区带，节片间分离，节片前部汇合。阴茎囊大，长形；内贮精囊存在；阴茎无棘。生殖孔位于侧方。卵巢实质状。阴道位于阴茎囊前方，末端部有括约肌。卵黄腺滤泡位于髓质，仅在髓质腹侧区，在节片后部形成两侧带。子宫管短、弯曲。子宫大、椭球状、分叶。子宫孔退化。节片破裂时分散放出卵。卵无盖，胚化。已知寄生于海产硬骨鱼类的鳕科（Gadidae）鱼类，分布于大西洋。模式种及仅有的种：鳞茎副槽绦虫（*Parabothrium bulbiferum* Nybelin，1922）（图 15-36A～C）[同物异名：青鳕带绦虫（*Taenia gadipollachii* Rudophi，1810]，采自宿主青鳕（*Pollachius pollachius*），原定名 *Gadus pollachius*。

该属在一些形态特征上类似于无槽属，如头节变形物的存在，强健的链体有发达的内纵肌和厚壁，有内贮精囊的阴茎囊。但其卵黄腺滤泡和精巢的分布（限于背部髓质）、阴茎囊的大小和阴道的位置能够很容易地与无槽属区别开来，另外副槽属阴道有很大的括约肌。鳞茎副槽绦虫的详细描述是由 Williams（1960）提供的，当时报道为青鳕副槽绦虫（*P. gadipollachii*）。Kuchta 等（2008）肯定了 Williams（1960）的绝大多数形态特征；仅发现纵肌的分布有少量差异。

属的模式种的确定一直有争议。有些作者（Williams，1960；Bray et al.，1994）认为应以 Rudophi（1810）的青鳕带绦虫为模式种。然而，Rudophi（1810）的最初描述证据不足以说明所研究的绦虫到底是副槽属还是无槽属，或是两种混合了。这些绦虫通常频繁地发生于鳕科的鱼类，大体形态上相互区别不明显，故一直都相混，直至 Nybelin（1922）基于新收集的材料，包括横切面的彻底评估并重新进行描述为止。为避免青鳕带绦虫简单、不恰当描述所造成的混乱，Nybelin（1922）提出使用鳞茎副槽绦虫作为发现寄生于鳕科鱼类的绦虫新名称，不属于鳕鱼无槽绦虫。Schmidt（1986）和其他的一些作者将鳞茎副槽绦虫作为副槽属的模式种，并将青鳕带绦虫作为该种的同物异名。

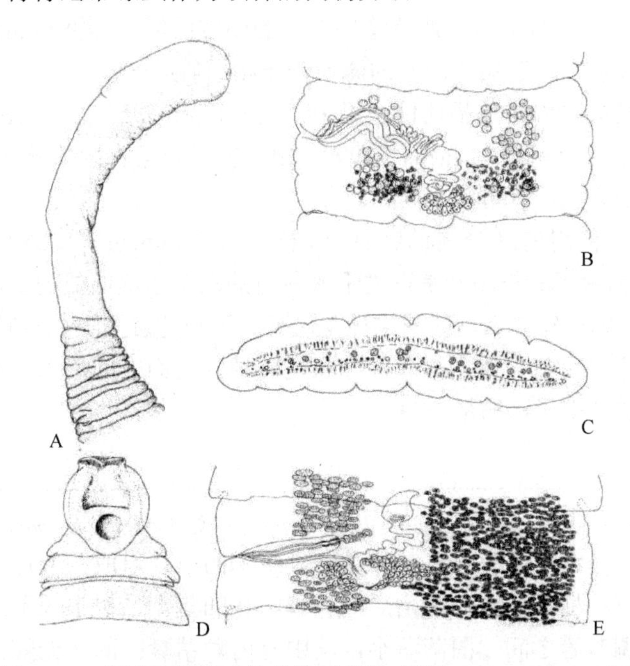

图 15-36　鳞茎副槽绦虫的结构示意图（引自 Bray et al.，1994）

A～C. 鳞茎副槽绦虫：A. 头节变形结构；B. 成节；C. 成节横切面。D，E. 异膜双杯绦虫：D. 头节；E. 成节，孔侧卵黄腺滤泡省略，反孔侧精巢省略

5a. 阴道开口于阴茎囊水平或前方 ······ 6

5b. 阴道开口于阴茎囊后方 ······ 11

6a. 阴道开口于阴茎囊水平 ······ 深海槽属（*Bathybothrium* Lühe，1902）

［同物异名：裂槽属（*Fissurobothrium* Roitman，1965）］

识别特征：小型蠕虫。分节现象明显。链体无缘膜。前方的节片宽大于长，最后的成节和孕节为方形。头节椭球状到心状。吸槽椭圆形。无顶盘。精巢位于节片两侧宽广的区域，前方汇合。阴茎囊长形到梨形；有内贮精囊；阴茎无棘。生殖孔位于侧方。卵巢形状不规则，位于中央。阴道在阴茎囊腹部开口。卵黄腺滤泡位于髓质，形成均衡的两侧区域。子宫管弯曲。子宫在初期孕节中椭圆形，在末端孕节中扩大形成侧向分支及次级分支。子宫孔退化，位于中央。卵无盖，胚化或不胚化。已知寄生于淡水硬骨鱼的鲤科鱼类，分布于欧亚大陆。模式种：矩形深海槽绦虫［*Bathybothrium rectangulum*（Bloch，1782）］，采自欧洲和亚洲的鲃（*Barbus barbus*）（模式宿主）、其他鲃属种（*Barbus* spp.）、裸重唇鱼（*Gymnodiptychus dybowskii*）和中间裂腹鱼（*Schizothorax intermedius*）（鲤形目：鲤科）。其他种：独特深海槽绦虫［*B. unicum*

（Roitman，1965）]，采自远东（俄罗斯、蒙古国）犬首鮈 *Gobio cynocephalus*）（鲤形目：鲤科）。

Schmidt（1986）、Bray 等（1994）认为深海槽属为单种属，仅含一模式种，为鲃类专性寄生的种类。Kuchta 和 Scholz（2007）认为 Roitman（1965）提出用于容纳独特裂槽绦虫（*Fissurobothrium unicum*）的裂槽属（*Fissurobothrium*）无效，并将此种移入深海槽属成为独特深海槽绦虫。这样，深海槽属就有了两个成员。而 Kuchta 和 Scholz（2007）认为在分类上裂槽属无效但未明确提及裂槽属与深海槽属为同物异名。

裂槽属除一个形态特征与深海槽属有别外（两个其他的差异被认为是不可靠的：有报道裂槽属的子宫孔为背位，这明显是错误的，因为所有槽首目的绦虫子宫孔是位于腹部的；传说的不胚化的卵的存在也是不可靠的，因为槽首目绦虫卵胚化的分类意义可疑），其余特征是一致的。两属存在的实际差异仅在于卵黄腺滤泡的分布，深海槽属限于髓质两侧区，而裂槽属则位于皮质。但这一特征的可靠性可疑，理由如是：①独特裂槽绦虫的原始描述未提供成节的横切面，无法确定卵黄腺滤泡的位置；②Roitman（1965）文献插图 2a 表明了卵黄腺滤泡分布（限于渗透调节管外节片的绝大部分侧方区域是可疑的，因为在任何槽首目绦虫中卵黄腺滤泡从未分布于渗透调节管外很窄的侧方区域）；③Roitman（1965）文献提到有些卵黄腺滤泡可能也存在于髓质，与其图 2 所示的滤泡分布相矛盾。

Roitman（1965）对独特裂槽绦虫的描述仅基于 141 尾犬首鮈 *Gobio cynocephalus*）中 1 尾宿主中的 1 条样本，即感染率为 0.71%。Scholz 和 Ergens（1990）报道在采自蒙古国的鮈中发现 1 条不成熟的绦虫，其头节形态类似于独特裂槽绦虫，有可能是同种。

基于 Bray 等（1994）使用的区分属的特征性质可疑，Roitman（1965）仅将其裂槽属与袋宫属（*Marsipometra*）相区别，忽视了其与同样是寄生于鲤科鱼的深海槽属明显的形态相似性，故有理由认为裂槽属无效，而是深海槽属的同物异名，其模式种及仅有的种独特裂槽绦虫暂时保持为独特深海槽绦虫，但其有效性仍是可疑的，它有可能与矩形深海槽绦虫是同种，它们之间形态上都共有很多重要的特征，包括头节与吸槽的形态及孕节中子宫的形态等。

6b. 阴道开口于阴茎囊前方……………………………………………………………………………………7

7a. 头节与颈区边界不清晰……………………………………变槽首属（*Metabothriocephalus* Yamaguti，1968）

识别特征：小型蠕虫。分节现象存在。链体由略具缘膜的节片组成，节片宽大于长。头节球形，无棘。吸槽很小而浅、亚顶位；横向椭圆，吸槽后部有缝隙状凹陷。顶盘小，不发达。颈区明显。精巢数目少，在两侧区、主渗透调节管之间。阴茎囊小，其中有内贮精囊；阴茎无棘。生殖孔位于侧方。卵巢为两叶状，横向伸长，偏向孔侧。阴道在阴茎囊前方。卵黄腺滤泡位于皮质，围绕着节片。孕节中子宫管形成大量横向环，充满着虫卵。子宫椭圆形，壁厚，在孕节中不膨大。子宫孔位于中央，近节片前方边缘。据说卵有盖，不胚化。已知寄生于海洋硬骨鱼类的锯鳞鳂属（*Myripristis*）和青眼鱼属（*Chlorophthalmus*），分布于印度和太平洋。模式种及仅有的种：锯鳞鱼变槽首绦虫（*Metabothriocephalus menpachi* Yamaguti，1968），采自夏威夷岛沿海（模式宿主采集地）和塔希提岛（Tahiti 位于南太平洋）银锯鳞鱼（*Myripristis amaena*）（模式宿主）、凸颌锯鳞鱼（*M. berndti*）和黄鳍锯鳞鱼（*M. chryseres*）[金眼鲷目（Beryciformes）：金鳞鱼科（Holocentridae）]。

该属由 Yamaguti（1968）描述，置于副槽首科下。Bray 等（1994）认为副槽首科与棘阴茎科为同物异名。然而，此属实际上属于三支钩科，因为它有侧方的生殖孔；此外，缺典型的棘阴茎绦虫特征，如阴茎具棘并在节片后部边缘有一大型棘样微毛带（Poddubnaya et al.，2007；Levron et al.，2008）。

Reimer 采自莫桑比克（非洲东南部国家）短吻青眼鱼（*Chlorophthalmus agassizi*）的绦虫样品被认为属于变槽首属，因为它们大多数形态特征是一致的，如吸槽后部有缝隙状凹陷，长的颈区和很小的阴茎囊，卵巢的形状和孔侧位置，精巢数目少及大量的卵黄腺滤泡充填于几乎整个节片的皮质。但它们也可能代表了一个新种，因为其具有略为不同的头节，长形而不是球状的子宫孔，更多的精巢数占据更宽的侧方区域，生殖孔开于节片侧方边缘一深的横向切口中，并且为不同目的鱼宿主［仙女鱼目（Aulopiformes）］。

7b. 头节与颈区（或链体前部）边界清楚 …………………………………………………………………… 8

8a. 节片数少，长大于宽，无缘膜 ………………………………………… 爱琳属（*Ailinella* Gil de Pertierra & Semenas，2006）

识别特征：小型蠕虫。链体由少量细长的节片组成，肌肉较弱，没有可辨别的内纵肌，易于解离。分节现象存在。头节细长，有截平的前端。吸槽浅，横向椭圆形，有突出的后部边缘。顶盘存在。颈区明显。精巢位于一中央区域，节片之间分开，在侧方和后方围绕着卵巢。阴茎囊小，椭圆形；内贮精囊存在；阴茎无棘。生殖孔位于边缘。卵巢实质状，不对称。阴道在阴茎囊前方。卵黄腺滤泡围绕着内部的生殖器官。子宫伸长。子宫孔位于中央腹部。卵有盖，不胚化。已知寄生于淡水硬骨鱼的南乳鱼属（*Galaxias*）种类，分布于南美阿根廷（巴塔哥尼亚）。模式种及仅有的种：奇异爱琳绦虫（*Ailinella mirabilis* Gil de Pertierra & Semenas，2006）（图 15-37），采自大斑南乳鱼（*Galaxias maculatus*）。

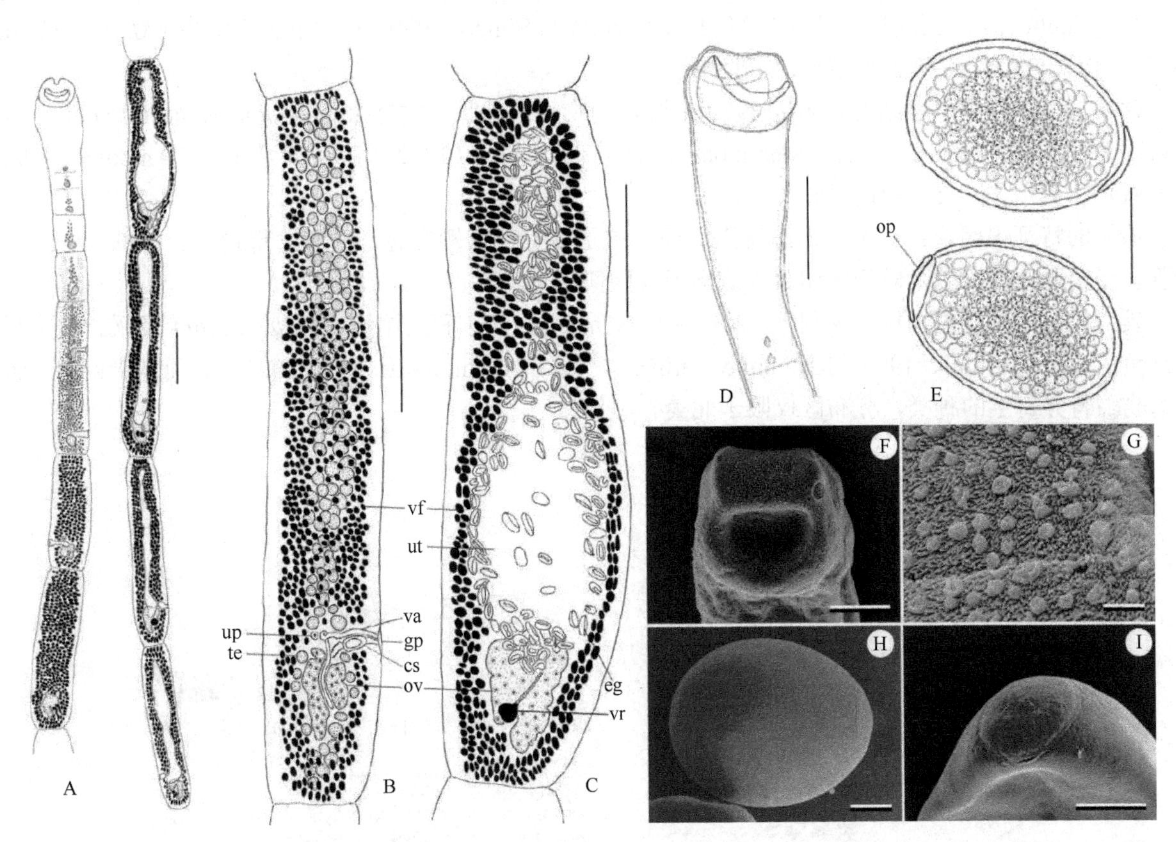

图 15-37　奇异爱琳绦虫的结构示意图和扫描结构（引自 Gil de Pertierra & Semenas，2006）

A. 整条虫体腹面观，头节顶盘收缩；B. 成节腹面观，节片前部卵黄腺滤泡部分省略以显示精巢；C. 孕节腹面观；D. 头节背腹面观；E. 固定后的卵放于蒸馏水中绘图；F. 头节背部顶面观，示放松的顶盘；G. 头节侧方表面，示钟状火山样结构；H. 子宫内的卵侧面观；I. 子宫内的卵顶面观，示卵盖。缩略词：cs. 阴茎囊；eg. 卵；gp. 生殖孔；op. 卵盖；ov. 卵巢；te. 精巢；up. 子宫孔；ut. 子宫；vf. 卵巢腺滤泡；vr. 卵黄池。标尺：A=1mm；B，C=500μm；D=400μm；E=25μm；F=100μm；G=5μm；H，I=10μm

爱琳属是近期为采自阿根廷（巴塔哥尼亚）南乳鱼属鱼的绦虫而建立的，容纳槽首目的一个种。其显著不同于其他三支钩科属的特征在于其具有微小的链体，由少数细长的节片组成，缺内纵肌，精巢围绕卵巢的后部分布，以及头节和吸槽的形态。奇异爱琳绦虫的链体形态由少数易解离的节片组成，表面上类似于采自新西兰大斑南乳鱼的日带科的螺旋日带绦虫（*Nippotaenia contorta* Hine，1977），导致采自阿根廷宿主的爱琳属绦虫被错误识别为日带绦虫未定种（*Nippotaenia* sp.）（Gil de Pertierra & Semenas，2006）。其他近期采自同属宿主普拉特南乳鱼（*Galaxias platei*）的三支钩科的绦虫：托洛南乳鱼绦虫

（*Galaxias toloi* Gil de Pertierra & Semenas，2005），与奇异爱琳绦虫有明显的形态区别。

8b. 节片多数，宽大于长或方形，有缘膜 ………………………………………………………………………… 9

9a. 受精囊大；子宫分支，有大量侧支囊………………………………………袋宫属（*Marsipometra* Cooper，1917）

识别特征：中型蠕虫。分节现象存在。链体成节和孕节由方形到长大于宽，略具缘膜。头节金字塔或箭状，有发达的后部边缘。吸槽椭圆形到长形。顶盘存在，圆屋顶状。颈区明显。精巢位于两侧区域，前、后部汇合。输精管远端部有大量前列腺。阴茎囊大，前方可能弯曲，内贮精囊存在；阴茎无棘。生殖孔位于侧方。卵巢位于中央，实质状，有略分叶的侧翼。阴道管与阴茎囊交叉，开口于阴茎囊前方或腹方。受精囊存在。卵黄腺滤泡位于髓质，通常占据两个腹侧区域，后部汇合，节片间连续。子宫管弯曲，在孕节中子宫分叶或有很长的侧支。子宫孔位于中央。卵无盖，胚化。已知寄生于淡水鲟鱼类的匙吻鲟鱼，分布于北美。模式种：戟状袋宫绦虫［*Marsipometra hastate*（Linton，1897）］（图 15-38F～H），采自北美（密西西比河）匙吻鲟［*Polyodon spathula*（Walbaum）］［鲟形目（Acipenseriformes）：匙吻鲟科（Polyodontidae）］。其他种：困惑袋宫绦虫（*M. confusa* Simer，1930）和微小袋宫绦虫（*M. parva* Simer，1930），均采自北美（密西西比河）的匙吻鲟。

此属的提出是用于容纳 Linton（1897）描述自匙吻鲟的戟状双槽绦虫（*Dibothrium hastatum*）。Cooper（1917）将此属放于新的袋宫亚科（Marsipometrinae），但 Nybelin（1922）将其放入双杯科（Amphicotylidae），后来双杯科被当作三支钩科的同物异名。

该属的特征很明显：头节的形态特别，分支的子宫有大量侧支囊，沿着输精管的远端部有大量的前列腺，受精囊存在，以及髓质的卵黄腺滤泡形成腹侧区等。

袋宫属绦虫采自孟加拉国大刺鳅（*Mastacembelus armatus*）和叉尾鲇（*Wallago attu*）及采自印度尼西亚鲤鱼的报道（Arthur，1992；Khanum & Farhana，2000；Arthur & Ahmed，2002）无疑是错误的。该属是匙吻鲟特异寄生的种类，分布区仅限于北美。

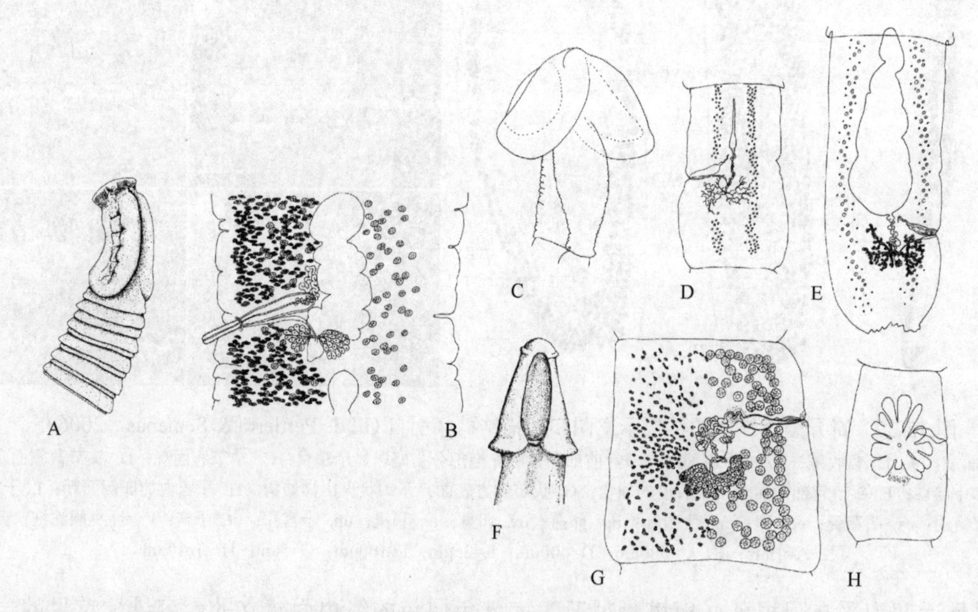

图 15-38　伪双杯属、皮斯塔娜属绦虫和戟状袋宫绦虫的结构示意图（引自 Bray et al.，1994）

A，B. 五棘鲈伪双杯绦虫：A. 头节；B. 成节，反孔侧卵黄腺省略。C～E. 宽咽鱼皮斯塔娜绦虫：C. 头节；D. 早期成节；E. 孕节。F～H. 戟状袋宫绦虫：F. 头节；G. 成节，孔侧卵黄腺滤泡省略，反孔侧精巢省略；H. 孕节

9b. 受精囊不存在；子宫没有分支 ……………………………………………………………………………… 10

10a. 生殖腔深；子宫横椭圆形 ……………………………………………澳居属（*Australicola* Kuchta & Scholz，2006）

识别特征：大型蠕虫。分节现象存在。链体巨大，很短很宽，缘膜发达。头节无棘，巨大，前端尖

锐。吸槽浅椭圆形。顶盘小，顶面观方形。颈区明显而长。精巢位于两侧区域，前部汇合。阴茎囊小，细长；内贮精囊存在；阴茎无棘。生殖孔位于边缘；生殖腔窄而深。卵巢树枝状，位于孔侧。阴道管强烈卷曲，位于阴茎囊前方。受精囊存在。卵黄腺滤泡位于皮质，有些滤泡穿入内纵肌的肌纤维之间，滤泡分布形成横向区域，节片间分离。子宫管弯曲。子宫横椭圆形。子宫孔椭圆形，壁厚。卵有盖，不胚化。已知寄生于深海硬骨鱼的金眼鲷属（*Beryx*）种类，分布于大西洋、印度洋和太平洋。模式种：扁头澳居绦虫［*Australicola platycephalus*（Monticelli，1889）Kuchta & Scholz，2007］［同物异名：梳状澳居绦虫（*A. pectinatus* Kuchta & Scholz，2006）］，采自十指金眼鲷（*Beryx decadactylus*）（模式宿主）和正金眼鲷（*B. splendens* Lowe）［金眼鲷目（Beryciformes）：鲷科（Berycidae）］。

澳居属由 Kuchta 和 Scholz（2006）提出用于容纳采自塔斯马尼亚岛正金眼鲷的梳状澳居绦虫。此种描述后，Kuchta 和 Scholz（2006）又研究了 Monticelli（1889）采自十指金眼鲷的扁头槽首绦虫（*Bothriocephalus platycephalus*）材料，发现其明显与梳状澳居绦虫是同种。根据优先原则，Kuchta 和 Scholz（2007）将梳状澳居绦虫和扁头澳居绦虫确定为同物异名，扁头澳居绦虫成为单种澳居属的模式种。

澳居属的主要特征是：大型链体，由大量显著具缘膜的节片组成，节片具有凸的后部边缘；树枝状的卵巢；又深又窄的生殖腔；围绕皮质的卵黄腺滤泡形成宽的横向区域，节片之间分离开，以及顶面观为四方形的头节等。

Kuchta 和 Scholz（2006）报道卵无盖，但扫描电镜观察表明卵有盖。

词源说明：属名的组成“*Australi-*”代表发现地为澳大利亚，拉丁后缀“*-cola*”为居住者之意。

澳居属放在三支钩科（Triaenophoridae Lönnberg，1889）是因为它有一边缘位置的生殖孔，滤泡状的卵黄腺，以及腹位的子宫孔。该科目前包含 18 个属（Kuchta & Scholz，2004）。澳居属最接近于真槽属（*Eubothrium* Nybelin，1922）和原槽首属（*Probothriocephalus* Campbell，1979），它们都有无棘的头节，无棘的阴茎，阴道位于阴茎囊前方，以及皮质区的卵黄腺。但它不同于此两属的除上面列的特征外，还具有树枝状而不是全缘的卵巢（Kuchta & Scholz，2004）。

梳状澳居绦虫（图 15-39）即扁头澳居绦虫［*Australicola platycephalus*（Monticelli，1889）Kuchta & Scholz，2007］。基于全模标本：4 个整体固定的完整虫体；1 个副模标：4 个整体固定的不完整虫体（端部没有头节）；4 个凭证标本：11 个整体固定的不完整虫体和 16 个链体横切装片。链体巨大，长达 300mm，宽 9mm，由短宽（长∶宽=1∶4～1∶30）、显著具缘膜的节片组成。内分节明显；假分节现象不存在。纵排泄管多条，由横向联合相连，难于观察。纵肌很发达，由大量肌纤维束组成；缺环肌层。头节（1 完整，3 不完整）巨大，背腹观矛状，顶面观（正前）四边形，有显著的侧吸槽边缘，无棘，（以下测量数据单位为 μm）长×宽为 3720×（1240～1360）。2 个吸槽很浅，没有游离的后部边缘（后部固着），长×宽为（2990～3100）×（956～1360）。顶端小但显著，长×宽为 183 × 453。颈区明显，微具褶皱，长×宽为（1510～2500）×（927～1570）（*n*=4）；第 1 节片由颈区开始显著节片化。未成节长×宽为（52～380）×（1070～5240）（*n*=22）。成节即输精管中有精子的节片长×宽为（271～340）×（5370～5480）（*n*=6），通常为弓形。孕节长×宽为（335～1057）×（4890～8960）（*n*=15），弓形，由于生长中的子宫囊后端变形。精巢位于髓质，圆形，每节 90～112 个（*n*=6），直径为 58～97（*n*=31），分散于一宽的区带，有少量精巢位于中央，节片之间连续，节片近侧缘处无。阴茎囊长形，相对短，占成节宽度的 8%～10%（*n*=10），长×宽为（312～451）×（77～88）（*n*=10）［长宽比率为（3.7～5.4）∶1］，含有卷曲、无棘的阴茎。输精管难于观察，在阴茎囊和卵巢之间形成大量的环。生殖腔又深又窄，位于赤道前侧方，不规则交替（节片长度为 34%～44%处）。卵巢树枝状，横切面上在节片的孔侧半，近节片前方边缘，长×宽为（191～277）×（656～879）（*n*=10）。阴道管状，横过卵巢背部，之后向侧方弯曲，相对宽（直径 36～56），远端部形成紧密卷曲的环，在阴茎囊前方开口于生殖腔，没有阴道括约肌。卵黄腺滤泡多数位于皮质，有些滤泡穿插于广阔、发达的纵肌纤维束之间；卵黄腺沿着节片赤道线形成横向带；节片之间滤泡不连续。子宫管短，在未成节中由短直的管道连接卵巢和子宫囊，“J”形，在孕节中充满虫卵的子宫发育（Protasova，1977）。子宫囊位于中央，横向椭圆形，占据节片的前半部。子宫孔位于腹部中央，壁厚，近子宫囊的后部边缘。卵无盖、不胚化，长×宽为（77～86）×（52～61）（平均=82×56）（*n*=14）。

宿主：红金眼鲷（*Beryx splendens*）。

寄生部位：小肠。

模式种采集地：塔斯马尼亚岛。

样本存贮：美国马里兰州贝尔茨维尔国家寄生虫收藏，全模标本（USNPC 96496）及凭证标本（USNPC96497）；澳大利亚阿得雷德南澳博物馆澳大利亚蠕虫收藏，副模标本（AHC 28812～15）；英国伦敦自然历史博物馆，凭证标本（BMNH 2005.7.13.17～25）；捷克共和国捷克布杰约维采（České Budějovice）寄生虫学院，凭证标本（IPCAS C-384）。

词源说明：“*pectinatus*”代表该种链体的外形为“梳状”，由显著具缘膜的节片造成。

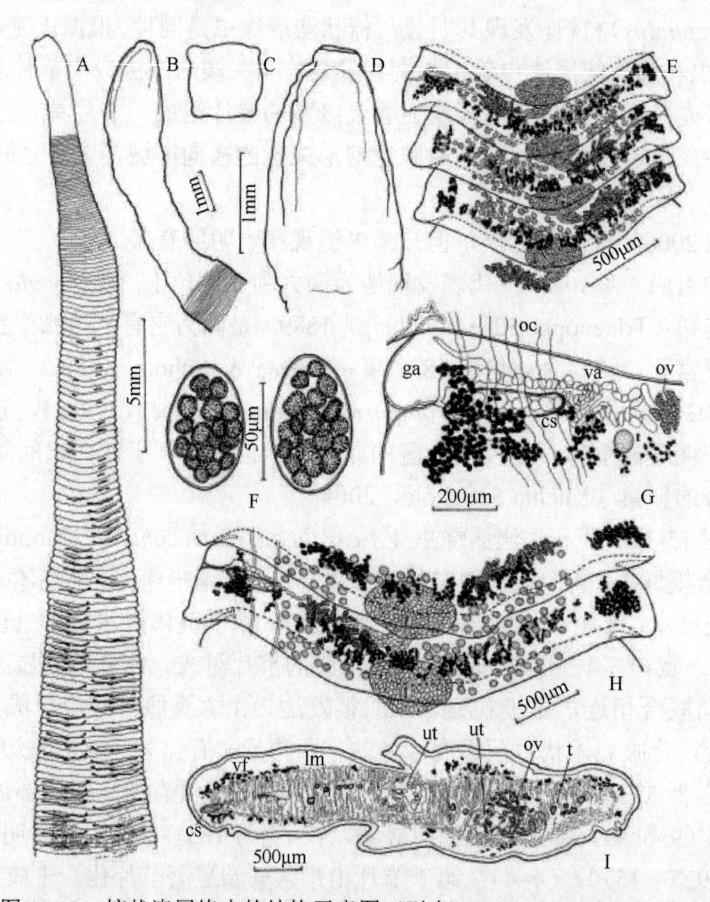

图 15-39　梳状澳居绦虫的结构示意图（引自 Kuchta & Scholz，2006）

A. 链体前部整体观（头节顶部缺失），副模标本（AHC 28812～15）；B. 全模标本前部（USNPC 96496）；C. 头节形态顶面观；D. 全模标本头节，背腹观；E. 全模标本孕节；F. 卵；G. 全模标本生殖器官末端，注意阴道的前部；H. 全模标本孕节；I. 略斜的切片，示两相邻节片在卵巢（前方的节片-右侧）和阴茎囊（后方的相邻节片-左侧）水平的孔侧部。缩略词：cs. 阴茎囊；ga. 生殖腔；lm. 纵肌束；oc. 渗透调节管；ov. 卵巢；t. 精巢；ut. 子宫；va. 阴道；vf. 卵黄腺滤泡

10b. 生殖腔浅；子宫横向伸长……………………………………………………………真槽属（*Eubothrium* Nybelin，1922）

［同物异名：柳卡特属（*Leuckartia* Moniez，1879）］

识别特征：中到大型蠕虫。分节现象存在。链体有显著的缘膜，节片梯形，宽显著大于长。头节椭圆形到细长形，可能变形［如多皱真槽绦虫（*Eubothrium rugosum*）］。吸槽长形。顶盘存在，边缘完整或有 2 至多个缺口。精巢位于两侧区域，后部汇合，节片间连续。阴茎囊小，细长；阴茎无棘。生殖孔位于边缘。卵巢不规则，实质状或略分叶，位于中央或略偏孔侧。阴道位于阴茎囊前方。卵黄腺滤泡有些位于皮质，有些位于肌肉周围或髓质，围绕节片，形成两个横向的侧区带，中央分离或汇合，节片间通

常分离。子宫管短。子宫近节片前方边缘，横向伸长，膨大充填了末端节片的绝大部分空间。节片壁破裂后卵才得以释放。卵无盖，胚化。已知寄生于海洋和淡水硬骨鱼类，分布于欧亚大陆、北美、大西洋和太平洋。模式种：多皱真槽绦虫（*Eubothrium rugosum*）（图 15-40C、E、F，图 15-41C、D，图 15-42C、D、F），采自欧亚大陆和北美的江鳕［*Lota lota*（Linnaeus，1758）］［鳕形目（Gadiformes）：江鳕科（Lotidae）］。其他种：鲟真槽绦虫（*E. acipenserinum* Cholodkovsky，1918），采自黑海和里海（Black & Caspian Seas）鲟鱼［鲟属（*Acipenser*）和鳇属（*Huso*）］；极地真槽绦虫（*E. arcticum* Nybelin，1922），采自格陵兰、大西洋苍色狼绵鳚（*Lycodes pallidus*）［鲈形目：绵鳚科（Zoarcidae）］；粗真槽绦虫［*E. crassum*（Bloch，1779）］，采自欧亚大陆和北美的鲑形目（Salmoniformes）鱼类，主要是斑鳟属（*Salmo*）的种类；脆弱真槽绦虫［*E. fragile*（Rudolphi，1802）］（图 15-40A、B、D，图 15-41A、B，图 15-42A、B、E），采自波罗的海（Baltic Sea）和凯尔特海（Celtic Sea）的芬塔西鲱［*Alosa fallax*（Lacépède，1803）］；小真槽绦虫（*E. parvum* Nybelin，1922），采自北大西洋毛鳞鱼（*Mallotus villosus*），也采自鲱形目：鲱科（Clupeidae）鱼类；红点鲑真槽绦虫［*E. salvelini*（Schrank，1790）］，采自欧亚大陆和北美的红点鲑属的种类（*Salvelinus* spp.）和大麻哈鱼属的种类（*Oncorhynchus* spp.）；郁金香真槽绦虫（*E. tulipai* Ching & Andersen，1983），采自北美俄勒冈叶唇鱼（*Ptychocheilus oregonensis*）（鲤形目：鲤科）；维泰真槽绦虫（*E. vittevitellatus* Mamaev，1968），采自北太平洋毛齿鱼（*Trichodon trichodon*）［鲈形目：毛齿鱼科（Trichodontidae）］。

基于卵黄腺滤泡的位置，真槽属可以分为 3 个类群。海洋类群（粗真槽绦虫、脆弱真槽绦虫、小真槽绦虫和维泰真槽绦虫）绝大多数卵黄腺滤泡位于皮质；主要寄生于淡水鱼类宿主的淡水类群（红点鲑真槽绦虫、多皱真槽绦虫和郁金香真槽绦虫）的卵黄腺滤泡位于髓质；而鲟真槽绦虫代表中间类群，其卵黄腺滤泡分布于肌肉周围，即内纵肌肌肉束之间。Bray 等（1994）报道有一子宫孔，实际上卵从子宫释出是由体壁破裂后引起的。

郁金香真槽绦虫形态上不同于同属的其他种类，可能应属于另一属，而现存的样品没有固定好，已无法重新细致研究，因此只能等将来采集新的样品后再作更新。

Kuchta 等（2005）基于采自英格兰的芬塔西鲱和采自俄罗斯江鳕的新材料分别重新描述了知之甚少的脆弱真槽绦虫与多皱真槽绦虫，与同属的其他两种北极鲑鱼常见的粗真槽绦虫和红点鲑真槽绦虫进行了比较。最值得注意的区别特征是头节的大小和形态（脆弱真槽绦虫的头节更小，且呈椭圆形），顶盘的形态不同（粗真槽绦虫有 4 个或更多的缺口），精巢的数目和大小（多皱真槽绦虫的最大最少），卵黄腺滤泡的位置和大小（在脆弱真槽绦虫和粗真槽绦虫中几乎全分布于皮质，多皱真槽绦虫和红点鲑真槽绦虫中则大部分分布于髓质）。种的比较也表明淡水种（多皱真槽绦虫和红点鲑真槽绦虫）和海水种（脆弱真槽绦虫和粗真槽绦虫）形态上的相似性，另一方面海水种也能发生于淡水。

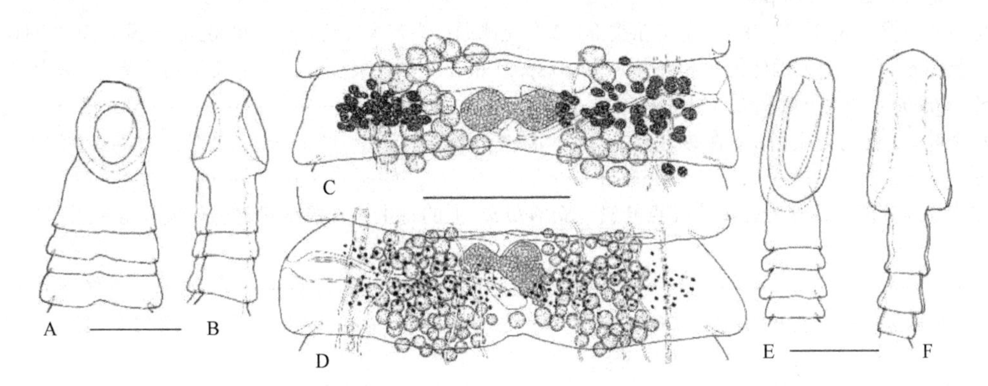

图 15-40 2 种真槽绦虫结构示意图（引自 Kuchta et al.，2005）

样品采自芬塔西鲱的脆弱真槽绦虫（A，B，D）和采自江鳕的多皱真槽绦虫（C，E，F）。A，E. 头节背腹面观；B，F. 头节侧面观；C，D. 成节。标尺=500μm

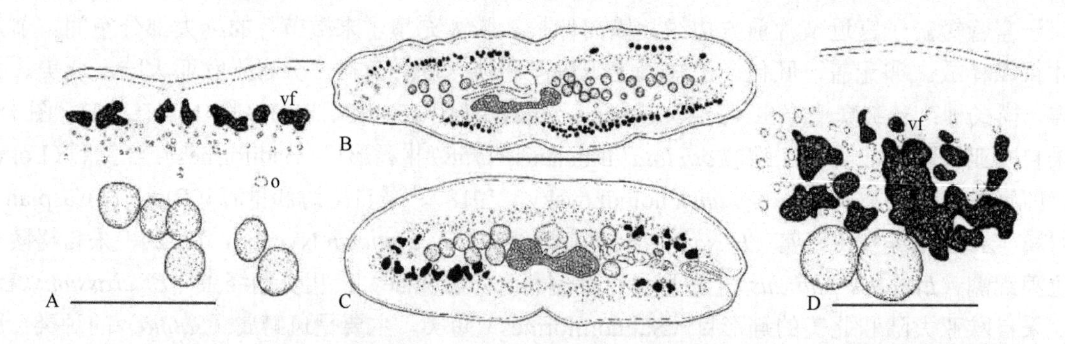

图 15-41　2 种真槽绦虫成节横切及局部放大（引自 Kuchta et al.，2005）

样品采自芬塔西鲱的脆弱真槽绦虫（A，B）和采自江鳕的多皱真槽绦虫（C，D）。B，C. 卵巢水平（略斜）横切面；A，D. 横切面局部放大。缩略词：o. 渗透调节管；vf. 卵黄腺滤泡。标尺：A，D=200μm；B，C=500μm

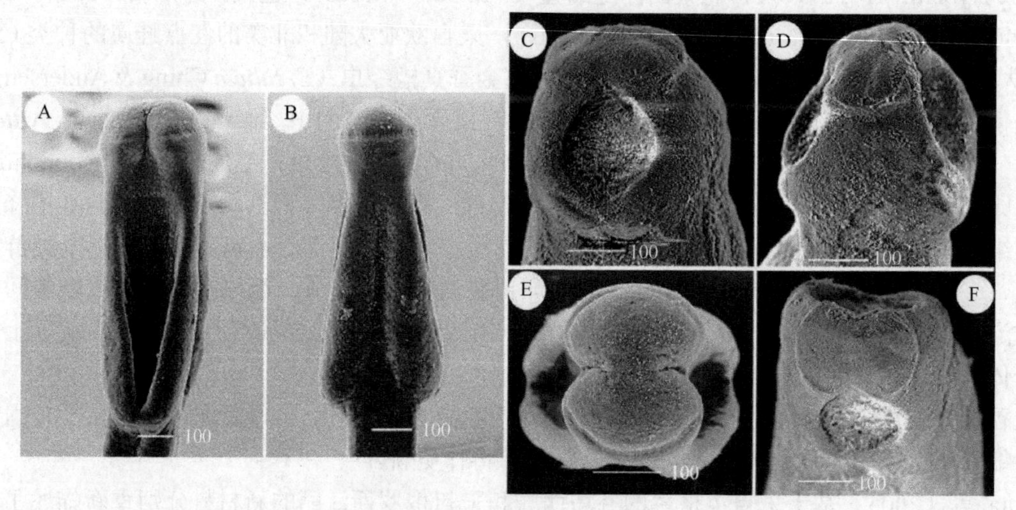

图 15-42　2 种真槽绦虫的扫描结构（引自 Kuchta et al.，2005）

样品采自芬塔西鲱的脆弱真槽绦虫（A，B，E）和采自江鳕的多皱真槽绦虫（C，D，F）。A，C. 头节背腹面观；B，D. 头节侧面观；E，F. 头节顶面观。标尺单位为 μm

4 种真槽绦虫的识别检索表

1A. 头节几乎为球状，小，长达 650μm，具短而宽的颈；卵黄腺滤泡主要位于皮质；西鲱属鱼类寄生虫………………………………………………………………………………………………脆弱真槽绦虫（*E. fragile*）

1B. 头节细长，绝大多数长＞650μm……………………………………………………………………………2

2A. 顶盘有至少 4 个槽（缺口），1 在背部，1 在腹部，2 个在侧面；头节大（长 800～2000μm）；颈长而宽；卵黄腺滤泡小，大部分位于皮质；已知为大西洋鲑鱼和鳟鱼（*Salmo* spp.）的寄生虫，极少量寄生于其他的鲑鱼［白鲑属（*Coregonus*）、哲罗鱼属（*Hucho*）和大麻哈鱼属（*Oncorhynchus*）］……………………………………粗真槽绦虫（*E. crassum*）

2B. 顶盘仅有 2 叶（1 在背方表面，1 在腹方表面）；头节中等大小（长度＜1200μm）；颈窄；卵黄腺滤泡大，大部分位于髓质……………………………………………………………………………………………3

3A. 卵黄腺滤泡相互分离；已知为嘉鱼［红点鲑属（*Salvelinus*）］的寄生虫，极少量寄生于大麻哈鱼属和其他鲑类（白鲑属）

……………………………………………………………………………………红点鲑真槽绦虫（*E. salvelini*）

3B. 卵黄腺滤泡形成大的簇；已知为江鳕的寄生虫……………………………………多皱真槽绦虫（*E. rugosum*）

11a. 卵巢树枝状……………………………………………………皮斯塔娜属（*Pistana* Campbell & Gartner，1982）

识别特征：中型蠕虫。分节现象存在。链体由略具缘膜节片组成，节片长大于宽。头节箭头状，无棘。吸槽长形，有游离突起的后部边缘。无顶盘。阴茎囊大，长形，向前弯曲；阴茎无棘。精巢位于两侧区，节片间连续。生殖孔位于侧方。卵巢树枝状，略近孔侧。阴道位于阴茎囊后方。卵黄腺滤泡位于皮质，围绕节片。子宫管弯曲。子宫长形，前方窄，达节片前方边缘。子宫孔位于中央，近子宫后基部。卵有盖，不胚化。已知寄生于深海硬骨鱼类的宽咽鱼属（*Eurypharynx*）和囊咽属（*Saccopharynx*）种类，分布于北大西洋。模式种及仅有的种：宽咽鱼皮斯塔娜绦虫（*Pistana eurypharyngi* Campbell & Gartner，1982）（图 15-38C～E），采自北大西洋宽咽鱼（伞型口刺鳗）（*Eurypharynx Pelecanoides*）和囊鳃鳗（囊咽鱼）（*Saccopharynx ampullaceus*）[囊鳃鳗目（Saccopharyngiformes）：囊鳃鳗科（Saccopharyngidae）]。

该属一些特征是独特的，如卵巢树枝状，长形的节片，戟状的头节和一伸长的、前方窄的子宫。采自囊鳃鳗的样品，与模式样品除吸槽形态上有小差异（吸槽后方突出物比模式种短）外，其他都一致。因此认为是同种。

虽然 Campbell 和 Gartner（1982）报道皮斯塔娜属的卵胚化，就像其原始描述中所示一样明显，但实际上并不含有成形的六钩蚴，因此应为不胚化。

11b. 卵巢实质状到分叶状 ································· 12
12a. 阴茎囊远端的壁显著加厚 ································· 13
12b. 阴茎囊远端的壁不加厚 ································· 15
13a. 阴茎光滑；吸槽后端有吸盘样结构 ································· 舌槽属（*Glossobothrium* Yamaguti，1952）

识别特征：小型蠕虫。分节现象存在。链体有缘膜，节片宽大于长。腹渗透调节管宽。头节长形，无棘。吸槽后部边缘有吸盘样结构，后部有小的、舌状附属物。顶盘很发达。颈部不明显。精巢位于两侧区域，并于节片后部汇合。阴茎囊大，梨形，前方略成一定角度，中央部有显著增厚的壁；阴茎很长，有小的微毛。生殖孔位于边缘。卵巢分为两叶、网状。阴道有近端肌肉质膨大，在中央区形成大型 S 形环，开口于阴茎囊后。卵黄腺滤泡扩展，位于皮质，形成围绕节片的实质状带。子宫管弯曲，近端部伴随着阴道管。子宫椭圆形到横向伸长，位于近节片的前方边缘。子宫孔位于中央，近子宫后部边缘。卵有盖，不胚化。已知寄生于海产硬骨鱼类的鲳科（Centrolophidae），分布于太平洋和印度洋。模式种及仅有的种：日本舌槽绦虫（*Glossobothrium nipponicum* Yamaguti，1952）（图 15-25A、B），采自日本的瓜子鲳 [*Psenopsis anomala*（Temminck & Schlegel，1844）]（鲈形目：鲳科）。

在槽首目绦虫中，舌槽属是独特的，它的各吸槽有一吸盘样结构，此结构后缘有舌状附属物，同时有一很长的阴茎，且阴茎由大量微小的微毛覆盖。Yamaguti（1952）描述了日本舌槽绦虫，但其存于日本目黑寄生虫馆（Meguro Parasitological Museum）的模式样品已丢失。Ichihara（1974a）报道在日本栉鲳（*Hyperoglyphe japonica*）（鲳科）中发现日本舌槽绦虫。之后，Gulyaev 和 Korotaeva（1980）基于发现于夏威夷沿海镰鳍鰤鲳（*Seriolella brama*）的样品重新描述了该种，其他样品由 Reimer 采自非洲东南部莫桑比克线鳞鲷（*Xenolepidichthys dalgleishi*）。其形态与日本舌槽绦虫完全相符，而被认为是同种。Tantalean 等（1982）发现于秘鲁水域葡眼半鮨（*Hemilutjanus macrophthalmos*）（鲈形目：鮨科 Serranidae）的绦虫并暂时归入舌槽属，但其描述不完整，仅给出 1 个头节示意图；凭证标本也已遗失。

Tkachev（1979）描述了采自鰤鲳未定种（*Seriolella* sp.）的库罗奇金双杯绦虫（*Amphicotyle kurochkini*），但此种被后人（Kuchta & Scholz，2007）认为与日本舌槽绦虫为同种，属同物异名。

该属被 Yamaguti（1959）放于副槽首科中。Bray 等（1994）将舌槽属放在棘阴茎科，因为他们将副槽首科与棘阴茎科同义化了。由于舌槽属具有一侧方的生殖孔，阴茎有微毛而不是大型棘覆盖，同时其节片后部边缘无叶片样棘样微毛覆盖，与绝大多数棘阴茎绦虫不一样，而被一些学者归入三支钩科（Poddubnaya et al.，2007；Levron et al.，2008）。

13b. 阴茎有小圆突起；吸槽后端无吸盘样结构 ································· 14
14a. 头节箭头状或三角形；有很长的游离的后部边缘；卵黄腺滤泡位于皮质 ································· 金姆绦虫属（*Kimocestus* Kuchta，Scholz & Bray，2008）

识别特征：大型蠕虫。分节现象存在。链体节片宽，节片宽显著大于长，缘膜明显。头节无棘，箭头形或三角形，有很长的游离的后部边缘。吸槽很窄。顶盘存在。颈区不明显。精巢位于两侧区域，并在节片后部汇合。阴茎囊梨形，有显著增厚的远端部分；内贮精囊存在；阴茎有小结节状突起。生殖孔位于侧方。卵巢滤泡状，位于亚中央。阴道位于阴茎囊后方，有增厚的远端部。卵黄腺滤泡位于皮质，围绕节片。子宫管强烈弯曲，窄。在最末端的成节和早期的孕节中，子宫梨形到纺锤形，之后的孕节中子宫扩大形成厚壁的球状到宽广的椭圆形、不分叶的囊。子宫孔位于腹部中央。卵梨形，不胚化。已知寄生于深海硬骨鱼类的角鮟鱇属（*Ceratias*）的种，分布于印度洋和大西洋。模式种及仅有的种：角鮟鱇金姆绦虫（*Kimocestus ceratias* Tkachev，1979）[同物异名：角鮟鱇双杯绦虫（*Amphicotyle ceratias* Tkachev，1979）]，采自澳大利亚南部沿海、印度洋的霍氏角鮟鱇（*Ceratias holboelli*），也通称角鮟鱇。

词源说明：金姆绦虫属的属名源自采集新材料的 Kim S Last 博士，新材料的收集使角鮟鱇金姆绦虫得以重新描述［传说角鮟鱇双杯绦虫的模式材料贮存于海参崴（Vladivostok）俄罗斯联邦太平洋渔业研究所（TINRO）海洋动物寄生虫研究室，已不可用或很可能已不存在］。

金姆绦虫属很似无钩头属（*Anonchocephalus*），与之共有几个特征在三支钩绦虫中是罕见的，如显著具缘膜的节片，阴茎囊的形状，远端部有显著增厚的壁，阴茎有小结节状突起物覆盖，阴道管远端部有加厚的壁，以及生殖器官末端及子宫管的相对位置等。而金姆绦虫属不同于无钩头属和其他三支钩科绦虫属的地方在于如下特征：①头节有极长的后部突起，位于吸槽上（与之相对，无钩头属头节为箭头状，没有长的后部突起）；②卵黄腺滤泡完全位于皮质并围绕着节片（与之相对，无钩头属的卵黄腺仅位于髓质并限于髓质的腹部层）；③卵巢滤泡状（无钩头属中卵巢略分叶）；④阴茎囊含有内贮精囊（无钩头属则无）；⑤最末端的成节和早期的孕节中，子宫纺锤形，之后显著扩大，在更发育的孕节中形成横向椭圆形至球状（无钩头属中子宫不很扩大而保持相对较小，在末端孕节中变为宽椭圆形，绝大多数卵保持在大量分隔的腔中，腔由强烈扩大的子宫管分隔而成）。

金姆绦虫属的提出基于新材料，新材料与 Tkachev（1979）描述的角鮟鱇双杯绦虫明显为同种。该种最初的描述源自一状态较差的样品，而且是粗浅的描述，不能归入双杯属的原因是其头节形态显著不同于双杯属的绦虫，缺后方吸盘样的凹陷，发育不良的内纵肌，不同的卵黄腺滤泡分布，以及其他的一些形态特征。见双杯属的识别。

Gaevskaya 和 Kovaleva（1991）报道了采自大西洋冰岛高体鲳（*Schedophilus medusophagus*）的双杯绦虫未定种（*Amphicotyle* sp.），作者仅图示了有第 1 个节片的头节。其头节形态与 Tkachev（1979）描述的角鮟鱇金姆绦虫类似，很可能是同种。

14b. 头节箭头状或三角形；卵黄腺滤泡位于髓质，限于精巢腹面……………………无钩头属（*Anonchocephalus* Lühe，1902）

［同物异名：无钩头属（*Anoncocephalus* Yamaguti，1959）］

识别特征：中型蠕虫。分节现象存在。链体节片宽大于长或方形，略有缘膜。头节箭头状或三角形，无棘。吸槽有游离的后部边缘。顶盘存在。颈区不明显。精巢位于两侧区域，节片后部连续。阴茎囊大，梨形，有显著加厚的远端部分；阴茎有小隆起物。生殖孔位于边缘。卵巢实质状，不规则，略近孔侧。阴道位于阴茎囊后，远端部壁厚。卵黄腺滤泡位于髓质，精巢腹面。子宫管强烈弯曲，孕节中扩大，含由隔膜分隔的腔室。子宫肌肉质，球状到分叶状，在孕节中不生长，有大量腔室。子宫孔位于腹部，中央到亚中央。卵有盖，不胚化。已知寄生于海产鱼类的鼬鱼科（Ophidiidae）和牙鲆科（Paralichthyidae）种类，分布于太平洋。模式种：智利无钩头绦虫［*Anonchocephalus chilensis*（Riggenbach，1896）］（图15-43），采自智利沿海的羽鼬鳚（*Genypterus chilensis*）（模式宿主）、板状羽鼬鳚（*Genypterus blacodes*）、巴西羽鼬鳚（*Genypterus brasiliensis*）、斑点羽鼬鳚（*Genypterus maculatus*）［鼬鳚目（Ophidiiformes）：鼬鱼科（Ophidiidae）］。其他种：阿根廷无钩头绦虫（*A. argentinensis* Szidat，1961），寄生于扇尾鲆（*Xystreurys rasile*）；巴塔戈尼无钩头绦虫（*A. patagonicus* Suriano & Labriola 1998），寄生于巴塔戈尼牙鲆（*Paralichthys patagonicus*）。宿主均属于鲽形目（Pleuronectiformes）牙鲆科。

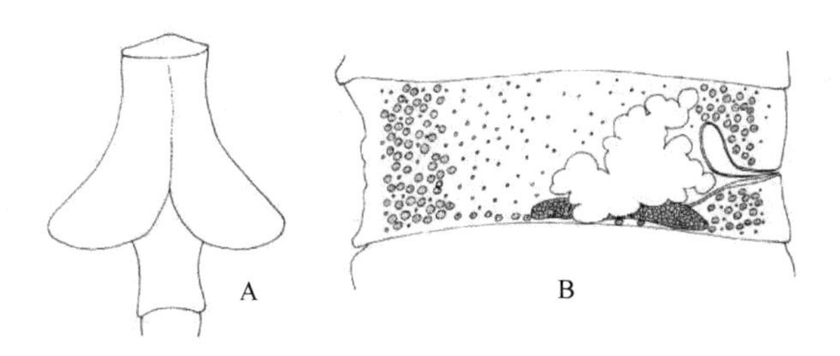

图 15-43　智利无钩头绦虫结构示意图（引自 Bray et al.，1994）
A. 头节；B. 成节

Riggenbach（1896）描述了采自智利羽鼬鳚的智利槽带绦虫［*Bothriotaenia chilensis*，Lühe（1902）］，提出用无钩头属（*Anonchocephalus*）容纳之。Gulyaev 和 Tkachev（1988）基于采自西太平洋板状羽鼬鳚的样品重新描述了该种。Bray 等（1994）不正确地报道了顶盘不存在（实际上是存在的），阴茎具棘（实际上阴茎具有小隆起物），卵胚化（实际上卵不胚化，没有形成具钩的六钩蚴）。

无钩头属的 3 个种形态上很相似，是否有效仍需进一步证实。值得提到的是其中 2 个种采自鲽形目宿主，而模式宿主属于鼬鳚目。

该属的主要特征是卵黄腺滤泡位于精巢腹面，精巢排在宽广的两侧区，并在卵巢后相连，阴茎有皮层形成的小隆起物（与金姆绦虫属类似），同时子宫内存在很多腔室。

15a. 吸槽有后部的吸盘样凹陷……双杯属（*Amphicotyle* Diesing，1863）（图 15-44B）

识别特征：中型蠕虫。分节现象存在。链体强壮，有显著的缘膜（膜状或栉齿状），节片很短且宽；各节由 2 个假节组成，后部的节略大。纵肌很发达。在染色样品中，整个链体存在强染的小体，直达头节。头节梯形，侧面观后部边缘有游离的突起。吸槽拉长，浅，近后部边缘有球形吸盘样凹陷。顶盘存在。颈区不明显。精巢分布成大的区域，节片之间连续。阴茎囊大，梨形，壁厚；阴茎无棘，其腔有皮质凹陷（褶）。生殖孔位于侧方。卵巢形态不规则，叶状，位于背部髓质区，侵入内纵肌的肌肉束之间。阴道位于阴茎囊后。卵黄腺滤泡围绕着皮质，包括后部缘膜样的节片突起中。子宫位于中央，薄壁，横向椭圆形，孕节中占据节片大部分区域。未观察到子宫孔。卵有盖，不胚化。已知寄生于海产鱼类的长鲳属（*Centrolophus*）的种类，分布于地中海、大西洋和太平洋。模式及仅知的种：异膜双杯绦虫［*Amphicotyle heteropleura*（Diesing，1850）］（图 15-36D、E），采自珍珠棕色长鲳（*Centrolophus pompilius*）和黑长鲳鱼或称黑尖鳍鲛（*Centrolophus niger*）（鲈形目：鲳科）。

Kuchta 等（2008）基于新采集到的样品重新描述了异膜双杯绦虫。Tkachev（1979）描述了采自霍氏角鮟鱇（*Ceratias holboelli*）的角鮟鱇双杯绦虫及采自鲂狮鱼未定种（*Seriolella* sp.）的库罗奇金双杯绦虫（*Amphicotyle kurochkini*）。但前者现已移入金姆绦虫属，且更名为角鮟鱇金姆绦虫，而库罗奇金双杯绦虫被 Kuchta 等（2007）当作日本舌槽绦虫的同物异名。

由 Gaevskaya 和 Kovaleva（1991）发现于嗜水母高体鲳（*Schedophilus medusophaqus*）、Noble 和 Collard（1970）发现于栉棘灯笼鱼（*Myctophum spinosum*）的双杯绦虫未定种（*Amphicotyle* sp.）可能是双杯属，但无形态描述以确定其属的地位。

异膜双杯绦虫的内部形态仅可在组织切片中观察到，包括属的大多数特征：卵巢有部分分布于髓质的背部，一些卵巢叶侵入内纵肌的宽和窄束之间。

15b. 吸槽没有后部的吸盘样凹陷……16

16a. 卵黄腺滤泡仅在节片后部；吸槽边缘有细圆齿状突起……真槽样属（*Eubothrioides* Yamaguti，1952）

识别特征：中型蠕虫。分节现象存在。组成链体的节片为明显的梯形，有缘膜。头节箭头状或三角形，无棘。吸槽细长、窄，边缘有微弱的小圆齿状突起。无顶盘。颈区不明显。精巢位于两侧区域，节片间分离。阴茎囊小；阴茎无棘。生殖孔位于侧方。卵巢实质状，略偏向孔侧。阴道管位于阴茎囊后方或背方。卵黄腺滤泡围绕着皮质，在节片的后半部形成一横向带。子宫管弯曲。子宫小。子宫孔位于中央，近节片的前方边缘。卵梨形，有盖，不胚化。已知寄生于海洋硬骨鱼类的裸海鲂属（*Zenopsis*），分布于太平洋（日本）。模式种及仅有的种：层状真槽样绦虫（*Eubothrioides lamellatus* Yamaguti，1952），采自雨印鲷（*Zenopsis nebulosa*）[海鲂目（Zeiformes）：海鲂科（Zeidae）]。

该属的建立是为了容纳层状真槽样绦虫（*Eubothrioides lamellatus*），自描述后就不再有发现。虽如此，但其很容易与所有其他三支钩绦虫相区别，它有显著的梯形节片，围绕皮质的卵黄腺滤泡限于节片的后半部，同时其箭头状或三角形的头节有一长吸槽，且长吸槽具有细圆齿状的侧方边缘。

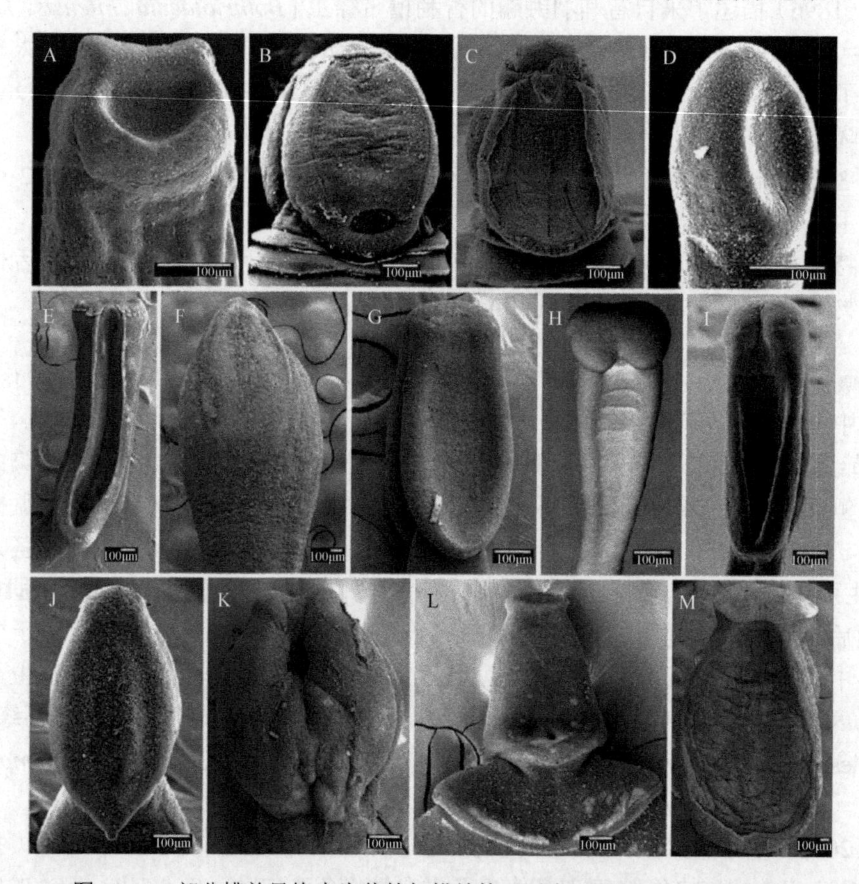

图 15-44　部分槽首目绦虫头节的扫描结构（引自 Kuchta et al.，2008）

A. 采自大斑南乳鱼的奇异爱琳绦虫；B. 采自黑长鲳鱼或称黑尖鳍鲛的异膜双杯绦虫；C. 采自翻车鲀（*Mola mola*）的小头钩头绦虫；D. 采自鲃（*Barbus barbus*）的矩形深海槽绦虫（*Bathybothrium rectangulum*）；E. 采自斑羽鼬鳚（*Genypterus maculatus*）的智利无钩头绦虫（*Anonchocephalus chilensis*）；F. 采自十指金眼鲷的扁头澳居绦虫（*Australicola platycephalus*）；G. 采自短鳍棘鳝的布雷深海鱼绦虫；H. 采自欧洲鳗鲡（*Anguilla anguilla*）的麦角菌槽首绦虫（*Bothriocephalus claviceps*）；I. 采自江鳕的多皱真槽绦虫；J. 采自黑长鲳鱼或称黑尖鳍鲛的索利诺槽杯绦虫［*Bothriocotyle solinosomum*（Kuchta et al.，2008）］；K. 采自欧洲无须鳕（*Merluccius merluccius*）的粗头克里斯托槽绦虫（*Clestobothrium crassicepss*）；L. 采自黑长鲳鱼或称黑尖鳍鲛的瓦格纳棘阴茎绦虫；M. 采自剑鱼（*Xiphias gladius*）的具褶管腔绦虫（*Fistulicola plicatus*）

16b. 卵黄腺滤泡围绕节片……………………………………………………………………17

17a. 阴茎囊明显位于赤道前方；渗透调节管宽广………………………………………………………………伪真槽样属（*Pseudeubothrioides* Yamaguti，1968）

识别特征：小型蠕虫。分节现象存在。链体节片略有缘膜，前方节片宽大于长，至末端孕节为方形。腹渗透调节管很宽，各节有横向联合相连。头节无棘，长形。吸槽向前变窄。顶盘宽，圆顶形。颈区明显。精巢位于两侧区域，在卵巢后水平汇合。阴茎囊小，近端部向前方中央倾斜。阴茎无棘，生殖孔位于侧方中央偏前位置。卵巢两叶状，位于中央。阴道位于阴茎囊后方。卵黄腺滤泡位于皮质，围绕着节片，形成单一的实质区，节片之间连续。子宫管强烈弯曲，弓形的通路与阴道和输精管相似，在孕节中膨大。子宫孔略位于孔侧亚中央，与生殖孔在同一水平。卵不胚化。已知寄生于海洋硬骨鱼类的异鳞蛇鲭属（*Lepidocybium*）种类，分布于太平洋（夏威夷沿岸）。模式种及仅有的种：异鳞蛇鲭伪真槽样绦虫（*Pseudeubothrioides lepidocybii* Yamaguti，1968），采自夏威夷沿岸异鳞蛇鲭（*Lepidocybium flavobrunneum*）［鲈形目：蛇鲭科（Gempylidae）］。

该属由 Yamaguti（1968）建立，他提供了相当详细的形态描述，但未提及卵是否有盖。Yamaguti（1968）对头节的说明有些可能引起误导，事实上顶盘不被吸槽前方的边缘分开。对全模标本的观察表明圆顶样的顶盘是肌肉质的，压紧或略覆盖在各面吸槽的最前端。

属的特征是存在很宽的腹排泄管，各节片卵巢后方区域有横向联合，强烈弯曲的子宫管在输精管旁边，圆顶样吸盘，倾斜的阴茎囊位置及显著位于前方的生殖孔位置等。

17b. 阴茎囊位于赤道后方到赤道位置；渗透调节管狭窄……………………………………………………………………18
18a. 节片明显宽大于长，有扩展的后侧边缘……………………………………………管腔属（*Fistulicola* Lühe，1899）
［同物异名：伪真槽属（*Pseudeubothrium* Yamaguti，1968）］

识别特征：大型蠕虫。分节现象存在。链体有发达的内纵肌，由横向和背腹向肌纤维分离开的几列肌肉束组成。节片宽大于长，有显著缘膜，后侧方边缘扩展（有突起物）。头节无棘。箭头状或三角形；可能存在假头节。吸槽细长、有显著的后部边缘。顶盘存在。颈区不明显。精巢在单一区域，节片间连续。阴茎囊小，有显著增厚的中央和远端部；阴茎无棘，光滑。生殖孔位于侧方。卵巢横向伸长，有叶状侧翼。阴道位于阴茎囊后，有球状括约肌。卵黄腺滤泡围绕皮质，扩展入节片侧缘突起中。子宫管强烈弯曲，远端肌肉质。子宫横椭圆形。子宫孔位于亚中央。卵有盖，不胚化。已知寄生于海洋硬骨鱼类的剑旗鱼属（*Xiphias*）和海鲂属（*Zeus*），分布于地中海、大西洋和太平洋。模式种及仅有的种：具褶管腔绦虫［*Fistulicola plicatus*（Rudolphi，1819）］［同物异名：*F. dalmatinus*（Stossich，1897）；剑旗鱼伪真槽绦虫（*Pseudeubothrium xiphiados* Yamaguti，1968）］，采自大西洋和太平洋的剑鱼（*Xiphias gladius*）（鲈形目：剑鱼科）。

具褶管腔绦虫是一有巨大链体的大型绦虫，由于链体巨大，内部器官不易观察。Linton（1890）及 Lühe（1899，1900）的研究都没有足够详细的内部形态描述。Mattiucci 等惠赠给 Kuchta 等采自地中海（意大利）冰冻宿主的新材料，由于品质较差而不适合进行详细的形态研究。

Stossich（1897）描述采自地中海海鲂（*Zeus faber*）的达尔马提娜丝槽首绦虫（*Bothriocephalus dalmatinus*）形态上与具褶管腔绦虫一致，是同物异名，尽管宿主系统发生上可能不相关（前者宿主为海鲂目：海鲂科，而后者宿主为鲈形目：剑鱼科）。

Yamaguti（1968）描述的用于容纳采自剑鱼的剑鱼伪真槽绦虫的伪真槽属，Bray 等（1994）认为与管腔属为同物异名，用于区分此两属的特性可疑，不适于将它们区分开来。同时 Bray 等（1994）报道管腔属种类的卵在子宫中胚化。而 Euzet（1962）描述具褶管腔绦虫的卵释放时不胚化，在水体中 6～8 天形成六钩蚴，他也成功地用具褶管腔绦虫的六钩蚴感染了海洋桡足类动物纺锤水蚤属的异尾纺锤水蚤［*Acartia discaudata*（Giesbrecht，1881）］和拉蒂斯托萨纺锤水蚤［*Acartia latisetosa*（Krichagin，1873）］，而用含有原尾蚴的桡足类动物实验感染胭脂鱼金鲮［*Liza aurata*（Risso，1810）］未获成功。

18b. 节片梯形或长略微大于宽……………………………………………………………………………………19
19a. 子宫在最初的孕节中为梨形……………………………………………米兰属（*Milanella* Kuchta & Scholz，2008）

识别特征：中型蠕虫。分节现象存在。节片梯形，具显著缘膜，有膜样后部边缘和角状后侧方突起。链体有强染色小体，绝大多数分布于链体的前半部。头节箭状，后方的突起盖过第 1 节。顶盘很发达。吸槽长形。颈区不明显。精巢在两侧窄区带，中央分隔，节片间连续。阴茎囊大，梨形、壁薄，在近端部向前弯曲；阴茎无棘。生殖孔位于侧方中央偏后，不规则交替。生殖腔深。卵巢不对称，略偏孔侧，深分叶。阴道壁厚，位于阴茎囊后方，没有括约肌。卵黄腺滤泡数目多，位于皮质，围绕着节片。子宫管弯曲，在孕节中扩大。子宫位于近节片前方边缘，在第 1 孕节中为梨形，之后变为宽椭圆形到长形。子宫孔近子宫后端。卵有盖，不胚化。模式种及仅有的种：相似米兰绦虫（*Milanella familiaris* Kuchta & Scholz，2008），采自北大西洋外赫布里底群岛（Outer Hebrides）沿海黑长鲳（*Centrolophus niger*）（鲈形目：鲳科）。

该属由 Kuchta 和 Scholz（2008）建立，他们提供了详细的识别特征。米兰属有下列组合特征：①节片梯形，具显著缘膜，有膜样后部边缘和角状后侧方突起；②在第 1 孕节中子宫梨形，之后的孕节中变为宽椭圆形到长形；③箭头样头节有显著的后部边缘，发达的顶盘和长形简单的吸槽；④强染色的小体，绝大多数在链体的前半部；⑤大梨形、薄壁的阴茎囊，近端部向前方中央弯曲；⑥深分叶的卵巢；⑦颈部不明显等。

Bray 等（1994）提供的绦虫成节的图解标示为异膜双杯绦虫，实际上为相似米兰绦虫。类似地，Brabec 等（2006）也将后者认作异膜双杯绦虫。

19b. 子宫椭圆形到细长形……………………………………………………………………………………20

20a. 卵黄腺滤泡位于两腹侧区，节片之间分离开……………………………………………………………
……………………………………………南乳鱼带属（*Galaxitaenia* Gil de Pertierra & Semenas，2005）

识别特征：小到中等体型的蠕虫。分节现象存在。链体略有缘膜，节片宽大于长，至末端节片为方形。头节无棘，球状。吸槽深，杯状。有顶盘，可能具有向前的、圆形角状突起物。颈区明显。精巢在两侧区域，于前方汇合。阴茎囊大，梨形；阴茎无棘。生殖孔位于边缘。卵巢两叶状，有叶状侧翼。阴道位于阴茎囊后方，很少位于其腹方。卵黄腺滤泡位于髓质，在两腹侧区，中央和节片间分离。子宫管短。子宫椭圆形，在末端孕节中有分支。子宫孔存在。卵无盖，胚化。已知寄生于淡水硬骨鱼的南乳鱼属（*Galaxias*），分布于南美巴塔哥尼亚和阿根廷。模式种及仅有的种：托洛伊南乳鱼带绦虫（*Galaxitaenia toloi* Gil de Pertierra & Semenas，2005），采自南美巴塔哥尼亚普拉特南乳鱼（*Galaxias platei*）[胡瓜鱼目（Osmeriformes）：南乳鱼科（Galaxiidae）]。

该属由 Gil de Pertierra 和 Semenas（2005）描述自南美巴塔哥尼亚南乳鱼科鱼类，与其他属有一些组合特性可以相区别，尤其是头节的典型形态及卵黄腺滤泡的分布，卵黄腺滤泡分布限于髓质腹面并形成两纵向区域，中央和节片间分离。

20b. 卵黄腺滤泡在节片之间连续……………………………………………………………………………21

21a. 头节舌状到细长形；吸槽没有后部边缘…………………前槽首属（*Probothriocephalus* Campbell，1979）
[同物异名：弹性阴茎属（*Flexiphallus* Protasova & Parukhin，1986）；
异卵黄属（*Heterovitellus* Protasova & Parukhin，1986）；区域精巢属（*Partitiotestis* Protasova & Parukhin，1986）]

识别特征：小到中型蠕虫。无分节现象或分节不完全或完全。头节长形。吸槽浅。不存在顶盘。颈区明显。精巢形成两侧区，卵巢后不在髓质汇合。阴茎囊椭圆形到长形；阴茎无棘。生殖孔位于侧方中央偏后。卵巢两叶状，略近孔侧。阴道位于阴茎囊后。卵黄腺滤泡位于皮质，围绕着节片，节片间连续。子宫管强烈弯曲，在孕节中扩大。子宫椭圆形到球状。子宫孔位于中央。卵有盖或无盖，不胚化。已知寄生于深海硬骨鱼类，分布于大西洋西北。模式种：缪勒前槽首绦虫（*Probothriocephalus muelleri* Campbell，1979）（图 15-45H、I），采自大西洋西北大眼平头鱼（*Alepocephalus agassizii*）[胡瓜鱼目（Osmeriformes）：平头鱼科（Alepocephalidae）]。其他种：艾伦前槽首绦虫（*P. alaini* Scholz & Bray，2001）（图 15-45A～G，图 15-46G），采自北大西洋柯氏平额鱼（*Xenodermichthys copei*）（平头鱼科）；大西洋前槽首绦虫［*P. atlanticus*（Protasova & Parukhin，1986）］［同物异名：大西洋异卵黄绦虫（*Heterovitellus atlanticus* Protasova & Parukhin，1986）］，采自南大西洋大眼标灯鱼（*Symbolophorus boops*）［灯笼鱼目（Myctophiformes）：灯笼鱼科（Myctophidae）］；金眼鲷前槽首绦虫（*P. berycis* Protasova & Parukhin，1986）

[同物异名：金眼鲷区域精巢绦虫（*Partitiotestis berycis* Protasova & Parukhin，1986），采自印度洋红金眼鲷（*Beryx splendens* Lowe，1834）（金眼鲷目 Beryciformes：金眼鲷科 Berycidae）；电灯鱼前槽首绦虫［*P. electronus*（Protasova & Parukhin，1986）］[同物异名：电灯鱼弹性阴茎绦虫（*Flexiphallus electrona* Protasova & Parukhin，1986）]，采自印度洋少耙电灯鱼（*Electrona paucirastra* Bolin，1962）灯笼鱼科（Myctophidae）。

Protasova 和 Parukhin（1986）描述了采自大西洋和太平洋深海鱼的 3 个种并提出 3 个属用于容纳这 3 个种。Bray 等（1994）将这 3 个属与 Protasova 和 Parukhin（1986）建立属时未考虑过的前槽首属同义化了。

对 Protasova 和 Parukhin（1986）描述的 3 个种仅存的样品（全模标本）的测量表明绦虫状况较差（很可能是在外力状况下固定或也可能是虫体死后才固定），标本已收缩变形了，不适于形态研究，更不适于建立新种、新属。此外，可以肯定如 Bray 等提出的弹性阴茎属和异卵黄属与前槽首属是同物异名，因为没有特征用于证明前两属的独特。

而区域精巢属似乎与前槽首属不同（包括作为其同物异名的弹性阴茎属和异卵黄属），因为它具有梯形具缘膜的节片，阴道在阴茎囊前方，头节长方体状，向前端加宽。然而，仅存的样本质量很差，不足以保留该属。因此，区域精巢属暂时作为前槽首属的同物异名，等获得新材料后再行核定。

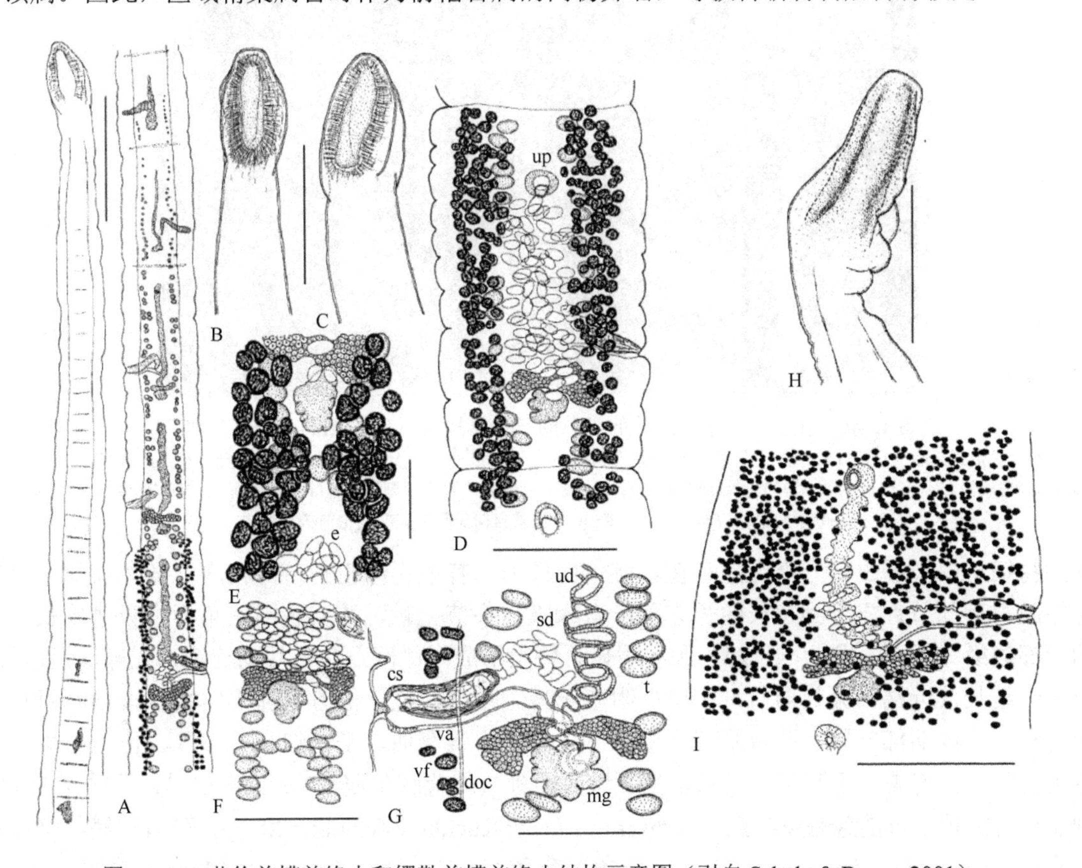

图 15-45 艾伦前槽首绦虫和缪勒前槽首绦虫结构示意图（引自 Scholz & Bray，2001）

A～G. 采自柯氏平额鱼的艾伦前槽首绦虫：A. 全模标本（BMNH 1998.3.31.25）整体前方区域（包括第 1 孕节）腹面观，在非孕节中卵黄腺滤泡省略了；B，C. 副模标本（BMNH 1998.3.31.25）头节不同面观；D～F. 孕节腹面观（BMNH 1989.7.6.37；1998.3.31.25），注意卵黄腺滤泡的侧方区域在中央分隔（D），卵巢后空间精巢汇合，卵黄腺滤泡几乎也汇合（E，F）；G. 卵巢复合体和末端生殖器官背面观（BMNH 1989.7.6.37）；H，I. 采自阿加西斯滑头鱼的模式种缪勒前槽首绦虫副模标本（USNPC 74876）：H. 头节（侧位）；I. 第 2 孕节腹面观，卵黄腺滤泡几乎围绕着皮质（精巢略去了）。缩略词：cs. 阴茎囊；doc. 背渗透调节管；e. 卵；mg. 梅氏腺；sd. 输精管；t. 精巢；ud. 子宫管；up. 子宫孔；va. 阴道；vf. 卵黄腺滤泡。标尺：A，H，I=1mm；B～D，F=500μm；E，G=200μm

Scholz 和 Bray（2001）描述了采自北大西洋深海鱼柯氏平额鱼［*Xenodermichthys copei*（Gill，1884）］［胡瓜鱼目（Osmeriformes）：平头鱼科（Alepocephalidae）］肠道的艾伦前槽首绦虫新种，该种与采自平头鱼科的阿加西斯滑头鱼（*Alepocephalus agassizi* Goode & Bean，1883）的模式种缪勒前槽首绦虫最为相似，但它们不同之处在于新种的卵黄腺滤泡的分布为两个内侧分隔带（而缪勒前槽首绦虫几乎围绕着皮质）；孕节形态上细长，长明显大于宽（而缪勒前槽首绦虫总是宽大于长）；体的大小（缪勒前槽首绦虫更大），以及头节的形态有些不同（广披针形与缪勒前槽首绦虫的细长至前方变尖）。其他同属的种，描述自不同目［灯笼鱼目（Myctophiformes）和金眼鲷目］深海鱼，缺乏明显的颈区，卵无盖且有更明显的外分节。

21b. 头节箭头状或三角形；吸槽有发达的后部边缘……………………………深海鱼绦虫属（*Bathycestus* Kuchta & Scholz，2004）

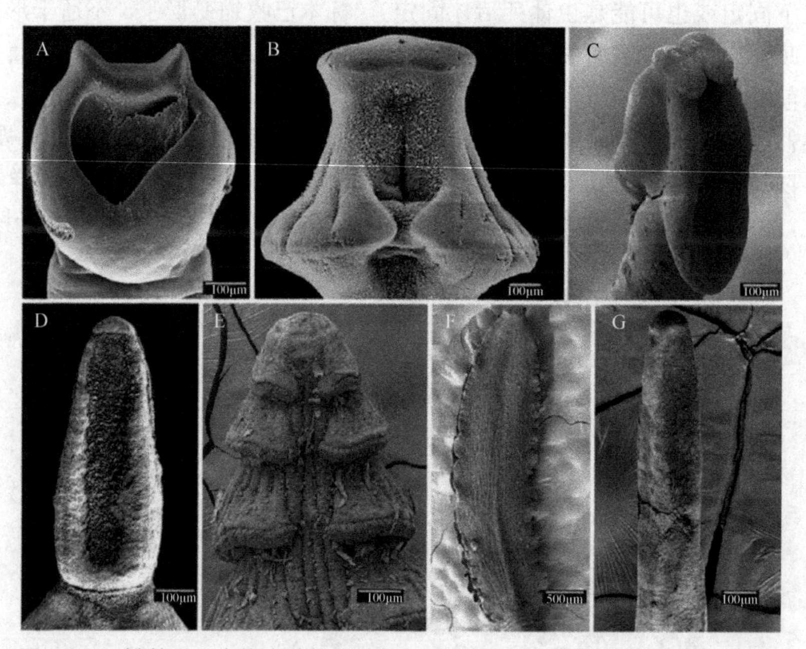

图 15-46　槽首目 7 个绦虫种的头节的扫描结构（引自 Kuchta et al.，2008）

A. 采自普拉特南乳鱼的托洛伊南乳鱼带绦虫；B. 采自匙吻鲟（*Polyodon spathula*）的戟形袋宫绦虫；C. 采自黑长鲳鱼或称黑尖鳍鲛的相似米兰绦虫；D. 采自智利鲔鲳（*Seriolella violacea*）的无棘新槽首绦虫；E. 采自镰鳍鲔鲳的鲔鲳副槽首样绦虫；F. 采自鲯鳅未定种（*Coryphaena* sp.）的皱襞绦虫属（*Plicocestus*）绦虫；G. 采自柯氏平额鱼的艾伦前槽首绦虫

识别特征：中型蠕虫。分节现象存在。链体由梯形、有或无缘膜的节片构成，链体前部节片宽大于长，无缘膜，后部节片方形到拉长的长方形，有缘膜。头节无棘，箭头状或三角形。吸槽伸长、浅、有游离的后部边缘。顶盘不发达，无棘。颈区明显。精巢形成两侧区，在节片间连续，在卵巢后区域汇合。阴茎囊大，细长，近端部分朝向前方中央；阴茎无棘。生殖孔位于侧方。卵巢实质状，略不对称。阴道位于阴茎囊后，远端部壁厚。卵黄腺滤泡围绕皮质。子宫管弯曲。子宫细长、壁厚、位于中央。子宫孔位于中央腹部。卵无盖，不胚化。已知寄生于深海硬骨鱼的背棘鱼属（*Notacanthus*），分布于北大西洋。模式种及仅有的种：布雷深海鱼绦虫（*Bathycestus brayi* Kuchta & Scholz，2004），采自短鳍棘鳗或称波拿巴背棘鱼（*Notacanthus bonaparte* Risso，1840）和灰背棘鱼（*N. chemnitzii* Bloch，1788）［棘背鱼目（Notacanthiformes）：棘背鱼科（Notacanthidae）］，模式标本采集地为欧洲大陆西北边缘，大西洋东北部戈班丁坝（Goban Spur）。

该属的建立基于发现于短鳍棘鳗的样本，但明显与 Kuchta 等（2005）秋季收集自灰背棘鱼的绦虫是同种。在其原始描述中，颈区不存在（不明显），因链体第 1 节片直接始于头节后（Kuchta & Scholz，2004）。而后来收集的样本颈区明显，因链体第 1 节片始于头节后一定距离。颈区不明显或不存在可能是样品收缩导致。

部分槽首目绦虫的头节、节片的扫描结构和结构示意图见图 15-47～图 15-52。

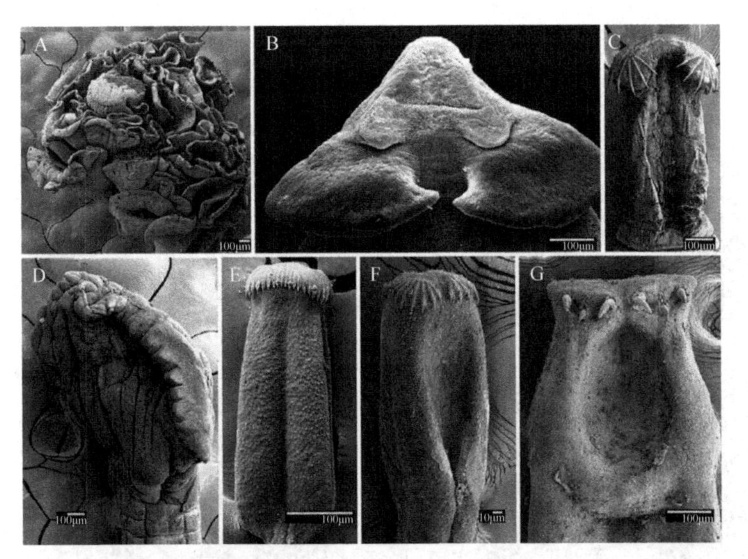

图 15-47 槽首目部分绦虫头节的扫描结构（引自 Kuchta et al.，2008）

A. 采自多齿蛇鲻的蛇鲻瘤盘绦虫；B. 采自刺鲳的日本副棘首绦虫；C. 采自多鳍鱼的多鳍鱼多瘤槽绦虫（*Polyonchobothrium polypteri*）；D. 采自无斑柱颌针鱼（*Strongylura leiura*）的颌针鱼层槽绦虫；E. 采自小盾鳢（*Channa micropeltes*）的丝状圣加绦虫（*Senga filiformis*）；F. 采自鳗胡鲇的纤毛囊四营绦虫；G. 采自白斑狗鱼（*Esox lucius*）的结节三支钩绦虫

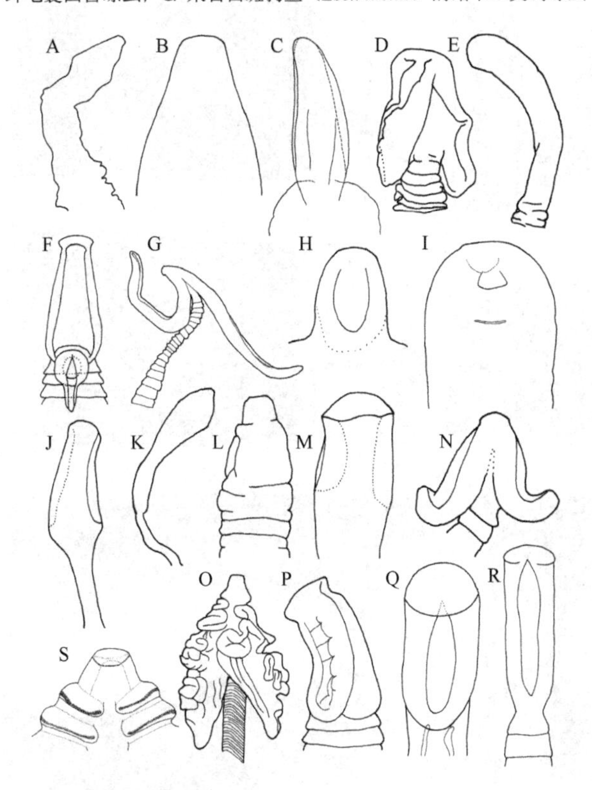

图 15-48 槽首目绦虫头节结构示意图（引自 Kuchta et al.，2008）

A. 采自黑线鳕（*Melanogrammus aeglefinus*）的鳕无槽绦虫（*Abothrium gadi*）；B. 采自中间狗母鱼（*Synodus intermedius*）的托尔图姆无腔绦虫（*Anantrum tortum*）；C. 采自单须刺巨口鱼（*Echiostoma barbatum*）的深渊安迪绦虫；D. 采自雨印鲷（*Zenopsis nebulosa*）的层状真槽绦虫；E. 采自青鳕（*Pollachius pollachius*）的球茎副槽绦虫（*Parabothrium bulbiferum*）；F. 采自镰鳍鲕鲳的日本舌槽绦虫；G. 采自霍氏角鮟鱇（*Ceratias holboelli*）的角鮟鱇金姆绦虫；H. 采自长脂鲤（*Ichthyborus besse*）的脂鲤鱼槽绦虫（*Ichthybothrium ichthybori*）；I. 采自柏氏锯鳞鱼（*Myripristis bernardi*）的门帕奇变槽首绦虫（*Metabothriocephalus menpachi*）；J. 采自刺鲳（*Psenopsis anomala*）的纤细副槽首绦虫；K. 采自多齿蛇鲻的穿刺穿头绦虫；L. 采自大眼平头鱼（*Alepocephalus agassizii*）的斯氏亲深海样绦虫（*Philobythoides stunkardi*）；M. 采自罗氏棘冠鲷鲷（*Acanthochaenus luetkenii*）的大西洋亲深海鱼绦虫；N. 采自鹈鹕鳗或称宽咽鱼（*Eurypharynx pelecanoides*）的 *Pistana eurypharyngis*；O. 采自紫斑鳍飞鱼（*Cheilopogon spilonotopterus*）的飞鱼褶纹绦虫；P. 采自日本五棘鲷（*Pentaceros japonicus*）的 *Pseudamphicotyla quinquarii*；Q. 采自异鳞蛇鲭（*Lepidocybium flavobrunneum*）的蛇鲭伪槽样绦虫（*Pseudeubothrioides lepidocybii*）；R. 采自海鳗（*Muraenesox cinereus*）的 *Taphrobothrium japonense*；S. 采自日本栉鲳（*Hyperoglyphe japonica*）的栉鲳中棘阴茎绦虫（*Mesoechinophallus hyperogliphe*）

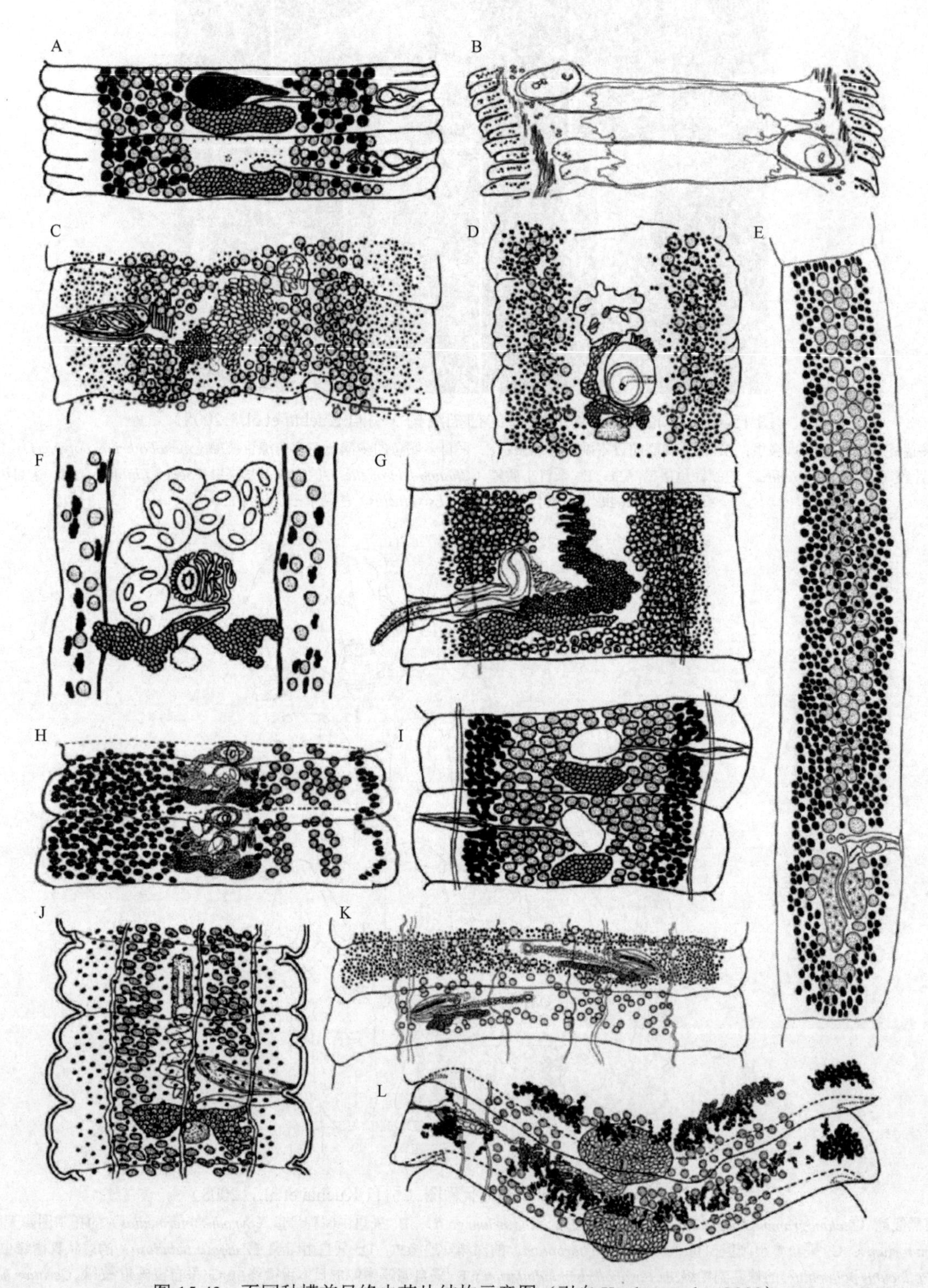

图 15-49 不同种槽首目绦虫节片结构示意图（引自 Kuchta et al.，2008）

A. 采自大西洋鳕（*Gadus morhua*）的鳕无槽绦虫；B. 采自黑尖鳍鲛的异膜叉杯绦虫孕节纵切面；C. 采自翻车鲀的小头无钩头绦虫；D. 采自单须刺巨口鱼的深渊安迪绦虫；E. 采自大斑南乳鱼的奇异艾琳绦虫；F. 采自中间狗母鱼的托尔图姆无腔绦虫；G. 采自羽鼬鳚的智利无钩头绦虫；H. 采自欧洲鳗鲡的麦角菌槽首绦虫，其卵黄腺滤泡绝大多数在节片的左侧，精巢仅在右侧；I. 采自鲃（*Barbus barbus*）的矩形深海槽绦虫；J. 采自波拿巴背棘鱼（*Notacanthus bonaparte*）的布雷深海鱼绦虫；K. 采自黑尖鳍鲛的索里诺索玛槽杯绦虫，其卵黄腺滤泡不在节片后部；L. 采自红金眼鲷的扁头澳居绦虫

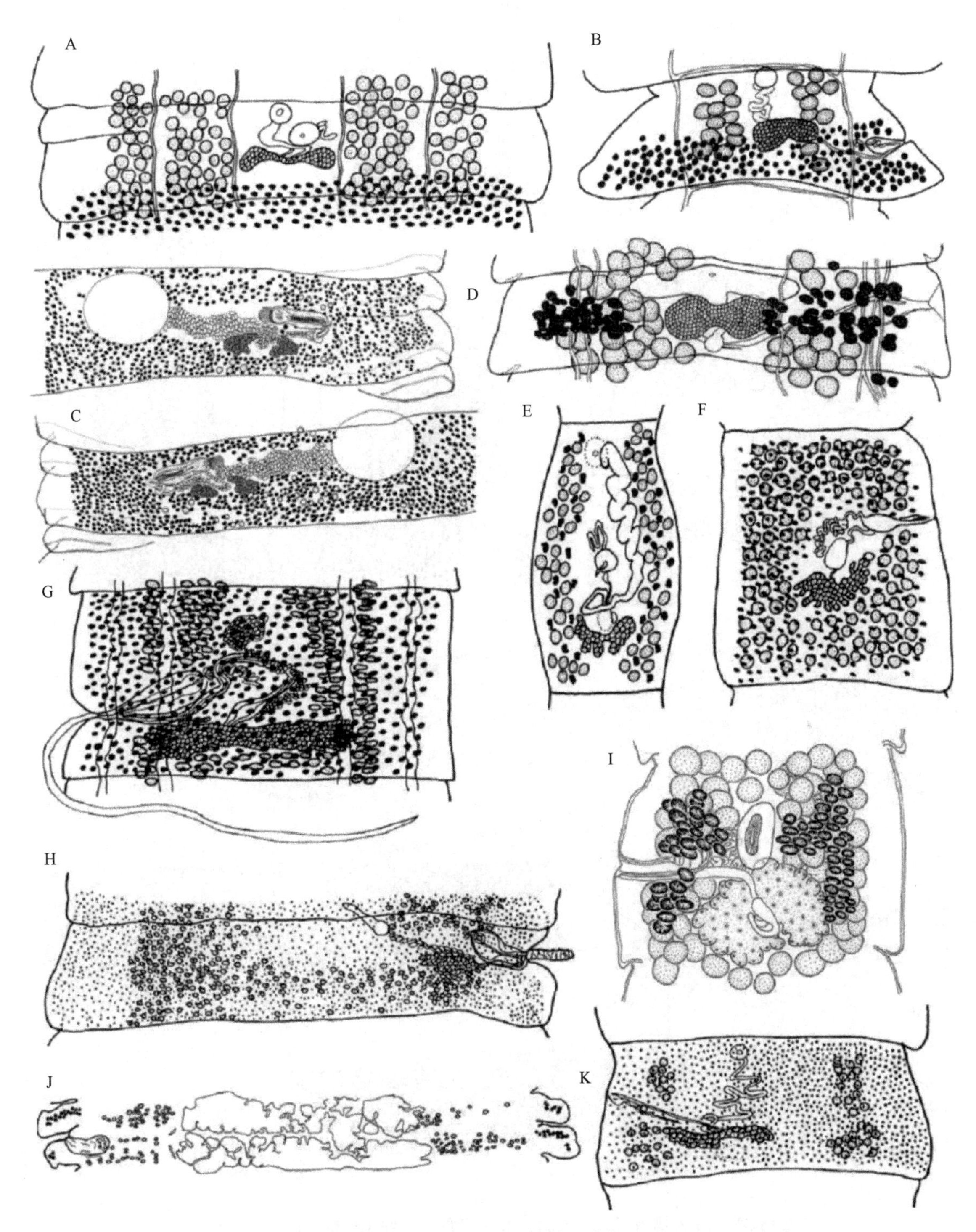

图 15-50 11 种槽首目绦虫节片结构示意图（引自 Kuchta et al.，2008）

A. 采自欧洲无须鳕（*Merluccius merluccius*）的粗头克里斯托槽绦虫，其卵黄腺滤泡仅在后方；B. 采自雨印鲷（*Zenopsis nebulosa*）的层状真槽绦虫；C. 采自黑尖鳍鲛的瓦格纳棘阴茎绦虫；D. 采自江鳕的多皱真槽绦虫；E. 采自长脂鲤（*Ichthyborus besse*）的脂鲤鱼槽绦虫（*Ichthybothrium ichthybori*）；F. 采自匙吻鲟的戟形袋宫绦虫；G. 采自镰鳍鲕鲳的日本舌槽绦虫；H. 采自霍氏角鮟鱇的角鮟鱇金姆绦虫；I. 采自普拉特南乳鱼的托洛伊南乳鱼绦虫；J. 采自剑鱼（*Xiphias gladius*）的 *Fistulicola plicatus*，孕节片纵切面；K. 采自银锯鳞鱼（*Myripristis argyromus*）的门帕奇变槽首绦虫

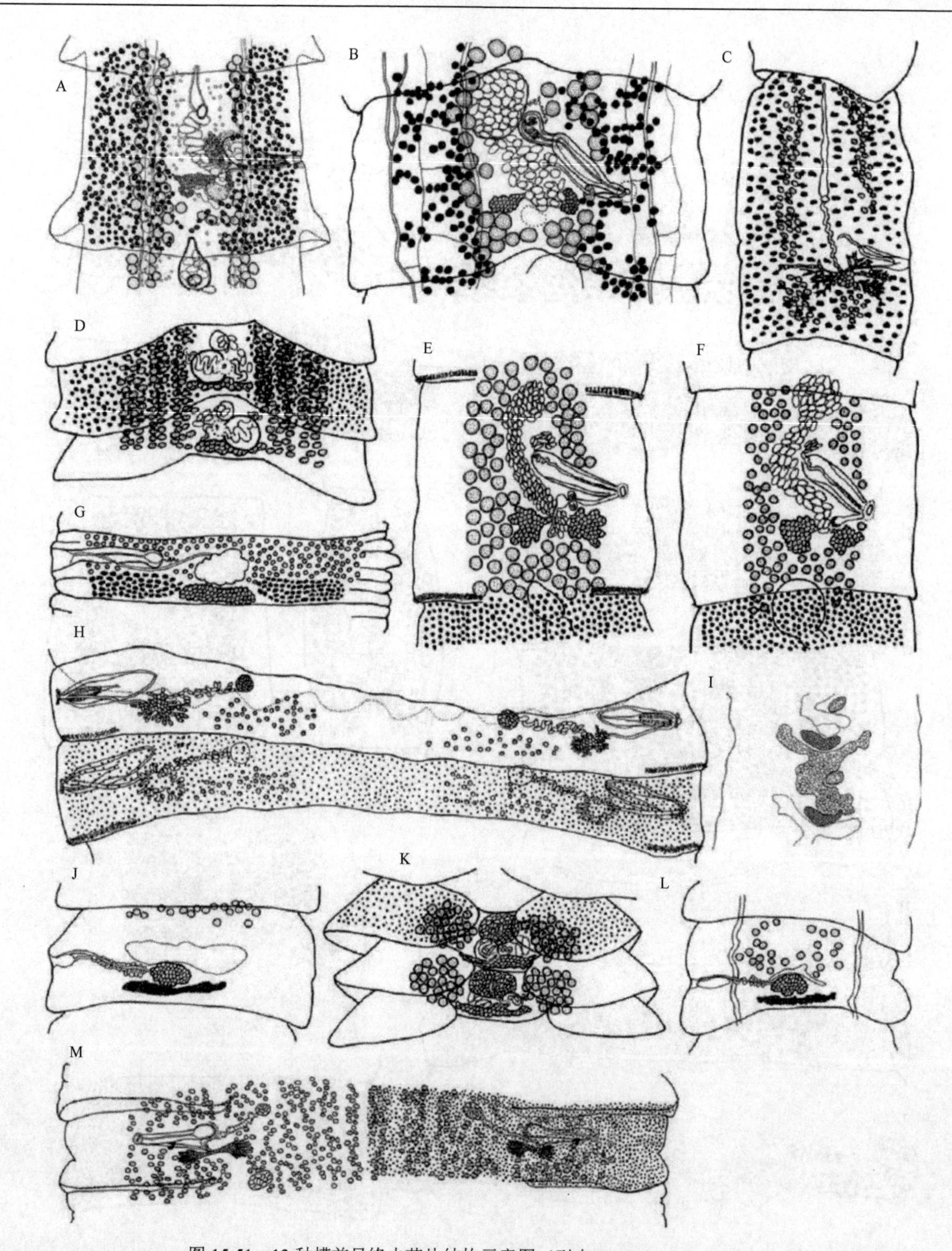

图 15-51　13 种槽首目绦虫节片结构示意图（引自 Kuchta et al.，2008）

A. 采自黑尖鳍鲛的相似米兰绦虫；B. 采自智利鲫鲳的无棘新槽首绦虫；C. 采自鹈鹕鳗（宽咽鱼）的 *Pistana eurypharyngis*；D. 采自多齿蛇鲻的蛇鲻瘤盘绦虫，其卵黄腺滤泡仅在第 1 节片；E. 采自刺鲳（*Psenopsis anomala*）的分节副槽首样绦虫（*Parabothriocephaloides segmentatus*），其卵黄腺滤泡仅在后方；F. 采自刺鲳的纤细副槽首绦虫，其卵黄腺滤泡仅在后方；G. 采自青鳕（*Pollachius pollachius*）的球茎状副槽绦虫；H. 采自刺鲳的日本副棘阴茎绦虫，其卵黄腺滤泡仅在节片后方；I. 采自点鳍须唇飞鱼（*Cheilopogon spilopterus*）的飞鱼层槽绦虫（*Plicatobothrium cypseluri*），卵黄腺滤泡和精巢未图解说明；J. 采自大眼平头鱼（*Alepocephalus agassizii*）的 *Philobythoides stunkardi*；K. 采自多齿蛇鲻的穿刺穿头绦虫，卵黄腺滤泡仅在第 1 节中图解说明；L. 采自罗氏棘冠鲷（*Acanthochaenus luetkenii*）的大西洋亲深海鱼绦虫；M. 采自日本栉鲳的栉鲳中棘阴茎绦虫，卵黄腺滤泡仅图示于节片的右边

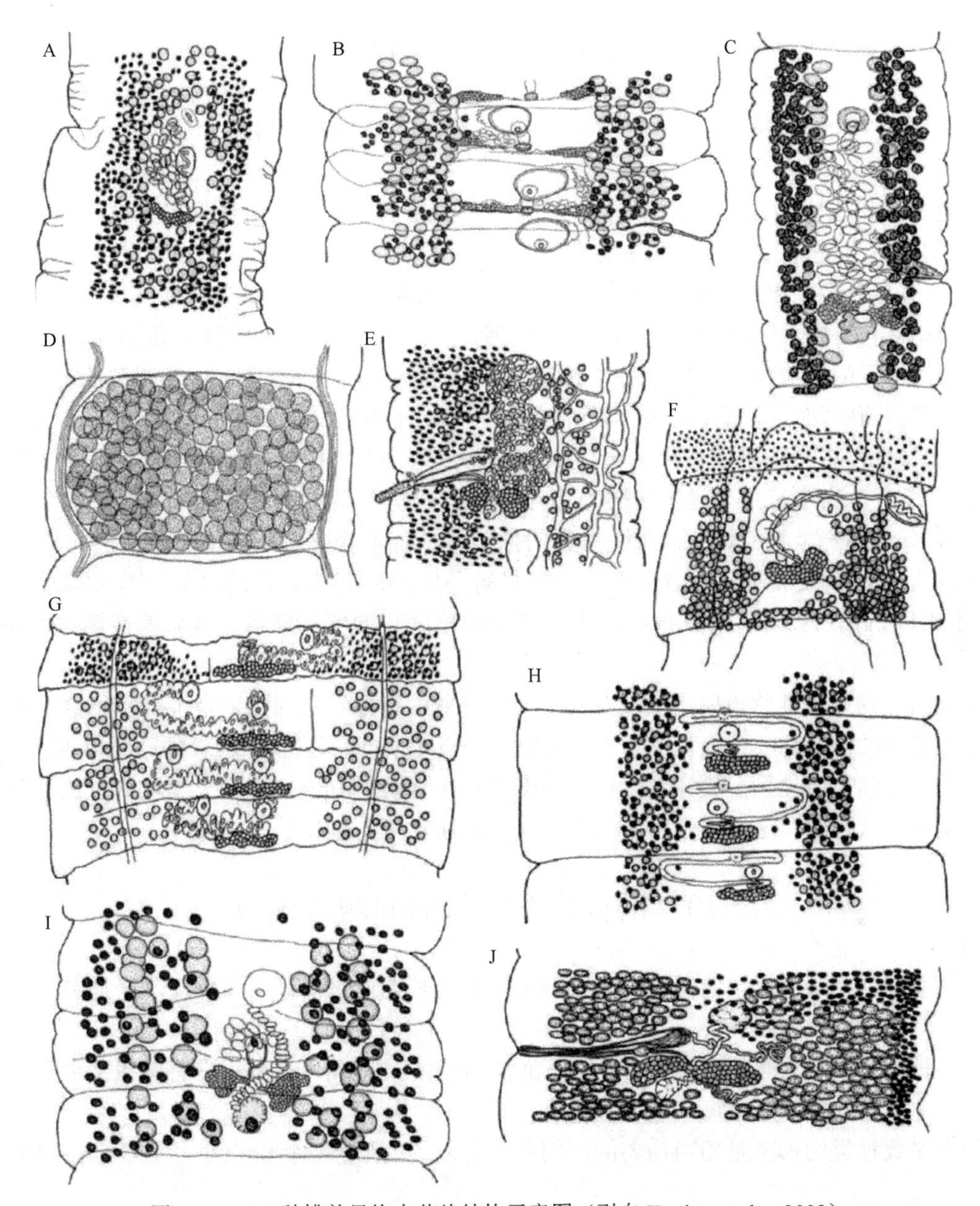

图 15-52 10 种槽首目绦虫节片结构示意图（引自 Kuchta et al.，2008）

A. 采自鲯鳅未定种（*Coryphaena* sp.）的贾尼基皱襞绦虫；B. 采自多鳍鱼的多鳍鱼多瘤槽绦虫；C. 采自柯氏裸平头鱼的艾伦前槽首绦虫；D. 采自鳗胡鲇的纤毛囊四营绦虫；E. 采自日本五棘鲷的五棘鲷伪双杯绦虫，卵黄腺滤泡仅图示于节片的左侧；F. 采自异鳞蛇鲭的蛇鲭伪槽样绦虫，卵黄腺滤泡仅图示于前方；G. 采自海鳗（*Muraenesox cinereus*）的 *Taphrobothrium japonense*，卵黄腺滤泡仅图示于第 1 节片；H. 采自颌针鱼的颌针鱼层槽绦虫；I. 采自小盾鳢的丝状圣加绦虫；J. 采自白斑狗鱼（*Esox lucius*）的结节三支钩绦虫

15.9 补 录 属

15.9.1 指槽属（*Dactylobothrium* Srivastav，Khare & Jadhav，2006）（有疑问的属）

识别特征：槽首目三支钩科。中型蠕虫。有外分节现象。头节椭圆形到箭状或三角形，有 2 个伸长的吸槽。顶盘即所谓的吻突存在，有 4 排小钩，第 4 排钩明显大。颈区不明显。精巢位于两侧区域。阴茎囊小，椭圆形；阴茎无棘。生殖孔位于边缘；卵巢两叶状，位于中央偏后。阴道位于阴茎囊前方。受精囊存在，位于近节片前方边缘，据说有中央的管与相邻节片相通。卵黄腺滤泡位于皮质，形成两侧带，据说限于节片的最侧方、渗透调节管外部。子宫管弯曲。子宫从中央髓质区的子宫干形成侧向支囊。子

宫孔位于中央前方。卵可能有侧向位置的盖。已知寄生于淡水硬骨鱼类的蛇头鱼科或称鳢科 hannidae），分布于印度。模式种及仅有的种：乔普拉指槽绦虫（*Dactylobothrium choprai* Srivastav，Khare & Jadhav，2006），采自印度纹鳢（*Channa punctatus*）[正确名为：*Channa punctata*（Bloch）] [鲈形目（Perciformes）：鳢科]。

该属的建立是用于容纳乔普拉指槽绦虫。它最先被置于副槽首科，为棘阴茎科的同物异名。但该绦虫具有侧位的生殖孔，故放在三支钩科更为合适。

原作者在对乔普拉指槽绦虫的描述中，有几个形态学特征可疑：①头节具有“吻突钩”，任何有吸槽的绦虫都不存在吻突（Khalil et al.，1994）；②头节类似于圣加属的种，包括 4 排钩的形态和大小；而已知的槽首目的绦虫没有类似于乔普拉指槽绦虫报道的两型钩的种类；③卵黄腺滤泡的位置（沿着节片侧缘，限于很窄的带，仅在渗透调节管外部）不同于所有其他槽首目绦虫；事实上，乔普拉指槽绦虫的卵黄腺分布与原头目绦虫相符合（Rego，1994）；④中央位置连接所有节片受精囊的纵向管在任何槽首目绦虫中均未有过报道（这样的结构存在于一些鸟类的变带绦虫中。如果确实存在，将代表乔普拉指槽绦虫的一个独特性状；而受精囊的位置近节片前缘是有疑问的，因为任何槽首目的绦虫没有发现过类似位置的受精囊；⑤孕节里的子宫显著不同于所有槽首目的种类，同时与原头目绦虫典型的子宫相似（Rego，1994）；⑥原报道认为乔普拉指槽绦虫的卵有卵盖，但卵盖在侧方（Srivastav et al.，2006）。

所有上述所列的问题性状表明指槽属及其模式种乔普拉指槽绦虫的描述是可疑和不恰当的。有可能作者研究了几个种的混合物，至少其中有一个是原头绦虫 [很可能是恒河属（*Gangesia*）的种]，由于模式材料不存在，虽然作者提到全模标本贮藏于印度比宾比哈里（Bipin Bihari）学院寄生虫学研究室，但是该属与种是不被认可的。这里我们认为指槽属有问题且分类位置未定。

15.10　槽首目系统学的问题与困境

槽首目的系统（由最近取消的假叶目的一部分组成）长期以来都存在有争议，这是由一系列的实际困难引起的。其中一些原因如下。

（1）很多种类发生于海洋硬骨鱼（包括深海鱼），宿主很难获得；此外，在有些宿主种群中感染率较低，因此其寄生虫的发现仅是个案。

（2）绝大多数种类的形态是相当均匀的，因此，有差异的形态学特征很小，甚至于在固定很好的样本中情况也一样。

（3）其中许多具有大且厚的链体，使其内部形态的观察较为困难与复杂化；纵或矢状切面可以有所帮助，但链体形态的有些特征仍然很难接近真实。

（4）许多整体固定（永久制样）、贮存于博物馆中的标本质量较差；通常固定时的详细情况不知，有些样品可能是宿主死后才寻回后固定的；它们可能由于强压扁已经变形或使用了冷的固定剂，样品受刺激而收缩了。

（5）19 世纪描述的种，很多模式材料已无法获得，事实上有些地区如印度近期描述的所有种的模式样品，如果都存在，也不易得到。

（6）有些形态特征的获得，很大程度上取决于固定和/或观察方法（如研究卵时，卵盖通常只有用扫描电镜观察才能观察清楚）。

（7）很多种的描述较为粗浅，没有足够多的区别信息。

（8）仅相对少量的种有 DNA 分析数据，类似数据使接近各类群系统关系分析成为可能；当类群间形态的差异较小时，分子标记可能为分类与系统提供较大帮助。许多槽首目绦虫就是这样的形态差异较小的类群。

在近期的研究中，上述诸多的困难阻碍了提出该目的新系统，基于自然关系仅能反映个别槽首目绦虫线系的演化，而材料的广泛（博物馆的样品及新的从世界各地收集的样品）测量，能提供大量种类的新数据。这些材料的数据也使推导槽首目科中属的分子系统树成为可能（Brabec et al.，2006）。

进行新目所有属的大规模修订在目前条件下是很难操作的，因为其中有些属如槽首属，种类丰富，且它们的种类遍布全球，其关键的测量与评估，需要额外的新材料进一步研究。其他属如瘤盘属和圣加属等的修订工作陆续在进行中。

15.10.1　槽首目绦虫的分类

从目前的文献而言，科水平分类方法有些保守，有些科中属的组成可能是很好的并系类群。尤其是三支钩科，最大的一个科（22 个属）包括几个相关的类群，就如先前的作者（Nybelin，1922；Yamaguti，1959；Protasova，1977；Schmidt，1986；Brabec et al.，2006）揭示的一样。有些属如槽首属或圣加属更详细的研究，可能也能揭示它们代表的是系统发生差异的人工分类群。

由于研究者不多，通常一般就接受 Bray 等（1994）提出的系统，而这些系统是粗浅的，并且有明显不相关的属聚到一起的情况（Brabec et al.，2006；Kuchta，2007）。而 Protasova（1974，1977）将槽首目分为许多科的观点不被接受，因为其科与槽首目属的自然类群不相符，如从 DNA 序列推论双杯科（Amphicotylidae）和层槽科（Ptychobothriidae）的关系不符（Brabec et al.，2006；Waeschenbach et al.，2007）。

虽然槽首目绦虫的几个属被认为无效（Protasova，1977；Bray et al.，1994；Kuchta et al.，2008），但槽首目的属显著具有多样性，且大多数属为单种属（Kuchta & Scholz，2007；Kuchta et al.，2008）。Kuchta 等（2008）建立了 5 个新属，将原先的 5 个种移入新属成为新组合种，3 个旧的属重新启用。

槽首目绦虫绝大多数属各类群样品（最好是模式样品）的评估使得建立 45 个槽首目属的 80 个形态特征矩阵成为可能。然而形态基础的数据矩阵分析不能获得关键的结果，因为它产生了几乎是完全的多型分类。所以这些数据不足用于提出属或科的特征变化，但它们可以用于将来识别槽首目的自然类群时作为系统研究的基础。从这些矩阵数据推导出的系统树不足以解决问题，同时研究表明很多形态的特征是相似的，不适应于系统研究。

15.10.2　演化和系统学

Freze（1974）和 Protasova（1974，1977）提出槽首目的亚目系统，将其分为两个超科：双杯样超科（Amphicotyloidea）[含双杯科（Amphicotylidae）、棘阴茎科（Echinophallidae）和层槽科（Ptychobothriidae）] 和槽首样超科（Bothriocephaloidea）[含槽首科（Bothriocephalidae）、钩头科（Ancistrocephalidae）、副槽首科（Parabothriocephalidae）和三支钩科（Triaenophoridae）]。区别不同科最重要的特征是卵盖的存在与否及卵在子宫中是否胚化。而这一可靠性受到 Bray 等（1994）的质疑，因为在永久保存的样品中很难弄清这些特征，需要扫描电镜研究卵表面的结构或观察新产出的虫卵（Kuchta et al.，2008）。由于很多先前的作者不用扫描电镜或没有机会研究新鲜的虫卵，不同作者对同一种类的报道，在这些特征上存在争论（Bray et al.，1994；Kuchta et al.，2008）。关于虫卵在子宫里胚化，即六钩蚴在卵内发育情况，有报道在三支钩属（*Triaenophorus*）中依赖于温度（Kuperman，1973），同种绦虫的虫卵在子宫中胚化或不胚化都有可能，而在其他任何槽首目绦虫中均未观察到此现象。槽首属和克里斯托槽属的主要区别是卵盖的存在与否，并且甚至于放在不同的亚科作为亚科区别特征之一［分别是槽首样亚科（Bothriocephaloidea）和层槽样亚科（Ptychobothrioidea］（Protasova，1977）。而克里斯托槽属及其模式种：粗头克里斯托槽绦虫，实际上有卵盖。Draoui 和 Maamouri（1997）在新鲜材料中有观察到。虫卵在子宫中的胚化程度在一些种中易于核定而在另一些种中则较难，因为胚化程度可能依赖于温度，正如 Kuperman（1973）在三支钩属的种中观察到的一样。

卵形态及在其子宫中发育程度等的不可靠性使 Bray 等（1994）将槽首目绦虫的有效科减少至 4 个。实际上，分子数据不支持双杯科（Amphicotylidae）、副槽首科（Parabothriocephalidae）和层槽科（Ptychobothriidae）的有效性，这三科是 Freze（1974）和 Protasova（1977）界定的，但他们亦指出是作为一些科（尤其是三支钩科）的并系（Brabec et al.，2006；Kuchta，2007）。

槽首科是多系的，至少由两个独立的群组成：一个"淡水"演化支，包括：鳊槽首绦虫和麦角菌槽首绦虫、鱼槽属、多瘤槽属和四营属；一个"海水"演化支，包括有无腔属和克里斯托槽属及槽首绦虫[柄样槽首绦虫（*Bothriocephalus manubriformis*）和天蝎槽首绦虫]（Kuchta，2007）。穿头属和层槽属的位置尚不确定；同时棘阴茎科的单系性不受支持（Brabec et al.，2006；Kuchta，2007）。

三支钩绦虫无疑与有些代表最基础的槽首目类群是并系，而其他的类群是高度衍生的。三支钩科表现为至少 4 个不相关的演化支，最基础的含有 3 个淡水的属：三支钩属、袋宫属和深海槽属，以及海洋的无槽属。三支钩科仅一个属依序为真槽属的姐妹群，两个类群都是槽首目持续保留的基础类群（Brabec et al.，2006）。

Lönnberg（1897）认为三支钩属是"假叶目"最基础的类群[佛焰苞槽目的绦虫也包含在内]。Nybelin（1922）提出"假叶目"最初的模式化固着器的代表类型是发现于三支钩属和真槽属的类型。Freeman（1973）也认为袋宫属和真槽属及双叶槽目的头衣属（*Cephalochlamys*）是最原始的"假叶目"属。与此相似，Gulyaev（2002）提出三支钩科代表了"假叶目"的基础类群。另外，Protasova（1977）认为槽首属和层槽属是最基础的，三支钩属是最后衍生的，但此假说被一些学者的数据所否定（Brabec et al.，2006；Kuchta，2007）。

至于槽首绦虫与其宿主可能的共演化关系，也有一些研究，基础的槽首绦虫存在于演化上古老的宿主群，如匙吻鲟（匙吻鲟科）里的代宫属，以及鲟鱼类（鲟科）里的鲟鱼真槽绦虫（*Eubothrium acipenserinum*），并表明了一长期的共演化史。而多鳍鱼（多鳍鱼目）的寄生绦虫种类是一明显衍生的属：多瘤槽属（槽首科），与上述共演化相抵触。蝾螈感染槽首目的种类无疑是次生的宿主转换（host-switching）的结果。而在评估槽首目绦虫宿主与寄生虫演化史之前尚需要更多的数据。

目前修订的关键在于基于所有可利用的材料测量修订了槽首目所有属的识别特征（Kuchta et al.，2008）。这可能作为对高度多样性和广泛分布的绦虫进行进一步系统的和种系发生研究的坚实基础。

15.10.3　槽首目绦虫的多样性和生物地理

槽首目绦虫包括采自海洋和淡水鱼类有吸槽的绦虫，少量发现于蝾螈[两栖动物（Amphibia）]（Protasova，1977；Schmidt，1986；Bray et al.，1994；Kuchta et al.，2008）。它们暂时组合为 4 个科（Bray et al.，1994），即槽首科（14 个属）、棘阴茎科（8 个属）、亲深海科（2 个属）和三支钩科（22 个属）。已知为世界性分布，包括北极和南极地区。大多数类群发现于大西洋（所描述种类的 36%）、太平洋（25%）；槽首目绦虫 22%的种类描述自欧亚大陆，14%自北美（Kuchta & Scholz，2007）。Kuchta 和 Scholz（2007）发表了槽首目有效种类的初步一览表及临时规定的同物异名。这些作者同时也提供了多样性及该群动物分布的动物地理学方面的详细数据。

15.10.4　一些重描述的种

蛇鲻瘤盘绦虫（*Oncodiscus sauridae* Yamaguti，1934）和加纳帕提穿头绦虫[*Penetrocephalus ganapattii*（Rao，1954）]的重描述

Kuchta 等（2009）对采自印度-太平洋区长蛇鲻［合齿鱼科（Synodontidae）：蛇鲻属（*Saurida*）］的槽首目绦虫进行了修订。基于新收集自模式宿主的样本及可利用的模式及凭证标本修订了采自瓦朗谢讷蛇鲻（*S. valenciennes*）的槽首绦虫。除了文献中列的 4 属中的 9 个种，仅蛇鲻瘤盘绦虫和加纳帕提穿头绦虫被认为是有效的，因此这两属变为单种属。重描述包括首次扫描电镜研究种内的可变性数据。两种的阴道与阴茎囊相对的侧方位置在槽首科绦虫中是独特的。蛇鲻瘤盘绦虫发现于长鳍蛇鲻（*S. longimanus*）、云纹蛇鲻（*S. nebulosa*）（新宿主记录）、多齿蛇鲻（*S. tumbil*）和花斑蛇鲻（*S. undosquamis*）。蛇鲻瘤盘绦虫不同于发现于短臂蛇鲻（*S. micropectoralis*）和多齿蛇鲻的加纳帕提穿头绦虫的特征在于：①头节形态（蛇鲻瘤盘绦虫为扇形，吸槽边缘有小圆齿状突起；加纳帕提穿头绦虫的头节由变形结构取代）；②头节附着的位置不同（前者在肠腔，后者穿过肠壁并在幽门盲囊处成囊）；③节片的形态（蛇鲻瘤盘绦虫的节片通常略宽于长，而加纳帕提穿头绦虫很短、很宽）；④精巢数目不一样（前者每节 50～100 个，而后者少于 60 个）。虽然蛇鲻瘤盘绦虫与蛇鲻槽首绦虫（*Bothriocephalus sauridae* Ariola，1900）很可能是同种，但蛇鲻槽首绦虫被认为是有问题的种。现研究陈述了标准制样程序的必要性，尤其是新收集材料适当的固定方法（强烈推荐形态研究用热的 4%甲醛溶液固定），因为大多数先前的描述基于质量较差的材料，包括部分浸软的虫体，蛇鲻瘤盘绦虫头节的顶盘上小钩已脱落的材料。印度-太平洋地区鱼类寄生虫的研究表明几种绦虫有很广的分布区，致使完全一样的种的描述出现差异，造成分类混乱（Palm & Overstreet，2000）。Palm（2000，2004）概述了南印度尼西亚海岸的锥吻绦虫志，证明印度和南印度尼西亚水域绦虫种类组成的大量重叠。Lönnberg（1893）描述了第一个采自爪哇的四叶目绦虫，Yamaguti（1954）研究了南苏拉威西岛（印度尼西亚中部）海岸的四叶目和锥吻目绦虫。而其他寄生于鱼类尤其是采自印度尼西亚群岛（海洋生物多样性最丰富的中心地之一）鱼类绦虫的信息很少。蛇鲻属的蛇鲻［仙女鱼目（Aulopiformes）：合齿鱼科（Synodontidae）］在印度西太平洋大陆架很常见，有 21 个有效种（Froese & Pauly，2008）。4 个属 9 个已命名的绦虫种描述采自四种蛇鲻（Kuchta & Scholz，2007；Kuchta et al.，2008），名为：蛇鲻槽首绦虫、加纳帕提槽首绦虫［=加纳帕提穿头绦虫 *Penetrocephalus ganapatii*（Rao，1954）Rao，1960］、印度槽首绦虫（*B. indicus* Ganapati & Rao，1955）、穿透槽首绦虫（*B. penetratus* Subhapradha，1955）、蛇鲻瘤盘绦虫（*Oncodiscus sauridae* Yamaguti，1934）、縫翼瘤盘绦虫（*O. fimbriatus* Subhapradha，1955）、沃尔泰瘤盘绦虫（*O. waltairensis* Shinde，1975）、马哈拉施特拉瘤盘绦虫（*O. maharashtrae* Jadhav & Shinde，1981）及大型四乳头首绦虫。Yamaguti（1934）的瘤盘属由 Khalil 和 Abu-Hakima（1985）基于采集自科威特（中东国家）湾和澳大利亚水域花斑蛇鲻［*Saurida undosquamis*（Richardson）］的材料进行了修订。作者将縫翼瘤盘绦虫和沃尔泰瘤盘绦虫两个种（它们都发现于印度孟加拉湾多齿蛇鲻）与蛇鲻瘤盘绦虫同义化了，蛇鲻瘤盘绦虫描述自多齿蛇鲻（*Saurida argyrophanes*）（与 *Saurida tumbil* 为同物异名）。这一同义化被 Kuchta 和 Scholz（2007）、Kuchta 等（2008）认可，他们提出了一槽首目有效种的初步清单，包括寄生于蛇鲻的同义化的种，然而并未提供形态测量详细数据。Kuchta 等（2009）的研究基于从印度尼西亚和新喀里多尼亚（岛）（南太平洋）新获得的材料来修订槽首目绦虫，描述了有效种的形态并提供了形态测量数据，比较了新材料与来自不同博物馆收集的模式与凭证样品。

15.10.4.1 蛇鲻瘤盘绦虫（*Oncodiscus sauridae* Yamaguti，1934）（图 15-53，图 15-54A～E，H，K）

测量单位除有特别标出外，均为 μm；括号内外数据为不同学者的测量结果。

中型蠕虫，长可达 130mm（平均 90mm）。链体有缘膜，节片有显著的后侧方翼状突起，覆盖着后方的节片。有外分节现象，但可能分节不完全（中央消失）。存在两对纵向渗透调节管。纵肌很发达，由大量肌纤维束组成。表面覆盖有形态大小相似的丝状微毛。头节椭圆状、不规则或扇状，通常不侧扁，长

1120～3140（1710～4000），宽 860～2380（1360～2190）。吸槽很发达，有显著细褶皱层转向侧方。顶盘很发达，宽 310～890（780～1250），高 140～400（160～370），由两侧叶组成，有 4 排不规则的小钩；小钩很易脱落，尤其是死样品，钩长 21～26（12～24），最大的钩在第 2 和第 3 排，自侧叶顶部向叶相联合处钩逐渐变小，联合处钩可能中断。颈区不明显。未成节宽明显大于长，长 25～110（45～165），宽 400～1510（230～850）。成节宽大于长，长 50～810（80～380），宽 310～1715（755～1070）。孕节宽大于长到方形，少量长略大于宽者，长 190～2000（180～700），宽 615～1865（985～1520）。精巢位于髓质，椭圆状，每节数目为 50～100（60～100）个，长 22～66（30～61），宽 11～38（25～50），位于两侧区，通常在中央分离，节片间连续。阴茎囊位于亚中央，不规则交替，壁厚，圆或略为椭圆形，直径 70～215（85～135），刚好在卵巢前背侧方。阴茎具丝状微毛。阴茎开口于节片中线侧方小的生殖腔。生殖孔位于背部中央，赤道略后方。卵巢横向伸长，两叶状，再分小叶，位于中央，近节片的后部边缘，宽 200～630（225～460）。阴道管状，位于卵巢桥背方，在侧方或前侧方弯向阴茎囊。卵黄腺滤泡数目多，位于皮质，围绕着节片，椭圆形，直径 13～40（7～28），位于两侧区，通常中央分离，达节片后侧方突起中。子宫管很发达，弯曲，终止于位于中央肌肉质、厚壁的子宫囊；囊在孕节中显著扩展。子宫孔位于中央腹部，距节片前部边缘远或几乎在赤道部。有些节片中，由于子宫的瓦解，孔极大。卵椭圆形，有盖，不胚化，长 5～64（60～63），宽 32～45（39～42），卵盖直径 11～20。

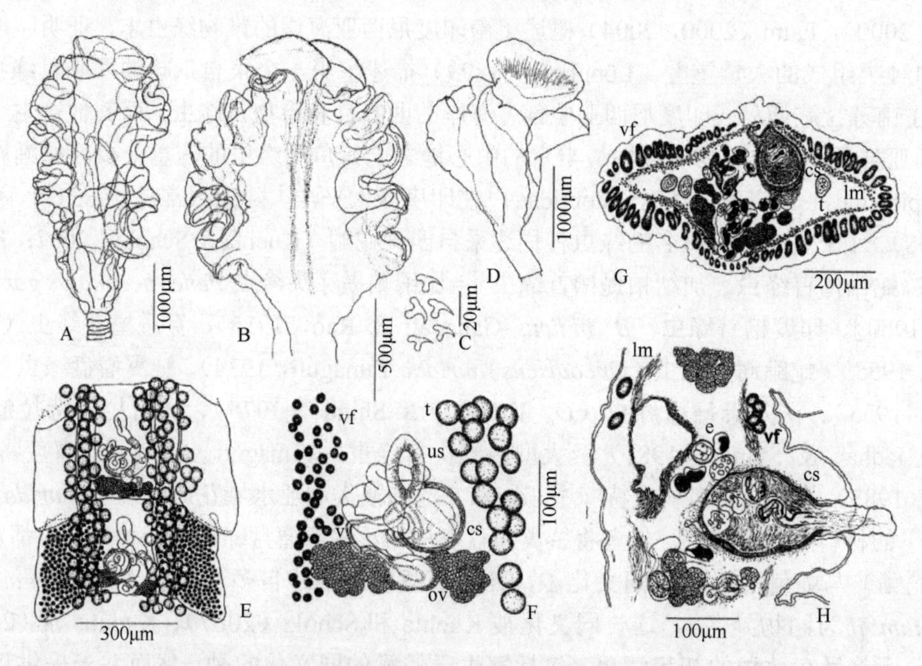

图 15-53　蛇鲻瘤盘绦虫结构示意图（引自 Kuchta et al.，2009）

A. 副模标本（MPM SY 3034）头节，侧面观；B，C. 采自宝刀鱼（*Chirocentrus dorab*）的凭证标本（MPM SY 5616）：B. 头节；C. 小钩细节图；D. 全模标本（GELAN 696）的头节；E. 采自长鳍蛇鲻（*Saurida longimanus*）样本（IPCAS-456/2）的成节示意图，卵黄腺滤泡仅图示于后部节片中，腹面观。F～H. 采自多齿蛇鲻样品（IPCAS-456/1）：F. 成节详细结构，卵黄腺滤泡仅在左侧，精巢仅在右侧，腹面观；G，H. 孕节过阴茎囊水平组织切片：G. 横切；H. 矢状切面。缩略词：cs. 阴茎囊；e. 卵；lm. 内纵肌；ov. 卵巢；t. 精巢；us. 子宫囊；v. 阴道；vf. 卵黄腺滤泡

蛇鲻瘤盘绦虫由 Yamaguti（1934）采自多齿蛇鲻（*Saurida argyrophanes*）（现名 *Saurida tumbil*）并进行了描述，Khalil 和 Abu-Hakima（1985）进行了重描述，他们收集了新材料并对原始描述增加了形态数据。Yamaguti（1934）全模标本全长 9mm，但此标本实际长 90mm，由单位错误造成。

除了蛇鲻瘤盘绦虫，其他作者还报道了另外的 3 个种：缝翼瘤盘绦虫、沃尔泰瘤盘绦虫和马哈拉施特拉瘤盘绦虫。它们主要的区别在于头节形态、中央纵沟的存在与否、顶盘小钩存在与否、精巢的数目，以及卵盖的存在与否（Subhapradha，1955；Shinde，1975；Jadhav & Shinde，1981）。而这些特征不适于在绦虫类群中区分种。头节形态、沟的存在及顶盘上的小钩不是稳定的特征，因为这很大程度依赖于绦

虫的固定及固定程序（Kuchta & Scholz，2007）。死的绦虫或在水中放置过久的绦虫，小钩脱落了。Yamaguti（1934）的蛇鲻瘤盘绦虫副模标本之一由于组织破坏，顶盘上就缺少小钩，头节形态改变及皮层沟有可能是头节变形的结果，尤其是用两玻璃板加压固定时容易造成这样的后果（Khalil & Abu-Hakima，1985；Kuchta et al.，2008）。蛇鲻瘤盘绦虫精巢的数目是可变的，且可能同一样品不同节片中数目不一样，最大数目达 100 个，与 Yamaguti（1934）原始的描述数目相同。Jadhav 和 Shinde（1981）报道马哈拉施特拉瘤盘绦虫的 1 个节片中精巢数目多达 350 个，但这明显是作者将卵黄腺滤泡与精巢混淆了。链体后部卵黄腺滤泡增大，在孕节中可以达到精巢大小。用于种类区别的另外的特征如卵盖的存在与无则很容易疏漏，除非用扫描电镜进行观察（Bray et al.，1994；Kuchta et al.，2008）。Yamaguti（1934）描述了蛇鲻瘤盘绦虫头节上的一中央纵沟。基于这一结构的缺失，Subhapradha（1955）提出了縫翼瘤盘绦虫，而这种结构并不代表识别种的特征。这样的沟在蛇鲻瘤盘绦虫副模标本中缺失，在其他系列模式样本中不发达。这说明其存在依赖于绦虫收缩水平或固定程序的不同（Yamaguti 强力将绦虫压扁，可能使头节和链体不自然的变形）。Khalil 和 Abu-Hakima（1985）将縫翼瘤盘绦虫和沃尔泰瘤盘绦虫与蛇鲻瘤盘绦虫同义化，但他们认为马哈拉施特拉瘤盘绦虫为有疑问的种。该种描述材料采自印度孟买沿海褶尾萝卜魟（*Pastinachus sephen*）、牛尾魟（*Trygon sephen*）（魟科）。与 Khalil 和 Abu-Hakima（1985）不同，后来的学者（Kuchta & Scholz，2007；Kuchta et al.，2008）认为马哈拉施特拉瘤盘绦虫与蛇鲻瘤盘绦虫为同物异名。采自印度的 3 个种的描述仅基于少量明显被浸软和变形的标本。此外，印度洋种类的描述较为粗浅且没有组织切片（Ariola，1900；Subhapradha，1955；Shinde，1975；Jadhav & Shinde，1981）。印度槽首绦虫描述的样品采自蛇鲻。从形态上可以识别，原作者明显是错误地将这些样品放在了槽首属的位置，因为槽首属种的扇形头节吸槽边缘没有细褶皱层（Ganapati & Rao，1955）。事实上，采自同一地区、同一种宿主的所谓印度槽首绦虫与蛇鲻瘤盘绦虫形态上是一样的（顶盘无小钩明显是由于用于研究的样品状况太差）。因此，Kuchta 和 Scholz（2007）提出印度槽首绦虫和蛇鲻瘤盘绦虫是同物异名，Kuchta 等（2008）肯定了这一提法。

Ariola（1900）基于采自非洲东海岸［桑给巴尔岛（Zanzibar）］云纹蛇鲻没有头节的样品对蛇鲻槽首绦虫进行了很短的描述。Protasova（1977）、Kuchta 和 Scholz（2007）、Kuchta 等（2009）认为该种可疑，它很可能与蛇鲻瘤盘绦虫为同物异名。Protasova 和 Mordvinova（1986）报道在同一地区，蛇鲻瘤盘绦虫［当时报道为：巨大四乳头首绦虫（*Tetrapapillocephalus magnus*）］发现于花斑蛇鲻（*S. undosquamis*）。对巨大四乳头首绦虫全模及凭证样品（状况都差）形态和测量的结果表明其与蛇鲻瘤盘绦虫有高度相似性。差异仅为前者顶盘不存在小钩，而其小钩在处理过程中或是死的样品都很易脱落（Khalil & Abu-Hakima，1985；Kuchta et al.，2009）。Protasova 和 Mordvinova（1986）的巨大四乳头首绦虫（=蛇鲻瘤盘绦虫）的头节在原始描述中表明属于另外的样品，不是全模标本的头节。未成熟样品发现于红金眼鲷（*Beryx splendens* Lowe），与 Protasova 和 Parukhin（1986）采自 *Partitiotestis berycis* 的全模标本（GELAN 986）固定于同一玻片上，大量未成熟的同种绦虫与巨大四乳头首绦虫，发现于同一宿主，但仅固定了 1 个样品。除此报道外，没有任何数据表明金眼鲷有蛇鲻瘤盘绦虫寄生（Kuchta & Scholz，2007；Kuchta et al.，2008），很可能红金眼鲷仅代表偶然或转续宿主。在 Yamaguti（1928）收集于日本海鲱科的宝刀鱼（*Chirocentrus dorab*）的样品中有一些不正常的材料，经测定与蛇鲻瘤盘绦虫为同种（Yamaguti 也鉴定为瘤盘属），没有其他任何槽首绦虫寄生于这一种宿主，这一发现可能是因宿主的鉴定错误或是为偶然或转续宿主。

15.10.4.2 加纳帕提穿头绦虫［*Penetrocephalus ganapatii*（Rao，1954）Rao，1960］（图 15-54F、G、I、J，图 15-55）

大型蠕虫，长达 125mm（未标明的测量单位均为 μm）。链体有显著缘膜，节片有明显侧翼状突起。

有外分节现象，分节可能不完全（中央消失）；有两对纵行渗透调节管；纵行肌肉很发达，形成大量肌纤维束。表面覆盖有形态大小相似的丝状微毛。头节无棘，长 700～750，宽 150～200，头节容易变形成为变形结构。无顶盘。体前部包括颈区通常退化，成为丝状，长达 60mm，可穿过宿主小肠壁并在幽门盲囊成囊。节片短，宽显著大于长（成节中宽达长的 14 倍）。未成节长 50～620，宽 100～2540。成节长 40～220，宽 1080～2900。孕节长 70～620，宽 890～3140。精巢位于髓质，椭圆形，每节数目 40～60 个，长 10～60，宽 10～40，位于两侧区，中央分离，节片间连续。阴茎囊位于亚中央，不规则交替，圆形或略为椭圆形，直径 65～195，正好位于卵巢前方。阴茎无棘，有长丝状微毛覆盖，开口于小的生殖腔。生殖孔位于背方，略位于亚中央。卵巢横向伸长，由小叶片组成，位于中央，宽 40～720。阴道管状，位于阴茎囊侧方或前侧方。卵黄腺滤泡位于皮质，椭圆形，直径 10～40，量多，位于两侧区域，髓质中分离，达后侧方突起中。子宫管弯曲，导引向厚壁、中央的子宫，在孕节中子宫腹部扩大。子宫孔位于腹部中央，离节片前方边缘较远处。卵椭圆形、有盖、不胚化，长 50～74，宽 33～42；卵盖直径 9～18。

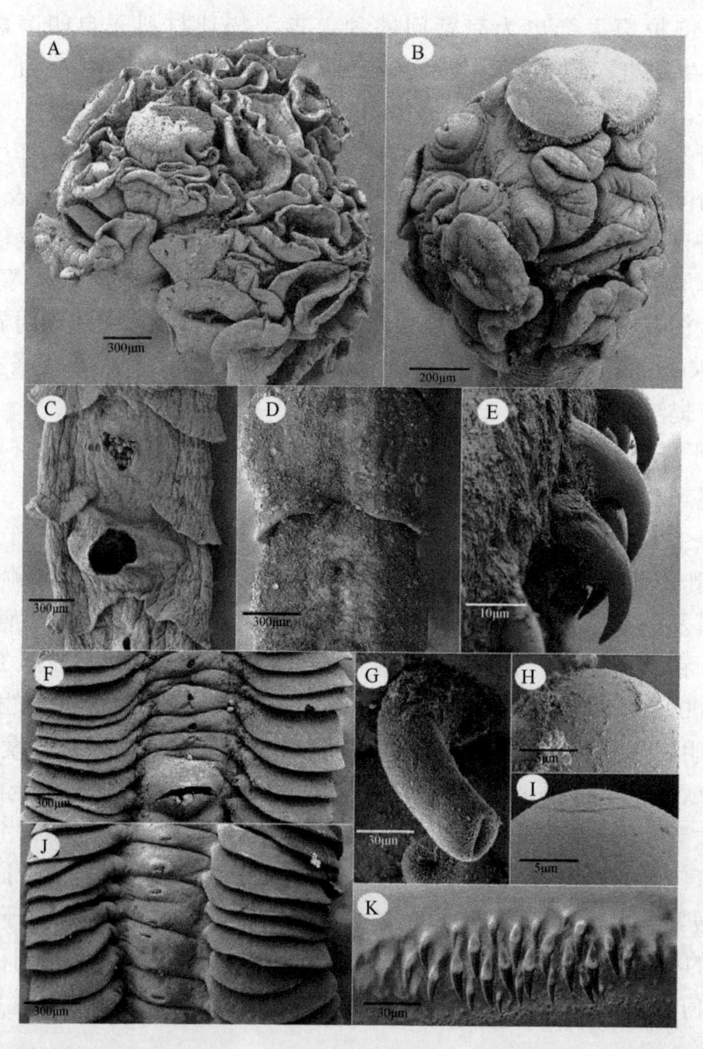

图 15-54　蛇鲻瘤盘绦虫和加拉帕提穿头绦虫扫描电镜照片和光镜照片（引自 Kuchta et al.，2009）

A～E，H，K. 蛇鲻瘤盘绦虫：A. 头节，采自长蜥蛇鲻；B. 头节，采自多齿蛇鲻。C，D. 孕节：C. 腹面观；D. 背面观；E. 小钩的扫细结构；K. 小钩的光镜结构；H. 卵盖。F，G，I，J. 加拉帕提穿头绦虫：F，J 孕节（F. 腹面观；J. 背面观）；G. 伸出鞘外的阴茎的详细结构；I. 卵盖

有关加纳帕提穿头绦虫的原始描述很短（Rao，1954），致使 Protasova（1977）和 Bray 等（1994）认为加纳帕提穿头绦虫为无效名（nomen nudum）。而该种原始描述中具有头节变形结构，穿过宿主肠壁在

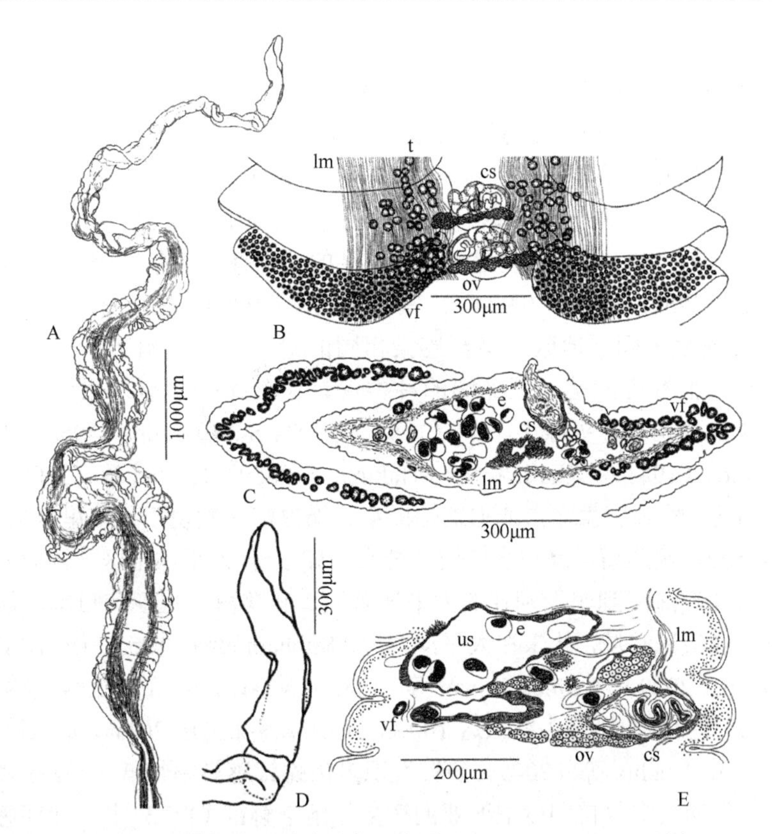

图 15-55 采自短臂蛇鲻的加拉帕提穿头绦虫结构示意图（IPCAS C-462/2）（引自 Kuchta et al.，2009）
A，D. 头节变形结构示意图；B. 成节腹面观示意图，卵黄腺滤泡仅图示于后部的节片；C，E. 孕节在阴茎囊水平的组织切片（C. 横切面；E. 矢状面）。缩略词：cs. 阴茎囊；e. 卵；lm. 内纵肌；ov. 卵巢；t. 精巢；us. 子宫囊；vf. 卵黄腺滤泡

肠系膜或肝部成囊的特性是明确可以识别的。Subhapradha（1955）可能不知 Rao（1954）发表的内容，描述了明显为同种的穿刺槽首绦虫（*Bothriocephalus penetratus*）。两种都寄生于同一地区同样的鱼宿主且形态上无法区别。因此，这两者是同物异名（Rao，1960；Kuchta & Scholz，2007；Kuchta et al.，2008）。Rao（1960）提出穿头属（*Penetrocephalus*）以容纳加纳帕提穿头绦虫（模式种及仅有的种）。Protasova（1977）和 Bray 等（1994）认为穿头属无效，但 Kuchta 等（2008）重新启用，分子数据同样也支持穿头属的有效性（Kuchta，2007）。

Kuchta 等（2009）的研究对印度尼西亚沿海（印度太平洋区海洋生物多样性中心）鱼类寄生虫多样性知识的积累有重要贡献。他们肯定了先前 Khalil 和 Abu-Hakima（1985）、Kuchta 和 Scholz（2007）认为描述自蛇鲻的槽首绦虫的同物异名。基于当时可获取的数据，命名的 9 个种仅 2 个有效（蛇鲻槽首绦虫被认为是有问题的种）。单种属四乳头首属的无效性最初由 Kuchta 和 Scholz（2007）提出，也得到肯定。新近收集自印度尼西亚和新喀里多尼亚标本评估结果表明许多特征在种内甚至个体内有高度变异，而有些特征被先前的作者当作建立新类群（新属或新种）的依据（如头节和顶盘的形态、顶盘上小钩，以及头节上纵沟的存在与否、节片的大小等）。同时提出质量差的材料，尤其是浸泡过久或压迫固定的样品，不应用于绦虫分类（Kuchta & Scholz，2007）。

蛇鲻瘤盘绦虫和加纳帕提穿头绦虫与其他槽首绦虫不同之处在于腹孔的位置，位于雄孔（阴茎囊开孔）的前侧方，而槽首科其他种位于雄孔的后方（Kuchta et al.，2008）。蛇鲻瘤盘绦虫和加纳帕提穿头绦虫的特征也在于节片的形态具有后侧突起，尤其在穿头绦虫，后侧突起显著发达。相似的结构仅存在于棘阴茎科的一些绦虫中（Kuchta et al.，2008），以及暂时放于槽首属的一些种类如南极槽首绦虫（*B. antarcticus* Wojciechowska，Pisano & Zdzitowiecki，1995）、孟加拉槽首绦虫（*B. bengalensis* Devil，1975）、方头鱼槽首绦虫（*B. branchiostegi* Yamaguti，1952）和加代尔槽首绦虫（*B. gadellus* Blend & Dronen，

2003）等。

采自蛇鲻的绦虫种类具有一些共同的形态特征，尤其是链体，但它们可以很容易地相互区别开来，最重要的区别特征是：①头节的形态（蛇鲻瘤盘绦虫为扇形，有细褶皱层样的吸槽边缘，加纳帕提穿头绦虫的头节由变形结构取代）；②头节附着的位置不同（前者在肠腔，后者穿过肠壁并在幽门盲囊处成囊）；③节片的形态（蛇鲻瘤盘绦虫通常略宽于长，而加纳帕提穿头绦虫很短、很宽）；④精巢数目不一样（前者每节 50～100 个，而后者<60 个）。印度尼西亚两个种的核糖体大亚基基因（*LSU*）的部分序列分析也表明有差异（*LSU*；长 1438bp，差异为 0.974%，序列相似性 0.990）（Brabec，未发表数据）。

上述种类的重描述发生于同一地区，甚至感染相同的宿主多齿蛇鲻和花斑蛇鲻。另外，长鳍蛇鲻（*Saurida longimanus*）和很有可能是云纹蛇鲻的种类仅只作为蛇鲻瘤盘绦虫的宿主，而短臂蛇鲻（*S. micropectoralis*）只感染加纳帕提穿头绦虫。Rao（1954，1960）、Subhapradha（1955）、Devi（1975）、Shinde（1975）、Jadhav 和 Shinde（1981）、Khalil 和 Abu-Hakima（1985）、Kuchta 等（2008）错误地将短臂蛇鲻当作蛇鲻瘤盘绦虫的宿主。蛇鲻瘤盘绦虫或加纳帕提穿头绦虫都未发现于新喀里多尼亚岛的纤细蛇鲻（*S. gracilis* Quoy & Gaimard）。蛇鲻瘤盘绦虫更广泛地分布于印度洋-太平洋地区，同时发生于整个印度和印度尼西亚波斯湾和莫桑比克海岸到澳大利亚的太平洋海岸、新喀里多尼亚和日本。加纳帕提穿头绦虫仅发现于印度和印度尼西亚沿海水域，从未在太平洋发现（Subhapradha，1955；Devi，1975；Radhakrishnan et al.，1983；Kuchta et al.，2009）。Radhakrishnan 等（1983）观察印度沿海蛇鲻绦虫感染流行的季节变动，最高感染率在 10～11 月（加纳帕提穿头绦虫达 100%，蛇鲻瘤盘绦虫达 20%），最低感染率在 1～2 月（加纳帕提穿头绦虫为 35%）。Kuchta 等（2009）研究发现多齿蛇鲻感染率很低（蛇鲻瘤盘绦虫为 9%，加纳帕提穿头绦虫为 4%），但绝大多数自印度尼西亚的宿主是雨季解剖（1～3 月），此期感染率可能是最低的（Radhakrishnan et al.，1983）。有几个作者描述了加纳帕提穿头绦虫头节在鱼肝中成囊的状况（Rao，1954；Subhapradha，1955；Radhakrishnan et al.，1983），但新收集的样品感染部位不确定。事实上，绦虫在幽门盲囊形成囊，随后就到肝脏，这样可能给人的印象是定位于肝脏。穿过小肠壁且头节变形的存在也存在于另外的槽首绦虫，如组织头无腔绦虫（*Anantrum histocephalum* Jensen & Heckmann，1977）及两种三支钩绦虫：鳕鱼无槽绦虫（*Abothrium gadi* Beneden，1871）和球茎状副槽绦虫（*Parabothrium bulbiferum* Nybelin，1922），但这些种并未发现有在肠外形成囊（Kuchta et al.，2008）。Palm（2000，2004）报道了采自印度尼西亚南部爪哇沿岸的 54 种不同的锥吻绦虫。Lönnberg（1893）和 Yamaguti（1954）列了 5 种采自爪哇和苏拉威西岛板鳃类的绦虫，近期的研究描述了更多采自婆罗洲的四叶目绦虫（Caira et al.，2007；Twohig et al.，2008）。相反，仅有 4 个槽首绦虫报道采自印度尼西亚，名分别为：阿拉特拉钩头绦虫［*Anchistrocephalus aluterae*（Linton，1889）］、蛇鲻瘤盘绦虫、副棘阴茎绦虫未定种（*Paraechinophallus* sp.）和加纳帕提穿头绦虫（Kuchta et al.，2008），使得这一地区成为将来鱼类绦虫科学研究的主要兴趣区。蛇鲻瘤盘绦虫发现于新喀里多尼亚岛，是这一水域的第一个槽首绦虫代表（Justine，2007）。

15.10.4.3　澳大利亚槽首绦虫（*Bothriocephalus australis* Kuchta，Scholz & Justine，2009）（图 15-56，图 15-57）

模式宿主：沙扁头鱼巴斯鲬（*Platycephalus bassensis* Cuvier）［鲉形目（Scorpaeniformes）：鲬科（Platycephalidae）。

其他宿主：齿扁头鱼（*P. aurimaculatus* Knapp）。

寄生部位：小肠。

模式种采集地：塔斯马尼亚岛北海岸（2003 年 11 月）。

其他地点：维多利亚奥威角沿海（Cape Otway，Victoria）；南澳大利亚麦克唐奈港口沿海（Port Macdonnell）（2007 年 12 月 31 日）。

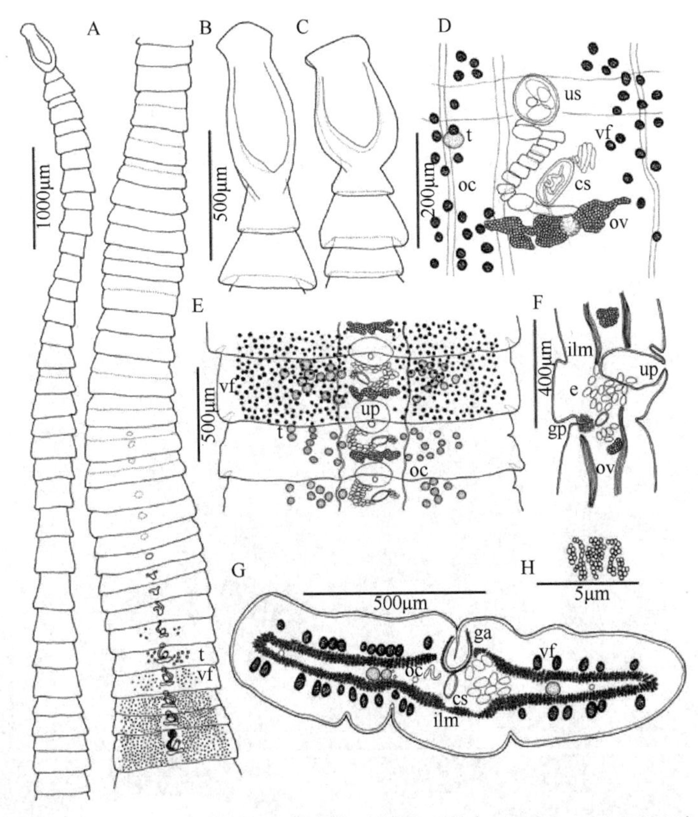

图 15-56 澳大利亚槽首绦虫结构示意图（引自 Kuchta et al.，2009）

A，B，D，E. 全模标本（SAMA AHC 29631）；C，F～H. 副模标本（IPCAS C-510）。A. 链体的整个前方部分；B，C. 头节背腹面观；D. 成节的详细结构，腹面观；E. 孕节概略结构示意图，卵黄腺滤泡仅图示于前方节片中，腹面观；F. 孕节在阴茎囊水平的矢状面；G. 阴茎囊水平横切面；H. 纵肌横切面详细结构。缩略词：cs. 阴茎囊；e. 虫卵；ga. 生殖腔；gp. 生殖孔；ilm. 内纵肌；oc. 渗透调节管；ov. 卵巢；t. 精巢；up. 子宫孔；us. 子宫；vf. 卵黄腺滤泡

模式材料：澳大利亚蠕虫学的收藏，南澳大利亚博物馆，澳大利亚阿德莱德市（Adelaide）（全模标本：SAMA AHC 29631 和 11 个凭证标本 SAMAAHC 29633～43）；寄生虫学院，捷克共和国捷克布杰约维采（BC AS CR，České Budějovice）收藏（4 个副模标本和 11 个凭证标本 IPCAS C500～510）；英国伦敦自然历史博物馆收藏（3 个副模标本 BMNH 2009.3.12.1～3 和 10 个凭证标本 BMNH 2009.3.12.4～13）。

词源说明：种名“澳大利亚”指绦虫采集地在南半球澳大利亚区。

形态描述基于全模标本、5 个副模标本和 11 个凭证标本（未标明的测量单位均为 μm）。链体长达 22cm（*n*=8）；最大宽度 3mm。外和内分节存在，向前方不完全分节；次级分节存在；节片宽大于长，具明显缘膜。两对纵向渗透调节管；背管窄（直径 7～11）；腹管宽（直径 11～14），由横向联合连接。纵肌很发达，由大型肌肉束组成。链体表面有毛状的丝毛覆盖；节片后部边缘覆盖有圆锥形的棘毛带。头节侧面观为箭头状，背腹观卵圆形，长 874～1357（1357？）、宽 491～619（573）（*n*=10）。顶盘很发达，背腹宽 390～504（454），高 128～189（155），背面和腹面有很深的切口。吸槽伸长、浅，长 694～1319（1063），宽 397～414（409）（*n*=10）。头节表面覆盖有毛状的丝毛和凸丘样球状结构（感觉结构？）。颈区不明显，第 1 节片表现为紧接着头节后部。未成节长 165～338，宽 368～1847（*n*=16）。成节，即输精管里有精子的节片，宽大于长，长 215～434，宽 1123～1870；节片长宽比为（0.17～0.36）：1（*n*=16）。孕节宽大于长，长 231～500，宽 1447～1949；节片长宽比为（0.16～0.33）：1（*n*=16）。精巢位于髓质，卵圆形，每节数目 21～45（21～24）（*n*=16），直径 36～52（36～52）（*n*=16），形成两窄纵带（每条带 10～23 个精巢），节片之间不相连，中央和侧方边缘无精巢。阴茎囊大，壁薄（囊壁厚达 10），倾斜伸长，近端部向前侧方弯曲，长 81～114，宽 37～50［长宽比为（1.9～2.3）：1］（*n*=16），位于节片长度向、赤道前（32%～52%；*n*=16）。输精管形成多个阴茎囊后侧方向的环；内部输精管强烈弯曲；阴茎无棘，开于生殖

腔。生殖孔位于近节片前方边缘，横向伸长。生殖腔深且宽，由嗜色细胞包围。卵巢不对称，由小叶片组成，长 153～239（197～232），宽 42～97（50～70）（*n*=16）。阴道是一直的薄壁管，直径 12～19，在阴茎囊后方开口于生殖腔；无阴道括约肌。卵黄腺滤泡多数，小、球形，直径 28～42（28～36）（*n*=16），位于髓质，形成 2 个宽的纵向带，节片之间连续，中央分离，后部区域很少由几个滤泡相连。子宫管卷绕，形成数个紧密的环，充满着虫卵，在孕节中扩大。子宫薄壁，位于中央，球状，在孕节中扩大。长达 398（312）、宽达 422（358）。子宫孔壁厚，开口略后于子宫中央处。卵椭圆形，壁薄，有盖，不胚化，长 55～60，宽 33～39（*n*=20）。

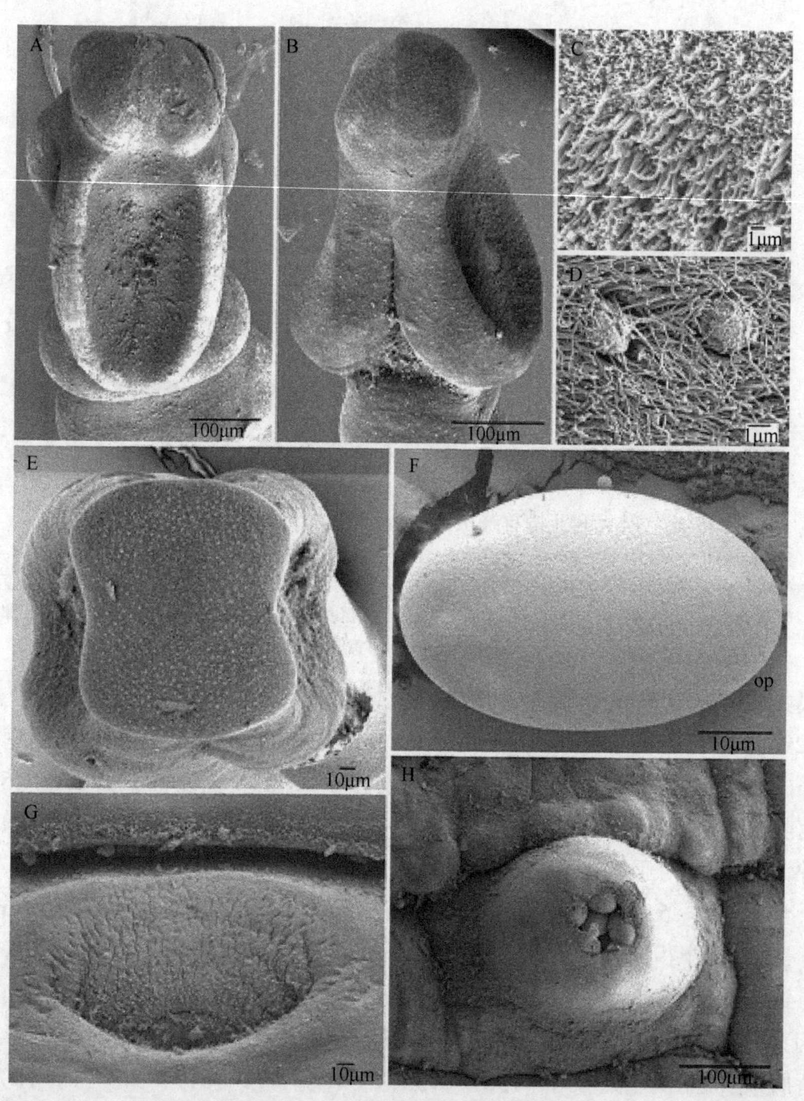

图 15-57　澳大利亚槽首绦虫凭证标本扫描结构（引自 Kuchta et al.，2009）

A. 头节背腹面观；B. 头节侧面观；C. 节片后部边缘详细结构；D. 顶盘上丘样球状结构；E. 顶盘顶面观；F. 新鲜释放的卵；G. 生殖孔的详细结构；H. 子宫孔的详细结构。缩略词：op. 卵盖

该种由于存在分节现象，无棘的头节，没有括约肌围绕着吸槽前方的开孔，中央生殖孔，以及皮质的卵黄腺滤泡等特征而放在槽首属。澳大利亚槽首绦虫不同于大多数槽首科的绦虫在于其存在一由嗜色细胞围绕的又深又宽的生殖腔。而这一特征如果不用扫描电镜的话很难看到（生殖腔的形态），不用组织学技术则难观察到嗜色细胞的存在。澳大利亚槽首绦虫除了难与槽首属两个具有斜位、长形阴茎囊、近端部弯向前侧方的种区别，很容易与其他所有槽首属绦虫相区别。相似的阴茎囊存在于凯尔盖朗槽首绦虫（*B. kerguelensis* Prudhoe，1969）和鲹槽首绦虫（*B. carangis* Yamaguti，1968），但前者最大的不同是阴

茎囊更大［250 × 57 vs 澳大利亚槽首绦虫的（81～114）×（37～50）］且长显著大于宽［4∶1 vs 澳大利亚槽首绦虫的（1.9～2.3）∶1］，卵巢的大小在凯尔盖朗槽首绦虫更大［400 × 300 vs 澳大利亚槽首绦虫的 153～239（此处的数据有疑问，但文献如此）］，精巢更大（120 vs 澳大利亚槽首绦虫的 21～45），终末宿主谱［蓝鳃南极鱼（*Notothenia cyanobrancha* Richardson）和花纹南极鱼（*Notothenia rossii* Richardson）所属的鲈形目（Perciformes）vs 澳大利亚槽首绦虫的鲉形目（Scorpaeniformes）］，以及地理分布（南极区水域 vs 澳大利亚槽首绦虫的澳大利亚东南沿海）。与鲹槽首绦虫的不同主要在于鲹槽首绦虫存在 1 个巨大的阴道括约肌（澳大利亚槽首绦虫无此括约肌），不完全分节（中央缺失），略多的精巢数（30～110 个 vs 澳大利亚槽首绦虫的 21～45 个），更大的阴茎囊［(200～350)×(80～110) vs 澳大利亚槽首绦虫的（81～114）×(37～50)］，更大的卵［(60～68)×(32～40)vs(55～60)×(33～39)］，以及终末宿主谱［平线若鲹（*Carangoides ferdau*）和白舌尾甲鲹（*Uraspis helvola* Forster）所属的鲈形目 vs 澳大利亚槽首绦虫的鲉形目］。

15.10.4.4 西利槽首绦虫（*Bothriocephalus celineae* Kuchta，Scholz & Justine，2009）（图 15-58）

模式宿主：橙点九棘鲈［*Cephalopholis aurantia*（Val.）］和黑缘九棘鲈［*C. spiloparaea*（Val.）］的杂交种［鲈形目：花鲈科（Serranidae）］。鱼样品保存于法国巴黎自然历史博物馆，编号 MNHN 2007-0256（Randall & Justine，2008）。

寄生部位：小肠。

模式种采集地：太平洋（2006 年 8 月 22 日；22°27′S，166°21′E）新喀里多尼亚努美阿堡礁外斜坡。

模式材料：法国巴黎自然历史博物馆（全模标本 MNHN JNC 1926）。

词源说明：种名是为了纪念法国寄生虫学院的 Céline Levron，她对鱼类绦虫和吸虫超微结构的研究作出了贡献。

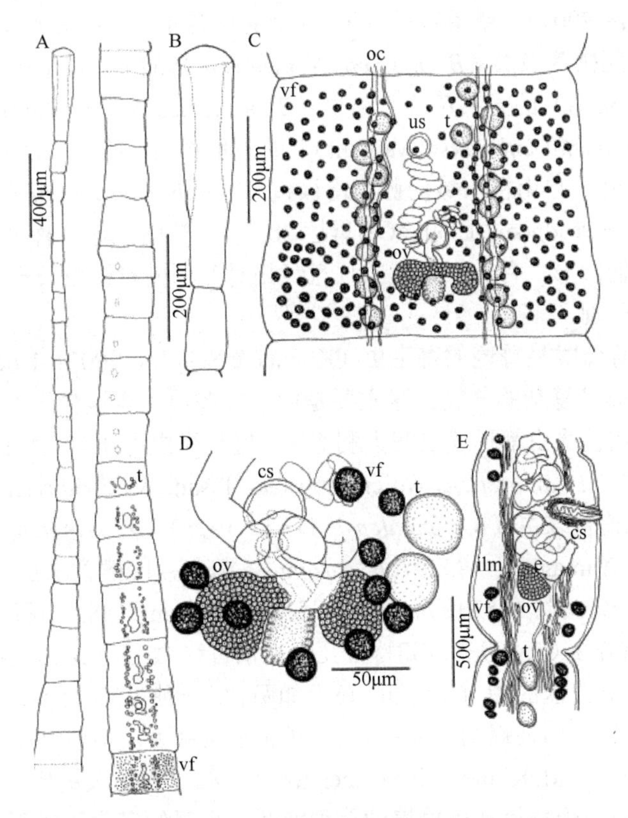

图 15-58 西利槽首绦虫结构示意图（引自 Kuchta et al.，2009）

全模标本（MNHN JNC 1926）。A. 链体的整个前部；B. 头节，侧面观；C. 成节示意图；D. 成节局部详细结构；E. 孕节过阴茎囊水平的矢状面。缩略词：cs. 阴茎囊；e. 虫卵；ilm. 内纵肌；oc. 渗透调节管；ov. 卵巢；t. 精巢；us. 子宫；vf. 卵黄腺滤泡

形态描述基于全模标本（测量单位除有标明外，其他的均为μm）。链体小，长2.4cm；最大宽度570。外和内分节存在。节片数为97；次级分节存在；节片宽大于长，略具缘膜。两对纵行排泄管；背管窄（直径4～5）；腹管宽（直径6～7），由横向联合连接。纵肌很发达，由肌纤维束构成。头节细长，侧面观长347，宽93。顶盘不发达，侧面观宽101，高34。吸槽伸长，长281～294。颈区明显，长85。未成节长80～487，宽143～367（*n*=10）。成节宽大于长，宽491～524，长255～414；节片长宽比为（0.5～0.8）：1（*n*=3）。孕节宽大于长，宽516～567，长347～498；节片长宽比为（0.6～0.9）：1（*n*=10）。精巢位于髓质，椭圆形，每节14～26个（*n*=16），直径36～54（*n*=30），各侧形成单一纵行精巢带（每带6～14个），很少有精巢形成第2列，节片之间不连续，中央和近侧方边缘缺乏。阴茎囊小，壁薄，椭圆形，长46～57，宽32～49［长宽比为（1.1～1.5）：1］（*n*=12）。输精管在阴茎囊前侧方形成很多环；内输精管和阴茎未观察到；生殖腔深。生殖孔位于中央，赤道略前方（在节片长度的35%～60%；*n*=12）。卵巢不对称，实质状，两叶，长111～188，宽46～98（*n*=12）。阴道壁薄，直径16～20，直，在阴茎囊后方开口入生殖腔；无阴道括约肌。卵黄腺滤泡数目多而小，球状，直径12～25（*n*=30），位于皮质，形成两宽纵带，节片之间分离，中央分离，很少出现卵巢后方区域有几个滤泡的情况。子宫管弯曲，形成多数、致密盘绕的环，充满虫卵，孕节中扩大。子宫壁薄，位于中央，球状，在孕节中膨大，长达88，宽达79。子宫孔壁厚，明显位于赤道前方（在节片长度的16%～27%，*n*=12）。卵椭圆形，壁薄，有卵盖，不胚化，长41～50，宽29～35（*n*=10）。

虽然仅发现了一个标本，但它与同属的种类极为不同，以致提出为新种。放在槽首目是由于其存在中央生殖孔、分节现象、无棘头节、没有括约肌围绕吸槽前方的孔，以及皮层位置的卵黄腺滤泡等（Kuchta et al.，2008）。西利槽首绦虫不同于同属其他种主要在于其每节的精巢数目（14～26个，精巢各带通常为单列）及小型的链体（最大长度为24mm），由少于100个节片组成。绝大多数槽首绦虫都长于10cm（Protasova，1977；Kuchta，2007）。精巢数目少于40个的仅有4个种：分别是采自日本沿海细条天竺鲷（*Apogon lineatus*）的天竺鲷槽首绦虫（*B. apogonis* Yamaguti，1952）（30个精巢）；采自日本沿海日本方头鱼（*Branchiostegus japonicus*）的方头鱼槽首绦虫（*B. branchiostegi* Yamaguti，1952）（20个精巢）；采自墨西哥湾缺须短稚鳕［*Gadella imberbis*（Vaillant）］的短稚鳕槽首绦虫（*B. gadellus* Blend & Dronen，2003）（精巢达33个），以及采自南极水域的蓝鳃南极鱼（*Notothenia cyanobrancha* Richardson）的凯尔盖朗槽首绦虫（*B. kerguelensis* Prudhoe，1969）（精巢达30个）。然而，这些种多数链体更大（大于10cm）且节片数目更多，头节为椭圆形，有一很发达的顶盘（相对西利槽首绦虫长形头节和很不发达的顶盘），颈区不明显及宿主谱均有区别。

槽首目绦虫是海洋硬骨鱼类最普遍的寄生虫（Kuchta & Scholz，2007；Kuchta et al.，2008）。槽首属是槽首目中种类最多、分类最复杂的一属；这主要是由于大多数种类链体形态很一致且描述不够充分。澳大利亚槽首绦虫和西利槽首绦虫都描述自澳大利亚区。槽首绦虫海洋有效种的12个描述自印度太平洋区，分别为：南极槽首绦虫（*B. antarcticus* Wojciechowska，Pisano & Zdzitowiecki，1995）、天竺鲷槽首绦虫（*B. apogonis*）、孟加拉槽首绦虫（*B. bengalensis* Devi，1975）、方头鱼槽首绦虫（*B. branchiostegi*）、须鼬槽首绦虫（*B. brotulae* Yamaguti，1952）、*B. carangis*、凯尔盖朗槽首绦虫（*B. kerguelensis*）、鲈鱼槽首绦虫（*B. lateolabracis* Yamaguti，1952）、*B. manubriformis*（Linton，1889）、石首鱼槽首绦虫（*B. sciaenae* Yamaguti，1934）、天蝎槽首绦虫（*B. scorpii*）和特拉瓦索斯槽首绦虫（*B. travassosi* Tubangui，1938）（Kuchta & Scholz，2007）。采自澳大利亚区的槽首属绦虫，还已知两种，一种为淡水的鱊槽首绦虫（*B. acheilognathi* Yamaguti，1934），另一种为海水的天蝎槽首绦虫。后一种报道自新西兰沿海红拟褐鳕［*Pseudophycis bachus*（Forster）］（Robinson，1959）。McKinnon和Featherston（1982）描述天蝎槽首绦虫的头节穿过了宿主红拟褐鳕的肠壁，是三支钩属、无槽属和副槽属的典型特征，也已知寄生于鳕形目鱼类。从红拟褐鳕中鉴定的天蝎槽首绦虫是有疑问的，尚需要证实。从未报道过扁头鲬中的成体绦虫（Schmidt，1986），仅发现有锥吻和叶槽绦虫的幼虫（Hooper，1983；Palm，2004）。鲬科的鱼栖居于印度西太平洋温带和热带沿海水域（Jordan & Richardson，1908）。鲬属有 16 个有效种，14 个种采自澳大利亚水域（Froese & Pauly，2009）。鲬是食肉的，以小鱼和小的甲壳动物为食，可能发现于很宽的水深范围（10～350m）的经济鱼类（Froese & Pauly，2009）。有些种类在日本是实验水产项目养殖种。同种的绦虫发现于宽头鲬（*Platycephalus fuscus* Cuvier，1829），但后来的研究者已无法获得相关信息。没有这些绦虫对宿主致病影响的相关数据，也没有可观察的宿主肠道的宏观变化，甚至于重度感染澳大利亚槽首绦虫时的相关信息都没有。

石斑鱼亚科由 15 个属组成（Heemstra & Randall，1993）。九棘鲈属（*Cephalopholis* Bloch & Schneider）是仅次于石斑鱼属（*Epinephelus* Bloch）的第二大属，含 23 个种（Froese & Pauly，2009）。成体槽首目的绦虫没有采自石斑鱼的记述，使 Yuniar（2005）未发表的内容打了折扣，他报道的绦虫暂时识别为槽首绦虫未定种采自印度尼西亚沿海的斜带石斑鱼（*Epinephelus coioides*）。仅锥吻绦虫的幼虫发现于石斑鱼（Palm，2004；Beveridge et al.，2007；Abdou & Palm，2008）。

西利槽首绦虫寄生于杂交的橙点九棘鲈（*Cephalopholis aurantia*）×黑缘九棘鲈（*C. spiloparaea*）是例外，原因如下述几条：①它是唯一发现于许许多多石斑鱼的成体槽首目的绦虫；②它发现于杂交样本，而不是发现于野生种（Randall & Justine，2008）；③鱼样品采自有一定深度的暗礁外斜坡。新喀里多尼亚岛沿海九棘鲈属种类成体中没有查到槽首绦虫，鱼类包括斑点九棘鲈（*C. argus*）、横纹九棘鲈（*C. boenak*）、青星九棘鲈（*C. miniata*）、紫色九棘鲈（*C. sonnerati*）和尾纹九棘鲈（*C. urodeta*），1 个是杂交种的亲本种：黑缘九棘鲈的两个样品。多于 20 种石斑鱼，包括石斑鱼属、鳃棘鲈属（*Plectropomus*）和侧牙鲈属（*Variola*），也都没有感染（Justine，2007，2008）。新喀里多尼亚岛沿岸没有采到鲬属的种类记录，但博氏孔牛尾鱼（*Cymbacephalus beauforti*）（鲬科）的 4 个样品经检查没有槽首类绦虫。成体槽首类绦虫寄生于多数珊瑚礁鱼类的感染率很可能极低。在新喀里多尼亚岛，虽然已检查过的鱼类多于 300 种，除了西利槽首绦虫，成体槽首类绦虫仅报道寄生于两种蛇鲻中（Kuchta et al.，2009）。以可获得的槽首属种核糖体大亚基基因（*LSU*：长度 1438bp）序列进行部分序列比较分析，结果表明最相关的种是天蝎槽首绦虫，与澳大利亚槽首绦虫的核苷酸差异是 2.4%，与西利槽首绦虫的核苷酸差异是 3.6%，而澳大利亚槽首绦虫与西利槽首绦虫的核苷酸差异是 4.4%（J. Brabec，未发表数据）。

15.10.4.5 异膜双杯绦虫［*Amphicotyle heteropleura*（Diesing，1850）Lühe，1902］（图 15-59A～C、H，图 15-60）

［同物异名：异膜双槽绦虫（*Dibothrium heteropleurum* Diesing，1850）；典型双杯绦虫（*Amphicotyle typica* Diesing，1863）；异膜槽首绦虫（*Bothriocephalus heteropleurus* Stossich，1890）］

形态特征（测量单位除有标明外，其他的均为μm；括号内、外为不同学者的数据）：采自黑尖鳍鲛（鲈形目：长鲳科）的异膜双杯绦虫。描述主要基于组织切片（包括大多数内部结构的测量数据；来自新西兰大量样品的测量数据在括号中）。属于槽首目、三支钩科。大型蠕虫，长达 38.5cm，宽达 4mm。链体强壮，有显著缘膜（膜状或栉状）又短又宽的节片；各节片由两假节组成，前方假节略大。外部和次级分节存在。纵向渗透调节管多数。纵肌很发达，由大的肌纤维束组成。在染色的制片中，整条链体存在多数强染色的囊（直径 13～24；*n*=10），达头节。表面覆盖有小的丝状微毛，形态大小相似。头节背腹面观椭圆形到梯形，长×宽为 619～925（1820～2890）× 245～688（520～600），侧面观箭形，有游离、突出的后部边缘；顶盘很发达。背腹向宽 180～250（560～740）。吸槽长×宽为 480～690 × 280～500（2220 × 540），长形、浅，近后方边缘有球状、吸盘样凹陷，直径 40～210。颈区不明显，第 1 节片紧接着头节开始。未成节和成节宽于头节，很短，宽明显大于长，长×宽为 65～360 × 410～1630（*n*=10）。孕节更宽，长×宽为 63～498 × 2800～2900（*n*=10）。精巢位于髓质，直径 47～96（*n*=15），为 2～3 层，节片间形成连续的区。阴茎囊大，梨形、壁厚，远端最厚（囊壁厚达 32），长×宽约为 860 × 470；阴茎囊占孕节宽度的 15%。外部的输精管形成多个横向的环，位于阴茎囊中央；内部的输精管窄，壁厚，弯曲；阴茎无棘，有皮层褶，开口入狭窄的生殖腔。生殖孔位于侧方，不规则交替。卵巢为不规则形，分叶状，位于背部髓质，有分叶伸入内纵肌肌肉束之间。阴道管状，远端壁厚，没有括约肌。卵黄腺滤泡围绕着皮质，包括节片后部膜状的突起，直径 31～43（*n*=10）。子宫囊位于中央，壁薄，横向椭圆形，占据了孕节的大部分。子宫孔未观察到。卵有盖，不胚化，表面显著多皱纹，长×宽为 35～41 × 20～22（*n*=20）。

模式和仅有的宿主：黑尖鲳鲛（*Centrolophus niger*）。

寄生部位：头节位于幽门盲囊，链体位于小肠前部。

模式种采集地：意大利（地中海）的里雅斯特亚得里亚海。

分布：大西洋（外赫布里底群岛、法国、南非）；地中海（威尼斯、帕多瓦、那不勒斯）；北海（苏格兰）；太平洋（新西兰）。

该种被 Diesing（1850）简短地描述为异膜双槽绦虫。根据 Koch 收集的采自意大利的里雅斯特亚得里亚海沿海 *Centrolophus pompilius*（现名为黑尖鲳鲛）的两种蠕虫（1 个样本仍贮藏在 NMW 2600），Diesing

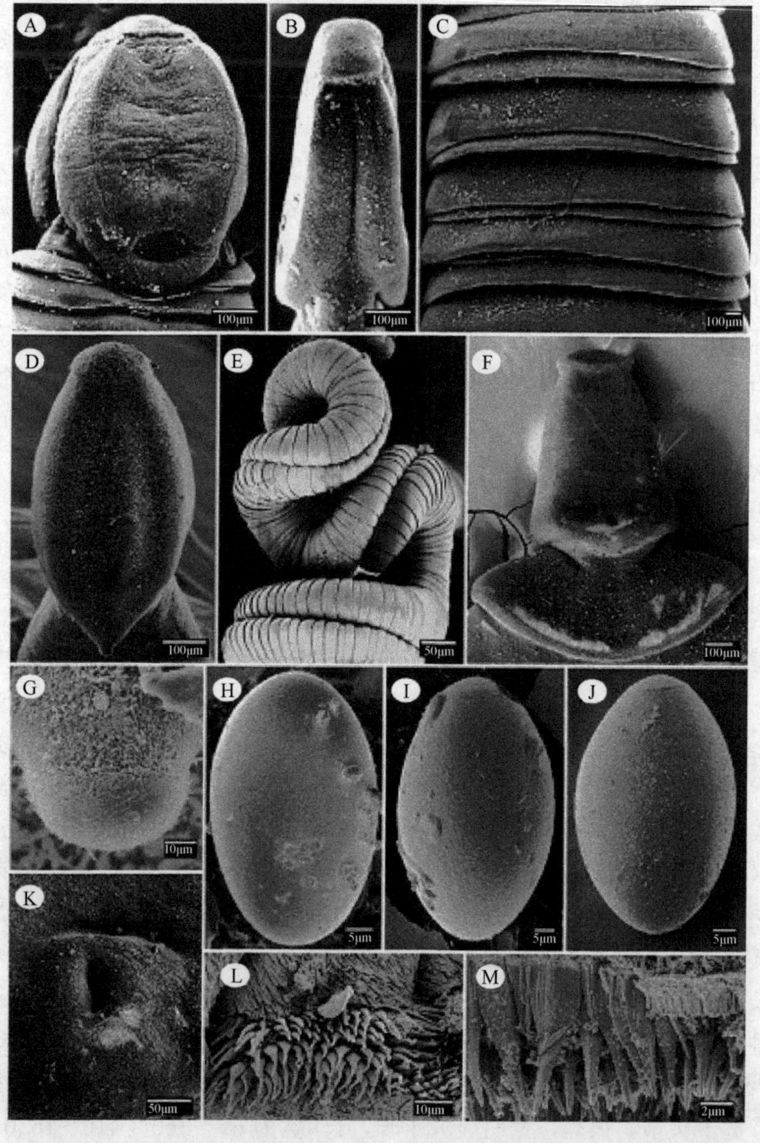

图 15-59　采自外赫布里底群岛（Outer Hebrides）的 3 种绦虫的扫描结构（引自 Kuchta & Scholz，2008）

A～C，H. 异膜双杯绦虫：A. 头节背腹观；B. 头节侧面观；C. 未成熟链体；H. 卵。D，E，G，I，L. 索里诺索槽杯绦虫：D. 头节背腹观；E. 链体；G. 吸槽后部边缘的详细观；I. 卵；L. 节片后部边缘的详细结构。F，J～K，M. 瓦格纳棘阴茎绦虫：F. 头节背腹观；J. 卵；K. 吸槽后部边缘的详细结构；M. 节片后部边缘的详细结构

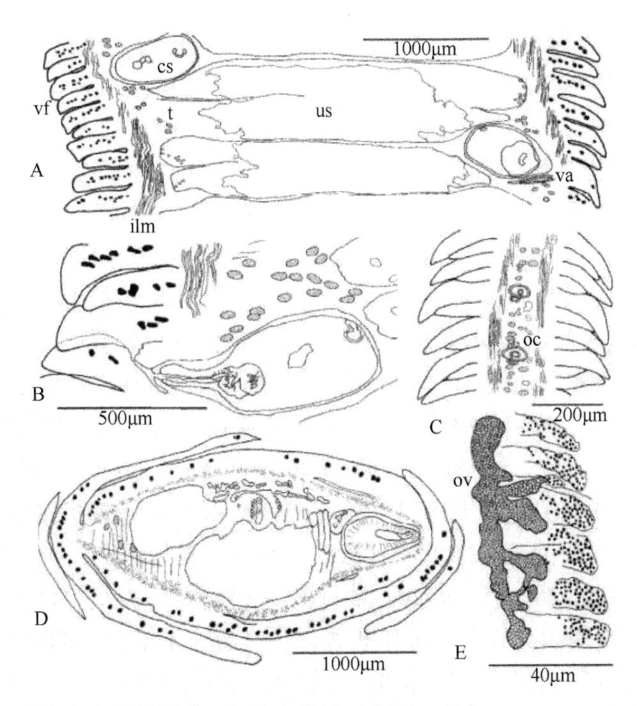

图 15-60　采自意大利的异膜双杯绦虫结构示意图（引自 Kuchta & Scholz，2008）

A. 链体组织切片，子宫囊中的虫卵未示意；B. 纵向切面，背腹观；C. 矢状切面，卵黄腺未示意；D，E. 分别为阴茎和卵巢水平横切面。缩略词：cs. 阴茎囊；ilm. 内纵肌；oc. 渗透调节管；ov. 卵巢；t. 精巢；us. 子宫囊；va. 阴道；vf. 卵黄腺滤泡

（1863）提出了双杯属（*Amphicotyle*），用于容纳典型双杯绦虫（*Amphicotyle typica*），采自相同地点黑尖鲳鲛的另一个种。而 Lühe（1902）将典型双杯绦虫与异膜双槽绦虫当作同物异名，并将异膜双槽绦虫移入双杯属，更名为异膜双杯绦虫，并成为属的模式种。Schumacher（1914）基于模式种采集地所获样本的组织切片，提供了该种较全面的形态数据。由于该虫链体很厚，有发达的纵肌束，节片又短又宽，且多数都是未成节。整体装片永久固定染色标本中观察其内部结构几乎是不可能的。因此，对其形态研究，组织切片是必需的。用扫描电镜观察到此绦虫的卵具有一不发达但很明显的卵盖。采自新西兰的样品由于一致的链体形态（未示数据）而认为是同种。采自大西洋的种与异膜双杯绦虫的同种性从 3 个基因（*cox1*、*ITS-2* 和 28S rRNA，见 Kuchta & Scholz，2008）几乎一致的序列也可以证实。Bray 等（1994）提供了标示为异膜双杯绦虫一成节的示意图，但它实际上是相似米兰绦虫（Kuchta & Scholz，2008）。类似地，Brabec 等（2006）将相似米兰绦虫错误地识别为异膜双杯绦虫。

15.10.4.6　索里诺索槽杯绦虫［*Bothriocotyle solinosomum* Ariola，1900］（图 15-59D、E、G、I、L，图 15-61）

［同物异名：采自黑尖鲳鲛的双槽绦虫（*Dibothrium* aus *Centrolophus pompilius* Wagener，1854）；黑尖鲳鲛双槽绦虫（*Dibothrium centrolophi pompilii* Diesing，1863）；索里诺索槽杯绦虫（*Bothriocotyle solenosomum* Ariola，1900），Lühe（1902）和 Schumacher（1914）曾错拼］

大型蠕虫（测量单位除有标明外，其他的均为μm），长达 40cm，最大宽度为 4mm。链体沿纵轴折叠（背凸腹凹）并螺旋（活材料也能观察到）。外和内分节存在，次级分节存在于最初的未成节上；节片具缘膜。渗透调节系统很发达，有几对纵管宽 15～30，由数条横向联合管连接。纵向的肌肉很发达，由大量的纵肌纤维束构成。通体存在直径为 12～17（*n*=10）、深染的小囊，达头节，链体的后部较少且透明。表面覆盖有形态大小相似的小丝状微毛；节片背部的后侧缘覆盖有大型、约长 15 的棘状微毛窄带，略微达腹侧。头节相对小，背腹观卵圆形，细长；侧面观箭头状，背腹面长×宽为（650～1225）×（350～850）（侧面观头节宽度为 320～1020）（*n*=10），具有后方乳头状突起，长×宽为（63～171）×（86～130，以及其端部小型、窄缝隙状凹陷。顶盘不发达。吸槽浅，长形到卵圆形。颈部不明显；第 1 节紧接头节后开始。未成节梯形，长、宽大致相当，很快宽大于长，长×宽为（230～500）×（530～3860）（*n*=15）。成节宽明显大于长，长×宽为（405～695）×（1980～3920）（*n*=15）。孕节宽大于长，长×宽为（550～1160）×（2520～4090）（*n*=15），最末的节片变为方形甚至长大于宽。精巢位于髓质，椭圆形，每节 49～72（*n*=10）个，直径 50～74（*n*=20），位于两侧区域，近节片后部边缘连接，节片之间连续。阴茎囊圆柱状，长×宽为（420～500）×（130～175）（*n*=15），长度占据成节宽度的 8%～18%（*n*=32），阴茎囊近端（中央）部方中央向一定角度的位置。阴茎囊的肌肉很发达，有很厚的壁，尤其是远端，外纵肌层厚 19～42，内环肌层厚 17～27；阴茎囊的近端部由大量腺细胞围绕。外输精管形成大量环，位于阴茎囊的前方中央。内输精管卷曲；阴茎巨大，有大棘，长约 3，开于小型、窄的生殖腔。生殖腔位于背部、亚侧方，距侧方边缘 271～816，不规则交替，位于节片中央或中央后方、节片长度的 45%～73%处。卵巢两叶状，不对称，孔侧，阴茎囊的中央后方，滤泡状，长×宽为（98～198）×（608～913）（*n*=15）。阴道管状，壁薄，在卵巢背方横过，之后向侧方弯曲，近端部直径 22～35（*n*=10），具显著厚壁扩张的远端部，长×宽为（200～247）×（45～70）（*n*=15），扩张的远端部近端有微毛，在阴茎囊后方开口于小的生殖腔。卵黄腺滤泡位于髓质，椭圆形，相对大（直径 26～55，*n*=20，数目多，环绕着节片，子宫周围中央腹部区域缺）。子宫管弯曲，形成小的薄壁环。充满虫卵并在孕节中扩大。子宫囊位于中央，椭圆形，占据节片的前方部位。子宫孔位于中央，开于腹部。卵椭圆形，有卵盖，不胚化，表面略有坑，长×宽为（56～65）×（40～20）（*n*=20）。

模式和仅有的宿主：黑尖鳍鲛。

寄生部位：头节位于幽门盲囊，链体位于小肠前部。

模式种采集地：意大利（地中海）热那亚利古里亚海。

分布：大西洋（外赫布里底群岛、法国、南非）；地中海（热那亚、威尼斯、帕多瓦、那不勒斯）；北海（苏格兰）；太平洋（新西兰）。

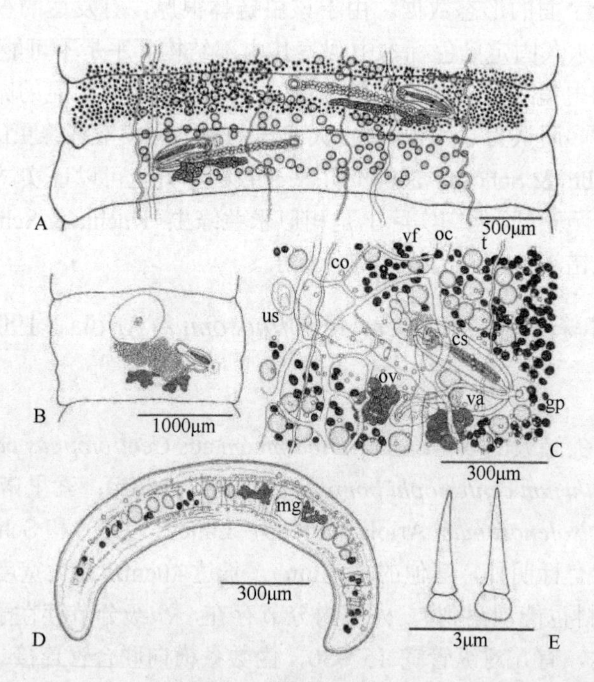

图 15-61 采自外赫布里底群岛的索里诺索槽杯绦虫（引自 Kuchta & Scholz，2008）

A. 第 1 孕节，腹面观；B. 孕节示意图，背面观，卵在子宫囊中，精巢和卵黄腺未示意；C. 生殖器官末端腹面观；D. 节片过卵巢水平横切面；E. 阴茎棘微细结构。缩略词：co. 小体；cs. 阴茎囊；gp. 生殖孔；mg. 梅氏腺；oc. 渗透调节管；ov. 卵巢；t. 精巢；us. 子宫囊；va. 阴道；vf. 卵黄腺滤泡

Ariola（1900）基于 Parona 和他本人在热那亚采集到的样本描述了索里诺索槽杯绦虫，并作为新属新种。他认为 Wagener（1854）采自黑尖鳍鲛的双槽绦虫为索里诺索槽杯绦虫的同物异名。Yamaguti（1959）将该属从棘阴茎科移到双杯科（Amphicotylidae）。后来，Bray 等（1994）、Kuchta 等（2008）认为其与三支钩科为同物异名，并提出一新的亚科：槽杯亚科（Bothriocotylinae），但并未为其建立提供充分证据。一些作者将此属放回了棘阴茎科（Protasova，1977；Schmidt，1986；Bray et al.，1994；Kuchta et al.，2008），我们同意索里诺索槽杯绦虫为槽杯属的模式种和仅有的一种。近期的观察大致与文献（Schumacher，1914）数据相符，下面的内容是略有差异之处：①描述的内纵肌腹部比背部发达，实际上背腹是一样的；②精巢的实际数目略少［每节最多 72 个，而 Schumacher（1914）报道约 90 个］；③阴道端扩张部的近端（基部）覆盖有细的微毛，先前的文献中未提到；④使用扫描电镜发现卵具有不发达但显著的卵盖，而所有先前的作者都报道卵无盖（Schumacher，1914；Yamaguti，1959；Protasova，1977；Schmidt，1986；Bray et al.，1994）。

15.10.4.6 瓦格纳棘阴茎绦虫［*Echinophallus wageneri*（Monticelli，1890）Schumacher，1914］（图 15-59F、J、K、M，图 15-62）

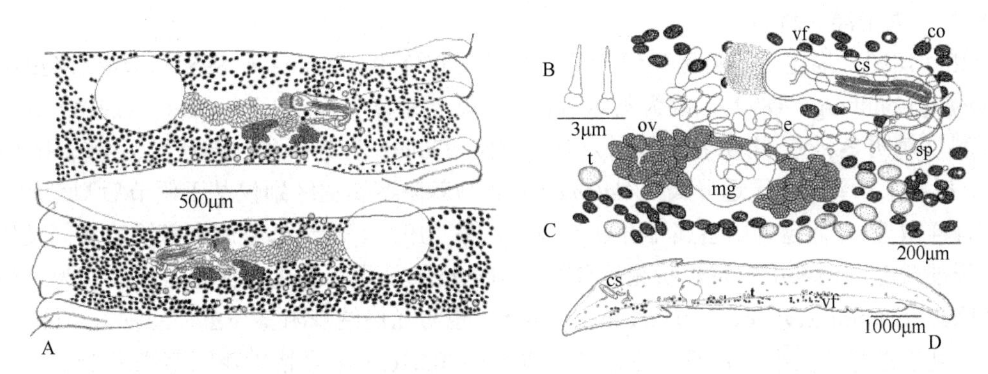

图 15-62 采自外赫布里底群岛的瓦格纳棘阴茎绦虫结构示意图（引自 Kuchta & Scholz，2008）
A. 孕节背面观，未示意子宫囊内的虫卵；B. 阴茎棘详细结构；C. 生殖器官末端腹面观；D. 节片阴茎囊水平横切面。
缩略词：co. 小体；cs. 阴茎囊；e. 卵；mg. 梅氏腺；ov. 卵巢；sp. 括约肌；t. 精巢；vf. 卵黄腺滤泡

［同物异名：瓦格纳槽首绦虫（*Bothriocephalus wageneri* Monticelli，1890）；瓦格纳双性孔绦虫（*Diplogonoporus wageneri* Ariola，1895）；*Diplogonoporus settii* Ariola，1895；*Amphitretus wageneri* Lühe，1902；瓦格纳棘头绦虫（*Acanthocephallus wageneri* Lühe，1910）；无棘样远分绦虫（*Atelemerus acanthoides* Guiart，1935）］

大型很宽的蠕虫（测量单位除标明外为μm），长达 50cm，宽 2cm。链体扁平，沿纵轴折叠（背凸腹凹）。外部和内部有分节，还有次级分节；各节片由两假节组成，各节片含 2 套平行的生殖器官。节片具显著缘膜，宽显著大于长，腹面后部边缘有舌状饰边。渗透调节管很发达，有几对纵管；背管窄，由很多横向联合管相连接。纵肌很发达，由大量肌纤维束组成。许多强染色小体（直径 18～26；n=10）存在于整条链体。表面覆盖有形态和大小相似的小型丝状微毛；假节背部后侧边缘覆盖有窄的大棘状微毛带，棘长达 20，略达腹侧。头节锥状到梯形，比第 1 节窄，长×宽为（690～1470）×（610～1260）（在背腹方向）；侧向宽 740～1000（n=7），有略发达的顶盘，背腹径为 250～415，侧径为 255～375。吸槽不发达，很浅，在近后端部有裂缝切口。颈区不明显，第 1 节紧接头节后。未成节长×宽为（420～630）×（1.7～11.9）mm（n=10）。成节长×宽为（450～630）×（10.5～20）mm（n=10）。孕节更细，长×宽为（630～840）×（7.2～8.6）mm（n=10），近链体后部略变形。精巢位于髓质，椭圆形，直径 70～82（n=20），全部在腹部髓质，估计每节约有 200 个；精巢形成沿着节片生殖孔之间的前方和后方边缘窄的横向带；各假节的区域在中央汇合。阴茎囊大，长形或圆柱状，有近端部向前方中央和厚壁的远端部（外纵向层厚

30～62，内环状层厚 14～24），开口于小而窄的生殖腔。阴茎囊长×宽为（345～710）×（95～160）（*n*=20），代表了成节宽度的 4%～8%（*n*=20）；它的近端部由无数的腺细胞围绕。外部的输精管窄，紧密卷曲；内输精管卷曲；阴茎巨大，具约长 3 的大棘。生殖腔小，背方亚侧位，距侧边缘 900～1170，在中线前方到后方（占节片长度的 25%～67%）。卵巢两叶、滤泡状，位于阴茎囊后方中央，长×宽为（105～230）×（475～1220）（*n*=15）；峡部窄长。阴道管状，壁薄，在背部横过卵巢，之后向侧方弯曲，近端部直径 22～35（*n*=10），厚壁显著扩张的远端部，直径 35～60；由大的环状括约肌围绕，腔中部直径 110～170。卵黄腺滤泡数目多，大（直径 42～70；*n*=20），位于皮质和髓质沿着内纵肌的腹部层；卵黄腺滤泡在节片间连续。子宫管弯曲，形成大量薄壁环，充满虫卵，在孕节中扩大。子宫囊椭圆形，亚中央位，占据节片的前部分。子宫孔壁厚，亚中央位或腹位，接近节片的前方边缘。卵椭圆形，有盖，不胚化，表面略有凹痕，长×宽为（53～66）×（35～40）（*n*=20）。

模式宿主：黑尖鳍鲛。

寄生部位：头节位于幽门盲囊，链体位于小肠前部。

模式种采集地：意大利（地中海）热那亚利古里亚海。

分布：大西洋（外赫布里底群岛、亚速尔群岛、法国、南非）；地中海（威尼斯、帕多瓦、那不勒斯）；北海（苏格兰）；太平洋（新西兰）。

Monticelli（1890）描述了采自黑尖鳍鲛的瓦格纳槽首绦虫。Ariola（1895）移动此绦虫到双性孔属（*Diplogonoporus* Lönnberg，1892），因为其每节存在 2 套生殖复合体。Schumacher（1914）建立新属（棘阴茎属）新科（棘阴茎科），用于容纳该种。1935 年，Guiart 为其新种：棘状无远分绦虫（*Atelemerus acanthoides*）提出了一新属：无远分属（*Atelemerus*），与棘阴茎属的区别仅基于假节后侧缘棘的存在（事实上是大的棘样微毛）（假定棘阴茎属不存在）。Bray 等（1994）将无远分属和棘阴茎属同义化，棘阴茎属也存在这样的微毛，但未正式将棘状无远分绦虫与瓦格纳棘阴茎绦虫同义化。在此认为它们是同种。塞蒂双性孔绦虫（*Diplogonoporus settii* Ariola，1895）也与瓦格纳棘阴茎绦虫为同种。Ariola（1900）区别这些种主要基于链体的大小（塞蒂双性孔绦虫 40cm × 0.81cm vs 瓦格纳棘阴茎绦虫 15cm × 0.11cm）。而这些特征不足以区别棘阴茎科的绦虫，因为链体大小与宿主大小、感染强度及其他因素有关，并且可能引起种内变异。Kuchta 等（2008）的研究仅揭示了瓦格纳棘阴茎绦虫原始描述与随后形态学数据的一些差异。有报道瓦格纳棘阴茎绦虫具有假头节（Yamaguti，1959；Schmidt，1986；Bray et al.，1994），但 Kuchta 等（2008）研究认为体前部是一真正的头节，正如 Schumacher（1914）和 Protasova（1977）所陈述的一样。有些作者（Schumacher，1914；Protasova，1977）报道棘阴茎属绦虫卵无盖，但用扫描电镜发现卵具有一不发达但显著的卵盖。

15.10.4.7　相似米兰绦虫（*Milanella familiaris* Kuchta & Scholz，2008）（图 15-63，图 15-64）

相似米兰绦虫（槽首目：三支钩科）最近由 Kuchta 和 Scholz（2008）描述。其具如下特性的组合：①梯形，具显著缘膜的节片有一膜状的后部边缘和角状的侧方突起；②最初的孕节中有一锥状子宫囊；③箭头样头节有一发达的顶盘和显著的后部边缘；④链体含有强染色的小体，绝大多数在前方部位；⑤一深分叶的卵巢；⑥颈区不明显；⑦大型、锥状、薄壁阴茎囊近端部分向前方中央弯曲；⑧阴道在阴茎囊后方；⑨皮层卵黄腺滤泡；⑩无盖、不胚化的卵（Kuchta & Scholz，2008）。

模式和仅有的宿主：黑尖鳍鲛。

寄生部位：头节位于幽门盲囊，链体位于小肠前部。

模式种采集地：外赫布里底群岛北大西洋西部。

该种的形态学数据由 Kuchta 和 Scholz（2008）提供。为便于识别发现于黑尖鳍鲛的槽首目绦虫，他们提供黑尖鳍鲛绦虫种类大体形态检索如下。

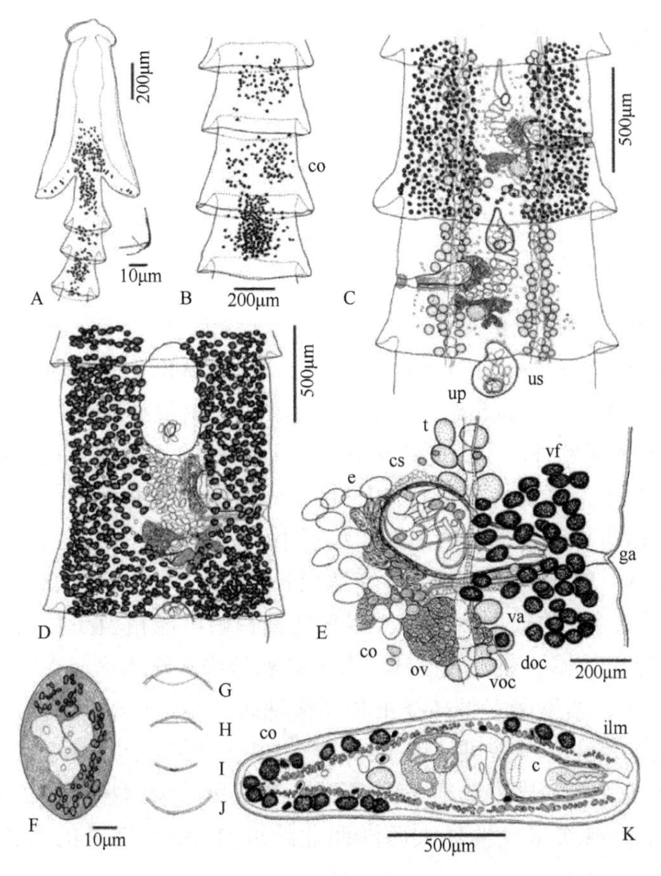

图 15-63　相似米兰绦虫结构示意图（引自 Kuchta & Scholz，2008）

全模标本（BMNH 2008.2.8.1～4）。A. 头节侧面观，具强染色小体；B. 链体前部有强染色小体，第 1 节背面观，第 2 节腹面观，第 3 节中部观；C. 最初的孕节，腹面观有强染色小体，第 2 节未示卵黄腺滤泡；D. 孕节腹面观示意图，未示精巢；F. 生殖器官末端腹面观；F～J. 新鲜释放的虫卵乙醇固定：F. 整个虫卵；G，H. 卵盖详细结构；I，J. 卵盖对极的结节状加厚详细结构；K. 阴茎囊水平横切面。缩略词：c. 阴茎；co. 小体；cs. 阴茎囊；doc. 背渗透调节管；e. 卵；ga. 生殖腔；ilm. 内纵肌；ov. 卵巢；t. 精巢；up. 子宫孔；us. 子宫囊；va. 阴道；vf. 卵黄腺滤泡；voc. 腹渗透调节管

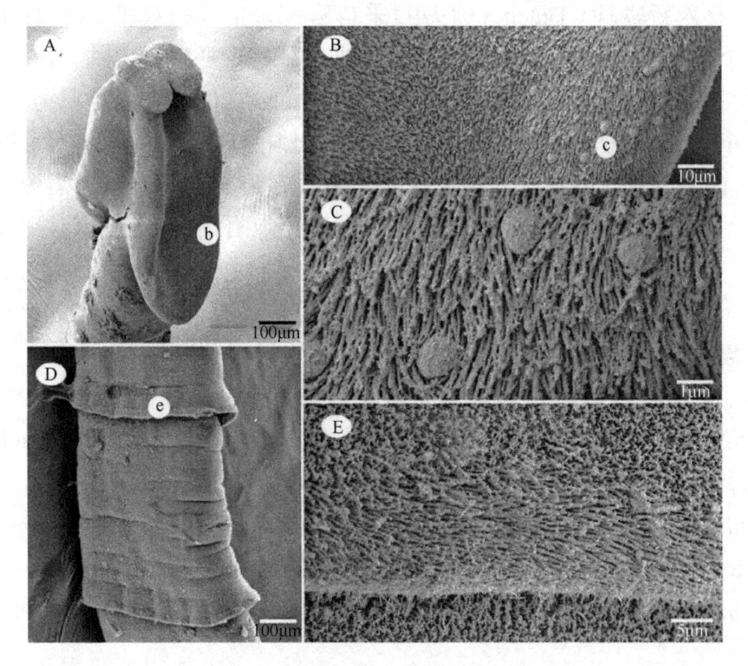

图 15-64　相似米兰绦虫扫描结构（引自 Kuchta & Scholz，2008）

A. 头节背面观，小写字母示图 B 所取样处；B. 吸槽远端表面，小写字母示图 C 所取样处；C. 丘样球状结构；D. 孕节背面观，小写字母示图 E 所取样处；E. 节片后部边缘放大

1A. 链体很宽（宽>5mm）；每节2套生殖复合体……………………………… 瓦格纳棘阴茎绦虫（*Echinophallus wageneri*）
1B. 链体更窄（宽<5mm）；每节1套生殖复合体……………………………………………………………………………… 2
2A. 链体沿纵轴折叠，整个长度向螺旋；头节椭圆形，后部有乳头状的突起；生殖孔位于亚侧方………………………
……………………………………………………………………索里诺索槽杯绦虫（*Bothriocotyle solinosomum*）
2B. 链体直，从不卷曲或螺旋；头节没有后方的乳头状突起；生殖孔位于边缘 …………………………………………… 3
3A. 节片宽显著大于长；吸槽后方有吸盘样凹陷………………………………………异膜双杯绦虫（*Amphicotyle heteropleura*）
3B. 节片梯形；吸槽后方没有吸盘样凹陷………………………………………………………相似米兰绦虫（*Milanella familiaris*）

槽首目绦虫通常发生于海洋硬骨鱼类，其中很多发生于深海鱼类（Campbell，1983；Bray et al.，1994；Klimpel et al.，2001；Kuchta & Scholz，2007；Kuchta et al.，2008）。多数种类有严格的宿主特异性并且常常是一种绦虫发生于一种宿主（Kuchta & Scholz，2007）。黑尖鳍鲛或称黑长鲳及其他长鲳科的鱼类（Kuchta & Scholz，2007）表现例外，因为它是多达4个不同属的4种槽首目绦虫的宿主。黑长鲳是一种居于深海的鱼类，生活于所有海洋深度范围在40～1050m近海处温和水域中。幼鱼发生于水域表面，成体生活于更深处。黑长鲳以可以获得的食物为食，包括小鱼、乌贼和深海大型的甲壳类（Froese & Pauly，2008）。在Kuchta等（2008）的研究中仅检测了9尾黑长鲳（样品采自意大利和新西兰），有些由于槽首目绦虫感染率低而不能提供可靠的数据。然而，似乎感染普遍可能相当高并且一些绦虫种可能同时发现感染了相同的鱼宿主。7尾黑长鲳捕获于大西洋、太平洋和地中海深水区，重度感染至少3个不同的绦虫种，分别为：异膜双杯绦虫、索里诺索槽杯绦虫和瓦格纳棘阴茎绦虫。这些鱼的肠道充满了绦虫，包括相应小的全尾蚴或未识别的幼虫（有些可能属于第4种：相似米兰绦虫）。这9尾鱼的感染强度为：有成熟的可识别的绦虫范围为1～18条异膜双杯绦虫，2～26条索里诺索槽杯绦虫及1～18条瓦格纳棘阴茎绦虫。相反，另两尾捕获于外赫布里底群岛大西洋西北附近1000m深处的黑长鲳只感染相似米兰绦虫（Kuchta & Scholz，2008）。

发生于黑长鲳的绦虫属于两个槽首目的科：三支钩科和棘阴茎科。在黑长鲳中发现了两种三支钩绦虫：异膜双杯绦虫和相似米兰绦虫。双杯属被认为是单种属（Kuchta & Scholz，2007），虽然先前在此属中放入了几个种：Tkachev（1979）将采自霍氏角鮟鱇（*Ceratias holboelli* Krøyer）的角鮟鱇双杯绦虫（*Amphicotyle ceratias*）移入新属，而Tkachev（1979）采自鰤鲳未定种的双杯属绦虫：*Amphicotyle kurochkini*实际上是舌槽属的一个种（Kuchta & Scholz，2007）。米兰属是近期提出容纳相似米兰绦虫的属，该种采自外赫布里底群岛大西洋西北附近的黑长鲳（Kuchta & Scholz，2008）。米兰属为单种属，与深海鱼绦虫属、*Pistana*（Campbell & Gartner，1982）及前槽首属很类似，主要区别在于节片的形态（梯形、具显著缘膜），有一膜状后方的边缘和角状的侧方突起及子宫囊（在最初的孕节中为梨形）。另两种发现于黑长鲳的槽首绦虫：瓦格纳棘阴茎绦虫和索里诺索槽杯绦虫属于棘阴茎科。棘阴茎科小，研究不多，为专性海洋绦虫（Bray et al.，1994）。这两种绦虫具有的可能代表了科的共源性状特征，如亚侧位的生殖孔，阴茎具棘（Levron et al.，2008），节片后侧边缘有大棘样微毛带（Bray et al.，1994；Kuchta，2007），但棘阴茎科的单系性分子数据未给予肯定（Brabec et al.，2006）。

索里诺索槽杯绦虫可以依据链体形态很容易地与所有其他采自黑长鲳的槽首绦虫相区别（折叠和螺旋），而瓦格纳棘阴茎绦虫典型的为大型绦虫。目前棘阴茎属的有效种为5个（Kuchta & Scholz，2007），分别为采自黑长鲳的瓦格纳棘阴茎绦虫（Monticelli，1890）（模式种），采自鲯鳅（*Coryphaena hippurus* Linnaeus）的*E. lonchinobothrium*（Monticelli，1890），采自卵形高体鲳［*Schedophilus ovalis*（Cuvier）］的*E. peltocephalus*（Monticelli，1893），采自镰鳍鰤鲳的鰤鲳棘阴茎绦虫（*E. seriolellae*），以及采自粗鳍鱼［*Trachipterus trachypterus*（Gmelin）］的*E. stossichi*（Ariola，1896），后3种最初均被描述为槽首绦虫。

16 盘头目（Lecanicephalidea Wardle & Mcleod，1952）

16.1 简　　介

盘头目绦虫作为寄生于板鳃亚纲软骨鱼类的绦虫类群之一，分类地位较为混乱，有人将其当作目（Wardle & Mcleod，1952；Yamaguti，1959；Schmidt，1986；Euzet，1994；Jensen，2001 等），也有人将其当作四叶目下的一个超科或科（Southwell，1930；Euzet，1959；Butler，1987b 等）。盘头目研究的早期历史详细介绍见 Butler（1987b）。历史上，虽然已报道了多达 27 个属与盘头目相关，但在近期的较合理的修订处理中，Euzet（1994）仅认可了盘头目的 5 个属：前孔属（*Anteropora* Subhapradha，1955）、多头属（*Polypocephalus* Braun，1878）、盘头属（*Lecanicephalum* Linton，1890）、方垫头属（*Tetragonocephalum* Shipley & Hornell，1905）和疣头属（*Tylocephalum* Linton，1890）。这些属相互之间的区别在于它们头节基部和顶部结构的形态，以及节片的特征如精巢和卵黄腺滤泡的分布。在前孔属中顶结构为有柄的肌肉质盘，在多头属中为可外翻的触手，在盘头属中是高度多态的大型环状吸盘，疣头属和方垫头属中为不可外翻的菌状的额吸吻结构。随后，Euzet（1994）和 Caira 等（1997）描述了新属褶头属（*Corrugatocephalum* Caira，Jensen & Yamane，1997），归属于盘头目，这一类群具有一顶结构，为一多皱褶的吸盘形状。近期的数据表明另 2 个额外的属可以考虑为盘头目的有效属。霍内尔槽属（*Hornellobothrium* Shipley & Hornell，1906）和多斗篷车夫样槽属（*Eniochobothrium* Shipley & Hornell，1906）被 Euzet（1994）认为是有问题的属，而 Butler（1987a）和 Caira 等（1999，2001）认为霍内尔槽属有效，而多斗篷车夫样槽属被 Al Kawari 等（1994）和 Caira 等（1999，2001）认为有效。在这两个属中，顶部结构存在，为头节固有结构的小型、锥状突起，以及一小的内部的顶器官。这样盘头目就有了 8 个有效属。Jensen（2001）又报道了 4 个新属，分别为无顶属（*Aberrapex*）、近无顶属（*Paraberrapex*）、希利属（*Healyum*）和四顶槽属（*Quadcuspibothrium*）。其中，无顶属与近无顶属与盘头目其他属的主要区别在于头节缺乏顶部结构。而无顶属与近无顶属的区别在于无顶属存在外贮精囊，阴道位于节片侧方，卵巢横切面为四叶状；近无顶属无外贮精囊，阴道位于节片中央，卵巢横切面为两叶状。希利属和四点槽属在盘头目的属（包括无顶属和近无顶属）中是独特的，它们卵巢横切面为三叶状。四点槽属基于其独特的菱形吸槽形态，可以与希利属相区别。这样盘头目的属增至 12 个。之后 Jensen（2005）出版了 241 页的板鳃类的绦虫（第一部分）盘头目专著 *Tapeworms of Elasmobranchs*（*Part I*）*A Monograph on the Lecanicephalidea*（*Platyhelminthes*，*Cestoda*），代表了盘头目第一部系统发生专著。其主要在属级水平区分盘头目，同时提供形态学、分类历史、系统发生关系、地理分布和类群与宿主的关联性等信息；介绍了盘头目的形态并对其系统发生进行了编排；以该群的分类历史和之间的相互关系综述为基础，包括了前人先前使用过的 29 个分类框图。虽然该专著的焦点在属上，但对先前报道认可的 137 个该目的种进行了评估，认可其中 65 种为有效种，52 种有待查考，14 种为无效名，4 个种被认为是非盘头目的有问题种，2 个种不属于盘头目。对种：盾形盘头绦虫（*Lecanicephalum peltatum*）、辐射多头绦虫（*Polypocephalus radiatus*）和日本前孔绦虫（*Anteropora japonica*）进行了重描述，同时，描述了 7 个新种；李龙基前孔绦虫（*Anteropora leelongi*）、*Eniochobothrium euaxos*、扩张霍尼尔绦虫（*Hornellobothrium extensivum*）、*Lecanicephalum coangustatum*、赫尔穆特多头绦虫（*Polypocephalus helmuti*）、帕西方垫头绦虫（*Tetragonocephalum passeyi*）和肯内克疣头绦虫（*Tylocephalum koenneckeorum*）。产生了盘头目 5 个新的组合种：加勒比海多头绦虫（*Polypocephalus caribbensis*）新组合、细长多头绦虫（*P. elongatus*）新组合、玛德霍尔特方垫头绦虫（*Tetragonocephalum madhualtae*）新组合、马德拉西方垫头绦虫（*T. madrassensis*）新组合和犁头鳐疣头绦虫（*Tylocephalum rhinobatii*）新组合和四叶目一新组合种。Jensen 访问了世界范围内的博物馆并找出模式标本，提供了 33 种模式材料名单；此外，还有列出盘头目凭证标本名单；对与盘头目相关的 43 属进行了评估，结果认为 16 属属于其他绦虫目，2 属［盏槽属（*Calycobothrium*）和魟头属（*Trygonicephalum*）］有疑问，分类位置未定，1 属（*Aphanobothrium*）确定为无效名，2 属被认为是盘头目其他属（副带属 *Parataenia* 和棘头属 *Spinocephalum*）的“次异名”（junior synonyms），9 属考虑为有问题的属［埃德尔槽属（*Adelobothrium*）、花槽属（*Anthemobothrium*）、头槽属（*Cephalobothrium*）、扁头属（*Flapocephalus*）、六管属（*Hexacanalis*）、基斯特头属（*Kystocephalus*）、史芬头属（*Sephenicephalum*）、栅栏槽属（*Staurobothrium*）和穗槽属（*Thysanobothrium*）］，单孔叶属（*Monoporophyllaeus*）考虑为是有效的盘头目属的无效替代，12 属被认为是盘头目的有效属［无顶属（*Aberrapex*）、前孔属（*Anteropora*）、褶头属（*Corrugatocephalum*）、*Eniochobothrium*、希利属（*Healyum*）、霍内尔槽属（*Hornellobothrium*）、盘头属（*Lecanicephalum*）、近无顶属（*Paraberrapex*）、多头属（*Polypocephalus*）、四顶槽属（*Quadcuspibothrium*）、方垫头属（*Tetragonocephalum*）和疣头属（*Tylocephalum*）］，并提供了其认可的有效属的检索表。各有效属的内容包括模式种及至少另一种（多数是新种）的评论。从世界各地新收集的盘头目绦虫构成了这一分类工作的基础。Jensen（2005）著作中提到的种按年代顺序排列。各种配有图说明其地理分布，结构示意图至少表示了整条虫体、头节及节片。样品易得种还有用扫描电镜观察到的完整微毛类型照片。尝试盘头目顶结构的同源组分识别，作为特征分析部分。特征分析结果，将 64 种形态特征应用于盘头目属间包括一系列的系统发生关系的分析研究中。这些分析包括 18 个盘头目的种，代表了 12 个有效属，四叶目和变头目各 1 个种作为外群。研究了缺失不同量数据、不适宜特征的编码策略的影响，以及外群选择对系统树树形的影响。通常，这些树表明了相对于外群为单系的盘头目类群，基础的位置是缺乏顶结构，一支系含有的种类具有顶结构，支系中表现为顶结构的大小趋向增加。科的界限仍然知之甚少且不稳定。因此，没有提出盘头目科的分类框图。扩展了新采集样品的宿主的地理分布区。例如，盘头目绦虫目前主要的采集地包括墨西哥湾、莫桑比克海峡、马达加斯加东印度洋沿海、泰国海湾、北澳大利亚帝汶和阿拉弗拉（Arafura）海域等。盘头目相关的宿主扩展到包括 19 个新的宿主种记录，1 个新的宿主属记录［锯鳐属（*Pristis*）］和 1 个新的宿主科记录［天竺鲨科（Hemiscylliidae）］。此外，概述了识别为盘头目的幼虫。总体上陈述了低估的属的多样性和形态上的不一致性。

Koch 等（2012）报道了盘头目绦虫 3 个新属和 6 个新种。新种寄生于无刺鲼属（*Aetomylaeus* Garman）6 个已知种中的 4 个种［采自澳大利亚北部的 5 尾网纹圆吻燕魟（*Aetomylaeus vespertilio*）、采自婆罗洲的 5 尾星点圆吻燕魟（*Aetomylaeus maculatus*）、采自婆罗洲的 10 尾聂氏无刺鲼（*Aetomylaeus nichofii*，狭义，亦名青带圆吻燕魟），以及 7 尾普通圆吻燕魟（*Aetomylaeus* cf. *nichofii*），其中 2 尾采自澳大利亚北部］的肠螺旋瓣上。根据新收集的标本与测定结果正式描述了盘头目的 3 个新属和 6 个新种。网纹圆吻燕魟作为新属新种：巴乔面包头绦虫（*Collicocephalus baggioi* n. gen.，n. sp.）和短小皇冠顶绦虫（*Rexapex nanus* n. gen.，n. sp.）的宿主，同时也作为韦帕无顶绦虫新种（*Aberrapex weipaensis* n. sp.）的宿主；星点圆吻燕魟和聂氏无刺鲼为串联凹陷新属（*Elicilacunosus* n. gen.）3 个新种的宿主；普通圆吻燕魟作为沙捞越串联凹陷绦虫新种（*Elicilacunosus sarawakensis* n. sp.）的宿主，同时也作为达尔马迪串联凹陷绦虫新种（*Elicilacunosus dharmadii* n. sp.）和法赫米串联凹陷绦虫新种（*Elicilacunosus fahmii* n. sp.）的宿主。面包头新属（*Collicocephalus* n. gen.）在盘头目的属中很独特，其具有一个大的、可以收缩的顶器官，横切面上横向长圆形。皇冠顶新属（*Rexapex* n. gen.）的特殊性在于其顶器官有 18 个乳头状的突起围绕其周边。串联凹陷绦虫新属（*Elicilacunosus* n. gen.）不似其他已知的盘头目绦虫或真绦虫，它具有一沿着节片背腹面中线的肌肉-腺体组织区，外部表现为一系列的串联凹陷。在其他特征中，韦帕无顶绦虫新种不同于同属的种在于其缺乏卵巢后的卵黄腺滤泡。6 个新种均限寄生于无刺鲼属鱼类。这些记录表明无刺鲼属鱼类可以作为盘头目绦虫的宿主。

Cielocha（2013）对先前盘头目中有问题的类群进行了聚焦研究，主要集中研究了迷样的头槽属（*Cephalobothrium* Shipley & Hornell，1906）、隐槽属（*Adelobothrium* Shipley，1900）及六管属（*Hexacanalis* Perrenoud，1931）。这 3 个属的质疑现状是基于模式种原始描述的信息有限的事实，为此，这些属的区别是值得怀疑的。此外，这些属的模式材料几乎都不可用了。头槽属的模式种鹞鲼头槽绦虫（*Cephalobothrium aetobatidis* Shipley & Hornell，1906）最初描述仅据收集自斯里兰卡一纳氏鹞鲼［*Aetobatus narinari*（Euphrasen）］［鲼形目（Myliobatiformes）：鲼科（Myliobatidae）：鹞鲼属（*Aetobatus* Blainville）］）单一样品。隐槽属的模式种鹞鲼隐槽绦虫（*Adelobothrium aetiobatidis* Shipley，1900）最初描述依据的是采自新喀里多尼亚一睛斑鹞鲼［*Aetobatus ocellatus*（Kuhl）］（该宿主最初被鉴定为纳氏鹞鲼）的样品。六管属的模式种粗糙六管绦虫［*Hexacanalis abruptus*（Southwell，1911）Perrenoud，1931］最初描述依据的是采自斯里兰卡一小尾燕魟［*Gymnura micrura*（Bloch & Schneider）］［鲼形目：燕魟科（Gymnuridae），与 *Pteroplatea micrura*（Bloch & Schneider）同义］的样品。Cielocha（2013）重新确立了这 3 个属，对模式种进行了重描述，同时修订了属的识别特征；指定了鹞鲼头槽绦虫和鹞鲼隐槽绦虫的新模标本，粗糙六管绦虫部分模式标本系列尚可用，指定了选模标本。此外，将先前认可的其他属的一些成员移入了隐槽属和六管属，它们分别是：采自墨西哥湾纳氏鹞鲼的 *Tylocephalum marsupium* Linton，1916 移入隐槽属，采自巴基斯坦一蝴蝶鳐的蝴蝶鳐头槽绦虫（*Cephalobothrium pteroplateae* Zaidi & Khan）移入六管属。Cielocha（2013）描述了采自婆罗洲条尾燕魟［*Gymnura zonura*（Bleeker）］的新种 *Hexacanalis folifer* n. sp.；建立了两个属：采自圆犁头鳐（*Rhina ancylostoma*）［犁头鳐目（Rhinopristiformes）：圆犁头鳐科（Rhinidae）］的垫头属（*Stoibocephalum*）新属和采自锯鳐［犁头鳐目：锯鳐科（Pristidae）］和犁头鳐［犁头鳐目：犁头鳐科（Rhinobatidae）］的花座头属（*Floriparicapitus*）新属；描述了 2 个属中的 4 个种：拉弗拉海垫头绦虫新种（*Stoibocephalum arafurense* n. sp.）、朱利安花座头绦虫新种（*Floriparicapitus juliani* n. sp.）、尤泽特花座头绦虫新种（*F. euzeti* n. sp.）和犁头鳐花座头绦虫新种（*F. chordacistus* n. sp.）；将变异头槽绦虫（*Cephalobothrium variabile* Southwell，1911）和犁头鳐头槽绦虫（*C. rhinobatidis* Subhapradha，1955）移入花座头属。盘头目科水平关系的识别落后于阿尔法分类学层面的进展。科的分类止于 1994 年，分为 4 个科。而很多属由于科与属识别特征的不一致而无法放入科中。13 个盘头目属的代表动物的第一个分子系统发育分析，类群取样集中于 5 个属和后期认可的 4 个科的代表种。这一系统分析结果表明：两个包含本研究中心分类群的类群具有很高的支持度。其中一支包括了头槽属和隐槽属，从而重新确立头槽科（Cephalobothriidae Pintner，1928）并修订了科的识别特征。第二支包括盘头属、疣头属、六管属、垫头属和花座头属；这一支适合盘头科，修订了盘头科的识别特征，使其包含这 5 个属。通过对全虫、组织切片、扫描电镜（SEM）、透射电镜（TEM）等推断性形态特征资料的综合分析，探讨了它们的潜在系统学效用。例如，对于六管属，存在 3 对排泄管是确定的，在垫头属和花座头属中也有证实，而在盘头属和疣头属则需进行确定。从所罗门群岛收集到一种隐槽属绦虫并研究了其成熟精子。这是第一次研究盘头目绦虫成熟精子的全部特征，其中，运用了透射电镜和扫描电镜技术，识别出前端螺旋结构这一独特性状。之前研究的绦虫精子没有描述过该特征。在对其他盘头目精子进行研究之前，尚不清楚其精子特征的潜在多样性。今后对头槽科和盘头科成员的研究应侧重于了解种类分布，这在很大程度上取决于宿主的特异性和宿主的分布。虽然这项研究在科水平上既承认了头槽科，也承认了盘头科，但其他盘头目的线系仍未解决。一个更成熟的分子系统发育研究，包括所有盘头目的属，需要解决目中属间关系。根据其研究结果，盘头目的分类学多样性已扩大到 21 个有效属 107 个有效种。

新样品的收集研究使盘头目属种的结果一直都有变动，不断有新属种的建立及同义化（Cielocha et al.，2014；Jensen & Russell，2014）。目中属进一步上升到 25 个，有些种被认为无效或是同物异名，有效种降到约 90 种。

Jensen 等（2016）首次从分子序列的角度全面分析了形态各异的软骨鱼宿主寄生的盘头目绦虫间的相互关系。由于近一半的现有属多样性在过去 10 年中已经建立或重新启用，头节形态和节片解剖之间的明显冲突阻碍了这些属中许多类无法分配到科。用两个核标记［大亚基核糖体（ls rDNA）的 D1～D3 和完整的小亚基核糖体（ss rDNA）］和线粒体标记（部分 *rrnl* 和部分 *cox1*）对代表 25 个有效属中的 22 个属 61 个种盘头目绦虫进行了极大似然和贝叶斯分析；为 11 个属 43 个种，包括 3 个未描述的属生成新的序列数据。除仅根据 *cox1* 数据进行的分析外，其余均证实了盘头目的单系性。*Sesquipedalapex* 位于前孔属之间，因而两者为同物异名。根据对串联数据集的分析，出现了 8 个主要分支，这些分支正式识别为科。已有的 4 科：盘头科、多头科、方垫头科和头槽科保持为 8 个分支中的 4 个，为其他 4 个分支提出了 4 个新科：无顶科（Aberrapecidae）、多斗篷车夫样槽科（Eniochobothriidae）、近无顶科（Paraberrapecidae）和梳板鳐绦虫科（Zanobatocestidae）。4 个新科和方垫头科为单属科，而头槽科含 7 个属，盘头科含 8 个属，多头科含 4 个属。由于它们不寻常的形态，有 3 个属不包括在内［即波纹头属（*Corrugatocephalum*）、希利属（*Healyum*）和四顶槽属（*Quadcuspibothrium*）被认为分类位置未定，直到它们的科的亲缘关系得到更详细的研究为止］。所有 8 个科都是根据形态特征新划定，并提供了科的检索表。在系统发育的背景下，讨论了每个科和整个目形态学演化和宿主关联的各个方面。盘头目中没有顶端结构的属被确认为是最早的分化谱系。

在指示系统亲缘上，节片解剖比头节形态更为保守。总体上，盘头目绦虫主要寄生于 4 个新鳐目（Batoidea）中的 3 个目，它们似乎几乎完全不寄生于鳐形目（Rajiformes）；只有少数的记录采自鲨鱼。在科水平上，宿主的广度与科的分类多样性相关。该目动物生活史的任何阶段，中间宿主的使用或宿主专一性的程度等模式，目前尚不清楚。

Jensen 等（2016）的文献中有部分盘头目绦虫扫描结构（图 16-1）及宿主样本信息内容等，是很好的学习资源。

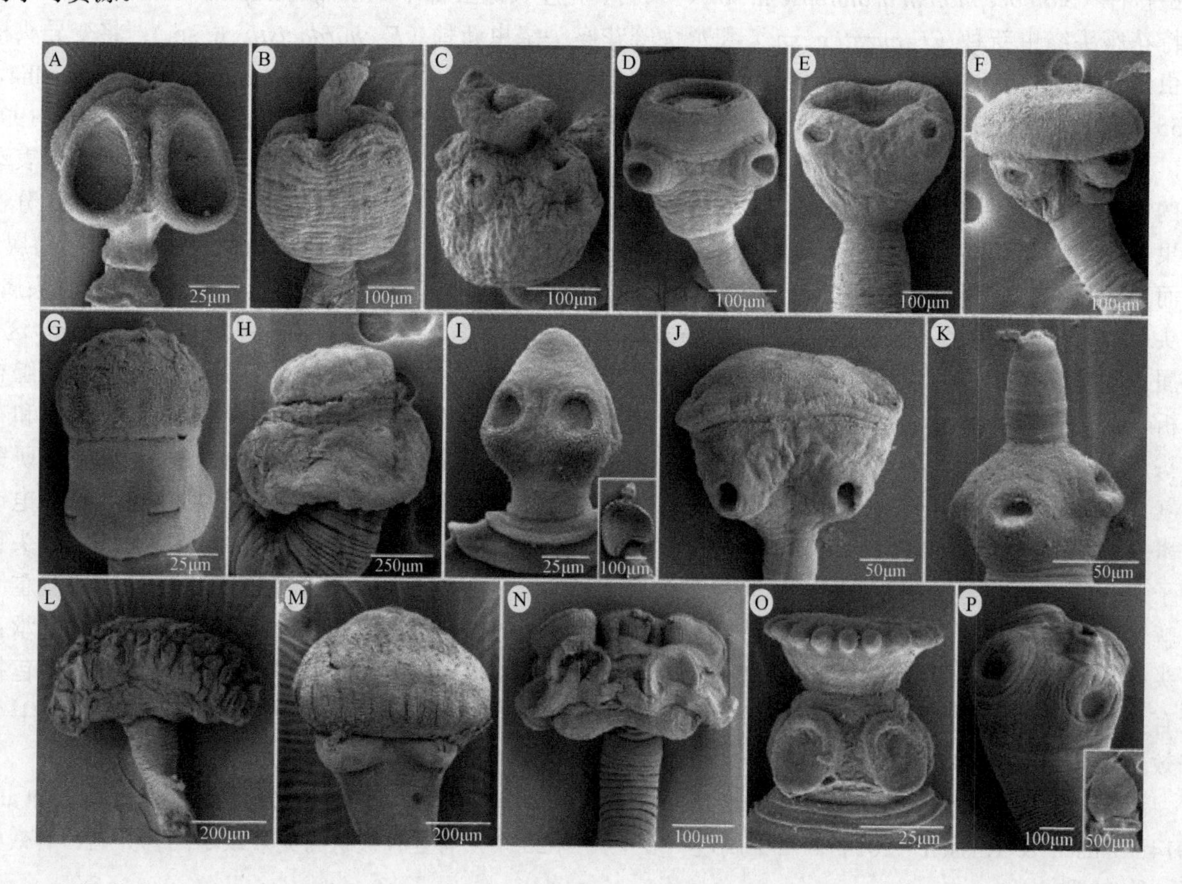

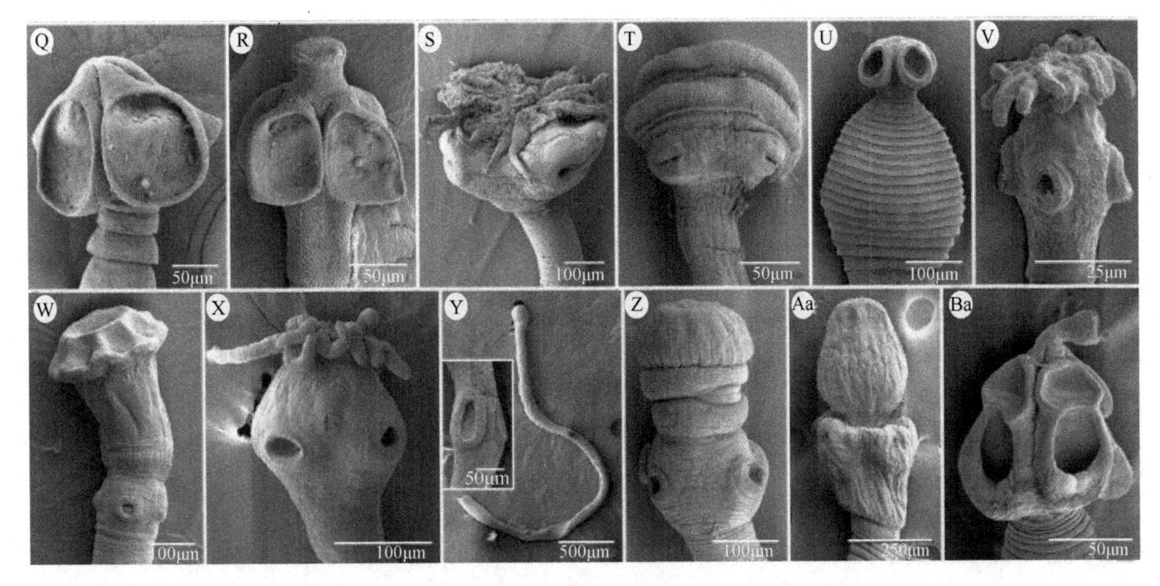

图 16-1 按字母顺序排列的科的盘头目属的头节扫描结构（引自 Jensen et al.，2016）

A. 采自牛鲼[*Aetomylaeus bovinus*（Geoffroy Saint-Hilaire）]（SE-257）的无顶科无顶属新种 1；B～H. 头槽科：B. 采自睛斑鹞鲼[*Aetobatus ocellatus*（Kuhl）]（NT-95）的鹞鲼隐槽绦虫；C. 采自鲼（*Aetobatus narutobiei* White，Furumitsu & Yamaguchi）（VN-16）的隐槽绦虫新种 2；D. 采自睛斑鹞鲼（TH-19）的头槽绦虫新种 1；E. 采自睛斑鹞鲼（AU-41）的鹞鲼头槽绦虫（*Cephalobothrium aetobatidis*）；F. 采自纳氏鹞鲼［*Aetobatus narinari*（Euphrasen）］（FY-5）的头槽绦虫新种 2；G. 采自聂氏无刺鲼［*Aetomylaeus nichofii*（Bloch & Schneider）］（BO-180）的新属 13；H. 采自大西洋牛鼻鲼[*Rhinoptera bonasus*（Mitchill）]（CH-15）的扰头绦虫未定种 3；I. 采自大西洋牛鼻鲼（*Rhinoptera* cf. *steindachneri* Evermann & Jenkins）（MS05-49）的新科 Eniochobothriidae 新种 1 *Eniochobothrium* n. sp. 1；J～P. 盘头科（Lecanicephalidae）：J. 采自蝠状无刺鲼［*Aetomylaeus vespertilio*（Bleeker）］（CM03-61）的 *Collicocephalus baggioi* Koch，Jensen & Caira，2012；K. 采自聂氏无刺鲼（BO-180）的未定种 *Elicilacunosus* sp.；L. 采自普通犁头鳐（*Glaucostegus typus*）（AU-62）的 *Floriparicapitus plicatilis* Cielocha，Jensen & Caira，2014；M. 采自条尾燕魟[*Gymnura zonura*（Bleeker）]（KA-437）的 *Hexacanalis folifer* Cielocha & Jensen，2011；N. 采自赤魟［*Dasyatis akajei*（Müller & Henle）］（VN-41）的盘头绦虫未定种；O. 采自蝠状无刺鲼（CM03-61）的 *Rexapex nanus* Koch，Jensen & Caira，2012；P. 采自圆犁头鳐（NT-103）的阿拉弗拉海垫头绦虫，插图为采自圆犁头鳐（NT-111）的钟状垫头绦虫（*Stoibocephalum campanulatum*）（Butler，1987）新组合；Q. 采自加利福尼亚扁鲨（*Squatina californica* Ayres）（BJ-298）的近无顶新科的明显近无顶绦虫（*Paraberrapex manifestus*）；R～Z. 多头科：R. 采自褶尾萝卜魟［*Pastinachus atrus*（MacLeay）］（NT-105）的前孔绦虫新种 1（*Anteropora* n. sp. 1）；S. 采自褶尾萝卜魟（SO-19）的未定种 *Anthemobothrium* sp.；T. 采自褶尾萝卜魟（CM03-9）的未定种 *Flapocephalus* sp.；U. 采自睛斑鹞鲼（NT-76）的 *Hornellobothrium najaforme* Mojica，Jensen & Caira，2014；V. 采自普通犁头鳐（AU-62）的新属 11 新种；W. 采自细点窄尾魟［*Himantura granulata*（MacLeay）（SO-24）的新属 12 新种；X. 采自大西洋牛鼻鲼（MS05-300）的多头绦虫新种；Y. 采自星斑双鳍电鳐［*Narcine maculata*（Shaw）］（BO-408）的 *Sesquipedalapex comicus* [=*Anteropora comicus*（Jensen，Nikolov & Caira，2011）] 新组合；Z. 采自白鼻鞭魟［*Himantura uarnacoides*（Bleeker）］（KA-206）的未定种 *Seussapex* sp.；Aa. 方垫头科：采自豹纹鞭尾魟（*Himantura leoparda* Manjaji-Matsumoto & Last）（NT-32）的 *Tetragonocephalum passeyi* Jensen，2005；Ba. 采自肖氏梳板鳐［*Zanobatus schoenleinii*（Müller & Henle）］（SE-105）的梳板鳐绦虫新科的小型梳板鳐绦虫（*Zanobatocestus minor* Jensen，Mojica & Caira，2014）。图注中括号中的数字表示唯一的宿主样本收集代码和收藏编号

16.2 盘头目的识别特征

［同物异名：盘头类（Lecanicephala Wardle & Mcleod，1952）；盘头目（Lecanicephalidean）］

头节无沟槽，但有一横向凹陷，将其分为前后两个区域。后部（基部）有 4 个吸槽样吸盘，前部（顶部）多变，有肌肉质吸盘、巨大的吸吻或是触手冠。链体有或无缘膜，老节脱落。生殖孔位于侧方，不规则交替。精巢数目少或多，占据排泄管内侧卵巢与节片前缘之间的整个区域，或局限于阴茎囊前的节片前部区域。阴道开口于阴茎囊后部，有时开口于侧方，不与雄性生殖管交叉。卵巢位于后方，横切面两叶状或多叶状。卵黄腺滤泡位于侧方或围绕着节片。子宫有或无孔。成虫寄生于板鳃亚纲动物的肠螺旋瓣上。

16.3 盘头目分科检索（据 Jensen et al.，2016 调整）

1a. 吸臼两室……梳板鳐绦虫科（Zanobatocestidae）
1b. 吸臼单室（吸盘状或吸叶状）……2

2a. 头节没有顶结构……………………………………………………………………………………………………3
2b. 头节有顶结构……………………………………………………………………………………………………4
3a. 子宫不伸展至生殖孔前方；卵黄腺滤泡在卵巢水平不中断；卵巢横切面两叶状…………近无顶科（Paraberrapecidae）
3b. 子宫伸展至生殖孔前方；卵黄腺滤泡在卵巢水平中断；卵巢横切面四叶状………………………无顶科（Aberrapecidae）
4a. 节片有扩展的生殖腔；卵巢横切面C形；子宫双囊状………………………………………方垫头科（Tetragonocephalidae）
4b. 节片生殖腔不显著；卵巢横切面两叶或四叶状；子宫囊状……………………………………………………………5
5a. 无阴道；前方未成节侧向扩展形成凹槽；阴茎囊壁厚…………………………多斗篷车夫样槽科（Eniochobothriidae）
5b. 有阴道；前方未成节不侧向扩展；阴茎囊壁薄…………………………………………………………………………6
6a. 1对排泄管，不存在明显围绕皮质的肌肉束；卵黄腺滤泡位于狭窄的侧方带，限于节片的侧方边缘………………
……………………………………………………………………………………………………盘头科（Lecanicephalidae）
6b. 2对排泄管或多对排泄管………………………………………………………………………………………………7
7a. 精巢4或6个，排为1列，横切面上1层深，吸臼吸槽样………………………………………多头科（Polypocephalidae）
7b. 精巢多于6个，排为1列以上，横切面上1或多层深，吸臼吸盘样………………………………头槽科（Cephalobothriidae）

16.4　梳板鳐绦虫科（Zanobatocestidae Jensen，Caira & Cielocha et al.，2016）

识别特征：头节具有4个吸臼；顶结构由头节固有结构的顶饰和顶器官组成。吸臼为两室吸槽状。头节固有结构的顶饰或窄或宽于头节固有结构，可以或不可以外翻。顶端器官在内或在外部，可伸缩或不可缩，主要为腺体状或肌肉质。无头茎。虫体优解离。节片具缘膜，无穗边；链体前方的未成节不向侧方扩展；无环皮质纵肌束。精巢排为1不规则列，横切面1层纵深，位于卵巢前方的单个区域。输精管从近卵巢后部边缘延伸至阴茎囊前方水平，不扩张成外贮精囊，无内贮精囊。阴茎囊梨状；阴茎无棘，薄壁。生殖孔单侧，不规则交替；生殖腔浅。卵巢背腹面观H形，分叶，横切面四叶状。阴道位于亚侧方，在阴茎囊后方开口于生殖腔。无受精囊。子宫囊状，位于中央，从卵巢桥扩展至最前方卵黄腺滤泡水平。卵黄腺滤泡状，位于两侧带，各带由2～3列滤泡组成，从节片后部边缘扩展至精巢区前方界处中止，不受卵巢干扰。排泄管2对，位于侧方。卵包于茧中；茧为线状，含数百粒卵或为具有双极丝的双子卵。已知为梳板鳐（*Zanobatus* Garman）[梳板鳐科（Zanobatidae Fowler）]的寄生虫。采自大西洋东部。模式和目前仅知属：梳板鳐绦虫属（*Zanobatocestus* Jensen，Mojica & Kea，2014）

备注：梳板鳐绦虫科建立用于容纳很可能保持双种属的梳板鳐绦虫属（Jensen et al.，2014），考虑到它与肖氏梳板鳐[*Zanobatus schoenleinii*（Müller & Henle）]的奇异联系，普遍认为肖氏梳板鳐可能是梳板鳐科的唯一代表（Compagno，2005；Nelson，2006）。无一例外，两个最近描述的梳板鳐绦虫交叉分析（Jensen et al.，2014）组成一个单系群，独立于其他所有的属。吸槽结构是两室而不是单室，使此科明显与盘头目的所有其他科区别开来。

已知盘头目绦虫因为存在相对寻常和均匀的吸臼形态及顶端结构形态上的多样性而被认可。Jensen等（2014）提出了一个盘头目新属：梳板鳐绦虫属（*Zanobatocestus*），用于容纳寄生于塞内加尔肖氏梳板鳐[*Zanobatus schoenleinii*（Müller & Henle）]肠螺旋瓣上的两个新种，即微小梳板鳐绦虫（*Zanobatocestus minor*）和主要梳板鳐绦虫（*Z. major*），它们在吸臼形态上是非常不寻常的。与当时认可的盘头目21个属的成员不一样，它们都有简单、单室的吸盘或吸槽，而两新种具有两室的吸槽。它们的顶端结构和茧的形态很容易与其他类群相区别。微小梳板鳐绦虫表现出头节固有结构的顶饰狭窄和拉长，顶端器官小而内在，卵在茧中形成线状。而主要梳板鳐绦虫表现为头节固有结构的顶饰宽而短，顶端器官广泛且主要是外部器官，且卵在茧中主要是成对，有双极丝。鉴于盘头目绦虫宿主特异性很高，目前认为新属种是有效的梳板鳐科梳板鳐属鱼类寄生虫。新属很可能是盘头目绦虫中不明显的一个属。

16.4.1 梳板鳐绦虫属（*Zanobatocestus* Jensen，Mojica & Kea，2014）

识别特征：虫体优解离。头节具有 4 个吸臼及固有结构和顶器官的顶饰。吸臼吸槽状，由水平隔分为两室；前方的室小于后方的室。顶饰形态可变，生有顶器官，有些可以内陷。顶器官形态可变，在内或在外部，主要为腺体质，可能为肌肉质，有些可收缩进入头节固有结构的顶饰中，不可翻转。无头茎。节片具缘膜。无纵肌束。精巢位于中央，排为卵巢前方 1 不规则列。输精管亚侧位，从卵巢后部延伸至阴茎囊，不扩张成外贮精囊，无内贮精囊。阴茎囊梨状，小。阴茎很可能无棘。卵巢实体状到宽分叶状，卵巢背腹面观 H 形，横切面四叶状。阴道弯曲，亚侧位，在阴茎囊后部开口于生殖腔，无阴道括约肌。生殖孔单侧，不规则交替。卵黄腺滤泡状，在节片两侧排列为 2～3 列，从节片近后部边缘扩展至精巢区前方界处中止，不受卵巢干扰。排泄管 2 对。子宫位于中央，囊状；子宫管在阴茎囊水平进入子宫。卵包于茧中。其是肖氏梳板鳐［*Zanobatus schoenleinii*（Müller & Henle）］［犁头鳐目（Rhinopristiformes）：梳板鳐科（Zanobatidae）］的寄生虫，采自大西洋东部。模式种：微小梳板鳐绦虫（*Zanobatocestus minor*）（图 16-2A～C、G～S，图 16-3J、K）。其他种：主要梳板鳐绦虫（*Z. major*）（图 16-2D～F，图 16-3A～I、L）。

词源：属名以模式宿主梳板鳐命名。

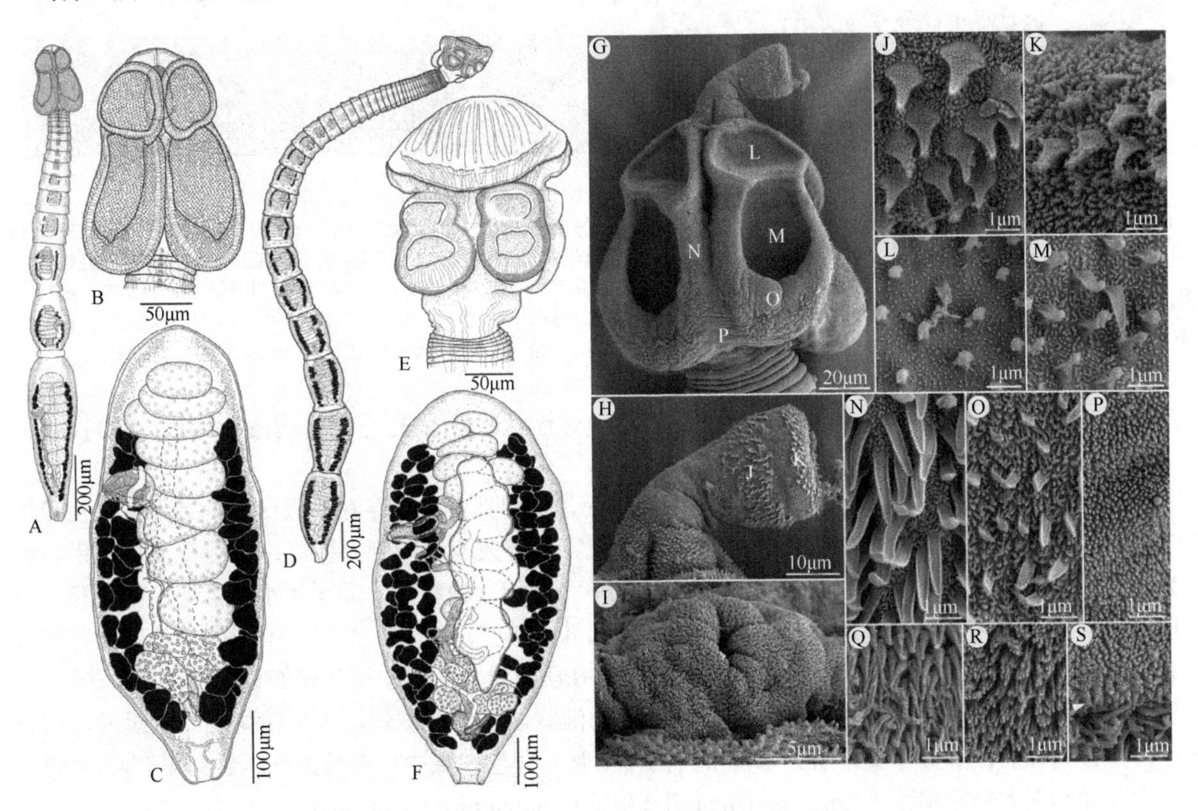

图 16-2 2 种梳板鳐绦虫结构示意图及微小梳板鳐绦虫扫描结构（引自 Jensen et al.，2014）

A～C. 采自肖氏梳板鳐的微小梳板鳐绦虫：A～B. 全模标本 MNHN HEL 428（A. 整条虫体；B. 头节）；C. 脱落的成节背面观（副模标本 USNM 1251627）。D～F. 采自肖氏梳板鳐的主要梳板鳐绦虫：D. 整条虫体（全模标本 MNHN HEL 425）；E. 头节（副模标本 USNM 1251614）；F. 脱落的成节腹面观（副模标本 USNM 1251616）。G. 头节具外翻的头节固有结构顶饰（AMSP），字母示分图 L～P 的取图位置；H. AMSP，字母示分图 J、K 的取图位置；I. 头节顶部具内陷的 AMSP；J. AMSP 上的戟状棘毛和针状丝毛后部带；K. AMSP 上的戟状棘毛和毛状丝毛前部带；L. 吸槽远端前方小腔表面上稀疏、短剑状棘毛和乳头状到针状丝毛；M. 吸槽远端后方小腔表面上稀疏、短剑状棘毛和针状丝毛；N. 侧方吸槽近端表面上的更密更长的剑状棘毛和针状到毛状丝毛；O. 吸槽近端表面后部稀疏、短剑状棘毛和针状到毛状丝毛；P. 头节固有结构上的毛状丝毛；Q. 节片前方区域的小锥状棘毛；R. 节片上的毛状丝毛；S. 沿后部节片边缘的勺状（scolopate）棘毛（箭头表示）

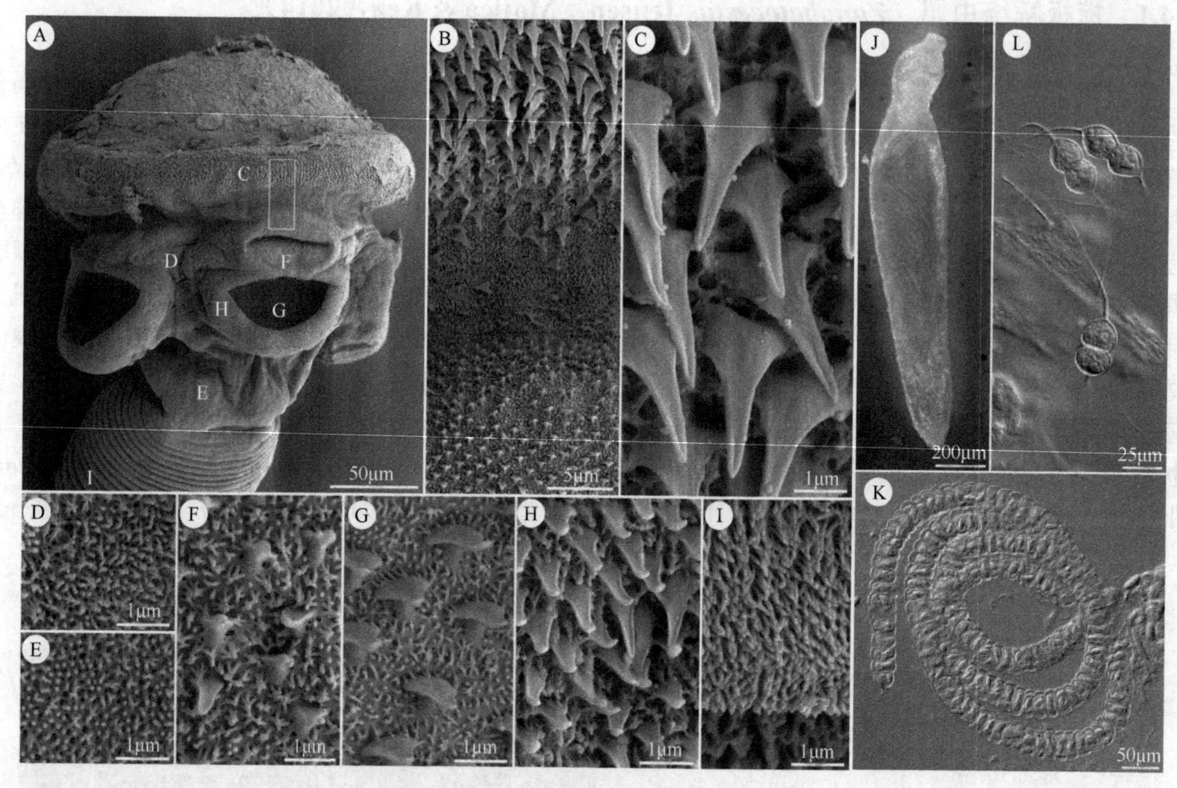

图 16-3　梳板鳐绦虫扫描结构和光镜照（引自 Jensen et al.，2014）

A～I. 采自肖氏梳板鳐的主要梳板鳐绦虫扫描结构：A. 头节，字母示分图 C～I 的取图位置，方框处细节显示于分图 B；B. 从吸槽近端表面到 AMSP 的微毛过渡；C. AMSP 上的戟状棘毛和针状到毛状丝毛；D. 吸槽间头节固有结构上的针状到毛状丝毛；E. 吸槽后部头节固有结构上针状到毛状丝毛；F. 吸槽远端前方小腔表面上稀疏、剑状棘毛和针状丝毛；G. 吸槽远端后方小腔表面上稀疏、剑状棘毛和针状丝毛；H. 吸槽近端表面上的更密的剑状棘毛和针状到毛状丝毛；I. 节片上的毛状丝毛，长度向节片后部边缘略变短。J～L：采自肖氏梳板鳐的微小梳板鳐绦虫（J～K）和主要梳板鳐绦虫（L）的光镜照片：J. 脱落的孕节，示子宫充满着线状的茧；K. 线状的茧；L. 茧，示成对的卵，有双极丝

16.5　近无顶科（Paraberrapecidae Jensen，Caira & Cielocha et al.，2016）

识别特征：头节具有 4 个吸臼；头节固有结构的顶饰和顶器官不存在。吸臼呈椭圆形，单室吸槽。无头茎。虫体优解离。节片具缘膜，无穗边；链体前方的未成节不向侧方扩展；无环皮质纵肌束。精巢排为两列，横切面 1 层纵深，主要位于生殖孔前的单个区域。输精管从卵巢桥水平延伸至阴茎囊，不扩张形成外贮精囊，无内贮精囊。阴茎囊梨状；阴茎无棘，薄壁。生殖孔单侧，不规则交替；生殖腔浅。卵巢背腹面观 H 形，横切面两叶状。阴道位于中央，在阴茎囊后方开口于生殖腔。无受精囊。子宫囊状，位于中央，从卵巢前方扩展至生殖孔水平。卵黄腺滤泡状，位于两侧带，各带由两列滤泡组成，在整个节片长度方向伸展，不被卵巢打断。未观察到的排泄管。卵包在茧中；茧长圆形，含卵量有超过 50 粒。是西大西洋和东太平洋扁鲨［*Squatina* Duméril（扁鲨科 Squatinidae Bonaparte）］的寄生虫。模式和目前仅知属：近无顶属（*Paraberrapex* Jensen，2001）。

备注：近无顶科用于安置近无顶属，目前此属为双种属（Jensen，2001；Mutti & Ivanov，2016），以前没有分配到科。该科似乎是盘头目最早分化的线系。除代表一个分子独特的谱系之外，这是两个成体缺乏顶结构（头节固有结构的顶饰或顶器官）的科之一。它不同于缺乏顶结构的另一个科（无顶科）的特征在于：精巢区域大约从阴茎囊水平开始，而不是在卵巢的前缘；卵巢横切面是两叶而不是四叶。

16.5.1　近无顶属（*Paraberrapex* Jensen，2001）

识别特征：虫体优离解。头节有 4 个吸槽；各吸槽简单，表面上不变形；吸槽远端和近端表面覆盖有刀片样棘毛；头节固有结构顶部变形，顶器官不存在。节片有缘膜。精巢数目多，排成几纵列，位于卵巢前方。输精管从近节片的后部边缘扩展至阴茎囊前方边缘。无外贮精囊。阴茎囊梨形。阴茎无棘。卵巢背腹观 H 形，横切面两叶状。阴道沿着节片中线从卵模区扩展至阴茎囊处，然后位于生殖孔侧方，开口于生殖腔内阴茎囊后部。生殖孔位于侧方，不规则交替。子宫位于中央、囊状。卵黄腺滤泡状，位于侧方扩展于整个节片长度方向。卵聚集为卵袋（卵茧）。已发现寄生于扁鲨科（Squatinidae）鱼类，分布于墨西哥加利福尼亚湾。模式种：明显近无顶绦虫（*P. manifestus* Jensen，2001）（图 16-4，图 16-5）。

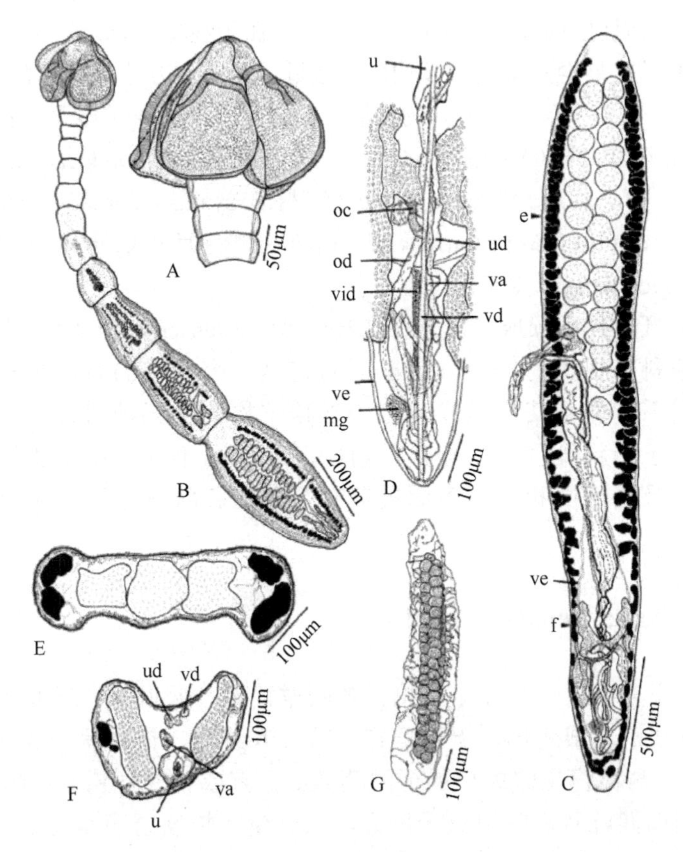

图 16-4　明显近无顶绦虫的结构示意图（引自 Jensen，2001）

A. 头节；B. 整条虫体；C. 脱落的成节，e，f 示相应 E，F 图切面位置；D. 脱落孕节卵模区详细结构；E. 过脱落的成节精巢水平横切；F. 过脱落的成节卵巢水平横切；G. 卵茧（注意含大量卵）。缩略词：mg. 梅氏腺；oc. 捕卵器；od. 输卵管；u. 子宫；ud. 子宫管；va. 阴道；vd. 输精管；ve. 输出管；vid. 卵黄腺管

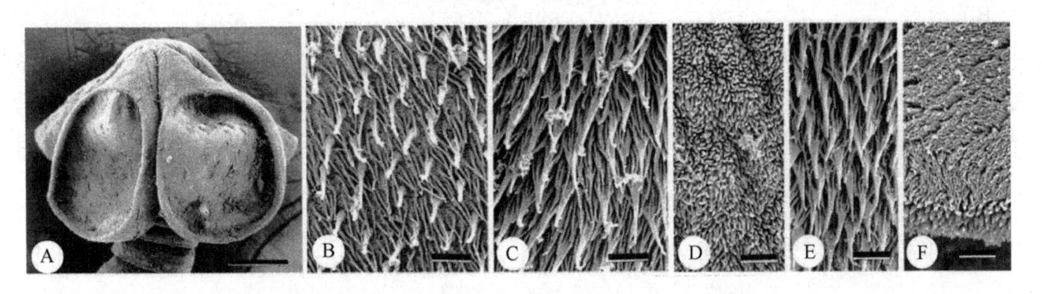

图 16-5　明显近无顶绦虫的扫描结构（引自 Jensen，2001）

A. 头节；B. 吸槽远端表面微毛放大；C. 吸槽近端表面微毛放大；D. 头节顶部固有结构表面微毛放大；E. 吸盘前方头节固有结构表面微毛放大；F. 节片后部边缘微毛放大（注意节片后部边缘长丝状微毛加宽）。标尺：A=50μm；B～F=1μm

词源说明：*Paraberrapex*（*par* 拉丁义为“近的”或“相等的”）表明其头节接近于无顶属，故译为“近无顶属”。*manifestus* 义为“当场明了的”“明显的”“显然的”。故 *Paraberrapex manifestus* 译为“明显近无顶绦虫”。

16.6 无顶科（Aberrapecidae Jensen，Caira & Cielocha et al.，2016）

识别特征：头节具有 4 个吸臼；头节固有结构的顶饰和顶器官不存在。吸臼呈椭圆形，单室吸槽。无头茎。虫体优解离。节片具缘膜，有或无穗边；链体前方的未成节不向侧方扩展；无环皮质纵肌束。精巢排为 1～2 列，横切面 1 层纵深，位于卵巢前方的单个区域。输精管从梅氏腺水平延伸至阴茎囊，有些扩张形成外贮精囊，有内贮精囊。阴茎囊梨状；阴茎无棘，薄壁。生殖孔单侧，不规则交替；生殖腔浅。卵巢背腹面观 H 形，横切面四叶状。阴道位于侧方，在阴茎囊后方开口于生殖腔。无受精囊。子宫囊状，位于中央，从卵巢桥扩展至阴茎囊后部边缘或接近节片的前方边缘。卵黄腺滤泡状，位于两侧带，各带由 2～3 列滤泡组成，在整个节片长度方向伸展，被卵巢打断或仅扩展至卵巢的前方边缘。排泄管 1 对位于侧方。卵和茧未知。已知为鲼（*Myliobatis* Cuvier）、无刺鲼属［*Aetomylaeus* Garman（鲼科 Myliobatidae Bonaparte）］和条尾魟属［*Taeniura* Müller & Henle（魟科 Dasyatidae Jordan）］鱼类的寄生虫。采自大西洋西南部、卡奔塔利亚湾（Gulf of Carpentaria）、加利福尼亚湾和西里伯斯海（Celebes Sea）。模式和目前仅知属：无顶属（*Aberrapex* Jensen，2001）。

备注：无顶科建立用于容纳无顶属，该属先前未归到科（Jensen，2001）。属中已知 5 种

该科与盘头目其他科有很大的差异，足以证明它是一个独特的科。根据分子序列数据分析，它不仅是一个独立的谱系，而且其成员成体与缺乏顶结构的近无顶科外的所有科都不同。此科不同于近无顶科的特征在于：精巢区域从卵巢的前缘开始，而不是在阴茎囊的水平；卵巢横切面是四叶而不是两叶；并且吸槽远端和近端表面覆盖有显著的戟状棘毛而不是近无顶科的不显著的剑状棘毛。

16.6.1 无顶属（*Aberrapex* Jensen，2001）

识别特征：虫体优解离。头节有 4 个吸槽；各吸槽简单，吸叶状；吸槽远端和近端表面覆盖有刀片样棘毛；头节固有结构顶部变形，无顶器官。节片有缘膜，链体呈现锯齿状。精巢数目多，成几纵列，位于卵巢前方。输精管从卵模扩展至阴茎囊处。有或无外贮精囊。阴茎囊梨形，阴茎无棘。卵巢背腹观 H 形，横切面四叶状。阴道位于侧方，从卵模区扩展至阴茎囊后，位于生殖孔侧方，开口于生殖腔内、阴茎囊后部。生殖孔位于侧方，不规则交替。子宫位于中央，囊状。卵黄腺滤泡状，位于侧方扩展于整个节片长度方向，由卵巢中断。卵不明。已发现为鲼科（Myliobatidae）鱼类的寄生虫，分布于墨西哥加利福尼亚湾。模式种：多棘无顶绦虫（*A. senticosus* Jensen，2001）（图 16-6，图 16-7A～E）。

词源说明：*Aberrapex*（*aberro* 拉丁义为“迷失”；*apex* 拉丁义为“顶点、端部”）这一命名是为提醒盘头目中头节与通常的类型有偏离，缺顶器官，故译为“无顶属”。*senticosus*（拉丁义为“布满荆棘”或“棘”）指整个头节覆盖着大型刀片样棘毛使其成为多棘的外表观。故 *Aberrapex senticosus* 译为“多棘无顶绦虫”。

16.6.1.1 无顶属其他 3 种绦虫

1）类吻无顶绦虫［*A. arrhynchum*（Brooks，Mayes & Thorson，1981）Jensen，2005］（图 16-7F～K，图 16-8）

2）曼加芝无顶绦虫（*A. manjajiae* Jensen，2006）（图 16-9，图 16-10）

3）韦帕无顶绦虫（*A. weipaensis* Koch，Jensen & Caira，2012）（图 16-11）

本种以其模式的产地澳大利亚的韦帕（Weipa）命名。

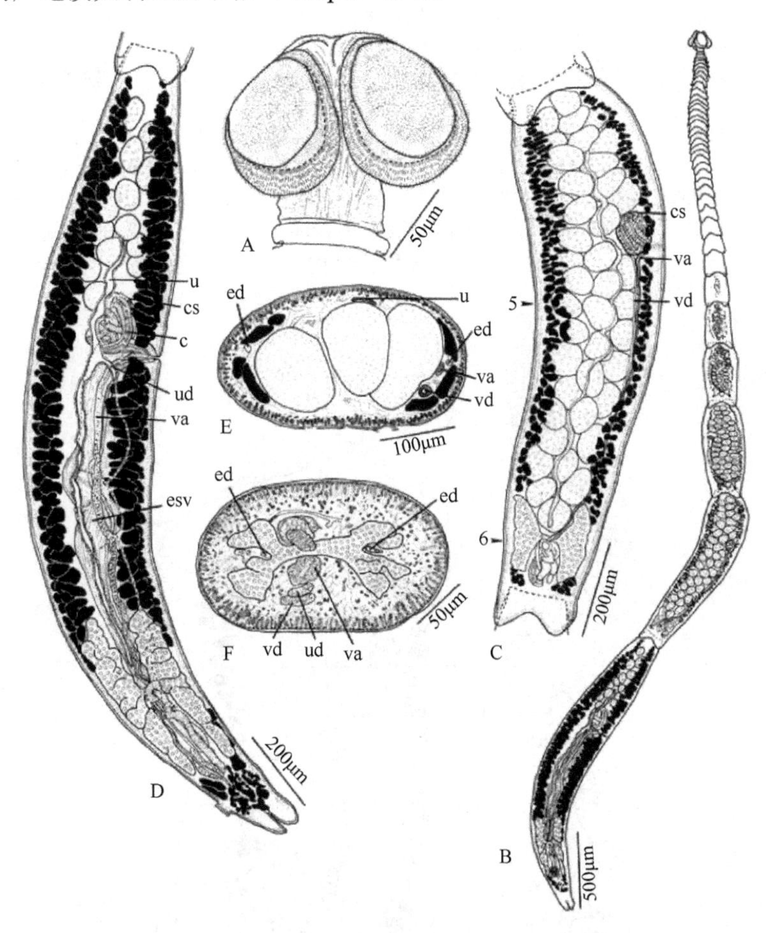

图 16-6　多棘无顶绦虫的结构示意图（引自 Jensen，2001）

A. 头节；B. 整条虫体；C. 成节，数字分别示图 E 和 F 切面位置；D. 末端成节；E. 过成节精巢水平横切；F. 过成节卵巢水平横切。缩略词：c. 阴茎；cs. 阴茎囊；ed. 排泄管；esv. 外贮精囊；u. 子宫；ud. 子宫管；va. 阴道；vd. 输精管

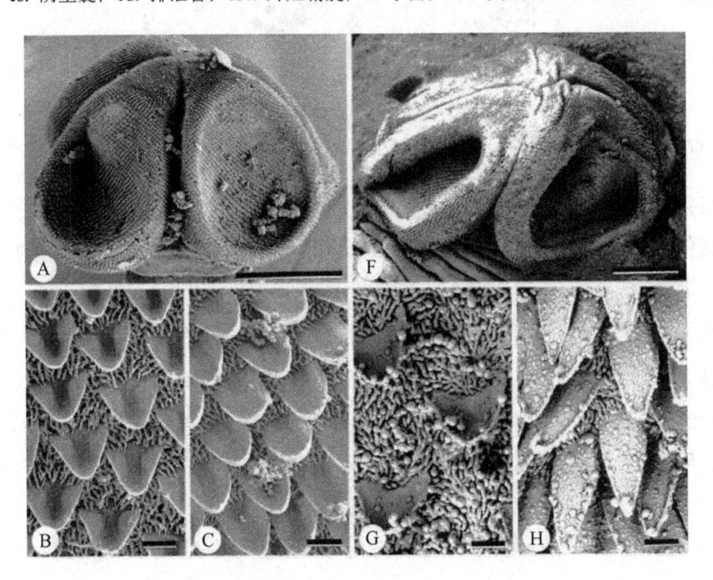

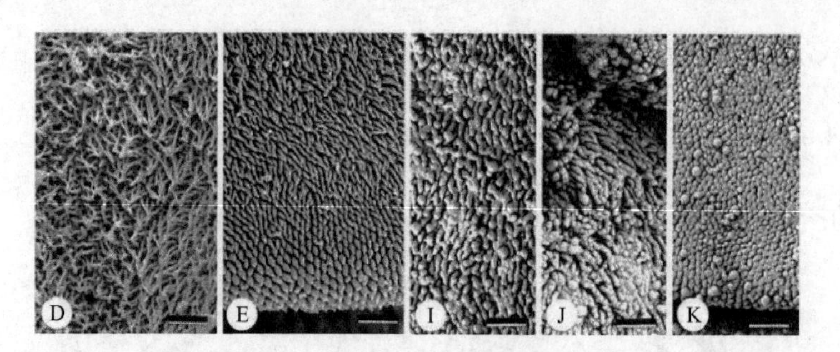

图 16-7　多棘无顶绦虫和类吻无顶绦虫的扫描结构（引自 Jensen，2001）

A～E. 多棘无顶绦虫：A. 头节；B. 吸槽远端表面微毛放大；C. 吸槽近端表面微毛放大；D. 头节顶部固有结构表面微毛放大；E. 节片后部边缘微毛放大，注意节片后部边缘长丝状微毛加宽。F～K. 类吻无顶绦虫：F. 头节；G. 吸槽远端表面微毛放大；H. 吸槽近端表面微毛放大；I. 吸槽远端表面后 1/3 处微毛放大，注意此区无叶片状棘样微毛；J. 头节顶部固有结构表面微毛放大；K. 节片后部边缘微毛放大。标尺：A，F=50μm；B～E，G～K=1μm

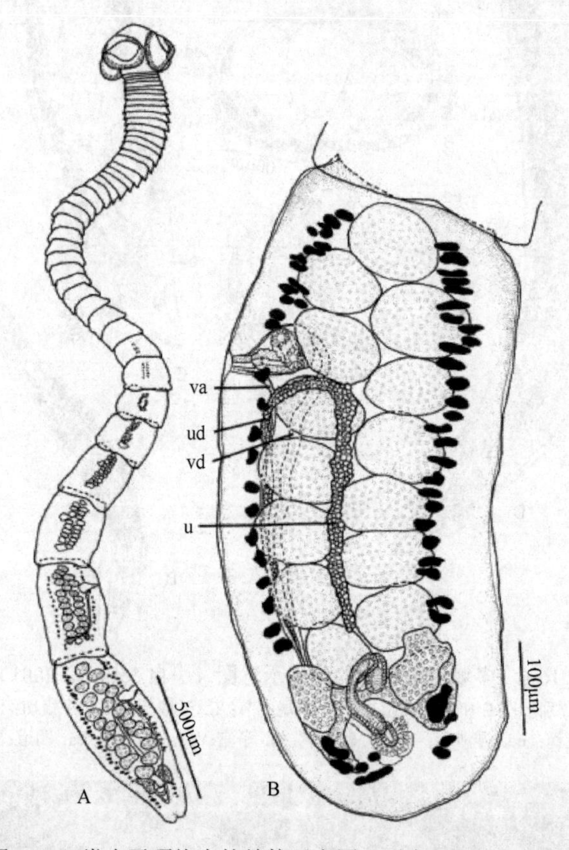

图 16-8　类吻无顶绦虫的结构示意图（引自 Jensen，2001）

同物异名：类吻盘槽绦虫（*Discobothrium arrhynchum*）。A. 整条虫体；B. 成节。缩略词：u. 子宫；ud. 子宫管；va. 阴道；vd. 输精管

该种与无顶属的识别特征一致，缺乏头节实体顶饰和顶器官，具有无棘的阴茎，外贮精囊起于卵巢水平。此外，像无顶属的其他种一样，在未成节中，阴道与精巢一起沿着节片侧缘扩展，而在成节中，精巢退化，阴道在节片中的扩展更多在髓质中。在无顶属中其他被认可的 3 个有效种为：多棘无顶绦虫、类吻无顶绦虫和曼加芝无顶绦虫。韦帕无顶绦虫不同于其他 3 个种之处在于其头节很小（测量单位均为μm）（长 40～63 ×宽 62～79 分别 vs 长 100～130 ×宽 125～170、长 177～186 ×宽 33～326 和长 82～101 ×宽 119～164），以及其缺乏卵巢后方的卵黄腺滤泡；其他 3 种的卵黄腺滤泡扩展至卵巢后方。韦帕无顶绦虫新种可以更进一步地与多棘无顶绦虫区别开来的特点在于其精巢更小（10～17 vs 20～40），精巢退化的节片中受精囊更小（长 37～105 ×宽 25～88 vs 长 127～182 ×宽 130～150），以及精巢退化的节片中卵巢更短（118～272 vs 335～444）。韦帕无顶绦虫新种可以更进一步地与类吻无顶绦虫进行区别的特征在于

其具有更少的节片（21～28 vs 43～48）；与曼加芝无顶绦虫的进一步区别在于其生殖孔的位置更靠后方（58%～65% vs 76%～85%）。

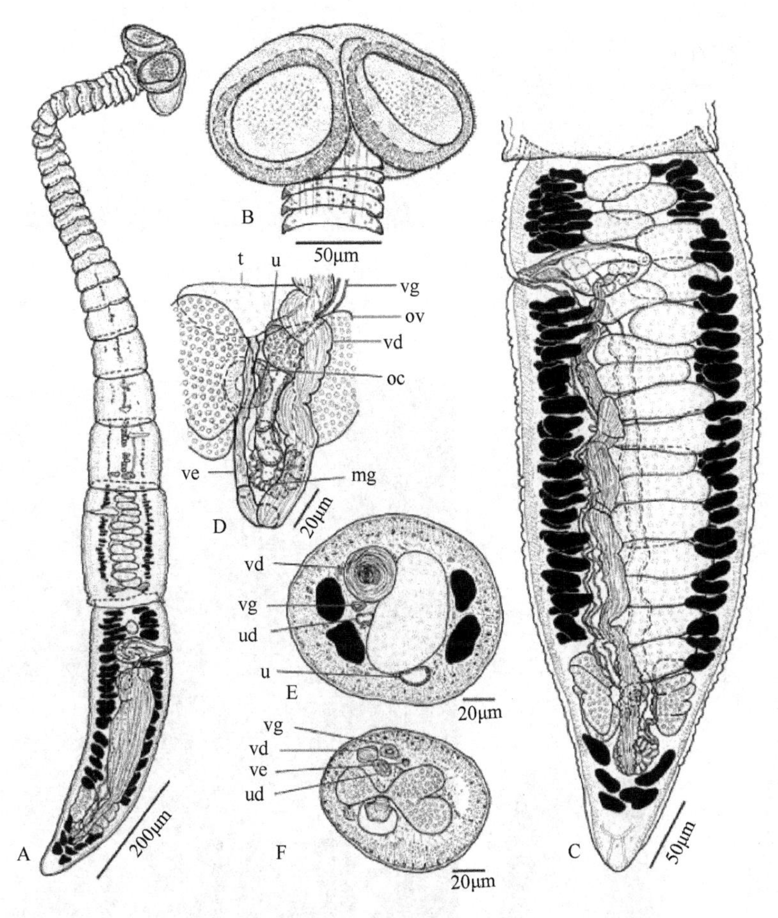

图 16-9 曼加芝无顶绦虫的结构示意图（引自 Jensen，2006）

A. 整条虫体（全模标本 MUZM［P］No. 158）；B. 头节（副模标本 USNPC No. 96992）；C. 末端成节（副模标本 USNPC No. 96993）；D. 卵模的详细结构（副模标本 USNPC No. 96993）；E. 成节卵巢和阴茎囊之间横切面（副模标本 USNPC No. 96992）；F. 成节过卵巢桥水平横切面（副模标本 USNPC No. 96992）（注意 4 叶中仅可见到 3 叶）。缩略词：mg. 梅氏腺；oc. 捕卵器；ov. 卵巢；t. 精巢；u. 子宫；ud. 子宫管；vd. 输精管；ve. 输出管；vg. 阴道

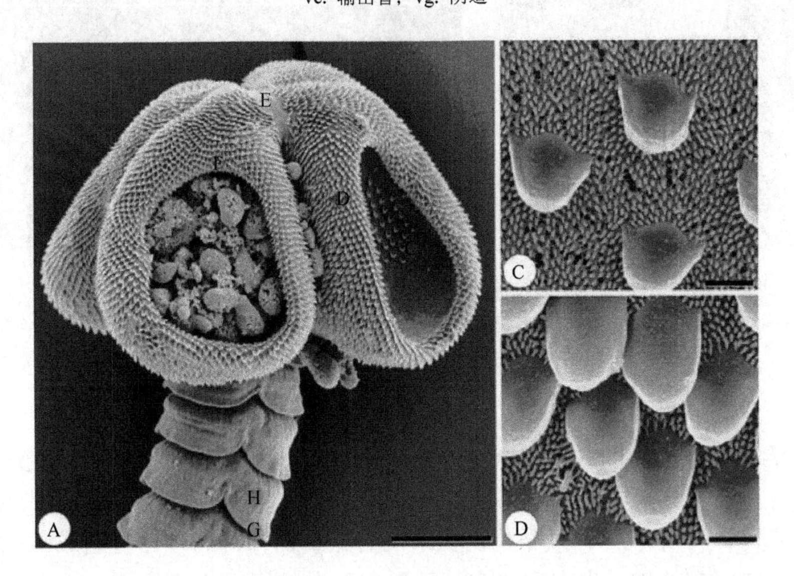

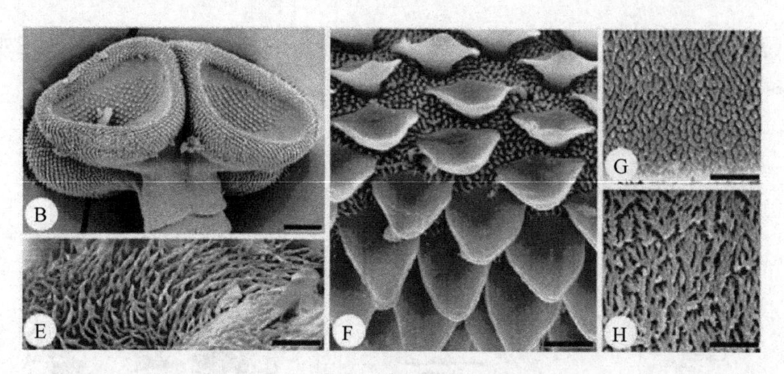

图 16-10 曼加芝无顶绦虫的扫描结构（引自 Jensen，2006）

A. 头节，字母示相应图取位置；B. 头节，示吸槽远端表面微毛类型；C. 吸槽远端表面；D. 吸槽近端表面；E. 头节的顶部；F. 吸槽边缘，示棘样微毛侧面及感觉纤毛；G. 节片后部边缘表面；H. 节片表面。标尺 A=30μm；B=20μm；C～H=1μm

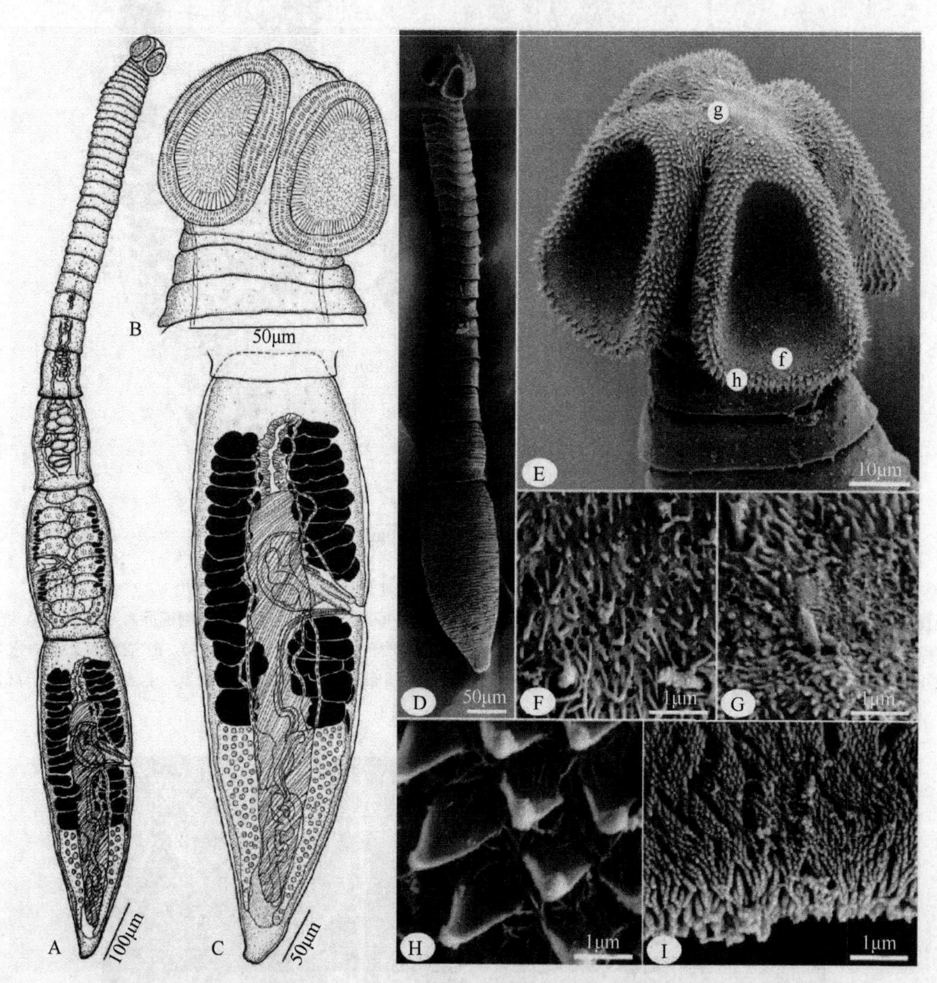

图 16-11 韦帕无顶绦虫结构示意图和扫描结构（引自 Koch et al.，2012）

A～C. 结构示意图：A. 整条虫体；B. 头节；C. 成熟末端节片。D～I. 扫描结构：D. 整条虫体；E. 头节，小写字母示相应图取处；F. 吸臼远端表面有针状和乳头状丝毛；G. 头节实体顶部有针状丝毛；H. 吸臼近端表面有戟形棘毛和针状丝毛；I. 亚末端节片有毛状丝毛，向后端节片边缘变短

16.7 方垫头科（Tetragonocephalidae Yamaguti，1959）

识别特征：头节具有 4 个吸臼；顶结构由头节固有结构的顶饰和顶器官组成。吸臼吸盘样。头节固有结构的顶饰窄过头节固有结构，生有顶器官。顶器官外向扩展，不可伸缩，不可外翻，肌肉质，具腺

体状表面。无头茎。虫体优解离、解离或很少不解离。通常雌性先熟。节片无缘膜，无穗边；链体前方的未成节不向侧方扩展；有环皮质纵肌束。精巢排为2～4不规则列，横切面纵深多于1层，位于阴茎囊前方的单个区域。输精管几乎从卵巢水平延伸至阴茎囊，极小或广阔，有些种类扩张成外贮精囊，有或无内贮精囊。阴茎囊梨状；阴茎具棘，薄壁。生殖孔单侧，不规则交替；生殖腔扩张。卵巢背腹面观实质状，横切面C形。阴道位于中央，壁厚，在阴茎囊后方开口于生殖腔。有或无受精囊。子宫双囊状（即在生殖腔水平收缩），位于中央，扩展至整个节片长度方向。卵黄腺滤泡状，位于3个明显的区域：卵巢后部区域，生殖腔和卵巢前方边缘之间（可能无），以及阴茎囊前方两侧带（各带有2到多列）。排泄管2对，位于侧方。卵单个，无极丝。已知为魟科（Dasyatidae）[即魟属（*Dasyatis* Rafinesque）、窄尾魟属（*Himantura* Müller & Henle）、条尾魟属（*Taeniura*）、沙粒魟属（*Urogymnus* Müller & Henle），可能还有萝卜魟属（*Pastinachus* Rüppell）]鱼类的寄生虫。采自阿拉弗拉海（Arafura Sea）、卡奔塔利亚湾（Gulf of Carpentaria）、北印度洋和西太平洋。模式和目前仅知属：方垫头属（*Tetragonocephalum* Shipley & Hornell，1905）。

备注：方垫头属组成系统上独立的一群，已描述有4个种，所有的4种完全符合现时的模式种、Shipley和Hornell（1906）描述的魟方垫头绦虫（*T. trygonis*）概念。Jensen（2005）也修订了该属。这些物种群在分子分析中与其他相关盘头目明显不同，是明显、特别发散的分支，而且基于一系列形态特征这一科很容易与其他所有科相区别：其子宫是双囊状而不是囊状，卵巢横切面是C形而不是两叶或四叶状，生殖腔比任何其他科都宽阔。方垫头属作为方垫头科的模式属。而Yamaguti（1959）和Euzet（1994）的科的划分与目前的划分不一致，他们所定义的方垫头科含有疣头属（*Tylocephalum*）；Euzet明确地这样做了，而Yamaguti则含蓄地认为疣头属是方垫头属的同物异名。分子数据表明，疣头属与头槽科的类群有亲缘关系，故应放在头槽科。

16.7.1 方垫头属（*Tetragonocephalum* Shipley & Hornell，1905）

[同物异名：棘首属（*Spinocephalum* Deshmukh，1980）]

识别特征：头节的顶部为一蕈状的额吸吻，覆盖着小棘；基部垫状体上有4个吸盘。链体无缘膜，老节脱落。雌性先熟。生殖腔大，孔位于侧方，扩大，不规则交替。精巢位于阴茎囊前方，数目多，孔侧阴道后精巢不存在。外贮精囊、内贮精囊存在。卵巢位于后方，两叶状，横切面为C形。阴道位于阴茎囊后方。卵黄腺位于卵巢前方和后方。子宫双囊状，孕节中膨胀。已知寄生于鲼形目（Myliobatiformes）鱼类，全球性分布。模式种：瓦魟方垫头绦虫（*T. trygonis* Shipley & Hornell，1905）。

方垫头绦虫由Shipley和Hornell（1905）为采自锡兰（现为斯里兰卡）海岸附近的曼纳尔湾瓦魟[*Brevitrygon walga*（Müller & Henle）]瓦魟方垫头绦虫建立。Jensen（2005）修订盘头目并评估了方垫头属的分类地位及其成员。在Jensen的专著中，对22种方垫头属绦虫进行了鉴定，其中14种被认为有效。除了这些有效种，3种被认为有问题，5种被认为无效。自2006年以来，在印度水域，该属又报道了5种，即*T. govindi* Khamkar & Shinde，2012、*T. panjiensis* KhamKar，2011、*T. pulensis* Kankale，2014、*T. ratnagiriensis* Khamkar，2012和*T. sepheni* Lanka，Hippargi & Patil，2013，这些种的描述十分粗糙，尤其是Lanka等（2013）的报道，他们将*T. sephenis*当作新种名，而该种名Deshmukh和Shinde（1979）已有使用，他们列了9个种的测量数据进行比较，其中两个同名种，且所有9个种的宿主完全相同，均为褶尾魟（*Trygon sephen*），显然是错误的。由于违反了《国际动物命名法规》第16.4条的规定，这5种不可用；根据法规，1999年以后公布的每一个新种，都必须有全模标本、共模标本存放在收藏中，并在原始出版物中注明该收藏的地点（ICZN 2016）。近期，Aminjan和Malek（2016）描述了采自阿曼海湾兰德利鞭鳐（*Maculabatis randalli*）的萨巴方垫头绦虫（*T. sabae* Aminjan & Malek，2016）和萨拉里方垫头绦虫（*T. salarii* Aminjan & Malek，2016）。2017年，Aminjan和Malek又描述了采自伊朗阿曼湾的北海岸褶尾萝卜魟［*Pastinachus sephen*（Forsskål）］肠螺旋瓣上的麦肯齐方垫头绦虫新种（*T. mackenziei* n. sp.）和卡兹米方垫头绦虫新种（*T. kazemii* n. sp.）。方垫头属绦虫和疣头属绦虫头节外观上较为相似，需要从具有扩展的生殖腔、卵巢横切面C形和子宫双囊状等特征来确定方垫头属绦虫。

16.7.1.1　方垫头属四种绦虫及种名来源

1）萨巴方垫头绦虫（*T. sabae* Aminjan & Malek，2016）（图 16-12A～F，图 16-13A～D）

该物种的命名是为了纪念第一作者的妻子萨巴·萨达蒂·萨法（Saba Saadati Safa），因为她在研究工作开展的五年里，给予了耐心的支持与帮助。

2）萨拉里方垫头绦虫（*T. salarii* Aminjan & Malek，2016）（图 16-12G～K，图 16-13E～H）

该物种以纳塞尔萨拉里（Naser Salari）先生名字命名，以感谢他在宿主标本采集中的援助工作。

3）麦肯齐方垫头绦虫（*T. mackenziei* Aminjan & Malek，2017）（图 16-14，图 16-15）

该物种的命名是为了纪念阿伯丁大学的肯尼斯·麦肯齐（Kenneth MacKenzie），因为他在海洋寄生虫学领域作出了重要的贡献。

4）卡兹米方垫头绦虫（*T. kazemii* Aminjan & Malek，2017）（图 16-16）

该物种的命名是为了纪念阿巴斯·卡兹米（Abbas Kazemi），感谢他在 20 多年中对德黑兰大学动物学研究项目的热心帮助。

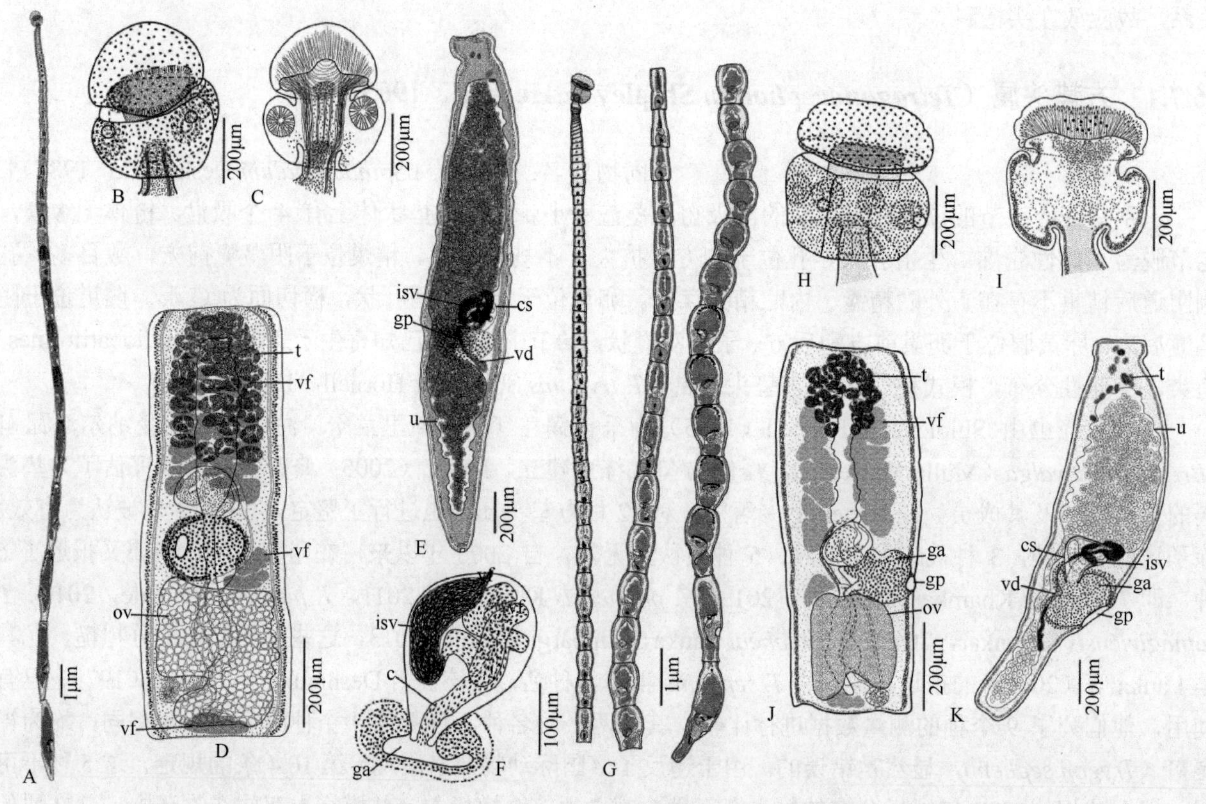

图 16-12　采自阿曼海湾鞭鳐的方垫头属绦虫的结构示意图（引自 Aminjan & Malek，2016）

A～F. 萨巴方垫头绦虫：A. 整条虫体；B. 头节整体结构；C. 头节内部细节；D. 成节；E. 孕节；F. 阴茎囊。G～K. 萨拉里方垫头绦虫：G. 整条虫体；H. 头节整体结构；I. 头节内部细节；J. 成节；K. 孕节。缩略词：c. 阴茎；cs. 阴茎囊；ga. 生殖腔；gp. 生殖孔；isv. 内贮精囊；t. 精巢；ov. 卵巢；u. 子宫；vd. 输精管；vf. 卵黄腺滤泡

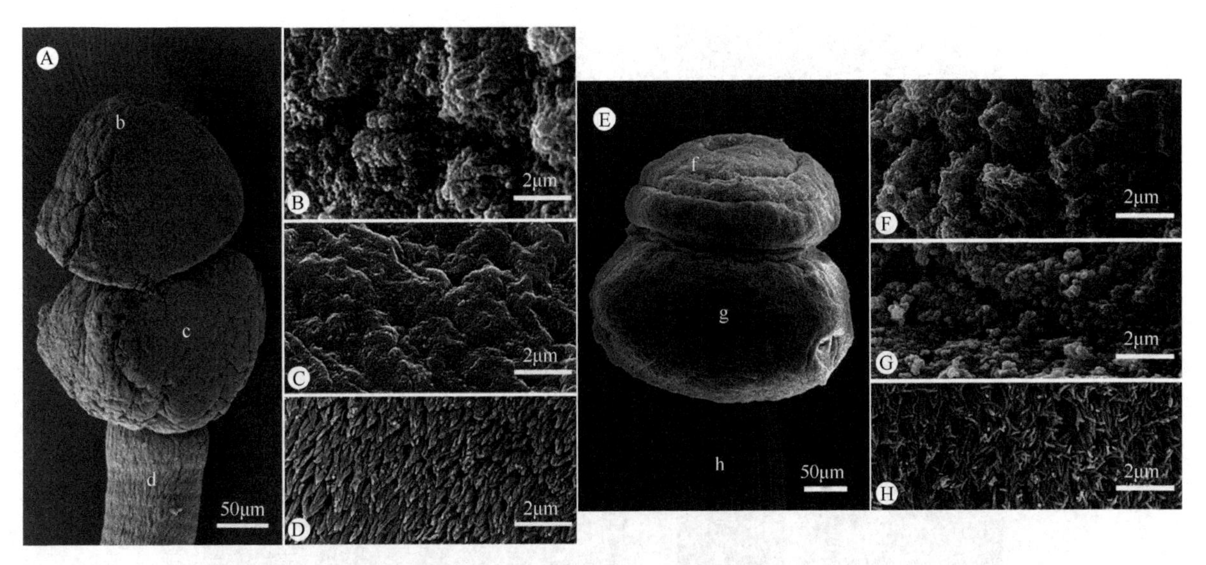

图 16-13　采自阿曼海湾鞭鳐的方垫头属绦虫的扫描结构（引自 Aminjan & Malek，2016）

A～D. 萨巴方垫头绦虫；E～H. 萨拉里方垫头绦虫。A 和 E 为头节，小写字母为相应大写字母图取处；B，F. 顶器官表面的结节；C，G. 头节固有结构表面；D，H. 链体的毛状丝毛

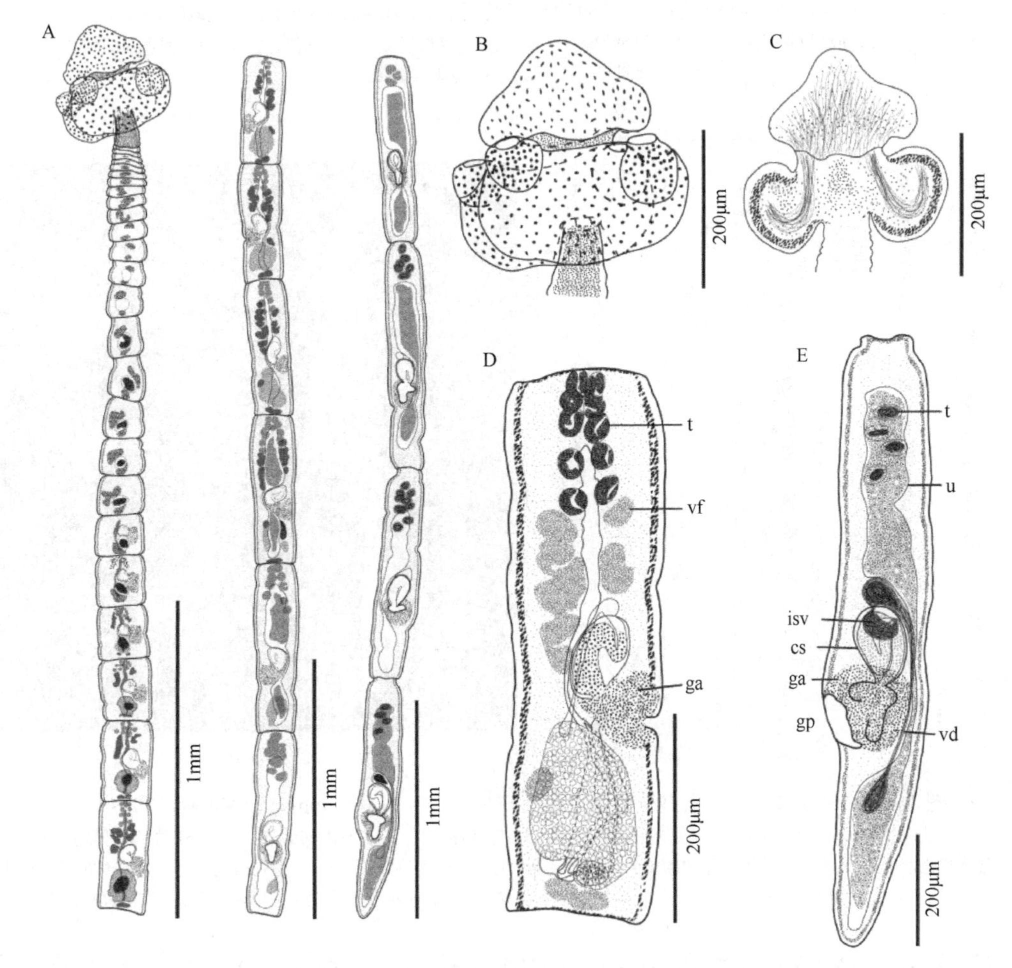

图 16-14　麦肯齐方垫头绦虫的结构示意图（引自 Aminjan & Malek，2017）

样品采自伊朗阿曼湾的北海岸褶尾萝卜魟肠螺旋瓣。A. 整条虫体；B. 头节整体结构；C. 头节内部细节；D. 成节；E. 孕节。缩略词：cs. 阴茎囊；ga. 生殖腔；gp. 生殖孔；isv. 内贮精囊；t. 精巢；u. 子宫；vd. 输精管；vf. 卵黄腺滤泡

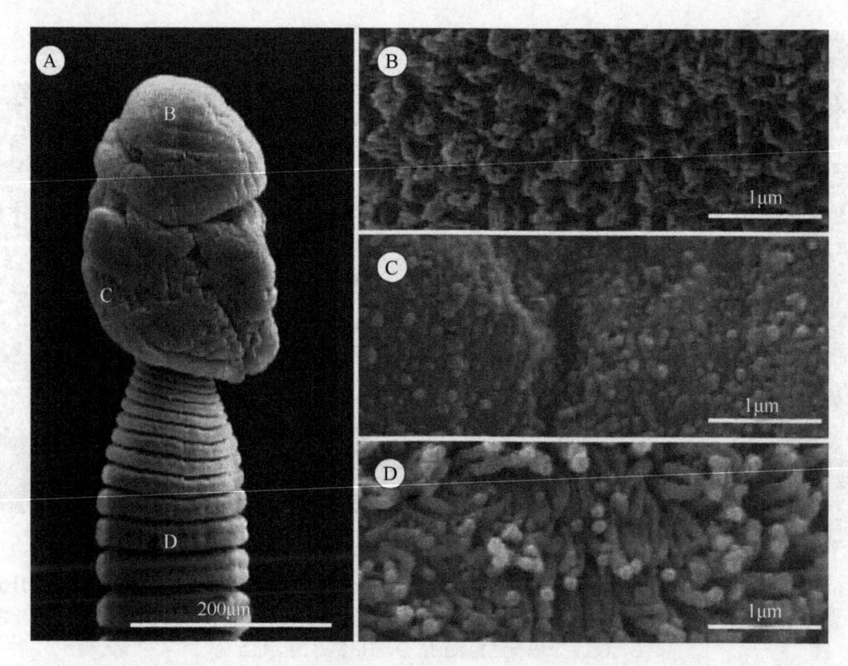

图 16-15　麦肯齐方垫头绦虫的扫描结构（引自 Aminjan & Malek，2017）

样品采自伊朗阿曼湾的北海岸褶尾萝卜魟肠螺旋瓣。A. 头节，字母示 B～D 取图位置；B. 顶器官表面的结节；C. 头节固有结构表面；D. 链体的毛状丝毛

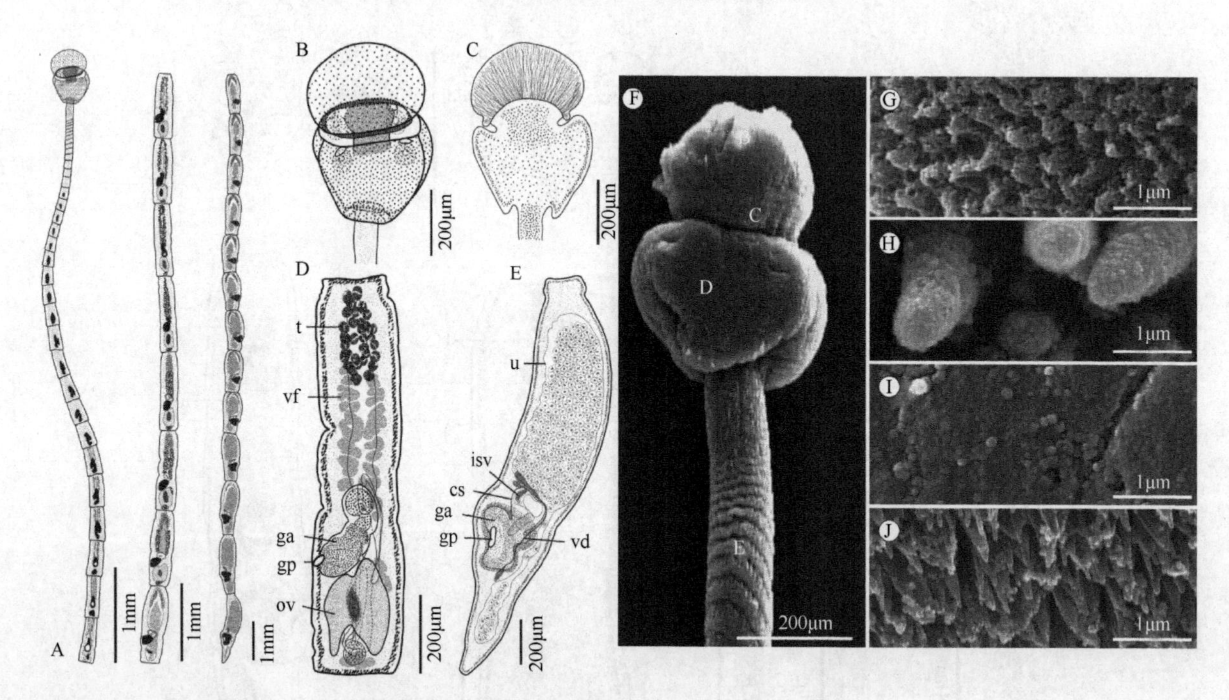

图 16-16　卡兹米方垫头绦虫结构示意图及扫描结构（引自 Aminjan & Malek，2017）

样品采自伊朗阿曼湾的北海岸褶尾萝卜魟肠螺旋瓣。A. 整条虫体；B. 头节整体结构；C. 头节内部细节；D. 成节；E. 孕节；F. 头节，字母示 G～J 取图位置；G. 顶器官表面的结节；H. 头节固有结构顶饰具顶器官的附着区上的柱状棘毛；I. 头节固有结构表面；J. 链体的毛状丝毛。缩略词：cs. 阴茎囊；ga. 生殖腔；gp. 生殖孔；isv. 内贮精囊；t. 精巢；ov. 卵巢；u. 子宫；vd. 输精管；vf. 卵黄腺滤泡

16.8　多斗篷车夫样槽科（Eniochobothriidae Jensen，Caira & Cielocha et al.，2016）

识别特征：头节具有 4 个吸臼；顶结构由头节固有结构的顶饰和顶器官组成。吸臼呈吸盘状。头节固有结构的顶饰小锥形有顶孔。顶器官小，内部的，不突出，不可翻转，主要为腺体样。无头茎。虫体

解离。节片具缘膜，无穗边；链体前方的未成节向侧方扩展形成槽；无环皮质纵肌束。精巢排为 1 或更多列，横切面 1 层纵深，位于卵巢前方的单个区域。输精管从卵模水平延伸至阴茎囊前方水平，宽阔，不扩张形成外贮精囊，有内贮精囊。阴茎囊弯曲或略为梨状；阴茎具棘，厚壁。生殖孔单侧，不规则交替；生殖腔浅。卵巢背腹面观 H 形，横切面两叶状，紧密到分叶。无阴道，有受精囊。子宫囊状，位于中央，从卵巢后部边缘伸展至生殖孔水平。卵黄腺滤泡状，位于两侧带，各带由几列滤泡组成，从生殖孔扩展至卵巢桥。排泄管 2 对，位于侧方。卵包于茧中。已知为牛鼻鲼属（*Rhinoptera* Cuvier）（牛鼻鲼科 Rhinopteridae Jordan & Evermann）鱼类的寄生虫。采自阿拉伯湾、东大西洋墨西哥湾、北印度洋和帝汶海。模式和目前仅知属：多斗篷车夫样槽属（*Eniochobothrium* Shipley & Hornell，1906）。

备注：此科用于容纳多斗篷车夫样槽属，目前有少量种。以前的作者大都不愿将多斗篷车夫样槽属归属于科，因为它的形态不确定（如 Southwell，1925；Wardle & McLeod，1952；Euzet，1994；Jensen，2005）。Schmidt（1986）把它放入盘头科。分子数据证实其与盘头科是异群。鉴于其独特的形态，包括前方未成节侧向扩张形成槽，以及完全缺乏阴道等，它作为一个独特的科似乎更为合理。

16.9 盘头科（Lecanicephalidae Braun，1900）

识别特征：头节具有 4 个吸臼；顶结构由头节固有结构的顶饰和顶器官组成。吸臼通常呈吸盘状［或椭圆形，单室吸槽，见于皇冠顶属（*Rexapex*）（图 16-1O）］。头节固有结构的顶饰极小或拉长［串联凹陷属（*Elicilacunosus*）（图 16-1K）]，通常不可内陷，在一些种中可部分内陷［串联凹陷属；垫头属（*Stoibocephalum*）（图 16-1P）]，具有顶孔，顶孔可扩张或不可扩张。顶器官通常为外部的，形态可变，很少为卵圆垫状［面包头属（*Collicocephalus*）（图 16-1J）、六管属（*Hexacanalis*）（图 16-1M）和垫头属的一些种]，圆顶状（垫头属的一些种），高度折叠式的薄片［承花头属（*Floriparicapitus*）（图 16-1L）、盘头属（*Lecanicephalum*）（图 16-1N）]，或倒锥状，具乳突状突起（皇冠顶属）（图 16-1O）。如果是内部的，可以是卵球形或圆锥状（串联凹陷属），主要为肌肉质或主要为腺体状，在大多数种中完全可伸缩。无头茎。虫体通常优解离，很少解离（垫头属）。节片具缘膜，很少有穗边（面包头属）或有背腹垂片（六管属的一些种）；可能具有沿背侧和腹侧中央表面明显的凹陷列肌肉腺体组织区域（串联凹陷属）。未成节很少向侧方扩展（皇冠顶属）但从不开成槽；无或有环皮质纵肌束。精巢排为 1 到更多列，横切面通常 1 层纵深，很少 2 层或几层的（六管属和垫头属），位于卵巢前方的单个区域。输精管宽阔，可能扩张形成外贮精囊。阴茎囊梨状；阴茎通常无棘，很少有棘（盘头属和承花头属），壁薄。生殖孔单侧，不规则交替；生殖腔浅。卵巢背腹面观 H 形（六管属中为单一团块状），横切面两叶、四叶状或 C 形，阴道位于中央或亚侧方，在阴茎囊后方开口于生殖腔，很少在阴茎囊前方水平（承花头属的有些种）。无受精囊。子宫囊状，位于中央，从卵巢桥伸展至近节片前方边缘。卵黄腺滤泡状，位于两侧带，各带由 2 到几列滤泡组成（六管属中列扩张至中央区），通常扩展至整个节片长度方向，被卵巢中断或扩展至卵巢近前方边缘。排泄管 1 对或 3 对，位于侧方。卵单个，有两极丝或位于纤维团块中。已知为鳐［魟科（Dasyatidae）、燕魟科（Gymnuridae）、鲼科（Myliobatidae）、锯鳐科（Pristidae）、圆犁头鳐科（Rhinidae）、犁头鳐科（Rhinobatidae）、尖犁头鳐科（Rhynchobatidae）］的寄生虫。采自西印度洋和西大西洋。模式属：盘头属（*Lecanicephalum* Linton，1890）。其他属：面包头属（*Collicocephalus* Koch，Jensen & Caira，2012）；串联凹陷属（*Elicilacunosus* Koch，Jensen & Caira，2012）；承花头属（*Floriparicapitus* Cielocha，Jensen & Caira，2014）；六管属（*Hexacanalis* Perrenoud，1931）；皇冠顶属（*Rexapex* Koch，Jensen & Caira，2012）；垫头属（*Stoibocephalum* Cielocha & Jensen，2013）等。

备注：盘头科有 3 对或 1 对排泄管，而非 2 对排泄管。例外的无顶属也有 1 对排泄管，而无顶属的成员缺乏顶结构；此特征很容易将无顶科与盘头科区别开来。

16.9.1 盘头属（*Lecanicephalum* Linton，1890）（图 16-17）

识别特征：头节上有顶结构，顶器官为肌肉质和腺体片状结构，可完全缩入头节固有结构中，有显著的环状肌肉束；基部垫状，有 4 个吸盘。链体前方不变形，无缘膜，老节脱落。生殖腔不膨大，生殖孔位于侧方，不规则交替。精巢数目多，孔侧阴道后精巢存在。内贮精囊、外贮精囊存在。卵巢背腹面观为 H 形，位于节片后部，横切面两或三叶状。阴道显著扩张，肌肉质。卵黄腺滤泡位于侧方、卵巢前方或后方。模式种：盾形盘头绦虫（*Lecanicephalum peltatum* Linton，1890），宿主为粗尾魟（*Dasyatis centroura*）、古氏魟（*D. kuhli*）和钝锯鳐（*Pristis cuspidatus*）。其他种：压缩盘头绦虫（*L. coangustatum* Jensen，2005）。

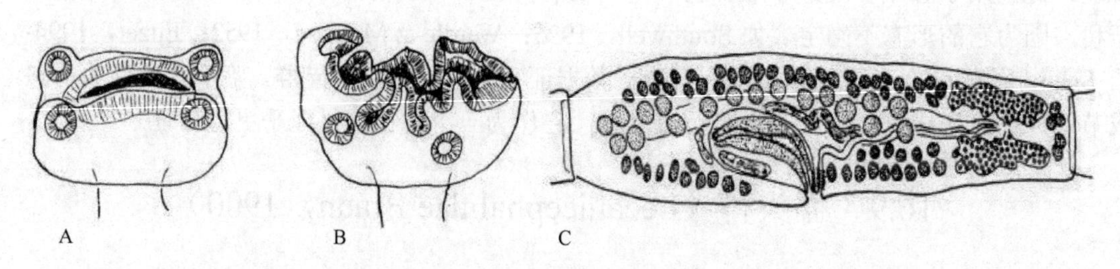

图 16-17 盘头属头节及成节结构示意图（引自 Euzet，1994）

A～B. 两型头节；C. 成节背面观

16.9.2 面包头属（*Collicocephalus* Koch，Jensen & Caira，2012）

识别特征：虫体优解离。头节具有 4 个吸臼，头节实体和顶器官的顶部变形，吸臼为吸盘样。头节实体的顶饰具有宽孔径容器以容纳顶器官。顶器官大型、肌肉质，有腺体样表面，可收缩，外翻时形态为横向椭圆垫状。头茎或短或无。节片有缘膜，有背、腹和侧叶对。精巢排为 2 列，在卵巢前方，末端成节中可能退化。外贮精囊囊状，自卵模伸展至阴茎囊前方边缘。无内贮精囊。阴茎囊圆形到梨形。阴茎无棘。卵巢背、腹面观 H 形，横切面四叶状。成节中阴道横向延伸，在最后部的节片中沿着节片中线，从卵模延伸至生殖腔，并在阴茎囊后方开口于生殖腔。生殖孔位于侧方，不规则交替。子宫位于中央，囊状。卵黄腺滤泡状，排为 4 列，1 背列、1 腹列及节片两侧边缘各 1 列，从卵巢前方边缘伸展至近节片前方边缘。1 对排泄管。卵不明。已知寄生于澳大利亚北部鲼科（Myliobatidae）无刺鲼属（*Aetomylaeus*）鱼类的肠螺旋瓣上。模式和仅知的种：巴乔面包头绦虫（*Collicocephalus baggioi*）（图 16-18）。

词源：“*Kollix*（字母 K 同 C），*-ikos*”，希腊语为面包卷或面包之意。本属的命名是因为其不寻常的椭圆形的顶端器官，当外翻时，就像一块面包。

16.9.3 串联凹陷属（*Elicilacunosus* Koch，Jensen & Caira，2012）

识别特征：虫体优解离。头节有 4 个吸盘状吸臼，为头节实体和顶器官的顶变形结构。头节实体的顶饰椭圆形到长形、圆柱状，部分可陷入，有孔，内可容纳顶器官。顶器官长圆形，主要为腺体状，可伸缩。头茎存在或无。节片有缘膜，没有突叶；后方未成熟和成节沿着背腹面中线有肌肉-腺体样组织，外观呈现出成串的凹陷。精巢排为规则的两纵列，位于卵巢前方。输精管在节片中自卵模到阴茎囊横向延伸，不扩展形成外贮精囊。未观察到内贮精囊。阴茎囊梨形。阴茎无棘。卵巢背腹观基本上为 H 形，横切面为两叶状。阴道在节片中从卵模向侧方延伸至生殖腔，在阴茎囊的后部开口于生殖腔。生殖孔位于侧方，不规则交替。子宫囊状，亚中央位。卵黄腺滤泡状，位于髓质；卵黄腺滤泡排为 4 列，精巢背腹各 1 列（从不位于精巢侧方），位于卵巢的前方。排泄管 1 对。卵椭圆形，双极有丝。寄生于中国南海鲼科（Myliobatidae）无刺鲼属（*Aetomylaeus*）鱼类的肠螺旋瓣上。模式种：沙捞越串联凹陷绦虫（*E.*

sarawakensis）（图 16-19A～G，图 16-20A～D）。属名源于其虫体外观的串联凹陷，种名则源于其模式产地：马来西亚沙捞越。其他种：达尔玛迪串联凹陷绦虫（*E. dharmadii*）（图 16-19H～Q，图 16-20E～G）；法赫米串联凹陷绦虫（*E. fahmii*）（图 16-21，图 16-22）。

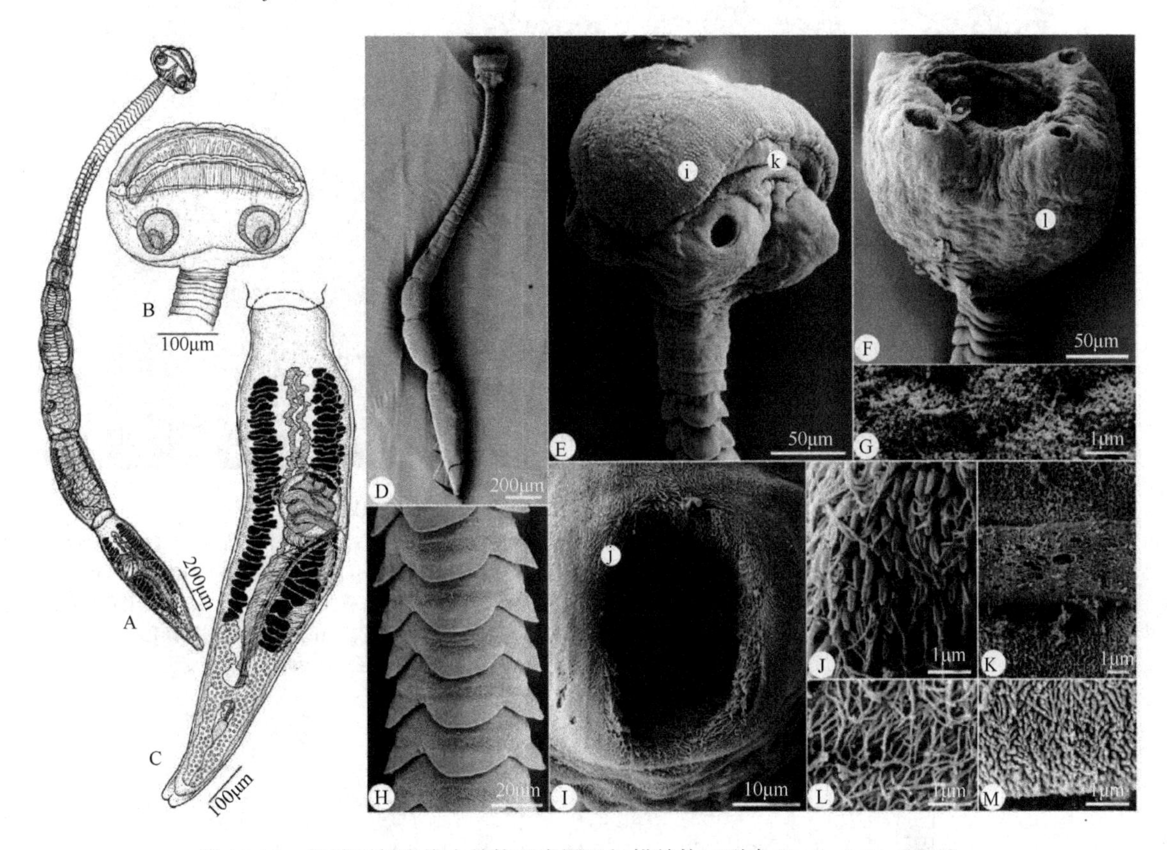

图 16-18　巴乔面包头绦虫结构示意图及扫描结构（引自 Koch et al.，2012）

A～C. 结构示意图：A. 整体；B. 头节；C. 末端节片。D～M. 扫描结构：D. 整条虫体，顶器官完全翻出；E. 顶器官完全翻出的头节；F. 顶器官缩回的头节，E、F、I 中小写字母与相应放大图对应；G. 具乳头状微毛的顶器官；H. 有叶突节片放大；I. 吸白放大；J. 吸白边缘镘形棘毛和毛状丝毛；K. 头节实体顶饰放大，示针状和毛状丝毛及无毛区；L. 头节实体有毛状丝毛；M. 前方节片的针状丝毛

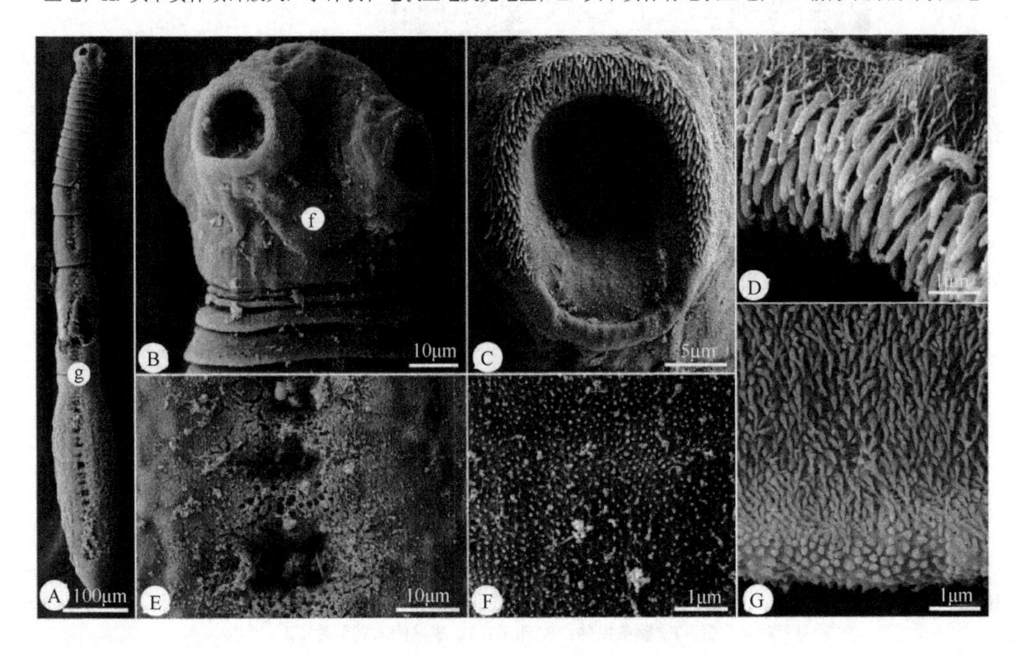

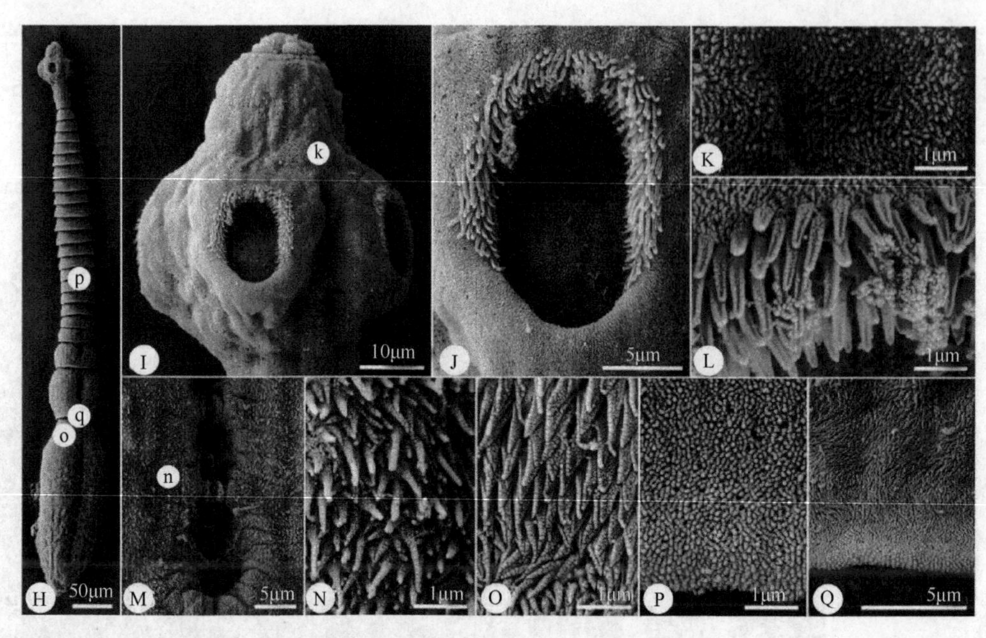

图 16-19　串联凹陷属 2 种的扫描结构（引自 Koch et al.，2012）

A、B、H、I、M 中小写字母示相应图放大处。A～G. 沙捞越串联凹陷绦虫：A. 整条虫体；B. 头节；C. 吸臼放大；D. 吸臼的锥状棘毛和毛状丝毛，边缘的后部无棘毛；E. 腺样结构的外表放大；F. 头节实体部，具有乳头状丝毛；G. 节片具有小勺状（scolopate）棘毛，向节片后部区域越变越短、越锥。H～Q. 达尔玛迪串联凹陷绦虫：H. 整条虫体；I. 头节；J. 吸臼放大；K. 头节实体部有针状丝毛；L. 吸臼边缘有镘形和针状丝毛，后部边缘无棘毛；M. 腺样结构的外表放大；N. 腺样结构外观周围区有小的勺状棘毛；O. 末端节片前方区域有小的剑状棘毛；P. 前方节片后部区域有乳头状丝毛，向后部边缘长度变短；Q. 倒数第 2 节后部边缘有毛状丝毛，向后部边缘长度变短

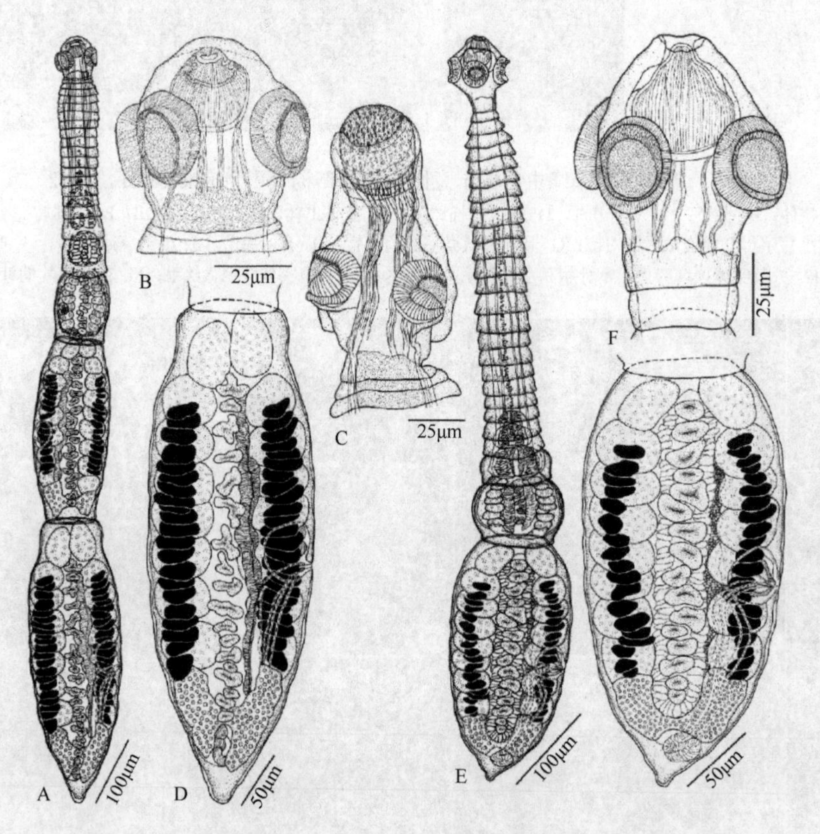

图 16-20　串联凹陷属 2 种的结构示意图（引自 Koch et al.，2012）

A～D. 沙捞越串联凹陷绦虫：A. 整条虫体；B. 具缩回顶器官的头节；C. 具突出顶器官的头节；D. 成熟的末端节片。E～G. 达尔玛迪串联凹陷绦虫：E. 整条虫体；F. 头节；G. 成熟的末端节片

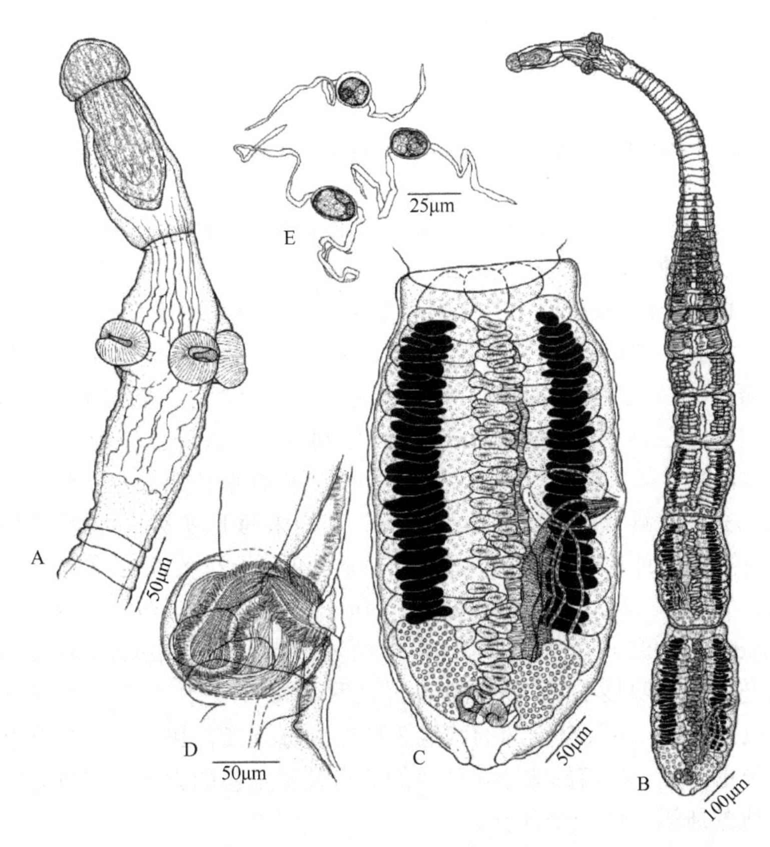

图 16-21　法赫米串联凹陷绦虫的结构示意图（引自 Koch et al.，2012）

A. 头节；B. 整条虫体；C. 成熟末端节片；D. 末端生殖器官细节；E. 卵

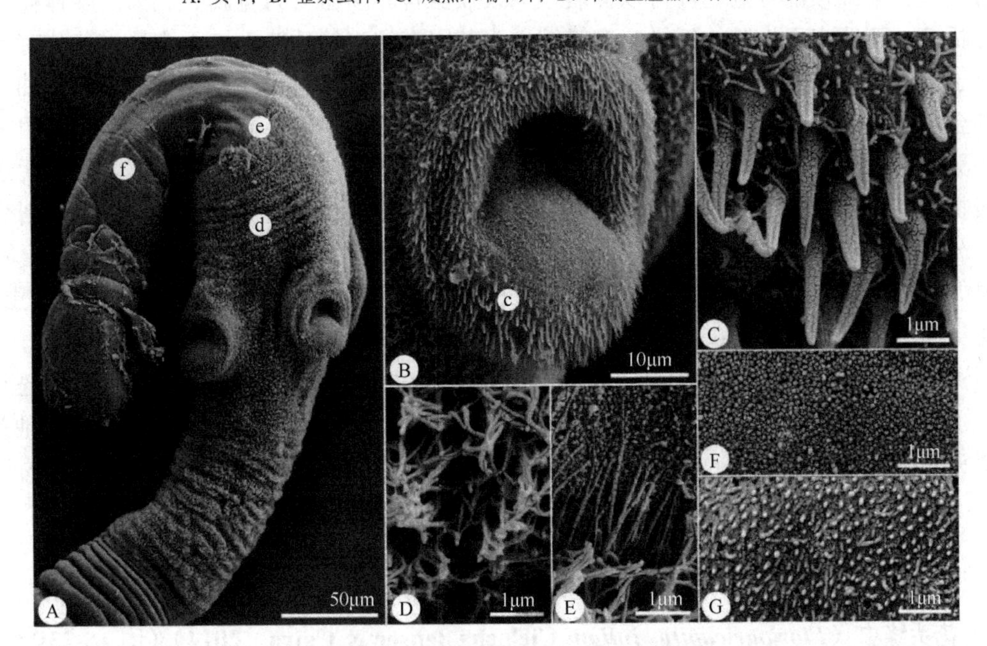

图 16-22　法赫米串联凹陷绦虫的扫描结构（引自 Koch et al.，2012）

A、B 中小写字母示相应图放大处。A. 头节；B. 吸臼放大；C. 吸臼的镘形棘毛，针状和乳头状丝毛；D. 头节实体部的毛状丝毛；E. 头节实体与顶器官之间的交界面；F. 顶器官有乳头状丝毛；G. 节片具有针状和乳头状丝毛达尔玛迪串联凹陷绦虫种名词源：名称源于雅加达印度尼西亚渔业研究中心的达尔玛迪（Dharmadi），他在宿主的采集中给予了很大的帮助，故用其名为绦虫命名。

法赫米串联凹陷绦虫种名词源：以印度尼西亚雅加达印度尼西亚科学院海洋研究中心（the Pusat Penelitian Oseanografi）的法赫米（Fahmi）的名字命名，因为他协助收集了绦虫的宿主。

16.9.4 承花头属（*Floriparicapitus* Cielocha et al.，2014）

Cielocha 等（2014）又建立了一个盘头目新属：承花头属（*Floriparicapitus*），用于容纳 3 个新种和 2 个移入的重组合种，以新种尤泽特承花头绦虫（*F. euzeti*）为其模式种。该属 5 种绦虫全部寄生于印度太平洋水域犀鳐目（Rhinopristiformes）的锯鳐和犁头鳐。新属不同于盘头目的其他 21 个有效属，它具有大型头节，其上承载着侧向扩展的、皱纹纸样的顶器官，阴茎具显著棘毛及具有 3 对排泄管。它最似盘头属，但又有显著不同，表现在其具有 3 对而不是 1 对排泄管。2 个描述新种用的样品采自锯鳐：尤泽特承花头绦虫采自昆士兰锯鳐（*Pristis clavata*），朱利安承花头绦虫新种（*F. juliani* n. sp.）采自普通锯鳐（*Pristis pristis*），两者都采自澳大利亚。用于新种可折叠承花头绦虫（*F. plicatilis* n. sp.）描述的样品采自澳大利亚的模式犁头鳐（*Glaucostegus typus*）和马来西亚婆罗洲的搜影犁头鳐（*Glaucostegus thouin*）。另 2 个原头槽属的种移入新属成为重组合种：可变承花头绦虫［*Floriparicapitus variabilis*（Southwell，1911）］，样品采自斯里兰卡钝锯鳐（*Anoxypristis cuspidata*）；犁头鳐承花头绦虫［*F. rhinobatidis*（Subhapradha，1955）］，样品采自印度颗粒蓝吻犁头鳐（*Glaucostegus granulatus*）。采自犁头鳐的种类与采自锯鳐的种类明显不同，采自犁头鳐的种类每节具有 4 个（可折叠承花头绦虫）或 5 个（犁头鳐承花头绦虫）精巢，而采自锯鳐的其他 3 种绦虫每节具有 9 个或 9 个以上精巢。后 3 种绦虫相互间的区别在于头节的宽度、吸臼的大小、节片的数目及阴茎囊的大小。按照近期状况，新属似乎仅限于锯鳐和犁头鳐组成的犀鳐目的一个亚支。

识别特征：虫体优解离。头节侧向扩展，承载着 4 个吸臼，头节固有结构顶端有修饰，具有顶器官。吸臼为吸盘形式。顶饰顶部有宽孔，可以伸展，承载顶器官。顶器官为宽阔、肌肉质腺体样层状结构，通常高度可折叠，可能表现为皱纹纸样，有时缩入头节固有结构的顶饰中。无头茎。节片有缘膜。纵肌束明显，位于皮质。精巢位于髓质，排为 1 或 2 不规则纵列，扩展至卵巢水平。输精管弯曲，广泛，从卵模区延伸至阴茎囊前缘，可能扩张形成外贮精囊。无内贮精囊。阴茎囊梨形到提琴形。阴茎具有明显的棘毛。卵巢各侧翼由大量不规则的小叶组成，背腹观基本上呈 H 形，横切面呈四叶状。阴道弯曲，沿着节片中线扩展，在阴茎囊后方、同一水平或前方开口于生殖腔。生殖孔位于侧方，不规则交替。卵黄腺滤泡状，分布于节片两侧，多纵列，从近节片前方边缘扩展至节片后方边缘，有时被卵巢阻断。排泄管 3 对，中央的 1 对扩张。子宫位于髓质，囊状。虫卵未观察到。已知为犀鳐目动物的寄生虫。模式种：尤泽特承花头绦虫（*F. euzeti* Cielocha Jensen & Caira，2014）（图 16-23A～C，图 16-24）。

属名词源：“*Floriparus*”意为“承花”；“*caput*”意为“头”。属名指的是其顶器官的形态似花一样。

尤泽特承花头绦虫种名词源：该名是给予路易斯尤泽特（Louis Euzet）教授的荣誉，彰显他为 Cielocha 等提供可变头槽绦虫（*C. variabile*）模式系列标本及他在板鳃类绦虫分类，尤其是盘头目相关领域研究的贡献。

16.9.4.1 承花头属其他种

1）朱利安承花头绦虫（*Floriparicapitus juliani* Cielocha Jensen & Caira，2014）（图 16-23D～E）

宿主：普通锯鳐（*Pristis pristis*）。

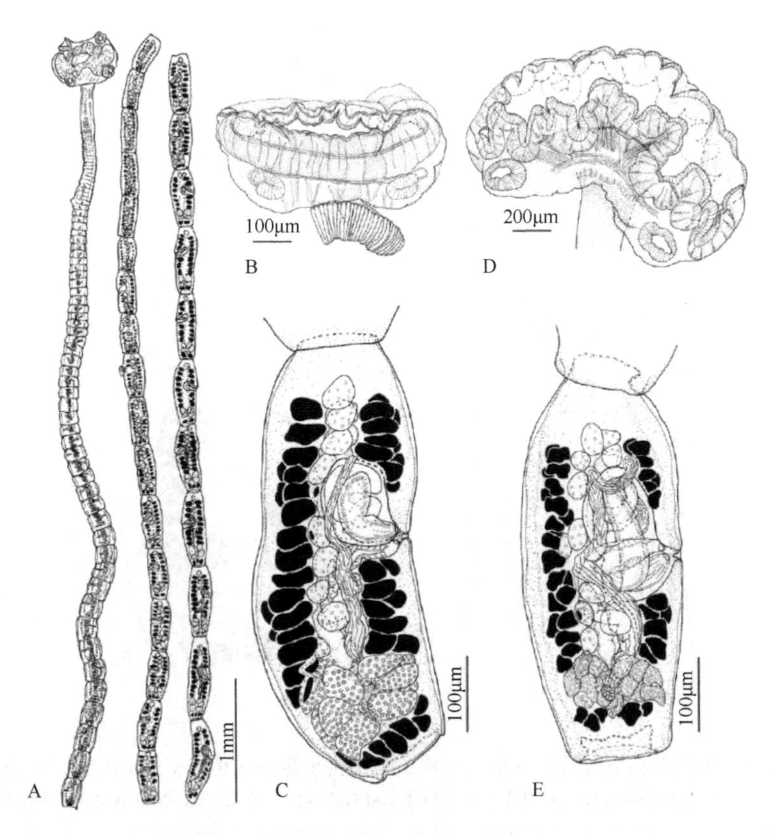

图 16-23　承花头属 2 种绦虫的结构示意图（引自 Cielocha et al.，2014）

A～C. 采自昆士兰锯鳐的尤泽特承花头绦虫：A. 整条虫体（副模标本 QM G234397）；B. 头节（副模标本 QM G234404）；C. 成节（全模标本 QM G234394）。D～E. 采自普通锯鳐的朱利安承花头绦虫：D. 头节（副模标本 QM G234410）；E. 成节（全模标本 QM G234408）

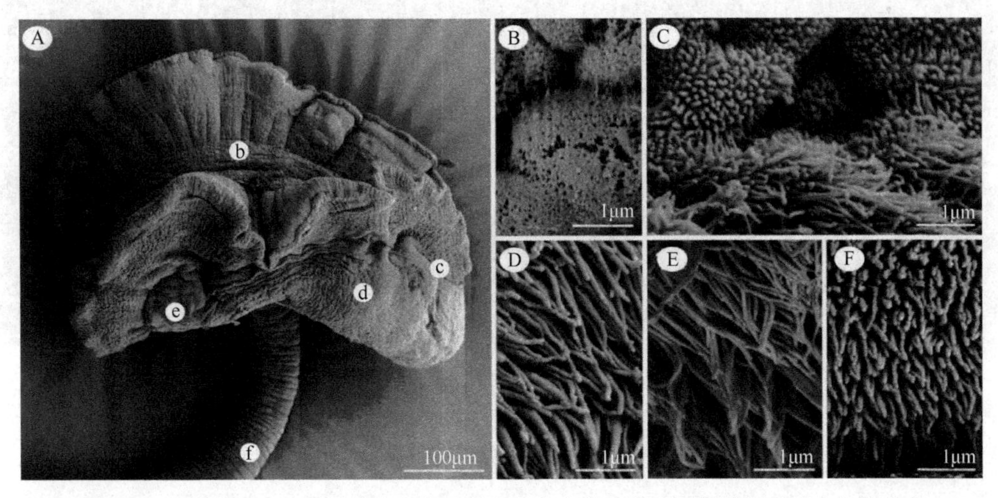

图 16-24　采自昆士兰锯鳐的尤泽特承花头绦虫头节及其不同区域微毛形态扫描结构（引自 Cielocha et al.，2014）

A 中的小写字母为相应大写字母图取处

种名词源：该物种名称是给予澳大利亚凯恩斯海洋所的朱利安巴乔（Julian Baggio）的荣誉。他在收集朱利安承花头绦虫等的模式宿主的工作中做了很大的努力。

2）可折叠承花头绦虫（*Floriparicapitus plicatilis* Cielocha Jensen & Caira，2014）（图 16-25，图 16-26）

宿主：犁头鳐。

种名词源：该物种以高度折叠的顶器官命名；“*plicatilis*”拉丁文是指可折叠之意。

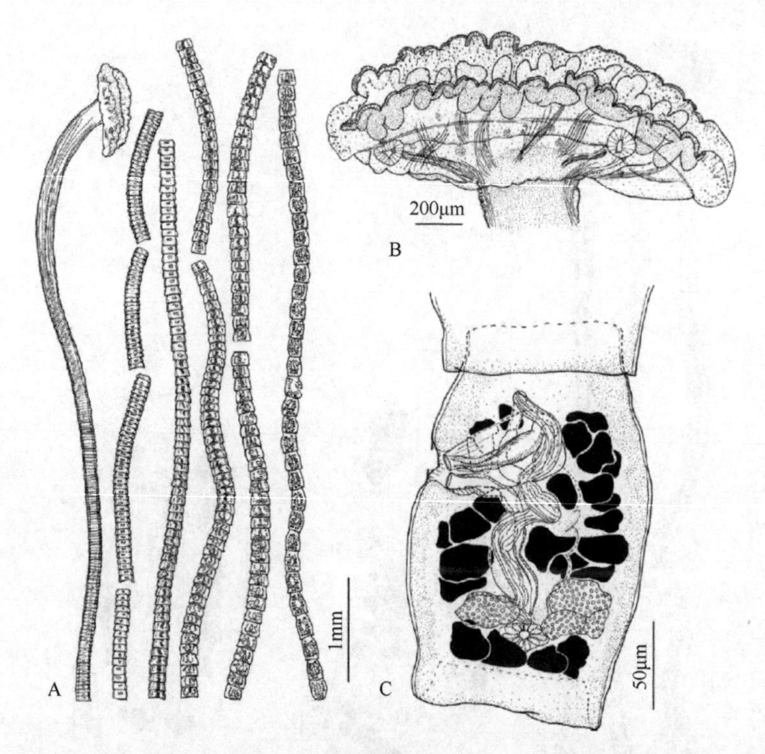

图 16-25　采自犁头鳐的可折叠承花头绦虫的结构示意图（引自 Cielocha et al.，2014）

A. 整条虫体（副模标本 QM G234414）；B. 头节（副模标本 QM G234421）；C. 成节，精巢退化（全模标本 QM G234414）

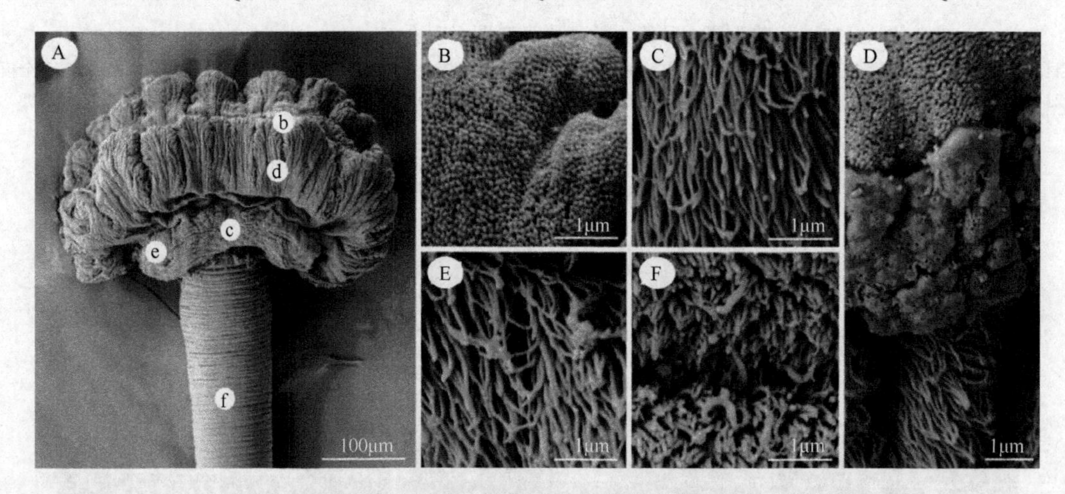

图 16-26　采自犁头鳐的可折叠承花头绦虫头节及相应部位局部放大扫描结构（引自 Cielocha et al.，2014）

A 中的小写字母为相应大写字母图取处

3）变异承花头绦虫［*Floriparicapitus variabilis*（Southwell，1911）Cielocha Jensen & Caira，2014］组合种（图 16-27，图 16-28）

宿主：钝锯鳐（*Anoxypristis cuspidata*）。

种名词源：特殊的词语“可变的”指的是种的“……显著的变异性”。

Subhapradha（1955）描述和插图表明的犁头鳐头槽绦虫（*C. rhinobatidis*）头节形态和节片解剖与承花头属完全一致。因此，将其转到这个新的属，正式建立新的组合：犁头鳐承花头绦虫新组合［*Floriparicapitus rhinobatidis*（Subhapradha，1955）n. comb.］。由于其模式标本不可用于研究，重描述是不可能了，但这个种易与尤泽特承花头绦虫、朱利安承花头绦虫和可折叠承花头绦虫相区别：它具有 5

个精巢（后3种分别为：9～14个、10～14个和4个）。犁头鳐承花头绦虫新组合进一步区别于这3个种的特征在于其具有更大的链体（64mm vs 11～30mm、18～46mm和12～52mm）和更多的节片数（800 vs 130～227、75～149和355～784）。

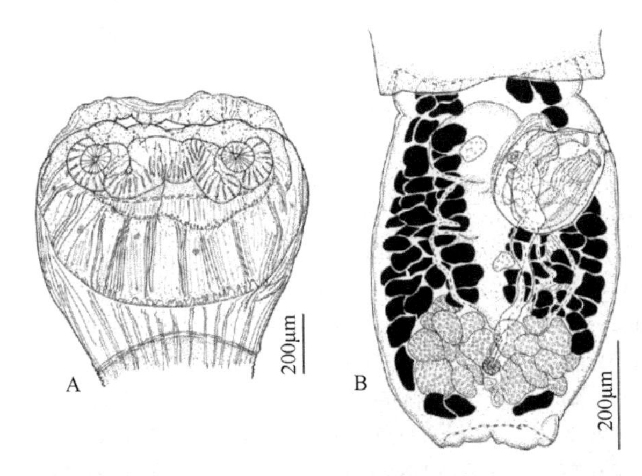

图 16-27　采自钝锯鳐的变异承花头绦虫结构示意图（引自 Cielocha et al.，2014）

A. 头节，顶器官缩回（副选模标本 NHMUK 2014.5.19.2）；B. 成节，多数精巢退化（选模标本 NHMUK 2014.5.19.1）

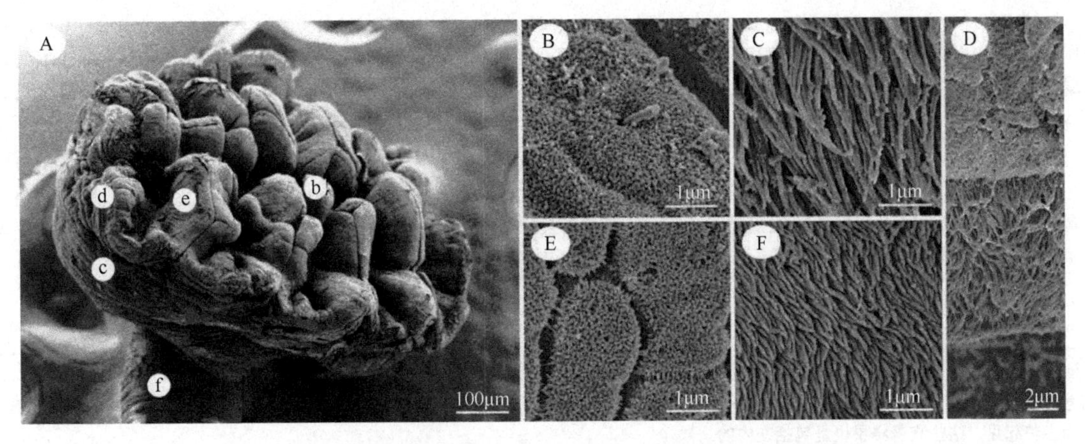

图 16-28　采自钝锯鳐的变异承花头绦虫头节及相应部位的局部放大扫描结构（引自 Cielocha et al.，2014）

A中的小写字母为相应大写字母图取处

犁头鳐承花头绦虫新组合的宿主仍有待核实。颗粒蓝吻犁头鳐（*Glaucostegus granulatus*）[与Subhapradha（1955）报道的颗粒犁头鳐（*Rhinobatus granulatus*）一样] 的分布不是完全清楚（Compagno & Last，1999）。印度水域报道的犁头鳐属（*Rhinobatus*）和蓝吻犁头鳐属（*Glaucostegus*）多于10个种（Talwar & Jhingran，1991；Compagno & Last，1999；Raje et al.，2007），而正确识别这两个属有困难（Last et al.，2004）。因此，需要在印度东海岸孟加拉湾收集颗粒蓝吻犁头鳐和犁头鳐承花头绦虫新组合种，才能确定寄生虫与宿主的关联性。

情况更为复杂的是头槽绦虫（*Cephalobothrium gogadevensis* Pramanik & Manna，2005），其也是描述自孟加拉湾迪加海岸（Digha coast）的颗粒蓝吻犁头鳐（作为颗粒犁头鳐）（Pramanik & Manna，2005）。虽然描述是比较完整的，但总共仅提供了2幅质量很差的照片，特别缺乏细节，调查显示，模式材料下落不明。此外，宿主的识别也高度可疑。而Pramanik和Manna（2005）将其种与犁头鳐承花头绦虫新组合种的区别特征基于总长度、节片的数目和精巢的数目。其种应是可疑的。鉴于原始描述的局限性，模式材料的下落不明，头槽绦虫（*C. gogadevensis* Pramanik & Manna，2005）应进一步研究核实。

承花头属4种绦虫形态测量数据比较见表16-1。

表 16-1　承花头属 4 种绦虫形态测量数据比较

特征	尤泽特承花头绦虫	朱利安承花头绦虫	可折叠承花头绦虫	变异承花头绦虫
总长（mm）	19±6；24	27±8；11	24±9；21	54±12；15
链体最宽	248±32；24	311±49；10	192±38；20	416±100；9
最宽处位置	9±7；24	5±6；10	66±62；20	30±12；9
节片数目	172±20；24	123±19；11	604±124；21	728±202；11
头节固有结构长度†	111±24；9	345±79；3	201±45；14	221±19；2（777±88；6）
头节固有结构宽度†	565±86；10	1222±138；9	670±161；17	616±84；3（748±123；6）
吸臼直径	112±10；23；45	187±14；11；22	73±9；21；41	103±13；13；26
顶器官长度	118±19；19	273±17；3	134±16；13	232±51；11
顶器官宽度	950±250；13	1516±121；10	818±190；13	976±322；4
未成节数目	137±30；24	81±12；11	510±104；21	631±199；9
未成节长度	180±30；24	238±45；11	85±18；21	211±40；13
未成节宽度	192±31；24	227±32；11	173±42；21	403±131；13
成节数目	39±12；24	42±13；11	86±38；21	68±30；10
成节长度	659±89；26	831±150；9	356±70；20	554±188；14
成节宽度	226±34；26	298±53；9	142±32；20	410±128；14
精巢数目	12±1；27；81	12±1；10；30	4±0；21；63	14±1；17；51
精巢长度	32±7；27；81	37±9；10；30	19±4；21；63	51±12；17；51
精巢宽度	38±6；27；81	36±6；10；30	28±6；21；63	61±13；17；51
阴茎囊长度	140±16；26	196±19；8	74±7；20	202±41；14
阴茎囊宽度	96±12；26	128±9；8	47±6；20	170±32；14
卵巢长度	131±21；27	164±27；9	57±12；21	284±102；14
卵巢宽度	162±25；27	191±21；9	96±22；21	154±42；14
生殖孔位置‡	56±6；26	53±4；9	68±6；20	77±4；14
卵黄腺滤泡长度	32±9；27；81	46±12；9；27	27±6；21；63	35±10；14；42
卵黄腺滤泡宽度	45±7；27；81	48±10；9；27	33±7；21；63	52±13；14；42
宿主	昆士兰锯鳐（*Pristis clavata*）	普通锯鳐（*Pristis pristis*）	普通犁头鳐（*Glaucostegus typus*）、搜影犁头鳐（*Glaucostegus thouin*）	钝锯鳐（*Anoxypristis cuspidata*）

注：测量数据为平均值±标准差；测量的虫体数，如果每个虫体观察多次则加总观察数。测量单位除总长为 mm 外，其他均为μm

† 括号内的数据是头节顶器官缩回时所测。这些测量结果，虽然是变异承花头绦虫比较常见的状态，但并不能与其他物种的头节固有结构的长宽相比。为完整起见，这些测量结果也是包括在内的

‡ 生殖孔位置按孕节自后缘起的百分比计算

16.9.5　六管属（*Hexacanalis* Perrenoud，1931）

识别特征：虫体优解离，头节由实体部和 4 个吸臼组成，头节实体和顶器官有顶部的修饰。吸臼吸盘样；顶器官为肌肉质，可以缩入，没有腺体。节片具缘膜，背、腹突起存在或无。精巢位于节片前方区域中央。输精管扩展形成外贮精囊。内贮精囊缺乏。阴茎囊梨形。阴茎无棘毛。卵巢背腹面观两叶状。横切面呈 U 形。阴道或直或弯，位于节片中央，在阴茎囊后方开口于生殖腔。生殖孔位于侧方，不规则交替。子宫囊状，占据节片前方区域。卵黄腺滤泡状，位于两侧区，在卵巢前方并与卵巢重叠。排泄管 6 条，节片侧方各 3 条。卵单个，位于纤维状基质中。已知为鳐［鳐形目（Rajiformes）］的寄生虫。模式种：唐突六管绦虫［*H. abruptus*（Southwell，1911）Perrenoud，1931］（图 16-29）。其他种：叶状六管绦虫（*Hexacanalis folifer* Cielocha & Jensen，2011）（图 16-30，图 16-31）。

Cielocha 和 Jensen（2011）对六管属（*Hexacanalis* Perrenoud，1931）进行了修订，并描述了采自鳐形目燕魟科（Gymnuridae）条尾燕魟（*Gymnura zonura*）的一个叶状六管绦虫新种（*Hexacanalis folifer* n. sp.）。

六管属最初是为唐突六管绦虫建立的，依据是其存在 6 条排泄管，这在盘头目绦虫中是一个独特的

性状。该属曾被认为是头槽属（*Cephalobothrium* Shipley & Hornell，1906）或盘头属（*Lecanicephalum* Linton，1890）的同物异名或作为一有问题属。

基于对共模系列唐突六管绦虫标本的测定，该种被重新描述并指定了一个选模标本。测定采自印度尼西亚婆罗洲条尾燕魟的绦虫感染情况，结果发现了叶状六管绦虫新种。该新种在盘头目绦虫中是独特的，它具有 1 个横切面为 U 形的卵巢，具缘膜的节片有明显的后方背腹突起，突起为瓣状的形式。具 6 条排泄管，与唐突六管绦虫类似，说明六管属的有效性。另一个种也是采自条尾燕魟的新组合种：翼板六管绦虫［*H. pteroplateae*（Zaidi & Khan，1976）］。其因具有六管属的基本特征而从头槽属移入六管属。其余还有 6 个种存在问题。

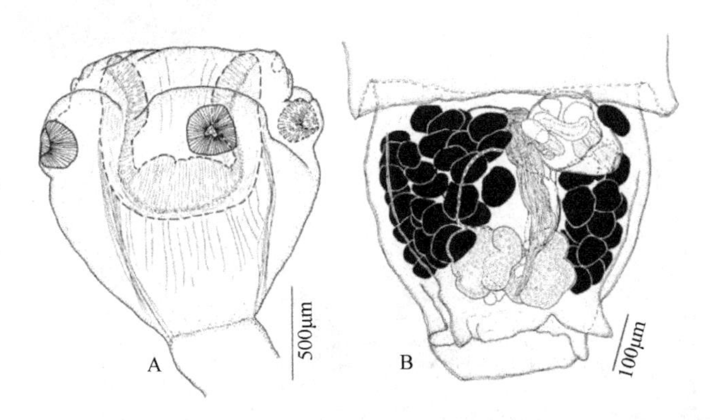

图 16-29　唐突六管绦虫的结构示意图（引自 Cielocha & Jensen，2011）

A. 头节（副模标本 BMNH No. 2011.2.1.11）；B. 成熟节处，背腹面观（选模标本 BMNH No. 2011.2.1.1）

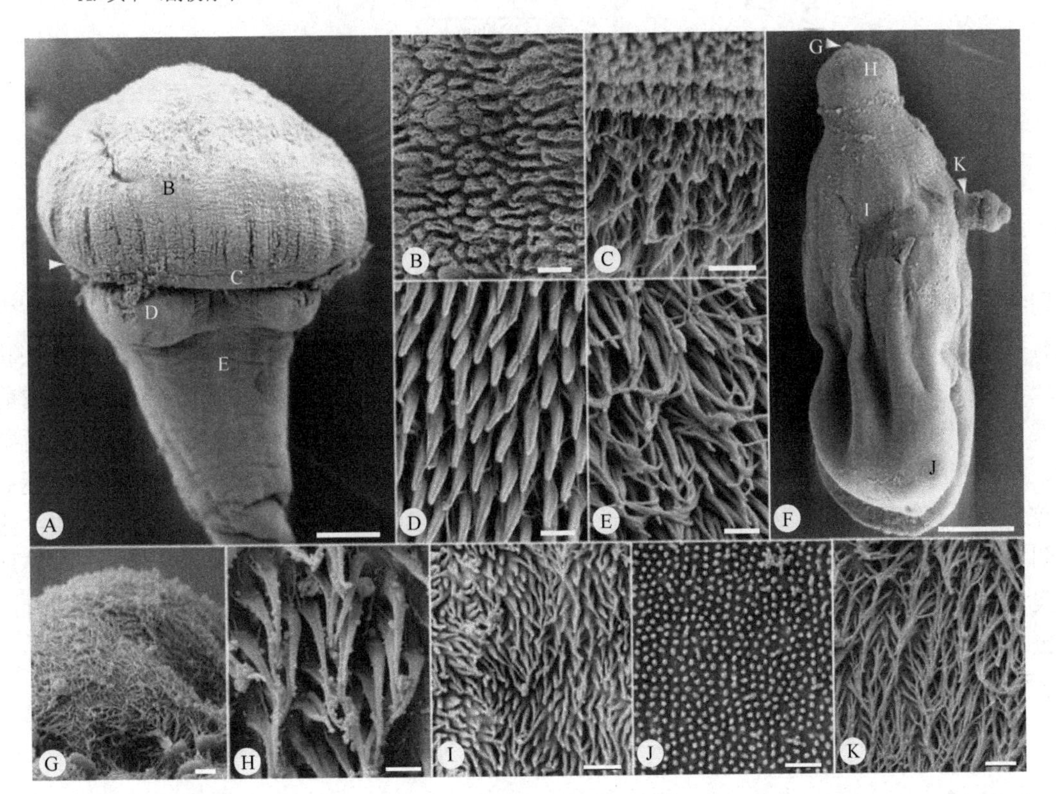

图 16-30　叶状六管绦虫的扫描结构（引自 Cielocha & Jensen，2011）

A. 头节，字母标注与相应大图对应，箭头示头节实体顶饰和顶器官之间的界线；B. 顶器官表面；C. 头节实体顶饰的毛状丝毛；D. 头节实体前方区域的镘形棘毛和毛状丝毛；E. 吸盘后头节实体上的锥状棘毛和毛状丝毛；F. 解离的节片背腹观，字母标注与相应大图对应；G. 解离节片顶部短的毛状丝毛；H. 解离节片前方区域披针形棘毛和短的毛状丝毛；I. 节片实体部的勺状棘毛；J. 节片背腹突起后部的乳头状丝毛；K. 阴茎基部的毛状丝毛。原图无标尺大小说明

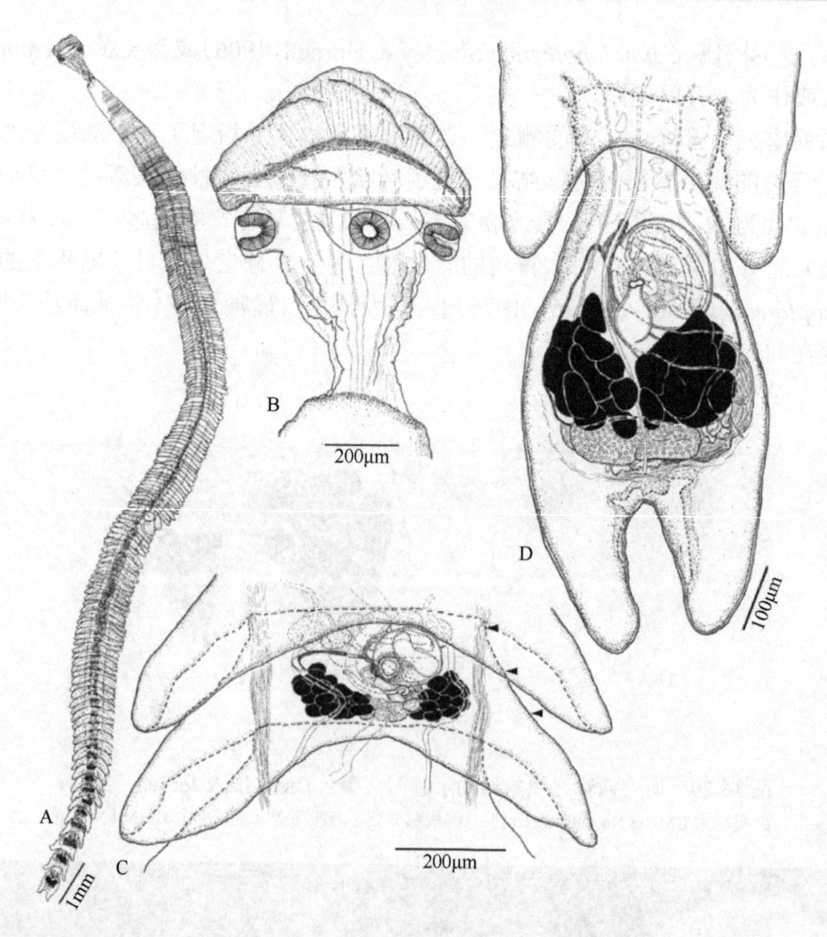

图 16-31 叶状六管绦虫新种的结构示意图（引自 Cielocha & Jensen，2011）
A．整条虫体；B. 头节；C. 成节侧面观；D. 末端孕节侧面观

16.9.6 皇冠顶属（*Rexapex* Koch，Jensen & Caira，2012）

识别特征：虫体真解离。头节具有 4 个吸槽样吸臼。头节实体有顶修饰，有顶器官。头节实体顶修饰中央有孔，内可容纳顶器官。顶器官肌肉质，非腺体样，可以收缩。为倒锥形，有 18 个乳头状突起围绕其周边。无头茎。节片有缘膜。最前方未成节显著横向扩展。精巢排为单列，位于卵巢桥的前方。输精管扩展形成外贮精囊。外贮精囊囊状，从卵模延伸至阴茎囊前方边缘。无内贮精囊。阴茎囊梨形。阴茎无棘。卵巢背腹观 H 形，横切面两叶状。阴道在节片中从卵模到生殖腔侧向扩展，于阴茎囊后方开口于生殖腔。生殖孔位于侧方，不规则交替。子宫位于中央，囊状。卵黄腺滤泡状，位于髓质；滤泡分布于节片侧方，各侧 1 背列、1 腹列，从卵巢前方边缘延展至近节片前方边缘。排泄管 1 对。卵不明。已知寄生于澳大利亚北部鲼科（Myliobatidae）无刺鲼属（*Aetomylaeus*）鱼类的肠螺旋瓣上。模式种：短小皇冠顶绦虫（*Rexapex nanus* Koch，Jensen & Caira，2012）（图 16-32，图 16-33）。

属名词源：*Rex* 意为“国王”，属名源于其顶器官，当其外翻时，就像一个皇冠，故名。

种名词源：源于其虫体的短小。

16.9.7 垫头属（*Stoibocephalum* Cielocha et al.，2013）

Cielocha 等（2013）为采自澳大利亚北部圆犁头鳐（*Rhina ancylostoma* Bloch & Schneide）的盘头目绦虫建立了新属：垫头属（*Stoibocephalum* Cielocha et al.，2013），并描述了阿拉佛拉垫头绦虫

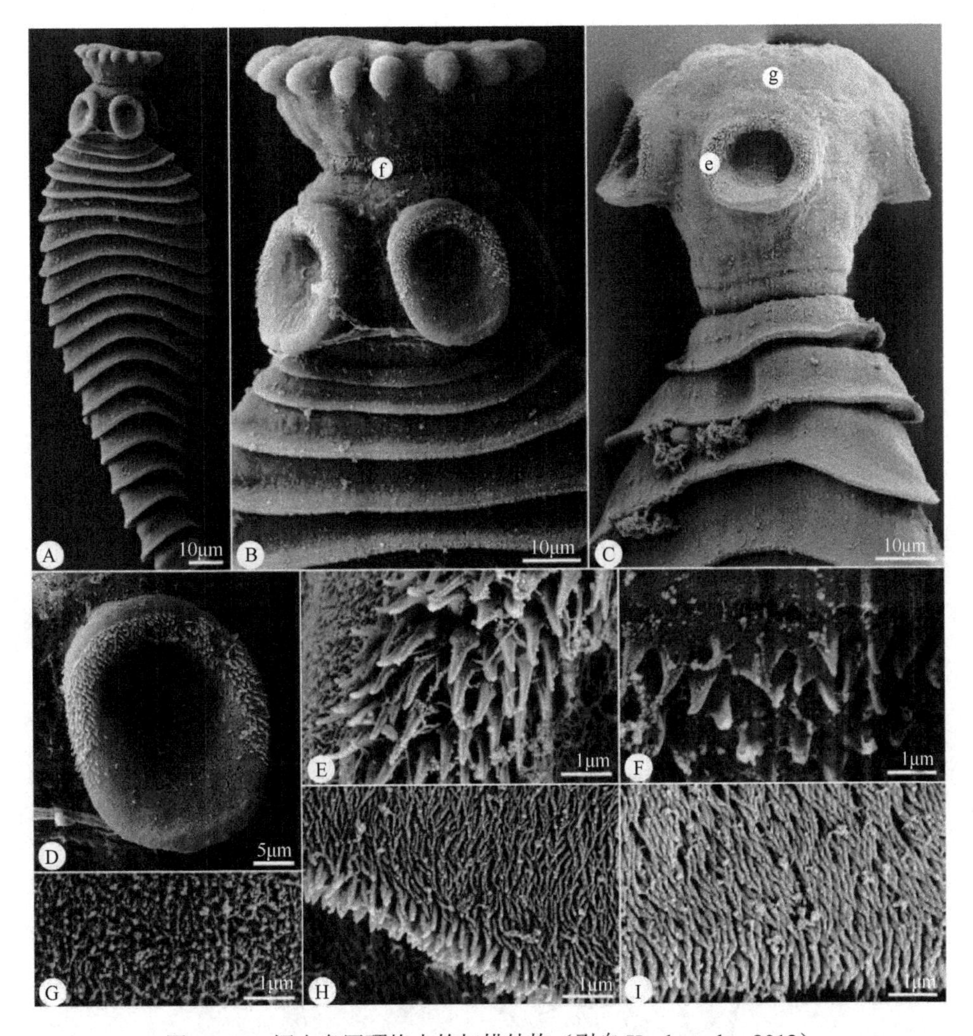

图 16-32 短小皇冠顶绦虫的扫描结构（引自 Koch et al.，2012）

A. 头节和前方的链体；B. 顶器官翻出的头节；C. 顶器官缩回的头节；D. 吸臼放大；E. 吸臼边缘有镘形棘毛和毛状丝毛；F. 头节实体顶饰前方边缘有剑状棘毛，形成带状围绕着外翻的顶器官的基部；G. 头节实体的针状微毛；H. 前方的节片具有毛状丝毛和小的勺状棘毛沿着后方边缘；I. 后方的节片具有毛状丝毛和小的勺状棘毛沿着后方边缘。小写字母标注处为相应大写字母的放大图

（*Stoibocephalum arafurense*）新种。新种虫体解离，具有大型肌肉质可缩回的顶器官，3 对排泄管，精巢分布于几列成层排布。具有 3 对排泄管使新属与除六管属（*Hexacanalis* Perrenoud，1931）外的所有盘头目的有效属相区别。而与六管属则可由卵巢和卵的形态相区别。新属与疣头属（*Tylocephalum* Linton，1890）最相似，但与其不同之处在于其顶器官可以完全缩回头节实体中。头节微毛类型和头节原位附着的组织切片表明新种是用顶器官和头节实体表面附着到宿主的黏膜中，而非仅顶器官表面附着。阿拉佛拉垫头绦虫是描述自犁头鳐的第 3 种盘头目绦虫。

识别特征：虫体解离；显著的纵肌束扩展于整条链体长度向，围绕着生殖器官。头节由具 4 个吸槽的实体部、头节实体部的顶部变形物及顶器官组成；颈区不明显。吸槽吸盘状。头节实体部的变形物上承载有顶器官。顶器官为肌肉质垫，可伸缩不内陷。节片具缘膜。精巢数目多，正面观为多层的几列。输精管扩展形成外贮精囊。无内贮精囊。阴茎囊梨形。阴茎棘毛缺乏。卵巢边缘分叶，正面观 H 形，横切面两叶状。阴道位于中央，在阴茎囊后方开口入生殖腔。生殖孔位于侧方，不规则交替。子宫位于中央，管状。卵黄腺滤泡位于侧方，在两侧边缘排为多重不规则的列，被卵巢中断，卵巢后存在卵黄腺滤泡。排泄管 3 对。卵单个，椭圆状，有双极丝。已知为圆犁头鳐科（Rhinidae）的寄生虫。模式种：阿拉佛拉垫头绦虫（*S. arafurense* Cielocha et al.，2013）（图 16-34～图 16-36）。

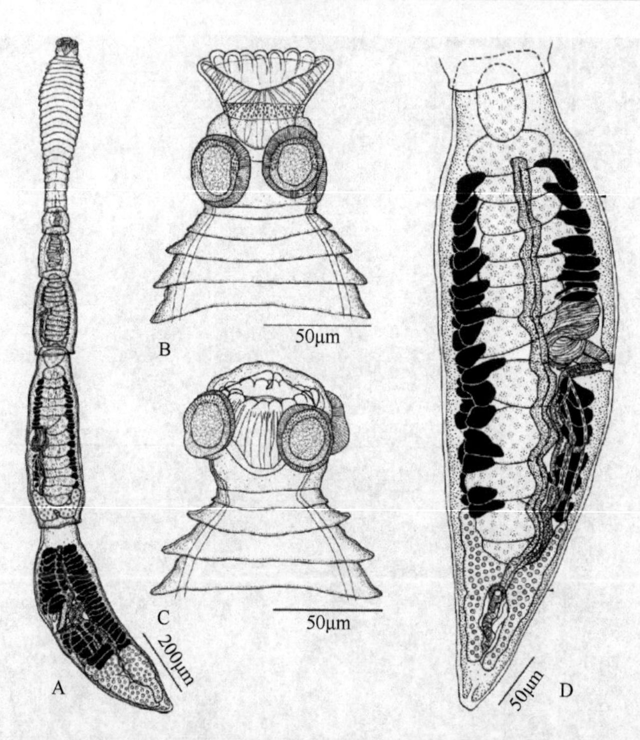

图 16-33　短小皇冠顶绦虫的结构示意图（引自 Koch et al.，2012）

A. 整条虫体；B. 顶器官翻出的头节；C. 顶器官缩回的头节；D. 成熟的末端节片

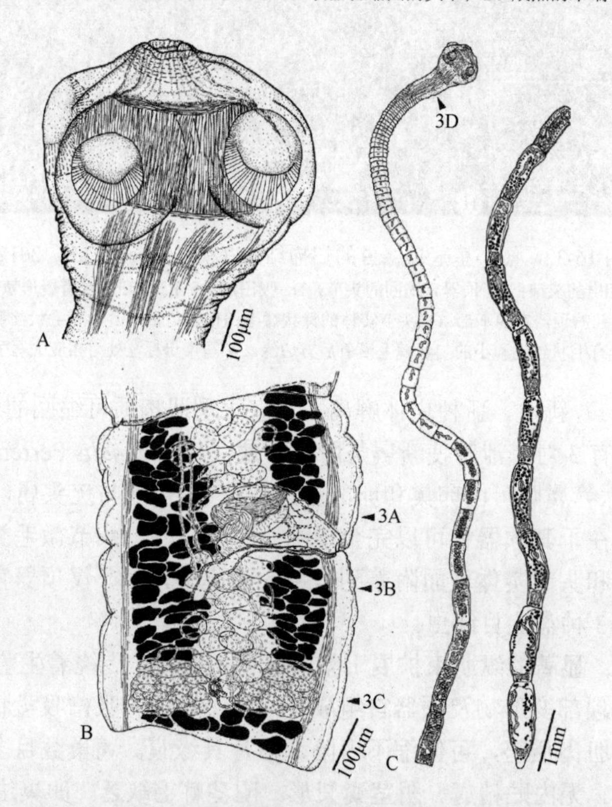

图 16-34　阿拉佛拉垫头绦虫的结构示意图（引自 Cielocha et al.，2013）

A. 头节（全模标本 QM G233981）；B. 成节（副模标本 USNPC 106064. 00），阴茎囊上方的卵黄腺滤泡绘为虚线；C. 整条虫体（全模标本 QM G233981），B、C 箭头示图 16-36 相应图横切面取样处

属名词源：*stoibe*，希腊语为“垫状”，*kephale*，希腊语为“头”，名称来源是因为它具有一垫状的顶器官。

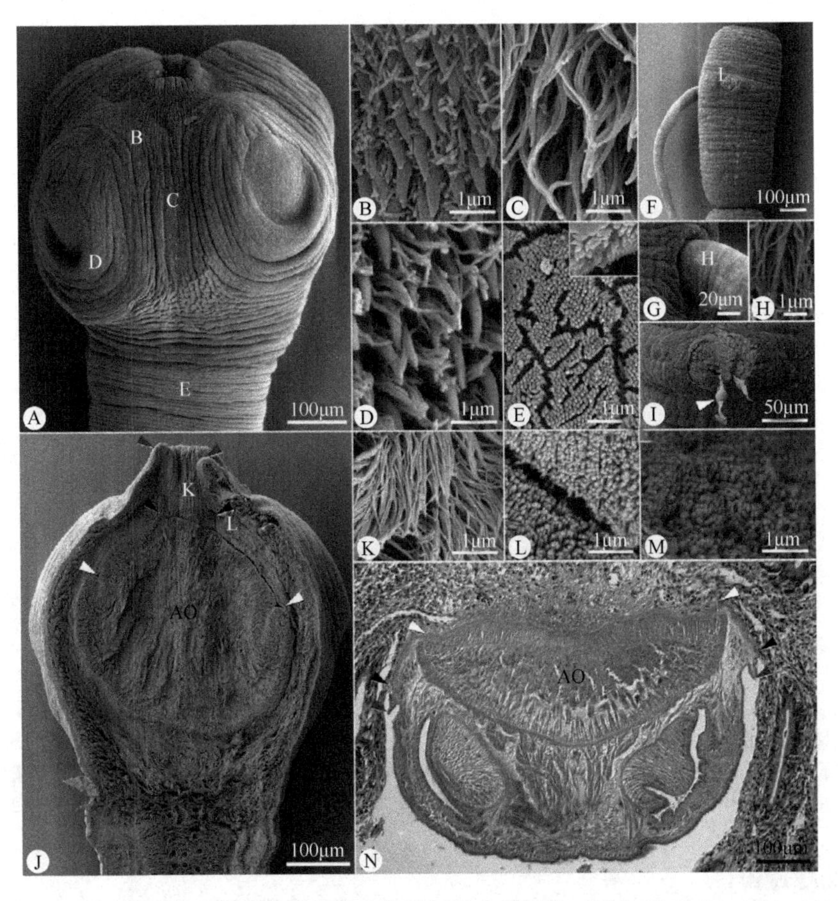

图 16-35 阿拉佛拉垫头绦虫扫描电镜和组织切片光镜照片（引自 Cielocha et al.，2013）

A、F、G、J 中字母表示相应放大图的取样位置 A. 头节；B. 头节实体表面吸盘前方覆盖着勺状棘毛和针状到线状丝毛；C. 头节实体表面吸盘之间覆盖着线状丝毛；D. 吸盘表面覆盖着勺状棘毛和针状到线状丝毛；E. 链体表面覆盖着更短的线状丝毛和节片后部边缘的小锥状棘毛（见插图）；F. 有外翻阴茎的成节；G. 阴茎基部特写；H. 阴茎基部表面覆盖着线状丝毛；I. 节片裂开处特写，白箭头示卵；J. 正面切开头节，有收缩的顶器官，白箭头指示顶器官和头节实体变形物（AMSP）之间的界线，黑箭头指示有针状丝毛的 AMSP 和有丝状丝毛的 AMSP 之间的界线，灰箭头指示 AMSP 褶皱的边缘；K. AMSP 内陷的表面覆盖有线状丝毛；L. 顶器官侧翼 AMSP 表面覆盖着针状微毛；M. 顶器官表面覆盖着针状微毛；N. 头节原位纵切，白箭头字母示顶器官和 AMSP 的界线，黑箭头指示有针状丝毛的 AMSP 和有丝状丝毛的 AMSP 之间的界线，灰箭头指示 AMSP 开口的突出的边缘（见 J 的箭头，用于比较）。缩略词：AO. 顶器官

模式宿主：圆犁头鳐（*Rhina ancylostoma* Bloch & Schneider）[圆犁头鳐目（Rhinopristiformes *sensu* Naylor et al.，2012）：圆犁头鳐科]。

模式种采集地：澳大利亚北部太平洋阿拉弗拉海（Arafura Sea），韦塞尔岛（Wessel Islands）东部（11°17′44″S，136°59′48″E）。

模式材料：全模标本（QM G233981；整体固定）；15 个副模标本［QM G233982～G233996；9 个整体固定，1 个头节系列纵切和它的整体固定的凭证标本，1 个头节纵切系列 PAS 染色及它的整体固定的凭证标本，1 个系列横切和它的整体固定的凭证标本，1 个成节系列横切和它的整体固定的凭证标本，1 个乳酚制备卵和它的整体固定的凭证标本，以及头节原位系列纵切（无凭证标本）］；10 个副模标本［USNPC 106062.00～106064.00；7 个整体固定，1 个头节系列纵切（无凭证标本），1 个头节系列纵切 PSA 染色及它的整体固定的凭证标本，以及 1 个头节系列横切和它的整体固定的凭证标本］；7 个副模标本（LRP 7931～7952）：5 个整体固定，1 个头节纵切系列 PAS 染色及它的整体固定的凭证标本，以及 1 个进行了乳酚制备卵和成节系列横切的整体固定凭证标本；2 个头节和部分链体用于 SEM 及它们的整体固定凭证标本保存于堪萨斯大学 KJ 的个人收藏。

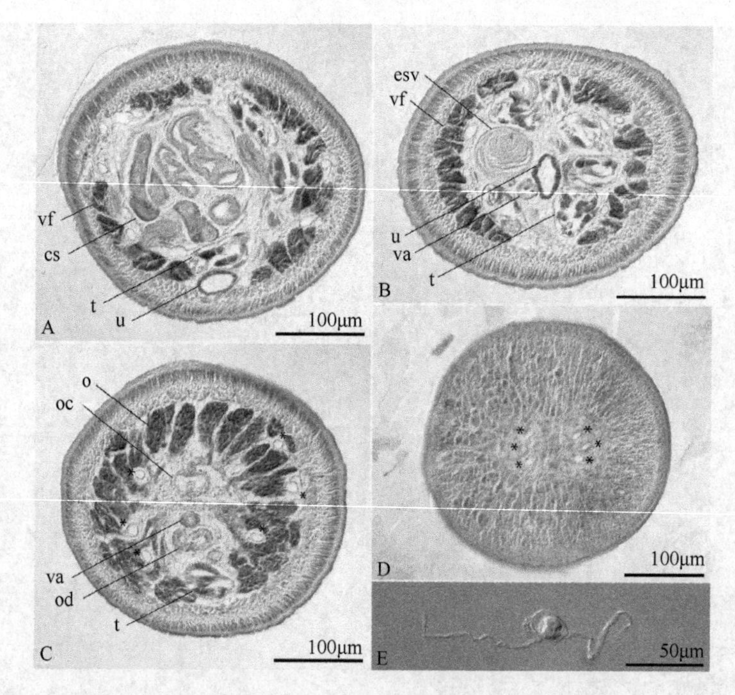

图 16-36 阿拉佛拉垫头绦虫横切面和卵光镜照（引自 Cielocha et al.，2013）

A. 过成节生殖孔前方横切（副模标本 LRP 7945）；B. 过成节阴茎囊和卵巢之间横切（副模标本 LRP 7943）；C. 过成节卵巢桥水平横切（副模标本 LRP 7946），星号（*）示排泄管；D. 过链体前方区域横切（副模标本 QM G233995），星号（*）示排泄管；E. 卵（副模标本 QM G233992）。缩略词：cs. 阴茎囊；esv. 外贮精囊；o. 卵巢；oc. 捕卵器；od. 输卵管；t. 精巢；va. 阴道；vf. 卵黄腺滤泡；u. 子宫

感染部位：肠螺旋瓣。

流行程度：100%（3/3）。

词源：宿主采集地。

16.10 多头科（Polypocephalidae Meggitt，1924）

［同物异名：前孔科（Anteroporidae Euzet，1994）］

识别特征：头节具有 4 个吸臼；顶结构由头节固有结构的顶饰和顶器官组成。吸臼吸盘样或椭圆形，单室吸槽。头节固有结构的顶饰短［如襟翼属（*Flapocephalus*）（图 16-1T）］或极拉长［滑稽前孔绦虫新组合（*Anteropora comicus*）］，部分可内陷［如瑟斯顶属（*Seussapex*）（图 16-1Z）］或不可内陷［如霍内尔槽属（*Hornellobothrium*）］；有顶孔，顶孔可扩展或不扩展。顶器官形态变异很大，如果是外部的并可内陷，可能分为触手［多头属（*Polypocephalus*）；花槽属（*Anthemobothrium*）（图 16-1S）；新属 11］；顶器官为两部分并可伸缩［瑟斯顶属（*Seussapex*）（图 16-1Z）］，或拉长，有较大的扇形边缘［新属 12（图 16-1W）］，主要是肌肉质或主要是腺体样。顶器官如果是内部的，形态上为卵圆形或圆锥状［前孔属（*Anteropora*）（图 16-1R）；霍内尔槽属（*Hornellobothrium*）（图 16-1U）］，主要是腺体样或主要是肌肉质。顶器官如果是外部的且不可以内陷的，形态上为两个肌肉质半圆环［襟翼属（图 16-1T）］；有些也部分可伸缩［瑟斯顶属（图 16-1Z）；新属 12（图 16-1W）］；在一些顶器官基部有一个或多个腺体样肿块［如花槽属（图 16-1S）；多头属（图 16-1X）；瑟斯顶属（图 16-1Z）］。无头茎。虫体超解离、优解离或解离。节片具缘膜，很少缘膜；未成节很少侧向扩展［霍内尔槽属（图 16-1U）］，但从不形成槽；无环皮层纵向肌肉束。精巢数目一般为 4 个或 6 个，排列为单列，数量很少超过 15 个，排为 2 列或更多列［如格尔达霍内尔槽绦虫（*H. gerdaae* Mojica，Jensen & Caira，2014）和襟翼属］；横切面上为 1 层深，位于卵巢前方单一区域。输精管宽阔，可能扩展形成外贮精囊。阴茎囊梨状或椭圆形；阴茎具棘或无棘，薄壁。生

殖孔位于侧方或近外侧，不规则交替；生殖腔浅。卵巢背腹观主要为 H 形（滑稽前孔绦虫新组合中不规则），横切面通常四叶或两叶状（滑稽前孔绦虫新组合中不规则）。阴道位于中央或亚侧方，在阴茎囊后方或同一水平开口于生殖腔。有或无受精囊。子宫囊状，位于中央，扩展变异大。卵黄腺滤泡状，位于两侧带；各带由 1 至多列组成，通常伸展于整个节片的长度方向，通常被卵巢打断。排泄管 2 对，位于两侧。卵单一，有双极丝（滑稽前孔绦虫新组合种无极丝）。已知为鳐［魟科（Dasyatidae）、鲼科（Myliobatidae）、双鳍电鳐科（Narcinidae Gill）、单鳍电鳐科（Narkidae Fowler）、圆犁头鳐科（Rhinidae Müller & Henle）、犁头鳐科（Rhinobatidae Müller & Henle）、尖犁头鳐科（Rhynchobatidae Garman）和天竺鲨科（Hemiscylliidae Gill）斑竹鲨属（*Hemiscyllium* Müller & Henle）］的寄生虫。采自西印度-太平洋、红海和西大西洋。模式属：多头属（*Polypocephalus* Braun，1878）。

其他属：前孔属（*Anteropora* Subhapradha，1957）；花槽属（*Anthemobothrium* Shipley & Hornell，1906）；襟翼属（*Flapocephalus* Deshmukh，1979）；霍内尔槽属（*Hornellobothrium* Shipley & Hornell，1906）；瑟斯顶属（*Seussapex* Jensen & Russell，2014）；新属 11～12。

备注：该科所放入的属得到分子数据的强有力支持。将这一组属识别为一个有凝聚力的群体的形态学依据更难以表述。在大多数情况下，这些属具有以下特点。大多数只有 4～6 个精巢，2 对排泄管，卵黄卵腺滤泡被卵巢打断。大多数也表现出精致的头节固有结构和/或顶器官的顶端修饰，是在盘头目绦虫中最明显的。综合起来，这些特征有助于将多头科多数种类从盘头目其他科中区别开来，因此，承认其为一个科似乎是合理的。由于这一群体既包括多头属，又包括了前孔属，为两个已命名科的代表属［即多头科（Polypocephalidae Meggitt，1924）和前孔科（Anteroporidae Euzet，1994）］，多头科有优先权，故前孔科为多头科的初级同物异名。

16.10.1　多头属（*Polypocephalus* Braun，1878）（图 16-37A～B）

［同物异名：副带属（*Parataenia* Linton，1889）；穗槽属（*Thysanobothrium* Shipley & Hornell，1906）］

识别特征：头节的顶部分为可以陷入的触手（有时成对），可突然伸出外部；基部垫状，有 4 个吸槽。链体有或无缘膜，老节解离。生殖孔位于侧方，不规则交替。精巢数目少（4 个或 6 个），大，沿节片中央轴对齐。外贮精囊和内贮精囊存在。卵巢两叶状，位于后方，阴道位于阴茎囊后方。卵黄腺位于侧方。已知寄生于鳐形目（Rajiformes）和鲼形目（Myliobatiformes）鱼类；全球性分布。模式种：辐射多头绦虫（*P. radiatus* Braun，1878）。

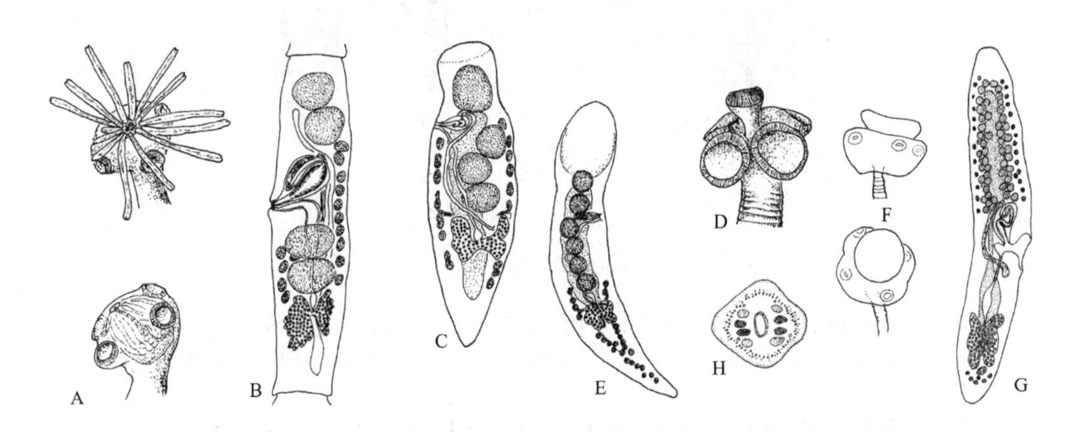

图 16-37　盘头目一些绦虫形态结构示意图（引自 Euzet，1994）

A～B. 多头属绦虫：A. 头节的 2 种不同形态；B. 成节背面观。C～E. 前孔属绦虫：C. 成节背面观；D～E. 日本前孔绦虫［*A. japonica*（Yamaguti，1934）］：D. 头节；E. 成节背面观。F～H. 方垫头属绦虫：F. 头节示 2 种形态；G. 成节背面观；H. 过成节生殖孔前方横切面，示侧方卵黄腺滤泡

16.10.2　前孔属（*Anteropora* Subhapradha，1957）（图 16-37C～E）

［同物异名：单孔叶属（*Monoporophylleus* Shinde & Chincholikar，1977）］

识别特征：头节的顶部为 1 具柄肌肉质盘，基部有 4 个大型吸槽样吸盘。链体无缘膜，老节脱落。生殖孔位于侧方，不规则交替。精巢数目少（4 个或 6 个），沿节片中央轴对齐。卵巢分叶，位于后方。阴道位于阴茎囊后方。卵黄腺位于侧方、生殖孔后方。已知寄生于电鳐科（Torpedinidae）、双鳍电鳐科（Narcinidae）鱼类；分布于日本和印度。模式种：印度前孔绦虫（*Anteropora indica* Subhapradha，1957）。其他种：线状前孔绦虫（*A. klosmamorphis* Jensen，Nikolov & Caira，2011）（图 16-38～图 16-40）。

Jensen 等（2011）首次研究了采自马来西亚婆罗洲星斑双鳍电鳐（*Narcine maculata*）［电鳐目（Torpediniformes）双鳍电鳐科（Narcinidae）］的绦虫寄生情况。结果发现并报道了 1 个盘头目前孔科的新属——长头节顶饰属（*Sesquipedalapex*）和 2 个新种：滑稽长头节顶饰绦虫（*Sesquipedalapex comicus*）和线状前孔绦虫（*Anteropora klosmamorphis*）。新属种的建立是基于其头节的奇特形态，尤其是其头节实体上具有特别长的顶饰，这一特征，可以很容易地将其与同科的其他属区别开来。该属也有一明显的特征是其所具有的吸臼为吸盘状，而不是吸槽样。该种的长顶结构大部分深埋于肠黏膜内，在附着部位的肠外螺旋瓣壁引起乳头状扩张。第 2 个新种线状前孔绦虫，以其精巢数目和吸槽的形态易于与同属的种相区别。两个新种都是超解离的。修订了前孔科的特征用于容纳两个新类群。科的属增至 2 个，种增至 5 个。

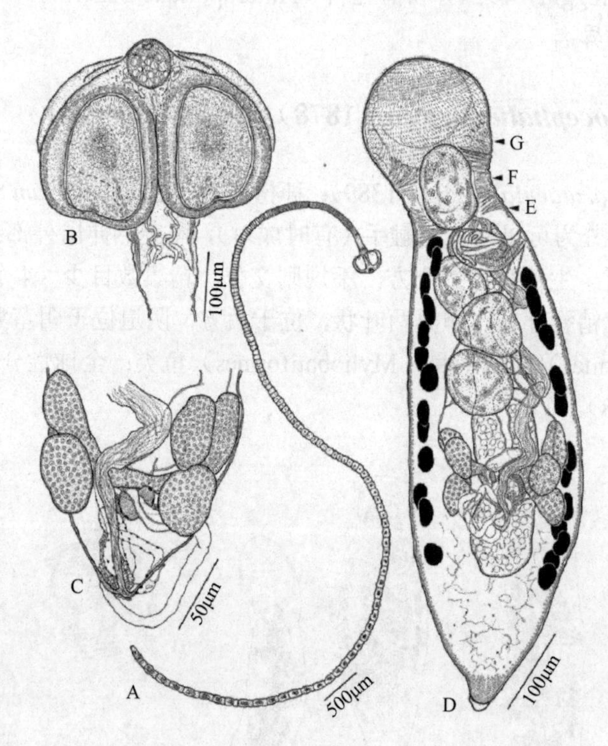

图 16-38　线状前孔绦虫的结构示意图（引自 Jensen et al.，2011）

A. 整条虫体；B. 头节；C. 卵模；D. 脱离的孕节（箭头示图 16-40 中相应图的切片位置）

16.10.3　长头节顶饰属（*Sesquipedalapex* Jensen，Nikolov & Caira，2011）

识别特征：虫体超解离，头节有 4 个吸臼和容纳顶器官头节实体的顶饰；吸臼简单，固着、吸盘样，表面不变形；头节实体的顶饰高度伸长，有顶孔，扩展的顶上有顶器官；顶器官肌肉质或腺体质，不能

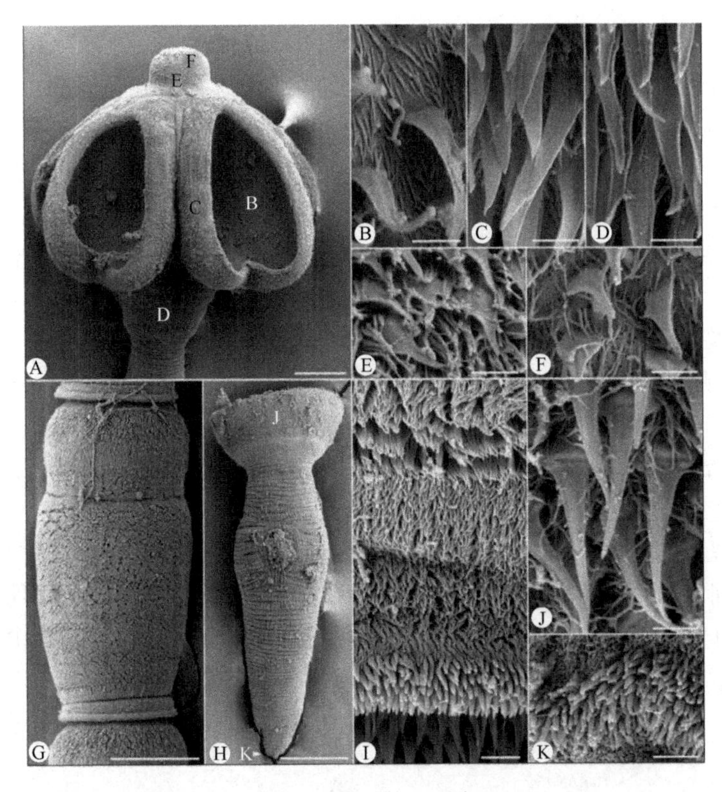

图 16-39 线状前孔缘虫的扫描结构（引自 Jensen et al.，2011）

A. 头节；B. 远端的吸臼表面，有剑状棘毛和针状丝毛；C，D. 近端的吸臼表面，有剑状棘毛和针状到毛状丝毛；E，F. 头节实体顶饰表面，有戟形和针状到线形的丝毛；G. 链体未成节；H. 脱离的节片；I. 未成节后部边缘表面，有毛状丝毛；J. 脱离节片前方区域表面有剑状棘毛和毛状丝毛；K. 节片后部边缘表面（缘膜），有勺状棘毛和毛状丝毛。分图 A、H 中的字母细节显示于相应的大图中。标尺：A，G=50μm；B～F，J=1μm；H=100μm；I，K=2μm

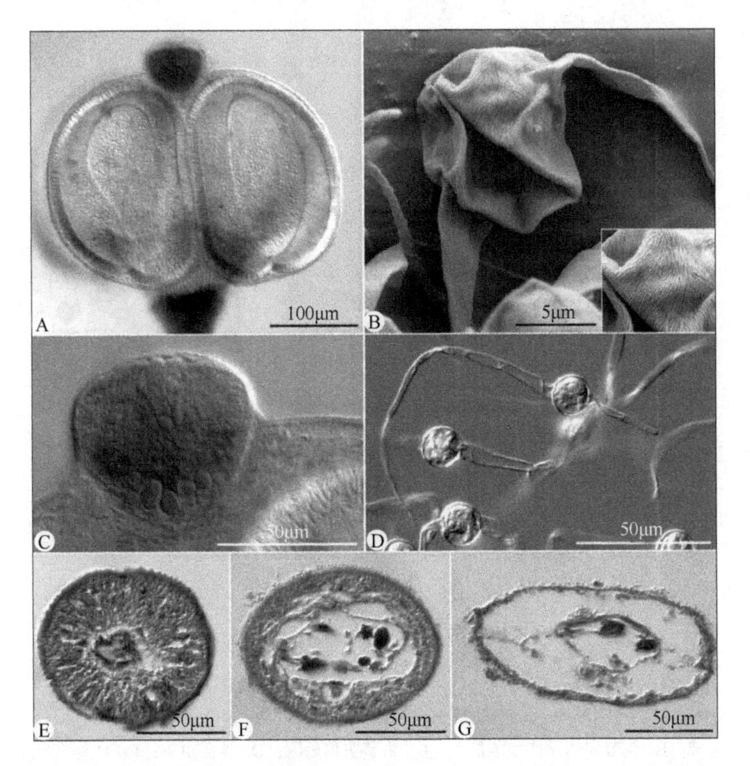

图 16-40 线状前孔缘虫光镜和扫描电镜结构（引自 Jensen et al.，2011）

A. 头节；B. 具极丝的卵扫描结构（插图示卵和极丝波纹状的表面）；C. 顶器官；D. 卵具不等长的极丝；E. 脱离的节片实体和前方球状区之间收缩处横切；F. 后方球状区前方过精巢横切；G. 球状区前方过精巢横切，示球状区空洞的特性反转；头节的后部在吸臼延伸的后方，含腺体组织。节片具缘膜；脱离的节片具有明显的前方囊状球状区，表面前 1/5 覆盖着剑状棘毛。精巢 6 个，在卵巢前方排为单列。输精管自卵模近处扩展至阴茎囊。无内贮精囊、外贮精囊。阴茎囊椭圆形；阴茎具棘。卵巢正面观不规则分叶，横切面不规则；每 1 叶又分 3 亚叶。阴道沿节片孔侧自卵模扩展至进入阴茎囊后方或同一水平的生殖腔。生殖孔位于边缘或亚边缘，不规则交替。子宫囊状，沿节片中线扩展至精巢区域前方边缘。卵黄腺滤泡状，分布于两侧区，各区由 1～2 列不规则滤泡组成，从近节片后方边缘扩展至生殖孔水平。排泄管 4 条，背腹各 1 对，分支，沿头节长度方向和节片后方的缘膜有多个开孔通至外界。卵简单，球状，有很多小的、由不规则间隔分开的表面突起，没有丝。已知为电鳐（双鳍电鳐科 Narcinidae）的寄生虫，分布于中国南海。属于盘头目前孔科。模式和仅知的种：滑稽长头节顶饰绦虫（*S. comicus* Jensen，Nikolov & Caira，2011）（图 16-41～图 16-43）。

词源：*Sesquipedalis*，拉丁文形容词，“长”之意；*apex*，阳性名词，意为“顶或尖端”，指头节固有结构的特长顶饰。

长头节顶饰属超解离；节片具有少量（4 个或 6 个）精巢，排为单列；放在前孔科。与该科另一仅有的前孔属有明显的区别，表现在其具有头节实体上的极长的顶饰，而不似前孔属具有小型、锥状的结构。此外，其吸臼是完全固着的（而不是后部游离）；吸臼后方头节实体的腺样组织集中，这在前孔属中没有。另外前孔属的排泄管不似长头节顶饰属一样在头节长度方向上开口至外界。

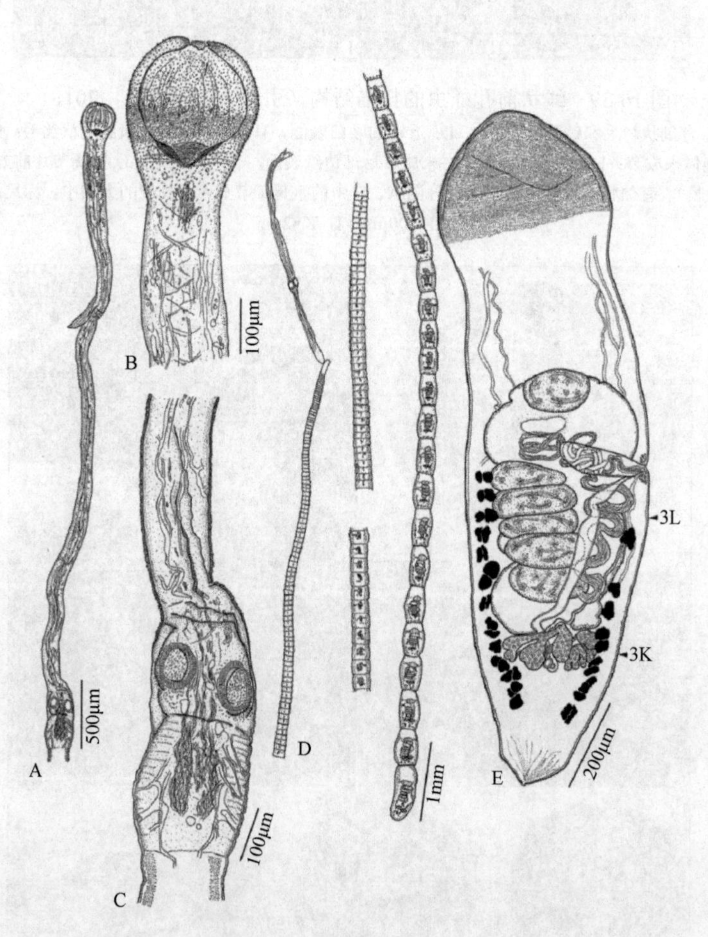

图 16-41　滑稽长头节顶饰绦虫的结构示意图（引自 Jensen et al.，2011）

A. 头节；B. 头节实体顶饰和顶器官；C. 头节实体后区；D. 整条虫体；E. 脱离的节片，3L 与 3K 分别对应图 16-43 的 L 和 K 横切水平

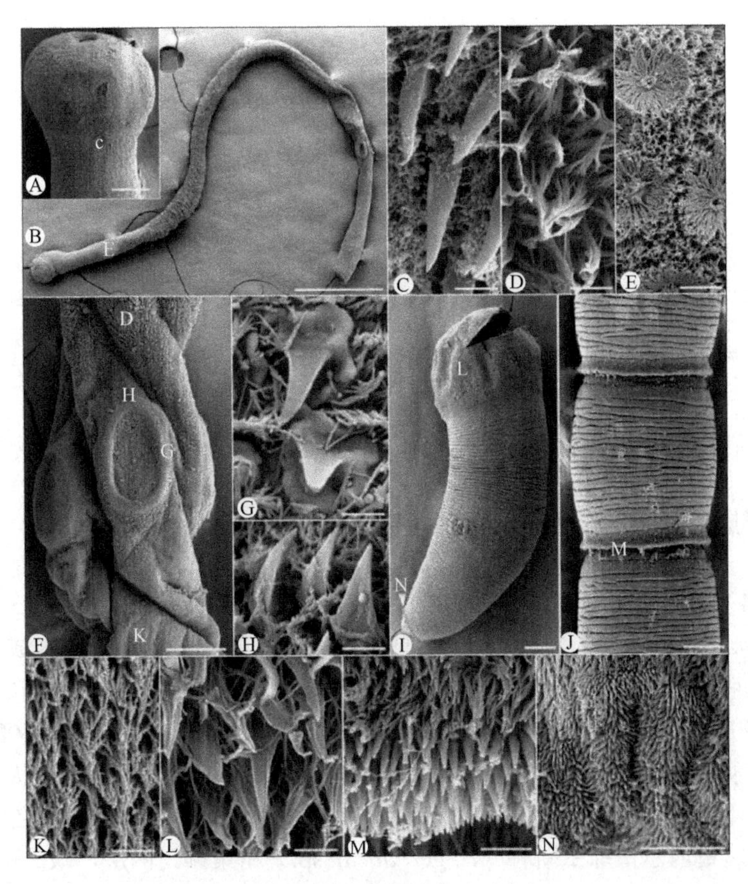

图 16-42 滑稽长头节顶饰缘虫的扫描结构（引自 Jensen et al.，2011）

A. 顶器官（c 为分图 C 取图处）；B. 头节；C. 头节实体顶饰表面，有狭窄的喙状棘毛，没有基部宽的针状丝毛；D. 紧接吸臼前方的头节实体表面，有针状到毛状的丝毛；E. 顶器官略后的头节实体表面，具有针状丝毛；F. 吸臼水平的头节；G. 吸盘边缘表面有喙状棘毛；H. 吸盘边缘前方表面有喙状棘毛及丝状棘毛；I. 脱离的节片；J. 不成熟节片链体；K. 吸臼后方头节实体表面，有针状丝毛；L. 脱离节片的前球状区表面，具有剑形和线形的丝状棘毛；M. 未成节的后部边缘（缘膜）表面，有勺状棘毛和毛状丝毛；N. 脱离节片后部边缘（缘膜）有勺状棘毛和毛状丝毛。

大写字母的细节显示在相应的分图中。标尺：A，E，F，J=50μm；B=500μm；C，G，H，K，L=1μm；D，M=2μm；I=100μm；N=10μm

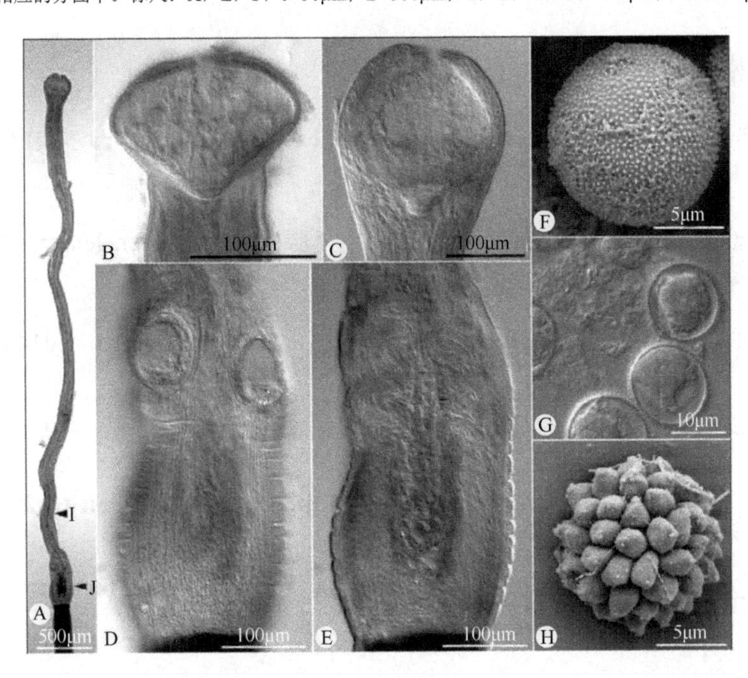

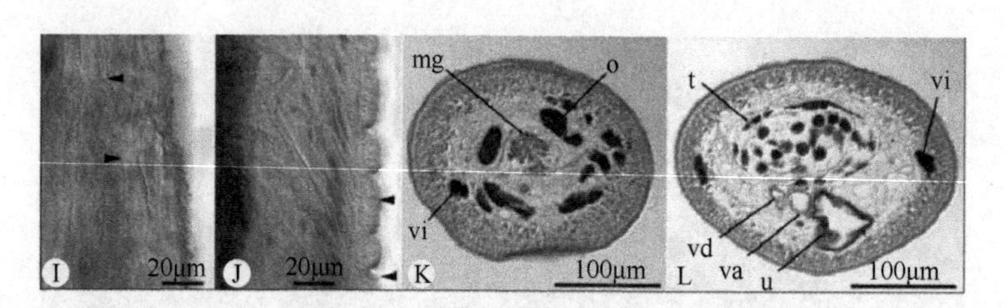

图 16-43 滑稽长头节顶饰绦虫光镜和扫描电镜结构（引自 Jensen et al.，2011）

A. 头节（箭头示分图I、J的位置）；B，C. 顶器官形态变异；D. 吸臼水平的头节；E. 吸臼水平的头节，示强染色的腺体组织和排泄管；F. 卵，示表面突起；G. 卵；H. 生精细胞合胞体群，示发育中的精细胞；I. 吸臼前方头节实体中的排泄管（箭头示分支）；J. 吸臼后方头节实体中的排泄管（箭头示向外界开口）；K. 脱离的成节卵巢水平横切；L. 脱离的成节，卵巢和阴茎囊之间横切。缩略词：mg. 梅氏腺；o. 卵巢；t. 精巢；u. 子宫；va. 阴道；vd. 输精管；vi. 卵黄腺滤泡

该属亦被当作前孔属的同物异名，滑稽长头节顶饰绦虫亦被当作滑稽前孔绦虫新组合种。

16.10.4 霍内尔槽属（*Hornellobothrium* Shipley & Hornell，1906）

Mojica 等（2014）描述了采自澳大利亚和印度尼西亚婆罗洲睛斑鹞鲼（*Aetobatus ocellatus*）盘头目霍内尔槽属（*Hornellobothrium*）的 4 个新种。这些新种具有扁平、侧向扩展的未成节和一小的内部腺体样顶器官等属的识别特征。此外，霍内尔槽属有两个有效种：眼镜蛇状霍内尔槽绦虫（*H. cobraformis* Shipley & Hornell，1906），采自斯里兰卡纳氏鹞鲼（*Aetobatus narinari*）；扩张霍内尔槽绦虫（*H. extensivum* Jensen，2005），采自澳大利亚睛斑鹞鲼（*Aetobatus ocellatus*）。新种不同于眼镜蛇状霍内尔槽绦虫在于顶器官和成节的形态，不同于扩张霍内尔槽绦虫在于精巢数目和头节的大小。新种之间的相互区别在于下列的组合特征：格尔达霍内尔槽绦虫新种（*H. gerdaae* n. sp.）精巢排为两层，缺乏卵巢后的卵黄腺滤泡；小头霍内尔槽绦虫新种（*H. iotakotta* n. sp.）具有单列 4 个精巢和吸槽远端表面缺乏棘状微毛；大头霍内尔槽绦虫新种（*H. kolossakotta* n. sp.）和蛇形霍内尔槽绦虫新种（*H. najaforme* n. sp.）均具有单列 6 个精巢，而蛇形霍内尔槽绦虫具更长的虫体和更多侧向扩展的未成节。宿主关联研究表明该属绦虫仅限寄生于睛斑鹞鲼。在单一的宿主物种中有多种、甚至多达 9 种盘头绦虫存在的报道，这是可疑和需要进一步验证的。

16.10.4.1 霍内尔槽属的 4 个种

1）格尔达霍内尔槽绦虫（*Hornellobothrium gerdaae* Mojica，Jensen & Caira，2014）（图 16-44A～I，图 16-45）

词源：种名源于格尔达·詹森（Gerda Jensen）、克尔斯滕·詹森（Kirsten Jensen）的母亲，以认可她无限地支持克尔斯滕·詹森进行绦虫研究工作。

2）小头霍内尔槽绦虫（*Hornellobothrium iotakotta* Mojica，Jensen & Caira，2014）（图 16-44J～R，图 16-46）

词源：种名源于其头节相对于体部很微小。

3）大头霍内尔槽绦虫（*Hornellobothrium kolossakotta* Mojica，Jensen & Caira，2014）（图 16-47A～I，图 16-48A～C）

词源：该种名称由来是因其头节相对于体而言较大。

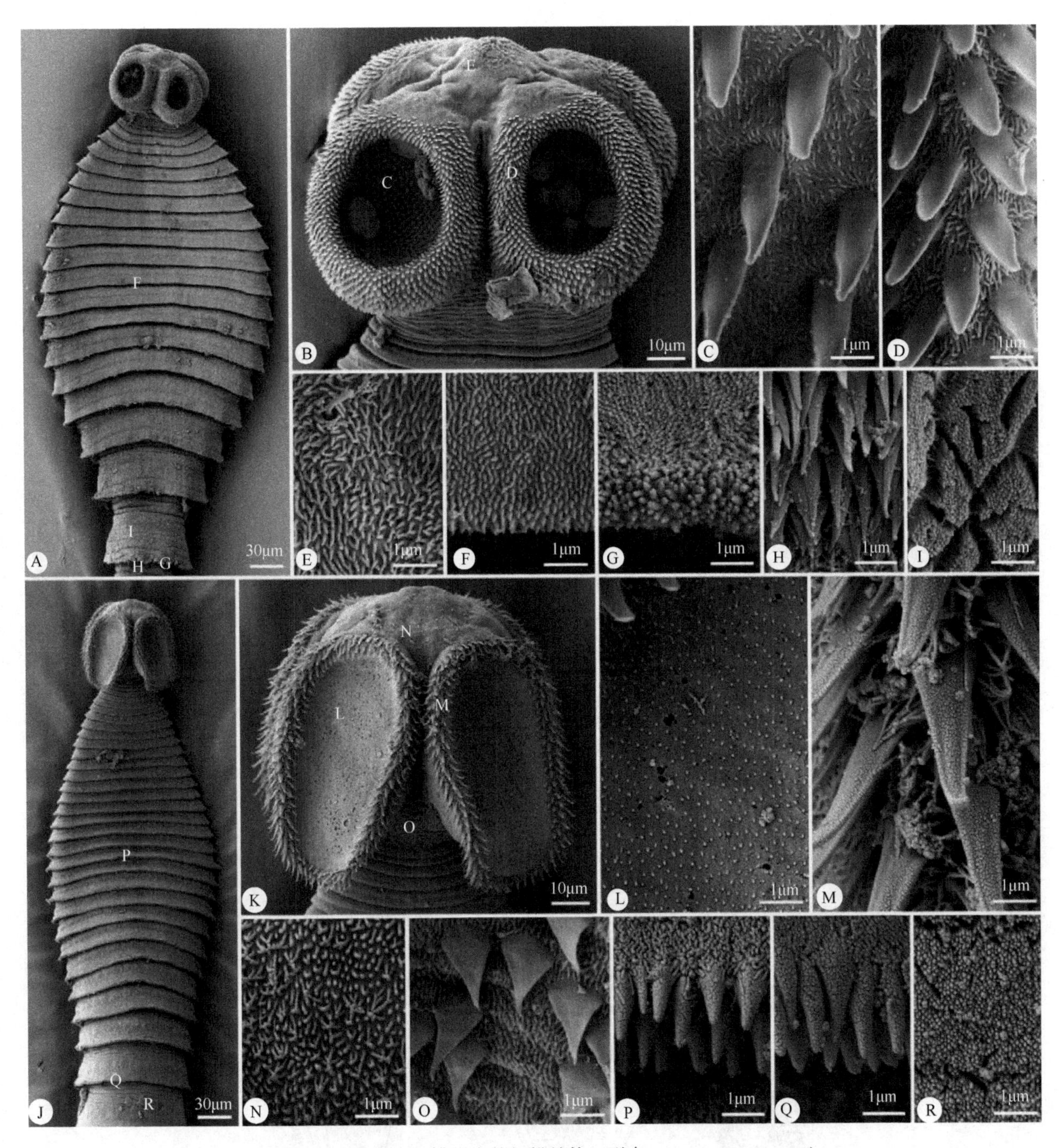

图 16-44　2 种霍内尔槽绦虫的扫描结构（引自 Mojica et al.，2014）

A～I. 格尔达霍内尔槽绦虫：A. 头节和侧向扩展的未成节；B. 头节；C. 吸槽远端表面具有舌状到剑状的棘毛和针状丝毛；D. 吸槽近端表面有更密的舌状到剑状的棘毛和针状丝毛；E. 吸槽前方头节实体部有针状丝毛；F. 侧向扩展的未成节有小尖锥状棘毛；G. 后部节片边缘有小尖锥状棘毛；H. 节片的前方有小剑状棘毛；I. 节片表面有毛状丝毛。J～R. 小头霍内尔槽绦虫：J. 头节和侧向扩展的未成节；K. 头节；L. 吸槽远端表面具有乳头状到针状丝毛；M. 吸槽近端表面有窄的剑状棘毛和毛状丝毛；N. 吸槽前方头节实体部有针状丝毛；O. 吸槽后部头节实体有剑状棘毛和针状丝毛；P. 侧向扩展的未成节沿后部节片边缘有小的针状丝毛和更大的尖锥状棘毛；Q. 节片后部边缘有大的尖锥状棘毛；R. 节片表面有毛状丝毛。图中大写字母处的细节显示于相应的图中

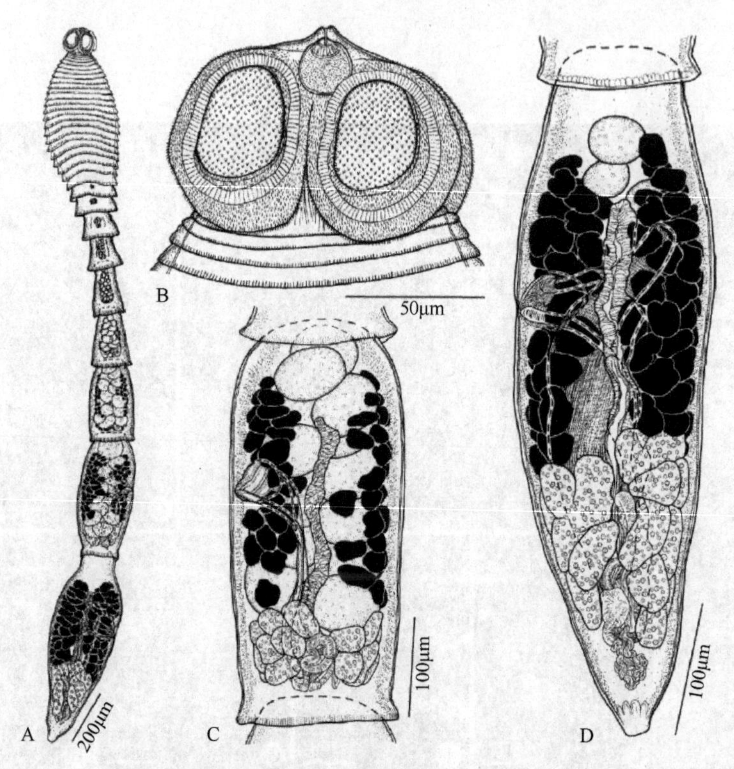

图 16-45　格尔达霍内尔槽绦虫结构示意图（引自 Mojica et al.，2014）

A. 整条虫体；B. 头节；C. 亚末端成熟节片；D. 末端成熟节片

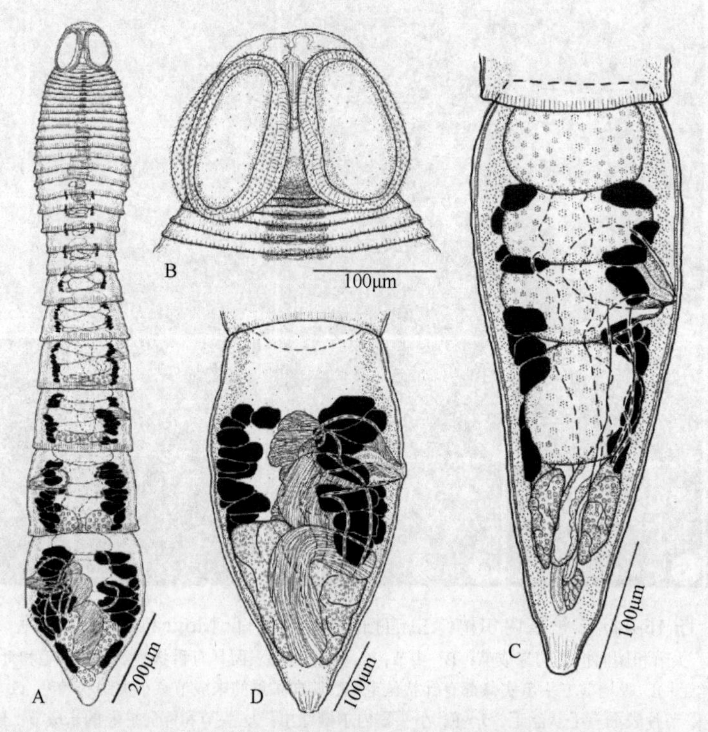

图 16-46　小头霍内尔槽绦虫结构示意图（引自 Mojica et al.，2014）

A. 整条虫体；B. 头节；C. 末端成熟节片；D. 精巢退化的末端成熟节片

4）蛇形霍内尔槽绦虫（*Hornellobothrium najaforme* Mojica，Jensen & Caira，2014）（图 16-47J～R，图 16-48D～F）

词源：该种名称由来是因其体形似蛇。

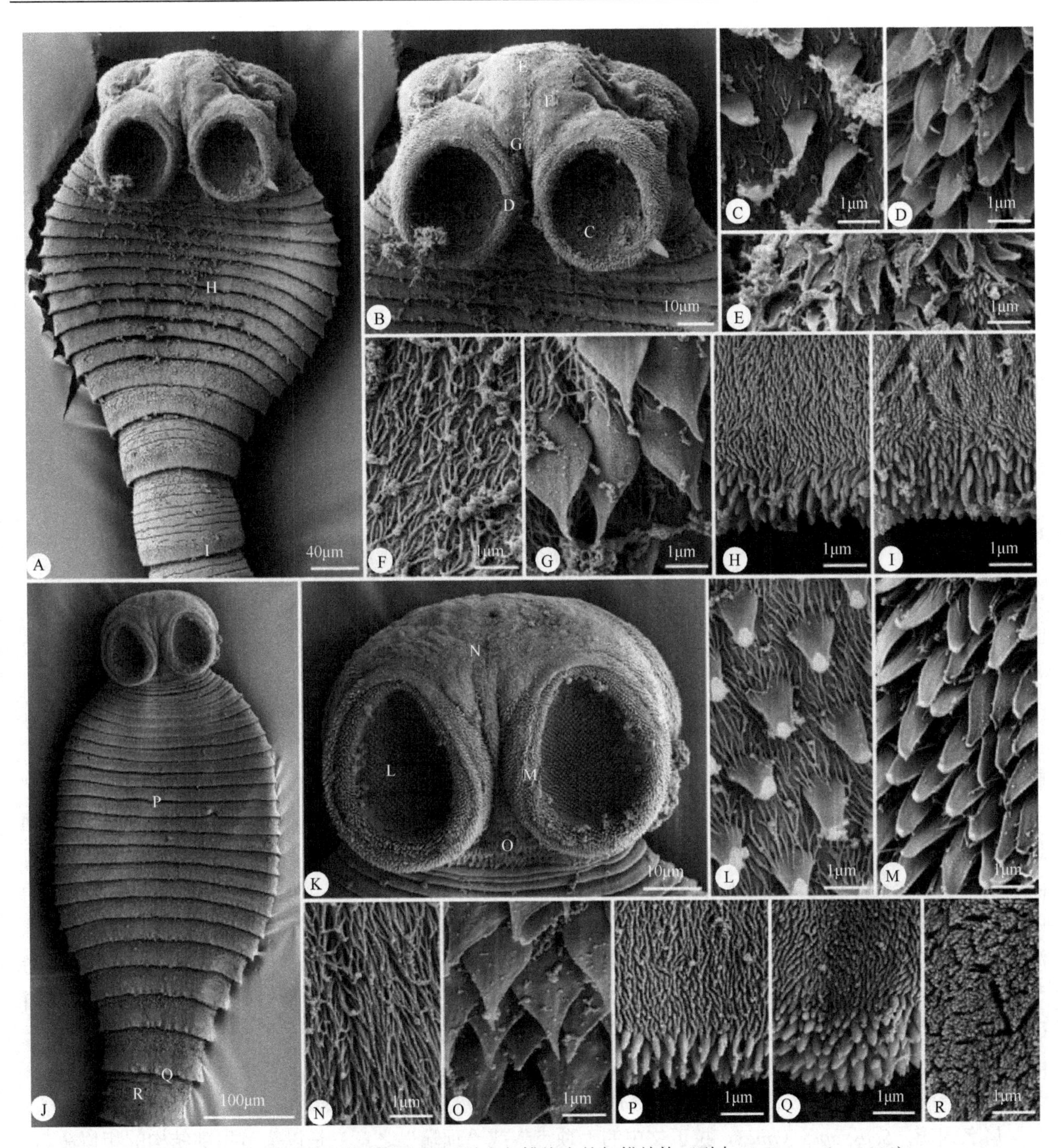

图 16-47 大头霍内尔槽绦虫和蛇形霍内尔槽绦虫的扫描结构（引自 Mojica et al.，2014）

A～I. 大头霍内尔槽绦虫：A. 头节和侧向扩展的未成节；B. 头节；C. 吸槽远端表面具有剑状棘毛和针状丝毛；D. 吸槽近端表面有剑状棘毛和毛状丝毛；E. 头节实体的顶饰有戟形棘毛和毛状丝毛；F. 吸槽前方头节实体部有毛状丝毛；G. 吸槽后方头节实体部有匙形棘毛和毛状丝毛；H. 侧向扩展的未成节沿着后部节片边缘有针状到毛状丝毛和小的尖锥状棘毛；I. 沿着后方节片边缘表面有毛状丝毛和小尖锥状棘毛，节片前方的剑状棘毛未显示。J～R. 蛇形霍内尔槽绦虫：J. 头节和侧向扩展的未成节；K. 头节；L. 吸槽远端表面具有剑状到毛状丝毛；M. 吸槽近端表面有更密的剑状棘毛和毛状丝毛；N. 吸槽前方头节实体部有毛状丝毛；O. 吸槽后部头节实体有匙形棘毛和毛状丝毛；P. 侧向扩展的未成节有针状到毛状丝毛，沿后部节片边缘有小的尖锥状棘毛；Q. 节片后部边缘有小的尖锥状棘毛；R. 节片表面有毛状丝毛。图中大写字母处的细节显示于相应的图中

16.10.5 瑟斯顶属（*Seussapex* Jensen & Russell，2014）

识别特征：链体解离。头节广阔，由头节固有结构、头节固有结构双向的顶饰和双向的内部有两个腺体样腔的顶器官组成。头节固有结构有 4 个吸盘样吸臼。头节固有结构的顶饰圆筒状；后半部分有明显的

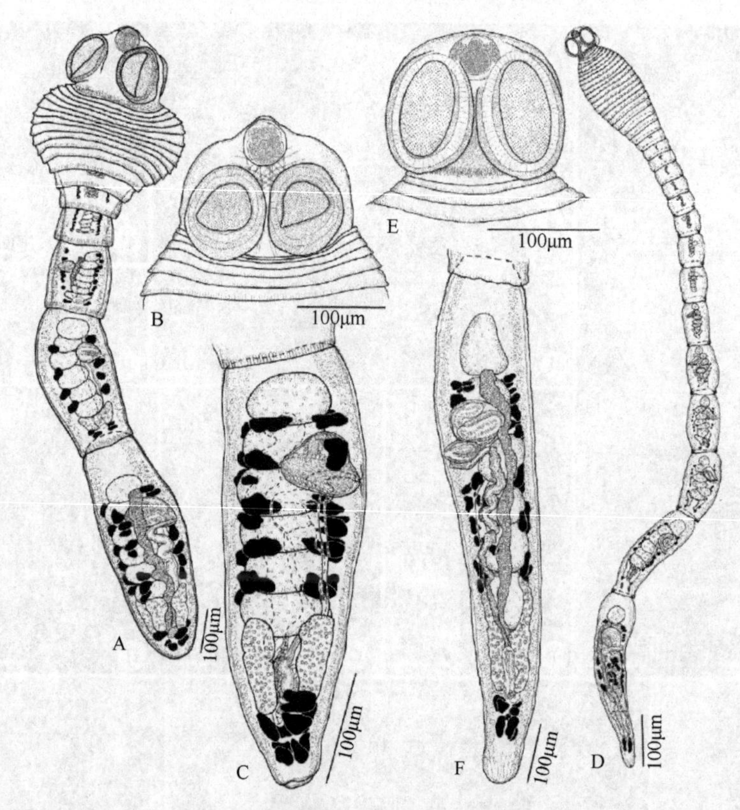

图 16-48 大头霍内尔槽绦虫和蛇形霍内尔槽绦虫的结构示意图（引自 Mojica et al.，2014）

A～C. 大头霍内尔槽绦虫：A. 整条虫体；B. 头节；C. 末端成熟节片。D～F. 蛇形霍内尔槽绦虫：D. 整条虫体；E. 头节；F. 末端成熟节片

棘毛，前方边缘可以内陷；前半部无棘毛，可以内陷。顶器官形态可变；后部穹顶形，可伸缩；前半部结节状，可伸缩和/或内陷；腺体样腔一前一后，前腔通过多条通道连接到顶器官的前部。节片具缘膜，无穗边。精巢 4 个，位于卵巢前方，单列，纵深 1 层。输精管宽，形成外贮精囊，从卵模区域延伸到阴茎囊。阴茎囊梨形，含具棘阴茎。生殖孔单侧，不规则交替。卵巢分叶状（4 背叶 4 腹叶），额面观 H 形，横切面四叶状。阴道弱曲，从卵模区域前方沿着节片侧方伸展到中央边缘，在阴茎囊后部开口于生殖腔。卵黄腺滤泡状；滤泡位于侧方，在节片侧方边缘各侧排为 1 背 1 腹列，基本上在卵巢水平上中断。子宫囊状，沿节片孔侧边从卵巢前缘延伸至最前部精巢的后缘。卵有双极丝。已知为窄尾魟属（*Himantura*）（魟科 Dasyatidae）鱼类的寄生虫［有可疑的记录采自鹞鲼属（*Aetobatus* Blainville）（鲼科 Myliobatidae）］。分布于印度洋和太平洋。模式种：顶部沉重瑟斯顶绦虫（*Seussapex karybares* Jensen & Russell，2014）。其他种：纳氏鹞鲼瑟斯顶绦虫［*Seussapex narinari*（MacCallum，1917）Jensen & Russell，2014］新组合。

属名词源：*Seussapex*（*apex*，拉丁文中的“顶点”或“顶端”之意）是以头节顶部结构的相似命名。属名由瑟斯（Seuss）博士所起。故译为：瑟斯顶属。

16.10.5.1 瑟斯顶属的 2 个种

1）顶部沉重瑟斯顶绦虫（*Seussapex karybares* Jensen & Russell，2014）（图 16-49～图 16-51）

种名词源：“*karybares*”希腊语意为“顶部沉重”，以强调顶结构的大尺寸，与其余的头节相比不成比例。

2）纳氏鹞鲼瑟斯顶绦虫［*Seussapex narinari*（MacCallum，1917）Jensen & Russell，2014］组合种（图 16-52）（虫体测量单位除有标明外，其他均为μm）

此种由 MacCallum（1917）描述并命名为 *Tenia*［sic］*narinari*。实际上其符合瑟斯顶属的基本特征，

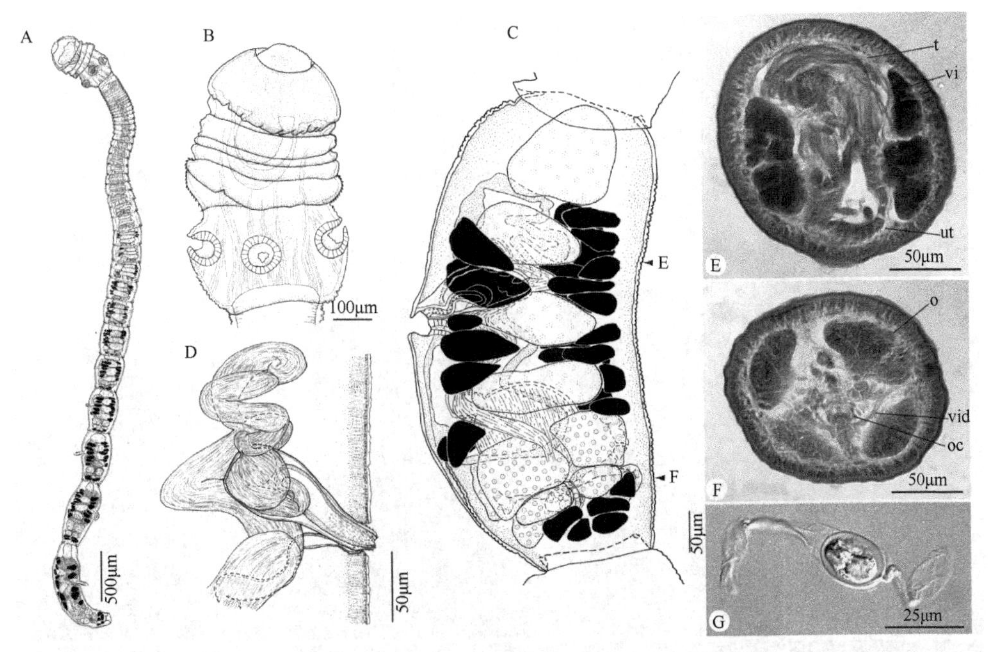

图 16-49　顶部沉重瑟斯顶绦虫的结构示意图、实物横切面及卵结构（引自 Jensen & Russell，2014）

样品采自豹纹魟（*Himantura uarnak*）。A. 整条虫体，头节完全突出/外翻状态；B. 头节完全突出/外翻状态；C. 成节（亚末端）（箭头示图 E 和 F 横切面位置）；D. 末端生殖器官细节；E. 成节阴茎囊前方水平横切；F. 成节卵巢桥稍后横切；G. 卵具双极丝。缩略词：o. 卵巢；oc. 捕卵器；t. 精巢；ut. 子宫；vi. 卵黄腺滤泡；vid. 卵黄管

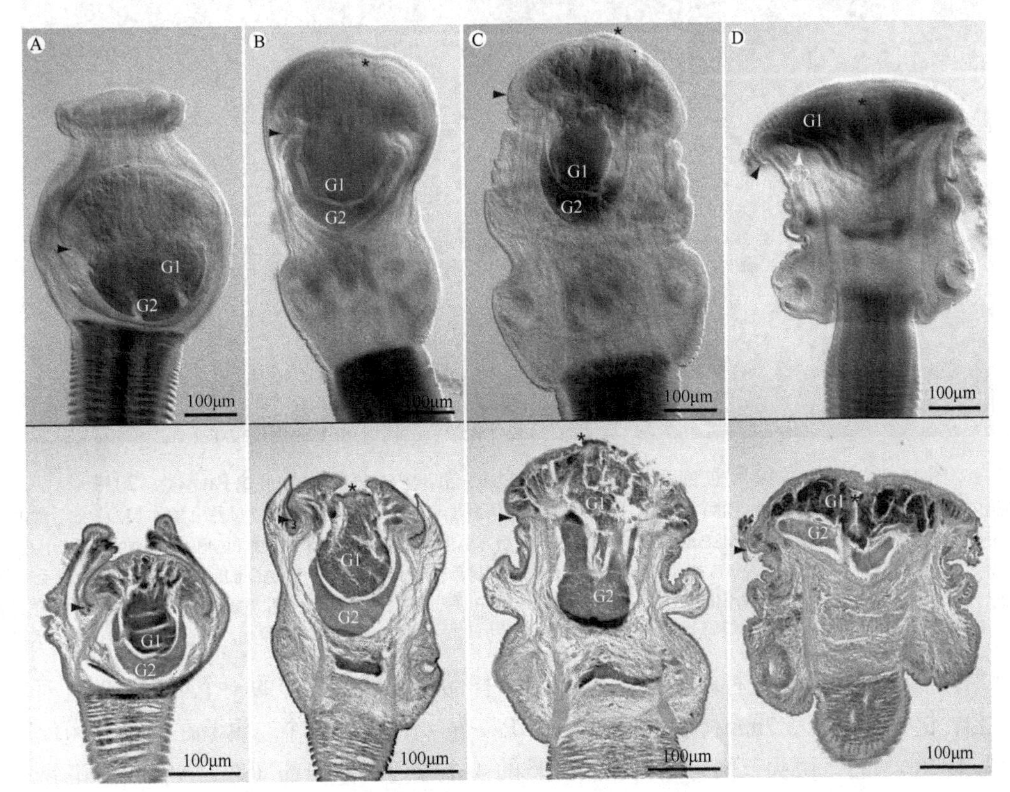

图 16-50　采自豹纹魟的顶部沉重瑟斯顶绦虫的头节结构（引自 Jensen & Russell，2014）

上排：不同突出/外翻期头节完整固定；底排：相应的组织学纵切面（PAS 染色）

黑箭头示头节固有结构顶饰（AMSP）和顶器官（AO）的分界

A. 头节完全缩回/内陷状态，AO 前方的腺体样腔（G1）由后方腺体样腔（G2）包围，都缩入头节固有结构中；B. 头节有部分外翻的 AMSP 前方和部分突出的 AO 后方拱顶部（黑星号示 AO 前方的结节部），G1 被 G2 包围，两者都回缩到 AMSP 的本身水平；C. 头节 AMSP 前方部部分外翻，AO 后方拱顶部完全突出（黑星号示突出/外翻的 AO 前方结节部）G1 覆盖几乎整个被 G2 包围的头节前方；D. AMSP 前方部外翻，AO 后方拱顶部突出（黑星号示内陷的 AO 前方结节部），G1 覆盖整个头节前部，平卧于 G2 之上

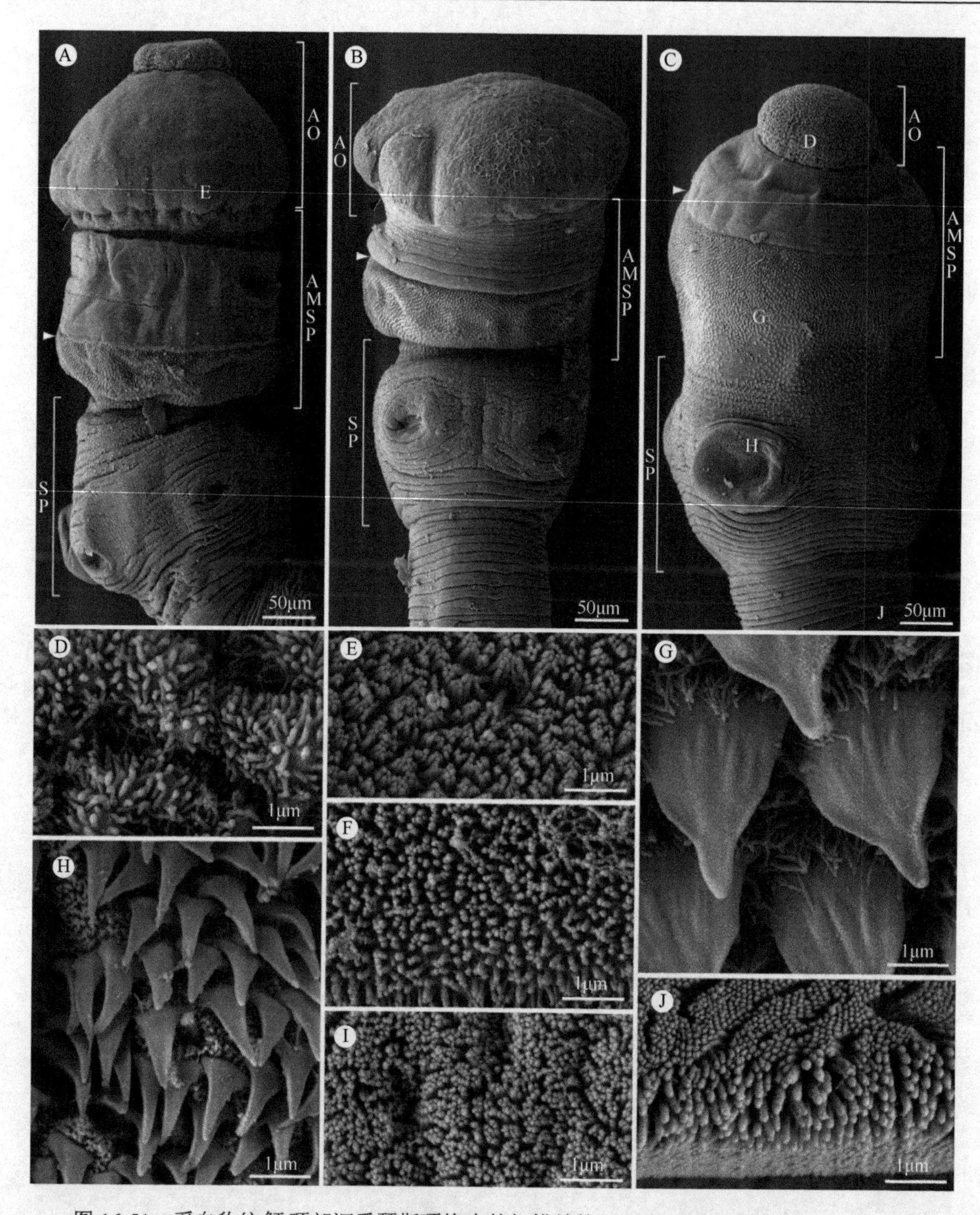

图 16-51　采自豹纹魟顶部沉重瑟斯顶绦虫的扫描结构（引自 Jensen & Russell，2014）

A. 头节完全突出/外翻状态，示头节固有结构（SP）有吸盘，头节固有结构顶饰（AMSP）的后部和前部，以及顶器官（AO）的后部拱顶状和前部的结节状；B. 头节部分突出/外翻状态，示 SP，AMSP 的后部和前部，AO 的后方拱顶部，前方的结节部缩回/和/或内陷入 AO 的后部；C. 头节部分突出/外翻状态，示 SP，AMSP 的后部和前部，以及 AO 的前方结节部，AO 的后部拱顶部缩入了 AMSP；D. AO 的前方结节部的针状丝毛或微绒毛；E. AO 的后方拱顶部的针状到毛状丝毛；F. AMSP 前方部的针状到毛状丝毛；G. AMSP 后方部的大型戟状棘毛和毛状丝毛；H. 吸盘上的小戟状棘毛和针状丝毛；I. 吸盘水平头节固有结构上的针状丝毛；J. 节片上的毛状丝毛，后方孕节上的丝毛长度和直径增加。箭头示分界线。字母示相应图取处

故将其移瑟斯顶属，构成新组合种。重描述基于 1 个样品——整体固定的一个不完整的、有头节的样品 USNPC 35813：链体至少长 5.7mm；最大宽度在头节水平；节片有 64 个。头节在固有结构顶饰（AMSP）水平长×宽为 1070 × 433，由头节固有结构及其上长的 4 个吸臼，双向的（？）AMSP 和有两个内部腺体样腔的双向的顶器官（AO）组成。吸臼吸盘样，直径 103～105。AMSP 圆柱状；前方部有缘膜。AO 的后部拱顶状，宽 578，前部结节状，突出。无头茎。节片具缘膜。未成节至少有 64 节，最初宽于长，随着成熟变为长大于宽；晚期未成节长 293，宽 222。精巢数目为 4 个。阴道在阴茎囊后部进入生殖腔。未观察到其他特征。模式宿主：纳氏鹞鲼［*Aetobatus narinari*（Euphrasen）］［鲼形目（Myliobatiformes）：鲼科（Myliobatidae）］。

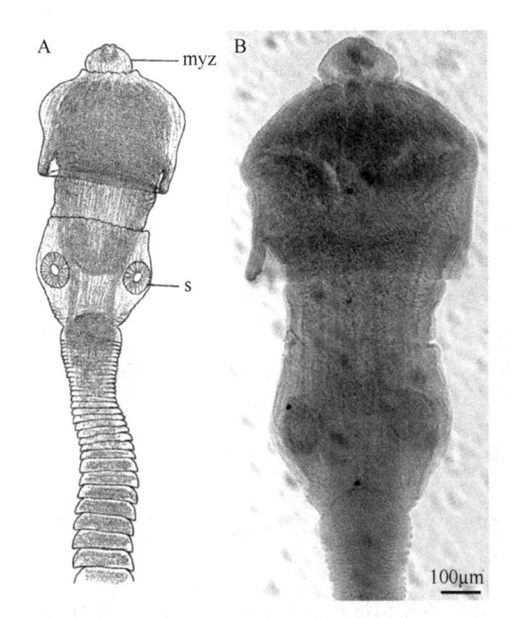

图 16-52 *Tenia*［sic］*narinari* 结构示意图和光镜照片（引自 Jensen & Russell，2014）
A 为 MacCallum（1917）原始描绘图；B 为模式样品（USNPC 35813）头节照片。缩略词：myz. 吸吻；s. 吸盘

模式宿主采集地：原始描述没有提供，但模式装片上的标签表明是印度洋、爪哇和雅加达（亦作巴塔维亚）。

寄生部位：肠螺旋瓣。

杨文川等（1995）报道过一个厦门盘首绦虫（*Lecanicephalum xiamensis*），他们提供的 3 个结构示意图的有些特征无法识别。然而，从他们给出的与相似种小盾盘首绦虫（*L. peltatum*）的比较数据可以判断，所谓的厦门盘首绦虫与小盾盘首绦虫相差太大。由厦门盘首绦虫头节为三部分组成，精巢为 4 个及其头节外形，可以初步判断该种绦虫很可能是瑟斯顶属绦虫。

16.10.6 花冠顶属（*Corollapex* Herzog & Jensen，2017）

识别特征：链体优解离。头节有头节固有结构、4 个吸臼和由头节固有结构的顶饰（AMSP）和顶器官组成。吸臼吸盘样。头节固有结构的顶饰圆筒状，上有顶器官，后半部分有明显的戟状棘毛，前方边缘可以内陷；前半部无戟状棘毛，可以内陷。顶器官有外部和内部的组分；外部组分以中央盘的形式存在，周围有 8 个凹形肌肉质、膜界垫，可伸缩，不可内陷。中央盘有开口到内部组分；内部组分腺体样，异质。无头茎。节片微具缘膜，无穗边，未成节不向侧方扩展；不存在明显环皮质纵肌束。精巢 4 个，排为中央单列，横切面纵深 1 层，位于卵巢前方单一区域。输精管弯曲，从卵巢后方水平扩展到最前方精巢的后部边缘，扩展形成外贮精囊。阴茎囊梨形，朝前倾斜，含阴茎。阴茎具棘，薄壁。有内贮精囊。生殖孔单侧，不规则交替。生殖腔浅。卵巢背腹观 H 形，横切面四叶状，紧凑。阴道位于中央，薄壁，弯曲，从卵模区域伸展到阴茎囊，在阴茎囊后部开口于生殖腔。无受精囊。卵黄腺滤泡状；滤泡大，位于两侧带，各侧排为 1 背 1 腹列，伸展于几乎整个节片长度方向，部分被卵巢中断；孔侧阴茎囊前方无滤泡（极少例外）。子宫囊状，多位于中央，从卵巢前缘延伸至最前部精巢的后缘。卵未观察。排泄管两对，位于侧方。已知为魟科（Dasyatidae）［鲼形目（Myliobatiformes）］鱼类的寄生虫。分布于印度西太平洋。模式种：凯恩花冠顶绦虫（*Corollapex cairae* Herzog & Jensen，2017）（图 16-53，图 16-54A～C）。其他种：丁戈花冠顶绦虫（*Corollapex tingoi* Herzog & Jensen，2017）（图 16-54D～G，图 16-55）。

属名词源：“*Corolla*”拉丁文意为“花冠”，阴性，“小的冠”“花冠”“花圈”“光环”“边缘”“边界”。该属以其顶端器官的独特形状命名，类似于轮生花瓣。故译“花冠顶属”。

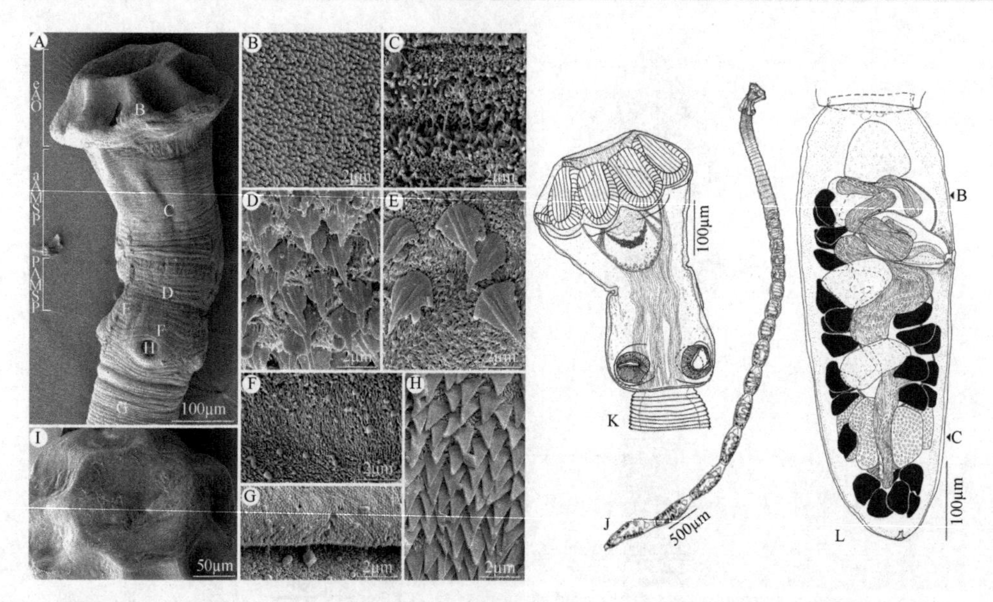

图 16-53　凯恩花冠顶绦虫的扫描结构与结构示意图（引自 Herzog & Jensen，2017）

样品采自颗粒沙粒魟［*Urogymnus granulatus*（Macleay）］。A. 具突出顶器官（AO）的头节，字母示分图 B～H 取图处；B. AO 外部组分的针状丝毛；C. 头节固有结构顶饰（AMSP）前部的针状到毛状丝毛；D. AMSP 后部的戟状棘毛和毛状丝毛；E. AMSP 后部的后方边缘向头节固有结构（SP）过渡区稀疏的戟状棘毛和毛状丝毛；F. SP 上的毛状丝毛；G. 节片上的毛状丝毛；H. 吸臼远端表面的剑状棘毛和针状丝毛；I. AO 外部组分的中央盘；J. 整条虫体（副模标本 LRP9126）；K. 顶器官突出的头节（全模标本 QM G235510）；L. 成熟末端节片背面观，箭头示图 16-54 相应图片切片部位。缩略词：aAMSP. 头节固有结构顶饰前部；eAO. 顶器官外部组分；pAMSP. 头节固有结构顶饰的后部

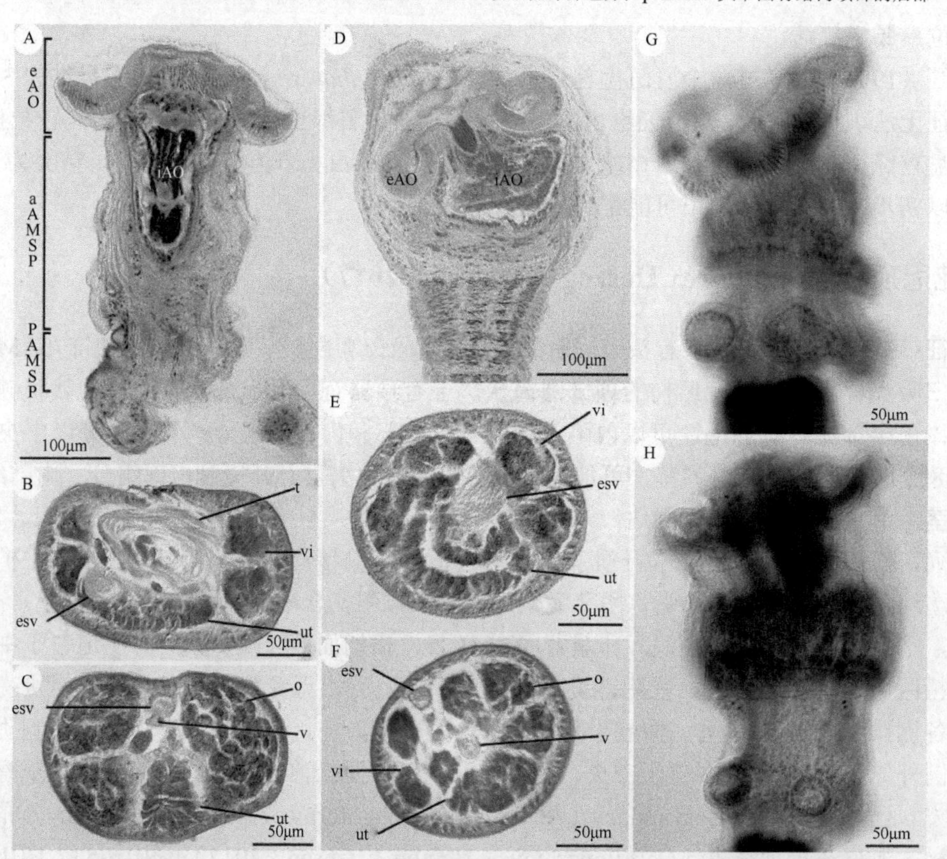

图 16-54　3 种花冠顶绦虫的光镜照（引自 Herzog & Jensen，2017）

样品采自颗粒沙粒魟的凯恩花冠顶绦虫（A～C）和丁戈花冠顶绦虫（D～G）。A. 顶器官突出的头节额切面；B. 成节过阴茎囊前方横切；C. 成节卵巢桥稍后横切；D. 顶器官收缩的头节额切面；E. 成节过阴茎囊前方横切；F. 成节卵巢桥稍后横切；G. 有突出顶器官的头节；H. 采自白斑鞭鳐［*Maculabatis gerrardi*（Gray）］花冠顶绦虫未定种（LRP No. 8790）的头节。缩略词：aAMSP. 头节固有结构顶饰的前部；eAO. 顶器官的外部组分；esv. 外贮精囊；iAO. 顶器官的内部组分；o. 卵巢；pAMSP. 头节固有结构顶饰的后部；t. 精巢；ut. 子宫；v. 阴道；vi. 卵黄腺滤泡

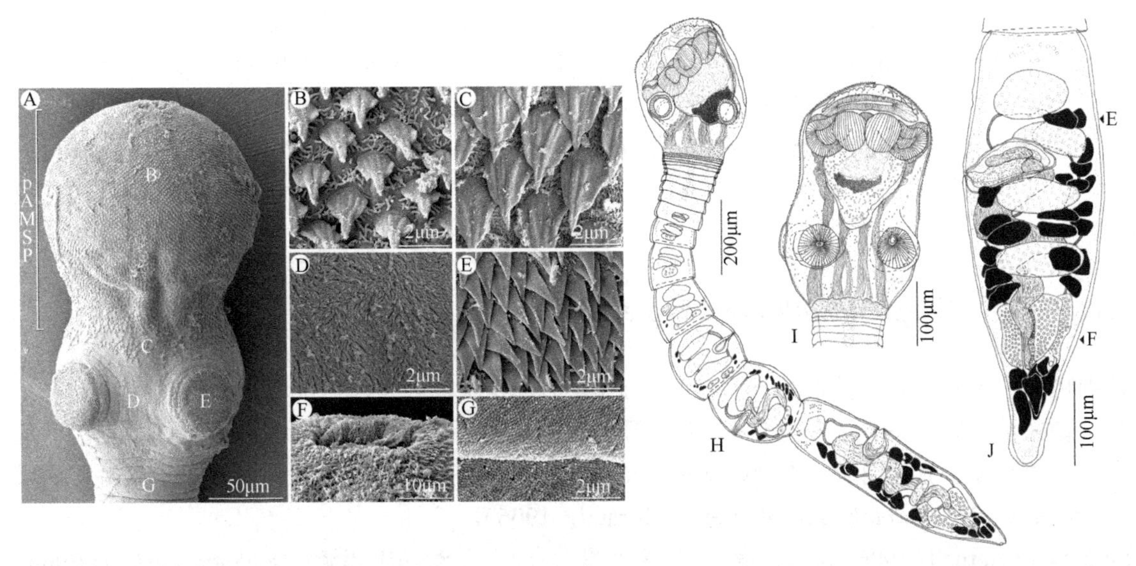

图 16-55 采自颗粒沙粒魟的丁戈花冠顶绦虫的扫描结构与结构示意图（引自 Herzog & Jensen，2017）

A. 具收缩顶器官（AO）的头节，字母示分图 B～G 取图处；B. 头节固有结构顶饰（AMSP）后部的戟状棘毛和针状到毛状丝毛；C. AMSP 后部的后方边缘向头节固有结构（SP）过渡区上的戟状棘毛和针状到毛状丝毛；D. SP 上的毛状丝毛；E. 吸臼远端表面的剑状棘毛和针状丝毛；F. AMSP 的开口；G. 节片上的毛状丝毛；H. 整条虫体（全模标本 QMG235516）；I. 顶器官收缩的头节（副模标本 QMG235517）；J. 成熟末端节片背面观（副模标本 LRP 9179），箭头示图 16-54 相应图切片部位。缩略词：pAMSP. 头节固有结构顶饰的后部

凯恩花冠顶绦虫种名词源：是为了纪念吉妮 N. 凯恩（Janine N Caira），因为她对盘头目绦虫多样性的研究作出了重大的贡献。

丁戈花冠顶绦虫种名词源：是以所罗门群岛世界自然基金会丁戈列韦（Tingo Leve）的名字命名，他为所罗门群岛的标本收藏提供了便利和后勤支持。

花冠顶属在 24 个盘头目绦虫有效属之间是独特的，它的顶器官外部可收缩，中央盘由 8 个凹形肌肉质、有膜界的垫围绕，内部是异质的腺体样组分。凯恩花冠顶绦虫和丁戈花冠顶绦虫相互之间的不同在于成节和未成节的整体大小与数目，并且凯恩花冠顶绦虫主要寄生于幼龄宿主个体，而丁戈花冠顶绦虫则主要发现于成年宿主个体。花冠顶属似乎仅限于印度-西太平洋地区的魟科的宿主。

16.11 头槽科（Cephalobothriidae Pintner，1928）

识别特征：头节具有 4 个吸臼；顶结构由头节固有结构的顶饰和顶器官组成。吸臼呈吸盘状。头节固有结构的顶饰大多数极小，很少圆柱状和窄（隐槽属，图 16-1B、C），有顶孔，顶孔可扩张或不可扩张。顶器官为外部的，不可内陷，通常为肌肉垫的形式，偶尔为肌肉质圆顶状（疣头属，图 16-1H；新属 13，图 16-1G）或为腺球（隐槽属，图 16-1B），可收回（头槽属，图 16-1D～F；新属 13，图 16-1G）或不可收回（隐槽属，图 16-1B、C；疣头属，图 16-1H）。无头茎。虫体一般优解离。节片具缘膜；链体前方的未成节不向侧方扩展；有环皮质纵肌束。精巢排为 2 列或更多列，2 至多层纵深，位于卵巢前方的单个区域。输精管宽阔，扩张形成外贮精囊。阴茎囊梨状；阴茎无棘，壁薄。生殖孔单侧，不规则交替；生殖腔浅。卵巢背腹面观 H 形，横切面两叶，明显指状。阴道位于中央，从阴茎囊的后方开口入生殖腔。无受精囊。子宫囊状，位于中央，从卵巢伸展至节片前方边缘。卵黄腺滤泡状，一般位于两侧宽带，通常向中央侵入（疣头属完全环皮质）；各带由几列滤泡组成，通常从近节片前方边缘扩展至卵巢，有些扩展到卵巢后（如疣头属）。排泄管 2 对，或少量更多（疣头属）的侧方对。未观察卵。已知为鳐鲼（*Aetobatus* Blainville）、无刺鲼（*Aetomylaeus*）［鲼科（Myliobatidae）］、牛鼻鲼（*Rhinoptera*）牛鼻鲼科（Rhinopteridae）］，可能还有魟（*Dasyatis*）［魟科（Dasyatidae）］和扁鲨（*Squatina*）［扁鲨科（Squatinidae）］的寄生虫。分布于西印度-太平洋和西大西洋。模式属：头槽属（*Cephalobothrium* Shipley & Hornell，1906）。其他属：隐槽属（*Adelobothrium* Shipley，1900）；疣头属（Tylocephalum Linton，1890）和新属 13 等。

备注：由于这一群体既包括头槽属，也包括隐槽属，此两属是原有头槽科（Cephalobothriidae Pinter，1928）和隐槽科（Adelobothriidae Yamaguti，1959）的代表，因此只能指定为隐槽科为头槽科的初级同物异名。上述头槽科的识别特征较 Pinter（1928）的形态信息更详细，包括现在可以得到的成员特征在内。

16.11.1 头槽属（*Cephalobothrium* Shipley & Hornell，1906）

识别特征：头节圆形，前部为一可外突成圆屋顶状的中央大吸盘。后部杯状，上具 4 个对称分布的小吸盘。颈区不明显。头节后方的节片宽度大于长度，但最后的六七个节片呈长方形，长度为宽度的 2 倍左右。生殖孔位于节片侧缘，不规则交替。虫体内部结构不详。寄生于软骨鱼类。模式种：鹞鲼头槽绦虫（*Cephalobothrium aetobatidis* Shipley & Hornell，1906）。

Shipley 和 Hornell（1906）为采自锡兰（现为斯里兰卡）荷兰湾纳氏鹞鲼（*Aetobatus narinari* Euphrasen，1790）的鹞鲼头槽绦虫（*Cephalobothrium aetobatidis*）建立了头槽属。特征是：大型、中央、环状吸盘占了头节的大部分，由纵肌控制。解剖几乎是没有进行过的。描述用的只有 1 个样品，无模式样品。随后也有报道采自模式宿主和其他宿主［如钝锯鳐（*Pristis cuspidatus*）、燕魟（*Pteroplatea micrura*）、古氏魟（*Trygon kuhlii=Dasyatis kuhli*？）］的鹞鲼头槽绦虫，但没有重描述。

Subhapradha（1955）报道了采自印度颗粒犁头鳐［*Rhinobatus granulatus*（Cuvier，1829）］的犁头鳐头槽绦虫（*C. rhinobatidis*）；之后，Chincholikar 和 Shinde（1977）描述了采自印度魟未定种（*Trygon* sp.（Woods Hole）的头槽属种：苏哈普拉哈头槽绦虫（*C. subhapradhi*）；汪溥钦（1984）报道了采自台湾海峡南部闽南-台湾浅滩及福建连江古氏魟（*Dasyatis kuhlii*）的长头节头槽绦虫（*C. longisegmentum*）；Ramadan（1986）又报道了采自埃及红海蓝斑条尾魟（*Taeniura lymma*）的两个种：*C. ghardagense* 和条尾魟头槽绦虫（*C. teeniurai*）；Sanka Sarada 等（1992）报道了采自印度安得拉邦海岸沃尔代尔（Waltair，Coast of Andhra Pradesh in India）圆犁头鳐［*Rhina ancylostoma*（Bloch & Schneider，1801）］的新鹞鲼头槽绦虫（*C. neoaetobatidis*）；Jadhav 和 Jadhav（1993）描述了采自马哈拉施特拉（Maharashtra）西海岸勒德纳吉里（Ratnagiri）魟未定种的阿里头槽绦虫（*C. alii*）和星海头槽绦虫（*C. singhi*）；王彦海（2001）重新描述了采自湾海峡南部闽南-台湾浅滩厦门海域赤魟（*Dasyatis akajei*）的长头节头槽绦虫（图 16-56）；之后，Pramanik 和 Manna（2005）增加了采自印度迪加海岸的孟加拉湾颗粒犁头鳐头槽绦虫（*C. gogadevensisfrom*）；Pathan 等（2011）又描述了采自马哈拉施特拉西海岸米尔卡瓦德·勒德纳吉里（Mirkarwad Ratnagiri）花点魟［*Dasyatis uarnak*（Forsskal，1775）］的辛德头槽绦虫（*C. shindei*）（图 16-57）。

从 Pathan 等（2011）的描述和粗糙的结构示意图，以及他们对其所知头槽绦虫检索项可以判断此报道自印度的头槽绦虫十分可疑。他们提供的头槽绦虫检索表，以颈区的存在与否（与虫体运动状态有关），头节形态的圆形、可变、近方形、卵圆形、长形和棒状（与头节状态和制片有关），生殖孔的侧位与亚侧位（与制片有关）等项来进行种的区分，明显是不科学的。

16.11.2 隐槽属（*Adelobothrium* Shipley，1900）

识别特征：头节具有 4 个吸臼；顶结构由头节固有结构的顶饰和顶器官组成。吸臼呈吸盘状。头节固有结构的顶饰圆柱状和窄，有顶孔，顶孔可扩张或不可扩张。顶器官为外部的，不可内陷，通常为肌肉垫的形式或为腺球，不可收回。无头茎。虫体一般优解离。节片具缘膜；链体前方的未成节不向侧方扩展；有环皮质纵肌束。精巢排为 2 列或更多列，2 至多层纵深，位于卵巢前方的单个区域。输精管宽阔，

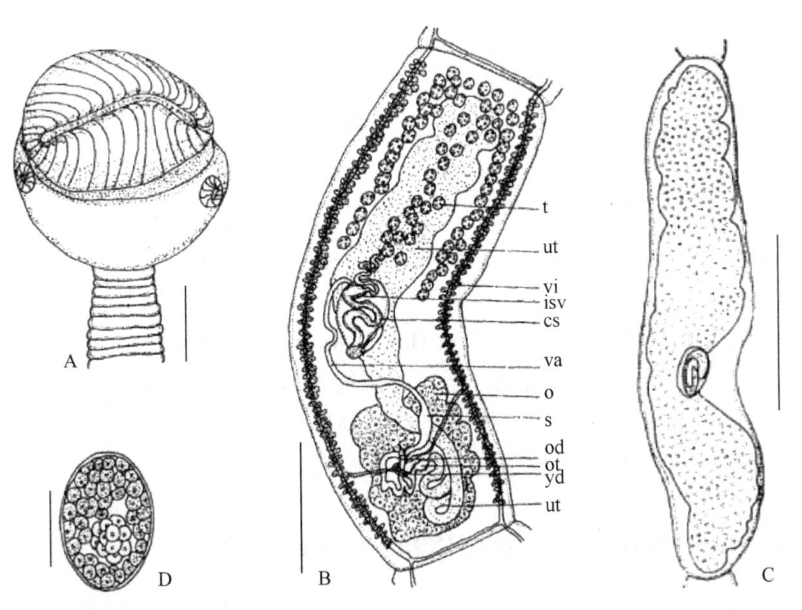

图 16-56 长头节头槽绦虫结构示意图（引自王彦海，2001，重排重标）
样品采自台湾海峡南部闽南-台湾浅滩厦门海域赤魟。A. 头节；B. 成节；C. 孕节；D. 虫卵。缩略词：cs. 阴茎囊；isv. 内贮精囊；o. 卵巢；od. 输卵管；ot. 卵模；s. 受精囊；t. 精巢；ut. 子宫；va. 阴道；vi. 卵黄腺；yd. 卵黄总管。标尺：A=0.2mm；B=0.5mm；C=1mm；D=30μm

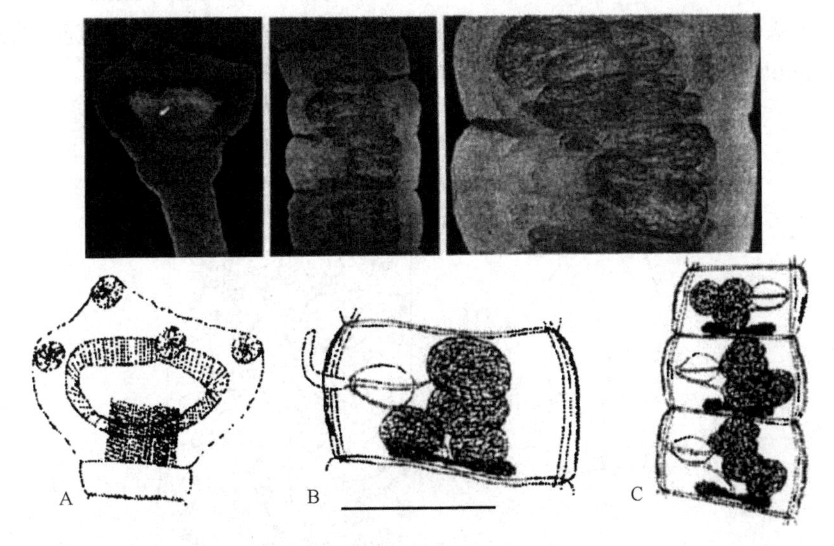

图 16-57 辛德头槽绦虫实物及结构示意图（引自 Pathan et al.，2011）
样品采自马哈拉施特拉西海岸米尔卡瓦德·勒德纳吉里花点魟。A. 头节；B，C. 成节。标尺=0.5mm

扩张形成外贮精囊。阴茎囊梨状；阴茎无棘，壁薄。生殖孔单侧，不规则交替；生殖腔浅。卵巢背腹面观 H 形，横切面两叶，明显指状。阴道位于中央，从阴茎囊的后方开口入生殖腔。无受精囊。子宫囊状，位于中央，从卵巢伸展至节片前方边缘。卵黄腺滤泡状，一般位于两侧宽带，通常向中央侵入；各带由几列滤泡组成，通常从近节片前方边缘扩展至卵巢。排泄管 2 对。未观察卵。已知为鳐鲼（*Aetobatus* Blainville）的寄生虫。分布于西印度-太平洋和西大西洋。模式种：鹞鲼隐槽绦虫（*Adelobothrium aetiobatidis* Shipley，1900）。

隐槽属由 Shipley（1900）为采自新喀里多尼亚洛亚蒂群岛利福（Lifu，Loyalty Islands，New Caledonia）宿主纳氏鹞鲼［*Aetobatus narinari*（Euphrasen，1790）］的鹞鲼隐槽绦虫（*A. aetiobatidis*）建立。原始的描述详细，包括一系列的特征：头节由一吻突的一膨胀的并扩大的领组成；吸盘的排列特殊，位于顶结构的基部，凹入头节固有结构，朝向前方；有外贮精囊，阴茎无棘，卵黄腺侵入节片中线，阴道在阴茎囊后部开口入生殖腔。虽然 Shipley 有好几个样品，但却没有提及模式标本的贮存。Southwell（1925）对该种描述和图示得更为详细，其在论文中评论了疣头属和隐槽属的相似性，并将袋状疣头绦虫（*T. marsupium* Linton，1916）与鹞鲼隐槽绦虫同义化，之后隐槽属很长时间没有了报道。

尽管材料有限，在文献中隐槽属还是得到了相应关注，被认为是个有效属。Yamaguti（1959）认可这一特殊类群并将其放在盘头目下的隐槽科（Adelobothriidae Yamaguti，1959）。Euzet（1994）在对盘头目绦虫研究时提出隐槽属可能与疣头属同名，限于材料有限，Euzet 最后将隐槽属当作有问题的属处理。Jensen（2005）从澳大利亚北部地区福格湾（Fog Bay，Northern Territory，Australia）模式宿主纳氏鹞鲼收集到一些新材料，虽然不足以描述隐槽属，但可看出隐槽属与疣头属在节片形态上相似，不过二者头节的形态很不一样。鉴于样品有限，仍将隐槽属当有问题属处理。

Jensen 等（2016）的分子数据证实了隐槽属的有效性及其分类地位。

16.11.3　疣头属（*Tylocephalum* Linton，1890）（图 16-58）

识别特征：头节的顶部为一蕈状的额吸吻，不能陷入；基部垫状体上有 4 个吸盘。链体有缘膜。生殖孔位于侧方不规则交替。精巢数目多，位于前方，孔侧阴道后精巢存在。仅外贮精囊存在。卵巢位于后方，横切面为两叶状。子宫位于腹部中央。已知寄生于牛鼻鲼科（Rhinopteridae）鱼类，分布于北大西洋。模式种：尖角疣头绦虫（*Tylocephalum pingue* Linton，1890）。其他种：布氏疣头绦虫（*Tylocephalum brooksi* Ivanov & Campbell，2000）（图 16-59，图 16-60）。

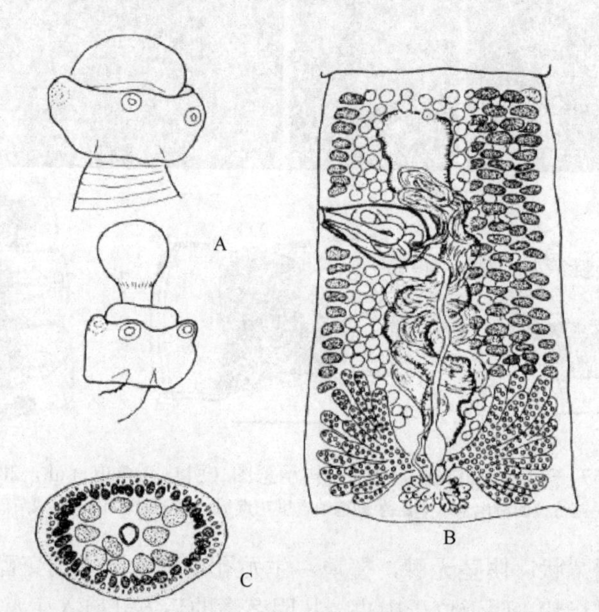

图 16-58　疣头属绦虫结构示意图（引自 Euzet，1994）
A. 头节示两型，处于不同状态；B. 成节背面观；C. 横切面，示周边髓质卵黄腺滤泡

布氏疣头绦虫采自委内瑞拉大西洋牛鼻鲼（*Rhinoptera bonasus*）肠螺旋瓣，是同种宿主的第 3 种绦虫，其他 2 种绦虫为尖角疣头绦虫和波那斯疣头绦虫（*T. bonasum*）。布氏疣头绦虫与同属的物种相似，头节具有蕈状的顶部，节片有缘膜，有围绕髓质的卵黄腺，外贮精囊存在，卵巢两叶状，以及子宫中央腹位。而此种与先前描述的疣头属绦虫不同之处在于围绕顶部基部有一领，覆盖着致密的大指状突起（微毛？），有内贮精囊。而有无内贮精囊特征是目前用于区别方垫头属和疣头属的分类依据，其存在于布氏疣头绦虫，表明需要更换分属依据特征。疣头属的识别特征修订后包括如下特征：有内

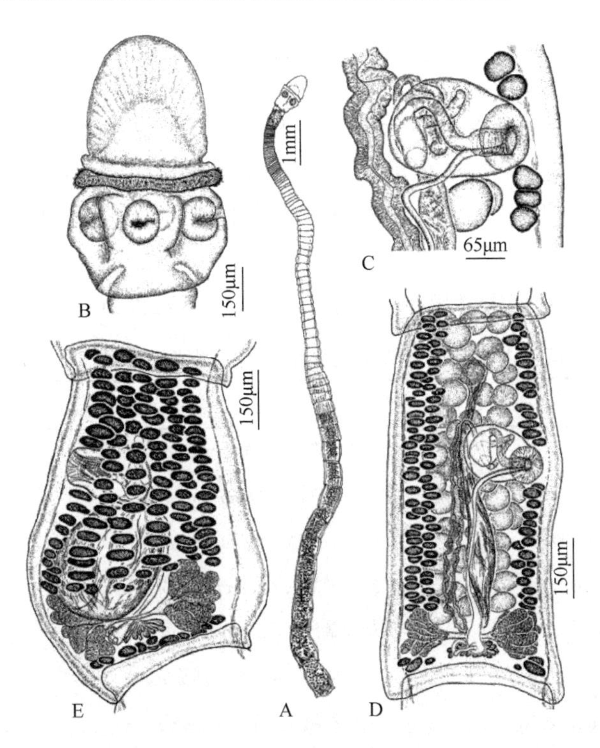

图 16-59　布氏疣头绦虫的结构示意图（引自 Ivanov & Campbell，2000）

A. 完整的虫体；B. 头节详细结构；C. 末端生殖器官详细结构（注意内贮精囊）；D. 成节腹面观（卵黄腺在髓质周围，为了使内部器官可见，只绘出一部分）；E. 成节背面观（注意肥大的外贮精囊，随着节片的成熟及精巢的萎缩变得更大）

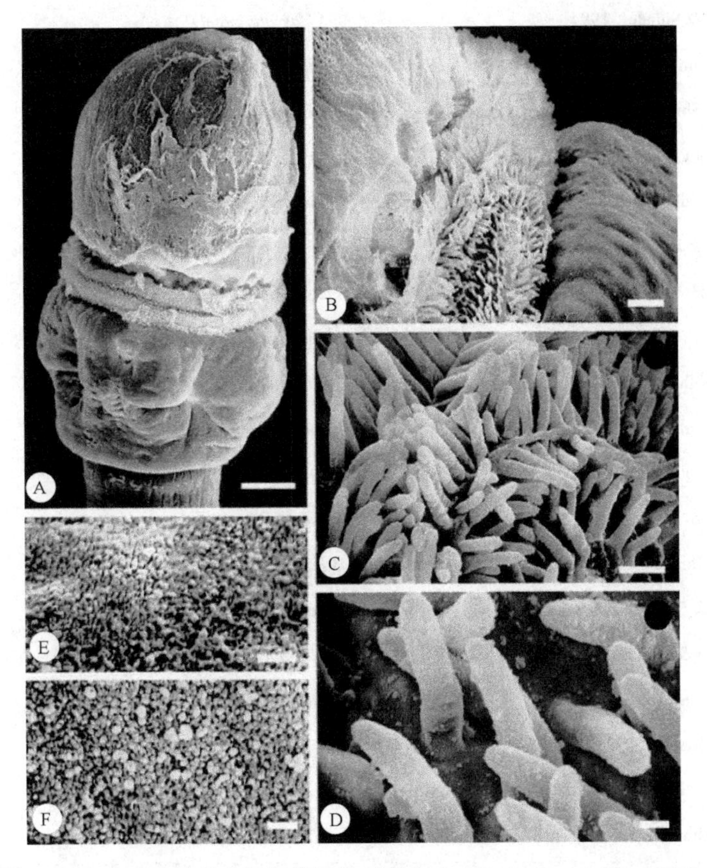

图 16-60　布氏疣头绦虫的扫描结构（引自 Ivanov & Campbell，2000）

A. 头节；B. 顶部和基部之间领的详细结构（注意大的指状突起）；C. 沿着领的微毛分布；D. 覆盖领的大型指状突起；E. 基部表面短的丝状突起；F. 颈表面短的丝状微毛。标尺：A=100μm；B=20μm；C=5μm；D～F=1μm

贮精囊，同时伴随着精巢分布于卵巢前方区域，以及卵黄腺滤泡分布于髓质周边。基于疣头属和方垫头属的原始描述，界定了明确的种的形态特征界线：方垫头属的种链体有缘膜，节片长明显大于宽，精巢限于阴茎囊前方区域，卵黄腺位于侧方区带，生殖腔及孔显著扩大，阴茎囊位于生殖腔背部，双囊状的子宫。疣头属的种不同于方垫头属的种：链体有缘膜，节片方形，精巢分布于整个卵巢前方区域，生殖腔不显著，均匀的囊状子宫，阴茎囊位于生殖腔侧方。可能在所有种类中都有围绕着髓质的卵黄腺。

历史上报道的疣头绦虫和方垫头绦虫种类、宿主及采集地见表 16-2。

表 16-2　历史上报道的疣头属绦虫和方垫头属绦虫种类、宿主及采集地

绦虫种类	宿主	采集地
T. pingue Linton，1890[*]	大西洋牛鼻鲼（*Rhinoptera bonasus*）	美国伍兹霍尔，马萨诸塞州
T. bonasum Campbell & Williams，1984[*]	大西洋牛鼻鲼（*Rhinoptera bonasus*）	萨康尼特角（Sakonnet Point）、罗得岛
T. brooksi Ivanov & Campbell[†] 2000[*]	大西洋牛鼻鲼（*Rhinoptera bonasus*）	加勒比海，委内瑞拉
T. marsupium Linton，1916[*]	纳氏鹞鲼（*Aetobatus narinari*）	佛罗里达州托尔图加斯
T. yorkei Southwell，1925[*]	纳氏鹞鲼（*Aetobatus narinari*）	印度普里、奥里萨邦
T. aetiobatidis Shipley & Hornell，1905[?]	纳氏鹞鲼（*Aetobatus narinari*）	马纳尔湾
T. transluscens Shipley & Hornell，1906	纳氏鹞鲼（*Aetobatus narinari*）	马纳尔湾
T. aurangabadensis Jadhav & Shined，1987	纳氏鹞鲼（*Aetobatus narinari*）	阿拉伯海
T. madrasensis Andhare & Shinde，1994	尖嘴土魟（*Dasyatis zugei*）	印度马德里
T. madhulatae Andhare & Shinde，1994	尖嘴土魟（*Dasyatis zugei*）	印度沃尔代尔
T. alii Andhare & Shinde，1994	尖嘴土魟（*Dasyatis zugei*）	印度沃尔代尔
T. raoi Deshmukh & Shinde，1979	尖嘴土魟（*Dasyatis zugei*）	印度韦拉沃尔
T. elongatum Subhapradha，1955[*]	吉达尖犁头鳐（*Rhynchobatus djiddensis*）	印度马德里
T. minimum Subhapradha，1955[*]	吉达尖犁头鳐（*Rhynchobatus djiddensis*）	印度马德里
T. hanmantraoi Shinde & Jadhav，1990	吉达尖犁头鳐（*Rhynchobatus djiddensis*）	印度孟买
T. trygonis Shipley & Hornell，1905[?]	覆瓦窄尾魟（*Himantura imbricata*）	马纳尔海湾
T. simile Pintner，1928[?]	覆瓦窄尾魟（*Himantura imbricate*）	马纳尔海湾
T. yamagutii Muralidhar，1988	覆瓦窄尾魟（*Himantura imbricate*）	印度马德拉斯
T. margaritifera Seurat，1906	黑蝶贝（*Pinctada margaritifera*）	甘比尔群岛
T. ludificans Jameson，1912	黑蝶贝（*Pinctada margaritifera*）	马纳尔海湾
T. minus Jameson，1912	黑蝶贝（*Pinctada margaritifera*）	马纳尔海湾
T. alii Deshmukh & Shinde，1979	褶尾萝卜魟（*Pastinachus sephen*）	印度勒德纳吉里
T. sephenis Deshmukh & Shinde，1979	褶尾萝卜魟（*Pastinachus sephen*）	印度勒德纳吉里
T. madhukarii Chincholikar & Shinde，1980[#]	褶尾萝卜魟（*Pastinachus sephen*）	印度勒德纳吉里
T. bombayensis Jadhav，1983	褶尾萝卜魟（*Pastinachus sephen*）	阿拉伯海
T. uarnak Shipley & Hornell，1906[#]	豹纹魟（*Himantura uarnak*）	马纳尔湾
T. chiralensis Vijayalakshmi & Sarada	豹纹魟（*Himantura uarnak*）	印度 Chirala
T. singhii Jadhav & Shinde，1981[#]	尖嘴土魟（*Dasyatis zugei*）	印度孟买
T. minutum Southwell，1925[#]	沙粒魟未定种（*Urogymnus* sp.）	斯里兰卡
T. dierama Shipley & Hornell，1906	星点圆吻燕魟（*Aetomylaeus aculates*）	马纳尔湾

续表

绦虫种类	宿主	采集地
T. kuhli Shipley & Hornell，1906	古氏魟（*Dasyatis kuhlii*）	马纳尔湾
T. squatinae Yamaguti，1934*	日本扁鲨（*Squatina japonica*）	日本的富山湾
T. campanulatum Butler，1987*	圆犁头鳐（*Rhina ancylostoma*）	澳大利亚莫顿湾
T. shindeis Lankal & Hippargi，2013	*Rhynchobatus djeddensis*	印度

注：*为疣头属的种类；#为方垫头属种；？为有疑问的种

16.12 有疑问的属

16.12.1 四顶槽属（*Quadcuspibothrium* Jensen，2001）

识别特征：虫体优解离。头节有 4 个有柄菱形吸槽，吸槽边缘覆盖有大型刀片样棘毛；头节固有结构顶部变形，为圆锥状扩张，中央有孔状开口，外罩着顶器官；顶器官小、腺体状。节片有缘膜。精巢数目少，位于卵巢前方。输精管扩张形成外贮精囊。外贮精囊为明显的囊袋状，从卵模区扩展到节片前方边缘。阴茎囊卵圆形。阴茎无棘。卵巢背腹观不规则，由 3 叶组成，横切面三叶状。阴道从卵模区扩展至阴茎囊，然后位于生殖孔侧方，开口于阴茎囊后部的生殖腔内。生殖孔位于亚侧方，不规则交替。子宫位于中央、囊状。卵黄腺滤泡状，位于侧方，在卵巢前方和后部区域。卵不明。已发现寄生于蝠鲼科（Mobulidae）鱼类，分布于墨西哥加利福尼亚湾。模式种：弗朗西斯四顶槽绦虫（*Quadcuspibothrium francisi* Jensen，2001）（图 16-61）。

属名词源：*Quadcuspibothrium*（*quad*，拉丁前缀“四”，*cuspis* 拉丁文意为“尖或顶”）指的是吸槽样吸盘的独特形态，端部有 4 个顶。

种名词源：来自“Francis”，为该种典型采集地墨西哥阿蕾娜岬（Punta Arena）营地的一个忠实的朋友的名字。故 *Quadcuspibothrium francisi* 译为“弗朗西斯四顶槽绦虫”。

16.12.2 希利属（*Healyum* Jensen，2001）

识别特征：虫体优解离。头节有 4 个吸盘样吸槽，吸槽边缘覆盖有刀片样棘毛；头节固有结构顶部变形，为低浅的圆屋顶状，中央有孔状开口，外罩着小型顶器官。节片有缘膜。精巢数目少，位于卵巢前方。输精管扩张形成明显的囊状外贮精囊，外贮精囊从卵模区扩展到节片的前方边缘。阴茎囊梨形。阴茎无棘。卵巢背腹观不规则，由 3 叶构成。阴道开口于生殖腔内阴茎囊后部。生殖孔位于亚侧方，不规则交替。子宫位于中央、囊状。卵黄腺滤泡状，位于侧方、卵巢前方和后部区域。卵不明。已发现寄生于蝠鲼科（Mobulidae）鱼类，分布于墨西哥加利福尼亚湾。模式种：沙粒希利绦虫（*Healyum harenamica* Jensen，2001）（图 16-62A～D，图 16-63A～E）。其他种：粉末希利绦虫（*Healyum pulvis* Jensen，2001）（图 16-62E～G，图 16-63F～J）。

属名词源：属名是为了纪念加拿大皇家安大略博物馆的 Claire J Healy，没有她场外的帮助，项目是无法进行的。

种名词源： *harena*，拉丁词义为“沙”；*mica*，拉丁词义为“颗粒”。选用该名是因为通常该种绦虫个体小，故 *Healyum harenamica* 译为“沙粒希利绦虫”。“*pulvis*”拉丁意为“尘土、粉末”，使用此名强调该种个体微小，故 *Healyum pulvis* 译为“粉末希利绦虫”。

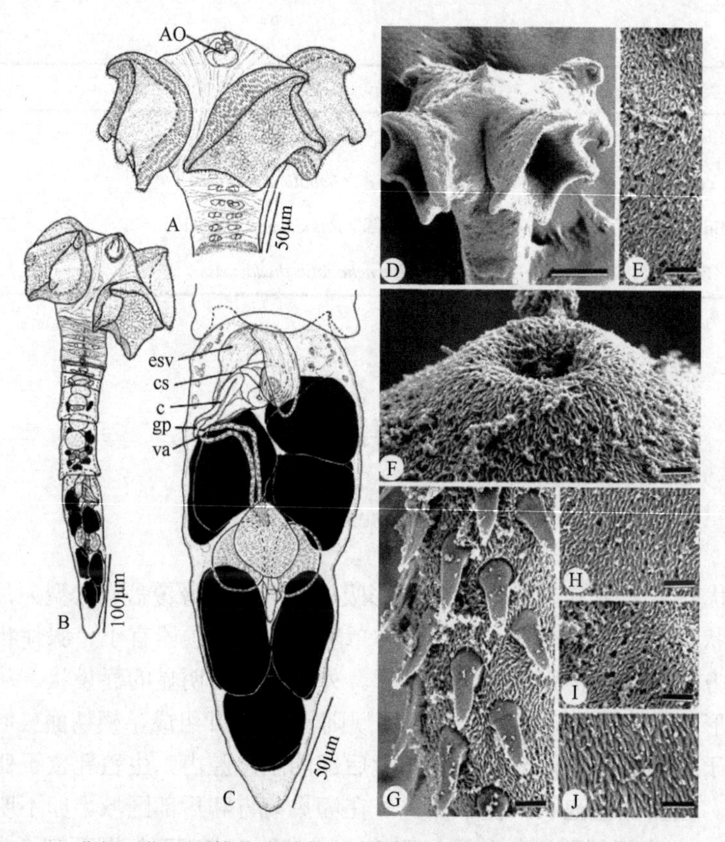

图 16-61　弗朗西斯四顶槽绦虫结构示意图及扫描结构（引自 Jensen，2001）

A. 头节；B. 整条虫体；C. 成节；D. 头节；E. 吸盘柄微毛放大；F. 顶部结构放大，示顶器官孔和头节固有结构；G. 吸盘边缘微毛放大；H. 吸盘远端表面微毛放大；I. 吸盘近端表面微毛放大；J. 节片微毛结构。缩略词：AO. 顶器官；c. 阴茎；cs. 阴茎囊；esv. 外贮精囊；gp. 生殖孔；va. 阴道。标尺：D=50μm；E～J=1μm

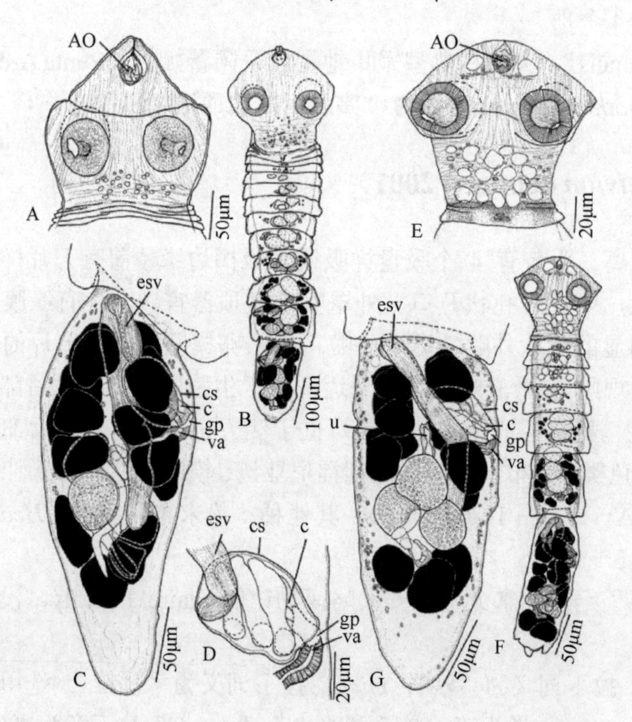

图 16-62　2 种希利绦虫的结构示意图（引自 Jensen，2001）

A～D. 沙粒希利绦虫：A. 头节；B. 整条虫体；C. 成节；D. 末端生殖器官详细结构。E～G. 粉末希利绦虫：E. 头节；F. 整条虫体；G. 成节。缩略词：AO. 顶器官；c. 阴茎；cs. 阴茎囊；esv. 外贮精囊；gp. 生殖孔；u. 子宫；va. 阴道

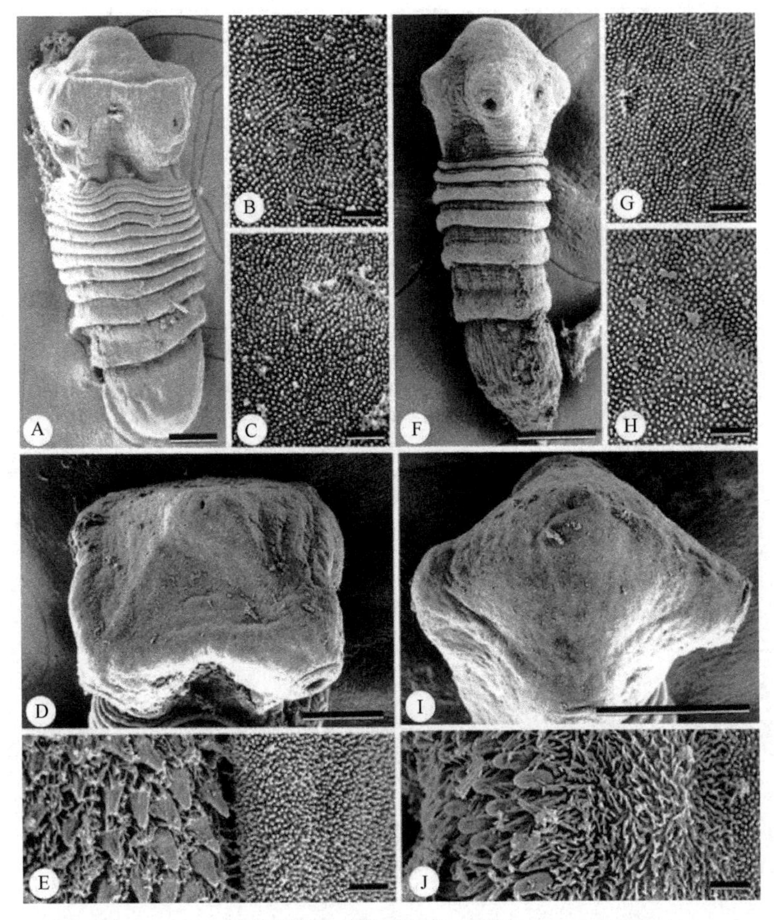

图 16-63　2 种希利绦虫的扫描结构（引自 Jensen，2001）

A～E. 沙粒希利绦虫：A. 整条虫体；B. 头节固有结构表面微毛放大；C. 节片微毛放大；D. 头节顶面观，注意顶器官隙缝；E. 吸盘边缘微毛放大。F～J. 粉末希利绦虫：F. 整条虫体；G. 头节固有结构表面微毛放大；H. 节片微毛放大；I. 头节顶面观，注意顶器官隙缝；J. 吸盘边缘微毛放大。标尺：A，D，F，I=50μm；B，C，E，G，H，J=1μm

16.12.3　皱纹头属（*Corrugatocephalum* Caira，Jensen & Yamane，1997）

识别特征：虫体优解离。头节具有 4 个吸臼；吸臼呈吸盘状；头节固有结构的顶饰围绕着顶器官；顶器官圆柱状，可部分收缩，有垂直的皱纹贯穿内表面。节片无缘膜。精巢少，单列于卵巢前方。输精扩展形成显著的外贮精囊。外贮精囊囊状，宽阔，从卵模伸展到节片前方边缘。无内贮精囊。阴茎囊梨状。阴茎具棘。卵巢背腹面观不规则，由 3 叶构成，横切面不规则。阴道位于节片中央，在阴茎囊后部开口入生殖腔。生殖孔亚侧位，不规则交替。子宫不明。卵黄腺滤泡状，位于侧方带从阴茎囊扩展至节片后部边缘，由卵巢中断，但略重叠于卵巢上。排泄管不明。卵不明。已知为鼠鲨目（Lamniformes）巨口鲨科（Megachasmidae）巨口鲨属（*Megachasma* Taylor，Compagno & Struhsaker，1983）鲨鱼的寄生虫，分布于大西洋西部。模式种：奥尤皱纹头绦虫（*Corrugatocephalum ouei* Caira，Jensen & Yamane，1997）（图 16-64）。

该属为采自日本巨口鲨的奥尤皱纹头绦虫所设立。属的识别特征由 Jensen（2005）进行了修订，改变了两个节片特征的理解。卵巢横切面的形状被认为是不规则的（希利属和四顶槽属也类似），而不是最初认识的两叶状。生殖孔的位置考虑为亚侧位；Caira 等（1997）错误认为生殖孔在侧方位。

属名词源：源于顶器官皱纹状的形态。

种名词源：源于人名卡祖沙奥尤（Kazuhisa Oue），他在对鸟类的热情观察时，发现了搁浅的巨口鲨，奥尤皱纹头绦虫就是收集自此鲨。

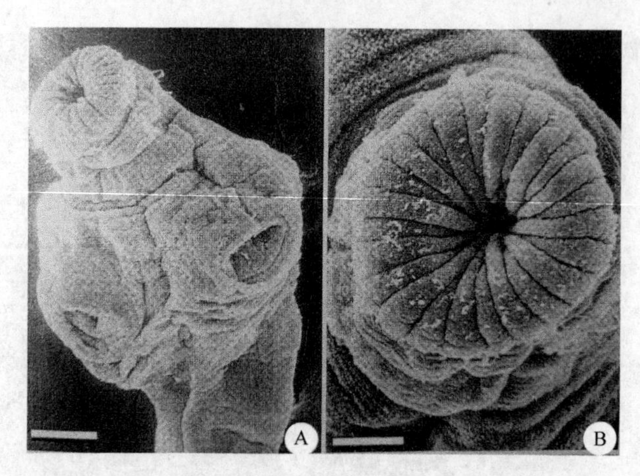

图 16-64　奥尤皱纹头绦虫的扫描结构（引自 Jensen，2001）

A. 头节侧面观；B. 顶器官顶面观。标尺：A=40μm；B=20μm

17 原头目（Proteocephalidea Mola，1928）

17.1 简　　介

原头目绦虫大约包括 400 种，成体寄生于硬骨鱼类、两栖类和爬行类（Yamaguti，1959；Freze，1965；Schmidt，1986；Rego，1994），但有一种：*Thaumasioscolex didelphidis* Caneda-Guzmán，Chambrier & Scholz，2001，描述自黑耳负鼠［有袋目（Marsupialia）］（Caneda-Guzmán et al.，2001）。

第一种原头绦虫由 Milller（1780）描述，被当作鲈鱼带绦虫（*Taenia percae*），即后来的鲈鱼原头绦虫［*Proteocephalus percae*（Milller，1780）］，采自欧洲河鲈（*Perca fluviatilis*）。而绝大多数原头目的类群是 20 世纪建立的。该目系统中有代表性的、里程碑式的修订工作如 La Rue（1911，1914），在其著作中有一些新类群，包括：蛇带属（*Ophiotaenia*）、领头属（*Choanoscolex*）和蒙蒂西利属（*Monticellia*）的建立。蒙蒂西利属成为新科蒙蒂西利科（Monticelliidae）的模式属（Schmidt，1986；Rego，1994）。20 世纪 30 年代，Woodland 发表的一系列论文中描述了多个类群，包括新的属和亚科，样品采自南美淡水鱼，尤其是鲇鱼［鲇形目（Siluriformes）］。他提出一新的主要基于生殖器官相对于内纵肌的位置的分类系统（Woodland，1933～1935）。Woodland 的分类系统曾被广泛接受（Yamaguti，1959；Freze，1965；Schmidt，1986）并长期被当作原头目绦虫分类的基础（Rego，1994；Rego et al.，1998）。另一个里程碑式的代表是 Freze（1965）的专著，包括了较全面的文献综述和基于原始材料（尤其是俄罗斯的材料）评估的信息。Freze（1965）也提供了大量的分类调整，包括新属新种的建立。之后，主要作出贡献的是巴西学者尤其是 Rego、Pavanelli 及其合作者，他们对原头目存在的种的组成和宿主谱进行了研究（Rego & Pavanelli，1992；de Chambrier & Vaucher，1997，1999；Rego et al.，1998～1999）。Rego（1995）提出该目的新分类同时认为蒙蒂西利科无效，因此，原头科（Proteocephalidae）成为原头目唯一的一科。原头目绦虫，尤其是那些采自新热带区的鱼类和爬行类动物样品的形态及分类的详细数据，由 Chambrier 及其合作者提供。他们的分类观察基于绝大多数先前描述过的类群的模式标本的关键检测，包括 Woodland 的样品及对新采集的样品的分类评估（de Chambrier & Vaucher，1997，1999 及其参考文献）。Shimazu（1990，1993）综述了发生于日本鱼类的原头目绦虫，Gil Pertierra 及其合作者综述了发生于阿根廷的原头目绦虫（Gil Pertierra，1995；Gil Pertierra & Viozzi，1999；Gil Pertierra & Chambrier，2000）。Anikieva（1992，1993，1995，1998）及 Anikieva 和 Kharin（1997）研究了采自俄罗斯淡水鱼的原头属（*Proteocephalus* Weinland，1858）的种并提供了种内变异数据。自 1992 年起，Hanzelová 和 Scholz 及其合作者（Brunanská、Králová-Hromadová、Šnábel、Špakulová、Turceková）进行了原头属及其他属的分类研究，尤其是寄生于古北区和北美淡水鱼类的种（Hanzelová & Scholz，1992，1993，1999；Hanzelová et al.，1995a，1996，1999；Scholz & Hanzelová，1998，1999；Scholz et al.，1998，2001）。这些作者综合使用的科学研究方法，包括形态、生物统计、超微结构、生活史和遗传（同工酶、RAPD、核糖体基因——18S rDNA 和 ITS rDNA 序列等）等，修订了绝大多数采自欧洲的已定名类群（Hanzelová & Špakulová，1992；Špakulová & Hanzelová，1992；Turceková & Králová，1995；Králová，1996；Králová & Špakulová，1996；Scholz et al.，1997）。Rego（1999）和 Rego 等（1999）提出了南美鱼类原头目绦虫广泛的名录及各相应类群的简要识别特征。

支系分类方法由 Brooks（1978）首次应用于原头目；Brooks 和 Rasmussen（1984）及 Brooks（1995）

应用这一方法对蒙蒂西利科的系统发生进行研究。然而，因矩阵分析基于不完全或不正确的形态特征，所获得的系统发育树和提出的分类改变的粗糙性，限制了其被广泛接受（Rego，1994，1995，1999；de Chambrier & Vaucher，1997，1999；Rego et al.，1998，1999）。

自 1992 年起，有些学者采用同工酶分析以解决形态相似或姐妹种的分类问题，同工酶代表了一有用的和信息量丰富的工具（de Chambrier et al.，1992；de Chambrier & Vaucher，1994；Šnábel et al.，1994，1996；Hanzelová et al.，1995；Scholz et al.，1995；Zehnder et al.，2000；Carfora et al.，2003）。

绦虫包括原头目系统发育的一个相当大的进展是由分析适当基因序列如核的（18S rDNA 和 28S rDNA）和线粒体的（16S rDNA）基因及延长因子 I-a（Mariaux，1998；Olson & Caira，1999；Zehnder & Mariaux，1999；Kodedová et al.，2000；Mariaux & Olson，2001；Olson et al.，2001；Škeríková et al.，2001）所获得的。值得一提的是，第一个发表完全 rRNA 小亚基基因（18S rDNA）序列的绦虫是窄小原头绦虫（*Proteocephalus exiguus* La Rue，1911）=长领原头绦虫［（*P. longicollis*（Zeder，1800）］（Králováet al.，1997）。

关于原头目绦虫在真绦虫中的地位，先前的分析主要基于形态和一些生活史特征，将它们与圆叶目放得最近并作为一个群组，据推测它们的祖先可能相关（Euzet，1959；Freeman，1973；Dubinina，1980；Brooks et al.，1991；Brooks & Mclennan，1993b）。这一推测主要基于原头目头节存在的 4 个吸盘相似于圆叶目头节上的吸盘，以及原头目恒河亚科（Gangesiinae）吻突样器官具有小钩或棘与有些圆叶目绦虫吻突有钩为同源性（Brooks et al.，1991）。原头目绦虫的繁殖、神经和腺体系统的超微结构研究结果（Brunanská，1997，1999；Brunanská et al.，1998，2000）似乎支持这一推论。而有些学者则将原头目放在靠近四叶目的位置或放在四叶目内（Spasskii，1958；Freze，1965；Euzet et al.，1981）。

早期（Yamaguti，1959；Freze，1965；Schmidt，1986）覆盖整个目，并含命名类群、终末宿主和地理分布的专著已过时。因此，最相关的分类参考源是 Rego 在 Khalil 等（1994）著作中的章节。Rego 简短地总结了原头目分类的可利用数据并提供了原头科和蒙蒂西利科各自亚科的分属检索表。然而，Rego 的章节代表着先前发表数据的编辑工作而非基于作者对模式样本测量数据的关键的修订。这明显是因为该目的系统太不成熟，不足以提出新的建议。老旧的数据，尤其是那些来自南美洲基于 Woodland 的描述的属的识别，有的基于不同种的混合材料（Scholz et al.，1996；de Chambrier & Vaucher，1997，1999；Chambrier，2003）是不完善的，不能用于个别属和亚科的系统地位的重评估。原头目绦虫个别群体最初基于不正确的固定方法，使其之间分类信息的数量和质量上也有很多矛盾。而新热带区该目绦虫成员最为丰富，形态差异最大，随后由几个团队和有经验的分类学者进行了广泛的研究（Pavanelli、Rego 和其他学者的论文），实际来自非洲、澳大利亚和南亚的数据很少。有关该类群的现存信息有限，这些信息可能对阐明原头目及其与四槽类目之间，如棘带亚科（Acanthotaeniinae）、恒河亚科（Gangesiinae）、袋头亚科（Marsypocephalinae）、圣东尼亚科（Sandonellinae）等（Rego et al.，1998）有一定帮助。对大多数采自两栖类和爬行类动物的原头目绦虫没有充足的认知，极大地限制了系统发生的研究。相对而言，采自南美淡水鱼的原头目绦虫的分类进行得较为全面，已有大量的数据识别出新北区鲑科鱼类原头属绦虫间的许多同物异名。

关于原头目中属和亚科间的系统关系，初步的亚科分析基于存在的特征数据（相当不完整和不精确）的关键评估，支持将该目分为两个科（Rego et al.，1998）。与此相反，分子数据的研究不多，表明已存在的原头目的分类可能是人为的，可能不能反映目中个别类群和它们的演化关系实质（Mariaux，1998；Olson & Caira，1999；Kodedová et al.，2000）。主要类群，包括原头目科、它们的亚科和许多属如原头属、蛇带属（Ophiotaenia La Rue，1911）和小头节属（Nomimoscolex Woodland，1934）的多元性（Zehnder & Mariaux，1999；Kodedová et al.，2000 和 Zehnder et al.，2000），提出的问题是以前用于更高分类水平的形态特征的趋同性，尤其是生殖器官的相对位置和后头的存在等特征（Yamaguti，1959；Schmidt，1986；Rego，1987，1994，1995，1999；Rego et al.，1998；Rego & Pavanelli，1999）。分子数据支持

Rego（1995）提出的压缩蒙蒂西利科。53 种原头目绦虫 16S rRNA 基因序列分析结果不能解决所分析的大多数类群的多元性（Zehnder & Mariaux，1999）；支序中仅原头属的欧洲种构成单系。使用 28S rDNA 序列也不能解决大多数新热带区种类的关系（Zehnder & Mariaux，1999）。而其他类群不同基因推导的系统树表现得相当稳定和一致，与 Rego 等（1998）仅用形态和一些生活史特征的推导一致，棘带亚科和恒河亚科形成单系支，处于原头目的基部（Zehnder & Mariaux，1999）。分子分析也支持古北区原头属种的单系性，但像这样的属是多源的（Zehnder & Mariaux，1999；Kodedová et al.，2000；Škeriková et al.，2001）。

关于原头目绦虫在真绦虫中的地位的一些分子分析（Olson & Caira，1999；Kodedová et al.，2000；Mariaux & Olson，2001；Olson et al.，2001）不能提供强有力的证据以支持原头目和圆叶目之间的密切关系。这种密切关系的推导在观察了恒河亚科的“小钩”和“棘”，发现这些钩棘可能是大型微毛之后，原头目和圆叶目推导的亲密关系受到了质疑（Scholz et al.，1999；de Chambrier et al.，2003；Ždárská & Nebesárová，2003）。有数据表明，原头目可能代表最接近四叶目或是属于四叶目的一支，而表现为并系（Caira et al.，1999，2001；Olson & Caira，1999；Olson et al.，2001）。分子分析（和节片形态一起）支持四叶目钩槽科的棘槽绦虫（*Acanthobothrium* sp.）作为单系的原头目绦虫的姐妹群（Olson et al.，2001）。这可能揭示原头目的绦虫包含在四叶目（钩槽科）中并且也支持 Brooks（1978）有关原头目起源于南美冈瓦纳古陆的说法。

1998 年，尤泽特属（*Euzetiella*）建立，用于容纳采自巴西亚马孙鸭嘴鲇（*Paulicea luetkeni*）的四叶形尤泽特绦虫（*E. tetraphylliformis* Chambrier，Rego & Vaucher，1999）。该种的形态特征代表了原头目和四叶目的混合特征（Chambrier et al.，1999），这支持了原头目和四叶目的相关性假说。而四叶形尤泽特属绦虫与其他绦虫的系统关系必须在分子数据的基础上进行评估。另一原头目绦虫种：负鼠奇异头节绦虫（*Thaumasioscolex didelphidis*）是第一个报道采自哺乳动物的原头目绦虫，它的头节类似于四叶目的绦虫而与典型的原头目头节不相似，但其链体的形态和 18S rDNA 序列却证实其为原头目的种类（Kodedová et al.，2000；Caneda-Guzmán et al.，2001）。

原头目的绦虫最初发现于冈瓦纳古陆，很可能是南美河流原始的鱼类绦虫，大多数存在的种事实上都发现于冈瓦纳古陆（包括南美、非洲、印度和澳大利亚），而有些种已经扩散到温带（如进入欧洲、亚洲和北美洲）。原头科原头属绦虫全球性发生，同时扩散到鱼类外的其他宿主，已发现原头属的种类寄生于淡水鱼、两栖类和爬行类。与此相对，蒙蒂西利科绦虫的代表种类多限于南美热带地区，并且其宿主为淡水鱼，尤其是鲇形目鱼类。随后又发现，除鲇形目外的其他鱼类和脊椎动物既可以作此绦虫科的宿主也可以作原头科的宿主。小头节属（*Nomimoscolex*）（蒙蒂西利科：合槽亚科）就发现寄生于两栖类和爬行类，这可算作蒙蒂西利科绦虫开始移殖非鲇形目宿主的证据。鱼的原头类绦虫仅发现于生活在淡水中的宿主，海水宿主中没有发现。采自海洋软骨鱼（板鳃鱼类）前槽亚科（Prosobothriinae Yamaguti，1959）的类群被有些学者放在原头目，Rego（1994）认为前槽亚科与四叶目关系更为密切。Wardle 和 Mcleod（1952）则将这些种类放在盘头目（Lecanicephalidea）。

原头目的分类工作绝大部分基于 Woodland 的研究，他以在南美洲（亚马孙河区）和非洲收集到的丰富材料作为研究支撑。科水平的分类基础是横切面上可见的生殖器官与纵向肌肉束间的关系。卵黄腺滤泡与纵向肌肉的关系是目下分科的基础。原头科具有髓质的卵黄腺滤泡而蒙蒂西利科则是有皮质的卵黄腺滤泡。Woodland 的分类体系用了几十年之后，由于发现一些中间的特性而不再适用，例如，亚科 Nupeliinae 的描述（Pavanelli & Rego，1991），生殖器官和卵黄腺滤泡部分位于髓质、部分位于皮质。

有可能将来调整此分类体系应比现行的分类体系更强调头节和吸盘的特征。到目前为止，对原头目绦虫的知识是不完善的，同时，所有试图改变现行分类体系的尝试都尚未成功。由于这些原因，我们仍采用较为保守的、见于 Wardle 和 Mcleod（1952）、Freze（1965）、Yamaguti（1959）、Brooks（1978）、Brooks

和 Rasmussen（1984）、Schmidt（1986）、Rego（1994）的分类系统。包括一些小的调整及对先前学者一些错误的更正。例如，领头属［*Choanoscolex* La Rue（1911）］最初放在原头科珊槽亚科，但自 Brooks 和 Rasmussen（1984）及 Rego（1990）注意到卵黄腺滤泡和生殖器官的皮层位置后，该属就移到了蒙蒂西利科的蒙蒂西利亚科。Rego（1994）认可亚科 Peltidocotylinae（=Othinoscolecinae）中的 3 个属：*Peltidocotyle*、奥希农头节属（*Othinoscolex*）及伍德兰属（*Woodlandiella*），而此三属在 Schmidt（1986）系统中仅为 *Peltidocotyle* 1 属。有些学者认可蒙蒂西利亚科中的 1 属或 2 属，Freze（1965）、Brooks 和 Rasmussen（1984）、Rego（1994）则认为将蒙蒂西利亚科分为几个属更有优势，随后，Rego（1994）认可了 *Spatulifer*、格策属（*Goezeella*）、蒙蒂西利属（*Monticellia*）、斯帕斯基属（*Spasskyellina*）、副蒙蒂西利属（*Paramonticellia*）等，并将原放在娇尔亚科[Jauelliinae（Rego & Pavanelli，1985）]的娇尔拉属（*Jauella*）移到科 Peltidocotylidae，废除娇尔亚科。

现在的分类检索暂时采纳两个科：原头科与蒙蒂西利科。原头科主要的特征是髓质的卵黄腺滤泡，即在纵肌束内部（当这些肌肉不发达或不存在时，很难甚至于不可能确定卵黄腺滤泡和性腺的位置）；蒙蒂西利科所包含的属主要是具有皮层卵黄腺滤泡，即位于纵肌束的外部。

原头科中，生殖腺通常位于髓质，但蒙蒂西利科有髓质，也有皮质，不同的组合，是进一步区分亚科的依据。

卵黄腺滤泡和生殖器官的相对重要性仍需进一步肯定。如果以卵黄腺的位置为基础，则袋头属（*Marsypocephalus*）（袋头亚科）应当放在原头科，因为本科卵黄腺位于髓质，但与其他原头科绦虫相反，袋头亚科绦虫的精巢位于背部皮质。这是蒙蒂西利科明显的特征。Rego（1994）趋向于将袋头亚科当作原头科的类群。分类问题的阐明，需要新的形态、生理生化及分子等数据。

Pavanelli 和 Rego（1991）建立的亚科 Nupellinae 的界定是卵黄腺和生殖器官部分在髓质、部分在皮质。这一群明显地界于原头科和蒙蒂西利科之间。而亚科 Nupellinae 暂时放在蒙蒂西利科。

识别原头科和蒙蒂西利科的种是艰巨的任务。主要的问题是有些种的描述不恰当，如内睾属（*Endorchis* Woodland，1934）和 *Myzophorus* Woodland，1934 都是内睾亚科（Endorchiinae）的属，子宫的位置或是皮质或是髓质，没有明确的陈述，致使有些学者怀疑这些属的有效性。Rego（1991）认为内睾属及其中的种无效，而与小头节属同义，且将内睾亚科转为 *Myzophorus*，属于合槽亚科。随后 Rego（1994）又认为 *Myzophorus* 有问题，需要重新评估。

头节形态应是用于原头目和亚科分类的最重要的特征之一（Scholz et al.，1998），即有无后头区、头节的吻突具棘、穿刺器官和棘的状况等具有重要分类意义。

蒙蒂西利科的亚科区分仅由生殖器官的位置在皮质或在髓质而定。在蒙蒂西利亚科中，精巢、卵巢和子宫位于皮质；在合槽亚科中，生殖器官整个位于髓质，但卵黄腺滤泡位于皮质。其他亚科存在这些特征的中间形式。

Rego 等（1998）使用了一个支系分析，基础为比较形态，用于检查原头目中亚科水平的关系。研究未能评估属级水平的关系尤其是蒙蒂西利科。属的系统分析，解决南美原头绦虫分类问题是基础。在 Rego 等（1998）文献中，后头区的特征仅考虑了两种状态（存在、不存在）。然而一些学者识别了几种类型的后头区。

要确定准确的分类地位和系统发生关系，需要对更多样品进行观测。尤其是南美原头科绦虫和那些描述自非洲和其他洲的绦虫间的系统发生及亲缘关系的研究是最为有用的。

17.2 原头属绦虫的生活史

有关原头绦虫发育史的首例记载疑似为 19 世纪末期，Gruber（1878）观察了结节鱼带绦虫（*Ichthyotaenia torulosa*）[=结节原头绦虫（*Proteocephalus torulosus* Batsch，1786）] 的幼虫，其在自然感染的剑水蚤科桡足动物的体腔中。Meggitt（1914）首次使用丝领鱼带绦虫（*I. filicolla*）[=丝领原头绦虫（*P. filicollis* Rudolphi，1802）] 作为模式种，实验证实桡足动物为原头目绦虫的中间宿主。原头目绦虫生活史首例详细数据是由 Wagner（1917）提供的，他实验研究了结节原头绦虫幼虫感染桡足动物。20 世纪前半叶，生活史研究有一些有效的数据积累（Kuczkowski，1925；Essex，1927；Hunter，1928，1929；Hunter & Hunninen，1934；Herde，1938），但只限于少数属的少量种。Freze（1965）列出了 22 种至少部分地研究过发育的种。这些种中，9 种属于原头属，3 种属于蛇带属（*Ophiotaenia*），3 种属于蛙带属（*Batrachotaenia* Rudin，1917）（有人认为蛙带属与蛇带属同义）（Schmidt，1986；Rego，1994），2 种属于龟带属（*Testudotaenia* Freze，1965），其余属于珊瑚槽属（*Corallobothrium* Fritsch，1886）、珊瑚带属（*Corallotaenia* Freze，1965）、巨套样属（*Megathylacoides*）、喙带属（*Rostellotaenia* Freze，1963）[棘带属（*Acanthotaenia* von Linstow，1903）（Schmidt，1986）的同物异名] 和囊带属（*Kapsulotaenia* Freze，1963）。Freze（1965）总结了原头目发育的有关信息并将它们的生活史分为 3 组，反映了其对该目的分类，含采自爬行类动物的蛇带科（Ophiotaeniidae）的 4 个种。

Freze 认为下列类型的生活史不同在于发育期和宿主有差异，包括如下几个方面。

（1）“原头样类型（Proteocephalinoidean）”（原头科的原头亚科）。个体发育包括四期：六钩蚴、原尾蚴、全尾蚴（裂头蚴）和成体；第一期（部分地）和第二期在第一中间宿主（桡足动物）中发育，第三期在终末宿主或兼性的转续宿主中发育，第四期在终末宿主中发育。这种类型的发育典型发生于采自鱼类的原头属的种类。

（2）“珊瑚槽样类型（Corallobothriinoidean）”（原头科的珊瑚槽亚科）。此类发育含五期：六钩蚴、原尾蚴、拟囊尾蚴、全尾蚴（裂头蚴）和成体；第一期（部分地）、第二期和第三期存在于桡足动物中间宿主，第四期在终末宿主或贮存宿主中发育，第五期在终末宿主（鲇形目鱼类）中发育。原尾蚴既不感染终末宿主，也不感染转续宿主。

（3）“蛇带样类型（Ophiotaeniidoidean）”[蛇带科，此科后来有些学者不认可（Schmidt，1986；Rego，1994）]。此类生活史含下列发育期：六钩蚴、原尾蚴、拟囊尾蚴、全尾蚴（裂头蚴）和成体；第一期（部分地）、第二期和第三期存在于桡足动物中间宿主，第四期在第二中间宿主中，第五期在终末宿主（蛙或爬行动物）（Freze，1965）中发育。

基于后人对带虫幼虫期（绦虫蚴）术语的概念，Freze（1965）命名的“拟囊尾蚴（cysticercoid）”明显符合局部尾状蚴“merocercoid”（Chervy，2002）。

基于卵的形态，Jarecka（1975）将原头目的绦虫放在“胎生（viviparous）”类群，即最为演化的绦虫，因其六钩蚴在孕节子宫中已经形成，而不是在外界形成。20 世纪后半叶，相关生活史信息数据增加量很少（见 Chubb，1982 和 Scholz，1999 的综述）。已有信息表明，原头目绦虫的生活史相对简单，绝大多数种类寄生于鱼类（除去珊瑚槽亚科），仅有一个中间宿主，通常是浮游的剑水蚤科和镖水蚤科（Diaptomidae）的桡足动物，绦虫蚴（全尾蚴、全尾蚴 I、原尾蚴或尾头节蚴，不同学者称谓不一，见 Scholz，1999 综述）发育至感染期后感染终末宿主（Freze，1965；Freeman，1973；Marcogliese，1995；Scholz，1999）。小型捕食鱼类和一些无脊椎动物如广翅目泥蛉属（*Sialis* spp.）幼虫在鱼类原头属绦虫生活史中的作用知之甚少（Kennedy et al.，1992；Scholz，1999）。根据 Schmidt（1986）和 Rego（1994），爬行动物的寄生虫（蛇带属）和两栖动物的寄生虫（蛙带属=蛇带属）的生活史可能包括其他中间宿主（Freze，1965；Freeman，1973），而转续宿主在寄生虫传播中的作用仍未阐明。

对大多数原头目绦虫尤其是那些采自新热带区的种的生活史知识存在极大的差异。现存的相关报道仅限于很少的种，尤其是原头属和蛇带属（Freze，1965；Rego et al.，1998；Beveridge，2001；Chervy，2002），大多数类群（属、亚科甚至蒙蒂西利整个科）都没有研究。采自两栖类、爬行类动物的种（全北区例外）的相关生活史也很有限（Freze，1965）。相关研究中，Shimazu（1999）提供的数据尤其有趣，因为该作者研究了恒河亚科绦虫副鲇恒河绦虫（*Gangesia parasiluri*）在第一中间宿主（桡足动物）和/或是第二中间宿主或是转续宿主的小鱼中的绦虫蚴形态发生。观察到吻突样器官上明显是变形的巨大的微毛和小型小钩的形成，与圆叶目绦虫的吻突钩可能是同源的，有待基于超微结构和发育研究阐明。

南美洲原头目绦虫无论是属还是种都很丰富（Schmidt，1986；Rego，1994；de Chambrier & Vaucher，1999），但鲜见发表基于实验研究或野外研究的生活史相关报道（Rego et al.，1998）。Falavigna 等（2001，2002）仅以国际会议摘要的形式提供了首份浮游的桡足动物作为巴西原头目绦虫自然和实验宿主的研究结果。是否有其他宿主（第二中间宿主或转续宿主）进行个体发育仍需要阐明。淡水鱼中相对常见的原头目绦虫幼虫“拟囊尾蚴”（Schaeffer & Rego，1992）表明新热带区的原头目绦虫的传输模式可能比欧洲原头属的种的模式更为复杂（Scholz，1999）。Moravec 等（2002）研究了墨西哥尤卡坦（Yucatan）长须鲇科危地马拉雷氏鲇鱼（*Rhamdia guatemalensis*）的蠕虫类寄生虫的季节性发生模式假定（没有提供实验证据），小鲇鱼消耗浮游的桡足动物［布氏原头绦虫（*Proteocephalus brooksi* García-Prieto，Rodríguez & Pérez-Ponce de León，1996）的宿主之一］是消耗同种鱼的大型捕食者感染绦虫蚴之源。小鲇鱼是否为必需的第二中间宿主（或实际作为转续宿主，完成生活史不是必需的）仍有待证实。用布氏原头绦虫卵感染桡足动物实验的初步结果支持 Moravec 等（2002）的假说，表明大鲇鱼作为唯一适宜终末宿主，食物链中小鲇鱼是必需的一个环节。

关于原头属绦虫的生活史，Scholz（1999）基于古北区鱼类寄生虫的文献及个人的实验观察有一篇综述，其中，特别注意到其在中间和终末宿主中的发育。将浮游的甲壳动物：镖水蚤或剑水蚤（桡足动物），作为原头属的唯一中间宿主来考虑。绦虫蚴或原尾蚴在这些浮游的甲壳动物的体腔中发育，绦末宿主鱼食入受染中间宿主后直接感染。以前没有报道过绦虫蚴在第二中间宿主肠胃外的定位，如同对新北区的种 *P. ambloplitis* 所报道的一样。因此，原头属绦虫的生活史类似于槽首目如真槽属和槽头属，而生活史不同之处在于槽首目绦虫存在浮动性卵而不具有卵盖，并释放有纤毛、自由游泳的幼虫：钩毛蚴。原头属绦虫的头节在水蚤中间宿主体内的原尾蚴期形成，此特性类似于鲤蠹目绦虫而非槽首目绦虫。Scholz（1999）描述了个别种的原尾蚴形态，着眼于可能的差异并综述了中间宿主谱。大多数种类的原尾蚴有 1 个尾球，与槽首目的大多数绦虫相比不含胚钩。无脊椎动物［泥蛉幼虫——广翅目（Megaloptera）泥岭科（Sialidae）］及小型以浮游生物为食的捕食鱼类，在传播原头属绦虫中的作用仍不清楚，但这些宿主很可能在其生活史中起作用。原尾蚴如何在终末宿主中定居，绦虫在鱼宿主中的形态发生，潜隐期的长短等都少有研究，需要进一步进行。长领原头绦虫（*P. longicollis*）［同物异名：窄小原头绦虫（*P. exiguus*）和疏忽原头绦虫（*P. neglectus*）］的发育研究有较多的文献，其他种类的个体发育几乎都无数据，尤其是发生于咸淡水的种类［戈比奥原头绦虫（*P. gobiorum*）、四口原头绦虫（*P. tetrastomus*）］。Scholz（1999）描述了梅花鲈原头绦虫（*P. cernuae*）和密切原头绦虫（*P. osculatus*）等实验感染中间宿主获得的原尾蚴（图 17-1）。

总之，原头属绦虫的基本生活史与其他绦虫相似：包括成虫产出含有六钩蚴的卵，六钩蚴移到中间宿主肠外位置（体腔），变态形成绦虫蚴，含有绦虫蚴的中间宿主被终末宿主吞食后发育为成虫。

17.2.1 精子的发生

原头属绦虫雄性的繁殖策略为典型的寄生扁虫（新皮类）类型（Smyth & McManus，1989）。最初对绦虫精子鞭毛超微结构的研究是 Gresson（1962），他研究了波拉尼古拉原头绦虫（*P. pollanicola*）（与长领原头绦虫为同物异名）的精子。随后，人们相继发现长领原头绦虫的精子和精子发生有下列特征：①为长线状体；②有一伸长的核；③皮层微管在质膜下；④缺乏线粒体；⑤缺典型的顶体（Gresson，1962；Rybicka，1966；Swiderski & Eklu-Natey，1978；Euzet et al.，1981；Ubelaker，1983；Swiderski，1985，

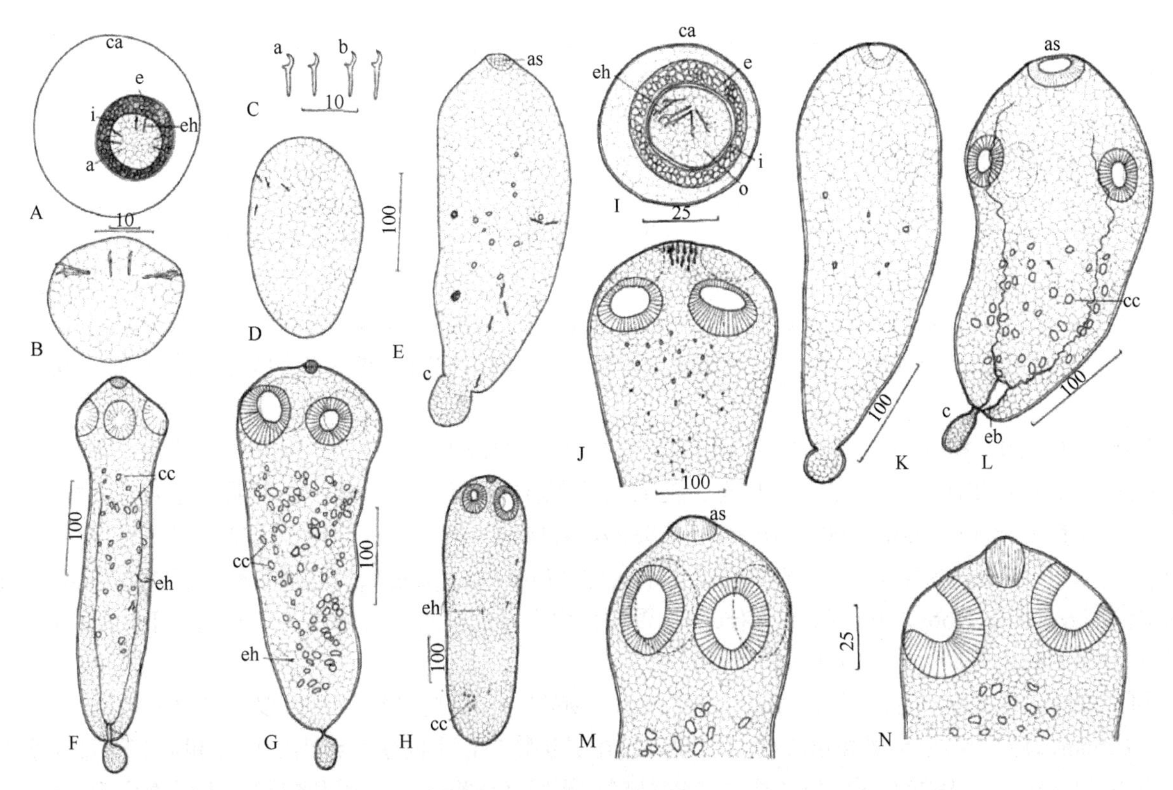

图 17-1　原头绦虫的发育结构示意图（引自 Scholz，1999）

A～G. 梅花鲈原头绦虫：A. 释放于水中的卵；B～G. 在中间宿主桡足动物英勇剑水蚤（*Cyclops strenuus*）中的发育，20～22℃；B. 体腔中的六钩蚴；C. 胚钩（a. 侧钩，b. 中央钩）；D. 幼虫，感染后 5～6 天（DPI）；E. 感染后 7～8 天（注意形成中的尾球，顶吸盘和首先出现的钙小体；胚钩定位于体上）；F. 原尾蚴，感染后 8～9 天（注意侧方的吸盘、顶吸盘和排泄囊的出现）；G. 完全形成的（感染性）原尾蚴，感染后 13～14 天。H. 用含有原尾蚴的英勇剑水蚤实验性感染丽体鱼（*Cichlasoma* sp.），8 天后从其肠道获得的梅花鲈原头绦虫童虫（注意少量钙小体及体上的胚钩）；I. 密切原头绦虫的虫卵；J. *P. torulosus* 原尾蚴的头节（注意缺顶吸盘，但由大量腺细胞取代）；K～L. 采自英勇剑水蚤的原尾蚴，20～22℃；K. 感染 12 天后的原尾蚴（采自 5 个幼虫感染的桡足动物，注意尾球，首次出现的钙小体和发育中的顶吸盘）；L. 感染 21 天后完全形成的原尾蚴（注意厚壁的排泄囊和大的、有明显的腔的顶吸盘）；M. 疏忽原头绦虫（=长颈原头绦虫）原尾蚴的头节；N. 大头原头绦虫（*P. macrocephalus*）原尾蚴的头节（注意伸长的顶吸盘）。缩略词：as. 顶吸盘；c. 尾球；ca. 囊；cc. 钙小体；e. 外膜；eb. 排泄囊；eh. 胚钩；i. 内膜；o. 六钩蚴。标尺单位为μm

1996；Smyth & McManus，1989）。由于存在两条轴丝，原头属绦虫精子似乎属于“两轴丝”类型的绦虫，这种类型的精子与已报道发现于槽首目、锥吻目和四叶目中（Ubelaker，1983；Euzet et al.，1981；Smyth & McManus，1989）的类似。该类型被认为是原始的祖征，因为它存在于自由生活的扁形动物中（Smyth & McManus，1989；Justine，1998）。

17.2.2　卵的发生和受精

人们对绦虫卵的发生和受精很少研究，原头目的情况类似（Rybicka，1966；Smyth & McManus，1989）。虽然没有数据存在，但可以推侧原头属绦虫卵母细胞的化学组成和超微结构与其他类群绦虫的相似（Smyth & McManus，1989）。

大多数卵形成的研究是对槽首目和圆叶目绦虫，有关原头属的卵形成没有相关研究报道（Rybicka，1966；Swiderski et al.，1978；Smyth & McManus，1989）。绦虫卵形成系统中认可的 4 种主要类型被认为属于“原假叶目类型”（Smyth & McManus，1989）。生活史与水相关的就放在这一群。其中大多数，尤其是“原假叶目”具有厚的、硬质蛋白囊，由绦虫发育良好的卵黄腺产生（Ubelaker，1983；Smyth & McManus，1989）。原头目绦虫卵明显不同，其具有薄壁、透明的外膜。基于这一特征，Ubelaker（1983）将原头目绦虫和四叶目放在一起，成为四叶目的一个亚群。Jarecka（1975）将原头目绦虫的卵称为“卵样六钩蚴”，以区别于四叶目的钩毛蚴。

在原头属种的预孕节中，所有的卵都含有一未形成的六钩蚴，即没有胚钩。在更进一步发育的孕节中的绝大多数卵中胚钩同时出现。在原头属的种类中，预孕节的数目高度可变，从几节到大量不等。

17.2.3　卵的形态与大小

原头属绦虫种的卵整个外貌都类似，由膜包被着六钩蚴组成。六钩蚴总是在孕节子宫中形成，含 3 对胚钩，有直、长而细的基部，短而略弯曲的刃部和一短而指向前方的卫部。中央钩对长于侧方钩对（Ieshko，1980；Rusinek，1986；Morandi & Ponton，1989；Scholz，1993）。六钩蚴中两个深色的区域被认为是穿刺腺（Fischer，1968；Befus & Freeman，1973；Wootten，1974），位于六钩蚴胚钩的对侧（Freeman，1973）。

Ieshko（1980）和 Rusinek（1986）研究了采自俄罗斯的微小原头绦虫、鲈鱼原头绦虫（*P. percae*）和茴鱼原头绦虫（*P. thymalli*）的胚钩形态。他们发现所研究的不同种钩的大小有明显差异，而同种不同群之间也存在差异（Ieshko，1980；Rusinek，1986），且钩的不同长度也曾用于区别自然感染桡足动物中大头原头绦虫（*P. macrocephalus*）和原头绦虫未定种（*Proteocephalus* sp.）（很可能是长领原头绦虫）的原尾蚴（Jarecka & Doby，1965）。胚钩长度是否适合用于种的区别，有待进一步研究，正如原假叶目绦虫中双叶槽属的六钩蚴一样（Hilliard，1960）。

原头属绦虫六钩蚴可能没有焰细胞（Freeman，1964），但有些类群绦虫如双叶槽属的六钩蚴有焰细胞（Freeman，1973）。原头属绦虫成熟的六钩蚴包在层状物中，不同学者给出的层数和命名一直有争论。Smyth 和 McManus（1989）区分出 3 个基本的胚层：囊膜（=卵壳）、外膜和内膜。内膜为合胞体层，有很大的变异并形成六钩蚴膜。

在原头目的研究文献中，使用过一些不同的术语：①“外部薄层柔韧的膜”（Freeman，1964）；“外加的封膜（envelope la plus externe）”（Doby & Jarecka，1966）；“透明游泳膜（hyaline swimming envelope）”（Priemer，1987）或“外膜（external membrane）”（de Chambrier & Rego，1995）；这一膜明显与 Rybicka（1966）的“囊（capsule）”相符合，又薄又透明。②“封膜（envelope médiane）”（Doby & Jarecka，1966）；“外膜（outer envelope）”（Rybicka，1966）；或“胚膜（embryophore）”（de Chambrier & Vaucher，1994；Smyth，1994）；此层膜覆盖着一层厚的颗粒状层。③“内膜（membrane interne）”（Doby & Jarecka，1966）；“内封（internal envelope）”（Rybicka，1966；Smyth，1994）；此层膜透明，薄且紧密地加在颗粒层的内界；一般情况下，完整的卵中看不清（Freeman，1964）。似乎用“囊”、外膜、颗粒层和内膜较为合适。

卵的大小曾作为原头属种区分的重要特征（La Rue，1914；Freze，1965）。而永久样品中卵的数据已没有什么价值，因为卵通常在染色和脱水过程中变形、囊倒塌，以致绝大多数文献中提供的测量数据都是与实际不相符的。卵的测量仅应当在从子宫排入水时进行，且只能测量成熟的卵，即那些含有完全形成和可动的六钩蚴，有胚钩者。表 17-1 中为 Rego 等（1998）测量的几个原头属种成熟卵的测量数据与文献数据比较。应当指出，绝大多数原头属绦虫的卵在水中会膨胀，卵存于水中不同时间的测量数据有变化，很难比较。因此，提供较稳定结构的测量似乎更为合理，即坚韧的颗粒层及六钩蚴的那些外膜。

表 17-1　几种原头属（*Proteocephalus*）绦虫卵和六钩蚴的测量数据比较

种	卵		六钩蚴	
	A	B	A	B
P. cernuae	27～36（33±2）	19～24	19～22	13～17
P. longicollis	41～52	31～46	23～32	18～35
P. macrocephalus	25～31（27±1）	23～31	16～20（18±1）	16～21
P. osculatus	23～26（25±1）	18～21	14～18（16±1）	12～15
P. torulosus	45～53	22～36	21～25	20～25

注：A. Rego 等（1998）数据。颗粒层的直径，表示为范围（平均数±SD），有数据时在括号中。B. 文献数据，卵的大小（引自 Freze，1965）

17.2.4 卵的释放、存活与传染性

成熟的卵是通过子宫孔释放的。在原头属的种类，子宫孔很少（2～4 个），小、椭圆形到球形的开孔，沿着孕节腹侧中线。到目前为止，没有有关子宫孔如何形成的数据。卵是在将绦虫放于水中后同时释放的（Freeman，1964），这似乎与自然条件下卵的释放策略相一致。也有人观察到有些原头绦虫如密切原头绦虫和簇毛原头绦虫（*P. torulosus*）的卵直接在鱼的体腔中释放，这可能是与宿主的死亡相关，自然状况下没有类似情况。原头属绦虫的卵没有硬化的卵壳（Rybicka，1966；Kearn，1998）（而原假叶目绦虫存在硬化的卵壳）。它们的外膜薄，明显不能抵抗绦虫成体定位的宿主肠前部酶的消化作用。卵或可以在绦虫子宫中，防止肠腔不利环境条件的影响，排出整条虫体或解离下来的链体等最安全的方式排出到外界（Kearn，1998）。实际上，原头属绦虫孕节通常成段地存在于肠腔中。Meggitt（1914）报道了卵排放的另一种方式，其观察到丝领原头绦虫体部分从宿主肛门排出，同时通过子宫孔释放虫卵。

人们已详细研究过卵释放的刺激，很可能孕节与水的直接接触是最重要的因素。自孕节中释放卵量很多，速度很快，几秒钟就能完成。卵释放入水中后，外膜很快膨胀为两三倍大（Freeman，1964；Priemer，1980；Morandi & Ponton，1989；Scholz，1991，1999）。虽然没有进行不同渗透压的液体对卵囊膨胀的影响研究，但可以推定这一过程是渗透吸水造成的。也可以推断，卵囊的膨胀有利于卵的漂浮，因为新释放的卵保持在水体底部，而有膨胀卵囊的卵可以漂浮于水体中（Jarecka & Doby，1965 未发表的观察）。由于中间宿主几乎都是浮游性桡足动物，这是对选择性消化的有效传播的适应（Mackiewicz，1988）。已知的数据表明，除一种原头绦虫外，其他所知种类的虫卵与上述的描述均很相似。簇毛原头绦虫的虫卵相对大（表 17-1），且不同于同属的其他种，具有一略微更厚的颗粒层，漂浮的囊的比例少。这很可能因为簇毛原头绦虫是靠河边的种，卵常释放入激流中（Scholz & Moravec，1994）。在这样的地点，沉入底部的卵很可能存活并成功地传递给潜在的中间宿主，如底栖的桡足动物。

已观察到并非所有同时释放入水的卵都是成熟的。有些卵明显小于其他卵并含有未形成的六钩蚴，即没有胚钩，或没有分化的颗粒状组织。长领原头绦虫成熟卵的比例一年中有变化，夏秋季比例最高，而冬春季比例很低（Anikieva et al.，1983）。六钩蚴感染中间宿主的能力，以不同温度下保存于水中的卵实验感染桡足动物进行实验（Scholz，1991，1993），结果表明低温下卵的感染性保持时间相对较长（Willemse，1969；Wootten，1974；Priemer，1980，1987；Scholz，1991，1993）。据 Scholz（1991，1993）的文献记载，感染性主要依赖于温度。疏忽原头绦虫的六钩蚴 10℃、25 天，5℃、20 天和 21～22℃、10 天均可以感染英勇剑水蚤（*Cyclops strenuus*）；簇毛原头绦虫的六钩蚴 5～7℃、35 天，10～12℃、12 天和 20～22℃、8 天均可以感染英勇剑水蚤。Dubinina（1952）经观察认为，簇毛原头绦虫的卵新释放时对桡足动物有感染性但很快就失去感染性的观点可能不正确。Scholz（1993）证实簇毛原头绦虫卵几天后仍能成功地实验感染中间宿主。也有可能 Dubinina（1952）使用的卵多不成熟而导致阴性结果。Scholz（1993）也发现英勇剑水蚤感染簇毛原头绦虫卵的感染率相对较低，仅 6%～12%。

17.2.5 中间宿主范围与感染

古北区浮游的甲壳动物桡足目［镖水蚤科（Diaptomidae）和剑水蚤科（Cyclopidae）］是原头属绦虫的中间宿主（表 17-2）。例外的是哲水蚤（Calanoid）的 *Epischura baicalensis*［宽水蚤科（Temoridae）］是俄罗斯贝加尔湖原头绦虫的中间宿主（Rusinek et al.，1996）。有在枝角类（Cladocerans）简弧象鼻溞（*Bosmina coregoni*）、*Bythotrephes cederstroemi*、溞（*Daphnia* spp.）中发现原头绦虫幼虫的报道，这些报

道应当看作偶然甚至是可疑的（Anikieva，1982；Anikieva et al.，1983），因为实验感染失败了（Freeman，1964 未发表数据）。Rusinek（1989）观察到枝角类吞入虫卵后在其消化道中仅存活很短时间（最长 48h），六钩蚴不能穿过其肠壁并很快死亡。

表 17-2 原头属绦虫的中间宿主

种	中间宿主	文献
P. ambiguus	细镖水蚤（*Eudiaptomus gracilis*）（N），英勇剑水蚤（*Cyclops strenuus*）（N）	Willemse（1968），Sysoev 等（1994）
P. cernuae	英勇剑水蚤（E）	Willemse（1967），Scholz 等（1999）
P. filicollis	细镖水蚤 *E. gracilis*（N），英勇剑水蚤（E），锯缘真剑水蚤（*Eucyclops serrulatus*）（E），长刺温剑水蚤（*Mesocyclops oithonoides*）（N，E）	Kuczkowski（1925）
P. longicollis[1]	细镖水蚤（N，E），拟细镖水蚤（*E. graciloides*）（N），*E. zachariasi*（N），*Cyclops furcifer*（E），科伦剑水蚤（*C. kolensis*）（N，E），*C. lacustris*（N），英勇剑水蚤（N，E），近邻剑水蚤（*C. vicinus*）（N，E），*C. scutifer*（N，E），锯缘真剑水蚤（E），*Macrocyclops albidus*（N），长刺温剑水蚤（*Mesocyclops oithonoides*）（N）	Kuczkowski（1925），Freze（1965），Prouza（1978），Priemer（1980，1987），Anikieva（1982），Anikieva 等（1983），Scholz（1991）
P. macrocephalus	矮小刺剑水蚤（*Acanthocyclops vernalis*）（E），深海近水蚤（*Cyclops abyssorum*）（E），英勇剑水蚤（*C. strenuus*）（E）	Doby 和 Jarecka（1966），Willemse（1966～1967），Scholz 等（1997）
P. osculatus	英勇剑水蚤（*C. strenuus*）（E）	Scholz 等（1999）
P. percae	拟细镖水蚤（*Eudiaptomus graciloides*）（N），活泼剑水蚤（*Cyclops agilis*）（E），科伦剑水蚤（N），近邻剑水蚤（N），大剑水蚤（*Megacyclops gigas*）（N），草绿刺剑水蚤（*M. viridis*）（E），广布中剑水蚤（*Mesocyclops leuckarti*）（E）	Wierzbicka（1956），Jarecka（1970），Wootten（1974），Sysoev 等（1994）
P. thymalli	*Epischura baicalensis*（N，E），科伦剑水蚤（E），近邻剑水蚤（E）	Rusinek（1989），Rusinek 和 Pronin（1991），Rusinek 等（1996）
P. torulosus	螵水蚤（*Diaptomus castor*）（E），细镖水蚤（N），异足水蚤（*Heterocope appendiculata*）（N），英勇剑水蚤（N，E），剑水蚤未定种（*Cyclops* sp.），锯缘真剑水蚤（N，E），*M. oithonoides*	Gruber（1878），Mrázek（1891，1917），Wagner（1917），Scholz（1993）
Proteocephalus sp.（可能是长领原头绦虫）	深海近水蚤（N，E），英勇剑水蚤（?N，E），近邻剑水蚤（E），黄苓侧突水蚤（*Epischura baicalensis*）	Doby 和 Jarecka（1964），Jarecka 和 Doby（1965），Morandi 和 Ponton（1989），Rusinek 等（1996）

注：自然（N）和实验（E）中间宿主除 *Epischura baicalensis*［宽水蚤科（Temoridae）］外，所有其他中间宿主都属于镖水蚤科和剑水蚤科。忽略原头绦虫和窄小原头绦虫有可能都是长领原头绦虫的同物异名（Scholz & Hanzelová，1998）

不同桡足动物种作为原头属绦虫不同种的中间宿主的适宜性不同，依赖于桡足动物种和所处发育阶段，也有赖于特殊的生态条件如地点和季节等（Freeman，1964；Doby & Jarecka，1966；Sysoev，1983，1985，1987；Yakushev，1984；Sysoev et al.，1988，1994；Hanzelová et al.，1989，1990；Hanzelová，1992）。也有人考虑到实验条件与自然状况的差异引起适宜性不同，例如，英勇剑水蚤作为合适的实验宿主（Scholz，1991，1993），自然条件下，在传播中起重要作用（Sysoev，1987；Sysoev et al.，1988；Hanzelová et al.，1989；Hanzelová，1992）。有些桡足动物趋向于对某些原头绦虫更易感，而对某些原头绦虫不易感（Wagner，1954；Jarecka & Doby，1965；Doby & Jarecka，1966；Morandi & Ponton，1989；Scholz，1991，1993），但没有解释这些数据差异的缘由。桡足动物不同发育期对原头绦虫六钩蚴的易感性也不一样。Priemer（1987）发现英勇剑水蚤的无节幼体实验中重度感染窄小原头绦虫原尾蚴（感染率为 96%），且比其他发育期高（桡足幼虫和成体期的感染率为 64%）。他认为这种差异是由于与成体桡足动物相比，无节幼体的肠壁更薄。而也有其他学者报道成体桡足动物的感染率比桡足幼虫的感染率高（Freeman，1964；

Markevich & Kuperman，1982；Hanzelová et al.，1989；Hanzelová，1992；Scholz，1993a；Rusinek et al.，1996）。

Willemse（1968）陈述，桡足动物被漂浮的卵吸引并吞食之，而有些学者（Essex，1927；Hopkins，1959）提出桡足动物排斥六钩蚴，卵被桡足动物吞食是偶然的。Scholz（1999）实验感染的结果表明桡足动物具有很高的感染率，支持了 Willemse（1968）的假设，而不支持桡足动物对原头目绦虫卵的偶然消化的说法。由于原头目绦虫幼体发现于桡足动物无节幼体期和桡足幼体期，可以推断原头属绦虫的卵因大小适宜，易于被大多数桡足动物所取食（Priemer，1987）。消化后，在桡足动物肠道中受肠腔环境的刺激，很快释放出六钩蚴，释放过程相当快，从卵中游离出六钩蚴发生于与桡足动物接触后 5min（Wootten，1974）。在水中也能观察到卵的释放（Jarecka & Doby，1965；Priemer，1980，1987；Scholz，1991），而且加盖玻片轻压也能刺激其释放（Morandi & Ponton，1989），但直接释放入水的六钩蚴不能长期存活。

六钩蚴在桡足动物中成功定居及中间宿主感染比例受很多因子影响，包括生理上的兼容、生态状况及宿主和寄生虫的地理起源、桡足动物和卵的接触时间、桡足动物的密度和水温等（Morandi & Ponton，1989；Rusinek，1989；Rusinek & Pronin，1991；Scholz，1991，1993，1999）。

虫卵被吞食后，六钩蚴自卵膜释放，如果是合适的宿主，则活泼地穿过桡足动物肠壁进入体腔。一些学者（Wootten，1974；Smyth，1994）提出六钩蚴通过肠壁的穿入是由胚钩机械作用辅助完成的，而 Freeman（1973）设想“这些钩更多附到肠壁上，分泌物促进被动的、破坏小的穿刺而不是‘抓’的结果”。之后在其他绦虫类群的研究中（Scholz，1997）很少支持这一观点。穿刺腺的分泌物，具有溶组织特性，在穿刺过程中可能起到关键的作用（Freeman，1964；Befus & Freeman，1973；Wootten，1974；Smyth & McManus，1989）。穿刺肠壁时间短，持续 5～30min（Wootten，1974；Rusinek，1989；Rusinek & Pronin，1991）。在体腔中，六钩蚴发育为绦虫蚴（Freeman，1973）。原头绦虫在中间宿主中的绦虫蚴前人使用过大量的描述术语，包括：全尾蚴（plerocercoid）（Willemse，1968；Befus & Freeman，1973；Freeman，1973），尾头节蚴（cercoscolex）（Jarecka，1975；Anikieva et al.，1983；Scholz，1991；Gulyaev，1997）或原尾蚴（procercoid）（Wardle & McLeod，1952；Hopkins，1959；Freze，1965a；Markevich & Kuperman，1982；Kennedy et al.，1992；Sysoev et al.，1992，1994；Marcogliese，1995；Rusinek et al.，1996）等。我们在此使用的术语是原尾蚴。

Freeman（1973）基于反映绦虫蚴形态和发生的描述的术语，广泛综述了绦虫的生活史类型并提供了绦虫蚴的新分类系统。Freeman（1973）认为最初的绦虫蚴并无初级腔或类似于成体的可识别的头节，就像最初 Janicki 和 Rosen（1917）提出的原尾蚴一样，他得到的结论是：如果原尾蚴适用于在最初的发育位点不发育出有成体特征的可识别的头节，那么很明显，不发育成这种头节的绦虫蚴需要用另一名称。Freeman（1973）提出这些绦虫蚴使用全尾蚴术语，而术语全尾蚴当时通常被限用于采自第二中间宿主的、原假叶目的绦虫蚴（Jarecka，1975；Smyth，1994）。

原头属中，Freeman（1973）将所有的采自中间宿主和终末宿主的童虫都当作全尾蚴，并对个别类型的绦虫蚴增加了特征的描述性前缀。例如，采自桡足动物中间宿主的丝领原头绦虫的绦虫蚴命名为有尾有钩吸臼全尾蚴 I（caudate culcitacetabula-plerocercoid I），原头绦虫 *P. ambloplitis* 的绦虫蚴为无尾内陷的腺吸臼全尾蚴 I（acaudateinvaginated glandacetabulo-plerocercoid I）（Freeman，1973）。而这样的术语因很复杂，未受蠕虫学者广泛接受。Jarecka（1975）为绦虫幼虫期提出了简单的术语，但她仅应用于 3 个绦虫目：原假叶目（包括鲤蠢目）、原头目和圆叶目。她将绦虫分为卵生（oviparous）和胎生（viviparous）类型；识别了 4 个基本的绦虫蚴类型：原尾蚴存在于“卵生”的原假叶目，尾头节蚴、拟囊尾蚴（cysticercoid）和囊尾蚴（cysticercus）存在于“胎生”的类群。裸体（无囊）幼虫具有吸臼或吸盘头节的绦虫蚴，即原头目和有些圆叶目的绦虫蚴，描述为尾头节蚴（Jarecka，1975）。

Jarecka（1975）提出的术语似乎较为合理并易于应用于原头属。但如果严格应用了 Jarecka 的“尾头节蚴”的定义，那么鲤蠢目绦虫的绦虫蚴［没有吸臼的头节类型，但有一完全形成、形态上类似于成体的头节）（Scholz，1991，1993）］应当是尾头节蚴而不是 Jarecka（1975）、Wardle 和 McLeod（1952）、Mackiewicz（1972）、Scholz（1991，1993）提出的原尾蚴。此外，有些原头目绦虫包括原头属的一些种的绦虫蚴（Wagner，1917；Hunter，1928，1929；Freeman，1973；Scholz，1993）都无尾球，对于这些幼虫应用“尾头节蚴”不合适。

文献中广泛将“原尾蚴”术语应用于采自第一中间宿主的无囊绦虫蚴，这似乎比“全尾蚴”或“尾头节蚴”更为合适。Marcogliese（1995）陈述“原尾蚴典型地与浮游动物相关”，而 Jarecka（1975）也认为“原尾蚴”是鲤蠢目的绦虫蚴在颤蚓类（寡毛纲）中的发育形式。

17.2.6 原尾蚴的形态发生与结构

中间宿主体内的原尾蚴的形态发生在已研究过的所有的种中都相似（Wagner，1917；Kuczkowski，1925；Wootten，1974；Priemer，1980，1987；Anikieva et al.，1983；Morandi & Ponton，1989；Scholz，1991，1993；Scholz et al.，1997）。六钩蚴进入体腔中，由于细胞的增殖而快速生长（Freeman，1973）并变态成为发育中的绦虫蚴。而六钩蚴到绦虫蚴的变态过程就是六钩蚴结构吸收过程（Freeman，1973）。六钩蚴感染后 4～6 天，体伸长，一端比另一端更为活跃的运动，感染后 5～8 天，一小的突出物，最终从运动较迟缓的一端分化出，代表着尾球的原基。感染后 7～9 天尾球形成。尾球为一小的球状附属物通过一细窄的柄连接到体部。此后 1～3 天，尾球脱离体部（Wootten，1974；Rusinek，1989；Scholz et al.，1997）或存在 3 周（Priemer，1980）。脱离的尾球可以在桡足动物体腔中保持不变，持续 60 天（Jarecka & Doby，1965）。丝领原头绦虫和簇毛原头绦虫（Meggitt，1914；Wagner，1917；Scholz，1993），以及北美的种 *P. ambloplitis*（Leidy，1887）和粗体原头绦虫（*P. pinguis* La Rue，1911）（Hunter，1928，1929）的绦虫蚴中未观察到尾球。正如 Scholz（1993）讨论的一样，上述提到的尾球缺乏的种类应当被肯定，因其在桡足动物中间宿主体内的发育时间有限。Freeman（1973）认为存在或缺尾球有重要的系统学意义，因为原头目和圆叶目是从原始的原头绦虫演化来的主要线系。第一主干的种类（与带科一起）是最为演化的类群，具有无尾的绦虫蚴，第二主干为膜壳科和裸头科，具有有尾球的绦虫蚴。

窄小原头绦虫和疏忽原头绦虫［两种都被 Scholz 和 Hanzelová（1998）认为与长领原头绦虫为同物异名］的绦虫蚴的尾球据描述为含有胚钩（Priemer，1980，1987）。而胚钩正常是定位于体部的，大多数通常接近原尾蚴的侧方边缘（Prouza，1978；Scholz，1991），同样其他原头绦虫的原尾蚴也类似（Jarecka & Doby，1965；Doby & Jarecka，1966；Wootten，1974；Scholz et al.，1997）。钩在尾球上的定位明显是例外的（Doby & Jarecka，1966）。原头属的种胚钩在原尾蚴尾球上的额外定位，不同于大多数原假叶目绦虫的种类，原假叶目绦虫原尾蚴尾球有胚钩（Wardle & McLeod，1952；Kuperman，1973；Dubinina，1980）。而原头属绦虫蚴胚钩有例外定位在绦虫中不独特。尽管如此，胚钩在绦虫蚴中最终的位置，表明在随后的绦虫发育中它们可能没有进一步的作用。在一些绦虫中，一明显的“初级腔（primitive lacuna）”发育而其他的绦虫蚴长成一实体的细胞团（Freeman，1973）。*P. cernuae* 发育 7～8 天，其原尾蚴出现顶吸盘的原基，略早或同时具有侧方吸盘的原基。大头原头绦虫和窄小原头绦虫及其他原头目绦虫中观察到类似的现象（Befus & Freeman，1973；Scholz，1991；Scholz et al.，1997）。虽然头节的发育变化很大，但在无囊绦虫蚴发育过程中极顶部单一结构的出现通常是头节分化的第一个迹象。原头属原尾蚴吸盘的发育很快，在梅花鲈原头绦虫中，感染后 9～10 天已完好形成，通常在其他绦虫群的绦虫蚴中，尾球在头节分化前就可以识别（Freeman，1973）。

不规则形态和各种大小的钙小体最初出现于感染后 7～8 天；数量快速增致感染性原尾蚴的 150～200 个。虽然钙小体是绦虫蚴的典型特征并可能存在于终末宿主中的童虫中，但其功能仍然不清楚，有可能与稳态的维持有关。推测其在肠道中早期发育的代谢中起重要作用，并可能缓冲无氧代谢产生的酸和胃酸（Smyth & McManus，1989）。排泄系统的建成是在感染后 8～9 天；*P. cernuae* 完全发育的原尾蚴，20～22℃形成于感染后 12 天。关于原尾蚴在中间宿主体内的寿命，有些幼虫可以存活到桡足动物死亡，17～20℃至少 2～2.5 个月（Jarecka & Doby，1965；Priemer，1987）。

完全发育的（有感染性的）原尾蚴为细长类型，有活泼的运动性。由于其运动，故其形态和大小变动很大（Scholz，1991）。原尾蚴的大小受种及中间宿主发育期及感染强度影响（Anikieva et al.，1983；Morandi & Ponton，1989；Sysoev et al.，1994）。原头绦虫种完全发育的原尾蚴个体和种内大小存在高度可变性，长度范围为 140～730mm，最大宽度为 50～150mm。而在大的样品中，个体之间的测量差异应当是可以肯定的。此外，Sysoev 等（1994）研究了一些原尾蚴，如疏忽原头绦虫的原尾蚴是明显收缩了的，有可能是用了冷的固定剂（Scholz et al.，1998），这使得对种特异性的识别特征产生了疑问。原头绦虫具有一发达的前方部（头节），有 4 个肌肉质的吸盘。尽管头节未达到成体的最终大小，但其形态上与采自终末宿主中的虫体没有差异。密切原头绦虫的原尾蚴有一发达的、功能性的顶吸盘，有一深腔。其他种［采自白鲑属（*Coregonus*）的梅花鲈原头绦虫、丝领原头绦虫、长领原头绦虫、大头原头绦虫、鲈鱼原头绦虫、茴鱼原头绦虫及原头绦虫未定种等］的原尾蚴仅有一残余但明显的顶吸盘，形态类似于成体（Kuczkowski，1925；Doby & Jarecka，1966；Wootten，1974；Priemer，1980，1987；Rusinek，1989；Scholz，1991；Scholz et al.，1997，1998；Scholz & Hanzelová，1998）。簇毛原头绦虫的原尾蚴，相似于其成体（Scholz et al.，1998；Scholz & Hanzelová，1998），具有无顶吸盘但有大量腺细胞集中于头节的顶部（Wagner，1917；Scholz，1993）。原头属的绦虫蚴类似于鲤蠹目的，其头节在中间宿主中已发育完善，这不同于原假叶目的绦虫蚴，头节在桡足动物中间宿主中未发育完善，在其他第二中间宿主（如果有第二中间宿主）或终末宿主中进一步发育（Freeman，1973）。

原尾蚴体表覆盖着发达的微毛（Freeman，1964；Priemer & Goltz，1986；Priemer，1987；Scholz，1991，1993；Sysoev et al.，1994；Scholz et al.，1997）。Sysoev 等（1994）发现 4 种原尾蚴之间的微毛密度略有不同。原头属绦虫的排泄系统最初由 Wagner（1917）描述，由焰细胞、次级管和主要的后端联合的收集管组成，并由腹部的管开口于细长、厚壁的排泄囊（Wagner，1917；Freeman，1964，1973）。在体前方部位，主管分为次级管形成一密集的网，主要围绕着侧方的吸盘（Wagner，1917；Jarecka & Doby，1965；Doby & Jarecka，1966；Priemer，1980，1987），外观上与存在于成体中的相一致（Scholz et al.，1998）。

原尾蚴体含有大量不同形态的钙小体，长度大小为 4～14μm（Wagner，1917；Kuczkowski，1925；Jarecka & Doby，1965；Scholz et al.，1997）；钙小体存在于终末宿主中的童虫但其数量快速减少（Doby & Jarecka，1966；Scholz，1991）。原头属绦虫原尾蚴形态的一致性，很难作为识别特征（Anikieva et al.，1983；Rusinek & Pronin，1991；Kennedy et al.，1992）。而 Sysoev 等（1994）发现 4 种原头绦虫：疑似原头绦虫（*P. ambiguus*）、窄小原头绦虫、鲈鱼原头绦虫和簇毛原头绦虫原尾蚴的差异在于体和头节的形态，以及体的大小和吸盘的相对位置。排泄系统的形态、胚钩的大小和幼虫自宿主释放进入水中的运动等也可以用于区别自然感染的桡足动物中的原尾蚴（Doby & Jarecka，1966；Sysoev 未发表信息）。

正如上面所提到的，原尾蚴的头节与成体期整个外貌是一致的（Andersen，1979；Scholz et al.，1998），使有些原头绦虫如密切原头绦虫或簇毛原头绦虫的绦虫蚴的特异识别成为可能。原头属绦虫原尾蚴形成过程中，体部未发育出初级腔，因此，根据 Freeman（1973）的分类，这种类型的发育是初级原始的，与典型的其他“低等的”绦虫目如鲤蠹目和原假叶目相一致。

17.2.7　发育速度

原尾蚴的发育速度受很多因素影响，包括桡足动物的种、发育期、感染强度和寄生虫的种类等（Wootten，1974；Rusinek & Pronin，1991）。而控制发育速度的关键因子是水温，在适宜范围内，水温越高，原尾蚴的发育速度越快（Hunter，1928；Wagner，1954；Jarecka，1960；Freeman，1964；Fischer，1968；Willemse，1968；Priemer，1980，1987；Anikieva，1982；Anikieva et al.，1983；Scholz，1991）。

疏忽原头绦虫在英勇剑水蚤中的发育速度明显是温度依赖的，6℃时，感染后 59～65 天观察到完全发育的原尾蚴；10℃时，24～28 天；15℃时，18～21 天；20～22℃时，8 天（Scholz，1991）。约 20℃是 *P. cernuae*、长领原头绦虫、大头原头绦虫、密切原头绦虫和簇毛原头绦虫的最适发育温度（Albetova，1975；Anikieva，1982；Anikieva et al.，1983；Scholz，1991，1993；Scholz et al.，1997，1999）。在更高的温度下，不会加快发育，但不清楚是否因为高温，桡足动物死亡率高，而幼虫的生长和发育在此温度或其他因素条件下无反应。温度范围在 26～28℃是鲑科鱼长领原头绦虫完全发育的最高温度（Albetova，1975；Anikieva，1982；Anikieva et al.，1983）。相反，降温将延长发育，并且在 4～6℃时抑制发育（Wootten，1974；Scholz，1991）。与其他种不一致，鲈鱼原头绦虫的原尾蚴仅当保持于 14℃时，能在桡足动物中发育，而当桡足动物保持在 20℃时，不能完成发育（Wootten，1974）。由于鲈鱼原头绦虫的终末宿主鲈鱼与鲑鱼相比，不太适合于冷水，低温相关的发育的生物学意义很难解释。因此需进一步的工作以肯定 Wootten（1974）观察到的现象。而 Freeman（1964）报道一冷水鲑鱼湖红点鲑（*Salvelinus namaycush*）的寄生虫：视差原头绦虫（*P. parallacticus*）绦虫蚴的最适生长温度是 18℃，表明原头属绦虫生活周期长短受寄生虫种的生理影响。

17.2.8　幼虫的定位

幼虫在桡足动物体腔中自由运动，但通常定位频率最多的是头胸部的第 1 节。发育起始，幼虫也定位于触角（Prouza，1978；Priemer，1980；Scholz，1993），但只有定位于头胸部或腹部节中的个体能进一步发育，明显是由于触角的空间限制。Prouza（1978）报道发育 3 天后幼体从触角移到体腔，但 Priemer（1980）发现疏忽原头绦虫在 9℃条件下，绦虫蚴在英勇剑水蚤触角中停留长达 13 天。疏忽原头绦虫的绦虫蚴在桡足动物体腔发育过程中不同幼体仅观察到不明显的差异（Scholz，1991）。

17.2.9　中间宿主中的发生率

自然和实验感染中间宿主，原尾蚴的感染水平有一定差异，通常感染率和感染强度在实验感染中更高，实验感染的桡足动物中观察到发育的幼体多达 32 个（Wootten，1974；Rusinek，1989），例外的发现 1 例自然感染的中间宿主中原头属绦虫幼虫的数量更多（Hopkins，1959；Hanzelová et al.，1989，1990）。实验感染桡足动物的感染率可高达 100%，而自然感染同种的桡足动物感染率都较低，范围为 0.001%～1%（Doby & Jarecka，1966；Markevich & Kuperman，1982；Sysoev，1983，1985；Hanzelová et al.，1990；Marcogliese，1995）。虽然自然状况下桡足动物的感染率很低，但由于鱼类大量消耗浮游动物而将寄生虫积累于鱼类宿主（Marcogliese，1995）。自然感染的桡足动物中原头属绦虫原尾蚴的绝对量可以高达 853～1193 个/m^3，平均值为 3～178 个/m^3（Sysoev，1987；Hanzelová et al.，1989；Rusinek et al.，1996）。自然条件下感染率显著波动，影响的因素有感染的桡足动物种、发育期、季节和部位（Anikieva，1982；Markevich & Kuperman，1982；Anikieva et al.，1983；Rusinek & Pronin，1991；Rusinek et al.，1996），而相关的空间和分布数据报道很少。原头属绦虫蚴在自然状况下感染桡足动物的季节性的类型依赖于卵的释放时间，此释放受水温控制。有观察到中间宿主的感染几乎无例外的是在夏季或早秋。

研究发现，疑似原头绦虫和疏忽原头绦虫最大感染率是在夏季中期（Sysoev，1985，1987；Hanzelová et al.，1989，1990；Hanzelová，1992；Sysoev et al.，1992）。也有认为原头属绦虫原尾蚴在桡足动物中存在有滞育（Morandi & Ponton，1989）。个别桡足动物种的作用在一年中由其他种逐渐取代，更易感染种类替代了不易感种（Sysoev et al.，1988；Hanzelová，1992）。这似乎也与潜在中间宿主及其存在的季节变化有关。当卵释放入水时，易感的桡足动物若不存在，不易感的桡足动物可能起到中间宿主的重要作用。

17.2.10 终末宿主范围与感染

大多数原头属绦虫种的终末宿主鱼特异性被认为很窄，但不同种感染的鱼类宿主范围有显著差别（Freze，1965；Priemer，1982；Chubb et al.，1987；Dubinina，1987；Scholz & Hanzelová，1998）。有些种特异性地针对一终末宿主属或种，如疑似原头绦虫对九棘刺鱼或九刺鱼（*Pungitius pungitius*）、丝领原头绦虫对三棘刺鱼或称无鳞甲三刺鱼（*Gasterosteus aculeatus*）、大头原头绦虫对鳗鱼（*Anguilla* spp.），密切原头绦虫对六须鲇（*Silurus glanis*）及茴鱼原头绦虫对茴鱼（*Thymallus* spp.）。而其他种类，发现于1个或多个科的不同鱼种：鰕虎鱼原头绦虫（*P. gobiorum*）寄生于鰕虎鱼类[鰕虎鱼科（Gobiidae）]，长领原头绦虫寄生于鲑鱼类［白鲑科（Coregonidae）和鲑科（Salmonidae）]，鲈鱼原头绦虫寄生于鲈鱼类［鲈科（Percidae）]，四口原头绦虫（*P. tetrastomus*）寄生于胡瓜鱼［胡爪鱼科（Osmeridae）]，以及簇毛原头绦虫寄生于鲤形目鱼类［鲤科（Cyprinidae）和鳅科（Cobitidae）]（Scholz & Hanzelová，1998）。原头属绦虫种类相对窄的宿主特异性也由实验交叉感染证明（Doby & Jarecka，1966；Willemse，1967，1968，1969；Priemer，1980；Anikieva et al.，1983；Rusinek，1987b）。似乎有些种能够在特殊环境条件下适于不合适的宿主。这样的宿主改变在疏忽原头绦虫和窄小原头绦虫中有记录。最初发生于褐鳟（*Salmo trutta*）和虹鳟（*Oncorhynchus mykiss*），分别分布于拉脱维亚和斯洛伐克小湖中，但后来寄生于非常规鱼类宿主，分别如花鳅（*Cobitis taenia*）和鲈鱼（*Perca fluviatilis*）（Shulman，1954；Hanzelová et al.，1996）。

终末宿主通过食入有原尾蚴的桡足动物而感染。Anikieva 等（1983）推测（没有提供任何详细的数据支持），幼虫继续在鱼宿主的消化道中发育，随后形成附着器官、神经和排泄系统及肌肉。这些器官的生长发生于终末宿主但在头节形态上有变化或渗透调节系统不发育。正如前面提到的一样，原尾蚴头节的形态十分接近于成体（Scholz，1991，1993；Scholz et al.，1997，1998），并且此形态在绦虫于终末宿主的定居过程中起关键作用（Smyth & McManus，1989）。

Anikieva 等（1983）观察到活的原头绦虫幼虫的头节被终末宿主吞入后马上内陷并且这与寄生虫在终末宿主的胃中强酸性环境的不利条件中自我保护相关。在碱性环境中原尾蚴更活跃并且头节外翻（Willemse，1969），因此，在外翻过程中化学刺激的作用需进一步研究。实验感染桡足动物中也有观察到原尾蚴的头节内陷，幼体自中间宿主体腔人工分离并保持在水或盐水中也能观察到（Freeman，1964；Jarecka & Doby，1965；Prouza，1978；Priemer，1980；Sysoev et al.，1994）。绦虫蚴受介质渗透压的变化影响，但在桡足动物体腔中它们仍然保持运动。Freeman（1964）偶尔观察到绦虫蚴在盐水或甲基蓝盐水中头节内陷，但从未原位观察到，这一现象的实验研究仍需深入进行。

仅很少的一部分童虫可能在终末宿主肠道中定居（Meggitt，1914；Jarecka & Doby，1965；Doby & Jarecka，1966；Willemse，1968，1969；Malakhova & Anikieva，1976；Prouza，1978；Priemer，1980；Rintamäki & Valtonen，1988；Morandi & Ponton，1989；Hanzelová et al.，1990；Scholz，1991，1993；Kennedy et al.，1992）。Anikieva 等（1983）提出，有时内部器官完全形成后（生理成熟）是必需的，这样原尾蚴才有感染性。在感染宿主幽门盲囊或肠道中，童虫间的种内竞争很可能发生，但低定居率需再

作研究。

17.2.11　感染的动力学

宿主通过浮游动物感染原头绦虫原尾蚴的动力学知之甚少。Hanzelová 等（1989）估计疏忽原头绦虫67%的原头蚴被传递到终末宿主，但无其他相关信息。

17.2.12　终末宿主中的发育

有些原头绦虫在分节开始前表现出较长的生长周期（Freeman，1964，1973；Doby & Jarecka，1966；Befus & Freeman，1973；Prouza，1978；Priemer，1980，1987；Scholz，1991），但原头属的种在终末宿主中的发育相关信息很少。此外，报道了发育的分化和潜隐期的长度。Albetova（1975）报道了很短的实验期发现“成熟的”窄小原头绦虫存在于实验感染的高白鲑（*Coregonus peled*）仔鱼中，维持 12～21℃，1.5～2 个月。而 Albetova（1975）没有明确陈述术语“成熟的”意义，即虫体是否成熟，没有卵但输精管中有精子，亚孕，即有不成熟的卵，不含有钩的六钩蚴，或孕，即有成熟的卵，含有形成的六钩蚴。因此，如果 Albetova（1975）仅观察到成熟或亚孕的虫体，则不能代表完全的潜隐期。Rusinek（1989）发现在实验性感染 30 天后的茴鱼仔鱼中有茴鱼原头绦虫未分节的童虫，感染后 50 天发现未成熟、有分节的蠕虫。感染 74 天后发现鱼中的 39 条绦虫仅 4 条成熟（具有形成的生殖器官复合体），其他的都不成熟甚至于不分节（Rusinek，1989）。与 Albetova（1975）的例子一样，Rusinek（1989）的成熟性描述不明确。基于野外观察，Hanzelová 等（1990）估计采自虹鳟的窄小原头绦虫潜伏期持续至少几周。Pronina 和 Pronin（1988）用含有原头属绦虫约 1mm 长的鰕虎鱼类喂食小凹目白鲑（*Coregonus autumnalis*）和白鲑，2～2.5 个月获得孕窄小原头绦虫，鰕虎鱼类代表了这一绦虫的转续宿主（Rusinek，1987b；Rusinek & Pronin，1991）；实验在 10～12℃条件下进行。其他学者的结果表明需要更长潜隐期。Malakhova 和 Anikieva（1976）研究认为，窄小原头绦虫在卡莱利亚（Karelia）、俄罗斯白鲑鱼中，自然条件下的潜隐期为 4 个月。相似的潜隐期报道见于 Wagner（1954），他发现 *P. tumidocollis* Wagner，1953 在 18℃感染 106 天后（3 个半月）有孕绦虫；Fischer（1968）在感染实验鱼 4 个月后，获得河鲈原头绦虫（*P. fluviatilis* Bangham，1934）孕绦虫。窄小原头绦虫和疏忽原头绦虫在实验感染的虹鳟中生长发育很慢，同样大头原头绦虫在鳗鱼中的生长发育也有其他学者描述（Doby & Jarecka，1966；Prouza，1978；Priemer，1980，1987；Scholz，1991）。

17.2.13　成熟动力学

作为在桡足动物中原尾蚴发育的一个例子，绦虫在终末宿主中的生长和成熟主要受水温控制。在有些原假叶目绦虫如三支钩绦虫（*Triaenophorus* spp.）中有观察到受宿主激素的影响（Smyth & McManus，1989），可能也起到一定作用，但无具体数据。

虽然原头属的种在水温 15～20℃条件下，可以在 1.5～2 个月完成生活史周期，但有数据表明野外生活史周期为一年，成熟过程有明显的季节性（Chubb，1982）。新一代绦虫主要发生于夏季或秋季。绦虫在鱼体过冬，水温在春季升高后绦虫开始快速生长和成熟。卵在晚春和夏季释放。这样的发生与成熟的季节变化类型在一些原头属的种如梅花鲈原头绦虫、窄小原头绦虫、丝领原头绦虫、密切原头绦虫、鲈鱼原头绦虫和簇毛原头绦虫（Chubb，1982；Scholz，1986，1989；Scholz & Moravec，1994）中都有观察到。应该强调的是这样的一般类型在不同种中有变化，依赖于地理位置尤其是生态条件，同一种绦虫在不同纬度地区表现出不同的成熟类型（Hopkins，1959；Willemse，1968；Chubb，1982；Scholz，1986，1989；Morandi & Ponton，1989；Nie & Kennedy，1991；Rusinek & Pronin，1991；Scholz & Moravec，1994）。

Hopkins（1959）研究了采自无鳞甲三刺鱼（*Gasterosteus aculeatus*）的丝领原头绦虫的成熟动力学。在感染强度值的基础上，他估计仅有约 0.5%的绦虫能在终末宿主中定居并发育成有孕绦虫。关于新一代的补充及在中间宿主体内原尾蚴的发育尚需进一步研究。有研究表明水体中的绦虫幼虫数及鱼体中的童虫丰富度既无时间上也无数量上的相关性（Sysoev et al.，1992）。

17.2.14　在终末宿主中的定位

原头属绦虫的成体常定位于宿主肠道前部（Hopkins，1959；Willemse，1968；Chubb，1982；Anikieva et al.，1983；Priemer & Goltz，1986；Scholz，1986，1989，1991；Priemer，1987；Pronina & Pronin，1988；Scholz & Moravec，1994）。鱼类多具有幽门盲囊，成体绦虫常以头节附着到幽门盲囊上，链体位于肠腔中。

17.2.15　其他宿主

1）无脊椎动物

原头属绦虫幼虫发生于除浮游甲壳动物外的无脊椎动物的信息很有限，前期的工作包括原头属幼虫发生于泥蛉（alder-fly）[广翅目（Megaloptera）]幼虫（Vojtková & Koubková，1990；Kennedy et al.，1992；Scholz & Moravec，1993）。Vojtkov 和 Koubková（1990）在斯洛伐克发现未分节的、活泼运动、无顶吸盘的绦虫（可能是簇毛原头绦虫）寄生于 14%泥蛉（*Sialis* sp.）幼虫肠道。Scholz 和 Moravec（1993）在南摩拉维亚（South Moravia）泥蛉（*Sialis lutaria*）中获得原头属绦虫（几乎肯定为簇毛原头绦虫）幼虫。Kennedy 等（1992）记录了采自英格兰一河流的泥蛉中的原头属绦虫（很可能是丝领原头绦虫）。童虫未分节，但相对大，平均长度为 2.8mm（0.5～3.7mm）。基于感染部位（中肠）基础、大尺寸和通常的发生状况，Kennedy 等（1992）假定泥蛉幼虫既不是中间宿主，也不是转续宿主，而是额外、兼性的宿主。由于泥蛉幼虫是捕食者，吞食感染有原头属原尾蚴的桡足动物是很可能的。有实验证明了线虫幼虫从桡足动物中间宿主到泥蛉幼虫的成功传递（Moravec & Škoríková，1998）。而泥蛉幼虫或可能还有其他无脊椎动物在原头属绦虫幼虫传递中的实际作用仍不清楚，需进一步研究。

2）鱼类

古北区原头属绦虫的种生活史有两个宿主（Wardle & McLeod，1952；Freze，1965；Doby & Jarecka，1966；Albetova，1975；Malakhova & Anikieva，1976；Pronina & Pronin，1988）。小型捕食鱼类在自然条件下对原头属绦虫的传递可能也起重要作用。例如，与采自贝加尔湖的窄小原头绦虫例子一样（Rusinek，1987a）。小型的虾虎鱼类如黄翼贝湖鱼（*Cottocomephorus grewingki*），重度感染有童绦虫，代表了终末宿主凹目白鲑（*Coregonus autumnalis*）的一个重要感染源（Rusinek，1987a；Rusinek & Pronin，1991）。小型捕食鱼类在原头属绦虫生活史中作为传播媒介或宿主的重要性，也由在这些鱼中相对常见的绦虫童虫的发生得以说明（Jarecka & Doby，1965；Willemse，1969；Chubb，1982；Anikieva et al.，1983；Chubb et al.，1987；Andersen & Valtonen，1990）。在转续宿主中，原头属绦虫不能生长和发育但能存活一段时间，因此代表了捕食性鱼类潜在的感染源和寄生虫贮存库（Willemse，1969；Molnár & Murai，1978；Scholz，1991）。Scholz（1999）研究发现，非典型的南美源宿主丽体鱼（*Cichlasoma* sp.）成功地感染上梅花鲈原头绦虫的原尾蚴。

已有实验阐明原头属绦虫童虫和成体的水平传播上由捕食者或食肉动物完成（Willemse，1967，1969；Priemer，1980，1987）。大量的绦虫记录采自于捕食性鱼类如白斑狗鱼（*Esox lucius*）、梭鲈（*Stizostedion lucioperca*）、白鲑（*Coregonus* spp.）、河鳟或茴鱼（*Thymallus* spp.）、养殖褐鳟（*Salmo trutta* m. *fario*）、

江鳕（*Lota lota*）和欧洲鳗鲡（*Anguilla anguilla*），明显地代表了暂时的宿主，表明在自然状况下，这些鱼可作为周期中的终末寄主或偶然宿主。

17.2.16 系统发育考虑和传播模式

古北区原头属绦虫种有原始的两宿主生活史，桡足动物作为中间宿主。如其他绦虫-水生动物周期一样，有必要利用季节性或周期性地获得的不同的中间宿主，卵同步释放、有高丰富度的浮游动物（Mackiewicz，1988）。存在的数据尽管很少，但也表明了有些无脊椎和脊椎动物（鱼）作为额外的、转续的原头属绦虫宿主的重要作用，并且依次增加了成功传播的可能性。

基于终末宿主谱，Freeman（1973）认为原假叶目是最适宜传播到终末宿主的类群，原头目次之，因为原头目绦虫发生于鱼类，也发生于两栖类和爬行类。同时，他也认为所有原头目绦虫的种都需要一水生的第一中间宿主，包括在陆生脊椎动物中成熟的种类。在原头目类群中，可迁移的全尾蚴的发生及其存在及一些其他的适应，使陆生生活周期成为可能（Freeman，1973）。

有关绦虫的演化和原绦虫祖先生活史类型一直有争议（Joyeux & Baer，1961；Llewellyn，1965；Stunkard，1967；Freeman，1973；Jarecka，1975；Mackiewicz，1988）。而两宿主生活史及一宿主直接的肠胃内、外位置及发育的交替，像水生绦虫包括原头属绦虫一样，被认为是最原始的生活史方式（Freze，1965；Freeman，1973；Jarecka，1975）。有人认为原头目与圆叶目关系密切（Freeman，1973；Hoberg et al.，1997）。两个主要的演化支推测演化源于原始的原头绦虫：一支的绦虫蚴趋向于无尾球（无尾球绦虫蚴），而另一支则尾球保留（有尾球绦虫蚴）（Freeman，1973）。

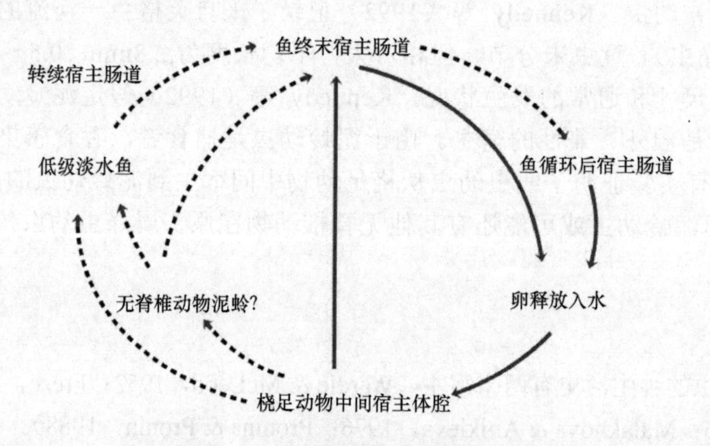

图 17-2 古北区原头属绦虫生活史示意图

点线表示可能的传递途径

原头属绦虫生物学最详细的信息来自对长领原头绦虫（同物异名：窄小原头绦虫、疏忽原头绦虫）的工作，但就此种生活史的很多方面仍需进一步研究。寄生于古北区鱼类原头属绦虫的生物学知识仍有欠缺，仍需深入研究其生活史（图 17-2）。这对其他原头目绦虫类群也是有效的，蒙蒂西利科及大多数原头亚科、棘带科和亚科等的种类都没有生活史相关数据（Rego et al.，1998）。原头属绦虫生物学未解决的问题太多，都需要将来解决，主要应注意的问题有：卵的形成过程，包括受精；卵和六钩蚴的超微结构，特别应注意穿刺腺；胚钩的比较形态；原尾蚴的形态发生和超微结构，尤其是对鰕虎鱼原头绦虫和四口原头绦虫；中间宿主和终末宿主感染的动力学；原尾蚴在桡足动物自然种群中的空间和时间动力学；在终末宿主体内影响童虫定居和形态发生的因素；潜隐期的长短；无脊椎动物和捕食性鱼类在传递中的实际作用；导致有些种在终末宿主中的宿主特异性因素等。对绦虫各目系统发生的分析（Hoberg et al.，1997；Justine，1998；Mariaux，1998）指出，比较形态和分子数据和那些相关的生活史对于增进对绦虫系统发生的理解知识是必需的（Mariaux，1996；Hoberg et al.，1997）。绦虫生物学知识相当有限，仍需进行大量的研究。

17.2.17 原头目绦虫的子宫发育及分型

子宫结构和发育一直被认为是圆叶目系统学的一个重要信息源（Hoberg et al.，1999）。Beveridge（2003）又再次进行了强调，并发展出 Hoberg 等（1999）的特征编码。原头目绦虫子宫的个体发育表现出有趣的特征。de Chambrier 等（2004）对原头目绦虫类群（除丝颈原头绦虫外）的子宫发生形态进行了详细的重点分析，并对其子宫结构和发育提出了新的解释。原头目绦虫子宫在未成熟和成熟期，表现出两种独特的基本不同的发育类型（图 17-3）。虽然这些特征难观察，但在原头目绦虫的系统发生中有一定的重要意义。

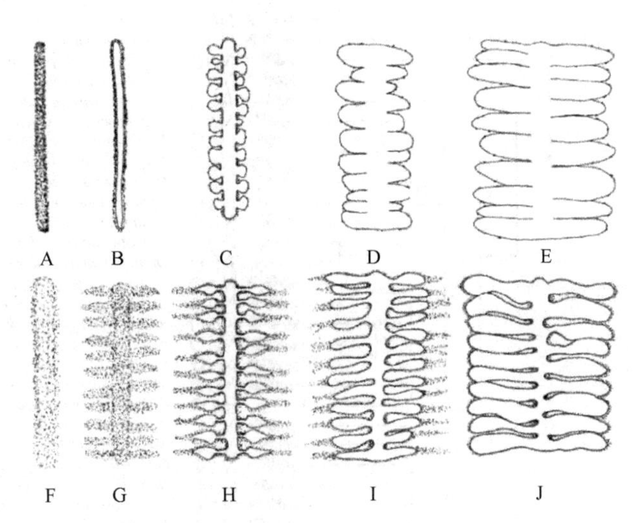

图 17-3 原头目绦虫子宫发育期示意图（引自 de Chambrier et al.，2004）

A～E. 1 型子宫发育；F～J. 2 型子宫发育。A，B，F，G. 未成节；C，H. 成节；D，I. 预孕节；E，J. 孕节

1 型：未成节中，子宫干为长形嗜色细胞集中区。成节中，子宫管状，有致密的嗜色细胞壁和一中央腔。进一步的发育是进行性的形成薄壁的侧向支囊，有很少的、分离的嗜色细胞。该型明显发现于棘带亚科、恒河亚科及采自蝰蛇和眼镜蛇的原头目绦虫。

2 型：未成节中，子宫干为一未分化的纵向中央嗜色细胞集中区；有时难观察到。预成节中，子宫干发育为致密、长形侧方指状结构，可能有分支，或发育为一中央未分化的嗜色细胞区。成节中，子宫腔从各指状支囊基部到顶部逐渐出现腔及其扩展；顶部由大量的嗜色细胞组成。不易观察到细胞是否发生连续的增殖或限定的细胞量已存在于预成熟的子宫壁中。在孕子宫中，各侧支囊包含大量的嗜色细胞并占据节片宽度的大部分区域。2 型存在于新的原头属聚合体及大多数原蒙蒂西利绦虫中。

de Chambrier 等（2004）基于 28S rDNA 序列数据及前人的相关数据为原头目绦虫的演化提供了一系统发生树（图 17-4）。恒河亚科（Gangesiinae Mola，1929）和棘带亚科（Acanthotaeniinae Freze，1963）似乎是最原始的分支。它们之后是采自淡水鱼类的古北区原头亚科（Proteocephalinae Mola，1929）的繁荣的支系。进一步演化的支系由新热带区和新北区的种类组成，还未完全解决。在命名水平，de Chambrier 等（2004）建立腺带属（*Glanitaenia*）用于容纳原头属的密切原头绦虫并更名为密切腺带绦虫[（*Glanitaenia osculata*（Goeze，1782）]，同时确定了古北区的原头属绦虫集群。此系统树不支持经典的原头目绦虫新热带区起源的观点，而赞成旧大陆或是蜥蜴类或是古北区鲇形目起源。

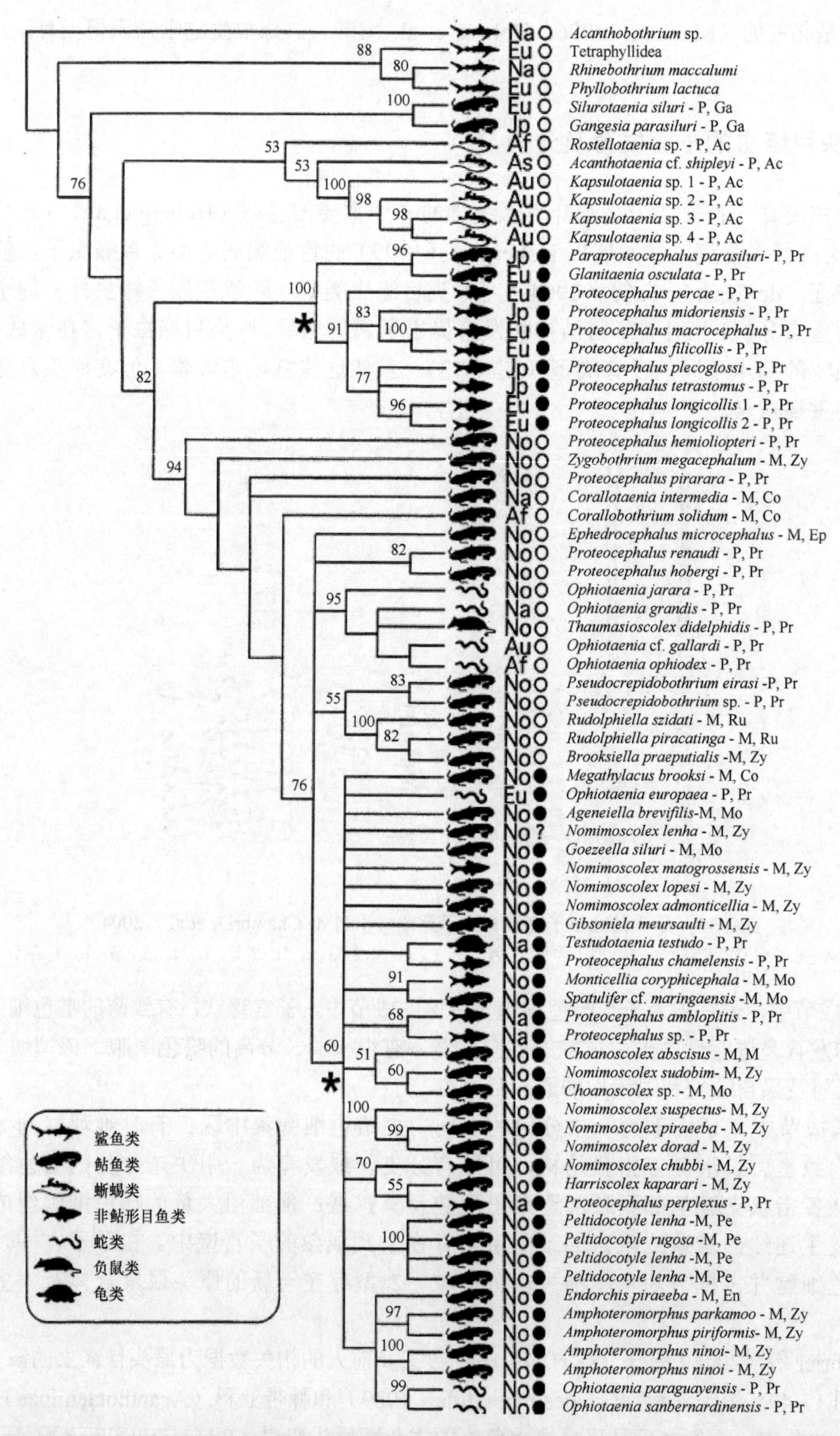

图 17-4　原头目绦虫核 28S rRNA 数据集简约分析获得的 2895 等距简约 *t* 严格一致树（引自 de Chambrier et al.，2004）

包括 4 个四叶目外群（启发式，2500 次重复）。分支上的数字表示支持值，自 200×10 完全启发式自举重复而得。缩略词：Af. 非洲；Au. 澳大利亚；As. 亚洲；Eu. 欧洲；Ja. 日本；Na. 新北区；No. 新热带区；图标解释了图中的宿主。当前目中各种的分类地位由名后的 3 字符缩略表示，第一个字符代表科（P. 原头科 Proteocephalidae；M. 蒙蒂西利科 Monticelliidae），后两个字符代表亚科［Pr. 原头亚科（Proteocephalinae）、Zy. 合槽亚科（Zygobothriinae）、Co. 珊瑚槽亚科（Corallobothriinae）、Ru. 鲁氏亚科（Rudolphiellinae）、Mo. 蒙蒂西利亚科（Monticelliinae）、Ac. 棘带亚科（Acanthotaeniinae）、Ga. 恒河亚科（Gangesiinae）、Pe. 亚科 Peltidocotylinae、Ep. 麻黄头亚科（Ephedrocephalinae）、En. 内睾亚科（Endorchiinae）

○-1 型子宫；●-2 型子宫；?-不清楚；星（*）指示为 2 型子宫外观

17.3 原头目的识别特征

链体小型到中等大小。头节变化大；有4个简单的吸盘，或吸盘可能为2室、3室或4室；顶吸盘或有棘的吻突偶尔存在。后头区存在或缺。分节通常明显。链体通常不解离。成节宽大于长或方形。孕节通常长大于宽。实质分为皮质和髓质区，一般由内纵肌来分隔；纵肌可能少或不明显，尤其是在蒙蒂西利科。生殖器官位于髓质或髓质与皮质位置不同的组合。卵黄腺滤泡通常在侧方区域。生殖孔位于侧方。孕节中子宫一般有分支并具有纵向的孔。已知成体寄生于淡水鱼类、两栖类和爬行类。

17.4 原头目分科检索

1a. 卵黄腺滤泡位于髓质……原头科（Proteocephalidae La Rue，1911）

识别特征：头节有各种形态。卵巢和子宫位于髓质。精巢除袋头属（*Marsypocephalus*）外位于髓质。实质通常由明显的纵肌纤维层分为皮质和髓质。已知为鱼类、两栖类和爬行类的寄生虫，分布于南美洲、北美洲、非洲、欧洲、亚洲和澳大利亚。模式属：原头属（*Proteocephalus* Weinland，1858）。

1b. 卵黄腺滤泡位于皮质……蒙蒂西利科（Monticelliidae La Rue，1911）

识别特征：头节有各种形态。精巢、卵巢和子宫位于皮质或髓质有不同的组合。内纵肌有时不发达或不明显。已知寄生于淡水鱼类，很少寄生于两栖类和爬行类，分布于南美热带和亚热带地区。模式属：蒙蒂西利属（*Monticellia* La Rue，1911）。

17.5 原头科（Proteocephalidae La Rue，1911）

17.5.1 分亚科检索

1a. 头节有后头区……珊瑚槽亚科（Corallobothriinae Freze，1965）

识别特征：吸盘由后头区的组织褶所覆盖，有或无括约肌。卵黄腺和生殖器官位于髓质。已知寄生于鲇形目鱼类，分布于南美洲、北美洲、非洲和俄罗斯。模式属：珊瑚槽属（*Corallobothrium* Fritsch，1886）。

1b. 头节没有后头区……2

2a. 精巢位于皮质……袋头亚科（Marsypocephalinae Woodland，1933）

识别特征：卵巢、卵黄腺和子宫位于髓质。头节圆形，有4叶，各叶有一大型吸盘，吸盘有肌肉质的括约肌。纵肌显著。已知寄生于鲇形目鱼类，分布于非洲。模式及仅知的属：袋头属（*Marsypocephalus* Wedl，1861）。

2b. 精巢位于髓质……3

3a. 卵黄腺非滤泡状，为两大块，位于卵巢后方……圣东尼亚科（Sandonellinae Khalil，1960）

识别特征：头节无后头，但有高度变异的顶器官，由2个垂片组成。生殖器官位于髓质。子宫囊状。卵黄腺位于节片的后部边缘。子宫形成球形的囊侵入皮质。链体具缘膜。已知寄生于非洲骨舌鱼类（osteoglossid）。模式及仅知的属：圣东尼属（*Sandonella* Khalil，1960）。

3b. 卵黄腺滤泡状，位于侧方……4

4a. 头节缺吻突或棘，球状；吸盘为不同形状；卵黄腺和其他生殖器官位于髓质……原头亚科（Proteocephalinae Mola，1929）（图17-5）

识别特征：吻突和后头不存在。吸盘吸臼样，单室、2 室或 3 室。第 5 吸盘或顶吸盘可能存在。卵黄腺位于髓质侧方。其他生殖器官也位于髓质。已知寄生于鱼类、两栖类和爬行类，全球性分布。模式属：原头属（*Proteocephalus* Weinland，1858）。

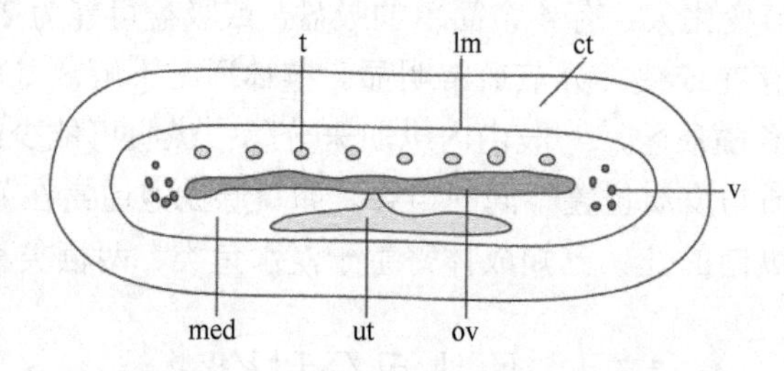

图 17-5　原头亚科横切面结构示意图

缩略词：t. 精巢；lm. 纵肌束；ct. 皮质；v. 卵黄腺；med. 髓质；ut. 子宫；ov. 卵巢

4b. 头节有具棘吻突或"穿刺器官"……………………………………………………………… 5

5a. 头节有具棘吻突……………………………………………… 恒河亚科（Gangesiinae Mola，1929）

识别特征：吻突具棘，不能收缩。存在 1 圈、2 圈或几圈钩。头节、吸盘和颈具棘或无。卵黄腺位于侧方。卵巢两叶状。已知寄生于鲇鱼类，分布于非洲、欧洲和亚洲。模式属：恒河属（*Gangesia* Weinland，1924）。

5b. 头节有特化的吻突（穿刺器官），为肌肉腺体样结构………………… 棘带亚科（Acanthotaeniinae Freze，1963）

识别特征：头节和链体的前部覆盖有致密的棘网。吻突位于端部。生殖器官位于髓质。梅氏腺高度发达。纵肌不发达。已知寄生于爬行动物，分布于亚洲和澳大利亚。模式属：棘带属（*Acanthotaenia* Linstow，1903）。

17.5.2　原头亚科（Proteocephalinae Mola，1929）

17.5.2.1　分属检索

1a. 吸盘为正常的吸盘类型……………………………………………………………………… 2

1b. 吸盘以各种方式变形………………………………………………………………………… 4

2a. 卵黄腺明显不存在……………………………… 特拉瓦西拉属（*Travassiella* Rego & Pavanelli，1987）

识别特征：小型虫体，丝状。吸盘凸出，指向侧方。卵黄腺未观察到。其他生殖腺和子宫位于髓质。纵肌不显著，髓质和皮质之间的差别很难辨明。已知寄生于南美洲鲇鱼类。模式种：无卵黄腺特拉瓦西拉绦虫（*Travassiella avitellina* Rego & Pavanelli，1987）（图 17-6）

该属仅已知 1 个种，特征是缺卵黄腺滤泡，然 de Chambrier 和 Vaucher（1999）在无卵黄腺特拉瓦西拉绦虫节片中观察到皮质存在卵黄腺滤泡并将该种分类地位移动到蒙蒂西利科的合槽亚科中。de Chambrier 和 Pertierra（2002）进一步证实该种存在皮质卵黄腺滤泡并基于采自阿根廷、巴西和巴拉圭的新样品对种进行了重新描述，肯定了特拉瓦西拉属的有效性，并与合槽亚科的其他属进行了比较。无卵黄腺特拉瓦西拉绦虫的特征为：①吸盘后部中央存在有腺细胞；②卵黄腺滤泡有特殊的分布，形成侧方弓形；③子宫原基位于皮质，生长入髓质并形成囊状子宫；④卵为不规则椭圆形，外膜有刺状突起和两极的一极有 2 个指状垂片。

2b. 卵黄腺存在……………………………………………………………………………………… 3

3a. 精巢位于整个节片连续的区域………………………… 原头属（*Proteocephalus* Weinland，1858）（图 17-7）

［同物异名：鱼带属（*Ichthyotaenia* Lönnberg，1894）］

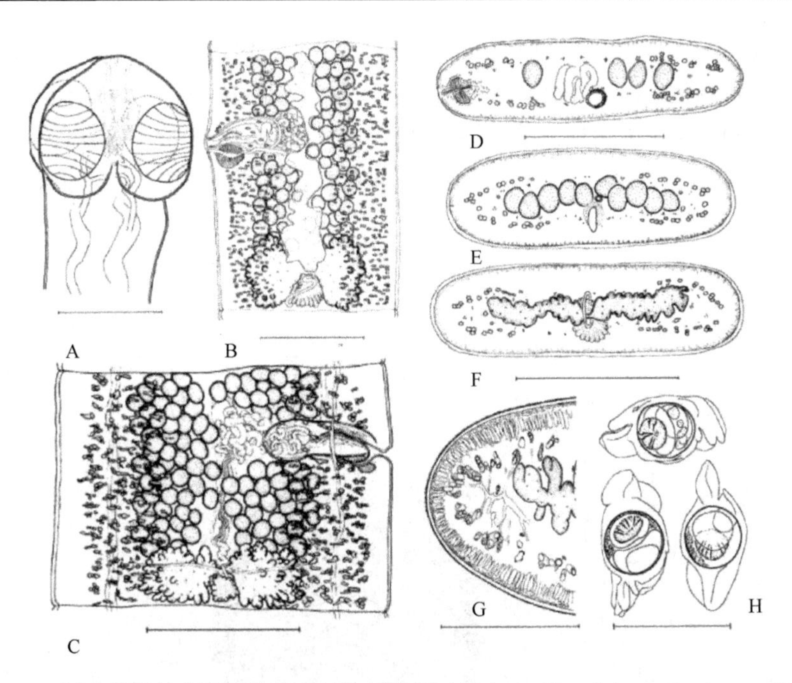

图 17-6　无卵黄腺特拉瓦西拉绦虫结构示意图（引自 de Chambrier & Pertierra，2002）

A. 头节，示细长的瓶状腺细胞；B. 孕节腹面观；C. 成节背面观。D～G. 成节横切面示内纵肌，排泄管和形成侧弓形区的皮层卵黄腺滤泡：D. 阴道水平的横切面，示肌肉质括约肌和皮质子宫；E. 阴茎囊后部，卵巢前方横切面，示精巢，阴道管及子宫到髓质的发育；F. 卵巢水平横切面，示梅氏腺；G. 卵黄滤泡的详细结构，示腔和不易染色的颗粒结构；H. 固定后蒸馏水中的卵。标尺：A，G=250μm；B～F=500μm；H=50μm

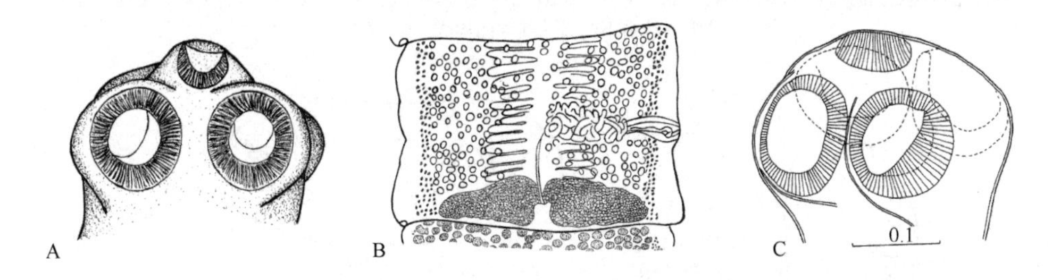

图 17-7　原头属绦虫结构示意图

A，B. 密切原头绦虫：A. 头节；B. 成节。C. 白鲑原头绦虫的头节，标尺单位为 mm（A、C 引自 Scholz et al.，1998；B 引自 Rego，1994）

识别特征：头节有 4 个正常形态的吸盘，第 5 吸盘或顶吸盘可能存在，生殖器官和卵黄腺位于髓质。卵黄腺位于侧方。已知寄生于鱼类、两栖类和爬行类，全球性分布。模式种：丝领原头绦虫（*P. filicollis* Rudolphi，1802）。其他种：密切原头绦虫（图 17-7A、B）；白鲑原头绦虫（*P. pollanicola*）（图 17-7C，图 17-8）

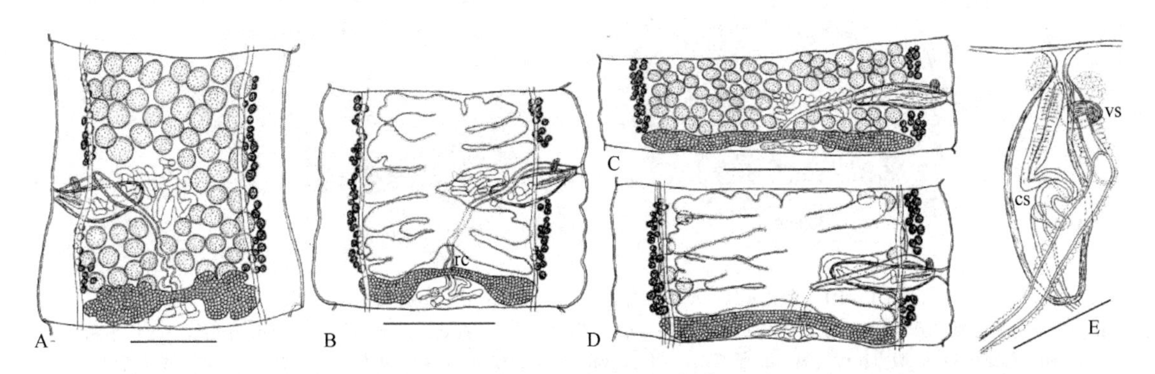

图 17-8　白鲑原头绦虫成节、孕节及生殖器官末端结构示意图（引自 Scholz et al.，1998）

A，C. 成节；B，D. 孕节；E. 生殖器官末端。注意分图 E 中厚壁的阴茎囊（cs）和发育良好、环状的阴道括约肌（vs），以及分图 B 中受精囊（rc）的位置，位于卵巢峡部附近。标尺：A=0.2mm；B～D=0.4mm；E=0.1mm

［同物异名：窄小原头绦虫、法拉斯原头绦虫（*P. fallax* La Rue，1911）、四口原头绦虫（图 17-9）］；查梅拉原头绦虫（*P. chamelensis* Léon，Brooks & Berman，1995）（图 17-10）；乔安娜原头绦虫（*P. joanae* de Chambrier & Paulino，1997）（图 17-11）；箭形原头绦虫（*P. sagittus* Grimm，1872）（图 17-12A～D、G～I，图 17-13A～E、G～I、K，图 17-14A～C）；簇毛原头绦虫（图 17-12E、F，图 17-13F、J，图 17-14D）等。

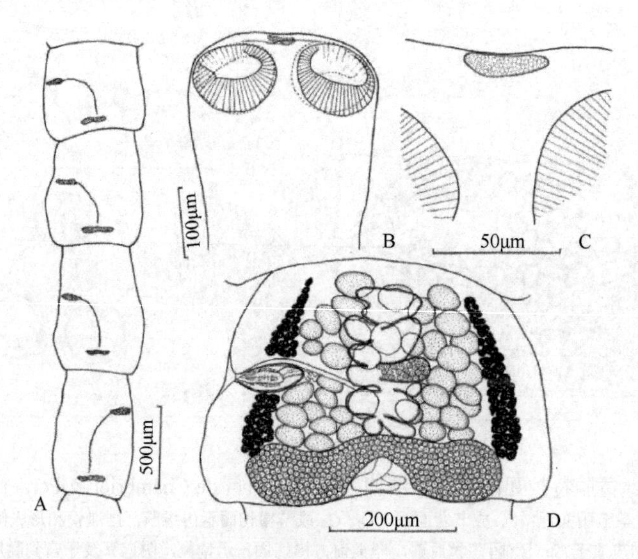

图 17-9　四口原头绦虫结构示意图（引自 Scholz et al.，2004）

样品采自幼亚洲胡瓜鱼（*Osmerus mordax*）。A. 梯形的节片示意图；B. 头节；C. 头节的顶部有高度退化的顶吸盘且由不明显的细胞团构成；D. 孕节

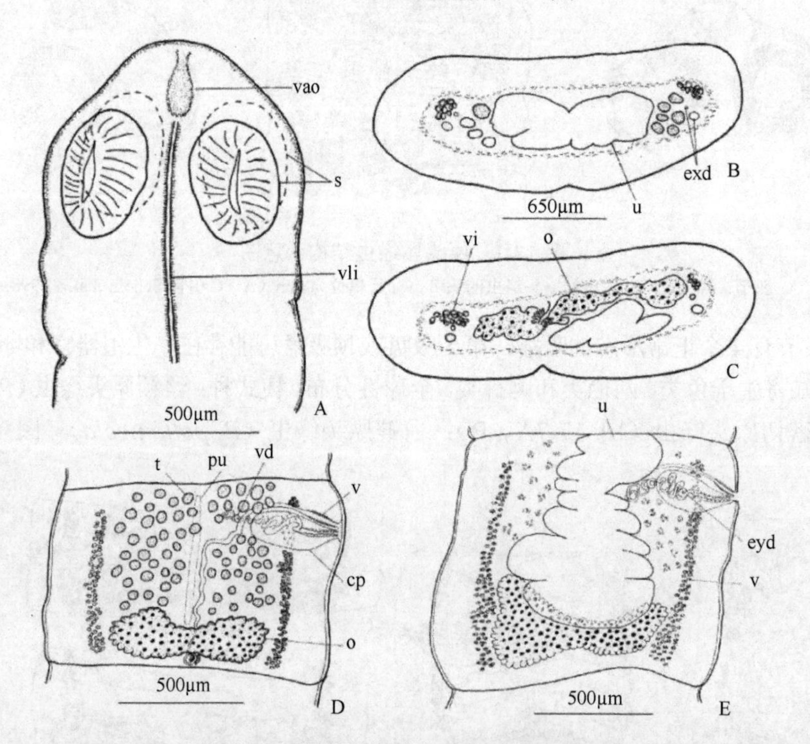

图 17-10　查梅拉原头绦虫结构示意图（引自 Léon et al.，1995）

A. 头节；B，C. 孕节横切面，示卵黄腺滤泡和精巢的髓质位置；D. 成节；E. 孕节。缩略词：cp. 阴茎囊；exd. 排泄管；eyd. 射精管；o. 卵巢；pu. 预成子宫；s. 吸盘；t. 精巢；u. 子宫；v. 阴道；vao. 残余的顶器官；vd. 输精管；vi. 卵黄腺；vli. 腹纵切口

寄生于南美洲巴西新维德异齿蛇（*Xenodon neuwiedii*）肠道的乔安娜原头绦虫不同于原头属其他所有种类，它具有膨大伸长的头节后方部（称为后头区的结构），此外其是已知新世界原头属中仅有的具有肥

大的、比吸盘大的腺体样顶器官种类。乔安娜原头绦虫的孕节很长。这是在异齿蛇中发现的第一种原头绦虫。虽然该种明显不同于原头属的其他种类，但原头属目前的种类很多，形态差异较大。审慎地对其进行重新分类需要进行大量材料收集及重描述工作。

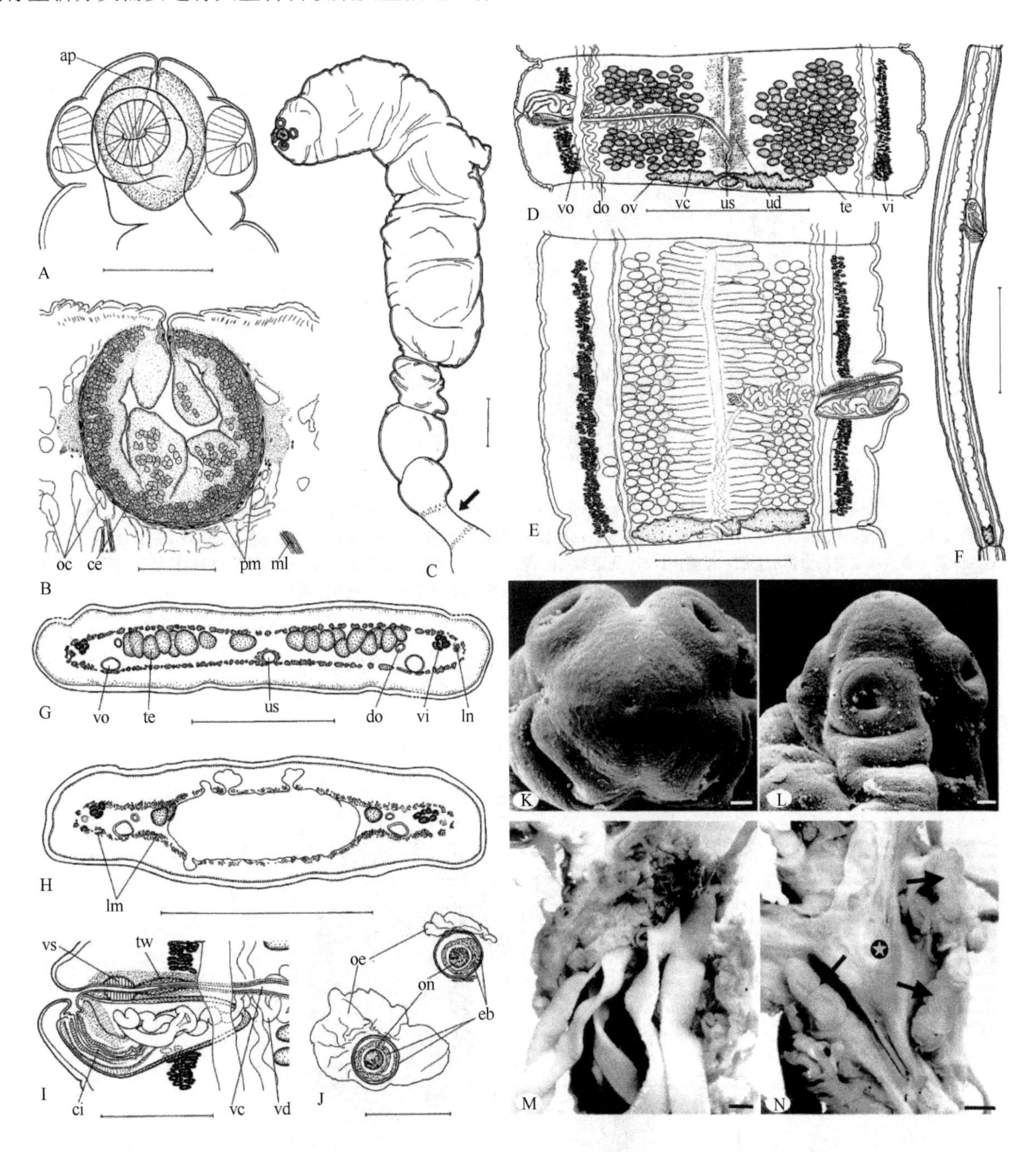

图 17-11　乔安娜原头绦虫结构示意图、头节扫描及寄生状况（引自 de Chambrier & Paulino，1997）

A. 头节（副模标本 IPCAS No.C-259）；B. 顶器官正面切（22035 INVE 腹面观）；C. 头节具后头区（全模标本），箭头部分位于肠壁层中；D. 成节腹面观（全模标本）。E～I. 副模标本 22033 INVE：E. 孕节背面观；F. 最末的孕节背面观，孕节子宫中的虫卵没有绘出；G. 成节前部横切面；H. 孕节前部横切面，子宫内的卵未绘出；I. 阴茎囊和阴道腹面观。J. 标本 22039 INVE 蒸馏水中的虫卵形态；K. 头节顶面观（扫描电镜）；L. 头节侧面观（扫描电镜）；M. 肠部分内部观，示蠕虫穿入肠壁；N. 肠外部观，示有些头节在肠系膜组织外（箭头），同时一个头节隐在肠系膜组织中（星号）。缩略词：ap. 顶器官；ce. 腺细胞或可能是排泄细胞；ci. 阴茎；do. 背部的渗透调节管；eb. 胚托；lm. 内纵肌；ln. 纵侧神经；ml. 肌肉束；pm. 顶器官周围肌肉；oc. 渗透调节管；oe. 外胚膜；on. 六钩蚴；ov. 卵巢；te. 精巢；tw. 肌细胞形成的增厚的壁；ud. 子宫分支；us. 子宫干；vc. 阴道管；vd. 输精管；vi. 卵黄腺；vo. 腹渗透调节管；vs. 阴道括约肌。标尺：A=250μm；B=100μm；C，D，F，M，N=1mm；E，G，H=500μm；I=250μm；J～L=50μm

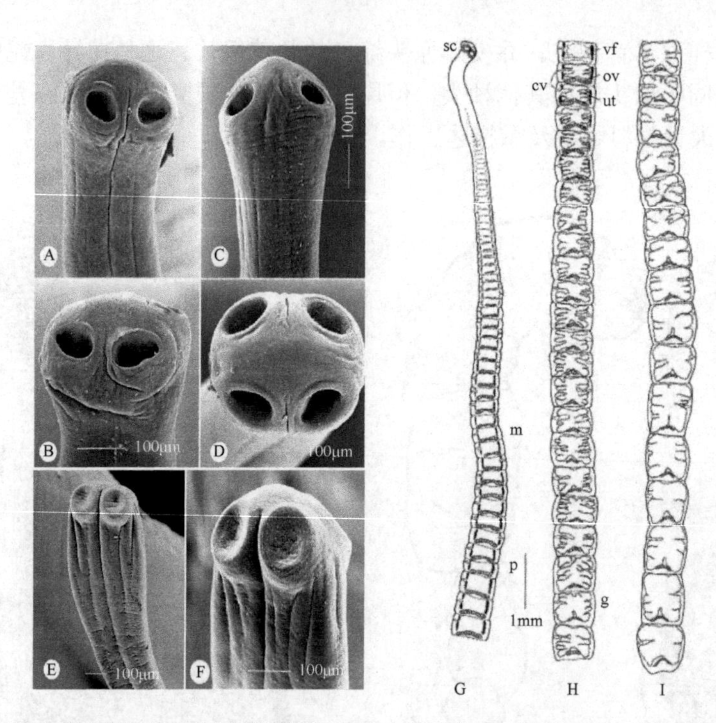

图 17-12　原头绦虫头节扫描结构和箭形原头绦虫整条虫体示意图（精巢省略）（引自 Scholz et al.，2003）

A～D. 采自须鳊的箭形原头绦虫；E，F. 采自白鲑（*Leuciscus cephalus*）的簇毛原头绦虫。A，B，E. 背腹面观；C. 侧面观；D. 顶面观；F. 亚侧面观；G～I. 箭形原头绦虫整条虫体示意图。缩略词：cv. 阴茎囊；g. 第 1 孕节（六钩蚴有胚钩）；m. 第 1 成节（输精管里有精子）；ov. 卵巢；p. 第 1 预孕节（子宫中有卵）；sc. 头节；ut. 子宫；vf. 卵黄腺滤泡

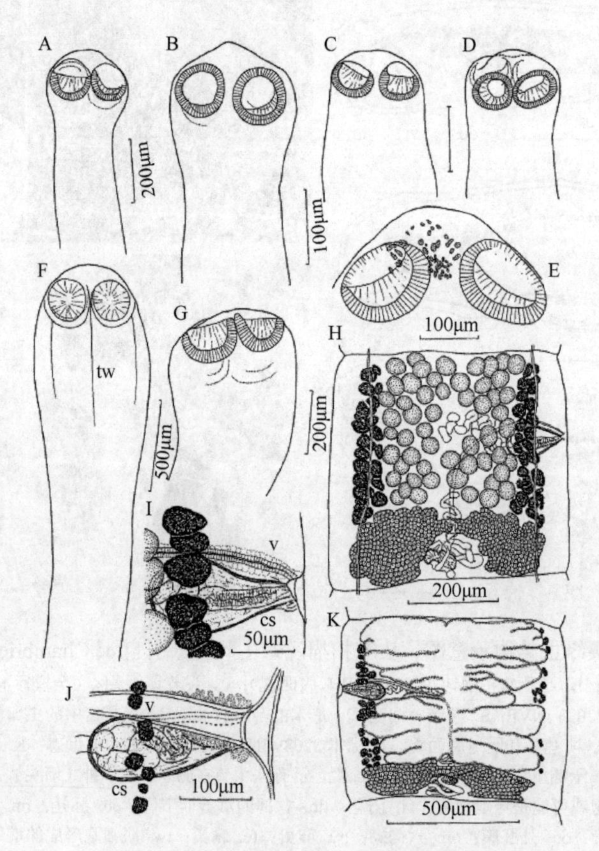

图 17-13　2 种原头绦虫结构示意图（引自 Scholz et al.，2003）

样品采自须鳊的箭形原头绦虫（A～E，G～I，K）和采自白鲑的簇毛原头绦虫（F，J）。A～D，F，G. 头节全貌；E. 头节顶部有分散的腺细胞；H. 成节背方；I～J. 生殖器官末端，背面；K. 孕节腹面观。缩略词：cs. 阴茎囊；tw. 皮层皱纹；v. 阴道。标尺：C，D=100μm

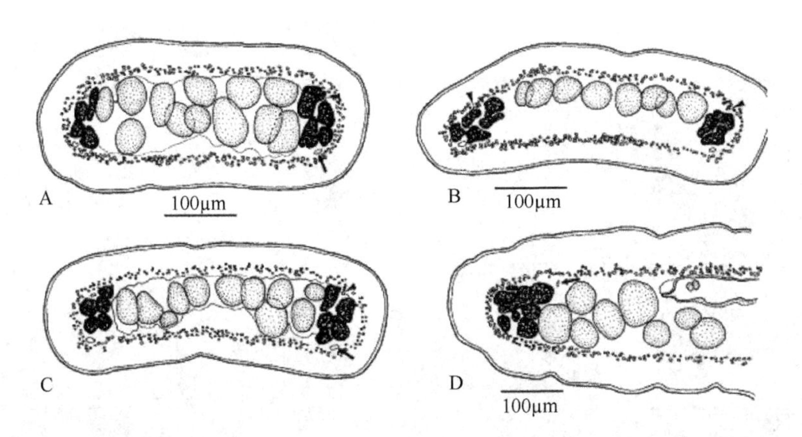

图 17-14 2 种原头绦虫成节过精巢横切面结构示意图（引自 Scholz et al.，2003）

A～C. 箭形原头绦虫；D. 簇毛原头绦虫；A，D. 精巢两层；B. 精巢一层；C. 精巢为两不完整的层。注意渗透调节管的位置和大小（箭号为腹管；箭头为背管）

Sysoev 等（1994）用扫描电镜研究了采自甲壳动物桡足类的四种原头绦虫幼虫的形态（图 17-15，图 17-16）并进行了描述。揭示了种间幼虫在身体和头节的形态、身体的大小及吸盘的相对位置上存在差异。在某些物种中，观察到尺寸指数和微毛密度的宿主依赖性变异。

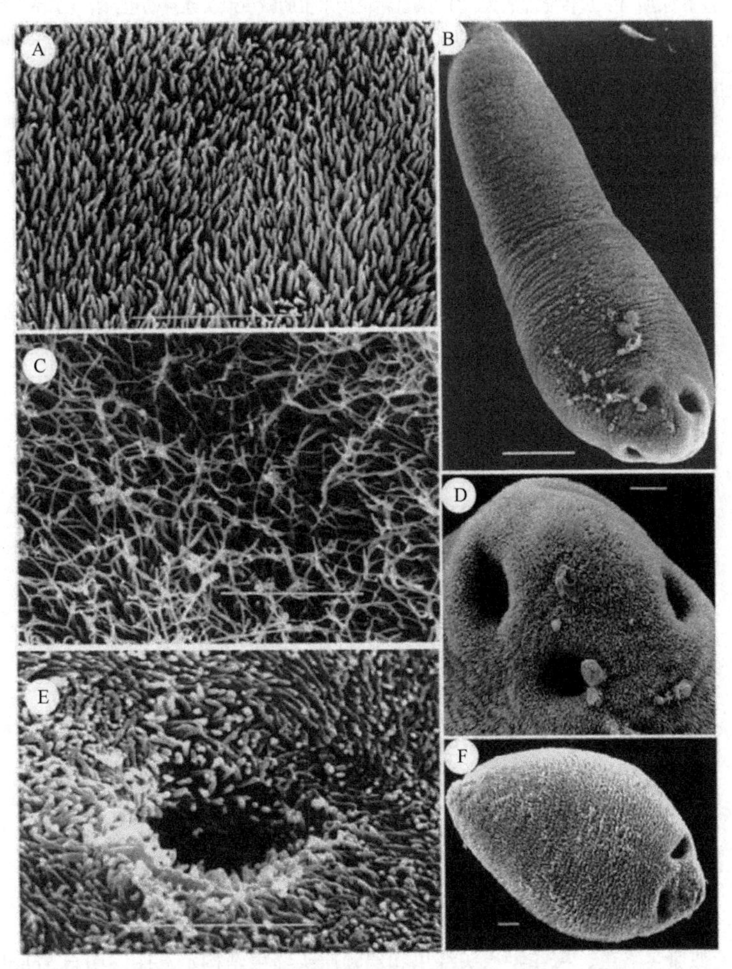

图 17-15 四种原头绦虫幼虫扫描结构及局部放大（引自 Sysoev et al.，1994）

A. 鲈鱼原头绦虫幼体中部区表面；B. 采自桡足动物纤细镖水蚤（*Eudiaptomus gracilis*）的疑似原头绦虫幼虫；C. 簇毛原头绦虫的头节表面；D. 采自纤细镖水蚤的疑似原头绦虫幼虫的头节放大；E. 疏忽原头绦虫的排泄孔；F. 采自长刺中剑水蚤（*Mesocyclops oithonoides*）的疑似原头绦虫幼虫。标尺：A，C，E=5μm；B=50μm；D，F=10μm

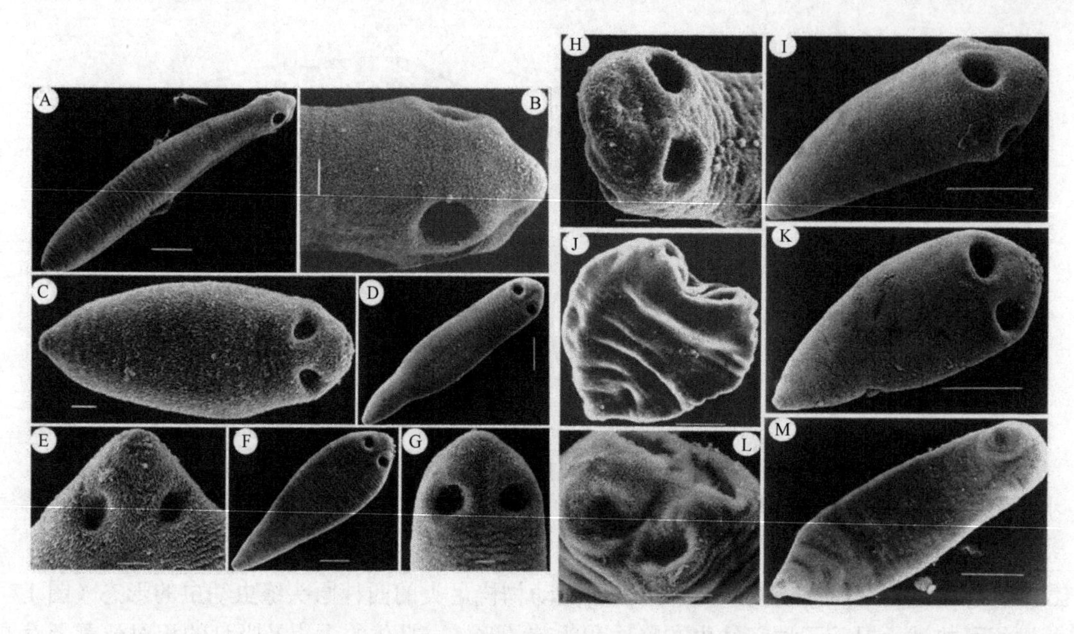

图 17-16　四种原头绦虫幼虫的扫描结构比较（引自 Sysoev et al.，1994）

A，B，D，F，G. 采自科伦剑水蚤（*Cyclops kolensis*）的鲈鱼原头绦虫的幼虫；A，D，F. 整条幼虫；B，G. 虫体前部放大。C，E. 采自长刺中剑水蚤的疑似原头绦虫幼虫：C. 整条幼虫；E. 虫体前部放大。H. 采自科伦剑水蚤的鲈鱼原头绦虫幼虫；I，K. 采自细镖水蚤的簇毛原头绦虫幼虫；J，L，M. 采自扎卡赖亚斯镖水蚤（*Eudiaptomus zachariasi*）的疏忽原头绦虫幼虫。标尺：A，D，F，I，K～M =50μm；B，C，E，G，H，J=10μm

古北区淡水鱼原头绦虫头节形态结构（图 17-17～图 17-24）。

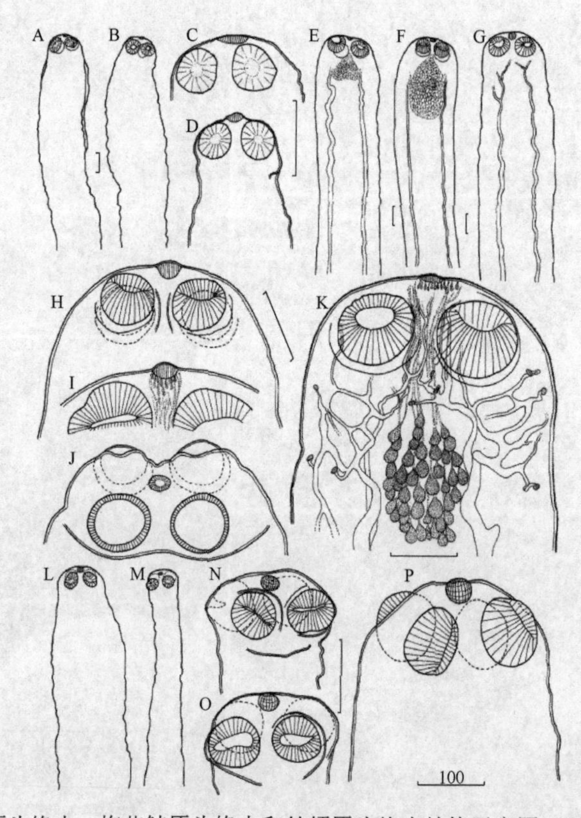

图 17-17　疑似原头绦虫、梅花鲈原头绦虫和丝领原头绦虫结构示意图（引自 Scholz，1998）

A～D. 采自俄罗斯卡累利阿（Karelia）九刺鱼（*Pungitius pungitius*）的疑似原头绦虫；E～K. 采自捷克斯洛伐克联邦共和国梅花鲈（*Gymnocephalus cernuus*）的梅花鲈原头绦虫（*P. cernuae*）；L～P. 采自苏格兰三刺鱼（*Gasterosteus aculeatus*）的丝领原头绦虫。A～I，K～P. 背腹面观；J. 亚顶面观。注意分图 K 中渗透调节系统和吸盘后大量的腺细胞；皮层微毛仅标示于分图 K 中。标尺=100μm

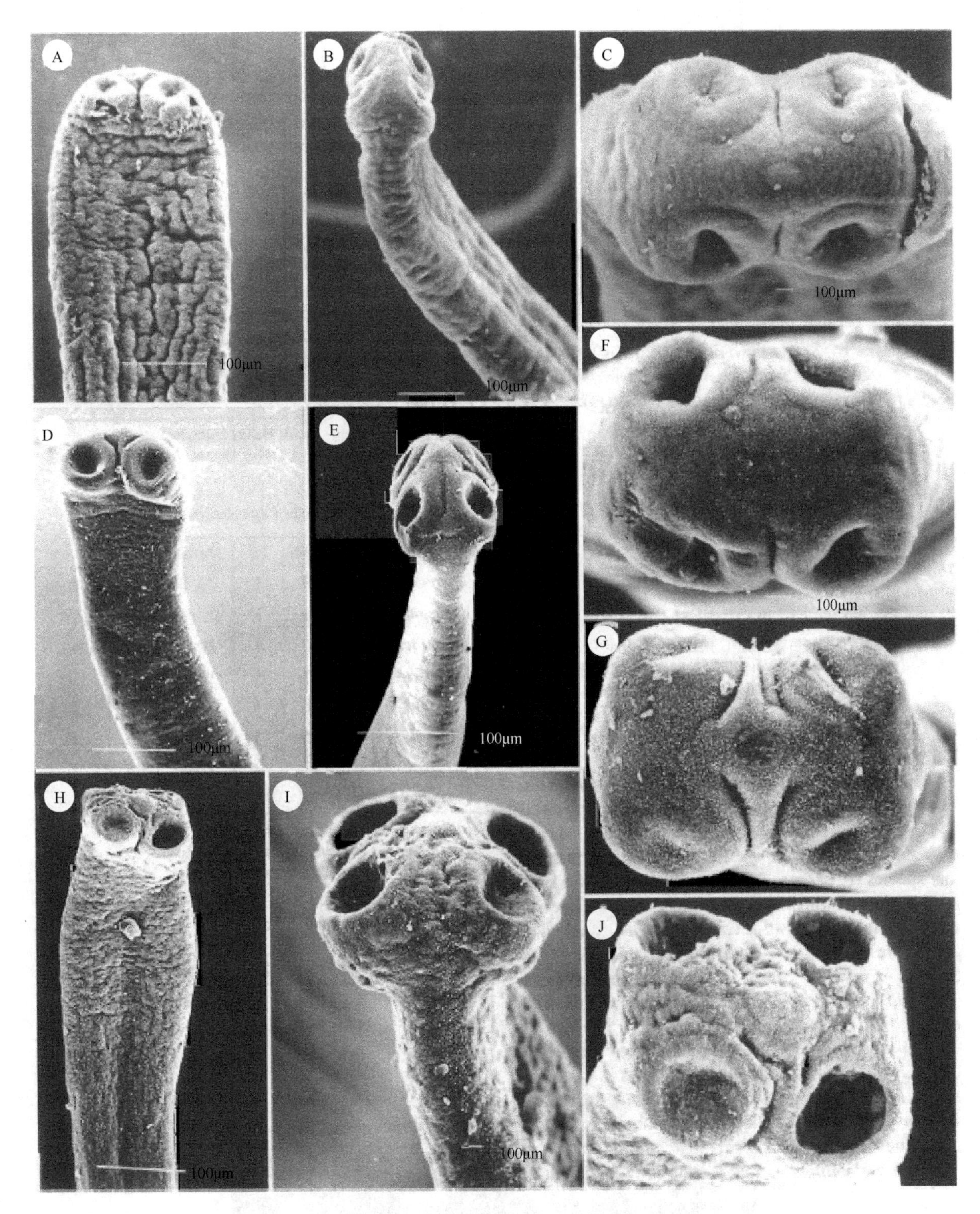

图 17-18 3 种原头绦虫的扫描结构（引自 Scholz，1998）

A～C. 采自捷克梅花鲈的梅花鲈原头绦虫；D～G. 采自俄罗斯凹目白鲑的窄小原头绦虫；H～J. 采自英国北爱尔兰驼背白鲑（*C. pollan*）的白鲑原头绦虫；A，D，H. 背腹面观；B，E，I. 侧面观；C，F，G，J. 顶面观

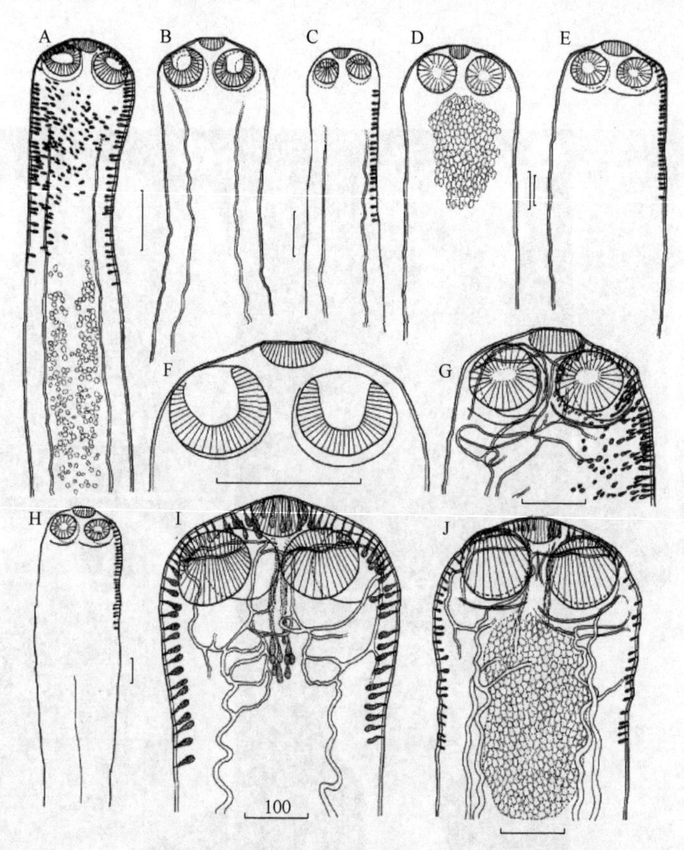

图 17-19　窄小原头绦虫的背腹面观结构示意图（引自 Scholz，1998）

A，B，F. 采自俄罗斯凹目白鲑；C，I. 采自瑞士真白鲑（*Coregonus lavaretus*）；D，E，G，H，J. 采自斯洛伐克虹鳟（*Oncorhynchus mykiss*）。注意分图 G，I，J 中渗透调节管和腺细胞（分图 G 的腺细胞仅在一侧显示）。标尺=100μm

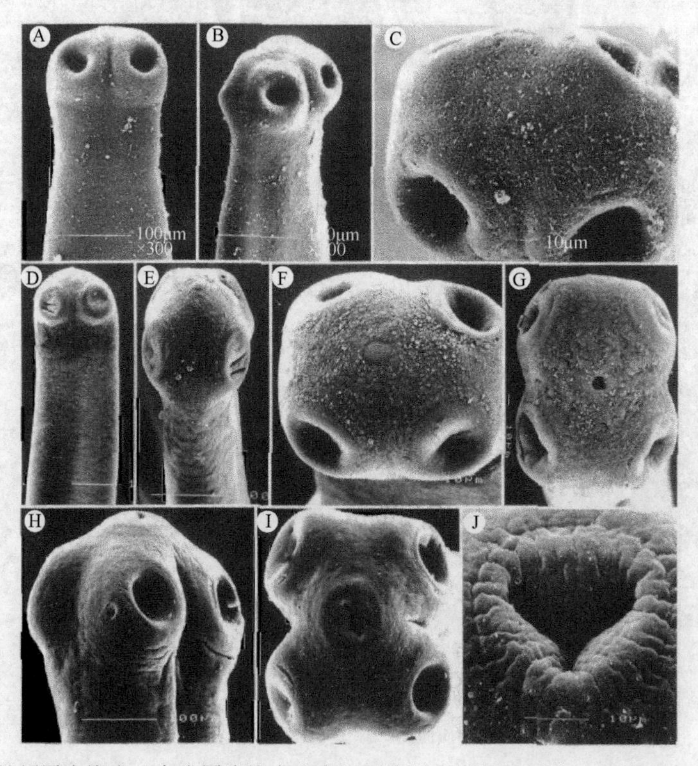

图 17-20　丝领原头绦虫、大头原头绦虫和密切原头绦虫的扫描结构（引自 Scholz，1998）

A～C. 采自英国苏格兰三刺鱼的丝领原头绦虫；D～G. 采自捷克共和国欧洲鳗鲡（*Anguilla anguilla*）的大头原头绦虫；H～J. 采自捷克共和国六须鲇（*Silurus glanis*）的密切原头绦虫。A，D. 背腹面观；B，E，H. 侧面观；C，F，G，I. 顶面观；J. 顶吸盘。注意分图 C 中顶吸盘明显缺乏

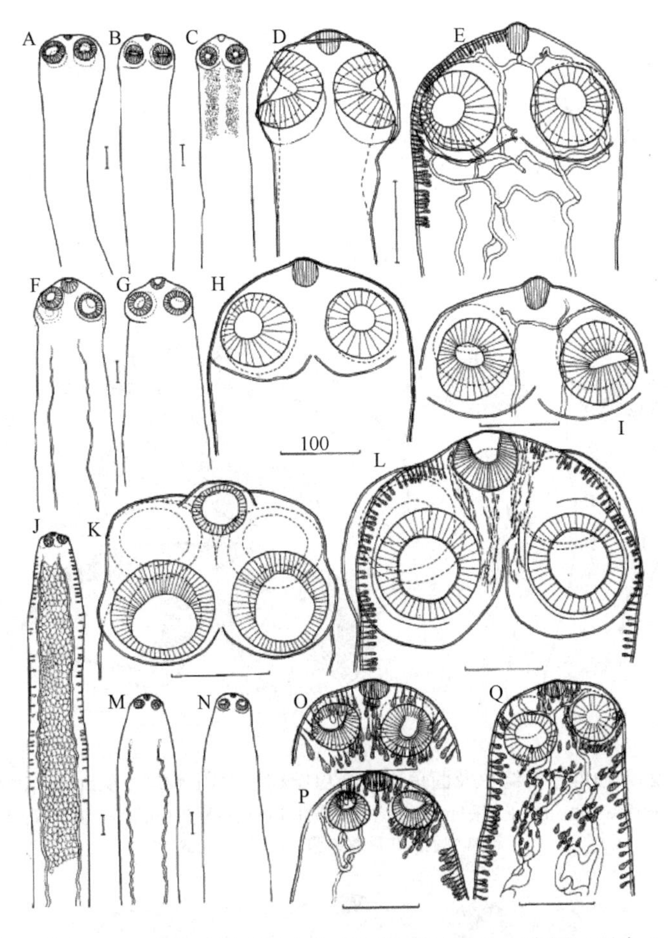

图 17-21 大头原头绦虫、密切原头绦虫和河鲈原头绦虫结构示意图（引自 Scholz，1998）

A～E，H，I. 采自捷克共和国欧洲鳗鲡的大头原头绦虫；F，G，K～L. 采自捷克共和国六须鲇（*Silurus glanis*）的密切原头绦虫；J，M～Q. 采自瑞士河鲈的河鲈原头绦虫。A～C，E～Q. 背腹面观；D. 侧面观。注意分图 E，L 和 O～Q 中的皮层下腺细胞，以及分图 E，I 和 P，Q 中的渗透调节管。皮层微毛的示意仅在分图 H 中，分图 E 和 P 中的腺细胞仅在一侧。标尺=100μm

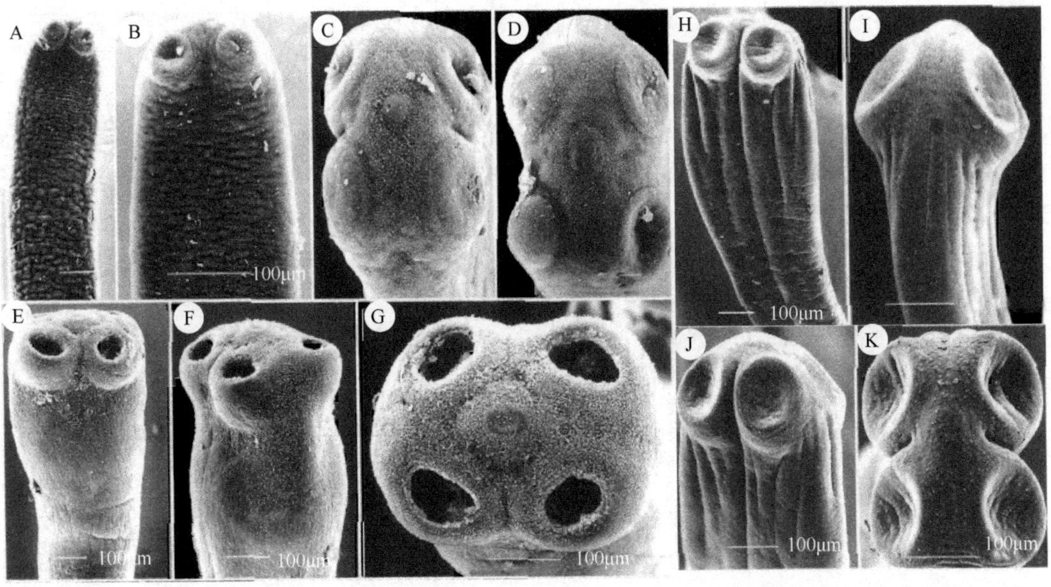

图 17-22 鲈鱼原头绦虫、茴鱼原头绦虫和簇毛原头绦虫的扫描结构（引自 Scholz，1998）

A～D. 采自斯洛伐克鲁津（Ružin）河鲈的鲈鱼原头绦虫；E～G. 采自亚洲蒙古北极暗茴鱼（*Thymallus arcticus nigrescens*）的茴鱼原头绦虫；H～K. 采自捷克共和国白鲑（*Leuciscus cephalus*）的簇毛原头绦虫。A，B，E，H，I. 背腹面观；F，J. 侧面观；C，D，G，K. 顶面观

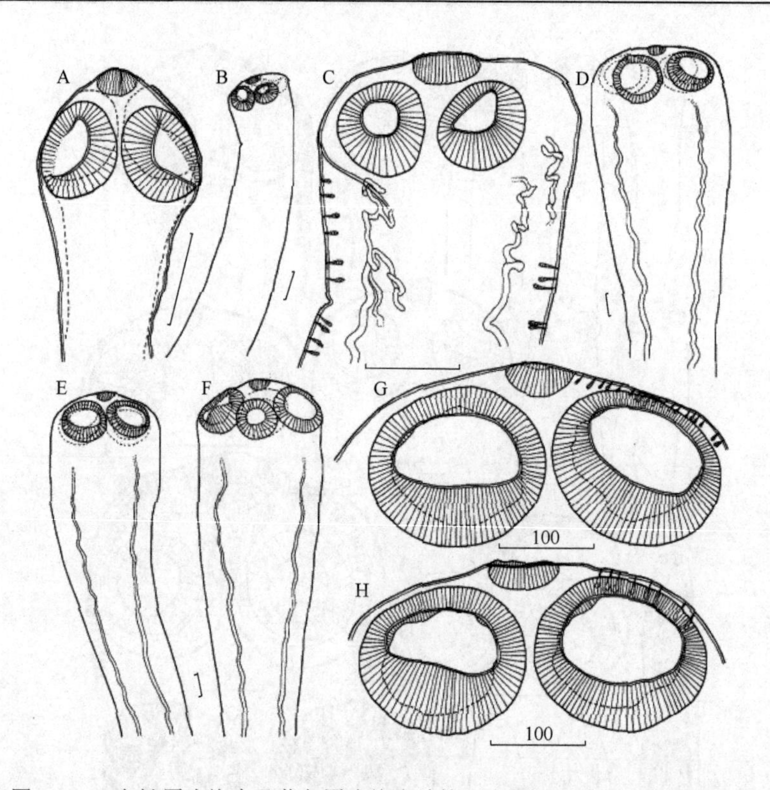

图 17-23　白鲑原头绦虫及茴鱼原头绦虫结构示意图（引自 Scholz，1998）

A～C. 采自英国北爱尔兰白鲑的白鲑原头绦虫；D～H. 采自亚洲蒙古北极暗茴鱼的茴鱼原头绦虫。A. 侧面观；B～H. 背腹面观。注意分图 C，G 和 H 中的亚皮层腺细胞。标尺=100μm

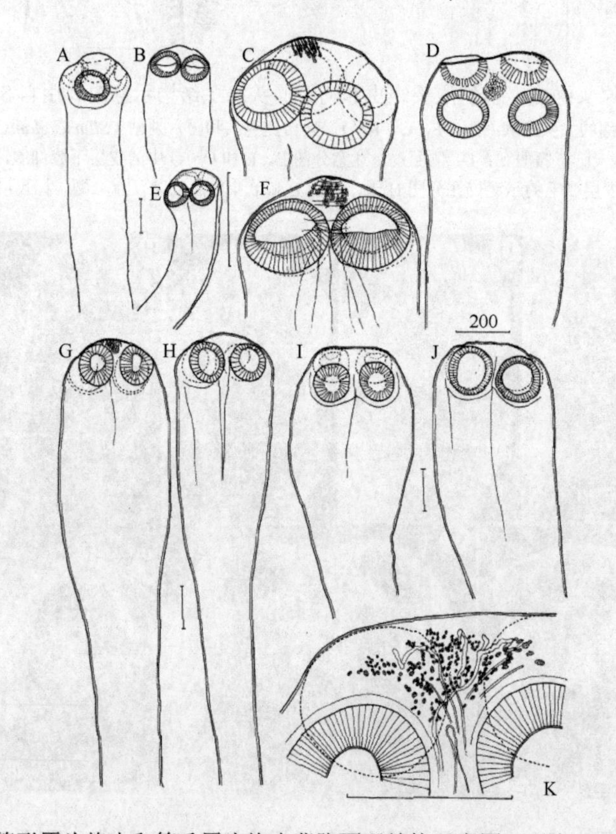

图 17-24　箭形原头绦虫和簇毛原头绦虫背腹面观结构示意图（引自 Scholz，1998）

A～F. 采自斯洛伐克多布希纳短须横纹条鳅（*Noemacheilus barbatulus*）的箭形原头绦虫，以 70%乙醇固定；G～K. 采自捷克共和国白鲑的簇毛原头绦虫。注意头节（C，F，K）顶部腺细胞集中向外开口，以及渗透调节系统（K）管的盲末端。标尺=200μm

Scholz 等（2007）汇集 de Chambrier 等（2004）中原头属的有效种进行界定并编制了种的检索表，提供了发现于古北区淡水、咸淡水鱼类的原头属绦虫，有宿主和地理分布数据。Schmidt（1986）和随后的学者共列了 32 种，仅 14 种被认为是有效种，分别如下：疑似原头绦虫［*P. ambiguus*（Dujardin，1845）］（模式种）；梅花鲈原头绦虫［*P. cernuae*（Gmelin，1790）］；丝领原头绦虫（*P. filicollis* Rudolphi，1802）；河鲈原头绦虫（*P. fluviatilis* Bangham，1925）；鰕虎鱼原头绦虫（*P. gobiorum* Dogiel & Bychowsky，1939）；长领原头绦虫［*P. longicollis*（Zeder，1800）］；大头原头绦虫［*P. macrocephalus*（Creplin，1825）］；梅多利原头绦虫（*P. midoriensis* Shimazu，1990）；鲈鱼原头绦虫［*P. percae*（Müller，1780）］；香鱼原头绦虫（*P. plecoglossi* Yamaguti，1934）；箭形原头绦虫［*P. sagittus*（Grimm，1872）］；四口原头绦虫［*P. tetrastomus*（Rudolphi，1810）］；茴鱼原头绦虫［*P. thymalli*（Annenkova-Chlopina，1923）］和簇毛原头绦虫［*P. torulosus*（Batsch，1786）］。

附 1：古北区原头绦虫有效种检索表（引自 Scholz et al.，2007）

1A. 节片显著梯形；未成节短且很宽；顶吸盘缩减了，很难观察到；已知寄生于胡瓜鱼（胡瓜鱼科）……………………………………………… 四口原头绦虫（*P. tetrastomus*）

1B. 节片矩形 …………………………………………… 2

2A. 头节有顶吸盘 …………………………………………… 3

2B. 头节无顶吸盘 …………………………………………… 11

3A. 头节端部钝，有小的顶吸盘；阴茎囊短，仅其近端 1/3 与卵黄腺滤泡相交；阴道括约肌不存在；已知寄生于裸头鱼属（*Gymnocephalus*）…………………………………… 梅花鲈原头绦虫（*P. cernuae*）

3B. 头节为不同形态 …………………………………………… 4

4A. 大型绦虫（长达 200～300mm），具有相对短的阴茎囊，为节片宽度的 1/8～1/4 …………… 5

4B. 小型绦虫或阴茎囊长，为节片宽度的 1/3～2/5 …………………………………………… 6

5A. 顶吸盘退化，长大于宽；阴道管宽、远端壁厚；受精囊在卵巢峡部的远前方；已知寄生于鳗鱼（鳗鲡属）…………………………………………… 大头原头绦虫（*P. macrocephalus*）

5B. 顶吸盘退化，宽椭圆形；阴道管远端部没有显著增厚；受精囊正好位于卵巢峡部前背部；已知寄生于河鲈属的鲈鱼 …………………………………………… 河鲈原头绦虫（*P. fluviatilis*）

6A. 阴道括约肌很发达；阴茎囊伸长、长为节片宽度的 1/3～2/5 …………………………………………… 7

6B. 阴道括约肌缺乏；阴茎囊梨形，短，占节片宽度的 1/3 以内；已知寄生于棘鱼（刺鱼科）……………… 10

7A. 头节前端锥形；颈区不明显，宽于头节；已知寄生于鲈鱼［河鲈（*Perca fluviatilis*）］和其他鲈科（Percidae）鱼类 …………………………………………… 鲈鱼原头绦虫（*P. percae*）

7B. 头节前端不呈现锥形；颈区通常显著，比头节窄 …………………………………………… 8

8A. 头节球棒状，颈区在吸盘远后端；已知寄生于茴鱼科（Thymallidae）的河鳟 ……………… 茴鱼原头绦虫（*P. thymalli*）

8B. 头节小，圆形；颈区紧接吸盘后 …………………………………………… 9

9A. 顶吸盘大，直径 22～86μm；已知寄生于鲑形目（Salmoniform）鱼类，很少寄生于胡瓜鱼科（Osmeridae）的胡瓜鱼 ·…………………………………………… 长领原头绦虫（*P. longicollis*）

9B. 顶吸盘小，直径 4～7μm；已知寄生于香鱼属（*Plecoglossus*）的香鱼……………………香鱼原头绦虫（*P. plecoglossi*）

10A. 链体长＜15mm，节片数＜35 个；纵肌弱，由单层肌纤维组成；顶吸盘退化；已知寄生于九棘刺鱼（*Pungitius pungitius*）…………………………………………… 疑似原头绦虫（*P. ambiguus*）

10B. 链体长达 60mm，由多达 170 个节片组成；纵肌由 2～5 层肌纤维组成；顶吸盘退化，椭圆形或加长形；已知寄生于三棘刺鱼（*Gasterosteus aculeatus*）…………………………………… 丝领原头绦虫（*P. filicollis*）

11A. 头节大，球棒状；颈区在吸盘的远后方；大型绦虫，长达 120mm；已知寄生于鲤科（Cyprinids）鱼类 ……………………………………………… 簇毛原头绦虫（*P. torulosus*）

11B. 头节为不同的形状；小型绦虫，仅长 20～40mm …………………………………………… 12

12A. 头节颈区与链体有明显的分界，有密实、泪珠状、大型瓶状细胞集中于顶部区域；节片中精巢＜40 个；已知寄生于咸淡水的鰕虎鱼类（Gobiids）…………………………………… 鰕虎鱼原头绦虫（*P. gobiorum*）

12B. 颈与链体前部一样宽；头节有小腺细胞分散于顶区，不集成丛；节片精巢数目＞40 个；已知寄生于爬鳅科（平鳍鳅科）（Balitorids）和条鳅科（Cobitids）鱼类 …………………………………………… 13

13A. 头节宽＞0.3mm；侧卵巢叶不分支；已知寄生于爬鳅科（平鳍鳅科）[须鳅属（*Barbatula*），高原鳅属（*Tryplophysa*）]及条鳅科的花鳅属（*Cobitis*）鱼类……箭形原头绦虫（*P. sagittus*）

13B. 头节宽＜0.3mm；卵巢叶有几个侧向分支；已知寄生于爬鳅科（平鳍鳅科）北鳅属（*Lefua*）鱼类……梅多利原头绦虫（*P. midoriensis*）

3b. 精巢在两侧区域……蛇带属（*Ophiotaenia* La Rue，1911）

［同物异名：蛙带属（*Batrachotaenia* Rudin，1917）；管带属（*Solenotaenia* Beddard，1913）；龟带属（*Testudotaenia* Freze，1965）］

识别特征：头节和内部特征如原头属，精巢分布于两侧区域。已知寄生于鱼类、两栖类和爬行类动物，全球性分布。模式种：显明蛇带绦虫（*Ophiotaenia perspicua* La Rue，1911）。

形态描述及图片较完善的种：博内蛇带绦虫（*Ophiotaenia bonneti* Chambrier，Coquille & Brooks，2006）（图 17-25～图 17-27）。该种采自哥斯达黎加（无尾目：气泡蛙科）的气泡蛙（*Rana vaillanti*）。种的特征是：精巢数为 100～177 个，生殖孔位于前方，排泄管覆盖精巢区域，阴茎囊长度为节片宽度的 15%～24%，子宫每侧有分支的支囊为 18～32 个。它有一到多个形态特征不同于蛇带属已知的 23 种，寄生于两栖类。

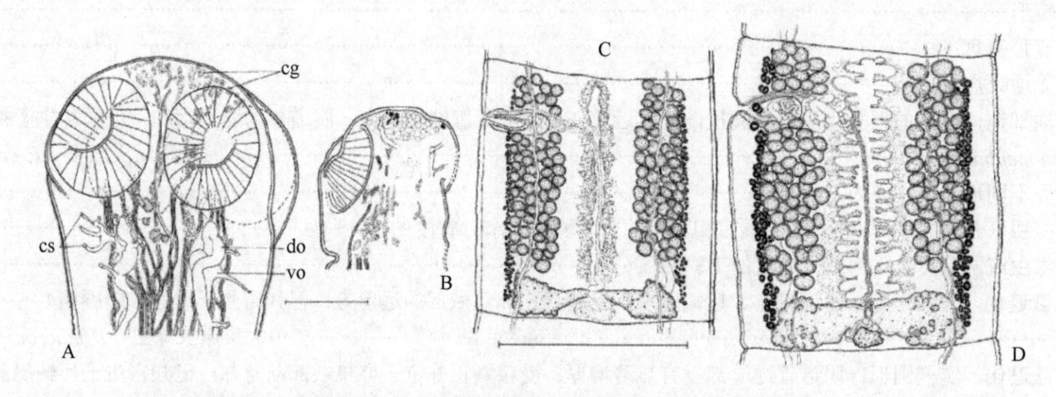

图 17-25　博内蛇带绦虫结构示意图（引自 de Chambrier et al.，2006）

A，C，D. 正模标本（MHNG INVE 37237）：A. 头节背面观，示排泄管及大量指向表面的次级管；C. 未成节背面观；D. 成节背面观。B. 副模标本（IPCASC-400）头节前面观。缩略词：cg. 具有细颗粒状细胞质的细胞；cs. 皮层下次级排泄管的末端；do. 背排泄管；vo. 腹排泄管。标尺：A，B=100μm；C，D=500μm

蛇带属的特征是其性腺分布于髓质中，有 4 个简单的单室吸盘和 2 个精巢分布区（Freze，1965；Schmidt，1986）。根据 Brooks（1978）、Schmidt（1986）和 Rego（1994）等文献，蛙带属被认为是蛇带属后来的同物异名。Schmidt（1986）没有列出应当转到蛇带属的 3 个种：角蛙蛙带绦虫（*Batrachotaenia ceratophryos*）成为角蛙蛇带绦虫［*O. ceratophryos*（Parodi & Widakowich，1916）］新组合种，虎纹蛙蛙带绦虫（*B. tigrina*）成为虎纹蛙蛇带绦虫［*O. tigrina*（Woodland，1925）］新组合种，以及赫尔南德斯蛙带绦虫［*B. hernandezi*（Flores-Barroeta，1955）］成为赫尔南德斯蛇带绦虫［*O. hernandezi*（Flores-Barroeta，1955）新组合种。目前，蛇带绦虫中约 74 种暂时已认可的寄生于爬行类和两栖类（Schmidt，1986）的种中，23 种寄生于两栖类（表 17-3，表 17-4）。博内蛇带绦虫与采自两栖类的有记录的 23 种的比较（La Rue，1914；Riser，1942；Vigueras，1942；Wolffhügel，1948；Szidat & Soria，1954；Flores-Barroeta，1955；Jones et al.，1958；Dyer & Altig，1977；Gupta & Arora，1979；Sharpilo et al.，1979；Srivastava & Capoor，1980；Dyer，1986；Puga & Formas，2005）均有 1 至多个特征的差异：波纳蛇带绦虫（*O. bonariensis*）、厄瓜多尔蛇带绦虫（*O. ecuadorensis*）、类丝蛇带绦虫（*O. filaroides*）、雨蛙蛇带绦虫（*O. hylae*）、隐静脉蛇带绦虫（*O. saphena*）和虎纹蛙蛇带绦虫具有顶器官，而博内蛇带绦虫没有顶器官；大鲵蛇带绦虫（*O. cryptobranchi*）阴道位于后部位置；洛氏蛇带绦虫（*O. loennbergii*）阴道有前方和后方位置，而博内蛇带绦虫阴道位置是在前方；卡拉门蛇带绦虫（*O. calamensis*）、角蛙蛇带绦虫和奥尔森蛇带绦虫（*O. olseni*）

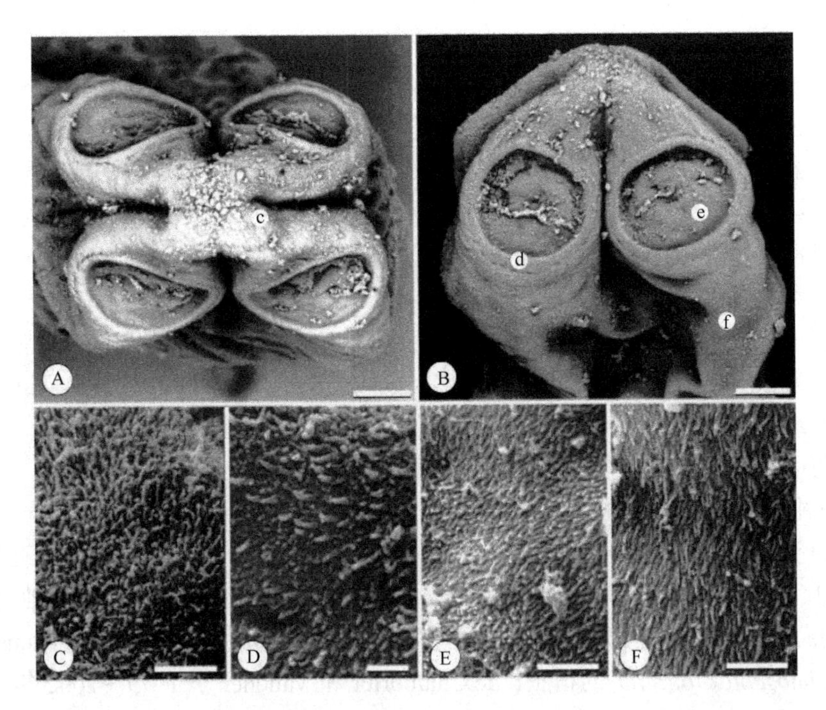

图 17-26　博内蛇带绦虫头节的扫描结构（MHNG INVE 37251）（引自 de Chambrier et al.，2006）

A. 头节顶面观；B. 头节侧面观；C. 顶部丝状和刀片状棘样微毛；D. 吸盘边缘表面刀片样棘状微毛；E. 吸盘表面刀片样棘状微毛；F. 颈区表面刀片样棘状微毛。分图 A，B 中的小写字母与 C～F 相对应，示局部放大。标尺：A，B=50μm；C，E，F=5μm；D=2μm

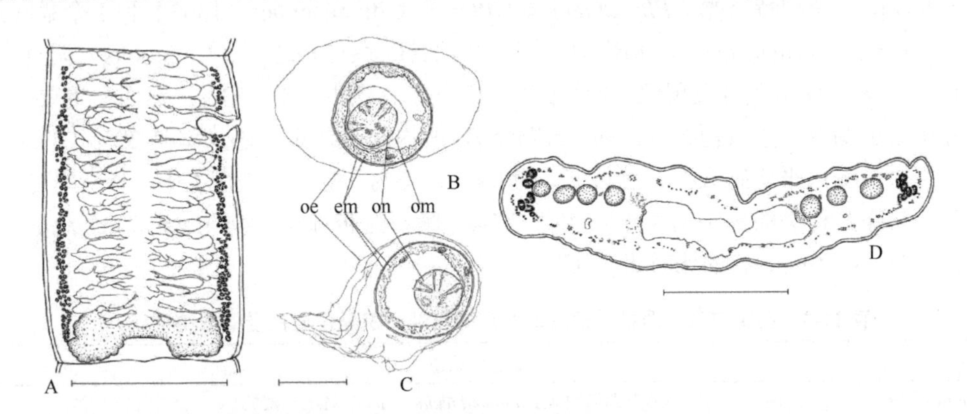

图 17-27　博内蛇带绦虫的结构示意图（引自 de Chambrier et al.，2006）

A. 正模标本（MHNG INVE 37237）孕节背面观（概略的）；B. 正模标本蒸馏水中的卵；C. 副模标本（MHNG INVE 37238）蒸馏水中的卵；D. 副模标本（MHNG INVE 37239）成节卵巢水平横切面。缩略词：em. 胚托；oe. 外膜；om. 六钩蚴膜；on. 六钩蚴。标尺：A，D=500μm；B，C=50μm

中阴茎囊长度与节片宽度的百分比大于博内蛇带绦虫；交替蛇带绦虫（*O. alternans*）表现为残余的第五吸盘存在及锥形的卵外膜形态，而博内蛇带绦虫没有这些特征；博内蛇带绦虫比两栖螈蛇带绦虫（*O. amphiumae*）有更少的子宫分支；博内蛇带绦虫吸盘直径是头节直径的 50%～52%，而在角蛙蛇带绦虫中，此比值是 26%～32%，脆弱蛇带绦虫（*O. gracilis*）中是 30%～32%，洛氏蛇带绦虫中为 66%；脆弱蛇带绦虫的卵有一漏斗状低沉区且胚托与六钩蚴紧密相连，而博内蛇带绦虫不表现出这些特征；大型蛇带绦虫（*O. magna*）和颜色蛇带绦虫（*O. olor*）的排泄管为侧方位置，而博内蛇带绦虫的排泄管与精巢区重叠；博内蛇带绦虫与诺亚蛇带绦虫（*O. noei*）的不同点在于精巢数目更少，而与赫尔南德斯蛇带绦虫和舒尔茨蛇带绦虫（*O. schultzei*）的不同则是精巢数目更多；博内蛇带绦虫与蟾蜍蛇带绦虫（*O. bufonis*）(50%)，*O. carpathica*(54%～55%)、角蛙蛇带绦虫(39%)、厄瓜多尔蛇带绦虫(42%～44%)、雨蛙蛇带绦虫(44%～55%)、诺亚蛇带绦虫（39%）、奥尔森蛇带绦虫（59%）和舒尔茨蛇带绦虫（48%）的不同点是生殖孔的位置更靠近前方（15%～29%）。最后，与林蛙蛇带绦虫（*O. ranae*）的不同点在于卵黄滤泡周围肌肉位置不同（Chambrier，1990 的定义），而博内蛇带绦虫的卵黄滤泡全部在髓质。丛林蛇带绦虫［*O. junglensis*（Srivastava & Capoor，1980］被认为是有问题的种。Rudin（1917）建立蛙带属用于容纳栖息于无尾目的 4 种原头绦虫。Freze（1965）支持 Rudin（1917）的主张，认可其为有效属，并将其他 13 种移到蛙带属中，强调了下列形态特征：①头节和颈常无棘；②成节（甚至孕节）近正方形或长略大于宽；③内部肌肉层很薄或不存在；④梅氏腺大。Brooks（1978）认为 Freze（1965）提出的终末宿主类型的蛇带属下的分类不组成自然类群。他也指出 Freze 对蛙带属、龟带属和蛇带属的识别特征不适合 Freze（1965）放置于这些属中所有的种。Brooks（1978）考虑过将蛙带属和龟带属作为蛇带属的同物异名。他也讨论了蛇带属的状态。根据 Freze（1965），蛇带属不同于原头属之处在于其有一预成型的子宫及寄生于爬行类，并考虑将蛇带属作为原头属的一个后来的同物异名。Chambrier 等（2004）对原头目进行系统分析，评价了原头属演化支的结构并表明原头属的种是古北区鱼类最基础的寄生虫。

原头绦虫在两栖动物中的感染率通常很低，至少在新热带区如此（表 17-4）。在厄瓜多尔，1983～1990 年有人研究的 91 种两栖动物（90 种无尾类和 1 种有尾类）2200 个个体中仅有 9 个（所有都是无尾目）（0.41%）感染有原头绦虫：4 个地理雨蛙（*Hyla geographica* Spix，1824）、2 个白斑雨蛙［*Hyla boans*（Linnaeus，1758）］、1 个巨头宽树蛙（*Osteocephalus taurinus* Steindachner，1862）、1 个细趾蟾（*Leptodactylus labrosus* Jiménez de la Espada，1875）和 1 个亚马孙角蛙［*Ceratophrys cornuta*（Linnaeus，1758）］为图泽小头节绦虫（*Nomimoscolex touzeti*）的宿主。de Chambrier 和 Vaucher 于 1979～2002 年，在巴拉圭研究的 64 种两栖类（全为无尾目）1510 个个体中仅有 7 个（0.46%）感染有原头绦虫：1 个平头雨蛙［*Hyla raniceps*（Cope，1862）］、1 个桑伯恩雨蛙（*Hyla sanborni* Schmidt，1944）、2 个奇异多指节蟾［*Pseudis paradoxa*（Linnaeus，1758）］、2 个纳特竖蟾［*Physalaemus nattereri*（Steindachner，1863］和 1 个猫眼蛙未定种或珍珠蛙未定种（*Lepidobatrachus* sp.）。相似地，同一个项目的参与者之一（D. Brooks）调查了 46 种无尾类、1 种有尾类 1008 个两栖类并发现仅 33 个个体感染有原头绦虫，约占 3%。然而，重要的是他注意到所有的原头绦虫成虫均发生于气泡蛙（*Rana vaillanti*），博内蛇带绦虫的感染率是 22%（33/147 气泡蛙）。新热带区两栖类原头绦虫平均感染率普遍很低，为 0.41%～3%，但在一些宿主中，感染率可能高达 25%。

两栖类宿主与绦虫种类的关系见表 17-3 和表 17-4。紧要蛇带绦虫（*Ophiotaenia critica*）与同属最相近种脆弱蛇带绦虫（*O. fragile*）的比较见表 17-5。

表 17-3　已定过名的两栖类宿主的蛇带绦虫种（仅是最近接受的分类系统）

寄生虫	宿主	采集地
O. alternans	三趾两栖鲵（*Amphiuma tridactylum* Cuvier，1827）	美国
O. amphiumae	三趾两栖鲵（*Amphiuma tridactylum* Cuvier，1827）	美国
O. bonariensis	眼斑细趾蟾（*Leptodactylus ocellatus* Linnaeus，1758）	阿根廷
O. bufonis	蟾蜍（*Bufo peltacephalus* Schwartz，1960）	古巴
O. calamensis	池蟾（*Telmatobius dankoi* Formas，Northland，Capetillo，Nuñez，Cuevas & Brieva，1999）	智利
O. carpathica	冠欧螈（*Triturus cristatus* Laurenti，1768）	乌克兰
O. ceratophryos	钟角蛙（*Ceratophrys ornata* Bell，1843）	阿根廷
O. cryptobranchi	隐鳃鲵（*Cryptobranchus alleganiensis* Daudin，1803）	美国
O. ecuadorensis	区域雨蛙（*Hyla geographica* Spix，1824）	厄瓜多尔
O. filaroides	虎纹钝口螈（*Amblystoma tigrinum* Green，1825）	美国
O. gracilis	美洲牛蛙（*Rana catesbeiana* Shaw，1802）	美国
O. hernandezi	蛙未定种（*Rana* sp.）	墨西哥
O. junglensis	虎纹蛙（*Hoplobatrachus tigerinus* Daudin，1802）	印度
O. hylae	绿纹树蛙（*Litoria aurea* Lesson，1829）	澳大利亚
O. loennbergii	斑泥螈（*Necturus maculosus* Rafinesque，1818）	美国
O. magna	美洲牛蛙（*Rana catesbeiana* Shaw，1802）	美国

续表

寄生虫	宿主	采集地
O. noei	智利巨蛙（*Caudiverbera caudiverbera* Linnaeus，1758）	智利
O. olor	红腿蛙（*Rana aurora* Baird & Girard，1852）	美国
O. olseni	区域雨蛙（*Hyla geographica* Spix，1824）	厄瓜多尔
O. ranae	黑斑蛙（*Rana nigromaculata* Hallowell，1861）	日本
O. saphena	绿池蛙（*Rana clamitans* Latreille in Sonnini de Manoncourt & Latreille，1801）	美国
O. schultzei	非洲牛蛙（*Pyxicephalus adspersus* Tschudi，1938）	南非
O. tigrina	虎纹蛙（*Hoplobatrachus tigerinus* Daudin，1802）	印度

表 17-4　从南美和中美国家两栖动物宿主收集到的原头绦虫（引自 Brooks & Buckner，1976）

国家/寄生虫种	宿主	调查的宿主数	宿主感染数	感染率（%）
厄瓜多尔	91 种	2200	9	0.41
Ophiotaenia olseni	区域雨蛙（*Hyla geographica*）	30	1	3.3
Ophiotaenia sp. 1	区域雨蛙（*Hyla geographica*）	30	3	10
Ophiotaenia sp. 2	白斑雨蛙（*Hyla boans*）	9	2	22
Ophiotaenia sp. 3	巨头宽树蛙（*Osteocephalus taurinus*）	46	1	2.2
Ophiotaenia sp. 4	厚唇细趾蟾（*Leptodactylus labrosus*）	4	1	25
Nomimoscolex touzeti de Ch. & Vaucher，1992	亚马孙角蛙（*Ceratophrys cornuta*）	1	1	100
巴拉圭	64 种	1510	7	0.46
Ophiotaenia sp. 5	平头雨蛙（*Hyla raniceps*）	100	1	1
Ophiotaenia sp. 6	桑伯恩雨蛙（*Hyla sanborni*）	15	1	6.6
Ophiotaenia sp. 7	奇异多指节蟾（*Pseudis paradoxa*）	38	2	5.3
Ophiotaenia sp. 8	纳特竖蟾（*Physalaemus nattereri*）	45	2	4.4
Ophiotaenia sp. 9	珍珠蛙未定种（*Lepidobatrachus* sp.）	1	1	100
哥斯达黎加	47 种	1008	33	3.3
O. bonneti	气泡蛙（*Rana vaillanti*）	147	33	22

其他有提供结构示意图或照片的蛇带绦虫尚有鳗螈蛇带绦虫（图 17-28）、蛇带绦虫未定种（图 17-29A～D）及一些蛇带绦虫的幼虫（图 17-29E～G，图 17-30）。

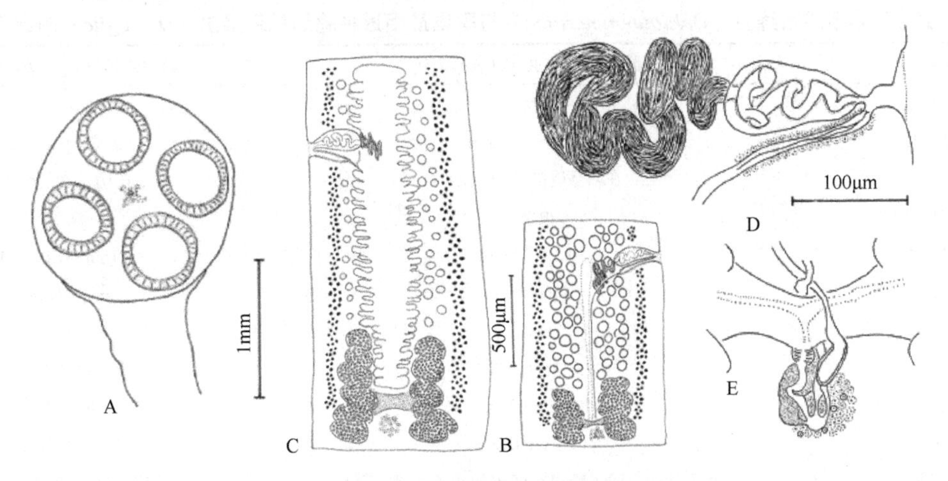

图 17-28　鳗螈蛇带绦虫（*Ophiotaenia sireni*）结构示意图（引自 Brooks & Buckner，1976）

A. 头节；B. 成节；C. 孕节；D. 生殖器官末端；E. 卵模

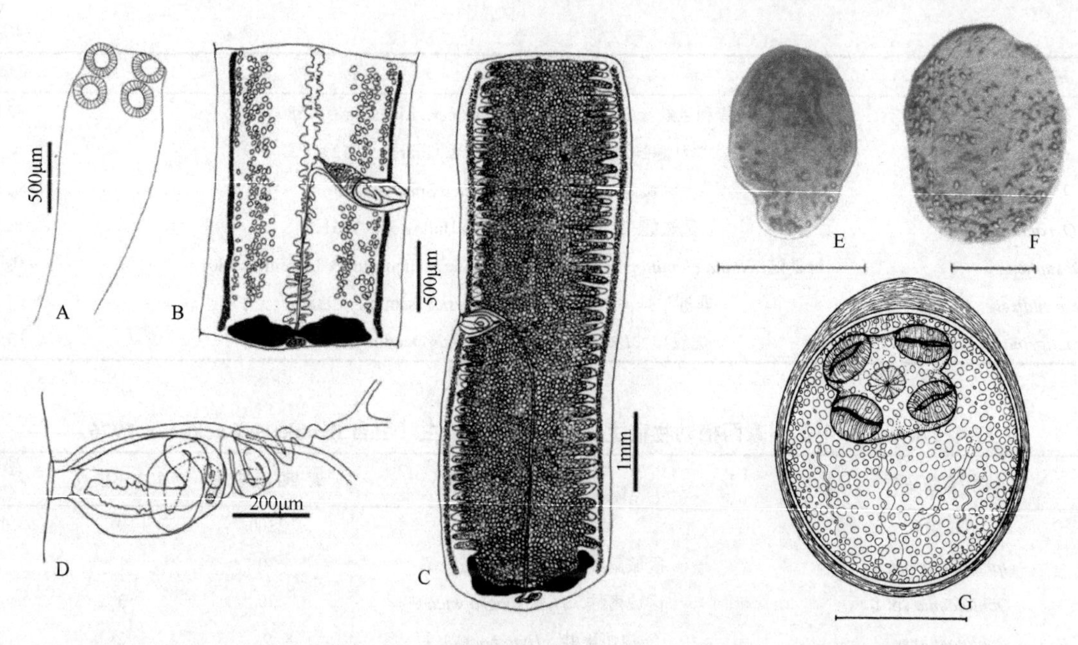

图 17-29　蛇带绦虫未定种及欧洲蛇带绦虫（*O. europaea*）裂头蚴的发育

A～D. 发现于翡翠树蚺（*Corallus caninus*）[蛇亚目（Serpentes）蟒蛇科（Boidae）的蛇带绦虫未定种：A. 头节；B. 成节；C. 孕节；D. 阴茎囊和阴道细节图。E～G. 寄生于爬行动物的欧洲蛇带绦虫裂头蚴的发育：E. 采自近邻剑水蚤感染 10 天的裂头蚴；F. 采自感染后 40 天绿蜥蜴肠壁囊中存活的裂头蚴；G. 采自棋斑水游蛇（*Natrix tessellata*）食道壁的裂头蚴。标尺：E～G=200μm（A～D 引自 Silva et al.，2006；E～G 引自 Biserkov & Kostadinova，1997）

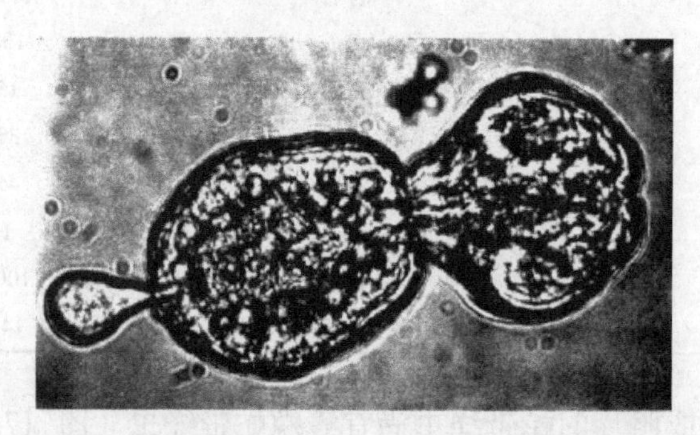

图 17-30　脆弱蛇带绦虫（*O. gracilis*）的原尾蚴（长 187μm，注意尾球、胚吸盘和钙小体）（引自 Buhler，1970）

表 17-5　紧要蛇带绦虫（***Ophiotaenia critica***）与同属最相近种脆弱蛇带绦虫（***O. fragile***）的比较

特征	脆弱蛇带绦虫（*O. fragile*）	紧要蛇带绦虫（*O. critica*）
阴茎外翻	高频度	无倾向
阴茎长度	0.88～1.24mm	0.08～0.21mm
阴道	在阴茎囊的前方或后方	在阴茎囊的前方
阴道括约肌	很发达	缺乏
头节长度	0.5～0.5mm	0.7～1.1mm 或 0.7～1.7mm
整条链体的长度	45～80mm	长达 360mm
脆性	高	正常
子宫囊	7～12 对	5～9 对
精巢数目	150～230	80～270
精巢直径	0.07～0.09mm	0.02～0.04mm
子宫囊	达不到卵黄腺（精巢在卵黄腺和子宫囊之间）	达卵黄腺（精巢通常消失）
六钩蚴直径	0.013～0.016mm	0.017～0.021mm
阴茎囊大小	0.16～0.19mm 或 0.30～0.35mm	0.20～0.35mm 或 0.07～0.11mm

de Chambrier 等（2010）报道了采自马达加斯加安塔那那利佛（Antananarivo）特有的无毒游蛇：马达加斯加斑点猪鼻蛇（*Leioheterodon geayi* Mocquard）[游蛇科（Colubridae）] 肠道的乔治耶夫蛇带绦虫（*Ophiotaenia georgievi*）（图 17-31～图 17-33）。该种是采自马达加斯加的第一个蛇带属的种。它不同于寄生于非洲蛇的所有蛇带属的种在于它具有 3 层胚托卵（其他非洲种有 2 层胚托）。此外，乔治耶夫蛇带绦虫可能通过精巢数（92～140）、头节宽度（225～235μm）、整体长度（57mm）、阴茎囊长度与节片宽度比率（19%～32%），以及侧方子宫支囊数（每侧 23～28）与其他种相区别。

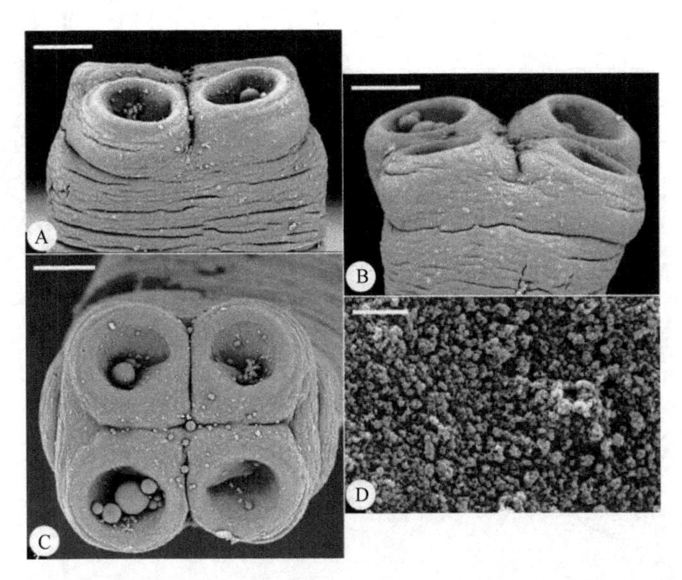

图 17-31　乔治耶夫蛇带绦虫副模标本（MHNG INVE 65474）的扫描结构（引自 de Chambrier et al.，2010）

A. 头节背腹面观；B. 头节侧面观；C. 头节顶面观；D. 头节顶部水平的微毛。标尺：A～C=50μm；D=3μm

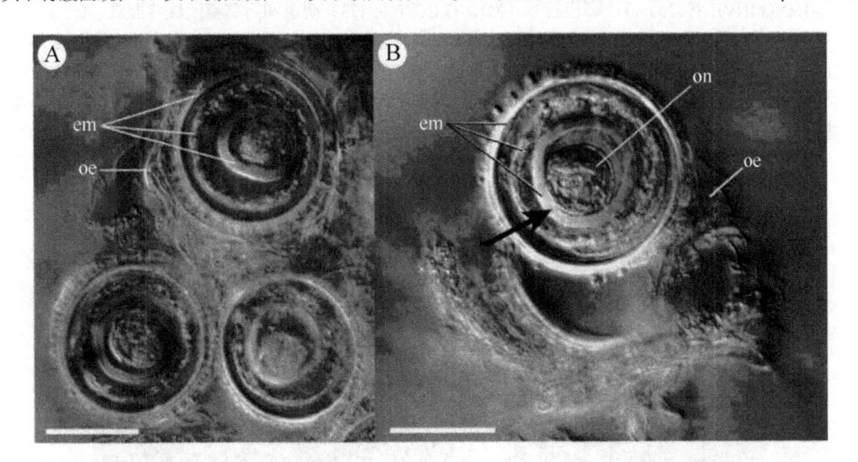

图 17-32　乔治耶夫蛇带绦虫蒸馏水中的虫卵（MHNG INVE 65475）（引自 de Chambrier et al.，2010）

示 3 层胚托，箭头指额外的层。缩略词：em. 胚托；oe. 外膜；on. 六钩蚴。标尺=20μm

4a. 吸盘心形，大，皱纹多，后部边缘有凹口……………………………………皱槽属（*Crepidobothrium* Monticelli，1900）

[同物异名：蛇带属（*Ophidotaenia* Beddard，1913）]

识别特征：头节大。精巢位于两侧区域。卵巢两叶状，接近节片后方边缘。子宫位于中央，有侧分支。已知寄生于南美的蛇类。模式种：杰拉德皱槽绦虫（*C. gerrardi* Baird，1860）。其他种：道尔夫皱槽绦虫（*C dollfusi* Freze，1965）及发现于木野矛头蝮（*Bothrops moojen*i Hoge）[蛇亚目（Serpentes）：蝮蛇科（Viperidae）] 的皱槽绦虫未定种（*Crepidobothrium* sp. Silva et al.，2001）（图 17-34）等。

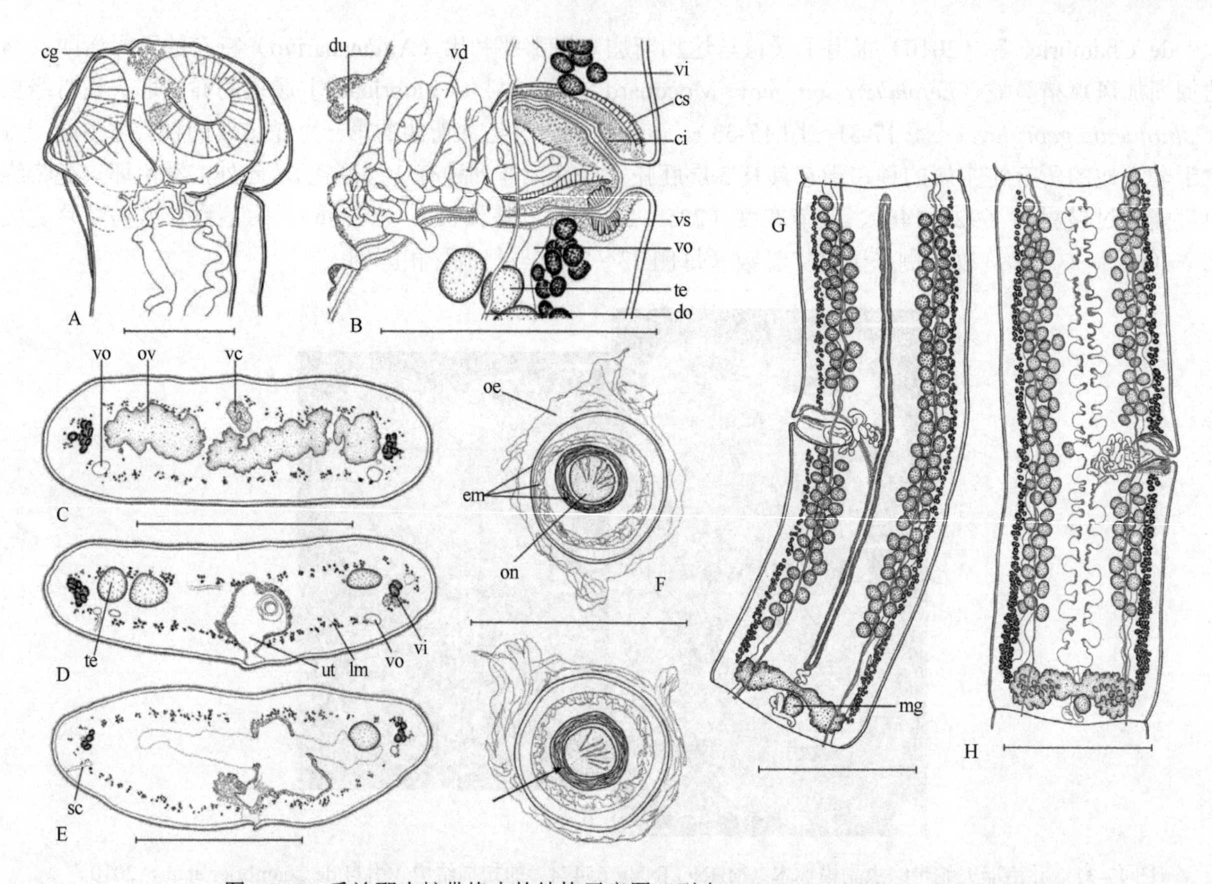

图 17-33　乔治耶夫蛇带绦虫的结构示意图（引自 de Chambrier et al.，2010）

A. 全模标本头节侧面观（MHNG INVE 65470）；B. 副模标本（MHNG INVE 65473）阴道和阴茎囊区域背面观；C～E. 分别为过卵巢、精巢区域的前部和后部水平的横切面（MHNG INVE 65475）；F. 卵，蒸馏水中示 3 层胚托（MHNG INVE 65475），额外层由箭头标示；G. 全模标本成节背面观；H. 副模标本（MHNG INVE 65473）孕前节背面观。缩略词：cg. 有细颗粒状胞质的细胞；ci. 阴茎；cs. 阴茎囊；do. 背渗透调节管；du. 子宫支囊；em. 胚托；lm. 内纵肌；mg. 梅氏腺；oe. 外膜；on. 六钩蚴；ov. 卵巢；sc. 次级管；te. 精巢；ut. 子宫；vc. 阴道管；vd. 输精管；vi. 卵黄腺滤泡；vo. 腹渗透调节管；vs. 阴道括约肌。标尺：A=100μm；B～E=250μm；F=50μm；G，H=500μm

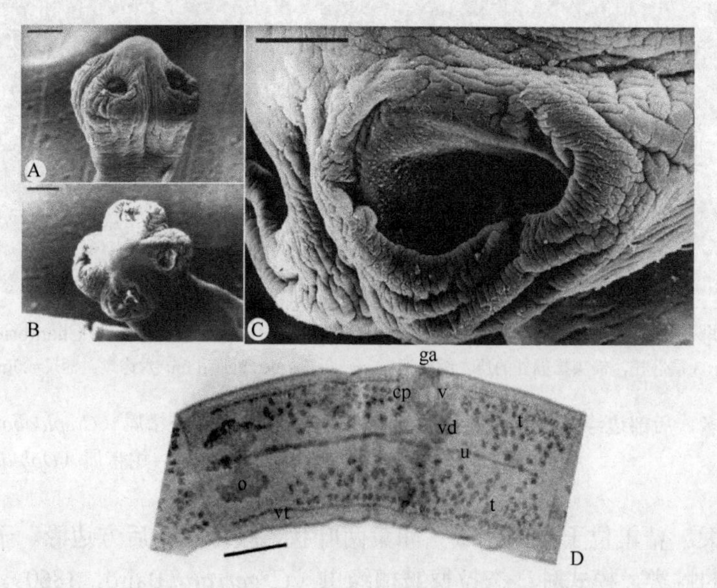

图 17-34　寄生于小眼矛头蝮的皱槽绦虫未定种扫描和光镜结构（引自 Silva et al.，2001）

A. 侧面观；B. 正面观；C. 吸盘放大；D. 成节。缩略词：cp. 阴茎囊；ga. 生殖腔；o. 卵巢；t. 精巢；u. 子宫；v. 阴道；vd. 输精管；vt. 卵黄腺。标尺：A，B=200μm；C=100μm；D=300μm

短皱槽绦虫（*C. brevis*）被认为是杰拉德皱槽绦虫地位较低的主观同物异名。巨盘皱槽绦虫（*C. macroacetabula* Kugi & Sawada，1972）被当作道尔夫皱槽绦虫的低级同物异名。作为皱槽属的最终修订结果，15 个命名种仅保留 5 个有效的种：杰拉德皱槽绦虫、毒蛇皱槽绦虫（*C. viperis* Beddard，1913）、道尔夫皱槽绦虫、拉刻西斯皱槽绦虫（*C. lachesidis*）和加尔佐皱槽绦虫（*C. garzonii* Chambrier，1988）。

4b. 吸盘高度可变……………………………………………………………………………………………… 5

5a. 吸盘有肉茎，头节宽大于颈区 ……………………………… 巨槽带属（*Macrobothriotaenia* Freze，1965）

识别特征：头节有肉茎，宽大于颈区。生殖孔略在赤道偏后。节片长大于宽。精巢在两侧区。阴茎囊大。卵巢横向伸长。已知寄生于印度蛇类。模式种：*Macrobothriotaenia ficta*（Meggitt，1927）。

5b. 吸盘无肉茎……………………………………………………………………………………………… 6

6a. 各吸盘后部有凹陷，将吸盘后缘分为 2 个相等的瓣……………………………… 布雷属（*Brayela* Rego，1984）

该属的识别特征由 de Chambrier 等（2014）进行了修订，并对其模式且为仅知的种进行了重描述。

识别特征：原头目原头亚科。小型绦虫（长 15～30mm）；链体无缘膜；节片形态可变，未成节和成节短宽到方形，孕节长大于宽。内纵肌几乎不能区别。腹渗透调节管宽。头节棒状，具倒心形的吸盘。精巢位于髓质 1 个区域。阴茎囊大，可能达节片中线。阴道位于阴茎囊前方。生殖孔位于前方，不规则交替。卵巢位于髓质，两叶、滤泡状。卵黄腺滤泡位于侧方带几乎从节片边缘最前方到后方；孔侧带在生殖器官末端水平中断。2 型子宫发育。已知为新热带鲇形目（Siluriformes）长须鲇科（Pimelodidae）淡水鱼类的寄生虫。模式且为仅知的种：卡路尔塔布雷绦虫[*Brayela karuatayi*（Woodland，1934）]（图 17-35～图 17-37）。

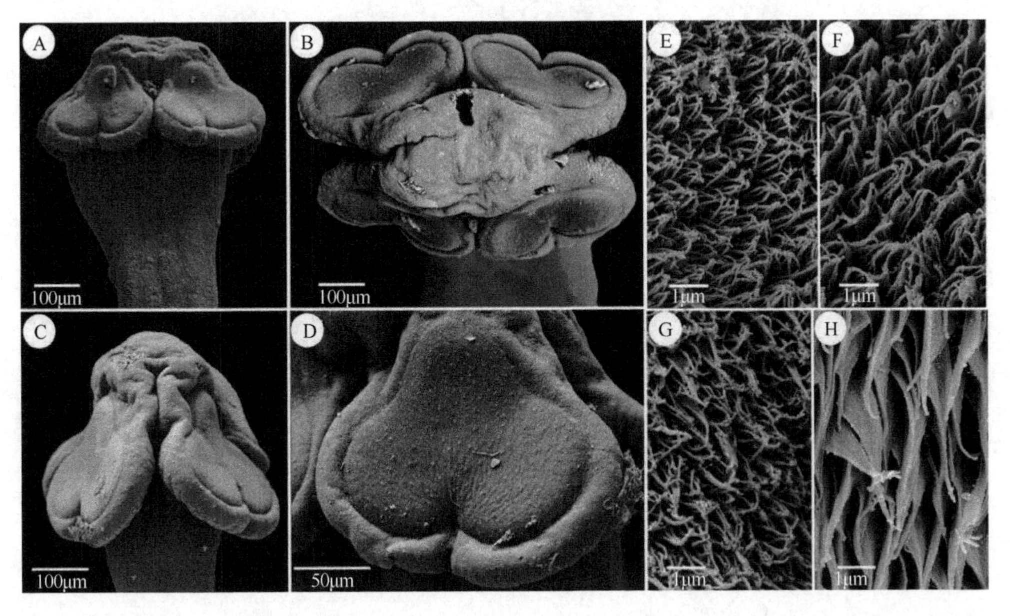

图 17-35　卡路尔塔布雷绦虫（MHNG-PLAT 79595）扫描结构（引自 de Chambrier et al.，2014）

样品采自秘鲁伊基托斯（Iquitos）的扁线油鲇（*Platynematichthys notatus*）。A～D. 头节；E～H. 微毛。A. 背腹面观；B. 顶面观；C. 侧面观；D. 吸盘细节；E～G. 分别为头节顶部、吸盘外表面和内腔面的针状丝毛；H. 颈区（增殖区）的具芒剑状棘毛

6b. 吸盘有 2 个不等的腔，或 4 个腔 ……………………………………………………………………… 7

7a. 吸盘分为 2 个不等的腔 ……………………………………………… 蜥蜴带属（*Tejidotaenia* Freze，1965）

识别特征：小型虫体。链体无缘膜，有少量节片。成节与孕节长大于宽。吸盘梨状、多形、单室，有时分为两部分，但不形成真正的槽。精巢位于髓质，分布为一个或两个区，前方更为致密。生殖孔不规则交替。阴茎囊小，球状。卵巢位于髓质，背腹面观两叶状，位于节片后 1/3 水平。阴道前方位或后方

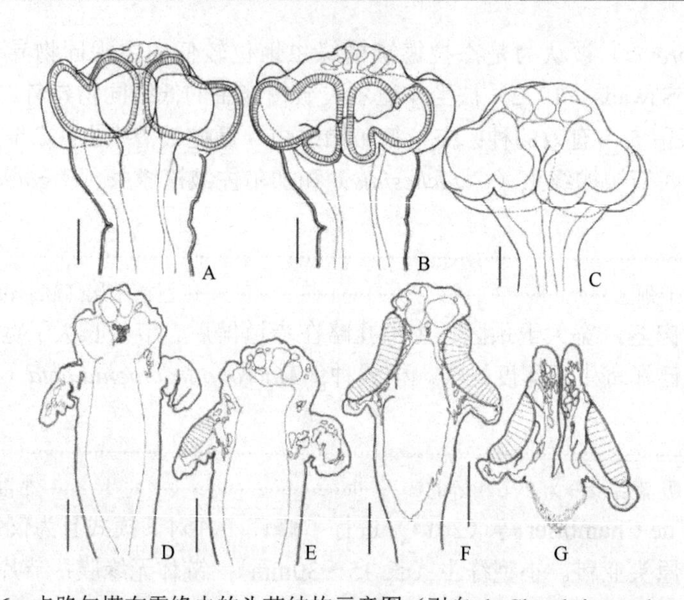

图 17-36　卡路尔塔布雷绦虫的头节结构示意图（引自 de Chambrier et al.，2014）

A，B. 头节背侧观，采自巴西小项鳍鲇（*Glanidium* sp.）的共模标本（BMNH 1965.2.23.13～17）；C. 采自秘鲁伊基托斯扁线油鲇的幼体样品（MHNG-PLAT 79595）头节背腹面观；D～G. C 图样品头节矢状面。标尺=100μm

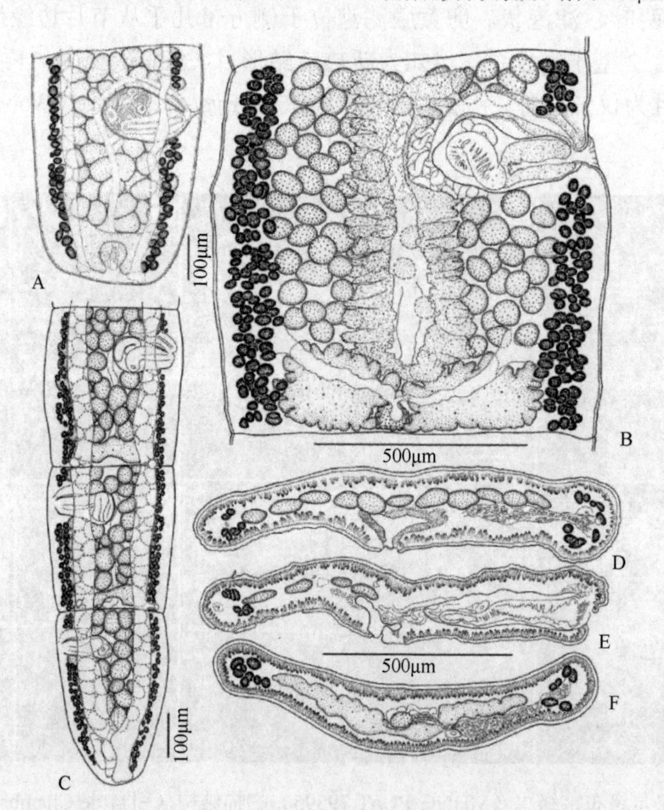

图 17-37　卡路尔塔布雷绦虫节片的结构示意图（引自 de Chambrier et al.，2014）

A，C. 采自秘鲁伊基托斯扁线油鲇的幼体样品（MHNG-PLAT 79595）最末端的节片腹面观；B. 采自巴西小项鳍鲇（*Glanidium* sp.）的共模标本（BMNH 1965.2.23.13～17）孕前节腹面观；D～F. B 图样横切面，分别为阴茎囊、孔后水平和卵巢水平

位。子宫位于髓质。子宫轴的部分和支囊位于卵巢后方。已知为南美洲蜥蜴科动物的寄生虫。模式及仅知的种：附属蜥蜴带绦虫［*Tejidotaenia appendiculata*（Baylis，1947）Freze，1965］（图 17-38～图 17-40）［同物异名：附属原头绦虫（*Proteocephalus appendiculatus* Baylis，1947）；附属蛇带绦虫（*Ophiotaenia appendiculata*（Baylis，1947）Yamaguti，1959）］。

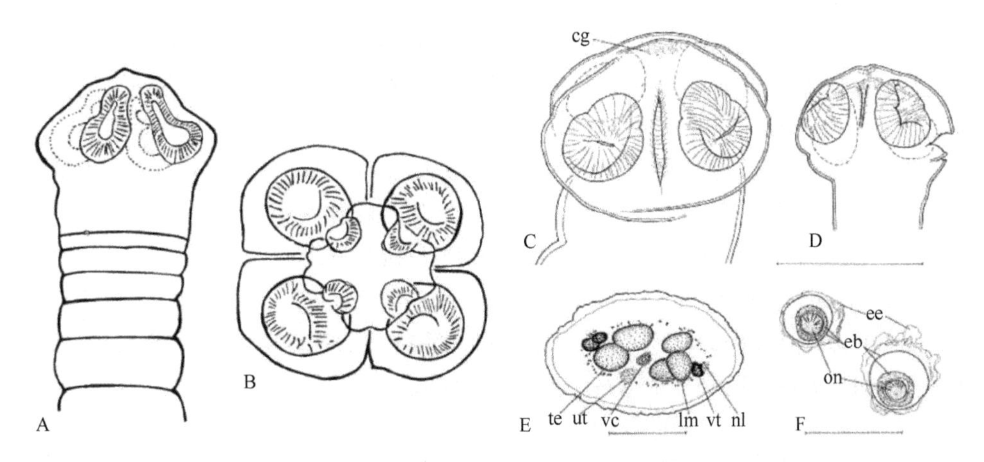

图 17-38　附属蜥蜴带绦虫结构示意图

A. 头节侧面观；B. 头节顶面观；C，D. 头节；E. 成节横切面；F. 蒸馏水中的卵。缩略词：cg. 腺细胞；eb. 胚托；ee. 外膜；lm. 纵行的肌肉；nl. 纵向的神经；on. 六钩蚴；te. 精巢；ut. 子宫；vc. 阴道管；vt. 卵黄腺滤泡。标尺：C，D=0.25mm；E=0.10mm；F=0.05mm（A，B 引自 Rego，1994；C～F 引自 Rego & de Chambrier，2000）

附属蜥蜴带绦虫最初发现于南美双领蜥（*Tupinambis teguixin*），1999 年，由巴西奥斯瓦尔多·科鲁斯学院蠕虫学系 Amilcar Arandas Rego 及瑞士日内瓦自然历史博物馆的 Alain de Chambrier 共同完成对采自模式宿主的本种绦虫的重描述工作，并于 2000 年发表研究结果。

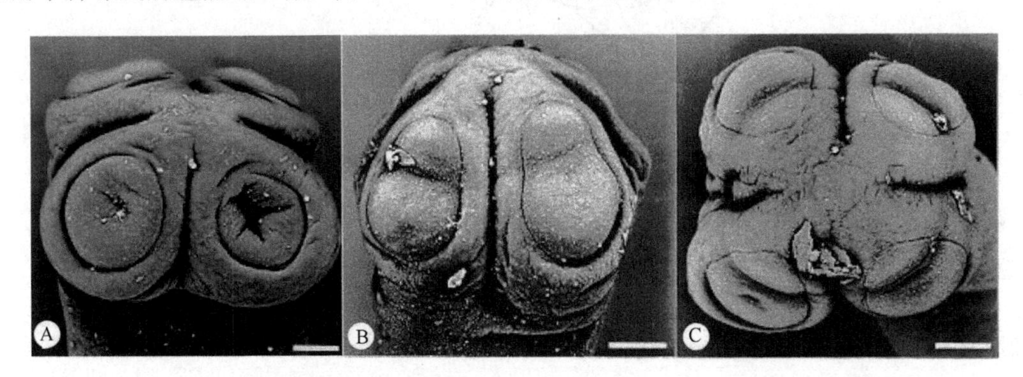

图 17-39　附属蜥蜴带绦虫的扫描结构（引自 Rego & de Chambrier，2000）

A. 头节，注意单室的吸盘；B. 头节侧面观扫描，注意吸盘的横向收缩；C. 头节扫描顶面观。标尺=0.05mm

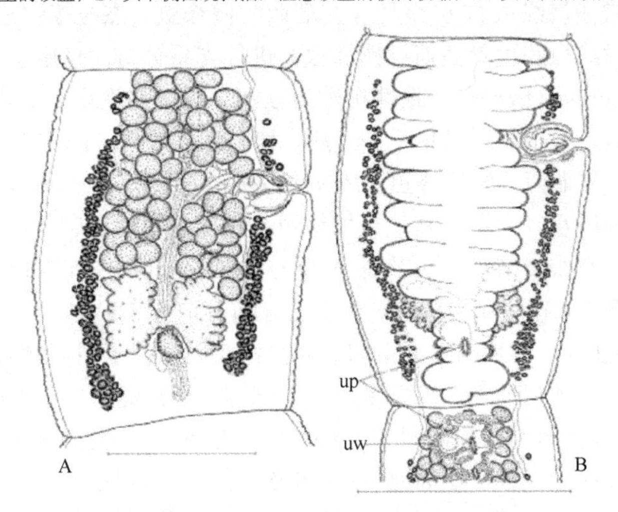

图 17-40　附属蜥蜴带绦虫的结构示意图（引自 Rego & de Chambrier，2000）

A. 成节背面观；B. 孕节腹面观，后方的节片已经释放出虫卵，前方的节片中没有画出精巢和卵。缩略词：up. 子宫孔；uw. 子宫壁细胞。标尺：A=0.25mm；B=0.5mm

附属蜥蜴带绦虫卵巢的位置与通常发现于原头目绦虫的基本位置相比更为靠前。此外，子宫轴的一部分位于卵巢之后。所有这些特征是新认识到的。吸盘的形态组成了附属蜥蜴带绦虫的另一个有趣的特性，其吸盘是多形的。明显仅有一个吸盘腔；而有时可以在小的“前方吸盘”表面观察到一小腔。共同的是各吸盘表现为梨状，有一收缩部将吸盘分为小的前方的延伸部分及一大的后部。头节额状切片没有任何类型的特殊肌肉可以解释这种奇异的形状。吸盘的形状可能在用化学药品固定过程中由依赖于其对肠壁的附着造成。因此，见到的结构可能是与肠绒毛接触而形成的。同样的情况出现在绦虫 *Amphoteromorphus piraeeba* Woodland，1934（de Chambrier & Vaucher，1997）中。当然，这种假设需要收集更多的材料进行证明。Yamaguti（1959）将附属蜥蜴带绦虫放在蛇带属，而 Freze（1965）提出了新属：蜥蜴带属（*Tejidotaenia*），主要基于其存在双室的吸盘。

7b. 各吸盘腔由隔分为 4 个肌肉质的小室……………………………………………迪布洛克带属（*Deblocktaenia* Odening，1963）

识别特征：吸盘横向，开孔指向前方。头节比颈区宽很多。节片很长。生殖孔在赤道前方。精巢在两侧区域。阴道有括约肌。子宫有支囊。已知寄生于马达加斯加岛无毒蛇。模式种：吸盘分隔迪布洛克带绦虫［*Deblocktaenia ventosaloculata*（Deblock，Rose & Broussart，1962）］（图 17-41）。

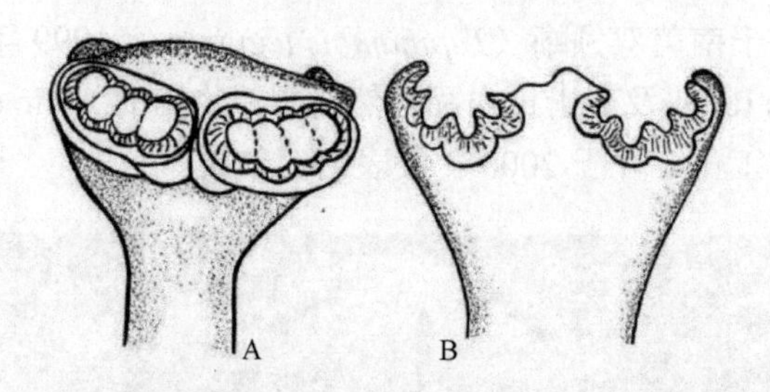

图 17-41　吸盘分隔迪布洛克带绦虫头节结构（引自 Rego，1994）

A 头节；B. 头节切片

17.5.2.2　原头亚科其他属

1）伪皱槽属（*Pseudocrepidobothrium* Rego & Ivanov，2001）

Rego 和 Ivanov（2001）重新描述艾瑞西皱槽绦虫（*Crepidobothrium eirasi* Rego & Chambrier，1995）的形态特征并对已命名的皱槽属绦虫的 6 个种（艾瑞西皱槽绦虫、杰拉德皱槽绦虫、毒蛇皱槽绦虫、道尔夫皱槽绦虫、加尔佐皱槽绦虫和拉刻西斯皱槽绦虫）进行支系分析。使用了 23 个特征和 1 个外群。分析获得两棵简约树（parsimonious tree），一致性指数为 0.76。两棵树并发于艾瑞西皱槽绦虫位置并提示仅当排除掉艾瑞西皱槽绦虫时，皱槽属才是单系。为此，建立伪皱槽属（*Pseudocrepidobothrium*）用于容纳艾瑞西皱槽绦虫，并更名为艾瑞西伪皱槽绦虫（*Pseudocrepidobothrium eirasi*），也是该属目前已知仅有的种，采自鱼类并有具凹口的吸盘，而所有其他皱槽绦虫全部都采自南美爬行动物。

识别特征：小型虫体，有少量节片。头节有 4 个心形吸盘，后方有凹口。未成节方形；成节和孕节长大于宽。节片附属物（垂片）在腹侧方位置。生殖孔在节片前方 1/3 处。卵黄腺滤泡在肌肉周围（分布于内部、外部和纵肌纤维之间）。节片围孔区无卵黄腺滤泡。阴道位于阴茎囊后方，有一明显的肌肉质括约肌。纵肌不发达，由小的纤维束组成，绝大多数位于侧方。子宫囊状，不扩展。卵具有内部极性结构，被膜有钩。已知为亚马孙河鲇形目长须鲇科（pimelodid）的鱼类寄生虫。模式种：艾瑞西伪皱槽绦虫［*Pseudocrepidobothrium eirasi*（Rego & Chambrier，1995）］（图 17-42A）。

Ruedi 和 de Chambrier（2012）描述了采自巴西亚马孙河红尾鸭嘴鲇［*Phractocephalus hemioliopterus*（Bloch & Schneider）］［鱼类（Pisces）：长须鲇科（Pimelodidae）］的卢多维克伪皱槽绦虫（*P. ludovici*）（图 17-43，图 17-44，图 17-45M、N），其与艾瑞西伪皱槽绦虫的差异在于缺乏节片两边腹侧突起。此外，还

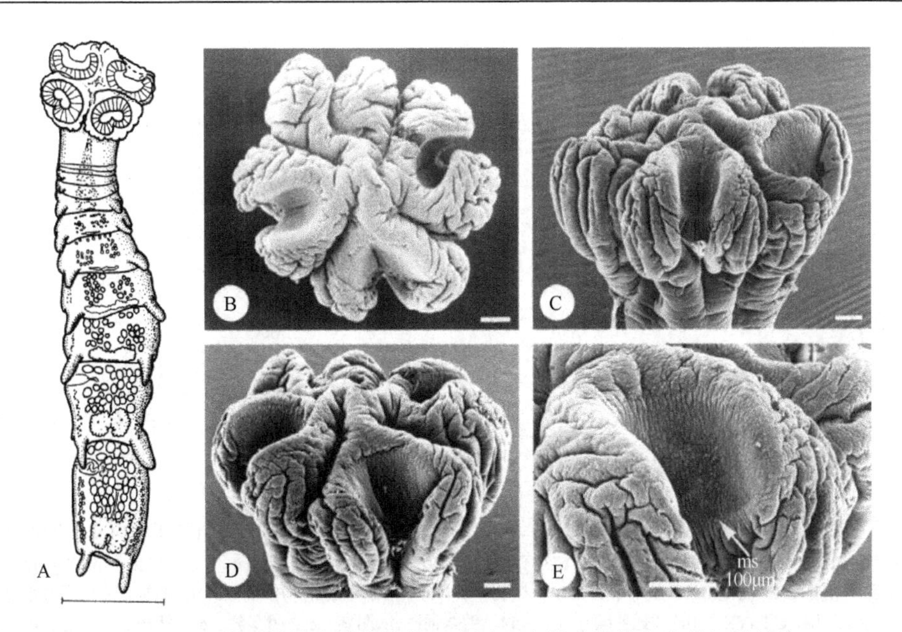

图 17-42 伪皱槽绦虫链体结构示意图和奇异头节绦虫头节扫描结构

A. 艾瑞西伪皱槽绦虫的链体结构，注意心形的吸盘；B～E. 负鼠奇异头节绦虫（副模标本 INVE 28993）：B. 顶面观；C. 侧面观；D. 亚顶面观；E. 心形吸盘叶的细节（箭头示吸盘的边缘=ms）。缩略词：ms. 吸盘边缘。标尺：A=0.100mm；B～E=100μm（A 引自 Rego & Ivanov，2001；B～E 引自 Guzmán et al.，2001）

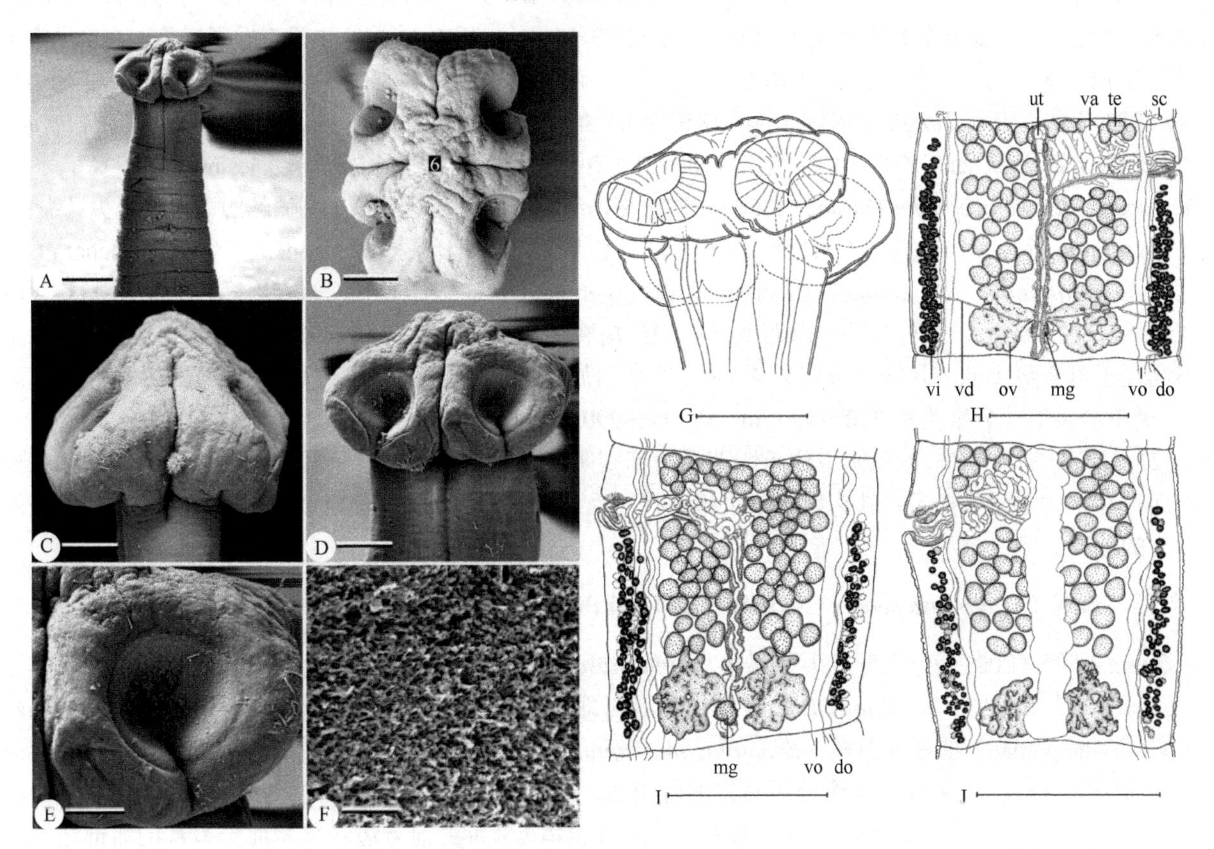

图 17-43 采自巴西亚马孙河红尾鸭嘴鲇的卢多维克伪皱槽绦虫扫描电镜照和结构示意图

（引自 Ruedi & Chambrier，2012）

副模标本 MHNG INVE 79302：A. 头节背腹面观及链体前部；B. 头节顶面观；C. 头节侧面观；D. 头节背腹面观；E. 吸盘细节；F. 近顶部中央的毛状丝毛。副模标本 MHNG INVE 79281：G. 头节背腹面观。全模标本 MHNG INVE 22003：H. 成节腹面观；I. 成节背面观，注意腹侧渗透调节管的次级管；J. 孕节腹面观。缩略词：do. 背渗透调节管；mg. 梅氏腺；ov. 卵巢；sc. 次级管；te. 精巢；ut. 子宫；va. 输精管；vd. 卵黄管；vi. 卵黄腺；vo. 腹渗透调节管。标尺：A=300μm；B=130μm；C=95μm；D=110μm；E=60μm；F=3μm；G=250μm；H～J=500μm

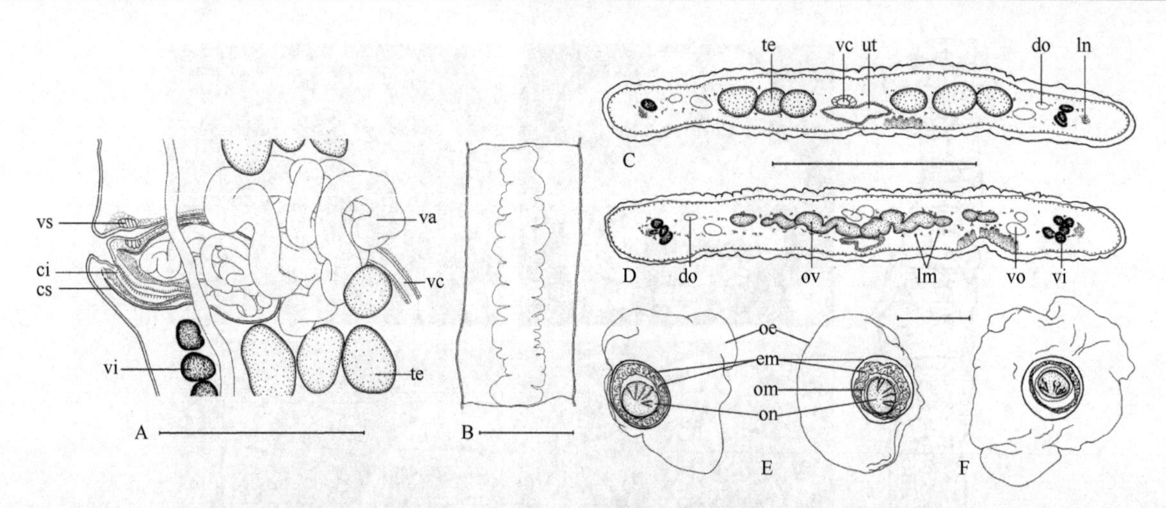

图 17-44 采自巴西亚马孙河红尾鸭嘴鲇的卢多维克伪皱槽绦虫的结构示意图（引自 Ruedi & Chambrier，2012）

A. 副模标本 MHNG INVE 79283，阴茎囊和阴道背面观，注意有阴道括约肌；B. 孕节子宫示意图；C. 副模标本 MHNG INVE 79341，预孕节精巢水平横切；D. 副模标本 MHNG INVE 79341，预孕节卵巢水平横切；E，F. 蒸馏水中的卵，用莱卡 dMIB 捕捉，显示了双层胚托；E. iPCAs C-610（野外编号 Br 649 3/5w）；F. MHNG INVE 22103（野外编号 Br 445）。缩略词：ci. 阴茎；cs. 阴茎囊；do. 背渗透调节管；em. 胚托；lm. 内纵肌；ln. 纵侧神经；oe. 外膜；om. 六钩蚴膜；on. 六钩蚴；ov. 卵巢；te. 精巢；ut. 子宫；va. 输精管；vc. 阴道管；vi. 卵黄腺；vo. 腹渗透调节管；vs. 阴道括约肌。标尺：B=500μm；A，C，D=250μm；E，F=20μm

有一些形态特征不同：精巢数目（21～51，*x*=32 vs 37～79，*x*=55），卵无极结构，头节的结构和卵黄腺滤泡的部署。在巴西，卢多维克伪皱槽绦虫的感染率是 12/29（41%）；秘鲁 11 尾宿主没有发现感染。在 1 尾宿主中发现有 12 228 条原头目绦虫，其中 10 641 条艾瑞西伪皱槽绦虫（占 87 %），1100 条卢多维克伪皱槽绦虫（9%），383 条 *Scholzia emarginata*（Diesing，1850），84 条 *Chambriella* sp.，15 条 *Proteocephalus hemioliopteri* de Chambrier & Vaucher，1997，4 条大头合槽绦虫（*Zygobothrium megacephalum* Diesing，1850）和 1 条 *Ephedrocephalus microcephalus* Diesing，1850。卢多维克伪皱槽绦虫是发现于红尾鸭嘴鲇的第 7 种变头目绦虫。

Arredondo 等（2014）描述了采自巴拉那河的一条支流克拉斯廷河（Colastiné）卡卡拉（Cachara）鲇鱼［*Pseudoplatystoma reticulatum*（Eigenmann & Eigenmann）］的查纳伪皱槽绦虫（*P. chanaorum*）（图 17-45A～I，图 17-46）。该种与采自巴西亚马孙河红尾鸭嘴鲇的艾瑞西伪皱槽绦虫和卢多维克伪皱槽绦虫的不同在于具有更少的节片数（分别为 4～8 无腹部附属物 vs 7～12 有腹部附属物和 20～36 无腹部附属物），更小的头节（分别为宽 350～450μm vs 495～990μm 和 515～1020μm），精巢的总数（分别为 21～25 vs 21～51 和 37～79），如果阴道位于阴茎囊后部则阴茎囊指向前方对有另两种的横位。伪皱槽绦虫皮层表面存在 4 种类型的微毛：乳头状、针状和毛状丝毛和剑状棘毛。3 种有相似的微毛模式，未成节表面有微小的差异。

2）奇异头节属（*Thaumasioscolex* Guzmán，de Chambrier & Scholz，2001）

Guzmán 等（2001）建立奇异头节属（*Thaumasioscolex*），用于容纳第一个采自哺乳动物的原头目绦虫：负鼠奇异头节绦虫（*T. didelphidis*）。种描述自墨西哥韦拉克鲁斯州（Los Tuxtlas）有袋目（Marsupialia）负鼠科（Didelphidae）的黑耳负鼠（*Didelphis marsupialis* Linnaeus）。新属不同于原头目所有的属的特征在于：头节的形态，其头节由 4 个分离良好的叶组成，各叶含有 1 个非圆形的吸盘开于侧方外侧腔内。大型虫体（长达 1m），大量精巢，孕节形态为翻转的缘膜体（节片的前方边缘覆盖前一节片的后部边缘），卵成群，各群多为 4～6 个卵，胚托外表面具有指状突起。这是原头目中第一个采自恒温脊椎动物的种。

识别特征：原头目原头科原头亚科。精巢、卵巢、卵黄腺、子宫位于髓质。虫体长达 1m，链体多节。头节大，形状为明显分离的四叶，各有 1 个外侧腔开于侧方的吸盘。孕节有逆缘膜。精巢数目多。卵形成群，各群多含 4～6 个卵；胚托有指状突起。已知为哺乳动物的寄生虫。模式及仅知的种：负鼠奇异头节绦虫（*Thaumasioscolex didelphidis* Guzmán，de Chambrier & Scholz，2001）（图 17-42B～E，图 17-47～图 17-49）。

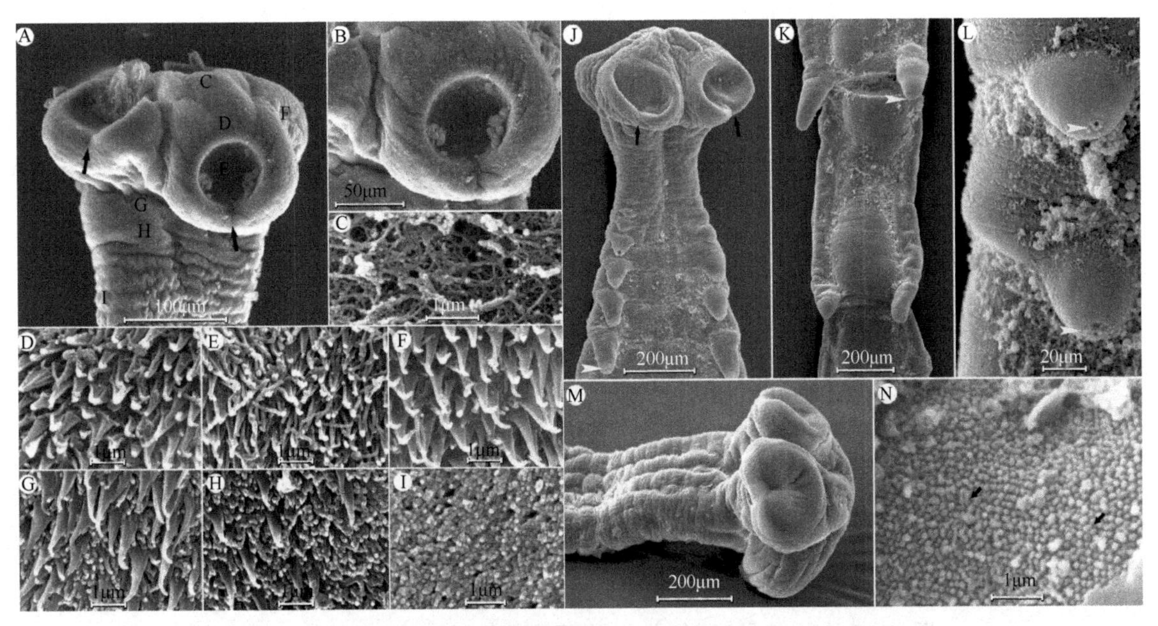

图 17-45　三种伪皱槽绦虫扫描结构（引自 Arredondo et al.，2014）

采自卡卡拉鲇鱼的查纳伪皱槽绦虫：A. 头节背腹面观，黑箭头示吸盘后方边缘的槽口，大写字母示相应图取处；B. 吸盘细节，示后部的槽口；C. 头节顶部的毛状丝毛；D. 吸臼边缘表面的毛状丝毛和剑状棘毛；E. 吸臼远端表面的毛状丝毛和剑状棘毛；F. 吸臼近端表面的毛状丝毛和剑状棘毛；G. 前方增殖区表面的针状丝毛和剑状棘毛；H. 后方增殖区表面的针状丝毛和稀疏的剑状棘毛；I. 未成节表面的针状微毛。采自红尾鸭嘴鲇的艾瑞西伪皱槽绦虫（J～L）和卢多维克伪皱槽绦虫（M，N）：J. 头节和链体前部，示腹部后方的突起，腹面观，黑箭头示吸盘后部边缘的槽口；K. 孕节示后部腹面突起，白箭头示渗透调节管在突起端部的开口（L 类同）；L. 未成节后部腹面突起细节；M. 头节侧背腹面观；N. 未成节表面的乳头状和针状丝毛，黑箭头示稀疏的针状丝毛

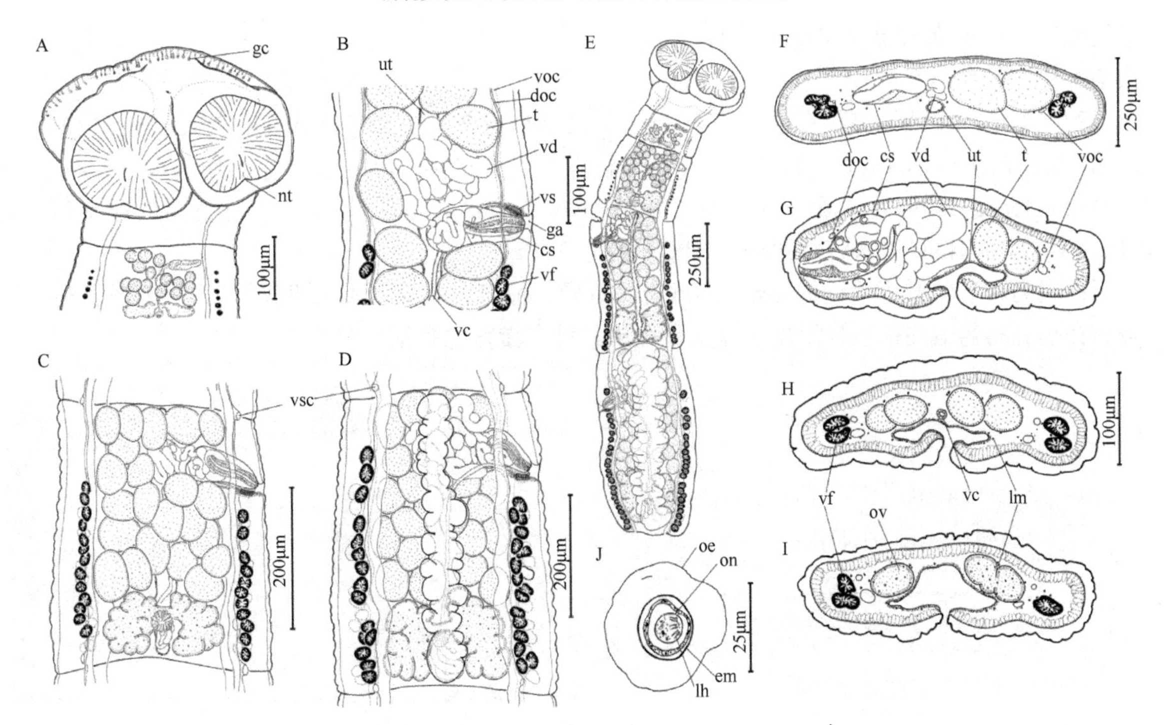

图 17-46　采自卡卡拉鲇鱼的查纳伪皱槽绦虫结构示意图（引自 Arredondo et al.，2014）

A. 头节背腹面观，全模标本 MHNG-PLAT 86873；B. 生殖器官末端细节，副模标本 MACN-Pa 567/1；C. 成节背面观，副模标本 MHNG-PLAT 86874；D. 孕节腹面观，副模标本 MHNG-PLAT 86874；E. 整条虫体腹面观，全模标本 MHNG-PLAT 86873；F. 成节阴茎囊水平横切，副模标本 MACN-Pa 567/5；G. 孕节阴茎囊水平横切，副模标本 MHNG-PLAT 86874；H. 孕节精巢水平横切，副模标本 MHNG-PLAT 86874；I. 孕节卵巢水平横切，副模标本 MHNG-PLAT 86874；J. 卵。缩略词：cs. 阴茎囊；doc. 背渗透调节管；em. 胚托；ga. 生殖腔；gc. 腺细胞；lh. 幼虫钩；lm. 纵肌；nt. 槽口；oe. 外膜；on. 六钩蚴；ov. 卵巢；t. 精巢；ut. 子宫；vc. 阴道管；vd. 输精管；vf. 卵黄腺滤泡；voc. 腹渗透调节管；vs. 阴道括约肌；vsc. 腹次级管

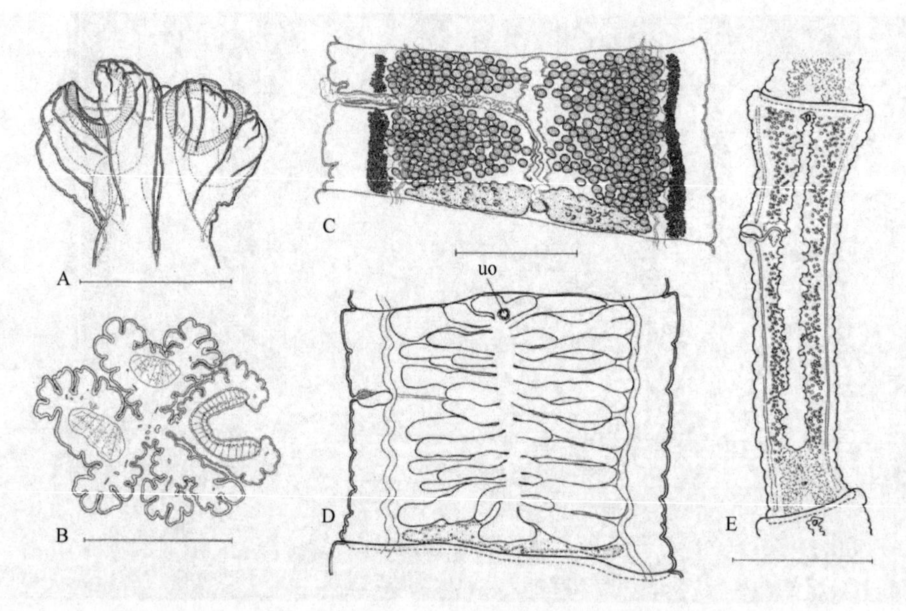

图 17-47　负鼠奇异头节绦虫结构示意图（引自 Guzmán et al.，2001）

A. 副模标本 INVE 28993 的头节；B. 顶端观（INVE 28989 横切）；C. 副模标本 INVE 28986 的成节背面观；D，E. 全模标本 UNAM 4168，腹面观。D. 孕节草图；E. 最末的孕节。注意子宫口的位置近节片前方边缘（D，E）及翻转的缘膜体（E）。缩略词：uo. 子宫口。标尺：A，C=1000μm；B=500μm；D，E=2000μm

模式宿主：黑耳负鼠（*Didelphis marsupialis* Linnaeus）[有袋目（Marsupialia）：负鼠科（Didelphidae）]。

感染率：36%。

感染强度：1～9 条样品（平均 4 条）。

感染部位：肠道。

模式种采集地：墨西哥韦拉克鲁斯（Veracruz）洛斯塔克斯特拉斯（18°35′N，95°06′W；180m）。

样品：全模标本（UNAM No. 4168）；1 个副模标本（USNPC No. 90803）；3 个副模标本（INVE 28986，INVE 28988，INVE 28993）；1 个副模标本（IPCAS No. C-331）。凭证标本，包括未固定的样品和横切面[CNHE（4168），MHNG（INVE 28989），IPCAS（C-331）]。

词源：属名源于希腊语“*thaumasio*”，意为“奇异、惊奇、吃惊、不可思议等”，用于强调头节的特殊形态和在哺乳动物宿主中意外发现了原头目绦虫。种名指宿主负鼠。

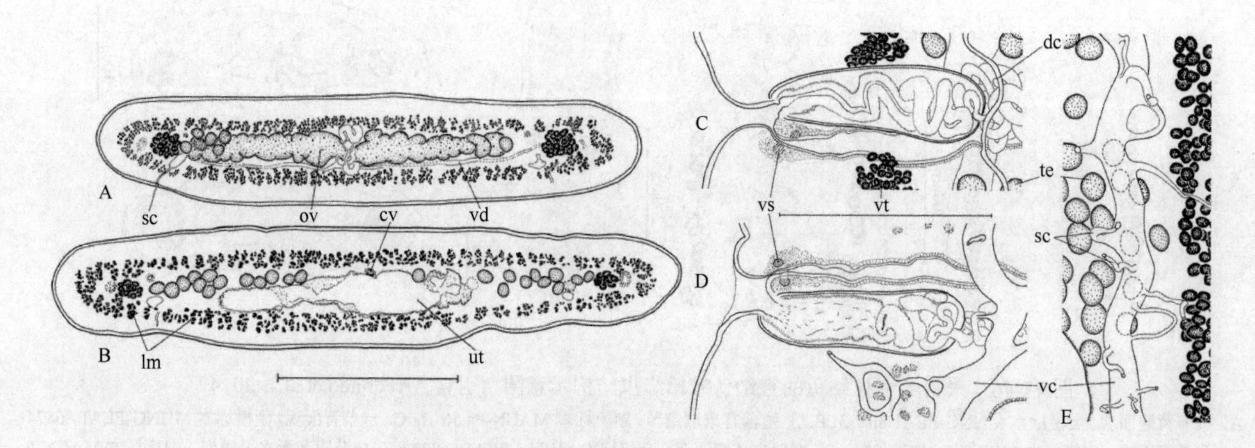

图 17-48　负鼠奇异头节绦虫预孕节横切面及成节生殖器官末端（引自 Guzmán et al.，2001）

A，B. 副模标本（INVE 28986）预孕节卵巢（A）和子宫（B）水平横切；C～E. 全模标本（UNAM 4168）阴茎囊和阴道：C. 背面观；D. 腹面观；E. 腹渗透调节管细节，有大量的次级管直达腹部表面。缩略词：cv. 阴道管；dc. 背渗透调节管；lm. 内纵肌；ov. 卵巢；sc. 次级渗透调节管；te. 精巢；ut. 子宫；vc. 腹渗透调节管；vd. 卵黄腺管；vs. 阴道括约肌；vt. 卵黄腺。标尺：A，B=1000μm；C～E=500μm

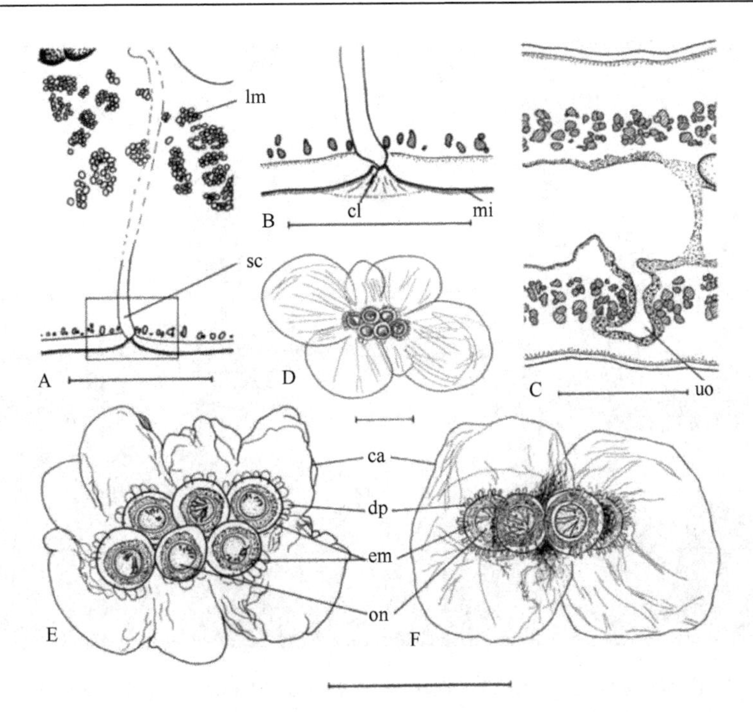

图 17-49 负鼠奇异头节绦虫预孕节横切及卵结构示意图（引自 Guzmán et al.，2001）

A～C. 副模标本（INVE 28986）预孕节横切面，示次级管的细节，由薄的皮层细胞质层覆盖（A，B）（B 为 A 的放大）；C. 预孕节横切面，有形成前的腹子宫口；D. 全模标本（UNAM 4168），卵自发地释放入水；E，F. 副模标本（INVE 28986），卵用甲醛溶液固定并用蒸馏水封住：E. 顶面观；F. 侧面观；注意卵胚托外表面的指状突起。缩略词：ca. 小囊；cl. 皮层细胞质层；dp. 胚托上的指状突起；em. 胚托；lm. 内纵肌；mi. 微毛；on. 六钩蚴；sc. 次级渗透调节管；uo. 子宫口。标尺：A，D～F=100μm；B=50μm；C=250μm

3）巴松属（*Barsonella* de Chambrier，Scholz，Beletew & Mariaux，2009）

de Chambrier 等（2009）建立了原头目一新属：巴松属（*Barsonella*）（属名起自津巴布韦鱼类寄生虫学家 Maxwell Barson 的姓名，他最初收集到该绦虫并友善地提供给 de Chambrier 等）并描述了一新种，新种采自埃塞俄比亚（模式种采集地）、苏丹、坦桑尼亚和津巴布韦鲇科尖齿胡鲇［*Clarias gariepinus*（模式宿主）及鳗胡鲇（*Clarias* cf. *anguillaris*）（鲇形目：须子鲇科（Clariidae)］。

识别特征：原头目原头科原头亚科。精巢、卵巢、卵黄腺滤泡和子宫位于髓质。大型绦虫，有巨大的链体和很发达的内纵肌。主渗透调节管壁薄，在最后的未成节中消失。头节大，亚球体状，没有后头区，有小而细长、薄壁的腺体状顶器官。吸盘大，深埋于头节固有结构中，有小的额外、裂缝状或横向椭圆形开口，位于吸盘腔主要开口后部近处；吸盘前部有环状的括约肌。精巢 1～2 层。阴茎囊梨状，壁薄，与节片宽度相比较小。生殖孔不规则交替开口于中央前方。生殖腔小。卵巢两叶状，分小叶。阴道在阴茎囊前方或后方，接近生殖腔处具有小而不发达的阴道括约肌。卵黄腺滤泡分布于两侧带，在卵巢水平略宽。子宫发育为 de Chambrier 等（2004）描述的 1 型。模式种：拉丰巴松绦虫（*Barsonella lafoni* de Chambrier，Scholz，Beletew & Mariaux，2009）（图 17-50～图 17-52）（种名取自人名 Dominique Lafon，其是法国布尔戈尼默尔索世界著名的葡萄酒制造商，他生产出了世界最振奋人心的一种白葡萄酒）。

17.5.3 珊瑚槽亚科（Corallobothriinae Freze，1965）

17.5.3.1 分属检索

1a. 吸盘有括约肌……………………………………………………………………………………2

1b. 吸盘无括约肌……………………………………………………………………………………3

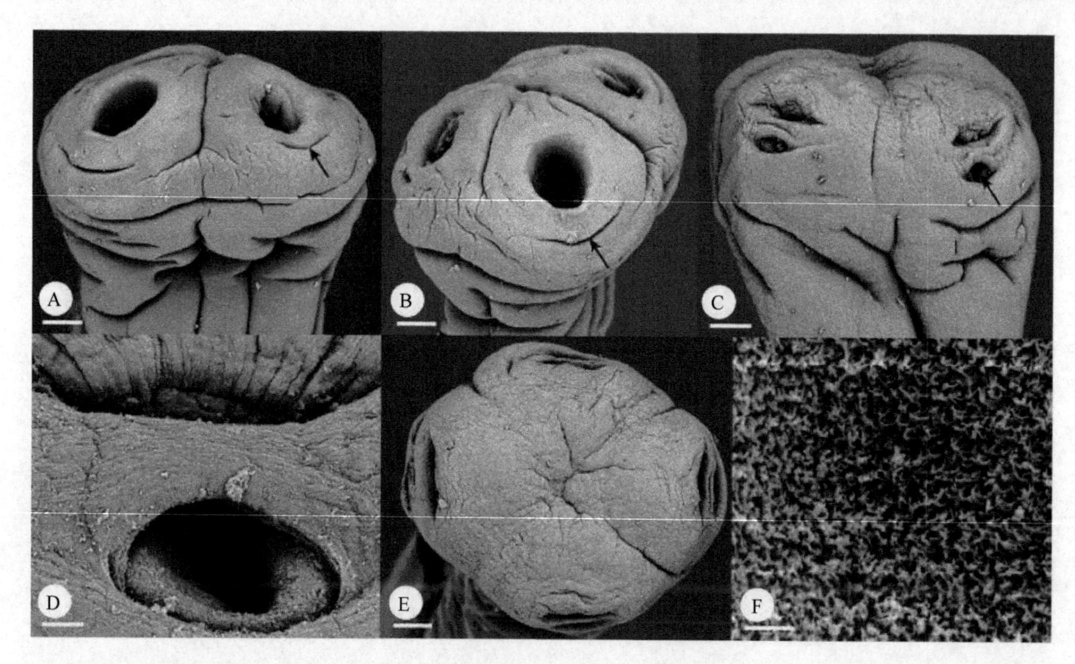

图 17-50　拉丰巴松绦虫的扫描结构（引自 de Chambrier et al.，2009）

A，B. 采自埃塞俄比亚塔纳湖尖齿胡鲇的标本（INVE 60351）头节：A. 背腹面观；B. 亚侧面观。C～E. 采自苏丹努比亚湖水库鳗胡鲇的样品：C. INVE 60352 的头节背腹面观，黑箭头示额外的吸盘开口；D. INVE60350 的额外吸盘放大；E. INVE 60352 的头节顶面观。F. INVE 60351 的头节顶部微毛。标尺：A～C，E=100μm；D=20μm；F=2μm

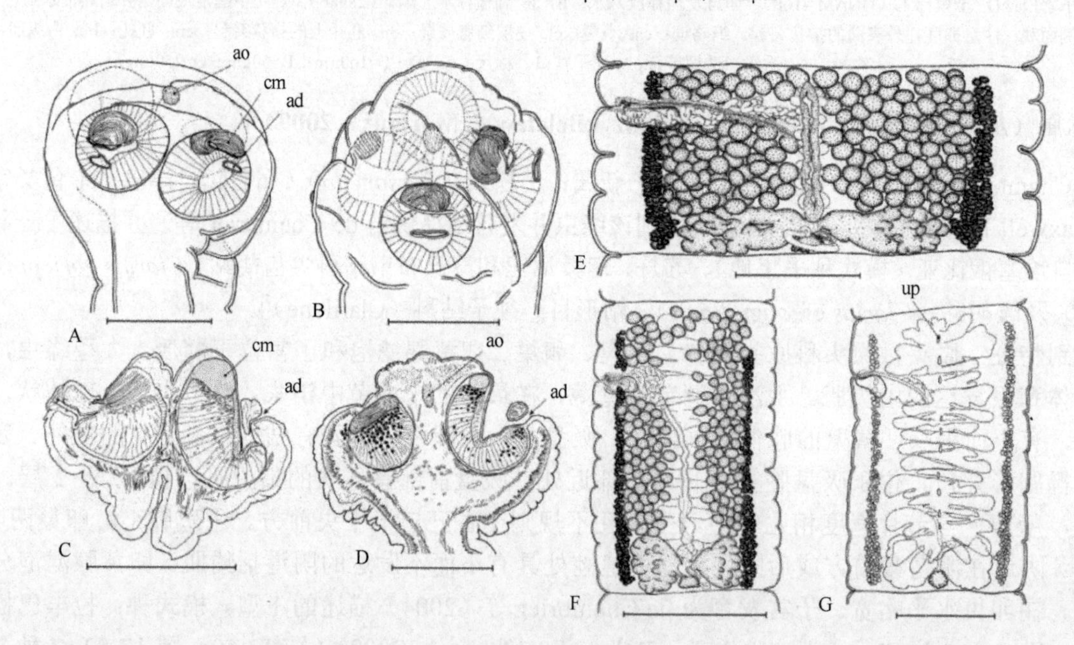

图 17-51　拉丰巴松绦虫头节、成节与孕节结构示意图（引自 de Chambrier et al.，2009）

A. 头节背腹面观（IPCAS C-485）；B. 头节亚侧面观（INVE 60358），采自苏丹努比亚湖水库鳗胡鲇的样品；C，D. 头节纵切面，采自埃塞俄比亚塔纳湖尖齿胡鲇的标本（分别为 INVE 60353 和 INVE 60354）；E. 全模标本（INVE 60346）成节腹面观；F. 全模标本孕节背面观；G. 副模标本（INVE 49395）孕节略图，有 10 个子宫孔（up）腹面观。缩略词：ad. 额外开口；ao. 顶器官；cm. 环肌。标尺：A～C，E=500μm；D=250μm；F，G=1mm

2a. 吸盘大，囊状，藏于组织褶下；各吸盘有发达的括约肌完全环绕着吸盘口……………………………………………………………………………………………………巨套属（*Megathylacus* Woodland，1934）

de Chambrier 等（2014）经过对 Woodland 存于博物馆的模式标本和新采自亚马孙河区鲇鱼样品的测定，对 Woodland（1934b）谜一样的原头目绦虫分类进行了部分澄清，纠正了一些识别错误的宿主，重新扫描了一些种，厘定了一些同物异名，修订了巨套属等的识别特征。

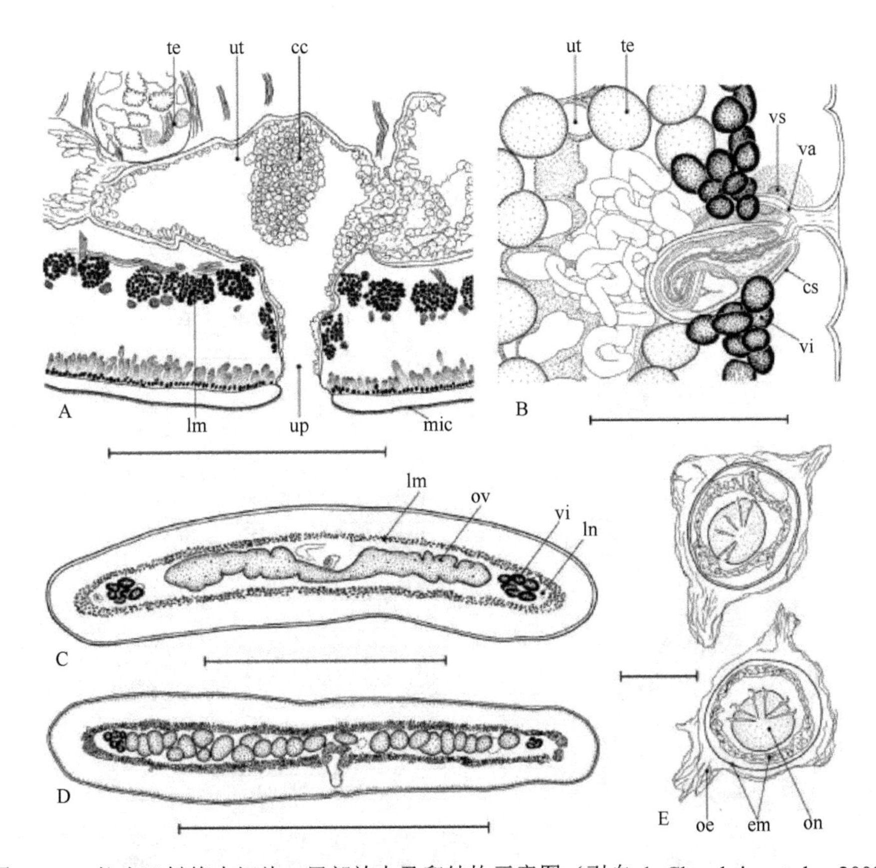

图 17-52 拉丰巴松绦虫切片、局部放大及卵结构示意图（引自 de Chambrier et al.，2009）

A. 采自埃塞俄比亚兰加诺尖齿胡鲇的标本（INVE 49398）过子宫孔横切；B. 采自埃塞俄比亚兰加诺尖齿胡鲇的标本（INVE 60359）生殖器官末端背面观；C，D. 采自尼罗河，努比亚湖水库鳗胡鲇的样品（分别为 INVE 60360 和 INVE 60352）卵巢与子宫孔水平横切面；E. 蒸馏水中的卵，有塌陷的外部透明膜层（INVE 60361）。缩略词：cc. 嗜色细胞；cs. 阴茎囊；em. 双层胚膜；lm. 内纵肌；ln. 纵行神经索；mic. 微毛；oe. 外膜；on. 六钩蚴；ov. 卵巢；te. 精巢；up. 子宫孔；ut. 子宫；va. 阴道；vi. 卵黄腺滤泡；vs. 阴道括约肌。标尺：A，B=250μm；C，D=1mm；E=20μm

识别特征：原头目珊瑚槽亚科。虫体中等大小（长 45～70mm）；链体无缘膜，有皱纹。节片大，未成节和成节短宽，孕节方形到长略大于宽。内纵肌很发达。头节有巨大的后头；吸盘位于内部，由强大的肌肉包围，通常被封套样的后头部隐藏。精巢位于髓质，分布于 1 个或 2 个区域，通常在前方汇合。生殖孔位于前方，不规则交替。卵巢位于髓质，两叶、滤泡状。卵黄腺滤泡位于髓质，在侧方带。1 型子宫发育。已知为新热带淡水鲇形目长须鲇科鱼类寄生虫。模式种：江迪亚巨套绦虫（*Megathylacus jandia* Woodland，1934）=布鲁克巨套绦虫（*M. brooksi* Rego & Pavanelli，1985）（图 17-53A、B、D，图 17-54）。其他种：特拉瓦索斯巨套绦虫（*M. travassosi* Pavanelli & Rego，1992）（图 17-53C、E～G）。

2b. 头节与巨套属似，但不同在于括约肌仅集中于吸盘口的一侧……………………………………………巨套样属（*Megathylacoides* Jones，Kerly & Sneed，1956）（图 17-55B～D）

识别特征：吸盘具有不完全的括约肌。成节长大于宽。精巢为单一层。卵巢两叶状，位于后方。卵黄腺滤泡位于侧方。子宫有前方的孔。已知寄生于北美鲇鱼类。模式种：大巨套样绦虫（*Megathylacoides giganteum* Essex，1928）。

3a. 后头相对不发达……………………………………珊瑚带属（*Corallotaenia* Freze，1965）（图 17-56A，图 11-57C、D）

识别特征：小型绦虫。吸盘为通常的类型，由组织褶围绕。卵黄腺滤泡位于侧方。成节长大于宽。精巢为 1 层。已知寄生于北美和南美鱼类。模式种：微小珊瑚带绦虫［*Corallotaenia parva*（Larsch，19410）］。

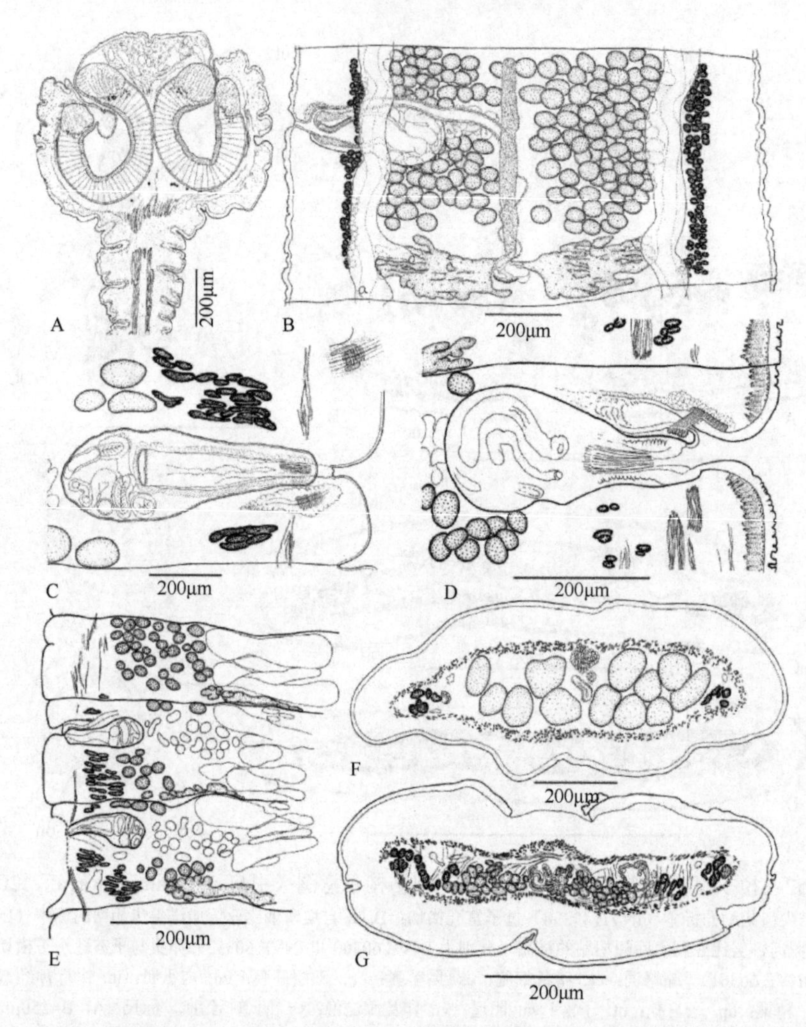

图 17-53　两种巨套属绦虫（*Megathylacus* spp.）结构示意图（引自 de Chambrier et al.，2014）

A，B，D. 采自巴西祖鲁鲶（*Zungaro zungaro*）（A，B）和南美祖鲁鲶（*Zungaro jahu*）（D）的布鲁克巨套绦虫=江迪亚巨套绦虫：A. 头节矢状面（MHNG-PLAT 21924）；B. 成节腹面观（MHNG-PLAT 22372）；D. 生殖器官末端（阴茎囊和阴道）纵切，副模标本（CHIOC 32182），注意阴道括约肌的存在。C，E～G. 采自巴西南美鸭嘴鲇（*Pseudoplatystoma corruscans*）的特拉瓦索斯巨套绦虫：C. 生殖器官末端（阴茎囊和阴道）纵切（CHIOC 32712），注意阴道括约肌的存在；E. 节片纵切，示阴道相对于阴茎囊的前方和后方位置（CHIOC 32712）；F. 节片后部水平横切面（CHIOC 32574b）；G. 卵巢水平横切面

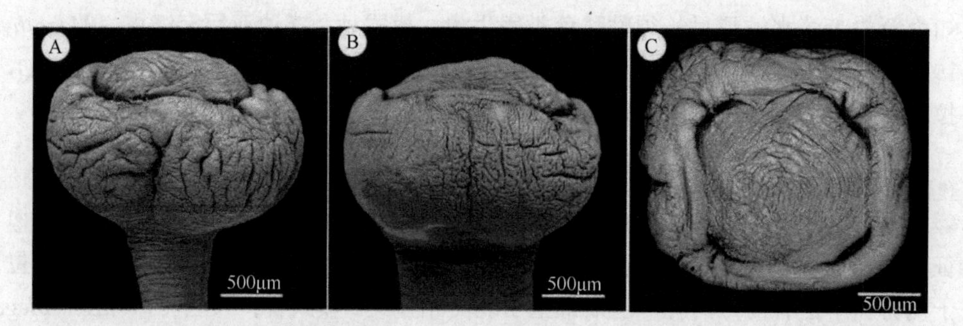

图 17-54　采自巴西祖鲁鲶的布鲁克巨套绦虫=江迪亚巨套绦虫头节扫描结构（引自 de Chambrier et al.，2014）

样品号：MHNG-PLAT 30906。A. 侧面观；B. 背腹面观；C. 顶面观

3b. 后头很发达……………………………………………………………………………………………………4

4a. 头节有花冠样的后头；吸盘隐藏于后头折中；子宫的支囊主要为侧向……………………………………
……………………………………………………………珊瑚槽属（*Corallobothrium* Fritsch，1886）（图 17-57E、F）

识别特征：大型绦虫。节片数目多，宽大于长。生殖孔在节片前半边缘。大量纵向的肌肉形成束。

子宫有侧支囊。卵黄腺位于侧方，在后部边缘会聚。精巢分布为几层。已知寄生于非洲和北美的鲇鱼类。模式种：实体珊瑚槽绦虫（*Corallobothrium solidum* Fritsch，1886）（图 17-58A）。

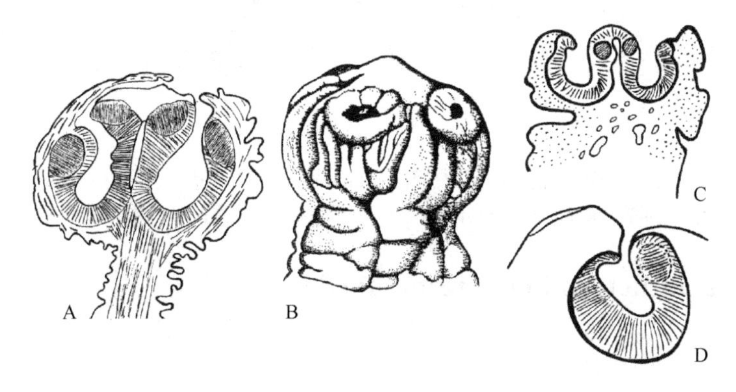

图 17-55 巨套属绦虫和巨套样属绦虫头节结构示意图（引自 Rego，1994）

A. 江迪亚巨套绦虫的头节切面；B～D. 大巨套样绦虫：B. 头节；C. 头节切面；D. 吸盘细节

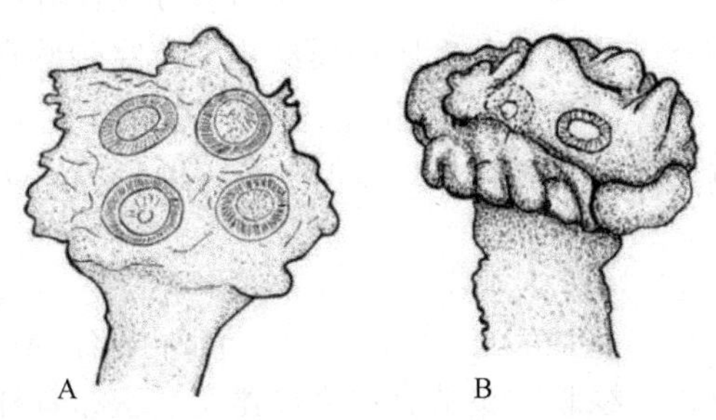

图 17-56 珊瑚带属绦虫（A）和珊瑚槽属绦虫（B）的头节（引自 Rego，1994）

A. 微小珊瑚带绦虫；B. 皱缘珊瑚槽绦虫［*Corallobothrium fimbriatum*（Essex，1928）］

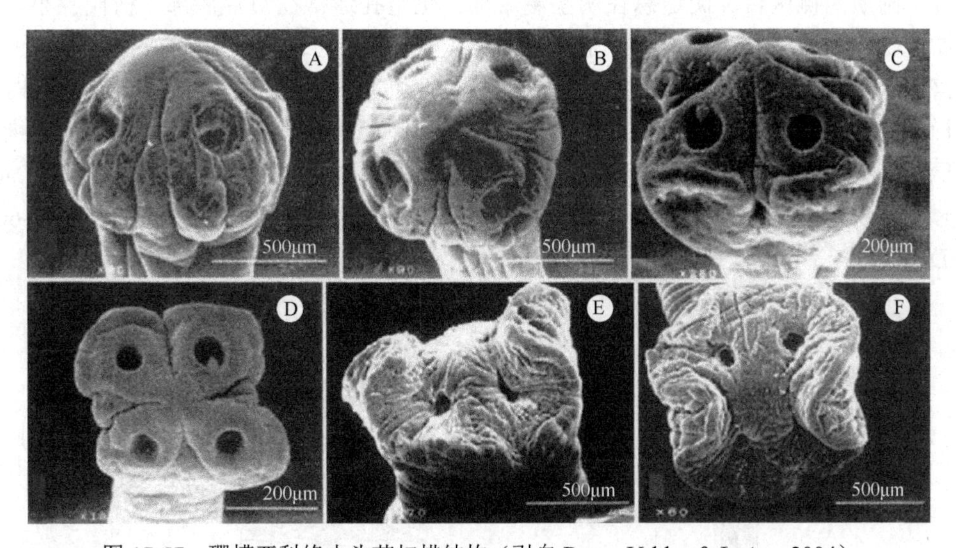

图 17-57 珊槽亚科绦虫头节扫描结构（引自 Rosas-Valdez & León，2004）

A，B. 拉莫思巨套样绦虫（*Megathylacoides lamothei*）：A. 前侧面观；B. 顶面观。C，D. 小珊瑚带绦虫（*Corallotaenia minutia*）：C. 前侧面观；D. 顶面观。E，F. 皱缘珊瑚槽绦虫：E. 前侧面观；F. 顶面观

4b. 头节有折状后头区；4 个典型的吸盘和小的顶吸盘；子宫横向，有前方和后方的支囊……………………………………………………………………………………………副原头属（*Paraproteocephalus* Chen，1962）

识别特征：节片宽大于长。纵向肌肉由强劲的纤维束组成。卵黄腺位于侧方，在后端向卵巢会集。精巢分布于 1 个区域。子宫干分为两侧支，各向前方和后方有支囊。已知寄生于俄罗斯（远东）的鲇鱼类。模式种：副鲇鱼副原头绦虫［*Paraproteocephalus parasiluri*（Zmeev，1936）］（图 17-58B、C）。

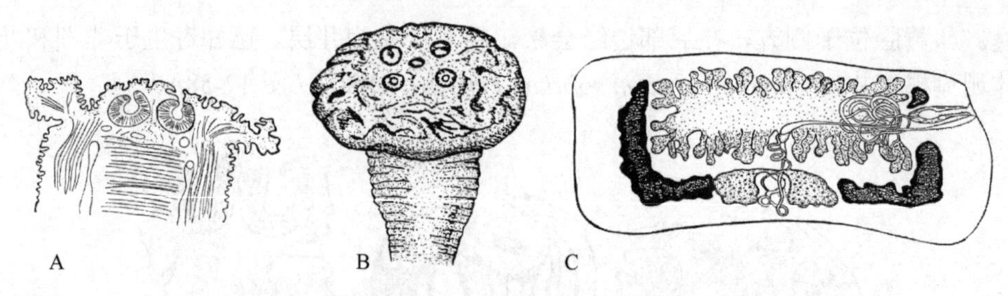

图 17-58　珊瑚槽绦虫和副原头绦虫的结构示意图（引自 Rego，1994）
A. 实体珊瑚槽绦虫头节纵切面；B，C. 副鲇鱼副原头绦虫：B. 头节；C. 孕节

17.5.4　棘带亚科（Acanthotaeniinae Freze，1963）

17.5.4.1　分属检索

1a. 卵不在卵囊中……棘带属（*Acanthotaenia* von Linstow，1903）
［同物异名：吻突带属（*Rostellotaenia* Freze，1963）］

识别特征：头节和链体前部有棘覆盖。顶部肌肉质结构中有穿刺腺存在。外分节有时不明显。纵肌不发达。精巢分布于两侧区域。子宫有大量、不规则的支囊。已知寄生于巨蜥科的爬行动物，采自非洲、澳大利亚、印度和马来西亚。模式种：西普利棘带绦虫（*Acanthotaenia shipleyi* von Linstow，1903）。

1b. 卵含于膜质卵囊中……囊带属（*Kapsulotaenia* Freze，1963）
［同物异名：囊带属（*Capsulotaenia* Freze，1963）］

识别特征：中等大小的蠕虫，无缘膜。头节有顶突样器官，密布棘样微毛；顶部通常锥体状；吸盘单室。内纵肌不发达。精巢位于髓质两侧区域，多分散于节片的中央；孕节中精巢区有时在前方汇合。卵黄腺滤泡位于髓质两侧区带。阴道总在阴茎囊后部。生殖孔通常在节片后部。梅氏腺小。卵巢位于髓质，两叶、滤泡状，小。子宫位于髓质；子宫的发育：未成节中子宫干为嗜色细胞集结成的长形结构；成节中，子宫管状，管壁由致密的嗜色细胞构成；第一批虫卵出现于子宫干时，分支囊同时形成；进一步发育是进行性的薄壁支囊的形成，很少有独立的嗜色细胞。卵成簇。已知为爬行动物巨蜥科蜥蜴的寄生虫，分布于澳大利亚和亚洲远东区。模式种：沙地囊带绦虫［*Kapsulotaenia sandgroundi*（Carter，1943）］［同物异名：沙地原头绦虫（*Proteocephalus sandgroundi* Carter，1943）］（图 17-59C、D，图 17-60，图 17-61，图 17-62A～D）。

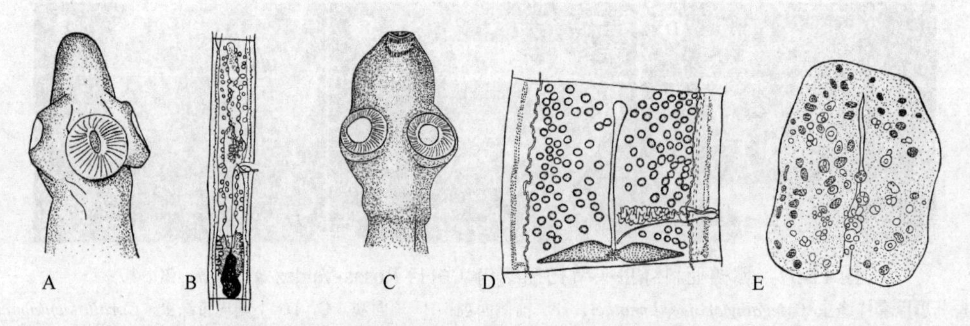

图 17-59　棘带绦虫和囊带绦虫结构示意图（引自 Rego，1994）
A，B. 西普利棘带绦虫：A. 头节；B. 成节。C，D. 沙地囊带绦虫：C. 头节；D. 成节。E. 变异囊带绦虫（*K. varia* Beddard，1913）的孕节

de Chambrier（2006）还提供有蛇带绦虫及类囊样囊带绦虫的卵簇结构示意图（图 17-62E～G）。

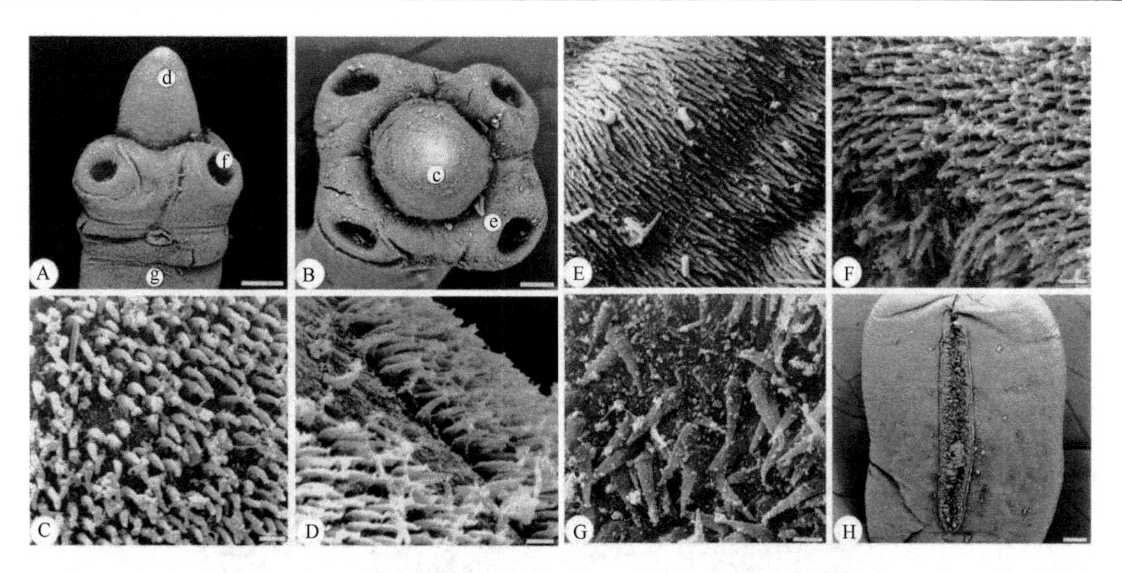

图 17-60　沙地囊带绦虫的扫描结构（引自 de Chambrier，2006）

样品号：BMNH 1978.8.29.87-89。A，B. 头节，小写字母示相应图取处：A. 背腹面观；B. 顶面观；C. 顶部挂钩样微毛；D. 顶部下方挂钩样微毛；E. 吻突和吸盘之间上部叶片样棘状微毛（BMNH 1944.11.8.1-10）；F. 吸盘边缘环表面叶片样棘状微毛；G. 增生区叶片样棘状微毛（BMNH 1978.8.29.87-89）；H. 子宫孔（BMNH 1997.8.25.87-8）。标尺：A=100μm；B=50μm；C，D，F，G=2μm；E=5μm；H=200μm

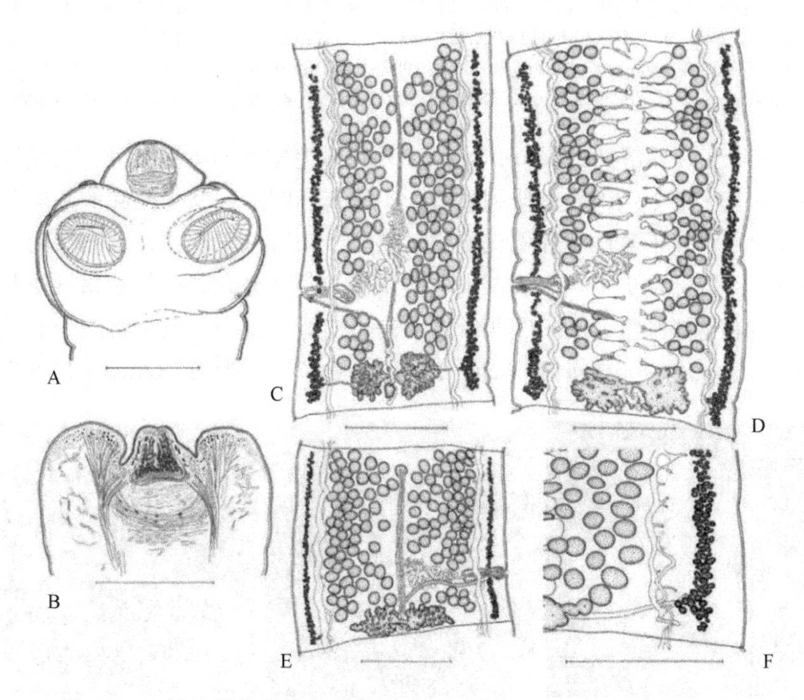

图 17-61　沙地囊带绦虫的结构示意图（引自 de Chambrier，2006）

A，B. 头节：A. 背腹面观（HWML 33942）；B. 矢状切面（BMNH1944.11.8.1-107）。C，D. HWML 33942：C. 成节背面观；D. 孕节腹面观。E. 共模标本（USNPC 36874，173-7）成节腹面观；F. 共模标本（USNPC36874，173-6）孕节背面观，腹渗透调节管的细节，示皮层下次级管末端。标尺：A，B=250μm；C～F=500μm

17.5.5　恒河亚科（Gangesiinae Mola，1929）

17.5.5.1　分属检索

1a. 吻突有几轮小钩……………………………………………………………………………………2

1b. 吻突有 1 或 2 轮钩……………………………………………………………………………………3

2a. 节片前方正中区域缺乏精巢……………………………………电带属（*Electrotaenia* Nybelin，1942）

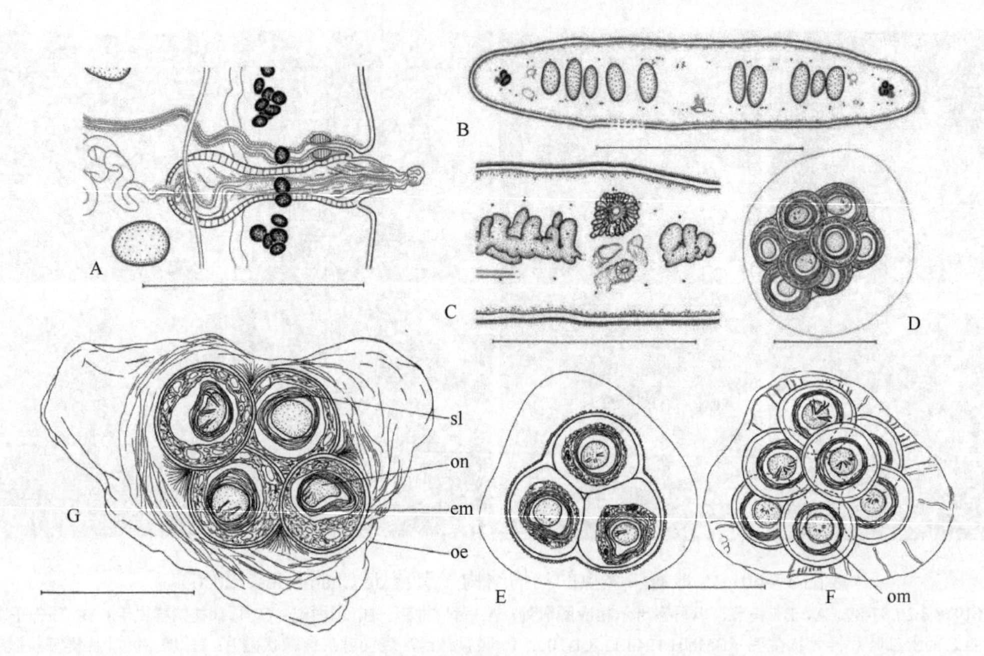

图 17-62　四种绦虫横切、局部放大及卵簇结构示意图（引自 de Chambrier，2006）

A～D. 沙地囊带绦虫：A. 共模标本（USNPC 036874.00，173-4）的阴茎囊和阴道区细节；B，C. BMNH 1944.11.8.1-10：B. 成节前方区域水平横切；C. 卵巢和梅氏腺水平横切的细节；D. 卵簇（BMNH 1977.8.25.87-89）。E～G. 卵簇：E. 加勒德蛇带绦虫（*O. gallardi* Johnston，1911）（共模标本 SAM 2293）；F. 类囊样囊带绦虫[*Kapsulotaenia* cf. *saccifera*（Ratz，1900）]（BMNH 1989.2.22.101-105）；G. 朗曼蛇带绦虫（*O. longmani* Johnston，1916）（INVE 36551）。缩略词：em. 胚托；oe. 外膜；om. 六钩蚴膜；on. 六钩蚴；sl. 附加层。标尺：A，C=250μm；B=500μm；D～G=50μm

识别特征：链体无缘膜，非解离。头节有 4 个由棘状微毛覆盖的单室吸盘。吻突样顶器官发育良好，肌肉质，盘状，外缘具有无数小钩不规则排列的带。小钩有卵圆形、略为凸起的基板和略弯曲的钩刃。卵巢位于髓质，滤泡状到网状。子宫原基和侧支囊位于髓质。精巢位于髓质，分布在两个区。卵黄腺滤泡位于髓质两侧带近边缘，后方部位更多。未成节中典型结构的阴茎囊有厚壁的输精管在其近端部分。成节、预孕节和孕节中，阴茎囊呈膨胀状。沿中线肌纤维纵向、向背部集中。已知寄生于非洲鲇鱼类。模式种：电鲇电带绦虫（*Electrotaenia malopteruri* Fritsch，1886）（图 17-63～图 17-66，图 17-67E～G）。

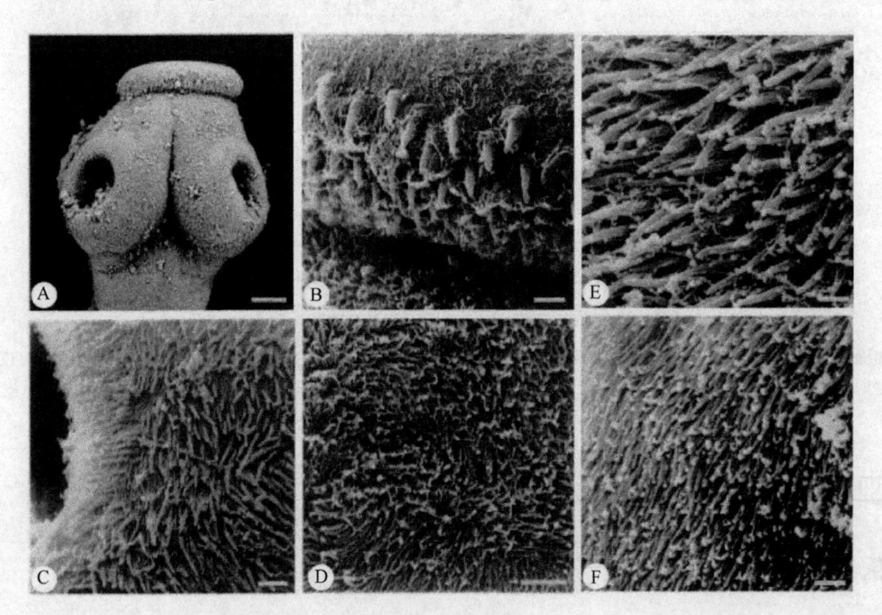

图 17-63　电鲇电带绦虫头节扫描结构（32757 INVE）（引自 de Chambrier et al.，2004）

A. 头节侧面观；B. 吻突样器官——边缘钩的细节；C. 吸盘外表面边缘的丝状和棘状微毛；D. 吻突样器官——顶部的丝状微毛；E. 吸盘外表面丝状和棘状微毛的细节；F. 颈区外表面的丝状微毛。标尺：A=50μm；B～D=5μm；E，F=2μm

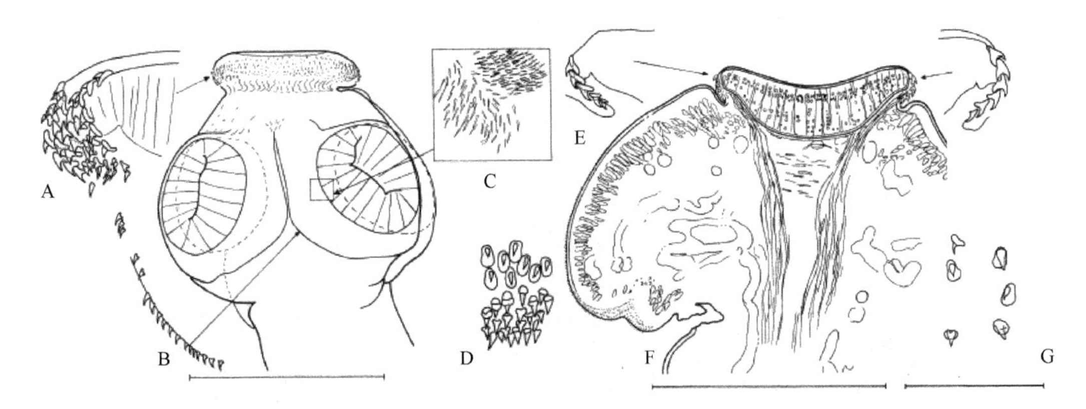

图 17-64 电鲇电带绦虫的头节结构示意图（引自 de Chambrier et al.，2004）

A. 吻突样器官边缘的小钩侧面观（31555 INVE）；B. 头节整体侧面观（31555 INVE）；C. 吸盘外表面棘状微毛的详细结构；D. 吻突样器官边缘小钩正面观（31555 INVE）；E. 吻突样器官的小钩（32016 INVE）；F. 头节正面切片（32016 INVE）；G. 小钩详细结构正面观。标尺：A，C～E，G=50μm；B=250μm；F=200μm

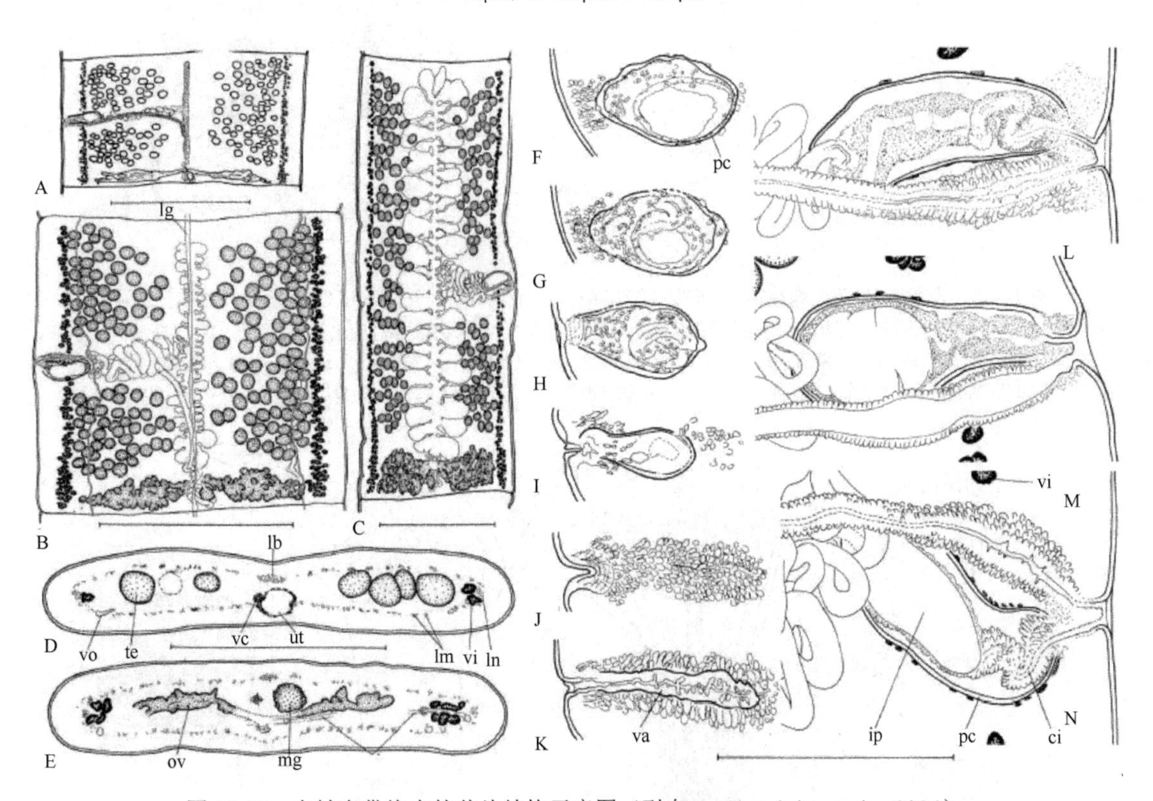

图 17-65 电鲇电带绦虫的节片结构示意图（引自 de Chambrier et al.，2004）

A，B，L，N. 31555 INVE：A. 未成节；B. 成节；C～E. 32014 INVE：C. 孕节；D. 成节后方水平横切面；E. 成节卵巢水平横切面，注意图 D 和 E 中显著的背方肌肉纵行带。F～K. 阴茎囊和阴道的系列横切面（32014 INVE）。L～N. 阴茎囊成熟的不同期：L. 未成熟；M. 成熟（33089 INVE）；N. 前孕期。缩略词：ci. 阴茎；mg. 梅氏腺；ip. 膨胀部分；lb. 纵肌束；lg. 纵向凹槽；lm. 内纵肌；ln. 纵向神经；ov. 卵巢；pc. 阴茎囊；te. 精巢；ut. 子宫；va. 阴道；vc. 阴道管；vi. 卵黄腺滤泡；vo. 腹排泄管。标尺：A～C=1mm；D，E=500μm；F～N=200μm

鲇带属和电带属主要形态特征比较见表 17-6。

2b. 精巢位于整个卵巢前方区域……………………………………………………鲇带属（*Silurotaenia* Nybelin，1942）

识别特征：大型蠕虫。头节、吸盘和颈区覆盖有小棘。吻突有几轮小钩。生殖腔浅，非肌肉质。阴茎囊小，圆形。精巢分布于单一区域。卵巢两叶状、大型，在节片的后部边缘。卵黄腺位于渗透调节管侧方。已知寄生于欧洲鲇鱼类。模式种：鲇鱼鲇带绦虫［*Silurotaenia silurii*（Batsch，1786）］（图 17-67A～D、H、I，图 17-68）。

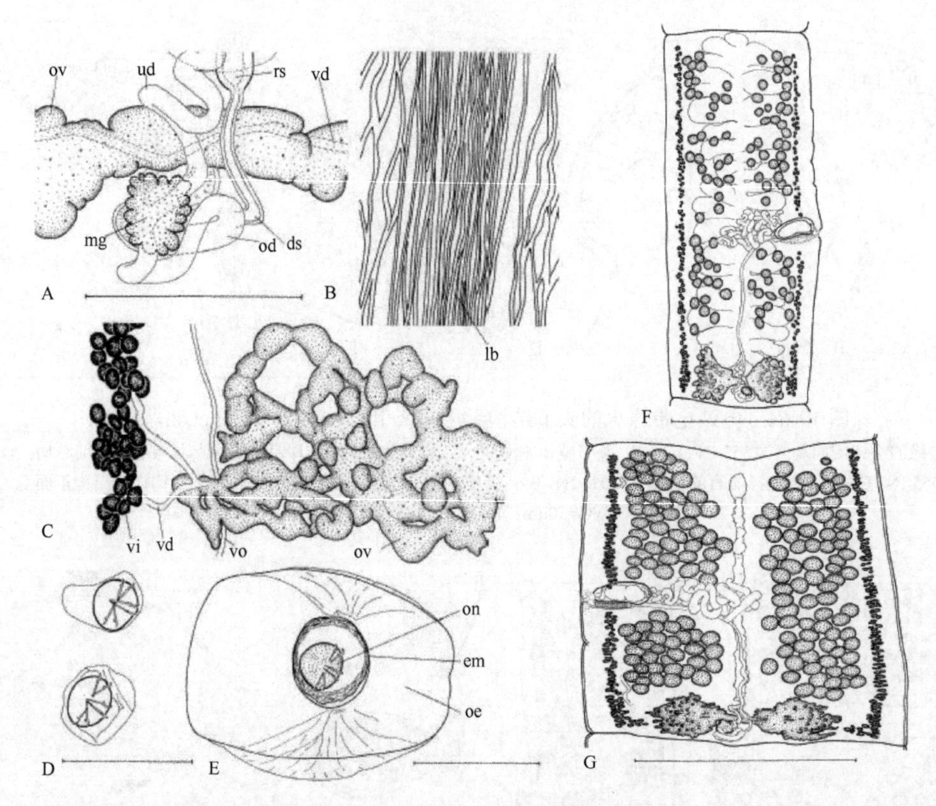

图 17-66　电鲇电带绦虫卵模区及卵的详细结构、成节与孕节（引自 de Chambrier et al.，2004）

A～D. 31555 INVE：A. 卵模区域的详细结构；B. 肌纤维背纵束；C. 卵巢侧部，注意网状结构；D. 永久制备的卵；E. 蒸馏水中的卵。F，G. 33089 INVE：F. 成节；G. 孕节。缩略词：ds. 输精管；em. 胚托；mg. 梅氏腺；lb. 纵肌束；od. 输卵管；oe. 外膜；on. 六钩蚴；ov. 卵巢；rs. 受精囊；ud. 子宫管；vd. 卵黄管；vi. 卵黄腺滤泡；vo. 腹排泄管。标尺：A～C=200μm；D，E=20μm；F，G=1000μm

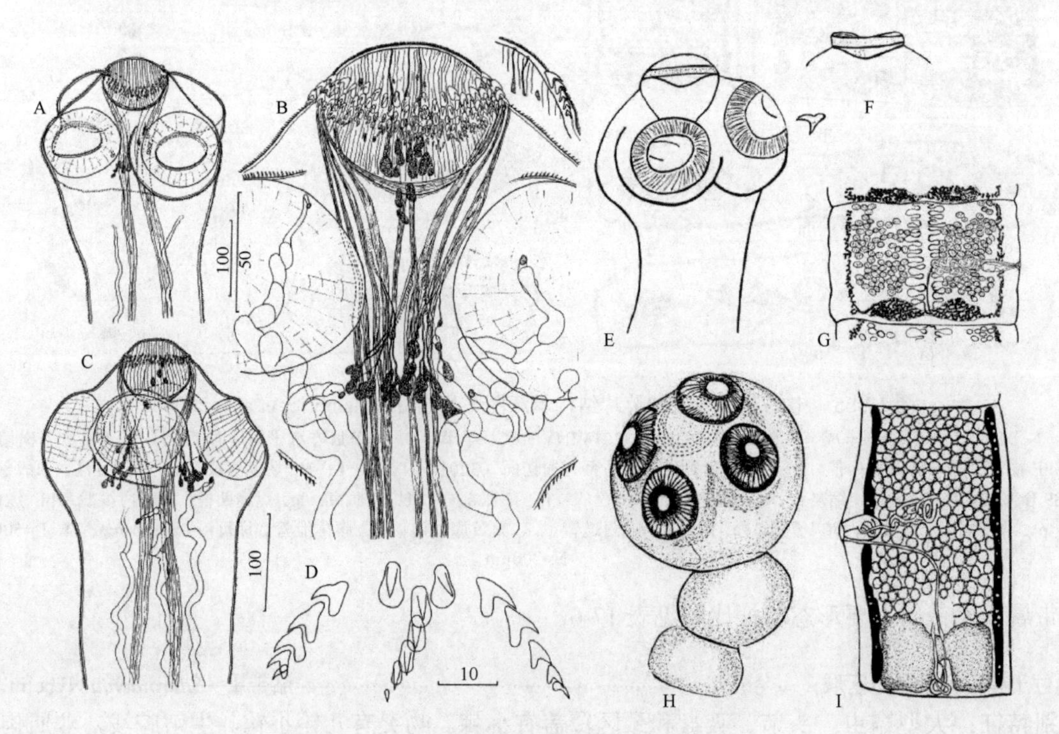

图 17-67　鲇带属和电带属绦虫结构示意图

A～D. 鲇鱼鲇带绦虫：A，C. 头节总体观；B. 头节前中部区域的细节，注意许多细胞有颗粒状内含物及次级排泄管的盲末端，此细节表明钩的插入与吻突样的顶器官分离；D. 吻突样顶器官的小钩。E～G. 电鲇电带绦虫：E. 头节；F. 吻突细节和钩放大；G. 孕节。H，I. 鲇鱼鲇带绦虫：H. 头节；I. 孕节。标尺单位为μm（A～D 引自 Scholz et al.，1999；E～I 引自 Rego，1994）

表 17-6 鲇带属和电带属主要形态特征比较

特征	鲇带属	电带属
吻突形状	圆形	盘状
精巢分区	1	2
内在的输精管	不存在	存在
纵肌束	不存在	存在
吻突单细胞腺	存在	不存在
卵巢形态	致密	滤泡状/网状
卵巢表面/节片表面比率	0～16%	0～5%

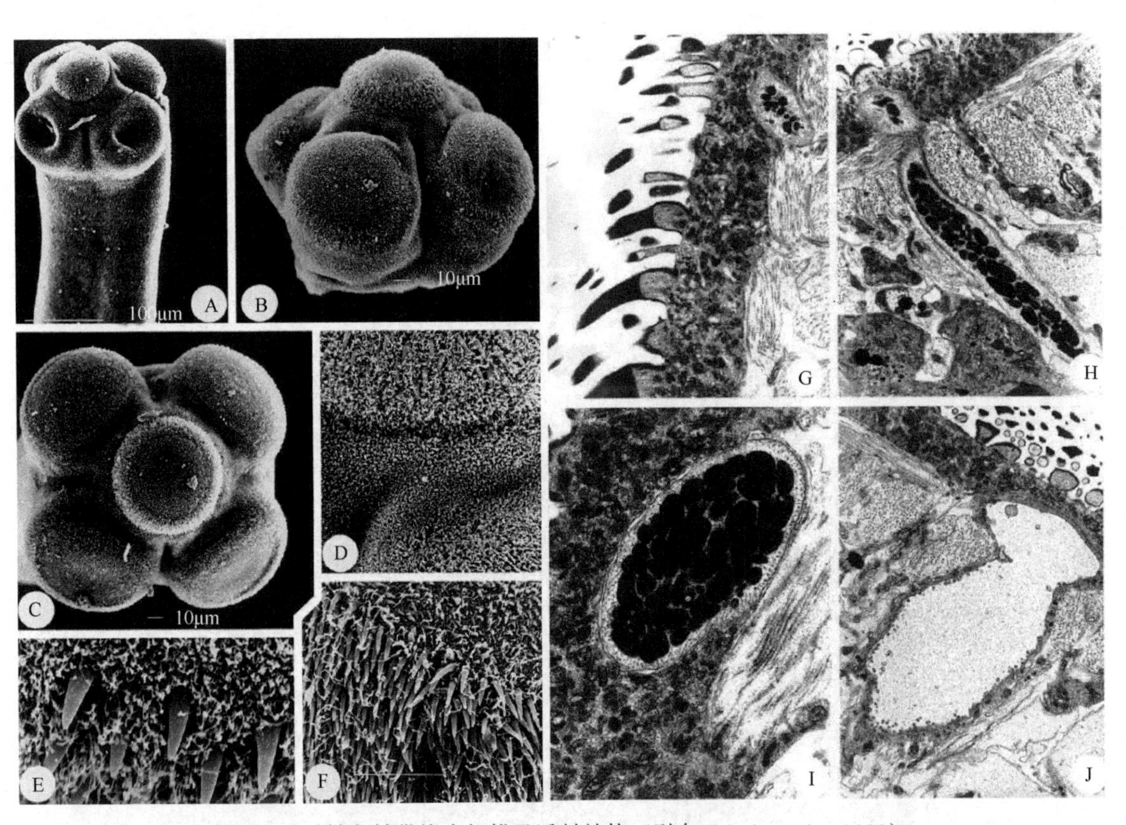

图 17-68 鲇鱼鲇带绦虫扫描及透射结构（引自 Scholz et al.，1999）

A～F. 头节的扫描结构：A. 背面观；B. 侧顶面观；C. 顶面观；D. 吻突样顶器官；E. 小钩；F. 吻突样顶器官和侧吸盘之间的区域。G～J. 透射结构：G. 颈区刀片状和丝状微毛的纵切及穿过皮层的腺细胞管（×7350）；H. 通过颈区腺细胞管的纵切面（×5250）；I. 有清晰可见微管的腺细胞管细节（×12 750）；J. 颈区皮层下排泄管末端，注意刀状和丝状微毛的横切面（×55 250）

不同学者对鲇鱼鲇带绦虫头节的测量数据略有一些差异，见表 17-7。

3a. 吻突样顶器官的小钩 1 轮或 2 轮，卵黄腺带扩展至节片的侧方边缘……………………恒河属（*Gangesia* Woodland，1924）

识别特征：吸盘的吸吮表面覆盖有棘。成节方形。卵黄腺位于侧方，伸展至节片的整个长度方向，多位于髓质，部分位于皮质。精巢位于连续的区域。阴茎囊可变。已知寄生于欧洲、印度和日本的鱼类。模式种：孟加拉恒河绦虫［*Gangesia bengalensis*（Southwell，1913）］（图 17-69，图 17-70）。

表 17-7 不同学者对鲇鱼鲇带绦虫头节的测量数据

学者	Nybelin，1942	Freze，1965	Scholz et al.，1999	（*n*=37）[a]
总长（*A*）	230～280	230～303	256（225～305）	8.9
颈宽	—	—	190（150～240）	12.5

续表

学者	Nybelin，1942	Freze，1965	Scholz et al.，1999	（n=37）[a]
吸盘直径（B）	90～130	75～104	100（85～125）	10.0
顶器官				
直径（C）	72～100	71～83	78（70～95）	10.3
深度	74～77	79～94	61（50～70）	8.4
B/A	—	—	40（35～43）	4.5
C/A	—	—	31（28～35）	6.8
C/B	—	—	78（68～86）	7.0
钩刃	7	6～7	2.5～3.5[b]	
基板	—	4	（6～7）×（4～5）	

注：总长单位为 mm，其他单位为μm

a 平均值，括号内为范围及变异系数，没见到有变异系数

b 仅测定了钩刃

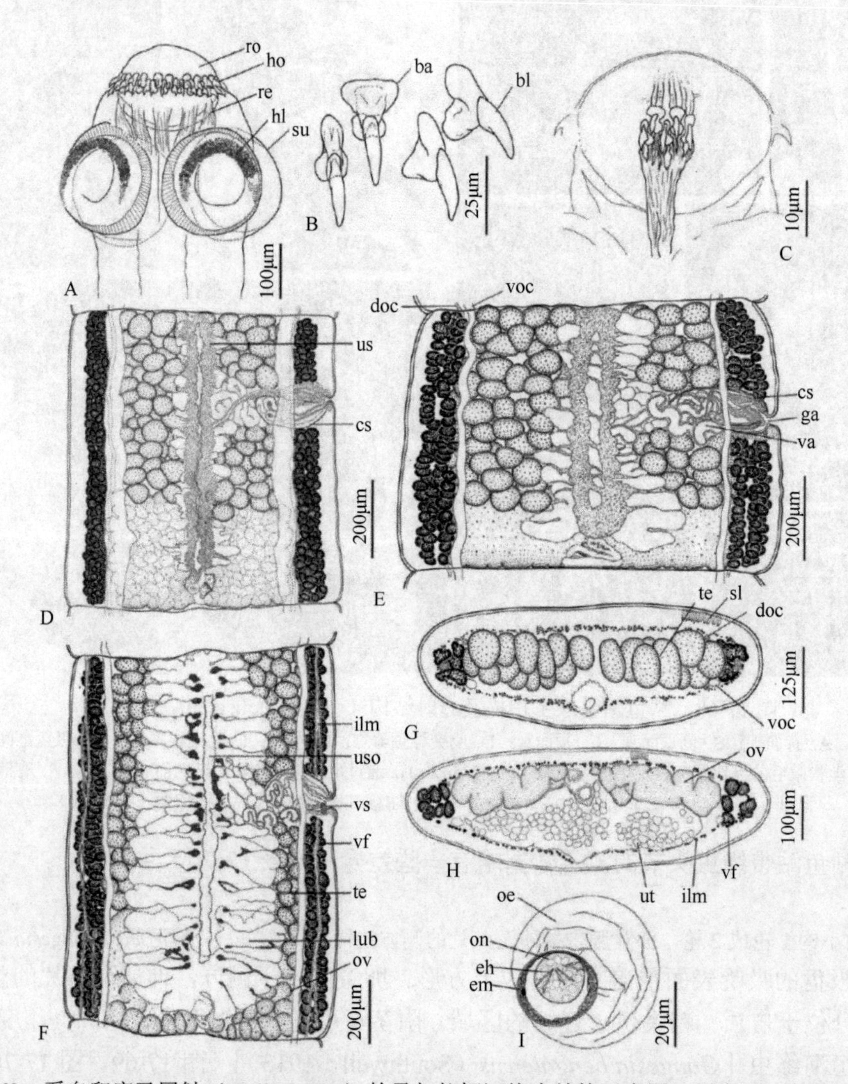

图 17-69　采自印度叉尾鲇（*Wallago attu*）的孟加拉恒河绦虫结构示意图（引自 Ash et al.，2012）

A. 头节背腹面观（MHNG-PLAT 82308，编号 AA133B）；B. 吻突钩（IPCAS C-616，编号 AA 133）；C. 牵缩肌细节；D，E. 成节腹面观（IPCAS C-616，编号 AA 133 和 MHNG-PLAT 60721，编号 147/08）；F. 孕节腹面观（IPCAS C-616，编号 AA 133）；G，H. 分别显示精巢区域和卵巢水平横切面（IPCAS C-616，编号 AA 133），注意皮层下层未完全示意；I. 蒸馏水中的卵。缩略词：ba. 钩基部；bl. 钩片；cs. 阴茎囊；doc. 背渗透调节管；eh. 胚钩；em. 胚托；ga. 生殖腔；hl. 小钩；ho. 钩；ilm. 内纵肌；lub. 侧子宫支囊；oe. 外膜；on. 六钩蚴；ov. 卵巢；re. 牵缩肌；ro. 吻突样器官；sl. 皮层下层；su. 吸盘；te. 精巢；us. 子宫干；uso. 子宫缝隙样开口；ut. 子宫；va. 阴道；vf. 卵黄腺滤泡；voc. 腹渗透调节管；vs. 阴道括约肌

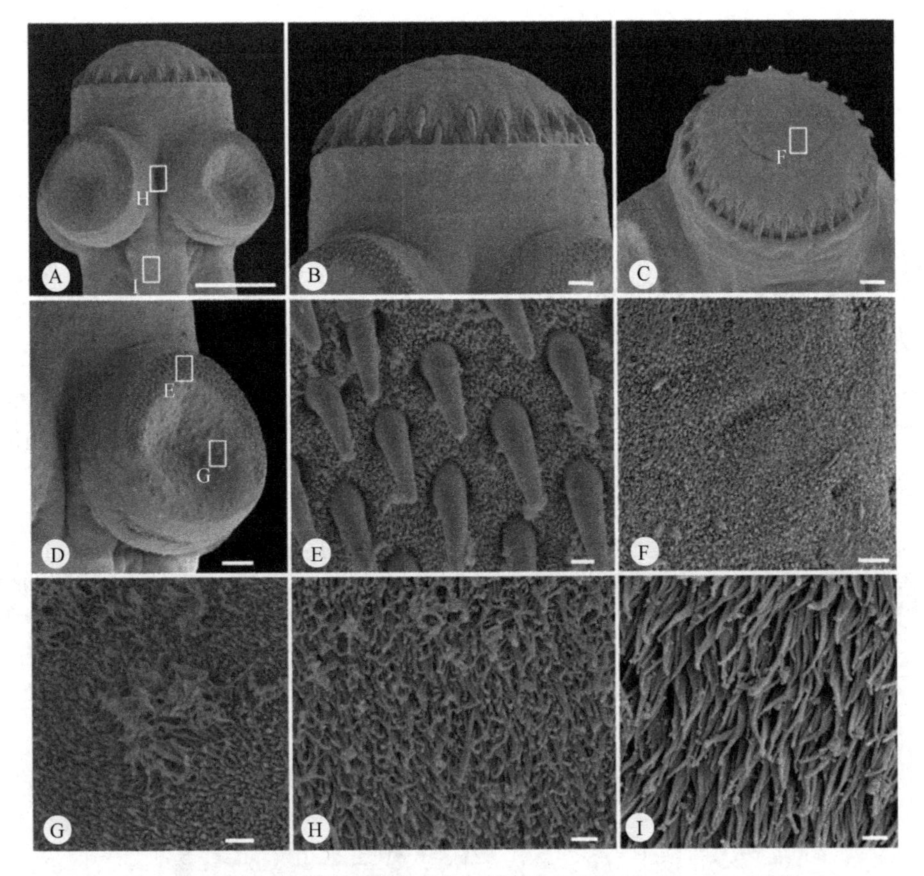

图 17-70 孟加拉恒河绦虫头节的扫描结构（引自 Ash et al.，2012）

A. 头节背腹面观；B，C. 吻突样器官细节，注意吻突钩为两排；D. 吸盘外部边缘有小钩；E. 有小钩的吸盘外边缘放大；F. 吻突样器官上短而密的针状丝毛细节；G. 吸盘上的针状丝毛及少量毛状丝毛细节；H. 吸盘之间毛状丝毛和小剑状棘毛细节；I. 颈区剑状棘毛细节。分图 A、C、D 中的大写字母示相应图取处。标尺：A=100μm；B=10μm；C，D=20μm；E～I=1μm

综合恒河属多数（1948～2012 年）文献表明，该属分类存在下列问题：①用于扫描的多数样品是已腐烂的；②描述不完全，如通常没有横切面，子宫分支数通常被省略等；③许多数据无疑是错误的和个别结构被误解，如卵黄腺滤泡被当作精巢计数，以及肌细胞被认为是钩，而钩实际上已因皮层脱离而脱落了；④正文中的数据与插图不对应，插图总是很简略而不完整；⑤物种分化基于有问题的分类特征，如精巢的数目可能忽略不计（通常是错误的），以及阴茎囊不特异的形态；⑥除了描述自印度次大陆的 3 种恒河属和鲇带属的种，样品类型不存在和样品无法获得；⑦宿主识别存在问题等。

Ash 等（2012）基于形态、分子和表面超微结构对印度群岛区的恒河属绦虫进行了修订。Ash 等（2014）又基于博物馆样品和从中国、日本、俄罗斯新采集材料的形态测定，以及印度群岛种先前修订的结果，认为亚洲鲇鱼的寄生虫：恒河属的 50 多个命名种中仅 8 个种为有效种。其他都属于同物异名种。

其他恒河属绦虫种有：叉尾鲇恒河绦虫（*G. wallago* Woodland，1924）（图 17-71A～C）；辛登恒河绦虫（*G. sindensis* Rehana & Bilqees，1971）（图 17-71D、E）；亚格拉恒河绦虫（*G. agraensis* Verma，1928）（图 17-72，图 17-73）；长须鲇恒河绦虫（*G. macrones* Woodland，1924）（图 17-74，图 17-75）和瓦沙恒河绦虫［*G. vachai*（Gupta & Parmar，1988）（图 17-76，图 17-77D）等。

Ash 等（2015）基于来自中国、日本和俄罗斯新收集的样品的形态测量及之前印度群岛（Indomalayan）种的修订结果，初步确定了恒河属绦虫 50 多个命名种中仅 8 个为有效种（图 17-78，图 17-79）。它们是：孟加拉恒河绦虫、亚格拉恒河绦虫、长须鲇恒河绦虫、瓦沙恒河绦虫、少睾恒河绦虫（*G. oligonchis* Roitman & Freze，1964）（图 17-80，图 17-81）、副鲇恒河绦虫（*G. parasiluri* Yamaguti，1934）（图 17-82，图 17-83）、多睾恒河绦虫（*G. polyonchis* Roitman & Freze，1964）（图 17-84，图 17-85）和马戈利斯恒河绦虫（*G. margolisi* Shimazu，1994）（图 17-86）。其他都是同物异名种。

恒河属 8 个有效种的主要形态测量数据比较见表 17-8。

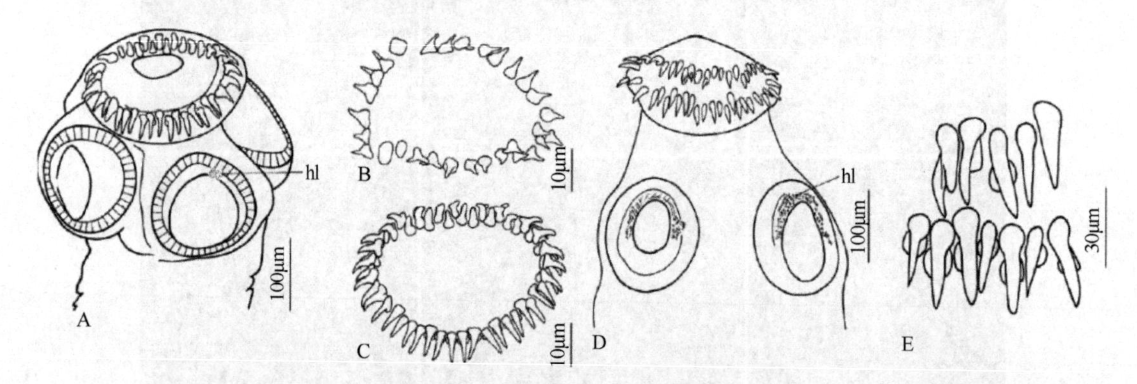

图 17-71　叉尾鲇恒河绦虫和辛登恒河绦虫模式样品头节与吻突钩结构示意图（引自 Ash et al.，2012）

A. 采自叉尾鲇的恒河绦虫头节亚顶面观，注意两圈不规则的吻突钩和吸盘上存在的小钩（hl）；B，C. 叉尾的恒河绦虫吻突钩的排列细节，注意两种类型的排列；D. 辛登恒河绦虫头节背腹面观，注意吸盘上存在小钩；E. 辛登恒河绦虫吻突上钩的排列细节，注意存在两圈钩

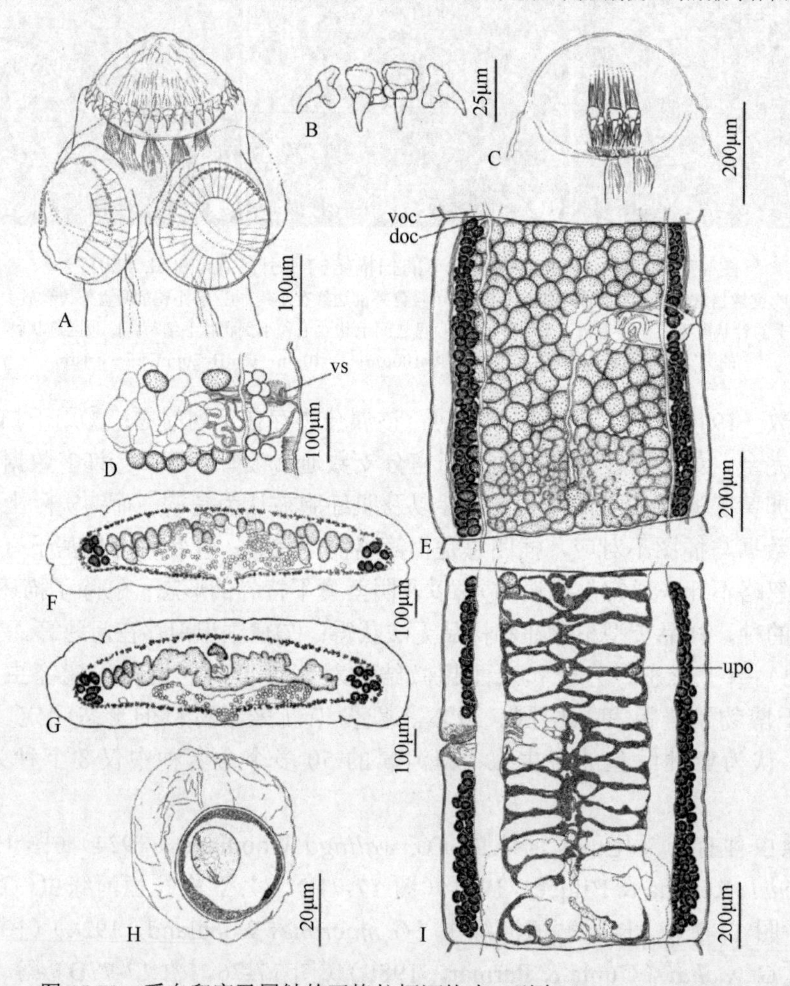

图 17-72　采自印度叉尾鲇的亚格拉恒河绦虫（引自 Ash et al.，2012）

A. 头节背腹面观（IPCAS C-617，编号 IND 167）；B. 吻突钩（MHNG-PLAT 82298，编号 IND 795B）；C. 牵缩肌细节；D. 生殖器官末端背面观（IPCAS C-617，编号 IND 795）；E. 成节背面观（IPCAS C-617，编号 IND 167）；F，G. 分别显示精巢区域和卵巢水平横切面（MHNG-PLAT60725，编号 117/08）；H. 蒸馏水中的卵；I. 孕节腹面观（IPCAS C-617，编号 IND 795）。缩略词：doc. 背渗透调节管；upo. 子宫孔样开口；voc. 腹渗透调节管；vs. 阴道括约肌

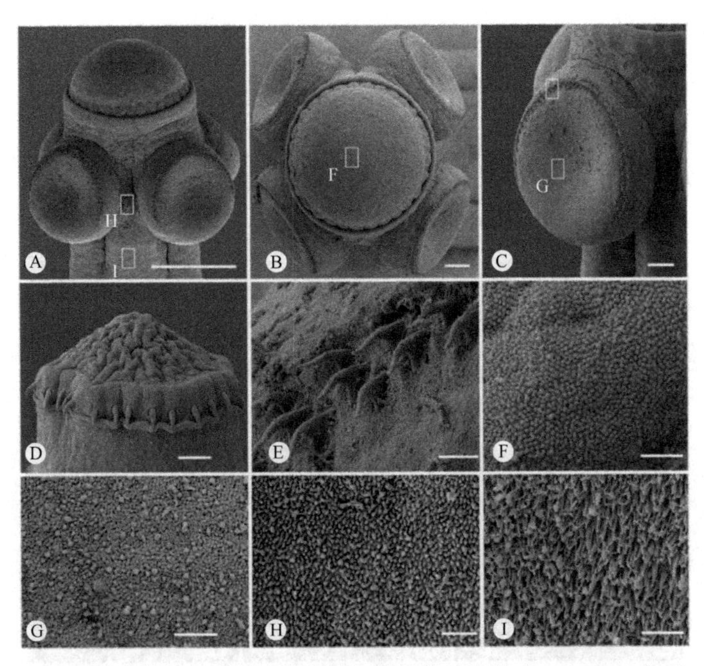

图 17-73　亚格拉恒河绦虫头节的扫描结构（引自 Ash et al.，2012）

A. 头节背腹面观；B. 头节顶面观；C. 吸盘外部边缘有小钩；D. 吻突样器官背腹面观细节，注意 1 圈吻突钩；E. 有小钩的吸盘外边缘放大；F. 吻突样器官上的乳头状丝毛细节；G. 吸盘上乳头状丝毛细节；H. 吸盘之间的针状丝毛细节；I. 颈区毛状丝毛和小剑状棘毛细节。分图 A～C 中的大写字母示相应图取处。标尺：A=100μm；B～D=20μm；E，I=2μm；F～H=1μm

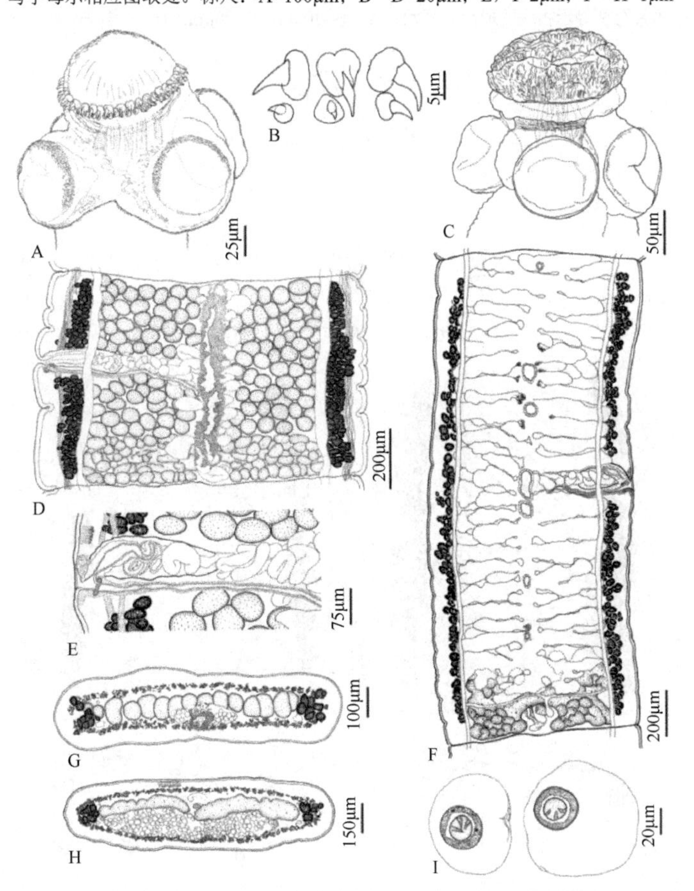

图 17-74　采自印度月尾鳠（*Sperata seenghala*）的长须鲇恒河绦虫结构示意图（引自 Ash et al.，2012）

A. 头节背腹面观（IPCAS C-618，编号 MS 4h）；B. 吻突钩（样品同 A）；C. 固定于冷福尔马林中腐烂样品的头节和脱落的钩与小钩（IPCASC-618，编号 MH 26）；D. 成节腹面观（MHNG-PLAT 82302，编号 MS 6r）；E. 生殖器官末端腹面观（样品同 A）；F. 孕节腹面观（样品同 A）；G，H. 分别过精巢区域和卵巢水平横切面（IPCAS C-618，编号 MS 4k）；I. 蒸馏水中的卵

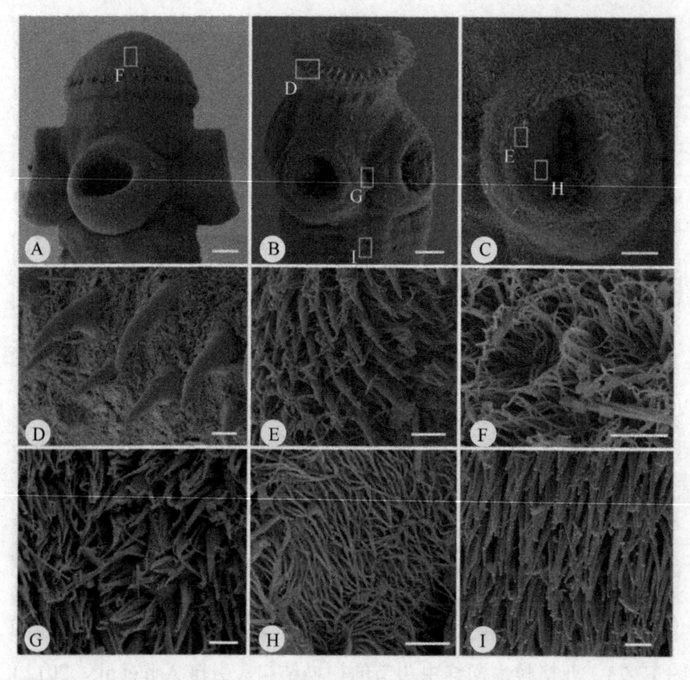

图 17-75　长须鲇恒河绦虫头节的扫描结构（引自 Ash et al.，2012）

A，B. 头节背腹面观；C. 吸盘外部边缘有小钩；D. 吻突样器官细节，注意 2 圈吻突钩形态不同，有毛状丝毛；E. 吸盘外部边缘细节，有小钩和毛状丝毛；F. 吻突样器官上的毛状丝毛细节；G. 吸盘之间的毛状丝毛和剑状棘毛细节；H. 吸盘上的毛状丝毛细节；I. 颈区的剑状棘毛。分图 A～C 中的大写字母示相应图取处。标尺：A，B=30μm；C=20μm；D～F=2μm；G～I=1μm

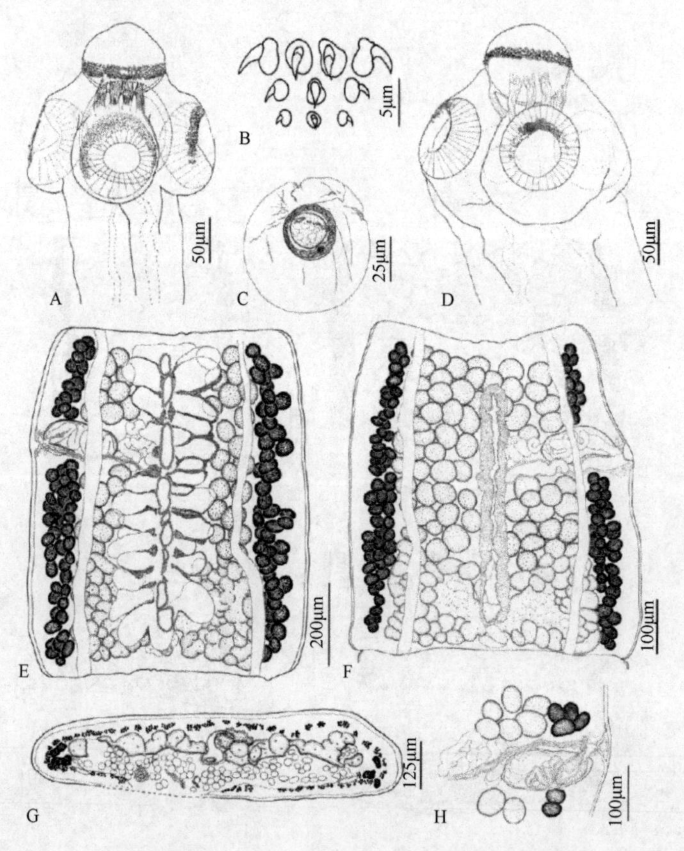

图 17-76　瓦沙恒河绦虫组合种结构示意图（引自 Ash et al.，2012）

A. 采自叉尾鲇的样品头节背腹面观（MHNG-PLAT 82306，编号 BAN 186）；B. 吻突钩，注意不同大小（分布为 4～6 圈）（样品同 A）；C. 蒸馏水中的卵；D. 采自黄彩鲇（*Mystus* cf. *tengara*）样品的头节背腹面观（IPCASC-623，编号 IND 906a）；E. 孕节腹面观（样品同 A）；F. 成节腹面观（样品同 A）；G. 卵巢水平横切面（样品同 D）；H. 生殖器官末端腹面观（样品同 A）

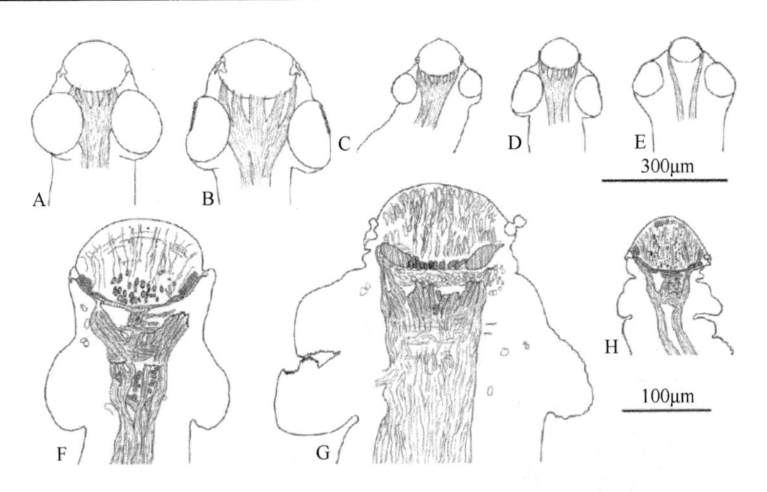

图 17-77　选择的恒河属和鲇带属有牵缩肌的头节外观（引自 Ash et al.，2012）

A～E. 分别为亚格拉恒河绦虫、孟加拉恒河绦虫、长须鲇恒河绦虫、瓦沙恒河绦虫和鲇鱼鲇带绦虫；F，G. 分别为亚格拉恒河绦虫（IPCAS C-617，编号 AA 86a）和孟加拉恒河绦虫（IPCAS C-616，字号 AA 133）头节的额切面；H. 长须鲇恒河绦虫（MHNG-PLAT 82303，编号 MS 22b）头节的矢状面

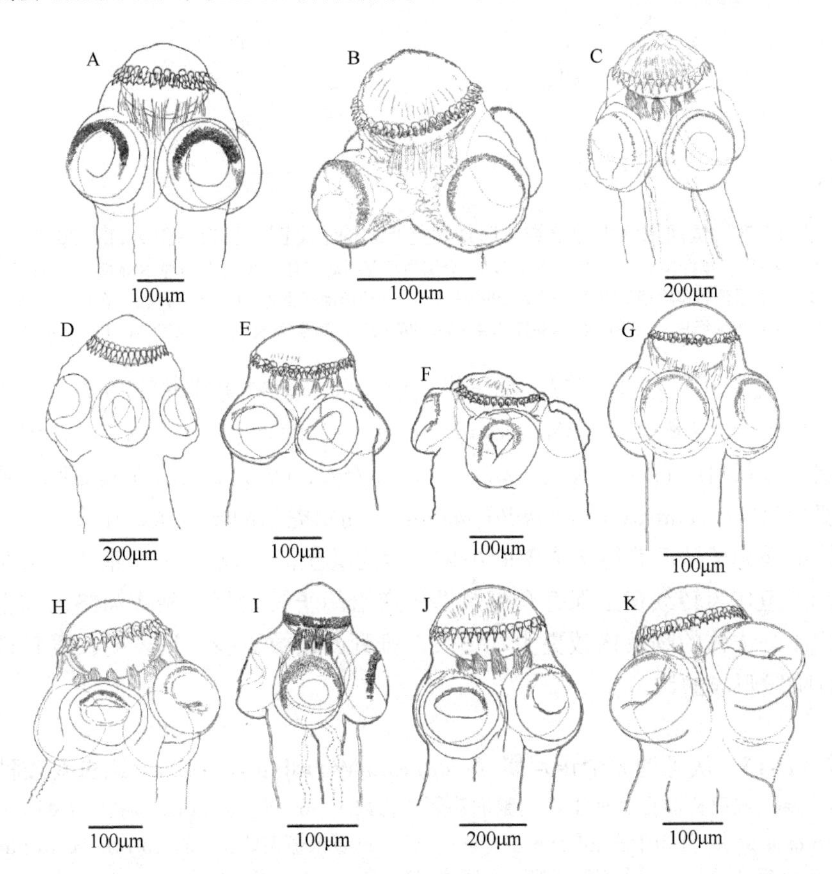

图 17-78　恒河属绦虫有效种的头节背腹面观结构示意图（引自 Ash et al.，2015）

A. 孟加拉恒河绦虫；B. 长须鲇恒河绦虫；C. 亚格拉恒河绦虫；D，E. 副鲇恒河绦虫（副模标本 SY3072 和凭证标本 NSMT-Pl 4539），注意吻突钩分布的不同类型；F，G. 多睾恒河绦虫（MHNG-PLAT 75539，79112），注意吻突钩分布的不同类型；H. 少睾恒河绦虫（IPCAS C-651，编号 RUS 32b）；I. 瓦沙恒河绦虫；J. 马戈利斯恒河绦虫（副模标本 NSMT Pl 4066）；K. 恒河绦虫未定种（*Gangesia* sp.）（MHNG-PLAT 67056）

日本学者 Shimazu（1994）报道了恒河属另一种：马戈利斯恒河绦虫（*G. margolisi* Shimazu，1994）（图 17-86）。种名取自在加拿大纳奈莫太平洋生物学站的 Leo Margolis 博士，为表彰他对水产寄生虫学作出的贡献。

1999 年，Shimazu 对采自日本中部长野苏洼湖（Lake Suwa，Nagano）鲇鱼（*Silurus asotus*）的副鲇恒河绦虫（*Gangesia parasiluri* Yamaguti，1934）进行了野外及实验室生活史研究并进行了重描述。成体

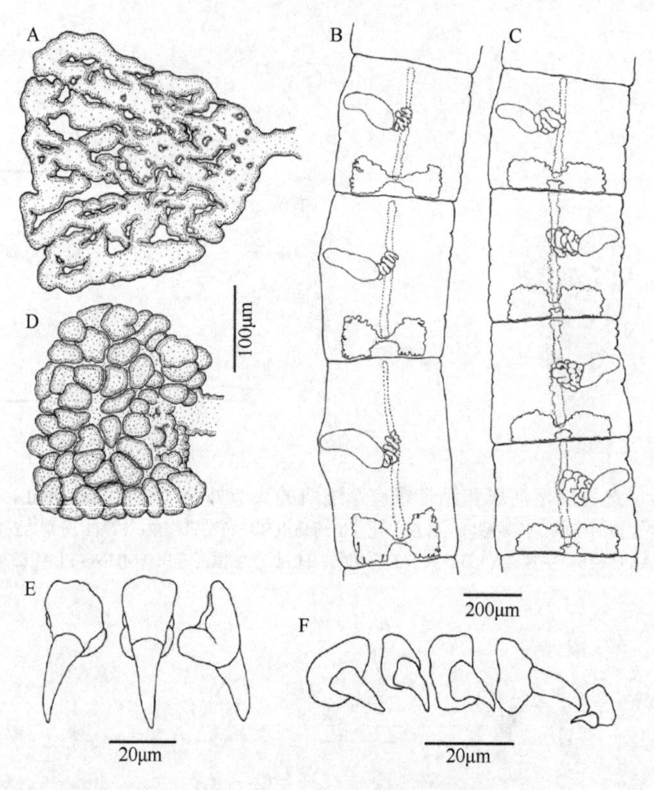

图 17-79 恒河属绦虫种分类的选择性重要结构示意图（引自 Ash et al.，2015）

A. 马戈利斯恒河绦虫的网状卵巢（全模标本 NSMT-Pl 4066）；B，C. 分别为马戈利斯恒河绦虫（全模标本 NSMT-Pl 4066）和副鲇恒河绦虫（NSMT-Pl 4059）成节完整观（腹面），注意阴茎囊和输精管的位置和卵巢的形态；D. 其他恒河绦虫种（*Gangesia* spp.）分叶的卵巢（亚格拉恒河绦虫 IPCAS C-617）；E. 马戈利斯恒河绦虫（副模标本 NSMT-Pl 4066）的吻突钩；F. 副鲇恒河绦虫（NSMT-Pl 4059，4539）的吻突钩

的吻突钩数目变化很大，范围为 35～57。全尾蚴发现于同一湖中真骨鱼目鰕虎鱼科的条尾裸头虾虎鱼（*Chaenogobius urotaenia*）和褐吻虎（*Rhinogobius brunneus*）的直肠中（图 17-87，图 17-88）。21～25℃实验感染桡足亚纲剑水蚤科广布中剑水蚤（*Mesocyclops leuckarti*），7 天后在其血腔中形成原尾蚴。在真骨鱼目鲤科北方麦穗鱼（*Pseudorasbora pumila pumila*）、褐吻虎和胡子鲇肠道中发育为全尾蚴。用自然和实验感染全尾蚴的鱼喂胡子鲇，获得未成熟的虫体。考虑其生活史包括 3 个宿主：桡足动物作为原尾蚴形成的中间宿主，小鱼作为转续宿主保存全尾蚴并传递给胡子鲇，胡子鲇作为终末宿主，在其中发育为成虫。与全尾蚴相比，成体的吻突钩数更少、更大、排列的轮数更少。这表明在发育过程中，新形成的钩替代了早期发育阶段形成的钩。

附 1：Ash 等（2015）认可的 8 个恒河属（*Gangesia* Woodland，1924）绦虫有效种分种检索表

1A. 阴道开于阴茎囊后部；吻突样器官上有 1 个完整的钩环（钩数为 36～55 个）（以下称为吻突钩）；已知寄生于鲇科鱼类［鲇鱼（*Silurus asotus*）］；分布于古北区……………………………多睾恒河绦虫（*G. polyonchis* Roitman & Freze，1964）

1B. 阴道可能开于阴茎囊后部或前部；吻突钩 1 环、2 环或多环……………………………………2

2A. 2 环或多环完整的吻突钩……………………………………3

2B. 1 环完整的吻突钩……………………………………5

3A. 吻突钩 2 环以上；寄生于北非鲇科鱼类和其他鲇鱼；分布于印度群岛区……………………………………
……………………………………瓦沙恒河绦虫［*G. vachai*（Gupta & Parmar，1988）］

3B. 吻突钩为 2 个完整的环……………………………………4

4A. 所有的吻突钩同形，数目为 47～54 个；头节大（宽度>320μm）；已知寄生于鲇科鱼类（叉尾鲇）；分布于印度群岛区
……………………………………孟加拉恒河绦虫（*G. bengalensis* Southwell，1913）

4B. 吻突钩形态和大小不一（前方环的更大），数目为 80～85 个；头节小（宽度<280μm）；已知寄生于月尾鳠（*Sperata seenghala*）；分布于印度群岛区……………………………………长须鲇恒河绦虫（*G. macrones* Woodland，1924）

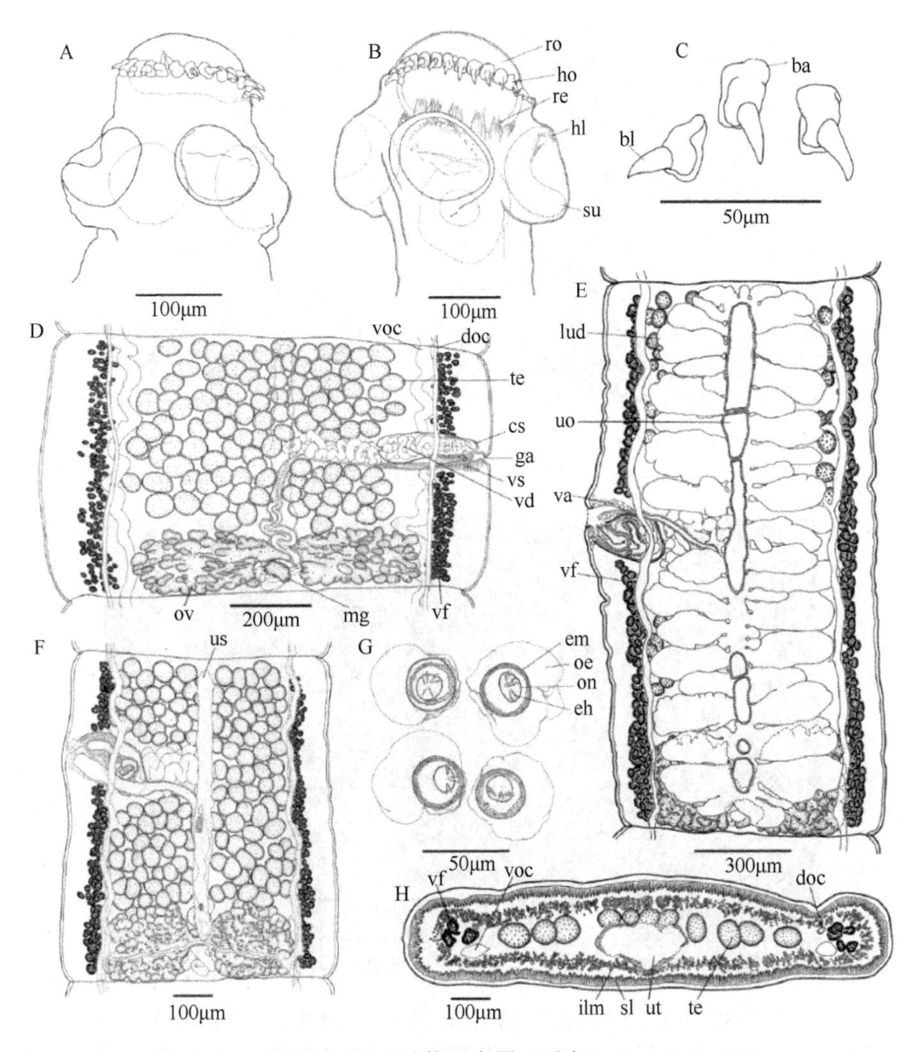

图 17-80　少睾恒河绦虫结构示意图（引自 Ash et al.，2015）

样品采自俄罗斯阿穆尔河流域（River Amur basin）黄骨鲇或黄颡鱼（*Tachysurus fulvidraco*）。A. 头节背腹面观，可能为共模标本（MHNG-PLAT 75538）；B. 头节背腹面观（编号 RUS 32C）；C. 吻突钩（IPCAS C-651，编号 RUS29a）；D. 成节背面观，背部的卵黄腺滤泡存在于阴茎囊水平，阴道未图示说明（IPCASC-651，编号 RUS32c）；E. 孕节腹面观（IPCASC-651，编号 RUS33a）；F. 成节腹面观（IPCASC-651，编号 RUS 115b）；G. 蒸馏水中的虫卵；H. 精巢区水平横切面（IPCAS C-651，编号 RUS 37）。缩略词：ba. 钩基部；bl. 钩片；cs. 阴茎囊；doc. 背渗透调节管；eh. 胚钩；em. 胚托；ga. 生殖腔；hl. 小钩；ho. 钩；ilm. 内纵肌；lud. 侧子宫支囊；mg. 梅氏腺；oe. 外膜；on. 六钩蚴；ov. 卵巢；re. 牵缩肌；ro. 吻突样器官；sl. 皮层下层；su. 吸盘；te. 精巢；us. 子宫缝隙样开口；ut. 子宫；va. 阴道；vd. 输精管；vf. 卵黄腺滤泡；voc. 腹渗透调节管；vs. 阴道括约肌

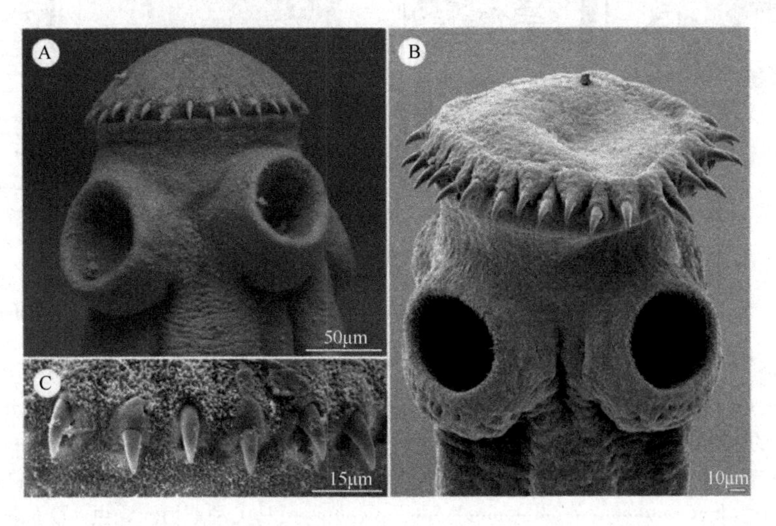

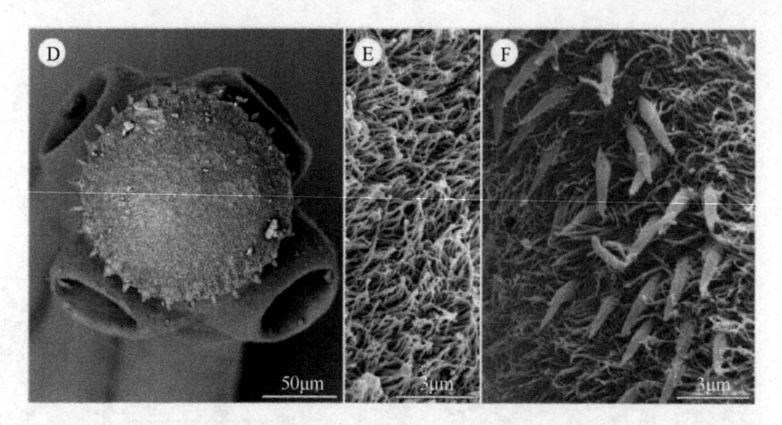

图 17-81　少睾恒河绦虫头节扫描结构（引自 Ash et al.，2015）

A，B. 头节背腹面观；C. 吻突钩；D. 头节顶面观；E. 吸盘前部的毛状丝毛；F. 小钩细节和吸盘上的毛状丝毛

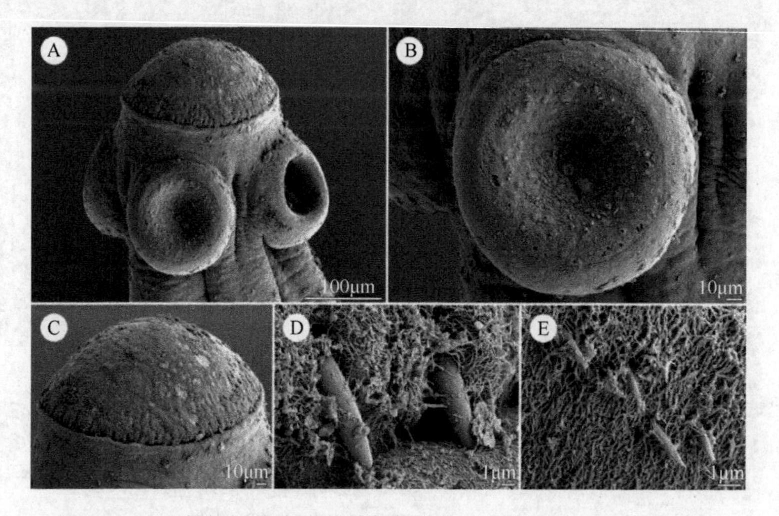

图 17-82　副鲇恒河绦虫头节的扫描结构（引自 Ash et al.，2015）

样品采自日本胡子鲇（*Silurus asotus*）。A. 头节亚侧面观；B. 吸盘的细节；C. 吻突样器官的细节；D. 吻突钩的细节；E. 吸盘小钩细节

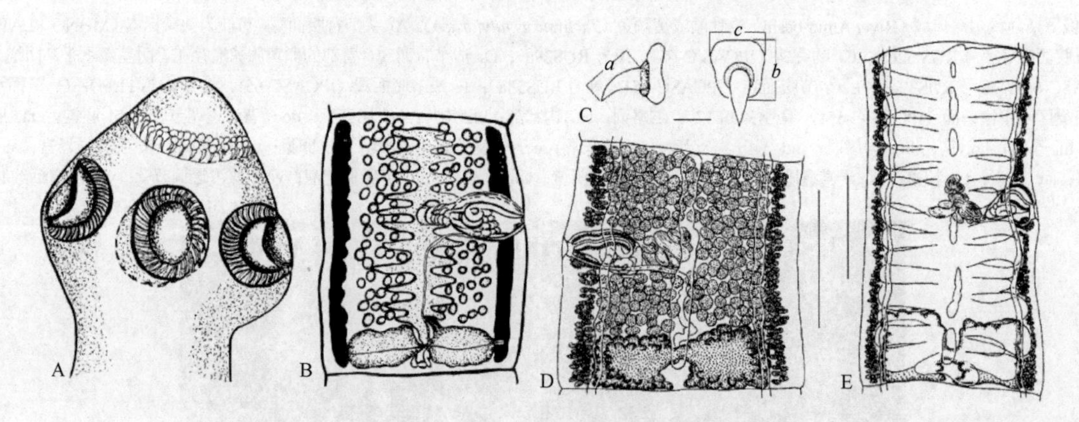

图 17-83　副鲇恒河绦虫结构示意图

A. 头节；B. 成节。C～E. 采自日本中部长野苏洼湖鲇鱼的副鲇恒河绦虫：C. 吻突钩侧面观和顶面观，钩刃长（*a*）、基长（*b*）和基宽（*c*）；D. 成节腹面观；E. 孕节腹面观。标尺：C=0.01mm；D，E=0.5mm（A，B 引自 Rego，1994；C～E 引自 Shimazu，1999）

5A. 精巢 2～3 个不完整的层；吸盘上有 2～3 排小钩；已知寄生于鲇科鱼类（叉尾鲇）；分布于印度群岛区 ……………… 亚格拉恒河绦虫（*G. agraensis* Verma，1928）

5B. 精巢单层；吸盘上的小钩 3～5 排 ……………… 6

6A 阴茎囊大，几乎达成节的中线；输精管形成窄环占据中线区的小范围；卵巢网状；已知寄生于鲇科鱼类[琵琶湖鲇（*Silurus biwaensis*）]；分布于古北区 ……………… 马戈利斯恒河绦虫（*G. margolisi* Shimazu，1994）

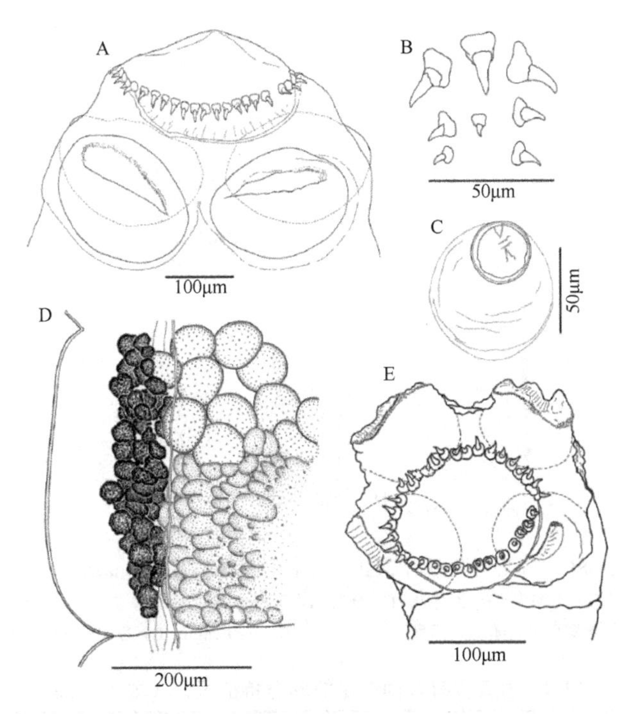

图 17-84　多睾恒河绦虫结构示意图（引自 Ash et al.，2015）

样品采自俄罗斯阿穆尔河流域胡子鲇的多睾恒河绦虫（A～D）和斯帕斯卡恒河绦虫（*G. spasskajae* Demshin，1987）（与多睾恒河绦虫为同物异名）（E）。A. 头节（可能是副模标本 MHNG-PLAT 75539）；B. 吻突钩（IPCAS C-655，MHNG-PLAT 79112）；C. 卵；D. 部分成节背面观（MHNG-PLAT 79112），注意腹方和背方渗透调节管的位置；E. 斯帕斯卡恒河绦虫（IBSSV 265.8）的头节

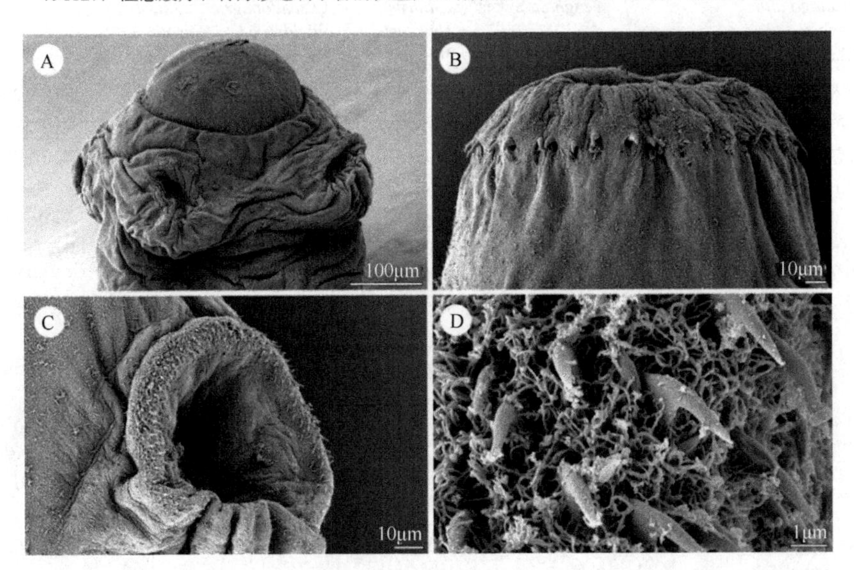

图 17-85　采自俄罗斯阿穆尔河流域的胡子鲇的多睾恒河绦虫的扫描结构（引自 Ash et al.，2015）

A. 头节背腹面观；B. 吻突样器官细节；C. 吸盘细节；D. 吸盘上的小钩

6B. 阴茎囊从不达成节的中线；输精管占据更大的区域；卵巢滤泡状，通常致密……………………………………7

7A. 卵黄腺滤泡只位于髓质；吻突钩 26～35 个，通常排为一个完整的环，钩片长 18～20μm；已知寄生于黄骨鲇或黄颡鱼（*Tachysurus fulvidraco*）；分布于古北区……………………………少睾恒河绦虫（*G. oligonchis* Roitman & Freze，1964）

7B. 大多数卵黄腺滤泡位于髓质，有些伸展到皮质；35～50 个吻突钩排为完整的一单排（特殊的，少量钩能形成额外不完整的排），吻突钩片长 10～18μm；已知寄生于鲇科鱼类（鲇鱼）；分布于古北区……………………………………………………………………………………副鲇恒河绦虫（*G. parasiluri* Yamaguti，1934）

3b. 1 轮大钩；侧卵黄腺带在节片后部集中……………………………………………………维玛属（*Vermaia* Nybelin，1942）

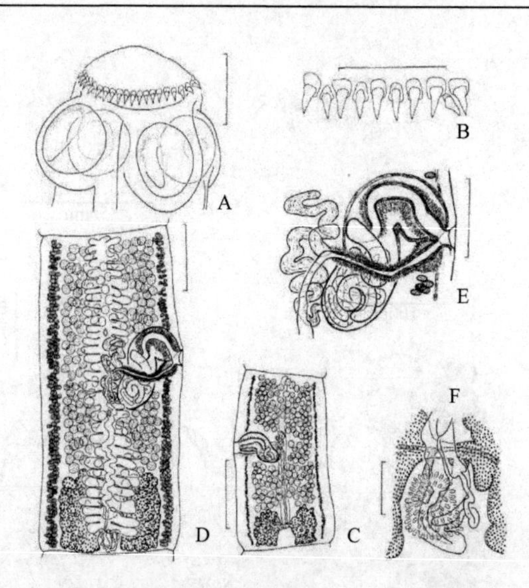

图 17-86　马戈利斯恒河绦虫结构示意图（引自 Shimazu，1994）

A. 全模标本的头节；B. 副模标本上不同形态和大小的吻突钩；C. 全模标本近成节背面观；D，E. 副模标本孕节及其生殖器官末端腹面观；F. 副模标本卵巢复合体背面观。标尺：A=0.2mm；B，F=0.1mm；C，D=0.5mm；E=0.3mm

表 17-8　恒河属有效种选定的形态特征区分（单位：μm）

种	*G. agraensis* Verma，1928[a]	*G. bengalensis*（Southwell，1913）[a]	*G. macrones* Woodland，1924[a]	*G. margolisi* Shimazu，1994	*G. oligonchis* Roitman & Freze，1964	*G. parasiluri* Yamaguti，1934	*G. polyonchis* Roitman & Freze，1964	*G. vachai*（Gupta & Parmar，1988）[a]
模式/典型宿主	叉尾鲇（*Wallago attu* Bloch & Schneider）	叉尾鲇	月尾鳠（*Sperata seenghala* Sykes）	琵琶湖鲇（*Silurus biwaensis* Tomoda）	黄颡鱼（*Pseudobagrus fulvidraco* Richardson）	胡子鲇（*Silurus asotus* Linnaeus）	胡子鲇	鲇鱼“catfish”
头节长	270～300	295～355	160～220	400～540	260～325	230～310	200～385	210～235
头节宽	305～340	325～415	215～275	430～570	230～330	270～350	240～475	220～245
吻突样器官宽度[*R*]	150～160	150～190	110～175	270～350	140～170	140～185	150～285	100
吸盘直径［*S*］	140～175	150～190	80～90	（160～230）×（190～220）	（100～140）×（95～135）	110～140	（155～170）×（210～225）	95～110
R/S	0.85～1.06（0.97）	0.96～1.06（0.99）	1.27～1.95（1.53）	1.43～1.53（1.51）	1.02～1.50（1.3）	1.20～1.30（1.20）	1.20～1.30（1.30）	0.91～1.05（0.98）
吻突钩数	28～32	47～54（24～28+23～26）	80～85（38～40+42～45）	31～41	26～35	35～47（达62）[b]	36～55	250～450
吻突钩排数	单	双	双	单	单	1 完全或 2 不规则	1 完全或 2 不规则	4～6
吻突钩长度	24～27	36～38	10～13 + 5～7	40～43	26～34	18～25（最短 11）[c]	20～30（最短 9）[c]	2～5
吻突钩片长	12～16	26～33	8～10 + 2～4	20～26	18～20	10～18（最短 6）[c]	10～19（最短 5）[c]	1
精巢数目	142～170	141～197	90～140	135～210	80～150	130～245	96～166	40～55
精巢层数	2～3 不完全	2～3 不完全	单一	单一	单一	单一	单一	单一
阴茎囊大小	（175～225）×（90～110）	（190～245）×（75～105）	（255～290）×（75～85）	（480～640）×（210～320）	（125～200）×（50～120）	（270～370）×（100～140）	（250～600）×（70～220）	（135～155）×（50～65）
阴茎囊长度与节片宽度比（%）	20～39	25～35	22～28	50～70	21～30	29～38	17～22	24～25
卵巢长度与节片宽度比（%）	31～37	33～41	22～25	22～26	22～32	22～28	26～33	30～37
卵巢相对大小（%）	17.5～19.3	22.3～23.5	14.6	10.4～14.0	10.3～13.3	14.2～15.5	10.1～11.4	16.2～16.6
一侧子宫分支数	14～20	18～25	25～35	14～32	18～25	14～22	12～18	13～18

注：“+”表示两轮钩数相加

a 数据来自 Ash 等（2012）

b 如果额外钩存在，为最大数目

c 额外钩的最短长度

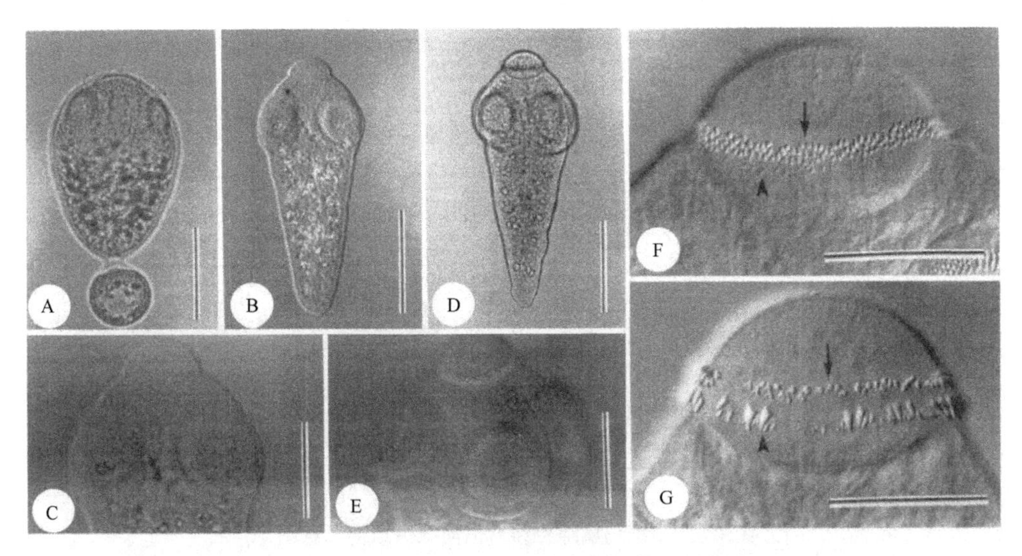

图 17-87 副鲇恒河绦虫卵在广布中剑水蚤中的发育（引自 Shimazu，1999）

A. 采自 20℃实验感染 9 天后的广布中剑水蚤血腔的原尾蚴活体照；B，C. 采自实验感染的北方麦穗鱼（*Pseudorasbora pumila pumila*）肠道的全尾蚴整体（B），头节（C），感染 1 天后，热福尔马林固定；D，E. 采自长野苏洼湖条尾裸头虾虎鱼自然感染的全尾蚴，整体（D），头节（E），热福尔马林固定；F，G. 吻突，实验感染鲇鱼 5 天后未成熟虫体，示吻突钩 1 型（箭号）和吻突钩 2 型（箭头），热福尔马林固定。标尺：A，B，D=0.1mm；C～E=0.05mm；F，G=0.02mm

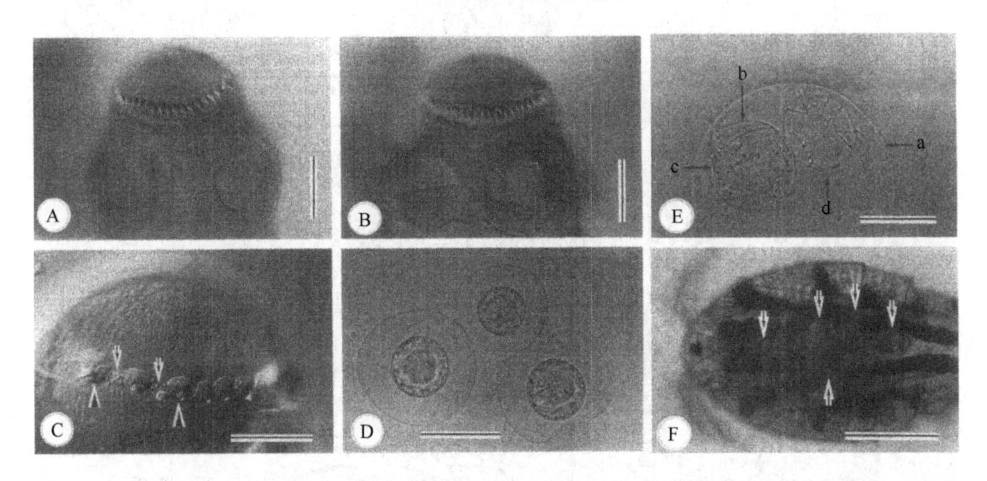

图 17-88 副鲇恒河绦虫头节、成熟卵及广布中剑水蚤血腔中的原尾蚴（引自 Shimazu，1999）

A～C. 成体头节；A. 头节吻突钩一轮；B. 头节，小钩和大钩不规则交替排为两轮；C. 吻突，小（箭号）和大（箭头）吻突钩混合；D. 成熟卵，活体照；E. 成熟卵，高度压缩，示第 1 或最外（a）、第 2（b）、第 3（c）和第 4 或最内（d）卵膜和六钩蚴，活体照；F. 5 个原尾蚴（箭头示）位于 21～25℃实验感染 7 天后的广布中剑水蚤血腔中，活体照。标尺：A，B=0.1mm；C，D=0.05mm；E，F=0.03mm

识别特征：头节、颈区和节片覆盖有棘。后部的节片长大于宽。纵行的肌肉不发达。卵黄腺位于短的侧方区域，仅在后部的节片中发育完全。生殖孔位于侧方前半部边缘。阴茎囊小。精巢分布于卵巢前方的两个区域。子宫有大量支囊。卵在子宫中胚化。已知寄生于印度鲇鱼类。模式种：伪热带维玛绦虫［*Vermaia pseudotropii*（Verma，1928）］（图 17-89A～C）。该属自建立后，不再有相应种类报道，有关伪热带维玛绦虫的描述仍是最初的状况，记录不全，较为可疑，有些学者已不认可此属及种，其属名是根据学者的名字命名的。其有效性有待进一步研究核实。

de Chambrier 等（2003）研究并修订了东方后恒河绦虫［*Postgangesia orientalis*（Akhmerov，1969）］（图 17-89D、E），同时描述了寄生于伊拉克六须鲇（*Silurus glanis*）（鲇形目）的无钩后恒河绦虫（*P. inarmata* Chambrierl，Al-Kallak & Mariaux，2003）（图 17-90），其种名涉及吻突样顶器官没有钩的事实。

后恒河属（*Postgangesia* Akhmerov，1969）建立后，曾被放在后恒河亚科（Postgangesiinae Akhmerov，1969），后来被放在合槽亚科（Zygobothriinae Woodland，1933）（Schmidt，1986；Rego，1994）或棘

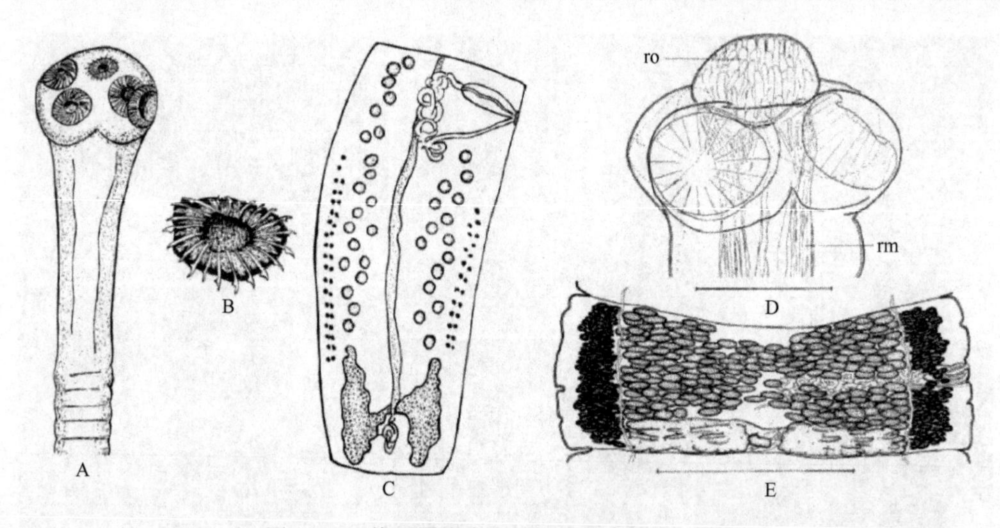

图 17-89 维玛属绦虫和后恒河绦虫结构示意图

A～C. 伪热带维玛绦虫：A. 头节；B. 吻突和钩；C. 成节。D，E. 东方后恒河绦虫：D. 头节（No. 377）；E. 孕节背面观（No. 248），没有图示子宫。缩略词：rm. 牵引肌；ro. 吻突样顶器官。标尺：D=250μm；E=1000μm（A～C 引自 Rego，1994；D，E 引自 de Chambrier et al.，2003）

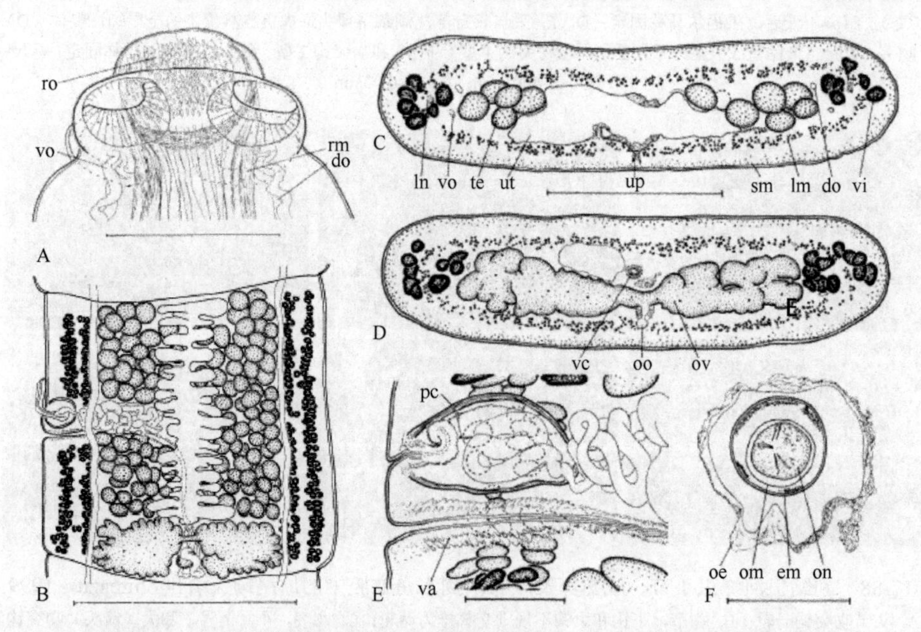

图 17-90 无钩后恒河绦虫结构示意图（引自 de Chambrier et al.，2003）

A. 全模标本（33498 INVE）的头节；B～D. 副模标本（33501 INVE）：B. 孕节腹面观；C. 孕节前方部位横切；D. 预孕节卵巢水平横切；E. 副模标本（33499 INVE）阴茎囊和阴道腹面观；F. 蒸馏水中的卵。缩略词：do. 背排泄管；em. 胚托；lm. 内纵肌；ln. 纵向侧方的神经；oe. 外膜；om. 六钩蚴膜；on. 六钩蚴；oo. 卵模；ov. 卵巢；pc. 阴茎囊；rm. 牵引肌；ro. 吻突样顶器官；sm. 次级肌肉结构；te. 精巢；up. 子宫孔；ut. 子宫；va. 阴道；vc. 阴道管；vi. 卵黄腺；vo. 腹排泄管。标尺：A=250μm；B=1000μm；C，D=500μm；E=100μm；F=50μm

带亚科（Acanthotaeniinae Freze，1963）（Rego，1995）。这些放置似乎都不合适：后恒河亚科的界定依据的是是观察到的卵黄腺分布于皮层的不正确的特征。合槽亚科的种类也有皮层卵黄腺滤泡。棘带亚科则有明显不一样的顶器官结构。为此 de Chambrier 等（2003）认为后恒河属属于恒河亚科的成员，因其种类具有巨大的有发达牵缩肌的顶突结构，且没有皮质卵黄腺滤泡。Mola（1929）为恒河属建立恒河亚科时识别特征很短，仅强调有一环钩的顶突存在。随后恒河属被众多学者当作原头亚科的属（Fuhrmann，1931；Wardle &MacLeod，1952；Yamaguti，1959），Freze（1965）恢复了恒河亚科，并将鲇带属、电带属和维玛属放在恒河亚科，主要根据它们具有特殊的顶突结构和肌肉体系。的确，鲇带属、电带属、恒河属、后恒河属和维玛属的顶突内部结构相似（图 17-91～图 17-94），具有前后分化的肌肉束和深染色的嗜铬细胞，放在同一个亚科是合理的。

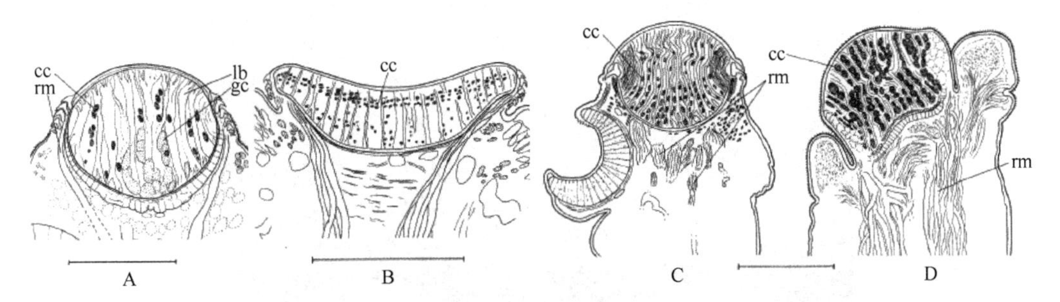

图 17-91　4 种绦虫头节在吻突样顶器官水平的正切面（引自 de Chambrier et al.，2003）

A. 鲇鱼鲇带绦虫（IPCAS C-52），注意顶器官含颗粒状（gc）内含物细胞的后部聚集；B. 电鲇电带绦虫（32016 INVE）；C. 副鲇恒河绦虫（32574 INVE）；D. 无钩后恒河绦虫副模标本（33502 INVE）的头节纵切面。缩略词：cc. 易着色细胞；lb. 纵肌束；gc. 腺状细胞；rm. 牵引肌。标尺：A=50μm；B～D=100μm

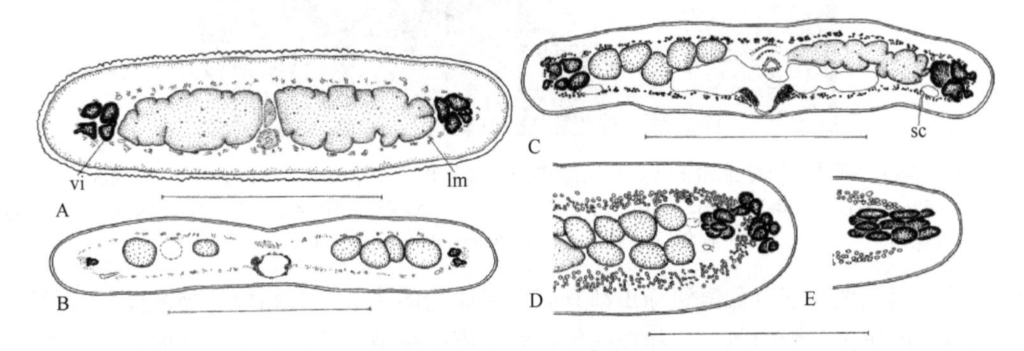

图 17-92　5 种绦虫节片横切面，示卵黄腺滤泡与内纵肌关系位置（引自 de Chambrier et al.，2003）

A～D. 内纵肌不中断：A. 鲇鱼鲇带绦虫（Batsch，1786）（21667 INVE）成节卵巢水平横切；B. 电鲇电带绦虫（Fritsch，1886）（32014 INVE）成节前方横切；C. 副鲇恒河绦虫（22435 INVE）预孕节后方卵巢水平横切；D. 无钩后恒河绦虫副模标本（33501 INVE）卵巢水平卵黄腺滤泡肌肉周围位置的详细结构；E. 东方后恒河绦虫共模标本（377）节片前方切面示意图，示卵黄腺滤泡的侧方位置，在阻断的内纵肌之间。缩略词：lm. 内纵肌；vi. 卵黄腺；sc. 次级管。标尺：A=250μm；B～D=500μm

图 17-93　电鲇电带绦虫和副鲇恒河绦虫扫描结构（引自 de Chambrier et al.，2003）

A，B. 电鲇电带绦虫（32757 INVE）：A. 头节；B. 顶器官小钩的详细结构。C，D. 副鲇恒河绦虫（32574 INVE）：C. 头节；D. 顶器官钩的详细结构。标尺：A，C=50μm；B=5μm；D=2μm

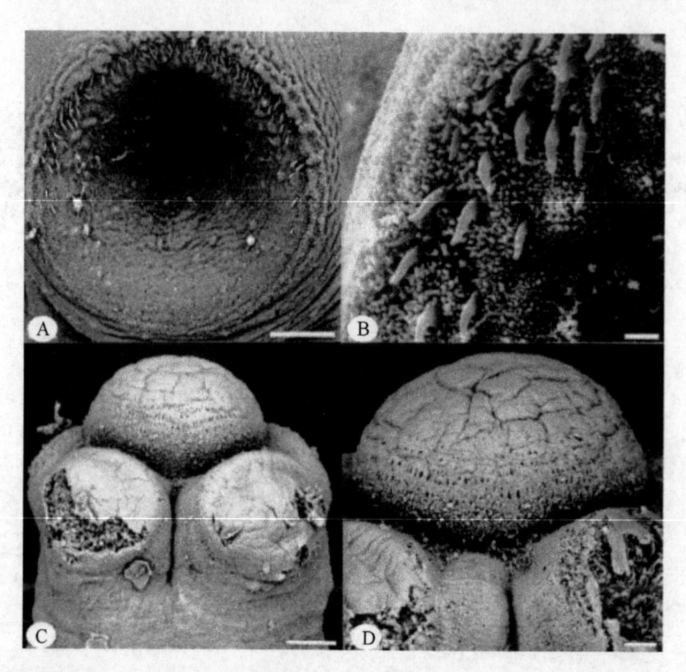

图 17-94　副鲇恒河绦虫和无钩后恒河绦虫的扫描结构（引自 de Chambrier et al.，2003）

A，B. 副鲇恒河绦虫（32574 INVE）吸盘详细结构，示小钩仅存于前方边缘。C，D. 无钩后恒河绦虫新种（33505 INVE），注意顶器官的形态和基部的孔冠。标尺：A，D=20μm；B=2μm；C=50μm

无钩后恒河绦虫虽然与东方后恒河绦虫都具有一可比较的头节，有相似的吻突样无钩顶器官，一发育良好的内部纵向的肌肉和牵引肌，一相似的阴道和分离的生殖孔，但它们区别如下：①卵黄腺滤泡的布局不一样，无钩后恒河绦虫中分布于两侧区带，而东方后恒河绦虫中分布为一致密带；②精巢数目不一（无钩后恒河绦虫 115～151 个 vs 东方后恒河绦虫 162～244 个）；③阴茎囊长度和节片宽度之比（12%～20% vs 9%～13%）；④胚托的直径（36～37 vs 25～28）等。

继后恒河属之后，人们又为恒河亚科建立了如下两个属。

1）巨鲇绦虫属（*Pangasiocestus* Scholz & de Chambrier，2012）

识别特征：原头科恒河亚科。精巢、卵巢和子宫位于髓质；卵黄腺滤泡位于髓质，穿入皮质。中等大小的绦虫，节片无缘膜。内纵肌不发达，由少量分离的肌纤维组成。腹渗透调节管很发达；背管在颈区和最初未成节中可见，在最后的未成节、预孕节和孕节中变得不易识别。头节小，有莲座状后头区，有 4 个后部缩进的、显著的叶，叶之间由深纵沟分隔，各叶中央有一小的单腔吸盘。头节顶部有大的、圆盘状吻突样顶器官（含深染的嗜色细胞），大过吸盘。精巢 1 层，大不不均一，有更小、密集堆叠的精巢位于侧方；孕节中精巢也存在。阴茎囊与节片宽度相比小。生殖孔不规则交替，位于赤道略前方。有生殖腔。卵巢滤泡状、两叶，有宽的侧叶。阴道通常在阴茎囊前方，有阴道括约肌。卵黄腺滤泡形成成对的（背部和腹部）窄带，通常由单一滤泡形成，达节片边缘前方至后方，在生殖器官末端（阴茎囊和阴道）水平背腹中断。第 2 型子宫发育。模式及仅知的种：罗曼巨鲇绦虫（*Pangasiocestus romani* Scholz & de Chambrier，2012）（图 17-95～图 17-97）。

词源：属名源于宿主名巨鲇属（*Pangasius*）加后缀“*cestus*”。

模式及仅知的宿主：拉氏巨鲇（*Pangasius larnaudii* Boucourt，1866）［鲇形目（Siluriformes）：巨鲇科（Pangasiidae）］。

感染部位：肠道前部。

模式宿主采集地：柬埔寨普雷克托尔（Prek Toal），洞里萨湖（Tonle Sap Lake）（13°14′N，103°40′E）。

感染率：检测洞里萨湖 8 尾鱼，3 尾共感染 5 条绦虫；在金边（Phnom Penh）鱼市获得同种宿主 5

尾，均为阴性。

样品贮存：全模标本（1 个整体固定的完整样品和 7 个有横切面的玻片标本，宿主编号为 VNT 298x，2010 年 10 月 15 号收集），存于瑞士日内瓦自然历史博物馆（MHNG INVE 79163）；1 个有横切面的玻片贮存于捷克布杰约维采（BC ASCR，České Budějovice）寄生虫学研究室（Coll. No. IPCAS C-611）；1 个副模标本（1 个整体固定 1 个无头节样品，10 个有横切面玻片和 1 个有头节纵向切片的玻片；VNT 297：MHNG INVE 75450）；1 个副模标本（VNT 298y，Coll. No. IPCAS C-611）；1 个副模标本（1 个整体固定有未成节样品 VNT 270；头节用于 SEM 研究：MHNG INVE 75449）；1 个副模标本（1 个整体固定有 1 个样品和 14 个有头节及节片横切面的玻片 VNT 298a：MHNG INVE 75451）；凭证标本（3 个有横切面的玻片；VNT 298a：IPCAS C-611）。

词源：种名“*romani*”是纪念捷克布杰约维采寄生虫学研究室的罗曼库赫塔（Roman Kuchta）博士，他对基础绦虫系统学有贡献并于 2010 年 10 月在柬埔寨帮助收集鱼类绦虫。

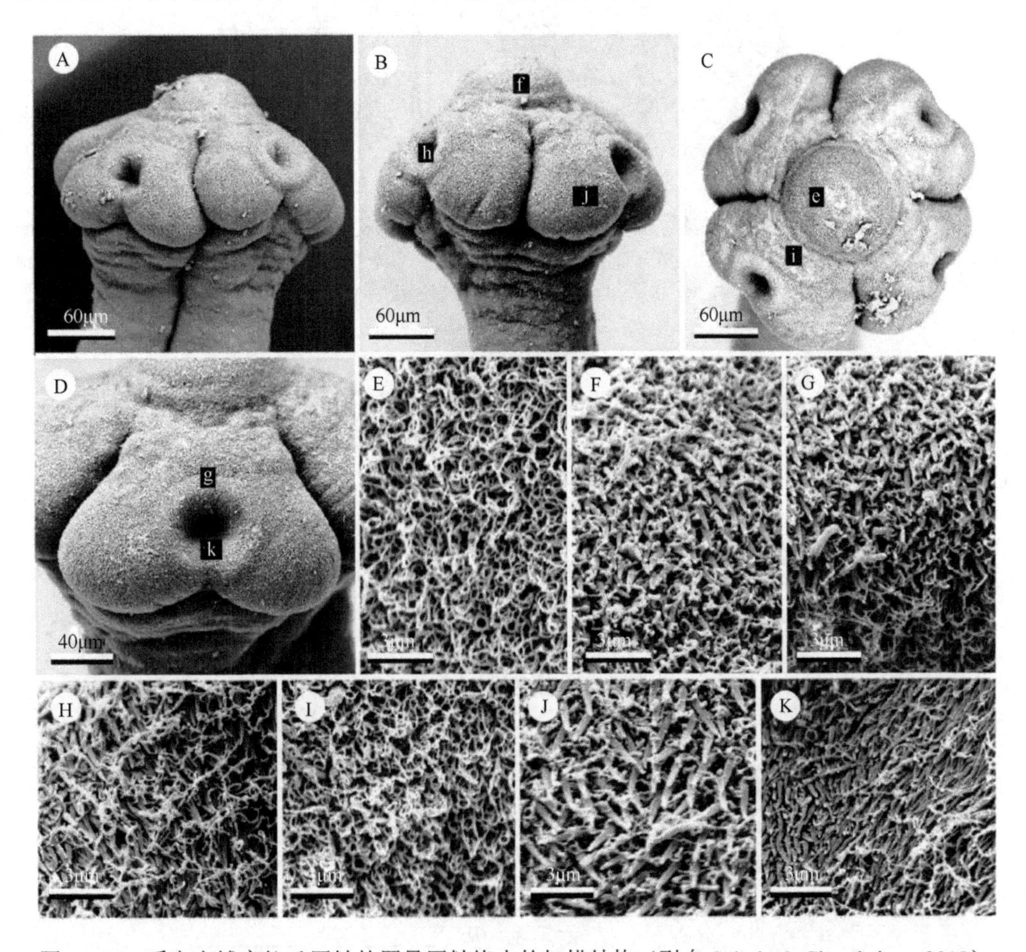

图 17-95　采自柬埔寨拉氏巨鲇的罗曼巨鲇绦虫的扫描结构（引自 Scholz & Chambrier，2012）

样品 VNT 270；副模标本 MHNG INVE 75449。A. 头节背腹面观；B. 头节侧面观；C. 头节顶面观；D. 吸盘细节；E. 近顶器官中部的毛状丝毛；F. 锥状顶中部表面剑状棘毛和毛状丝毛穿插；G. 吸盘外部上方边缘剑状棘毛和毛状丝毛穿插；H. 吸盘内侧表面剑状棘毛和毛状丝毛穿插；I. 吸盘外部上表面的毛状丝毛；J. 吸盘周边突出的叶上剑状棘毛和毛状丝毛穿插；K. 吸盘内部中央表面剑状棘毛和毛状丝毛穿插。分图 A～D 中的小写字母示相应图取处

2）丽塔鲇绦虫属（*Ritacestus* Chambrier，Scholz，Ash & Kar，2011）

识别特征：原头科恒河亚科。精巢、卵巢、子宫和大多数卵黄腺滤泡位于髓质；有些卵黄腺滤泡围绕肌肉和皮质。大型绦虫，有巨大的链体。内纵肌发达，由致密堆叠的肌纤维大束构成单一的带。腹渗透调节管宽；背管很窄，在颈区和最初的未成节中不能区别出。头节小，亚球状，没有后头，4 个宽的叶

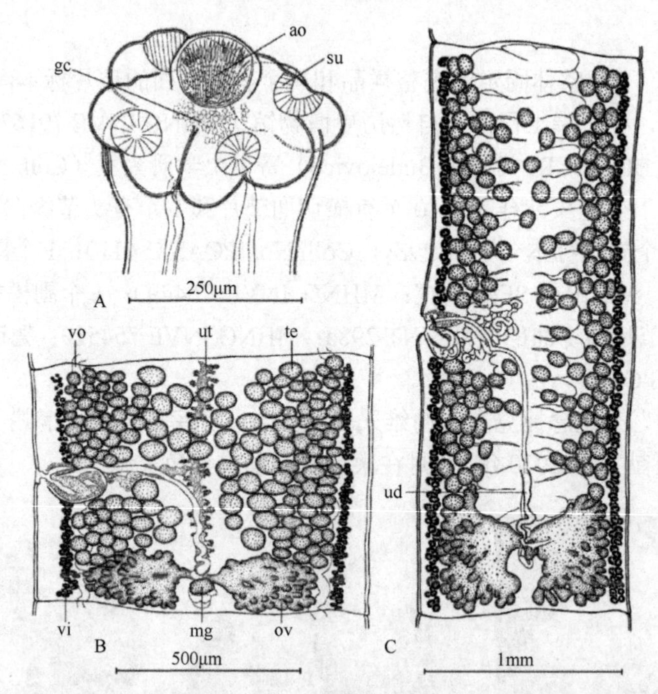

图 17-96　采自柬埔寨拉氏巨鲇的罗曼巨鲇绦虫的头节、未成节与孕节结构示意图（引自 Scholz & Chambrier，2012）

样品 VNT 298x；全模标本 MHNG INVE 79163。A. 头节背面观；B. 未成节背面观；C. 孕节背面观。缩略词：ao. 顶器官；gc. 腺细胞；mg. 梅氏腺；ov. 卵巢；su. 吸盘；te. 精巢；ud. 子宫管；ut. 子宫；vi. 卵黄腺滤泡；vo. 腹渗透调节管

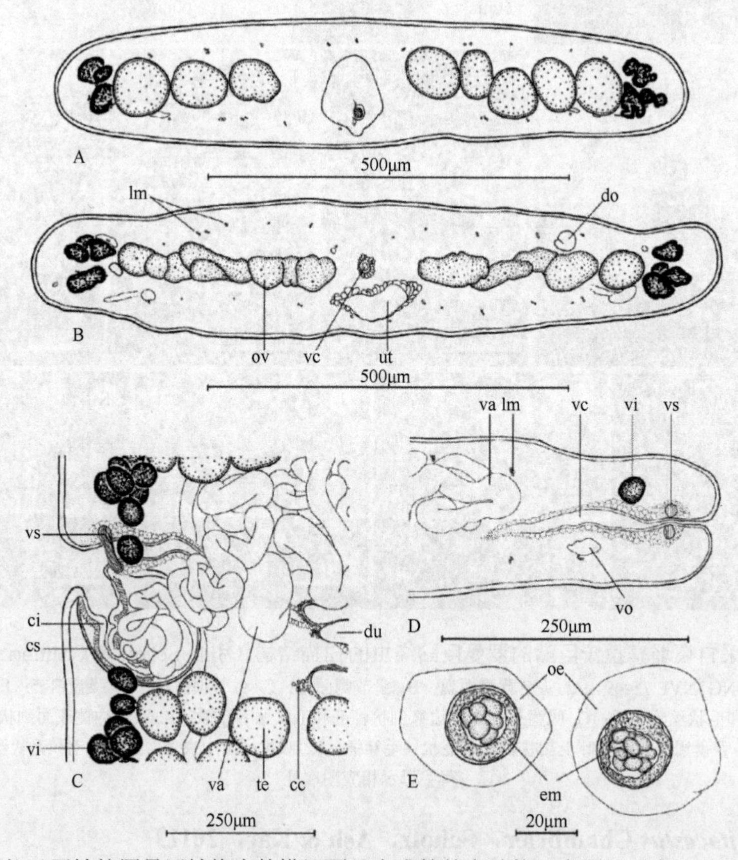

图 17-97　采自柬埔寨拉氏巨鲇的罗曼巨鲇绦虫的横切面及未成熟的卵结构示意图（引自 Scholz & Chambrier，2012）

A. 节片前部水平横切（VNT 297；副模标本 MHNG INVE 75450）；B. 节片卵巢水平横切（VNT 298x；全模标本 MHNG INVE 79163）；C. 生殖器官末端背面观（VNT 298y；副模标本 IPCAS C-611）；D. 阴道水平横切，示阴道括约肌（VNT 298x；全模标本 MHNG INVE 79163）；E. 未成熟的卵（VNT 298y；副模标本 IPCAS C-611）。缩略词：cc. 嗜色细胞；ci. 阴茎；cs. 阴茎囊；do. 背渗透调节管；du. 子宫支囊；em. 双层胚托；lm. 内纵肌；oe. 外膜；ov. 卵巢；te. 精巢；ut. 子宫；va. 输精管；vc. 阴道管；vi. 卵黄腺滤泡；vo. 腹渗透调节管；vs. 阴道括约肌

由深纵沟将彼此分隔，有宽卵形到梨形吻突样顶器官，大过吸盘，顶部有半球状凹陷；顶器官以大牵缩肌与颈区相连。精巢1层或2层，形成两分离的带，在节片前方1/3处有少量精巢相连。生殖孔在赤道略前方，不规则交替。生殖腔存在。卵巢滤泡状，两叶，侧叶宽。阴道位于阴茎囊前方，有不发达的环状括约肌。卵黄腺滤泡排为成对（腹部和背部）的侧方带，从节片前部边缘前方到后方，通常在生殖器官末端水平中断。2型子宫发育，沿子宫主干和支囊有发达的子宫腺（嗜色细胞）。模式及仅知的种：丽塔鲇绦虫［*Ritacestus ritaii*（Verma，1926）de Chambrier，Scholz & Ash et al.，2011］［同物异名：丽塔鲇原头绦虫（*Proteocephalus ritaii* Verma，1926）（错拼为 *P. ritai* 或 *P. ritae*，见 Freze，1965）］（图17-98～图17-100）组合种。

词源：属名由宿主名“*Rita*”和后缀“*cestus*”组成，为阳性词。

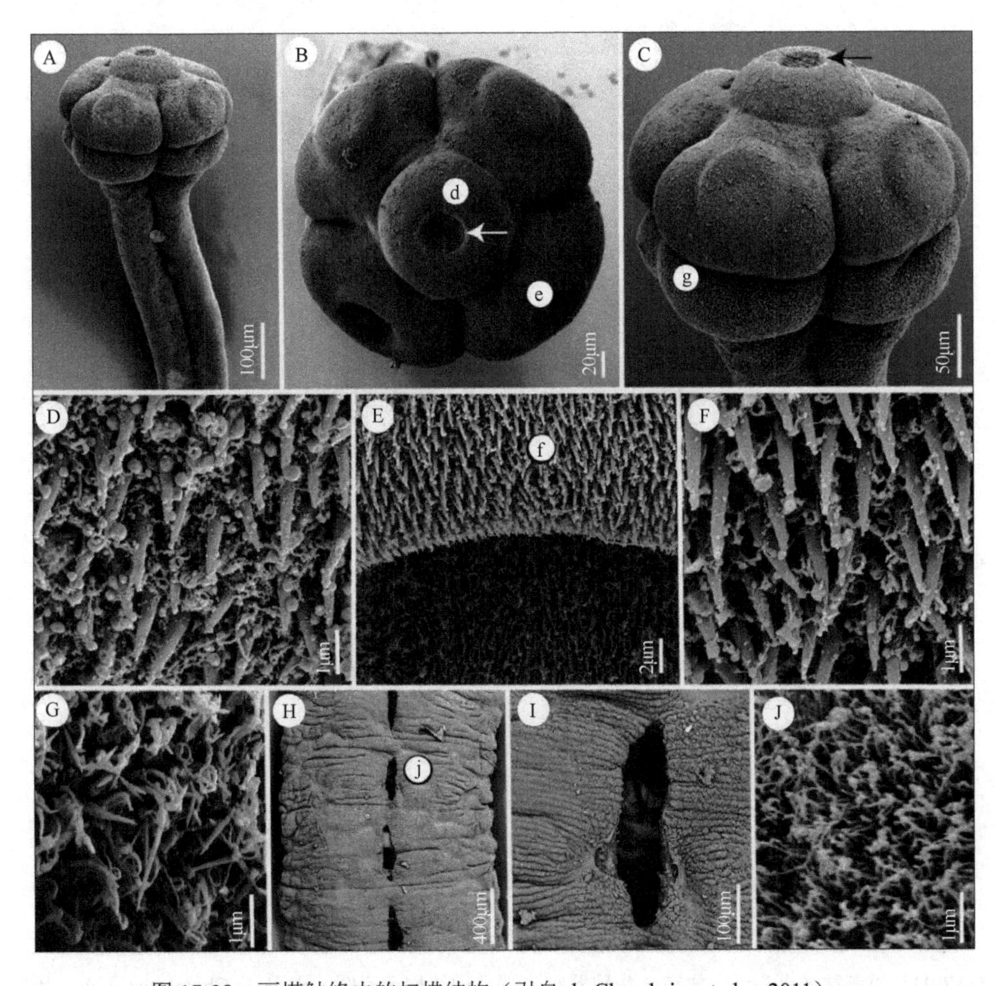

图17-98 丽塔鲇绦虫的扫描结构（引自 de Chambrier et al.，2011）

A. 头节和颈区背腹面观；B. 头节顶面观，注意顶部的半球下陷（箭头）；C. 头节背腹面观，注意顶半球下陷（箭头）；D～G. 头节表面微毛（锥状棘毛和毛状丝毛穿插），分别为顶器官（D）、吸盘腔（E）、吸盘外缘（F）和颈前部的叶（G）；H，I. 生殖孔；J. 链体上的微毛（毛状丝毛）。分图B，C，E，H中的小写字母标示处为相应图取样处

模式宿主：丽塔鲇［*Rita rita*（Hamilton，1822）］［鲇形目（Siluriformes）：鲿科或鮠科（Bagridae）］。

模式宿主采集地：印度北部恒河与亚穆纳［Ganges & Jumna（=Yamuna）］河（未提供精确地点）。

模式材料：不明；2009年3月2日于西孟加拉邦卡拉查克的帕格拉河（the Pagla River at Kaliachak，West Bengal）丽塔鲇（宿主编号为IND 67）采集到一条完整的样品，被指定为新模标本，贮存于日内瓦自然历史博物馆［蠕虫收集系列（INVE 63242）］。

感染部位：肠前部。

流行情况：卡拉查克（Kaliachak）2009年为50%，2011年为19%［检测鱼数分别为6尾和16尾，感染强度为1～3条虫（平均1.3条）］；法拉卡（Farakka）大坝湖：2009年为9%（*n*=11；1条绦虫），2011检测18尾，没有发现感染。Verma（1926）解剖了约100尾鲇鱼，感染率为10%；他提到小于10～12英寸（即25.5～30.5cm）的鱼从不感染。在西孟加拉邦，感染鱼的总长为30～39.5cm（不感染鱼长25～42.5cm）。

分布：印度北方邦（Uttar Pradesh）和西孟加拉邦（West Bengal）（新地理分布记录）。

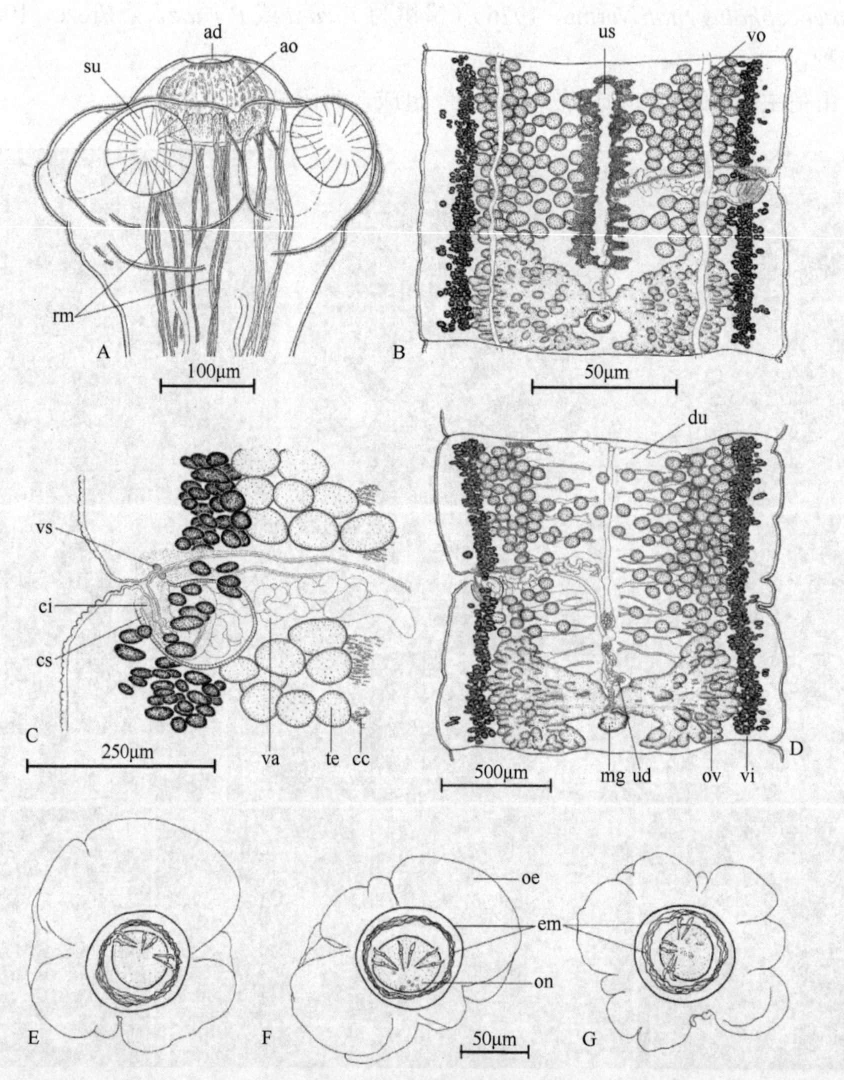

图17-99 丽塔鲇绦虫头节、成节、生殖器官末端及卵结构示意图（引自de Chambrier et al.，2011）

A. 头节背腹面观（新模标本INVE 63242）；B. 成节腹面观（IPCAS C-603）；C. 生殖器官末端背面观（IPCAS C-603）；D. 孕节背面观（IPCAS C-603）；E～G. 蒸馏水中的虫卵。缩略词：ad. 顶部下陷；ao. 顶器官；cc. 子宫支囊顶部的嗜色细胞；ci. 阴茎；cs. 阴茎囊；du. 子宫支囊；em. 胚托；mg. 梅氏腺；oe. 外膜；on. 六钩蚴；ov. 卵巢；rm. 牵缩肌；su. 吸盘；te. 精巢；ud. 子宫管；us. 子宫干；va. 输精管；vi. 卵黄腺滤泡；vo. 腹渗透调节管；vs. 阴道括约肌

17.5.5.2 Ash等（2012）对恒河亚科绦虫分属检索修订

1a. 吻突样器官无钩……2

1b. 吻突样器官有钩……3

2a. 公共生殖腔存在，头节顶端存在前方凹陷；阴道总是位于阴茎囊前方；2型子宫发育；寄生于鲶科或鮠科（Bagridae）（丽塔鲇）；分布于印度……丽塔鲇绦虫属（*Ritacestus* Chambrier，Scholz，Ash & Kar，2011）

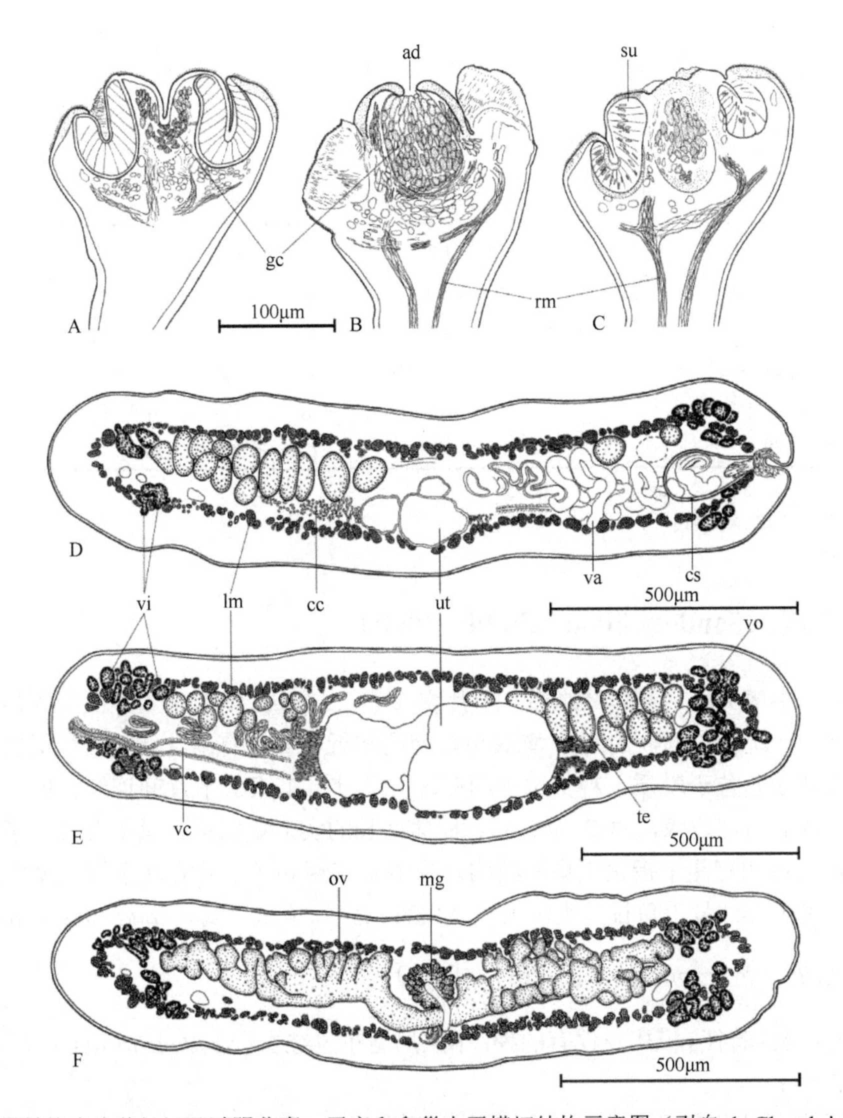

图 17-100 丽塔鲇绦虫头节纵切及过阴茎囊、子宫和卵巢水平横切结构示意图（引自 de Chambrier et al.，2011）

A～C. 头节纵切面（INVE 78789）；D～F. 分别为阴茎囊、子宫和卵巢水平横切（INVE 78786）。缩略词：ad. 顶部下陷；cc. 子宫支囊顶部的嗜色细胞；cs. 阴茎囊；gc. 腺细胞；lm. 内纵肌；mg. 梅氏腺；ov. 卵巢；rm. 牵缩肌；su. 吸盘；te. 精巢；ut. 子宫；va. 输精管；vc. 阴道管；vi. 卵黄腺滤泡；vo. 腹渗透调节管（吻合的）

2b. 公共生殖腔缺乏，雄孔和雌孔分别开口；头节顶端不存在前方凹陷；阴道通常位于阴茎囊后方；1 型子宫发育；寄生于鲇科鱼类，分布于伊拉克、俄罗斯 ……………………………………………… 后恒河属（*Postgangesia* Akhmerov，1969）

3a. 卵黄腺滤泡侧带短，限于卵巢后区域、生殖孔后方；节片解离；已知寄生于北非鲇科（Schilbeidae）鱼类的加鲁鲱鲇（*Clupisoma garua*）；分布于印度 ……………………………………………… 维玛属（*Vermaia* Nybelin，1942）

3b. 卵黄腺滤泡侧带长，几乎占据节片的整个长度；节片不解离 ……………………………………………… 4

4a. 精巢形成两个区域；吻突样器官盘状（扁平）；已知寄生于电鲇科（Malapteruridae）的电鲇（*Malapterurus electricus*）；分布于非洲 ……………………………………………… 电带属（*Electrotaenia* Nybelin，1942）

4b. 精巢形成一个区域；吻突样器官球状 ……………………………………………… 5

5a. 吸盘前方边缘覆盖有小钩；吻突样器官大于或与吸盘一样大；腹渗透调节管位于卵黄腺滤泡的中央（内侧）；强健的牵缩肌形成一宽带；已知寄生于鲇科（Siluridae）、鲿科或鮠科（Bagridae）及北非鲇科鱼类；分布于孟加拉国、柬埔寨、中国、印度、日本、巴基斯坦、俄罗斯和斯里兰卡 ……………………………………………… 恒河属（*Gangesia* Woodland，1924）

5b. 吸盘前方边缘无小钩覆盖（仅覆盖着微毛）；吻突样器官显著小于吸盘；腹渗透调节管位于卵黄腺滤泡侧方（外方）；牵缩肌仅在吻突样器官侧方；已知寄生于鲇科鱼类［六须鲇（*Silurus glanis*）、怀头鲇（*S. soldatovi*）］；分布于欧洲、中国……鲇带属（*Silurotaenia* Nybelin，1942）

恒河亚科几个属的选择形态特征比较见表 17-9。

表 17-9　恒河亚科几个属的选择形态特征比较

属	头节 oa / ø	钩排数	钩尺寸（μm）	吸盘内缘棘样微毛*	牵引肌	纵肌位置	内纵肌侧缘	卵黄腺滤泡
鲇带属（*Silurotaenia*）	28%～35%	5～6	6～7	巨棘/刀刃样	弱	弱	不中断	髓质位
电带属（*Electrotaenia*）	39%～53%	5～6	～6	棘样	弱	弱	不中断	髓质位
恒河属（*Gangesia*）	38%～60%	1～2	～20	巨大/刀刃样	强	强	中断或否	髓质或仅在前方边缘围绕肌肉
后恒河属（*Postgangesia*）	41%～58%	—	—	棘样	很强	很强	中断或否	围绕肌肉
维玛属（*Vermaia*）	80%	1	35～40	小棘样**	?	很发达** ?	髓质（?）	

注：oa. 吻突样顶器官；ø. 直径；？. 缺信息；—. 未测量

* Thompson 等（1980）定义的微毛类型

** 根据 Verma（1928）

17.5.6　圣东尼亚科（Sandonellinae Khalil，1960）

识别特征：虫体中等大小，链体具缘膜，节片宽大于长；未成节有 4 节。头节无后头区，有高度变形的顶结构，由 4 个可收缩的垂片组成，背腹位，两两相近，侧边有漏斗状腔。内纵肌束外有环肌。精巢、卵巢、卵黄腺和子宫位于髓质。精巢位于两侧区并于前方汇聚，节片间连续。卵黄腺位于髓质，卵巢后方，刚好在节片的后部边缘，由 2 个分离、横向伸长的实质块组成，具深分叶。子宫发育为椭圆、不分叶囊、后来形成各侧有几个指状支囊的结构。小型子宫囊和子宫孔存在于腹皮质中。卵数多，在子宫中发育。已知寄生于非洲骨舌鱼目鱼类。模式及仅有的属：圣东尼属（*Sandonella*，Khalil，1960）。

17.5.6.1　圣东尼属（*Sandonella*，Khalil，1960）

识别特征：同亚科的特征。模式及仅有的种：圣东尼圣东尼绦虫［*Sandonella sandoni*（Lynsdale，1960）］（图 17-101～图 17-103）。

圣东尼圣东尼绦虫是圣东尼属唯一的种，最初的描述不够细致，由 de Chambrier 等（2008）进行了重描述，他们重新测量了博物馆中的共模标本、凭证标本，以及新收集自贝宁、尼日利亚、塞内加尔和苏丹骨舌鱼目（Osteoglossiformes）异耳鱼科（Arapaimidae）的非洲龙鱼（*Heterotis niloticus*）肠道的标本。此种有独特的几个形态性状：①卵黄腺由 2 个实质状、深分叶、位于卵巢后方近节片后部边缘的团块组成；②头节具有高度变异的顶部结构，由 4 个肌肉质可收缩的垂片组成；③一发达的环状肌肉，位于内纵肌外；④外输精管近端部有一膨大的囊状结构；⑤子宫的形态及发育独特，代表了原头目中认可的两种基本子宫类型的中间状况；⑥卵在子宫中发育与生长；⑦复杂的节片化，有小型和大型（宽型）节片相混的链体。de Chambrier 等（2008）首次用扫描电镜研究了圣东尼圣东尼绦虫的形态结构包括微毛的分布，指定了选模标本和副选模标本，并进行了 4 个样品（2 个采自苏丹，2 个采自塞内加尔）的 28S rRNA 基因序列分析，结果的一致性肯定了不同地理区样品的同种性。同时，序列分析也表明圣东尼圣东尼绦虫属于原头目，为古北区原头目绦虫支系相对演化的一个姐妹支，支中含有采自鲇鱼的密切腺带绦虫（*Glanitaenia osculata*）和副鲇副原头绦虫（*Paraproteocephalus parasiluri*）及古北区原头属的集合。

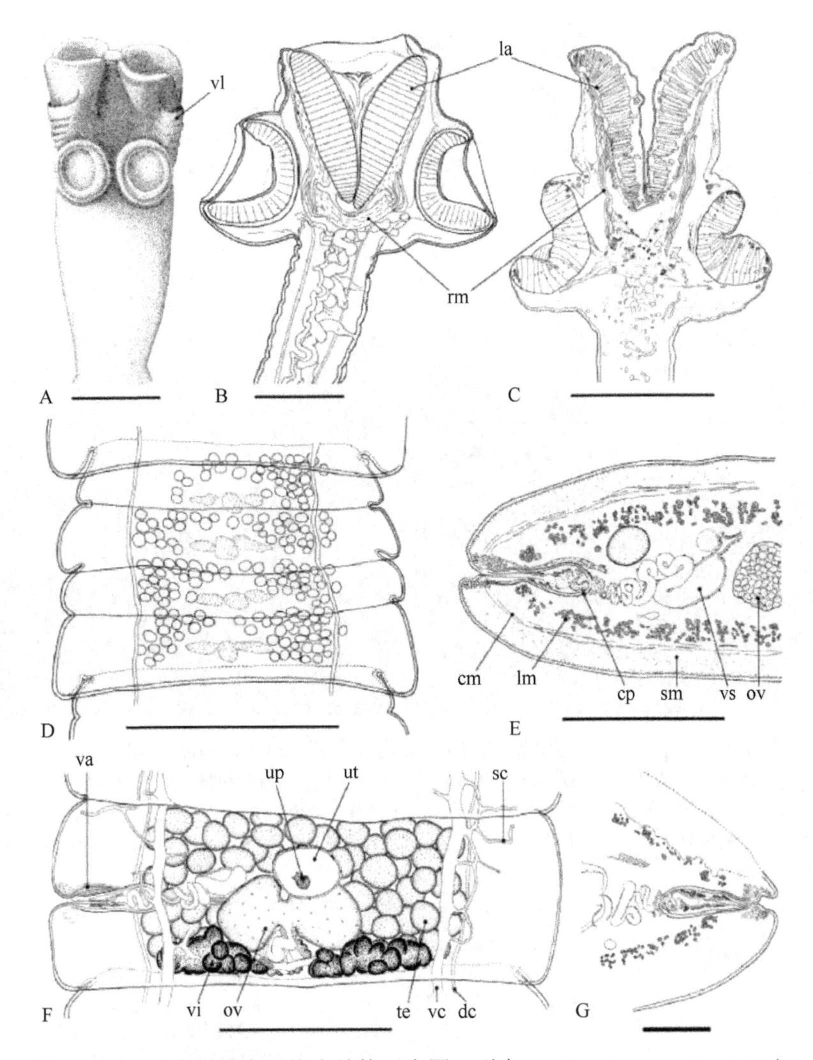

图 17-101　圣东尼圣东尼绦虫结构示意图（引自 de Chambrier et al.，2008）

A. 有外翻顶部的头节背腹面观；B. 有反转顶部的头节侧面观；C. 头节矢状切面；D. 未成节有 4 套生殖器官；E. 输精管有膨大，囊状近端部横切；F. 成节腹面观；G. 阴茎囊横切面。缩略词：cm. 环肌；cp. 阴茎囊；dc. 背渗透调节管；la. 垂片；lm. 内纵肌；ov. 卵巢；rm. 牵引肌；sc. 次级渗透调节管；te. 精巢；up. 子宫孔；ut. 子宫；va. 阴道管；vc. 腹渗透调节管；vi. 卵黄腺滤泡；vl. 缘膜；vs. 输精管囊。标尺：A，B=100μm；C，E，F=250μm；D=500μm；G=125μm

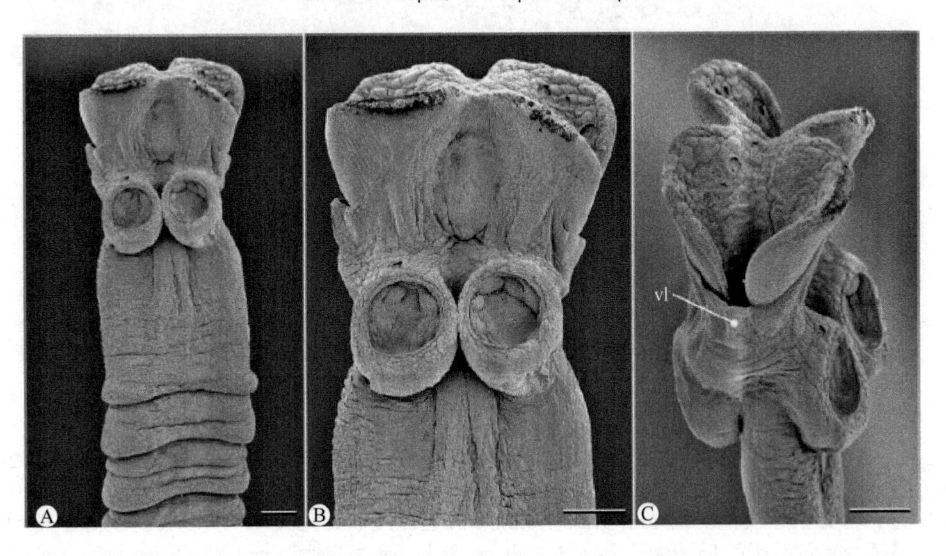

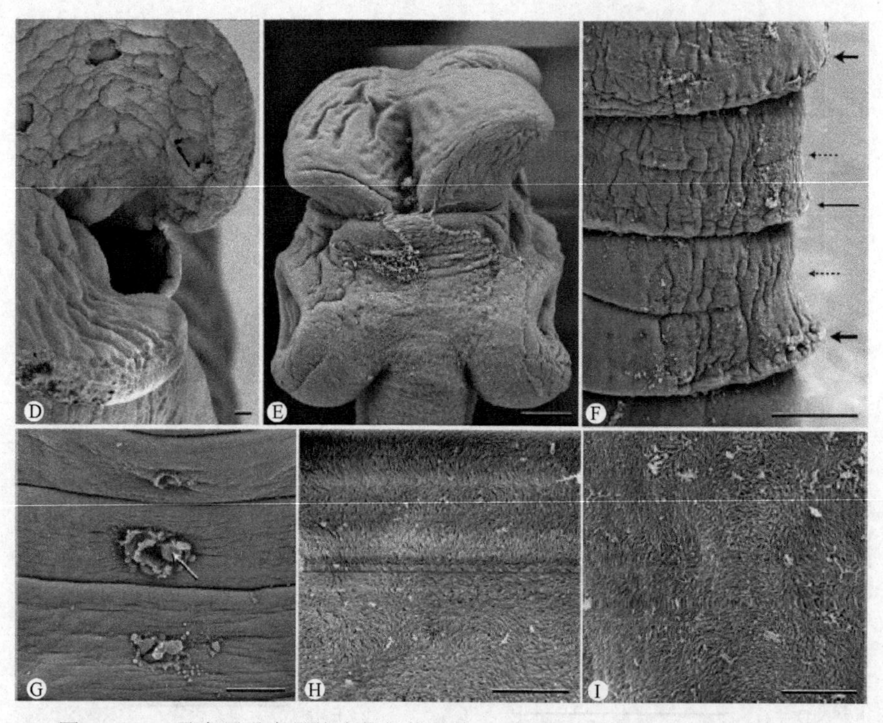

图 17-102　圣东尼圣东尼绦虫的扫描结构（引自 de Chambrier et al.，2008）

A. 前端背腹面观；B. 头节背腹面观；C. 头节侧面；D. 头节顶部肌肉质垂片侧方边缘，有侧缘膜；E. 头节有部分内陷的垂片；F. 分化中的未成节，注意皱纹线，节片分为 4 套生殖器官，黑箭号示 1 节边缘，小点箭号示伪节片边缘；G. 有子宫孔的孕节，注意解放的卵（白箭号）；H. 吸槽内表面（腔）的丝状微毛；I. 颈区的丝状微毛。缩略词：vl. 缘膜。标尺：A～C，F=100μm；D=10μm；E=50μm；G=200μm；H，I=5μm

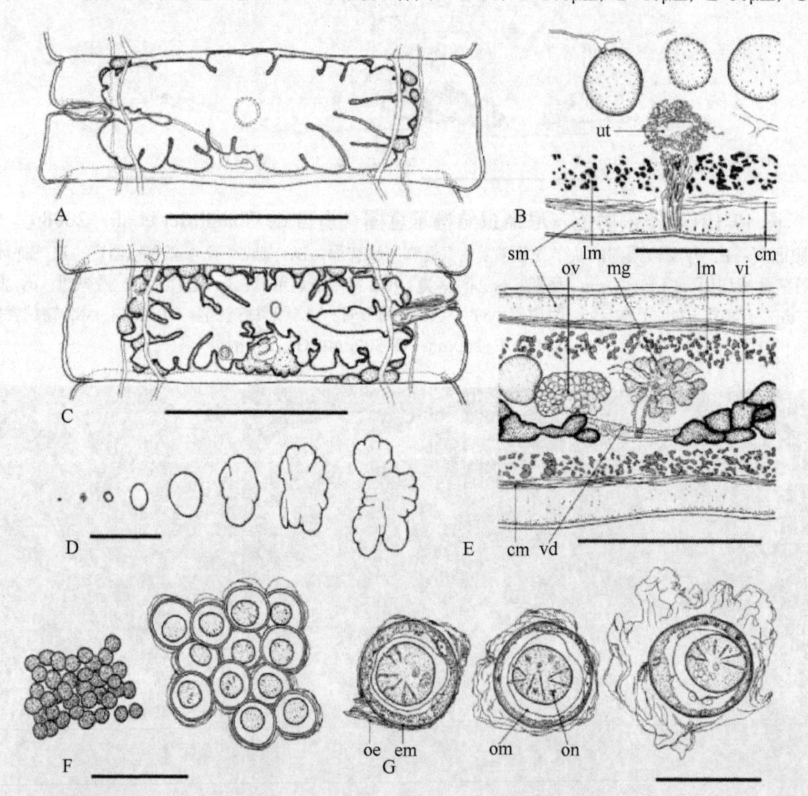

图 17-103　圣东尼圣东尼绦虫节片及局部放大子宫和卵的发育示意图（引自 de Chambrier et al.，2008）

A. 子宫充满虫卵（未示意）的孕节腹面观，前端背腹面观；B. 未成节子宫原基横切面，示预格式化子宫孔的存在；C. 有空子宫的孕节腹面观；D. 子宫的发育示意图；E. 卵黄腺、卵巢和梅氏腺横切；F. 最初尚未形成的卵及完全形成的含六钩蚴的卵的大小比较；G. 完全形成的卵（在蒸馏水中）。缩略词：cm. 环肌；em. 双层胚膜；lm. 内纵肌；mg. 梅氏腺；oe. 外膜；om. 六钩蚴膜；on. 六钩蚴；ov. 卵巢；sm. 次级肌肉；ut. 子宫；vd. 卵黄腺管；vi. 卵黄腺滤泡。标尺：A，C，D=500μm；B，F=100μm；E=250μm；G=50μm

17.6　蒙蒂西利科（Monticelliidae La Rue，1911）

17.6.1　分亚科检索

1a. 精巢位于髓质……………………………………………………………………………………………… 2
1b. 精巢位于皮质……………………………………………………………………………………………… 3
2a. 卵巢和子宫完全位于髓质 ………………………………… 合槽亚科（Zygobothriinae Woodland，1933）（图 17-104A）
［同物异名：后恒河亚科（Postgangesiinae Akhmerov，1965）］

识别特征：头节各种各样，有或无后头区。吸盘单室或两室。生殖腺位于髓质。卵黄腺位于皮质，侧方或背腹方。已知寄生于南美和俄罗斯淡水鱼类。模式属：合槽属（*Zygobothrium* Diesing，1850）。

2b. 卵巢和子宫部分位于皮质，部分位于髓质 ………………………亚科 Nupeliinae Pavanelli & Rego，1991（图 17-104C）

识别特征：头节简单。吸盘为正常类型。卵黄腺滤泡绝大部分位于皮质，有些滤泡在髓质。子宫和卵巢部分位于髓质。精巢大部分分布于髓质，有些分布于纵肌纤维之间。纵肌分散、不规则。已知寄生于南美鲇鱼类。模式属（至今仅有属）：*Nupelia* Pavanelli & Rego，1991。

3a. 卵巢位于皮质，或部分位于皮质 …………………………………………………………………………… 4
3b. 卵巢位于髓质……………………………………………………………………………………………… 5
4a. 卵巢部分位于皮质 ……………………………………………… 鲁氏亚科（Rudolphiellinae Woodland，1935）（图 17-104B）

识别特征：头节截形（truncate）。存在有巨大多皱纹的后头区，有纵沟。吸盘在头节隆起的中央。子宫位于髓质。卵巢部分位于髓质，部分位于皮质。精巢分布于背部皮质。卵黄腺滤泡分布于腹部皮质。已知寄生于南美鲇鱼类。模式属：鲁氏属（*Rudolphiella* Fuhrmann，1916）。

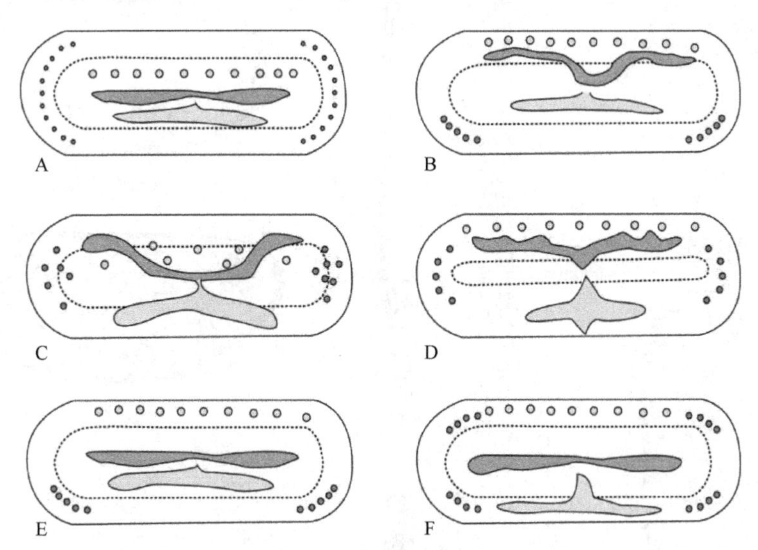

图 17-104　蒙蒂西利科之亚科绦虫成节横切面结构示意图

A. 合槽亚科，卵黄腺滤泡位于皮质，生殖器官位于髓质；B. 鲁氏亚科，卵黄腺滤泡和精巢位于皮质，子宫位于髓质，卵巢部分位于髓质，部分位于皮质；C. 亚科 Nupeliinae Pavanelli & Rego，1990，卵巢和子宫部分位于皮质，部分位于髓质；D. 蒙蒂西利亚科，卵黄腺滤泡和生殖器官在皮质；E. 麻黄头亚科，卵黄腺滤泡和精巢位于皮质，卵巢和子宫位于髓质；F. 亚科 Peltidocotylinae，卵巢位于髓质，卵黄腺滤泡，精巢和子宫位于皮质

4b. 卵巢整个位于皮质………………………………………… 蒙蒂西利亚科（Monticelliinae，Mola，1929）（图 17-104D）

识别特征：头节具有 4 个吸盘，单室或两室。有或无后头区。子宫和性腺位于皮质。卵黄腺区位于侧方、腹方或为新月形。子宫有侧支囊。纵肌可以变化。已知寄生于南美淡水鱼类。模式属：蒙蒂西利属（*Monticellia* La Rue，1911）。

5a. 卵巢位于髓质……………………………………………………………………麻黄头亚科（Ephedrocephalinae Mola，1929）（图 17-104E）

识别特征：头节有多折叠的后头区，领样，位于吸盘后。4 个具柄、一般类型的吸盘。链体有中央沟，子宫和卵巢全部位于髓质。精巢分布于背部皮质。卵黄腺分布于腹部皮质。纵肌很发达。已知寄生于南美鲇鱼类。模式及仅有的属：麻黄头属（*Ephedrocephalus* Diesing，1850）。

5b. 子宫位于皮质……………………………………………………………………亚科 Peltidocotylinae Woodland，1934（图 17-104F）

识别特征：头节有 4 个吸盘或无吸盘。吸盘为正常类型（单室）或两室，形成 2 个分离的腔。后头区存在。卵巢位于髓质，子宫位于皮质。精巢位于背部皮质。卵黄腺滤泡位于皮质，在 2 个区带，背部或腹部。已知寄生于南美鲇鱼类。模式属：*Peltidocotyle* Diesing，1850。

17.6.2 蒙蒂西利亚科（Monticelliinae Mola，1929）

17.6.2.1 分属检索

1a. 吸盘有几轮小棘；子宫支囊不发达……………………………………………斯帕斯基属（*Spasskyellina* Freze，1965）

识别特征：头节球状。没有后头区。小型绦虫。卵巢、精巢和子宫全部位于皮质。子宫裂缝形成早，子宫支囊窄。纵肌不发达。已知寄生于南美鲇鱼类。模式种：伦巴斯帕斯基绦虫（*Spasskyellina lenba* Woodland，1933）。其他种：曼迪斯帕斯基绦虫（*Spasskyellina mandi* Pavanelli & Takemoto，1996）（图 17-105），采自巴西巴拉那州，巴拉那州河绚丽脂鲇（*Pimelodus ornatus*）［鱼纲（Pisces）：长须鲇科（Pimelodidae）］，种名曼迪取自宿主的通用名。其他种：多棘斯帕斯基绦虫（*Spasskyellina spinulifera* Woodland，1935）（图 17-106A）。

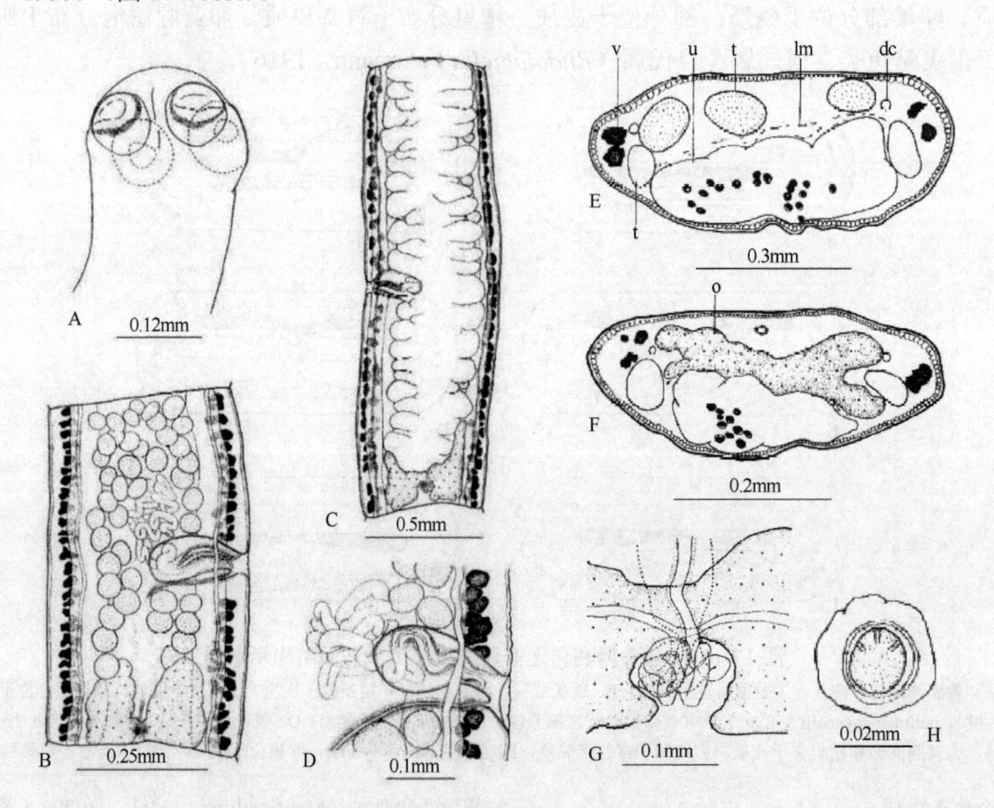

图 17-105 曼迪斯帕斯基绦虫结构示意图（引自 Pavanelli & Takemoto，1996）

A. 头节；B. 成节背面观；C. 孕节背面观；D. 阴道和阴茎囊；E，F. 节片横切；G. 卵模复合体背面观；H. 卵。缩略词：v. 卵黄腺滤泡；u. 子宫；t. 精巢；lm. 纵肌；dc. 背渗透调节管；o. 卵巢

1b. 吸盘无棘；子宫有很发达的支囊……………………………………………………………………………2
2a. 头节有很发达的后头区；吸盘隐藏于组织褶中…………………………………………………………3
2b. 头节有不发达的后头区或无后头区…………………………………………………………………………4
3a. 单室吸盘，位于头节顶部区域……………………………………………………*Spatulifer* Woodland，1934

识别特征：有发达的后头区。卵黄腺区域为半月形。纵肌通常不发达。已知寄生于南美鲇鱼类。模式种：*Spatulifer surubim* Woodland，1934。其他种：*Spatulifer maringaensis* Pavanelli & Rego，1989（图17-107～图17-110）；*Spatulifer rugosa*（Woodland，1935）（图17-106B，图17-111）等。

3b. 两室的吸盘，由组织褶隐藏……………………………………………………格策属（*Goezeella* Fuhrmann，1916）

识别特征：后头区发达，领状。卵巢绝大部分位于皮质，但卵巢中央部分位于髓质。卵黄腺滤泡分布于腹部皮质中，排为几排，向卵巢弯曲。子宫有发达的支囊。链体上有次级横折。已知寄生于南美鲇鱼类。模式种：鲇鱼格策绦虫（*Goezeella siluri* Fuhrmann，1916）（图17-112）。

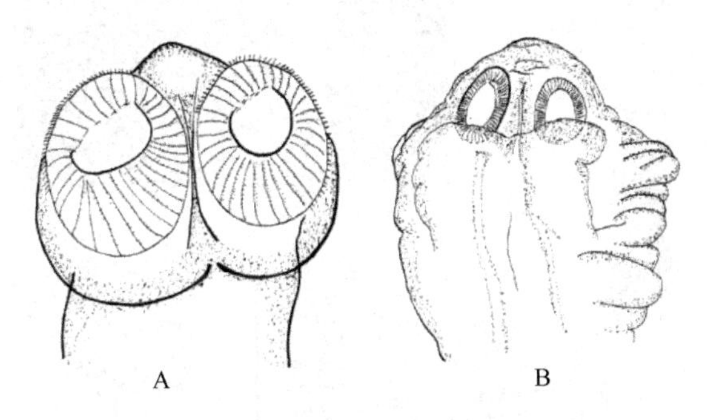

图17-106　绦虫头节结构示意图（引自Rego，1994）

A. 多棘斯帕斯基绦虫；B. *Spatulifer rugosa*（Woodland，1935）

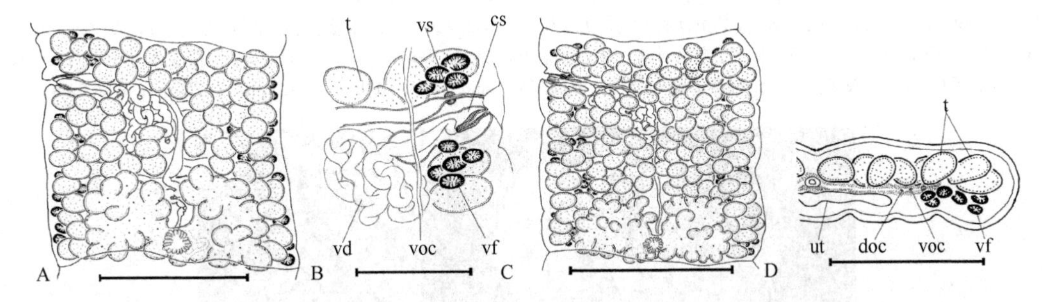

图17-107　*Spatulifer maringaensis* 节片结构示意图（引自Arredondo & Pertierra，2008）

标本采自扁吻半丘油鲇（*Hemisorubim platyrhynchos*）。A, B. 共模标本（CHIOC 32487）：A. 孕节背面观；B. 生殖器官末端放大腹面观。C, D. MHNG INVE 17902标本：C. 成节背面观；D. 节片卵巢前方左侧横切，示生殖器官的位置。缩略词：cs. 阴茎囊；doc. 背渗透调节管；t. 精巢；ut. 子宫；vd. 输精管；vf. 卵黄腺滤泡；voc. 腹渗透调节管；vs. 阴道括约肌。标尺：A，C=500μm；B=200μm；D=250μm

4a. 无后头区，无皱褶，吸盘基部无组织褶……………………………………蒙蒂西利属（*Monticellia* La Rue，1911）

识别特征：头节圆形，吸盘为正常类型。卵黄腺和生殖器官位于皮质。横切面上卵黄腺侧向或半月形。纵肌有时很不发达。已知寄生于南美淡水鱼类。模式种：鲯鳅头蒙蒂西利绦虫［*Monticellia coryphicephala*（Monticelli，1892）］。其他种：蛇胸鳝蒙蒂西利绦虫（*Monticellia ophistern* Scholz，de Chambrier & Salgado-Maldonado，2001）（图17-113～图17-115）；森塔福蒙蒂西利绦虫（*Monticellia santafesina* Arredondo & Pertierra，2010）（图17-116，图17-117）；伦哈蒙蒂西利绦虫（*Monticellia lenha* Woodland，1933）（图17-118，图17-119）等。

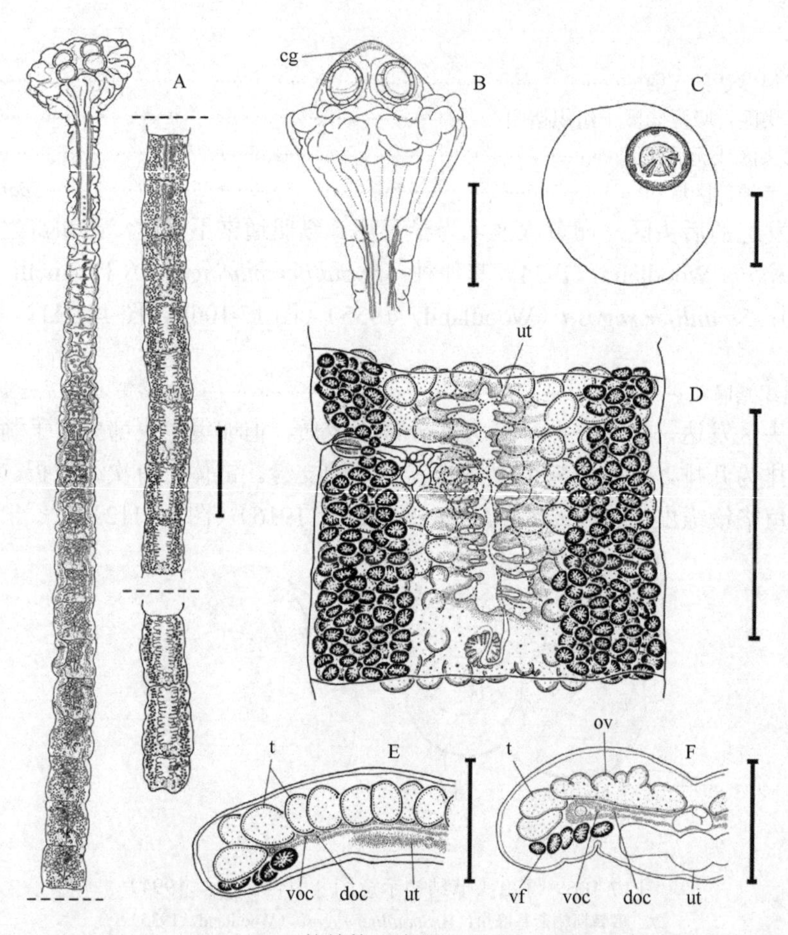

图 17-108　*Spatulifer maringaensis* 的结构示意图（引自 Arredondo & Pertierra，2008）

标本采自阿根廷铲吻油鲇（*Sorubim lima*）。A. 整条虫体腹面观，头节顶部收缩，点线表示链体看不见的部分；B. 头节背腹面观，示腺细胞；C. 释放出的卵；D. 成节，示子宫发育，腹面观；E，F. 节片卵巢水平右侧前方横切面。缩略词：cg. 腺细胞；doc. 背渗透调节管；ov. 卵巢；t. 精巢；ut. 子宫；vf. 卵黄腺滤泡；voc. 腹渗透调节管。标尺：A=1mm；B，D=500μm；C=25μm；E=250μm；F=200μm

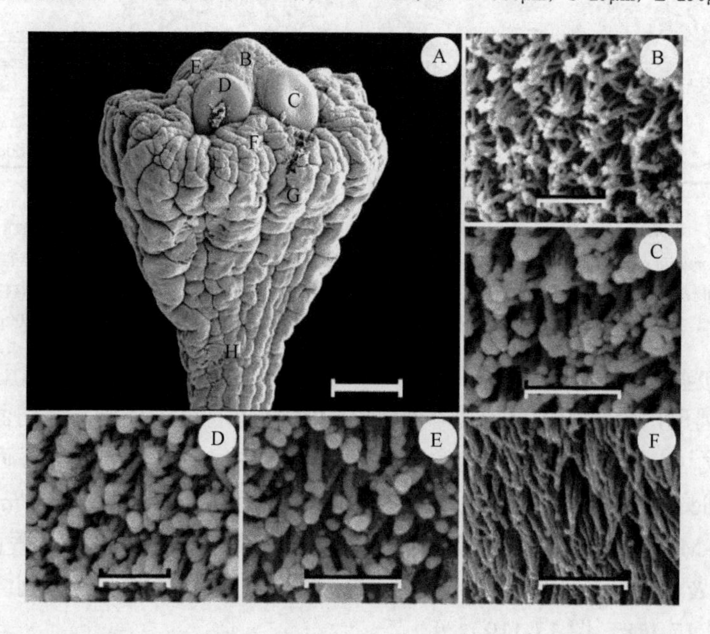

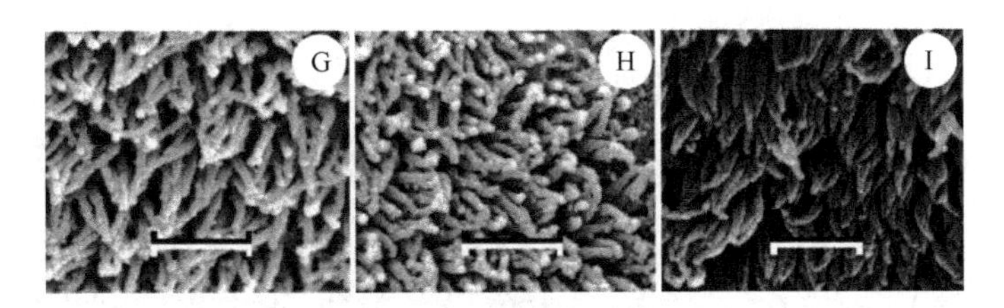

图 17-109　*Spatulifer maringaensis* 头节及其局部放大扫描结构（引自 Arredondo & Pertierra，2008）

MHNG INVE 17902，凭证标本。A. 头节背腹面观，大写字母示相应图取处：B. 头节顶面；C. 吸盘腔面；D. 吸盘的边缘面；E. 吸盘非吸附面；F. 后头区前方表面；G. 后头区的后方表面；H. 分化区表面；I. 未成节表面。标尺：A=200μm；B～I=1μm

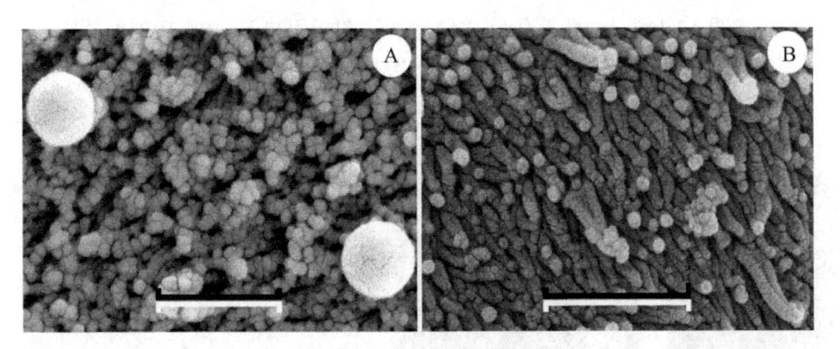

图 17-110　*Spatulifer maringaensis* 吸盘腔面及吸盘边缘的扫描结构（引自 Arredondo & Pertierra，2008）

A. 吸盘腔面的小瘤状物（采自扁吻半丘油鲇的凭证标本 MHNG INVE 17902）；B. 采自阿根廷铲吻油鲇 10 个标本之一的 1 个的吸盘边缘环表面的大刀片状微毛。标尺=2μm

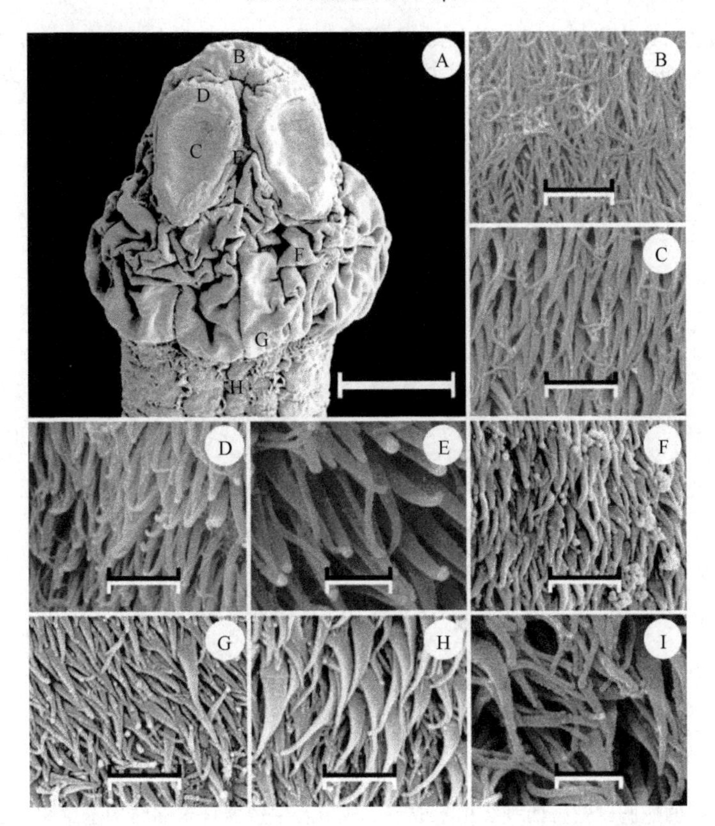

图 17-111　采自阿根廷条纹鸭嘴鲇的 *Spatulifer rugosa* 的扫描结构（引自 Arredondo & Pertierra，2008）

A. 头节背腹面观，大写字母示图 B～H 放大的表面位置；B. 头节顶面；C. 吸盘腔面；D. 吸盘的边缘表面；E. 吸盘非吸附面；F. 后头区前方表面；G. 后头区的后表面；H. 分化区表面；I. 未成节表面。标尺：A=200μm；B～I=1μm

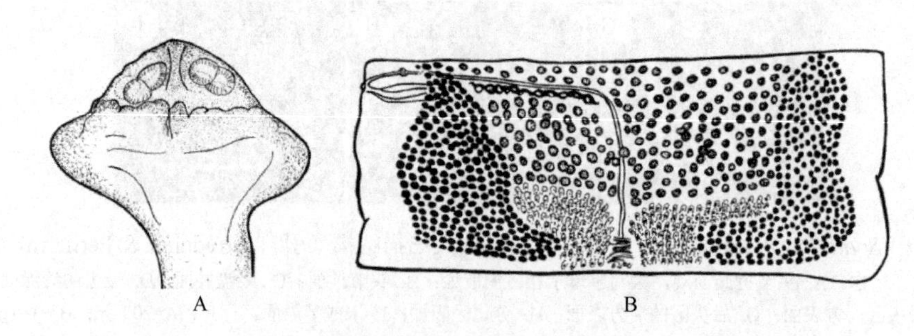

图 17-112　鲇鱼格策绦虫结构示意图（引自 Rego，1994）

A. 头节；B. 成节

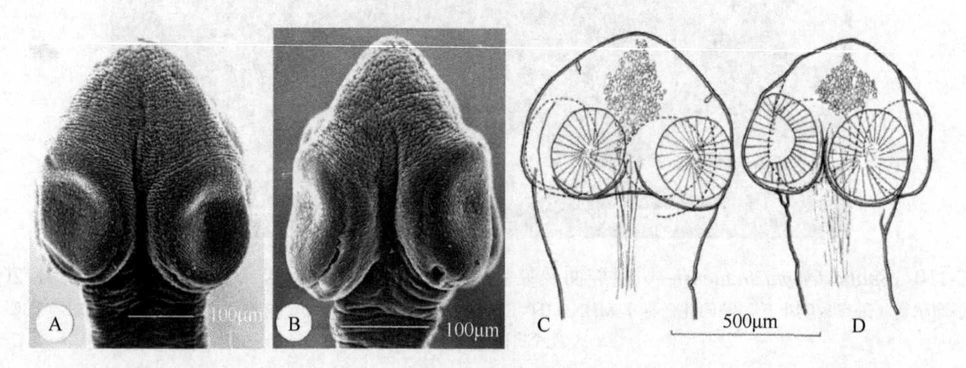

图 17-113　蛇胸鳝蒙蒂西利绦虫头节扫描及结构示意图（引自 Scholz et al.，2001）

样品采自穴栖蛇胸鳝（*Ophisternon aenigmaticum*）。A，B. 扫描结构：A. 背腹面观；B. 侧面观。C，D. 头节背腹面观结构示意图

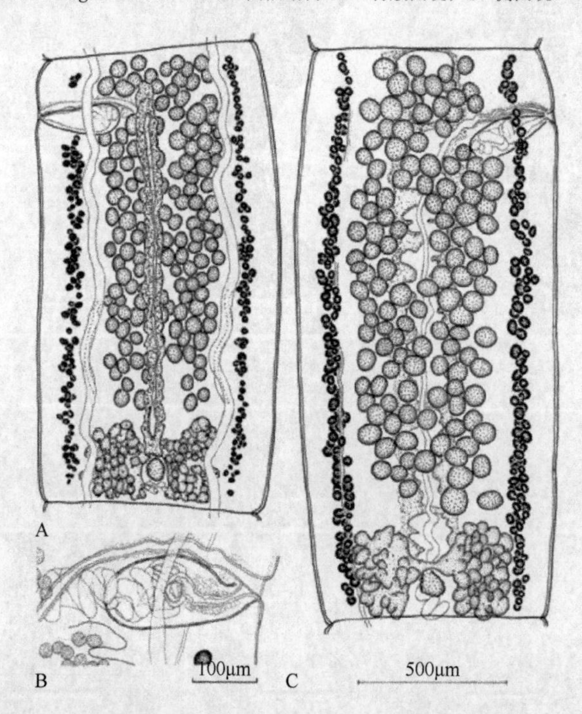

图 17-114　采自穴栖蛇胸鳝的蛇胸鳝蒙蒂西利绦虫未成节、成节及生殖器官末端结构示意图（引自 Scholz et al.，2001）

A. 未成节（腹面观）；B. 生殖器官末端（腹面观）；C. 成节（背面观）

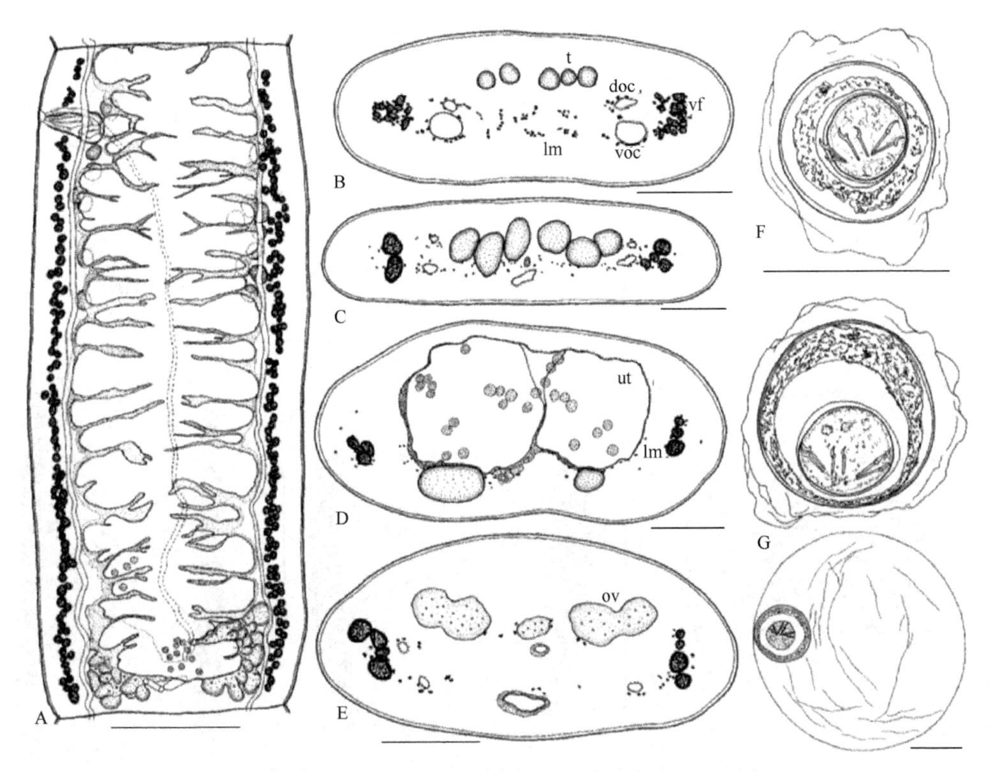

图 17-115　采自穴栖蛇胸鳝的蛇胸鳝蒙蒂西利绦虫节片结构示意图（引自 Scholz et al.，2001）

A. 孕节（腹面观）；B～E. 横切面：B. 未成节；C. 成节；D，E. 孕节，分别为子宫和卵巢水平。F. 蒸馏水中固定的虫卵（卵囊倒塌）；G. 新释放入水中的虫卵。缩略词：doc. 背渗透调节管；lm. 内纵肌；ov. 卵巢；t. 精巢；ut. 子宫；vf. 卵黄腺滤泡；voc. 腹渗透调节管。标尺：A=500μm；B～E=100μm；F，G=50μm（F 与 G 为同一个标尺）

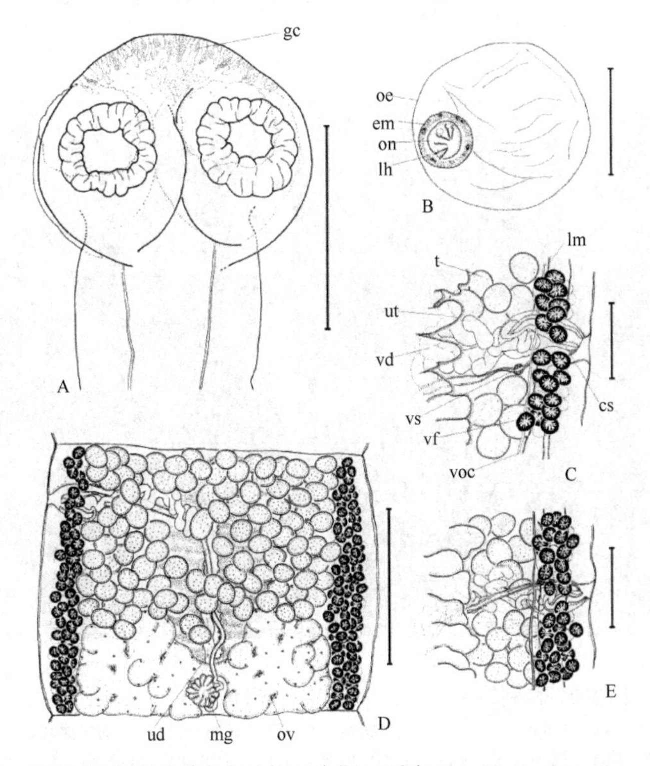

图 17-116　森塔福蒙蒂西利绦虫结构示意图（引自 Arredondo & Pertierra，2010）

样品采自狡大丝油鲇（*Megalonema platanum*）。A. 头节背腹面观；B. 同时释放的卵；C. 生殖器官末端腹面观放大，示后方的阴道；D. 成节背面观；E. 生殖器官末端腹面观放大，示前方的阴道。缩略词：cs. 阴茎囊；em. 胚膜；gc. 腺细胞；lh. 幼虫钩；lm. 纵肌；mg. 梅氏腺；oe. 外膜；on. 六钩蚴；ov. 卵巢；t. 精巢；ud. 子宫管；ut. 子宫；vd. 输精管；vf. 卵黄腺滤泡；voc. 腹渗透调节管；vs. 阴道括约肌。标尺：A，C=200μm；B=50μm；D=500μm；E=250μm

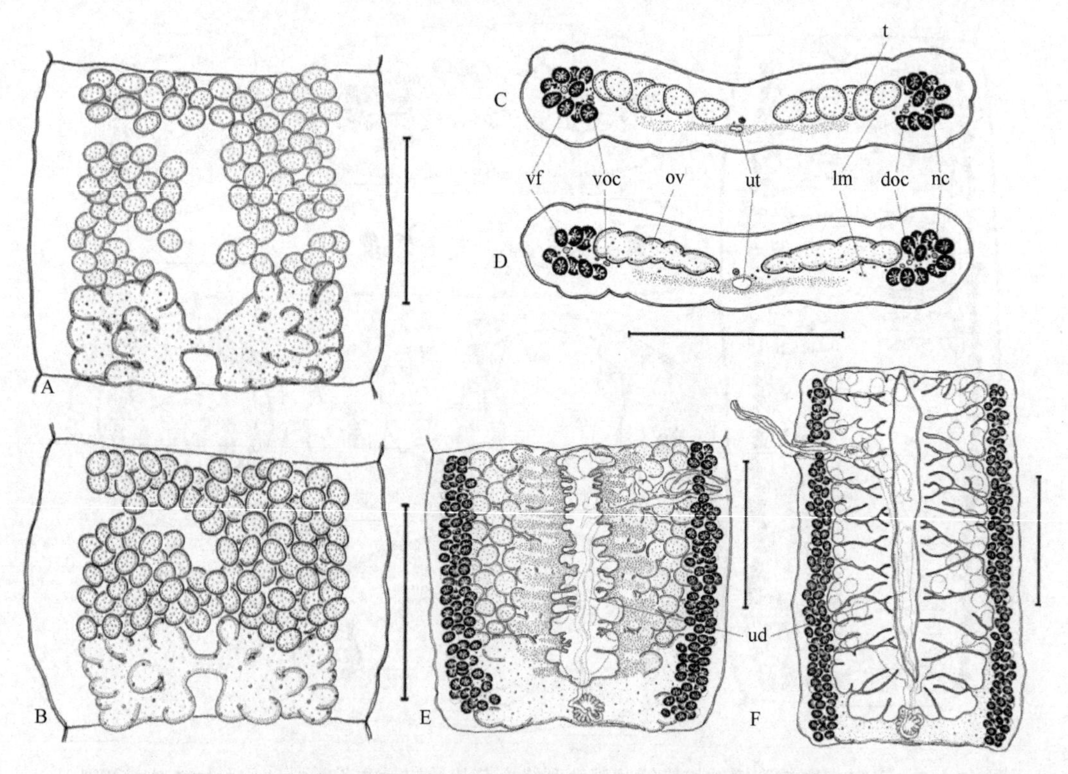

图 17-117　森塔福蒙蒂西利绦虫节片结构示意图（引自 Arredondo & Pertierra，2010）

A，B. 成节示意图，示精巢的不同布局：A. 精巢在节片后部和中央区缺失；B. 精巢在后部连续；C. 成节精巢水平横切面；D. 成节卵巢水平横切面；E. 孕节腹面观；F. 孕节腹面观，示腹部纵向缝隙样开孔。缩略词：doc. 背渗透调节管；lm. 纵肌；nc. 神经索；ov. 卵巢；t. 精巢；ud. 子宫管；ut. 子宫；vf. 卵黄腺滤泡；voc. 腹渗透调节管。标尺=500μm

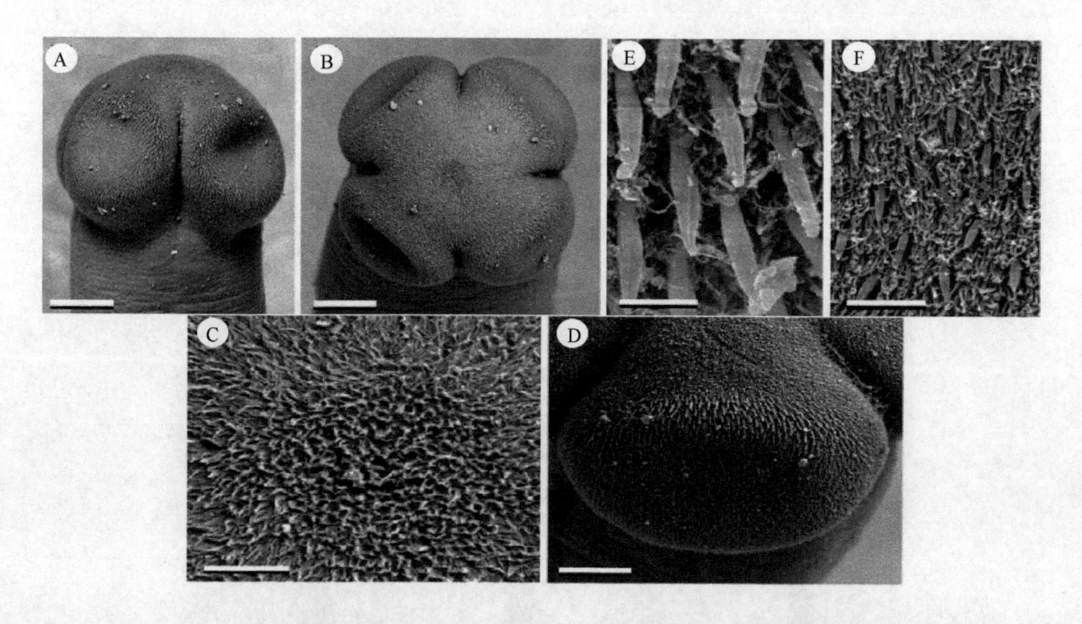

图 17-118　伦哈蒙蒂西利绦虫的头节扫描结构（引自 de Chambrier & Scholz，2008）

A. 背面观（INVE 54606）；B. 顶面观（INVE 54606）；C. 吸盘顶部丝状微毛（INVE 54606）；D. 吸盘前侧面观有大型叶片状棘样微毛（INVE 54607）；E. 吸盘前方边缘大型叶片状棘样微毛和丝状微毛散布（INVE 54607）；F. 吸盘内腔的大型叶片状棘样微毛和丝状微毛。标尺：A，B=60μm；C=10μm；D=30μm；E，F=5μm

4b. 后头区不发达，吸盘基部有一些组织褶 ·· 5

5a. 后头区，由吸盘基部的一些组织褶形成领样结构······································领头属（*Choanoscolex* La Rue，1911）

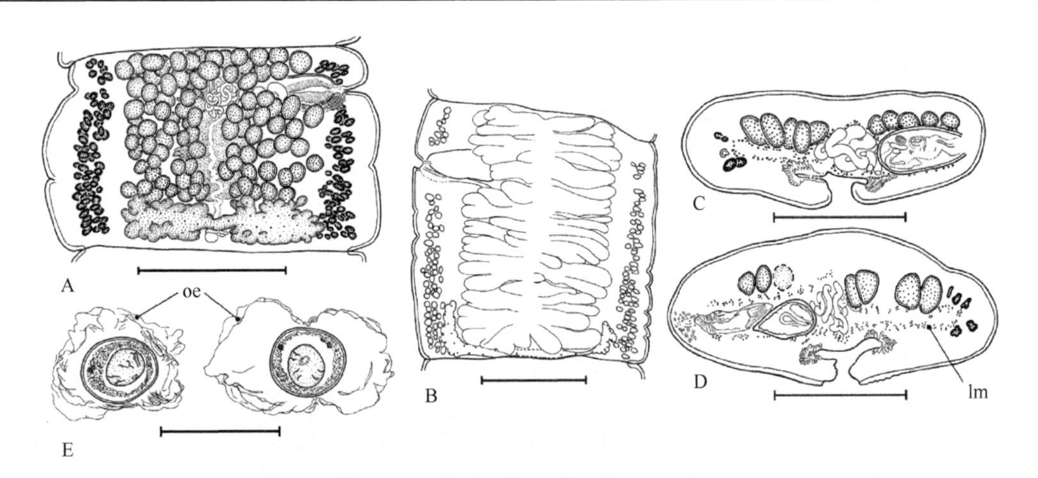

图 17-119　伦哈蒙蒂西利绦虫成节、孕节及卵的结构示意图（引自 de Chambrier & Scholz，2008）

A. 成节背面观（共模标本 BMNH 1964.12.15.225～231）；B. 孕节草图（INVE 19510）；C. 阴茎囊水平横切面（INVE 19510）；D. 阴茎囊水平横切面（共模标本 BMNH 1964.12.15.225～231）；E. 蒸馏水中的卵（INVE 20500）。缩略词：oe. 外膜；lm. 内纵肌。标尺：A～D=500μm；E=50μm

识别特征：纵肌不发达。子宫有许多侧向突囊。切面上卵黄腺为新月形。已知寄生于南美淡水鱼类。模式种：脱落领头绦虫［*Choanoscolex abscisus*（Riggenbach，1895）］（图 17-120A）。其他种中采自墨西哥瓦哈卡鲇鱼类长鳍叉尾鮰（*Ictalurus meridionalis*=*Ictalurus furcatus*）的拉莫斯领头绦虫（*C. lamothei*），Scholz 等（2003），即拉莫斯马佳思样绦虫（图 17-121～图 17-123）。基于模式标本及从模式宿主新采集的标本的形态测定和核糖体

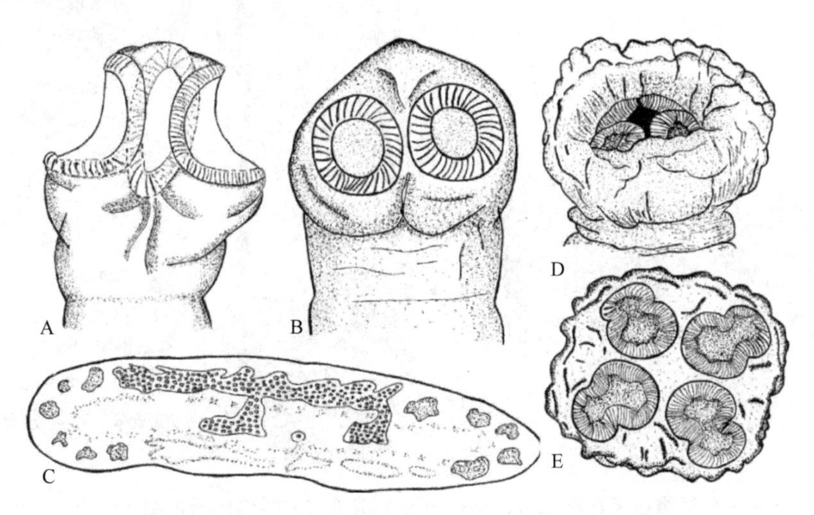

图 17-120　领头绦虫和副蒙蒂西利绦虫（引自 Rego，1994）

A. 脱落领头绦虫的头节。B，C. 伊泰普副蒙蒂西利绦虫：B. 头节；C. 孕节横切面。D，E. 兜毛突双分形绦虫：D. 头节；E. 头节切面

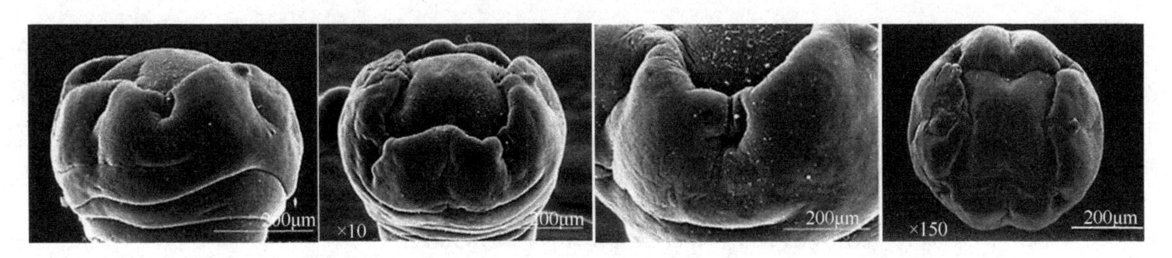

图 17-121　拉莫斯马佳思样绦虫组合种头节扫描结构（引自 Scholz et al.，2003）

大亚基的部分 DNA 序列分析结果，认为拉莫斯领头绦虫是马佳思样属［*Megathylacoides*（变头科 Proteocephalidae：珊槽亚科 Corallobothriinae）］的种，因为其生殖器官位于髓质（领头属的生殖器官整个

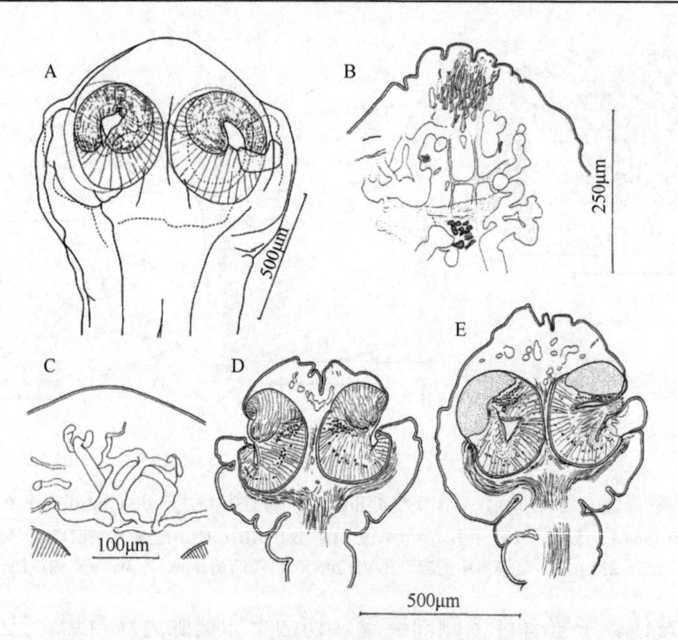

图 17-122　拉莫斯马佳思样绦虫组合种头节结构示意图（引自 Scholz et al.，2003）

A. 整体背腹面观；B. 顶部纵切面有腺细胞（？）的集结；C. 顶部有互相联系的渗透调节管；D，E. 过吸盘的纵切面，注意位于吸盘前部的肌肉质括约肌

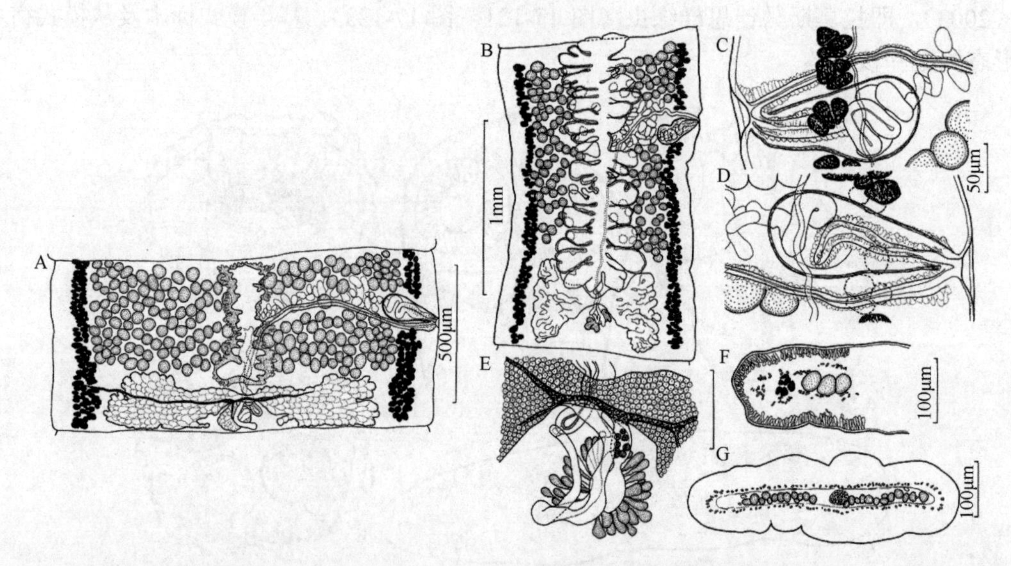

图 17-123　拉莫斯马佳思样绦虫组合种成节、预孕节及生殖器官末端结构示意图（引自 Scholz et al.，2003）

A. 成节腹面观；B. 预孕节腹面观；C，D. 生殖器官末端分别有前方的和后方的阴道（C. 背面观，D. 腹面观）；E. 卵巢后复合体腹面观；F，G. 横切面（F. 成节，G. 未成节），注意卵黄腺滤泡的髓质位置（F）和精巢（F，G），以及纵肌束集中于近侧方边缘

位于皮质），吸盘上存在半球形的括约肌，滤泡状的卵巢及交替的阴道位置等特征，故 Scholz 等（2003）将拉莫斯领头绦虫移入马佳思样属，组合名为拉莫斯马佳思样绦虫（*Megathylacoides lamothei*）。它不同于同属的种在于缺顶器官，且精巢的数目为 130～208 个。分子数据肯定了拉莫斯马佳思样绦虫在马佳思样属的地位，该属为北美鮰类鱼体内的寄生虫。

5b. 后头区不发达，由头节的一些组织褶代表；吸盘为正常形态，由组织层覆盖……………………………………………………………………………………副蒙蒂西利属（*Paramonticellia* Pavanelli & Rego，1991）

识别特征：卵巢主要位于皮质但部分位于髓质。子宫位于皮质。卵黄腺在横切面为新月形。子宫孔位于前方。纵肌很发达。寄生于南美鲇鱼类。模式种：伊泰普副蒙蒂西利绦虫（*Paramonticellia itaipuensis* Pavanelli & Rego，1991）（图 17-120B、C）。

17.6.3 合槽亚科（Zygobothriinae Woodland，1933）

（同物异名：后恒河亚科 Postgangesiinae Akhmerov，1969）

17.6.3.1 分属检索

1a. 头节有巨大折叠的后头区，由环状皱纹壁包围着腔，其基部有 4 个两叶单腔吸盘……………………………………双分形属（*Amphoteromorphus* Diesing，1850）

识别特征：链体有大量节片，宽大于长，薄层纵肌纤维。生殖孔通常位于单侧。卵黄腺分布于略为三角形的区域，在背部和腹部皮质中。性腺和子宫位于髓质。已知寄生于南美鲇鱼类。模式种：兜毛突双分形绦虫（*Amphoteromorphus peniculus* Diesing，1850）（图 17-120D、E）。其他种：皮瑞尔巴双分形绦虫（*A. piraeeba* Woodland，1934）（图 17-124）。

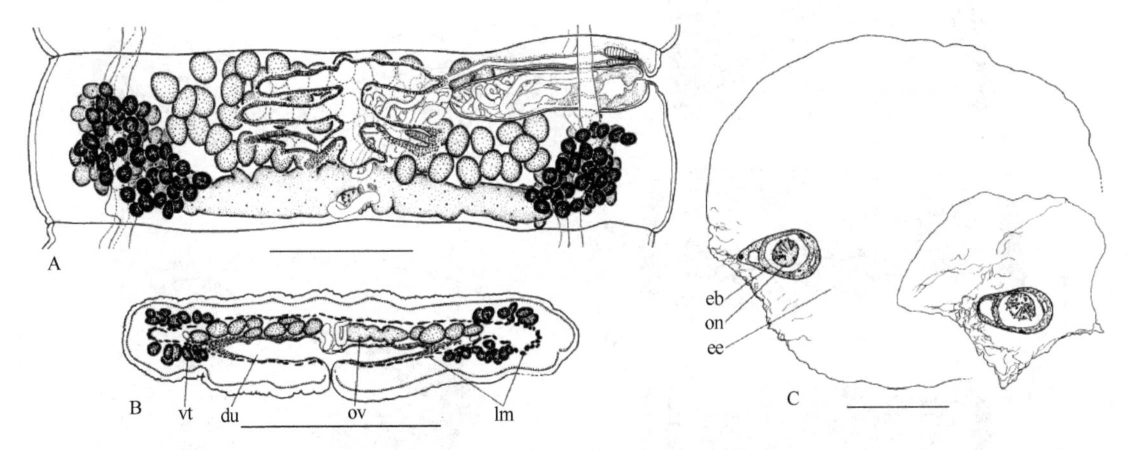

图 17-124 皮瑞尔巴双分形绦虫成节、横切面及卵结构示意图（引自 de Chambrier & Vaucher，1997）

A. 19311 INVE，成节腹面观；B. 19659 INVE，过卵黄腺背腹位置横切面；C. 19311 INVE，释放于蒸馏水中的虫卵，示膜层的膨胀。缩略词：du. 子宫分支；eb. 胚膜；ee. 外膜；lm. 内纵肌；on. 六钩蚴；ov. 卵巢；vt. 卵黄腺。标尺：A=250μm；B=500μm；C=50μm

1b. 头节无后头区……………………………………………………………………2

2a. 顶器官存在；头节和颈区有棘……………………后恒河属（*Postgangesia* Akhmerov，1969）

识别特征：卵巢两叶，巨大。子宫有侧支囊，突囊始于前方。卵黄腺位于侧方皮质。精巢、卵巢和子宫位于髓质。生殖孔位于侧方中央。已知寄生于俄罗斯鲇鱼类。模式种：东方后恒河绦虫（*Postgangesia orientale* Akhmerov，1969）（图 17-125A、B）。

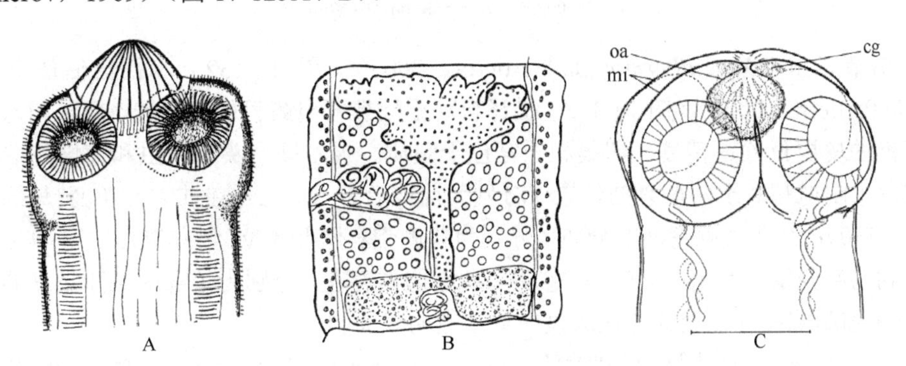

图 17-125 2 种绦虫的头节及 1 种绦虫的成节结构示意图

东方后恒河绦虫的头节（A）和成节（B）及皮瑞尔巴小头节绦虫的头节（19375 INVE）（C）。缩略词：cg. 细胞质颗粒；mi. 微毛；oa. 顶器官。标尺=250μm（A，B 引自 Rego，1994；C 引自 de Chambrier & Vaucher，1997）

2b. 无顶器官，头节无棘……………………………………………………………………3

3a. 吸盘不变形……………………………………………………………………………………4
3b. 吸盘变形，吸槽样，有 2 个开孔或有突起……………………………………………………6
4a. 卵黄腺占据整个节片长度；吸盘为正常类型，无后头区……………………小头节属（*Nomimoscolex* Woodland，1934）
[同物异名：内睾属（*Endorchis* Woodland，1934）]

识别特征：节片通常长大于宽。性腺和子宫位于髓质。卵黄腺位于侧方皮质。子宫有发达的支囊。纵肌发达或不显著。已知寄生于南美淡水鱼类。模式种：皮瑞尔巴小头节绦虫（*Nomimoscolex piraeeba* Woodland，1934）（图 17-125C，图 17-126）。其他种：苏多比木小头节绦虫（*N. sudobim* Woodland，1935）（图 17-127，图 17-128）；佩提瑞小头节绦虫（*N. pertierrae* de Chambrier & Vaucher，1997）（图 17-129～图 17-131）和罗碧丝小头节绦虫（*N. lopesi* Rego，1990）等。

佩提瑞小头节绦虫采自巴西南美鸭嘴鲇（*Pseudoplatystoma corruscans*）（鲇形目：长须鲇科）及条纹鸭嘴鲇。种名为纪念 Alicia A. Gil Pertierra 博士在原头目绦虫分类中的贡献而定。

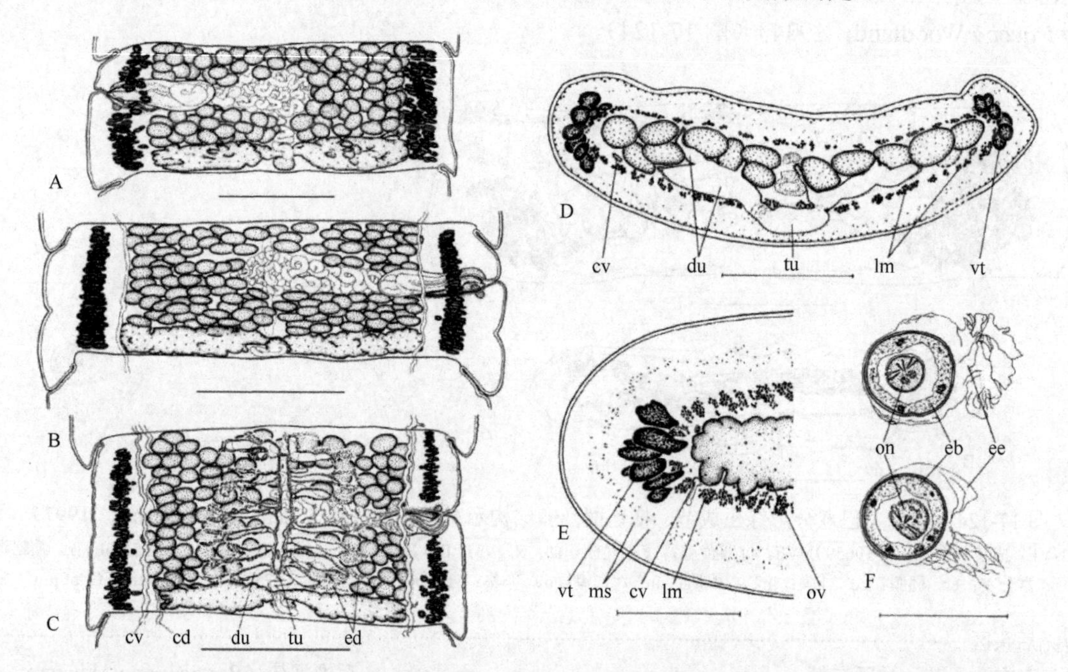

图 17-126　皮瑞尔巴小头节绦虫的成节结构示意图（引自 de Chambrier & Vaucher，1997）

A. 模式材料背面观；B. 19375 INVE 背面观；C. 19538 INVE 背面观；D. 模式材料，横切面示子宫向皮质和髓质发出的支囊；E. 模式材料，孕节，卵黄腺水平面横切，示卵黄腺横过纵肌进入髓质；F. 蒸馏水中的虫卵。缩略词：cd. 背渗透调节管；cv. 腹渗透调节管；du. 子宫支囊；eb. 胚膜；ed. 子宫次级分支（顶部）；ee. 胚外膜；lm. 内纵肌；ms. 肌肉次级扩散；on. 六钩蚴；ov. 卵巢；tu. 子宫干支；vt. 卵黄腺。标尺：A=250μm；B，C=500μm；D，E=250μm；F=50μm

吉尔摩小头节绦虫（*N. guillermoi* de Pertierra，2003）（图 17-132）和德恰伯瑞小头节绦虫（*N. dechambrieri* de Pertierra，2003）（图 17-133）描述自阿根廷裸背电鳗目的裸背鳗。新种归入小头节属的依据是卵黄腺滤泡的皮层位置，精巢、卵巢和子宫位于髓质。吉尔摩小头节绦虫和德恰伯瑞小头节绦虫区别的综合特征：①阴道相对于阴茎囊的位置（分别为前或后方 vs 总是在前方）；②精巢的总数（分别为 41～85 vs 108～130）；③卵黄腺滤泡的分布（分别为背侧带和腹侧带 vs 侧方带）；④子宫管的长度（从成节的后部边缘到端部分别为 58% vs 35%）；⑤头节腺细胞的存在（分别为顶部区域和吸盘的外部边缘的单细胞腺 vs 顶突单细胞腺的存在及其他在吸盘中央丛生的腺细胞）。

德恰伯瑞小头节绦虫采自阿根廷裸背鳗（*Gymnotus carapo* Linnaeus，1758）（裸背电鳗目：裸背鳗科）。种名是以瑞士日内瓦城自然历史博物的 Alain de Chambrier 博士的名字命名，因他对原头目绦虫知识有贡献。

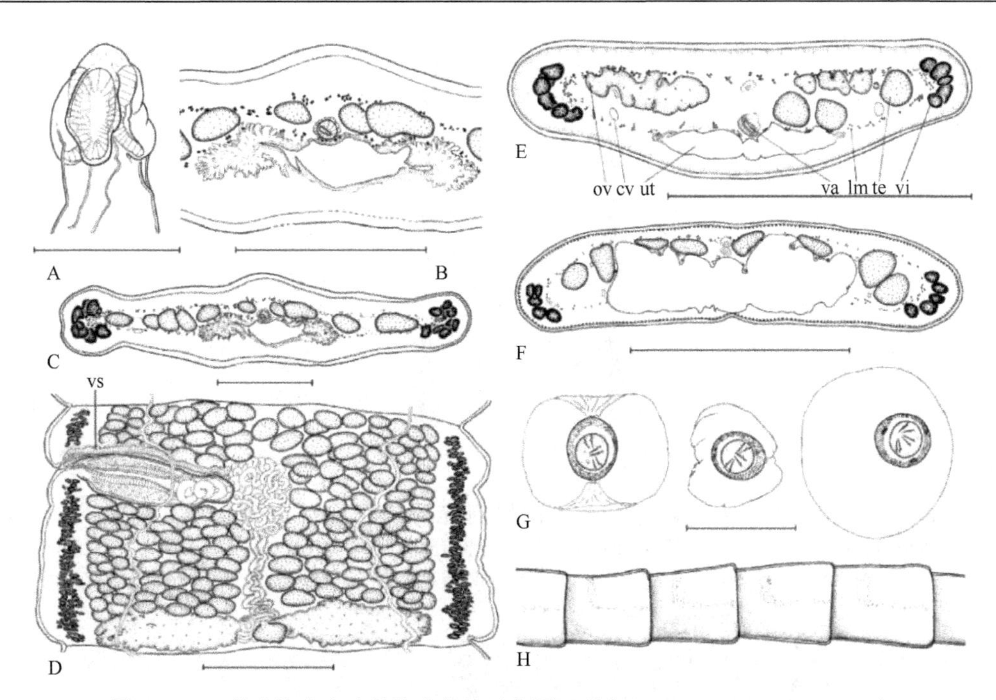

图 17-127　苏多比木小头节缘虫结构示意图（引自 de Chambrier et al.，2006）

A～D. 共模标本（BMNH 1964.12.15.138～144）：A. 头节；B. 孕节详细结构，示子宫皮层位置；C. 节片后方水平横切面；D. 孕节背面观，子宫未画出。E. 孕节卵巢水平横切面（INVE 19449）；F. 孕节后方水平横切面（INVE 27385）；G. 蒸馏水中的卵（INVE 28205）；H. 未成熟链体，示节片的无缘膜形态。缩略词：cv. 腹排泄管；lm. 内部的纵肌结构；ov. 卵巢；te. 精巢；ut. 子宫；va. 阴道管；vi. 卵黄滤泡；vs. 阴道括约肌。标尺：A～E=250μm；F=500μm；G=50μm

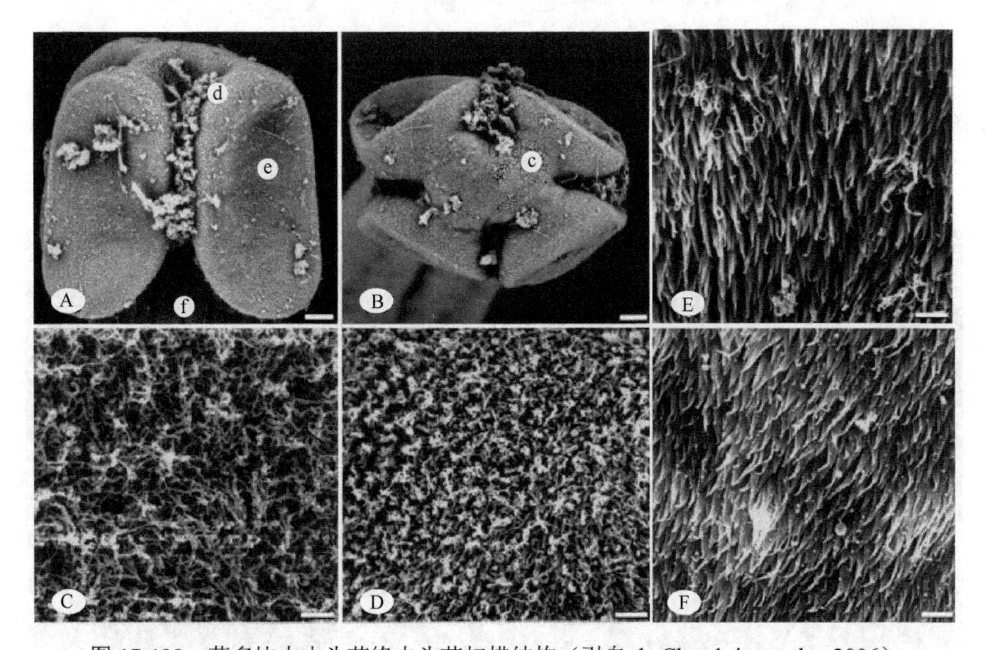

图 17-128　苏多比木小头节缘虫头节扫描结构（引自 de Chambrier et al.，2006）

样品：INVE 19448。A. 背腹面观；B. 顶面观；C. 顶部详细结构，示紧密的丝状微毛；D. 吸盘上方边缘，具丝状微毛；E. 吸盘内表面，示剑状微毛；F. 生长区的剑状微毛。小写字母示相应图取处。标尺：A，B=50μm；C～E=2μm

西门那斯小头节缘虫（*N. semenasae* de Pertierra，2002）（图 17-134，图 17-135）描述自阿根廷巴塔哥尼亚区原始鱼类油双须鲇（*Diplomystes viedmensis*）（鲇形目 Siluriformes）。新种属于小头节属的原因是：其有皮质位置的卵黄腺滤泡，髓质位置的精巢、卵巢和子宫，以及头节有 4 个单室的吸盘。新种不同于小头节属其他所有种的综合特征在于：①无顶器官；②链体无缘膜；③阴道在阴茎囊前方或后方缺乏括

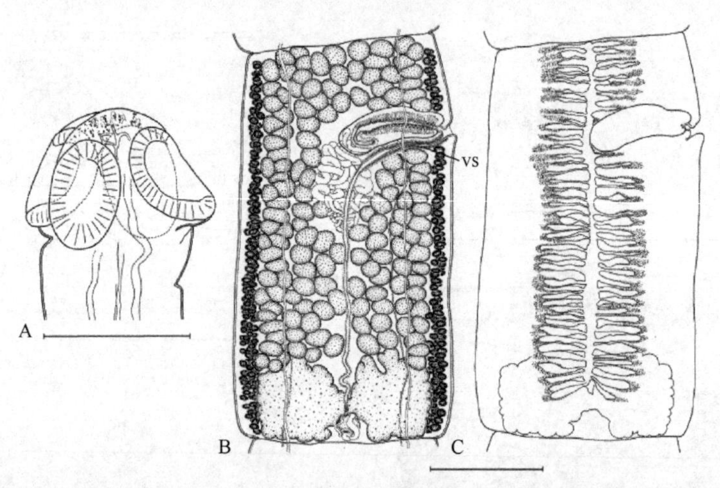

图 17-129　佩提瑞小头节绦虫头节及孕节结构示意图（引自 de Chambrier et al.，2006）

A. 副模标本（BMNH 2005.10.3.4）的头节；B. 全模标本（IOC 36598）的孕节腹面观（子宫见分图 C）；C. 全模标本（IOC 36598）与分图 B 相同的节处，但仅画出子宫。缩略词：vs. 阴道括约肌。标尺：A=250μm；B，C=500μm

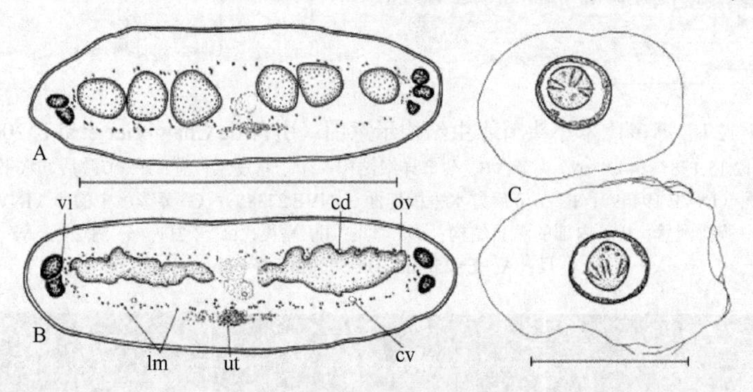

图 17-130　佩提瑞小头节绦虫早期成节横切及卵结构示意图（引自 de Chambrier et al.，2006）

A，B 副模标本（INVE 37174）早期成节横切面：A. 节片后方水平横切面；B. 卵巢水平横切面。C. 蒸馏水中的卵。缩略词：cd. 背排泄管；cv. 腹排泄管；lm. 内纵肌；ov. 卵巢；ut. 子宫；vi. 卵黄腺滤泡。标尺：A，B=500μm；C=50μm

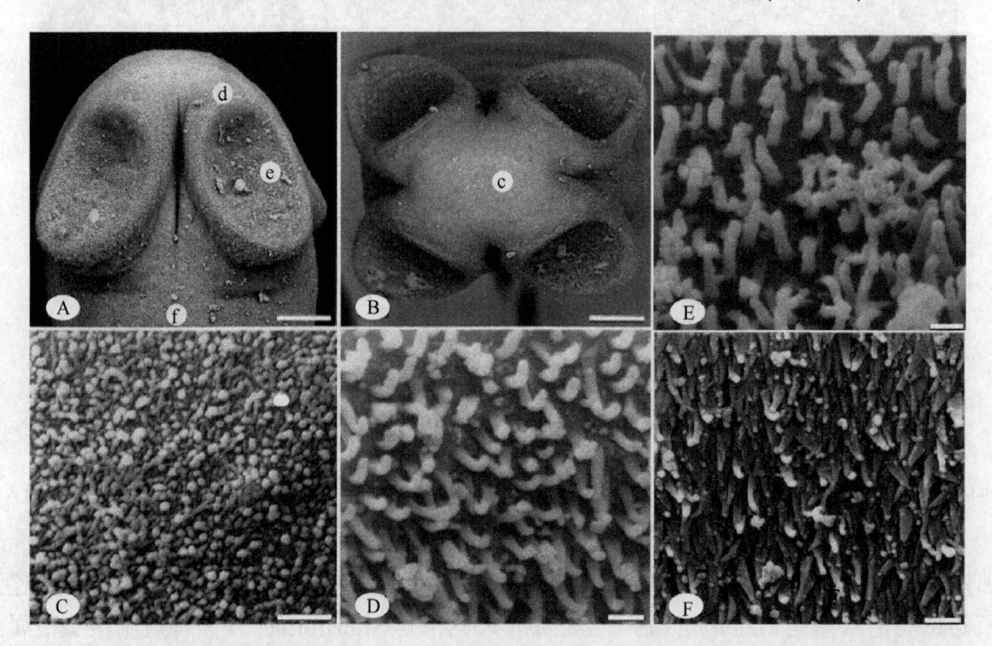

图 17-131　佩提瑞小头节绦虫头节扫描结构（引自 de Chambrier et al.，2006）

样品：INVE 37175。A. 背腹面观；B. 顶面观；C. 顶部详细结构，示乳头状到丝状微毛；D. 吸盘上方边缘，具纤细的指状微毛；E. 吸盘内表面，示纤细的指状微毛；F. 生长区的剑状微毛。小写字母示相应图取处。标尺：A，B=50μm；C，F=2μm；D，E=1μm

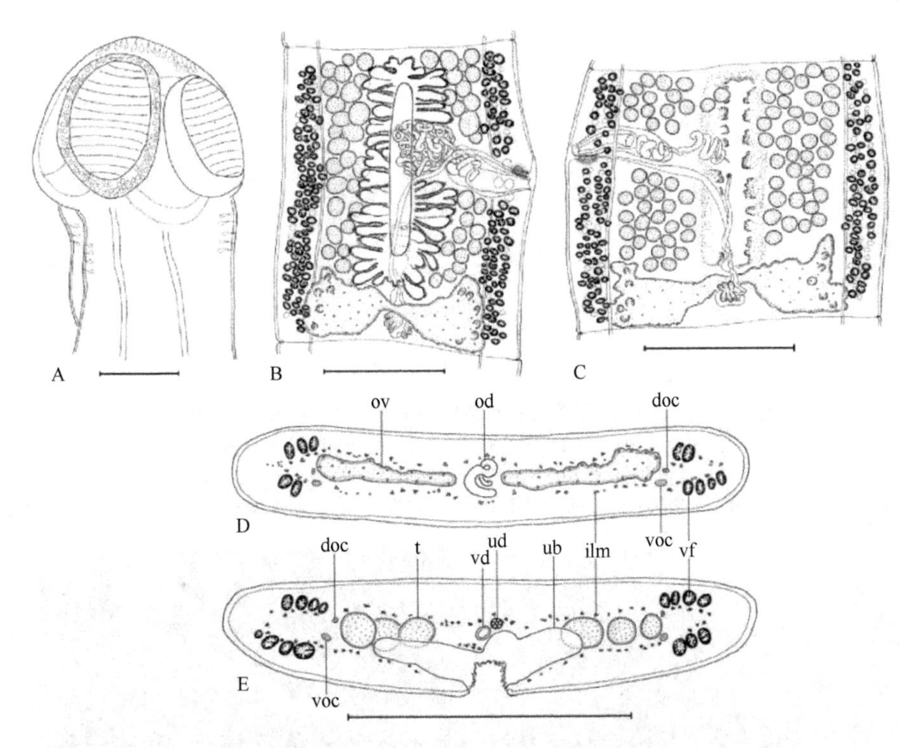

图 17-132　吉尔摩小头节绦虫结构示意图（引自 de Pertierra，2003）

A. 头节，示顶部区域，吸盘外边缘部位的腺细胞（仅画了一个吸盘），以及增殖区；B. 孕节腹面观；C. 成节背面观；D. 卵巢峡部后方水平横切面；E. 孕节阴茎囊后方，卵巢前方横切面。缩略词：doc. 背排泄管；ilm. 内纵肌；od. 输卵管；ov. 卵巢；t. 精巢；ub. 子宫分支；ud. 子宫管；vd. 阴道管；vf. 卵黄滤泡；voc. 腹排泄管。标尺：A=100μm；B～E=500μm

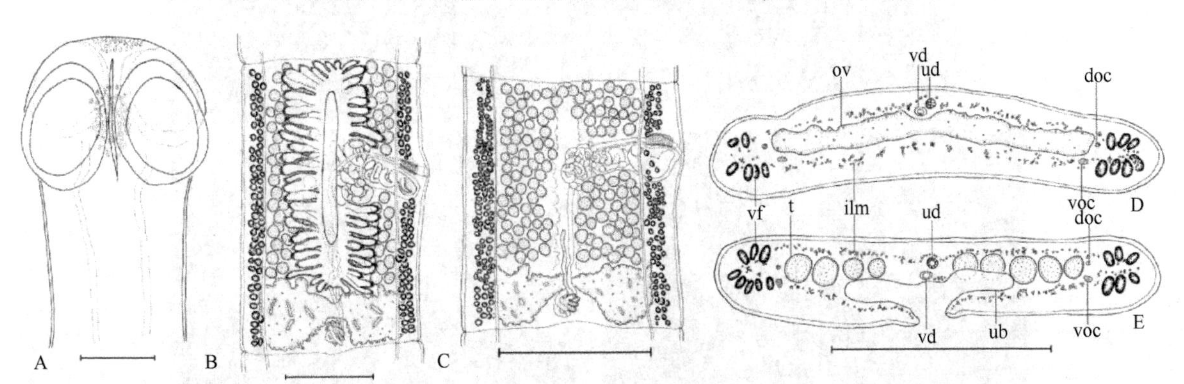

图 17-133　德恰伯瑞小头节绦虫结构示意图（引自 de Pertierra，2003）

A. 头节，示顶部区域的腺细胞和位于吸盘后方中部的总状花序样腺细胞；B. 孕节腹面观；C. 成节背面观；D. 卵巢峡部水平横切面；E. 孕节阴茎囊后方，卵巢前方横切面。缩略词：doc. 背排泄管；ilm. 内纵肌；ov. 卵巢；t. 精巢；ub. 子宫分支；ud. 子宫管；vd. 阴道管；vf. 卵黄滤泡；voc. 腹排泄管。标尺：A=100μm；B～E=500μm

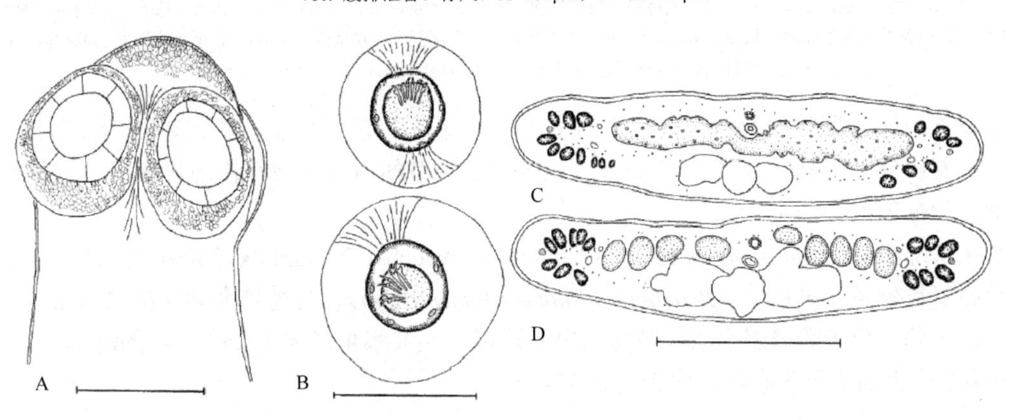

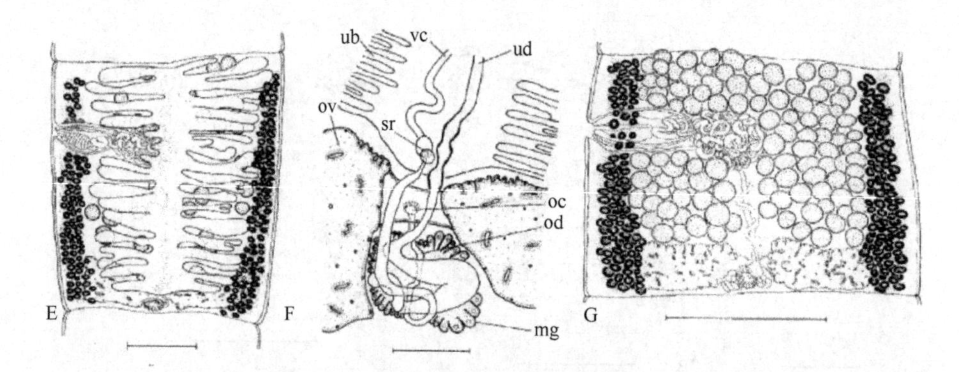

图 17-134　西门那斯小头节绦虫的结构示意图（引自 de Pertierra，2002）

A. 头节，示单细胞样腺细胞；B. 固定后放于蒸馏水中的卵；C. 卵巢水平横切面；D. 卵巢前方横切面，示子宫发育进入髓质及单一不规则层精巢；E. 孕节腹面观；F. 雌性生殖器，子宫管和受精囊的详细结构（卵黄管未观察到），背面观；G. 成节背面观。缩略词：mg. 梅氏腺；oc. 捕卵器；od. 输卵管；ov. 卵巢；sr. 受精囊；ub. 子宫的分支；ud. 子宫管；vc. 阴道管。标尺：A=200μm；B=50μm；C～E，G=500μm；F=100μm

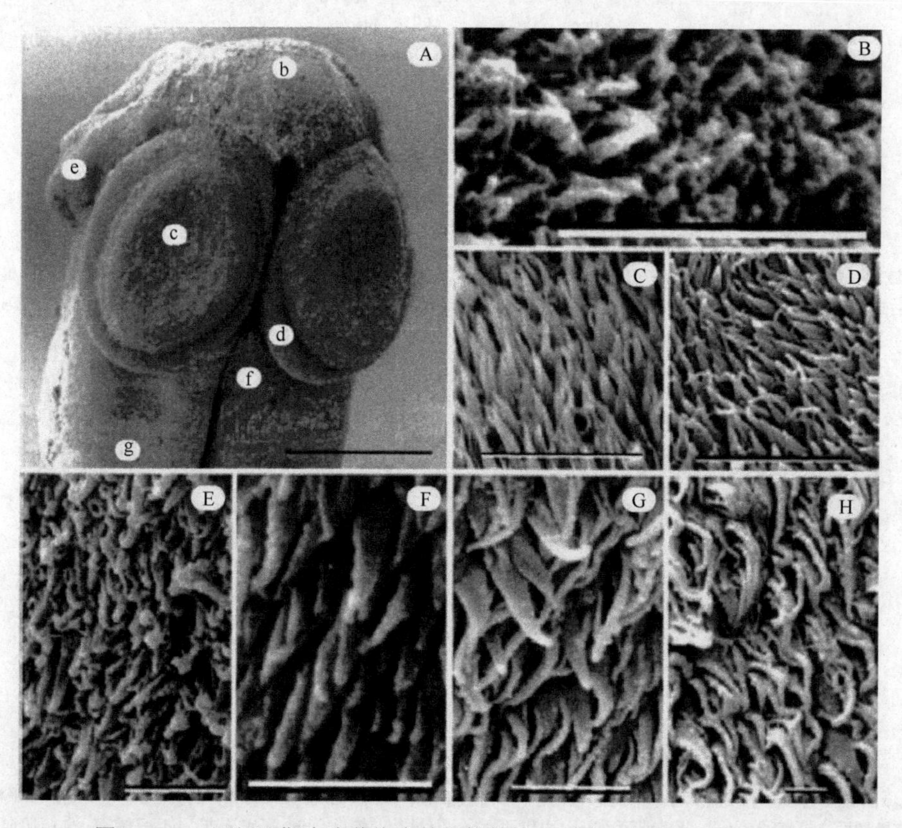

图 17-135　西门那斯小头节绦虫的扫描结构（引自 de Pertierra，2002）

A. 头节，示一般形态，背腹面观，小写字母示相应大写字母图取位置；B. 头节顶部区域，示棘状微毛；C，D. 吸盘，分别示表面中央和边缘带，由棘状微毛覆盖；E. 吸盘的非吸附面由棘状微毛覆盖；F. 头节后部表面，近吸盘区，由棘状微毛覆盖；G. 覆盖增殖区的棘状微毛；H. 未成节上覆盖的宽棘状微毛。标尺：A=100μm；B～D=5μm；E～G=2.5μm；H=1μm

约肌；④精巢在一不规则的层及前方相连的两个区域；⑤未成节中子宫干位于皮质，成节中从皮质干生长到髓质区；⑥纵向的子宫管 1 条；⑦头节、颈区和未成节的所有区域存在棘状微毛。这是首次记录的双须鲇科油双须鲇的原头绦虫。

疑似小头节绦虫（*Nomimoscolex suspectus* Chambrier，Vaucher & Mariaux，2000）（图 17-136，图 17-137）采自亚马孙鲇形目丝条短平口鲇（*Brachyplatystoma filamentosum*）、月光鸭嘴鲇（*B. flavicans*）和沙东鸭嘴鲇（*B. vaillanti*）。分子数据表明从 3 种宿主来的疑似小头节绦虫形成了一个纯系的种群。

3 种小头节绦虫的主要形态特征比较见表 17-10。

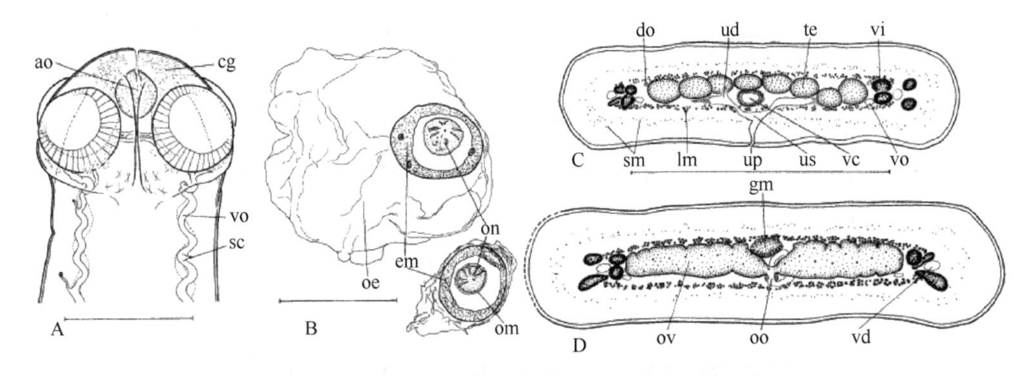

图 17-136 疑似小头节绦虫的结构示意图（引自 de Chambrier et al.，2000）

A. 全模标本（34212 CHIOC）头节腹面观；B. 副模标本（22302 INVE）释放入蒸馏水中的卵。C，D. 副模标本（27139 INVE）：C. 成节后方横切面；D. 成节卵巢水平横切面。缩略词：ao. 顶器官；cg. 腺体细胞；do. 背排泄管；em. 胚托；gm. 梅氏腺；lm. 内纵肌；oe. 外膜；om. 六钩蚴膜；on. 六钩蚴；oo. 卵模；ov. 卵巢；sc. 次级管；sm. 次级肌肉组织；te. 精巢；ud. 子宫支囊；up. 子宫孔；us. 子宫干；vc. 阴道管；vd. 卵黄管；vi. 卵黄腺滤泡；vo. 腹排泄管。标尺：A=250μm；B=50μm；C，D=500μm

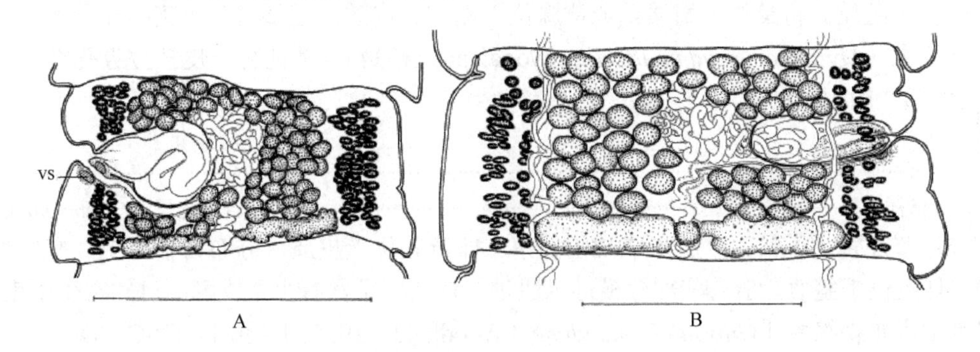

图 17-137 疑似小头节绦虫的成节结构示意图（引自 Chambrier et al.，2000）

A. 成节背面观（BMNH 1964.12.15.111-122）；B. 全模标本（34212 CHIOC）成节背面观。缩略词：vs. 阴道括约肌。标尺=500μm

表 17-10 3 种小头节绦虫的主要形态特征比较

种类	*N. suspectus*	*N. piraeeba* TM	*N. piraeeba*	*N. dorad* TM	*N. dorad*
头节直径	320～450	325	555	395～475	475～590
PC	28～43	21～28	21～24	26～33	16～22
OV	54～67	70～78	67～71	73～74	64～73
GP	38～58	29～46	33～54	32～54	36～51
卵黄腺滤泡位置	围绕肌肉	皮质	皮质	皮质	皮质
子宫分支数	10～18	7～12	7～13	9～13	6～11
精巢数目	69（47～93）	92（77～116）	113（90～133）	（c. 120）	117（95～162）
纵肌侧方中断	是	否	否	是	是

注：PC. 阴茎囊长度/节片宽度；OV. 卵巢宽度/节片宽度；GP. 节片长度上的生殖孔位置%；TM. 模式材料，x=平均数。测量单位为μm

4b. 吸盘不变形……………………………………………………………………………………………… 5

4c. 卵黄腺位于侧方但限于节片的后部，生殖孔后……………………… 瓦切尔属（*Vaucheriella* Chambrier，1987）

识别特征： 吸盘为正常类型。生殖孔位于侧方、中央。阴道有括约肌。卵黄腺位于腹部皮质、侧方、限于节片后部。性腺和子宫位于髓质。纵向肌肉不发达。已知寄生于南美的蛇。模式种：比歇瓦切尔绦虫（*Vaucheriella bicheti* Chambrier，1987）（图 17-138B、C）。

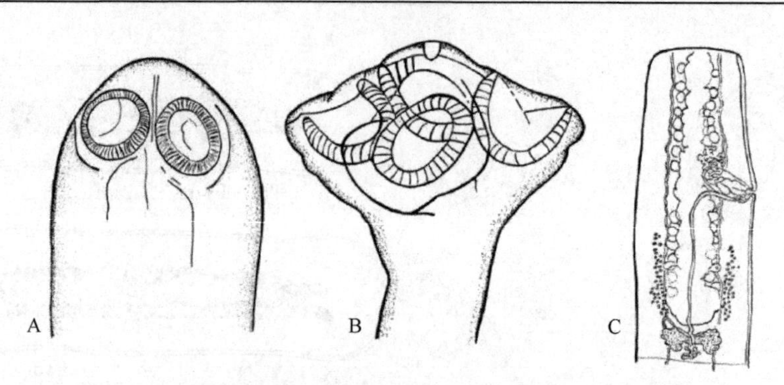

图 17-138　2 种绦虫结构示意图（引自 Rego，1994）

罗碧丝小头节绦虫（A）和比歇瓦切尔绦虫（B，C）。A，B. 头节；C. 成节

5a. 纵肌 2 层，不显著……………………………………………………吸孔属（*Myzophorus* Woodland，1934）

识别特征：头节膨大，有时略有褶。节片锯齿状或否。卵巢位于髓质，但有些部分突入背部皮质。子宫绝大多数位于髓质。精巢位于髓质。卵黄腺位于侧方、皮质。已知寄生于南美鲇鱼类。模式种：非蒙蒂西利吸孔绦虫（*Myzophorus admonticellia* Woodland，1934）。其他种：皮拉拉吸孔绦虫（*M. pirara* Woodland，1935）（图 17-139A、B）。

5b. 纵肌 1 层，显著……………………………………………………………………………………6

6a. 吸盘 3 室，吸槽样……………………………………………………吉布森属（*Gibsoniela* Rego，1984）

识别特征：节片宽大于长。纵肌形成规则的束。卵黄腺位于皮质，分布为半月形，有些滤泡侵入髓质靠近肌肉。卵巢位于髓质，但有些部分横过纵肌进入皮质。子宫有少量支囊。已知寄生于南美鲇鱼类。模式种：曼都伯吉布森绦虫［*Gibsoniela mandube*（Woodland，1935）］（图 17-139C、D）。

6b. 吸盘非 3 室……………………………………………………………………………………7

7a. 吸盘大，球状，各有 2 个开孔……………………………………合槽属（*Zygobothrium* Diesing，1850）

识别特征：头节表面很皱。节片具缘膜，各自表面有中央缺口。节片数很多，宽大于长。卵黄腺位于背部和腹部皮质。已知寄生于南美鲇鱼类。模式种：大头合槽绦虫（*Zygobothrium megacephalum* Diesing，1850）（图 17-140）。

7b. 吸盘无 2 个开孔……………………………………………………………………………………8

8a. 吸盘小，各有 4 个角状突起……………………………………………郝斯耶拉属（*Houssayela* Rego，1987）

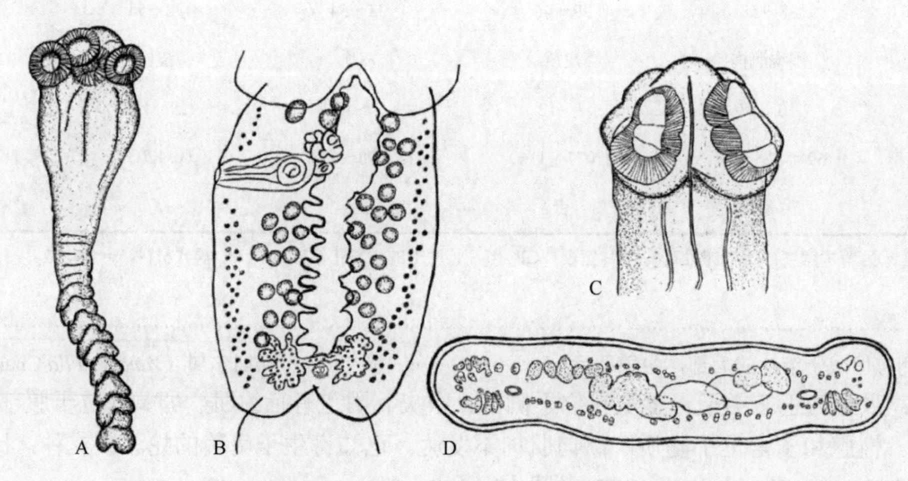

图 17-139　吸孔绦虫和吉布森绦虫结构示意图（引自 Rego，1994）

A，B. 皮拉拉吸孔绦虫；C，D. 曼都伯吉布森绦虫。A，C. 头节；B. 成节；D. 卵巢水平切片，卵黄腺滤泡部分位于皮质

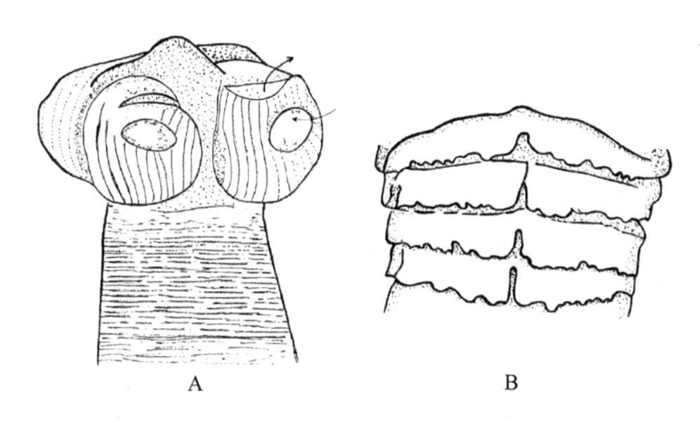

图 17-140　大头合槽绦虫头节及节片结构示意图（引自 Rego，1994）
A. 头节；B. 节片有中央缺口的缘膜

识别特征：虫体中等大小，链体无缘膜，未成节与成节宽明显大于长，头节有 4 个单室吸盘，各吸盘前方边缘有成对的锥状（乳头状）突起，共有 8 个突起。内纵肌很发达。精巢位于髓质，数目多，在两侧区成一层。阴道在阴茎囊前方。生殖孔不规则交替。卵巢位于髓质，腹面有大量滤泡。侧方的卵黄腺滤泡位于皮质；背侧滤泡位于髓质。子宫位于髓质。子宫以第 2 型方式形成。已知为新热带区鲇形目鱼类的寄生虫。模式种及仅有的种：苏多比木郝斯耶拉绦虫［*Houssayela sudobim*（Woodland，1935）］（图 17-141～图 17-143，图 17-144A）。

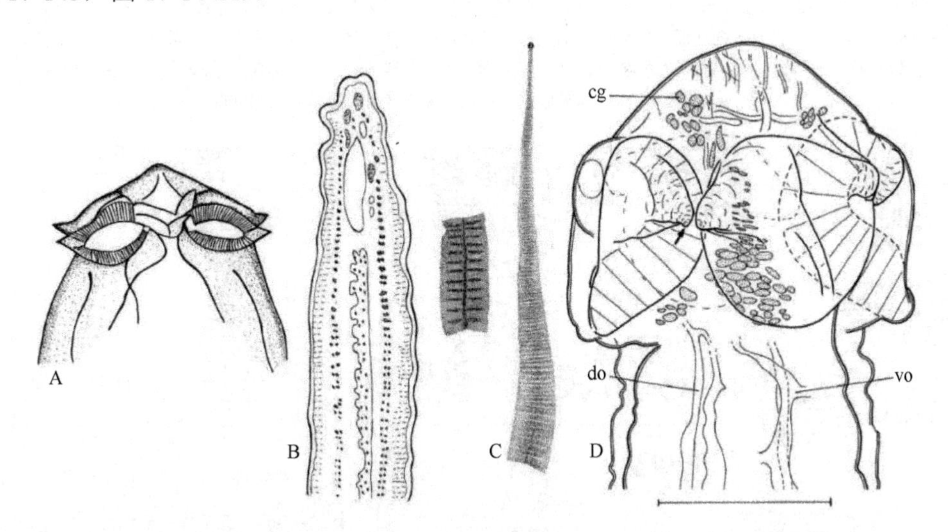

图 17-141　苏多比木郝斯耶拉绦虫虫体、头节等结构示意图
A. 头节；B. 节片横切；C. 虫体前部示意图；D. 头节背腹面观，示吸盘的锥状（乳头状）突起（箭号）。缩略词：cg. 有细颗粒状胞质的细胞；do. 背部渗透调节管；vo. 腹渗透调节管。标尺=250μm（A，B 引自 Rego，1994；C，D 引自 de Chambrier & Scholz，2005）

de Chambrier 和 Scholz（2005）基于对模式样品的重新测定和对发现于捕自秘鲁亚马孙河条纹鸭嘴鲇（*Pseudoplatystoma fasciatum*）（鲇形目：长须鲇科）新样品的测定，肯定了郝斯耶拉属的有效性，对其识别特征进行了修订，并对苏多比木郝斯耶拉绦虫进行了重描述。

8b. 吸盘不小，有 2 个三角形的突起……………………………………………………哈里斯头节属（*Harriscolex* Rego，1987）

识别特征：头节有圆屋顶样前端。节片宽大于长。卵黄腺位于皮质，在背部或腹部带。精巢位于一单一区域。纵肌很发达。已知寄生于南美鲇鱼类。模式种：卡柏拉哈里斯头节绦虫［*Harriscolex kaparari*（Woodland，1935）］（图 17-144B）。

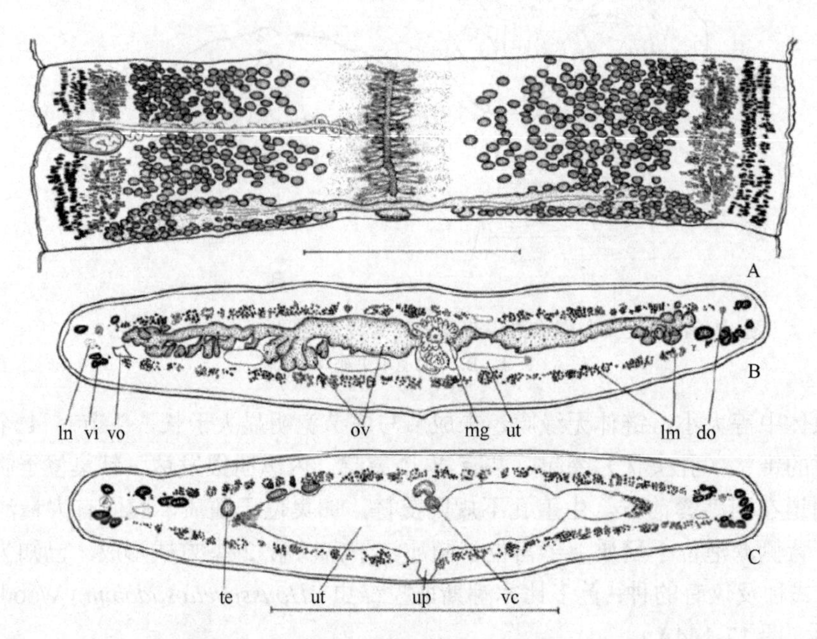

图 17-142　苏多比木郝斯耶拉绦虫成节结构示意图（引自 de Chambrier & Scholz，2005）

A. 成节腹面观（IPCAS 383）；B. 卵巢水平横切面（INVE 36301）；C. 节片中部，阴茎囊后部水平横切面，示未来子宫孔的位置（INVE 36301）。B，C 的方向是背部在最上面。缩略词：do. 背部渗透调节管；lm. 内纵肌；ln. 纵侧神经；mg. 梅氏腺；ov. 卵巢；te. 精巢；up. 子宫孔；ut. 子宫；vc. 阴道管；vi. 卵黄腺滤泡；vo. 腹渗透调节管。标尺=1000μm

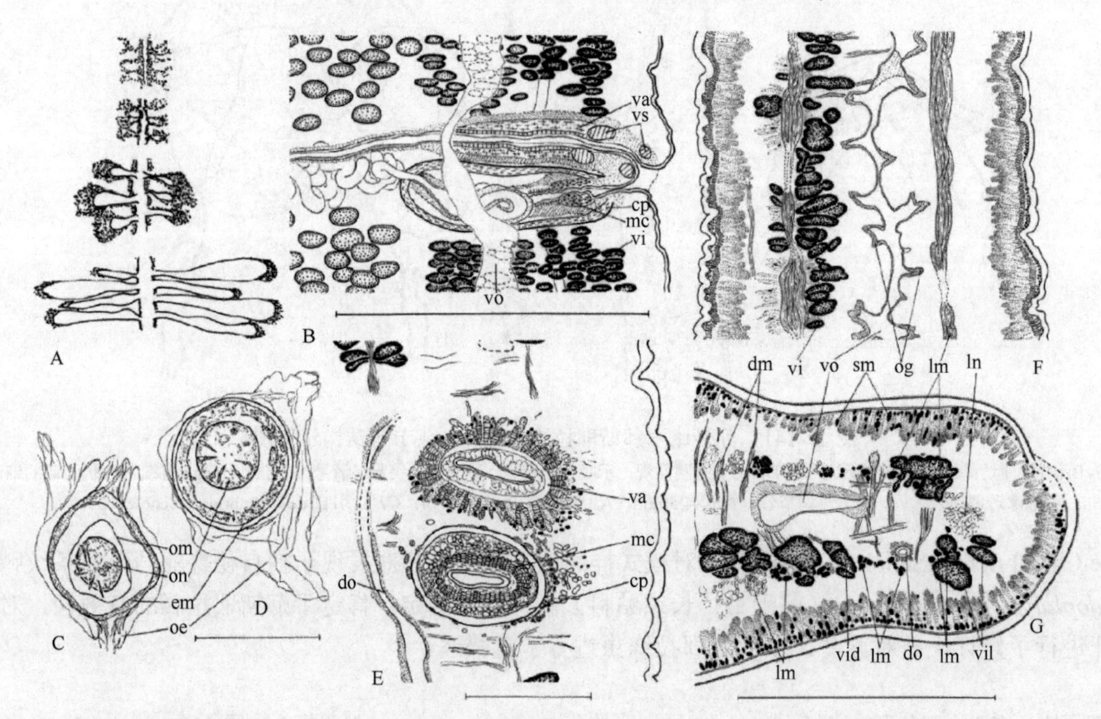

图 17-143　苏多比木郝斯耶拉绦虫子宫发生、生殖器官末端节片细节及卵结构示意图（引自 de Chambrier & Scholz，2005）

A，B，D～G. INVE 36301；C. BMNH 1965.2.23.159～162 共模标本材料。A. 图示子宫的 2 型进行性的发育；B. 阴茎囊和阴道，示双重阴道括约肌；C，D. 卵；E. 阴道括约肌近端水平，阴茎囊和阴道的矢状面；F. 矢状面，示不规则的内纵肌和腹渗透调节管的突囊；G. 卵黄腺滤泡水平横切，细节示侧方卵黄腺的皮质位置，以及背部滤泡的髓质位置，图的方向为腹面。缩略词：cp. 阴茎囊；dm. 背腹肌；do. 背部渗透调节管；em. 胚膜；lm. 内纵肌；ln. 纵侧神经；mc. 阴茎肌肉部；oe. 外膜；og. 渗透调节管的突囊；om. 六钩蚴膜；on. 六钩蚴；sm. 皮层下肌肉；va. 阴道；vid. 背卵黄腺滤泡；vi. 卵黄腺滤泡；vil. 侧卵黄腺滤泡；vo. 腹渗透调节管；vs. 阴道括约肌。标尺：B=500μm；C，D=20μm；E=100μm；F，G=250μm

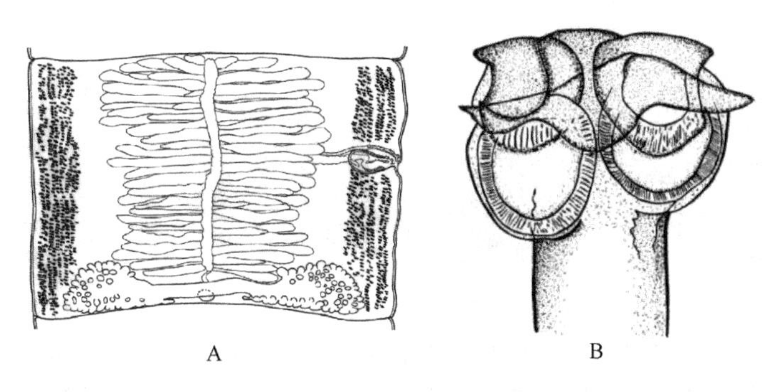

图 17-144 绦虫孕子宫及头节结构示意图

A. 苏多比木郝斯耶拉绦虫（INVE 36801）孕节子宫类型腹面观；B. 卡柏拉哈里斯头节绦虫的头节（A 引自 de Chambrier & Scholz，2005；B 引自 Rego，1994）

17.6.4 亚科（Peltidocotylinae Woodland，1934）

［同物异名：奥希农头节亚科（Othinoscolecinae Woodland，1933）］

17.6.4.1 分属检索

1a. 吸盘由横隔分为两腔 ········ *Peltidocotyle* Diesing，1850

［同物异名：奥希农头节属（*Othinoscolex* Woodland，1933）；伍德兰属（*Woodlandiella* Freze，1965）］

识别特征：头节有 4 个两室吸盘，各形成 4 个分离的腔。后头区存在。卵巢位于髓质。子宫位于腹面皮质，有支囊偶尔伸过纵肌进入髓质。精巢位于背部皮质。卵黄腺滤泡位于皮质，呈现为两条带状，在背部和腹部皮质区。已知寄生于南美鲇鱼类。模式种：*Peltidocotyle rugosa* Diesing，1850（图 17-145D，图 17-146A）。其他种：*Peltidocotyle lenha*（Woodland，1933）（图 17-145A～C、E～G，图 17-146B）［同物异名：米左夫拉伍德兰绦虫（*Woodlandiella myzofera* Woodland，1933）（图 17-147A～C）；伦哈奥希农头节绦虫（*Othinoscolex lenha* Woodland，1933）（图 17-147D、E）］。

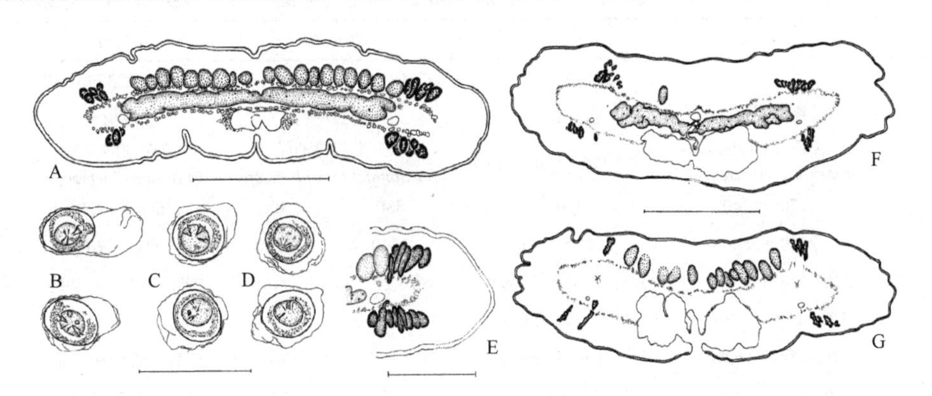

图 17-145 2 种绦虫成节横切及虫卵结构示意图（引自 Zehnder & de Chambrier，2000）

A～C，E～G. *Peltidocotyle lenha*（Woodland，1933）；D. *P. rugosa* Diesing，1850。A. 采自平头苏禄油鲇（*Sorubimichthys planiceps*）成节卵巢水平切面（21882 INVE）；B～D. 绘自蒸馏水中的虫卵：B. 采自平头苏禄油鲇；C. 采自芦氏细线油鲇（*Paulicea luetkeni*）（25369 INVE）；D. 采自条纹鸭嘴鲇（*Pseudoplatystoma fasciatum*）（23839 INVE）；E. 采自平头苏禄油鲇，成节卵巢水平横切，示内纵肌细节；F，G. 采自芦氏细线油鲇，预孕节（21912 INVE）：F. 卵巢水平横切；G. 后部横切。标尺：A，F，G=500μm；B～D=50μm；E=250μm

人们之前测定的命名过的三个属：*Peltidocotyle*、奥希农头节属（*Othinoscolex*）和伍德兰属（*Woodlandiella*）的种的数据比较见表 17-11，通过表中数据及 Zehnder 和 de Chambrier 于 2000 年进行的分子分析表明，这三个属为同物异名，仅两个有效种，分别为 *P. rugosa* 和 *P. lenha*。图 17-145～图 17-147 也说明了同样的结果。

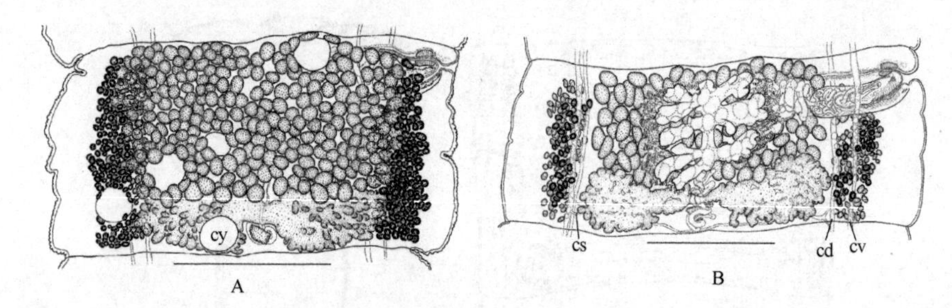

图 17-146　2 种绦虫成节背面观和腹面观结构示意图（引自 Zehnder & Chambrier，2000）

A. *Peltidocotyle rugosa* Diesing，1850；B. *P. lenha*（Woodland，1933）。A. 成节背面观（23689 INVE），绘了 5 个拟囊尾蚴；B. 采自芦氏细线油鲇的 *P. lenha*（Woodland，1933）成节腹面观（23839 INVE）。缩略词：cd. 背渗透调节管；cs. 次级管；cv. 腹渗透调节管；cy. 拟囊尾蚴。标尺=500μm

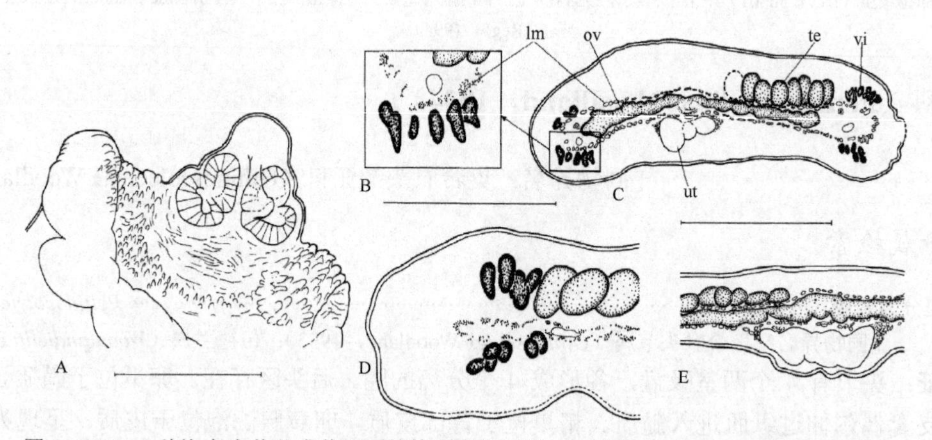

图 17-147　2 种绦虫头节及成节切面结构示意图（引自 Zehnder & de Chambrier，2000）

A～C. 米左夫拉伍德兰绦虫（共模标本 BMNH 1964.12.15.94-100）：A. 头节；B. 内纵肌细节结构；C. 成节卵巢水平横切。D，E. 伦哈奥希农头节绦虫（共模标本 BMNH 1964.12.15.87-92）：D. 成节后部横切，内纵肌细节；E. 成节卵巢水平横切。缩略词：lm. 内纵肌；ov. 卵巢；te. 精巢；ut. 子宫；vi. 卵黄腺滤泡。标尺：A，C，E=500μm；B，D=250μm

表 17-11　*Peltidocotyle*、奥希农头节属（*Othinoscolex*）和伍德兰属（*Woodlandiella*）的测量比较

种	*P. rugosa*	*P. rugosa*	*P. lenha*		*P. lenha*	*P. lenha*
		22374 INVE	（*O. lenha*）	（*W. myzofera*）	21912，22373 INVE	22021 INVE
材料	模式材料	收集材料	模式材料		收集材料	收集材料
宿主	闪光鸭嘴鲇（*Pseudoplatystoma coruscans*）	条纹鸭嘴鲇（*P. fasciatum*）	平头苏禄油鲇（*Sorubimichthys planiceps*）		芦氏细线油鲇（*Paulicea luetkeni*）	平头苏禄油鲇（*S. planiceps*）
头节直径	1170～1240	1160	880	400	600～1420	660～825
后头区直径	2600～3800	3710～4870	1440	1200	984～2700	1620～1880
阴茎囊：长（%节片宽）	22%（18%～26%）	15%（13%～17%）	24%（22～26%）	—	22%（17%～25%）	24%（21%～29%）
生殖孔距离（%节片长）	12%（8%～17%）	18%（15%～20%）	—	—	19%（13%～22%）	18%（12%～24%）
卵巢宽（%节片宽）	59%（54%～62%）	55%（48%～59%）	—	—	55%（52%～62%）	61%（56%～69%）
精巢数目	192（166～206）	220（203～231）	127	131	145（117～201）	134（122～160）
精巢直径	37～42	38～42	65～95	60～105	36～47	32～38
精巢层数	2～3	2～3	1～2	1～2	1～2	1～2
阴茎长（% 阴茎囊长）	50%（44%～56%）	53%（51%～55%）	—	—	56%（50%～63%）	56%（51%～59%）
卵黄腺滤泡区长（%孔侧节片长度）	86%（84%～87%）	80%（73%～85%）	—	—	64%（53%～70%）	62%（54%～80%）
卵黄腺滤泡区长（%反孔侧节片长度）	88%（83%～92%）	78%（70%～83%）	—	—	79%（73%～82%）	79%（73%～86%）
阴道孔位置	阴茎囊前方	阴茎囊前方	阴茎囊前方		阴茎囊前方	阴茎囊前方
六钩蚴直径	12～14	11～13	—	—	12～14	11～13
胚膜直径	20～22	20～24	—	—	20～24	21～25

注：测量单位为μm

1b. 吸盘为通常的类型，子宫位于髓质，但有皮质的支囊……………………………娇尔拉属（*Jauella* Rego & Pavanelli，1985）

识别特征：头节小，伸缩自如。吸盘小，位于顶部。后头区锥状，有少量组织褶。卵黄腺在背部和腹部带。精巢位于背部皮质。已知寄生于南美鲇鱼类。模式种：腺头娇尔拉绦虫（*Jauella glandicephalus* Rego & Pavanelli，1985）（图 17-148，图 17-149A、B）。

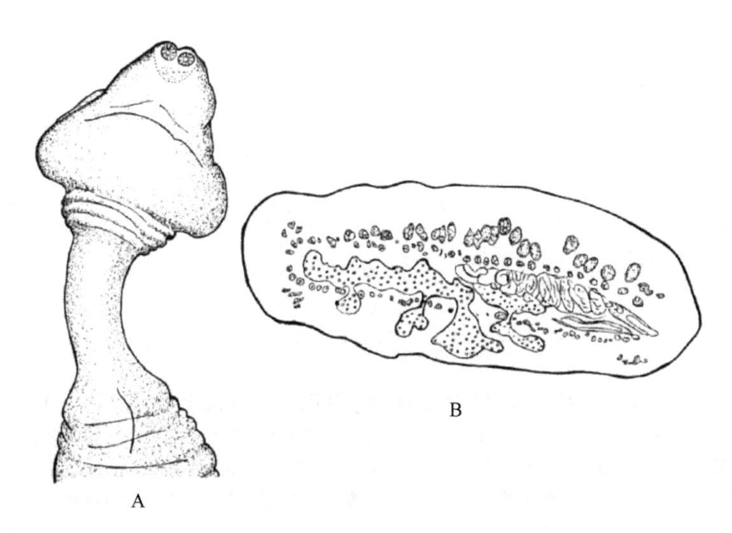

图 17-148 腺头娇尔拉绦虫（引自 Rego，1994）

A. 头节；B. 孕节横切，子宫部分位于皮质

17.6.4.2 21 世纪后建立的属

1）露西亚属（*Luciaella* Pertierra，2009）

识别特征：小到中型蠕虫，背腹扁平。链体无缘膜，后头区不存在。头节四边形，有 4 个双室吸盘，各吸盘前方边缘有一鸭舌帽样结构。精巢位于皮质，分布于两背方区域，前方相连，有时后方也相连。生殖孔在节片前方 1/4 处。卵巢位于髓质，两叶状，有进入背方皮质的突囊。阴道在阴茎囊前方，有阴道括约肌。卵黄腺滤泡位于皮质，在两侧列，横切面上为新月形。子宫干位于皮质；子宫分支在腹部皮质，通常穿过髓质和背部皮质。已知寄生于新热带鲇形目［颈鳍鲇科（Auchenipteridae）］鱼类。模式种及仅有的种：艾瓦诺露西亚绦虫（*Luciaella ivanovae* Pertierra，2009）（图 17-150～图 17-152）。属名取自 Alicia A. Gil Pertierra 的女儿 Lucıá Pertierra 之名；种名取自阿根廷布宜诺斯艾利斯大学蠕虫学实验室 Verónica Ivanov 博士的名字，以肯定她对绦虫学的贡献。

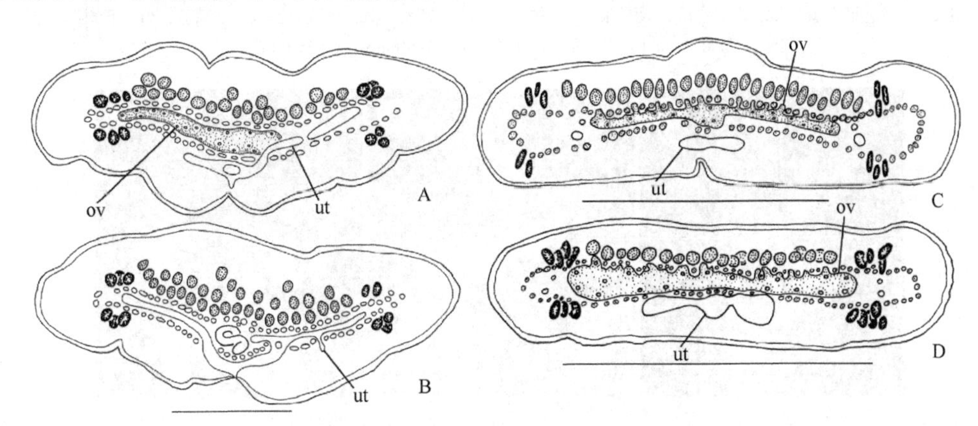

图 17-149 3 种绦虫成节的横切面结构示意图（引自 de Pertierra，2009）

A，B. 腺头娇尔拉绦虫，分别为过卵巢和子宫水平；C. *Peltidocotyle rugosa* Diesing，1850 卵巢水平；D. *P. lenha*（Woodland，1933）卵巢水平。缩略词：ov. 卵巢；ut. 子宫。标尺=500μm

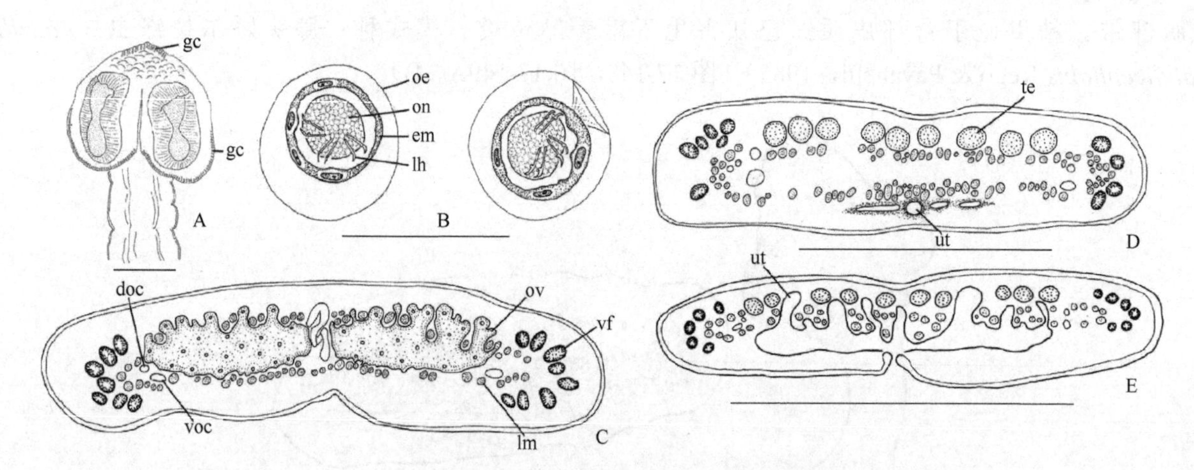

图 17-150　艾瓦诺露西亚绦虫结构示意图（引自 de Pertierra，2009）

样品采自红尾无须鲇（*Ageneiosus inermis*）。A. 头节背腹面观，示腺细胞；B. 同时释放的卵；C. 成节过卵巢水平横切；D，E. 最末端未成节和孕节精巢水平横切，示子宫的发育。缩略词：doc. 背渗透调节管；em. 胚膜；gc. 腺细胞；lh. 幼虫钩；lm. 纵肌；oe. 外膜；on. 六钩蚴；ov. 卵巢；te. 精巢；ut. 子宫；vf. 卵黄腺滤泡；voc. 腹渗透调节管。标尺：A，C～E=500μm；B=50μm

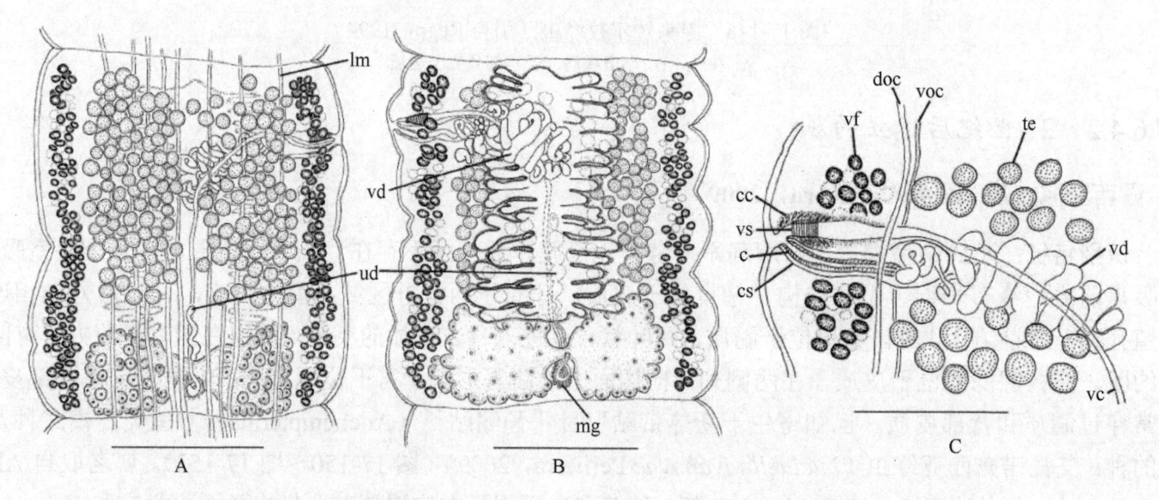

图 17-151　采自红尾无须鲇的艾瓦诺露西亚绦虫成节、孕节及生殖器官末端结构示意图（引自 de Pertierra，2009）

A. 成节背面观，渗透调节管未绘出；B. 孕节腹面观，渗透调节管和内纵肌未绘出；C. 生殖器官末端背面观细节。缩略词：c. 阴茎；cc. 嗜色细胞；cs. 阴茎囊；doc. 背渗透调节管；lm. 纵肌；mg. 梅氏腺；te. 精巢；ud. 子宫管；vc. 阴道管；vd. 输精管；vf. 卵黄腺滤泡；voc. 腹渗透调节管；vs. 阴道括约肌。标尺：A，B=500μm；C=250μm

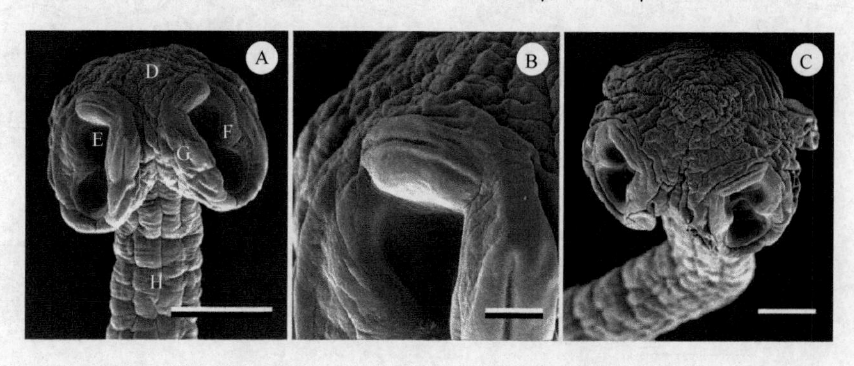

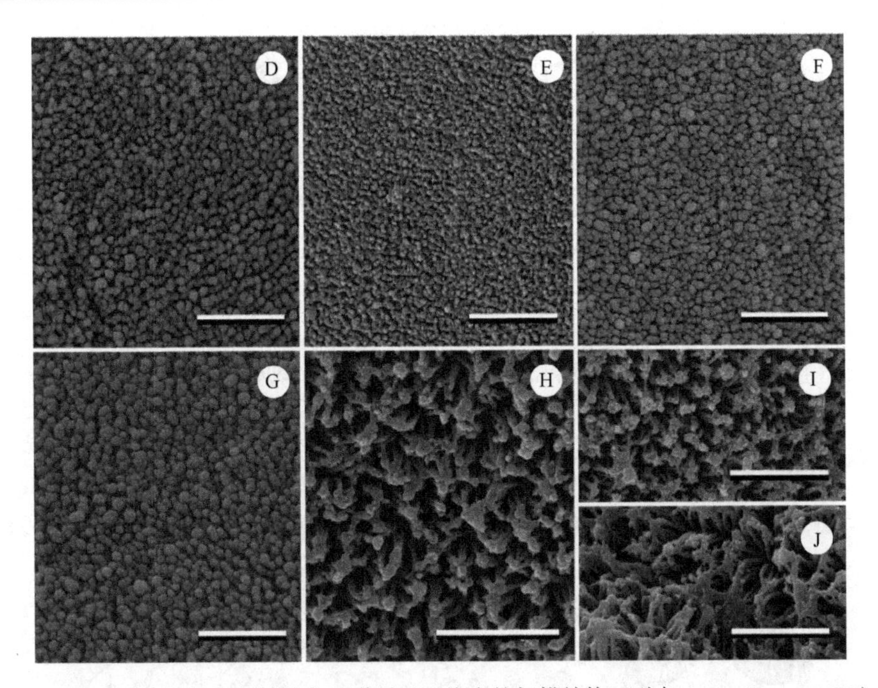

图 17-152 采自红尾无须鲇的艾瓦诺露西亚绦虫的扫描结构（引自 de Pertierra，2009）
A. 头节背腹面观，大写字母示图 D～J 的放大表面位置；B. 吸盘前方小室细节，示鸭舌帽样结构；C. 头节皱褶的顶部表面；D. 头节的顶部表面；E. 吸盘的腔面；F. 吸盘的边缘面；G. 吸盘的非吸附表面；H. 分化区表面；I. 未成节表面；J. 成节表面。标尺：A=500μm；B=100μm；C=200μm；D～J=2μm

17.6.5 麻黄头亚科（Ephedrocephalinae Mola，1929）

该亚科现仅一属，即麻黄头属（*Ephedrocephalus* Diesing，1850）。

1）麻黄头属（Ephedrocephalus Diesing，1850）

识别特征：具有亚科的特征。模式种：小头麻黄头绦虫（*Ephedrocephalus microcephalus* Diesing，1850）（图 17-153A）。

17.6.6 鲁氏亚科（Rudolphielliinae Woodland，1935）

（同物异名：Amphilaphorchidiinae Woodland，1934）

该亚科现仅一属，即鲁氏属（*Rudolphiella* Fuhrmann，1919）。

1）鲁氏属（*Rudolphiella* Fuhrmann，1919）

（同物异名：*Amphilaphorchis* Woodland，1934）

识别特征：具有亚科的特征。模式种：叶状鲁氏绦虫［*Rudolphiella lobosa*（Riggenbach，1896）］。其他种：肌样鲁氏绦虫［*Rudolphiella myoides*（Woodland，1934）］（图 17-153B）和皮拉纳鲁氏绦虫［*R. piranabu*（Woodland，1934）］（图 17-143C）等。

17.6.7 亚科 Nupeliinae Pavanelli & Rego，1991

该亚科现仅一属，即 *Nupelia* Pavanelli & Rego，1991。

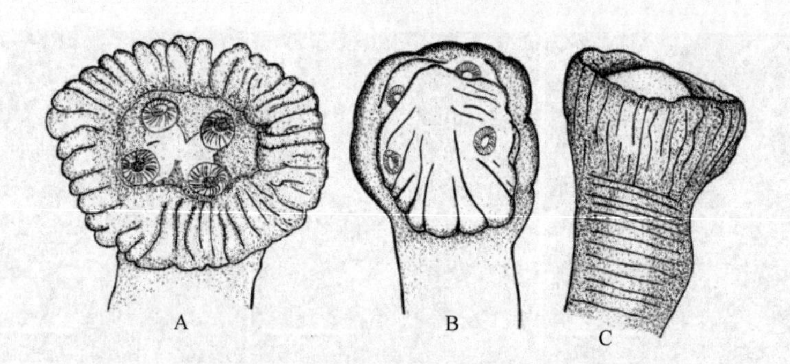

图 17-153 头节结构（引自 Rego，1994）
A. 小头麻黄头绦虫；B. 肌样鲁氏绦虫；C. 皮拉纳鲁氏绦虫

1）*Nupelia* Pavanelli & Rego，1991

识别特征：具有亚科的特征。模式种：*Nupelia portoriquensis* Pavanelli & Rego，1991（图 17-154）。

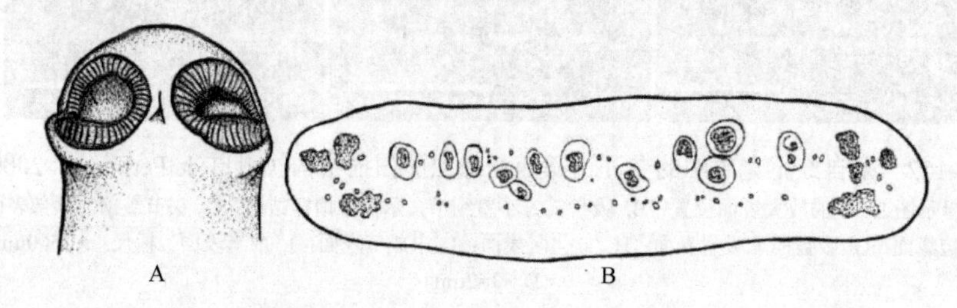

图 17-154 *Nupelia portoriquensis* Pavanelli & Rego，1991 的头节（A）与节片切面（B）（引自 Rego，1994）

17.6.7.1 可疑属

1）伞头属（*Sciadocephalus* Diesing，1850）

识别特征：头节伞状。有 4 个中央吸盘和小的顶吸盘。无内纵肌层。皮质和髓质没有分化。模式种：巨盘伞头绦虫（*Sciadocephalus megalodiscus* Diesing，1850）（图 17-155）（可疑种）。

Woodland（1933）重描述该种，但对性腺和卵黄腺的位置未说明。其头节类似于花槽亚科的种。

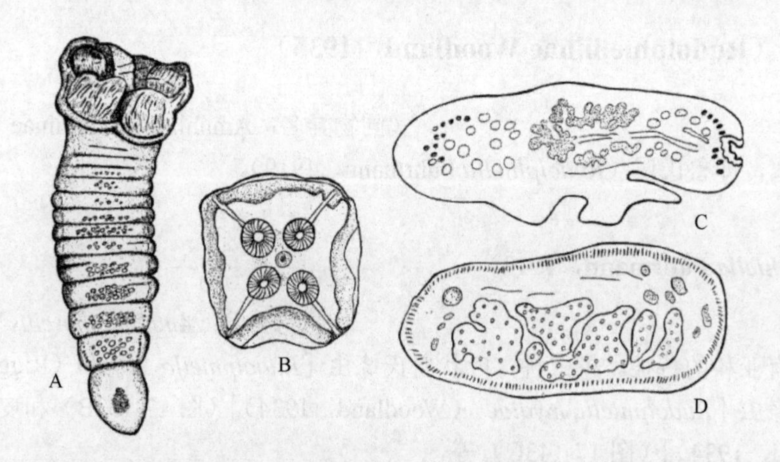

图 17-155 巨盘伞头绦虫（引自 Rego，1994）
A. 整条样品；B. 头节顶面观；C. 卵巢水平横切面；D. 子宫水平横切

2）玛瑙斯属（*Manaosia* Woodland，1935）

识别特征：头节大，有大吸盘半埋于头节组织中并在其表面开为小孔。纵肌束很发达。精巢可能位于皮质。卵巢部分位于皮质、部分位于髓质。模式种：布雷科迪莫卡玛瑙斯绦虫（*Manaosia bracodemoca* Woodland，1935）（图 17-156）（有疑问的种）。当时描述没有参考卵黄腺和子宫的位置。

3）副项鳍鲇属（*Cangatiella* Pavanelli & Machado dos Santos，1991）

识别特征：纵渗透调节管位于髓质。卵黄腺滤泡不超出渗透调节管；滤泡进入纵肌层。卵有极丝。已知寄生于巴西鲇形目鱼类。模式种：阿兰达副项鳍鲇绦虫（*Cangatiella arandasi* Pavanelli & Machado dos Santos，1991）（可疑种）。

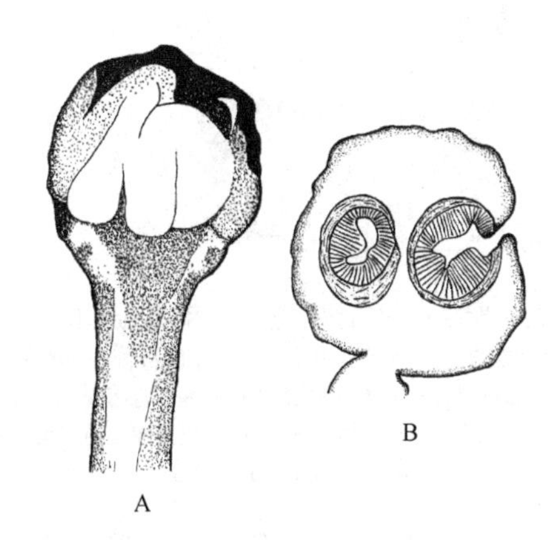

图 17-156 布雷科迪莫卡玛瑙斯绦虫的头节（A）及头节切片（B）（引自 Rego，1994）

17.7 较近期的属及分类厘定

17.7.1 马里奥克斯属（*Mariauxiella* de Chambrier & Rego，1995）

识别特征：体中等大小，链体无缘膜。头节没有明显的后头区。4 个单室的吸盘，远部有强有力的环状肌肉。卵黄腺区域为皮质，横切面上为新月形。精巢位于皮质，在连续的背部区，为 1 或 2 层。卵巢位于髓质，有两侧叶，各叶有突起进入背部皮质。子宫位于腹部皮质，有大量支囊，上有突囊扩展至背部皮质。已知为新热带区鲇鱼类的寄生虫。模式种：脂鲇马里奥克斯绦虫（*Mariauxiella pimelodi* de Chambrier & Rego，1995）。属名取自 de Chambrier 和 Rego 的朋友、纳沙泰尔动物研究所的 Jean Mariaux 博士；种名取自宿主属名。

采自南美巴西和巴拉圭鲇形目绚丽脂鲇（*Pimelodus ornatus*）和脂鲇未定种（*Pimelodus* sp.）的脂鲇马里奥克斯绦虫结构图如图 17-157～图 17-159 所示。

Rego（1999）用扫描电镜、光学和激光显微镜对寄生于巴西淡水鱼的 29 种原头绦虫的头节及后头区的形态进行了比较研究。评估了下列各种：瓦佐勒原头绦虫（*Proteocephalus vazzolerae*）、皮瑞木塔伯原头绦虫（*P. piramutab*）、帕罗宁罗伯特绦虫（*Robertiella paranaensis*）、无卵黄腺特拉瓦西拉绦虫（*Travassiella avitellina*）、洛约拉蒙蒂西利绦虫（*Monticellia loyolai*）、具棘蒙蒂西利绦虫（*M. spinulifera*）、伯拉维斯特蒙蒂西利绦虫（*M. belavistensis*）、苏多比目赫斯耶拉绦虫（*Houssayela sudobim*）、大头合槽绦虫（*Zygobothrium megacephalum*）、曼达伯吉布森绦虫（*Gibsoniela mandube*）、阿兰达副项鳍鲇绦虫（*Cangatiella arandasi*）、苏多比目小头节绦虫（*Nomimoscolex sudobim*）、罗碧丝小头节绦虫（*N. lopesi*）、脱蒙蒂西利小头节绦虫（*N. admonticellia*）、皮瑞尔巴小头节绦虫（*N. piraeeba*）、皮瑞瑞瑞小头节绦虫（*N. pirarara*）、卡柏拉哈里斯头节绦虫（*Harriscolex kaparari*）、埃拉斯厚边槽绦虫（*Crepidobothrium eirasi*）、皱纹斯帕托利弗绦虫（*Spatulifer rugosa*）、布鲁克斯巨袋绦虫（*Megathylacus brooksi*）、脱落领头绦虫（*Choanoscolex abscisus*）、兜毛突双分形绦虫（*Amphoteromorphus*

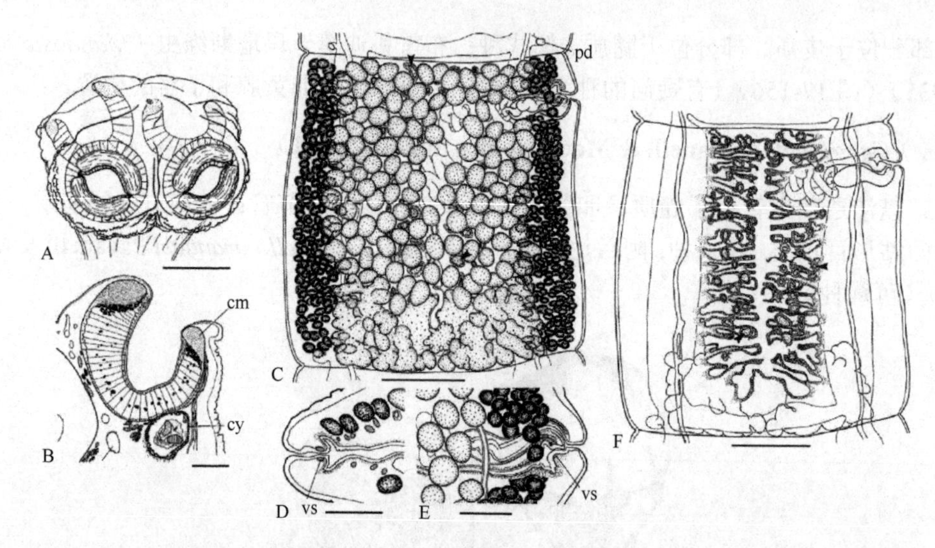

图 17-157　脂鲇马里奥克斯绦虫的结构示意图（引自 de Chambrier & Rego，1995）

A. 全模标本头节，注意双重新月形的吸盘远端环状肌肉；B. 吸盘矢状面，巴拉圭的材料有一拟囊尾蚴位于吸盘下；C. 全模标本预孕节背面观，示背部子宫突囊（箭号）；D. 阴道横切面，巴拉圭的材料；E. 全模标本阴道和阴茎囊背面观；F. 全模标本预孕节背面观，与分图 C 为同一节片，示子宫有背方的突囊，卵未绘出。缩略词：cm. 远端环状肌肉；cy. 拟囊尾蚴；pd. 后方的管；vs. 阴道括约肌。标尺：A=500μm；B=100μm；C=250μm；D，E=100μm；F=250μm

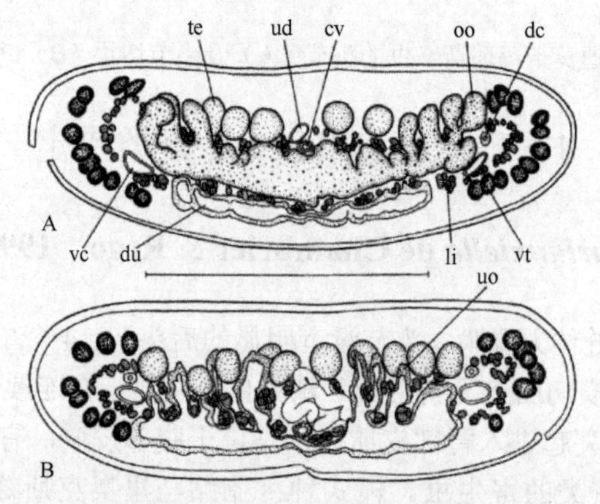

图 17-158　脂鲇马里奥克斯绦虫全模标本成节横切面结构示意图（引自 de Chambrier & Rego，1995）

A. 预孕节卵巢水平横切，示显著的皮质卵巢突起；B. 预孕节横切，有子宫突起，横过髓质达背部皮质。缩略词：cv. 阴道管；dc. 背渗透调节管；du. 子宫支囊；li. 内纵肌；oo. 卵巢突囊；te. 精巢；ud. 子宫管；uo. 子宫突囊；vc. 腹渗透调节管；vt. 卵黄腺滤泡。标尺=500μm

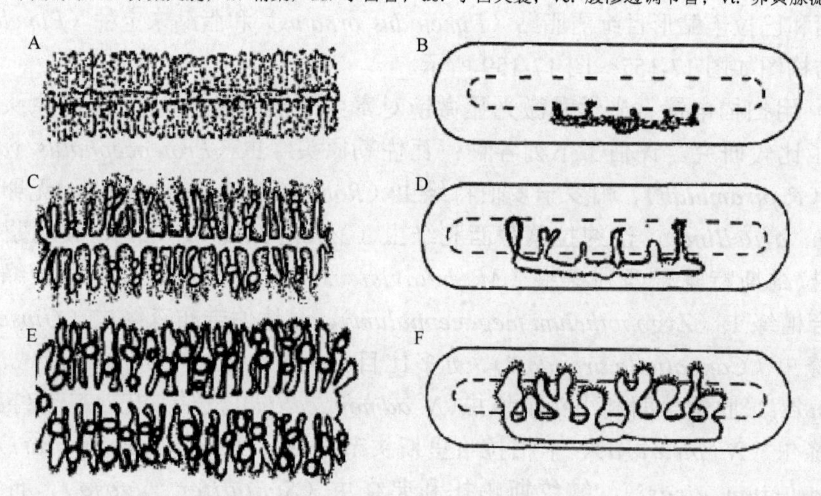

图 17-159　脂鲇马里奥克斯绦虫图，示子宫的发育，背面观（左）和横切面（右）（引自 de Chambrier & Rego，1995）

A、C、E. 背面观；B、D、F. 横切面。A，B. 未成节；C，D. 成节；E，F. 孕节

peniculus)、皮瑞尔巴双分形绦虫（*A. piraeeba*)、伊泰普副蒙蒂西利绦虫（*Paramonticellia itaipuensis*)、*Peltidocotyle rugosa*、伦哈奥西依头节绦虫（*Othinoscolex lenha*)、皱纹鲁氏绦虫（*Rudolphiella rugata*)、皮拉纳布鲁氏绦虫（*R. piranabu*)、腺头娇尔拉绦虫（*Jauella glandicephalus*)；对它们的整个头节形态、吸盘、顶吸盘、前沿腺的一些特征及几种后头区情况进行了评估；讨论了头节和后头区在分类学上的重要性；提供了这些结构几种类型的识别界定；找到属分类界限的特征，对来自南美淡水鱼的原头绦虫的头节/后头区进行了比较研究。

洛约拉蒙蒂西利绦虫（*Monticellia loyolai*）（图 17-160A）

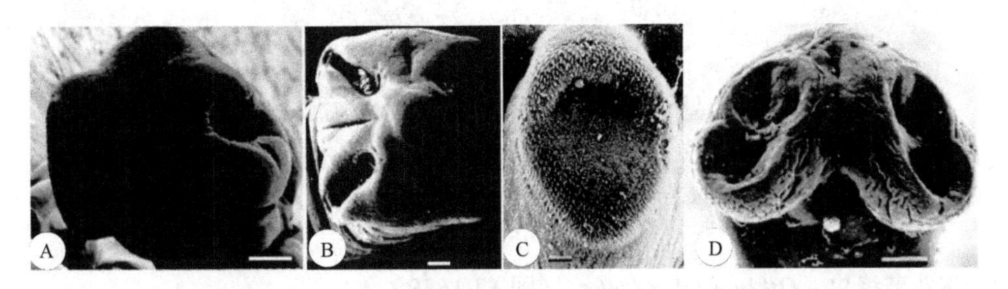

图 17-160 蒙蒂西利、吉布森和罗伯特绦虫的头节扫描结构（引自 Rego，1999）

A. 洛约拉蒙蒂西利绦虫的头节；B. 曼达伯吉布森绦虫的头节顶面观；C. 具棘蒙蒂西利绦虫吸盘开口处棘的细节；D. 帕罗宁罗伯特绦虫的头节，示两室的吸盘。标尺：A，B=0.100mm；C=0.020mm；D=0.050mm

头节圆形有顶峰，不存在皱纹或犁沟；吸盘指向侧方，颈区有一些皱纹。

曼达伯吉布森绦虫（*Gibsoniela mandube*）（图 17-160B）

头节方形有顶峰；吸盘裂片状，前侧位，有 3 个墓槽。

具棘蒙蒂西利绦虫（*Monticellia spinulifera*）（图 17-160C）

{同物异名：具棘斯帕斯库绦虫［*Spasskyelina spinulifera*（Woodland，1935）Freze，1965］}

头节小，吸盘边缘有棘。

帕罗宁罗伯特绦虫（*Robertiella paranaensis*）（图 17-160D）

头节有两室的吸盘，指向前侧方；头节上有一些皱纹。

伯拉维斯特蒙蒂西利绦虫（*Monticellia belavistensis*）（图 17-161A）

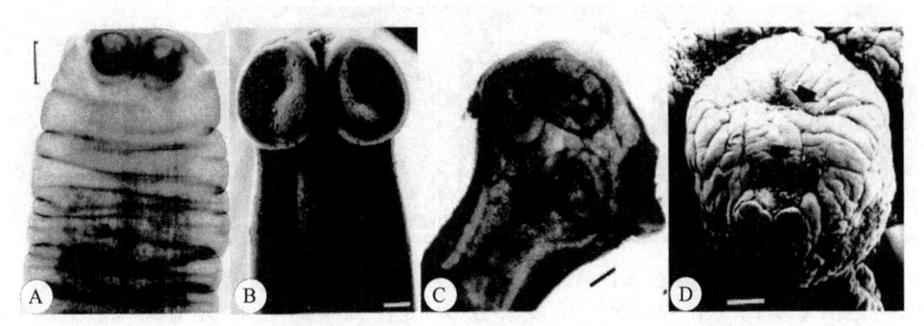

图 17-161 蒙蒂西利、小头节、厚边槽和合槽绦虫头节共焦显微镜图（A）和扫描结构（B～D）（引自 Rego，1999）

A. 伯拉维斯蒙蒂西利绦虫收缩了的头节；B. 罗碧丝小头节绦虫的头节，注意大吸盘；C. 埃拉斯厚边槽绦虫，注意吸盘的凹口；D. 大头合槽绦虫头节的 1 个吸盘两个开口（箭头）。标尺：A～C=0.100mm；D=0.200mm

头节顶面观为四叶状，无顶峰；吸盘倾向于前侧方；颈区不明显。

罗碧丝小头节绦虫（*Nomimoscolex lopesi*）（图 17-161B）

头节上有侧位的大吸盘；无顶峰存在；颈区明显，颈上有一些纵向的皱纹。

埃拉斯厚边槽绦虫（*Crepidobothrium eirasi*）（图 17-161C）

头节有单室的吸盘，但在凹口呈心形。颈区不显著。

大头合槽绦虫（*Zygobothrium megacephalum*）（图 17-161D）

头节宽于链体，十分厚重；四叶；头节和吸盘很皱；每一吸盘有两个孔。

***Peltidocotyle rugosa*（图 17-162A）**

后头区发达的褶环绕着头节；褶绝大多数为纵向定位，但有些是不规则的横向。在扩张的头节/后头区上可见小型的两叶吸盘。

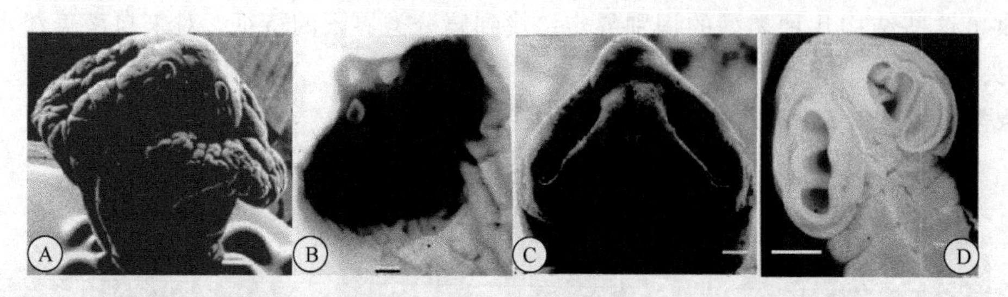

图 17-162　*Peltidocotyle*、奥西侬头节和吉布森绦虫头节扫描结构（A，C）和共焦显微结构（B，D）（引自 Rego，1999）

A. *Peltidocotyle rugosa* 的两室吸盘；B. 伦哈奥西侬头节绦虫头节顶部的两室吸盘；C. 曼达伯吉布森绦虫头节侧面观，吸盘三室状；D. 曼达伯吉布森绦虫三室的吸盘。标尺：A，D=0.250mm；B，C=0.100mm

伦哈奥西侬头节绦虫（*Othinoscolex lenha*）（图 17-162B）

［同物异名：米佐夫奥西侬头节绦虫（*O. myzofer* Woodland，1933）；
米佐夫伍德兰绦虫（*Woodlandiella myzofera* Freze，1965）］

Woodland（1933）从相同的宿主描述了奥西侬头节属（*Othinoscoles*）的两个种，伦哈奥西侬头节绦虫和米佐夫奥西侬头节绦虫（*O. myzofer*）。两者的区分依据是前者没有吸盘，但后来的调查表明伦哈奥西侬头节绦虫有吸盘存在（Chambrier，私人评议）；为此，保持米佐夫奥西侬头节绦虫和 Freze（1965）提出的伍德兰属（*Woodlandiella*）是没有必要的。Freze（1965）根据米佐夫奥西侬头节绦虫吸盘的存在建立了伍德兰属。后头区发达的褶环绕着头节。有顶器官；两室的吸盘通常不可见，或仅当头节伸展时可见。

曼达伯吉布森绦虫（Gibsoniela mandube）（图 17-162C、D）

头节四边形，有顶端，吸盘吸槽样，有 3 个小腔，吸盘前侧位，颈区明显。

卡柏拉哈里斯头节绦虫（*Harriscolex kaparari*）（图 17-163A、B）

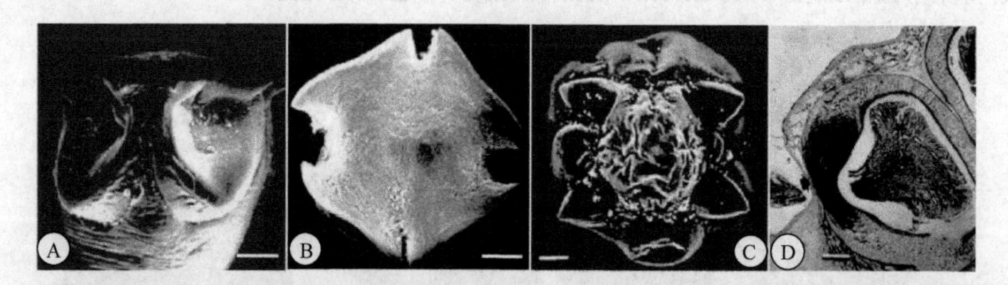

图 17-163　哈里斯头节、赫斯耶拉和巨袋绦虫头节扫描（A～C）和光镜结构（D）（引自 Rego，1999）

A，B. 卡柏拉哈里斯头节绦虫：A. 头节，示有突起和锥状房的吸盘；B. 头节锥状房顶面观；C. 苏多比目赫斯耶拉绦虫头节顶面观，注意头节的顶峰及吸盘的角状突出物；D. 布鲁克斯巨袋绦虫头节切面光镜图，示吸盘括约肌。标尺：A，B，D=0.100mm；C=0.050mm

头节上有锥状的屋顶样结构；吸盘有具爪的突出物；头节上无皱纹。

苏多比目赫斯耶拉绦虫（*Houssayella sudobim*）（图 17-163C）

头节有不规则的顶；自吸盘伸出角状突起。

布鲁克斯巨袋绦虫（*Megathylacus brooksi*）（图 17-163D，图 17-164A）

头节厚重，球状，多态（后头区/头节的收缩或是扩张形成不同的形状）；扩张时不显著，具皱纹，无折，整个头节不起褶；收缩时，观察到“领样”结构环绕头节；在此情况下吸盘不可见，表现为孔；吸盘是内在的囊，切面上表现为具有强壮、发育良好的括约肌。

伊泰普副蒙蒂西利绦虫（*Paramonticellia itaipuensis*）（图 17-164B）

没有确定的后头区；褶和皱纹覆盖整个头节；头节圆形；吸盘单室，外观表现为孔，是内在的囊状结构。颈部为头/后头区之后不分节的区域在有些种中不明显，在其他一些种类中伸长。

瓦佐勒原头绦虫（*Proteocephalus vazzolerae*）（图 17-164C）

头节与颈无界线；吸盘圆形，顶吸盘显著，头节无皱纹，颈长。

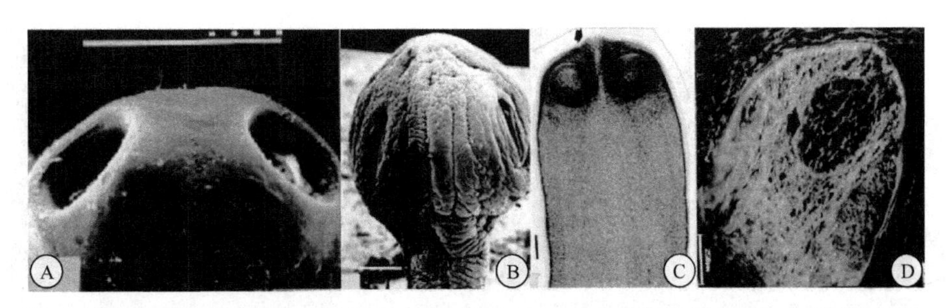

图 17-164　巨袋、副蒙蒂西利、原头和小头节绦虫头节扫描（A，B）和共焦显微（C，D）结构（引自 Rego，1999）

A. 布鲁克斯巨袋绦虫吸盘的孔；B. 伊泰普副蒙蒂西利绦虫头节扫描，整个头节和吸盘的表面有皱纹及细褶；C. 瓦佐勒原头绦虫的顶吸盘（箭头）；D. 皮瑞尔巴小头节绦虫头节切面具有顶腺（箭头）。标尺：A=1mm；B=0.200mm；C=0.100mm；D=0.250mm

皮瑞尔巴小头节绦虫（*Nomimoscolex piraeeba*）（图 17-164D，图 17-165A～C）

头节圆形，有顶部腺状器官，开口于顶峰；吸盘边缘和头节的一些部位有小棘。

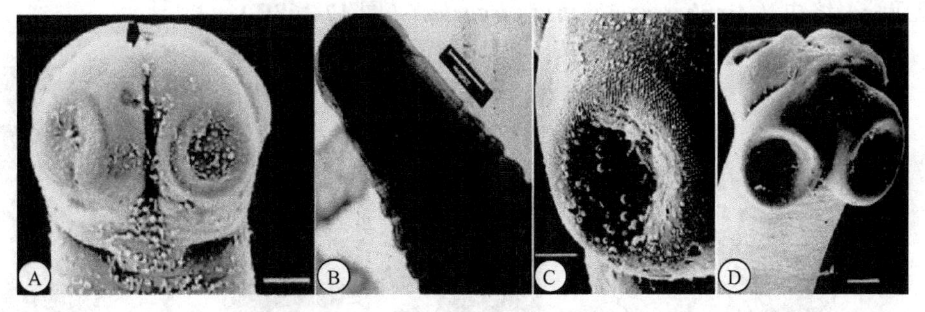

图 17-165　小头节绦虫头节扫描和共焦扫描结构（引自 Rego，1999）

A～C. 皮瑞尔巴小头节绦虫：A. 扫描结构，示头节顶腺的开口（箭头）；B. 共焦扫描显微图，示头节；C. 扫描结构，示吸盘有棘。D. 脱蒙蒂西利小头节绦虫扫描电镜头节亚顶面观，吸盘位于头节的漏斗状区。标尺：A，D=0.100mm；B=0.250mm；C=0.050mm

脱蒙蒂西利小头节绦虫（*Nomimoscolex admonticellia*）（图 17-165D）

头节有顶部腺状区；吸盘指向侧方，显著，位于头节的漏斗状区域；颈明显。

皮瑞木塔伯原头绦虫（*Proteocephalus piramutab*）（图 17-166A）

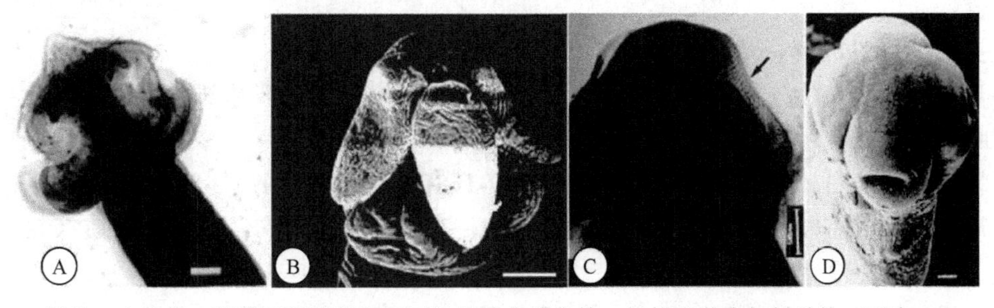

图 17-166　原头、小头节、蒙蒂西利和特拉瓦西拉绦虫头节光镜、扫描和共焦扫描结构（引自 Rego，1999）

A. 皮瑞木塔伯原头绦虫光镜，示头节；B. 苏多比木小头节绦虫头节扫描，吸盘伸长；C. 具棘蒙蒂西利绦虫头节共焦扫描，皱缩，吸盘有棘；D. 无卵黄腺特拉瓦西拉绦虫头节扫描，小，吸盘凸出。标尺：A，C，D=0.050mm；B=0.100mm

头节由一中央柱组成，具有 4 个叶状吸盘；吸盘为厚壁杯状，有一小的顶峰。

苏多比木小头节绦虫（*Nomimoscolex sudobim*）（图 17-166B）

头节有伸长的吸盘，肌肉柔弱，颈皱。

无卵黄腺特拉瓦西拉绦虫（*Travassiella avitellina*）（图 17-166D）

头节小；吸盘显著。颈伸长。

阿兰达副项鳍鲇绦虫（*Cangatiella arandasi*）（图 17-167A）

头节小，与颈无界线；吸盘不显著，由纵向的槽分隔；颈伸长。

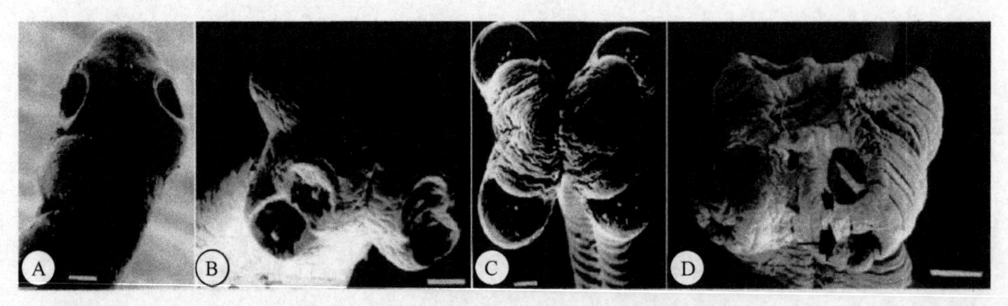

图 17-167　副项鳍鲇、罗伯特、小头节及合槽绦虫头节扫描结构（引自 Rego，1999）

A. 阿兰达副项鳍鲇绦虫的头节小，与颈没有清晰的界线；B. 帕罗宁罗伯特绦虫的头节有前侧位的两叶吸盘；C. 皮瑞瑞瑞小头节绦虫的头节多型，有一皱顶峰，吸盘朝向前方；D. 大头合槽绦虫很皱的头节和吸盘，各吸盘上有两个孔（箭头）。标尺：A～C=0.100mm；D=1mm

皮瑞瑞瑞小头节绦虫（*Nomimoscolex pirarara*）（图 17-167C）

头节宽于链体；头节顶峰上有些皱纹；吸盘指向前方。

皮瑞尔巴双分形绦虫（*Amphoteromorphus piraeeba*）（图 17-168B）

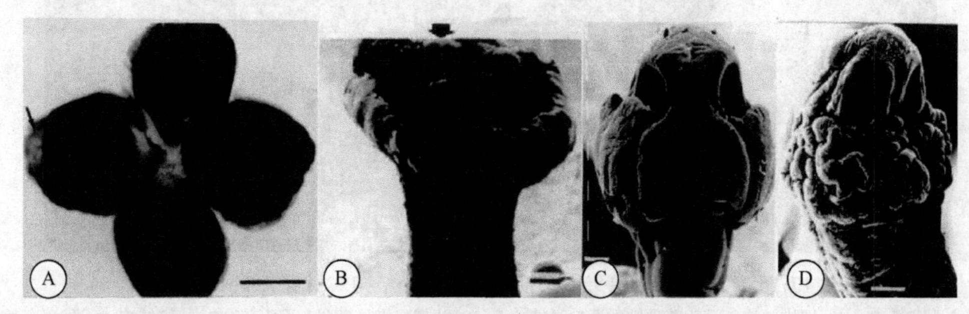

图 17-168　合槽、双分形、领头绦虫头节共焦扫描和扫描结构（引自 Rego，1999）

A. 大头合槽绦虫头节顶面观共焦显微结构，注意吸盘的两个孔（箭头示）。B～D. 扫描结构：B. 皮瑞尔巴双分形绦虫后头“领样”结构，两腔吸盘部分可见（箭头）；C. 脱落领头绦虫后头褶仅覆盖吸盘的基部；D. 皱纹斯帕托利弗绦虫的后头褶与吸盘的界线分明，吸盘单室。标尺：A=1mm；B，D=0.200mm；C=0.050mm

有大型的后头区，与兜毛突双分形绦虫相似；重要的褶环绕着头节；吸盘两室，常由后头区的褶和指状突起覆盖。

脱落领头绦虫（*Choanoscolex abscisus*）（图 17-168C）

头节锥形；后头区与颈分界清晰，有发育良好的褶，但仅限于头节基部；结果只有一部分吸盘由后头区覆盖。吸盘大，单室，侧方定向。

皱纹斯帕托利弗绦虫（*Spatulifer rugosa*）（图 17-168D，图 17-169A）

头节的后方后头区有发育良好的褶，有些不规则，有些为纵的导向；吸盘大；通常此单室的吸盘不被褶所覆盖，尤其是在没有收缩的样本中。

皱纹鲁氏绦虫（*Rudolphiella rugata*）（图 17-169B）

后头区有发育良好的褶环绕着厚重的头节；褶不规则，非纵向；单室的吸盘中等大小，在未扩张的头节上难观察到。

皮拉纳布鲁氏绦虫（*Rudolphiella piranabu*）（图 17-169C）

大型褶环绕着厚重的头节；褶更为细致覆盖着整个头节，吸盘单室，定向前侧方。

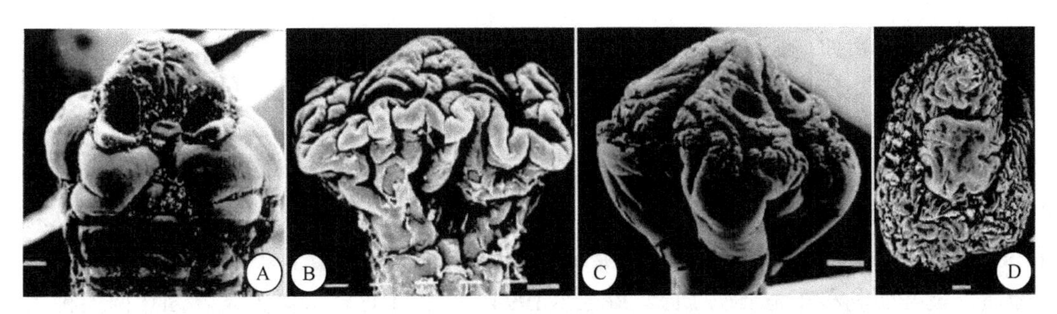

图 17-169　斯帕托利弗、鲁氏和双分形绦虫头节的扫描结构（引自 Rego，1999）

A. 皱纹斯帕托利弗绦虫头节/后头区有点收缩，褶似乎与前面的样本不一样；B. 皱纹鲁氏绦虫的头节，吸盘单室，收缩的样本中可见部分（箭头）；C. 皮拉纳布鲁氏绦虫伸展的头节，吸盘相对小，容易观察；D. 兜毛突双分形绦虫的头节顶面观，有 1 顶峰，且吸盘由后头区指状突出的褶覆盖。标尺：A，B=0.100mm；C，D=0.200mm

兜毛突双分形绦虫（*Amphoteromorphus peniculus*）（图 17-169D）

大型的后头区有大量的褶、皱和指状突起；有时呈花椰菜样；头节与两室的吸盘相比相对较小，显现于后头区的中央。

关于后头区：Freze（1965）定义后头区为“一小量的大褶，位于吸盘后方。皮层和亚皮层及皮质实质组织形成褶”；或定义为“头节后方区域长出的任何褶或皱，可在头节的适当的表面，环绕或不环绕吸盘”。

有趣的是人们注意到类似“领”在核叶目、四叶目、盘头目和四槽目的一些属中也能观察到。然而，发现于原头绦虫的后头区与发现于真绦虫其他目后头区很不同。形态结构复杂多样。没有一形态的演化顺序将复杂多样的后头区合理地区分开来，一个迹象是这一特征伴随着分离和会聚演化。有的后头区很显著，“领样”的后头区结构发现于格策属、*Peltidocotyle*、斯帕托利弗属、鲁氏属和双分形属的种。在这些种中，吸盘由后头区的褶包住，有时由指状突起包住；这样的吸盘在头节有点扩张的时候可以见到。在脱落领头绦虫中后头区发育不良，此种中后头区的褶仅部分覆盖住吸盘的基部；同时，在伊泰普副蒙蒂西利绦虫中后头区缺乏真正的褶，它们精致的褶在扫描电镜下可很好地观察到。有发育完善的后头区的种类通常沿着整个链体有皱纹或犁沟。

de Chambrier 和 Paulino（1997）描述了来自南美蛇的原头绦虫：乔安妮原头绦虫（*Proteocephalus joanae*）；他们将后头区命名为头节后方区域的一个肿胀的、伸长的部分，实际上他们描述的结构很难被认为是后头区；而这样的结构在原头属中是不常有的，他们分析了下列种的后头区：皱纹斯帕托利弗绦虫、布鲁克斯巨袋绦虫、兜毛突双分形绦虫、皮瑞尔巴双分形绦虫、*Peltidocotyle rugosa* Diesing，1850、伦哈奥西依头节绦虫、皱纹鲁氏绦虫、皮拉纳布鲁氏绦虫、脱落领头绦虫、腺头娇尔拉绦虫和伊泰普副蒙蒂西利绦虫。“领样”结构是最重要的类型且是更为发达的后头区，但在各属中“领”具有不同的形态，甚至于在同一种中后头区也可能因为头节/后头区的固定情况展示出不同的收缩或扩张的状态。

腺头娇尔拉绦虫（*Jauella glandicephalus*）（图 17-170B、C）

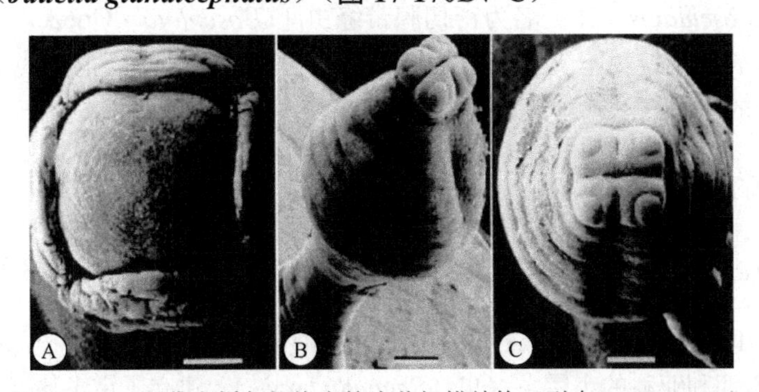

图 17-170　巨袋和娇尔拉绦虫的头节扫描结构（引自 Rego，1999）

A. 布鲁克斯巨袋绦虫的有点收缩的头节，吸盘被“领样”的后头褶所隐藏；B. 腺头娇尔拉绦虫的扩张的头节和后头区，有横向的皱纹，吸盘在头节的顶部；C. 腺头娇尔拉绦虫的头节顶面观，方形。标尺：A=0.500mm；B，C=0.200mm.

后头区锥状，伸缩自如；有穿过肠壁到达宿主腹膜的特性；后头区的作用像一个塞子以使寄生虫位于宿主一定部位。头节小，顶面观四边形，吸盘单室，前侧方定向。顶腺区的存在仅在头节的切片中可见到。

原头绦虫的分类建立最初主要是根据 Woodland（1925，1933～1935），Wardle 和 McLeod（1952），Yamaguti（1959），Freze（1965），Freeman（1973），Brooks（1978），Brooks 和 Rasmussen（1984）Schmidt（1986）和 Rego（1994）等的文献记录。此分类系统的基础是卵黄腺滤泡及性腺与内纵肌关系的布局（原头科的在髓质；蒙蒂西利科在髓质/皮质）。Rego（1994）批评了这一分类方案，因在南美种类中发现中间特性，可能使蒙蒂西利科及亚科失效，这些分类单元建立的基础是生殖器官的皮质或髓质的部署。他推荐注意头节的形态界定科和亚科水平的分类。头节形态方面实际上在种的描述和属的分类上没有被强调。Rego（1995）提议激进的解决方法是去除蒙蒂西利科，承认只有一个原头科用于南美的种类，有两个亚科：珊瑚槽亚科和原头亚科，两亚科的区别在于有或无后头区。Rego 等（1998）发表了一个原头亚科支系分析；依赖更进一步的来自南美的属的系统分析，将蒙蒂西利亚科暂时保留。Hoberg 等（1997）评估了真绦虫的系统发展。分析结果表明：原头目是日带目+四叶目和圆叶目的姐妹群。Mariaux（1998）用 18S rDNA 序列调查了真绦虫目间的相互关系。结果表明，原头目和囊宫目之间有推断的姐妹关系，但其他在“四凹”类群中描述的关系主要适合于形态的分析。这些结果及囊宫目的地位令人惊奇，因为其中任一群既无解剖又无生活史的联系。为此，目前最可接受的分类系统可能应该还是 Freeman（1973）的系统，其以绦虫的个体发生为依据，强调四叶目和原头目之间的关系。此外，Freeman 考虑了原头目的二元起源，并包含有两条圆叶目的独立线系。真绦虫目之间相互关系的探明，需要更多的形态、生活史、生理生化和分子等方面的数据。Scholz 等（1998）发表了应用扫描电镜和光学显微镜对来自古北区原头属种类的研究结果，他陈述：“头节代表了相对稳定的结构，在一些分类中具有种特异的特征”。其也强调有必要提供其他原头属绦虫头节形态的比较数据。原头属的绦虫头节很相似，这也迫使人们对这些种的生殖系统在形态分化上的应用进行仔细研究。这是新热带区种的例子，而动物区系有许多单形性属，以及很多不同的头节/后头区的形态类型。已知的大多数绦虫种类的描述只有少量的后头区形态细节，可能是因为绘制这些结构的复杂形态很困难所致。借助扫描电镜可以仔细观察头节和后头区，种也可更好地描述了。Scholz 等认为：后头区和头节的形态特征，包括前方腺体、顶吸盘、吸盘附属物和棘或微毛，可以提供更精确的数据用于区分原头目中的亚科和属，自然地与性腺和卵黄腺与内纵肌的相对位置描述相结合。因此，确定每一类型后头区和头节其他的形态特征是至关重要的。de Chambrier 等（2004）基于 28S rDNA 序列数据及前人的相关数据为原头目绦虫的演化提供了一系统发生树。恒河亚科（Gangesiinae Mola，1929）和棘带亚科（Acanthotaeniinae Freze，1963）似乎是最原始的分支。它们之后是采自淡水鱼类的古北区原头亚科（Proteocephalinae Mola，1929）的繁荣支系。更演化的支系应由新热带区和新北区的种类组成。在命名水平，de Chambrier 等（2004）建立腺带属（*Glanitaenia*）用于容纳原头属的密切原头绦虫（*Proteocephalus osculatus*）并更名为密切腺带绦虫［*G. osculata*（Goeze，1782）］，同时确定了古北区的原头属绦虫集群。此系统树不支持经典的原头目绦虫新热带区起源的观点，而赞成旧大陆或是蜥蜴类或是古北区鲇形目的起源。

17.7.2　近十年建立的属

17.7.2.1　雷戈属（*Regoella* Arredondo，de Chambrier & Pertierra，2013）

Arredondo 等（2013）描述了采自巴拉那（Paraná）河流域条纹鸭嘴鲇（*Pseudoplatystoma fasciatum* Linnaeus）的原头目蒙蒂西利亚科的小雷戈绦虫（*Regoella brevis*），建立了雷戈属（*Regoella*）。因雷戈属的生殖器官位于皮质，故放在蒙蒂西利亚科。雷戈属不同于蒙蒂西利亚科其他属的特征在于下列各项组合：①四角形的头节，有一截形锥尖，由沟分隔开的四叶构成；②倒三角形单腔的吸盘前方边缘各角具有一小锥形的突起；③链体节片数目少；④精巢位于背部区域；⑤阴茎囊代表了超过一半的节片宽度，阴茎由显著的嗜色腺细胞围绕；⑥蝴蝶形和强分叶的卵巢；⑦2 型子宫发育。用扫描电镜术对皮层表面检测揭示有 3 种类型的微毛：针状丝毛、毛状丝毛和剑状棘毛。小雷戈绦虫是报道自条纹鸭嘴鲇的第 8 种原头目绦虫。

识别特征：原头目原头科蒙蒂西利亚科。精巢、卵巢、卵黄腺滤泡和子宫位于皮质。小型蠕虫，背腹扁平。链体无缘膜，由少数长形的成节和孕节组成。头节四角形，顶部截锥状。不存在后头。吸盘单腔，倒三角形，前方边缘各角有小锥状突起。颈区明显。精巢位于皮质，排为一背部的区域。生殖孔通常位于赤道部，不规则交替。卵巢位于皮质，位置靠后，蝴蝶状。阴道通常在阴茎囊之后，有肌肉质阴道括约肌。卵黄腺滤泡位于皮质，排在两侧带。子宫干和子宫分支位于皮质。de Chambrier 等（2004）的 2 型子宫发育。已知为新热带区鲇形目［长须鲇科（Pimelodidae）］鱼类的寄生虫。模式种：小雷戈绦虫（*Regoella brevis* Arredondo，de Chambrier & Pertierra，2013）（图 17-171，图 17-172）

词源：属名以阿米尔卡·阿·雷戈（Amilcar A. Rego）命名，他对原头目绦虫的系统学有特殊贡献。

模式宿主：条纹鸭嘴鲇（*Pseudoplatystoma fasciatum* Linnaeus）［鲇形目（Siluriformes）：长须鲇科（Pimelodidae）］；在阿根廷通称 surubíatigrado、cachorro（幼鱼）；在巴西称 cachara、surubim；在秘鲁称为 doncella。

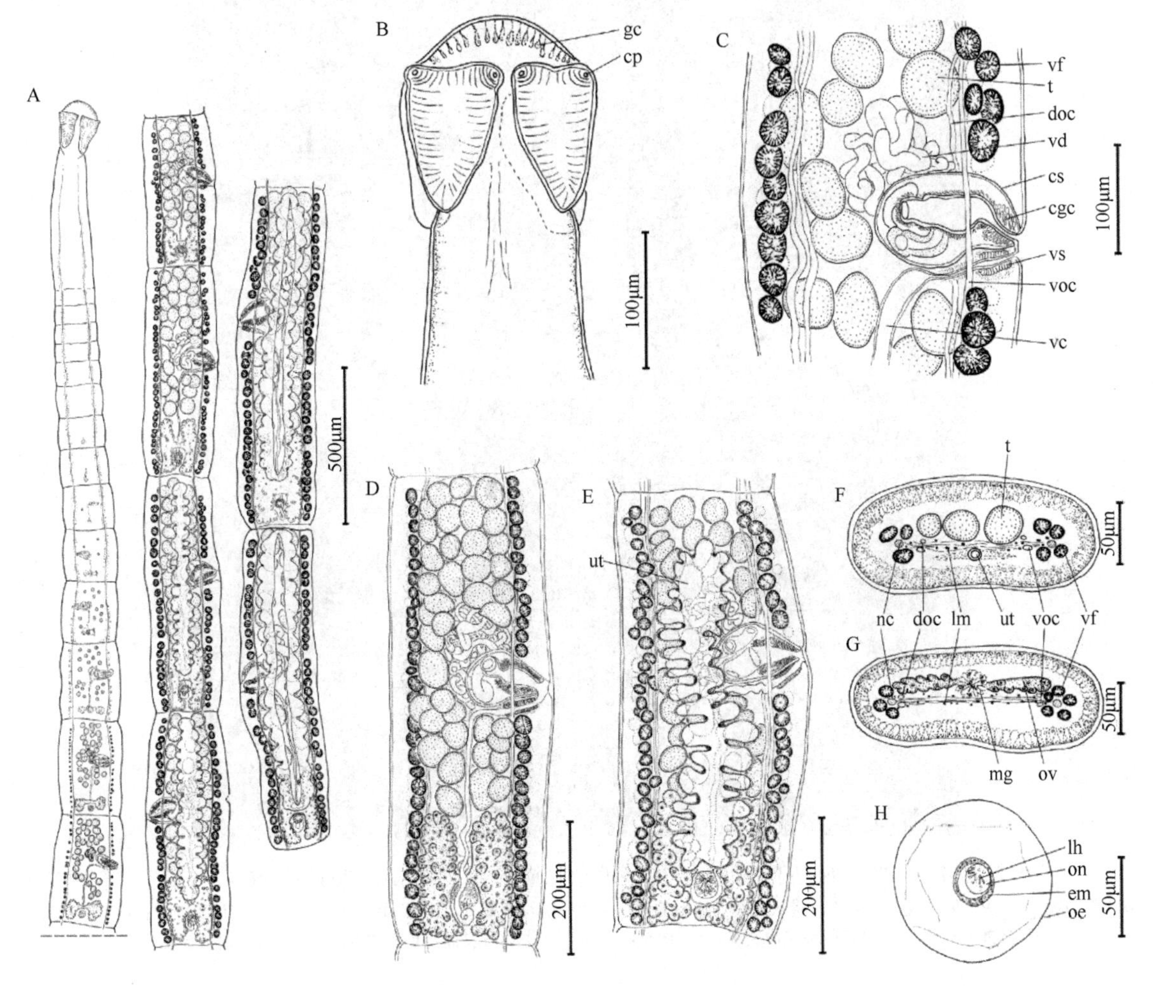

图 17-171　采自条纹鸭嘴鲇的小雷戈绦虫结构示意图（引自 Arredondo et al.，2013）

A. 整条虫体；B. 头节背腹面观，副模标本（MACN-Pa 545/4）；C. 生殖器官末端细节腹面观，子宫未绘出，副模标本（MHNG-PLAT 82482）；D. 成节背面观，全模标本（MACN-Pa 545/1）；E. 孕节腹面观，副模标本（MACN-Pa 545/5）。F，G. 副模标本（MACN-Pa 545/2）：F. 精巢水平横切；G. 卵巢水平横切。H. 卵。缩略词：cgc. 阴茎腺细胞；cp. 锥状突起；cs. 阴茎囊；doc. 背渗透调节管；em. 胚托；gc. 腺细胞；lh. 幼虫钩；lm. 纵肌；mg. 梅氏腺；nc. 神经索；oe. 外膜；on. 六钩蚴；ov. 卵巢；t. 精巢；ut. 子宫；vc. 阴道管；vd. 输精管；vf. 卵黄腺滤泡；voc. 腹渗透调节管；vs. 阴道括约肌

模式宿主采集地：阿根廷圣达菲（Santa Fe）省，柯拉斯汀（Colastiné）河［巴拉那（Paraná）河的支流］（31°40′S，60°46′W）。

寄生部位：肠的前部。

感染情况：感染率为 40%（4/10）；感染强度为 1～174 条，平均感染强度为 45 条；丰富度 18。

模式材料：全模标本 MACN-Pa No. 545/1（整条虫体和横切面，在 1 个玻片上），副模标本 MACN-Pa No. 545/2～5（4 条完整的虫体，2 条有横切面，各在 1 个玻片上）；副模标本 MHNG-PLAT 79184（整条虫体和横切面，在 1 个玻片上，该绦虫链体片放在 99%纯度的乙醇中），MHNG-PLAT 82480，MHNG-PLAT 82481，MHNG-PLAT 82482（3 条完整的虫体，2 条有横切面，各在 1 个玻片上）；副模标本 IPCAS C-633/1～4（4 条完整的虫体，2 条有横切面，各在 1 玻片上）。

词源：种名来自拉丁文 *brevis*，为"小"之意。

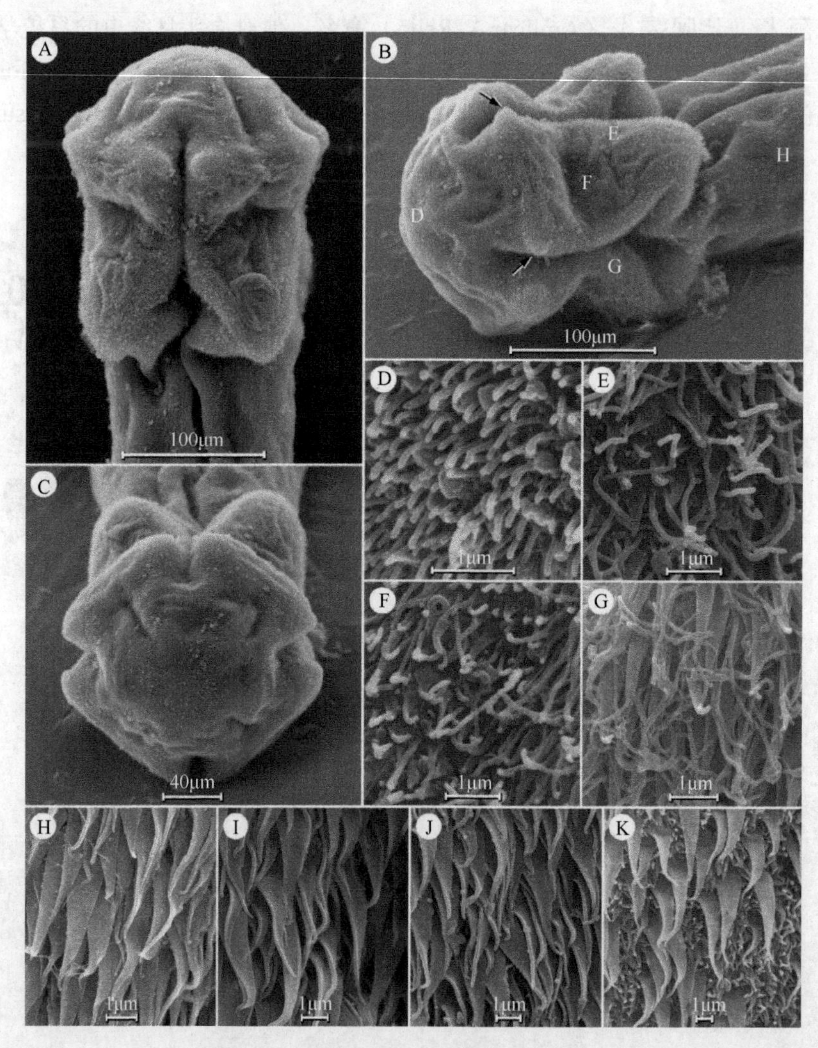

图 17-172　采自条纹鸭嘴鲇的小雷戈绦虫的扫描结构（引自 Arredondo et al.，2013）

A. 头节背腹面观；B. 头节侧面观，黑箭头示锥状突起，字母 D～H 为相应照片取图处；C. 头节顶面观；D. 头节顶部表面；E. 吸盘边缘表面；F. 吸盘的腔面；G. 吸盘的非吸附表面；H. 增殖区表面；I. 未成节表面；J. 成节前部表面；K. 成节后部表面

17.7.2.2　佛雷兹属（*Frezella* Alves，de Chambrier，Scholz & Luque，2015）

识别特征：原头目原头科原头亚科。中等大小，强壮的虫体。链体无缘膜，节片在形态和大小上可变。头节顶部具有肌肉质顶器官和后头结构，后头由两个明显的区组成，前部强褶皱，后部有少量纵皱。吸盘单腔。内纵肌很发达，节片侧边肌纤维束明显集中。1 对微小、薄壁的渗透调节管位置略在腹管背中

部。精巢位于髓质，数目多，排为 3 个区域 1～3 个不规则层。卵黄腺滤泡位于髓质，在两侧带。阴道在阴茎囊后部或前部；阴道括约肌存在。生殖孔不规则交替于赤道前方。卵巢位于髓质，略为滤泡状，两叶，背侧叶少量穿入皮质。子宫干位于髓质。子宫发育为 1 型发育模式。早熟的子宫孔存在。已知为新热带区鲇形目［颈鳍鲇科（Auchenipteridae）］鱼类的寄生虫。模式及仅知的种：沃彻佛雷兹绦虫（*Frezella vaucheri* Alves，Chambrier，Scholz & Luque，2015）（图 17-173～图 17-176）。

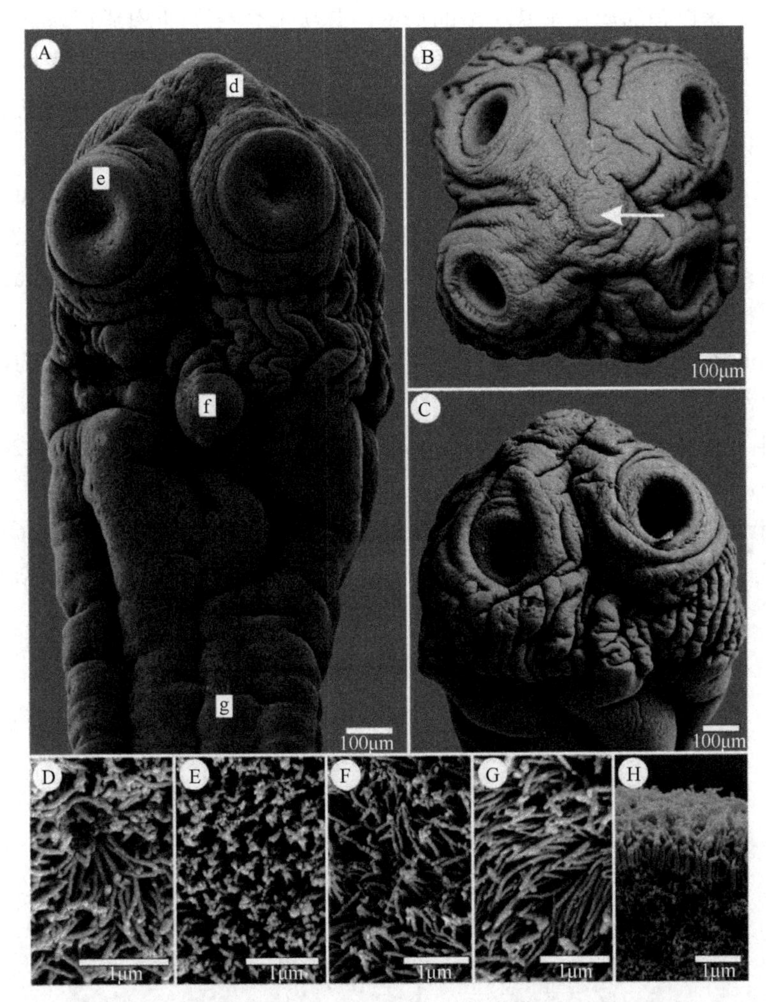

图 17-173　沃彻佛雷兹绦虫扫描结构（引自 Alves et al.，2015）

样品采自巴西托坎廷斯项鲇（*Tocantinsia piresi*）。A. 头节（BrX 65c-MHNG-PLAT 86718）背腹面观，小写字母示相应图取处。B～H. 副模标本（BrX 65y-IPCAS C-663）：B，C. 头节顶面和侧面观，白箭头示顶器官孔；D～G. 分别为顶上部表面、吸盘内表面、后头前部和颈区的毛状丝毛，与 A 中所标部位对应。H. 孕前节表面的针状丝毛

词源：属名是为了纪念已故的俄罗斯人瓦蒂姆佛雷兹（Vadim I. Freze），他对原头目绦虫的系统学和生物学作出了杰出贡献。

佛雷兹属归于原头亚科是因为其精巢、卵巢（有些叶在背部穿入皮质）、卵黄腺和子宫的髓质位置（Schmidt，1986；Rego，1994）。至今，该亚科包含 16 个属，寄生于几个类群的脊椎动物（采自新热带区鲇鱼的属用星号表示），属名为巴松属（*Barsonella* Chambrier，Scholz，Beletew & Mariaux，2009）；布雷属（*Brayela* Rego，1984）；坎加特属（*Cangatiella* Pavanelli & Machado dos Santos，1991）；尤泽特属（*Euzetiella* Chambrier，Rego & Vaucher，1999）；腺带属（*Glanitaenia* Chambrier，Zeh-nder，Vaucher & Mariaux，2004）；马格丽特属（*Margaritaella* Arredondo & Gil Pertierra，2012）；原头属（*Proteocephalus* Weinland，1858）；伪厚边槽属（*Pseudocrepidobothrium* Rego & Ivanov，2001）；舒尔兹属（*Scholzia* Chambrier，Rego & Gil Pertierra，2005），上述属的种都寄生于鱼类；凯尔瑞属（*Cairaella* Coquille & Chambrier，2008）；

厚边槽属（*Crepidobothrium* Monticelli，1900）；*Deblocktaenia* Odening，1963；巨槽带属（*Macrobothriotaenia* Freze，1965）；蛇带属（*Ophiotaenia* La Rue，1911）和蜥蜴带属（*Tejidotaenia* Freze，1965）的种全寄生于两栖类与爬行类动物；奇异头节属（*Thaumasioscolex* Cañeda-Guzmán，de Chambrier & Scholz，2001）是唯一采自恒温动物黑耳负鼠（*Didelphis marsupilis* Linnaeus）的一个属，仅已知一个种为负鼠奇异头节绦虫。

佛雷兹属不同于上述提到的属在于其头节的形态，其头节含有 1 肌肉质顶器官的锥状部及由 2 个明显区域组成的后头，后头前方部强褶皱，位于单腔的吸盘后方，后头后部有少量深的纵向皱。佛雷兹属也可以其他特征与其他原头目的属相区别：内纵肌肌纤维束的分布在其节片的两侧明显集中；有些背部的卵巢叶穿入皮质，以及微细、薄壁的渗透调节管位于腹管略背中位置等。

模式宿主：托坎廷斯项鲇（*Tocantinsia piresi* Miranda Ribeiro）[鲇形目（Siluriformes）：颈鳍鲇科（Auchenipteridae）]，土名 pocomão；2013 年 4 月 20 日测定的唯一感染的宿主总长 39cm。

模式宿主采集地：巴西帕拉（Pará）州，阿尔塔米拉新古河（Xingú River in Altamira）（3°12′S，52°12′W）。

模式材料：全模标本（CHIOC 37978a～h 完全的样品和 8 个玻片上的横切面），5 个副模标本包括全基因载体（hologenophore）（CHIOC 37979a～d，37980a～d；IPCAS C-663；MHNG-PLAT 86723）。

感染部位：肠前部。

感染率：2013 年 4 月 12 日检测的 2 尾鱼中 1 尾感染（长 20cm 的鱼未感染）；2013 年 9 月检测 6 尾鱼（总长 35～42cm），没有鱼有绦虫感染。

词源：种名指瑞士的克劳德沃沃彻（Claude Vaucher），他对绦虫的系统学有特殊贡献。

分子识别：扩增了 28S rRNA 基因的 1563bp 片段。核苷酸序列在 GenBank 数据库中（KM387399）。

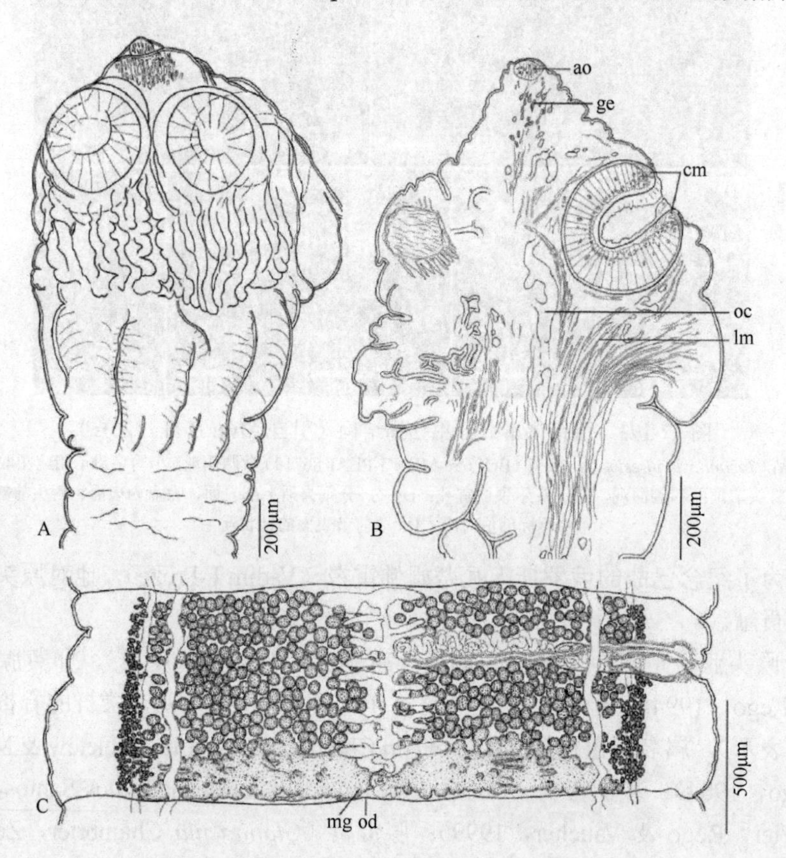

图 17-174　采自巴西托坎廷斯项鲇的沃彻佛雷兹绦虫结构示意图（引自 Alves et al.，2015）

A. 头节背腹面观，全模标本（BrX 65f -CHIOC 37979a），注意后头的两个明显区域；B，C. 副模标本（BrX 65fz-MHNG-PLAT 86723）：B. 头节矢状面，注意近吸盘开口处存在环状肌纤维集中；C. 孕前节腹面观。缩略词：ao. 顶器官；cm. 环状肌肉；gc. 腺细胞；lm. 纵肌；mg. 梅氏腺；oc. 渗透调节管；od. 输卵管

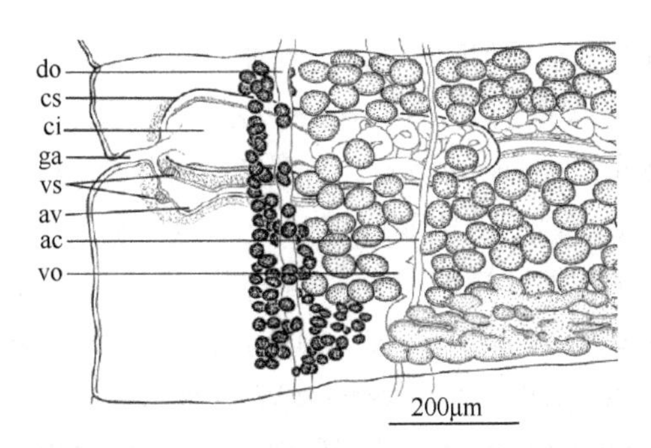

图 17-175 采自巴西托坎廷斯项鲇的沃彻佛雷兹绦虫生殖器官末端背面观（引自 Alves et al.，2015）

副模标本（BrX 65fz-MHNG-PLAT 86723）。缩略词：ac. 附加管；av. 阴道的不对称腔；ci. 阴茎；cs. 阴茎囊；do. 背渗透调节管；ga. 生殖腔；vo. 腹渗透调节管；vs. 阴道括约肌

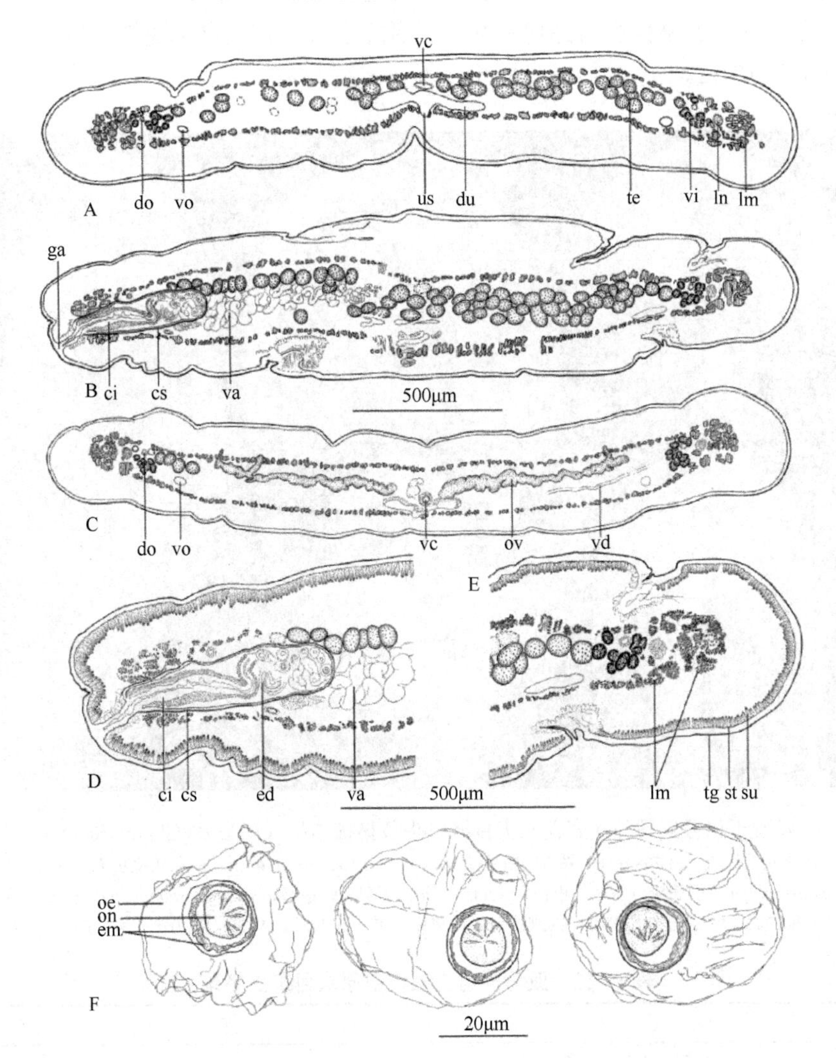

图 17-176 采自巴西托坎廷斯项鲇鱼的沃彻佛雷兹绦虫（引自 Alves et al.，2015）

A. 节片后部水平横切面，副模标本（BrX 65z-MHNG-PLAT 86723）；B，C. 分别为阴茎囊和卵巢水平横切面，副模标本（BrX 65f-CHIOC 37979c-d）；D. 横切面，生殖器官末端细节，全模标本（BrX 65f-CHIOC 37979c）；E. 横切面，反孔侧区示肌纤维的集中，全模标本（BrX 65f-37979e）；F. 蒸馏水中的卵图（BrX 65g-MHNG-PLAT 86722）。缩略词：ci. 阴茎；cs. 阴茎囊；do. 背渗透调节管；du. 子宫的支囊；ed. 射精管；em. 双层胚托；ga. 生殖腔；lm. 内纵肌；ln. 纵神经索；oe. 外膜；on. 六钩蚴；ov. 卵巢；st. 皮层下肌纤维；su. 皮层下细胞；te. 精巢；tg. 皮层；us. 子宫干；va. 输精管；vc. 阴道管；vd. 卵黄管；vi. 卵黄腺滤泡；vo. 腹渗透调节管

de Chambrier 等（2015）对 de Chambrier 等（2006）提供的寄生于秘鲁亚马孙淡水硬骨鱼类的原头目绦虫名录进行了更新。代表新地理分布记录的采自秘鲁的样品使物种发现量几乎翻倍。总数 63 个原头目

种中的34个为新加种（27属46个命名种报道采自秘鲁亚马孙，与采自巴西部分的28属54个命名种相比）。de Chambrier 等（2006）没有报道的属是：*Ageneiella*、布雷属、内睾属、麻黄头属、吉布森属、哈里斯头节属、娇尔拉属、伦哈带属（*Lenhataenia*）、马瑙斯属和巨袋属。腺头娇尔拉绦虫、贝拉维斯塔蒙蒂西利绦虫（*Monticellia belavistensis*）、圣达菲西纳蒙蒂西利绦虫（*M. santafesina*）和霍贝格原头绦虫（*Proteocephalus hobergi*）是亚马孙河流域的首次报道；提出了新组合种皮拉姆塔伯哈里斯头节绦虫［*Harriscolex piramutab*（Woodland，1934）］，该种采自瓦氏短平口鲇（*Brachyplatystoma vaillantii*），之前鉴定为皮拉姆塔伯原头绦虫（*Proteocephalus piramutab* Woodland，1934）；报道的最多数的原头目绦虫种采自条纹鸭嘴鲇（*Pseudoplatystoma fasciatum*）（共10种），其次是祖鲁鳍（*Zungaro zungaro*）［先前命名为亚马孙鸭嘴鲇（*Paulicea luetkeni*）；9种］，再者是红尾鸭嘴鲇（*Phractocephalus hemioliopterus*）（6种）。大量不知名的种发现于秘鲁，很可能代表着新的类群，至少是两个新属，表明亚马孙原头目绦虫物种的丰富度仍然知之甚少。发现于秘鲁亚马孙代表性原头目绦虫头节扫描结构见图17-177。亚马孙河流域鱼中原头目绦虫名录见表17-12。

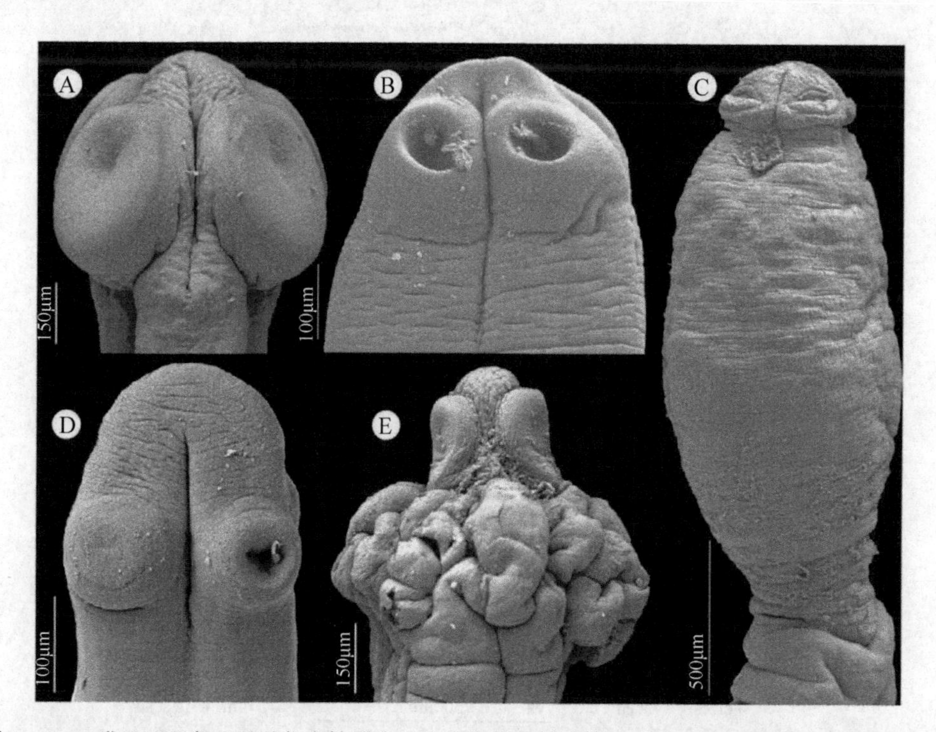

图17-177　发现于秘鲁亚马孙代表性原头目绦虫头节扫描结构（引自 de Chambrier et al.，2015）

A. 采自红尾鸭嘴鲇的罗碧丝小头节绦虫（PI 708）；B. 采自颗料翼陶乐鲇（*Pterodoras granulosus*）的原头绦虫未定种2（*Proteocephalus* sp. 2）（PI 635）；C. 采自祖鲁鳍（*Zungaro zungaro*）的腺头娇尔拉绦虫；D. 采自赫氏拟陶乐鲇（*Megalodoras uranoscopus*）的库优库优原头绦虫（*Proteocephalus kuyukuyu*）（PI 324）；E. 采自红尾鸭嘴鲇的皱纹斯帕托利弗绦虫（PI 708）。A，C，E为侧面观；B，D为背腹面观

表17-12　亚马孙河流域鱼中原头目绦虫名录

种	巴西	秘鲁
Amazotaenia yvettae Chambrier，2001	+	–
Amphoteromorphus ninoi Carfora，de Chambrier & Vaucher，2003	+	–
Amphoteromorphus ovalis Carfora，de Chambrier & Vaucher，2003	+	+
Amphoteromorphus parkamoo Woodland，1935	+	+
Amphoteromorphus peniculus Diesing，1850	+	+
Amphoteromorphus piraeeba Woodland，1934	+	–
Amphoteromorphus piriformis Carfora，de Chambrier & Vaucher，2003	+	+
Brayela karuatayi（Woodland，1934）	+	+

续表

种	巴西	秘鲁
Brooksiella praeputialis（Rego，dos Santos & Silva，1974）	+	–
Chambriella agostinhoi（Pavanelli & Machado dos Santos，1992）	–	+
Chambriella paranaensis（Pavanelli & Rego，1989）	–	+
Choanoscolex abscisus（Riggenbach，1896）	+	+
Endorchis piraeeba Woodland，1934	+	+
Ephedrocephalus microcephalus Diesing，1850	+	–
Euzetiella tetraphylliformis Chambrier，Rego & Vaucher，1999	+	+
Gibsoniela mandube（Woodland，1935）	+	+
Gibsoniela meursaulti de Chambrier & Vaucher，1999	+	–
Goezeella siluri Fuhrmann，1915	+	–
Harriscolex kaparari（Woodland，1935）	+	+
Harriscolex piramutab（Woodland，1934）n. comb.	+	+
Houssayela sudobim（Woodland，1935）	+	+
Jauella glandicephalus Rego & Pavanelli，1985	–	+
Lenhataenia megacephala（Woodland，1934）	+	+
Mariauxiella piscatorum de Chambrier & Vaucher，1999	–	+
Manaosia bracodemoca Woodland，1935	+	+
Megathylacus jandia Woodland，1934	+	+
Monticellia amazonica de Chambrier & Vaucher，1997	+	+
Monticellia belavistensis Pavanelli et al.，1994*	–	+
Monticellia lenha Woodland，1933	+	+
Monticellia magna（Rego，Santos & Silva，1974）	+	–
Monticellia santafesina Arredondo & Gil Pertierra，2010	–	+
Monticellia ventrei de Chambrier & Vaucher，2009	–	+
Nomimoscolex admonticellia（Woodland，1934）	+	+
Nomimoscolex dorad（Woodland，1935）	+	–
Nomimoscolex lenha（Woodland，1933）	+	+
Nomimoscolex lopesi Rego，1989	–	+
Nomimoscolex microacetabula Gil Pertierra，1995	+	–
Nomimoscolex piraeeba Woodland，1934	+	–
Nomimoscolex sudobim Woodland，1935	+	+
Nomimoscolex suspectus Zehnder et al.，2000**	+	+
Nupelia portoriquensis Pavanelli & Rego，1991	+	–
Peltidocotyle lenha（Woodland，1933）	+	+
Peltidocotyle rugosa Diesing，1850	+	+
Proteocephalus gibsoni Rego & Pavanelli，1991	+	+
Proteocephalus hemioliopteri de Chambrier & Vaucher，1997	+	+
Proteocephalus hobergi de Chambrier & Vaucher，1999	–	+
Proteocephalus kuyukuyu Woodland，1935	+	+
Proteocephalus macrophallus Diesing，1850	+	+
Proteocephalus microscopicus Woodland，1935	+	+
Proteocephalus platystomi Lynsdale，1959	+	–
Proteocephalus sophiae de Chambrier & Rego，1994	+	+
Pseudocrepidobothrium eirasi（Rego & Chambrier，1995）	+	–

续表

种	巴西	秘鲁
Pseudocrepidobothrium ludovici Ruedi & Chambrier，2012	+	–
Rudolphiella myoides（Woodland，1934）	+	–
Rudolphiella piracatinga（Woodland，1935）	+	+
Rudolphiella piranabu（Woodland，1934）	+	–
Scholzia emarginata（Diesing，1850）	+	+
Sciadocephalus megalodiscus Diesing，1850	+	+
Spasskyellina spinulifera（Woodland，1935）	+	+
Spatulifer maringaensis Pavanelli & Rego，1989	+	+
Spatulifer rugosa（Woodland，1935）	+	+
Spatulifer surubim Woodland，1934	+	–
Travassiella jandia（Woodland，1934）	+	+
Zygobothrium megacephalum Diesing，1850	+	+
总计 64 种	55	46

* Pavanelli et al.，1994

** Zehnder et al.，2000

原头目绦虫的分类仍然十分混乱，依然存在不少同物异名和异物同名现象，有必要进行系统深入研究，尤其是生活史、分子系统方面的研究。之后应编制更科学合理的分类检索表，以便对原头目绦虫病害的防控提供基础的依据。

18 圆叶目（Cyclophyllidea van Beneden in Braun，1900）

18.1 圆叶目的识别特征

头节通常有 4 个吸盘。吻突通常存在但也可能缺乏，有钩或无。链体通常有明显的分节现象，通常雌雄同体。生殖孔通常位于侧方（中殖孔科位于腹部中央）。卵黄腺实质状，通常在卵巢后方。子宫变化大；可能持续存在或由副子宫器或其他衍生物替代。成体寄生于两栖类、爬行类、鸟类和哺乳类动物。

18.1.1 分科检索表

1a. 生殖孔位于中央……中殖孔科（Mesocestoididae Perrier，1897）
1b. 生殖孔位于边缘或亚边缘……2
2a. 链体圆柱状；外分节仅在后部明显；每节 2 个（很少 3 个）精巢；子宫由 2 个或多个副子宫器取代；成体寄生于爬行类和两栖类……线带科（Nematotaeniidae Lühe，1910）
2b. 链体背腹扁平；外分节通常存在，很少不存在；精巢数目可变；有或无副子宫器……3
3a. 雌雄异体；雄、雌性链体完全分离或雌性链体保留有雄性交配器官……异体绦虫科（Dioecocestidae Southwell，1930）
3b. 链体雌雄同体……4
4a. 成熟子宫持续，为一中央主干，有侧分支……5
4b. 成熟子宫如果持续则为其他形态，或由子宫囊或副子宫器取代……6
5a. 有钩吻突存在（很少缺乏），有两轮钩；卵膜壁由多角形块状物组成；成体寄生于食肉动物……带科（Taeniidae Ludwig，1886）
5b. 不存在有钩吻突；卵为其他类型；成体寄生于啮齿类动物……链带科（Catenotaeniidae Spasskiǐ，1950）
6a. 吻突通常存在，很少缺乏，典型的有很多小锤状钩，很少为其他类型；吻突棘存在或缺；吸盘通常有棘；子宫持续或由子宫囊或副子宫器取代……戴文科（Davaineidae Braun，1900）
6b. 吻突存在或无；吻突钩非锤状，子宫同上……7
7a. 吻突不存在；吸盘无棘；节片（包括孕节）宽大于长；子宫持续或由子宫囊或副子宫器取代；卵通常有梨形器……裸头科（Anoplocephalidae Cholodkowsky，1902）
7b. 吻突通常存在，很少不存在；子宫同上；无梨形器……8
8a. 典型的阴道通常存在，很少缺乏……9
8b. 典型的阴道不存在或退化，功能可能由其他管道取代……13
9a. 子宫由单个副子宫器取代；吻突有滑囊状鞘；寄生于非水生鸟类……副子宫科（Paruterinidae Fuhrmann，1907）
9b. 子宫持续或由子宫囊取代……10
10a. 吻突通常存在（很少不存在或退化）；吻突囊存在……11
10b. 吻突通常存在；吻突囊不存在……12
11a. 吻突钩 1 轮，异常的 2 轮；生殖器官单套，很少两套；生殖孔通常单侧，很少交替；精巢通常 3 个，很少多或少者；子宫持续存在，囊状，偶尔网状……膜壳科（Hymenolepididae Ariola，1899）
11b. 吻突钩 1 轮或多轮；生殖器官单套，很少两套；生殖孔单侧交替或两侧（很少）；精巢数目多，子宫持续存在或由卵囊取代……囊宫科或双鳞科（Dilepididae Railliet & Henry，1909）
12a. 生殖器官单套；子宫持续，囊状；寄生于非水生鸟类……后囊宫科（Metadilepididae Spasskiǐ，1959）
12b. 生殖器官双套；子宫由含 1 个或几个卵的子宫囊取代；已知寄生于哺乳动物……复孔科（Dipylidiidae Stiles，1896）
13a. 雌性先熟，节片雌雄同体或雄性和雌性节片不规则交替……先雌带科（Progynotaeniidae Fuhrmann，1936）
13b. 雄性先熟……14

14a. 雌性生殖器官有次级附属管……安比丽科（Amabiliidae Braun，1900）
14b. 附属管不存在……无孔科（Acoleidae Fuhrmann，1899）

18.2　中殖孔科（Mesocestoididae Perrier，1897）

{同物异名：中殖孔科［Mesocestoidae（Perrier，1897）Ariola，1899］}

中殖孔科的绦虫，有两属：中殖孔属（*Mesocestoides*）和中雌属（*Mesogyna*）。不同于圆叶目其他类群的一些生要特征如下：中殖孔属的种（*Mesocestoides* spp.），生活史需要 3 个宿主，在圆叶目中是独特的；中雌属的模式和仅有的种的生活史没有研究。解剖结构特征中，两属的生殖腔都是位于中央腹部位置；中殖孔属的种的卵黄腺 2 深裂，这在圆叶目中似乎也是独特的。

Byrd 和 Ward（1943）基于卵巢更接近于腹面的理由，解释生殖腔的位置位于背部。他们认为纵向渗透调节管位于同一平面，因此在确立背腹关系中没有作用。Chandler（1946）对鉴定为阔节中殖孔绦虫（*Mesocestoides latus* Mueller，1927）的绦虫生殖系统进行了详细的描述，肯定了真正的副子宫器存在并且生殖腔位于节片腹部表面。Chandler（1947）认可了 Byrd 和 Ward（1943）的解释，但随后对中殖孔属的种的绝大多数描述均为生殖腔在腹面。Chertkova 和 Kosupko（1978）正确描述了生殖腔位于腹面，卵巢更接近于节片的背方表面。在对柯比中殖孔绦虫（*M. kirbyi* Chandler，1944）和线性中殖孔绦虫（*M. lineatus* Goeze，1782）的观察中，Rausch（1994）也发现卵巢和精巢几乎位于同一背部平面；在柯比中殖孔绦虫中，大量精巢明显分布于纵渗透调节管的背部和腹部；两种的生殖腔都开在腹面。

Voge（1952）为采自一雄性幼狐（kitfox）肝脏（发现虫体时肝已被切片，寄生部位可能是胆小管或血管不详）的绦虫建立了中雌属（*Mesogyna*），但没有对此肝中雌绦虫（*M. hepatica*）进行完全的描述，而适合于详细研究的原样品已没有，需要在模式宿主采集地再采集绦虫样品进行重新研究。

Chertkova 和 Kosupko（1978）将中殖孔绦虫放在绦虫系统的亚目（即中殖孔亚目）位置一直有争议。人们认识到在肝中雌绦虫中不存在副子宫器的特征，不符合中殖孔科的界定。而 Voge（1952）曾修订了科的识别特征，以使科可以容纳肝中雌绦虫。副子宫器的存在与否通常作为圆叶目更高分类阶元识别的重要特征。所有其他类群只要具有副子宫器的都放在副子宫亚科（Paruterinoidea Matevosyan，1962），膜壳亚目（Hymenolepidata Skryabin，1940）（Matevosyan，1969；Matevosyan & Movsesyan，1970）。因此，中殖孔属放在同一科似乎是人为的。解剖上，肝中雌绦虫的卵黄腺为单一、横向长形，位于卵巢后部，而不是 2 个分离的、位于卵巢叶腹部的器官，但在其成节又类似于中殖孔绦虫。肝中雌绦虫的囊状子宫仅有少量（约 25 个）大（直径约 50μm）的卵，卵有厚的外膜。对绦虫相互关系更好地理解需要更细致的解剖比较及生活史的阐明。

Chertkova 和 Kosupko（1977）将中雌属保留于中殖孔亚目，并为其建立了中雌科（Mesogynidae Chertkova & Kosupko，1977）。Schmidt（1986）将中雌科放在中殖孔科的亚科行列。Rausch（1994）认可的系统为：圆叶目；中殖孔亚目（Mesocestoidata Skryabin，1940）（此亚目的分类在圆叶目分类中未被广泛接受）；中殖孔科（Mesocestoididae Fuhrmann 1907）；中殖孔亚科（Mesocestoidinae Lühe，1894），仅中殖孔属；中雌亚科（Mesogyninae Chertkova & Kosupko，1977），仅中雌属（*Mesogyna* Voge，1952）。

人们试图确定中殖孔绦虫的生活史，但都未获得圆满成功，第一中间宿主的识别仍未很好的解决，可能是节肢动物，通常为土壤螨或食粪的昆虫。Soldatova（1944）对毛皮兽场进行了一项调查研究，该场的狐狸通常都被识别为线性中殖孔绦虫成体期的寄主。六钩蚴及发育的第一期幼虫（示为胚钩形式）发现于自然感染的自由生活的螨类（地螨）。Soldatova 将绦虫卵暴露于 4 个科 3000 个螨。暴露 122～125 天后，在若干个属的螨中发现有早期的拟囊尾蚴。由于拟囊尾蚴没有完全发育，不能进行据说是第二中间宿主的啮齿动物的感染实验。中殖孔绦虫的四盘蚴（tetrathyridium）（第二期幼虫）报道采自约 200 种脊椎动物，包括两栖类、爬行类、鸟类和哺乳类（Chertkova & Kosupko，1978）。据此推测，作为第一中间宿主的生物应当是广泛和丰富的。

肝中雌绦虫的中间宿主没有任何报道。Bjotvedt 和 Hendricks（1982）报道有肝中雌绦虫的幼虫期明显类似于四盘蚴，存在于可能是捕获于亚利桑那州敏狐（*Vulpes macrotis*）的胆管中。中殖孔属通常发生于裂齿类食肉动物，尤其是犬科（Canidae）和鼬科（Mustelidae），但也有记录存在于不同的其他科的哺乳动物，有两种描述自鸟类。定名为线性中殖孔绦虫（*M. lineatus* Goeze，1782）的样品从不同地区的人体获得。这样的感染在日本被认为是生食蛇肉造成的（Kamegai et al.，1967）。已报道有宽范围的线性中殖孔绦虫宿主，表明此虫链体期、也可能是其他期在很多种食入四盘蚴的哺乳动物中发育。这种没有宿主特异性的特征不是典型的圆叶目类型，而类似于双叶槽目的一些绦虫如树状双叶槽绦虫或称树状裂头绦虫。已知肝中雌绦虫是沙狐（*Vulpes corsac*）的宿主特异性绦虫，在沙狐中定居于胆管、胆囊，也可能定居于十二指肠上部（Bjotvedt & Hendricks，1982）。这样明显的宿主特异性，可能与生态有关，同时，这也是肝中雌绦虫明显不同于中殖孔属的特征。

中殖孔属的分类复杂，其高度、无重要意义的形态变异明显是由宿主诱导的，尤其是采自阿拉斯加州不同种食肉动物的识别为线性中殖孔绦虫的种。Chertkova 和 Kosupko（1978）认可 12 个中殖孔属的种，并列出其他 11 个种为问题种。Loos-Frank（1980）认为很多不同宿主的中殖孔绦虫是不相同的种，并为采自德国西南赤狐（*Vulpes vulpes*）的中殖孔绦虫提出了新的名称，*M. leptothylacus* Loos-Frank，1980。另一种中殖孔绦虫：苛蒂中殖孔绦虫（*M. corti* Hoeppli 1925）是很多研究的对象，因为它的四盘蚴可以以纵分裂的方式进行无性繁殖（Specht & Voge，1965；Eckert et al.，1969；Hess，1972）。Hoeppli（1925）描述了采自小家鼠（*Mus musculus*）的苛蒂中殖孔绦虫，由于各种原因小家鼠不能当作自然宿主。Beaver（1989）指出模式宿主一定有异常，推测处于其缺乏自然免疫状况。由于绦虫很少来自分裂增殖的四盘蚴，关于 Hoeppli（1925）研究的种类没有可信的证据，Etges（1991）提出新的名称：沃盖中殖孔绦虫（*M. vogae* Etges，1991）用于此四盘蚴对应的成虫。Chertkova 和 Kosupko（1978）则将苛蒂中殖孔绦虫列为问题种。

目前，由于新技术的采用及方法的更新，新的种可以可靠地识别。由于四盘蚴发生于大量的小型哺乳动物如鼩鼱（shrews）和䶄鼠（voles）等，使用单一源幼虫进行实验感染大范围的食肉动物［或者可能感染啮齿动物（不是这些绦虫的正常终末宿主）］可以进行更多工作以确定宿主诱导的形态变异范畴。在一些地区，四盘蚴在小型哺乳动物的感染率为 1%～4%（Gubanov & Fedorov，1970）。也可能，四盘蚴的形态差异可能与它们各自的链体期相关。肝中雌绦虫因缺乏样品及充分的特征描述，理解起来很困难。

18.2.1 识别特征

链体细，有大量节片，头节有 4 个吸盘；无吻突。成节宽大于长，向链体后部相对长度增加；孕节长大于宽或否。每节单套生殖器官。阴茎囊和阴道管在节片腹部表面中线进入生殖腔。精巢通常很多，分布于背部，为一到两层并形成两侧群，典型的扩展至整个节片长度。卵巢由 2 个分离或连续的叶组成，位于近节片的后部边缘，位于背方，与精巢在同一平面。2 个卵黄腺在各卵巢叶腹面，或一个卵黄腺，横向伸长，位于卵巢后部中线。子宫位于腹部，发育为弯曲的、中央纵向管。卵通向链体后部进入副子宫器，或（缺乏副子宫器）进入囊状子宫。卵小而多，或大而相对少。第一幼虫期未知；第二幼虫期为四盘蚴，发生于两栖类、爬行类、鸟类和哺乳类。链体期（成体期）寄生于哺乳类，很少寄生于鸟类。模式属：中殖孔属（*Mesocestoides* Vaillant，1863）。

18.2.2 亚科检索

1a. 有科的特征；副子宫器存在；寄生于食肉类哺乳动物小肠，很少寄生于鸟类…………………………………………………………中殖孔亚科（Mesocestoidinae Lühe，1894）

［同物异名：中殖孔亚科（Mesocestoidinae Stiles，1896）；中殖孔亚科（Mesocestoidina Lühe，1899）］

识别特征：链体细，相对窄，长可达 1.5m。头节有 4 个吸盘；无吻突。成节宽大于长，向链体后部相对长度增加；孕节长大于宽。生殖器官单套。阴茎囊和阴道管在节片腹部表面中线开口入生殖腔。精巢数目多，分布于背部为一到两层，通常形成两侧群，典型的扩展至整个节片长度。卵巢两叶，叶分离或连续，位于近节片后部边缘、背方中线处。2 个卵黄腺在各卵巢叶腹面。子宫位于腹部，为弯曲的、中央纵向管。卵量多，通向链体后部进入副子宫器。第一幼虫期未知；第二幼虫期为四盘蚴，发生于两栖类、爬行类、鸟类和哺乳类。链体期（成体期）寄生于哺乳类；很少寄生于鸟类。模式属（仅知属）：中殖孔属（*Mesocestoides* Vaillant，1863）。

18.2.2.1　中殖孔属（*Mesocestoides* Vaillant，1863）（图 18-1 ~ 图 18-7）

（同物异名：*Monodoridium* Walter 1866；*Ptychophysa* Hanann，1885）

识别特征：同中殖孔亚科的特征。模式种：疑似中殖孔绦虫（*Mesocestoides ambiguus* Vaillant，1863）。

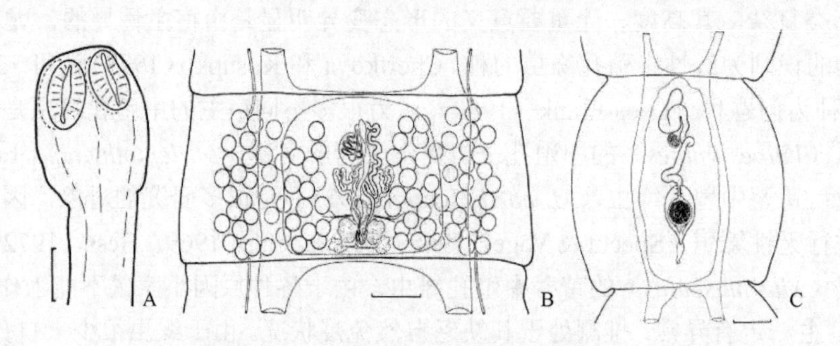

图 18-1　柯比中殖孔绦虫结构示意图（引自 Rausch，1994）

A. 头节；B. 成节；C. 孕节。标尺：A，B=250μm；C=500μm

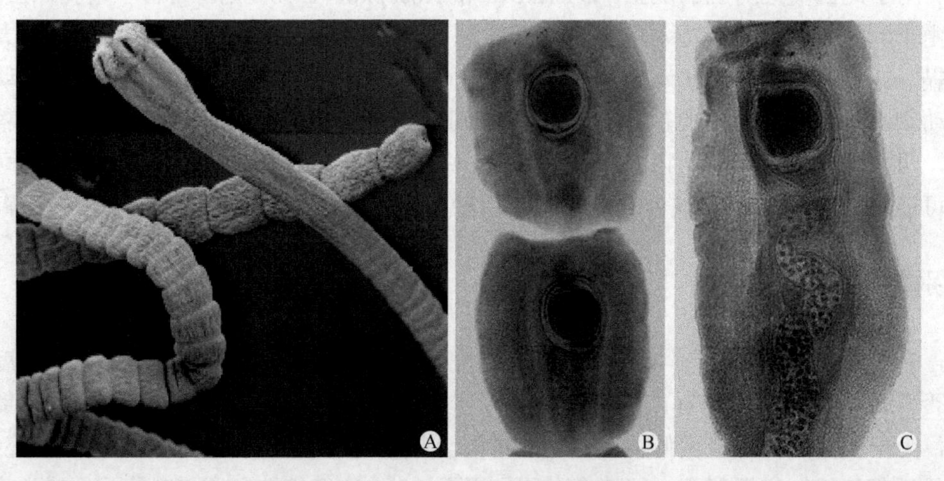

图 18-2　线性中殖孔绦虫实物

A. 外观；B，C. 样品采自赤狐（*Vulpes vulpes*）：B. 预孕节；C. 孕节（A 引自 http://www.konura.info/bol5.html；B，C 引自 http://www.izan.kiev.ua/ppages/e-varodi/gallery1.html）

其他命名过的种有：云雀中殖孔绦虫（*M. alaudae* Stossich，1896）；宽带中殖孔绦虫［*M. angustatus*（Rudolphi，1819）］；犬兔中殖孔绦虫［*M. canislagopodis*（Krabbe，1865）］；*M. imbutiformis*（Polonio，1860）；*M. leptothylacus* Loos-Frank，1980；线性中殖孔绦虫；字码中殖孔绦虫［*M. litteratus*（Batsch，1786）］；獾中殖孔绦虫（*M. melesi* Yanchev & Petrov，1985）；念珠状中殖孔绦虫［*M. perlatus*（Goeze，1782）Mühling，1898］；彼氏中殖孔绦虫（*M. petrowi* Sadychov，1971）；扎哈罗娃中殖孔绦虫（*M. zacharovae* Chertkova & Kosupko，1975）等。这些种中很可能存在若干同物异名的情况。

中殖孔属绦虫需要 2 个中间宿主完成其生活史，第一中间宿主是节肢动物，通常为土壤螨或食粪的昆虫。第二中间宿主为脊椎动物，包括两栖类、爬行类和小型哺乳类，在第二中间宿主中，第二期幼虫发育为有感染性的第三期幼虫，称为四盘蚴。终末宿主通过摄入四盘蚴而感染。

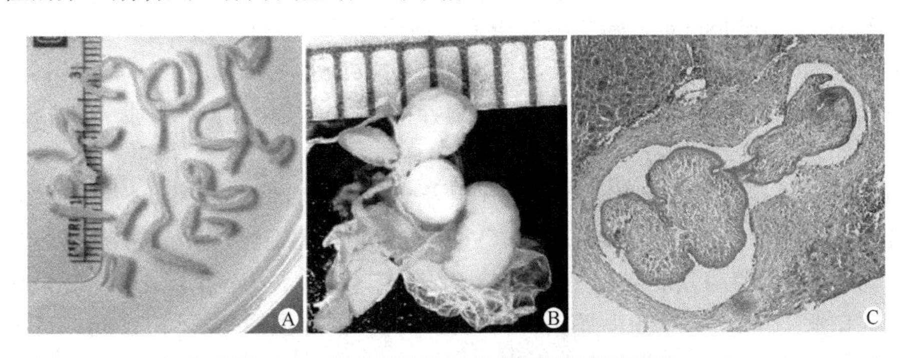

图 18-3　四盘蚴实物、四盘蚴簇及组织切片

A，B. 样品为采自森林姬鼠（*Apodemus sylvaticus*）的中殖孔绦虫未定种的整体固定的四盘蚴：A. 自体腔采的不同形态和大小的四盘蚴；B. 由宿主纤维化物质包裹的联合的四盘蚴簇。C. 实验感染小鼠肝中的四盘蚴切面（A，B 引自 Conn et al.，2010；C 引自 http://www.dpd.cdc.gov/DPDx/HTML/imageLibrary/M-R/）

图 18-4 为几种绦虫类群的异常绦虫蚴，这些异常包括体部的各种变化。简单的类型是失去头节，形成无头幼虫。这样的异常类型不能发育为成体或侵入新的宿主。虽然无性繁殖并非大多数绦虫种类的其他生存方式，但有些异常绦虫蚴可以无性增殖（Conn，2004）。最通常的无性增殖类型的报道是中殖孔属的异常四盘蚴（Ssolonitzin，1933；Conn，1990；Wirtherle et al.，2007；Conn et al.，2010），并且有报道采自不同宿主的增殖的双叶槽类全尾蚴，很可能是迭宫属未定种（*Spirometra* sp.）的畸变（Kuntz et al.，1970；McFarlane et al.，1994；Beveridge et al.，1998；Nobrega-Lee et al.，2007）；后者包括了稀少的人体寄生虫增殖裂头蚴（*Sparganum proliferum*）（Noya et al.，1992）。四盘蚴和全尾蚴的变异体通过多重出芽和后体的分裂进行无性繁殖。发生于中殖孔属四盘蚴的其他异常包括多头类型的发育，在沃盖中殖孔绦虫中，可由无性增殖形成多个头节的个体（Specht & Voge，1965；Hess，1980；Etges，1991）。其他采自北美和西班牙不同宿主的中殖孔属的报道包括异常无头节类型和正常单头节类型等（Conn & McAllister，

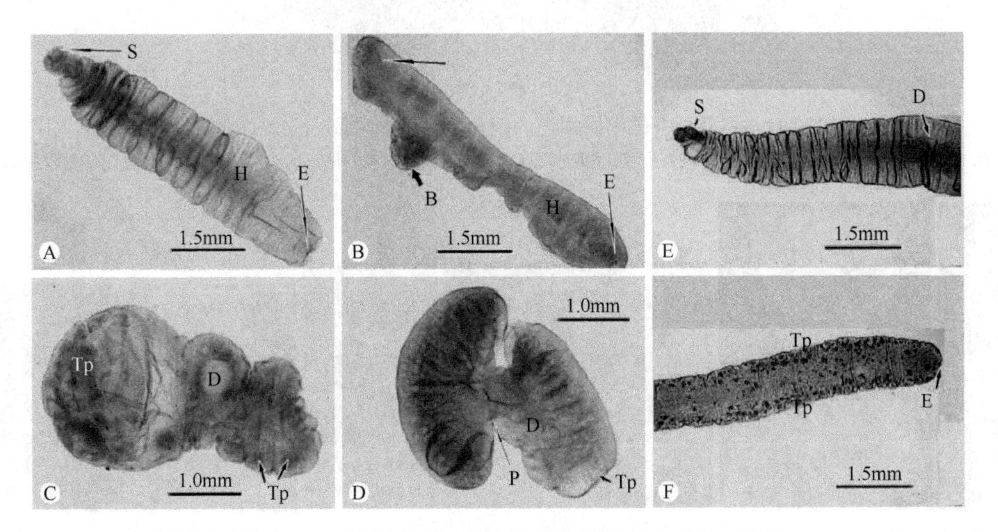

图 18-4　采自森林姬鼠体腔、乙酸胭脂红染色的四盘蚴明视场光镜照片（引自 Conn et al.，2010）

A. 正常四盘蚴，示四吸盘头节（S），实心的后体部（H）和末端排泄腔（E）；B. 异常的多芽四盘蚴，示实心的后体部（H）和末端排泄腔（E），但缺头节（箭头）并存在侧芽（B）；C. 异常的四盘蚴，示大量异常分支的皮层窝（Tp）和异常分支及高度膨大的排泄管（D）；D. 异常的多芽四盘蚴，进行体分裂，有 2 个早期的个体，并由一收缩的柄（P）相连，注意头节的缺乏及异常皮层窝（Tp）和异常排泄管（D）的存在；E. 异常不增殖的四盘蚴的前端（与分图 F 为同一个体），示具有正常四盘蚴头节（S）和异常膨胀的排泄管（D）的长形的身体；F. 分图 E 异常四盘蚴的后端，示异常分支的皮层窝（Tp）丛，但有正常的后部排泄腔（E）

1990)。在采自西班牙的类型中有内出芽的“多盘蚴-polythyridia”及额外出芽的“多芽四盘蚴-multigermino-tetrathyridia”(Galán-Puchades et al.，2002)。因此，虽然大多数中殖孔属四盘蚴不存在无性繁殖类型，但无性繁殖类型变化大且普遍(Conn，1990；Conn et al.，2002)。Conn 等(2010)在西班牙穆尔西亚(Murcia)省塞拉利昂艾斯普纳(Sierra Espuña)陆生小型哺乳动物蠕虫病和流行学调查中，发现了几种四盘蚴绦虫蚴，包括：多芽四盘蚴，感染于一森林姬鼠(*Apodemus sylvaticus*)腹腔。Conn 等(2010)注意到所有的这些异常类型都具有先前未曾报道过的相关类型，为异常内折的皮层和异常膨胀及扩张的排泄管间的组合类型，并对这些异常结构特征进行了详细描述。

Cho 等(2013)研究了采自中国蛇的线性中殖孔绦虫四盘蚴和实验感染动物中获得的成体的形态特征。四盘蚴主要在黑眉蝮蛇(*Agkistrodon saxatilis*)(25%)和棕黑锦蛇(*Elaphe schrenckii*)(20%)肠系膜上被检测到，其平均大小为 1.73mm × 1.02mm，内陷的头节有 4 个吸盘。成体从 2 只仓鼠和 1 条狗中检出，每个动物都口服 5～10 条幼虫后感染。自仓鼠中检出的绦虫成体长约 32cm，自狗中检出的长约 58cm。头节平均宽 0.56mm，4 个吸盘平均大小为 0.17mm × 0.15mm。成节平均大小为 0.29mm × 0.91mm。卵巢和卵黄腺两叶状，位于节片后部。阴茎囊卵圆形，位于中央。精巢滤泡状，分布于节片的两侧区域，每节 41～52 个。孕节平均大小为 1.84mm × 1.39mm，有一特征性的副子宫器。卵具六钩胚，平均大小为 35μm × 27μm。成体的这些形态特征与先前报道的线性中殖孔绦虫一致。因此可以肯定中国蛇中检获的绦虫蚴为线性中殖孔绦虫的四盘蚴，黑眉蝮蛇和棕黑锦蛇为中间宿主。

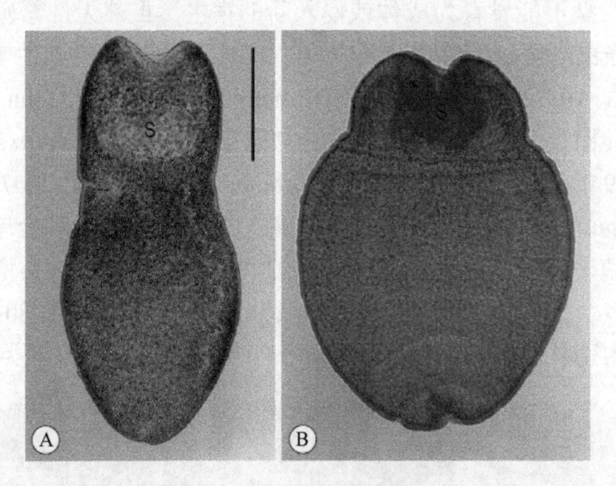

图 18-5 采自中国黑眉蝮蛇的四盘蚴(引自 Cho et al.，2013)

A. 新鲜虫体；B. Semichon 的醋酸洋红染色。前方略为收缩，卵形或长形，后端有点尖，有一陷入的头节(S)，4 个吸盘在前方收缩部。标尺=500μm

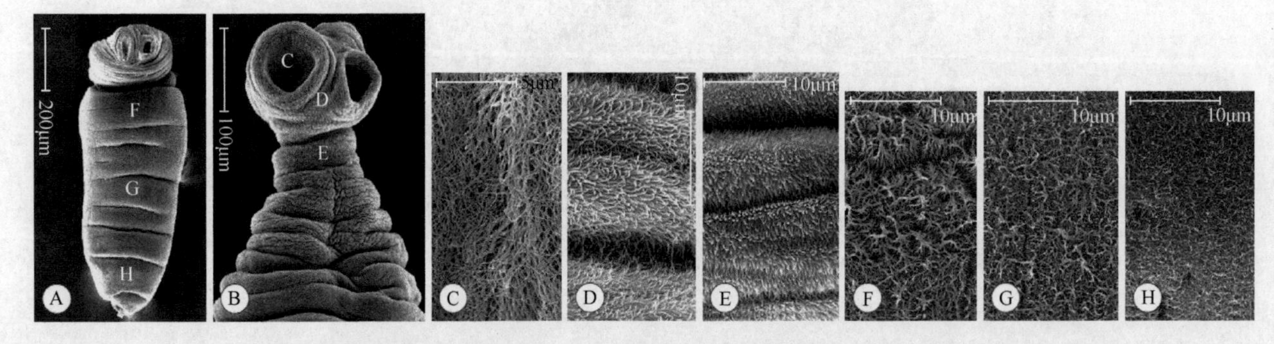

图 18-6 黑眉蝮蛇肠系膜中采集到的四盘蚴的扫描结构(引自 Cho et al.，2013)

A. 整条虫体，长形，后端有点尖，前方收缩部有一陷入的头节，整体表面由大量微毛覆盖，体不同部位微毛的长度和密度有差异［前方(F)、中部(G)和体后部(H)］；B. 外翻的头节有 4 个杯状的吸盘，颈部覆盖有微毛，不同部位微毛的形态有差异［吸盘内部(C)、吸盘之间(D)和颈区(E)］；C. 吸盘内部皮层，示大量长丝状微毛；D. 吸盘之间皮层，示大量毛发状微毛；E. 头节下颈区皮层，示大量结实的微毛；F. 后体部的前方皮层；G. 后体部的中部皮层；H. 后体部的后部皮层，示有点短的微毛，向后长度变短，密度变低

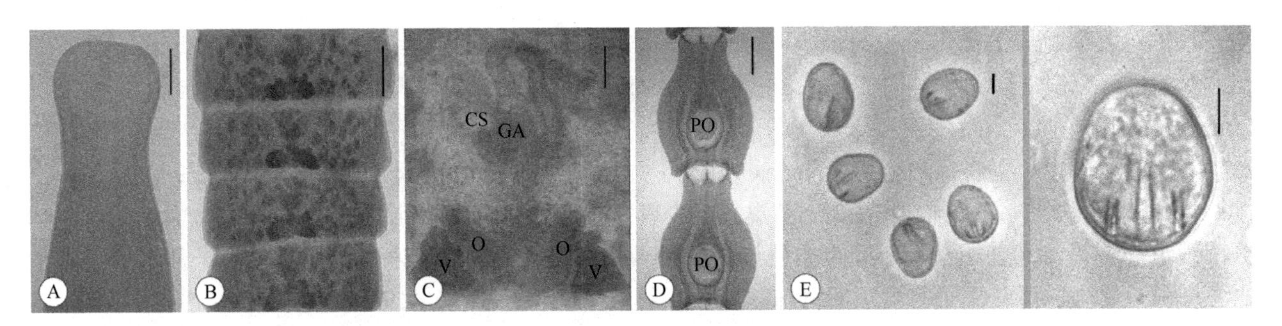

图 18-7 实验感染四盘蚴后狗小肠中检出的线性中殖孔绦虫成虫及虫卵（引自 Cho et al.，2013）
A. 头节有 4 个杯状的吸盘；B. 4 个成节；C. 成节放大观，示后部两叶的卵巢（O）和卵黄腺（V），中部卵形的阴茎囊（CS）和生殖腔（GA），以及节片两侧区滤泡状的精巢；D. 孕节具有特征性的副子宫器（PO）；E. 有六钩胚的卵。标尺：A=250μm；B=200μm；C=50μm；D=500μm；E=10μm

1b. 有科的特征；无副子宫器；子宫囊状；仅已知采自敏狐（*Vulpes macrotis*）的胆囊和胆管……………………………………………中雌亚科（Mesogyninae Chertkova & Kosupko，1977）

识别特征：链体细小，约有 60 个节片。头节有 4 个吸盘；无吻突。所有节片宽大于长。生殖器官单套。阴茎囊和阴道管在节片腹部表面中线开口入生殖腔。精巢不多，分散于背部实质中，趋向形成两侧群。卵巢两叶，位于近节片后部边缘中线处。卵黄腺横向伸长，位于卵巢后部。子宫囊状；最初可见到的为小的位于腔后的囊状结构，之后扩大占据纵渗透调节管之间的区域。卵大而量少。第一幼虫期未知；第二幼虫期明显为四盘蚴状。链体期（成体期）寄生于敏狐的胆囊和胆管。模式属（已知仅有属）：中雌属（*Mesogyna* Voge，1952）。

18.2.2.2 中雌属（*Mesogyna* Voge，1952）

识别特征：同中雌亚科的特征。模式种：肝中雌绦虫（*Mesogyna hepatica* Voge，1952）（图 18-8）。

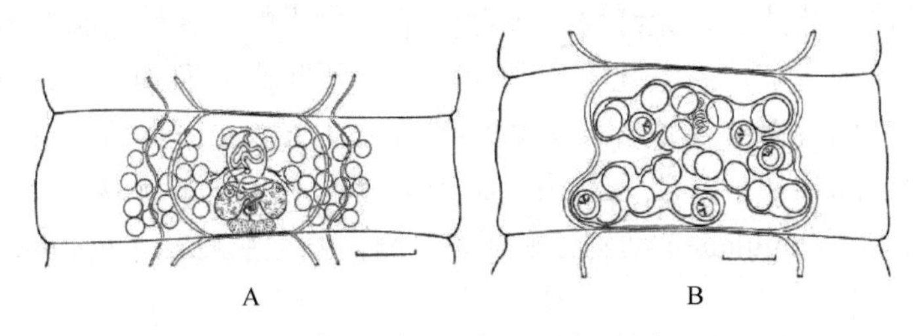

图 18-8 肝中雌绦虫副模标本结构示意图（引自 Rausch，1994）
A. 成节腹面观；B. 孕节。标尺=100μm

18.3 线带科（Nematotaeniidae Lühe，1910）

线带科（Nematotaeniidae Lühe，1910）由 Jones（1987）进行过修订。暂时认可 4 个属。其他原放在线带科的 3 个属：比尔属（*Baerietta* Hsü，1935）、六副子宫属（*Hexaparuterina* Palacios & Barroeta，1967）和线带样属（*Nematotaenoides* Ulmer & James，1976）在这里不予认可。

Jones（1987）修订前，比尔属是线带科最大的属。比尔属每个成节中有 2 个精巢与圆柱带属（*Cylindrotaenia*）（据说每节仅有 1 个精巢）相区别。Jones（1987）重新测定了这两属的模式种并注意到两属这一唯一的区别特征是无效的，因为两属的所有种类中每节都有 2 个精巢，又因没有其他区别特征，故此两属为同物异名。线带样属与线带科绦虫有共同的特征，如寄生于无尾目两栖动物并具有副子宫器（Ulmer & James，1976）。而 Jones（1987）认为线带样属与有副子宫的异带属（*Anonchotaenia*）的种类有更多共同点；尤其是两属副子宫器的结构和形成几乎无法区别。因此，Jones（1987）提出线带样属与异带属为同物异名。Palacios 和 Barroeta（1967）最初提出六副子宫属，被认为是副子宫亚科的类群。该属除具有副子宫器和寄生于无尾两栖类外，与线带科绦虫很少有共同特征，而 Schmidt（1986）仍将六副子宫属归于线带科中。Georgiev 和 Kornyushin（1994）则认为六副子宫属与宫融绦虫属（*Metroliasthes*）同义。

线带科的 4 个识别特征最初由 Douglas（1958）列出，目前仍有参考价值。略改变如下：①成体寄生于两栖类或爬行类；②每个成节有 2 个精巢（很少有 3 个的）；③未成节圆柱状无缘膜、宽大于长，外部分节现象不明显；④副子宫囊形成的类型与众不同，具有圆锥形的副子宫器，正好位于子宫近处，副子宫囊壁薄，有卵的囊从副子宫器顶部特殊区域发育而来（Jones，1987，1988）。

18.3.1 识别特征

小的长形绦虫，解离或超解离。头节有 4 个简单吸盘，没有吻突或顶器官。链体圆柱状；节片无缘膜。肌肉系统不发达；薄层的内纵肌将体分为皮质和髓质部。渗透调节管在头节形成横向的环；其他地方背管不联合；腹管由近各节片后缘的横向联合相连。生殖孔位于侧方，不规则交替。精巢 2 个，位于髓质。阴茎囊存在，扩展入髓质。阴道在阴茎囊后部或腹部。卵巢和卵黄腺实质状，位于髓质。子宫囊状，形成围绕各胚的薄膜。每节副子宫囊 2 个或更多，从锥状副子宫器官顶部的前体发育而成。成体寄生于两栖类或爬行类。模式属：线带属（*Nematotaenia* Lühe，1899）。

18.3.2 分属检索

1a. 每节 2 个副子宫囊或副子宫器……………………………………………………………………2
1b. 每节多于 2 个副子宫囊或副子宫器…………………………………………………………………3
2a. 副子宫囊由第 2 层膜包围……………………………………………………双膜属（*Bitegmen* Jones，1987）

识别特征：链体解离。节片少，无缘膜。吸盘简单，无钩棘。腹渗透调节管粗，在各节片后部由横向联合相连；背管仅见于头节。生殖孔不规则交替。生殖腔高度肌肉质。阴茎囊壁厚，近端和远端区由隔膜分开。输精管在阴茎囊中不成环。外贮精囊存在。精巢 2 个，位于背部。卵巢腹位，球状。卵黄腺在卵巢侧方。阴道远端非大量肌肉结构。副子宫器成对。副子宫囊 2 个，相对。已知寄生于北美蜥蜴目（Sauria）蛇蜥科（Anguidae）动物。模式种：侧褶蜥双膜绦虫［*Bitegmen gerrhonoti*（Telford，1965）］（图 18-9）。

2b. 副子宫囊无外膜结构包围……………………圆柱带属（*Cylindrotaenia* Jewell，1916）（图 18-10～图 18-18）
［同物异名：比尔属（*Baerietta* Hsü，1935）］

识别特征：链体解离或超解离。节片少或多，无缘膜。吸盘简单，无钩棘。腹渗透调节管粗大，在各节片后部由横向联合相连；背管不相连。生殖孔不规则交替。生殖腔轻度肌肉质。阴茎囊壁薄或厚，无隔膜分开。输精管在阴茎囊中成一环。外贮精囊不存在。精巢 2 个（极少 3 个），阴道远端非大量肌肉结构［日本圆柱带绦虫（*C. japonica*）例外］。副子宫器成对。副子宫囊 2 个，相对或前后直排。已知寄生于无尾目、有尾目、蜥蜴目［石龙蜥科（Scincidae）和壁虎科（Gekkonidae）］动物。分布于北美、南美、非洲、亚洲、澳大利亚和新西兰。模式种：美国圆柱带绦虫（*Cylindrotaenia americana* Jewell，1916）（图 18-10A～I）。

18.3.2.1 *种群检索表*

1A. 胚胎在预孕节和早期孕节中完全分为两群；副子宫器扩展为卵圆形的囊……………………………………
……………………………………………………………群Ⅲ（贾格斯扣亦德圆柱带绦虫（*C. jaegerskioeldi*）群）
1B. 胚胎保持为单群…………………………………………………………………………………………2
2A. 交配管远端为肌肉质的囊；副子宫器扩展为卵圆形的囊……………………群Ⅳ［日本圆柱带绦虫（*C. japonica*）群］

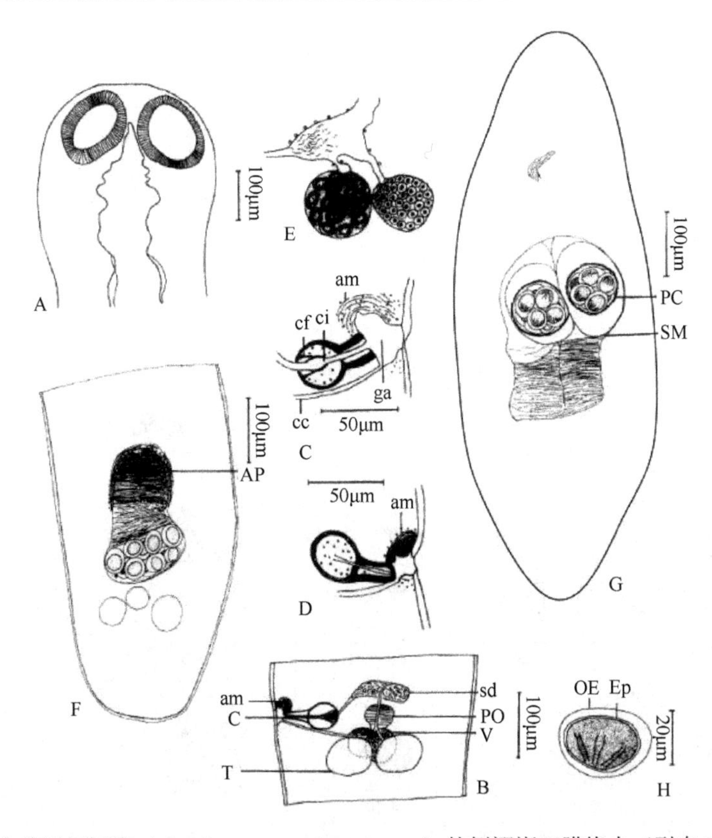

图 18-9　采自美国侧褶蜥（*Gerrhonotus rnuhicarinatus*）的侧褶蜥双膜绦虫（引自 Jones，1987）

A. 头节背面观；B. 成节背面观；C，D. 横切面上的阴茎囊和末端生殖器官；E. 横切面雌性器官；F. 预孕节侧面观；G. 孕节侧面观；H. 六钩蚴。缩略词：am. 生殖腔肌肉；AP. 副子宫器顶部；C. 阴茎囊；cc. 交配管；cf. 阴茎纤维；ci. 阴茎；Ep. 胚膜或胚托；ga. 生殖腔；OE. 外层六钩蚴膜；PC. 副子宫囊；PO. 副子宫器；sd. 输精管；SM. 次级副子宫膜；T. 精巢；V. 卵黄腺

2B. 交配管远端为非肌肉质的管；副子宫器不扩展为卵圆形的囊……3
3A. 阴茎囊有复杂的纤维壁；副子宫囊与副子宫器由一颈分开……群Ⅴ［蒙大纳圆柱带绦虫（*C. montana*）群］
3B. 阴茎囊有简单的壁；副子宫囊与副子宫器不由颈分开……4
4A. 副子宫囊通常前后直排或斜排；如果是背腹排，则阴茎有增大的微毛或棘……群Ⅱ［克里尼圆柱带绦虫（*C. criniae*）群］
4B. 副子宫囊通常背腹位；阴茎从无增大的微毛或棘……群Ⅰ［美国圆柱带绦虫（*C. americana*）群］

18.3.2.2　克里尼圆柱带绦虫（*C. criniae*）群分种检索表

1A. 副子宫囊相对……微小圆柱带绦虫（*C. minor*）
1B. 副子宫囊前后排列或斜列……2
2A. 阴茎有棘或增大的微毛……克里尼圆柱带绦虫（*C. criniae*）
2B. 阴茎不同上……3
3A. 孀虫解离；受精囊不存在；成节宽大于长……艾莉森圆柱带绦虫（*C. allisonae*）
3B. 孀虫超解离；受精囊存在；成节长大于宽，大型种……4
4A. 精巢前后排列……希克曼圆柱带绦虫（*C. hickmani*）
4B. 精巢对角排列……脱落圆柱带绦虫（*C. decidua*）

18.3.2.3　贾格斯扣亦德圆柱带绦虫（*C. jaegerskioeldi*）群分种检索表

1A. 头节显著宽于颈区……马格纳圆柱带绦虫（*C. magna*）
1B. 头节与颈区等宽……2
2A. 副子宫囊对位排列……菲劳特圆柱带绦虫（*C. philauti*）
2B. 副子宫囊对角线排列……贾格斯扣亦德圆柱带绦虫（*C. jaegerskioeldi*）

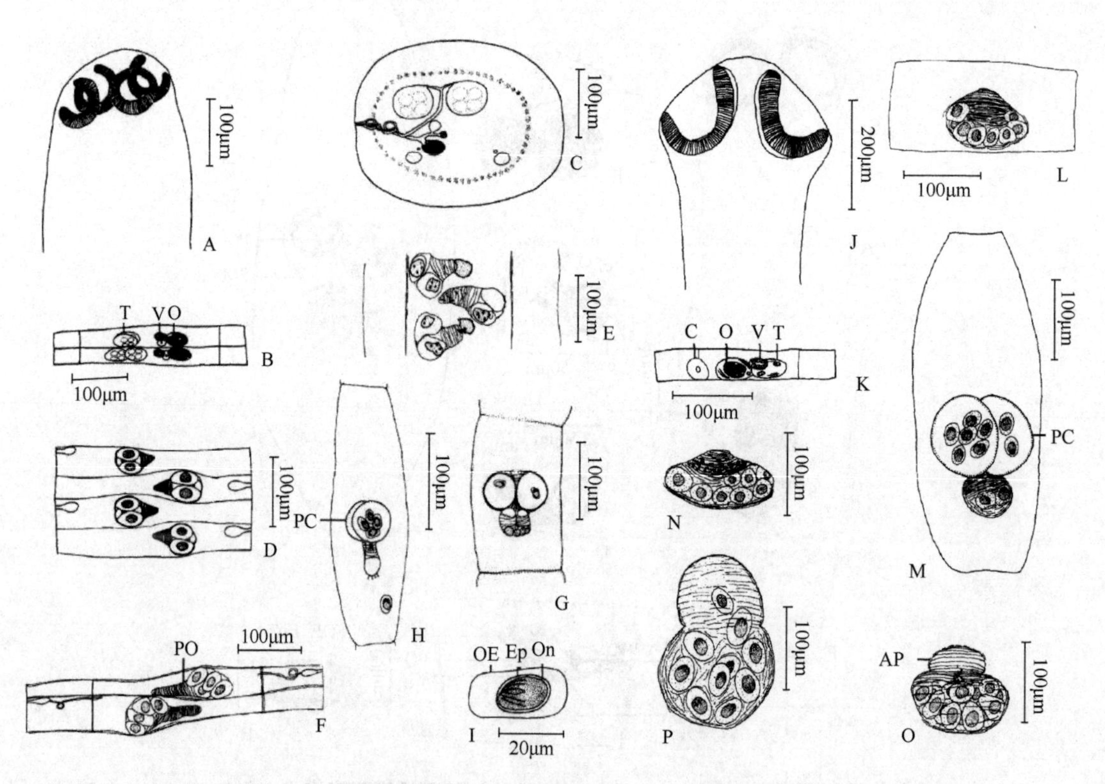

图 18-10　2 种圆柱带绦虫结构示意图（引自 Jones，1987）

A～I. 美国圆柱带绦虫：A. 采自巴拉圭二犂状泡蟾（*Physalaemus biligonigerus*）样品头节背面观；B. 选模标本成节侧面观；C. 采自秘鲁美洲巨蟾蜍（*Bufo marinus*）样品成节系列切面重构图；D. 采自美国北蟋蟀青蛙（*Acris crepitans*）样品预孕节背面观；E. 采自美国美洲豹蛙（*Rana pipiens*）预孕节纵切面；F. 采自秘鲁美洲巨蟾蜍样品预孕节背面观；G. 采自美国北蟋蟀青蛙样品孕节侧面观；H. 采自巴拉圭二犂状泡蟾样品孕节背面观；I. 采自阿根廷蟾蜍未定种(*Bufo* sp.)的六钩蚴。J～P. 采自美国爱达荷无肺螈(*Plethodon vandekai idahoensis*)的伊达霍恩斯圆柱带绦虫[*C. idahoensis*（Waitz & Mehra，1961）]组合种：J. 头节背面观；K. 倾斜的成节；L. 预孕节背面观；M. 孕节侧面观；N. 早期预孕节侧面观；O～P. 晚期预孕节背面观。缩略词：AP. 副子宫器顶部；C. 阴茎囊；Ep. 胚膜或胚托；O. 卵巢；OE. 外六钩蚴膜；On. 六钩蚴；PC. 副子宫囊；PO. 副子宫器；T. 精巢；V. 卵黄腺

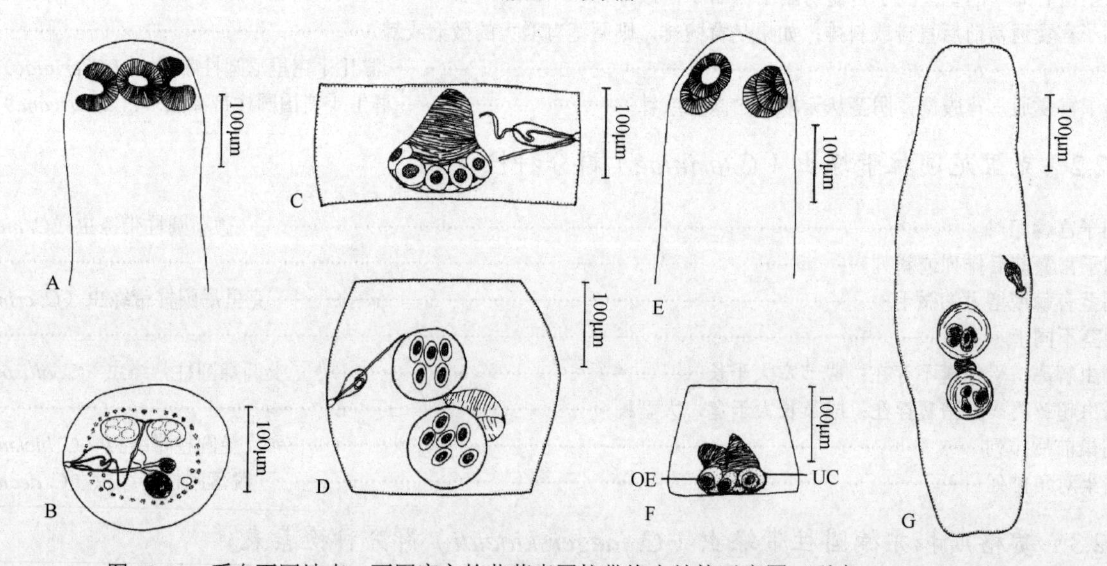

图 18-11　采自不同地点、不同宿主的艾莉森圆柱带绦虫结构示意图（引自 Jones，1987）

A～D. 采自新西兰斑武趾虎（*Hoplodactylus maculatus*）的样品：A. 头节背面观；B. 成节，系列横切重构；C. 预孕节背面观；D. 孕节侧面观。E～G. 采自澳大利亚异虎（*Heteronotia binoei*）的样品：E. 头节背面观；F. 预孕节背面观；G. 孕节背面观。缩略词：OE. 六钩蚴外膜；UC. 子宫膜

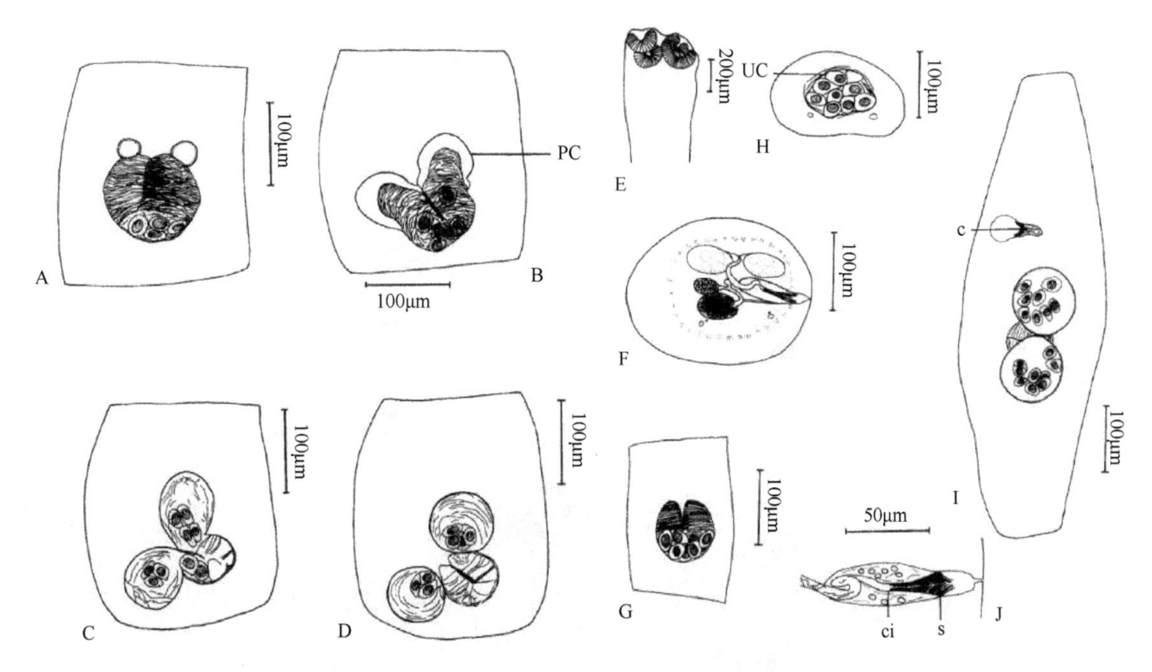

图 18-12　艾莉森圆柱带绦虫及克里尼圆柱带绦虫结构示意图（引自 Jones，1987）

A～D. 采自澳大利亚异虎的艾莉森圆柱带绦虫：A，B. 早期囊形成侧面观；C. 早期孕节背面观；D. 孕节侧面观。E～J. 采自澳大利亚塔斯黾蟾（*Ranidella tasmaniensis*）的克里尼圆柱带绦虫：E. 头节背面观；F. 成节，系列横切面重构；G. 预孕节侧面观；H. 预孕节横切，示副子宫复合体子宫区；I. 孕节背面观；J. 阴茎囊横切面。缩略词：c. 阴茎囊；ci. 阴茎；PC. 副子宫囊；s. 棘；UC. 子宫膜

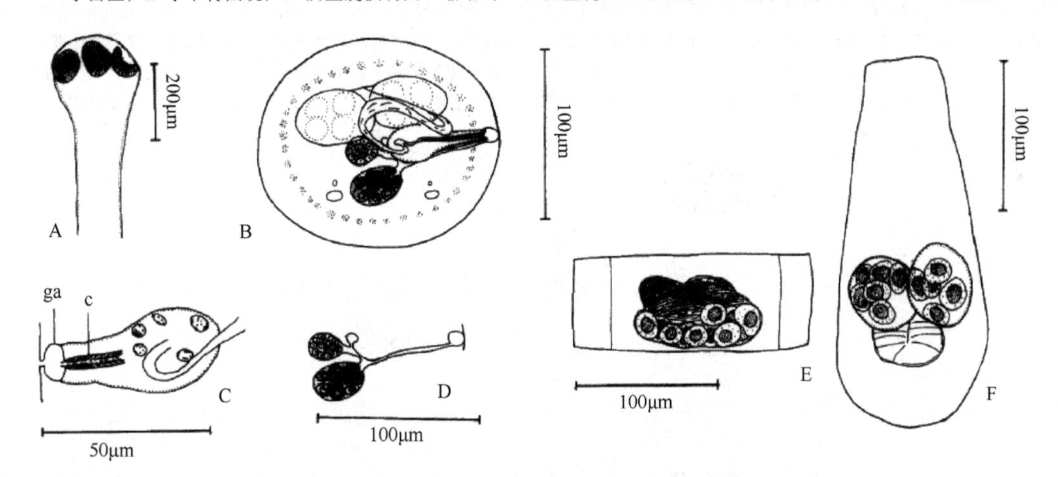

图 18-13　采自澳大利亚塔斯黾蟾的微小圆柱带绦虫结构示意图（引自 Jones，1987）

A. 头节背面观；B. 成节，系列横切重构；C. 横切阴茎囊；D. 雌性器官和性腺管，系列横切重构；E. 预孕节侧面观；F. 孕节侧面观。缩略词：c. 阴茎；ga. 生殖腔

Jones（1989）用电镜观测了希克曼圆柱带绦虫的阴茎囊结构。此种阴茎囊为复杂的器官，由肌肉、神经和上皮组织构成。肌肉形成阴茎囊壁，含有大的、与肌纤维混合的肌胞体（myocyton）。肌肉提供给囊内的腺管附着，腺管由小的肌胞体组成，并由细长的突起联系到肌纤维上。不连续的神经肌肉接头通常见于两种肌肉中。两种被识别为神经细胞（元）的细胞存在于囊中，表明此器官的活性受高水平的神经控制。阴茎覆盖有丝状、钩样和叶片样微毛。微毛间发现有纤毛感受器。表皮胞体与阴茎的近端区相连，从阴茎合胞体的胞质分泌产生物质。胞间连接类似于间隙连接，通常存在于与阴茎相连的细胞间。希克曼圆柱带绦虫阴茎囊的复杂性表明这一器官可能在研究绦虫神经肌肉生理和细胞间的相互作用中是有价值的。

3a. 副子宫成排，有 2～6 对器官；4～12 个副子宫囊丛位于节片的后半部 ····· 远对子宫属（*Distoichometra* Dickey，1921）

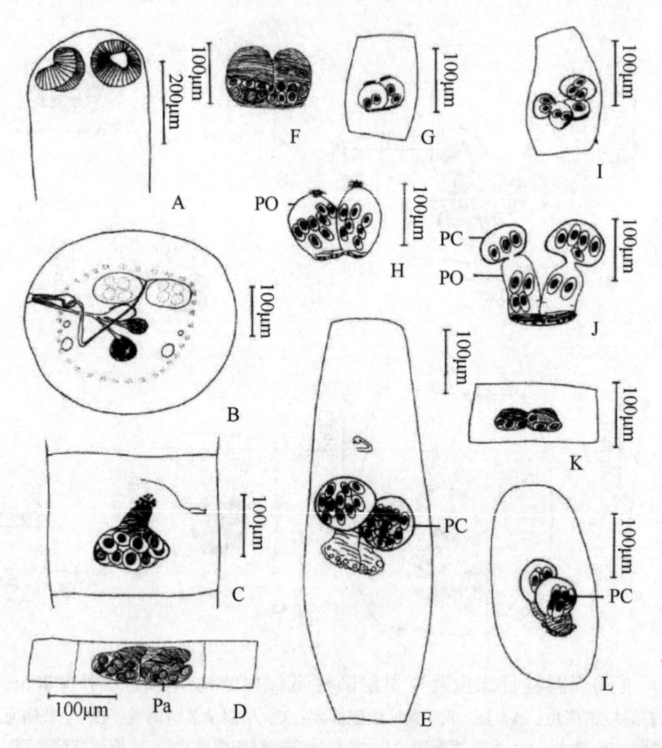

图 18-14 贾格斯扣亦德圆柱带绦虫结构示意图（引自 Jones，1987）

A. 采自乍得蟾蜍（*Bufo regularis*）样品头节背面观；B. 采自非洲侏儒变色龙（*Rhampholeon brevicaudatus*）样品成节，系列横切重构；C. 采自乍得蟾蜍样品预孕节背面观；D. 图 C 样品侧面观；E. 采自乍得蟾蜍样品孕节侧面观；F. 副子宫复合体侧面观。G，H. 采自埃塞俄比亚安哥拉蛙（*Rana angolensi*）样品晚期预孕节副子宫复合体侧面观；I，J. 采自埃塞俄比亚安哥拉蛙样品早期子宫形成侧面观；K～L. 采自日本饰纹姬蛙（*Microhyla ornata*）样品：K. 预孕节侧面观；L. 孕节背面观。缩略词：Pa. 副子宫复合体；PC. 副子宫囊；PO. 副子宫器

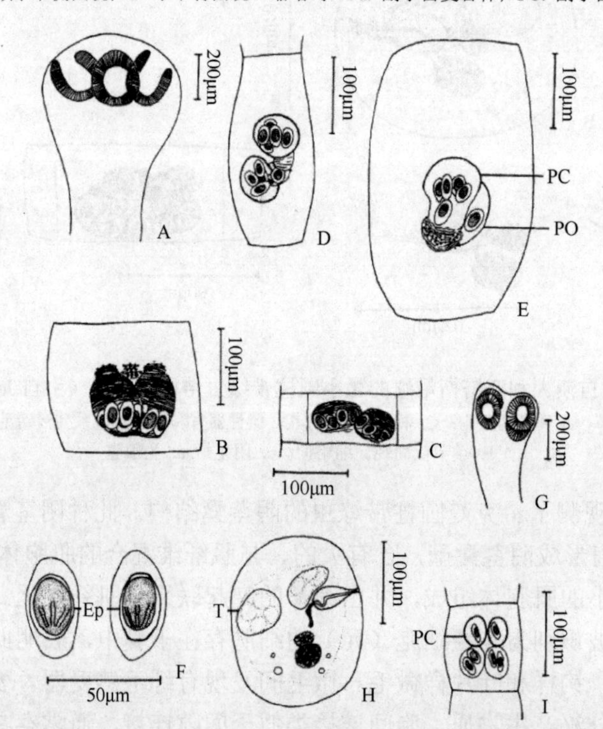

图 18-15 马格纳圆柱带绦虫和菲劳特圆柱带绦虫结构示意图（引自 Jones，1987）

A～F. 马格纳圆柱带绦虫：A，B. 采自津巴布韦非洲绿纹蛙（*Ptychadena mascareniensis*）的样品（A. 头节背面观，B. 预孕节侧面观）；C，D. 采自非洲节蛙未定种（*Arthroleptis* sp.）的样品（C. 预孕节侧面观，D. 孕节背面观）；E，F. 采自津巴布韦非洲绿纹蛙样品（E. 早期孕节背面观，F. 六钩蚴）。G～I. 菲劳特圆柱带绦虫副模标本：G. 头节背面观；H. 成节横切面；I. 早期孕节侧面观。缩略词：Ep. 胚膜或胚托；PC. 副子宫囊；PO. 副子宫器；T. 精巢

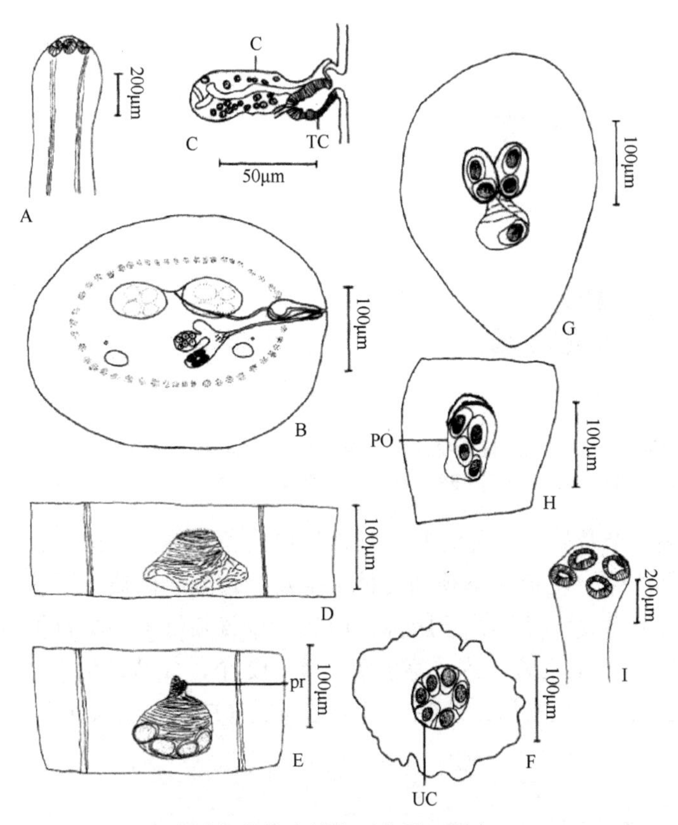

图 18-16 日本圆柱带绦虫结构示意图（引自 Jones，1987）

A. 副模标本头节背面观；B. 采自日本雨蛙（*Hyla arborea japonica*）样品成节，系列横切重构；C. 副模标本成节横切末端生殖器官；D. 副模标本预孕节背面观；E. 副模标本前孕节背面观；F. 副模标本子宫横切；G. 副模标本孕节，近背面观；H. 副模标本早期囊形成背面观；I. 采自日本多饰蛙（*Rana ornativentri*）的副模标本头节。缩略词：C. 阴茎囊；PO. 副子宫器；pr. 副子宫囊的前体；TC. 交配管的末端部；UC. 子宫囊

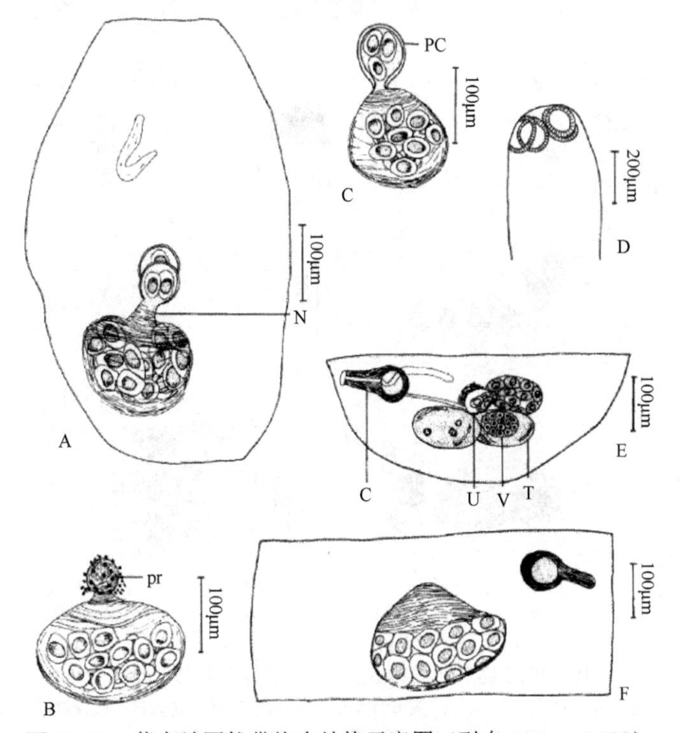

图 18-17 蒙大纳圆柱带绦虫结构示意图（引自 Jones，1987）

A. 副模标本孕节，倾斜；B. 副模标本发育中的副子宫器背面观；C. 副模标本早期卵囊的形成背面观。D～F. 采自西藏高山齿突蟾（*Scutiger alticola*）的样品：D. 头节背面观；E. 成节背面观；F. 预孕节背面观。缩略词：C. 阴茎囊；N. 颈区；PC. 副子宫囊；pr. 副子宫囊前体；T. 精巢；U. 子宫；V. 卵黄腺

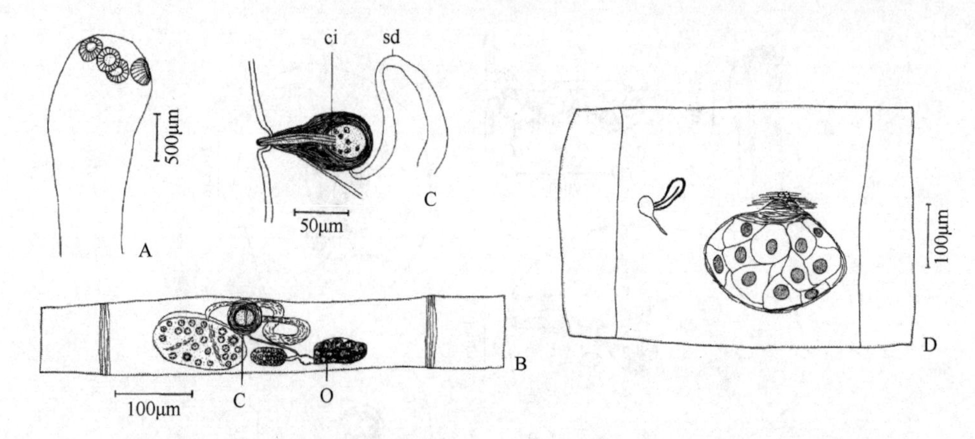

图 18-18　蒙大纳圆柱带绦虫副模标本结构示意图（引自 Jones，1987）

A. 头节背面观；B. 成节侧面观；C. 横切面示阴茎囊；D. 预孕节背面观。缩略词：C. 阴茎囊；ci. 阴茎；O. 卵巢；sd. 输精管

识别特征：链体解离。节片数多，无缘膜。吸盘简单，无钩棘。腹渗透调节管粗大，在各节片后部由横向联合相连；背管不相连。生殖孔不规则交替。生殖腔轻度肌肉质。阴茎囊壁薄，缺隔膜。输精管在阴茎囊中成一环。无外贮精囊。卵巢位于腹部，球状。卵黄腺位于卵巢背侧方。阴道远端非大量肌肉结构。副子宫器成排，有 2～6 对器官。副子宫囊每节 4～12 个，成丛地位于节片的后半部。已知寄生于无尾目和有尾目。分布于北美。模式种：蟾蜍远对子宫绦虫（*Distoichometra bufonis* Dickey，1921）（图 18-19）。

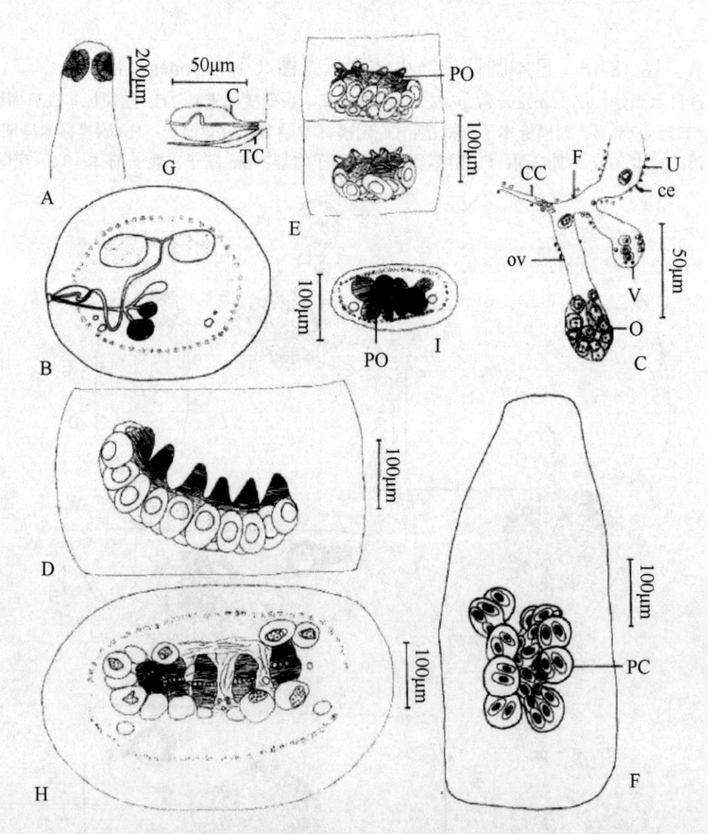

图 18-19　蟾蜍远对子宫绦虫结构示意图（引自 Jones，1987）

A～C，G. 采自美国树螈（*Aneides lugubris*）的模式标本：A. 头节背面观；B. 成节系列横切重构；C. 雌性腺和性腺导管；G. 切片示末端生殖器官。D. 采自美国蟾蜍（*Bufo boreas*）样品早期预孕节背面观；E. 采自墨西哥哈蒙掘足蟾多褶亚种（*Scaphiopus hammondii multiplicatus*）的样品晚期预孕节侧面观；F. 采自美国虎斑蟾蜍（*B. terrestris*）副选模标本孕节；H. 采自美国蟾蜍样品预孕节横切；I. 采自墨西哥哈蒙掘足蟾（*S. hammondii*）预孕节横切面。缩略词：C. 阴茎囊；CC. 交配管；ce. 细胞；F. 受精管；O. 卵巢；PC. 副子宫囊；PO. 副子宫器；TC. 交配管的末端部；U. 子宫；V. 卵黄腺

3b. 副子宫不成对；5～150 个副子宫囊分散于整个节片……………………………………线带属（*Nematotaenia* Lühe，1899）

识别特征：链体解离。节片少或多，无缘膜。吸盘简单，无钩棘。腹渗透调节管粗大，在各节片后部由横向联合相连；背管不相连。生殖孔不规则交替。生殖腔轻度肌肉质。阴茎囊壁薄，无隔膜分开。输精管在阴茎囊中成一环或多环。有或无外贮精囊。精巢 2 个，背位。卵巢位于腹部，球状。卵黄腺位于卵巢背侧方。副子宫囊每节 5～150 个，分散于整个节片中。已知寄生于无尾目、有尾目、蜥蜴目［壁虎科（Gekkonidae）］；分布于非洲、欧洲、亚洲和澳大利亚。模式种：不等线带绦虫［*Nematotaenia dispar*（Goeze，1782）］（图 18-20，图 18-21）。其他种：香岱儿线带绦虫（*N. chantalae* Dollfus，1957）（图 18-22）；雨蛙线带绦虫（*N. hylae* Hickman，1960）（图 18-23）和塔兰托线带绦虫（*N. tarentolae* López-Neyra，1944）（图 18-24）等。

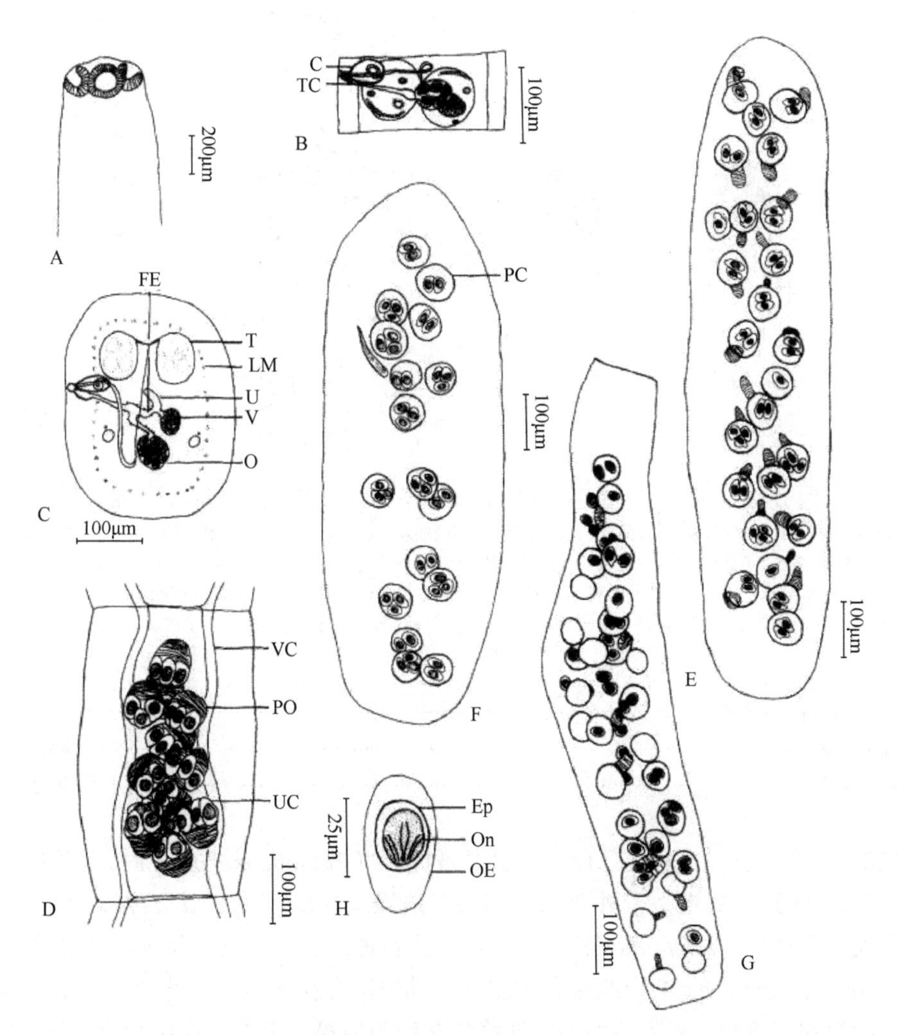

图 18-20　不等线带绦虫结构示意图（引自 Jones，1987）

A. 采自英格兰大蟾蜍（*Bufo bufo*）样品的头节；B. 采自西班牙大蟾蜍样品的成节腹面观；C. 采自法国大蟾蜍样品成节横切面重构图；D. 采自英格兰大蟾蜍样品预孕节背面观；E. 采自英格兰大蟾蜍样品孕节背面观；F. 采自法国大蟾蜍样品侧面观；G. 采自印度黑眶蟾蜍（*B. melanostictus*）孕节背面观；H. 六钩蚴。缩略词：C. 阴茎囊；Ep. 胚膜或胚托；FE. 受精管；LM. 内纵肌；O. 卵巢；OE. 外六钩蚴膜；On. 六钩蚴；PC. 副子宫囊；PO. 副子宫器；T. 精巢；TC. 交配管末端部；U. 子宫；UC. 子宫膜；V. 卵黄腺；VC. 腹排泄管

18.3.2.4　线带属绦虫分种检索表

1A. 每一孕节有 90 个以上的副子宫囊……………………………………雨蛙线带绦虫（*N. hylae*）

1B. 每一孕节少于 50 个副子宫囊……………………………………………………………2

2A. 阴茎囊长形；输精管在阴茎囊中至少两次成环……………………………香岱儿线带绦虫（*N. chantalae*）

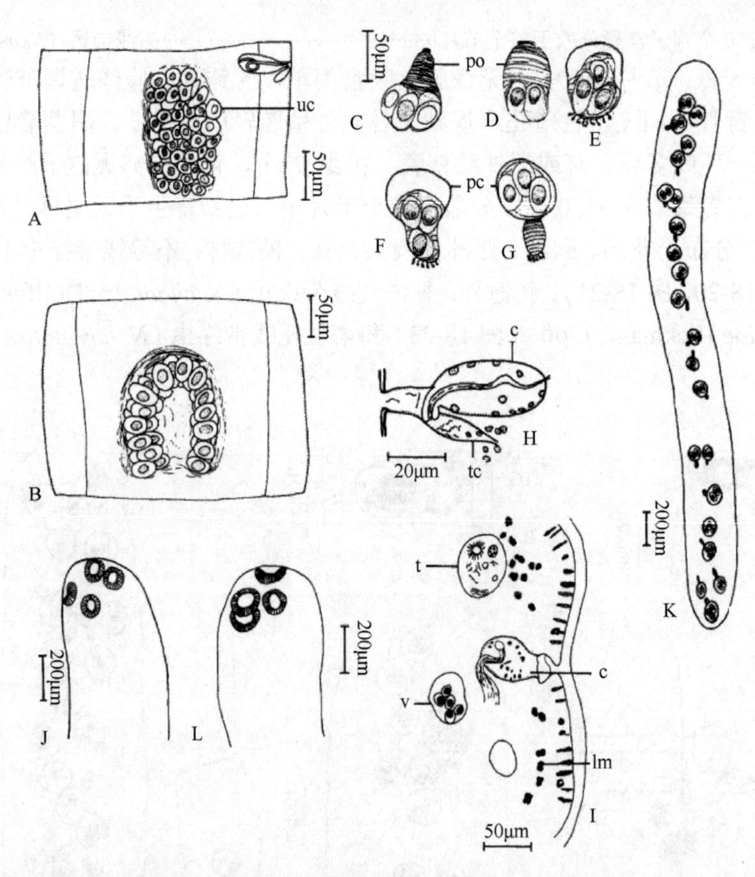

图 18-21　采自不同宿主的不等线带绦虫结构示意图（引自 Jones，1987）

A，B. 采自英格兰大蟾蜍的样品：A 早期预孕节背面观；B. 早期预孕节侧面观。C～G. 采自法国大蟾蜍的样品：C. 副子宫复合体；D. 晚期副子宫复合体；E. 早期副子宫囊；F. 副子宫囊；G. 完全发育的副子宫囊。H. 采自埃及小蟾蜍（*Bufo regularis*）样品的末端生殖器官背面观；I. 采自绿蟾蜍（*B. viridis*）的副模标本末端生殖器官横切背面观。J，K. 采自黑眶蟾蜍（*B. melanostictus*）的副模标本：J. 头节背面观；K. 孕节背面观。L. 采自突尼斯绿蟾蜍的副模标本头节背面观。缩略词：c. 阴茎囊；lm. 内纵肌；pc. 副子宫囊；po. 副子宫器；t. 精巢；tc. 交配管末端部；uc. 子宫膜；v. 卵黄腺

2B. 阴茎囊囊状；输精管在阴茎囊中一次成环……………………………………………………3

3A. 孕节的长宽比率＞2.7……………………………………………………不等线带绦虫（*N. dispar*）

3B. 孕节的长宽比率＜2……………………………………………………塔兰托线带绦虫（*N. tarentolae*）

Melo 等（2011）在检测采自东方巴西亚马孙甘蔗蟾蜍（*Rhinella marina*）时，获得一线带科绦虫种，与上述线带科属种有区别，故定为新种双阴茎朗弗雷迪绦虫（*Lanfrediella amphicirrus*）（图 18-25～图 18-29），并建立朗弗雷迪属（*Lanfrediella*），用于容纳此新种。新种为圆柱状体，有 2 个精巢和 2 个副子宫器。无法将其分配于已存在的 4 个线带科的属，因其每节存在两个位于背侧、紧密排列的髓质精巢，阴茎、阴茎囊、卵巢和卵黄腺。双阴茎朗弗雷迪绦虫是线带科第一个综合用组织学、扫描电镜和 3D 重构研究的绦虫，也是分子数据已存于基因库的第二类线带绦虫。

18.3.3　线带科（Nematotaeniidae Lühe，1910）绦虫分属检索表修订

1a. 生殖器官双群（2 精巢、2 阴茎、2 卵巢、2 卵黄腺）……………………朗弗雷迪属（*Lanfrediella* Melo et al.，2011）

1b. 生殖器官单群（1 精巢、1 阴茎、1 卵巢、1 卵黄腺）……………………………………………………2

2a. 每节 2 个副子宫囊或器官……………………………………………………3

2b. 每节多于 2 个副子宫囊或器官……………………………………………………4

3a. 副子宫囊由第 2 层膜包围……………………………………………………双膜属（*Bitegmen* Jones，1987）

3b. 副子宫囊没有被第 2 层膜包围 ………………………………………… 圆柱带属（*Cylindrotaenia* Jewell，1916）
4a. 副子宫囊为 2～6 对成排器官，在节片后半部 4～12 个副子宫囊呈簇状 …… 远对子宫属（*Distoichometra* Dickey，1921）
4b. 副子宫器官不成对；5～150 个副子宫囊或副子宫器自由分散于整个节片 ………… 线带属（*Nematotaenia* Lühe，1899）

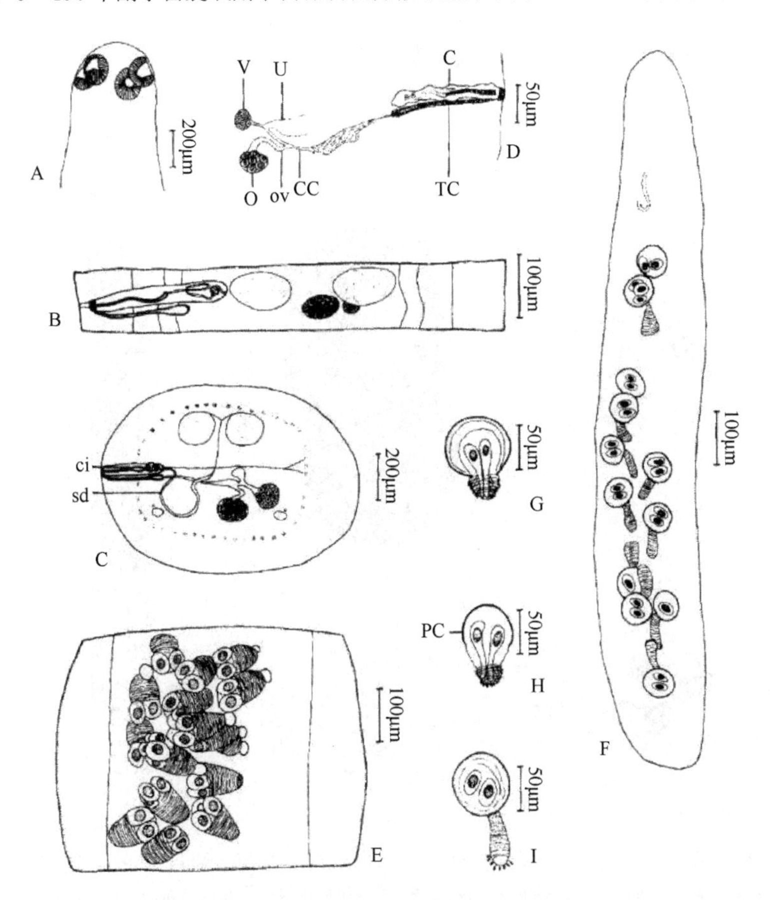

图 18-22 香岱儿线带绦虫结构示意图（引自 Jones，1987）

A，D，E. 采自摩洛哥绿蟾蜍样品；B，C，G～I. 采自摩洛哥毛里塔尼亚蟾蜍（*B. mauritanicus*）的样品；A.头节背面观；B. 成节背面观；C. 成节系列横切重构；D. 雌性管系列横切重构；E. 晚期预孕节背面观；F. 采自阿尔及利亚毛里塔尼亚蟾蜍孕节背面观；G，H. 副子宫囊形成背面观，注意副子宫细胞有棘样外观；I. 完全发育的副子宫囊背面观。缩略词：C. 阴茎囊；CC. 交配管；ci. 阴茎；O. 卵巢；ov. 输卵管；PC. 副子宫囊；sd. 输精管；TC. 交配管末端部；U. 子宫；V. 卵黄腺

Swiderski 和 Tkach（1997b）研究了不等线带绦虫副子宫器官和副子宫囊的分化和超微结构（图 18-30），区分出了实质起源、子宫起源和胚胎起源三型卵保护性膜。实质膜起源于变形的髓实质，表现为副子宫器和副子宫囊。在前孕节中由细长的肌细胞体、肌纤维和膜质无核细胞突起构成，含有大量的脂滴和一些钙小体细胞。这些细胞组分由丰富的细胞外基质相互隔离开来，细胞外基质主要由细丝埋于电子透明的基质中构成。孕节中的副子宫囊外由一典型的髓实质包围，并衬有一层结缔组织。副子宫器和副子宫囊表现为相似的超微结构。在它们形成过程中，所有的细胞组分进行广泛的扁平化，伴随着细胞退化，同时细胞/细胞外基质（CE/ECM）降低。在晚期孕节中，副子宫囊壁很厚，由膜片层组成，有大量脂滴，可使细胞质层凸出。

副子宫器与副子宫囊的功能主要有 2 个：保护卵及卵的包装。副子宫囊相对致密的层状结构物性质由肌纤维和周围组织中的钙小体加强，这与卵对干旱的抗性和一般的耐受性有关。同时，几个卵包装到副子宫囊特殊的保护性组织中有利于集群感染中间宿主和随后的终末宿主。在陆生的生活史中，与延长卵的成活期有关。

与同科希克曼圆柱带绦虫相比较，两者的副子宫器和副子宫囊有相似性，同时也存在一些区别，表现在：不等线带绦虫副子宫器与子宫分离相对早；当副子宫器已自由分散于髓实质中，仅一些子宫残余

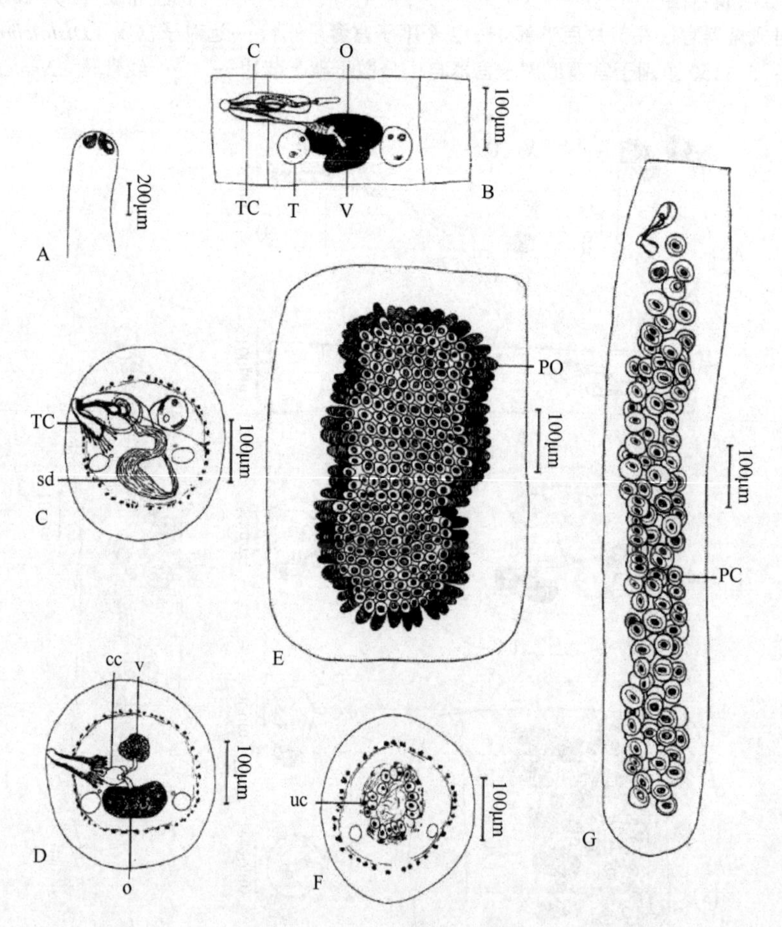

图 18-23　采自澳大利亚的雨蛙线带绦虫结构示意图（引自 Jones，1987）

A. 采自昆士兰趾蹼雨滨蛙（*Litoria latopalmata*）样品的头节背面观；B. 采自趾蹼雨滨蛙样品成节背面观，有成熟的卵巢和退化的精巢。C，D. 采自棕树蛙（*Litoria ewingii*）的副模标本：C. 雄性腺系列横切重构图；D. 雌性腺系列横切重构图。E. 采自昆士兰趾蹼雨滨蛙样品预孕节纵切面背面观；F. 采自塔斯马尼亚棕树蛙副模标本早期预孕节横切；G. 采自棕树蛙副模标本孕节背面观。缩略词：C. 阴茎囊；CC. 交配管；O. 卵巢；PC. 副子宫囊；PO. 副子宫器；sd. 输精管；T. 精巢；TC. 交配管末端部；UC. 子宫膜；V. 卵黄腺

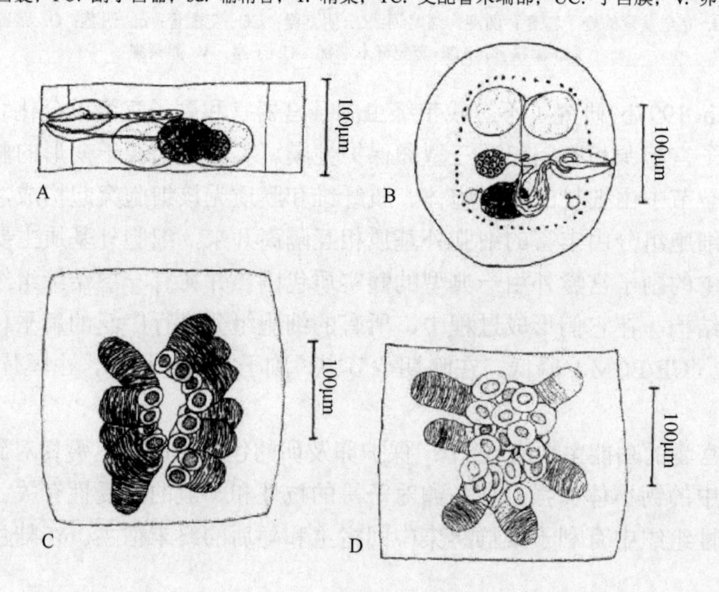

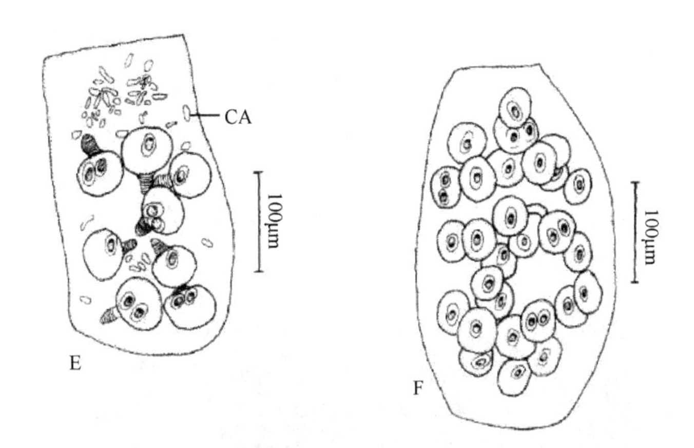

图 18-24 采自摩洛哥毛里塔尼亚蟾蜍的塔兰托线带绦虫结构示意图（引自 Jones，1987）
A. 成节腹面观；B. 成节，系列横切重构；C. 预孕节侧面观；D. 早期预孕节侧面观；E，F. 孕节背面观。缩略词：CA. 钙小体

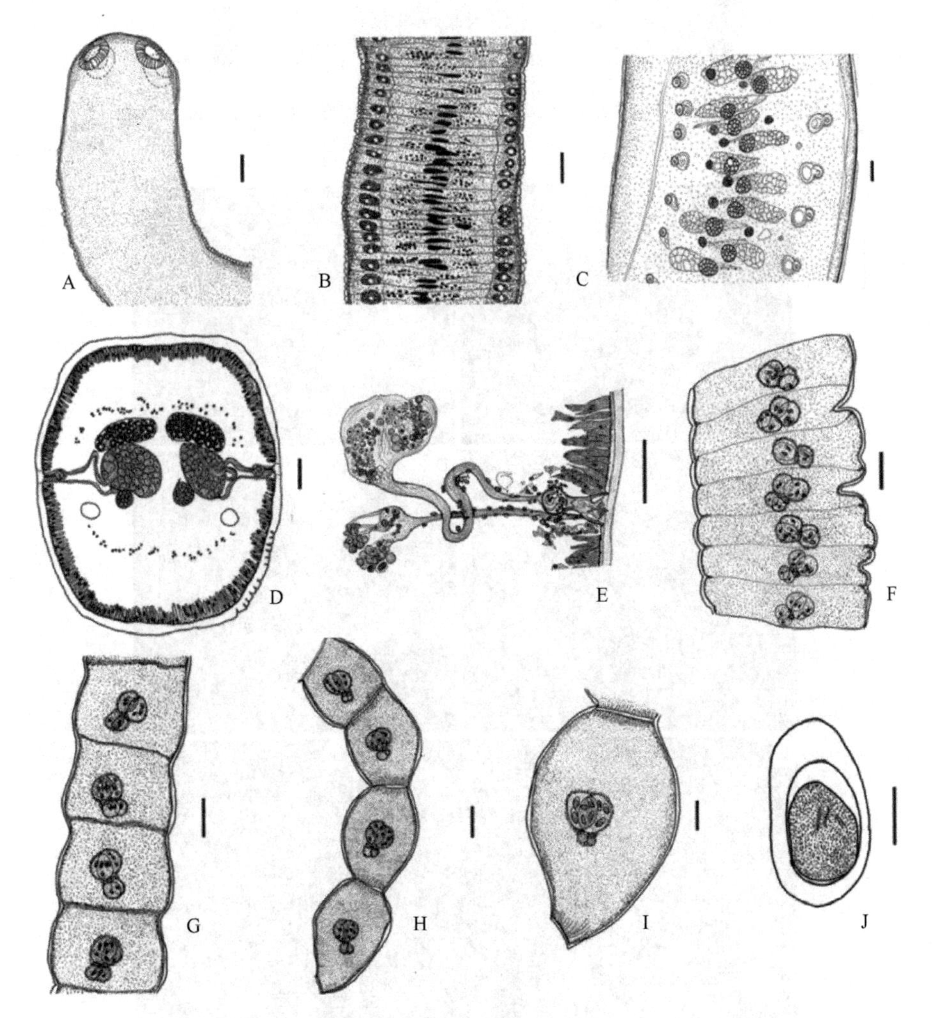

图 18-25 双阴茎朗弗雷迪绦虫结构示意图（引自 Melo et al.，2011）
A. 头节背腹面观；B. 未成节背腹观；C. 成节；D. 成节横切，示 2 组生殖器官和 2 个阴茎囊；E. 阴茎囊重构，有阴茎，示生殖腔；F. 前孕节，示分节起始区；G. 孕节，示副子宫囊和可见的分节现象；H. 后端部，示孕节；I. 孕节细节，可以观察到每节 2 个副子宫囊；J. 卵细节，示外膜、胚托和六钩蚴。标尺 A=100μm；B～E，I=50μm；F～H=100μm；J=30μm

可能观察到时，副子宫囊开始发育。当子宫几乎完全解体时，卵从副子宫器进入副子宫囊。相对，希克曼圆柱带绦虫的副子宫囊发育时副子宫器仍连接到子宫上，卵从子宫经过副子宫器进入副子宫囊。3 种器

官（子宫、副子宫器和副子宫囊）同时存在、同时起作用，子宫解体相对较晚。在不等线带绦虫中，副子宫器的残余部分在完全发育的孕节中仍附着于各囊上，而在希克曼圆柱带绦虫，当所有的卵到达副子宫囊后，副子宫器进行性地完全解体了。两者的差异还在于每节副子宫器和副子宫囊的发生数目（希克曼圆柱带绦虫为 2 个，不等线带绦虫为 15～25 个或更多），以及每个囊中的卵数目（希克曼圆柱带绦虫为 5～17 个，不等线带绦虫为 6～7 个）。这些特征在分种上有一定意义。此外，两者在副子宫囊壁的厚度和脂的分布上也有一些微小的差异。

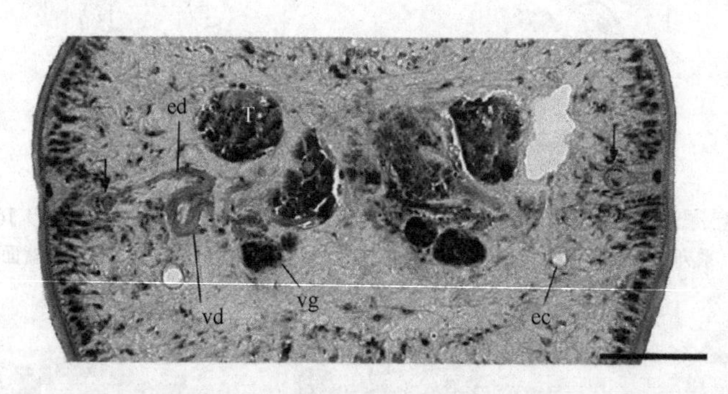

图 18-26　双阴茎朗弗雷迪绦虫成节横切面结构（引自 Melo et al.，2011）

缩略词：ec. 排泄管；ed. 射精管；T. 精巢；vd. 卵黄管；vg. 卵黄腺；箭头指 2 个阴茎囊。标尺=100μm

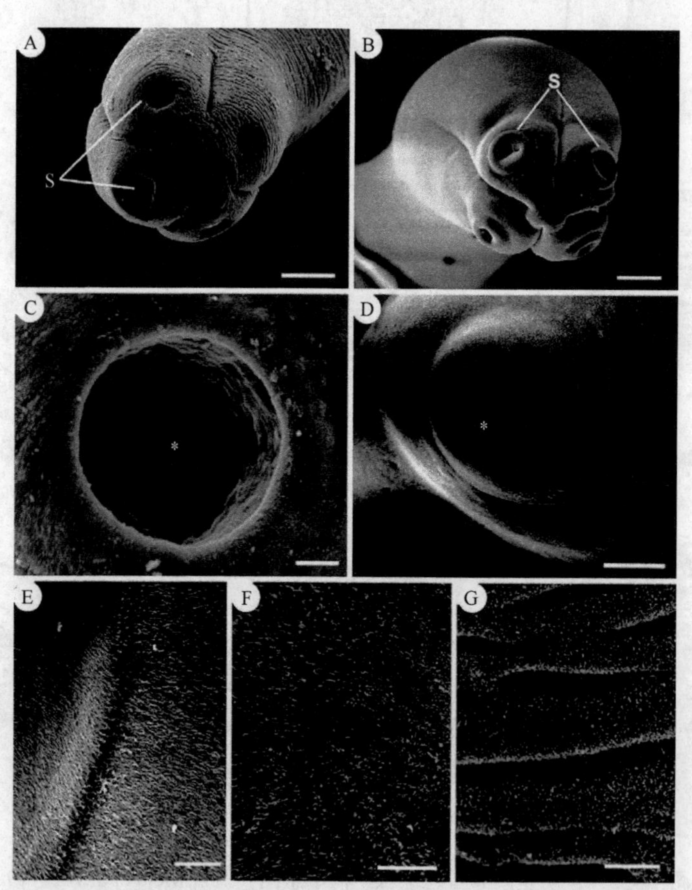

图 18-27　双阴茎朗弗雷迪绦虫的扫描结构（引自 Melo et al.，2011）

A. 放松的头节一般形态，示吸盘（S），无吻突或顶器官；B. 收缩的头节全面观，示此时吸盘的形态；C. 收缩的头节上吸盘的内部（*）细节，注意无棘或任何其他结构；D. 收缩的头节上吸盘的内部（*）细节；E. 近吸盘边缘微毛细节；F. 未成节上的微毛细节；G. 成节上的微毛细节。标尺：A，B，D=100μm；C，E～G=10μm

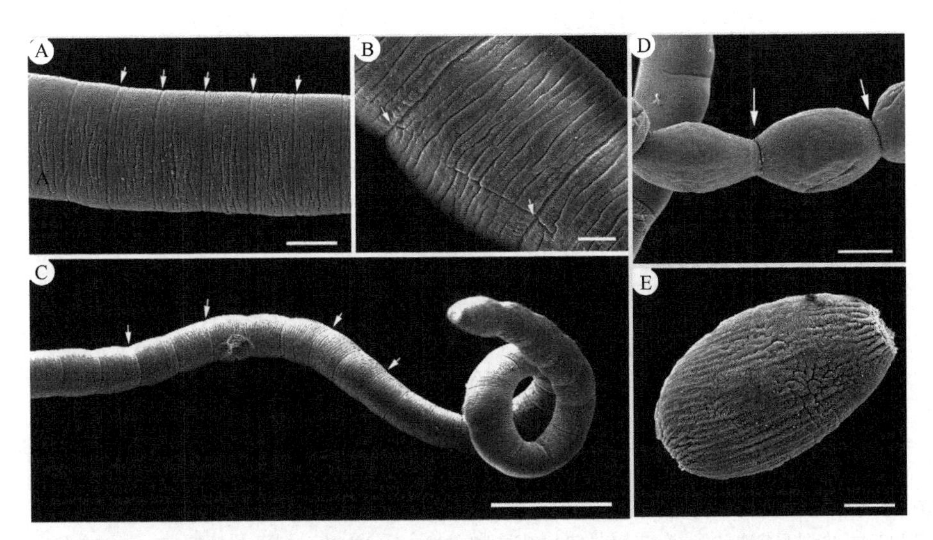

图 18-28 双阴茎朗弗雷迪绦虫的成节和孕节表面扫描结构（引自 Melo et al.，2011）

A. 成节，示分节（箭头）；B. 链体中看到的孕节，可以观察分节（箭头）；C. 链体后部，示孕节的分节（箭头）；D. 虫体末端部，示孕节之间的收缩（箭头）；E. 分离的孕节，示椭圆的形态。标尺：A，B，D=100μm；C=400μm；E=50μm

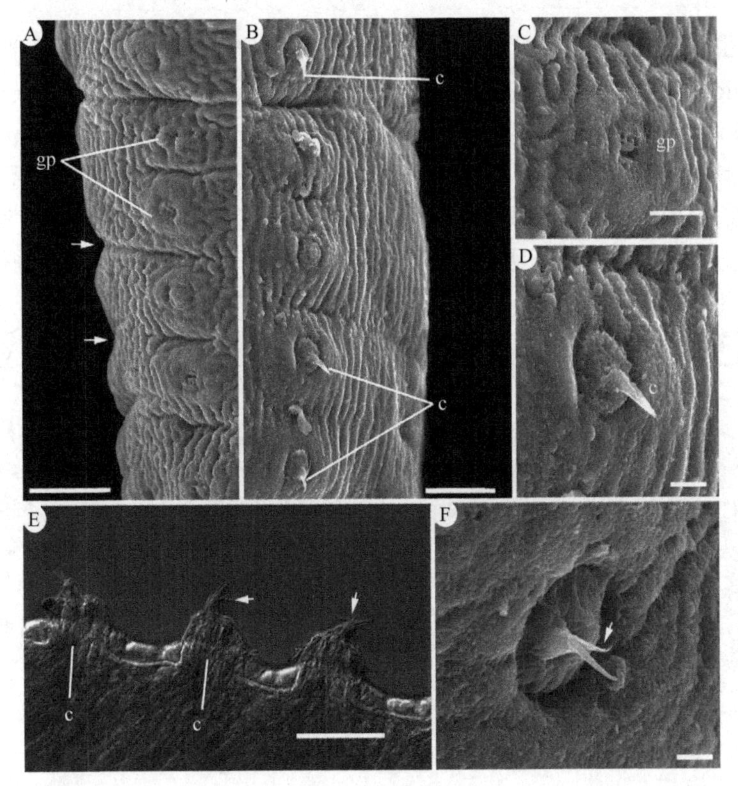

图 18-29 双阴茎朗弗雷迪绦虫成节扫描和鉴别干涉对比（DIC）显微结构（引自 Melo et al.，2011）

A. 成节侧面观，示分节（箭头）和生殖孔（gp）；B. 图 A 节片对面观，示生殖孔和部分向外的阴茎（c）；C. 图 A 生殖孔区放大；D. 图 B 成节中观察到的阴茎（c）细节；E. 最佳聚焦结合服务软件获得的成节鉴别干涉对比图，示具很多棘（箭头）的阴茎外翻；F. 部分外翻的阴茎。标尺：A=26μm；B=20μm；C=10μm；D=5μm；E=100μm；F=3μm

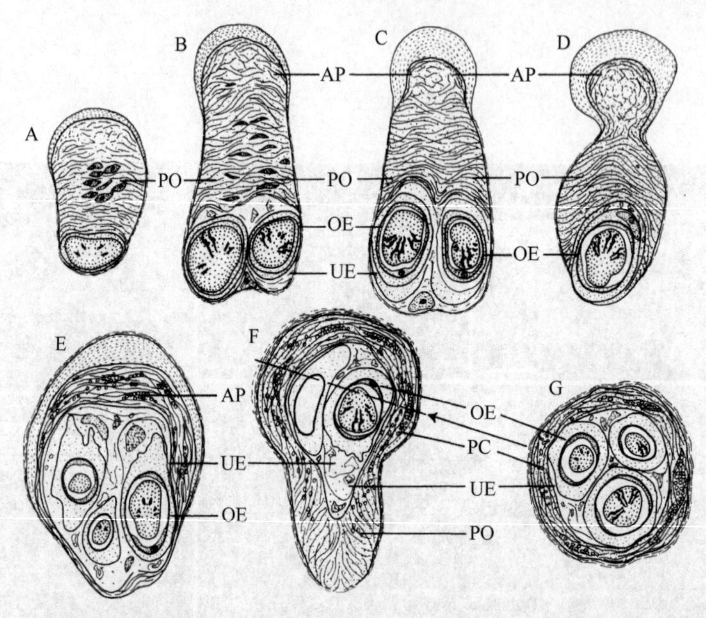

图 18-30 不等线带绦虫副子宫器和副子宫囊发育的连续期结构示意图（引自 Swiderski & Tkach，1997b）

注意卵移到副子宫器顶部并逐渐被层状物包围。A～E. 前孕节中观察到的情况：A，B. 副子宫器形成早期，有一中央核集聚（A），随后变为分散扁平的核（B）；C，D. 在副子宫器（PO）顶部（AP）副子宫囊形成的早期，注意核消失，活跃的卵运动导致紧密组织层的明显增厚和副子宫器的进行性内陷；E. 副子宫囊形成的晚期具有卵和副子宫器的内陷部；F，G. 纵切（F）和横切（G）孕节，示成熟的副子宫囊。横切面水平由箭头显示于分图 F，注意卵由一厚壁副子宫囊（PC）包围，以及副子宫器的残余部位于囊的一极。其他缩略词：OE. 六钩蚴套膜；UE. 子宫套膜

比较不等线带绦虫和中殖孔科的线性中殖孔绦虫的副子宫器及副子宫囊的起源、分化与功能性结构，林斯顿科的（linstowiid）安乐蜥巢瓣绦虫（*Oochoristica anolis*）或鬣蜥巢瓣绦虫（*O. agamae*）的子宫卵囊，裸头科的（anoplocephalid）马达加斯加无刺帽绦虫（*Inermicapsifer madagascariensis*）的实质卵囊，表明这些种中相应层具有同源性和相似性。所有这些结构都源于变形的髓实质。不同科的这些结构示意图如图 18-31 所示：实质源的卵膜在细微结构上表现出很大的变异，除了它们自身发育的变化无常，它们也可能与胚膜相关，且子宫起源甚至更进一步与胚膜的起源相混。在所有这些例子中，髓实质的分

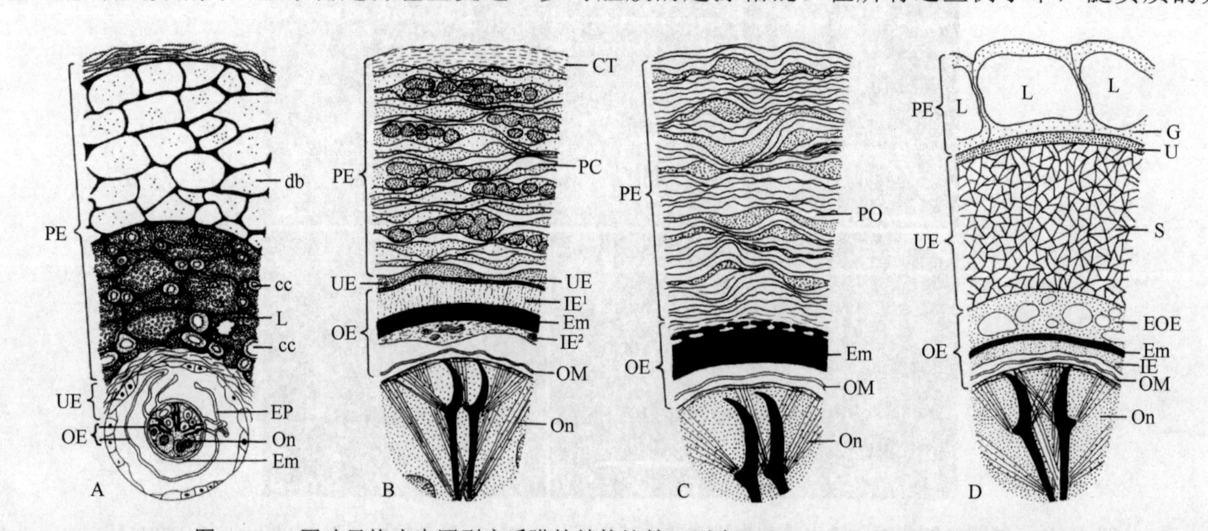

图 18-31 圆叶目绦虫中四型实质膜的结构比较（引自 Swiderski & Tkach，1997b）

A. 马达加斯加无刺帽绦虫的实质囊；B. 不等线带绦虫的副子宫囊；C. 线性中殖孔绦虫的副子宫器；D. 安乐蜥巢瓣绦虫和鬣蜥巢瓣绦虫的有变形的实质子宫囊，注意线性中殖孔绦虫的副子宫器和不等线带绦虫的副子宫囊间的相似性，同时注意实质的相对厚度、密度和六钩蚴膜之间的差异。缩略词：cc. 钙小体；CT. 紧致组织；Em. 胚托；EOE. 卵外膜；G. 糖原丰富的实质肌细胞体；IE. 内膜；IE¹. 内膜的周膜（=胚托外的）层；IE². 内膜的内膜（=胚托内的）层；L. 脂滴；OE. 六钩蚴套；OM. 六钩蚴膜；On. 六钩蚴；PC. 副子宫囊；PE. 实质套；PO. 副子宫器；S. 推断的子宫分泌物；U. 子宫上皮；UE. 子宫套膜

化有一个初步的类似的模式，包括细胞的降解和 CE/ECM 的降低。而随后急剧的转型产生的实质膜，在不同种中看上去可能完全不同且含有不同的层。在马达加斯加无刺帽绦虫孕节中，成熟六钩蚴 6～10 个一群分布，由变形的实质组织和子宫上皮构成的实质膜包围，由以下几层构成：①纤维层；②凝胶状的 PAS 阳性层；③厚的实质层，含有大量脂滴和细胞源的钙小体。在不等线带绦虫中，2～6 个六钩蚴组成的群由厚壁的副子宫囊包围，副子宫囊由致密堆叠的膜界伸长的细胞突起构成，含大量脂滴和一些钙小体细胞，由胞外基质分隔开。该实质囊的外部由一不连续的实质组织层相衬。线性中殖孔绦虫副子宫器壁的组织发生过程中，细胞突起广泛扁化，随后细胞退化，伴随 CE/ECM 的降低。鬣蜥巢瓣绦虫和安乐蜥巢瓣绦虫各子宫卵囊由合胞体的子宫上皮组成，有些似乎是其分泌产生的物质贮存在腔中。各囊围住 1 个卵并由变形的髓实质（含丰富糖原和大脂滴的胞质）所包围。由此可见副子宫器和副子宫囊也可作为分类的依据。

Swiderski 和 Tkach（1997c）还研究了不等线带绦虫胚钩形成的超微结构（图 18-32A～F）。胚钩原基出现于前六钩蚴的早期，为 6 个胚钩形成细胞或称钩胚。各钩原基位于核内陷部位附近，由大量的游离核糖体、线粒体和扩展的高尔基区包围。同时钩原基伸长并转型为有刃、卫和基部的钩，钩物质分化为电子致密的皮质部和不很致密的、内部晶体样核心。成熟钩的刃从六钩蚴突起，由一环状的、分隔的桥粒和各边 2 个刚硬、致密环围绕。将此六钩蚴及钩的形态发生与先前观测的两种圆叶目绦虫：马达加斯加无刺帽绦虫和细体链带绦虫（*Catenotaenia pusilla*）的胚钩发育进行了比较，结果表明，3 种绦虫胚钩发育的主要区别在于：①在不等线带绦虫和马达加斯加无刺帽绦虫的早期钩胚阶段，核仁崩解，而在细体链带绦虫中核仁不崩解；②马达加斯加无刺帽绦虫的特征是在伸长的钩原基（角化活性区）中有电子致密的“条痕”，而在不等线带绦虫和细体链带绦虫中缺乏；③不等线带绦虫的六钩蚴钩的钩胚围绕着柄退化收缩，有突出的刃部和基部，而在细体链带绦虫和马达加斯加无刺帽绦虫中没有围绕着钩的基部和柄的描述；④不等线带绦虫和马达加斯加无刺帽绦虫成熟六钩蚴钩的晶体样组织形式不同于细体链带绦虫的均质中央核心物质。

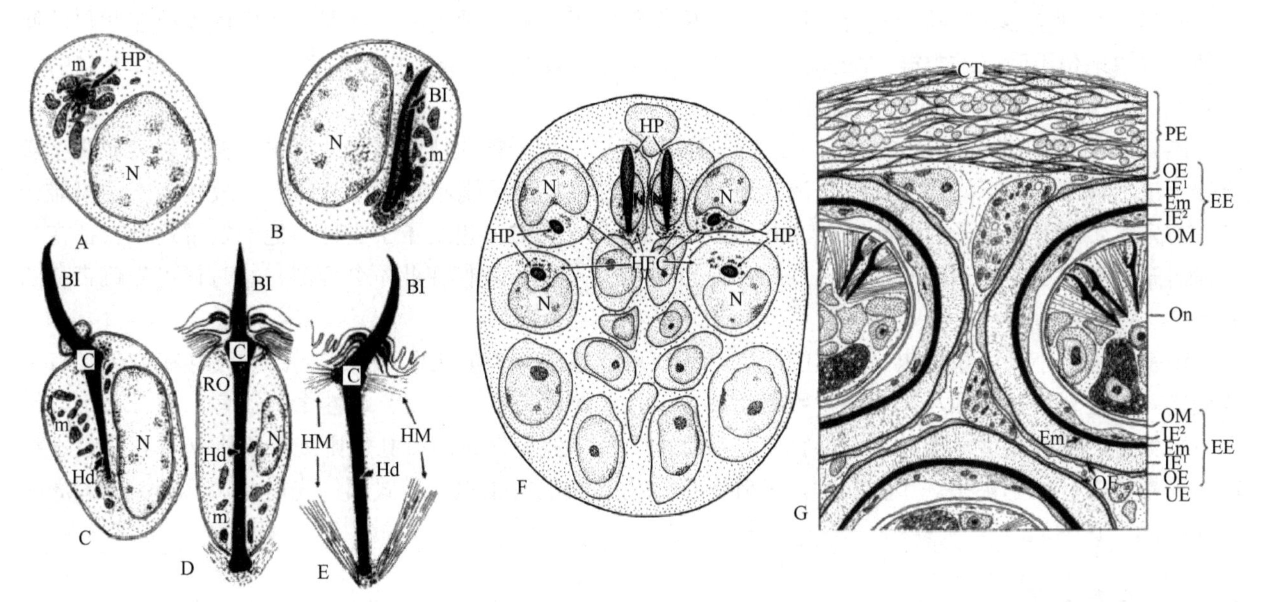

图 18-32 不等线带绦虫胚钩形成期胚胎的一般结构示意图（引自 Swiderski & Tkach，1997c）

A～E. 钩发育连续期示意图：A. 早期钩胚有钩原基形成；B. 早期钩胚有细胞间的轮廓；C. 晚期钩胚有突出向外的刃和早期柄的形成；D. 晚期退化的钩胚有柄和基部完成的轮廓；E. 成熟的六钩蚴钩，由刃部、卫部和基部组成。F. 六钩蚴形成过程，示 6 个钩形成细胞和有分化的钩原基钩胚和两侧对称的胚团类型；G. 孕节副子宫囊的微细结构示意图，示胚周膜、子宫和胚膜的复杂结构。缩略词：BI. 钩刃；C. 钩卫；CT. 结缔组织；EE. 胚膜或六钩蚴膜；Em. 胚膜或胚托；Hd. 钩柄或钩锚；HFC. 钩形成细胞或钩胚；HM. 钩的肌肉；HP. 钩原基；IE. 内膜；IE^1. 内膜的外胚膜（外质膜）；IE^2. 内膜的内层（内胚膜）；m. 线粒体；N. 核；OE. 外膜；OM. 六钩蚴膜；On. 六钩蚴；PE. 胚周膜；UE. 子宫膜残余；RO. 退化的胚囊

Swiderski 和 Tkach（1997a）同期还研究了不等线带绦虫六钩蚴和子宫膜的分化的超微结构（图18-32G）：不等线带绦虫感染性卵的六钩蚴膜包括外膜有 2 亚层、内膜有纤维状的胚膜和 2 个细胞质亚层及六钩蚴膜。它们从 3 个初级胚膜（囊、外膜和内膜）分化而来。子宫膜由围绕着囊的子宫表皮细胞的突起围绕着早期胚胎形成，晚期很快退化；有些结构组分在孕节中仍然可见，像扁平的核周体，有出现固缩的胞核、分叶的核，残余的膜结构细胞碎片通常位于卵之间。下列六钩蚴膜分化的超微结构特征似乎是不等线带绦虫特有的：①完全成熟的卵缺外囊或壳；②2 层的外膜结构和 3 层的内膜结构；③钩区膜的缺失可能由其早期崩解导致；④小囊或“窝”的存在，整合入内膜；⑤内膜的外层存在致密堆叠的线粒体；⑥卵成熟过程中内膜的内外层中线粒体和游离核糖体的变化；⑦在发育的卵中，可能的线粒体和游离核糖体通过胚膜孔的通路。

18.4　先雌带科（Progynotaeniidae Fuhrmann，1936）

先雌带科（Progynotaenidae）[后由 Burt（1939）修订为 Progynotaeniidae] 由 Fuhrmann（1936）提出并分为 2 个亚科：先雌带亚科（Progynotaeniinae）含先雌带属（*Progynotaenia* Fuhrmann，1909）、前先雌带属（*Proterogynotaenia* Fuhrmann，1922）和弱带属（*Leptotaenia* Cohn，1901）；雌雄带亚科（Gynandrotaeniinae）含雌雄带属（*Gynandrotaenia* Fuhrmann，1936）。这些属中有些因为缺乏阴道孔，先前放在无孔科（Acoleidae）中。Fuhrmann 认为它们都表现出明显的先雌性：雌性器官在雄性器官前发育和成熟，应当从无孔科中分出来放在先雌带科。随后该科又加入了 3 个属，分别是安德里雌带属（*Andrepigynotaenia* Davies & Rees，1947）、托马斯带属（*Thomasitaenia* Ukoli，1965）和副前先雌带属（*Paraprogynotaenia* Rysavy，1966），全寄生于鸟类。安德里雌带属原始的描述是没有吻突钩，但 Williams（1960）在新收集的材料中发现有两轮吻突钩。

Baer（1940）提出此科的建立需要进一步研究。Wardle 和 Mcleod（1952）不认可此科，并基于生理而不是形态基础建立科，认为只有当该生理现象仅局限于此科的种类时才合理。他们认为放在此科的属是圆叶目中地位不明确的类群。Yamaguti（1959）认可此科及 Fuhrmann 提出的 2 个亚科。Schmidt（1970，1986）认可科中的属但不认可分离的亚科。

Ryzhikov 和 Tolkacheva（1981）指出安德里雌带属类似于前先雌带属，两属很相似，仅前属阴茎囊背位于渗透调节管而后者阴茎囊位于渗透调节管之间，这样的区别不足以区分两属，故认为安德里雌带属为前先雌带属的同物异名。此观点 Schmidt 和 Canaris（1992）也给予了支持，他们发现这一特征在马库斯前先雌带绦虫（*Proterogynotaenia marcusae*）中是可变的。我们在此不分亚科，暂时认可先雌带科的 6 个属。

识别特征：小到中型绦虫，有弱的肌肉。头节可能或未分为前头区和后头区。吻突存在或无，有钩或无钩。雌性器官发育很早。前雌生殖器官：各节片雌雄同节或一节仅含雌性生殖器官，另一节仅含雄性生殖器官，规则交替。雄性生殖器官仅在后部的节片中完全发育。雄孔规则或不规则交替。阴道不存在。受精囊大，位于中央。子宫囊状，分叶。已知为鸟类的寄生虫。模式属：先雌带属（*Progynotaenia* Fuhrmann，1909）。

18.4.1　分属检索

1a. 雄性和雌性节片分开，规则交替 ························ 2

1b. 雌雄同节 ························ 3

2a. 头节分为有具钩吻突的前头区和具有有钩吸盘的后头区 ························ 雌雄带属（*Gynandrotaenia* Fuhrmann，1936）

识别特征：小型绦虫，节片可多达 19 节，头节后的第 1 个节片总是雌性，链体最后的节片通常为雄性。头节相对大，前头区圆屋顶状，可缩入后头区中。吻突可收缩，有 6 个钩组成的一轮钩。雄孔开于侧方近节片后部边缘，在连续的雄性节片中不规则交替。阴茎囊大，含有前列腺细胞，阴茎基部具棘。精巢数目多。卵巢分叶，占据髓质的大部分区域。卵黄腺实质状，横向伸长，位于近节片后部边缘。子宫表现为最初的中央纵向管，孕时为有侧支的囊状。受精卵在卵巢和卵黄腺之间发育、变大，很快退化。卵卵形，有弯曲的极突在紧贴的内膜上。已知寄生于火烈鸟，全球性分布。模式种：斯坦默雌雄带绦虫（*Gynandrotaenia stammeri* Fuhrmann，1936）（图 18-33A）。

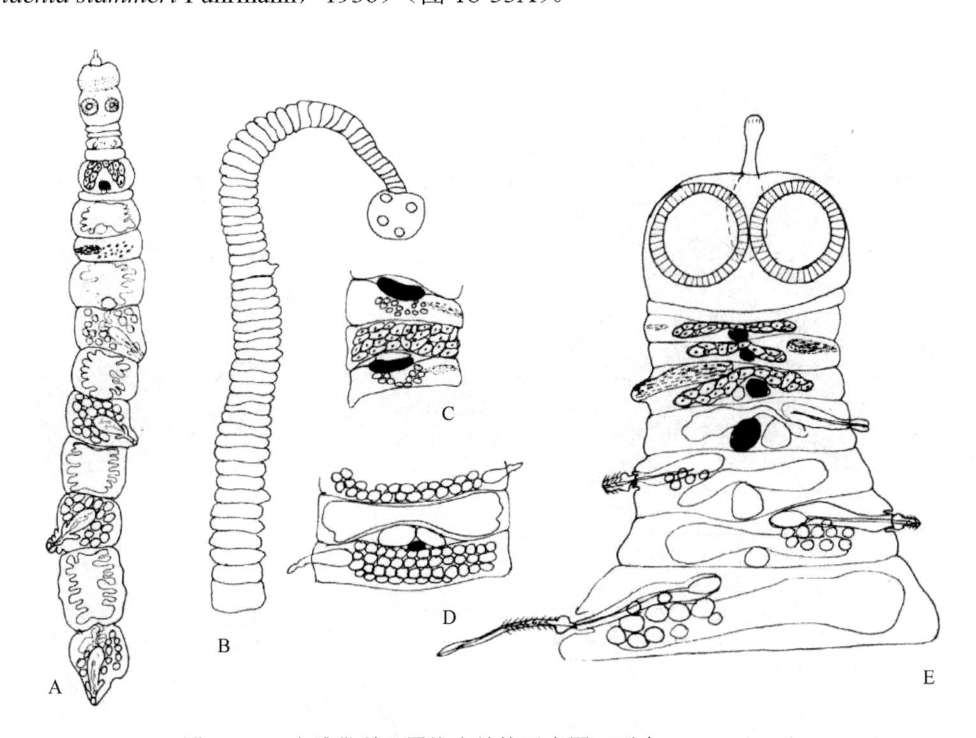

图 18-33　先雌带科 3 属绦虫结构示意图（引自 Khali，1994）

A. 斯坦默雌雄带绦虫整条虫体；B～D. 楠古阿托马斯带绦虫：B. 整条虫体；C. 雌性节片；D. 成熟的雄性节片；E. 锉吻弱带绦虫整条虫体

2b. 头节不分前后，吻突不存在，吸盘无钩 ························ 托马斯带属（*Thomasitaenia* Ukoli，1965）

识别特征：中型绦虫，节片可多达 80 节，颈区不明显。头节相对大、球形，吸盘小。雄孔开于侧方，在连续的雄性节片中不规则交替。阴茎囊很发达；阴茎长，具钩。精巢数目多，紧密堆叠。卵巢大，充满发育中节片的大部分。卵黄腺实质状、横向伸长，位于卵巢后方。子宫首先表现为小型横向的囊，随后成为马蹄铁状，最终在孕雌性节片中成为大型、横向的囊。受精囊大，位于子宫后部。已知寄生于鸻形目鸟类，分布于非洲。模式种：楠古阿托马斯带绦虫（*Thomasitaenia nunguae* Ukoli，1965）（图 18-33B～D）。

3a. 精巢单群，仅位于孔侧 ························ 弱带属（*Leptotaenia* Cohn，1901）

识别特征［Nikolov 等（2004）修订］：链体短而宽。头节大，椭圆形，吻突长形，顶部显著扩展。吻突钩 12 个，排为两规则排，后部的钩相对于前方的钩长度更小或更短。颈区不明显。节片数目少，矩形到梯形，宽显著大于长，有小缘膜。渗透调节管分支，数目多。生殖乳突可以收缩。生殖孔规则交替。生殖腔管状，围绕着阴茎基部形成褶。生殖管在渗透调节管之间通过。链体发育雌性先熟。精巢为阴茎囊后方孔侧单群。外贮精囊可能存在，在模式种中由膨大的外输精管取代。阴茎囊长圆柱状，有收缩的反孔端，邻近于节片前方边缘，不达节片中线。内贮精囊椭圆形。阴茎长，远端变细，棘由 4 个不同区组成。卵黄腺有分叶的后部边缘，横向伸长，在受精囊孔侧。卵巢横向伸长，由两翼组成，其间由背方的峡或略为弓形的区相连。受精囊椭圆到纵向长形，位于中央，卵黄腺背方卵巢峡部腹面。相连节片之间球状的雌性交配器官边缘由大的卵形细胞组成。梅氏腺卵形，位于受精囊孔侧、卵巢腹面。子宫横向伸长，由峡部及其相连的两翼组成。卵椭圆形，小。已知寄生于红鹳科（Phoenicopteridae）鸟类，分布于古北区、热带非洲和中美洲。模式种：锉吻弱带绦虫［*Leptotaenia ischnorhyncha*（Lühe，1898）］（图18-33E，图 18-34）。

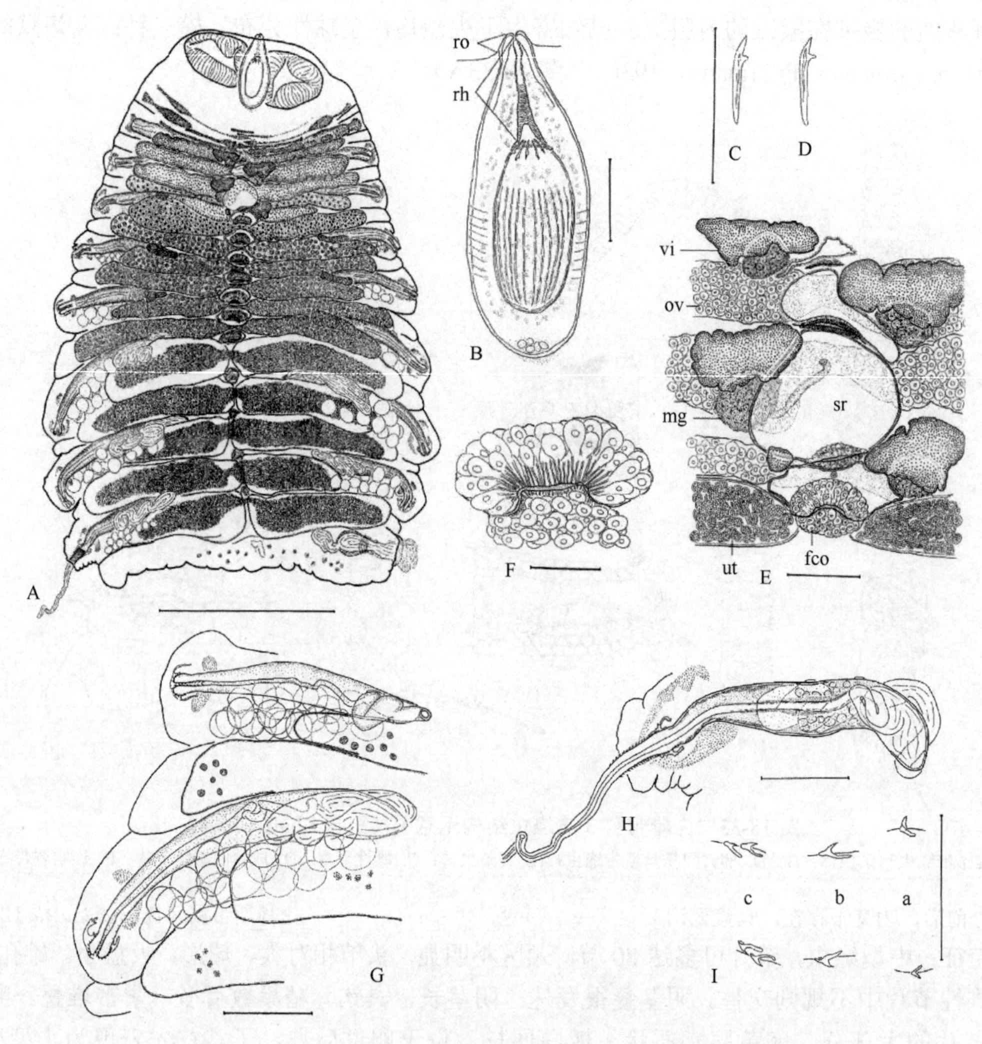

图 18-34　锉吻弱带绦虫结构示意图（引自 Nikolov et al.，2004）

A. 腹面全视图；B. 吻突器；C. 前吻突钩；D. 后吻突钩；E. 成熟雌性节片腹面观详图；F. 雌性交配器官；G. 成熟雄性节片，有预孕和孕子宫，腹面观详图；H. 有部分凸出阴茎的阴茎囊背面观；I. 从阴茎棘近端区基部（a）、中部（b）和顶部（c）所取的棘。缩略词：fco. 雌性交配器官；mg. 梅氏腺；ov. 卵巢；rh. 吻管；ro. 吻突；sr. 受精囊；ut. 子宫；vi. 卵黄腺。标尺：A，B，E=100μm；C，D，F，I=50μm；G，H=200μm

锉吻弱带绦虫描述自非洲突尼斯火烈鸟［很可能为大红鹳（*Phoenicopterus ruber* Linnaeus），鹳形目（Ciconiiformes）：红鹳科（Phoenicopteridae）］（Howard & Moore，1980）。早期该种的属分配为带属（*Taenia* Linnaeus，1758）（Lühe，1898）或变带属（*Amoebotaenia* Cohn，1899）。Cohn 重新测定了模式样品并为该种建立了单种属：弱带属（*Leptotaenia* Cohn，1901）。锉吻弱带绦虫采自突尼斯（Lühe，1898）、埃及（Meggitt，1927）、匈牙利（Edelényi，1964）、哈萨克斯坦（Gvozdev et al.，1985）、古巴（Vigueras，1941；Rysavy & Macko，1971）及荷兰（Jansen & Broek，1966）捕获的鸟类。除采自匈牙利的欧石鸻（*Burhinus oedicnemus*）［鸻形目（Charadriiformes）：石鸻科（Burhinidae）］一记录外（Edelényi，1964），其他都采自大红鹳。另一命名的斯克尔亚宾弱带绦虫（*L. skrjabini* Shakhtakhtinskaya，1953），描述自阿塞拜疆的大红鹳，Ryzhikov 和 Tolkacheva（1981）提出斯克尔亚宾弱带绦虫与锉吻弱带绦虫为同物异名。因此，弱带属仍为单种属。唯一较近期该属形态的研究是基于采自古巴一样品的重描述及由原始图说明的属的识别特征（Khalil，1994）。早期形态工作和近期的属识别（Ryzhikov & Tolkacheva，1981；Khalil，1994）

对于贮精囊的存在及雌性生殖系统的一些特征有不一致的地方。Nikolov 等（2004）对获得的弱带属样品进行了重新测定，为其种类的形态提供了新的数据，并修订了属的识别特征，同时描述了一个弱带绦虫未定种（图 18-35）。

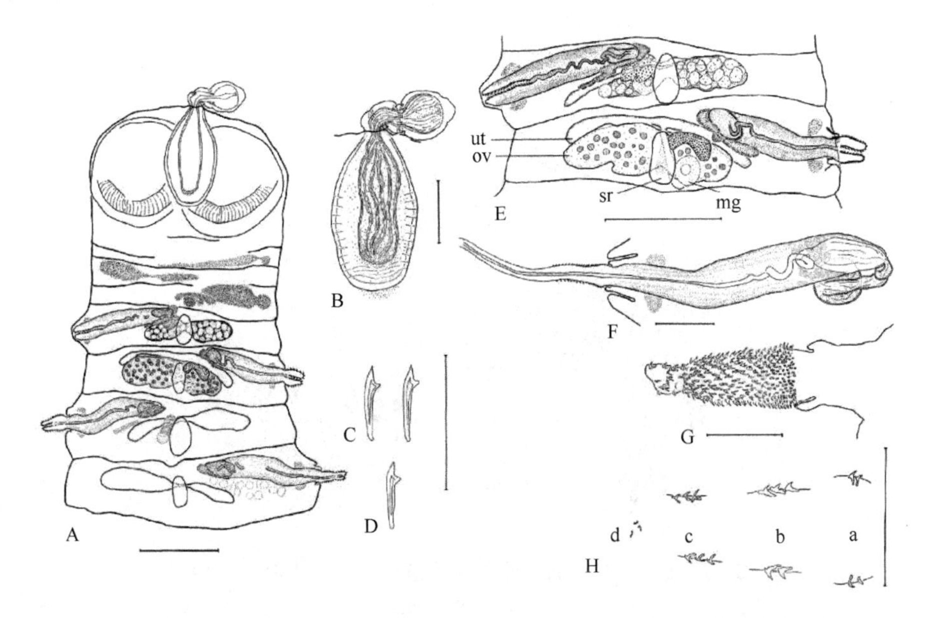

图 18-35　弱带绦虫未定种（*Leptotaenia* sp. Nikolov，Georgiev & Gulyaev，2006）（引自 Nikolov et al.，2006）

A. 腹面全视图；B. 吻突器，吻突钩已脱落；C. 前吻突钩；D. 后吻突钩；E. 成熟雌性节片腹面观；F. 有部分凸出阴茎的阴茎囊前面观；G. 完全凸出的生殖乳突和部分凸出的阴茎，有近区阴茎棘；H. 从阴茎棘近区基部（a）、中部（b）和顶部（c）及阴茎棘前远区（d）所取的棘。缩略词：mg. 梅氏腺；ov. 卵巢；sr. 受精囊；ut. 子宫。标尺：A，E=200μm；B，F=100μm；C，D，G，H=50μm

3b. 精巢两群，为孔侧与反孔侧群……………………………………………………………………4

4a. 吻突钩两轮……………………………………………前先雌带属（*Proterogynotaenia* Fuhrmann，1911）

［同物异名：安德里雌带属（*Andrepigynotaenia* Davies & Rees，1947）］

识别特征：小到中型绦虫。节片具缘膜。头节长形，有显著的吻突和大型、无钩吸盘。雄孔规则或不规则交替。精巢数目多，为两侧群［马库斯前先雌带绦虫（*Proterogynotaenia marcusa* Schmidt & Canaris，1992）例外］。阴茎囊大；阴茎有钩。卵巢位于节片前方部，分叶。卵黄腺实质状，位于卵巢后方。受精囊大，在卵巢前方。子宫囊状，可能突入前方的节片。卵圆形。已知寄生于鸻形目鸟类，分布于全球。模式种：鲁氏前先雌带绦虫（*Proterogynotaenia rouxi* Fuhrmann，1911）。其他种：变异前先雌带绦虫（*P. variabilis* Belopolskaia，1954）（图 18-36）；蛎鹬前先雌带绦虫（*P. haematopodis* Davies & Rees，1947）（图 18-37A～D）和德布洛克前先雌带绦虫（*P. deblocki* Kinsella & Canaris，2003）（图 18-38）等。

Kinsella 和 Canaris（2003）描述了采自塔斯马尼亚国王岛的红顶鸻（*Charadrius ruficapillus*）德布洛克前先雌带绦虫（*P. deblocki*）（图 18-38），其特征是链体长 18～28mm，节片数目 60～85，吻突上的吻钩数目和大小为 6 个大钩长 33～39μm，6 个小钩长 13～15μm。精巢数目为 62～83 个，由子宫分为两群。绦虫种名以斯特凡德布洛克（Stephane Deblock）博士名字命名，因为他对绦虫系统学作出了许多贡献。

4b. 吻突钩单轮……………………………………………………………………………………5

5a. 雄孔规则交替……………………………………………先雌带属（*Progynotaenia* Fuhrmann，1909）

识别特征：小型绦虫，有少量节片。头节有很发达的吻突，有单轮或弯曲排列的吻突钩。颈区不明显。精巢数目多，为两群，各在子宫一侧。阴茎囊大，斜列。阴茎有钩。卵巢位于中央、两叶状。卵黄腺小、实质状，位于卵巢后部。受精囊横向伸长，位于卵巢和卵黄腺之后。子宫囊状、分叶。模式种：贾格斯扣亦德先雌带绦虫（*Progynotaenia jaegerskioeldi* Fuhrmann，1909）（图 18-37E）。其他种：奥氏先雌带绦虫（*P. odhneri* Nybelin，1914）（图 18-39）（这个种应该是定错的。从虫体整体形态中看不出规则交替的雄孔）。

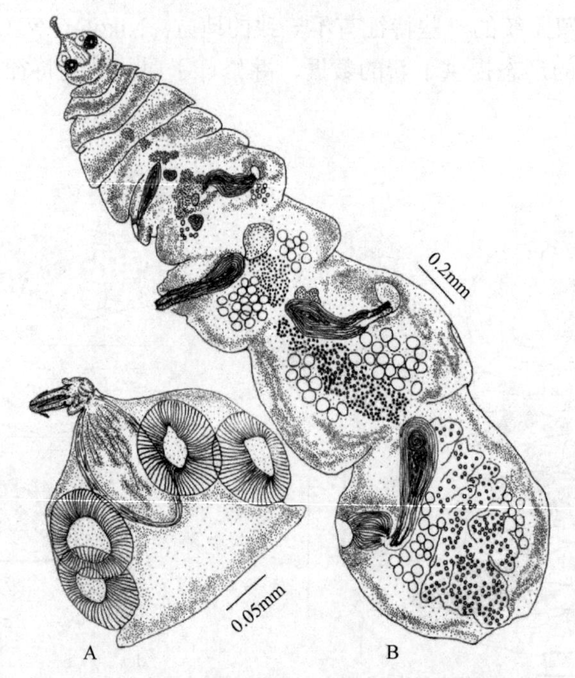

图 18-36 变异前先雌带绦虫结构示意图（引自李海云，1994）

A. 头节；B. 虫体整体形态

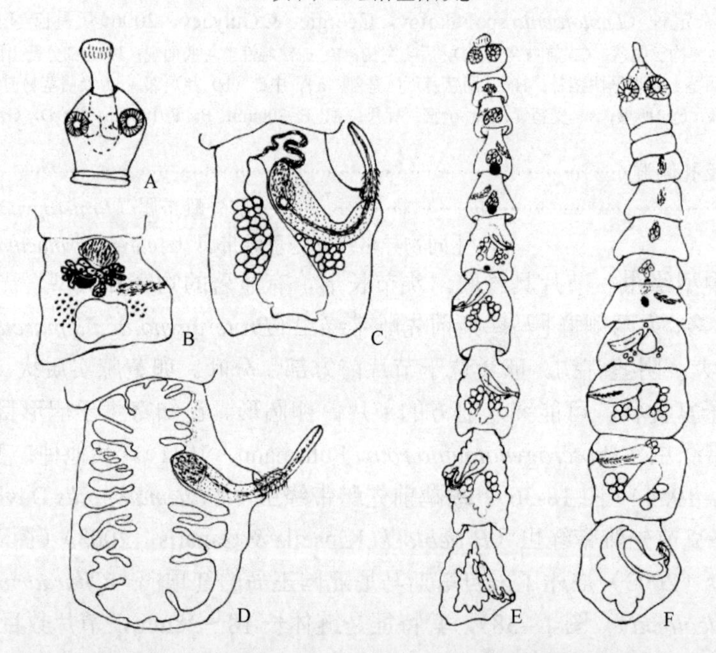

图 18-37 前先雌带绦虫、先雌带绦虫和副先雌带绦虫结构示意图（引自 Khalil，1994）

A～D. 蛎鹬前先雌带绦虫：A. 头节；B. 节片，示有功能的雌性生殖器官；C. 节片，示功能性雄性生殖器官；D. 节片，示孕子宫和阴茎囊；E. 贾格斯扣亦德先雌带绦虫整条虫体；F. 吉梅内斯副先雌带绦虫整条虫体

5b. 雄孔不规则交替……………………………………………………………副先雌带属（*Paraprogynotaenia* Rysavy，1966）

副先雌带属目前包括两种：吉梅内斯副先雌带绦虫（*P. jimenezi* Rysavy，1966）（模式种）及鸻副先雌带绦虫［*P. charadrii*（Yamaguti，1956）Jensen，Schmidt & Kuntz，1983］（Schmidt，1986；Ryzhikov & Tolkacheva，1981）。Rysavy（1966）描述了采自古巴鸻（*Charadrius wilsonia*）的吉梅内斯副先雌带绦虫并建立了副先雌带属。随后此种有采自以色列金眶鸻（*Charadrius dubius* Schmidt et al.，1986）的报道。鸻副先雌带绦虫采自日本环颈鸻（*Charadrius alexandrinus dealbatus* Swinhoe），最初放在前先雌带属。

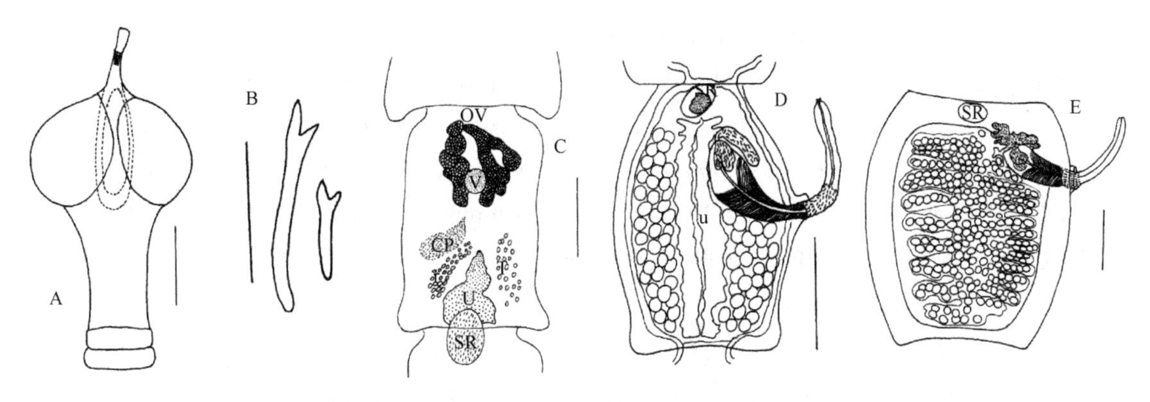

图 18-38 德布洛克前先雌带绦虫（引自 Kinsella & Canaris，2003）
A. 头节和吻突；B. 吻突钩；C. 卵巢和卵黄腺发育的孕节；D. 有精巢、阴茎和子宫发育的成节；E. 孕节。缩略词：CP. 发育中的阴茎囊；OV. 卵巢；SR. 受精囊；T. 精巢；V. 卵黄腺；U. 子宫。标尺：A=100μm；B=25μm；C=500μm；D=250μm；E=500μm

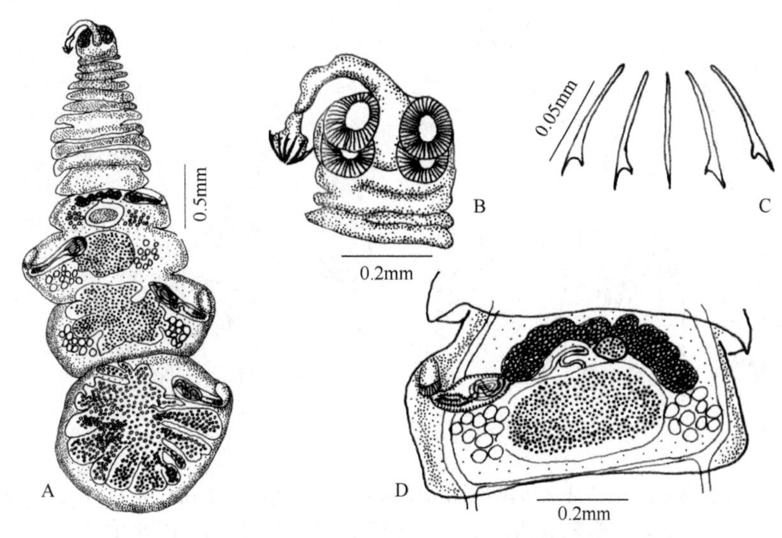

图 18-39 奥氏先雌带绦虫结构示意图（引自李海云，1994）
A. 虫体整体形态；B. 头节；C. 吻钩；D. 成节

Jensen 等（1983）重描述了采自台湾环颈鸻和金斑鸻［*Pluvialis dominica*（Müller)］的鸻前先雌带绦虫并将其移入副先雌带属。Schmidt 和 Canaris（1992）报道了采自南非白额沙鸻（*C. marginatus* Vieillot）的鸻副先雌带绦虫。Nikolov 和 Georgiev（2002）重新描述了采自保加利亚环颈鸻的鸻副先雌带绦虫。这些数据表明，副先雌带绦虫属的两种绦虫表现出宽广的地理和宿主范围。这样宽广的范围主要基于轶闻趣事的记录，同时两种的形态数据相当不足。Nikolov 和 Georgiev（2008）对此属进行了修订，较系统地研究了 2 个先前未识别出的种，并对属的识别特征进行了修订。**识别特征**：前雌带科。链体短。头节圆或锥状，形成嘴状突起（喙）。吸盘肌肉相对弱。喙长圆柱状或短而巨大。收缩的吻突卵形、纺锤形或瓶状，其顶端部显著扩展。吻突的顶部皮层很发达，不分离或由 2 个具有吻突钩的背腹板组成。吻突钩为单轮，12 个等长或 16 个（很少更多的）不等长、向侧方变短，最侧方的钩最短，钩列形成单环，当吻突收缩时为两斜半环。吻突的肌肉壁由厚的纵向肌肉内层和更薄（通常不显著）的外环状肌肉层组成。颈区短。节片具缘膜，杯形或倒钟形。孕节长大于宽或长宽相等。生殖孔不规则交替，很少规则交替或位于单侧。生殖管在渗透调节管间通过。精巢排为子宫侧方两群，孔侧群位于阴茎囊后，反孔侧群位于卵巢和卵黄腺后。无外贮精囊，在成熟雄性、预孕节和孕节中，外输精管形成球状或长形的扩展，位于阴茎囊的反孔侧。阴茎囊巨大，梨形或棒状，斜列于节片侧方边缘，达节片中线。无内贮精囊。当充满精子时，内输精管在阴茎囊反孔端基部形成卵形扩展。阴茎有棘，由四区不同类型的棘组成。卵巢和卵黄腺位于反孔侧。卵黄腺实质状，位于卵巢后方。卵巢实质状，U 形（即两背侧叶由宽的腹方峡部相连），位于最初的阴茎囊反孔端水平。空的受精囊卵圆到横向伸长，壁厚。受精囊的管直接向后，从背部通过卵巢峡部并在卵巢侧端之间。子宫纵向，位于中央，早期为管状，在节片后部连至雌性生殖器官近端，发育的子宫形成侧向的支囊。已知寄生于鸻形目鸟类。分布于新热带区、古北区、非洲热带区及东洋区。模式种：吉梅内斯副先雌带绦虫（*Paraprogynotaenia jimenezi* Rysavy，1966）（图 18-37F，图 18-40）。其他种：鸻副先雌带绦虫［*P. charadrii*（Yamaguti，1956）Jensen，Schmidt & Kuntz，1983］（图 18-41）；小副先雌带绦虫（*P. minuta* Nikolov & Georgiev，2008）（图 18-42）和卡纳利西副先雌带绦虫（*P. canarisi* Nikolov &

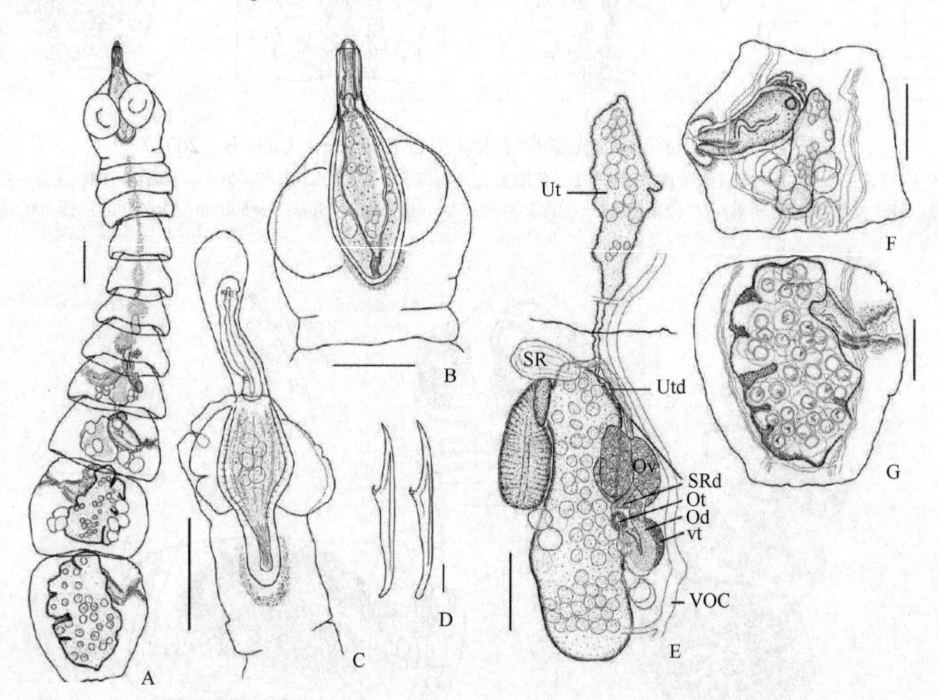

图 18-40　吉梅内斯副先雌带绦虫副模标本结构示意图（引自 Nikolov & Georgiev，2008）

标本采自古巴厚嘴鸻（*Charadrius wilsonia*）。A. 整条虫体背面观；B. 有收缩吻突的头节切面；C. 有突出吻突的头节切面（吻突钩已脱落）；D. 吻突钩的形态；E. 2 个连续节片中的雌性生殖系统（细节）腹面观；F. 雄性节片背面观；G. 孕节背面观。缩略词：Od. 卵巢管；Ot. 卵模；Ov. 卵巢；SR. 受精囊；SRd. 受精囊管；Ut. 子宫；Utd. 子宫管；VOC. 腹渗透调节管；Vt. 卵黄腺。标尺：A～C，F，G=100μm；D=10μm；E=50μm

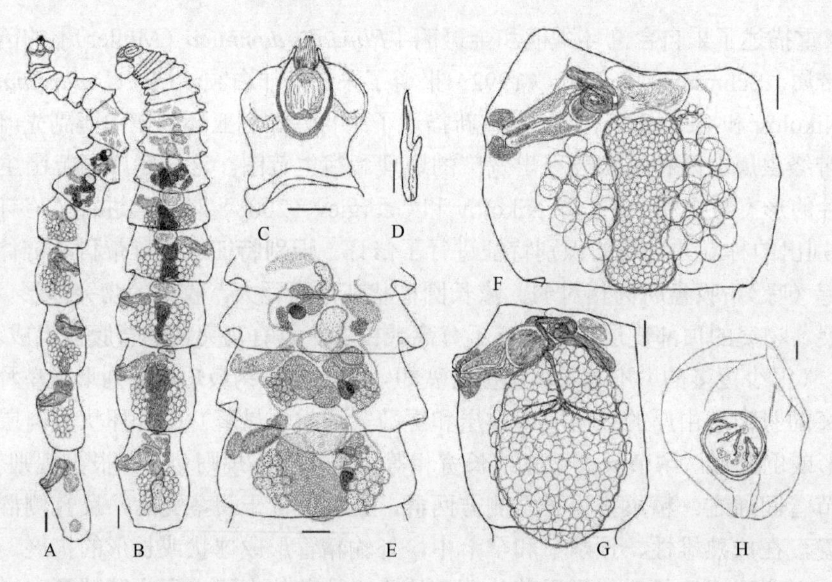

图 18-41　鸻副先雌带绦虫结构示意图（引自 Nikolov & Georgiev，2008）

标本采自东方环颈鸻（*Charadrius alexandrinus dealbatus*）。A，B. 整条虫体背面观；C. 有收缩吻突的头节切面；D. 侧方的吻突钩；E. 雌性成熟后节片背面观；F. 雄性节片背面观；G. 预孕节背面观；H. 卵。标尺：A，B=200μm；C，E～G=100μm；D，H=10μm

Georgiev，2008）（图 18-43，图 18-44）等。

18.4.1.1 分种检索表

1A. 吻突钩 12 个，钩冠简单，由等长的钩组成……………………………………吉梅内斯副先雌带绦虫（*P. jimenezi*）

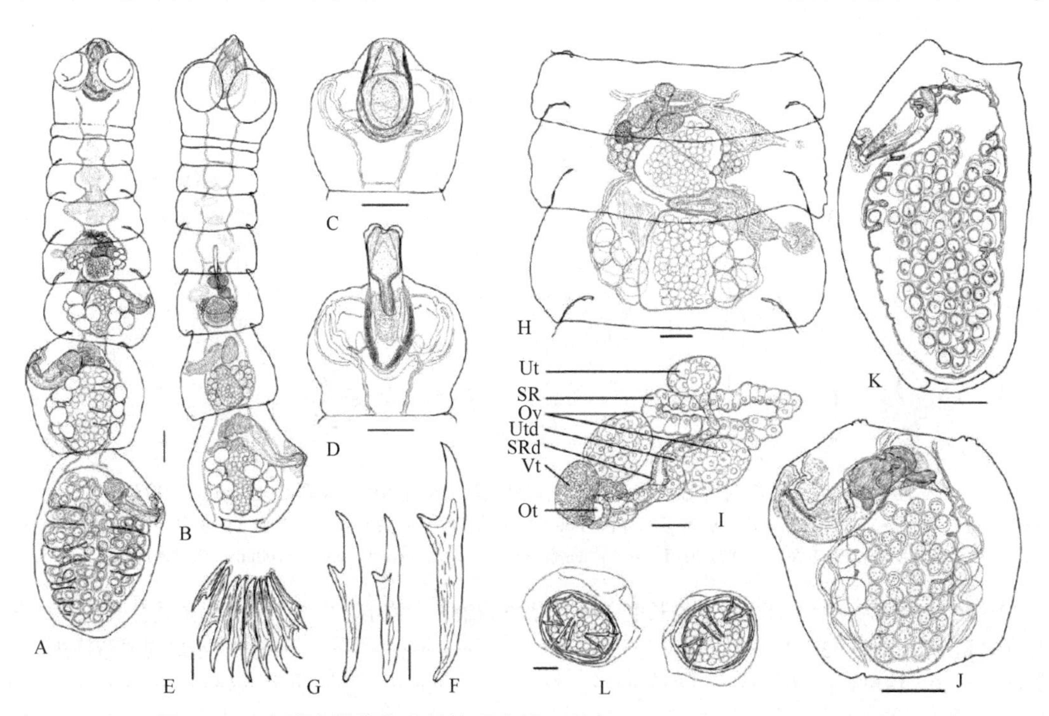

图 18-42 小副先雌带绦虫结构示意图（引自 Nikolov & Georgiev，2008）

除图 B 示保加利亚环颈鸻的全模标本外，其他标本采自法国鹬未定种（*Tringa* sp.）。A，B. 整条虫体背面观；C. 有收缩吻突的头节（吻突钩部分脱离）切面；D. 有突出吻突的头节（吻突钩已脱落）切面；E. 7 个吻突钩组成的半环，各边有 2 个侧钩；F. 来自半环的吻突钩；G. 侧方吻突钩；H. 雌性成熟后节片背面观；I. 雄性节片（细节）背面观；J. 雄性节片背面观；K. 孕节背面观；L. 卵。缩略词：Ot. 卵模；Ov. 卵巢；SR. 受精囊；SRd. 受精囊管；Ut. 子宫；Utd. 子宫管；Vt. 卵黄腺。标尺：A～D，J，K=100μm；E，I=20μm；F，G，L=10μm；H=50μm

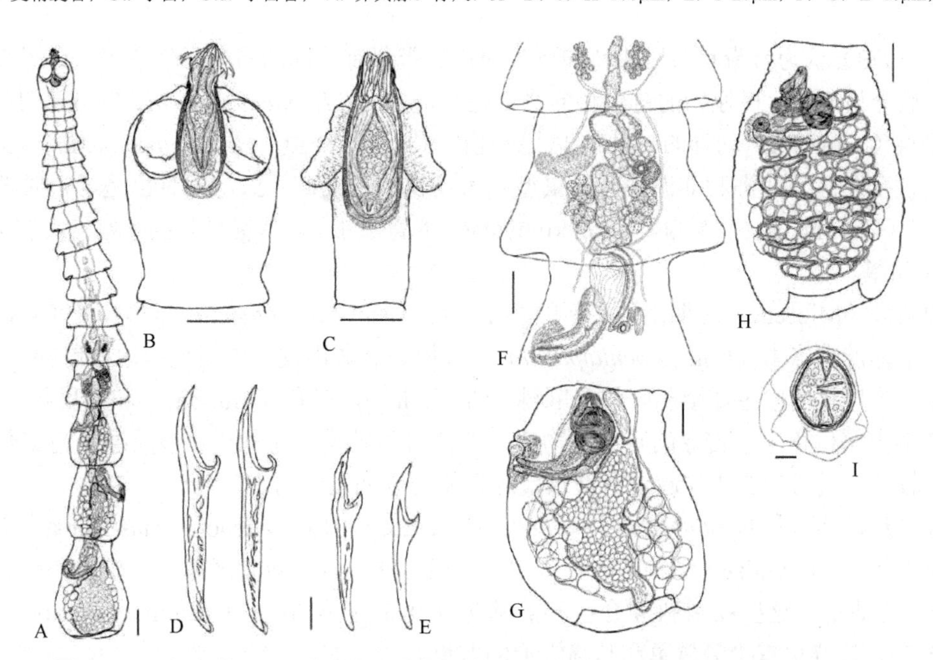

图 18-43 卡纳利西副先雌带绦虫结构示意图 1（引自 Nikolov & Georgiev，2008）

标本采自南非白额沙鸻（*Charadrius marginatus*）。A. 整条虫体背面观；B. 有突出吻突的头节切面；C. 有收缩吻突的头节（侧方）切面；D. 来自半环的吻突钩；E. 侧方吻突钩；F. 雌性节片背面观；G. 雄性节片背面观；H. 孕节背面观；I. 卵。标尺：A=200μm；B，C，F～H=100μm；D，E，I=10μm

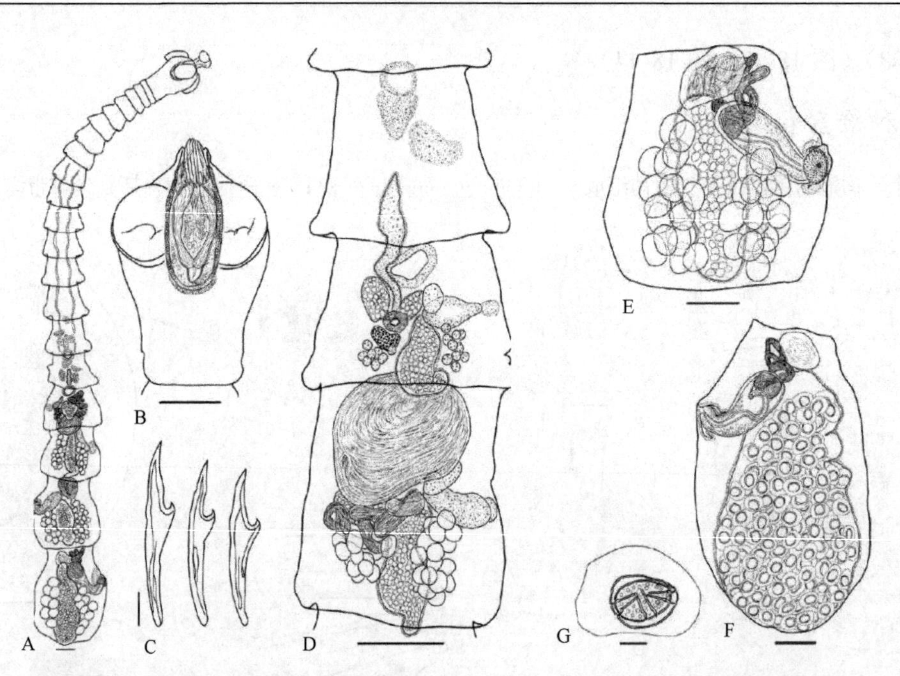

图 18-44　卡纳利西副先雌带绦虫结构示意图 2（引自 Nikolov & Georgiev，2008）

标本采自台湾环颈鸻（*Charadrius alexandrinus*）。A. 整条虫体背面观；B. 有收缩吻突的头节切面；C. 侧面的吻突钩；D. 雌性预成熟和成熟后节片背面观；E. 雄性节片背面观；F. 孕节背面观；G. 卵。标尺：A，B，D～F=100μm；C，G=10μm

1B. 吻突钩 18～22 个，钩冠由两半环组成，钩长度变化，背/腹钩最长，钩半环由 2 个更短的侧钩分离 ………… 2

2A. 节片数目达 8，精巢数目 13～27 ………… 小副先雌带绦虫（*P. minuta*）

2B. 节片数目 15～20，精巢数目 29～63 ………… 3

3A. 侧钩的刃长/钩长小于 0.5 ………… 卡纳利西副先雌带绦虫（*P. canarisi*）

3B. 侧钩的刃长/钩长大于或等于 0.5 ………… 鸻副先雌带绦虫（*P. charadrii*）

18.5　链带科（Catenotaeniidae Spasskiĭ，1950）

Freeman（1973）认为链带科与原头科和更为演化的带科有共同的祖先。生殖器官、子宫结构和宿主地理分布的比较分析表明，最原始的链带科的绦虫是半链带属（*Hemicatenotaenia* Tenora，1977），其模式种是非洲松鼠科（Sciuridae）动物的一种寄生虫：地松鼠半链带绦虫（*Hemicatenotaenia geosciuri*）。该属是出现于渐新世全北区、亚洲和非洲地区松鼠型啮齿动物的基础寄生虫，同时也是这一时期古老的啮齿动物科：地鼠科（Geomyidae）和异鼠科（Heteromyidae）的寄生虫。其特征是长的子宫有大量侧分支（30～60 对）及大量精巢。

随后，中新世（Miocene）时期出现了新的线系：链带属（*Catenotaenia* Janicki，1904），模式种是小鼠的寄生虫：细体链带绦虫（*Catenotaenia pusilla*）。该属是北非出现于中新世的地松鼠族（Xerini）的寄生虫，也寄生于多样化的宿主如全北区的仓鼠科（Cricetidae）、鼠科（Muridae）和田鼠科（Microtidae）的种类。此期链带属也寄生于古老的啮齿动物科：地鼠科和异鼠科的种类。该属绦虫精巢数较少，子宫主要的侧支数较少。链带属绦虫穿越进入新热带区可能是近期发生的。

中卵黄腺昆廷带绦虫［*Quentinotaenia mesovitellinica*（Rego，1967）Tenora，Mas-Coma，Murai & Feliu，1980］为巴西豚鼠科（Caviidae）动物的一种寄生虫，很可能采自从新北区捕获的松鼠科或仓鼠科到豚鼠科（Caviidae）的动物，这些松鼠科和仓鼠科的啮齿动物是在第四纪（Quaternary Period）引入南美的（Thenius，1972）。该绦虫有少量精巢和马蹄铁形的卵巢。

链带科演化线系的第二阶段始于古北区伪链带属（*Pseudocatenotaenia* Tenora，Mas-Coma，Murai & Feliu，1980），鼠科姬鼠属（*Apodemus*）啮齿动物的寄生虫。伪链带属属于链带亚科，因为它的解剖特征原始，如渗透调节系统为 2 对纵管，精巢位于节片后部卵巢后。该属与斯克尔亚宾带亚科（Skrjabinotaeniinae）的演化线系相关，至今伪链带属的大体形态特征相似于斯克尔亚宾属的种［如叶状斯克尔亚宾绦虫（*Skrjabinotaenia lobata*）］，具有宽的成节，精巢和卵巢覆盖了侧方的渗透调节管。

据 Tenora 等（1980），斯克尔亚宾带亚科是近期出现的。它的起源无疑发现于古北区或亚洲区，可能寄生于鼠总科（Muroidea）鼠形啮齿动物。斯克尔亚宾带亚科的宿主和地理分布表明它们发生于晚第三纪（Tertiary Period），与啮齿动物鼠科和沙鼠科（Gerbillidae）迁移至非洲相关。斯克尔亚宾带亚科的祖先形式由寄生于里海海滨（Caspian Coast）沙鼠科宿主的 *Skrjabinotaenia rhombomydis* 来代表。该种形态上类似于寄生于埃及沙鼠科肥沙鼠属（*Psammomys*）的肥沙鼠斯克尔亚宾带绦虫（*S. psammomi*）。斯克尔亚宾带亚科演化线系不同于链带亚科线系的主要区别在于其具有大量渗透调节管形成的网络结构且精巢以不同的方式围绕着卵巢。

根据 Quentin（1971）和 Tenora 等（1980），斯克尔亚宾带亚科中有 2 个主要的演化线系。一个线系（斯克尔亚宾属）包括历史上最老的形式，其中的绦虫链体最后的孕节总是长大于宽，并从未有后部纵向的裂隙。在这一类群中，不同种可能观察到链体的长度渐进变短，节片的数目变少。最长的种叶状斯克尔亚宾绦虫，是分布于欧洲和非洲的种，代表了最原始的形式。已知该属所有其他种无一例外都是分布于埃塞俄比亚区。在这一线系中极端的例子是最短和最幼的现存种类：寡节斯克尔亚宾带绦虫（*S. pauciproglottis*），链体由 2～3 节组成。斯克尔亚宾属的分化发生于非洲，主要在鼠科动物。这些绦虫表现出专性寄生的特性，仅发现于沙鼠科、树鼠科或刺巢鼠科（Dendromuridae）和马达加斯加仓鼠科（Cricetidae）动物。斯克尔亚宾带亚科存在于马达加斯加可能是偶然发生的，这些蠕虫自非洲大陆与鼠属（*Rattus*）一起进入马达加斯加。

斯克尔亚宾带亚科中的进一步分化发生于埃塞俄比亚区。另一线系，马吉特属（*Meggittina* Lynsdale，1953），产生于寄生于北非沙鼠科的斯克尔亚宾属绦虫，在此线系中，可以探测到最末的孕节有纵向裂隙的一些迹象。马吉特属为沙鼠科的基础类群，同时已扩展至非洲大陆的其余部分及马达加斯加，次生性适应于其他科（鼠科和仓鼠科）的啮齿动物。

链带科绦虫系统发生的这些理论维持了 Tenora 等（1980）的链带科的系统和分类观点。链带科分为链带亚科和斯克尔亚宾带亚科，包含 6 个属：半链带属（*Hemicatenotaenia*）、链带属（*Catenotaenia*）、昆廷带属（*Quentinotaenia*）、伪链带属（*Pseudocatenotaenia*）、斯克尔亚宾属（*Skrjabinotaenia*）和马吉特属（*Meggittina*）。

而 Quentin 认为链带科的演化略有不同，表现为：①半链带属的模式种地松鼠半链带绦虫，被认为是更为原始的；②链带属的模式种细体链带绦虫，是从半链带属演化来的；③链带科的系统发生中，伪链带属放在链带亚科和斯克尔亚宾属之间，而不在半链带属和链带属之间；④*Atriotaenia*（*Ershovia*）*baltazardi* Quentin，1967 与中卵黄腺昆廷带绦虫同义；⑤新斯克尔亚宾属与链带属同义，其子宫分支状况、不对称的卵巢、精巢位置和数目与链带属的特征相符。

18.5.1 链带科的识别特征

头节球状或亚椭球状，有 4 个吸盘，有时有小的顶吸盘。渗透调节管为 2 对主要的纵向管或大量管组成的网络结构。成节和孕节或是横向或是纵向伸长。生殖器官单套。精巢位于节片后方或以不同的方式围绕着卵巢。卵巢不对称（除昆廷带属外）。生殖腔位于节片前方 1/3 处，不规则交替。带科绦虫类型的子宫有中央主干和侧分支、侧支再有次级分支。已知幼虫期以后似尾蚴（merocercoid）形式在粉螨科的蜱螨（tyroglyphid acarians）中发育。幼虫具有顶吸盘。六钩蚴具有随圆形或有突起的膜。成体寄生于啮齿动物。模式属：链带属（*Catenotaenia* Janicki，1904）。

18.5.2 亚科检索

1a. 2 对渗透调节管；精巢总是位于节片后部卵巢后……………………………………链带亚科（Catenotaeniinae Spasskiĭ，1949）

识别特征：链带科。精巢局限于卵巢后区域、侧渗透调节管之间或覆盖它们。侧子宫分支与中央主干成直角。孕节长大于宽。模式属：链带属（*Catenotaenia* Janicki，1904）。

1b. 渗透调节管有大量管；精巢以不同的方式围绕着卵巢但不局限于节片的后部……………………………………………………………………斯克尔亚宾带亚科（*Skrjabinotaeniinae* Genov & Tenora，1979）

识别特征：链带科。渗透调节管系统为大量纵向和横向管组成的网络结构。精巢以不同的方式围绕着卵巢，包括 2 个独立的侧方群。侧子宫分支与主干成不同的角度。孕节大小不同。模式属：斯克尔亚宾属（*Skrjabinotaenia* Akhumyan，1946）。

18.5.3 链带亚科分属检索

1a. 孕节中多于 30 对侧子宫分支（30～60 对）；已知为松鼠科（基础宿主）和田鼠科动物的寄生虫……………………………………………………………………半链带属（*Hemicatenotaenia* Tenora，1977）

识别特征：链带亚科。卵巢不对称。150～300 个精巢位于雌性生殖器官后部，不穿过纵向渗透调节管。已知为全北区、埃塞俄比亚和亚洲区松鼠科（基础宿主）与田鼠科动物的寄生虫。模式种：地松鼠半链带绦虫［*Hemicatenotaenia geosciuri*（Ortlepp，1938）Tenora，1977］。

1b. 孕节侧子宫分支少于 30 对……………………………………………………………………2

2a. 精巢覆盖两侧渗透调节管，平均数目多于 150 个；已知为鼠科姬鼠属啮齿动物的寄生虫……………………………………………………伪链带属（*Pseudocatenotaenia* Tenora，Mas-Coma，Murai & Feliu，1980）

识别特征：链带亚科。链体无缘膜。成节宽大于长。卵巢不对称，高度分叶、扩展，位于节片的前半部。卵巢叶达侧方渗透调节管或覆盖之。卵黄腺位于节片孔侧部。140～180 个精巢位于节片的后半部。子宫有侧支覆盖两侧方渗透调节管。卵椭球状，有 2 个突起。已知为古北区鼠科姬鼠属啮齿动物的寄生虫。模式种：马托维伪链带绦虫（*Pseudocatenotaenia matovi* Tenora，Mas-Coma，Murai & Feliu，1980）（图 18-45A）。

2b. 精巢覆盖两侧渗透调节管，数目少于 150 个……………………………………………………………………3

3a. 精巢 70～150 个；为鼠总科（Muroidea）（基础宿主）及古北区异鼠科（Heteromyidae）和松鼠科动物的寄生虫……………………………………………………………………链带属（*Catenotaenia* Janicki，1904）

［同物异名：卡托带属（*Cattotaenia* Shipley 1908）；新斯克尔亚宾属（*Neoskrjabinotaenia* Bilqees，1982）］

识别特征：链带亚科。卵巢不对称。精巢 70～150 个，位于雌性生殖器官后部，不横过纵向渗透调节管。子宫侧分支少于 30 对。已知为全北区和亚洲区松鼠科、仓鼠科、鼠科、田鼠科、异鼠科、地鼠科和刺猬科（Erinaceidae）动物的寄生虫。模式种：细体链带绦虫［*Catenotaenia pusilla*（Goeze，1782）Janicki，1904］（图 18-45B、F）。

链带属自 1904 年建立以来，已有描述采自古北区和新北区 22 种啮齿目动物 19 种链带绦虫（Haukisalmi et al.，2010）。Tinnin 等（2011）总结了中亚和蒙古国的数据：7 种链带绦虫报道自 17 种蒙古国及其周围的啮齿目动物，包括：阿富汗链带绦虫（*C. afghana* Tenora，1977）、亚洲链带绦虫（*C. asiatica* Tenora & Murai，1975）、鼷鼠链带绦虫（*C. cricetorum* Kirschenblatt，1949）、树状链带绦虫（*C. dendritica* Goeze，1782）（图 18-46）、亨托尼链带绦虫（*C. henttoneni* Haukisalmi & Tenora，1993）、细体链带绦虫（*C. pusilla* Goeze，1782）和楔形链带绦虫（*C. rhombomidis* Schulz & Landa，1934）。对链带属最近的修

订工作由 Haukisalmi 等（2010）进行。Choe 等（2016）首次报道韩国清州（Cheongju）的欧洲栗鼠（*Sciurus vulgaris*）有树状链带绦虫寄生。Dursahinhan 等（2017）报道了采自蒙古国戈壁地区跳鼠科跳鼠的一链带绦虫种图雅链带绦虫（*C. tuyae* Dursahinhan Nyamsuren，Tufts & Garden，2017）（图 18-47）。19 种链带属绦虫的主要形态特征比较见表 18-1。

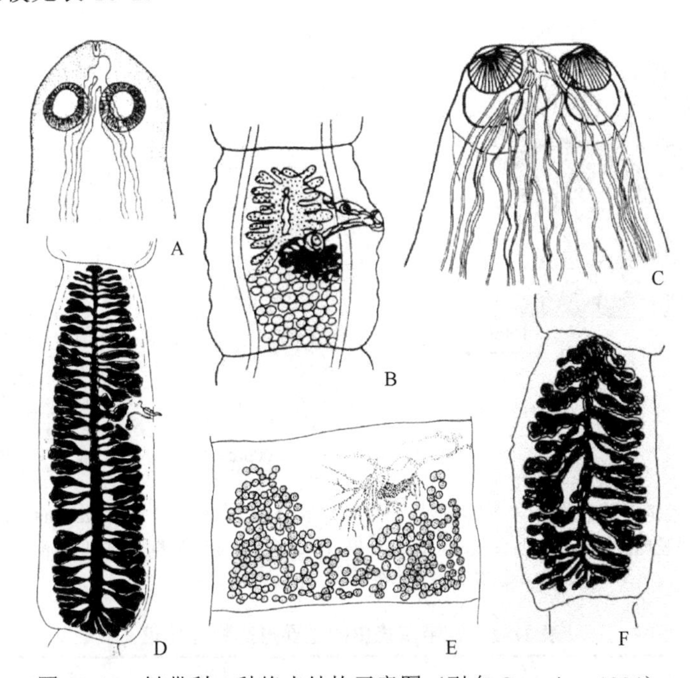

图 18-45　链带科 4 种绦虫结构示意图（引自 Quentin，1994）

A. 马托维伪链带绦虫的头节；B. 细体链带绦虫的成节；C，D. 叶状斯克尔亚宾绦虫的头节与节片；E. 半链带绦虫的孕节；F. 细体链带绦虫的孕节

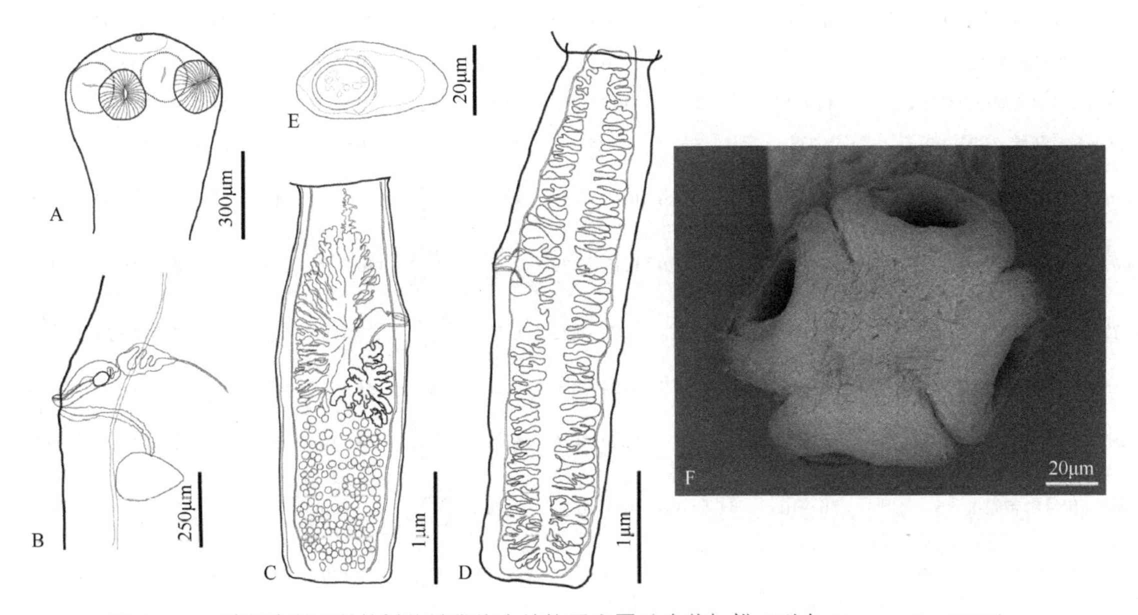

图 18-46　采自欧洲栗鼠的树状链带绦虫结构示意图及头节扫描（引自 Choe et al.，2016）

A. 头节；B. 生殖系统；C. 成节；D. 孕节；E. 卵；F. 头节顶面观扫描结构

3b. 精巢 30～40 个；已知为新热带区豚鼠科（Caviidae）动物的寄生虫……………………………………………………………………………………………昆廷带属（*Quentinotaenia* Tenora，Mas-Coma，Murai & Feliu，1980）

识别特征：链带亚科。卵巢位于节片的前半部，几乎对称，马蹄铁形。卵黄腺实质状，由卵巢叶包围或位于卵巢后部。精巢数目少，位于卵黄腺后部侧渗透调节管之间。子宫有 15～20 个实质状侧支。已

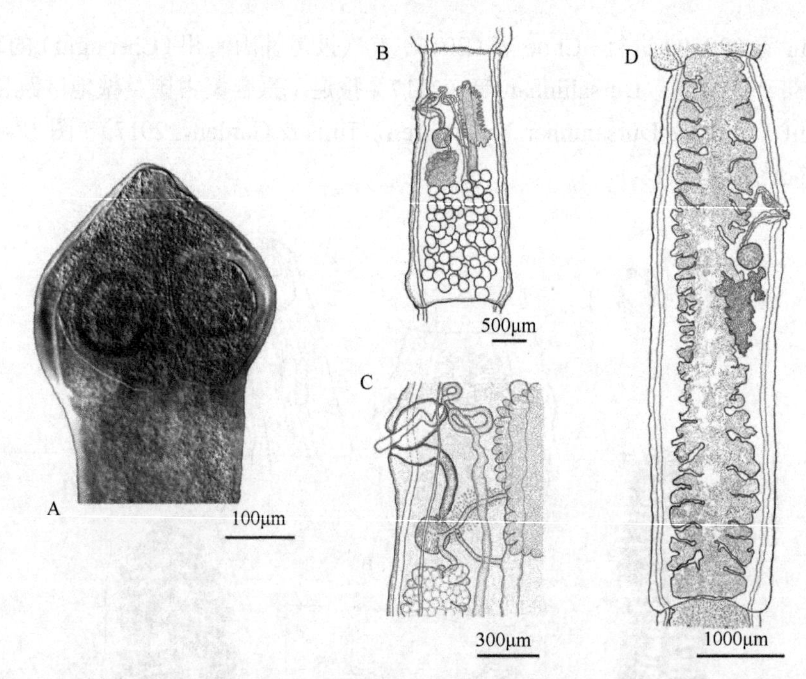

图 18-47　图雅链带绦虫头节实物及成节和孕节结构示意图（引自 Dursahinhan et al.，2017）

标本采自蒙古国戈壁地区跳鼠科跳鼠（*Pygeretmus pumilio*）。A. 头节，示吸盘和发达的顶器官；B. 成节背面观；C. 生殖器官末端细节；D. 孕节背面观

表 18-1　链带属绦虫的主要形态特征比较

链带绦虫种	体长*	体宽	头节宽	成节最宽点	孕节最宽点	精巢数	前方空间	子宫分支数	总卵长度	卵形（外膜）	源文献†
C. afghana（阿富汗链带绦虫）	120	2.0	0.141～0.24	后部	后部	80～113	短	28～34	12～22	尾状	8
C. apodemi（姬鼠链带绦虫）	48～62	0.8～0.9	0.28～0.38	中部	中部	70～90	短	29～34	35～42	卵形	1
C. asiatica（亚洲链带绦虫）	60～75	1.0～1.5	0.25	规格一致	中部	60～80	短	18～22	20～21	尾状	2
C. californica（加利福尼亚链带绦虫）	最大 82	3.3	0.15～0.2	中部	中部	72～90	短	25～30	24～33	卵形	3
C. cricetorum（鼹鼠链带绦虫）	335	—	0.45	后部	孔处	110～130	短	20～24	13～15	—	4
C. cricetuli（仓鼠链带绦虫）	81～208	1.0～1.6	0.32～0.39	后部	规格一致	130～166	长	27～43	37～55	尾状	1
C. dendritica（树状链带绦虫）	85～170	1.3～1.8	0.35～2.29	中部/孔处	规格一致	140～233	长	35～60	18～33	卵形	1，5～8
C. gracilae（细长链带绦虫）	25	0.7	0.17～0.22	后部	规格一致/后部	约 150	短	13～25	33～39	卵形/长形	9
C. henttoneni（亨托尼链带绦虫）	62～136	1.0～1.7	0.24～0.3	后部	后部	103～137	短	16～28	20～31	卵形	1
C. laguri（拉古里链带绦虫）	30～50	0.7	0.22～0.26	后部	规格一致	70～80	长	35～40	20～24	卵形	10
C. microti（田鼠链带绦虫）	56～106	1.1～1.6	0.25～0.27	后部	规格一致/中部	88～110	短	21～27	35～40	尾状	1
C. linsdalei（林斯代尔链带绦虫）	135	1.0	—	规格一致	规格一致	约 130	中间	45～50	6～7	—	11
C. neotomae（木鼠链带绦虫）	160～205	1.3	0.41～0.47	后部/孔处	中部/孔处	130～190	中间	25～30	21～31	卵形/长形	12
C. peromysci（沛米丝链带绦虫）	65	1.2～1.7	0.33～0.36	规格一致/后部	后部	70～80	中间	25～30	39	卵形	10
C. pusilla（细体链带绦虫）	30～160	0.8～1.7	0.19～0.4	中部	中部	70～150	短	9～17	22～45	卵形/长形	1，5～7

续表

链带绦虫种	体长*	体宽	头节宽	成节最宽点	孕节最宽点	精巢数	前方空间	子宫分支数	总卵长度	卵形（外膜）	源文献†
C. reggiae（雷吉链带绦虫）	最大 360	3.0	0.36～0.49	后部	中部	约 300	中间	25～40	17～28	球状	13
C. rhombomidis（楔形链带绦虫）	100	—	0.43	后部	中部	＞400	短	18～22	—	—	14
C. ris（里斯链带绦虫）	＞120	达 2.5	0.27～0.33	中部/孔处	规格一致	140～190	长	30～40	18～33	卵形	15
C. tuyae（图雅链带绦虫）	12.5～110.6	0.51～1.3	0.26～0.40	后部	中部/前部	68～92	短	29～53	18～34	卵形	16

注：所有测量数据为 mm

* 最大值

† 源文献：（1）Haukisalmi et al.，2010；（2）Tenora & Mura，1975；（3）Dowell，1953；（4）Kirshenblat，1949；（5）Joyeux & Baer，1945；（6）Spasskiĭ，1951；（7）Genov，1984；（8）Ganzorig，1999；（9）Asakawa et al.，1992；（10）Smith，1954；（11）McIntosh，1941；（12）Babero & Cattan，1983；（13）Rausch，1951；（14）Ryzhikov et al.，1978；（15）Yamaguti，1942；（16）Dursahinhan et al.，2017

知为巴西豚鼠科(Caviidae)动物的寄生虫。模式种：中卵黄腺昆廷带绦虫[*Quentinotaenia mesovitellinica*（Rego，1967）Tenora，Mas-Coma，Murai & Feliu，1980]。其他种：恒佗能链带绦虫（*C. henttoneni* Haukisalmi & Tenora，1993）（图 18-48）。

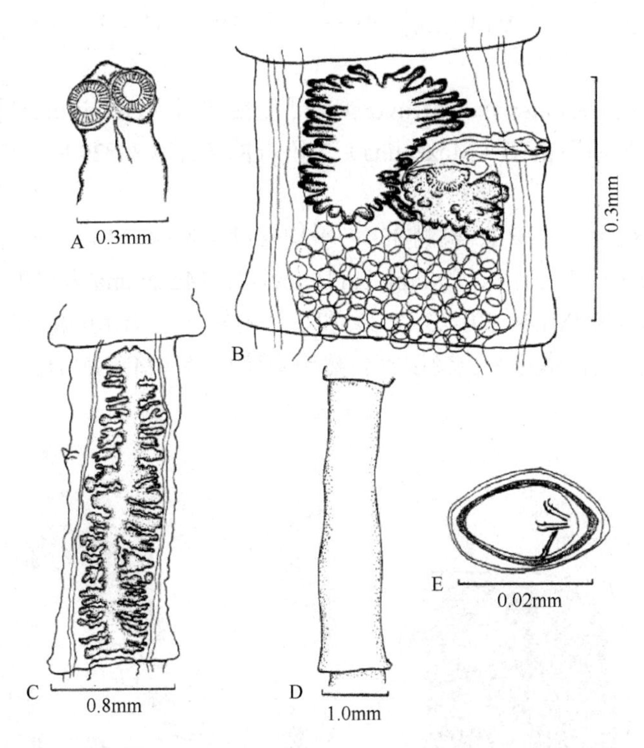

图 18-48 恒佗能链带绦虫结构示意图（引自 Haukisalmi & Tenora，1993）

A. 头节；B. 成节；C. 孕节［采自堤岸田鼠（*Clethrionomys glareolus*）］；D. 孕节，未示内部结构；E. 采自棕背□（*Clethrionomys rutilus*）的虫卵

18.5.4 斯克尔亚宾带亚科分属检索

1a. 孕节不分离，长大于宽；已知为古北区和埃塞俄比亚区鼠科（基础宿主）寄生虫，同时也寄生于古北区和埃塞俄比亚区沙鼠科，埃塞俄比亚区和马达加斯加区仓鼠科与树鼠科动物……斯克尔亚宾属（*Skrjabinotaenia* Akhumyan，1946）

识别特征：斯克尔亚宾亚科。链体无缘膜，有 3～60 个节片。成节长大于宽。卵巢不对称，高度分叶，扩展。精巢数目多，分布相对于卵巢可变（后方、侧方、有时围绕着卵巢或在两侧群）。子宫为带绦

虫类型，有中央主干和大量短于主干的侧分支。已知为古北区和埃塞俄比亚区鼠科（基础宿主）动物的寄生虫，同时也寄生于古北区和埃塞俄比亚区沙鼠科，埃塞俄比亚区和马达加斯加区仓鼠科和树鼠科动物。模式种：东方斯克尔亚宾绦虫［*Skrjabinotaenia oranensis*（Joyeux & Foley，1930）Akhumyan，1946］。其他种：叶状斯克尔亚宾绦虫（*S. lobata* Baer，1925）（图 18-45C、D）。

1b. 孕节后部由纵向的裂隙深切并横向伸长；已知为埃塞俄比亚区沙鼠科（基础宿主）动物的寄生虫，也寄生于埃塞俄比亚区和马达加斯加区鼠科及仓鼠科的动物……………………马吉特属（*Meggittina* Lynsdale，1953）

［同物异名：拉祖带属（*Rajotaenia* Wertheim，1954）］

识别特征［由 Jrijer 和 Neifar（2014）修订］：斯克尔亚宾亚科。链体无缘膜，由小的头节、宽的颈区和 1～25 个节片组成。生殖孔规则或不规则交替。孕节横向伸长，后部由一纵向的裂缝深切形成两侧翼。卵巢分支，位于孔侧。卵黄腺位于孔侧。阴茎囊比阴道短。精巢数目多，位于两侧群或为雌性器官前方两群。子宫中央纵干很短，侧方的子宫分支不多，各从其内侧发出次级分支。已知为非洲马达加斯加鼠科、马岛鼠科（Nesomyidae）和仓鼠科动物的寄生虫。模式种：比尔马吉特绦虫（*Meggittina baeri* Lynsdale，1953）。其他种：沙鼠马吉特绦虫（*M. gerbilli* Wertheim，1954）（图 18-49E）；努米底亚马吉特绦虫（*M. numida* Jrijer & Neifar，2014）（图 15-50，图 18-51A、F）；鼷鼠马吉特绦虫（*M. cricetomydis* Hockley，1961）（图 18-51B）；比尔马吉特绦虫（*M. baeri* Lynsdale，1953）（图 18-51C）及埃及马吉特绦虫（*M. aegyptica* Wolfgang，1956）（图 18-51D）等。几种马吉特绦虫的形态测量比较见表 18-2。

模式宿主：沙维沙鼠（*Meriones shawi* Duvernoy）［沙鼠亚科（Gerbillinae）］。

模式宿主采集地：突尼斯迈祖奈（Mezzouna）市附近的草原（34°29′N，9°42′E）。

寄生部分：小肠。

感染详情：感染率 48.5%（感染 16/检测 33）；平均强度 4.2（1～13）；平均丰度 2.0 ± 3.1。

词源：种名源于努米底亚巴巴尔人（Numidian Berbers），Mezzouna 人民的祖先。

模式材料：全模标本（NHMUK 2014.3.13.2）和 3 个副模本（NHMUK 2014.3.13.3～5）存于英国伦敦自然历史博物馆。3 个副模标本存于巴黎国家自然历史博物馆（MNHN HEL424）。

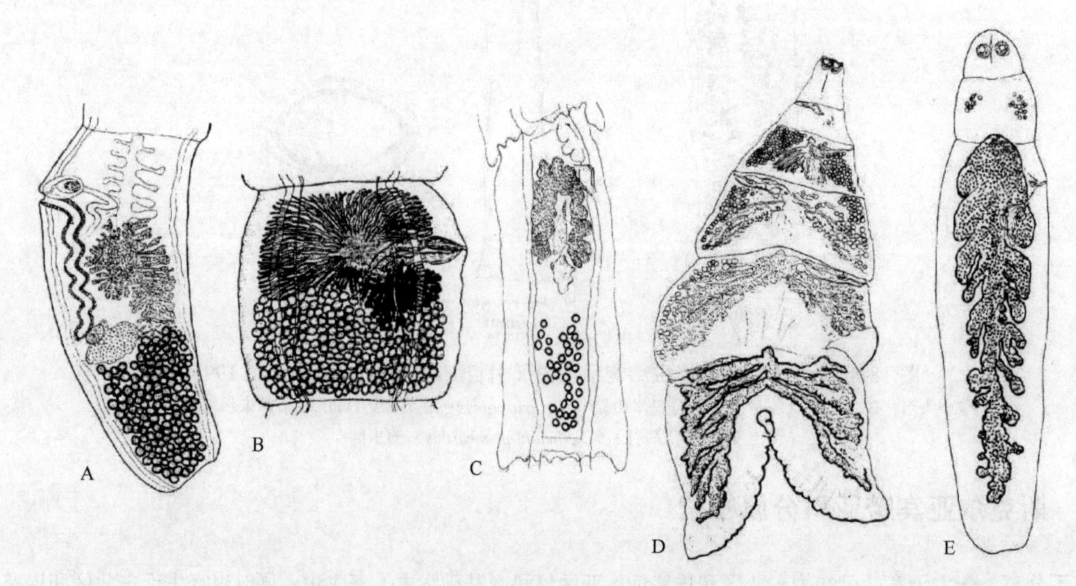

图 18-49　5 属 5 种绦虫结构示意图（引自 Quentin，1994）

A. 夏氏链带绦虫（*C. chabaudi* Dollfus，1953）的成节；B. 中卵腺昆廷带绦虫的节片；C. 马托维伪链带绦虫的成节；D. 寡节斯克尔亚宾绦虫；E. 沙鼠马吉特绦虫（*M. gerbilli* Wertheim，1954）

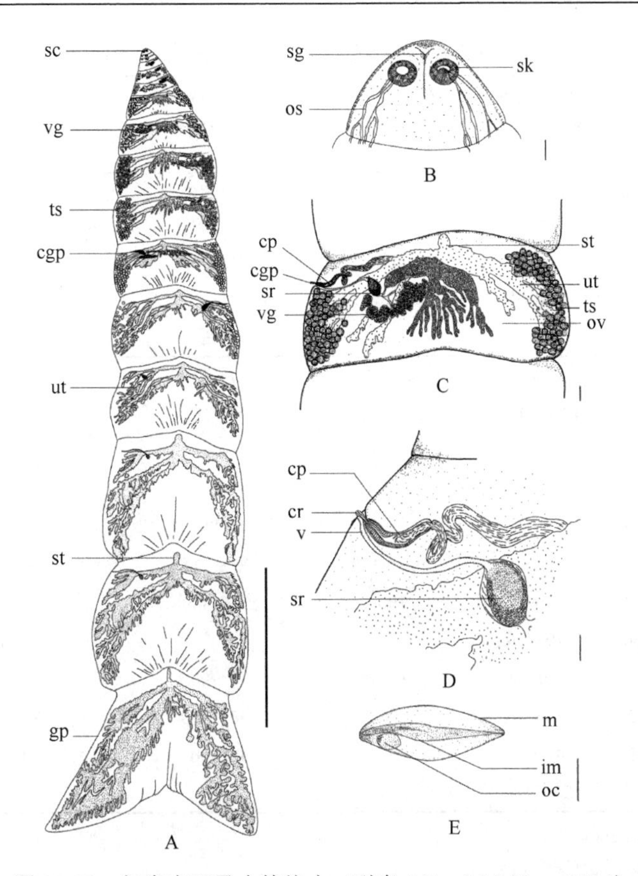

图 18-50 努米底亚马吉特绦虫（引自 Jrijer & Neifar，2014）

A. 整体固定腹面观；B. 头节；C. 成节；D. 末端生殖器官；E. 来自孕节的卵。缩略词：cgp. 公共生殖孔；cp. 阴茎囊；cr. 阴茎；gp. 孕节；im. 套进内部的膜；m. 膜；oc. 六钩蚴；os. 渗透调节系统；ov. 卵巢；sc. 头节；sg. 浅沟；sk. 吸盘；sr. 受精囊；st. 子宫干；ts. 精巢；ut. 子宫；v. 阴道；vg. 卵黄腺。标尺：A=5mm；B～D=100μm；E=10μm

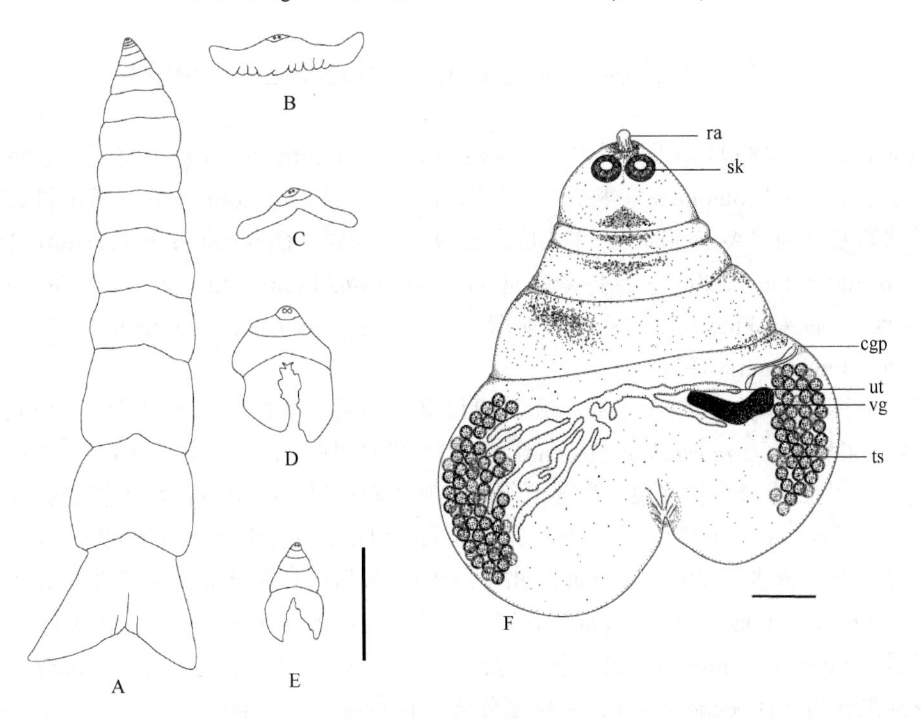

图 18-51 马吉特绦虫（*Meggittina* spp.）的链体形态（引自 Jrijer & Neifar，2014）

A. 努米底亚马吉特绦虫；B. 鼹鼠马吉特绦虫；C. 比尔马吉特绦虫；D. 埃及马吉特绦虫；E. 沙鼠马吉特绦虫；F. 努米底亚马吉特绦虫幼体。缩略词：cgp. 公共生殖孔；ra. 顶吸盘残余；sk. 吸盘；ts. 精巢；ut. 子宫；vg. 卵黄腺。标尺：A～E=5mm；F=200μm

表 18-2　几种马吉特绦虫（*Meggittina* spp.）的比较

种	努米底亚马吉特绦虫（*M. numida* Jrijer & Neifar，2014）		沙鼠马吉特绦虫（*M. gerbili* Wertheim，1954）	比尔马吉特绦虫（*M. baeri* Lynsdale，1953）	埃及马吉特绦虫（*M. aegyptica* Wolfgang，1956）	鼷鼠马吉特绦虫（*M. cricetomydis* Hockley，1961）
宿主	鼠科（Muridae）：沙鼠亚科（Gerbilliinae）[a]		鼠科：沙鼠亚科[b]	鼠科：鼠亚科（Murinae）[c]	鼠科：沙鼠亚科，非洲攀鼠亚科（Deomyinae）[d]	马岛鼠科（Nesomyidae）[e]
采集地	突尼斯		以色列	津巴布韦	埃及	尼日利亚
文献源	Jrijer & Neifar，2014		Wertheim，1954	Lynsdale，1953	Wolfgang，1956	Hockley，1961
	范围	平均± SD	范围	范围	范围	范围
链体总长（mm）	8.2～60	29 ± 6	4.5～5	1～2	1.06～5.6	—
链体最大宽度（mm）	3.2～7.3	4.45 ± 0.36	3.6～4.5	8～21	—	—
节片数	8～25	18.2 ± 2	3～4	1～2	4～6	2～3
头节长（μm）	245～375	—	295 ± 16	—	160～170	—
头节宽（μm）	460～680	574 ± 26	—	220	—	—
吸盘直径（μm）	90～165	129 ± 6	100～130	90～100	120～160	140
孔侧精巢数	57～152	111 ± 10	100[f]	250～350[f]	40～89	70～89
反孔侧精巢数	65～160	119 ± 10	—	—	53～108	74～138
精巢直径（μm）	45～85	58.6 ± 4	44～66	70～90	—	55～80
阴茎囊最大长度（μm）	130～355	264 ± 18	—	290～310	180～280	—
阴茎囊最大宽度（μm）	35～55	46 ± 2	—	40～60	20～50	—
卵长度（μm）	15～38	27 ± 2.3	—	—	10～14	30

a 沙维沙鼠（*Meriones shawi* Duvernoy）

b 金字塔小沙鼠（*Gerbillus pyramidum* Geoffroy）

c 宿主不特异（作者给的是“家鼠”和“本地粮仓老鼠”）

d 沙鼠未定种（*Meriones* sp.）、非洲刺毛鼠（*Acomys cahirinus* Desmarest）、沙土鼠（*Gerbillus gerbillus* Olivier）

e 冈比亚鼷鼠（*Cricetomys gambianus* Waterhouse）

f 精巢的总数

18.6　无孔科（Acoleidae Fuhrmann，1899）

无孔科由 Fuhrmann（1899）基于无孔属（*Acoleus*）所建立。Fuhrmann（1907）将无孔亚科（Acoleininae）上升为科，采用科名为：“Acoleinidae”，科的主要特征是缺阴道孔。Ransom（1909）指出科名“Acoleinidae”语法不正确并将其修订为“Acoleidae”，并认可无孔属、环腔属（*Gyrocoelia* Fuhrmann，1899）、双阴茎属（*Diplophallus* Fuhrmann，1900）、异体绦虫属（*Dioecocestus* Fuhrmann，1900）及希普利属（*Shipleya* Fuhrmann，1908）。后来 Fuhrmann 又加上前雌带属（*Progynotaenia* Fuhrmann，1909）和先雌带属（*Proterogynotaenia* Fuhrmann，1911）。

一些学者争论科及其属的有效性。Meggitt（1924）认可科的有效性并增加单境绦虫属（*Monoecocestus* Beddard，1914）、尿囊属（*Urocystidium* Beddard，1912）和双阴属（*Diploposthe* Jacobi，1896）。Fuhrmann（1932）指出单境绦虫属为裸头科绦虫，尿囊属很可能是带科的幼虫，而双阴属为膜壳科绦虫，因其各节片通常有 3 个精巢。Poche（1926）为双阴茎属建立了双阴科（Diploposthidae），而 Southwell 和 Hilmy（1929）将双阴茎属与异体绦虫属移入双阴科。Southwell（1930a）为那些有完全分离的雄性和雌性链体的绦虫建立异体绦虫科（Dioecocestidae）。Fuhrmann（1932）保留无孔科的 7 个属，但随后为前雌带属和先雌带属建立了先雌带科（Progynotaeniidae）。他将余下的属分到 2 个亚科中，无孔亚科（Acoleinae）为无阴道孔的类群，异体绦虫亚科（Dioecocestinae）为性别分离、有阴道孔的类群。

Burt（1939）认可异体绦虫科，并在无孔科中仅保留无孔属和双阴茎属，后来 Wardle 和 McLeod（1952）、Yamaguti（1959）及 Schmidt（1970）等都认为无孔科仅含无孔属。Spasskiĭ 和 Spasskaya（1968）认为双阴科与膜壳科（Hymenolepididae）为同物异名。

Ukoli（1965）建立希曼绦虫属（*Himantocestus*）并将其放入双阴科，因为其有部分的两套雄性生殖器官并缺阴道孔，其样品的吻突无钩棘。其样品很接近于双阴茎属，且他可能不知道安狄努斯双阴茎绦虫（*D. andinus* Voge & Reed，1953）也具有无钩棘的吻突。这使 Ryzhikov 和 Tolkacheva（1981）将希曼绦虫属及其仅有的种：布朗克逊希曼绦虫（*H. blanksoni*）与双阴茎属的安狄努斯双阴茎绦虫同义化。Olsen（1966）、Ahern 和 Schmidt（1976）指出：很多希曼绦虫属绦虫的头节在收集过程中失去了一些或全部吻突钩并建议仔细收集和观测安狄努斯双阴茎绦虫，很可能其吻突钩是存在的。Olsen（1966）报道采自一哺乳动物宿主的塔格里双阴茎绦虫（*D. taglei*），而所有先前该属的种类均报道采自鸻形目鸟类。Ryzhikov 和 Tolkacheva（1981）将采自哺乳动物的塔格里双阴茎绦虫排除双阴茎属。Schmidt（1986）认可无孔科由无孔属、双阴茎属、双阴属和贾都吉属（*Jardugia*）组成。Khalil（1994）则将双阴属和贾都吉属放在膜壳科而仅保留无孔属及双阴茎属于无孔科。

18.6.1 识别特征

为相对大型、粗壮的绦虫，有短节片和发达的肌肉。头节具有有钩或无钩的吻突和简单无钩的吸盘。各节片有单套或两套雄性生殖器官。精巢数目多。阴茎囊大，肌肉发达。阴茎强健，具钩棘。无外阴道孔，阴道位置为横向的受精囊。卵巢横向伸长。卵黄腺实质状，位于卵巢后方。子宫囊状。已知为鸟类的寄生虫。模式属：无孔属（*Acoleus* Fuhrmann，1899）。

18.6.2 分属检索

1a. 雄性和雌性生殖器官单套……………………………………无孔属（*Acoleus* Fuhrmann，1899）

识别特征：头节具有有钩吻突和简单无钩的吸盘。雄孔规则交替。阴茎囊大；阴茎有钩。雄性管在孔侧渗透调节管腹面。精巢数目多，带状横过节片。卵巢位于中央、横向伸长、分叶。幼子宫为横管状，再变为囊状，占据节片的绝大部分。卵圆形或椭圆形，有小的极部增厚。已知寄生于鸻形目和秧鸡目（Ralliformes）鸟类，全球性分布。模式种：阴道无孔绦虫［*Acoleus vaginatus*（Rudolphi 1819）Fuhrmann，1899］（图 18-52A～C）。

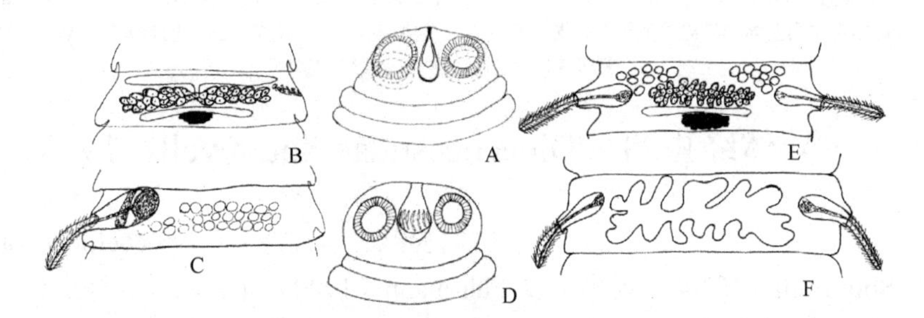

图 18-52 无孔属和双阴茎属绦虫结构示意图（引自 Khalil，1994）

A～C. 阴道无孔绦虫：A. 头节；B. 功能性雌性节片；C. 功能性雄性节片。D～F. 科利双阴茎绦虫：D. 头节；E. 成节；F. 孕节

1b. 雄性生殖器官两套，雌性生殖器官单套……………………………双阴茎属（*Diplophallus* Fuhrmann，1900）

［同物异名：希曼绦虫属（*Himantocestus* Ukoli，1965）］

识别特征：吻突有钩或无钩。如果有钩，则为单轮。吸盘很发达，无钩。节片宽大于长。雄孔位于两侧。阴茎囊很发达；阴茎长，钩棘多。雄性管位于渗透调节管腹面。精巢数目多，带状横过节片或位于两侧区。卵巢横向伸长、分叶。幼子宫为横管状，再变为囊状，占据节片的绝大部分。卵量多、椭圆形。已知寄生于鸻形目鸟类，全球性分布。模式种：多形双阴茎绦虫［*Diplophallus polymorphus*（Rudolphi，1819）Fuhrmann，1899］（图 18-53，图 18-54）。其他种：科利双阴茎绦虫（*Diplophallus coili* Ahern & Schmidt，

1976）（图 18-52D～F）

多形双阴茎绦虫报道自欧洲、亚洲和非洲的反嘴鹬（*Recuruirostra auosetta* Linnaeus）及黑翅长脚鹬（*Himuntopus himantopus* Linnaeus）[反嘴鹬科（Recurvirostridae）]，最初报道自太平洋、北美中部和密西西比州迁徙的美洲反嘴鹬（*Recurvirostra americana* Gmelin，1788）与黑颈长脚鹬 [*Himantopus mexicanus*（Miiller，1776）]。Burt（1980）进行了重描述，显示多形双阴茎绦虫在吻突钩的数目（20～25）和大小（0.087～0.122mm），以及阴茎囊的位置和外贮精囊与纵向排泄管的关系上种内有较大变异，且种内变异与宿主或宿主的采集地无关。Burt（1980）研究认为科利双阴茎绦虫很可能与多形双阴茎绦虫同义。1999年，印度学者有过对多形双阴茎绦虫的重描述，然质量可叹。

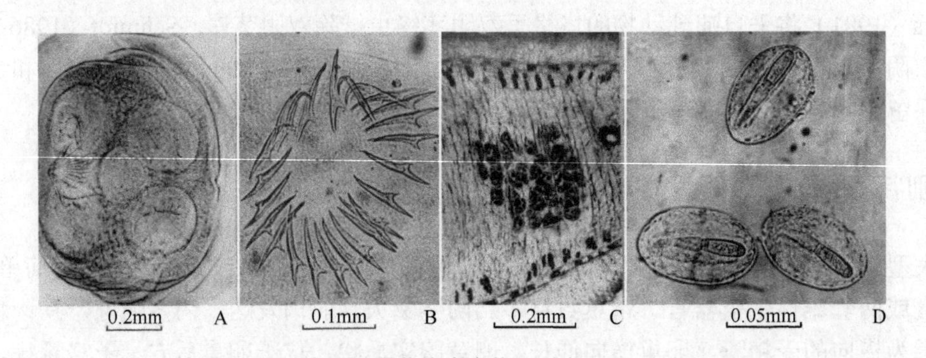

图 18-53　多形双阴茎绦虫实物（引自 Burt，1980）

A. 头节前面观，示指向前方的吸盘；B. 吻突钩的大小变化；C. 纵切部分，示精巢和纵肌束的布局；D. 卵含胚托和六钩蚴

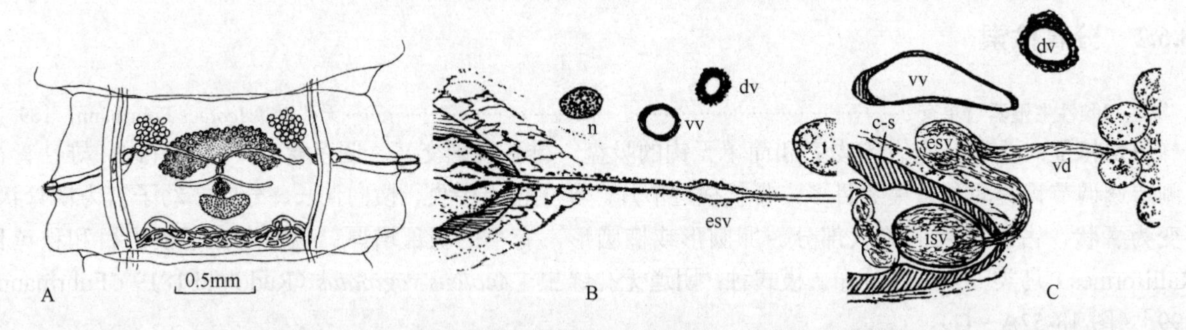

图 18-54　多形双阴茎绦虫成节，外贮精囊、阴茎囊与纵排泄管的位置关系示意图（引自 Burt，1980）

A. 成节背面观；B，C. 外贮精囊与阴茎囊和纵向排泄管的位置关系变异。缩略词：c-s. 阴茎囊；dv. 背排泄管；esv. 外贮精囊；isv. 内贮精囊；n. 侧神经；vd. 输精管；vv. 腹排泄管

18.7　异体绦虫科（Dioecocestidae Southwell，1930）

[同物异名：环腔科（Gyrocoellidae Yamaguti，1959）]

异体绦虫科由 Southwell（1930b）提出，以 Fuhrmann（1900）建立的异体绦虫属作为模式和仅有的一属，区别于其他绦虫在于本属具有完全分离的雄性和雌性链体。科的组成随采自鸟类异体圆叶目绦虫的加入或移出而改变。缺乏有开口的阴道，导致其被组入或并入具有这一特征的其他科。大量种类结构信息不全，使其更为混乱。Fuhrmann（1936）压缩了异体绦虫科，并将异体绦虫属归入无孔科（Acoleidae Fuhrmann，1899），但为一不同的亚科：异体绦虫亚科（Dioecocestinae Southwell，1930）。无孔科另一独立的亚科为无孔亚科（Acoleinae），用于容纳希普利属（*Shipleya* Fuhrmann，1907）、环腔属（*Gyrocoelia* Fuhrmann，1899）及其他一些属。而绝大多数随后的权威学者认可科的状况。Burt（1939）恢复异体绦虫亚科（Dioecocestinae）到科的水平，其内包括异体绦虫属（*Dioecocestus*）、冠带属（*Infula* Burt，1939）、希普利属和环腔属，因为异体的状况比阴道孔的缺乏意义更大。Wardle 和 McLeod（1952）、Yamaguti（1959）采用了 Burt（1939）的分类框图，恢复了异体绦虫亚科，含异体绦虫属并建立环腔亚科（Gyrocoeliinae），

含环腔属、希普利属、冠带属和伪希普利属（*Pseudoshipleya* Yamaguti，1959）；随后增加的属包括新异体绦虫属（*Neodioecocestus* Siddiqi，1960）、棘希普利属（*Echinoshipleya* Tolkacheva，1979）。基于胚胎发育和卵的结构，Coil（1963，1966，1968，1970）保留了 Yamaguti 建立的科和亚科，异体绦虫亚科仅含异体绦虫属；环腔亚科含环腔属和希普利属。他认为后两属与冠带属和异体绦虫属相比相互间关系更为密切，冠带属和希普利属在卵结构上的差异足以将它们放在不同的科或至少在不同的亚科。Coil（1970）基于雄性和雌性生殖器官完全分离为不同的链体，推荐为异体绦虫属建立分离的亚科，但仍无法解决有相对不特化卵的无杯异体绦虫（*Dioecocestus acotylus*）的关系问题。

随后，Ryzhikov 和 Tolkacheva（1981）认可异体绦虫科为单型科并修订环腔亚科至环腔科（Gyrocoeliidae）水平，同时保留其属，2 个科主要的区别在于环腔科的雌性链体中保留了雄性交配器官。Schmidt（1986）采用了异体绦虫科，无亚科，用于容纳圆叶目中所有的异体的绦虫属。

关于这些绦虫的异体特性争论很大，尤其是有关环腔属和希普利属。异体绦虫的生殖过程所知甚少。在环腔属中，同体和异体的种都有报道（Burt，1939），但当两种状况存在时，有些种的描述就不恰当或相矛盾。Burt（1939）的结论认为雌性链体中有精巢的存在是难让人信服的。随后描述的种均为雌雄异体的种（Mettrick，1962；Rego，1968）。阿尔伯瑞德环腔绦虫（*Gyrocoelia albaredai* López-Neyra，1952）基于一个样品而被描述为雌雄同体（López-Neyra，1952），后来无人再描述过。Baer（1959）与 Ryzhikov 和 Tolkacheva（1981）认为该种无效，环腔属通常都是功能上雌雄异体的。Rausch 和 Rausch（1990）显示相关希普利属的样品可能为雌雄同体。无棘希普利绦虫（*Shipleya inermis*）正常功能雌雄异体，但有些种类在同一性别链体中有另一性别退化器官并且 2 个主要的雄性链体有完全有功能的雌性器官，可以产生卵。但在同一链体中精巢和雌性器官通常不是同时发现的。雌性的无棘希普利绦虫有不发达的精巢，缺相连的生殖管，虫体功能上是雌性的（Rausch & Rausch，1990）。

典型的缺乏阴道，虽然不局限于异体的圆叶目绦虫，但却是其重要的特征之一。异体绦虫属雌性有一远端部闭塞的阴道，不向外开口。在其他同科的属中，不存在有外部开孔的分离的阴道。而不同的学者，描述有其他管道完成相应的功能。Burt（1939）描述了在雌性石鸻冠带绦虫（*Infula burhini*）中有一窄管连接阴茎囊至受精囊并认为雄性链体通过阴茎囊发生授精。Coil（1955）在巨阴茎冠带绦虫［*I. macrophallus*（Ryzhikov & Tolkacheva，1981）］的研究中，认为该种与石鸻冠带绦虫同义。在帕戈勒环腔绦虫（*Gyrocoelia pagollae*）中报道存在相类似的管。Rausch 和 Rausch（1990）也在无棘希普利绦虫中发现有类似的管。他们提出无棘希普利绦虫是从雌雄同体的祖先演化来的并且在演化为异体状况过程中，阴茎囊保留于雌性链体中并行使阴道的功能，无分离的阴道，生殖管由输精管和最初的阴道融合而成。很明显，至少在希普利属和冠带属，可能在环腔属中有一修改过的管道起阴道的作用，但典型有外部开孔的分离阴道在所有属中是缺乏的。

各学者提供的检索表仅只是易于识别而并不能反映系统关系。系统关系需要更多生活史和胚胎发育方面的相关信息才会清晰。异体绦虫科是圆叶目中解剖或功能雌雄异体，除一属外雌性链体中保留有雄性交配器（非精巢），可能变形用于授精，且典型的有外部开孔的阴道不存在。异体绦虫亚科为异体绦虫属保留，属中种的性别完全分离；环腔亚科用于容纳其他属，有正常的功能性雌雄异体，且雌性链体保留一类似于雄性链体中外貌的阴茎囊。

新异体绦虫属（*Neodioecocestus* Siddiqi，1960）描述自一单一雄性缺吻突或钩的样品，已被认为无效。异体绦虫属的构成包括有或无吻突的种类。

18.7.1 识别特征

大型绦虫，有很多节片。完全或部分雌雄异体。雄性和雌性链体完全分离或雌性链体保留雄性交配器。吻突存在或缺；如果存在，有钩或无钩。吸盘存在或缺。纵向肌肉为两层，横向肌肉为三层。雄性器官单套或两套。如果单套，生殖孔规则交替于雄性链体。精巢数目多，分布为一中央群或两侧群。内贮精囊很发达或否，外贮精囊缺乏。阴茎囊肌肉质，阴茎粗壮，具棘。雌性器官单套。在异体绦虫属的雌性链体中缺生殖孔，其他属中生殖孔规则或不规则交替。卵巢分叶，为两翼或扇状。卵黄腺位于卵巢后部。受精囊在卵黄腺孔侧或在卵巢和卵黄腺之间。典型有外部开口的阴道缺乏，可能由雌性链体中变形的雄性管进行功能性取代。幼子宫横向、环状或马蹄铁形。子宫孔存在或缺。卵卵圆形。已知寄生于鸟类［鹳形目和䴙䴘目（Podicipediformes）］。模式属：异体绦虫属（*Dioecocestus* Fuhrmann，1900）。

18.7.2 亚科检索

1a. 雄性和雌性链体完全分离；雄性生殖器官两套；残余阴道存在，缺外部开孔；子宫横管状……异体绦虫亚科（Dioecocestinae Southwell，1930）

识别特征：链体大。吻突存在或缺；如果存在，有钩棘或无。生殖管在渗透调节管间通过。雄性生殖器官两套，雄孔开于两侧。阴茎囊小，肌肉质；阴茎具棘。精巢数目多，为两侧群。雌性器官单套，卵巢多分叶，通常为具两翼状。卵黄腺分叶，位于卵巢后部。受精囊略偏于卵黄腺孔侧，由阴道连接。阴道不规则交替。早期子宫为横管状，之后变为叶状。已知寄生于䴙䴘。

1b. 雌性链体保留雄性交配器；雄性生殖器官单套；典型阴道缺乏，可能由改变的管进行功能性取代；早期子宫环状或马蹄铁状……环腔亚科（Gyrocoeliinae Yamaguti，1959）

识别特征：功能性雌雄异体。吻突存在或缺乏；如果存在，有或无棘。吸盘存在。生殖器官单套。生殖管在渗透调节管之间通过。雄性交配器存在于雌性链体中。阴茎囊大，肌肉质。阴茎强壮，装备有大量小棘。精巢数目多，为一中央群。生殖孔在雄性链体中规则交替，在雌性链体中规则或不规则交替。卵巢亚中央位，多叶、两翼状或扇状。卵黄腺分叶，位于卵巢后部。受精囊在卵巢和卵黄腺之间。成熟时子宫叶状。子宫孔存在或缺乏。已知寄生于鹳形目鸟类。

18.7.3 异体绦虫亚科（Dioecocestinae Southwell，1930）

此亚科仅含异体绦虫属（*Dioecocestus* Fuhrmann，1900）1 属。

18.7.3.1 异体绦虫属（*Dioecocestus* Fuhrmann，1900）

［同物异名：小钩绦虫属（*Hamulocestus* Spasskiĭ，1992）；
新异体绦虫属（*Neodioecocestus* Siddiqi，1960）］

识别特征：同亚科特征。已知寄生于鹳形目（Ciconiiformes）和䴙䴘目（Podicipediformes）鸟类，全球性分布。模式种：帕罗纳异体绦虫（*Dioecocestus paronai* Fuhrmann，1900）。其他种：无杯异体绦虫（*D. acotylus* Fuhrmann，1904）（图 18-55A、B）。

18.7.4 环腔亚科（Gyrocoeliinae Yamaguti，1959）

18.7.4.1 分属检索

1a. 吻突存在；子宫环状，子宫孔存在……2

1b. 吻突存在或缺；子宫马蹄铁状，子宫孔不存在……3

2a. 吻突装备有单轮弯曲排列的钩……环腔属（*Gyrocoelia* Fuhrmann，1900）

［同物异名：支管头属（*Brochocephalus* Linstow，1906）］

识别特征：链体功能性雌雄异体。吻突头状。每节一套生殖器官。雄性中生殖孔规则交替，雌性中规则或不规则交替。阴茎囊大、肌肉质，保留于雌性链体中。阴茎强健，明显具棘钩。生殖管在渗透调节管间通过。精巢数目多，位于中央成群。外贮精囊不存在，内贮精囊很发达或否。卵巢位于中央，两翼状到多分叶、扇状。受精囊在卵巢和卵黄腺之间。典型阴道不存在，可能由阴茎囊和变形的雄性管进行功能性取代。早期子宫环状，随后分叶。子宫孔存在。卵卵圆形。已知寄生于鸻形目鸟类，偶尔寄生于鹈形目（Pelecaniformes）鸟类，全球性分布。模式种：佩维萨环腔绦虫（*Gyrocoelia perversa* Fuhrmann，1899）（图 18-55C～H）。

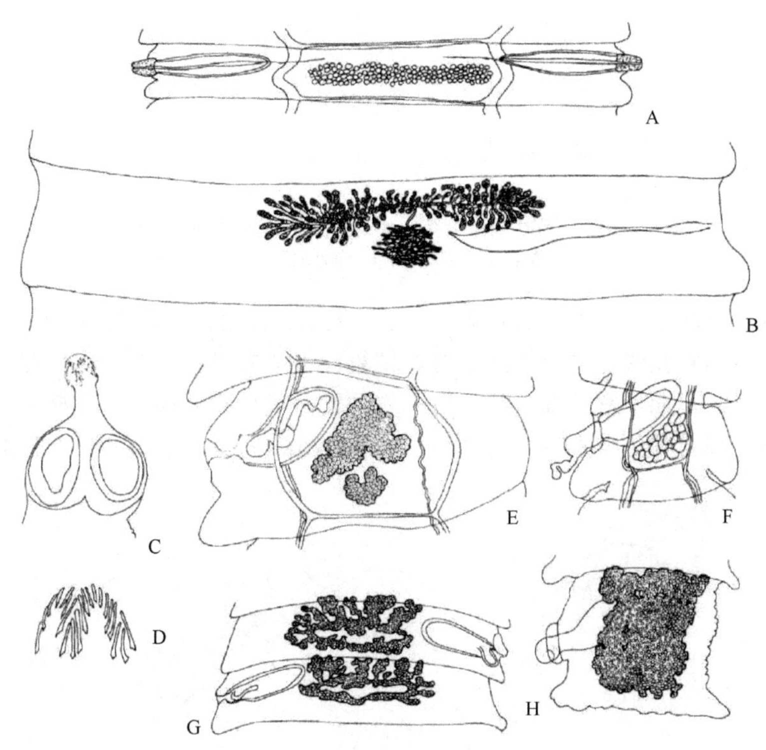

图 18-55　异体绦虫和环腔绦虫结构示意图（转引自 Jones，1994）

A，B. 无杯异体绦虫：A. 雄性节片；B. 雌性节片。C～H. 佩维萨环腔绦虫：C. 头节；D. 吻突钩；E. 雌性节片；F. 雄性节片；G. 早期孕节；H. 孕节

2b. 吻突存在，但无钩或棘……冠带属（*Infula* Burt，1939）

［同物异名：伪希普利属（*Pseudoshipleya* Yamaguti，1959）］

识别特征：链体功能性雌雄异体。每节一套生殖器官。雄性中生殖孔规则交替，雌性中规则或不规则交替。阴茎囊大、肌肉质，保留于雌性链体中。阴茎强健，具棘或钩。生殖管在渗透调节管间通过。外贮精囊不存在，内贮精囊存在。精巢数目多，位于中央成群。卵巢位于中央，两翼状到多分叶状。受精囊在卵巢和卵黄腺之间。典型阴道不存在，但由阴茎囊和变形的雄性管进行功能性取代。早期子宫环状，随后分叶。子宫孔存在于节片后部边缘。卵卵圆形，中央膜层厚，有极栓。已知寄生于鸻形目鸟类，全球性分布。模式种：石鸻冠带绦虫（*Infula burhini* Burt，1939）（图 18-56）。

3a. 吻突不存在……希普利属（*Shipleya* Fuhrmann，1908）

识别特征：通常为功能性雌雄异体，但可能不完全雌雄异体或雌雄同体。生殖器官单套。生殖孔规则交替。生殖管在渗透调节管间通过。阴茎囊大、肌肉质。精巢数目多，位于中央成群。卵巢位于中央，分叶状到扇状。阴茎囊保留于雌性链体中，行使阴道功能。典型阴道不存在。受精囊在卵巢和卵黄腺之间，由窄管连向阴茎囊。早期子宫马蹄铁状，有前方的臂。子宫孔不存在。已知寄生于鸻形目鸟类，分布于南、北美洲。模式种：无棘希普利绦虫（*Shipleya inermis* Fuhrmann，1908）（图 18-57A～D）。

3b. 吻突存在，装备有大量小型单睾属样（aploparaksoid）钩排……棘希普利属（*Echinoshipleya* Tolkacheva，1979）

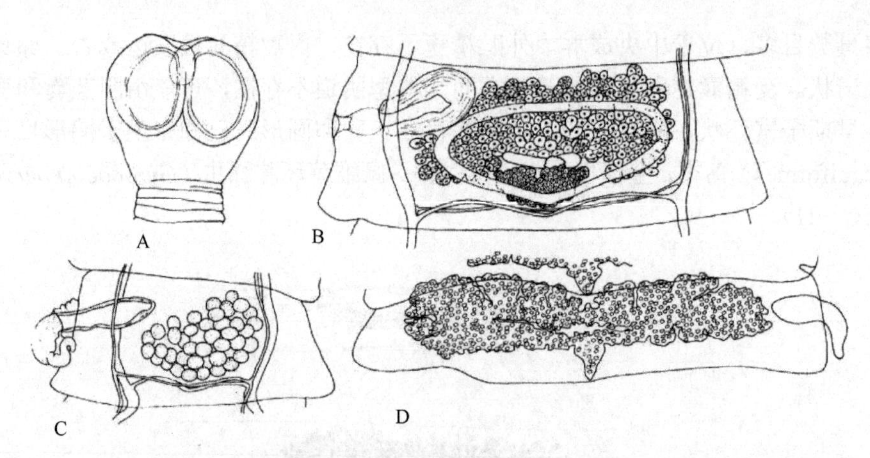

图 18-56 石鸻冠带绦虫结构示意图（转引自 Jones，1994）

A. 头节；B. 雌性节片；C. 雄性节片；D. 孕节

识别特征：链体功能性雌雄异体。生殖器官单套。生殖孔在两性中都规则交替。阴茎囊大、肌肉质，保留于雌性链体中。生殖管在渗透调节管间通过。精巢位于中央成单一群。卵巢位于中央，多分叶状到扇状。典型阴道不存在。早期子宫马蹄铁状，有前方的臂。子宫孔不存在。卵椭圆形。已知寄生于鸻形目鸟类，分布于苏联。模式种：半掌棘希普利绦虫（*Echinoshipleya semipalmati* Tolkacheva，1979）（图 18-57E、F）。

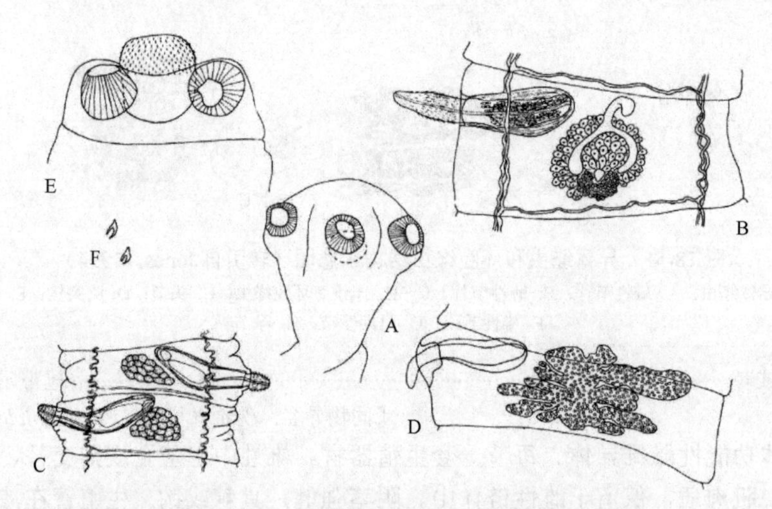

图 18-57 无棘希普利绦虫和半掌棘希普利绦虫结构示意图（转引自 Jones，1994）

A～D. 无棘希普利绦虫：A. 头节；B. 雌性节片；C. 雄性节片；D. 孕节。E，F. 半掌棘希普利绦虫：E. 头节；F. 吻突钩

18.8 安比丽科（Amabiliidae Braun，1900）

此科的特征是具有附属或补充的管与雌性生殖器官相连。最初由 Braun（1894-1900）建立作为带科（Taeniidae）的安比丽亚科（Amabiliinae），Fuhrmann（1907）将其上升为安比丽科。Ransom（1909）对科进行了修订。

此科最初含有安比丽属（*Amabilia* Diamare，1893）[同物异名：隐匿槽属（*Aphanobothrium* Linstow，1906)]、裂带属（*Schistotaenia* Cohn，1900）和泰脱拉属（*Tatria* Kowalewski，1904)。，此分类及组成被 Ransom（1909)、Wardle 和 McLeod（1952）及 Yamaguti（1959）等接受。随后增加的属有：双孔带属（*Diporotaenia* Spasskaya，Spasskiĭ & Borgarenko，1971)、侧睾属（*Laterorchites* Fuhrmann，1932)、伪裂带属（*Pseudoschistotaenia* Fotedar & Chishti，1976)、佐依鳞属（*Joyeuxilepis* Spasskiĭ，1947）及茹吉科夫

鳞属（*Ryjikovilepis* Gulyaev & Tolkacheva，1987）。

Johri（1959）为安比丽属恢复安比丽亚科并提出裂带亚科（Schistotiinae），拉丁名后来修订为Schistotaeniinae，用于容纳裂带属和泰脱拉属。Ryzhikov 和 Tolkacheva（1975）为双孔带属建立双孔带亚科（Diporotaeniinae）。Ryzhikov 和 Tolkacheva（1981）接受这些亚科，但 Schmidt（1986）不予接受。安比丽亚科的主要识别特征为成对的雄性器官和一树枝状卵巢；双孔带亚科则是头节具有花瓣状的叶；裂带亚科主要是单一的雄性腺与正常头节的组合。附属管路径的变化也用作特征。这些特征在属水平的意义比亚科水平大，故不予采用于亚科水平。

伪裂带属最初的命名出现于会议摘要中，后来的描述更为详细（Fotedar & Chishti，1976，1980）。与裂带属的区别在于：规则交替的雄孔，受精囊连接的节片，小而变宽的卵巢并缺有盲端、反孔侧的附属管。这些特征后来发现也发生于裂带属的种中（Baer，1940；Chandler，1948；Schell，1955；Johri，1959；Rausch，1970），由此认为此两属同义。Fotedar 和 Chishti（1976）的模式种印度伪裂带绦虫（*P. indica*）的模式样品已无法用于再行测量。

佐依鳞属最初被提出用于容纳绦虫：双钩棘吻带绦虫（*Echinorhynchotaenia biuncinata* Joyeux & Baer，1943），根据拟囊尾蚴（其成体不知），具有显著的吻突钩棘（Joyeux & Baer，1943；Spasskiĭ，1947），最初放在膜壳科。Spasskiĭ 和 Spasskaya（1976）认为双钩棘吻带绦虫与十钩泰脱拉绦虫（佐依鳞亚属）[*Tatria*（*Joyeuxilepis*）*decacantha* Fuhrmann，1913] 同义，并将佐依鳞亚属移入安比丽科，作为泰脱拉属的一个亚属。Gulyaev 和 Tolkacheva（1987）将佐依鳞亚属提升为属，与泰脱拉属的区别在于吻突钩的形态（aploparaksoid 样）和生殖器官雄性先熟。他们同时建立了茹吉科夫鳞属用于容纳（广义上的）杜比尼纳泰脱拉绦虫（*T. dubininae* Ryzhikov & Tolkacheva，1981），其钩相似于佐依鳞属的种，但渗透调节系统、雄性末端管和附属管不同。

Borgarenko 和 Gulyaev（1990）首次描述了双钩佐依鳞绦虫（*Joyeuxilepis biuncinata*），并认为其与十钩佐依鳞绦虫（*J. decacantha*）同义可疑。他们发现了可能具有重要分类学意义的特征，泰脱拉属的种需要澄清并认为佐依鳞属的识别特征不成熟。以此观点，佐依鳞属暂时当作泰脱拉属的同物异名，等待进一步研究证实。

Spasskiĭ（1969）、Rysavy 和 Macko（1971）将侧睾属从囊宫科（Dilepididae）移入安比丽科。这一移动得到 Ryzhikov 和 Tolkacheva（1981）的认可。侧睾属的识别特征根据的是 Rysavy 和 Macko（1973）对双侧侧睾绦虫 [*L. bilateralis*（Fuhrmann，1908）] 的重描述。

18.8.1 识别特征

小到中型绦虫。节片通常具缘膜，宽大于长，有显著的侧方突起（很少不存在）。头节通常正常，很少肥大形成花瓣状的叶。有钩棘的吻突通常存在，有单轮吻突钩。吻突、头节或吸盘上棘存在或无。精巢位于后部或侧方，可能围绕着雌性器官。雄性管单条或成对。雄孔规则或不规则交替。阴茎囊达渗透调节管或否。外贮精囊存在，内贮精囊存在或否。前列腺囊存在或否。阴茎具钩棘。雌性器官单套。卵巢和卵黄腺位于中央，分叶状，很少树枝状。真正的阴道不存在，功能可能由附属管取代。附属或补充管可能在连续的节片中连接受精囊，有孔开于背面和腹面，或有渗透调节管相接；它们可能从受精囊通过至近雄孔反孔侧边缘开口或成盲端。子宫通常囊状，很少网状或起始时为马蹄铁形。卵圆形或椭圆形或纺锤状有极丝。已知寄生于鸟类。模式属：安比丽属（*Amabilia* Diamare，1893）。

18.8.2 分属检索

1a. 雄性生殖管成对……安比丽属（*Amabilia* Diamare，1893）
[同物异名：隐匿槽属（*Aphanobothrium* Linstow，1906）]

识别特征：强壮的绦虫。节片覆瓦状，有显著的侧方突起。有钩的吻突明显不存在。吸盘无棘。精巢位于两侧区，偶尔会合。阴茎囊位于管外侧，肌肉质。阴茎强壮，具钩棘。小的内贮精囊存在。雄性管在渗透调节管间通过。卵巢和卵黄腺位于中央，树枝状。阴道不存在。受精囊与背腹附属管相连，开口于链体中线的背腹面，也开口于腹部横向渗透调节管联合。子宫精细网状。卵纺锤状有极丝。已知寄生于红鹳目（Phoenicopteriformes）鸟类，分布于非洲、印度和亚洲。模式种：薄片安比丽绦虫［*Amabilia lamelligera*（Owen，1832）］（图 18-58A、B）。

1b. 雄性生殖管单条……………………………………………………………………………………………2

2a. 头节肥大形成花瓣状的叶……………………………双孔带属（*Diporotaenia* Spasskaya，Spasskiĭ & Borgarenko，1971）

识别特征：链体中等大小。节片短，很宽。头节变形的前部为模糊的具棘吻突。吸盘无棘。吸盘后存在肉质领。精巢单横列。阴茎囊小，达渗透调节管。阴茎具钩棘。内贮精囊小，外贮精囊显著。雄孔规则交替。卵巢宽，略分叶。卵黄腺分叶，略偏雄孔反孔侧。附属管有远端括约肌，从受精囊到雄孔反孔侧边缘开孔。子宫囊状，分叶。已知寄生于扒鹏鹈目（Colymbiformes）鸟类，分布于塔吉克斯坦和土库曼斯坦。模式种：扒鹏鹈双孔带绦虫（*Diporotaenia colymbi* Spasskaya，Spasskiĭ & Borgarenko，1971）（图 18-58C、D）。

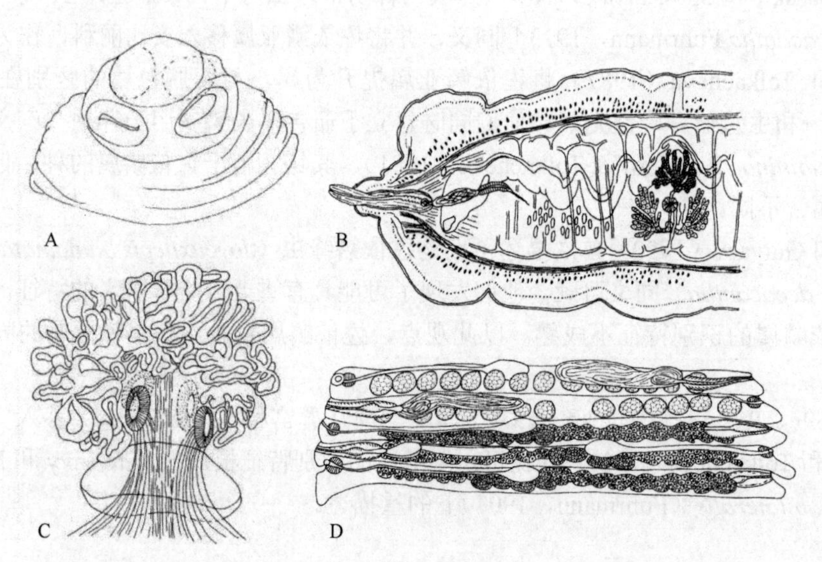

图 18-58　安比丽绦虫和双孔带绦虫结构示意图（转引自 Jones，1994）

A，B. 薄片安比丽绦虫：A. 头节；B. 成节横切面。C，D. 扒鹏鹈双孔带绦虫：C. 头节；D. 成节

2b. 头节正常……………………………………………………………………………………………………3

3a. 节片无很发达的侧方突起……………………………………………侧睾属（*Laterorchites* Fuhrmann，1932）

识别特征：链体小到中型。节片通常具缘膜。吻突有单排钩，10 个。吸盘具棘。精巢围绕着雌性器官。前列腺囊存在于阴茎囊和外贮精囊之间。阴茎有棘钩。雄孔不规则交替。卵巢位于中央、叶状。卵黄腺位于卵巢后部。自受精囊发出的附属管在近反孔侧边缘处成为盲端。子宫早期为马蹄铁状，随后变为叶状。已知寄生于鹏鹛目（Podicipediformes）鸟类，分布于中美洲。模式种：双侧侧睾绦虫［*Laterorchites bilateralis*（Fuhrmann，1908）］（图 18-59）。

3b. 节片有很发达的侧方突起………………………………………………………………………………4

4a. 链体中等大小；头节强健，吻突钩 16～26 个……………………………………裂带属（*Schistotaenia* Cohn，1900）

［同物异名：伪裂带属（*Pseudoschistotaenia* Fotedar & Chishti，1976）］

识别特征：吻突强健，装备有单排强钩。吻突或吸盘上有或无棘。节片宽，有侧方突起。精巢通常

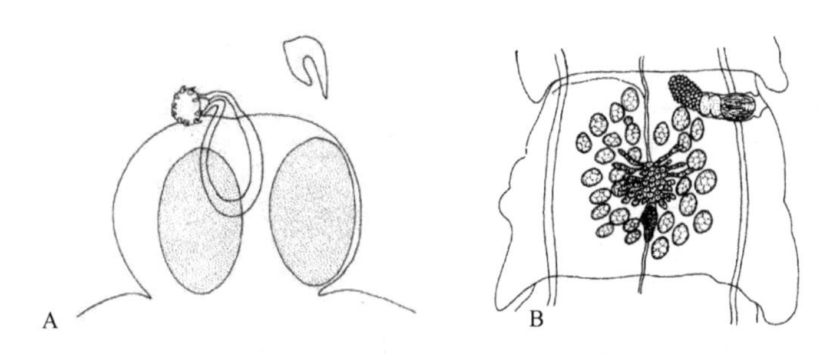

图 18-59 双侧侧睾绦虫结构示意图（转引自 Jones，1994）
A. 头节和吻突钩；B. 成节

为两群，偶尔为一群。阴茎囊小。前列腺囊存在于阴茎囊和外贮精囊之间。阴茎有棘钩。雄孔规则或不规则交替。卵巢位于中央，叶状、两翼状或横向伸长。卵黄腺位于中央、卵巢后部，叶状。附属管存在。受精囊由中央纵向的附属管相互联通；很少量，也存在 S 形管。发自受精囊的附属管开口于背部和腹部表面或仅开于腹面。子宫囊状。卵球形。已知寄生于鸊鷉目鸟类，分布于非洲、亚洲、欧洲和北美洲。模式种：巨吻裂带绦虫［*Schistotaenia macrorhyncha*（Rudolphi，1810）Cohn，1900］。其他种：扒鸊鹈裂带绦虫（*S. colymba* Schell，1955）（图 18-60A～D）。

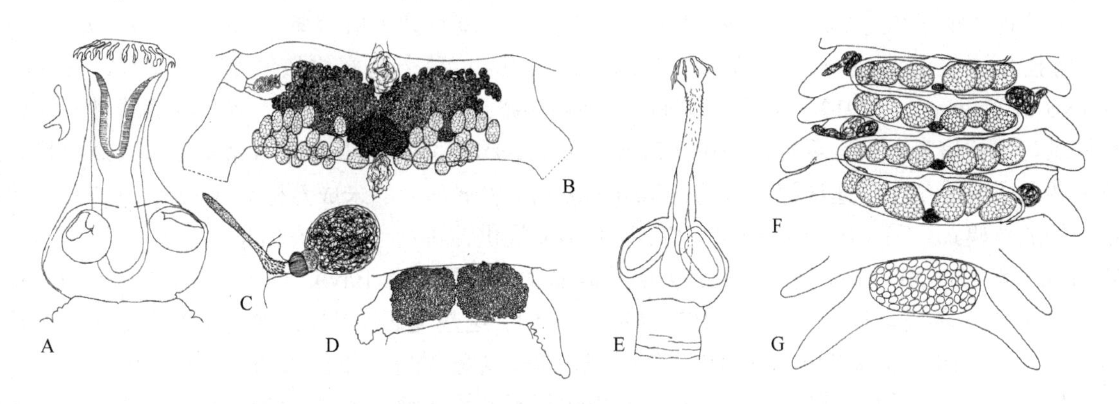

图 18-60 裂带绦虫和泰脱拉绦虫结构示意图（转引自 Jones，1994）
A～D. 扒鸊鹈裂带绦虫：A. 头节与吻突钩；B. 成节；C. 雄性末端管；D. 孕节。
E～G. 伯瑞米泰脱拉绦虫：E. 头节；F. 成节，雄性器官；G. 孕节

4b. 链体小而精致；头节精巧；吻突钩 8～14 个 ········ 5

5a. 2 对纵向渗透调节管 ········ 泰脱拉属（*Tatria* Kowalewski，1904）
［同物异名：佐依鳞属（*Joyeuxilepis* Spasski，1947）］

识别特征：链体小。节片宽、有指状侧方突起。吻突精致、伸长，装备有单排小钩。钩短剑状或单睾属样（apoparaksoid）。吻突、头节和吸盘上棘存在或否。精巢相对少，位于两侧为两群或一横排。内、外贮精囊存在。阴茎囊小。阴茎具棘。雄孔通常规则交替。卵巢位于中央，叶状、两翼状或很宽。卵黄腺位于卵巢后部，中央或略偏孔侧。受精囊在连续的节片间由中央纵向或 S 形（异常的为两种都有）附属管相连。子宫囊状。卵圆形或椭圆形。已知寄生于鸊鷉目鸟类，分布于非洲、亚洲、欧洲、俄罗斯、北美洲和南美洲。模式种：伯瑞米泰脱拉绦虫（*Tatria biremis* Kowalewski，1904）（图 18-60E～G）。

Vasileva 等（2003a）对佐依鳞属进行了修订并重描述了棘吻佐依鳞绦虫［*Joyexilepis acanthorhyncha*（Wedl，1855）］（图 18-61）和福曼佐依鳞绦虫［*J. fuhrmanni*（Solomon，1932）］。

佐依鳞属最初简短的描述仅包括模式种双钩佐依鳞绦虫拟囊尾蚴的形态数据。特征是具有一由小钩样棘覆盖的吻，一轮吻突钩位于吻基部，吸盘边缘装备有几排小棘。最初将属分配于膜壳科（Hymenolepididae Ariola，1899）。Spassky 和 Spasskaya（1976）将此属移入安比丽科（Amabiliidae Braun，1900）。这些作者提出将所有已知的泰脱拉绦虫（*Tatria* spp.）分为 2 个亚属，依据的是它们吻钩形

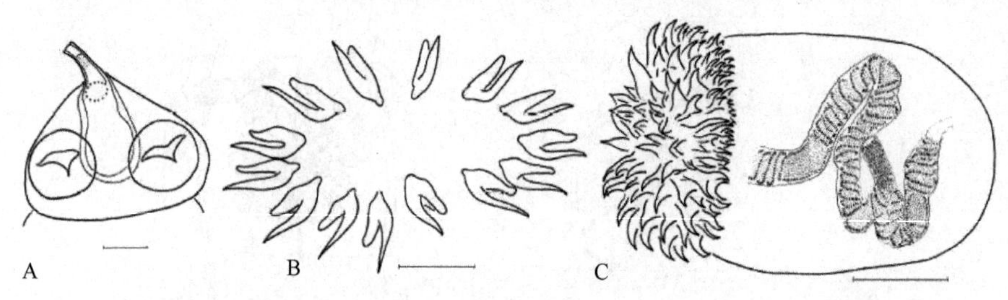

图 18-61 棘吻佐依鳞绦虫（引自 Гребень & Корнюшин，2001）

A 头节；B. 吻突钩；C. 阴茎囊。标尺：A=0.1mm；B=0.02mm；C=0.05mm

态不一样。4 个种的吻突钩钩柄长于钩卫，留在泰脱拉亚属，模式种为伯瑞米泰脱拉绦虫。第二亚属包括余下的 5 个种，具有单睾属样吻突钩（钩柄短于钩卫），该亚属名为佐依鳞亚属（*Joyeuxilepis*）。Ryzhikov 和 Tolkacheva（1981）对这 2 个类群的划分不予肯定，并提出了修订泰脱拉属（广义上的）的识别特征，包括所有 9 个种的特征，除吻突钩形态差异外。Gulyaev 和 Tolkacheva（1987）、Borgarenko 和 Gulyaev（1990，1991）与 Gulyaev（1990，1992）提出的泰脱拉属的分类重组后，泰脱拉属中所有棘喙样钩（acanthorhynchoid）的种类包含于佐依鳞属中。除了 5 种重新测定过的种类（Vasileva et al.，2003a），Borgarenko 和 Gulyaev（1990，1991）认为下列种归属于佐依鳞属：流苏佐依鳞绦虫[*J. fimbriata*（Borgarenko，Spasskaya & Spassky，1972）]、八钩佐依鳞绦虫 [*J. octacantha*（Rees，1973）]、阿塞拜疆佐依鳞绦虫（*J. azerbaijanica* Gulyaev，1989）、乌拉尔佐依鳞绦虫（*J. uralensis* Gulyaev，1989）和十钩样佐依鳞绦虫（*J. decacanthoides* Borgarenko & Gulyaev，1991）。对于这些种的有些原始描述如渗透调节系统、受精囊和雄性末端管的结构没有提供足够的信息。八钩泰脱拉绦虫（*Tatria octacantha*）的描述基于采自蜻蜓若虫（蜻蜓目）的拟囊尾蚴和两条采自威尔士卡迪根郡小鸊鷉（*Tachybaptus ruficollis*）的未成熟样品（Rees，1973）。重新测定其单一的成体模式样品（BMNH 1972.8.17.3）并不能提供该种恰当的形态信息。

Vasileva 等（2003b）重新测定了采自英格兰诺福克小鸊鷉，由 Baylis（1939）报道为十钩泰脱拉绦虫（*T. decacantha*）的凭证样品（BMNH1938.8.8.27～45）。这些凭证样品中 5 个样品具有 8 个吻突钩，并且头节形态符合八钩佐依鳞绦虫。然而由于链体状况差，无法进行详细的重描述。流苏佐依鳞绦虫和阿塞拜疆佐依鳞绦虫仅从原始文献认知，对它们的描述都不是很详细。此 3 个种的重描述需要在收集到新样品的基础上进行。虽然如此，流苏佐依鳞绦虫、八钩佐依鳞绦虫、阿塞拜疆佐依鳞绦虫、乌拉尔佐依鳞绦虫和十钩样佐依鳞绦虫都有棘喙样吻突钩、有单一外贮精囊存在并有无强染色细胞套管的囊状子宫。因此，虽然描述不全面，但暂时将 5 种都放在佐依鳞属中。

尤尼泰脱拉绦虫（*Tatria iunii* Korpaczewska & Sulgostowska，1974）描述自波兰的小鸊鷉（*Tachybaptus ruficollis*）。该种在精巢数目、卵巢形态及阴茎钩棘类型上类似于棘吻佐依鳞绦虫（Korpaczewska & Sulgostowska，1974），但其吻突钩为 8～10 个，长 9～12μm，形状不为棘喙样。此外，对其描述缺渗透调节系统、贮精囊和子宫数据。因此，该种的属分配还需深入研究。

Gulyaev 和 Tolkacheva（1987）未提出佐依鳞属识别特征的修订。Jones（1994）暂时将佐依鳞属当作泰脱拉属的同物异名。Vasileva 等（2003b）对佐依鳞属进行修订，提示 5 个重新测定的种具有几个形态上的特征能够将其与泰脱拉属（广义上的）的种区别开来，并支持了佐依鳞属的有效性。双钩状佐依鳞绦虫、十钩佐依鳞绦虫、皮拉图斯佐依鳞绦虫（图 18-62）、棘吻佐依鳞绦虫和福曼佐依鳞绦虫与泰脱拉属的种相比较归于同一属的特征是背渗透调节管涉及链体中线，而泰脱拉属的种背腹渗透调节管从中线等距的地方通过。对佐依鳞属的种（*Joyeuxilepis* spp.）重测定，表明虫体有一横向伸长或肾形的卵黄腺，而泰脱拉属的种（*Tatria* spp.）有椭圆形的卵黄腺。佐依鳞属的种的一个最重要的特征是围绕阴茎囊和外贮精囊有一共同的鞘存在，这一结构在泰脱拉属（狭义上的）中未观察到。佐依鳞属的种共享的另一个特征是简单的外贮精囊，不像在泰脱拉属的种中亚分为 2～3 部分。佐依鳞属的种与泰脱拉属的种不同还在于具有一囊状的预孕子宫，不被强染色细胞套管包围。Vasileva 等（2003b）修订的佐依鳞属的识别特征如下。

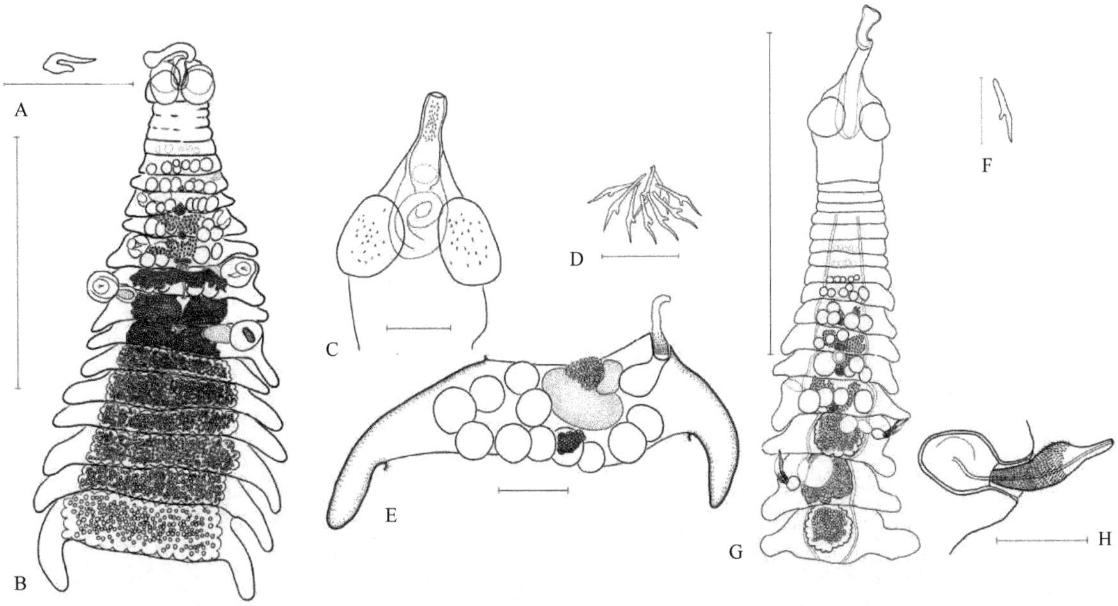

图 18-62 皮拉图斯佐依鳞绦虫（*Joyexilepis pilatus*）（A，B）和小泰脱拉绦虫（*T. minor*）（C～H）（引自 Гребень & Корнюшин，2001）

A. 吻突钩；B. 链体；C. 头节；D. 吻突钩；E. 雌雄同体节片；F. 吻突钩；G. 链体；H. 阴茎囊。
标尺：A，D，F，H=0.05mm；B，G=1mm；C，E=0.1mm

链体小，楔形或带状。节片具缘膜，有很发达、常为指状的侧方突起。头节椭圆形或几乎为正方形，前端锥状，通常有具棘的表面。吸盘肌肉质，通常具棘。吻突肌肉质、腺体状、长形、有顶部增大的肌肉质结构。吻突鞘囊状，含有强劲的牵引肌肉束。喙长，有顶部增大的皮层垫，覆盖有小的附属钩。吻突钩 8 个、10～12 个或 13～14 个，因种而异，棘喙状。生殖孔规则交替。生殖管在背腹渗透调节管间通过。生殖器官单套。渗透调节管 2 对，有横向联合；背管与腹管相比在更近于节片中线的位置通过。卵巢两叶，很少量不对称，实质状，位于中央。卵黄腺横向伸长或肾形，实质状，位于中央卵巢后部。受精囊通常分化得好，椭圆形或三角形，囊状，近前方节片边缘，很少近后部边缘。邻近成节的受精囊由附属的 S 形或中央纵向管相连；有时两种管都存在。精巢数目少（5～13 个），分为两侧群或单一横排，在中央区后半部。内贮精囊通常不存在。外贮精囊长形、简单。阴茎壁厚，长形、梨状或球状；阴茎囊和外贮精囊有共同的外鞘。阴茎圆柱状或有半球状的基部膨大，具棘钩。摘除阴茎后交配受抑。子宫囊状，起始时为两叶状，壁厚，预孕子宫囊化。卵具薄的外壳；胚膜椭圆形，壁厚；六钩蚴椭圆形。已知寄生于鹳鹬目鸟类肠道，分布于欧洲、亚洲和非洲。模式种：双钩佐依鳞绦虫［*Joyeuxilepis biuncinata*（Joyeux & Baer，1943）］（图 18-63）。其他种：棘吻佐依鳞绦虫［*J. acanthorhyncha*（Wedl，1855）］（图 18-64）；皮拉图斯佐依鳞绦虫（*J. pilatus* Borgarenko & Gulyaev，1991）（图 18-65～图 18-67）；十钩佐依鳞绦虫［*J. decacantha*（Fuhrmann，1913）］（图 18-68）；福曼佐依鳞绦虫［*J. fuhrmanni*（Solomon，1932）］（图 18-69）；乌拉尔佐依鳞绦虫（*J. uralensis* Gulyaev，1989）；十钩样佐依鳞绦虫［*J. decacanthoides* Borgarenko & Gulyaev，1991］；八钩佐依鳞绦虫［*J. octacantha*（Rees 1973）］；阿塞拜疆佐依鳞绦虫［*J. azerbaijanica*（Matevosyan & Sailov，1963）］和流苏佐依鳞绦虫［*J. fimbriata*（Borgarenko，Spasskaya & Spassky，1972）］。

18.8.2.1 分种检索表

1A. 吻突钩 8 个……………………………………………………八钩佐依鳞绦虫
1B. 吻突钩＞8 个……………………………………………………2
2A. 吻突钩 10～12 个……………………………………………………3

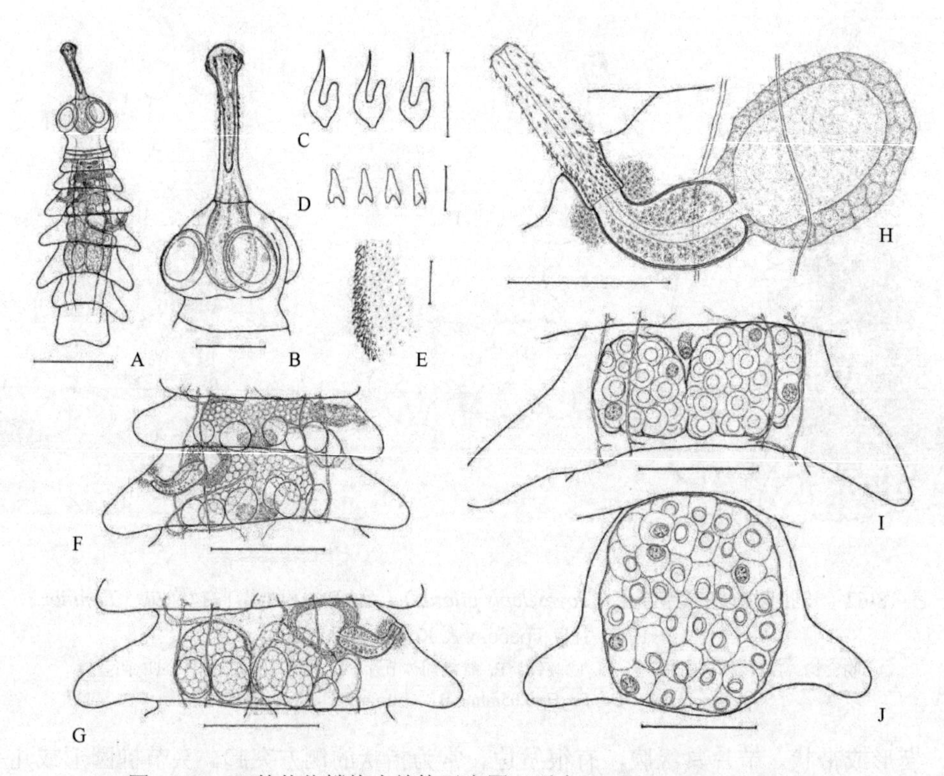

图 18-63　双钩佐依鳞绦虫结构示意图（引自 Vasileva et al.，2003a）

样品采自保加利亚小䴙䴘（*Tachybaptus ruficollis*）。A. 链体全观图；B. 头节；C. 吻突钩；D. 吻突附属钩；E. 吸盘边缘的装备；F. 成熟的雌性节片；G. 成熟雌雄同体节片；H. 雄性末端管；I. 预孕节；J. 孕节。标尺：A=250μm；B，F，G，I，J=100μm；C=20μm；D，E=10μm；H=50μm

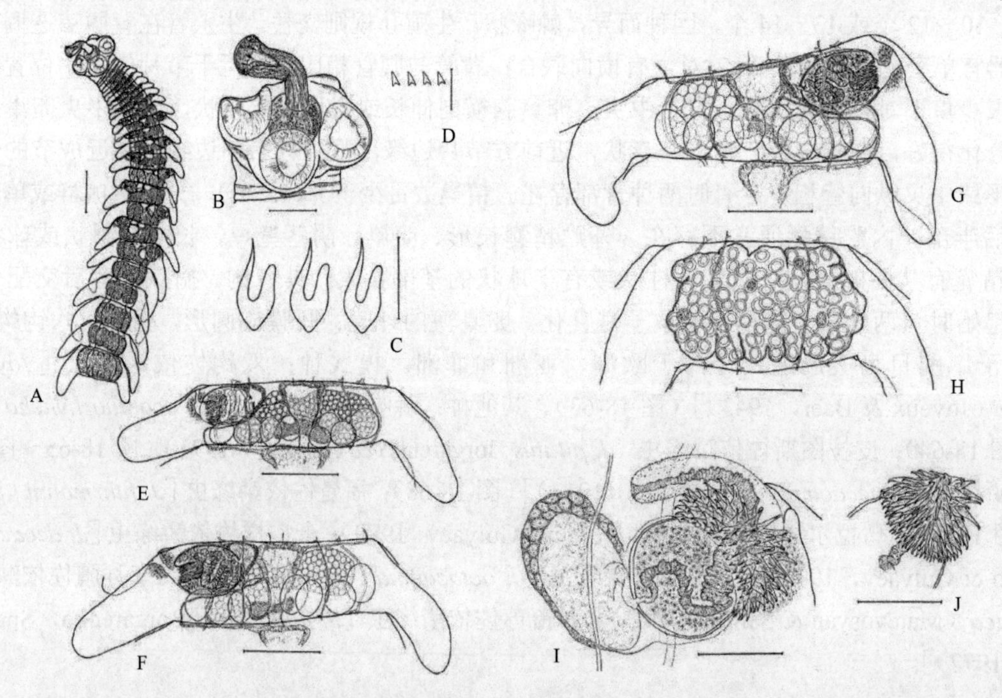

图 18-64　采自保加利亚小䴙䴘的棘吻佐依鳞绦虫（引自 Vasileva et al.，2003a）

A. 链体全观图；B. 头节；C. 吻突钩；D. 吻突附属钩；E. 成熟雌性节片；F. 成熟雌雄同体节片；G. 有早期子宫的节片；H. 预孕节；I. 雄性末端管；J. 凸出的阴茎近端部钩棘类型。标尺：A=250μm；B，E～H=100μm；C=20μm；D=10μm；I，J=50μm

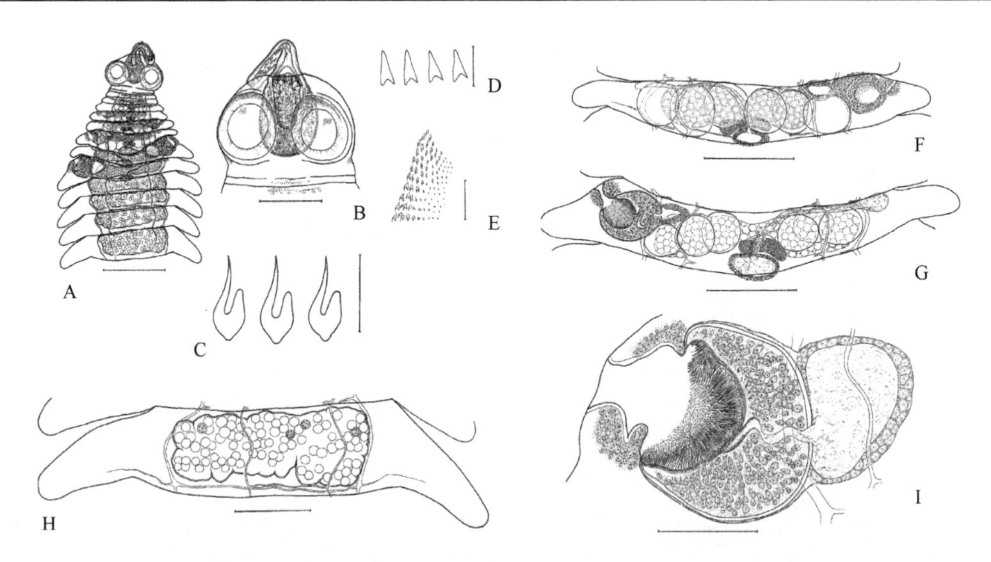

图 18-65 采自保加利亚小鹏鹛的皮拉图斯佐依鳞绦虫结构示意图（引自 Vasileva et al.，2003a）

A. 链体全视图；B. 头节；C. 吻突钩；D. 吻突附属钩；E. 吸盘边缘的装备；F. 成熟的雌雄同体节片；G. 有早期子宫的节片；H. 预孕节；I. 雄性末端管。标尺：A=250μm；B，F～H=100μm；C=20μm；D，E=10μm；I=50μm

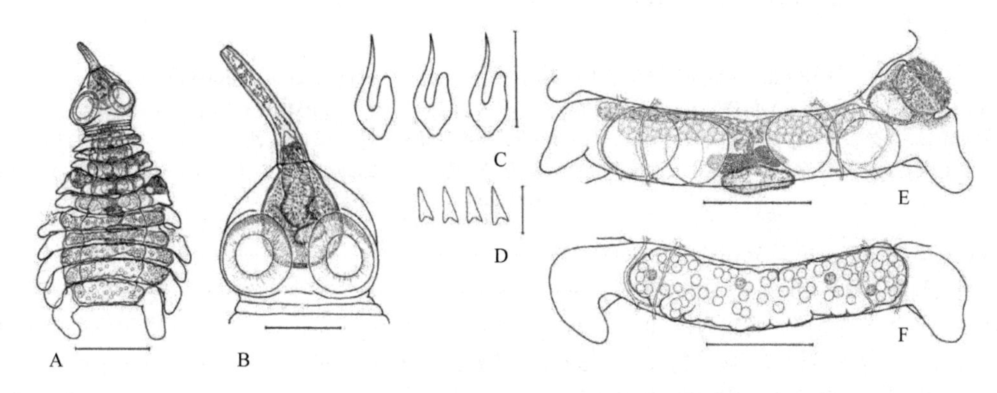

图 18-66 采自英国诺福克小鹏鹛的皮拉图斯佐依鳞绦虫结构示意图（引自 Vasileva et al.，2003a）

A. 链体全视图；B. 头节；C. 吻突钩；D. 吻突附属钩；E. 成熟的雌雄同体节片；F. 预孕节。标尺：A=250μm；B，E，F=100μm；C=20μm；D=10μm

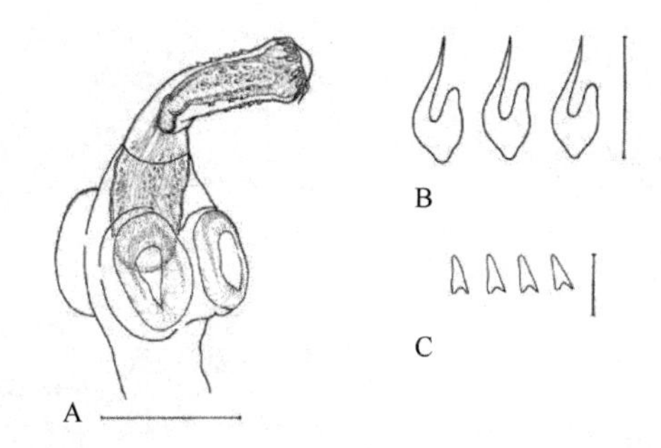

图 18-67 采自威尔士卡的根郡红豆娘的皮拉图斯佐依鳞绦虫拟囊尾蚴（引自 Vasileva et al.，2003a）

样品（BMNH1976.4.20.81）。A. 头节；B. 吻突钩；C. 吻突附属钩。标尺：A=100μm；B=20μm；C=10μm

2B. 吻突钩 13～14 个……………………………………………………………………………………………7

3A. 吻突钩 10～12 个；受精囊近于节片后部边缘；阴茎有半球状的基部膨大，覆盖有长针状棘………皮拉图斯佐依鳞绦虫

3B. 吻突钩 10 个；受精囊近于节片前部边缘；阴茎圆柱状或有基部膨大，装备为三角形或玫瑰刺样棘……………4

4A. 吻突钩长 19～21μm；阴茎有强有力的具棘钩，基部膨大……………………………………十钩佐依鳞绦虫

4B. 吻突钩长 15～18μm；阴茎几乎为圆柱状，有锥状的顶部……………………………………………………5

5A. 吻突钩长 17～18μm；头节和吸盘整个表面覆盖有小棘……………………………………双钩状佐依鳞绦虫

5B. 吻突钩长 15～16μm；头节和吸盘无棘钩…………………………………………………………………6

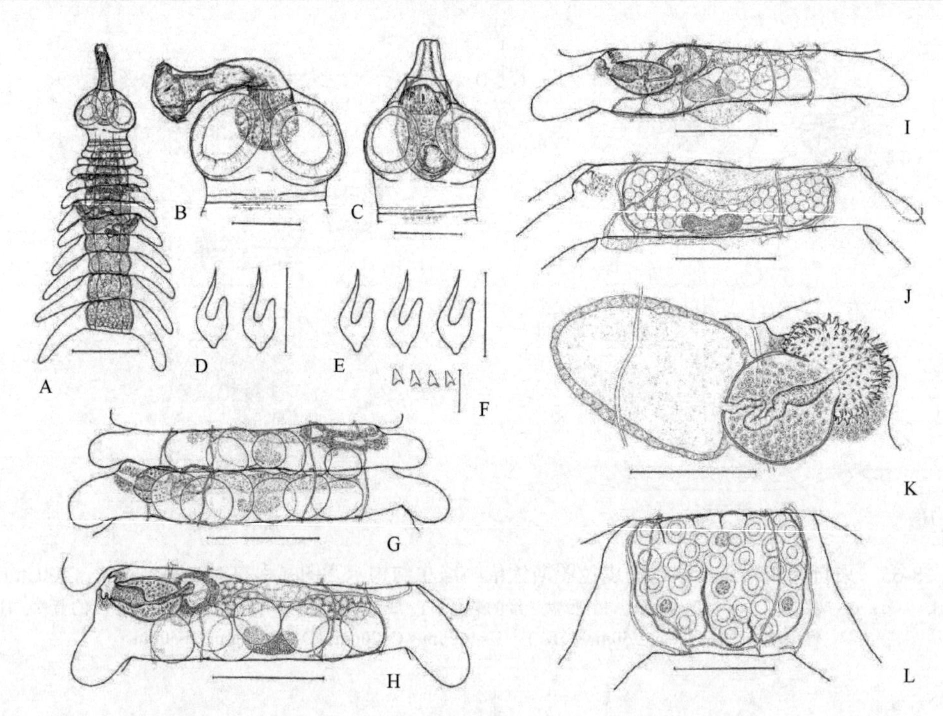

图 18-68 十钩佐依鳞绦虫结构示意图（引自 Vasileva et al.，2003a）

采自瑞士凤头䴙䴘（*Podiceps cristatus*）的样品共模标本（BMNH 1980.8.21.136～140）和 BMNH 1928.1.6.15～20。A. 链体全视图；B. 有完全外翻吻突的头节；C. 有部分外翻吻突的头节；D，E. 吻突钩；F. 吻突附属钩；G. 成熟的雄性节片；H. 成熟的雌雄同体节片；I. 有早期子宫的节片；J. 有发育过程中子宫的节片；K. 雄性末端管；L. 预孕节。标尺：A=250μm；B，C，G～J，L=100μm；D，E=20μm；F=10μm；K=50μm

6A. 节片具有短而宽的侧突；精巢 5～6 个……十钩样佐依鳞绦虫

6B. 节片有长指状侧突；精巢 10 个……流苏佐依鳞绦虫

7A. 链体长，由＞90 个节片组成；吻突钩长 20～21μm；精巢 11～13 个……福曼佐依鳞绦虫

7B. 链体小，由 10～40 个节片组成；吻突钩长 21～24μm；精巢 5～8 个……8

8A. 喙附属钩为 8 纵列；吸盘无棘；受精囊卵形或椭圆形……阿塞拜疆佐依鳞绦虫

8B. 喙附属钩为多纵列；吸盘具棘；受精囊几乎为三角形，壁厚……棘吻佐依鳞绦虫

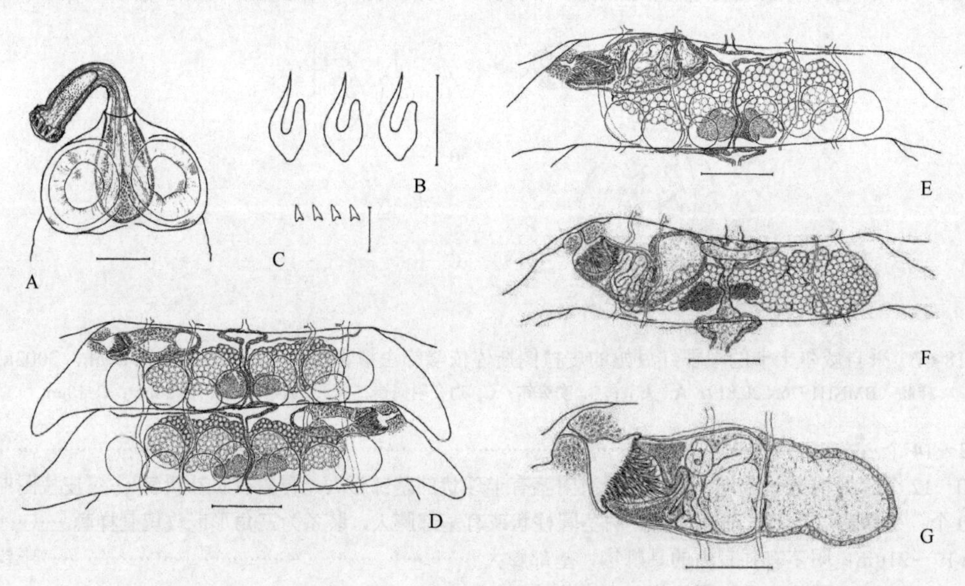

图 18-69 采自肯尼亚水鸭“coot”（=?䴙䴘*Podiceps* sp.）的福曼佐依鳞绦虫全模标本（引自 Vasileva et al.，2003a）

A. 头节；B. 吻突钩；C. 吻突附属钩；D. 成熟的两性节片；E. 有早期子宫的节片；F. 有发育中的子宫的节片；G. 雄性末端管。标尺：A，D，E，G=100μm；B=20μm；C=10μm；F=150μm

Vasileva 等（2003b）修订了泰脱拉属并重新描述了属中的种。

泰脱拉属最初的识别特征很短且主要基于伯瑞米泰脱拉绦虫（*T. biremis* Kowalewski，1904）的描述。此学者认定先前描述的两种：棘吻泰脱拉绦虫（*T. acanthorhyncha* Wedl，1855）和蜈蚣泰脱拉绦虫（*T. scolopendra* Diesing，1856）应归于该属。虽然 Kowalewski（1904）认为后者为有问题的种。泰脱拉属最初的识别包括下列重要特征：节片有长的侧方突起；吻突顶部装备有少量大钩冠且其表面由大量小钩覆盖，小钩成环；单套生殖器官，相对少的精巢数目，2 个贮精囊；实质状的卵巢，受精囊位于链体中线处并由 S 形阴道管相互连通，且有厚壁的子宫。后来，泰脱拉属的一些其他种相继被描述（Fuhrmann，1908；Olsen，1939b；Tretjakova，1948；Mathevossian & Sailov，1963；Borgarenko et al.，1972；Rees，1973；Korpaczewska & Sulgostowska，1974；Ryzhikov & Tolkacheva，1981），包括有一些特征不同于原始识别特征的种（Okorokov，1956；Mathevossian & Okorokov，1959）。结果，泰脱拉属成为一混合属。Ryzhikov 和 Tolkacheva（1981）认为先前描述的泰脱拉属的种属于裂带属（*Schistotaenia* Cohn，1900）。

Spassky（1947）基于采自摩洛哥蜉蝣（ephemerids）的拟囊尾蚴为双钩棘吻带绦虫（*Echinorhynchotaenia biuncinata* Joyeux & Baer，1943）建立佐依鳞属（*Joyeuxilepis*）。起初放于膜壳科，后来由 Spassky 和 Spasskaya（1976）移入安比丽科。在 Rees（1973）先前观察的基础上，Spassky 和 Spasskaya（1976）将所有当时已知的泰脱拉属的种根据吻突钩的不同形态分为两群。Ryzhikov 和 Tolkacheva（1981）不同意将双钩状佐依鳞绦虫移到安比丽科，同时在泰脱拉属内分为两群不予肯定。他们提出修订泰脱拉属（广义的）的识别特征，包含了除吻突钩的形态差异外，所有已知种的特征。随后，Gulyaev 和 Tolkacheva（1987）、Borgarenko 和 Gulyaev（1990）、Gulyaev（1990，1992）等提出对泰脱拉属的分类重组。泰脱拉属（广义的）的种中有单睾属样吻突钩且雄性先熟的链体发育的移到佐依鳞属，模式种为双钩状佐依鳞绦虫。余下的 5 种具有吻突样（rostelloid）吻突钩且链体为雌性先熟发育方式的归于泰脱拉属（狭义的），模式种为伯瑞米泰脱拉绦虫。Gulyaev（1992）基于对古北区泰脱拉属的种的重新测定提出了泰脱拉属（狭义的）新的识别特征。Borgarenko 和 Gulyaev（1990）回避之，并提出佐依鳞属的新识别特征，因为他们发现余下种的泰脱拉属（广义上的）分类的重要特征需要建立。基于这一结论，Jones（1994）暂时将佐依鳞属作为泰脱拉属的同物异名，等待进一步研究。

Gulyaev（1992）、Vasileva 等（2003b）对泰脱拉属（广义上的）的伯瑞米泰脱拉绦虫、小泰脱拉绦虫（*T. minor* Kowalewski，1904）、有尾泰脱拉绦虫（*T. appendiculata* Fuhrmann，1908）（图 18-70，图 18-71）、十二指肠棘泰脱拉绦虫（*T. duodecacantha* Olsen，1939）（图 18-72）和古也夫泰脱拉绦虫（*T. gulyaevi*）进行了修订，表明这些种几个共同的特征可以将它们与泰脱拉属（广义上的）的其他种区别开来。这些特征的大多数包含于 Kowalewski（1904）泰脱拉属的原始识别特征中。另外，Vasileva 等（2003c）对泰脱拉属（广义上的）其余种进行观察后发现，它们具有单睾属样钩，再基于大量其他形态特征表明佐依鳞属有效。

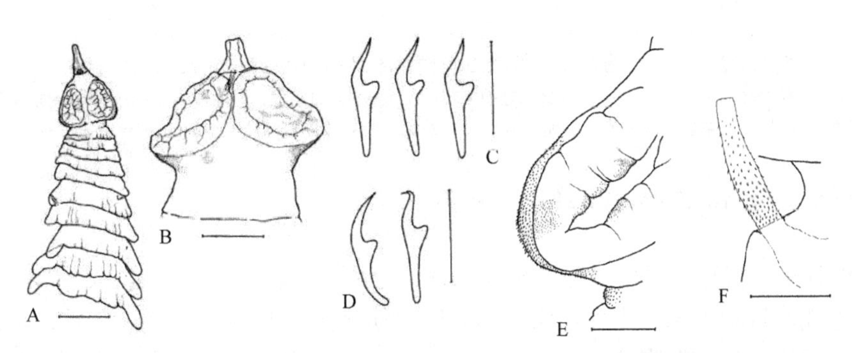

图 18-70 有尾泰脱拉绦虫共模标本结构示意图（引自 Vasileva et al.，2003b）

A. 链体全视图；B. 头节；C. 吻突钩位于严格的侧方位置；D. 有变形的吻突钩；E. 头节详细结构，示其后部表面的装备；F. 凸出的阴茎。标尺：A=100μm；B=50μm；C～F=20μm

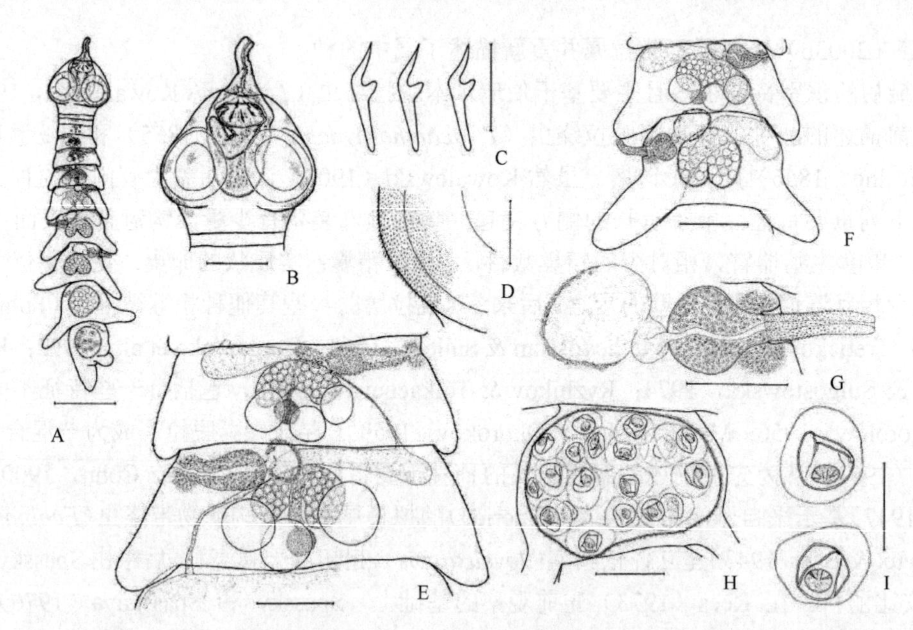

图 18-71　采自古巴的有尾泰脱拉绦虫凭证标本结构示意图（引自 Vasileva et al.，2003b）

A. 链体全视图；B. 头节；C. 吻突钩；D. 头节详细结构，其后部表面有钩棘；E. 成熟的雌性节片；F. 有发育中的子宫的节片；G. 雄性末端管；H. 孕节；I. 卵。标尺：A=250μm；B，F，H=100μm；E=30μm；C，D=20μm；G，I=50μm

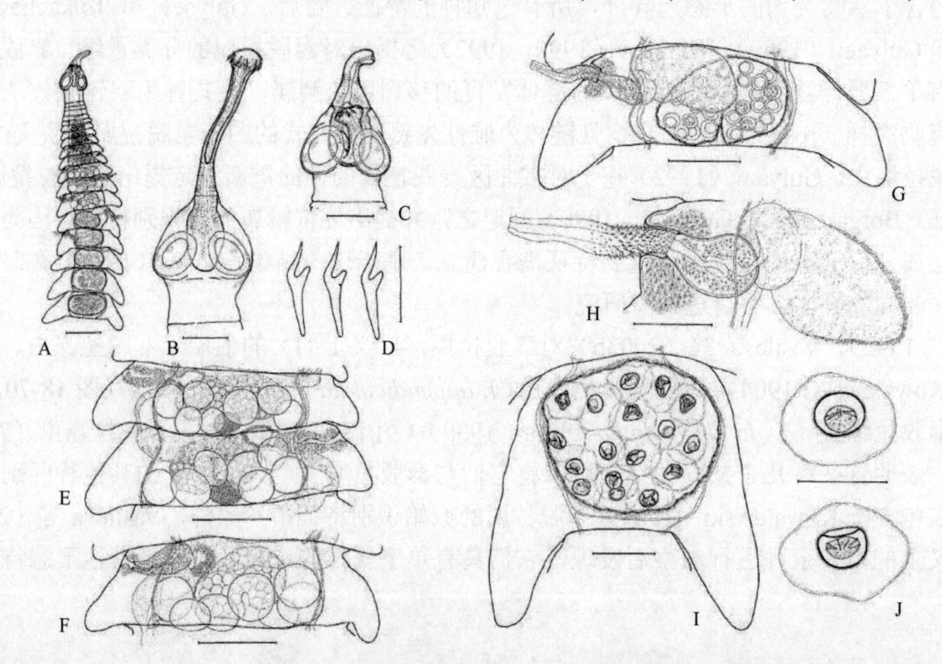

图 18-72　十二指肠棘泰脱拉绦虫副模标本（引自 Vasileva et al.，2003b）

A. 链体全视图；B. 有完全外翻的喙的头节；C. 有部分外翻的喙的头节；D. 吻突钩；E. 成熟雌性节片；F. 成熟雌雄同体节片；G. 有发育中的子宫的节片；H. 雄性末端管；I. 孕节；J. 卵。标尺：A=250μm；B，C，E～G，I=100μm；D=20μm；H，J=50μm

18.8.3　泰脱拉属（*Tatria* Kowalewski，1904）

识别特征：链体小，楔形，发育过程中雌性先熟。节片有缘膜，有很发达、通常为指状的侧方突起。头节三角形，前方成圆锥状突出，表面通常具棘。吸盘肌肉质，具棘。吻突肌肉质、腺体状、长形、有顶部增大的肌肉质结构。吻突鞘囊状、肌肉质。喙长，有顶部扩大的皮层垫，覆盖有小的附属钩或棘。吻突钩 10 个或 12 个，吻突状（rostelloid）。生殖孔规则交替。生殖管在背腹渗透调节管间通过。生殖器官单套。渗透调节管 2 对，有横向联合；背管和腹管位于节片中央线等距离的位置。卵巢两叶状，很少马蹄铁形，实质状，位于中央。卵黄腺卵圆形，实质状，位于卵巢后方，通常为中央。受精囊常分化不良，囊状或卵圆形，近于节片前方边缘。邻近成节的受精囊由附属 S 形管或中央纵管相连。精巢数目少（3～14 个），分布为两侧方群或在中央区域后半部明显的两排。内贮精囊通常不存在。外贮精囊长形、两或三部分。阴茎囊小，梨形；阴茎囊和外贮精囊没有共同的外鞘。阴茎圆柱状，具棘钩。除去阴茎后交配障碍。子宫囊状，最初为两叶状或马蹄铁状，壁厚，不囊化，由强染色细胞套管包围。卵具有薄的外壳；胚膜椭圆形，壁厚；六钩蚴卵圆形。已知寄生于䴙䴘目（Podicipediformes）鸟类，分布于欧洲、亚洲、北美洲和南美洲。模式种：伯瑞米泰脱拉缘虫（*Tatria biremis* Kowalewski，1904）（图 18-73，图 18-74）。

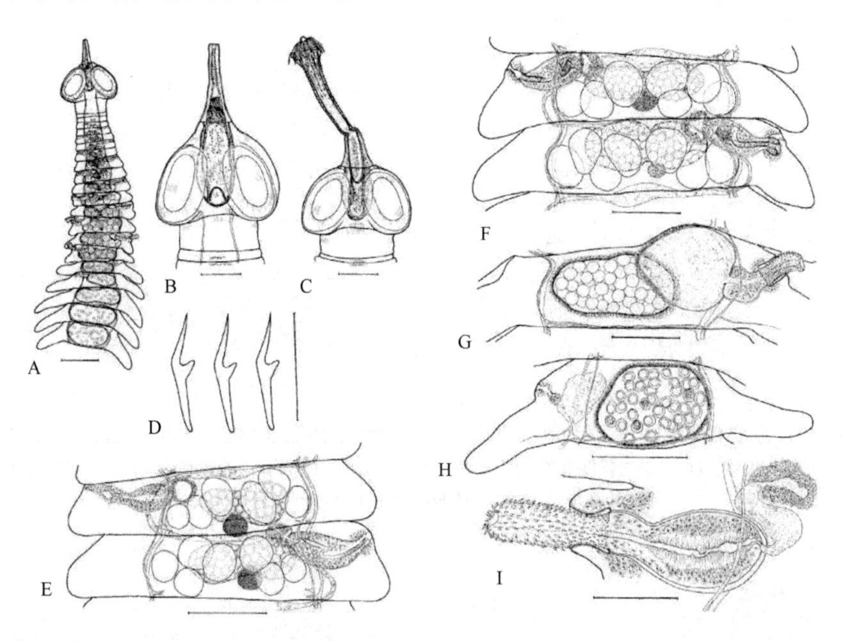

图 18-73　采自保加利亚黑颈䴙䴘（*Podiceps nigricollis*）的伯瑞米泰脱拉缘虫样品（引自 Vasileva et al.，2003c）

A. 链体全视图；B. 有部分外翻的喙的头节；C. 有完全外翻的喙的头节；D. 吻突钩；E. 成熟的雌性节片；F. 成熟雌雄同体节片；G. 发育中的子宫的节片；H. 孕节；I. 雄性末端管。标尺：A=250μm；B，C，E～G=100μm；D，I=50μm；H=200μm

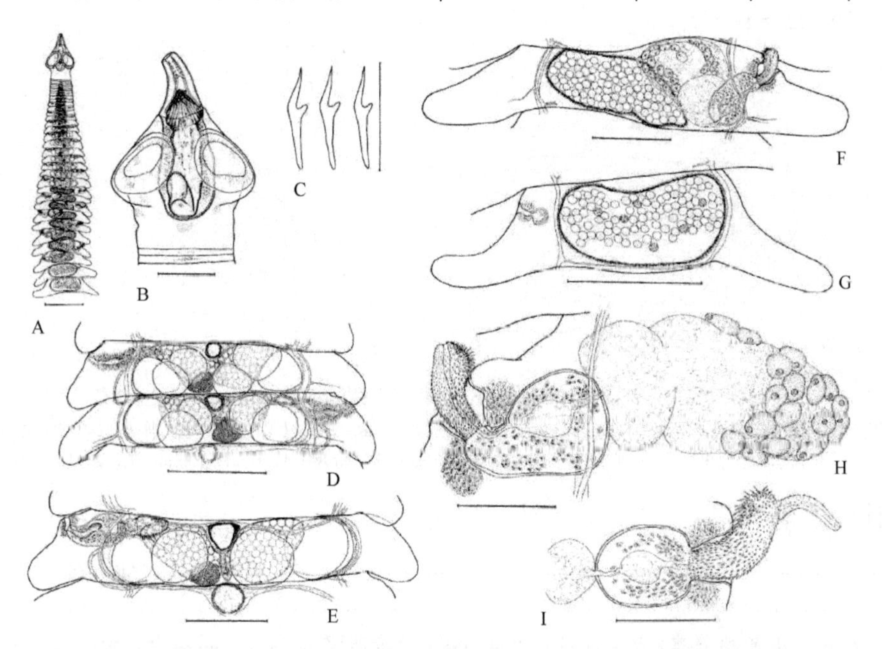

图 18-74　采自保加利亚凤头䴙䴘（*Podiceps cristatus*）的伯瑞米泰脱拉缘虫样品（引自 Vasileva et al.，2003c）

A. 链体全视图；B. 头节；C. 吻突钩；D. 成熟的雌性节片；E. 成熟雌雄同体节片；F. 发育中的子宫的节片；G. 孕节；H. 雄性末端管有部分外翻的阴茎；I. 完全外翻的阴茎。标尺：A–250μm；B，D～F=100μm；C，H，I=50μm；G=200μm

其他种：小泰脱拉绦虫（*T. minor* Kowalewski，1904）（同物异名：*T. mircia* Gulyaev，1990）；古也夫泰脱拉绦虫（*T. gulyaevi* Vasileva，Gibson & Bray，2003）（图 18-75，图 18-76）；有尾泰脱拉绦虫（*T. appendiculata* Fuhrmann，1908）和十二指肠棘泰脱拉绦虫（*T. duodecacantha* Olsen，1939）。

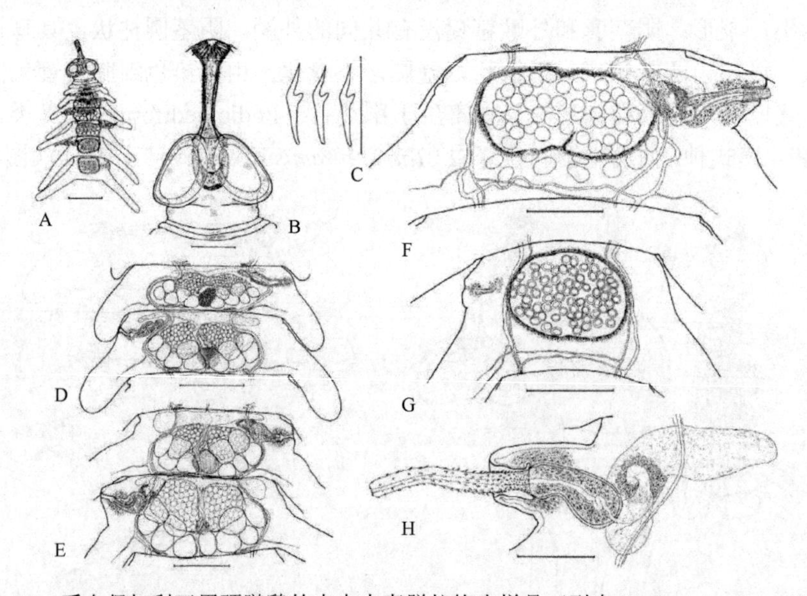

图 18-75　采自保加利亚黑颈䴙䴘的古也夫泰脱拉绦虫样品（引自 Vasileva et al.，2003c）

A. 链体全视图；B. 头节；C. 吻突钩；D. 成熟的雌性节片；E. 成熟雌雄同体节片；F. 发育中的子宫的节片；G. 孕节；H. 雄性末端管。标尺：A=250μm；B，D～F=100μm；C，H=50μm；G=200μm

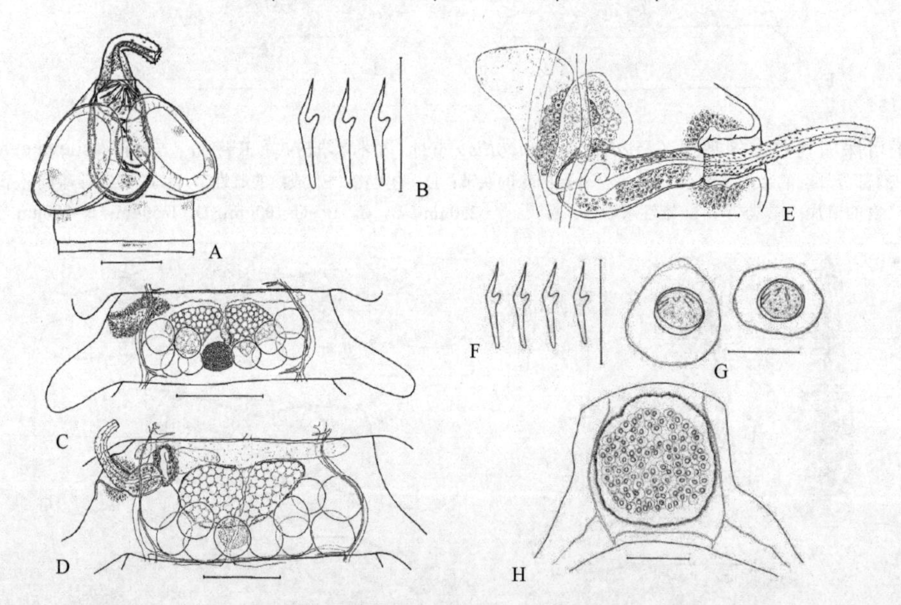

图 18-76　古也夫泰脱拉绦虫结构示意图（引自 Vasileva et al.，2003c）

A～E. 采自捷克共和国黑颈䴙䴘的古也夫泰脱拉绦虫样品：A. 头节；B. 吻突钩；C. 成熟的雌性节片；D. 成熟雌雄同体节片；E. 雄性末端管。F～H. 采自土耳其䴙䴘“grebe”的古也夫泰脱拉绦虫样品：F. 吻突钩；G. 成熟的卵；H. 孕节。标尺：A，C，D=100μm；B，E，F=50μm；G=30μm；H=300μm

18.8.3.1　分种检索表

1A. 吻突钩 12 个……………………………………………………………十二指肠棘泰脱拉绦虫（*T. duodecacantha*）

1B. 吻突钩 10 个………………………………………………………………………………………………………2

2A. 吻突钩长 23～27μm；几乎整个链体都由光镜下可见的棘样微毛所覆盖……………有尾泰脱拉绦虫（*T. appendiculata*）

2B. 吻突钩长＞30μm；链体没有可见的棘样微毛…………………………………………………………………3

3A. 精巢 10～14 个，位于节片后半部排为明显的两横排；受精囊通过中央纵向附属管相连……………………………

························古也夫泰脱拉绦虫（*T. gulyaevi*）

3B. 精巢 6～9 个，位于节片后半部两侧群；受精囊通过 S 形附属管相连························4

4A. 受精囊分化不良，囊状，壁薄；阴茎远端对称性增大························伯瑞米泰脱拉绦虫（*T. biremis*）

4B. 受精囊分化良好，卵圆形，壁厚；阴茎远端不对称增大，末端为薄而几乎无棘区················小泰脱拉绦虫（*T. minor*）

5b. 四对纵向渗透调节管························茹吉科夫鳞属（*Ryjikovilepis* Gulyaev & Tolkacheva，1987）

识别特征：链体小。节片有很发达的侧方突起。吻突有单排单睾属样钩。吻突和吸盘具棘。精巢单排。内贮精囊不存在；外贮精囊存在，由前列腺囊分为囊前部和前列腺后部。阴茎有棘钩。雄孔规则交替。阴道不存在。卵巢两叶状、横向伸长。自受精囊发出的附属管达反孔侧边缘。子宫囊状，不与渗透调节管交叉。已知成体寄生于鸊鷉目鸟类，分布于俄罗斯和欧洲。模式种：杜比尼纳茹吉科夫鳞绦虫［*Ryjikovilepis dubininae*（Ryzhikov & Tolkacheva，1981）］（图 18-77）。

俄罗斯学者 Гуляев 和 Коняев（2004）建立了另一属 *Isezhia*，并描述了一个种 *Isezhia golovkovae*（图 18-78，图 18-79）［圆叶目：裂带科（Schistotaeniidae）=安比丽科］。新绦虫采自中亚土库曼斯坦和塔吉

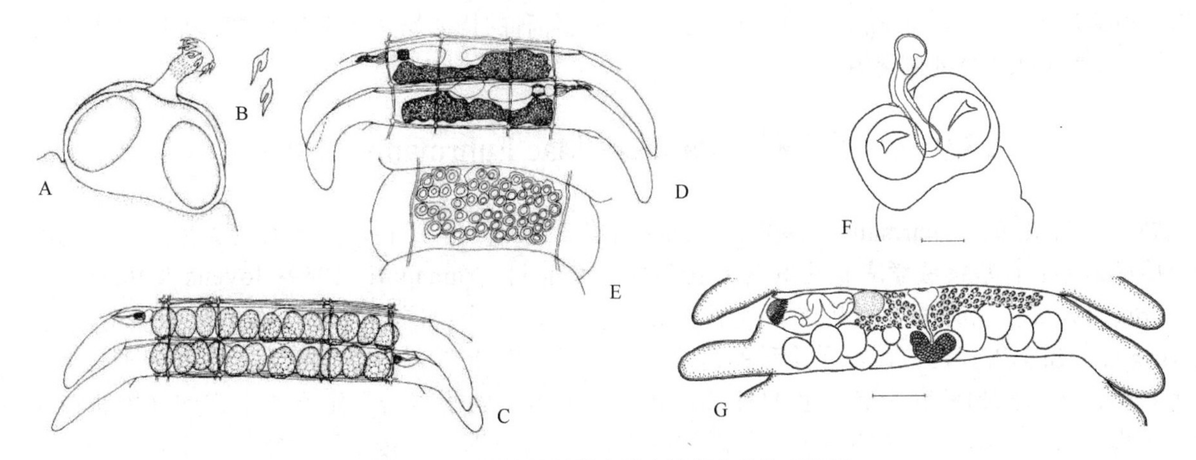

图 18-77 杜比尼纳茹吉科夫鳞绦虫结构示意图

A. 头节；B. 吻突钩；C. 成节，雄性器官；D. 成节，雌性器官；E. 孕节；F. 头节；G. 雌雄同体节片。标尺=0.1mm（A～E 转引自 Jones，1994；F，G 引自 Гребень & Корнюшин，2001）

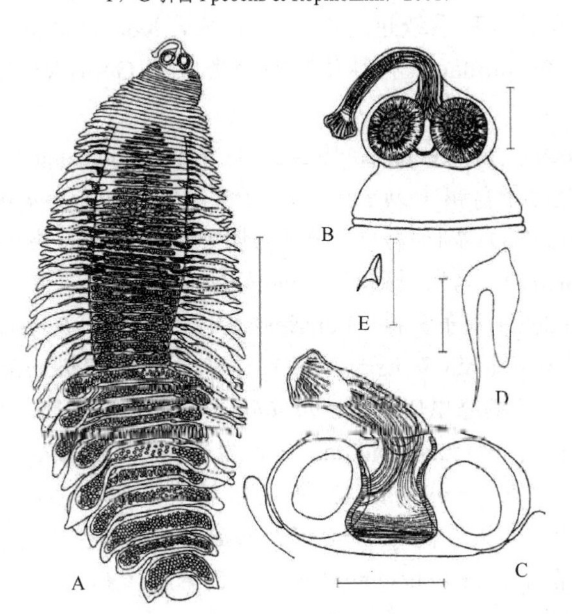

图 18-78 *Isezhia golovkovae*（引自 Гуляев & Коняев，2004）

A. 全视图；B，C. 头节；D，E. 主要的（D）和附属的（E）吻突钩。标尺：A=1mm；B～E=0.01mm

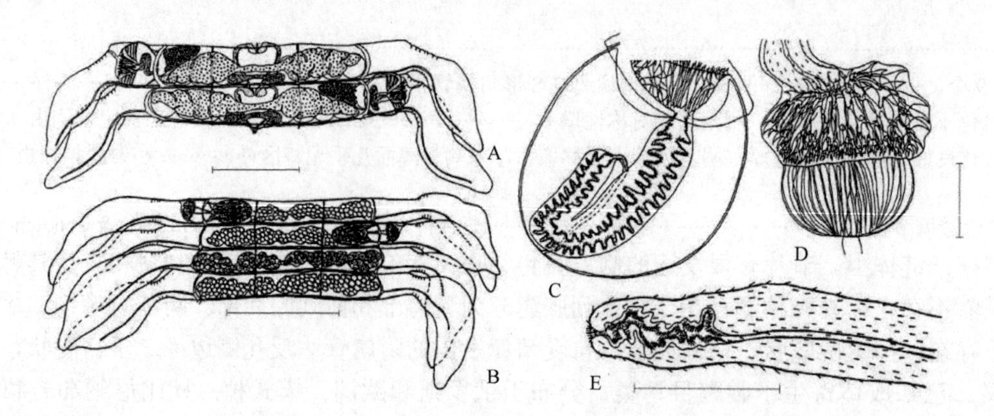

图 18-79 *Isezhia golovkovae*（引自 Гуляев & Коняев，2004）

A. 成熟雌雄同体的节片；B. 有交配器和早期子宫节片的链体片断；C. 阴茎囊；D. 凸出的阴茎的基部区；E. 凸出的阴茎的顶区。标尺：A，B=0.2mm；C～E=0.05mm

克斯坦小䴙䴘（*Tachybaptus ruficollis*）。不同于裂带科已知种的特征是具有棘吻样吻突钩及一共同的中央阴道管，子宫侵入节片的侧突中。

18.9 副子宫科（Paruterinidae Fuhrmann，1907）

副子宫科最初由 Fuhrmann（1907）建立作为囊宫科的一个亚科。关于其分类地位，一直都有相矛盾的观点；有些权威学者认为其为囊宫科的一个亚科（Yamaguti，1959；Joyeux & Baer，1961；Schmidt，1986）；也有学者将其作为一个科或一个含 2～3 个不同科的超科（Matevosyan，1969；Spasskaya & Spasskiĭ，1971）。在此科的组成中包含了实际上所有的圆叶目绦虫中有副子宫器，与其他有相似子宫结构的科没有关系的种类。此外，术语“副子宫器”定义为子宫的纤维状或颗粒状附属物，通常接纳卵并维持卵于一共同的有保护性和/或繁殖（传播）功能的囊中，副子宫器在起源、形成和形态上似乎都很不同。这些器官随后成为趋同性结果。传统概念中，副子宫科明显是异源和多系类群。一些学者（Matevosyan，1969；Spasskiĭ，1977，1991）先前试图在研究文献而不是相关样品的基础上重新对其系统进行分类。后来，Kornyushin（1989）提出传统上作为副子宫科或副子宫样科（Paruterinoidae）的科及属的分类，经 Georgiev 和 Kornyushin（1994）略作改动后框架如下。

戴维样超科（Davaineoidea）：Idiogenidae：棒宫亚科（Rhabdometrinae）：棒宫属（*Rhabdometra*）、宫融绦虫属（*Metroliasthes*）、竖琴子宫属（*Lyruterina*）、子囊子宫属（*Ascometra*）、八瓣属（*Octopetalum*）。

副子宫样超科（Paruterinoidea）：副子宫科：副子宫属（*Paruterina*，狭义的）、支带属（*Cladotaenia*）、*Culcitella*、侧带属（*Laterotaenia*）、马塔贝列属（*Matabelea*）。

双子宫样超科（Biuterinoidea）：双子宫科（Biuterinidae）：双子宫属（*Biuterina*）、小喙属（*Parvirostrum*）、迪奇特瑞属（*Dictyterina*）、斯帕斯库属（*Spasskyterina*）、球状子宫属（*Sphaeruterina*）、内依拉属（*Neyraia*）、*Triaenorhina*、*Notopentorchis*、咬鹃绦虫属（*Troguterina*）、佛朗可博纳属（*Francobona*）、正斯克尔亚宾属（*Orthoskrjabinia*）；后囊宫科（Metadilepididae）：后囊宫属（*Metadilepis*）、雅皮鳞属（*Yapolepis*）、*Cracticotaenia*、前副子宫属（*Proparuterina*）、斯克尔亚宾孔属（*Skrjabinoporus*）、具钩富尔曼属（*Hamatofuhrmannia*）、伪阿德尔菲头节属（*Pseudadelphoscolex*）、施密德内尔属（*Schmidneila*）。

分类位置未定的：无钩带科（Anonchotaeniidae）：无钩带属（*Anonchotaenia*）、莫赫属（*Mogheia*）、*Deltokeras*、树状子宫属（*Dendrometra*）。

上述类群都属于广义的副子宫类群。下面介绍的是狭义的副子宫科内容。

18.9.1 识别特征

中型和大型绦虫。头节有具棘吻突，有时没有吻突或有退化的无棘吻突。吻突吸盘样或盘状，没有囊状鞘。钩通常为两排，略为三角形，钩柄和钩卫有骺的增厚；有时钩为更多列并且为 *Neyraia* 棘样。吸盘无棘，肌肉质。节片通常具缘膜。每节单套生殖器官。生殖管在渗透调节管腹部或之间。输精管不形成贮精囊（在竖琴子宫属和 *Triaenorhina* 中例外，内部的输精管增大形成相似于贮精囊的结构）。卵黄腺通常为实质状或略为分叶状，位于中央、卵巢后部，很少在卵巢的反孔侧。卵巢实质状，卵圆形或具两翼或扇状。子宫囊状，很少网状（小喙属和迪奇特瑞属）或由中央干和侧支组成（支带属）；最初的发育通常在雌性腺前部和背部。每节一个不同结构的副子宫器，通常在子宫前方，有时（发育过程中）在反孔侧前方（无钩带属和莫赫属）。卵无梨形器。六钩蚴椭圆形，很少蠕虫状（无钩带属）。已知寄生于非水生鸟类：隼形目（Falconiformes）、鸮形目（Strigiforme）、鸡形目（Galliformes）、鹤形目（Gruiformes）、咬鹃目（Trogoniformes）、鹃形目（Cuculiformes）、雨燕目（Apodiformes）、佛法僧目（Coraciiformes）、鴷形目（Piciformes）和雀形目（Passeriformes），很少（或偶尔）寄生于两栖动物，水生鸟类和哺乳动物，全球性分布。模式属：副子宫属（*Paruterina* Fuhrmann，1906）。

18.9.2 分属检索表

1a. 头节无棘，没有吻突或如果吻突存在，则退化并且无棘……2
1b. 头节有具棘吻突……9
2a. 发育中的副子宫器在子宫反孔侧或反孔侧前方……3
2b. 发育中的副子宫器在子宫前方……4
3a. 精巢成排位于雌性腺背部……无钩带属（*Anonchotaenia* Cohn，1900）
3b. 精巢成群位于雌性腺反孔侧……莫赫属（*Mogheia* López-Neyra，1944）
4a. 成节短，无缘膜；精巢为雌性腺侧方两群；发育中的副子宫器像有宽基部的高圆锥朝向子宫；早期子宫为节片后部边缘窄的、横向伸长的囊……正斯克尔亚宾属（*Orthoskrjabinia* Spasskiĭ，1947）
4b. 成节相对长，有缘膜；精巢在雌性腺后部或围绕雌性腺；副子宫器杆状或圆柱状；子宫为另外的状况……5
5a. 吸盘有垂片……6
5b. 吸盘无垂片……7
6a. 生殖管不在渗透调节管间通过；卵黄腺和卵巢位于孔侧；副子宫器（当完全发育时）宽大于长或长宽相等……子囊子宫属（*Ascometra* Cholodkowsky，1912）
6b. 生殖管在渗透调节管间通过；卵黄腺和卵巢位于中央；副子宫器完全发育时，长明显大于宽……八瓣属（*Octopetalum* Baylis，1914）
7a. 发育中的子宫形成两个囊；阴茎有长纤维……宫融绦虫属（*Metroliasthes* Ransom，1900）
7b. 子宫形成单个囊；阴茎无棘或有棘……8
8a. 发育中的副子宫器直或略弯曲，圆柱状或棒状；其前端没有嗜色组织；阴茎囊与渗透调节管交叉，大部分位于中央区……棒宫属（*Rhabdometra* Cholodkowsky，1906）
8b. 副子宫器管状、螺旋弯曲，圆柱状或棒状；其前端由致密的嗜色组织包围；阴茎囊不与渗透调节管交叉……竖琴子宫属（*Lyruterina* Spasskaya & Spasskiĭ，1971）
9a. 副子宫器位于节片前方边缘，为一窄的横向伸长体；孕子宫从来不为球状……10
9b. 副子宫器通常纵向伸长或至少是长宽相等；如果副子宫器宽略大于长，则子宫略为球状……12
10a. 精巢的主要部分沿着渗透调节管，很少位于中央；雌性腺明显位于孔侧……侧带属（*Laterotaenia* Fuhrmann，1906）
10b. 精巢在节片后半部分；雌性腺位于中央或略偏孔侧……11
11a. 成熟和成熟后节片宽大于长……属 *Culcitella* Fuhrmann，1906
11b. 成熟和成熟后节片长宽几乎相等或长大于宽……马塔贝列属（*Matabelea* Mettrick，1963）
12a. 精巢在雌性腺两侧区，超过雌性腺并且通常在雌性腺后部由几个精巢相连接……13

12b. 精巢或在雌性腺后部侧方或在背部围绕雌性腺……………………………………………………14
13a. 子宫有长形的中央干和侧分支；精巢孔侧和反孔侧区达前方同一水平……………支带属（*Cladotaenia* Cohn，1901）
13b. 子宫略呈球状；反孔侧精巢区比孔侧区更为靠前……………………副子宫属［*Paruterina*（狭义）Fuhrmann，1906］
14a. 吻突钩棘状，为4排，排通常明显分离，偶尔不明显；副子宫器完全发育时形成两室的囊……………………………………………………………………………………内依拉属（*Neyraia* Joyeux & Timon-David，1934）
14b. 吻突钩2排；完全发育时副子宫器形成单室的囊或长得超过整个子宫……………………………15
15a. 吻突钩有小而弯的三角形几丁质刃和大而不规则的非几丁质柄和卫；阴茎装备有小棘……………………………………………………………………………………*Triaenorhina* Spasskiĭ & Shumilo，1965
15b. 吻突钩有规则的形状，有点三角形；阴茎无棘……………………………………………………16
16a. 子宫非网状……………………………………………………………………………………17
16b. 子宫网状………………………………………………………………………………………22
17a. 发育中的子宫形成1个囊……………………………………………………………………18
17b. 子宫形成前方由略窄的管相连的2个囊；有时子宫囊有后部的支囊………………………………21
18a. 副子宫器由厚壁、纵向弯曲的管连接在节片前方边缘、有球状体的子宫的结构组成……………………………………………………………………………………球状子宫属（*Sphaeruterina* Johnston，1914）
18b. 副子宫器不同于上述情况……………………………………………………………………19
19a. 副子宫器宽大于长；生殖管在渗透调节管腹方……………………………*Notopentorchis* Burt，1938
19b. 副子宫器长大于宽；生殖管在渗透调节管之间………………………………………………20
20a. 生殖孔单侧；吻突钩大，针状；已知寄生于咬鹃目（Trogoniformes）鸟类……………………………………………………………………………………咬鹃绦虫属（*Troguterina* Spasskiĭ，1991）
20b. 生殖孔交替；吻突钩小，三角形；已知寄生于鹃形目（Cuculiformes）鸟类……………………………………………………………………………………佛朗可博纳属（*Francobona* Georgiev & Kornyushin，1994）
21a. 子宫囊大致为球状；有时子宫类似于马蹄铁状，有宽的端部……………………双子宫属（*Biuterina* Fuhrmann，1902）
21b. 子宫囊各形成2～3个大的后部支囊…………………………斯帕斯库属（*Spasskyterina* Kornyushin，1989）
22a. 孕节长宽相等……………………………………………………………小喙属（*Parvirostrum* Fuhrmann，1908）
22b. 孕节长为宽的2倍或2倍以上……………………………………迪奇特瑞属（*Dictyterina* Spasskiĭ，1971）

18.9.3　无钩带属（*Anonchotaenia* Cohn，1900）

［同物异名：阿梅林属（*Amerina* Fuhrmann，1901）；阿奴丽娜属（*Anurina* Fuhrmann，1901）；线带样属（*Nematotaenoides* Ulmer & James，1976）；*Zosteropicola* Johnston，1912］

识别特征：头节没有吻突或吻突钩。吸盘肌肉质，深。成节宽明显大于长（为7～10倍或以上），无缘膜；孕节长宽几乎相等，有缘膜。生殖孔交替。生殖管在渗透调节管腹面或之间。阴茎无棘。卵黄腺实质状、圆形、略偏孔侧。卵巢实质状、卵圆形，位于孔侧。受精囊圆形或略椭圆形，接近渗透调节管和生殖管的交叉点。子宫球状或椭圆状。发育中的副子宫器位于子宫反孔侧背部；在最末的孕节中，副子宫器位于子宫前方。卵具有蠕虫状六钩蚴。已知寄生于雀形目鸟类（不同的科），有时（很可能偶尔）寄生于雨燕目［雨燕科（Apodida）、蜂鸟科（Trochilidae）］和鹳形目（Ciconiiformes）的鹮科（Threskiornithidae）及两栖动物，全球性分布。模式种：球状无钩带绦虫［*Anonchotaenia globate*（von Linstow，1879）Cohn，1900］（图18-80）。其他种：树鹊无钩带绦虫（*A. dendrocitta* Woodland，1929）（图18-81）；黄鹂无钩带绦虫（*A. ariollna* Cholodkowsky，1906）（图18-82）和无钩带虫未定种（*Anonchotaenia* sp.）（图18-83）等。

18.9.3.1　亚属检索表

1a. 生殖管在渗透调节管腹方…………无钩带亚属［*Anonchotaenia*（*Anonchotaenia*）Cohn，1900］（图18-84，图18-85）

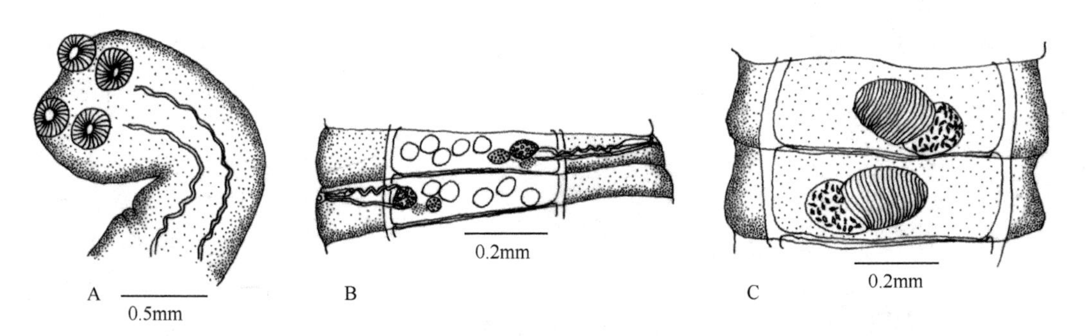

图 18-80　球状无钩带绦虫（引自李海云，1994）

A. 头节；B. 成节；C. 孕节

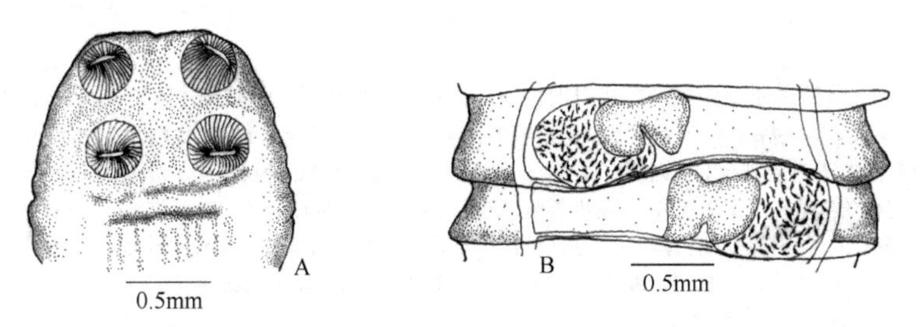

图 18-81　树鹊无钩带绦虫（*A. dendrocitta* Woodland，1929）（引自李海云，1994）

A. 头节；B. 孕节

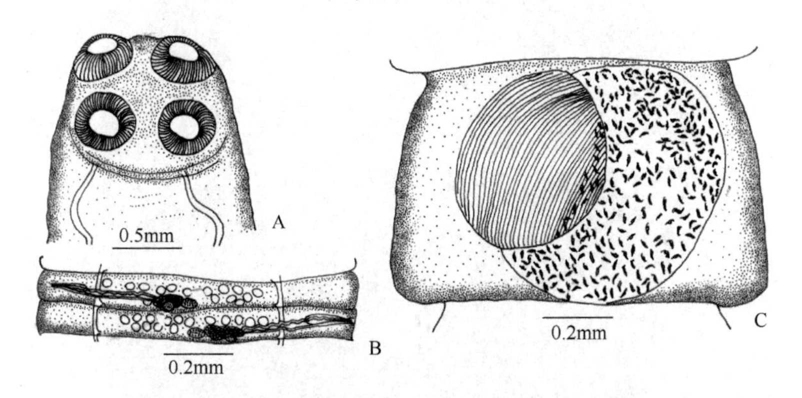

图 18-82　黄鹂无钩带绦虫（引自李海云，1994）

A. 头节；B. 成节；C. 孕节

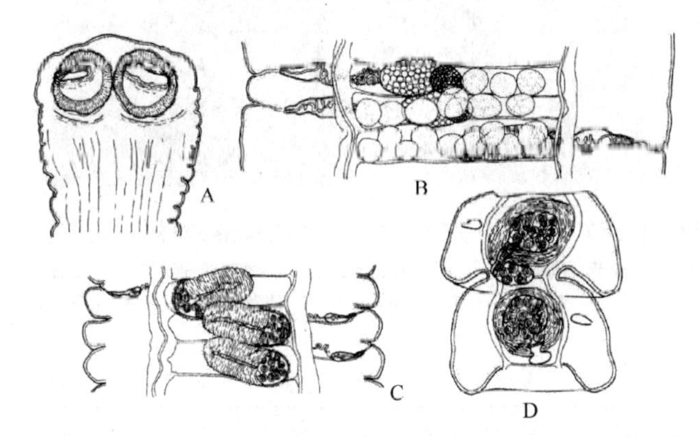

图 18-83　无钩带虫未定种（引自 Georgiev & Kornyushin，1994）

A. 头节；B. 3 个成节（第 1 节中不显示孔侧精巢）；C. 预孕节；D. 副子宫囊末期

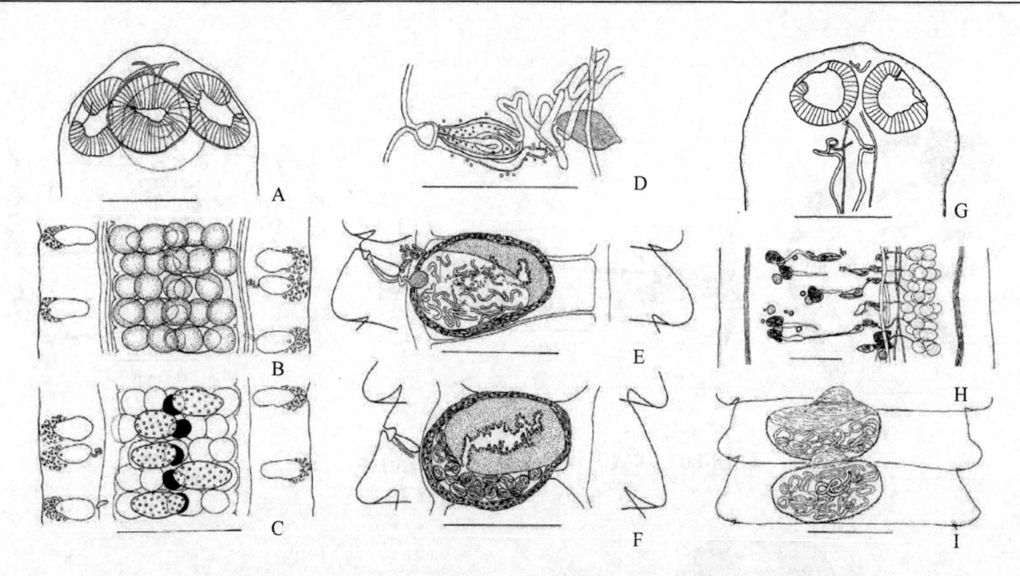

图 18-84　克莱兰德无钩带绦虫和伦比无钩带绦虫结构示意图（引自 Georgiev，1992）

A～F. 克莱兰德无钩带绦虫［*A.*（*A.*）*clelandi*］（全模标本）：A. 头节；B. 5 个成节背面观；C. 同样的成节腹面观；D. 在早期预孕节中的生殖管背面观；E. 早期预孕节腹面观；F. 发育的预孕节背面观。G～I. 伦比无钩带绦虫［*A. lambi*=*A.*（*A.*）*lambi*（Voge & Davis，1953）］（全模标本）：G. 头节；H. 6 个成节有规则交替的生殖孔（侧面观），说明纵裂结果造成内部器官的损坏：第 1 节中仅有部分外输精管位于裂缝背部，第 2～4 节裂缝损坏了阴道，第 5 节雄性和雌性性腺分别在裂缝背面与腹面分离，第 6 节所有生殖器官在裂缝的背面；I. 两个预孕节侧面观。标尺：A～C，E，F=200μm；D=100μm；G=0.5mm；H，I=0.2mm

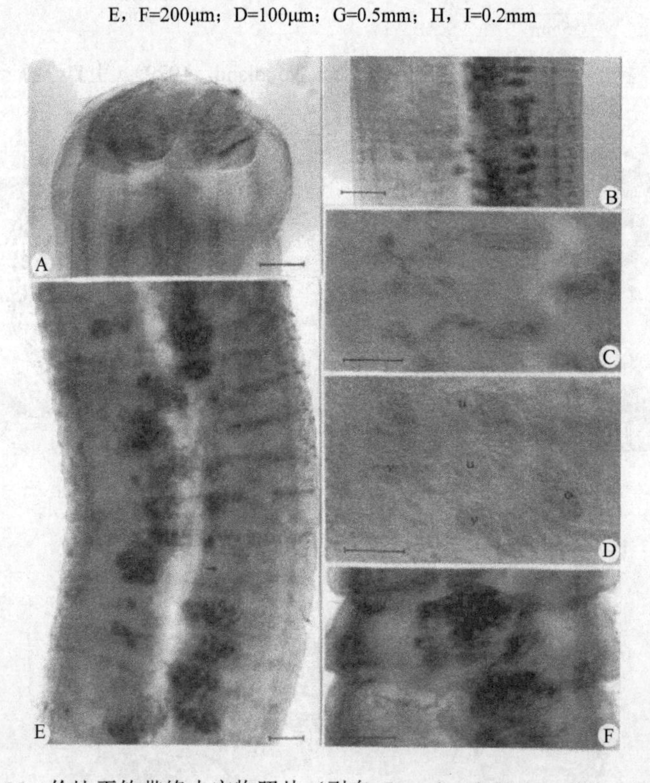

图 18-85　伦比无钩带绦虫实物照片（引自 Georgiev & Kornyushin，1993）

与图 18-84G～I 为同一标本。A. 头节；B. 成节（侧面观），说明纵向裂缝；C，D. 成节详细结构；E. 链体一部分，有成熟后的节片，说明纵裂及排泄管移到节片的中央（箭头）；F. 预孕节。缩略词：o. 卵巢；u. 子宫；v. 卵黄腺。标尺：A，B=0.2mm；C，E，F=0.1mm；D=0.05mm

1b. 生殖管在渗透调节管之间……
……………………………副无钩带亚属［*Anonchotaenia*（*Paranonchotaenia*）Mariaux，1900］（图 18-86，图 18-87）。

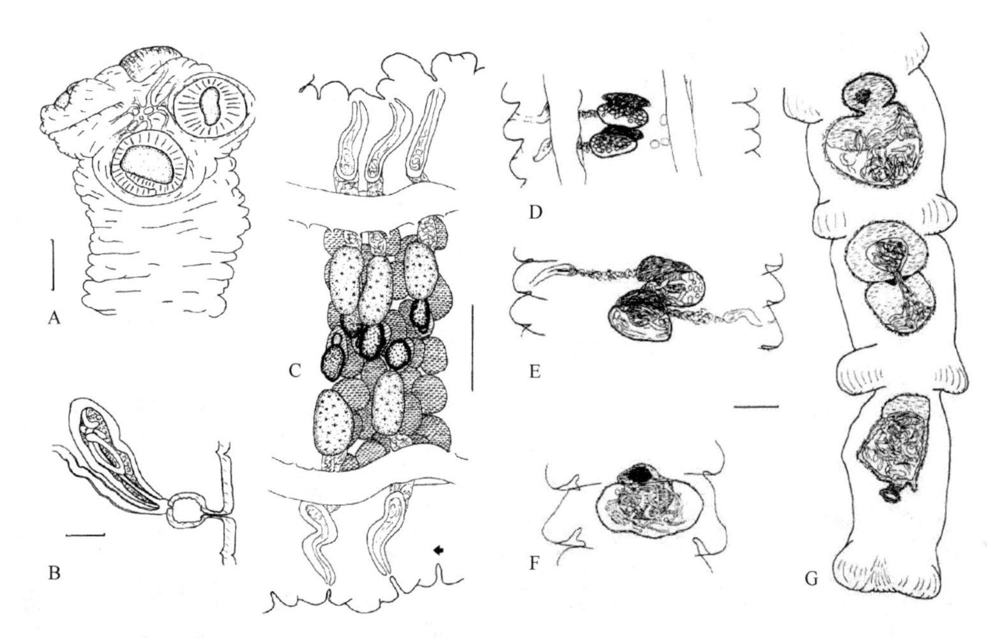

图 18-86　普里诺副无钩带绦虫［*Anonchotaenia*（*P.*）*prionopos*］结构示意图（引自 Mariaux，1991a）

A. 头节；B. 孕节中的阴茎囊；C. 成节腹面观（箭头示虫体的前方）；D～G. 孕节中子宫和副子宫器的发育演变。
标尺：A=200μm；B=20μm；C～G=100μm

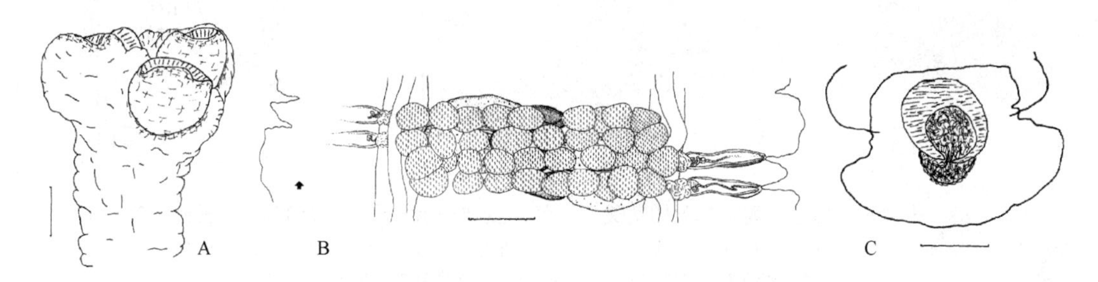

图 18-87　丛林伯劳副无钩带绦虫［*Anonchotaenia*（*P.*）*malaconoti*］结构示意图（引自 Mariaux，1991a）

A. 头节；B. 成节背面观（箭头示虫体的前端）；C. 孕节（端部的）。标尺：A，C=200μm；B=100μm

Phillips 等（2014）对采自巴西和智利的副子宫科绦虫新样品及来自巴拉圭博物馆的样品进行了形态测定；揭示了两个无钩带属新种：采自智利白冠拟霸鹟（*Elaenia albiceps chilensis* Hellmayr）的长阴茎囊无钩带绦虫（*A. prolixa*）（图 18-88）及采自巴拉圭热带土霸鹟（*Tyrannus melancholicus* Vieillot）（模式宿主）和条纹大嘴霸鹟（*Myiodynastes maculatus* Statius Muller）的宽管无钩带绦虫（*A. vaslata*）（图 18-89）；修订了无钩带属的识别特征，提示长阴茎囊无钩带绦虫存在具棘阴茎且具伸长的阴茎囊；重新描述了两个种：采自巴西红冠黑唐纳雀（*Tachyphonus coronatus* Vieillot）和蓝肩裸鼻雀（*Thraupis cyanoptera* Vieillot）（新宿主记录）及采自巴拉圭灰喉裸鼻雀（*Thraupis sayaca* Linnaeus）和蓝黑草鹀（*Volatinia jacarina* Linnaeus）的巴西无钩带绦虫（*A. brasiliensis* Fuhrmann，1908）（图 18-90，以及采自巴西白腰树燕（*Tachycineta leucorrhoa* Vieillot）、采自智利白臀树燕（*Tachycineta meyeni* Cabanis）（新宿主和新地理分布记录）、采自巴拉圭红翎毛翅燕（*Stelgidopteryx ruficollis* Vieillot）（新宿主和新地理分布记录）的巨头无钩带绦虫（*A. macrocephala* Fuhrmann，1908）（图 18-91，图 18-92D～F、J，图 18-93）。扫描电镜研究提示，巴西无钩带绦虫和巨头无钩带绦虫的微毛变异比其他已报道的圆叶目绦虫小。长阴茎囊无钩带绦虫、巴西无钩带绦虫和巨头无钩带绦虫的核糖体大亚基（lsr）和小亚基（ssr）DNA，以及线粒体 *rrnL* 和 *cox1* 序列数据最大似然法与贝叶斯推理分析结果支持它们明显为不同的种，但也揭示了来自不同科宿主的巴西无钩带绦虫之间有隐存的多样性。巴西无钩带绦虫和巨头无钩带绦虫的新宿主记录促进了正式的宿主特异性评估。长阴茎囊无钩带绦虫是宿主特异性严格的［oioxenous（HS_S 为 0）］，宽管无钩带绦虫和巨头无钩带绦虫的宿主特异性是狭窄的［metastenoxenous（HS_S 分别为 3.000 和 3.302）］，而巴西无钩带绦虫的宿主特异性是广泛的［euryxenous（HS_S 为 5.876）］。无钩带绦虫种间测量数据比较见表 18-3。

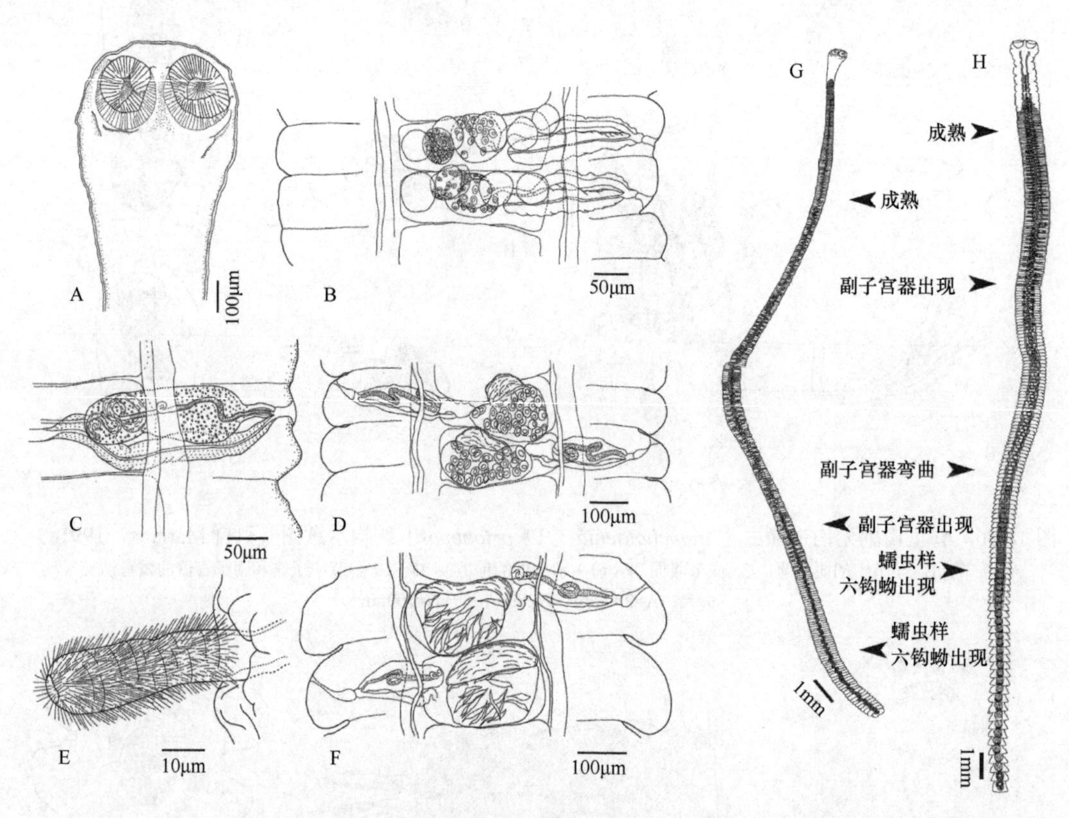

图 18-88　采自智利白冠拟霸鹟的长阴茎囊无钩带绦虫结构示意图（引自 Phillips et al.，2014）

全模标本（MHNG PLAT 64401）。A. 头节；B. 成节；C. 末端生殖管；D. 早期预孕节；E. 外翻的具棘阴茎；F. 晚期的预孕节；G. 长阴茎囊无钩带绦虫全模标本整体观；H. 宽管无钩带绦虫全模标本整体观

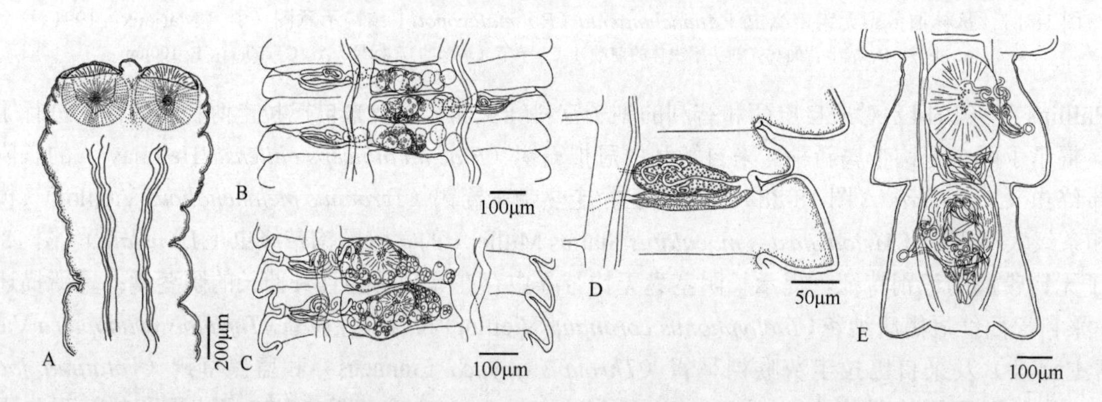

图 18-89　采自热带王霸鹟的宽管无钩带绦虫结构示意图（引自 Phillips et al.，2014）

全模标本（MHNG PLAT 37770）。A. 头节；B. 成节；C. 预孕节；D. 末端生殖管；E. 孕节有卵进入副子宫器

18.9.4　莫赫属（*Mogheia* López-Neyra，1944）

［同物异名：比尔属（*Baeria* Moghe，1933）］

识别特征：头节无吻突。吸盘深、肌肉质。节片宽大于长，无缘膜。生殖孔不规则交替。生殖管在渗透调节管之间通过。精巢位于反孔侧，包括反孔侧区域。阴茎囊达渗透调节管。卵黄腺位于中央。卵巢在卵黄腺孔侧。受精囊存在。子宫球状。副子宫器在子宫侧方。卵薄壳。六钩蚴未描述。已知寄生于

画眉鸟［雀形目：鹟科（Muscicapidae）：鹛亚科（Timaliinae）］，分布于印度。模式种：环绕子宫莫赫绦虫［*Mogheia orbiuterina*（Moghe，1933）López-Neyra，1944］（图 18-94）。该属后来就没有相关报道，十分可疑。

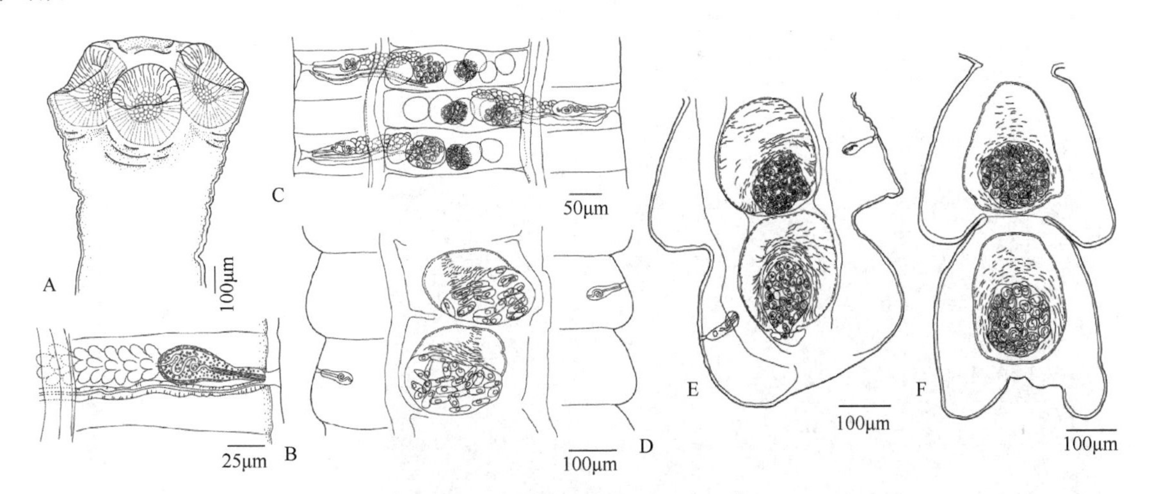

图 18-90　巴西无钩带绦虫结构示意图（引自 Phillips et al.，2014）

巴西标本（采自红冠黑唐纳雀，A～E）及巴拉圭标本（采自灰喉裸鼻雀，F）。A. 头节；B. 末端生殖管；C. 成节；D. 预孕节；E，F. 孕节有卵进入副子宫器

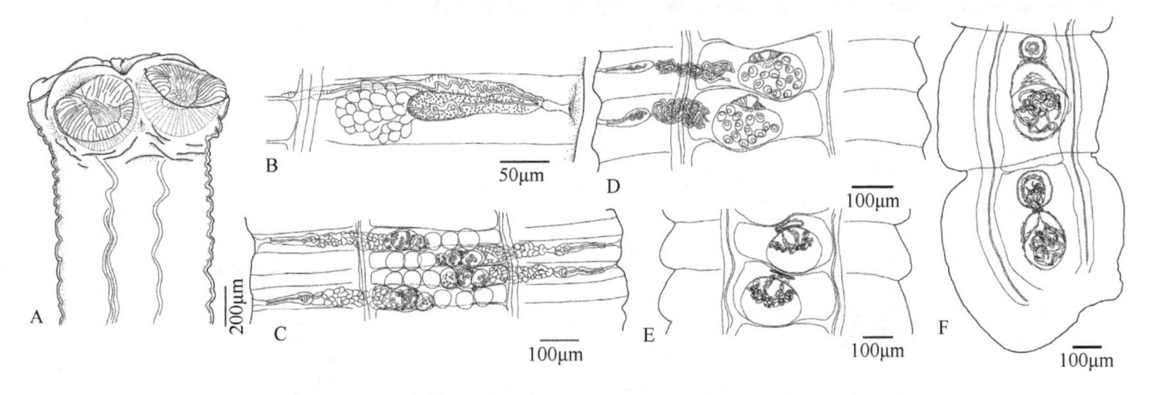

图 18-91　采自巴西白腰树燕的巨头无钩带绦虫结构示意图（引自 Phillips et al.，2014）

A. 头节；B. 末端生殖管；C. 成节；D. 早期预孕节；E. 晚期前孕节；F. 孕节有卵进入副子宫器

18.9.5　正斯克尔亚宾属（*Orthoskrjabinia* Spasskiĭ，1947）

［同物异名：斯克尔亚宾属（*Skrjabinerina* Matevosyan，1948）；多子宫属（*Multiuterina* Matevosyan，1948）；不规则孔属（*Anomaloporus* Voge & Davis，1953）］

识别特征：头节无吻突或有小的退化的无棘吻突。吸盘肌肉质、圆形。孕节具缘膜。生殖孔交替。生殖管在渗透调节管腹面或之间通过。阴茎囊小、梨形，通常侧位于渗透调节管，很少与之交叉。阴茎无棘。卵黄腺实质状，位于卵巢后方。卵巢实质状，横向伸长于中央。预孕节子宫变为多隔的囊；在最末端的孕节中，卵移入副子宫器，形成圆形的囊。卵和六钩蚴圆形。已知寄生于雀形目和鸳形目鸟类，偶尔寄生于啮齿类，分布于全北区、非洲和中美洲。模式种：波比正斯克尔亚宾绦虫［*Orthoskrjabinia bobica*（Clerc，1903）Spasskiĭ，1947］。其他种：圆锥正斯克尔亚宾绦虫［*O. conica*（Fuhrmann，1908）］（图 18-95）。

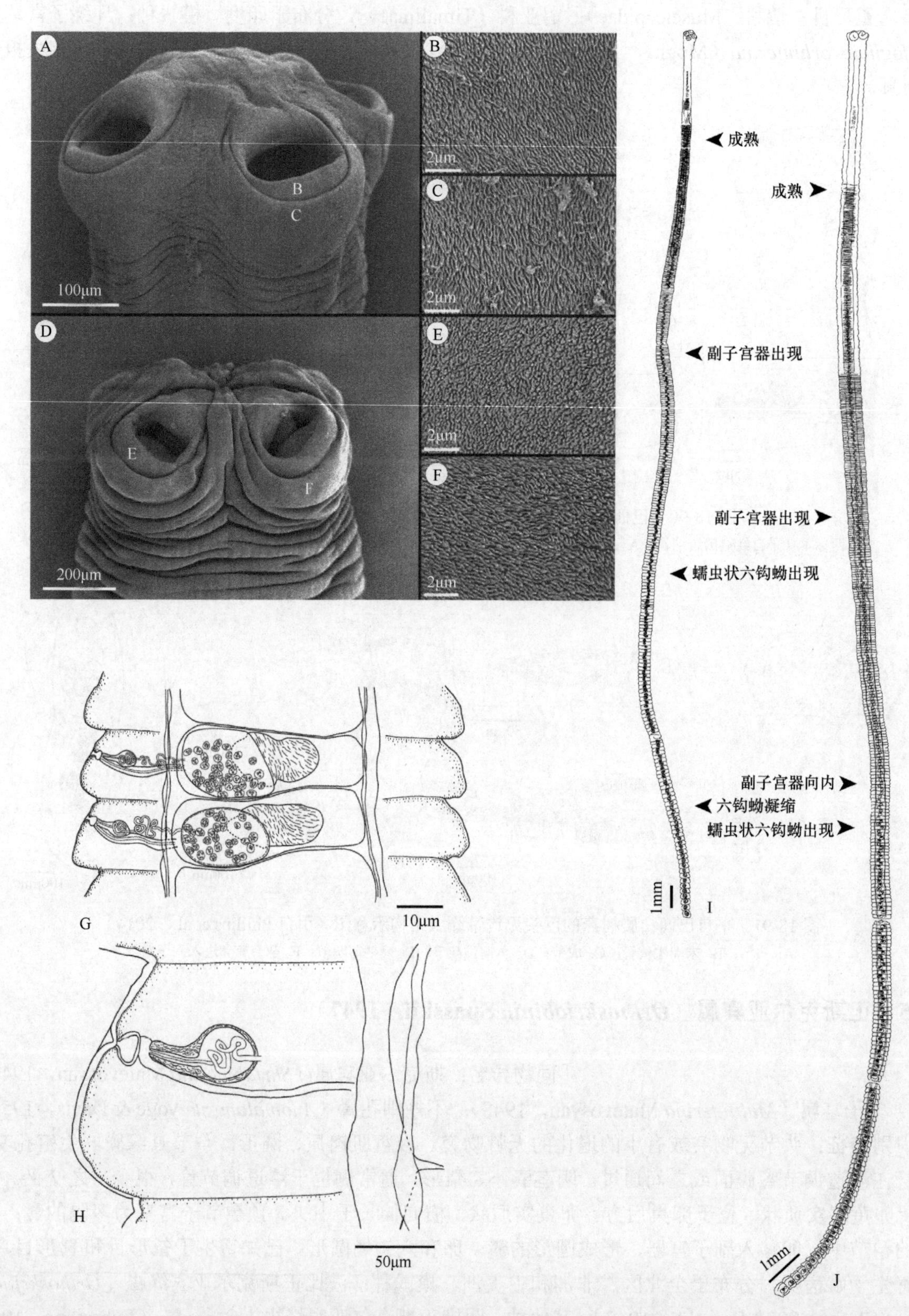

图 18-92 2 种无钩带绦虫扫描结构、整体及巴西无钩带绦虫预孕节及末端生殖管结构示意图（引自 Phillips et al.，2014）

采自红冠黑唐纳雀的巴西无钩带绦虫（A～C）及巨头无钩带绦虫（D～F）扫描结构。A. 头节；B. 吸盘近端表面；C. 吸盘远端表面；D. 头节；E. 吸盘近端表面；F. 吸盘远端表面；G，H. 采自红腰酋长鹂（*Cacicus haemorrhous*）的巴西无钩带绦虫共模标本 MHNG PLAT 40213：G. 预孕节；H. 末端生殖管；I，J. 整体标本（I. 巴西无钩带绦虫；J. 巨头无钩带绦虫）

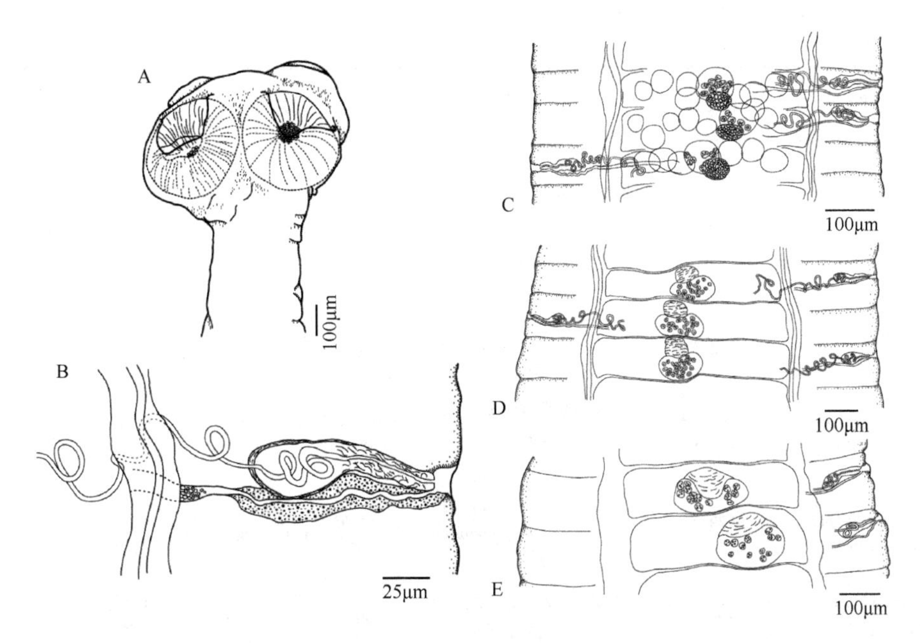

图 18-93　巨头无钩带绦虫结构示意图（引自 Phillips et al.，2014）

采自岩燕属（*Progne* ‘*purpurea*’）的共模标本 MHNG PLAZ 40225。A. 头节；B. 末端生殖管；C. 成节；E. 早期预孕节；F. 晚期预孕节

表 18-3　无钩带绦虫（*Anonchotaenia* spp.）（绦虫纲：副子宫科）种间比较

种	作者	采集地	宿主	头节直径	吸盘直径	生殖管位置**	精巢数目	阴茎囊扩展	阴茎囊长度（MP）	阴茎囊宽度（MP）
A. antirina Singal，1963	Singal（1963）	印度德里	家麻雀印巴亚种（*Passer domesticus indicus*）（麻雀科）	490	195	腹部	4～5（5）	NR	43～55	25～31
A. arhyncha Fuhrmann，1918	Fuhrmann（1918）	新喀里多尼亚	花尾灰胸绣眼鸟（*Zosterops lateralis griseonota*）（绣眼鸟科）	480	200～220	腹部	4～7	—	80～90	18
A. brasiliensis Fuhrmann，1908	Phillips 等（2014）	巴西圣保罗	红冠黑唐纳雀（裸鼻雀科）	497～696（628）	223～271（247）	腹部	4～8（6）	NR	62.5～89（73）	20～30（25）
A. castellani Fuhrmann & Baer，1943	Fuhrmann 和 Baer（1943）	埃塞俄比亚，EI 巴诺	白腰林伯劳（*Eurocephalus rueppeli rueppeli*）（伯劳科）	600～700	280～300	腹部	9～10	—	103～115	25～28
A. clelandi（Johnston，1912）	Georgiev（1992）	澳大利亚悉尼	红胁绣眼鸟（*Zosterops lateralis carulescens*）（绣眼鸟科）	424	172～185（180）	腹部	3～7（5）	R	52～58（56）	25～30（28）
A. dendrocitta（Woodland，1929）	Southwell（1930a）	印度	*Dendrocitta rufia*（鸦科）	600～800	300	之间	10～12	—	160	—
A. gaugi Singh，1952	Singh（1952）	印度	丛林鸫鹛（*Turdoides striata somervillei*）噪鹛科	1250	330～360	—	12～13（13）	—	129～155	39～45
A. globata（von Linstow，1879）	von Linstow（1879）	俄罗斯加里宁格勒动物园（正式为德国哥尼斯堡）	大山雀（*Parus major*）（山雀科）	500～700	140～300	腹部	4～8（4/5）	NR	60～128	18～36
A. indica Singh，1964	Singh（1964）	印度 Mukteswar-Kumaun	棕腹仙鹟（*Niltava sundara*）（鹟科）	890～997（995）	312～401（372）	腹部	4	NR	110～150	26～36
A. jeandorsti Dollfus，1959	Dollfus（1959）	秘鲁亚马孙 Bagua Grande	热带王霸鹟（*Tyrannus melancholicus melancholicus*）（霸鹟科）	810	380～395	腹部	5	—	110	28～30
A. lambi（Voge & Davis，1953）	Georgiev 和 Kornyushin（1993）	墨西哥杜兰戈（Durango）	白枕黑雨燕（*Streptoprocne semicollaris*）（雨燕科）	1120	353～365（359）	腹部	5～8（7）	—	102～118（111）	23～29（27）

续表

种	作者	采集地	宿主	头节直径	吸盘直径	生殖管位置**	精巢数目	阴茎囊扩展	阴茎囊长度（MP）	阴茎囊宽度（MP）
A. longiovata Fuhrmann，1901	Fuhrmann（1908）	南美洲	灰头美洲拟黄鹂（*Icterus cayennensis*），南美拟黑鹂（*Curaeus curaeus*）（拟鹂科）；*Loxops* sp.（燕雀科）；白脸彩鹮（*Plegadis chihi*）（鹮科）	340～485	126～239	腹部	7～12（8/9）	NR	67～96（82）	23～29（26）
A. macrocephala Fuhrmann，1908	Phillips 等（2014）	巴西圣保罗	白腰树燕（*Tachycineta leucorrhoa*）（燕科）	994	412～428（419）	腹部	4～8（6）	R	104～178（137）	25～34（30）
A. malaconoti Mariaux，1991	Mariaux（1991a）	象牙海岸（非洲）	灰头丛鵙 *Malaconotus blanchoti*）（丛鵙科）	805～903（854）	307～366（341）	之间	5～10（7/8）	NR	106～135（121）	22～31（27）
A. mexicana Voge & Davis，1953	Voge 和 Davis（1953）	墨西哥杜兰戈	斑点红眼雀（*Pipilo maculatus griscipygium*）（鹀科）	522～612（578）	121～198	—	5～10（7/8）	*	90～132（101）	19～27（23）
A. oriolina Cholodkovsky，1906	Cholodkovsky（1906）	俄罗斯	金黄鹂（*Oriolus oriolus*）（黄鹂科）	600	—	—	15 或更多	*	*	*
A. piriformis Fuhrmann，1918	Fuhrmann（1918）	新喀里多尼亚卡纳拉	啸鹟（*Pachycephala 'morariensis'*）（啸鹟科）	—	—	—	12	*	90	16
A. prionopos Mariaux，1991	Mariaux（1991a）	象牙海岸	长冠盔鵙（*Prionops plumata*）（盔鵙）	683～830（750）	229～273（254）	之间	5～8（6/7）	R	76～107（91）	20～28（24）
A. prolixa Phillips et al.，2014	Phillips 等（2014）	智利马峡湾	智利白冠拟霸鹟（*Elaenia albiceps chilensis*）（霸鹟科）	565	225～250（240）	之间	4～6（5）	C	172～225（192）	38～60（47）
A. quiscali Rausch & Morgan，1947	Rausch 和 Morgan（1947）	美国俄亥俄州	黑羽椋鸟（*Quiscalus quiscula versicolor*）（拟黄鹂科）	580	200	腹部	9（5 反孔侧）	*	120	45
A. ranae（Ulmer & James，1976）	Ulmer 和 James（1976）	美国爱荷华州	美洲豹蛙（*Rana pipiens*）（无尾目：蛙科）	320～380（353）	138～175（155）	—	3～10（8）	NR	50～62.5（60）	17.5～20（20）
A. sbesteriometra Joyeux & Baer，1935	Joyeux 和 Baer（1935）	印度支那	灰鹡鸰（*Motacilla cinerea caspica*）（鹡鸰科）	740	240	—	4～6	*	108	18
A. singhi Shinde，1984	Shinde（1984）	印度马哈拉斯特拉邦（Maharashtra）	家麻雀（*Passer domesticus*）（麻雀科）	118～119	43～45	—	14～16	*	51～52	*
A. terricoli（Sharma，1947）	Sharma（1947）	印度丘西，阿拉哈巴德	*Turdoides terricolor terricolor*（褐头鹪莺？）（噪鹛科）	860～1204	240～258	—	12～16	*	125～155	28～36
A. trochili Fuhrmann，1908	Fuhrmann（1908）	巴西	燕尾刀翅蜂鸟（*Eupetomena macroura*）（蜂鸟科）	250	100	—	14	*	60	*
A. vaslata Phillips et al.，2014	Phillips 等（2014）	巴拉圭圣佩德罗杰奎（Jejui）	热带王霸鹟（*Tyrannus melancholicus*）（霸鹟科）	760～980（878）	325～360（346）	腹部	7～10（8）	R	133～153（141）	33～48（42）
A. yadavi Sharma & Mathur，1987	Sharma 和 Mathur（1987）	印度斋浦尔拉贾斯坦邦（Jaipur，Rajasthan）	红耳鹎印度亚种（*Pycnonotus jocosus abuensis*）（鹎科）	350～1000	110～230	腹部	2～9	R	19～110	5～98
A. zanthopygiae Yamaguti，1956	Yamaguti（1956）	日本 Siriya，Aomori Prefecture	黄眉姬鹟指名亚种（*Ficedula narcissina narcissina*）	550～650	220～250	—	5～7（6）	NR	60～100	18～22
A. zonotrichicola Dollfus，1959	Dollfus（1959）	秘鲁 Checayane，Azangaro Puno	红领带鹀（*Zonotrichia capensis peruviensis*）（鹀科）	510～570	170～200	—	4～7	*	46～54	22

注：MP. 成节；C. 跨跃与超越；R. 达到但不交叉；NR. 没达到；测量单位为μm

* 宿主的原始名称与目前名称拼写不一样** 相对于渗透调节管

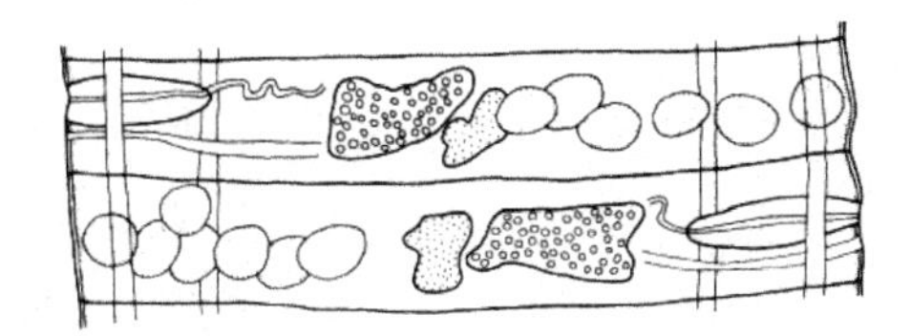

图 18-94 环绕子宫莫赫绦虫的成节（引自 Georgiev & Kornyushin，1994）

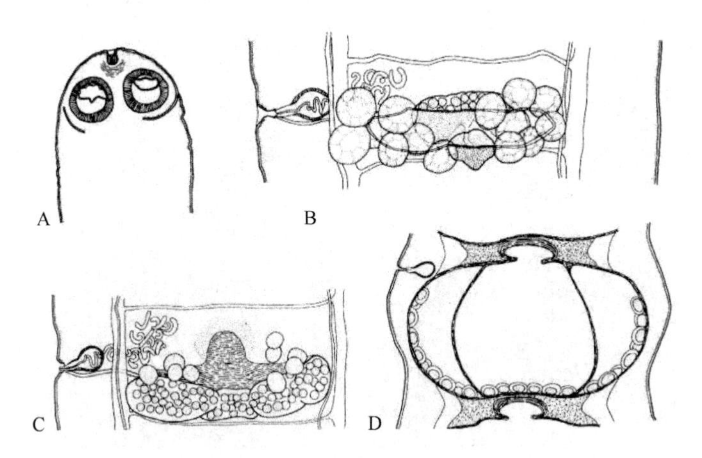

图 18-95 圆锥正斯克尔亚宾绦虫结构示意图（引自 Georgiev & Kornyushin，1994）
A. 头节；B. 成节；C. 成熟后节片；D. 副子宫囊形成前的孕节

Georgiev 和 Kornyushin（1993）重描述了采自墨西哥黑巾蜡嘴雀（*Coccothraustes abeillei*）（雀形目）的不规则孔绦虫：*Anomaloporus hesperiphonae* Voge & Davis，1953 模式标本（不规则孔属的模式种）（图 18-96，图 18-97）和采自墨西哥白枕黑雨燕（*Streptoprocne semicollaris*）（雨燕目）的伦比不规则孔绦虫（*A. lambi* Voge & Davis，1953）。前者被认为与圆锥正斯克尔亚宾绦虫为同物异名，属与正斯克尔亚宾属同义；后一种则组合到无钩带属（*Anonchotaenia*），更名为伦比无钩带绦虫［*A.*（*A.*）*lambi*（Voge & Davis，1953）］。先前认为与圆锥正斯克尔亚宾绦虫为同物异名的短喙正斯克尔亚宾绦虫［*O. rostellata*（Rodgers，1941）］和杜比尼纳多子宫绦虫（*Multiuterina dubininae* Mathevossian，1969）被认为是有问题的种。

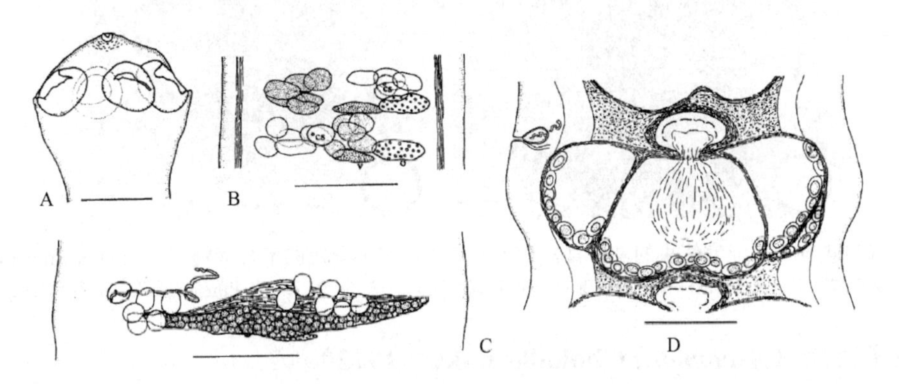

图 18-96 *Anomaloporus hesperiphonae*（=圆锥正斯克尔亚宾绦虫）的全模标本（引自 Georgiev & Kornyushin，1993）
A. 头节，B. 两个成节（亚侧面观）［第 1 节反孔侧精巢群和第 2 节孔侧精巢群（打点者）几乎位于同一水平面］；C. 有很发达的子宫的节片，亚侧面观；D. 预孕节背面观。标尺=0.2mm

Korneva 等（2016）研究了俊拉娜正斯克尔亚宾绦虫（*O. junlanae*）子宫和非功能性副子宫器的微细结构（图 18-98）。子宫发育起始期，发育的胚胎自由定位于囊状子宫腔中，随后子宫腔分为小室。形成的每个小室各包含几个胚胎。小室由肌细胞包围，这些肌细胞能主动合成细胞外基质。副子宫器由肌细胞的扁平长突起堆叠而成，其间有小的脂滴。孕节中，副子宫器增大并由扁平的基部和小的圆形、由收缩隔开的顶部组成。器官壁的精细结构是一样的：细胞核稀疏和扁平胞质突起但副子宫器内无内陷或腔。

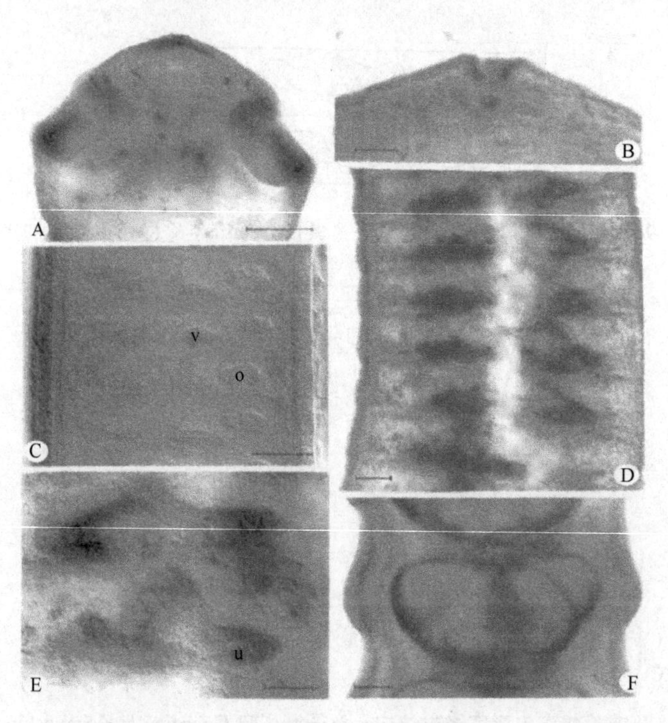

图 18-97　与图 18-96 相同标本的实物照片（引自 Georgiev & Kornyushin，1993）

A. 头节；B. 头节顶部有退化的吻突；C. 成节侧面观；D. 成熟后节片，说明链体的纵裂；E. 两个成熟后节片中的子宫和副子宫器；F. 预孕节。缩略词：o. 卵巢；u. 子宫；v. 卵黄腺。标尺：A，C～F=0.1mm；B=0.01mm

完全发育的胚胎持续定位于子宫中。基于子宫及副子宫器和子宫囊的比较形态功能分析，认为俊拉娜正斯克尔亚宾绦虫的这些非功能性副子宫器是一种返祖现象的一个例子。假设寄生虫的生活史中感染的哺乳动物生活在潮湿的栖息地，那里受干燥威胁时，虫卵量减少，有利于恢复更原始的子宫发育形式。

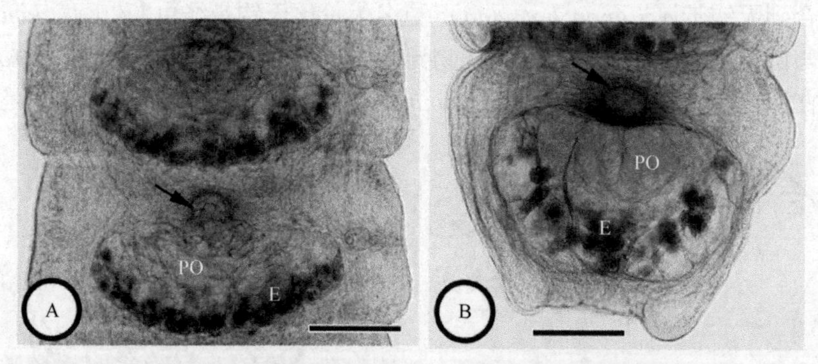

图 18-98　俊拉娜正斯克尔亚宾绦虫的副子宫器和子宫外貌，完全固定的节片光镜照（引自 Korneva et al.，2016）

A. 前孕节，副子宫器（PO）有顶部（箭头）和有胚胎（E）的子宫；B. 孕节中相应的结构变化。标尺=200mm

18.9.6　子囊子宫属（*Ascometra* Cholodkowsky，1912）

［同物异名：索博列夫属（*Sobolevina* Spasskiĭ，1951）］

识别特征：头节无吻突和钩。吸盘肌肉质，各有 1 对肌肉质垂片。节片有缘膜。生殖孔单侧（模式种）或不规则交替。幼节中渗透调节管 2 对，有时反向；成节和老节片中背管消失。生殖管在渗透调节管腹面（？或背面）通过。精巢数多于 100 个，围绕着雌性腺并排为几层。阴茎囊不与渗透调节管交叉。卵巢小、略分叶。受精囊位于中央，纺锤状。子宫囊状，在中央区域后 2/3 位置。副子宫器圆柱状。卵和六钩蚴圆形。已知寄生于鸨［鹤形目：鸨科（Otidae）］，分布于古北区、非洲和南亚。模式种：韦斯蒂塔子囊子宫绦虫（*Ascometra vestita* Cholodkowsky，1912）。其他种：绒膜子囊子宫绦虫（*A. choriotidis*

Adams & Rausch，1986）（图 18-99）。

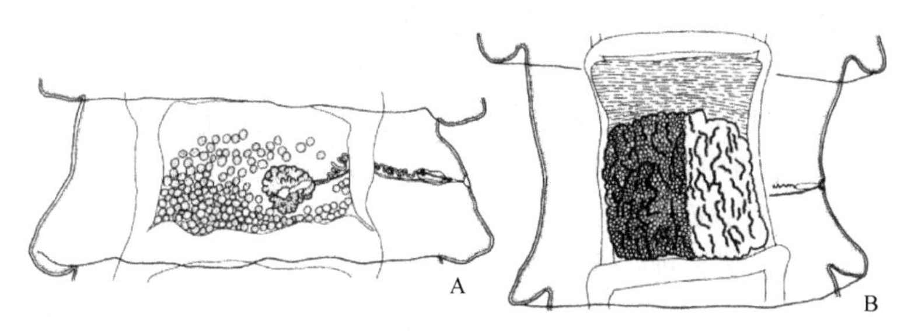

图 18-99 绒膜子囊子宫绦虫结构示意图（引自 Georgiev & Kornyushin，1994）
A. 成节腹面观；B. 孕节

18.9.7 八瓣属（*Octopetalum* Baylis，1914）

识别特征：头节无吻突和钩。吸盘肌肉质，各有 1 对肌肉质垂片。节片有缘膜。生殖孔不规则交替。精巢数目多（但通常少于 100 个），排成 1 层或 2 层，在雌性腺的后部和侧方，有时（模式种）也在雌性腺前方。阴茎囊从椭圆形到高度长形，可能覆盖或横过渗透调节管。卵黄腺位于中央，实质状或略分叶。卵巢扇形、分叶。阴道开口于雄孔后部，壁厚。受精囊位于中央，椭圆形。子宫囊状，位于中央区域后半部，有很多内隔。副子宫器圆柱状。在最末的孕节中，卵移入副子宫器并在节片近前方边缘形成椭圆囊。卵和六钩蚴圆形。已知寄生于珍珠鸡［鸡形目：雉科（Phasianidae）：珍珠鸡亚科（Numidinae）］，分布于非洲。模式种：沟槽八瓣绦虫（*Octopetalum gutterae* Baylis，1914）（图 18-100D）。其他种：珍珠鸡八瓣绦虫［*O. numida*（Fuhrmann，1909）］（图 18-100A～C）。

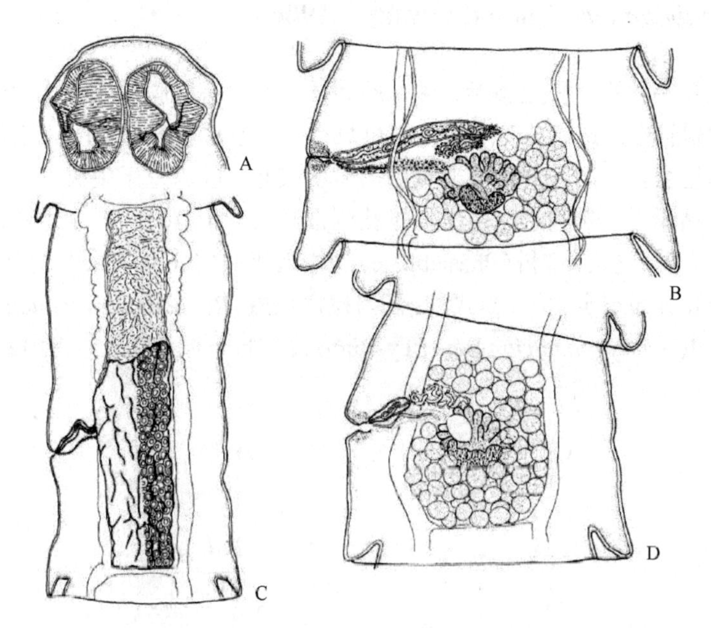

图 18-100 2 种八瓣绦虫结构示意图（引自 Georgiev & Kornyushin，1994）
A～C. 珍珠鸡八瓣绦虫：A. 头节；B. 成节；C. 孕节。D. 沟槽八瓣绦虫的成节

18.9.8 宫融绦虫属（*Metroliasthes* Ransom，1900）

［同物异名：六副子宫属（*Hexaparuterina* Palacios & Barroeta，1967）］

识别特征：头节无吻突和钩。吸盘肌肉质、圆形。节片有缘膜，成节宽大于长，成节和孕节长均大于宽。生殖腔深，有高度发达的肌肉壁。生殖孔不规则交替。生殖管在渗透调节管之间。精巢数目多（不

少于 30 个)，在雌性腺的后部和卵黄腺侧方。阴茎囊壁厚，高度伸长，可能与渗透调节管交叉。卵黄腺实质状，位于中央。卵巢扇状分小叶。阴道在雄孔后方开口，有明显清晰的交配和输导部。受精囊长形，位于中央，朝向孔区。子宫最初位于卵巢背部和后部、卵黄腺前部，为横管状，后来形成由窄的峡部连接的两个囊。副子宫器在子宫前方，大致为圆锥状，有两裂的基部；在预孕节中，致密的实质圆形体形成于副子宫器前方。在末端孕节中，卵移入副子宫器并在节片中央形成圆形的卵囊。卵椭圆形、壁厚；六钩蚴圆形。已知寄生于火鸡（*Meleagris gallopavo*），有几个可疑的记录寄生于其他鸡形目鸟类，偶尔寄生于无尾两栖类，分布于全球。模式种：透明宫融绦虫（*Metroliasthes lucida* Ransom，1900）（图 18-101）。

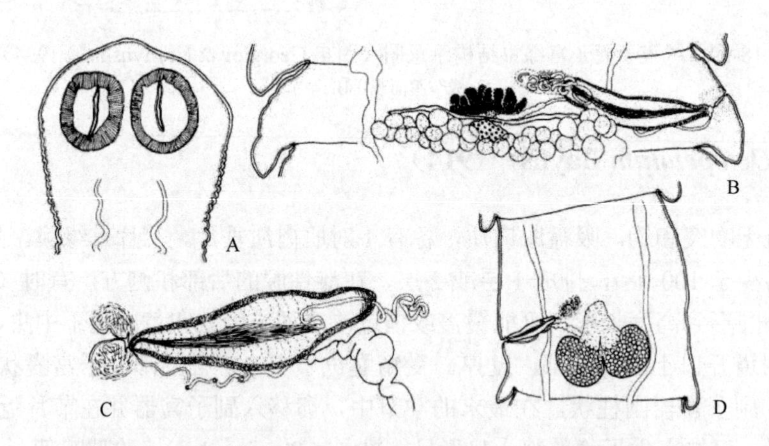

图 18-101　透明宫融绦虫（引自 Georgiev & Kornyushin，1994）

A. 头节；B. 成节；C. 预孕节中的生殖管；D. 预孕节

18.9.9　棒宫属（*Rhabdometra* Cholodkowsky，1906）

识别特征：头节无吻突和钩。吸盘圆形、深、肌肉质。节片有缘膜，成节宽大于长，孕节长大于宽。生殖孔不规则交替。生殖管在渗透调节管之间。精巢数目多（通常多于 30 个），在雌性腺的后部和侧方。阴茎囊大，与渗透调节管交叉。阴茎具棘。卵黄腺实质状或略分叶，位于中央，大小类似于卵巢。卵巢分小叶，通常为扇状。受精囊小、椭圆形。阴道在雄孔侧方开口。子宫囊状。副子宫器在子宫前方。卵和六钩蚴圆形。已知寄生于鸡形目鸟类[雉科（Phasianidae）的松鸡亚科（Tetraoninae）、林鹑亚科（Odontophorinae）和雉亚科（Phasianinae）]，分布于全北区。模式种：汤姆棒宫绦虫（*Rhabdometra tomica* Cholodkowsky，1906）。其他种：柳雷鸟棒宫绦虫（*R. lygodaptrion* Beverley-Burton & Thomas，1980）（图 18-102）。

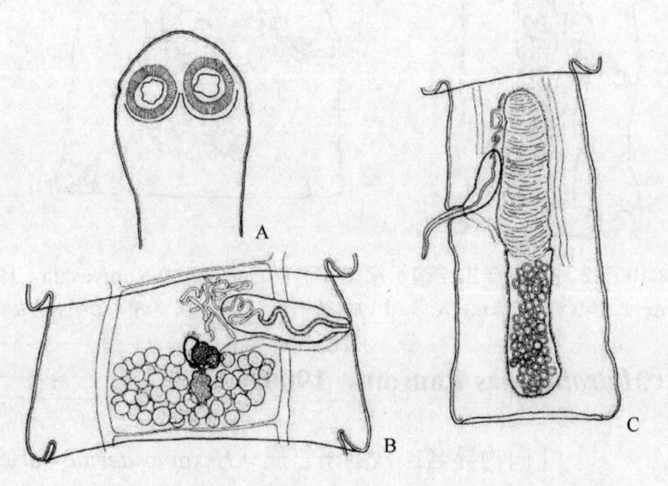

图 18-102　柳雷鸟棒宫绦虫结构示意图（引自 Georgiev & Kornyushin，1994）

A. 头节；B. 成节；C. 孕节

18.9.10 竖琴子宫属（*Lyruterina* Spasskaya & Spasskiĭ，1971）

识别特征：头节无钩或吻突（可能存在退化的吻突，像头节中致密实质的聚集）。吸盘圆形、深、肌肉质。节片有缘膜，成节宽大于长，孕节长可大于宽。生殖孔交替。生殖管在渗透调节管腹部（？或之间）。精巢数目多于10个，在雌性腺的后部和侧方，略成两群。阴茎囊小，梨形，通常在孔侧区；模式种中，内部的输精管可能形成相似于贮精囊的结构并且阴茎囊重叠于渗透调节管上。阴茎无棘或有小棘。卵黄腺实质样、球状，位于中央或略近孔侧。卵巢坚实、囊状、球状或椭球状，含有很少卵母细胞。受精囊小，卵圆形。子宫最初起于卵巢背部，为横向伸长的囊，有棘状的末端；在成熟后节片和孕节中，形成不规则形状的囊，位于中央区后半部。副子宫器位于子宫前方。在最末的孕节中，卵移入副子宫器并在近节片前方边缘处形成圆形的囊。卵和六钩蚴球状。已知寄生于鸡形目［雉科（Phasianidae）的雉亚科（Phasianinae）、吐绶鸡亚科（Meleagridinae）和松鸡亚科（Tetraoninae）］和鸽形目沙鸡科（Pteroclididae）鸟类，分布于全北区。模式种：黑斑点竖琴子宫绦虫［*Lyruterina nigropunctata*（Crety，1890）Spasskaya & Spasski，1971］（图18-103，图18-104）。

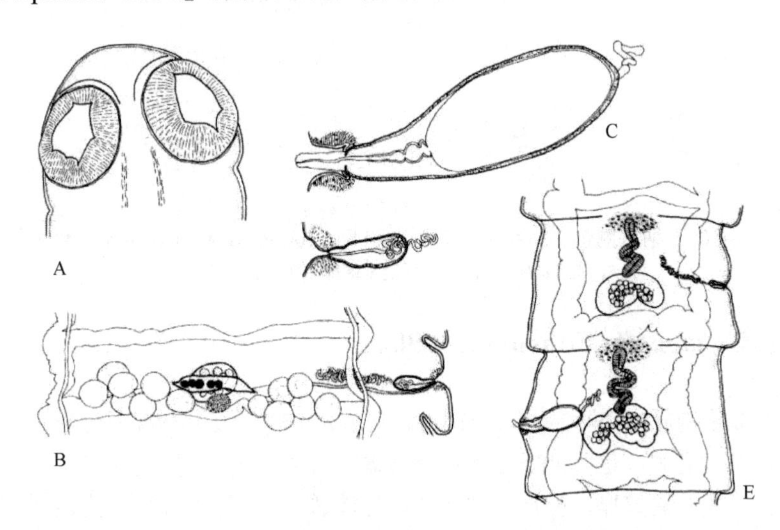

图18-103 黑斑点竖琴子宫绦虫结构示意图（引自Georgiev & Kornyushin，1994）

A. 头节；B. 成节；C，D. 两相连成熟后节片中不同生理状态下的阴茎囊；E. 孕节

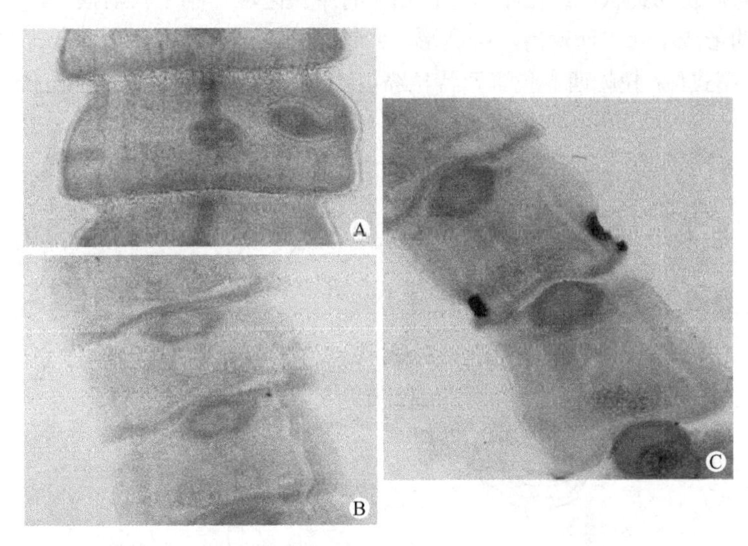

图18-104 黑斑点竖琴子宫绦虫实物图片（引自Pilar，2002）

A. 节片，示阴茎囊；B. 副子宫器的形成；C. 已形成的副子宫器

18.9.11　侧带属（*Laterotaenia* Fuhrmann，1906）

识别特征：吻突小，有双重钩冠。节片具缘膜。生殖孔不规则交替。生殖管在渗透调节管之间。阴茎囊肌肉质、小，侧位于渗透调节管。阴茎有成束的纤维。卵黄腺叶状。卵巢扇状，达孔侧渗透调节管。受精囊圆形。阴道开于雄孔的背部或腹部，壁厚，开口处有括约肌。子宫囊状，壁薄。副子宫器为节片前方边缘一窄的横向带，由略变形的实质组成，没有纤维或颗粒组分。副子宫囊的形成不知，卵圆形或略为椭圆形，壁薄。六钩蚴圆形。已知寄生于美洲鹫［隼形目（Falconiformes）：美洲鹫科（Cathartidae）］，分布于南美洲。模式种：纳特侧带绦虫（*Laterotaenia natteri* Fuhrmann，1906）（图 18-105）。

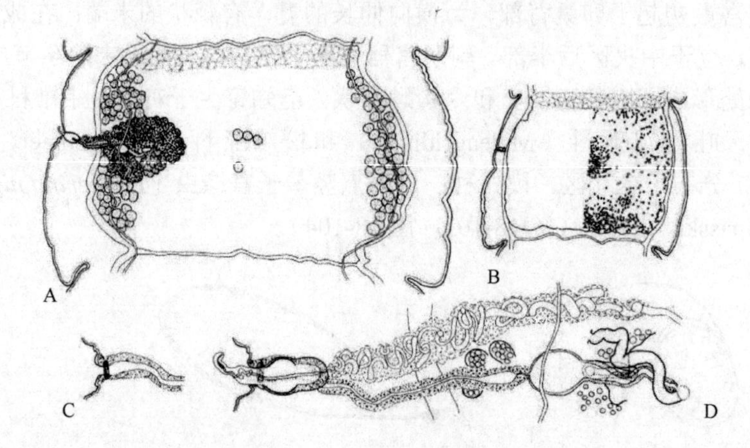

图 18-105　纳特侧带绦虫结构示意图（引自 Georgiev & Kornyushin，1994）

A. 成节；B. 孕节；C. 阴道末端部；D. 成节生殖管

18.9.12　卡西特拉属 *Culcitella* Fuhrman，1906

识别特征：吻突有双重钩冠。钩柄显著长于钩刃。生殖孔单侧（很少不规则交替）。生殖腔可能形成生殖乳突。生殖管在渗透调节管之间，也可能发生穿过渗透调节管的情况。精巢数目多，位于中央区后半部、卵巢后方、卵黄腺后侧方。阴茎囊壁厚，卵形或梨形，可达渗透调节管。卵黄腺位于中央或略近孔侧，肾形，结实。卵巢宽，扇形，略分叶。受精囊卵圆形或略细长。阴道壁厚，在雄孔背部开口，近口处有括约肌。子宫为卵巢前背方一横向伸长的囊状体，在孕节中占据所有中央区域。副子宫器横向伸长，在节片前方边缘，像一窄带。副子宫囊的形成不知。卵壁薄，椭圆形。六钩蚴卵圆形。已知寄生于隼形目鹰科（Accipitridae）鸟类，分布于南美洲。模式种：拉帕西奥拉卡西特拉绦虫（*Culcitella rapacicola* Fuhrmann，1906）（图 18-106）。

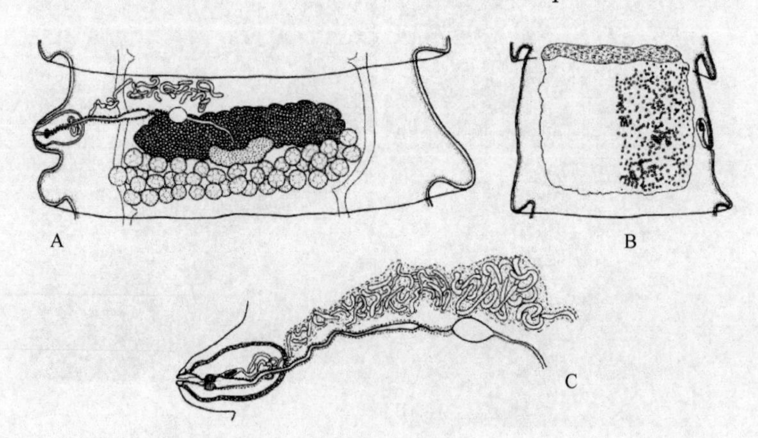

图 18-106　拉帕西奥拉卡西特拉绦虫结构示意图（引自 Georgiev & Kornyushin，1994）

A. 成节；B. 孕节；C. 成节生殖管

18.9.13　马塔贝列属（*Matabelea* Mettrick，1963）

识别特征：吻突有双重钩冠。钩柄显著长于钩刃；柄和刃有骺的增厚，相互连接并形成脊棱。节片具略发达的缘膜。生殖孔单侧。生殖腔可能形成生殖乳突。生殖管在渗透调节管之间，也可能发生穿过渗透调节管的情况。精巢数目多于 40 个，位于雌性腺后侧方。阴茎囊长形，可能达或重叠于渗透调节管。卵黄腺略分叶，位于中央。卵巢宽，分叶，扇形。受精囊球状或略卵圆形，接近渗透调节管和生殖管交叉点。阴道在雄孔背部开口，近口处有括约肌。子宫最初为卵巢前背方一圆形或不规则体；随后呈囊状，发育中的副子宫器在接近节片前方边缘处呈窄带状。卵和六钩蚴圆形。已知寄生于隼形目鹰科（Accipitridae）和隼科（Falconidae）鸟类，分布于非洲。模式种：富尔曼马塔贝列绦虫［*Matabelea fuhrmanni*（Southwell，1925）Mettrick，1963］。其他种：阿埃托德克斯马塔贝列绦虫（*M. aetodex* Mettrick，1963）（图 18-107）。

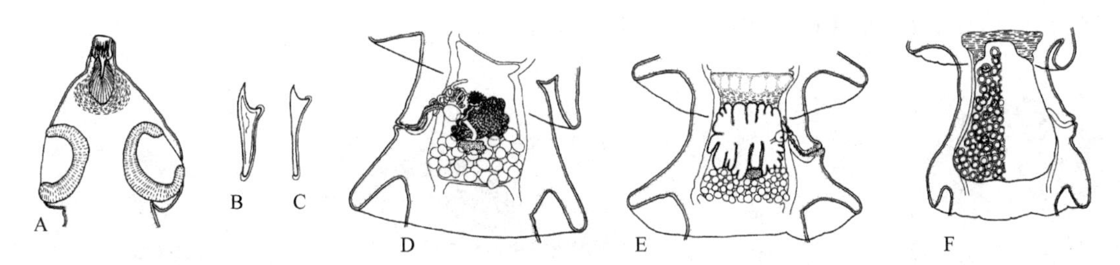

图 18-107　阿埃托德克斯马塔贝列绦虫结构示意图（引自 Georgiev & Kornyushin，1994）

A. 头节；B. 前方的吻突钩；C. 后部的吻突钩；D. 成节；E. 成熟后节片；F. 孕节

18.9.14　支带属（*Cladotaenia* Cohn，1901）

［同物异名：副支带属（*Paracladotaenia* Yamaguti，1935）］

识别特征：吻突小，有双重钩冠。钩刃和钩柄有骺的增厚。节片具缘膜，几乎长宽相等（成节）或长大于宽（成熟后到孕节）。生殖孔不规则交替。生殖管在渗透调节管之间。精巢位于两纵侧区，后部不连接或由位于卵黄腺背部的单一精巢相连接。阴茎囊小，圆或卵圆形，不与渗透调节管交叉。阴茎无棘。卵黄腺实体状，卵圆形或不规则形，位于中央，近节片后部边缘。卵巢两翼状，实体状或略分叶。在预孕节和孕节中，所有在子宫周围和前方的髓实质变致密并转变为特殊的副子宫器。卵和六钩蚴卵圆形。已知寄生于隼形目鸟类，中间宿主为啮齿类和食昆虫的哺乳动物，分布于全北区、南亚和非洲。模式种：球状支带绦虫［*Cladotaenia globifera*（Batsch，1786）Cohn，1901］（图 18-108A、B）。

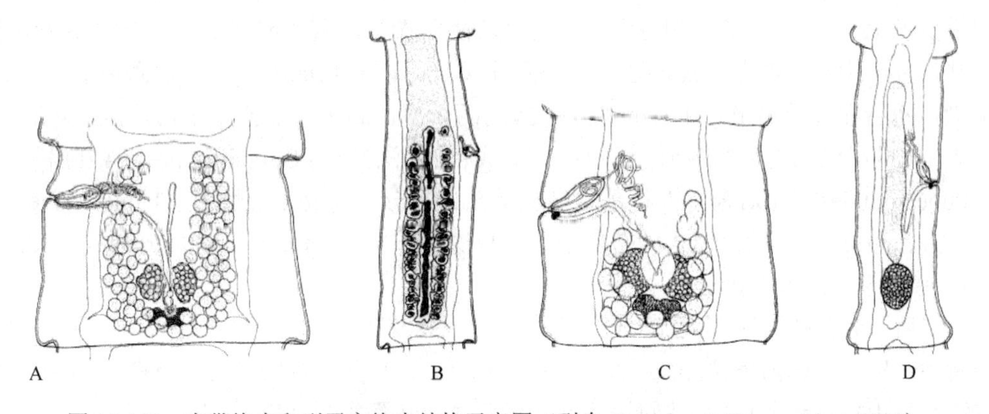

图 18-108　支带绦虫和副子宫绦虫结构示意图（引自 Georgiev & Kornyushin，1994）

A，B. 球状支带绦虫：A. 成熟后节片；B. 预孕节。C，D. 叠生星状副子宫绦虫：C. 成节；D. 预孕节

18.9.15 副子宫属［*Paruterina*（狭义）Fuhrmann，1906］

识别特征：吻突有不同长度双重钩冠；钩有很发达的柄和刃；柄和刃有骺的增厚。吸盘圆形、肌肉质。节片具缘膜，成节长宽几乎相等，孕节长显著大于宽。生殖孔交替。生殖管在渗透调节管之间。精巢位于两纵侧区，由单个精巢在卵黄腺后相连或后部不相连。阴茎囊长形，壁厚，重叠于渗透调节管。卵黄腺实体状或略分叶，位于中央。在节片后部边缘。卵巢两翼状，实体样。受精囊小，椭圆形，位于中央。阴道壁厚，近口处有括约肌。子宫最初在卵巢背方发育，随后在卵巢退化时接近节片的后部边缘。副子宫器由致密的髓实质形成并填充于子宫前方中央区大部分；在晚期孕节中，卵向前移动，副子宫器形成圆形含卵的囊。卵和六钩蚴椭圆形。已知寄生于猫头鹰［鸮形目（Strigiformes）］，中间宿主为啮齿类，分布于全北区。模式种：叠生星状副子宫绦虫［*Paruterina candelabraria*（Goeze，1782）Fuhrmann，1906］（图 18-108C、D）。其他种：三宝鸟副子宫绦虫（*P. eurystomus* Li，1994）（图 18-109）。

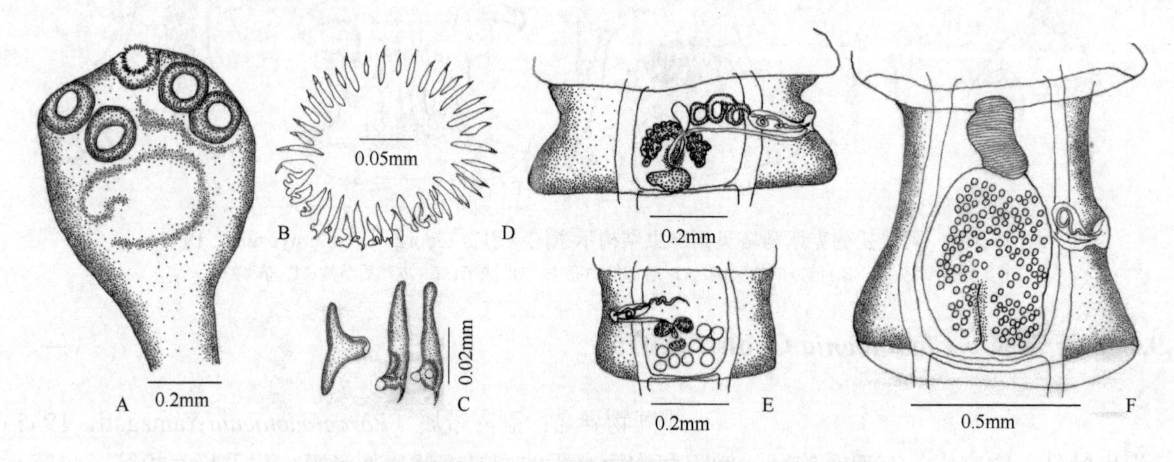

图 18-109 三宝鸟副子宫绦虫（*P. eurystomus* Li，1994）（引自李海云，1994）
A. 头节；B. 吻钩排列；C. 吻钩形态；D. 成节；E. 早期成节；F. 孕节

18.9.16 内依拉属（*Neyraia* Joyeux & Timon-David 1934）

［同物异名：双子宫样属（*Biuterinoides* Ortlepp，1940）］

识别特征：吻突有同心的大量钩形成的环。钩有大的圆锥状基部和小的爪样刃；外围的钩大于中央的钩。节片具缘膜，成节宽大于长，孕节长宽相等或长大于宽。生殖孔不规则交替。生殖管在渗透调节管之间。精巢少于 12 个，位于卵巢侧方和背方两群。阴茎囊小，瓶状或梨状，可能与渗透调节管交叉。卵黄腺略分叶，位于中央。在节片后部边缘。卵巢实体样，两翼状或扇状。受精囊长形，向孔区。子宫最初为一个囊，随后在成熟后节片中分为相互连接的两个囊。副子宫器位于子宫前方，填充于几乎所有中央区。卵和六钩蚴球状或略为椭圆形。已知寄生于戴胜［佛法僧目（Coraciiformes）：戴胜科（Upupidae）、林戴胜科（Phoeniculidae）］［后来有人将戴胜鸟从佛法僧目分出建立了戴胜目（Upupiformes）］，分布于旧大陆（古北区、印度和非洲）。模式种：复杂内依拉绦虫［*Neyraia intricata*（Krabbe，1882）Joyeux & Timon-David，1934］（图 18-110）。

该属自建立后，4 个种是 20 世纪 80 年代前报道的，多没有详实的记录。之后，Sonune（2012）报道了该属一个新种：奥兰巴德内依拉绦虫（*N. auranbadensis*），然其提供的结构示意图（图 18-111）较为粗糙且没有实物照片为据，十分可疑。同时 Sonune 将此属放在囊宫科（Dilepidiae）。

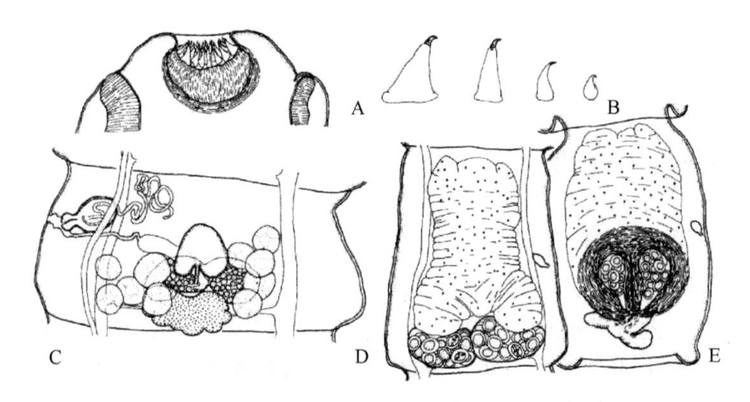

图 18-110 复杂内依拉绦虫结构示意图（引自 Georgiev & Kornyushin，1994）

A. 头节的顶部；B. 吻突钩，从左到右为从外围到中央；C. 成节；D，E. 孕节，示副子宫囊形成期

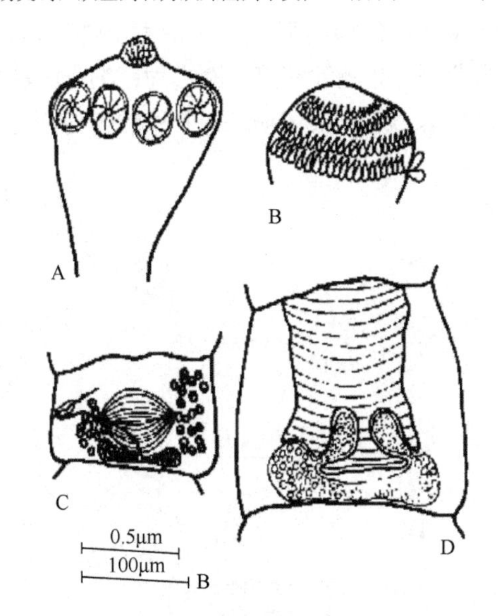

图 18-111 奥兰巴德内依拉绦虫结构示意图（引自 Sonune，2012）

A. 头节；B. 吻突钩；C. 成节；D. 孕节（该作者所绘图很奇怪，表现为：①吻突上 4 排钩的第 4 排右侧两个小豆芽瓣样结构不知指何物？②成节 C 中央纺锤形的结构指的是何物不明，是子宫，副子宫器，副子宫囊？标尺的标注不清楚）

表 18-4 内依拉属（*Neyraia* Joyeux & Timon-David，1934）所谓不同种的形态测量数据比较

特征	*N. intricata* Joyeus & David，1934	*N. upupai* Ortleep，1940	*N. parva* Mahon，1934	*N. moghei* Shinde，1972	*N. aurangabadensis* Sonune，2012
长度	105	110	150	50～70	60～70
宽度	1.5	1.15	1.0	0.18～1.4	0.57～1
头节	0.4	0.72	0.45	0.75	0.87
吸盘	0.20	0.24	0.14～0.21	0.25～0.19	0.22～0.21
钩的数目	—	77	60～110	68～72	80～85
第 1 排钩长	0.04～0.045	0.035～0.04	0.029	0.035	0.010
第 2 排钩长	0.03	0.024～0.03	0.021	0.026	0.016
第 3 排钩长	0.025	0.017	0.016	0.010	0.018
4 排钩长	0.012	0.11	0.019	0.006	0.021
精巢数目	7～10	10	8～10	10～13	30～35
卵的大小	0.06～0.08	0.059～0.061	—	0.025～0.045	0.038
宿主	戴胜（*Upupa epops*）	戴胜	戴胜	戴胜	戴胜
采集地	南非	南非	埃及	印度	印度奥兰加巴德

注：测量单位为 mm

表 18-4 中这些所谓的种均采自相同的宿主，从表中所列形态测量数据来看，不排除存在同物异名的可能，因此有待进行深入的比较研究。

18.9.17 *Triaenorhina* Spasskiĭ & Shumilo，1965

识别特征：吻突有两规则的钩环。前方的钩长于后方的钩。钩卫可分为 2 支；柄大而直，直角样（rectanguloid）钩。吸盘圆形，肌肉质。节片具缘膜，成熟时宽大于长，孕节可能长大于宽。生殖孔不规则交替。生殖腔有高度发达的环状肌围绕，可能形成生殖乳突。生殖管在渗透调节管之间。精巢少，位于卵巢背侧方。阴茎囊梨状，通常限于中央，壁薄，可能达到或叠于渗透调节管上。内部的输精管可能形成相似于贮精囊的结构。卵黄腺实体样，位于中央。卵巢肾形，实体样。受精囊小，位于中央。子宫形成 2 个或更多深分叶的囊，朝向后部。副子宫器圆柱状，位于子宫前方；在最末的孕节中副子宫器形成含有卵的囊，位于节片前部。卵和六钩蚴椭圆形。已知寄生于佛法僧目的佛法僧科（Coraciidae）和犀鸟科（Bucerotidae）鸟类，分布于古北区、非洲和印度。模式种：*Triaenorhina rectangula*（Fuhrmann，1908）Spasskiĭ & Shumilo，1965（图 18-112）。属 *Triaenorhina* 中种的一些形态测量数据比较见表 18-5。

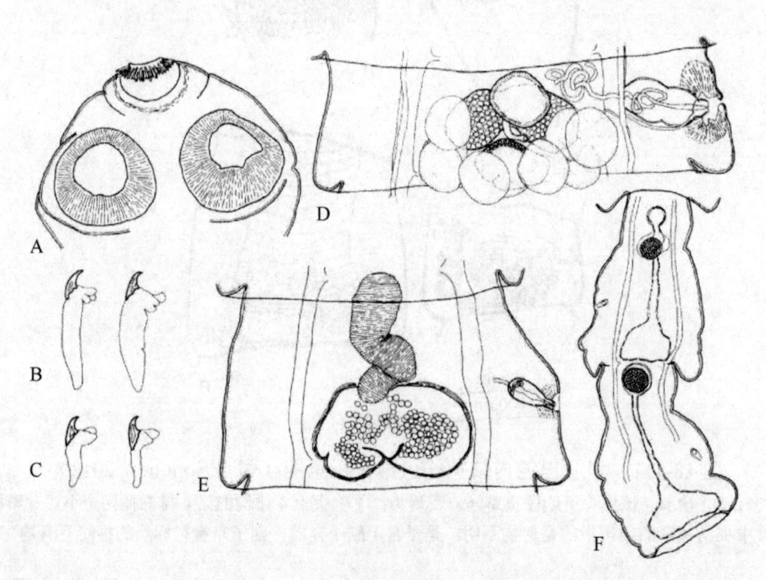

图 18-112 *T. rectangula* 结构示意图（引自 Georgiev & Kornyushin，1994）

A. 头节；B. 前方的吻突钩；C. 后方的吻突钩；D. 成节；E. 预孕节；F. 孕节

Georgiev 和 Gibson（2006）描述了采自斯里兰卡南部黑头咬鹃（*Harpactes fasciatus*）[咬鹃目（Trogoniformes）：咬鹃科（Trogonidae）] 的 *Triaenorhina burti* Georgiev & Gibson，2006（图 18-113）。该种体长 24～32mm；44 个吻突钩交替排为接近规则的两环，长度为 63～65μm（前方的环）和 39～41μm（后方的环）；规则交替的生殖孔；精巢由卵巢和卵黄腺分为两群；孕子宫形成单一的卵形囊；一圆柱体状的副子宫器不达到前方的节片边缘。

18.9.17.1 *Triaenorhina* 分种检索表

1a. 生殖孔单侧……*T. southwelli*
1b. 生殖孔交替……2
2a. 每节精巢少于 10 个……3
2b. 每节精巢≥10 个……4
3a. 成节中阴茎囊完全在侧方区域；吻突钩数约 50 个……*T. daouensis*
3b. 成节中阴茎囊与孔侧渗透调节管交叉；吻突钩 32 个……*T. septotesticulata*
4a. 前方的吻突钩长≤36μm；后方的吻突钩长≤25μm……*T. bucerotina*

4b. 前方的吻突钩长≥39μm；后方的吻突钩长≥25μm……5
5a. 成节中阴茎囊不达或叠于孔侧渗透调节管；精巢在雌性生殖器官侧方和背方形成单一区域……*T. rectangula*
5b. 成节中阴茎囊与孔侧渗透调节管交叉；精巢为两群……6
6a. 生殖孔不规则交替，前方的吻突钩长 50～61μm；副子宫器的前端达节片前方边缘……*T. meggitti*
6b. 生殖孔规则交替，前方的吻突钩长 63～65μm；副子宫器的前端在距节片前端边缘 1/4 节片长度距离……*T. burti*

表 18-5 *Triaenorhina* Spasskiĭ & Shumilo，1965 中种的一些形态测量数据比较

种	*T. rectangula*	*T. daouensis*	*T. septotesticulata*	*T. bucerotina*	*T. meggitti*	*T. southwelli*	*T. burti*
资料来源	Kornyushin，1989; Georgiev & Kornyushin，1994	Joyeux et al.，1936	Moghe & Inamdar，1934	Fuhrmann，1909	Johri，1931	Hilmy，1936	Georgiev & Gibson，2006
体长（mm）	约 100	110	55～60	—	20～64	27	24～32
最大宽（mm）	0.8	1	0.638	—	0.5～1.0	0.912	1.10～1.61
头节直径	670～1000	750	663	280	400～450	290	465～636
吻突钩数	50～54	约 50	32	约 60	约 44	56	44
前方钩长	39～60	53	43	34～36	50～61	42～46	63～65
后方钩长	25～36	25	31	23～25	39～48	30～37	39～41
生殖孔	不规则交替	不规则交替	不规则交替	不规则交替	不规则交替	单侧	规则交替
精巢数目	10～16	8	7	10～12	13～19	10～15	19～30
精巢位置	卵巢背侧方，单区	两侧群	两侧群	卵巢后方	两侧群	主要为两侧群，可能中央相连	两侧群
阴茎囊大小	(63～75)×(37～45)	150 × 70	15 × 31	2200 ×长（=节片宽的一半）	172～290	150 × 50	(186～234) ×(33～42)
成节中的阴茎囊位置	不达或仅叠于孔侧管	侧方区	与孔侧管交叉	与孔侧管交叉	与孔侧管交叉	与孔侧管交叉	与孔侧管交叉
孕子宫构造	2 个或多个囊	?	单个囊	?	多为 2 个囊，有时 1 个或 3 个囊	纵向长囊，有侧囊	单个囊
副子宫器前方扩展	前方的节片边缘	?	前方的节片边缘	?	前方的节片边缘	不达前方的节片边缘	不达前方的节片边缘

注：测量数据单位除有标示外，其他均为μm

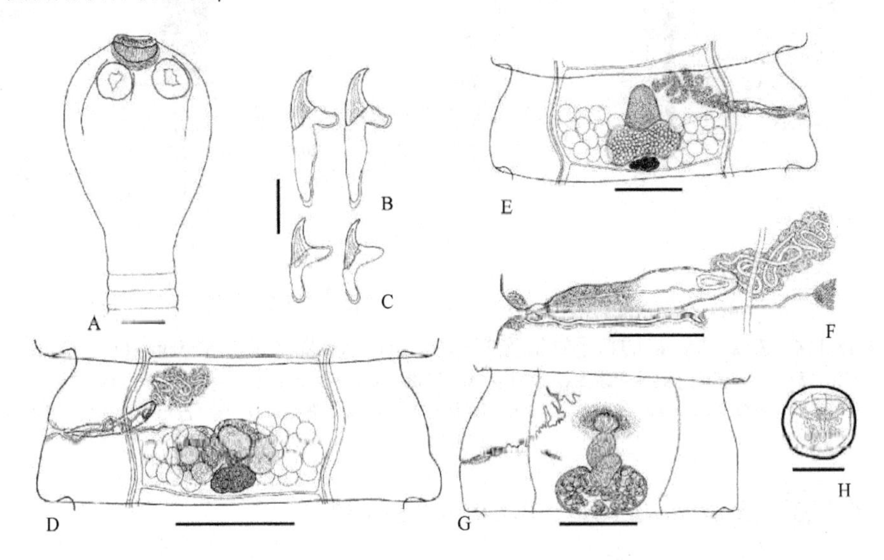

图 18-113 *T. burti* Georgiev & Gibson，2006 结构示意图（引自 Georgiev & Gibson，2006）
A. 头节；B. 前方的吻突钩；C. 后方的吻突钩；D. 成节背面观；E. 成熟后节片背面观；F. 成熟后节片中的末端生殖管背面观；G. 孕节背面观；H. 卵。标尺：A，E=200μm；B，C=25μm；D=250μm；F=100μm；G=400μm；H=30μm

Yoneva 等（2009）用透射电镜术研究了 *T. rectangula* 的精子发生和成熟精子超微结构（图 18-114）。其精子发生属于 Bâ 和 Marchand 的Ⅲ型绦虫精子发生。始于分化区的形成，分化区含有 2 个中心粒和细胞质突起。中心粒与残留的纹状根相连，其中一个向心粒向外形成游离鞭毛生长入细胞质突起。经过轻微旋转后，游离鞭毛与细胞质突起融合。在精子发生的最后阶段，分化精子的前部出现一个单一的冠状体。成熟精子前端的特征是有一顶锥、一冠状体。轴丝为“9+1”式密螺旋轴丝“trepaxonematan”型。成熟精子的某些部位有一围轴鞘和电子致密杆。核电子致密、螺旋盘绕轴丝。皮质微管与精子轴成约 40°角螺旋状排列。结果表明，*T. rectangula* 的精子发生和成熟精子的超微结构特征与带科及后囊宫科绦虫的最相似。将这些结果与以往唯一一种副子宫科绦虫精子描述比较，结果表明，在成熟精子中，电子致密物质丝状体与细胞质内壁的发生存在差异，这可能反映了副子宫科的多系特征。

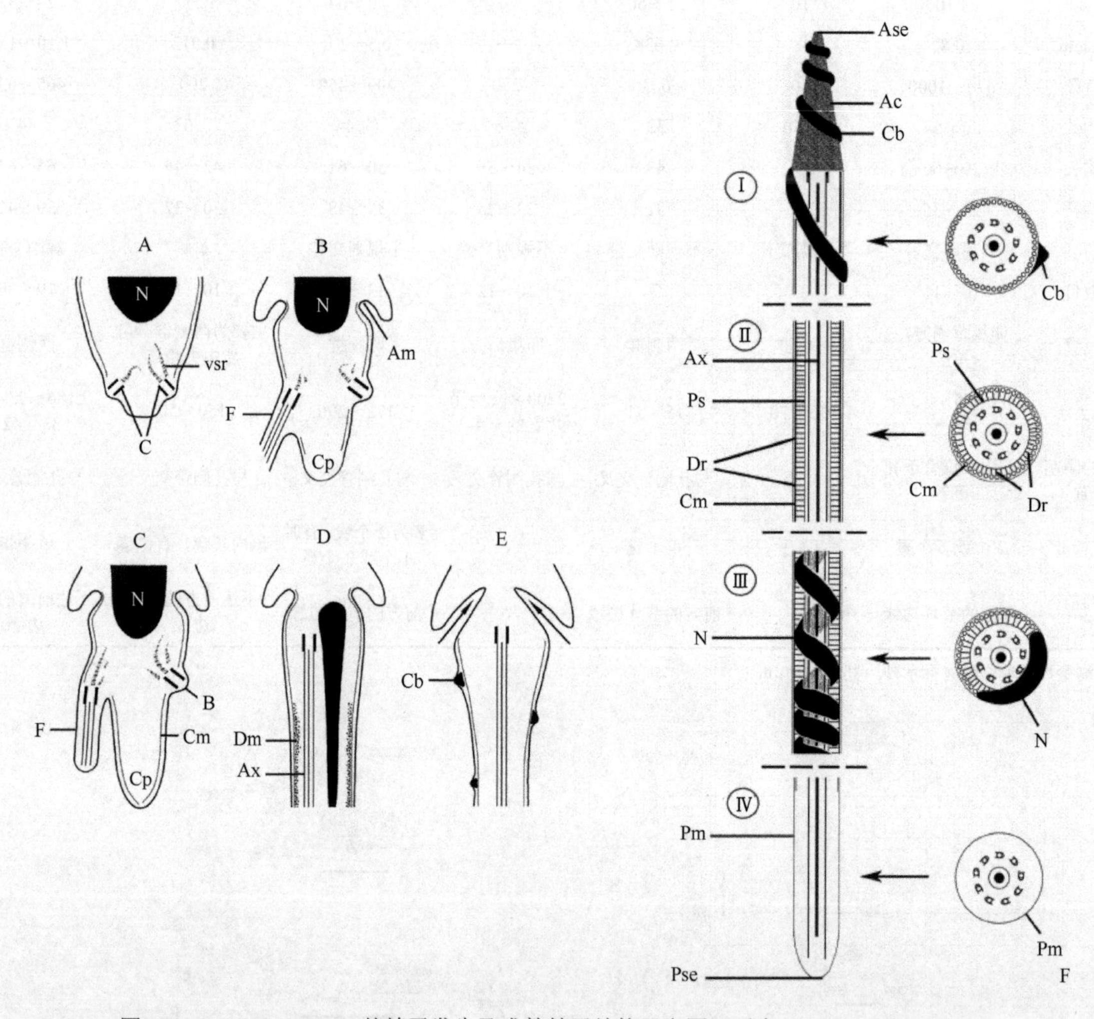

图 18-114　*T. rectangula* 的精子发生及成熟精子结构示意图（引自 Yoneva et al.，2009）

A～E. 精子发生的逐步变化过程；F. 成熟精子结构示意图。缩略词：Ac. 顶锥；Am. 弓状膜；Ase. 精子前端；Ax. 轴丝；B. 胞质芽；C. 中心粒；Cb. 冠状体；Cm. 皮层微管；Cp. 胞质突起；Dm. 致密物质；Dr. 电子致密杆；F. 游离鞭毛；N. 核；Pm. 质膜；Ps. 围轴鞘；Pse. 精子的后端；vsr. 残余的纹状根

18.9.18　球状子宫属（*Sphaeruterina* Johnston，1914）

识别特征：吻突盘状，吸盘样，有两轮钩冠。钩有发达的刃、柄和卫；柄和卫有骺的增厚。节片具缘膜，孕时长大于宽。生殖孔不规则交替（典型的）或单侧。生殖管在渗透调节管之间。精巢少，为一群，位于卵巢后背方。阴茎囊小，卵圆形或梨状，不达渗透调节管。卵黄腺位于中央，实体样，卵圆形

且小。卵巢两翼状，实体样。受精囊位于中央，纺锤形。阴道开于雄孔背部。子宫球体状。已知寄生于雀形目和䴕形目（Piciformes）鸟类，分布于澳洲、大洋洲和南美。模式种：点状球子宫绦虫（*Sphaeruterina punctata* Johnston，1914）（图 18-115）。

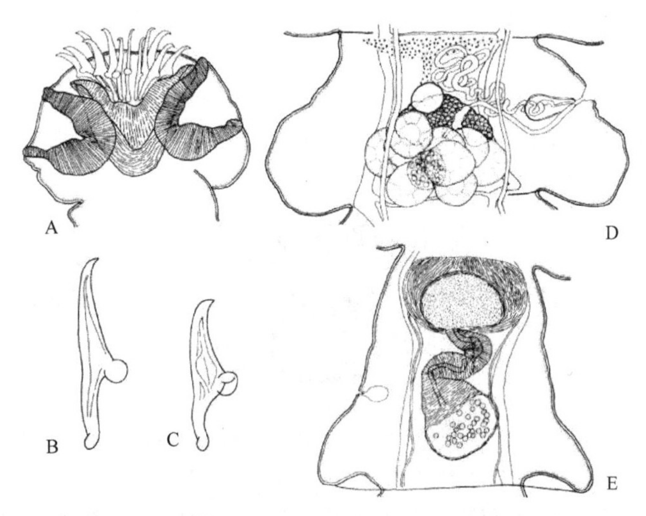

图 18-115　点状球子宫绦虫结构示意图（引自 Georgiev & Kornyushin，1994）
A. 头节；B. 前方的吻突钩；C. 后方的吻突钩；D. 成节；E. 预孕节

18.9.19　*Notopentorchis* Burt，1938

识别特征：头节细长，与颈区无明显区别。吻突有两轮三角形的钩组成的冠；钩有发达的柄和卫；柄和卫有骺的增厚。节片具缘膜，孕时长大于宽。生殖孔交替。精巢不多（已知最多为 14 个），在卵巢背部或围绕卵巢。阴茎囊小，梨状或略长形，不达渗透调节管。阴茎无棘。卵黄腺位于中央，实体样或略分叶。卵巢宽，实体状，位于卵黄腺前方。子宫囊状，最初为卵巢前背方的卵圆形或横向伸长体，随后变为球状或梨状，有短而宽的副子宫器在其前方发育。已知寄生于小雨燕［雨燕目（Apodiformes）：雨燕科（Apodidae）和树燕科（Hemiprocnidae）］，有一例报道寄生于燕子［雀形目：燕科（Hirundinidae）］，分布于旧大陆（古北区、南亚、非洲）。模式种：*Notopentorchis collocaliae* Burt，1938。其他种：*N. iduncula*（Spasskiž 1946）（图 18-116A～E）和 *N. vesiculigera*（Krabbe，1882）（图 18-116F）。

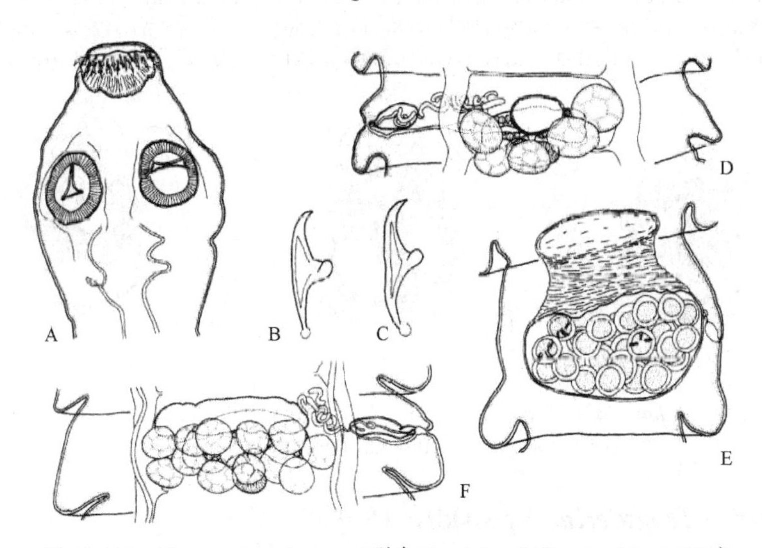

图 18-116　*Notopentorchis* spp.（引自 Georgiev & Kornyushin，1994）
A～E. *N. iduncula*（Spasskiž 1946）：A. 头节；B. 前方的吻突钩；C. 后方的吻突钩；D. 成节；E. 孕节。F. *N. vesiculigera*（Krabbe，1882）成节

Georgiev和Bray(1991)对采自楼燕(*Apus apus*)的*N. cyathiformis*模式样品进行了重描述(图18-117)；同时基于采自苏联the Kurish Spit、英国和摩洛哥的楼燕及苍雨燕（*Apus pallidus*）的样品，对*N. iduncula*（Spassky，1946）进行了重描述。重新定义了*Notopentorchis*的范畴，包括所有已知采自小雨燕（雨燕目：雨燕科和树燕科）的副子宫绦虫。有效种包括：*N. collocaliae* Burt，1938（模式种）、*N. javanica*（Hiibscher，1937）、*N. micropus* Singh，1952、*N. iduncula*（图18-118，图18-119）[同物异名：*N. isonciphora*（Dollfus，1958）]、*N. cyathiformis*和*N. bovieni*（Hiibscher，1937）。*N. vesiculiger*（Krabbe，1882）、采自佛法僧目的*N. hindia* Johri，1950和采自雀形目的*N. kherai* Duggal & Gupta，1986被认为是有问题的种。

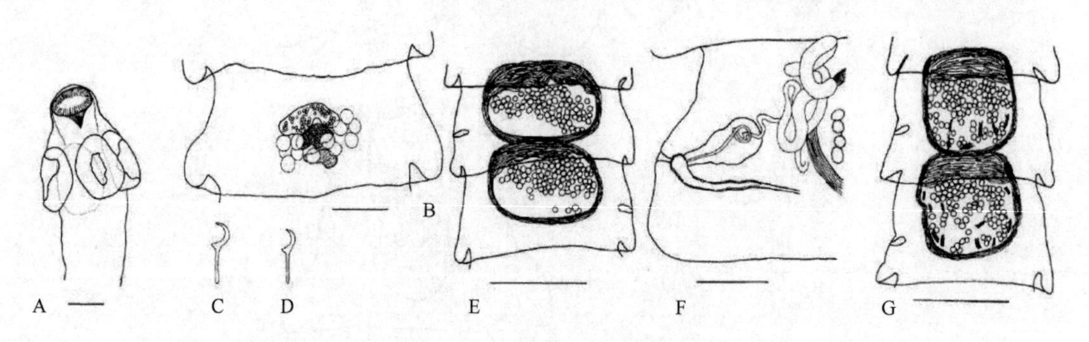

图18-117　*N. cyathiformis*结构示意图（引自Georgiev & Bray，1991）

A. 头节；B. 成节（背面观，生殖管和排泄管看得不清楚）；C. 胚钩中央对；D. 胚钩侧方对；E. 成熟后节片；F. 成熟后节片中的生殖管；G. 孕节。标尺：A，B，F=0.1mm；E，G=0.5mm

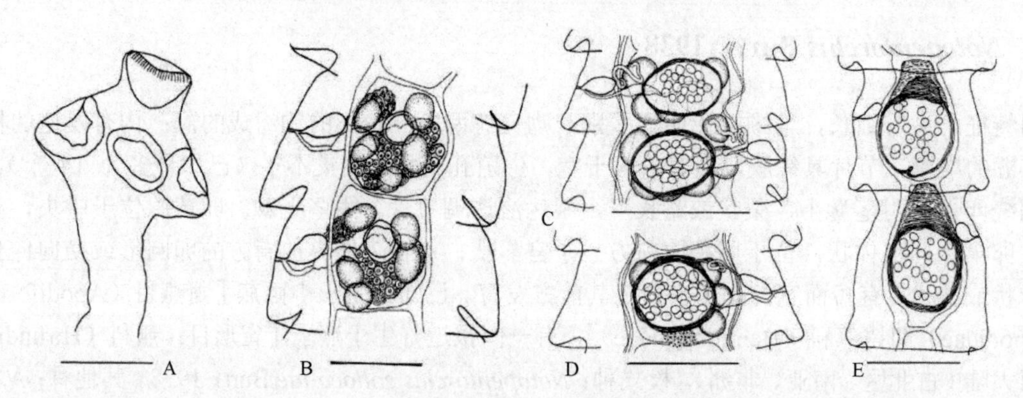

图18-118　*N. iduncula*结构示意图（引自Georgiev & Bray，1991）

A. 头节[BM（NH）No. 1938.8.8.111～114]；B. 成节背面观[BM（NH）No. 1962.11.30.8]；C. 成熟后节片腹面观（卵黄腺不可见）[ZIN No. 777-4]；D. 成熟后节片腹面观[BM（NH）No. 1938.8.8.111～114]；E. 预孕节[ZIN No. 777-4]。标尺：A，B=0.1mm；C～E=0.2mm

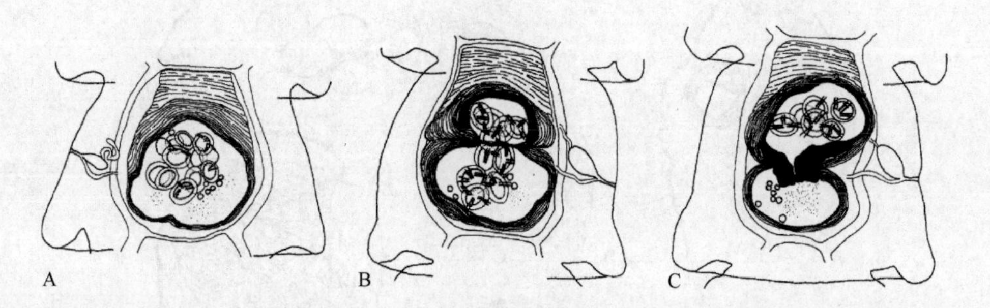

图18-119　*N. iduncula*末端孕节中的子宫发育示意图（引自Georgiev & Bray，1991）

标本：BM（NH）No. 1938.8.8.111～114。标尺=0.2mm

18.9.20　咬鹃绦虫属（*Troguterina* Spasskiĭ，1991）

识别特征：头节有吸盘样吻突，吻突上有两轮钩冠；背腹钩长于侧钩；柄和卫有骺的增厚。节片具缘膜，宽大于长，预孕节和孕节长显著大于宽。生殖管在渗透调节管之间。精巢位于卵巢和卵黄腺后部、侧方和背部。阴茎囊棒形，有厚肌肉壁，通常与渗透调节管交叉。在孕节中，有大细胞形成的套管包围。外部的输精管高度卷曲，成熟后节片中内部的输精管可能形成相似于贮精囊的结构。卵黄腺实体样，位于中央。卵巢大，实体状或略分叶，有不规则形状或两翼状。受精囊纺锤形。阴道在雄孔后腹部开口；交配和输导部明显分离。子宫叶状或马蹄铁状。副子宫器完全发育时，长大于宽，卵和六钩蚴卵圆形。已知寄生于咬鹃目鸟类，分布于南美洲。模式种：不同钩咬鹃绦虫［*Troguterina disparhamulis*（Bona，Bosco & Maffi，1986）Spasskiĭ，1991］（图 18-120）。

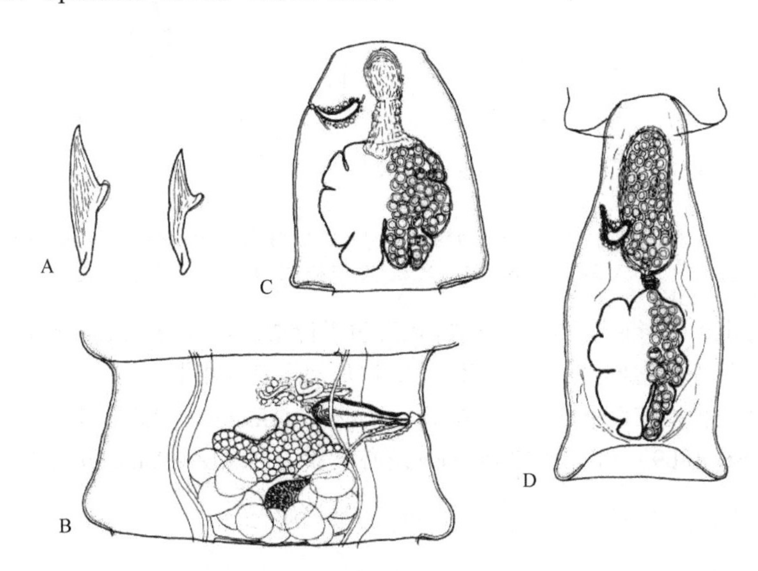

图 18-120 不同钩咬鹃绦虫结构示意图（引自 Georgiev & Kornyushin，1994）
A. 吻突钩；B. 成节；C，D. 孕节

18.9.21 弗朗克博纳属（*Francobona* Georgiev & Kornyushin，1994）

识别特征：头节有吸盘样吻突，吻突上有两轮多数钩组成的钩冠。节片具缘膜。除孕节外，宽大于长（孕节长宽相等或长大于宽）。生殖腔由两部分组成，其间有肌肉环分隔。生殖管在渗透调节管之间。精巢位于雌性腺侧方和后部，有时也位于卵黄腺背部。阴茎囊梨形，有很厚的肌肉壁，可以达渗透调节管。阴茎无棘。输精管高度卷曲；外输精管和包围的组织形成伸长的致密团块位于倾斜的位置。卵黄腺位于中央，略分叶。卵巢为不规则形状，实体样或略分叶。受精囊纺锤形。阴道在雄孔后腹部开口；阴道的交配部和输导部有明显的区别。子宫形成一个囊，大多数通常为不规则形态；子宫和副子宫器沿链体轴伸长。卵和六钩蚴卵圆形。已知寄生于鹃形目（Cuculiformes）鸟类，分布于北美洲和南美洲。模式种：相似弗朗克博纳绦虫［*Francobona similis*（Ransom，1909）］，为相似棒宫绦虫（*Rhabdometra similis* Ransom，1909）的组合种（图 18-121）。

18.9.22 双子宫属（*Biuterina* Fuhrmann，1902）

识别特征：吻突上有两轮三角形的钩组成的钩冠。钩的柄和卫有骺的增厚。吸盘圆形，肌肉质。节片具缘膜。生殖孔交替。生殖管在渗透调节管之间。精巢不多，位于卵巢后部和背部、卵黄腺背部和侧方一群。阴茎囊梨形或椭圆形，通常在侧方区域或重叠于渗透调节管上。阴茎无棘。卵黄腺位于中央，实体状。卵巢实体状或略分叶，通常有两翼。受精囊位于中央，长形，向孔区。子宫最初为卵巢前背方小而圆的小体，后来形成两个囊，前方由窄管相连。副子宫器在子宫前方，通常纵向伸长。卵和六钩蚴

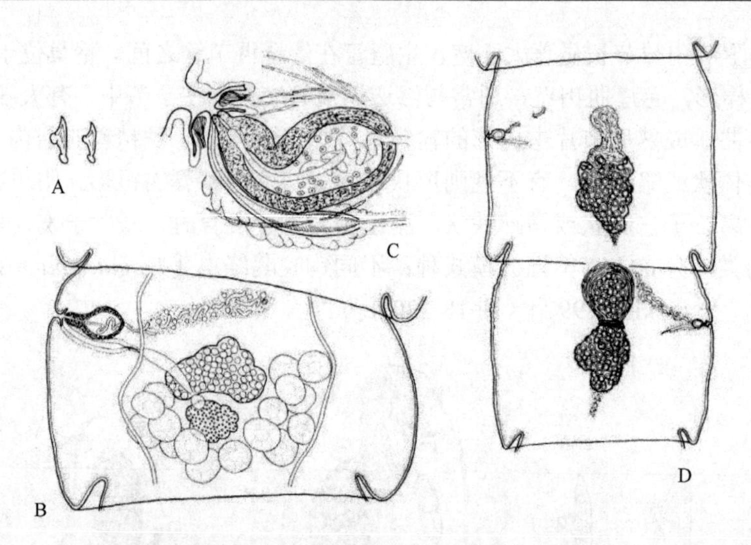

图 18-121　相似弗朗克博纳绦虫结构示意图（引自 Georgiev & Kornyushin，1994）

A. 吻突钩；B. 成节；C. 生殖腔和末端生殖管；D. 孕节

卵圆形或圆形。已知寄生于雀形目（不同科）鸟类，也寄生于佛法僧目（Coraciiformes）的蜂虎科（Meropidae）和犀鸟科（Bucerotidae）鸟类，全球性分布。模式种：棒形双子宫绦虫［*Biuterina clavulus*（Linstow，1888）Fuhrmann，1902］。其他种：雀双子宫绦虫（*B. passerina* Fuhrmann，1908）（图 18-122）；三角双子宫绦虫［*B. triangula*（Krabbe，1869）］（图 18-123A～E）及心形双子宫绦虫（*B. cordifera* Murai & Sulgostowska，1983）（图 18-123F）等。

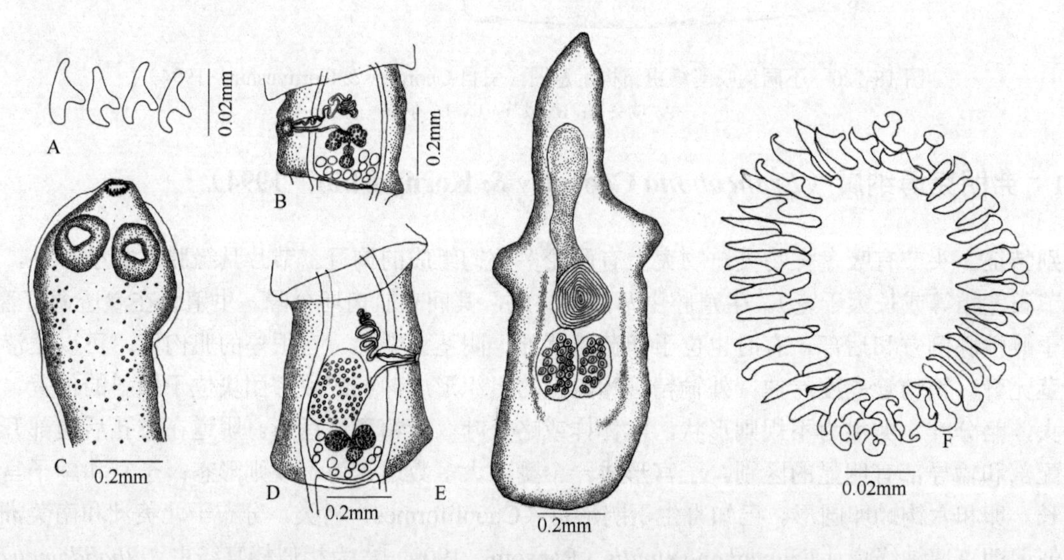

图 18-122　雀双子宫绦虫结构示意图（引自李海云，1994）

A. 吻钩形态；B. 成节；C. 头节；D. 早期孕节；E. 脱落的晚期孕节；F. 吻钩排列

Georgiev 等（2002，2004）对双子宫属的几个种进行了重描述，形态结构见图 18-124～图 18-133。

18.9.23　斯帕斯库属（*Spasskyterina* Kornyushin，1989）

识别特征：吻突盘状，吸盘样，有规则的两轮钩冠（有时可能存在几个额外的钩组成第三轮）。钩三角形，柄和卫上有骺的增厚；前方钩的钩刃长于柄；后方钩的钩柄和刃几乎等长。节片具缘膜，除孕节略为长大于宽外，其他节片宽大于长。生殖孔不规则交替。生殖管在渗透调节管之间。精巢位于卵黄腺背部和侧方、卵巢侧方和后部。阴茎囊瓶状或梨形，可能重叠于渗透调节管上。阴茎无棘。

卵黄腺位于中央，实体状，卵圆形，近节片的后部边缘。卵巢有两翼，实体状。受精囊水滴状，位于卵巢和卵黄腺之间。阴道开于雄孔腹部并从后部通过阴茎囊。子宫最初为小的圆形厚壁体，在卵巢的前背方，横管有几个（通常为 4 个）向后方的突起；在孕节中由前方的窄管相连的两个大囊组成。副子宫器宽，填充于中央区域、预孕子宫的前方；在最后的孕节中子宫的过度生长完全由副子宫器取代。已知寄生于雀形目［鹟科（Muscicapidae）、黄鹂科（Oriolidae）和鹎科（Pycnonotidae）］鸟类，分布于古北区和非洲。模式种：三角形样斯帕斯库绦虫（*Spasskyterina trianguloides* Kornyushin，1989）（图 18-134）。

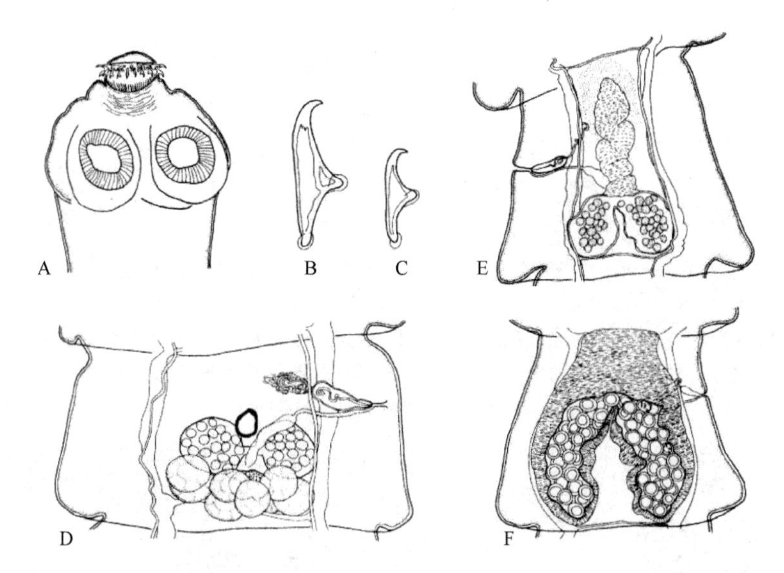

图 18-123 2 种双子宫绦虫结构示意图（引自 Georgiev & Kornyushi，1994）

A～E. 三角双子宫绦虫：A. 头节；B. 前方的吻突钩；C. 后方的吻突钩；D. 成节；E. 预孕节。F. 心形双子宫绦虫的孕节

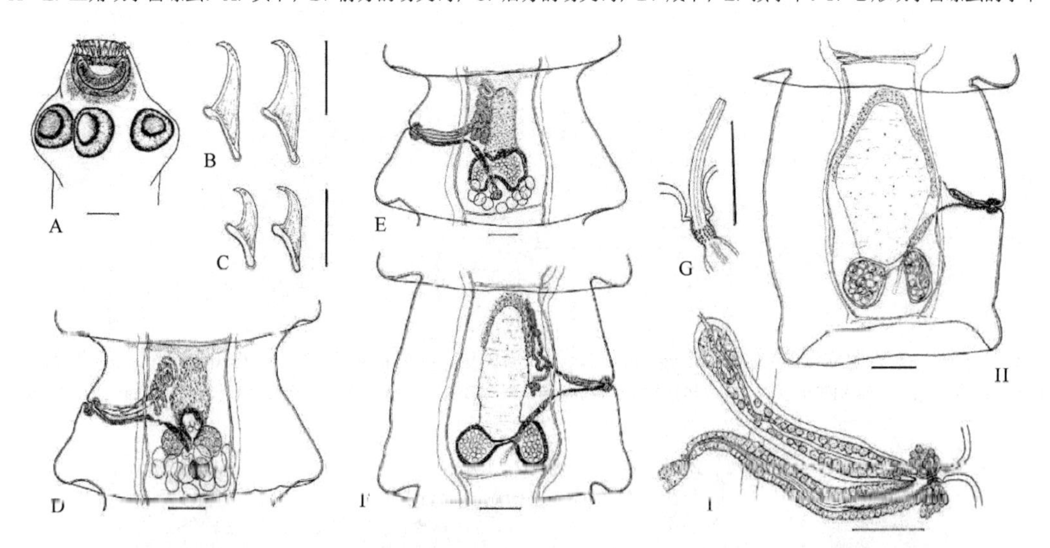

图 18-124 *B. pentamyzos*（Mettrick，1960）结构示意图（引自 Georgiev et al.，2002）

A. 头节，注意吸盘内表面横列的细棘样结构的存在；B. 前方的吻突钩；C. 后方的吻突钩；D. 成节；E. 成熟后节片；F. 预孕节；G. 凸出的阴茎；H. 孕节；I. 成节中的生殖管。标尺：A，D，E=100μm；B，C，G，I=50μm；F，H=200μm

18.9.24 小吻属（*Parvirostrum* Fuhrmann，1908）

识别特征：吻突有小三角形的钩组成的两轮钩冠。吸盘圆形，肌肉质。节片具缘膜，成节宽大于长。除孕节略为长大于宽外，其他节片宽大于长。生殖孔不规则交替，很少为单侧。生殖管在渗透调节管背

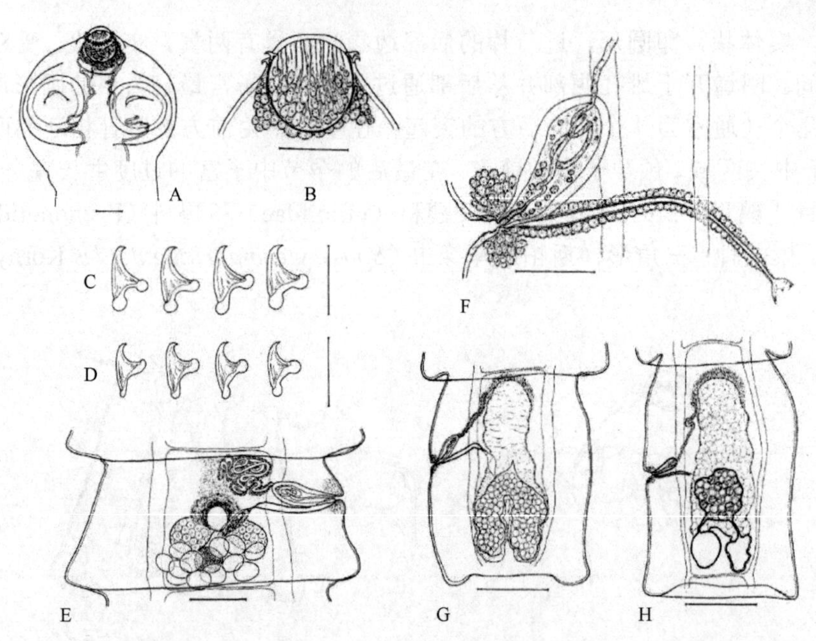

图 18-125　奎利亚雀双子宫绦虫［*B. quelea*（Mettrick，1963）］结构示意图（引自 Georgiev et al.，2002）

A. 头节；B. 吻突侧面观；C. 前方的吻突钩；D. 后方的吻突钩；E. 成节；F. 成熟后节片中的生殖管；G. 预孕节；H. 孕节。标尺：A，B，E=100μm；C，D=20μm；F=50μm；G，H=250μm

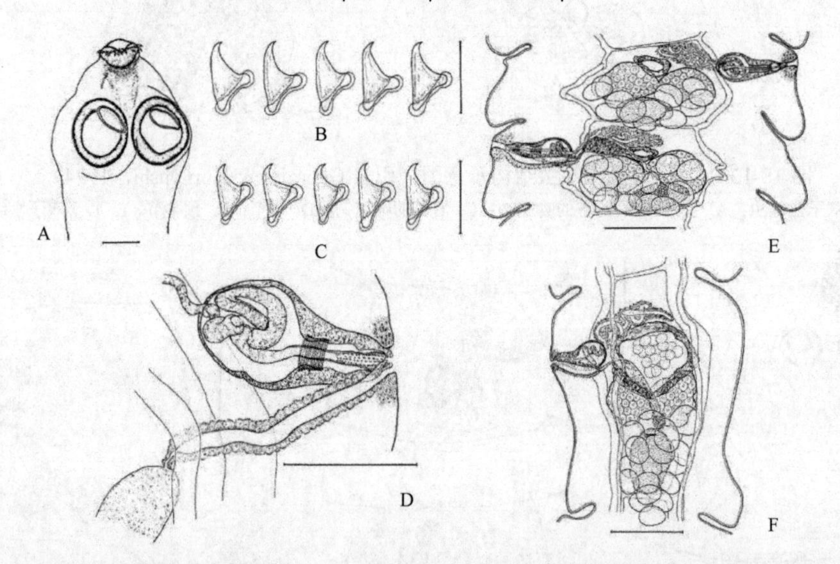

图 18-126　乌干达双子宫绦虫（*B. ugandae* Baylis，1919）结构示意图（引自 Georgiev et al.，2002）

A. 头节；B. 前方的吻突钩；C. 后方的吻突钩；D. 成熟后节片中的生殖管；E. 成节；F. 成熟后节片。标尺：A，E，F=100μm；B，C=20μm；D=50μm

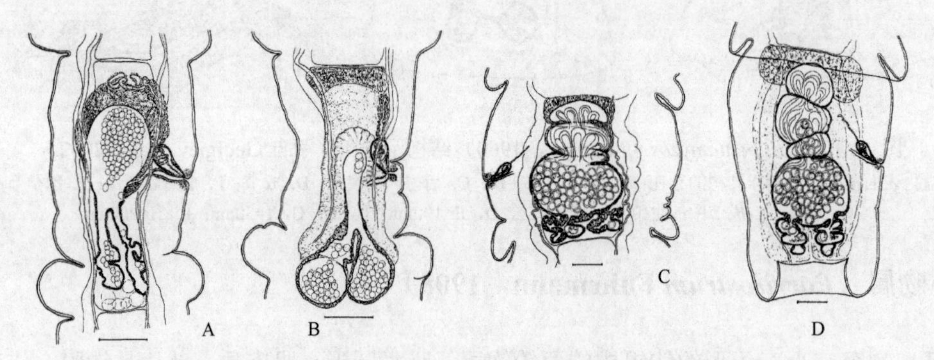

图 18-127　乌干达双子宫绦虫预孕节及孕节结构示意图（引自 Georgiev et al.，2002）

A，B. 预孕节，示子宫发育的不同程度；C，D. 孕节。标尺=100μm

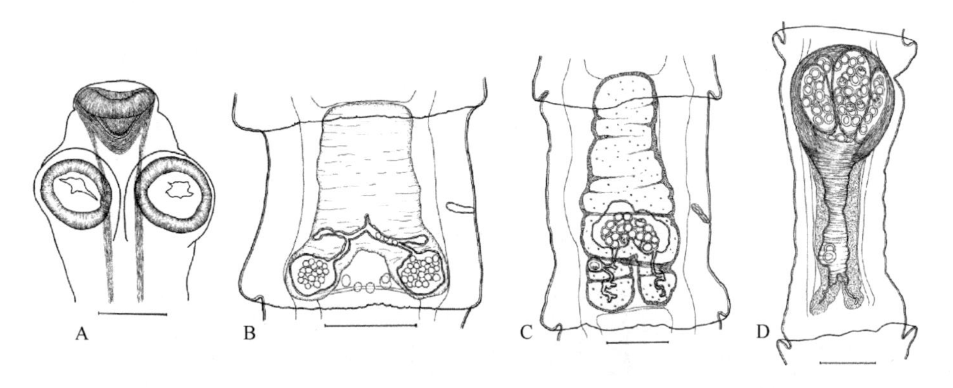

图 18-128　雀双子宫绦虫结构示意图（引自 Georgiev et al.，2002）

采自云雀（*Alauda arvensis*）的共模标本。A. 头节；B. 预孕节；C，D. 孕节。B，C 中可见子宫和副子宫器的发育。标尺：A=100μm；B～D=250μm

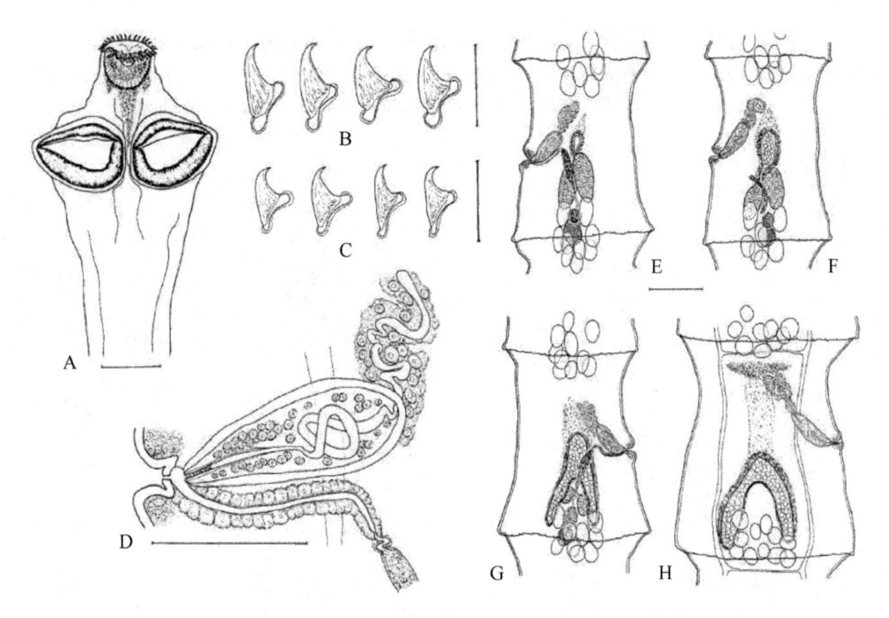

图 18-129　赞比亚双子宫绦虫［*B. zambiansis*（Mettrick，1960）］结构示意图（引自 Georgiev et al.，2002）

A. 头节；B. 前方的吻突钩；C. 后方的吻突钩；D. 成熟后节片中的生殖管；E，F. 成节；G，H. 成熟后节片。

标尺：A，E～H=100μm；B，C=20μm；D=50μm

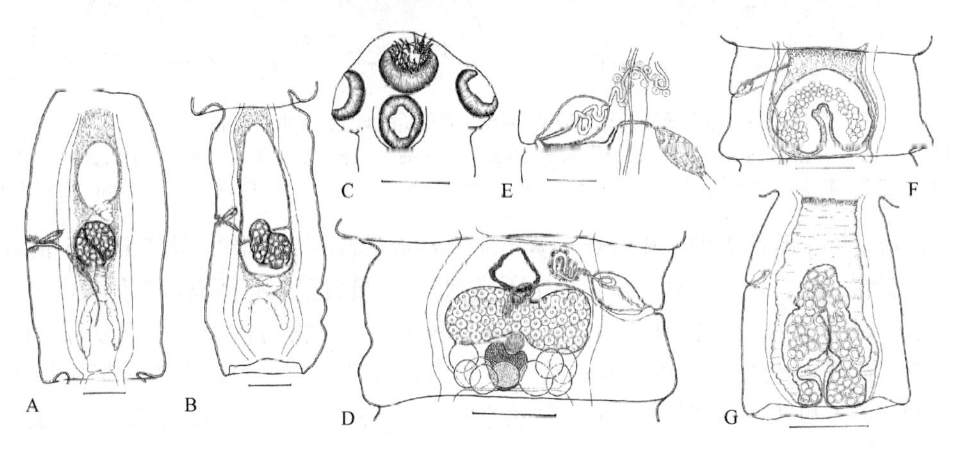

图 18-130　富尔曼双子宫绦虫（*B. fuhrmanni* Schmelz，1941）结构示意图（引自 Georgiev et al.，2004）

采自中国黄胸鹀（*Emberiza aureola*）的共模标本。A. 头节；B. 前方的吻突钩；C. 后方的吻突钩；D. 预孕节；E. 孕节；F. 生殖管。标尺：A=100μm；B，C=20μm；D，E=250μm；F=50μm

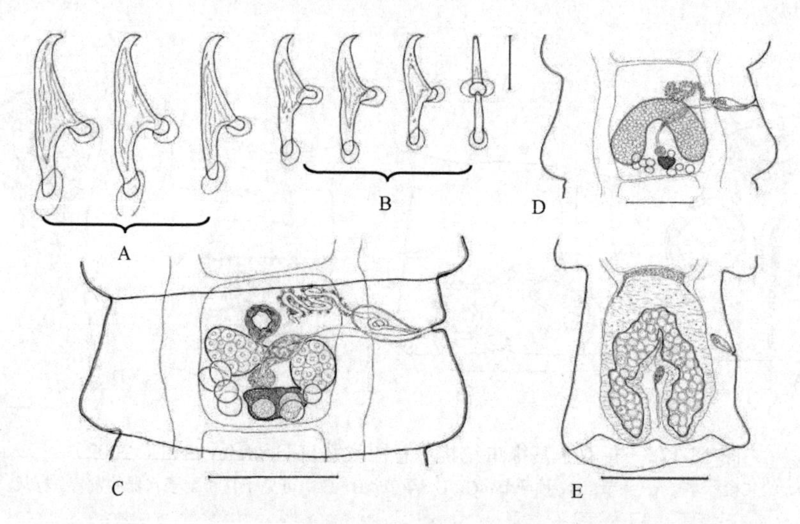

图 18-131　心形双子宫绦虫结构示意图（引自 Georgiev et al.，2004）

标本采自保加利亚欧亚歌鸲（*Erithacus megarhynchos*）。A. 前方的吻突钩；B. 后方的吻突钩；C. 成节；D. 成熟后节片；E. 孕节。标尺：A，B=20μm；C，D=100μm；E=250μm

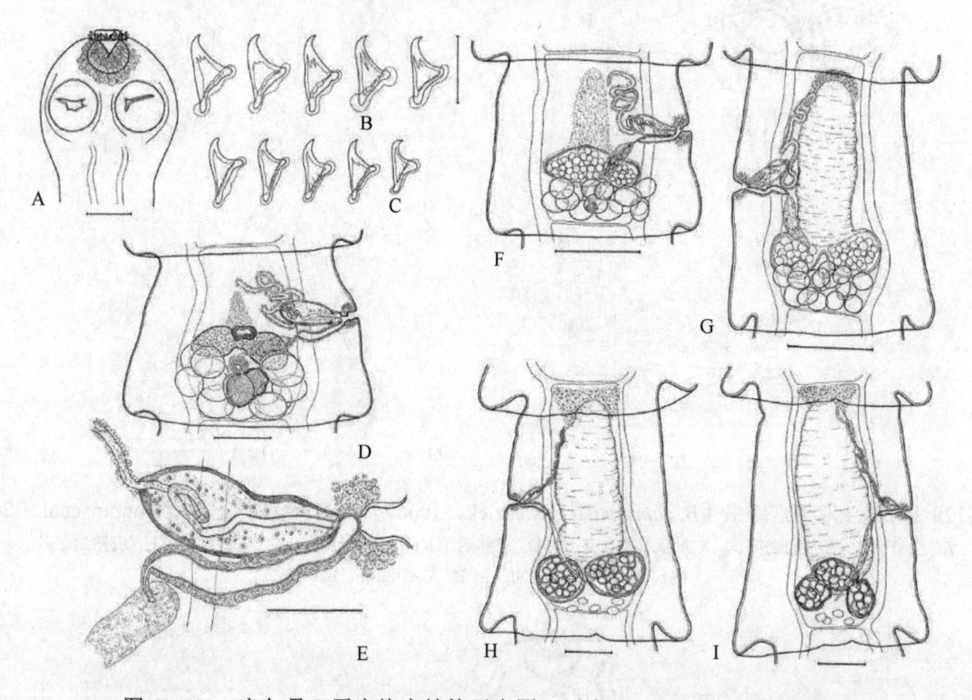

图 18-132　富尔曼双子宫绦虫结构示意图（引自 Georgiev et al.，2004）

标本采自保加利亚黍鹀（*Miliaria calandra*），形态上与克莱尔双子宫绦虫（*B. clerci*）相符。A. 头节；B. 前方的吻突钩；C. 后方的吻突钩；D. 成节；E. 生殖管；F. 成熟后节片；G. 预孕节；H，I. 孕节。标尺：A，D=100μm；B，C=20μm；E=50μm；F～I=200μm

方或之间通过。精巢位于雌性腺侧方和背部（模式种中为卵黄腺侧方两群）。阴茎囊位于侧方或可能达渗透调节管。卵黄腺实体状，位于中央（模式种中不规则）。卵巢典型的有两翼，实体状，有时扇状分叶。阴道壁薄，开孔于雄孔后部。子宫最初为囊状，孕时网状。副子宫器在子宫前方发育，像一宽海绵状体；孕节中子宫的过度生长完全由副子宫取代。卵和六钩蚴圆形。已知寄生于雀形目鸟类，分布于南美洲（？）、非洲（？）和新几内亚。模式种：网状小吻绦虫（*Parvirostrum reticulatum* Fuhrmann，1908）（图 18-135A～C）。

该属由 Fuhrmann（1908）为网状小吻绦虫建立，描述了巴西雀形目列雀科（Dendrocolaptidae）3 种鸟类的寄生虫；原始的描述没有提到副子宫器的存在（Fuhrmann，1908）。随后另一种 *P. magnisomum*

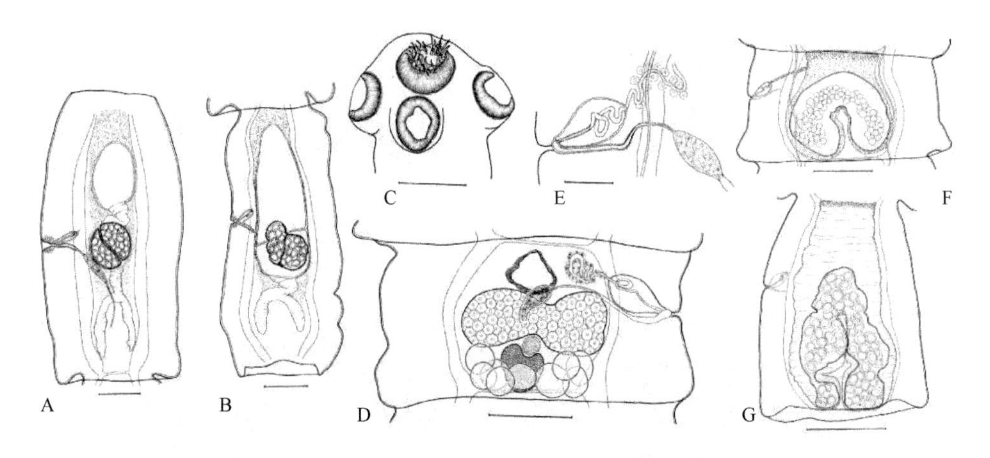

图 18-133　富尔曼双子宫绦虫和心形双子宫绦虫结构示意图（引自 Georgiev et al.，2004）

标本采自保加利亚黍鹀。A，B. 富尔曼双子宫绦虫子宫和副子宫器在孕节中的发育。C～G. 采自捷克共和国芦苇莺（*Acrocephalus scirpaceus*）的心形双子宫绦虫：C. 头节；D. 成节；E. 生殖管；F. 预孕节；G. 孕节。标尺：A，B，F=200μm；C=100μm；D=100μm；E=50μm；G=300μm

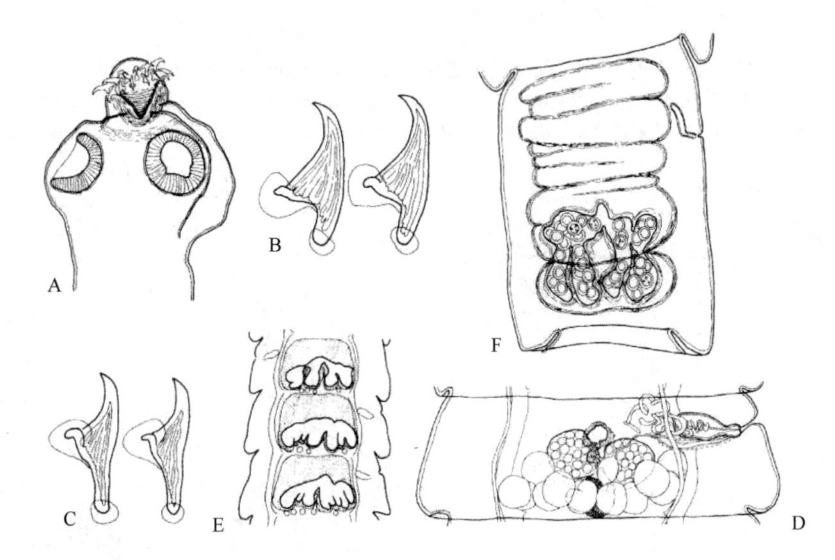

图 18-134　三角形样斯帕斯库绦虫（引自 Georgiev & Kornyushin，1994）

A. 头节；B. 前方的吻突钩；C. 后方的吻突钩；D. 成节；E. 3 个成熟后节片，示子宫形态的变化；F. 孕节

Southwell，1930 采自印度未鉴定的隼形目的鸟，加入该属。Fuhrmann（1932）、Yamaguti（1959）、Matevosyan（1963）和 Schmidt（1986）考虑小吻属及其组成的两个种为囊宫科（Dilepididae Railliet & Henry，1909）或囊宫亚科（Dilepidinae López-Neyra，1935）。Fuhrmann 和 Baer（1943）及 Dollfus（1963）将种 *P. magnisomum* 放在淘非克属（*Taufikia* Woodland，1928），传统上认为是裸头科（Anoplocephalidae Cholodkovsky，1902）的一个属，但因与囊宫科的绦虫有某些密切关系（Spasskiĭ，1951；Beveridge，1994）。所以，网状小吻绦虫则保留为当时网状小吻属的唯一种。Spasskiĭ 和 Spasskaya（1977）认为小吻属为单种属并放在后囊宫科（Metadilepididae Spasskiĭ，1959）中。这一分类被 Kornyushin（1989）、Mariaux（1991a）和 Mariaux 等（1992）采用。Georgiev 和 Kornyushin（1994）重新测定了网状小吻绦虫的模式材料，修订了属的识别特征并将其移到副子宫科（Paruterinidae Fuhrmann，1907）；然而，没有完整的模式种的重描述。因此，当时该属的形态特征知识仅限于 Fuhrmann（1908）最初的简短描述及 Georgiev 和 Kornyushin（1994）对属的识别特征。Georgiev 和 Vaucher（2001）获得日内瓦自然历史博物院收集的新的小吻属的样品，并进行了测定，对小吻属进行了修订，对其模式种进行了重描述，描述了其他的种（图 18-135D～H，图 18-136，图 18-137），并对属中的种进行了比较，见表 18-6。

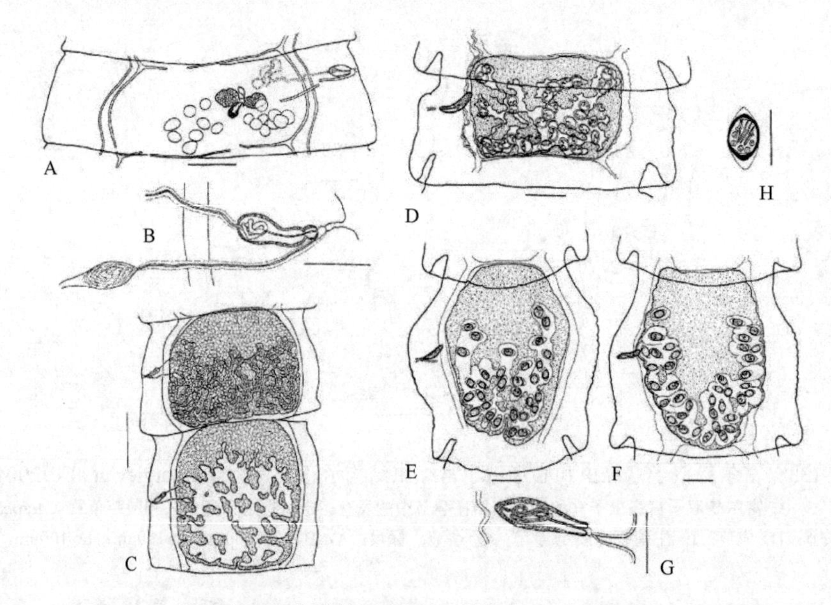

图 18-135　2 种小吻绦虫结构示意图（引自 Georgiev & Vaucher，2001）

A～C. 网状小吻绦虫：A. 成节；B. 预孕节中的生殖管；C. 预孕节片。D～H. *P. synallaxis*（Mahon，1957）：D. 预孕节；E，F. 孕节，示子宫和副子宫器发育的两个连续期；G. 从系列切片中重建的阴茎囊；H. 卵。标尺：A，D～F=100μm；B，G，H=50μm；C=250μm

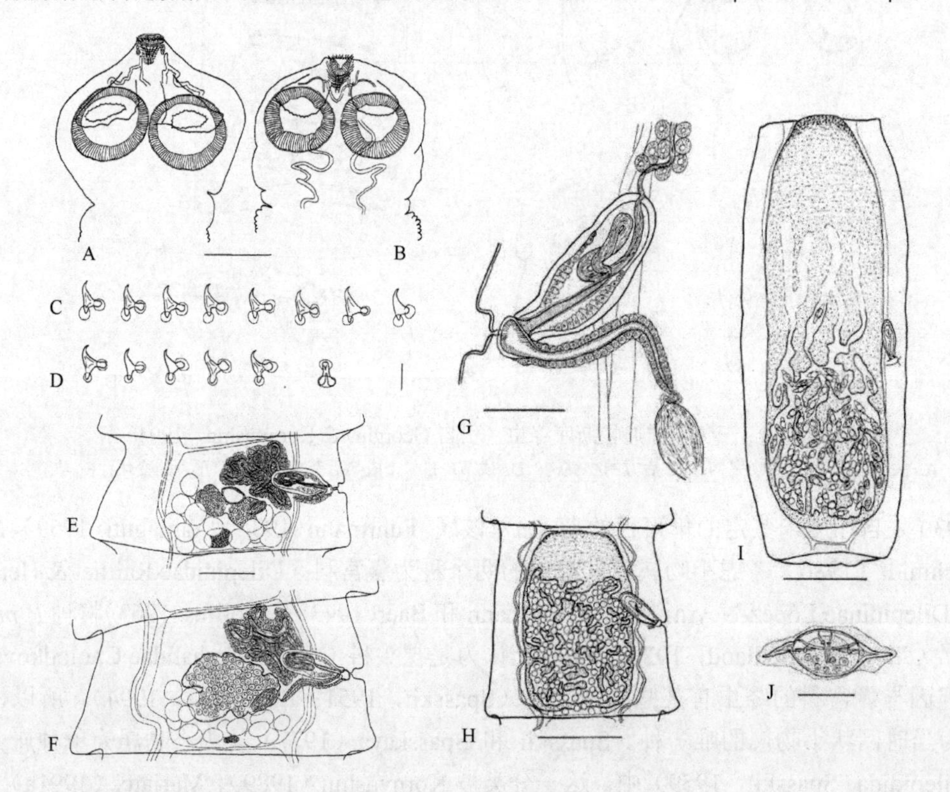

图 18-136　林纳斯小吻绦虫（*P. linusi* Georgiev & Vaucher，2001）结构示意图（引自 Georgiev & Vaucher，2001）

A，B. 头节；C. 前方的吻突钩；D. 后方的吻突钩；E. 成节；F. 成熟后节片；G. 成熟后节片中的生殖管；H. 预孕节；I. 孕节；J. 卵。标尺：A，B，H，I=250μm；C，D=10μm；E，F=100μm；G=50μm；J=25μm

18.9.25　迪奇特瑞属（*Dictyterina* Spasskiĭ，1971）

识别特征：吻突有两轮显著的由多个（约 40 个或更多）小三角形钩组成的钩冠。吸盘圆形、肌肉质。节片具缘膜；成节几乎长宽相等。生殖孔不规则交替。生殖管在渗透调节管之间。精巢位于卵黄腺侧方

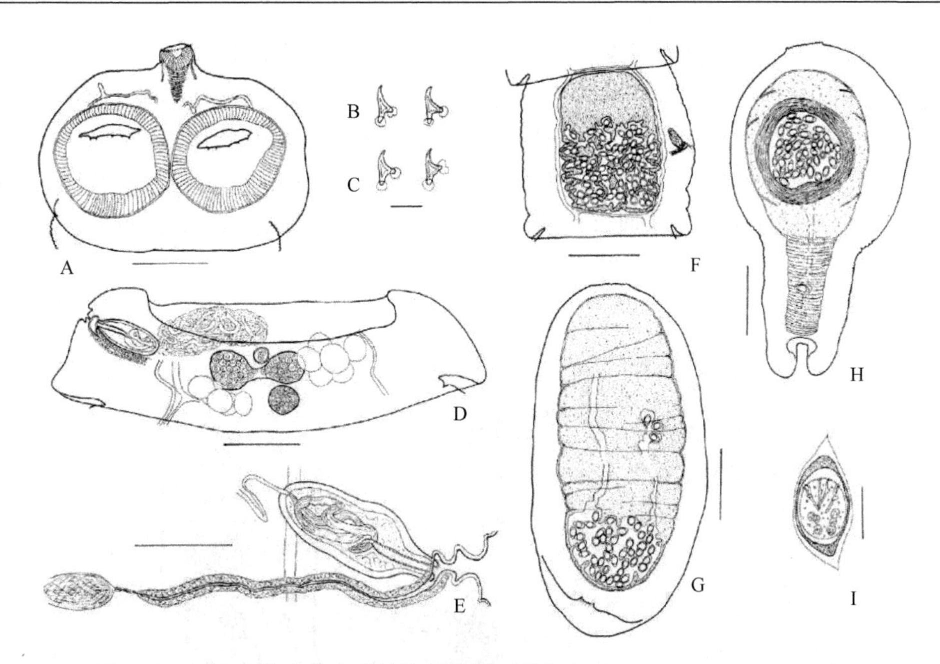

图 18-137 小吻绦虫未定种结构示意图（引自 Georgiev & Vaucher，2001）

标本采自窄嘴翯雀（*Lepidocolaptes angustirostris*）。A. 头节；B. 前方的吻突钩；C. 后方的吻突钩；D. 成节（略变形）；E. 预孕节中的生殖管；F～H. 孕节中副子宫器发育的渐进期；I. 卵。标尺：A，F～H=250μm；B，C=10μm；D=100μm；E=50μm；I=25μm

表 18-6 小吻属绦虫（*Parvirostrum* spp.）的测量和比例特征比较

种	*P. reticulatum*					*P. synallaxis*			*P. linusi*			*Parvirostrum* sp.		
来源	Fuhrmann，1908					Georgiev & Vaucher，2001			Georgiev & Vaucher，2001；Mahon（1957）			Georgiev & Vaucher，2001		
	范围	范围	平均	*n*	范围	范围	平均	*n*	范围	平均	*n*	范围	平均	*n*
链体长度	10	—	—	—	25[2]	—	—	—	22～29	26	5	5.9～7.0	6.4	3
宽度	700	940	—	1	1000	668	—	1	585～768	672	5	768～1066	885	7
头节直径	680	—	—	—	416	—	—	—	631～768	712	11	803～940	870	4
吸盘直径	260	—	—	—	124～131	—	—	—	252～317	293	46	322～406	370	8
吻突直径	68	—	—	—	102	—	—	—	89～112	98	12	88～107	100	3
吻突钩数目	60	—	—	—	38	—	—	—	50～56	—	9	54～56	—	3
吻突钩长度														
前方钩	—[1]	—	—	—	16～18[3]	—	—	—	13～15	13.8	10	14～15	—	3
后方钩	—[1]	—	—	—	16～18[3]	—	—	—	13～14	13.5	6	13	—	3
精巢数目	12	13～19	16	7	6～8	—	—	—	11～17	14	40	—	—	—
阴茎囊长度	50	57～82	74	11	85～110	86～121	104	10	104～129	121	27	79～97	89	13
阴茎囊宽度	—	20～25	22	11	18～22	22～29	27	10	43～54	50	27	32～41	36	13
卵黄腺直径	—	26～36	31	4	—	—	—	—	41～63	50	23	—	—	—
受精囊长度	—	43～65	53	6	—	—	—	—	41～54	48	10	—	—	—
受精囊宽度	—	13～19	16	6	—	—	—	—	21～28	24	10	—	—	—
卵长度	—	—	—	—	55～65	52～65	58	10	55～63	58	10	58～64	61	10
六钩蚴直径	—	—	—	—	33～36	33～39	35	8	26～30	28	10	28～32	31	10

注：除链体长度测量单位为 mm 外，其他均为 μm

[1] 根据 Fuhrmann（1908），基部，即柄端和卫端间的距离：小钩是 5μm，而大钩是 9μm

[2] Mahon（1957）认为所有可获得的片段属于一单个绦虫样品

[3] 前方和后方钩的长度未分别给出

和背部，卵巢后部和侧方。阴茎囊达到或刚与渗透调节管交叉。卵黄腺实体状，位于中央。卵巢实体状，肾形。阴道壁薄，开口于雄孔后部。受精囊小，位于中央。子宫最初为卵巢前背方不规则囊状；随后形成前方和后方的分支；孕时为网状。副子宫器在子宫前方发育，宽海绵状体；在孕节中，副子宫过度生长过子宫，包括子宫网间的空间。卵和六钩蚴圆形。已知寄生于伯劳［雀形目：伯劳科（Laniidae）]，分布于古北区。模式种：柯勒德考夫斯基迪奇特瑞绦虫［*Dictyterina cholodkowskii*（Skryabin，1914）Spasskiĭ，1971］（图 18-138）。

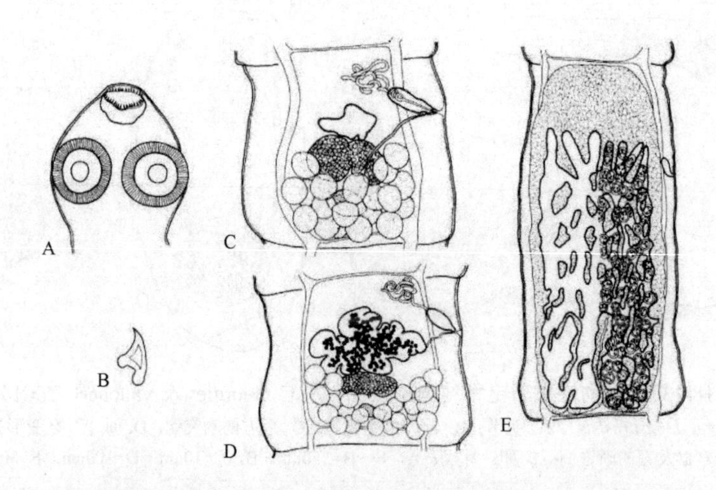

图 18-138　柯勒德考夫斯基迪奇特瑞绦虫结构示意图（引自 Georgiev & Kornyushin，1994）

A. 头节；B. 吻突钩；C，D. 成节有不同发育程度的子宫；E. 孕节

Georgiev 等（1995）对采自保加利亚（新地理分布记录）栗背伯劳（*Lanius collurio*）的柯勒德考夫斯基迪奇特瑞绦虫进行了重描述并提供了图（图 18-139）。同时提出其同物异名包括：*Deltokeras delachauxi*

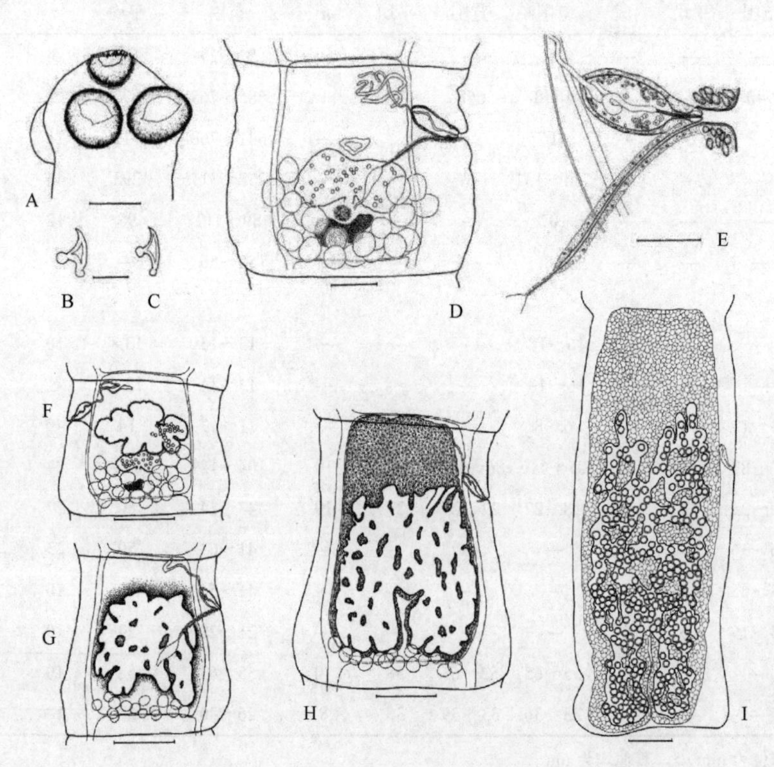

图 18-139　柯勒德考夫斯基迪奇特瑞绦虫结构示意图重绘（引自 Georgiev et al.，1995）

A. 头节；B. 前方的吻突钩；C. 后方的吻突钩；D. 成节背面观；E. 成熟后节片背面观中的生殖管（背面）；F～H. 节片，示子宫和副子宫器的不同发育期：F. 晚期成节；G. 成熟后节片；H. 预孕节；I. 孕节。标尺：A，D=100μm；B，C=10μm；E=50μm；F～I=250μm

Hsü，1935、雀双子宫绦虫（*Biuterina passerina* Oshmarin，1963）和平行管副子宫绦虫（*Paruterina parallelipipeda* Paspalev & Paspaleva，1972）。

Yoneva 等（2017）首次研究了圆叶目副子宫科绦虫卵黄发生的超微结构，目的是扩大圆叶目绦虫卵黄发生的有限数据，并探讨与卵黄发生有关的超微结构特征在这一目的系统发育和分类研究中的潜力。柯勒德考夫斯基迪奇特瑞绦虫卵黄细胞的形成过程（图 18-140）遵循其他绦虫的一般规律，但卵黄细胞的超微结构有一些特殊的差异。卵黄腺在成熟的各个阶段都含有卵黄细胞。卵黄腺周围和成熟卵黄细胞之间的间隙被间质细胞占据。分化成熟的卵黄细胞具有高度的分泌活性，涉及颗粒内质网、高尔基复合体、线粒体和不同大小卵黄球体的发育。在卵黄生成过程中，这些卵黄球逐渐融合形成两个大的膜包卵黄小泡，最终融合成一个大泡。成熟卵黄细胞由单个卵黄囊组成，细胞质中细胞器含量高，无核。成熟卵黄细胞的细胞质中没有发现任何脂滴和糖原颗粒的痕迹，这可能与该科的生物学特性有关，即卵子释放到副子宫器组织内的环境中，这可能是胚胎的营养来源之一。

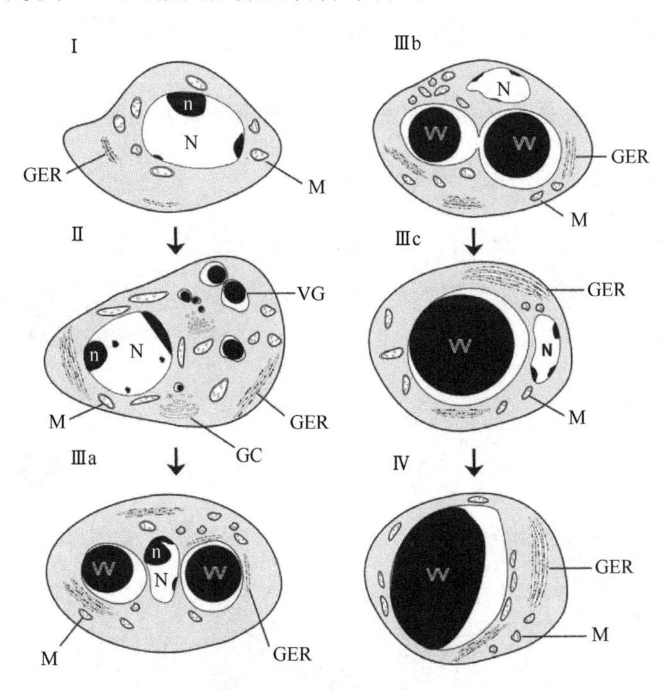

图 18-140 柯勒德考夫斯基迪奇特瑞绦虫卵黄细胞发生示意图（引自 Yoneva et al.，2017）

Ⅰ. 未成熟卵细胞；Ⅱ. 卵黄细胞发育早期；Ⅲa～Ⅲc. 卵黄细胞成熟前期；Ⅳ. 成熟卵黄细胞。缩略词：GC. 高尔基体；GER. 颗粒内质网（粗面内质网）；M. 线粒体；N. 核；n. 核仁；VG. 卵黄球；VV. 卵黄囊

18.9.26 杜鹃绦虫属（*Cucolepis* Phillips，Mariaux & Georgiev，2012）

识别特征：头节有杯状、吸盘样吻突和大量吻突钩组成的双重冠。吻突钩的骺极为发达，大于或相当于真钩，从真钩的柄和卫扩展，即 Spasskii 和 Shumilo（1965）及 Bona 和 Maffi（1987）界定的长方体样形吻突钩。前排钩的骺长于后排的钩骺。节片具缘膜，除孕节（几乎长宽相等或长大于宽）外，宽大于长。生殖孔交替。生殖腔由肌肉束形成的括约肌分隔的两部分组成；腔底形成厚壁的环状突起。生殖管在渗透调节管之间通过。精巢位于侧方，卵黄腺的后部和背部，有时覆盖卵巢的后方或侧方边缘。阴茎囊梨形，具很厚的壁，有时伸达渗透调节管。阴茎无棘。输精管高度卷曲；外部的输精管和环绕的组织形成细长致密的斜位的团块物。卵黄腺位于中央，致密。卵巢扇形。受精囊纺锤形。阴道在雄孔背方开口；阴道交配部和输导部有明显的区别。子宫形成 1 个囊。副子宫器在子宫前方，几乎为圆锥形。卵和六钩蚴卵形。已知寄生于南美洲鹃形目（Cuculiformes）鸟类。模式种（目前仅知的种）：环绕杜鹃绦虫（*Cucolepis cincta* Phillips，Mariaux & Georgiev，2012）（图 18-141）。

词源：属名衍生于西班牙词“*cuco*”，为“杜鹃”之意，是属的宿主名，拉丁后缀“*lepis*”意为“鳞”，这是一个通常用于圆叶目属的后缀。杜鹃绦虫属“*Cucolepis*”的词性为阴性。

模式宿主：灰腹棕鹃（*Piaya cayana* Lesson）［鸟纲（Aves）：鹃形目］。

模式宿主采集地：距巴拉圭亚松森卡瓜苏（Asunción，Caaguazú）230km 的 Stroesner 路（25°28′11″S，56°02′59″W；海拔 300m）。

其他采集地：巴拉圭圣马丽亚牧场南 4km 的塔加瓜苏溪（Tagatjia Guazu）（22°45′36″S，57°26′24″W；海拔 131m）。

寄生部位：小肠。

模式材料：全模标本蓝圈标示，MHNG PLAT 39576，由 C. Dlouhy 于 1984 年 8 月 13 日采集；副模标本：MHNG PLAT 82106，2 个有头节的样品和 1 个不完整的链体片断放在 1 个玻片上，1 个有头节的整体样品和 2 个不完整的链体片断放在一玻片上（与全模标本同时采集）；MHNG PLAT 37786，3 个有头节的样品和 1 个不完整的链体放在 1 个玻片上，由作为巴拉圭日内瓦博物馆的探险队成员的 C. Vaucher 于 1984 年 8 月 20 日采集。

种名词源：“*cincta*”（拉丁）是“环绕”之意，即肌肉束环绕并结合生殖腔，从而形成一括约肌。

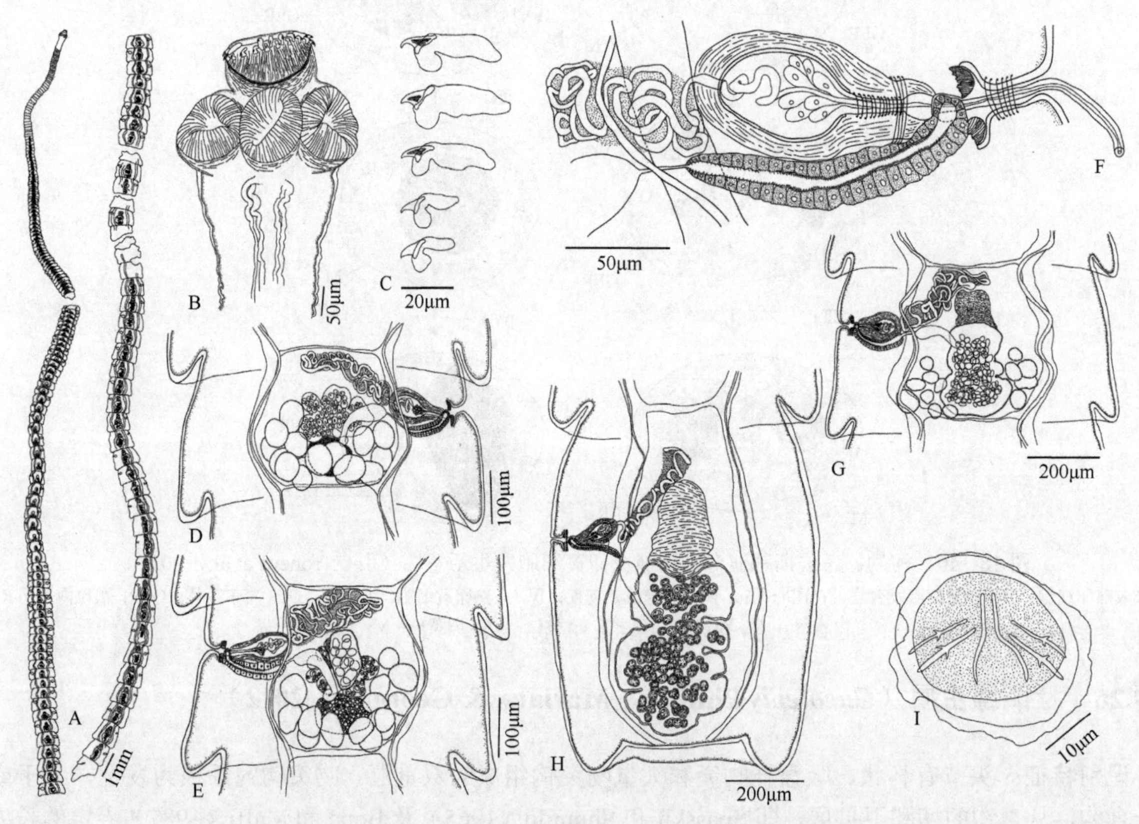

图 18-141　环绕杜鹃绦虫结构示意图（引自 Phillips et al.，2012）

A. 整条虫体；B. 头节；C. 前方和后方的吻突钩；D. 成节；E. 具有发育着的子宫的成节；F. 生殖管；G. 预孕节；H. 孕节；I. 卵

18.10　后囊宫科（Metadilepididae Spasskiĭ，1959）

［同物异名：后囊宫亚科（Metadilepidinae Spasskiĭ，1959）］

Spasskiĭ 于 1959 年为 3 个囊宫科（Dilepididae）中具有很多类似于副子宫科（Paruterinidae）特征的属建立了后囊宫亚科（Metadilepidinae）。后来，后囊宫亚科被认为是副子宫样超科［Paruterinoidea（Spasskaya & Spasskiĭ，1971）］中的一个科，其中含有 8 个属（Spasskiĭ & Spasskaya，1977）。其有效性

最初仅被俄罗斯作者认可（Borgarenko，1981；Kornyushin，1989），随后 Mariaux 和 Vaucher（1989）、Mariaux（1990，1991b）、Mariaux 等（1992）及 Kornyushin 和 Georgiev（1994）等都认可此科的有效性，而其 8 个属中，椋鸟带属（*Spreotaenia*）更接近于囊宫科；小吻属（*Pavirostrum*）则因具有副子宫器而移到副子宫科。此后，又建立了若干属，如亚波属（*Yapolepis* Mariaux，1991）、伪组合头节属（*Pseudadelphoscolex* Mariaux，Bona & Vaucher，1992）、离克瑞米属（*Apokrimi* Bona，1994）、离利戈属（*Apoliga* Bona，1994）、嵌合体属（*Chimaerula* Bona，1994）、鹃居属（*Cuculincola* Bona，1994）、象牙带属（*Eburneotaenia* Bona，1994）、腺钩属（*Glanduluncinata* Bona，1994）、肝绦虫属（*Hepatocestus* Bona，1994）、单利戈属（*Monoliga* Bona，1994）、*Monosertum* Bona，1994、*Ovosculpta* Bona，1994、斯帕斯帕斯基属（*Spasspasskya* Bona，1994）等。Georgiev 和 Vaucher（2003）对后囊宫科进行了修订，重新描述了球棘后囊宫绦虫和夜鹰后囊宫绦虫，报道了两个后囊宫属新种，即科尼欣后囊宫绦虫和斯帕斯基后囊宫绦虫；重新描述了前副子宫属的模式种，同时建立了两个新属，即马里奥属（*Mariauxilepis*）和林鸥绦虫属（*Urutaulepis*）。之后又有新属建立：阿琳属（*Arlenelepis* Georgiev & Vaucher，2004）、吉布森属（*Gibsonilepis* Dimitrova，Mariaux & Georgiev，2013），该科可能还有一些潜在的属有待建立，同时有些属需要重新评估。由于此类绦虫主要寄生于热带鸟类，很多都没有进行过研究。

形态上，后囊宫科类似于囊宫科和副子宫科，但与囊宫科的主要区别为：不存在囊状的吻突鞘；发育中子宫的位置在卵巢的背部（或前背部）。与副子宫科的主要区别点在于：不存在副子宫器。

18.10.1 识别特征

中到大型绦虫。头节有具钩吻突，有时有退化的无钩吻突。吻突吸盘样或盘状或卵圆形，没有囊状鞘。钩为 1 轮或 2 轮，略为三角形，柄和卫有骺的增厚。吸盘无棘，肌肉质。节片具缘膜。生殖管在渗透调节管腹面或之间，很少位于背部［钩富尔曼属（*Hamatofuhrmannia*）除外］。输精管不形成贮精囊；很少［后囊宫属（*Metadilepis*）和亚波属］输精管在成熟后节片和孕节中扩宽形成类似于内贮精囊的结构。每节生殖器官单套。卵黄腺实体状，位于卵巢后部。卵巢通常为实体状或略分叶，两翼或扇状。子宫最初为小囊状在雌性腺前方和/或背方；发育的子宫囊状，位于中央区域，没有副子宫器。卵无梨形器。六钩蚴卵圆形。已知寄生于非水生鸟类［雀形目、夜鹰目（Caprimulgiformes）和佛法僧目（Coraciiformes）］，分布于旧大陆和新大陆热带区，很少分布于温带地区。模式属：后囊宫属（*Metadilepis* Spasskiĭ，1949）。

18.10.2 分属检索表

1a. 生殖孔单侧……2
1b. 生殖孔不规则交替……7
2a. 生殖管在渗透调节管腹部……3
2b. 生殖管在渗透调节管之间……4
3a. 精巢在雌性腺侧方，为两群；吻突钩 2 轮，各轮钩几乎相等……后囊宫属（*Metadilepis* Spasskiĭ，1949）
3b. 精巢在中央区后半部，一群；卵黄腺背侧方；吻突钩两轮，背腹方的钩显著长于侧方的钩，侧钩有可能缺……斯克尔亚宾孔属（*Skrjabinoporus* Spasskiĭ & Borgarenko，1960）
4a. 吻突无棘……亚波属（*Yapolepis* Mariaux，1991）
4b. 吻突有棘……5
5a. 吻突钩单轮；阴道无括约肌；一半或更多阴茎囊位于中央区……伪组合头节属（*Pseudadelphoscolex* Mariaux，Bona & Vaucher，1992）
5b. 吻突钩 2 轮……6
6a. 吻突钩几乎为三角形，阴道有括约肌；精巢形成一群，位于雌性腺后背部……钟鹊带属（*Cracticotaenia* Spasskiĭ，1966）
6b. 吻突钩不为三角形，阴道管壁由厚细胞套包围；精巢在雌性腺侧方，为两群……

……………………………………………………………………林鸮绦虫属（*Urutaulepis* Georgiev & Vaucher，2003）
7a. 吻突钩 2 轮……………………………………………………………………………………………………8
7b. 吻突钩单轮……………………………………………………………………………………………………9
8a. 精巢主要位于卵黄腺侧方，两群；卵巢宽，占据节片中央区域整个宽度…………………………………
……………………………………………………………………马里奥属（*Mariauxilepis* Georgiev & Vaucher，2003）
8b. 精巢位于卵黄腺后方，单群；卵巢小，不达纵渗透调节管……………原副子宫属（*Proparuterina* Fuhrmann，1911）
9a. 吻突钩短（小于 30μm）；卵呈纺锤状；受精囊长形，位于卵巢和卵黄腺之间………………………………
……………………………………………………………施密德属（*Schmidneila* Spasskiĭ & Spasskaya，1973）
9b. 吻突钩长（大于 100μm）；卵呈圆形；受精囊椭圆形，位于卵巢前方边缘水平………………………………
……………………………………………………………钩富尔曼属（*Hamatofuhrmannia* Spasskiĭ，1969）

18.10.3　后囊宫属（*Metadilepis* Spasskiĭ，1949）

{同物异名：囊宫属（后囊宫亚属）[*Dilepis*（*Metadilepis*）Spasskiĭ，1947]；
后斯克尔亚宾属（*Metaskrjabinolepis* Spasskiĭ，1947）；*Metadilepis* Spasskii（1947，1949）
Yamaguti（1959），Schmidt（1986），Kornyushin（1989），Kornyushin & Georgiev（1994）}

识别特征：吻突吸盘样，有 2 轮吻突钩。各轮的钩几乎等长。吻突钩刃弯曲，钩柄和钩卫有大骨骺增厚。节片具缘膜，通常宽大于长，有些孕节长宽相等。生殖孔单侧或长系列不规则交替。生殖腔简单，漏斗形，由中等发达的腺细胞团包围。生殖管在渗透调节管腹面。精巢分为两群，在雌性腺的侧方或后侧方位。阴茎囊壁厚，叠置可与孔侧渗透调节管交叉，壁衬有强染色细胞团。外部的输精管高度卷曲，由前列腺细胞覆盖，一起形成横向伸长体，位于阴茎囊的反孔侧末端；内部的输精管卷曲，在孕节中可能扩展，并类似于贮精囊。卵黄腺位于中央，实体状或略分叶，卵圆形或不规则，位于近节片后部边缘。卵巢宽，横向伸长，多数不规则，不明显分为两叶，浅到深分叶。阴道壁厚，开口于阴茎囊孔的后部或后侧部。子宫囊状，壁厚，完全位于中央区域。卵圆形，有薄的外壳；胚托和六钩蚴圆形。已知寄生于夜鹰目（Caprimulgiformes）[夜鹰科（Caprimulgidae）和林鸱科（Nyctibiidae）]，分布于全北区和南美洲。模式种：球棘后囊宫绦虫 [*Metadilepis globacantha*（Fuhrmann，1913）Spasskiĭ，1949]（图 18-142）。其

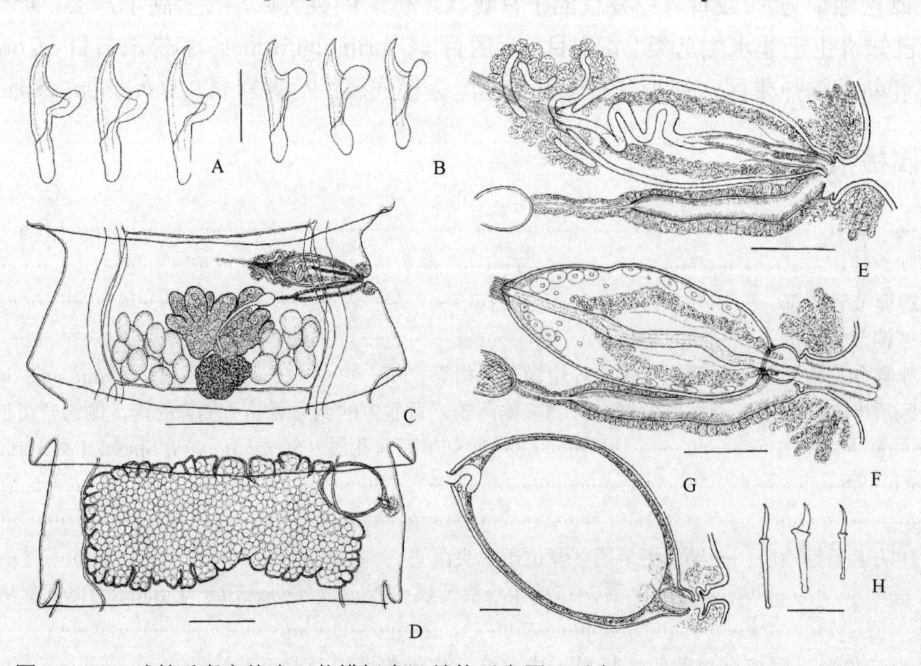

图 18-142　球棘后囊宫绦虫（共模标本）结构示意图（引自 Georgiev & Vaucher，2003）
A. 前方的吻突钩；B. 后方的吻突钩；C. 成节背面观；D. 孕节背面观；E，F. 成节中的生殖管；G. 孕节中的阴茎囊；H. 胚钩。
标尺：A，B=20μm；C，D=250μm；E～G=50μm；H=10μm

他种：夜鹰后囊宫绦虫（*M. caprimulgorum*）（图 18-143）；科尼欣后囊宫绦虫（*M. kornyushini*）（图 18-144，图 18-145A～E）和斯帕斯基后囊宫绦虫（*M. spasskiorum*）（图 18-145F～I，图 18-146）。

18.10.3.1 后囊宫属分种检索表

1a. 生殖孔不规则交替……科尼欣后囊宫绦虫（*M. kornyushini*）
1b. 生殖孔单侧……2
2a. 同节片中阴道交配部是阴茎囊长度的 1.4～1.8 倍……斯帕斯基后囊宫绦虫（*M. spasskiorum*）
2b. 同节片中阴道交配部短于或略长于（达 1.2 倍）阴茎囊……3
3a. 成节和成熟后节片阴茎囊长＞150μm，预孕节和孕节中阴茎囊长＞300μm……球棘后囊宫绦虫（*M. globacantha*）
3b. 成节和成熟后节片阴茎囊长＜130μm，预孕节和孕节中阴茎囊长＜200μm……夜鹰后囊宫绦虫（*M. caprimulgorum*）

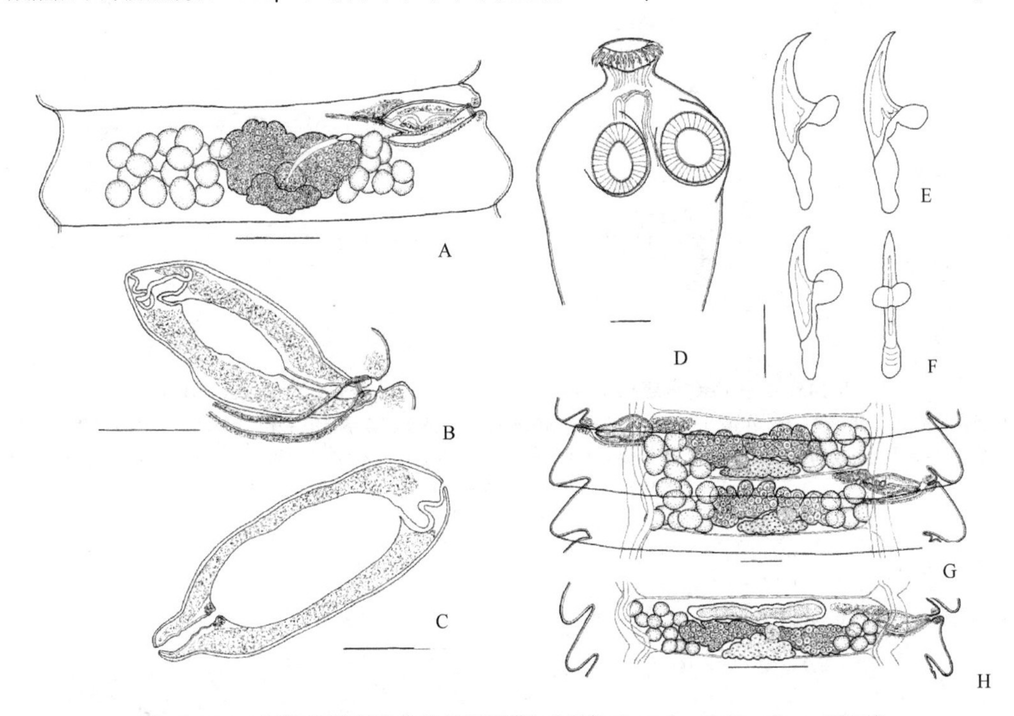

图 18-143 夜鹰后囊宫绦虫结构示意图（引自 Georgiev & Vaucher，2003）

A，B. 采自普通美洲夜鹰（*Chordeiles minor*）的共模标本：A. 成节；B. 预孕节中的阴茎囊。C. 采自巴西梯尾夜鹰（*Hydropsalis climacocerca*）的材料，预孕节中的阴茎囊。D～H. 科尼欣后囊宫绦虫：D. 头节；E. 前方的吻突钩；F. 后方的吻突钩；G. 成节背面观；H. 成节，示了宫发育早期，背面观。标尺：A，D，G=100μm；B，C=50μm；E，F=20μm；H=150μm

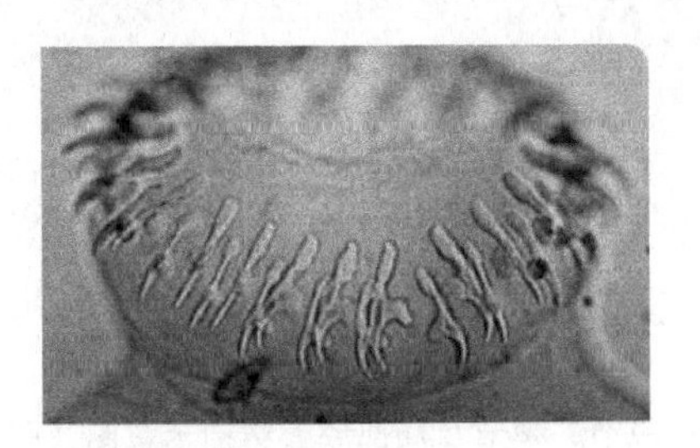

图 18-144 采自巴拉圭的科尼欣后囊宫绦虫的吻突钩实物照片（引自 Georgiev & Vaucher，2003）

18.10.4 斯克尔亚宾孔属（*Skrjabinoporus* Spasskiĭ & Borgarenko，1960）

识别特征：头节有肌肉质吻突，没有吻突鞘。吸盘长形，肌肉不发达。节片具缘膜，除预孕节和孕节外，宽大于长。生殖孔单侧。生殖管在渗透调节管腹面。精巢数目多（20～30 个）。输精管卷曲；阴茎

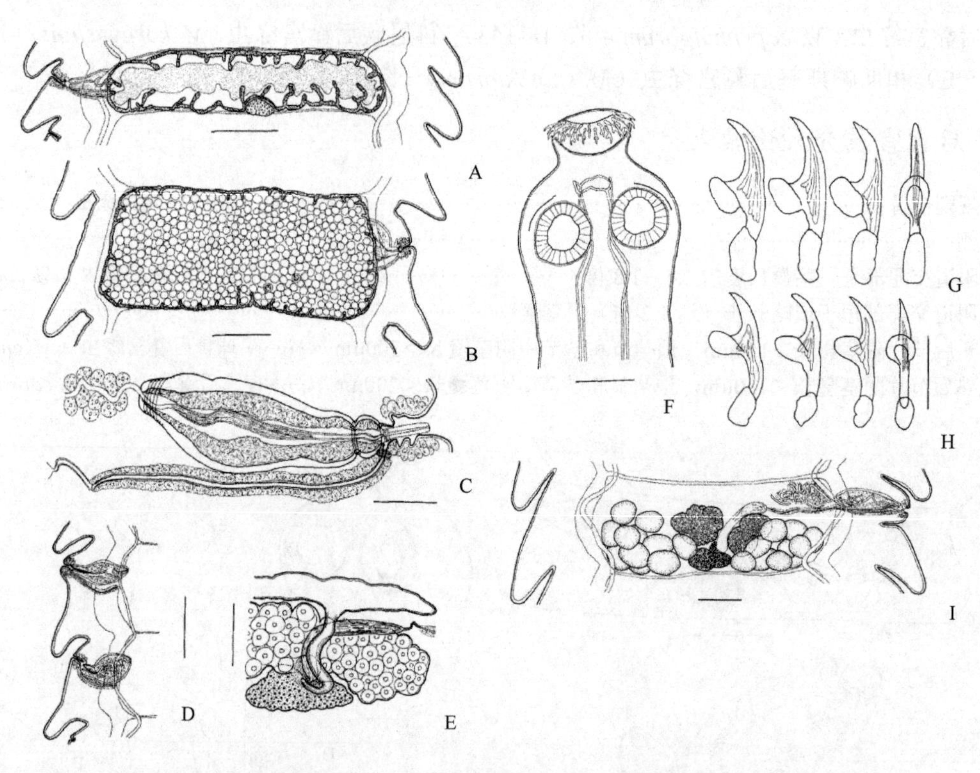

图 18-145　2 种后囊宫绦虫结构示意图（引自 Georgiev & Vaucher，2003）

A～E. 科尼欣后囊宫绦虫：A. 预孕节；B. 孕节；C. 成熟后节片中的生殖管；D. 两个相连孕节中生殖管细节，示内部输精管的不同功能状况；E. 雌性生殖系统细节背面观。F～I. 斯帕斯基后囊宫绦虫：F. 头节；G. 前方的吻突钩；H. 后方的吻突钩；I. 成节背面观。标尺：A，B，D=250μm；C=50μm；E，F，I=100μm；G，H=20μm

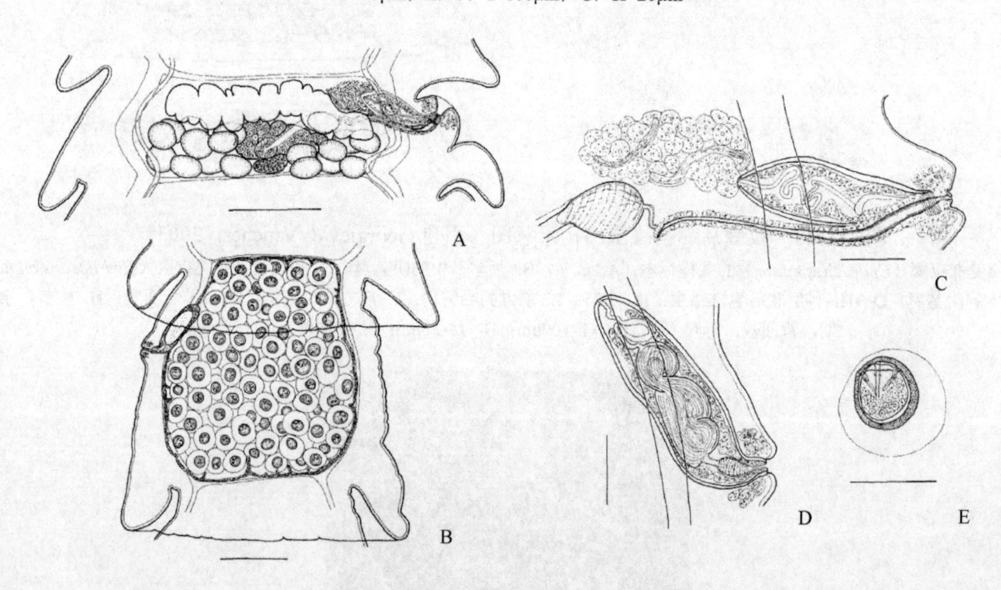

图 18-146　斯帕斯基后囊宫绦虫成节、孕节及局部放大结构示意图（引自 Georgiev & Vaucher，2003）

A. 成节背面观，示子宫发育早期；B. 孕节腹面观；C. 成节中的生殖管背面观；D. 孕节中的阴茎囊；E. 卵。标尺：A，B=200μm；C～E=50μm

囊外有腺体样组织覆盖。阴茎囊椭圆形或梨形，可能重叠或与渗透调节管交叉。阴茎无棘。卵黄腺位于中央，实体样。卵巢或多或少呈两翼状或扇状，略分叶；前方比后方宽，小叶更多。受精囊小，球状，在卵巢水平。阴道壁厚，在阴茎囊背方。发育中的子宫圆形或椭圆形，位于卵巢背方；孕子宫囊状，壁厚，仅在中央区域。卵椭圆形，壁薄。已知寄生于蜂虎［佛法僧目（Coraciiformes：蜂虎科（Meropidae）］，分布于旧大陆（古北区南部、非洲）。模式种：蜂虎斯克尔亚宾孔绦虫［*Skrjabinoporus merops*（Woodland,

1928）Spasskiĭ & Borgarenko，1960］（图 18-147）。

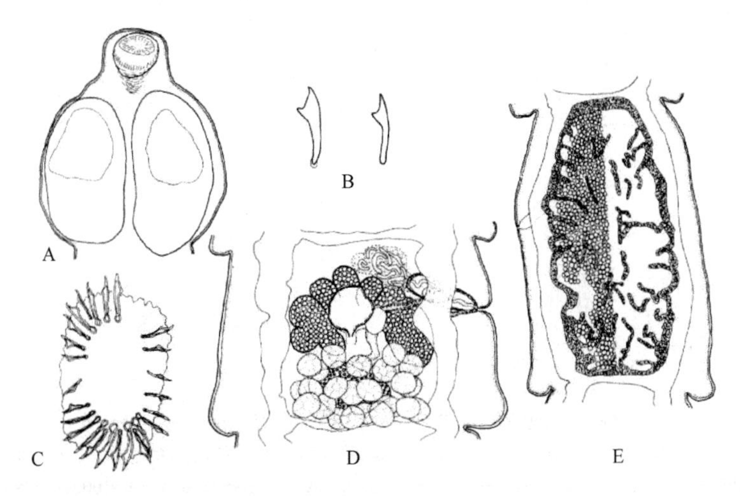

图 18-147　蜂虎斯克尔亚宾孔绦虫结构示意图（引自 Kornyushin & Georgiev，1994）
A. 头节；B. 吻突钩；C. 吻突钩冠顶面观；D. 成节；E. 孕节

Yoneva 等（2006）研究了蜂虎斯克尔亚宾孔绦虫精子发生和成熟精子的超微结构，属后囊宫科首例。其成熟精子的特征是具有扭曲的外周微管，有单个冠状体、围轴鞘和电子致密杆，没有细胞质内的壁和包含体（糖原或蛋白质颗粒）；细胞核外周没有微管，与外质膜接触。成熟精子分化为 4 个形态不同的区域。近端部分（Ⅰ区）包含一个单一的冠状体，围轴鞘在一些（近端）部分中缺失，而在另一些部位则存在，靠近核。中央区域Ⅱ有核，然后是包含围轴鞘的第Ⅲ区。远端极区（Ⅳ区）的特征是轴丝的解体。精子发生遵循Ⅲ型模式（Bâ & Marchand，1995），尽管在蜂虎斯克尔亚宾孔绦虫中观察到鞭毛轻微旋转。分化区的特征是没有纹状根和间中心体，存在两个中心粒，其中一个产生游离鞭毛。后者与分化区的细胞质突起一起旋转并进行近端到远端的融合。蜂虎斯克尔亚宾孔绦虫精子的形态特征类似于带科和链带科的种类。成熟精子不同于囊宫科（后囊宫科原分在囊宫科）的种类在于缺乏糖原。

18.10.5　亚波属（*Yapolepis* Mariaux，1991）

识别特征：头节具顶吸盘样、无钩棘吻突，无吻突囊。节片具缘膜，除部分孕节外，宽大于长。生殖孔单侧。生殖管在纵向渗透调节管之间。精巢背位于雌性腺，为一群，重叠于渗透调节管。阴茎囊梨形，壁厚，大，达节片中央。外部的输精管高度卷曲于阴茎囊腹面；内部的输精管也卷曲，在成熟后的节片中可能形成类似于贮精囊的结构。阴茎有小棘。卵黄腺位于中央，实体样，椭圆形，近于节片后部边缘。卵巢两翼状，宽，实体样。受精囊球状，位于中央。阴道开口于雄孔后部，壁厚。早期子宫为椭圆囊状，在卵巢背方，略近反孔侧。孕子宫囊状，壁厚，在中央区域。卵圆形。已知寄生于白头翁［雀形目：鹎科（Pycnonotidae）］，分布于非洲。模式种：亚波亚波绦虫（*Yapolepis yapolepis* Mariaux，1991）（图 18-148）。

18.10.6　伪组合头节属（*Pseudadelphoscolex* Mariaux，Bona & Vaucher，1992）

识别特征：吻突吸盘样。钩类似于戴维科的锤状钩：刃和柄短，卫长；柄和卫有合并的骺增厚。节片具缘膜，除部分孕节外，宽大于长。生殖孔单侧。生殖管在渗透调节管之间。精巢位于中央区后 1/3 位置，在卵巢和卵黄腺的背侧方。阴茎囊壁厚，与渗透调节管交叉。外部的输精管高度卷曲；内部的输精管也卷曲，在成熟后节片和预孕节中形成类似于贮精囊的结构。阴茎有小棘。卵黄腺位于中央或略反

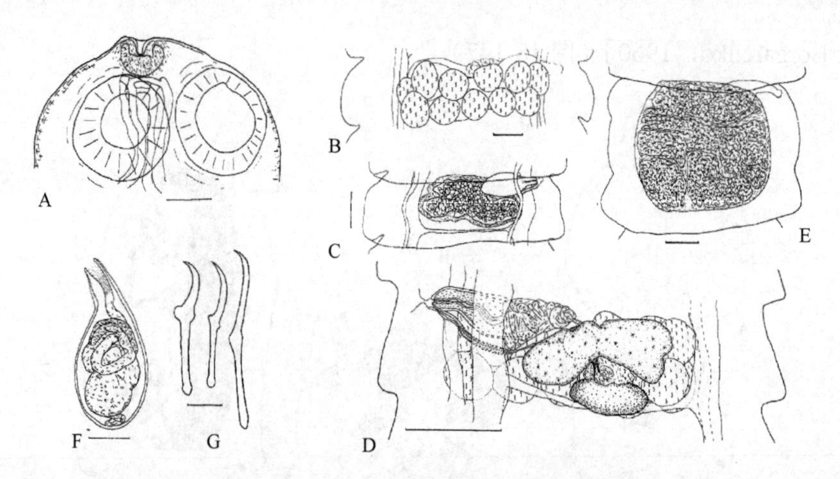

图 18-148　亚波亚波绦虫结构示意图（引自 Mariaux，1991b）

A. 头节；B. 成节背面观，示精巢的位置；C. 预孕节，示子宫；D. 成节解剖腹面观；E. 中等发育的子宫；F. 孕节中的阴茎囊（有膨胀的射精管）；G. 胚钩：侧方的钩（左两个），中央钩（右）。标尺：A，B，F=50μm；C～E=100μm；G=5μm

孔侧，近于后方的节片边缘，略分叶，大多数通常为不规则形状。卵巢位于中央，两翼状，略分叶。受精囊长形，朝向孔区。子宫最初在卵巢背方，随后形成厚壁、囊状、分叶的结构。卵和六钩蚴圆形。已知寄生于寿带鸟［雀形目：钟鹊科（Cracticidae）］，分布于非洲。模式种：非缅甸伪组合头节绦虫（*Pseudadelphoscolex eburmensis* Mariaux，Bona & Vaucher，1992）（图 18-149）。

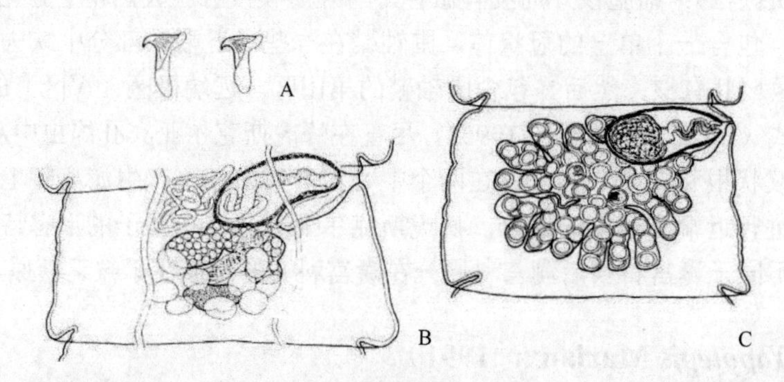

图 18-149　非缅甸伪组合头节绦虫部分结构示意图（引自 Kornyushin & Georgiev，1994）

A. 吻突钩；B. 成节；C. 孕节

18.10.7　钟鹊带属（*Cracticotaenia* Spasskiĭ，1966）

识别特征：头节有椭圆形的吻突。无吻突鞘。钩大致为三角形，有很发达的柄和卫，骺增厚。节片具缘膜，除部分孕节几乎长宽相等外，宽大于长。生殖孔单侧。生殖管在渗透调节管之间。精巢为一群，在雌性腺的后背方。阴茎囊长形，有吸液管样的远端部，可能与渗透调节管交叉。卵黄腺位于中央，略分叶。卵巢分小叶，扇状或两翼状。阴道开口于雄孔的后部，壁厚。子宫位于中央区域，壁厚，分叶状。已知寄生于屠夫鸟［雀形目：钟鹊科（Cracticidae）］，分布于澳大利亚。模式种：费尔丁钟鹊带绦虫［*Cracticotaenia fieldingi*（Maplestone & Southwell，1923）Spasskiĭ，1966］（图 18-150）。

18.10.8　原副子宫属（*Proparuterina* Fuhrmann，1911）

识别特征：头节有吸盘样吻突。吻突钩 2 轮，钩长形，柄长于刃；柄有很发达的骺增厚；卫二裂状，也有骺增厚。节片具缘膜；成节宽大于长，成熟后节片长宽大致相等，预孕节和孕节不明。生殖孔短系列不规则交替。生殖管在渗透调节管之间通过。精巢数目多，在雌性腺后部。阴茎囊长椭圆形，有厚的

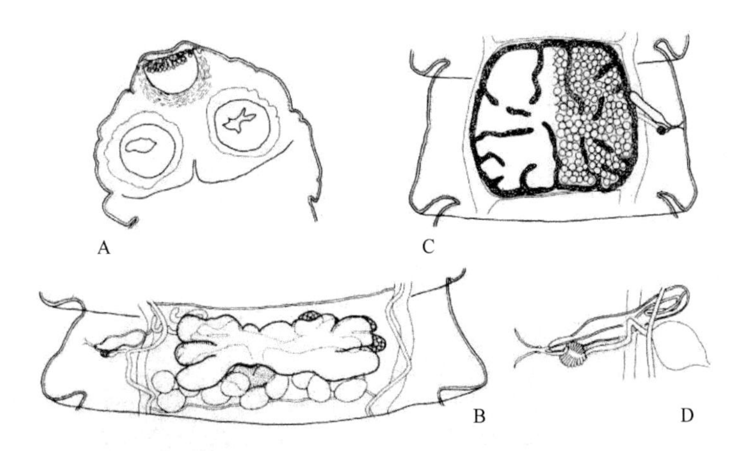

图 18-150 费尔丁钟鹊带绦虫结构示意图（引自 Kornyushin & Georgiev，1994）
A. 头节；B. 成节；C. 预孕节；D. 预孕节中的生殖管

肌肉质壁，可能达到或重叠于孔侧渗透调节管。外部的输精管卷曲，由前列腺细胞覆盖，与它们一起形成紧凑型体。卵黄腺位于中央，不规则而略分叶，在距节片后部边缘一定距离处。卵巢通常为肾形，略分叶，对称。受精囊长椭圆形，位于卵巢孔侧的背部。阴道开口于阴茎囊孔的后侧部；交配和输导部明显，均由厚细胞套包围。成熟后节片中发育的子宫马蹄形，游离端指向后方。孕子宫、卵和六钩蚴不明。已知寄生于蟆口鸱［夜鹰目（Caprimulgiformes）：蟆口鸱科（Podargidae］，分布于阿鲁岛（Aru Island）（印度尼西亚）。模式种：阿鲁岛原副子宫绦虫（*Proparuterina aruensis* Fuhrmann，1911）（图 18-151）。

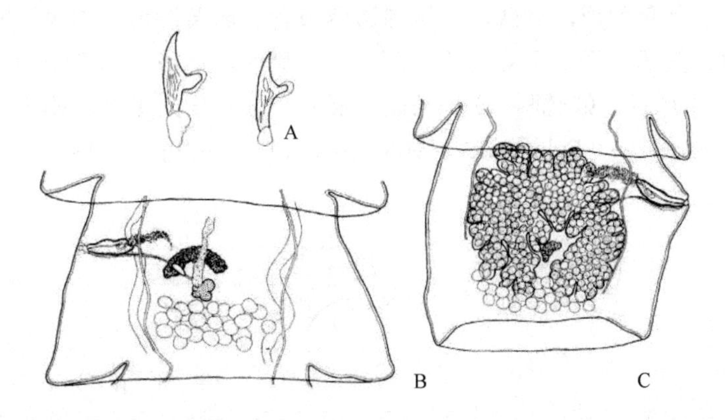

图 18-151 阿鲁岛原副子宫绦虫局部结构示意图（引自 Kornyushin & Georgiev，1994）
A. 吻突钩；B. 成节；C. 有发育中的子宫的孕节

Georgiev 和 Vaucher（2003）对阿鲁岛原副子宫绦虫内部解剖进行了更为细致的重描述，尤其是阴茎囊和阴道的结构，雌性腺和子宫的早期发育。然而，由于模式材料的状况无法提供头节形态新数据和一些外部特征。关于该种信息仍然不完善。

18.10.9 施密德属（*Schmidneila* Spasskiĭ & Spasskaya，1973）

识别特征：头节有卵圆形的吻突，没有吻突鞘。吻突钩单轮。节片具缘膜，除孕节外宽大于长。生殖孔不规则交替。生殖管在渗透调节管之间。精巢在雌性腺后背部。阴茎囊椭圆形，在孔侧渗透调节管的侧方。阴茎无棘。卵黄腺实体状，位于中央，近后部的节片边缘。卵巢两翼状，分叶。阴道壁厚，开口于雄孔的后侧部。发育中的子宫深分叶；孕子宫囊状，填充于中央区域。成熟的卵纺锤状，六钩蚴圆形。已知寄生于蚋莺（gnatwrens）［雀形目：鹟科（Muscicapidae）：蚋莺亚科（Polioptilinae）］，分布于中美洲。模式种：马斯夫西尔尼施密德绦虫［*Schmidneila mathevossiani*（Schmidt & Neiland，1971）

Spasskiĭ & Spasskaya，1973］（图 18-152）。

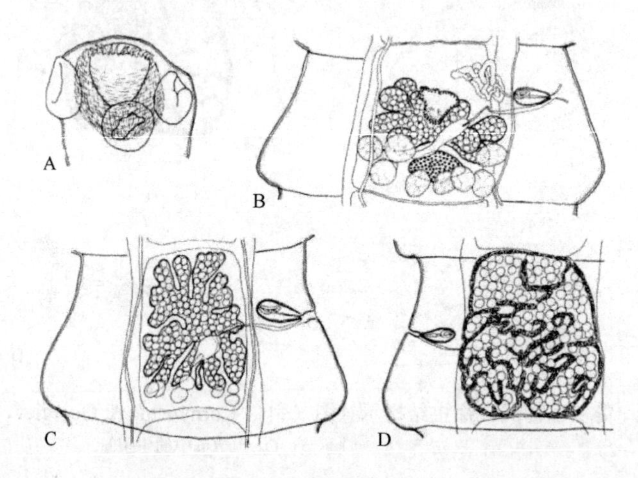

图 18-152　马斯夫西尔尼施密德绦虫结构示意图（引自 Kornyushin & Georgiev，1994）
A. 头节；B. 成节；C. 成熟后节片；D. 预孕节

18.10.10　钩富尔曼属（*Hamatofuhrmannia* Spasskiĭ，1969）

识别特征：头节有吻突，没有吻突鞘。吻突钩单轮；刃弯曲；柄和卫的骺增厚合并。节片具缘膜，宽大于长。生殖孔不规则交替。生殖管在渗透调节管背部。精巢数目多，位于节片的后半部，雌性腺侧后方，略在背部重叠。阴茎囊梨形，壁薄，可达渗透调节管。卵黄腺位于中央，略分叶。卵巢宽，深分叶，或略为两翼状。阴道壁薄，开口于雄孔的后部。子宫囊状，壁薄，填充于中央区域。卵圆形。已知寄生于蚁鸟（antbird）［雀形目：蚁鸫科（Formicariidae）］，分布于南美洲。模式种：巨棘钩富尔曼绦虫［*Hamatofuhrmannia macracantha*（Fuhrmann，1908）Spasskiĭ，1969］（图 18-153）。

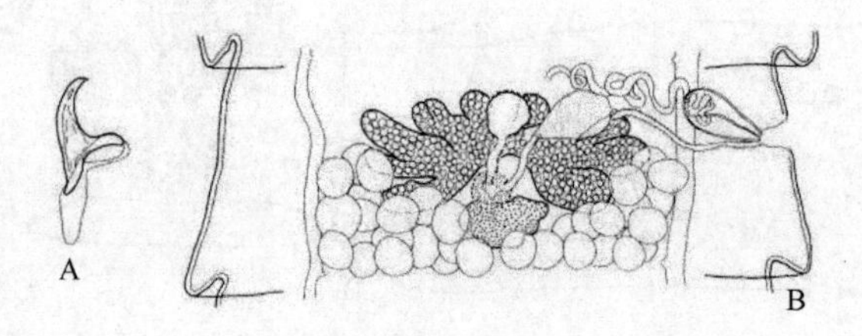

图 18-153　巨棘钩富尔曼绦虫吻突钩及成节结构示意图（引自 Kornyushin & Georgiev，1994）
A. 吻突钩；B. 成节

18.10.11　马里奥属（*Mariauxilepis* Georgiev & Vaucher，2003）

识别特征：头节有吸盘样吻突。吻突钩排为两规则轮。前方钩的柄和卫由共同的骺结构包埋。后方的钩通常有不明显的柄的骺结构。钩冠腹方/背方位置的钩和侧方位置的钩的形态与大小有区别。节片具缘膜，成节宽略大于长，孕节宽为长的 2 倍。生殖孔短系列不规则交替，大致位于节片侧方边缘中央。生殖腔简单，漏斗状，由适度发育的腺细胞团包围。生殖管在渗透调节管之间通过。腹渗透调节管的横向联合很宽。精巢位于卵巢后部，大多数在卵黄腺侧方，少数仅在卵黄腺的后背方；有时两侧精巢群完全被卵黄腺中断。外部的输精管密集卷曲，与围绕的腺体样组织一起形成小的致密体。阴茎囊倾斜，椭圆形至梨形，有圆的厚壁反孔侧部，不达到或略重叠于孔侧渗透调节管。内部的输精管在阴茎囊的反孔侧部形成少量卷曲；无类似于内贮精囊的结构。卵黄腺位于中央，绝大多数形态不规则，横向伸长，高度分叶。卵巢肾形，前方边缘深分叶，占据中央区域的几乎整个宽度。梅氏腺高度发达，大型，圆或略不规则。受精囊椭圆状到纺锤状。阴道开口于雄孔的后部或有时略开于后侧部并从背方进入阴茎囊。阴道管壁薄，由厚的细胞套包围；没有明显的输导部。发育的子宫分叶，横向伸长，背位于卵巢和受精囊，有大量支囊；充分发育的子宫占据整个中央区域，达渗透调节管，有深的前、后和侧方支囊。发育中的卵椭圆形，有椭圆形的胚托和六钩蚴。仅在最老的孕节中，卵变为长椭圆形，具薄的外膜且厚的胚托；胚钩相互间几乎平行，在六钩蚴中形成极性团。已知为夜鹰目鸟类的寄生虫，分布于南美洲。模式种：巴拉圭马里奥绦虫（*Mariauxilepis paraguayensis* Georgiev & Vaucher，2003）（图 18-154）。

属名以日内瓦自然历史博物馆的马里奥（J. Mariaux）博士的名字命名，认可她对后囊宫科系统学的重要贡献。种名以模式宿主采集地命名。

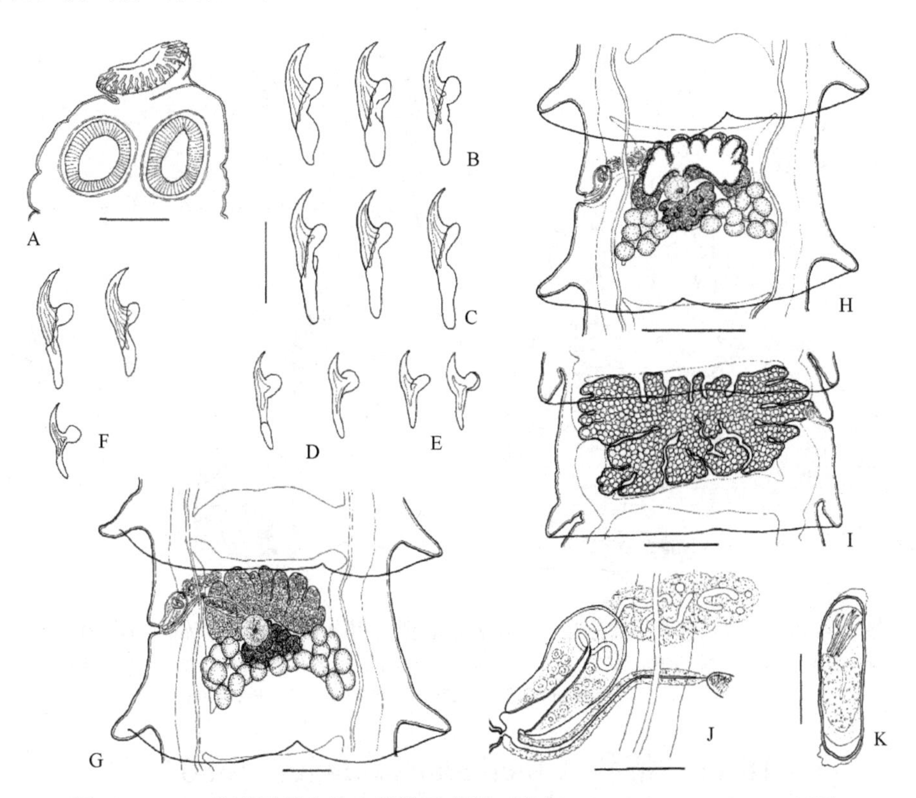

图 18-154 巴拉圭马里奥绦虫结构示意图（引自 Georgiev & Vaucher，2003）

采自帕拉夜鹰（*Nyctidromus albicollis*）的全模标本（A～E，G～K）和采自小夜鹰（*Setopagis parvula*）的副模标本（F）。A. 头节；B～F. 吻突钩：B. 钩冠前排腹部或背部位置的吻突钩；C. 钩冠前排侧位的吻突钩；D. 钩冠后排背部或腹部位置的吻突钩（左）及相当中间位置的吻突钩（右）；E. 钩冠后排侧位吻突钩。G. 成节背面观；H. 成节背面观，示子宫早期发育；I. 预孕节；J. 生殖管背面观；K. 卵。标尺：A，G=100μm；B～F，K=20μm；H，I=250μm；J=50μm

18.10.12 林鸱绦虫属（*Urutaulepis* Georgiev & Vaucher，2003）

识别特征：吻突吸盘样，有 2 轮钩。各轮钩长度和形态几乎相等。刃弯曲，柄和卫有小骺结构。前方的钩更长，有直柄；有方的钩有弯柄。生殖孔单侧，成节中大致位于节片侧方边缘中央，预孕节中位于节片侧方边缘前 1/3 处。可能存在略微明显的生殖乳突。生殖腔由被强大环状肌肉包围的长管状管道及由放射状肌肉纤维和腺体细胞层包围的内部扩大部组成。链体中未见到渗透调节管。精巢数目多（约 40 个），绝大多数位于卵巢和卵黄腺侧方，少数位于后部；反孔侧精巢多于孔侧。外部的输精管在雌性生殖管前方有几个大的卷曲；没有明显的前列腺细胞。阴茎囊壁厚，椭圆形到梨形，孔端可能形成吸管样乳头。内部的输精管形成大量卷曲，主要在阴茎囊的反孔侧部，但通常也在孔侧部，没有类似内贮精囊的结构。卵黄腺和卵巢略偏孔侧。卵黄腺横向伸长，椭圆形到不规则形，实体状或略分叶。卵巢两翼状，深分叶。梅氏腺不明显。受精囊高度伸长，纺锤状，从阴茎囊水平扩展到卵巢孔侧翼水平。阴道开于雄孔的后部或略后侧部，并从阴茎囊后部通过，通常弯曲；阴道管壁厚，由厚细胞套包围；无明显的输导部。成节中子宫似横向伸长的囊，位于卵巢、生殖管和反孔侧精巢的前方；进一步发育向后方膨大并重叠于卵巢上。在预孕节中，子宫有明显的前方、后方和侧方的支囊，占据除最侧部外的几乎整个节片。不发育的卵椭圆形，有薄的外膜和厚的胚托；发育中的六钩蚴椭圆形。已知为夜鹰目林鸱科（Nyctibiidae）鸟类的寄生虫，分布于南美洲。模式种：皮法诺林鸱绦虫（*Urutaulepis pifanoi* Díaz-Ungría & Jordano，1958）组合种（图 18-155）。

属名源于宿主林鸱（*Nyctibius griseus*）的俗名“urutau”。

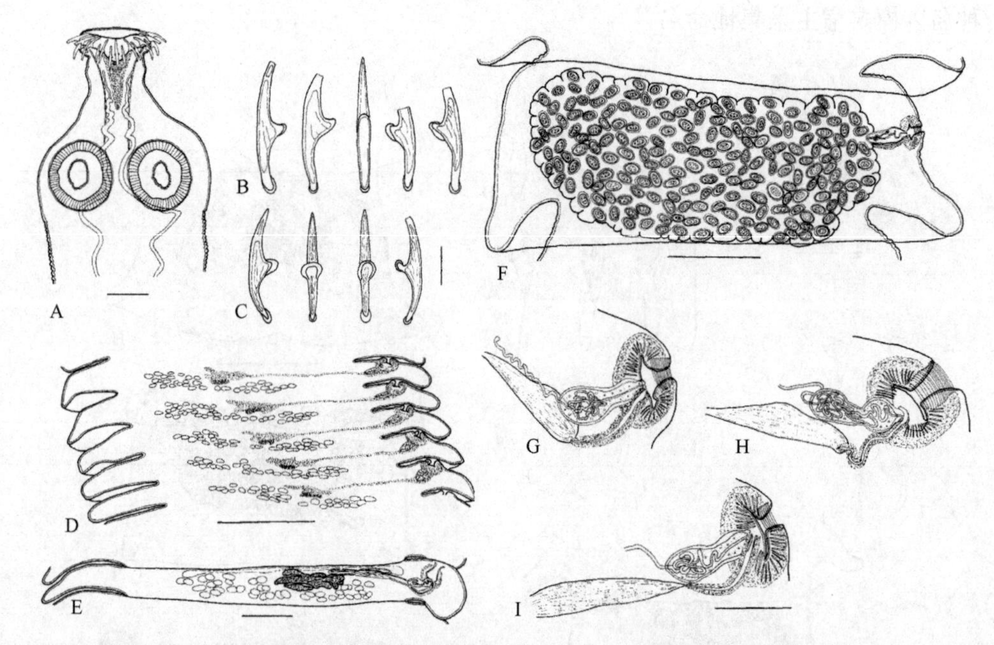

图 18-155　皮法诺林鸱绦虫副模标本结构示意图（引自 Georgiev & Vaucher，2003）

A. 头节；B. 前方的吻突钩；C. 后方的吻突钩；D. 成熟前节片；E. 成节；F. 预孕节；G～I. 生殖腔和末端生殖管的可变性。
标尺：A，G～I=100μm；B，C=20μm；D=500μm；E，F=250μm

18.11　带科（Taeniidae Ludwig，1886）

由于带科绦虫在医药和兽医方面的重要性，人们对其有些种类进行了广泛深入的研究，因此带科绦虫是已知最清楚的绦虫。带科下分为带亚科（Taeniiae Stiles，1896），含带属（*Taenia* Linnaeus，1758）；棘球亚科（Echinococcinae Abuladze，1960），棘球属（*Echinococcus* Rudolphi，1801）。

带亚科绦虫的特征是带状的链体，含很多节片和一囊尾蚴或囊尾蚴变形的幼虫期（绦虫蚴）。棘球亚科很小，非带状，节片数不超过 7 个，幼虫期原头节在育囊中产生。棘球亚科可以更进一步从幼虫期存在层状膜得以区分。带科的链体期发生于哺乳动物消化道。哺乳动物也可以作为中间宿主。

带科的分类历史上分歧很大，其他科的一些属如支带属（*Cladotaenia* Cohn，1901）、副支带属（*Paracladotaenia* Yamaguti，1935）、裸带属（*Anoplotaenia* Beddard，1911）、袋鼬带属（*Dasyurotaenia* Beddard，1912）、*Insinuarotaenia* Spasskiĭ，1948 等曾归入带科的带亚科。之后又有充分的证据将这些属移出带科。Schmelz（1941）将副支带属与支带属列为同物异名，因为支带属的代表支带绦虫未定种（*Cladotaenia* sp.）模式材料吻突钩已失去。Fuhrmann 和 Baer（1943）将支带属移到囊宫科（Dilepididae Fuhrmann，1907），Freeman（1959，1973）肯定了这一移动。Yamaguti（1959）将副支带属作为支带属的同物异名，但建立了带科的独立亚属，其没有作任何解释。Joyeux 和 Baer（1961）又将支带属列于带科下并暂时认可副支带属有效。Abuladze（1964）保留带科中的副支带属和带属。Schmidt（1986）则将支带属（同物异名：副支带属）放在囊宫科中。

基于动物地理和形态的依据可以将裸带属和袋鼬带属排除于带科外。此两属的绦虫具有薄壳的卵（没有典型带科绦虫的胚膜结构），裸带属中有复杂的生殖腔，单侧的生殖孔，以及吻突钩的类型与带科不同；袋鼬带属穿过肠壁的特征与带科也不相符。此外，裸带属的幼虫期类似于林思敦亚科（Linstowiine）的拟囊尾蚴。与此相反，Spasskiĭ（1990）提出了带科的一新亚科：裸带亚科（Anoplotaeniinae）用于容纳裸带属。

Insinuarotaenia 的系统地位不明。其模式种 *I. schikobalovi*（=*I. schkhobalovae*）Spasskiĭ，1948 根据采自一狗獾（*Meles meles*）的 1 条未成熟样品描述。其头节不像任何带科绦虫，缺吻突并且适应于深穿入肠壁（Spasskiĭ，1948）。没有卵的结构信息，也没有幼虫期的特征，不能放于带科。第二个种：*I. spasskii* Andreiko & IunLian，1963 的描述依据已证实为是鼬带绦虫（*Taenia mustelae* Gmelin，1780）的样品，其吻突钩已脱落（Rausch，1985）。而 Schmidt（1986）仍将 *Insinuarotaenia* 保留于带科。

除上述提到的外，带科带亚科中命名过的属范围从 3 个（Schmidt，1986）到 6 个（Abuladze，1964）不等。Kornyushin 和 Sharpilo（1986）又为马尔蒂斯带绦虫［*Taenia martis*（Zeder，1803）］建立了皱缘带属（*Fimbriotaenia*）。已命名的带科的属中两个属的区别仅在于头节的特征，而其他属的区别在于幼虫期的结构。Verster（1969）与 Rausch（1994）的意见一致，认为下面的属都是带属（*Taenia*）的同物异名：多头属（*Multiceps* Goeze，1782）、带吻属（*Taeniarhynchus* Weinland 1858）、无颈绦虫属（*Hydatigera* Lamarck，1816）、埋藏者属（*Fossor* Honess，1937）、四初带属（*Tetratirotaenia* Abuladze，1964）、莫纳德带属（*Monordotaenia* Little，1967）。同时 Rausch（1994）认为皱缘带属也与带属同义。

18.11.1 识别特征

链体带状，有很多节片，或小而仅有少量节片。吻突通常很发达并有两轮特征性的钩冠；吻突很少有一轮钩或缺钩。如果为两轮，前方的吻突钩通常更大，并与第二轮交替。每节单套生殖器官。生殖孔位于边缘，不规则交替。精巢数目多。卵巢两叶状，位于中央，精巢主体后部。卵黄腺实体状，位于卵巢后方。典型的子宫有大量的侧支。卵有厚壁的胚膜。幼虫期为囊尾蚴或囊尾蚴变形体；或以无性繁殖方式在育囊中产生有原头节的单个囊或多个囊结构。已知链体期和幼虫期寄生于哺乳动物。模式属：带属（*Taenia* Linnaeus，1758）。

18.11.2 亚科检索

1a. 链体带状，有很多节片；头节通常有特征性的两轮吻突钩；孕子宫有大量的侧分支，通常有次级分支；幼虫期为囊尾蚴或囊尾蚴的变形体；头节内陷入囊或与囊相关……带亚科（Taeniinae Stiles，1896）

1b. 链体小，长仅达 12mm，有 3～7 个节片；头节有两轮特征性的吻突钩；孕子宫有略发达的侧分支，或缺侧分支；子宫仅在末端节片中充满孕节；幼虫期为单个囊或多个囊；原头节产生于育囊中；存在层状膜……棘球亚科（Echinococcinae Abuladze，1960）

18.11.3 带亚科（Taeniinae Stiles，1896）

识别特征：未成节和成节宽大于长，向后长度相对增加。吻突通常有两轮特征性的钩冠。前方轮的吻突钩更大，与第二轮交替。吻突很少有一轮钩或无钩的。生殖孔不规则交替。雌性生殖器官位于后部。卵巢两叶状，位于中央。卵黄腺简单，位于卵巢后方。精巢量多，绝大多数在雌性器官的前侧方。子宫发生于中央区、起初为纵向的管。孕子宫有侧分支，通常有次级分支。卵球状，量多。模式属（现认为的仅有属）：带属（*Taenia* Linnaeus，1758）（图 18-156～图 18-163）。

18.11.3.1 带属（*Taenia* Linnaeus，1758）

［同物异名：*Haerucula* Pallas，1760；带属（*Taeniola* Pallas，1760）；带属（*Tenia* Scopoli，1777）；

带绦虫属（*Hydatigena* Goeze，1782）；巨头属（*Megocephalos* Goeze，1782）；多头属（*Multiceps* Goeze，1782）；伪棘吻属（*Pseudoechinorhynchus* Goeze，1782）；芬纳属（*Finna* Werner，1786）；囊尾属（*Vesicaria* Müller，1787）；囊尾属（*Vesicaria* Schrank，1788）；*Haeruca* Gmelin，1790；*Hydatula* Abildgaard，1790；包虫属（*Hydatis* Blumenbach，1797）；*Alyselminthus* Zeder，1800；囊尾属（*Cysticercus* Zeder，1800）；多头属（*Polycephalus* Zeder，1800）；水囊瘤属（*Hygroma* Schrank，1802）；哈里斯属（*Halysis* Zeder，1803）；囊虫属（*Cisticercus* Rudolphi，1805）；共尾蚴属（*Coenurus* Rudolphi，1810）；无颈绦虫属（*Hydatigera* Lamarck，1816）；舌形虫属或五口虫属（*Pentastoma* Virey，1823）；*Fischiosoma* della Chiaje，1825；*Trachelocampylus* Frédault，1847；无吻带属（*Arhynchotaenia* Diesing，1850）；囊尾属（*Cysticercus* Goldberg，1855）；哈里斯属（*Halisis* Goldberg，1855）；*Hidatula* Goldberg，1855；三钩绦虫属（*Acanthotrias* Weinland，1858）；带吻属（*Taeniaehynchus* Weinland，1858）；囊带属（*Cystotaenia* Leuckart，1863）；新带属（*Neotenia* Sodero，1886）；新带属（*Neotaenia* Braun，1894）；雷带属（*Reditaenia* Sambon，1924）；埋葬者属（*Fossor* Honess，1937）；*Tetratirotaenia* Abuladze，1964；莫纳德带属（*Monordotaenia* Little，1967）；皱缘带属（*Fimbriotaenia* Kornyushin & Sharpilo，1986）]

识别特征：同亚科的特征，模式种：猪带绦虫（*Taenia solium* Linnaeus，1758）。几种相关带绦虫的主要形态测量数据和宿主比较见表 18-7。

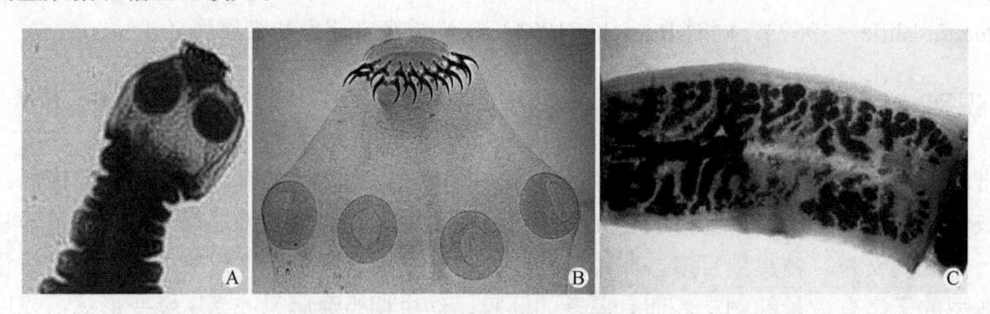

图 18-156 猪带绦虫实物（引自 http://www.medicine.mcgill.ca）

A. 头节；B. 头节放大，示吻突钩；C. 孕节

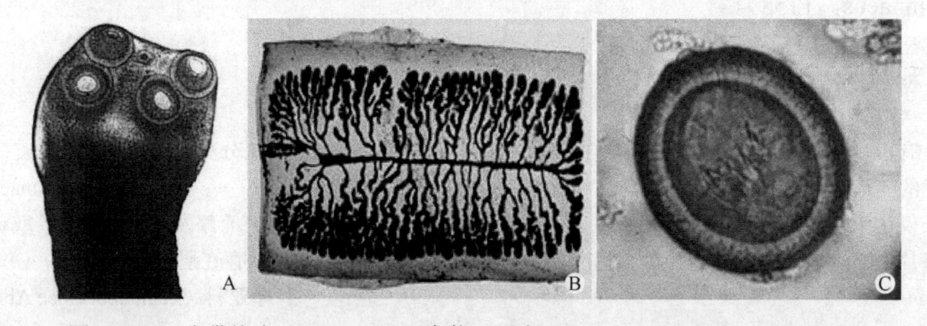

图 18-157 牛带绦虫（*T. saginata*）实物（引自 http://www.medicine.mcgill.ca）

A. 头节；B. 孕节，注意有很多分支；C. 带绦虫的卵，示厚胚膜

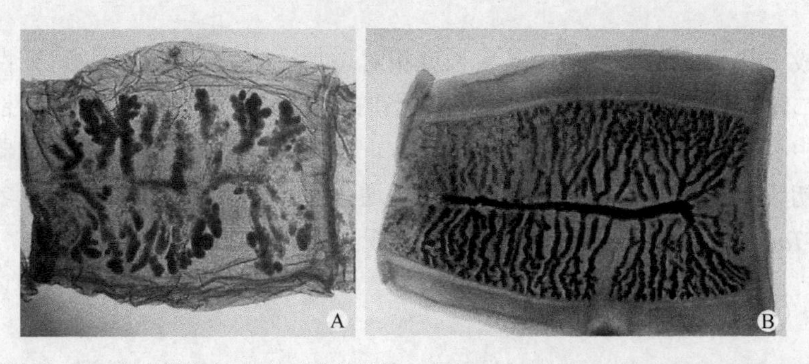

图 18-158 猪带绦虫（A）和牛带绦虫（B）孕节的比较（引自 http://www.phsource.us/PH/PARA/Chapter_4.htm）

彭斯带绦虫（*T. pencei* Rausch，2003）（图 18-159）描述自美国得克萨斯州西部浣熊（*Bassariscus astutus*）［食肉目（Carnivora）：浣熊科（Procyonidae）］，其绦虫蚴的特征基于采自南俄勒冈州类鹿鼠（*Peromyscus* cf. *maniculatus*）的样品。彭斯带绦虫广泛发生于浣熊，是第一个采自浣熊科的带属绦虫。它形态上相似于采自鼬科（Mustelidae）哺乳动物的带属绦虫，但与它们在吻突钩的形态和大小、生殖器官的布局与特性方面有区别。

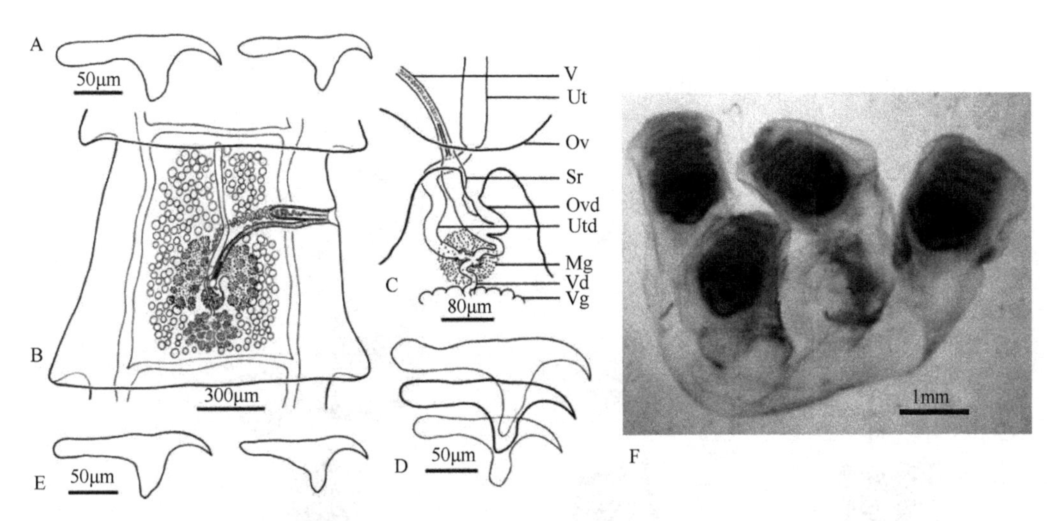

图 18-159 彭斯带绦虫结构示意图及绦虫蚴实物（引自 Rausch，2003）

A. 吻突钩；B. 成节背面观；C. 雌性生殖管详细结构腹面观；D. 不同种带属绦虫大吻突钩比较［马蒂斯带绦虫（*T. martis*）和 *T. twitchelli*（顶部），彭斯带绦虫（中央）和采自新北区的类中间带绦虫（*T.* cf. *intermedia*）（底部）］；E. 彭斯带绦虫绦虫蚴的吻突钩；F. 采自类鹿鼠的绦虫蚴样品（一头节的吻突钩已移去用于研究）。缩略词：Mg. 梅氏腺；Ov. 卵巢；Ovd. 输卵管；Sr. 受精囊；Ut. 子宫；Utd. 子宫管；V. 阴道；Vd. 卵黄腺管；Vg. 卵黄腺

Haukisalmi 等（2011）报道了棕熊带绦虫（*T. arctos*）（图 18-162），其采自芬兰（模式样品采集地）和美国阿拉斯加棕熊（*Ursus arctos* Linnaeus）（终末宿主）及驼鹿/麋鹿（moose/elk）、驼鹿（*Alces* spp.）（中间宿主）。棕熊带绦虫的独立地位及其成体和绦虫蚴的同种性由 Lavikainen 等（2011）线粒体 DNA 序列数据得以肯定。

18.11.4 棘球亚科（Echinococcinae Abuladze，1960）

识别特征：成节通常长大于宽；孕节细长。生殖孔不规则交替。雌性生殖器官位于后部。卵巢通常为两叶状，位于中央。卵黄腺简单，位于卵巢后部。精巢数目相对少，主要在雌性器官的前侧方。子宫从中央发生，纵管状。孕子宫有或无侧分支。卵球状。模式属（目前仅认可的一属）：棘球属（*Echinococcus* Rudolphi，1801）（图 18-164~图 18-168）。

18.11.4.1 棘球属（*Echinococcus* Rudolphi，1801）

［同物异名：包虫属（*Hydatis* Goeze，1782）；无头囊属（*Acephalocystis* Laennec，1804）；棘球样属（*Echinococcifer* Bremser，1819）；*Liococcus* Bremser，1819；*Splanchnococcus* Bremser，1819；细胞瘤属（*Astoma* Goodsir，1844）；盘口属（*Diskostoma* Goodsir，1844）；*Sphaeridion* Goodsir，1844；*Echinokokkus* Buhl，1856；棘球样属（*Echinococcifer* Weinland，1858）；盘口属（*Discostoma* Braun，1894）；泡球蚴属（*Alveococcus* Abuladze，1960）］

识别特征：同亚科的特征，模式种：细粒棘球绦虫［*Echinococcus granulosus*（Batsch，1786）］。几种棘球绦虫的比较见表 18-8。

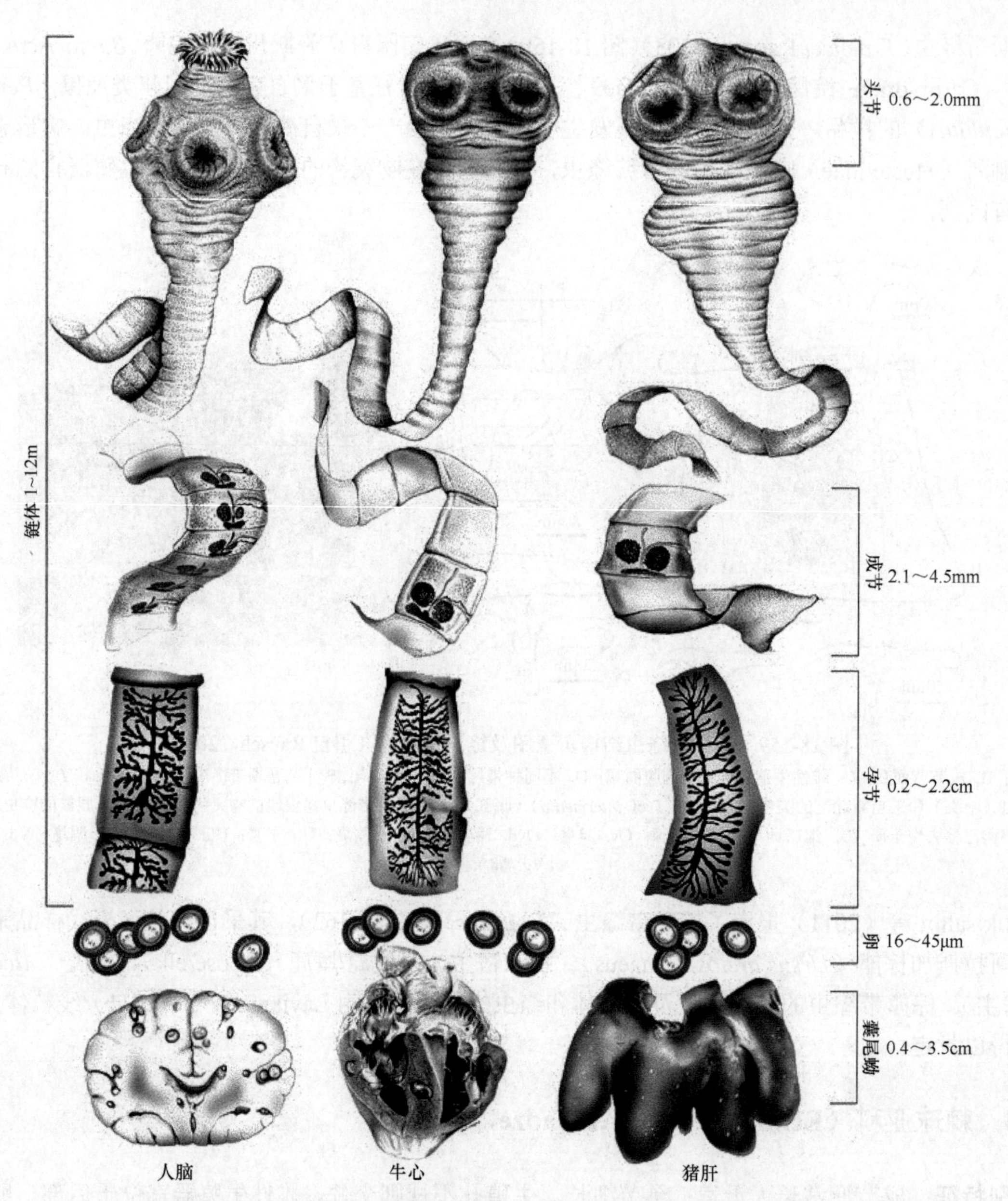

图 18-160 可感染人的带绦虫形态比较（引自 Flisser et al.，2004）

从左至右依次为猪带绦虫、牛带绦虫和亚洲牛带绦虫

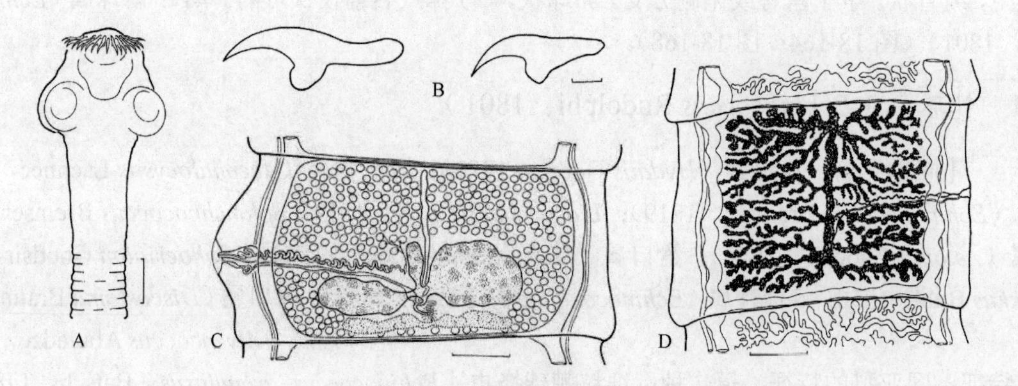

图 18-161 3 种带绦虫结构示意图（引自 Rausch，1994）

A. 巨囊带绦虫［*T. macrocystis*（Diesing，1850）］头节；B. 猪带绦虫的吻突钩；C. 猪带绦虫成节；D. *T. rileyi* Loewen，1929 的孕节。标尺：A，C=500μm；B=25μm；D=1mm

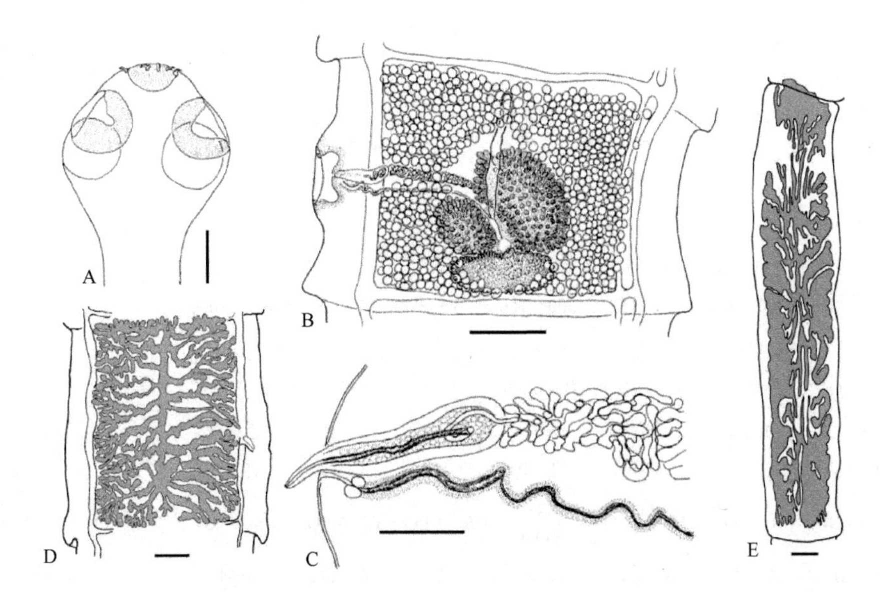

图 18-162 棕熊带绦虫结构示意图（引自 Haukisalmi et al.，2011 并重排）

A. 头节；B. 成节（全模标本）；C. 一成熟后节片的末端生殖管（副模标本）；D. 前期孕节（全模标本）；E. 完全的孕节（副模标本）。标尺：A，B=500μm；C=200μm；D，E=1mm

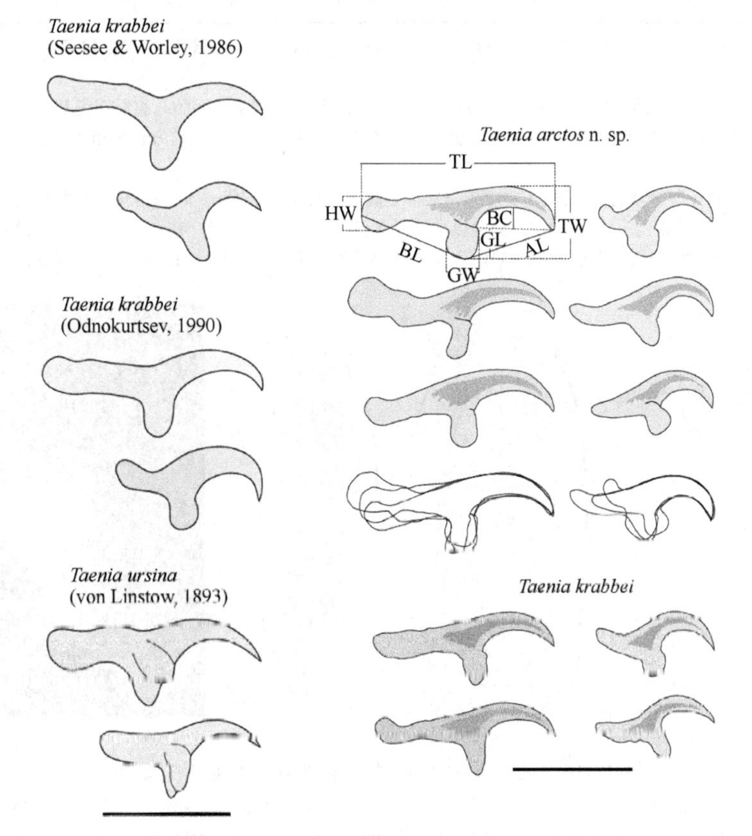

图 18-163 3 种带绦虫吻突大小钩的形态和大小比较（引自 Haukisalmi et al.，2011 并重排）

Taenia krabbei. 克氏带绦虫；*Taenia arctos*. 棕熊带绦虫；*Taenia ursina*. 熊带绦虫。缩略词：AL. 顶部长；BC. 刃弯曲；BL. 基部长；GL. 卫长；GW. 卫宽；HW. 柄宽；TL. 总长；TW. 总宽。标尺=100μm

表 18-7　几种相关带绦虫的主要形态测量数据和宿主比较

种	*T. arctos*	*T. krabbei*	*T. cervi*	*T. ovis*	*T. ursina*	*T. solium*	*T. hydatigena*	*T. kotlani*	*T. parenchymatosa*	*T. omissa*
终末宿主	棕熊（*Ursus arctos*）	犬科类和猫类	犬属	犬科类	棕熊	人	犬科类和猫类	?	犬属北极狐（*Vulpes lagopus*）	猫科动物
中间宿主	驼鹿属（*Alces*）	驼鹿属，驯鹿属（*Rangifer*）	狍属（*Capreolus*）	羊和其他反刍动物	?	猪和一些其他哺乳动物	反刍动物	山羊属（*Capra*）	驯鹿属，鹿属（*Cervus*），狍属	骡鹿（*Odocoileus*）
钩的数目	22～36	22～36	24～34	24～38	26	22～36	26～44	30～36	26～34	38～44
大钩的长度	153～180	137～195	142～181	131～202	169	139～200	169～235	187～218	195～234	223～297
小钩的长度	96～130	84～141	86～129	89～157	130	93～159	110～168	118～143	118～160	165～223
精巢数目	571～724	300～900	355～514	300～750	890～1000	375～575	400～1000	?	340～419	345～474
精巢滤泡层数	2～3	1～2	?	1	2	1	1	?	?	1
TF 对 VLOC[1]	TF=VLOC	TF＜VLOC	TF＜VLOC	TF=VLOC	?	TF=VLOC	TF=VLOC	?	TF＜VLOC	TF＜VLOC
卵黄腺后精巢	存在	不存在	不存在	不存在	不存在	存在	不存在	?	存在/不存在	不存在
精巢区域[2]AT 对 PT	AT=PT	AT＞PT	AT=PT	AT＞PT	?	AT＞PT	AT＞PT	?	AT＜PT	?
CS 对 VLOC[3]	CS=VLOC	CS＜VLOC	CS＜VLOC	CS＜VLOC	CS≤VLOC	CS=VLOC	CS=VLOC	?	CS=VLOC	CS＜VLOC
O 对 ML[4]	O＞ML	O=ML	O＜ML	O＜ML	?	O＞ML	O=ML	?	O=ML	?
阴道括约肌	有	有	?	有	无	无	无	?	?	有
AL 对 UT[5]	AL＞UT	AL≤UT	AL＜UT	AL＜UT	?	AL＜UT	AL＜UT	?	AL＜UT	?
子宫主支数	8～11	9～24	9～13	11～20	8～9	7～16	3～10	?	9～10	1～8

注：AL. 卵巢反孔侧叶；AT. 孔侧前方；CS. 阴茎囊；ML. 节片中线；O. 卵巢；PT. 孔侧后方；TF. 精巢区域；UT. 子宫；VLOC. 腹纵向渗透调节管。测量单位为μm

[1] TF=VLOC. 精巢区域接触或重叠于腹纵向渗透调节管；TF＜VLOC. 精巢区域由明显的间隙与腹纵管隔开

[2] AT=PT. 精巢滤泡区孔前方和相应的孔后区等长（由输精管隔开）；AT＞PT. 精巢滤泡区孔前方长过相应的孔后方区域；AT＜PT. 精巢滤泡区孔前方短过相应的孔后方区域

[3] CS=VLOC. 阴茎囊通常重叠于腹纵渗透调节管；CS＜VLOC. 阴茎囊不重叠于腹纵管；CS≤VLOC. 阴茎囊重叠或不重叠于腹纵管

[4] O＞ML. 卵巢纵向延伸横过节片横向中线；O=ML. 卵巢纵向达到（但不明显横过）节片横向中线；O＜ML. 卵巢不达节片横向中线

[5] AL＞UT. 卵巢反孔侧叶横向伸过早期子宫干；AL＜UT. 卵巢反孔侧叶不重叠于子宫干；AL≤UT. 卵巢反孔侧叶重叠或不重叠于子宫干

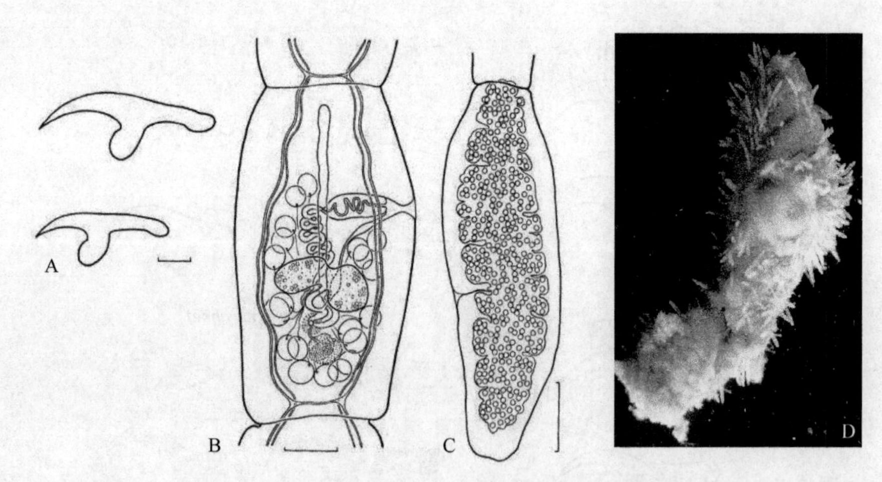

图 18-164　2 种棘球绦虫结构示意图及寄生状况实物

A，B. 多房棘球绦虫（*E. multilocularis* Leuckart，1863）：A. 吻突钩；B. 成节。C，D. 细粒棘球绦虫：C. 孕节；D. 寄生于终末宿主肠道状况。标尺：A=5μm；B=100μm；C=500μm（A～C 引自 Rausch，1994；D 引自 http://web.stanford.edu/group/parasites/ParaSites2006/Echinococcus/main.html）

Lymbery 等（2015）应用核基因和线粒体基因序列分析细粒棘球绦虫 G6、G7、G8 和 G10 基因型的系统发生关系，应用演化物种概念推导出 G6 和 G7 基因型代表了一个单一的物种，均不同于 G8 和 G10

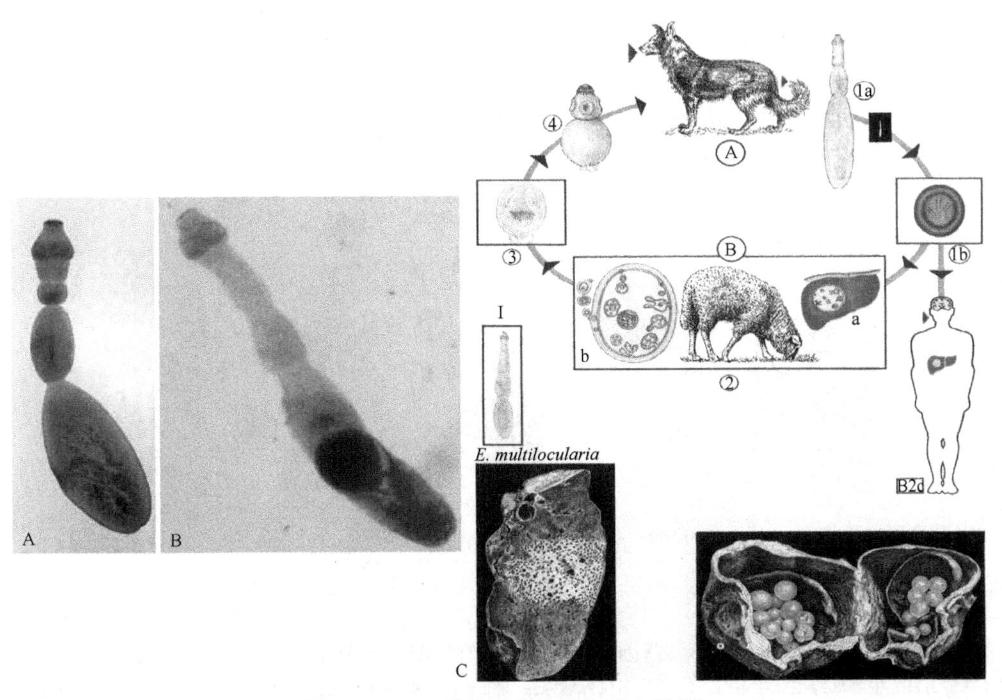

图 18-165　2 种棘球绦虫及生活史图解

A. 细粒棘球绦虫整体；B. 多房棘球绦虫整体；C. 细粒棘球绦虫（A 引自 http://www.cmpt.ca/photo_album_parasitology/parasitology_photos_4_ces.htm；B 引自 http://www.ipar.pan.pl/?module=lab&lab=lab31&language=en；C 引自 http://www.cvua-owl.de/rubriken/tiergesundheit/par/befundpraesentation/Echinohund.html）

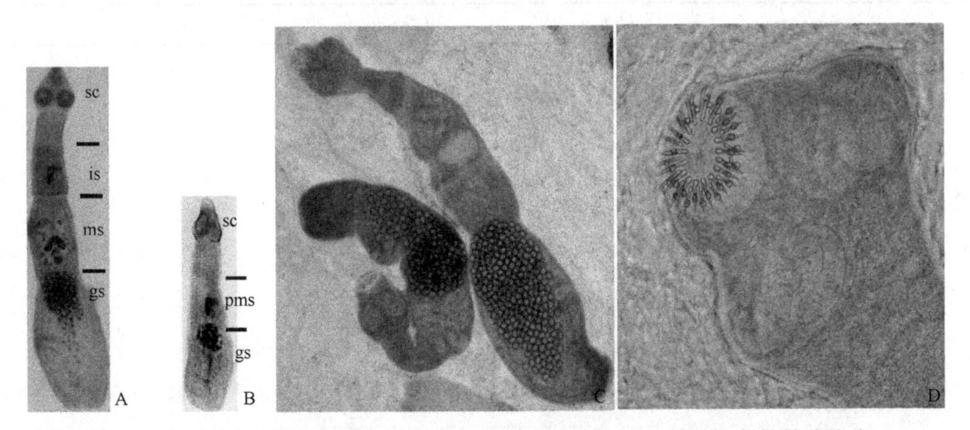

图 18-166　采自青海青藏高原东部石渠县自然感染的犬科动物中的棘球绦虫

A. 采自一条狗的多房棘球绦虫；B. 采自西藏狐狸的石渠棘球绦虫（*E. shiquicus*）；C，D. 多房棘球绦虫的完整虫体及头节放大（示吻突钩）。缩略词：gs. 孕节；is. 未成节；ms. 成节；pms. 预成节；sc. 头节（A，B 引自 Xiao et al.，2006；C，D 引自 http://www.cvua-owl.de/rubriken/tiergesundheit/par/befundpraesentation/Echinohund.html）

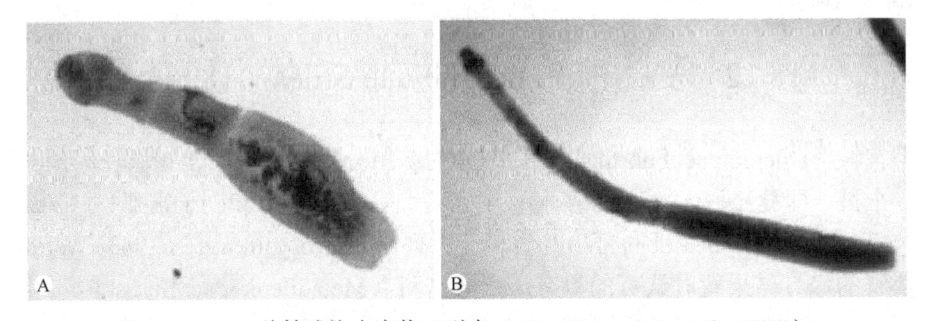

图 18-167　2 种棘球绦虫实物（引自 D'Alessandro & Rausch，2008）

A. 少棘棘球绦虫（*E. oligarthrus*）（长 2mm）的链体期，采自哥伦比亚自然感染的美洲山猫；B. 沃格尔棘球绦虫（*E. vogeli*）（长 12mm），采自实验感染的家猫，其中间宿主为无尾刺豚鼠

基因型，而 G8 和 G10 基因型也是不同的演化策略，因此应该当作不同的种。故提出重新启用原先分别用于 G6/7、G8 和 G10 的物种名：中间棘球绦虫（*E. intermedius*）、北极棘球绦虫（*E. borealis*）和加拿大棘球绦虫（*E. canadensis*）。正确界定和识别棘球绦虫种，在兽医和公共健康领域有重要意义。

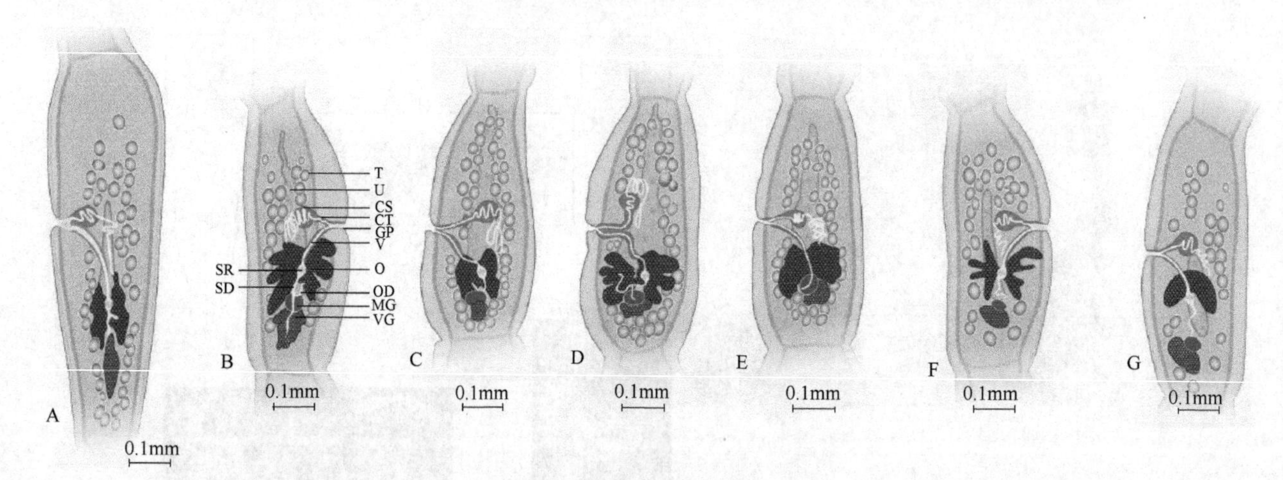

图 18-168　细粒棘球绦虫不同基因型成节生殖器官解剖示意图（引自 Lymbery et al.，2015）

A. G6 基因型（骆驼）；B. 牛棘球绦虫（牛）；C. 狭义的细粒棘球绦虫（绵羊和水牛）；D. 马棘球绦虫（马）；E. G7 基因型（猪）；F. G10 基因型（鹿科动物）；G. G8 基因型（鹿科动物）。G6 和 G7 基因型相似，但明显与 G8 和 G10 基因型不同。缩略词：CS. 阴茎囊；CT. 阴茎管；GP. 生殖孔；MG. 梅氏腺；O. 卵巢；OD. 输卵管；SD. 输精管；SR. 受精囊；T. 精巢；U. 子宫；V. 阴道；VG. 卵黄腺

表 18-8　几种棘球绦虫的比较

种	*E. granulosus*	*E. multilocularis*	*E. shiquicus*	*E. orligarthrus*	*E. vogeli*
终末宿主	狗	狐狸	狐狸	野猫类	林狗
中间宿主	有蹄类	小型啮齿类（鼹鼠）	高原鼠兔	啮齿动物	啮齿动物
成体					
体长（mm）	2.0～11.0	1.2～4.5	1.3～1.7	2.2～2.9	3.9～5.5
体节数	2～7	2～6	2～3	3	3
大钩长（μm）	25.0～49.0	24.9～34.0	20.0～23.0	43.0～60.0	49.0～57.0
小钩长（μm）	17.0～31.0	20.4～31.0	16.0～17.0	28.0～45.0	30.0～47.0
精巢数	25～80	16～35	12～20	15～46	50～67
生殖孔位置					
成节	近中央	中央前方	近上方边缘	中央前方	中央后方
孕节	中央后方	中央前方	中央前方	近中央	中央后方
孕子宫	有侧方分支	囊状	囊状	囊状	管状
绦虫蚴	内脏单房囊	内脏多房囊	内脏单房囊	内脏多房囊	内脏多房囊

注：数据引自 Xiao 等（2006）

18.12　复孔科（Dipylidiidae Stiles，1896）

广义上的囊宫科（Dilepididae Fuhrmann，1907）的绦虫分类长期都有争论。在科及其下的水平上，有些权威认可一个科，即囊宫科，含 3 个亚科：囊宫亚科、复孔亚科和副子宫亚科（Yamaguti，1959；Schmidt，1986），其他权威则将 3 个亚科都上升为科的行列（Matevosyan，1953，1963；Wardle et al.，1974）。目前，对这一类群的修订结果暂时认可的科有：后囊宫科（Metadilepididae Spasskiĭ，1959）、副子宫科（Paruterinidae Fuhrmann，1907）和复孔科（Dipylidiidae Stiles，1896）（Bona，1994；Georgiev & Kornyushin，1994；Kornyushin & Georgiev，1994；Mariaux，1990，1991b，1994；Mariaux & Vaucher，1989）。其中，

复孔科相当于 Witenberg（1932）认可的复孔亚科，包含有 3 个属：复孔属（*Dipylidium*）、双复孔属（*Diplopylidium*）、佐氏属（*Joyeuxiella*）。所有种都寄生于食肉的哺乳动物。Matevosyan（1963）将米兰达属（*Mirandula* Sandars，1965）和双斯克尔亚宾属（*Diskrjabinella* Matevosyan，1953）放在复孔科。后来米兰达属又被移到囊宫科（Bona，1994），而双斯克尔亚宾属被认为有问题，其种鸟居双斯克尔亚宾绦虫［*Diskrjabinella avicola*（Fuhrmann，1906）］及模式种哥伦比亚双斯克尔亚宾绦虫［*D. columbae*（Fuhrmann，1908）］模式材料状况很差，不能用于物种描述，该属有可能与双复孔属同义。其他 Yamaguti（1959）、Schmidt（1986）放在复孔亚科的属已被移到囊宫科（Bona，1994）。

18.12.1 识别特征

头节具有可伸出的吻突，吻突有几轮钩。钩通常为刺状，偶尔为带绦虫样。吻突囊不存在。吸盘无棘。链体小到中型。节片多数；成节和孕节长大于宽。每节两套生殖器官。生殖孔位于两侧。精巢数目多，占据渗透调节管间空间，可能达节片的前方边缘或否。阴茎囊通常达或与纵向渗透调节管交叉。输精管卷曲，容量大。贮精囊不存在。卵巢分叶状，明显为两叶或否。卵黄腺实体状，分叶，紧接卵巢后。阴道开口于阴茎囊的前方或后方。阴道与阴茎囊交叉或否。在卵巢水平有小型受精囊存在。子宫不持续，由薄壁囊取代，囊内含有 1 个或几个卵。无副子宫器。已知成体寄生于食肉的哺乳动物，幼虫寄生于两栖类、爬行类或昆虫。模式属：复孔属（*Dipylidium* Leuckart，1863）。

18.12.2 分属检索表

1a. 子宫囊各含有几个卵；阴道在阴茎囊后方……复孔属（*Dipylidium* Leuckart，1863）
1b. 子宫囊各含有 1 个卵；阴道在阴茎囊后方或与阴茎囊交叉……2
2a. 吻突钩均一地为刺状；阴道在阴茎囊后方开口……佐氏属（*Joyeuxiella* Fuhrmann，1935）
2b. 吻突钩前方的轮为带科状；阴道在阴茎囊前方开口……双复孔属（*Diplopylidium* Beddard，1913）

18.12.3 复孔属（*Dipylidium* Leuckart，1863）

［同物异名：微带属（*Microtaenia* Sedgwick，1884）］

识别特征：吻突圆锥状，装备有交替的由一致的刺状钩组成的几轮钩。在成节和孕节中，生殖孔位于赤道或赤道偏后。精巢填充于髓质，扩展或接近节片前方边缘。阴茎囊棒状或梨状，达渗透调节管或否。阴道不与阴茎囊交叉。子宫最初为网状，转瞬即逝。子宫囊充满髓质，向侧方扩展超过渗透调节管。已知成体寄生于食肉动物，幼虫期寄生于昆虫，全球性分布。模式种：犬复孔绦虫［*Dipylidium caninum*（Linnaeus，1758）］（图 18-169，图 18-170）。

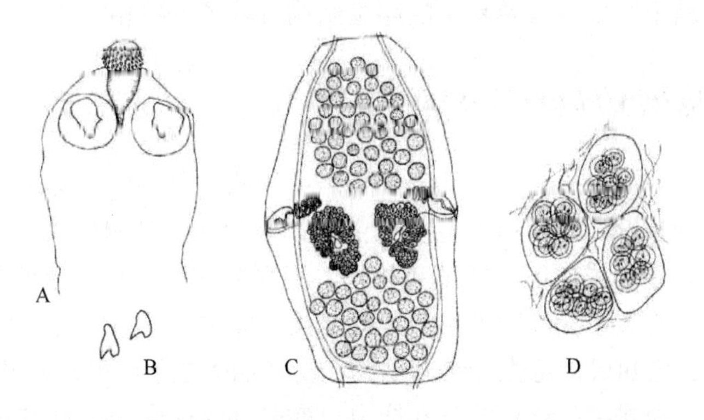

图 18-169 犬复孔绦虫结构示意图（引自 Jones，1994）
A. 头节；B. 吻突钩；C. 成节；D. 卵囊

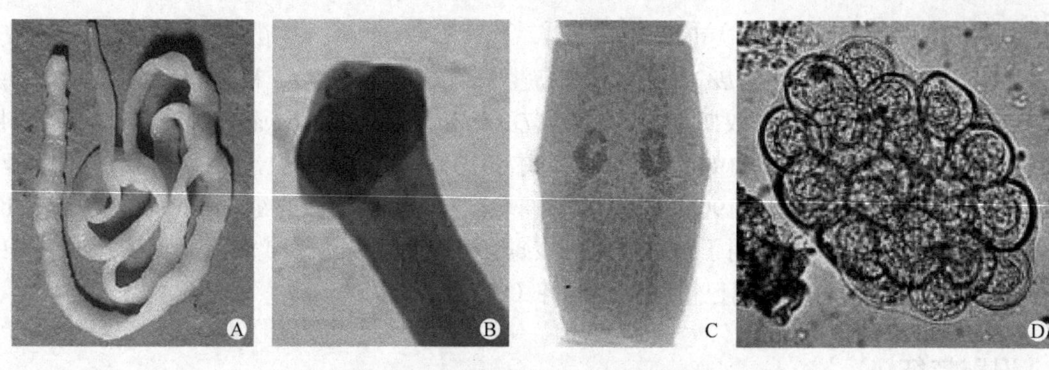

图 18-170　犬复孔绦虫实物显微照片

A. 链体；B. 头节；C. 成节；D. 卵（A 引自 www.pasozyty.com.pl/Dipylidium-c...psi.html；B～D 引自 www.gate.net/～mcorriss/PD2.html）

18.12.4　佐氏属（*Joyeuxiella* Fuhrmann，1935）

［同物异名：佐氏属（*Joyeuxia* López-Neyra，1927）先占用］

识别特征：吻突或为圆锥状，装备有交替的规则排列的钩轮，钩柄短于钩卫，或细长有球茎状的端部，钩多不规则，钩柄长于钩卫。钩通常为刺状。在成节和孕节中，生殖孔位于赤道偏前。精巢占据雌性器官之间或后方，存在于前方输精管水平或否。阴茎囊卵圆形，通常与渗透调节管交叉。阴道不与阴茎囊交叉。子宫囊各含一个卵，伸展过侧方超过渗透调节管或否。已知成体期寄生于食肉动物，幼虫期寄生于爬行动物，分布于欧洲、俄罗斯、非洲和中东。模式种：奇泽尔佐氏绦虫［*Joyeuxiella chyzeri*（Ratz，1897）］{同物异名：帕斯奎尔佐氏绦虫［*Joyeuxiella pasqualei*（Diamare，1893）］}。其他种：棘吻样佐氏绦虫（*J. echinorhyncoides* Sonsino，1889）（图 18-171）。

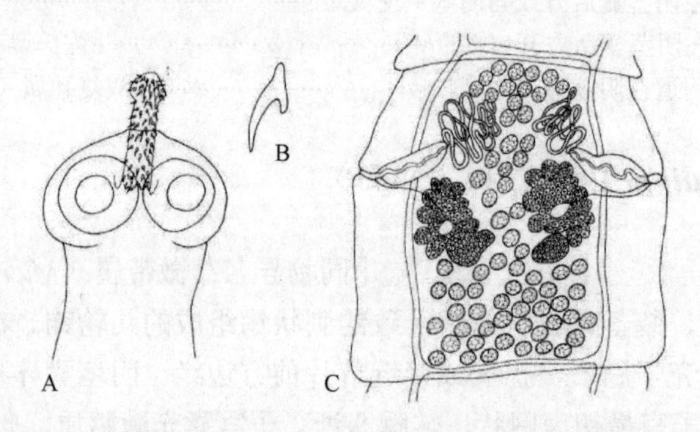

图 18-171　棘吻样佐氏绦虫结构示意图（引自 Jones，1994）

A. 头节；B. 吻突钩；C. 成节

近期人们对佐氏绦虫精子发生及成熟精子的超微结构进行了一些相关研究，结果如图 18-172 所示。

18.12.5　双复孔属（*Diplopylidium* Beddard，1913）

［同物异名：原雌孔属（*Progynopylidium* Skryabin，1924）］

识别特征：吻突扁平的顶部，装备有几轮交替的钩，前轮的钩有明显的柄和卫，后部的多为刺状。在成节和孕节中，生殖孔位于赤道偏前。阴茎囊长形，近端向前弯，与渗透调节管交叉。精巢占据大部分髓质区，扩展接近于节片前方边缘。阴道与阴茎囊交叉。卵巢分叶状，有点明显地具 2 翅。子宫囊在渗透调节管中部，单卵性。已知成体寄生于食肉动物，幼虫期寄生于两栖动物和爬行动物，分布于欧洲、非洲、亚洲、印度和中国。模式种：獛双孔复孔绦虫（*Diplopylidium genettae* Beddard，1913）。其他种：棘四面体双复孔绦虫［*D. acanthotetra*（Parona，1887）］（图 18-173A、B）和诺氏双复孔绦虫［*D. nolleri*

（Skryabin，1924）]（图 18-173C、D）。

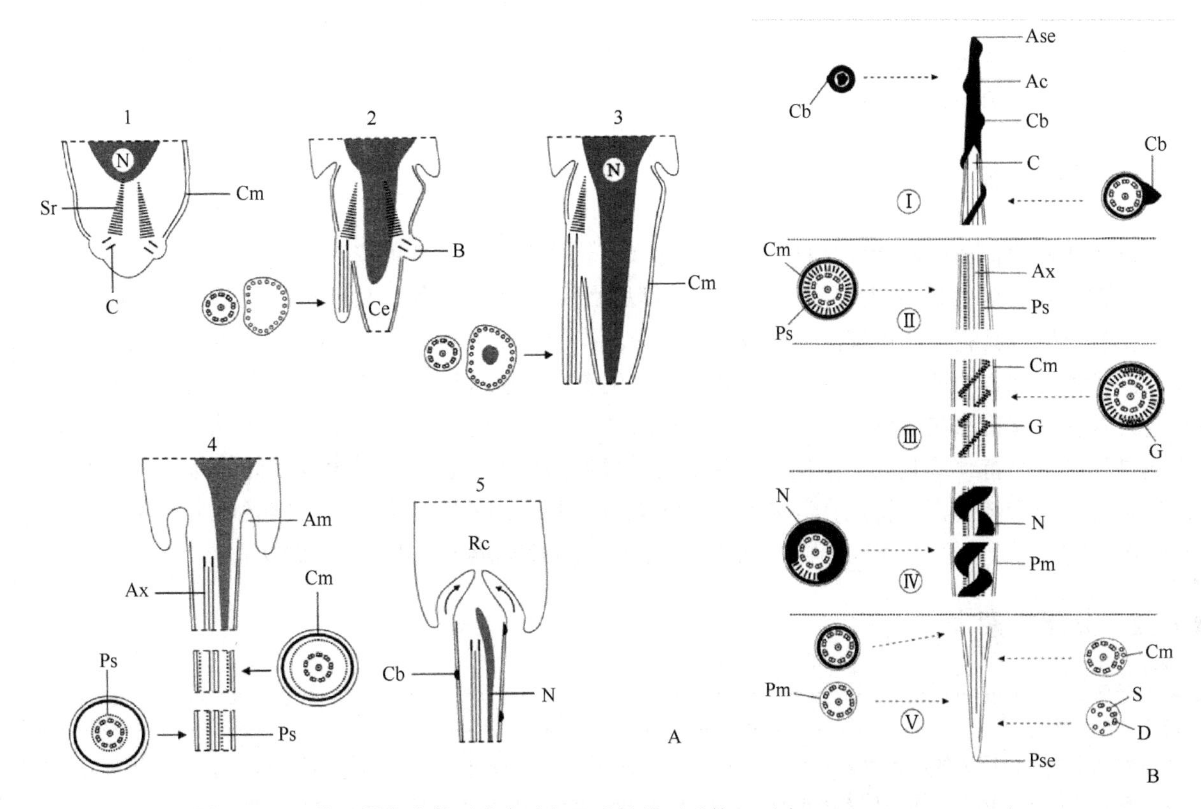

图 18-172　佐氏属绦虫精子发生过程及成熟精子重构（引自 Ndiaye et al.，2003a）

A. 绦虫精子发生过程按 1～5 顺序进行；B. 成熟精子重构示五个区段的主要结构。缩略词：Ac. 顶部圆锥体；Am. 弓状膜；Ase. 精子前方末端；Ax. 轴丝；B. 胞质芽；C. 中心粒；Cb. 冠状体；Ce. 胞质扩展；Cm. 皮层微管；D. 双连体（微管）；G. 糖原颗粒；N. 核；Pm. 质膜；Ps. 围轴鞘；Pse. 精子后端；Rc. 残余胞质；S. 单连；Sr. 纹状根

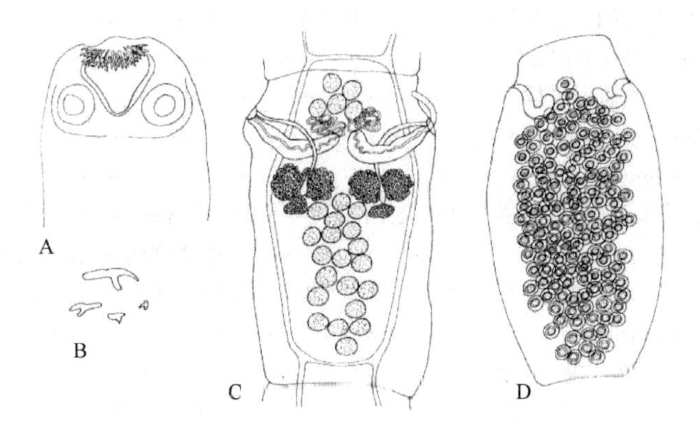

图 18-173　双复孔属 2 种绦虫结构示意图（引自 Jones，1994）

A，B. 棘四面体双复孔绦虫：A. 头节；B. 吻突钩。C，D. 诺氏双复孔绦虫：C. 成节；D 孕节

18.13　囊宫科（Dilepididae Railliet & Henry，1909）

囊宫科自 Railliet 和 Henry（1909）建立后，Fuhrmann（1932）将其分为 3 个亚科：囊宫亚科（正常子宫）、副子宫亚科（有副子宫器）和复孔亚科（有子宫囊），但现已不再如此分。各亚科都已上升为科的行列。“子宫囊”术语未进一步特化，不再适合于属以上阶元的确定。原囊宫科的有些属归入了后囊宫科。余下的囊宫科的属超过 100 个，不组成单系线系。囊宫科最全面的修订工作见于 Bona（1994），其科至少包含了 Spasskiĭ 和 Spasskaya（1973）的弯吻科（Gryporhynchidae）。由于弯吻科目前仍缺乏明确的

分化识别特征，且目前还没有一个明确的其属组成概念，故仍归在囊宫科。实质上目前的囊宫科可能含有若干个科，而有些科可能与目前认可的其他科同义。在新样品采集，原模式与凭证样品重新研究，新的生理生化和分子等证据获取，将现囊宫科再行全面系统研究，最终使现囊宫科不同线系都成为单系线系为止之前，仍以 Bona（1994）的修订为主。

18.13.1 识别特征

顶器官通常肌肉质或肌肉腺体样，有吻突囊和有钩吻突；腺体样的囊，无棘或有柔弱的棘；顶器官很少不存在。吻突可以是不同的结构。吻突囊可以由纤维状的肌肉块取代或很少缺乏。吸盘通常无棘，偶尔边缘有小钩或具有小的粗棘，不是戴维科类型。钩形态和大小差异大；1 轮或 2 轮，规则或不规则，很少弯曲排列。完全的链体有的相当小，有的大。生殖器官通常每节 1 套。卵巢两叶状，很少为一块。阴茎通常具棘。卵黄腺在卵巢后部。子宫位于腹部（位于背部的很稀有），最初为网状、迷宫状或囊状；在成熟过程中或是持续或是改变结构，或裂开为单卵或多卵的子宫囊，或消失了而使卵留在疏松的实质中。生殖管背位于渗透调节管或在其之间，很少腹位。真正的外贮精囊和内贮精囊通常不存在。已知寄生于鸟类（占主要部分）和哺乳动物。模式属：囊宫属（*Dilepis* Weinland，1858）。

18.13.2 分属检索表

1a. 寄生于鸟类……2
1b. 寄生于哺乳类……105
2a. 成体链体中头节由巨大的球状假头阻隔……离克瑞米属（*Apokrimi* Bona，1994）
2b. 没有真正的假头（颈区的简单扩大不是假头）……3
3a. 链体异常，宽显著大于长；头节过早地分开；每节 2 套生殖器官……尤里绦虫属（*Eurycestus* Clark，1954）
3b. 链体正常；头节吸附着；每节 1 套生殖器官……4
4a. 内贮精囊小，外贮精囊大，球状；钩三角形，刃爪样……原睾属（*Proorchida* Fuhrmann，1908）
4b. 没有真正的贮精囊（膨大但卷曲的内部和外部的输精管不是真正的贮精囊）；钩很少三角形……5
5a. 头节没有顶器官（可能残余，很难看出结构）……6
5b. 头节有顶器官，或是腺体状或是肌肉质样……8
6a. 生殖管在渗透调节管背方……无吻突属（*Arostellina* Neiland，1955）
6b. 生殖管在渗透调节管之间……7
7a. 生殖孔不规则交替，但有长的单侧系列；卵巢两叶状，或不规则小叶状；子宫最初为囊状；已知寄生于鴷形目（Piciformes）须鴷科（Capitonidae）鸟类……埃塞俄比亚带属（*Ethiopotaenia* Mettrick，1961）
7b. 生殖孔通常单侧，左侧或右侧，有时不规则交替；卵巢非两叶状，很大，最初有分支，随后有堆积的小叶；子宫迷宫状；已知寄生于鸻形目（Charadriiformes）鸟类……北极带属（*Arctotaenia* Baer，1956）
8a. 头节有顶部腺体样囊，有小的前方的腔开口于外部（内部或无任体结构，或有无棘的球茎样体或很小的有棘吻突）……9
8b. 头节有顶部肌肉质吻突器官，通常有吻突囊，很少无；吻突囊有或无可视的腺体样组分……18
9a. 腺体样囊通常有简单的前方腔……10
9b. 腺体样囊有前方腔和小的无棘球茎位于腔的基部……14
9c. 腺体样囊有前方腔和小的具棘吻突样结构位于腔的基部……15
10a. 吸盘有小钩……*Cotylorhipis* Blanchard，1909
10b. 吸盘无钩……11
11a. 生殖管在渗透调节管之间……12
11b. 生殖管在渗透调节管背部……13
12a. 阴茎有小棘；生殖腔小，简单；没有雄性管……伪领带属（*Pseudochoanotaenia* Burt，1938）
12b. 阴茎具有长鬃毛样棘；短的雄性管存在（阴道孔比雄孔更远），衬得长而细的棘与阴茎鬃毛样棘相连续……钩棘属（*Unciunia* Skryabin，1914）
13a. 子宫细网状，由晚期成熟的单囊、膜样子宫囊取代；卵巢小而横向扩展，位于中央；很少卵母细胞；已知寄生于雀形

目鸟类……………………………………………………皮洛托绦虫属（*Ptilotolepis* Spasskiĭ，1969）

13b. 子宫囊状，深分叶；卵巢很大，占据地方大，接近于前方节片边缘；已知寄生于雁形目鸟类……………………………………………………扁头节属（*Platyscolex* Spasskaya，1962）

14a. 吸盘覆盖有密点状棘；卵巢纤弱，不很大，小叶纵向伸长，具有窄的峡部；卵有薄膜，帽状极物质和细的极突起，最终分散于实质中，转变为小的颗粒细胞？……………………………………象牙带属（*Eburneotaenia* Bona，1994）

14b. 吸盘无棘；卵巢巨大，填充了髓质的前半部；卵有厚膜，可能有结实、坚固的外膜，最终分散于实质中……………………………………………………草鹀带属（*Emberizotaenia* Spasskaya，1970）

15a. 孔单侧，右侧；生殖腔大而强劲，不对称，前方更深，有显著的乳突；已知寄生于潜鸟目（Gaviiformes）鸟类……………………………………………………新瓦利孔属（*Neovalipora* Baer，1952）

15b. 孔不规则交替；生殖腔简单或结构不同……………………………………16

16a. 钩1轮；精巢数目少；阴道棒状（也见于74a和83a正常肌肉腺体样吻突器）……………………………………………………腺钩属（*Glanduluncinata* Bona，1994）

16b. 钩2轮；精巢数目多；阴道正常……………………………………17

17a. 子宫网状，由大型多卵囊取代，含有成堆的黏附到一起的卵，有长的极突；卵巢两叶状，大型，网状，有分支；精巢位于卵巢后部，对称布局；已知寄生于雀形目河乌科（Cinclidae）鸟类（也见于肌肉腺体样吻突器91a的识别特征和同物异名）……………………………………河乌带属（*Cinclotaenia* Macy，1973）

17b. 子宫囊状，卵巢实体样，可能不为两叶状，小马蹄铁状，显著位于孔侧前方；精巢大多数位于卵巢反孔侧侧方，有些位于后部；已知寄生于企鹅目（Sphenisciformes）鸟类（也见于肌肉腺体样吻突器91b的识别特征。注：顶器官仅明显地为真正的腺体样）……………………………………等睾属（*Parorchites* Fuhrmann，1932）

18a. 吻突无棘（注：钩不发达；例外的情况，仅肯定于未描述的种类，似乎属于正常的吻突有棘的属）；已知寄生于新热带区啄木鸟科（Picidae）的鸟类（见66b的识别特征）……………………克瑞米属（*Krimi* Burt，1944）

18b. 吻突有棘……………………………………19

19a. 钩锤状，“戴维科”类型和排列，小，很多；肌肉质的吻突囊弱；吻突纤弱，横向纤维不总是可见，有扁平状或圆屋顶样的前方表面；已知寄生于鸻形目鸟类……………………………………20

19b. 钩为不同的类型；吻突囊（很少量不存在）和吻突显著，通常有很多肌肉……………………………………21

20a. 链体小；4个精巢；生殖孔规则交替；钩2轮；子宫囊状，有深隔……………………………………希曼淘鲁斯属（*Himantaurus* Spasskaya & Spasskiĭ，1971）

20b. 链体中到大型；精巢数目多；生殖孔不规则交替，可能形成长的单侧系列；钩1（？）轮；子宫网状，转变为普遍的单卵子宫囊……………………………………科瓦列夫斯基属（*Kowalewskiella* Baczynska，1914）

21a. 钩端向前，当吻突收缩时吻突顶呈凹状；吻突器官大多数高度肌肉质，有特殊的类型［安德斯波德属样（onderstepoortioid）（22a），环簇属样（cyclusteroid）（25a），小带属样（parvitaenioid）（25b）］，或正常类型瓦利孔属样（valiporoid）（25c）］……………………………………22

21b. 钩端向后，当吻突收缩时吻突顶凸出；吻突器为正常类型，或为肌肉质或为肌肉-腺体质［仅一例外，为35a的图班吉属（*Tubanguiella*）……………………………………35

22a. 没有吻突囊；精致、疏松、纵向和横向的纤维可能围绕着吻突；吻突很大，强劲；中央团有细微横向条纹，有一浅表、纵向倾斜的厚纤维层；顶盘像扁平的吸盘；昂德斯泰普特属样类型，钩1轮；子宫最初为网状或囊状，壁不持续；受精囊纺锤状，位于孔侧，与卵黄腺距离远……………………………………23

22b. 真正的吻突囊存在或由纵向、同心环的纤维粗块取代；吻突的结构不同，顶部不似扁吸盘；钩2轮；子宫通常为囊状，壁持续存在；受精囊或亚球状，位于中央或横向，孔侧伸长；达卵黄腺……………………………………25

23a. 卵巢不为两叶状，马蹄铁状，巨大；子宫网状迷宫样变为致密的、膜状的、单卵子宫囊；生殖腔浅，简单……………24

23b. 卵巢两叶状，子宫位于腹部，囊状分小叶；卵后来分散于实质中，有很厚的膜；生殖腔深，有厚的肌肉壁……………………………………石鸻带属（*Burhinotaenia* Spasskiĭ & Spasskaya，1965）

24a. 精巢围绕着卵巢；生殖管在渗透调节管之间；子宫背位；阴道在阴茎囊后，同一水平面；渗透调节管正常；已知寄生于鸻形目鸟类……………………………………昂德斯泰普特属（*Onderstepoortia* Ortlepp，1938）

24b. 精巢位于卵巢后；生殖管在渗透调节管背方，例外者同一链体中生殖管在渗透调节管之间；子宫腹位；阴道在阴茎囊后，很可能在右腹部或左背部；腹渗透调节管间存在大型联合管；已知寄生于雀形目鸟类……………………………………椋鸟带属（*Spreotaenia* Spasskiĭ，1969）

25a. 吻突囊强劲（壁不一定厚），很大，当吻突收缩时腔有时可忽略；吻突很复杂，强劲、坚硬，有两层肌肉质的浅表层，至少有一些由斜向螺旋纤维组成；环簇属样型（见21a）；生殖孔或规则交替或位于左侧；阴茎囊在右和左方开口，不

改变阴道的背腹位置；头节球状，通常很大……………………………………………………………………………… 26

25b. 吻突囊由纵向同心纤维组成的致密团块取代，当吻突收缩时围绕吻突帽，当吻突突出时在其下弯曲或横向；吻突简单，三角形，通常粗短，明显由纵向螺旋纤维（不是横向环状的）致密团块组成；当吻突突出时变短并成为实质样垫；小带属样类型（见 21a）；孔或不规则交替或单侧，同一种中有右侧的链体和左侧的链体；阴道相对于阴茎囊的背腹位置左侧孔和右侧孔颠倒；头节或正常或球状，大……………………………………………………………………………… 28

25c. 吻突囊和吻突正常而精致，囊壁薄，吻突简单，有几乎看不见的横向条纹壁；瓦利孔属样类型（见 21a）；生殖孔单侧，右方；头节小，渐尖；钩型通常为典型的瓦利孔属样型……………………………………瓦利孔属（*Valipora* Linton，1927）

26a. 生殖孔规则交替（很少有两节在一侧的）；精巢数目多；卵巢有深的峡部，叶大，深分叶，当扩展时为扇状；子宫囊状，深分小叶，或是环状或是马蹄铁状……………………………………………… 环簇属（*Cyclustera* Fuhrmann，1901）

26b. 生殖孔单侧；精巢 4 个（很少 5 个和 3 个的）；卵巢叶实体样，亚球状或很少小叶状；子宫囊状，形成 2 个相连的囊，之后有一小叶或分支的腔………………………………………………………………………………………… 27

27a. 生殖器官没有附属结构；阴道在阴茎囊腹部，沿其轴位置………………………………副囊宫属（*Paradilepis* Hsü，1935）

27b. 生殖器官没有附属阴道和阴茎囊；真正的阴道在阴茎囊的腹前方…………阿斯科囊宫属（*Ascodilepis* Guildal，1960）

28a. 生殖孔不规则交替…… 29

28b. 生殖孔位于单侧…… 30

29a. 链体很小到小型；钩型为 parvitaenioid 型，直刃与柄在同一轴上，端部突然弯曲；远方的钩柄加厚；两轮钩不同；生殖管在渗透调节管之间；精巢 6～15 个，位于卵巢后方，包围其反孔侧叶或少量精巢在卵巢前形成分离的群（很少有在孔侧前方分离的样品）；卵巢巨大，外貌不规则；子宫囊状或马蹄铁状，略微分叶…… 小带属（*Parvitaenia* Burt，1940）

29b. 链体中到大型，很少小型；钩型光尾须属样（glossocercoid）型（变形的小带属样型）；在柄和卫处有巨大的硬化；远端的钩，柄和卫的硬化不连续或仅有刃部硬化，从钩体或更近钩端部，限制了钩刃尖端；卫可能朝向后部；生殖管在渗透调节管之间或背方，因种面异，两种情况下链体内有例外；精巢多个，或是分为群位于卵巢后方，反孔侧前方，有时也分为小的孔侧前方群或在一连续的区域，在卵巢的后方和侧方或围绕着卵巢，但在孔侧叶前方；卵巢横向伸长或有扇状叶；子宫囊状，有很多深小叶和窄的后部裂隙……………………………光尾须属（*Glossocercus* Chandler，1935）

30a. 渗透调节管正常…… 31

30b. 渗透调节管反孔侧反转………………………………………………………………………………………………… 34

31a. 钩为典型的小带属样型；链体精致，窄小；精巢少，位于卵巢后部、反孔侧侧方和更前方………………………… 32

31b. 钩不同于上述，链体通常强劲，肉质宽；精巢数目多，围绕着卵巢……………………………………………… 33

32a. 精巢 4 个；生殖腔很大，有附器，如囊、大棘，围绕着性腺孔有多刺的皱沟；阴茎短、宽、精致，有很细长的棘……………………………………………………………………………………………………*Neogryporhynchus* Baer & Bona，1960

32b. 精巢少，但多于 4 个；生殖腔大，壁厚但简单；阴茎很大而强劲，有密棘……… 克莱兰德属（*Clelandia* Johnston，1909）

33a. 钩三角形、巨大；刃钩状，与钩体有明显区别；钩冠规则；生殖腔球状、复杂、壁厚，为辐射状的纤维，有内部稳定的雄性乳突；阴道很小而短，如果链体孔开在右方则阴道在阴茎囊腹部，如果孔在左侧则在背部……………………………………………………………………………………………………… 环睾属（*Cyclorchida* Fuhrmann，1907）

33b. 钩形状不同，纵向有纹，远端的轮为两种不同大小，排为两侧对称式交替的序列；生殖腔球状、吸盘样，可变形；壁厚，有长的外部纤维朝向阴茎囊；阴道长而宽，如果链体孔开在右方则阴道在阴茎囊背部，如果孔在左侧则在腹部……………………………………………………………………阿米尔沙啉噶米尔属（*Amirthalingamia* Bray，1974）

34a. 钩纵向有纹，环簇属样型；生殖管在渗透调节管之间（当背侧管不消失时）；精巢围绕着卵巢（可能在孔侧叶前方中断）；子宫囊状，深分叶；卵有长的极突……………………………………………比尔博纳属（*Baerbonaia* Deblock，1966）

34b. 钩为不同形状；生殖管在渗透调节管背方；精巢在卵巢后部，有时也在反孔侧侧方或前方成群；子宫囊状，有密集的、深、通常为指状分支小叶，腔横向扩展或马蹄铁状有近的端部或前方有分支的环状结构（也见于 49a 正常的肌肉质吻突器官项），深分叶；卵有长的极突……………………………………………树状子宫属（*Dendrouterina* Fuhrmann，1912）

35a. 吻突收缩时钩端向后，但吻突器官被认为是 parvitaenioid 型；钩和钩的解剖为光尾样型（见 29b）；已知寄生于鹰形目（Accipitriformes）鸟类………………………………………………………………图班吉属（*Tubanguiella* Yamaguti，1959）

35b. 吻突收缩时钩端向后，吻突器官肌肉质或肌肉腺体样，由真正的吻突囊和吻突组成，有单一、厚、横向条纹壁［既不是小带属样（25b）型，也不是环簇属样（25a）型］ ……………………………………………………………………… 36

36a. 生殖孔单侧…… 37

36b. 生殖孔规则或不规则交替……………………………………………………………………………………………… 51

37a. 吻突具棘但吻突钩冠不明；卵巢非两叶状，位于孔侧前方；反孔侧渗透调节管反转；生殖腔有强劲有空隙的辐射状束；

子宫最初在背部，为横管状，随后为很精细的网状，随后转变为膜质单卵的囊（注：36a 的独特特征组合，因此可识别的属甚至于没有钩冠）…………………………………………………… *Eugonodaeum* Beddard，1913

37b. 钩 1 轮，规则（不同于 37a 的特征组合）…………………………………………………… 38

37c. 钩 2 轮，规则（不同于 37a 的特征组合）…………………………………………………… 41

38a. 生殖管在渗透调节管之间；子宫粗网状，随后为迷宫状；钩少，约有 10 个，有空间相隔；雄性先熟，早授精；卵有长的极突；已知寄生于鸻形目：鞘嘴鸥科（Chionidae）鸟类……………………网带属（*Reticulotaenia* Hoberg，1985）

38b. 生殖管在渗透调节管背方，例外在腹方（可疑）；子宫囊状，持续或否；钩冠和成熟状况与上述不同；卵没有极突 …………………………………………………… 39

39a. 链体很小；生殖腔简单；精巢少（6～8 个），在雌性腺横向背方和侧方后部线状排列；卵巢很小，小叶光滑；子宫囊状不分小叶，壁持续存在，卵最终分散于实质中，转变为颗粒细胞 ……………………………………………………囊宫样属（*Dilepidoides* Spasskiĭ & Spasskaya，1954）

39b. 链体小到中型；生殖腔壁很强劲。精巢位于扩展的区域；卵巢比例大，具小叶；子宫囊状具小叶，壁持续存在…… 40

40a. 生殖孔位于亚边缘，背方；吻突顶部两叶状，钩冠分为背方和腹方的半环；阴道在阴茎囊背方；子宫位于中央；阴茎宽，有长棘…………………………………………………毛头样属（*Trichocephaloidis* Sinitzin，1896）

40b. 生殖孔位于边缘；吻突顶部非两叶状，收缩时钩为 X 形束；阴道在阴茎囊腹方；子宫位于背方；阴茎窄，很长，可能具有小棘…………………………………………………侧孔属（*Lateriporus* Fuhrmann，1907）

41a. 子宫最初为网状，细或粗网孔，或坚韧的壁的迷宫状，之后变为子宫囊，或保留为迷宫状，有时消失，或变为囊状 …………………………………………………… 42

41b. 子宫最初为囊状，持续或发育为囊 …………………………………………………… 47

42a. 子宫为细网状或迷宫状，发育为囊…………………………………………………… 43

42b. 子宫最初为网状，之后或持续为迷宫状或变为分隔的囊；没有子宫囊 …………………………………… 45

43a. 子宫囊多卵、大，有卵相互包裹；精巢围绕着卵巢；受精囊大 ……………………小囊属（*Capsulata* Sandeman，1959）

43b. 子宫囊单卵；精巢区域与受精囊不同上条 …………………………………………………… 44

44a. 子宫囊小泡状；吻突器官特别强劲；吻突有小的有开孔的顶腔；生殖腔壁球茎状，致密，没有纵向、同心纤维；内层基部厚；阴道孔正常；卵巢小，几乎不为两叶状和具小叶，位于孔侧（也见于 93a 不规则交替的生殖孔、识别特征和同物异名）…………………………………………………巨棘属（*Megalacanthus* Moghe，1926）

44b. 子宫囊膜状；吻突顶正常；生殖腔壁球茎状，有同心、纵向、弯曲的纤维；内层在整个腔都增厚；阴道孔有括约肌样增厚；卵巢两叶状，具深小叶，位于中央（也见于 103a 不规则交替的生殖孔及识别特征）…………………………………………………比若瓦属（*Birovilepis* Spasskiĭ，1975）

45a. 子宫持续为迷宫状，但不寻常发育（见识别特征），最终卵或能连为链状；钩 20～32 个；生殖腔不很深，但壁强劲，复杂；阴道在进入生殖腔之前的孔侧部形成急转向后的弯曲；已知寄生于鸻形目鸟类…………………………………………………异绦虫属（*Anomolepis* Spasskiĭ，Yurpalova & Kornyushin，1968）

45b. 子宫最初为粗网眼状，之后为囊状；卵不排为链状；钩 40～70 个；生殖腔小而简单，壁可以略为增厚；阴道孔侧部很少在阴茎囊后部；宿主不同 …………………………………………………… 46

46a. 子宫最初为粗网眼状或迷宫状，通常在腹方和背方层，之后为囊状，微分隔；背方的渗透调节管（至少是孔侧的）比腹管略位于反孔侧；通常钩刃短而粗，短于柄，为 unduloid 型；吻突强劲，巨大；顶垫宽，圆屋顶状，不明显；已知主要寄生于雀形目鸟类 …………………………………………………囊宫属（*Dilepis* Weinland，1858）

46b. 子宫位于腹方，粗网眼网状，有实质小岛，随后囊状，有一些深隔；渗透调节管为正常位置；钩形不同，刃细长，比柄略微或长很多；吻突强劲，主干窄，顶垫很宽，界限明确；已知寄生于鹑鸡目（Galliformes）：冢雉科（Megapodidae）鸟类…………………………………………………大阴茎属（*Megacirrus* Beck，1951）

47a. 子宫囊状，背位，分支粗，辐射状并转变为单或多卵的囊（混合的）；卵巢位于孔侧；受精囊很小，孔侧位 …………………………………………………玛丽卡属（*Malika* Woodland，1929）

47b. 子宫囊状，腹位持续；卵巢不在孔侧；受精囊大…………………………………………………… 48

48a. 阴道位于阴茎囊背部；钩近 50 个；卵巢两叶状，小；小叶少（4 个），相对大，亚球状；精巢少（4 个）；已知寄生于鹑鸡目：冢雉科鸟类 …………………………………………………卡特兰属（*Kotlanolepis* Murai & Georgiev，1988）

48b. 阴道位于阴茎囊腹部；钩近 16～26 个；卵巢两叶状，大，有多于 4 个小叶或非两叶状（50b）；精巢多于 4 个；已知宿主不同…………………………………………………… 49

49a. 反孔侧渗透调节管背腹反转；生殖管背位；子宫深分叶并分支，有横向、马蹄形或环状有分支的中央前方支囊；卵巢两叶状，有大量深小叶（也见于小带属样吻突器，识别特征和同物异名见 34b）……………………………

……树状子宫属（*Dendrouterina* fuhrmann，1912）

49b. 反孔侧渗透调节管位置正常；生殖管在渗透调节管之间；子宫简单分小叶；卵巢两叶状或否……50

50a. 精巢少，位于卵巢后部；阴茎有膨胀、有棘的基部和两个长而强的棘；当缩回时，近端光滑，在内部输精管之前有括约肌；卵巢两叶、相当大，有少量大的小叶……棘阴茎属（*Acanthocirrus* Fuhrmann，1907）

50b. 精巢很多，位于三个区域，一区主要在髓质卵巢后，两个区在皮质后侧方；阴茎简单，可能有棘；卵巢非两叶状、很小，实体样，位于中央；已知寄生于戴胜目（Upupiformes）[以前的佛法僧目（Coraciiformes）] 犀鸟科（Bucerotidae）鸟类……犀鸟绦虫属（*Bucerolepis* Spasskiĭ & Spasskiĭ，1968）

51a. 哑铃状器官（X 形硬化结构）在阴道和受精囊之间；整个类群的阴茎形态和钩棘状况典型；生殖腔的基部存在两性管，强劲的壁有括约肌样环状纤维；已知寄生于雨燕目（Apodiformes），还可能寄生于雀形目燕科（Hirundinidae）鸟类……52

51b. 无哑铃状器官；阴茎形态和钩棘状况很少类似；两性管很少……54

52a. 钩排列为弯曲状；与头节相比，吻突大而不成比例；节片的皮层光滑……伪角属（*Pseudangularia* Burt，1938）

52b. 钩两轮，规则；与头节相比吻突成比例；节片后部通常有可见的微毛或棘……53

53a. 生殖孔几乎总是规则交替；节片后部光滑或有可见的簇毛或小棘；两性管位于生殖腔基部，很发达，有强劲的壁……新利戈属（*Neoliga* Singh，1952）

53b. 生殖孔不规则交替；节片后部边缘有小棘；两性管位于生殖腔基部，短而减少为性腺孔远端部的简单括约肌……棘带属（*Echinotaenia* Mokhehle，1951）

54a. 同一链体中阴道在阴茎囊的背部或腹部，与孔在左侧或右侧有关，钩弯曲排列（多于两轮）或两个很不规则的轮，不同种中为 1∶1 或 1∶2 交替；生殖管总在渗透调节管背方；已知寄生于雀形目燕科（Hirundinidae），也可能寄生于雨燕目鸟类……55

54b. 同一链体中阴道位置从不改变，与孔在左侧或右侧无关，都位于阴茎囊的背腹位；钩不为弯曲排列，很少为不规则的 2 轮；生殖管在渗透调节管背方或之间；已知寄生于几个目的鸟类……57

55a. 钩为弯曲排列或不规则的轮，有 1∶2 交替混合、有弯曲排列的；右侧孔阴道在阴茎囊腹方，左侧孔在背方；长而与卵巢叶交叉；受精囊小，几乎位于中央，卵巢叶之间；卵巢大，没有明显分开的叶，向后部不太扩展；精巢主要在卵巢后部，横向的区域……56

55b. 钩 2 轮，规则或不同种中为 1∶1 或 1∶2 交替；右侧孔阴道在阴茎囊背方，左侧孔在腹方；很短，漏斗状，多棘；受精囊位于孔侧，大，横向伸长，在达阴道前与阴茎囊交叉；卵巢很大，峡部深而细，叶扇状向后扩展；精巢位于卵巢的后部、侧部和背部……维他属（*Vitta* Burt，1938）

56a. 生殖孔不规则交替；钩排为 Z 字形；子宫囊状、分隔，没有深的原初外向生长；阴茎窄，棘小，很细；吻突囊大而强；吻突强劲而长；卵巢庞大；皮层相当宽……有角属（*Angularella* Strand，1928）

56b. 生殖孔规则交替（很少两节连续同侧的）；钩无序，1∶2 交替和 Z 字形位置混合；子宫囊状，有隔，最初形成纵向的扩展突囊；阴茎宽，基部有强劲的棘；吻突囊精致，高度腺体样；吻突小；卵巢横向扩展；皮质窄……燕居属（*Hirundinicola* Birova-Volosinovicova，1969）

57a. 阴茎有鬃毛样棘丛生或成束（长、细、柔韧，有时弯卷），扩展至整个阴茎或至少至长的基部；阴道开口通常比雄孔更远，以至雄性管发达，阴茎棘可能扩展；当阴茎收缩时，丛生的棘表现为"胡萝卜样"刷或窄束，纵向纹，棘的端部多少占据雄性管或甚至于在生殖腔中；没有单侧的孔（也见于 2a 的离克瑞米属和 12b 的钩棘属）……58

57b. 阴茎有不同类型的棘或明显无棘；细长的棘如果存在，则限于器官顶部，阴茎上也有其他类型的棘；没有雄性管；子宫最初网状或囊状……70

58a. 孔规则交替；链体通常小……59

58b. 孔不规则交替；链体通常中或大型……65

59a. 钩 1 轮；已知寄生于䴕形目（Piciformes）啄木鸟科（Picidae）鸟类……60

59b. 钩 2 轮……61

60a. 卵巢小，位于中央；输精管位于中央前方；阴茎囊向前倾斜；节片宽略大于长；精巢区域对称扩展于卵巢外的侧方；钩 24 个……伊夫里带属（*Ivritaenia* Singh，1962）

60b. 卵巢大，主要的团块在髓质孔侧半；输精管位于孔侧，部分叠于阴茎囊和阴道；阴茎囊通常更向后倾斜；节片宽显著大于长；精巢区域更扩展于卵巢外的反孔侧；钩 12～14 个……单利戈属（*Monoliga* Bona，1994）

61a. 生殖管在渗透调节管的背方；已知寄生于䴕形目（Piciformes）啄木鸟科（Picidae）鸟类……62

61b. 生殖管在渗透调节管之间……63

62a. 生殖腔适当（在阴道孔的远端），通常无棘；雄性管有棘或无；精巢 14～25 个（很少量，仅有 9 个）；受精囊横向伸长，左孔侧卵巢叶前方或覆盖之；输精管的主体在阴茎囊前方……………………利戈属（*Liga* Weinland，1857）

62b. 生殖腔适当（在阴道孔的远端），具棘；雄性管通常无棘；精巢 8～12 个；受精囊卵圆形，近于中央，在卵巢叶之间；输精管的主体在阴茎囊后方……………………离利戈属（*Apoliga* Bona，1994）

63a. 阴茎囊精致，比例小，亚球状或卵圆形伸长，壁薄，远离孔侧卵巢叶或刚达到；阴茎仅有长而细的鬃毛样棘；阴道规则；雄性管有时界线不清，有棘或无棘……………………64

63b. 阴茎囊强劲，长形，比例大，通常壁坚韧或厚，在孔侧卵巢叶前方；阴茎近端有长鬃毛样棘，有时远端有鞭样棘；阴道分为短而厚壁的远端部（交配部）和近端的薄管；雄性管界线清晰，有强劲的壁，有密集长棘；阴茎基部的各边略膨胀……………………几丁属（*Chitinorecta* Meggitt，1927）

64a. 链体小到大型；节片通常长大于宽；器官间有空隙；精巢明显位于卵巢后部；卵巢有小叶，位于髓质前半部，向前扩展；阴道的远端部直（也见于不规则交替的生殖孔，识别特征和同物异名见 68a）……………………迪奇子宫属（*Dictymetra* Clark，1952）

64b. 链体小；节片宽大于长；器官重叠；精巢位于卵巢后部并叠置于其后部；卵巢占据髓质的大部分区域，向后扩展，有深而粗的小叶；阴道在进入生殖腔之前急剧向后弯曲；雄性先熟……………………异缘属（*Imparmargo* Davidson，Doster & Prestwood，1974）

65a. 钩 1 轮，可能发生不规则样，有例外无钩者（见 18a）；可能仅寄生于陆生的鸟类……………………66

65b. 钩 2 轮……………………67

66a. 雄性管短但界限清楚，通常衬有细刚毛；阴茎在部分凸出时硬毛形成很松的刷状，当收缩回时为逗号状的束；生殖管在渗透调节管之间；链体通常中等大小；成体节片梯形，明显有缘膜；反孔侧卵巢叶大；卵多有小的极突；已知寄生于鹑鸡目（Galliformes）鸟类和其他的陆生鸟类……………………领带属（*Choanotaenia* Railliet，1896）

66b. 雄性管缺；阴茎硬毛更小，部分凸出和收回时，形成小、窄、厚、直的束；同一链体中，生殖管在渗透调节管之间或背部；链体小到很小；成体节片通常为桶状，几乎无缘膜；卵巢叶大致对称；卵没有极突；已知寄生于䴕形目（Piciformes）啄木鸟科（Picidae）鸟类……………………克瑞米属（*Krimi* Burt，1944）

67a. 子宫最初囊状，持续；卵有厚胚膜和两个极钮；扩展的钩冠为大伞状；卵巢很大，填充于髓质前半部，峡部几乎看不见；精巢区域横向；已知寄生于瑞利目（Ralliformes）鸟类……………………棘鳞属（*Spinilepis* Oshmarin，1972）

67b. 子宫最初为网状；卵无极钮；扩展的钩冠正常；卵巢不很大，不那么紧凑，峡部界限清晰；精巢区域更扩展，通常为长度向扩展；已知不寄生于瑞利目鸟类……………………68

68a. 子宫最初为网状；随后为囊状有深隔，或卵游离于实质中；没有子宫囊；卵外膜形成暂时的持久的有抗性的表膜或极突；雄性管通常存在；阴道很短，很少达阴茎囊外很远（见于 64a 规则交替的生殖孔）……………………迪奇子宫属（*Dictymetra* Clark，1952）

68b. 子宫网状，逐渐转变为膜新状子宫囊；卵外膜与胚托相融合；无极突起；无雄性管；阴道长，通常达阴茎囊外很远……………………69

69a. 钩轮不规则并难于识别；钩小，unduloid 型；子宫囊紧密堆叠；输精管不覆盖于阴茎囊上；已知寄生于雀形目鸟类……………………棘阴茎头属（*Spiniglans* Yamaguti，1959）

69b. 钩轮规则，界线清晰；钩大，dictymetroid 型；子宫囊稀疏；输精管覆盖于阴茎囊的近端部；已知寄生于鸥形目（Lariformes）和鸻形目（Charadriiformes）鸟类……………………鸥带属（*Laritaenia* Spasskaya & Spasskiĭ，1971）

70a. 孔规则交替……………………71

70b. 孔不规则交替……………………81

71a. 钩 1 轮，规则……………………72

71b. 钩 2 轮，规则，有时钩冠部不规则扩展……………………76

71c. 钩 2 轮，异常；冠不完整，部分 1 轮，部分 2 轮；同一头节上钩形有变化，钩柄进行性变短；子宫网状迷宫样；精巢在幼节中分为两侧群（这是 *Stenovaria*、*Neyralla* 和 *Birovilepis* 中很少的特征）；已知寄生于鹃形目（Cuculiformes）鸟类……………………博纳属（*Bonaia* Mariaux & Vaucher，1990）

72a. 生殖腔有强劲的肌肉，有时巨大而复杂……………………73

72b. 生殖腔简单，肌肉不发达……………………74

73a. 生殖腔壁球茎状，肌肉质，有孔侧的纤维套管；子宫粗网眼状，随后分为大型成熟的腔，有时有精致的壁（类似于多卵的囊）；精巢位于卵巢后部（也见于 85a 不规则交替的生殖孔）……………………富尔曼属（*Fuhrmannolepis* Spasskiĭ & Spasskaya，1965）

73b. 生殖腔通常显著，吸盘样，可能相当长，有棘；两性管有时很长，多棘可外翻；在极小的种类中更为简单，无棘；子宫囊状；精巢在卵巢的后方和侧方，很少围绕之，有时也在背方……………………巴克尔属（*Bakererpes* Rausch，1947）

74a. 生殖管在渗透调节管之间；子宫网状；阴道壁薄，近端部宽而膨胀，棒状；吻突器有重要的腺体样组分；已知寄生于雨燕目（Apodiformes）鸟类（也见于16a顶器腺体样和83a不规则交替的生殖孔的识别特征 ………………………………………………………………………………腺钩属（*Glanduluncinata* Bona，1994）

74b. 生殖管在渗透调节管背方；子宫囊状；阴道壁坚韧，不是特别的膨胀；吻突器肌肉质或正常的肌肉腺体状………… 75

75a. 与链体相比，头节小；阴道在阴茎囊、孔和远端部前方腹面，节片宽明显大于长；卵巢横向伸长和窄；精巢在卵巢后成排；钩精致，刃长而尖，略向外弯曲，在刃与卫之间有深凹口，很小的柄；已知寄生于鸡形目鸟类 ………………………………………………………………………………变带属（*Amoebotaenia* Cohn，1899）

75b. 与链体相比，头节很大；阴道在阴茎囊的背方和后部；卵巢正常时相当小；精巢在卵巢后成一排以上；钩强劲，不同的类型；已知寄生于鸻形目（Charadriiformes）鸟类（也见于82a不规则交替的生殖孔） ………………………………………………………………………………多尾须属（*Polycercus* Villot，1883）

76a. 精巢特别多（250～300个），也占据皮质；链体大；卵巢有长而细的小叶，叶扇状；已知寄生于鹤形目（Gruiformes）鸟类（见90a不规则交替的生殖孔的识别特征）……… 鹤带属（*Gruitaenia* Spasskiĭ，Borgarenko & Spasskaya，1971）

76b. 特征与上述不同……………………………………………………………………………………… 77

77a. 吸盘边缘有小钩或覆盖有很小的棘形成的粗排；子宫囊状；阴道小而短 ……………………………… 78

77b. 吸盘无棘或有几乎看不到的微毛；子宫网状［仅在79a嵌合体属（*Chimaerula*）中为囊状］；阴道通常很长………… 79

78a. 吸盘前方有小钩；节片宽明显大于长；精巢在卵巢后，区域横向伸长而窄；卵巢很少两叶状，横向伸长，窄、实体状；生殖腔强劲，吸盘样，有乳突；受精囊巨大，横向，在卵巢孔半部背方；卵位于简单的子宫卵托上（见识别特征） ………………………………………………………………………………副利戈属（*Paraliga* Belopolskaya & Kulachkova，1973）

78b. 吸盘有小棘覆盖；节片宽略大于长；精巢区域在卵巢后方，更宽敞；卵巢严格两叶状，有深的前方和后方的凹口，球状的小叶；生殖腔精致，相当深；受精囊球状，很小，在卵巢峡部；卵游离于子宫腔中（也见于97b不规则交替的生殖孔） ………………………………………………………………………………瑞利带属（*Rallitaenia* Spasskiĭ & Spasskaya，1975）

79a. 子宫通常为明显的囊状；卵巢小；圆形，实体叶；精巢4个；阴茎很长而强劲；棘有玫瑰刺样和不同形态的，长而细的棘构成顶丛 ………………………………………………………………………………嵌合体属（*Chimaerula* Bona，1994）

79b. 早期子宫网状或迷宫状，有时有大的交通腔；卵巢相当小，很多小叶；精巢多于4个；阴茎小而精致，没有玫瑰刺样棘 ……………………………………………………………………………………… 80

80a. 生殖管背位于渗透调节管，在一些节片中少量在之间；吻突长而窄，收缩时外部深的前方腔围绕着远端部；卵巢小，横向扩展，窄；小叶紧密，不规则；孔在侧方边缘中央；幼节中，精巢在两侧区；已知寄生于鸻形目（Charadriiformes）鸟类………………………………………………………………………………*Stenovaria* Spasskiĭ & Borgarenko，1973

80b. 生殖管主要位于渗透调节管之间，有时在背方；吻突为明显不同的形状；卵巢小，小叶明显，主要为球状；孔在前方；精巢区域总是连续；已知寄生于雀形目鸟类………………………… 斯帕斯帕斯基属（*Spasspasskya* Bona，1994）

81a. 钩1轮，规则，很少略为不规则 ……………………………………………………………………… 82

81b. 钩2轮，规则，很少不规则（1∶2交替，清晰或混合有小的Z字形伸展） ……………………………… 89

82a. 生殖管背位；子宫囊状，深隔；链体相当小；头节不成比例，比成体节片大而宽；精巢少；卵少；已知寄生于鸻形目（Charadriiformes）鸟类（见75b规则交替生殖孔的识别特征） …………………多尾须属（*Polycercus* Villot，1883）

82b. 生殖管位于渗透调节管之间；子宫最初或是迷宫状或是不同形态的网状，之后或是保持迷宫状或是在成熟过程中以不同的方式变更其结构；链体从小到大型；头节成比例；精巢多（除腺钩属外）［注：最初真正囊状的子宫在小囊子宫属（*Sacciuterina*）中例外，在金特纳属（*Kintneria*）中是可疑的］ ………………………………………… 83

83a. 吻突器高度腺体样；吻突很小，但结构正常；卵巢小，叶相当致密，很少的小叶；阴道近端部棒状；精巢少；钩很细小；已知寄生于雨燕目（Apodiformes）鸟类（也见于74a规则交替的生殖孔和16a顶器腺体样的识别特征） ………… ………………………………………………………………………………腺钩属（*Glanduluncinata* Bona，1994）

83b. 吻突器肌肉质或肌肉腺体样；吻突中等到很长；卵巢明显分为很多的小叶，小叶小而球状或深而不规则；阴道非棒状；精巢数目多；钩从小到很大都有；已知寄生于其他鸟类……………………………………………………………… 84

84a. 吻突囊和吻突干窄，长或很长；吻突囊的腺体组分稀少或缺；子宫最初为粗网眼状或显著的迷宫状，之后：①变为多卵囊有多个卵（85a），②变为囊状，或是分隔或是有实质点（86a、87a），③保持持续的迷宫状（87b），④消失，将卵留在实质中（87b）；钩大，porosoid型（见86a类型）或小，扳手形（见73a类型）；阴道有小的腔前括约肌（有时难观察到）；已知寄生于鸻形目（Charadriiformes）和鸥形目（Lariformes）鸟类……………………………… 85

84b. 吻突囊和吻突不是很长；吻突囊的腺体样组分可见；子宫最初为细网眼状或迷宫状（如果最初如88b中的囊状，很可疑），之后：①形成暂时性管、消失、成腔，最终卵留在实质中（88a），②管变为囊，含1到多个卵（88b）；钩小，不同于上述群①的两种类型，在群②中很可能为扳手状；阴道可能没有腔前括约肌；已知寄生于雀形目鸟类……… 88

85a. 吻突窄，极长，通常在囊中卷曲，顶盘宽，略分两叶；钩扳手状（见 73a）；子宫最初为粗网眼状，之后变为成熟的腔，有多个卵类似于多卵的囊；阴道在进入生殖腔前向后急剧弯曲（也见于 73a 规则交替的生殖孔的识别特征和同物异名）……………………富尔曼属（*Fuhrmannolepis* Spasskiĭ & Spasskaya，1965）

85b. 吻突窄，长，在囊中不卷曲，顶垫或盘不为两叶状；没有多卵的子宫囊；阴道通常在进入生殖腔之前没有急剧向后的弯曲……………………86

86a. 子宫最初为粗和宽网眼状，有不规则的支囊，之后明显的囊状有分散的实质点；生殖腔相当小，壁适中，没有大的乳突；钩型为特征性的孔状型“porosoid”（见识别特征）；卵大，胚膜薄而光滑，在子宫中外膜形成大的薄膜，厚的褶皱；圆形卵，在水中膨胀很大……………………*Paricterotaenia* Fuhrmann，1932

86b. 子宫最初为迷宫状，早期伸入皮质，壁薄，之后：①趋向于变为囊状，有深和大量的分隔，②保持迷宫状，③趋向于消失；生殖腔相当深，具强劲的壁，可能发育有显著的乳突；钩型为孔状型（86a）或不同；胚膜厚，后来为辐射状，具刻纹，外膜为粗糙的颗粒状，黏附于胚托上……………………87

87a. 钩少（10～14 个），porosoid 型（见 86a）；吻突具有长直、圆柱状干，顶部细致不显著，垫状，当突出时，钩柄汇于吻突垫中央；阴茎大多小而细，棘少；卵巢孔侧叶向前扩展超出阴茎囊和输精管……………………小囊子宫属（*Sacciuterina* Matevosyan，1963）

87b. 钩多（18～22 个），扳手状（见 73a）；吻突干通常后部渐尖并略为弯曲，顶部吸盘状，明显宽于干部，当突出时，钩嵌入盘的边缘，柄端在一环上；阴茎相当宽，明显具棘；卵巢孔侧叶在阴茎囊和输精管后……………………卵雕属（*Ovosculpta* Bona，1994）

88a. 子宫最初为网状，之后过渡为细隔腔，最终卵分散于实质，没有子宫囊；卵巢孔侧叶达到节片边缘的前方……………………*Monosertum* Bona，1994

88b. 子宫可能为网状而不是囊状，转变为有 1 个或几个卵的囊；卵巢在节片前方边缘后很远……………………金特纳属（*Kintneria* Spasskiĭ，1968）

89a. 精巢少，位于髓质两侧区域；器官在髓质的后半部；钩卫退化为隆起；吻突囊窄长，梨形；已知寄生于鹰形目（Accipitriformes）鸟类……………………内伊拉属（*Neyralla* Johri，1955）

89b. 精巢位于连续的髓质区域或在 3 个区域，一髓质两皮质；器官更为扩展；吻突囊不为梨形……………………90

90a. 精巢相当多（250～300 个），由渗透调节管分为 3 个区域，一髓质两皮质；链体很大（也见于 76a 规则交替的生殖管）……………………鹤带属（*Gruitaenia* Spasskiĭ，Borgarenko & Spasskaya，1971）

90b. 精巢不很多，皮质区没有……………………91

91a. 卵巢大体上为网状，分支和具小叶；子宫从网状，变为多卵囊；卵分布于袋中，有自由的极突；已知寄生于雀形目河乌科（Cinclidae）鸟类（也见于 17a 顶器腺体样）……………………河乌带属（*Cinclotaenia* Macy，1973）

91b. 卵巢非网状；没有多卵的子宫囊；卵不在袋中……………………92

92a. 子宫网状，变为特征性的单卵的泡状实质囊；卵巢比例小……………………93

92b. 子宫或为囊状或为网状，不变为泡状子宫囊；卵巢不是特别小（除 *Parorchites* 和 *Nototaenia* 例外）……………………94

93a. 吻突器高度肌肉质，很大；吻突顶部具有很小的有孔的腔；成体节片中卵巢通常非两叶状，实体质，略偏孔侧；阴道长，在阴茎囊上方或下方，有时刚好在后部；受精囊小；已知寄生于鸻形目（Charadriiformes）鸟类（也见于 44a 单侧生殖孔条）……………………巨棘属（*Megalacanthus* Moghe，1926）

93b 吻突器肌肉-腺体质，不很强劲；吻突正常；卵巢两叶状，小，位于中央，有小的有间隙的小叶；阴道很短，与阴茎囊在同一水平面或在其后部；受精囊大；已知寄生于瑞利目鸟类……………………前领带属（*Prochoanotaenia* Meggitt，1924）

94a. 生殖管背位于渗透调节管；子宫总是囊状，持续［除 95a 海雀带属（*Alcataenia*）例外，最初为网状的子宫］……………………95

94b. 生殖管位于渗透调节管之间；子宫最初为网状，持续或否……………………99

95a. 子宫总是囊状……………………96

95b. 子宫最初为粗网状，有深的支囊，随后为囊状，很多的隔；钩为 2 轮，不同种有 1：1 或 1：2 交替（也见于 102a 的生殖管在渗透调节管之间）……………………海雀带属（*Alcataenia* Spasskaya，1971）

96a. 吸盘有小钩或细棘；链体很小……………………97

96b. 吸盘无钩棘；链体小到中型……………………98

97a. 吸盘边缘有小钩；精巢数目多，围绕并部分重叠于卵巢上；卵巢小，几乎不为两叶状，有实体质、致密的小叶；已知寄生于鸻形目：鞘嘴鸥科（Chionidae）鸟类……………………诺托带属（*Nototaenia* Jones & Williams，1967）

97b. 吸盘覆盖有很小的细棘；精巢数目少，在卵巢后部；卵巢两叶状，峡部深，有少量大叶；已知寄生于瑞利目鸟类（也见于 78b 规则交替生殖孔的识别特征）……………………瑞利带属（*Rallitaenia* Spasskiĭ & Spasskaya，1975）

98a. 纵向渗透调节管多，有吻合；头节大，覆盖有针状棘，埋于黏膜下层的深囊中；卵巢很大，占据髓质的整个前方半部；

已知寄生于鸻形目鸟类……………………………罗氏带属（*Rauschitaenia* Bondarenko & Tomilowskaya，1979）

98b. 渗透调节管正常；头节小，无棘；颈区长而膨胀；都深埋于黏膜下的囊中；卵巢确定位于孔侧前方；已知寄生于企鹅目（Sphenisciformes）鸟类（也见于 17b 顶器官似乎为腺体样条目）…………等睾属（*Parorchites* Fuhrmann，1932）

99a. 钩 2 轮，不规则，混合有 1∶1 和 1∶2 类型（很少其他不规则样）；已知寄生于鹃形目（Cuculiformes）鸟类……………………………………………………鹃居属（*Cuculincola* Bona，1994）

99b. 钩 2 轮，规则［有时或很难识别或钩略无序，见于单孔属（*Monopylidium*）］；已知寄生于其他目的鸟类…………100

100a. 吸盘覆盖有小棘，已知寄生于雀形目鸟类………………索博列夫带属（*Sobolevitaenia* Spasskaya & Makarenko，1965）

100b. 吸盘无钩棘……………………………………………………………………101

101a. 子宫最初网状，有时也为小叶状，之后为囊状，外观上有深裂的小叶；卵巢很大，占据髓质所有前半部…………102

101b. 子宫最初为网状或迷宫状，随后变为单卵囊或保持永久的迷宫状或消失，将卵留于实质中；卵巢不是很大………103

102a. 吻突规则；卵没有极突；卵巢很大，两叶状，极为不对称，孔侧叶很小；生殖腔强劲，吸盘样；已知寄生于潜鸟目（Gaviiformes）和鸥形目（Lariformes）鸟类（也见于 95b 生殖管位于渗透调节管背方的识别特征和同物异名）……………………………………………………海雀带属（*Alcataenia* Spasskaya，1971）

102b. 吻突有窄的干部和宽顶盘或完全为腺体的膨大的垫；卵有很长的极突，可能由极突松散形成链；卵巢很大，明显非两叶状；生殖腔简单、浅；已知寄生于鸻形目鸟类………………斯帕斯基带属（*Spasskytaenia* Oshmarin，1956）

103a. 子宫网状，随后形成单卵的囊；生殖腔括约肌样，大，内衬有厚层；壁复杂，腺体样，有同心环的细致纤维；阴道分为远端部，有很强劲的壁，结构上典型，胡萝卜形区和长而细的管通向受精囊（也见于 44b 单侧生殖孔条）……………………………………………………比若瓦属（*Birovilepis* Spasskiĭ，1975）

103b. 子宫网状或迷宫状，持续或消失，留下卵于实质组织中；生殖腔不同，简单；阴道不分为两部分，为不同的结构……………………………………………………………………104

104a. 阴道孔处有括约肌，球茎状或套筒状；2 轮钩冠，规则，界线明确；胚膜通常卵圆形或纺锤形，外膜很少黏附于其上，通常为大型、起褶的膜形成引人注意的极突；已知寄生于鸻形目鸟类……异带属（*Anomotaenia* Cohn，1900）

104b. 阴道孔处无括约肌；2 轮钩冠（20～24 个），有时很难区别；胚膜球状，外膜不同程度的发育，通常黏附于胚膜上，很难区别或为起褶的膜层；无极突；已知寄生于雀形目鸟类……………单孔属（*Monopylidium* Fuhrmann，1899）

105a. 每节 2 套生殖器官……………………………………………米兰达属（*Mirandula* Sandars，1956）

105b. 每节 1 套生殖器官……………………………………………………………106

106a. 孔单侧……………………………………………………………………107

106b. 孔交替，有时有长的单侧系列……………………………………………108

107a. 正常肌肉类型的吻突器；生殖管通常位于背部；阴道位于阴茎囊背方；精巢位于卵巢后部，有时也在侧方，生殖腔简单；已知寄生于食肉目、食虫目和啮齿类（？）动物（见 46a 鸟类寄生虫的识别特征）……………………………………………………囊宫属（*Dilepis* Weinland，1858）

107b. 吻突器肌肉质，没有真正的囊；吻突宽吸盘样，收缩时钩端指向前方，呈凹形；生殖管在渗透调节管之间；阴道在阴茎囊腹方；精巢全部围绕着卵巢；生殖腔深，壁很厚，有大的括约肌；已知寄生于食肉目动物……………………………………………………阿卢尔带属（*Aelurotaenia* Cameron，1928）

108a. 精巢分为两区，卵巢后和反孔侧前方；子宫明显为囊状，深分叶……班克罗夫特属（*Bancroftiella* Johnston，1911）

108b. 精巢位于连续的区域，卵巢后部或围绕着卵巢；子宫最初网状或迷宫状，之后为不同的变形………………109

109a. 卵巢 U 形，不为两叶状，位于卵黄腺后部或侧方（在广义的囊宫科中为独特的特征）；精巢围绕卵巢并在其背侧；子宫位于腹部，最初为粗糙的迷宫状，随后分裂为大型、有坚韧的壁的囊（明显没有多卵的囊）；已知寄生于食虫动物鼹鼠……………………………………………………多睾属（*Multitesticulata* Meggitt，1927）

109b. 卵巢正常，位于卵黄腺前方；精巢位于卵巢后方；孕子宫不分裂为大型囊………………………110

110a. 吻突顶大，突出时为圆屋顶状，收缩时凹入（非吸盘状，钩端向后）；生殖管在渗透调节管之间；子宫最初网状，位于中央有侧方横向长而窄的指状分支；卵巢几乎不是两叶状……………………………111

110b. 吻突形态不同或缺吻突；生殖管在渗透调节管背方或在同一链体中位置不稳定；子宫最初网状或迷宫状，没有侧方的指状分支；卵巢明显为两叶状……………………………………………112

111a. 钩 2 轮，规则；阴道在阴茎囊前方或沿其轴；雌性器官有时在孔侧；卵巢和精巢几乎不达渗透调节管；已知寄生于啮齿目动物……………………………………………阿尔普若玛属（*Alproma* Spasskiĭ，1982）

111b. 钩冠不规则，Z 形弯曲，同一冠中混合有 1∶2 交替；阴道在阴茎囊后部；雌性器官位于中央；卵巢和精巢大致与渗透调节管接触；已知寄生于食虫动物，主要寄生于胆管中……………………肝绦虫属（*Hepatocestus* Bona，1994）

112a. 吻突很长，窄；顶小、圆形，与主干无明确分界，有钩或棘；头节细长，圆形的顶部；吸盘很大，长形，有点状有序的棘；阴道短、直，位于阴茎囊后部；卵巢很大；已知寄生于食虫动物……………………软体带属（*Molluscotaenia* Spasskiĭ & Andreiko，1971）

112b. 无吻突；囊有很深、不规则的前方管道；头节形态正常；吸盘球状，边厚，无钩或棘；阴道长，位于阴茎囊前方或沿阴茎囊轴；卵巢小，略近孔侧；已知寄生于啮齿目动物……………………亨克勒属（*Hunkeleria* Spasskiĭ，1992）

18.13.3 按属建立先后分别进行简介

18.13.3.1 利戈属（*Liga* Weinland，1857）

［同物异名：富尔曼属（*Fuhrmannia* Parona，1901）］

识别特征：吻突器肌肉质或实质上为腺体质。囊球状到长形。吻突大小可变。钩 2 轮（16～28 个）；很少 1∶2 交替。链体小。生殖孔规则交替。生殖管背位于渗透调节管。阴道在阴茎囊后部，同一水平面，通常沿着阴茎囊弯曲。子宫最初网状，随后发育为囊状，有致密的分隔；壁可能附于卵上，类似于子宫囊。胚膜强劲；外膜通常皱缩，没有极突。生殖腔简单而浅。卵巢巨大。精巢位于卵巢后侧方。阴茎囊亚球状或长形，通常为横向。阴茎短，外翻时，锥状丛有长而细的硬毛样棘，收缩时居于管中。输精管位于孔侧前方，通常与渗透调节管交叉。已知寄生于䴕形目（Piciformes）啄木鸟科（Picidae）鸟类，很少寄生于鹃形目（Cuculiformes）和咬鹃目（Trogoniformes）鸟类，分布于新北区、新热带区、古北区、印度和日本。模式种：兰塞姆利戈绦虫（*Liga ransomi* Spasskiĭ & Reznik，1966）（图 18-174A、B）。

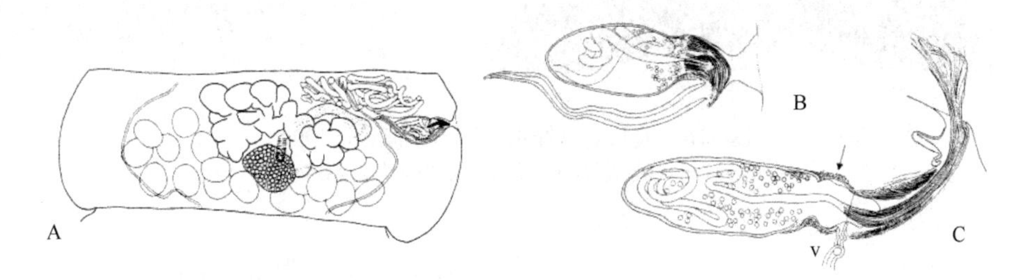

图 18-174 利戈绦虫和离利戈绦虫结构示意图（引自 Bona，1994）

A，B. 兰塞姆利戈绦虫{同物异名：点状利戈绦虫［*L. punctata*（Weinland，1856）Weinland，1857］}新模标本，Ransom（1909）的样品：A. 成节；B. 末端生殖器官。C. 帝王离利戈绦虫（*Apoliga imperialis* Bona，1994）模式标本；阴茎占据无棘的肌质管（箭号示）及有棘的生殖腔（v. 阴道）

18.13.3.2 囊宫属（*Dilepis* Weinland，1858）（图 18-175～图 18-178）

［同物异名：相似小钩属（*Similuncinus* Johnston，1909）；索斯韦尔（*Southwellia* Moghe，1925）；叶尔绍夫属（*Ershovilepis* Matevosyan，1963）；巴西属（*Brasiliolepis* Spasskiĭ，1965）］

识别特征：吻突器肌肉质。囊大，壁强劲。钩 2 轮，通常很多（从 50～70 到 100 以上）。链体中等到大型，粗，前方通常钝。节片宽大于长。生殖孔位于右侧。同一链体中生殖管通常位于渗透调节管背方，很少在之间。阴道位于阴茎囊背部，通常在前方，长。胚膜薄，外膜坚韧。生殖腔小，壁球状，退化。卵巢很少伸展过精巢区，通常不达渗透调节管；反孔侧叶接近于节片前方边缘。精巢数目多，位于卵巢后部，有时也在反孔侧侧方。阴茎囊长而窄。阴茎长，有细棘。输精管位于孔侧前方。已知寄生于雀形目［主要为鸫科（Turdidae）和鸦科（Corvidae）］鸟类；极少量寄生于潜鸟目（Gaviiformes）和其他陆生的鸟类如翠鸟科（Alcedinidae）鸟类的胃内；例外的寄生于鸻形目（Charadriiformes）（？）、鹳形目（Ciconiiformes）（？）鸟类和哺乳动物［食虫目（Insectivora）、啮齿目（Rodentia）（？）和食肉目（Carnivora）动物］，全球性分布。模式种：波状囊宫绦虫［*Dilepis undula*（Schrank，1788）］（图 18-175A～D，图 18-176，图 18-177）。

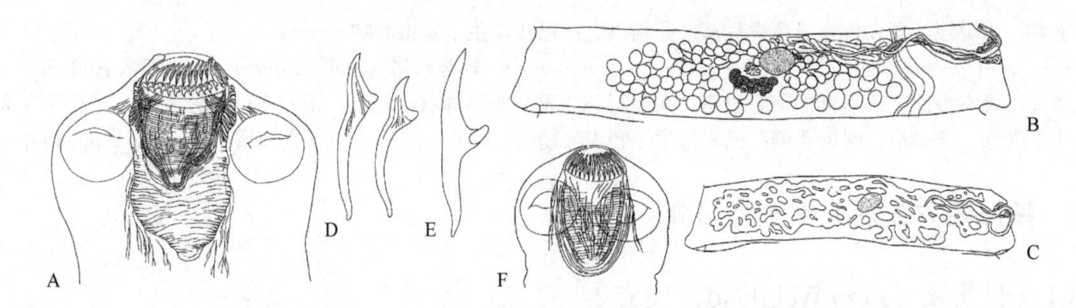

图 18-175　囊宫属绦虫结构示意图（引自 Bona，1994）

A～D. 波状囊宫绦虫：A. 头节；B. 成节；C. 早期子宫；D. 波状体（unduloid）型钩（左远右近）。E. 双冠囊宫绦虫（*D. bicoronata* Fuhrmann，1908）模式标本不同类型的钩；F. *D. dacelonis*（Johnston，1909）组合种模式标本（同物异名：*Similuncinus dacelonis* Johnston，1909）的头节

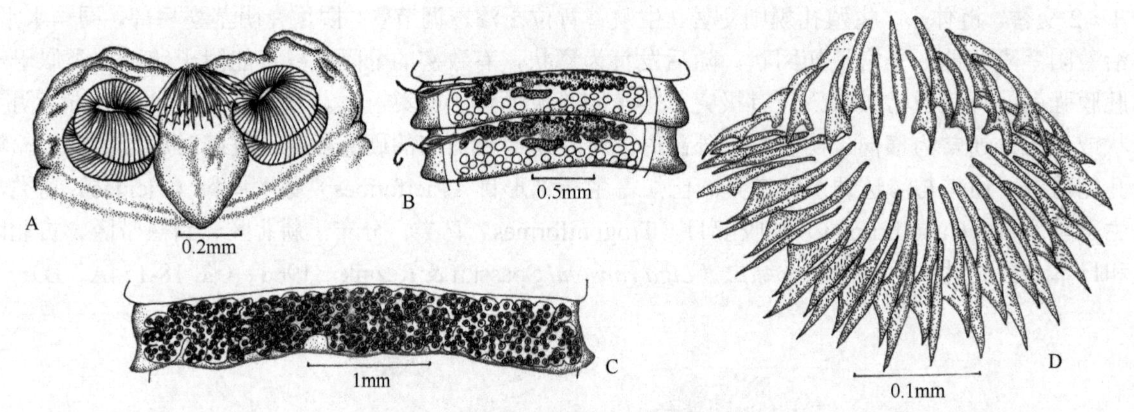

图 18-176　波状囊宫绦虫（引自李海云，1994）

A. 头节；B. 成节；C. 孕节；D. 吻突钩及其排列

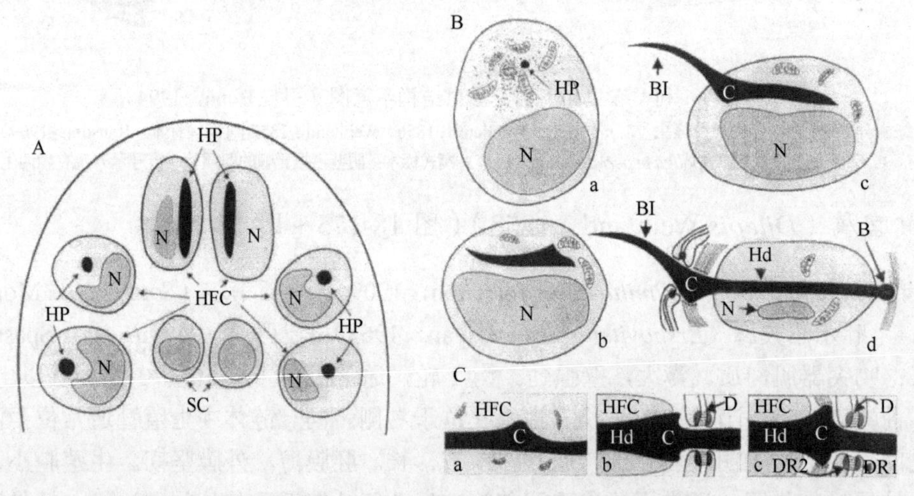

图 18-177　波状囊宫绦虫钩形成期（胚胎发生于六钩蚴前期）胚胎前方极的一般形态（引自 Swiderski et al.，2000）

A. 注意 6 个钩形成细胞（HFC）或成钩细胞有分化的钩原基（HP）和两侧对称的囊胚形式；B. 钩发育的 4 个连续期（a. 早期成钩细胞有钩原基形成；b. 早期成钩细胞有细胞内的钩刃外观；c. 晚期成钩细胞有钩刃突出外部和早期钩柄的形成；d. 成熟的六钩蚴钩有退化的成钩细胞围绕着钩柄）；C. 成钩细胞退化过程中环状有隔膜桥粒形成示意图：a. 钩刃埋于胞质中的早期成钩细胞；b. 钩刃由新形成的桥粒和桥粒两边致密环围绕的晚期成钩细胞；c. 成熟的六钩蚴钩有增大的钩卫和钩肌肉附着，注意桥粒各边的两个致密环（DR1 和 DR2）。缩略词：B. 钩基；Bl. 钩刃；C. 钩卫；D. 环状有隔桥粒；DR1 和 DR2. 位于钩刃出口区环状有隔桥粒两边的致密环；Hd. 钩柄；HFC. 钩形成细胞或成钩细胞；HP. 钩原基；N. 核；SC. 体细胞

Swiderski 等（2000）研究了波状囊宫绦虫六钩蚴钩的形态发生过程，结果如下：胚钩原基出现于胚胎发生前六钩蚴特殊的所谓成钩细胞（oncoblasts）内。在钩发育中有扩展的高尔基区、大量的游离核糖体和线粒体参与。在钩的生长过程中，钩刃与钩基逐渐地突出于成六钩蚴细胞质膜外。甚至于在成熟的

六钩蚴中，有核的成钩细胞持续围绕着完全形成的钩柄。成熟的钩横切面由2～4个不同电子密度层构成，依赖于切片的水平；其中的两个层：高密度的皮层和适当密度的核心层在钩的所有部分都有观察到。一环状的、有隔分开的桥粒和两个电子致密的环在两边形成，围绕着钩刃至六钩蚴皮层的出口。各钩刃端部有一保护性的适度电子密度"帽"。类似于其他圆叶目中描述的一钩区膜，形成于六钩蚴表面，一个腔覆盖着钩刃。钩肌肉附着区在钩卫和钩基部，由相对厚的纤维物质层代表。

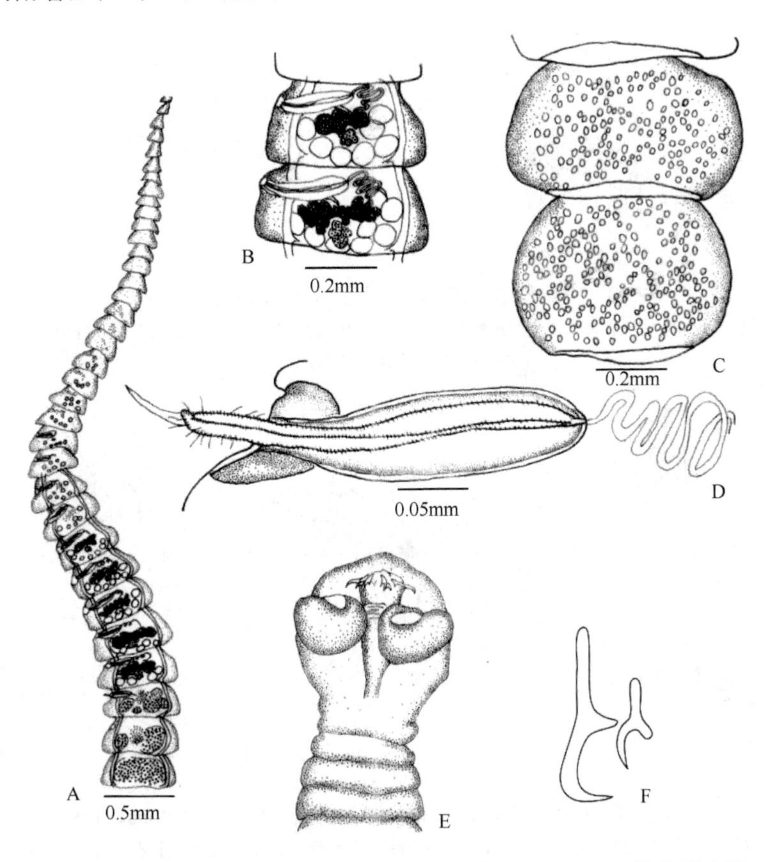

图 18-178 单侧囊宫绦虫（*D. unilateralis* Rudolphi，1819）结构示意图

A. 无头节成体形态；B. 成节；C. 孕节；D. 雄性末端器官放大；E. 头节；F. 吻突钩（A～D引自李海云，1994；E仿绘制自Rudolphi，F仿绘制自Joyeux & Baer，1936）

18.13.3.3 多尾须属（*Polycercus* Villot，1883）（图 18-179）

识别特征：吻突器肌肉质。囊大，卵圆形。吻突大，占据整个囊；顶垫大。钩1轮（通常14～18个），通常大，刃长，略短于柄，卫小，钩基在卫和柄之间几乎是直的（相似于"porosoud"，见86a）。链体极小（0.3mm到若干毫米）；孕虫体2～7节；颈区短。节片无缘膜；通常成熟的所有阶段可能不同时出现。生殖孔通常规则交替；很少两个连续（节片很少，需要许多样品才能观察到不规则性）。生殖管背位于渗透调节管。阴道短，略弯曲，缺腔前括约肌。子宫囊状，深分叶。卵少，胚膜相当大，外膜很少发育。腔简单。精巢少（7～14个）。阴茎囊长形，收缩性强，壁薄。阴茎长，细而有小棘。输精管位于孔前方，比例大，可能在整个卵巢的前方；部分位于阴茎囊背部。已知寄生于鸻形目鸟类，分布于古北区。模式种：蚯蚓多尾须绦虫（*Polycercus lumbrici* Villot，1883）（图 18-179）。

18.13.3.4 领带属（*Choanotaenia* Railliet，1896）（图 18-180～图 18-188）

识别特征：吻突器肌肉-腺体质。囊比例小。吻突小；顶垫界线清楚。钩1轮，小而精致。头节小。吸盘宽。生殖孔不规则交替。阴道位于阴茎囊后部，在同一水平面,直。子宫网状，有大型的网孔，壁

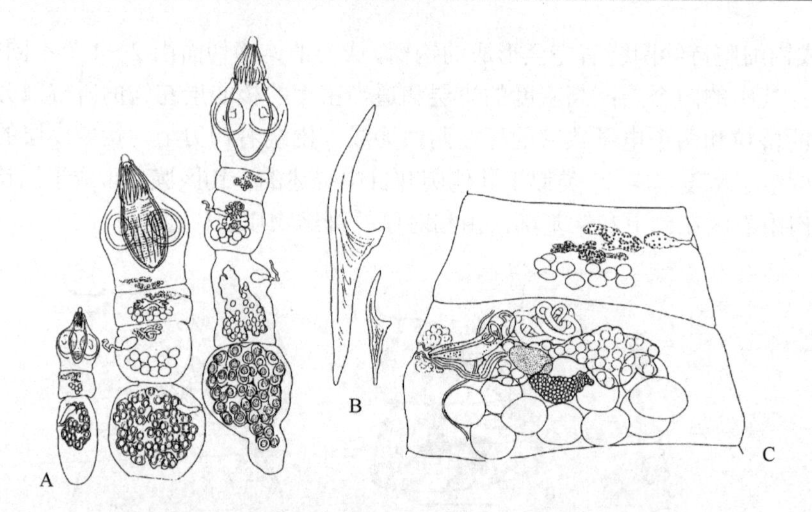

图 18-179　多尾须属结构示意图（引自 Bona，1994）

A. 3 个种的完整链体，最左边小的为未定种，其余为蚯蚓多尾须绦虫；B. 钩，左方大钩为蚯蚓多尾须绦虫的，右方小钩为未定种的；C. 另一未定种的节片

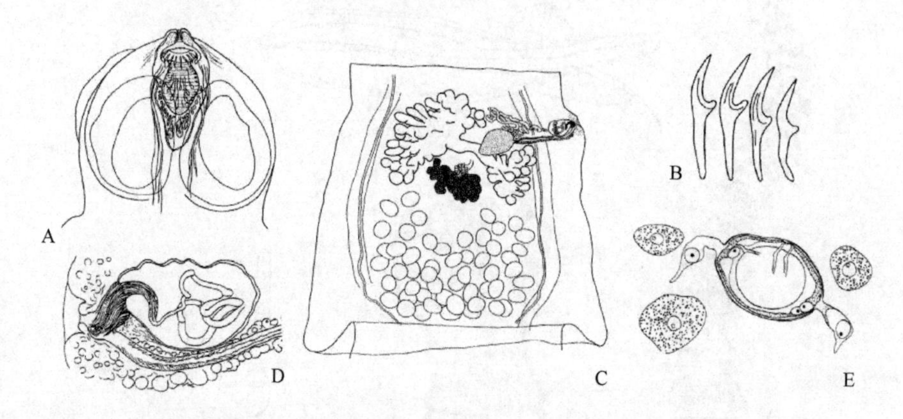

图 18-180　漏斗状领带绦虫模式标本结构示意图（引自 Bona，1994）

A. 头节；B. 钩，示种内的变异；C. 成节；D. 生殖器官末端：阴茎缩回，雄性管短，部分具棘，主要向阴道孔面；E. 卵与颗粒细胞一起分散于实质中，

子宫壁的网状已消失，胚膜尚未形成，内膜颗粒状，有 3 个核

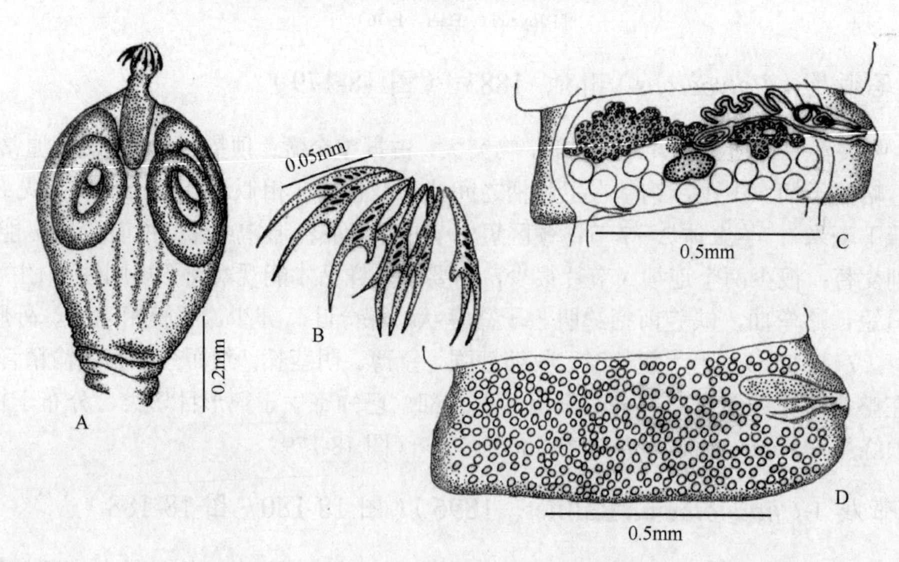

图 18-181　星状领带绦虫（*C. stellifera* Krabbe，1869）结构示意图（引自李海云，1994）

A. 头节；B. 吻钩；C. 成节；D. 孕节

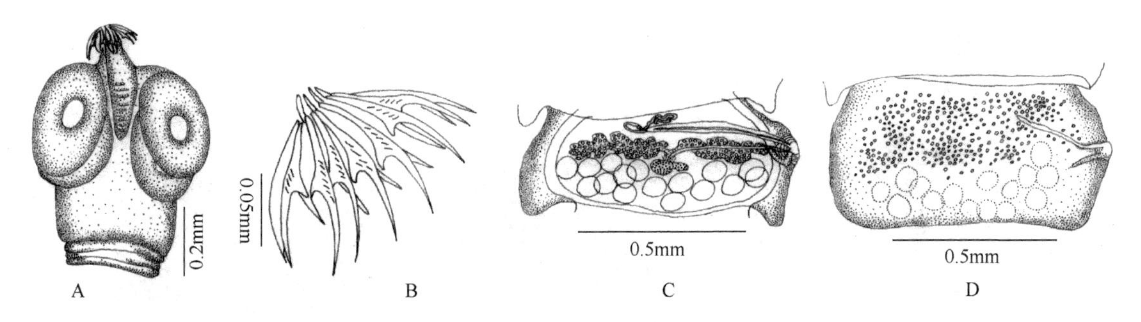

图 18-182　沙锥领带绦虫（*C. stenura*）结构示意图（引自李海云，1994）

A. 头节；B. 吻钩；C. 成节；D. 孕节

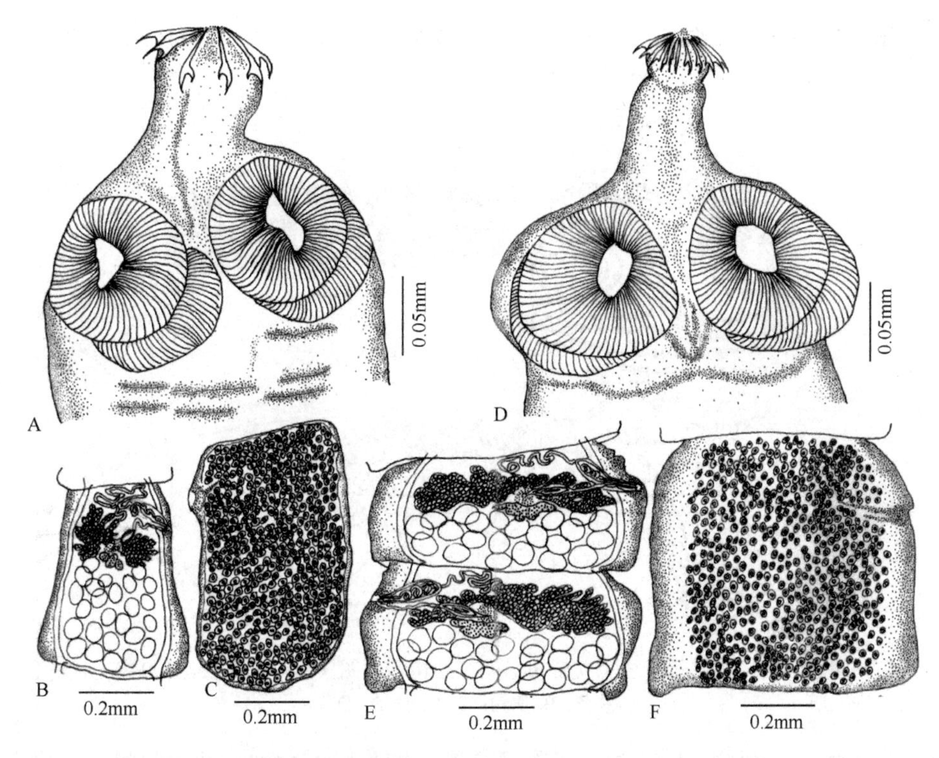

图 18-183　2 种领带绦虫结构示意图（引自李海云，1994）

A～C. 斯来领带绦虫［*C. slesvicensis*（Krabbe，1882）Clerc，1913］：A. 头节；B. 成节；C. 孕节。D～F. 佐贝领带绦虫（*C. joyeuxibaeri* López-Neyra，1952）：D. 头节；E. 成节；F. 孕节

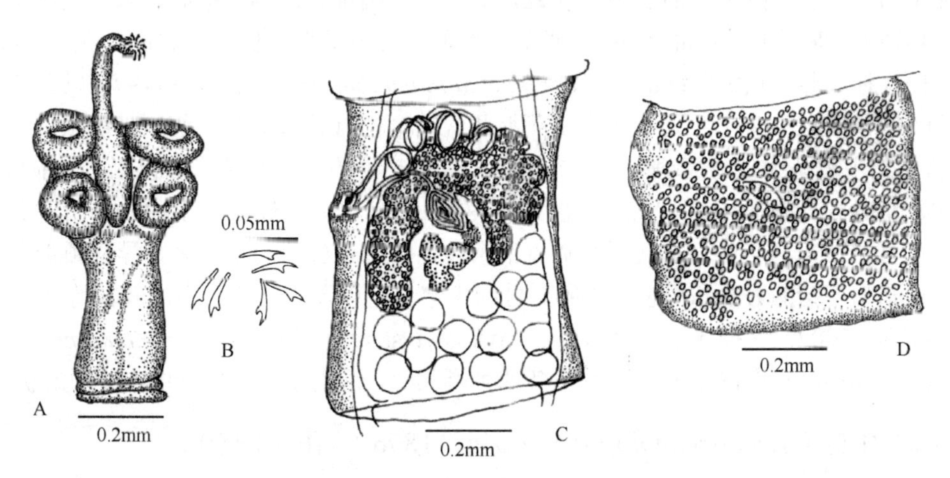

图 18-184　柯曼领带绦虫（*C. coromandus*）结构示意图（引自李海云，1994）

A. 头节；B. 吻钩；C. 成节；D. 孕节

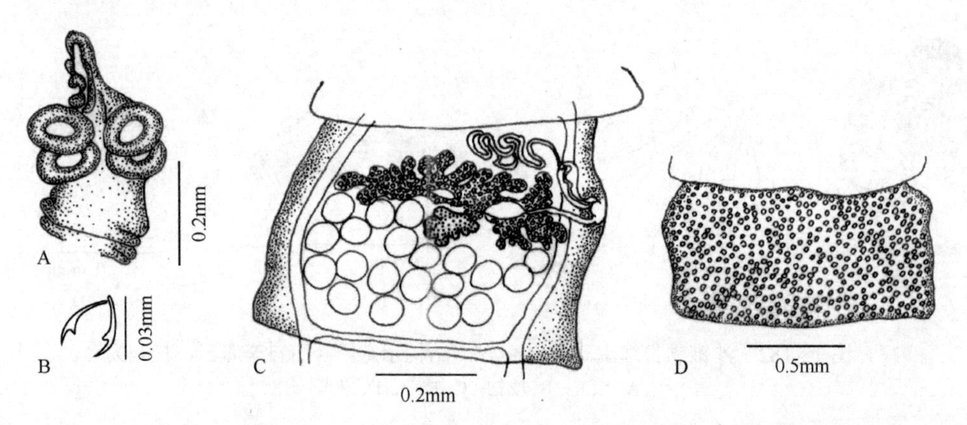

图 18-185　圆形领带绦虫（*C. rotunda* Clerc，1913）结构示意图（引自李海云，1994）

A. 头节；B. 吻钩；C. 成节；D. 孕节

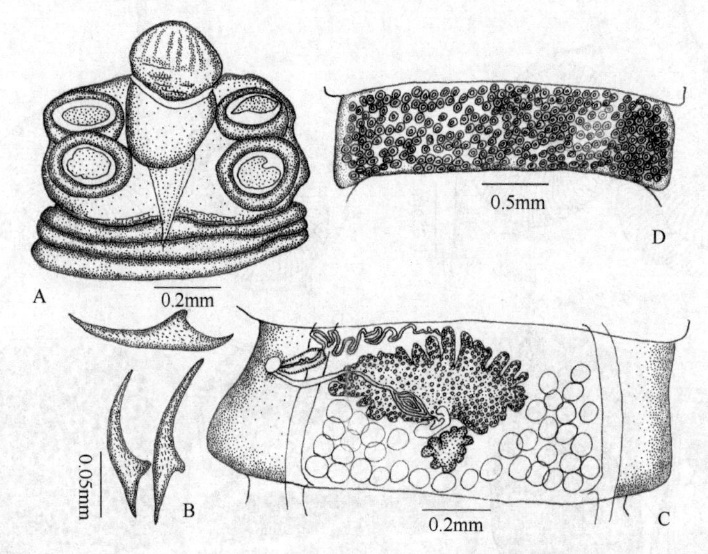

图 18-186　黑鸫领带绦虫（*C. merula*）结构示意图（引自李海云，1994）

A. 头节；B. 吻钩；C. 成节；D. 孕节

薄；随后卵散在实质中，与颗粒细胞相混；没有子宫囊。卵外膜有精致、非丝状极突，当胚膜发育完全时似渐渐模糊。生殖腔简单而小。卵巢有相当长的峡部，小叶小，很疏松。精巢数目多，位于卵巢后部。阴茎囊小，通常为亚球状，壁薄。阴茎短而细致，宽平头上圆锥状；当收缩时，长硬毛样灵活的棘突入囊表面外。已知寄生于鹑鸡目（Galliformes）鸟类，可能也寄生于䴕形目（Piciformes）和其他陆生鸟类，全球性分布。模式种：漏斗状领带绦虫［*Choanotaenia infundibulum*（Bloch，1779）］（图 18-180）。

Rausch 和 McKown（1994）描述了采自堪萨斯州曼哈顿附近的家猫的异位领带绦虫（*C. atopa*）（图 18-187），其自然宿主被认为是啮齿动物。它的形态与啮齿动物的其他 6 种绦虫相似，先前放在啮齿带属（*Rodentotaenia* Matevosian，1953），随后移到了领带属（*Choanotaenia* Railliet，1896）或单孔属（*Monopylidium* Fuhrmann，1899）；单孔属和啮齿带属被当作领带属的同物异名。异位领带绦虫与,同属其他种区别的特征是吻突钩的大小和形态、规则交替的生殖孔，以及生殖器官中的其他特征。

Kornyushin 等（2002）又描述了采自乌克兰 Mykolayivska 地区环颈雉（*Phasianus colchicus*）的塞西亚领带绦虫（*C. scythica*）（图 18-188）。该种与其他种类相比，区别仅在于睾丸的大小、形状和数量不同。

18.13.3.5　毛头样属（*Trichocephaloidis* Sinitzin，1896）（图 18-189）

［同物异名：对孔属（*Diagonaliporus* Krotov，1951）］

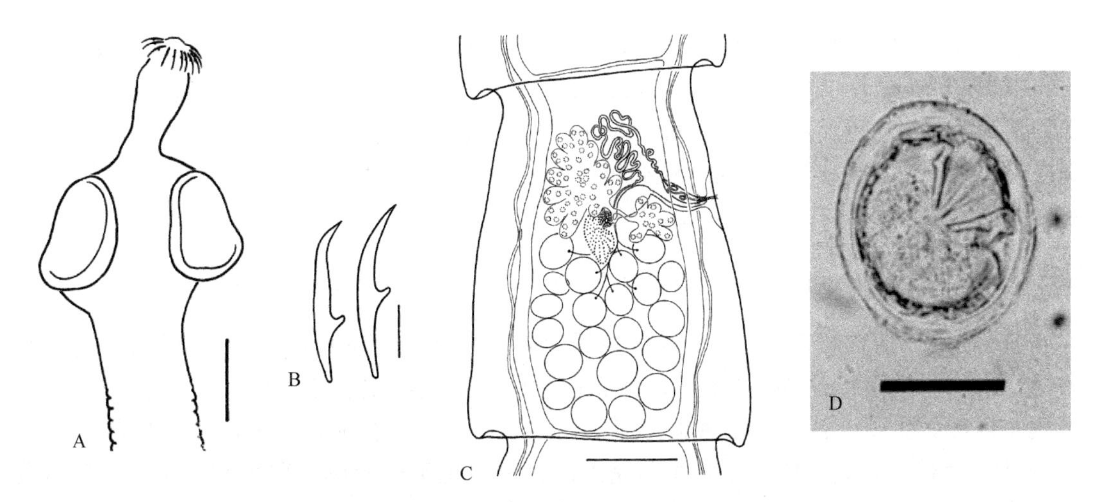

图 18-187　异位领带绦虫结构示意图及虫卵实物（引自 Rausch & McKown，1994）

A. 头节；B. 吻钩；C. 成节腹面观；D. 粪便漂浮获得的虫卵。标尺：A=200μm；B=20μm；C=300μm；D=30μm

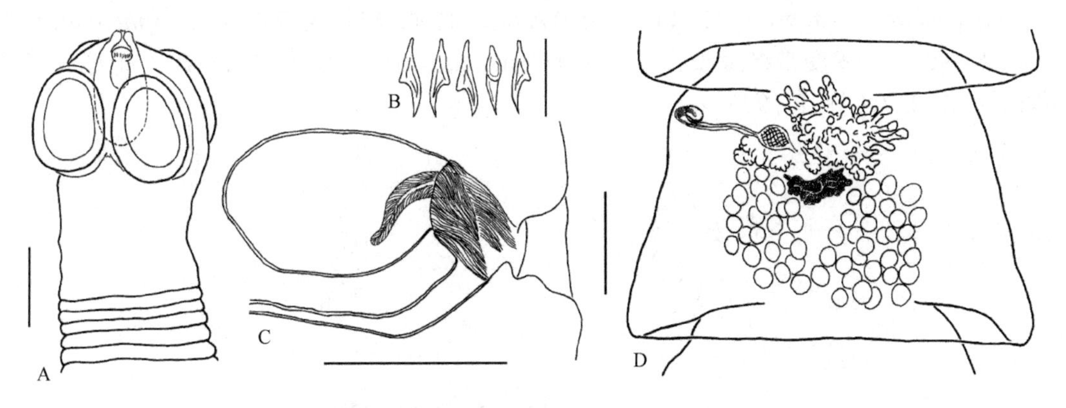

图 18-188　塞西亚领带绦虫结构示意图（引自 Kornyushin et al.，2002）

A. 头节；B. 吻钩；C. 生殖器官末端；D. 成节。标尺：A=200μm；B=20μm；C=100μm；D=400μm

识别特征：吻突器肌肉质。囊长，胡萝卜状。吻突很长，窄，收缩时不成卷。钩 1 轮（每半轮钩 8 个或 9 个）。链体小到中等大小。孔位于右侧相当靠前处。生殖管位于渗透调节管背方。阴道大部分在阴茎囊前方，壁很厚，大的远端腔由短而窄的管通入生殖腔，远端具有长而密的"纤毛"，远端阴茎囊和阴道之间，宽而平层的肌纤维层，部分围绕着朝向生殖腔的管。子宫囊状，有时马蹄铁状。胚膜薄，外被大，黏附于相邻的卵和隔膜上，有时类似于晚期的子宫囊。生殖腔有背腹轴，腔小，壁厚。卵巢横向扩展。精巢少到多数（7～20 个），位于后部，部分位于卵巢背面。阴茎囊相当大，壁强劲，远端向背部弯曲，朝向孔处。阴茎有长棘，基部急剧弯曲。已知寄生于鸻形目鸟类，分布于古北区和新热带区，或可能更广。模式种：巨头毛头样绦虫［*Trichocephaloidis megalocephala*（Krabbe，1869)］（图 18-189C、D）。

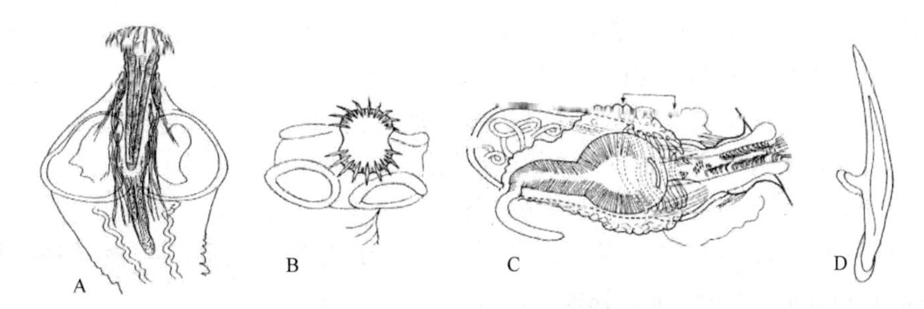

图 18-189　毛头样属绦虫结构示意图（引自 Bona，1994）

A，B. 未定种（*Trichocephaloidis* sp.）头节侧面和顶面观；C，D. 巨头毛头样绦虫，Clerc 的材料：C. 末端生殖器官，箭头指示阴道和阴茎囊之间肌纤维（部分用点表示）平层的长度，有点三角号示阴道末端窄区；D. 钩

另一采自拉丁美洲瓜德罗普岛（Guadelupa）鸻形目鸟类［小黄脚鹬（*Tringa flaviceps*）、高跷鹬（*Micropalama himantopus*）、扇尾沙锥（*Gallinago gallinago delicata*）、灰斑鸻（*Pluvialis squatarola*）］，也采自一雀形目鸟类［加勒比鹩哥（*Quiscalus lugubris*）］的博波尔毛头样绦虫（*T. beauporti*）与其他同属种的区别在于其叉形的吻突结构和吻突钩的长度（70～77μm）。同时认为鸻毛头样绦虫（*T. charadrii*）与巨头毛头样绦虫为同种（Graber & Euzeby，1976）。

18.13.3.6　变带属（*Amoebotaenia* Cohn，1899）（图 18-190～图 18-192）

识别特征：吻突器肌肉质。囊有来自链体的强劲的肌肉束。吻突顶通常略为扩展。钩 1 轮，少（10～14 个）。链体小，一般不超过 30 个节片，棒状；颈区不明显；皮层多退化。头节小。生殖孔规则交替；很少两个连续。生殖管背位于渗透调节管。阴道长，盘旋，有强劲的壁，与阴茎囊交叉。孕子宫囊状，稍分叶，没有子宫囊。卵外膜有小而精致的极突。生殖腔简单。卵巢叶小而粗。精巢数目少、背位于卵黄腺和部分卵巢，达渗透调节管外。阴茎囊大、长形，壁薄。阴茎很长而宽，有小细棘。输精管位于阴茎囊后部。已知寄生于鹑鸡目（Galliformes）鸟类，全球性分布。模式种：楔形变带绦虫（*Amoebotaenia cuneate* Linstow，1872）（图 18-191A）。其他种：球状变带绦虫［*A. sphenoides*（Railliet，1892）］（图 18-190）；少睾变带绦虫（*A. oligorchis* Yamaguti，1935）（图 18-191B）；蚯蚓变带绦虫（*A. lumbrici* Villot，1883）（图 18-192）等。

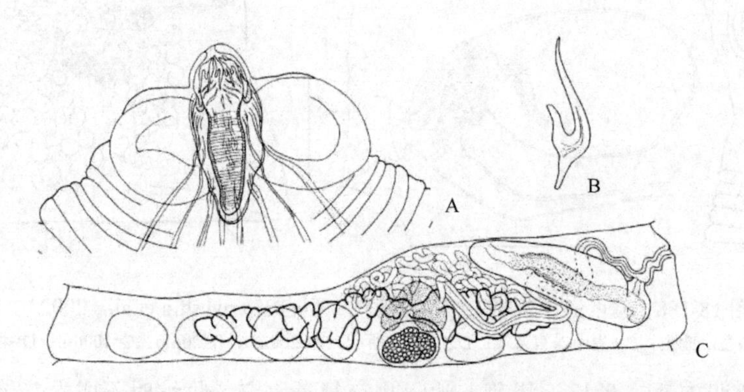

图 18-190　球状变带绦虫结构示意图（引自 Bona，1994）
A. 头节；B. 钩；C. 成节

18.13.3.7　单孔属（*Monopylidium* Fuhrmann，1899）（图 18-193～图 18-195）

［同物异名：黄疸带属（*Icterotaenia* Railliet & Henry，1909）；副领带属（*Parachoanotaenia* Lühe，1910）；领富尔曼属（*Choanofuhrmannia* López-Neyra，1935）

识别特征：吻突器肌肉腺体质，囊相对大，壁薄。吻突小，顶垫仅略扩展。钩通常很小而精致。链体小到中等。孕节长大于宽。头节小，吸盘大而精致。生殖孔不规则交替。生殖管位于渗透调节管之间；有些节片例外地位于背方。阴道在阴茎囊后部，同一水平面或腹面；长度变化大，通常在阴茎囊和孔侧叶之间；壁强劲、厚到很厚，有相当宽的腔。子宫或是迷宫状持续，壁强韧，乳头状或是网状、薄壁，最终消失并将卵释放于疏松的实质中，有时由最初缠绕卵的小管的遗骸封闭（不完全包围），单个或成小群。没有真正的子宫囊。生殖腔简单而小，球状壁，精致。无两性管。卵巢大小变化大，有明显的峡部。精巢数目多，位于卵巢后部。阴茎囊小，卵圆形或伸长，壁通常很薄。阴茎成比例的长，强健；棘细，同源；没有硬毛样棘丛。已知寄生于雀形目鸟类，分布于古北区或更广。模式种：肌质单孔绦虫［*Monopylidium musculosum*（Fuhrmann，1896）］。

Komisarovas 等（2007）重新描述了采自模式宿主的两个单孔属的种：采自俄罗斯加里宁格勒州库尔斯沙嘴遗址“Curonian Spit，Kaliningradskaya Oblast”鹪鹩（*Troglodytes troglodytes* Linnaeus）［（雀形目：

鹪鹩科（Troglodytidae）］的弱小单孔绦虫［*M. exiguum*（Dujardin，1845）］（图 18-194）和采自瑞士汝拉州（Canton of Jura）紫翅椋鸟（*Sturnus vulgaris* Linnaeus）［雀形目：椋鸟科（Sturnidae）］的阿尔巴尼单孔绦虫［*M. albani*（Mettrick，1958）］组合种（最初为 *Paricterotaenia albani* Mettrick，1958）（图 18-195）。与以前提出的这两种为同物异名（Spasskaya & Spasskiĭ，1977）不同，他们认为这两种是不同的有效种。

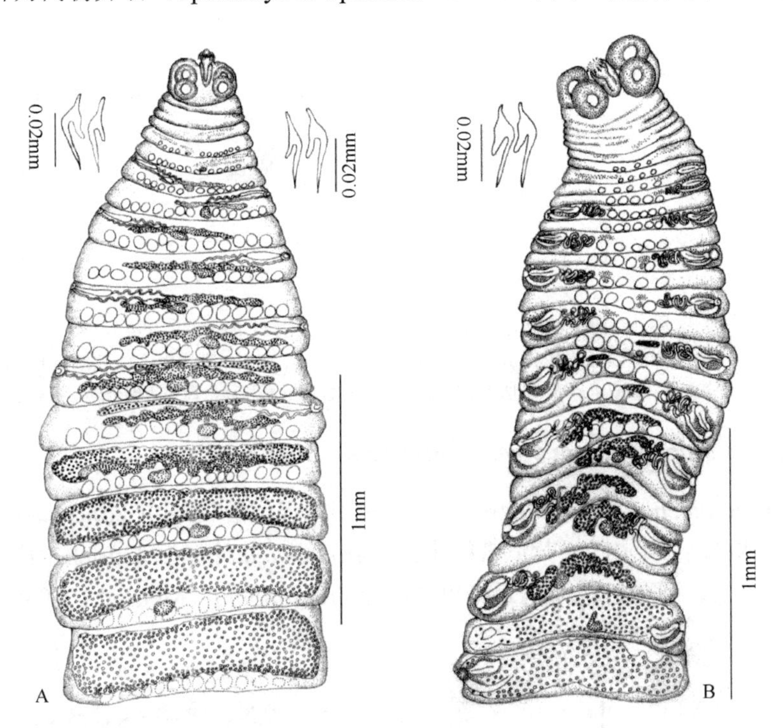

图 18-191　2 种变带绦虫虫体及吻突钩示意图（引自李海云，1994）

A. 楔形变带绦虫虫体及吻突钩；B. 少睾变带绦虫虫体及吻突钩

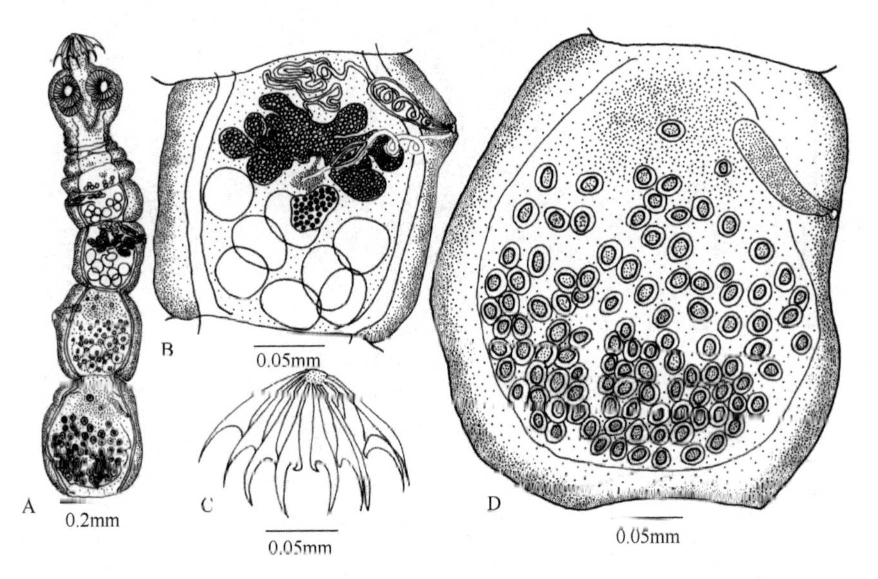

图 18-192　蚯蚓变带绦虫结构示意图（引自李海云，1994）

A. 虫体整体形态；B. 成节；C. 吻钩；D. 孕节

1）弱小单孔绦虫［*Monopylidium exiguum*（Dujardin，1845）］

{同物异名：弱小带绦虫（*Taenia exigua* Dujardin，1845）；弱小领带绦虫［*Choanotaenia exigua*（Dujardin，

1845）Baylis，1947］；弱小异带绦虫［*Anomotaenia exigua*（Dujardin，1845）López-Neyra，1951］；弱小黄疸带绦虫［*Icterotaenia exigua*（Dujardin，1845）Galkin，1981］｝

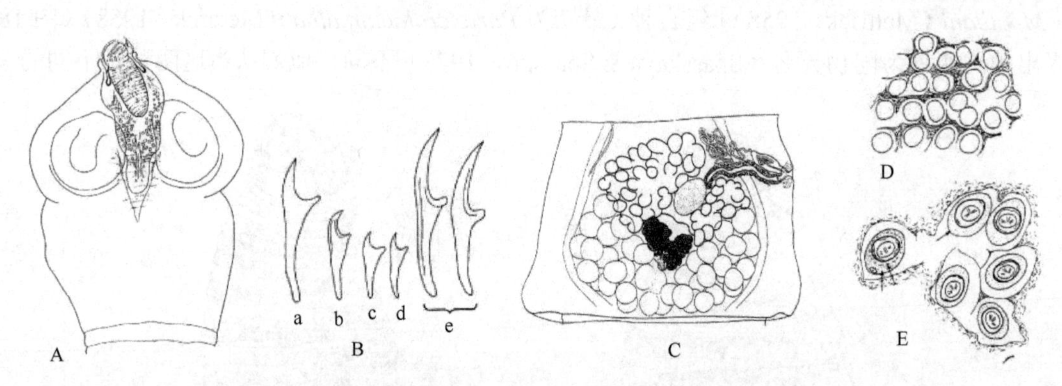

图 18-193　单孔属绦虫结构示意图（引自 Bona，1994）

A，D，E. 鹡鸰单孔绦虫［*M. galbulae*（Gmelin，1790）Joyeux & Baer，1955］；C. 肌质单孔绦虫；A. 头节；B. 钩［a. 肌质单孔绦虫；b～d. 3个不同的种；e. 鹡鸰单孔绦虫］；C. 成节；D. 早期迷宫式子宫；E. 发育期子宫和卵，箭头示卵外膜，有杆箭头示内膜的外层残余

2）阿尔巴尼单孔绦虫［*Monopylidium albani*（Mettrick，1958）］

｛同物异名：*Paricterotaenia albani* Mettrick，1958；阿尔巴尼囊宫绦虫［*Sacciuterina albani*（Mettrick，1958）Matevosyan，1963］；阿尔巴尼黄疸带绦虫［*Icterotaenia albani*（Mettrick，1958）Galkin，1979］；阿尔巴尼多尾须绦虫［*Polycercus albani*（Mettrick，1958）Schmidt，1986］｝

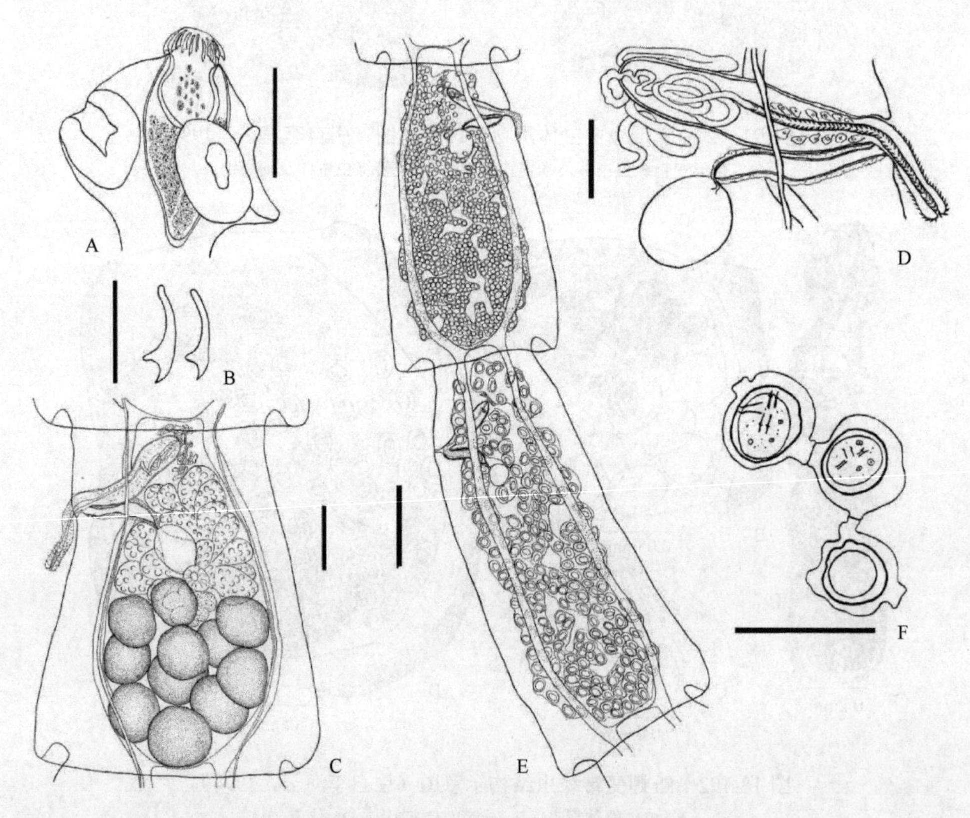

图 18-194　弱小单孔绦虫结构示意图（引自 Komisarovas et al.，2007））

A. 头节；B. 吻突钩；C. 成节；D. 生殖管背面观；E. 预孕节和孕节；F. 卵。标尺：A，C=100μm；B=25μm；D，E=50μm；F=50μm

18.13.3.8　异带属（*Anomotaenia* Cohn，1900）（图 18-196～图 18-202）

［同物异名：双领带属（*Dichoanotaenia* López-Neyra，1944）］

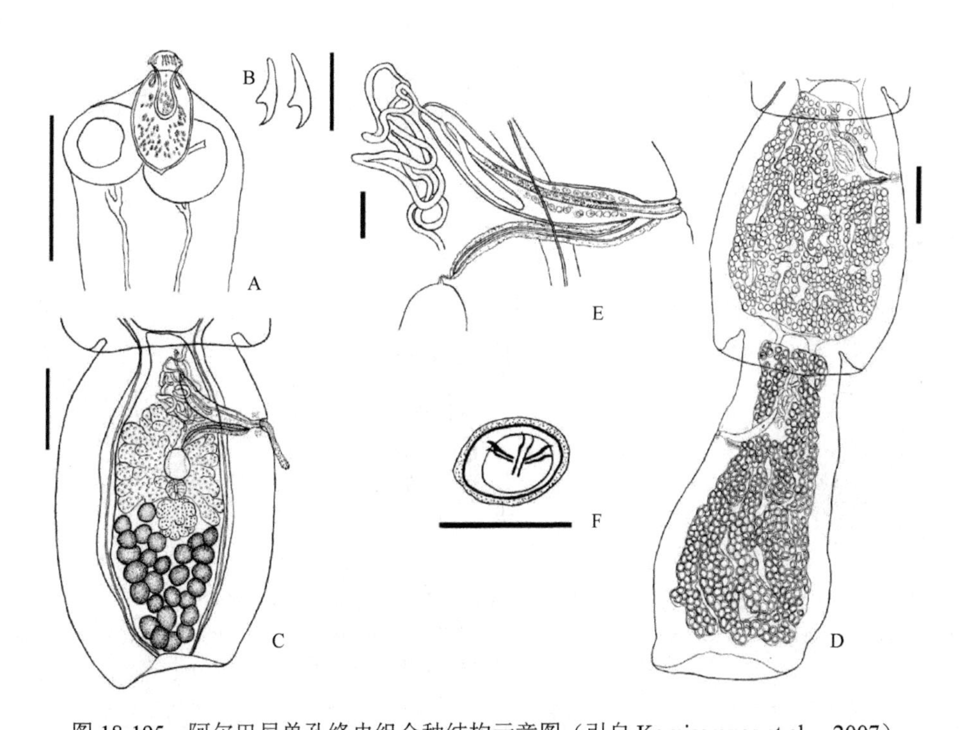

图 18-195　阿尔巴尼单孔绦虫组合种结构示意图（引自 Komisarovas et al.，2007）

A. 头节；B. 吻突钩；C. 成节；D. 末端节片（预孕节和孕节）；E. 生殖管背面观；F. 卵。标尺：A，C，D=250μm；B=20μm；E，F=50μm

识别特征：吻突器肌肉质或不同状况的腺体质。囊相当长而窄。吻突干相对长而窄。钩为不同类型，通常很小。链体小到中等。头节小。吸盘大。生殖孔不规则交替。生殖管位于渗透调节管之间。阴道在阴茎囊后部，同一水平面；长度变化大，通常覆盖于孔侧叶；壁强劲但非特别厚。子宫薄壁网状或迷宫状，持续有密隔附于卵上（有时类似于子宫囊），或解聚而将卵释放于实质中；没有子宫囊。生殖腔小，壁球状、相当厚，没有两性管。卵巢大小变化大，峡部明显。精巢数目多，位于卵巢后部。阴茎囊小、长形，壁坚固到相当厚。阴茎窄，绝大多数很小；棘小，同源，有时几乎看不见；没有硬毛样棘丛。已知寄生于鸻形目和鸥形目（Lariformes）鸟类，全球性分布。模式种：微吻异带绦虫［*Anomotaenia microrhyncha*（Krabbe，1869）］。

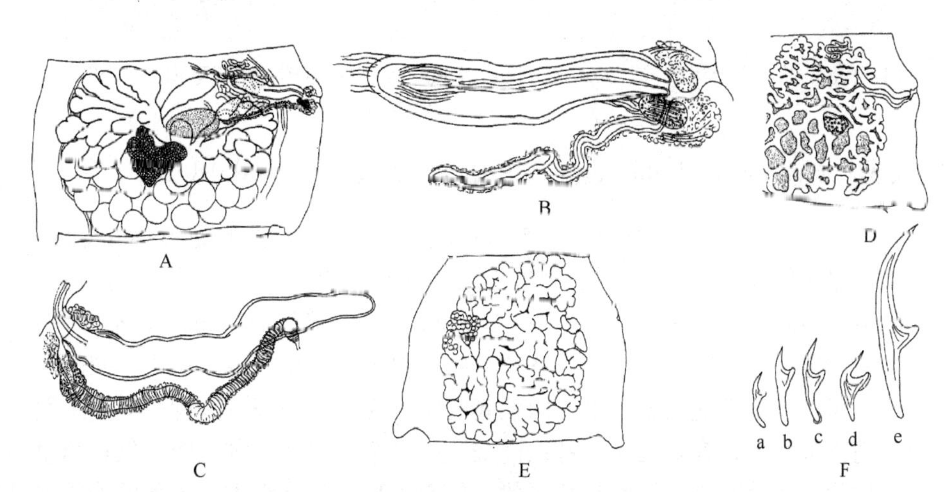

图 18-196　异带属几个种结构示意图（引自 Bona，1994）

A. 成节；B. 末端生殖器官，阴道括约肌球茎状；C. 末端生殖器官，阴道括约肌套管样；D. 子宫网；E. 子宫迷宫；F. 不同种的钩，左方第一个可能是微吻异带绦虫的

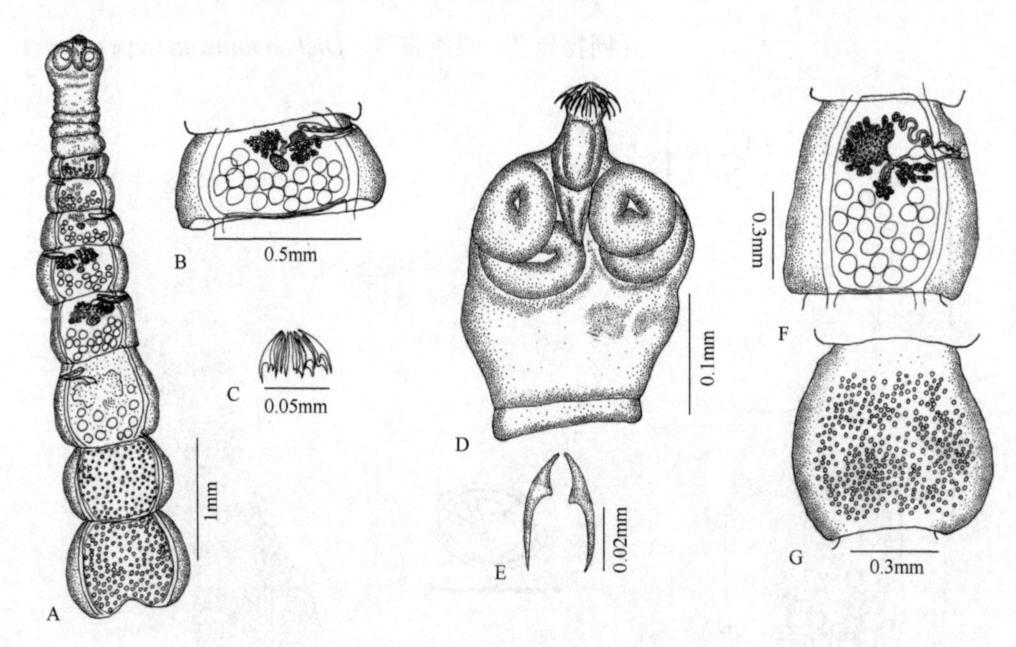

图 18-197　2 种异带绦虫结构示意图（引自李海云，1994）

A～C. 雀异带绦虫（*A. passerum* Joyeux & Timon-David，1933）：A. 虫的整体形态；B. 成节；C. 吻钩。D～G. 阿里昂异带绦虫（*A. arionis* Siebold，1850）：D. 头节；E. 吻钩；F. 成节；G. 孕节

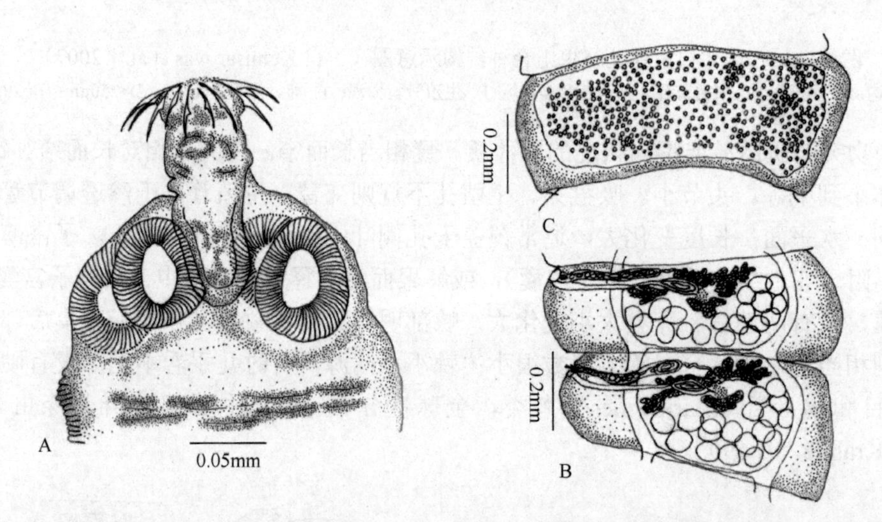

图 18-198　柑橘异带绦虫（*A. citrus* Krabbe，1869）结构示意图（引自李海云，1994）

A. 头节；B. 成节；C. 孕节

18.13.3.9　环簇属（*Cyclustera* Fuhrmann，1901）（图 18-203～图 18-205）

［同物异名：新环簇属（*Neocyclustera* Underwood & Dronen，1986）］

识别特征：吻突器环簇样（cyclusteroid）型。囊很大且长；当吻突收缩时腔可忽略。吻突有斜向螺旋纤维组成的表面层及不同倾向的各层。钩 2 轮（20～28 个），环簇样型，很大，柄和卫有横向的横纹，有时大钩的卫倾向后。链体小而粗，通常向后变窄。头节很大，肉质。吸盘小。不同的种生殖管在渗透调节管之间或背部。阴道在阴茎囊后部或沿着阴茎囊的轴，在背方或腹方因种而异。生殖腔壁厚，或很深，弯曲或简单。精巢数目多，在雌性腺背部或围绕之；在个体很小的种类中，仅在卵巢的后部。阴茎囊大，壁很厚，实体状。阴茎有细棘。受精囊球状，位于中央，可能很大。内部的输精管可能是短环，有膨大的部分（相似于内贮精囊）或长、窄环，或通常卷曲。输精管或有少量环有膨大部（相似于外贮精囊），或有宽的环。已知寄生于鹳形目（Ciconiiformes）鹳亚目（Ciconiae）鸟类，可能也寄生于鹭形类

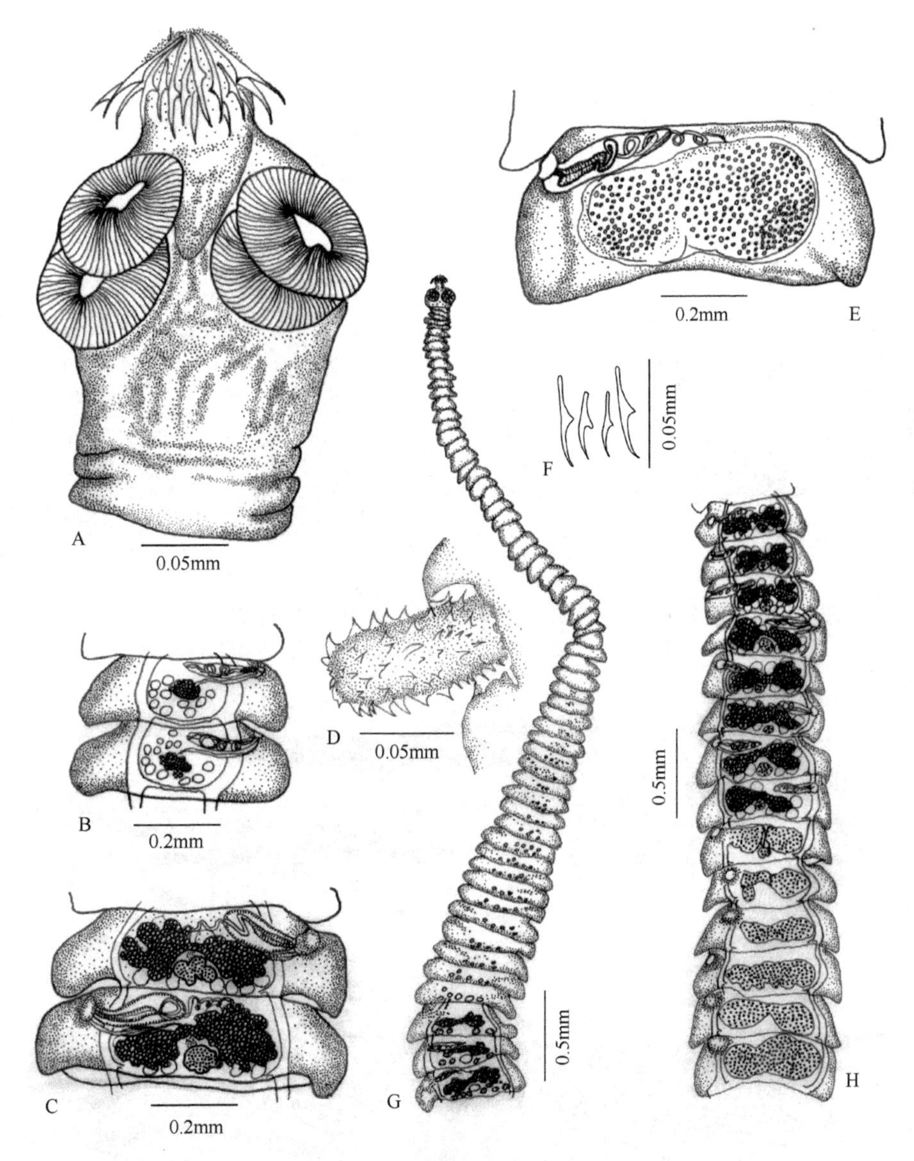

图 18-199 夜鹭异带绦虫（*A. nycticoracis* Yamaguti，1935）结构示意图（引自李海云，1994）

A. 头节；B. 未成节；C. 成节；D. 阴茎放大，示棘；E. 孕节；F. 吻钩；G，H. 整条虫前后两段

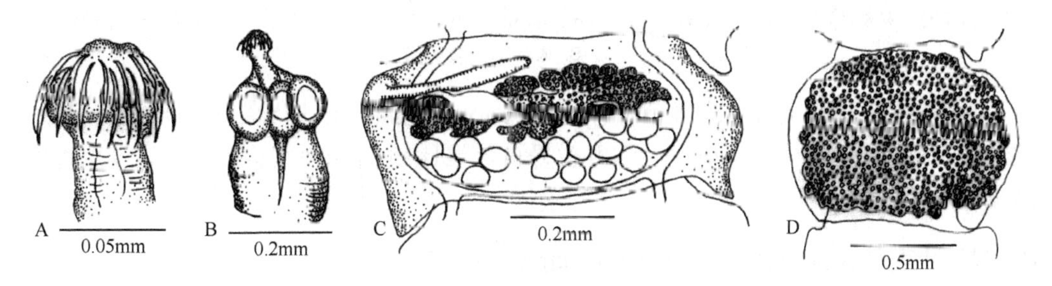

图 18-200 矶鹬异带绦虫（*A. hypoleucus* Li，Lin & Hong，1997）结构示意图（引自李海云，1994）

A. 吻钩；B. 头节；C. 成节；D. 孕节

（Ardeae）、鹈形目（Pelecaniformes）、雁形目（Anseriformes）［秋沙鸭属（*Mergus*）］和瑞利目鸟类，分布于南美洲、北美洲、亚洲和非洲。模式种：绵毛环簇绦虫［*Cyclustera capito*（Rudolphi，1819）］。

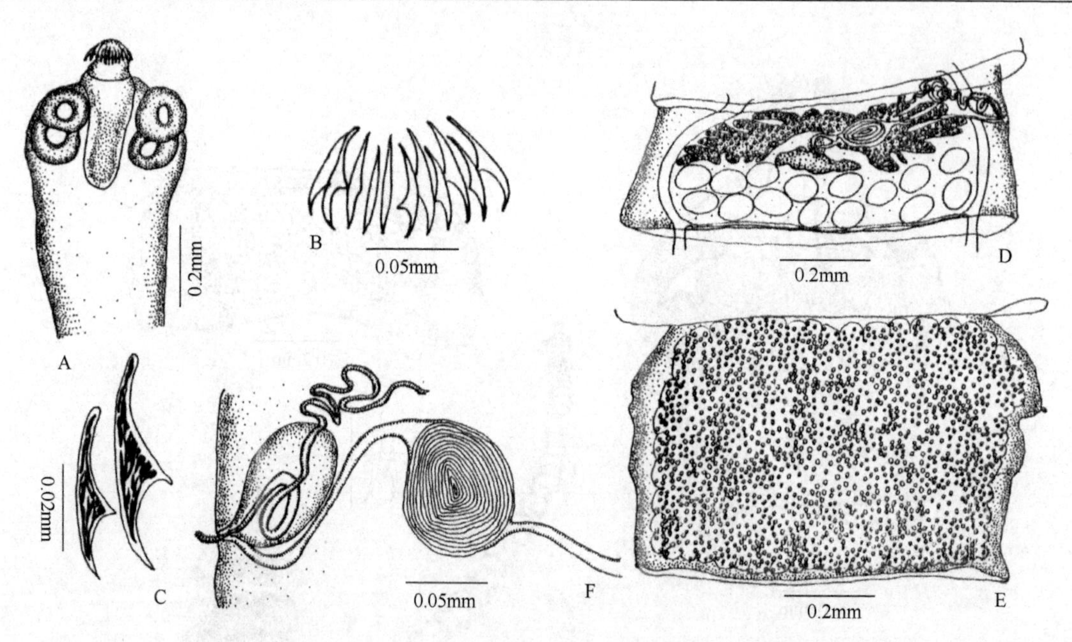

图 18-201　噪眉异带绦虫（*A. garrulax*）结构示意图（引自李海云，1994）

A. 头节；B. 吻钩排列；C. 吻钩形态；D. 成节；E. 孕节；F. 生殖器官末端放大

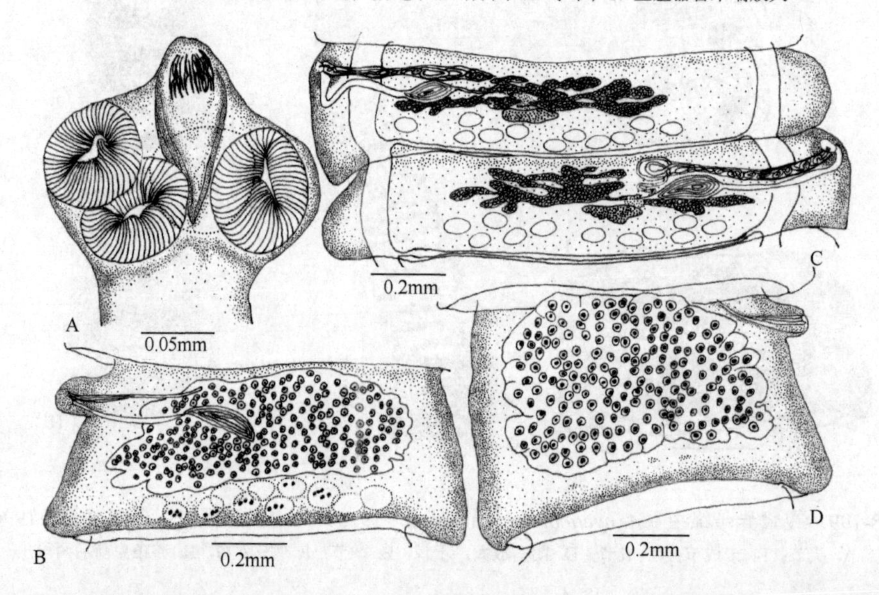

图 18-202　林鹬异带绦虫（*A. erolia* Li，Lin & Hong，1997）结构示意图（引自李海云，1994）

A. 头节；B. 成节；C，D. 孕节

Scholz 等（2008）在非洲莫桑比克鲤鱼（*Cyprinus carpio* Linnaeus）肝囊中发现环簇属绦虫的绦虫蚴，对其吻突钩及相近种的研究如图 18-205 所示，并对采自鱼类具有 28 个吻突钩的环族属 3 个种类绦虫蚴的形态测定数据进行了比较，见表 18-9。

18.13.3.10　棘阴茎属（*Acanthocirrus* Fuhrmann，1907）

识别特征：吻突器肌肉质。囊长，达吸盘外很远。吻突和囊一样长，有时折叠一次；主干窄，顶盘宽。钩 2 轮（约 20 个）。链体中等。生殖孔单侧，同种在左侧或右侧。生殖管位于渗透调节管之间。阴道在后部，开口于阴茎囊腹部；短、漏斗状。子宫囊状，分小叶，表面有隔，壁厚。生殖腔深，壁厚，腔基部围绕着性腺孔有环状纤维和粗刚毛。阴茎囊长，壁薄。内部输精管为单一的长环。已知寄生于鸻形目（可能也寄生于雀形目）鸟类，分布于古北区。模式种：雷蒂罗什特里什棘阴茎绦虫［*Acanthocirrus* *retirostris*（Krabbe，1869）]（图 18-206A、B）。

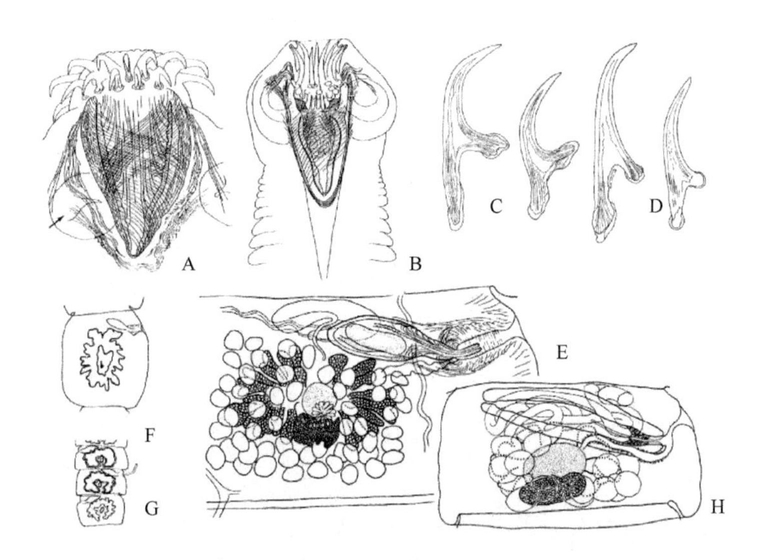

图 18-203 环簇属绦虫结构示意图（引自 Bona，1994）

A. 绵毛环簇绦虫的头节，吻突干的右侧外层与内部的肌肉层分离，箭头示吻突囊壁；B. 朱鹭环簇绦虫（*C. ibisae* Schmidt & Bush，1972）模式标本的头节，囊壁附着于吻突上（螺旋纤维）；C. 绵毛环簇绦虫的吻突钩；D. 朱鹭环簇绦虫的吻突钩；E，F. 绵毛环簇绦虫的成节与孕节；G. 朱鹭环簇绦虫的孕节；H. 瑞利环族绦虫［*C. ralli*（Underwood & Dronen，1986）］组合种模式标本的成节

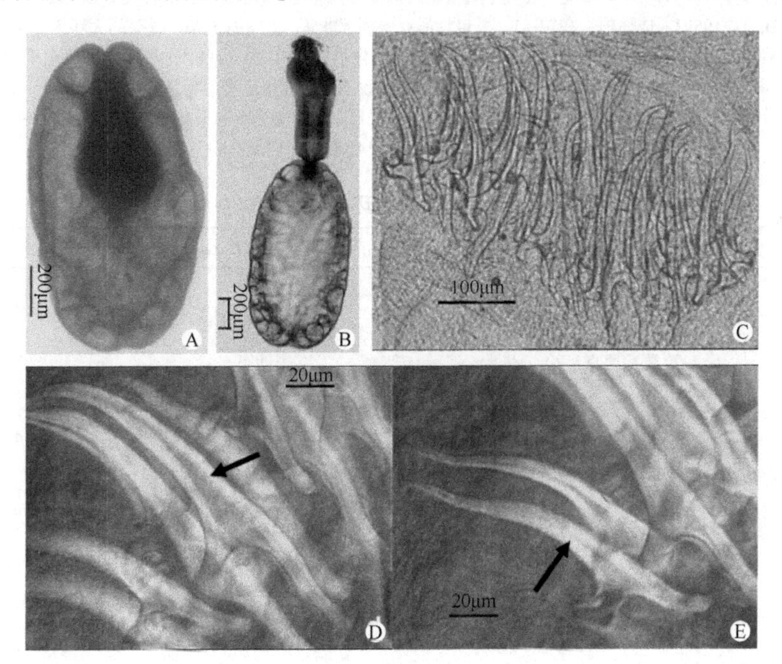

图 18-204 采自鲤鱼的环簇属绦虫未定种的绦虫蚴（引自 Scholz et al.，2008）

A. 头节内陷；B. 体前方与头节翻出；C. 吻突钩；D. 大钩（箭头）；E. 小钩（箭头）

18.13.3.11 环睾属（*Cyclorchida* Fuhrmann，1907）（图 18-207，图 18-208）

识别特征：吻突器 parvitaenioid 型（见 25b）。钩 2 轮（20 个）。链体中到大型；节片宽显著大于长。头节大，球状。吸盘小。生殖孔单侧，同种中右侧或左侧。生殖管在渗透调节管之间。阴道略后或沿着阴茎囊轴，有两个腔前括约肌。子宫囊状，具很深的前方和后方的突囊。卵巢不是明显的两叶状，有宽的横向主体，小。精巢数目很多，围绕着卵巢。阴茎囊小，长形；末端部窄，由生殖腔乳突取代。阴茎很精致，中央有小棘，顶部有长而细的棘。受精囊很长而窄，重叠于孔侧卵巢叶。已知寄生于鹳形目

（Ciconiiformes）鹳亚目（Ciconiae）鸟类，分布于欧洲、亚洲（印度）、非洲和澳大利亚。模式种：奥马兰环睾绦虫［*Cyclorchida omalancristrota*（Wedl，1855）］（图 18-208）。

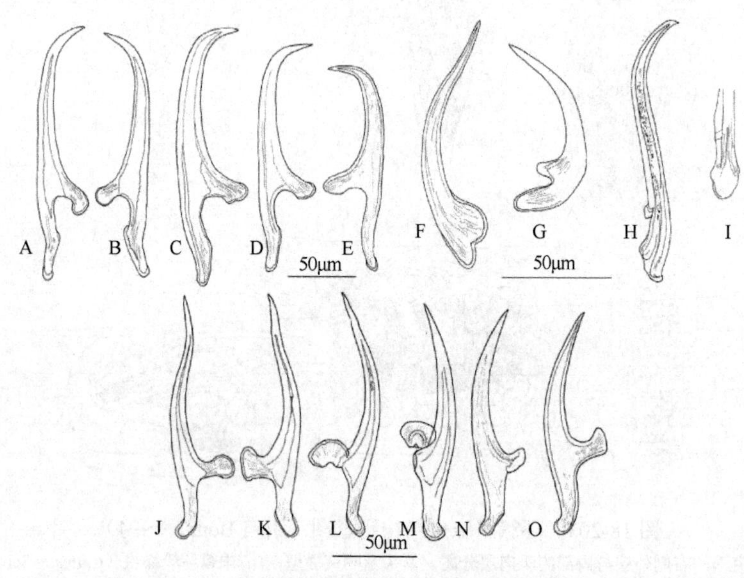

图 18-205 环簇属绦虫的钩（引自 Scholz et al.，2008）

A～E. 环簇属绦虫远端（较大的）钩：A，B. 采自莫桑比克鲤鱼肝的环簇属绦虫未定种幼虫的吻突钩；C，D. 采自刚果黄嘴鹮鹳（*Mycteria ibis*）的大环簇绦虫［*C. magna*（Baer，1959）］成体的吻突钩；E. 采自肯尼亚齐利罗非鱼（*Tilapia zillii*）肠壁的大环簇绦虫幼虫 IPCAS C-293 样品的吻突钩。F～I. 采自莫桑比克鲤鱼肝的环簇属绦虫未定种幼虫吻突端部的骨片样小钩：F，G. 绘自甘油胶固定的压扁平的钩；H. 绘自洋红染色加拿大树胶固定的非压扁平的样品，小钩不在平面上；I. 绘自洋红染色加拿大树胶固定的非压扁平的样品的小钩基部。J～O. 环簇属绦虫近端（较小的）钩：J～L. 采自莫桑比克鲤鱼肝的环簇绦虫未定种幼虫的吻突钩；M～N. 采自刚果黄嘴鹮鹳的大环簇绦虫成体的吻突钩；O. 采自肯尼亚齐利罗非鱼肠壁的大环簇绦虫幼虫 IPCAS C-293 样品的吻突钩

表 18-9 采自鱼类具有 28 个吻突钩的环族属种类绦虫蚴的形态测定比较

特征	环簇属绦虫未定种（*Cyclustera* sp.）	绵毛环簇绦虫（*C. capito*）	大环簇绦虫（*C. magna*）
感染位置	肝脏	肠系膜	肠壁
宿主	鲤鱼	多睛佛罗里达鳉	亚腹罗非鱼
国家	莫桑比克	墨西哥	肯尼亚
参考文献	Scholz 等（2008）	Scholz 等（2004）	Scholz 等（2004）
绦虫蚴	2066 × 666	4060（长度）	（904～1480）×（496～740）
远端的（大）钩			
全长	171～187	221～234	（179～198）×（154～163）*
刃	108～122	112～122	93～141
柄	60～72	118～125	64～96
刃/柄	1.59～2.00	0.94～0.97	1.14～1.96
近端的（大）钩			
全长	139～149	173～182	138～47
刃	94～103	90～93	92～102
柄	54～57	99～105	61～70
刃/柄	1.69～1.89	0.85～0.93	1.33～1.68
骨片数目	2	—	—
长度	76～115	—	—

注：测量单位为μm

*所有远端的钩都为同一形态，但其中 4 个显著大于其余的 10 个

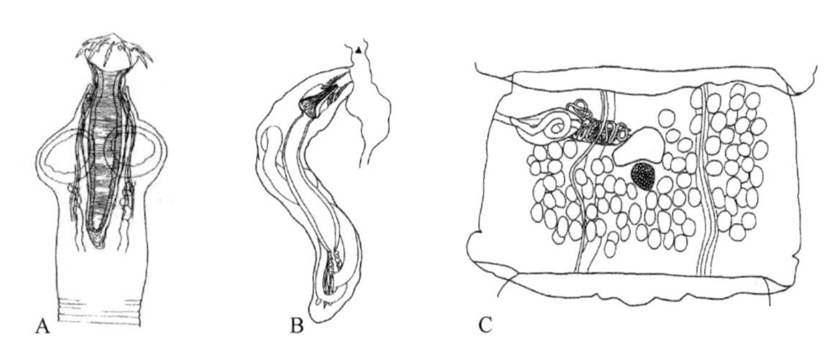

图 18-206 2 种绦虫结构示意图（引自 Bona，1994）

A，B. 雷蒂罗什特里什棘阴茎绦虫：A. 头节；B. 末端生殖器官，可能是模式标本，三角示生殖腔。
C. *Bucerolepis bicanistis*（Mahon，1954）：成节

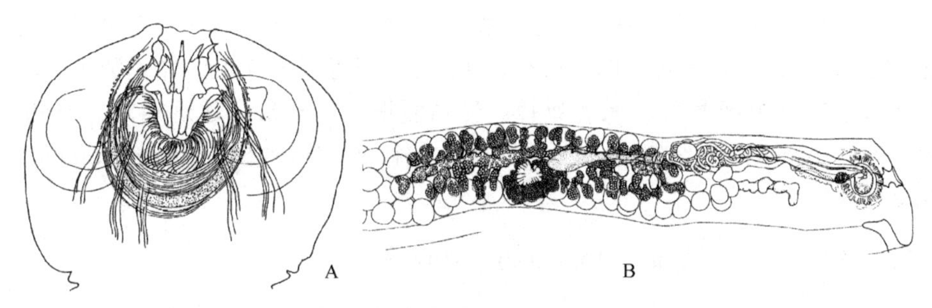

图 18-207 环睾属绦虫（引自 Bona，1994）

A. 刚果环睾绦虫（*C. congolensis* Bona，1975）模式标本头节；B. 奥马兰环睾绦虫成节

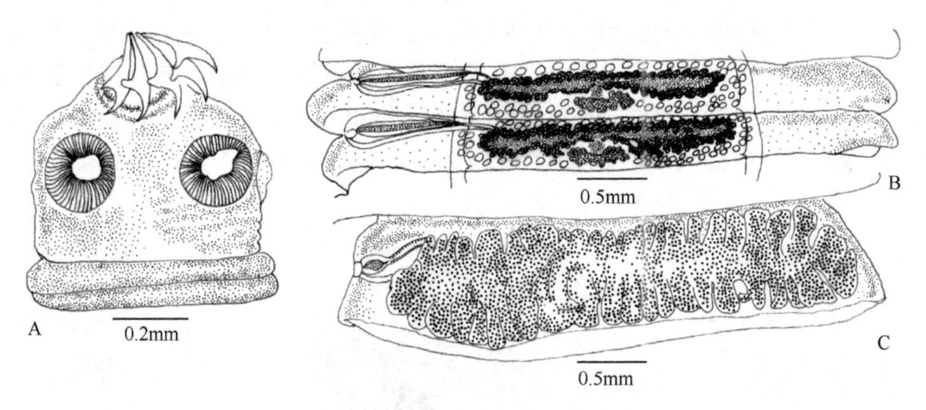

图 18-208 奥马兰环睾绦虫结构示意图（引自李海云，1994）

A. 头节；B. 成节；C. 孕节

18.13.3.12 侧孔属（*Lateriporus* Fuhrmann，1907）

识别特征：吻突可能仅为肌肉质。囊大。吻突大，长形。钩 1 轮。链体大。生殖孔单侧，右侧（模式种）。生殖管位于渗透调节管背方。阴道宽，当膨胀时为纺锤状（模式种）。子宫囊状，深分小叶。生殖腔大，壁坚韧，吸盘样，辐射状纤维弯向孔处，外部的纤维朝向节片内部。卵巢非明显的两叶状，主要为马蹄铁状。卵黄腺比卵巢更近背方。精巢数目多，位于卵巢后部。阴茎囊（有外翻的阴茎）椭圆形，壁厚。阴茎窄，很长。没有内贮精囊。输精管在远前端中央。已知寄生于雁形目（Anseriformes）和鸻形目（？）鸟类，分布于古北区和北极区。模式种：圆柱状侧孔绦虫［*Lateriporus teres*（Krabbe，1869）］（图 18-209A、B）。

18.13.3.13 原睾属（*Proorchida* Fuhrmann，1908）

识别特征：顶器不明。钩 2 轮。链体中等；缘膜扩展；有显著稳定的乳突。生殖孔单侧，右侧（模

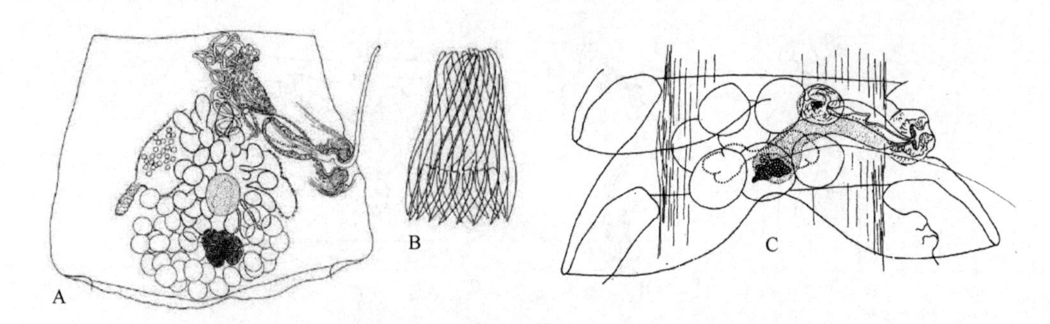

图 18-209　侧孔绦虫和原睾绦虫结构示意图（引自 Bona，1994）
A，B. 圆柱状侧孔绦虫模式标本：A. 成节；B. 钩。C. 叶状原睾绦虫典型成熟的节片

式种）。生殖管在渗透调节管之间。阴道孔在阴茎囊背部。阴道很小，在生殖腔壁外发育为受精囊。子宫网状。生殖腔球状，基部扁平，有棘。卵巢很小、两叶状，几乎不分小叶。精巢数目少，围绕着卵巢，背位。阴茎囊精致。阴茎很细而短，无钩或棘。受精囊很大、长形，达远后端。已知寄生于鹳形目（Ciconiiformes）鹭科（Ardeidae）鸟类，分布于巴西。模式种：叶状原睾绦虫（*Proorchida lobata* Fuhrmann，1908）（图 18-209C）。

18.13.3.14　克莱兰德属（*Clelandia* Johnston，1909）

识别特征：吻突器 parvitaenioid 型。钩 2 轮（20 个），parvitaenioid 型（见 29a）。链体很小。头节球状。生殖孔单侧，在左侧（不排除同种在右侧者）。生殖管在渗透调节管之间。阴道在阴茎囊后背方（左侧孔者），很宽，弯曲，壁强劲。子宫囊状，很少小叶状。卵巢体积大，向后部伸展。卵黄腺在远后端。精巢位于卵巢后部，反孔侧向侧方和前方伸展，趋向于形成反孔侧的两群，部分背位于卵巢。阴茎囊很大。输精管小，位于反孔侧前方。已知寄生于鹳形目（Ciconiiformes）鹭科（Ardeidae）（很可能）鸟类，分布于澳大利亚。模式种：小克莱兰德绦虫（*Clelandia parva* Johnston，1909）（图 18-210A、B）。

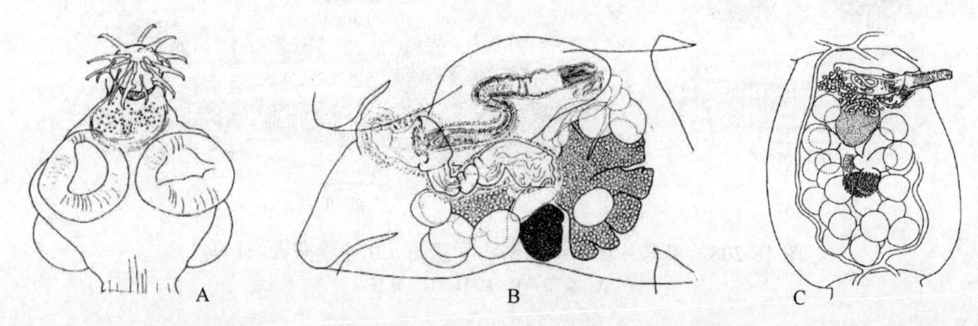

图 18-210　小克莱兰德绦虫和 *Cotylorhipis furnarii*（Del Pont，1906）模式标本（引自 Bona，1994）
A，B. 小克莱兰德绦虫：A. 头节；B. 成节。C. *Cotylorhipis furnarii*（Del Pont，1906）的成节

18.13.3.15　*Cotylorhipis* Blanchard，1909

识别特征：顶器腺体样，无钩棘。囊球状有小的顶腔和几乎看不到的基部球状结构，相似于球茎。链体很小（2～6mm）。节片略有缘膜。头节很小。吸盘为正常的肌肉质，像扁盘；后部边缘更发达；后部的小钩大，为一排，前方的小钩为 3～4 排。生殖孔不规则交替，位于远前方。生殖管背位于渗透调节管，有例外者位于之间。阴道短，漏斗状，弯曲而有坚固的壁，在阴茎囊后部，孔腹面。子宫粗网眼状，随后发育为囊状，具深隔。生殖腔简单。卵巢小，有少量小叶。精巢数目多，位于卵巢后部、侧方和前侧方，没有围绕卵巢。阴茎囊大，在所有其他器官之前。阴茎大，有强劲的玫瑰刺样棘。输精管在阴茎囊的后部和部分腹部。已知寄生于雀形目灶鸟科（Furnariidae）和砍林鸟科（Dendrocolaptidae）鸟类，分布于新热带区。模式种：*Cotylorhipis furnarii*（Del Pont，1906）（图 18-210C）。

18.13.3.16 班克罗夫特属（*Bancroftiella* Johnston，1911）

识别特征：吻突器可能为肌肉质。囊小。吻突粗短。钩 2 轮。链体大。节片大部分重叠。器官间隔。头节小。生殖孔不规则交替。生殖管位于渗透调节管之间。阴道在阴茎囊后部，腹位；长，很弯曲。生殖腔相当大，壁厚，辐射状和环状纤维，可能形成大乳突。子宫横向伸长。卵巢小，有明显的峡部，横向伸长。阴茎囊长，窄，强劲的壁。阴茎细，似乎无棘。输精管细小，位于阴茎囊后。已知寄生于有袋目哺乳动物，分布于澳大利亚。模式种：纤细班克罗夫特绦虫（*Bancroftiella tenuis* Johnston，1911）（图 18-211）。

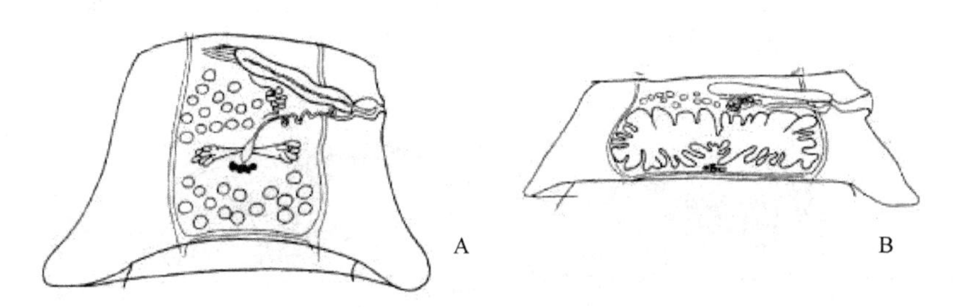

图 18-211 纤细班克罗夫特绦虫结构示意图（引自 Bona，1994）
A. 可能为半成节；B. 孕节

18.13.3.17 树状子宫属（*Dendrouterina* Fuhrmann，1912）（图 18-212～图 18-214）

［同物异名：马绍那属（*Mashonalepis* Beverley-Burton，1960）；
环子宫属（Cyclouterina Gulyaev & Tkachev，1988）］

识别特征：吻突器肌肉质。囊如果有，则为围绕着吻突球状体的纤维物质。吻突强劲，宽，可能为 parvitaenioid 型，钩 2 轮（20 个）；两种特征性的类型：希律（herodiae）型，2 轮钩冠有很大不同；有时为瓦利孔（valiporoid）型（见 25c），巨大的括约肌，2 轮钩很相似，有时很难区别，钩柄长。链体大。渗透调节管在反孔侧反转，背部的管有时可能消失。生殖孔单侧，右侧。生殖管很少在渗透调节管之间（与不规则外观的背管有关）。阴道在阴茎囊后部或沿阴茎囊轴腹面；远端的括约肌可能存在。生殖腔大，球状，很强劲，复杂，围绕两性孔基部很少有括约肌；可能有细棘；通常有突出的乳突。卵巢横向扩展

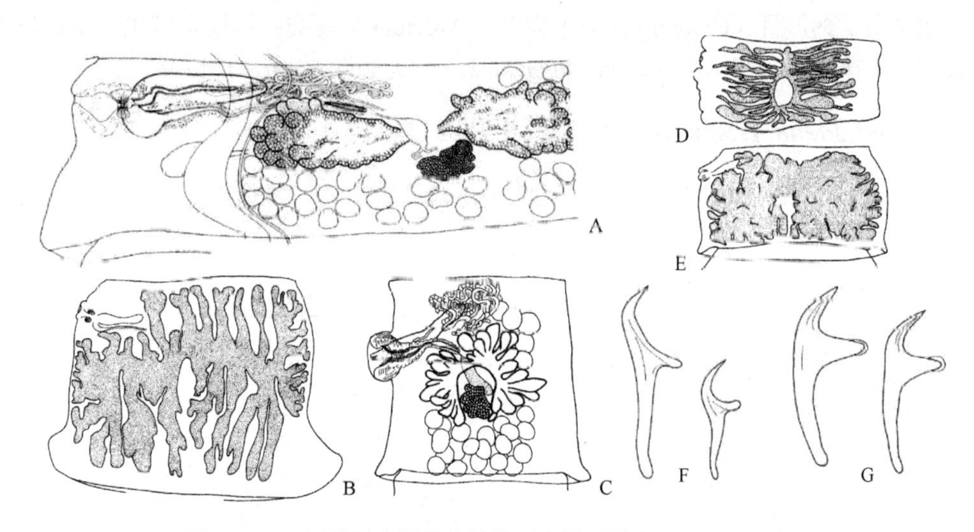

图 18-212 树状子宫属绦虫结构示意图（引自 Bona，1994）

A，B. 大括约肌树状子宫绦虫［*D. macrosphincter*（Fuhrmann，1909）］：A. 成节腹面观；B. 孕节。C. 乳头状树状子宫绦虫［*D. papillifera*（Fuhrmann，1908）］模式标本成节；D. *D. ixobrichi* Bona，1975 模式标本，子宫环状，前方有分支；E. *D. pilherodiae* Mahon，1956 模式标本，子宫囊有深小叶和隔。F，G. 钩（左为远端，右为近端）：F. 希律树状子宫绦虫，希律型，有时类似于瓦利孔型；G. 大括约肌树状子宫绦虫，大括约肌（macrosphincter）型

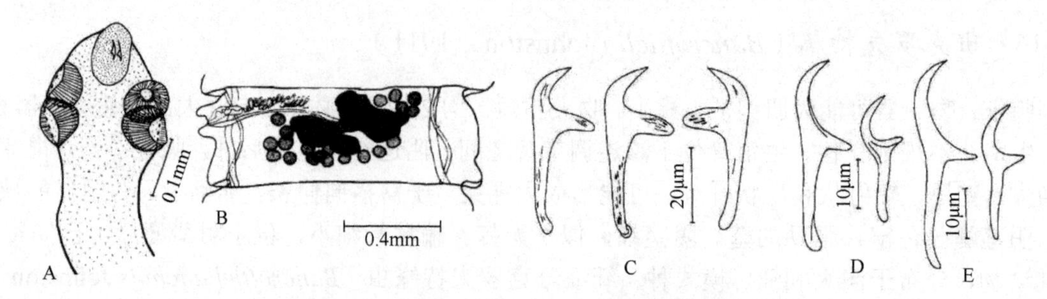

图 18-213　树状子宫绦虫及吻突钩结构示意图

A，B. *D. pilherodiae* Mahon 1956；C～E. 吻突钩。A. 头节；B. 成节；C. 阿尔迪亚树状子宫绦虫［*D. ardeae*（Rausch，1955）］（两个远端的钩在左方）；D. 希律树状子宫绦虫（CNHE 1314）；E. 乳头状树状子宫绦虫（CNHE 393）（A，B 引自 Pinto & Noronha，1972；C～E 引自 Scholz et al.，2002）

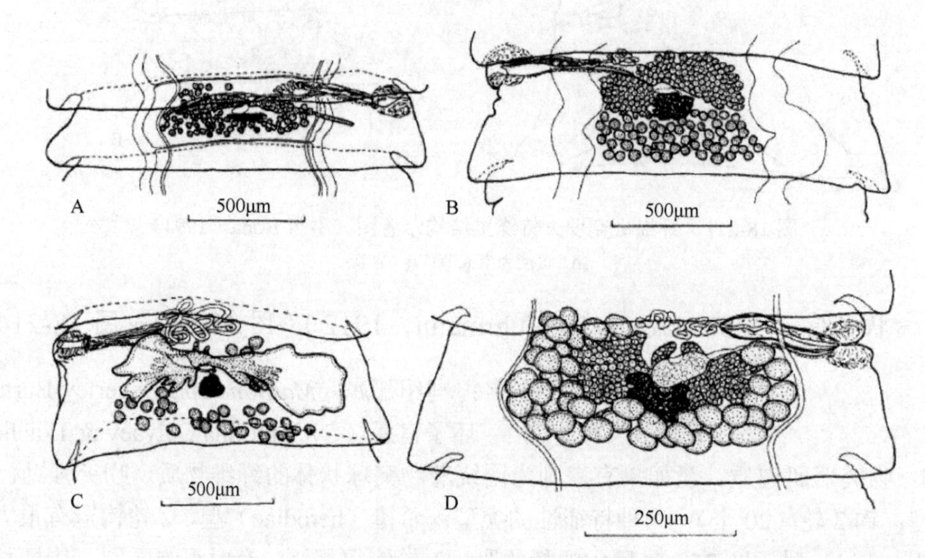

图 18-214　树状子宫绦虫成节和光尾须绦虫预孕节结构示意图（引自 Scholz et al.，2002）

A～C. 树状子宫绦虫的成节：A. 阿尔迪亚树状子宫绦虫；B. 希律树状子宫绦虫（CNHE 1314）；C. 乳头状树状子宫绦虫（CNHE 393）；D. 采自雪鹭（*Egretta thula*）的耳形光尾须绦虫［*Glossocercus auritus*（Rudolphi，1819）］的预孕节。C 为腹面观，其余为背面观

或马蹄铁形有辐射状的外部轮廓，有峡部。精巢数目很多。阴茎囊细长，很少小，椭圆形。阴茎有小的密集的棘。已知寄生于鹳形目（Ciconiiformes）鹭科（Ardeidae）鸟类；可能也寄生于雀形目鸟类，全球性分布。模式种：希律树状子宫绦虫（*Dendrouterina herodiae* Fuhrmann，1912）。

18.13.3.18　*Eugonodaeum* Beddard，1913（图 18-215）

识别特征：吻突器所知内容很少，大多数可能是正常的肌肉质。链体中等。节片宽显著大于长。在

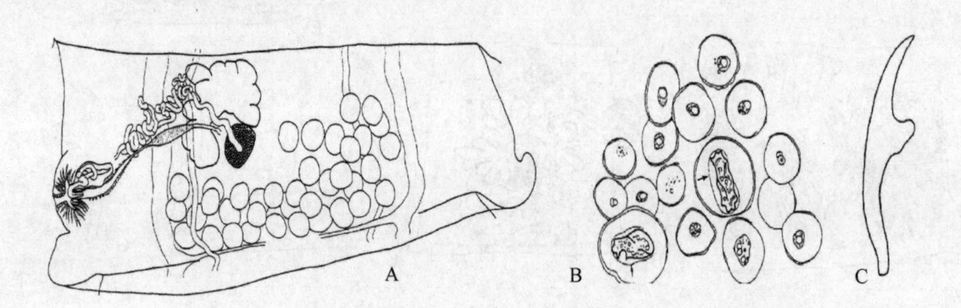

图 18-215　*Eugonodaeum* 2 种绦虫部分结构示意图（引自 Bona，1994）

A，B. *E. oedicnemus* Beddard，1913；C. *E. nasuta*（Fuhrmann，1908）组合种模式标本。A. 成节；B. 子宫囊，成熟和流产的（箭头指卵的薄外膜）；C. 吻突钩

很大程度上重叠，器官间有空间，皮质宽。生殖孔位于左侧赤道后部。生殖管位于渗透调节管之间。阴道位于阴茎囊后，主要在腹部。生殖腔大，壁强劲，复杂，远端有细的环状纤维，近端有辐射状束；有宽而稳定的乳突存在。卵巢小，实体状，马蹄铁形。精巢数目多，位于卵巢后部，向反孔侧扩展。阴茎囊很小。阴茎无钩棘，很精致。受精囊位于孔侧，小，达到或甚至与渗透调节管交叉。没有内贮精囊。输精管位于孔侧，细，横向进入皮质。已知寄生于鸻形目、鹳形目的鹳亚目鸟类，分布于南美。模式种：*Eugonodaeum oedicnemus* Beddard，1913。

18.13.3.19 钩棘属（*Unciunia* Skryabin，1914）（图 18-216，图 18-217）

识别特征：顶器腺体样，无钩棘（？）。囊仅有小的顶腔。链体小。颈区常膨大。生殖孔不规则交替。生殖管在渗透调节管之间。阴道在阴茎囊后部，通常在同一水平面或略偏背部；短，从阴茎囊分出。子宫初期为细网状，随后迷宫状。卵最终散在于实质中。生殖腔适度的小。卵巢小。精巢数目多，位于卵巢后。阴茎囊小，亚球形。阴茎大，细弱；基部有长而致密的硬毛样棘，远端的棘较短，为丝状；当阴茎收缩时，宽圆锥状的丛毛占据雄性管。输精管远离卵巢，几乎在中央。已知寄生于鹰形目（Accipitriformes）鸟类，分布于新热带区、南非和古北区。模式种：毛阴茎钩棘绦虫（*Unciunia trichocirrosa* Skryabin，1914）（图 18-216）。

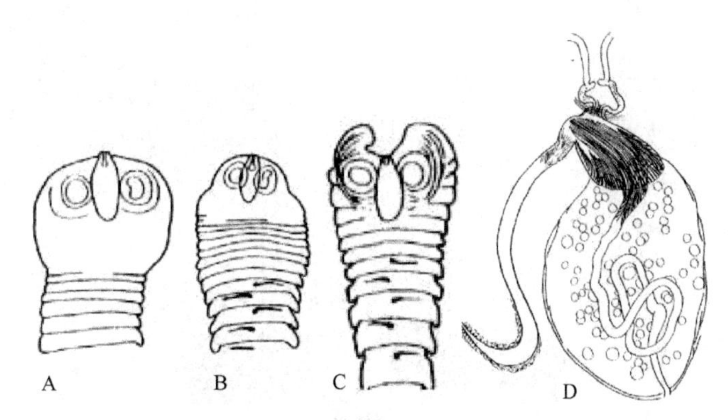

图 18-216 毛阴茎钩棘绦虫结构示意图（引自 Bona，1994）
A～C. 不同状态头节，有膨大的颈区；D. 末端生殖器官（顶器官见伪领带属图，节片解剖同领带绦虫属图）

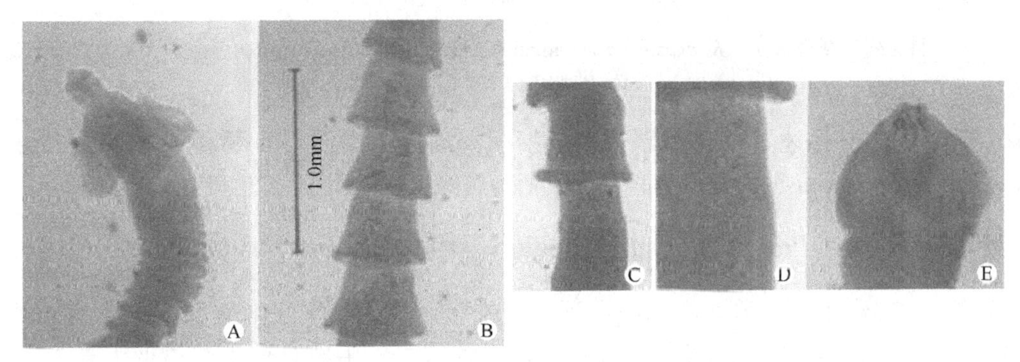

图 18-217 采自沙特阿拉伯大白鹭（*Egretta alba*）的钩棘属绦虫未定种（引自 Al Khalaf，2007）
A，E. 头节；B. 成节；C，D. 孕节

18.13.3.20 科瓦列夫斯基属（*Kowalewskiella* Baczynska，1914）（图 18-218～图 18-221）

识别特征：吻突器肌肉质（有小的腺体样组分？）。囊壁薄而坚固。吻突大而精致，圆屋顶样。钩数多（30～60 个），小的戴维属样（davaineoid）型。孕时或当精巢区域为两个时，节片长明显大于宽。头节小。吸盘小，无棘。生殖管在渗透调节管之间。阴道在阴茎囊后部、同一水平面（倾向于背侧）；很短、不易弯曲，多棘漏斗状。子宫位于腹部，粗网眼状，壁薄有少量卵。较早显出的为分散的单卵子宫囊（少

量有 2～4 个卵），随后由小球状实质细胞加固，最终变为纤维状。生殖腔小。卵巢两叶状，小，当精巢区为两个时位于中央，其他时期位于偏孔侧。精巢为两群，在雌性腺前方和后方或为连续的区域，围绕着雌性器官。阴茎囊小，有坚实的壁。阴茎棘一致。受精囊显然在孔侧，有通向阴道的延长部分。已知寄生于鸻形目鸟类，全球性分布。模式种：色带状科瓦列夫斯基绦虫［*Kowalewskiella cingulifera*（Krabbe，1868）］。

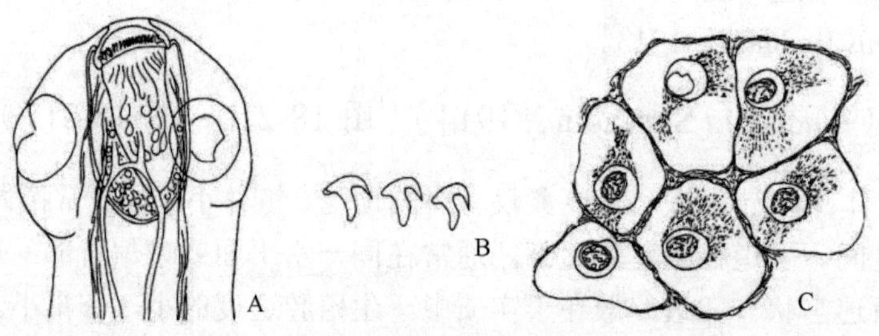

图 18-218　迟钝科瓦列夫斯基绦虫［*K. stagnatilidis*（Burt，1940）］模式标本结构示意图（引自 Bona，1994）

A. 头节；B. 钩；C. 完全成熟的子宫囊

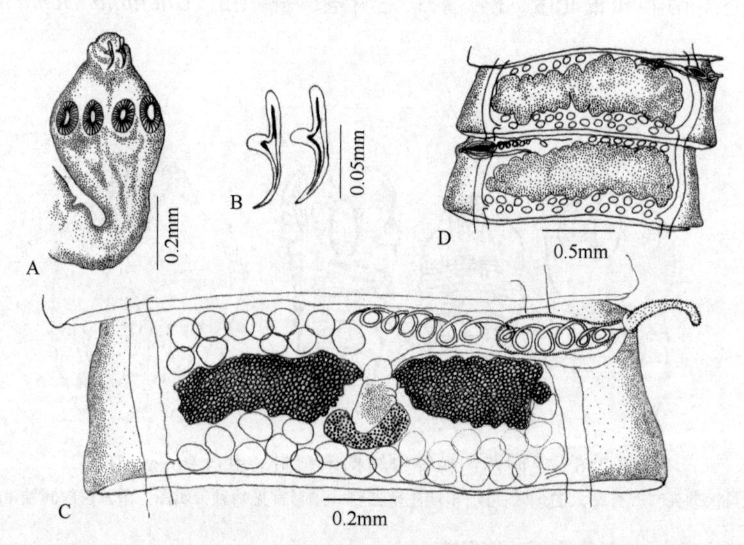

图 18-219　秃鹰科瓦列夫斯基绦虫（*K. buzzardia* Tubangui & Masilungan，1937）结构示意图（引自李海云，1994）

A. 头节；B. 吻钩；C. 成节；D 预孕节

Dronen 等（2002）描述了采自美国得克萨斯州海湾区沿岸鸻形目鹬科（Scolopacidae）半蹼鹬（*Catoptrophorus semipalmatus*）的另两种科瓦列夫斯基属绦虫，如图 18-220 和图 18-221 所示。

18.13.3.21　前领带属（*Prochoanotaenia* Meggitt，1924）

识别特征：吻突囊小，壁薄。吻突小；顶部圆锥状，与主干无明确分界。钩 2 轮（约 40 个或更多）。链体大，器官空间大。生殖孔不规则交替于较前方。生殖管位于渗透调节管之间。子宫网状，大网眼，之后形成早熟、分散、单卵、实质的泡状囊；最后，卵陷于连续泡状组织小腔中。生殖腔小，壁球状。精巢数目多，位于卵巢后部。阴茎囊很小。阴茎小；具有致密小棘。已知寄生于瑞利目鸟类，分布于欧洲。模式种：马查理前领带绦虫［*Prochoanotaenia marchali*（Mola，1907）］（图 18-222A～D）。

18.13.3.22　巨棘属（*Megalacanthus* Moghe，1926）（图 18-222E～I）

{同物异名：单孔属大棘亚属［*Monopylidium*（*Macracanthus*）Moghe，1925］先占用；

单孔属大棘亚属［*Monopylidium*（*Megalacanthus*）Moghe，1926］；潘奴瓦属（*Panuwa* Burt，1940）；副领带属（*Parachoanotaenia* Rego，1967 非 Lühe，1910）］}

识别特征：吻突囊有纵向纤维组成的厚壁，强劲的外纵肌束自颈区进入囊。吻突很大，腺体在内。钩2轮（约30个），通常很大。链体中等，节片宽大于长。头节很大。吸盘小。生殖孔通常不规则交替。不同种类中，生殖管或是背位于渗透调节管或主要在渗透调节管之间。子宫网状，之后早熟，形成单卵、实质的泡状囊。生殖腔小，壁致密，球状。卵黄腺很小。精巢数目多，位于卵巢后部和侧方，几乎达到渗透调节管。阴茎囊长而窄。阴茎细长，有粗棘。输精管小、横向，与阴茎囊一致。已知寄生于鸻形目鸟类，几乎为全球性分布。模式种：钱德勒巨棘绦虫［*Megalacanthus chandleri*（Moghe，1925）Moghe，1926］。

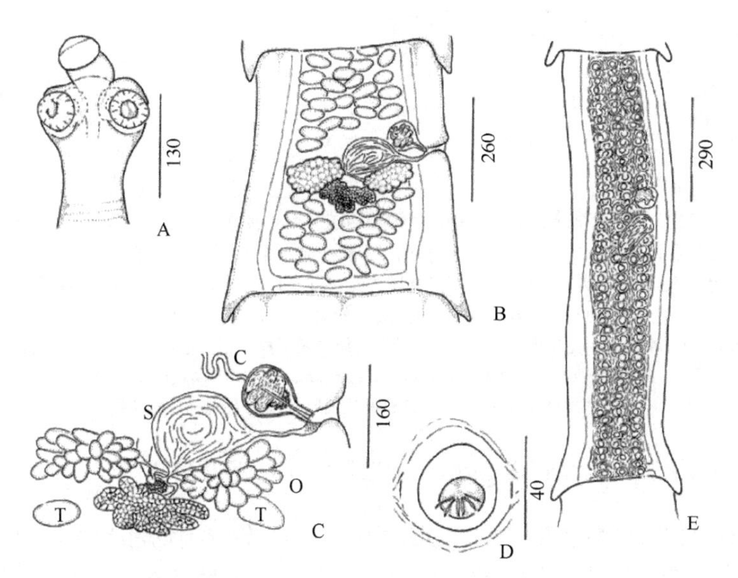

图 18-220 采自半蹼鹬的鹬科瓦列夫斯基绦虫（*K. catoptrophor* Dronen et al.，2002）结构示意图（引自 Dronen et al.，2002）

A. 头节；B. 成节；C. 雄性和雌性生殖复合体，示阴茎器官有管状的贮精囊和前列腺细胞（C）、卵巢（O）、受精囊（S）和精巢（T）；D. 卵；E. 孕节。标尺单位为 μm

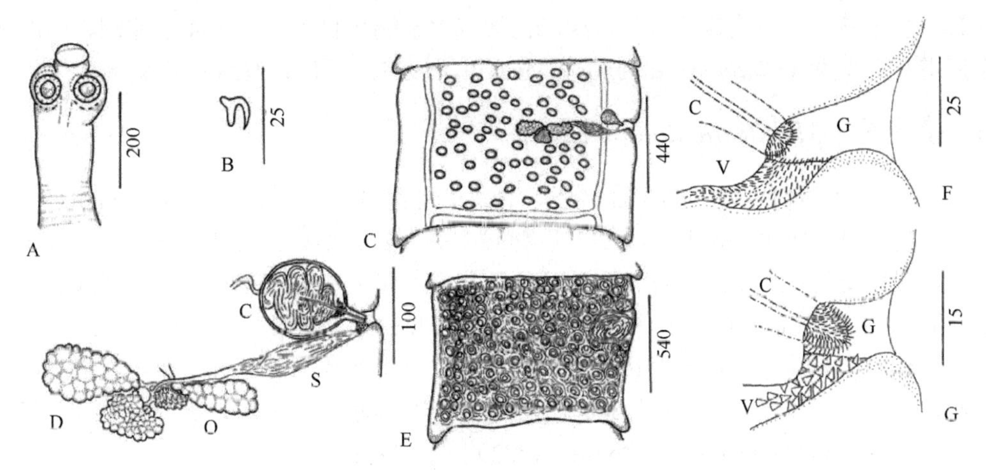

图 18-221 采自半蹼鹬大棘科瓦列夫斯基绦虫（*K. macrospina* Dronen et al.，2002）及鹬科瓦列夫斯基绦虫结构示意图（引自 Dronen et al.，2002）

A. 头节；B. 吻突钩；C. 成节；D. 雄性和雌性生殖复合体，示阴茎器官有管状的贮精囊和前列腺细胞（C）、卵巢（O）和受精囊（S）；E. 孕节；F，G. 采自半蹼鹬的两种科瓦列夫斯基绦虫的生殖腔：F. 鹬科瓦列夫斯基绦虫生殖腔组成图示阴茎（C）、生殖腔（G）及细阴道棘的部分形式（V）；G. 大棘科瓦列夫斯基绦虫生殖腔组成图，示阴茎（C）、生殖腔（G）及刺样阴道棘的部分形式（V）。标尺单位为 μm

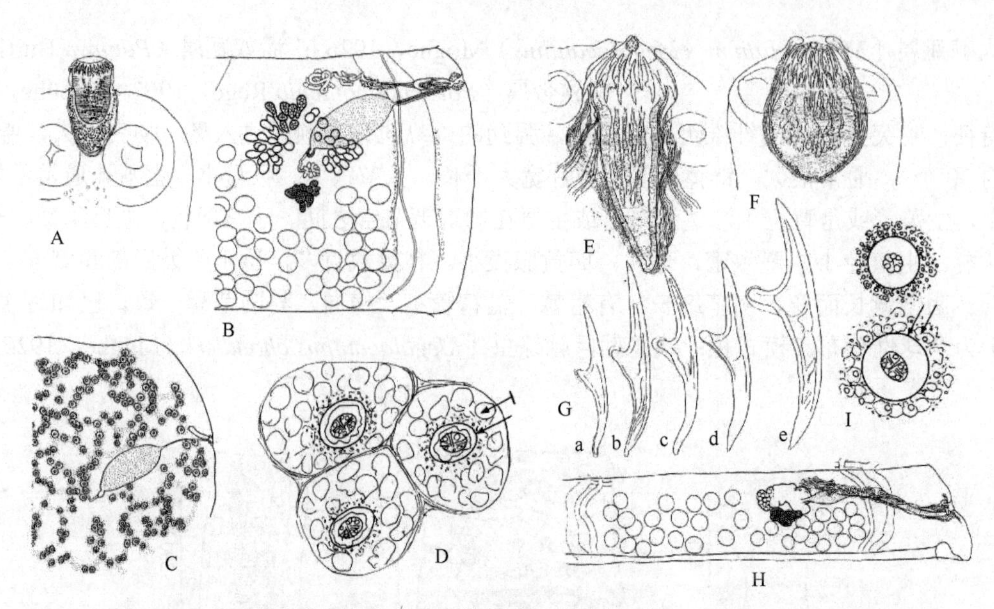

图 18-222 马查理前领带绦虫和巨棘属绦虫结构示意图（引自 Bona，1994）

A～D. 马查理前领带绦虫：A. 头节；B. 成节；C. 网状子宫，早熟的子宫囊（部分）；D. 成熟的囊状实质的子宫囊［胚膜薄，呈波浪形；卵的最外的膜（箭头）可能或可能不黏附于囊上，指示实质中的囊状细胞（有杆箭头）］。E～I. 巨棘属绦虫：E. 大棘巨棘绦虫［*M. macracanthus*（Fuhrmann，1908）］的吻突；F. 分叶巨棘绦虫［*M. lobivanelli*（Burt，1940）］模式标本的吻突。G. 钩：a. *M. guiarti*（Shen，1932）模式标本；b. 大棘样巨棘绦虫［*M. macracanthoides*（Fuhrmann，1907），可能是模式标本；c. 分叶巨棘绦虫模式标本；d. 索斯韦尔巨棘绦虫［*M. southwelli*（Fuhrmann，1932）］模式标本；e. 大棘巨棘绦虫模式标本。H. 小喙巨棘绦虫［*M rostellatus*（Fuhrmann，1908）］模式标本的成节。I. 子宫囊示意图：顶部为早期的囊，六钩蚴发育之前；底部为具有囊状细胞包围的表膜层之成熟囊

18.13.3.23 几丁属（*Chitinorecta* Meggitt，1927）（图 18-223）

识别特征：吻突器肌肉质到腺体质。吻突强劲而长。钩 2 轮（有时相当不明显）；柄长、刃很短略弯曲。链体小，颈区短宽；节片宽大于长；器官堆叠。头节宽。生殖孔规则交替。生殖管位于渗透调节管之间。阴道位于后部，通常在阴茎囊背部（至少在孔面）或在同一水平面。子宫网状或迷宫状，有时发育为具深隔的囊；壁持续存在。胚膜厚，有黏附性退化的外膜，或薄而有长极突。生殖腔大小适中，无棘。卵巢巨大，小叶大，有不规则的外貌。精巢数目多，位于卵巢后部横向的区域。阴茎长，收缩时有棘突入雄性管。受精囊近于阴茎囊的后部边缘。已知寄生于鸻形目鸟类，分布于非洲、印度和亚洲。模式种：阿诺斯塔几丁绦虫（*Chitinorecta agnosta* Meggitt，1927）（图 18-223A～E）。

18.13.3.24 多睾属（*Multitesticulata* Meggitt，1927）

［同物异名：*Viscola* Mola，1929；啮齿带属（*Rodentotaenia* Matevosyan，1953）］

识别特征：吻突器肌肉质，囊大。钩 2 轮。链体中等。器官堆积；皮质退化。生殖孔不规则交替，同一链体中可能规则交替；位于远前方。生殖管位于背方。阴道在阴茎囊背部、远端部前方，之后向后转（有时在左侧孔，阴道孔前方腹面），短、壁坚固。生殖腔简单，壁厚。卵巢很大，达节片近后部边缘，小叶大。卵黄腺位于卵巢前方。精巢数目很多。阴茎囊位于近节片的前方边缘。阴茎强劲，棘很小。受精囊位于孔侧，远前方，部分重叠于阴茎囊。已知寄生于食虫动物（鼹鼠），分布于欧洲。模式种：丝状多睾绦虫［*Multitesticulata filamentosa*（Goeze，1782）］（图 18-224）。

18.13.3.25 瓦利孔属（*Valipora* Linton，1927）（图 18-225～图 18-227）

［同物异名：蛇瓦利孔属（*Ophiovalipora* Hsü，1935）］

识别特征：吻突器肌肉质，很可能略为腺体样，瓦利孔样（valiporoid）型。囊亚球形或长形（很少达吸盘后方）。收缩时吻突的顶垫与钩折入，呈 X 形束。钩 2 轮（20 个）；通常小而精致；远端的钩刃直，

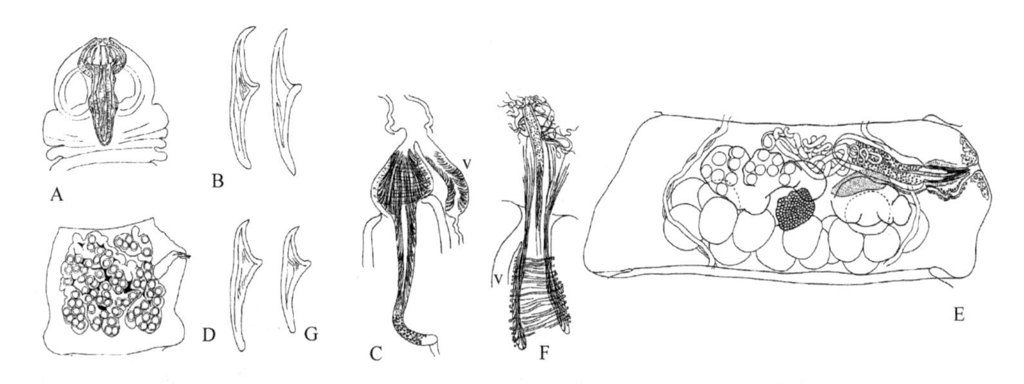

图 18-223　几丁属绦虫结构示意图（引自 Bona，1994）

A～E.阿诺斯塔几丁绦虫模式标本：A. 头节；B. 2 轮钩可以观察柄末端来区分（左远右近）；C. 阴茎收缩，雄性管有棘；D. 半孕节；E. 成节；F. 几丁绦虫未定种阴茎外翻，鞭样棘；G. 瓦内利几丁绦虫［*C. vanelli*（Fuhrmann，1907）］组合种模式标本的钩。缩略词：v. 阴道

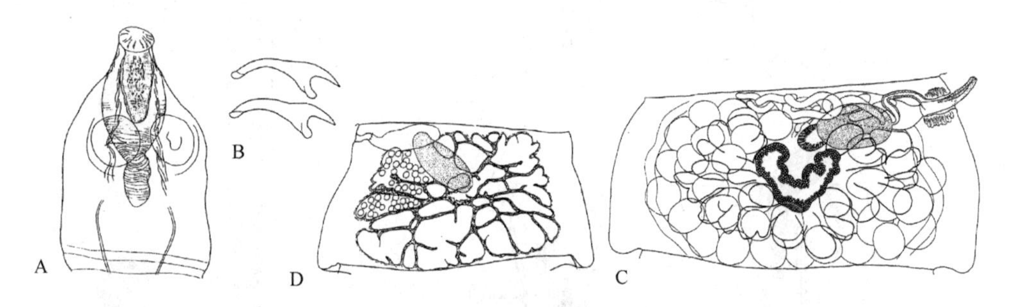

图 18-224　丝状多睾绦虫结构示意图（引自 Bona，1994）

A. 头节；B. 吻突钩；C. 成节；D. 孕节

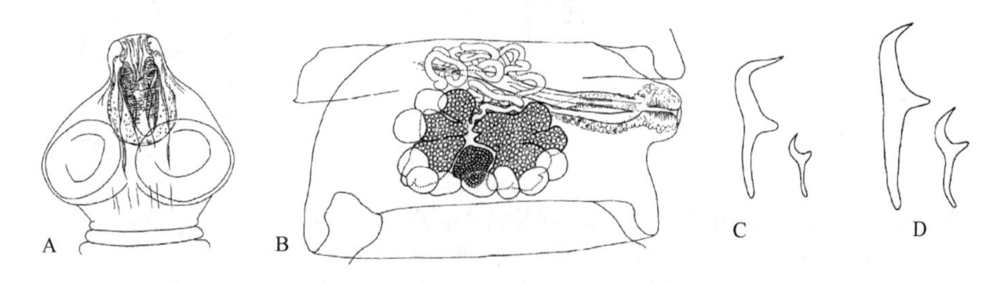

图 18-225　瓦利孔属绦虫局部结构示意图（引自 Bona，1994）

A. 瓦利孔绦虫未定种（*Valipora* sp.）的头节；B. 多毛瓦利孔绦虫模式标本成节；
C. *V. campylancristrota*（Wedl，1855）新模式标本瓦利孔样钩；D. 多毛瓦利孔绦虫的钩

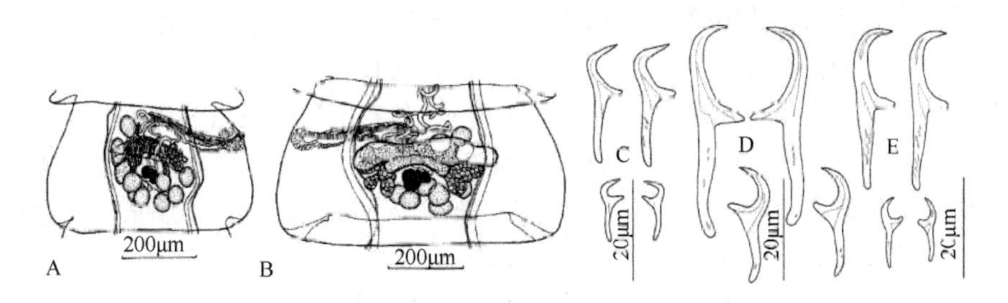

图 18-226　瓦利孔绦虫成节及吻突钩结构示意图

多毛瓦利孔绦虫（A，B）及采自墨西哥的同属种的吻突钩（前排远端的钩）（C～E）。A. 成节背面观（CNHE 392）；B. 成节腹面观（CNHE 1315）；C. 采自韦拉克鲁斯 El Bayo 大白鹭（*Ardea alba*）的 *V. campylancristrota*（Wedl，1855）；D. 采自韦拉克鲁斯 Río Máquinas 美洲绿鹭（*Butorides virescens*）的小瓦利孔绦虫［*V. minuta*（Coil，1950）］；E. 采自韦拉克鲁斯 El Bayo 美洲绿鹭的多毛瓦利孔绦虫（A，B 引自 Scholz et al.，2002；C～E 引自 Ortega-Olivares et al.，2008）

端部向右角弯；各轮钩形态和大小不同。链体很小到小。渗透调节管在反孔侧倒转。生殖管在渗透调节管之间。阴道在阴茎囊腹部，沿阴茎囊轴后部，多样化，多棘，壁厚，远端可能有括约肌。子宫囊状、

马蹄铁状或横向分叶。生殖腔大、壁厚，有时有棘，有显著的乳突。生殖系统多样化。卵巢两叶状。精巢少（很少超过 15 个），在卵巢（主要为反孔侧）的后部和侧方，可能围绕着反孔侧叶。阴茎囊很小（极少数）到很大。阴茎具有不同类型的棘。已知寄生于鹳形目（Ciconiiformes）鹭科（Ardeidae）鸟类，全球性分布。模式种：多毛瓦利孔绦虫（*Valipora mutabilis* Linton，1927）。

Yoneva 等（2008）研究了模式种多毛瓦利孔绦虫的精子发生和精子结构，结果如图 18-227 所示。

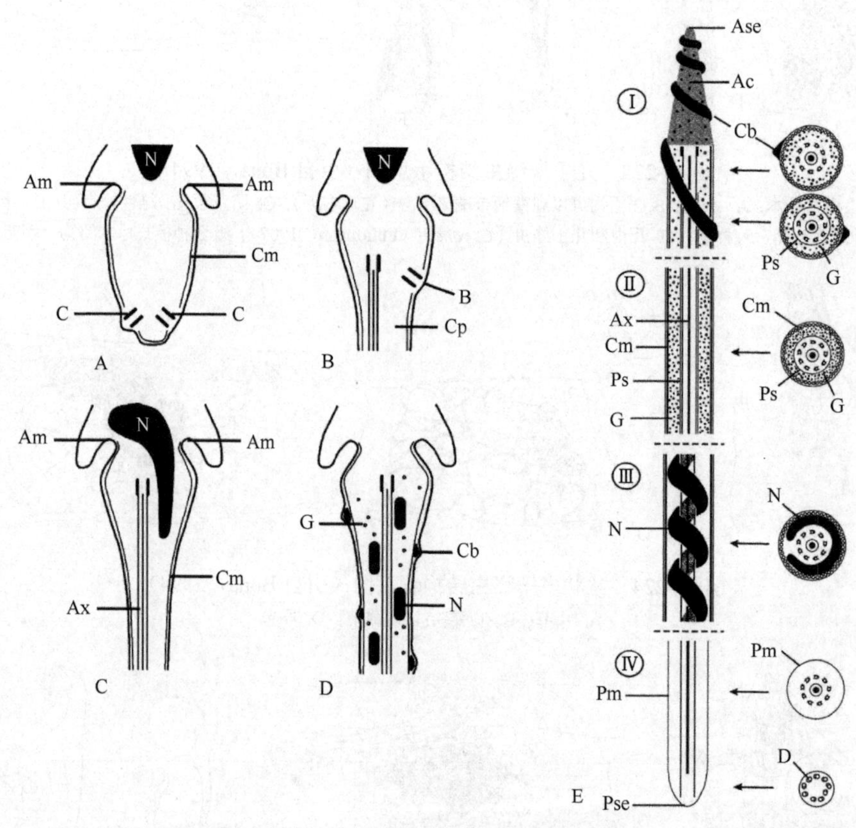

图 18-227　多毛瓦利孔绦虫精子发生过程外观及成熟精子重构示意图（引自 Yoneva et al.，2008）

A～D. 精子发生过程；E. 成熟精子重构示Ⅰ～Ⅳ区的结构，为使图更清楚，横切面上皮层微管绘为平行布置。缩略词：Ac. 顶锥；Am. 弓形膜；Ase. 前方精子的端部；Ax. 轴丝；B. 细胞质芽；C. 中心粒；Cb. 冠状体；Cm. 皮层微管；Cp. 胞质突起；D. 双连体微管；G. 电子致密颗粒；N. 核；Pm. 质膜；Ps. 围轴鞘；Pse. 后方精子端部

Yoneva 等（2008）没有将瓦利孔属当作囊宫科的属而是当作弯吻科（Gryporhynchidae）的类群，认为其研究是该科第一个精子发生和成熟精子形态的超微结构研究。多毛瓦利孔绦虫的精子发生始于被弓形膜区域化并含两个中心粒的分化区。1 个中心粒发育出轴丝直接生长入胞质突起。另一个中心粒保持位于胞质芽中，并随后中止（属于绦虫精子发生的第Ⅳ型）。多毛瓦利孔绦虫的成熟精子是丝状的细胞，两端锥形缺乏线粒体。前端的特征是有一个顶锥和单螺旋冠状体。“9+1”式的密螺旋体轴丝类型，有围轴鞘。皮层微管围绕精子轴成约 45°角扭转。电子致密的核螺旋缠绕在轴丝上。胞质电子透明并含有大量电子致密物质颗粒。与近期系统关系密切观点相反，这些超微结构数据表明弯吻科和带科（Taeniidae）的系统关系较远，而与囊宫科、一些膜壳科和一些裸头科的种类更为相近。

18.13.3.26　有角属（*Angularella* Strand，1928）（图 18-228）

识别特征：吻突器肌肉腺体质。钩 3～4 轮，很多钩。链体小到中等大小。生殖管背位于渗透调节管。阴道在阴茎囊后部，右侧孔为腹位，左侧孔为背位，长，可能有腔前括约肌。卵有长的极突（模式种？）。生殖腔简单。卵巢可能略超过渗透调节管并位于阴茎囊腹部。精巢数目多，位于后部，部分背位于卵巢和卵黄腺。阴茎囊长形。已知寄生于雀形目燕科（Hirundinidae）鸟类，全球性分布。模式种：贝马有角绦虫［*Angularella bema*（Clerc，1906）］。

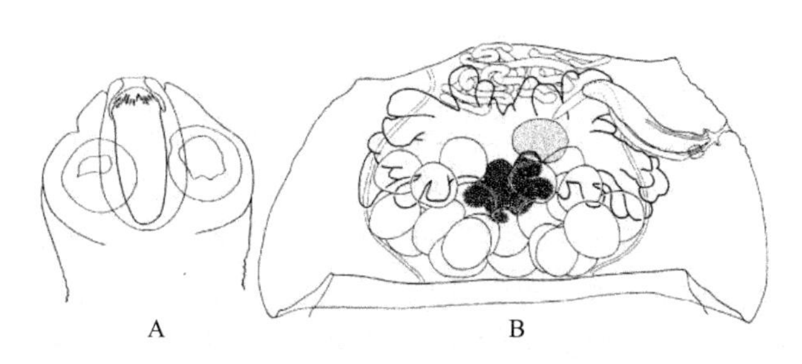

图 18-228 有角属绦虫结构示意图（引自 Bona，1994）
A. 大钩有角绦虫［*A. magniuncinata*（Burt，1938）］的头节；B. 有角绦虫未定种的成节

18.13.3.27 阿卢尔带属（*Aelurotaenia* Cameron，1928）

识别特征：吻突缺主干；由球状纤维帽围绕。钩 2 轮（约 20 个）；强壮，钩刃明显不同于钩体。链体小；颈长；节片具缘膜。吸盘小。生殖孔单侧（左侧），位于侧方边缘中央。子宫位于腹部，囊状；深大叶，厚壁。卵巢两叶状，大，实质状，扩展到远后部。卵黄腺位于远后部。阴茎囊长而窄，沿着节片的前方边缘。阴茎长，具棘。受精囊位于卵巢峡部。输精管致密堆叠，轮廓清晰，横向团状；大多数在反孔侧，阴茎囊下方。已知寄生于食肉动物，分布于马来西亚。模式种：普兰尼阿卢尔带绦虫（*Aelurotaenia planicipitis* Cameron，1928）（图 18-229）。

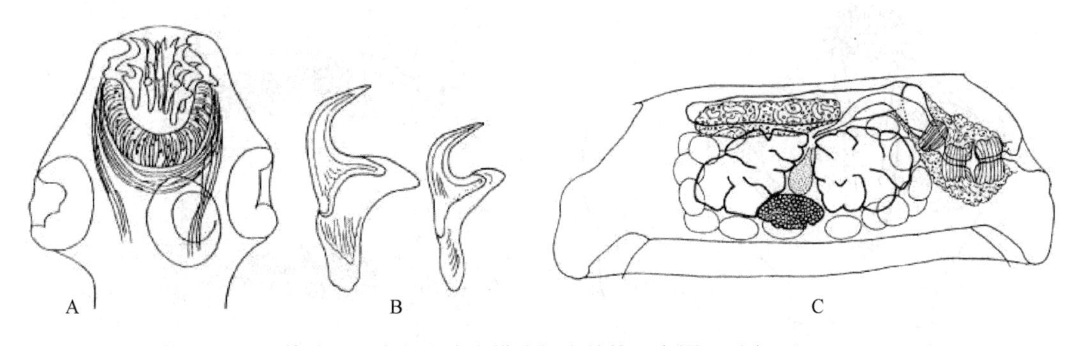

图 18-229 普兰尼阿卢尔带绦虫模式标本结构示意图（引自 Bona，1994）
A. 头节；B. 钩；C. 成节

18.13.3.28 玛丽卡属（*Malika* Woodland，1929）（图 18-230，图 18-231）

识别特征：吻突器肌肉质，典型；腺体在吻突内。吻突收缩时，囊腔可以忽略，壁界限不清。吻突强劲，有两层壁，内层正常厚度，有细的横向纤维，外层薄而附着，很难识别，实质样，有纵向的纤维，达顶垫之前增厚。顶垫深分界。钩 2 轮。链体大。节片在很大程度上重叠，器官间有空间，皮层宽。生殖孔单侧，或左或右（很少孔在对侧的）。生殖管位于渗透调节管之间。阴道直，在阴茎囊后部，通常在同一水平面，具有强劲、多棘的壁。子宫囊壁坚固，有特殊、松散的内部结构。生殖腔大、球状、壁厚，有辐射状纤维；生殖腔乳突大。卵巢小，通常非两叶状。精巢数目多，位于卵巢后部。阴茎囊椭圆形，壁坚固。阴茎大而多刺。内部的输精管很短，膨胀时，存在 1 个或两个小环。输精管在前方孔侧独立，有致密的前列腺套管。已知寄生于鸻形目鸟类，分布于印度和斯里兰卡，或可能更广泛。模式种：点斑玛丽卡绦虫（*Malika oedicnemus* Woodland，1929）。其他种：鸫玛丽卡绦虫（*M. turdi* Kugi & Fujino，1999）。

玛丽卡属有不一致的特征，且其定义在研究者之中仍然有混淆与争议。根据 Schmidt（1986），该属被定义为具有双圈吻突钩和无棘的阴茎，而模式种点斑玛丽卡绦虫却仅有 1 圈吻突钩，且有些种有多棘的阴茎。其间，Bona（1994）认可多棘的阴茎和两叶的卵巢为主要特征，而模式种的阴茎却是无棘的，且卵巢分叶的特性在5个种中没有描述。显然，对本属物种进行深入研究并修订属的识别特征是必要的。

该属已描述过11个种：点斑玛丽卡绦虫、乔汉玛丽卡绦虫（*M. chauhani*）、戴维斯玛丽卡绦虫（*M. daviesi*）、带状玛丽卡绦虫（*M. himantopodis*）、卡拉威玛丽卡绦虫（*M. kalawewanensis*）、珍珠鸡玛丽卡绦虫（*M. numida*）、皮泰玛丽卡绦虫（*M. pittae* Inamdar，1933）、斯克尔亚宾玛丽卡绦虫（*M. skrjabini* Krotov，1953）、伍德兰玛丽卡绦虫（*M. woodlandi*）、活性玛丽卡绦虫（*M. zeylanica*）和鸫玛丽卡绦虫。其中，点斑玛丽卡绦虫、乔汉玛丽卡绦虫、珍珠鸡玛丽卡绦虫、斯克尔亚宾玛丽卡绦虫和伍德兰玛丽卡绦虫只有1圈吻突钩，其他种类有2圈吻突钩。戴维斯玛丽卡绦虫、卡拉威玛丽卡绦虫和带状玛丽卡绦虫有多棘的阴茎，鸫玛丽卡绦虫阴茎无棘；活性玛丽卡绦虫的头节更大，直径达0.738mm；精巢数目更少，为18～24个；鸫玛丽卡绦虫的头节大小为：长（0.30～0.35）mm×宽0.4mm；精巢数目为28～33个。

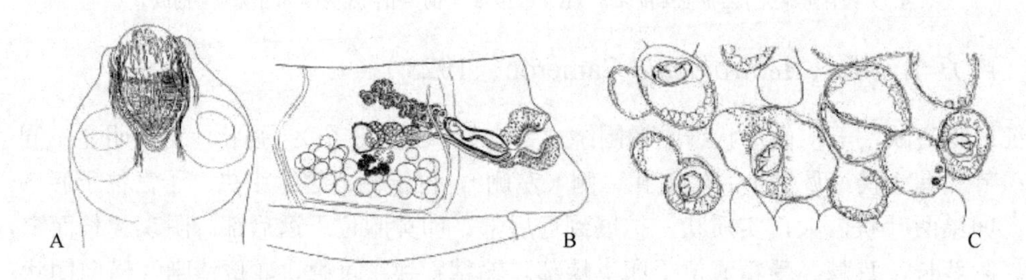

图18-230　带状玛丽卡绦虫（*M. himantopodis* Burt，1940）模式标本结构示意图（引自Bona，1994）
A. 头节；B. 成节；C. 子宫囊

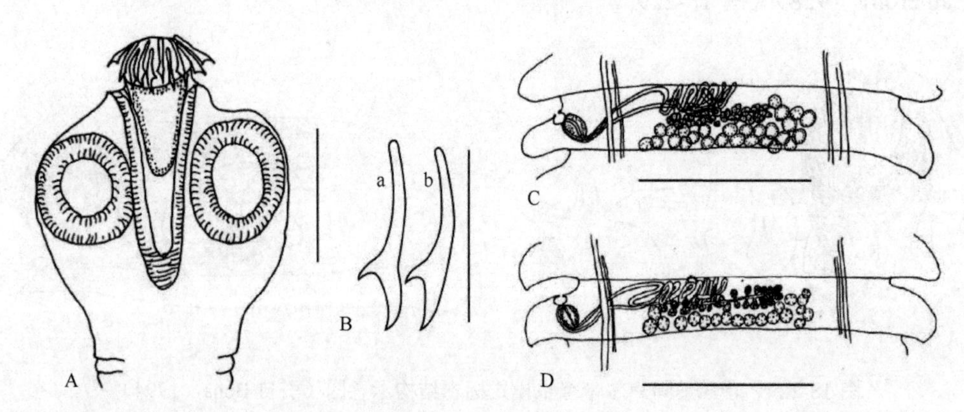

图18-231　鸫玛丽卡绦虫结构示意图（据Kugi & Fujino，1999并重绘吻突钩）
标本采自日本福冈县城（Ogori）黄金山鸫（*Turdus dauma aureus* Holandre）小肠。A. 头节；
B. 吻突钩（a. 第1圈钩；b. 第2圈钩）；C. 压平的成节；D. 成节切片示意图

18.13.3.29　*Paricterotaenia* Fuhrmann，1932

识别特征：吻突器肌肉腺体质。囊和吻突很长而窄。钩1轮，少（14个）（模式种）；刃长而细，通常长于柄；卫小，与柄形成直线。链体中等。生殖孔不规则交替。生殖管在渗透调节管之间。阴道位于阴茎囊后在同一水平面；长、直，有S形的腔前括约肌（模式种）。卵巢大，占据髓质的前半部，侧方围绕着卵黄腺，叶很大，圆形（模式种）。精巢数目多，位于卵巢和卵黄腺之后。阴茎囊长形，窄，有永久性的袢状突出物突入生殖腔（模式种）。阴茎很长，基部为不对称的球茎状（模式种），棘小。输精管位于孔侧前方，小、壁厚，不重叠于阴茎囊上。已知寄生于鸥形目（Lariformes）鸟类（其他鸟类的寄生可疑），全球性分布。模式种：*Paricterotaenia porosa*（Rudolphi，1810）（图18-232）。

18.13.3.30　等睾属（*Parorchites* Fuhrmann，1932）

识别特征：吻突器肌肉质，高度腺体质。囊亚球形，大；收缩时前方的腔很大，吻突小，位于基部，结构正常，钩 2 轮（18 个）。链体大而宽。节片宽明显大于长。吸盘小。生殖孔不规则交替于远前方。生殖管背位于渗透调节管。阴道在阴茎囊后部，腹方（？）。描述的子宫起于背部，囊状。生殖腔形成宽的乳突。卵巢弱分叶、小、实质性质、马蹄铁状。精巢数目很多（100 个？），位于宽的横向区域，部分位于卵巢后部。阴茎囊很小。阴茎小而细（是否有棘未知）。已知寄生于企鹅目（Sphenisciformes）鸟类，分布于南极区。模式种：齐德等睾绦虫［*Parorchites zederi*（Baird，1853）］（图 18-233，图 18-234）。

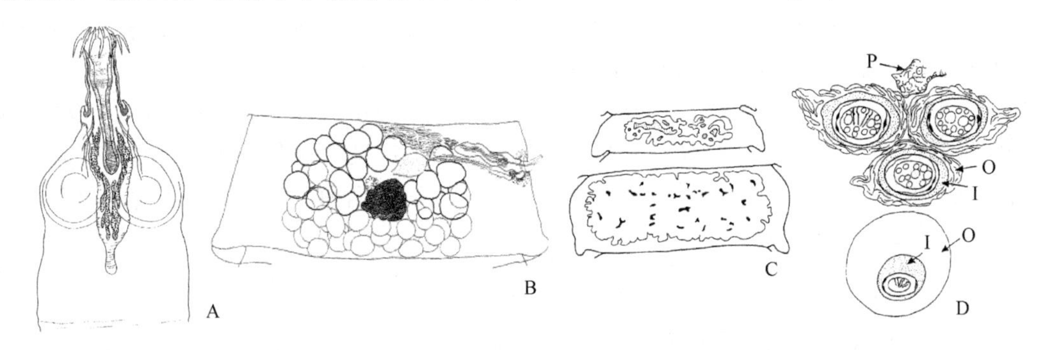

图 18-232　*Paricterotaenia porosa*（Rudolphi，1810）结构示意图（引自 Bona，1994）

A. 头节；B. 成节；C. 早期和完全成熟的子宫；D. 卵，子宫内和水中（有膨大的外膜）。缩略词：I. 内膜的外层；O. 外膜；P. 实质

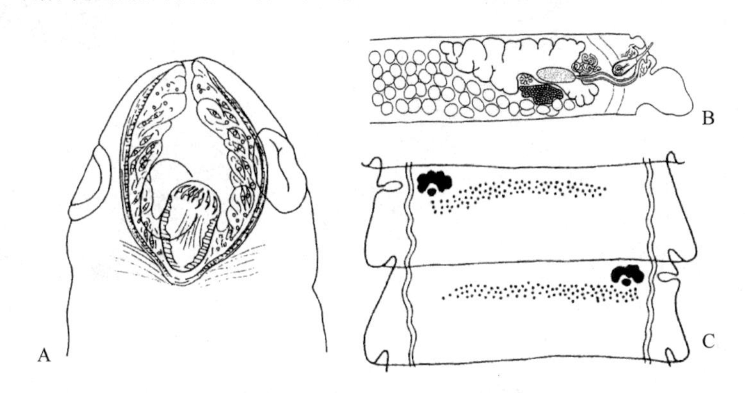

图 18-233　齐德等睾绦虫结构示意图（引自 Bona，1994）

A. 头节；B，C. 节片

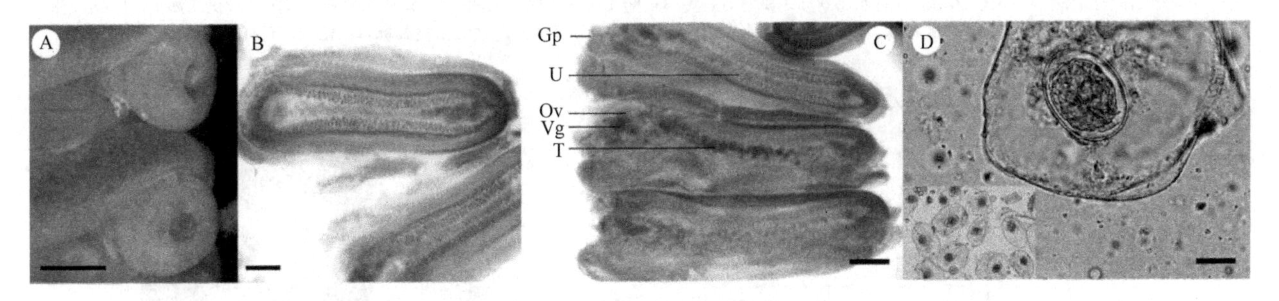

图 18-234　齐德等睾绦虫实物（引自 Kleinertz et al.，2014）

A. 节片宽大于长，生殖孔不规则交替，有显著外翻的生殖腔；B，C. 成熟后的节片；D. 从孕节中分离的卵囊含 1 个单一的六钩蚴。缩略词：Gp. 生殖孔；Ov. 卵巢；T. 精巢；U. 子宫；Vg. 卵黄腺。标尺：A=250μm；B，C=500μm；D=20μm

18.13.3.31　光尾须属（*Glossocercus* Chandler，1935）（图 18-235～图 18-240）

识别特征：吻突器 parvitaenioid 型（见 25b）。钩 2 轮（20 个或更多），通常很大。成体节片宽 0.6～1.2mm。节片宽大于长。头节大，球状。生殖孔不规则交替。阴道位于阴茎囊后部、右方腹部、左方背部（至少是阴道孔）；长、弯曲、壁厚，可能有腔前括约肌。子宫有强劲的壁，有时背腹有孔。生殖腔球状，壁为不同的结构，有时辐射状。卵巢有明显的峡部，有时背腹穿孔。阴茎囊椭圆形或长形，有时球棒状，壁很坚固，甚至厚。阴茎有相同性质的棘或似小点的棘，通常有细长棘组成的顶丛。输精管大、致密、

远前方的团块有长而致密的前列腺套。已知寄生于鹳形目（Ciconiiformes）鹭科（Ardeidae）和鹈形目（Pelecaniformes）鸟类，分布于南北美洲、非洲、澳大利亚和印度尼西亚。该属目前有 9 种。模式种：鳉光尾须绦虫（*Glossocercus cyprinodontis* Chandler，1935）幼虫期。其他种：耳状光尾须绦虫［*G. auritus*（Rudolphi，1819）］{同物异名：耳状小带绦虫［*Parvitaenia aurita*（Rudolphi，1819）Baer & Bona，1960］}；腺体光尾须绦虫［*G. glandularis*（Fuhrmann，1905）］；安德里光尾须绦虫［*G. ardeae*（Johnston，1911）］；蛇颈龟光尾须绦虫［*G. chelodinae*（MacCallum，1921）］；克莱维佩拉光尾须绦虫［*G. clavipera*（Baer et Bona，1960）］；副环睾光尾须绦虫［*G. paracyclorchida*（Baer & Bona，1960）］；大头光尾须绦虫［*G. megascolecina*（Ukoli，1967）］和加勒比光尾须绦虫［*G. caribaensis*（Rysavy & Macko，1971）（Bona，1994，Pichelin et al.，1998）］。形态上这 9 种的特征都是具有光尾须属样钩型，定义为钩在柄部和卫部具有大量的硬化组织，有长钩片（刃）和强退化的卫；硬化结构中有两条不连续的线将柄和卫从钩体和钩片分离开来（Pichelin et al.，1998）。

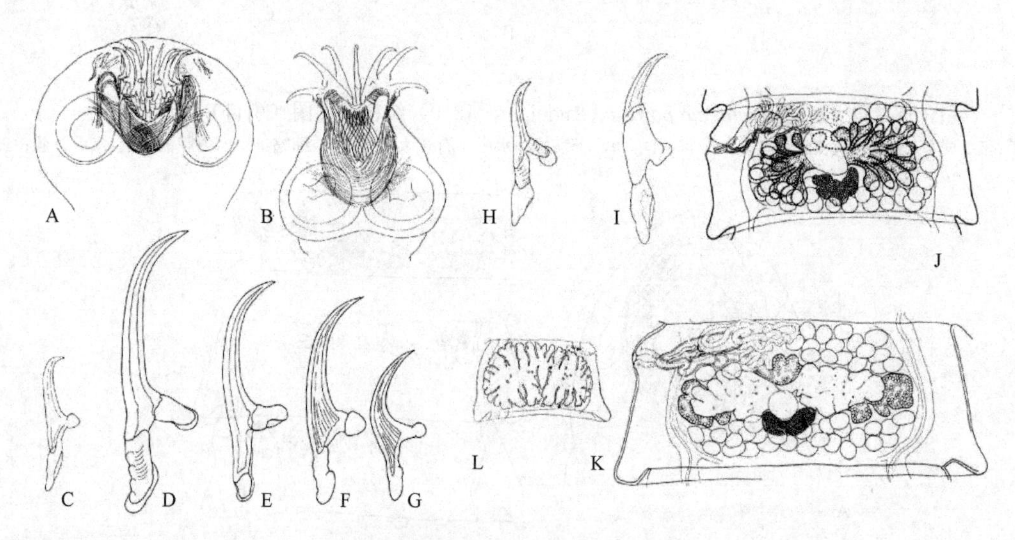

图 18-235　光尾须属绦虫结构示意图（引自 Bona，1994）

A，B. 加勒比光尾须绦虫组合种模式标本头节；C～I. 钩：C. 安德里光尾须绦虫组合种，选模标本，外形 parvitaenioid 型（与其他钩相比只有一半大），但解剖为光尾须属样型；D，E. 耳状光尾须绦虫组合种；F，G. 鳉光尾须绦虫幼虫期；H. 腺体光尾须绦虫组合种模式标本；I. 副环睾光尾须绦虫组合种模式标本。J. 耳状光尾须绦虫的成节；K～L. 腺体光尾须绦虫模式标本：K. 成节；L. 孕节

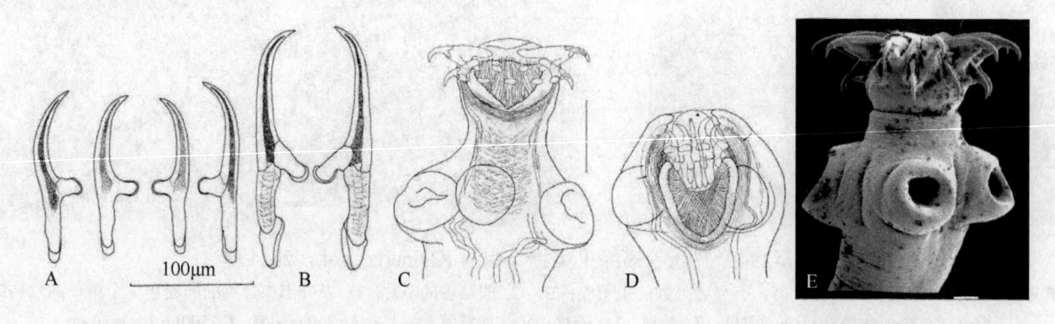

图 18-236　加勒比光尾须绦虫吻突钩和蛇颈龟光尾须绦虫的头节结构示意图及扫描

加勒比光尾须绦虫标本采自底鳉（mummichog）。A. 小（近端）钩；B. 大（远端）钩；C. 吻突伸出；D. 吻突收缩，箭头指示渗透调节管；E. 头节扫描电镜结构。标尺：C，D=200μm；E=50μm（A，B 引自 Scholz et al.，2002；C～E 引自 Pichelin et al.，1998）

Pichelin 等（1998）根据采自澳大利亚巨蛇颈龟（*Chelodina expansa*）的新材料重新描述了组合种的蛇颈龟光尾须绦虫。蛇颈龟光尾须绦虫与该属其他种的区别在于吻突钩的形态不同；该种寄生于吃鱼的龟类而不是吃鱼的鸟类。同时作者认为 *Bancroftiella sudarikovi* Spasskiĭ & Yurpalova，1970 与腺体光尾须绦虫为同物异名。

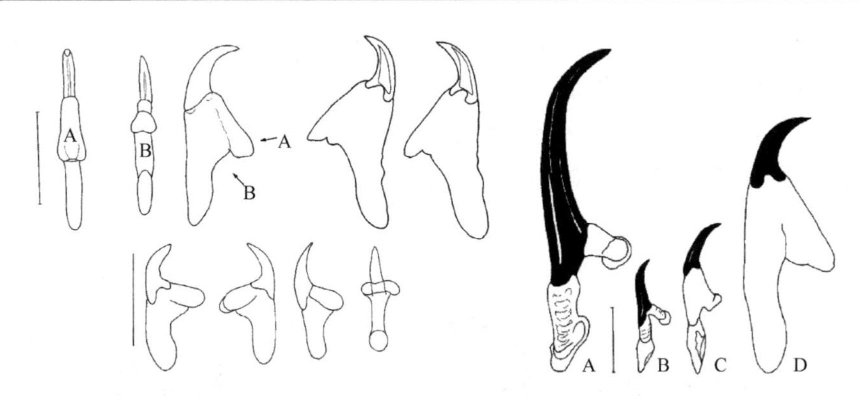

图 18-237 蛇颈龟光尾须绦虫的大钩和小钩（左）与光尾须属的钩形尖端（右）示意图（引自 Pichelin et al.，1998）

左：A，B. 加拿大树胶中大钩的腹面观，箭头 A 和 B 为观察的方向。标尺=100μm。右：A. 耳状光尾须绦虫，采自鹭科鸟类的模式种成体的钩；B. 采自鹭科鸟类的腺体光尾须绦虫的钩；C. 采自鹭科鸟类的副环睾光尾须绦虫的钩；D. 采自蛇颈龟科（Chelidae）的蛇颈龟光尾须绦虫组合种种的钩。标尺=50μm

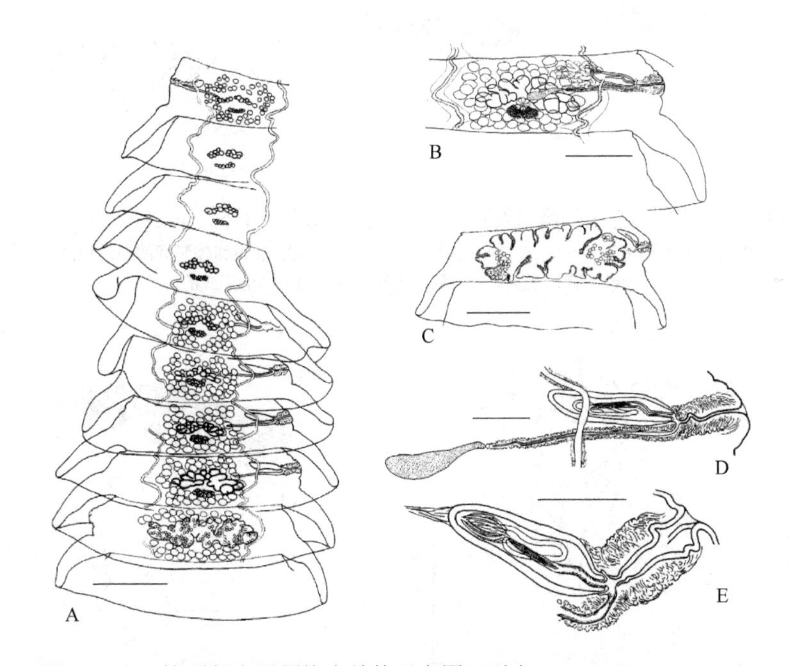

图 18-238 蛇颈龟光尾须绦虫结构示意图（引自 Pichelin et al.，1998）

A. 链体部分，示节片形态和近成体的成熟过程，从幼节到成节再到最初的预孕节背面观；B. 成节背面观，左侧省略；C. 几乎完全的孕子宫，六钩蚴已有钩但膜尚未形成，注意内部细的起褶的壁；D. 生殖器官背面观，孔在右侧；E. 略简化图以示阴茎棘及阴道的远端部有很细、可弯曲的棘，阴茎囊底内部，阴茎缩入。标尺：A～C=500μm；D，E=100μm

光尾须属的模式种鳉光尾须绦虫最初描述的只是绦虫蚴，采自得克萨斯加尔维斯顿湾北美鳉（*Cyprlnodon variegatus* Lacépède）肠系膜。描述基于吻突钩的形态，而节片的内部形态特征信息是没有提供的。成体的形态特征由 Ortega-Olivares 等（2013）进行了首次描述，样品采自墨西哥褐鹈鹕（*Pelecanus occidentalis* Linnaeus）、夜鹭（*Nycticorax nycticorax* Linnaeus）和棕颈鹭（*Egretta rufescens* Gmelin）肠道。鳉光尾须绦虫和其他同属的、都分布于新北界新热带区的两个种：加勒比光尾须绦虫和耳状光尾须绦虫具有相似的链体形态，主要的区别在于吻突钩的形态和大小（鳉光尾须绦虫吻突钩与其他两种相比，钩柄和钩卫硬化更强，钩总长在鳉光尾须绦虫为 175～203μm，在加勒比光尾须绦虫为 189～211μm，而在耳状光尾须绦虫为 220～285μm）。

Ortega-Olivares 等（2013）将光尾须属的识别特征修改如下。

圆叶目弯吻科。链体大。节片具缘膜，有凸出的横向边缘，宽大于长。头节大，为球状。吻突可缩回。吻突囊长宽相等。吻突钩排为规则的两圈，每圈 10 个钩；前方和后方的钩形态与长度不一样，链体雄性先熟。生殖孔不规则交替，位于远前方。生殖管在渗透调节管之间。精巢球状，完全环绕卵巢。阴茎囊伸长，壁厚，位于渗透调节管之间。阴茎具有棘毛和顶端细长的棘毛簇。卵黄腺滤泡位于节片中央。卵巢分叶，略为横向伸长，位于节片中央，叶间由一个单一的团块相连续。受精囊卵圆形，位于节片的中间。阴道横向而直，位于阴茎囊腹侧，与阴茎囊等长。子宫棒状，成节中位于卵巢后部。完全发育的子宫占据渗透调节管之间的所有空间，支囊充满虫卵。

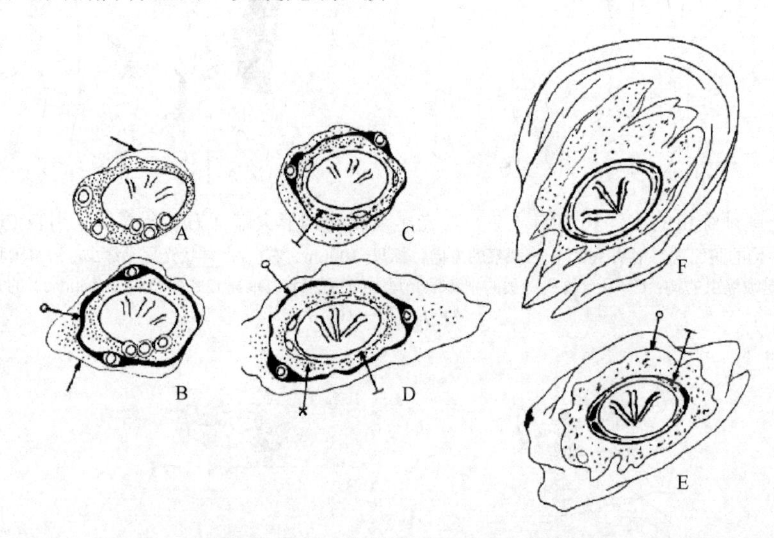

图 18-239　蛇颈龟光尾须绦虫发育的卵膜结构示意图（引自 Pichelin et al.，1998）

A. 卵囊（箭头）；B. 外膜（有圈箭头）及卵囊（箭头）；C. 膜中的核（有杆箭头）；D. 胚膜和外膜间的细颗粒区（叉号箭头）；E. 完全形成的六钩蚴（有杆箭头）及外膜（有圈箭头）；F. 完全形成的卵

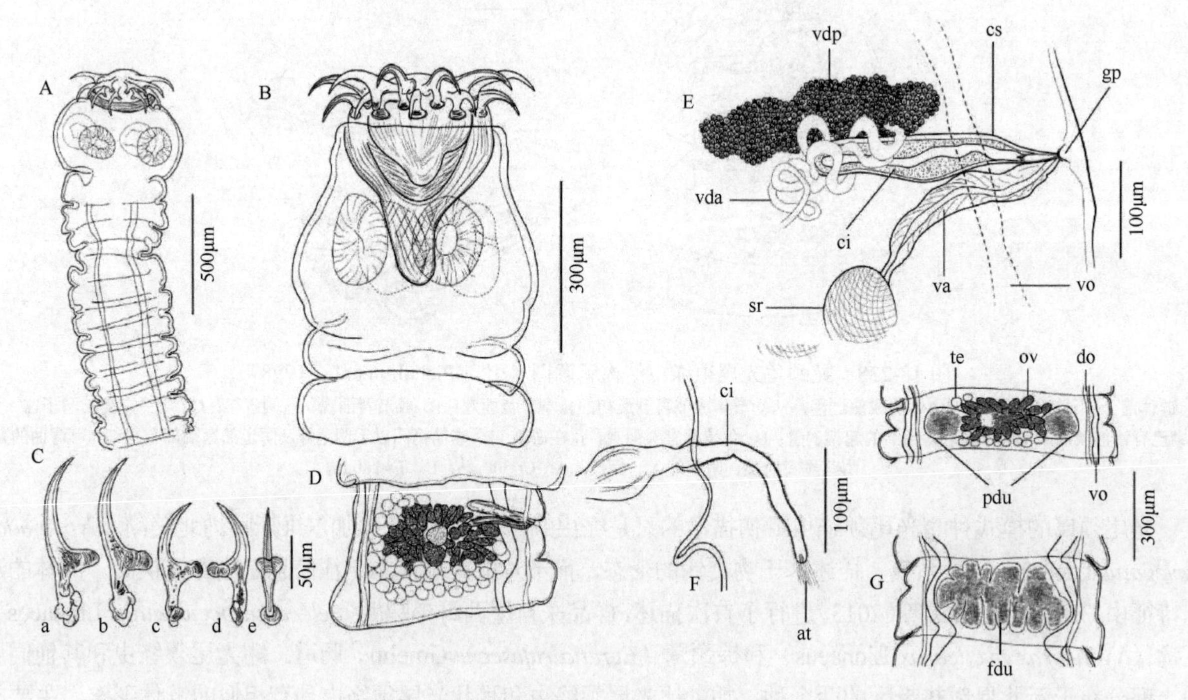

图 18-240　鲻光尾须绦虫结构示意图（引自 Ortega-Olivares et al.，2013）

A. 采自拉古纳德特米诺斯，坎佩切（Laguna de Términos，Campeche）夜鹭的样品前体部；B. 采自塔毛利帕斯蓬塔皮德拉（Punta Piedra，Tamaulipas）褐鹈鹕的样品头节；C. 图 A 的吻突钩（a、b. 远端的钩；c～e. 近端的钩）；D～G. 采自塔毛利帕斯州攀塔皮德拉褐鹈鹕的样品：D. 成节；E. 生殖管；F. 阴茎；G. 预孕节和孕节示子宫。缩略词：at. 顶簇；ci. 阴茎；cs. 阴茎囊；do. 背渗透调节管；fdu. 完全发育的子宫；gp. 生殖孔；ov. 卵巢；pdu. 部分发育的子宫；sr. 受精囊；te. 精巢；va. 阴道；vda. 外输精管无前列腺；vdp. 外输精管有前列腺；vo. 腹渗透调节管

18.13.3.32　副囊宫属（*Paradilepis* Hsü，1935）（图 18-241～图 18-248）

[同物异名：马吉特属（*Meggittiella* López-Neyra，1942）；斯克尔亚宾属

（*Skrjabinolepis* Matevosyan，1945）；新囊宫属（*Neodilepis* Baugh & Saxena，1974）]

识别特征：吻突器环簇属样（cyclusteroid）型（见 25a）。囊大，亚球状。吻突宽，收缩时两层壁的表面层由致密堆叠、纵向略为螺旋的纤维组成，伸出时，变得疏松且与下一层分离。钩 2 轮（20~36 个）；两种类型：刃细，长过柄，略弯曲，卫略突出的壶状（urceus）型；刃和柄等长，有时端部略为弯曲的斯柯来（scolecina）型。链体小到大型。节片无缘膜，宽大于长。生殖孔位于左侧。生殖管位于渗透调节管背方。阴道短，胡萝卜样，有腔前括约肌。生殖腔简单。精巢 4 个，有些种例外出现有多数节片有 5 个，很少节片为 3 个的。阴茎囊卵圆形，相当大。阴茎强劲，密布有玫瑰刺样棘和长而细的顶部小棘。无内贮精囊。输精管位于反孔侧前部。已知寄生于鹳形目（Ciconiiformes）鹳亚目（Ciconiae）、鹈形目（Pelecaniformes）和鹰形目（Accipitriformes）鸟类，全球性分布。模式种：斯柯来副囊宫绦虫［*Paradilepis scolecina*（Rudolphi，1819）］。

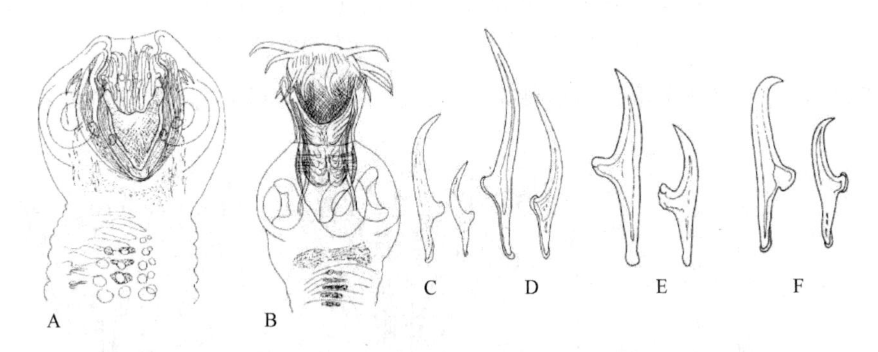

图 18-241 副囊宫属绦虫头节与吻突钩示意图（引自 Bona，1994）

A. 帕特丽夏副囊宫绦虫（*P. patriciae* Baer & Bona，1960）模式标本的头节，4 个球状的团块明显在吻突的外层，在从颈区穿过囊的收缩的纵肌束囊壁上；B. 壶状副囊宫绦虫［*P. urceus*（Wedl，1855）］的头节；C~F. 钩（左侧为远端的，右侧为近端的）：C. 壶状副囊宫绦虫模式标本的壶状型钩；D. 肯普副囊宫绦虫（*P. kempi* Southwell，1921）模式标本的壶状型钩；E. 斯柯来副囊宫绦虫模式标本的斯柯来型钩；F. 帕特丽夏副囊宫绦虫模式标本的斯柯来型钩

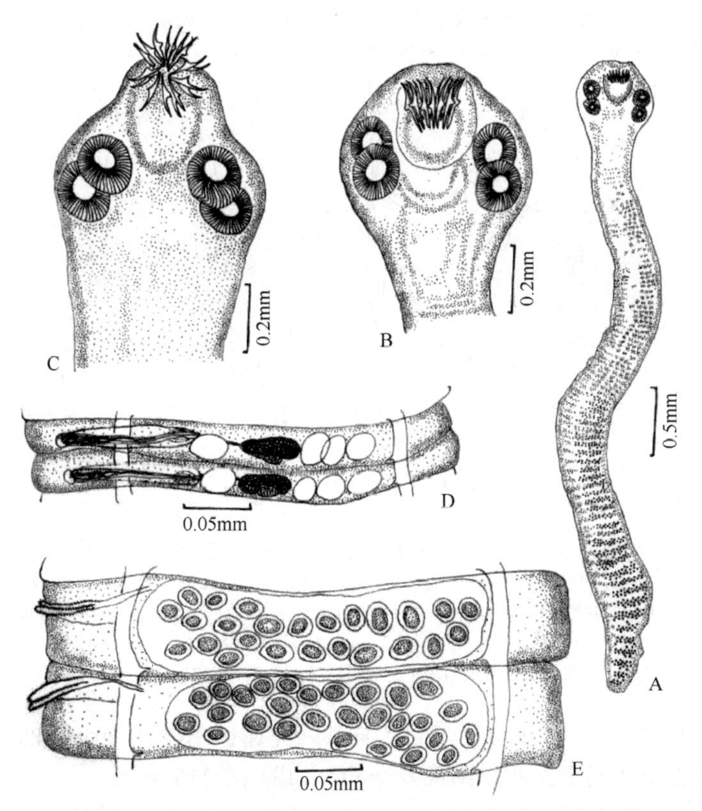

图 18-242 斯柯来副囊宫绦虫的结构示意图（引自李海云，1994）

A. 完整虫体形态；B. 吻突未伸出的头节；C. 吻突伸出的头节；D. 成节；E. 孕节

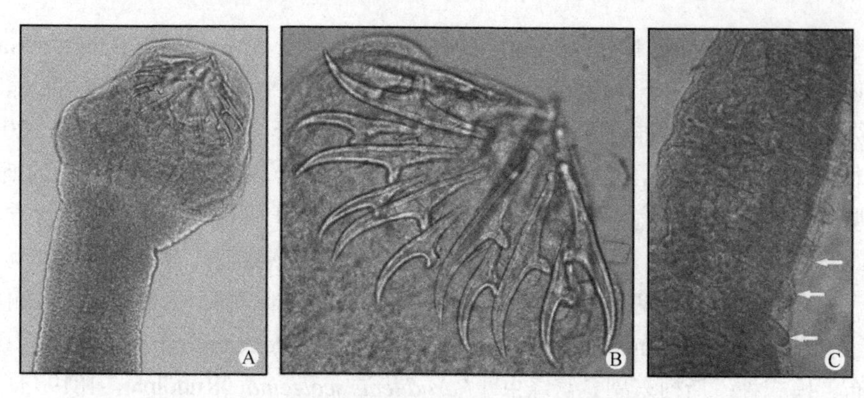

图 18-243 斯柯来副囊宫绦虫实物（引自 Oßmann，2008）
A. 头节；B. 吻突钩；C. 链体中部，示单侧的生殖孔区

Scholz 等（2004）对采自咸水鱼类弯吻科绦虫蚴进行了综述，其中副囊宫属的内容如下。

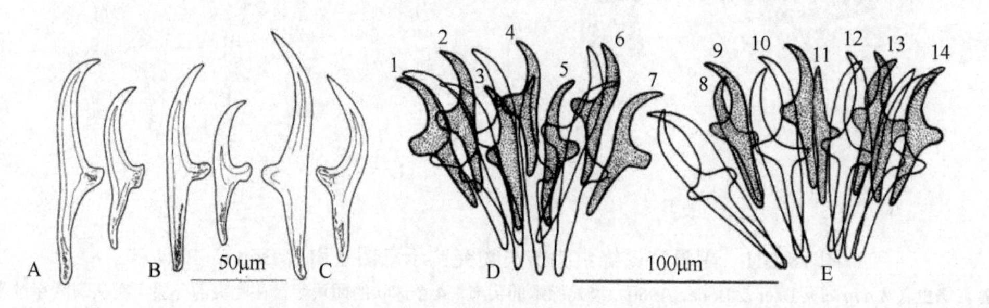

图 18-244 副囊宫属绦虫蚴的吻突钩（引自 Scholz et al.，2004）
A. 采自墨西哥瓜纳华托（Guanajuato）氏卡颏银汉鱼（*Chirostoma jordani*）肝的卡巴雷罗副囊宫绦虫（*P. caballeroi*）绦虫蚴（IPCAS C-313）的吻突钩；B. 采自捷克共和国拟鲤（*Rutilus rutilus*）肠系膜的斯柯来副囊宫绦虫绦虫蚴（IPCAS C-127）的吻突钩；C. 采自墨西哥瓜纳华托氏卡颏银汉鱼肝的类壶状副囊宫绦虫（*P.* cf. *urceus*）绦虫蚴（IPCAS C-315）的吻突钩；D，E. 采自美国怀俄明州鱼鹰（*Pandion haliaetus*）肠道的西门副囊宫绦虫（*P. simoni*）成体标本（USNPC 46403）的吻突钩，注意存在 28 个钩（14 + 14）

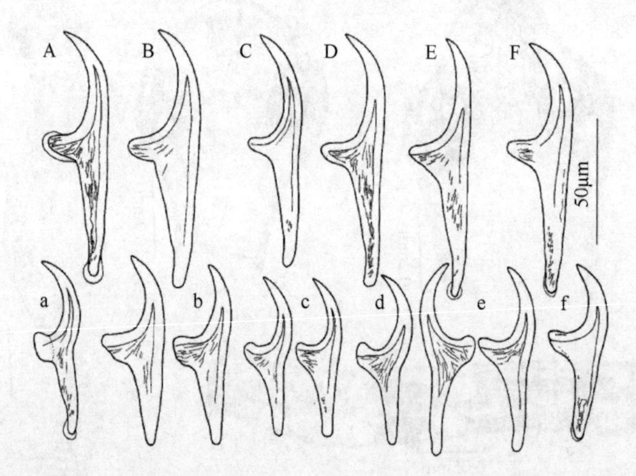

图 18-245 副囊宫属大的（大写字母）和小的（小写字母）吻突钩示意图（引自 Scholz et al.，2004）
A，B. 西门副囊宫绦虫：A. 采自美国怀俄明州鱼鹰肠道的成体副模标本（USNPC 46403）的吻突钩；B. 采自加拿大不列颠哥伦比亚红鲑鱼（*Oncorhynchus nerka*）肝绦虫蚴（HWML 38673）的吻突钩。C～E. 采自加拿大不列颠哥伦比亚的皱曲阴道副囊宫绦虫（*P. rugovaginosus*）绦虫蚴的吻突钩：C. 采自红鲑鱼肝（HWML 38672）；D. 采自虹鳟（*Oncorhynchus mykiss*）（HWML 38674）；E. 采自山白鲑（*Prosopium williamsoni*）（HWML 38676）。F. 采自墨西哥瓜纳华托氏卡颏银汉鱼肝的副囊宫属绦虫未定种绦虫蚴

Buhurcu 和 Öztürk（2007）首次报道了采自土耳其阿克谢伊尔湖（Lake Aksehir）一鲤鱼胆囊的斯柯来副囊宫绦虫绦虫蚴并提供了其形态实物图像及结构，如图 18-246 所示。

Presswell 等（2012）在新西兰奥塔戈（Otago）半岛淡水水域普通大鮈塘鳢（*Gobiomorphus cotidianus* McDowall）体腔中发现了绦虫蚴。绦虫蚴的识别通常仅依赖于吻突钩的数目、大小和形态。为

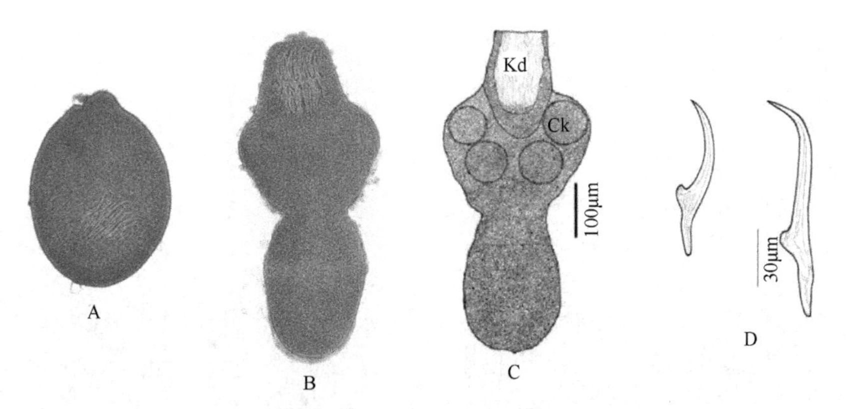

图 18-246 鲤鱼胆囊中的斯柯来副囊宫绦虫绦虫蚴（引自 Buhurcu & Öztürk，2007）

A. 头节未翻出；B. 头节翻出；C. 绦虫蚴结构示意图；D. 吻突钩之大钩和小钩。缩略词：Kd. 吻突；Ck. 吸盘

确定绦虫蚴的种，Presswell 等体外培养绦虫蚴 23 天，在这期间绦虫蚴成熟，至少发育至雌性期，但雌性器官无法辨别，识别为副囊宫属（*Paradilepis* Hsü，1935），这些样品与先前描述的种，尤其是地理和形态上最为相似的采自澳大利亚的极小副囊宫绦虫［*P. minima*（Goss，1940）］相比较，头节、吸盘的大小和节片数明显不同于极小副囊宫绦虫（解释体外培养的“成体”应该很慎重，人为的条件可能改变发育的进行）。由于培养后的样品缺乏雌性器官，故将样品命名为类极小副囊宫绦虫（*P.* cf. *minima*），明确的分类地位需在终末宿主中找到成体后才能进一步证实。在此条件下，Presswell 等初步研究描述了体外生长的该绦虫蚴。分子分析小亚基（SSU）rDNA 序列，显示类极小副囊宫绦虫和另一同科绦虫［*Neogryporhynchus cheilancristrotus*（Wedl，1855）］的位置是模棱两可的，但证实了它们与囊宫科和膜壳科不在同一支。这是采自新西兰的第一个弯吻科的绦虫纪录，并且是鲈塘鳢科（Eleotridae）宿主的首次记录。

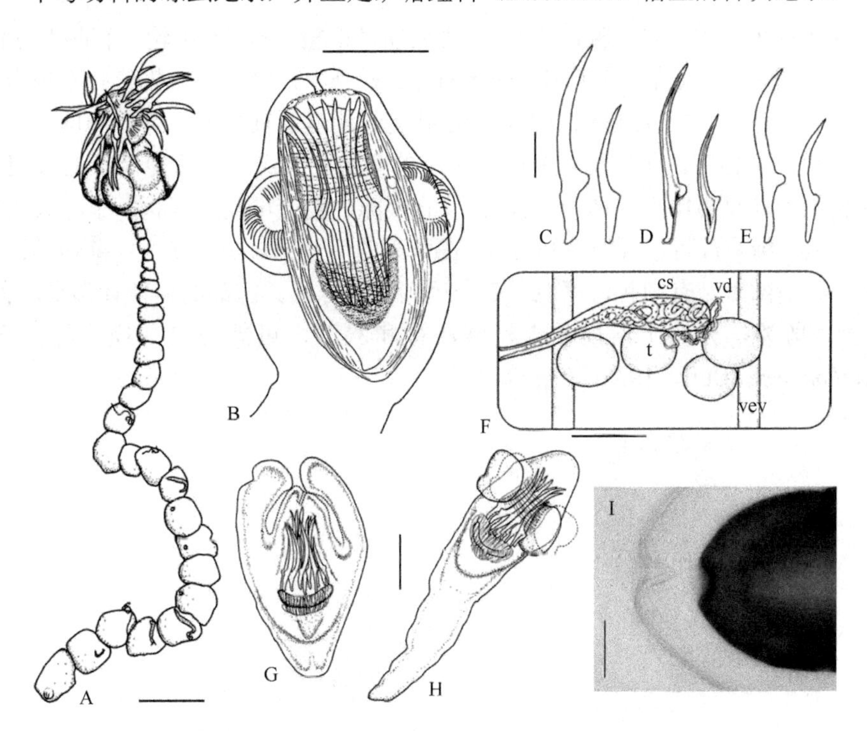

图 18-247 类极小副囊宫绦虫结构示意图及实物（引自 Presswell et al.，2012）

A. 整条虫体，固定和染色样品示标本钩的随意排布；B. 一个头节稍外翻的标本的环聚样吻突器，囊壁上的小环是从颈区穿过囊的纵肌收缩束，完全外翻时，侧肌纤维横过钩刃在钩后形成括约肌，完全缩入时侧肌纤维在钩前形成括约肌。C～E. 几种副囊宫绦虫的大、小吻突钩（C. 极小副囊宫绦虫；D. 类极小副囊宫绦虫；E. Clark 的副囊宫绦虫未定种），注意类极小副囊宫绦虫大钩上的细骺加厚。F. 成熟雄节背面观。G～I. 类极小副囊宫绦虫绦虫蚴：G. 头节缩入时的绦虫蚴；H. 头节外翻时的绦虫蚴；I. 新外翻的绦虫蚴的后部，脱去贴身的囊，显示排泄孔的路径。缩略词：cs. 阴茎囊；t. 精巢；vd. 输精管；vev. 腹排泄管。标尺：A，B，G，H=100μm；C～F，I=50μm

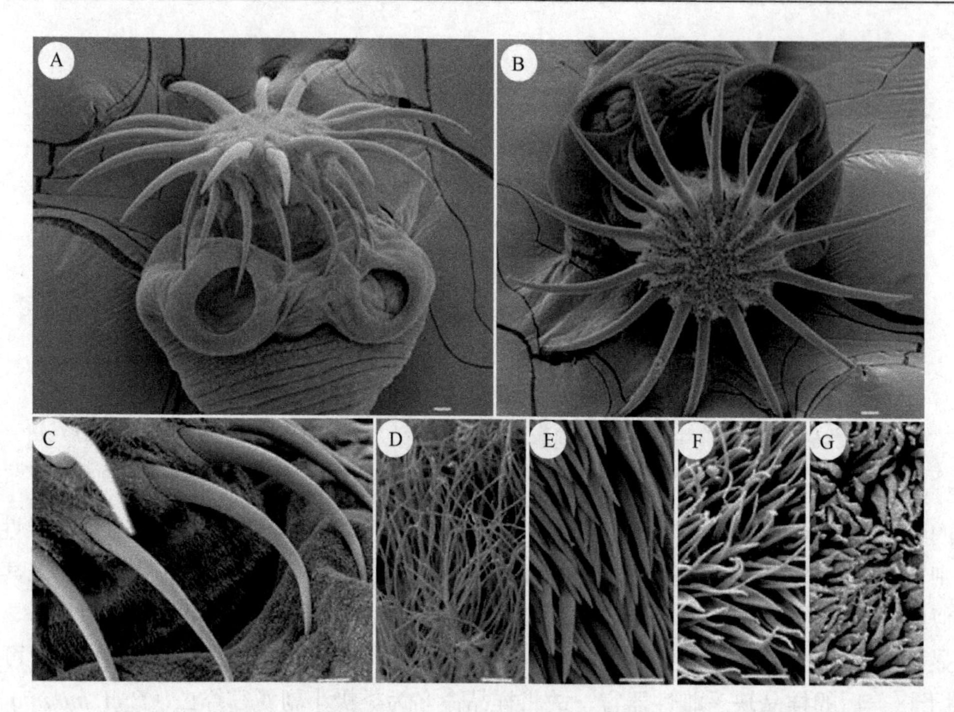

图 18-248　类极小副囊宫绦虫的扫描结构（引自 Presswell et al.，2012）

A. 头节，示外翻的吻突；B. 吻突，示双钩冠；C. 吻突和头节，示不同类型微毛之间的过渡；D. 吻突顶，示毛状丝毛；E. 吻突，示锥状棘毛；F. 吸盘表面，示 scolopate 样棘毛；G. 链体，示 scolopate 样棘毛。标尺：A～C=10μm；D～G=1μm

18.13.3.33　伪角属（*Pseudangularia* Burt，1938）

识别特征：吻突器肌肉质（并为腺体质？）。吻突顶盘很宽。钩 3～4 轮，有时部分仅 2 轮；通常数目多（40～60 个）；典型；卫显著，长于刃，朝向前方。链体小。吸盘小。生殖孔不规则交替（有时有长的规则交替序列）。生殖管背位于渗透调节管。阴道孔位于阴茎囊前背部，路径倾向后方，通常很大，壁尤其厚，有硬化的哑铃形器官。子宫囊状分隔，有小的交通腔缠结。卵可能有长的极突。生殖腔深，壁很强韧。两性管壁强劲（见 51a）。卵巢扩展，有窄的峡部，侧方可能为扇状；小叶大，一端膨大为棍棒状或指状，向后扩展。精巢数目多（12～35 个）；在卵巢的后背部。阴茎囊大；壁强劲；内基部有肌肉质的球茎。阴茎细长，基部宽，有细棘，可能有 2 个远端的棘样区。内部的输精管膨胀，有 2 个长形的环。已知寄生于雨燕目鸟类，分布于斯里兰卡、摩洛哥和欧洲，可能更广。模式种：汤普森伪角绦虫（*Pseudangularia thompsoni* Burt，1938）（图 18-249）。

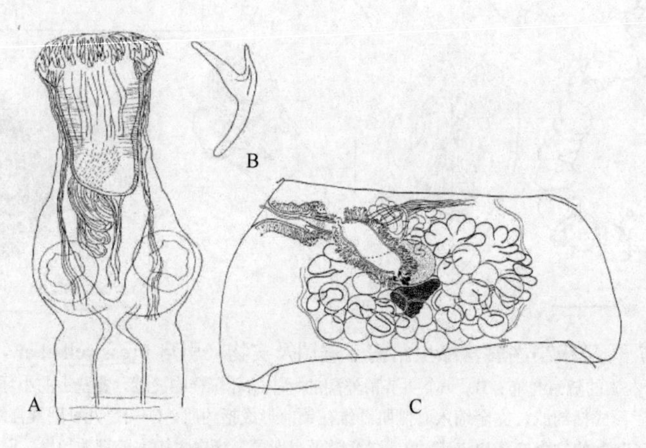

图 18-249　汤普森伪角绦虫结构示意图（引自 Bona，1994）

A. 头节；B. 钩；C. 成节

Dimitrova 等（2013）在加蓬共和国，奥果韦（Haut-Ogooué）省，弗朗斯维尔（Franceville）研究了9只小白腰雨燕（*Apus affinis*）（J. E. Gray）的寄生蠕虫，记录了2个囊宫科的绦虫，其中有冈萨雷斯伪角绦虫（*P. gonzalezi* Dimitrova，Mariaux & Georgiev，2013）（图 18-250，图 18-251）。该种与其最相似的欧洲伪角绦虫（*P. europaea* Georgiev & Murai，1993）的区别在于其具有椭圆形的阴茎囊、更长的阴道、更长的吻突鞘和更大的吸盘直径。他们提出并提供了伪角属分种检索表。该研究是非洲地区伪角属绦虫的首例报道。该研究肯定了囊宫科绦虫交配后阴道硬化片迅速与阴茎中断是频繁现象。

1）冈萨雷斯伪角绦虫（*Pseudangularia gonzalezi* Dimitrova，Mariaux & Georgiev，2013）

模式宿主：小白腰雨燕（*Apus affinis*）（J. E. Gray）［雨燕目：雨燕科（Apodidae）］。

感染部位：小肠。

模式宿主采集地：加蓬共和国弗朗斯维尔国际医学研究中心大楼筑巢群，01°36′59.8″S，13°34′55.9″E。

感染率：44.4%。

感染强度：1～2 条（平均 1.2 条）。

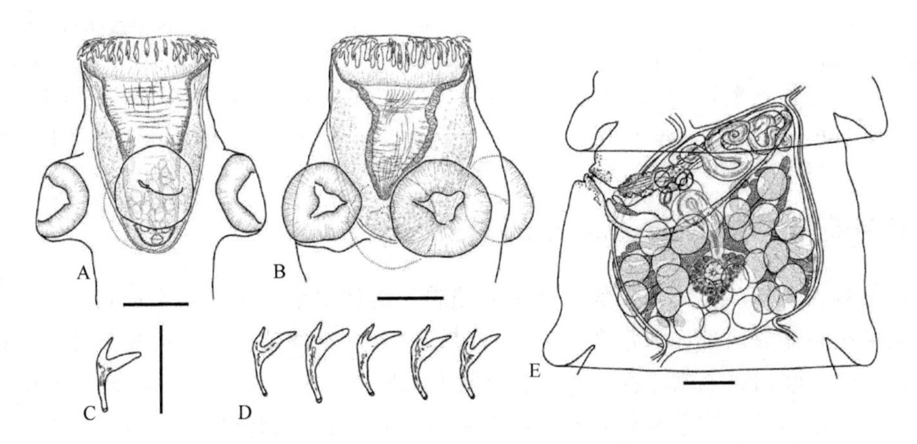

图 18-250　冈萨雷斯伪角绦虫结构示意图（引自 Dimitrova et al.，2013）

A，B. 头节；C. 前方的吻突钩；D. 后方的吻突钩；E. 成节。标尺：A，B，E=100μm；C，D=50μm

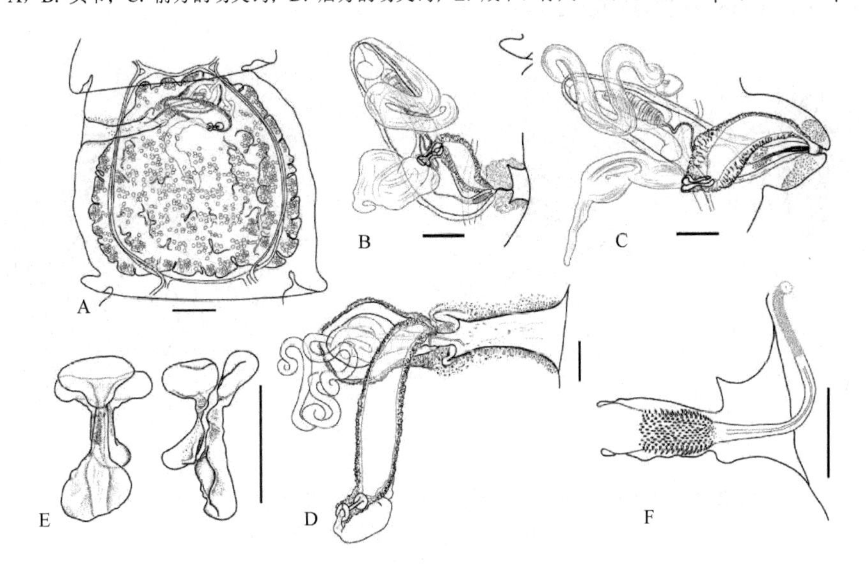

图 18-251　冈萨雷斯伪角绦虫预孕节及生殖管结构示意图（引自 Dimitrova et al.，2013）

A. 预孕节（注意阴茎已解体，且阴茎囊的形状已改变）；B. 早期成节中的生殖管；C. 成节中的生殖管；D. 阴茎解体后的生殖管；E. 阴道硬化片；F. 阴茎。标尺：A=200μm；B～D=100μm；E，F=50μm

研究用样品：4 个完整的样品加 2 个额外样品的片断（6 个玻片标本）。全模标本：MHNG PARA 83312，完整的样品。副模标本：MHNG PARA 83313，两个片断；MHNG PARA 83314，一个片断；MHNG PARA 83315 和 MHNG PARA 83316，两个完整的样品（后者是一组织样的凭证标本）；USNPC 107003，完整的样品。样品均采于 2009 年 11 月 26～27 日。

词源：种名的命名是以吉恩保罗-冈萨雷斯（Jean-Paul Gonzalez）博士的名字命名的，他是加蓬共和国国际医学研究中心主任，在 2009 年 9～10 月给予研究工作认可和热心支持。

18.13.3.33.1　伪角属分种检索表

1A. 阴茎囊达渗透调节管反孔侧 ………… 2
1B. 阴茎囊达节片中线或更短 ………… 4
2A. 吻突钩数目多，约 60 个 ………… 三重棘伪角绦虫（*P. triplacantha*）
2B. 吻突钩数目 42～52 个 ………… 3
3A. 阴茎囊高度伸长，几乎为管状，长宽比为 4.2～6.3；阴道腔相对短，为阴茎囊长度的 27%～54% ………… 欧洲伪角绦虫（*P. europaea*）
3B. 阴茎囊椭圆形，长宽比为 3.6～4.7；阴道腔相对长，为阴茎囊长度的 39%～78% ………… 冈萨雷斯伪角绦虫（*P. gonzalezi*）
4A. 吻突钩长 52～55μm ………… 汤普森伪角绦虫（*P. thompsoni*）
4B. 吻突钩长不超过 50μm ………… 5
5A. 头节直径超过 400μm；阴茎囊小，长约 170μm ………… 雨燕伪角绦虫（*P. swifti*）
5B. 头节直径 192～276μm；阴茎囊长 180～245μm ………… 短阴道伪角绦虫（*P. brachycolpos*）

18.13.3.34　伪领带属（*Pseudochoanotaenia* Burt，1938）

识别特征：顶器腺体样，无钩棘。囊仅有小的顶腔。链体很小。生殖孔不规则交替。生殖管在渗透调节管之间。阴道在阴茎囊后部，通常在背方，有时在同一水平面或在腹部；短梨形；近端有厚壁。子宫为精致的网状，未观察到完全成熟者。卵可能分散于实质中，没有真正的子宫囊。卵巢小，横向伸长。精巢数目多，位于卵巢后部。阴茎囊长且窄。阴茎多棘。输精管比卵巢更靠前方，位于中央，有致密腺体样套管。已知寄生于雨燕目鸟类，分布于斯里兰卡和非洲。模式种：金丝燕伪领带绦虫（*Pseudochoanotaenia collocaliae* Burt，1938）（图 180-252）。

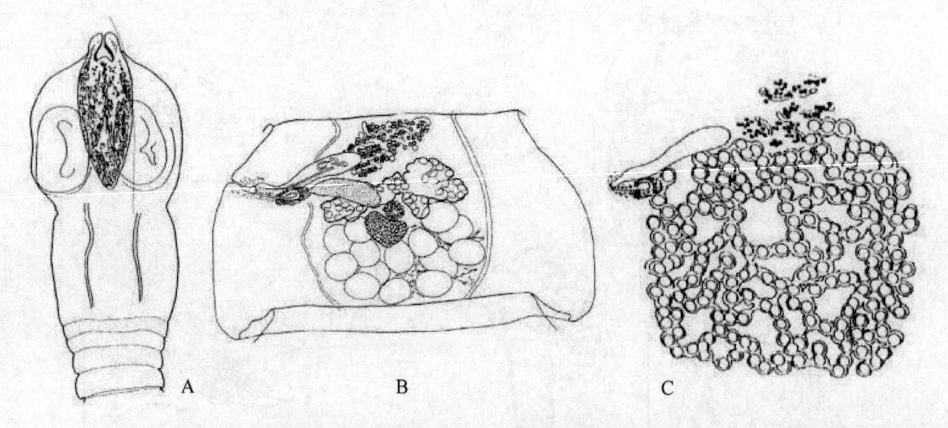

图 18-252　金丝燕伪领带绦虫模式种结构示意图（引自 Bona，1994）
A. 成节；B. 头节；C. 示成熟子宫详细结构

18.13.3.35　昂德斯泰普特属（*Onderstepoortia* Ortlepp，1938）（图 180-253）

识别特征：吻突器钩为 1 轮；很大而强劲。链体大。生殖孔不规则交替。阴道有腔前括约肌。子宫网状或迷宫状，变为结实的单卵、先成熟的膜样子宫囊。生殖腔小而简单。卵巢非两叶状，马蹄铁状，有粗而小的小叶。精巢很多，阴茎囊小，壁强劲。阴茎细、似无钩棘，可能长。内输精管长，为简单的环或正常的卷曲，颇可膨胀，部分有环状纤维。输精管位于孔侧，紧密卷曲，有前列腺管套。已知寄生于鸻形目，主要寄生于石鸻科（Burhinidae）鸟类，分布于非洲和斯里兰卡，可能更广。模式种：带状昂德斯泰普特绦虫（*Onderstepoortia taeniaeformis* Ortlepp，1938）。

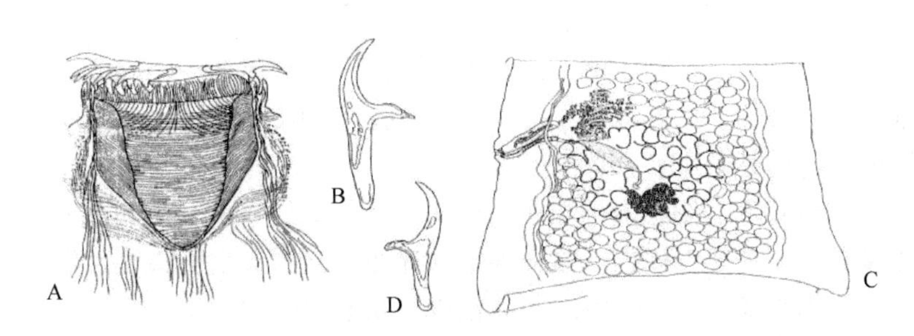

图 18-253　昂德斯泰普特属结构示意图（引自 Bona，1994）

A～C. 带状昂德斯泰普特绦虫：A. 吻突和相连的肌肉囊；B. 钩；C. 成节。D. 鹬昂德斯泰普特绦虫［*O. tringae*（Joyeux，Baer & martin，1937）］模式标本的钩

18.13.3.36　维他属（*Vitta* Burt，1938）（图 18-254，图 18-255）

识别特征：吻突器肌肉质。囊黏附于吻突上；壁强韧。吻突强劲，粗短，顶盘宽。钩 40～60 个。链体小。头节宽。吸盘小。生殖孔不规则交替，位于前方。生殖管背位于渗透调节管。子宫囊状，有时为粗网状，隔深而密。卵有细极突。生殖腔的深度可变，通常大，壁厚，伸展围绕着阴道。卵巢可能充满

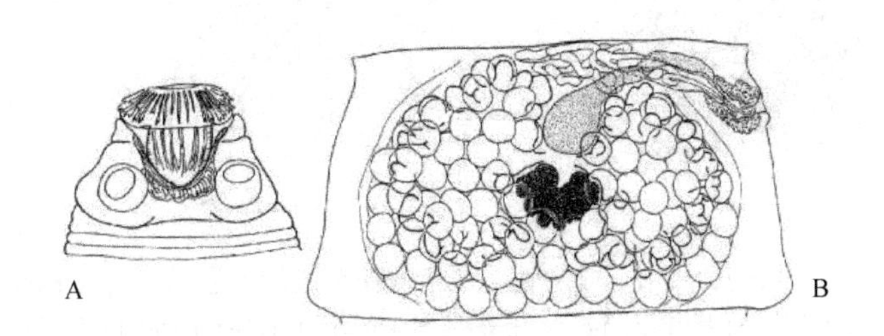

图 18-254　维他绦虫的头节和成节结构示意图（引自 Bona，1994）

A. 大钩维他绦虫的头节；B. 波状样维他绦虫［*V. undulatoides*（Fuhrmann，1908）］组合种模式标本的成节

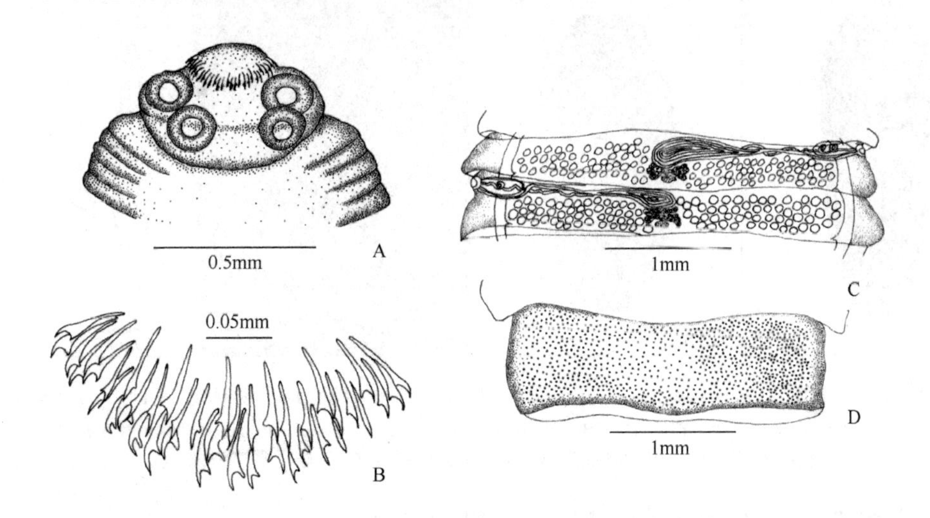

图 18-255　家燕维他绦虫（*V. rustica* Nestobinsky，1911）组合种（引自李海云，1994）

A. 头节；B. 吻钩；C. 成节；D. 孕节

整个髓质。精巢数目很多（60～100 个）。阴茎囊长形，位于远前端。阴茎窄，棘小而粗。内部的输精管形成肌肉质的球茎，刚好在收缩的阴茎的近端。已知寄生于雀形目燕科鸟类，也可能寄生于雨燕目鸟类，全球性分布。模式种：大钩维他绦虫（*Vitta magniuncinata* Burt，1938）。

18.13.3.37　小带属（*Parvitaenia* Burt，1940）（图 18-256，图 18-257）

识别特征：吻突器小带属样型。钩 2 轮（20 个）；成体节片宽 0.150～0.600mm。生殖孔不规则交替。阴道位于阴茎囊后部、右方腹部、左方背部（至少是阴道孔），阴道形态多变；通常有棘，可能有腔前括约肌。生殖腔球状厚壁。精巢最初几乎总是位于两个区域，一区在后部，一区数量不多，在反孔侧前部，趋向于会合；部分位于卵巢背面。阴茎囊通常大，长形；大小、形态和方向可变化。阴茎棘不同，细长的棘组成的顶丛。输精管大；外观不规则；前列腺细胞存在。已知寄生于鹳形目鹭科（Ardeidae）鸟类，全球性分布。模式种：鹭小带绦虫（*Parvitaenia ardeolae* Burt，1940）。

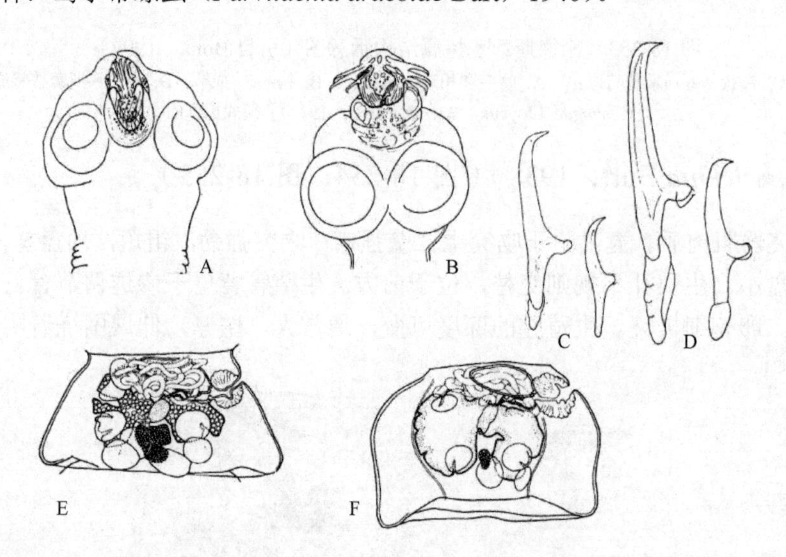

图 18-256　小带属的种头节、吻突钩、成节和孕节结构示意图（引自 Bona，1994）

A. 大袋鼠小带绦虫［*P. macropeos*（Wedl，1855）］新模式标本的头节；B. 米尔维小带绦虫［*P. milvi*（Singh，1952）］头节，可见吻突伸出过程中会变形；C，D. 小带属样型钩（左远右近）；C，E，F. 鹭小带绦虫模式标本；D. 匙形小带绦虫（*P. cochleari* Coil，1955）模式标本；E. 成节；F. 孕节

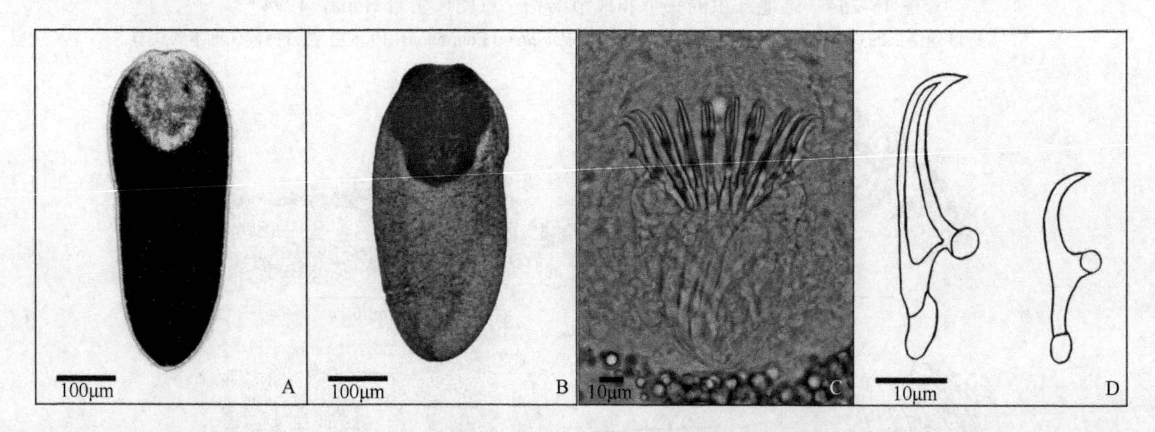

图 18-257　巨袋小带绦虫［*Parvitaenia macropeos*（Wedl，1855）］的绦虫蚴及吻突钩（引自 Alves & Melo，2011）

发现于巴西米纳斯吉拉斯（Minas Gerais）贝洛霍瑞斯特（BeloHorizonte）潘普尔哈坝（Pampulha dam）华美南丽鱼（*Australoheros facetus*）的绦虫蚴。A. 绦虫蚴活体；B. 染色的绦虫蚴；C. 带钩的吻部细节；D. 远端（大）和近端（小）钩示意图

18.13.3.38　克瑞米属（*Krimi* Burt，1944）（图 18-258）

识别特征：吻突器肌肉质，高度腺体质样。囊比例大，壁薄。吻突大小有变化，顶垫界线清楚。钩 1

轮（有例外无钩者），有时部分不规则，不同类型，有时很小。孕节很大，有时紧接半成节或甚至是幼节。头节和颈区比较宽。渗透调节管可能在头节后形成网。生殖孔不规则交替。阴道位于阴茎囊后部，在同一水平面，直，壁厚。子宫网状或迷宫状，壁薄，隔乳头状。卵外膜黏附到强劲的胚膜上。生殖腔简单，小。卵巢有短而深的峡部，向长度方向扩展，小叶相当紧实。精巢数目多，位于卵巢后部。阴茎囊小，卵圆形，壁薄，在卵巢叶前方。阴茎很小；收缩时细的硬毛样棘略突出于囊孔外。已知寄生于䴕形目（Piciformes）啄木鸟科（Picidae）鸟类，分布于斯里兰卡、印度、非洲、欧洲和南美洲，有可能全球性分布。模式种：*Krimi chrysocolaptis* Burt，1944。

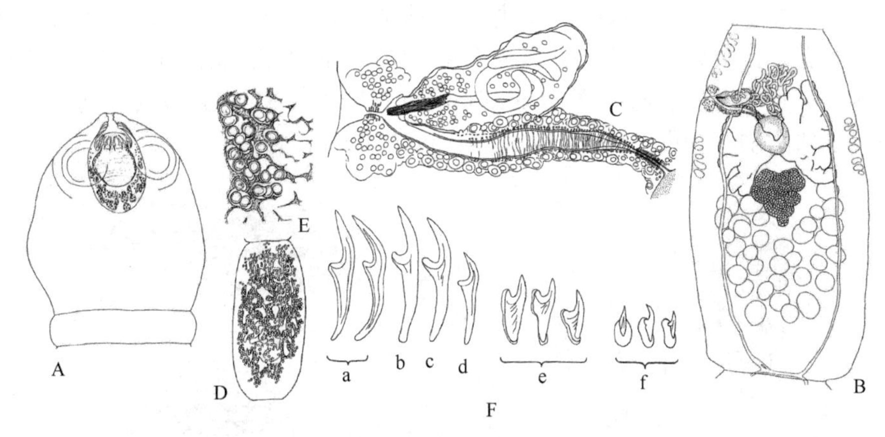

图 18-258 克瑞米属绦虫结构示意图（引自 Bona，1994）

A～D. *K. chrysocolaptis* Burt，1944 模式标本：A. 头节；B. 成节；C. 回缩的阴茎，小而直的硬毛样棘束；D. 早期子宫。E. 克瑞米属绦虫未定种子宫详细结构图，胚膜已发育。F. 几种绦虫的钩：a. *K. chrysocolaptis* 模式标本；b～f. 克瑞米属绦虫未定种五型钩

18.13.3.39 巴克尔属（*Bakererpes* Rausch，1947）（图 18-259）

识别特征：吻突器肌肉质，可能吻突内有腺体。囊很长而窄，胡萝卜状。吻突长而窄，顶部通常不明显。钩 1 轮（8～16 个）；孔状形，钩小时有改变。链体极小（0.2～3mm）。头节界线清楚。节片少，无缘膜，同时无所有的成熟期。生殖孔规则交替。生殖管位于渗透调节管之间，有些种例外位于背方。阴道位于阴茎囊后部，主要在背部。子宫小叶状，壁强，整个腔复杂可能外翻，形成各种乳头。卵巢深小叶状，横向扩展或丛状。精巢少到多数，更多的位于侧方。阴茎囊长而窄，位于远前方，有时深陷，

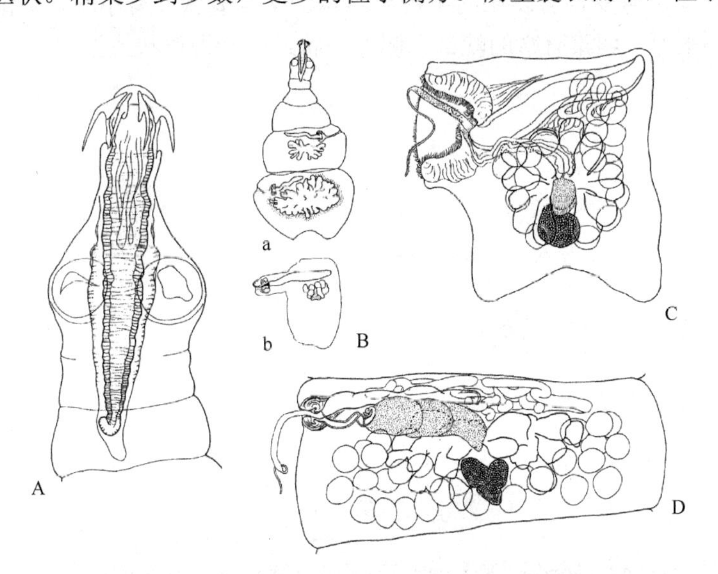

图 18-259 巴克尔属绦虫结构示意图（引自 Bona，1994）

A，Ba. 头节和链体；Bb. 松脱的成节有巨大的生殖乳突；C，D. 不同未定种的成节

根据生殖腔的大小，在反孔侧替换，壁厚。阴茎长（少量例外），近端部更宽，有小棘，之后有更细、几乎无小棘的鞭状部分。已知寄生于夜鹰目鸟类，分布于新北区和新热带区。模式种：脆弱巴克尔绦虫（*Bakererpes fragilis* Rausch，1947）。

18.13.3.40　大阴茎属（*Megacirrus* Beck，1951）（图 18-260）

识别特征：吻突器肌肉质（没有腺体样组分的数据）。囊大，楔形，有时达第 1 节。钩 2 轮（40～54 个），典型。链体中等。生殖孔位于右侧。不同种生殖管位于渗透调节管背方或之间。阴道在阴茎囊背部、前方（远端部）；长，壁厚，近孔处多棘。生殖腔小、简单。卵巢相对大，可能达渗透调节管但不到节片前方边缘。精巢数目多，位于卵巢后部。阴茎囊长形、窄，有时很长。阴茎长、棘小。受精囊小、球状。输精管位于前方中央。已知寄生于鹑鸡目（Galliformes）冢雉科（Megapodidae）鸟类，分布于巴布亚新几内亚。模式种：冢雉大阴茎绦虫（*Megacirrus megapodii* Beck，1951）。

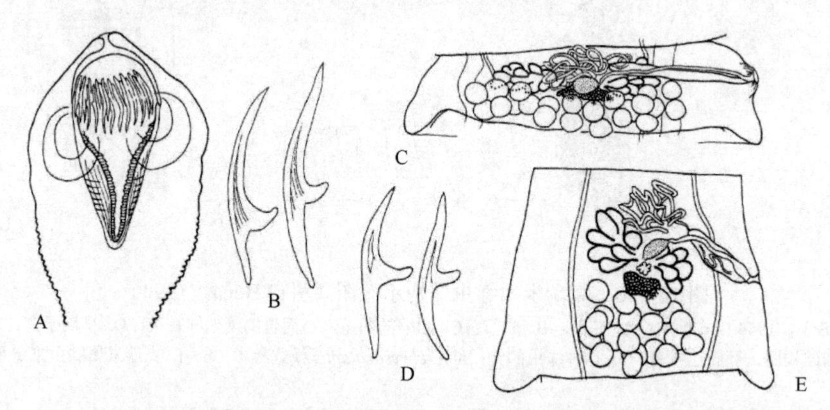

图 18-260　大阴茎属绦虫结构示意图（引自 Bona 1994）

A～C. 螺旋大阴茎绦虫［*M. leptophallos*（Kotlan，1923）］：A. 头节；B. 钩（左远右近）；C. 成节。
D，E. 霍瓦特大阴茎绦虫［*M. horvathi*（Kotlan，1923）］：D. 钩（左远右近）；E. 成节

18.13.3.41　棘带属（*Echinotaenia* Mokhehle，1951）（图 18-261）

识别特征：吻突器肌肉质。钩 2 轮（26～32 个）。链体小。生殖管背位于渗透调节管。阴道在阴茎囊的前背方，细小，壁的厚度可变，有硬化的哑铃形器官。子宫囊状，有小叶，分隔。卵有长的极突。生殖腔深，可扩张，壁不很厚。卵巢有窄的峡部，侧方扇状；小叶棍棒状或指状，向后扩展。精巢数目多，

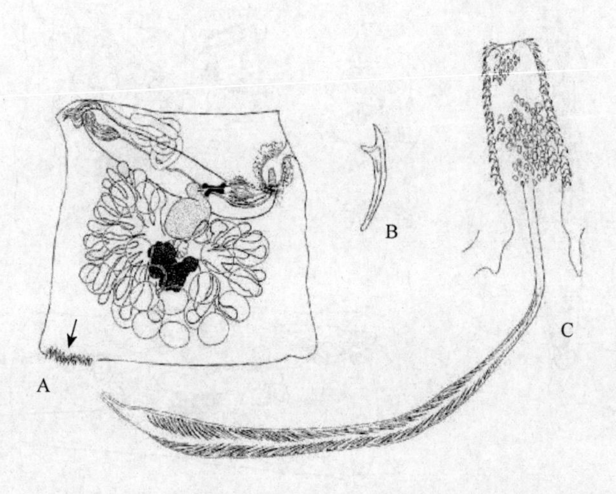

图 18-261　*Echinotaenia trichopeos*（Kayton & Kritsky，1984）组合种模式标本（引自 Bona，1994）

A. 成节，箭头示节片后部边缘的 3 列密集的真棘；B. 钩；C. 阴茎有远端长而强劲的棘（在收回的部分）

在卵巢的后部、侧方或背部。阴茎囊大，壁强劲，内部基部有肌肉质的球茎。阴茎细长，基部宽，有细棘；第二远端区有细但相当长的棘。内部的输精管膨胀；有 2 个长形的环。外部的输精管形成少量宽的环。已知寄生于雨燕目鸟类［雀形目燕科（Hirundinidae）鸟类的寄生不肯定］，分布于印度、爪哇、古北区和新北区。模式种：*Echinotaenia lehaqasia* Mokhehle，1951。

18.13.3.42 迪奇子宫属（*Dictymetra* Clark，1952）（图 18-262）

［同物异名：麦鸡绦虫属（*Lapwingia* Singh，1952）］

识别特征：吻突器肌肉腺体质。囊很长。吻突长。钩 2 轮（约 24 个），在典型的鸻形目宿主中，刃长，甚至长于柄；在其他的鸟群中为不同的类型。链体小到大型；节片通常长过宽；器官间距大。生殖孔不规则交替，有时在一长链中规则。生殖管位于渗透调节管之间。阴道位于阴茎囊的后部，在同一水平面。卵通常为链状。生殖腔小而弱；在典型的鸻形目宿主中，雄性管相当长，有环状的纤维，多棘；而在陆生鸟类宿主中，雄性管短，壁薄，很少或几乎无棘。卵巢有窄的峡部。精巢数目多，位于卵巢后部，通常在纵向长形的区域。阴茎囊小，梨形或长形，壁薄。阴茎精致，窄，相当长，整个长度向有细长、硬毛样棘，当阴茎缩回时突入管中。已知寄生于鸻形目、鹳形目鹳亚目（Ciconiae）、雀形目和咬鹃目（Trogoniformes）鸟类，分布于全北区、新热带区和非洲。模式种：辐棘迪奇子宫绦虫（*Dictymetra radiaspinosa* Matevosyan，1963）。

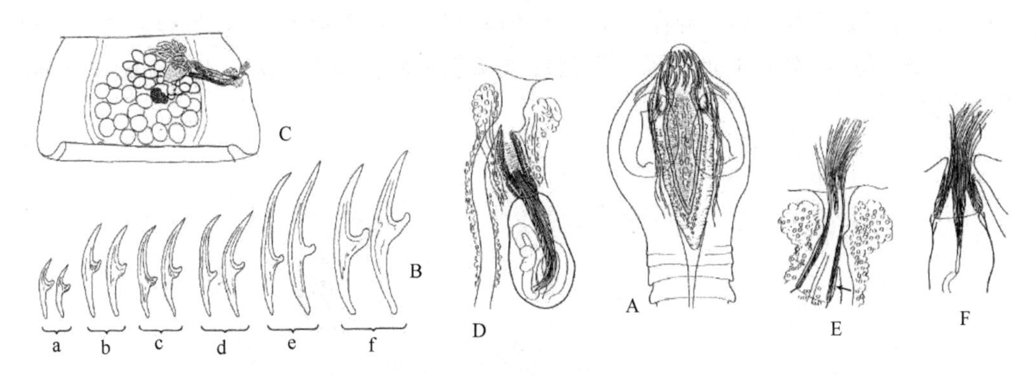

图 18-262 迪奇子宫属绦虫结构示意图（引自 Bona，1994）

A. 杓鹬迪奇子宫绦虫［*D. numenii*（Owen，1949）］模式标本的头节。B. 钩（左远端，右近端）：a、b. 陆生鸟类；c～f. 鸻形目鸟类；a. 寄生于鹳亚目的盘状迪奇子宫绦虫［*D. discoidea*（van Beneden，1868）］；b. 寄生于咬鹃目的迪奇子宫绦虫未定种；c. 睡莲迪奇子宫绦虫［*D. nymphaea*（Schrank，1790）］；d. 辐棘迪奇子宫绦虫{同物异名：杓鹬迪奇子宫绦虫［*D. numenii* Clark，1952 非（Owe，1949）］模式标本；e. 杓鹬迪奇子宫绦虫模式标本；f. 副杓鹬迪奇子宫绦虫（*D. paranumenii* Clark，1952）模式标本。C. 不相称迪奇子宫绦虫［*D. dispar*（Burt，1940）］组合种，模式标本，成节；D. 杓鹬迪奇子宫绦虫模式标本，强，长，多棘的雄性管；E. 睡莲迪奇子宫绦虫小的细致的、无棘的雄性管（箭头示）；F. 盘状迪奇子宫绦虫，小的，细致多棘的雄性管

18.13.3.43 新利戈属（*Neoliga* Singh，1952）（图 18-263）

［同物异名：新角属（*Neoangularia* Singh，1952）；休尔什叶属（*Sureshia* Ali & Shinde，1967）］

识别特征：吻突器肌肉质（并为腺体质？）。钩 2 轮，26～32 个。链体通常小。吸盘大。生殖管背位于渗透调节管。阴道在阴茎囊前背方（很少在前腹方），大小变化大，壁强劲，有时厚，有硬化的哑铃形器官。子宫囊状分隔，有不规则的交通腔缠结。卵有长的极突。生殖腔可能很深；壁很强，有时有粗刚毛。卵巢有窄的峡部，可能有侧方的扇形叶，小叶棍棒状或指状，向后扩展。精巢数目多，在卵巢的后部、侧方或背部。阴茎囊大，壁强劲，内基部有肌肉质的球茎。阴茎长，很细，基部宽，有细棘；可能有第二个远端的、难观察到的棘样区。内部的输精管膨胀，有两个长形的环。输精管有小量环。已知寄生于雨燕目鸟类（雀形目燕科鸟类的寄生不肯定），分布于印度、摩洛哥和欧洲，可能更广。模式种：二重棘新利戈绦虫（*Neoliga diplacantha* Singh，1952）。

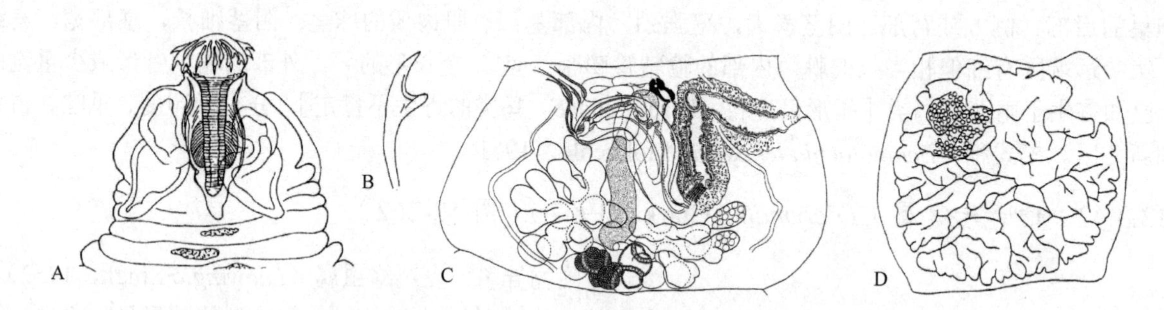

图 18-263　新利戈属绦虫结构示意图（引自 Bona，1994）

A～C. 冷新利戈绦虫［*N. frigida*（*Meggitt*，1927）］模式标本：A. 头节，两个致密透镜样、肌肉质团块在吻突干两边；B. 钩；C. 成节，例外的深的和肌肉质的腔，两性管有环状纤维鞘。D. 新利戈绦虫未定种的孕节，示子宫

18.13.3.44　新瓦利孔属（*Neovalipora* Baer，1952）

识别特征：顶器腺体样，有钩棘。囊小。吻突很小，在深腔的基部。钩可能为 2 轮，很小。链体中到大型。孔在侧方边缘中央。头节大。吸盘很大。渗透调节管在头节后形成细网。生殖管在渗透调节管之间。阴道在阴茎囊后部腹面；直、宽，有腔前括约肌。子宫囊状有大的支囊，随后有深分隔。卵巢大，明显不为两叶状（孔侧叶极端退化？），有深的、一端膨大的指状分裂。精巢数目很多，位于卵巢后部。阴茎囊小，长形。阴茎无钩棘。输精管在卵巢主要团块后部、受精囊背部、孔侧精巢前方。已知寄生于潜鸟目（Gaviiformes）鸟类，分布于北极区。模式种：小棘新瓦利孔绦虫［*Neovalipora parvispinae*（Linton，1927）］（图 18-264）。

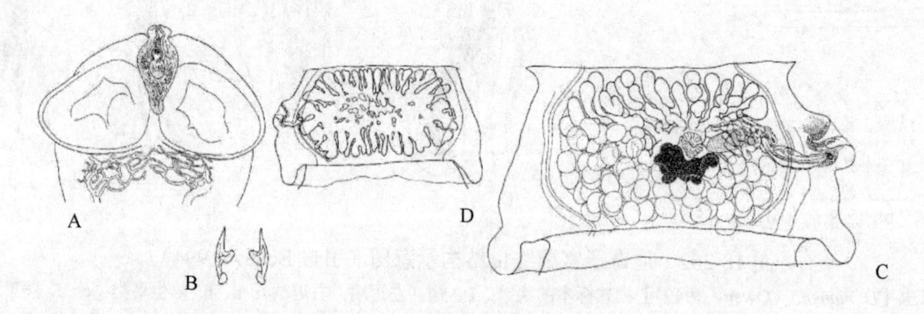

图 18-264　小棘新瓦利孔绦虫结构示意图（引自 Bona，1994）

A. 头节；B. 钩；C. 成节；D. 孕节

18.13.3.45　囊宫样属（*Dilepidoides* Spasskiĭ & Spasskaya，1954）

识别特征：吻突器肌肉质。囊有很多内部的纵向束连接至颈区的外部束。吻突强而宽；扁平的顶吸盘。钩 1 轮，数目多（35 个）。节片宽显著大于长。生殖孔在左侧。生殖管有描述是在渗透调节管腹面。阴道位于阴茎囊背方，孔区前方或后方，宽、长而弯曲，有强劲的壁。卵少。阴茎囊很长，位于腹部。阴茎极长，有几个连续的棘区，混有丝和顶直的细棘丛。内输精管短、窄。输精管位于反孔侧前方。已知寄生于鹑鸡目（Galliformes）鸟类，分布于印度支那。模式种：鲍赫囊宫样绦虫［*Dilepidoides bauchei*（Joyeux，1924）］（图 18-265）。

18.13.3.46　尤里绦虫属（*Eurycestus* Clark，1954）

识别特征：吻突器肌肉腺体质，精巧。吻突小。钩 2 轮，少（16 个）。节片少，无缘膜，宽不成比例地大于长；生殖孔在节片的前端；器官横向扩展。头节很小，早期处于微毛的隔离中。吸盘很小，前方有 2 轮小钩。纵渗透调节管不存在。阴道在阴茎囊后部，同一水平面上，很长。子宫早期为网状，随后为囊状，有深小叶。卵小，有长的极突（在各个种中？）。生殖腔朝向前方。卵巢窄。精巢数目多，位于卵巢后方，沿着节片后部边缘，主要在卵黄腺孔侧。阴茎囊卵圆形或很长而窄，远端向前弯曲。阴茎长，强劲，多棘。受精囊很长，窄而弯曲。输精管很小。已知寄生于鸻形目鸟类，分布于全北区。模式种：反嘴鹬尤里绦虫（*Eurycestus avoceti* Clark，1954）（图 18-266，图 18-267）。

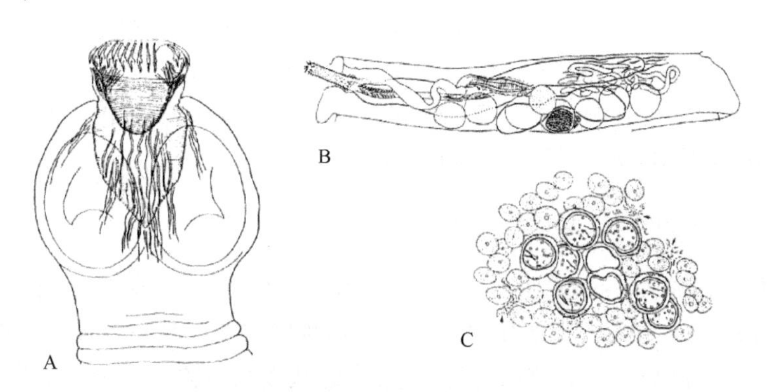

图 18-265　鲍赫囊宫样绦虫模式标本结构示意图（引自 Bona，1994）

A. 头节；B. 成节；C. 胚及胚膜

Georgiev 等（2005）在西班牙奥迭尔河（Odiel）沼泽地区系统地观察了卤虫（*Artemia parthenogenetica*）[甲壳纲（Crustacea）：鳃足类（Branchiopoda）] 中的拟囊尾蚴，其中有发现反嘴鹬尤里绦虫的拟囊尾蚴，其形态结构如图 18-266 所示。

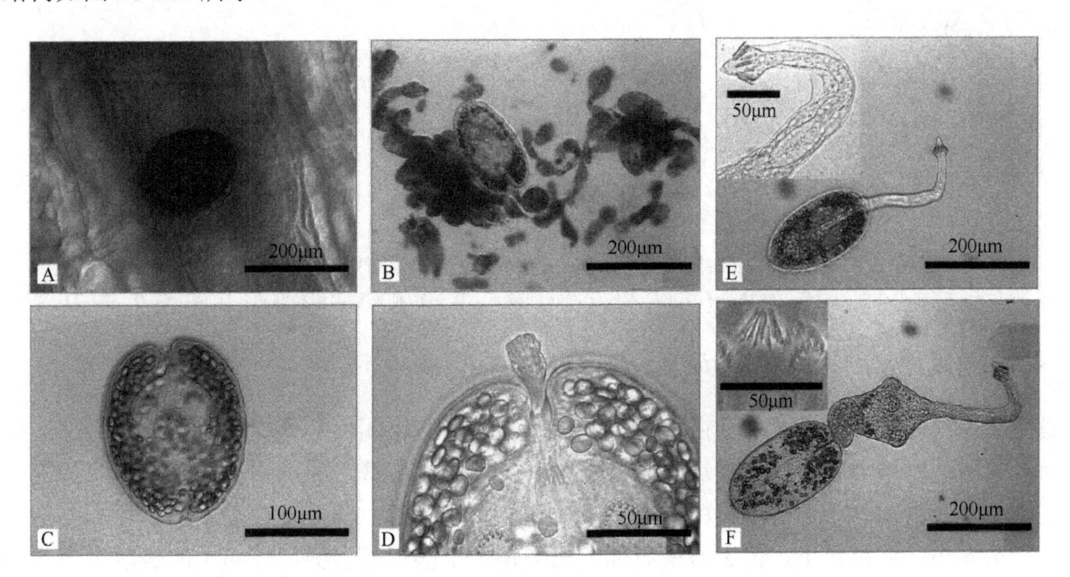

图 18-266　反嘴鹬尤里绦虫相差显微镜观察（引自 Georgiev et al.，2005）

A. 原位拟囊尾蚴；B. 分离的拟囊尾蚴及破裂的尾球片断；C. 分离的囊；D. 分离的囊的前部，注意突出的吻和吸盘小钩；E. 分离的拟囊尾蚴有整个突出的吻，插图为吻突；F. 在低渗情况下拟囊尾蚴脱囊，插图有吻突钩

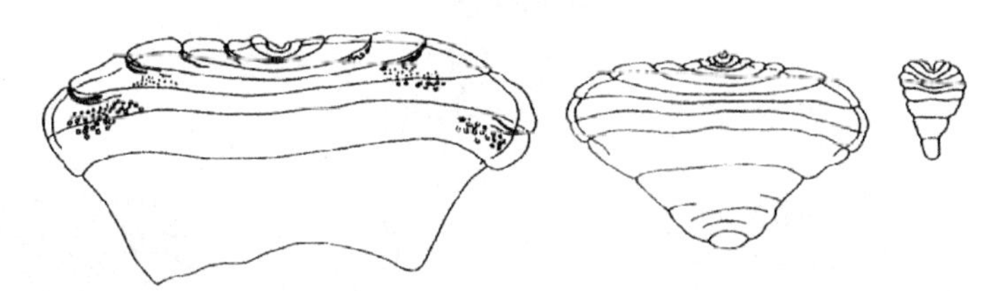

图 18-267　反嘴鹬尤里绦虫很幼小的样品，无头节（引自 Bona，1994）

18.13.3.47　无吻突属（*Arostellina* Neiland，1955）

识别特征：顶器不存在。链体小；节片无缘膜。头节窄于颈区；没有后部的分界。生殖孔不规则交替。阴道在阴茎囊后部同一水平面，向后弯曲。子宫网状，在卵巢网底层，变为迷宫状。没有子宫囊。生殖腔简单。卵巢很大，持续网状，在腹部与渗透调节管交叉。卵黄腺网状；松散，有小的小叶。精巢数目很多，位于雌性器官后部。阴茎囊很小。阴茎明显无钩或棘。输精管小，在孔侧前方与渗透调节管交叉，随着阴道向后。已知寄生于蜂鸟目（Trochiliformes）鸟类，分布于中美洲。模式种：网状无吻突绦虫（*Arostellina reticulate* Neiland，1955）（图 18-268A）。

18.13.3.48　内伊拉属（*Neyralla* Johri，1955）

识别特征：吻突器没有描述，推测为肌肉质。吻突很窄。钩 1 轮（少于 20 个），典型。链体中等；颈区不明显；节片具缘膜。头节大，端部变尖。生殖孔不规则交替。生殖管在渗透调节管之间。阴道位于阴茎囊后部（背腹位置未陈述），长、窄、横向。子宫囊状或微小的小叶状。生殖腔小。卵巢分两叶、小，小叶状。卵黄腺位于远后部。阴茎囊长形。阴茎未知。受精囊很小。输精管多不发达（？），位于孔侧前方。已知寄生于鹰形目（Accipitriformes）鸟类，分布于印度。模式种：柯斯瑞内伊拉绦虫（*Neyralla kotharia* Johri，1955）（图 18-268B～D）。

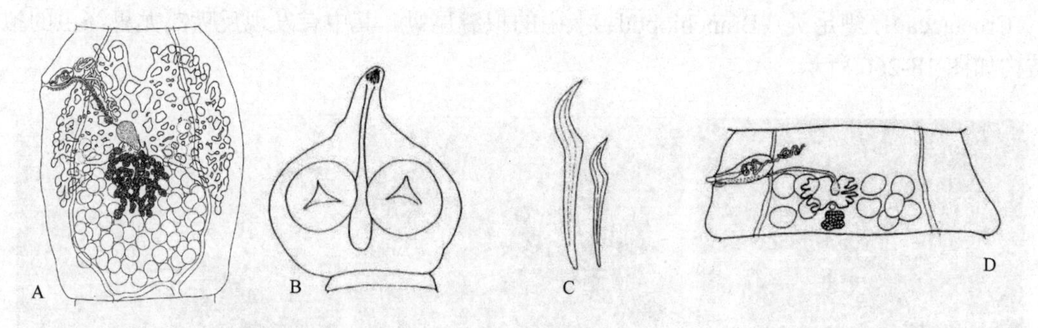

图 18-268　网状无吻突绦虫和柯斯瑞内伊拉绦虫结构示意图（引自 Bona，1994）

A. 网状无吻突绦虫典型的成节，网状的子宫正好形成于网状卵巢下；B～D. 柯斯瑞内伊拉绦虫：B. 头节；C. 钩；D. 成节

18.13.3.49　北极带属（*Arctotaenia* Baer，1956）

识别特征：顶器严格意义上不存在；头节顶部有腺体细胞小团。链体中等。孔位于后部。头节后渗透调节管形成网；背部与腹部相比略反孔侧。生殖管在渗透调节管之间。阴道在阴茎囊略后部，在同一水平面；长而窄。生殖腔小而简单。精巢数目多，位于卵巢后部，部分地接近于受精囊和阴道。阴茎囊长而窄。受精囊小。输精管小，位于卵巢后部。已知寄生于鸻形目鸟类，分布于北极区。模式种：四槽样北极带绦虫［*Arctotaenia tetrabothrioides*（Lönnberg，1890）］（图 18-269A、B）。

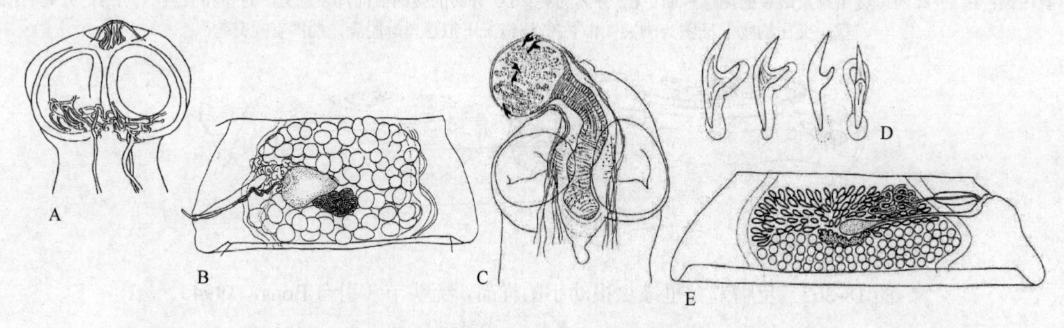

图 18-269　北极带绦虫和扁吻斯帕斯基带绦虫结构示意图（引自 Bona，1994）

A，B. 四槽样北极带绦虫：A. 头节；B. 成节。C～E. 扁吻斯帕斯基带绦虫：C. 头节；D. 钩；E. 成节

18.13.3.50 米兰达属（*Mirandula* Sandars，1956）（图 18-270）

识别特征：吻突器肌肉质。囊相当长，窄，甚至于分开了第 1 节片。吻突相当长，窄，前方的盘界线清晰。钩 2 轮，很多（36 个）。链体极小；节片很少，无缘膜。头节大。生殖管背位。阴道可能在阴茎囊背方，左侧在后部，右侧在前部。子宫位于腹部，囊状；每侧有一独立的腔。卵少，个大。卵巢非两叶状，球状。精巢少，每侧 4 个，位于卵巢后。阴茎具小棘。无内贮精囊。输精管扩展，背位于卵巢、受精囊和阴茎囊近端。已知寄生于有袋目哺乳动物，分布于澳大利亚。模式种：小米兰达绦虫（*Mirandula parva* Sandars，1956）。

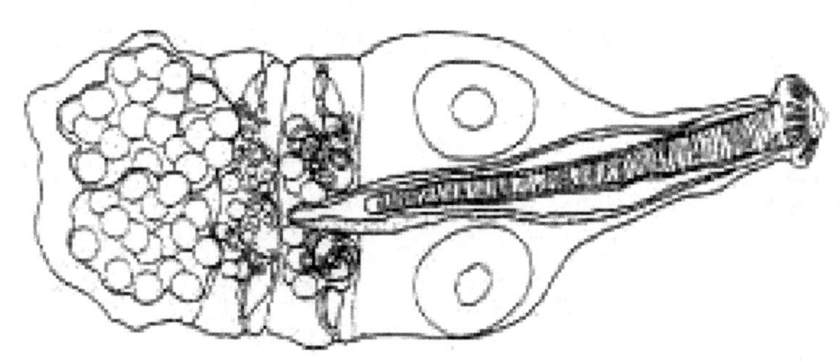

图 18-270 米兰达属绦虫结构示意图（引自 Bona，1994）

18.13.3.51 斯帕斯基带属（*Spasskytaenia* Oshmarin，1956）

识别特征：吻突器肌肉质，腺体质主要在吻突。囊长、壁薄，但有起自颈区的强劲外纵肌。吻突很长而强。钩 2 轮；粗短而小；卫显著，沿整个腹部粗硬。节片宽大于长；髓质由器官充填。生殖孔不规则交替，位于近前方。生殖管位于渗透调节管之间。阴道在阴茎囊后部（背腹面位置不知）；长、直，近卵巢的后部边缘。子宫最初为网状，之后为囊状，深分叶。卵巢大，沿整个节片前方边缘扩展，幼节卵巢可能为网状。精巢数目很多而小，位于卵巢后部。阴茎囊小。阴茎似无棘。输精管在卵巢孔侧前方背部。已知寄生于鸻形目鸟类，分布于欧洲和亚洲。模式种：扁吻斯帕斯基带绦虫［*Spasskytaenia platyrhyncha*（Krabbe，1869）］（图 18-269C～E）。

18.13.3.52 小囊属（*Capsulata* Sandeman，1959）

识别特征：吻突可能仅为肌肉质。囊和吻突很长。钩 2 轮（16 个）。链体中等。颈区长，硬，有深的缘膜，像一个节片。生殖孔位于右侧。生殖管通常位于渗透调节管之间，但在同一链体中可能背位。阴道腹位，略后于阴茎囊；极短，壁坚韧，多棘，变形的漏斗状，埋于生殖腔壁。子宫最初为迷宫状，腔壁厚，球茎状。卵巢大，亚球状，分小叶。精巢数目多，很少在中线后部。阴茎囊圆到椭圆形，有坚韧的壁。阴茎小，基部有刺，之后突然为丝状。受精囊伸长为管状至生殖腔。已知寄生于鸻形目鸟类，分布于北欧。模式种：伊甸园小囊绦虫（*Capsulata edenensis* Sandeman，1959）（图 18-271）。

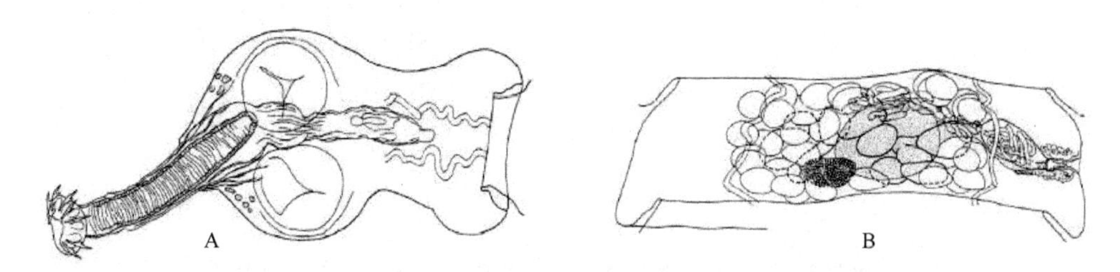

图 18-271 伊甸园小囊绦虫模式标本结构示意图（引自 Bona，1994）
A. 头节和其节片样颈区；B. 成节

18.13.3.53　棘阴茎头属（*Spiniglans* Yamaguti，1959）（图 18-272，图 18-273）

［同物异名：伪异带属（*Pseudanomotaenia* Matevosyan，1963）］

识别特征：吻突器肌肉腺体质。囊长形，自颈区的外纵肌不发达。钩 2 轮（20～30 个）。链体小到大型；孕节长大于宽。生殖孔不规则交替。生殖管位于渗透调节管之间。阴道位于阴茎囊的后部；孔在同一水平面。长度有变化，可能很长。子宫早期为网状，壁薄，随后发育为迷宫状，转变为较早显出的单卵的膜状子宫囊混合有颗粒状的细胞。生殖腔简单，缺棘；没有雄性管。卵巢有长的峡部。精巢数目多（22～26 个）到很多（60 个），位于卵巢后部；区域或多或少横向伸展。阴茎囊小，卵圆形到梨形。阴茎精致，短，平头或圆锥状，有一小丛很细、灵活的硬毛样棘，既无内贮精囊也无外贮精囊。已知寄生于

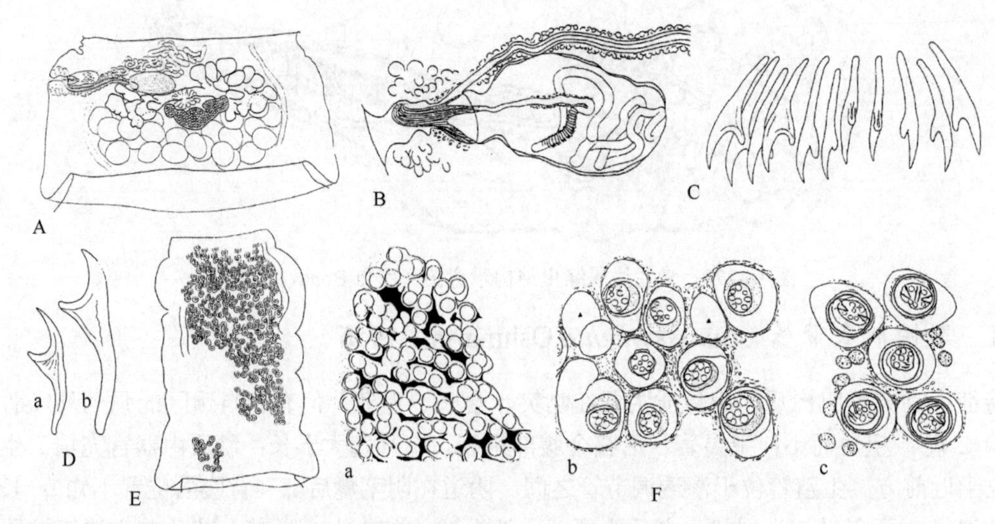

图 18-272　棘阴茎头属绦虫（引自 Bona，1994）

A. 微体棘阴茎头绦虫模式标本的成节；B. 收缩棘阴茎头绦虫［*S. constricta*（Molin，1858）］模式标本末端生殖器官，或是缺雄性管或是雄性和雌孔由很小的褶分隔；C. 鸦棘阴茎头绦虫［*S. corvi*（Joyeux，Baer & Martin，1937）］模式标本不规则的冠；D. 钩（a. 微体棘阴茎头绦虫；b. 收缩棘阴茎头绦虫）；E. 鸦棘阴茎头绦虫有子宫囊的孕节；F. 子宫囊形成的 3 个阶段：a. 微体棘阴茎头绦虫早期子宫；b，c. 鸦棘阴茎头绦虫子宫囊起始和完全成熟，实质退化，小颗粒状细胞位于囊之间

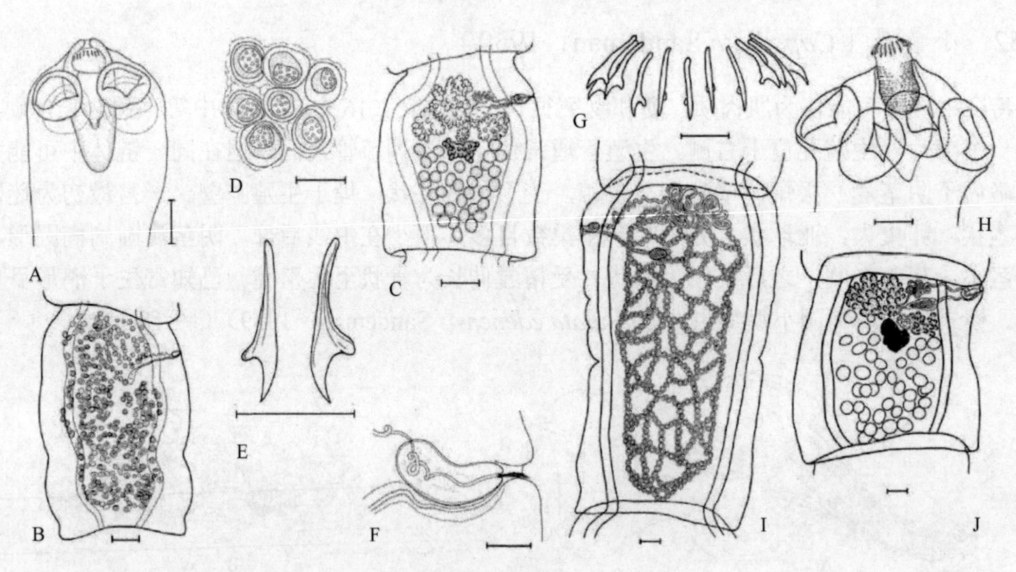

图 18-273　夏氏棘阴茎头绦虫（引自 Kornyushin et al.，2009）

全模标本（A～D）和副模标本（E，F）：A. 头节；B. 有未成熟的卵的预孕节子宫详细结构；C. 成节；D. 预孕节中的虫卵；E. 吻突钩；F. 末端生殖管。G～J. 另一采自乌克兰波利西亚（Polissya）的同种材料：G. 吻突钩冠；H. 头节有突出的吻突；I. 孕节；J. 成节。标尺：A，H～J=100μm；B=50μm；C，D=200μm；E，G=25μm；F=5μm

雀形目鸟类，分布于印度（模式种采集地）、欧洲和非洲。模式种：微体棘阴茎头绦虫［*Spiniglans microsoma*（Southwell，1922）］。

棘阴茎头属（*Spiniglans*）由 Yamaguti（1959）建立，当时为单种属。其模式种微体棘阴茎头绦虫［=微体领带绦虫（*Choanotaenia microsoma* Southwell，1922）］最初描述自两种生活于印度加尔各答动物园的鸟类：黑冠凤头鹀［*Melophus melanicterus*（Gmelin），凤头鹀（*Melophus lathami* Gray）（鹀科：Emberizidae）为同物异名］和斑喉织布鸟［*Ploceus atrigula* Hodgs，绿腰织布鸟（*Ploceus heuglini* Reichenow）（织布鸟科：Ploceidae）为同物异名］的寄生虫（Yamaguti，1959；Matevosyan，1963）。Bona（1994）修订囊宫科绦虫分类时，将有 1 轮吻突钩，主要寄生于鹑鸡目鸟类的种放在领带属（*Choanotaenia* Railliet，1896）。采自雀形目鸟类，先前被放在领带属（Spasskaya & Spasskiĭ，1977 等）或伪异带属（*Pseudanomotaenia* Matevosyan，1963）（Matevosyan，1963），特征为生殖腔和/或阴茎有 1 丛硬毛样棘，同时有 2 轮吻突钩的种类，移到棘阴茎头属（Bona，1994），包括有寄生于大范围雀形目鸟类［主要为鸦科（Corvidae）］的种：收缩棘阴茎头绦虫［*S. constricta*（Molin，1858）Bona，1994］和寄生于北索马里扇尾渡鸦（*Corvus rhipidurus*）的鸦棘阴茎头绦虫［*S. corvi*（Joyeux，Baer & Martin，1937）Bona，1994］。随后，Salamatin（1999）分析采自乌克兰鸦科鸟类的绦虫材料并认为近缘棘阴茎头绦虫［*S. affinis*（Krabbe，1869）］有效，该种由 Krabbe（1869）最初描述自巴伐利秃鼻乌鸦（*Corvus frugilegus*）；先前的学者（Matevosyan，1963；Spasskaya & Spasskiĭ，1977）列出近缘带绦虫（*Taenia affinis* Krabbe，1869）为收缩伪异带绦虫（*Pseudanomotaenia constricta*）或收缩领带绦虫（*Choanotaenia constricta*）的同物异名；而 Bona（1994）列出伪异带绦虫属为棘阴茎头属的同物异名。至此，棘阴茎头属包括了 4 个种，其中 3 种寄生于（排外的或主要的）旧大陆鸦科鸟类。

收缩棘阴茎头绦虫或其同物异名组合：收缩带绦虫（*Taenia constricta*）、收缩异带绦虫（*Anomotaenia constricta*）、收缩伪异带绦虫（*Pseudanomotaenia constrict*）、收缩黄疸带绦虫（*Icterotaenia constricta*）及收缩领带绦虫（*Choanotaenia constricta*），使用于密切相关但形态不同的种类的一个复杂的集合体，基于此，Georgiev 等（1987）描述了匹立尼卡领带绦虫（*Choanotaenia pirinica*），同时，人们对近缘棘阴茎头绦虫进行重描述并认为其有效（Georgiev et al.，1987）；Kornyushin 等（2009）描述了该属另一个种：夏氏棘阴茎头绦虫（*Spiniglans sharpiloi*）（图 18-273），特异寄生于整个北部欧亚大陆喜鹊［*Pica pica*（Linnaeus）］的寄生绦虫。此外，Kornyushin 等（2009）将匹立尼卡领带绦虫移到棘阴茎头属。棘阴茎头属 3 个种的测量数据及宿主比较见表 18-10。

表 18-10 棘阴茎头属（*Spiniglans*）3 个种的宿主及测量数据比较

比较项目	夏氏棘阴茎头绦虫（*S. sharpiloi*）				近缘棘阴茎头绦虫（*S. affinis*）	收缩棘阴茎头绦虫（*S. constricta*）
宿主	喜鹊（*Pica pica*）				秃鼻乌鸦（*Corvus frugilegus*）	冠鸦（*Corvus cornix*）
数据来源	Kornyushin et al.，2009				Salamatin，1999	Salamatin，1999
采集地	乌克兰	乌克兰	苏联图瓦	保加利亚	乌克兰	乌克兰
体长	46（37.5）	121	34	52～111	75	69
体宽	0.85（0.90）	2.00	1.40	1.09～1.79	1.6	1.9
头节直径	340（400）	530	340	276～375	550	330
吻突长	180	200	180	188～194	350	200
吻突宽	75	110	100	78～83	120	120
吻突囊长	320	350	—	301～313	420	250
吻突囊宽	140	220	—	112～120	200	134
吸盘直径	130～140	130～210	—	135～145	150	120
吻突钩数目	20（20）	20	—	20～22	22	20
前方钩长	c. 33（35～37）	37～38	35～36	31～35	55～58	40～41
后方钩长	c. 30（32～34）	35～36	33～34	28～32	50～55	36～37

续表

比较项目	夏氏棘阴茎头绦虫（*S. sharpiloi*）				近缘棘阴茎头绦虫（*S. affinis*）	收缩棘阴茎头绦虫（*S. constricta*）
精巢数目	31～45（32～45）	34～44	33～40	34～44	78～86	38～49
阴茎囊长	80～115（100～115）	90～110	80～100	102～131	75～100	60～80
宽度	40～50（40～50）	40～50	30～40	35～45	25～30	30～35
阴道直径	18～20（17～18）	10～23	13～15	12～18	12	10
卵直径	55	45～50	—	50～58	30	20～22（未成熟）
六钩蚴直径	—	30～45	—	37～45	—	—
胚钩长度	—	18～20	—	18～22	—	—

注：测量单位体长与体宽为 mm，其余为μm；括号内为副模标本的测量数据

18.13.3.54 图班吉属（*Tubanguiella* Yamaguti，1959）

识别特征：吻突器没有描述。伸出时吻突垫状。钩 1 轮，数目可疑（10～20 个）。链体大，节片宽大于长。生殖孔不规则交替。生殖管位于渗透调节管之间。阴道位于阴茎囊后（腹方或背方无数据），长而弯曲。子宫（可能位于腹方）囊状，横向、深小叶状囊。生殖腔简单。卵巢有明显的峡部，大，横向扩展。精巢数目多，在卵巢后部和反孔侧前方区域。阴茎囊长形，位于远前方。阴茎有钩棘。输精管据称小，位于中央远前方，近阴茎囊处（？），可膨大。已知寄生于鹰形目（Accipitriformes）和鹳形目鹭科（Ardeidae）鸟类，分布于菲律宾和巴基斯坦。模式种：大白鹭图班吉绦虫[*Tubanguiella buzzardia*（Tubangui & Masilungan，1937）]（图 18-274）。

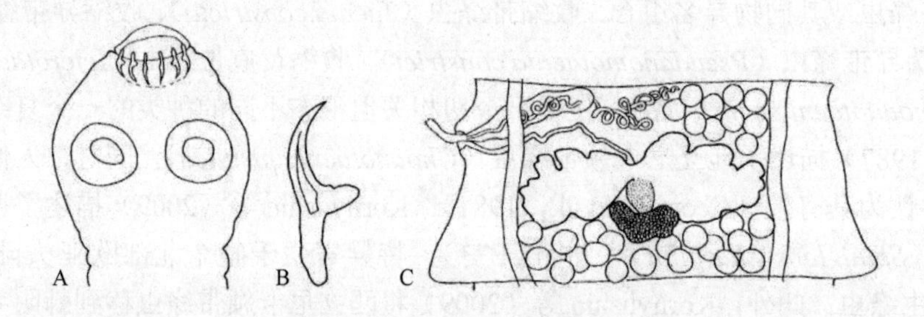

图 18-274 大白鹭图班吉绦虫结构示意图（引自 Bona，1994）

A. 头节；B. 钩；C. 成节

18.13.3.55 阿斯科囊宫属（*Ascodilepis* Guildal，1960）

识别特征：吻突器圷簇样（cyclusteroid）型，相当精致。囊比例大，亚球状。钩 2 轮（20 个）；scolecina 型（见 27a）。链体很小。节片通常无缘膜，宽大于长。生殖孔位于左侧。生殖管位于渗透调节管背方。阴道近端膨大，有环状纤维但无真正的括约肌。子宫囊状，分隔。生殖腔简单，大。大的后部的囊（假阴道、背方、更后部）及大的有钩棘、可能外翻的器官（假阴茎，腹面）开入生殖腔，从渗透调节管背部通过。卵巢小。精巢 4 个。阴茎窄，有细致的棘和小的顶部细棘丛。没有真正的内贮精囊。输精管位于反孔侧前部。已知寄生于鹳形目鹳亚目鸟类，分布于北美和南美。模式种：*Ascodilepis transfuga*（Krabbe，1869）（图 18-275）。

18.13.3.56 新弯吻属（*Neogryporhynchus* Baer & Bona，1960）（图 18-276，图 18-277）

[同物异名：弯吻属（*Gryporhynchus*）错误鉴定，非 von Nordmann，1832）]

识别特征：吻突器小带属样（parvitaenioid）型（见 25b），球状，纤维状物质围绕着吻突，不很大。钩 2 轮（20 个），小带属样型（见 29a）。链体很小到中等大小，窄。头节球状。生殖孔单侧，同种在右

方或左方。生殖管在渗透调节管之间。阴道沿着阴茎囊轴，右侧孔在腹面，左侧孔在背面；短，远端宽，壁厚。子宫囊状、马蹄铁状。卵巢有少量大的小叶，向后部伸展。精巢 4 个，后部的部分在卵巢背部。阴茎囊椭圆形或球状、宽、壁薄。已知寄生于鹳形目鹭科鸟类，分布于全北区、非洲和日本。模式种：*Neogryporhynchus cheilancristrotus*（Wedl，1855）Baer & Bona，1960（图 18-277）。

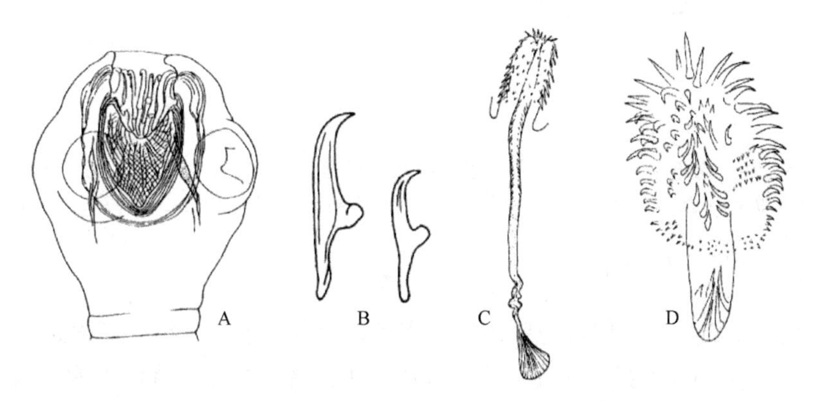

图 18-275　*Ascodilepis transfuga*（Krabbe，1869）模式标本（引自 Bona，1994）

A. 头节；B. 钩（左远端、右近端），scolecina 型，有后弯的端部，类似于 *Paradilepis patriciae* 的吻突钩；C. 阴茎；D. 假阴茎

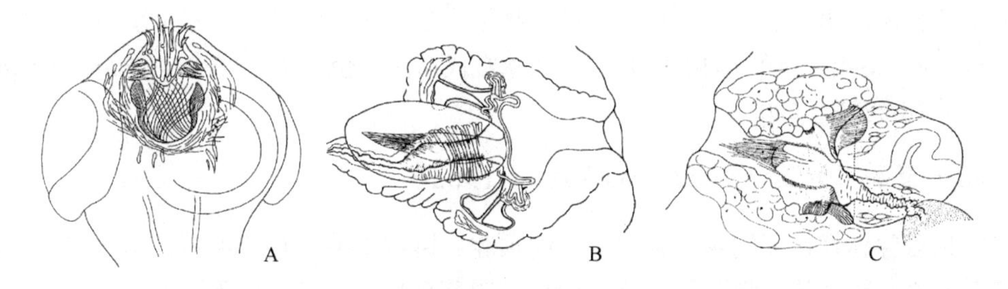

图 18-276　新弯吻属绦虫头节及末端生殖器官结构示意图（引自 Bona，1994）

A，B. *N. cheilancristrotus*（Wedl，1855）：A. 头节；B. 末端生殖器官；C. *N. lasiopeius* Baer & Bona，1960 模式标本的末端生殖器官

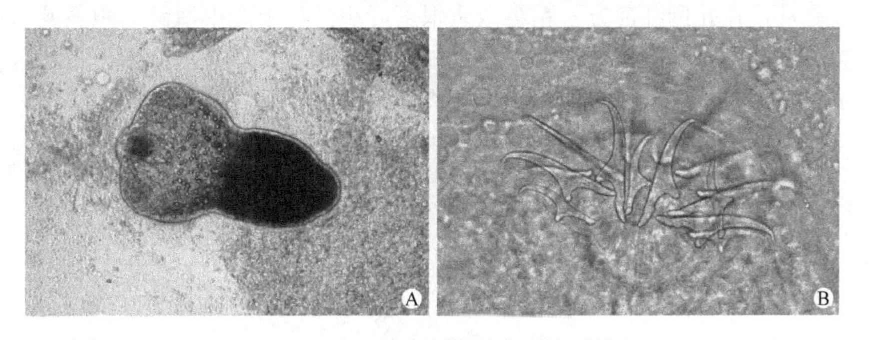

图 18-277　*N. cheilancristrotus* 的绦虫蚴及吻突钩（引自 Kappe，2004）

A. 绦虫蚴；B. 吻突钩

18.13.3.57　埃塞俄比亚带属（*Ethiopotaenia* Mettrick，1961）

识别特征：顶器不存在（顶吸盘样的结构不能排除）。链体中等。生殖管在渗透调节管之间。阴道在阴茎囊后部，在同一水平面；直而不很长。子宫有大型不规则叶，由压缩的实质包围。卵最终分散于实质中，没有子宫囊。生殖腔不显著。卵黄腺在远后端。精巢数目多个；最初位于两后侧区域，随后在卵巢的后方和侧方，很少在卵黄腺后。阴茎囊小。阴茎小，很可能无钩或棘。输精管小，有密集的前列腺细胞。已知寄生于须䴕科（Capitonidae）[以果实为食的䴕形目（Piciformes）] 鸟类，分布于非洲。模式种：拟啄木鸟埃塞俄比亚带绦虫（*Ethiopotaenia trachyphonoides* Mettrick，1961）（图 18-278A）。

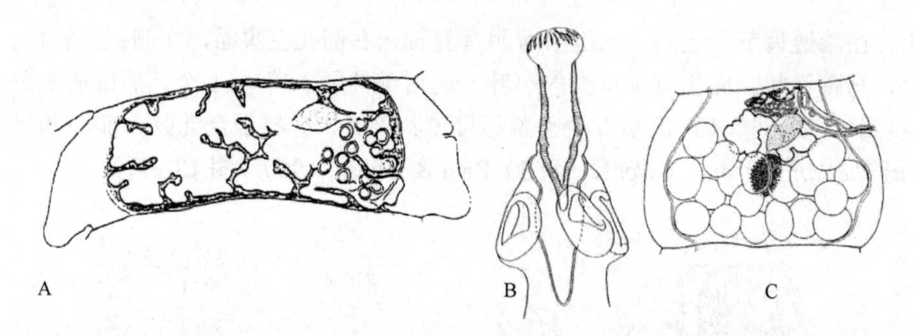

图 18-278 埃塞俄比亚带属及伊夫里带属绦虫局部结构示意图（引自 Bona，1994）

A. 拟啄木鸟埃塞俄比亚带绦虫典型的子宫由致密实质围绕。B，C. 穆格代斯沃尔伊夫里带绦虫：B. 头节；C. 节片，可能未完全成熟

18.13.3.58 伊夫里带属（*Ivritaenia* Singh，1962）

识别特征：吻突器肌肉质，并假定为腺体质。囊长，胡萝卜形。吻突长而强劲；顶垫界线很明显。钩 1 轮。链体很小。头节与后部界线明显。生殖孔不规则交替。生殖管背位于渗透调节管。阴道在阴茎囊后部（背腹位置不明）；细、直，横向或向前倾斜。子宫描述不充分。卵最终成簇位于实质中（没有提到子宫囊）。生殖腔小（明显没有雄性管）。卵巢有窄的峡部，离前后节片边缘远。精巢数目多，在卵巢的后侧方。阴茎囊长形。阴茎小，有细硬毛样棘，甚至于当阴茎缩回时仍突入生殖腔。已知寄生于䴕形目啄木鸟科（Picidae）鸟类，分布于印度。模式种：穆格代斯沃尔伊夫里带绦虫（*Ivritaenia mukteswarensis* Singh，1962）（图 18-278B、C）。

18.13.3.59 扁头节属（*Platyscolex* Spasskaya，1962）

识别特征：顶器腺体样，无钩棘。囊仅有小的顶腔。链体中型。头节沿后部边缘有肉质赘生物。生殖孔不规则交替。生殖管在渗透调节管背侧。阴道在阴茎囊后部，可能位于腹面，长。生殖腔附近有括约肌。卵有极突。生殖腔宽，吸盘样，基部有很细的“纤毛”。卵巢扩展，腹部超出渗透调节管，反孔侧叶更大，孔侧扩展更甚，在孔侧叶前方。精巢数量很多，小，位于卵巢后部。阴茎囊长形，窄。阴茎具细棘。输精管在卵巢反孔侧叶孔侧伸展区后部。已知寄生于雁形目鸟类，分布于古北区。模式种：纤毛扁头节绦虫（*Platyscolex ciliate* Fuhrmann，1913）（图 18-279）。

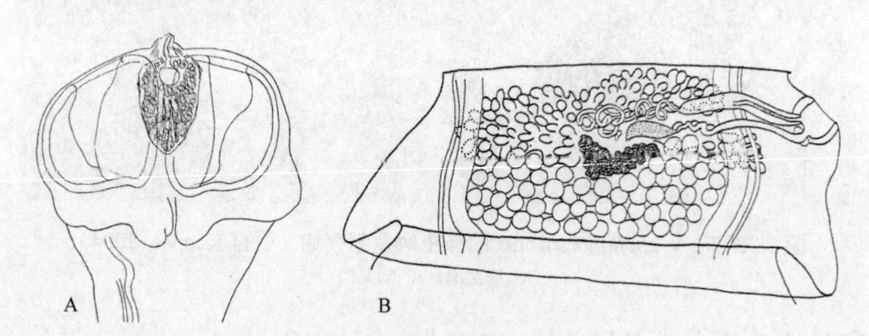

图 18-279 纤毛扁头节绦虫结构示意图（引自 Bona，1994）

A. 模式标本头节；B. 成节

18.13.3.60 小囊子宫属（*Sacciuterina* Matevosyan，1963）（图 18-280）

识别特征：吻突器肌肉质。囊很长而窄。钩 1 轮。链体小。节片边缘通常由突出的乳突和侧出的后方边缘而改变。吸盘大。生殖孔通常不规则交替，有时规则。生殖管在渗透调节管之间，在有些节片中背位。阴道位于阴茎囊后部，孔在同一水平面，近端路径多在背方，短，有腔前括约肌，有时很是退化。子宫迷宫状，进入皮质早，趋向于形成囊状，具深隔；没有子宫囊。胚膜厚，后期变为辐射状，具刻纹；

外膜黏附于胚膜上，腔相当深，壁强，有大的乳突。卵巢大，可能与渗透调节管交叉。精巢数目多，位于卵巢后部，背位于卵黄腺。阴茎囊长形，有时拖入乳突。阴茎小，细，明显无棘。已知寄生于鸻形目鸟类，分布于古北区和新热带区，有可能全球性分布。模式种：奇异小囊子宫绦虫［*Sacciuterina paradoxa*（Rudolphi，1802）］。

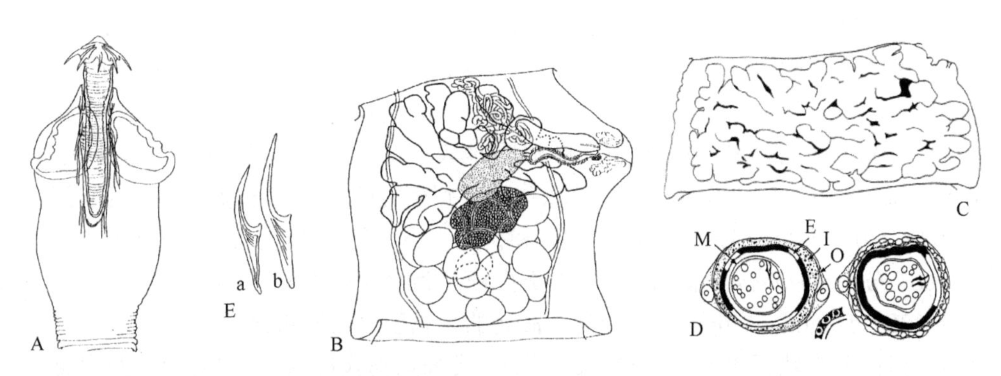

图 18-280 小囊子宫属绦虫结构示意图（引自 Bona，1994）

A～Ea. 奇异小囊子宫绦虫：A. 头节；B. 成节；C. 孕节；D. 具晚期颗粒状外膜的卵；Ea. 钩。Eb. 其他种小囊子宫绦虫的钩。缩略词：M. 六钩蚴膜；I. 内膜外层，形成大颗粒并入胚膜并给出特殊的表面结构；O. 外膜

18.13.3.61 石鸻带属（*Burhinotaenia* Spasskiĭ & Spasskaya，1965）

识别特征：吻突器昂德斯泰普特（onderstepoortia）型（见 21a，22a），钩为 1 轮，很长而细，柄短于刃。链体中型。节片宽显著大于长。生殖孔不规则交替。生殖管在渗透调节管之间。阴道在阴茎囊后部、同一水平面，弯曲。卵巢小，横向。精巢数目多，位于卵巢后部横向伸长的区域。阴茎囊长，壁强。输精管横向伸长，密集堆叠，孔侧前方大多有前列腺套。已知寄生于鸻形目［主要寄生于石鸻科（Burhinidae）］鸟类，分布于非洲、斯里兰卡和西班牙。模式种：德拉朝喜石鸻带绦虫［*Burhinotaenia delachauxi*（Baer，1925）］（图 18-281）。

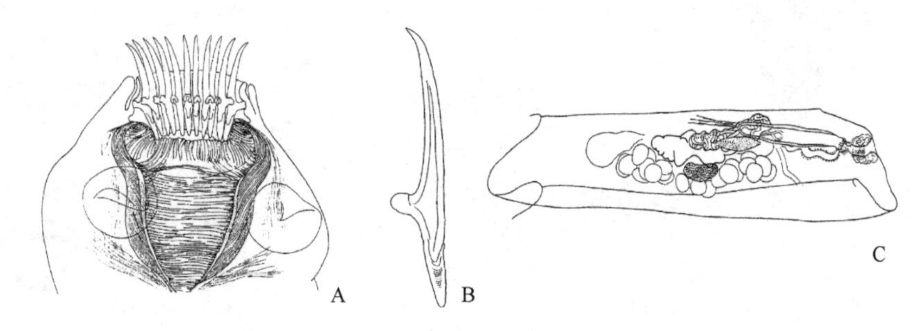

图 18-281 德拉朝喜石鸻带绦虫模式样品结构示意图（引自 Bona，1994）

A. 头节；B. 钩；C 成节，子宫起始在左侧受精囊下方

该属由 Spasskiĭ 和 Spasskaya（1965）为描述于石鸻科鸟类的两个种：德拉朝喜石鸻带绦虫（模式种）和麦吉斯特棘石鸻带绦虫［*B. megistacantha*（Fuhrmann，1909）］而建立，它们不同于 *Paricterotaenia* Fuhrmann，1932 在于其吻突钩巨大［为模式种 *Paricterotaenia porosa*（Rudolphi，1810）的 3 倍］，并且还有独特的生殖器官，尤其是孕子宫的结构是形成卵囊（Spasskiĭ & Spasskaya，1965）。据 Spasskaya 和 Spasskiĭ（1978），石鸻带绦虫属包括两个有效种：①德拉朝喜石鸻带绦虫{同物异名：德拉朝喜黄疸带绦虫（*Icterotaenia delachauxi* Baer，1925），德拉朝喜领带绦虫［*Choanotaenia delachauxi*（Baer）López-Neyra，1935］，*Paricterotaenia coronata* Mahon（1954）和 Baer（1959）}；②冠石鸻带绦虫［*B. coronata*（Creplin，1829）Spasskaya & Spasskiĭ，1978］{同物异名：冠带绦虫（*Taenia coronata* Creplin，1829），冠领带绦虫［*Choanotaenia coronata*（Creplin）Fuhrmann，1909］，*Paricterotaenia coronata*（Creplin）Fuhrmann，1932，

麦吉斯特棘领带绦虫（*Choanotaenia megistacantha* Fuhrmann，1909），麦吉斯特棘黄疸带绦虫［*Icterotaenia megistacantha*（Fuhrm.）Baer，1925］，*Paricterotaenia megistacantha*（Fuhrm.）Fuhrmann，1932，麦吉斯特棘囊状带绦虫［*Sacciuterina megistacantha*（Fuhrm.）Mathevossian，1963］，麦吉斯特棘石鸻带绦虫［*B. megistacantha*（Fuhrm.）Spasskiĭ & Spasskaya，1965］，德拉朝喜领带绦虫中棘变种［（*Choanotaenia delachauxi* var. *mesacantha* López-Neyra，1935）］，*Choanotaenia magnihamata* Burt，1940}。Fuhrmann 和 Baer（1943）重新测定了 Creplin 的原始样品并认可 *Paricterotaenia delachauxi* 为 *P. coronata* 的初级同物异名。Mahon（1954）和 Baer（1959）亦有同样的看法。与 Mahon（1954）的结论相反，她绘自 *P. coronata* 模式标本及采自扎伊尔鸻形目鸟类样品的精细吻突钩的图清晰地表明为两种不同的钩型。基于其发表的文献，Spasskaya 和 Spasskiĭ（1978）认为吻突钩型可以作为区别德拉朝喜石鸻带绦虫和冠石鸻带绦虫的主要特征，前者的钩刃长∶钩基长约为 1.5∶1，后者钩刃和钩基大致相等。考虑到这一特征的差异，他们认为采自匈牙利石鸻（*Burhinus oedicnemus*）的石鸻带绦虫样品为德拉朝喜石鸻带绦虫，而吻突钩刃长 115～160μm，钩柄长 120～150μm。Murai 等（1988）命名的种属于冠石鸻带绦虫。

Bona 测量了日内瓦自然历史博物馆收集的冠石鸻带绦虫模式样品（no.28/42）的吻突钩并肯定了其与 Mahon（1954）同一材料的图相符；他发现这些吻突钩的刃长∶基长为（0.85～1.1）∶1。由于 Spasskaya 和 Spasskiĭ（1978）提出同物异名是基于文献的研究，其认可需进一步基于相关样品的重新测定。此外，相关冠石鸻带绦虫和德拉朝喜石鸻带绦虫的链体解剖文献稀少，仅有吻突钩的数据可用作较可靠的比较。

Georgiev 等（1996）首次报道了新大陆的哥伦比亚石鸻带绦虫［*Burhinotaenia colombiana*（Georgiev, Murai & Rausch，1996）］（图 18-282），样品采自哥伦比亚卡里马瓜（Carimagua）捕获的双纹石鸻（*Burhinus bistriatus*）。哥伦比亚石鸻带绦虫与最为类似的采自旧大陆石鸻（*Burhinus* spp.）的德拉朝喜石鸻带绦虫的主要区别在于：阴茎囊更长［375～590μm（平均 514μm）vs 322～393μm（平均 354μm）］及吻突钩更长［412～451μm（平均 440μm）vs 358～367μm（平均 364μm）］。

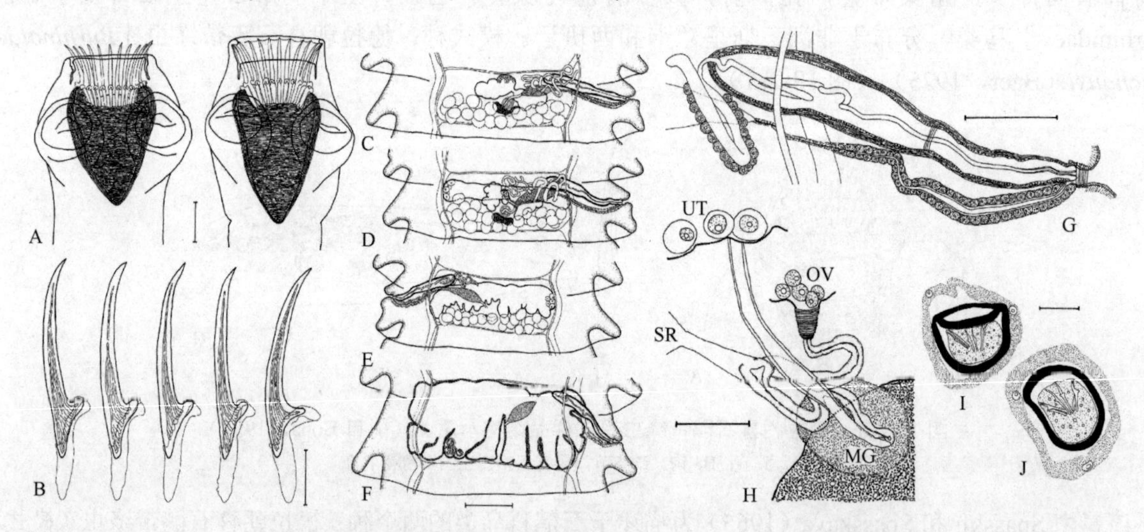

图 18-282　哥伦比亚石鸻带绦虫（引自 Georgiev et al.，1996）

A. 头节；B. 吻突钩；C，D. 成节背面观；E. 成熟后节片背面观；F. 孕节背面观；G. 末端生殖管背面观；H. 雌性生殖管腹面观细节；I，J. 卵。缩略词：MG. 梅氏腺；OV. 卵巢；SR. 受精囊；UT. 子宫。标尺：A，C～F=250μm；B，G=100μm；H=50μm；I，J=20μm

18.13.3.62　富尔曼属（*Fuhrmannolepis* Spasskiĭ & Spasskaya，1965）（图 18-283）

［同物异名：带吻属（*Taeniarhynchaena* Burt，1983）］

识别特征：吻突器肌肉质，腺体在吻突内。囊长，外部的前方的腔围绕收缩的吻突很深。吻突相当长，干窄，卷曲于囊内；顶盘宽，略为两叶状。钩为 1 轮（10 个），各吻突叶 5 个，小，扳手状，刃短过柄。链体小，皮层退化。吸盘大，边缘可变形。不同种生殖孔规则或不规则交替。生殖管位于渗透调节管之间。阴道位于后部，通常在阴茎囊的背方；进入生殖腔之前向后弯曲，有腔前括约肌。胚孔光滑。卵巢大，通常伸展过渗透调节管。精巢数目多。阴茎囊小，伸长而窄。阴茎小，有细棘。输精管位于孔侧前方，刚与渗透调节管交叉。已知寄生于鸻形目鸟类，分布于全北区和印度。模式种：十钩富尔曼绦虫［*Fuhrmannolepis decacantha*（Fuhrmann，1913）］。

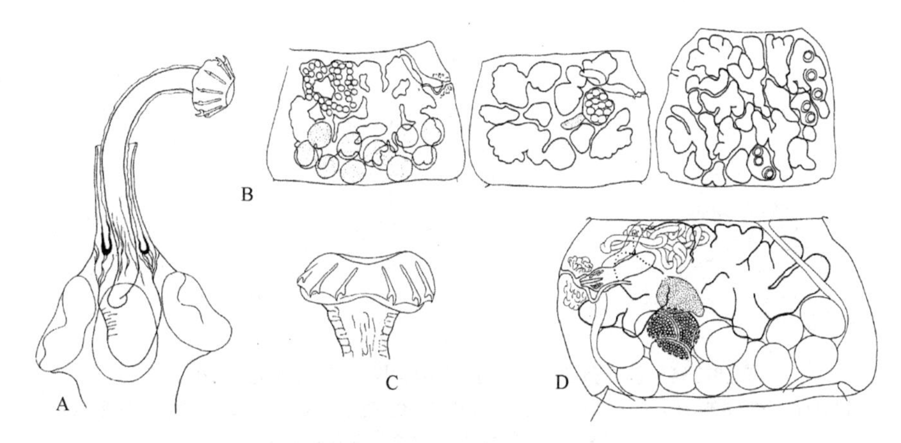

图 18-283　富尔曼属绦虫结构示意图（引自 Bona，1994）
A，B. 微蹼富尔曼绦虫［*F. micropalamae*（Burt，1983）］组合种模式标本：A. 头节；B. 子宫成熟三步。
C，D. 十钩富尔曼绦虫模式标本：C. 吻突；D. 成节

18.13.3.63　索博列夫带属（*Sobolevitaenia* Spasskaya & Makarenko，1965）（图 18-284，图 18-285）

识别特征：吻突器肌肉腺体质。囊大。吻突大而宽。钩 2 轮（约 20 个）。链体小到中等；颈区长；节片通常长大于宽。头节与颈区有深分界。吸盘大，后部突出。生殖孔不规则交替。生殖管位于渗透调节管之间。不同种阴道在阴茎囊后部，腹面、背面或在同一水平面，壁强韧，无腔前括约肌。子宫网状或厚的迷宫状，很少囊状，有不规则的轮廓和实质斑，最终通常为卵在实质中。胚膜薄；内膜的外层持续，在胚膜和精致而薄的外膜之间；没有极突；卵形成链状或否。腔简单而浅；没有雄性管。卵巢有深的峡部；反孔侧叶可能更大。精巢数目多，位于卵巢后部（有时部分在侧面）。阴茎囊卵圆形、伸长，壁坚韧。阴茎大；棘通常短，逗号形、强、有间隔；有时很小而细。输精管有厚的前列腺细胞围绕。已知寄生于雀形目鸟类，分布于古北区、东洋区、巴布亚新几内亚和新热带区，很可能全球性分布。模式种：鹨索博列夫带绦虫［*Sobolevitaenia anthusi*（Spasskaya，1958）］。

该属于 1965 年建立，至今已描述了采自格陵兰、欧洲、俄罗斯和日本鸟类的 12 个种：鹨索博列夫带绦虫（模式种），北方索博列夫带绦虫（*S. borealis* Krabbe，1868），科洛乞瑞索博列夫带绦虫（*S. korochirei* Voser & Vaucher，1988），摩尔达维亚索博列夫带绦虫（*S. moldavica* Shumilo & Spasskaia，1975），东方索博列夫带绦虫（*S. orientalis* Spasskiĭ & Konovalov，1969），相似索博列夫带绦虫（*S. similis* Spasskaia & Makarenko，1969），索博列夫索博列夫带绦虫（*S. sobolevi* Spasskaia & Mararenko，1965），棘小头索博列夫带绦虫（*S. spinosocapite* Joyeux & Baer，1955），费鲁拉姆索博列夫带绦虫（*S. verulami* Mettrick，1958），特迪索博列夫带绦虫（*S. turdi* Kugi，1966），大分索博列夫带绦虫（*S. oitaensis* Kugi，1966）和日本索博列夫带绦虫（*S. japonensis* Kugi，2000）。日本索博列夫带绦虫与摩尔达维亚索博列夫带绦虫最为相近，它们链体长度都＜10mm；吻突钩都为 2 轮等，但两种有明显的区别：日本索博列夫带绦虫节片数目多（59～65 节），摩尔达维亚索博列夫带绦虫（11～20 节）；日本索博列夫带绦虫头节更小、精巢数目更多，精巢和卵黄腺更大，同时吻突钩的形态也不同，两者详细比较见表 18-11。

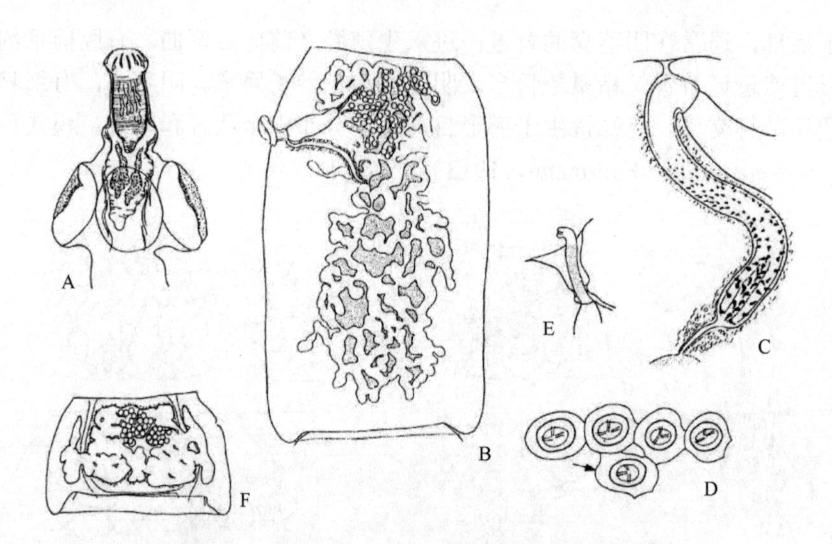

图 18-284 索博列夫带绦虫结构示意图（引自 Bona，1994）

A. 头节，注意棘和吸盘；B. 孕节。C，D. 索博列夫带绦虫未定种：C. 阴茎进入阴道；D. 卵通过其外膜（箭头）相互黏附。E. 科洛乞瑞索博列夫带绦虫组合种模式标本孕节

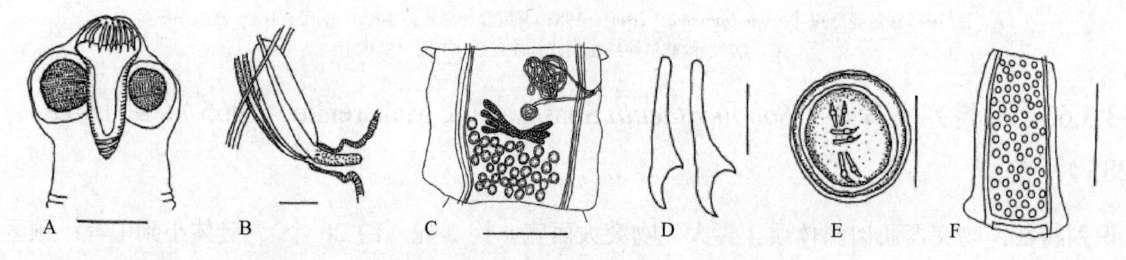

图 18-285 日本索博列夫带绦虫结构示意图（引自 Kugi，2000）

A. 头节，固定吻突；B. 阴茎囊，阴茎和阴道（d/v 切片）；C. 成节；D. 吻突钩；E. 卵；F. 衰老的节片。

标尺：A=0.1mm；B=0.025mm；C=0.2mm；D=0.02mm；E=0.05mm；F=0.3mm

18.13.3.64 比尔博纳属（*Baerbonaia* Deblock，1966）（图 18-286）

识别特征：吻突器小带属样型。钩 2 轮（20 个）；环簇样型（见 26a），典型的略有凹陷，近刃端突出。链体小到中型。渗透调节管在反孔侧倒转，背部的管有时消失。生殖孔位于右侧。阴道在阴茎囊后部腹面，壁很厚，有腔前括约肌。生殖腔球状、深而强。卵巢大，有峡部。精巢数目多，有的位于卵巢后部。阴茎囊大，长形。阴茎大，有细短而密的棘和顶部长而细的棘。已知寄生于鹳形目鹭科鸟类，分布于非洲、马达加斯加和澳大利亚。模式种：比尔博纳比尔博纳绦虫（*B. baeribonae* Deblock，1966）。

表 18-11 摩尔达维亚索博列夫带绦虫和日本索博列夫带绦虫之间的形态特征比较

种	摩尔达维亚索博列夫带绦虫（*S. moldavica*）	日本索博列夫带绦虫（*S. japonensi*）
链体长	4～5mm	6.3～7.2mm
链体宽	0.56mm	0.58～0.65mm
节片数目	11～20	59～65
头节长	—	170～180μm
头节宽	330μm	250～280μm
吻突长	180～207μm	128～130μm
吻突宽	84～90μm	63～75μm
吻突钩列数	2	2
吻突钩数目	20	20
第一轮吻突钩长	45～47μm	48～50μm

续表

种	摩尔达维亚索博列夫带绦虫（*S. moldavica*）	日本索博列夫带绦虫（*S. japonensi*）
第二轮吻突钩长	40～42μm	43～45μm
吸盘大小	145μm×126μm	直径 118～120μm
生殖孔位置	前方 1/3 处	前方 1/4 处
精巢数目	12～20	26～35
精巢大小	56μm×72μm	28μm×（23～33）μm
阴茎囊长	160～195μm	98～120μm
阴茎囊宽	17～22μm	15～17.5μm
受精囊大小	90μm×56μm	（50～53）μm×35μm
卵黄腺大小	56μm×72μm	直径 18μm
卵外壳大小	（40～45）μm×（30～35）μm	直径 57～58μm
卵内壳大小	32μm×28μm	直径 52～55μm
胚胎	直径 20～27μm	（41～43）μm×（37～38）μm
胚钩	12～24μm	12～12.5μm

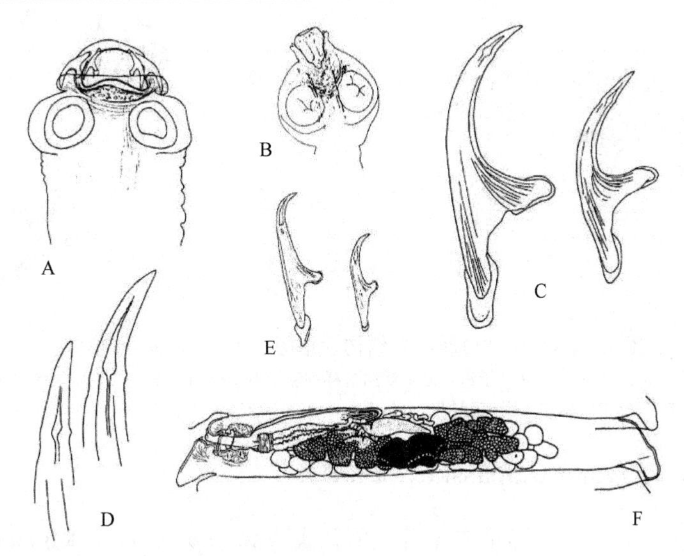

图 18-286　比尔博纳属绦虫结构示意图（引自 Bona，1994）

A，F. 比尔博纳比尔博纳绦虫模式标本：A. 头节，可见伸出变形的吻突，在小带属样型吻突中常见；F. 成节。B，E. *B. p. parvitaeniunca*（Baer & Bona，1960）模式标本头节；C，D. 比尔博纳比尔博纳绦虫；C～E. 钩（左远端，右近端）

18.13.3.65　诺托带属（*Nototaenia* Jones & Williams，1967）

识别特征：吻突器肌肉腺体质（腺体主要在吻突中）。囊很大很长，深陷于吸盘后。吻突很长，占据整个囊。钩 2 轮。链体和头节很小。孕节长明显大于宽。生殖孔不规则交替（由于节片少，有时很难肯定），位于较前方。生殖管背位于渗透调节管。阴道在阴茎囊后部背方，短而有棘。子宫囊状，最初在后部，有隔、长方形到长形。生殖腔很深，壁强劲，有大乳突。阴茎囊相当大，卵圆形，位于远前方。阴茎很大，具细棘。受精囊大，球状，位于中央。输精管很细，高度卷曲。已知寄生于鸻形目鞘嘴鸥科（Chionidae）鸟类，分布于南极区。模式种：菲勒诺托带绦虫（*Nototacnia filcri* Jones & Williams，1967）（图 18-287）。

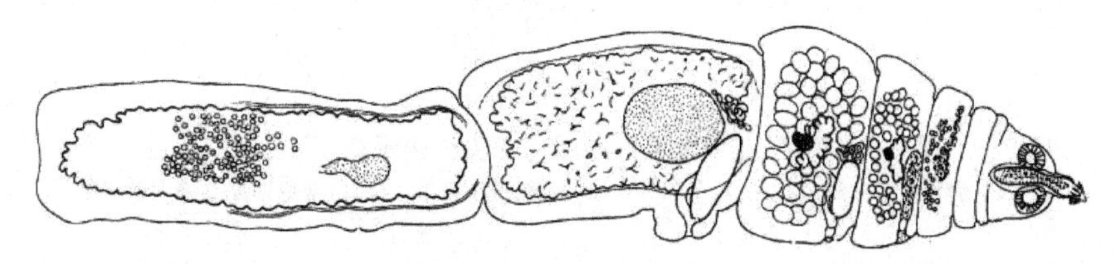

图 18-287　菲勒诺托带绦虫模式标本结构示意图（引自 Bona，1994）

18.13.3.66　异绦虫属（*Anomolepis* Spasskiĭ，Yurpalova & Kornyushin，1968）（图 18-288）

识别特征：吻突器肌肉腺体质。囊大。吻突强劲，顶盘宽。钩 2 轮，细长，刃长，卫指向前。链体中等。节片宽明显大于长。渗透调节管在吸盘后可能形成细网。生殖孔位于单侧，右侧或左侧。生殖管位于渗透调节管之间。阴道在后部、背部或与阴茎囊在同一水平面，据种而异（腹位的种类很少），子宫壁最初有小的纺锤状细胞，当隔和实质退化时，卵位于透明、有弹性、可延伸的管中，可能与起始的网相符，类似于很长的极突。没有子宫囊。胚膜强劲、椭圆形；外膜坚韧，有两个极帽（真正的极突可疑）。卵由极帽黏附。生殖腔有弯曲、纵向、同心的纤维，在阴茎囊端部形成腹部半括约肌。卵巢很大，与精巢区域等宽，达渗透调节管，反孔侧叶很大。精巢数目多，位于卵巢后部。阴茎囊长形，窄。阴茎细，很长。已知寄生于鸻形目鸟类，分布于古北区、东方和北非，很可能更广。模式种：鹬异绦虫［*Anomolepis glareola*（Dubinina，1953）］。

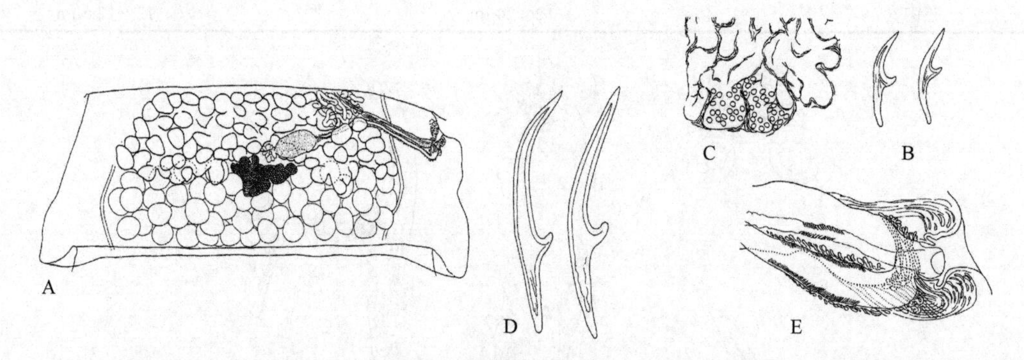

图 18-288　异绦虫属绦虫结构示意图（引自 Bona，1994）

A～C. 未定种：A. 成节；B 钩（左远端，右近端）；C. 子宫，见早期纺锤样细胞沿着壁分布。D，E. 塍鹬异绦虫［*A. limosa*（Fuhrmann，1907）］：D. 钩（左远端，右近端）；E. 末端生殖器官，阴道背位，阴茎囊远端腹部半括约肌（小点所示），同心环的腔纤维与阴茎囊远部相连

18.13.3.67　金特纳属（*Kintneria* Spasskiĭ，1968）

{同物异名：单孔属［*Monopylidium*（Kintneria）Spasskiĭ，1968］}

识别特征：吻突器肌肉质-高度腺体质。囊大，卵圆形。收缩时吻突深陷。钩 1 轮（15 个？），扳手状，刃比柄短很多。链体大；孕节长明显大于宽。生殖孔不规则交替。生殖管在渗透调节管之间。阴道位于阴茎囊后部（水平面和结构未见陈述）。生殖腔简单、浅。卵巢有峡部，叶小，圆形、紧密。精巢数目多（25 个），位于卵巢后部。阴茎囊长形。阴茎长而细窄，有短的棘。已知寄生于雀形目鸟类，分布于新北区。模式种：囊状金特纳绦虫（*Kintneria capsulata* Spasskiĭ，1968）（图 18-289A～C）。

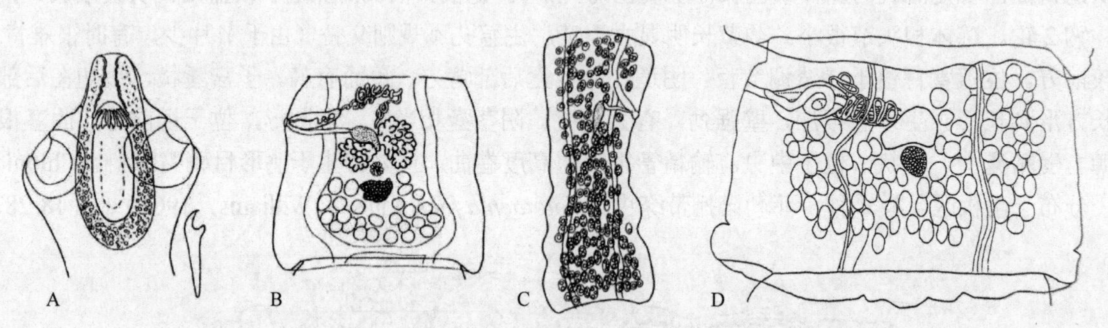

图 18-289　囊状金特纳绦虫和比卡尼斯犀鸟绦虫结构示意图（引自 Bona，1994）

A～C. 囊状金特纳绦虫：A. 头节和钩；B. 成节；C. 孕节。D. 比卡尼斯犀鸟绦虫的成节

18.13.3.68 犀鸟绦虫属（*Bucerolepis* Spasskiĭ & Spasskiĭ，1968）

识别特征：吻突器可能为肌肉质。囊大，长达第 1 节片。吻突大。钩 2 轮（24～26 个）。链体可能中等大小；明显雄性先成熟。生殖孔位于单侧。生殖管位于渗透调节管之间。阴道位于阴茎囊腹部，沿着囊轴。子宫囊状，由小叶片组成，持续存在。生殖腔简单。阴茎囊小、亚球状到椭圆状，位于前方。受精囊位于输精管下方。输精管小，在阴茎囊轴线上。已知寄生于戴胜目（Upupiformes）[最先名为佛法僧目（Coraciformes）] 犀鸟科（Bucerotidae）[有人将此科独立为犀鸟目（Bucerotiformes）] 鸟类，分布于非洲。模式种：比卡尼斯犀鸟绦虫 [*Bucerolepis bicanistis*（Mahon，1954）]（图 18-289D）。

18.13.3.69 燕居属（*Hirundinicola* Birova-Volosinovicova，1969）

{同物异名：维他属燕居亚属 [*Vitta*（*Hirundinicola*）Birova-Volosinovicova，1969]}

识别特征：吻突器肌肉腺体质。吻突顶垫明显有界线。钩小而细，柄长，刃短。链体小（模式种）。生殖管背位于渗透调节管。阴道在阴茎囊后部，右侧生殖孔为腹位，左侧孔背位；很长，重叠于孔侧卵巢叶；有腔前括约肌。生殖腔简单。卵巢达渗透调节管。精巢数目多，位于横向窄的区域，位于卵巢和卵黄腺的后背部。阴茎囊小，长形，位于远前方。已知寄生于雀形目燕科（Hirundinidae）鸟类，分布于欧洲。模式种：*Hirundinicola chelidonariae*（Spasskaya，1957）（图 18-290）。

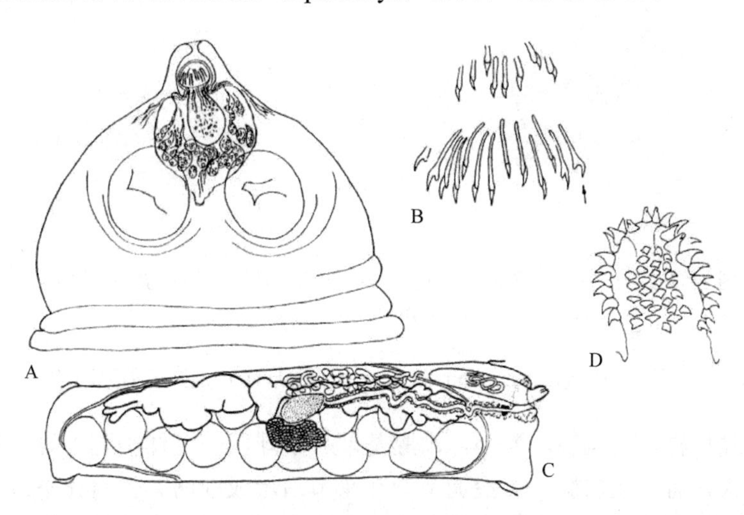

图 18-290 *Hirundinicola chelidonariae*（Spasskaya，1957）结构示意图（引自 Bona，1994）

A. 头节；B. 钩冠，示钩的位置不规则；C. 成节腹面观，孔在左侧，阴道的孔侧端背位于阴茎囊；D. 外翻起始处的阴茎基部

18.13.3.70 皮洛托绦虫属（*Ptilotolepis* Spasskiĭ，1969）

[同物异名：吻突属（*Rostellina* Rathore & Nama，1984）]

识别特征：顶器腺体样，无钩棘。囊仅有小的顶腔。链体小到中型。生殖孔不规则交替。生殖管在渗透调节管背侧。阴道在阴茎囊后部，开口于腹面，通道大致在同一水平面；略宽，近端壁厚，生殖腔小。卵巢远离节片前方边缘。精巢数量多，位于卵巢后部。阴茎囊小，长形。阴茎明显无钩棘。受精囊长形，横向，在卵巢孔侧叶前方。输精管在卵巢更前方中央，分离。已知寄生于雀形目鸟类，分布于澳大利亚。模式种：吸蜜鸟皮洛托绦虫 [*Ptilotolepis meliphagidarum*（Johnston，1911）]（图 18-291A、B）。

18.13.3.71 椋鸟带属（*Spreotaenia* Spasskiĭ，1969）

识别特征：吻突器钩为 1 轮，钩数少、典型、强大。链体大。节片长大于宽。生殖孔不规则交替。阴道壁在远端增厚。子宫网状或迷宫状，发育为单卵、膜样子宫囊。生殖腔小而简单。卵巢非两叶状，马蹄铁状，有粗而小的小叶。精巢数目很多。阴茎囊很小，球状，在收缩过程中壁强而有远端环状纤维套管。阴茎短宽而具钩棘。内输精管短宽，有 1 环或 2 环，可能被误认为内贮精囊。输精管位于孔侧，致密的环形成一长绳状团（有前列腺套管），自囊向前弯曲，之后向后转。已知寄生于雀形目鸟类，分布于非洲。模式种：阿萨内椋鸟带绦虫［*Spreotaenia abassenae*（Joyeux，Baer & martin，1936）］（图 18-292）。

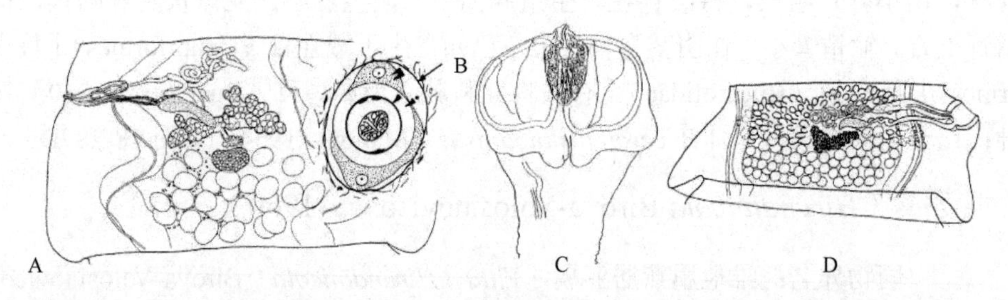

图 18-291　皮洛托绦虫成节及纤毛扁头节绦虫头节与成节结构示意图（引自 Bona，1994）

A，B. 吸蜜鸟皮洛托绦虫模式种：A. 成节；B. 卵膜及子宫囊（示意图），箭头示子宫囊，双三角示卵外膜，单三角示胚膜，有点三角示内膜外层。C，D. 纤毛扁头节绦虫（*Platyscolex ciliate* Fuhrmann，1913）：C. 模式种头节；D. 成节

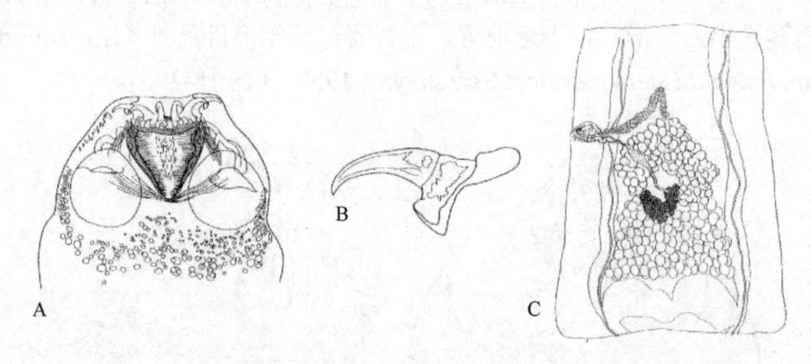

图 18-292　阿萨内椋鸟带绦虫模式样品结构示意图（引自 Bona，1994）

A. 头节；B. 吻突钩；C. 成节

18.13.3.72　草鹀带属（*Emberizotaenia* Spasskaya，1970）（图 18-293）

识别特征：顶器腺体样，无钩棘。囊小，顶腔基部有小球茎。链体小到中等。颈区侧方通常膨大。节片宽大于长。头节大，有亚皮层腺。渗透调节管在头节后形成细网。生殖孔不规则交替。生殖管在渗透调节管之间。阴道在阴茎囊后部，在腹面或背面；开孔于同一水平面；长而弯曲。子宫迷宫状，随后发育为囊状，深分隔。生殖腔简单。卵巢反孔侧叶大，通常达节片前方边缘。精巢数目很多，位于卵巢后部。阴茎囊略为长形。阴茎长，有细棘或无棘（？）。输精管在卵巢孔侧叶或反孔侧叶前方并重叠其上。

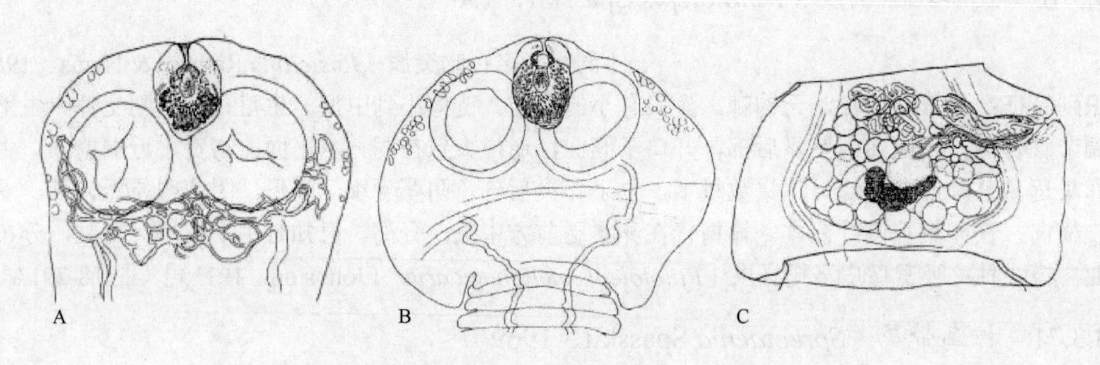

图 18-293　草鹀带属绦虫头节与成节结构示意图（引自 Bona，1994）

A. 雷蒙德草鹀带绦虫［*E. raymondi*（Gigon & Beuret，1991）］组合种，模式种头节；B. 衣原体草鹀带绦虫［*E. chlamyderae*（Krefft，1871）］组合种，模式种头节有巨大的膨大颈区；C. 鹀带绦虫未定种成节

已知寄生于雀形目鸟类，分布于古北区、非洲、澳大利亚和斯里兰卡。模式种：约简吻草鹀带绦虫［*Emberizotaenia reductorhyncha*（Spasskaya，1957）］。

18.13.3.73　海雀带属（*Alcataenia* Spasskaya，1971）（图 18-294～图 18-296）

识别特征：吻突器肌肉腺体质。囊中等。吻突长而窄。链体中等；节片在很大程度上重叠。生殖孔不规则交替，可能与阴茎囊一起位于节片中央后，在阴道远端部的远后部。不同的种，生殖管位于渗透调节管之间或背部。阴道（至少是远端部）在阴茎囊后部，在同一链体中路径在背部或腹部；长 S 形，与阴茎囊交叉或短，自阴茎囊分出。生殖腔球状；壁强劲，吸盘状；偶尔有大的乳突。卵巢两叶状，大，孔侧叶很小，可能被推向后。精巢数目多，位于卵巢后部。阴茎囊很小，长形。阴茎无棘。已知寄生于潜鸟目（Gaviiformes）和鸥形目（Lariformes）鸟类，分布于北极区。模式种：弯棘海雀带绦虫［*Alcataenia campylacantha*（Krabbe，1869）］。

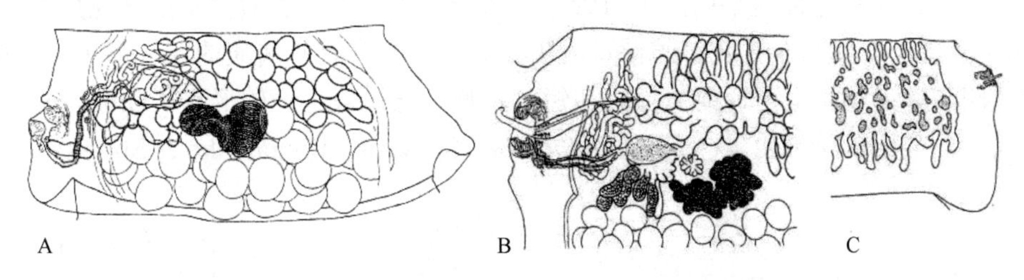

图 18-294　海雀带属绦虫结构示意图（引自 Bona，1994）

A. 弯棘海雀带绦虫成节；B，C. 梅纳茨哈根海雀带绦虫［*A. meinertzhageni*（Baer，1956）］模式标本：B. 部分成节；C. 部分孕节

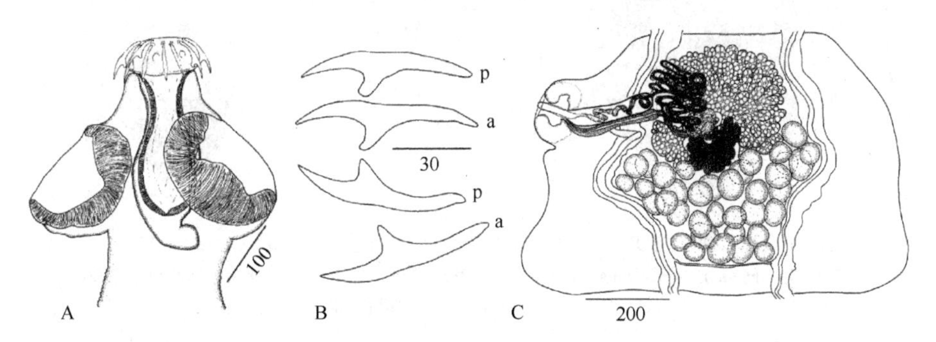

图 18-295　大西洋海雀带绦虫（*A. atlantiensis* Hoberg，1991）全模标本结构示意图（引自 Hoberg，1991）

标本采自比利时海岸北海南部区域海雀（*Alca torda* Linnaeus）。A. 头节；B. 吻突钩（a. 前方的钩；p. 后部的钩）；C. 成节背面观。标尺单位为μm

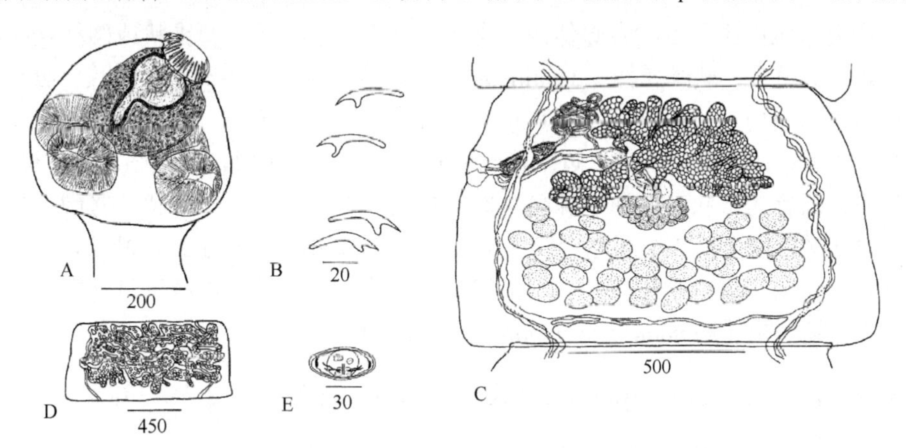

图 18-296　须海雀海雀带绦虫（*A. pygmaeus* Hoberg，1984）结构示意图（引自 Hoberg，1984）

标本采自阿拉斯加州阿留申群岛西部须海雀（*Aethia pygmaea*）。A. 头节；B. 吻突钩；C. 成节腹面观；D. 子宫的早期发育，示网状结构；E. 厚壁胚膜内的六钩蚴。标尺单位为μm

囊宫科绦虫的海雀带属（*Alcataenia* Spasskaya，1971）特征性地寄生于海鸟：海雀科（Alcidae）和鸥科（Laridae）。其种类限于北半球，或是北太平洋流域特有或是广泛分布于全北区及北大西洋流域（Hoberg，1991）。这些绦虫的宿主分布高度特异并受历史地理结合和开拓殖民者的高度影响（Hoberg，1986）。在海雀属宿主中，海雀带绦虫（*Alcataenia* spp.）描述自角嘴海雀{角海鹦［*Fratercula corniculata*（Naumann)］和犀牛海雀［*Cerorhinia monocerata*（Pallas)］}、小海雀［*Aethia pygmaea*（Gmelin)］、海鸦［*Uria* spp.］和海鸠［*Cepphus* spp.］（Hoberg，1984）。在其他海雀科的属中海雀带绦虫未表现出特征性的寄生虫。海雀带绦虫的多样性主要受宿主转换的影响，因此，早期的寄生虫和宿主的系统分析不能预测出属中未描述种类及更大的多样性（Hoberg，1986）。

18.13.3.74　鹤带属（*Gruitaenia* Spasskiĭ，Borgarenko & Spasskaya，1971）（图 18-297A）

识别特征：吻突小。钩 2 轮，数目多（约 40 个）。节片很大，矩形；孕节长大于宽。头节小。生殖孔不规则交替，有长、规则交替的系列。生殖管在渗透调节管背部。阴道位于阴茎囊后部，同一水平面，窄。子宫网状-迷宫状，持续存在。胚膜纺锤状。生殖腔强，基部有肌肉质的环。卵巢大，有深峡部；小叶伸长，扇状。阴茎囊很小，位于远前方。阴茎短，具棘。已知寄生于鹤形目（Gruiformes）鸟类，分布于全北区。模式种：最阔鹤带绦虫（*Gruitaenia latissima* Spasskiĭ，Borgarenko & Spasskaya，1971）。

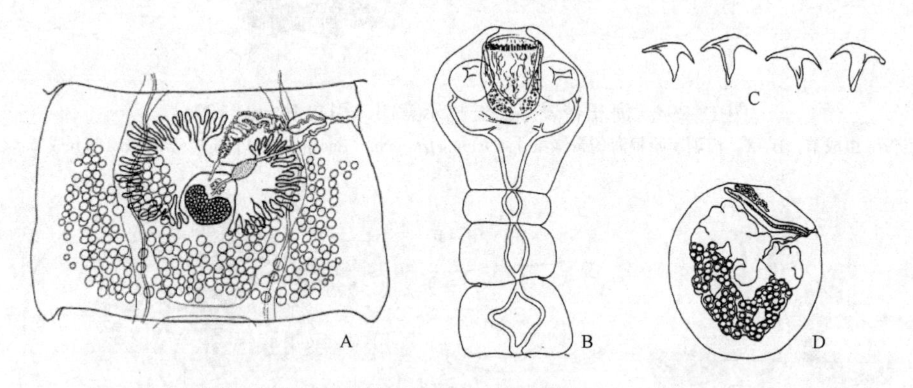

图 18-297　鹤带绦虫和希曼淘鲁斯绦虫结构示意图（引自 Bona，1994）

A. 格鲁斯鹤带绦虫（*Gruitaenia gruis* Rausch & Rausch，1985）的成节；B～D. 希曼淘鲁斯绦虫未定种：B. 头节；C. 钩；D. 孕节，子宫成熟到一半

18.13.3.75　希曼淘鲁斯属（*Himantaurus* Spasskaya & Spasskiĭ，1971）（图 18-297B～D）

识别特征：吻突器肌肉质并可能为腺体样。囊弱。吻突大，精巧，圆锥状或圆柱状；前方扁平，有细致的横向纤维。钩数目多，戴维属样（davaineoid）型。孕节很大。头节小，球状。吸盘无钩棘。腹部的渗透调节管在节片后端向中央会合，没有真正的横向管。同一链体中，生殖管在渗透调节管之间、背方或有时在腹方。阴道在阴茎囊后背部；近端部纺锤状膨胀，向后倾斜，壁很强。子宫位于腹部，囊状，有很多大的实质点；通常为环状，壁薄，深隔，壁不持续，但卵堆叠并以球状、坚硬的外膜相互黏附。没有子宫囊。卵膜薄（可能多于 3 个细胞形成内膜）。生殖腔简单。卵巢小，两叶状，叶亚球状。阴茎囊很大而长。阴茎很大，密布玫瑰刺样棘并有顶部细长的棘丛。已知寄生于鸻形目鸟类，全球性分布。模式种：微小希曼淘鲁斯绦虫［*Himantaurus minuta*（Cohn，1901)］。

18.13.3.76　欧带属（*Laritaenia* Spasskaya & Spasskiĭ，1971）（图 18-298）

识别特征：吻突器肌肉发达，腺体不多。囊长形，自颈区的外纵肌发达。钩 2 轮（18～20 个）。链体中等，孕节长明显大于宽。生殖孔不规则交替。生殖管位于渗透调节管之间。阴道位于阴茎囊的后部；在同一水平面。子宫网状，壁薄；随后早熟、单卵、膜状子宫囊，实质中没有颗粒状的细胞。生殖腔简单，缺棘；没有雄性管。卵巢有长的峡部。与精巢区域相比小。精巢数目多（35～45个），位于卵巢后部，区域通常纵向扩展。阴茎囊小、卵圆形。阴茎精巧，短，平头圆锥状，有细而灵活的硬毛样棘小丛。已知寄生于鸥形目（Lariformes）和鸻形目鸟类，分布于古北区和新热带区。模式种：*Laritaenia hydrochelidonis*（Dubinina，1953）。

图 18-298 欧带属绦虫结构示意图（引自 Bona，1994）

A～C. 粪欧带绦虫［*L. stercorarium*（Baylis，1919）］组合种模式标本：A. 头节，吻突钩有2轮界线清晰的冠；B. 钩；C. 成节。D. 采自鸻形目鸟类的欧带绦虫未定种的有卵囊的孕节

18.13.3.77 软体带属（*Molluscotaenia* Spasskiĭ & Andreiko，1971）（图 18-299）

识别特征：吻突器为典型的肌肉质。囊很长而窄。钩2轮（16～20个）。链体小，节片几乎没有缘膜；器官堆积；皮层退化。模式种（欧洲）生殖孔不规则交替，其他种（北美）规则交替。生殖管位于背方。模式种阴道在阴茎囊腹面，其他种同一链体在腹面或背面；壁厚。子宫腹位，最初为粗网状，随后发育为囊状，有很深的小叶；最终卵位于交通的腔中，单个或成群；子宫囊似乎没有形成。卵巢两叶状，占据髓质整个前半部，在阴茎囊下扩展。精巢数目多，在卵黄腺和卵巢边缘后部和部分背方。阴茎囊小，位于远前端。阴茎有很小而密的棘。输精管横向，与阴茎囊一致，位于远前端。已知寄生于食虫动物，分布于全北区。模式种：粗头软体带绦虫［*Molluscotaenia crassiscolex*（von Linstow，1890）］。

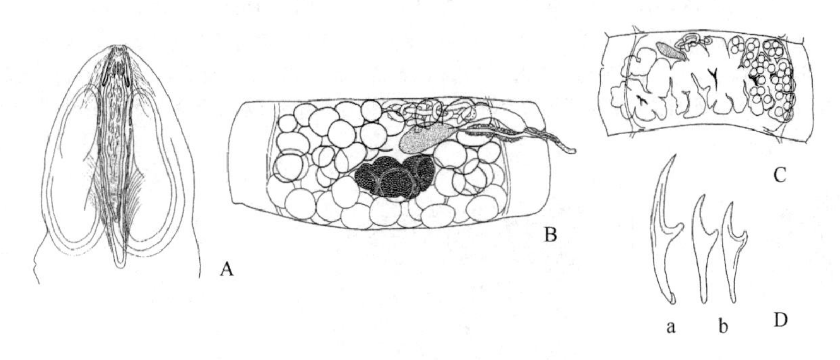

图 18-299 软体带属绦虫结构示意图（引自 Bona，1994）

A. 粗头软体带绦虫的头节；B，C. 索里软体带绦虫［*M. soricis*（Neiland，1953）］组合种模式标本：B. 成节；C. 孕节。D. 钩：a. 粗头软体带绦虫；b. 索里软体带绦虫

18.13.3.78 棘鳞属（*Spinilepis* Oshmarin，1972）

识别特征：吻突器可能仅为肌肉质。吻突的顶盘宽。钩2轮（28个）；刃细，仅略弯曲，比柄长很多；卫小。链体小；器官拥挤。生殖孔不规则交替。生殖管位于渗透调节管之间。阴道位于阴茎囊的背方和腹方（？）。生殖腔简单，浅（雄性管未描述）。精巢数目多，位于卵巢后部。阴茎囊小，壁薄。阴茎有硬毛样棘束。输精管位于孔侧，与渗透调节管交叉。已知寄生于瑞利目（Ralliformes）鸟类，分布于古北区（俄罗斯）。模式种：旋转棘鳞绦虫（*Spinilepis turnicis* Oshmarin，1972）（图 18-300）。

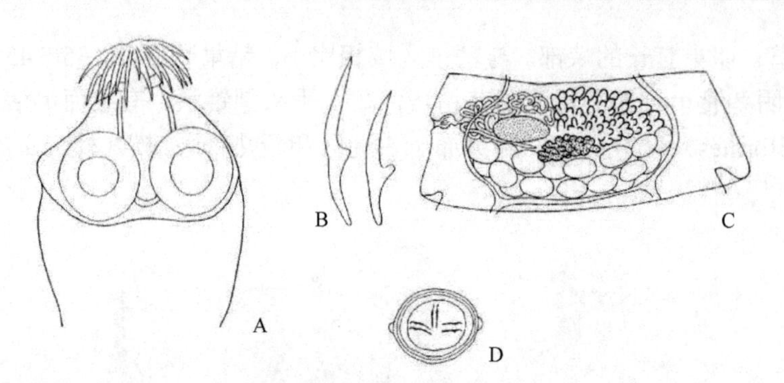

图 18-300　旋转棘鳞绦虫结构示意图（引自 Bona，1994）
A. 头节；B. 钩；C. 成节；D. 卵

18.13.3.79　河乌带属（*Cinclotaenia* macy，1973）（图 18-301～图 18-304）

［同物异名：博尔加润科鳞属（*Borgarenkolepis* Spasskaya & Spasskiĭ，1977）］

识别特征：吻突器肌肉质，高度或主要腺体质。囊大而宽；壁薄。吻突小而弱。钩 2 轮、小。链体小。生殖孔通常不规则交替。同一链体中，生殖管位于渗透调节管背部或之间。阴道位于阴茎囊后部，在同一水平面；相当短。生殖腔小而简单，壁厚。卵巢大，孔侧叶有时小。卵黄腺网状，有小的球状叶或有穿孔的压实体。精巢数目多，位于卵巢后部。阴茎囊长形，通常小，壁薄。阴茎长，有很小、致密

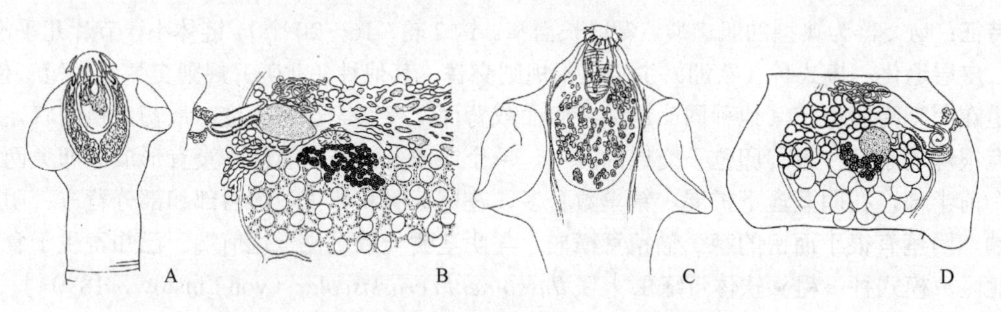

图 18-301　河乌带属绦虫结构示意图（引自 Bona，1994）

A，B. 塔氏河乌带绦虫［*C. tarnogradskii*（Dinnik，1927）］：A. 吻突囊明显略不同于丝状河乌带绦虫类型；B. 大型种类典型解剖类同于丝状河乌带绦虫，早期子宫在精巢之间呈网状。C，D. 开裂河乌带绦虫［*C. dehiscens*（Krabbe，1879）］组合种：C. 吻突囊类似于丝状河乌带绦虫类型，为属的典型类型；D. 小型种类，解剖略不同于丝状河乌带绦虫，子宫发育知之不全，但明显不同于变带绦虫属

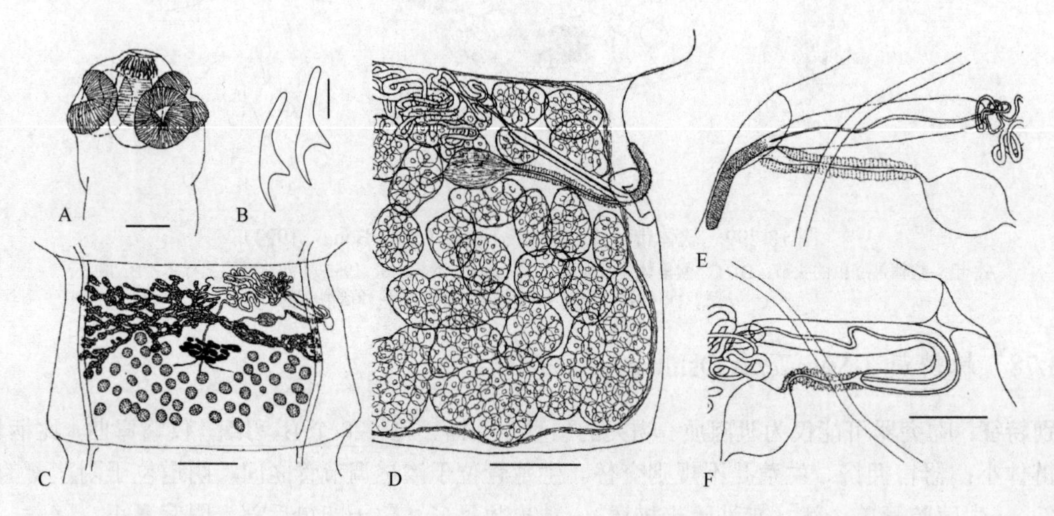

图 18-302　乔治耶夫河乌带绦虫（*C. georgievi* Macko & Špakulová，2002）结构示意图（引自 Macko & Špakulová，2002）

A～D. 全模标本；E，F. 副模标本；A. 头节具 24 个吻突钩；B. 吻突钩排为 2 圈；C. 雌雄同体的节片有 50 个精巢；D. 孕节；E. 突出的阴茎；F. 自交的阴茎。标尺：A，E，F=100μm；B=10μm；C=300μm；D=200μm

的棘。已知寄生于雀形目河乌科（Cinclidae）鸟类，分布于全北区。模式种：丝状河乌带绦虫（*Cinclotaenia filamentosa* Macy，1973）。

Macko 和 Špakulová（2002）描述了乔治耶夫河乌带绦虫（*Cinclotaenia georgievi*）（图 18-302）。该绦虫由 Georgiev 和 Genov（1985）最初描述，样品采自保加利亚白喉河乌（*Cinclus cinclus* Linnaeus），当时作为河乌绦虫未定种（*Cinclotaenia* sp.），Macko 和 Špakulová（2002）将采自斯洛伐克喀尔巴阡山脉相同宿主的河乌绦虫未定种考虑为新种并定名为乔治耶夫河乌带绦虫。其特征为：头节具有 23～27（主要为 24～26）个吻突钩，排为 2 圈；钩长 30.5～36μm，钩片长 10～13.5μm，形态相似于膜壳绦虫的双睾样（diorchoid）型钩；不规则交替的生殖孔有简单的生殖腔；略呈圆锥状的阴茎具有长达 3μm 的小棘；24～51 个精巢位于两翼状、分支卵巢的后部；孕子宫充满卵囊；卵有极丝。乔治耶夫河乌带绦虫与最为相近的种：塔氏河乌带绦虫［*C. tarnogradskii*（Dinnik，1927）］的区别在于前者具有略多的吻突钩数，有更长的钩片和更大的阴茎。

Georgiev 和 Gardner（2004）描述了采自玻利维亚永加斯（Yungas）区白顶河乌（*Cinclus leucocephalus*）［鸟纲：雀形目：河乌科（Cinclidae）］小肠的两个河乌带绦虫新种：微小河乌带绦虫（*C. minuta*）和玻利维亚河乌带绦虫（*C. boliviensis*）。前者的特征是具有微小的链体，最大体长为 1.58mm，由 5～10 个节片组成，19～22 个吻突钩长 16～17μm，每节 12～17 个精巢，卵形成卵囊，没有极丝。后者的特征是带样的链体长达 26mm，有 67～74 个节片，22 个吻突钩长 39～42μm，精巢 43～68 个，卵形成卵囊，具有长长的极丝。

1）微小河乌带绦虫（*Cinclotaenia minuta* Georgiev & Gardner，2004）（图 18-303）

模式宿主：白顶河乌（*Cinclus leucocephalus* Tschudi，1844）（雀形目：河乌科）（1 个个体）。

感染部位：小肠的前 1/3（十二指肠）。

共生模式标本见 Frey 等（1992）。全共生模式标本：白顶河乌雌性。玻利维亚的野生动物收藏，玻利维亚拉巴斯国家自然历史博物馆，登记号：2439，1992 年 8 月 3 号收集。野外收集编号：SED 751（由 Susan E. Davis 收集），尸体剖检（SLG-230-92）。

模式宿主样品采集地：玻利维亚拉巴斯学院，Rio Aceromarca，16°19′S，67°53′W，海拔 2990m。

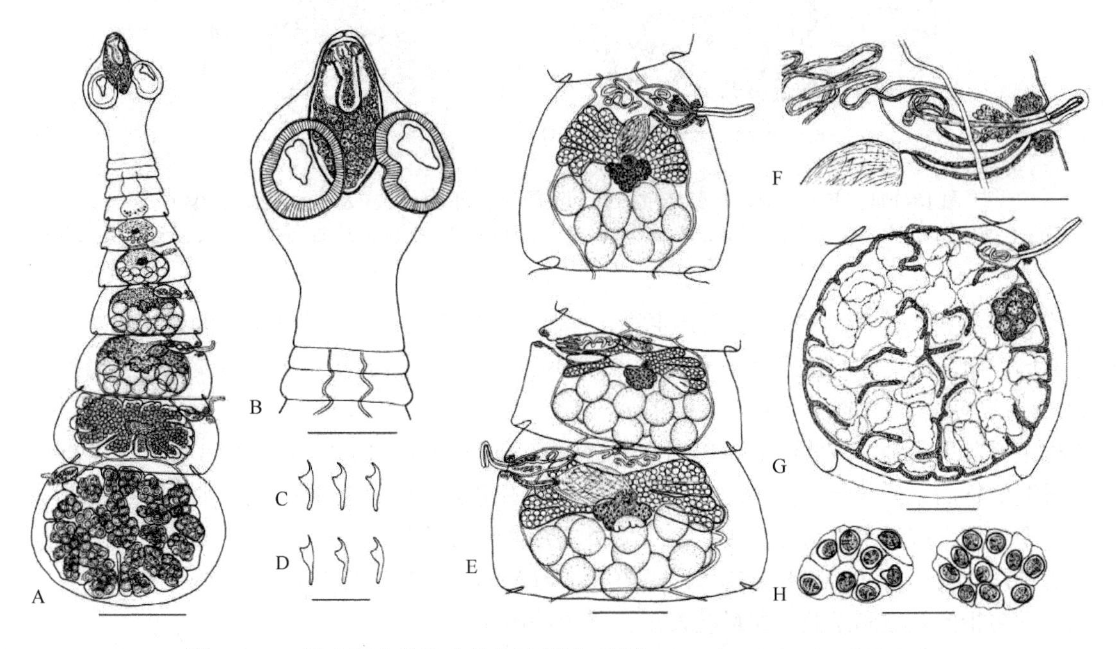

图 18-303 微小河乌带绦虫结构示意图（引自 Georgiev & Gardner，2004）

A. 一般形态；B. 头节；C. 前方的吻突钩；D. 后方的吻突钩；E. 成节；F. 成节中的生殖管；G. 孕节；H. 蒸馏水中测定的卵囊。标尺：A=250μm；B，E，G，H=100μm；C，D=20μm；F=50μm

用于研究的样品：采自十二指肠的21个样（分离的时候多数断了），包括7个完整的样品，10个染色的头节，4个头节放于贝氏培养基中及13个染色的链体片段。

样品贮备：全模标本HWML 45725；副模标本HWML 45726～45736；MHNG（INVE）35061～35063。

词源：种名指虫体的大小，极小。

2）玻利维亚河乌带绦虫（*Cinclotaenia boliviensis* Georgiev & Gardner，2004）（图18-304）

模式宿主：白顶河乌（*Cinclus leucocephalus* Tschudi，1844）（雀形目：河乌科）（1个个体）。

感染部位：小肠的前1/3（十二指肠）。

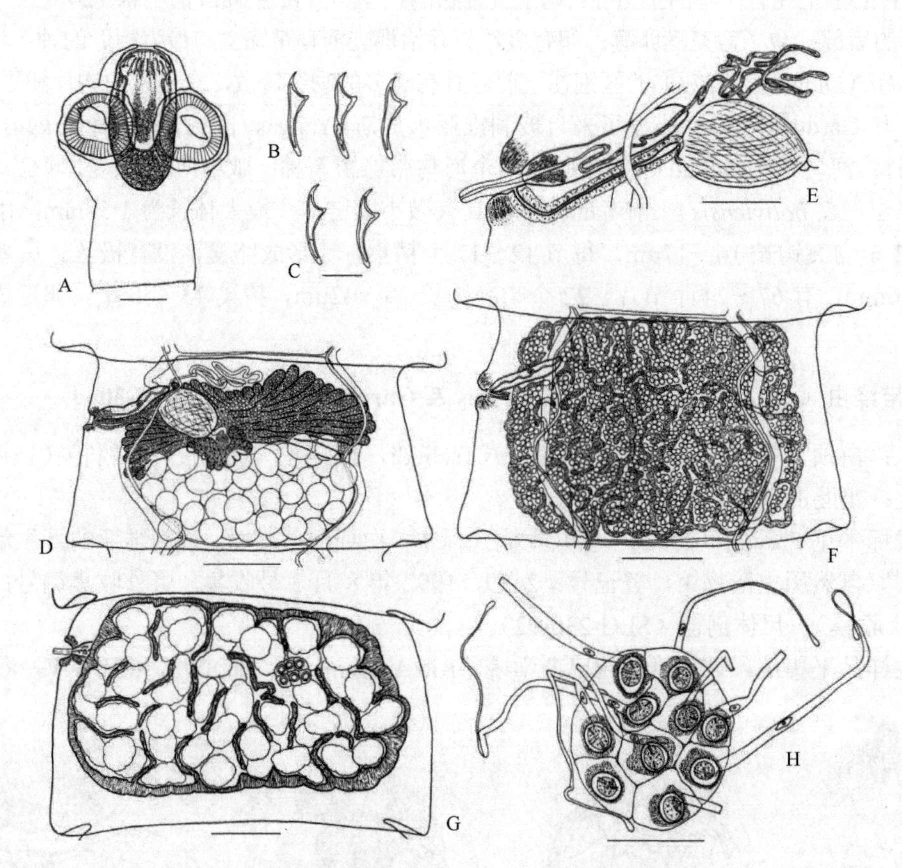

图18-304 玻利维亚河乌带绦虫结构示意图（引自Georgiev & Gardner，2004）

A. 头节；B. 前方的吻突钩；C. 后方的吻突钩；D. 成节；E. 成节中的生殖管；F. 预孕节；G. 孕节；H. 蒸馏水中测定的卵囊。

标尺：A，E，H=100μm；B，C=20μm；D，F，G=250μm

共生模式样品见Frey等（1992）。全共生模式样品：白顶河乌雌性。玻利维亚的野生动物收藏，玻利维亚拉巴斯国家自然历史博物馆，登记号：2439，1992年8月3号收集。野外收集编号：SED 751（由Susan E. Davis收集），尸体剖检（SLG-230-92）。

模式宿主样品采集地：玻利维亚拉巴斯学院，Rio Aceromarca，16°19′S，67°53′W，海拔2990m。

用于研究的样品：采自十二指肠的3个样，染色和固定于1玻片上（最末的节片为预孕节）；1个头节固定于1个玻片上放于贝氏培养基中；两个脱离的片段含有孕节。

样品贮备：全模标本：HWML 45719；副模标本HWML 45720～45724。

词源：种名指的是玻利维亚，即最初发现该绦虫的国家。

18.13.3.80 副利戈属（*Paraliga* Belopolskaya & Kulachkova，1973）（图18-305）

识别特征：吻突器肌肉质。腺体在吻突内。囊很长，可能达第2节。吻突和囊一样长。钩2轮（16

个）；扳手状（见 73a）。链体很小（1～1.3mm），皮层退化。生殖孔规则交替，在节片的前角。头节很小。同一链体生殖管背位于渗透调节管，有时在之间。阴道在阴茎囊后部，同一水平面，趋向于背部；很小、短，接近于阴茎囊。子宫囊状，很少有小叶状；壁坚固；腔由背腹线交叉；壁细胞形成卵托，泡状组织与卵缠在一起，在水中围绕着卵团有指状扩张的突起。卵外膜形成薄而皱的膜，有极突，与其他的极突末端相交，在连接处形成钮状。精巢数目少到多（10～20 个）。阴茎囊小、亚球状，位于远前端。阴茎长，细而有很小且粗短的棘。已知寄生于鸻形目鸟类，分布于古北区。模式种：奥佛雷副利戈绦虫［*Paraliga oophorae*（Belopolskaya，1971）］。

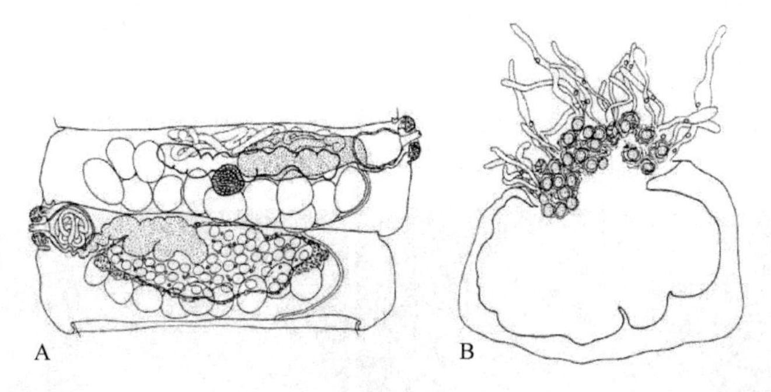

图 18-305 庆成副利戈绦虫［*P. celematurus*（Deblock & Rose，1962）］模式标本结构示意图（引自 Bona，1994）

A. 节片，其第 2 节有初期子宫；B. “卵托”（部分），围绕卵团延伸，在水中尚未膨胀，可能可以观察到胚膜和皱缩的卵外膜

18.13.3.81 狭小卵巢属（*Stenovaria* Spasskiĭ & Borgarenko，1973）

识别特征：吻突器肌肉质。囊很长，有时进入第 1 节片。钩 2 轮。链体很小。吸盘大，边缘可变。渗透调节管在节片后部汇合；横向联合，有时特别弯曲。生殖孔规则交替，很少不规则。阴道位于后部，通常在阴茎囊腹面，长而窄，有时腔前括约肌存在。早期子宫迷宫状，随后发育为多隔的囊，有小的交通腔，含 1 到几个卵。生殖腔简单，很小。精巢少到多数。位于卵巢后部。阴茎囊伸长，向前倾斜。阴茎很小，棘极细。已知寄生于鸻形目和隼形目（Falconiformes）鸟类，分布于埃及和俄罗斯。模式种：歪曲狭小卵巢绦虫［*Stenovaria falsificata*（Meggitt，1927）］（图 18-306）。

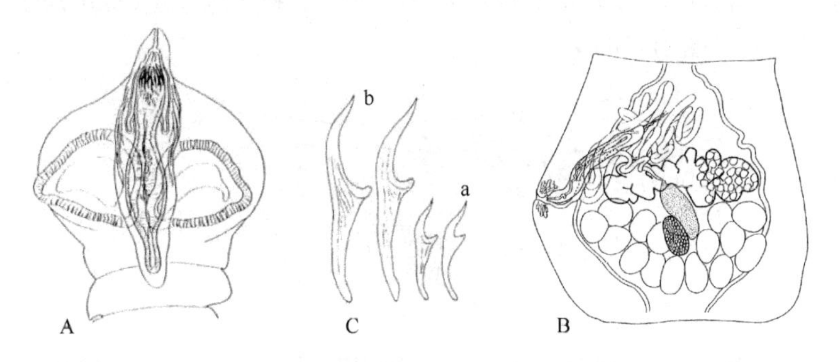

图 18-306 2 种狭小卵巢绦虫部分结构示意图（引自 Bona，1994）

A～Ca. 歪曲狭小卵巢绦虫模式标本：A. 头节；B. 成节；Ca. 钩。Cb. 随和狭小卵巢绦虫［*S. facile*（Meggitt，1927）］模式标本的钩

18.13.3.82 阿米尔沙啉噶米尔属（*Amirthalingamia* Bray，1974）

识别特征：吻突器小带属样（parvitaenioid）型。钩 2 轮，规则交替但远方的钩在大小上有两型，序列为 s（小）-l（大）-s-s-l，结果为两侧对称的冠；很大。链体中型。节片宽大于长。头节大，吸盘小。生殖孔单侧，右侧或左侧。生殖管在渗透调节管之间。阴道略后于阴茎囊或沿着阴茎囊轴。子宫囊状，有深的前、后方的突囊。卵巢两叶状，大并有横向主体。精巢数目很多，围绕着卵巢（区域可能在卵黄腺和输精管后中断）。阴茎囊小，长形。阴茎有强而直的棘。受精囊弯曲，在卵巢峡部处。内部的输精管

形成膨大的环模拟内贮精囊。已知寄生于鹈形目（Pelecaniformes）鸟类，分布于非洲。模式种：大棘阿米尔沙啉噶米尔绦虫［*Amirthalingamia macracantha*（Joyeux & Baer，1935）］（图 18-307，图 18-308）。

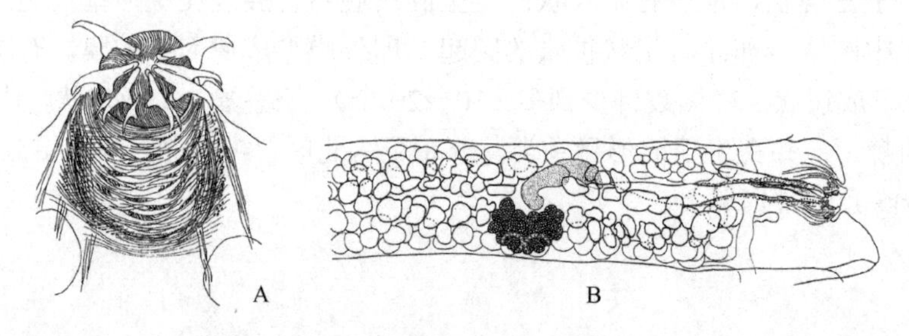

图 18-307 大棘阿米尔沙啉噶米尔绦虫结构示意图（引自 Bona，1994）
A. 吻突；B. 成节

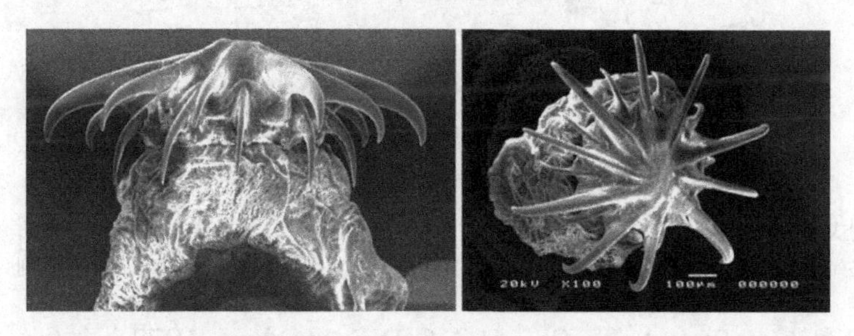

图 18-308 大棘阿米尔沙啉噶米尔绦虫吻突钩的详细结构扫描（示钩形与排列）（引自网络）

18.13.3.83 异缘属（*Imparmargo* Davidson，Doster & Prestwood，1974）

识别特征：吻突器肌肉腺体质。钩 2 轮。链体小；颈区短，宽过头节。吸盘有细微毛。生殖孔规则交替。生殖管位于渗透调节管之间。阴道位于阴茎囊后部，在同一水平面；长，壁厚。子宫迷宫状，有大型的腔，趋向成为薄薄的分隔的囊。没有子宫囊。卵可能有极突。生殖腔简单有细的环状纤维，雄性管短，都无棘。精巢数目多。阴茎囊小，长形、壁薄。阴茎整个表面有长、硬毛样棘；当阴茎收缩时棘突入生殖腔。已知寄生于鹑鸡目鸟类，分布于新北区。模式种：贝利异缘绦虫（*Imparmargo baileyi* Davidson，Doster & Prestwood，1974）（图 18-309）。

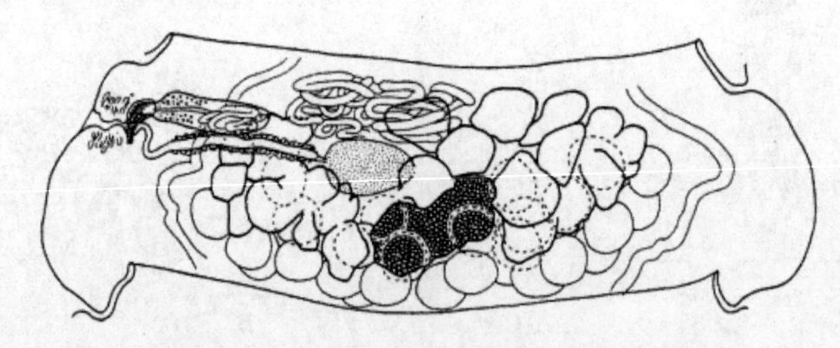

图 18-309 贝利异缘绦虫模式标本成节结构示意图（引自 Bona，1994）

18.13.3.84 比若瓦属（*Birovilepis* Spasskiĭ，1975）

识别特征：吻突器高度肌肉质、典型。囊很小，短而宽；壁厚，有显著同心纵向纤维和弱的横向纤维；强劲的外部束进入囊中。吻突强、宽、正常，填充于整个囊内。钩 2 轮（22～32 个）；波状。链体小。头节大。生殖孔不规则交替，有纵向单侧系列；很少链体有单侧孔者。生殖管位于渗透调节管之间。阴道在阴茎囊后部，或沿着囊轴背方，孔窄，有括约肌样结构。子宫囊早熟，膜质、坚固；实质渐渐由颗粒状、之后为囊状细胞充填。精巢很多，位于卵巢后部，区域扩展于卵巢外侧方，卵黄腺后方变窄，此处可能分离为两群。阴茎囊长形。阴茎很细，棘很小。内部的输精管仅 1 环或 2 环。已知寄生于雀形目鸦科（Corvidae）和鸫科（Turdidae）鸟类，分布于古北区和东方。模式种：斯帕斯基比若瓦绦虫［*Birovilepis spasskayae*（Birova-Volosinovicova，1967）］（图 18-310）。

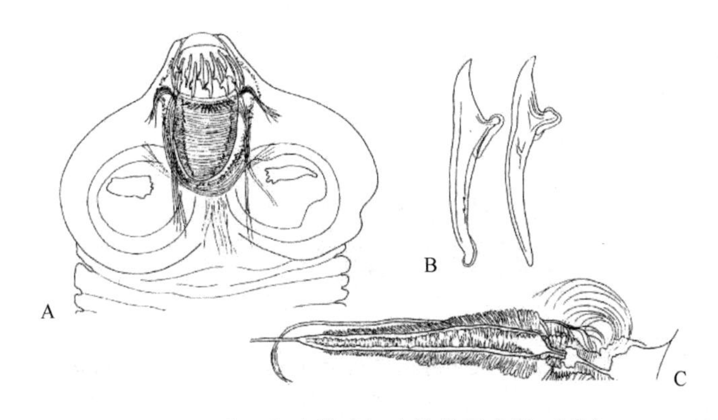

图 18-310 斯帕斯基比若瓦绦虫模式标本结构示意图（引自 Bona，1994）

A. 头节；B. 钩；C. 末端生殖器官，阴道在进入生殖腔前有一壁厚和一括约肌样鸟嘴状物

18.13.3.85 瑞利带属（*Rallitaenia* Spasskiĭ & Spasskaya，1975）

识别特征：吻突器肌肉质。吻突顶垫大。钩 2 轮。链体很小。节片无缘膜，桶状，皮层退化。生殖孔规则交替，开于前方。生殖管位于背方。阴道在阴茎囊背方，趋向后，短，远端胡萝卜状（模式种）。子宫囊状，隔薄而粗，略为叶状。精巢少。阴茎囊小，卵圆形，壁薄，位于远前方。阴茎相当宽，有细的有间距的针状棘。已知寄生于瑞利目鸟类，分布于古北区。模式种：鸡瑞利带绦虫［*Rallitaenia gallinulae*（van Beneden，1858）］（图 18-311）。

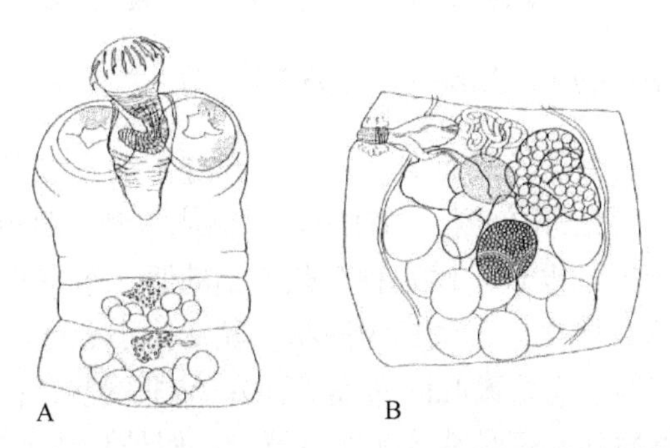

图 18-311 鸡瑞利带绦虫新模标本［Dollfus（1934）材料］结构示意图（引自 Bona，1994）

A. 头颈及两个未成节，注意棘样吸盘；B. 成节

18.13.3.86 罗氏带属（*Rauschitaenia* Bondarenko & Tomilowskaya，1979）

识别特征：吻突器可能为肌肉腺体质（所知不多）。钩 2 轮。链体中等；颈区长。节片宽大于长，皮层退化。生殖孔不规则交替。生殖管背位于渗透调节管。阴道在阴茎囊后部，腹方（？）；长而窄。子宫可能位于腹部；囊状，有密集的小叶。生殖腔很小。卵巢明显非两叶状，巨大。精巢很多，位于卵巢后部。阴茎囊小，长形。阴茎具有细棘。输精管小，位于孔侧前方，卵巢背方。已知寄生于鸻形目鸟类，分布于古北区。模式种：锚状罗氏带绦虫［*Rauschitaenia ancora*（Mamaev，1959）］（图 18-312）。

18.13.3.87 阿尔普若玛属（*Alproma* Spasskiĭ，1982）

识别特征：吻突器肌肉质，囊大，壁强劲。吻突大而强劲，顶部收缩，凹但不成吸盘样，并且缩回时钩端指向后，突出时呈宽圆屋顶样。链体中等；节片宽明显大于长。生殖孔不规则交替。生殖管位于渗透调节管之间。阴道在阴茎囊背部，有时在左侧腹部，很长。子宫主要在腹部中央，迷宫状，有长的侧向支囊；之后小管合并且很多隔持续存在；没有子宫囊。胚膜薄，外膜表面坚固。生殖腔简单，壁厚。卵巢几乎不是两叶状，横向伸展，位于中央或孔侧。精巢数目很多，位于卵巢后部。阴茎囊很小。阴茎部分具点状棘。输精管小，横向，与阴茎囊一致，在阴道下，与渗透调节管交叉。已知寄生于啮齿目动物，分布于非洲。模式种：黑蜜阿尔普若玛绦虫［*Alproma heimi*（Quentin，1964）］（图 18-313）。

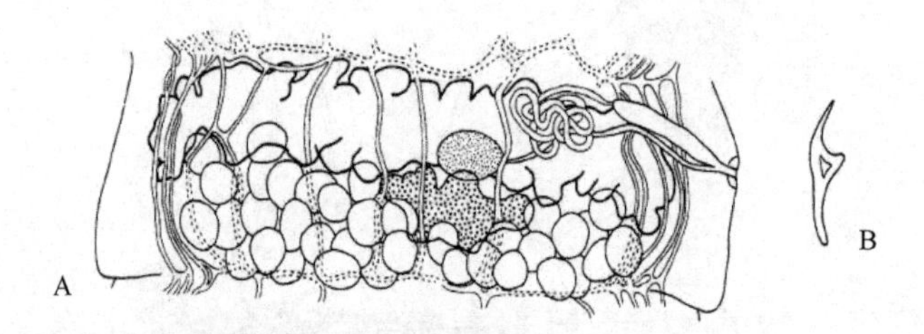

图 18-312　锚状罗氏带绦虫结构示意图（引自 Bona，1994）

A. 成节；B. 钩

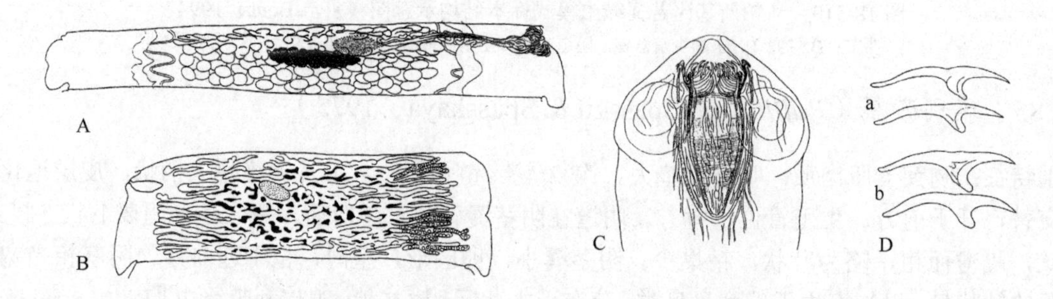

图 18-313　黑蜜阿尔普若玛绦虫结构示意图（引自 Bona，1994）

A，B. 副模标本：A. 成节；B. 孕节。C. 头节［Hunkeler（1969）的材料］；D. 钩［a. 模式标本；b. 副模标本（上方为远端，下方为近端）］

18.13.3.88　网带属（*Reticulotaenia* Hoberg，1985）（图 18-314）

识别特征：吻突器肌肉质。吻突强、长而宽；顶垫小。钩 1 轮。链体很小到中等。渗透调节管在头节后部形成精细的网（模式种）。生殖孔单侧，同种中在左侧或右侧。阴道位于阴茎囊后，开孔于同一水平面，路径不规则，在背方或腹方，很长，模式种有腔前括约肌。子宫早期通常伸入皮质，在末端壁增厚，腔小，有致密、不规则的壁。卵巢：①最初为网状，随后为小分叶，网状的外观，扩展过渗透调节管，反孔侧叶大，可能形成前方的分支远离孔区（模式种）；②非网状，巨大，相对大的叶，不超出渗透调节管。精巢数目多；位于卵巢后部，有时部分在卵巢背方，例外者达节片反孔侧前方边缘。阴茎囊小，长，壁薄。阴茎有极小的棘（有时无钩棘？）。已知寄生于鸻形目鞘嘴鸥科（Chionidae）的鸟类，分布于南极区。模式种：澳大利亚网带绦虫［*Reticulotaenia australis*（Jones & Williams，1967）］（图 18-314A）。

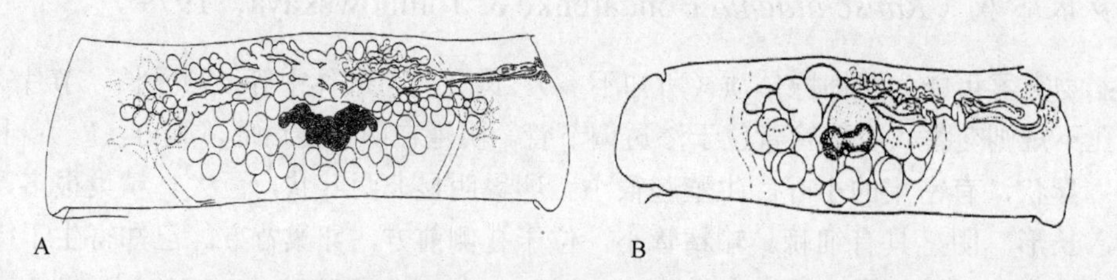

图 18-314　网带属绦虫结构示意图（引自 Bona，1994）

A. 澳大利亚网带绦虫成节，早期子宫为点状所示，Hoberg（1985）的材料；B. 莫森网带绦虫［*R. mawsoni*（Prudhoe，1969）］模式标本的成节

18.13.3.89　卡特兰属（*Kotlanolepis* Murai & Georgiev，1988）

识别特征：吻突器肌肉质（没有有关腺体组分的数据）。囊大，相当窄，达吸盘外。吻突强劲；顶垫宽。钩 2 轮，大阴茎属类型。链体小。生殖孔位于右侧。生殖管位于渗透调节管背方。阴道在阴茎囊后

部，短、窄、壁薄。子宫通常囊状。生殖腔小、简单。卵巢位于中央。精巢位于卵巢后。阴茎囊长而窄。阴茎短、细、无钩棘（？）。受精囊大，纺锤状，横向达渗透调节管外。内部的输精管长、膨胀成环，外部的输精管有小、长、膨胀的环。已知寄生于鹑鸡目冢雉科（Megapodidae）的鸟类，分布于新几内亚。模式种：约克卡特兰绦虫［*Kotlanolepis yorkei*（Kotlan，1923）］（图 18-315A、B）。

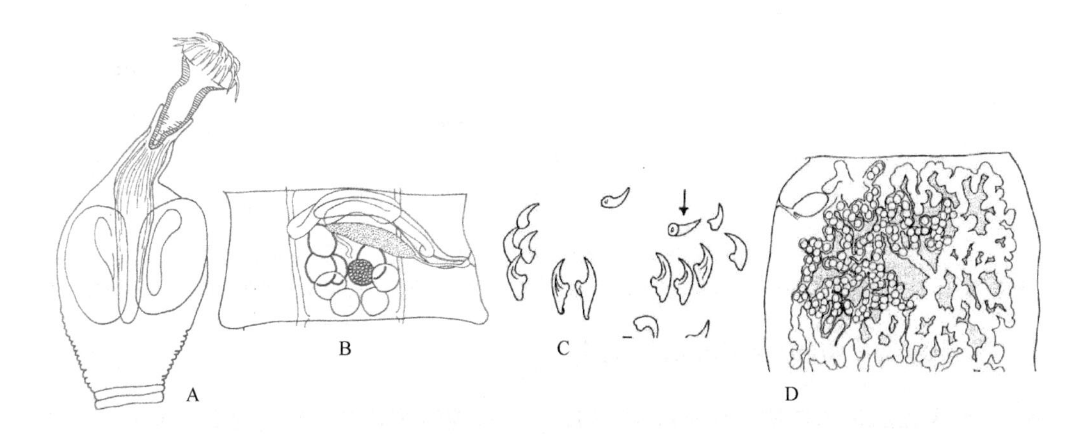

图 18-315 卡特兰绦虫和博纳绦虫模式标本结构示意图（引自 Bona，1994）

A，B. 约克卡特兰绦虫：A. 头节；B. 成节（钩的类型见大阴茎属）；C，D. 非洲博纳绦虫。C. 钩冠的一部分冠的前后有棘样钩（箭头）；D. 早期子宫

18.13.3.90 博纳属（*Bonaia* Mariaux & Vaucher，1990）

识别特征：吻突器肌肉腺体质。囊小。吻突小，肌肉精致，正常。钩约 20 个，小，有时棘状，也分散在冠体的前方和后方。链体小而粗。头节宽，圆屋顶状。生殖孔规则交替。生殖管位于渗透调节管背方。阴道位于阴茎囊的后部，孔在同一水平面，路径主要在腹面。子宫位于腹部，先为网状，之后是致密的迷宫状，隔和壁坚固（未观察整个孕节）。卵可能有细的极突。生殖腔小，简单。卵巢大，有很小的小叶。精巢数目多，明显位于卵巢后。阴茎囊小，卵圆形，坚固的壁，位于远前方。阴茎卷曲于囊中；强劲、长，有分散、可见的同源小棘。已知寄生于鹃形目（Cuculiformes）鸟类，分布于非洲。模式种：非洲博纳绦虫（*Bonaia africana* Mariaux & Vaucher，1990）（图 18-315C、D）。

18.13.3.91 亨克勒属（*Hunkeleria* Spasskiĭ，1992）

识别特征：吻突器不正常，肌肉质或可能为腺体质；无棘。囊有强劲的壁。链体小到中等，节片有缘膜；器官间有空间。生殖孔不规则交替（有时有相当长的单侧链）。生殖管通常背位于渗透调节管，有时在之间，同种中很少在腹面。阴道在阴茎囊背面前方（绝大多数为左侧）或在囊轴（绝大多数为右侧），长而弯曲。子宫位于腹部，最初为密网状，随后为迷宫状；没有子宫囊。卵巢两叶状，有明显的峡部。精巢数目多，位于卵巢后部，区域窄，侧方扩展，过卵巢。阴茎囊很小。阴茎小，基部有细的三角形棘。输精管横向，与阴茎囊一致，在阴道下方。已知寄生于啮齿目动物，分布于非洲。模式种：脂中长亨克勒绦虫［*Hunkeleria steatomidis*（Hunkeler，1972）］（图 18-316A～D）。

18.13.3.92 离克瑞米属（*Apokrimi* Bona，1994）

识别特征：吻突器肌肉质，精巧。囊和吻突很小。钩不明。链体和头节很小。颈区形成腺体肌肉状。吸盘样的假头节。生殖孔不交替，位于远前端。同一链体中生殖管在渗透调节管之间（绝大多数通常情况）或背方。阴道在阴茎囊后部，同一水平面上，壁厚。子宫初为网状，随后为迷宫状。生殖腔小；没有雄性管。卵巢有深峡部，实体状。精巢数目多，位于卵巢后部。阴茎囊小，亚球状。阴茎短，有细硬毛样棘，收缩时形成小、窄而直的束。已知寄生于鴷形目（Piciformes）啄木鸟科（Picidae）的鸟类，分布于新热带区（秘鲁的亚马孙河流域）。模式种：伪头节离克瑞米绦虫（*Apokrimi pseudoscolecis* Bona，1994）（图 18-316E）。

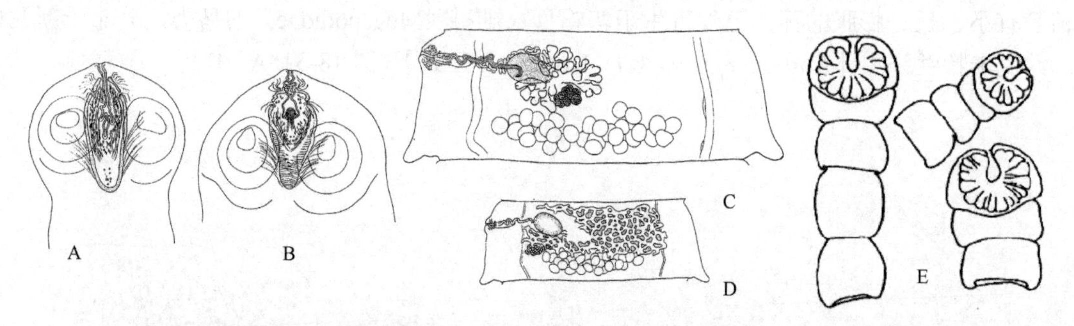

图 18-316　脂亨克勒绦虫和离克瑞米绦虫结构示意图（引自 Bona，1994）

A～D. 脂中长亨克勒绦虫模式标本：A，B. 头节；C. 成节；D. 早期网状子宫。E. 伪头节离克瑞米绦虫典型的假头节

18.13.3.93　离利戈属（*Apoliga* Bona，1994）

识别特征：吻突器肌肉腺体质。囊通常长。吻突长，或宽或窄，铆钉样。钩 2 轮（20 个）。链体很小，孕节大，卵圆形。节片通常雄性先成熟，当卵巢成熟时精巢的数目减少或消失。生殖孔规则交替。生殖管背位于渗透调节管。阴道在阴茎囊后部，在同一水平面，通常弯曲，从阴茎囊分出。子宫初期为迷宫状，随后发育为囊状，有致密的分隔，壁可能附于卵上，类似于子宫囊。生殖腔深，向后倾斜。雄性管界线清晰，在其前方表面形成 1～2 个小的表皮褶，正好在近孔处。卵巢小。精巢位于卵巢后部，有时也位于其侧方和背方。阴茎囊亚球状或长形，通常向前倾斜。阴茎短，收缩时有很长的硬棘束主要位于生殖腔中。输精管位于中央。已知寄生于䴕形目啄木鸟科的鸟类，分布于新热带区。模式种：帝王离利戈绦虫（*Apoliga imperialis* Bona，1994）（图 18-317A）。

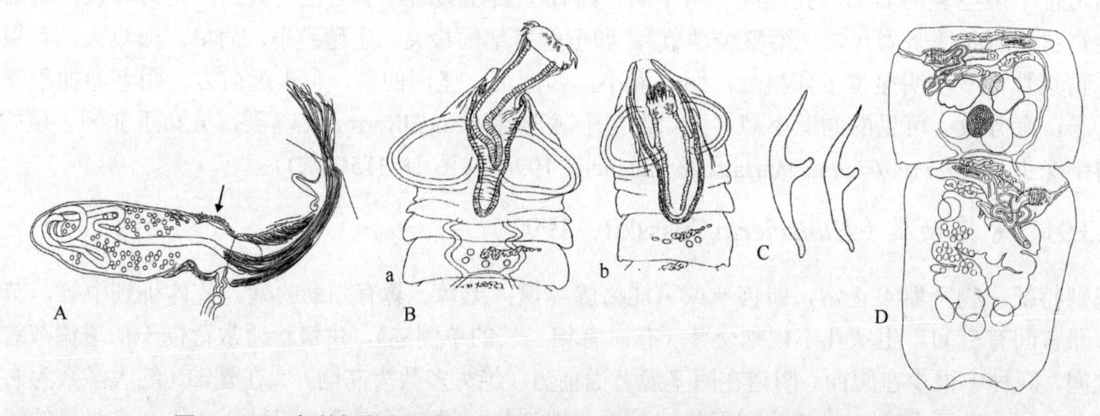

图 18-317　离利戈绦虫及嵌合体绦虫组合种结构示意图（引自 Bona，1994）

A. 帝王离利戈绦虫模式标本的阴茎在无刺的肌质导管（箭头示）和多刺的生殖腔中活动；

B～D. 伍德兰嵌合体绦虫组合种模式标本：B. 吻突突出（a）和缩回（b）的头节；C. 钩；D. 节片

18.13.3.94　嵌合体属（*Chimaerula* Bona，1994）

识别特征：该属识别特征首先由 Bona（1994）提出，经 Vasileva 等（1998a）修订如下。链体从极小到很小。吻突器肌肉质，略微腺体样。吻突囊长，有时达吸盘的远后部，有时在其顶部有深腔（当吻突缩回时）。吻突有长而窄的干和宽的顶盘（当突出时）。吻突钩 2 轮，多数到很多，非戴维属样（davaineoid）型。吸盘大，有少量肌肉。腹渗透调节管的横向联合管正常。生殖孔规则交替，生殖腔简单。生殖管背位于渗透调节管。精巢 4 个，少量有 5 个，位于卵巢后，有时 1 个在反孔侧前方。阴茎囊很大、长，斜位。阴茎很长且强健；具有（主要或全部）不同大小的玫瑰刺样棘和末端部的刚毛束。阴道壁厚，长，有时弯曲，背位于阴茎囊，大部分位于其后，有时（在模式种中）远端部在阴茎囊前方。卵黄腺小，实质状，位于节片的后方部。卵巢两翼状，各翼为实体状。子宫囊状、马蹄形（子宫发育的最终状况不明）。成熟的卵不明。已知寄生于巴西鹤形目（Gruiformes）秧鹤科（Aramidae）和古北区鸻形目的鸟类。模式种：伍德兰嵌合体绦虫［*Chimaerula woodlandi*（Prudhoe，1960）］组合种［同物异名：伍德兰利戈绦虫（*Liga woodlandi* Prudhoe，1960）］（图 18-317B～D）。

Vasileva 等（1998a）基于采自保加利亚（新地理分布记录）环颈鸻（*Charadrius alexandrinus*）［鸻形目：鸻科（Charadriidae）］的样品，重新描述了古北区鸻的寄生绦虫列昂诺夫嵌合体绦虫［*Chimaerula leonovi*（Belogurov & Zueva，1968）］组合种。新的材料与原始描述材料在一些测量特征如链体大小和节片数目，以及头节、吻突鞘、阴茎囊和交配阴道的测量等上有区别。

1）列昂诺夫嵌合体绦虫［*Chimaerula leonovi*（Belogurov & Zueva，1968）Vasileva，Georgiev & Genov，1998］（图 18-318）

［同物异名：列昂诺夫利戈绦虫（*Liga leonovi*）；*Himantaurus leonovi*］

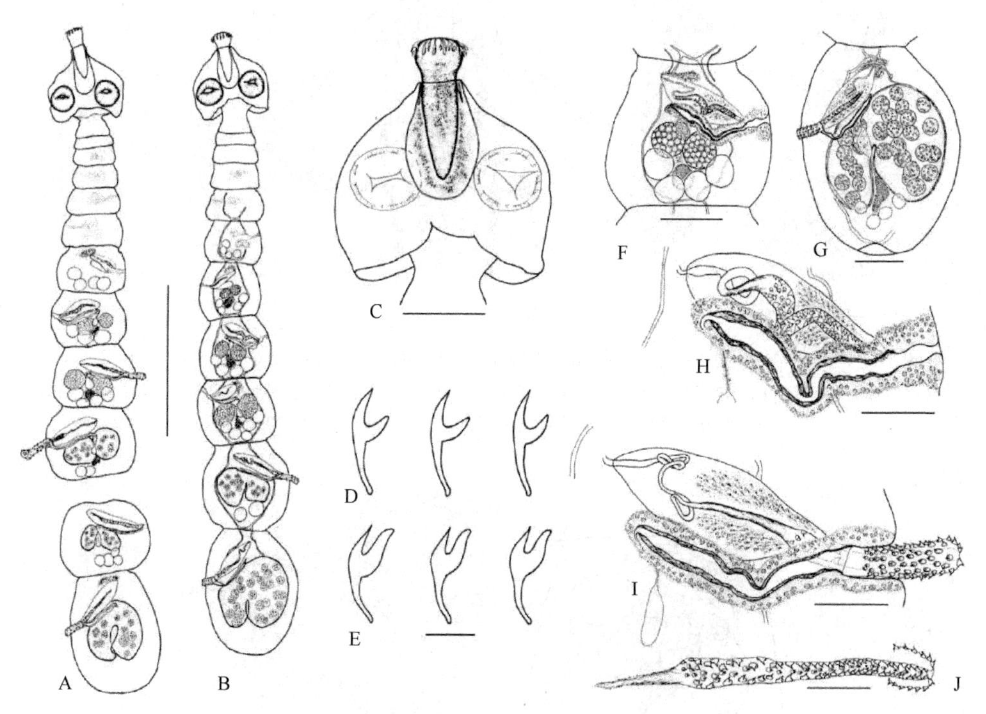

图 18-318 采自保加利亚的列昂诺夫嵌合体绦虫（引自 Vasileva et al.，1998a）

A，B. 一般形态；C. 头节；D. 前方的吻突钩；E. 后方的吻突钩；F. 成节；G. 预孕节；H，I. 不同生理状态下的生殖管；J. 具棘的阴茎，取自一整体固定于贝氏培养基的样品（器官部分外翻）。标尺：A，B=500μm；C，F，G=100μm；D，E=10μm；H～J=50μm

Georgiev 和 Vaucher（2000）又描述了采自巴拉圭裸脸鹮（*Phimosus infuscatus*）小肠的博纳嵌合体绦虫（*Chimaerula bonai*）新种。新种与同属的其他两种：伍德兰嵌合体绦虫和列昂诺夫嵌合体绦虫［*Chimaerula leonovi*（Belogurov & Zueva，1968）］不同，区别主要在于数目居中的吻突钩数（新种为 30～34，伍德兰嵌合体绦虫为 42～46，而列昂诺夫嵌合体绦虫为 20～22），更长的吻突钩（31～34μm 分别 vs 26μm 和 19～21μm），更短的阴茎囊（58～82μm 分别 vs 158～201μm 和 134～183μm），以及阴茎缺乏玫瑰刺样棘结构。提出对属识别特征的进一步修订，使其具有新种的一些特征（即增加相对小和细的阴茎及阴茎缺乏玫瑰刺样棘结构和小的阴茎囊）。

2）博纳嵌合体绦虫（*Chimaerula bonai* Georgiev & Vaucher，2000）（图 18-319，图 18-320）

模式宿主：裸脸鹮指名亚种（*Phimosus infuscatus infuscatus* Lichtenstein，1823）［鸟纲：鹳形目：鹮

科（Threskiornithidae）]。

感染部位：小肠。

感染程度：检查4只鸟，4只感染。

模式种宿主采集地：巴拉圭康塞普西翁（Concepción）省里奥阿奎达班（Rio Aquidaban）河口。

全模标本：MHNG INVE 27918（1个玻片）。副模标本：MHNG INVE 27920～27923（16个玻片）；BMNH 1999.12.3.1-4（4个玻片）；USNPC 89416（4个玻片）。

词源：新种以意大利都灵大学的F. V.博纳（F. V. Bona）教授之名命名，认可他对囊宫科绦虫分类学的巨大贡献。

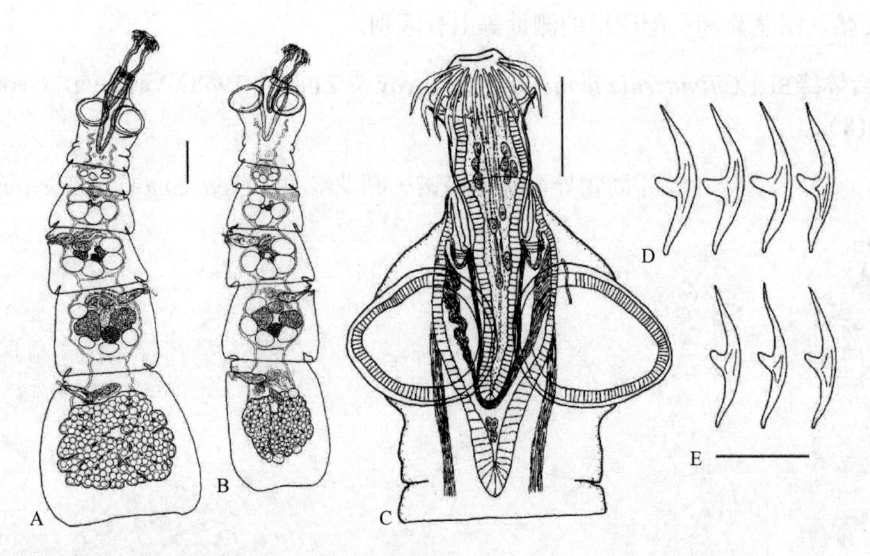

图 18-319 博纳嵌合体绦虫一般形态结构示意图（引自 Georgiev & Vaucher，2000）

注意其快速成熟使在单一链体上观察节片的渐渐发育成为可能。A. 全模标本；B. 另一样品显示不同形态的末端节片；C. 头节；D. 前方吻突钩；E. 后方吻突钩。标尺：A，B=100μm；C=50μm；D，E=20μm

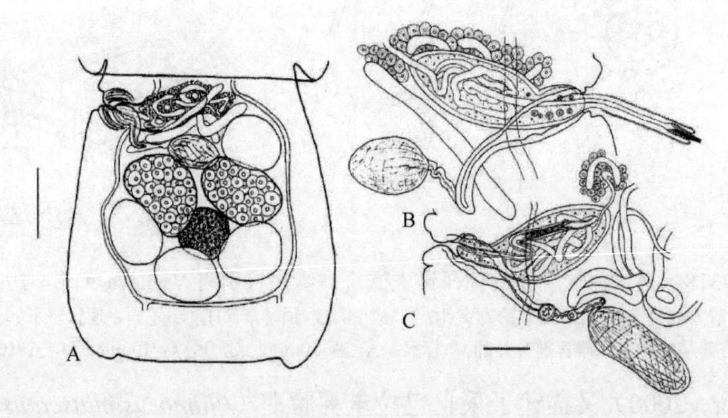

图 18-320 博纳嵌合体绦虫成节及生殖管结构示意图（引自 Georgiev & Vaucher，2000）

A. 成节；B. 在一成节中的生殖管（阴茎几乎完全外翻）；C. 在一成熟后节片中的生殖管。标尺：A=50μm；B，C=20μm

18.13.3.95 鹃居属（*Cuculincola* Bona，1994）（图 18-321）

识别特征：吻突器肌肉腺体质。囊和吻突长而窄。链体小到中等。节片长明显大于宽。器官间空间大。头节很难与颈区区分。生殖孔不规则交替。生殖管位于渗透调节管之间。阴道在阴茎囊后部，同一水平面，有环状肌纤维，无腔前括约肌但在与生殖腔壁交叉时变窄。子宫初期为粗网眼状，之后发育为迷宫状，最终卵分散于实质中。卵有不明显的外膜附于内膜上及小的极突。生殖腔简单；无雄性管。卵巢小，有明显的峡部。精巢数目多，位于卵巢后。阴茎囊小、卵圆形，壁薄。阴茎相当粗长，有细密的棘或无棘而有环状表面褶。已知寄生于鹃形目鸟类，分布于新热带区。模式种：变形鹃居绦虫［*Cuculincola mutabilis*（Rudolphi，1819）］组合种［同物异名：变形带绦虫（*Taenia mutabilis* Rudolphi，1819）］。

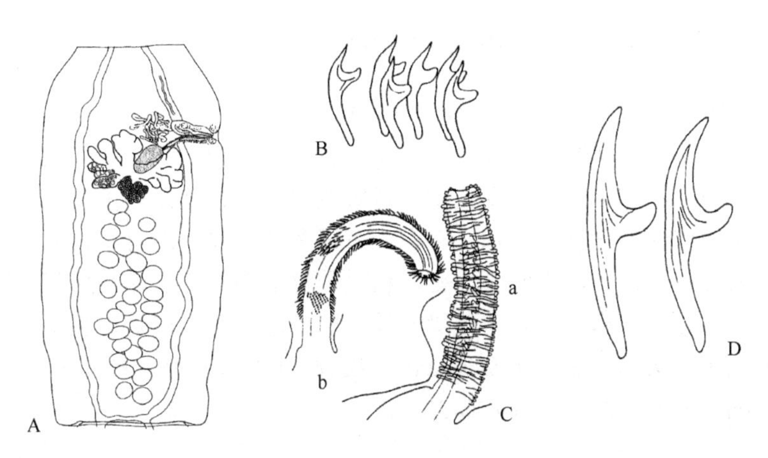

图 18-321 鹃居属绦虫结构示意图（引自 Bona，1994）

A～Ca. 变形鹃居绦虫组合种：A. 成节；B. 钩；Ca. 阴茎。Cb，D. 无颈鹃居绦虫［*C. acollum*（Fuhrmann，1907）］组合种：Cb. 阴茎；D. 钩

18.13.3.96 腺钩属（*Glanduluncinata* Bona，1994）

识别特征：顶器腺体样，有钩棘。囊大，有波折的顶腔。吻突很小，结构正常。钩少（16 个），很小。链体很小，吸盘大。生殖孔不规则交替，可能有长而规则的序列。生殖管在渗透调节管之间。阴道在阴茎囊后部，同一水平面或背侧；近端有厚的细胞帽。子宫迷宫状，完全成熟的子宫不明。生殖腔简单，深。卵巢两叶状，实体样。精巢位于卵巢后部。阴茎囊卵圆形，宽。阴茎强劲，有小而密的棘。输精管位于前方中央。已知寄生于雨燕目（Apodiformes）鸟类，分布于新喀里多尼亚（岛）（南太平洋）。模式种：钩状腺钩绦虫［*Glanduluncinata uncinata*（Fuhrnamm，1918）］组合种［同物异名：钩状领带绦虫（*Choanotaenia uncinata* Fuhrmann，1918）］（图 18-322A、B）。

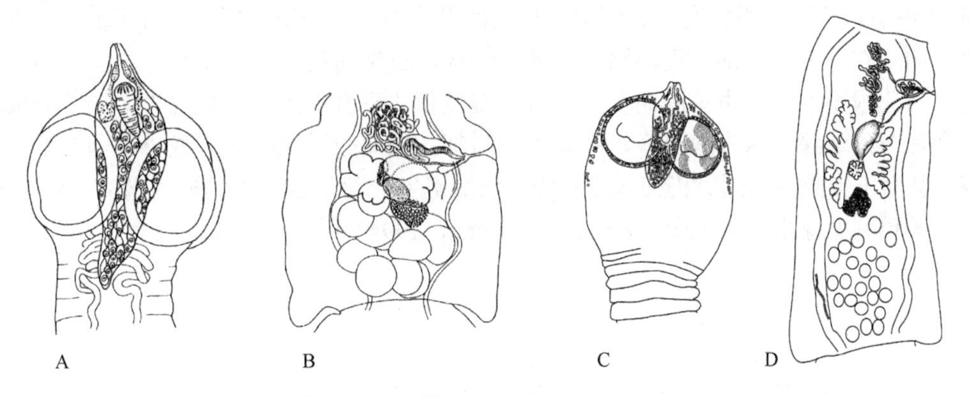

图 18-322 腺钩属和象牙带属绦虫结构示意图（引自 Bona，1994）

A，B. 钩状腺钩绦虫：A. 简化的头节；B. 模式种成体节片未完全成熟（卵巢可能只有 20%大）。
C，D. 象牙象牙带绦虫：C. 头节，棘仅部分绘于一吸盘；D. 成节

18.13.3.97 象牙带属（*Eburneotaenia* Bona，1994）

识别特征：顶器腺体样，无钩棘。囊长，顶腔基部有小球茎。链体小。节片长大于宽。头节有亚皮层腺。渗透调节管在头节后形成细网。生殖孔不规则交替。生殖管在渗透调节管之间。阴道在阴茎囊后部，在同一水平面，直，相当宽，向后倾斜。子宫迷宫状。生殖腔简单。卵巢对称。精巢数目多，位于卵巢后部。阴茎囊很小。阴茎强劲，无钩棘。输精管在卵巢更前方中央，分离。已知寄生于雀形目鸟类，

分布于非洲。模式种：象牙象牙带绦虫［*Eburneotaenia eburnean*（Mariaux & Vaucher，1988）］组合种［同物异名：象牙伪领带绦虫（*Pseudochoanotaenia eburnean* Mariaux & Vaucher，1988）］（图 18-322C、D）。

18.13.3.98　肝绦虫属（*Hepatocestus* Bona，1994）

识别特征：吻突器肌肉腺体质，囊卵圆形，壁强劲。吻突大，可变形，顶部收缩，凹但不呈吸盘样，当缩回时钩端指向后，突出时呈宽圆屋顶样，主干缩短。链体小到中等。生殖孔不规则交替。生殖管位于渗透调节管之间。阴道在相对于阴茎囊不稳定的背腹位置，长、壁厚。子宫位于腹部中央，迷宫状，有侧向的长支囊，之后为广泛的迷宫状，永久存在，有很多薄的隔，没有子宫囊。胚膜强劲，表面粗颗粒状。卵巢几乎不是两叶状，很大，小叶小而密。精巢数目很多，位于卵巢后部。阴茎囊小，位于远前端。阴茎强劲，具小棘。输精管横向，与阴茎囊一致，位于远前端。已知寄生于食虫动物，分布于古北区。模式种：肝脏肝绦虫［*Hepatocestus hepaticus*（Baer，1932）］组合种［同物异名：肝脏单孔绦虫（*Monopylidium hepaticus* Baer，1932）］（图 18-323）。

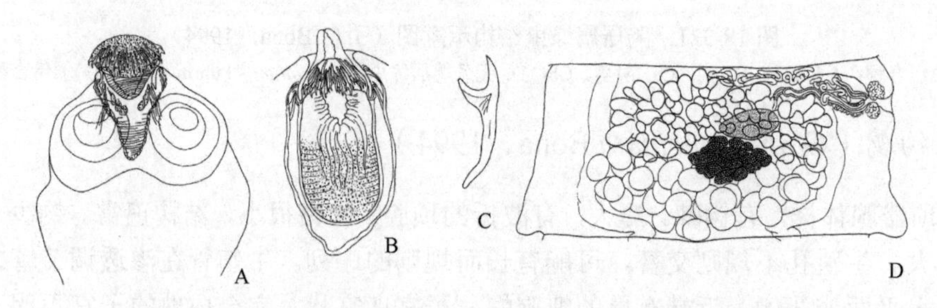

图 18-323　肝脏肝绦虫组合种结构示意图（引自 Bona，1994）

A. 头节；B. 吻突收缩；C. 钩；D. 成节（子宫状况同属 *Alproma*）

18.13.3.99　单利戈属（*Monoliga* Bona，1994）

识别特征：吻突器肌肉不多，腺体质。囊卵圆形，不是很长。吻突小，主干窄，顶垫界线很明显。钩 1 轮。链体很小。节片急剧变宽。头节宽，与后部界线不清。生殖孔规则交替于前部。生殖管背位于渗透调节管。阴道在阴茎囊后部，近端路径主要为腹部，直接向后弯曲。子宫迷宫状，最终卵位于实质中。胚膜薄，外膜很不发达。生殖腔简单，无棘。雄性管几乎看不到。卵巢巨大，当充分成熟时，接近于节片前方和后方的边缘。精巢数目多，在卵巢的后部，横向的区域。阴茎囊小、卵圆形。阴茎短，有长硬毛样棘，甚至于当阴茎缩回时仍突入生殖腔。已知寄生于䴕形目啄木鸟科的鸟类，分布于新热带区。模式种：亚马孙单利戈绦虫（*Monoliga amazonica* Bona，1994）（图 18-324）。

图 18-324　亚马孙单利戈绦虫模式标本的头节和成节结构示意图（引自 Bona，1994）

18.13.3.100　*Monosertum* Bona，1994（图 18-325～图 18-327）

Monosertum 由 Bona 于 1994 年建立用于容纳采自古北区雀形目鸟类先前 Fuhrmann 于 1899 年放在单

孔属（*Monopylidium*）的绦虫种（Spasskaya & Spasskiĭ，1977），但不同于后一属的代表动物的最主要的特征是吻突钩单轮。上述 Bona（1994）提到的 *Monosertum* 的一个种为其模式种 *Monosertum parinum*（Dujardin，1845）。此外他图示了其他 4 个同属种的吻突钩但未提及种名。最初属的特征主要基于 *M. parinum* 新模标本，但对新模标本的详细描述工作是由 Komisarovas 等（2007）进行的，他们给出了更为精确的线描图，同时描述了另一个组合种 *Monosertum mariae*（Mettrick，1958），并对属的识别特征进行了修订。

识别特征：吻突器肌肉腺体质。吻突鞘大。吻突卵圆形到长卵圆形。钩 1 轮（10～24 个），有时在排列上略不规则。吸盘无棘或有小棘覆盖。链体小到中等。孕节长大于宽。渗透调节管在头节后部形成网状。生殖孔不规则交替。生殖管在渗透调节管之间。阴道位于阴茎囊后部，壁强劲，有厚的腺细胞套层，腔宽。生殖腔简单。精巢数目多（15～29 个），明显位于卵巢后部。阴茎囊从小到相对大型，长形。阴茎窄，有或无棘。子宫最初为网状，随后发育为透明的、有细隔的腔，最终卵散在于实质中，没有子宫囊。卵巢的反孔侧翼大于孔侧翼，几乎达前方节片边缘。卵有不同种外壳：大型有表面增加、类似于子宫囊或坚固的近于胚膜的结构，或有小极突，通常为短的延展。已知寄生于雀形目鸟类，分布于古北区。模式种：*Monosertum parinum*（Dujardin，1845）Bona，1994（图 18-325，图 18-326）。

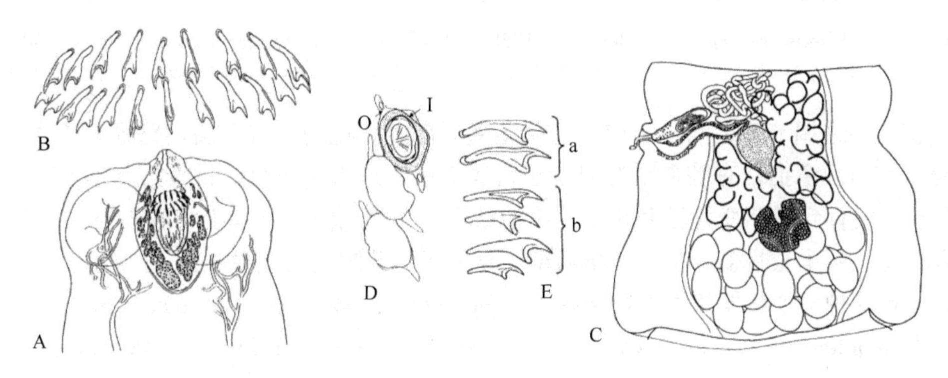

图 18-325 *Monosertum parinum* 组合种新模标本结构示意图（引自 Bona，1994）

A. 头节；B. 排列不完美的钩冠；C. 成节；D. 卵（I. 内膜的外层；O. 外膜）；E. 钩（a. *M. parinum*；b. 其他不同属种的钩）

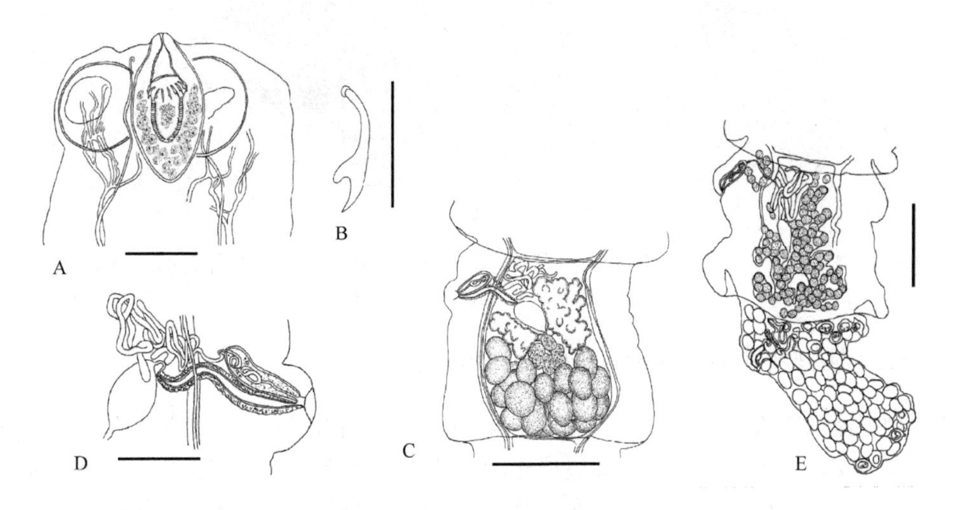

图 18-326 *Monosertum parinum*（Dujardin，1845）结构示意图（引自 Komisarovas & Georgiev，2007）

A. 头节；B. 吻突钩；C. 成节背面观；D. 生殖管背面观；E. 末端节片（预孕节和孕节）。标尺：A，D=100μm；B=20μm；C，E=250μm

18.13.3.101 卵雕属（*Ovosculpta* Bona，1994）

识别特征：吻突器肌肉质。囊不很长。钩 1 轮。链体小。节片边缘通常变形。吸盘大。生殖孔不规

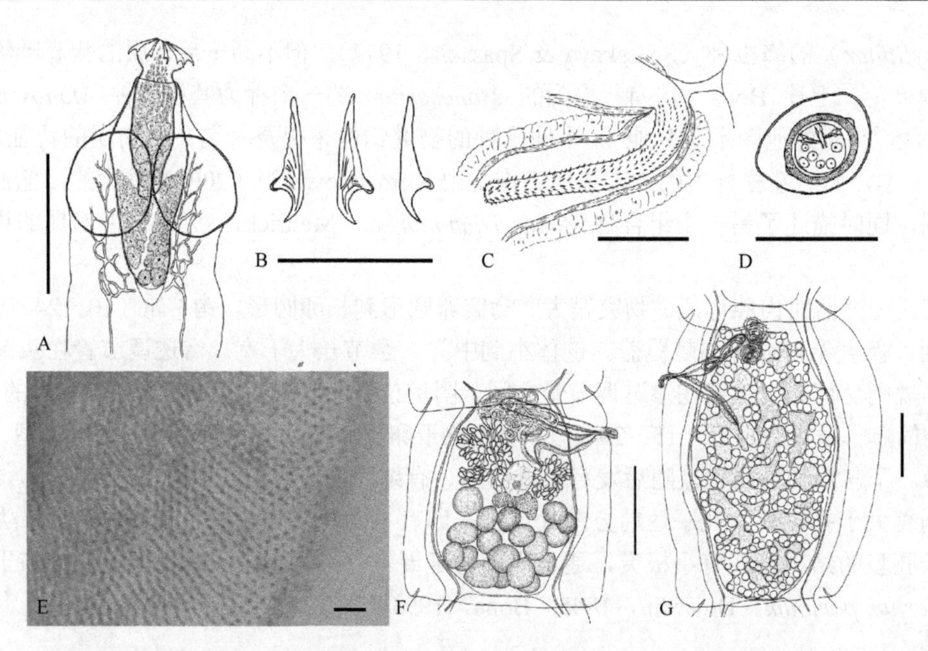

图 18-327 *Monosertum mariae*（Mettrick，1958）组合种（引自 Komisarovas & Georgiev，2007）

A. 头节；B. 吻突钩；C. 阴茎；D. 卵；E. 吸盘表面，示小棘毛；F. 成节；G. 预孕节。标尺：A，F，G=200μm；B，C，D=50μm；E=10μm

则交替。生殖管在渗透调节管之间。阴道位于阴茎囊后部，孔在同一水平面，路径有不同的位置；短，在进入生殖腔之前向后弯曲，有腔前括约肌。子宫迷宫状，进入皮质早，持续或将卵留于实质中；没有子宫囊。胚膜厚，发育到后期变为辐射状具刻纹的结构；外膜黏附于胚膜上，腔相当深，可能形成乳突。卵巢达渗透调节管。精巢数目多。位于卵巢后部，背位于卵黄腺。阴茎囊长形。已知寄生于鸻形目鸟类，分布于古北区。模式种：斯科罗帕西斯卵雕绦虫［*Ovosculpta scolopacis*（Joyeux & Baer，1939）］组合种（同物异名：*Choanotaenia cayennensis* var. *scolopacis* Joyeux & Baer，1939）（图 18-328）。

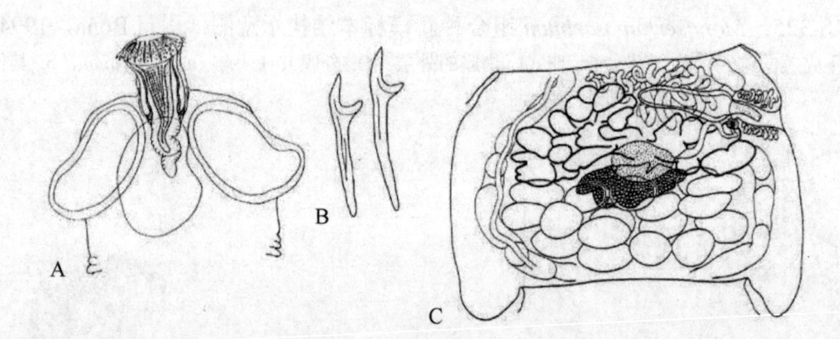

图 18-328 斯科罗帕西斯卵雕绦虫组合种模式标本结构示意图（引自 Bona，1994）

A. 头节，注意吻突顶盘；B. 钩扳手状，同种有变异；C. 成节

18.13.3.102 斯帕斯帕斯基属（*Spasspasskya* Bona，1994）

识别特征：吻突器肌肉质，强腺体质。囊宽。钩 2 轮，有时不规则，有 1∶2 交替和 3 个钩在 3 个不同水平。链体小。颈区宽，很短。头节宽，圆屋顶样，与链体几乎没有分界。吸盘小，有大的微毛，边缘粗厚。生殖孔规则交替，很少两节连续。阴道在阴茎囊后部同一链体大多数背位，有时在同一水平面，很少腹位（不稳定位置）；腔前括约肌存在。子宫网状或迷宫状，类似于子宫囊直到壁消失（隔的残余物可能保持于卵周围），卵分散于实质中。卵不多，胚膜厚，球状。生殖腔简单。精巢数目多，位于卵巢后部。阴茎囊有点伸长，通常窄，S 形，位于远前方。阴茎小，棘很小。已知寄生于雀形目鸫科（Turdidae）的鸟类，分布于欧洲或更广。模式种：雀斯帕斯帕斯基绦虫［*Spasspasskya passerum*（Joyeux & Timon-David，1934）］组合种{同物异名：雀异带绦虫［*Anomotaenia passerum*（Joyeux & Timon-David，1934）］}（图 18-329）。

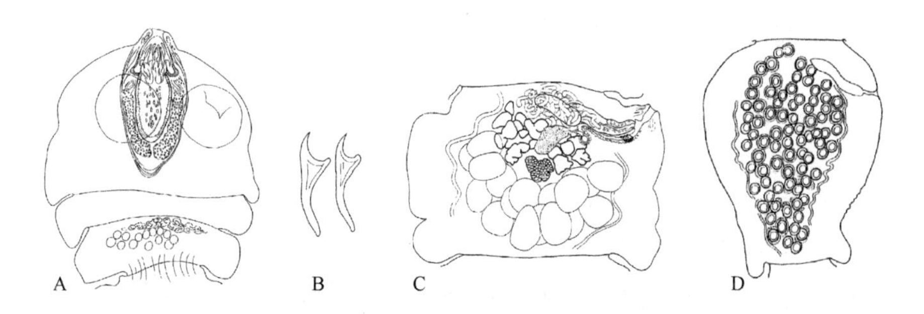

图 18-329 雀斯帕斯帕斯基绦虫组合种结构示（引自 Bona，1994）

A. 头节；B. 钩；C. 成节；D. 孕节

18.13.3.103 阿琳属（*Arlenelepis* Georgiev & Vaucher，2004）

识别特征：体很小。头节具圆锥状突起的前方部，形成外翻的长吻，具棘。吻突器肌肉腺体样。吻突强健。吻突囊壁厚，卵形到梨形。吻突钩数目多，排为规则的 2 轮，吻突缩回时指向后方。节片具缘膜。生殖孔位于远前端，不规则交替。生殖腔壁厚，由致密的细胞团围绕。生殖管位于渗透调节管之间。精巢少，绝大多数在节片中央区域的后半部，但 1 精巢位于卵巢反孔侧翼前方；反孔侧精巢可能重叠于卵巢的反孔侧翼上。外输精管在阴茎囊背方形成大量环，在阴茎囊前方和其反孔侧极少成环。阴茎囊大，斜位，卵圆形，壁厚。阴茎巨大，缩回时高度卷曲，多数具有针状棘，仅在基部具有荆刺状棘。卵黄腺位于中央，略分叶或致密。卵巢两翼状，对称，略分叶或致密。受精囊很小。阴道于阴茎囊开孔的背方开口，长而卷曲；交配部为厚壁管和厚的细胞套，有强有力的括约肌。在预孕节中子宫为囊状，纵向伸长，马蹄形，其侧部在中央子宫壁上形成深分叶。成熟的卵不明。已知寄生于鹮科（Threskiornithidae）鸟类，分布于南美洲。模式且为目前仅知种：朱鹭阿琳绦虫（*Arlenelepis harpiprioni* Georgiev & Vaucher，2004）（图 18-330）。

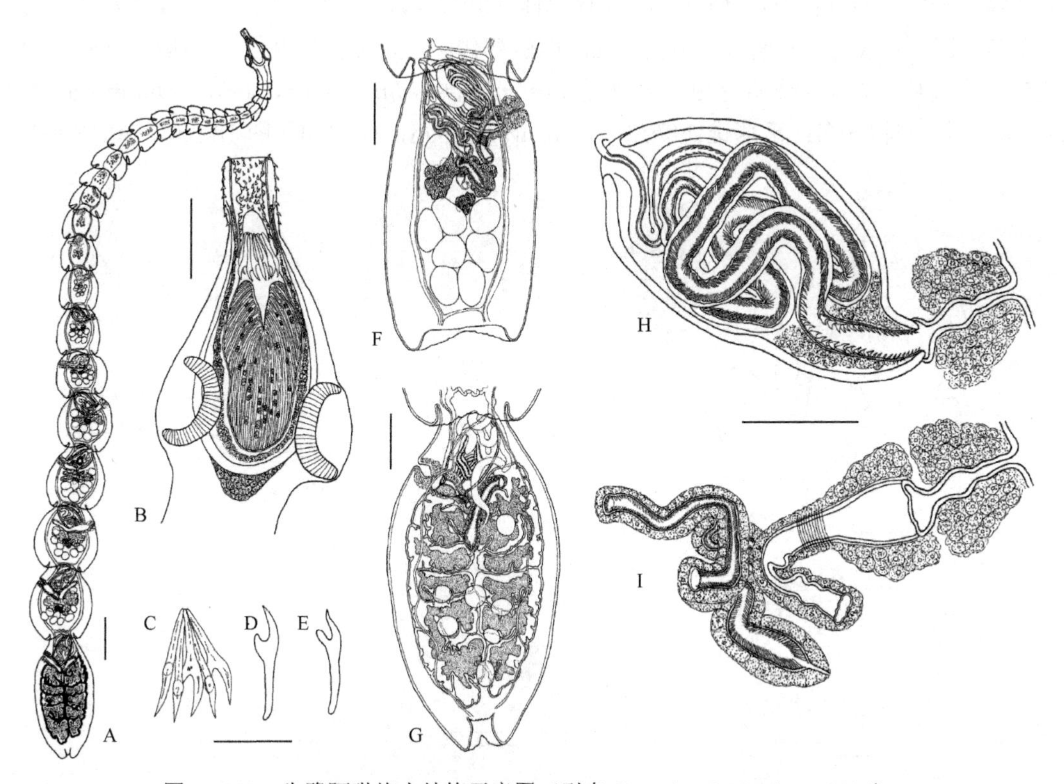

图 18-330 朱鹭阿琳绦虫结构示意图（引自 Georgiev & Vaucher，2004）

A. 全模标本整体观；B. 头节；C. 吻突钩冠（细节），示两规则轮的排布；D. 前方吻突钩；E. 后方吻突钩；F. 成节背面观；G. 预孕节背面观；H. 阴茎囊；I. 阴道。标尺：A=200μm；B，H，I=50μm；C～E=20μm；F，G=100μm

属名词源：属名以伦敦自然历史博物馆的阿琳琼斯（Arlene Jones）博士的名字命名，以认可她对绦虫分类学的贡献。

模式宿主：铅色朱鹭（*Harpiprion caerulescens* Vieillot）[鹳形目：鹮科（Threskiornithidae）]。

研究的材料：6个样品和另外样品的片段（9个玻片标本）。

全模标本：MHNG 35001 INVE，与其他3个副模标本在同一个玻片上。

副模标本：MHNG 35002 INVE；IPCAS C-379，1个样品和一个片段（2个玻片）。

模式宿主采集地：巴拉圭康塞普西翁（Concepción）省，里奥阿奎达班（Río Aquidaban）河口。

采集日期：1988年10月15日。

寄生部位：小肠。

词源：新种以宿主的属名来命名。

18.13.3.104　吉布森属（*Gibsonilepis* Dimitrova，Mariaux & Georgiev，2013）

识别特征：中等大小。吻突器肌肉腺体样。吻突在钩冠最大直径处高度伸长。吻突鞘椭圆形，比吻突大很多，壁薄。吻突钩很多，相对小，排为2轮，前方的各钩由后方的两个钩（很少为1个钩）分隔；前后轮钩形态相似。前方的钩略长于后方的钩。吸盘盘状，有弱的周围肌肉和扁或略凸的中央部。颈长。节片宽大于长，各节片的后方边缘有一棘样微毛排构成的带。生殖孔不规则交替。生殖腔由圆柱状的远端部（可以突出成生殖乳突）和管状厚壁的近端部组成。生殖管位于渗透调节管的背方。精巢很多，位于中央区域，后部，侧方有时在卵黄腺背方，且在卵巢实体部的背方；在中央区域的反孔侧半，精巢达远前方。阴茎囊椭圆形，壁厚，邻近前方节片边缘，与孔侧渗透调节管交叉；射精器存在。阴道很短，在雄性孔的前方开口。受精囊容量大，由大的近端部和相对窄的与背部阴茎囊交叉的管状远端部组成。卵黄腺肾形或略为不规则形，分叶。卵巢不对称，由中央峡部连接的两翼组成，高度分叶；反孔侧叶大，达节片前方边缘。子宫开始发育为宽网状结构，具略分叶的侧边缘，占据整个中央区域和侧区的部分；进一步发育，子宫的网状外观变得不明显，由大量的隔间所替代。已知寄生于雨燕（雨燕目：雨燕科），分布于旧世界热带。模式种：雨燕吉布森绦虫组合种［*Gibsonilepis swifti*（Singh，1952）Dimitrova，Mariaux & Georgiev，2013］［同物异名：雨燕维他绦虫（*Vitta swifti* Singh，1952）］（图18-331，图18-332）。

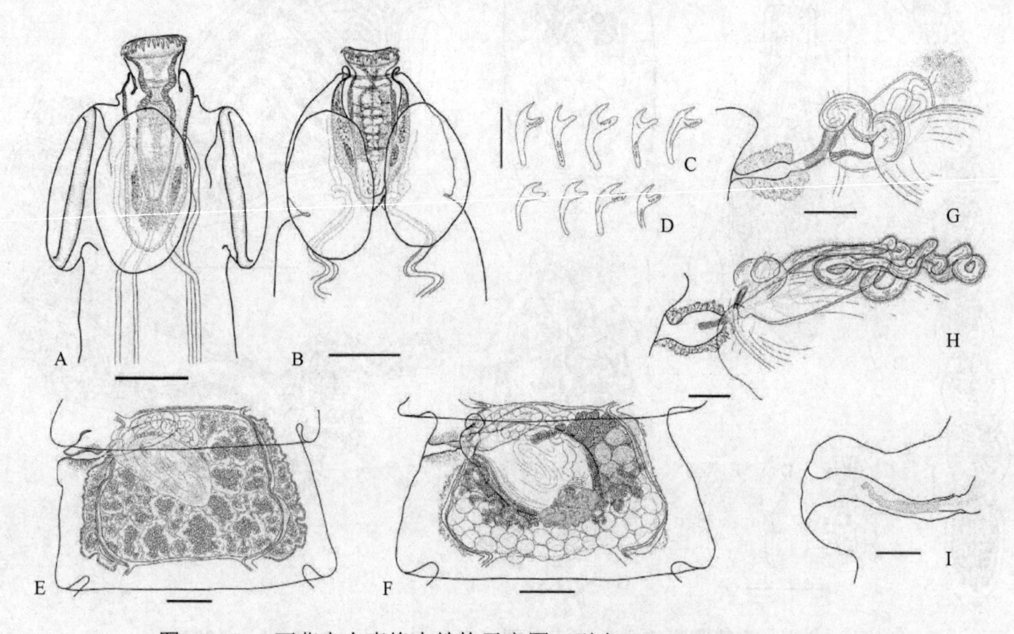

图18-331　雨燕吉布森绦虫结构示意图（引自Dimitrova et al.，2013）

A，B. 头节；C. 前方吻突钩；D. 后方吻突钩；E. 成节；F. 预孕节；G. 成节中的生殖管，阴茎缩回；H. 成节中的生殖管，阴茎部分翻出；I. 预孕节中的生殖乳突和外翻的阴茎。标尺：A，B，G～I=100μm；C，D=25μm；E，F=250μm

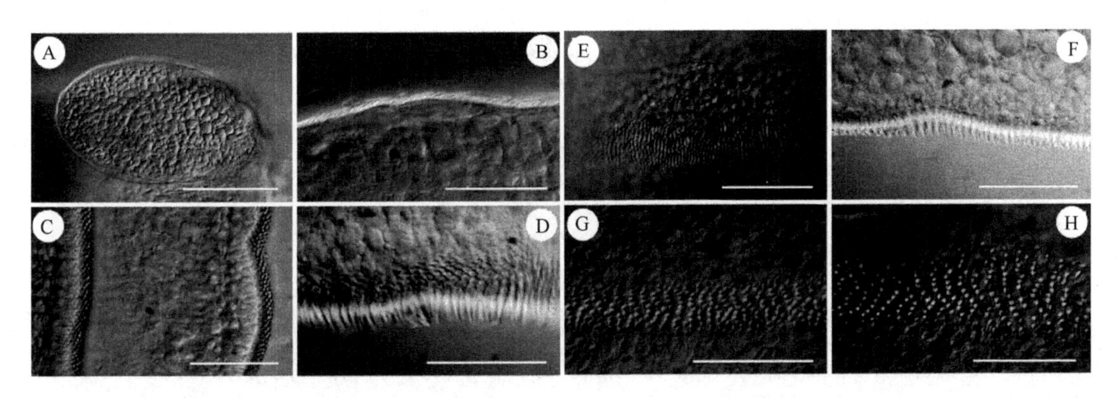

图 18-332　雨燕吉布森绦虫微分干涉相差显微结构（引自 Dimitrova et al.，2013）

A. 吸盘内表面装饰；B. 颈上的微毛；C，D. 幼节沿后部边缘的棘样微毛；E，F. 沿前成节后部边缘棘样微毛；G. 沿一成节后部边缘的棘样微毛；H. 沿一预孕节片后部边缘的棘样微毛。标尺：A=100μm；B～D，F=20μm；E，G，H=50μm

词源：属名以伦敦自然历史博物馆的戴维艾吉布森（David I. Gibson）博士之名命名，认可他对蠕虫分类的巨大贡献及他的热情和长期作为系统寄生虫学主编。拉丁后缀“*lepis*”，意思为“鳞片，通常用于构成圆叶目的属名。吉布森属的语法词性是阴性。

模式宿主采集地：加蓬共和国弗朗斯维尔国际医学研究中心大楼筑巢群，01°36′59.8″S，13°34′55.9″E。

感染率：33.3%。

感染强度：1～4 条（平均 2.3 条）。

研究用样品：7 个样品（8 个玻片标本）。凭证标本：MHNG PARA 83317，2 个完整的样品，1 个样品无头节和 7 个分离的预孕节（4 个玻片）。MHNG PARA 83318，1 个完整的样品（1 个玻片标本，分子组织样的凭证标本）；USNPC 107004，1 完整的样品和 1 无头节样品（2 个玻片）；IBER-BAS 20130710.1，1 个完整的样品，所有样品采于 2009 年 11 月 27 日。

18.14　膜壳科（Hymenolepididae Ariola，1899）

膜壳科是所有绦虫科中种类最丰富的一科，已记录有约 850 种（约 620 种寄生于鸟类，约 230 种寄生于哺乳类）。其中，鸟类的膜壳绦虫曾被分为 140 余个属和亚属。虽然很多属随后被认为是同物异名，但暂时有效的属仍然很多，短期内亦很难澄清其明确的关系，使种的识别较为困难。很多种水平有用的特征被用作属的特征。此科分类十分混乱，如 Prokopic（1967）基于形态学基础，将一种古北区寄生于啮齿目鼠科姬鼠属（*Apodemus*）的膜壳绦虫 *Hymenolepis murissylvatici*（Rudolphi，1819）等同于寄生于各种陆地鸟类的 *Variolepis crenata*（=*H. serpentulus* Schrank，1788），而 Czaplinski 和 Vaucher（1994）则将此种放在微体棘属（*Microsomacanthus* López-Neyra，1942）；再如，*Hymenolepis ondatrae* Rider & Macy，1947 被放在膜壳球棘样属（*Hymenosphenacanthoides*）等。

Czaplinski 和 Vaucher（1994）将此科绦虫分为鸟类寄生种类和哺乳类寄生种类，并分别进行检索识别，这种分类较为适用，因为在鸟类和哺乳类寄生的膜壳绦虫混淆的可能性较小。

18.14.1　识别特征

吻突通常存在，有时缺或退化，钩有 1 轮或例外者［如棘吻带亚科（Echinorhynchotaeniinae）有 2 轮钩］。吸盘 4 个；有或无棘（例外者如 *Matiaraensis* 有 4 个具棘附属吸盘），头节后方有时存在假头节。节片宽大于长，有缘膜，外部的分节很少缺［有些隧缘亚科（Fimbriariinae）的属如胃带属（*Gastrotaenia*）、副隧缘属（*Parafimbriaria*）、线副带属（*Nematoparataenia*）例外］。每节单套生殖器官，很少 2 套。每节 1 个或 3 个精巢，有时多个，例外的有 32 个［多睾属（*Polytestilepis*）］，绝大多数通常都为 3 个；在一些主要为3睾的种类，精巢的数目可能为3～7个［如缩小膜壳绦虫（*Hymenolepis diminuta*）］，内贮精囊、外贮精囊存在。生殖孔位于右侧，很少交替。子宫通常为囊状，有时网状。纵向渗透调节管多数为4条，但在隧缘亚科中为6～11条。纵向肌肉束多数为1～2层。若为2层，内肌束多或8束。已知寄生于鸟类和哺乳类动物。模式属：膜壳属（*Hymenolepis* Weinland，1858）。

18.14.2 鸟类的膜壳科绦虫亚科检索

1a. 纵向渗透调节管6～11条；头节吻突上有10个钩组成的冠……………………隧缘亚科（Fimbriariinae Wolffhügel，1899）

识别特征：生殖管开口于右侧，从背部通过渗透调节管。吻突可内陷。钩为双睾属样（diorchoid）型，收缩时钩刃多数指向前方［在小隧缘属（*Fimbriariella*），钩的3个分支几乎相等，卫二叉形］。假头节很发达，有轻微外分节。内分节模糊或不显著。每节单套生殖器官，精巢2个或3个。卵巢和子宫主要为网状［在隧缘小囊属（*Fimbriasacculus* Alexander & McLaughlinn，1996）中卵巢为不对称翼状］，通常非同质异性（nonmetameric）。卵黄腺实体状或叶状，通常同质异性（metameric）。六钩蚴单个或相互连在一起成为链状或囊状离开链体。已知寄生于鸟类。

1b. 纵向渗透调节管4条……………………………………………………2

2a. 生殖管位于渗透调节管之间；吻突有2轮钩冠，12～24个钩；每节3个精巢……………………………………………………棘吻带亚科（Echinorhynchotaeniinae Mola，1929）

识别特征：吻突可内陷；钩棘吻样或双睾属样型，收缩时钩刃指向前方［斯特恩属 *Sternolepis* 的吻突伸缩自如）］。内贮精囊、外贮精囊明显，链体具缘膜。单套生殖器官。卵巢叶状，子宫囊状。已知寄生于鸟类。

2b. 生殖管位于渗透调节管背方；吻突存在时，有1轮（例外者有2轮）钩冠……………………………………………………3

3a. 生殖孔单侧，主要为右侧［除近膜壳属（*Allohymenolepis*）和旧的缩小膜壳绦虫外］（Stradowski，1993）……………………………………………………膜壳亚科（Hymenolepidinae Perrier，1897）

识别特征：吻突通常存在，可能缺或退化［如膜壳属（*Hymenolepis*）和新少睾属（*Neoligorchis*）］；当存在时有1轮吻突钩，由8个、10个或更多的钩组成，并且绝大多数伸缩自如（当吻突内陷时，钩刃指向后方）。吻突可翻入（当翻入时钩刃指向前方，主要与aploparaksoid型或类似钩型有关）。头节后部的节片简单扩展时可能产生不折叠的假头节。节片具缘膜或无外分节现象。生殖孔通常位于右侧，可能不规则交替。生殖管通常在渗透调节管背方。每节单套雄性和雌性生殖器官。每节精巢1个、2个或3个，有例外更多者。卵巢实质状或分叶状。卵黄腺实质状或略分叶，位于卵巢后方。子宫囊状或网状。六钩蚴单个有外膜或连接成链状或呈囊状。已知寄生于鸟类和哺乳类动物。

3b. 生殖孔双侧开口……………………………………………………双侧孔亚科（Diploposthinae Poche，1926）

识别特征：吻突伸缩自如；有单轮钩冠，由10～12个arcuatoid型或双睾属样型钩组成；当收缩时，钩刃指向后方。生殖管成双，位于渗透调节管背方。每节单套或2套雄性和雌性生殖器官。精巢少，主要为2～6个，例外者多于20个。外贮精囊和内贮精囊存在，每节精巢单套或2套，独立成双。阴茎囊圆柱状，短，几乎不达到或重叠于孔侧渗透调节管上。阴茎具棘。卵巢叶状，每节单套或2套。卵黄腺实质状或叶状，位于卵巢后方。阴道和受精囊成对。子宫单个，囊状。已知寄生于鸟类和哺乳类动物。

18.14.2.1 隧缘亚科（Fimbriariinae）分属检索

1a. 链体没有外分节；假头节很发达，略分节……………………………………………………2

1b. 外部的和内部的分节明显；假头节不发达或不知；8条纵向渗透调节管……………………………………………………3

2a. 内分节模糊不清；6 条渗透调节管；假头节没有生殖腺原基……………………………隧缘属（*Fimbriaria* Froelich，1802）

识别特征：头节小，容易遗失。吻突可能翻入，有 1 轮钩冠，由 10 个双睾属样型钩构成。吸盘无棘。假头节锤头样，很发达；成体强折叠。外分节几乎不存在。仅有 1 层纵肌束。精巢卵圆形，每节 3 个。外贮精囊通常远离阴茎囊。阴茎囊小，有时拥挤。卵巢和子宫网状，节间连续。卵黄腺实质状或略为叶状，节间不连续。六钩蚴单个或由外膜包到一起形成链或囊离开链体。已知寄生于雁形目鸟类，偶尔寄生于鹑鸡目鸟类，全球性分布。模式种：片形隧缘绦虫［*Fimbriaria fasciolaris*（Pallas，1781）Froelich，1802］（图 18-333～图 18-335）。

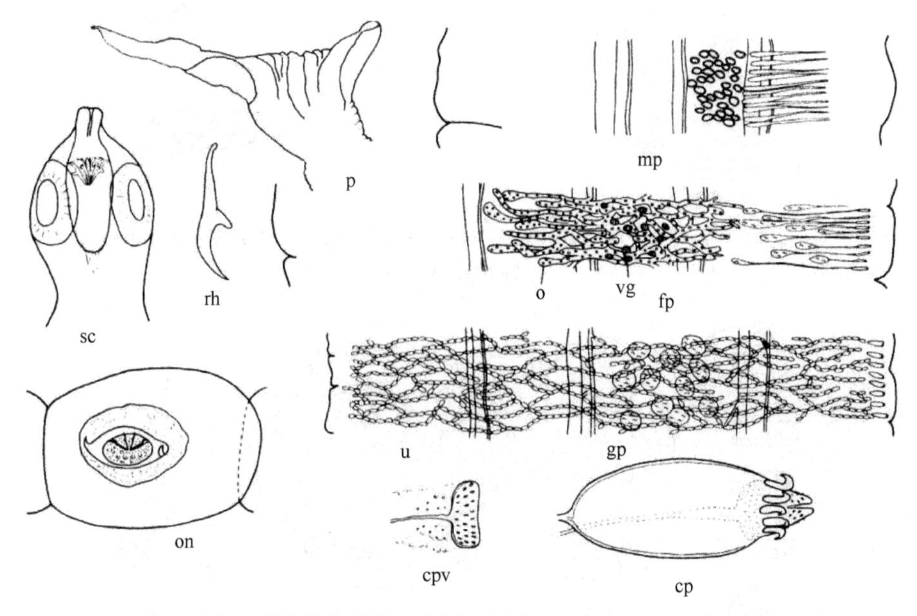

图 18-333 片形隧缘绦虫结构示意图（引自 Czaplinski & Vaucher，1994）

缩略词（本科中所用图除另注外，缩略词均在这里注释，其他图不再重注。大小写字母同义）：as. 附属囊；asu. 附属吸盘；c. 阴茎；cp. 阴茎囊；cpv. 阴道的交配部；cs. 阴茎刺针；csp. 阴茎棘；cy. 拟囊尾蚴；de. 射精管；dec. 背渗透调节管；eas. 外附属囊；esv. 外贮精囊；fp. 雌性节片；ga. 生殖腔；gp. 孕节；gv. 整体观；hp. 两性节；ias. 内附属囊；imb. 内肌束；ipv. 阴道中间部；isv. 内贮精囊；ls. 纵切面；mp. 雄性节；o（ov）. 卵巢；on. 六钩蚴（有膜）；oot. 卵模；os. 渗透调节管；p. 假头节；r. 吻突；rh. 吻突钩；rp. 吻突囊；rs. 吻突棘；s（suc）. 吸盘；sc. 头节；sr. 受精囊；ss. 吸盘棘；t. 精巢；ts. 横切面；u. 子宫；v. 阴道；vec. 腹渗透调节管；vg（vi，vt）. 卵黄腺

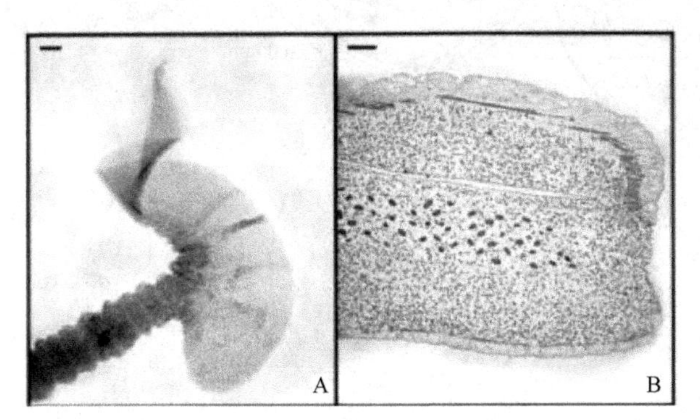

图 18-334 片形隧缘绦虫样品实物照片（引自 Muniz-Pereira & Amato，1998）

A. 假头节；B. 纵切面。标尺=0.3mm

李海云等（1993）对鸭片形隧缘绦虫的生活史进行了研究，发现虫卵在水蚤体内发育过程没有明显的尾部出现，其在水蚤体内发育至第 18 天时，已具备拟囊尾蚴的完整结构，19～21 天用感染有拟囊尾蚴的水蚤饲喂 4 只小鸭，20 天后逐日检查鸭粪便至第 28 天，均未查到有虫卵或是孕节，处死两只小鸭，于一只小鸭小肠内检获 3 条童虫，感染 76 天时，处死另两只小鸭，均未检获虫体。结果证实，厦门淡

水中的广布中剑水蚤（*Mesocyclops leuckarti*）为其适宜中间宿主，后剑水蚤（*Metacyclops* sp.）亦可作为其中间宿主，而北碚中剑水蚤（*Mesocyclops pehpeiensis*）不能作为其中间宿主。其幼虫发育如图 18-336 所示。

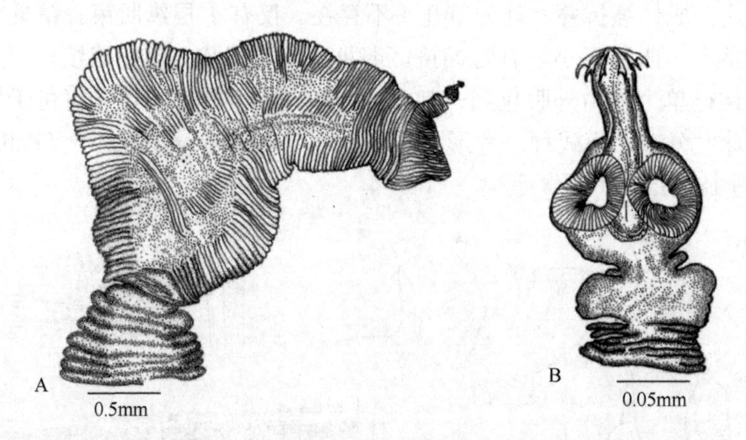

图 18-335　片形隧缘绦虫假头节与头节结构示意图（引自李海云，1994）

A. 假头节；B. 头节

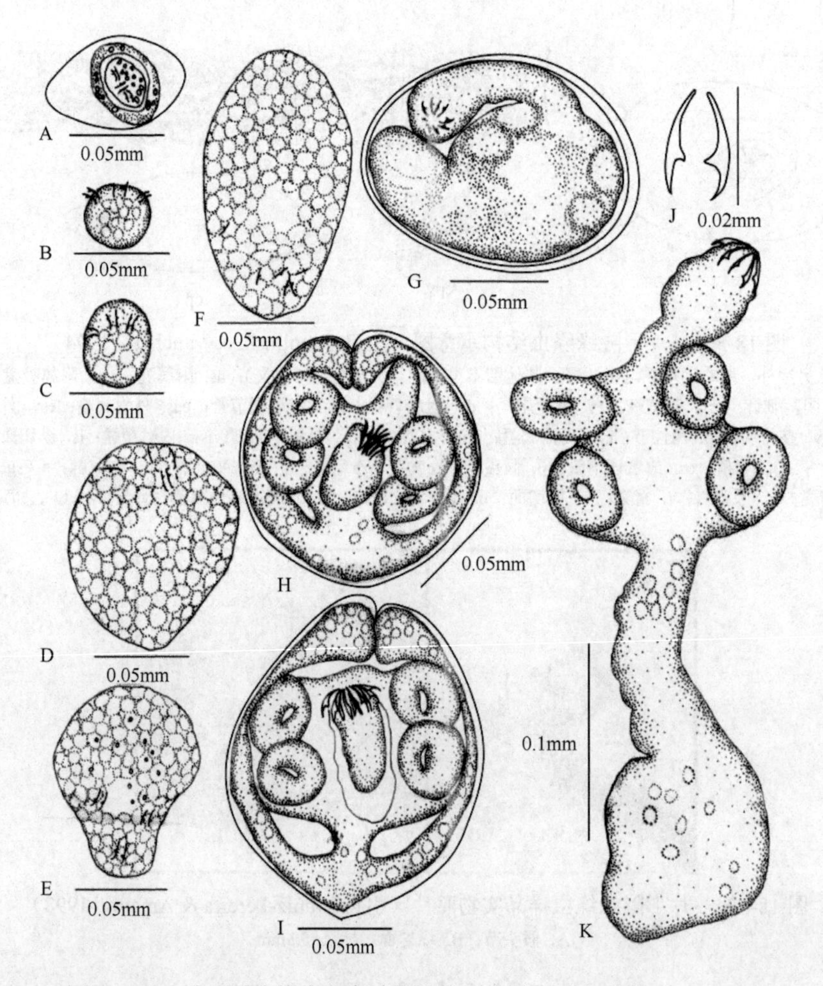

图 18-336　片形隧缘绦虫发育过程结构示意图（引自李海云，1994）

A. 具胚膜的六钩蚴；B. 蚤体中活动的六钩蚴（感染后 1 天）；C. 感染 2～3 天后的六钩蚴；D. 感染 5～6 天后的六钩蚴；E，F. 感染 7～8 天后的原腔期幼虫；G. 感染 15～16 天后的头节形成期幼虫；H，I. 感染 17～18 天后头节未伸出体囊的幼虫；J. 幼虫的吻突钩；K. 头节伸出体囊的成熟拟囊尾蚴

2b. 内分节明显，8～11 条纵向渗透调节管；假头节含有生殖腺原基……………隧缘样属（*Fimbriarioides* Fuhrmann，1932）

识别特征：头节小，容易遗失。吻突可能翻入，有 1 轮钩冠，由 10 个双睾属样型钩构成。吸盘无棘。假头节略折叠或扁平，强劲。无外分节现象。仅有 1 层大量的纵肌束或外层退化。每节 3 个光滑或叶状的精巢。卵巢网状，节间不连续。卵黄腺叶状，节片间不连续。子宫网状，节片间连续。六钩蚴有球状的外膜，单个离开子宫。已知寄生于雁形目和鸻形目鸟类，分布于欧洲、亚洲和北美洲。模式种：中间隧缘样绦虫［*Fimbriarioides intermedia*（Fuhrmann，1913）Fuhrmann，1932］（图 18-337）。

Vasileva 等（2009）描述了采自西班牙和法国地中海沿岸鳃足类体中麻鸭隧缘样绦虫（*F. tadornae* Maksimova，1976）拟囊尾蚴并提供了实物照片和结构示意图（图 18-338）。

3a. 假头节含有生殖腺原基；10 个吻突钩；每节 3 个卵圆形或叶状精巢………小隧缘属（*Fimbriariella* Wolffhügel，1936）

识别特征：头节小。吸盘无棘。单轮吻突钩冠，有相等的柄和刃，卫略短，二叉状。单层的纵肌束。卵巢和卵黄腺细长、管状。子宫起始时为管状囊，形成不规则的卷曲。已知寄生于雁形目鸟类，分布于北美洲。模式种：镰状小隧缘绦虫［*Fimbriariella falciformis*（Linton，1927）Wolffhügel，1936］（图 18-339A）。

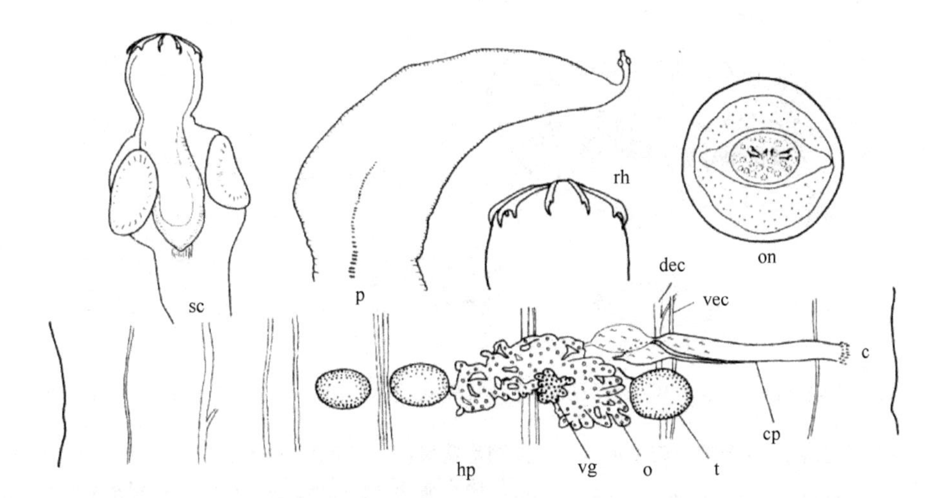

图 18-337　中间隧缘样绦虫结构示意图（引自 Czaplinski & Vaucher，1994）

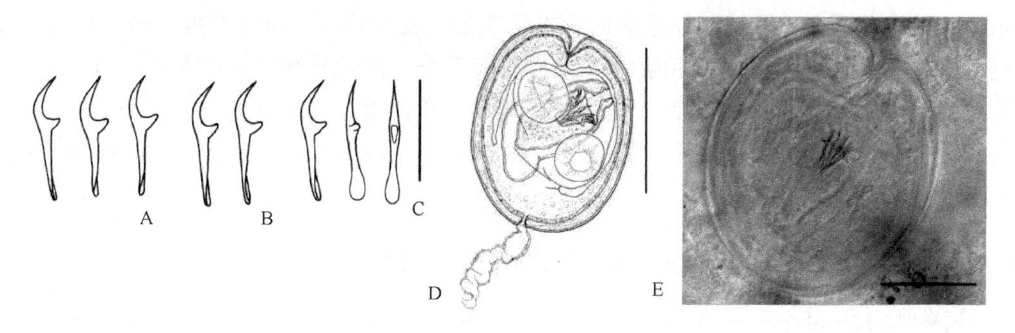

图 18-338　采自卤虫（*Artemia franciscana*）的麻鸭隧缘样绦虫拟囊尾蚴（引自 Vasileva et al.，2009）

A～C. 吻突钩；D. 结构示意图；E. 实物照片。标尺：A～C=20μm；D=100μm；E=50μm

3b. 假头节含有生殖腺原基或无；10 个吻突钩；每节 2 个或 3 个卵圆形精巢……………………………………………………………4

4a. 头节和假头节未知，3 个圆形精巢……………………………………………原隧缘属（*Profimbriaria* Wolffhügel，1936）

识别特征：头节和假头节未知。内纵肌束很多，十分发达，外部纵肌退化。内贮精囊缺（？）。卵巢管状。卵黄腺管状，背位于卵巢。子宫不知。已知寄生于鸻形目鸟类，分布于乌克兰。模式种：多管原隧缘绦虫［*Profimbriaria multicanalis*（Baczynska，1914）Wolffhügel，1936］（图 18-339B）。

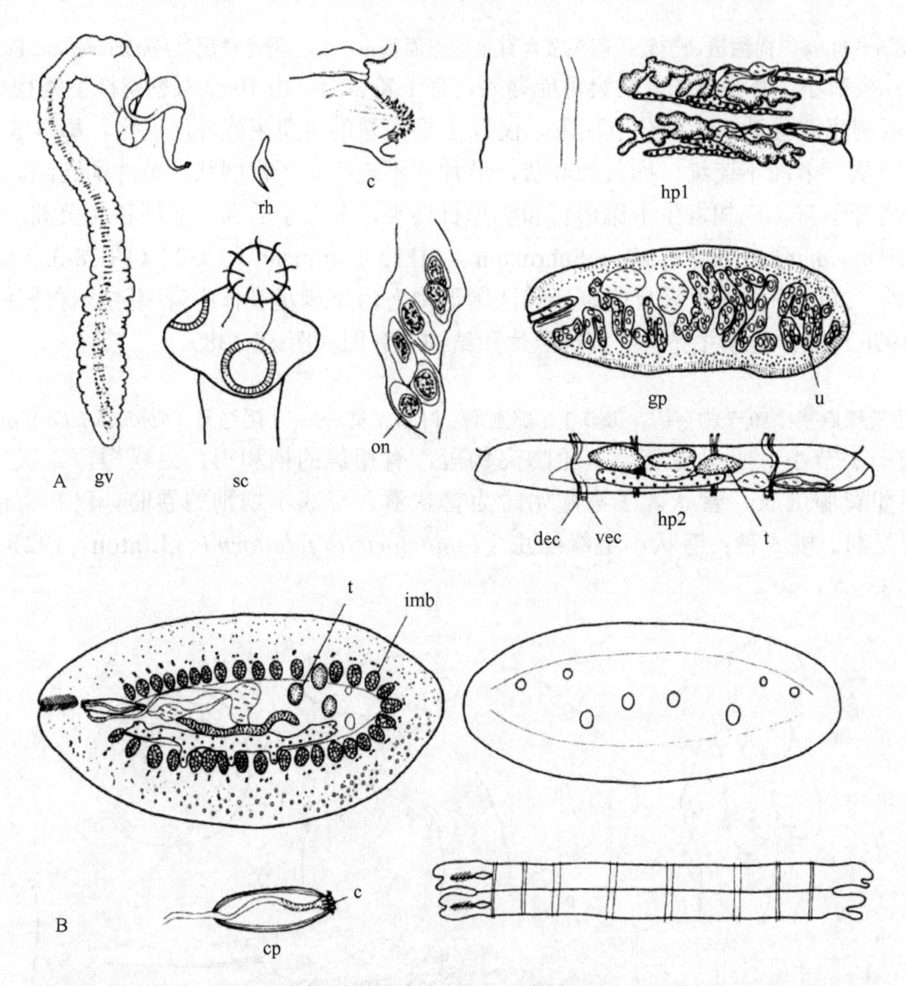

图 18-339　镰状小隧缘绦虫（A）和多管原隧缘绦虫（B）结构示意图（引自 Czaplinski & Vaucher，1994）

4b. 假头节有时有生殖腺原基；10 个吻突钩；每节 2 个卵圆形精巢，有附属囊……………………………………………………隧缘小囊属（*Fimbriasacculus* Alexander & McLaughlinn，1996）

识别特征：头节具有可收进鞘内的吻突，其上有 1 轮钩，10 个。吸盘无棘。颈短。假头节发育适度，三角形，扁平；外分节明显。生殖腺原基有时存在于头的后部节片中。链体宽度一致；外分节不明显。3 对纵向渗透调节管从腹部通过阴茎囊和阴道。精巢每节两个，内贮精囊、外贮精囊存在。阴茎囊短。阴茎具棘。附属囊存在。卵巢形态有改变，典型者有两翼。卵黄腺在卵巢前方，受精囊存在于节片的孔侧半。子宫高度分支。模式种：非洲隧缘小囊绦虫（*Fimbriasacculus africanensis* Alexander & McLaughlinn，1996）（图 18-340）。

18.14.2.2　棘吻带亚科（Echinorhynchotaeniinae）分属检索

1a. 吻突钩双睾属样型，12～14 个……………………………………斯特恩属（*Sternolepis* Dixit & Capoor，1988）

识别特征：吻突伸缩自如；有 2 轮钩冠，各轮钩大小不一。吸盘无棘。3 个亚球形精巢，三角形分布于背部髓质，1 个在孔侧，2 个在反孔侧。卵巢和卵黄腺多叶状。卵黄腺位于卵巢后部。子宫囊状。六钩蚴卵圆形，单个（不相连）。已知寄生于鸥形目（Lariformes）鸟类，分布于印度。模式种：孔特里斯特恩绦虫（*Sternolepis contri* Dixit & Capoor，1988）（图 18-341）。

1b. 吻突钩棘吻样（柄和刃几乎等长，卫略短）……………………………………………………………………2

2a. 吻突长，在双重钩冠下方有大量玫瑰刺样棘；阴茎囊短，不达节片中线……………………………………………………………………棘吻带属（*Echinorhynchotaenia* Fuhrmann，1909）

识别特征：吻突可以翻入，顶部有 2 轮棘吻样钩冠，各轮 12 个。吸盘无棘。节片具缘膜，宽大于长，但末端节片长宽相等或长大于宽。生殖管位于渗透调节管之间。精巢 3 个、圆形，位于卵巢的后方或侧方。卵巢多分叶，位于中央。卵黄腺略分叶，位于卵黄后方中央。受精囊很发达。幼子宫管状，横向；随后为不规则囊状，有宽的支囊。六钩蚴卵圆形，数量多。已知寄生于鹈形目（Pelecaniformes）和雁形目鸟类，分布于非洲、澳大利亚和印度。模式种：三睾棘吻带绦虫（*Echinorhynchotaenia tritesticulata* Fuhrmann，1909）（图 18-342）。

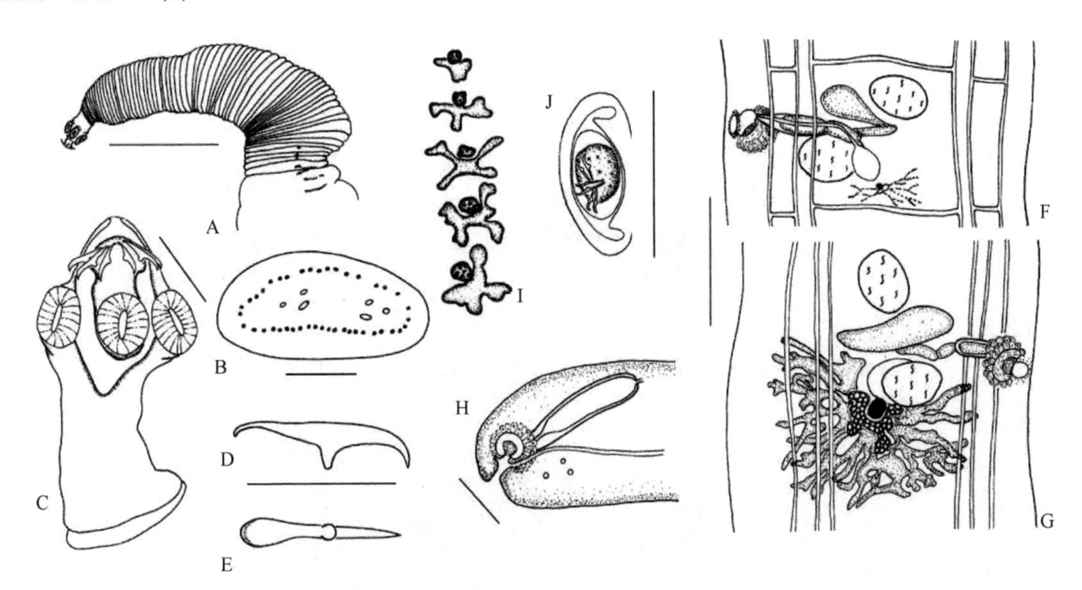

图 18-340　非洲隧缘小囊绦虫结构示意图（引自 Alexander & McLaughlinn，1996 重排和重标）

A. 副模标本假头节；B. 副模标本横切面示意图，示肌肉束和排泄管；C. 副模标本头节放大；D. 副模标本吻突钩侧面观；E. 副模标本吻突钩腹面观；F. 副模标本幼节腹面观；G. 全模标本成节背面观（横向的排泄管被省略了）；H. 通过生殖腔的切面；I. 全模标本，示卵巢发育的顺序，第 4 个示意图与 G 中的卵巢相对应；J. 副模标本子宫中卵的六钩蚴和内膜。标尺：A=500μm；B，F，G=200μm；C，H，J=50μm；D，E=30μm

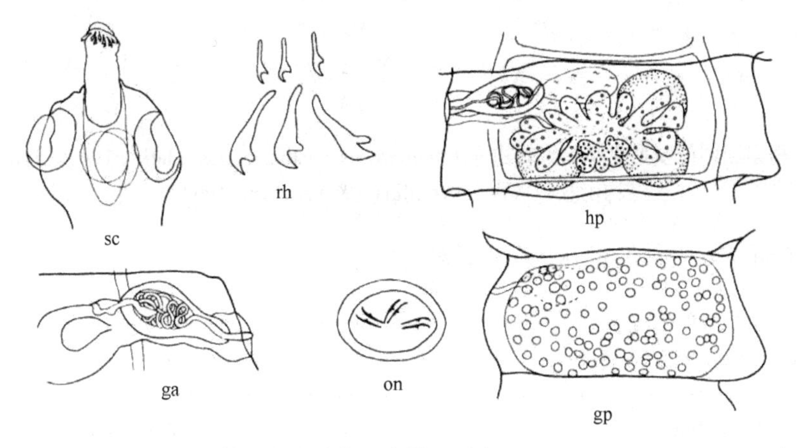

图 18-341　孔特里斯特恩绦虫结构示意图（引自 Czaplinski & Vaucher，1994）

2b. 吻突短，双重钩冠下方无棘；阴茎囊长，通常过中线……………………………………………………阿曼多斯克尔亚宾属（*Armadoskrjabinia* Spasskiĭ & Spasskaya，1954）（图 18-343）

识别特征：吻突可以翻入，有 2 轮钩冠，钩 14～24 个。钩刃和钩柄几乎等长，钩卫显著但短于钩刃。各轮钩大小和形态不同。吸盘无棘。节片具缘膜。内纵肌束很多。生殖管在渗透调节管之间。精巢 3 个，排为三角形，1 个在孔侧，2 个在反孔侧。卵巢多叶状。卵黄腺实体状或略分叶，位于卵巢后方中央。受精囊很发达，位于中央。子宫管状，随后形成两叶囊，占据整个节片。六钩蚴卵圆形，数量多。已知寄生于鹈形目鸟类，分布于欧洲、亚洲、非洲和澳大利亚。模式种：梅迪奇阿曼多斯克尔亚宾绦虫［*Armadoskrjabinia medici*（Stossich，1890）Spasskiĭ & Spasskaya，1954］。

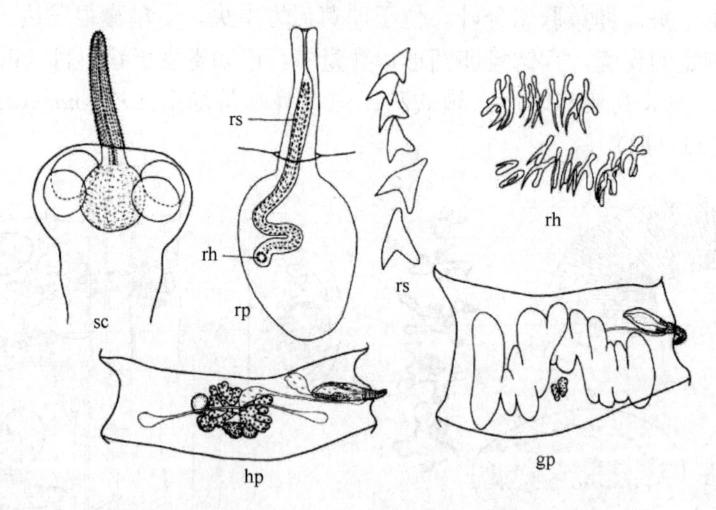

图 18-342　三睾棘吻带绦虫结构示意图（引自 Czaplinski & Vaucher，1994）

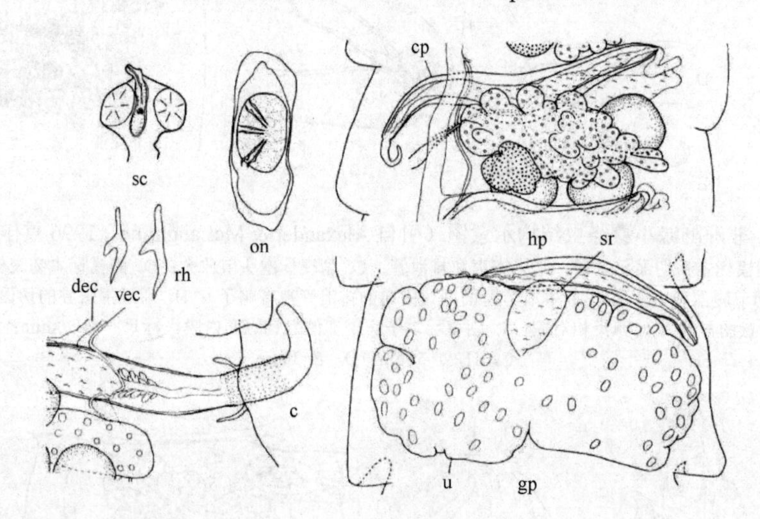

图 18-343　墨累河阿曼多斯克尔亚宾绦虫［*A. murrayensis*（Johnston & Clark，1948）Spasskiž 1963］结构示意图（引自 Czaplinski & Vaucher，1994）

18.14.2.3　膜壳亚科 Hymenolepidinae 分属检索

1a. 每节少于 3 个精巢；吻突有单轮钩 ………………………………………… 2
1b. 每节主要有 3 个精巢，很少多的 ………………………………………… 7
2a. 每节 1 个精巢 ………………………………………… 3
2b. 每节 2 个精巢；吻突有 10 个钩 ………………………………………… 6
3a. 吸盘无棘 ………………………………………… 4
3b. 吸盘有棘；吻突有 10 个双睾属样钩 ……………… 斯克尔亚宾帕拉克属（*Skrjabinoparaksis* Krotov，1949）

识别特征：吸盘有小型玫瑰刺样小钩，大的在中央，小的在吸盘边缘。节片有缘膜。精巢位于中央，球状。雄性和雌性生殖器官在近颈区同时发育。阴茎囊长，几乎达反孔侧渗透调节管。卵巢实体状，反孔侧。卵黄腺实体状，位于中央。子宫囊状。六钩蚴卵圆形，数目不多（8～26 个）。已知寄生于雁形目鸟类，分布于欧洲、亚洲和俄罗斯。模式种：塔蒂阿娜斯克尔亚宾帕拉克绦虫（*Skrjabinoparaksis tatianae* Krotov，1949）（图 18-344）。

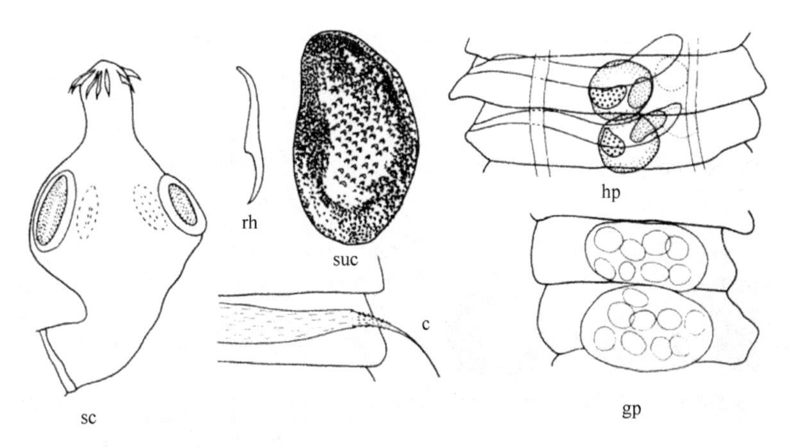

图 18-344　塔蒂阿娜斯克尔亚宾帕拉克绦虫结构示意图（引自 Czaplinski & Vaucher，1994）

4a. 吻突有 10 个以上的小钩 ·· 单睾属（*Monorcholepis* Oshmqrin，1961）

识别特征：吻突球茎状，伸缩自如，有 16～44 个异单睾属样（aploparaksoid）钩。吸盘无棘。节片有缘膜。内纵肌束数量多。生殖管背位于渗透调节管。生殖孔位于右侧。精巢椭圆形，位于反孔侧。外贮精囊背位于阴茎囊，横过孔侧渗透调节管并可能达中线。卵巢三叶状，位于孔侧。卵黄腺实体状，位于中央。受精囊位于孔侧，可能背位于孔侧渗透调节管。子宫囊状。六钩蚴和它们的外膜球状，数量多。已知寄生于雀形目鸟类，分布于欧洲和亚洲。模式种：杜亚丁单睾绦虫［*Monorcholepis dujardini*（Krabbe，1869）Oshmqrin，1961］（图 18-345）。

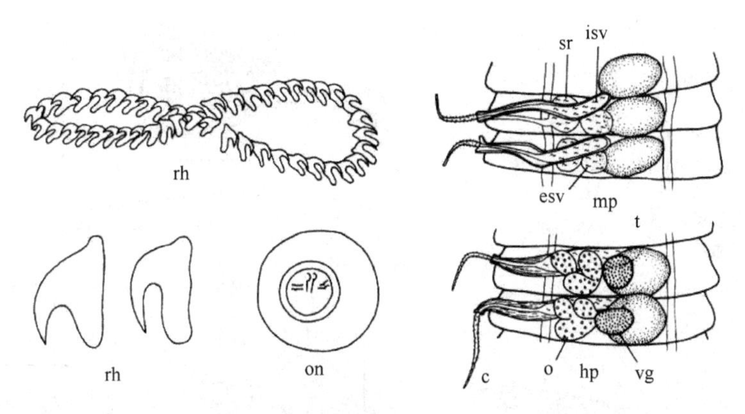

图 18-345　杜亚丁单睾绦虫结构示意图（引自 Czaplinski & Vaucher，1994）

Bondarenko 和 Komisarovas（2007）重新描述了两种鸟类绦虫：杜亚丁单睾绦虫（图 18-346～图 18-348）和雀单睾绦虫（*M. passerellae* Webster，1952）。这两种绦虫的链体形态包括阴茎的独特形式表现出强烈的相似性。虽然它们的链体形态变异大，但仍可以根据吻突钩的数目（分别为 40～53 和 25～31）和大小（分别为 18～25μm 和 14～18μm）进行区别。

不同宿主源的杜亚丁单睾绦虫的大小差异很大，体长为 3.65～70mm，体宽为 0.25～0.93mm。吻突钩数也有差异，为 40～53。

4b. 吻突有 10 个小钩 ··· 5

5a. 吻突有由 10 个异单睾属样小钩构成的 1 轮冠 ··············· 异单睾属（*Aploparaksis* Clerc，1903）（图 18-349～图 18-363）

［同物异名：格罗巴鳞属（*Globarilepis* Bondarenko，1966）；单睾属（*Haploparaksis* Neslobinsky，1911）；林斯托属（*Linstowius* Yamaguti，1959）；单睾属（*Monorchis* Clerc，1902）先占用；斯科瑞克属（*Skorikowia* Linstow，1905）；塔纽瑞属（*Tanureria* Spasskiĭ & Yurpalova，1968）］

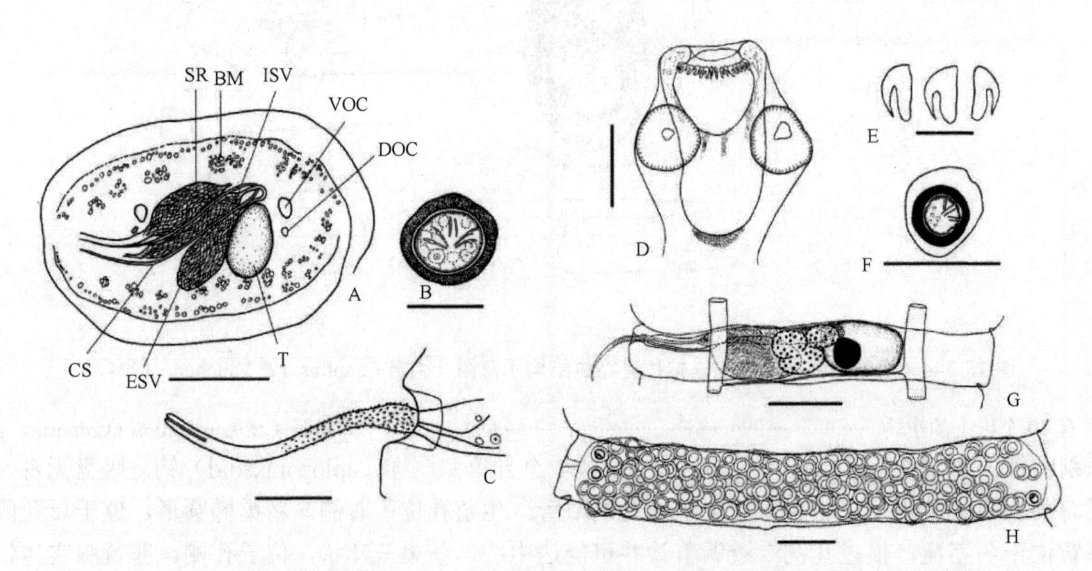

图 18-346　不同标本杜亚丁单睾绦虫结构示意图（引自 Bondarenko & Komisarovas，2007）

A～C. 绘自 Fuhrmann（1895）的标本（MHNG，玻片 62/2，6）：A. 节片横切，示链体纵肌位置，雄性器官和受精囊；B. 胚膜和六钩蚴（由于收缩之故，中央对胚钩比侧方对更短）；C. 阴茎。D～H. 采自加里宁格勒库罗尼安海峡（Curonian Spit）欧歌鸫（*Turdus philomelos*）的杜亚丁单睾绦虫（MHNG INVE 47854，C126/84）：D. 头节；E. 钩；F. 卵；G. 成节；H. 孕节。标尺：A，D，G，H=100μm；B，C，E=20μm；F=50μm

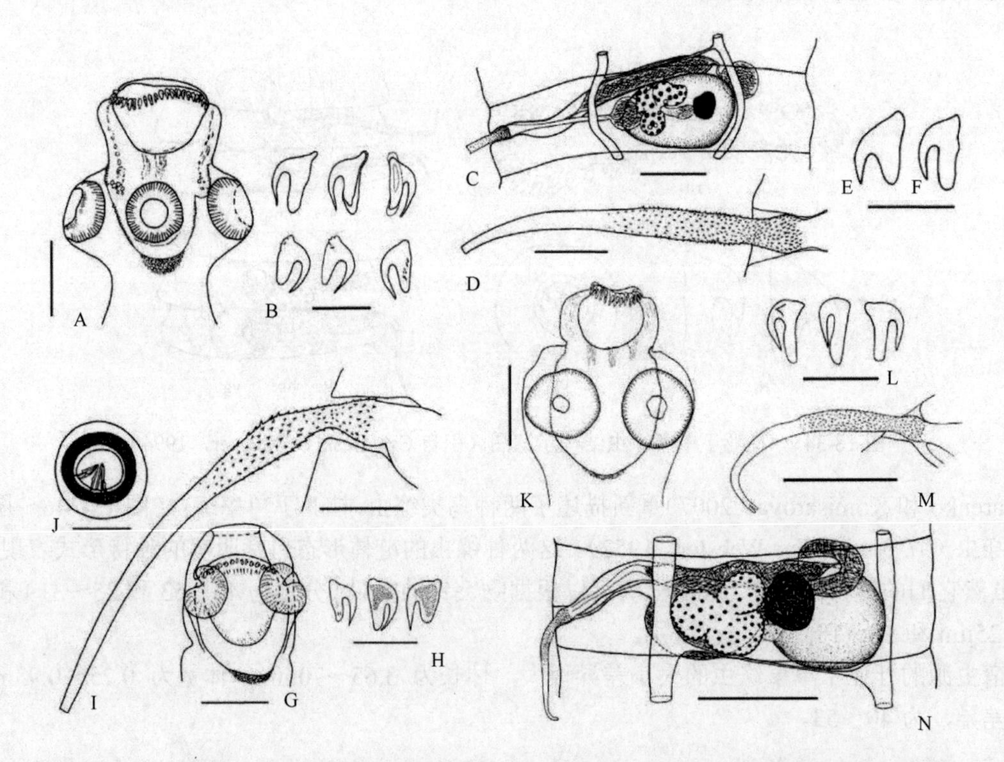

图 18-347　不同宿主杜亚丁单睾绦虫结构示意图（引自 Bondarenko & Komisarovas，2007）

采自阿拉斯加变地鸫（*Ixoreus naevius*）的杜亚丁单睾绦虫［=新北区杜亚丁单睾绦虫（*M. dujardini neoarctica*）］副模标本（USNPC 46648）（A～D）、Krabbe（1869）杜亚丁单睾绦虫吻突钩重绘（E，F）、采自阿拉斯加巴罗角（Point Barrow）狐色雀鸦（*Passerella iliaca iliaca*）的雀单睾绦虫（G～J）和采自库尔斯沙嘴（Curonian Spit）白眉歌鸫的雀单睾绦虫（MHNG INVE 47855，C126/85）（K～N）。A. 头节；B. 钩；C. 成节；D. 阴茎；E. 钩样本，采自波美拉尼亚白眉歌鸫（*Turdus iliacus*）；F. 钩样本，采自石勒苏益格白眉歌鸫；G. 头节；H. 钩；I. 阴茎；J. 卵；K. 头节；L. 钩；M. 阴茎；N. 成节。标尺：A，G，K，N=100μm；B，D～F，H，I，L=20μm；C，J，M=50μm

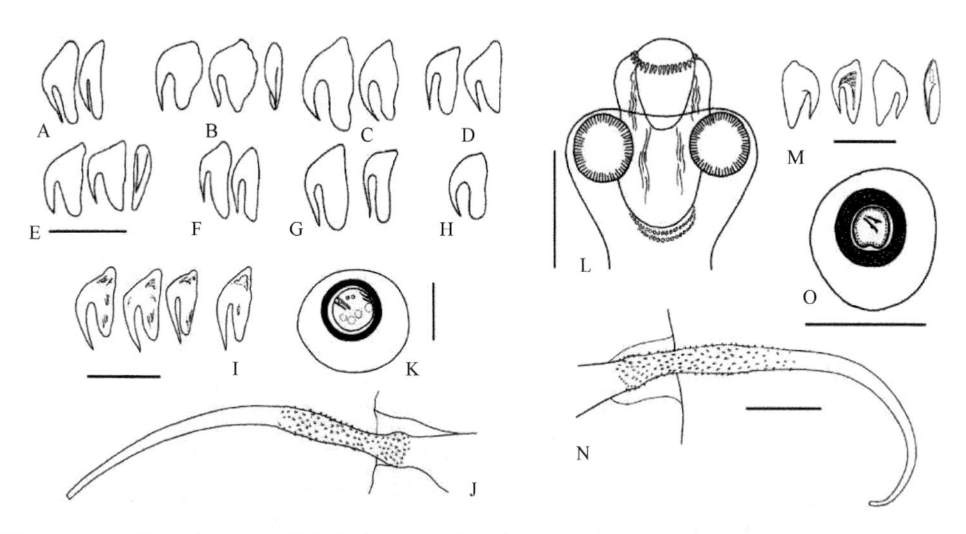

图 18-348 不同宿主杜亚丁单睾绦虫局部结构示意图（引自 Bondarenko & Komisarovas，2007）
A～H. 库尔斯沙嘴不同鸫鸟杜亚丁单睾绦虫的吻突钩：A～G. 采自白眉歌鸫样本的钩；H. 采自黑鸫（*Turdus merula*）样本的吻突钩。I～K. 采自阿拉斯加巴罗角狐色雀鹀：I. 钩；J. 阴茎；K. 卵。L～O. 采自楚科奇（Chukotka）斑鸫（*Turdus naumanni*）和帕拉穆希尔岛（Paramushir Island）（千岛群岛：Kuril Islands）白鹡鸰（*Motacilla alba*）：L. 头节；M. 钩；N. 阴茎；O. 卵。标尺：A～J，M，N=20μm；K=30μm；L=100μm；O=50μm

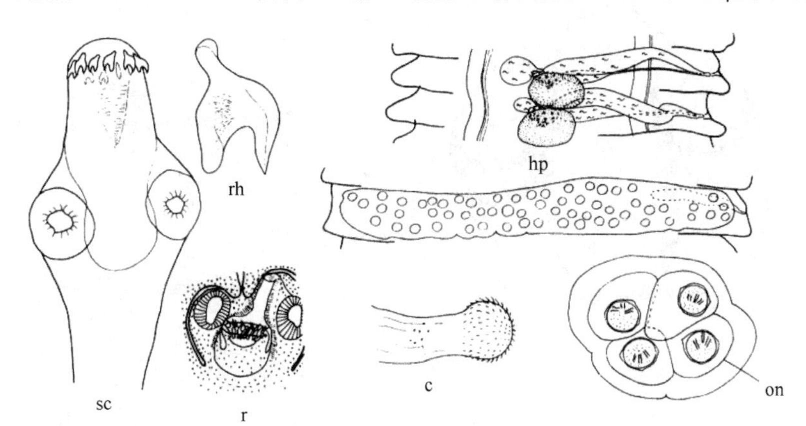

图 18-349 分歧异单睾绦虫［*A. furcigera*（Rudolphi，1819）Fuhrmann，1926］结构示意图
（引自 Czaplinski & Vaucher，1994）

识别特征：吻突绝大多数可内陷。吸盘无棘。节片具缘膜。生殖管背位于渗透调节管。精巢实体状，主要为横向椭圆形，位于中央或反孔侧。阴茎囊很发达，横过孔侧渗透调节管。卵巢实质状或不规则分叶，位于中央或略近孔侧。卵黄腺实体状，很少略分叶，位于中央。受精囊位于卵黄腺和孔侧渗透调节管之间。子宫幼时管状，孕时囊状并占据整个髓质。六钩蚴有厚的中层膜，有或没有极增厚，单个离开链体或以假囊的形式离开链体。已知寄生于雁形目、鸻形目、鸡形目、雀形目和鸥形目的鸟类，全球性分布。模式种：丝状异单睾绦虫［*Aploparaksis filum*（Goezw，1782）Clerc，1903］（图 18-354）。

Clerc（1903）建立异单睾属，选定了丝状带绦虫（*Taenia filum* Goeze，1782）作为模式种，更名为丝状异单睾绦虫（*Aploparaksis filum*）。该种最初描述自采自丘鹬（*Scolopax rusticola* Linnaeus）的约 200 个样品。Goeze 的样品没有幸存且只有简短的寄生虫外部形态的描述。因此，Clerc 基于采自乌拉尔（Ural）鸻形目几种鸟类的材料重新进行了描述。他也重新测定了 Krabbe、Wolfhugel 和 Fuhrmann 的材料，但 Clerc（1903）对丝状单睾绦虫的描述缺乏必要的种识别的形态特征信息。丝状异单睾绦虫是异单睾属最为通常记录的种。由于此属的建立，其宿主范围扩展到不同类群的 33 种鸟（Spassky，1963），并作为全北区鸻形目鸟类绦虫的大多数动物区系的研究。Bondarenko（1990）修订异单睾绦虫属并发现 Clerc（1903）的描述基于异源的材料，含有几种异单睾属的绦虫。在 Clerc 采自乌拉尔丘鹬、贮藏于日内瓦自然历史博

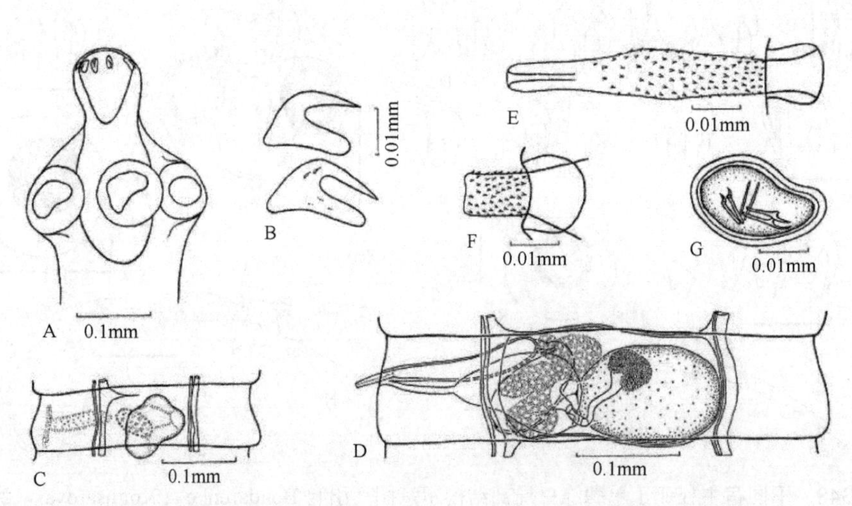

图 18-350　北方异单睾绦虫（*A. borealis* Bondarenko & Rauscht，1977）结构示意图（引自 Bondarenko & Rauscht，1977）

A. 头节；B. 吻突钩；C. 未成节腹面观；D. 成节腹面观；E. 外翻的阴茎；F. 部分陷入的阴茎；G. 卵

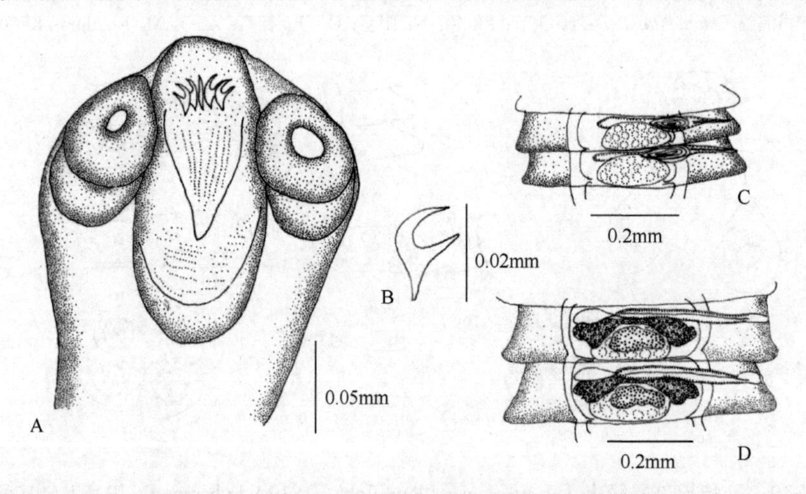

图 18-351　短茎异单睾绦虫（*A. bracgyohallos* Krabbe，1869）结构示意图（引自李海云，1994）

A. 头节；B. 吻突钩；C. 未成节；D. 成节

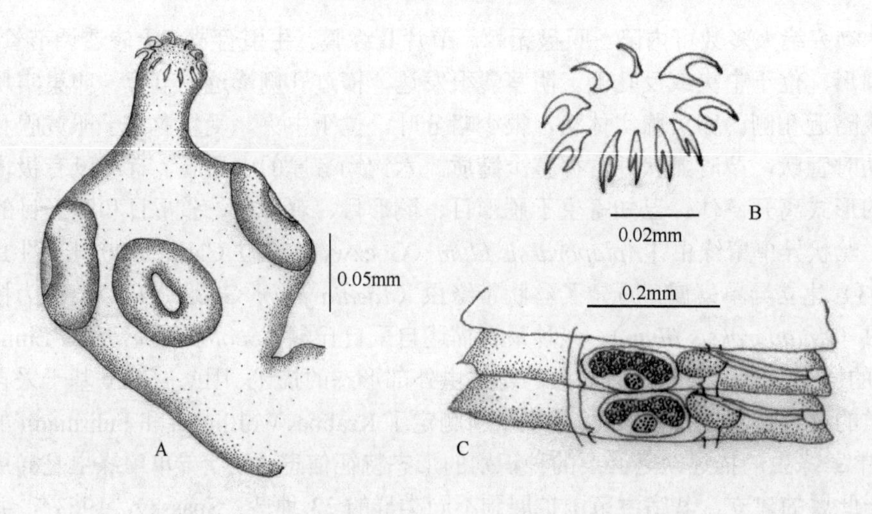

图 18-352　鸥异单睾绦虫（*A. larina* Fuhrmann，1921）结构示意图（引自李海云，1994）

A. 头节；B. 吻突钩形状及其排列；C. 成节

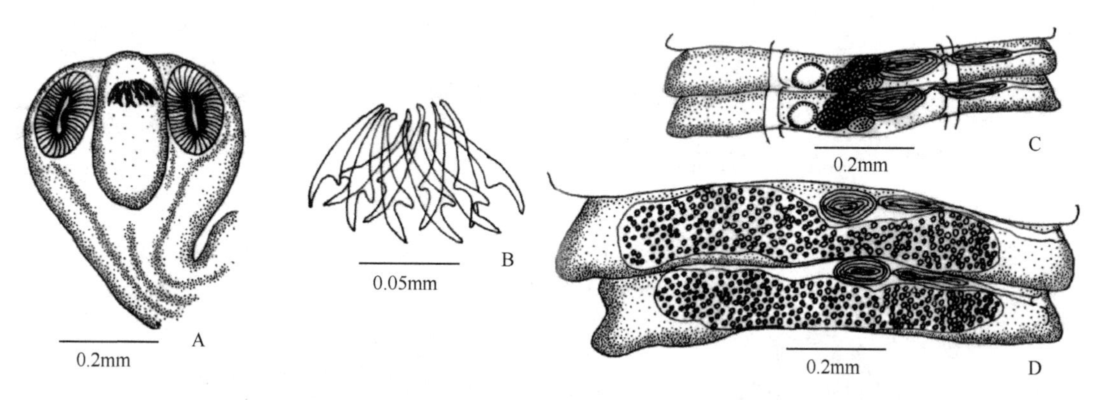

图 18-353　福建异单睾绦虫（*A. fukienensis* Lin，1959）结构示意图（引自李海云，1994）

A. 头节；B. 吻突钩形状及其排列；C. 成节；D. 孕节

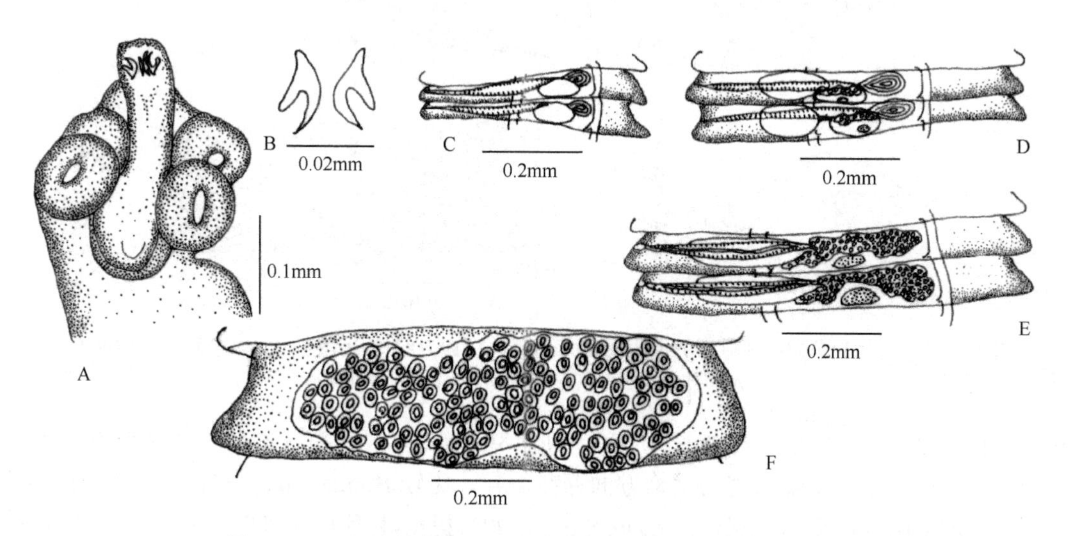

图 18-354　丝状异单睾绦虫结构示意图（引自李海云，1994）

A. 头节；B. 吻突钩形状；C. 未成节；D. 早期成节；E. 成节；F. 孕节

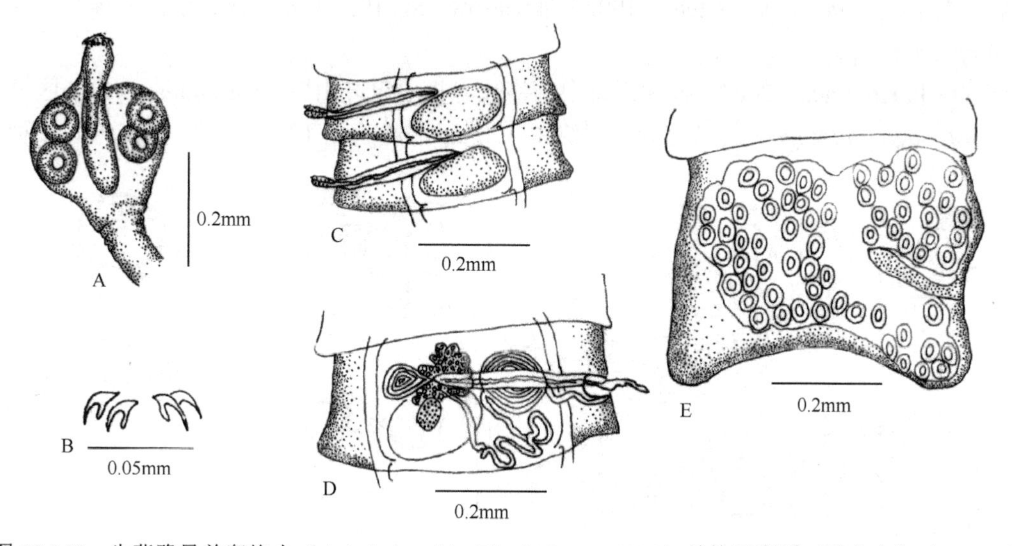

图 18-355　牛背鹭异单睾绦虫（*A. bubulcus* Li，Lin & Hong，1994）结构示意图（引自李海云，1994）

A. 头节；B. 吻突钩形状；C. 未成节，示精巢；D. 成节；E. 孕节

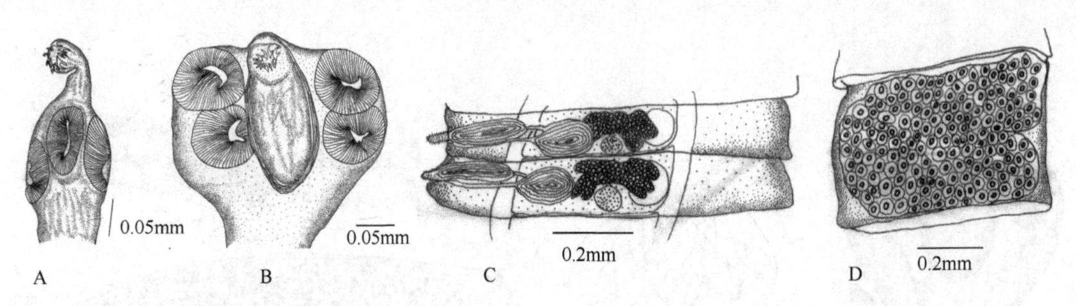

图 18-356　田鸡异单睾绦虫（*A. porzana* Dubinina，1953）结构示意图（引自李海云，1994）

A. 头节（吻突伸出）；B. 头节（吻突缩回）；C. 成节；D. 孕节

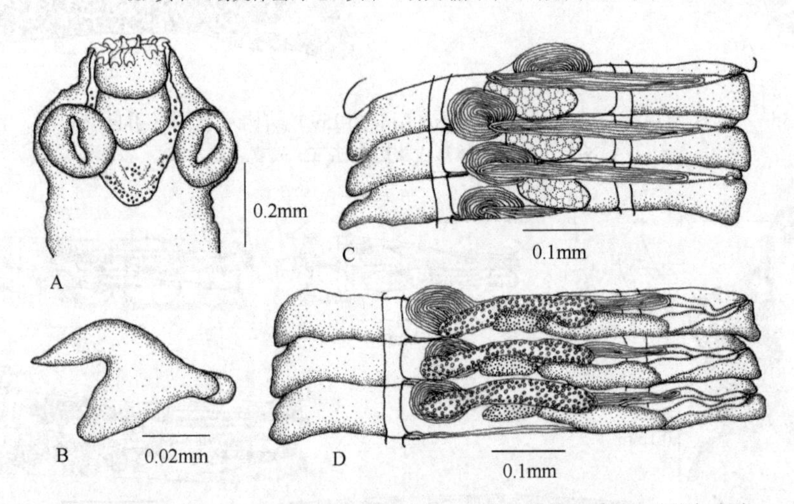

图 18-357　叉棘异单睾绦虫（*A. furcigera* Rudolphi，1819）结构示意图（引自李海云，1994）

A. 头节；B. 吻突钩形状；C. 未成节；D. 成节

物院的标为丝状异单睾绦虫的玻片标本（MHNG，No 13/78）中，发现有 3 种异单睾属绦虫。除了吻突钩的缺乏，样品在链体形态和交配器官的结构方面存在差异。比较 Bondarenko 采自丘鹬的异单睾属绦虫收藏得到一些遗失的不同种的形态数据，Bondarenko（1990）提出 1 种丘鹬可以同时寄生多达 5 种的异单睾属绦虫，说明了识别此类绦虫的难度，在 Clerc 的玻片标本中，Bondarenko 发现有丝状异单睾绦虫、伪丝状异单睾绦虫［*A. pseudofilum*（Clerc，1902）非 Gasowska，1932］和一未识别出的样品：异单睾绦虫未定种（*Aploparaksis* sp.）。

Bondarenko 和 Hromada（2004）描述了采自斯洛伐克喀尔巴阡山脉（Carpathian）中心区鸻形目鸟类扇尾沙锥（*Gallinago gallinago*）的马克异单睾绦虫（*A. mackoi*）（图 18-358，图 18-359）。该种不同于此

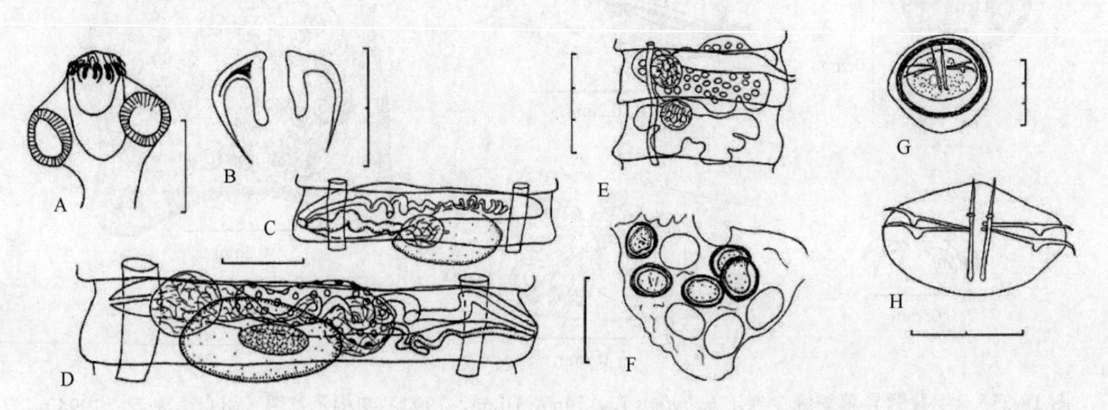

图 18-358　采自斯洛伐克共和国扇尾沙锥的马克异单睾绦虫（引自 Bondarenko & Hromada，2004）

A. 头节；B. 吻突钩；C. 雄性节片；D. 两性节片；E. 孕节；F. 含有移位胚膜的子宫片断；G. 卵；H. 胚钩。标尺：A，C~D，F=100μm；E=300μm；B，H=20μm；G=30μm

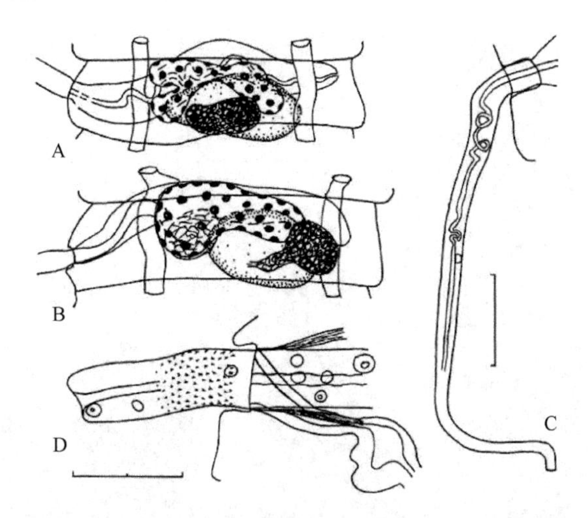

图 18-359 采自斯洛伐克共和国扇尾沙锥的马克异单睾绦虫成节与阴茎结构放大（引自 Bondarenko & Hromada，2004）
A. 成节，示卵黄腺对于卵巢而言的中央位置；B. 成节，示卵黄腺对于卵巢而言的反孔侧位置；C. 阴茎；D. 阴茎的钩棘。
标尺：A～C=100μm；D=20μm

属先前描述的种的特征在于：有一很大的圆锥状阴茎，最长达节片宽度的 1.5 倍。10 个异单睾属型吻突钩，长 19μm，有长而细的刃。卵黄腺相对于卵巢的位置，在同一链体可以从中央到反孔侧之间变动。

Bondarenko 和 Kontrimavichus（2005）又基于采自古北区不同地点［立陶宛（Lithuania）卡累利阿（Karelia）乌拉尔，俄罗斯滨海边疆区（Primorskiy Kray）］丘鹬的材料描述了另一种异单睾绦虫：迪姆申异单睾绦虫（*A. demshini*）的形态（图 18-360）及其胚后发育（图 18-361）。

迪姆申异单睾绦虫不同于其最近似的种——*A. belopolskajae* Bondarenko，1988［扇尾沙锥（*Gallinago* spp.）的一种绦虫］在于：吻突钩的形态和大小及更小的阴茎。不同于两个其他相近种棒状异单睾绦虫（*A. clavata* Spasskaya，1966）和席勒异单睾绦虫（*A. schilleri* Webster，1955）在于其具有胚孔和极增厚及一纺锤状的阴茎。实验条件下的生活史：绦虫蚴期通常发现位于蚯蚓：赤子爱胜蚓［*Eisenia foetida*（Savigny）］、诺氏爱胜蚓［*E. nordenskioldi*（Eisen）］和丛林蚓［*Dendrobaena octaedra*（Savigny）］的肠黄色组织下及

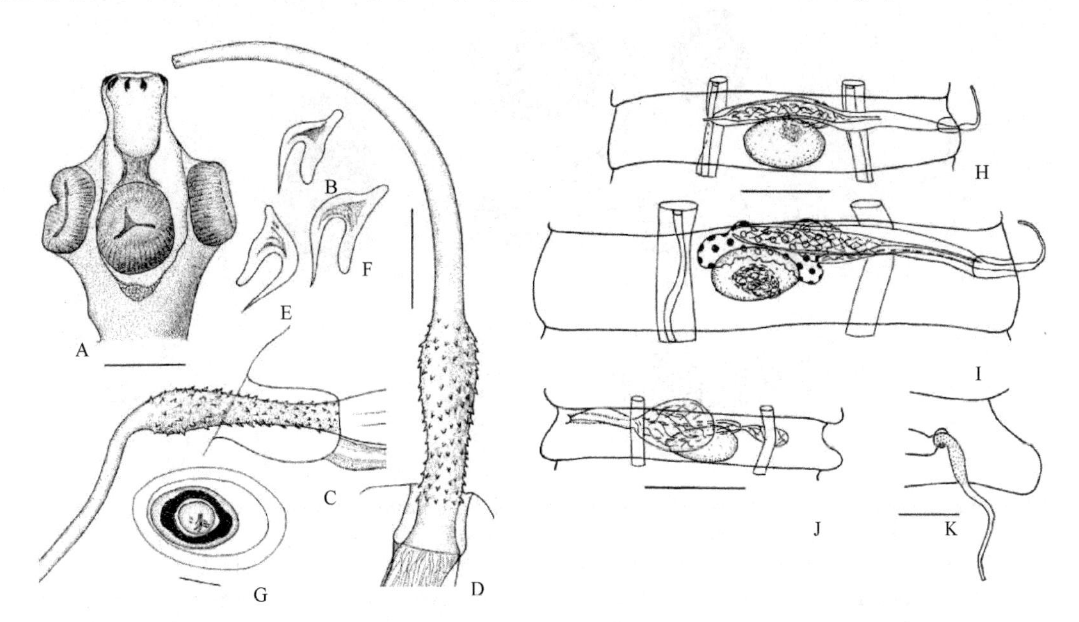

图 18-360 迪姆申异单睾绦虫结构示意图（引自 Bondarenko & Kontrimavichus，2005）
A～G. 采自丘鹬：A～C. 分别为全模标本的头节、钩和阴茎；D，G. 分别为阴茎（未固定，置于聚乙烯醇中）及采自卡累利阿的活虫卵；E，F. 采自俄罗斯滨海边疆区副模标本的钩。H，I. 分别为全模标本的雄性和两性节片；J～K. 分别为自 Clerc 采集（Urals 收藏）的副模标本的雄性节片和阴茎。标尺：A，H，I=100μm；B～G=20μm；J=50μm；K=30μm

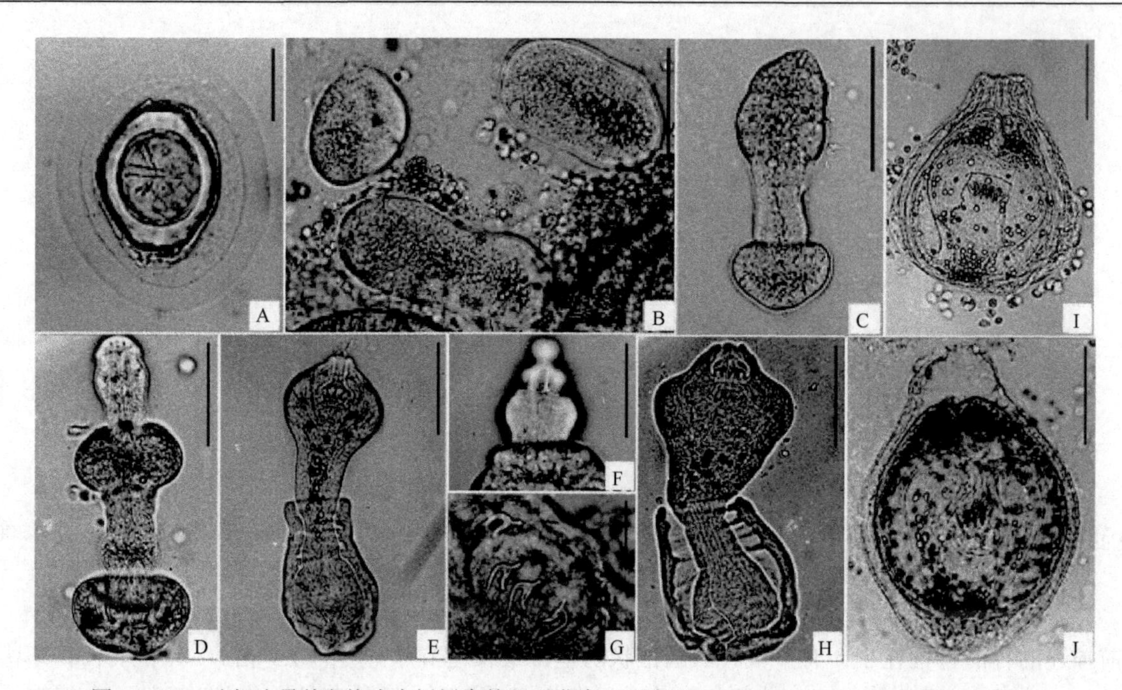

图 18-361　迪姆申异单睾绦虫在蚯蚓中的胚后发育（引自 Bondarenko & Kontrimavichus，2005）

A. 活虫卵；B. 初级腔期和幼体伸长；C. 绦虫蚴分化开始；D. 分化期晚期和头节发育早期；E. 钩刃形成；F. 钩器官（囊）形成；G. 感染后 518？天绦虫蚴的钩；H. 头节发育晚期（第 2 次内陷前的绦虫蚴）；I. 自蚯蚓（*Dendrobaena octaedra*）感染 35 天后得到的成熟绦虫蚴；J. 自赤子爱胜蚓感染后 518？天得到的绦虫蚴。标尺：A=20μm；F=30μm；G=50μm；B～E，H～J=100μm

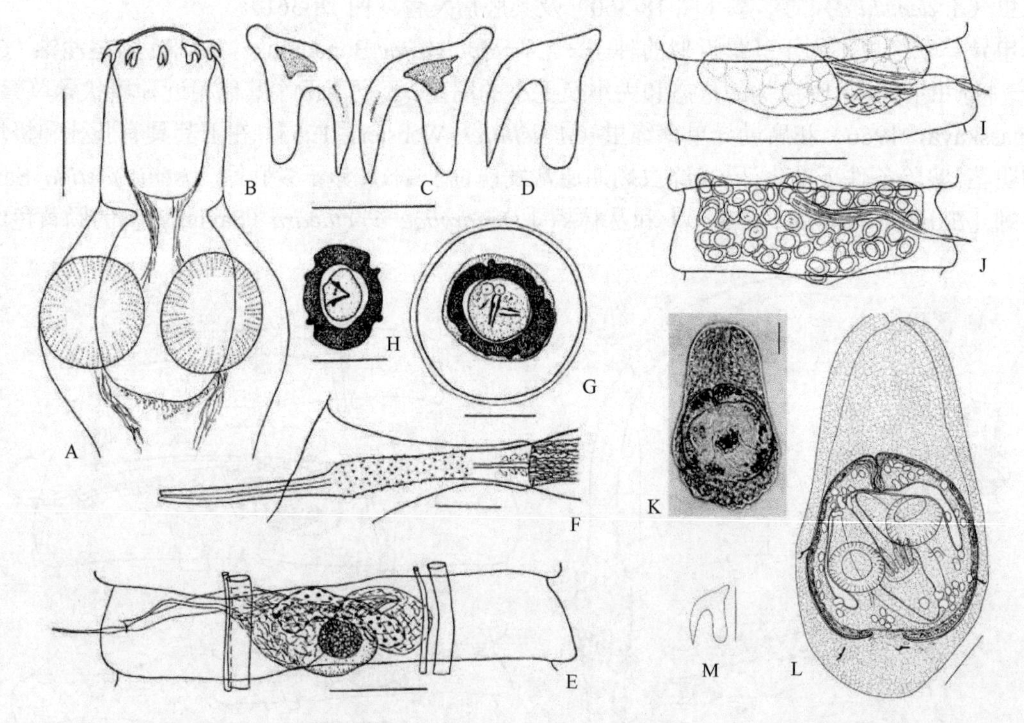

图 18-362　科努欣异单睾绦虫结构示意图及绦虫蚴实物（引自 Bondarenko & Kontrimavichus，2006）

A～H. 采自丘鹬的科努欣异单睾绦虫：A，C～F. 副模标本（未固定，在聚乙烯醇中）的头节（A）、钩（C，D）、两性节片（E）和阴茎（F）；B，H. 全模标本的钩（B）和胚膜（H）；G. 副膜标本活的虫卵。I，J. 采自丘鹬的科努欣异单睾绦虫的前孕节（I）和孕节（J），表现了子宫发育的不同程度（背面观）。K～M. 取自蚯蚓的科努欣异单睾绦虫的绦虫蚴：K. 完全发育的绦虫蚴；L. 同一绦虫蚴示意图，有详细的囊壁结构；M. 此绦虫蚴的吻突钩。标尺：A，E，I，J=100μm；B～D，F，M=20μm；G，H=30μm；K，L=50μm

线蚓［*Briodrilus arcticus*（Bell）］的肠壁。绦虫蚴期表现为典型的拟囊尾蚴变形的胚后发育方式，称为“卵形的双囊（ovoid diplocyst）”。

Bondarenko 和 Kontrimavichus（2006）描述了该属另一种绦虫：科努欣异单睾绦虫（*A. kornyushini*）（图 18-362），采自俄罗斯（Tver 地区）及立陶宛的丘鹬。最初，该绦虫由 Kornyushin（1975）描述为丘鹬异单睾绦虫（*A. scolopacis* Yamaguti，1935）并提供了图，有两个样品。科努欣异单睾绦虫和丘鹬异单睾绦虫是形态上很相似的种。它们之间的区别为吻突钩长度的略微不同及阴茎的形态，科努欣异单睾绦虫的阴茎缺基部的球茎。科努欣异单睾绦虫很易与采自鹬的异单睾属的其他种区别开来。其完全发育的胚膜结构有极增厚和两个大或几个略小的侧突起；这一胚膜的组合特征及其客观存在，其他单睾属绦虫（丘鹬单睾绦虫除外）没有。在立陶宛实验条件下对科努欣异单睾绦虫进行了研究。其绦虫蚴位于蚯蚓［正蚓科（Lumbricidae）］肠的黄色组织下。绦虫蚴表现为胚后发育的典型类型，其拟囊尾蚴变型术语为“卵形的双囊”。

Nikishin（2009）研究了典型的双囊（dyplocyst）球茎异单睾绦虫（*A. bulbocirrus* Deblock & Rausch，1968）自其拟囊尾蚴内陷开始到其成熟期尾附属物的微细结构（图 18-363），确定了表皮和肌肉组织的外囊组分的界定，并且发现少量特有组织的低分化细胞“深色细胞”；结缔组织的组成没有揭示；外囊组织发生的特征是低分化水平的肌细胞、头节内陷后皮层的破坏性变化及其外部和内部表面皮层结构的分化；所获得的数据支持外囊具有保护和营养功能的理念。

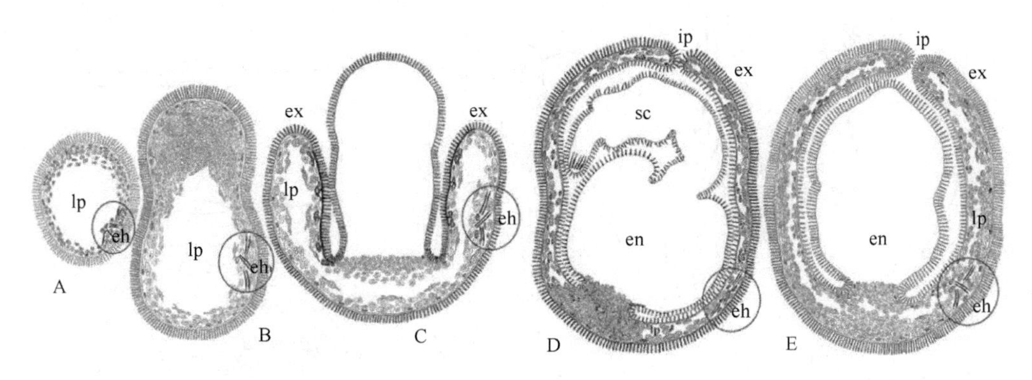

图 18-363　球茎异单睾绦虫不同发育阶段的结构示意图（引自 Nikishin，2009）

A. 原体腔结构；B. 伸长；C. 内陷开始；D. 最初内陷完成，头节发生开始；E. 头节发生。缩略词：eh. 胚钩；en. 内囊；ex. 外囊；ip. 内陷孔；lp. 原腔；sc. 头节

5b. 吻突有 10 个弓状的（arcuatoid）小钩，组成一单轮冠……………………………………………………单睾鳞属（*Monotestilepis* Gvozdev，Maksimova & Kornyushin，1971）

识别特征：吻突伸缩自如，具棘。吸盘大而无棘。节片具缘膜。内纵肌束 8 束。生殖管在背侧横过孔侧渗透调节管。精巢实体状，位于中央。阴茎囊窄长形，达精巢位置。雄性和雌性腺几乎同时发育。卵巢两叶状，位于中央。卵黄腺椭圆形，实体状，位于中央。子宫囊状。六钩蚴不多，圆形，布局为横向的排。已知寄生于雁形目鸟类，分布于乌克兰和哈萨克斯坦。模式种：麻鸭单睾鳞绦虫（*Monotestilepis tadornae* Gvozdev，Maksimova & Kornyushin，1971）（图 18-364）。

6a. 吸盘通常有棘；外和内分节现象明显；吻突双睾属样型或弓状型；六钩蚴膜椭圆形或细丝状……………………………………………………双睾属（*Diorchis* Clerc，1903）（图 18-365～图 18-368）

［同物异名：双倍单睾属（*Diplomonorchis* López-Neyta，1944）先占用；琼斯属（*Jonesius* Yamaguti，1959）；裸睾属（*Nudiorchis* Matevosyan，1941）；席勒属（*Schillerius* Yamaguti，1959）］

识别特征：吻突伸缩自如。纵向肌束主要为 8 束。生殖管背位于渗透调节管。每节两个精巢。孔侧精巢可能消失，被受精囊挤压（如 *Diorchis stefanskii*）。外内贮精囊和内贮精囊很发达，有时有薄层的环状肌肉。阴茎囊通常横过孔侧渗透调节管，很少很长几乎达反孔侧节片边缘者。卵巢绝大多数为三叶状，可能横向伸长，两叶状，位于中央，很少位于亚中央。卵黄腺实体状，位于卵巢后方或卵巢腹部。受精囊很发达，位于卵黄腺孔侧。远端阴道在阴茎囊腹方或后方，通常有特征性形态和大小的交配部和肌肉质括约肌。子宫囊状。六钩蚴通常椭圆形，有椭圆形的膜，外膜通常为细丝状，甚至有分支。已知寄生于雁形目、鹤形目、鸻形目和鸽形目的鸟类，全球性分布。模式种：尖锐双睾绦虫［*Diorchis acuminate*（Clerc，1902）Clerc，1903］（图 18-365A）。

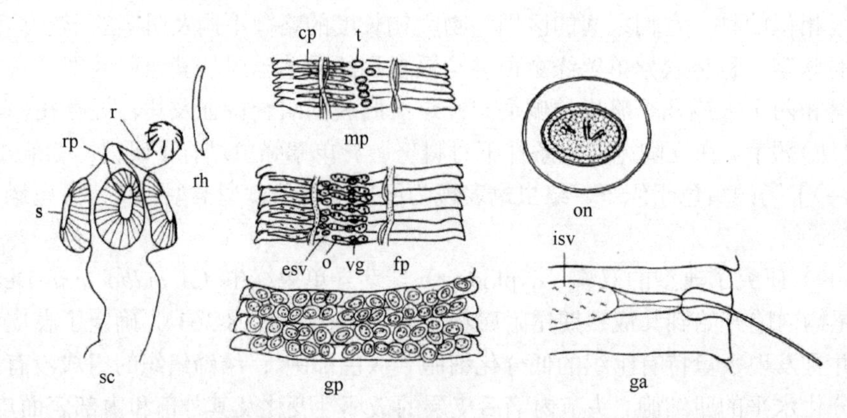

图 18-364　麻鸭单睾鳞绦虫结构示意图（引自 Czaplinski & Vaucher，1994）

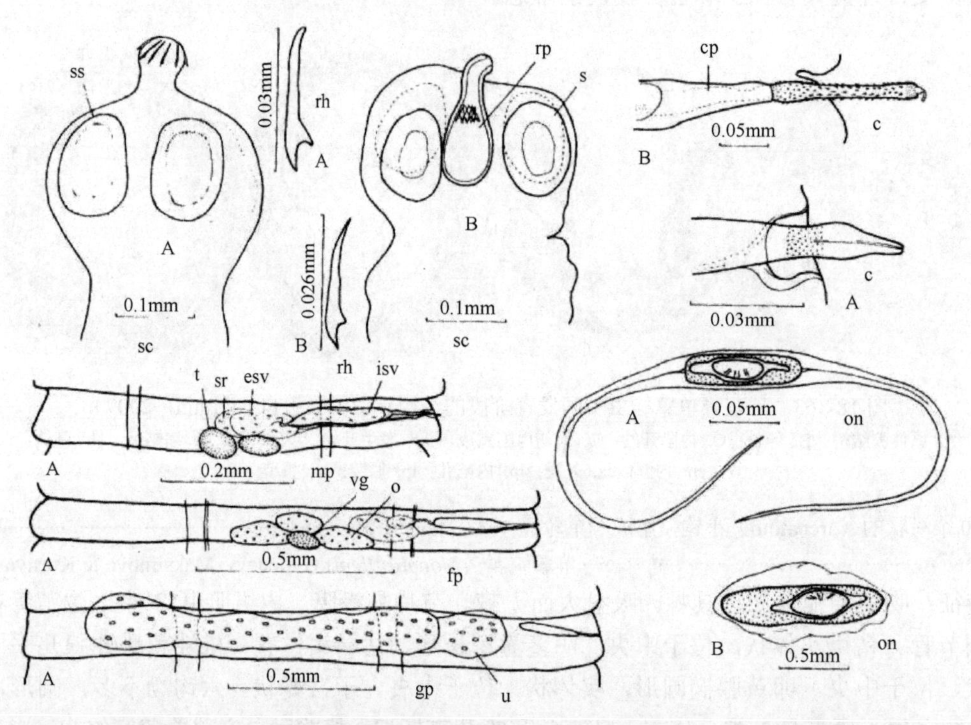

图 18-365　双睾属 2 种绦虫结构示意图（引自 Czaplinski & Vaucher，1994）

A. 尖锐双睾绦虫［同物异名：埃利萨双睾绦虫（*D. elisae* Skrjabin，1914）］；B. 达努双睾绦虫（*D. danutae* Czaplinski，1956）

双睾属由 Clerc（1903）建立，包含膜壳科中具有少量吻突钩，排为 1 轮，每节两个精巢，纵肌分为两层（背方 1 层和腹方 1 层，各由 4 束肌束组成）和囊状的子宫的种类。起初，该属仅包含两种，即模式种尖锐双睾绦虫和膨胀双睾绦虫［*D. inflata*（Rudolphi，1819）Clerc，1903］（图 18-366）。20 世纪，超过 70 种双睾属绦虫描述自世界各地的水禽。该属的宿主范围包括鸭科（Anatidae）和秧鸡科（Rallidae）鸟类，偶尔也有鸻形目鸟类。在 Tolkacheva（1991）对该属的修订中，大量的种被当作同物异名，并记录了采自前苏联领域的 14 个有效种。虽然有多位学者对全北区该属的分类有贡献，如 Rybicka（1957）、Czaplinski（1955，1956，1972，1988）、Czaplinski 和 Szelenbaum（1974）、McLaughlin 和 Burt（1975，1976，1979）及 Czaplinski 和 Szelenbaum-Cielecka（1986），但除了大量的种类记录，许多种包括模式种尖锐双睾绦虫的形态和分类地位均不足于对该属进行修订，直到 Marinova 等（2015）在对保加利亚水禽绦虫研究过程中对该属进行了较为全面的小结并描述了新种色雷斯双睾绦虫（*D. thracica*）（图 18-368）为止。基于已发表记录的双睾属有效种的主要特征比较见表 18-12。

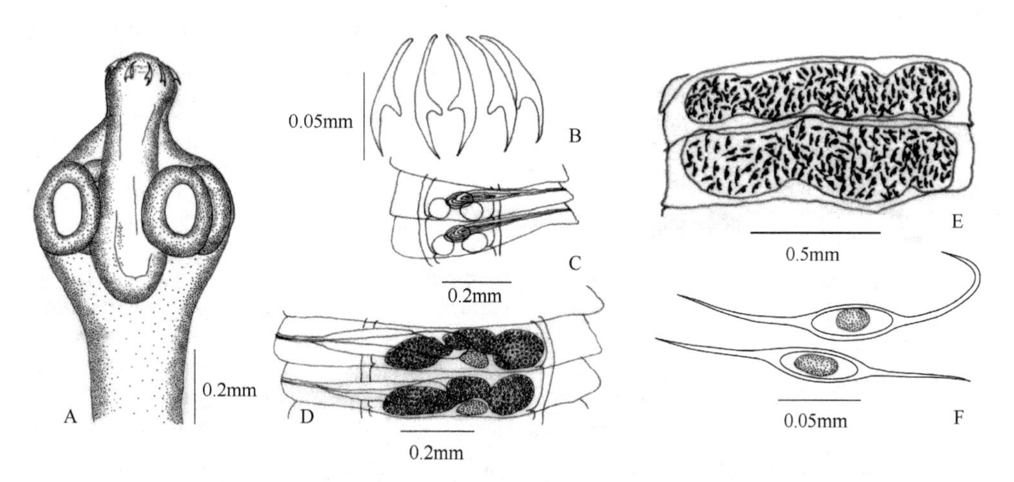

图 18-366 膨胀双睾绦虫结构示意图（引自李海云，1994）

A. 头节；B. 吻突钩形状；C. 未成节，示精巢；D. 成节；E. 孕节；F. 虫卵

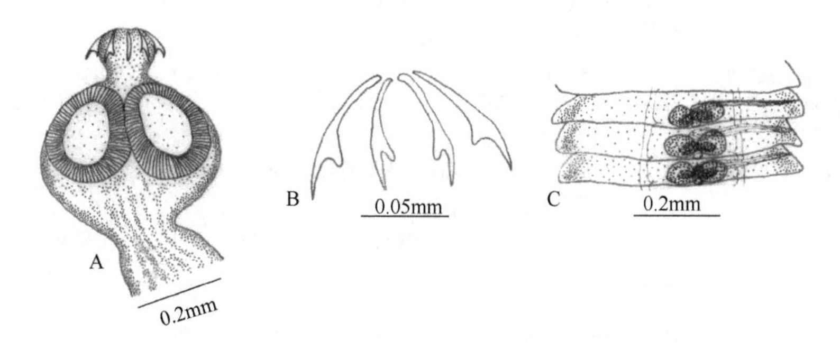

图 18-367 球茎双睾绦虫（*D. bulbodes* Mayhew，1819）结构示意图（引自李海云，1994）

A. 头节；B. 吻突钩形状；C. 早期成节

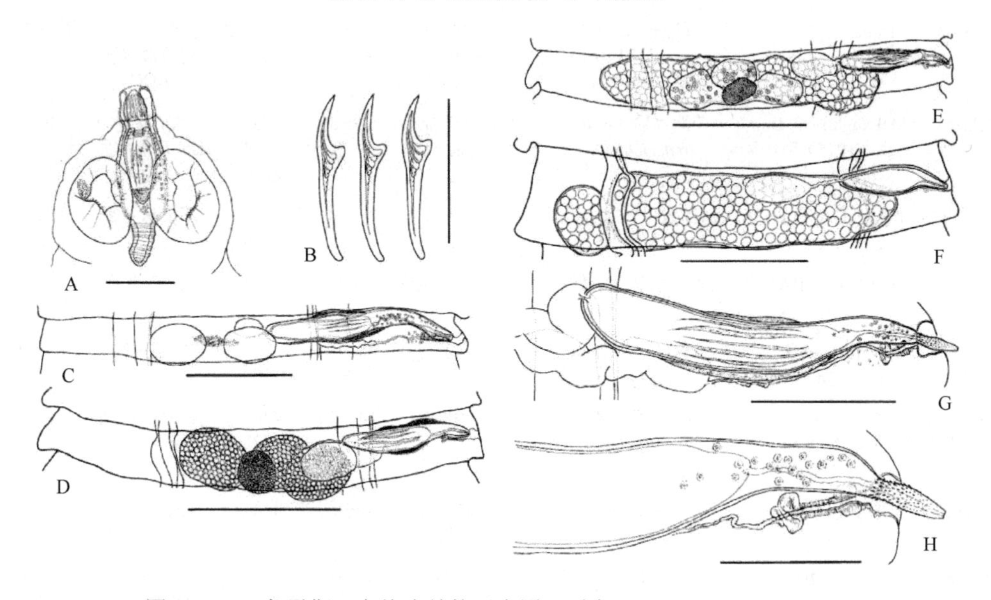

图 18-368 色雷斯双睾绦虫结构示意图（引自 Marinova et al.，2015）

A. 头节；B. 吻突钩；C. 雄性器官成节；D. 雌性器官成节；E. 成熟后节片具发育的子宫；F. 前孕节；G. 末端生殖管；H. 外翻的阴茎和阴道交配部。标尺：A，C，G=100μm；B=30μm；D～F=250μm；H=50μm.

表 18-12 基于已发表记录的双睾属（*Diorchis* Clerc，1903）有效种的主要特征比较

种	源文献			吻突钩长度范围（平均）	阴茎囊长度范围（平均）	阴茎囊位置[a]	阴茎长度范围	交配阴道长度范围
	作者	宿主	采集地					
D. danutae Czaplinski，1956	Czaplinski 和 Szelenbaum-Cielecka（1986）	红头潜鸭（*Aythya ferina*）；凤头潜鸭（*A. fuligula*）	波兰	23～28	380～590	不穿越中线	145～202	130～170
D. elisae（Skrjabin，1914）Spassky & Frese，1961	Skrjabin 和 Mathevossian（1945）	白眼潜鸭（*Aythya nyroca*）	哈萨克斯坦	26	250～260	不穿越中线	—	—
D. excentricus Mayhew，1925	Mayhew（1925）	棕硬尾鸭（*Oxyura jamaicensis*）	伊利诺伊州（美国）	26～31	—	不穿越中线	—（长，圆柱状，强具棘）	—
D. oxyura Golovkova，1973	Tolkacheva（1991）	白头硬尾鸭（*Oxyura leucocephala*）	土库曼斯坦（中亚）	28	500～800	穿越中线，扩展至 AOC，常与之交叉	260～300	150～210
D. ovofurcata Czaplinski，1972	Czaplinski（1972）	凤头潜鸭，白眼潜鸭	波兰	27～31（30）	135～176	不穿越中线	30	—
D. acuminata（Clerc，1902）Clerc，1903	Clerc（1903）	绿翅鸭（*Anas crecca*）；赤膀鸭（*A. strepera*）；白骨顶鸡（*Fulica atra*）	乌拉尔（俄罗斯）	27～39	150～160	不穿越中线	—	—
D. asiatica Spasskiĭ，1963	Czaplinski 和 Szelenbaum-Cielecka（1986）	绿头鸭（*Anas platyrhynchos*）；赤膀鸭	波兰	31～35	300～380	穿越中线，常扩展至 AOC	150～185	120～160
D. nyrocoides Spasskaya，1961	Spasskaya（1961）	绿翅鸭	图瓦（俄罗斯）	36	402～429	穿越中线	73	—
D. thracica Marinova，Georgiev & Vasileva，2015	Marinova 等（2015）	赤麻鸭（*Tadorna ferruginea*）	保加利亚	35～36（36）	200～255（229）	不穿越中线	25～40（34）	25～40(34)
D. Parvogenitalis Mathevossian in Skrjabin & Mathevossian，1945	Czaplinski 和 Szelenbaum（1974）	红头潜鸭；凤头潜鸭；白眼潜鸭	波兰	33～40（37）	170～230	不穿越中线	8～10	16～20
D. pelagicus Hoberg，1982	Hoberg（1982）	须海雀（*Aethia pygmaea*）；凤头海雀（*A. cristatella*）	阿拉斯加（美国）	35～41（37）	93～162（123）	穿越中线，达到或常穿越 AOC	60～95	47～75(58)
D. ransomi Johri，1939	McLaughlin 和 Burt（1975）[b]	美洲骨顶（*Fulica americana*）	内布拉斯加州（美国）	38～39	175～324	可变，穿越中线，可能扩展至 AOC	142	97～130
D. anivi Krotov，1955	Tolkacheva（1991）	斑背潜鸭（*Aythya marila*）	萨哈林岛（俄罗斯）	38～44	330～440	不穿越中线	140～150	110～144
D. tuvensis Spasskiĭ，1963	Spasskaya（1961）	绿翅鸭；凤头潜鸭	图瓦（俄罗斯）	45	185	很少穿越中线	—	20～24
D. visayana Tubangui & Masilungan，1937	Tubangui 和 Masilungan（1937）	黑水鸡（*Gallinula chloropus*）	菲律宾	48～50	280～400	穿越中线	80～96	—
D. spratti Czaplinski & Aeschlimann，1987	Czaplinski 和 Aeschlimann（1987b）	爪哇灰鸭（*Anas gibberifrons*）	澳大利亚	54～58	440～530	穿越中线，有时穿越 AOC	—	285～350，（有两个括约肌）
D. spinata Mayhew，1929	Greben（2007）	赤膀鸭	路易斯安那（美国）	55～60	420～700	穿越中线，扩展至 AOC	188～235	125～165
D. tshanensis Krotov，1949	Greben（2007）	赤膀鸭	乌克兰	55～62	250～595	穿越中线，有时穿越 AOC	140～180	100～150
D. pararansomi Tanzola，1992	Tanzola（1992）	黄腿骨顶（*Fulica armillata*）	阿根廷	56～62	270	不穿越中线	50	56～70

续表

种	源文献			吻突钩长度范围（平均）	阴茎囊长度范围（平均）	阴茎囊位置[a]	阴茎长度范围	交配阴道长度范围
	作者	宿主	采集地					
D. longiovum Schiller，1953	Czaplinski（1988）[b]	绿翅鸭	阿拉斯加（美国）	57～58	500～590（530）	穿越中线，扩展至AOC，常穿越	110～132	—（有两个几乎看不见的括约肌）
D. brevis Rybicka，1957	McLaughlin 和 Burt（1976）[b]	白骨顶鸡	波兰	66～69	250～399	穿越中线，通常穿越AOC	63～68	73～93
D. inflata（Rudolphi，1819）	Rybicka（1957）	白骨顶鸡；黑水鸡	波兰	66～72（70）	360～680（500）	高度伸长；穿越AOC	400～450	—
D. stefanskii Czaplinski，1956	Spasskaya（1966）	绿头鸭；赤膀鸭；灰雁（*Anser anser*）；白眼潜鸭；红头潜鸭	波兰	66～74（70）	220～265（238）	不穿越中线	23～28	28
D. flavescens（Krefft，1873）Johnston，1912	Czaplinski 和 Aeschlimann（1987a）[b]	*Anas superciliosa*	澳大利亚	67～71（68）	500～670	穿越中线；在雄性器官成节穿越AOC	350～510（403）	—（有两个括约肌）
D. americana Ransom，1909	McLaughlin 和 Burt（1976）	美洲骨顶	马尼托巴（加拿大）	67～72	277～429	穿越中线，通常穿越AOC	97～102	37～50
D. bulbodes Mayhew，1929	McLaughlin 和 Burt（1979）	北美黑鸭（*Anas rubripes*）	新不伦瑞克（加拿大）	68～69	267～339	不穿越中线	52	117～143
D. ralli Jones，1944	Jones（1944）	王秧鸡（*Rallus elegans*）	弗吉尼亚州（美国）	77	250	不穿越中线	150	—
D. longihamulus Macko & Rysavy，1968	Macko 和 Rysavy（1968）	黑水鸡安的列斯亚种（*Gallinula chloropus cerceris*）	古巴	80～88	232～313	穿越中线，不扩展至AOC	218～254	—
D. Nitidohamulus Hovorka & Macko，1972	Hovorka 和 Macko（1972）	凤头潜鸭	斯洛伐克	103～105	138～189	穿越中线，扩展至AOC，通常穿越	56～69	41～46

注：种按吻突钩长度顺序排列；测量单位为μm。“—”表示没有可用测量数据

a 阴茎囊相对于节片中线和反孔侧渗透调节管（AOC）的位置

b 数据来自重描述的模式样品

6b. 吸盘无棘；外和内分节现象明显；吻突钩棘吻样属型；六钩蚴膜球状………新双睾属（*Neodiorchis* Bilqees & Fatima，1984）

识别特征：节片有缘膜。孕节方形或长大于宽（？）。纵肌束和渗透调节管未描述。生殖孔单侧，亚边缘位。精巢圆形或横向椭圆形。外贮精囊未观察到（缺？）。阴茎囊长，达中线或近反孔侧边缘。内贮精囊很发达。阴茎有棘（？），很长。卵巢横向伸长，两叶不明显。卵黄腺实体状，圆形或椭圆形，位于中央，卵巢腹方。子宫不明显；似乎为囊状。内部的六钩蚴膜有极丝。为可疑属。已知寄生于雁形目鸟类，分布于巴基斯坦。模式种：长阴茎新双睾绦虫（*Neodiorchis longicirrus* Bilqees & Fatima，1984）（图18-369）。

6c. 吸盘有棘；无外分节，内分节复杂；体圆柱状，横切面圆形，有侧沟，侧沟处有辐射状布局的生殖管开口；通常两个精巢，各与阴茎囊相连………………………………………………………………胃带属（*Gastrotaenia* Wolffhügel，1938）（图18-370）

［同物异名：反孔属（*Apora* Ginetsinskaya，1944）］

识别特征：吻突伸缩自如，有棘，有单轮钩冠，为10个双睾属样钩，钩卫显著但短于钩刃。内部和外部的纵肌束数量多。4条纵向渗透调节管。生殖管背位于渗透调节管。阴茎囊长而弱。卵巢实体状，横向椭圆形，与位于孔侧的细颗粒状卵黄腺相连。子宫囊状。六钩蚴椭圆形，有椭圆形的外膜。已知寄生于雁形目鸟类，主要在砂胃角质层接近前胃处。分布于欧洲、亚洲、南美洲和北美洲。模式种：天鹅胃带绦虫（*Gastrotaenia cygni* Wolffhügel，1938）。

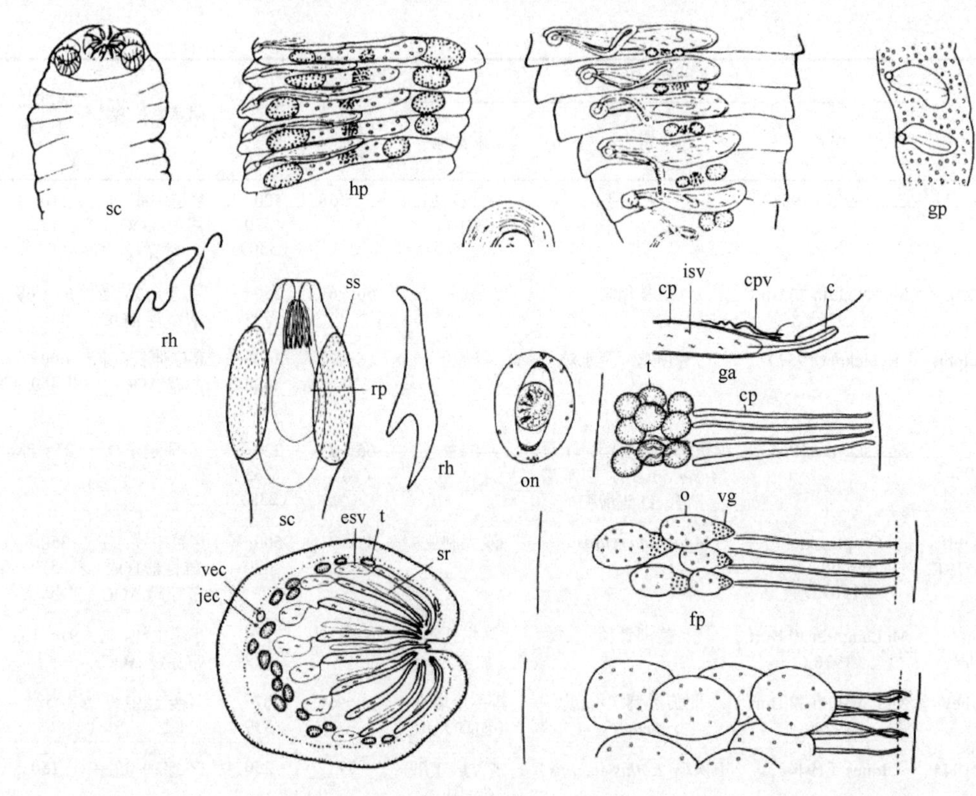

图 18-369 长阴茎新双睾绦虫结构示意图（引自 Czaplinski & Vaucher，1994）

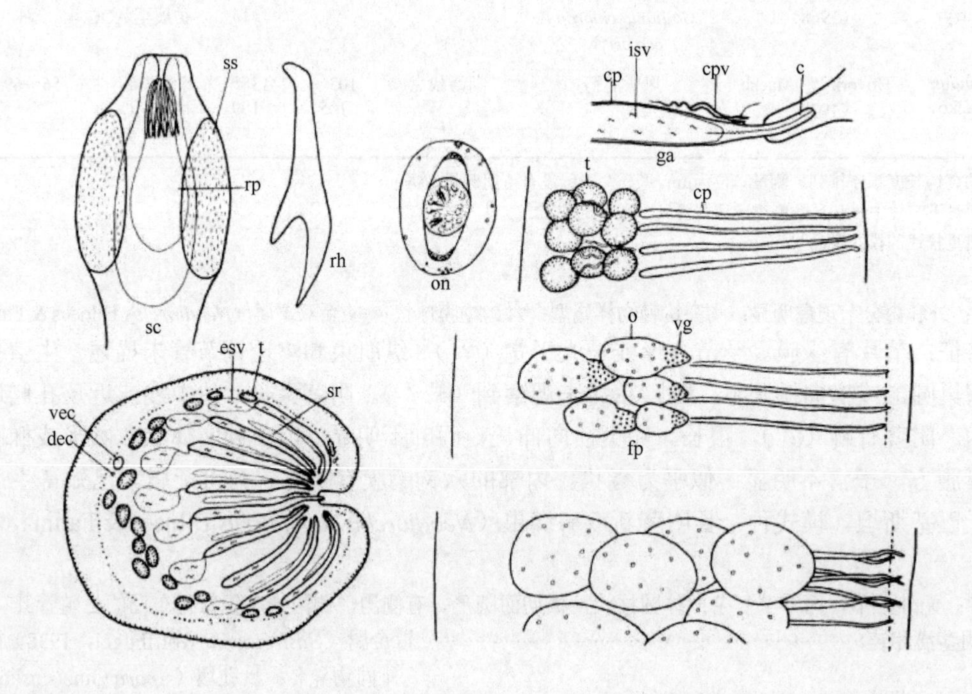

图 18-370 副天鹅胃带绦虫（*G. paracygni* Czaplinski & Ryzhikov，1966）结构示意图（引自 Czaplinski & Vaucher，1994）

7a. 无吻突或吻突退化，没有棘……………………………………………………………………………………8

7b. 吻突有棘……………………………………………………………………………………………………9

8a. 吸盘无棘；每节通常 3 个精巢……………………………膜壳属（*Hymenolepis* Weinland，1858）（图 18-371～图 18-394）

［同物异名：*Amazilolepis* Schmidt & Dailey，1992；*Amphipetrovia* Spasskiī & Spasskaya，1954；无吻带属（*Arhynchotaenia* Saakova，1958 非 Pagenstecher，1877）；无吻带属（*Arhynchotaenialla* Schmidt，1986）；澳大利亚属（*Australiolepis* Spasskiī &

Spasskaya，1954)；领带属（*Cloacotaenia* Wolffhügel，1938)；领带属（*Cloacotaeniella* Schmidt，Bauerle & Wertheim，1988)；鹰鳞属（*Orlovilepis* Spasskiĭ & Spasskaya，1954)；施梅尔茨属（*Schmelzia* Yamaguti，1959)；葡鳞属（*Staphylepis* Spasskiĭ & Oshmarin，1954)；三睾属（*Triorchis* Clerc，1903）先占用；伍德兰属（*Woodlandia* Yamaguti，1959)]

识别特征：吸盘位于侧方或顶方，节片有缘膜。内纵肌束数量多。腹渗透调节管常常由横向联合相连。生殖管背位于渗透调节管。生殖孔位于右侧（除了旧的缩小膜壳绦虫样品）。3个精巢横向排列或排为三角形，位于髓质。阴茎囊可能达中线。卵巢实体状，横向伸长或分叶，位于中央或亚中央，通常在精巢前，例外者在精巢孔侧。卵黄腺实体状，位于卵巢后方。受精囊很发达。阴道位于阴茎囊后方或腹部。子宫囊状，很少网状。六钩蚴略为椭圆形，膜绝大多数球状。已知寄生于鸟类和哺乳类，全球性分布。模式种：缩小膜壳绦虫[*Hymenolepis diminuta*（Rudolphi，1819）Weinland，1858]。

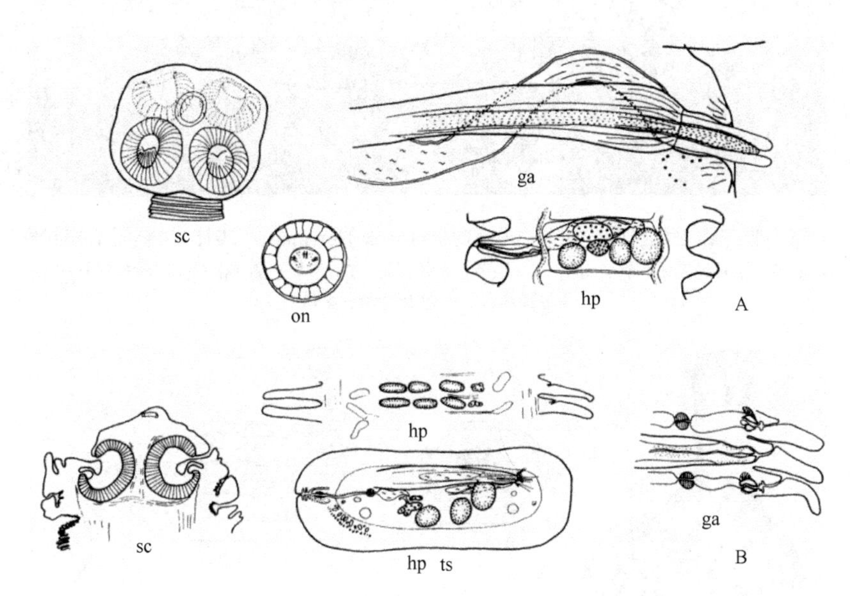

图 18-371　2种膜壳绦虫结构示意图（引自 Czaplinski & Vaucher，1994）

A. 大眼膜壳绦虫［*H. megalops*（Nitzsch in Creplin，1829）Ransom，1902］；B. 双针尾膜壳绦虫（*H. biaculeata* Fuhrmann，1909）

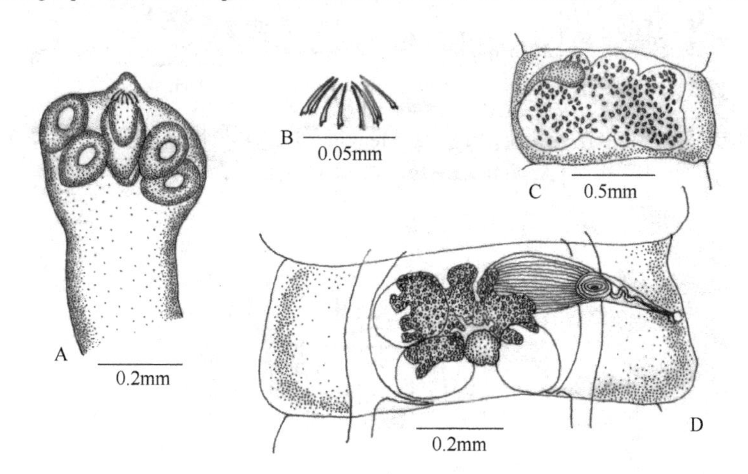

图 18-372　燕雀膜壳绦虫（*H. fringillarum* Rudolphi，1809）结构示意图（引自李海云，1994）

A. 头节；B. 吻突钩；C. 孕节；D. 成节

Rozario 和 Newmark（2015）基于共聚焦扫描显微镜，用带不同荧光的多种抗体显示了缩小膜壳绦虫的不同组织结构，构建了相关图（图 18-373）。这是绦虫学研究的新进展之一。

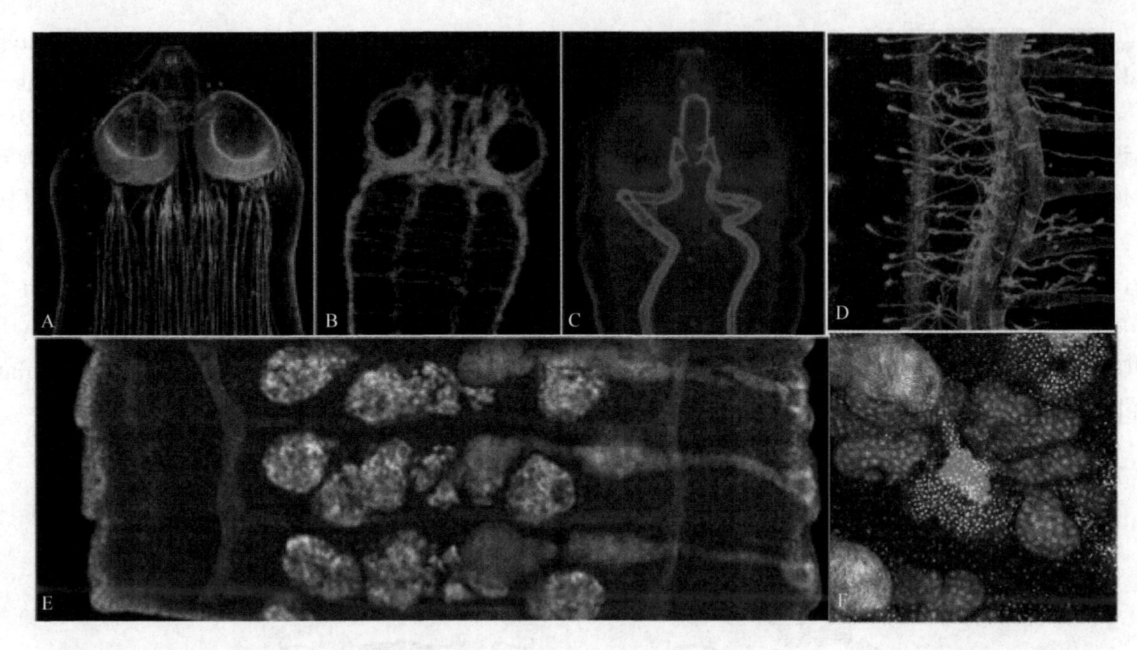

图 18-373 缩小膜壳绦虫免疫荧光照片（引自 Rozario & Newmark，2015）（彩图请扫封底二维码）

A. 头节，示肌肉组织；B. 头节，示神经系统和感觉结构；C. 头节，示排泄管；D. 节片一侧排泄系统，示排泄管和焰细胞；E. 成节，主要显示生殖器官；F. 卵巢卵黄腺区域

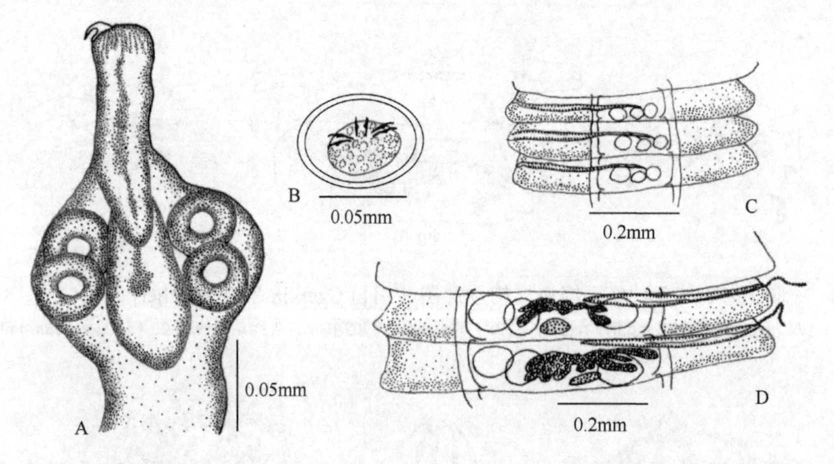

图 18-374 环吻膜壳绦虫（*H. recurvirostroides* Meggitt，1927）结构示意图（引自李海云，1994）

A. 头节；B. 虫卵；C. 未成节；D. 成节

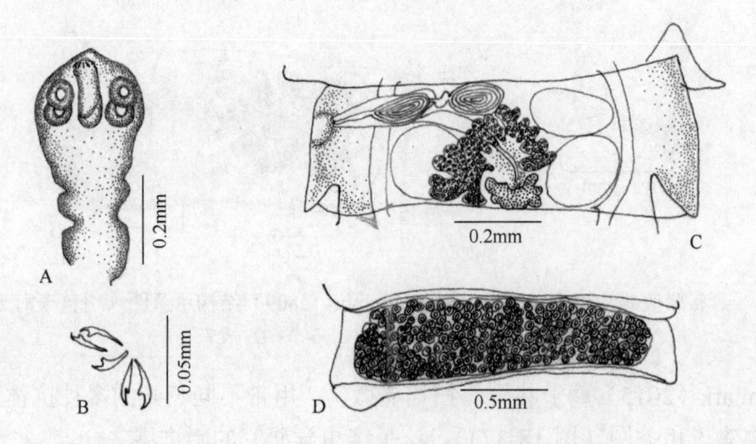

图 18-375 蛇形膜壳绦虫（*H. serpentulus* Schrank，1788）结构示意图（引自李海云，1994）

A. 头节；B. 吻突钩；C. 成节；D. 孕节

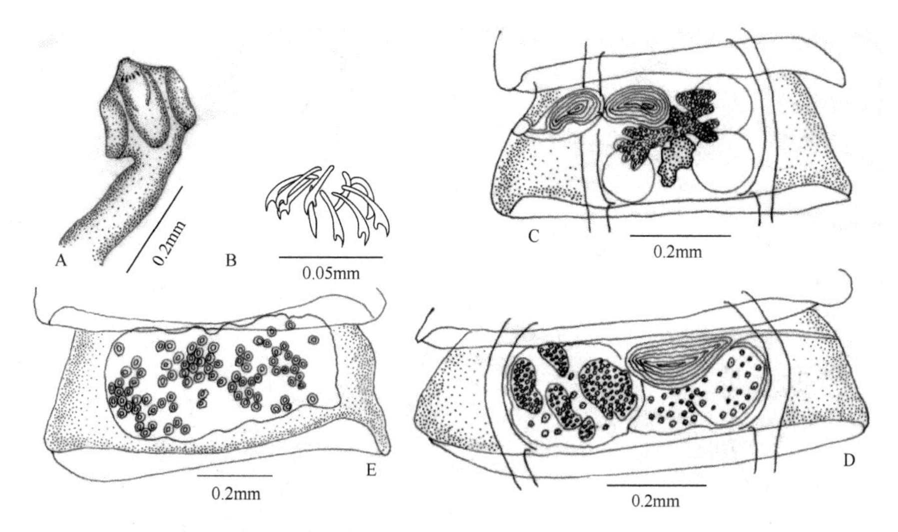

图 18-376　针刺膜壳绦虫（*H. stylosa* Rudolphi，1809）结构示意图（引自李海云，1994）

A. 头节；B. 吻突钩；C. 成节；D. 早期孕节；E. 晚期孕节

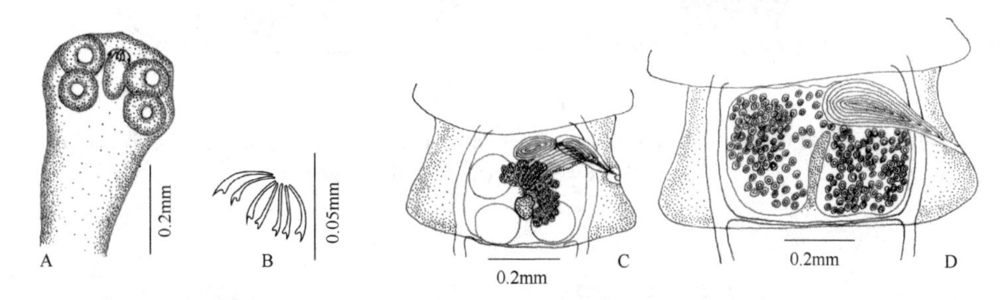

图 18-377　三宝鸟膜壳绦虫（*H. abundus*）结构示意图（引自李海云，1994）

A. 头节；B. 吻突钩；C. 成节；D. 孕节

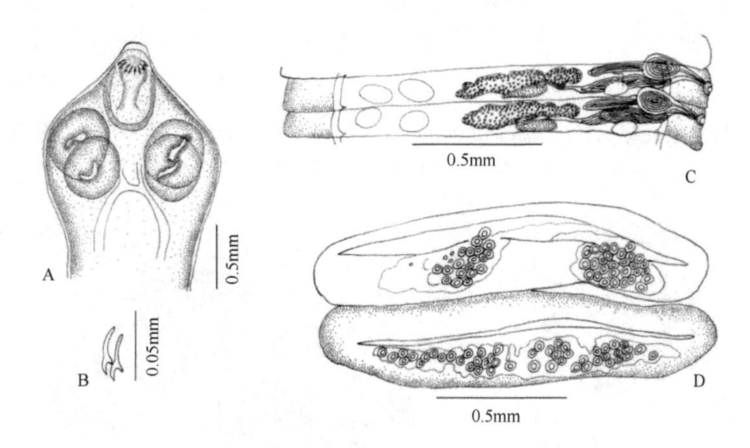

图 18-378　斑文鸟膜壳绦虫（*H. punctulata*）结构示意图（引自李海云，1994）

A. 头节；B. 吻突钩；C. 成节；D. 孕节

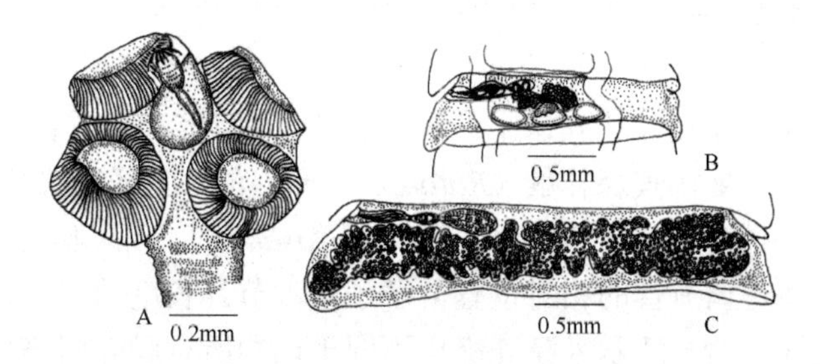

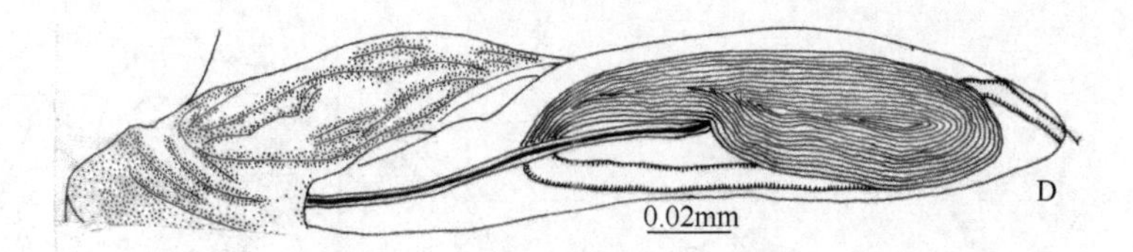

图 18-379　维纳斯膜壳绦虫（*H. venusta* Rosset，1897）结构示意图（引自李海云，1994）
A. 头节；B. 成节；C. 孕节；D. 阴茎囊放大

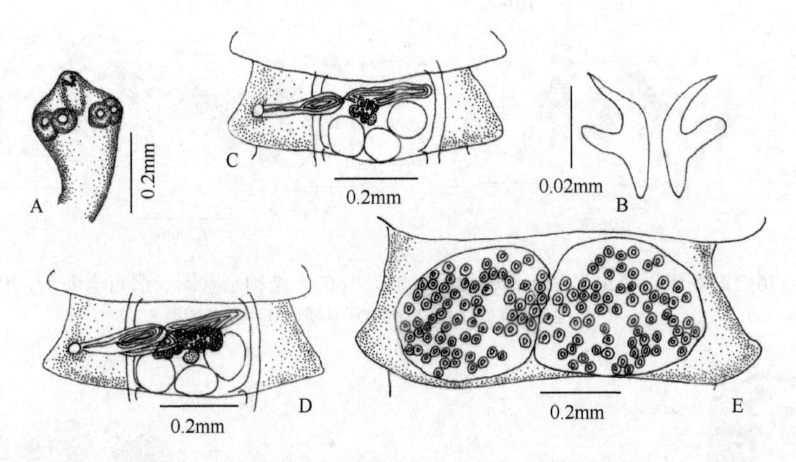

图 18-380　双毛膜壳绦虫（*H. amphitricha* Rudolphi，1819）结构示意图（引自李海云，1994）
A. 头节；B. 吻突钩；C，D. 成节；E. 孕节

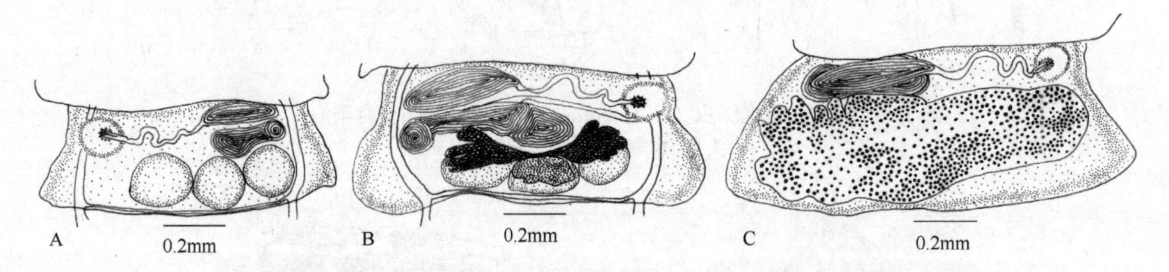

图 18-381　簇生膜壳绦虫（*H. fasciculata* Ransom，1909）结构示意图（引自李海云，1994）
A. 未成节；B. 成节；C. 孕节

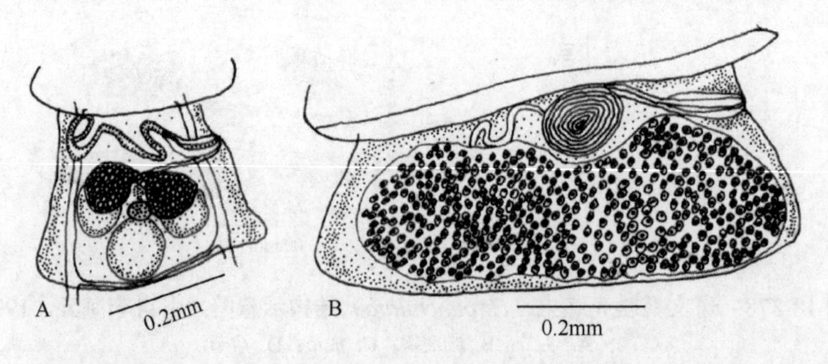

图 18-382　脆弱膜壳绦虫（*H. fragilis* Krabbe，1869）结构示意图（引自李海云，1994）
A. 成节；B. 孕节

Makarikov 等（2013）基于收集自菲律宾吕宋岛鼠科的啮齿动物：大吕宋森林鼠（*Bullimus luzonicus*）、小齿离鼠（*Apomys microdon*）和菲律宾森林鼠（*Rattus everetti*）的绦虫样品描述了膜壳属绦虫两个新种：双尾膜壳绦虫（*H. bicauda*）和浩奇萨尔米膜壳绦虫（*H. haukisalmii*）。双尾膜壳绦虫不同于已知所有膜壳属绦虫在于孔侧背方和腹方渗透调节管的相对位置，孕子宫占节片长度的一半以内，卵相对少，以及极具特色孕节末端节片纵向裂开。浩奇萨尔米膜壳绦虫不同于已知所有膜壳属绦虫在于孔侧和反孔侧背方

及腹方渗透调节管的相对位置，以及子宫缺乏背方和腹方的支囊。

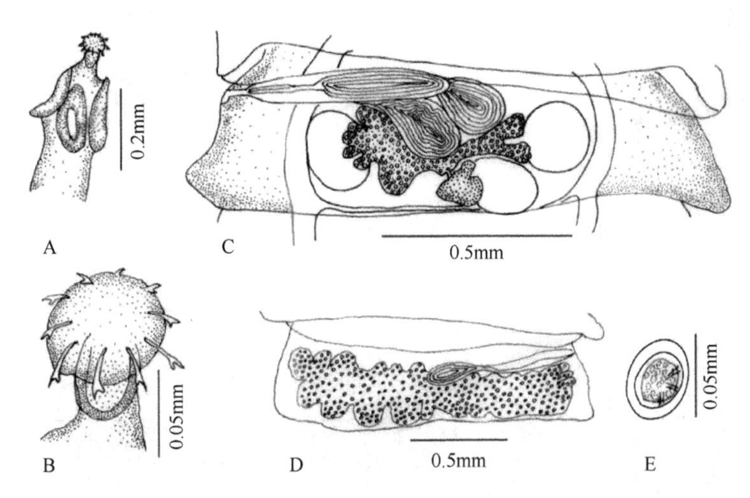

图 18-383　间断膜壳绦虫（*H. interrupta* Rudolphi，1809）结构示意图（引自李海云，1994）

A. 头节；B. 吻突钩；C. 成节；D. 孕节；E. 虫卵

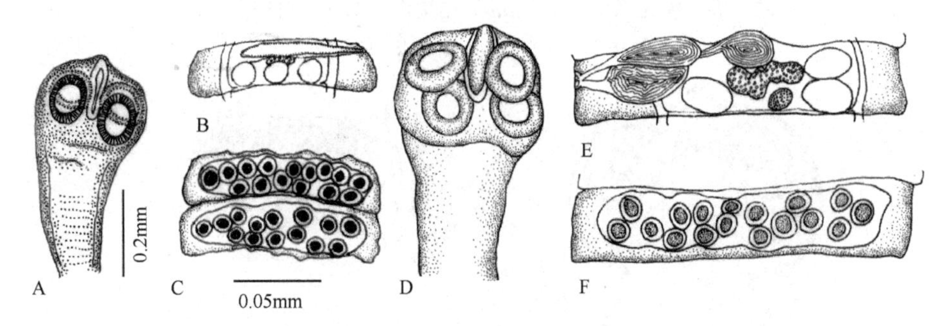

图 18-384　膜壳属绦虫 2 种结构示意图（引自李海云，1994）

A～C. 小膜壳绦虫（*H. parvula* Kowalewsky，1905）：A. 头节；B. 未成节，示精巢排列；C. 孕节。D～F. 分枝膜壳绦虫（*H. cantaniana* Polonio，1905）：D. 头节；E. 成节；F. 孕节

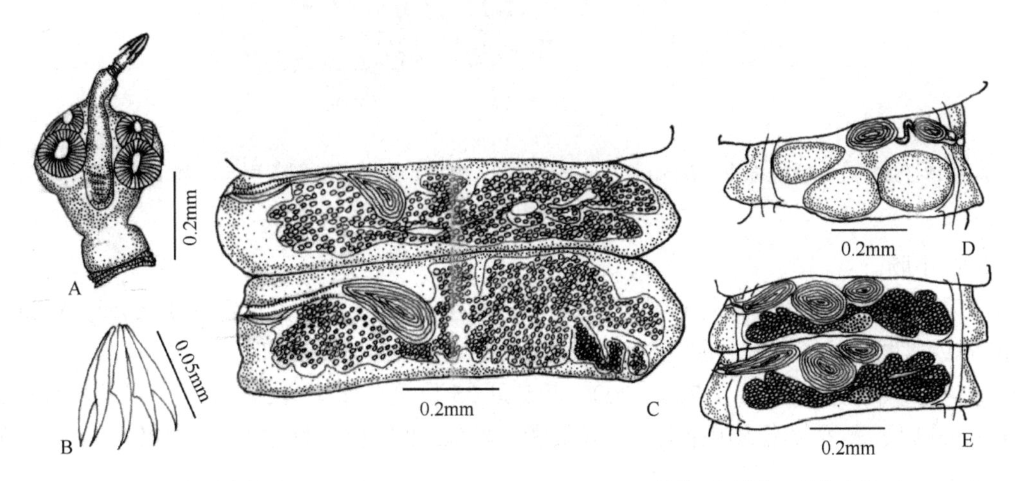

图 18-385　短头膜壳绦虫（*H. brachycephala* Creplin，1829）结构示意图（引自李海云，1994）

A. 头节；B. 吻突钩；C. 孕节；D. 未成节；E. 成节

1）双尾膜壳绦虫（*Hymenolepis bicauda* Makarikov，Tkach & Bush，2013）（图 18-389）

模式宿主：小齿离鼠（*Apomys microdon* Hollister，1913）（啮齿目：鼠科）。

共模：KUMNH KU167624。

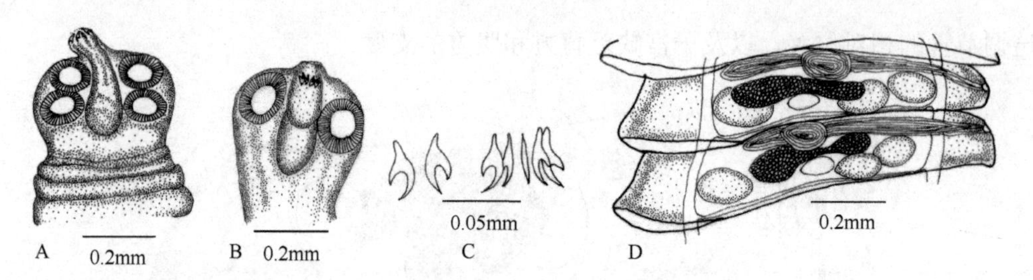

图 18-386　隐形膜壳绦虫（*H. clandestina* Krabbe，1869）结构示意图（引自李海云，1994）

A，B. 头节；C. 吻突钩；D. 成节

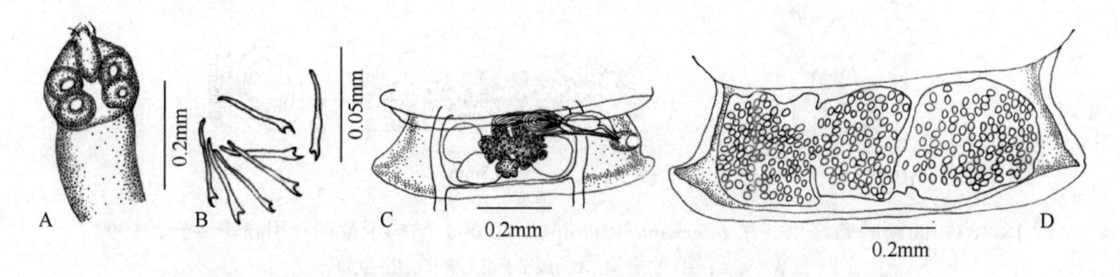

图 18-387　卷尾膜壳绦虫（*H. chilia*）结构示意图（引自李海云，1994）

A. 头节；B. 吻突钩；C. 成节；D. 孕节

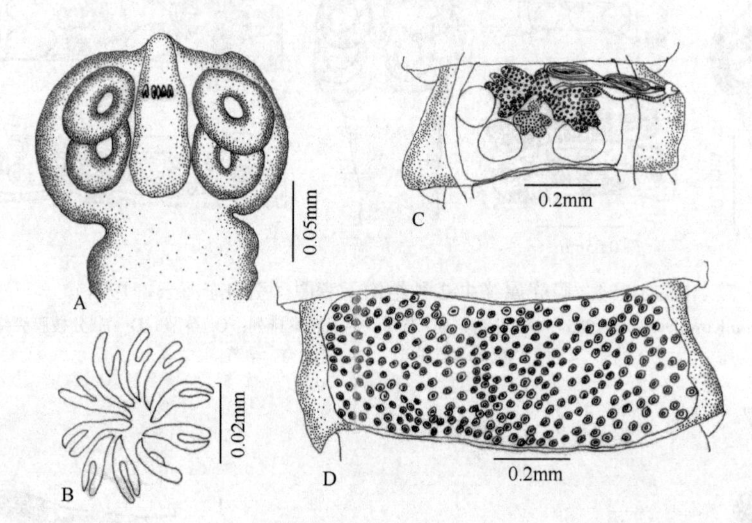

图 18-388　变异膜壳绦虫（*H. variabile* Meyhew，1925）结构示意图（引自李海云，1994）

A. 头节；B. 吻突钩；C. 成节；D. 孕节

寄生部位：小肠。

模式宿主采集地：菲律宾吕宋岛奥罗拉（Aurora）玛丽亚市维拉奥罗拉镇（Barangay Villa Aurora）Sitio Dimani 附近奥罗拉纪念国家公园（500m；15.685°N，121.341°E）。

模式样品：全模标本 HWML 49780［2009 年 5 月 25 日采自菲律宾吕宋岛奥罗拉玛丽亚市维拉奥罗拉镇 Sitio Dimani 附近奥罗拉纪念国家公园，采集者：V. Tkach］。副模标本 HWML 49779（9 个玻片标本；标签同全模标本）。

词源：物种名称指的是极具特色的种的形态特征，最后的节片一分为二成为两个“尾样”结构。

2）浩奇萨尔米膜壳绦虫（*Hymenolepis haukisalmii* Makarikov，Tkach & Bush，2013）（图 18-390）

模式宿主：大吕宋森林鼠（*Bullimus luzonicus* Thomas，1895）（啮齿目：鼠科）。

寄生部位：小肠。

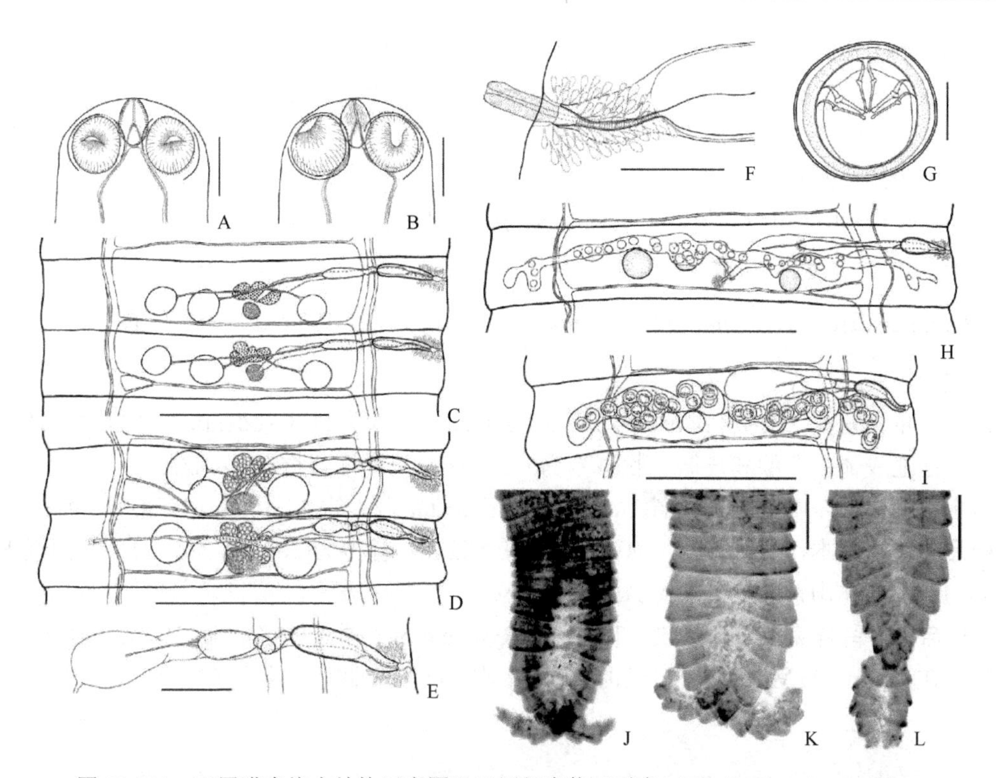

图 18-389 双尾膜壳绦虫结构示意图及双尾部实物（引自 Makarikov et al.，2013）

A. 全模标本头节背腹面观；B. 副模标本头节背腹面观；C. 副模标本雄性器官成节；D. 副模标本两性器官成节；E. 副模标本生殖管；F. 副模标本阴茎和阴道；G. 副模标本卵；H. 副模标本前孕节，示子宫发育；I. 副模标本孕节；J～L. 3 个副模标本链体的最末端，示中央纵裂为双尾的结构。标尺：A，B，E=100μm；C，D，H，I=400μm；F=50μm；G=20μm；J～L=500μm

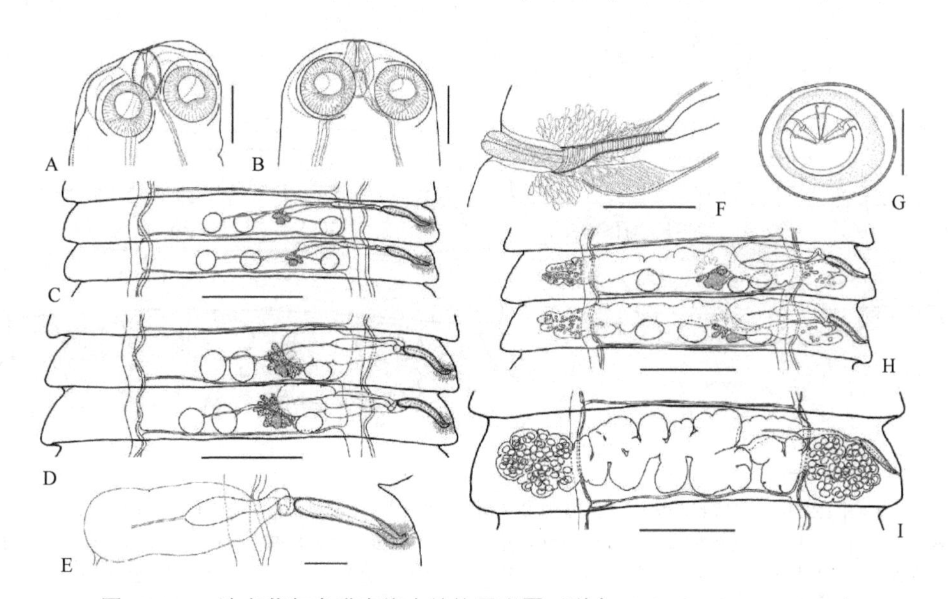

图 18-390 浩奇萨尔米膜壳绦虫结构示意图（引自 Makarikov et al.，2013）

A. 全模标本头节背腹面观；B. 副模标本头节背腹面观；C. 全模标本雄性器官成节；D. 全模标本两性器官成节；E. 全模标本生殖管；F. 全模标本阴茎和阴道；G. 全模标本卵；H. 全模标本前孕节，示子宫发育；I. 全模标本孕节。标尺：A，B，E=100μm；C，D，H，I=500μm；F=50μm；G=20μm

模式宿主采集地：菲律宾吕宋岛奥罗拉（Aurora）玛丽亚市维拉奥罗拉镇（Barangay Villa Aurora）Sitio Dimani 附近奥罗拉纪念国家公园（500m；15.685°N，121.341°E）。

模式样品：全模标本 HWML 49776［2009 年 5 月 24 日采自菲律宾吕宋岛奥罗拉玛丽亚市维拉奥罗拉镇 Sitio Dimani 附近奥罗拉纪念国家公园，采集者：V. Tkach］。副模标本 HWML 49777（标签同全模标本）。HWML 49778［2009 年 5 月 25 日采自菲律宾吕宋岛奥罗拉玛丽亚市维拉奥罗拉镇 Sitio Dimani 附近奥罗拉纪念国家公园的菲律宾森林鼠（*Rattus everetti*），采集者：V Tkach］。

词源：物种名为沃特浩奇萨尔米（Voitto Haukisalmi）博士之名，认可他对小型哺乳动物绦虫分类、分类学与系统发生的贡献。

Makarikov 和 Tkach（2013）描述了另两个膜壳绦虫新种：栗姆让诺夫膜壳绦虫（*H. rymzhanovi*）和姬鼠膜壳绦虫（*H. apodemi*）并对不同种膜壳绦虫的主要形态特征进行了比较。

3）栗姆让诺夫膜壳绦虫（*Hymenolepis rymzhanovi* Makarikov & Tkach，2013）（图 18-391）

寄生部位：小肠。

模式宿主：草原鼢鼠（*Myospalax myospalax* Laxmann）［啮齿目（Rodentia）：鼹鼠科（Spalacidae）］。

共模：雌性亚成体，头颅和皮肤，收藏号 No. 59531。无脊椎动物 ISEA 收藏。

模式宿主采集地：东哈萨克斯坦省 Urzhar 区 Tarbagatai 山；约 47°14′N，81°43′E、海拔 1080m。

模式样品：全模标本，两个玻片，MHNG INVE 82286，标签为 2007 年 5 月 21 日采于东哈萨克斯坦省 Urzhar 区 Tarbagatai 山，采集人：A. A. Makarikov。

词源：种名以特留拜克栗姆让诺夫（Tleubeck Rymzhanov）博士的名字命名，他是哈萨克斯坦一位软体动物学者，在 Arseny A. Makarikov 于东哈萨克斯坦野外工作期间，给予了帮助。

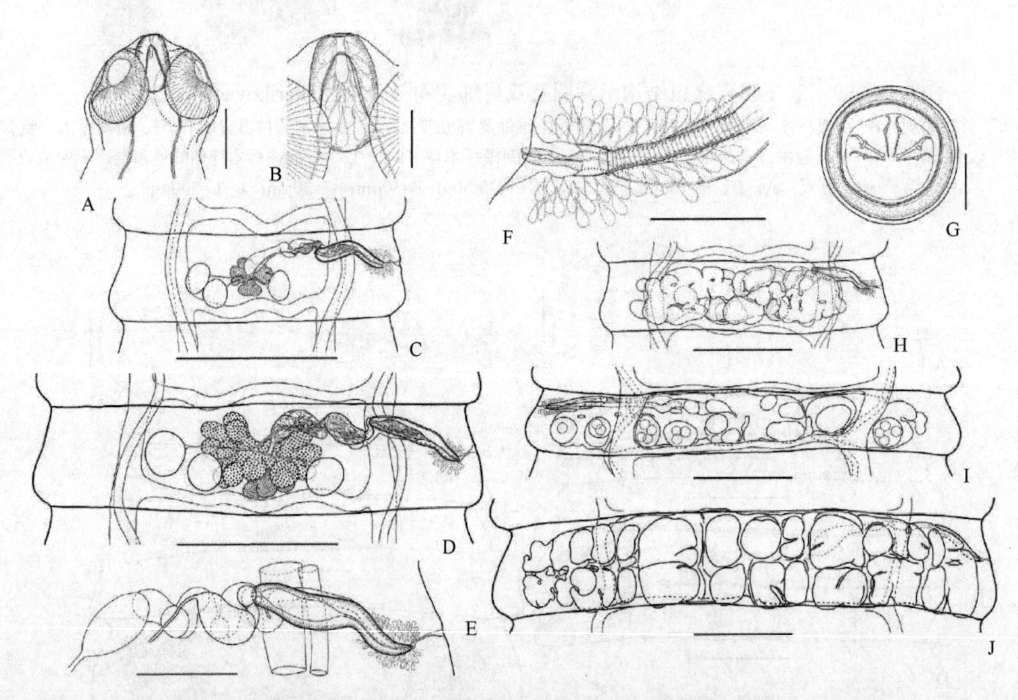

图 18-391　栗姆让诺夫膜壳绦虫结构示意图（引自 Makarikov et al.，2013）

A. 全模标本头节背腹面观；B. 全模标本吻突囊；C. 全模标本雄性器官成节；D. 全模标本两性器官成节；E. 全模标本生殖管；F. 全模标本阴茎和阴道；G. 全模标本卵；H. 全模标本成熟后节片自背方，示子宫发育；I. 全模标本前孕节自腹方，示背子宫支囊外观；J. 孕节自背方，示囊状子宫具背方的子宫支囊。标尺：A，E=100μm；C，D，H～J=300μm；B，F=50μm；G=20μm

4）姬鼠膜壳绦虫（*H. apodemi* Makarikov & Tkach，2013）（图 18-392）

寄生部位：小肠。

模式宿主：大林姬鼠（*Apodemus peninsulae* Thomas）［啮齿目（Rodentia）：鼠科（Muridae）］。

其他宿主：乌拉尔姬鼠（*A. uralensis* Pallas）、黑线姬鼠（*A. agrarius* Pallas）。

模式宿主采集地：滨海边俄罗斯疆区 Lazovsky 保护区（精确坐标不明）。

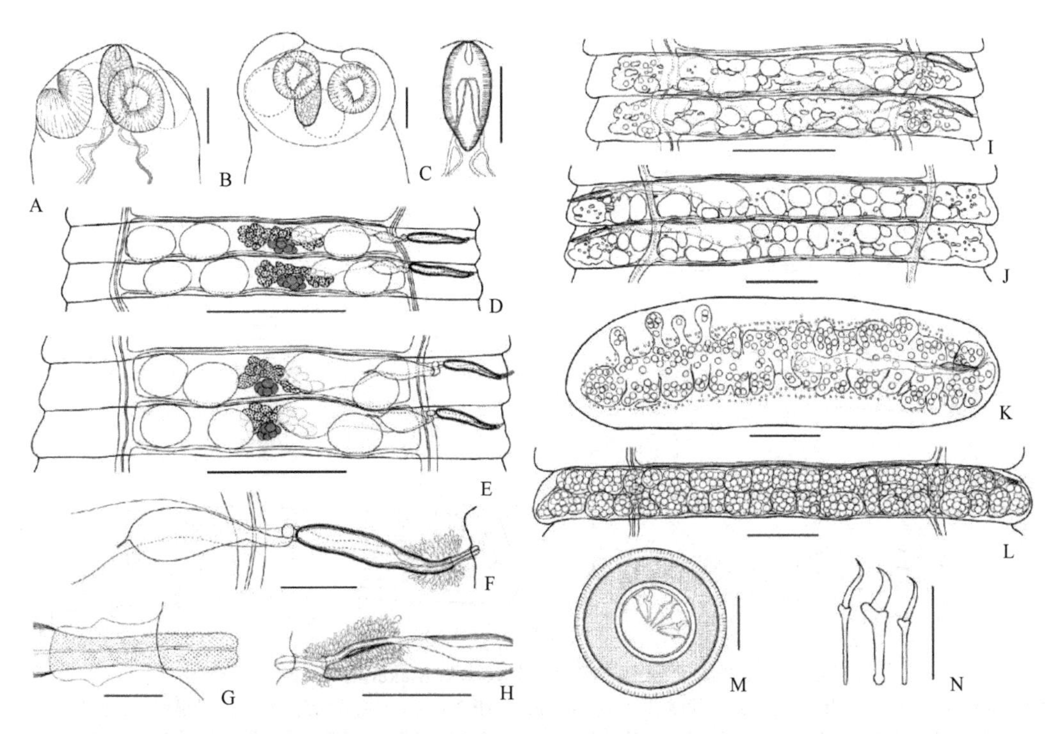

图 18-392 姬鼠膜壳绦虫结构示意图（引自 Makarikov et al.，2013）

A. 全模标本头节背腹面观；B. 副模标本（18.31.4.30）收缩的头节背腹面观；C. 全模标本吻突囊；D. 副模标本（18.31.4.30）雄性器官成节；E. 全模标本两性器官成节；F. 全模标本生殖管；G. 全模标本阴茎；H. 阴道；I. 全模标本成熟后节片自背方，示子宫发育；J. 副模标本（18.31.4.30）前孕节自腹方，示背子宫支囊外观；K. 凭证标本（18.31.4.70）横切面，示背、腹子宫支囊；L. 副模标本（18.31.4.30）孕节自背方，示囊状子宫具背方的子宫支囊；M. 副模标本（18.31.4.30）的卵；N. 胚钩。标尺：A～C，F，H=100μm；D，E，I～L=500μm；G=20μm；M=25μm；N=15μm

其他采集地：新西伯利亚和哈萨克斯坦等地。

词源：以宿主名命名。

Makarikov 等（2015c）基于在菲律宾吕宋岛鼠科啮齿动物蠕虫学检测，又描述了两个膜壳绦虫新种：交替膜壳绦虫（*H. alterna*）和双侧膜壳绦虫（*H. bilaterala*）。交替膜壳绦虫不同于所有已知的膜壳绦虫在于其具有不规则交替的生殖孔。该特征在先前报道的任何膜壳绦虫中都没有，此外，它与其他膜壳绦虫的区别还在于孔与反孔侧背渗透调节管的相对位置，它们相对于节片两侧的腹管各节片中央的位置转移，同时具有弯曲或扭曲的外贮精囊，外部由强染细胞致密层所覆盖。双侧膜壳绦虫不同于所有其他已记录的膜壳绦虫在于孔侧和反孔侧渗透调节管的位置，它们相对于腹管向节片的两侧转移，同时精巢位于三角形区域，卵有很薄的外膜。

5）交替膜壳绦虫（*Hymenolepis alterna* Makarikov，Tkach，Villa & Bush，2015）（图 18-393）

模式宿主：菲律宾森林鼠［*Rattus everetti*（Günther）］［啮齿目（Rodentia）：鼠科（Muridae）］。在模式宿主采集地采的两只鼠都有感染。

模式宿主采集地：菲律宾吕宋岛奥罗拉省卡西古兰市（Casiguran）、巴兰盖卡萨普西潘（Barangay Casapsipan）镇，IDC 的林业用地（16.293°N，122.186°E）。

寄生部位：小肠。

模式材料：全模标本 HWML-75062（1 个样品放在两个玻片上；野外编号 P. 2902#1A，1B，宿主 KUMNH # 167932），2009 年 7 月 1 日采自菲律宾吕宋岛奥罗拉省卡西古兰市、巴兰盖卡萨普西潘镇，IDC 的林业用地的菲律宾森林鼠，由 V. Tkach 采集。副模标本 HWML-75063（1 个样品在两个玻片上；野外编号 P. 2902#2A，2B）；HWM 宿主 KUMNH # 167933）（所有的标签与全模标本一致）。

词源：种名指该种具很明显的不规则的交替生殖孔，此特征在膜壳属的种中是独特的。

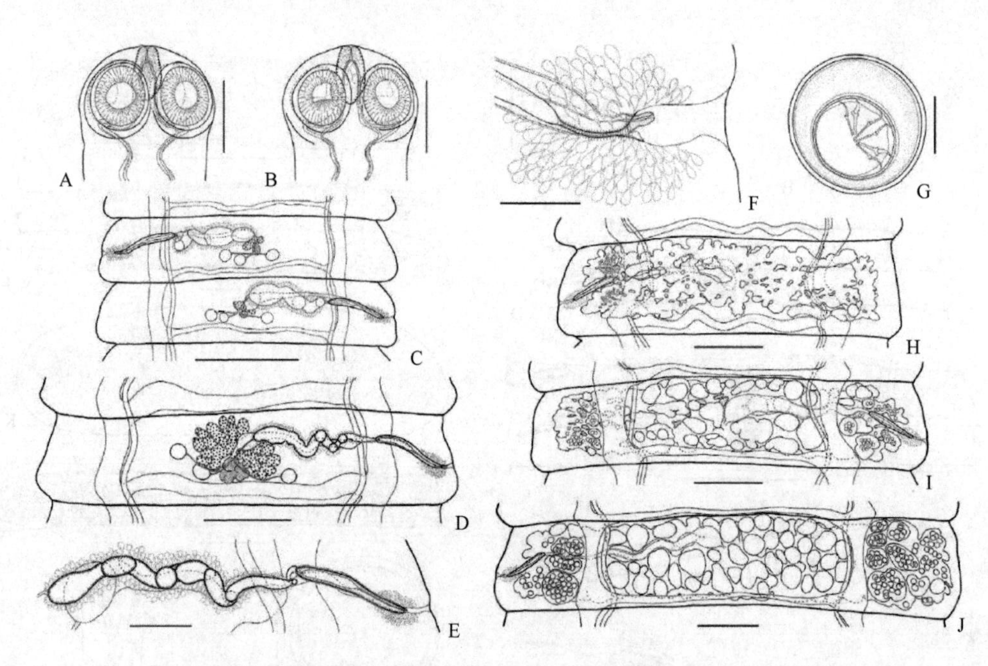

图 18-393 交替膜壳绦虫结构示意图（引自 Makarikov et al.，2015c）

A. 全模标本（HWML-75062）头节背腹面观；B. 副模标本（HWML-75063，P. 2902#2B）头节背腹面观；C. 全模标本雄性器官成节；D. 全模标本两性器官成节；E. 全模标本生殖管背面观；F. 副模标本（HWML-75063，P. 2904）阴茎和阴道腹面观；G. 副模标本（HWML-75063，P. 2902#2A）的虫卵；H. 全模标本成熟后节片自背面，示子宫发育；I. 副模标本（HWML-75063，P. 2902#2B）前孕节自腹面，示腹部子宫支囊的外观；J. 副模标本（HWML-75063，P. 2902#2B）孕节自腹面，示囊状子宫具腹部子宫支囊。标尺：A，B，E=200μm；C，D，H～J=500μm；F=50μm；G=20μm

6）双侧膜壳绦虫（*Hymenolepis bilaterala* Makarikov，Tkach，Villa & Bush，2015）（图 18-394）

模式宿主：吕宋山地森林的老鼠，菲律宾家鼠属［*Apomys*（Meyer）］［啮齿目（Rodentia）：鼠科（Muridae）］。

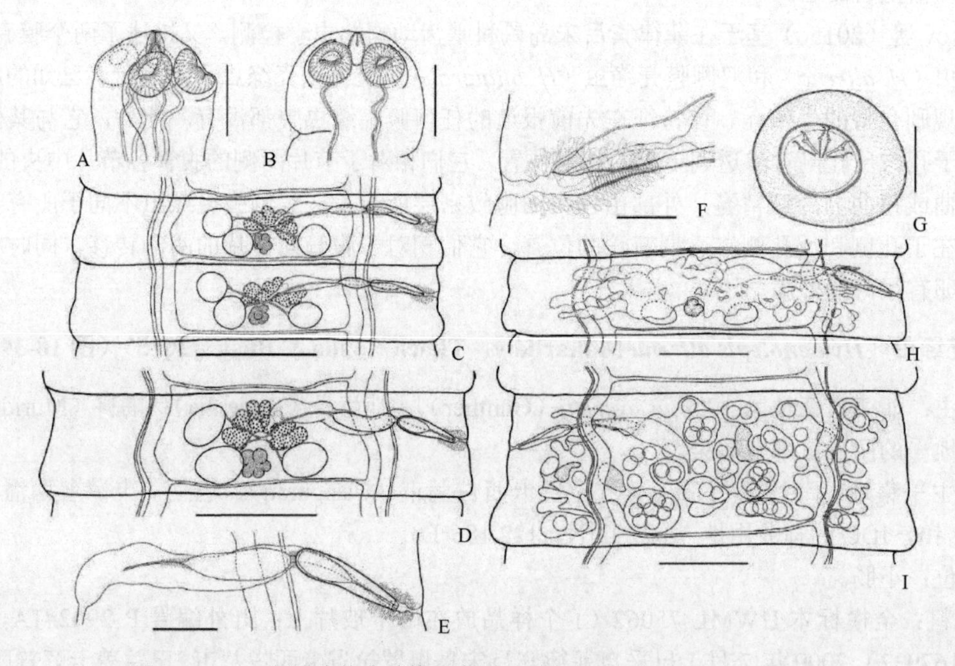

图 18-394 双侧膜壳绦虫结构示意图（引自 Makarikov et al.，2015c）

A. 全模标本（HWML-75064），头节亚侧面观；B. 副模标本（HWML-75065，P. 4655#3），头节背腹面观；C. 全模标本雄性器官成节；D. 全模标本两性器官成节；E. 全模标本生殖管背面观；F. 全模标本阴茎和阴道腹面观；G. 副模标本（HWML-75065，P. 4655#1A）的虫卵；H. 全模标本前孕节自背面，示子宫发育；I. 全模标本孕节自腹面，示子宫支囊。标尺：A，B=200μm；C，D，H，I=300μm；E=100μm；F，G=40μm

模式宿主采集地：菲律宾吕宋岛卡加延（Cagayan）省冈扎加（Gonzaga）市，巴兰盖玛格拉菲（Barangay Magrafil）镇，卡瓜（Cagua）山（18.236°N；122.104°E；海平面以上 680m）。

寄生部位：小肠。

模式材料：全模标本 HWML-75064（野外编号 P. 4655#2，KUMNH 宿主收集# JAC106，标签为 2011 年 7 月 20 日采自菲律宾吕宋岛卡加延省冈扎加市，巴兰盖玛格拉菲镇，卡瓜山，采集者：S. Villa）。副模标本 HWML-75065（野外编号 P. 4655）；HWML-75065（1 个样品在两个玻片上；野外编号 P. 4655#1A，1B）和 HWML-75065（野外编号 P. 4655#3）（所有的标签与全模标本一致）。

词源：种名指该种一显著的形态特征，即背渗透调节管相对于腹管而言移到了节片的侧方边缘。

采自菲律宾吕宋岛的 4 种膜壳绦虫的形态数据比较见表 18-13。其他膜壳属绦虫主要形态测量数据区别见表 18-14。

表 18-13　采自菲律宾吕宋岛的 4 种膜壳绦虫的形态数据比较

特征	双尾膜壳绦虫（*H. bicauda*[a]）	浩奇萨尔米膜壳绦虫（*H. haukisalmii*[a]）	交替膜壳绦虫（*H. alterna*[b]）	双侧膜壳绦虫（*H. bilaterala*[b]）
链体长度（mm）	26～29	长达 132	165～170	86
链体宽度（mm）	0.99～1.19	2.4	2.9～3.8	1.5～2.5
头节宽度	260～288	240～265	380～410	347～400
吸盘大小	（92～103）×（80～95）	（83～105）×（81～93）	（154～189）×（130～144）	（110～150）×（105～120）
吻突囊大小	（75～83）×（50～56）	（88～94）×（50～60）	（152～175）×（82～90）	（90～98）×（45～56）
两性成节大小	（150～200）×（880～1020）	（245～270）×（1820～2080）	（300～525）×（2100～2440）	（180～282）×（950～1195）
精巢大小	（70～103）×（65～100）	（116～160）×（85～157）	（72～111）×（65～91）	（92～126）×（75～106）
精巢布局	线性	线性	通常线性	三角形
阴茎囊大小	（140～166）×（35～45）	（234～289）×（34～44）	（350～395）×（40～54）	（170～200）×（40～54）
阴茎大小	（35～48）×（10～12）	（43～56）×（9～14）	（32～47）×（7～10）	（55～66）×（12～16）
卵巢宽度	108～140	193～208	506～525	190～230
卵黄腺大小	（38～55）×（50～65）	（61～83）×（80～125）	（90～165）×（125～205）	（70～85）×（80～115）
受精囊大小	（265～340）×（40～75）	（595～779）×（137～172）	（765～900）×（68～123）	（310～395）×（42～80）
卵数目	达 30～45	达 360～450	达 5000～6000	120～280
卵的大小	（46～54）×（50～60）	（29～34）×（37～46）	（48～51）×（49～53）	（67～90）×（71～103）
六钩蚴的大小	（27～33）×（31～38）	（15～17）×（18～20）	（23～26）×（25～27）	（35～45）×（37～48）
胚钩大小	17.5～19	11～13	12.3～14	17～19.1

注：除特别说明外，测量单位为μm

a Makarikov 等（2013）的测量数据

b Makarikov 等（2015c）的测量数据

表 18-14　膜壳属绦虫主要形态测量数据区别

特征	*H. diminuta*[1]	*H. citelli*[2]	*H. megaloon*[1]	*H. uranomidis*[3]	*H. hibernia*[4]	*H. pseudodiminuta*[5]	*H. vogeae*[6]	*H. tualatinensis*[7]	*H. weldensis*[8]	*H. geomydis*[8]	*H. rymzhanovi*[9]	*H. apodemi*[9]
链体长度（mm）	183	150	38～72	100～105	169	80～110	120～140	24～210	111～165	72～168	88	105～165
链体宽度（mm）	2.38～2.56	2.8	2～2.28	1.5～4	2.9	2～2.9	0.89～0.93	1.75	0.82～0.94	1.98～3.3	1.63	2.4～3.8
头节宽度	286～296	245	276～307	210～300	213～231	288～370	203～332	92～167	126～288	194～245	235	280～390
吸盘大小	96～108	113×87	（88～112）×（78～118）	97～116	（79～94）×（84～92）	93～124	—	—	—	（92～124）×（65～94）	（119～125）×（77～91）	（110～140）×（100～128）

续表

特征	H. diminuta[1]	H. citelli[2]	H. megaloon[1]	H. uranomidis[3]	H. hibernia[4]	H. pseudodiminuta[5]	H. vogeae[6]	H. tualatinensis[7]	H. weldensis[8]	H. geomydis[8]	H. rymzhanovi[9]	H. apodemi[9]
吻突囊大小	（94～108）×（44～52）	—	（128～152）×（63～78）	（80～110）×（50～60）	（85～89）×（43～48）	93～103	—	51～61	—	—	101×65	（120～145）×（60～72）
两性成节大小	—	—	—	—	（84～106）×（1315～1635）	（86～98）×（900～1200）	224×819	—	—	—	（170～193）×（790～910）	（140～160）×（1710～2170）
精巢大小	（118～220）×（40～48）	143×113	（63～118）×（69～120）	—	（87～122）×（55～78）	72	—	（63～141）×（54～141）	92～166	（55～180）×（81～180）	（63～80）×（70～83）	（139～193）×（125～170）
阴茎囊大小	（240～300）×（28～48）	157	（118～200）×（36～48）	（180～230）×（35～64）	（127～143）×（39～43）	（200～280）×50	（156～195）×（51～66）	（56～150）×（26～49）	（149～194）×（34～51）	（80～160）×（36～67）	（165～190）×（31～37）	（216～250）×（37～55）
阴茎大小	38～47	—	—	—	36～43	—	（59～66）×23	—	—	—	（35～48）×（6～9）	（60～76）×（12～16）
阴茎是否有棘	小棘	—	—	—	—	无	无	小棘	小棘	小棘	小棘	小棘
卵巢宽度	345～402	—	56～88	—	401～442	300	156～273	96～216	90～293	180～494	225～250	300～470
卵黄腺大小	—	—	—	—	（48～59）×（113～145）	25～40	163	（34～109）×（37～132）	（50～112）×（54～106）	（61～137）×（101～209）	（67～85）×（95～120）	（60～115）×（95～145）
受精囊大小	—	—	—	—	—	—	（242～283）×（117～164）	（48～169）×（23～70）	（175～552）×（43～148）	（99～369）×（59～108）	（330～363）×（38～46）	（780～920）×（125～184）
卵的大小	（56～60）×（63～66）	（59～65）×（78～86）	（98～117）×（111～127）	（36～39）×（43～47）	51～63	52～62	27	（57～89）×（42～68）	（70～81）×（67～77）	（76～85）×（72～83）	（47～51）×（49～56）	（61～75）×（63～77）
六钩蚴大小	（23～25）×（28～31）	—	39×55	（20～21）×（25～28）	—	31～37	7	23～49	（38～45）×（38～40）	（38～50）×（34～43）	（28～32）×（30～36）	（27～33）×（34～38）
胚钩大小	14～15	—	22～24	13～14.5	—	14	—	17～20	13～16	16～20	15～16.5	15.5～17.5

注：除特别标明外测量单位为μm

[1] 自 Genov（1984）的测量数据

[2] 自 McLeod（1933）的测量数据

[3] 自 Hunkeler（1972）的测量数据

[4] 自 Montgomery 等（1987）的测量数据

[5] 自 Tenora 等（1994）的测量数据

[6] 自 Singh（1956）的测量数据

[7] 自 Gardner（1985）的测量数据

[8] 自 Gardner 和 Schmidt（1988）的测量数据

[9] 自 Makarikov 等（2013）的测量数据

8b. 吸盘无棘；每节通常 5～7 个精巢……………………………………………………新少睾属（*Neoligorchis* Johri，1960）

［同物异名：拉伦属（*Lallum* Johri，1960）；新拉伦属（*Neolallum* Srivastava，Pandey & Tayal，1984）］

识别特征：头节大。吸盘顶指向前方或侧方。节片具缘膜。生殖管背位于渗透调节管或位于其间（?）。生殖孔单侧或不规则交替。外贮精囊很发达。内贮精囊未观察。阴茎囊可能横过渗透调节管。卵巢不分叶，位于精巢前方或后方。卵黄腺实体状，位于卵巢后方。子宫囊状，含有大量六钩蚴。已知寄生于雁形目和鸽形目鸟类，分布于印度。模式种：交替新少睾绦虫（*Neoligorchis alternatus* Johri，1960）（图 18-395）。

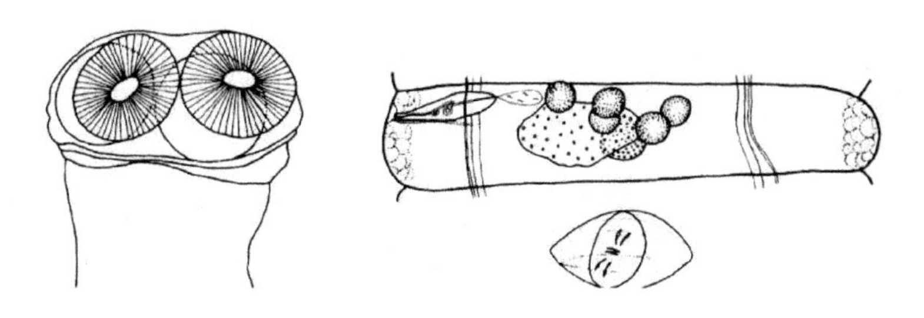

图 18-395　交替新少睾绦虫头节、成节与六钩蚴结构示意图（引自 Czaplinski & Vaucher，1994）

8c. 吸盘具棘；每节 3 个精巢……………………………………………………棘鳞绦虫属（*Echinolepis* Spasskiĭ & Spasskaya，1954）

识别特征：吸盘有玫瑰刺样到锤状棘。生殖管背位于渗透调节管。生殖孔单侧。外分节很发达，节片具缘膜。腹渗透调节管由横向联合相连。内纵肌束 8 束。精巢 1 个位于孔侧，两个位于反孔侧。外和内贮精囊很发达。阴茎囊达中线。阴茎具棘。卵巢两叶或三叶状，位于中央。卵黄腺椭圆形，实体状，位于卵巢后方。受精囊很发达。阴道位于阴茎囊腹部。子宫囊状。六钩蚴椭圆形，有亚球形的膜。已知寄生于鸡形目鸟类，全球性分布。模式种：卡里奥卡棘鳞绦虫［*Echinolepis carioca*（Magalhaes，1898）Spasskiĭ & Spasskaya，1954］（图 18-396）。

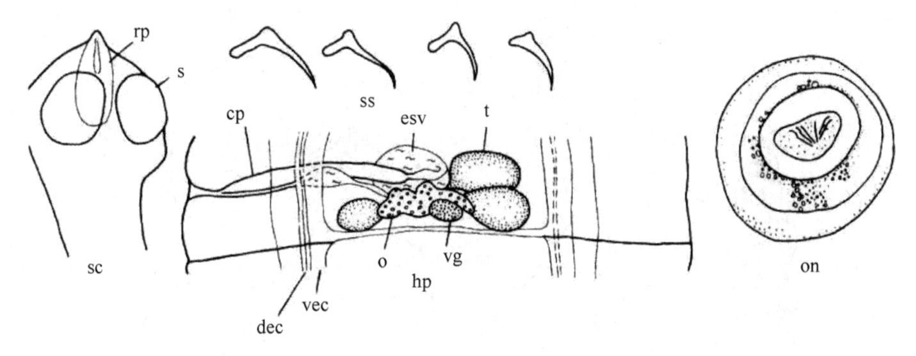

图 18-396　卡里奥卡棘鳞绦虫头节、吻突钩、成节及六钩蚴结构示意图（引自 Czaplinski & Vaucher，1994）

9a. 吻突有规则、单一钩冠……………………………………………………………………10

9b. 吻突有不规则棘样钩组成的钩冠或锤状钩组成的几轮钩冠……………………………35

10a. 吻突有 8 个钩…………………………………………………………………………11

10b. 吻突有 10 个钩………………………………………………………………………16

10c. 吻突钩多于 10 个……………………………………………………………………28

11a. 阴茎刺不存在；吻突钩双睾属样或棘吻属样型…………………………………………12

11b. 阴茎刺存在；吻突钩斯克尔亚宾属样（skrjabinoid）型…………………………………14

12a. 链体很小；钩双睾属样型，钩卫长；吸盘无棘……………………………鸊鷉绦虫属（*Podicipitilepis* Yamaguti，1956）

识别特征：虫体小，很快成熟形成少数具缘膜的节片。吻突有由 8 个钩组成的单轮冠。纵肌束量大，纤弱。生殖管背位于渗透调节管。精巢 3 个，排为三角形或横向列，1 个在孔侧，2 个在反孔侧。外贮精囊肥大，突然出现，可能很快消失，内贮精囊小。阴茎囊小，球茎状。卵巢横向伸长，达节片侧方边缘。卵黄腺实体状，位于卵巢后方，亚中央位。孕节中受精囊肥大。阴道交配部有括约肌样增厚，位于阴茎囊腹后方。子宫囊状，有后方的支囊。已知寄生于鸊鷉目（Podicipediformes）鸟类，分布于日本。模式种：扁尾鸊鷉绦虫（*Podicipitilepis laticauda* Yamaguti，1956）（图 18-397）。

12b. 链体很小；吻突钩棘吻属样型；吸盘有小棘……………………………………马可属（*Mackoja* Kornyushin，1983）

识别特征（Vasileva et al.，1996 修订）：链体雄性先熟，很小，有少量节片。节片有缘膜，宽大于长。吻突器官肌肉腺体质。吻突单轮钩，8 个。钩柄和刃几乎等长；钩柄弯曲；钩卫很发达，短于钩刃。吸盘小，具有小点状棘。生殖孔单侧。生殖管背位于渗透调节管。精巢 3 个，排为三角形，1 个在孔侧，2 个

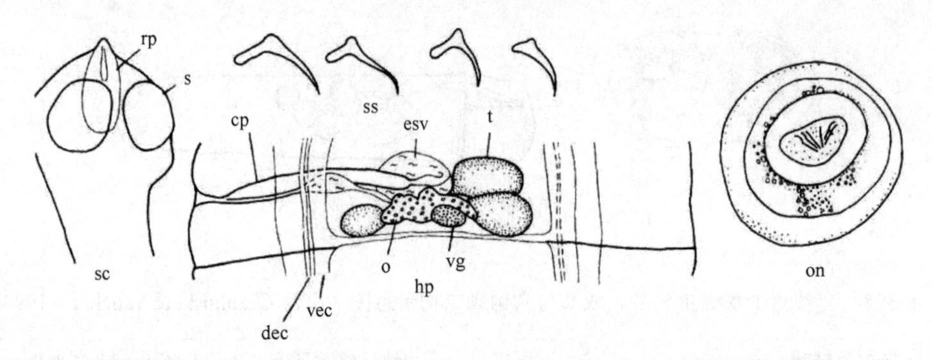

图 18-397 扁尾鸊鷉绦虫虫体、吻突钩及末端生殖器官结构示意图（引自 Czaplinski & Vaucher，1994）

在反孔侧。外贮精囊容量大，当完全发育时占据节片约 1/3。内贮精囊存在。阴茎囊长形，不达节片中线。末端雄性管有几丁质化的刺针。附属囊不存在。卵巢横向伸长。卵黄腺实质状，有不规则形状，位于孔侧，背位于卵巢。受精囊椭圆形，位于孔侧。阴道有漏斗状交配部和长形、几丁质化的传导部；阴道孔在雄孔腹部。子宫囊状。卵和六钩蚴不明。已知寄生于鸊鷉目鸟类，分布于古北区西部。模式种：小鸊鷉马可绦虫［*Mackoja podirufi*（Macko，1962）］（图 18-398）。

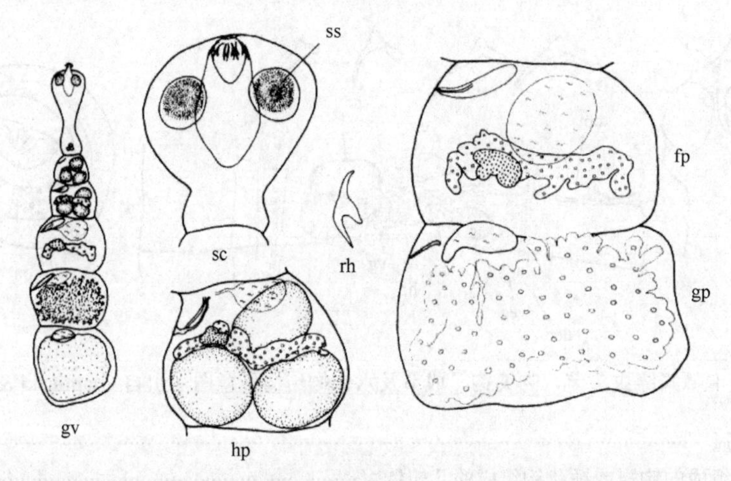

图 18-398 小鸊鷉马可绦虫结构示意图（引自 Czaplinski & Vaucher，1994）

Vasileva 等（1996）重新描述了小鸊鷉马可绦虫[同物异名：小鸊鷉棘臼绦虫（*Echinocotyle podirufi* Macko，1962）；扁尾鸊鷉绦虫（*Podicipitilepis laticauda* Korpaczewska，1974）]（图 18-399）并对马可属的识别特征进行了修订。该种采自保加利亚（新地理分布记录）的小鸊鷉（*Tachybaptus ruficollis*）和黑颈鸊鷉（*Podiceps nigricollis*）及德国（新地理分布记录）的小鸊鷉。重描述与原始描述相比，观察到了外贮精囊和阴茎刺，而附属囊不存在。马可属与鸊鷉绦虫鳞属相似，模式种扁尾鸊鷉绦虫描述自日本的小鸊鷉，Vasileva 等（1996）提出假设，认为小鸊鷉马可绦虫和扁尾鸊鷉绦虫是地理的变异种，故当作同物异名。

12c. 链体中等大小；钩双睾属样型，钩卫短……………………………………………………………13

13a. 假头节和附属囊存在……………………………………副双棘属（*Parabisaccanthes* Maksimova，1963）

识别特征：吻突伸缩自如，有 8 个小钩。假头节简单，不折叠，明显分节，没有生殖器官原基。节片具缘膜。内纵肌束很多。生殖孔位于右侧。生殖管背位于孔侧渗透调节管。精巢 3 个，排为三角形。外部和内部的贮精囊很发达。阴茎囊在中线外通过。附属囊成对，具棘，在阴茎囊外。卵巢分 3 叶，更老的节片中多叶；位于反孔侧，在腹面与反孔侧精巢重叠。卵黄腺叶状，位于卵巢后，卵巢腹部。受精囊很发达。阴道在阴茎囊腹部，明显的交配部有肌肉和腺体围绕。子宫囊状，有支囊。六钩蚴椭圆形。

已知寄生于雁形目鸟类，分布于欧洲、亚洲、北美洲和澳大利亚。模式种：菲拉副双棘绦虫[*Parabisaccanthes philactes*（Schiller，1951）Spasskiĭ & Reznik，1963]（图 18-400）。

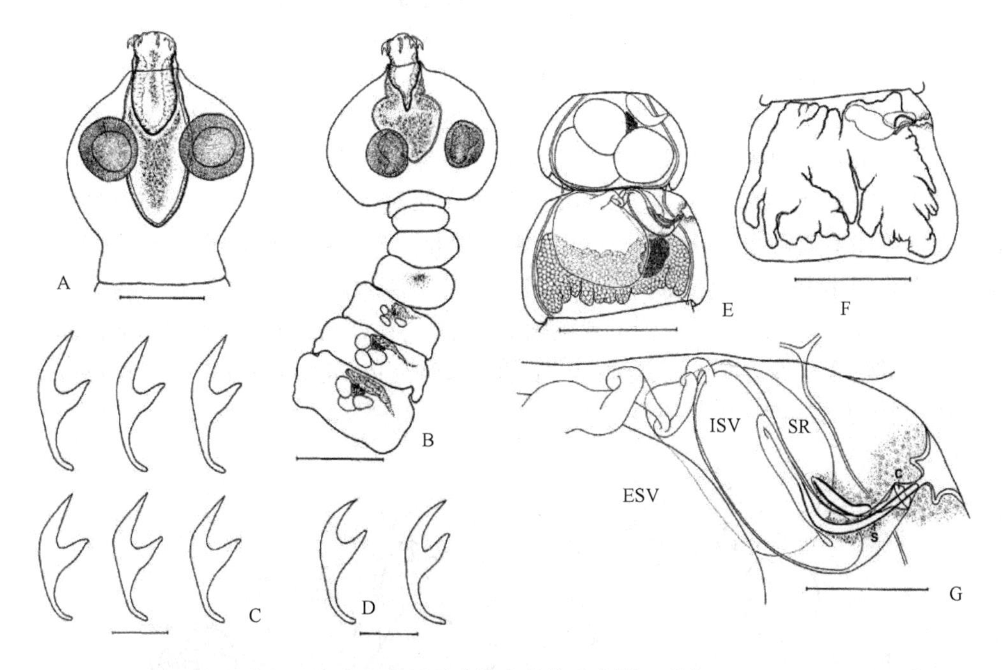

图 18-399　小鹳鹮马可绦虫和扁尾鹳鹮绦虫结构示意图（引自 Vasileva et al.，1996）
采自保加利亚（A，C，E～G）和德国（B）小鹳鹮的小鹳鹮马可绦虫：A. 头节；B. 整体观；C. 吻突钩；E. 两个成节；F. 紧接分图 E 第 2 节的前孕节；G. 成节的末端生殖管。D. 扁尾鹳鹮绦虫副模标本吻突钩。标尺：A，B=100μm；C，D=10μm；E，F=200μm；G=50μm

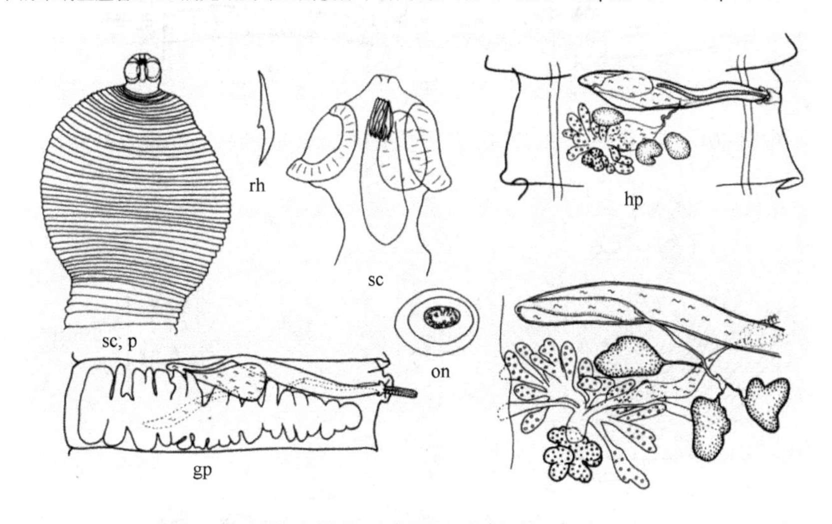

图 18-400　菲拉副双棘绦虫结构示意图（引自 Czaplinski & Vaucher，1994）

13b. 假头节和附属囊不存在……剑带属（*Drepanidotaenia* Railliet，1892）

识别特征：吻突有一单轮钩冠。吸盘无棘。节片短宽。内纵肌束多。生殖管背位于渗透调节管。精巢 3 个，排成行。阴茎囊横过孔侧渗透调节管。卵巢多叶，接近反孔侧渗透调节管。卵黄腺略为叶状，位于卵巢后腹方。受精囊长，波状。子宫最初为管状，随后发育为横囊状，有许多突囊。六钩蚴椭圆形。已知寄生于雁形目鸟类（例外者寄生于人），全球性分布。模式种：矛形剑带绦虫[*Drepanidotaenia lanceolata*（Bloch，1782）Railliet，1892]（图 18-401，图 18-402）。

14a. 吻突钩斯克尔亚宾属样型；伸缩自如的阴茎刺存在；附属囊缺……支雌属（*Cladogynia* Baer，1938）（图 18-403）

［同物异名：类异单睾属（*Allohaploparaksis* Yamaguti，1959）；无孔双睾属（*Aporodiorchis* Yamaguti，1959）；

反嘴鹊鳞属（*Avocettolepis* Spasskiĭ & Kornyushin，1971）；假阴茎带属（*Dildotaenia* Dronen，Schmidt，Allison & Mellen，1988）；红鹳属（*Flamingolepis* Spasskiĭ & Spasskays，1952）；膜壳楔状棘属（*Hymenosphenacanthus* López-Neyra，1958）；八棘属（*Octacanthus* Spasskiĭ & Spasskaya，954）；副网宫属（*Pararetinometra* Stock & Holmes，1981）；网宫属（*Retinometra* Spasskiĭ，1955）；楔状棘属（*Sphenacanthus* López-Neyra，1942）]

识别特征：吻突伸缩自如，有一单轮钩冠，钩数 8 个。有些种钩冠下有几列棘。吸盘无棘。简单，可能有不折叠、没有生殖腺原基的假头节。节片明显具缘膜；后部表面有时覆盖有不同大小的圆锥状微棘。纵肌束分成两层或否。内纵肌束多。生殖管背位于渗透调节管。精巢 3 个，排成一行或三角形，光滑，圆形或椭圆形，或略不规则分叶，位于髓质，例外者重叠于渗透调节管。阴茎囊纤弱，或短或长。例外者很长，卷曲。卵巢通常强分叶，位于中央、精巢腹部。卵黄腺实体状或分支，位于卵巢后部中央。受精囊很发达。阴道可能从背部到腹部横过阴茎囊。远端阴道通常形成交配部，有特殊的肌肉。子宫网状，横过渗透调节管。六钩蚴椭圆形，膜圆形或椭圆形。已知寄生于雁形目、红鹳目（Phoenicopteriformes）、鸻形目和鹈鹕目鸟类，全球性分布。模式种：红鹳仙女支雌绦虫［*Cladogynia phoeniconaiadis*（Hudson，1934）Baer，1938］（图 18-403A）。

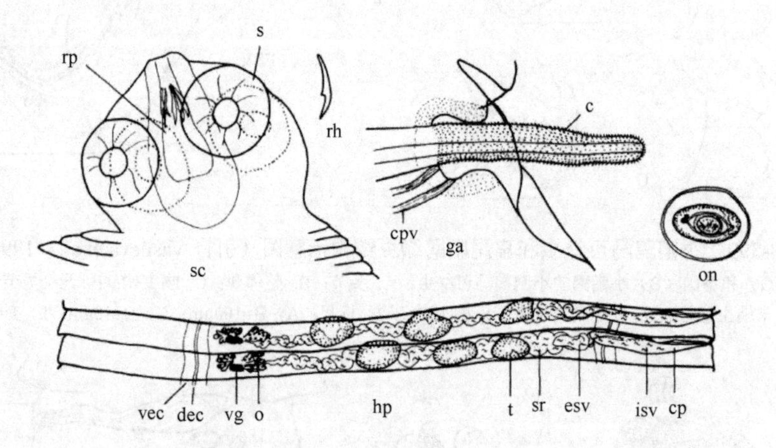

图 18-401　矛形剑带绦虫结构示意图（引自 Czaplinski & Vaucher，1994）

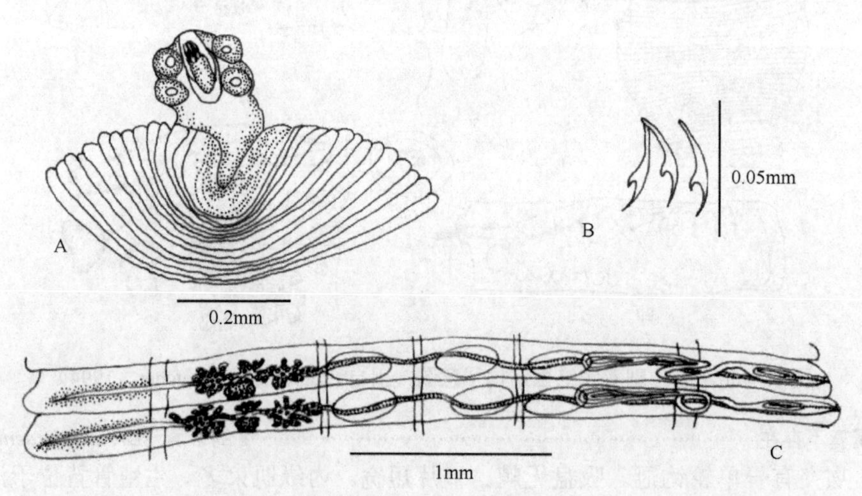

图 18-402　矛形剑带绦虫厦门大学标本结构示意图（引自李海云，1994）

A. 头节；B. 吻突钩；C. 成节

14b. 吻突钩斯克尔亚宾属样型；阴茎针和外附属囊单个或成双……15

15a. 每节 3 个精巢……索博列夫棘属（*Sobolevicanthus* Spasskiĭ & Spasskaya，1954）

［同物异名：双棘属（*Bisaccanthes* Spasskiĭ & Spasskaya，1954）；副双腺腔属（*Parabiglandatrium* Gvozdev & Maksimova，1968）；腓尼克鳞属（*Phoenicolepis* Jones & Khalil，1980）］

识别特征：吻突伸缩自如，有一单轮钩冠，由 8 个钩组成。吸盘无棘。可能有简单、不折叠、没有

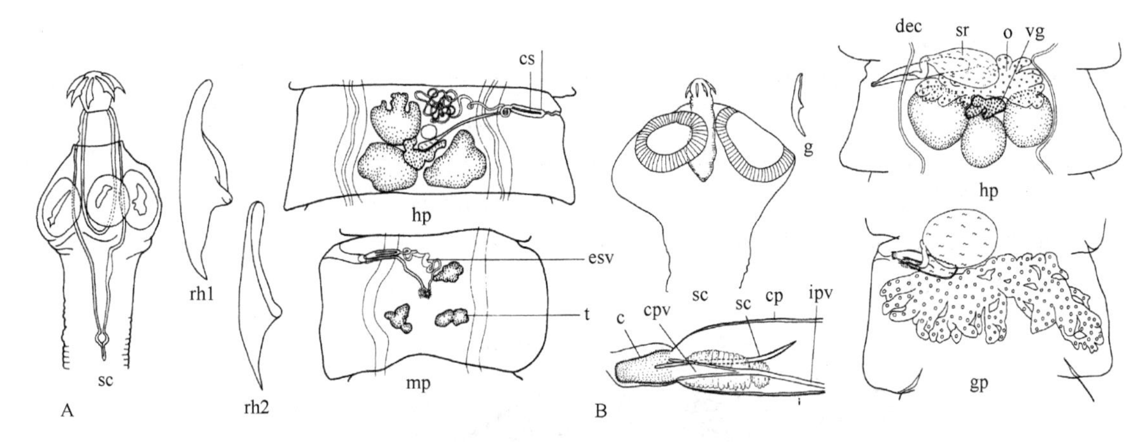

图 18-403　2 种支雌绦虫结构示意图（引自 Czaplinski & Vaucher，1994）

A. 红鹳仙女支雌绦虫；B. 基朗支雌绦虫［*C. giranensis*（Sugimoto，1934）］组合种［同物异名：基朗网宫绦虫（*Retinimetra giranensis*）］

生殖腺原基的假头节。节片明显具缘膜，后部表面覆盖有不同大小的圆锥状微棘。内纵肌束数目多。生殖管背位于孔侧渗透调节管。精巢椭圆形或圆形，光滑或略分叶，绝大多数排列为三角形或很少排成一行。内贮精囊有例外者不存在。阴茎囊纤弱，通常横过中线，可能卷曲，长过节片宽度（如 *S. krabbeella*）。附属囊位于阴茎囊外，通常有自身的肌肉、腺体和棘，近于雄性生殖孔，可能可以外翻。卵巢通常强分叶，位于中央、精巢腹面。卵黄腺实体状或略分叶，位于中央、卵巢后背方。受精囊很发达。阴道从背方到腹方横过卵巢，很少例外。远端阴道通常形成交配部，有特殊的肌肉。子宫囊状或不规则网状。六钩蚴椭圆形，外膜几乎为圆形或纺锤形，没有极丝。已知寄生于雁形目和红鹳目鸟类，全球性分布。模式种：纤细索博列夫棘绦虫［*Sobolevicanthus gracilis*（Zeder，1803）Spasskiĭ & Spasskaya，1954］（图 18-404）。

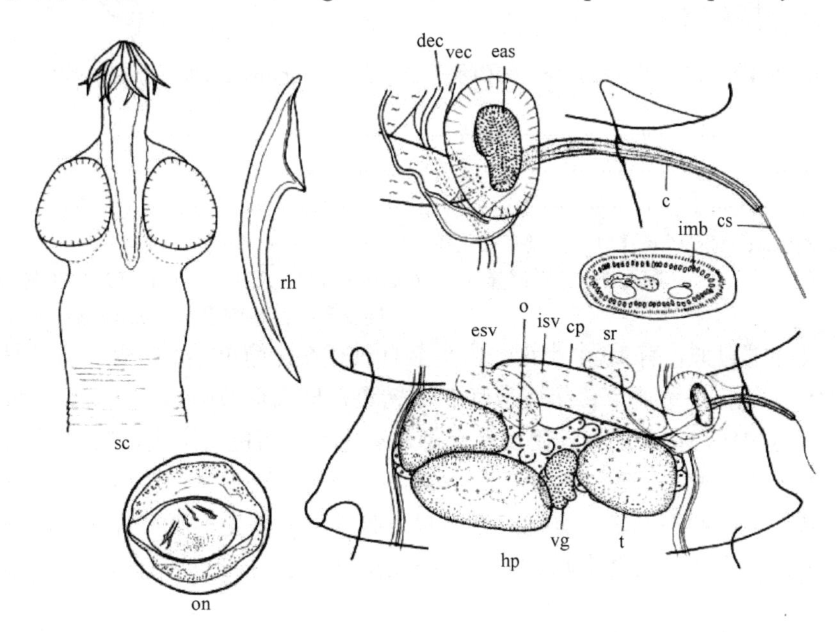

图 18-404　纤细索博列夫棘绦虫结构示意图（引自 Czaplinski & Vaucher，1994）

15b. 每节精巢多于 3 个（约 32 个）；附属囊单个；阴茎有针；头节未知（很可能有 8 个斯克尔亚宾属样型钩，因这些特征高度相关）……多睾属（*Polytestilepis* Oshmarin，1960）

识别特征：头节未知。节片具缘膜。生殖孔背位于孔侧渗透调节管。阴茎囊纤弱，几乎达中线。阴茎没有确切描述。外附属囊肌肉质，具棘。卵巢多分叶，成熟时占据几乎整个髓质。卵黄腺实质状，略分叶，位于后部。受精囊很发达。阴道从腹部到背部横过阴茎囊并开口于雄孔前方。生殖腔有几丁质棘。已知寄生于雁形目鸟类，分布于俄罗斯远东区。模式种：几丁生殖腔多睾绦虫（*Polytestilepis chitinocloacis*

Oshmarin，1960）（图 18-405）。

16a. 生殖孔不规则交替（在膜壳亚科中是独特的）……………………………… 近膜壳属（*Allohymenolepis* Yamaguti，1956）

识别特征：吻突有 10 个弓状钩组成的单轮钩冠。吸盘无棘。节片具缘膜。内纵肌束多。生殖管背位于纵向渗透调节管。精巢 3 个，位于卵巢后部。阴茎囊小，不达中线。卵巢横向伸长，前方略分叶。卵黄腺实体状，位于卵巢后部。受精囊大。子宫囊状。六钩蚴椭圆形，有 3 层膜。已知寄生于雀形目鸟类，分布于西里伯斯岛（印度尼西亚苏拉威西岛）。模式种：米土多近膜壳绦虫（*Allohymenolepis mitudori* Yamaguti，1956）（图 18-406）。

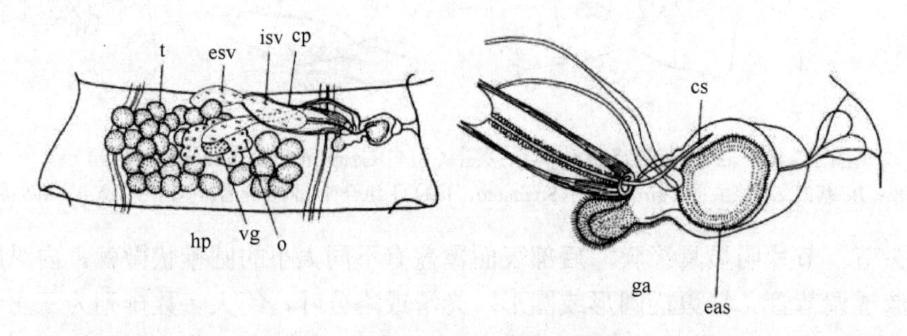

图 18-405　几丁生殖腔多睾绦虫成节及生殖器官末端放大结构示意图（引自 Czaplinski & Vaucher，1994）

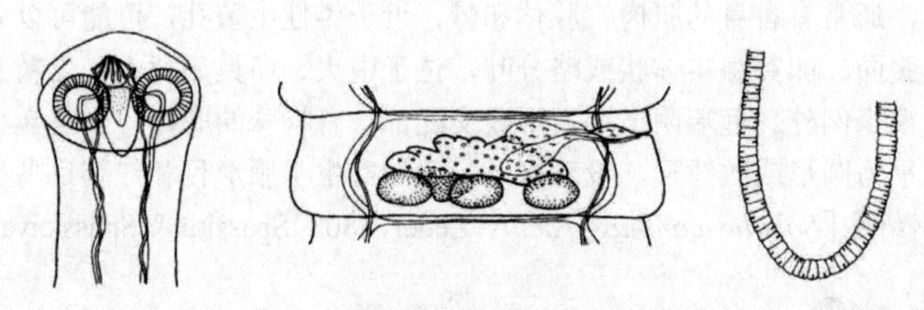

图 18-406　米土多近膜壳绦虫结构示意图（引自 Czaplinski & Vaucher，1994）

16b. 生殖孔侧于右侧……………………………………………………………………………… 17

17a. 附属囊存在……………………………………………………………………………………… 18

17b. 没有附属囊……………………………………………………………………………………… 22

18a. 附属囊位于阴茎囊内部；钩双睾属样型；吸盘有或无棘………………………………………
……………………………………… 鸭绦属（*Anatinella* Spasskiĭ & Spasskaya，1954）（图 18-407，图 18-408）

［同物异名：单棘属（*Monosaccanthes* Czaplinski，1967）］

识别特征：吻突伸缩自如，有 10 个小钩。假头节有时存在，简单、不折叠。节片具缘膜。纵肌束多或 8 束。生殖管背位于纵向渗透调节管。通常有 3 个精巢，椭圆形或圆形，光滑或略分叶，排成三角形或横排。阴茎囊小或达中线，壁可能厚。附属囊有棘，可内陷，可能看上去像第 2 个阴茎。卵巢叶状，绝大多数位于亚中央，反孔侧。卵黄腺位于卵巢后部，主要位于亚中央，实体状或略分叶。受精囊很发达。子宫不规则囊状。六钩蚴椭圆形，有椭圆或球状外膜。已知寄生于雁形目鸟类，分布于除南美洲外的全球各地。模式种：马吉特鸭绦虫［*Anatinella meggitti*（Shen，1932）Spasskiĭ & Spasskaya 1954］（图 18-407）。

18b. 附属囊位于外部……………………………………………………………………………… 19

19a. 附属囊两个；吻突钩棘吻属样型……………………………… 双腺腔属（*Biglandatrium* Spasskaya，1961）

识别特征：吻突伸缩自如，有 10 个小钩。吸盘无棘。节片具缘膜。生殖管背位于纵向渗透调节管。精巢 3 个，椭圆形，排成三角形，1 个位于孔侧。阴茎囊达中线。阴茎和生殖腔基部具棘。附属囊腺体状，无棘，位于阴茎囊外。卵巢叶状，位于中央。卵黄腺叶状，位于卵巢后。受精囊很发达。已知寄生于潜鸟目（Gaviiformes）的鸟类，分布于图瓦共和国（Tuva）。模式种：双腺腔双腺腔绦虫（*Biglandatrium biglandatrium* Spasskaya，1961）（图 18-409）。

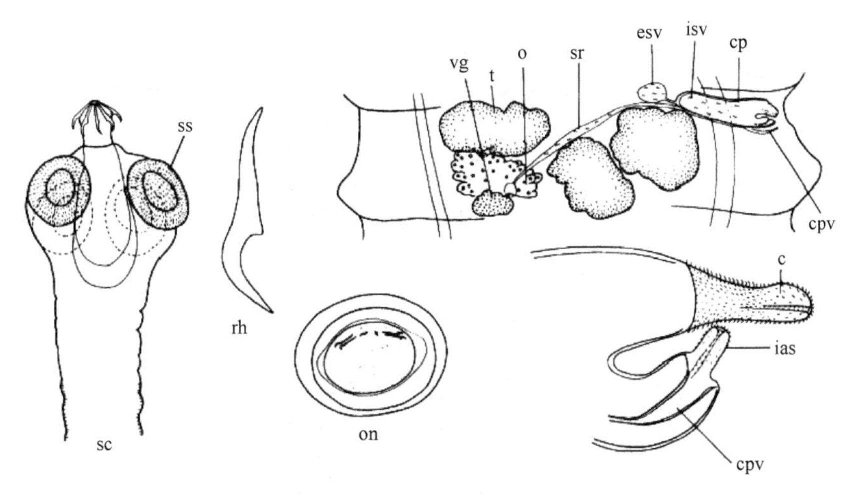

图 18-407 马吉特鸭绦虫结构示意图（引自 Czaplinski & Vaucher，1994）

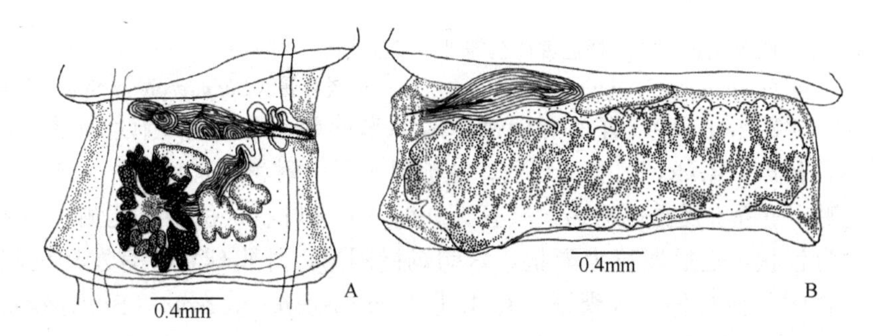

图 18-408 棘鸭绦虫［*Anatinetia spinulosa*（Dubinina，1953）组合种］（引自李海云，1994）

A. 成节；B. 孕节

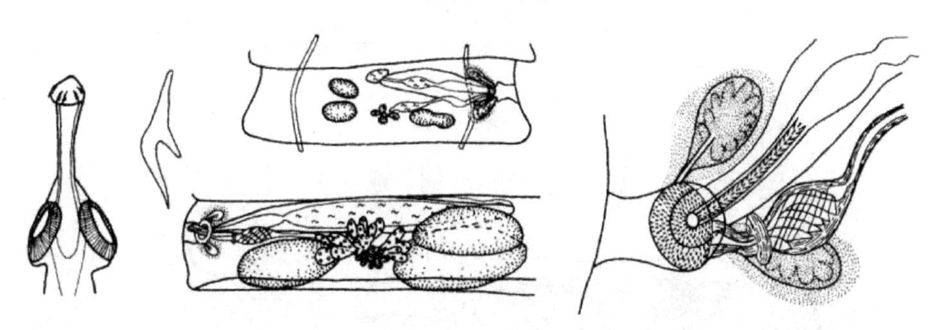

图 18-409 双腺腔双腺腔绦虫结构示意图（引自 Czaplinski & Vaucher，1994）

19b. 附属囊单个……20

20a. 阴茎无针……21

20b. 阴茎有针……杰拉尔多属（*Geraldolepis* Czaplinski & Vaucher，1994）

识别特征：吻突伸缩自如，有 10 个小钩。节片具缘膜。生殖管背位于纵向渗透调节管。3 个椭圆形或圆形精巢几乎在一条直线上。外贮精囊圆形。内贮精囊几乎填满整个阴茎囊。阴茎囊圆柱状，横向或弯曲，达到或横过中线。阴茎小，具棘。阴茎针能自由伸出。外附属囊单个，壁厚，无棘。卵巢位于后方，略近孔侧，实体状，横向伸长。卵黄腺实体状，位于卵巢后方。受精囊纺锤状。阴道位于阴茎囊腹部。阴道交配部纺锤状，内部有小棘，由肌肉和腺体围绕。子宫囊状。六钩蚴未知。已知寄生于鸻形目鸟类，分布于阿拉斯加州。模式种：迪布洛克杰拉尔多绦虫［*Geraldolepis deblocki*（Schmidt & Neiland，1968）］组合种，原为迪布洛克膜壳绦虫［*Hymenolepis deblocki*（Schmidt & Neiland，1968）或迪布洛克网状子宫绦虫［*Retinometra deblocki*（Schmidt & Neiland，1968）］（图 18-410）。

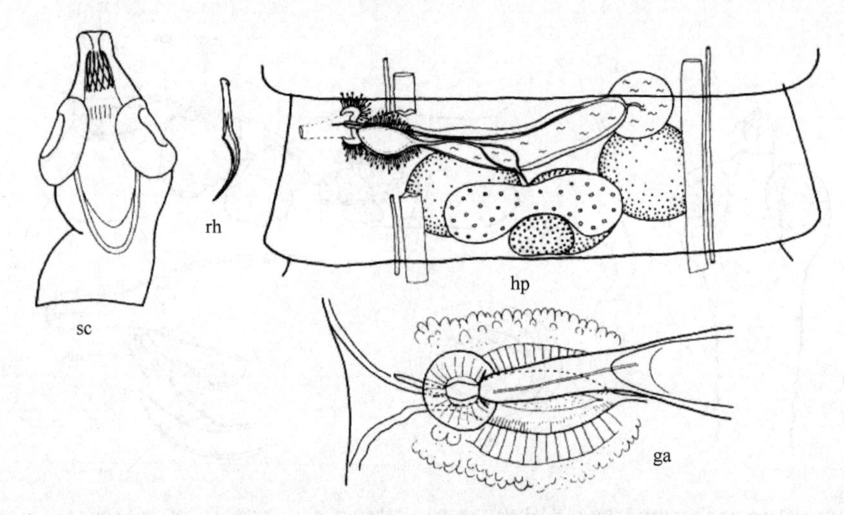

图 18-410　迪布洛克杰拉尔多绦虫组合种结构示意图（引自 Czaplinski & Vaucher，1994）

21a. 吻突钩异单睾属样型；吸盘无棘；附属囊是否存在需进一步证实……………………………………嵌合属（*Chimaerolepis* Spasskiĭ & Spasskaya，1972）

识别特征：吻突伸缩自如（?），有 10 个小钩。假头节简单，无折叠。节片具缘膜。内纵肌束很多。精巢 3 个，椭圆形，排成一条线。阴茎囊纤弱，达卵巢水平。附属囊有棘（？）或生殖腔基部有棘。卵巢多叶，位于反孔侧，重叠于反孔侧渗透调节管上。卵黄腺多叶状，位于反孔侧、卵巢腹部。受精囊很长，波状。子宫初为管状，之后发育为囊状。六钩蚴椭圆形，外膜球状，有发样突起。已知寄生于鹑鸡目鸟类，分布于美国。模式种：沃森嵌合绦虫［*Chimaerolepis watsoni*（Prestwood & Reid，1966）Spasskiĭ & Spasskaya，1972］（图 18-411）。

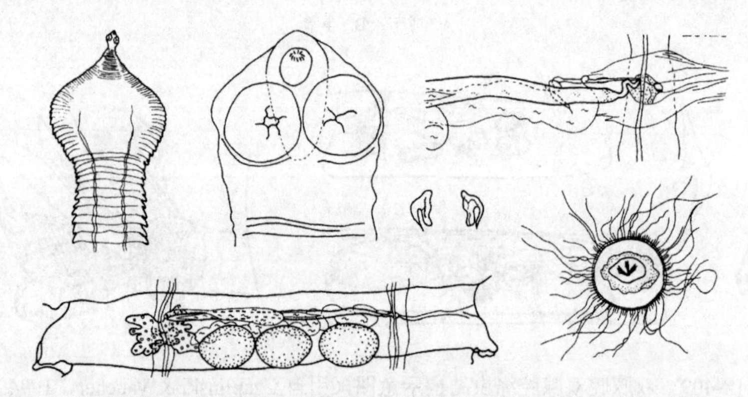

图 18-411　沃森嵌合绦虫结构示意图（引自 Czaplinski & Vaucher，1994）

21b. 吻突钩双睾属样型、nitidoid 型或弓状；吸盘有玫瑰样棘；附属囊肯定存在……………………………………棘杯属（*Echinocotyle* Blanchard，1891）（图 18-412，图 18-413）

［同物异名：棘杯样属（*Echinocotyloides* Kornyushin，1983）；性头节属（*Gonoscolex* Saakova，1958）；拉罗杯样属（*Larocotyloides* Kornyushin，1983）；玛丽杯属（*Mariicotyle* Kornyushin，1983）］

识别特征：吻突伸缩自如，有 10 个小钩。节片具缘膜，数量不多（达 50 节）或超过 100 节。纵肌束 8 束或多束。生殖管背位于纵向渗透调节管。3 个精巢，成一排或三角形排列。阴茎囊或短或长。阴茎有或无棘。附属囊位于阴茎囊外，开口于生殖腔，可内陷，有棘，肌肉质并且通常为腺体样。卵巢通常实体样，横向伸长，例外者有指状叶，亚中央或中央位置。卵黄腺实质状，通常背位于卵巢，亚中央或中央位。受精囊存在。子宫囊状，例外者为网状［维索尔伦棘杯绦虫（*E. verschureni*）］。六钩蚴椭圆形，外膜圆形或椭圆形。已知寄生于雁形目、鸻形目、鸥形目和雀形目鸟类，例外者寄生于啮齿目动物，分布于欧洲、亚洲、非洲和北美洲。模式种：罗塞特棘杯绦虫（*Echinocotyle rosseteri* Blanchard，1891）（图 18-412）。

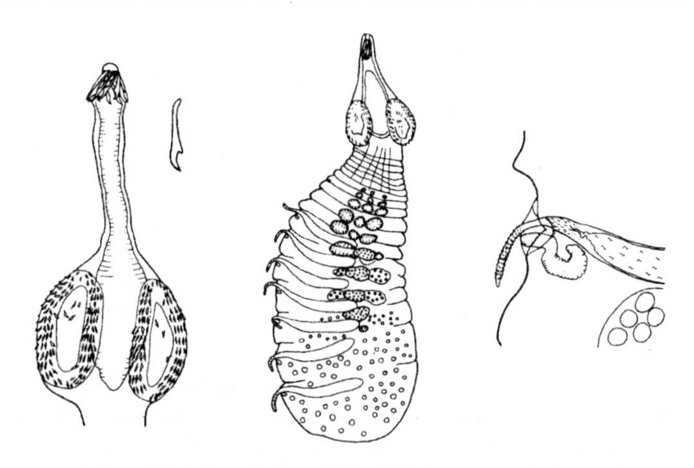

图 18-412 罗塞特棘杯绦虫结构示意图（引自 Czaplinski & Vaucher，1994）

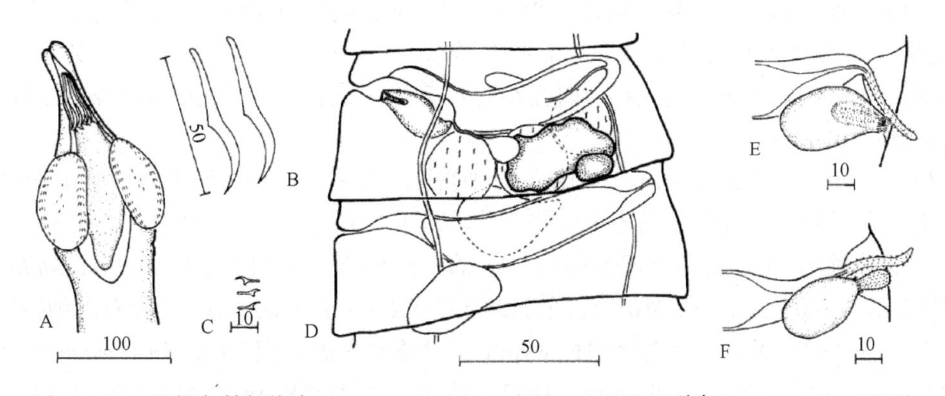

图 18-413 好望角棘杯绦虫（*E. capensis* McLaughlin，1989）（引自 McLaughlin，1989）

A. 头节；B. 吻突钩；C. 吸盘钩；D. 成节，上方的节片示一般的形态，下方的节片示快速填充的外贮精囊、内贮精囊和受精囊；E. 阴茎和附属囊；F. 阴茎和附属囊具棘部外翻。所有的标尺单位均为μm

21c. 吻突钩 nitidoid 型；吸盘无棘；阴茎针不存在……………………………………………迪布洛属（*Debloria* Spasskiĭ，1975）

识别特征：吻突有 10 个钩。节片具缘膜，内纵肌 8 束。生殖管背位于纵向渗透调节管。精巢 3 个，排成直线或三角形。阴茎囊过中线。附属囊肌肉质，内有发样棘，位于阴茎囊远端外部和前方。卵巢三叶状。卵黄腺位于卵巢后方，实体状。受精囊卵形。阴道在阴茎囊腹部，交配部有括约肌。子宫囊状。六钩蚴和外膜椭圆形。胚钩形态不等。已知寄生于鸻形目鸟类，分布于南非。模式种：开普敦迪布洛绦虫［*Debloria capetownensis*（Deblock & Rosé）Spasskiĭ，1975］（图 18-414）。

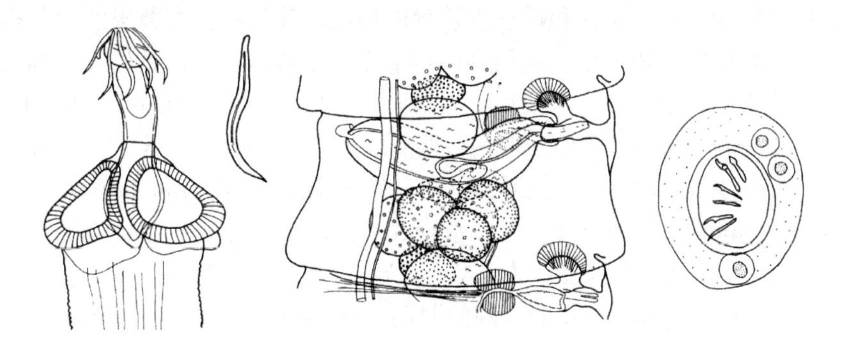

图 18-414 开普敦迪布洛绦虫结构示意图（引自 Czaplinski & Vaucher，1994）

22a. 吻突钩 nitidoid 型……………………………纳得耶多属（*Nadejdolepis* Spasskiĭ & Spasskaya，1954）（图 18-415～图 18-424）

识别特征：吻突伸缩自如。吸盘无棘。节片具缘膜，内纵肌束多，多于 8 束。生殖管背位于纵向渗透调节管。精巢 3 个，排成横排或三角形。阴茎囊过中线或否。阴茎具棘。附属囊和阴茎针缺。卵巢实

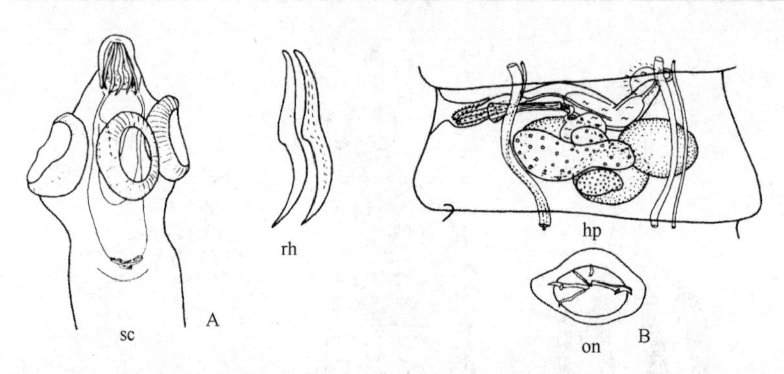

图 18-415　2 种纳得耶多绦虫结构示意图（引自 Czaplinski & Vaucher，1994）
A. 比洛坡尔丝卡瑞纳得耶多绦虫［*N. belopolskaiae*（Deblock & Rosé，1962）Spasskaya，1966］的头节及吻突钩；
B.和帕特森纳得耶多绦虫［*N. patersoni*（Deblock & Rosé，1962）组合种的成节和六钩蚴

质状，分叶。卵黄腺实质状，位于卵巢后部。受精囊很发达。阴道位于阴茎囊远腹部，可能形成远端交配部。子宫囊状。六钩蚴和外膜椭圆形。六钩蚴钩形态不一。已知寄生于鸻形目、雀形目和雁形目鸟类，分布于欧洲、亚洲和北美洲。模式种：闪亮纳得耶多绦虫［*Nadejdolepis nitidulans*（Krabbe，1882）Spasskiĭ & Spasskaya，1954］。

Deblock 和 Canaris（2000a，2001a，2001b）对纳得耶多属进行过一些研究，调整了一些种的分类地位，对一些种进行了重描述，同时亦描述了一些新种，即 3 个采自中美洲伯利兹（Belize）的种为新地理分布记录：①采自环颈鸻（*Charadrius alexandrinus*）的副闪亮纳得耶多绦虫［*N. paranitidulans* Golikova，1959］（吻突钩长 40～44μm）（图 18-416）；②采自翻石鹬（*Arenaria interpres*）的翻石鹬纳得耶多绦虫［*N. arenariae*（Cabot，1969）］组合种（吻突钩长 89μm）；③采自白腰滨鹬（*Calidris fuscicollis*）（新宿主记录）的海岸纳得耶多绦虫［*N. litoralis* Webster，1947］（吻突钩长 81～85μm）。萨贵纳得耶多绦虫（*N. saguei* Rysavy，1967）被考虑为与海岸纳得耶多绦虫是同种，莫雷诺纳得耶多绦虫（*N. morenoi* Rysavy，1967）（吻突钩长 80μm）需要重新描述以肯定其有效性。纳得耶多属的两个种由于它们的吻突钩为双睾属样型而不是 nitiduloid 型，而被移至微体棘属（*Microsomacanthus* López-Neyra，1942）成为坎布雷微体棘绦虫［*M. cambrensis* Davies，1939］和阿拉斯加微体棘绦虫［*M. alaskensis* Deblock & Rausch，1967］组合种。该作者描述并图示了采自美国阿拉斯加黑腹滨鹬（*Calidris alpina*）的比尔纳得耶多绦虫（*N. bealli*），该种长 3～4cm 并且吻突钩 nitiduloid 型，长 95～96μm，刃略长于柄；3 个精巢排为对称的三角形；阴茎囊长 175μm，不过中线；阴茎接于一无钩棘的球茎上，当翻出时长 25μm，并具有大量实质状很细、长 1μm 的棘。一短的（25μm）膜质管状阴道，没有硬质样区，也没有括约肌。受精囊梨形。该种不同于同属的其他种的特征是：吻突钩相当长，雄性和雌性生殖管的构造；其他种没有翻出的阴茎相当短的特点及类似的棘结构。阿拉斯加相同宿主还寄生有副闪亮纳得耶多绦虫和两性毛沃德绦虫（*Wardium amphitricha* Rudolphi，1819）。该作者还描述并图示了采自澳大利亚塔斯马尼亚（Tasmania）纳得耶多属另 3 种绦虫：采自红顶鸻（*Charadrius ruficapillus*）的伯杰斯纳得耶多绦虫（*N. burgessi*），长 4～6mm，吻突钩 nitiduloid 型，长 63～66μm，一短而外翻的阴茎，长 13～16μm，有一短领，具长 1μm 的细棘，窄管状硬化的阴道，长 40～50μm，直径 3～4μm，近端有一小膨大，直径 3～5μm。膜质生殖腔部分有光滑、短（1μm）的实体棘，有时很难观察到；史密斯纳得耶多绦虫（*N. smithi*）为红顶鸻和翻石鹬的寄生绦虫，长 2～3.5mm，吻突钩 nitiduloid 型，长 90～98μm，一短的外翻的阴茎（13μm × 6.5μm），有一短的领，细簇毛长度变短（2～3μm）延伸为一短而细的针，一硬质化和锥状的阴道 20μm × 6μm，在其细端有一卵形的膨大（6～7）μm ×（4～9）μm，一膜质的生殖腔类同伯杰斯纳得耶多绦虫；金塞拉纳得耶多绦虫（*N. kinsellai*）为红顶鸻的寄生绦虫，长 25～40（?）mm，吻突钩长 89～93μm，纺锤状的生殖腔 100μm × 30μm，有一很窄的孔，具一很长而窄的阴茎囊，为圆柱状（非纺锤状），其反孔侧端位于前一节片并有一细长非螺旋样纤维组成的不间断的壁，阴茎囊的孔侧端由一长的横向肌肉系住，未观察到外翻的阴茎，内陷的射精管有

两种相继类型的棘：①亚末端短的部位（20～25μm）有粗棘，随后为长的部位（100～120μm）有大量小而坚实的"鬃毛"，长 5μm，有一很长、卷曲的输精管（400～500μm），膜质的管状阴道长 400～450μm，厚壁但非肌肉质并在阴茎囊远端部的前方卷曲；②一几丁质样腔，交配部和括约肌不存在。

Deblock 和 Canaris（2000a，2001a，2001b）回顾了寄生于鸻形目鸟类纳得耶多属的种。先前报道的种没有与此 3 种相似的解剖特征。金塞拉纳得耶多绦虫的详细形态特征不同于同属的其他种。根据形态特点将 *Hymenolepis*（*Hymenolepis*）*mudderbugtenensis* Deblock & Rosé，1962 移入纳得耶多属。

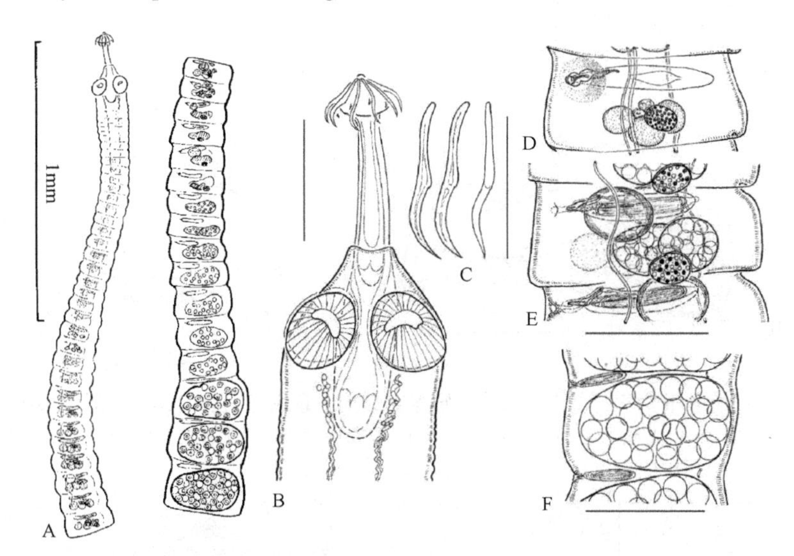

图 18-416 采自环颈鸻的副闪亮纳得耶多绦虫结构示意图（引自 Deblock & Canaris，2000a）

A. 整条链体腹面观；B. 头节吻突外翻；C. 吻突钩侧面观和正面观；D. 雄性器官未成节；E. 两性器官成节；F. 孕节。标尺：A=1mm；B，D，E=100μm；C=40μm；F=200μm

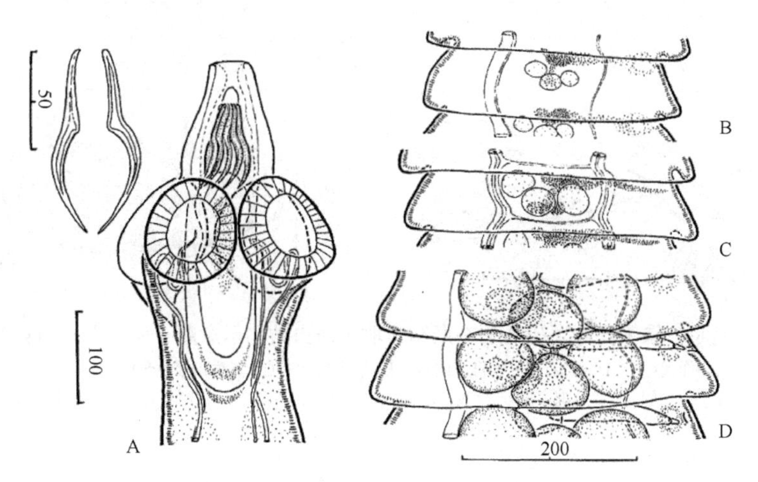

图 18-417 比尔纳得耶多绦虫结构示意图（引自 Deblock & Canaris，2001a）

A. 头节（吻突内陷）及吻突钩，雄性链体解剖背面观；B. 未成节；C. 雄性幼节链体；D. 雄性成节链体。标尺单位为μm

22b. 吻突钩非 nitidoid 型……23

23a. 钩异单睾属样型或棘吻属样型……24

23b. 钩双睾属样型，10 个……微体棘属（*Microsomacanthus* López-Neyra，1942）（图 18-425～图 18-428）

[同物异名：流产绦虫属（*Abortilepis* Yamatugi，1959）；鸭绦虫属（*Anserilepis* Spasskiĭ & Tolkacheva，1965）；安特罗属（*Anterolepis* Spasskiĭ，1967）；毛细子宫属（*Capiuterilepis* Oshmarin，1962）；缘膜杯属（*Craspedocotyla* Jordano & Diaz-Ungria，1960）；*Dicranolepis* López-Neyra，1942；杜比尼诺属（*Dubininolepis* Spasskiĭ & Spasskaya，1954）；棘腔属（*Echinatrium* Spasskiĭ & Yurpalova，1965）；伊斯帕尼样属（*Hispaniolepidoides* Yamaguti，1959）；科瓦莱夫斯基属（*Kowalewskius* Yamaguti，1959）；拉里棘属（*Laricanthus* Spasskiĭ，1963）；梅休属（*Mayhewia* Yamaguti，1956）；东方绦虫属（*Orientolepis* Spasskiĭ & Yurpalova，

1964)；奥斯马雷诺属（*Oshmarinolepis* Spasskiĭ & Spasskaya，1954）；麻雀绦虫属（*Passerilepis* Spasskiĭ & Spasskaya，1954）；柴壳属（*Tschertkovilepis* Spasskiĭ & Spasskaya，1954）；维吉索带属（*Vigissotaenia* Matevosyan，1968）]

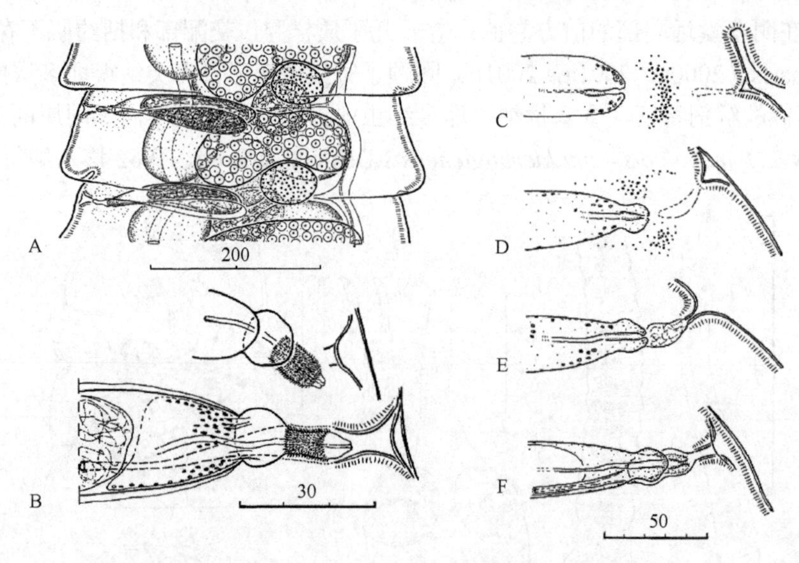

图 18-418　比尔纳得耶多绦虫成节及末端生殖器官结构示意图（引自 Deblock & Canaris，2001a）

A. 成熟的两性链体；B. 末端生殖器官和生殖腔；C～F. 末端生殖器官及生殖腔的发育示意图。标尺单位为μm

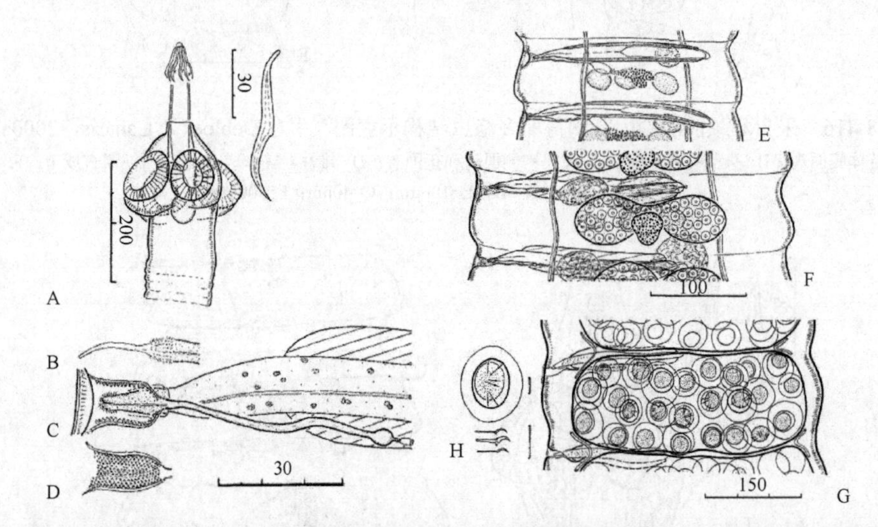

图 18-419　采自塔斯马尼亚国王岛红顶鸻的伯杰斯纳得耶多绦虫结构示意图（引自 Deblock & Canaris，2001b）

A. 吻突翻出的头节及吻突钩解剖腹面观；B～D. 末端生殖器官腹面观：B. 阴茎翻出；C. 雄性和雌性管的位置关系，开于共同的生殖腔；D. 阴道膜质末端具有大量小棘（阴茎省略）；E. 雄性成节解剖；F. 雌性成节解剖；G. 孕节解剖；H. 六钩蚴及其且钩，标尺=10μm。图中其他标尺单位为μm

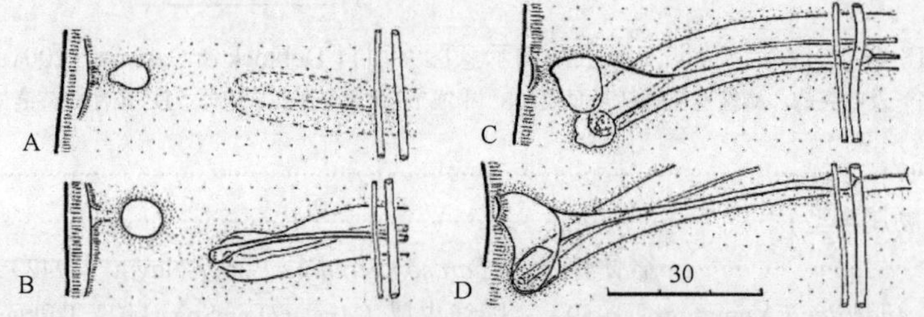

图 18-420　伯杰斯纳得耶多绦虫末端生殖复合体及生殖腔的连续发育过程图解腹面观（引自 Deblock & Canaris，2001b）

图中标尺单位为μm

识别特征：吻突伸缩自如。吸盘无棘。节片具缘膜，内纵肌束 8 束或更多。生殖管背位于纵向渗透调节管。精巢 3 个，排成横排或三角形。阴茎囊可能肌肉发达，达到或超过中线或否。阴茎通常具棘。

卵巢实质状，横向伸长，两叶、三叶或多叶，位于中央或亚中央，卵黄腺通常实质状或略分叶，位于卵巢后方。子宫囊状。六钩蚴钩可能为不同形状。已知寄生于雁形目、鸻形目、雀形目和鸥形目的鸟类，很少寄生于鹳形目的鸟类，全球性分布。模式种：微体微体棘缘虫[*Microsomacanthus microsoma*（Creplin，1829）López-Neyra，1942]。

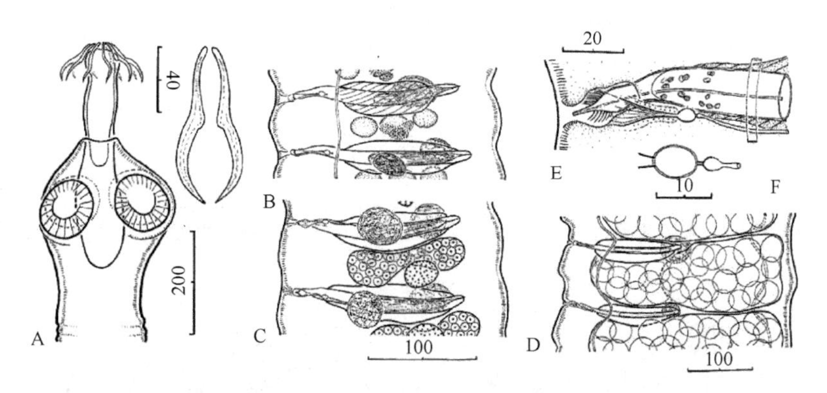

图 18-421 采自塔斯马尼亚国王岛红顶鸻的史密斯纳得耶多缘虫（引自 Deblock & Canaris，2001b）
A. 吻突翻出的头节及吻突钩。B～D. 解剖腹面观：B. 雄性成节解剖；C. 雌性成节解剖；D 孕节解剖。
E. 末端生殖器官腹面观；F. 雌性器官详细结构示意图。标尺单位为μm

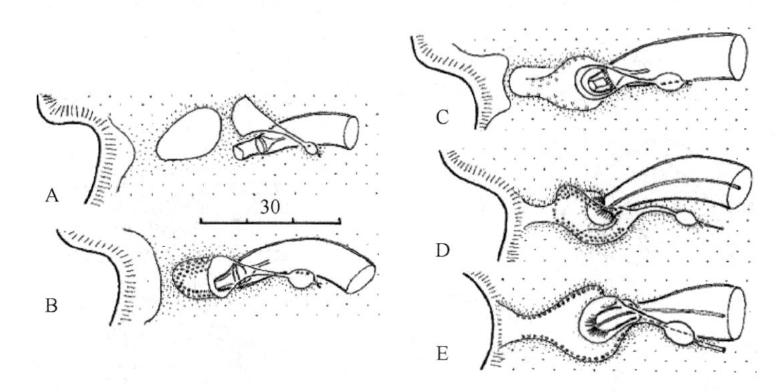

图 18-422 史密斯纳得耶多缘虫末端生殖复合体及生殖腔的连续发育过程图解腹面观（引自 Deblock & Canaris，2001b）
图中标尺单位为μm

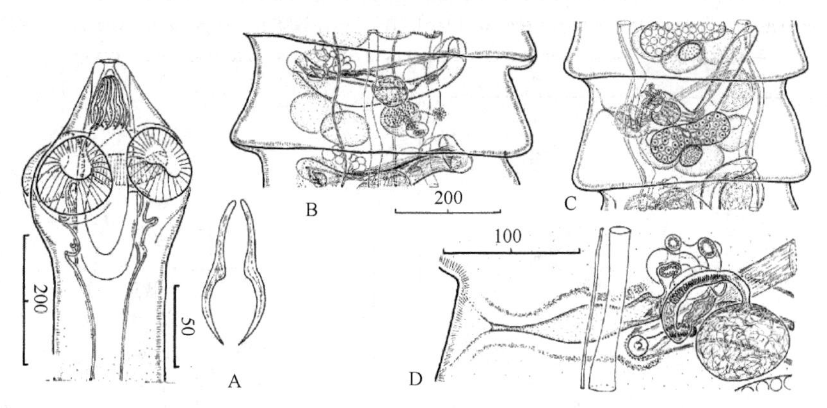

图 18-423 采自塔斯马尼亚国王岛红顶鸻的金塞拉纳得耶多缘虫结构示意图（引自 Deblock & Canaris，2001b）
A. 吻突未翻出的头节及吻突钩；B～D. 解剖腹面观：B. 雄性成节解剖；C. 雌性成节解剖腹面观；D. 末端生殖器官解剖腹面观。标尺单位为μm

Galkin 等（2006）重描述了绒鸭微体棘缘虫［*M. jaegerskioeldi*（Fuhrmann，1913）］（图 18-426）并基于采自瑞士哥德堡（Göteborg）附近捕获的欧绒鸭（*Somateria mollissima*）中采到的模式材料及采自巴伦支（Barents）海、冰岛沿岸和东西伯利亚海相同宿主的样品给出了示意图，指定了一选模标本，修订了识别特征，并讨论了该种采自不同宿主、不同地点的先前的报道，更新了其地理分布和宿主谱。

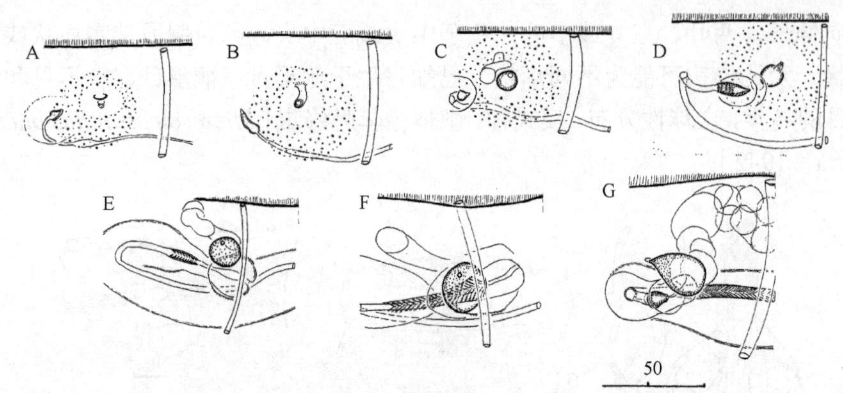

图 18-424　金塞拉纳得耶多绦虫末端生殖复合体及生殖腔的连续发育过程图解腹面观（引自 Deblock & Canaris，2001b）

图中标尺单位为μm

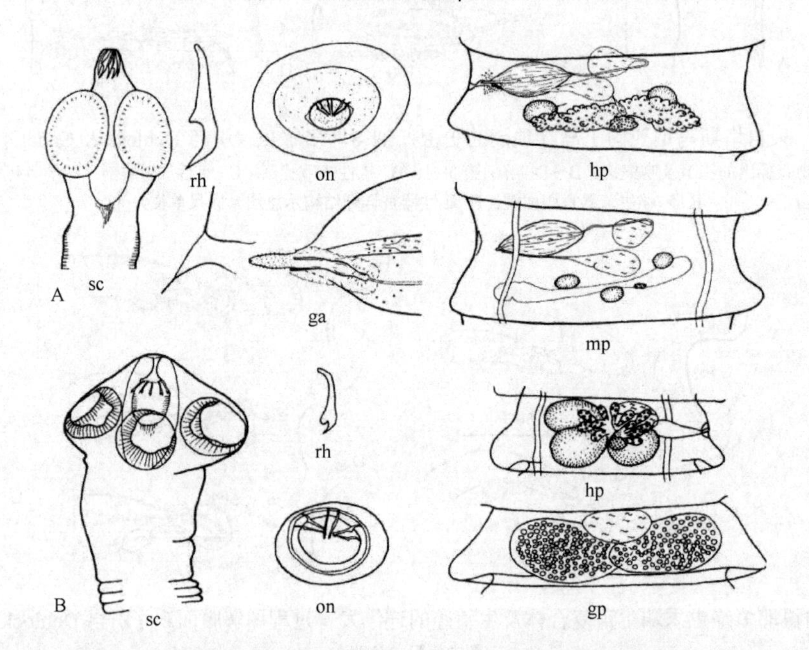

图 18-425　2 种微体棘绦虫结构示意图（引自 Czaplinski & Vaucher，1994）

A. 压紧微体棘绦虫［*M. compressa*（Linton，1892）López-Neyra，1942］；B. 雀微体棘绦虫［*M. passeris*（Gmelin，1790）］组合种（同物异名：麻雀麻雀绦虫［*Passerilepis passeris*（Gmelin，1790）Spasskiž& Spasskaya，1954］

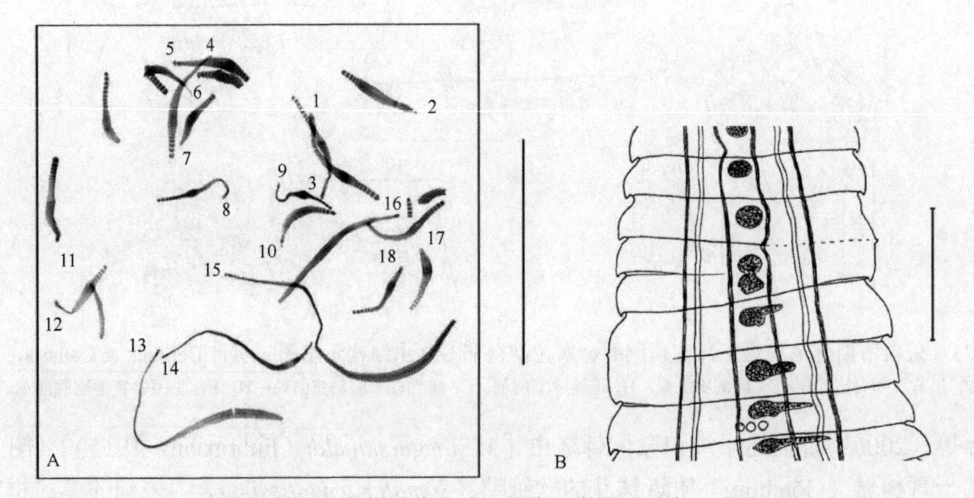

图 18-426　绒鸭微体棘绦虫实物及节片畸形分化示意图（引自 Galkin et al.，2006）

A. 玻片 MHNG 58/17 INVE：选模标本（No. 1）、副选模标本（No. 2～12，17～18）和 No. 13～16，数字指示头节的样品；没有头节的样品没有数字。B. 副模标本样品节片的畸形分化（链体 No. 6）。标尺：A=10mm；B=100μm

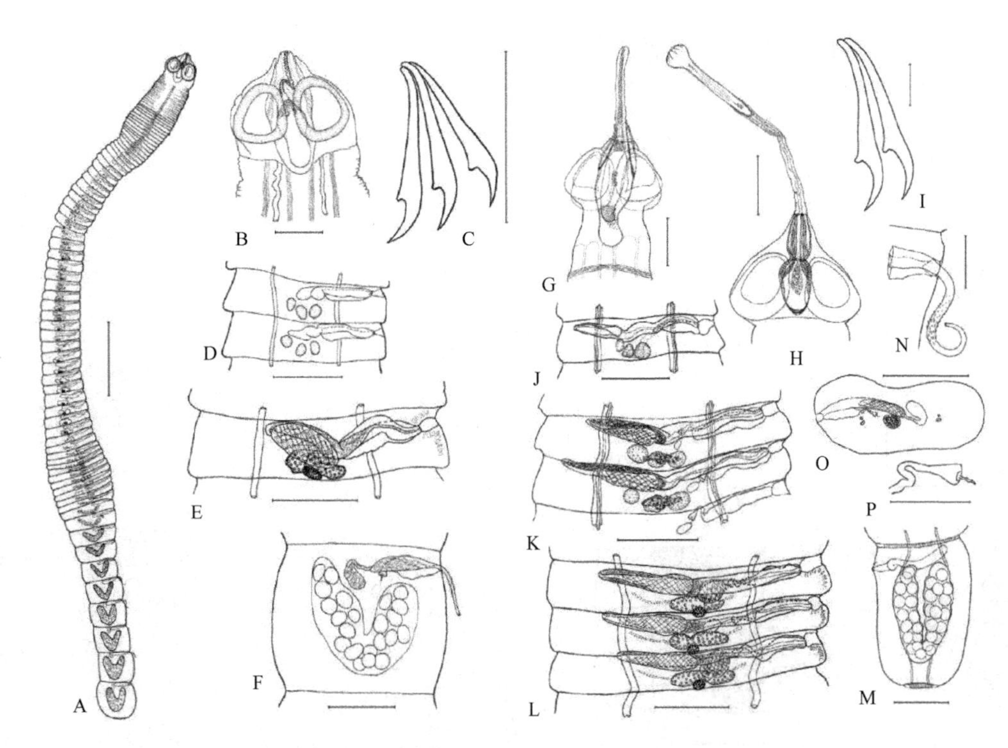

图 18-427 绒鸭微体棘绦虫结构示意图（引自 Galkin et al.，2006）

A～F. 选模标本：A. 整条虫体；B. 头节；C. 在收缩的吻突上的吻突钩；D. 成熟的雄性节片；E. 成熟的雌性节片；F. 前孕节。G～P. 副选模标本：G. 具部分翻出的吻突的头节（链体 5）；H. 完全翻出吻突的头节（链体 17）；I. 吻突钩侧面观；J. 雄性节片（第 37 节）；K. 两性节片（第 43～44 节）；L. 雌性节片（第 51～53 节）；M. 前孕节（链体 10）；N. 完全翻出的阴茎；O～P. 生殖管横切（玻片 MHNG 58/19 INVE，从 3 个相连的节片重构），大体观（O）和近端部阴道交配部（P）的池。标尺：A=500μm；B，D～H，J～M=100μm；C=40μm；I=10μm；N，P=40μm；O=200μm

Galkin 等（2008）基于模式材料及新发现捕自冰岛绒鸭的材料及采自巴伦支海（Barents Sea）和白令海（Bering Sea）相同宿主的样品重新与图示了双睾微体棘绦虫[*M. diorchis*（Fuhrmann，1913）]（图 18-428），指定了一选模标本，修订了识别特征（图中显示的是具有 3 个精巢？）。双睾微体棘绦虫的主要区别特征是吻突钩和阴茎的形态与大小，反孔侧精巢发育的显著延迟及碗状的子宫。该寄生虫种在大西洋和太平洋表现为绒鸭宿主种群的特异性。绒鸭膜壳（微体棘亚属）绦虫[*Hymenolepis*（*Microsomacanthus*）*somateriae* Bishop & Threlfall（1974）而非绒鸭微体棘绦虫（*M. somateriae* Ryzhikov，1965）] 被认为是双睾微体棘绦虫的同物异名。

24a. 吻突钩 10 个（8？），异单睾属样型；4 个附属顶吸盘；所有 8 个吸盘具棘……马提拉属（*Matiaraensis* Dixit & Capoor，1986）

识别特征：吻突伸缩自如，有单轮钩冠。节片具缘膜，两层纵肌。生殖管背位于纵向渗透调节管。精巢 3 个，排成三角形。阴茎囊达近中线。阴茎无棘。卵巢两叶或三叶状，位于中央。卵黄腺实质状，位于卵巢后部。受精囊存在。子宫囊状，两叶或倒 U 形，有人量椭圆形六钩蚴。六钩蚴外膜椭圆形。已知寄生于雀形目鸟类[家八哥（*Acridotheres tristis*）]，分布于印度。模式种：八哥马提拉绦虫（*Matiaraensis tristis* Dixit & Capoor，1986）（图 18-429）。

24b. 没有附属顶吸盘……25

25a. 缺外分节现象……副隧缘属（*Parafimbriaria* Voge & Read，1954）

识别特征：吻突可内陷，有由 10 个钩组成的单轮钩冠，钩型接近于异单睾属样型，但柄更长，短于刃。吸盘无棘。纵肌束多。生殖管背位于纵向渗透调节管，腹纵渗透调节管有横向或斜向联合。精巢 3 个，不规则球状，在反孔侧横排。阴茎囊短，不达中线。阴茎具棘。卵巢叶状，在精巢孔侧。卵黄腺实质状，位于卵巢后方，背位于卵巢。受精囊长形。阴道腹位于阴茎囊。子宫囊状，有不规则外观，同质异性，节片间可能有联合。六钩蚴和外膜卵形或球状。已知寄生于鹳鹈目鸟类，分布于欧洲、亚洲和北美洲。模式种：韦伯斯副隧缘绦虫（*Parafimbriaria websteri* Voge & Read，1954）（图 18-430）。

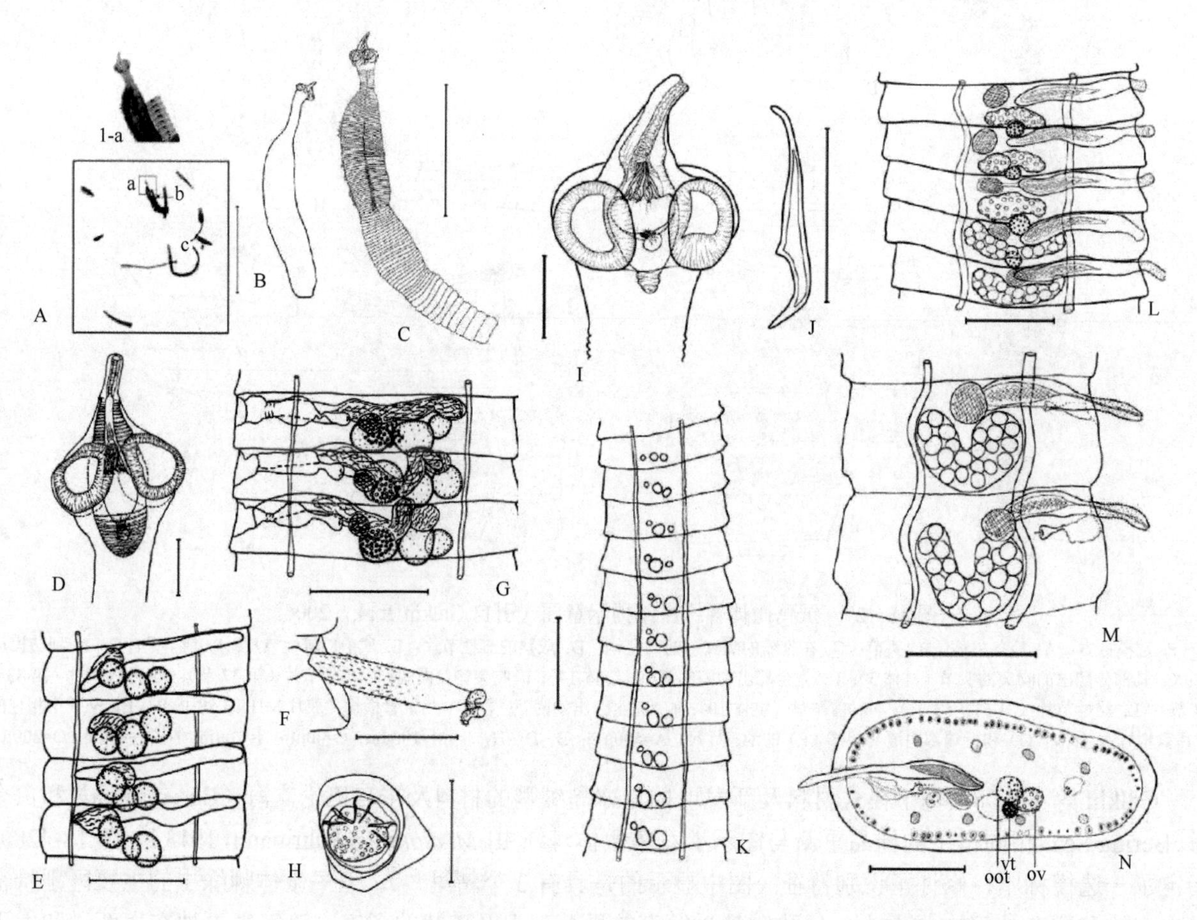

图 18-428 双睾微体棘绦虫结构示意图（引自 Galkin et al.，2008）

A. 玻片 MHNG INVE 41023（58/47）选模标本（a）和副选模标本（b，c）；B. Fuhrmann（1913）绦虫示意图；C. 选模标本整条虫。D～H. 采自冰岛的材料：D. 头节；E. 雄性节片；F. 完全翻出的阴茎；G. 成熟的两性节片；H. 成熟的卵。I～N. 选模标本（I，J）和副选模标本（K～N）：I. 头节；J. 吻突钩；K. 成熟前雄性节片；L. 成熟的雌性和含幼子宫节片；M. 前孕节片；N. 成熟雌性节片在生殖管水平的横切面。标尺：A=10mm；B，C=1mm；D，E，G，I，K～N=100μm；F，H，J=50μm

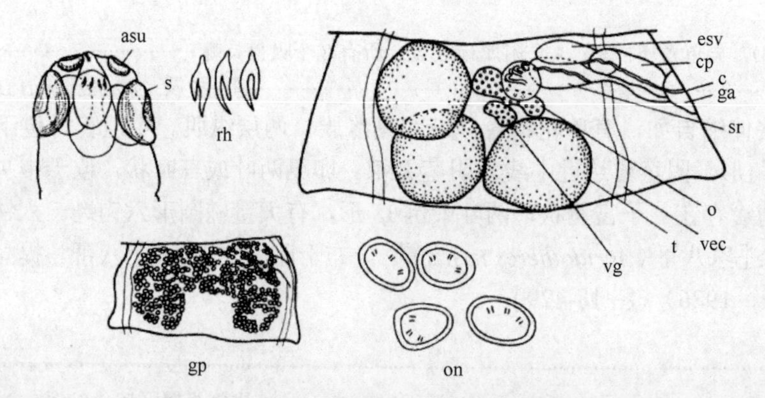

图 18-429 八哥马提拉绦虫结构示意图（引自 Czaplinski & Vaucher，1994）

25b. 外分节现象明显……………………………………………………………………………………………… 26

26a. 吻突钩 10 个，拟囊尾蚴中为异单睾属样型，成体在柄和卫部生长出一特殊的附属物…………………………………………………………汇合属（*Confluaria* Ablasov，1953）（图 18-431～图 18-445）

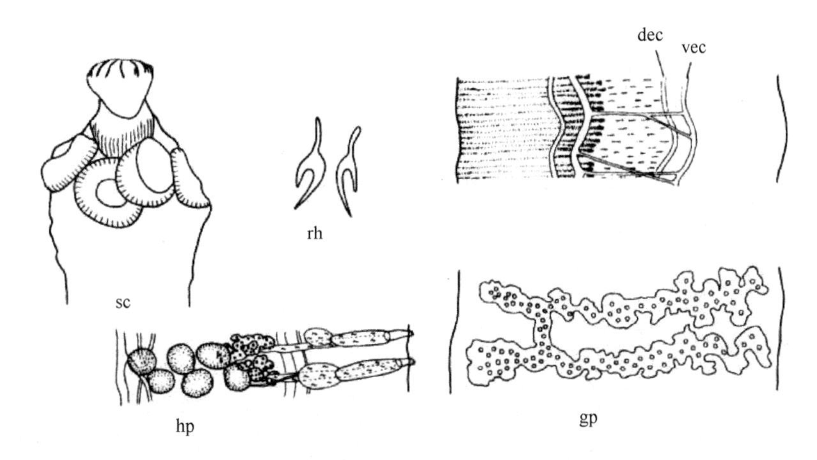

图 18-430 韦伯斯副隧缘绦虫结构示意图（引自 Czaplinski & Vaucher，1994）

［同物异名：扒鸊鷉绦虫属（*Colymbilepis* Spasskaya，1966）；双型棘属（*Dimorphocanthus* Maksimova，1989）］

识别特征：吻突可内陷，有单轮钩冠。吸盘4个，无棘。节片具缘膜，8条内纵肌束。生殖管背位于纵向渗透调节管。精巢每节 3 个。阴茎囊达节片中线或否。阴茎具棘。无附属囊和阴茎针。卵巢叶状，位于中央或亚中央。卵黄腺实质状，椭圆形，位于卵巢后部，中央或亚中央。子宫囊状。六钩蚴和外膜椭圆形。已知寄生于鸊鷉目鸟类，极少量寄生于雁形目和鸻形目鸟类，分布于欧洲、亚洲、非洲和北美洲。模式种：斯帕斯基汇合绦虫（*Confluaria spasskii* Ablasov，1953）。

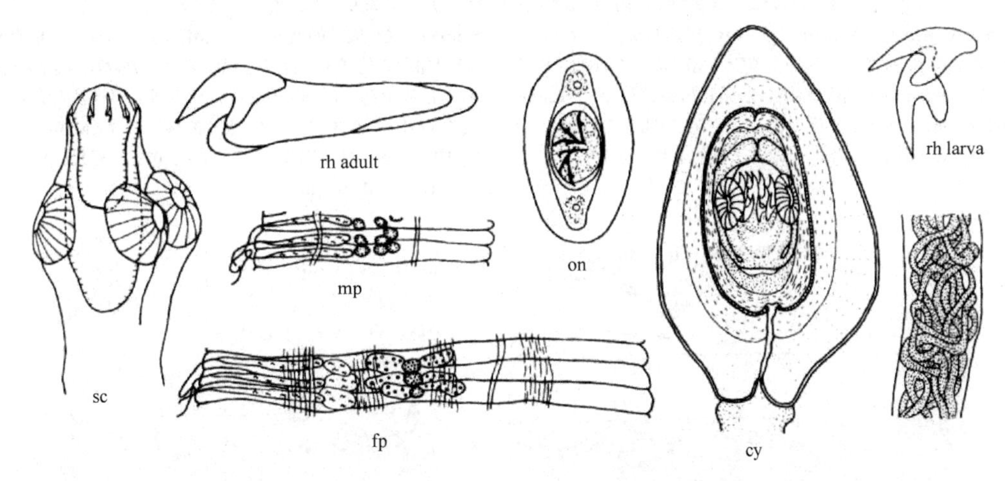

图 18-431 鸊鷉汇合绦虫［*C. podicipina*（Szymanski，1905）Spasskaya，1966］结构示意图（引自 Czaplinski & Vaucher，1994）

adult. 成体；larva. 幼体

Vasileva 等（1999）重描述了采自德国角鸊鷉（*Podiceps auritus*）的毛细汇合绦虫（*C. capillaris* Rudolphi，1810）（图 18-432），采自巴西侏鸊鷉（*P. dominicus*）的毛细样汇合绦虫（*C. capillaroides* Fuhrmann，1906），采自保加利亚小鸊鷉（*Tachybaptus ruficollis*）的密纹汇合绦虫（*C. multistriata* Rudolphi，1810）（图 18-433，图 18-434）、日本汇合绦虫（*C. japonica* Yamaguti，1935）（图 18-435）和一汇合绦虫未定种 *Confluaria* sp.（图 18-436）。毛细样汇合绦虫被认为是毛细汇合绦虫较近的同物异名（新同义），并提供了采自保加利亚凤头鸊鷉（*P. cristatus*）和赤颈鸊鷉（*P. grisegena*）的同种绦虫数据，对先前记录的两个命名种进行了关键分析。毛细汇合绦虫的宿主范围仅包括鸊鷉属（*Podiceps*）的鸊鷉，即角鸊鷉、凤头鸊鷉、赤颈鸊鷉、侏鸊鷉（*P. dominicus*）和黑颈鸊鷉（*P. nigricollis*）；在其他宿主（潜鸟目、鸻形目和雀形目）中的记录被认为是错误或可疑的；地理分布包括欧洲、中亚和南美北部；肯定了扒鸊鹈绦虫属（*Colymbilepis* Spasskaya，1966）和汇合属为同物异名。

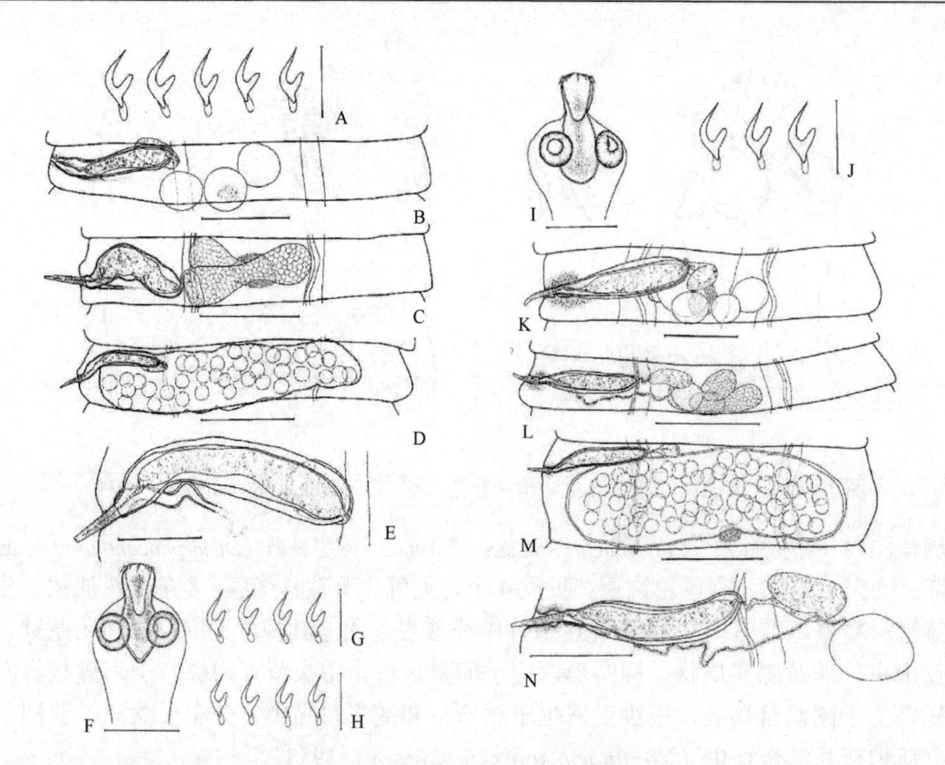

图 18-432　毛细汇合绦虫结构示意图（引自 Vasileva et al.，1999）

A～E. 共模标本：A. 吻突钩（NKMB 1971）；B. 成熟的雄性节片（MHNG 053/069）；C. 成熟的两性节片（MHNG 053/069）；D. 有发育子宫的节片（MHNG 053/068）；E. 成节中的末端生殖管（MHNG 053/069）。F～H. 采自保加利亚的样本：F. 采自赤颈䴙䴘（*Podiceps grisegena*）一样本的头节；G. 采自赤颈䴙䴘一样本的吻突钩；H. 采自凤头䴙䴘（*P. cristatus*）一样本的吻突钩。I～N. 毛细汇合绦虫即毛细状膜壳绦虫（*Hymenolepis capillaroides* Fuhrmann，1906）的共模标本：I. 头节（MHNG 053/073）；J. 吻突钩（MHNG 053/071）；K. 成熟的雄性节片（MHNG 053/073）；L. 成熟的两性节片（MHNG 053/073）；M. 有发育子宫的节片（MHNG 053/072）；N. 成节中的末端生殖管（MHNG 053/073）。标尺：A，G，H，J=20μm；B，C，E，K，N=50μm；D，F，I，L，M=100μm

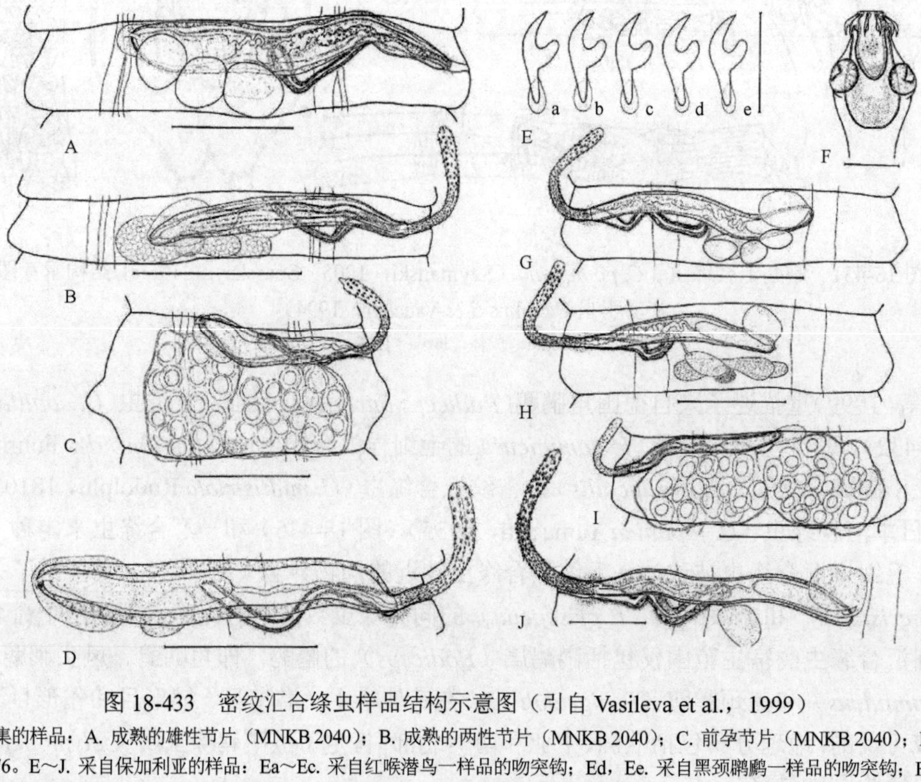

图 18-433　密纹汇合绦虫样品结构示意图（引自 Vasileva et al.，1999）

A～D. Rudolphi 收集的样品：A. 成熟的雄性节片（MNKB 2040）；B. 成熟的两性节片（MNKB 2040）；C. 前孕节片（MNKB 2040）；D. 成节中的末端生殖管 MHNG 053/076。E～J. 采自保加利亚的样品：Ea～Ec. 采自红喉潜鸟一样品的吻突钩；Ed，Ee. 采自黑颈䴙䴘一样品的吻突钩；F～J. 采自红喉潜鸟一样品：F. 头节；G. 成熟的雄性节片；H. 成熟的两性节片；I. 前孕节；J. 成节中的末端生殖器官。标尺：A，E，J=50μm；B=150μm；C，D，F～I=100μm

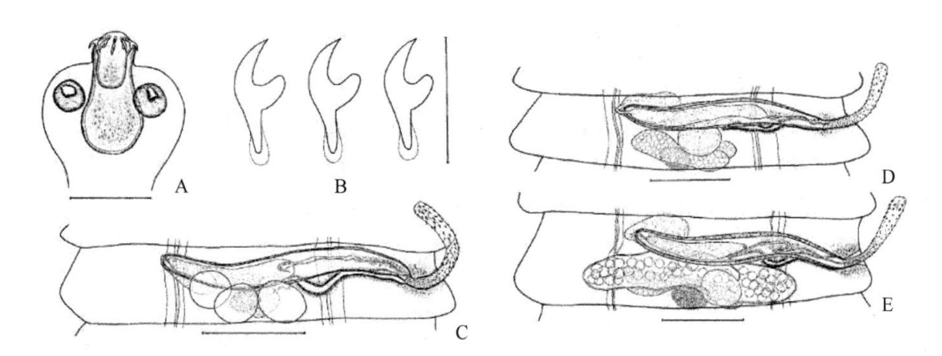

图 18-434 密纹汇合绦虫（Dollfus 收集的样品）结构示意图（引自 Vasileva et al.，1999）

A. 头节；B. 吻突钩；C. 成熟的雄性节片；D. 成熟的两性节片；E. 有发育子宫的节片。标尺：A=200μm；B=50μm；C～E=100μm

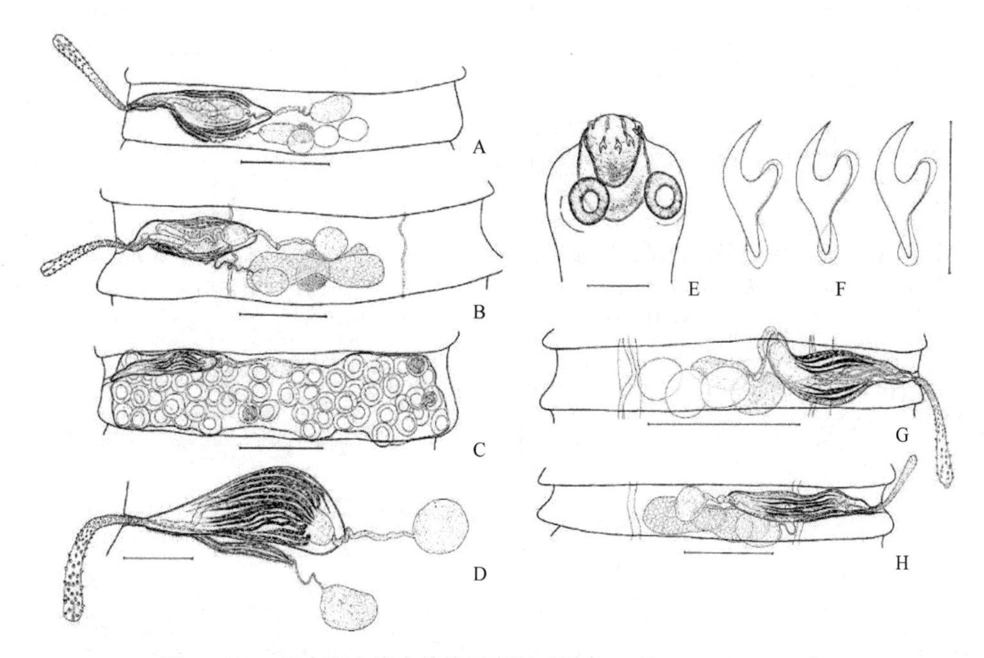

图 18-435 日本汇合绦虫结构示意图（引自 Vasileva et al.，1999）

A～D. 模式样品（MPM 22842）：A. 成熟的雄性节片；B. 成熟的两性节片（全模标本）；C. 孕节（全模标本）；D. 成节中的末端生殖管（全模标本）。E～H. 标本（MPM 22840）：E. 头节；F. 吻突钩；G. 成熟的雄性节片；H. 成熟的两性节片。标尺：A，B，E=100μm；D=50μm；F=40μm；C，G，H=150μm

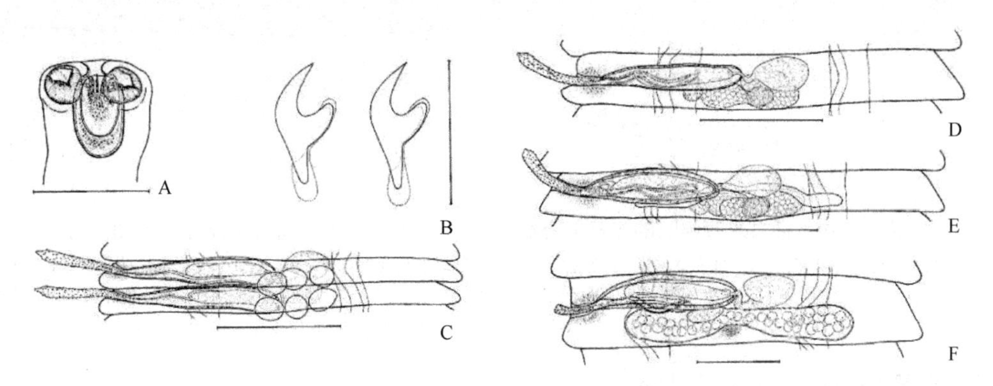

图 18-436 Krabbe 收集的一个汇合绦虫未定种样品（MHNG 054/028）结构示意图（引自 Vasileva et al.，1999）

A. 头节；B. 吻突钩；C. 成熟的雄性节片；D. 成熟的两性节片；E. 有幼子宫的节片；F. 有发育中子宫的节片。标尺：A=250μm；B=50μm；C～E=150μm；F=100μm

Vasileva 等（2000）重新描述了鸊鷉汇合绦虫（*C. podicipina* Szymanski，1905）（图 18-437）（样品采自保加利亚黑颈鸊鷉和小鸊鷉）和飞虱汇合绦虫（*C. furcifera* Krabbe，1869）（图 18-438）（采自丹麦赤

颈鹏鹛和保加利亚赤颈鹏鹛、黑颈鹏鹛与小鹏鹛的共模标本）；同时描述了伪飞虱汇合绦虫（*C. pseudofurcifera* Vasileva，Georgiev & Genov，1999）（图 18-439），样品采自瑞士和保加利亚的凤头鹏鹛。先前采自瑞士、波兰（Jarecka，1958；Korpaczewska，1960）、捷克共和国（Rysavy & Sitko，1995）和波罗的海海岸（Galkin，1986）凤头鹏鹛的飞虱汇合绦虫（*C. furcifera* Joyeux & Baer，1950）被认为属于伪飞虱汇合绦虫。汇合属（*Confluaria* Ablasov in Spasskaya，1966）被认为有效，并且双形棘属（*Dimorphocanthus* Maksimova，1989）被肯定为其同物异名；同时提供了古北区汇合属的分种检索表。

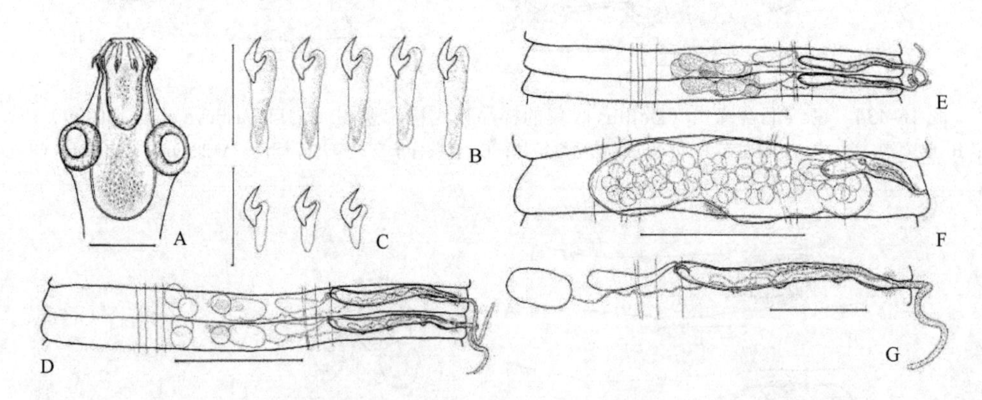

图 18-437 采自保加利亚黑颈鹏鹛的鹏鹛汇合绦虫结构示意图（引自 Vasileva et al.，2000）

A. 头节；B. 成熟样品上的吻突钩；C. 未成熟样品中发育的吻突钩；D. 雄性成节；E. 两性成节；F. 前孕节；G. 两性成节中的末端生殖管。标尺：A，D=100μm；B，C，G=50μm；E，F=150μm

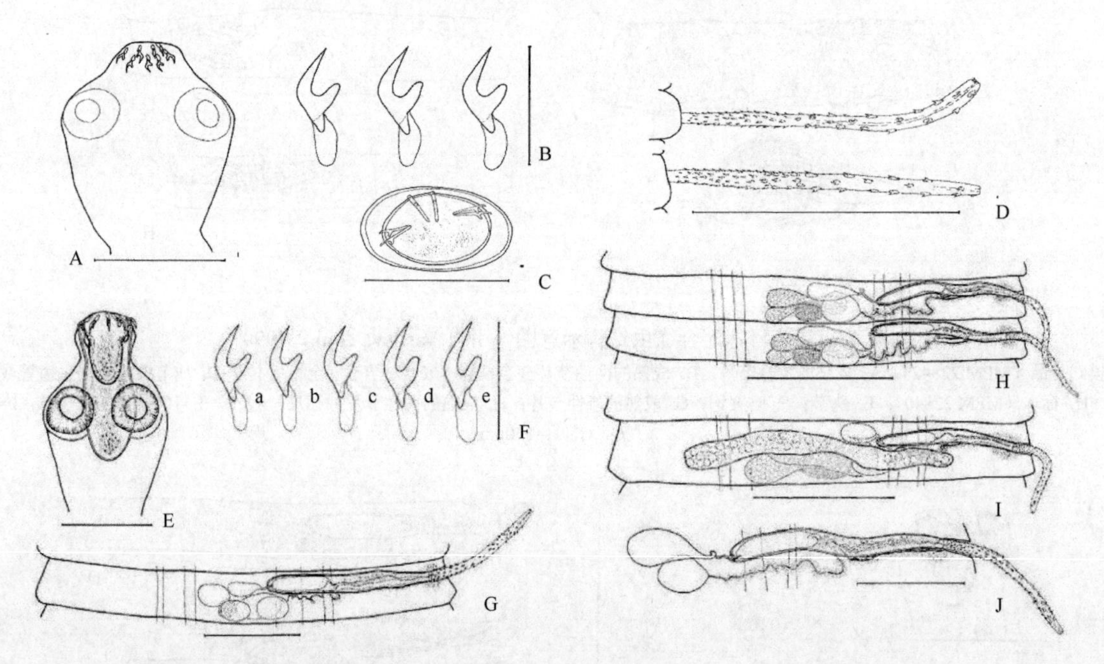

图 18-438 采自赤颈鹏鹛的飞虱汇合绦虫结构示意图（引自 Vasileva et al.，2000）

A～D. 共模标本：A. 头节；B. 吻突钩；C. 卵；D. 翻出的阴茎。E～J. 采自保加利亚的样本：E，Fd，Fe. 采自赤颈鹏鹛；Fa～Fc，G～J. 采自黑颈鹏鹛；E. 头节；F. 吻突钩；G. 雄性成节；H. 两性成节；I. 有发育子宫的节片；J. 成节末端的生殖管。标尺：A=150μm；B，F=25μm；C=30μm；D，G，J=50μm；E，H，I=100μm

古北区汇合属（*Confluaria*）分种检索表

1A. 阴茎具有短、有玫瑰刺状棘的锥状基部膨大和鞭状无棘的远端部；受精囊（当满时）长形，囊状……………………………………伪飞虱汇合绦虫（*C. pseudofurcifera*）

1B. 阴茎圆锥状或圆柱状有渐细的远端部或棒状，有末端无棘的吸管样区，受精囊实质状，卵形或椭圆形……2

2A. 阴茎圆锥状或圆柱状，有渐细的远端……3

2B. 阴茎棒状，当完全外翻时，有末端部无棘的吸管样区……5

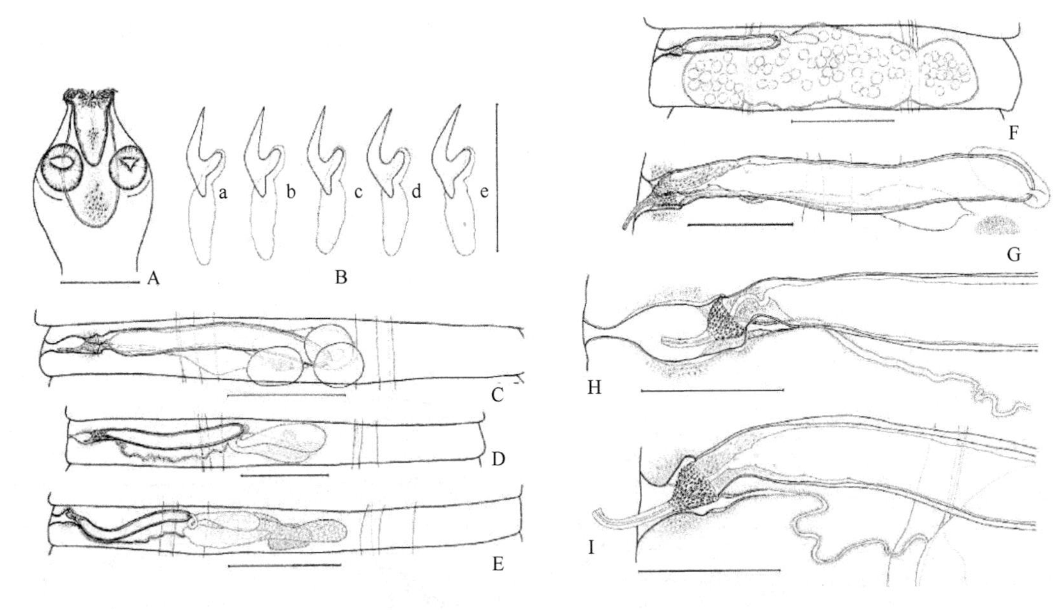

图 18-439 伪飞虱汇合绦虫结构示意图（引自 Vasileva et al.，2000）

A，Ba～Bc，C，D，F. 采自瑞士；Bd，Be，E，G. 采自保加利亚；A. 头节（全模标本）；B. 吻突钩；C. 雄性成节；D. 幼两性成节；E. 两性成节；F. 前孕节片（全模标本）；G. 雄性成熟节末端的生殖管；H，I. 成节的末端生殖管（H. 采自瑞士；I. 采自保加利亚）。标尺：A，C=100μm；B=35μm；D～F=150μm；G～I=50μm

3A. 阴茎圆锥状，当完全外翻时长达 30μm；吻突钩的骺增厚短于折光粒……………………………毛细汇合绦虫（*C. capillaris*）

3B. 阴茎圆柱状，有圆锥样渐细的远端，长过 40μm；吻突钩的骺增厚长于或等于折光粒……………………………………………… 4

4A. 交配的阴道反折；完全外翻的阴茎长达 60μm；吻突钩长 22～28μm，仅柄有骺增厚…… 飞虱汇合绦虫（*C. furcifera*）

4B. 交配的阴道不反折；完全外翻的阴茎长达 120μm；吻突钩长 45～60μm，柄和卫都有骺的增厚…… 䴙䴘汇合绦虫（*C. podicipina*）

5A. 阴茎囊长，横过中线，成节中通常达反孔侧渗透调节管（阴茎囊长度与节片宽度比率 Lcs/Wp 为 0.54～0.70）……密纹汇合绦虫（*C. multistriata*）

5B. 成节中阴茎囊不超过中线或刚好横过中线（Lcs/Wp 达 0.58）……………………………………………………………………… 6

6A. 阴茎囊有强有力的纵肌纤维；外贮精囊与阴茎囊之间有长而弯曲的峡部相连；吻突钩长 38～41μm …… 日本汇合绦虫（*C. japonica*）

6B. 阴茎囊没有清晰可见的纵肌纤维；外贮精囊接近于阴茎囊，有短的峡部；吻突钩长 49～50μm……汇合绦虫未定种（*Confluaria* sp.）

Vasileva 等（2001）重新描述了采自乌克兰䴙䴘膜壳科汇合属的 5 种绦虫：采自黑颈䴙䴘的䴙䴘汇合绦虫（图 18-440A～F）；采自赤颈䴙䴘、凤头䴙䴘和黑颈䴙䴘的飞虱汇合绦虫（图 18-440G～L，图 18-441A～F）；采自凤头䴙䴘的伪飞虱汇合绦虫（新地理分布记录）（图 18-441G～L）；采自赤颈䴙䴘和黑颈䴙䴘的毛细汇合绦虫（图 18-442A～D）；采自小䴙䴘的密纹汇合绦虫（图 18-442E～J）。同时还描述了另一采自小䴙䴘的新种克拉贝汇合绦虫（*C. krabbei* Vasileva，Kornyushin，Genov，2001）（图 18-443）。新种不同于近似种密纹汇合绦虫的主要特征是：吻突钩有柄和卫骺的增厚及更短的阴茎囊，不达节片中线。

Vasileva 等（2008）记录了采自冰岛米湖（Mývatn）角䴙䴘的 3 种膜壳科绦虫：小塔垂绦虫（*Tatria minor* Kowalewski，1904）（亦有放在变带科 Amabiliidae）、飞虱汇合绦虫和冰岛汇合绦虫（*C. islandica* Vasileva，Skirnisson & Georgiev，2008）（图 18-444，图 18-445）。冰岛汇合绦虫的描述基于 Baer（1962）报道为毛细膜壳绦虫（*Hymenolepis capillaris* Krabbe，1869）的样品及新采集的样品。在汇合属的种中，该种具有如下特征：一肌肉质厚壁的生殖腔，近端分为雄性和雌性生殖管；明显的微毛覆盖于吻突的表面；具一短圆柱状的阴茎。吻突钩的形态和长度最类似于毛细汇合绦虫，但不同在于一长的柄和相对小的骺增厚而非短柄和大的骺增厚。角鸊鷉东北大西洋种群的分布区不重叠，被认为是其特殊蠕虫区系形成的先决条件。飞虱汇合绦虫和小塔垂绦虫为冰岛的首次报道。

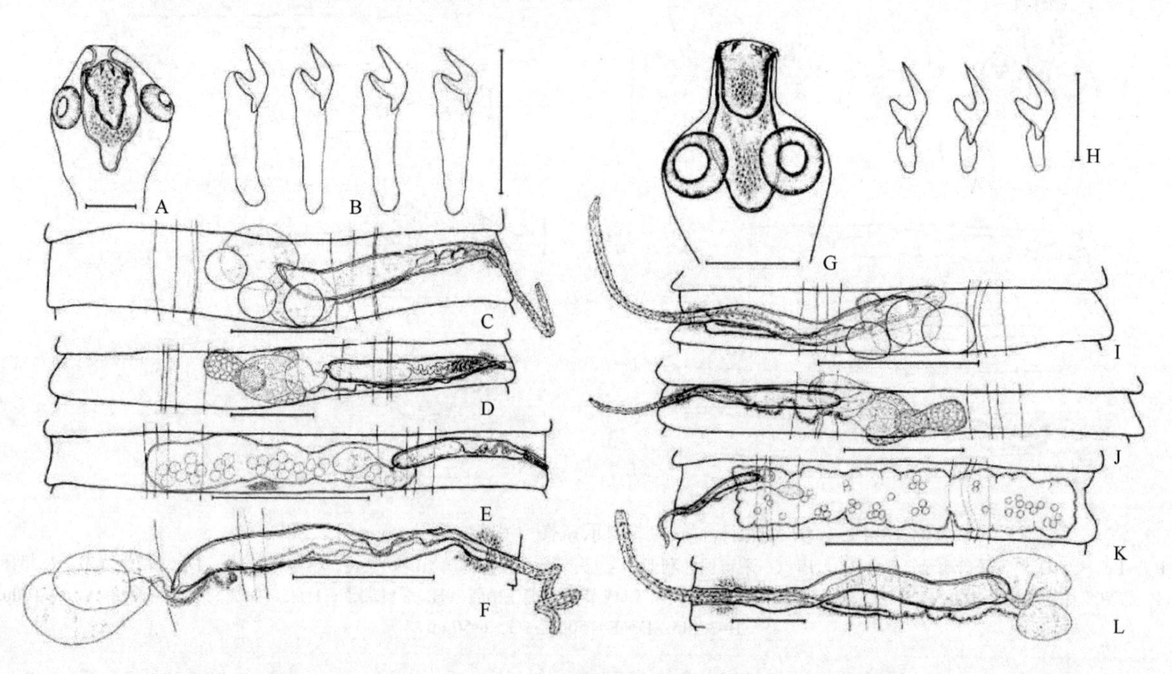

图 18-440　2 种汇合绦虫结构示意图（引自 Vasileva et al.，2001）

A～F. 采自黑颈鸊鷉的鸊鷉汇合绦虫：A. 头节；B. 吻突钩；C. 雄性成节；D. 两性成节；E. 前孕节；F. 两性成节中的末端生殖管。G～L. 采自赤颈鸊鷉的飞虱汇合绦虫：G. 头节；H. 吻突钩；I. 雄性成节；J. 两性成节；K. 前孕节；L. 两性成节中的末端生殖管。标尺：A，E，G，I，J=100μm；B～D，F，L=50μm；H=20μm；K=200μm

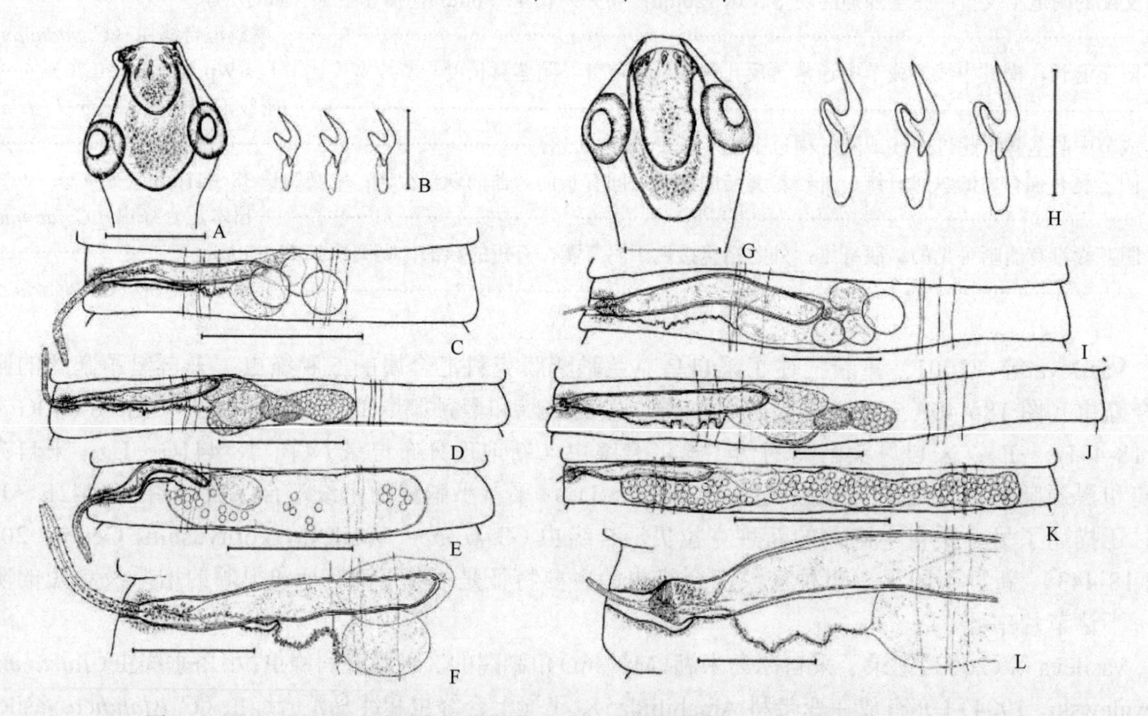

图 18-441　飞虱汇合绦虫和伪飞虱汇合绦虫结构示意图（引自 Vasileva et al.，2001）

A～F. 采自黑颈鸊鷉的飞虱汇合绦虫：A. 头节；B. 吻突钩；C. 雄性成节；D. 两性成节；E. 前孕节；F. 两性成节的末端生殖管。G～L. 采自凤头鸊鷉的伪飞虱汇合绦虫：G. 头节；H. 吻突钩；I. 雄性成节；J. 两性成节；K. 前孕节；L. 两性成节的末端生殖管。标尺：A，C～E，G，I，J=100μm；B=20μm；H=30μm；F，L=50μm；K=300μm

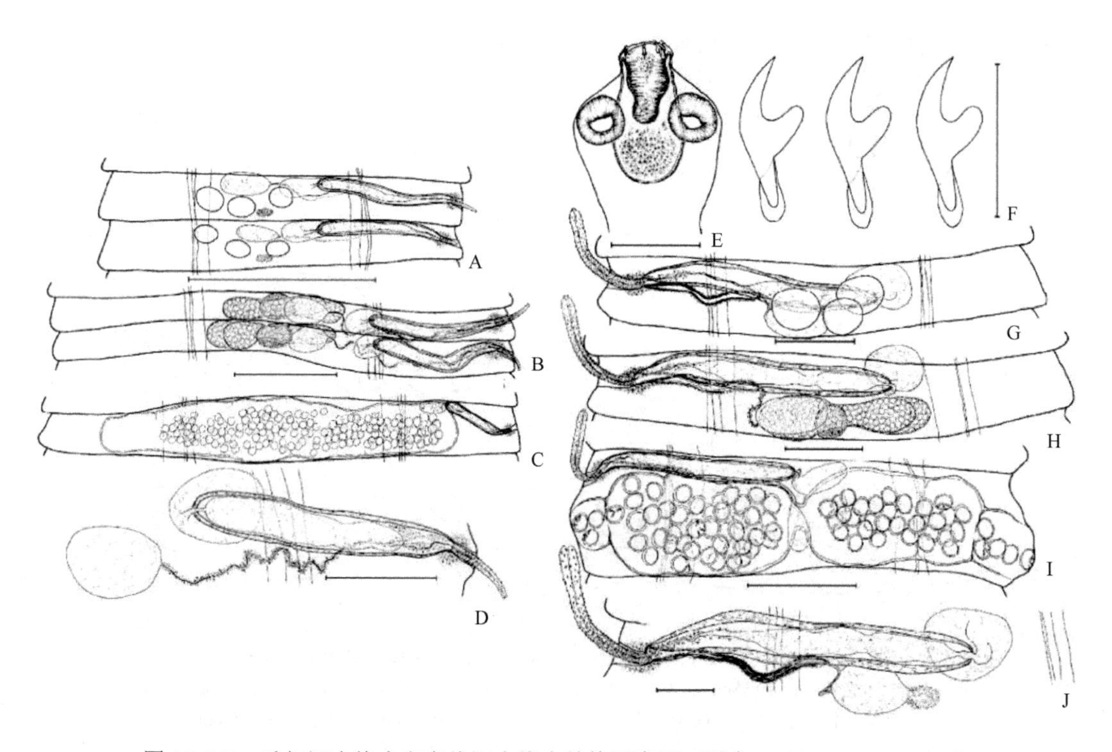

图 18-442 毛细汇合绦虫和密纹汇合绦虫结构示意图（引自 Vasileva et al.，2001）

A～D. 采自赤颈鸊鷉的毛细汇合绦虫：A. 雄性成节；B. 两性成节；C. 前孕节；D. 末端生殖管。E～J. 采自小鸊鷉的密纹汇合绦虫：E. 头节；F. 吻突钩；G. 雄性成节；H. 两性成节；I. 孕节；J. 末端生殖管。标尺：A～C，G，H=100μm；E，I=200μm；D，F，J=50μm

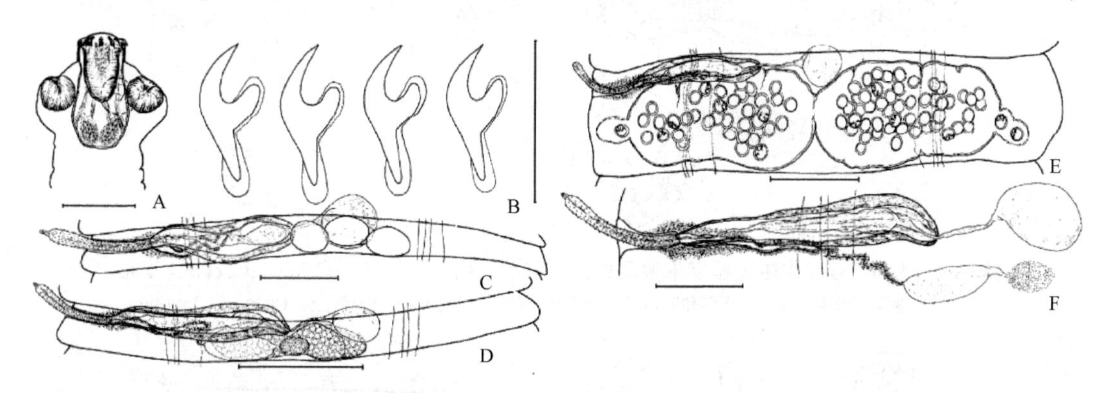

图 18-443 采自小鸊鷉的克拉贝汇合绦虫（引自 Vasileva et al.，2001）

同物异名：汇合绦虫未定种（*Confluaria* sp. Vasileva，Georgiev & Genov，1999）样品。A. 头节；B. 吻突钩；C. 雄性成节；D. 两性成节；E. 孕节；F. 末端生殖管。标尺：A，D，E=200μm；C，F=100μm；B=50μm

26b. 成体吻突钩没有特殊的附属物 ·· 27

27a. 吻突钩异单睾属样型或棘吻属样型，10 个；精巢 3 个·····沃德属（*Wardium* Mayhew，1925）（图 18-446～图 18-449）［同物异名：切尔棘属（*Chelacanthus* Yamaguti，1959）；德布罗属（*Debrosia* Spasskiĭ，1987）；十棘属（*Decacanthus* Yamaguti，1959）；格莱拉属（*Glaraolepis* Spasskiĭ，1967）；混合属（*Hybridolepis* Spasskiĭ，1959）；*Limnolepis* Spasskiĭ & Spasskaya，1954；叶状绦虫属（*Lobatolepis* Yamaguti，1959）；瓦里属（*Variolepis* Spasskiĭ & Spasskaya，1954）］

识别特征：吻突伸缩自如或可内陷，有单轮钩冠。吸盘无棘。节片具缘膜。内纵肌束很多。生殖管背位于渗透调节管。每节精巢 3 个，排成一排或三角形。阴茎具棘。无附属囊和阴茎针。卵巢叶状，位于中央。卵黄腺实质状或略分叶，位于卵巢后部，受精囊很发达。子宫囊状。六钩蚴椭圆形，外膜椭圆形或有极丝。已知寄生于鸻形目、鸥形目、雁形目、鸊鷉目和雀形目鸟类，分布于欧洲、亚洲、南北美洲和非洲。模式种：纺锤形沃德绦虫［*Wardium fusum*（Krabbe，1869）Spasskiĭ，1961］。

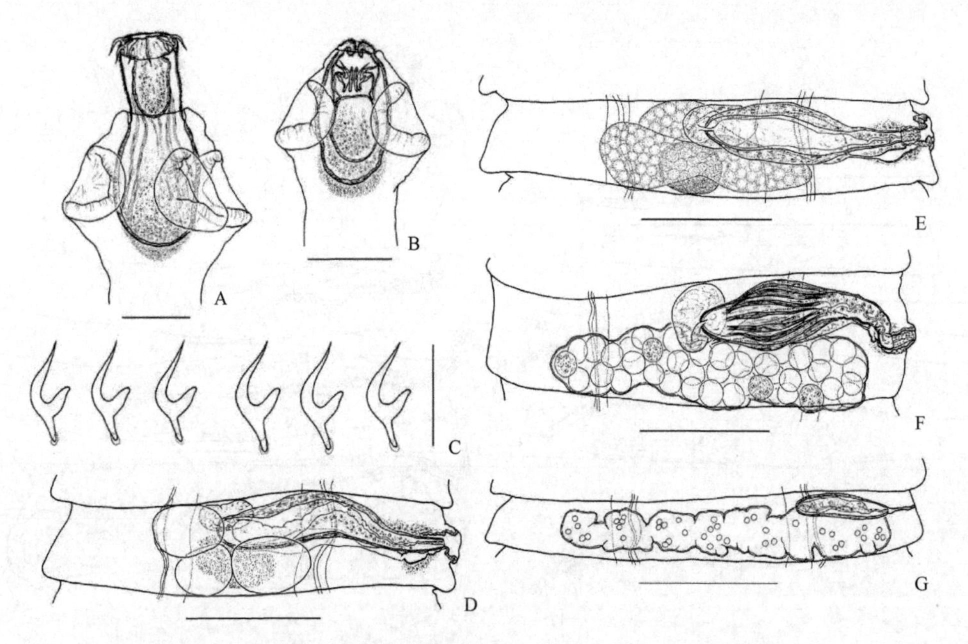

图 18-444　冰岛汇合绦虫结构示意图（引自 Vasileva et al.，2008）

A. 头节，有突出的吻突（全模标本）；B. 头节具缩回的吻突；C. 吻突钩；D. 雄性成节；E. 雌性成节；F. 有发育中子宫的节片；G. 前孕节。标尺：A，B，D～F=50μm；C=20μm；G=100μm

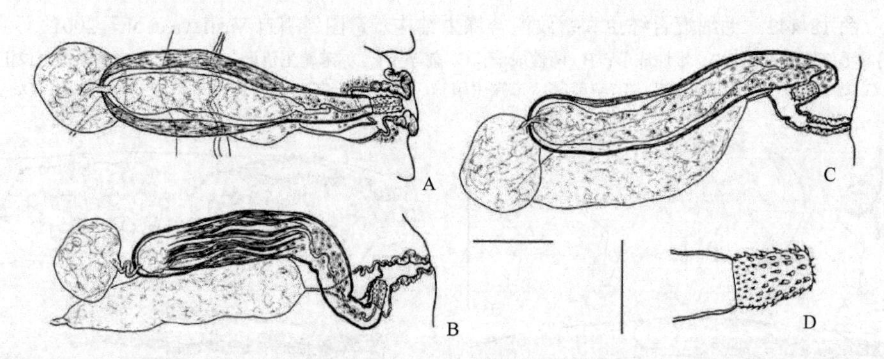

图 18-445　冰岛汇合绦虫生殖器官末端及外翻的阴茎结构示意图（引自 Vasileva et al.，2008）

A～C. 末端管，示生殖腔、阴茎囊和阴道结构的变化；D. 外翻的阴茎。标尺：A～C=20μm；D=10μm

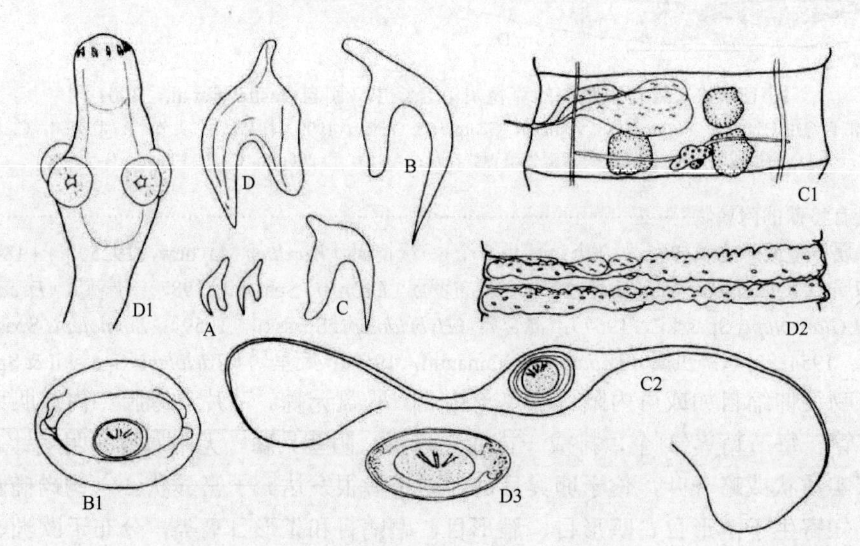

图 18-446　4 种沃德绦虫局部结构示意图（引自 Czaplinski & Vaucher，1994）

A. 纺锤形沃德绦虫吻突钩。B. 伪纺锤形沃德绦虫（*W. pseudofusum* Skrjabin & Matevosyan，1942）吻突钩；B1. 虫卵。C. 丝卵沃德绦虫（*W. filamentoovatum* Macko，1962）吻突钩；C1. 成节；C2. 虫卵。D. 离稳沃德绦虫［*W. aequabile*（Rudolphi，1810）］吻突钩；D1. 头节；D2. 孕节；D3. 虫卵

Kinsella 和 Deblock（2000）描述了采自阿拉斯加鸻形目鸟类黑翻石鹬（*Arenaria melanocephala*）的肠道寄生虫卡纳里斯沃德绦虫（*W. canarisi*）（图 18-447），其特征为：链体长 20～40mm，10 个异单睾属样吻突钩长 19～21μm。一短圆柱状阴茎（40μm）覆盖有很小的棘（0.2μm），一短的（8～18μm）、极窄的（1μm）交配阴道。这些特征在寄生于鸻形目鸟类的 27 种沃德属绦虫中没有相当、甚至是相近的。

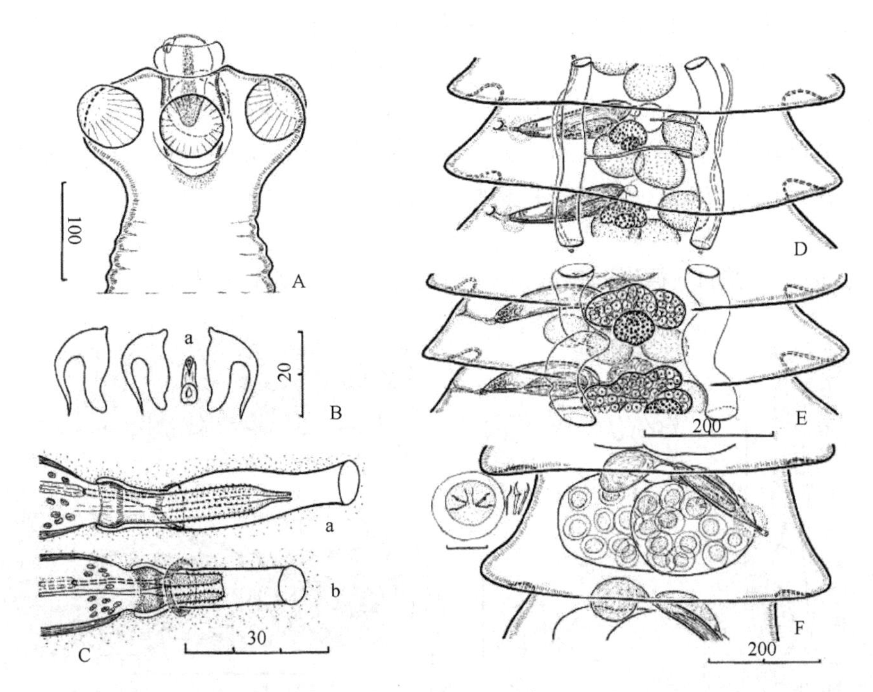

图 18-447 卡纳里斯沃德绦虫结构示意图（引自 Kinsella & Deblock，2000）

A. 吻突翻出的头节；B. 吻突钩侧面观与正面观；C. 生殖腔背面观，示阴茎和阴道的远端（a. 阴茎翻出；b. 阴茎内陷）；D. 雄性链体腹面观；E. 雌性链体腹面观；F. 孕节链体背面观，示成节阴茎囊详细结构和含三型胚钩的六钩蚴。标尺单位为μm

Deblock 和 Canaris（2000b）描述并图示了采自南非白额沙鸻（*Charadrius marginatus*）的长囊沃德绦虫［*W. longosacco*（Joyeux & Baer，1939）］组合种（图 18-448）。该种链体长 7cm。特征是具有 10 个一轮异单睾属样钩，钩长 27～30μm，简单的生殖腔，一细长无毛、有规则的圆柱状外翻的阴茎（长 120μm，

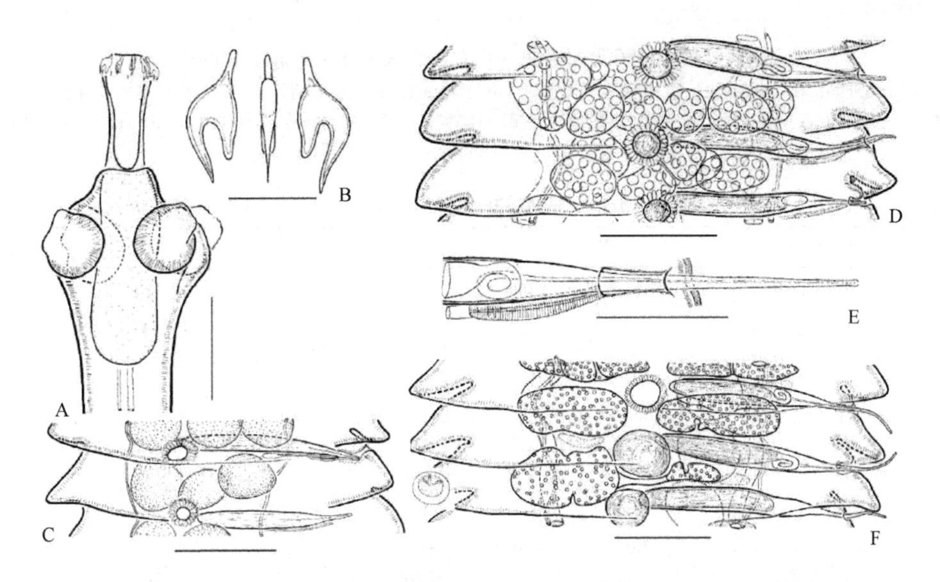

图 18-448 长囊沃德绦虫组合种结构示意图（引自 Deblock & Canaris，2000b）

A. 吻突外翻的头节；B. 吻突钩；C. 雄性器官成节背面观；D. 雌性器官成节背面观；E. 末端生殖器官，外翻的阴茎及阴道末端具肌肉质环结构；F. 前孕节。标尺：A=50μm；B=20μm；C，D，F=200μm；E=100μm

直径 12～65μm）及一简单膜质管状阴道，并提出秘密膜壳绦虫（*Hymenolepis clandestina*）[自 Deblock（1964）非（Krabbe，1869）] 与长囊沃德绦虫组合种为同物异名。

Labriola 和 Suriano（2000）描述了采自阿根廷马德普拉塔（Mar del Plata）褐头鸥（*Larus maculipennis* Lichtenstein）肠道的寡棘沃德绦虫（*W. paucispinosum*）（图 18-449）。该种明显的特征是：链体长 52.8mm；10 个异单睾属样型吻突钩，长 14（12～17）μm；阴茎囊长度和成节宽度之间的比率（CPL/MPW）为 0.38（0.27～0.50）；规则圆柱状外翻的阴茎，90μm × 10μm，远端无棘，近端和中央 2/3 覆盖有长 7μm 的棘；简单管状的膜质阴道，110μm × 10μm，没有硬化的部分和括约肌；卵纺锤形，77μm × 44μm。此外，基于其吻突钩的形态，采自阿根廷圣达菲（Santa Fé）黑背鸥（*Larus dominicanus*）和褐头鸥肠道的半柔韧膜壳绦虫（*Hymenolepis semiductilis* Szidat，1964）被移入沃德属，成为组合种半柔韧沃德绦虫（*W. semiductilis* Szidat，1964）。

采自鸥属（*Larus*）鸥类的沃德属（*Wardium*）绦虫的测量数据比较见表 18-15。

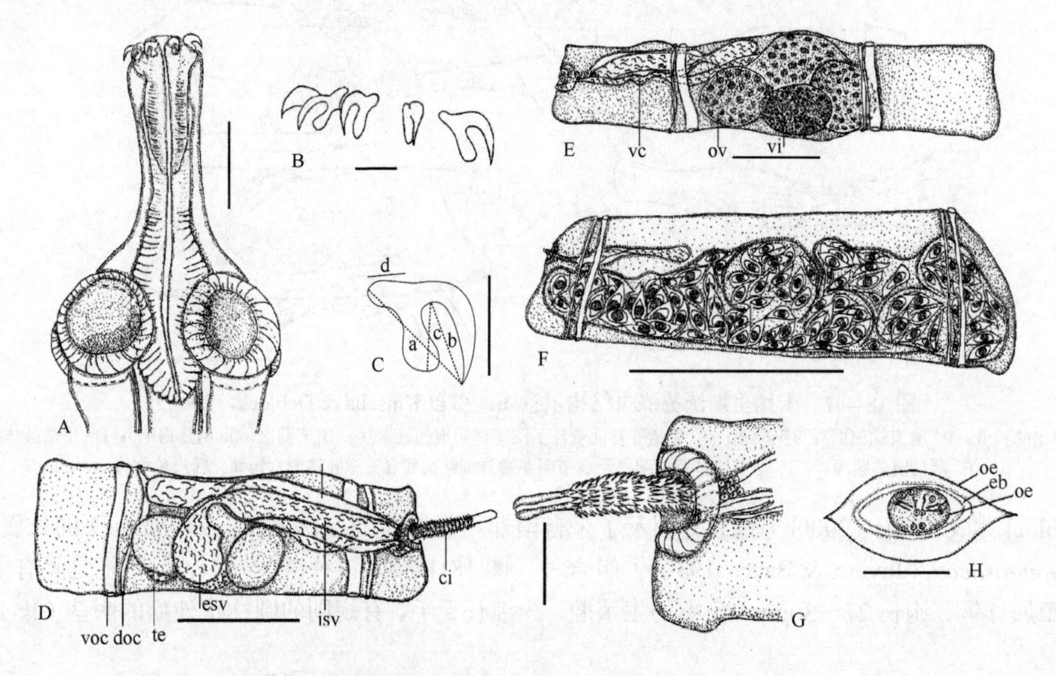

图 18-449 寡棘沃德绦虫（引自 Labriola & Suriano，2000）

A. 全模标本的头节，吻突外翻；B. 吻突钩冠；C. 吻突钩（a. 总长；b. 刃长；c. 卫长；d. 柄长）；D. 全模标本成节背面观；E. 全模标本成节腹面观；F. 全模标本孕节腹面观；G. 外翻的阴茎、生殖腔和阴道远端部；H. 卵。标尺：A=50μm；B，C=10μm；D，E=100μm；F=500μm；G=30μm；H=50μm

表 18-15 采自鸥属（*Larus*）鸥类的沃德属（*Wardium*）绦虫的测量数据比较

	W. cirrosa		*W. fusa*		*W. arctowskii*		*W. semiductilis*	*W. paucispinosum*		
采集地	法国英吉利海峡通道		摩拉维亚 Tovačov		南极国王岛		阿根廷圣达菲	阿根廷马德普拉塔		
宿主	红嘴鸥（*Larus ridibundus*）和海鸠（*L. carnus*）		红嘴鸥		黑背鸥（*L. dominicanus*）		黑背鸥和褐头鸥（*L. maculipennis*）	褐头鸥		
作者	Deblock 等（1960）		Rysavy 和 Sitko（1992）		Jarecka 和 Ostas（1984）		Labriola 和 Suriano（2000）	Labriola 和 Suriano（2000）		
	最小值	最大值	最小值	最大值	最小值	最大值	平均值	最小值	平均值	最大值
总长（mm）	110	140	19	92	70	90	65.5	25	52.8	85
最大宽度	980	1000	800	1400	700		900	420	970	1330
吻突钩形态	aploparaxoid		aploparaxoid		aploparaxoid		echinorhynchoid	aploparaxoid		
吻突钩数	10		10		8～10		10	10		
钩总长	22	23	17	19	16	18	22	13	14	18

续表

	W. cirrosa		*W. fusa*		*W. arctowskii*		*W. semiductilis*	*W. paucispinosum*		
钩刃长	7	8					12	8	9	10
钩柄长							10	4	4	5
钩卫长							7	6	7	8
精巢数目	3		3		3		3		3	
阴茎囊长度	380		200	230	180	217	330	170	180	190
阴茎囊宽度	50		20	30	37	45	30	50	50	50
CPL/MPW	0.70		0.23	0.46	0.50	0.75	0.85	0.27	0.38	0.50
阴茎形态	圆筒状		纺锤状		其他形状		圆筒状		圆筒状	
阴茎长度	500	630	48	60	16	23.5	10	80	85	90
阴茎直径	8	10			4.5	5	5	8	10	12
阴茎棘	完全具棘		完全具棘		部分具棘		完全具棘		部分具棘	
阴茎棘长度	3	4			1	1.5	2	6	7	8
阴道长度							180	110	115	120
阴道宽度	10	10			10		10	10	15	20
反孔侧子宫长度					240	560		270		
孔侧子宫长度								420		
反孔侧子宫宽度								1230		
孔侧子宫宽度								1150		
卵外膜最小直径	38		32	46				29	44	54
卵外膜最大直径	50		51	65	300			33	77	99
六钩蚴最小直径	30	35	20	32	20			8	20	25
六钩蚴最大直径			27	44	30			12	35	58

注：除了总长例外标注，其余数据的单位为μm。CPL. 阴茎囊长度；MPW. 成节宽度

27b. 10 个异单睾属样型钩；每节 3～11 个精巢……………………………………………马克缘虫属（*Mackolepis* Spasskiĭ，1962）

识别特征：吻突有单轮钩冠。内外纵肌束很多。卵巢两叶状。卵黄腺实质状，椭圆形。子宫囊状。六钩蚴椭圆形。已知寄生于鸻形目鸟类，分布于欧洲。模式种：寡睾马克缘虫［*Mackolepis paucitesticulata*（Fuhrmann，1913）Spasskiĭ，1962］（图 18-450）。

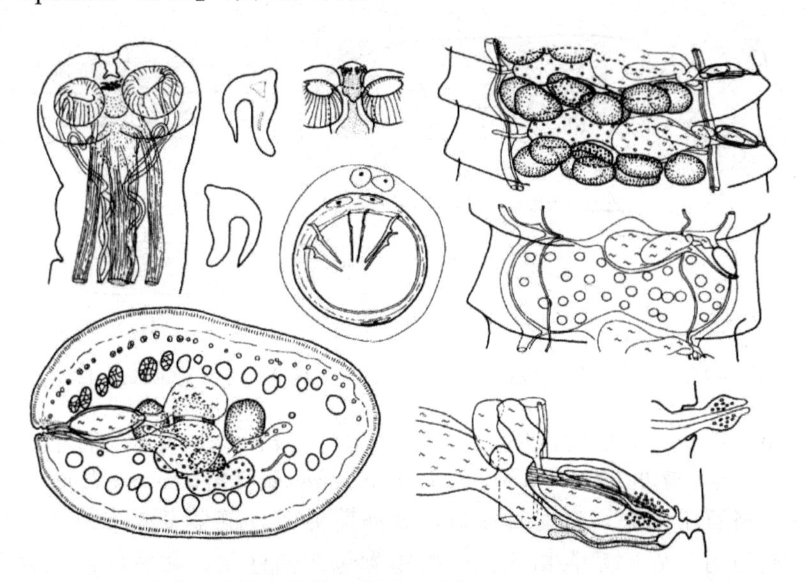

图 18-450　寡睾马克缘虫结构示意图（引自 Czaplinski & Vaucher，1994）

28a. 钩弓状…… 29
28b. 钩非弓状……………………………………………………………………………………………………… 30
29a. 每节 3 个精巢……………………………………………………希斯班尼属（*Hispaniolepis* López-Neyra，1942）
［同物异名：萨堤属（*Satyolepis* Spasskiĭ，1965）］

识别特征：吻突伸缩自如，有 14～20 个钩。吸盘无棘。节片具缘膜，可能有反孔侧伸长的附属物，随节片成熟变得更长。内纵肌束 8 束或很多。生殖管背位于渗透调节管。精巢横排或略排为三角形，反孔侧 1 个或 2 个。阴茎囊达中线或否，可能为肌肉质。阴茎具棘或否，没有针。卵巢实质状或略为叶状，位于中央或亚中央。卵黄腺实质状或略分叶，位于卵巢后部，受精囊很发达。子宫囊状。六钩蚴和外膜椭圆形。已知寄生于鹑鸡目、鹤形目和雀形目鸟类，分布于欧洲、亚洲、非洲和北美洲。模式种：长毛希斯班尼绦虫（*Hispaniolepis villosa* López-Neyra，1942）（图 18-451）。

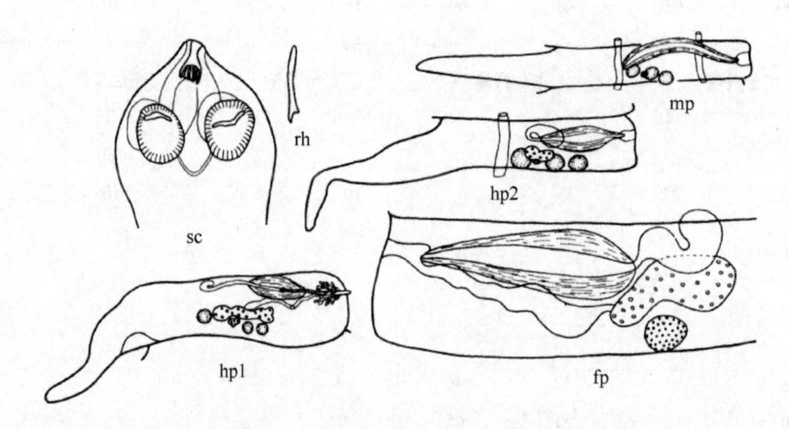

图 18-451 长毛希斯班尼绦虫结构示意图（引自 Czaplinski & Vaucher，1994）

29b. 每节典型的有 4 个精巢……………………………………………………少睾属（*Oligorchis* Fuhrmann，1906）

识别特征：吻突伸缩自如，有单轮钩冠，钩 14～16 个，为弓状。吸盘无棘。节片具缘膜。内外纵肌束很多。生殖管背位于渗透调节管。精巢大致排为横排。阴茎囊短，不达孔侧渗透调节管。卵巢深分叶，位于中央。卵黄腺小，位于中央。受精囊存在。子宫囊状。六钩蚴和外膜亚球形。已知寄生于鹰形目鸟类，分布于中美洲和南美洲。模式种：绞窄少睾绦虫（*Oligorchis strangulatus* Fuhrmann，1906）（图 18-452）。

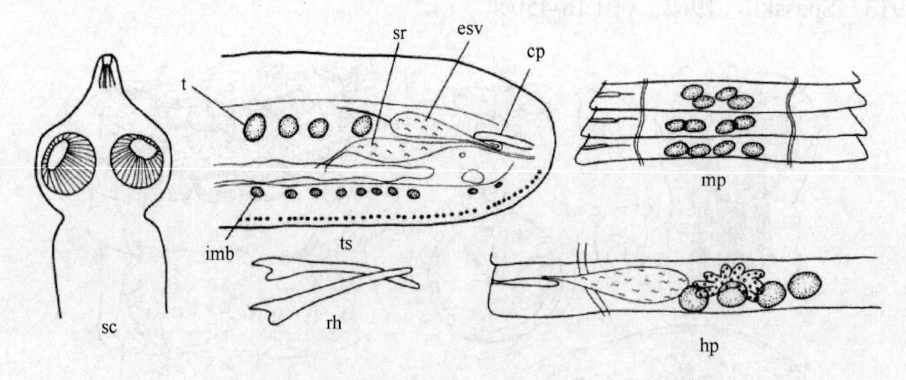

图 18-452 绞窄少睾绦虫结构示意图（引自 Czaplinski & Vaucher，1994）

30a. 在大吻突顶部有 600～1000 个异单睾属样型钩，排成单一波状轮，有 8 叶；没有外分节，内分节很复杂；雄性和雌性生殖管开口于侧方沟；链体横切面圆形 …线副带属（*Nematoparataenia* Maplestone & Southwell，1922）（图 18-453）

识别特征：头节略宽于吻突，有无棘吸盘，朝向前侧方。链体有侧方纵沟。明显雄性先成熟。许多小、圆形的精巢与内、外贮精囊相连，内贮精囊包在圆柱状、薄壁的阴茎囊中。卵巢滤泡状，在体中央区域与卵黄腺细胞混合。受精囊长形。阴道平行于阴茎囊，开于雄孔附近。子宫所知甚少，在体后部的膨胀区域似乎形成囊状结构。六钩蚴和外膜椭圆形。已知寄生于雁形目鸟类，分布于欧洲、亚洲和澳大利亚。模式种：奇异线副带绦虫（*Nematoparataenia paradoxa* Maplestone & Southwell，1922）。

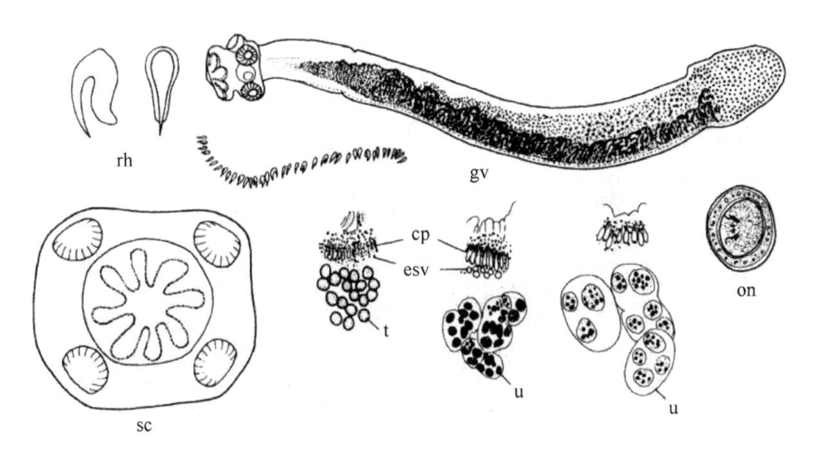

图 18-453 索斯韦尔线副带绦虫（*N. southwell* Fuhrmann，1934）（引自 Czaplinski & Vaucher，1994）

30b. 多达 50 个异单睾属样型、冠状属样（coronuloid）型或克莱稀属样（cricetoid）型钩 ······ 31

31a. 单轮克莱稀属样型吻突钩，约 50 个 ······ 副双盔属（*Paradicranotaenia* López-Neyra，1943）

识别特征：吸盘无棘。假头节不明显，头节后简单膨大，有生殖腺原基。节片具缘膜，拥挤。内纵肌束 8 束。生殖管背位于渗透调节管。精巢 3 个，1 个位于孔侧，2 个位于反孔侧，排为横排或三角形。阴茎囊不达中线。卵巢多分叶，位于中央。卵黄腺略分叶，位于卵巢后部腹方。受精囊梨形。阴道位于阴茎囊后。子宫囊状。六钩蚴和外膜亚球形。已知寄生于鸽形目和鹑鸡目鸟类，分布于欧洲。模式种：反常副双盔绦虫（*Paradicranotaenia anormalis* López-Neyra，1943）（图 18-454）。

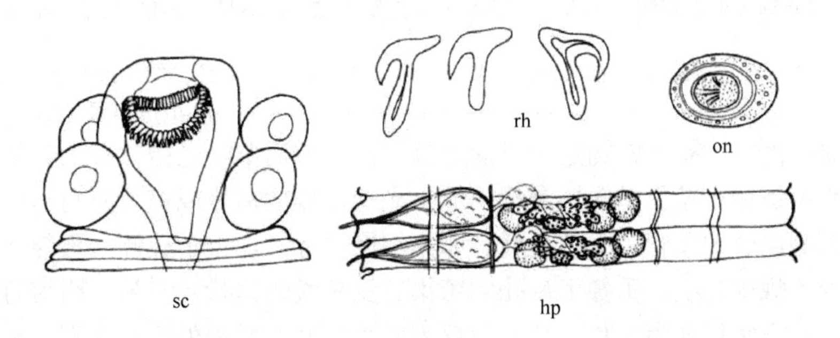

图 18-454 反常副双盔绦虫结构示意图（引自 Czaplinski & Vaucher，1994）

31b. 少于 50 个双睾属样型或冠状属样型钩 ······ 32

32a. 钩双睾属样型 ······ 33

32b. 钩冠状属样型 ······ 34

33a. 每节精巢 3 个 ······ 钩状绦虫属（*Hamatolepis* Spasskiĭ，1962）

识别特征：吻突伸缩自如，有单轮钩冠，钩通常 16 个，双睾属样型。吸盘无棘。节片具缘膜。内纵肌束很多。生殖管背位于渗透调节管。阴茎囊不达中线。阴茎无棘。卵巢实体状，两叶，位于中央。卵黄腺实质状，位于卵巢后方，中央。受精囊存在。子宫囊状。六钩蚴椭圆形，外膜球状。已知寄生于雁形目鸟类，分布于欧洲、亚洲和澳大利亚。模式种：拟圆柱状钩状绦虫［*Hamatolepis teresoides*（Fuhrmann，1906）Spasskiĭ，1962］（图 18-455）。

33b. 每节 10～20 个精巢 ······ 富尔曼棘属（*Fuhrmanacanthus* Spasskiĭ，1966）

识别特征：吻突伸缩自如，有单轮钩冠，钩通常 16 个，双睾属样型。吸盘无棘。节片具缘膜。内纵肌束很多。生殖管背位于渗透调节管。腹渗透调节管有横向联合。阴茎囊短，不达中线。阴茎有棘。没有附属囊。卵巢实体状，两叶，位于中央。卵黄腺实质状或略分叶。受精囊很发达。子宫囊状。六钩蚴和外壳椭圆形。已知寄生于雁形目鸟类，分布于南美洲。模式种：适当富尔曼棘绦虫（*Fuhrmanacanthus propeteres* Spasskiĭ，1966）（图 18-456）。

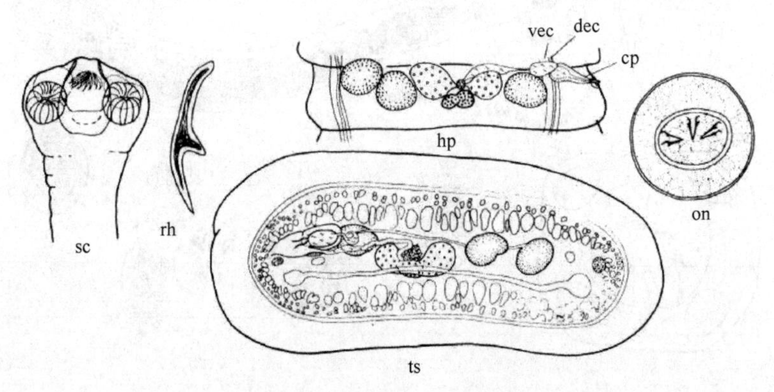

图 18-455 拟圆柱状钩状绦虫结构示意图（引自 Czaplinski & Vaucher，1994）

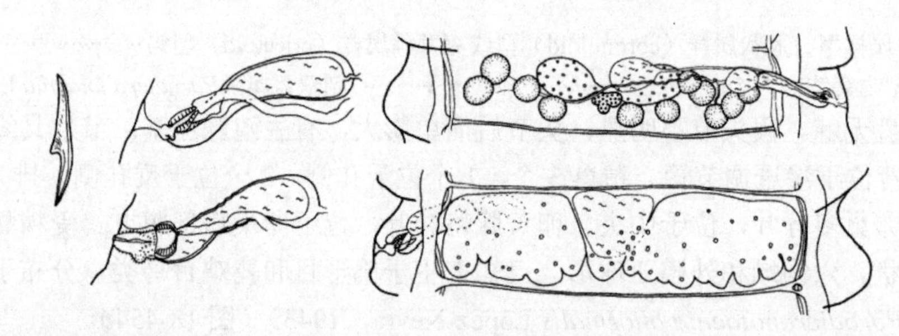

图 18-456 适当富尔曼棘绦虫吻突钩、成节、孕节及末端生殖管结构示意图（引自 Czaplinski & Vaucher，1994）

34a. 通常有 16 个冠状属样型钩（例外者为 14 个或 18 个）；每节 3 个精巢；可伸出的生殖腔基部具棘……………………………………………………………拟沃德属（*Wardoides* Spasskiĭ，1963）

识别特征：吻突可内陷，有单轮钩冠。吸盘无棘。假头节简单，无褶。节片具缘膜。生殖管背位于渗透调节管。内纵肌束很多。精巢横向椭圆形，通常光滑，排成横排或略为三角形，前方重叠于卵巢。阴茎囊可能达到反孔侧渗透调节管。阴茎具棘。卵巢深度多分叶，位于孔侧，可能在背部重叠于反孔侧渗透调节管。卵黄腺不规则叶状，重叠于反孔侧精巢。受精囊纺锤状，斜列。阴道有远端交配部，在阴茎囊远端腹部或后部。子宫初期为囊状，孕时发育为网状。六钩蚴和外膜椭圆形，随后有发样突起。已知寄生于雁形目鸟类，主要寄生于天鹅属（*Cygnus*）的种类，分布于欧洲和亚洲。模式种：秋沙鸭拟沃德绦虫［*Wardoides nyrocae*（Yamaguti，1935）Spasskiĭ，1963］（图 18-457）。

34b. 有 20～30 个冠状属样型钩；每节 3 个精巢；内附属囊存在……………………………………双盔属（*Dicranotaenia* Railliet，1892）（图 18-458～图 18-460）

［同物异名：温兰属（*Weinlandia* Mayhew，1925）］

识别特征：吻突可内陷，极少量伸缩自如，有单轮钩冠。吸盘无棘。节片具缘膜。内纵肌束很多。生殖管背位于渗透调节管。精巢光滑或略分叶。排成三角形或横向排，1 个精巢通常位于孔侧。阴茎囊通常短，不达中线。可能突出，有棘的附属囊存在，位于阴茎囊内部，可能与具棘、可内陷的阴茎基部融合。卵巢多分叶，位于中央或亚中央，腹方重叠于中央精巢或重叠于其他两个精巢。卵黄腺略分叶，位于卵巢后。受精囊很发达。子宫囊状。六钩蚴椭圆形，外膜球状。已知寄生于雁形目鸟类，例外者寄生于原鸡（*Gallus gallus*）和骨顶鸡（*Fulica atra*），分布于除澳大利亚和南美洲外的全球各地。模式种：冠双盔绦虫［*Dicranotaenia coronula*（Dujardin，1845）Railliet，1892］（图 18-458）。

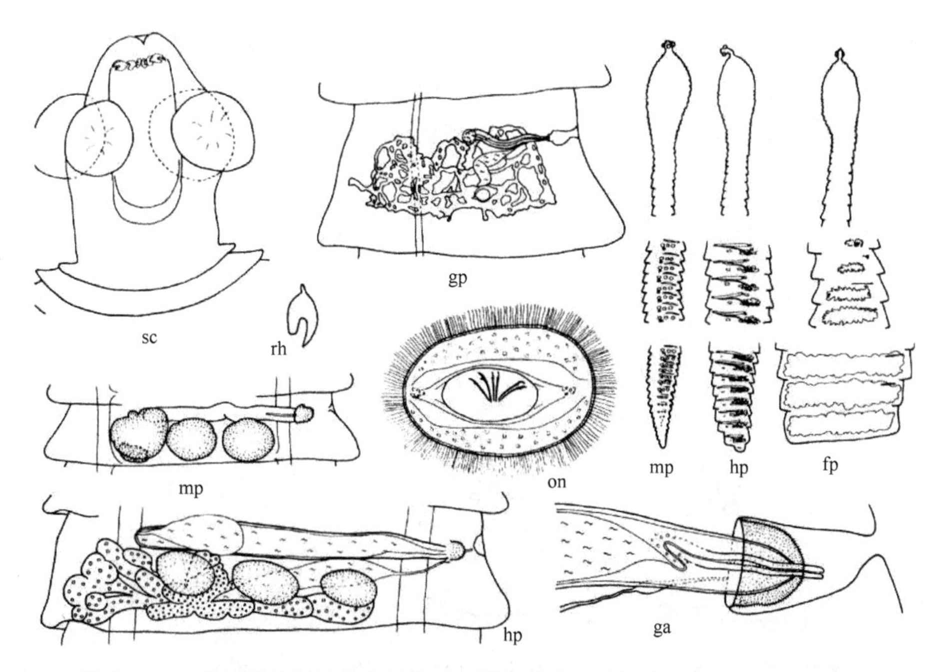

图 18-457 秋沙鸭拟沃德绦虫结构示意图（引自 Czaplinski & Vaucher，1994）

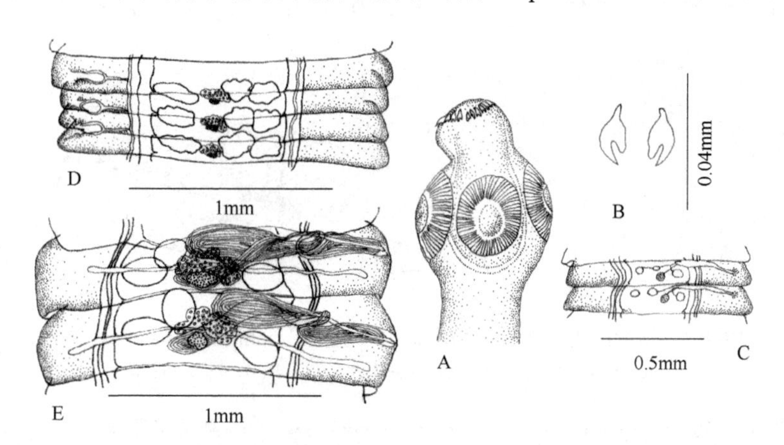

图 18-458 冠双盔绦虫结构示意图（引自李海云，1994）

A. 头节；B. 吻突钩；C. 未成节；D. 早期成节；E. 晚期成节，示子宫出现

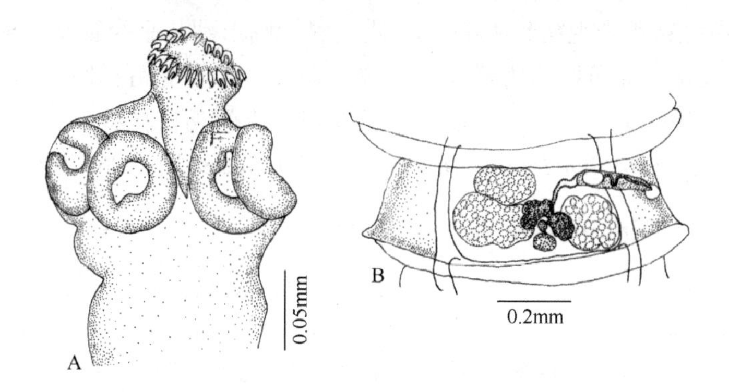

图 18-459 喜鹊双盔绦虫（*Dicranotaenia pica*）（引自李海云，1994）

A. 头节；B. 成节

35a. 不规则钩冠由 16～34 个小棘状吻突钩组成······························陶玛斯属（*Thaumasiolepis* Mariaux & Vaucher，1989）

识别特征：吻突可内陷，有单轮不规则钩冠，由很小的钩组成，数目可变。吸盘 4 个，无棘。内分节现象明显。节片具缘膜。生殖管在背腹渗透调节管之间通过。每节 3 个精巢。阴茎囊横过渗透调节管。

卵巢叶状，位于中央。卵黄腺实质状，位于卵巢后。受精囊很发达。阴道在阴茎囊腹部。子宫囊状。六钩蚴小，椭圆形，有椭圆形外膜。已知寄生于䴕形目（Piciformes）鸟类，分布于象牙海岸（非洲）。模式种：微棘陶玛斯绦虫（*Thaumasiolepis microarmata* Mariaux & Vaucher，1989）（图 18-461）。

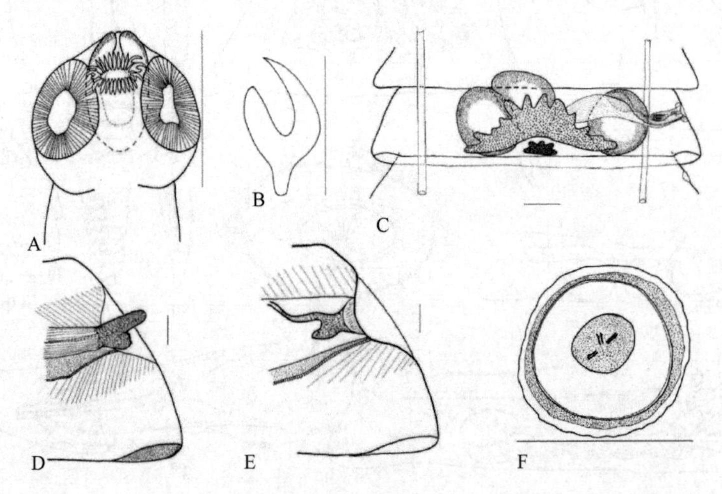

图 18-460 共囊双盔绦虫（*D. synsacculata* Macko，1988）结构示意图（引自 Królaczyk et al.，2010）

A. 头节；B. 吻突钩；C. 两性器官成节；D. 阴茎突出；E. 阴茎回缩；F. 卵。标尺：A=125μm；B=14.4μm；C=100μm；D，E=15μm；F=25μm

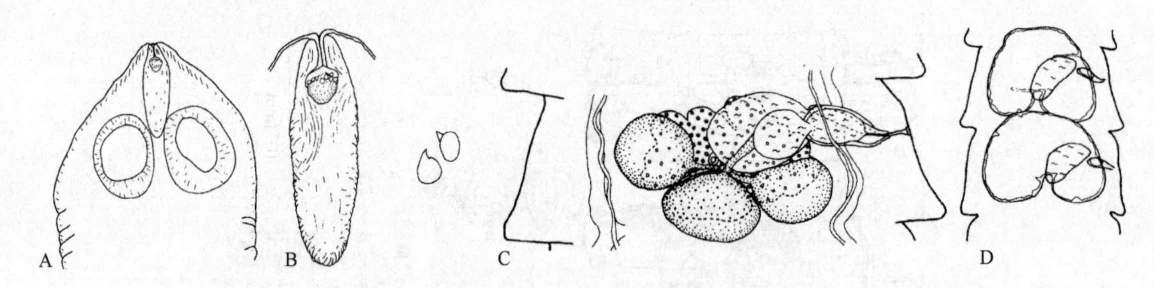

图 18-461 微棘陶玛斯绦虫结构示意图（引自 Czaplinski & Vaucher，1994）

A. 头节；B. 内陷的吻突及吻突钩放大；C. 成节；D. 2 个孕节

35b. 4～5 排锤状吻突钩（约 70 个）………………………………………………奥特来普属（*Ortleppolepis* Spasskiĭ，1965）

识别特征：吻突圆形。吸盘无棘。节片具缘膜，有长的左旋附属物。生殖管背位于渗透调节管。腹部更宽的 1 对渗透调节管不规则，由横向管相连。精巢 3 个，圆形，排成横排，2 个在孔侧，1 个在反孔侧。外贮精囊很发达，内贮精囊未观察到（缺？）。阴茎囊椭圆形到几乎为管状，重叠于孔侧渗透调节管。卵巢不规则叶状，亚中央位。卵黄腺略为椭圆形，位于卵巢后部。受精囊椭圆形。阴道不发达，开于阴茎囊腹部。子宫囊状。六钩蚴数目多，大、圆形。已知寄生于鹑鸡目鸟类，分布于非洲。模式种：多钩奥特来普绦虫［*Ortleppolepis multiuncinata*（Ortlepp，1963）Spasskiĭ，1965（图 18-462）。

18.14.2.4 双侧孔亚科（Diploposthinae）分属检索

1a. 每节单个雌孔……………………………………………………………………………………………………2

1b. 每节两个雌孔……………………………………………………………………………………………………3

2a. 雄性和雌性腺单个，位于中央区域；两套雄性和雌性生殖管；10 个弓状吻突钩……………………
……………………………………………………………双侧孔属［*Diploposthe* Jacobi（Bloch，1782），1896］

识别特征：吻突伸缩自如，有单轮钩冠。吸盘无棘。节片具缘膜，数目多。内纵肌束很多（14～18 束）。生殖孔双侧。生殖管背位于渗透调节管。单套精巢，2～20 个，通常为 3 个或 6～13 个。输精管不成对。外贮精囊和内贮精囊成双。阴茎囊成双，不达中线。阴茎具棘。卵巢单个，两叶，有很多指状小叶。卵黄腺单个，实体样或略分叶，位于卵巢后部。卵巢和卵黄腺位于精巢前。子宫最初为管状，之后

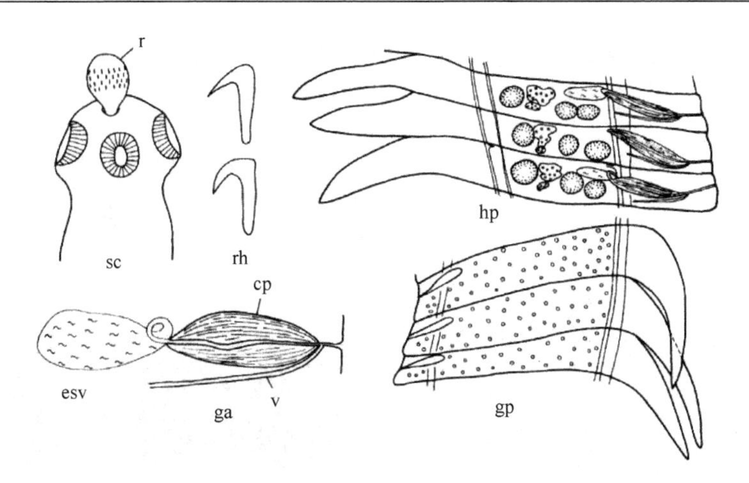

图 18-462 多钩奥特来普绦虫结构示意图（引自 Czaplinski & Vaucher，1994）

发育为有支囊的囊状。六钩蚴和外膜圆形。趋向于双列双侧孔绦虫中的雌雄异体。已知寄生于雁形目鸟类，分布于欧洲、亚洲、非洲、澳大利亚和北美洲。模式种：光滑双侧孔绦虫［*Diploposthe laevis*（Bloch，1782）Jacobi，1896］。

双侧孔属由 Jacobi 于 1896 年提出用于容纳那些发现于雁鸭类动物的、存在有两侧生殖孔的绦虫，其中一种被 Bloch 于 1782 年识别为带属的光滑带绦虫（*Taenia laevis*）。1896 年当识别采自红头潜鸭（*Aythya ferina* Linnaeus，1758）的样品时，Jacobi 提议建立双侧孔属，重新描述并将原识别为光滑带绦虫的种改为光滑双侧孔绦虫［*Diploposthe laevis*（Bloch）Jacobi，1896］，并作为此属的模式绦虫。Sulgostowska（1977）重新描述了采自波兰红头潜鸭和白眼潜鸭（*Aythya nyroca* Güld）的光滑双侧孔绦虫与双列双侧孔绦虫（*D. bifaria* Siebold in Creplin，1846），修订了双侧孔属的识别特征。基于采自鸭的材料，Sulgostowska 总结双侧孔属有两个种：雌雄异体的光滑双侧孔绦虫和雌雄同体的双列双侧孔绦虫。这一特征导致该属一些种的错误识别。寄生于雁形目鸟类的绦虫，Meggitt（1927）记录了收集自埃及 *Fulix cristata* Linnaeus 的光滑双侧孔绦虫；Mathevossian（1942）识别了收集自雁鸭类的东方白眼潜鸭（*Nyroca rufa* Gmelin，1789）和红冠潜鸭（*Netta rufina* Pallas，1773）的绦虫，描述为斯克尔亚宾双侧孔绦虫（*D. skrjabini* Mathevossian，1942）和双侧孔绦虫未定种（*Diploposthe* sp.），进一步修订了双侧孔属的识别特征，提出一分叉式检索表，精巢的数目被作为一主要的识别特征。Schiller（1951）研究了寄生于美国威斯康星州雁形目鸟类的绦虫并记录了采自琵琶嘴鸭（*Spatula clypeata* Linnaeus，1758）和美洲潜鸭（*Aythya americana* Eyton，1838）的光滑双侧孔绦虫。Singh（1959）描述了收集自印度鸟类的绦虫，分别放于阿马比利科（Amabiliidae Braun，1900）、双侧孔科（Diploposthidae Poche，1926）和前雌带科（Progynotaeniidae Fuhrmann，1936）。Czaplinski（1956）发表了采自波兰野生和家养雁形目鸟类膜壳绦虫志，但未包含 Mathevossian（1942）提议精巢数目为据描述的种。由于这一重要特征未观察到，他认为 Mathevossian（1942）描述的双侧孔绦虫未定种等同于光滑双侧孔绦虫。Noseworthy 和 Threlfall（1978）检测了收集自加拿大安大略湖环颈潜鸭（*Aythya collaris* Donovan，1809）的样品并发现绦虫感染率达 97%，其中光滑双侧孔绦虫感染率为 25%。McLaughlin 和 Burt（1979）研究了采自加拿大新不伦瑞克（Brunswick）12 种雁鸭类的绦虫，记录有 21 种，包括寄生于环颈潜鸭肠道的光滑双侧孔绦虫。Illescas-Gomez（1982）首次记录了西班牙寄生于红头潜鸭和红冠潜鸭的光滑双侧孔绦虫。Ahern 和 Schmidt（1976）修订了无腔科（Acoleidae Fuhrmann，1906）的描述并提出废除双侧孔科，将无腔属（*Acoleus* Fuhrmann，1899）、双侧孔属、双阴茎属（*Diplophallus* Fuhrmann，1900）、贾杜吉属（*Jardugia* Southwell & Hilmy，1929）和长脚鹬绦虫属（*Himantocestus* Ukoli，1965）放于无腔科。该科和属的有效性在一些学者中有争论。Schmidt（1986）认可无腔科，含有 4 个属：无腔属、双侧孔属、双阴茎属和贾杜吉属。而 Khalil（1994）将无腔属和双阴茎属仍留在无腔科，双侧孔属和贾杜吉属放在膜壳科（Hymenolepididae Ariola，1899）中。da Silveira 和 Amato（2008）首次记录了南美的光滑双侧孔绦虫（图 18-463，图 18-464），并且粉嘴潜鸭（*Netta peposaca* Vieillot，1816）是其新宿主记录，并重新详细描述了该种，他们还观察到了一些前人未观察到的新特征。

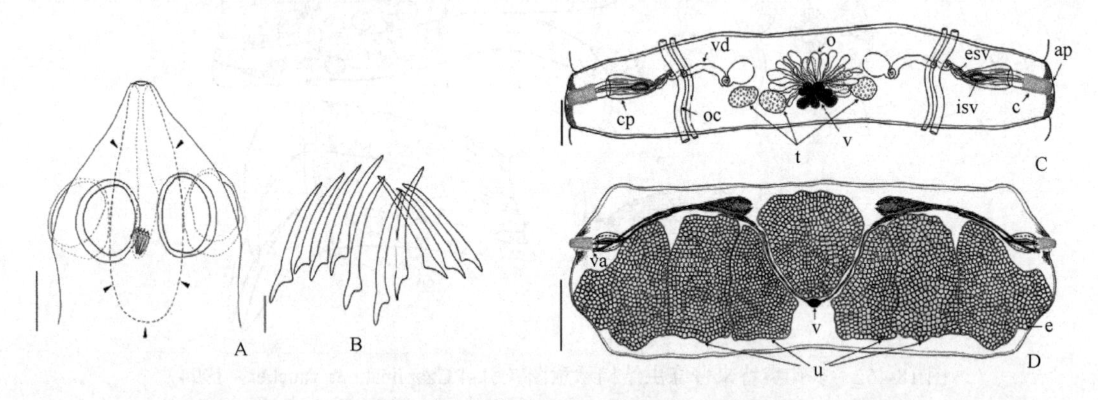

图 18-463 光滑双侧孔绦虫结构示意图（引自 Silveira & Amato，2008）

A. 头节和吻突囊向吸盘后部伸展（箭头示）；B. 10 个弓状吻突钩；C. 成节背面观，示每节两套雄性和雌性管［精巢在背侧中央区域，近节片后部边缘，两侧有生殖孔，阴茎有一层棘覆盖。阴茎囊、贮精囊（内贮精囊和外贮精囊）和输精管背位于渗透调节管，卵巢有指状突起，卵黄腺位于卵巢后方中央，边缘有分叶］；D. 孕节（背面观），示两套阴道，形成受精囊和卵黄腺，孕节中子宫形成囊，充满虫卵。缩略词：ap. 生殖孔；c. 棘；cp. 阴茎囊；esv. 外贮精囊；isv. 内贮精囊；o. 卵巢；oc. 渗透调节管；t. 精巢；u. 子宫；v. 卵黄腺；va. 阴道。标尺：A=10μm；B=2.5μm；C=200μm；D=50μm

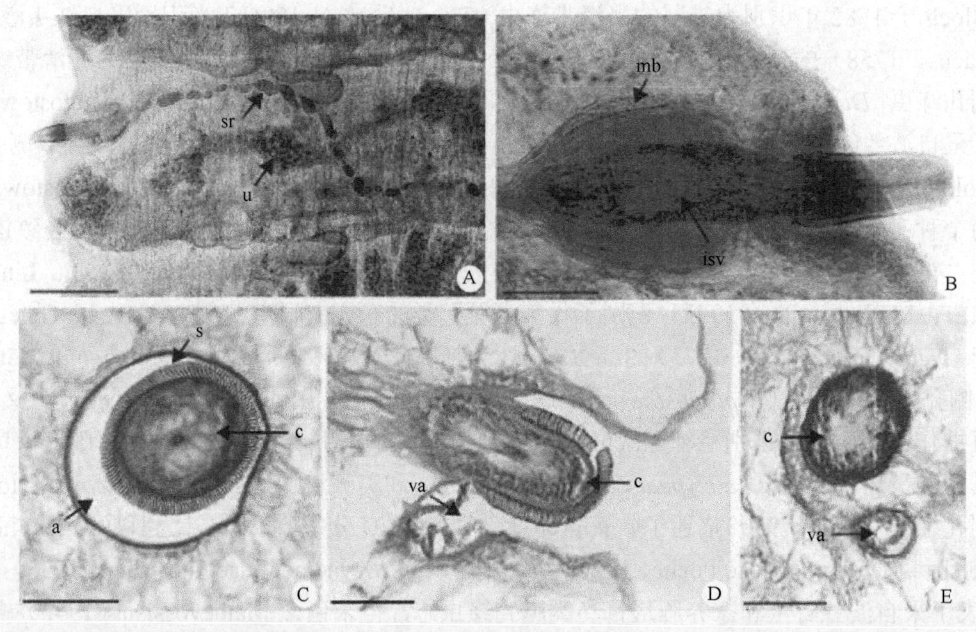

图 18-464 光滑双侧孔绦虫的孕节局部放大及过生殖腔组织切片（引自 Silveira & Amato，2008）

A. 照片示阴道形成受精囊和怀有卵的子宫；B. 示围绕阴茎囊的肌肉层，内贮精囊；C. 节片组织切片，示生殖腔，阴茎具一层棘，箭头所示；D. 组织学切片，示有分离生殖孔的生殖腔，阴茎突出，阴道有一扩张的开口，箭头所示；E. 组织学切片，示阴道在有突出阴茎的雄孔之下。缩略词：a. 生殖腔；c. 阴茎；isv. 内贮精囊；mb. 肌肉层；o. 卵巢；oc. 渗透调节管；s. 棘；sr. 受精囊；u. 子宫；va. 阴道。标尺：A=200μm；B～E=50μm

2b. 雄性生殖腺成双，每节有两群精巢，25～36 个，位于亚中央区域，卵巢前方；12 个双睾属样型吻突钩……………………………………………………………………单雌属（*Monogynolepis* Czaplinski & Vaucher，1994）

识别特征：吻突伸缩自如。吸盘无棘。节片具缘膜。内纵肌束很多。背纵向渗透调节管和腹纵向渗透调节管都有横向连接管相连通。阴茎囊短，重叠于腹侧（？）渗透调节管。阴茎具棘。卵巢单个，两叶状，横向伸长，有许多指状小叶。卵黄腺椭圆形到肾形，单个，位于卵巢后部。受精囊伸长，成双。子宫单个，成节中为管状，孕节中发育为囊状。六钩蚴椭圆形，内膜有尾，外膜椭圆形。已知寄生于山绒鼠（*Lagidium peruanum*）［哺乳动物：毛丝鼠科（Chinchillidae）］，分布于南美洲和智利。模式种：塔格莱单雌绦虫［*Monogynolepis taglei*（Olsen，1966）Czaplinski & Vaucher，1994］组合种［同物异名：塔格莱双阴茎绦虫（*Diplophallus taglei* Olsen，1966）］（图 18-465）。

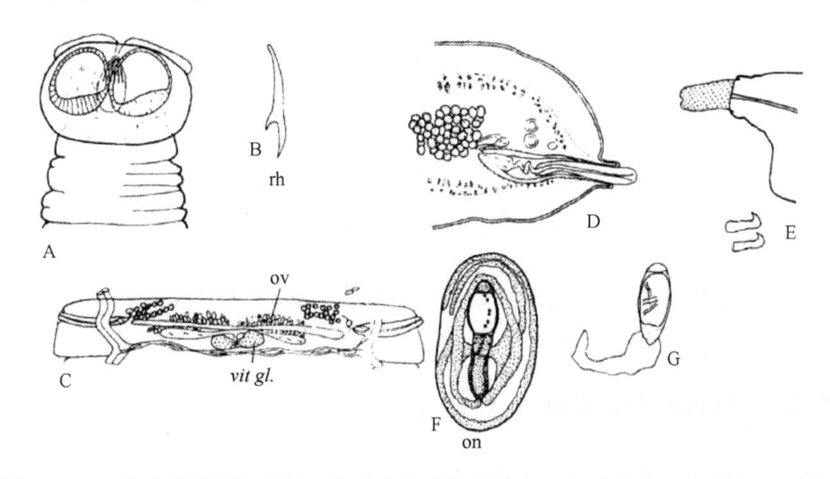

图 18-465　塔格莱单雌绦虫组合种结构示意图（引自 Czaplinski & Vaucher，1994）

A. 头节；B. 吻突钩；C. 成节；D. 末端生殖器官；E. 翻出的阴茎及阴茎棘；F. 具膜六钩蚴；G. 无膜六钩蚴。缩略词：*vit gl.* 卵黄腺

3a. 成节中雄性和雌性生殖器官成双，在两个亚中央区，卵巢前方有 2～6 个精巢，幼节含有 1 套雄性和雌性器官；约有 10 个弓状吻突钩……贾杜吉属（*Jardugia* Southwell & Hilmy，1929）

识别特征：吻突伸缩自如，有一单一钩冠。吸盘无棘。节片具缘膜。纵肌 3 层（？），内纵肌束很多。生殖孔双侧或单侧。生殖管背位于渗透调节管。在绝大多数幼节中雄性生殖器官单套。阴茎囊不规则交替。在成节中，雄性和雌性生殖器官双套。每节精巢 2～6 个，在卵巢前方两群。外贮精囊和内贮精囊存在。阴茎囊小，达到或重叠于渗透调节管。阴茎具棘。雌性器官双套，最初不规则。在成节中，卵巢叶状，两个。卵黄腺深分叶，两个，位于卵巢后部。受精囊纤弱。阴道两套。子宫单个，幼节时管状，随后囊状。六钩蚴未知。已知寄生于鹳形目（Ardeiformes=Ciconiiformes）鸟类，分布于尼日利亚。模式种：奇异贾杜吉绦虫（*Jardugia paradoxa* Southwell & Hilmy，1929）（图 18-466）。

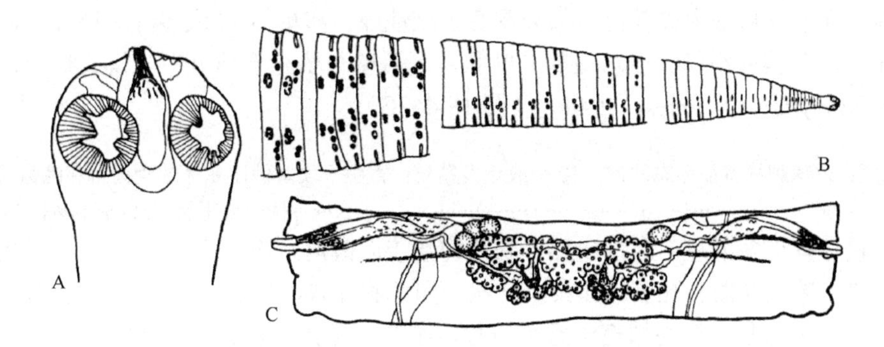

图 18-466　奇异贾杜吉绦虫（引自 Czaplinski & Vaucher，1994）

A. 头节；B. 链体；C. 成节

3b. 雄性和雌性生殖器官两套；节片各侧 3～5 个精巢，位于卵巢后部……双雌属（*Diplogynia* Baer，1925）

识别特征：吻突伸缩自如，有一单一钩冠，由小钩构成，钩的形态（弓状?）和确切数目（10？）不知。吸盘无棘。节片具缘膜。纵肌束两层，内层肌束很多。雄性和雌性生殖器官两套。生殖管背位于两侧渗透调节管。阴茎囊圆柱状，几乎达孔侧渗透调节管。卵巢叶状，亚中央位，两套。卵黄腺略分叶，位于卵巢后部。受精囊长形，两个。阴道在阴茎囊腹部。子宫单个，起始时管状，随后孕节中发育为囊状。发育的六钩蚴未知。已知寄生于雁形目和鹳形目鸟类，分布于澳大利亚、北美洲和爪哇。模式种：少睾双雌绦虫［*Diplogynia oligorchis*（Maplestone，1922）Baer，1925］（图 18-467）。

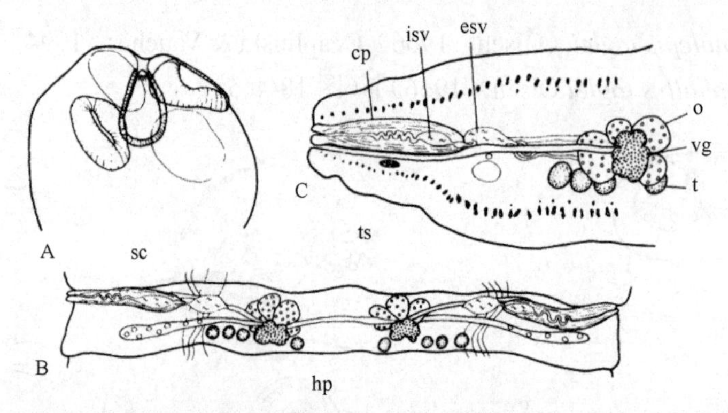

图 18-467 少睾双雌绦虫结构示意图（引自 Czaplinski & Vaucher，1994）

A. 头节；B. 成节；C. 生殖器官放大

18.14.3 哺乳动物膜壳科绦虫检索表

1a. 每节 1 个、2 个或多于 3 个精巢（多于 3 个时，数目有变化）……………………………………………… 2

1b. 每节 3 个精巢（仅在异常节片中存在或多或少现象）…………………………………………………………… 10

2a. 每节 1 个或 2 个精巢 ………………………………………………………………………………………………… 3

2b. 每节多于 3 个精巢 …………………………………………………………………………………………………… 4

3a. 每节 1 个精巢；链体很小，就如在膀胱属（*Urocystis*）中一样；吻突有大量小钩；寄生于食虫目（Insectivora）动物鼩鼱，采自新北区 ……………………………………………………………… 原雌属（*Protogynella* Jones，1943）

识别特征：链体节片很少，宽显著大于长。头节有伸缩自如、具棘的吻突。吻突钩几乎等长。1 个精巢。卵巢横向。卵黄腺圆形，不对称，在节片的反孔侧半。阴茎囊长，达节片中线。阴茎有小棘。子宫囊状，含少量相对大的卵。模式种：布莱氏原雌绦虫（*Protogynella blarinae* Jones，1943）（图 18-468B）。

3b. 每节 2 个精巢；吻突有无数小钩；寄生于食虫目动物鼩鼱，采自新北区 ……………………………………………………………… 伪双睾属（*Pseudodiorchis* Skrjabin & Matevosyan，1948）

识别特征：链体有很多节片，渐进成熟。头节有伸缩自如的有棘吻突。吻突钩数接近恒定。钩几乎等长。两个精巢，在节片后部中央部位。部分重叠于雌性腺。卵巢 3 叶或多叶。卵黄腺圆形，不对称。阴茎囊达节片中央。阴茎有小棘。子宫最初二叶状，之后整个填充于孕节中。模式种：雷诺兹伪双睾绦虫［*Pseudodiorchis reynoldsi*（Jones，1944）］（图 18-468C）。

4a. 头节有具棘吻突；玫瑰刺样特征形态的钩；10 个或更多精巢；寄生于埃塞俄比亚区的食肉目和啮齿目动物 ……………………………………………………………… 伪安德里属（*Pseudandrya* Fuhrmann，1943）

识别特征：链体有很多节片，渐进成熟。吻突钩数接近恒定。钩几乎等长。10 个或更多精巢，绝大多数在反孔侧，极少数在腹面和孔侧。卵巢多叶状。卵黄腺叶状，位于中央。阴茎囊短，不达节片中线。阴茎无棘。子宫高度迷宫状，最终填充于整个节片，孕节中保持了基本结构。模式种：莫纳德伪安德里绦虫（*Pseudandrya monardi* Fuhrmann，1943）（图 18-468D、E）。

4b. 头节无钩；有或无吻突，无棘 ……………………………………………………………………………………… 5

5a. 精巢 25～27 个，分两群，一群在孔侧，一群在反孔侧；为猪形亚目（Suiformes）和啮齿目动物的寄生虫；分布于斯里兰卡、中国和日本 ……………………………………………… 伪裸头属（*Pseudanoplocephala* Baylis，1927）

识别特征：链体有很多节片，渐进成熟。头节没有吻突。精巢 25～27 个，分为两组，由雌性腺分开。卵巢有大量指状叶。卵黄腺有点叶状，位于中央。阴茎囊短，不达节片中部。子宫为一长形囊有大量分支穿透皮层。模式种：克氏伪裸头绦虫（*Pseudanoplocephala crawfordi* Baylis，1927）（图 18-468G）。Jia 等（2014）使用核糖体和线粒体 DNA 序列对该模式种系统分析，结果表明其为膜壳属的种类，应当作组合种克氏膜壳绦虫［*Hymenolepis crawfordi*（Baylis，1927）］。同时亦说明伪裸头属可能是无效属。

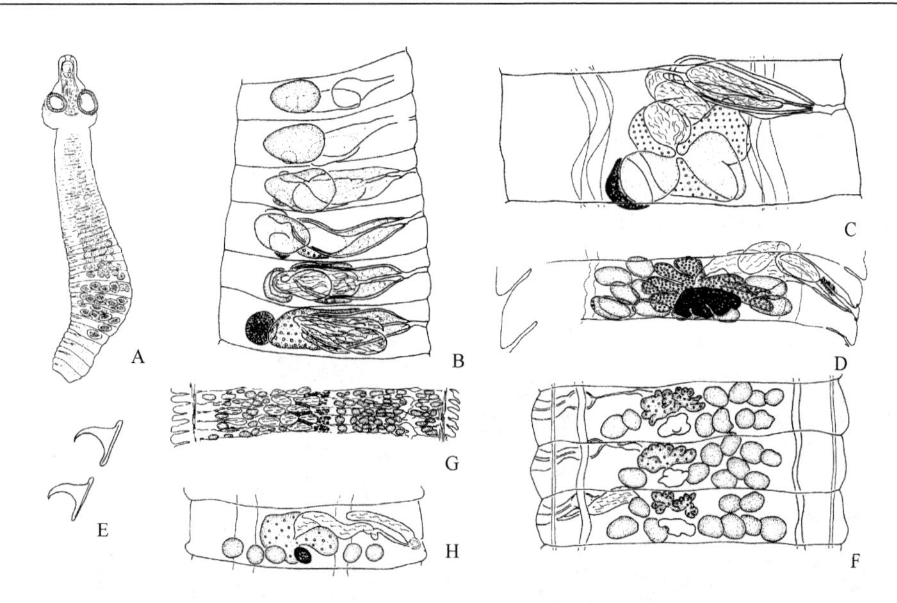

图 18-468 7 个属绦虫整体或局部结构示意图（引自 Czaplinski & Vaucher，1994）

A. 增殖膀胱绦虫［*Urocystis prolifer*（Villot，1880）］的整体；B. 布莱氏原雌绦虫链体一部分；C. 雷诺兹伪双睾绦虫的节片；D，E. 莫纳德伪安德里绦虫（D. 节片；E. 两个吻突钩）；F. 平齿囊鼠膜壳安德里绦虫的节片；G. 克氏伪裸头绦虫的部分链体；H. 阿克特五睾绦虫的节片

5b. 精巢少于 25 个……6

6a. 精巢为两群，一群位于孔侧，一群位于反孔侧，通常在节片后部形成两单排……7

6b. 精巢围绕着雌性腺……9

7a. 5 个精巢；缅甸食肉目动物［熊属（*Ursus*）］的寄生虫……五睾属（*Pentorchis* Meggitt，1927）

识别特征：链体有很多节片，渐进成熟。头节有无棘（？）吻突。精巢 5 个，分为两组（两个在孔侧），或多或少由雌性腺分隔开。卵巢伸长，位于中央。卵黄腺完整。阴茎囊短，达渗透调节管。没有外贮精囊。生殖孔由肌肉质的括约肌围绕。子宫囊状，略分叶，有少量不完全的隔。模式种：阿克特五睾绦虫（*Pentorchis arkteios* Meggitt，1927）（图 18-468H）。

7b. 7 个精巢或更多……8

8a. 吻突缺；7～15 个精巢分为孔侧和反孔侧群；胚托有丝状突起；为美国啮齿动物［平齿囊鼠属（*Thomomys*）］的寄生虫……膜壳安德里属（*Hymenandrya* Smith，1954）

识别特征：链体有很多节片，渐进成熟。头节无吻突。精巢 7～15 个，由雌性腺分为两组。卵巢多叶状。卵黄腺椭圆形或略分叶。阴茎囊短，不达节片中央。子宫网状，孕节中仍可以观察到网状结构。模式种：平齿囊鼠膜壳安德里绦虫（*Hymenandrya thomomysi* Smith，1954）（图 18-468F）。

8b. 无棘吻突存在，9～12 个精巢形成孔侧和反孔侧排；胚托没有细丝状突起；为婆罗洲（Borneo）啮齿动物［长尾大鼠属（*Leopoldamys*）］的寄生虫……几丁属（*Chitinolepis* Baylis，1926）

识别特征：链体有很多节片，渐进成熟。头节有无棘吻突。精巢 9～12 个，由雌性腺分为两组。卵巢多叶状。卵黄腺实质状，位于卵巢后方。阴茎囊短，不达节片中央。阴茎有小棘。子宫长囊状，有不规则的壁。模式种：姆约伯吉几丁绦虫（*Chitinolepis mjoebergi* Baylis，1926）（图 18-469A）。

9a. 精巢 4~7 个；无棘吻突存在，为印度啮齿动物［大裸蹠沙鼠属（*Tatera*）］的寄生虫……副少睾绦虫（*Paraoligorchis* Wason & Johnson，1977）

识别特征：链体有很多节片，渐进成熟。头节有无棘吻突。精巢 4～7 个，分离，腹部和反孔侧由雌性腺围绕。卵巢多叶状。卵黄腺叶状，位于中央。阴茎囊短，不达节片中央。阴茎无棘。子宫囊状。模式种：大裸蹠沙鼠副少睾绦虫（*Paraoligorchis taterae* Wason & Johnson，1977）（图 18-469B）。

9b. 8～12 个精巢；无棘吻突存在，为印度翼手目（Chiroptera）动物的寄生虫 ···· 伪少睾属（*Pseudoligorchis* Johri，1934）

识别特征：链体有很多节片，渐进成熟。生殖管位于渗透调节管之间。精巢 8～12 个，腹部和反孔侧由雌性腺围绕。卵巢有点叶状。卵黄腺叶状，位于中央。阴茎囊短，不达节片中央。阴茎位于不规则叶状囊中（此处估计存在观察是否正确问题）。模式种：大受精囊伪少睾绦虫（*Pseudoligorchis magnireceptaculata* Johri，1934）（图 18-469C）。

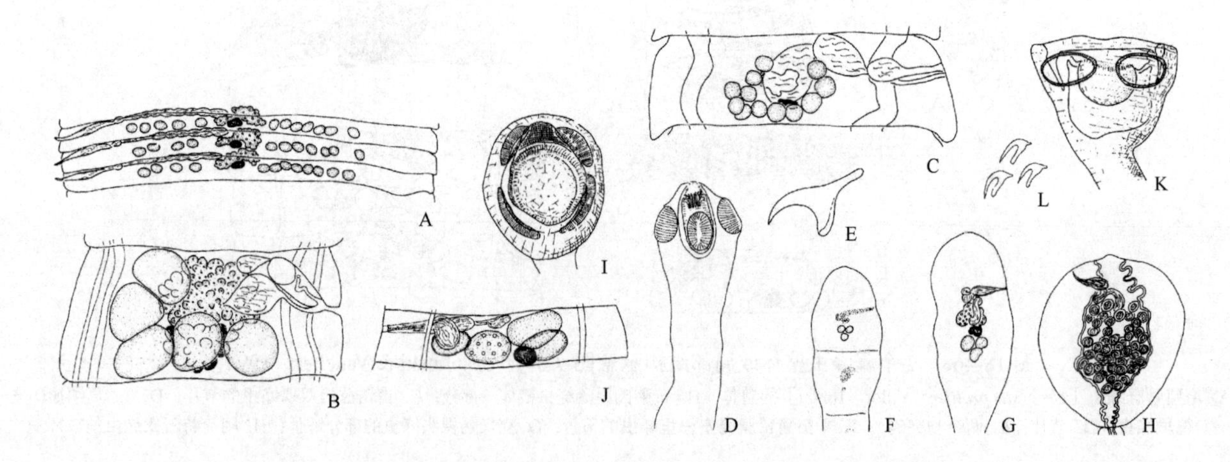

图 18-469　5 个属绦虫结构示意图（引自 Czaplinski & Vaucher，1994）

A. 姆约伯吉几丁绦虫的节片；B. 大裸蹠沙鼠副少睾绦虫的节片；C. 大受精囊伪少睾绦虫的节片。D～H. 雷多尼卡伪膜壳绦虫：D. 头节和未分化的链体；E. 吻突钩；F～H. 不同成熟期节片。I～L. 整合冠棘绦虫：I，K. 头节；J. 节片；L. 3 个吻突钩

10a. 头节有具棘吻突，钩可能很小 ·· 11

10b. 头节没有钩，或吻突不存在或存在无棘吻突 ·· 27

11a. 链体超离解；旧大陆（东半球）鼩鼱属动物（白齿鼩）的寄生虫 ·····································
································· 伪膜壳属（*Pseudhymenolepis* Joyeux & Baer，1935）（图 18-469D～H，图 18-470）

识别特征：链体超离解。头节有可以内陷的具棘吻突。吻突钩数基本恒定；钩几乎等长。精巢 3 个，在雌性腺后排为三角形。卵巢横向，或多或少叶状。卵黄腺有点叶状。阴茎囊达节片中央。阴茎光滑。子宫分裂为单卵的囊。模式种：雷多尼卡伪膜壳绦虫（*Pseudhymenolepis redonica* Joyeux & Baer，1935）（图 18-469D～H）。

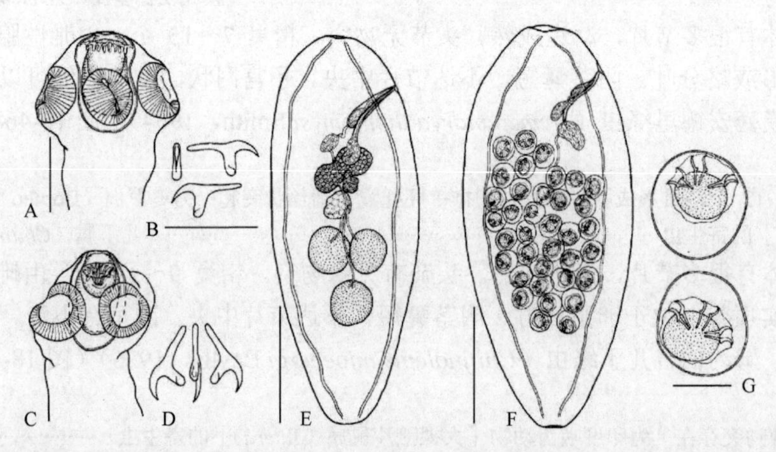

图 18-470　土耳其斯坦伪膜壳绦虫（*P. turkestanica* Tkach & Velikanov，1991）结构示意图（引自 Tkach & Velikanov，1991）

A，C. 头节；B，D 吻突钩；E. 成节；F. 孕节；G. 卵。A，B，E，F 为全模标本；C，D 采自哈萨克斯坦。标尺：A，C，E=100μm；B，D，G=25μm；F=200μm

11b. 具有典型发育和成熟的链体 ·· 12

12a. 头节有典型的凹陷，内有吸盘开口；吻突具有典型形状的小棘；卵巢和卵黄腺圆形；为古北区水鼩鼱（water-shrew）

的寄生虫……………………………………………………………………………………………冠棘属（*Coronacanthus* Spasskiĭ，1954）

［同物异名：无杯属（*Acotylolepis* Yamaguti，1959）］

识别特征：链体有很多节片，渐进成熟。头节有具棘吻突。吸盘开于大的凹陷中。吻突钩很小且数量多，几乎等长。精巢 3 个，排为三角形，重叠于雌性器官。卵巢圆形，完整。卵黄腺圆形，完整，位于反孔侧。阴茎囊长，达节片中线。阴茎有棘样或发样结构。子宫囊状，卵形，在孕节中通常形成厚卵膜。膜中卵可能释放于肠道中。模式种：整合冠棘绦虫（*Coronacanthus integrus* Hamann，1891）［同物异名：多棘冠棘绦虫（*C. polyacantha* Baer，1931）］。

Vasileva 等（2005）描述了采自保加利亚欧洲水鼩鼱（*Neomys fodiens*）的巨钩冠棘绦虫（*C. magnihamatus* Vasileva，Tkach & Genov，2005）（图 18-471）。其最重要的区别特征是吻突钩的长度（26～28μm，平均 27μm），以及在孕节中不形成卵囊的厚壁的子宫。

词源：种名指其不常见的大型吻突钩。

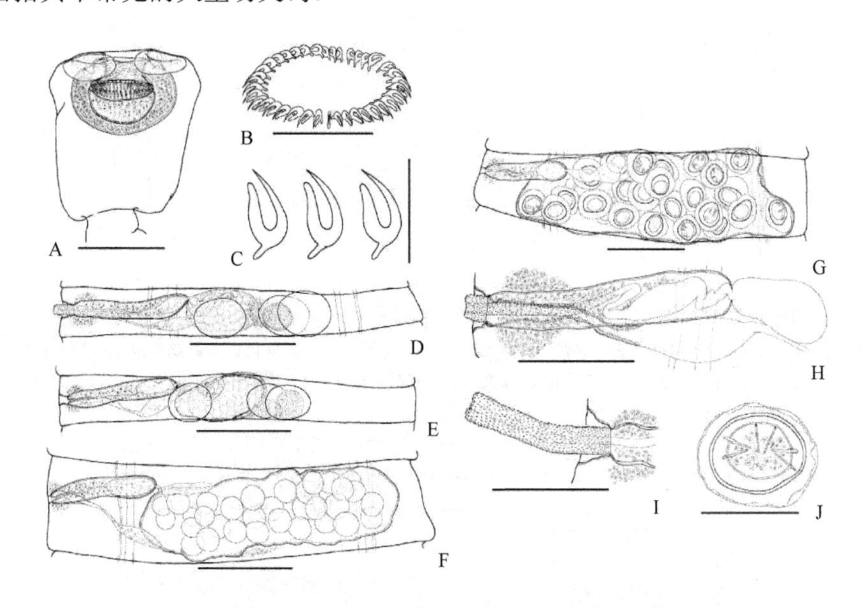

图 18-471 巨钩冠棘绦虫结构示意图（引自 Vasileva et al.，2005）

A. 头节；B. 整个吻突钩冠；C. 吻突钩；D. 雌雄性器官成节；E. 有幼子宫的节片；F. 前孕节；G. 孕节；H. 生殖管远端部；I. 外翻的阴茎；J. 卵。标尺：A，D～G=200μm；B=100μm；C，J=30μm；H，I=50μm

12b. 头节与上述不一样……………………………………………………………………………………………………13

13a. 头节有巨大的吻突，近基部具有大量钩；吸盘在吻突后方；节片扩大，精巢不规则排列，1 个在孔侧，2 个在反孔侧，或多或少重叠于雌性器官；为古北区和埃塞俄比亚白齿鼩鼱（white-toothed shrew）的寄生虫……………………………………………………………希尔米属（*Hilmylepis* Skrjabin & Matevosyan，1942）（图 18-472～图 18-477）

希尔米属是 Skrjabin 和 Matevosyan（1942）为采自热带非洲麝鼩未定种（*Crocidura* sp.）的纳加提膜壳绦虫（*Hymenolepis nagatyi* Hilmy，1936）建立的单种属。它区别于寄生于哺乳动物的膜壳科其他属在于其独特的吻突结构。几年后，Joyeux 和 Baer（1950）描述了采自法国麝鼩（*Crocidura russula*）具有类似头节形态的一个种：瑞利膜壳绦虫（*H. raillieti* Joyeux & Baer，1950）。Joyeux 和 Baer（1950）和随后的学者（Baer，1959；Vaucher，1971；Hunkeler，1969，1974）未肯定希尔米属的有效性并认为纳加提膜壳绦虫和瑞利膜壳绦虫是膜壳属（*Hymenolepis* Weinland，1858）的种。Spassky（1954）则认为希尔米属为单种属。随后的 50 年间人们又描述了几种采自东南欧和中亚的希尔米属绦虫：普罗科普希尔米绦虫（*H. prokopici* Genov，1970），采自保加利亚白齿麝鼩（*Crocidura leucodon*）和小麝鼩（*C. suaveolens* Pall）；夏普希尔米绦虫（*H. sharpiloi* Tkach & Velikanov，1990），采自土库曼斯坦和哈萨克斯坦的斑麝鼩（*Diplomesodon pulchellum* Licht.）。Czaplinski 和 Vaucher（1994）对采自哺乳动物的膜壳科（Hymenolepididae Ariola，1899）绦虫分类修订中肯定了希尔米属及上述 4 种的有效性。然而对前 3 种的描述是不充分的，没有吻突器官、生殖管和卵形态的详细结构。Vasileva 等（2004）对前 3 种进行了重新描述，修订了属的识别特征，并编制了种的检索表。

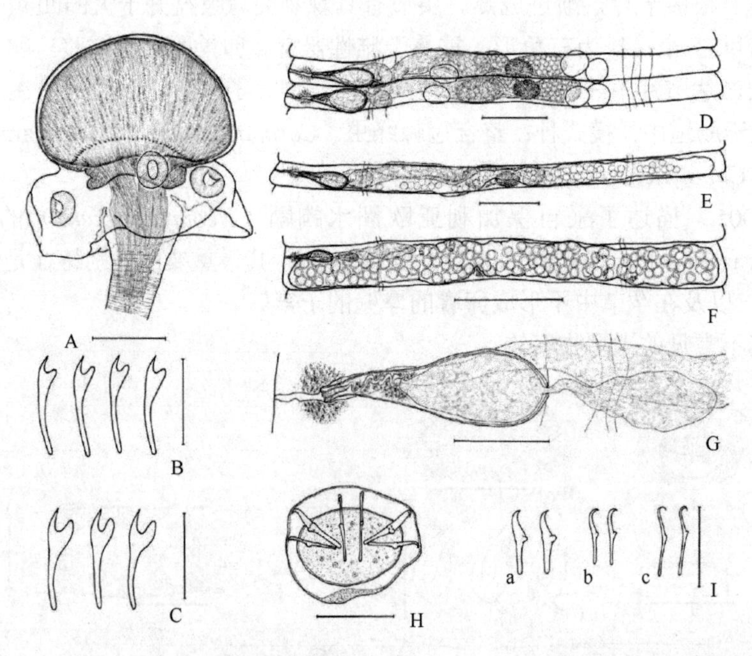

图 18-472 纳加提希尔米绦虫结构示意图（引自 Vasileva et al.，2004）

标本采自象牙海岸狐狸鼩鼱（*Crocidura foxi*）和吉法帝鼩鼱（*C. giffardi*）。A. 头节；B，C. 采自狐狸鼩鼱样品的吻突钩；D. 成节；E. 具有发育中子宫的节片；F. 孕节；G. 生殖管；H. 卵；I. 胚钩（a. 前侧；b. 后侧；c. 中央）。标尺：A，F=300μm；B，C，H，I=20μm；D，E=100μm；G=50μm

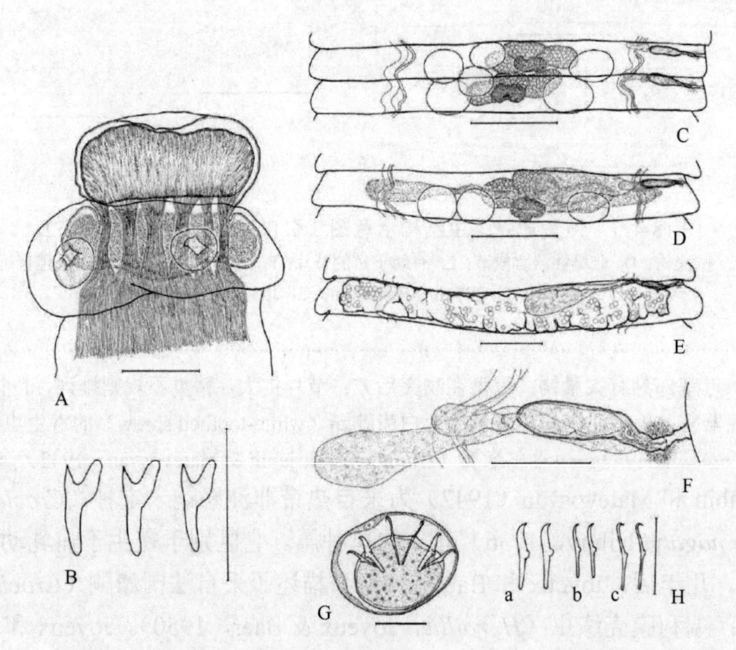

图 18-473 瑞利希尔米绦虫结构示意图（引自 Vasileva et al.，2004）

采自法国大白齿麝鼩（*Crocidura russula*）的共模标本。A. 头节；B. 吻突钩；C. 成节；D. 具有发育中子宫的节片；E. 孕节；F. 生殖管；G. 卵；H. 胚钩（a. 前侧；b. 后侧；c. 中央）。标尺：A=200μm；B=50μm；C～E=300μm；F=100μm；G，H=20μm

识别特征：链体带状，有很多节片，渐进成熟。成体头节有增大的前方区域和枕形有 4 个吸盘的后方区域，具有经典的囊尾蚴结构。吻突鞘壁薄，填充有腺体样细胞。吻突高度增大，有强大的肌纤维，之间有大量的腺细胞。吻突有大量的钩形成的冠。节片增大，宽显著大于长。生殖管位于渗透调节管背方。精巢 3 个，排为浅三角形或不规则的行，1 个位于孔侧，2 个位于反孔侧，或多或少覆盖雌性器官。

阴茎囊短，不达节片中央。阴茎通常无棘。内贮精囊小。外贮精囊大，椭圆形。卵巢通常分 3 叶，位于中央。卵黄腺叶状，位于中央。阴道短，壁薄。受精囊囊状，体积大，通常横向伸长。子宫囊状，或多或少分叶，发育至完全充满孕节并侧向扩展过渗透调节管。卵卵形；3 对胚钩形态和长度不同。是白齿鼩［食虫目（Insectivora）：麝鼩亚科（Crocidurinae）］的寄生虫，分布于欧洲、亚洲和非洲。模式种：纳加提希尔米绦虫［*Hilmylepis nagatyi*（Hilmy，1936）］（图 18-472，18-477A、B）。其他认可的种：瑞利希尔米绦虫（*H. raillieti* Joyeux & Baer，1950）（图 18-473）、普罗科普希尔米绦虫（图 18-474，图 18-475）和夏普希尔米绦虫（图 18-476）。

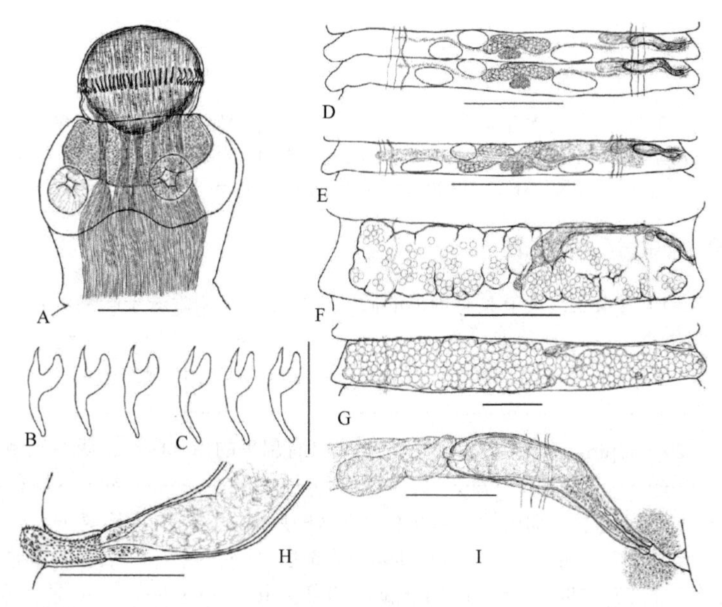

图 18-474 普罗科普希尔米绦虫结构示意图（引自 Vasileva et al.，2004）

采自保加利亚布尔加斯（Burgas）（A，B，D～I）和斯雷巴那（Srebarna）湖（C）白齿麝鼩（*Crocidura leucodon*）的样品。A. 头节；B，C. 吻突钩；D. 成节；E. 具有发育中子宫的节片；F. 前孕节；G. 孕节；H. 外翻的阴茎；I. 生殖管。标尺：A，D=200μm；B，C，I=50μm；E～G=300μm；H=25μm

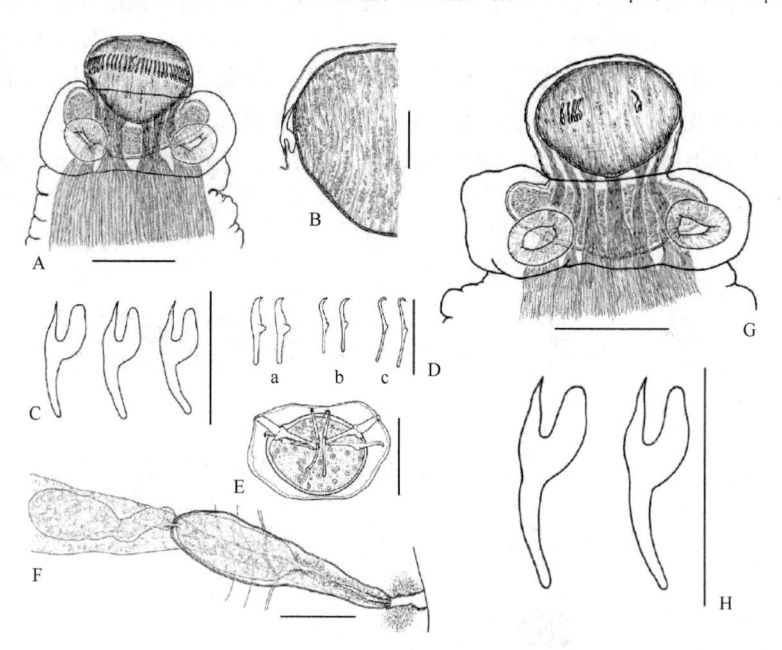

图 18-475 普罗科普希尔米绦虫头节、生殖管及卵细节结构示意图（引自 Vasileva et al.，2004）

采自保加利亚小麝鼩（*Crocidura suaveolens*）（A～F）和采自路德维希堡（Ludwigsburg）白齿麝鼩（G，H）的样品。A. 头节；B. 吻突肌肉腺体样结构的细节；C. 吻突钩；D. 胚钩（a. 前侧钩；b. 后侧钩；c. 中央钩）；E. 卵；F. 生殖管；G. 头节；H. 吻突钩。标尺：A，G=200μm；B，C，F，H=50μm；D，E=20μm

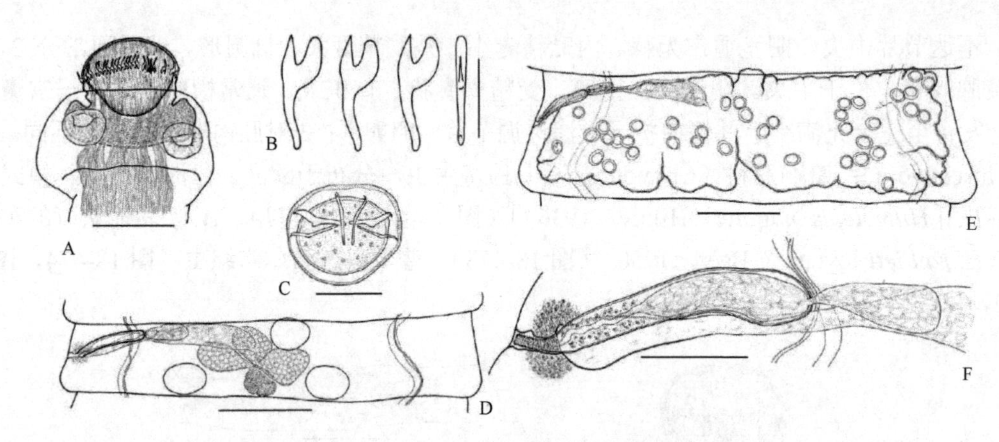

图 18-476 夏普希尔米绦虫结构示意图（引自 Vasileva et al.，2004）

采自土库曼斯坦斑麝鼩（*Diplomesodon pulchellum*）的全模标本。A. 头节；B. 吻突钩；C. 卵；D. 成节；E. 孕节；F. 生殖管。标尺：A，D，E=200μm；B=25μm；C=20μm；F=50μm

希尔米属（*Hilmylepis*）绦虫分种检索表

1A. 吻突钩数目>85 个，长 19～24μm；头节具有钟形的后方区域；吻突钩附着于吻突近基部处；已知为非洲麝鼩亚科（Crocidurinae）动物的寄生虫……纳加提希尔米绦虫（*H. nagatyi*）

1B. 吻突钩数目<85 个，长>24μm；头节后部区域不呈钟形；吻突钩附着于吻突的中部；已知为欧洲和亚洲麝鼩亚科动物的寄生虫……2

2A. 吻突钩数目>70 个，长 29～33μm，具有巨大的直柄；吻突具有扁平的后部区域；阴茎无棘……瑞利希尔米绦虫（*H. raillieti*）

2B. 吻突钩数目<70 个，长>35μm，有弯曲的柄；吻突有圆锥状的后部区域；阴茎具棘……3

3A. 吻突钩数目为 60～66 个，长 37～45μm；已知为欧洲鼩鼱的寄生虫……普罗科普希尔米绦虫（*H. prokopici*）

3B. 吻突钩数目为 48～56 个，长 35～38μm；已知为亚洲鼩鼱的寄生虫……夏普希尔米绦虫（*H. sharpiloi*）

13b. 吻突不同于上述情况……14

14a. 很短的具孕节链体，长 1～2mm，有极少节片；大量小钩长度 10μm；为古北区鼩鼱的寄生虫……膀胱属（*Urocystis* Villot，1880）

识别特征：节片宽明显大于长。头节有可收缩、具棘吻突。精巢 3 个，为横排，或多或少重叠于雌性生殖器官。卵巢横向，或多或少叶状。卵黄腺叶状，位于节片反孔侧部。阴茎囊不达节片中央。阴茎有棘或发状结构。子宫囊状，含有少量卵。模式种：增殖膀胱绦虫（*Urocystis prolifer* Villot，1880）（图 18-468A）。

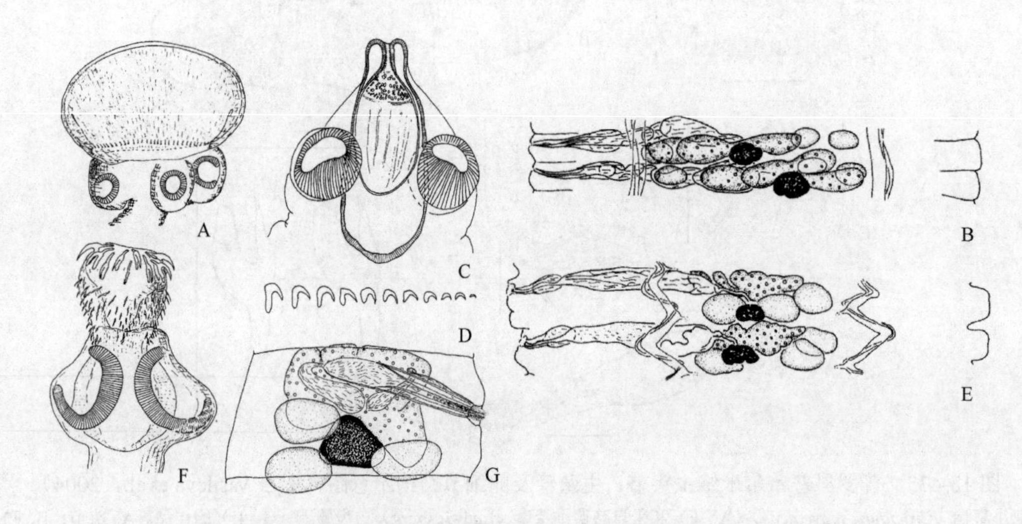

图 18-477 3 属 3 种绦虫结构示意图（引自 Czaplinski & Vaucher，1994）

A，B. 纳加提希尔米绦虫：A. 头节；B. 成节。C～E. 彼得洛浦绦虫：C. 头节；D. 几个吻突钩；E. 成节。F，G. 小棘状维吉斯绦虫：F. 头节；G. 成节

14b. 孕时链体更长；有时短，有少量孕节，如是则钩少于 30 个，钩长大于 10μm……………………………………15

15a. 吻突有不规则钩环，可能可以解释为 2 轮或多轮；同一轮的钩长度可变并且可以伴随有三角形的小棘，或吻突表面有很多小钩并有无序倾向……………………………………16

15b. 吻突有规则的钩轮，没有额外的棘；钩几乎等长……………………………………19

16a. 吻突圆锥状，有 120～500 个钩不排成轮；短的阴茎囊，不与渗透调节管交叉；寄生于非洲啮齿动物……………………………………洛浦绦虫属（*Lopburolepis* Spasskiĭ，1973）

识别特征：链体有很多节片，渐进成熟。头节有伸缩自如、具棘吻突。吻突钩长不一。精巢 3 个，由雌性腺分为两群，卵巢 3 叶或多叶。卵黄腺叶状，位于中央。阴茎囊短，不达节片中央。阴茎有棘或发样结构。子宫叶状，填充于孕节并侧向扩展超过渗透调节管。模式种：彼得洛浦绦虫（*Lopburolepis petteri* Quentin，1964）（图 18-477C～E）。

16b. 形态与上述不同；已知寄生于鼩鼱……………………………………17

17a. 吻突钩后有额外的棘；棘形成三角形的区域；阴茎囊大；精巢排为三角形；已知寄生于古北区鼩鼱……………………………………维吉斯属（*Vigisolepis* Matevosyan，1945）

识别特征：链体有很多节片，渐进成熟。头节有可以内陷的吻突。吻突有钩和额外的腹部棘排。吻突钩数几乎恒定；钩长不一。精巢 3 个，排成三角形，重叠于雌性腺。卵巢 3 叶或多叶。卵黄腺叶状，位于中央。阴茎囊长，达节片中央。阴茎有棘或发样结构。子宫叶状，略分叶，有水平隔，在孕节中形态仍持续。模式种：小棘状维吉斯绦虫（*Vigisolepis spinulosa* Cholodkowsky，1906）（图 18-477F、G）。

17b. 吻突钩后没有额外的棘；同一轮吻突钩在大小上显著变化……………………………………18

18a. 卵巢和卵黄腺叶状；吻突钩有明显的柄、刃和卫；已知寄生于古北区鼩鼱……………………………………斯克尔亚宾棘属（*Skrjabinacanthus* Spasskiĭ & Morosov，1959）
［同物异名：伪副囊宫属（*Pseudoparadilepis* Brendow，1969）］

识别特征：链体有很多节片，渐进成熟。头节有可以内陷的吻突。吻突钩数几乎恒定；钩长不一。精巢 3 个，排成三角形，重叠于雌性腺。卵巢 3 叶或多叶。卵黄腺叶状，位于中央。阴茎囊长，达节片中央。阴茎有棘或发样结构。子宫囊状，适度分叶。模式种：双冠斯克尔亚宾棘绦虫（*Skrjabinacanthus diplocoronatus* Spasskiĭ & Morosov，1959）（图 18-478）。

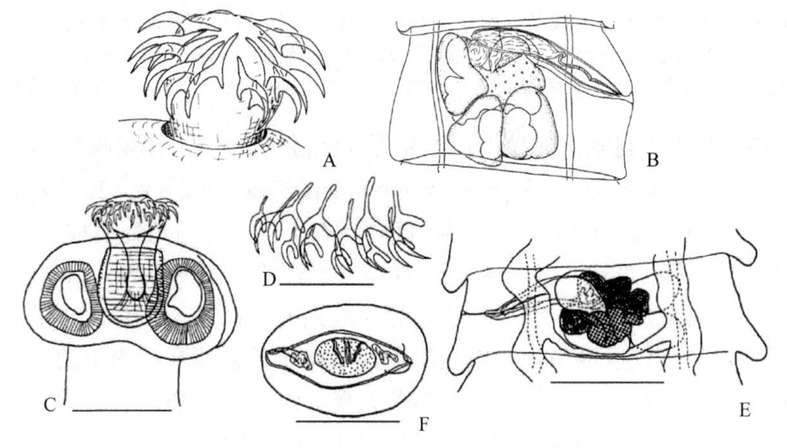

图 18-478 双冠斯克尔亚宾棘绦虫结构示意图自

A. 翻出的吻突；B，E. 成节；C. 头节；D. 吻突钩；F. 卵。标尺：C=100μm；D，F=40μm；E=200μm（A，B 引自 Czaplinski & Vaucher，1994；C～F 引自 Sato et al.，1988）

18b. 卵巢和卵黄腺圆形；更小的吻突钩退化为棘样结构；已知为埃塞俄比亚区鼩鼱的寄生虫……………………………………亨克勒属（*Hunkelepis* Czaplinski & Vaucher，1994）

识别特征：链体渐进规则成熟。头节有可以内陷的吻突。吻突钩长度变化大，在吻突的不同水平上，不形成规则的钩冠。钩数几乎恒定。精巢 3 个，排成三角形，中央的精巢比孔侧和反孔侧精巢更前。卵巢全体椭圆形，位于中央。卵黄腺全体在卵巢后方或略反孔侧。子宫叶状，小，含有少量卵。相对大的六钩蚴小钩。模式种：多钩亨克勒绦虫［*Hunkelepis multihami*（Hunkeler，1972）］组合种［同物异名：多钩膜壳绦虫（*Hymenolepis multihami* Hunkerler，1972）］（图 18-479A、B）。

19a. 链体短，有很少的节片；吻突可内陷，8～18 个钩；阴茎囊长，通常横过节片中央；精巢横排于雌性腺后；已知为全北区鼩鼱的寄生虫……………………………………………………葡萄囊样属（*Staphylocystoides* Yamaguti，1959）（图 18-479C、D）
［同物异名：扎诺斯基属（*Zarnowskiella* Spasskiĭ & Andreiko，1970）］

识别特征：链体短，有少量节片，通常仅有 1 个或 2 个孕节。吻突钩几乎等长。精巢 3 个，线性排列。卵巢圆形，全体横向，或多或少叶状。卵黄腺圆形，全体位于中央或亚中央。阴茎囊长，扩展过节片的中央。阴茎有棘或发样结构。孕子宫囊状，充满了最末、很长的孕节。模式种：楔形葡萄囊样绦虫［*Staphylocystoides sphenomorphus*（Locker & Rausch，1952）］。

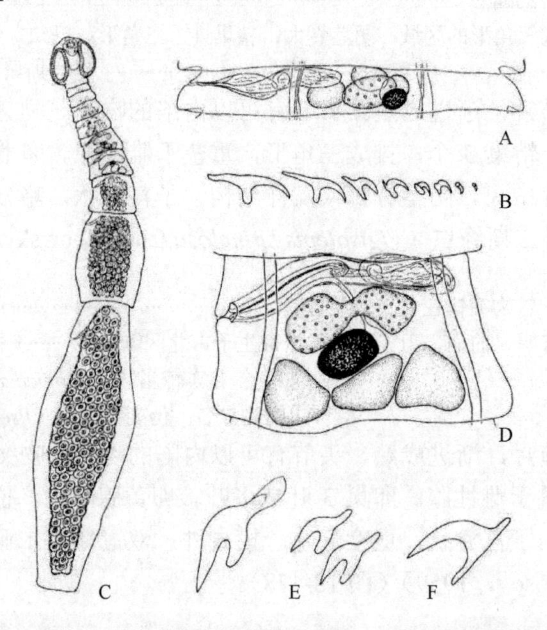

图 18-479 几种绦虫整体、成节或吻突钩结构示意图（引自 Czaplinski & Vaucher，1994）

A，B. 多钩亨克勒绦虫组合种：A. 成节；B. 几个吻突钩。C，D. 史帝芬斯基葡萄囊样绦虫（*S. stefanskii* Zarnowski，1954）：C. 孕样品整体；D. 成节。E. 新斯克尔亚宾属的吻突钩，左为奇特新斯克尔亚宾绦虫，右为沙尔杜比尼新斯克尔亚宾绦虫；F. *Hymenolepis petrodromi* Baer，1933 的吻突钩

Greiman 等（2013）基于采自东南阿拉斯加苏克万（Sukkwan）岛暗黑鼩鼱（*Sorex monticolus*）获得的样品，描述了古尔耶夫葡萄囊样绦虫（*S. gulyaevi* Greiman，Tkach & Cook，2013）（图 18-480A～D、F～I）。该种与同属北美的其他种相比有 10 个吻突钩。该种形态上与小司马葡萄囊样绦虫（*S. parvissima*）（图 18-480E）和阿斯克特斯葡萄囊样绦虫（*S. asketus*）相似。新种的子宫发育更为快速，前一节几乎不可见，之后的一节一个发达的子宫突然出现。小司马葡萄囊样绦虫的子宫逐渐发育，早期发育可见于几个节片中。在前孕节水平新种的子宫仅占据节片的中央位置，而小司马葡萄囊样绦虫的子宫则充满包括侧方区域的整个节片。新种的吻突钩明显小于阿斯克特斯葡萄囊样绦虫。此外，新种的节片少于阿斯克特斯葡萄囊样绦虫，具有很小的链体长度。新种和小司马葡萄囊样绦虫之间 3 个基因（28S rDNA、*cox1* 和 *nad1*）的分子比较进一步证实了它们为不同种。新种是发现于南美洲的葡萄囊样属的第 7 个种，也是东南阿拉斯加鼩鼱的第 1 个绦虫或蠕虫报道。

古尔耶夫葡萄囊样绦虫词源：种名以已故的弗拉迪米尔古尔耶夫（Vladimir Gulyaev）教授之名命名，认可他对绦虫学和鼩鼱绦虫研究的巨大贡献。

19b. 链体和解剖结构与上述不同……………………………………………………………………………………………… 20

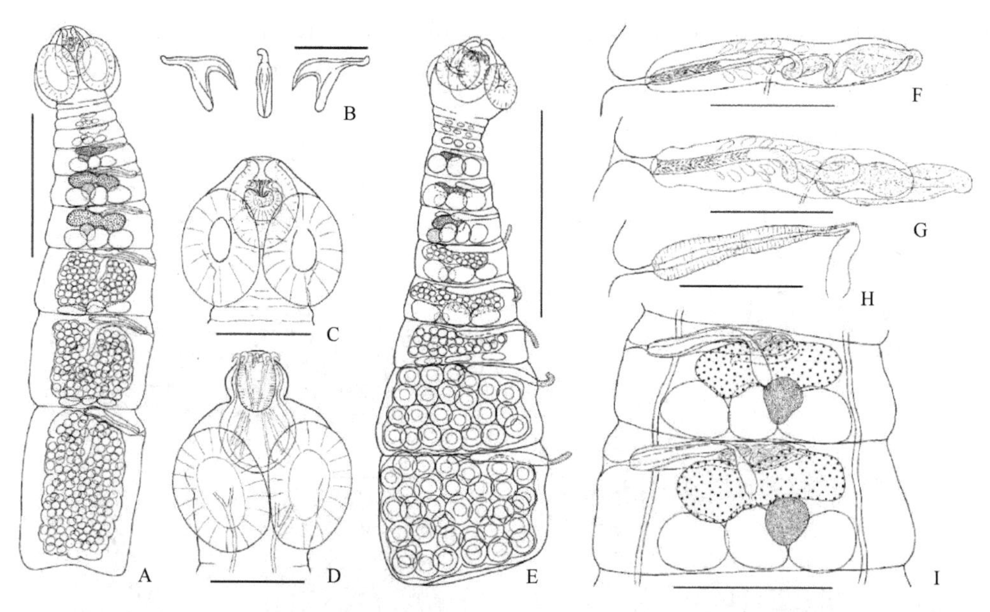

图 18-480　2 种葡萄囊样绦虫结构示意图（引自 Greiman et al.，2013）

A～D，F～I. 古尔耶夫葡萄囊样绦虫：A. 全模标本整体观；B. 副模标本吻突钩；C. 全模标本头节；D. 副模标本头节；F. 全模标本阴茎囊和阴道；G. 副模标本阴茎囊和阴道；H. 全模标本的阴道；I. 全模标本链体成节。E. 小司马葡萄囊样绦虫全模标本整体观。标尺：A，E=250μm；B=20μm；C，D=100μm；F～H=50μm；I=100μm

20a. 10 个典型的吻突钩 ······ 21

20b. 吻突钩为其他形态，如果形态或多或少相似，则钩多于 10 个 ······ 23

21a. 链体有大量节片，成熟时膨大，孕时更长；精巢横排；阴茎囊不达节片中央；已知为古北区鼩鼱的寄生虫 ······ 新斯克尔亚宾属（*Neoskrjabinolepis* Spasskiĭ，1947）（图 18-481～图 18-485，18-486A）

识别特征：小型绦虫，由大量无缘膜的节片组成。链体的前部（到成熟后节片水平）没有外分节。链体的发育可以是渐进性的也可以是连续的。成节一般宽大于长；孕节长宽相等或长大于宽。头节相对大，有复杂的吻突器官，具可内陷的吻突。吻突钩 10 个，钳子状，有柄骺增厚。雄性和雌性生殖系统同时发育。精巢 3 个，排为横排，位于雌性腺背方。阴茎囊短或长，刚过孔侧渗透调节管或达节片的中线。阴茎具棘，通常为不同形态。卵黄腺实质状，圆形，位于中央区域的反孔侧半，卵巢椭圆形，横向伸长，在卵黄腺孔侧。子宫囊状，在整个发育过程中位于中央区域。孕节有强劲持续的壁，功能作为卵托，能够使卵成群分散。已知为鼩鼱属动物的寄生绦虫，分布于古北区。模式种：沙尔杜比尼新斯克尔亚宾绦虫（*Neoskrjabinolepis schaldybini* Spasskiĭ，1947）。

Kornienko 和 Binkienè（2008）描述了采自白俄罗斯鼩鼱属动物小鼩鼱（*Sorex minutus* Linnaeus）的种：默库西夫新斯克尔亚宾绦虫［*Neoskrjabinolepis*（*Neoskrjabinolepidoides*）*merkushevae* Kornienko & Binkienè，2008］（图 18-481）。此种的特征为：吻突钩长 35～37μm，柄有一小的骺增厚；短的（35～40μm）阴茎由具爪样棘的基部、具有针样棘的副基部和一无棘的远端部构成；阴茎囊略横过中央区；每一孕子宫含有 12～16 个卵。除了模式宿主和模式种采集地，宿主范围包括普通鼩鼱（*Sorex araneus* Linnaeus）及有采自保加利亚立陶宛（Lithuania）和俄罗斯东北阿尔泰（Altay）的地理分布记录。

同年，Kornienko 等（2008）描述了采自俄罗斯萨哈林岛（Sakhalin Island）库页鼩鼱（*Sorex unguiculatus*）（模式宿主）、细鼩鼱（*S. gracillimus*）、东北鼩鼱（*S. isodon*）和中鼩鼱（*S. caecutiens*）的裸新斯克尔亚宾绦虫［*Neoskrjabinolepis*（*Neoskrjabinolepidoides*）*nuda* Kornienko，Gulyaev & Mel'nikova，2008］（图 18-482，图 18-483）。该种的特征为：吻突钩长 40～44μm，并有柄的小骺增厚；一长 95～100μm 的阴茎由具有爪状棘的基部区、一有细针状棘的副基部区和一无棘的远端区组成；阴茎囊伸展至中央区域；每一孕子宫 15～20 个卵。Kornienko 等（2008）对新斯克尔亚宾属的种进行了回顾，并将当时属中的 9 个种分为两个亚属，依据是链体的发育：新斯克尔亚宾亚属（*Neoskrjabinolepis*）（4 个种）中发育是渐进性的，而新斯克尔亚宾样亚属（*Neoskrjabinolepidoides* Kornienko，Gulyaev & Mel’nikova，2006）（5个种）中是连续的，并修订了属的识别特征，同时提供了新斯克尔亚宾属中种的检索表。

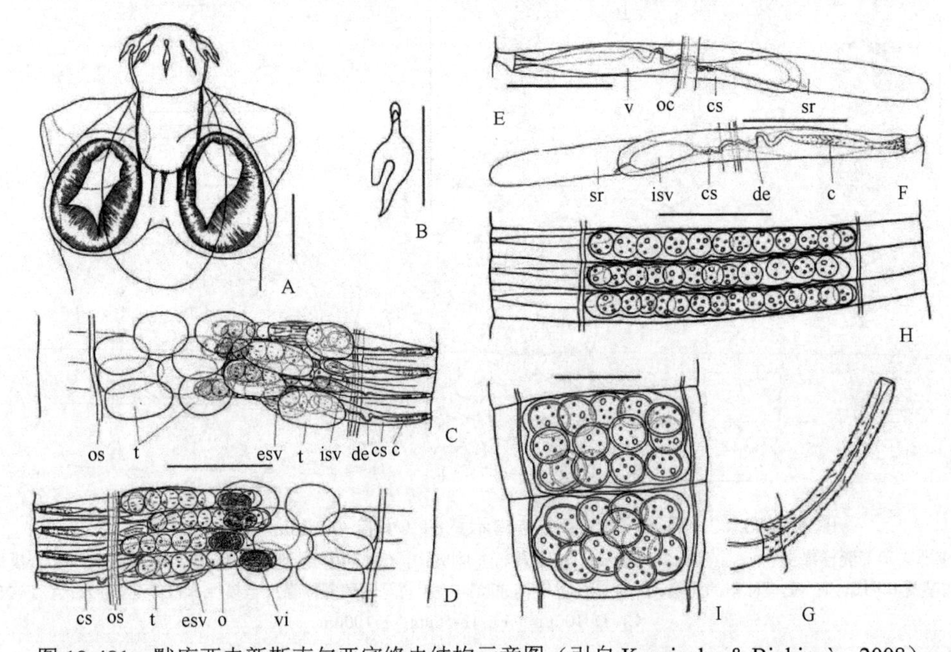

图 18-481 默库西夫新斯克尔亚宾绦虫结构示意图（引自 Kornienko & Binkienè，2008）

A～D. 全模标本（MHNG INVE 55311）：A. 头节；B. 吻突钩；C. 成节背面观；D. 成节腹面观。E. 阴道；F. 阴茎囊；G. 阴茎；H. 前孕节；I. 孕节。标尺：A，C，D，H，I=50μm；B，E～G=30μm

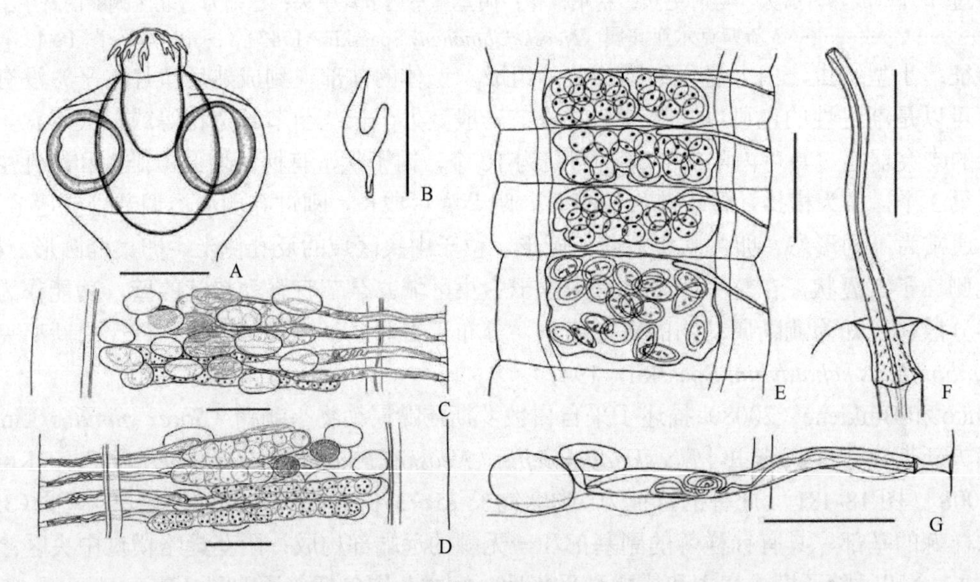

图 18-482 裸新斯克尔亚宾绦虫结构示意图（引自 Kornienko et al.，2008）

A. 头节；B. 吻突钩；C. 成节背面观；D. 成节和成熟后节片连续间的过渡，背面（C）和腹面（D）观；E. 前孕节和孕节；F. 阴茎；G. 末端生殖管。标尺：A，E=100μm；B=40μm；C，D，G=50μm；F=20μm

Kornienko 和 Dokuchaev（2012）描述、图示及区分识别了两个新斯克尔亚宾属种：多产新斯克尔亚宾绦虫［*N.*（*Neoskrjabinolepis*）*fertilis* Kornienko & Dokuchaev，2012］（图 18-484）和霍贝格新斯克尔亚宾绦虫［*N.*（*Neoskrjabinolepidoides*）*hobergi* Kornienko & Dokuchaev，2012］（图 18-485）。多产新斯克尔亚宾绦虫采集自西沃德（Seward）半岛（美国阿拉斯加）和阿纳德尔（Anadyr）河河口（俄罗斯楚科奇）的苔原鼩鼱（*Sorex tundrensis* Merriam）；霍贝格新斯克尔亚宾绦虫采自西沃德半岛的苔原鼩鼱。多产新斯克尔亚宾绦虫的特征在于：吻突钩长 38～42μm，钩柄有小的骺增厚；一长阴茎（85～100μm）基

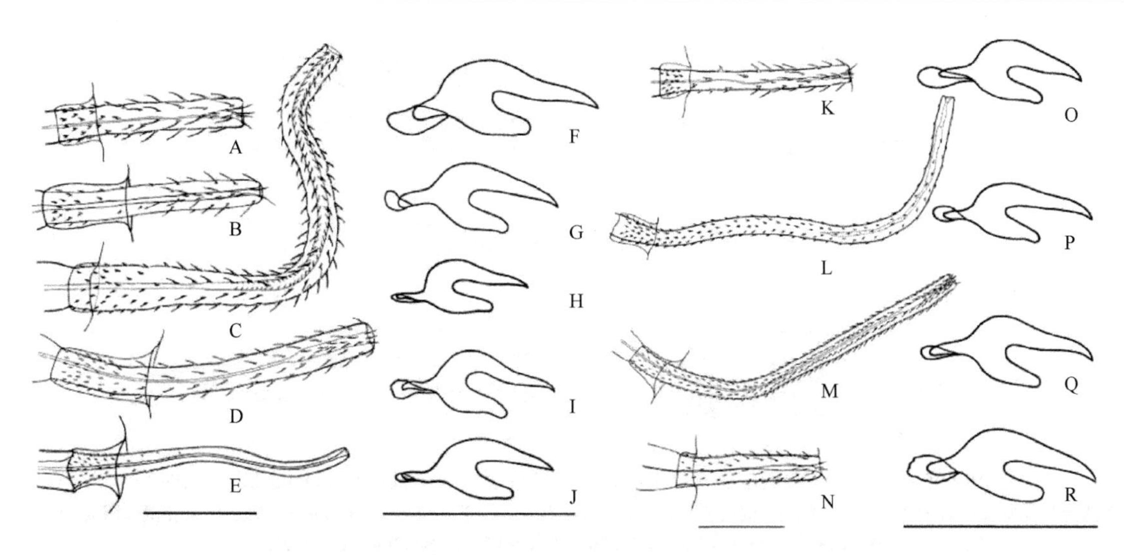

图 18-483　新斯克尔亚宾属绦虫的阴茎和吻突钩示意图（引自 Kornienko et al.，2008）

A，F. 奇特新斯克尔亚宾绦虫（*N. singularis*）；B，G. 皮质阴茎新斯克尔亚宾绦虫（*N. corticirrosa*）；C，H. 克卓文新斯克尔亚宾绦虫（*N. kedrovensis*）；D，I. 纳德多启耶新斯克尔亚宾绦虫（*N. nadtochijae*）；E，J. 裸新斯克尔亚宾绦虫；K，O. 沙尔杜比尼新斯克尔亚宾绦虫；L，P. 长阴茎新斯克尔亚宾绦虫（*N. longicirrosa*）；M，Q. 多毛新斯克尔亚宾绦虫（*N. pilosa*）；N，R. 普拉吉斯新斯克尔亚宾绦虫（*N. plagis*）。标尺：A～E，K～N=20μm；F～J，O～R=50μm

部具爪样棘，副基部具小的细针状棘；阴茎囊延伸到节片中央区域；每一孕子宫含卵数为 55～70 个。霍贝格新斯克尔亚宾绦虫的特征在于：吻突钩长 63～65μm，钩柄有大的骺增厚；一短的阴茎（45～50μm）基部具小爪样棘，副基部具细针状棘；阴茎囊略进入节片中央区域；每一孕子宫含卵数为 36～45 个。

多产新斯克尔亚宾绦虫词源：种名衍生自拉丁文的“*fertilis*”（=fertile，多产的），指的是该种的孕节中有大量的卵。

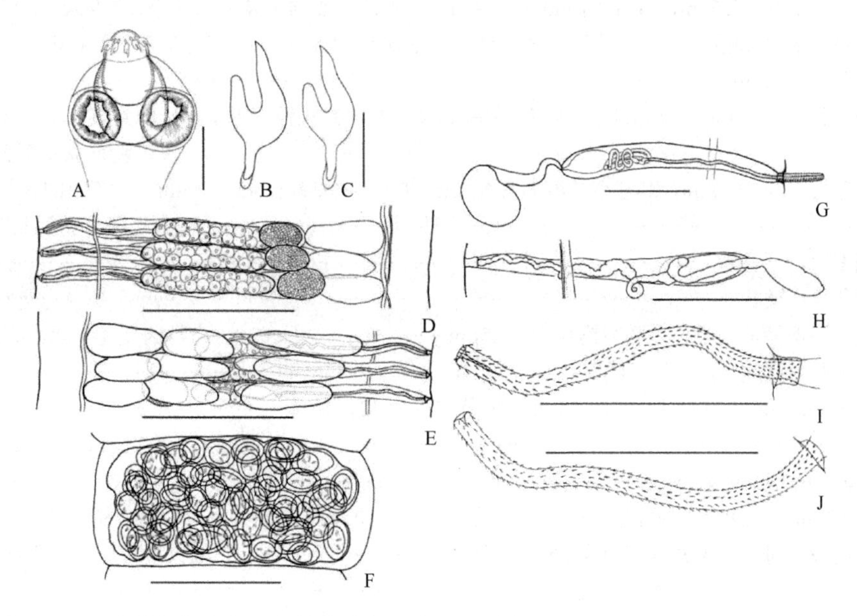

图 18-484　多产新斯克尔亚宾绦虫结构示意图（引自 Kornienko & Dokuchaev，2012）

A. 头节；B. 采自阿拉斯加绦虫的吻突钩；C. 采自楚科塔（Chukotka）地区绦虫的吻突钩；D. 成节腹面观；E. 成节背面观；F. 孕节；G. 阴茎囊；H. 阴道；I. 采自阿拉斯加绦虫的阴茎；J. 采自楚科塔地区绦虫的阴道。标尺：A，D～F=100μm；B，C=20μm；G～J=50μm

霍贝格新斯克尔亚宾绦虫词源：物种名以艾瑞克 P. 霍贝格（Eric P. Hoberg）博士的名字命名，以认可他对蠕虫学的贡献。

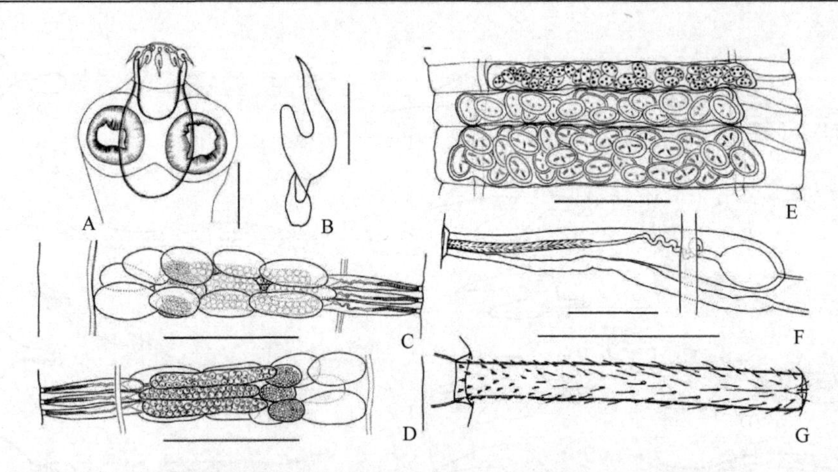

图 18-485 霍贝格新斯克尔亚宾绦虫结构示意图（引自 Kornienko & Dokuchaev，2012）

A～F. 全模标本（ISEA 18.11.19.1）：A. 头节；B. 吻突钩；C，D. 成节背面观；E. 前孕和孕节系列之间的过渡；F. 阴茎囊和阴道。G. 副模标本（ISEA 18.11.19.4）的阴茎。标尺：A，C～E=100μm；B=30μm；F，G=25μm

新斯克尔亚宾属（*Neoskrjabinolepis* Spasskiĭ，1947）分种检索表

1A. 链体发育是渐进性的［新斯克尔亚宾亚属 *Neoskrjabinolepis*（*Neoskrjabinolepis*）］…………2

1B. 链体发育是连续的［新斯克尔亚宾样亚属 *Neoskrjabinolepis*（*Neoskrjabinolepidoides*）］…………6

2A. 完全外翻的阴茎短，圆柱状…………3

2B. 完全外翻的阴茎长，鞭状…………4

3A. 完全外翻的阴茎长 40～42μm，其副基部区有几种大爪状棘；阴茎的中部和远部区有分布稀疏的马刀样棘；吻突钩长 38～43μm…………沙尔杜比尼新斯克尔亚宾绦虫（*N. schaldybini*）

3B. 完全外翻的阴茎长 45～50μm，其中央区有细马刀样棘，大小向远端变小；阴茎的远端区无棘，吻突钩长 52～55μm；柄短；骺增厚大…………普拉吉斯新斯克尔亚宾绦虫（*N. plagis*）

4A. 完全外翻的阴茎长 120～125μm，具有小而相对稀疏的棘，棘的大小向远端方向变小，至阴茎的远端区域变得不明显；吻突钩长 41～45μm；刃和卫的轴形成锐角；每节的卵数为 16～20 个……长阴茎新斯克尔亚宾绦虫（*N. longicirrosa*）

4B. 完全外翻的阴茎长＜120μm…………5

5A. 完全外翻的阴茎长 85～100μm，基部具爪样棘，副基部具小的细针状棘；阴茎囊延伸到节片中央区域；每一孕子宫含卵数为 55～70 个…………多产新斯克尔亚宾绦虫（*N. fertilis*）

5B. 完全外翻的阴茎长 100～110μm，其整个长度向有细而密的棘；吻突钩长 45～49μm；刃和卫的轴几乎平行；每节的卵数为 35～47 个…………多毛新斯克尔亚宾绦虫（*N. pilosa*）

6A. 完全外翻的阴茎短，圆柱状…………7

6B. 完全外翻的阴茎长，鞭状…………11

7A. 吻突钩的柄约为骺增厚的一半长；吻突钩长 56～65μm…………奇特新斯克尔亚宾绦虫（*N. singularis*）

7B. 吻突钩的柄长于骺增厚或长度相当；吻突钩长＜56μm…………8

8A. 吻突钩长 35～37μm，棒状的阴茎长 60～65μm；每节卵数为 12～16 个…………默库西夫新斯克尔亚宾绦虫（*N. merkushevae*）

8B. 吻突钩长≥40μm…………9

9A. 吻突钩长 63～65μm，钩柄有大的骺增厚；一短的阴茎（45～50μm）基部具小爪样棘，副基部具细针状棘，阴茎囊略进入节片中央区域；每一孕子宫含卵数为 36～45 个…………霍贝格新斯克尔亚宾绦虫（*N. hobergi*）

9B. 吻突钩长＜55μm…………10

10A. 吻突钩长 40～45μm；阴茎长 71～74μm；每节卵数为 20～46 个……纳德多启耶新斯克尔亚宾绦虫（*N. nadtochijae*）

10B. 吻突钩长 48～53μm；阴茎长 60～65μm；每节卵数为 10～20 个………皮质阴茎新斯克尔亚宾绦虫（*N. corticirrosa*）

11A. 完全外翻的阴茎长 90～110μm，其远端区有稀疏、马刀状棘；吻突钩长 36～38μm…………克卓文新斯克尔亚宾绦虫（*N. kedrovensis*）

11B. 完全外翻的阴茎长 95～100μm，其远端区光滑；吻突钩长 40～44μm…………裸新斯克尔亚宾绦虫（*N. nuda*）

21b. 短的链体，精巢在三角形位置或斜线；阴茎横过节片中线；已知寄生于新北区鼩鼱…………22

22a. 阴茎囊横过节片中线；阴茎有少量大棘；阴道没有特别的结构……伏戈尔属（*Vogelepis* Czaplinski & Vaucher，1994）

识别特征：小链体有少量节片。头节有可内陷的具棘吻突。吻突钩 10 个；钩几乎等长。精巢三角形排列，或多或少重叠于雌性器官。阴茎大。卵巢横向，适度分叶。卵黄腺实体状。子宫囊状有少量卵。已知寄生于新北区鼩鼱。模式种：雄性化伏戈尔绦虫［*Vogelepis virilis*（Voge，1955）］组合种［同物异名：雄性化膜壳绦虫（*Hymenolepis virilis* Voge，1955）］（图 18-486B）。

22b. 阴茎囊相对巨大，达到节片反孔侧边缘；阴道有末端球茎状、高度具棘的部分和额外由硬棘样结构支持的结构；已知寄生于新北区鼩鼱……洛克劳施属（*Lockerrauschia* Yamaguti，1959）

识别特征：链体有大量节片，并为渐进性成熟。头节有具棘吻突。吻突钩 10 个，几乎等长。精巢横排，或多或少重叠于雌性器官。卵巢圆形、完整。阴茎有棘或发样结构。末端生殖管有附属结构。子宫囊状。模式种：复杂洛克劳施绦虫（*Lockerrauschia intricate* Locker & Rausch，1952）（图 18-486C、D）。

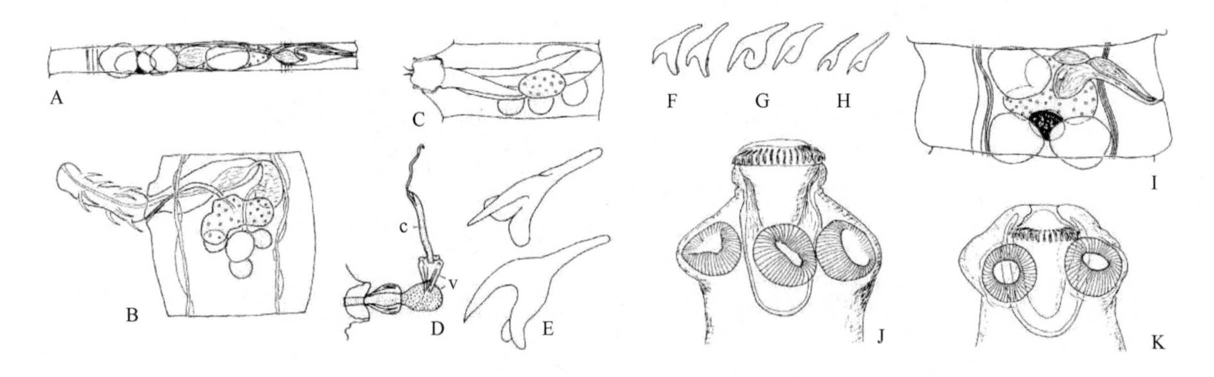

图 18-486 几种绦虫结构示意图（引自 Czaplinski & Vaucher，1994）

A. 奇特新斯克尔亚宾绦虫的成节；B. 雄性化伏戈尔绦虫组合种的成节。C，D. 复杂洛克劳施绦虫：C. 成节；D. 阴茎和阴道示意图。E，F. 三齿鳞属的吻突钩：E. 二支三齿鳞绦虫（*T. bifurcus* Hamman，1891）；F. 哈曼三齿鳞绦虫（*T. hamanni* Mrazek，1891）。G，H. 葡萄囊属的吻突钩：G. 纹背葡萄囊绦虫（*Staphylocystis scalaris* Dujardin，1845）；H. 杵葡萄囊绦虫。I. *Staphylocystis dodecacantha* Baer，1925 的成节；J～K. *Vampirolepis temmincki* Vaucher，1986，示伸缩自如的吻突

23a. 吻突钩有分为 2 支的卫；精巢位于节片中央，排为三角形或不规则的排；卵巢和卵黄腺圆形，完整；孕子宫通常为圆形的囊；已知寄生于古北区水鼩鼱属（*Neomys*）食虫目动物……三齿鳞属（*Triodontolepis* Yamaguti，1959）（图 18-486E、F）

识别特征：链体有大量节片，并为渐进性成熟。头节有可以内陷的具棘吻突。吻突钩几乎等长，数目几乎恒定。精巢 3 个，被雌性腺分为两群。卵黄腺位于中央。阴茎囊不达节片中线。阴茎有棘或发样结构。子宫囊状，卵形，孕节中通常形成厚膜。膜包的卵可能释放入肠道。模式种：三齿孔三齿鳞绦虫［*Triodontolepis tridontophora*（Soltys，1954）］。

23b. 吻突钩卫为整体或很少分为 2 支，若分为 2 支，成节和孕节的解剖不同于上述情况……24

24a. 吻突钩通常有相当短的卫并有点扁平，尖锐的刃，柄可变，通常短；精巢在节片中排为三角形，重叠于雌性器官；链体如果短的话，后部不膨胀并且有 1～2 个及以上的孕节（与葡萄囊样属相比）；吻突伸缩自如；寄生于食虫目动物，主要寄生于白齿鼩鼱，分布于东半球……葡萄囊属（*Staphylocystis* Villot，1877）（图 18-486G、H，图 18-487，图 18-488）（同物异名：*Crocidolepis* Spasskiĭ & Karpenko，1992）

识别特征：链体有大量节片，并为渐进性成熟。头节有具棘吻突。吻突钩数目几乎恒定，钩几乎等长。精巢 3 个，排成三角形，重叠于雌性生殖器官。卵巢 3 叶或多叶。卵黄腺很少圆形，多数叶状，位于中央。阴茎囊短，不达节片中线。阴茎光滑无棘。子宫囊状，最初或多或少为马蹄铁状，随后发育为囊状和叶状，充满孕节并通常侧向扩展至节片边缘。模式种：杵葡萄囊绦虫（*Staphylocystis pistillum* Dujardin，1845）。其他种：克莱德森格葡萄囊绦虫（*S. clydesengeri* Tkach，Makarikov & Kinsel，2013）；

希勒葡萄囊绦虫（*S. schilleri*）等。

Tkach 等（2013）基于采自美国蒙大拿和华盛顿流浪鼩鼱（*Sorex vagrans*）的样品描述了新种克莱德森格葡萄囊绦虫（*S. clydesengeri* Tkach，Makarikov & Kinsel，2013）（图 18-487A～D、F～J，图 18-488B、C）。新种不同于该属先前已知的北美代表种希勒葡萄囊绦虫（图 18-487E，图 18-488A）的特征在于新种具有更多（37～42 vs 22～30）、更大（39～44μm vs 27～30μm）的吻突钩。两种在其他几个重要特性如阴茎囊的相对长度、性腺的位置和成节的形态等方面亦有差异。新种与所有先前已知的采自古北区鼩鼱属动物的同属种亦有差异。

克莱德森格葡萄囊绦虫词源：种名以克莱德森格（Clyde Senger）的名字命名。他是注意到该种与希勒葡萄囊绦虫（*S. schilleri*）之间的形态差异并将其描述为新种的第一人。

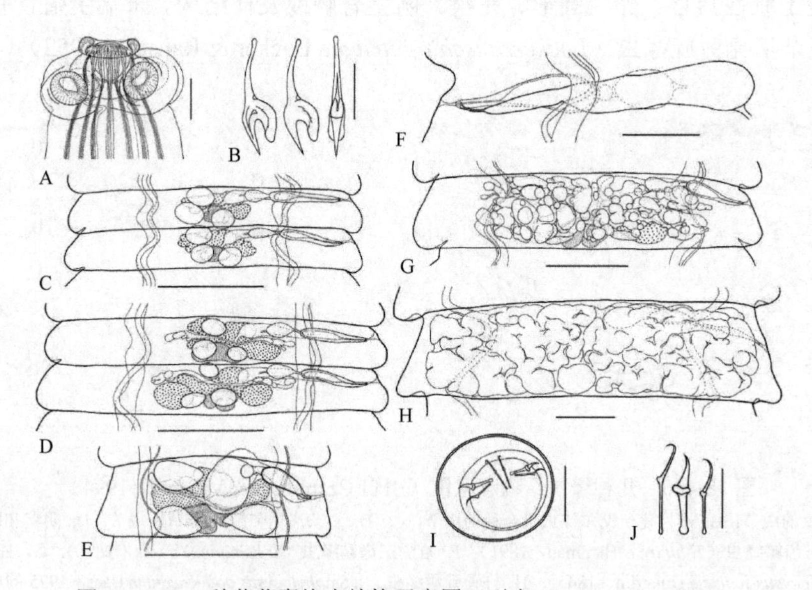

图 18-487　2 种葡萄囊绦虫结构示意图（引自 Tkach et al.，2013）

克莱德森格葡萄囊绦虫（A～D，F～J）和采自水鼩鼱（*Sorex palustris*）的希勒葡萄囊绦虫（E）。A. 头节背腹面观；B. 吻突钩侧面和背方表面观，示扩大的钩卫；C. 雄性器官成节；D. 两性器官成节；E. 两性器官成节；F. 生殖管；G. 孕节，示子宫发育；H. 孕节；I. 卵；J. 胚钩（从左至右为中央、前侧和后侧钩）（A，C，D，G 为全模标本，其余为副模标本）。标尺：A，F=100μm；B=20μm；C～E，G，H=250μm；I=20μm；J=10μm

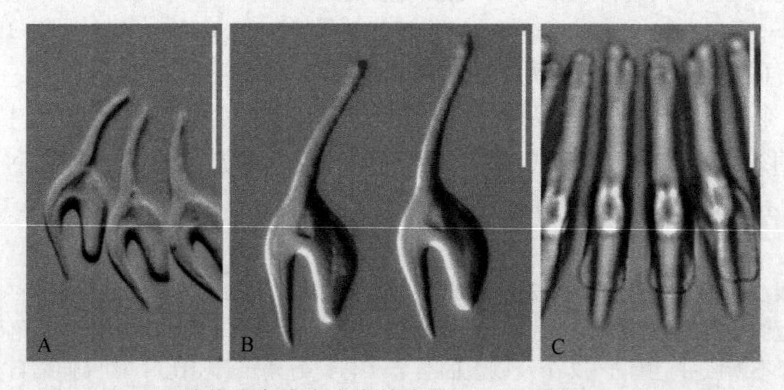

图 18-488　2 种葡萄囊绦虫吻突钩实物（引自 Tkach et al.，2013）

采自蒙大拿米苏拉（Missoula）附近水鼩鼱的希勒葡萄囊绦虫（A）和克莱德森格葡萄囊绦虫（B，C）的副模标本。标尺：均为 20μm

24b. 钩和精巢位置与上述状况不同 ·· 25

25a. 10 个钩；链体长而细；孕节长通常明显大于宽；10 个典型类型的吻突钩；吻突可内陷；精巢位于节片后半部，横排；卵黄腺通常略位于反孔侧；寄生于食虫目动物（全北区鼩鼱）··
··线性绦虫属（*Lineolepis* Spasskiĭ，1959）（图 18-489A～D）

识别特征：链体有大量节片，并为渐进性成熟。头节有可内陷的具棘吻突。吻突钩 10 个，几乎等长。精巢重叠于雌性生殖器官。卵巢横向，3 叶或多叶。卵黄腺圆形、完整。阴茎囊长，达节片中线。阴茎有棘或发样结构。子宫最初两叶状或马蹄铁状，充填于孕节并通常侧向扩展至节片边缘。模式种：小线性绦虫（*Lineolepis parva* Rousch & Kuns，1950）。

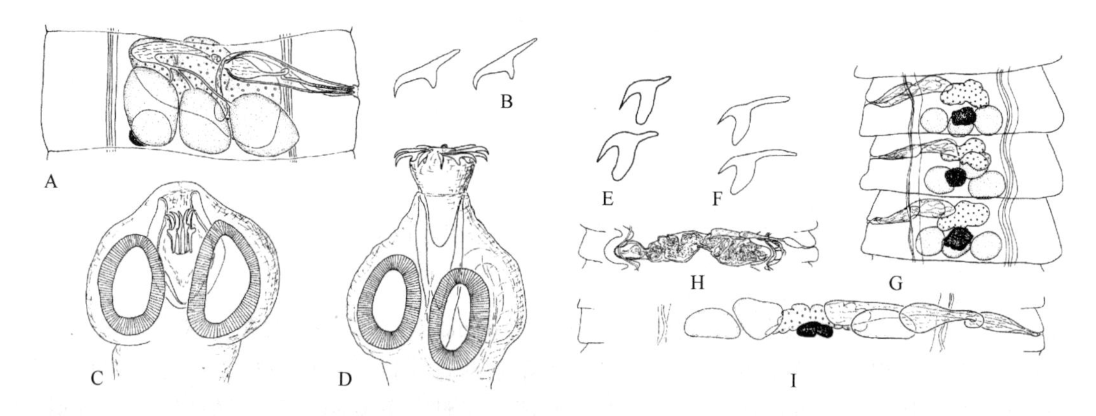

图 18-489 几种绦虫结构示意图（引自 Czaplinski & Vaucher，1994）

A～D. 结节线性绦虫（*Lineolepis scutigera* Dujardin，1845）：A. 成节；B. 两个吻突钩；C，D. 头节，示吻突的内陷与翻出。E. 禾秆啮齿类绦虫（*Rodentolepis straminea*）的吻突钩。F，G. 隐蔽吸血蝠绦虫（*V. decipiens* Diesing，1850）：F. 两个吻突钩；G. 成节。H. 马藏吸血蝠绦虫（*V. mazanensis* Vaucher，1986）的子宫；I. 禾秆啮齿类绦虫的成节

25b. 钩多于 10 个……………………………………………………………………………………………… 26

26a. 1 例［双钩吸血蝠绦虫（*Vampirolepis bihamata* Sawada & Harada，1986）］中，12～50 个及以上弗雷特样（fraternoid）型吻突钩排为 2 轮；精巢在节片后半部横向排列，有时反孔侧精巢略成对角，不由雌性器官分为两群；在前孕节中子宫明显两翼状；寄生于翼手目（Chiroptera）动物，全球性分布……………………………………………………………………………………吸血蝠绦虫属（*Vampirolepis* Spasskiĭ，1954）（图 18-489F、G，图 18-490～图 18-493）

识别特征：链体有大量节片，并为渐进性成熟。头节有伸缩自如、具棘的吻突。吻突钩数几乎恒定，几乎等长。卵巢 3 叶或多叶。卵黄腺叶状，位于中央。阴茎囊短，不达节片中央。阴茎光滑或有小棘。子宫最初有侧翼，最终填充于整个孕节。模式种：斯克尔亚宾吸血蝠绦虫（*Vampirolepis skrjabinariana* Skarbilovitsch，1946）（图 18-490A、G）。

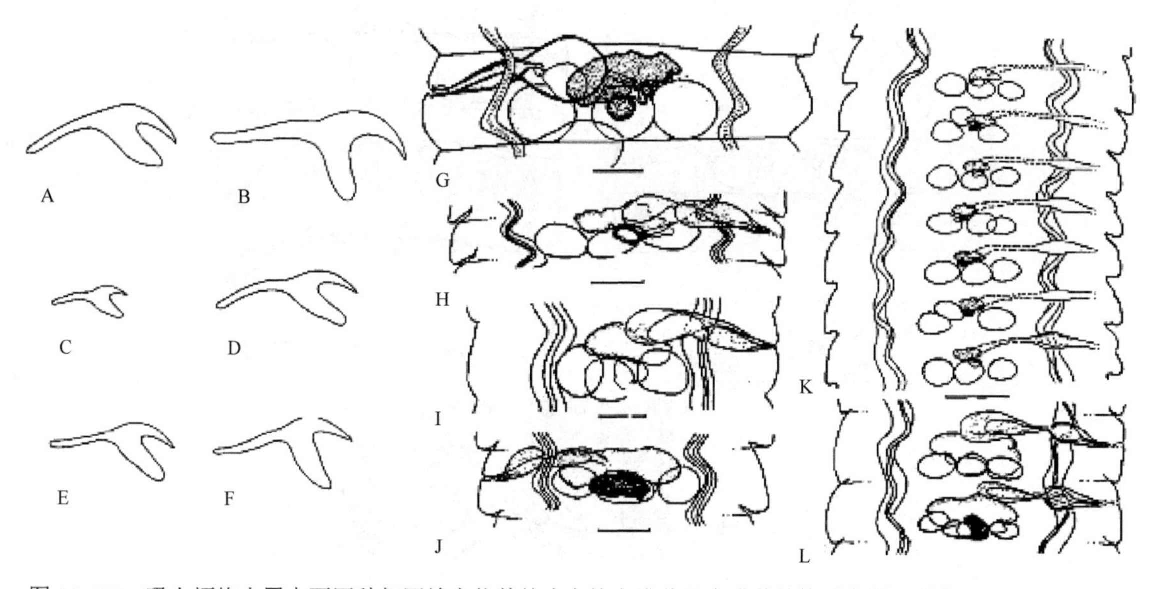

图 18-490 吸血蝠绦虫属中不同种相同放大倍数的吻突钩和成节及未成节结构示意图（引自 Vaucher，1992）

成节（G～J，L），未成节（K）。A，G. 斯克尔亚宾吸血蝠绦虫；B. 采自巴拉圭矮戴帽蝙蝠（*Eumops bonariensis beckeri*）的瓜拉尼吸血蝠绦虫（*V. guarany* Rego，1961）；C，K，L. 采自巴拉圭大食果蝠（*Artibeus lituratus*）的伸长吸血蝠绦虫（*V. elongalus* Rego，1962）；D，H. 采自法国棕蝠（*Eptesicus serotinus*）的针尾吸血蝠绦虫（*V. acuta*）；E，I. 采自美国小棕蝠（*Myotis lucifugus*）的克里斯滕松吸血蝠绦虫（*V. christensoni* Macy，1931）；F. 采自巴拉圭坦氏犬吻蝠（*Molossops temmincki*）的坦氏吸血蝠绦虫（*V. temmincki* Vaucher，1986）；J. 坦氏吸血蝠绦虫的成节。标尺=1000μm

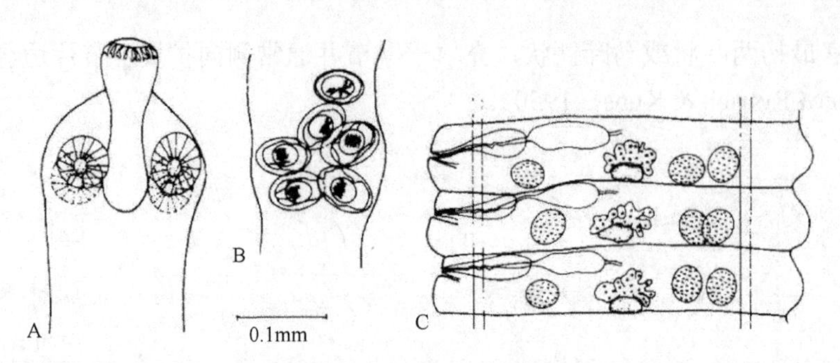

图 18-491　微小吸血蝠绦虫结构示意图（引自 Pinto et al.，1994）

A. 头节；B. 孕节；C. 成节。标尺相同

Vaucher（1992）基于吸血蝠绦虫属的原始描述和 Andreiko 等（1969）的第一次详细的重描述，对该属进行了重新界定，提出一严格的界线。主要特征是精巢的直线排列和弗雷特样型钩的数目。其他重要特征是链体有大量节片；阴茎囊中等大小，阴茎光滑或有小棘。通常膜壳科中链体缩小、特别长的阴茎囊和不同的性腺布局不属于吸血蝠绦虫属。吸血蝠绦虫属的种类表现为全球性分布，并仅寄生于蝙蝠。Vaucher（1992）不认可有些学者将吸血蝠绦虫属当作啮齿类绦虫属（*Rodentolepis* Spasskiĭ，1954）的同物异名，并通过对凭证标本的研究，提供了该属的一些种名。

Pinto 等（1994）研究了保存于实验室的小鼠的寄生蠕虫，描述并图示有微小吸血蝠绦虫［*V. nana*（Siebold，1852）Spasskiĭ，1954］（图 18-491）（=微小膜壳绦虫 *Hymenolepis nana*）。

Makarikova 等（2012）基于采自中国云南鼠耳蝠（*Myotis* sp.）的 1 个单一样品描述了村井吸血蝠绦虫新种（*V. muraiae* Makarikova，Gulyaev，Tiunov & Feng，2012）（图 18-492，图 18-493A）。该绦虫区别于同属的其他种的特征在于吻突钩的形态，其钩刃短于钩卫；发育子宫起始期的管状结构和卵具厚的外壳。

村井吸血蝠绦虫词源：种名以伊娃村井（Éva Murai）博士名字命名，以认可她对蝙蝠绦虫研究的贡献。

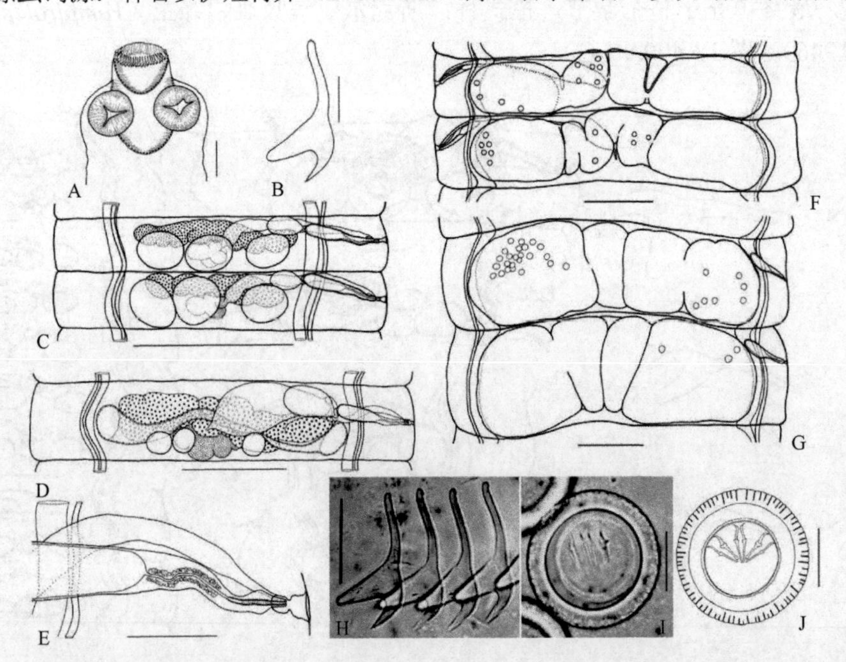

图 18-492　村井吸血蝠绦虫结构示意图（引自 Makarikova et al.，2012）

A. 头节；B. 吻突钩；C. 雄性成节背面观；D. 雌性成节背面观；E. 末端生殖管；F. 前孕节；G. 孕节；H. 吻突钩；I，J. 卵。标尺：A=150μm；B=10μm；C=300μm；D，F，G=200μm；E=50μm；H～J=20μm

采自蝙蝠的 10 种不同吸血蝠绦虫的主要形态测量比较见表 18-16。

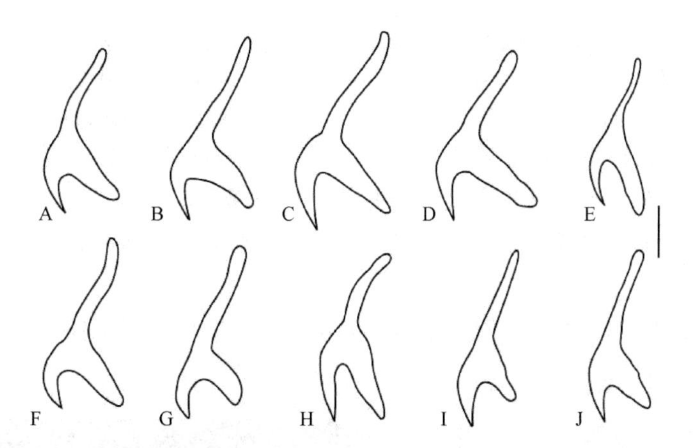

图 18-493 钩数为 34～45 的吸血蝠绦虫吻突钩的形态结构（据 Makarikova et al.，2012 重绘）

A. 村井吸血蝠绦虫；B. 马藏吸血蝠绦虫；C. 坦氏吸血蝠绦虫；D. *V. dasypteri* Vaucher，1986；E. 拉齐奥尼可特吸血蝠绦虫（*V. lazionycteridis* Rausch，1975）；F. 班都尼吸血蝠绦虫（*V. pandonensis* Sawada & Harada，1986）；G. 伸长囊吸血蝠绦虫；H. 多钩吸血蝠绦虫（*V. multihamata* Sawada，1967）；I. 瓦卡吸血蝠绦虫（*V. wakasensis* Sawada，1984）；J. *V. tanegashimensis* Sawada，1984。标尺=10μm

表 18-16 采自蝙蝠的 10 种不同吸血蝠绦虫的主要形态测量比较

形态特征	*V. mazanensis*	*V. temmincki*	*V. dasypteri*	*V. lazionycteridis*	*V. pandonensis*	*V. longisaccata*	*V. muraiae*	*V. wakasensis*	*V. tanegashimensis*	*V. multihamata*
链体长度（mm）	50	58	40	58～100	106	52～98	70	91～96	42～46	20～25
链体宽度（mm）	1.6	1.04	1.5	1.9	1.8	1.8～2.3	1.32	1.6～1.8	1.3～1.5	0.8～1
头节宽度	205～400	251～381	300	168	526	455～560	482	（280～315）×（385～399）	457	376
吻突大小	（60～125）×（88～186）	85×150	105×165	130	180	（322～413）×（217～231）	152～166	（105～112）×（133～140）	249 × 207	112～138
吻突钩数	37～40	28～34	36～37	38～40	41	36～38	41	42	40	40～42
吻突钩长度	33.5～36	34～42	32～36	24～29	35	35	32	35	32	32～35
吸盘大小	（85～110）×（91～115）	（82～124）×（60～117）	（90～95）×（77～83）	70 × 84	（152～166）×（138～152）	（140～168）×（105～126）	（150～173）×（150～175）	112～126	124×110	97 × 97
阴茎囊大小	（140～156）×（29～36）	（104～154）×（25～39）	（156～195）×（39～46）	（107～148）×（40～48）	（203～210）×35	（140～182）×（35～43）	（135～154）×（24～28）	（147～186）×42	（373～415）×（70～111）	—
精巢大小	—	—	—	（100～176）×（68～108）	（84～98）×（105～126）	（70～98）×（67～70）	（82～110）×（61～85）	（112～133）×（119～140）	（207～235）×（235～304）	35～70
卵巢宽度	—	—	—	（240～468）×（64～92）	330～371	210～315	430～448	490～518	553～692	69～83
子宫形态	两叶状	两叶状	囊状	两叶状	—	囊状	囊状	囊状	—	—
卵的大小	（37～42）×（24～38）	（34～40）×（32～38）	（32～36）×（36～42）	（37～48）×（30～37）	（39～42）× 46	（42～46）×（39～42）	47～50（48）	53～56	—	（53～60）× 53
卵外膜	—	3.5～5	4	—	—	—	6～7	—	—	—
厚度，特征	厚，粗糙	厚，粗糙	厚，粗糙	厚	厚，光滑	厚，光滑	厚，粗糙	厚	—	薄
六钩蚴大小	（22～28）×（20～23）	—	（16～23）×（22～26）	—	28～32	32～35	25～27	32	—	21～28
胚钩大小	10～12	—	—	—	11	11	11～13	14	—	14

注：除特别说明外，测量单位为μm

26b. 不同形态的几个到多个吻突钩，弗雷特样型；精巢排为横线状或长三角形，由雌性器官分为两群；寄生于各种哺乳动物（啮齿目、有袋目、翼手目和灵长目）··啮齿类绦虫属（*Rodentolepis* Spasskiĭ，1954）

［同物异名：双棘属（*Diplacanthus* Weinland，1858），先占用］

识别特征：链体有大量节片，并为渐进性成熟。头节有伸缩自如、具棘的吻突。吻突钩数几乎恒定，几乎等长。卵巢 3 叶或多叶。卵黄腺叶状，位于中央。阴茎囊短，不达节片中央。阴茎光滑或有小棘。子宫深分叶，迷宫状，填充于孕节，并侧向扩展过渗透调节管。模式种：禾秆啮齿类绦虫（*Rodentolepis straminea* Goeze，1782）。

Pinto 等（2001）发表的巴西金仓鼠（*Mesocricetus auratus*）蠕虫志里记述了微小啮齿类绦虫（*R. nana*）（图 18-494），并提供了种的照片。

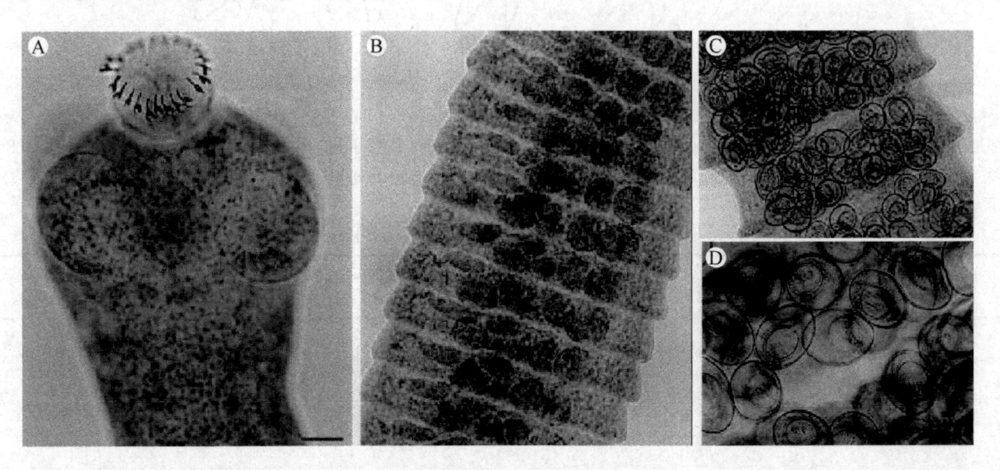

图 18-494　微小啮齿类绦虫（引自 Pinto et al.，2001）

A. 有具钩吻突的头节；B. 成节；C. 孕节；D. “子宫中”的卵。标尺：A，D=0.02mm；B，C=0.07mm。A 的标尺在 B～D 中通用

Greiman 和 Tkach（2012）基于采自马拉维尼卡（Nyika）国家公园小杂色臭鼩（*Suncus varilla minor*）的样品描述了格诺斯克啮齿类绦虫（*R. gnoskei* Greiman & Tkach，2012）（图 18-495）。该种是已知采自非洲鼩鼱的最小的膜壳科的绦虫之一，其形态最接近采自非洲鼩鼱的另两种小型的膜壳科绦虫：罗西葡萄囊绦虫（*Staphylocystis loossi*）和卡丽丽葡萄囊绦虫（*S. khalili*）。新种不同于此两者之处在于其链体更小、节片更少。新种的吻突钩与罗西葡萄囊绦虫相比，数目更多而尺寸更小。新种的吻突钩几乎只有卡丽丽葡萄囊绦虫钩长的 1/3。罗西葡萄囊绦虫和卡丽丽葡萄囊绦虫的钩形与新种的钩形有实质的区别。分子系统分析表明，新种与啮齿动物的兄弟啮齿类绦虫（*R. fraterna*）接近。新种明显不同于兄弟啮齿类绦虫的特征在于链体更短，吻突钩更大，阴茎囊相对更长；节片发育速率，每节卵的数目和在鼩鼱的寄生情况不同。虽然新种符合目前啮齿类绦虫属的识别特征，但其属的分配是临时的，将来很可能需要修订，因为啮齿类绦虫属的模式种禾秆啮齿类绦虫属于一个不同的支撑良好的支系。因此，需要为包括兄弟啮齿类绦虫和格诺斯克啮齿类绦虫的线系建立新属。而这一系统的重排在葡萄囊属的模式种杵葡萄囊绦虫包含于将来的系统分析中时才建议进行。格诺斯克啮齿类绦虫是报道采自马拉维鼩鼱的第 1 个绦虫，也是报道采自小杂色臭鼩和非洲臭鼩属（*Suncus*）的第 1 个绦虫种。

格诺斯克啮齿类绦虫词源：种名以托马斯格诺斯克（Thomas Gnoske）的名字命名。认可他对马拉维小型哺乳动物研究的贡献和他在收集该绦虫样品时给予的大力帮助。

Rushworth 等（2015）用 DNA 分子分析证实了采自曼彻斯特索尔福德市人口居住林地，森林姬鼠（*Apodemus sylvaticus*）种群的禾秆啮齿类绦虫（图 18-496），感染率为 27.8%。先前报道采自西南爱尔兰不列颠诸岛的森林姬鼠该种绦虫的感染率为 24%。该种亦报道于欧洲大陆森林姬鼠。英国大陆城市森林姬鼠种群亦有感染。

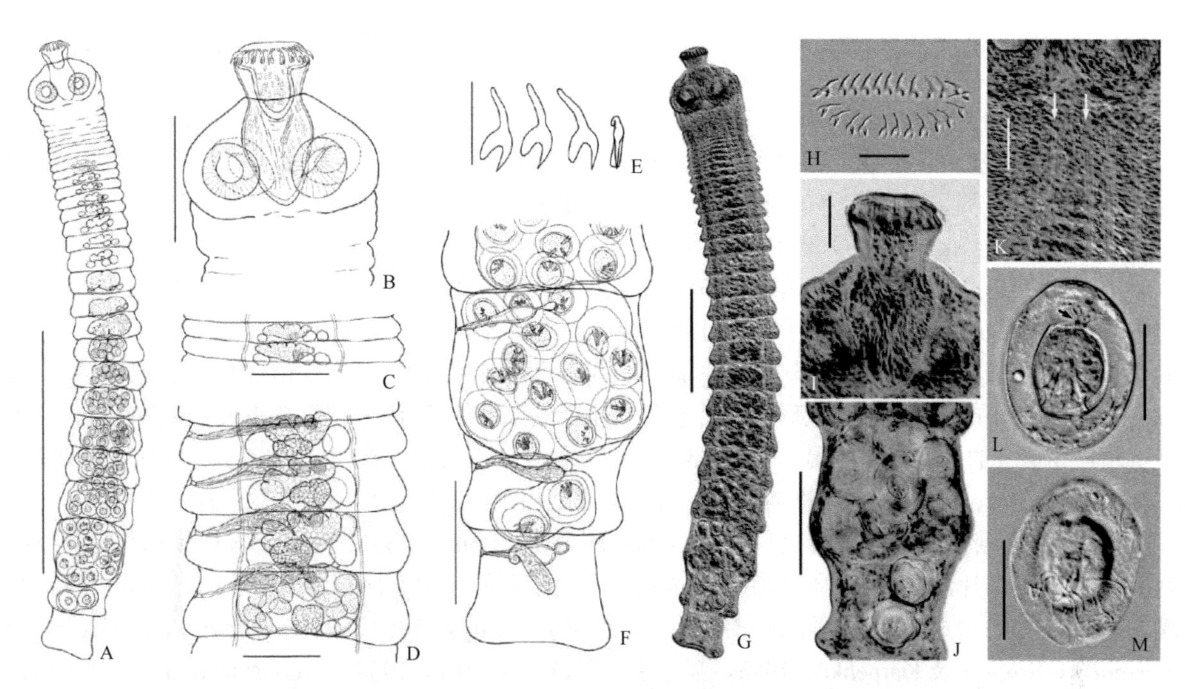

图 18-495　格诺斯克啮齿类绦虫结构示意图及实物照片（引自 Greiman & Tkach，2012）

A，G. 全体观；B. 头节；C. 成熟前节片；D. 成节和前孕节；E. 吻突钩；F. 孕节；H. 副模标本的吻突钩固定于贝累斯（Berlese）培养基中；I. 全模标本的吻突和吻突鞘；J. 副模标本的孕节；K. 副模标本的纵肌束（箭头所指）；L. 水中卵的中央区，示胚钩和极丝（箭头所示）；M. 水中卵胚托表面水平，注意大量极丝。标尺：A=500μm；B，F，J=100μm；C，D=50μm；E=20μm；G=200μm；H，I，K～M=25μm

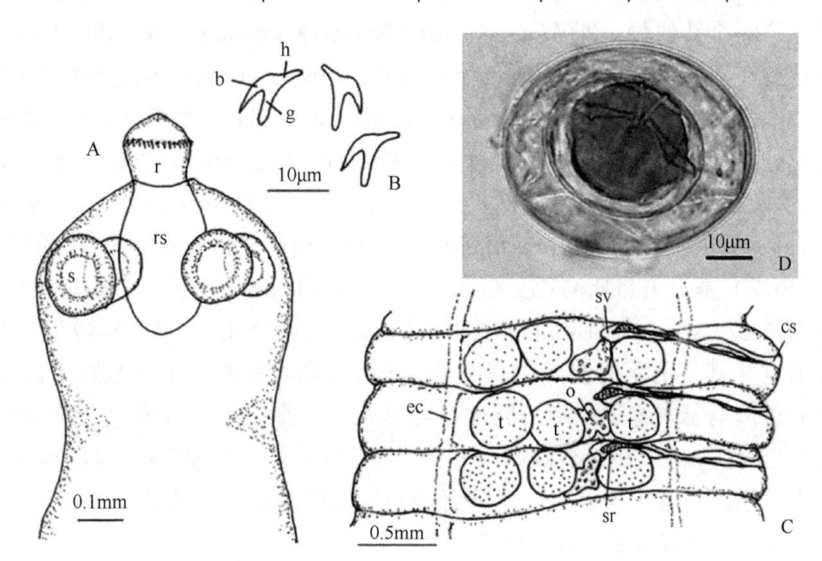

图 18-496　禾秆啮齿类绦虫（引自 Rushworth et al.，2015）

A. 头节；B. 吻突钩；C. 成节；D. 含有六钩胚的卵。缩略词：b. 钩刃；cs. 阴茎囊；ec. 排泄管；g. 钩卫；h. 钩柄；o. 卵巢；r. 吻突（外翻）；rs. 吻突囊；s. 吸盘；sr. 受精囊；sv. 贮精囊；t. 精巢

27a. 链体超解离……………………………………………………………………………………………… 28

27b. 链体典型发育和成熟…………………………………………………………………………………… 29

28a. 头节没有吻突；节片反孔侧边缘有侧向扩展；精巢线状排列；寄生于古北区兔形目（Lagomorpha）动物……………………………………………………………………………………格沃斯德夫属（*Gvosdevilepis* Spasskiĭ，1953）

识别特征：链体超解离。精巢在节片孔侧半排成线状，位于雌性器官孔侧。阴茎囊短，不达节片中线。卵黄腺长形。子宫囊状，横向。模式种：片断格沃斯德夫绦虫［*Gvosdevilepis fragmentata*（Gvozdev，1948）］（图 18-500A、B）。

28b. 头节有无棘吻突；链体不如上述，一般仅有2～4节；精巢排为三角形；已知寄生于食虫目的鼩鼱，分布于古北区…………………………………………………………………………………马瑟夫属（*Marthevolepis* Spasskiĭ，1948）

识别特征：链体一般很短（2～4节），多者可达45节，超解离。头节有无棘、退化的吻突。精巢排成三角形。阴茎囊达节片中线。卵巢不规则分叶。卵黄腺位于卵巢后方，有点叶状。子宫囊状，长形。模式种：彼得琴科马瑟夫绦虫（*Marthevolepis petrotschenkoi* Spasskiĭ，1948）。

马瑟夫属由Spassky（1948）建立用于容纳其采自西伯利亚鼩鼱的*M. petrotschenkoi* Spassky，1948。Spassky（1948）建立的属的特征是很短的链体，仅由两个节片组成，末节在完全妊娠之前自链体释放。无钩头节有一退化的吻突，一囊状子宫。对模式种形态的显著贡献由Gulyaev和Karpenko（1998）完成，他们重新描述了彼得琴科马瑟夫绦虫，并基于在西伯利亚东北部的阿尔泰山收集自普通鼩鼱（*Sorex araneus* Linnaeus）的新材料选择了新模标本。收集自刚死的鼩鼱的活绦虫，使得Gulyaev和Karpenko（1998）能够精确描述该种的形态特征并揭示Spassky（1948）假定的过解离（绦虫未成节脱落）不是属的特征。Gulyaev和Karpenko（1998）也观察到彼得琴科马瑟夫绦虫中卵的发育是完全在孕子宫中进行的，并且仅在节片含有感染性卵时才与链体分离。此外，Gulyaev和Karpenko（1998）注意到彼得琴科马瑟夫绦虫可以有多达4个的节片，节片之间形态明显有差别，各对应于同一发育期的系列节片的一部分，和其他无钩膜壳科的绦虫中一样，相关的属：双睾鳞属（*Ditestolepis* Soltys，1952）、*Cucurbilepis* Sadovskaya，1965和*Ecrinolepis* Spassky & Karpenko，1983，都寄生于鼩鼱（Spassky，1954；Sadovskaya，1965；Spassky & Karpenko，1983；Gulyaev，1991）。Gulyaev和Karpenko（1998）认为彼得琴科马瑟夫绦虫链体的节片数减少至4，代表了寡聚现象。鉴于此原因，他们修订了马瑟夫属的识别特征以包括多于4个节片的种类。他们也将*Cucurbilepis skrjabini* Sadovskaya，1965和*Hymenolepis macyi* Locker & Rausch，1952转移到马瑟夫属并从属中排除了两个其他种，即*Mathevolepis triovaria* Karpenko，1990和*M. morosovi* Karpenko，1994。随后将这两种放在新的短绦虫属（*Brachyolepis* Karpenko & Gulyaev，1999）中。此后，描述了另两个马瑟夫属绦虫：娟兰马瑟夫绦虫（*M. junlanae* Melnikova，Lykova & Gulyaev，2004）采自俄罗斯远东；凯腾奇维马瑟夫绦虫（*M. ketenchievi* Irzhavsky，Gulyaev & Lykova，2005）采自中高加索。Lykova等（2006）重新描述了采自雅库特（Yakutia）的拉尔比马瑟夫绦虫[*M. larbicus*（or *larbi*）Karpenko，1982]，并推测其不是Gulyaev（1991）提出的*Cucurbilepis sorextscherskii* Morozov，1957的同物异名。Binkienė和Kontrimavičius（2012）基于采自斯洛伐克喀尔巴阡（Carpathian）地区高山鼩鼱（*Sorex alpinus*）的样品描述了高山马瑟夫绦虫（*M. alpina* Binkienė & Kontrimavičius，2012）（图18-497）。该种不同于其他同属种在于雄性交配器官尤其是阴茎的差异，高山马瑟夫绦虫阴茎副基部不对称膨大。高山马瑟夫绦虫为欧洲（古北区西部）首例马瑟夫绦虫报道。因此，马瑟夫属目前包括7个种［彼得琴科马瑟夫绦虫、斯克尔亚宾马瑟夫绦虫（*M. skrjabini* Sadovskaya，1965）、梅西马瑟夫绦虫（*M. macyi* Locker & Rausch，1952）、拉尔比马瑟夫属绦虫、娟兰马瑟夫属绦虫、凯腾奇维马瑟夫绦虫和高山马瑟夫绦虫］，全部是鼩鼱特异性的寄生虫。7种马瑟夫绦虫体节数目比较见表18-17。

29a. 孕节短或很短，有少量节片；没有吻突；孕子宫中有少量卵；寄生于鼩鼱属动物，分布于古北区…………………………………………………………………鼩鼱绦虫属（*Soricinia* Spasskiĭ & Spasskaya，1954）（图18-498，图18-499）

识别特征：精巢3个在节片后部，排成三角形。阴茎囊短，不达节片中线。卵巢有些叶状。卵黄腺实体状。子宫囊状。模式种：鼩鼱鼩鼱绦虫（*Soricinia soricis* Baer，1927）［同物异名：微小膜壳绦虫（*H. minuta* Baer，1925）］。

Binkienė等（2015）测定采自保加利亚罗多彼（Rhodope）山脉水鼩鼱（*Neomys fodiens*）的样品，揭示了一个鼩鼱绦虫属的新种：杰诺夫鼩鼱绦虫（*Soricinia genovi* Binkienė，Kornienko & Tkach，2015）（图18-499）；对新种进行了描述，并重描述了球状鼩鼱绦虫［*S. globosa*（Baer，1931）Vaucher，1994］［同物异名：球状膜壳绦虫（*Hymenolepis globosa* Baer，1931）］（图18-498）［已知采自水鼩鼱属（*Neomys*）

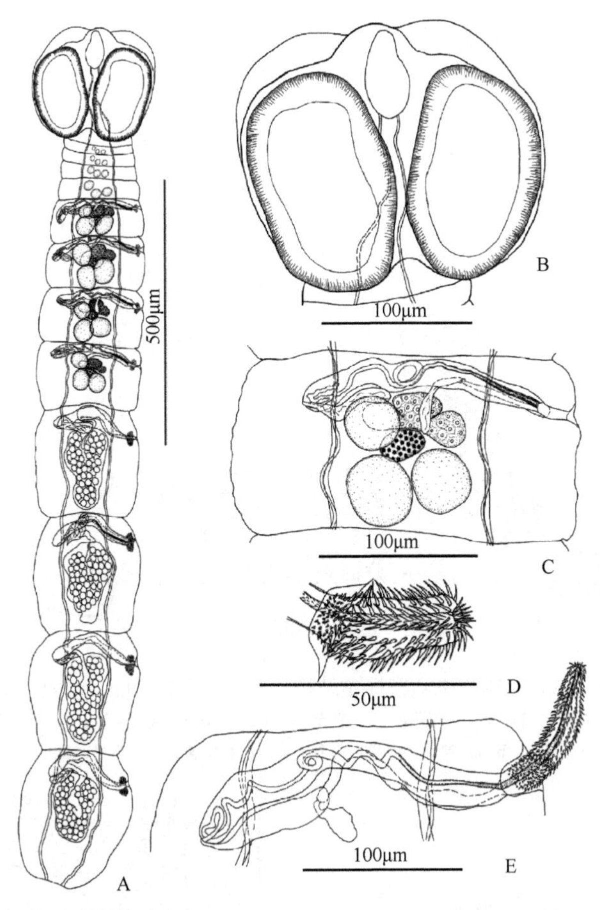

图 18-497 高山马瑟夫绦虫（引自 Binkienė & Kontrimavičius，2012）

A. 成熟样品整体观（全模标本）；B. 头节；C. 成熟的两性节片；D. 阴茎；E. 生殖管

表 18-17 几种马瑟夫绦虫体节数目比较

	彼得琴科马瑟夫绦虫（*M. petrotschenkoi*）	斯克尔亚宾马瑟夫绦虫（*M. skrjabini*）	凯腾奇维马瑟夫绦虫（*M. ketenchievi*）	拉尔比马瑟夫属绦虫（*M. larbi*）	梅西马瑟夫绦虫（*M. macyi*）	娟兰马瑟夫属绦虫（*M. junlanae*）	高山马瑟夫绦虫（*M. alpina*）
节片数	2～4	多达 45	12～15	12～18	12～18	9～12	10～12

另外的一个鼩鼱绦虫种]。新种不同于球状鼩鼱绦虫在于节片的数目、阴茎囊的相对长度、孕节中的卵数、阴道括约肌的缺乏和其他特性。寄生于鼩鼱属（*Sorex*）的鼩鼱绦虫中，新种杰诺夫鼩鼱绦虫与夸尔塔鼩鼱绦虫（*S. quarta*）最相似。它们的区别点在于阴茎囊的长度、更大的精巢和卵巢、卵黄腺的位置和阴茎的棘式。核糖体 28S rDNA 和线粒体 *nad1* 序列比较可明显地将杰诺夫鼩鼱绦虫从夸尔塔鼩鼱绦虫、巴格斯尼卡鼩鼱绦虫（*S. bargusinica*）和孱弱鼩鼱绦虫（*S. infirma*）（图 18-500D）中区别开来。鼩鼱绦虫属种间的序列差异超过了哺乳动物其他膜壳科绦虫的一些报道。系统分析将夸尔塔鼩鼱绦虫和杰诺夫鼩鼱绦虫置于最近的类群，与形态证据相一致。成对序列比较和系统分析也提示孱弱鼩鼱绦虫群可能与其他鼩鼱绦虫属分离成为另一新种。鼩鼱绦虫属 4 种绦虫的主要形态测量比较见表 18-18。

29b. 链体不同于上述；吻突无棘或缺 ······ 30

30a. 链体分区，节片存在相同的成熟状况；通常有无棘吻突；精巢三角形排列，重叠于雌性器官；孕节有厚的子宫壁；几个孕节的子宫可能联合形成共囊（syncapsule）结构；已知寄生于鼩鼱，分布于全北区 ······ 双睾鳞属（*Ditestolepis* Soltys，1952）（图 18-500E～G）

（同物异名：*Cucurbilepis* Sadovskaya，1965；*Ecrinolepis* Spasskiĭ & Karpenko，1983）

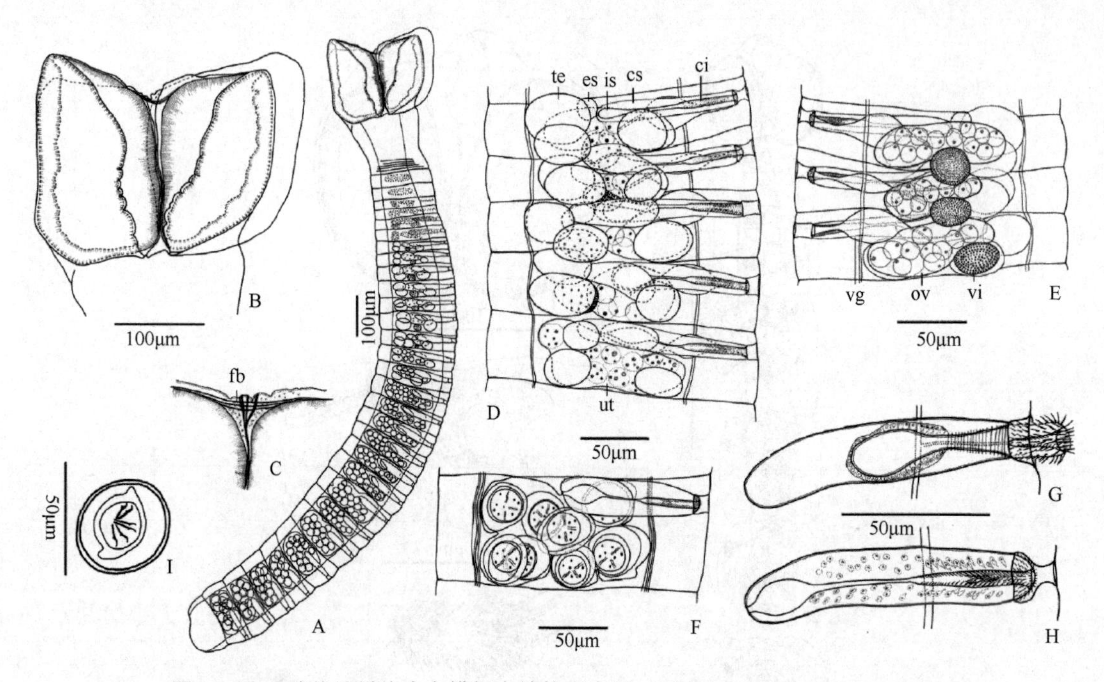

图 18-498　球状鼩鼱绦虫全模标本结构示意图（引自 Binkienė et al.，2015）

A. 整条虫体；B. 头节；C. 吸盘的前方边缘；D. 成节背面观；E. 成节腹面观；F. 孕节；G. 阴道；H. 阴茎囊；I. 卵（Vaucher 的玻片标本）。缩略词：ci. 阴茎；cs. 阴茎囊；es. 外贮精囊；fb. 联结成对吸盘的纤维；is. 内贮精囊；ov. 卵巢；te. 精巢；ut. 子宫；vg. 阴道；vi. 卵黄腺

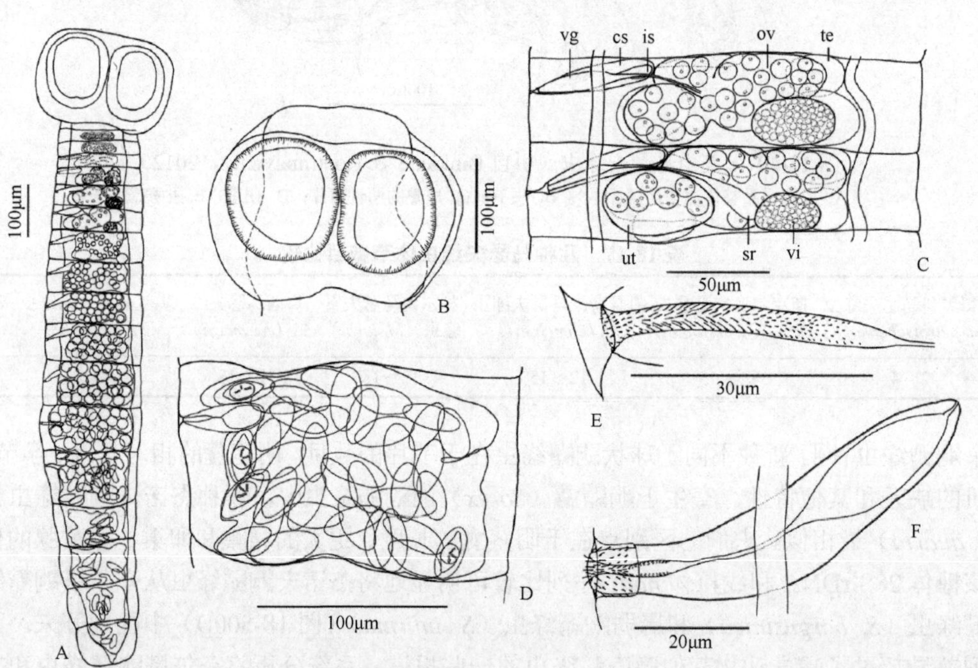

图 18-499　杰诺夫鼩鼱绦虫全模标本结构示意图（引自 Binkienė et al.，2015）

A. 整条虫体；B. 头节；C. 成节腹面观；D. 孕节；E. 阴茎（副模标本）；F. 阴茎囊。缩略词同图 18-498

识别特征：链体有一系列生长的节片。头节通常有无棘、退化的吻突。阴茎囊小到中等大小，可能达节片中线。阴茎有很多小棘。卵巢横向伸长，2 叶或 3 叶。卵黄腺卵形，位于中央。子宫囊状，最初通常为马蹄铁形，孕时有厚壁；最终由几节的子宫汇合形成共囊。模式种：透明双睾鳞绦虫（*Ditestolepis diaphana* Cholodkowsky，1906）（图 18-500F、G）。

30b. 链体节片进行性成熟……………………………………………………………………………………………31

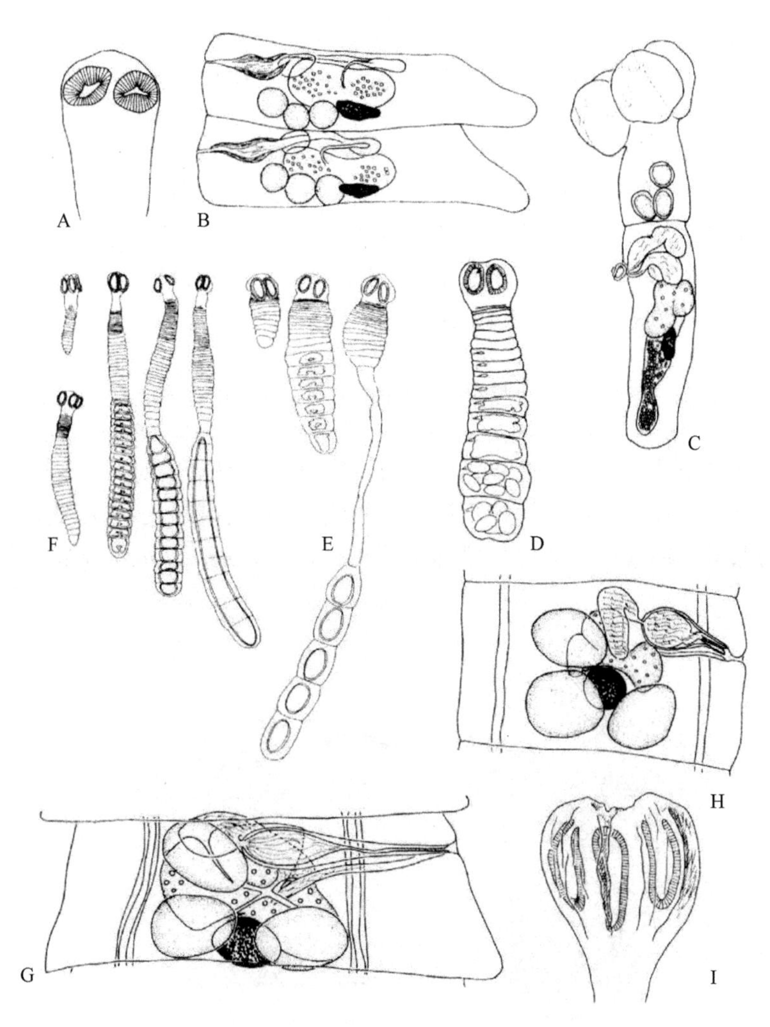

图 18-500 几种绦虫结构示意图（引自 Czaplinski & Vaucher，1994）

A，B. 片断格沃斯德夫绦虫：A. 头节；B. 成节。C. *Marhevolepis petrotschenkoi* Spasskiž 1948 有预孕节样品；D. 孱弱鼩鼱绦虫的有孕节样品。E，F. 双睾鳞属成员子宫在链体中的生长和演化示意图：E. 三分双睾鳞绦虫［*D. tripartite*（Zarnowski，1955）］；F. 透明双睾鳞绦虫整条虫体。G. 透明双睾鳞绦虫成节。H，I. 花头隐杯绦虫：H. 成节；I. 头节

表 18-18 鼩鼱绦虫属（*Soricinia*）4 种绦虫的主要形态测量比较

比较项	鼩鼱鼩鼱绦虫（*S. soricis*）	球状鼩鼱绦虫（*S. infirma*）	球状鼩鼱绦虫（*S. globosa*）（原始数据）	球状鼩鼱绦虫（*S. globosa*）（Binkienė et al.，2015 数据）	杰诺夫鼩鼱绦虫（*S. genovi*）
宿主	高山鼩鼱（*Sorex alpinus*）	普通鼩鼱（Sorex *araneus*），小鼩鼱（*Sorex minutus*）	水鼩鼱（*Neomys fodiens*）	水鼩鼱	水鼩鼱
总长（mm）	0.3	0.3～06	1.3～2	0.88～2	1.4
头节长度	130	105～162	290	260	192～274
节片数目	—	7～15	—	30	19～25
阴茎囊长度	24～30	40～75，达中线	80～100	77～100，达中线	47～60，不达中线
阴茎长度及棘	8 × 6，具棘	具大棘	具大棘	42～44，具同型棘	19～27，具棘
卵数	—	多达 20	—	10～16	40～52

注：除了另标示外，测量单位为 μm

31a. 吸盘深埋入头节组织中，开口于头节的褶或腔中；没有吻突，已知寄生于鼩鼱……………………………………………… 32

31b. 吸盘与上述情况不同，开口于头节表面；吻突无棘，退化；寄生于各种哺乳动物 …………………………………………… 33

32a. 精巢在节片中央三角形区域，重叠于雌性器官；前孕节中子宫迷宫状；吸盘开口于头节的深褶中；已知寄生于新北区北美短尾鼩鼱（*Blarina brevicauda*）………………………………隐杯属（*Cryptocotylepis* Skrjabin & Matevosyan，1948）

识别特征：链体有多个节片，进行性成熟。头节没有吻突。吸盘开口于头节的深褶中。卵巢三叶状。卵黄腺实质状，位于卵巢后部。阴茎囊短，不达节片中线。阴茎有小棘。子宫开始为不规则和马蹄铁形网状，最终填充于节片，有部分子宫壁保存于孕节中。模式种：花头隐杯绦虫（*Cryptocotylepis anthocephalus* van Gundy，1944）（图 18-500H、I，图 18-501A、B）。

32b. 精巢呈线状排列或呈扩展的三角形并由雌性器官分为两群；吸盘成对，开口于头节的两个公共侧腔中；已知寄生于古北区鼩鼱……………………………………………………………………………… 伪槽属（*Pseudobotrialepis* Schaldybin，1957）

识别特征：链体有多个节片，进行性成熟。头节没有吻突。吸盘成对开口于头节的侧褶中。卵巢三叶状。卵黄腺卵形，位于中央。阴茎囊短，不达节片中线。阴茎有棘。子宫囊状，横向，深分叶或迷宫状，在孕节中仍有隔保留。模式种：球样伪槽绦虫［*Pseudobotrialepis globosoides*（Soltys，1954）］（图 18-501C、D）。

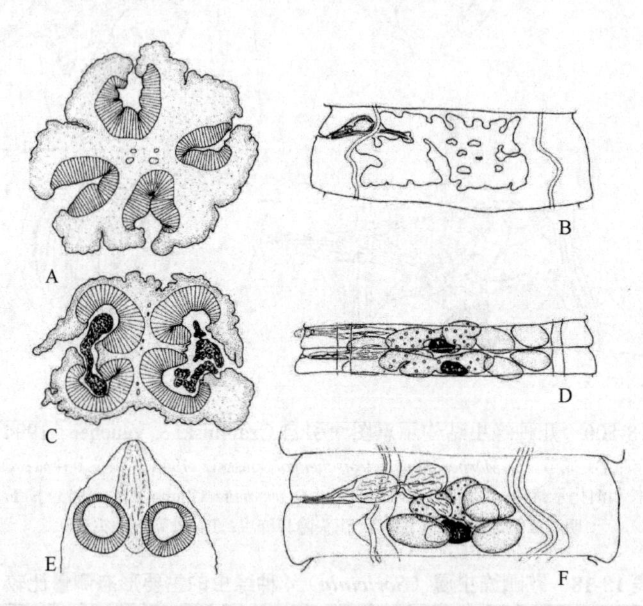

图 18-501　3 种绦虫结构示意图（引自 Czaplinski & Vaucher，1994）

A，B. 花头隐杯绦虫：A. 头节横切面，示 4 个吸盘埋于头节组织中；B. 前孕节，示有两翼状子宫。C，D. 球样伪槽绦虫：C. 示成对的吸盘开口于两侧褶，宿主肠绒毛保持在侧腔中；D. 成节。E，F. 格赖斯米丽娜绦虫：E. 头节；F. 成节

33a. 精巢在节片中央三角形区，重叠于雌性器官；已知寄生于古北区翼手目（Chiroptera）动物……………………………………………………………………………………………………米丽娜属（*Milina* van Beneden，1873）

（同物异名：*Myotolepis* Spasskiĭ，1954）

识别特征：链体有多个节片，进行性成熟。头节有无棘长形吻突。精巢 3 个，不被雌性器官分为两群。卵巢有点叶状。卵黄腺卵形，位于卵巢后方。阴茎囊短，不达节片中线。阴茎光滑。子宫开始为不规则马蹄铁形网状。模式种：格赖斯米丽娜绦虫（*Milina grisea* van Beneden，1873）（图 18-501E、F）。

33b. 精巢排为横向线状或长三角形，由雌性器官分为两群；子宫横向迷宫状；主要寄生于啮齿类动物，全球性分布………………………………………………………………………………膜壳属（*Hymenolepis* Weinland，1858）（图 18-502～图 18-505）

（同物异名：*Lepidotrias* Weinland，1858）

识别特征：链体有多个节片，进行性成熟。头节有无棘吻突。精巢 3 个，被雌性器官分为两群。卵巢 3 叶或多叶。卵黄腺叶状，位于中央。阴茎囊短，不达节片中线。阴茎光滑或有小棘。子宫为一不规

则网状，迷宫式，最终填充节片，孕节中保留有部分子宫壁。模式种：缩小膜壳绦虫［*Hymenolepis diminuta*（Rudolphi，1819）］（图 18-502～图 18-504）。

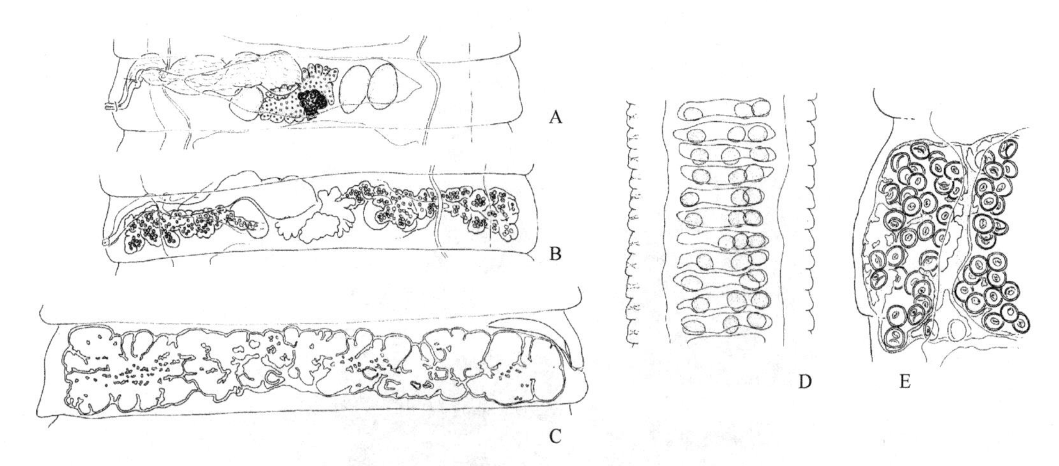

图 18-502 缩小膜壳绦虫结构示意图（引自 Czaplinski & Vaucher，1994）

A. 成节；B. 前孕节；C. 孕节；D. 未成节，示同一链体中精巢位置的变化；E. 完全成熟孕节的一部分，示迷宫样的结构

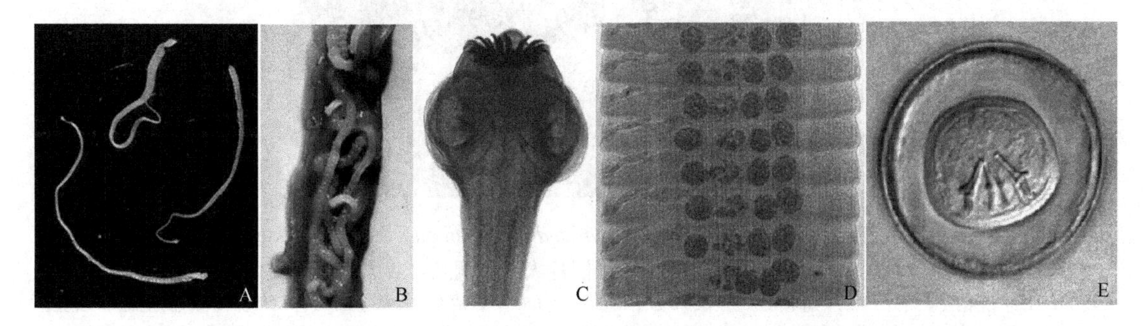

图 18-503 缩小膜壳绦虫整体、寄生状况、头节、成节与六钩蚴实物（引自 https://image.baidu.com/search/）

A. 3 条虫体；B. 寄生状态；C. 头节放大，示吸盘及吻突钩；D. 成节，示生殖器官；E. 六钩蚴放大

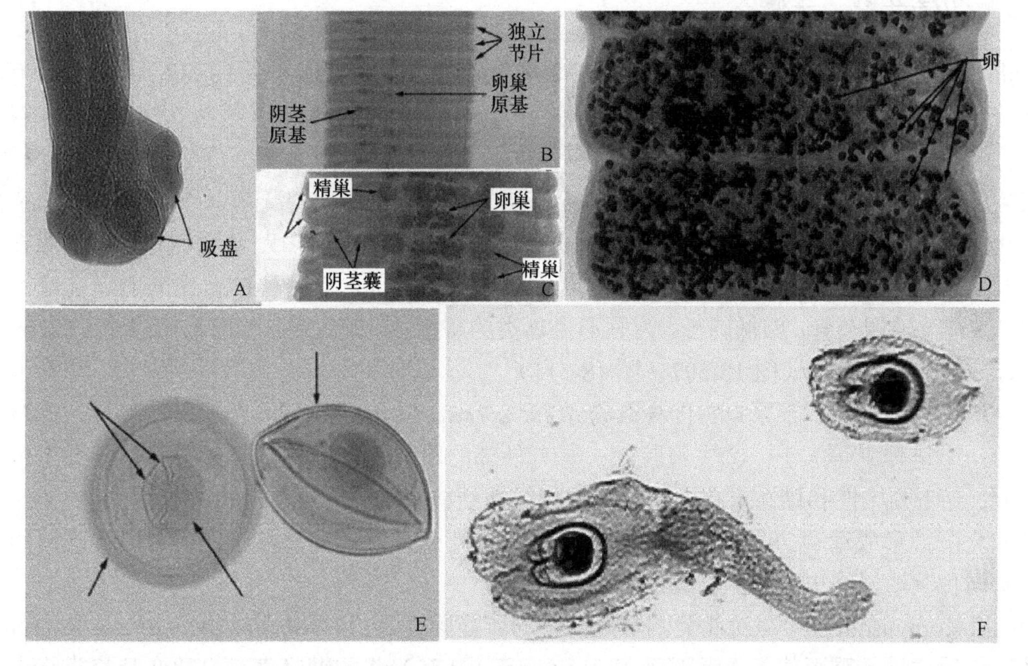

图 18-504 缩小膜壳绦虫节片、虫卵及拟囊尾蚴实物（引自 https://image.baidu.com/search/）

A. 头节；B. 未成节；C. 成节；D. 孕节；E. 虫卵（含六钩蚴）及发育不良塌陷的卵；F. 拟囊尾蚴

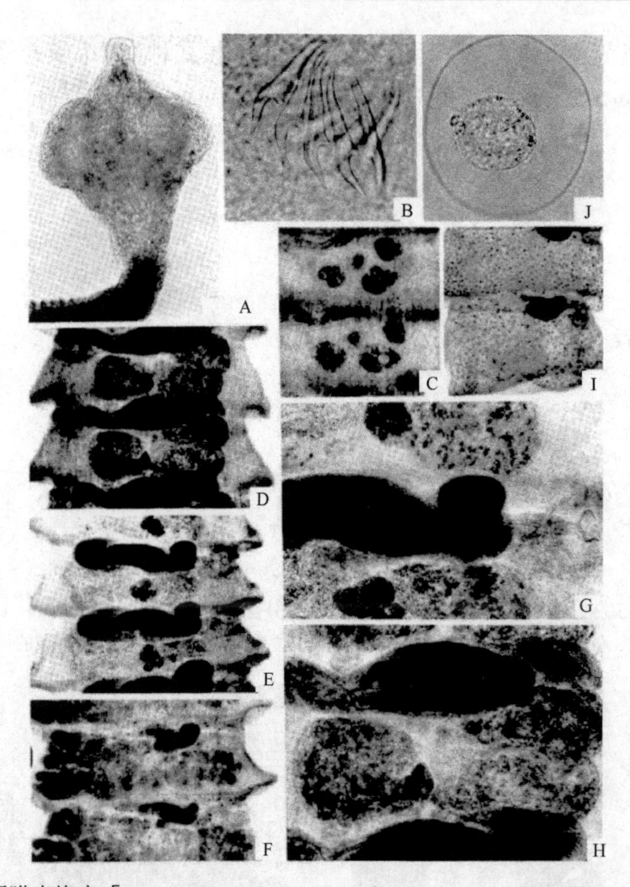

图 18-505　细颈膜壳绦虫［*Hymenolepis*（*Weinlandia*）*tenuicollis* Sawada & Kugi，1975］实物
（引自 Sawada & Kugi，1975，因图片大小的调整，放大倍数有变化）
A. 头节（×80）；B. 吻突钩（×580）；C. 早期未成节（×65）；D. 未成节（×65）；E. 成节（×65）；F. 孕节（×65）；G. 阴茎囊和受精囊（×140）；H. 生殖器官（×120）；I. 衰老的节片（×50）；J. 含有六钩蚴的卵（×750）

18.14.4　后期建立的一些属

Sawada 和 Kugi（1975）在其研究中提供了 2 属 2 种绦虫实物照片（图 18-506），可以参考。

18.14.4.1　盏鳞属（*Calixolepis* Macko & Hanzelová，1997）

识别特征：吻突钩 1 单轮，由 8 个斯克尔亚宾属样型钩构成。吸盘无棘。节片具缘膜。精巢 3 个，不规则叶状。生殖腔有刺针和远端杯样结构（calix，盏）。外贮精囊、内贮精囊和外附属囊存在。卵巢和卵黄腺多叶状，位于中央。受精囊很发达。远端阴道形成交配部，有特化的肌肉和阴道前庭。子宫强分叶到网状，横过渗透调节管。卵椭圆形。为雁形目鸟类的寄生虫。模式种：苏丽盏鳞绦虫（*Calixolepis thuli* Macko & Hanzelová，1997）（图 18-507～图 18-511）。

该种的描述及示意图基于采自古巴林鸳鸯［*Aix sponsa*（Linnaeus）］（雁形目：鸭科）的样本。此绦虫的特征为：①链体中等大小；②生殖腔深；③有外部的附属囊；④单侧的生殖孔，雌性生殖管位于雄性管的前方；⑤下列雄性和雌性末端生殖器官的特征性结构，如生殖腔有刺针和一杯状窝（盏），缺阴茎，阴道厚壁的交配部形成远端的阴道前庭，可能通过阴道乳突开口入生殖腔。采自古巴和美国的绦虫之间的差异表明同种盏鳞属绦虫形态上可能也有差异。

Tkach 和 Kornyushin（1997）对北美鼩鼱属动物的鼩鼱膜壳绦虫（*Hymenolepis blarinae* Rausch & Kuns，1950）的系统地位进行重评估。作者不赞同 Yamaguti（1959）将鼩鼱膜壳绦虫放在啮齿类绦虫属，也不赞成 Schmidt（1986）将啮齿类绦虫属考虑为吸血蝠绦虫属的同义属，并将鼩鼱膜壳绦虫放在吸血蝠绦虫属。鼩鼱膜壳绦虫的形态特征，如吻突钩的形态和数目、链体的大小、生殖器官的形态结构和发育良好的阴茎装饰性结构等都不支持将该种放在膜壳科的任何属中。因此 Tkach 和 Kornyushin 建立了短尾鼩鼱绦虫属（*Blarinolepis*），鼩鼱膜壳绦虫为其模式种并更名为短尾鼩鼱短尾鼩鼱绦虫［*B. blarinae*（Rausch & Kuns，1950）］。Tkach 和 Kornyushin（1997）呈示了短尾鼩鼱绦虫属的识别特征并对其全模标本的形态进行了重新描述。

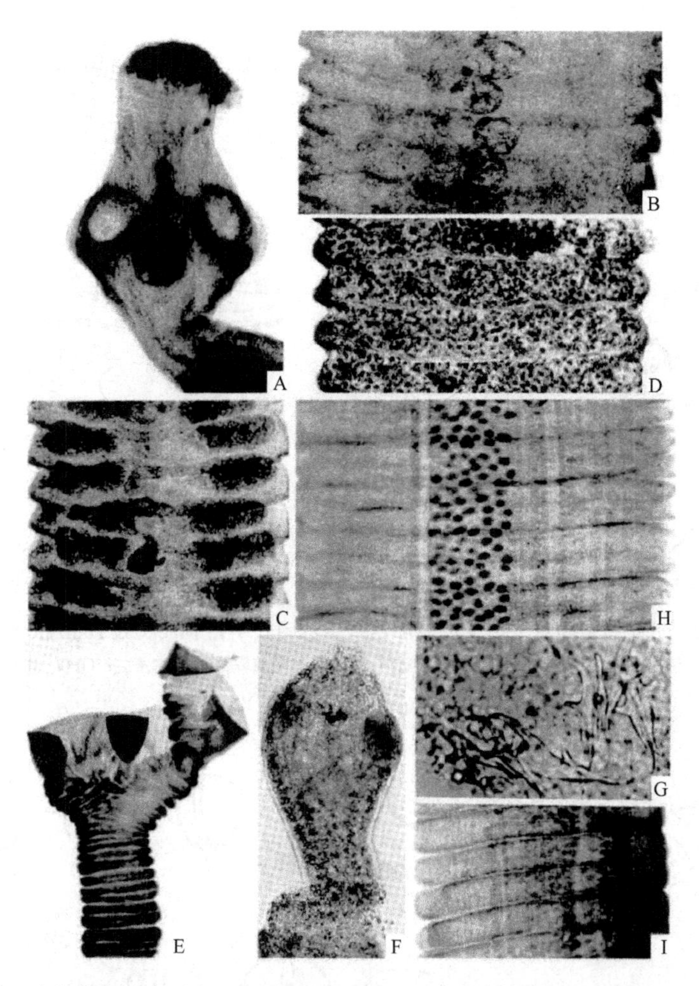

图 18-506　2 属 2 种绦虫实物（引自 Sawada & Kugi，1975，因图片大小的调整，放大倍数有变化）

A～D. *Haploparaxis japonensis*：A. 头节（×140）；B. 成节（×50）；C. 早期孕节（×40）；D. 衰老的节片（×50）。E～I. 片形隧缘绦虫（*Fimbriaria fasciolaris*）：E. 假头节（×13）；F. 头节（×270）；G. 吻突钩（×1000）；H. 未成节（×30）；I. 成节（×18）

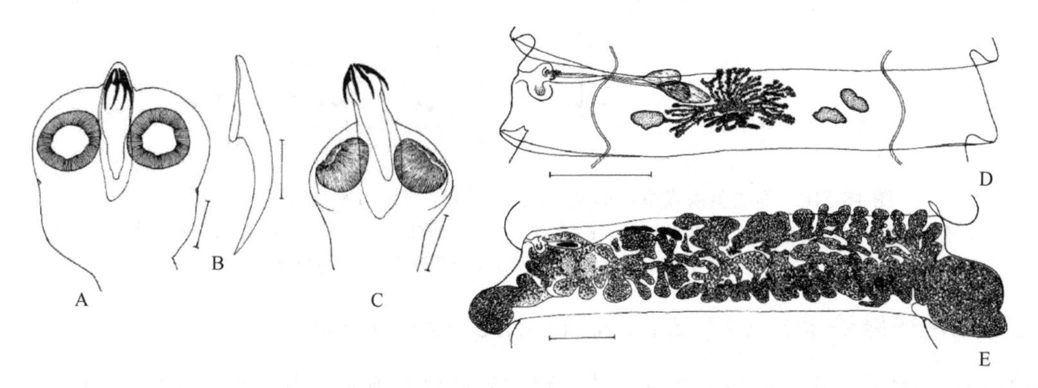

图 18-507　苏丽盏鳞绦虫结构示意图（引自 Macko & Hanzelová，1997）

A. 全模标本的头节；B. 钩；C. 有凸出的吻突的头节（副模标本）；D，E. 全模标本：D. 雌雄同体节片；E. 前孕节没有发育完全的卵。标尺：A，C=100μm；B=20μm；D，E=1mm

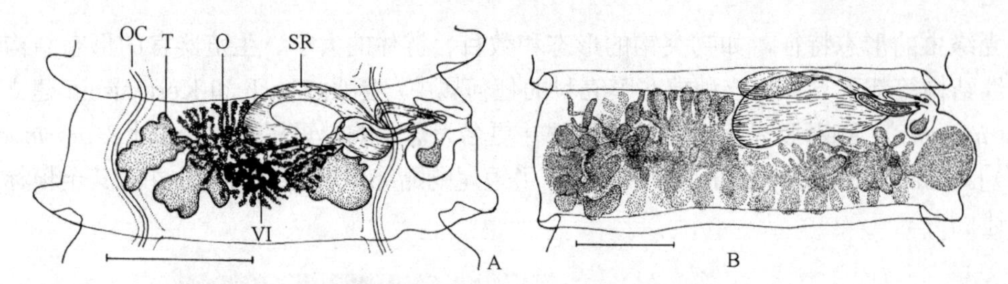

图 18-508　采自佛罗里达的“窄形”苏丽盏鳞绦虫结构示意图（引自 Macko & Hanzelová，1997）

A. 两性节片；B. 成熟后节片有发育中的子宫但内无卵。缩略词：O. 卵巢；OC. 渗透调节管；SR. 受精囊；T. 精巢；VI. 卵黄腺。标尺=500μm

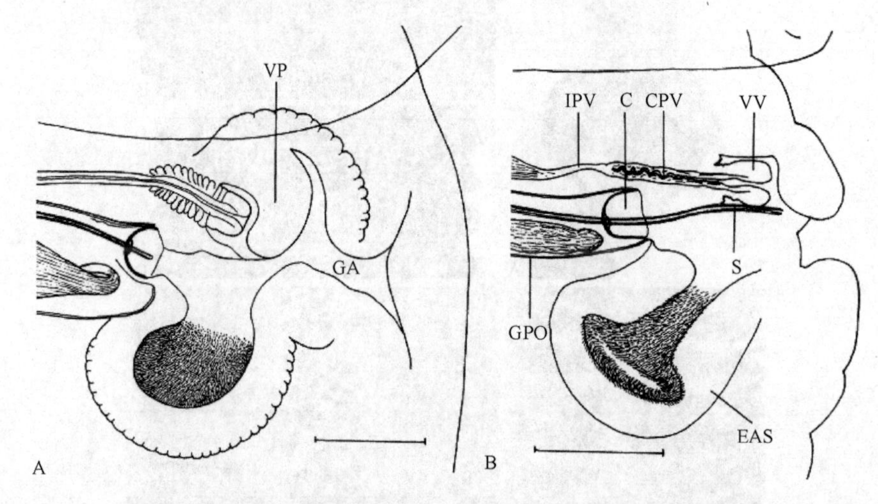

图 18-509　苏丽盏鳞绦虫生殖管远端部结构示意图（引自 Macko & Hanzelová，1997）

A. 全模标本；B. “窄形”标本。缩略词：C. 盏；CPV. 阴道的交配部；EAS. 外附属囊；GA. 生殖腔；GPO. 生殖囊；IPV. 阴道中间部；S. 刺针；VP. 阴道乳突；VV. 阴道前庭。标尺=100μm

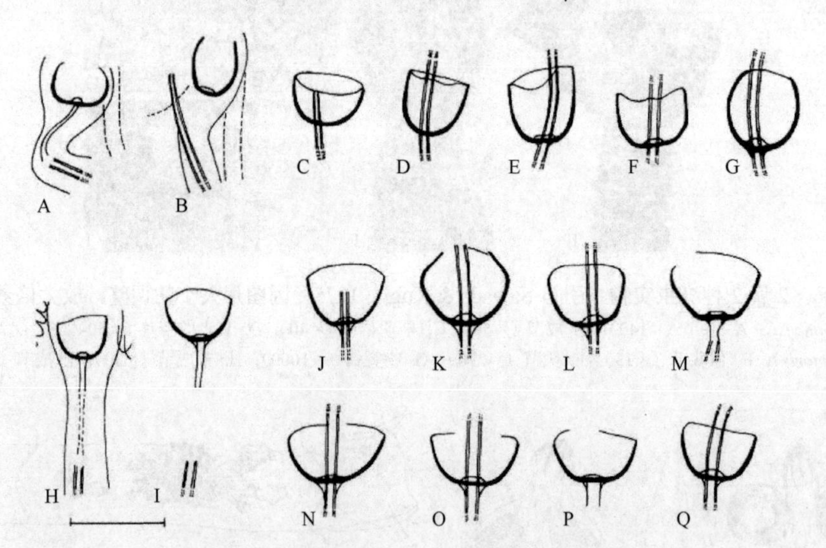

图 18-510　苏丽盏鳞绦虫盏的变异类型（引自 Macko & Hanzelová，1997）

A～G. 窄形；H，I. 全模标本；A，B，H，I. 前成节中未完全发育的盏；C，J. 较老的前成节中的盏；D，K～M. 雄性节片中的盏；E，N～P. 两性节片中的盏；F，G，Q. 孕节中的盏。标尺=50μm

18.14.4.2　短尾鼩鼱绦虫属（*Blarinolepis* Tkach & Kornyushin，1997）

识别特征：链体长，有大量节片并进行性成熟。头节宽于颈区。吻突伸缩自如；其前方表面可以内陷。吻突有单轮钩冠，10 个或更多（可能达到 14 个），由有巨大柄部的钩组成。生殖腔位于单侧，在节片侧方边缘中央。精巢 3 个，1 个在孔侧，2 个在反孔侧，在节片中央区排列为三角形。外贮精囊和内贮精囊存在。阴茎囊长形。阴茎具大量棘。卵巢在节片中央，3 叶，部分覆盖所有的 3 个精巢，但不将精巢分为两群。卵黄腺位于中央，卵巢后方，实质状。孕子宫囊状，两叶，有大量卵，占据节片中央区域。寄生于新北区短尾鼩鼱属的动物。模式种：短尾鼩鼱短尾鼩鼱绦虫［*Blarinolepis blarinae*（Rausch & Kuns，1950）］组合种{同物异名：短尾鼩鼱膜壳绦虫（*Hymenolepis blarinae* Rausch & Kuns，1950）；短尾鼩鼱啮齿类绦虫［*Rodentolepis blarinae*（Rausch & Kuns，1950）Yamaguti，1959］；短尾鼩鼱吸血幅绦虫［*Vampirolepis blarinae*（Rausch & Kuns，1950）Schmidt，1986］}（图 18-512）。寄生于北美短尾鼩鼱（*Blarina brevicauda*）。

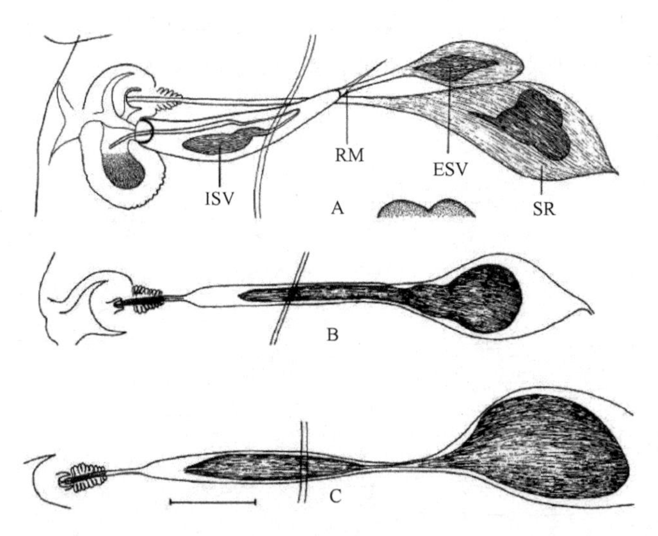

图 18-511　苏丽盏鳞绦虫全模标本的阴道形态（引自 Macko & Hanzelová，1997）

A. 最常见的类型；B，C. 不常见的类型。缩略词：ESV. 外贮精囊；ISV. 内贮精囊；RM. 牵引肌；SR. 受精囊。标尺=100μm

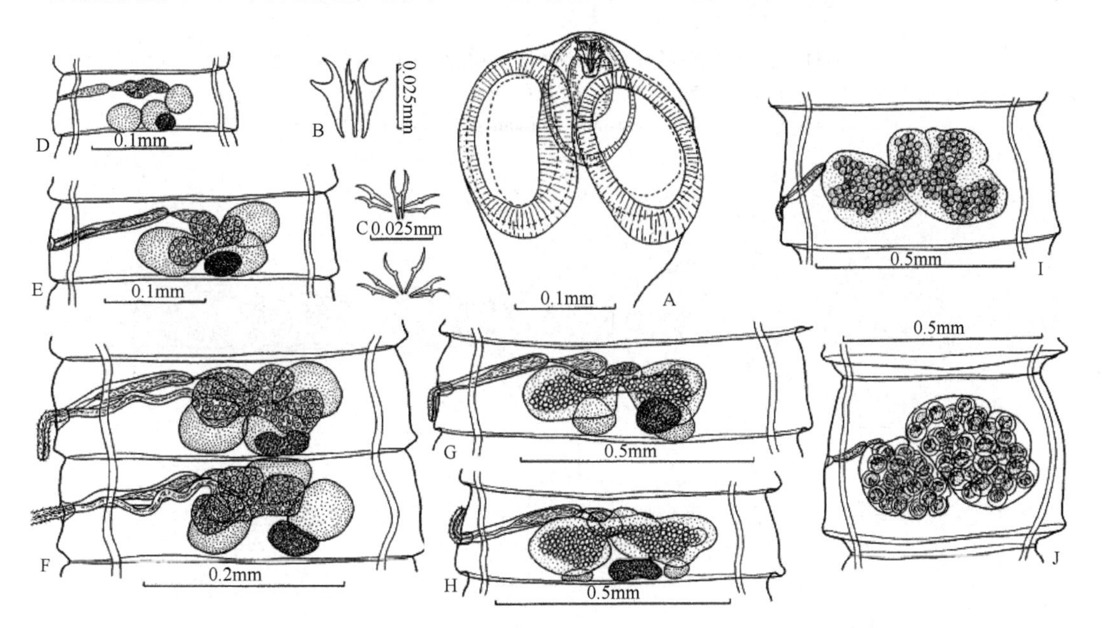

图 18-512　短尾鼩鼱短尾鼩鼱绦虫组合种全模标本结构示意图（引自 Macko & Hanzelová，1997）

A. 头节；B. 吻突钩；C. 胚钩；D. 幼节；E. 成熟前节片；F. 成节；G，H. 成熟后节片；I. 前孕节片；J. 孕节

几乎所有发现于水鼩鼱属（*Neomys* Kaup）的成体绦虫都属于膜壳科（Hymenolepididae Ariola，1899）的绦虫。已报道的水鼩鼱属寄生的非膜壳绦虫仅一种，即埃丝塔瓦软体带绦虫［*Molluscotaenia estavarensis*（Euzet & Jourdane，1968）］。先前报道的水鼩鼱属膜壳绦虫区系与其他鼩鼱科动物如鼩鼱属（*Sorex* Linnaeus）、麝駒属（*Crocidura* Wagler）、臭鼩属（*Suncus* Ehrenberg）、北美短尾鼩鼱属（*Blarina* Gray）

和花斑鼩属（*Diplomesodon* Brandt）的绦虫一样都具有高水平的宿主特异性（Vaucher，1982；Mas-Coma et al.，1984；Tkach & Velikanov，1991；Velikanov & Tkach，1993）。而有一些鼩鼱属可能至少共有一些属的膜壳绦虫，如葡萄囊属（*Staphylocystis* Villot，1877）、希尔米属（*Hilmylepis* Skrjabin & Matevosyan，1942）、伪膜壳属（*Pseudhymenolepis* Joyeux & Baer，1935），所有水鼩鼱属的膜壳绦虫都具有宿主特异性。目前水鼩鼱属的膜壳绦虫有效种为 17 种，主要属于两个属：冠棘属（*Coronacanthus* Spassky，1954）和三齿鳞属（*Triodontolepis* Yamaguti，1959）。

Vasileva 等（2005）描述了两种膜壳科绦虫种：大钩冠棘绦虫（*Coronacanthus magnihamatus* Vasileva，Tkach & Genov，2005）（图 18-513）和博扬三齿鳞绦虫（*Triodontolepis boyanensis* Vasileva，Tkach & Genov，2005）（图 18-514）。样品采自保加利亚欧洲水鼩鼱（*Neomys fodiens*）。大钩冠棘绦虫最重要的分

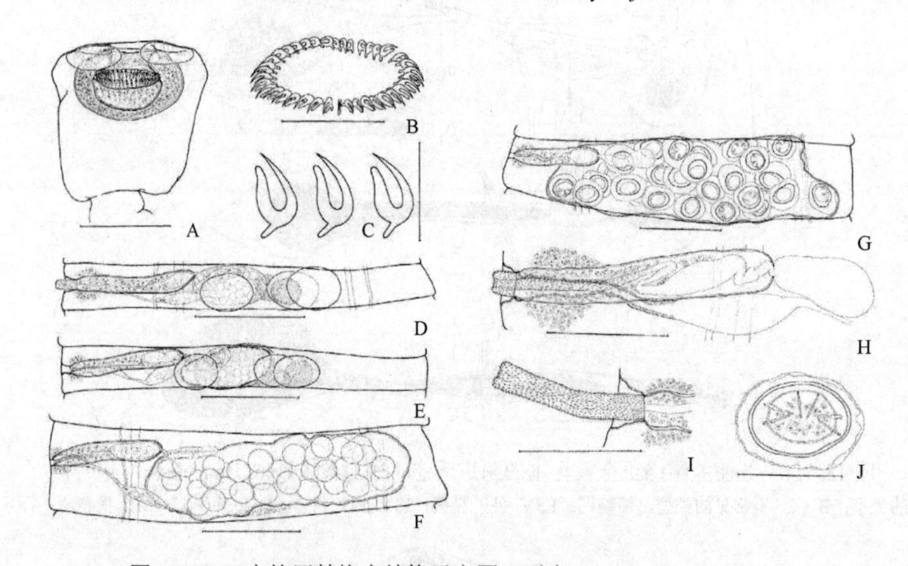

图 18-513 大钩冠棘绦虫结构示意图（引自 Vasileva et al.，2005）

A. 头节；B. 整轮吻突钩；C. 吻突钩放大；D. 成熟的两性节片；E. 有幼稚子宫的节片；F. 前孕节；G. 孕节；H. 生殖管远端部；I. 翻出的阴茎；J. 卵。标尺：A，D～G=200μm；B=100μm；C，J=30μm；H，I=50μm

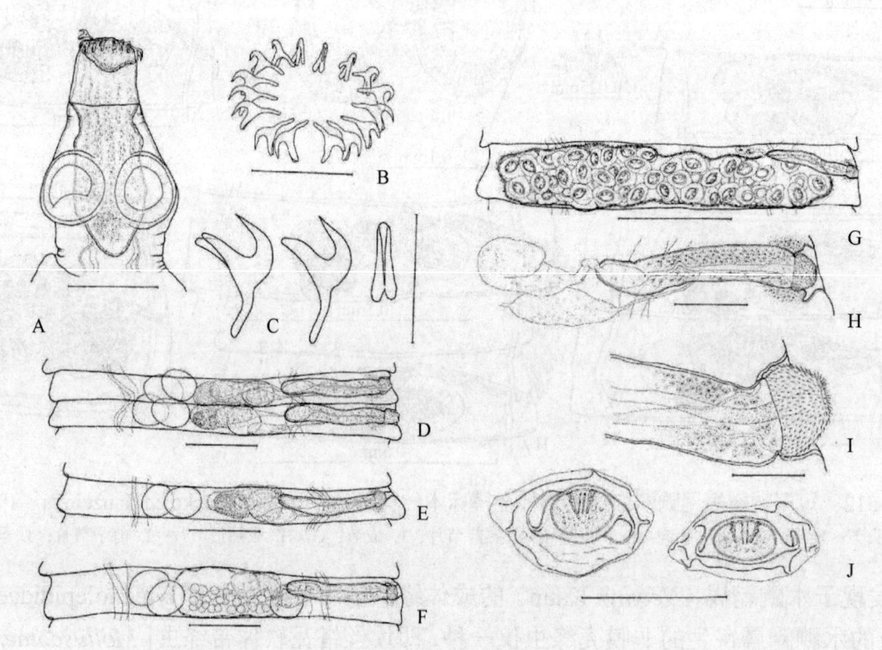

图 18-514 博扬三齿鳞绦虫结构示意图（引自 Vasileva et al.，2005）

A. 头节；B. 整轮吻突钩；C. 吻突钩；D. 成熟的两性节片；E. 有幼稚子宫的节片；F. 子宫发育的节片；G. 孕节；H. 生殖管远端部；I. 翻出的阴茎；J. 卵。标尺：A，G=200μm；B，D～F=100μm；C，H，J=50μm；I=20μm

化特征是吻突钩的长度（26～28μm，平均 27μm）及在孕节中不形成囊的厚壁子宫。博扬三齿鳞绦虫不同于同属其他种的特征是：吻突钩的数目（16 个）和大小（47～48μm，平均 48μm），不成囊的孕子宫，含有相对大量的卵（35～70 个，平均 49 个）及胚托具有极丝，并讨论了寄生于水鼩鼱的膜壳科绦虫的子宫发育类型。

Haukisalmi 等（2010）从 28S rRNA 的一些序列推导了啮齿类（18 种）、鼩鼱属动物（13 种）和蝙蝠（1 种）膜壳科绦虫的系统关系，并特别参照了啮齿类绦虫属（图 18-515～图 18-517）。主要的发现是：存在膜壳科绦虫 4 个多种支系表示了显著的形态变异和不相关宿主间时常发生的殖民。啮齿类和鼩鼱属动物的膜壳绦虫都不是单系，啮齿类绦虫属也明显不是单系。虽然吻突钩的形态是种和属水平的一明显的识别特征，而在较高的系统水平上，它似乎是一个相当差的膜壳科绦虫系统发育亲和力指标。现支系有几型吻突类型（有钩吻突型、退化无钩吻突型和不存在吻突型）也与膜壳绦虫亚科和簇的分类相冲突。总体的证据表明，近期将膜壳科绦虫分为多个属的趋向可以产生稳定而实用的分类，比更早期应用的少量的形态差异属的分类更切合实际，当然新的膜壳绦虫的分类需要综合考虑形态、生理生化、分子和生活史的证据。

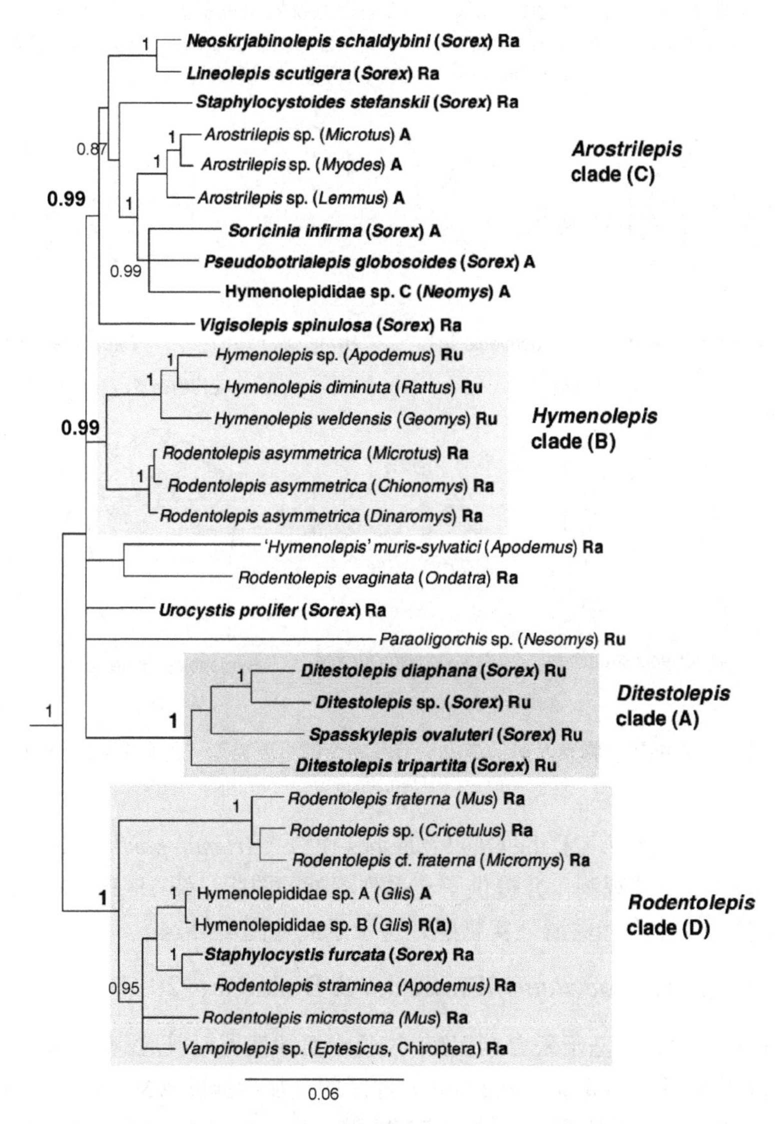

图 18-515 啮齿类、鼩鼱属动物和蝙蝠膜壳科绦虫间的系统关系贝叶斯推导树（引自 Haukisalmi et al.，2010）

鼩鼱属动物绦虫为黑体。A～D 指示绦虫的 4 个多种支系。宿主属在绦虫名后的括号中。后部的支持（当>80%）描述于结节处。宿主属后的黑体字母表示 4 个主要的吻突类型：Ra. 有钩吻突；R（a）.钩退化吻突；Ru. 无钩吻突；A.无吻突

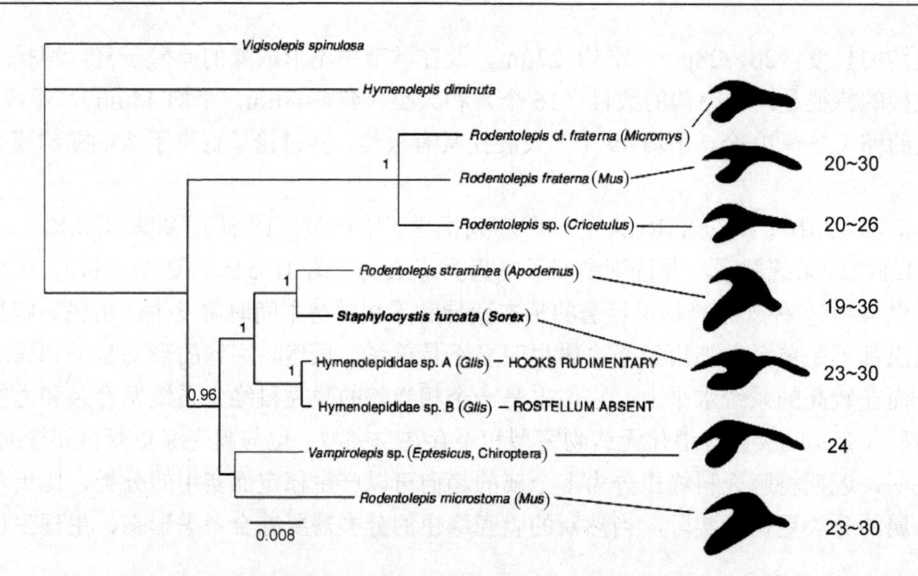

图 18-516 膜壳绦虫“啮齿动物支系”系统发生关系贝叶斯推导树

典型的吻突钩型和数目（已知）表示各有钩的种类有正常（功能性）钩，兄弟啮齿类绦虫（*Rodentolepis fraterna*）的钩引自 Baer 和 Tenora（1970）；其余为 Haukisalmi 等（2010）所绘，标注同前图

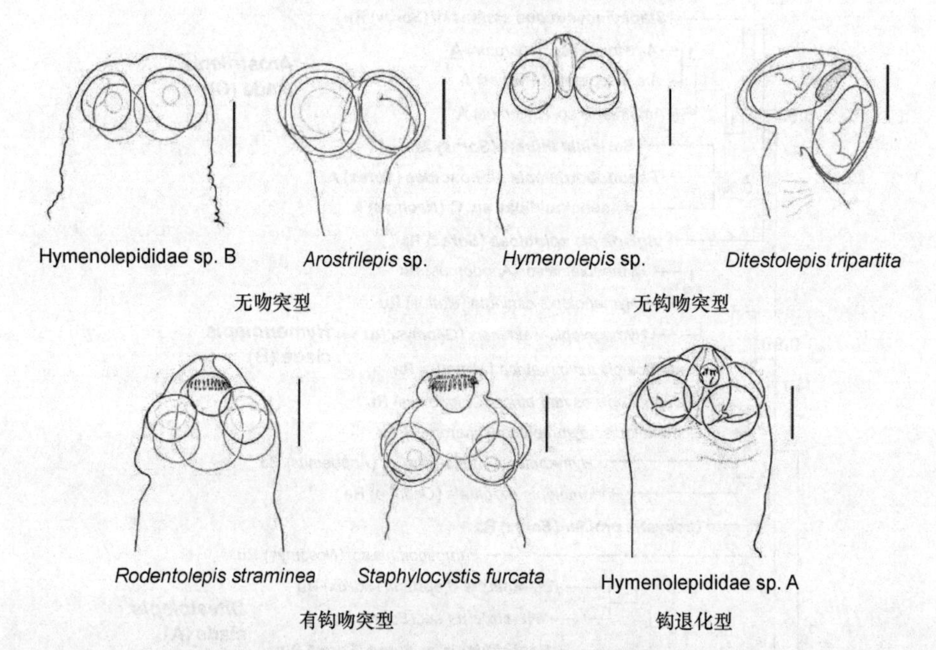

图 18-517 啮齿类、鼩鼱属动物膜壳科的绦虫头节和吻突的主要类型（引自 Haukisalmi et al.，2010）

标尺=0.20mm

Georgiev 等（2005）对采自西班牙 the Odiel Marshes 卤虫（*Artemia parthenogenetica*）（甲壳动物：鳃足类）的绦虫拟囊尾蚴进行系统观测，并提供了一系列清晰的图版（图 18-518～图 18-523）。

Mohr（2001）学位论文中有相关清晰实物照片选录于此（图 18-524）。

18.14.4.3 古尔耶夫属（*Gulyaevilepis* Kornienko & Binkienè，2014）

Kornienko 和 Binkienè（2014）基于采自立陶宛、拉脱维亚和俄罗斯普通鼩鼱（*Sorex araneus* Linnaeus），以及采自俄罗斯高加索山脉的纳尔奇克（Nal'chik）地区的高加索鼩鼱（*Sorex satunini* Ognev）和侏儒鼩鼱（*Sorex volnuchini* Ognev）的样品重新描述了三部鼩鼱绦虫（*Soricinia tripartita* Żarnowski，1955）。与寄生于鼩鼱的其他头节无钩、链体节片系列发育的膜壳科的绦虫，即马瑟夫属（*Mathevolepis* Spassky，1948）、双睾鳞属（*Ditestolepis* Soltys，1952）、斯帕斯库属（*Spasskylepis* Schaldybin，1964）、*Ecrinolepis*

Spassky & Karpenko，1983 和双睾属（*Diorchilepis* Lykova，Gulyaev，Melnikova & Karpenko，2006）进行了形态比较，结果注意到三部鼩鼱绦虫与这些属都不相符，其独特的特征是：异律的系列节片有 1 个或 2 个不孕的节片位于各节链体系列的末端，并且阴道的整个交配部分覆盖有大量小棘。因此建立了新古尔耶夫属（*Gulyaevilepis*），以组合种的三部古尔耶夫绦虫［*Gulyaevilepis tripartita*（Żarnowski，1955）］

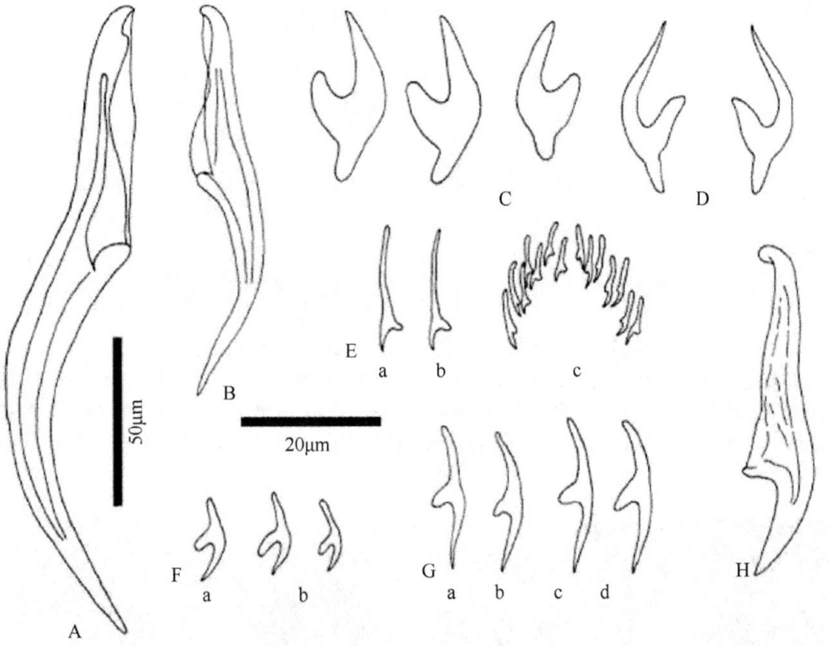

图 18-518 拟囊尾蚴的吻突钩和吸盘小钩示意图（引自 Vasileva et al.，2005）

A. 舌状红鹳绦虫（*Flamingolepis liguloides*）；B. 红鹳红鹳绦虫（*F. flamingo*）；C. 鹏鹛汇合绦虫；D. *Wardium stellorae*；E. *Eurycestus avoceti*（a. 前方的钩；b. 后方的钩；c. 吸盘小钩）；F. 异带属绦虫未定种（*Anomotaenia* sp.），类似于小阴茎异带绦虫（*A. microphallos*）（a. 前方的钩；b. 后方的钩）；G. 林鹬异带绦虫（*A. tringae*）［a，b. 采自一卤虫拟囊尾蚴的吻突钩；c，d. 采自斯里兰卡林鹬（*Tringa glareola*）一共模样品的吻突钩］；H. *Gynandrotaenia stammeri*

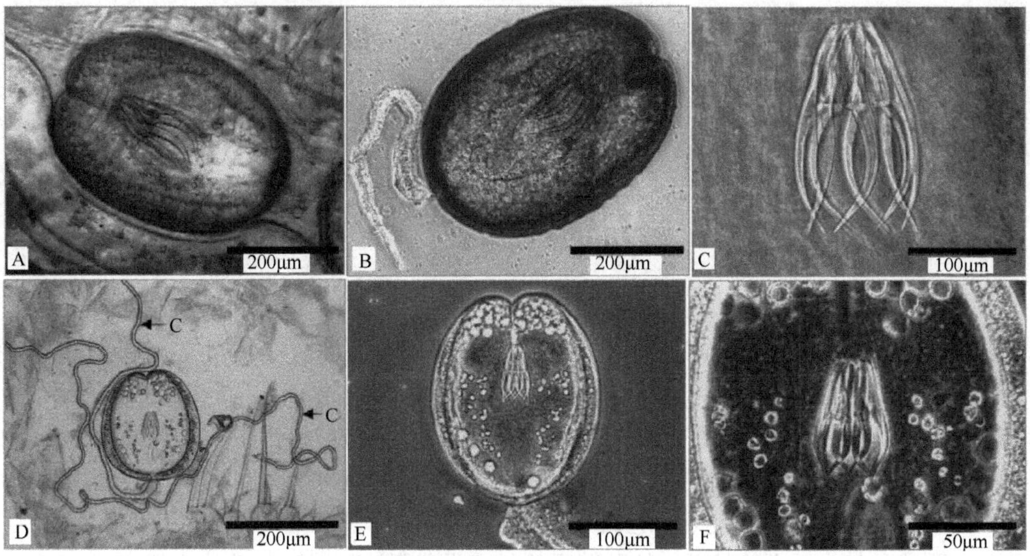

图 18-519 红鹳绦虫（*Flamingolepis* spp.）拟囊尾蚴实物（引自 Vasileva et al.，2005）

A～C. 舌状红鹳绦虫：A. 原位拟囊尾蚴；B. 分离的拟囊尾蚴全视图（相差）；C. 吻突钩。D～F. 红鹳红鹳绦虫：D. 分离的拟囊尾蚴全视图；E. 囊体（相差）；F. 吻突钩（相差）。缩略词：C. 尾

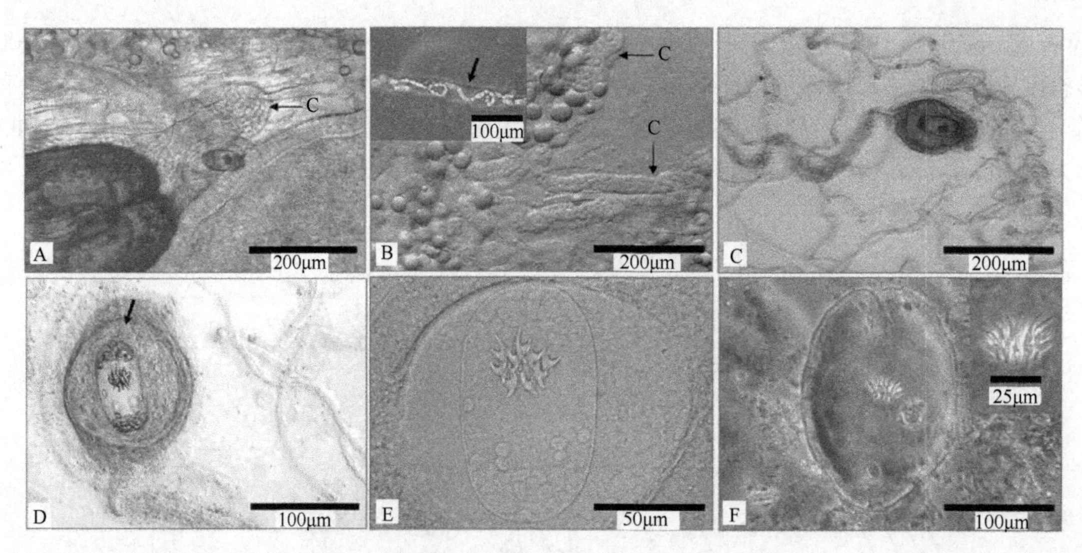

图 18-520　拟囊尾蚴实物（引自 Vasileva et al.，2005）

A～E. 鹡鸰汇合绦虫：A. 拟囊尾蚴原位，与舌状红鹳绦虫的拟囊尾蚴比较大小；B. 在宿主体腔中高度卷曲和致密压缩的尾（C），插图为尾的部分（相差），注意薄的膜状包被（箭头）；C. 分离的拟囊尾蚴；D. 在低渗情况下分离的拟囊尾蚴，注意外囊（箭头）的前方孔；E. 拟囊尾蚴，固定于贝尔莱赛介质（Berleseís medium）中。F. *Wardium stellorae* 拟囊尾蚴全视图，固定于贝尔莱赛介质中（相差），插图为吻突钩（相差）。缩略词：C. 尾

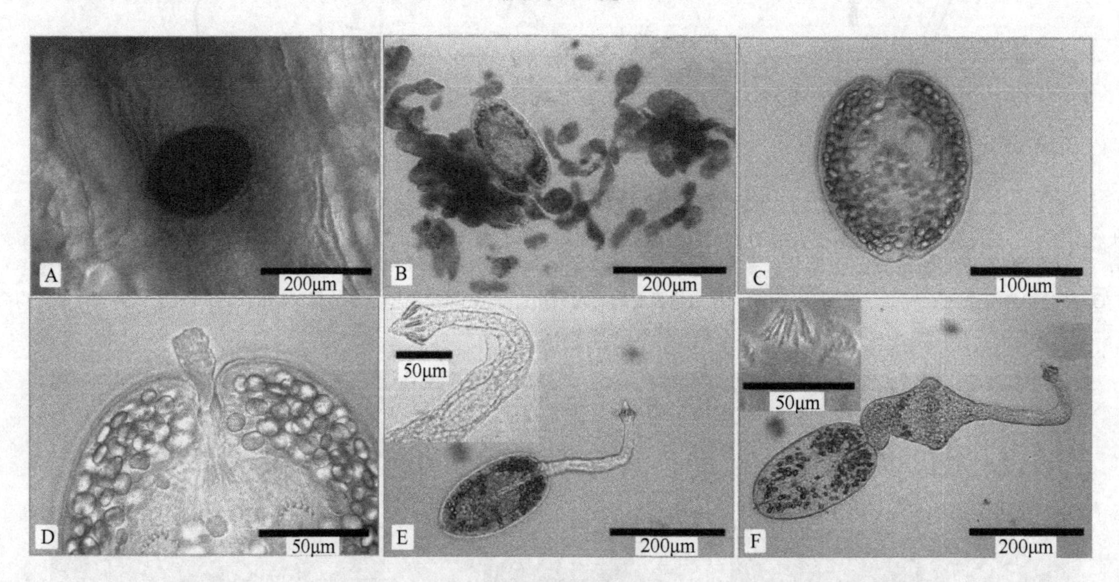

图 18-521　*Eurycestus avoceti* 的拟囊尾蚴实物（引自 Vasileva et al.，2005）

A. 原位拟囊尾蚴；B. 分离的拟囊尾蚴及外囊破裂形成的尾样片段；C. 分离的囊体；D. 分离的囊体前端，注意突出的吻和吸盘小钩；E. 分离的拟囊尾蚴具有完全突出的吻，插图为吻突；F. 低渗状况下的拟囊尾蚴，插图为吻突钩（相差）

作为其模式和仅有的种。由于三部鹬鷸绦虫的模式材料已不存在，指定了采自模式宿主采集地的同类宿主的 1 个样品为新模标本。

识别特征：链体小，节片无缘膜，除孕节长大于宽外，其余节片宽大于长。头节圆形，没有吻突囊和喙；退化的腺体囊样吻突。吸盘伸长，杯状，头节的背侧和腹侧有沟槽状凹陷。链体化系列；各列末端有 1 个或 2 个不孕节片。异律节化。渗透调节管没有横向联合。3 个精巢排为三角形，2 个位于反孔侧，1 个位于孔侧。阴茎具棘。无内贮精囊。外贮精囊伸长。阴茎囊达到或略与节片中线交叉。阴道具棘，与受精囊无明显分化。卵巢豆形，实体状或略为两叶状。卵黄腺实质状，位于节片中央。子宫位于中央，最初的马蹄形子宫发育转变为囊状（是通过壁的矫直、减少子宫后壁的隐窝而成）。孕节发育良好的皮层形成卵托。已知为欧洲鹬鷸的寄生虫。模式和仅有的种：三部古尔耶夫绦虫［*Gulyaevilepis tripartite*

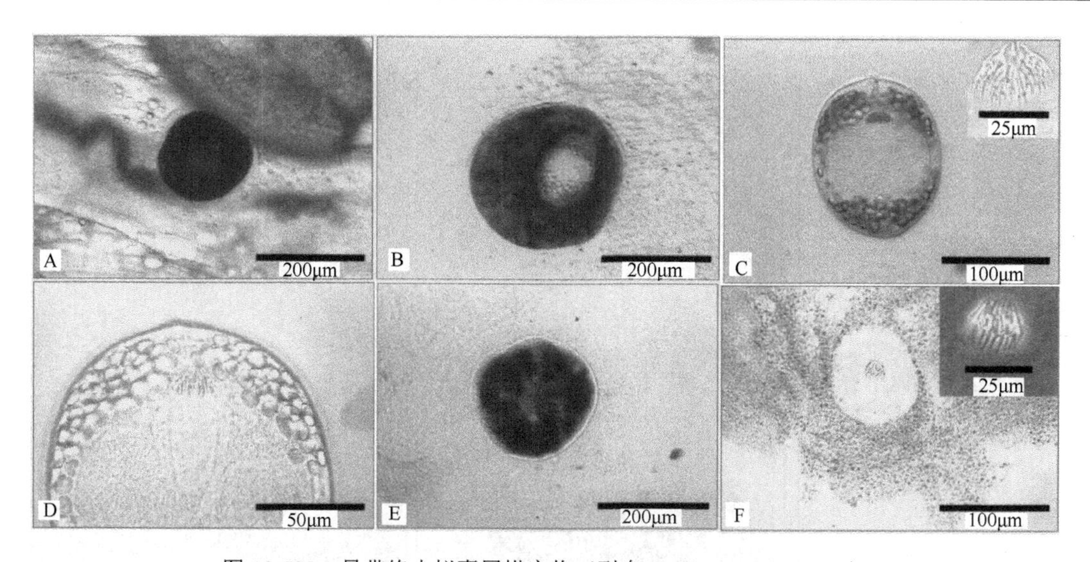

图 18-522 异带绦虫拟囊尾蚴实物（引自 Vasileva et al.，2005）

A～D. 类似于小阴茎异带绦虫的异带绦虫未定种：A. 原位拟囊尾蚴与舌状红鹳绦虫的拟囊尾蚴大小相比；B. 分离和略为扁平的拟囊尾蚴；C. 分离的囊体，插图为吻突钩（相差）；D. 分离的囊体的前部。E，F. 林鹬异带绦虫：E. 分离的拟囊尾蚴；F. 在贝尔莱赛介质中压碎的拟囊尾蚴；注意外囊的颗粒状内含物，插图为吻突钩（相差）

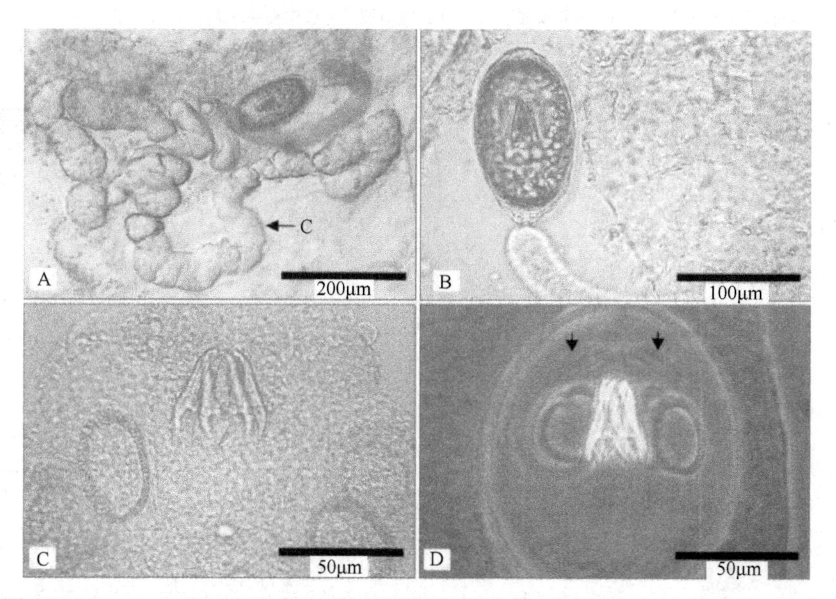

图 18-523 *Gynandrotaenia stammeri* 的拟囊尾蚴实物（引自 Vasileva et al.，2005）

A. 拟囊尾蚴全视图；B. 囊体；C. 固定于贝尔莱赛介质中吻突和吸盘的钩棘；D. 固定于贝尔莱赛介质中的囊体（相差），注意内陷的原头节（箭头）。缩略词：C. 尾

（Żarnowski，1955）] 组合种（图 18-525）。

词源：属名以已故的弗拉迪米尔德米特里耶维奇古尔耶夫（Vladimir Dmitrievich Gulyaev）博士的名字命名，以认可他对绦虫学的贡献。

寄生于鼩鼱科（Soricidae）动物，头节无钩的膜壳科的绦虫分属检索表

1A. 链体为系列同律的结构，即链体由雌雄同体的系列节片组成……2

1B. 链体为系列异律的结构，即链体由几个雄性和两性节片交替的系列组成……4

2A. 子宫起始为囊状……斯帕斯库属（*Spasskylepis*）

2B. 子宫起始为马蹄状……3

3A. 孕节中子宫连接形成共囊（syncapsule）；吸盘位于头节的背侧和腹侧的沟槽状凹内；每节 2～3 个精巢；卵巢伸长，略呈两叶状……双睾鳞属（*Ditestolepis*）

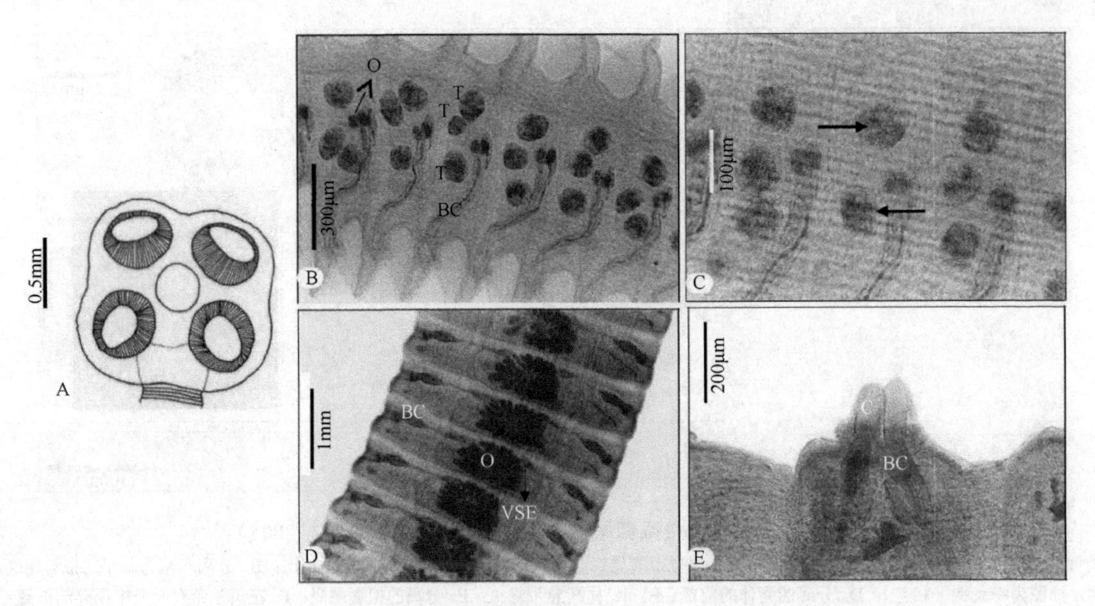

图 18-524　2 种绦虫头节示意图及节片实物（引自 Mohr，2001）

A～C. 大头领带绦虫（*Cloacotaenia megalops*）：A. 头节顶面观；B，C. 成节照片（C 中箭头示精巢）。D，E. *Diploposthe laevis* 的照片：D. 成节（不显示精巢）；E. 节片边缘阴茎囊放大。缩略词：BC. 阴茎囊；O. 卵巢；T. 精巢；VSE. 外贮精囊

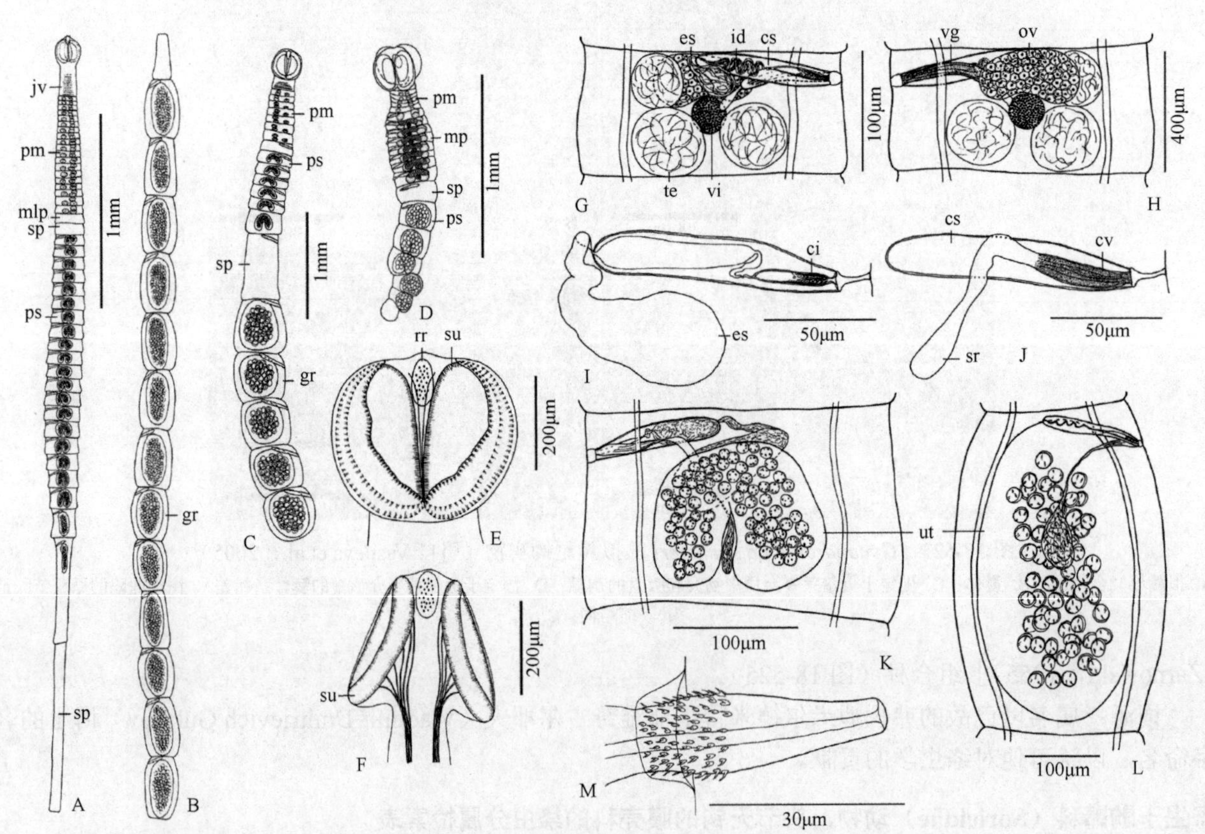

图 18-525　三部古尔耶夫绦虫组合种结构示意图（引自 Kornienko & Binkienė，2014）

A～C. 不同发育程度的绦虫的一般形态：A，B. 采自高加索鼩鼱的孕绦虫前后两段；C～M. 采自普通鼩鼱：C. 整条孕绦虫。D. 整条绦虫，有一节片系列具有马蹄形的子宫（新模标本）；E，F. 头节分别为正面和侧面观；G，H. 分别为成节背面和腹面观；I. 阴茎囊；J. 阴道，其交配部有大量小棘；K. 有马蹄形子宫的节片；L. 孕节；M. 外翻的阴茎。缩略词：ci. 阴茎；cs. 阴茎囊；cv. 阴道交配部；es. 外贮精囊；gr. 孕节；id. 内输精管；jv. 幼节；mlp. 雄性节片；mp. 成节；ov. 卵巢；pm. 前成节；ps. 成熟后节片；rr. 退化的吻突；sp. 不孕节片；sr. 受精囊；su. 吸盘；te. 精巢；ut. 子宫；vg. 阴道；vi. 卵黄腺

3B. 孕节中子宫不联合；孕节与链体分离；吸盘远超出头节的边缘；每节 3 个精巢；卵巢三叶状……………………………………………………马瑟夫属（*Mathevolepis*）
4A. 各链体系列末端有 1～2 个不孕节片……………………………古尔耶夫属（*Gulyaevilepis*）
4B. 链体中不存在不孕节片……………………………………………………5
5A. 精巢 2 个，在雄性和两性节片中排列为线状……………………………双睾属（*Diorchilepis*）
5B. 雄节中精巢 2 个，两性节片中 3 个精巢排成三角形……………………………*Ecrinolepis*

18.15 戴维科（Davaineidae Braun，1900）

早期戴维科通常根据子宫的特征被再分为 3 个亚科：戴维亚科（Davaineinae）、眉杯亚科（Ophryocotylinae）和原生亚科（Idiogeninae）。其中戴维亚科有实质性子宫囊，各囊含 1 到几个卵；眉杯亚科有一持续存在的囊状子宫，卵不存在于子宫囊中，而存在于子宫中（当子宫外围的部分由实质分出时的情况除外）；原生亚科有一个大型副子宫器包围着子宫，而其主体位于子宫前方，囊状或倒 U 形，没有卵囊。子宫和相关结构的平行发育表明，戴维科和裸头科绦虫之间的相互关系明显很近。Jones 和 Bray（1994）采用了实用的方法来对待戴维科的绦虫，目的是编制检索表而不是反映系统的关系，其系统关系仍然不是十分清楚。戴维科绦虫暂时是一个多系的组合。有些戴维科绦虫属与裸头科绦虫的属的关系似乎比与其他戴维科的属的关系更为密切，裸头科绦虫有些像没有钩的戴维科绦虫；而原生亚科的有些属则更接近于一些没有钩的副子宫绦虫属。这些关系可以由子宫及其衍生的结构性质来推导，这明显需要对绦虫系统进行更深入的研究。很显然，圆叶目中副子宫器的起源是多源的。

在戴维科的一些属如戴维属（*Davainea*）、斯克尔亚宾属（*Skrjabinia*）、对殖绦虫属（*Cotugnia*）和眉杯属（*Ophryocotyle*）等的子宫起源特性不清楚。这一状况与裸头科绦虫的林斯顿亚科（Linstowiinae）类似，在有些亚科的一些种类中据说卵是埋在子宫囊的实质组织中。Conn（1985）用透射电镜观察描述了巢瓣属（*Oochoristica*）的卵，但对戴维科绦虫的卵没有等效的观察。人们用光镜对戴维科绦虫属的一些相对应结构的观察得到了相矛盾的结果信息。有人描述六钩蚴周围有两层膜，之间由更小的可能是子宫壁残留的膜连接，而外膜是否为子宫的保持物、子宫囊又是如何的状况都不明了；有人描述对殖绦虫属绦虫的六钩蚴周围有三层膜和三层封套并认为有实质性膜的存在。而这些观察结果都是光学显微镜下得出的，其可信度不足。由于缺乏对戴维科绦虫的子宫和卵囊的发育细节研究，子宫和卵囊还没有研究到超微结构水平，在此基础上不能很确定地将戴维亚科和眉杯亚科的成员相互区分开来，故 Jones 和 Bray（1994）将眉杯亚科当作戴维亚科的同物异名。

18.15.1 识别特征

吻突通常存在，很少退化，大小从小到巨大不等，通常有两轮钩，但偶尔有 1 轮、3 轮、5 轮或 10～12 轮钩者。钩冠圆形、椭圆形或波状，中断或不中断。钩特征性的多而小，锤状，很少其他类型。吻突有或无棘。吸盘存在，很少不存在，有或无小棘列。链体小到大型，很少微小。节片通常多，很少少量者。渗透调节管 4 条（背方和腹方成对）、2 条（仅有腹方 1 对）或很少 6 条或 12 条。生殖器官单或双套；单套时，生殖孔位于单侧或不规则交替。阴茎囊小到大型，相对于渗透调节管的扩展可变。精巢少到多数，分布位置可变。卵巢通常位于中央，例外者位于孔侧，分叶，偶尔为明显的二叶状。卵黄腺位于卵巢后部。子宫持续或由副子宫器或含有 1 到几个卵的卵囊取代。已知寄生于鸟类和哺乳类。模式属：戴维属（*Davainea* Blanchard，1891）。

18.15.2 亚科检索

1a. 副子宫器官不存在……………………………………戴维亚科（Davaineinae Braun，1900）

［同物异名：眉杯亚科 Ophryocotylinae Fuhrmann，1907）］

识别特征： 戴维科。子宫持续存在或由卵囊取代，或是很多包含一个卵的薄壁卵囊，或是由包含几个卵的或少或多的纤维囊组成。

1b. 副子宫器存在……原生亚科（Idiogeninae Fuhrmann，1907）

识别特征： 戴维科。存在副子宫器。

18.15.3 戴维亚科（Davaineinae Braun，1900）分属检索

1a. 卵囊存在，各含几个卵……2
1b. 不同于上述情况……11
2a. 每一个节片 2 套生殖器官……多对殖属（*Multicotugnia* López-Neyra，1943）

［没有图表说明；此属除每个卵囊含有几个卵外，其他特征相似于对殖属（*Cotugnia*）］

识别特征： 吻突有 2 轮小锤形钩。吸盘无棘。节片数目多，有缘膜。存在成对的背部渗透调节管和腹部渗透调节管。生殖孔双侧开口。阴茎囊小，位于渗透调节管外侧。精巢很多，在雌性生殖器官后汇合，侧方扩展过渗透调节管。卵巢位于侧方，显著分叶。卵黄腺位于卵巢后。卵囊数目多，各含几个卵。已知寄生于鹦形目（Psittaciformes）鸟类，分布于巴西。模式种：布罗托格里多对殖绦虫［*Multicotugnia brotogerys*（Meggitt，1915）］。

2b. 每个节片单套生殖器官……3
3a. 每个节片卵囊数很少（<5 个）；精巢少（<5 个）；寄生于鳞甲目（Pholidota）动物……4
3b. 每个节片卵囊数多于 5 个；精巢或少或多……5
4a. 吻突发育不全，无吻突钩……贝尔费恩属（*Baerfainia* Yamaguti，1959）

识别特征： 吸盘具钩棘。节片数目多，有缘膜。只存在腹部渗透调节管。生殖器官单套。生殖孔单侧。阴茎囊小，位于渗透调节管外侧。精巢很少（3～4 个），一个在孔侧，其余位于反孔侧。卵巢位于中央，叶状。卵黄腺位于卵巢后。卵囊很大，极少（3～4 个），各含多个卵。已知寄生于鳞甲目（Pholidota）动物，分布于非洲。模式种：裸头样贝尔费恩绦虫［*Baerfainia anoplocephaloides*（Baer & Fain，1955）］（图 18-526）。

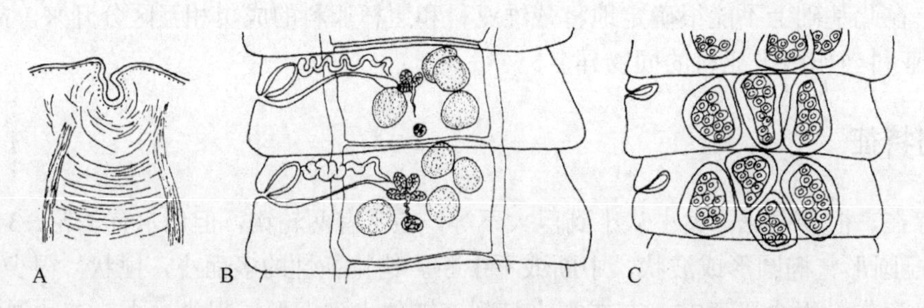

图 18-526 裸头样贝尔费恩绦虫结构示意图（引自 Jones & Bray，1994）
A. 头节；B. 成节；C. 孕节

4b. 吻突存在，发育良好……玛尼托鲁斯属（*Manitaurus* Spasskaya & Spasskiī，1971）

识别特征： 钩未知。吸盘无棘。节片数很多，有缘膜。生殖器官单套。生殖孔位于单侧。阴茎囊延伸至渗透调节管。精巢 2 个，分别在卵巢两侧。卵巢位于中央位置，叶状。卵黄腺位于卵巢后。卵囊很少（2～3 个），大，包含多个卵。已知寄生于鳞甲目动物，分布于非洲。模式种：拉伯米玛尼托鲁斯绦虫［*Manitaurus rabmi*（Baer & Fain，1955）］（图 18-527）。

5a. 吻突钩 5 轮……五冠属（*Pentocoronaria* Matevosyan & Movseyan，1966）

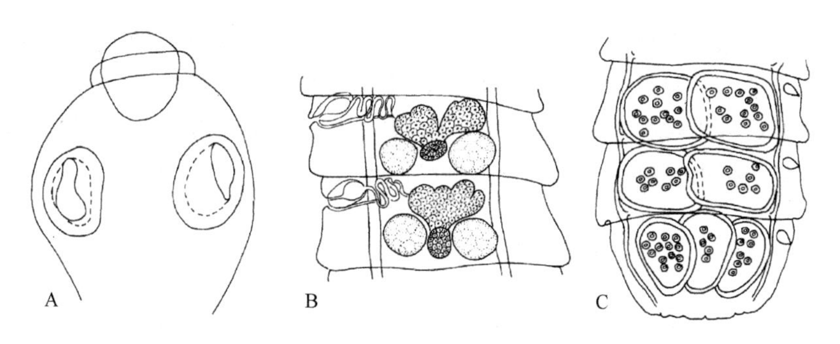

图 18-527　拉伯米玛尼托鲁斯绦虫结构示意图（引 Jones & Bray，1994）
A. 头节；B. 成节；C. 孕节

识别特征：吻突具有小的锤形钩。吸盘有棘。节片很多，有缘膜。只存在腹侧成对的渗透调节管。生殖器官单套。生殖孔位于单侧。阴茎囊梨形，肌肉质，在成节位于渗透调节管外。精巢相对很少，位于卵巢侧方和后部。卵巢位于中央，轻微叶状。卵黄腺位于卵巢后。卵囊很多，各含几个卵。已知寄生于鸽形目（Columbiformes）鸟类，分布于苏联。模式种：茹珊娜五冠绦虫（*Pentocoronaria rusannae* Matevosyan & Movseyan，1966）（图 18-528）。

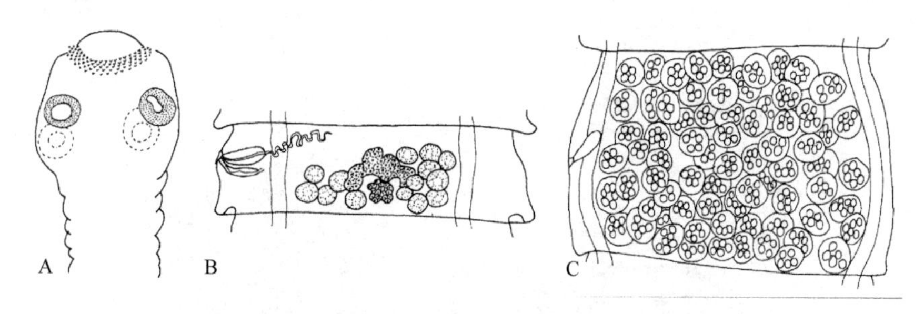

图 18-528　茹珊娜五冠绦虫结构示意图（引自 Jones & Bray，1994）
A. 头节；B. 成节；C. 孕节

5b. 吻突钩 1 轮……瓦迪弗雷西亚属（*Vadifresia* Spasskiĭ，1973）

识别特征：吸盘有棘。节片有缘膜。生殖器官单套。生殖孔位于单侧。阴茎囊小。精巢很多。卵巢位于中央位置。已知寄生于啮齿目和兔形目动物，分布于埃塞俄比亚和新北区。模式种：贝尔瓦迪弗雷西亚绦虫（*Vadifresia baeri* Meggitt & Subramanian，1927）（图 18-529A、B）。

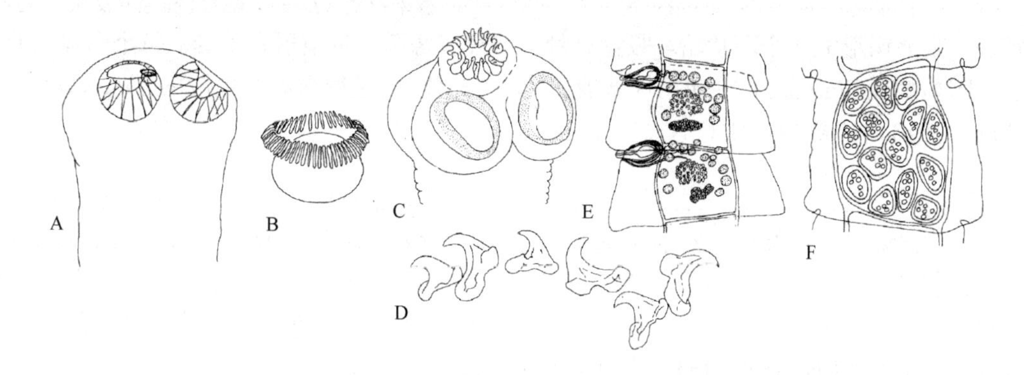

图 18-529　2 属 2 种绦虫结构示意图（引自 Jones & Bray，1994）
A，B. 贝尔瓦迪弗雷西亚绦虫：A. 头节；B. 钩环和吻突细节结构。C～F. 艾伦后戴维绦虫：C. 头节；D. 吻突钩；E. 成节；F. 孕节

5c. 吻突钩 2 轮……6

6a. 吻突钩 24 个或更少……后戴维属（*Metadavainea* Baer & Fain，1955）

识别特征：吻突有两轮数目相对少但大而强壮的钩，有发达的刃、粗的卫和退化的柄。吸盘具棘。

附属吻突棘存在。节片很多，有缘膜。存在成对的背渗透调节管和腹渗透调节管。生殖器官单套。生殖孔单侧。阴茎囊位于渗透调节管外。精巢数目很多，位于卵巢侧方和前方。卵巢位于中央，略分叶。卵黄腺位于卵巢后。卵囊数目相对少（8～15 个），各含几个卵。已知寄生于鳞甲目动物，分布于非洲和亚洲。模式种：艾伦后戴维绦虫（*Metadavainea aelleni* Baer & Fain，1955）（图 18-529C～F）。

6b. 吻突钩数目多……………………………………………………………………………………………………… 7
7a. 卵巢位于孔侧……………………………………………………………………………………………………… 8
7b. 卵巢位于中央……………………………………………………………………………………………………… 9
8a. 生殖孔位于单侧；精巢在孔侧和反孔侧区；已知寄生于鹤鸵目（Struthioniformes）和美洲鸵鸟目（Rheiformes）鸟类
………………………………………………………………………………侯杜绦虫属（*Houttuynia* Fuhrmannn，1920）

识别特征：吻突宽，有双轮大锤形钩。吻突棘存在。吸盘无棘。链体大。节片很多，有缘膜。成对的腹渗透调节管存在。生殖器官单套。生殖孔位于单侧。阴茎囊延伸，未穿过渗透调节管。精巢很多，位于卵巢的孔侧和反孔侧区域，侧方扩展过渗透调节管。卵巢略偏孔侧，有裂片，扇状。卵黄腺位于卵巢后。卵囊量多，各含几个卵。已知寄生于鹤鸵目和美洲鸵鸟目鸟类，分布于非洲和南美洲。模式种：鹤鸵侯杜绦虫（*Houttuynia struthiois* Houttuyn，1772）（图 18-530）。

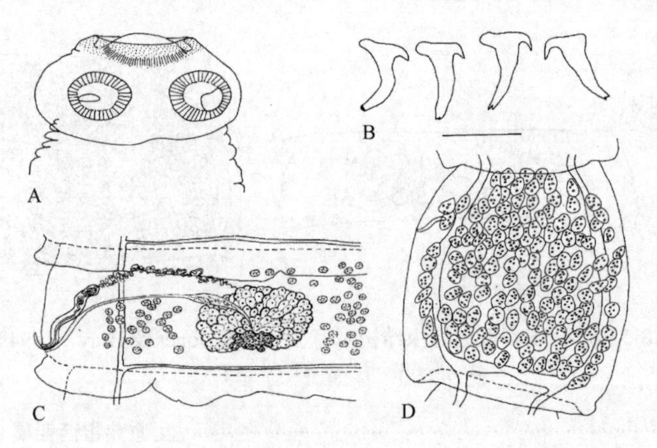

图 18-530　鹤鸵侯杜绦虫结构示意图（引自 Jones & Bray，1994）

A. 头节；B. 吻突钩；C. 成节；D. 孕节

8b. 生殖孔不规则交替；精巢限于孔侧区域；已知寄生于沙鸡科（Pteroclidae）鸟类……………………………………
………………………………………………………………………德米鸽属（*Demidovella* Spasskiĭ & Spasskay，1976）

识别特征：吻突钩形成 2 个环状轮。吸盘有棘。节片有缘膜。生殖器官单套。每个卵囊内有 3～4 个卵。已知寄生于沙鸡（sandgrouse），分布于埃塞俄比亚。模式种：弱颈德米鸽绦虫［*Demidovella leptotrachela*（Hungerbühler，1910）］（图 18-531A）。

9a. 生殖孔不规则交替……………………………………………………富尔曼属（*Fuhrmannetta* Stiles & Orleman，1926）

［同物异名：约翰斯顿属（*Johnstonia* Fuhrmann，1921）先占用；*Mathevossianetta* Movsesyan，1966］

识别特征：吻突钩形成 2 环状轮。吸盘有棘或无。节片宽大于长。生殖器官单套。精巢很多。卵巢位于中央。每个卵囊内含 3～5 个卵。已知寄生于鸟类和哺乳类，全球性分布。模式种：眉条富尔曼绦虫［*Fuhrmannetta crassula*（Rudolphi，1819）］（图 18-531B）。

Biswal 等（2014）基于部分 28S rRNA 基因序列构建的邻接树（neighbour-joining tree）显示 *Raillietina tunetensis*、澳大利亚瑞利绦虫（*R. australis*）、马六甲富尔曼绦虫（*Fuhrmannetta malakartis*）和索尼瑞利绦虫（*R. sonini*）归为一群，提示富尔曼属与瑞利属有可能同义。

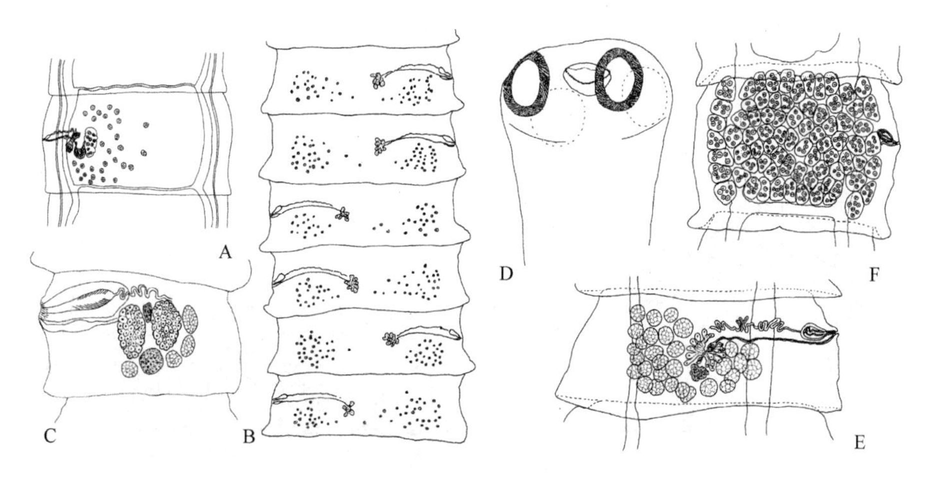

图 18-531　几种绦虫结构示意图（引自 Jones & Bray，1994）

A. 弱颈德米鸽绦虫的成节；B. 眉条富尔曼绦虫的成节；C. 阿拉吉原生样绦虫的成节。D～F. 瑞利属绦虫：D. 棘槽瑞利绦虫头节；E. 四角瑞利绦虫成节；F. 四角瑞利绦虫孕节

9b. 生殖孔位于单侧………10

10a. 阴茎囊大，靠近中线……………………………………………………原生样属（*Idiogenoides* López-Neyra，1929）

识别特征：吻突钩形成 2 环状轮。吸盘有棘。节片有缘膜。生殖器官单套。生殖孔位于单侧。精巢很少（4～6 个）。卵巢位于中央。每个卵囊内含 6～7 个卵。已知寄生于鹦鹉，分布于新几内亚岛。模式种：阿拉吉原生样绦虫［*Idiogenoides allagea*（Kotlan，1920）］（图 18-531C）。

10b. 阴茎囊小，没有达到或刚好越过渗透调节管……………………………………………………………………………
……………………………………瑞利属（*Raillietina* Fuhrmann，1920）（图 18-531D～F，图 18-532～图 18-561）

［同物异名：科特兰属（*Kotlania* López-Neyra，1929）；科特兰淘拉属（*Kotlanotaurus* Spasskiĭ，1973）；诺娜米拉属（*Nonarmiella* Movsesyan，1966）；诺娜米属（*Nonarmina* Movsesyan，1966）；澳施马里内特属（*Oschmarinetta* Spasskiĭ，1984）；兰塞姆属（*Ransomia* Fuhrmann，1921）；罗伊特玛尼属（*Roytmania* Spasskiĭ，1973）；斯克尔亚宾淘拉属（*Skrjabinotaurus* Spasskiĭ & Yurpalova，1973）］

识别特征：吻突钩形成 1 环状轮。吸盘一般有棘，部分有或无棘。节片有缘膜。生殖器官单套。生殖孔位于单侧。精巢数目多。卵巢位于中央。每个卵囊内含有 2～8 个卵。已知寄生于鸟类和哺乳类动物，全球性分布。模式种：四角瑞利绦虫（*Raillietina tetragona* Molin，1858）（图 18-531E、F，图 18-532，图 18-542～图 18-544）。

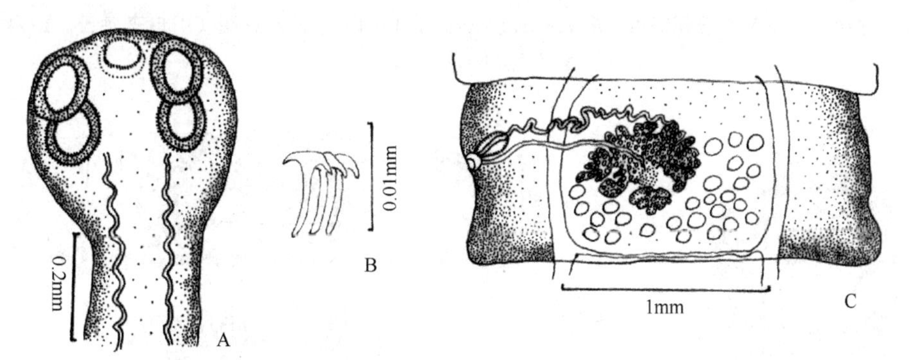

图 18-532　四角瑞利绦虫结构示意图（引自李海云，1994）

A. 头节；B. 吻突钩；C. 成节

穆莉、李海云等对四角瑞利绦虫和棘盘四角瑞利绦虫的形态进行过较详细的研究，部分结果如图 18-542～图 18-544 所示。

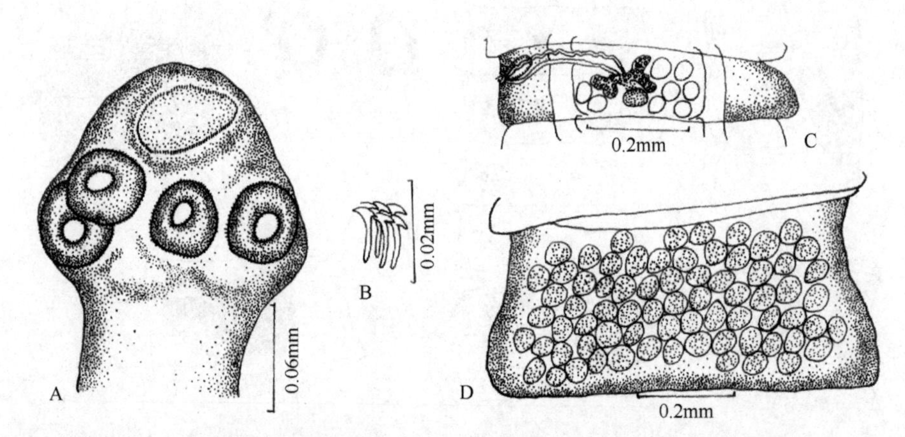

图 18-533　脆弱瑞利绦虫（*R. fragilis* Meggitt，1931）（引自李海云，1994）

A. 头节；B. 吻突钩；C. 成节；D. 孕节

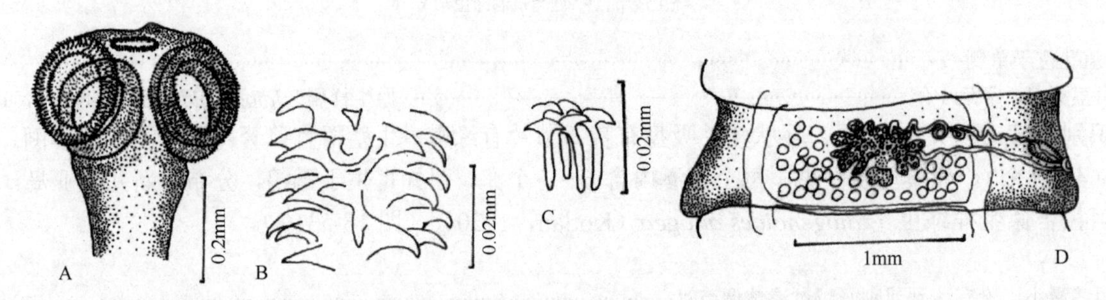

图 18-534　棘盘瑞利绦虫（*R. echinobothrida* Megnin，1880）结构示意图（引自李海云，1994）

A. 头节；B. 吸盘棘；C. 吻突钩；D. 成节

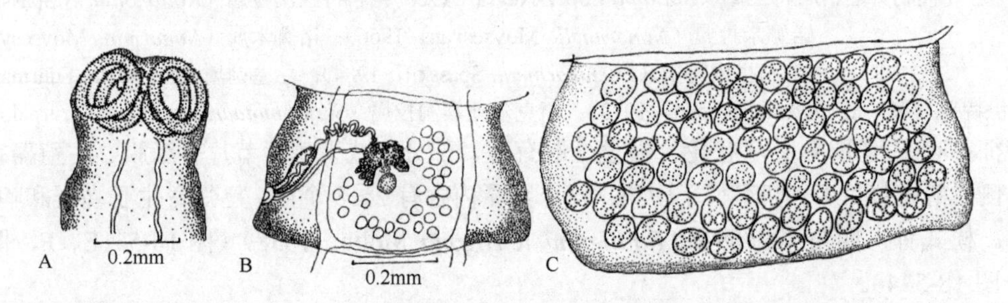

图 18-535　萨尔蒂卡瑞利绦虫（*R. sartica* Skrjabin，1914）结构示意图（引自李海云，1994）

A. 头节；B. 成节；C. 孕节

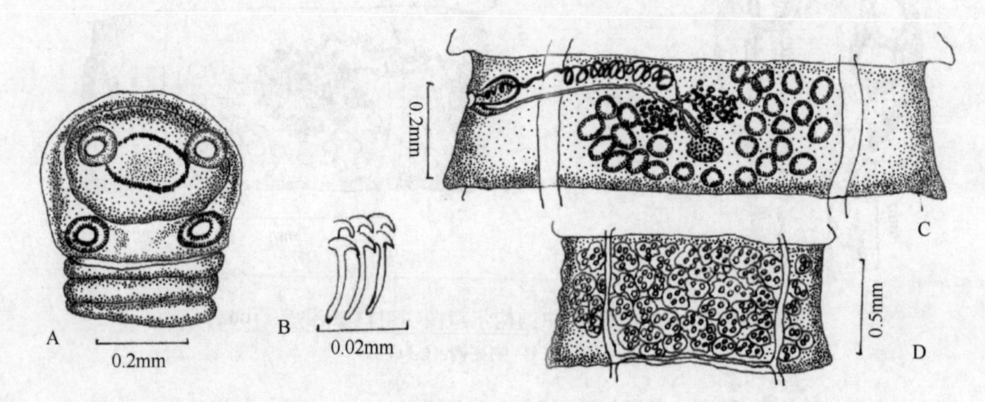

图 18-536　坎迪普拉瑞利绦虫（*R. kantipura* Sharma，1943）结构示意图（引自李海云，1994）

A. 头节；B. 吻突钩；C. 成节；D. 孕节

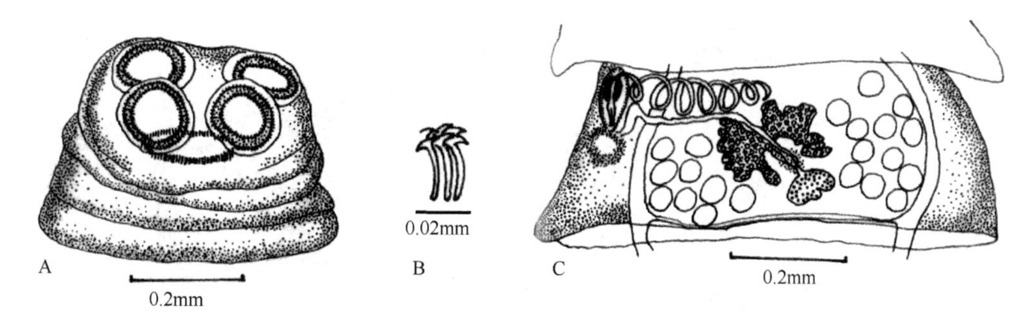

图 18-537 皮克诺诺蒂瑞利绦虫（*R. pycnonoti* Yamaguti & Mitunaga，1943）结构示意图（引自李海云，1994）

A. 头节；B. 吻突钩；C. 成节

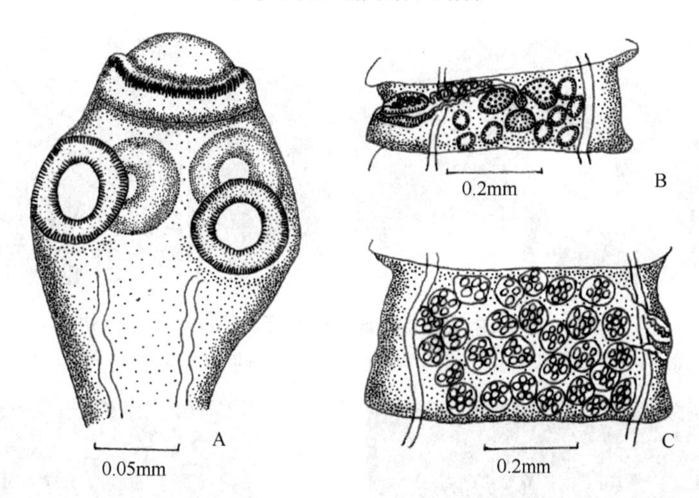

图 18-538 项圈瑞利绦虫（*R. torqua* Meggitt，1924）结构示意图（引自李海云，1994）

A. 头节；B. 成节；C. 孕节

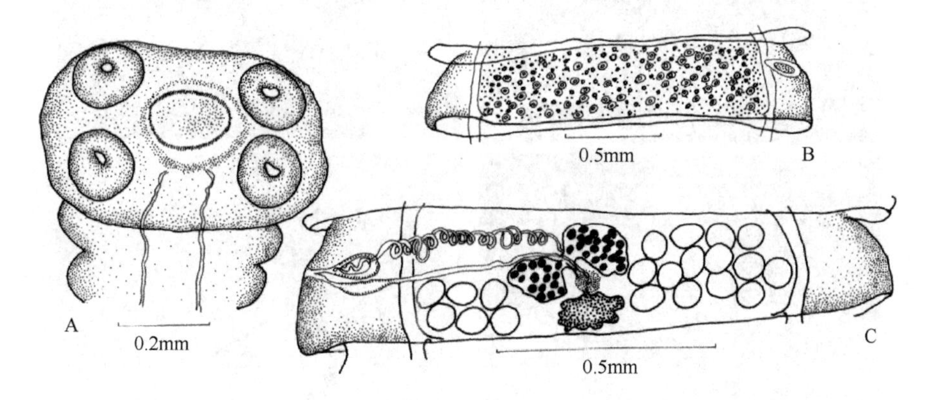

图 18-539 实体瑞利绦虫（*R. compacta* Clerc，1924）结构示意图（引自李海云，1994）

A. 头节；B. 成节；C. 孕节

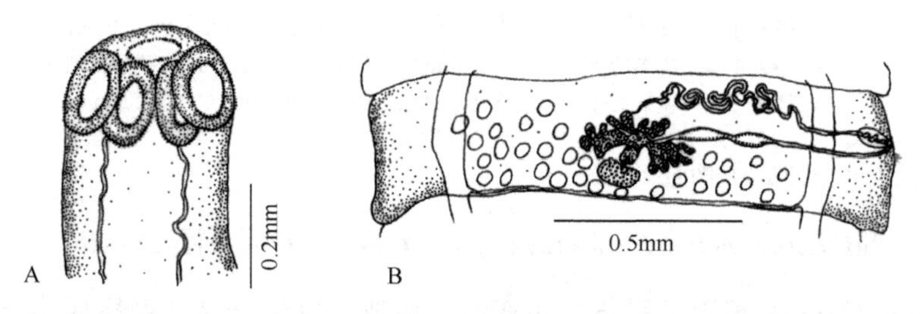

图 18-540 小钩瑞利绦虫［*R. parviuncinata*（Meggitt & Saw，1924）Fuhrmann，1924］结构示意图（引自李海云，1994）

A. 头节；B. 成节

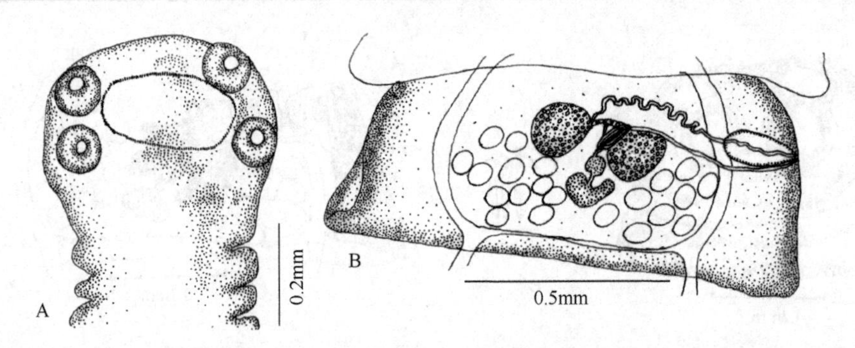

图 18-541　有轮瑞利绦虫（*R. cesticillus* Negnin，1881）结构示意图（引自李海云，1994）

A. 头节；B. 成节

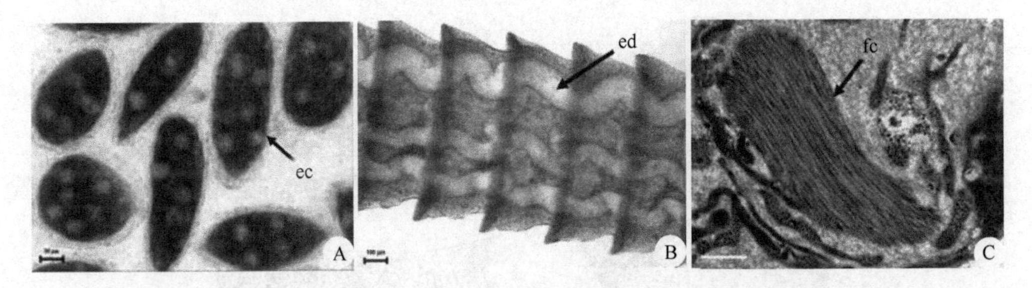

图 18-542　四角瑞利绦虫卵囊、排泄管及焰细胞斜断面实物

A. 卵囊；B. 排泄系统，光镜示纵行排泄管（ed）；C. 透射电镜示焰细胞斜断面的鞭毛丛（fc）。标尺：A=20μm；B=100μm；C=1μm

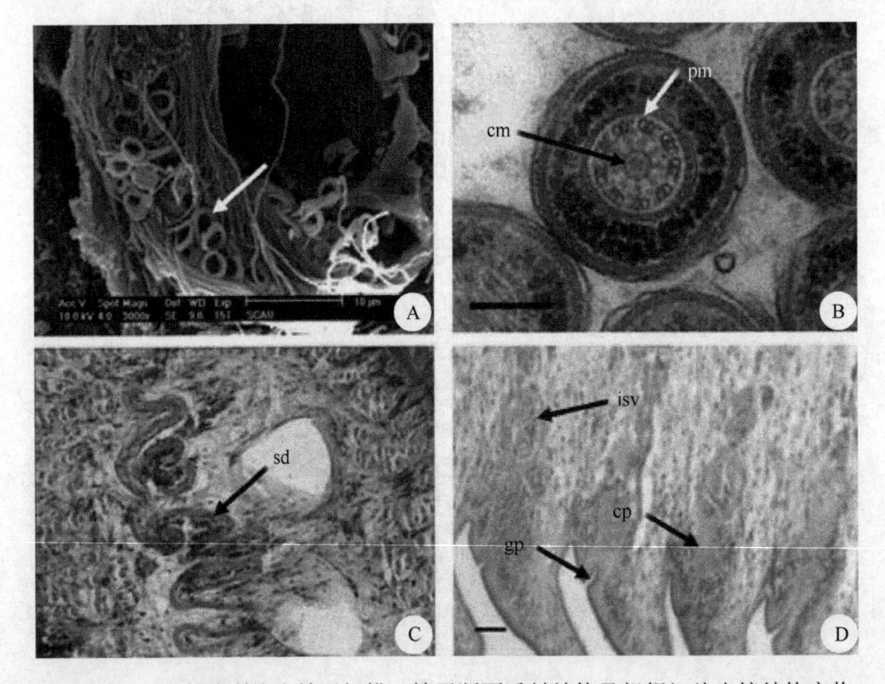

图 18-543　四角瑞利绦虫精子扫描、精子断面透射结构及组织切片光镜结构实物

A. 扫描电镜示成熟精子的环状结构；B. 透射电镜示成熟精子的中央微管（cm）及外周微管（pm）；C. 光镜示输精管（sd）；D. 光镜示阴茎囊（cp）、内贮精囊（isv）和生殖孔（gp）。标尺：A=10μm；B=200nm；C，D=20μm

其他瑞利属绦虫的一些种如下所述。

1）裸尾鼠瑞利绦虫（*Raillietina melomyos* Jones & Anderson，1996）（图 18-548）

Jones 和 Anderson（1996）报道了采自巴布亚新几内亚，寄生于淡红裸尾鼠（*Melomys rufescens*）小肠的裸尾鼠瑞利绦虫。该种吻突钩数目为 170～190，长 8～11μm，精巢的数目为 21～36 个，每个孕

节的卵囊数目为 56～92 个，每个卵囊含有多个卵子；阴茎囊未达纵向渗透调节管。生殖孔开口于单侧。

O'Callaghan 等（2000）报道了采自澳大利亚鸸鹋［*Dromaius novaehollandiae*（Latham，1790）］的 5

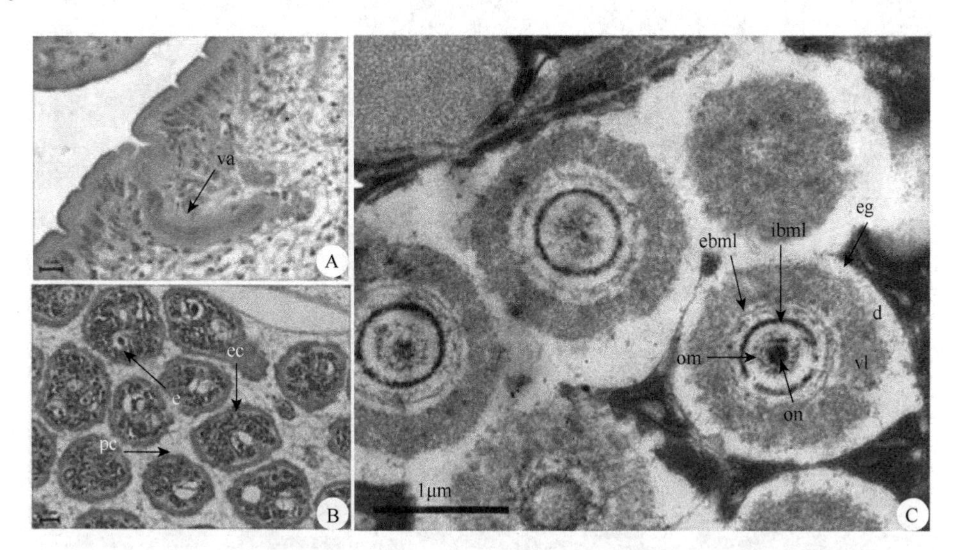

图 18-544 四角瑞利绦虫组织切片，示阴道及卵囊光镜结构、六钩蚴透射电镜结构

A. 光镜示阴道（va）；B. 光镜示卵囊（ec）、虫卵（e）和退化的实质细胞（pc）；C. 透射电镜示卵壳（eg）、透明层（d）、卵黄层（vl）、外胚膜层（ebml）、内胚膜层（ibml）、六钩蚴膜（om）、六钩蚴（on）。标尺：A，B=10μm；C=1μm

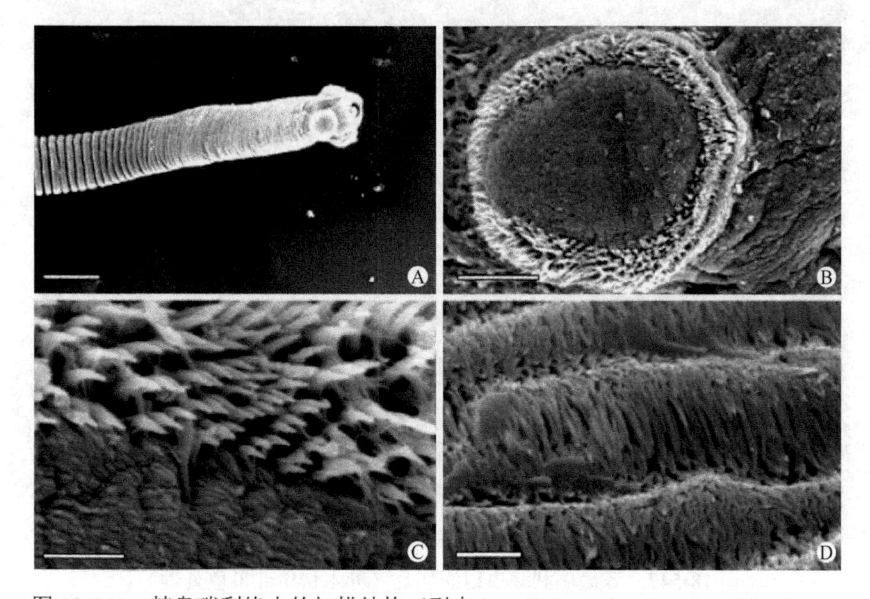

图 18-545 棘盘瑞利绦虫的扫描结构（引自 http://www. phcogres. com/viewimage. asp?img=PhcogRes_2009_1_4_179_58089_f2. jpg）

A. 有头节的一系列节片组成的链体；B. 一吸盘边缘的棘列；C. 围绕吸盘的细微的尖锐层；D. 节片皮层上瀑布状的纤毛状微毛。标尺：A=100μm；B=20μm；C，D=2μm

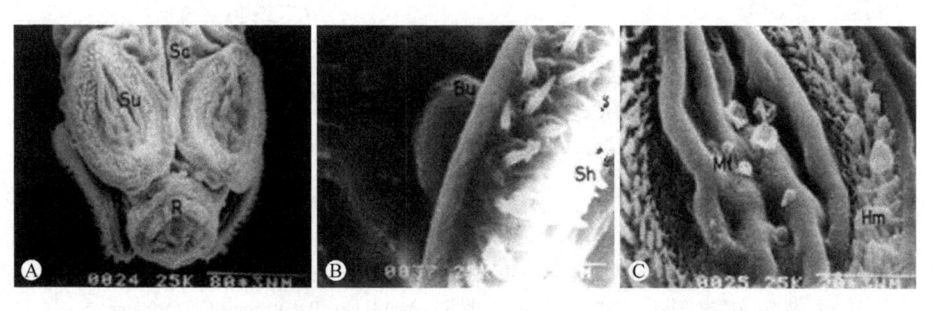

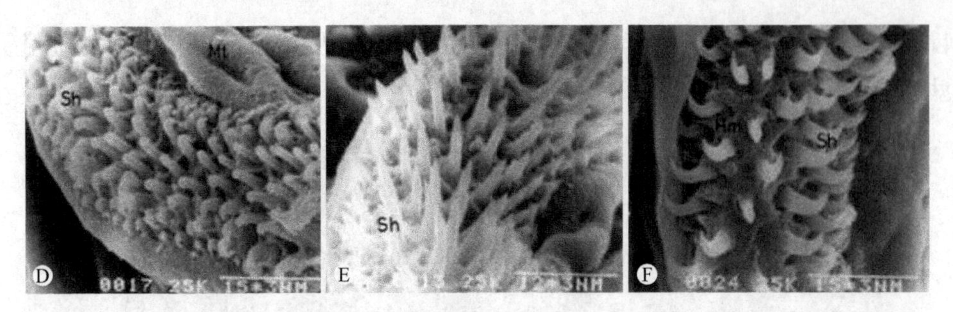

图 18-546　棘盘瑞利绦虫扫描结构（引自 Radha et al.，2006）

A. 头节扫描示 4 个吸盘和翻出的吻突；B. 吸盘示钩轮和一单个大苞；C. 吸盘示钩围绕着微毛丛；D. 吸盘放大示钩端弯曲；E. 吸盘上长而直的钩；F. 吸盘钩弯曲的端部与附到宿主肠组织上有关。缩略词：Sc. 头节；R. 吻突；Su. 吸盘；Sh. 吸盘钩；Bu. 苞；Mt. 微毛丛；Hm. 宿主材料

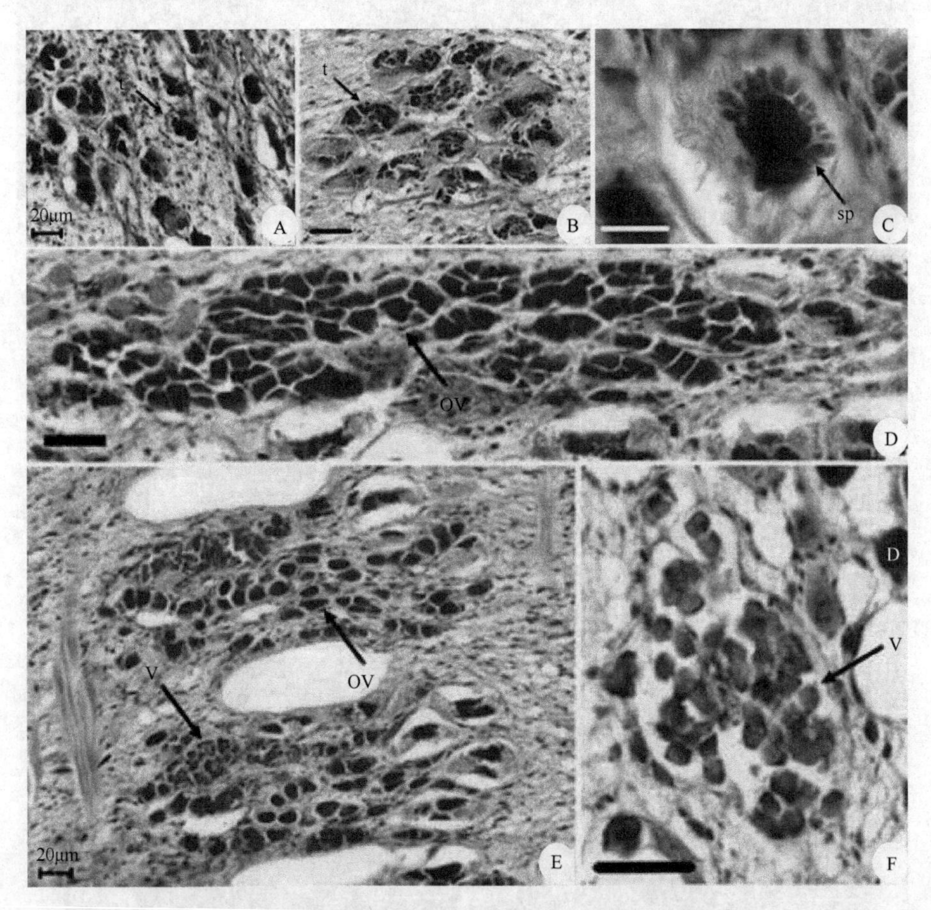

图 18-547　棘盘瑞利绦虫组织切片（苏木精伊红染色处理）

A. 早期发育的精巢；B. 晚期发育的精巢；C. 合胞体式的生精细胞；D. 卵巢切面；E. 卵巢及卵黄腺切面；F. 放大的卵黄腺切面。缩略词：OV. 卵巢；t. 精巢；sp. 生精细胞簇；V. 卵黄腺。标尺：A，B，D～F=20μm；C=10μm

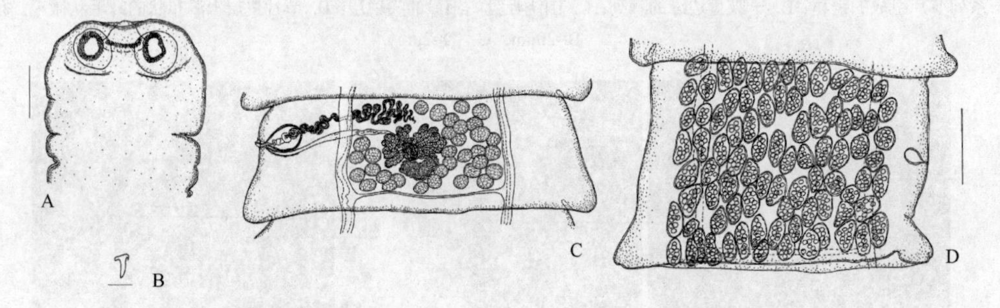

图 18-548　裸尾鼠瑞利绦虫（引自 Jones & Anderson，1996）

A. 头节；B. 吻突钩；C. 成节；D 孕节。标尺：A=0.1mm；B=0.01mm；C，D=0.5mm

种瑞利绦虫，除其中一种为 Krabbe（1869）、Fuhrman（1924）描述过的澳大利亚瑞利绦虫外，其余均定为新种，下述为引自 O'Callaghan 等（2000）文献中的图及表（图 18-549～图 18-553，表 18-19）。

2）澳大利亚瑞利绦虫［*Raillietina australis*（Krabbe，1869）Fuhrman，1924］（图 18-549）

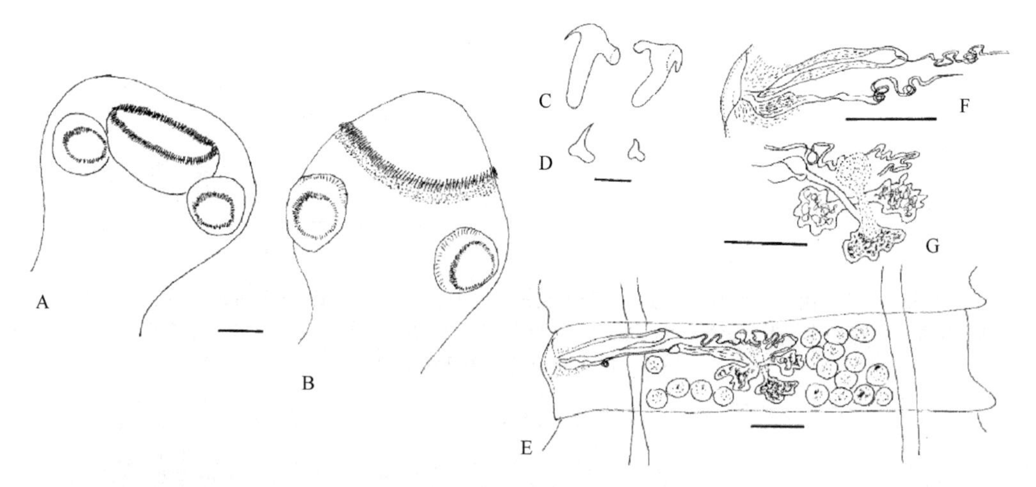

图 18-549　采自澳大利亚鸸鹋的澳大利亚瑞利绦虫结构示意图（引自 O'Callaghan et al.，2000）

A. 吻突收缩的头节；B. 吻突完全外翻的头节；C. 吻突钩；D. 吸盘钩；E. 单个成节；F. 阴茎和远端阴道；G. 雌性生殖器。标尺：A，B，E～G=0.1mm；C，D=0.001mm

3）贝弗里奇瑞利绦虫（*Raillietina beveridgei* O'Callaghan et al.，2000）（图 18-550）

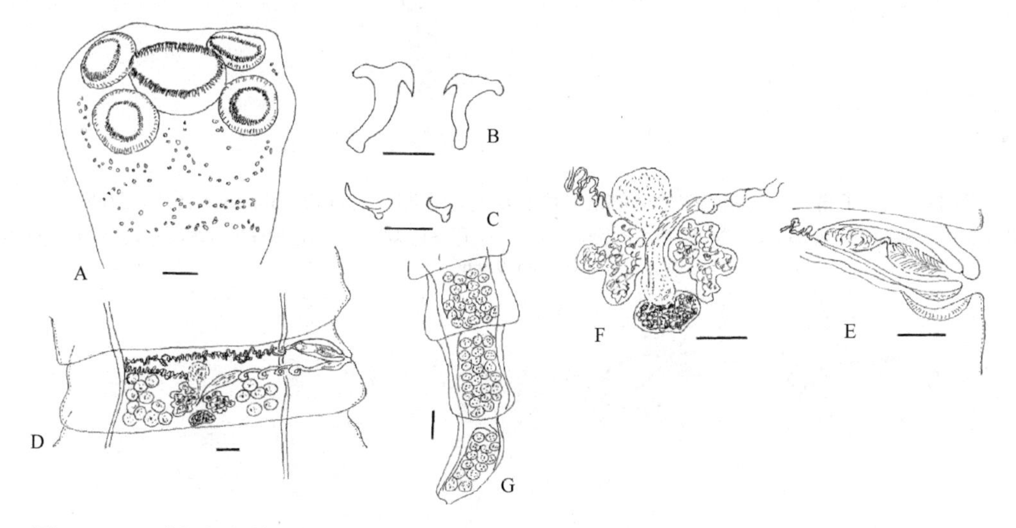

图 18-550　采自澳大利亚鸸鹋的贝弗里奇瑞利绦虫结构示意图（引自 O'Callaghan et al.，2000）

A. 头节；B. 吻突钩；C. 吸盘钩；D. 单个成节；E. 阴茎和远端阴道；F. 雌性生殖器官；G. 末端孕节。标尺：A，D～G=0.1mm；B，C=0.01mm

4）几丁瑞利绦虫（*Raillietina chiltoni* O'Callaghan et al.，2000）（图 18-551）

5）鸸鹋瑞利绦虫（*Raillietina dromaius* O'Callaghan et al.，2000）（图 18-552）

6）米歇尔瑞利绦虫（*Raillietina mitchelli* O'Callaghan et al.，2000）（图 18-553）

O'Callaghan 等（2003）又报道了采自澳大利亚伊玛（Emu）农场蚂蚁（*Pheidole* sp.）血体腔的瑞利绦虫拟囊尾蚴与 O'Callaghan 等（2000）描述的 5 种瑞利绦虫（澳大利亚瑞利绦虫、贝弗里奇瑞利绦虫、几丁瑞利绦虫、鸸鹋瑞利绦虫和米歇尔瑞利绦虫）相一致。各种拟囊尾蚴的吻突钩的数目和大小与成体相符合（图 18-554，图 18-555）。相关图测量数据比较见表 18-20。

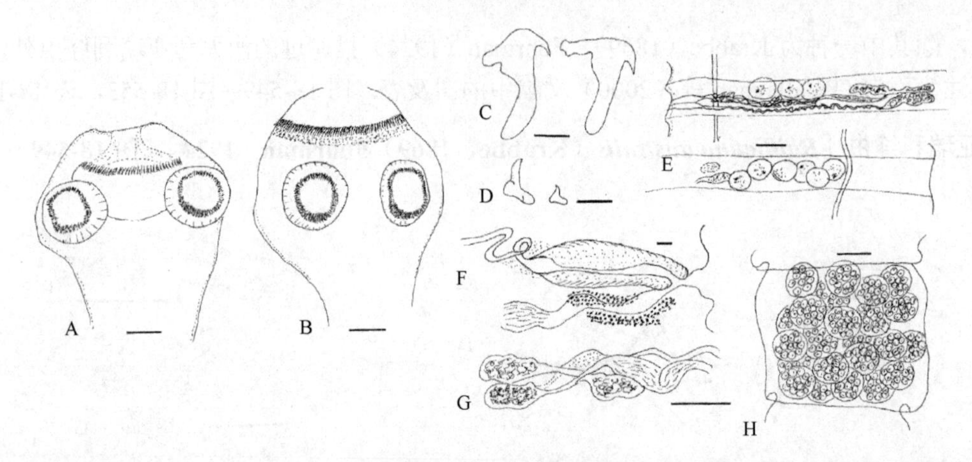

图 18-551　采自澳大利亚鸸鹋的几丁瑞利绦虫结构示意图（引自 O'Callaghan et al.，2000）

A. 吻突收缩的头节；B 吻突外翻的头节；C. 吻突钩；D. 吸盘钩；E. 单个成节；F. 阴茎和远端阴道；G. 雌性生殖器官；H. 孕节。标尺：A，B，E，G，H=0.1mm；C，D，F=0.01mm

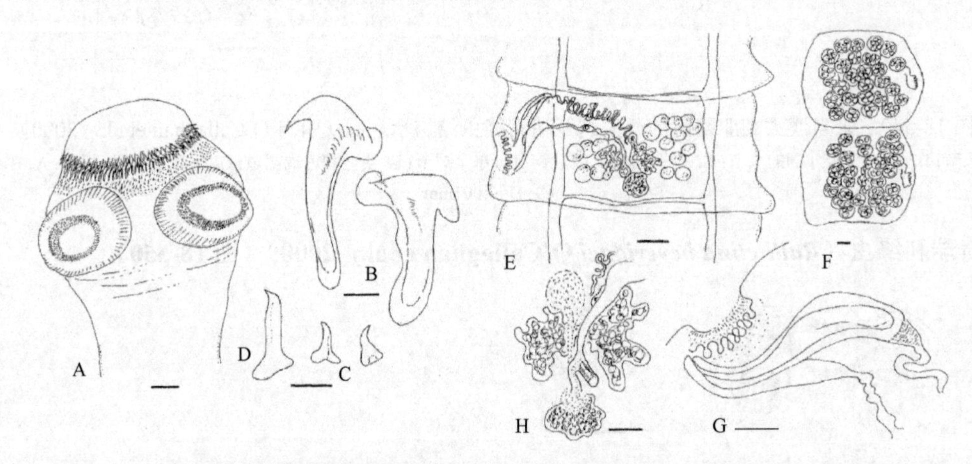

图 18-552　采自澳大利亚鸸鹋的鸸鹋瑞利绦虫结构示意图（引自 O'Callaghan et al.，2000）

A. 头节；B. 吻突钩；C. 辅助吻突棘；D. 吸盘钩；E. 单个成节；F. 孕节；G. 阴茎和远端阴道；H. 雌性生殖器。标尺：A，E，F=0.1mm；B～D，G，H=0.05mm

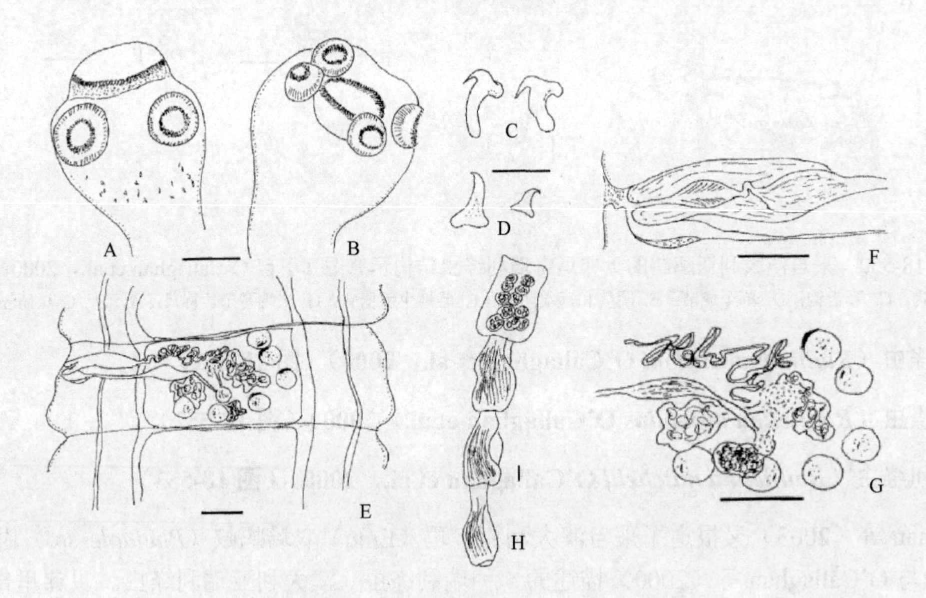

图 18-553　采自澳大利亚鸸鹋的米歇尔瑞利绦虫（引自 O'Callaghan et al.，2000）

A. 吻突外翻的头节；B. 吻突收缩的头节；C. 吻突钩；D. 吸盘钩；E. 单个成节；F. 阴茎和远端阴道；G. 雌性生殖器官；H. 末端孕节片。标尺：A，B，E，G，H=0.1mm；C，D=0.01mm；F=0.05mm

表 18-19 鸸鹋中发现的 5 种瑞利绦虫的主要测量数据比较（单位：mm）

	澳大利亚瑞利绦虫（*R. australis*）		贝弗里奇瑞利绦虫（*R. beveridgei*）		几丁瑞利绦虫（*R. chiltoni*）		鸸鹋瑞利绦虫（*R. dromaius*）		米歇尔瑞利绦虫（*R. mitchelli*）	
	平均	范围	平均	范围	平均	范围	平均	范围	平均	范围
大吻突钩大小	0.025	0.021～0.030	0.019	0.016～0.021	0.032	0.026～0.039	0.056	0.050～0.063	0.011	0.009～0.012
小吻突钩大小	0.020	0.016～0.023	0.016	0.014～0.019	0.027	0.022～0.034	0.048	0.043～0.054	0.009	0.008～0.010
阴茎囊长度	0.158	0.152～0.168	0.298	0.256～0.328	0.108	0.104～0.112	0.257	0.246～0.271	0.161	0.152～0.176
阴茎囊宽度	0.020	0.013～0.024	0.080		0.038	0.036～0.040	0.044	0.041～0.053	0.038	0.032～0.044
吻突钩数目	280～362		304～412		302～378		124～156		296～380	
头节大小	0.416～0.568		0.480～0.736		0.545～0.832		0.480～0.752		0.224～0.340	

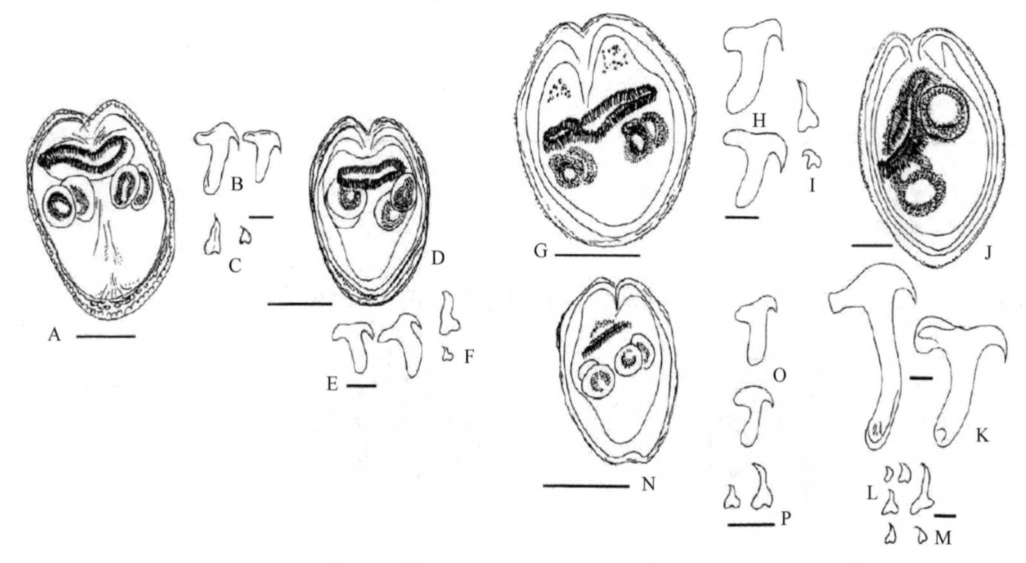

图 18-554 采自澳大利亚蚂蚁血体腔的瑞利绦虫拟囊尾蚴结构示意图（引自 O'Callaghan et al.，2003）

A～C. 澳大利亚瑞利绦虫拟囊尾蚴：A. 全貌观；B. 吻突钩；C. 吸盘钩。D～F. 贝弗里奇拟囊尾蚴：D. 全貌观；E. 吻突钩；F. 吸盘钩。G～I. 几丁瑞利绦虫拟囊尾蚴：G. 全貌观；H. 吻突钩；I. 吸盘钩。J～M. 鸸鹋瑞利绦虫拟囊尾蚴：J. 全貌观；K. 吻突钩；L. 吸盘钩；M. 附属棘。N～P. 米歇尔瑞利绦虫的拟囊尾蚴：N. 全貌观；O. 吻突钩；P. 吸盘钩。标尺：A，D，G，J，M=100μm；B，C，E，F，H，I，K，L，N～P=10μm

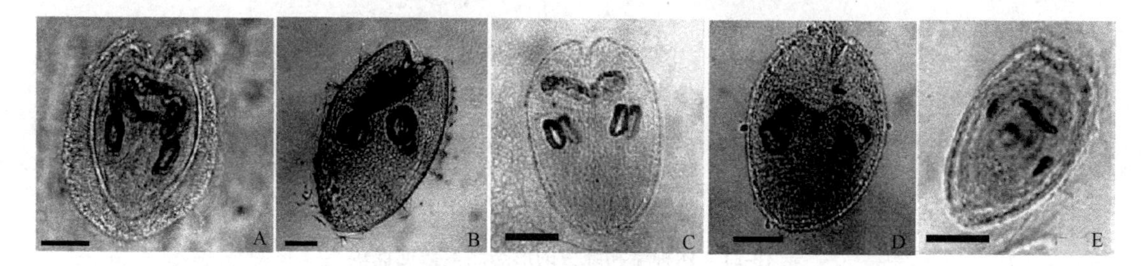

图 18-555 采自澳大利亚蚂蚁血体腔的瑞利绦虫拟囊尾蚴实物照片（引自 O'Callaghan et al.，2003）

A. 贝弗里奇瑞利绦虫；B. 鸸鹋瑞利绦虫；C. 澳大利亚瑞利绦虫；D. 几丁瑞利绦虫；E. 米歇尔瑞利绦虫。标尺：A～D=100μm；E=50μm

表 18-20 采自澳大利亚蚂蚁血体腔的瑞利绦虫拟囊尾蚴主要测量数据比较（单位：μm）

	澳大利亚瑞利绦虫（*R. australis*）	贝弗里奇瑞利绦虫（*R. beveridgei*）	几丁瑞利绦虫（*R. chiltoni*）	鸸鹋瑞利绦虫（*R. . dromaius*）	米歇尔瑞利绦虫（*R. . mitchelli*）
大小					
长度	365[†]	451[*]	616[*]	692[*]	172[†]
宽度	288[†]	320[*]	464[*]	516[*]	130[†]
大小范围					

续表

	澳大利亚瑞利绦虫（*R. australis*）	贝弗里奇瑞利绦虫（*R. beveridgei*）	几丁瑞利绦虫（*R. chiltoni*）	鸸鹋瑞利绦虫（*R. . dromaius*）	米歇尔瑞利绦虫（*R. . mitchelli*）
长度	352～400（372）	232～544（352）	200～616（294）	520～800（592）	160～232（190）
宽度	248～296（268）	176～400（254）	156～464（223）	304～600（366）	104～160（122）
内囊长度	321～344（323）	216～300（251）	156～256（208）	296～432（397）	120～140（129）
内囊宽度	192～232（209）	128～172（143）	128～228（169）	216～296（261）	80～100（88）
头节直径	176～212（190）	116～156（139）	126～224（162）	248～392（298）	80～106（88）
吻突	108～132（122）	68～101（82）	88～112（105）	172～220（203）	46～58（52）
吻突钩数	290～370（328）	332～424（368）	280～374（320）	124～150（135）	284～342（336）
吻突钩大钩	24～26（25）	17～19（18）	29～33（31）	57～63（60）	10～11（11）
吻突钩小钩	19～21（20）	15～16（16）	23～26（25）	46～51（49）	8～10（9）
吸盘	80 × 84	84 × 64	72 × 56	119 × 89	37 × 27
测量数目	12	70	121	10	44

注：括号内为均值
*表示单一感染的拟囊尾蚴
†表示轻度感染的拟囊尾蚴

Mariaux 和 Vaucher（1989）报道过的两种瑞利属绦虫见图 18-556 及表 18-21。

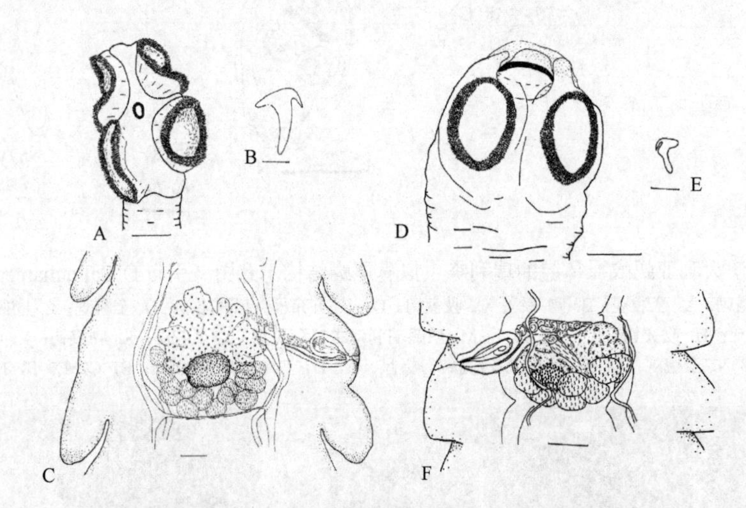

图 18-556　瑞利属绦虫 2 种结构示意图（引自 Mariaux & Vaucher，1989）

A～C. 啄木鸟瑞利绦虫［*R.*（*S.*）*campetherae*］：A. 头节；B. 吻突钩；C. 成节。D～F. 日本瑞利绦虫［*R.*（*P.*）*yapoensis*］：D. 头节；E. 吻突钩；F. 成节。标尺：A=100μm；B，E=5μm；C，D，F=50μm

表 18-21　两种瑞利绦虫的形态测量数据比较

	啄木鸟瑞利绦虫［*R.*（*S.*）*campetherae*］	日本瑞利绦虫［*R.*（*P.*）*yapoensis*］
链体最大长度	40mm	16mm
链体最大宽度	1.68mm	690μm
节片最多数目	+200	+145
头节直径	340～355μm	152～176μm
吸盘大小	200μm ×（141～153）μm	（75～103）μm×（52～75）μm
吻突钩数目	+140	210～250
吻突钩长度	10～12μm	6μm
阴茎囊	（74～95）μm×（42～50）μm	（53～78）μm×（31～38）μm
精巢数目	17～23	6～8

其他有较详细图示及测量数据的瑞利绦虫见图 18-557～图 18-561 及表 18-22，表 18-23。

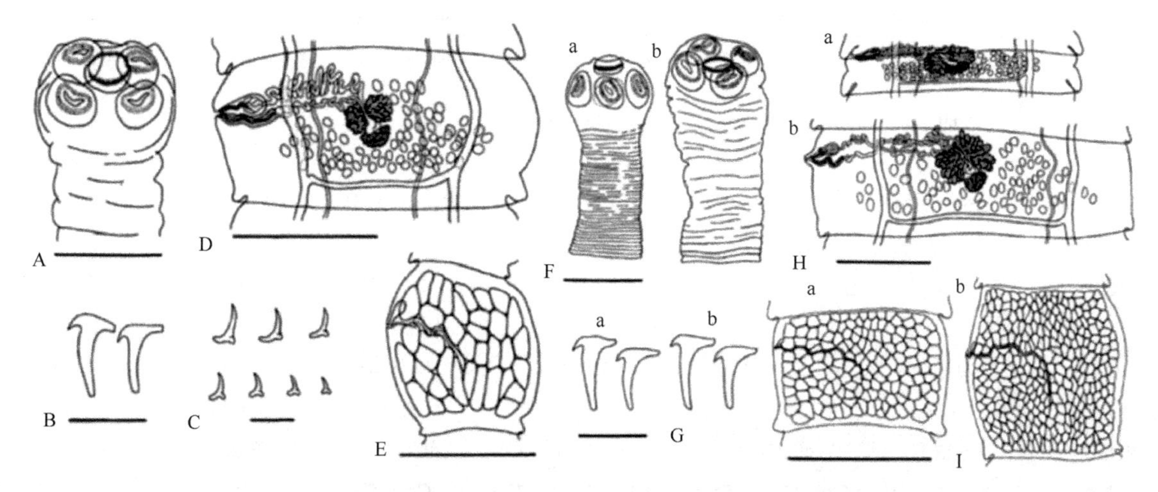

图 18-557　寡囊瑞利绦虫和德美拉瑞利绦虫结构示意图（引自 Sato et al.，1988）

A～E. 寡囊瑞利绦虫［*R.*（*R.*）*oligocapsulata* Sato et al.，1988］：A. 头节和颈；B. 吻突钩；C. 吸盘钩；D. 成节；E. 孕节。F～I. 德美拉瑞利绦虫［*R.*（*R.*）*demerariensis*］：a. 采自一林兔的样本，b. 采自一无尾刺豚鼠（paca）的样品；F. 头节和颈；G. 吻突钩；H. 成节；I. 孕节。标尺：A，F=300μm；B，G=20μm；C=10μm；D=400μm；E=800μm；H=500μm；I=2000μm

表 18-22　不同作者对新热带区哺乳动物瑞利属绦虫的测量数据比较

	R.（*R.*）*oligocapsulata*	*R.*（*R.*）*demerariensis*	*R.*（*R.*）*demerariensis*	*R.*（*R.*）*demerariensi*	*R.*（*R.*）*alouattae*	*R.*（*R.*）*trinitatae*
文献源	Sato et al.，1988	Sato et al.，1988	Sato et al.，1988	Lopez-Neyra et al.，1957	Pinto & Gomez，1976	Stunkard，1953
总长（mm）	115～134	65～136	65～520	160～1000	130～340	60～320
最大宽度（mm）	0.8～0.9	1.8～3.5	1.8～2.7	2.5～3.0	2.5～7.0	1.1～2.7
头节宽度（mm）	0.28～0.30	0.32	0.28～0.31	0.21～0.60	0.45～0.62	0.27～0.37
吻突钩						
数目	170	168	162～184	150～164	176～224	150～175
轮数	2	2	2	2	2	2
长度	15～19	15～20	15～19	15～22	14～18	9～14
吸盘钩	存在	存在	存在	存在	存在	存在
生殖孔位置	单侧前 1/3～2/5	单侧前 1/4～1/3	单侧前 1/3～1/2	单侧前 1/3～2/3	单侧前 1/4	单侧前 1/3～1/2
阴茎囊	（12～160）×（40～55）	（110～170）×（10～55）	（160～210）×（45～65）	（140～300）×（40～100）	（220～310）×（86～110）	（90～200）×（45～70）
精巢数目	55～73	48～70	44～73	40～75	110～150	20～46
卵巢	（200～240）×（120～192）	（510～560）×（160～225）	450～500）×（320～450）	（250～500）×（200～300）	360～430	277
卵黄腺	（96～112）×（56～72）	（175～240）×（96～136）	（160～190）×（120～160）	100～250	110～140	124
卵囊数目	24～44	125～187	234～331	120～350	40～80	50～250
各卵囊卵数	15～20	16～25	20	3～11	3～8	5～20

注：除有标明外，其他长度测量单位为 μm

Fuhrmann（1920）建立的瑞利属绦虫为一很大属。该属绦虫以鸟类和哺乳动物作为终末宿主。Hughes 和 Schultz（1942）列出 225 种。Yamaguti（1959）列有 248 种，其中 203 种采自鸟类，分别为 110 种瑞利属（瑞利亚属）［*R.*（*Raillietina*），即 *R.*（*R.*）］，13 种瑞利属（富尔曼亚属）［*R.*（*Fuhrmanneta*），即

表 18-23　美国北部哺乳动物瑞利属绦虫的测量数据比较

	R.（*R.*）*bakeri*	*R.*（*R.*）*sigmodontis*	*R.*（*R.*）*loeweni*	*R.*（*R.*）*selfi*	*R.*（*P.*）*retractiles*	*R.*（*F.*）*salmoni*
文献源	Chandler，1942	Smith，1954	Bartel & Hansen，1964	Buscher，1975	Artyukh，1966	Artyukh，1966
总长（mm）	60	80	370～740	100～160	105	86
最大宽度（mm）	1.2	2	2～3	2.54～3.03	3	3
头节宽度（mm）	0.250～0.375	0.23～0.36	0.78～1.1	0.409～0.641	0.37～0.68	0.736
吻突钩						
数目	66	66	87	120～130	40～60	60
轮数	—	—	1	2	2	2
长度	20～22	20～22	7.5～8.6	18.5～22	12	20
吸盘钩	存在	存在	存在	存在	存在	存在
生殖孔位置	单侧前 1/3	单侧前 1/3	单侧	单侧后 1/3	单侧中央	不规则交替
阴茎囊	（90～95）×35	（130～150）×（40～50）	（110～137）×（72～91）	（147～160）×（86～98）	120×60	140×44
精巢数目	30～40	15～19	45～70	65～84	—	—
卵巢	—	—	—	328～397	—	—
卵黄腺	—	—	—	—	—	—
卵囊数目	80～90	30～35	368～600	145～180	—	160
各卵囊卵数	6～9	15～25	1～5	3～8	1	3～15

注：除有标明外，其他长度测量单位为 μm

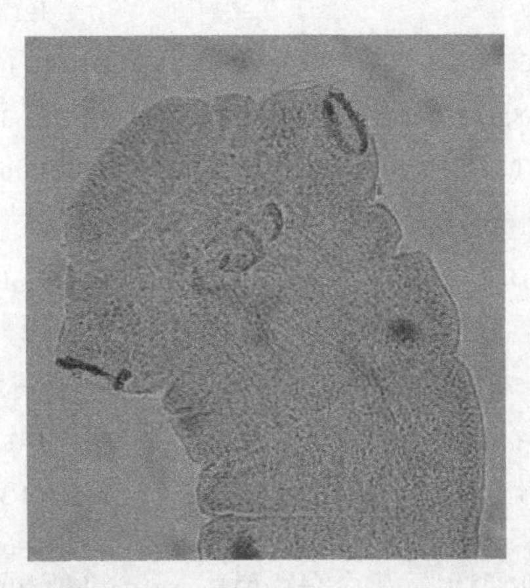

图 18-558　微棘瑞利绦虫（*R. micracantha*）的头节（引自 Pilar，2002）

R.（*F.*）]，27 种瑞利属（斯克尔亚宾亚属）[*R.*（*Skrjabinia*），即 *R.*（*S.*）]，40 种瑞利属（帕诺妮拉亚属）[*R.*（*Paroniella*），即 *R.*（*P.*）] 及 13 种瑞利属（*s. l.*亚属）[*Raillietina*（*s. l.*）] 绦虫；41 种采自哺乳类，分别为 30 种 *R.*（*R.*）、2 种 *R.*（*F.*）、2 种 *R.*（*S.*）、3？种（*s. l.*）和 4 种未知亚属绦虫，但在他的目录中仅有种名，没有种的特征概述，根本无法识别各个种。此外，Wardle 和 McLeod（1952）在其《绦虫动物学》中概述了一些形态特征，但仅列了少数种类。虽列出如此众多的种，但多无特征概述及有力证据图说明。Sawada（1964）以表格形式概述了截至当时世界范围内不同地区报道的可查有形态特征描述的瑞利属绦虫的种类，其文献对瑞利属的分类有一定参考价值，但其中相当一部分种类数据不全，没有数据来源的样本数而且都没有图等，从其收集的测量数据很难令人相信都是不同的种，相当一部分极有可能是同物异名。Sawada（1964）将瑞利属分为 4 个亚属，识别如下。

1A. 每个卵囊含有 1 个六钩蚴 ………………………………………………………………………… 2
1B. 每个卵囊含有几个六钩蚴 ………………………………………………………………………… 3
2A. 生殖孔开于单侧 ………………………………………………… 帕诺妮拉亚属（*Paroniella*）
2B. 生殖孔不规则交替 ……………………………………………… 斯克尔亚宾亚属（*Skrjabinia*）
3A. 生殖孔开于单侧 ………………………………………………………… 瑞利亚属（*Raillietina*）
3B. 生殖孔不规则交替 ……………………………………………… 富尔曼亚属（*Fuhrmanneta*）

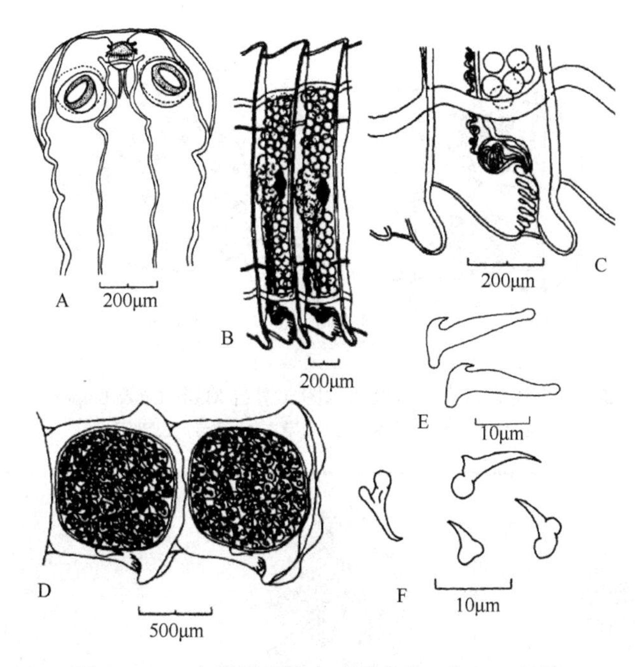

图 18-559　自我瑞利绦虫（引自 Buscher，1975）
A. 头节；B. 成节；C. 生殖孔区缘膜放大；D. 末端孕节；E. 吻突钩；F. 吸盘棘

Buscher（1975）描述其新种自我瑞利绦虫［*R.*（*R.*）*selfi*］（图 18-559），此种采自美国俄克拉何马州潘汉德地区沙漠棉兔（*Sylvilagus auduboni*）。

Malhotra 和 Capoor（1984）在《韩国寄生虫学杂志》上报道采自印度家鸡（*Gallus gallus domesticus*）的瑞利绦虫新种：多哥达瑞利绦虫［*R.*（*S.*）*doggaddaensis*］（图 18-560），该作者提供的结构示意图十分粗糙且失真，尤其是其吻突钩和孕节等。根据其测量数据，此绦虫可能是家鸡常见的有轮瑞利绦虫。

Schmidt（1986）在其绦虫著作中提到瑞利属绦虫为全球性分布，已知 295 种，寄生于鸟类和哺乳动物小肠，但除仅有一些名称外，没有其他识别数据和图版。

César 和 Luz（1993）描述了采自巴西瓜里卡纳帕拉纳（Guaricana Parana）保护区周围野鼠的瓜里卡纳瑞利绦虫［*R.*（*R.*）*guaricana*］。其提供的照片不是十分清晰，但比一些结构示意图更为直观可信。

Dehlawi 于 2006 年报道了沙特阿拉伯鸟类绦虫新记录，提供了 3 种瑞利绦虫头节与颈区和未成节照片（图 18-561），从其照片中可以推测其固定可能不当，引起绦虫变形，尤其是棘盘瑞利绦虫，其颈区与未成节可能明显收缩变粗。

11a. 吸盘缺失 ……………………………………………… 鸻带属（*Pluviantaenia* Jones，Khalil & Bray，1992）

识别特征：吻突膨胀，巨大，近端有 2 轮很小的锤形钩。节片很多，有缘膜。有 2 对渗透调节管。生殖孔通常规则交替，但可能有不规则交替或者两侧都有者。生殖腔巨大，吸盘样，远端有巨大的括约肌；生殖腔区可伸出。可能发生生殖器官和阴茎囊两套的状况。阴茎囊壁薄。阴茎大，有棘。精巢很多，沿着节片后部边缘排布。阴道呈“S”形，远端膨胀，并具有腺体。卵巢位于中央。卵黄腺位于卵巢后。子宫持续存在。已知寄生于燕鸻科（Glareolidae）鸟类，分布于苏丹。模式种：卡萨拉鸻带绦虫［*Pluviantaenia kassalensis* Jones，Khalil & Bray，1992］（图 18-562，图 18-563，图 18-564A）。

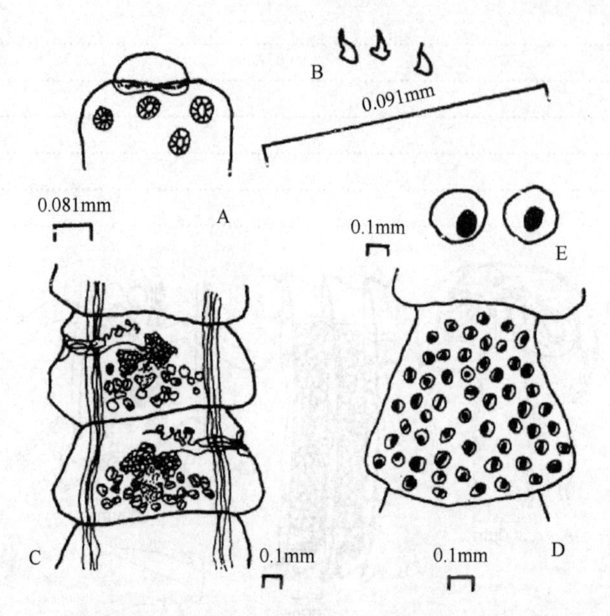

图 18-560 多哥达瑞利绦虫结构示意图（引自 Malhotra & Capoor，1984）

A. 头节；B. 吻突钩；C. 成节；D. 孕节；E. 卵囊

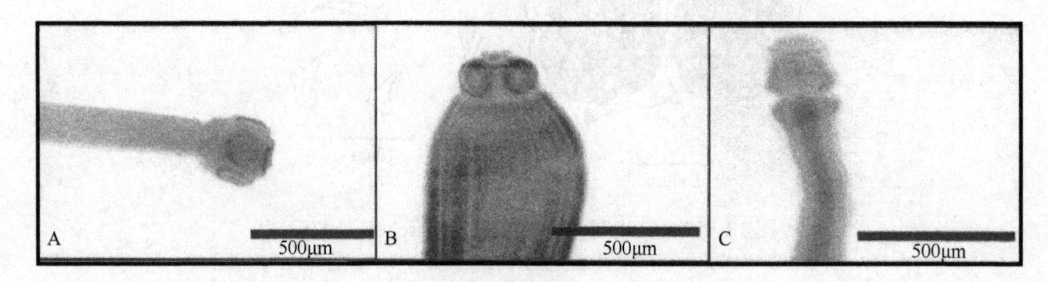

图 18-561 瑞利绦虫照片（引自 Dehlawi，2006）

A. 德氏瑞利绦虫（*R. dattai*）的头节，颈区和未成节；B. 棘盘瑞利绦虫的头节，颈区和未成节；C. 迷惑瑞利绦虫（*R. perplexa*）的头节、颈区和未成节

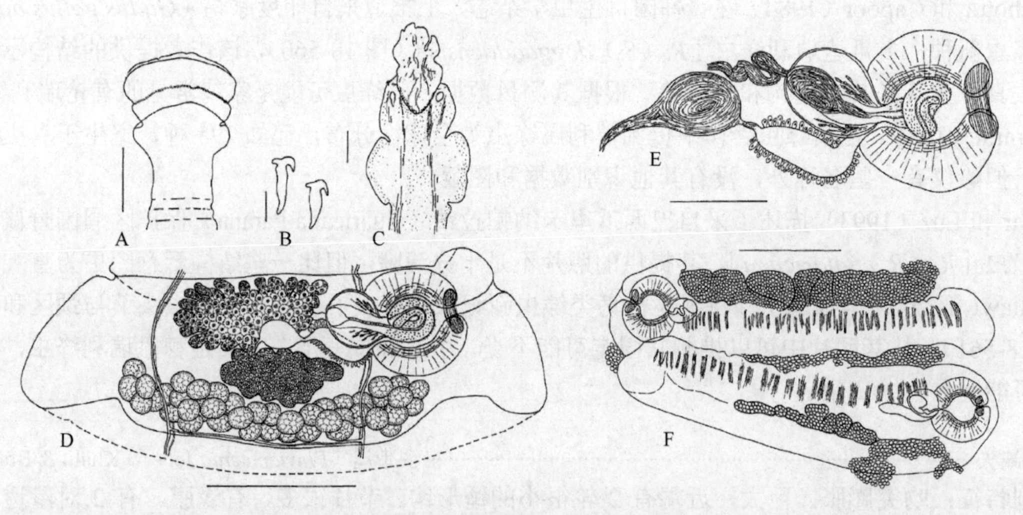

图 18-562 卡萨拉鸻带绦虫结构示意图（引自 Jones et al.，1992）

样品采自苏丹卡萨拉地区埃及燕鸻（*Pluvianus aegyptius*）。A. 头节；B. 吻突钩；C. 头节垂直纵切面；D. 成节；E. 末端生殖管；F. 孕节。标尺：A，D=0.5mm；B=0.01mm；C=0.1mm；E=0.3mm；F=1mm

11b. 吸盘存在……………………………………………………………………………………………12

12a. 吻突钩冠圆形或椭圆形……………………………………………………………………………13

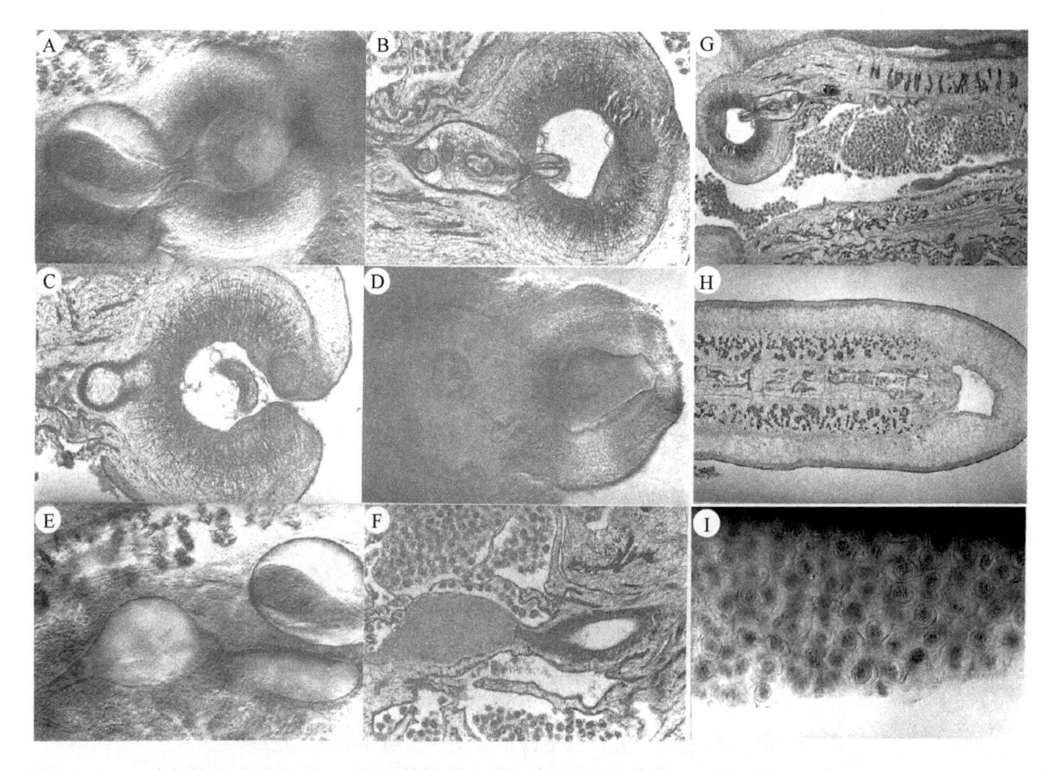

图 18-563　采自苏丹卡萨拉地区埃及燕鸻的卡萨拉鸻带绦虫实物切片及卵（引自 Jones et al.，1992）

A～F. 末端生殖管：A，B. 生殖腔，阴茎囊和阴茎整体固定徒手切片（A）和组织切片（B）；C. 吸盘样生殖腔，示辐射状的肌纤维和腔括约肌；D. 突出的生殖腔；E，F. 阴道和受精囊整体固定徒手切片（E）和组织切片（F）。G，H. 纵肌断裂期节片分离水平纵向切片（G）和横向切片（H）；I. 卵

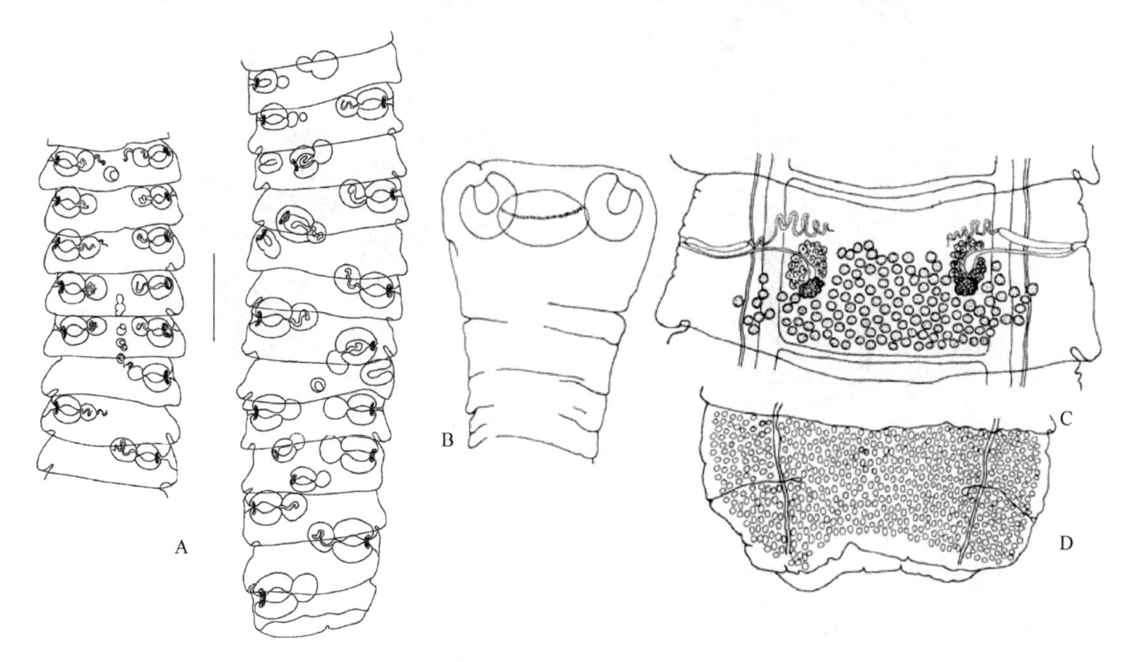

图 18-564　卡萨拉鸻带绦虫和双性孔对殖绦虫结构示意图

A. 采自苏丹卡萨拉地区埃及燕鸻的卡萨拉鸻带绦虫两条链体部分，示生殖器官和阴茎囊双套，两侧位和额外的一套位于边缘和亚边缘位置（标尺=1mm）；B～D. 双性孔对殖绦虫：B. 头节；C. 成节；D 孕节（A 引自 Jones et al.，1992；B～D 引自 Jones & Bray，1994）

12b. 吻突钩冠波状或者叶状 ··· 18

13a. 每个节片恒定有 2 套生殖器官 ························· 对殖属（*Cotugnia* Diamare，1893）（图 18-565，图 18-566）

（同属异名：*Erschovitugnia* Spasskiĭ，1973；*Pavugnia* Spasskiĭ，1984；*Rostelugnia* Spasskiĭ，1984）

识别特征：吻突宽广，有 1 双轮小锤形钩（钩几乎没有大的）。吸盘通常无棘，很少有棘。节片数目

很多，有缘膜。背侧 1 对渗透调节管存在或无，腹方的对存在。生殖孔开口于双侧。阴茎囊小，在渗透调节管外侧。精巢数目很多，出现在 1 个或 2 个区域。卵巢位于侧方，叶状。卵黄腺位于卵巢后。卵囊数目多，各包含 1 个卵。已知寄生于鸟类，全球性分布。模式种：双性孔对殖绦虫（*Cotugnia digonopora* Pasquale，1890）（图 18-564B～D，图 18-565，图 18-566）。

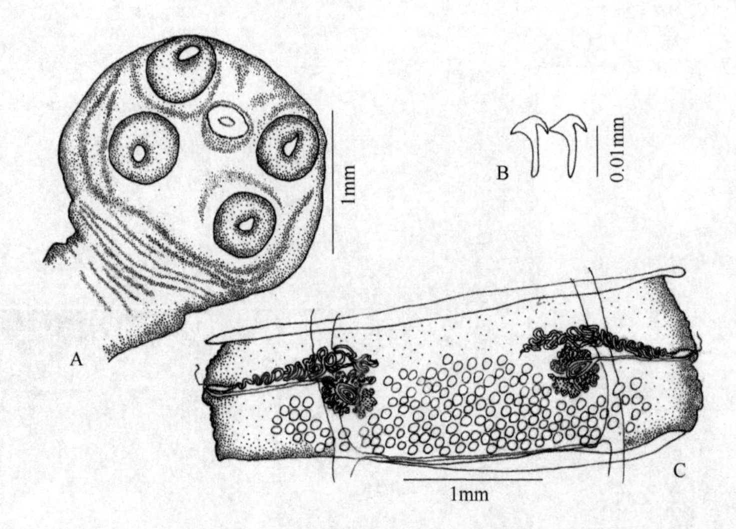

图 18-565　双性孔对殖绦虫结构示意图（引自李海云，1994）

A. 头节；B. 吻突钩；C. 成节

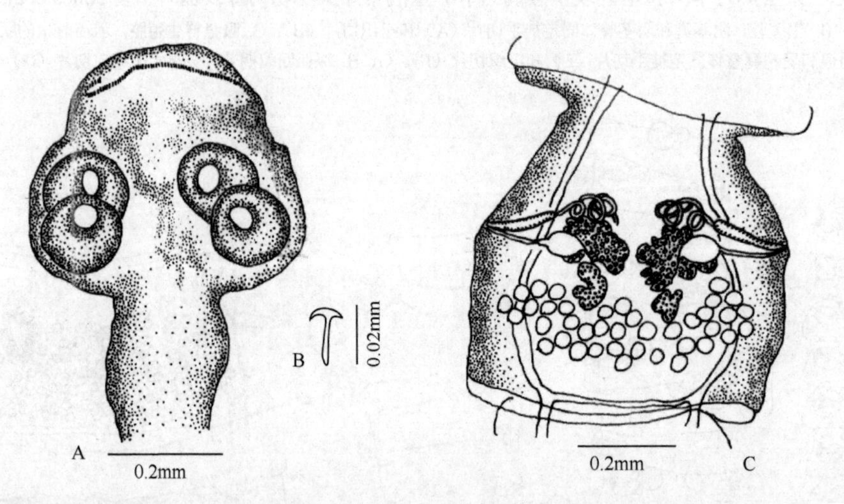

图 18-566　赛尼对殖绦虫（*Cotugnia seni* Meggitt，1926）结构示意图（引自李海云，1994）

A. 头节；B. 吻突钩；C. 成节

13b. 每个节片有 1 套生殖器官 ·· 14

14a. 每个节片有 2 套生殖器官；吻冠 4 瓣叶状，侧边不连续 ·························· *Abuladzugnia* Spasskiĭ，1973

识别特征：吻突大，有 2 轮小锤形钩。吸盘无棘。节片数目很多，有缘膜。只有腹侧渗透调节管存在。生殖孔开口于双侧。阴茎囊小，位于渗透调节管外侧。精巢数目很多，分布于渗透调节管内、外侧。卵巢位于侧方，叶状。卵黄腺位于卵巢后。有很多卵囊，各含 1 个卵。已知寄生于鸡形目，分布于非洲。模式种：*Abuladzugnia gutterae*（Ortlepp，1938）（图 18-567A～D）。

14b. 生殖器官 1 套；吻突冠连续 ·· 15

15a. 吻冠叶状；子宫被含有 1 个卵的卵囊替代 ·· 16

15b. 吻冠波浪状或者是平坦的 1 轮；子宫持续存在 ··· 17

16a. 吻冠形成 8 个叶状轮；已知寄生于北美雀形目鸟类 ·························· 索尼诺托鲁斯属（*Soninotaurus* Spasskiĭ，1973）

识别特征：吻突有双排小的锤形钩。有辅助棘。吸盘有棘。节片数目很多，有缘膜。背部和腹部有成对的渗透调节管存在。生殖器官单套。生殖孔位于单侧。阴茎囊小，在渗透调节管外。精巢数目多，分布于雌性器官侧方和后方。卵巢位于中央，叶状。卵黄腺位于卵巢后。卵囊数目多，各含 1 个卵。已知寄生于北美雀形目鸟类。模式种：有吻索尼诺托鲁斯绦虫［*Soninotaurus rhynchota*（Ransom，1909）］（图 18-567E～K）。

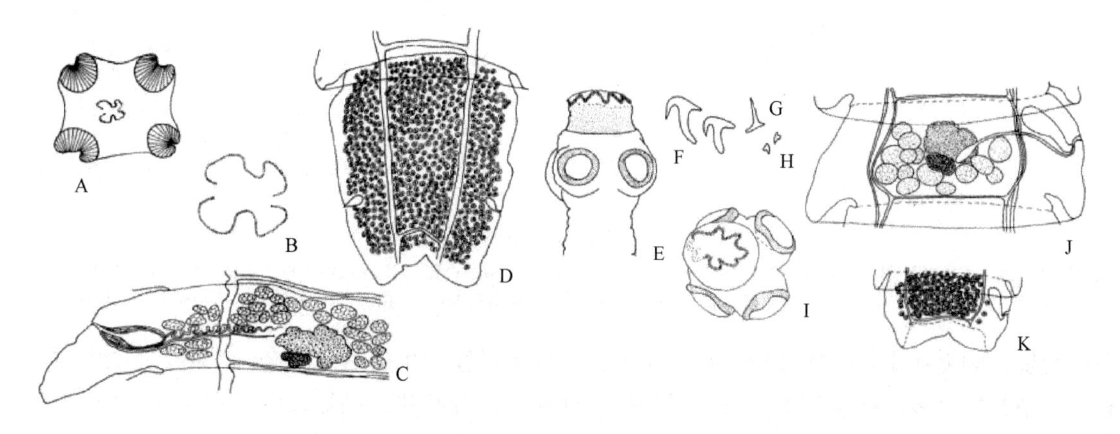

图 18-567　2 属 2 种绦虫结构示意图（引自 Jones & Bray，1994）

A～D. *Abuladzugnia gutterae*（Orlepp，938）：A. 头节顶端；B. 吻冠；C. 成节（一侧）；D. 孕节。E～K. 有吻索尼诺托鲁斯绦虫：E. 头节；F. 吻突钩；G. 吸盘棘；H. 吻突棘；I. 头节顶端观；J. 成节；K. 孕节

16b. 吻冠形成 4 个或 6 个叶状轮或马尔济斯（Maltese）交叉；已知寄生于澳大利亚有袋类动物…………卡洛斯托鲁斯属（*Calostaurus* Sandars，1957）

识别特征：吻突巨大，有 2 排小锤形钩。辅助棘存在。吸盘有棘。节片很多，有或无缘膜。有成对的背腹渗透调节管。生殖器官单套。生殖孔开口于单侧。阴茎囊小，位于渗透调节管外。精巢数目多，通常在两单侧区域，但偶尔在雌性器官后汇合。卵巢位于中央，叶状，常呈清晰的二叶状。卵黄腺实质状，位于卵巢后方。卵囊数目多，含有 1 个卵（特殊的多达 3 个卵）。已知寄生于澳大利亚和巴布亚新几内亚的有袋类动物。模式种：大袋鼠卡洛斯托鲁斯绦虫［*Calostaurus macropus*（Ortlepp，1922）］（图 18-568）。

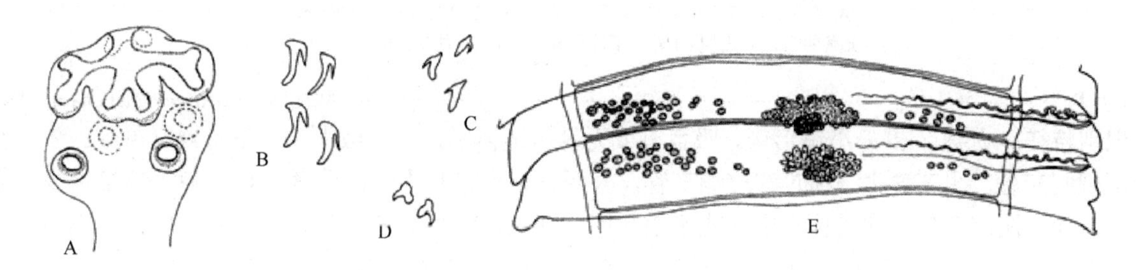

图 18-568　大袋鼠卡洛斯托鲁斯绦虫结构示意图（引自 Jones & Bray，1994）

A. 头节；B. 吻突钩；C. 吻突棘；D. 吸盘棘；E. 成节

17a. 吻突钩波浪状排列…………眉杯属（*Ophryocotyle* Friis，1870）（图 18-569）
［同属异名：伯特绦虫属（*Burtiella* Spasskiĭ & Kornyushin，1977）］

识别特征：吻突钩小，排成两轮。吻突的基部可能存在极小的棘。吸盘有棘。节片有缘膜。生殖器官单套。生殖孔规则交替或不规则交替。阴茎囊小。卵巢位于反孔侧中央。子宫囊状，分叶。已知寄生于鸟类，分布于全北极区、埃塞俄比亚区、新热带区和东方。模式种：变形眉杯绦虫（*Ophryocotyle proteus* Friis，1870）。其他种：无意眉杯绦虫（*O. insignis* Lonnberg，1890）

17b. 吻突钩冠呈平坦的不规则椭圆形…………费尔南德斯属（*Fernandezia* Lopez-Neyra，1936）（图 18-570，图 18-571A）

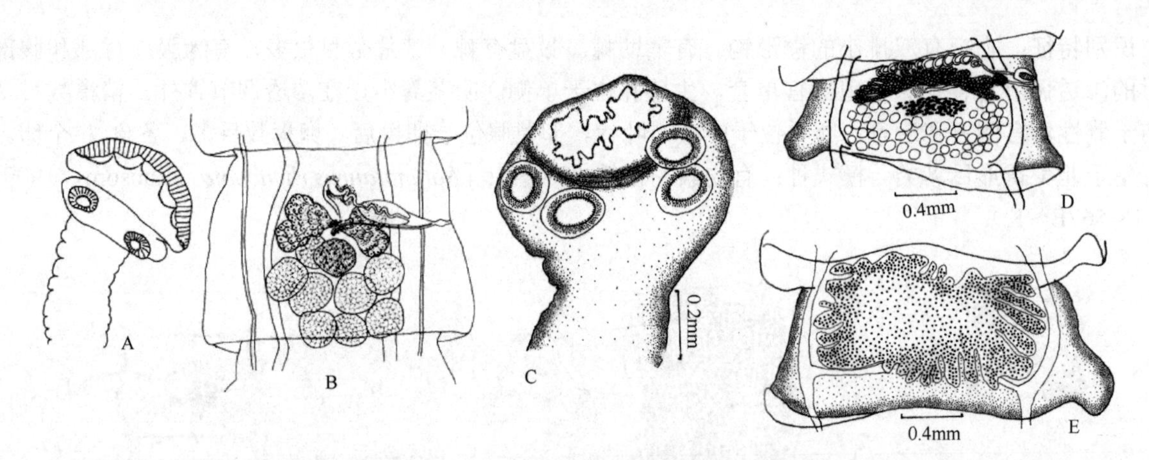

图 18-569 眉杯属绦虫结构示意图

A，B. 变形眉杯绦虫：A. 头节；B. 成节。C～E. 无意眉杯绦虫：C. 头节；D. 成节；E. 孕节（这两个种成节精巢数目相差甚大，卵巢形态与生殖孔开口位置等都有明显区别。放在同一个属可能有问题）（A，B 引自 Jones & Bray，1994；C～E 引自李海云，1994）

识别特征：吻突钩小，排成 2 轮。吸盘无棘。节片有缘膜。生殖器官单套。生殖孔不规则交替开口。阴茎囊小。精巢数目多。卵巢位于中央。子宫持续存在，深分叶状。已知寄生于雀形目，分布于古北区、埃塞俄比亚和东方地区。模式种：戈伊苏埃塔费尔南德斯绦虫（*Fernandezia goizuetai* Lopez-Neyra，1936）（图 18-571A）。

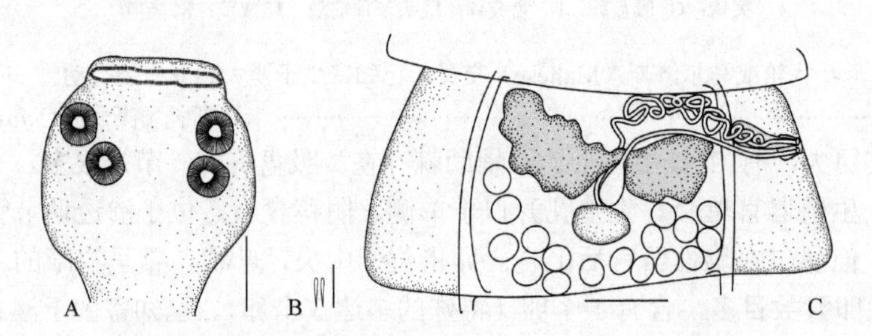

图 18-570 印度费尔南德斯绦虫结构示意图（*F. indicus* Singn，1964）（引自李海云，1994）

A. 头节；B. 吻突钩；C. 成节。标尺：A，C=0.2mm；B=0.02mm

（此种的吻突钩似排成 1 轮，不符合属的特征，可能是一错误识别种）

18a. 节片极少……………………………………………………………………………戴维属（*Davainea* Blanchard，1891）

识别特征：吻突有 2 轮小锤形钩。吸盘有或无棘。链体小，节片数很少。生殖器官单套。生殖孔单侧或不规则交替。阴茎囊大，横过渗透调节管，并经常横过节片中线。阴茎明显有棘。精巢很少，主要在卵巢后面。阴道有棘。卵巢位于中间或略偏孔侧，叶状，常呈显著二叶状。卵黄腺位于卵巢后方。卵囊数目很多，各含 1 个卵。已知寄生于鸟类，全球性分布。模式种：节片戴维绦虫［*Davainea proglottina*（Davaine，1860）］（图 18-571B～E）。

18b. 节片数目很多……………………………………………………………………………………………………19

19a. 吻突钩 3 轮；精巢在反孔侧单一区域；卵巢和卵黄腺位于孔侧……………孔雌属（*Porogynia* Railliet & Henry，1909）

［同属异名：多腔属（*Polycoelia* Fuhrmann，1907），先占用］

识别特征：吻突有很大的锤形钩。吸盘无棘。节片数目多，有缘膜。只有腹部的 1 对渗透调节管存在。生殖孔开于单侧。阴茎囊小，位于渗透调节管外。精巢数目很多。卵巢位于孔侧，扇形。卵黄腺在卵巢略反孔侧后方。卵囊数目多，各含 1 个卵。已知寄生于鸡形目鸟类和蹄兔目哺乳动物，分布于欧洲和非洲。模式种：帕朗孔雌绦虫［*Porogynia paronai*（Moniez，1892）］（图 18-572A～D）。

19b. 吻突钩排成 1 轮……………………………………………眉臼属（*Ophryocotylus* Srivastava & Capoor，1977）

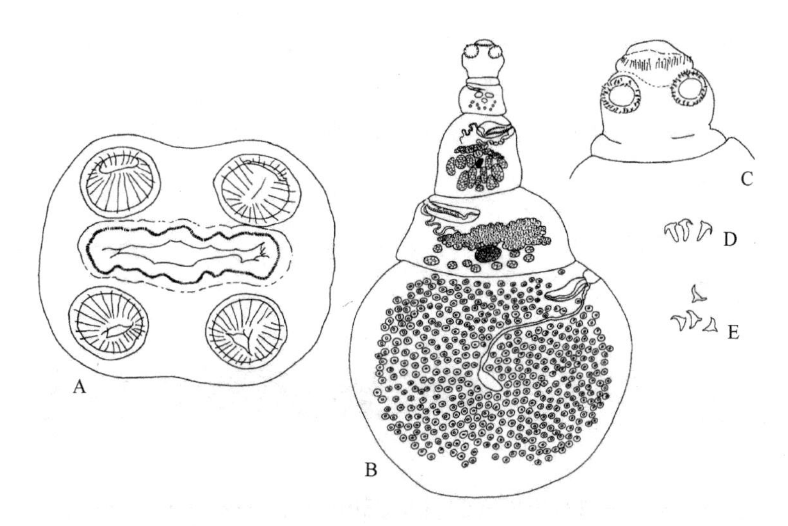

图 18-571 费尔南德斯属和戴维属绦虫结构示意图（引自 Jones & Bray，1994）
A. 戈伊苏埃塔费尔南德斯绦虫头节顶面观；B～E. 节片戴维绦虫：B. 完整的虫体；C. 头节；D. 吻突钩；E. 吸盘上的棘

识别特征：大量小型吻突钩。吸盘有防御结构。节片有缘膜。单套生殖器官。生殖孔单侧开口。阴茎囊小。精巢数多。卵巢位于中线位置。囊状子宫，连续存在。已知寄生于雀形目鸟类，采自印度。模式种：迪诺皮利眉臼绦虫（*Ophryocotylus dinopilium* Srivastava & Capoor，1977）（图 18-572E、F）[该属与 Friis 于 1870 年建立的眉杯属（*Ophryocotyle*）仅词尾之差，而迪诺皮利眉臼绦虫更类似于瑞利属绦虫，笔者认为此属可疑]。

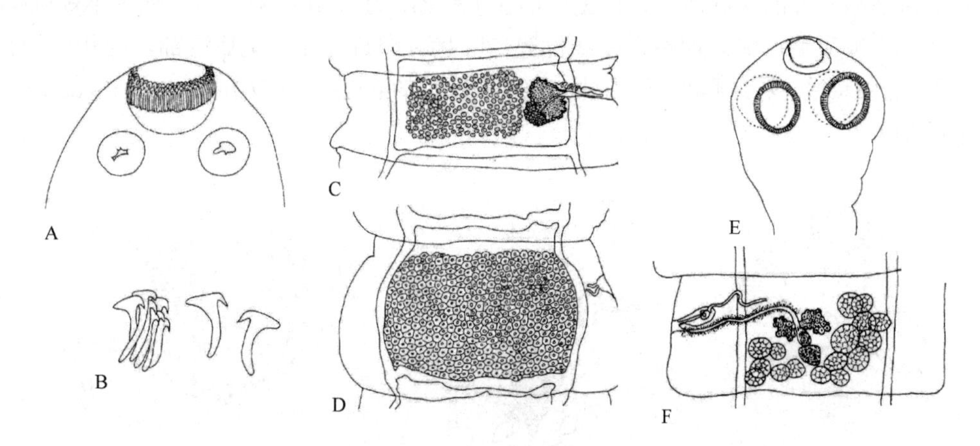

图 18-572 孔雌绦虫和眉臼绦虫结构示意图（引自 Jones & Bray，1994）
A～D. 帕朗孔雌绦虫：A. 头节；B. 吻突钩；C. 成节；D. 孕节。E，F. 迪诺皮利眉臼绦虫：E. 头节；F. 成节

19c. 吻突钩排成 2 轮 ·· 20

20a. 纵向渗透调节管 20 条 ························ 戴维样属（*Davaineoides* Fuhrmann，1920）

识别特征：头节未知。节片数目很多，宽大于长。渗透调节管数目很多，10 条位于背部、10 条位于腹部。生殖器官单套。生殖孔不规则交替。阴茎囊小，达到但不横过渗透调节管。精巢数目多，围绕着卵巢。卵巢位于中央，呈二叶状。卵黄腺位于卵巢后，实质状。卵囊数目多，各含 1 个卵。已知寄生于鸡形目，分布于巴西。模式种：维吉马索斯戴维样绦虫［*Davaineoides vigintivasus*（Skryabin，1914)］（图 18-573A、B）。

20b. 纵向渗透调节管 6 条 ························ *Delamuretta* Spasskiĭ，1977

（同属异名：*Delamurella* Spasskiĭ & Spasskaya，1976，先占用）

识别特征：吻突有 2 轮锤形钩。有吻突棘。吸盘有棘。节片数目很多。生殖器官单套。生殖孔位于单侧或不规则交替。阴茎囊小，位于渗透调节管外。精巢数目很多，位于卵巢两侧区域。卵巢位于中央，二叶状。卵黄腺位于卵巢后方，实质状。卵囊很多，各含 1 个卵。已知寄生于鼠科啮齿动物，分布于非洲和印度。模式种：*Delamuretta polycalceola*（Janicki，1902）（图 18-573C）。

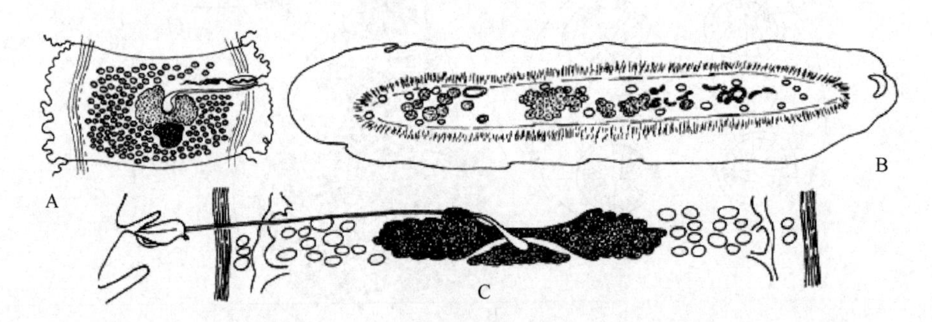

图 18-573　2 属 2 种绦虫局部结构示意图（引自 Jones & Bray，1994）

A，B. 维吉马索斯戴维样绦虫；C. *Delamuretta polycalceola*；A，C. 成节；B. 成节横切面

20c. 纵向渗透调节管 2～4 条 ······ 21

21a. 子宫持续存在 ······ 22

21b. 子宫被各含有 1 个卵的卵囊代替 ······ 23

22a. 吻突钩不是典型的戴维科类型；生殖腔可向外伸出，包围着阴茎囊和阴道远端部；已知寄生于啮齿目动物，分布于非洲 ······ 道尔夫昆廷属（*Dullofusoquenta* Spasskiĭ，1973）

识别特征：头节相对于链体而言大。吻突钩有 2 轮，大约 100 个钩，钩有短的刃和巨大的卫。节片数目多。成对的背部和腹部的渗透调节管存在。单套生殖器。生殖孔单侧开口（偶尔不规则交替出现）。精巢数目多，在单个卵巢后区域。卵巢在中线位置，叶状。卵黄腺在卵巢后背部，叶状。子宫连续，囊状。已知寄生于啮齿目动物，采自非洲。模式种：道尔夫道尔夫昆廷绦虫[*Dullofusoquenta dollfusi*（Quentin，1964）]（图 18-574）。

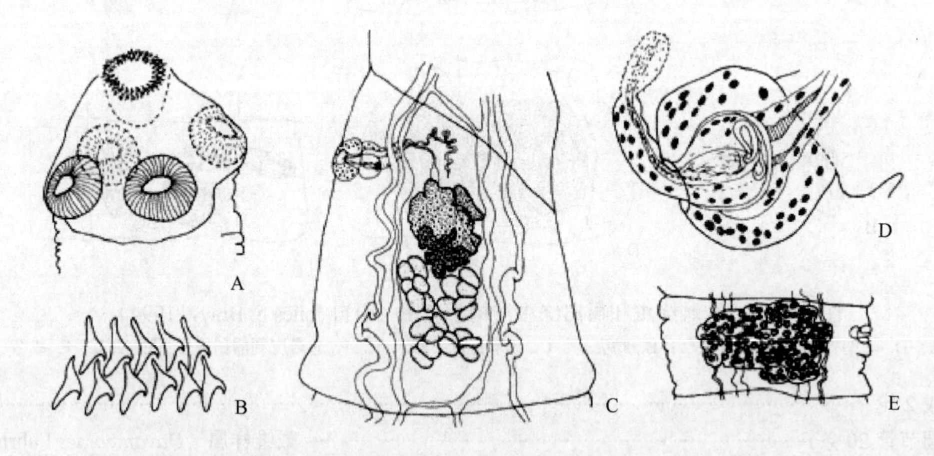

图 18-574　道尔夫道尔夫昆廷绦虫结构示意图（引自 Jones & Bray，1994）

A. 头节；B. 吻突钩；C. 成节；D. 突出的生殖腔区域；E. 孕节

22b. 吻突钩是典型的戴维科类型；生殖腔和上述不同；已知寄生于鸟类，分布于埃塞俄比亚、东方和新热带区 ······ 眉杯样属（*Ophryocotyloides* Fuhrmann，1920）

识别特征：吻突钩数目很多，小。吸盘有棘。节片有缘膜。生殖器官单套。生殖孔单侧开口。阴茎囊小。精巢数目众多。卵巢位于中央。子宫持续存在，叶状。已知寄生于鸟类，分布于埃塞俄比亚、东方和新热带区。模式种：单子宫眉杯样绦虫［*Ophryocotyloides uniuterina*（Fuhrmann，1908）］。

23a. 精巢 2 个，已知寄生于鳞甲目动物 ······ 双睾瑞利属（*Diorchiraillietina* Yamaguti，1959）

识别特征：吻突上有 2 轮小锤形钩。吸盘有棘。节片数目很多。存在有成对的背部渗透调节管和腹部渗透调节管。生殖器官单套。生殖孔开口于单侧。阴茎囊横过渗透调节管。精巢位于卵巢反孔侧。卵巢位于中央，二叶状。卵黄腺位于卵巢后部。卵囊数目很多，各含 1 个卵。已知寄生于鳞甲目，分布于斯里兰卡和爪哇。模式种：扭曲双睾瑞利绦虫［*Diorchiraillietina contorta*（Zschokke，1895）］（图 18-575A、B）。

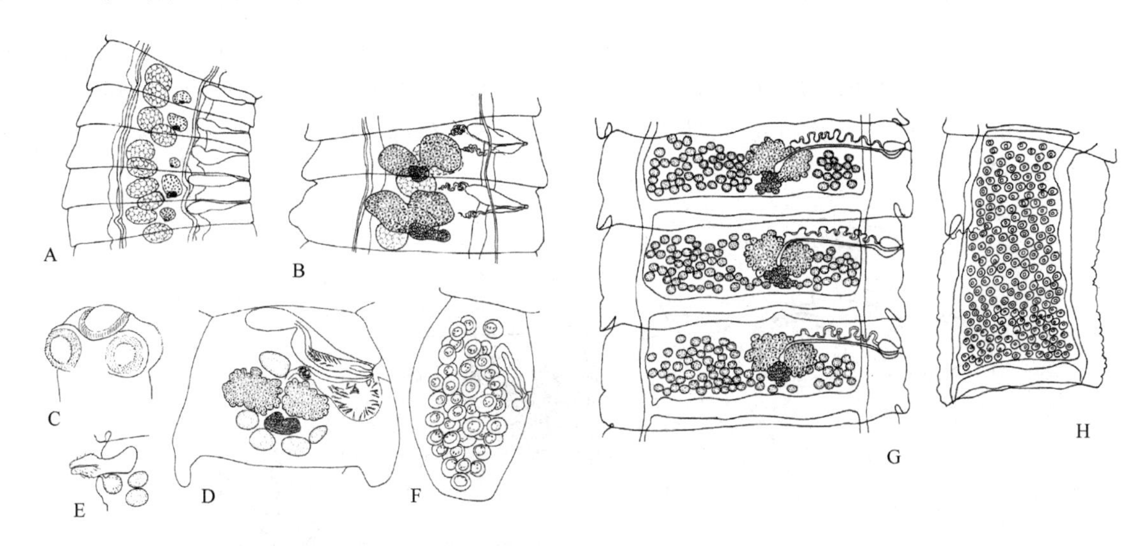

图 18-575　3 属 3 种绦虫结构示意图（引自 Jones & Bray，1994）

A，B. 扭曲双睾瑞利绦虫：A. 早期成节；B. 成节。C～F. 珍珠鸡绦虫：C. 头节；D. 成节；E. 突出的阴茎；F. 孕节。G，H. 尿囊帕氏绦虫［*Paroniella urogalli*（Modeer，1790）］：G. 成节；H. 孕节

23b. 精巢超过 2 个……………………………………………………………………………………24

24a. 阴茎囊穿过节片中线；阴茎有很大的棘；阴道远端膨胀，有或无棘……………………………………………………………………………………珍珠鸡绦虫属（*Numidella* Spasskiĭ & Spasskaya，1971）

识别特征：吻突有两排小锤形钩。吸盘有棘。节片数目多，有缘膜。生殖器官单套。生殖孔开口于单侧。阴道远端通常有棘。精巢相对少，呈半环状包围雌性器官。卵巢位于中央或亚中央，通常为二叶状。卵黄腺位于卵巢后方。卵囊数目多功能，各含一个卵。已知寄生于鸡形目，全球性分布。模式种：珍珠鸡绦虫［*Numidella numida*（Fuhemann，1912）］（图 18-575C～F）。

24b. 生殖管不同于上述情况……………………………………………………………………………25

25a. 生殖孔开口于单侧………………………………………………………………………………26

25b. 生殖孔不规则交替………………………………………………………………………………27

26a. 吻突钩小，很多……………………………帕氏属（*Paroniella* Fuhrmann，1920）（图 18-575G、H）

［同属异名：鹊鸦绦虫属（*Corvinella* Spasskaya & Spasskiĭ，1971），先占用；马吉特属（*Meggittia* Lopez-Neyra，1929）；变帕氏属（*Metaparonia* Spasskiĭ & Spasskaya，1976）；瑞利属帕氏亚属［*Raillietina*（*Paroniella*）Fuhrmann，1920］；*Tetraonetta* Spasskaya & Spasskiĭ，1971）］

识别特征：吻突有 2 轮小锤形钩。吸盘有或无棘。节片数目很多，通常有缘膜。生殖器官单套。生殖孔开口于单侧。阴茎囊通常小并在渗透调节管外，但也可能有更大的、穿过渗透调节管的情况。精巢通常很多，分布范围变化很大。卵巢位于中央或亚中央位置。卵黄腺位于卵巢后。卵囊数目很多，各含 1 个卵。已知寄生于鸟类和哺乳类，全球性分布。模式种：长棘帕氏绦虫［*Paroniella longispina*（Fuhrmann，1909）］。

26b. 吻突钩少（26～32 个）且大……………………………雀稗灵属（*Paspalia* Spasskaya & Spasskiĭ，1971）

识别特征：大吻突钩排成 2 环状轮。吸盘有棘。节片有缘膜。生殖器官单套。生殖孔开口于单侧。阴茎囊小，未穿过渗透调节管。精巢数目多。卵巢位于中央。卵囊含单个卵（？）。已知寄生于啄木鸟，分布于古北区。模式种：巨棘雀稗灵绦虫［*Paspalia macracanthos*（Paspalewa & Woidowa，1969）］（图

18-576A、B）。

27a. 卵巢位于孔侧；精巢被限于孔侧卵巢后区域；已知寄生于沙鸡目（Pteroclidiformes）鸟类……………………………………………………………………………………格沃兹杰夫属（*Gvosdevinia* Spasskiĭ，1973）

识别特征：吻突宽阔，有 2 轮小锤形钩。吸盘无棘。节片数目很多，宽大于长。存在有成对的背部渗透调节管和腹部渗透调节管。背管近孔侧。单套生殖器官。生殖孔不规则交替开口。阴茎囊在渗透调节管外。精巢数目很多。卵巢扇状。卵黄腺位于卵巢后。卵囊数目很多，各含 1 个卵。已知寄生于沙鸡目（Pteroclidiformes）鸟类，分布于古北区。模式种：沙鸡格沃兹杰夫绦虫［*Gvosdevinia pterocleti*（Gvozdev，1961）］（图 18-576C）。

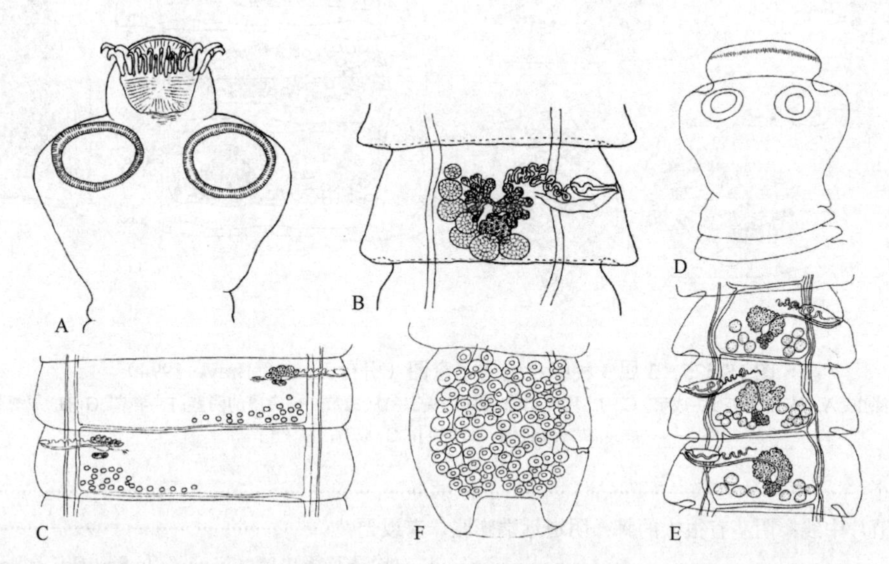

图 18-576　雀稗灵属、格沃兹杰夫属和斯克尔亚宾属绦虫结构示意图（引自 Jones & Bray，1994）

A，B. 巨棘雀稗灵绦虫：A. 头节；B. 成节。C. 沙鸡格沃兹杰夫绦虫早期成节。D～F. 有轮斯克尔亚宾绦虫：D. 头节；E. 成节；F. 孕节

27b. 卵巢位于中央位置；精巢位于孔侧和反孔侧区域……………………………斯克尔亚宾属（*Skrjabinia* Fuhrmann，1920）
{同属异名：棘盘属（*Armacetabulum* Movseyan1966）；*Brumptiella* Lopez-Neyra，1929；*Daovantienia* Spasskiĭ & Spasskaya，1972；瑞利属斯克尔亚宾绦虫［*Raillietina*（*Skrjabinia*）Fuhrmann，1920］}

识别特征：有 2 轮小锤形钩的吻突。吸盘有或无棘。节片数目多，有缘膜。单套生殖器官。生殖孔不规则交替开口。阴茎囊通常小，并位于渗透调节管外，但也可能横过渗透调节管。精巢通常数目多。卵巢位于中央或亚中央，叶状。卵囊数目多，各含 1 个卵。已知寄生于鸟类和哺乳类动物，全球性分布。模式种：有轮斯克尔亚宾绦虫［*Skrjabinia cesticillus*（Molin，1858）］（图 18-576D～F）。

18.15.4　原生亚科（Idiogeninae Fuhrmann，1907）

18.15.4.1　原生亚科分属检索

1a. 虫体细弱；子宫为倒 U 形；阴茎囊大，达到或超过节片中线……………………………………………………2
1b. 虫体强健；子宫囊状；阴茎囊未达节片中线………………………………………………………………………3
2a. 吻突有 3～5 轮不规则的钩排……………………………………………………………原生属（*Idiogenes* Krabble，1868）
［同属异名：*Ersinogenes* Spasskaya，1961；副原生属（*Paraidiogenes* Movsesyan，1971）］

识别特征：伪头节可能发达。吻突上有锤形钩。靠近吻突钩（容易丢失）的环形小片区上有辅助棘。吸盘无棘（？或者有容易丢失的钩棘）。节片具显著缘膜。生殖孔开口于单侧。精巢极少至几个。卵巢位于中央位置。子宫呈倒 U 形。副子宫器官大；在子宫前部延伸。已知寄生于鹤形目鸟类，分布于古北区。模式种：鸨原生绦虫（*Idiogenes otidis* Krabbe，1867）（图 18-577A、B）。

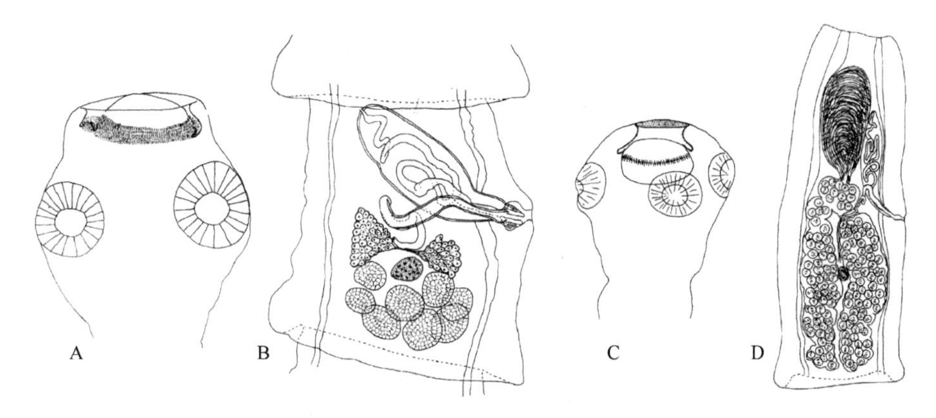

图 18-577 原生绦虫和伪原生绦虫结构示意图（引自 Jones & Bray，1994）

A，B. 鸨原生绦虫；C，D. 鞭毛伪原生绦虫；A，C. 头节；B，D. 成节

2b. 吻突有 2 轮规则交替的钩……伪原生属（*Pseudidiogenes* Movsesyan，1971）

识别特征：在环形小片区上的辅助棘靠近吻突钩（易于脱落）。吸盘有钩（容易脱落）。节片具显著缘膜。生殖孔开于单侧。阴茎囊大，到达或者超过节片中线。精巢极少至几个。卵巢位于中央。子宫为倒 U 形。副子宫器官大，在子宫前端延伸。已知寄生于鹤形目、隼形目和雀形目鸟类，全球性分布。模式种：鞭毛伪原生绦虫［*Pseudidiogenes flagellum*（Goeze，1782）］（图 18-577C、D）。

3a. 吸盘有小裂片……鸨带属（*Otiditaenia* Beddard，1912）（图 18-578A～C）

［同属异名：裂子宫属（*Schistometra* Cholodkowsky，1912）；副裂子宫属（*Paraschistometra* Woodland，1930）］

识别特征：吻突有 2 轮钩；也有辅助棘。吸盘无钩棘。节片有缘膜。生殖器官单套。生殖孔开口于单侧或不规则交替。阴茎囊小。精巢数目多。卵巢位于孔侧。子宫分裂开，囊状。副子宫器官的主体部位于子宫前。已知寄生于鹤形目鸟类，分布于古北区和埃塞俄比亚区。模式种：蓝鸨鸨带绦虫（*Otiditaenia eupodotis* Beddard，1912）［后来认为与圆锥形鸨带绦虫（*Otiditaenia conoideis* Bloch，1782）为同物异名］。

3b. 吸盘呈圆形……4

4a. 12 轮不规则的小锤形钩……*Sphyroncotaenia* Ransom，1911

识别特征：吻突接近钩区有大量的辅助棘。吸盘成圆形，无棘。节片有缘膜。渗透调节管沿着链体从 4 条减少成 2 条。生殖器官单套。生殖孔开口于单侧。阴茎囊小。精巢数目多。卵巢位于孔侧。子宫囊状。副子宫器官主要在子宫前部。已知寄生于鹤形目鸟类，采自埃塞俄比亚。模式种：*Sphyroncotaenia uncinata* Ransom，1911（图 18-578D）。

4b. 2 轮小型吻突钩……5

5a. 卵巢在中央位置或在孔侧亚中央位置；精巢数目多，位于卵巢孔侧和反孔侧区域……查普曼属（*Chapmania* Monticelli，1893）

［同属异名：卡普斯戴维属（*Capsodavainea* Fuhrmann，1901）］

识别特征：吻突上有 2 轮波浪形的小锤形钩；辅助棘常存在。吸盘圆形，没有小垂片但由 2～3 个半圆瓣膜关闭孔隙。节片有缘膜。渗透调节管 4 条，可能沿着链体减少至 2 条。生殖器官单套。生殖孔不规则交替开口。阴茎囊大，突入中线区域。子宫在幼龄阶段分支；随后变为深分叶的囊状。副子宫器官在子宫前部。已知寄生于鹤形目、美洲鸵目和犀鸟目鸟类，分布于古北区、埃塞俄比亚区、新热带区和东方。模式种：*Chapmania tauricollis*（Chapman，1876）（图 18-578E、F）。

5b. 卵巢位于孔侧；精巢数目多，完全位于卵巢反孔侧区域……萨提安娜拉亚娜属（*Satyanarayana* Khan，1984）

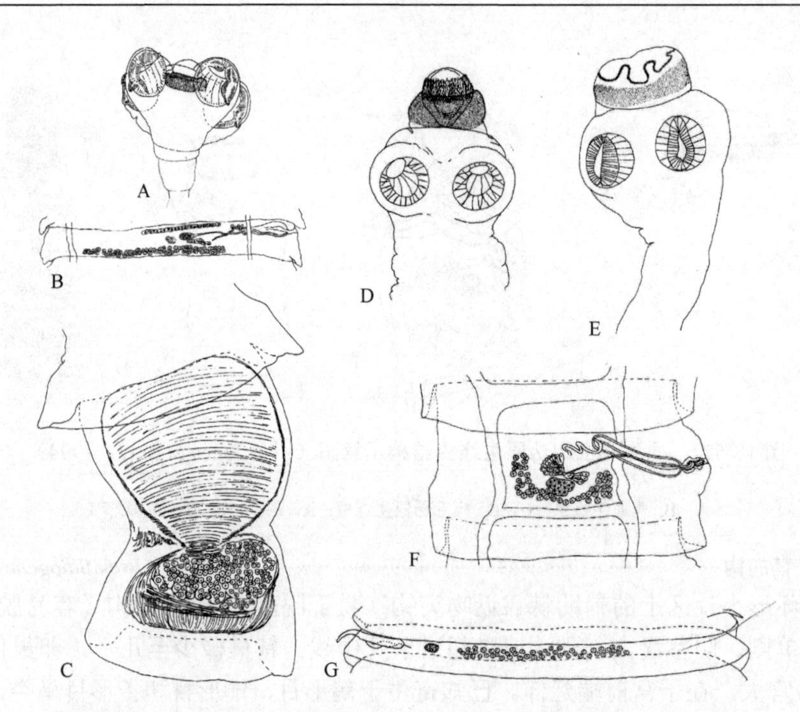

图 18-578　4 属 5 种绦虫局部结构示意图（引自 Jones & Bray，1994）

A～C. 鸮带属：A. 麦奎因鸮带绦虫［*O. macqueeni*（Woodland，1930）］的头节。B，C. 圆锥形鸮带绦虫：B. 成节；C. 孕节。D. *Sphyroncotaenia uncinata* Ransom，1911 的头节；E，F. *Chapmania tauricollis*（Chapman，1876）：E. 头节；F. 成节。G. 萨提安娜拉亚娜绦虫的成节

识别特征：吻突上有 2 轮小锤形钩。吸盘圆形，无棘。节片宽大于长，有缘膜。渗透调节管 4 条。生殖器官单套。生殖孔不规则交替开口。阴茎囊小。子宫囊状。副子宫器官位于子宫前方。已知寄生于鹳形目鸟类的肺中，采自印度。模式种：萨提安娜拉亚娜绦虫（*Satyanarayana satyanarayani* Khan，1984）（图 18-578G）。

18.15.5　戴维科绦虫精子相关的研究状况

Bâ 和 Marchand（1994c）报道了瑞利绦虫 *Raillietina*（*Raillietina*）*tunetensis* 的精子发生和精子超微结构，以及多棘对殖绦虫（*Cotugnia polyacantha*）精子的超微结构。瑞利绦虫 *R.*（*R.*）*tunetensis* 的精子形变始于分化区的形成，含有皮层微管和 2 个中心粒。1 个中心粒很快产生 1 条与中央胞质突起相融合的鞭毛，皮层微管延长，弓形膜出现。核迁移后，2 个冠状体形成，老精子细胞与残余细胞质分离。成熟精子表现为有电子致密物质的顶锥和 2 个厚 100～200nm 的半螺旋冠状体。皮层微管为螺旋状与精子轴约成 60°角。“9+1”类型的轴丝不达配子的后部末端。核为一精细、实体索样，螺旋围绕着轴丝长达完整的两圈。精子Ⅴ区胞质电子致密，其余部分胞质由电子透明物质构成，并由电子致密物质分为不规则的腔，此类电子致密物由精细、连续的围轴鞘组成，一细颗粒亚微管层位于Ⅰ、Ⅱ区，并且有不规则空间区位于Ⅲ、Ⅳ区。在绦虫精子中首次描述核横断面为环状，两个不同长度和厚度的冠状体。首次报道戴维科绦虫精子存在冠状体。多棘对殖绦虫精子的超微结构未提及顶锥情况，冠状体 2 个，厚 50～100nm；皮层微管呈扭曲状围绕着精子等。

Bâ 等（2005）又报道了贝尔瑞利绦虫［*R.*（*R.*）*baeri*］成熟精子的超微结构（图 18-579）：存在电子致密物质构成的顶锥，长 2500nm，宽 500nm；两个半螺旋的冠状体厚 100～125nm。冠状体为不同长度，以与精子轴约 50°角螺旋围绕着精子。轴丝为“9+1”类型，不达配子的后部末端。核为电子致密的索，螺旋围绕着轴丝。胞质表现为后部致密化，并且在精子的Ⅰ、Ⅱ和Ⅴ区含有极少量小的电子致密颗粒。Ⅲ和Ⅳ区由电子致密物质壁分为不规则的腔。皮层微管以 40°～50°角围绕着精子轴。此研究首次描述寄

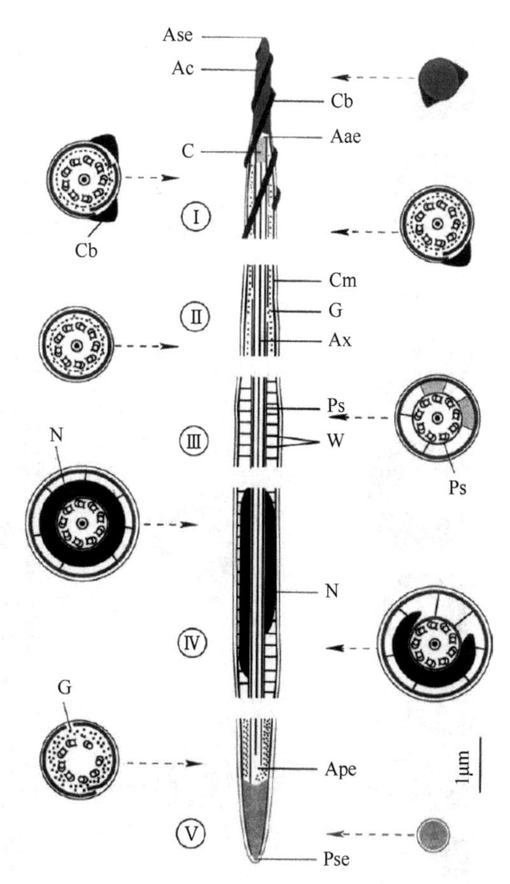

图 18-579　贝尔瑞利绦虫成熟精子的超微结构重构（引自 Bâ et al.，2005）

Aae. 轴丝前端；Ac. 顶锥；Ape. 轴丝后端；Ase. 精子前端；Ax. 轴丝；C. 中心粒；Cb. 冠状体；Cm. 皮层微管；G. 电子致密颗粒；N. 核；Ps. 围轴鞘

生于哺乳动物的瑞利绦虫精子超微结构，并显示出有宽的顶锥，这在圆叶目种类中没有描述过有两个冠状体且有宽顶锥的类型。

Bâ 等（2005）还报道了戴维科 *Paroniella reynoldsae* 绦虫精子的超微结构，其成熟精子表现为有一电子致密物质构成的顶锥，长 2200nm，宽 650nm，在顶锥基部两个半螺旋的冠状体厚 100～150nm。冠状体长度不一，与精子轴成约 45°角。轴丝为“9+1”类型，不达配子的后部末梢。核为电子致密的索，厚 250nm，围绕轴丝螺旋行卷绕。胞质表现为后部致密化并在精子的Ⅰ、Ⅱ和Ⅴ区含有极少而小的电子致密颗粒。在Ⅲ和Ⅳ区，电子致密物质壁分为不规则的腔。皮层微管以约 45°角螺旋布局。

Miquel 等（2010）对微棘瑞利绦虫［*R. micracantha*（Fuhrmann，1909）］的精子形成和精子结构（图 18-580，图 18-581 左）进行了较为深入的研究和描述。结果表明其精子形成始于含 2 个中心粒的分化区的形成，其一中心粒长出游离鞭毛，随后从近端到远端与胞质突起融合，核沿着精细胞体迁移。在进一步

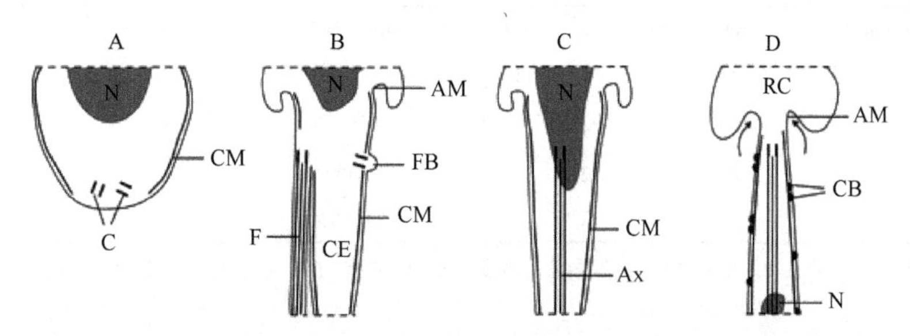

图 18-580　微棘瑞利绦虫精子形成的主要阶段示意图（引自 Miquel et al.，2010）

AM. 弓形膜；C. 中心粒；CB. 冠状体；CE. 细胞质突起；CM. 皮层微管；F. 鞭毛；FB. 鞭毛芽；N. 细胞核；RC. 残余细胞质

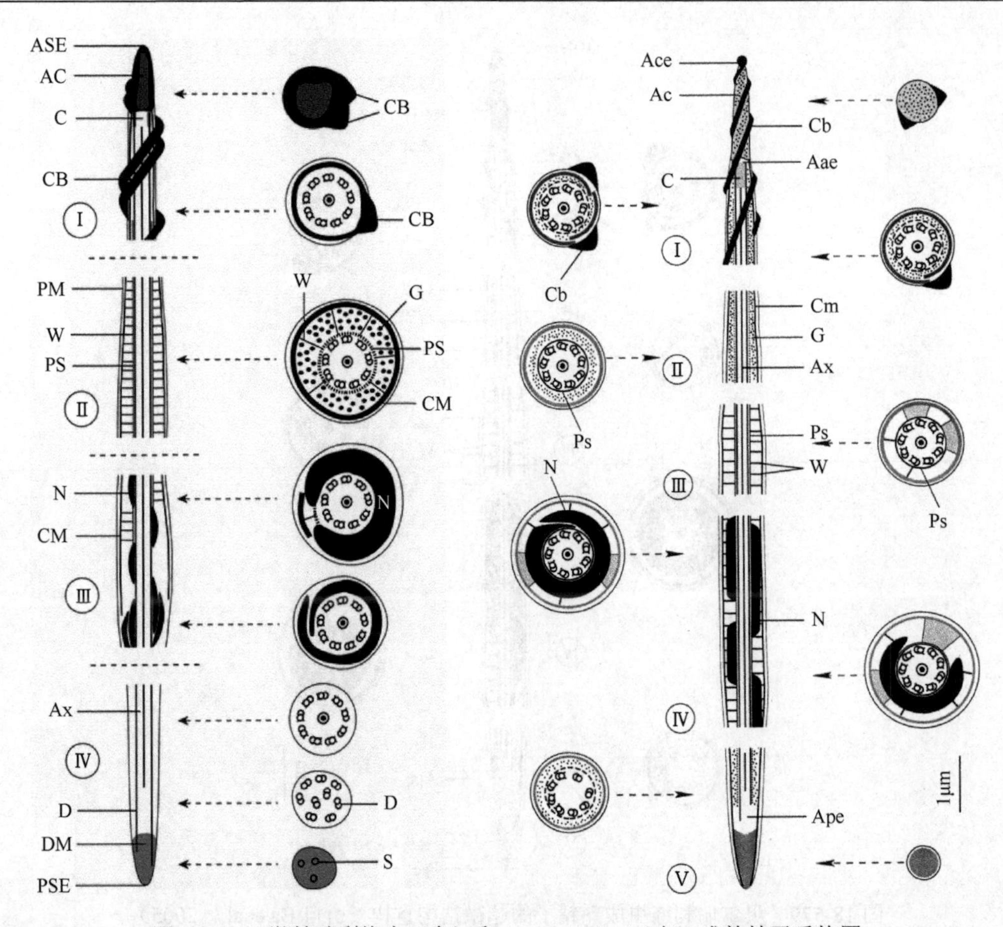

图 18-581　微棘瑞利绦虫（左）和 *P. reynoldsae*（右）成熟精子重构图

缩略词：Aae. 轴丝前端；AC（Ac）. 顶锥；Ace. 顶锥端部；Ape. 轴丝后端部；ASE. 前端精子末端；C. 中心粒；CB（Cb）. 冠状体；CM（Cm）. 皮层微管；D. 微管二联体；DM. 电子致密物；G. 糖原颗粒或电子致密颗粒；N. 细胞核；PM. 质膜；PS（Ps）. 围轴鞘；PSE. 后部精子末端；S. 单体；W. 胞质内壁；W. 胞质内壁（左引自 Miquel et al.，2010；右引自 Bâ et al.，2005）

的精子发生过程中，精细胞体内出现一围轴鞘和质内壁。精子的发生结束于精细胞基部两个半螺旋状的冠状体的出现及最后弓状膜环变窄，脱离开完全形成的精子。微棘瑞利绦虫的成熟精子为一长丝状细胞，缺线粒体。两个冠状体长度不一，一条轴丝为密螺旋轴丝扁形动物“9+1”类型：具扭曲的皮层微管、一围轴鞘、胞质内壁、糖原颗粒和螺旋形的细胞核。精子前端的特征是存在电子致密顶锥和两个螺旋形冠状体而后端仅有轴丝和一电子致密的后端部。5 种戴维科绦虫精子的超微结构特征比较见表 18-24。

表 18-24　5 种戴维科绦虫精子的超微结构特征

	AC	CB		CM	PS	DG	W	参考文献
	长度×宽度（nm）	*N*	厚度（nm）					
贝尔瑞利绦虫（*Raillietina baeri*）	2500 × 500	2	100～125	40°～50°	+	-	+	Bâ et al.，2005
Raillietina tunetensis	—× 300	2	100～200	60°	+	-	+	Bâ & Marchand，1995
微棘瑞利绦虫（*Raillietina micracantha*）	1000 × 300	2	100	50°	+	-	+	Miquel et al.，2010
Paroniella reynoldsae	2200 × 650	2	100～150	45°	+	-	+	Bâ et al.，2005
Cotugnia polyacantha	—	2	50～100	扭曲的	+	-	+	Bâ & Marchand，1994d

注：AC. 顶锥；CB. 冠状体（数目和厚度）；CM. 皮层微管的角度；PS. 围轴鞘；DG. 电子致密颗粒；W. 质内壁；+/-：特征的存在/不存在；“—”表示无数据

戴维科绦虫的精子发生属于 Bâ 和 Marchand（1995）的Ⅲ型，表现为发生过程中一中心粒长出的鞭毛与中央胞质突起平行，随发育进行，与中央胞质融合；精子类型属于 Levron 等（2009）的Ⅶ型，表现为具有 1 条轴丝、皮层微管螺旋、核螺旋、冠状体（1 或多个），有围轴鞘和胞质间壁等。

18.16 裸头科（Anoplocephalidae Cholodkovsky，1902）

裸头科绦虫代表了多样化的感染陆生哺乳动物（有胎盘类和有袋类）和鸟类寄生动物群。基于这些宿主中属的数目，裸头科最重要的辐射存在于啮齿目动物和兔形目动物（Spasskiĭ，1951；Beveridge，1994），尽管在更广的系统背景中，陆生哺乳动物被当作圆叶目多样性的基础宿主（Hoberg et al.，1999b）。裸头亚科（Anoplocephalinae Blanchard，1891）从裸头科的其他亚科［穗体亚科（Thysanosomatinae Skrjabin，1933）、林斯顿亚科（Linstowiinae Fuhrmann，1907）和无棘帽野生亚科（Inermicapsiferinae Lopez-Neyra，1943）］区别开来的主要依据是孕节中存在囊状的子宫（Beveridge，1994）。而 Beveridge（1994）和 Hoberg 等（1999b）提供了裸头科非单系的形态学证据，同时裸头亚科和穗体亚科可能形成一个单系与林斯顿亚科和无棘帽野生亚科分离开来。

裸头科绦虫系统发生的框架（从各种意义上）由 Baer（1927）、Spasskiĭ（1951）、Tenora（1976）和 Beveridge（1994）提出，但这些框架没有一个是依赖于系统发生科学方法构建的。Spasskiĭ（1951）在裸头科的系统安排中纳入子宫发育的类型区别裸头亚科为具有管状早期子宫，莫尼茨亚科（Monieziinae）具有网状早期子宫。这样的分类安排随后被 Tenora（1976）采纳，但 Yamaguti（1959）、Schmidt（1986）和 Beveridge（1994）不予采纳。

裸头亚科（加穗体亚科）最具体的系统理论是 Beveridge（1994）整理的，他基于选择性形态特征观点，将子宫形态作为进一步系统分类的主要决定特征。同时，Beveridge（1994）强调了生殖器官套数的重要性，而 Spasskiĭ（1951）、Baer（1955）和 Rausch（1980）也都曾将生殖器官套数作为裸头亚科内分类的一个依据。这些学者均表明：几对属相互之间的主要区别在于每节生殖器官的数目（单套或双套）。Beveridge（1994）的理论表明裸头亚科与其宿主之间系统上存在一定程度的共演化，但有些例子也暗示着啮齿目动物、兔形目动物和其他哺乳动物之间的宿主转换。Wickström 等（2005）首次进行了胎盘类哺乳动物裸头亚科绦虫的分子系统研究，尤其强调了全北区寄生于啮齿目和兔形目动物的绦虫，其分子系统理论基于线粒体细胞色素氧化酶 I 基因（*COI*）、核编码的 28S rRNA 基因和 rRNA 的内转录间隔区 I（*ITS1*）的序列数据。其所得出的系统可用于推导裸头亚科绦虫与宿主的共演化历史、系统关系和特性的演化。

传统的圆叶目裸头科的特征是吻突和头节上无任何的钩棘。与其他存在有钩棘吻突的相关科如戴维科、囊宫科和膜壳科相比较，此科的区别特征为具祖征或原始的性状。若吻突和/或钩棘的失去被视为次生现象的话，后 3 个科中的很多属或种次生性地失去了吻突和/或吻突上的钩棘。由于此界定的主要特征对裸头科有明显的局限性，推测裸头科的 4 个亚科可能为多系，且有明显的形态特征表明确实如此。科中已描述有 4 种类型的子宫发育，这成为裸头科 4 个亚科：裸头亚科、林斯顿亚科、无棘帽野生亚科和穗体亚科划分的重要基础。

18.16.1 识别特征

小到大型绦虫；头节无吻突；吸盘无钩棘；节片具缘膜或无缘膜；生殖器官单套或双套；精巢多数；生殖孔位于节片边缘，规则交替或不规则交替。子宫或为囊状或为网状，持续存在于孕节中，或短暂存在并分裂为卵囊或发育为副子宫器；卵通常有梨形器。已知寄生于哺乳类、鸟类和爬行类动物，全球性分布。模式属：裸头属（*Anoplocephala* Blanchard，1848）。

18.16.2　亚科检索

1a. 成节中子宫管状、网状或囊状，孕节中持续存在……………………………裸头亚科（Anoplocephalinae Blanchard，1891）

识别特征：子宫囊状或网状，孕节中持续存在，已知寄生于哺乳类和鸟类，全球性分布。

1b. 子宫短暂存在，分裂为卵囊；卵以单个的形式分散于整个实质中，具有薄的、称为子宫囊的外膜……………………………………………………………………………林斯顿亚科（Linstowiinae Fuhrmann，1907）

识别特征：子宫短暂存在，分裂为简单的卵囊。卵单个定位于实质组织中。已知寄生于哺乳动物和爬行类动物，全球性分布。

1c. 子宫发育为供卵通过的副子宫器；通常不存在明显的卵巢和卵黄腺，而由胚卵黄腺或生殖卵黄腺（germovitellarium）代替……………………………………………………穗体亚科（Thysanosomatinae Skryabin，1933）

识别特征：子宫有 1 个或几个副子宫器。已知寄生于反刍动物，全球性分布。

1d. 子宫短暂存在，分裂为“纤维质”实质样囊；卵于实质囊中成群存在……………………………………………………………………………无棘帽野生亚科（Inermicapsiferinae Lopez-Neyra，1943）

识别特征：子宫短暂存在，分裂为厚纤维状包围卵的囊。每个囊内含几个卵。已知寄生于哺乳类动物，分布于非洲和亚洲。

18.16.3　裸头亚科（Anoplocephalinae）分属检索

1a. 1 个头节具 2 条或以上链体……………………………………三带属（*Triplotaenia* Boas，1902）（图 18-582）

识别特征：链体细长形，呈波浪状或螺旋卷曲；缺乏外部的分节现象；生殖孔位于节片外部边缘；内部边缘具不规则流苏。各精巢最终通入几个阴茎囊。子宫囊状，持续存在。梨形器存在。已知寄生于袋鼠科的有袋类，分布于澳洲。模式种：奇异三带绦虫（*Triplotaenia mirabilis* Boas，1902）。

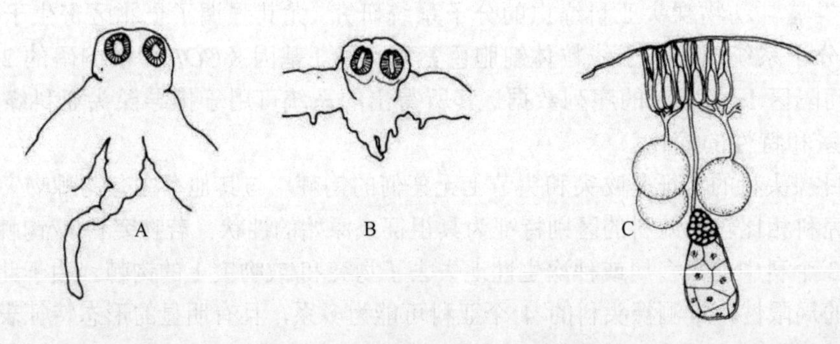

图 18-582　波状三带绦虫（*T. undosa* Beveridge，1976）结构示意图（引自 Beveridge，1994）
A，B. 头节具成对的链体；C. 生殖系统

1b. 1 个头节具 1 条链体……………………………………………………………………………2
2a. 子宫最初为球状或三叶状，位于卵巢前方，扩展并填充节片……………………………………3
2b. 子宫最初为管状或网状……………………………………………………………………………4
3a. 子宫最初为球状，向侧方扩展填充节片；精巢位于卵巢后部…………………横带属（*Crossotaenia* Mahon，1954）

识别特征：链体小；节片具显著缘膜，宽大于长。生殖器官单套。生殖孔规则交替。生殖管在渗透调节管间通过。无受精囊。精巢排布为简单带状，位于雌性生殖器官的后部。卵巢位于近孔侧。阴道位于阴茎囊的后部。子宫位于雌性生殖器官的前方。梨形器不存在。已知寄生于反刍动物的胆管中，分布于非洲。模式种：贝尔横带绦虫（*Crossotaenia baeri* Mahon，1954）（图 18-583）。

3b. 子宫最初为三叶状，细长、侧向分支并填充于节片的前部……………陶菲克属（*Taufikia* Woodland，1928）（图 18-584）

［同物异名：吉迪海尔属（*Gidhaia* Johri，1934）；新菲洛尼属（*Neophronia* Saxena，1967）］

识别特征：链体细长。节片无缘膜，宽大于长。生殖器官单套。生殖孔不规则交替。生殖管在腹渗透调节管背方通过。内贮精囊存在。精巢位于卵巢前方或分散。卵巢位于节片中央。阴道在阴茎囊后部。受精囊存在。梨形器不存在。已知寄生于隼形目（Accipitriforms）鸟类（秃鹫），分布于非洲、印度和亚洲。模式种：埃德蒙陶菲克绦虫（*Taufikia edmondi* Woodland，1928）。

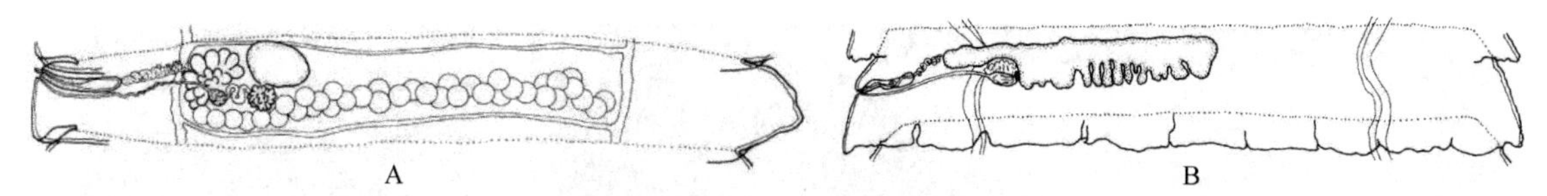

图 18-583　贝尔横带绦虫结构示意图（引自 Beveridge，1994）

A. 成节；B. 孕节，示发育中的子宫

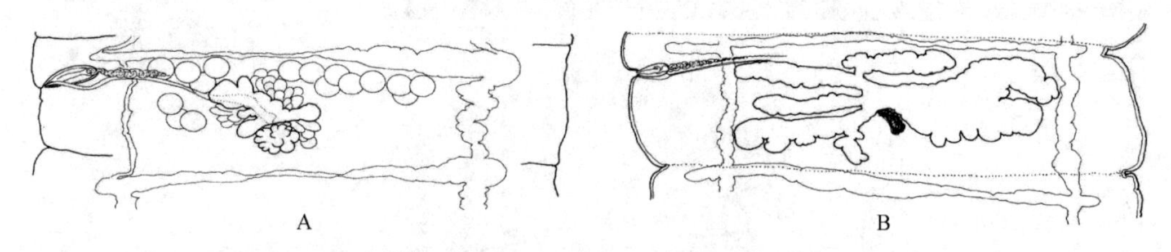

图 18-584　埃德蒙陶菲克绦虫全模标本（引自 Beveridge，1994）

A. 成节；B. 孕节，示发育中的子宫

4a. 子宫最初为管状，随后变为囊状，发展出支囊，不呈网状……………………………………………………5

4b. 在部分发育过程中子宫呈现出网状……………………………………………………………………27

5a. 子宫为一条直的横向或纵向管……………………………………………………………………………6

5b. 子宫在雌性生殖器官前方为弓形，或在卵黄腺的两边有成对的后方支囊…………………………………19

6a. 精巢源于子宫的前方［埃韦斯原受精带绦虫（*Progamotaenia ewersi*）中偶尔源于后方］…………………7

6b. 精巢非完全在子宫前方…………………………………………………………………………………8

7a. 生殖器官单套……………………………………………伯特属（*Bertiella* Stiles & Hassall，1902）（图 18-585～图 18-588）

［同物异名：伯特属（*Bertia* Blanchard，1891）；副伯特属（*Parabertilla* Nybelin，1917）；

印度带属（*Indotaenia* Singh，1962）；原带属（*Prototaenia* Baer，1927）；

贝弗里奇属（*Beveridgia* Spasskiĭ，1988）］

识别特征：链体大小不一。节片具缘膜，宽大于长。生殖孔单侧或不规则交替。生殖管在渗透调节管背方通过。内贮精囊存在。精巢排为单一带状或分为两群，全部位于子宫前方。卵巢位于节片孔侧，中央或反孔侧。阴道位于阴茎囊后部。有或无受精囊。子宫简单，横向管状，梨形器存在。已知寄生于灵长目（包括人）、啮齿目、皮翼目和澳洲有袋目哺乳动物，全球性分布。模式种：司氏伯特绦虫［*Bertiella studeri*（Blanchard，1891）Stiles & Hassall，1902］（图 18-586A～D，图 18-587）。

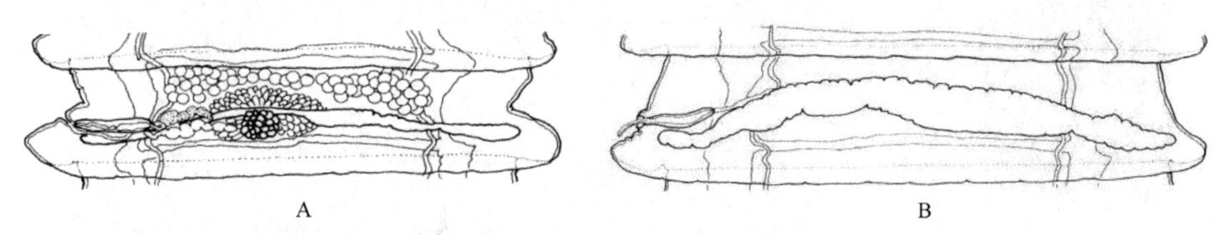

图 18-585　袋貂伯特绦虫（*B. phalangeris* Beveridge，1985）（引自 Beveridge，1994）

A. 成节；B. 孕卵节片

司氏伯特绦虫是猴和其他灵长类常见的寄生虫。偶见感染人体，文献记录已有 50 多个人体伯特绦虫病例，见于毛里求斯、菲律宾、东非、印度尼西亚、印度、越南和新加坡等地。病例也报道于前苏联、英国、西班牙和美国。我国至今尚未见人体病例报告。伯特绦虫属有29种，已知其中两种：司氏伯特绦虫和短尖伯特绦虫（*B. mucronata*）感染人，绝大多数感染儿童。有的伯特绦虫病的感染是由于意外摄入了作为中间宿主的甲螨，包括4个报道自毛里求斯的病例。至1995年毛里求斯地方健康权威报道了3例感染短尖伯特绦虫的3～7岁的儿童病例。随后，又报道了2个额外的病例，一个是3岁半的儿童，一个是32岁的男士（农民）。基于这些报道，经过形态研究发现毛里求斯伯特绦虫病的病原为司氏伯特绦虫而不是短尖伯特绦虫。Lopes等（2015）报道了巴西司氏伯特绦虫首例人体病例。受感染者为2岁半的儿童。

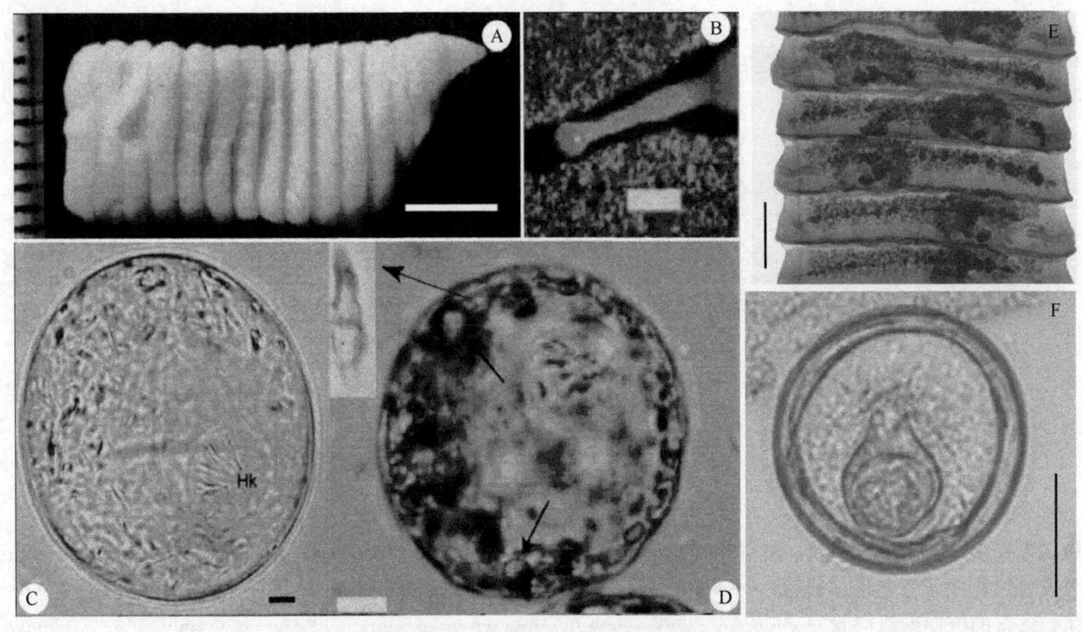

图 18-586　司氏伯特绦虫和短尖伯特绦虫实物

感染毛里求斯人的司氏伯特绦虫（A～D）和短尖伯特绦虫（E，F）。A. 节片；B. 保存于实验室一样品的头节；C. 卵，示壳膜、梨形器和有钩（Hk）的六钩蚴；D. 卵，示角样的丝（插图）和两个结节样结构（箭头）；E. 成节；F. 虫卵，示梨形器。标尺：A，E=1mm；B=2mm；C，D=10μm；F=20.16mm（A～D引自Bhagwant，2004；E，F引自Gómez-Puerta et al.，2009）

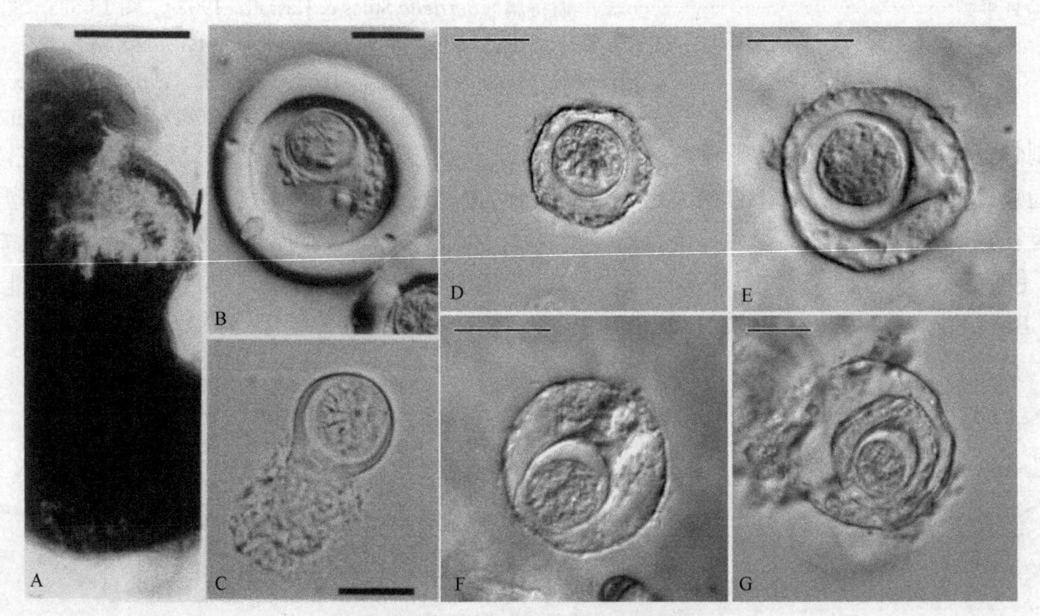

图 18-587　2种伯特绦虫子宫壁破裂及卵

A～C. 司氏伯特绦虫：A. 孕节子宫最大扩张，示实质和子宫壁破裂（“子宫孔”）（箭头所指）；B. 成熟的卵；C. 双角膜梨形器；D～G. 采自不同位置和不同成熟度萨提尔伯特绦虫（*Bertiella satyri*）卵的照片（宿主为苏门答腊猩猩，卵为湿卵）：D～F. 未成熟卵；G. 成熟的卵。标尺：A=1mm；B，C=0.018mm；D～G=20μm（A～C引自Galán-Puchades et al.，2000；D～G引自Foitová et al.，2011）

成虫长 150～450mm，个别的可长达 700mm，最宽处为 10mm。头节稍扁，顶端有已退化的顶突，4 个卵圆形的吸盘。颈区长 0.5mm。成节长 0.75mm，宽 6mm，每节有雌、雄生殖器官各一套。孕节中的子宫充满虫卵。虫卵为不规则的卵圆形，大小为（45～46）μm ×（49～50）μm。卵壳透明，其下有一层蛋白膜包绕的梨形器，此结构一端具有双角的突起，突起尖端可达卵壳，内有 1 个六钩蚴。虫卵被螨类 *Scheloribates baevigatus* 和 *Galumna* spp.吞食后，卵内的六钩蚴发育为拟囊尾蚴。终宿主食入含有拟囊尾蚴的螨类而感染。成虫寄生于终宿主肠内，孕节随粪便排出体外。人误食有拟囊尾蚴的螨类而受感染。成虫在肠内寄生时可无任何症状，也可发生腹痛和呕吐，症状的有无和轻重与其寄生的量及宿主的生理状态相关。确诊依赖粪便中检出虫卵或孕节。实际中用阿的平驱虫有效。

Foitová 等（2011）重新描述了萨提尔伯特绦虫（*Bertiella satyri* Blanchard，1891）（图 18-588），其采自印度尼西亚苏门答腊猩猩（*Pongo abelii*）。

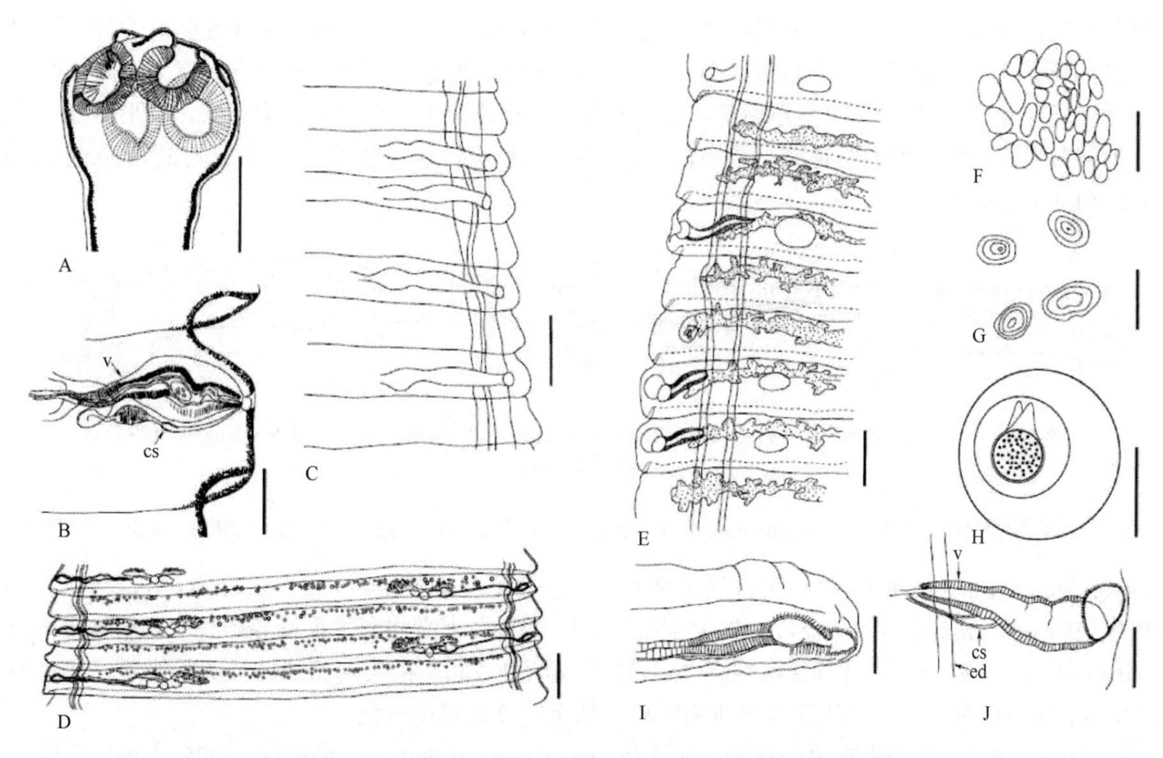

图 18-588　萨提尔伯特绦虫结构示意图（引自 Foitová et al.，2011）

A～D. 采自印度加尔各答人（A）和白眉长臂猿（B～D）的样品（出自 Chandler，1925）结构示意图：A. 头节（MHNG 42181）；B. 末端生殖器官的细节，示阴茎囊（cs）、阴道（v）（MHNG 40298）；C. 部分链体，示生殖孔不规则交替（MHNG 40298）；D. 成节（MHNG 40298）。E～J. 采自苏门答腊猩猩的样品结构示意图：E. 链体的一部分，示子宫和生殖孔不规则交替；F. 链体肌肉横切；G. 钙颗粒；H. 成熟的卵；I，J. 末端生殖器官，示阴茎囊（cs）、阴道（v）和排泄管（ed）。标尺：A，C=250μm；B=200μm；D=500μm；E=1mm；F～H=20μm；I，J=400μm

萨提尔伯特绦虫（BSA）与其最相近的司氏伯特绦虫（BSTU）的特征区别主要在于：①精巢数目（BSTU 为 300～400，BSA 为 116～124）；②生殖器官开口（BSTU 规则交替，BSA 不规则交替）；③阴茎囊（BSTU 短，为 0.250～0.320mm，不达排泄管，BSA 长，为 0.630mm × 0.495mm，达排泄管）；④卵的大小［BSTU 为 0.053～0.060mm，BSA 为 0.030～0.051mm）；⑤宿主［BSTU 为非洲的黑猩猩（*Pan troglodytes*），BSA 为印度尼西亚的婆罗洲猩猩（*Pongo pygmaeus*）和苏门答腊猩猩（*P. abelii*）］。

Gómez-Puerta 等（2009）描述了采自秘鲁莫约班巴（Moyobamba）印第安社区安第斯伶猴（*Callicebus oenanthe*）小肠的短尖伯特绦虫。有 6 个样品，为秘鲁首次报道，宿主为该种绦虫的新终末宿主。

短尖伯特绦虫主要寄生于南美非人灵长目动物，偶然寄生于人类。首次观察到寄生于巴拉圭吼猴（*Aloautta caraya*）（Denegri，1985）。后来发现寄生于假面伶猴（*Callicebus personatus*）、卷尾猴（*Cebus apella*）和白喉卷尾猴（*Cebus capuchinus*）（Spasskiĭ，1951；Denegri，1986）。随后报道寄生于安第斯伶猴（*Callicebus oenanthe*）。事实上，此两种伯特属的绦虫均可以感染人：斯氏伯特绦虫发生于东半球，而短尖伯特绦虫发生于西半球（Wardle & McLeod，1952）。从这些绦虫感染人的病例的地理分布分析，它们存在于亚洲、非洲和美国大陆（Paco et al.，2003）。感染人的方式主要是将猴子作为宠物饲养，或在动物园工作管理时主人与猴子直接接触而造成（Denegri & Perez-Serrano，1997）。人感染伯特绦虫的症状包括腹痛、间歇性腹泻、便秘和虚弱（Denegri & Perez-Serrano，1997；Denegri et al.，1998）。

7b. 生殖器官两套……………………………………………原受精带属（*Progamotaenia* Nybelin，1917）（图 18-589～图 18-595）

［同物异名：肝带属（*Hepatotaenia* Nybelin，1917）；贝尔属（*Baeriella* Fuhrmann，1932）；富尔曼属（*Fuhrmannodes* Strand，1942）；阿德拉带属（*Adelataenia* Beveridge，1976）；*Lapsuscalami* Schmidt，1986；沙袋鼠绦虫属（*Wallabicestus* Schmidt，1975）］

识别特征：链体大小不一。节片具缘膜，通常有流苏，宽大于长。生殖管在渗透调节管背方通过。内、外贮精囊存在。精巢源于子宫前方，排为单一带状或分为两群，有时位于后方（埃韦斯原受精带绦虫）。卵巢位于孔侧。阴道位于阴茎囊后部。受精囊存在。子宫单个或成对，横向管状，梨形器存在。已知寄生于袋鼠科有袋类动物的胆管或小肠中，分布于澳洲。模式种：班克罗蒂原受精带绦虫［*Progamotaenia bancrofti*（Johnston，1912）］。

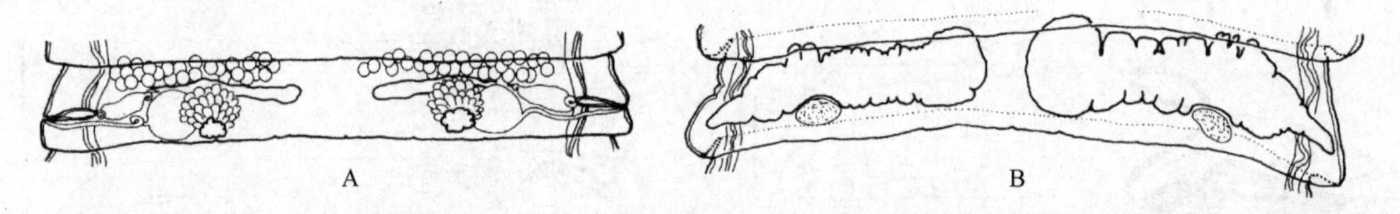

图 18-589　粗纹原受精带绦虫［*P. festiva*（Rudolphi，1819）］结构示意图（引自 Beveridge，1994）
A. 成节；B. 孕节

1）卡普里科尼原受精带绦虫（*Progamotaenia capricorniensis* Beveridge & Turni，2003）（图 18-590）

Beveridge 和 Turni（2003）基于采自澳洲昆士兰黑色条纹袋鼠（*Macropus dorsalis* Gray，1837）和联盟岩袋鼠（*Petrogale assimilis* Ramsay，1877）的样品描述了新种：卡普里科尼原受精带绦虫（*Progamotaenia capricorniensis*）。新种的特征是节片两侧有 26～32 个指状到三角形的突起组成的流苏状缘膜、成对的子宫和 140～190 个分布为单一带状穿过髓质的精巢。精巢的分布很少变化。

Beveridge（2007）对斯考克原受精带绦虫［*Progamotaenia zschokkei*（Janicki，1905）］进行了修订并描述了同属的 6 个新种：纤细原受精带绦虫（*P. tenuis*）、罗马特索马原受精带绦虫（*P. lomatosoma*）、岩鼠原受精带绦虫（*P. petrogale*）、隧缘原受精带绦虫（*P. fimbriata*）、肥胖原受精带绦虫（*P. obesa*）和凯勒原受精带绦虫（*P. kellerae*）。这些新种以一些组合特征的差异相区别。

2）斯考克原受精带绦虫［*Progamotaenia zschokkei*（Janicki，1905）］（图 18-591）

［同物异名：斯考克鸣绦虫（*Cittotaenia zschokkei* Janicki，1905）（详见 Beveridge，1976）］

模式材料：下落不明（Beveridge，1976）。

模式宿主：愁林袋鼠（*Dorcopsis hageni* Heller）［有袋目（Marsupialia）：袋鼠科（Macropodidae）］。

模式宿主采集地：印度尼西亚伊里安查亚（Irian Jaya）洪堡特湾（Humboldt Bay）（2°35′S，140°49′E）。

寄生部位：小肠。

测定的材料：采自巴布亚新几内亚 Doido 小林袋鼠（*Dorcopsulus vanheurni* Thomas）的 1 个样品（SAM 28834），采集人为 R. Speare，采集时间为 1984 年 5 月 13 日。采自巴布亚新几内亚马当（Madang）愁林袋鼠的片段（SAM 16701，16702），采集人为 T. Reardon，时间为 1987 年 5 月。

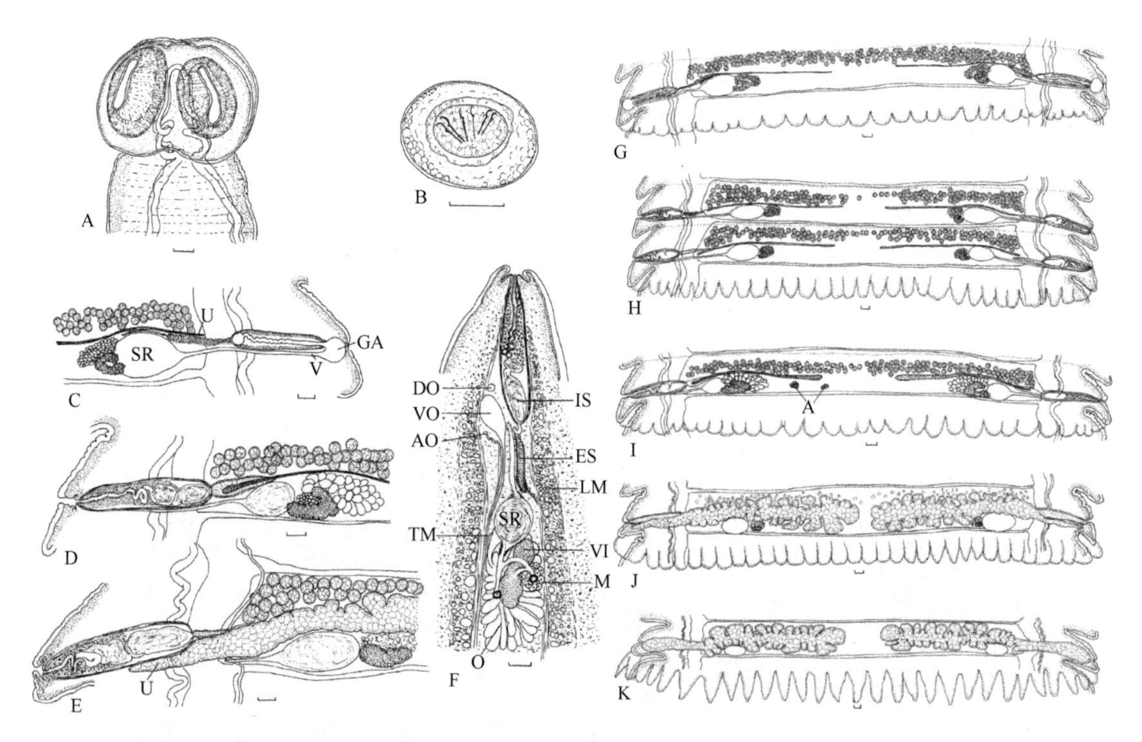

图 18-590　采自黑色条纹袋鼠的卡普里科尼原受精带绦虫结构示意图（引自 Beveridge & Turni，2003）

A. 头节背腹面观；B. 卵；C. 预孕节侧面边缘，示环状的生殖腔不向外开口，同时，阴道从受粗囊伸向生殖腔；D. 成节的侧方边缘，示明显的生殖腔和内贮精囊中有精子的阴茎囊；E. 后成节的侧方边缘，示子宫开始伸过渗透调节管向节片的后侧边缘，且阴道退化成盲管自受精囊侧向伸展，很少达渗透调节管；F. 节片横向组织切片，示肌肉和生殖管从背部通过渗透调节管。G～K. 生殖器官的发育过程：G. 生殖腔明显的成熟前节片；H. 有明显的生殖腔但精巢的分布或一节片中央为单排或分为两组的成熟前节片；I. 具有额外数目残余卵黄腺位于主卵黄腺内侧；J. 成熟后节片，示子宫背方伸展至阴茎囊但残余的精巢仍然可见；K. 孕节。缩略词：A. 附属残余的卵黄腺；AO. 附属渗透调节管；DO. 背渗透调节管；ES. 外贮精囊；GA. 生殖腔；IS. 内贮精囊；LM. 内纵肌；M. 梅氏腺；O. 卵巢；SR. 受精囊；TM. 横向的肌肉；U. 子宫；V. 阴道；VI. 卵黄腺；VO. 腹渗透调节管。标尺：A，C～F，G～K=0.1mm；B=0.01mm

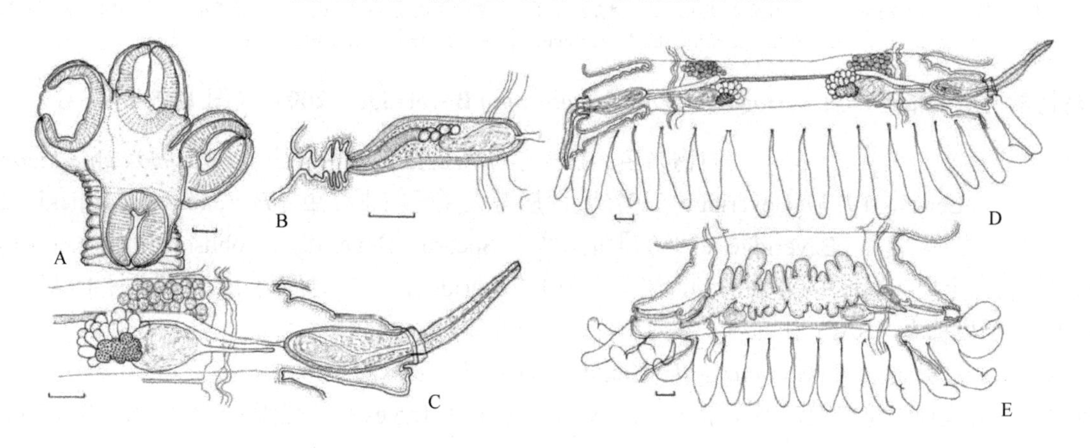

图 18-591　斯考克原受精带绦虫结构示意图（引自 Beveridge，2007）

A. 头节；B. 成节的阴茎囊；C. 成节的生殖器官；D. 成节；E. 预孕节。标尺=0.1mm

3）纤细原受精带绦虫（*Progamotaenia tenuis* Beveridge，2007）（图 18-592）

{同物异名：斯考克原受精带绦虫［*Progamotaenia zschokkei*（Janicki，1905）Beveridge（1976，1980）］的一部分，Beveridge，Speare，Johnson 和 Spratt（1992）部分和 Griffith 等（2000）}

模式材料：全模标本（SAM 28833），采集人为 I. Beveridge，采集时间为 1978 年 7 月 39 日。同时采集的有 9 个副模标本（SAM 21323）（系列切片，2 个玻片，SAM 28898）。

模式宿主：红足丛袋鼠（*Thylogale stigmatica* Gould）（有袋目：袋鼠科）。

其他宿主：红颈丛袋鼠（*Thylogale thetis* Lesson）。

模式宿主采集地：澳大利亚昆士兰埃尔阿里什（El Arish）（17°94′S，146°00′E）。

寄生部位：小肠。

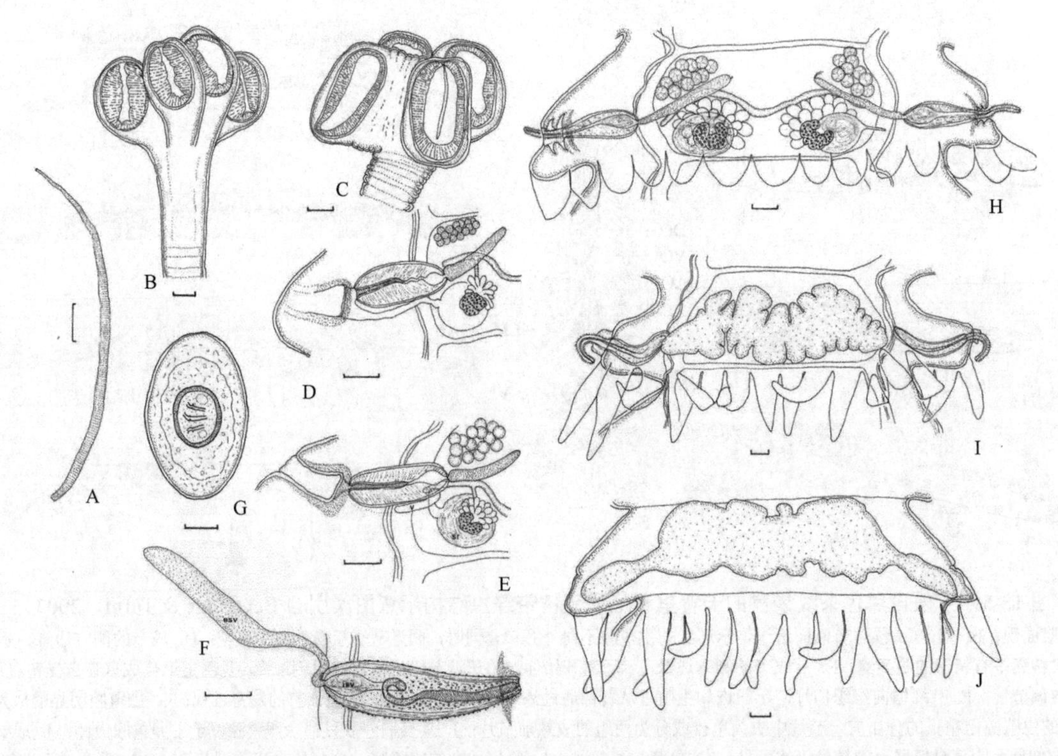

图 18-592　采自红足丛袋鼠的纤细原受精带绦虫结构示意图（引自 Beveridge，2007）

A. 整条虫体；B. 放松的头节，颈区明显；C. 收缩样品的头节，颈区不明显；D. 生殖腔明显的成熟前节片的生殖器官，阴道开于阴茎囊背方，受精囊是空的；E. 分图 D 后几节的生殖器官，生殖腔明显，受精囊充满精子，远端的阴道萎缩；F. 成节中的阴茎囊和外贮精囊；G. 卵；H. 成节；I. 预孕节；J. 孕节。标尺：A=1mm；B～F，H～J=0.1mm；G=0.01mm

4）罗马特索马原受精带绦虫（*Progamotaenia lomatosoma* Beveridge，2007）（图 18-593A～G）

{同物异名：拉戈尔彻斯提原受精带绦虫［*Progamotaenia lagorchestis*（Lewis，1914）Beveridge（1976）］；斯考克原受精带绦虫［*P. zschokkei*（Janicki，1905）Beveridge（1980）］的部分，Speare，Beveridge，Johnson 和 Corner（1983）}

模式材料：全模标本（SAM 28835），采集人为 I. Beveridge，采集时间为 1978 年 6 月 15 日。同时采集的有 10 个副模标本（SAM 21312）（系列切片，2 个玻片，SAM 28899）。

模式宿主：沙大袋鼠（*Macropus agilis* Gould）（有袋目：袋鼠科）。

模式宿主采集地：昆士兰汤斯维尔（Townsville）赫维（Hervey）的范围，（19°23′S，146°28′E）。

寄生部位：小肠。

5）岩袋鼠原受精带绦虫（*Progamotaenia petrogale* Beveridge，2007）（图 18-593H～M，图 18-595H～K）

{同物异名：斯考克原受精带绦虫［*Progamotaenia zschokkei*（Janicki，1905）Beveridge（1976，1980）部分，Beveridge 等（1989，1998）和 Begg 等（1995）］}

模式材料：全模标本（SAM 28836），采集人为 I. Beveridge，采集时间为 2001 年 11 月 6 日。同时采集的有 17 个副模标本（SAM 28625，EMBLAJ 716045）。

模式宿主：赫氏岩袋鼠（*Petrogale herberti* Thomas）（有袋目：袋鼠科）。

其他宿主：联盟岩鼠（*Petrogale assimilis* Ramsay）、素色岩袋鼠（*P. inornata* Gould）、加氏岩袋鼠（*P.*

godmani Thomas）、黑足岩袋鼠（*P. lateralis* Gould）、蒲河石小袋鼠（*P. persephone* Maynes）、岩袋鼠（*P. mareeba* Eldridge & Close）、黑色条纹小袋鼠（*Macropus dorsalis* Gray）。

模式宿主采集地：澳大利亚昆士兰塞瓦斯托波尔（Sebastopol）山区，（23°39′S，150°08′E）。

寄生部位：小肠。

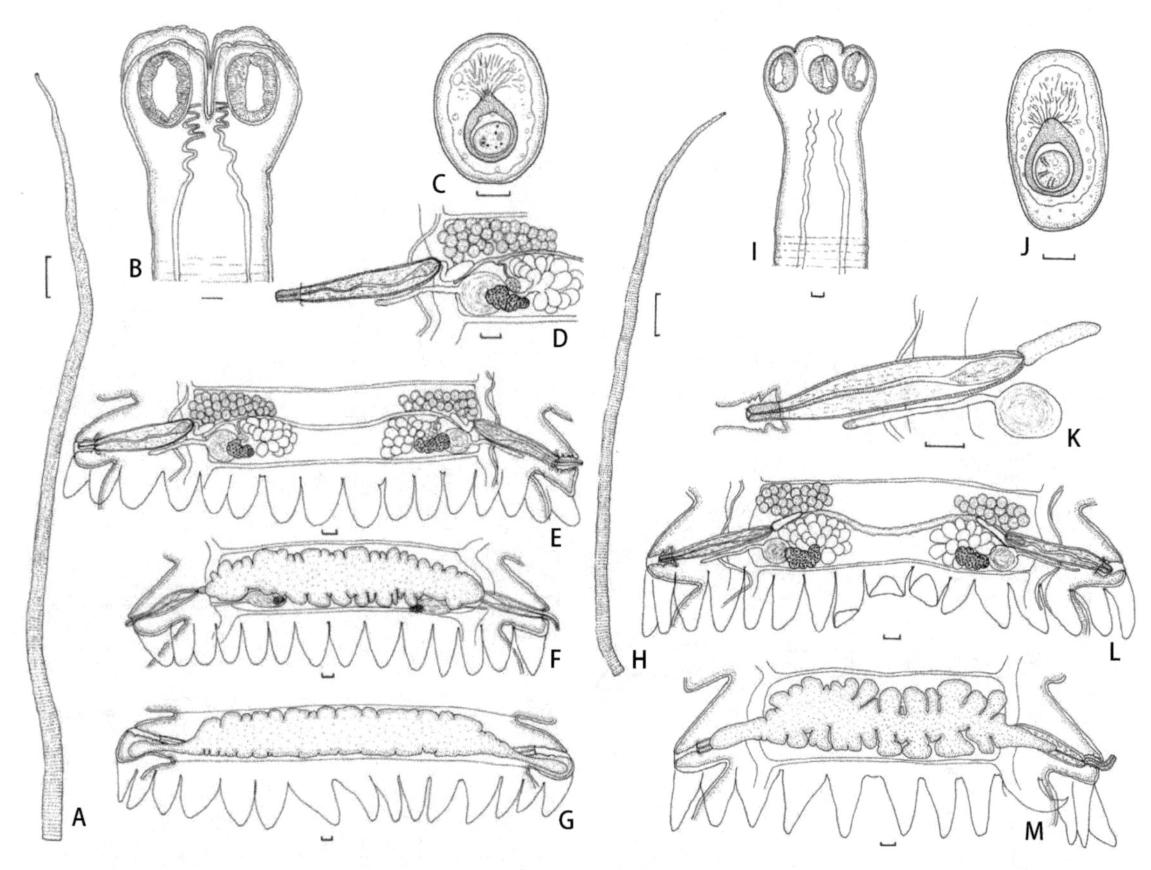

图 18-593　罗马特索马原受精带绦虫和岩袋鼠原受精带绦虫结构示意图（引自 Beveridge，2007）

采自沙大袋鼠的罗马特索马原受精带绦虫（A～G）和采自赫氏岩袋鼠（H，I，K～M）及联盟岩袋鼠（J）的岩袋鼠原受精带绦虫。A. 整条虫体；B. 头节；C. 卵；D. 生殖器官；E. 成节；F. 预孕节；G. 孕节；H. 整条虫体；I. 头节；J. 卵；K. 成节的阴茎囊、阴道和受精囊；L. 成节；M. 孕节。标尺 A=1mm；B，D～I，K～M=0.1mm；C，J=0.01mm

6）隧缘原受精带绦虫（*Progamotaenia fimbriata* Beveridge，2007）（图 18-594A～H）

{同物异名：Beveridge（1976，1980），Beveridge 和 Thompson（1979）和 Beveridge 等（1992）中部分的斯考克原受精带绦虫［*P. zschokkei*（Janicki，1905）］}

模式材料：全模标本（SAM 28837），采集人为 R. Speare，采集时间为 1981 年 3 月 15 日。同时采集有副模标本（SAM 21368，8842）。

模式宿主：眼镜兔袋鼠（*Lagorchestes conspicillatus* Gould）（有袋目：袋鼠科）。

其他宿主：蓬毛兔袋鼠（*Lagorchestes hirsutus* Gould）。

模式宿主采集地：澳大利亚昆士兰 Bohlevale（20°16′S，146°01′E）。

寄生部位：小肠。

7）肥胖原受精带绦虫（*Progamotaenia obesa* Beveridge，2007）（图 18-594I～P）

［同物异名：Beveridge（1980）、Beveridge 等（1992）部分、Turni 和 Smales（2001）中的斯考克原受精带绦虫 *P. zschokkei*（Janicki，1905）］

模式材料：全模标本（SAM 28838），昆士兰通过丁戈（Dingo）地的汤顿火车站，采集人为 R. Speare，采集时间为 1979 年 7 月 26 日（系列切片，9 个玻片，SAM 28897）；4 个副模标本，同样日期（SAM 28839，7257）；5 个副模标本，采集人为 I. Beveridge，采集时间为 1992 年 3 月 15 日（SAM 25883，EMBLAJ 716036）。

模式宿主：尖尾兔袋鼠（*Onychogalea fraenata* Gould）（有袋目：袋鼠科）。

其他宿主：北甲尾袋鼠（*Onychogalea unguifera* Gould）。

模式宿主采集地：澳大利亚昆士兰通过丁戈（Dingo）地的汤顿火车站（23°35′S，149°18′E）。

寄生部位：小肠。

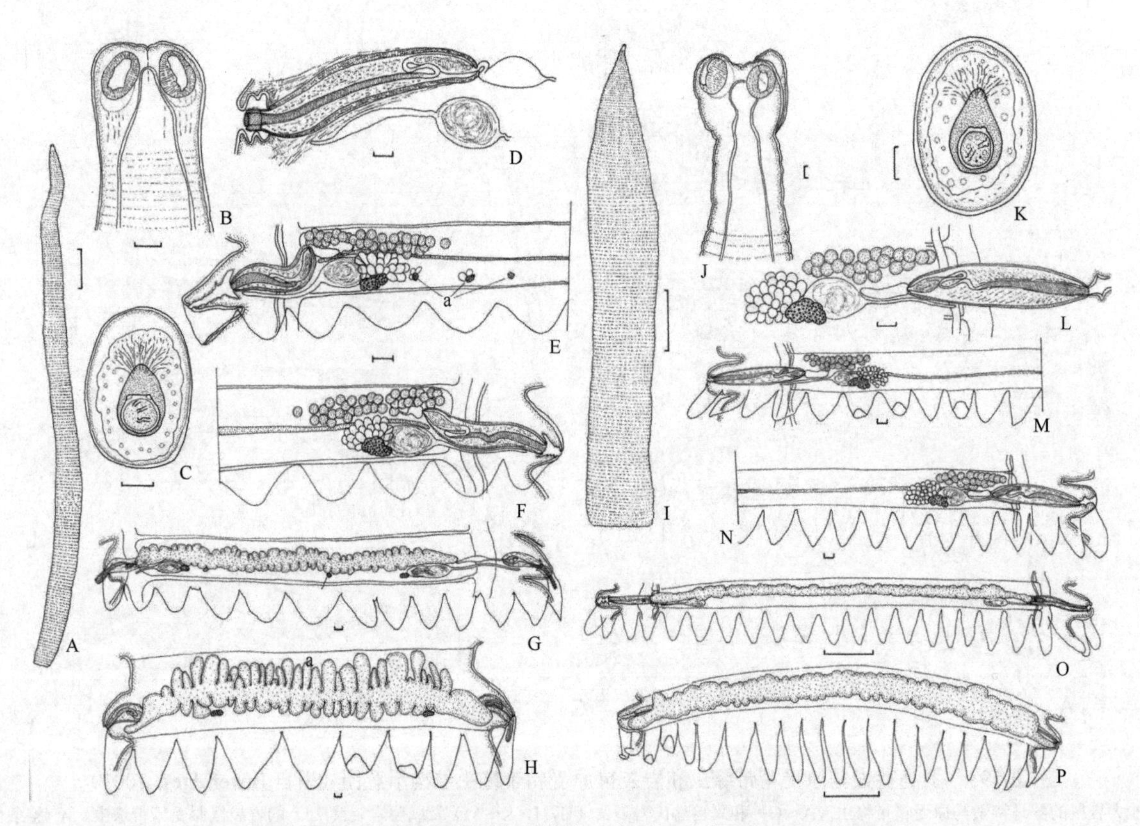

图 18-594 2 种原受精带属绦虫结构示意图（引自 Beveridge，2007）

A～H. 采自眼镜兔袋鼠的隧缘原受精带绦虫：A. 整条虫体；B. 头节；C. 卵；D. 成节的阴茎囊、阴道和受精囊；E，F. 成节；G. 预孕节；H. 孕节。I～P. 采自尖尾兔袋鼠的肥胖原受精带绦虫：I. 整条虫体；J. 头节；K. 卵；L. 成节中的生殖器官；M～N. 成节；O. 预孕节；P. 孕节。缩略词：a. 残余的附属生殖器官。标尺：A，I=1cm；B，D～H，J，L～N=0.1mm；C，K=0. 01mm；O，P=1mm

8）凯勒原受精带绦虫（*Progamotaenia kellerae* Beveridge，2007）（图 18-595A～G）

{同物异名：Beveridge（1980）中的部分斯考克原受精带绦虫［*P. zschokkei*（Janicki，1905）］}

模式材料：共模标本，2 个样品，采集人为 L. Keller，采集时间为 1976 年 8 月 31 日（SAM 21496，7244）（系列切片，3 个玻片）。

模式宿主：北甲尾袋鼠（*Onychogalea unguifera* Gould）（有袋目：袋鼠科）。

模式宿主采集地：澳大利亚金伯利省（Kimberley）。

寄生部位：小肠。

9）原受精带属绦虫未定种（*Progamotaenia* sp. Beveridge，2007）（图 18-595K）

宿主：黑肋岩袋鼠（*Petrogale lateralis* Gould），8 个样品，Honeymoon Gap，NT，采集人为 J. E. Nelson，采集时间为 1979 年 9 月 19 日（SAM 22122，28858）。

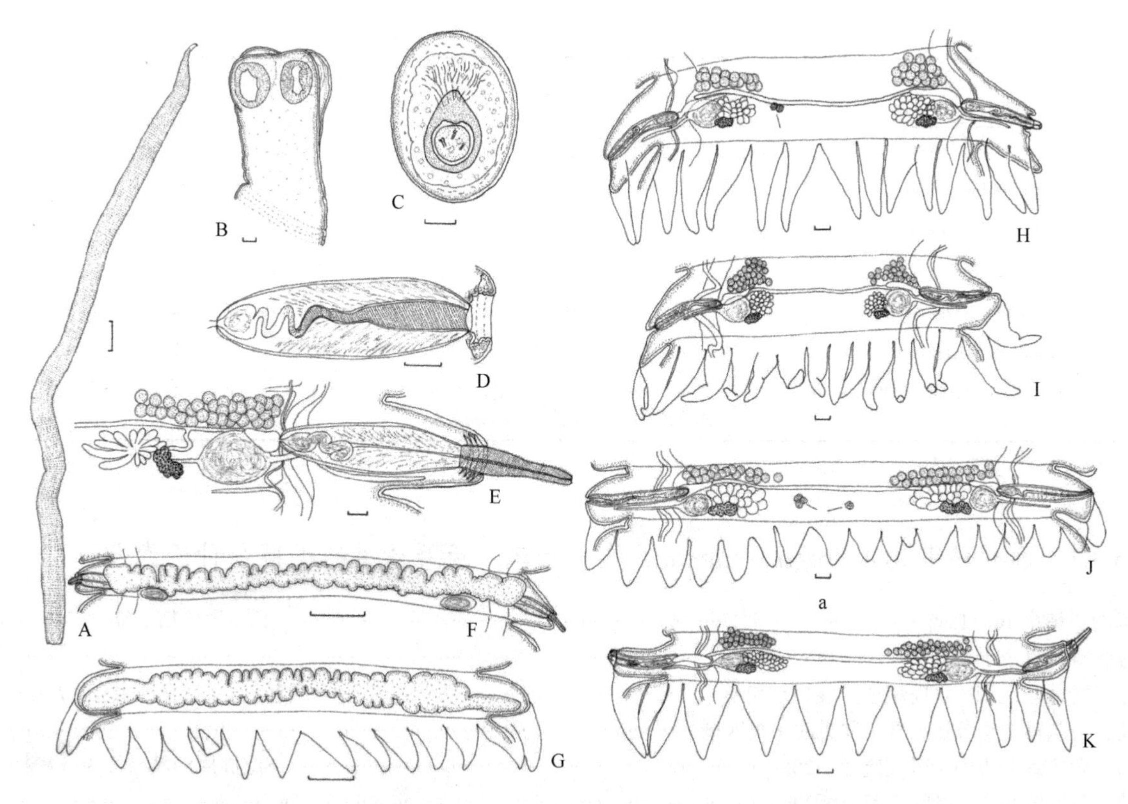

图 18-595　几种原受精带属绦虫结构示意图（引自 Beveridge，2007）

A～G. 采自北甲尾袋鼠的凯勒原受精带绦虫：A. 整条虫体；B. 头节；C. 卵；D. 阴茎囊；E. 成节中的生殖器官；F. 预孕节；G. 孕节；H～K. 采自不同种岩袋鼠的岩袋鼠原受精带绦虫的成节：H. 采自联盟岩袋鼠；I. 采自加氏岩袋鼠；J. 采自素色岩袋鼠；K. 采自黑肋岩袋鼠的绦虫（原受精带绦虫未定种）成节。缩略词：a. 残余的附属生殖器官。标尺：A=1cm；B，D，E，H～K=0.1mm；C=0.01mm；F，G=1.0mm

几种原受精带属（*Progamotaenia*）绦虫的宿主和主要形态特征比较见表 18-25。

表 18-25　几种原受精带属绦虫的宿主和主要形态特征比较

种名	宿主属	缘膜直（S）或有穗边（数目）	精巢群数	精巢数目	子宫数
P. abietiformis Turni & Smales，1999	甲尾袋鼠属（*Onychogalea*）	12～16	2	11～13	2
P. aepyprymni Beveridge，1976	赤褐袋鼠属（*Aepyprymnus*）	S	1	35～46	2
P. bancrofti（Johnston，1912）	甲尾袋鼠属	S	2	约 200	2
P. capricorniensis Beveridge & Turni，2003	大袋鼠属（*Macropus*）	26～32	1（2）*	142～191	2
P. diaphana（Zschokke，1907）	毛鼻袋熊属（*Lasiorhinus*）	S	2（1）	39～64	2
P. dorcopsis Beveridge，1985	林袋鼠属（*Dorcopsis*）	13～17	2	34～50	2
P. effigia Beveridge，1976	大袋鼠属	S	1（2）	67～96	1
P. ewersi（Schmidt，1975）	大袋鼠属，沙袋鼠属（*Wallabia*）	S	1	102～140	1
P. festiva（Rudolphi，1817）	大袋鼠属，沙袋鼠属，甲尾袋鼠属，矮袋鼠属（*Setonix*），袋熊属（*Vombatus*），兔袋鼠属（*Lagorchestes*）	S	1（2）	22～65	2
P. gynandrolinearis Beveridge & Thompson，1979	兔袋鼠属	S	1	约 50	2
P. johnsoni Beveridge，1980	兔袋鼠属	S	2	100～192	
P. lagorchestis（Lewis，1914）	兔袋鼠属	20～35	2	70～90	2
P. macropodis Beveridge，1976	大袋鼠属，沙袋鼠属	S	1，2	80～149	2
P. proterogyna（Fuhrmann，1932）	大袋鼠属	25	1	65～80	2

续表

种名	宿主属	缘膜直（S）或有穗边（数目）	精巢群数	精巢数目	子宫数
P. queenslandensis Beveridge，1985	丛林袋鼠属（*Thylogale*）	17～20	2（1）	43～50	2
P. ruficola Beveridge，1978	大袋鼠属	S	2（1）	114～140	2
P. spearei Beveridge，1980	丛林袋鼠属	25～35	2	30～40	2
P. thylogale Beveridge & Thompson，1979	丛林袋鼠属	15～18	2	60～100	2
P. villosa（Lewis，1914）	兔袋鼠属	24～30	2	20～28	2
P. wallabiae Beveridge，1985	林袋鼠属	S	2	约 100	2
P. zschokkei（Janicki，1906）	大袋鼠属，甲尾袋鼠属，兔袋鼠属，树袋鼠属（*Dendrolagus*）	12	1	60～80	1

注：*表示括号中的数字表示精巢分布不太常见的布局特征

18.16.3.1　原受精带属（*Progamotaenia*）单一子宫，两群精巢的类群分种检索表

1A. 每侧群精巢 10～15 个……长毛原受精带绦虫（*P. villosa*）
1B. 每侧群精巢多于 15 个……2
2A. 精巢群从渗透调节管向髓质扩展超过卵巢……隧缘原受精带绦虫（*P. fimbriata*）
2B. 精巢群从渗透调节管扩展至卵巢的中央区域……3
3A. 节片背方或腹方的缘膜突起数＞20……肥胖原受精带绦虫（*P. obesa*）
3B. 节片背方或腹方的缘膜突起数≤20……4
4A. 节片背方或腹方的缘膜突起数为 19～20……斯考克原受精带绦虫（*P. zschokkei*）
4B. 节片背方或腹方的缘膜突起数为 18 或更少……5
5A. 成节的长宽比＞14……凯勒原受精带绦虫（*P. kellerae*）
5B. 成节的长宽比＜13……6
6A. 成节的宽度＜1.7mm；每群精巢 15～27 个；梨形器不存在……纤细原受精带绦虫（*P. tenuis*）
6B. 成节的宽度＞1.9mm；每群精巢 25～35 个；梨形器存在……7
7A. 成节的长宽比为 4.0～6.3，孕节的长宽比为 2.8～6.4……岩袋鼠原受精带绦虫（*P. petrogale*）
7B. 成节的长宽比为 5.8～12.8，孕节的长宽比为 5.4～13.0……罗马特索马原受精带绦虫（*P. lomatosoma*）

8a. 精巢专一位于子宫后部或节片的后半部……9
8b. 精巢非专一位于子宫后部……15
9a. 子宫成对，纵向……双宫带属（*Diuterinotaenia* Gvozdev，1961）

识别特征（贠莲等，2000 修订）：中等大小绦虫；头节上无顶端器官和吻突钩；吸盘简单；颈区明显；节片宽大于长；有 2 对排泄管；每个节片中有 2 套生殖器官，生殖孔开口于节片两侧缘中点后方。生殖管道行走于排泄管的背面；精巢数目多，居节片中央区的后部，阴茎囊不达到孔侧的纵排泄管；卵巢分叶，位于节片前半部；卵黄腺在卵巢后方，阴道位于阴茎囊后面，具有受精囊；子宫成双，初期子宫为一纵向的细管或圆形或类椭圆形的小囊，位于卵巢侧方，逐渐膨大伸出众多盲突，成熟子宫为两个纵向分叶或横向分支分叶的囊。已知寄生于兔形目动物，分布于亚洲。模式种：斯帕斯基双宫带绦虫（*Diuterinotaenia spasskii* Gvozdev，1961）（图 18-596）。

贠莲等（2000）报道了采自内蒙古自治区锡林郭勒盟白音锡勒牧场达乌尔鼠兔（*Ochotona daurica* Pallus）小肠的多支双宫带绦虫（*D. polyclada* Yun Lin et al.，2000）（图 18-597）。

多支双宫带绦虫与斯帕斯基双宫带绦虫在形态特征上有显著差异，表现在：①前者虫体（长 256～268mm，宽 4.5～4.7mm）比后者（长 200mm，宽 3mm）大；②前者精巢数 58～75 个，而后者只有 45～56 个；③前者的阴茎囊［（0.1472～0.2165）mm×（0.0433～0.0693）mm］明显大于后者［（0.095～

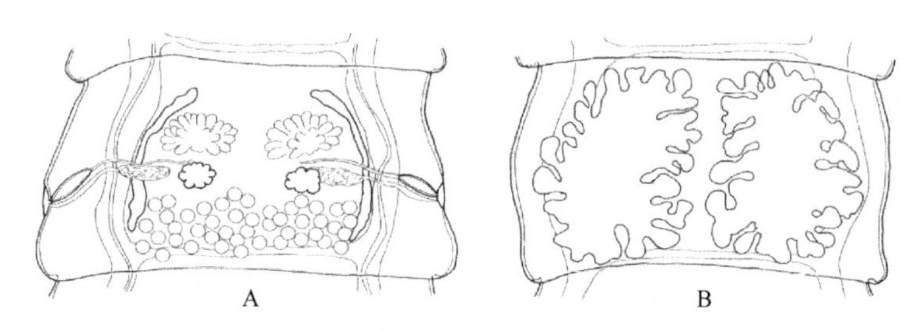

图 18-596 斯帕斯基双宫带绦虫结构示意图（引自 Beveridge，1994）
A. 成节；B. 孕节

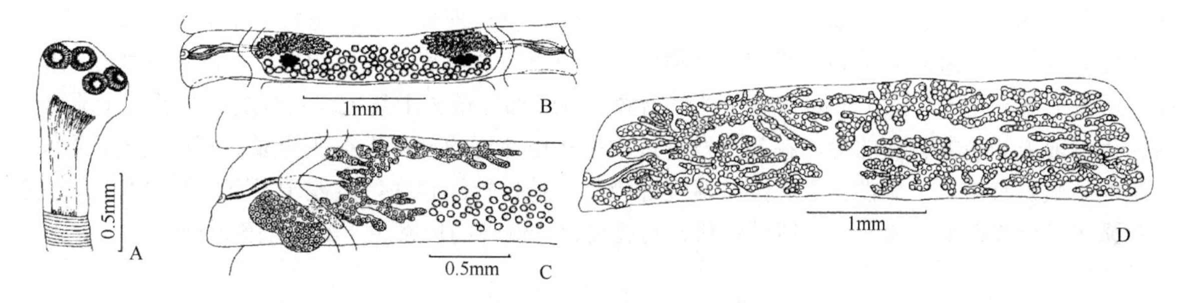

图 18-597 多支双宫带绦虫结构示意图（引自贠莲等，2000）
A. 头节；B. 成节；C. 孕卵节片的一半（示初期子宫形状）；D. 孕卵节片（示子宫形状）。标尺：A，C=0.5mm；B，D=1mm

0.100）mm×0.038mm]；④前者的初期子宫为圆形或类椭圆形的囊，位于腹排泄管外侧，逐渐伸出前后 2 个具众多盲突的横管，而后者的初期子宫为 2 个纵管，位于腹排泄管的内侧；⑤前者的成熟子宫为两组横向的分支分叶的囊，而后者为 2 个纵向分叶的囊。

9b. 子宫单个或成双，横向……………………………………………………………………………………10
10a. 子宫的侧端在阴茎囊和阴道前方…………………………………………………………………………11
10b. 子宫的侧端在阴茎囊和阴道后方…………………………………………………………………………13
11a. 生殖器官成对……………………………………………………伪鸣绦虫属（*Pseudocittotaenia* Tenora，1976）

识别特征：链体小。节片具缘膜；宽大于长。生殖管在渗透调节管背方通过。内贮精囊存在。精巢位于子宫后方。卵巢位于孔侧。阴道在阴茎囊后部。受精囊存在。子宫简单、横向管状，腹方扩展过渗透调节管，止于阴茎囊前方。梨形器存在。已知寄生于衣囊鼠科啮齿动物，分布于北美。模式种：普瑞科奎斯伪鸣绦虫［*Pseudocittotaenia praecoquis*（Stiles，1895）］（图 18-598）。

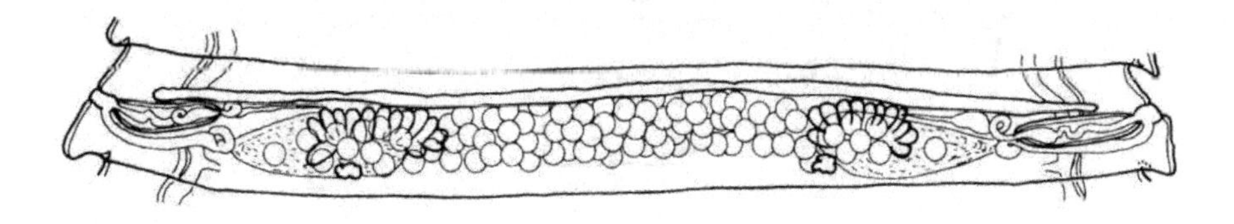

图 18-598 普瑞科奎斯伪鸣绦虫成节结构示意图（引自 Beveridge，1994）

11b. 生殖器官单套……………………………………………………………………………………………12
12a. 精巢位于卵巢反孔侧…………………………………裸头样属（*Anoplocephaloides* Baer，1923）（图 18-599～图 18-604）
［同物异名：兔带属（*Leporidotaenia* Genov，Murai，Georgiev & Harris，1990）］

识别特征（Haukisalmi et al.，2009 修订）：链体短宽。头节有显著的指向前方的吸盘。颈区通常不明显。节片具缘膜，宽明显大于长，缘膜弧形向后。生殖器官单套。生殖孔位于单侧节片边缘中央略前方。生殖腔不发达，生殖乳突不存在。腹渗透调节管窄，为结实的弓形。生殖管与背渗透调节管交叉。内、外贮精囊存在。在成熟后节片中外贮精囊大，达到或接近阴茎囊的大小。阴茎囊短，很少扩展

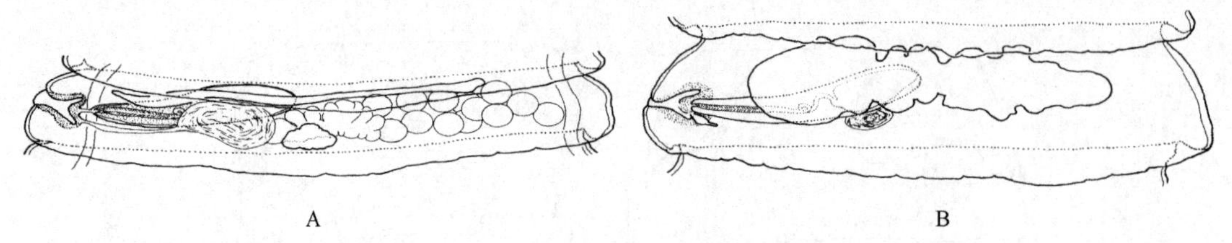

图 18-599 怀默裸头样绦虫［*A. wimerosa*（Moniez，1880）］结构示意图（引自 Beveridge，1994）

A. 成节；B. 孕节

过腹纵管。阴茎囊牵引肌不存在。精巢排列为节片反孔侧单一横向群。通常不扩张过反孔侧腹纵管。卵巢相对于节片的大小而言大，横向，或多或少位于孔侧，稀疏地分叶。阴道短，不扩展过腹纵管；在阴茎囊的腹方或后腹方进入生殖腔。早期子宫横管状，位于节片前部、精巢腹部，腹向扩展并在两侧横过纵向渗透调节管；孔侧端终止于阴茎囊和外贮精囊前方或部分重叠于其上。完全发育的子宫（预孕节中）稀疏囊化，前方和后方有宽的囊，在整个发育过程中挤压邻近的囊；不存在明显的横向主干。梨形器存在。雌性生殖器官略早于雄性器官成熟；雌性腺吸收后精巢持续存在，重叠于发育中的子宫上。已知寄生于衣囊鼠（模式宿主）和仓鼠（田鼠亚科）啮齿动物，例外的也寄生于其他啮齿动物。

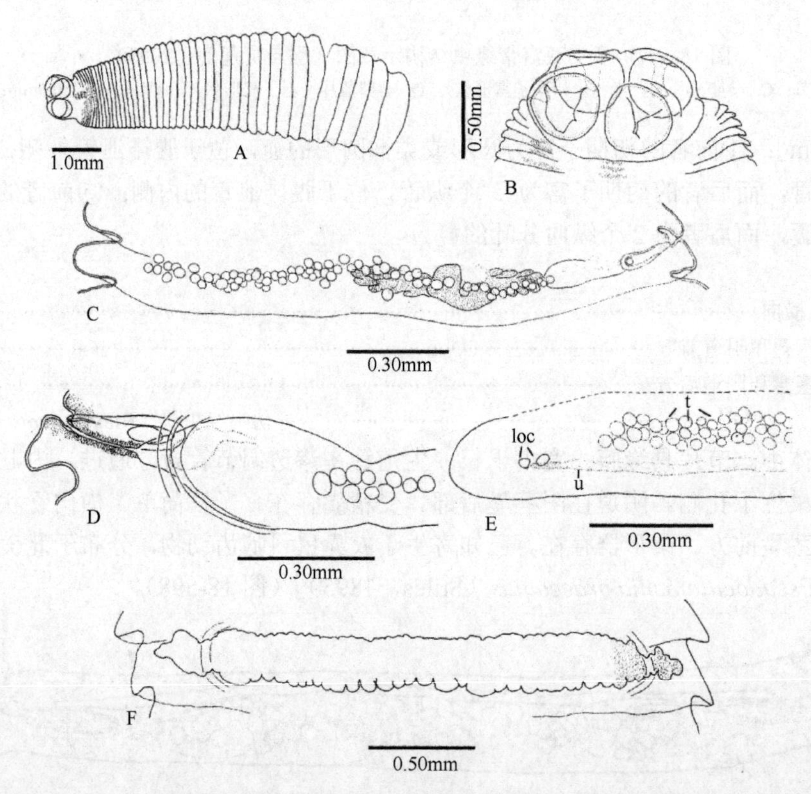

图 18-600 采自南泽旅鼠的布尔默裸头样绦虫结构示意图（引自 Haukisalmi & Eckerlin，2009）

A. 链体；B. 头节和前方的链体；C. 成节；D. 末端生殖管；E. 成节横断面；F. 预孕节。缩略词：loc. 纵向渗透调节管；t. 精巢；u. 子宫

模式种：罕见裸头样绦虫［*Anoplocephaloides infrequens*（Douthitt，1915）Baer，1923］［同物异名：罕见副裸头绦虫 *Paranoplocephala infrequens*（Douthitt，1915）Baer，1923］；共模标本 USNPC 49515 和 49520 采自平原囊鼠（*Geomys bursarius*）。其他种：齿状裸头样绦虫［*A. dentata*（Galli-Valerio，1905）Rausch，1976］{同物异名：锯齿状副裸头绦虫［*P. dentata*（Galli-Valerio，1905）Spasskiĭ，1956］}，特勒施裸头样绦虫［*A. troeschi*（Rausch，1946）Rausch，1976］［同物异名：特勒施副裸头绦虫（*P. troeschi* Rausch，1946）］，旅鼠裸头样绦虫［*A. lemmi*（Rausch，1952）Rausch，1976］［同物异名：旅鼠副裸头样绦虫（*P. lemmi* Rausch，1952）］，肯垂马维褚斯裸头样绦虫（*A. kontrimavichusi* Rausch，1976），齿状

体裸头样绦虫（*A. dentatoides* Sato，Kamiya，Tenora & Kamiya，1993）和布尔默裸头样绦虫（*A. bulmeri* Haukisalmi & Eckerlin，2009）（图 18-600）。注意由分子方法确定的齿状裸头样绦虫至少包括有 6 个左右的隐含种（Haukisalmi et al.，2009）。

几种裸头样绦虫的主要形态特征比较见表 18-26。

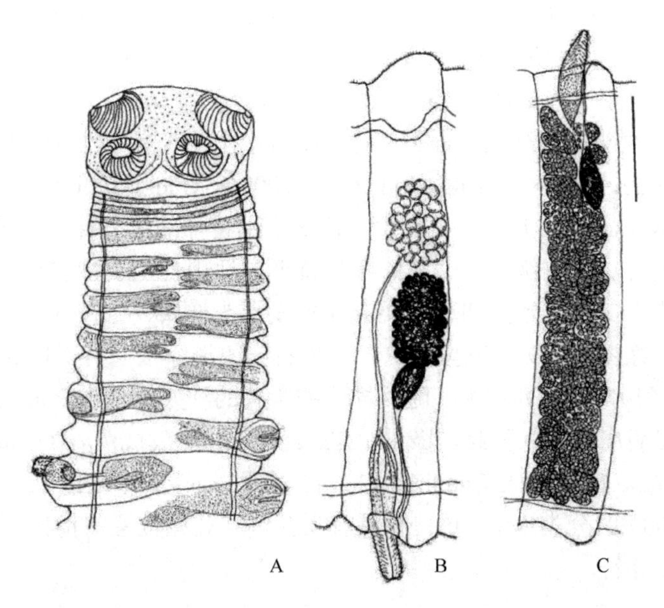

图 18-601 火山兔裸头样绦虫结构示意图（引自 Kamiya et al.，1979）
样品采自墨西哥火山兔（*Romerolagus diazi*）的胆管。A. 链体前部；B. 成节；C. 孕节。标尺=0.5mm

Baer（1923）提出裸头样属（*Anoplocephaloides* Baer，1923）用于容纳希罕裸头绦虫（*A. infrequens* Douthitt，1915）（模式种）和 7 个采自啮齿目、兔形目和奇蹄目的绦虫。Baer（1927）将裸头样属和副裸头属（*Paranoplocephala* Lühe，1910）同义化，但 Rausch（1976）重新起用并界定了裸头样属，含 18 种，其中多数属于原分配于副裸头属或无摄腺属（*Aprostatandrya* Kirshenblat，1938）的种。Rausch（1976）阐述的副裸头属和裸头样属，正如当时设想的，包括管状或网状早期子宫的种类。有管状早期子宫的种类放在裸头样属，而有网状早期子宫的种类放在副裸头属；无摄腺属与副裸头属同义。从 Rausch（1976）的意义上看，除了管状早期子宫，裸头样属的种具有的主要特征是单套的生殖器官和反孔侧位置的精巢。

Rausch（1976）修订稳定的属：裸头样属和副裸头属，并使安排到各属的种尽可能区分明显。然而，正如 Rausch（1976）注意到的一样，裸头样属随后成为一异源属，尤其是考虑到该属中种的大小与形态（Genov & Georgiev，1988）。随后，人们提出为裸头样属建立 3 个新属：兔带属（*Leporidotaenia* Genov，Murai，Georgiev & Harris，1990）、非洲贝尔属（*Afrobaeria* Haukisalmi，2008）和微头样属（*Microcephaloides* Haukisalmi，Hardman，Hardman，Rausch & Henttonen，2008）。Gulyaev（1996）提出副裸头样属（*Paranoplocephaloides* Gulyaev，1996）用于容纳沙赫特曼多瓦副裸头样绦虫（*P. schachmatovae* Gulyaev，1996）和劳施裸头样绦虫（*Anoplocephaloides rauschi* Genov，Georgiev & Biserkov，1984），这两种绦虫与 Rausch（1976）的裸头样属的识别特征一致。Haukisalmi 等（2008）将贝尔裸头样绦虫移入北海道头属（*Hokkaidocephala* Tenora，Gulyaev & Kamiya，1999）。

近期一系列分子研究澄清了 Rausch（1976）裸头样属绦虫中某些类群的系统发生地位（Wickström et al.，2005；Haukisalmi et al.，2008，2009）。在这些研究中，Rausch（1976）的裸头样属绦虫表现为 3 个明显的单系组合。这些支系中的 2 个支，狭义裸头样属和变异裸头样绦虫［*Anoplocephaloides variabilis* (Douthitt，1915)］形成“田鼠支”的一部分，也包括副裸头属绦虫（*Paranoplocephala* spp.）和组合双安德里绦虫（*Diandrya composita* Darrah，1930）（后者具有管状的子宫），它们中的绝大多数采自田鼠类（arvicoline）啮齿目动物（田鼠和旅鼠）。然而，狭义裸头样属和变异裸头样绦虫［后者后来被描述为微头样属（*Microcephaloides*）］在任意的系统分析中不形成单系群，表明 Rausch（1976）裸头样属是一个非单系组合。该非单系组合进一步由乳头裸头样绦虫［*Anoplocephaloides mamillana*（Mehlis in Gurlt，1831）］相对于棒头安德里绦虫［*Andrya rhopalocephala*（Riehm，1881）］和穴兔新安德里绦虫［*Neandrya cuniculi*（Blanchard，1891）］的"田鼠支"的基础位置所支持。分子研究表明，Rausch（1976）意义的裸头样属包含多个独立的集群，这些集群应当被看作不同的属。

除了 Rausch（1976）裸头样属绦虫的分类，这一组合中至少仍有 7 个种不确定具有狭义裸头样属的识别特征（Genov & Georgiev，1988；Haukisalmi et al.，2009）。Haukisalmi 等（2009）采用了先前使用的大范围的形态特征，对 Rausch（1976）中符合裸头样属识别特征的所有种进行了综合研究，并提出一新的更为综合的异源组合的分类。属级水平分类的各种特征的适用性主要由它们反映系统关系的能力来判定，并基于绦虫"田鼠支"的分子数据和相关类群（狭义裸头样属、微头样属、狭义副裸头属、组合双安德里绦虫、乳头裸头样绦虫、棒头安德里绦虫、家兔新安德里绦虫）（Wickström et al.，2005）的系统发生关系。除了 Rausch（1976）所列的种，随后描述的所有的种亦符合于 Rausch（1976）的裸头样属的识别特征，同时也要考虑貘扇叶斯克里亚宾绦虫［*Flabelloskrjabinia tapirus*（Chin，1938）］、阿尔法加莱戈样绦虫［*Gallegoides arfaai*（Mobedi & Chadirian，1977）］和尼夫副裸头绦虫（*Paranoplocephala nevoi* Fair，Schmidt & Wertheim，1990）的分类地位，这些种具有反孔侧和孔侧位置的精巢，不符合于 Rausch（1976）的界定，但其他形态特征相符。

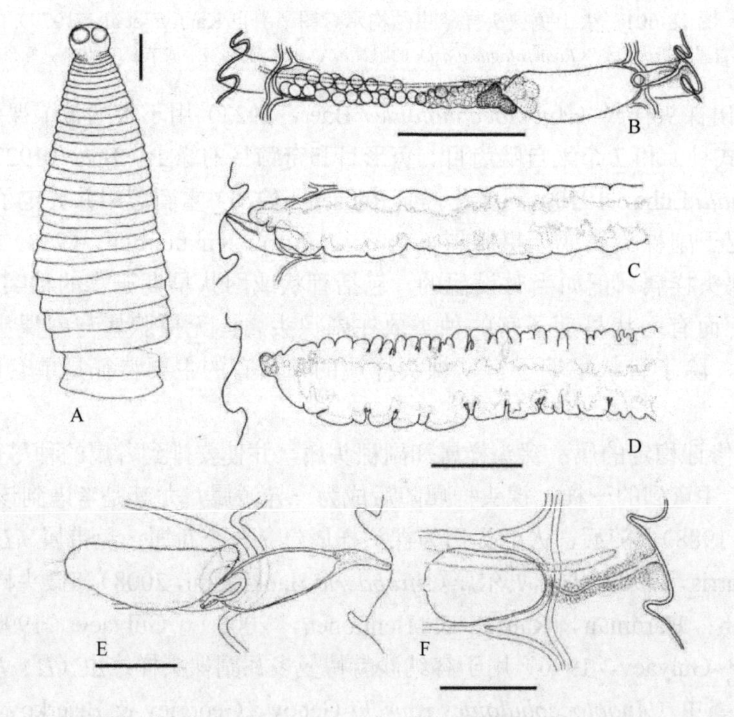

图 18-602　裸头样属绦虫（*Anoplocephaloides* spp.）结构示意图（引自 Haukisalmi et al.，2009）

A. 采自普通田鼠的齿状裸头样绦虫（*A.* cf. *dentata*）的链体；B. 采自平原囊鼠（*Geomys bursarius*）的希罕裸头样绦虫（共模标本）的成节；C，D. 采自草原田鼠（*Microtus pennsylvanicus*）的齿状裸头样绦虫的子宫的发育；E. 采自普通田鼠的齿状裸头样绦虫的雄性管；F. 采自普通田鼠的齿状裸头样绦虫的雌性管和早期子宫。标尺 A=1.0mm；B=0.50mm；C，D=0.30mm；E，F=0.20mm

裸头样属明确区别于其他属的特征是横向、纵向和/或背腹位置的早期子宫，除微头样属（*Microcephaloides*）、副裸头样属（*Paranoplocephaloides*）、北海道头属（*Hokkaidocephala*）和加莱戈样属（*Gallegoides* Tenora & Mas-Coma，1978）外。裸头样属与微头样属的显著区别是更短更宽的链体，更大的头节具有朝向前方的吸盘，颈区不明显，节片具有弧形向后的缘膜，生殖孔开口略在前方和反孔侧扩展的精巢（Haukisalmi et al.，2008）。裸头样属可以明确区别于副裸头样属的特征是其短的、楔形链体，大的头节，缘膜的形态，生殖孔的位置和单侧的生殖孔（Gulyaev，1996）。此外还有的差异，如吸盘的方向、缘膜的形态和生殖孔的侧方位置。北海道头属不同于裸头样属（和其他属）的特征是其完全发育的子宫（预孕节中）的独特形态（Haukisalmi et al.，2008）。加莱戈样属具有反孔侧和前方的精巢分布，且主要是在节片的后部及交替的生殖孔，使其与裸头样属绦虫明确地区分开来。旅鼠裸头样绦虫不同于裸头样属的其他种是由于其更大的链体有更多的节片，更长的前方链体和颈区的明显存在（Rausch，1976；Haukisalmi et al.，2009）。分子系统研究表明旅鼠裸头样绦虫明显与其他裸头样属的种形成一单系群（Haukisalmi et al.，2009）。在基于部分细胞色素 I 基因（*COI*）的序列分析系统树中，旅鼠裸头样绦虫成为裸头样属的基本线系，似乎为属级水平上旅鼠裸头样绦虫分离提供了依据，基于 28S rRNA（*COI* 更为保守的区域）序列的系统发育图将旅鼠裸头样绦虫和肯垂马维褚斯裸头样绦虫排在裸头样属独立的基础线系上。由于裸头样属中的系统关系仍部分含糊，且由于旅鼠裸头样绦虫与其他裸头样属的种类有一致的形态特征（仅有少量差异），仍将其放在裸头样属。裸头样属绦虫，包括旅鼠裸头样绦虫全部寄生于宿主后部小肠、盲肠或它们之间的连接处，这与“田鼠支”绦虫和系统发生相关的类群中的所有种不同。

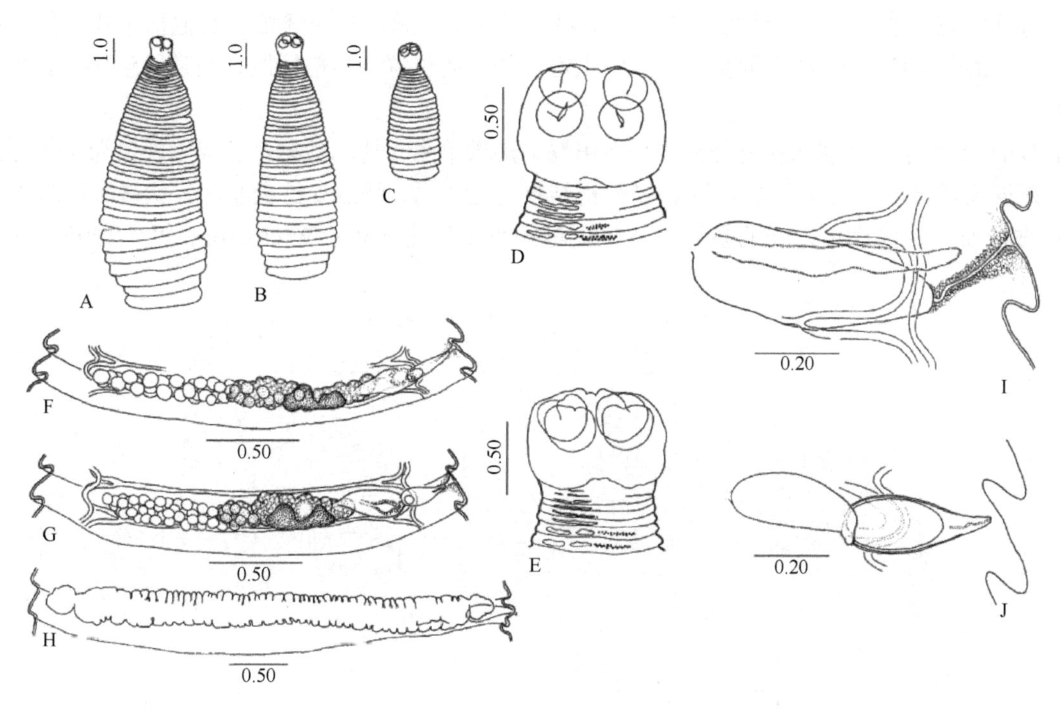

图 18-603　形态学或真正的齿状裸头样绦虫结构示意图（引自 Haukisalmi et al.，2008）

样品采自模式宿主山白鼶。A～C. 链体（意大利）；D. 头节和颈区（法国）；E. 头节和颈区（意大利）；F. 最后的成节（意大利）；G. 最后的成节（法国）；H. 预孕节（意大利）；I. 早期子宫和雌性生殖管（意大利）；J. 雄性生殖管（意大利）。标尺单位为 mm

Haukisalmi 等（2008）大规模地研究了全北区齿状裸头样绦虫及寄生于田鼠亚科啮齿动物（田鼠、旅鼠）相关种的分子系统发生和形态测量数据。其分子系统基于线粒体 DNA（mtDNA）的细胞色素氧化酶 I 和 28S rRNA 的核苷酸序列。齿状裸头样绦虫包括 3 个主要的支系，2 支在欧亚大陆，1 支在全北区（除欧亚人陆外）。3 个支持良好的亚线系包含于南欧支，1 支代表了采山白鼶（*Chionomys nivalis*）及同域的普通田鼠（*Microtus arvalis*）和雪鼶（*Dinaromys bogdanovi*）真正的齿状裸头样绦虫。这些支一般没有重叠分布并表现出偏爱某宿主种。形态测量数据的多变量分析不能够明确区别分子系统发生中获得的不同的齿状裸头样绦虫线系，尽管 2～3 个亚线系形态上有分歧。全面的证据表明，虽然除了广宿主性的

1 种，至少有 5 种几乎是宿主特异性的齿状裸头样绦虫种。新宿主的殖民线系似乎是多样化的前奏，在多重分类水平上宿主与寄生虫之间一定程度的不一致性明显。基于分子观测结果，重新描述了用于识别齿状裸头样绦虫的新型识别特征。

正如更早（Wickström et al.，2005）的提议一样，齿状裸头样绦虫、旅鼠裸头样绦虫和肯垂马维褚斯裸头样绦虫（即狭义的裸头样属绦虫）是大型绦虫“田鼠亚科支”的一部分，该支绦虫包括寄生于田鼠亚科（田鼠和旅鼠）的副裸头属绦虫的种（*Paranoplocephala* spp.）、微头样属绦虫的种（*Microcephaloides* spp.）及寄生于旱獭或土拨鼠（marmot）的组合双安德里绦虫。狭义的裸头样属绦虫的单系由 *COI* 和 28S rDNA 数据强力支撑，肯定了 Wickström 等（2005）和 Haukisalmi 等（2008）的观察结果。独特的体型和其他的形态学性状支持狭义的裸头样属绦虫作为一单系类群的观点。

“田鼠亚科支”线系之间的系统发生关系部分尚未解决，还不可能明确界定狭义的裸头样属绦虫的姐妹群。然而，可以利用系统发生否认狭义的裸头样属绦虫和微头样属绦虫之间的姐妹群关系。两者都有一管状的早期子宫及相似的随后的发育［副裸头属和双安德里属的早期子宫大致为网状］。很明显，更早期提出的子宫的发育作为区分裸头绦虫亚科的一个关键的性状，在系统发生关系上不是亲缘性判断的好指标（Wickström et al.，2005）。由于“田鼠亚科支”的姐妹群由两种有网状早期子宫的种类棒头属种和家兔新安德里绦虫组成（Wickström et al.，2005），狭义的裸头样属绦虫和微头样属绦虫可能代表了裸头亚科祖先特征状态的独立反转。此外，考虑到副裸头属绦虫、微头样属绦虫和其他裸头亚科的绦虫（寄生部位为小肠的适当位置），狭义的裸头样属绦虫寄生的小肠位置（后部回肠、回盲襞连接或盲肠）明显是衍生的。

28S rDNA 是首个为齿状裸头样绦虫（采自田鼠）提供单系支持的数据，着眼于旅鼠裸头样绦虫和肯垂马维褚斯裸头样绦虫（采自旅鼠）。而 *COI* 分析结果与之矛盾，强烈支持全北区齿状裸头样绦虫（支 3）和肯垂马维褚斯裸头样绦虫之间的亲缘关系。更早的系统发生分析：Wickström 等（2005）基于少量

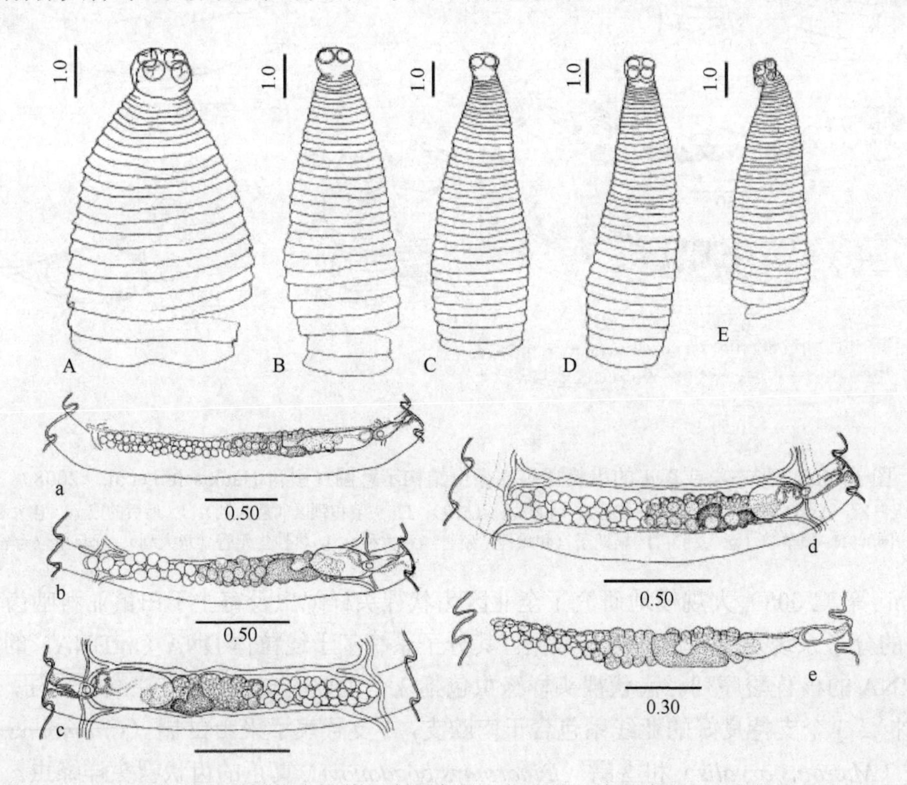

图 18-604　采自不同宿主的齿状裸头样绦虫链体（大写字母）与成节（小写字母）（引自 Haukisalmi et al.，2008）

A，a. 采自土耳其的艮氏田鼠（*Microtus guentheri*）；B，b. 采自哈萨克斯坦的普通田鼠（*Microtus arvalis*）；C，c. 采自芬兰的黑田鼠（*Microtus agrestis*）；D，d. 采自美国阿拉斯加州的歌田鼠（*Microtus miurus*）；E，e. 采自美国阿拉斯加州的黄颊田鼠（*Microtus xanthognathus*）。标尺单位为 mm

表 18-26　几种裸头样绦虫（包括短副裸头绦虫）的主要形态特征比较

种	齿状裸头样绦虫（*A. dentata**）	短副裸头绦虫（*P. brevis*#）	齿状体裸头样绦虫（*A. dentatoides*）	特勒施裸头样绦虫（*A. troeschi*）	罕见裸头样绦虫（*A. infrequens*）	旅鼠裸头样绦虫（*A. lemmi*）	肯垂马维楮斯裸头样绦虫（*A. kontrimavichusi*）	布尔默裸头样绦虫（*A. bulmeri*）
宿主	雪田鼠（*Chionomys nivalis*），田鼠属的种（*Microtus* spp.）	社田鼠（*Microtus socialis*）	棕背䶄（*Myodes rufocanus*）	草原田鼠（*Microtus pennsylvanicus*）	平原囊鼠（*Geomys bursarius*），平齿北囊鼠（*Thomomys talpoides*）	旅鼠属的种（*Lemmus* spp.）	北泽旅鼠（*Synaptomys borealis*）	南泽旅鼠（*Synaptomys cooperi*）
分布	欧亚大陆	欧亚大陆（高加索）	日本（北海道）	北美	北美	北极区	北美	北美
文献	Haukisalmi 等未发表数据	Kirshenblat（1938）	Sato 等（1993）	Rausch（1946，1976）	Douthitt（1915），Rausch（1976）	Rausch（1952，1976）	Rausch（1976）	Haukisalmi 和 Eckerlin（2009）
节片数	26～52	28～33	28～47	31～47	60～73	71～94	40～48	42～46
体长	5.5～12.9	5.6～6.0	7.4～15.3	6.5～11.0	10.5～20	16～20	9.5～11.5	8.2～9.6
体宽	2.3～4.8	2.1～2.5	3.5～4.6	1.5～3.5	2.5～5.0	5.0～6.5	3.5～5.0	2.5～2.7
头节宽	850～1500	830～860	1080～1380	500～980	580～750	1000～1600	1000～1400	1040～1370
肩	不存在	不存在	不存在	不存在	不存在	不存在	存在	存在
精巢数	27～63	—	ca. 50	35～50	50～60	56～73	ca. 90	69～78
精巢孔侧扩展	达卵黄腺中央	—	达卵巢反孔侧	达卵黄腺反孔侧边缘	达卵黄腺中央	达卵黄腺中央	达卵黄腺反孔侧边缘	达卵巢孔侧边缘
阴茎囊最大长度	300～480	—	220～420	230	360	900	360～470	260～320
受精囊最大长度	430～610	—	400～620	600	—	—	850～880	700～770
卵长	38～50	26～38	31～34	34～58	39～44	51～67	34～41	34～41

注：体长与体宽的测量单位为 mm，其他测量单位为 μm

* 数据基于采自雪田鼠的 *A. dentata*（Haukisalmi et al.，2008）。在欧亚大陆田鼠属中，至少存在 4 个其他隐存的类 *A. dentata* 种

通常被认为是 *A. dentata* 的同物异名

样品和结合使用 *COI*、28S rDNA 和内转录间隔区 1 DNA，获得另一支高的支持度（0.99）；在这些数据组中，*COI* 基因提供了最大量的信息位点并使系统发育结果令人信服。由于互相矛盾的证据，似齿状裸头样绦虫的单系及与其他狭义的裸头样属绦虫支的关系需要额外的测定及独立的标记。

旅鼠裸头样绦虫和肯垂马维褚斯裸头样绦虫在狭义的裸头样属绦虫中作为基础的线系表明该支早期的趋异化发生于旅鼠［旅鼠属（*Lemmus*）和沼泽旅鼠（Synaptomys）］。由于旅鼠（旅鼠属种族）是系统发育上田鼠类（田鼠亚科种族）的基础（Galewski et al.，2006），狭义的裸头样属绦虫的早期多样化与宿主的多样化相一致。而应当注意的是虽然它们的宿主形成一有良好支持的支，但旅鼠裸头样绦虫和肯垂马维褚斯裸头样绦虫却不上升为姐妹种（Conroy & Cook，1999），而且通常的宿主和狭义的裸头样属绦虫的共演化系统发生关系仅有少量证据。

12b. 精巢位于卵巢的孔侧或反孔侧……………………………………………… 加莱戈样属（*Gallegoides* Tenora & Mas-Coma，1978）

识别特征：链体小。节片具缘膜；宽大于长。生殖器官单套。生殖管在渗透调节管背方通过。内、外贮精囊存在。精巢位于子宫后方，排成带状。卵巢略偏孔侧。阴道位于阴茎囊后部。受精囊存在。子宫为简单的管状，横向扩展过渗透调节管，止于阴茎囊前方。梨形器存在。已知寄生于田鼠类（arvicoline）啮齿动物，分布于亚洲和欧洲。模式种：阿尔法加莱戈样绦虫［*Gallegoides arfaai*（Mobedi & Ghadirian，1977）］（图 18-605A）。

13a. 颈区显著伸长，头节由腺体覆盖 ……………………………………… 异位头属（*Ectopocephalium* Rausch & Ohbayashi，1974）

识别特征：链体小。头节有显著的顶腺。生殖器官成对。生殖管在渗透调节管背方通过。内贮精囊存在。精巢位于子宫后方，排成带状。卵巢位于孔侧。阴道位于阴茎囊后部；阴道的远端有腺细胞。受

精囊存在。子宫简单、横向管状，扩展过渗透调节管，止于阴茎囊后方。梨形器存在。已知寄生于鼠兔科兔类动物，分布于尼泊尔。模式种：阿贝异位头绦虫（*Ectopocephalium abei* Rausch & Ohbayashi，1974）（图 18-605B、C，图 18-606）。

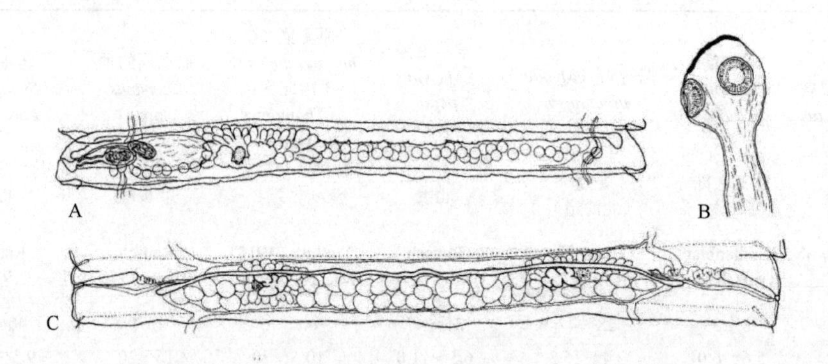

图 18-605　阿尔法加莱戈样绦虫（A）和阿贝异位头绦虫（B，C）（引自 Beveridge，1994）

A. 成节；B. 全模标本头节，注意头节腺；C. 成节

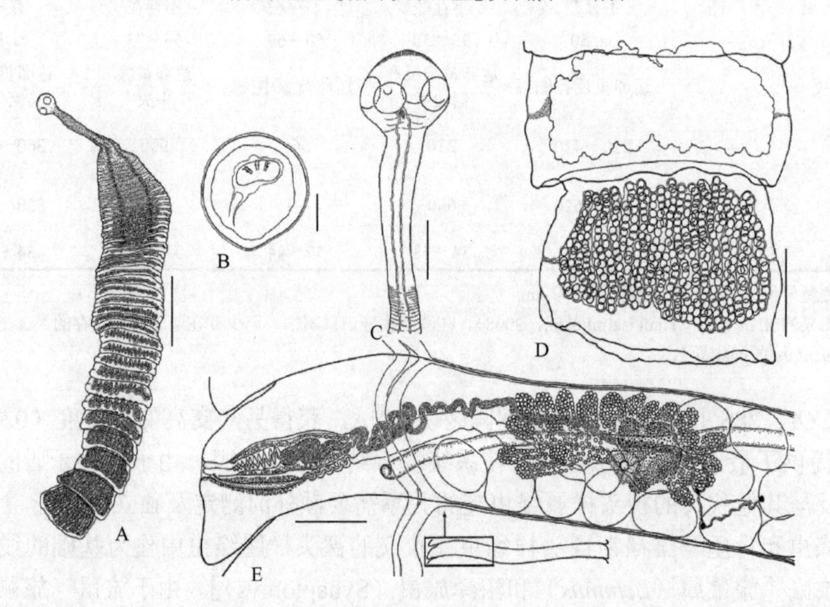

图 18-606　阿贝异位头绦虫结构示意图（引自 Rausch & Ohbayashi，1974 重排与重标）

A. 链体；B. 卵；C. 头节和前方的链体；D. 孕节；E. 成节中生殖器官细节，插图示节片放大部分。标尺：A=2mm；B=0.02mm；C，D=0.5mm；E=0.1mm

13b. 颈区不长，头节无腺体 ………………………………………………………………………… 14

14a. 生殖器官单套 ……………………………………… 裂睾属（*Schizorchis* Hansen，1948）（图 18-607）

识别特征：链体小。节片具缘膜；宽大于长。生殖孔不规则交替。生殖管在渗透调节管背方通过。内、外贮精囊存在。精巢位于子宫后方。卵巢位于中央。阴道位于阴茎囊后部。阴道远端有腺细胞。受精囊存在。子宫简单、横向、管状，限于髓实质中。梨形器存在。已知寄生于鼠兔科的兔类动物，分布于北美洲和亚洲。模式种：鼠兔裂睾绦虫（*Schizorchis ochotonae* Hansen，1948）。

关家震和林宇光（1988）研究了阿尔泰裂睾绦虫的生活史（图 18-608）。在 20～30.5℃条件下，发育至成熟拟囊尾蚴需要 75 天（包括 1～13℃自然条件下 12 天）。拟囊尾蚴为有尾型。证实超氏菌甲螨（*Scheloribates chauhani*）、甲螨未定种（*Scheloribates* sp.）、弗金大翼甲螨（*Galumna virginiensis*）、大翼甲螨未定种（*Galumna* sp.）等 4 种甲螨均可作为中间宿主。

Cai 等（2012）报道了中国兔类动物中的两个裂睾绦虫新种：中国裂睾绦虫（*Schizorchis sinensis*）（图

18-609）和穴兔裂睾绦虫（*S. oryctolagi*）（图 18-610），并对几种裂睾绦虫的主要形态特征进行了比较，见表 18-27。

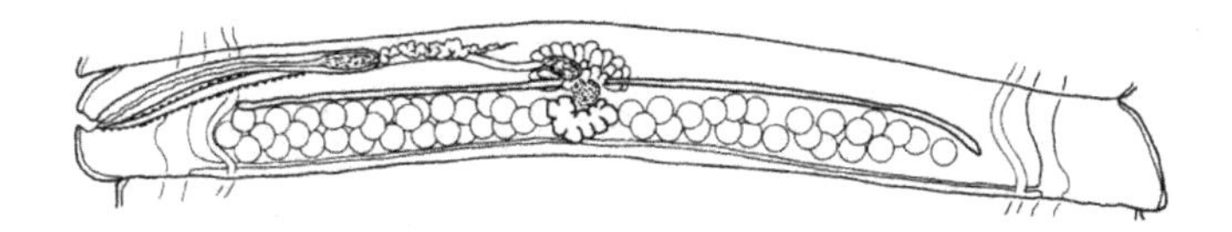

图 18-607 里奇科夫裂睾绦虫（*S. ryzhikovi* Rausch & Smirnova，1984）成节结构示意图（引自 Beveridge，1994）

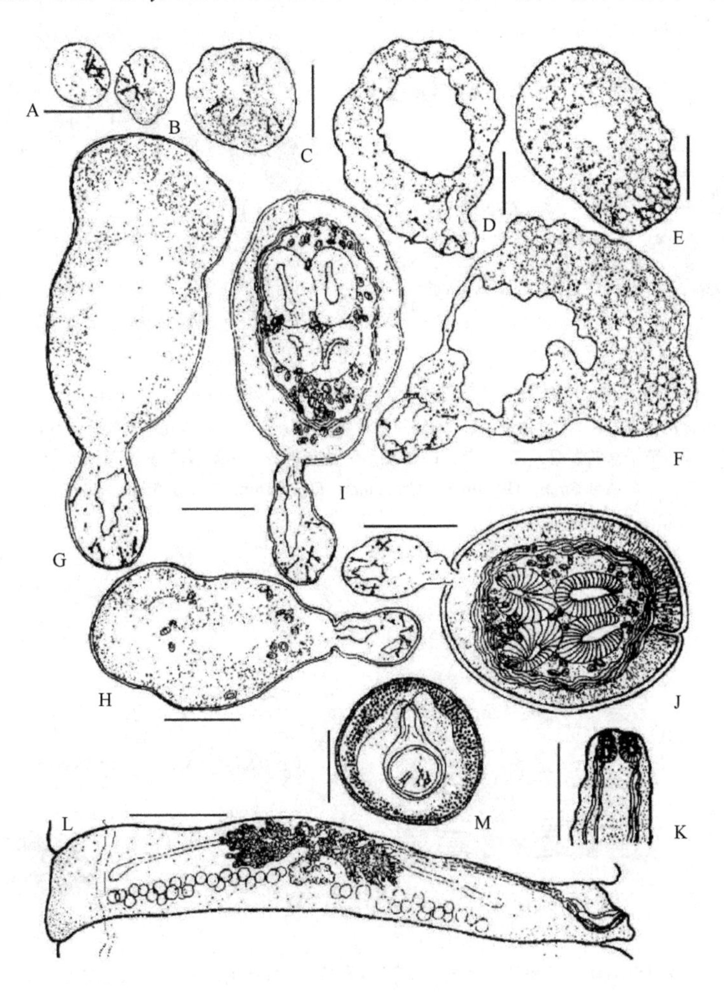

图 18-608 阿尔泰裂睾绦虫的发育示意图（引自关家震和林宇光，1988 并优化）

A～C. 六钩蚴期：A. 感染后 10 天；B. 感染后 19 天；C. 感染后 29 天（原腔期）。D～F. 囊腔期：D. 40 天；E. 37 天；F. 46 天。G，H. 头节形成期：G. 51 天；H. 54 天。I，J. 拟囊尾蚴期：I. 59 天；J. 75 天。K～M. 成体阿尔泰绦虫：K. 头节；L. 成节；M. 卵。标尺：A～C，G，I，K，M=0.03mm；D～F=0.05mm；H=0.06mm；J=0.01mm；L=0.75mm

14b. 生殖器官成对……………………………………………………………………莫斯哥瓦绦虫属（*Mosgovoyia* Spasskiĭ，1951）

［同物异名：新栉带绦虫属（*Neoctenotaenia* Tenora，1976）；喜马拉雅属（*Himalaya* Malhotra，Sawada & Capoor，1983）］

识别特征：链体大型。节片具缘膜；宽大于长。生殖管在渗透调节管背方通过。内贮精囊存在。精巢位于子宫后方，呈现为一简单带状或两群。卵巢位于孔侧。阴道位于阴茎囊后部。阴道远端有腺细胞。受精囊存在。子宫简单、横向、管状，限于髓实质中或越过渗透调节管背方，止于阴茎囊后部。梨形器存在。已知寄生于兔科的兔类动物，极少量寄生于啮齿动物，分布于北美洲、南美洲、欧洲、非洲和亚洲。模式种：梳状莫斯哥瓦绦虫［*Mosgovoyia pectinata*（Goeze，1782）］（图 18-611）。

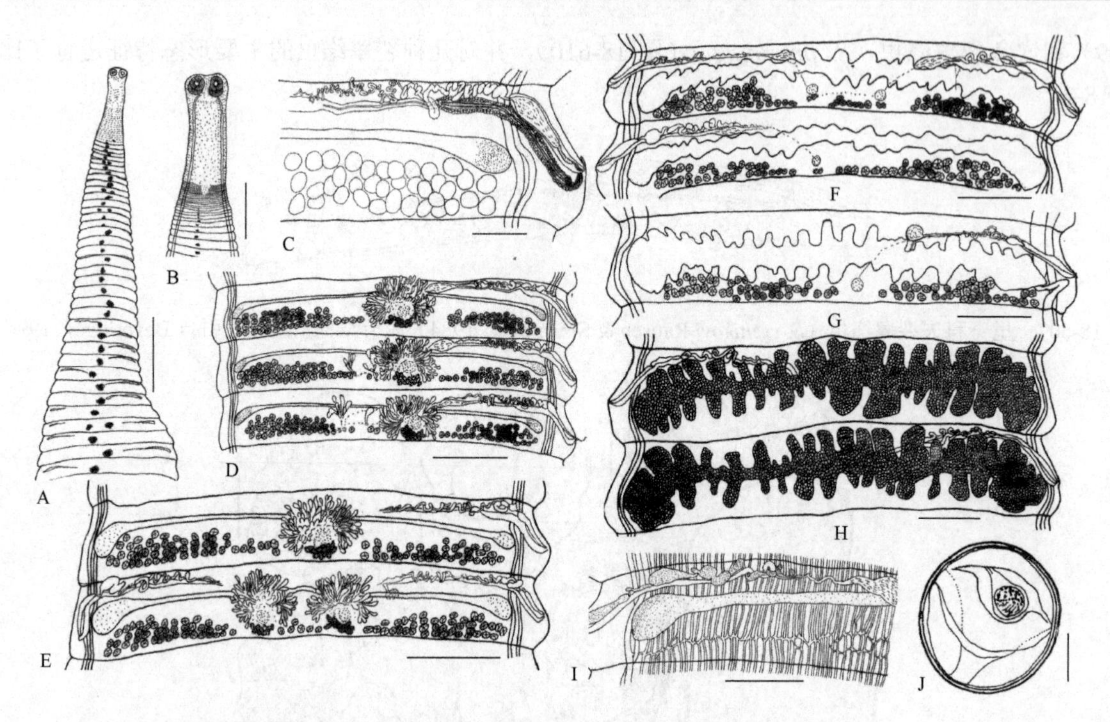

图 18-609 中国裂睾绦虫结构示意图（引自 Caí et al.，2012）：

采自草兔（*Lepus capensi*）。A. 链体的前部；B. 头节和颈；C. 成节的阴茎囊和阴道；D. 成节；E. 成熟后节片，包括一有成对生殖器官的节片；F. 预孕节子宫的发育；G. 略后的预孕节子宫的发育；H. 孕节；I. 成熟后节片左部分，示附属渗透调节系统、外贮精囊和受精囊；J. 卵。标尺：A=0.8mm；B=0.4mm；C=0.2mm；D～I=1mm；J=0.025mm

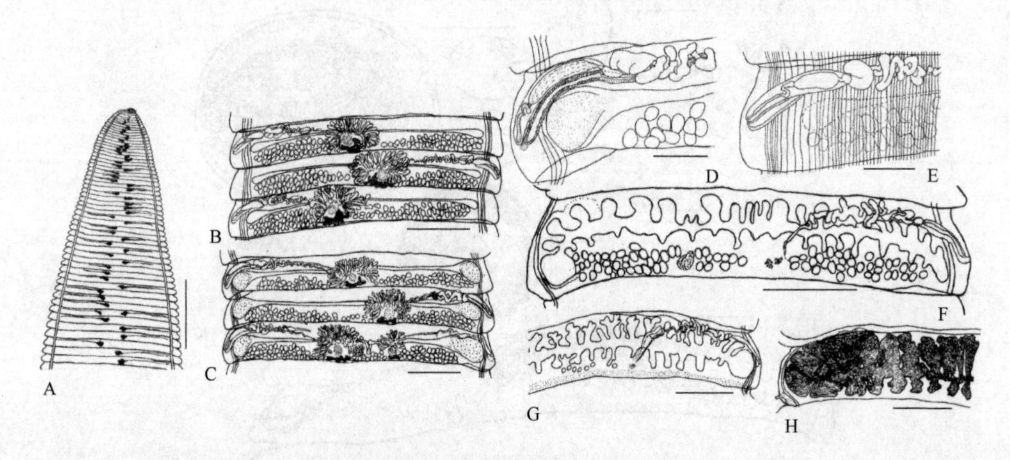

图 18-610 穴兔裂睾绦虫结构示意图（引自 Caí et al.，2012）

样品采自穴兔（*Oryctolagus cuniculus*）。A. 链体前部；B. 成节；C. 成熟后节片，包括有成对生殖器官的节片；D. 生殖管细节，示阴茎囊和阴道；E. 成节左部分，示附属渗透调节系统和外贮精囊；F，G. 预孕节子宫的发育；H. 孕节的一部分。标尺：A～C，F～H=1mm；D，E=0.3mm

表 18-27 几种裂睾绦虫主要形态特征比较

特征	*S. altaica*	*S. yamashitai*	*S. mongoliensis*	*S. nepalensis*	*S. sinensis*	*S. cryctolagi*
链体长度（mm）	68～150*	100～185	18.2～20.2	41	98.5	86.4
节片最大宽（mm）	3	3.7	2.6～3.2	3.2	7.9～8.5	5.4～6.6
节片最大数目	88	338	68	201	189	172～205
头节宽度（μm）	210	236～250	215～250	200	350	141
精巢数目	50～60	34～53	30～50	58～69	62～92	71～116
阴茎囊长×宽（μm）（平均）	（251～400）×（61～100）（294 × 86）	（288～428）×（42～64）（344 × 52）	433～596（540）	（439～512）×（38～68）（482 × 58）	（410～580）×（60～125）（520 × 94.5）	（600～780）×（100～150）（715 × 127）

续表

特征	*S. altaica*	*S. yamashitai*	*S. mongoliensis*	*S. nepalensis*	*S. sinensis*	*S. cryctolagi*
阴茎囊伸展程度	不达腹管	通常不达腹管	超出腹管	超出腹管*	超出腹管	超出腹管很多
精巢的分布	通常是离散的侧群	连续过中线	离散的侧群	离散的侧群	通常是离散的侧群	离散的侧群
成节子宫扩展	达腹管	达腹管	不达腹管	不达腹管	通常达腹管	通常达腹管
卵的直径（μm）（平均）	51～85（75）	36～62（49）	46～75（56）	58～83（72）	（89 × 80.8）	（72 × 65）
宿主	鼠兔（*Ochotona* spp.）	东北鼠兔（*O. hyperborea*）	高山鼠兔（*O. alpina*）	灰鼠兔（*O. roylei*）	草兔（*Lepus capensi*）	穴兔（*Oryctolagus cuniculus*）
地理分布	欧亚大陆	日本北海道	蒙古 tsutgaalan	尼泊尔	中国宁夏	中国甘肃和宁夏

* 数据来自 Spassky（1951）

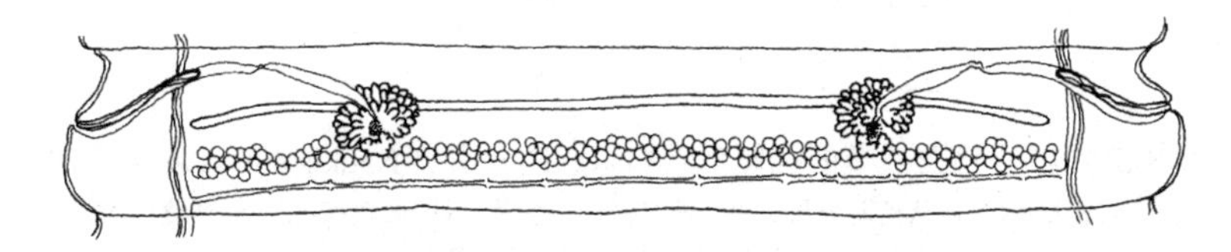

图 18-611 梳状莫斯哥瓦绦虫成节结构示意图（引自 Beveridge，1994）

Haukisalmi 等（2010）基于 28S rDNA 和线粒体 NADH 脱氢酶亚单位 1 基因（*Nad1*）评估了莫斯哥瓦绦虫属的两个种及相关属的系统发生地位和系统学关系。两种分子数据表明梳状莫斯哥瓦绦虫和卡巴雷罗裂睾绦虫（*Schizorchis caballeroi* Rausch，1960）为姐妹种，它们的系统发生关系与栉状莫斯哥瓦绦虫不独立。清楚地表明莫斯哥瓦绦虫属［Beveridge（1978）定义的属］是一个非单系的组合，支持将新栉带属（*Neoctenotaenia* Tenora）有效化。结果也表明形态学相关的种：旱獭栉带绦虫［*Ctenotaenia marmotae*（Frölich，1802）］是棒头安得里绦虫［*Andrya rhopalocephala*（Riehm，1881）］的姐妹种，代表了更为演化的线系，提供了莫斯哥瓦绦虫属和新栉带属修订的识别特征。

1）莫斯哥瓦绦虫属（*Mosgovoyia* Spasskiĭ，1951）

识别特征：链体中等大小。头节小。节片具缘膜，宽明显大于长。两对纵向渗透调节管存在；腹管有横向联合相连；相邻的节片可能存在连接横向管的附属管。生殖器官成对。生殖管在背面穿过纵向渗透调节管。阴茎囊细长，或能明显地扩展过腹纵管。内贮精囊存在；外贮精囊缺乏。精巢排为单带或为分离的、位于早期子宫和雌性腺后部的横向带，向孔侧扩展至侧方但不达纵渗透调节管。阴道长，重叠或扩展过腹纵管，由明显的细胞层覆盖。阴道腹位于阴茎囊，开口于阴茎囊的后部或后腹部。细长的受精囊存在。早期子宫单一或成对，横向管状，止于生殖管后部，不重叠于纵向渗透调节管。完全发育的子宫为囊状，有或无前方和后方的小囊。卵有梨形器。已知寄生于兔形目（兔科）动物。模式种：梳状莫斯哥瓦绦虫［*Mosgovoyia pectinata*（Goeze，1782）］（图 18-611，图 18-612C）。

2）新栉带属（*Neoctenotaenia* Tenora，1976）

识别特征：链体大。头节小。节片具缘膜，宽明显大于长。两对纵向渗透调节管存在；腹管有横向联合相连；附属管不存在。生殖器官成对。生殖管在背面穿过纵向渗透调节管。阴茎囊短，不达腹纵管。内贮精囊存在；外贮精囊缺乏。精巢排为单带或两分离、位于早期子宫后部的横向带，很少精巢可能向孔侧扩展至雌性腺。阴道长，可以重叠于腹纵管，由明显的细胞层覆盖。阴道位于阴茎囊后部、腹部或后腹部，细长的受精囊存在。早期子宫单一或成对，横向管状，明显于背方扩展过纵向渗透调节管，止于生殖管的后部。完全发育的子宫为囊状，有或无前方和后方的小囊。卵有梨形器。已知寄生于兔形目（兔科）动物。模式种：栉样新栉带绦虫［*Neoctenotaenia ctenoides*（Railliet，1890）Tenora，1976］（图 18-612A）。其他种：易变新栉带绦虫［*N. variabilis*（Stiles，1895）Tenora，1976］（图 18-612B）。

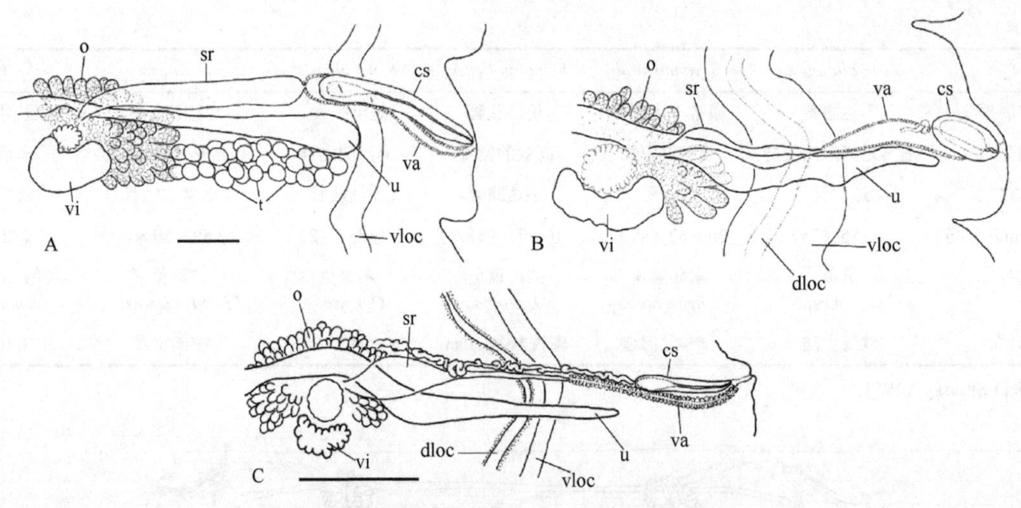

图 18-612 3 种绦虫成节的孔侧部结构示意图（引自 Haukisalmi et al.，2010）

A. 栉样新栉带绦虫；B. 易变新栉带绦虫；C. 梳状莫斯哥瓦绦虫。缩略词：o. 卵巢；vi. 卵黄腺；sr. 受精囊；va. 阴道；u. 子宫；t. 精巢；cs. 阴茎囊；vloc. 腹纵管；dloc. 背纵管。标尺=0.30mm

15a. 精巢位于卵巢反孔侧、子宫的前方和后方……16

15b. 精巢位于卵巢孔侧和反孔侧、子宫的前方和后方……17

16a. 生殖器官单套……裸头样属（*Anoplocephaloides* Baer，1923）

［同物异名：扇叶斯克亚宾属（*Flabelloskrjabinia* Spasskiĭ，1951）］

16b. 生殖器官成对……栉带属（*Ctenotaenia* Railliet，1893）

识别特征：链体大型。节片具缘膜；宽大于长。生殖管在渗透调节管背方通过。内、外贮精囊存在。精巢位于卵巢间呈简单带状，位于子宫的前方和后方。阴道位于阴茎囊后部。受精囊存在。子宫单一、横向、管状，限于髓实质中。梨形器存在。已知寄生于松鼠科啮齿动物，分布于欧洲和亚洲。模式种：旱獭栉带绦虫［*Ctenotaenia marmotae*（Frölich，1802）］（图 18-613，图 18-614）。

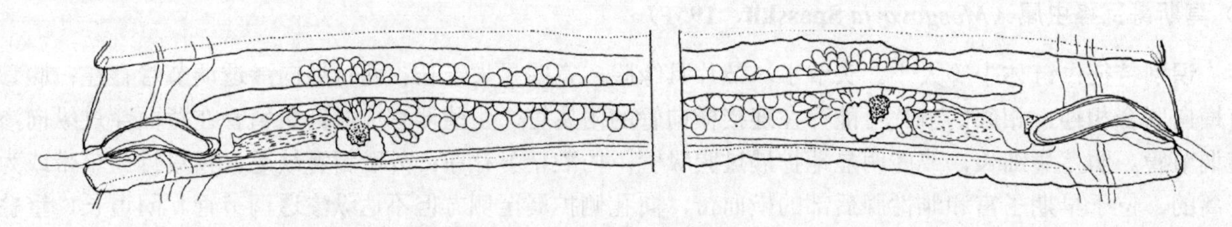

图 18-613 旱獭栉带绦虫成节结构示意图（引自 Beveridge，1994）

Ganzorig 等（2007）发现收集自蒙古国西伯利亚旱獭（*Marmota sibirica*）的一些旱獭栉带绦虫材料的一些个体具有朝向节片中央部位的成对退化的卵巢。这一绦虫的特征是每节具有一对雌性生殖器官。所发现的退化的卵巢每节的数目为 1～6 个，与主要的成对的卵巢相比小很多。有退化卵巢者，卵巢的量就增多了。虽然 Rausch（1980）有报道卵巢的增多的现象发生于双安德里属［*Diandrya*（Darrah，1930）］的种，但这是旱獭栉带绦虫卵巢增多的首次报道。

17a. 生殖器官单套，生殖孔单侧……裸头属（*Anoplocephala* Blanchard，1848）（图 18-615～图 18-617）

识别特征：链体中等到大型。节片具缘膜，宽大于长。生殖孔单侧。生殖管在渗透调节管背方通过。内、外贮精囊存在。精巢分散于髓质中。卵巢位于孔侧。阴道位于阴茎囊后部。受精囊存在。子宫单一、横向、管状，限于髓实质中。梨形器存在。已知寄生于蹄兔类、奇蹄类、长鼻类和灵长类哺乳动物，全球性分布。模式种：叶状裸头绦虫［*Anoplocephala perfoliata*（Goeze，1782）］。

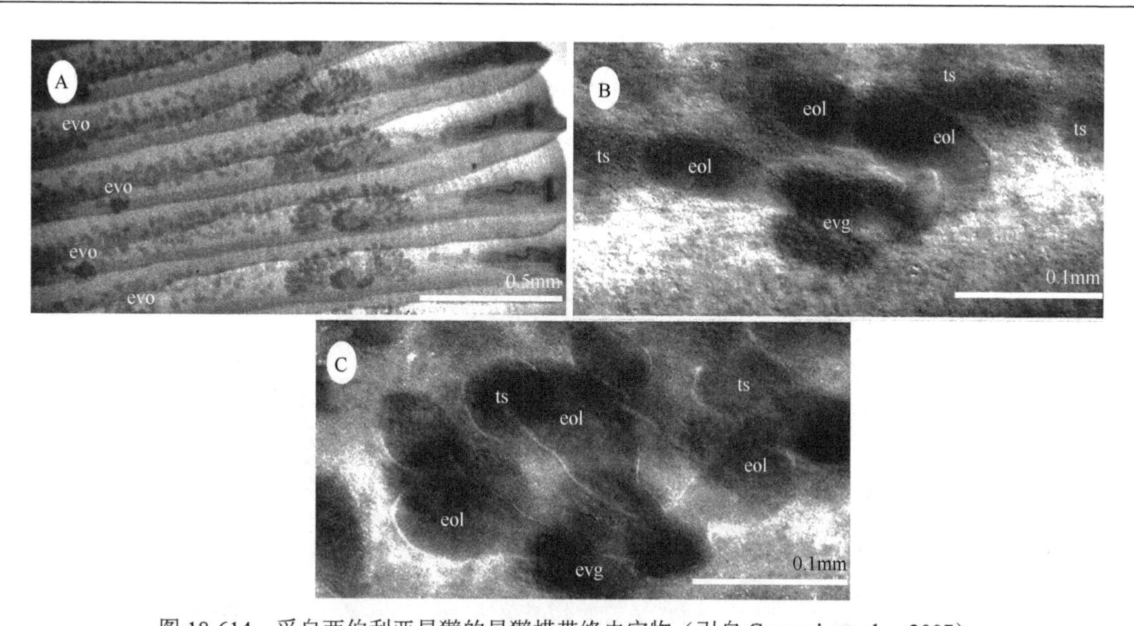

图 18-614　采自西伯利亚旱獭的旱獭栉带绦虫实物（引自 Ganzorig et al.，2007）

A. 成节中器官的排布（腹面观）；B，C. 退化的卵巢的详细结构（腹面观）。缩略词：evo. 额外的卵黄腺和卵巢；eol. 额外的卵巢小叶；evg. 额外的卵黄腺；ts. 精巢

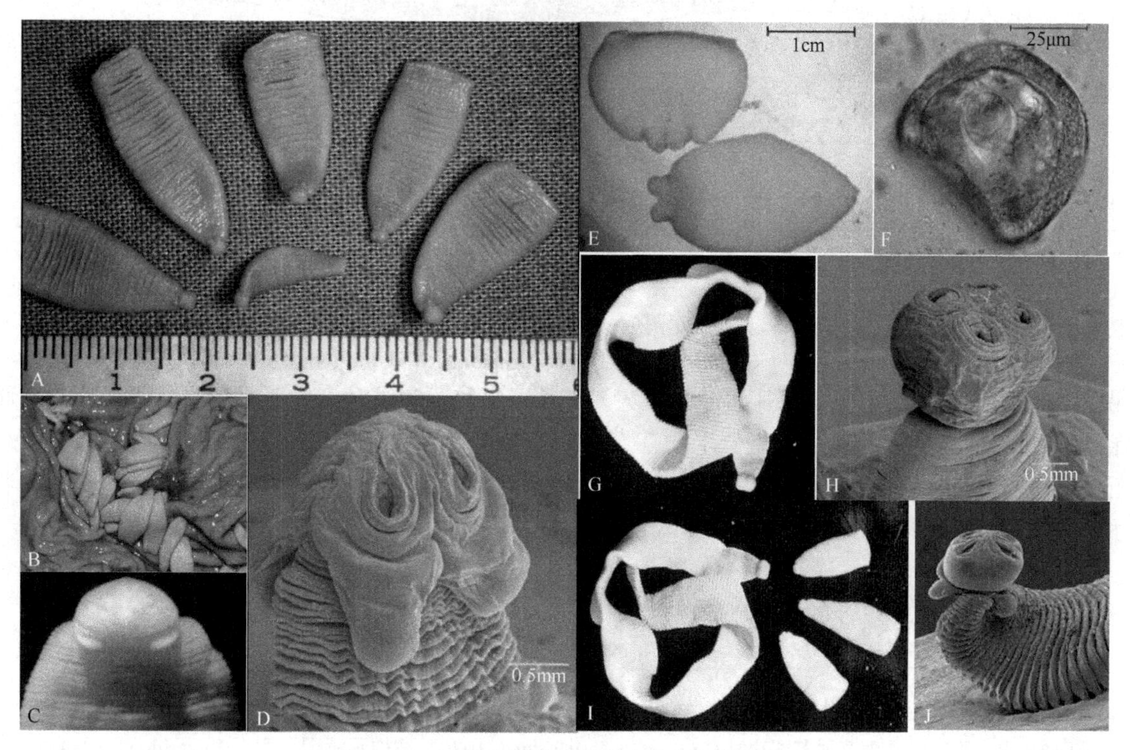

图 18-615　裸头属绦虫实物光镜与扫描结构

A～F，J. 寄生于马回肠和盲肠中的叶状裸头绦虫：A，E. 成虫；B. 寄生在肠腔内的状况；C. 光镜下头节放大；D，J. 头节及体前部描述电镜照；F. 虫卵。G，H. 寄生于马小肠的大型裸头绦虫：G. 整体形态；H. 头节扫描；I. 叶状裸头绦虫和大型裸头绦虫成体链体的比较（A，C，D，G，H 引自 Madeira，2010 的绦虫课件；B 引自 http://www. virbac. es；E，F 引自 Jordan，2001；I 引自 http://cal. vet. upenn. edu；J 引自 http://people. uleth. ca）

杨文川等（1997）描述了采自宁夏回族自治区驴体内的大型裸头绦虫（*Anoplocephala magna*），虫体 205.6mm × 23.5mm，348 节，头节仅具 4 个吸盘，体节全部宽大于长，生殖器官 1 套，精巢数 387～463 个。卵巢麦穗状，不对称的两翼横跨体节后缘，卵黄腺扁平团块状，位于卵巢后方，子宫细长横管状，阴道位于阴茎囊后方，生殖孔单侧开口于体节侧缘近中部；孕节子宫囊袋状，虫卵具梨形器。

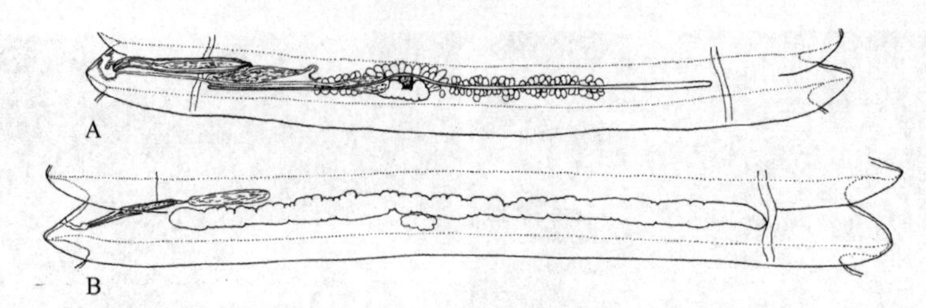

图 18-616　裸头属绦虫结构示意图（引自 Beveridge，1994）

A. 成节；B. 孕节

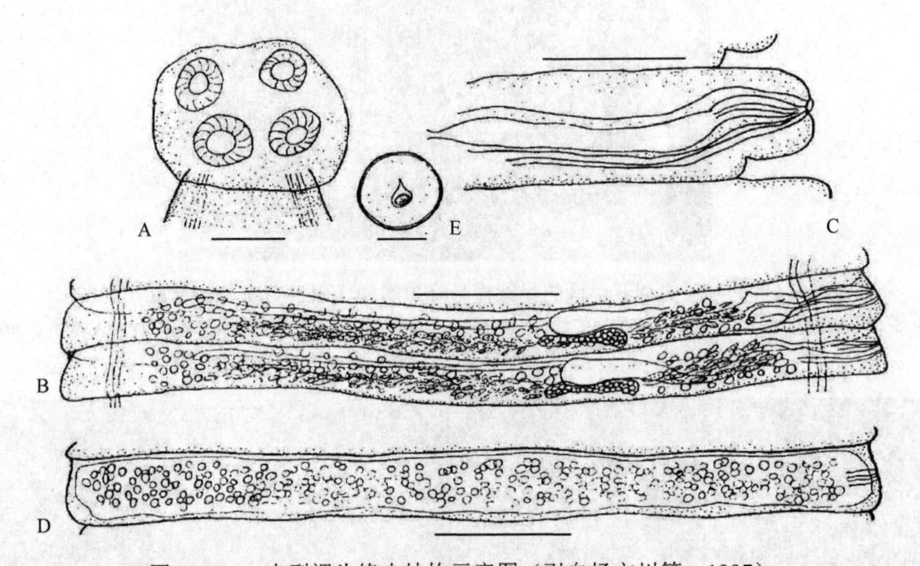

图 18-617　大型裸头绦虫结构示意图（引自杨文川等，1997）

A. 头节；B. 成熟体节；C. 成节生殖孔放大；D. 孕节；E. 虫卵。标尺：A，B，D=2mm；C=0.8mm；E=0.1mm

17b. 生殖器官成对……………………………………………………………………………………………… 18

18a. 精巢分散于整个髓质中，受精囊细长，合并于阴道………………………………………………………

…………………………………………………………副莫尼茨属（*Paramoniezia* Maplestone & Southwell，1923）（图 18-618）

识别特征：链体中等大小。节片具缘膜，宽大于长。生殖器官成对。生殖管在渗透调节管背方通过。内贮精囊存在。卵巢位于孔侧。阴道位于阴茎囊后部。受精囊存在。子宫单一、横向、管状。梨形器存在。已知寄生于袋熊科有袋动物和蹄兔类、奇蹄类、长鼻类和灵长类哺乳动物及猪，分布于澳洲和非洲。模式种：猪副莫尼茨绦虫（*Paramoniezia suis* Maplestone & Southwell，1923）。

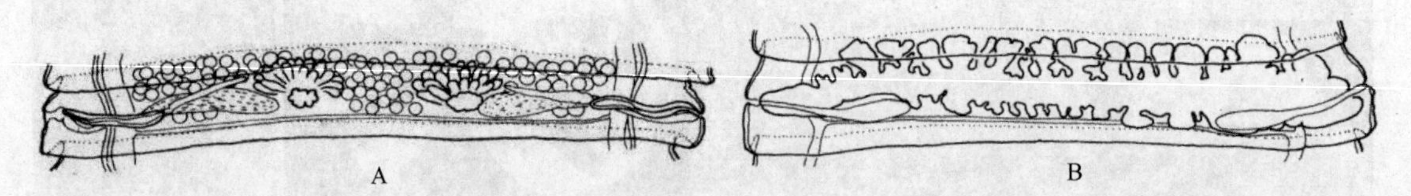

图 18-618　约翰斯顿副莫尼茨绦虫（*P. johnstoni* Beveridge，1976）结构示意图（引自 Beveridge，1994）

A. 成节；B. 孕节

副莫尼茨属的建立是基于据称来自澳大利亚昆士兰一头野猪的单一虫体的粗浅描述（Maplestone & Southwell，1923）。原始描述的不充足，全模及仅有的标本保存状态不佳，而且之后在澳大利亚猪体内就没有再发现此绦虫，促成了其极其混乱的分类历史（Spasskiž 1951）。

该属随后用于容纳采自不相关的宿主的一系列种，包括采自疣猪（warthog）的疣猪副莫尼茨绦虫（*P. phacochoeri* Baylis，1927），该宿主在非洲先前被当作荒漠疣猪［*Phacochoeurus aethiopicus*（Pallas）］，其与非洲疣猪［*Ph. africanus*（Gmelin）］有显著差异，后来考虑其是绦虫正确的宿主名；鹦鹉副莫尼茨绦虫［*P. psittacea*（Fuhmann，1904）］ 采自新西兰鸮鹦鹉（*Strigops habroptilus* Gray）及采自澳洲有袋类塔斯马尼亚袋熊（*Vombatus ursinus* Shaw）和毛鼻袋熊（*Lasiorhinus latifrons* Owen）的约翰斯顿副莫尼茨绦虫（*P. johnstoni* Beveridge，1976），从而出现一个极不可能的宿主分布。可疑分布中的一些问题先前已得到解决，如鹦鹉副莫尼茨绦虫，人们认为该绦虫最初描述为鹦鹉鸣绦虫（*Cittotaenia psittacea* Fuhrmann，1904），采自新西兰不会飞翔的鸮鹦鹉，其与猪副莫尼茨绦虫为同种，并将副莫尼茨属与鸣绦虫属（*Cittotaenia* Rheim，1881）同义化。

Baylis（1927）描述采自乌干达疣猪（荒漠疣猪，之后认为是非洲疣猪）的疣猪副莫尼茨绦虫（*P. phacochoeri*）是副莫尼茨属的第 2 个种，然其样品不成熟且没有观察到作为裸头科绦虫属关键的子宫特征（Beveridge，1994）。Baer（1927）提出副莫尼茨属不可能是鸣绦虫属的同物异名；Spasskiĭ（1951）重新建立副莫尼茨绦虫属，含 3 个种：猪副莫尼茨绦虫（模式种）、鹦鹉副莫尼茨绦虫和疣猪副莫尼茨绦虫。

最初 Maplestone 和 Southwell（1923）对猪副莫尼茨绦虫的描述中，属识别的关键特征与鸣绦虫属一致：链体两侧阴道在阴茎囊的腹方。莫尼茨属（*Moniezia* Blanchard，1891）链体右侧阴道在阴茎囊的腹方，左侧在背方。而实际上在猪副莫尼茨绦虫中，链体左侧阴道的位置是可变的，或在阴茎囊背方或在腹方。属的差异没有考虑鸣绦虫属的子宫为管状到略微网状（当时的认识），莫尼茨属的子宫为高度网状的特性。Spasskiĭ（1951）重新界定副莫尼茨属时强调了部分精巢分布在髓质，主要在子宫前方作为一个额外的区分特征。随后，该界线不明显的属保留在早期 Yamaguti（1959）的文献中。认可猪副莫尼茨绦虫和疣猪副莫尼茨绦虫两个种。在 Beveridge（1976）对澳洲有袋类裸头科绦虫修订文献中，他们重新测定了模式种猪副莫尼茨绦虫，结论是：很难肯定其关键区别特征，但应用了 Spasskiĭ（1951）的重定义，将采自袋熊的约翰斯顿副莫尼茨绦虫分配到副莫尼茨属而不是新建单种属。Beveridge（1976）推测猪副莫尼茨绦虫原始样品可能不是采自野猪（*Sus scrofa*），而很可能采自北方毛鼻袋熊（*Lasiorhinus krefftii* Owen）［当时认为是巴纳德袋熊（*L. barnardi*）］，当时的梅普尔斯通（Maplestone）收集活动是在现在的澳大利亚昆士兰汤斯维尔（Townsville）附近进行的，当时称宿主为“布什猪”。

随后，Beveridge（1978）重新描述了鹦鹉副莫尼茨绦虫，并将其移入新属鸮鹦鹉带属（*Stringopotaenia* Beveridge，1978）。结果为，副莫尼茨属仅剩下猪副莫尼茨绦虫（模式种），采自疣猪的疣猪副莫尼茨绦虫和采自袋熊的约翰斯顿副莫尼茨绦虫。Schmidt（1986）将副莫尼茨属作为有效属，认可猪副莫尼茨绦虫和约翰斯顿副莫尼茨绦虫，在其著作中没有列入疣猪副莫尼茨绦虫。

澳洲裸头科绦虫分子研究结果表明：发现于袋熊的约翰斯顿副莫尼茨绦虫和科曼疣猪带绦虫（*Phascolotaenia comani* Beveridge，1976），形成一个独特的地方性分支（Hardman et al.，2012），造成了副莫尼茨属现行组成的越来越多的疑问。因此，有必要重新回顾该属，重测模式种材料及新材料以获取额外的信息，最终确定副莫尼茨绦虫属的地位。Beveridge（2014）从模式及仅有的样品重新描述了猪副莫尼茨绦虫（很可能基于错误的宿主识别），考虑其为问题属和种；对于疣猪副莫尼茨绦虫，Beveridge 基于采自南非非洲疣猪（*Phacochoerus africanus* Gmelin）的样品，对新样品进行了重描述并移入莫尼茨属成为疣猪莫尼茨绦虫组合种［*Moniezia phacochoeri*（Baylis，1927）］；重描述了同样采自非洲疣猪的米特姆莫尼茨绦虫（*M. mettami* Baylis，1934）；证明了寄生于疣猪的两个同属种是独立的；为采自袋熊类有袋动物的约翰斯顿副莫尼茨绦虫建立了袋熊绦虫属（*Phascolocestus*），种更名为约翰斯顿袋熊绦虫［*Phascolocestus johnstoni*（Beveridge，1976）］组合种。

18.16.3.2 袋熊绦虫属（*Phascolocestus* Beveridge，2014）

识别特征：大型绦虫，有大量节片；头节有 4 个吸盘，无棘；节片具缘膜；生殖器官成对；生殖管在渗透调节管背部交叉。阴茎囊细长，扩展过渗透调节管；内贮精囊存在；精巢分布于髓质。阴道在阴茎囊后部开口于生殖腔；有很大的受精囊；卵巢位于孔侧；子宫单一，横向、管状，发育出前方和后方的支囊，在孕节中扩展过渗透调节管。梨形器存在。已知为袋熊类有袋动物的寄生虫。模式种：约翰斯顿袋熊绦虫［*Phascolocestus johnstoni*（Beveridge，1976）］组合种［同物异名：约翰斯顿副莫尼茨绦虫（*Paramoniezia johnstoni* Beveridge，1976）］。

词源：属名基于宿主早期袋熊的属名（*Phascolomys* Duméril），与现在的袋熊属（*Vombatus* Geoffroy，1803）同义。

18b. 精巢有中央群位于子宫后部，两侧群位于子宫前方；受精囊环状，与阴道有明显区别……………………………………袋熊带属（*Phascolotaenia* Beveridge，1976）

识别特征：链体小。节片具缘膜，宽大于长。生殖器官成对。生殖管在渗透调节管背方通过。阴茎囊横过渗透调节管，达节片的中央区。内、外贮精囊存在。精巢位于子宫后部、卵巢之间，子宫孔侧前方和后方。阴道位于阴茎囊后部。受精囊存在。子宫单一、横向、管状。梨形器存在。已知寄生于袋熊科有袋类动物，分布于澳洲。模式种：科曼袋熊带绦虫（*Phascolotaenia comani* Beveridge，1976）（图 18-619）。

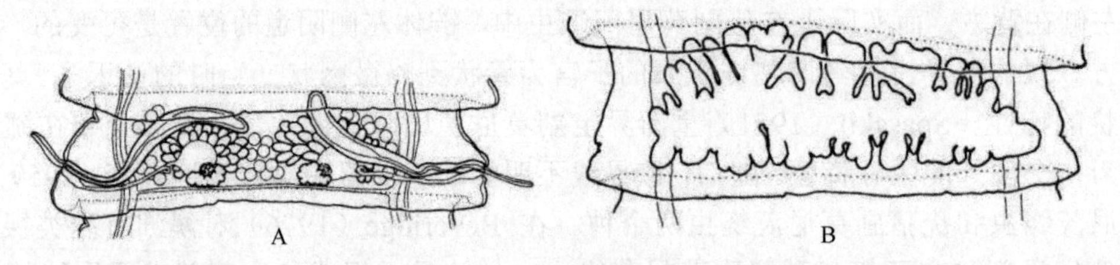

图 18-619　科曼袋熊带绦虫结构示意图（引自 Beveridge，1994）

A. 成节；B. 孕节

19a. 生殖孔不存在；子宫单一，扩展过渗透调节管，有两个前方的支囊，位于节片的两边……………………………………无孔属（*Aporina* Fuhrmann，1902）（图 18-620，图 18-621）

识别特征：链体中等大小。节片具缘膜，宽大于长。生殖器官单套。阴茎囊和阴道不规则交替。生殖管在渗透调节管背方通过。阴茎囊残余，无功能。贮精囊不存在。精巢位于两侧宽的区带中，少量扩展至卵巢后部。卵巢位于中央或中线略偏孔侧。阴道位于阴茎囊后部。受精囊存在。子宫管状，围绕着受精囊前方成环，具有成对的、指向前方的支囊。梨形器不存在。已知寄生于马尾鹦鹉，分布于巴西。模式种：白色无孔绦虫（*Aporina alba* Fuhrmann，1902）（图 18-620）。

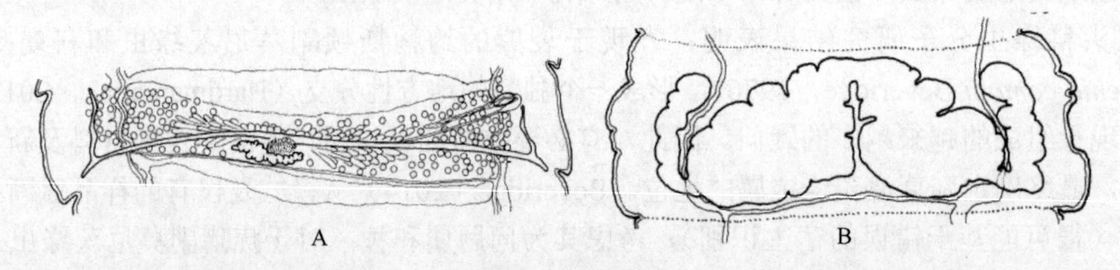

图 18-620　白色无孔绦虫全模标本结构示意图（引自 Beveridge，1994）

A. 成节；B. 孕片

19b. 生殖孔存在；子宫没有成对、向前的支囊……………………………………20

20a. 子宫具有中央指向前方的距样支囊……………………………………22

20b. 子宫不具有中央指向前方的距样支囊……………………………………21

21a. 生殖器官单套……………………………………三子宫属（*Triuterina* Fuhrmann，1922）

［同物异名：双孔子宫属（*Biporouterina* Burt，1973）］

识别特征：链体中等大小。节片具缘膜，宽大于长。生殖孔不规则交替。生殖管在渗透调节管背方通过（？）。内贮精囊存在。精巢分散于整个髓质。卵巢位于节片中央。阴道位于阴茎囊后部。受精囊存在。子宫管状，围绕着受精囊前方成环，具有指向前方的中央距样支囊。梨形器不存在。已知寄生于鹦形目鸟类，分布于非洲和斯里兰卡。模式种：裸头样三子宫绦虫（*Triuterina anoplocephaloides* Fuhrmann，1902）（图 18-622，图 18-623）。

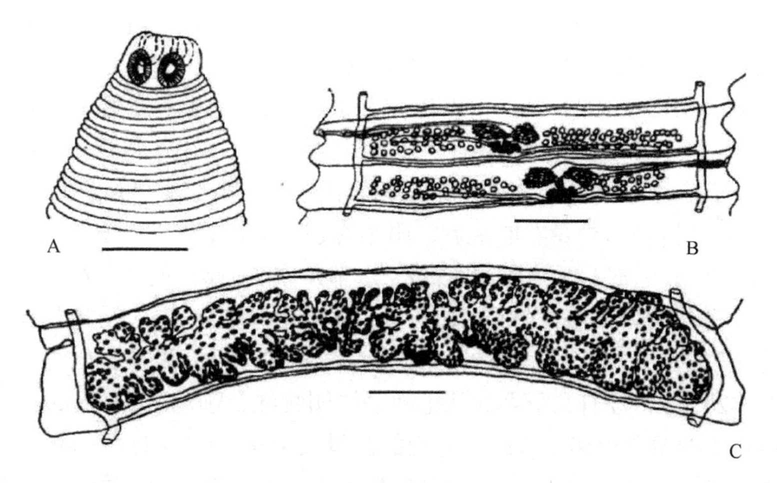

图 18-621 东方无孔绦虫（*Aporina orientalis*）结构示意图（引自贠莲和汤仲祥，1992 并调整）

样品采自四川省秀山县和武隆县山斑鸠［*Streptopelia orientalis orientalis*（Lathum）］小肠。A. 头节；B. 成节；C. 孕节. 标尺：A=0.2mm；B，C=0.5mm

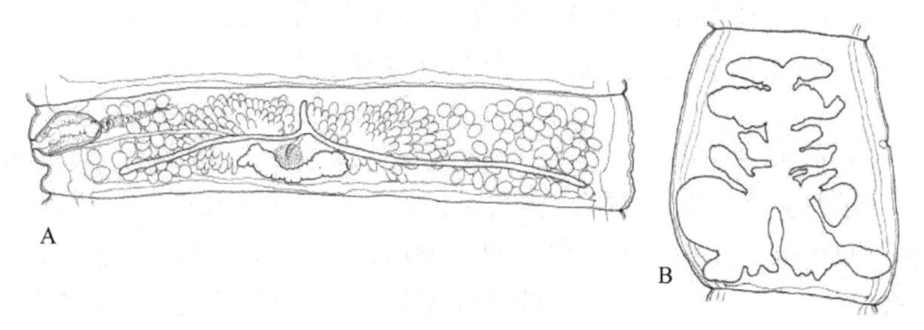

图 18-622 裸头样三子宫绦虫成节与孕节结构示意图（引自 Beveridge，1994）

A. 成节；B. 孕节

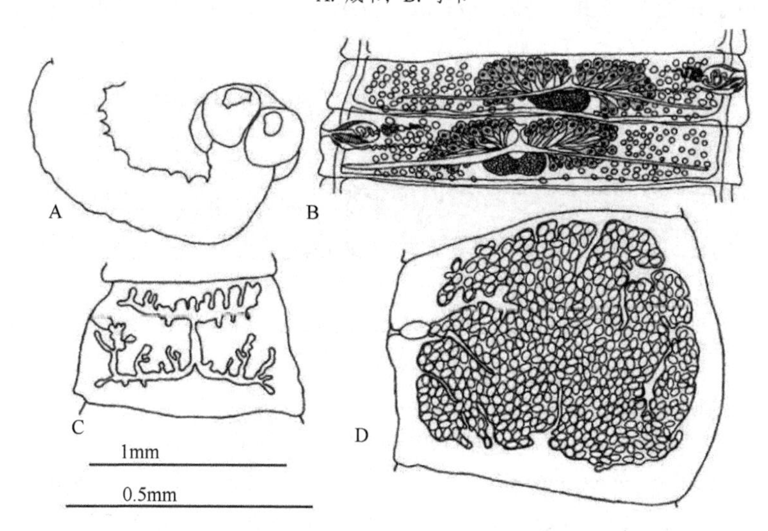

图 18-623 裸头样三子宫绦虫结构示意图（引自 Jones，1982 并调整）

A. 头节；B. 成节；C. 早期孕节；D. 孕节。标尺：A=0.5mm；B～D=1mm

Jones（1982）重描述了采自非洲鹦鹉的裸头样三子宫绦虫。该种最初被 Fuhrmann（1902）描述为裸头样带绦虫，采自非洲赤道附近灰鹦鹉（*Psittacus erithacus* Linnaeus），仅有一没有头节的样品；后来 Jones（1921）为这一型绦虫建立一新属：三子宫属（*Triuterina*），特征是此绦虫具有明显的三叶子宫。Baer（1927）重新描述了模式样本，Joyeux 等（1928）有简短的描述，但无图解，头节来自一达荷美共和国（Dahomey，贝宁人民共和国的旧称）鹦鹉 *Poicephalus vesteri* Finsch 的样品。Yamaguti（1959）忽略了这一点，对属的特征陈述是“头节不明”。几条不完整的样品采自死于伦敦动物园的非洲灰鹦鹉的十二指肠，送到蠕虫学公共卫生学院鉴定，发现为裸头样三子宫绦虫。最长的完整的有头节的样品首次图示于此，样品长42mm，宽 2.8mm。形态特征与先前的描述一致，但测量上不同，范围亦有适当扩展。头节球状，没有吻突，4 个椭圆形的吸盘为（163～188）μm ×（132～153）μm。链体头节后宽 150μm，分节开始于头节后约 1.75mm；成节梯形，为（0.34～0.48）mm × 2.55mm；孕节为（0.49～0.87）mm ×（0.59～0.91）mm；生殖腔不规则交替开口于节片边缘中线偏前；精巢椭圆形，为（38～59）μm ×（35～47）μm，每节 93～124 个，位于孔侧和反孔侧区域，少量在卵巢后；阴茎囊超过排泄管，为（188～305）μm ×（94～178）μm，含有阴茎和内贮精囊，有远端的括约肌；卵巢宽，近节片中央，略为孔侧，为（330～370）μm ×（1040～1140）μm；卵黄腺位于卵巢后方，为（133～162）μm ×（361～390）μm；受精囊模糊不清；阴道在阴茎囊后通过强劲的括约肌开入生殖腔；子宫三叶，最初为一前方，两后侧方的分支，随后发出支囊；卵为（64～68）μm ×（38～42）μm，没有梨形器。从伦敦动物园绯红金刚鹦鹉（*Aramacao* Daudin）（分布于墨西哥和南美）粪便中收集的孕节也属于该属。它们的测量大小是（0.7～1.01）mm ×（1.09～1.18）mm，卵（略崩塌）为（42～47）μm × 26μm。节片不常在其侧角端密集积累卵。这一记录是采自新宿主，且是该属一新的地理分布，先前仅报道自非洲，但也不能排除可能发生于动物的转运。该属另一种：子宫叶三子宫绦虫（*T. uteriloba*）由 Dollfus（1975）发现于摩洛哥动物园的嘎利米鹦鹉［*Poicephalus gulielmi*（Jardine，1849）］。裸头样三子宫绦虫的样品收藏于寄生虫学公共卫生学院，编号为 1828 和 3893。

21b. 生殖器官两套……………………………………………………………………鹎带属（*Bulbultaenia* Beveridge，1994）

识别特征：链体中等大小。节片具缘膜，宽大于长。生殖管在渗透调节管背方通过。内贮精囊存在。精巢分散于整个髓质。卵巢位于孔侧。阴道位于阴茎囊后部。受精囊存在。子宫成对，管状，围绕着受精囊前方成环，各具有一简单、中央，指向前方的距样支囊。梨形器不存在。已知寄生于红臀鹎（*Molpastes haemorrhous*），分布于斯里兰卡。模式种：距子宫鹎带绦虫［*Bulbultaenia calcaruterina*（Burt，1939）］组合种［同物异名：距子宫伯劳绦虫（*Paronia calcaruterina* Burt，1939）］（图 18-624）。

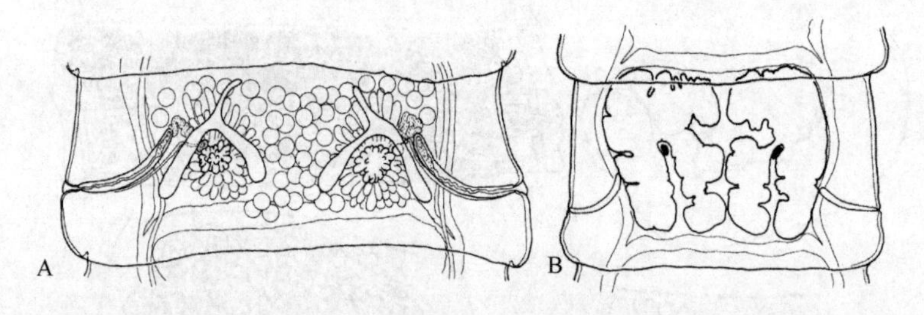

图 18-624　距子宫鹎带绦虫全模标本结构示意图（引自 Beveridge，1994）

A. 成节；B 孕节

22a. 子宫简单，U 形，前方围绕着卵黄腺……………………………………………………………………23

22b. 子宫有突出的水平分支，卵黄腺前方有小的前方 U 形支和成对的卵黄腺各边的后部支囊……………25

23a. 生殖器官单套……………………………………………半伯劳绦虫属（*Hemiparonia* Baer，1925）（图 18-625）

识别特征：链体中等大小。节片具缘膜，宽大于长。生殖管在渗透调节管背方通过。贮精囊存在。精巢带状，位于卵巢后部和侧方。卵巢位于中央。阴道位于阴茎囊后部。受精囊存在。子宫单个，管状，围绕着受精囊前方成环。梨形器不存在。已知寄生于鹦形目鸟类，分布于澳洲。模式种：葵花鸟半伯劳绦虫［*Hemiparonia cacatuae*（Maplestone，1932）］。

23b. 生殖器官两套……………………………………………………………………………………………24

24a. 子宫成双，有时合并，头节吸盘前方无腺体……………………………伯劳绦虫属（*Paronia* Diamare，1900）

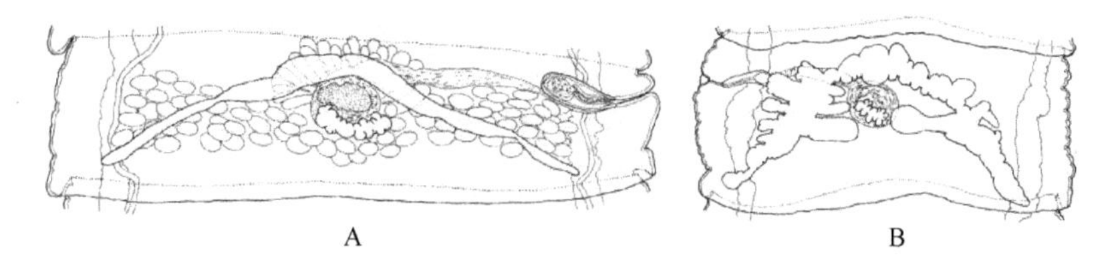

图 18-625 班克罗蒂半伯劳绦虫［*H. bancroti*（Johnston，1912）］结构示意图（引自 Beveridge，1994）
A. 成节；B 孕节

识别特征：链体中等大小。节片具缘膜，宽大于长。生殖器官成对。生殖管在渗透调节管背方通过。内贮精囊存在或不存在；外贮精囊不存在。精巢分散于整个髓质。卵巢位于孔侧。阴道位于阴茎囊后部。受精囊存在。子宫管状，围绕着受精囊前方成环。梨形器退化或不存在。已知寄生于鸟类，分布于亚洲、非洲、南美洲和澳洲。模式种：毛光伯劳绦虫［*Paronia trichoglossi*（Linstow，1888）］（图 18-626A、B）。

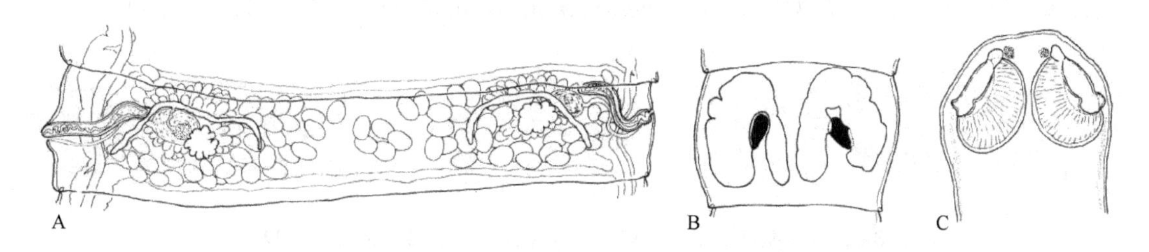

图 18-626 2 属 2 种绦虫部分结构示意图（引自 Beveridge，1994）
A，B. 毛光伯劳绦虫模式标本：A. 成节；B. 孕节。C. 鲁氏莫尼茨样绦虫模式标本头节，注意吸盘上的垂饰和吸盘前方的腺体

24b. 子宫（？）单个；各吸盘的前方存在腺体；吸盘有显著的垂饰················莫尼茨样属（*Moniezoides* Fuhrmann，1918）

识别特征：链体中等大小。头节的吸盘前方有 4 群腺体。节片具缘膜，宽大于长。生殖器官成对。生殖管在渗透调节管背方通过。内、外贮精囊不存在。精巢分散于整个髓质。阴道位于阴茎囊后部。受精囊存在。子宫（？）单一，管状，围绕着两个卵巢前方成环。梨形器（？）不存在。已知寄生于鹦形目鸟类，分布于南太平洋。模式种：鲁氏莫尼茨样绦虫（*Moniezoides rouxi* Fuhrmann，1918）（图 18-626C，图 18-627）。

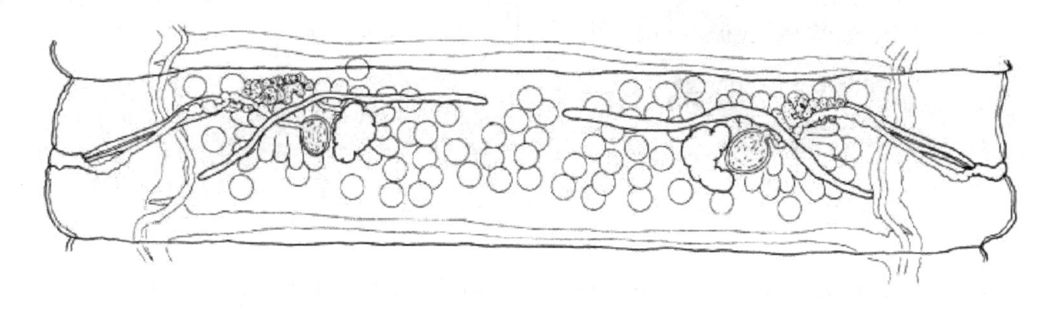

图 18-627 鲁氏莫尼茨样绦虫成节示意图（引自 Beveridge，1994）

25a. 精巢分布为两个明显的侧方群···吉列属（*Killigrewia* Meggitt，1927）

识别特征：链体小。节片具缘膜，宽大于长。生殖器官单套。生殖孔不规则交替。生殖管在渗透调节管背方通过。内贮精囊存在。精巢分布于卵巢两侧，为两群。卵巢略偏孔侧。阴道位于阴茎囊后部。受精囊存在。子宫单一，管状，围绕着受精囊成宽环，止于髓质的后侧角。梨形器（？）不存在。已知寄生于鸟类，分布于非洲、亚洲、欧洲、美洲和澳洲。模式种：轻佻吉列绦虫（*Killigrewia frivola* Meggitt，1927）（图 18-628）。

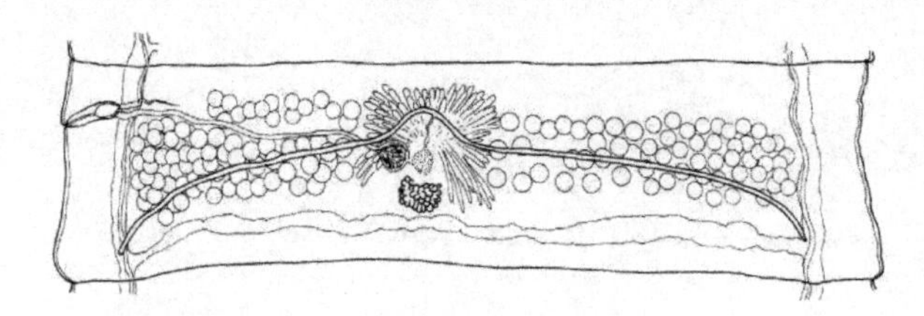

图 18-628　轻佻吉列绦虫全模标本成节结构示意图（引自 Beveridge，1994）

25b. 精巢分布横穿髓质……………………………………………………………………………………26

26a. 生殖器官单套……………………………………拖子宫属（*Pulluterina* Smithers，1954）（图 18-629，图 18-630）

识别特征：链体大。节片具缘膜，宽大于长。生殖孔不规则交替。生殖管在渗透调节管背方通过。内贮精囊存在。精巢分散于整个髓质。卵巢略偏孔侧。阴道位于阴茎囊后部。受精囊存在。子宫单一，管状，在前方成环，围绕着受精囊各侧有成对的后支囊。梨形器不存在。已知寄生于鹦形目鸟类，分布于新西兰。模式种：聂斯特拖子宫绦虫（*Pulluterina nestoris* Smithers，1954）（图 18-629）。

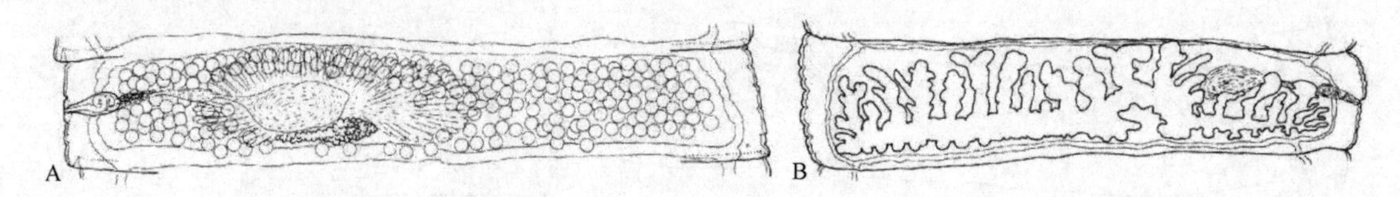

图 18-629　聂斯特拖子宫绦虫结构示意图（引自 Beveridge，1994）

A. 成节；B. 孕节

拖子宫属（*Pulluterina*）由 Smithers（1954）建立，模式种为采自新西兰的聂斯脱利拖子宫绦虫（*Pulluterina nestoris*）；该属第 2 种鸽子拖子宫绦虫（*P. columbiae*）采自巴基斯坦拉合尔（Lahore）野鸽子的小肠，第 3 种卡拉奇拖子宫绦虫（*P. karachiensis* Ghazi，Khatoon，Mansoor & Bilqees，2002）采自卡拉奇野鸽子的小肠。

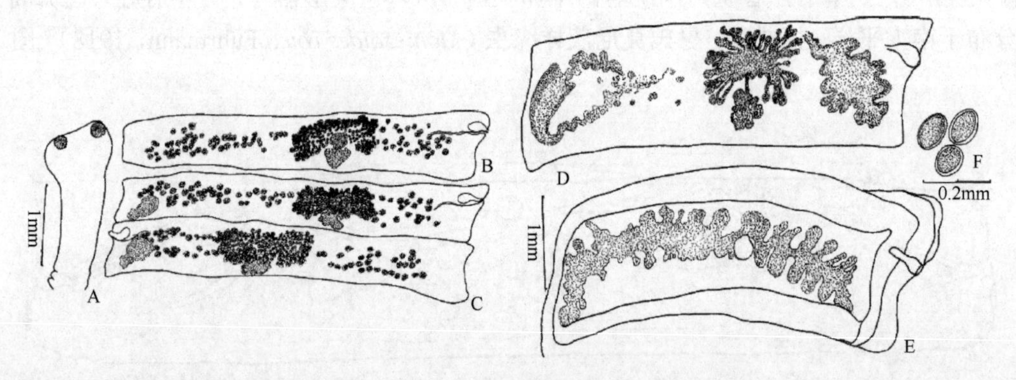

图 18-630　采自巴基斯坦卡拉奇格梅林（Gmelin）野鸽子的卡拉奇拖子宫绦虫（引自 Ghazi et al.，2002）

A. 头节侧面观；B. 成节；C. 早期孕节；D. 早期孕节晚期；E. 孕节；F. 子宫中的卵

卡拉奇拖子宫绦虫吸盘小、颈区长、精巢数目少、体更小且有相对小的卵。为采自巴基斯坦同属的第 2 种，文献记载同属的第 3 种。3 种拖子宫条虫比较见表 18-28。

表 18-28　拖子宫属（*Pulluterina*）3 种绦虫的比较

	鸽子拖子宫绦虫（*P. columbiae*）	卡拉奇拖子宫绦虫（*P. karachiensis*）	聂斯特拖子宫绦虫（*P. nestoris*）
链体大小（mm）	（156～885）× 5.25	（170～285）× 5.88	
头节	发育不良	具 4 个发育良好的无棘吸盘	
颈区（mm）	不存在	长 1.1	
精巢数目（个）	>100（多可达 150）	<100（69～77）	>150

续表

	鸽子拖子宫绦虫（*P. columbiae*）	卡拉奇拖子宫绦虫（*P. karachiensis*）	聂斯特拖子宫绦虫（*P. nestoris*）
精巢大小	大	小	
阴茎囊的大小		略大	
卵的大小（mm）	（1.30～1.42）×（3.60～4.85）*	（0.08～0.11）×（0.08～0.11）	

*鸽子拖子宫绦虫卵的大小应该有误，不应该有这么大的卵

26b. 生殖器官双套……………………………………………………………………鸮鹦鹉带属（*Stringopotaenia* Beveridge，1978）

识别特征：链体适中。节片具缘膜，宽大于长。生殖管在渗透调节管背方交叉。内贮精囊存在。精巢分布于整个髓质。卵巢略偏孔侧。阴道位于阴茎囊后部。受精囊存在。子宫单一，管状，横向，围绕着各自受精囊前方成环，各侧有成对的指向后方的支囊。梨形器存在。已知寄生于鹦形目鸟类，分布于新西兰。模式种：鹦鹉鸮鹦鹉带绦虫［*Stringopotaenia psittacea*（Fuhrmann，1904）］（图 18-631）。

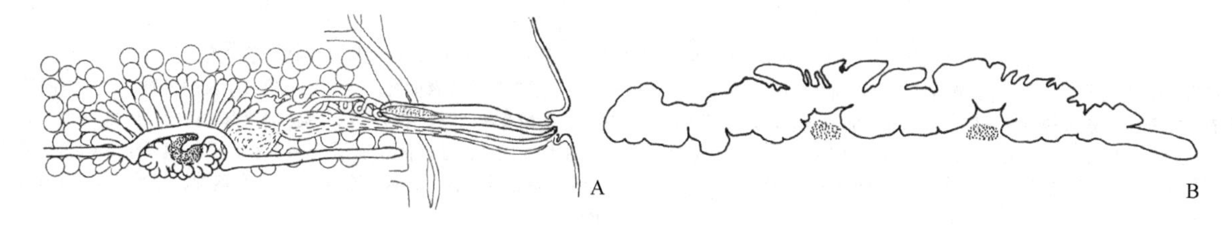

图 18-631　鹦鹉鸮鹦鹉带绦虫全模标本结构示意图（引自 Beveridge，1994）

A. 成节部分；B. 孕节切片，示子宫

27a. 子宫横向，管状，有少量简单的网状成分……………………………………………………………………28

27b. 子宫发育为复杂、细致的网状结构，孕时最终变为囊状……………………………………………………30

28a. 生殖器官成对……………………………………………鸣绦虫属（*Cittotaenia* Riehm，1881）（图 18-632，图 18-633）

识别特征：链体大型。节片具缘膜，宽大于长。生殖管在渗透调节管背方交叉。阴茎囊很强大。内、外贮精囊不存在。精巢分布于整个髓质或为两群。卵巢位于孔侧。阴道位于阴茎囊后部。受精囊存在。子宫单一，横向，发育过程中略为网状。梨形器存在。已知寄生于兔科和绒鼠科的动物，分布于欧洲和南美洲。模式种：齿状鸣绦虫［*Cittotaenia denticulate*（Rudolphi，1804）］（图 18-632）。

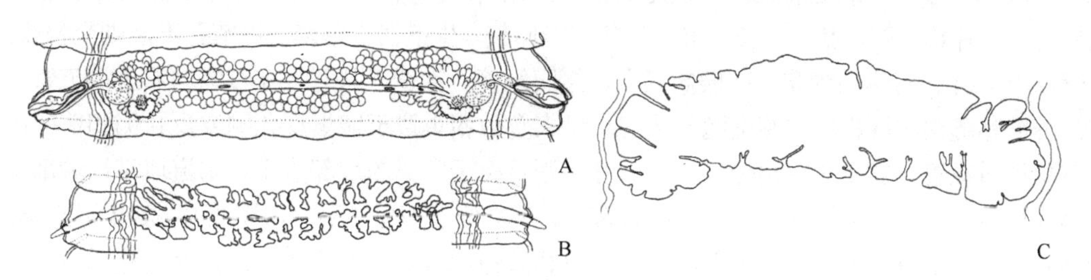

图 18-632　齿状鸣绦虫结构示意图（引自 Beveridge，1994）

A. 成节；B. 发育中的子宫，示网状；C. 孕子宫（注意无网状结构）

28b. 生殖器官单套…………………………………………………………………………………………………29

29a. 头节顶部有腔存在；精巢位于卵巢的后方和侧方…………苏嗒里科夫娜属（*Sudarikovina* Spasskiĭ，1951）（图 18-634）

识别特征：链体小。节片具缘膜，宽大于长。生殖器官单套。生殖孔单侧。生殖管在渗透调节管背方交叉。内、外贮精囊存在。卵巢位于节片中央。阴道位于阴茎囊后部。受精囊存在。子宫网状。梨形器存在或不存在。已知寄生于啮齿动物，分布于非洲。模式种：莫诺苏嗒里科夫娜绦虫［*Sudarikovina monody*（Joyeux & Baer，1930）］。

29b. 头节中的腔不存在；精巢位于卵巢的反孔侧……… 副裸头属（*Paranoplocephala* Lühe，1910）（图 18-635～图 18-649）

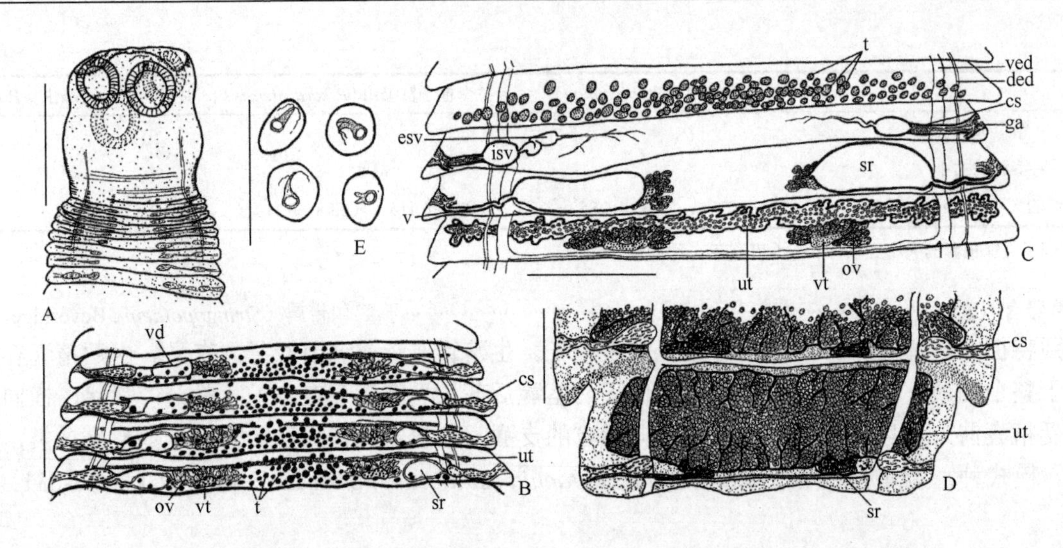

图 18-633　巨囊鸣绦虫（*C. megasacca* Smith，1951）（自 Smith，1951 调整并重标）

A. 头节；B. 第 23～26 节，幼成节背面观，正面复合图；C. 第 36～39 节，完全成熟的节片背面观，在节片中只显示某些器官，最前方的节片示位于背方的精巢，紧接的节片示位于精巢腹方的阴茎囊，第 3 节示位于更腹面的受精囊和阴道，第 4 节示卵巢、卵黄腺和位于腹方的子宫（叠加四图可以代表一个完整的成节）；D. 末端节片（第 72 节）背面观正面；E. 子宫正切面的卵。缩略词：cs. 阴茎囊；ded. 背排泄管；esv. 外贮精囊；ga. 生殖腔；isv. 内贮精囊；ov. 卵巢；sr. 受精囊；t. 精巢；ut. 子宫；v. 阴道；ved. 腹排泄管；vd. 输精管；vt. 卵黄腺。标尺：A～D=0.5mm；E=0.1mm

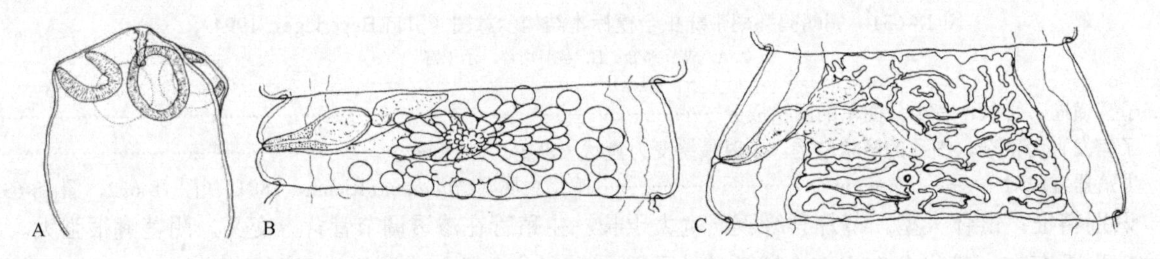

图 18-634　塔泰拉苏嗒里科夫娜绦虫（*S. taterae* Hunkeler，1972）结构示意图（引自 Beveridge，1994）

A. 头节；B. 成节；C. 孕节

［同物异名：无摄腺属（*Aprostatandrya* Kirshenblat，1938）；副安德里属（*Parandrya* Gulyaev & Chechulin，1996）］

识别特征：节片具缘膜，宽大于长，末端孕节可能伸长。生殖器官单套。生殖孔不规则交替或位于单侧。渗透调节管简单，有 2 对纵向管和一些横向联合连接腹纵管。生殖管从背方穿过纵向渗透调节管。内、外贮精囊存在。外贮精囊由不同程度的腺细胞层覆盖。绝大多数精巢位于卵巢反孔侧或反孔侧和前方，精巢通常单侧或两侧扩展过纵管。卵巢边缘粗分叶。卵黄腺显著重叠于卵巢的后部边缘。阴道通常远端部变宽，外部有厚的腺体样层覆盖，开口于阴茎囊的后部或后腹部。子宫位于髓质（不穿入皮质），最初为细网带状，偶然有稀疏的穿孔，覆盖节片的前方和侧方部，位于精巢和其他器官的腹部并从腹方扩展过腹纵管，从背方伸展过腹纵管。完全发育的子宫有深的边缘囊和不同形态且复杂的内部小梁。梨形器存在。已知寄生于啮齿类动物。模式种：脐副裸头绦虫［*Paranoplocephala omphalodes*（Hermann，1783）］（图 18-635）。

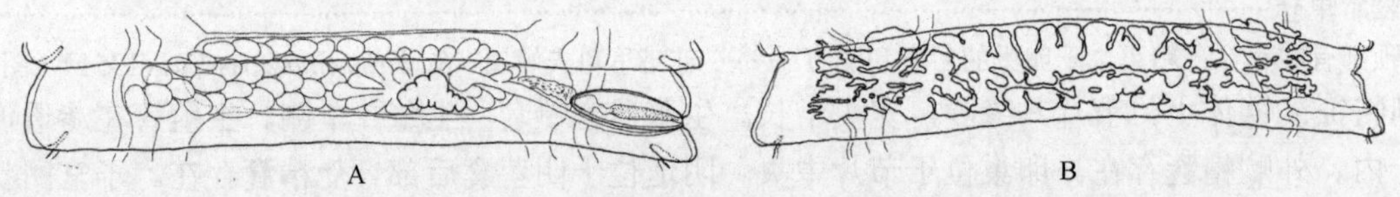

图 18-635　脐副裸头绦虫结构示意图（引自 Beveridge，1994）

A. 成节；B. 孕节

Spasskiĭ 等（1951）重新描述并给予图示了麝鼠副裸头绦虫模式系列和大头副裸头绦虫；提供了松鼠副裸头绦虫全模标本的测量数据和插图。Tenora 和 Murai（1980）报道采自麝鼠的样品为麝鼠副裸头绦虫和大头无摄腺绦虫（*Aprostatandrya macrocephala*）。Tenora 等（1986）的副裸头属被认为是异源群，因为在研究的种中有两种类型的子宫发育。Genov 等（1996）报道了采自保加利亚啮齿目仓鼠科水䶄（*Arvicola terrestris*）和麝鼠（*Ondatra zibethica*）的水田鼠副裸头绦虫新种（*P. aquatica*）。新种的特征是带状的链体，子宫在发育早期形成一随意的网状结构，大量精巢（约 92 个）主要位于卵巢的反孔侧，在中央髓质和反孔侧区域，少量精巢位于卵巢和生殖管的前方，雌性器官分布位置显著不对称，阴道长为阴茎囊长

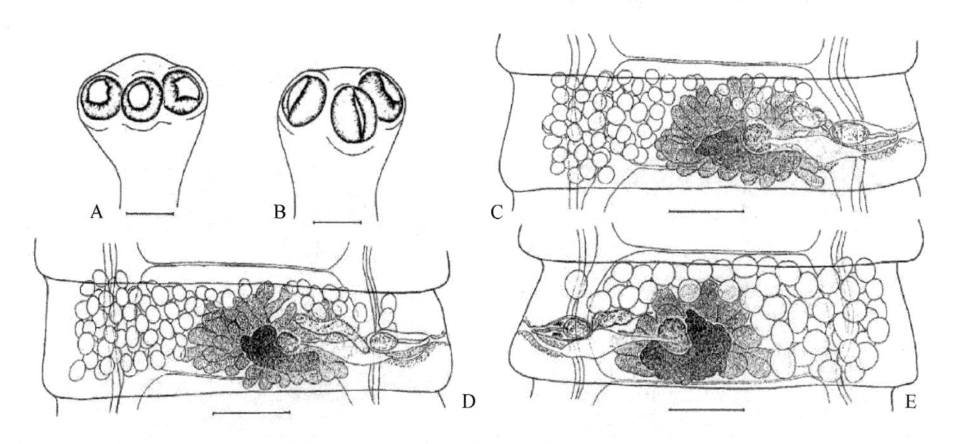

图 18-636　副裸头绦虫头节与成节结构示意图（引自 Genov et al.，1996）

A. 采自麝鼠一样品的头节；B. 采自水田鼠一样品的头节；C，D. 采自麝鼠一样品的成节；E. 采自水田鼠一样品的成节。标尺：A，B=200μm；C～E=250μm

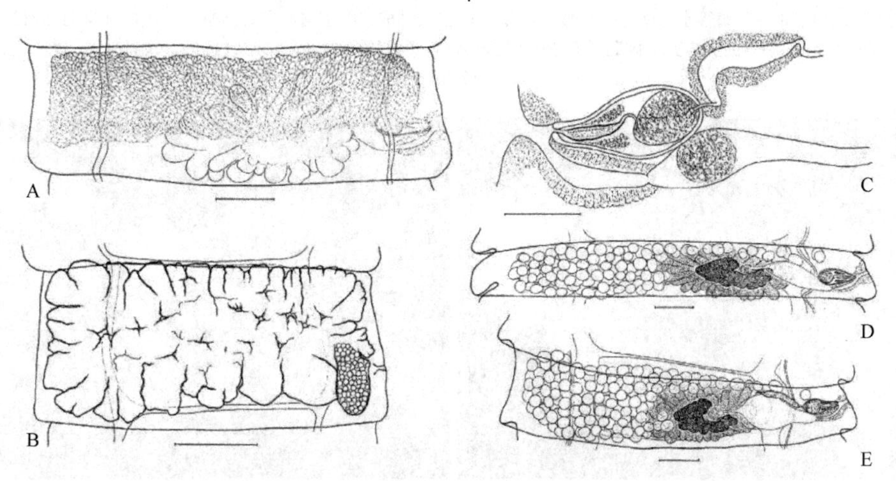

图 18-637　副裸头绦虫成节与孕节及成节中的末端生殖管结构示意图（引自 Genov et al.，1996）

A～C. 采自水田鼠样品：A. 一发育良好的成节中的网状子宫（精巢省略）（腹面观）；B. 孕节腹面观；C. 成节中的末端生殖管；D，E. 采自捷克共和国麝鼠样品的成节（=麝鼠副裸头绦虫）。标尺：A=200μm；B=500μm；C=100μm；D，E=250μm

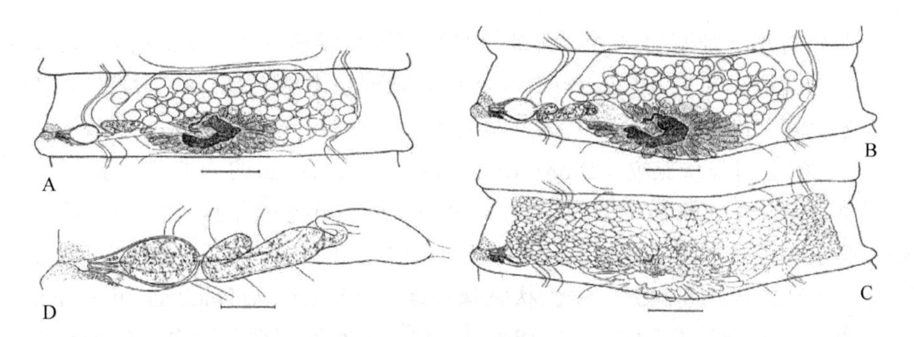

图 18-638　麝鼠副裸头绦虫成节、子宫发育的早期及末端生殖管结构示意图（引自 Genov et al.，1996）

A，B. 成节，示精巢分布的变化（子宫省略）；C. 子宫发育的早期阶段（与分图 B 为同一节片）；D. 末端生殖管。标尺：A～C=50μm；D=100μm

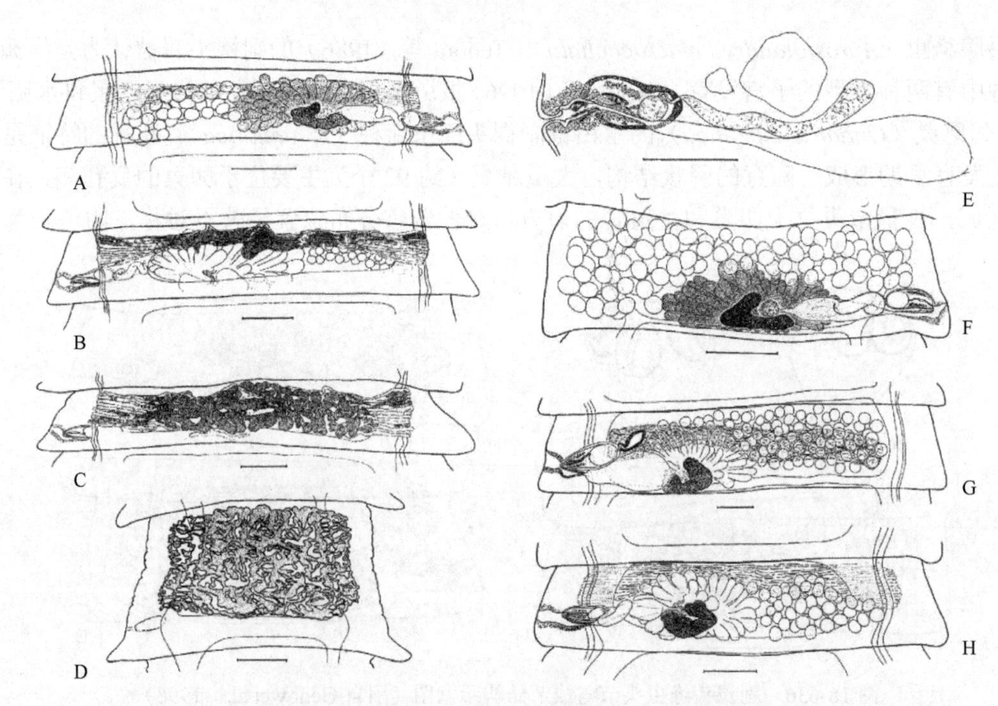

图 18-639　4 种绦虫节片或末端生殖管结构示意图（引自 Genov et al.，1996）

A～E. 大头副裸头绦虫；F. 松鼠副裸头绦虫；G. 大头无摄腺绦虫；H. 脐副裸头绦虫；A. 成节背面观（注意子宫发育早期）；B. 成节晚期腹面观；C. 成熟后节片；D. 预孕节；E. 末端生殖管水平横切；F. 成节。G，H. 模式种成节中子宫发育的早期：G. 1974 年 4 月 26 日采自霍特（匈牙利）欧洲野兔（*Lepus europaeus* Pallas）；H. 1973 年 9 月 19 日采自 Buk（匈牙利）普通田鼠（*Microtus arvalis* Pallas）。标尺：A～D，G，H=200μm；E=100μm；F=250μm

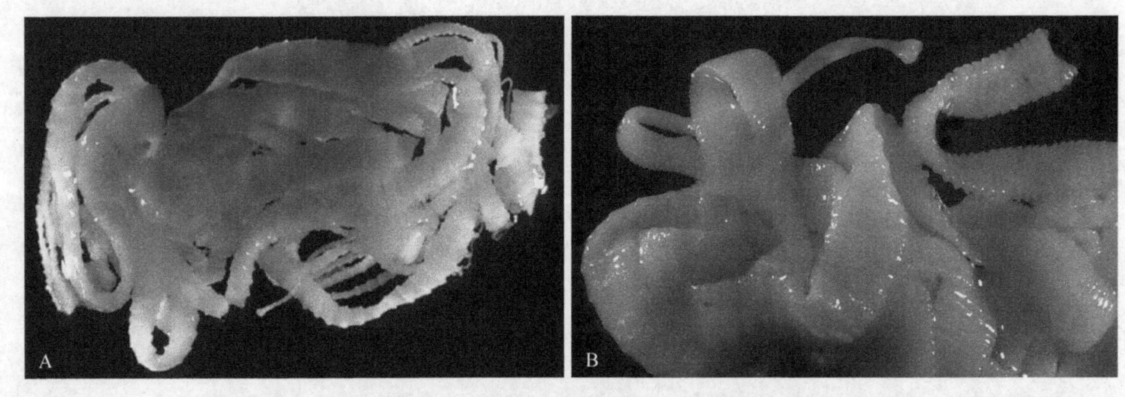

图 18-640　2 种副裸头绦虫实物（引自 Henttonen & Haukisalmi，2000）

A. 交替副裸头绦虫（*P. alternata*）通常寄生于小肠中央到 3/4 位置，注意头节及其后的细颈区（底部中央）；B. 巴茨利副裸头绦虫（*P. batzlii*）为副裸头属中大型强劲的种，长可达 15～20cm，易于观察到

的 0.65～0.68，外贮精囊由一细胞套覆盖。新种与麝鼠副裸头绦虫（*P. ondatrae*）、大头副裸头绦虫（*P. macrocephala*）、中粗毛副裸头绦虫（*P. dasymidis*）和松鼠副裸头绦虫（*P. sciuri*）有区别。Genov 等（1996）讨论了用于区别安德里属和副裸头属的分类标准及用于种水平的一些标准。

Haukisalmi 等（2001）对环颈旅鼠（*Dicrostonyx* spp.）裸头科绦虫的分类进行了回顾并描述了全北区绦虫的生物地理类型。基于绦虫形态学的差异及 3 个独立遗传标志的差异，特异性寄生于环颈旅鼠的 5 种副裸头绦虫中，其中 3 种被描述为新种：北极副裸头绦虫［*P. arctica*（Rausch，1952）］（图 18-641，图 18-642）、交替副裸头绦虫（图 18-643）、锯齿状副裸头绦虫（*P. serrata* Haukisalmi & Henttonen，2000）、诺登斯基副裸头绦虫（*P. nordenskioeldi*）（图 18-644）和克雷布斯副裸头绦虫（*P. krebsi*）（图 18-645）。对北极副裸头绦虫的重新描述表明该种原始的描述是混合成的。交替副裸头绦虫、锯齿状副裸头绦虫和诺登斯基副裸头绦虫分布于全北区，而北极副裸头绦虫和克雷布斯副裸头绦虫限于新北区，包括弗兰格

尔岛。表明全北区的种伴随着它们的宿主殖民北美，并且新北区的种的出现与随后的环颈旅鼠在北美的分歧有关系。地理分布是核糖体 DNA（rDNA）第一转录间隔区歧化来的。其他种之间的系统发生关系很大程度上仍没有解决。

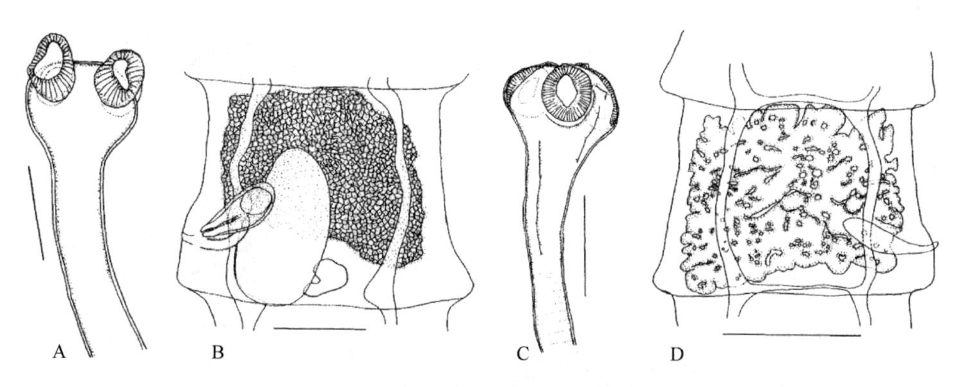

图 18-641 北极副裸头绦虫结构示意图（引自 Haukisalmi et al.，2001）
A. 采自阿拉斯加州巴罗角（Point Barrow）环颈旅鼠的全模标本头节；B. 全模标本晚期成节的子宫；C. 采自弗兰格尔岛环颈旅鼠样品的头节；D. 全模标本预孕节的子宫。标尺：A，B=0.20mm；C=0.30mm；D=0.50mm

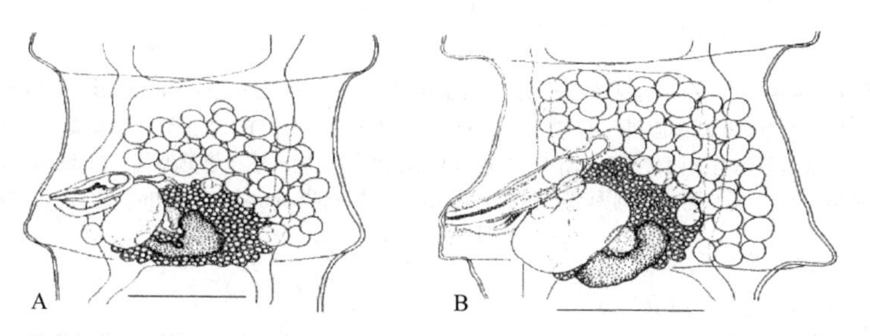

图 18-642 北极副裸头绦虫的成节结构示意图（引自 Haukisalmi et al.，2001）
A. 采自阿拉斯加州的全模标本；B. 采自弗兰格尔岛的标本（宿主都是环颈旅鼠）。标尺：A=0.20mm；B=0.30mm

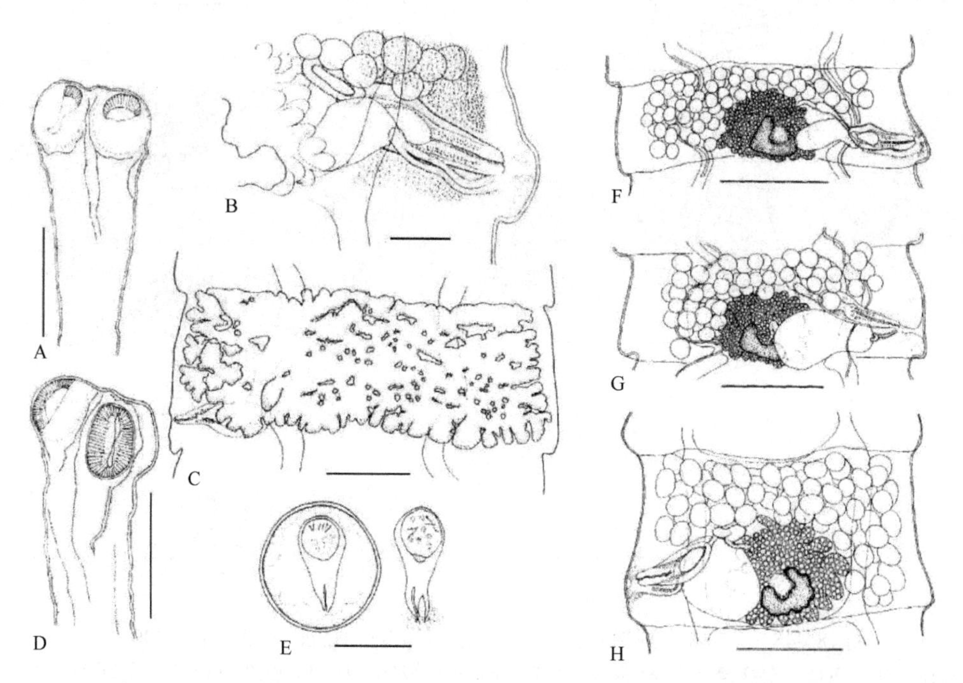

图 18-643 交替副裸头绦虫结构示意图（引自 Haukisalmi et al.，2001）
A～C，E，F. 采自科累马河西部三角洲，宿主为鄂毕环颈旅鼠（*Dicrristonys torquatus*）；D，H. 采自拜伦（Byron）湾，宿主为环颈旅鼠（*D. gmenlandicus*）；G. 采自加拿大兰金因莱特（Rankin Inlet）里氏环颈旅鼠（*D. richardsoni*）；A. 头节；B. 成节中的生殖管和一部分早期子宫；C. 预孕节中的子宫；D. 头节；E. 卵和六钩蚴，有梨形器；F～H. 成节。标尺：A，D，G，H=0.30mm；B=0.10mm；C，F=0.50mm；E=0.030mm

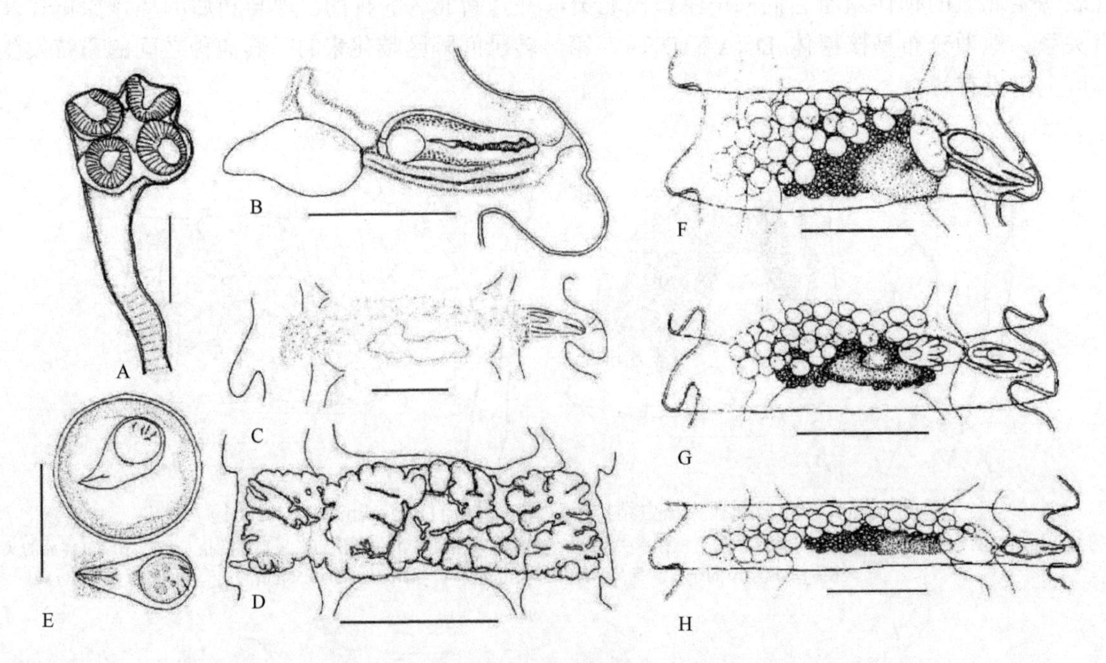

图 18-644　诺登斯基副裸头绦虫结构示意图（引自 Haukisalmi et al.，2001）

A，E，F 的宿主为环颈旅鼠，其余的为鄂毕环颈旅鼠。A. 头节，采自德文（Devon）岛；B. 生殖管，采自泰梅尔（Taymyr）半岛；C. 成节中的早期子宫；D. 预孕节中的子宫，采自科累马河西部三角洲；E. 卵和有梨形器的六钩蚴，采自巴瑟斯特（Bathurst）岛。F～H. 成节：F. 采集地与宿主同分图 E；G. 采自泰梅尔半岛；H. 采自科累马河西部三角洲。标尺：A，E=0.40mm；B=0.20mm；C，F=0.30mm；D=1.0mm；G=0.50mm；H=0.10mm

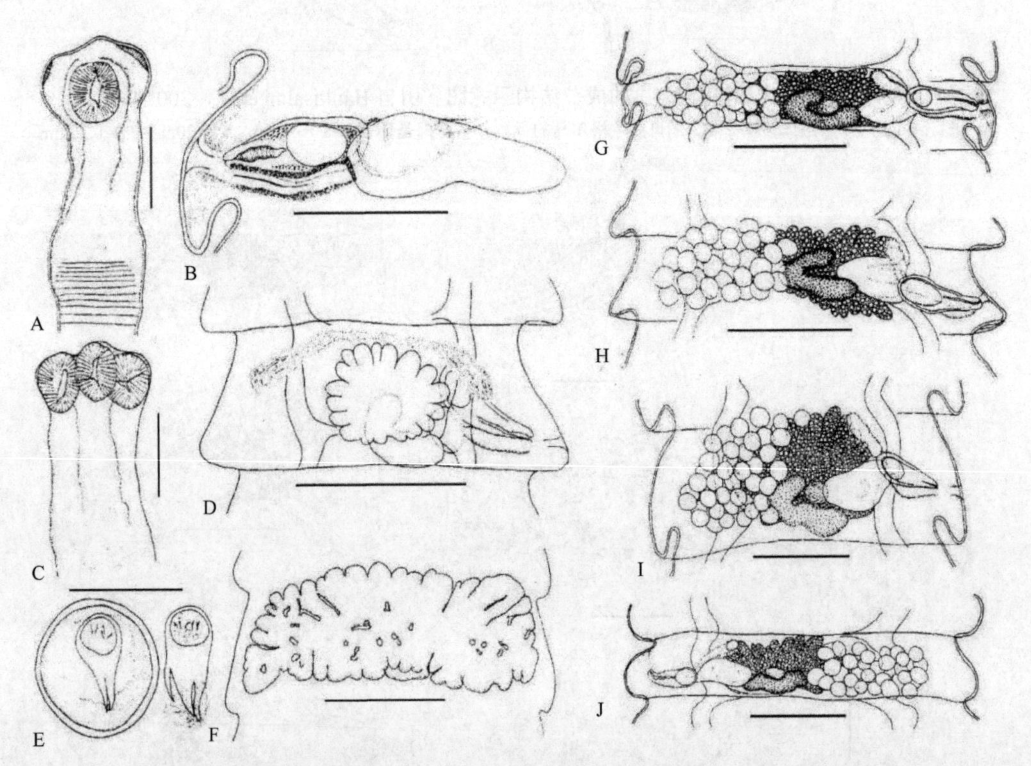

图 18-645　克雷布斯副裸头绦虫结构示意图（引自 Haukisalmi et al.，2001）

A. 头节，采自拜伦湾；B. 生殖管，采自霍普（Hope）湾；C. 头节，采自弗兰格尔岛；D. 成节中的早期子宫，采自班克斯岛；E. 卵和有梨形器的六钩蚴，采自昂加瓦（Ungava）半岛；F. 预孕节中的子宫，采自班克斯岛。G～J. 成节：G. 采自拜伦湾；H. 采自昂加瓦半岛；I. 采自弗兰格尔岛；J. 采自格陵兰。除 H 的宿主为拉布拉多环颈旅鼠（*D. hudsonius*）外，其他宿主均为环颈旅鼠。标尺：A～C=0.20mm；D，G～J=0.30mm；E=0.40mm；F=0.50mm

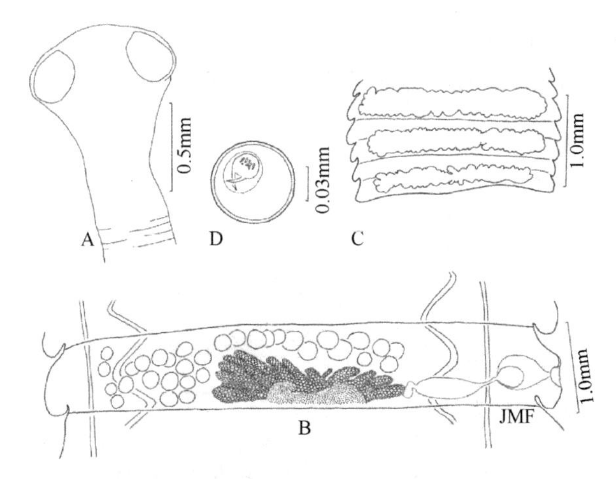

图 18-646 采自以色列田鼠的尼沃副裸头绦虫（*P. nevoi*）结构示意图（引自 Fair et al.，1990）

A. 头节；B. 成节；C. 孕节；D. 卵

Haukisalmi 等（2007a）报道了一采自布里亚特共和国（俄联邦）灰边田鼠（*Clethrionomys rufocanus* Sundevall）的一副裸头绦虫种：布里亚特副裸头绦虫（*P. buryatiensis*）（图 18-647），并与寄生于同一地区红田鼠（*C. rutilus* Pallas）的长阴道副裸头绦虫（*P. longivaginata*）（图 18-648）进行了比较。两种都有特别长的阴道和阴茎，在已知副裸头属的种中是独特的。

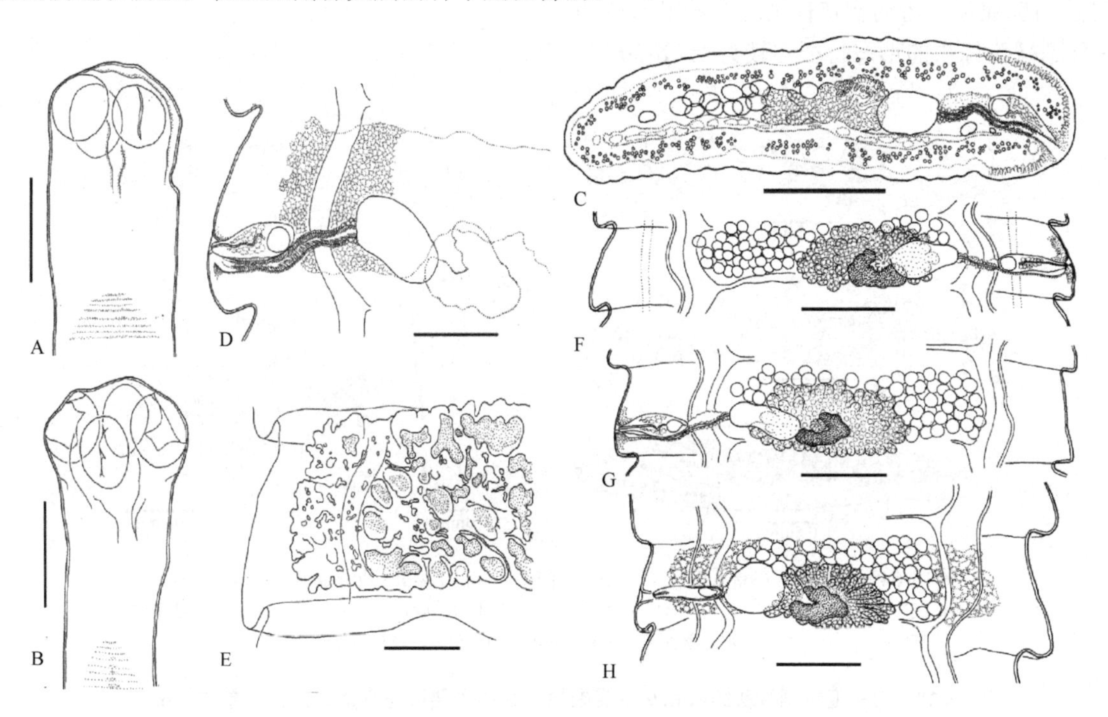

图 18-647 布里亚特副裸头绦虫（引自 Haukisalmi et al.，2007a）

A～E. 采自布里亚特灰边田鼠：A，B. 头节；C. 成节横切面；D. 成节中的末端生殖管和早期的子宫；E. 预孕节中完全发育的子宫。F～H. 成节：F. 采自布里亚特灰边田鼠（全模标本）；G. 采自布里亚特田鼠（*Microtus* sp.）；H. 采自俄罗斯东北科累马河灰边田鼠。标尺：A～C，E～H=0.50mm；D=0.30mm

布里亚特副裸头绦虫不同于长阴道副裸头绦虫主要在于它有更宽更强健的链体，成节的长宽比更低，精巢发生于两分离群的趋向，不同形态的受精囊和阴茎囊与腹渗透调节管的相对位置。细胞色素氧化酶亚单位 I 基因（*COI*）序列数据支持这些种的独立状态并表明它们在广义副裸头属中形成了一单系的集合。如果是同种，间接地使用宿主物种化日期校准估计 mtDNA 成对替代率为每百万年序列分歧成对 1.0%～1.7%（每个谱系 0.5%～0.85%）每百万年的序列分歧。Haukisalmi 等（2007a）对全北区灰边田鼠和红田鼠的副裸头绦虫种的动物区系进行了综述。

布里亚特副裸头绦虫（*P. buryatiensis*）和长阴道副裸头绦虫（*P. longivaginata*）主要形态测量的比较见表 18-29。

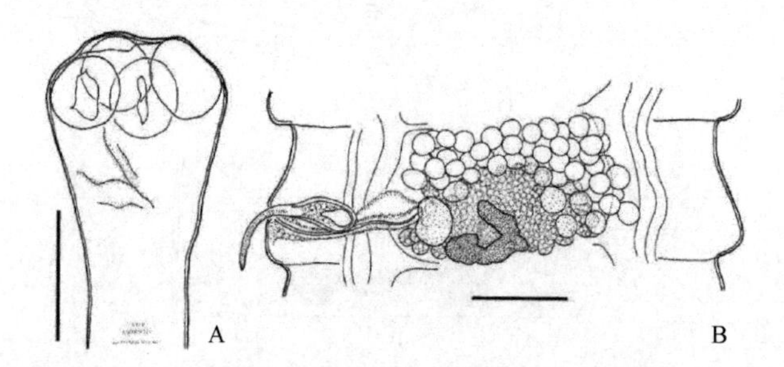

图 18-648　采自布里亚特红田鼠的长阴道副裸头绦虫（引自 Haukisalmi et al.，2007a）

A. 头节；B 成节。标尺：A=0.50mm；B=0.30mm

Haukisalmi 和 Rausch（2007）重新描述了采自北美北方鼯鼠［*Glaucomys sabrinus*（Shaw）］的松鼠安德里绦虫（*Andrya sciuri* Rausch，1947），重新确定了这个知之甚少的绦虫的形态和属的地位。松鼠安德里绦虫明显表现为属于 Haukisalmi 和 Wickström（2005）意义上的副裸头属。将松鼠副裸头绦虫（图 18-649）与其形态相似的 4 个种进行了比较，提供了可以用于识别的特征。研究表明松鼠副裸头绦虫应该是通过从田鼠亚科啮齿动物转移至北方鼯鼠形成的。

5 种副裸头绦虫的形态特征比较见表 18-30。

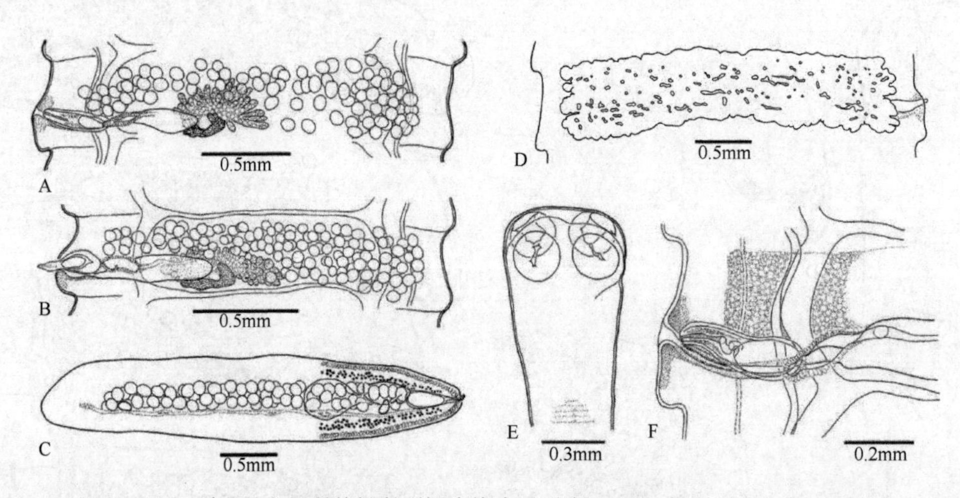

图 18-649　采自北方鼯鼠的松鼠副裸头绦虫（引自 Haukisalmi & Rausch，2007）

A. 成节（美国俄勒冈）；B. 成节（加拿大萨斯喀彻温省）；C～F. 采自美国俄勒冈：C. 晚期成节横切；D. 完全发育的子宫（预孕节）；E. 头节；F. 末端生殖管和一成节早期子宫的一部分，精巢省略

表 18-29　布里亚特副裸头绦虫和长阴道副裸头绦虫主要形态测量的比较（单位：mm）

绦虫种	布里亚特副裸头绦虫	长阴道副裸头绦虫	长阴道副裸头绦虫
宿主种	灰边田鼠（*C. rufocanus*）	红田鼠（*C. rutilus*）	红田鼠
地理源	布里亚特	俄罗斯中南部（包括布里亚特）	布里亚特
源文献	Haukisalmi et al.，2007a	Chechulin & Gulyaev，1998	Haukisalmi et al.，2007a
体长	148～277	200～210	198～225（*n*=3）
体最大宽度	3.0～5.0	1.7	2.1～2.7（*n*=3）
成节宽度	1.7～2.9	0.9～1.0	1.1～1.8（*n*=14）
成节长/宽	0.13～0.28	0.47	0.25～0.51（*n*=10）
头节直径	0.66～0.77	0.50～0.55	0.65～0.77（*n*=4）

续表

绦虫种	布里亚特副裸头绦虫	长阴道副裸头绦虫	长阴道副裸头绦虫
吸盘直径	0.24～0.35	0.24～0.26	0.25～0.33（*n*=16）
颈区长度	0.4～0.8	—	0.5～0.7（*n*=4）
颈区最大宽度	0.36～0.65	—	0.33～0.41（*n*=4）
精巢总数	46～77	45～55	34～56（*n*=7）
纵腹管宽度	0.038～0.090	0.05	0.045～0.085（*n*=14）
阴茎囊长度	0.26～0.42	0.23～0.30	0.30～0.43（*n*=4）
卵巢宽度	0.6～1.1	0.4～0.5	0.4～0.7（*n*=7）
卵黄腺宽度	0.23～0.41	0.12～0.20	0.21～0.36（*n*=7）
卵黄腺位置（不对称指数）	0.37～0.46	—	0.41～0.51（*n*=7）
阴道长度	0.47～0.65	0.45～0.53	0.46～0.54（*n*=4）
阴道/阴茎囊	1.5～2.0	1.5～2.0	约 1.5
受业囊长度*	0.20～0.45	0.11～0.13	0.15～0.35（*n*=12）
卵的长度	0.041～0.055	0.048～0.050	0.037～0.053（*n*=20）

注：*n* 表示测量数；*表示结合成熟和成熟后节片

表 18-30　5 种副裸头绦虫的形态特征比较

绦虫种	松鼠副裸头绦虫（*P. sciuri*）	交替副裸头绦虫（*P. alternata*）	水田鼠副裸头绦虫（*P. aquatica*）	弗里曼副裸头绦虫（*P. freemani*）	麝鼠副裸头绦虫（*P. ondatrae*）
宿主种	北飞鼯（*Glaucomys sabrinus*）	旅鼠（*Dicrostonyx* spp.）	水䶄（*Arvicola terrestris*）；麝鼠属（*Ondatra*）	黄颊田鼠（*Microtus xanthognathus*）；麝鼠属；林鼠属（*Neotoma*）	麝鼠属
地理源	新北区	新北区	西古北区	新北区	新北区
源文献	Rausch，1947；Haukisalmi & Rausch，2007	Haukisalmi et al.，2001	Genov et al.，1996	Haukisalmi et al.，2006；Haukisalmi & Rausch，2006	Rausch，1948；Genov et al.，1996
体长	160～170	74～147（102）	178	200～250	122～155
体最大宽度	2.0～3.9	1.7～3.0（2.4）	1.9～2.7（2.3）	5.0～5.5	2.6～3.0
成节长/宽	0.13～0.29（0.18）	0.14～0.75（0.37）	0.23～0.32	0.09～0.17（0.13）	0.20～0.37
头节直径	0.36～0.59（0.51）	0.24～0.50（0.31）	0.41～0.62（0.475）	0.65～0.69	0.67～0.68
吸盘直径	0.14～0.24（0.22）	0.14～0.23（0.16）	0.15～0.24（0.19）	0.25～0.29（0.27）	0.24～0.25
精巢总数	78～123（102）	45～101（74）	76～110（92）	45～88（69）	75～95
孔侧精巢数	1～8（3.8）	0～10（4.8）	0～3*	0～1（0.2）	0 或少量
反孔侧精巢数	0～20（9.4）	2～29（16.3）	10～12*	3～18（11.0）	0 或少量
阴茎囊最大长度§	0.41～0.51（0.46）	0.42～0.62（0.48）	0.20#	0.30～0.39	—
阴茎囊位置	孔侧重叠（vloc）	横过孔侧（vloc）	重叠或横过	不重叠	重叠
阴道长度	0.47～0.65	0.45～0.53	0.46～0.54（*n*=4）	—	—
阴道/阴茎囊	0.9～1.1（1.0）	0.65～1.00（0.79）	0.53～0.79（0.65）	0.6～0.8（0.72）	0.20～0.26
受精囊形状	安瓿形（d）	卵圆或不规则	伸长或梨形	安瓿形（d）	安瓿形（d）
卵黄腺的位置（不对称指数）	0.37～0.46（0.42）	0.43～0.64（0.51）	0.30～0.38（0.33）	0.34～0.42（0.39）	0.46～0.50
卵长	58～63（61.0）	40～61（49.1）	38～41（39）	40～45（41）	33～40

注：除卵的长度为 μm 外，其余所有测量数为 mm。vloc. 腹纵向渗透调节管；d. 有明显长的颈；括号中数据为均值

* 基于 Genov 等（1996）的数据

§ 成熟后节片中的数据

\# 成节中最大值

18.16.3.3　3 相近属的检索表

1a. 子宫在精巢之间位于背腹平面，从背方通过纵渗透调节管；精巢位于纵管之间 ························ 新安德里属（*Neandrya*）

1b. 子宫位于精巢腹方……2
2a. 子宫限于中央区域或子宫边缘扩展过腹纵管背方；精巢位于纵管之间……安德里属（*Andrya*）
2b. 子宫从腹方扩展过腹纵管；精巢可能重叠于纵管……副裸头属（*Paranoplocephala*）

18.16.3.4　副裸头样属（*Paranoplocephaloides* Gulyaev，1996）

识别特征：链体相当短而细。头节大，与前方的链体有明显的区别。吸盘突出，指向前方。颈明显。节片具缘膜，宽大于长。生殖器官单套。生殖孔不规则交替，位置在节片边缘中央或略后方。生殖腔弱。无生殖乳突。生殖管在背方横过渗透调节管。内、外贮精囊存在。阴茎囊短，重叠或略扩展过腹纵管。阴茎囊牵引肌不存在。精巢排布为节片反孔侧部一单一横向群，可能重叠或略扩展过反孔侧腹纵管。相对于节片的大小而言，卵巢大，横向、稀分叶，位于节片中央或略近孔侧。阴道短，重叠于腹纵管，在阴茎囊后部或后腹部进入生殖腔。早期子宫为横向的管，位于节片的前方、精巢腹部，在腹方和两侧重叠或横过纵向渗透调节管；孔侧末端止于阴茎囊前方。完全发育的子宫稀疏囊化，有宽大的前方和后方的囊，在整个发育过程中通常挤压邻近的囊；无明显横向的干支。雌性器官重吸收后精巢持续存在，重叠于发育的子宫上。梨形器存在。已知寄生于仓鼠啮齿动物（田鼠亚科）。模式种：沙赫马多夫副裸头样绦虫（*Paranoplocephaloides schachmatovae* Gulyaev，1996）（图 18-650）［全模标本：153，MIES，由诺沃西比尔斯克（Novosibirsk）采自根田鼠（*Microtus oeconomus* Pallas）］。其他种：劳施副裸头样绦虫［*P. rauschi*（Genov，Georgiev & Biserkov，1984）Gulyaev，1996］［同物异名：劳施裸头样绦虫（*Anoplocephaloides rauschi* Genov，Georgiev & Biserkov，1984）］。

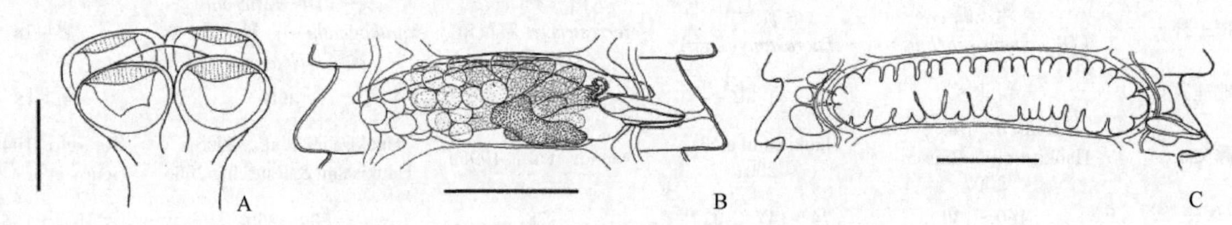

图 18-650　采自根田鼠的沙赫马多夫副裸头样绦虫结构示意图（引自 Haukisalmi et al.，2009）
A. 头节；B. 成节；C. 预孕节中的子宫。标尺：A，B=0.30mm；C=0.50mm

副裸头样属的特征是前方位置的早期子宫重叠或腹部扩展过纵向管之后囊化，与裸头样属（*Anoplocephaloides*）、微头样属（*Microcephaloides*）、北海道头属（*Hokkaidocephala*）和加莱戈样属（*Gallegoides*）很相似（Gulyaev，1996）。副裸头样属和微头样属的比较上文已讨论过。子宫管状期之后的发育在副裸头属和北海道头属中不同；吸盘的方向、颈区的长短、生殖孔的交替及其他特征亦有不同。外表上副裸头样属略相似于体型小的兔带属（*Leporidotaenia*）和吉诺夫属（*Genovia*），但副裸头样属可以根据吸盘的方向、颈区的长短和生殖孔的交替区别于后两属。加莱戈样属精巢的分布及生殖孔的交替明显不同于副裸头样属和其他相关的属。沙赫马多夫副裸头样绦虫栖居于小肠的后部。

18.16.3.5　副裸头属（*Paranoplocephala* Lühe，1910）（图 18-651～图 18-661）

Haukisalmi 和 Henttonen（2000）描述了一采自北极西伯利亚和北美有领圈旅鼠（*Dicrostonyx* spp.）［田鼠亚科（Arvicolinae）］的一锯齿状副裸头绦虫（*Paranoplocephala serrata* Haukisalmi & Henttonen，2000）。该种的特征是一长带状的链体、明显锯齿状的节片、小的头节、单侧或不频繁交替的生殖孔，以及精巢限于节片的反孔侧。它不同于相关种［贝尔德安德里绦虫（*Andrya bairdi*）、斐多罗夫副安德里绦虫（*Parandrya feodorovi*）和玛泽副裸头绦虫（*P. maseri*）］在于几个形态特征，包括精巢的分布（几个精巢位于腹纵渗透调节管的反孔侧），阴茎囊和阴道的结构及大的卵（模式材料中为 53～68μm）。采自北美的锯齿状副裸头绦虫不同于采自西伯利亚的材料在于更短的阴茎囊、更小的雌性生殖器官、更大的受精囊和更大的卵。然而，生殖器官尺寸的统计差异主要反映在与北美样品相比西伯利亚的成节尺寸更大。主要的识别特征，即头节和吸盘的大小和形态、精巢的数目和分布、雌性腺的位置、阴道/阴茎囊和生殖器官的形态，在古北区和新北区之间的样品间没有显著的差异。依据早期子宫的结构，贝尔德安德里绦虫应属于副裸头属；副安得里属（*Parandrya* Gulyaev & Chechulin，1996）很可能是副裸头属的同物异名；同时重新描述了组合种贝尔德副裸头绦虫（*Paranoplocephala bairdi*）。

采自 3 个主要区的锯齿状副裸头绦虫的测量数据见表 18-31。

表 18-31 采自 3 个主要区的锯齿状副裸头绦虫的测量数据

	西伯利亚大陆（*n*=17）			弗兰格尔岛（*n*=2）			北美（*n*=7）			*P*
	平均	范围	*N*	平均	范围	*N*	平均	范围	*N*	
体长	127.0	106～186	5	100	100	1	124.4	95～146	5	NS
最大宽度	2.7	2.3～3.4	7	2.1	2.1	1	2.4	2.0～2.8	5	NS
成节宽度	1.32	1.02～1.50	27	0.81	0.72～0.89	6	0.95	0.67～1.33	19	***
节片总数	421.0	297～569	5	364	364	1	433	377～489	2	NS
成节数	45	23～47	10	28.0	22～34	2	30.8	24～35	5	
前成节长宽比	0.24	0.17～0.36	27	0.31	0.28～0.33	6	0.27	0.10～0.42	12	NS
成节长宽比	0.20	0.14～0.32	28	0.32	0.25～0.38	6	0.24	0.16～0.31	15	NS
成熟后节片长宽比	0.20	0.12～0.35	27	0.23	0.19～0.28	6	0.20	0.15～0.29	15	NS
孕节长宽比	0.29	0.20～0.36	21	0.37	0.34～0.40	3	0.30	0.16～0.39	15	NS
头节直径	0.39	0.28～0.47	8	0.36	0.35～0.37	2	0.38	0.37～0.39	2	
吸盘直径	0.18	0.16～0.20	8	0.17	0.16～0.17	2	0.17	0.17～0.18	2	
颈区长	0.58	0.14～1.10	5	0.54	0.19～0.90	2	0.27	—	1	
颈区最大宽度	0.19	0.12～0.27	6	0.11	0.10～0.12	2	0.14	0.07～0.21	2	
精巢总数	45.0	38～60	27	41.0	36～50	6	45.3	38～54	19	NS
腹纵管反孔侧精巢数	12.9	5～24	17	7.5	5～13	4	14.7	6～21	17	NS
阴茎囊长	0.35	0.27～0.38	25	0.27	0.25～0.30	5	0.24	0.20～0.33	18	***
阴茎囊宽	0.11	0.09～0.13	27	0.107	0.10～0.12	6	0.10	0.08～0.13	18	NS
后成节中最大宽度	0.37	0.32～0.43	9	0.38	0.37～0.39	2	0.32	0.28～0.38	7	*
内贮精囊长度	0.09	0.05～0.13	26	0.08	0.07～0.10	6	0.07	0.04～0.12	17	NS
内贮精囊宽度	0.07	0.04～0.11	26	0.06	0.05～0.09	6	0.06	0.04～0.08	17	NS
外贮精囊长度	0.12	0.10～0.17	19	0.09	0.07～0.11	4	0.11	0.08～0.14	9	NS
外贮精囊宽度	0.05	0.04～0.06	19	0.04	0.03～0.04	4	0.04	0.03～0.05	9	NS
卵巢长	0.24	0.18～0.28	10	0.24	0.20～0.27	3	0.22	0.19～0.25	12	NS
卵巢宽	0.48	0.37～0.59	13	0.31	0.30～0.32	3	0.36	0.29～0.44	12	***
卵黄腺长	0.12	0.09～0.17	27	0.11	0.09～0.13	6	0.09	0.06～0.16	16	***
卵黄腺宽	0.21	0.12～0.30	27	0.15	0.13～0.18	6	0.16	0.12～0.21	16	**
阴道长	0.26	0.22～0.32	19	0.20	0.20～0.21	2	0.17	0.13～0.24	10	***
阴道宽	0.05	0.04～0.06	16	0.05	0.04～0.06	4	0.04	0.03～0.05	9	NS
受精囊长	0.23	0.18～0.31	26	0.22	0.18～0.25	6	0.22	0.15～0.32	16	NS
受精囊宽	0.13	0.10～0.17	26	0.12	0.10～0.16	6	0.12	0.08～0.20	16	NS
后成节中最大长度	0.36	0.21～0.52	10	0.33	0.32～0.35	2	0.48	0.43～0.54	6	*
不对称指数	0.43	0.39～0.47	27	0.45	0.42～0.49	6	0.44	0.38～0.51	16	NS
阴道/阴茎囊比	0.76	0.64～0.95	18	0.76	0.72～0.80	2	0.77	0.61～0.89	9	NS
卵长度	0.060	0.053～0.068	40	0.058	0.057～0.059	5	0.066	0.060～0.073	30	***
卵宽度	0.057	0.050～0.068	40	0.056	0.054～0.057	5	0.063	0.056～0.070	30	***

注：*n*. 研究的样品数目；*N*. 测量的数目；P. 西伯利亚大陆和北美（西北区域）之间平均值的统计差异（曼-惠特尼 Mann-Whitney 检验）；NS. 不显著（$P>0.05$）；*. $P<0.05$；**. $P<0.01$；***. $P<0.001$。所有测量单位为 mm。

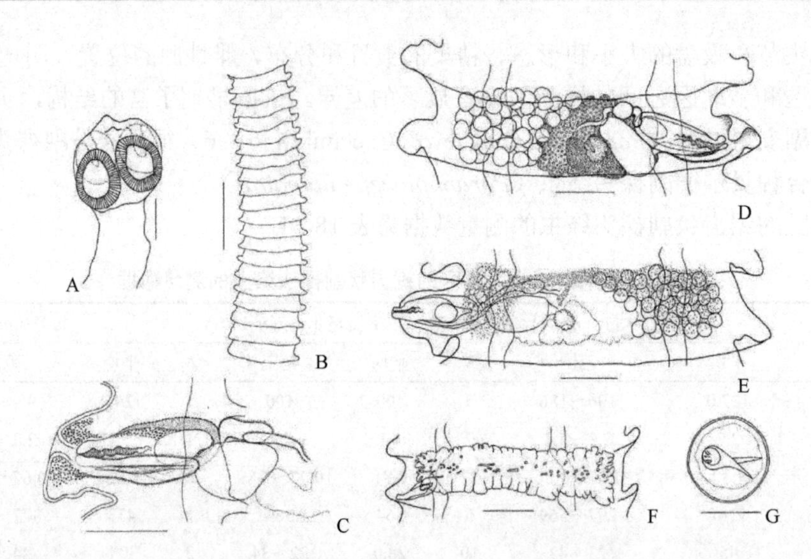

图 18-651　锯齿状副裸头绦虫结构示意图（引自 Haukisalmi & Henttonen，2000）

采自西伯利亚西北部亚马尔（the Yamal）半岛，鄂毕环颈旅鼠的模式样品。A. 头节；B. 链体外部观；C. 成节的生殖管；D. 成节；E. 晚成节中的早期子宫；F. 预孕节中的完全发育的子宫；G. 虫卵。标尺：A=0.10mm；B=1mm；C=0.15mm；D，E=0.20mm；F=0.50mm；G=0.050mm

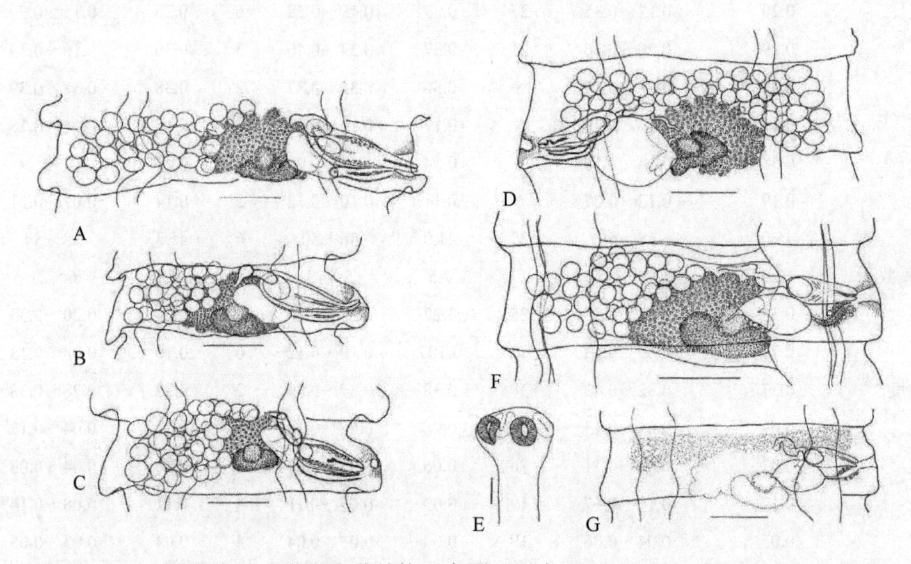

图 18-652　3 种绦虫的成节和头节结构示意图（引自 Haukisalmi & Henttonen，2000）

A～C. 采自西伯利亚西北部和北美北部的锯齿状副裸头绦虫的成节：A. 西伯利亚亚纳三角洲（宿主：鄂毕环颈旅鼠）；B. 弗兰格尔（Wrangel）岛（宿主：环颈旅鼠）；C. 维多利亚（Victoria）岛，加拿大中北部（宿主：环颈旅鼠）。D. Rausch（1952）采自亚马尔半岛鄂毕环颈旅鼠的北极安德里绦虫的成节。E～G. 贝尔德副裸头绦虫副模标本［宿主：东部安卡瓦树鼩（*Phenacomys ungava*）］：E. 头节；F. 成节；G. 在贝尔德副裸头绦虫副模标本晚成节中（省略精巢）的早期子宫。标尺：A～D=0.20mm；E=0.10mm；F，G=0.25mm

4 种副裸头绦虫的主要形态测量数据比较见表 18-32。

表 18-32　4 种副裸头绦虫的主要形态测量数据比较表

虫种	锯齿状副裸头绦虫（*P. serrata*）	贝尔德副裸头绦虫（*P. bairdi*）	贝尔德副裸头绦虫（*P. bairdi*）	斐多罗夫副裸头绦虫（*P. feodorovi*）	玛泽副裸头绦虫（*P. maseri*）
文献源	Haukisalmi & Henttonen，2000	Haukisalmi & Henttonen，2000	Schad，1954	Gulyaev & Chechulin，1996	TTenora et al.，1999
链体长度	106～186	—	200	120～140	126
最大宽度	2.3～3.4	—	2	4.5～5.0	3.7
节片数目	297～569	—	—	320～340	—
头节直径	0.2～0.47	0.34	0.30	0.73～0.78	0.9～1.2
吸盘直径	0.16～0.20	0.12～0.13	0.021	0.28～0.30	0.44～0.47

续表

虫种	锯齿状副裸头绦虫（*P. serrata*）	贝尔德副裸头绦虫（*P. bairdi*）	贝尔德副裸头绦虫（*P. bairdi*）	斐多罗夫副裸头绦虫（*P. feodorovi*）	玛泽副裸头绦虫（*P. maseri*）
成节长宽比	0.14～0.32	0.26～0.27	—	c. 0.25*	0.14～0.21
腹纵管宽度	0.05～0.10	0.17	—	c. 0.08*	0.07
精巢总数	8～60	40～51	31～35	80～100	41～50
腹纵管反孔侧精巢数	5～24	1～5	—	0	0
阴茎囊长	0.27～0.38	0.18～0.24	0.15～0.25	0.43～0.56	0.11～0.14
阴道长	0.22～0.32	0.16～0.19	—	0.27～0.31	—
受精囊长	0.18～0.31	0.10～0.23	—	0.42	—
不对称性指数	0.39～0.47	0.38～0.42	—	c. 0.42*	c. 0.42*
阴道/阴茎囊	0.64～0.95	0.77～0.97	—	—	—
卵长度	0.053～0.068	—	0.040	0.045～0.050	0.037～0.042

注：测量单位为 mm

* 原作者的图的估算值

事实上，分配在安德里属和副裸头属的种的归属状况远未解决。在这些属中主要实用的唯一的识别特征是子宫的发育（Tenora et al.，1984，1986；Beveridge，1994；Genov et al.，1996）。遗憾的是，这一特征仅能在保存完好且着色状况好的样品中才能观察到，并且很少有适当的描述和说明。另外，不同研究者对子宫结构的解释亦有不同。所有裸头亚科绦虫的完全发育的子宫均是囊状，但早期的子宫之间应当可以区分为 3 种主要的类型：管状、部分网状和完全的网状（Beveridge，1994）。在副裸头属绦虫的模式种脐副裸头绦虫中，在最前方的节片中子宫表现为一细的横向结构并向两侧扩展过腹纵向渗透调节管。仅早期子宫的侧方、向后扩展的末端部为明显的网状或有孔（Rausch，1976）。安德里属的模式种：棒头安德里绦虫的子宫表现为在节片的前方或中央部位腹方宽的、完全网状的带。在任何发育时期子宫不扩展过腹纵渗透调节管（Tenora & Murai，1978；Genov et al.，1996）。根据早期子宫的结构，锯齿状副裸头绦虫、贝尔德副裸头绦虫和斐多罗夫副裸头绦虫都属于副裸头属绦虫。锯齿状副裸头绦虫早期的子宫结构与 Rausch（1976）的详细描述完全相符，与脐副裸头绦虫的子宫发育一样。Schad（1954）陈述贝尔德副裸头绦虫的子宫发育为网状，因此将其分配到安德里属。而 Haukisalmi 和 Henttonen（2000）重新测定了副模标本，揭示其早期子宫是一细的横向，侧翼略为网状，与脐副裸头绦虫中所见的子宫类型一致。故将绦虫贝尔德安德里绦虫放在副裸头属。Gulyaev 和 Chechulin（1996）建立新的副安德里属（*Parandrya*），用于容纳斐多罗夫副安德里绦虫。根据 Gulyaev 和 Chechulin（1996），副安德里属的主要识别特征是有穿孔（“yacheistuyu”）的子宫和一层前列腺细胞位于外贮精囊的表面。而斐多罗夫副裸头绦虫的子宫发育实质上与 Beveridge（1994）描述的副裸头样类型没有区别，表明该种不值得作为一分离的属的实际状况。此外，外贮精囊腺细胞的存在与形态在安德里属/副裸头属的种之间可变，这一特征作为属的分类标准价值有限（Genov et al.，1996）。

Gulyaev 和 Chechulin（1996）也强调了副安德里属的全孕链体的不孕末节的存在，而完全或部分不孕是某些副裸头绦虫的共同现象（Hansen，1947；Rausch & Schiller，1949），包括模式种脐副裸头绦虫（Haukisalmi & Henttonen，未发表）。因此，如果不育的存在被用作属的特征，则此特征应包含在副裸头属的识别特征中。额外的问题是不育可能严重影响绦虫的形态。例如，Gulyaev 和 Chechulin（1996）描述了有或没有不育末端节片的个体之间的形态差异，Douthitt（1915）描述了大头副裸头绦虫（*P. macrocephala*）部分不育的样品［同物异名：大头安德里绦虫（*Andrya macrocephala*）］，被当作不同的种：半透明安德里绦虫（*A. translucida*）。基于上述事实，副安德里属是副裸头属的同物异名，斐多罗夫副安德里绦虫组合种为斐多罗夫副裸头绦虫。

Haukisalmi 和 Henttonen（2005）描述了采自法国阿尔卑斯山圣毛里斯镇（Bourg-Saint-Maurice）雪田

鼠（*Chionomys nivalis*）的约科副裸头绦虫（*P. yoccozi*）新种，并与其他采自啮齿动物的相关种进行了比较，综述了欧洲雪田鼠的裸头科绦虫。约科副裸头绦虫新种区别于相关种的主要特征在于大的头节处具有特征性的形态，强劲的颈区，以及阴茎囊、卵黄腺和阴道的结构。欧洲雪田鼠的裸头科绦虫，代表着裸头样属和副裸头属，包括至少 7 个种。这一区系主要由雪田鼠和居住于高山地区的田鼠共有的主要的种组成。其中一些种包括约科副裸头绦虫新种，表现为分布非常局限，推断可能是雪田鼠种群历史片断化的结果。

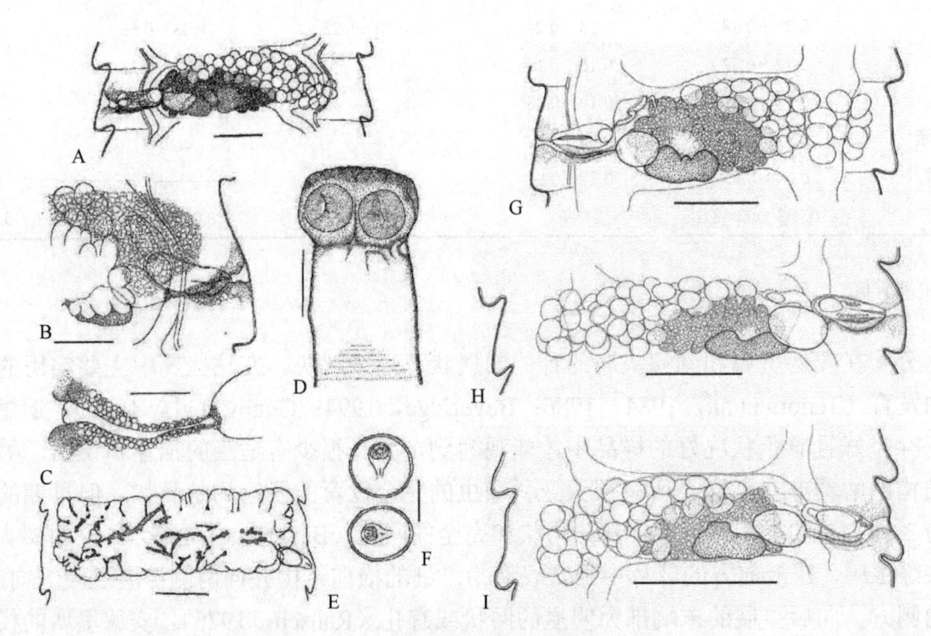

图 18-653 2 种副裸头绦虫结构示意图

A～F. 约科副裸头绦虫：A. 成节；B. 末端生殖管和早期子宫；C. 阴道；D. 头节和颈区；E. 预孕节具有完全发育的子宫；F. 卵。G～I. 贝尔德副裸头绦虫：G. 采自东部安卡瓦树䶄（*Phenacomys ungava*）的全模标本；H. 采自西部中间树䶄（*P. intermedius*）；I. 采自白色树田鼠（*Arborimus albipes*）。标尺：A，G～I=0.30mm；B=0.20mm；C=0.10mm；D=0.40mm；E=0.50mm；F=0.030mm（A～F 引自 Haukisalmi & Henttonen，2000；G～I 引自 Haukisalmi & Henttonen，2005）

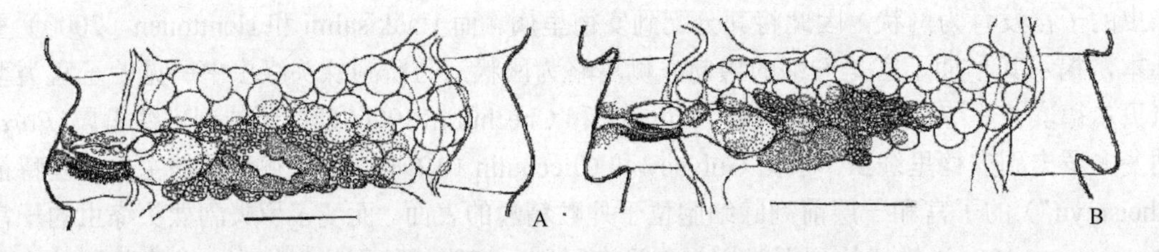

图 18-654 副裸头绦虫的成节结构示意图（引自 Haukisalmi & Henttonen，2005）

A. 纤细副裸头绦虫（*P. gracilis*）[宿主为芬兰黑田鼠（*Microtus agrestis*）]；B. 贾尼基副裸头绦虫（*P. janickii*）（宿主为匈牙利的普通田鼠，副模标本 HNHM 5885）。标尺=0.30mm

Haukisalmi 等（2005）研究了杂色鼠或树䶄（*Phenacomys* spp.）和树田鼠（*Arborimus* spp.）（鼠科：田鼠亚科）贝尔德副裸头绦虫样绦虫的分类状况，以及评估了采用单一和多变量的形态测量从 5 种相关副裸头属的种中的辨别。分析支持独立的状况及采自杂色鼠和树田鼠样品的同种性，并且因此认为贝尔德副裸头绦虫是杂色鼠或树䶄和树田鼠宿主特异性的种，在南美有广泛的地理分布，并重新描述了贝尔德副裸头绦虫。

6 种副裸头属绦虫的主要形态测量数据比较见表 18-33。

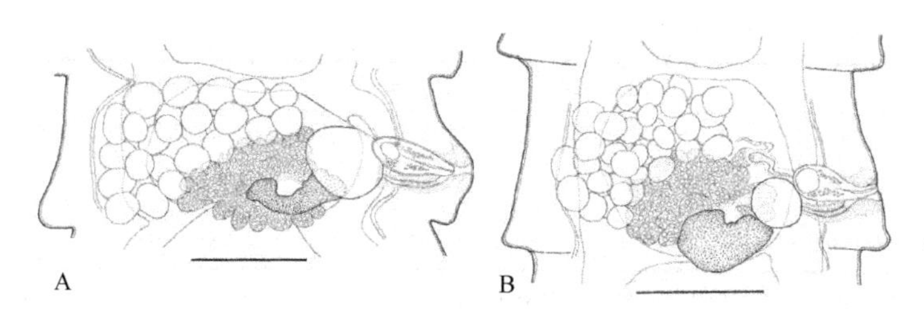

图 18-655　贝尔德副裸头绦虫的成节（引自 Haukisalmi et al.，2005）

A. 采自长尾树田鼠（*Arborimus longicaudus*）；B. 采自泼墨树田鼠（*A. pomo*）。标尺=0.30mm

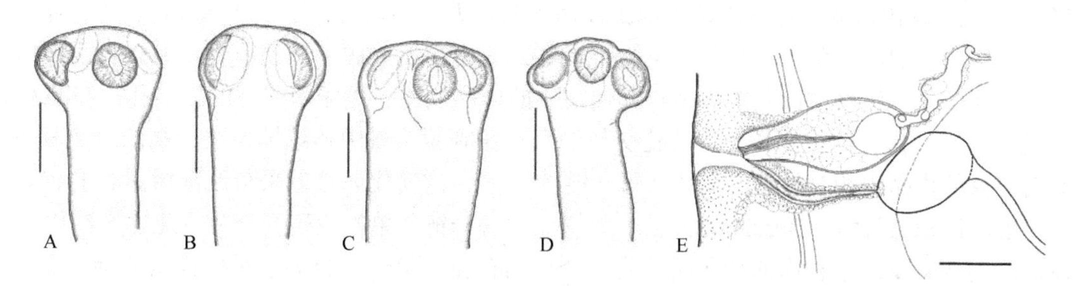

图 18-656　贝尔德副裸头绦虫头节及末端生殖管（引自 Haukisalmi et al.，2005）

A. 采自东部安卡瓦树䶄（全模标本）；B. 采自西部中间树䶄；C. 采自长尾树田鼠；D. 采自泼墨树田鼠；E. 全模标本的末端生殖管。标尺：A～D=0.20mm；E=0.10mm

表 18-33　6 种副裸头属绦虫的主要形态测量数据比较

	P. yoccozi	*P. fellmani*	*P. gubanovi*	*P. janickii*	*P. gracilis*	*P. montana*
宿主	山白䶄（*Chionomys nivalis*）	旅鼠（*Lemmus* spp.）	黑足旅鼠（*Myopus schisticolor*）	普通田鼠（*Microtus arvalis*）	田鼠属；白䶄属（*Chionomys*）；水（䶄）䶄属（*Arvicola*）*Cletbrionomys*	普通田鼠；山白䶄
分布	法国阿尔卑斯山	全北区	东西伯利亚	中欧	欧洲	高加索地区
文献源	Haukisalmi & Henttonen，2005	Haukisalmi & Henttonen，2001	Gulyaev & Krivopalov，2003	Tenora et al.，1985	Tenora et al.，1985	Kirshenblat，1941
链体长度	53～107	65～107	29～31	40～100	60～120，178[a]	65
最大宽度	2.0～3.6	1.28～2.05	1.40～1.55	1.6～2.5	1.5～2.5，2.9[a]	3
头节直径	0.67～0.85	0.40～0.53	0.40～0.50	0.32～0.45	0.37～0.60	0.37
吸盘直径	0.27～0.34	0.17～0.24	0.15～0.18	0.17～0.22	0.18～0.24	0.08～0.12
颈长	0.4～0.6	0.3～0.9	—	0.5～0.7	0.8	0.8～1.0
颈最大宽度	0.44～0.67	0.15～0.27	0.19～0.25	0.23[b]	0.17～0.39[a]	0.25～0.32
成节长宽比	0.20～0.37	0.38～0.58	0.34～0.57[c]	0.17～0.25	0.17～0.50	—
精巢总数	47～67	33～59	40～48	50～60，42[b]	40～55	20～25
腹纵管反孔侧精巢数	0～8	1～14	无或少	无或少	无或少	几枚
孔侧精巢扩展	孔侧叶或卵黄腺边缘	反孔侧或卵黄腺孔侧边缘	反孔侧边缘或卵黄腺中央	重叠于腹管	重叠或横过腹管	卵黄腺中央
阴茎囊长	0.23～0.38	0.16～0.36	0.26～0.30	0.17～0.25	0.18～0.20	0.13
阴茎囊位置	横过腹管	横过腹管	横过腹管	重叠于腹管	可变[a]	重叠于腹管
卵巢宽	0.46～0.82	0.22～0.43	0.45～0.52	0.37～0.49	0.30～0.65	至 0.43
卵黄腺宽	0.27～0.44	0.10～0.22	0.16～0.25	0.18～0.28	0.16～0.30	0.18
不对称性指数	0.42～0.48	0.32～0.51	0.38～0.45[c]	0.40～0.44[b]	0.41～0.51[a]	0.42[d]
阴道长	0.19～0.35	0.14～0.22	0.11～0.13	0.09～0.16	0.20～0.30	—
阴道阴茎囊比率	0.6～1.0	0.6～1.1	0.6～0.7[c]	0.5～0.7[b]	0.7～1.0[a]	ca.0.5[d]
受精囊长	0.16～0.46	0.05～0.23	0.12～0.16	0.20～0.36	0.22～0.50	0.22

续表

	P. yoccozi	P. fellmani	P. gubanovi	P. janickii	P. gracilis	P. montana
受精囊形状	梨形或伸长	球状或卵圆形	球状或卵圆形	梨形	球状或卵圆形	梨形
早期子宫结构	细网状	粗网状	粗网状？	细网状[b]	细网状[a]	网状
卵长	0.042～0.050	0.040～0.047	0.035～0.040	0.036～0.042	0.037～0.048	0.046～0.050

注：a. 额外的芬兰的材料数据；b. 额外的副模标本（HNHM 5885）的数据；c. 基于 Gulyaev 和 Krivopalov（2003）图的估测；d. 基于 Kirshenblat（1941）图的估测；测量单位为 mm

虽然采自树䶄/树田鼠集合体的副裸头绦虫样品的数目太少不适合用于统计比较，但不同宿主的绦虫之间仍然有一些明显的测量差异，亦即采自树䶄的样品具有更宽的腹渗透调节管，而采自西部树䶄的样品具有更大的卵，采自泼墨树田鼠的样品与其他宿主的样品相比有更频繁交替的生殖孔。在节片的长/宽上也有明显的差异。具有这些变异，生殖孔交替的形式在副裸头属中传统地被给予高的分类权重。而在采自泼墨树田鼠的样品中相对频繁的交替（每一链体 9～13 次变化）接近采自西部树䶄的样品，这些同一采集地［俄勒冈州德舒特（Deschutes）县］的样品间每一链体单侧生殖孔交替变化在 8 次内。

上述提到的变异反映了种内的变异而不是多个种的存在。第一，分类学重要性状的绝大多数如头节的大小和结构、精巢的数目和分布、雌性腺的位置，以及生殖管的尺寸和形态等在绦虫样品间只表现出有很小的差异。第二，没有一个样品始终如一地与其他样品有差异，并且观察的差异落在正常见于副裸头属绦虫的种内变异范围内。此外，多变量分析表明采自树䶄和树田鼠的样品代表了一个相对一致的、形态测量明显不同于其他的绦虫种群，为副裸头属绦虫的相关种。贝尔德副裸头绦虫、诺登斯基副裸头绦虫和锯齿状副裸头绦虫在很多方面类似，包括子宫的发育。在这些种中，早期子宫与副裸头属绦虫的模式种：脐副裸头绦虫完全相符（Rausch，1976；Genov et al.，1996），但北极副裸头绦虫（Haukisalmi et al.，2001）、费尔曼副裸头绦虫［*P. fellmani*（Haukisalmi & Henttonen 2001）］和可能的原始副裸头绦虫［*P. primordialis*（Douthitt，1915）］的子宫发育代表了副裸头属绦虫内认可的其他亚型。这里考虑的种包括贝尔德副裸头绦虫，没有一种是属于 Haukisalmi 和 Henttonen（2003）定义的狭义副裸头属绦虫，主要是因为头节、吸盘和生殖管形态上的差异。除贝尔德副裸头绦虫、诺登斯基副裸头绦虫和锯齿状副裸头绦虫在识别分析中有明显的相似性外，它们很大程度上保留的分离并表现出一些统计学上的显著差异，包括识别特征、不重叠的特性。卵的长度似乎是区别 3 个种最清晰的特性。除了这里分析的数目上的差异，诺登斯基副裸头绦虫和锯齿状副裸头绦虫不同于贝尔德副裸头绦虫在于头节与生殖管的结构（Haukisalmi & Henttonen，2000；Haukisalmi et al.，2001）。贝尔德副裸头绦虫在区别分析中分类的成功不是很完美（78.6%），但在此方面比诺登斯基副裸头绦虫（60%）好；后一种的分离状态由分子方法获得肯定（Haukisalmi et al.，2001）。在方法学上脐副裸头绦虫样品种的比较形态分析，分类成功率变化为 80%～90%，也表明偶然的错误分类确实发生于分子方法界定的甚至于在生物学上有效的裸头亚科的种之间（Haukisalmi et al.，2004）。

贝尔德副裸头绦虫也类似于描述自高加索山脉（乔治亚州和亚美尼亚）普通田鼠［*Microtus arvalis*（Pallas）］和欧洲雪田鼠［*Chionomys nivalis*（Martins）］的蒙大拿副裸头绦虫［*P. montana*（Kirshenblat，1941）］，但可以从链体的长度（贝尔德副裸头绦虫要长很多），受精囊的形态（蒙大拿副裸头绦虫中为细长形或梨形），腹纵管的宽度（贝尔德副裸头绦虫中很宽），以及其他数目上的性状区分开来。Kirshenblat（1941）没有指明蒙大拿副裸头绦虫的模式样品，新材料需要用于界定已知很少的种的精确的形态学和种内的变异。因此，从单一和多变量形态测定及数目比较的组合证据表明所有可以利用的采自树䶄属（*Phenacomys*）和树田鼠属（*Arborimus*）的副裸头属的样品代表了单一的种即贝尔德副裸头绦虫。由于没有报道或描述采自田鼠和旅鼠其他种的贝尔德副裸头绦虫样绦虫，故认为贝尔德副裸头绦虫是一个树䶄和树田鼠宿主特异性的种，在北美有广泛的地理分布。

贝尔德副裸头绦虫是至今在树鼾属和树田鼠属采到的唯一由比较形态学识别所肯定的一种绦虫。其他报道自树鼾属的绦虫有普通副裸头绦虫［*P. communis*（Douthitt，1915）］（Lubinsky，1957）和原始副裸头绦虫［*P. primordialis*（Rausch & Schiller，1949；Rausch，1952；Kinsella，1967）］。Lubinsky（1957）也提到变异副裸头绦虫［*P. variabilis*（Douthitt，1915）］是树鼾属的一种寄生虫，但该种后来被放在裸头样属（*Anoplocephaloides* Baer，1923）（Rausch，1976）。

普通副裸头绦虫通常被当作原始副裸头绦虫的同物异名（Baer，1923；Rausch & Schiller，1949；Spasskiĭ，1951）或有问题的种（Tenora et al.，1986），尽管 Tenora（1996）描述的样品采自北美的田鼠（*Clethrionomys* spp.）并用了普通副裸头绦虫之名。普通副裸头绦虫的原始描述仅基于收缩的、切片的节片，其分类状况依然模糊不清。由于缺乏描述，不能证实树鼾属存在原始副裸头绦虫，一些有存在的报道很可能实际上就是贝尔德副裸头绦虫。

对副裸头属中的种的确定，需要应用宽范围的形态特征和多变量统计分析来区别大量形态特征（Haukisalmi et al.，2004）。另一个副裸头绦虫是采自美国灌丛田鼠（*Lemmiscus curtatus*）的玛泽副裸头绦虫（*P. maseri* Tenora，Gubányi & Murai，1999）（图 18-657）。

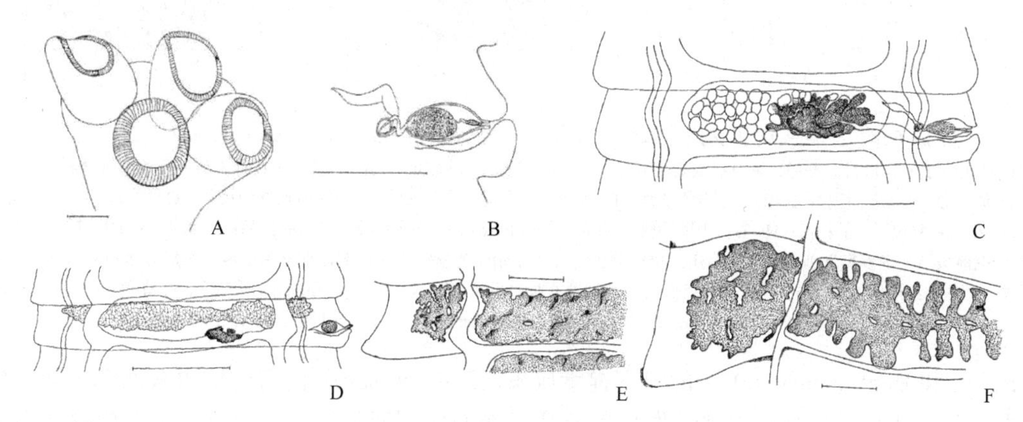

图 18-657　采自美国灌丛田鼠的玛泽副裸头绦虫结构示意图（引自 Tenora et al.，1999）

A. 头节示意图；B. 生殖孔，阴茎囊和内、外贮精囊；C. 成节；D. 成熟后节片中的子宫；E. 预孕节中的子宫；F. 孕节中的子宫。标尺：A=0.25mm；B=0.15mm；C=0.41mm；D=0.53mm；E，F=0.25mm

Haukisalmi 和 Henttonen（2001）研究了旅鼠属（*Lemmus* Link）［田鼠亚科（Arvicolinae）］的生物地理学，描述了费尔曼副裸头绦虫新种（*Paranoplocephala fellmani*），采自挪威的欧旅鼠（*L. lemmus* Linnaeus）。

基于全北区这些宿主的发表与原始材料，根据已存在的数据，真正的旅鼠里蠕虫区系由 3 个分布广泛的和/或地方常见的类群组成，包括：粗糙膜壳绦虫（*Hymenolepis horrida*）（广义上的）［膜壳科（Hymenolepididae）］，旅鼠裸头样绦虫（*Anoplocephaloides lemmi*）［裸头科（Anoplocephalidae）］和螺旋线虫样绦虫（*Heligmosomoides* spp.）［螺旋线虫样科（Heligmosomidae）］。除了分类界线和古代系统发生的宿主的分离，对于寄生虫而言没有主要动物区系的差异，西部（西伯利亚）是西伯利亚旅鼠（*L. sibiricusa*）和班给旅鼠（*L. bungei*）的分布范围，而东部（北美）是棕旅鼠（*L. trimucronatus*）的分布范围。相反，挪威的欧旅鼠是芬诺斯堪迪亚的地方性种，与西部的西伯利亚旅鼠种群密切相关，费尔曼副裸头绦虫是单宿主特异性的绦虫，它的稳定的、不同于相关的种的特征是短而细的阴茎囊。当然也有大量其他重要特征，如寄生于红松鼠（*Tamiasciurus hudsonicus*）［松鼠科（Sciuridae）］的费尔曼副裸头绦虫和原始安德里绦虫明显在安德里属/副裸头属绦虫中具有一独特的子宫发育（亚）型。由于费尔曼副裸头绦虫也发现发生于阿拉斯加州（宿主为棕旅鼠），该种似乎是随着旅鼠特异的蠕虫特化的同一生物地理类型。

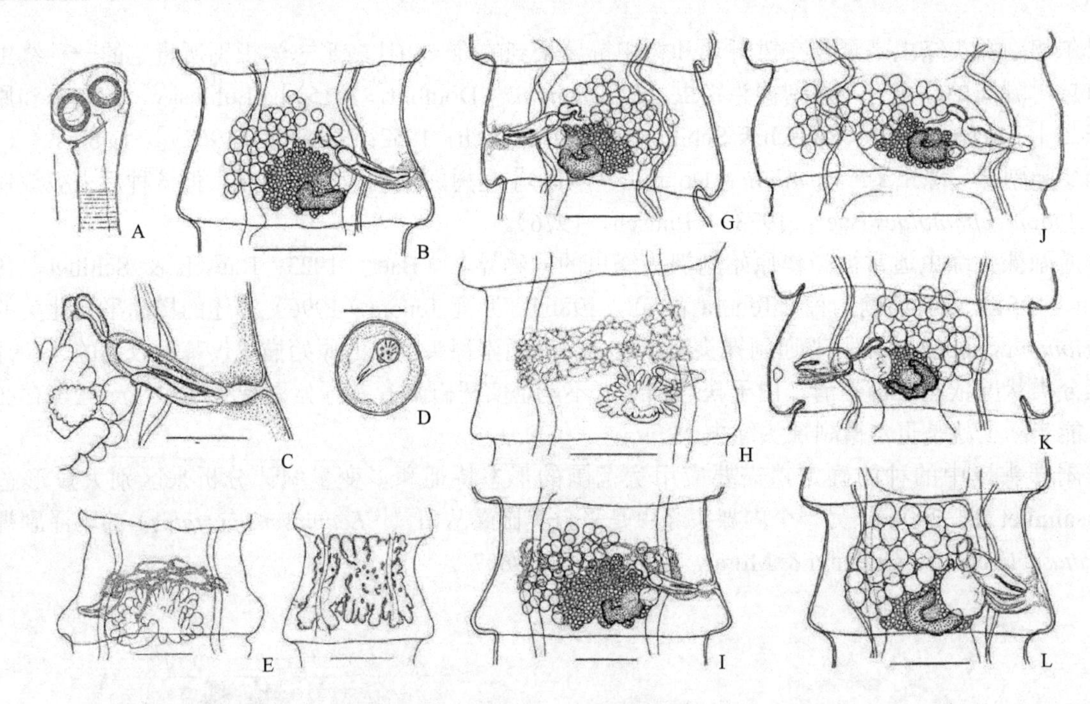

图 18-658　副裸头属和安德里属绦虫结构示意图（引自 Haukisalmi & Henttonen，2001）

A～J. 费尔曼副裸头绦虫模式材料。A～F. 采自挪威南部芬瑟（Finse）（宿主为欧旅鼠）：A. 头节（全模标本）；B. 成节（全模标本）；C. 成节的生殖管（全模标本）；D. 卵（表面观）；E. 晚成节中的子宫；F. 预孕节（全模标本）。G～L. 模式地点外的材料：G. 成节，芬兰北部基尔皮斯耶尔维（Kilpisjärvi）（宿主：欧旅鼠）的样品；H，I. 美国阿拉斯加北部巴罗（Barrow）（宿主：棕旅鼠）的样品：H. 早期成节中的子宫；I. 成节；J. 类费尔曼副裸头绦虫前成节，俄罗斯新西伯利亚（宿主：班给旅鼠）；K. 原始安德里绦虫的成节，部分基于美国明尼苏达州伯米吉（Bemidji）模式材料的切片重构（宿主：红松鼠）；L. 类原始安德里绦虫的成节，阿拉斯加州北部费尔班克斯（Fairbanks）[宿主：红背䶄（*Clethrionomys rutilus*）]。标尺：A，B，H，I=0.30mm；C=0.10mm；D=0.030mm；E，G，J～L=0.20mm；F=0.40mm

Haukisalmi 和 Henttonen（2001）的研究提示旅鼠（*Lemmus* spp.）的寄生蠕虫有两个主要的生物地理类型。首先，除了明显的古代宿主系统发生的分离，在西伯利亚旅鼠、班给旅鼠和棕旅鼠遍布的分布区内没有主要的区系差异。其次，欧旅鼠与西伯利亚旅鼠西部种群密切相关（Fedorov et al.，1999），具有一明显并相当萎缩的蠕虫区系。挪威旅鼠中发现的唯一的宿主特异性蠕虫是费尔曼副裸头绦虫。由于芬诺斯坎迪亚和阿拉斯加费尔曼副裸头绦虫显著的形态学相似性，该种似乎是与其他特异的旅鼠蠕虫是同样的生物地理学类型。而新种明显在地方的和更广的地理标准上是偶发的，并且它可能在其之前有分布的大部分区域内已经消失。

由于没有研究旅鼠蠕虫种内或属的形态学的变异，伴随真旅鼠的全北区范围类群实际上分为不同的种或亚种，蠕虫很可能明显地相似。生化方法已表明形态学上相似的蠕虫类群可能包括几个（宿主特异性的）种（Baverstock et al.，1985；Chilton et al.，1996）。此外，Hoberg 等（1999c）提供了证据以证实隐藏种复合体是典型的高纬度地区蠕虫组合，这是由第三纪晚期和更新世明显的气候变化而导致的。

相反，近期对采自旅鼠（*Dicrostonyx* spp.）的锯齿状副裸头绦虫的分析表明古北区和新北区的种群很可能是同种（Haukisalmi & Henttonen，2000）。Wickström 等（2001）的遗传和形态计量学分析提供了更确凿的证据，证明了不同大陆上的绦虫种群与其他常见采自旅鼠的裸头科的种：北极安德里绦虫具有同种性。

除了小样品，所有 3 个主要的蠕虫种群是发现于两个岛的班给旅鼠种群。Fedorov 等（1999）表明这些北极岛的旅鼠种群有生理遗传上的差异，并且它们的遗传多样性不如西伯利亚大陆，可能是由持续整个全新世的隔离造成的。这表明尽管在孤立的岛屿种群中也可能出现瓶颈：如气候变化致使旅鼠不能由改变分布来逃脱，但旅鼠可以保持它们原始的蠕虫多样性。

因此，虽然有隐藏蠕虫类群存在的可能，长期的隔离和宿主内深远的系统发生分裂明显不是由任何灭亡或蠕虫在西伯利亚旅鼠、班给旅鼠和棕旅鼠中的殖民化造成的。

根据 Kowalski（1995），旅鼠属可能起源于古北区西部广大的区域，因为真旅鼠现已以一相似的蠕虫区系覆盖了很大的地理区域，可能推断这一区系存在于旅鼠最原始的形式或其祖先，后来与宿主一起扩散到古北区西部的新北区。这一假说意指旅鼠在形成种或种化后完全失去了典型的旅鼠的蠕虫区系，仅费尔曼副裸头绦虫例外。

哪些因素促进了挪威旅鼠的典型蠕虫丧失？挪威旅鼠的演化史远不清楚，但现在的旅鼠和西部西伯利亚旅鼠的种群在形态上（Kowalski，1995）和遗传上（Fedorov et al.，1999）如此密切相关，可推断它们的差异可能是近期起源的（Kowalski，1995）。如果旅鼠是与地理分隔（过程）有关的快速分歧，旅鼠种群的大小周期性地低下，将增加寄生虫消除的可能性。尤其是螺旋线虫样绦虫未定种（*Heligmosomoides* sp.）的消失，可能就是由于隔离、小宿主种群，该种似乎有特征性的斑块地理分布。有直接生活史（没有中间宿主）的线虫的缺乏，以及有无脊椎动物中间宿主的绦虫的存在，表明蠕虫的扩散途径在决定蠕虫从芬诺斯堪迪亚旅鼠消失的形式中不是关键。除了可能的种群瓶颈，宿主饮食的改变可能也与旅鼠的蠕虫区系变化相关。真旅鼠主要摄食苔藓，尤其是在冬天，并且这对于挪威的旅鼠而言更为重要。因此，如果旅鼠的演化伴随着苔藓消耗的增加，可能促进了旅鼠蠕虫起源的遗失。苔藓特异性的低寄生虫多样性由林旅鼠（*Myopus schisticolor* Lilljeborg，1884）蠕虫的极端稀少来支持（Ryzhikov et al.，1978b），旅鼠姐妹群几乎无例外地依赖于苔藓。芬兰木旅鼠没有发现有蠕虫寄生（Haukisalmi & Henttonen，未发表，n=30）。

广义粗糙膜壳绦虫（*Hymenolepis horrida*）在挪威旅鼠的缺失有不同的解释，这一全北区共同的绦虫类群在芬兰完全消失了（Tenora et al.，1983；Haukisalmi，1986），且可能是整个芬诺斯坎迪亚全消失了（Tenora et al.，1979）。近期有证据表明粗糙膜壳绦虫可能包含有一种以上（Kontrimavichus & Smirnova，1991；Gulyaev & Chechulin，1997），但没有肯定是否真旅鼠含有宿主特异性的种［白令海膜壳绦虫（*H. beringiensis* Kontrimavichus & Smirnova，1991）］或同一宿主有多样的寄生虫种，就像它们的田鼠亚科的啮齿动物一样，两种状况都有。

6 种副裸头属（*Paranoplocephala*）绦虫的一些特征比较见表 18-34。

表 18-34　副裸头属（*Paranoplocephala*）6 种绦虫的一些特征比较

种类	*P. omphalodes*	*P. microti*	*P. kirbyi*	*P. caucasica*	*P. macrocephala*	*P. macrocephala*	*P. maseri*
作者	Tenora & Murai，1980	Rausch，1976	Hansen，1947	Voge，1948	Kirschenblat，1938	Genov et al.，1996	Tenora et al.，1999
分布	欧洲	美国	美国	美国	美国乔治亚州	美国	美国
宿主	普通田鼠（*Microtus arvalis*）	根田鼠（*M. oeconomus*）；歌田鼠（*M. Miurus*）；矬田鼠（*M. abbreviatus*）	橙腹草原田鼠（*M. onchogaster*）	加州田鼠（*M. californicus*）	社田鼠（*M. socialis*）	平原囊鼠（*Geomys bursarius*）	灌丛田鼠（*Lemmiscus curtatus*）
链体长度	128	162～198	90～200	160～270	100～170	90	达 126
最大宽度	3	4～6	1.7～2.09	2.689～2.839	0.9～1.3	2	3.7
头节宽	0.88	0.80～1.02	0.85～1.26	0.880～1.029	0.40～0.79	0.711～0.722	0.87～1.16
吸盘	0.36～0.40	—	0.31～0.49	0.332～0.398	0.26～0.33	0.358～0.402	0.44～0.47
生殖孔	不规则交替	不规则交替	不规则交替或交替的系列	不规则交替或交替的系列	单侧或交替	大系列交替	单侧
阴茎囊	(0.21～0.30)×(0.08～0.12)	—	0.178～0.233	0.144～0.199	0.130～0.170	(0.152～170)×(0.054～0.63)	0.11～0.14
阴茎囊达排泄管与否（+/-）	+	+	-	?	-	+	-
阴茎	具棘	具棘	具棘	—	无棘	具棘	具棘

续表

种类	*P. omphalodes*	*P. microti*	*P. kirbyi*	*P. caucasica*	*P. macrocephala*	*P. macrocephala*	*P. maseri*
精巢分布	卵巢反孔侧边缘，扩展至孔腹侧纵排泄管	卵巢反孔侧边缘至孔腹侧纵排泄管，偶尔越之	重叠于反孔侧腹侧纵排泄管	重叠于反孔侧腹侧纵排泄管	重叠于反孔侧腹侧纵排泄管	扩展过孔侧区重叠于卵巢叶	不扩展过反孔侧腹侧纵排泄管
精巢数目	45	—	25～35	24～35	26～34	42～57	41～50
卵的直径	0.034	0.036～0.044	0.032～0.033	0.030～0.034	0.028～0.038	—	0.037～0.042

注：译自 Tenora 等（1999），测量单位为 mm

Haukisalmi 和 Rausch（2007）重新描述了采自北美飞鼠（*Glaucomys sabrinus*）的松鼠安德里绦虫（*Andrya sciuri* Rausch，1947），重新确定了此知之甚少的种的形态特征及属的地位，发现此种无疑属于副裸头属绦虫，故松鼠安德里绦虫修正为松鼠副裸头绦虫（图 18-659），并比较了形态上与其相似的 4 种，提供了可用于其识别的特征，并提出松鼠副裸头绦虫通过从田鼠类啮齿动物（田鼠和旅鼠）转移至北美飞鼠而物种化。

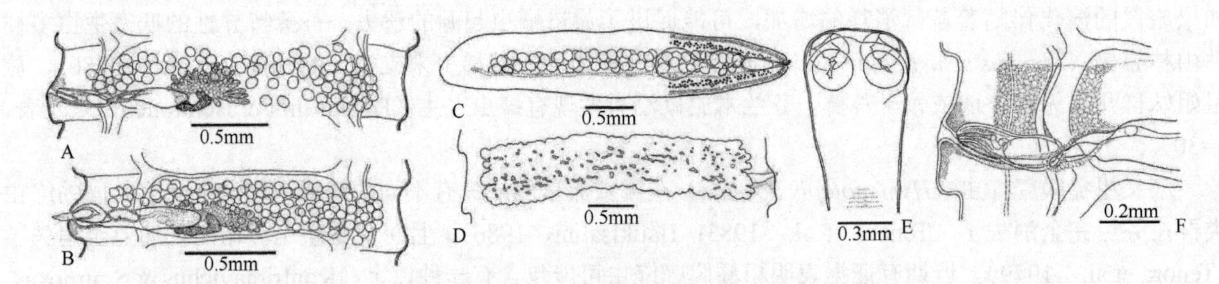

图 18-659　采自北美飞鼠的松鼠副裸头绦虫结构示意图（引自 Haukisalmi & Rausch，2007）

A. 成节（美国-俄勒冈）；B. 成节（加拿大-萨斯喀彻温省）；C. 晚期成节横切面（美国-俄勒冈）；D. 完全发育的（前孕）子宫（美国-俄勒冈）；E. 头节；F. 一成节的末端生殖管和早期子宫的一部分，精巢省略

采自美国威斯康星和俄勒冈飞鼠的松鼠副裸头绦虫模式材料的比较见表 18-35。

表 18-35　采自美国威斯康星和俄勒冈飞鼠的松鼠副裸头绦虫模式材料的比较

地区	威斯康星（*N**=2）	威斯康星（*N*=1）	俄勒冈（*N*=8）
源文献	Rausch，1947	Haukisalmi & Rausch，2007	Haukisalmi & Rausch，2007
体长	170	—	160（1#）
体最大宽	2	—	3.8～3.9（2）
成节宽	—	0.15	0.22～0.31（14）
成节长宽比	—	0.18～0.27	0.13～0.29（14）
头节直径	0.38	0.36	0.50～0.59（4）
吸盘直径	0.15	0.17	0.20～0.24（16）
颈区长	无	无	0.45～0.60（4）
颈区最大宽度	—	0.19	0.26～0.38（4）
精巢总数	100～110	78～86	86～123（14）
孔侧精巢数	—	6	1~8（10）
反孔侧精巢数	—	17～19	0～20（11）
纵腹电管宽	平均 0.30	0.026～0.045	0.043～0.10（20）
阴茎囊长	平均 0.20	0.18～0.19	0.32～0.50（14）
卵巢宽	—	0.39～0.62	0.56～0.79（14）
卵黄腺宽	—	0.17～0.26	0.21～0.33（13）
卵黄腺位置（不对称指数）	—	0.46	0.37～0.46（14）

续表

地区	威斯康星（N^*=2）	威斯康星（N=1）	俄勒冈（N=8）
阴道长	—	0.20	0.34～0.50（6）
阴道/阴茎囊	—	1.0	0.9～1.1（6）
受精囊长	最大 0.42	0.35	0.50～0.65（6）
卵长度	0.052～0.056	—	0.058～0.063（10）

注：*N* 为研究的样品数；测量单位为 mm

\# 括号中的数字是测量数

Wickström 等（2005）基于线粒体细胞色素氧化酶 I 基因（*COI*）、核编码的 28S rRNA 基因和 rRNA 的内转录间隔区 I 基因（*ITS1*），对采自有胎盘哺乳动物的啮齿类和兔形类动物的裸头科绦虫的分子系统进行了研究。材料着重包括全北区寄生于啮齿类和兔形类动物 9 属 35 种。结果表明分子系统关系与早期从形态特征推导的系统与系统发生理论有出入，尤其是裸头科中以子宫形态（图 18-660）作为进一步系统分类的基本决定因素的观点相矛盾。早期的分类理论认为生殖器官双套是作为属区分的依据，但也未发现此特征始终如一。新宿主殖民线系已证明为有胎盘哺乳动物裸头绦虫多样化的主要方式；种族的共演化证据尚模糊不清。系统关系一致区分出一大的单系群，包括采自田鼠类（arvicoline）啮齿动物［田鼠（vole）和旅鼠（lemming）］，主要代表着裸头样属和副裸头属。绦虫“田鼠类支”中的系统关系远未得到解决。未解决的多歧结点上下一致支持表明快速的辐射，包括许多线系几乎同时分化，类似的事态也发生于田鼠类宿主。

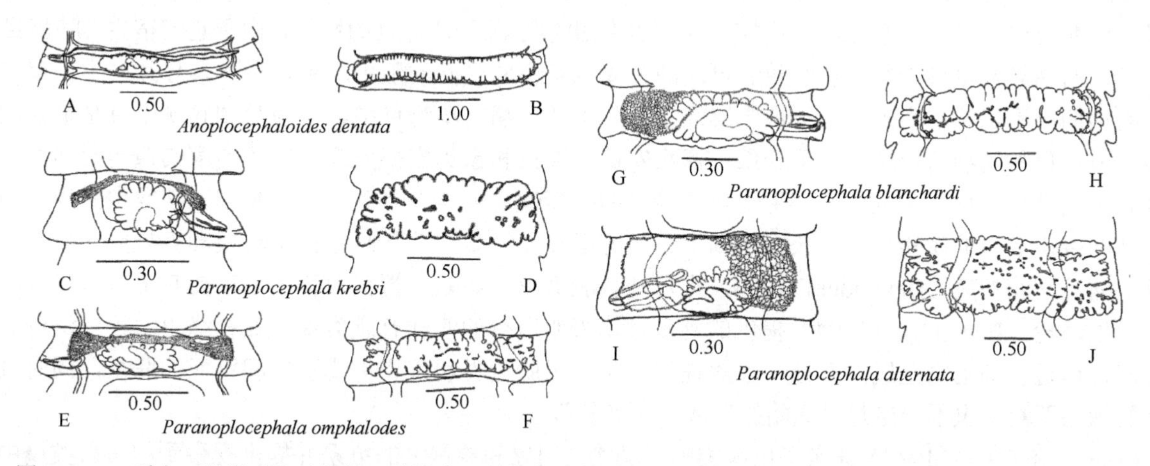

图 18-660 采自田鼠类啮齿动物的 5 种裸头亚科绦虫子宫发育的比较结构示意图（引自 Wickström et al.，2005）
描绘的是两种极端子宫结构（管状 A，B vs 完全网状 I，J）之间的变异。*Anoplocephaloides dentata*（齿状裸头样绦虫）；*Paranoplocephala krebsi*（克拉伯副裸头绦虫）；*Paranoplocephala omphalodes*（脐迹副裸头绦虫）；*Paranoplocephala blanchardi*（布兰沙德副裸头绦虫）；*Paranoplocephala alternata*（交替副裸头绦虫）。标尺单位均为 mm

胎盘类哺乳动物裸头亚科绦虫有 19～21 属，绝大多数寄生于啮齿动物（8 属）和兔形动物（6～7 属），小量辐射发生于奇蹄目、偶蹄目、长鼻目和灵长目，目前尚未发现发生于其他目胎盘类哺乳动物。绝大多数裸头亚科的属限于某科的宿主，有一些例外值得注意［裸头属、裸头样属、伯特属（*Bertiella* Stiles & Hassall，1902）及莫尼茨属（*Moniezia*）］。由于材料范围的限制及不同学者系统发生关系研究的结果不一致，很难得出裸头亚科绦虫与宿主之间的共演化关系。然而，近期系统分析一致支持啮齿目+兔形目的单系关系，综合认为“啮齿总目”（Murphy et al.，2001；Lin et al.，2002）、奇蹄目和偶蹄目（或更精确为鲸偶蹄目包括鲸）代表了更近的哺乳动物辐射，明显是由啮齿总目演化而来的。通常而论，现提供的材料明显缺乏基础的共同系统发生关系。例如，采自啮齿动物和兔形动物的属并非一致的表现为姐妹群，且当表现为姐妹群时［田鼠类支+安德里属］，认为是由来自奇蹄目和偶蹄目的属演化来的。Wickström 等

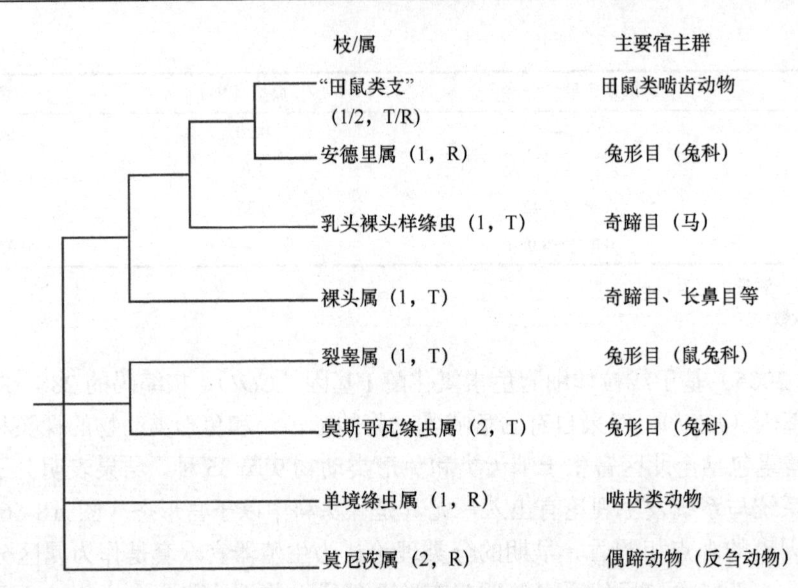

图 18-661　整合裸头亚科绦虫相互关系数据的系统发育图得到的属支关系图（仿 Wickström et al.，2005）

括号中的数字为每节生殖器官的数目单套（1）或双套（2），字母示早期子宫的结构（T. 管状；R. 网状）树中也描述了子宫演化的可能路径及主要的宿主类群

（2005）的结果与 Foronda 等（2003）的 18S rDNA 基因的序列数据一致，显示齿状裸头样绦虫与家兔安德里绦虫的关系比与栉状莫斯哥瓦绦虫的关系更为接近。4 个主要的宿主线系的每一个似乎都是在裸头亚科绦虫早期历史中独立定殖的。田鼠类支+安德里绦虫似乎源于奇蹄目的殖民，由于它们宿主（啮齿目 vs 兔形目）的趋异发生得更早，它们随后可能的分离也是不同方向的殖民所致，然而，导致产生田鼠类支线系的早期历史仍然不明确，由于裸头属绦虫发生于几个哺乳动物目中，不清楚到底哪个目是最初的宿主群。采自兔科动物的两种安德里绦虫：棒头安德里绦虫和家兔安德里绦虫之间高度的遗传距离表明它们具有长期独立历史，并且分歧发生于自奇蹄目的推断性定殖事件之后不久。基础系统发生路径表明如果额外的裸头亚科的属和种还可获得，则上述内容必须要调整。尤其是包括采自澳洲有袋类的属与采自胎盘类哺乳动物的属（Beveridge，1994）很可能代表着单系线系，裸头亚科绦虫需要有更多可以理解的系统发生理论。Beveridge（1994）提供的支系理论表明所有的澳洲有袋类裸头亚科绦虫源于广泛分布的伯特属，通过啮齿动物殖民入澳洲，因此提供了寄生于胎盘类和有袋类线系之间可能的联系，同时表明有袋类裸头亚科绦虫不一定是"原始的"或"古老的"。

Conroy 和 Cook（1999）证实了田鼠类啮齿动物（田鼠和旅鼠）的单系并提出观察到的田鼠类属中的问题未解决是由于"物种脉动"，即多个线系的绝大多数种同时多样化而没有可辨别的遗传迹象。大多数多样化的田鼠属（约有 65 个现存种）的演化史特征是快速多样化趋异事件的突发。虽然田鼠类支系中子宫演化仍不清楚，有可能形态上多种多样的网状子宫在此支中表现得更充分。尽管安德里属和副裸头属的网状子宫形态上不能区别，实际上也可能独立起源。有趣的是，有些系统发生表明克雷布斯副裸头绦虫（*P. krebsi*）（在亚支Ⅱ内）和变异裸头绦虫（*A. variabilis*）趋异（宿主漂移），且与推断性祖先子宫类型（管状）相违的种类相伴。由于它们的多源起源，裸头亚科的网状子宫预计显示不同线系之间的结构差异。虽然这件事还没以比较方式研究过，莫尼茨属似乎不同于其他的属，其子宫在整个发育过程中保持网状结构，而其他属，这些结构在完全发育的（囊状）子宫中消失或退化了。此外，副裸头属种类的早期子宫表现为形态上的多样性，从窄的、部分网状形式到"完全的"网状的子宫，覆盖了大部分髓质。其他演化的类型也被认可（Haukisalmi & Henttonen，2001）。部分网状的子宫是亚支Ⅰ（狭义副裸头属）所有种的特征。而除此亚支外其他副裸头属的种的子宫都是一致的［如纤弱副裸头绦虫（*P. gracilis* Tenora & Murai，1980），诺登斯基副裸头绦虫（*P. nordenskioeldi* Haukisalmi，Wickström，Hantula & Henttonen，2001）和锯齿状副裸头绦虫（*P. serrata* Haukisalmi & Henttonen，2000）］。虽然有典型的完全网状子宫的副裸头属种（交替副裸头绦虫、北极副裸头绦虫、*P. etholeni* 和长阴道副裸头绦虫）在任何系统发生中不形成内容丰富的单系群。因此，副裸头属中子宫的多样性似与一限定的系统发生对应，尽管这一发生方式在田鼠支系内解决的水平通常低。在裸头亚科绦虫不同的系统框架方案中，安德里属（*Andrya*）+ 双安德里属（*Diandrya*），单境绦虫属（*Monoecocestus*）+ 莫尼茨属（*Moniezia*）及莫斯哥瓦绦虫属（*Mosgovoyia*）+裂睾属（*Schizorchis*）已被限定为姐妹类群，区别特征是每节生殖器官的数目（偶尔也用其他特征区别）。这些属中，莫斯哥瓦绦虫属和裂睾属在此表现为姐妹群，揭示它们的分歧伴随着在莫斯哥瓦绦虫属中生殖器官的加倍。其他假定的相关性不受支持。然而，生殖器官 2 套发生于双安德里属，与它从寄生于田鼠亚科的啮齿动物祖先（所有只有 1 套生殖器官）的分歧相联系，而不是来自安德里属。虽然生殖器官数目的变化在裸头亚科绦虫的演化中明显是个不频繁的现象（Beveridge，1994），从现存的仍不完整的材料尚不能推导出这一特征的详细系统发生路径。虽然没有系统地筛选所有形态特征，似乎精巢的分布为包括裸头样哺乳动物+安德里属+田鼠亚科支系提供了衍征（apomorphic）/共衍征（synapomorphic）特性。在这一大支的所有种都具有的特征是精巢分布于卵巢的反孔侧或反孔侧前方位置。在绝大多数胎盘哺乳动物的其他裸头亚科的绦虫，精巢主要位于后部区域或几乎分散于整个髓质（Beveridge，1994）。例外的是鸣绦虫属和栉带属，两属的精巢分布方式同上述。而由于后者有 2 套生殖器官，不能直接与有 1 套生殖器官的种类相比较。基于普通形态学，没有明确的共衍征可以特化田鼠亚科支或安德里属+田鼠亚科支。除了推翻二分法所分的莫尼茨亚科和裸头亚科外，目前的结果还包括少量额外的系统含义。需建立新属用于容纳侏儒裸头绦虫（*A. mamillana*）和变异裸头绦虫（*A. variabilis*）样种（亚支Ⅱ）。裸头样属应保留用于单系的亚支Ⅲ（即严格意义上的裸头样属）。寄生于兔科的兔形动物和貘的裸头样属的种类已分别放在兔带属（*Leporidotaenia* Genov，Murai，Georgiev & Harris，1990）和福拉伯斯氏属（*Flabelloskrjabinia* Spasskiĭ，1951），且 Gulyaev（1996）提出副裸头样属用于采自田鼠的两个裸头样种。裸头样属仍然包括额外的系统支，所有这些系统支可能最终证明为属（Rausch，1976；Genov & Georgiev，1988）。Tenora 等（1998）恢复无摄腺属（*Aprostatandrya* Kirshenblat，1938），先前 Rausch（1976）认为其是副裸头属的高级同物异名。而后来的数据和一些分析（Haukisalmi & Henttonen，2003；Haukisalmi et al.，2004）表明无摄腺属的模式种大头无摄腺绦虫（*A. macrocephala*）属于副裸头属（狭义的），因此支持 Rausch（1976）的看法。Wickström 等（2005）分析支持这些属的分离状态，但形态学明确的分化标准仍然缺乏。虽然副裸头属的种在目前的分析中尚未形成一个单系的组合，但期望以额外的分子和形态特征，可以证明该属为单系，与其他田鼠类支系分离，需要最终对此进行全面的系统修订。

30a. 阴道开口于阴茎囊前面的生殖腔；精巢位于卵巢后……………………………………………………………………………………
……………………………………………………………… 单境绦虫属（*Monoecocestus* Beddard，1914）（图 18-662～图 18-669）

［同物异名：裂带属（*Schizotaenia* Janicki，1904）先占用；副子宫属（*Perutaenia* parra，1953）；莱恩特绦虫属（*Lentiella* Rego，1964）］

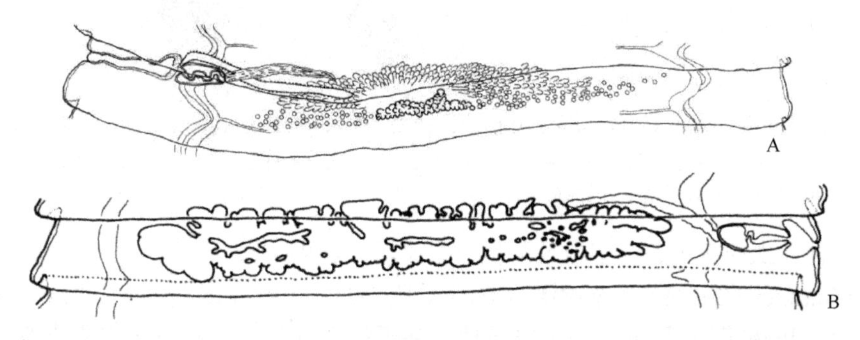

图 18-662　哈格曼单境绦虫［*M. hagmani*（Janiki，1904）］结构示意图（引自 Beveridge，1994）

A 成节；B 孕节

识别特征：链体小到大型。节片具缘膜，宽大于长。生殖器官单套。生殖孔规则交替。生殖管在渗透调节管背方交叉。内、外贮精囊存在。精巢带状位于髓质的后半部。卵巢位于中央或孔侧。阴道位于阴茎囊前方。受精囊存在。子宫网状。梨形器存在。已知寄生于啮齿动物、偶蹄动物、美洲鸵鸟目鸟类，分布于北美洲和南美洲。模式种：渐减单境绦虫［*Monoecocestus decrescens*（Diesing，1856）］。

Haverkost 和 Gardner（2009）基于新材料和详细的数据，重新描述了包括斯雷尔凯尔德单境绦虫［*M. threlkeldi*（Parra，1952）］在内的 3 种单境绦虫属的绦虫。巨囊单境绦虫（*M. macrobursatus*）和微小单境绦虫（*M. minor*）基于存在于博物院的样品，斯雷尔凯尔德单境绦虫使用收集于玻利维亚的样品。基于代表斯雷尔凯尔德单境绦虫的样品，作者肯定副子宫属（*Perutaenia* Parra，1953）应当保留为单境绦虫属的低级同物异名。

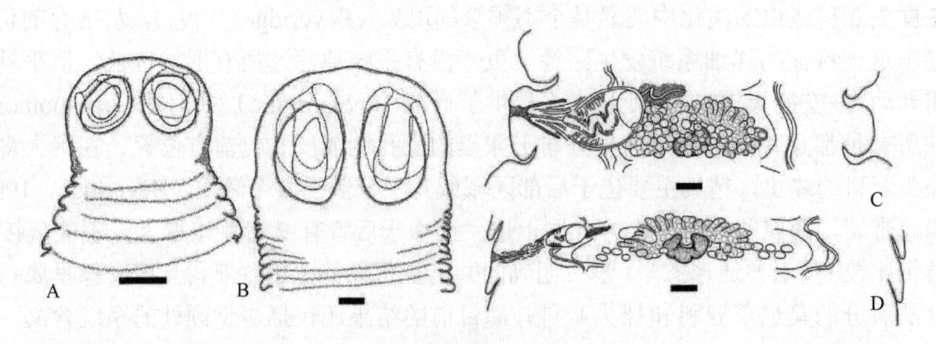

图 18-663　2 种单境绦虫头节和成节结构示意图（引自 Haverkost & Gardner，2009）

A. 微小单境绦虫的头节（CHIOC 27.719B）；B，C. 巨囊单境绦虫的头节和成节（CHIOC 27.734A）；D. 微小单境绦虫的成节（CHIOC 27.720A）。标尺=0.1mm

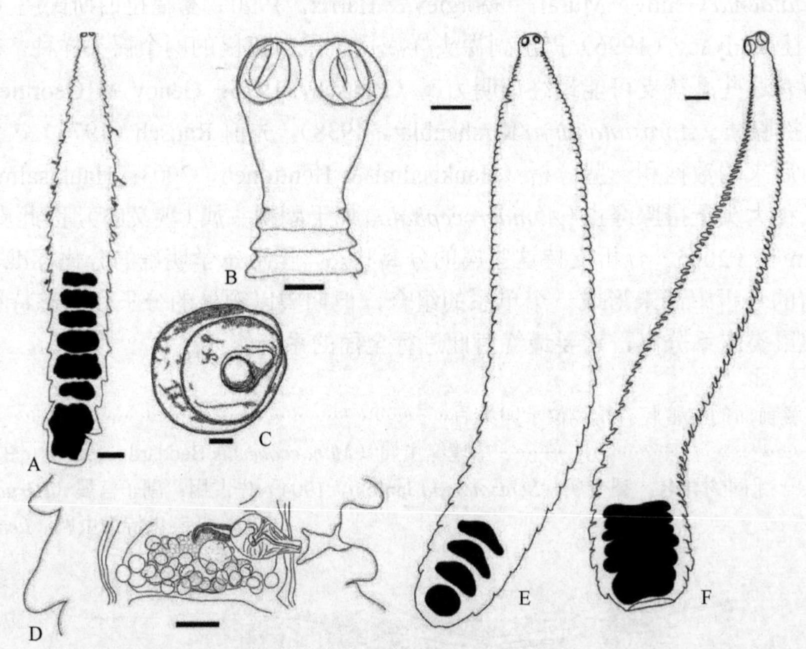

图 18-664　3 种单境绦虫完整的链体及局部结构示意图（引自 Haverkost & Gardner，2009）

A～D. 斯雷尔凯尔德单境绦虫：A. 完整的链体（HWML 60426E）；B. 头节（HWML 60426I）；C. 卵；D. 成节（HWML 60426H）；E. 微小单境绦虫的完整的链体（CHIOC 27.719B）；F. 巨囊单境绦虫的完整的链体（CHIOC 27.733C）。标尺：A，E，F=0.5mm；B，D=0.1mm；C=0.01mm

单境绦虫属 3 种绦虫的宿主、采集地及测量数据比较见表 18-36。

Haverkost 和 Gardner（2010a）通过检测哈罗德·曼特（Harold W. Manter）寄生虫学实验室收藏和美国国家寄生虫的收集，描述了 6 种单境绦虫属新种，基于模式样品重新描述了麦克杰维茨单境绦虫（*M. mackiewiczi* Schmidt & Martin，1978）。

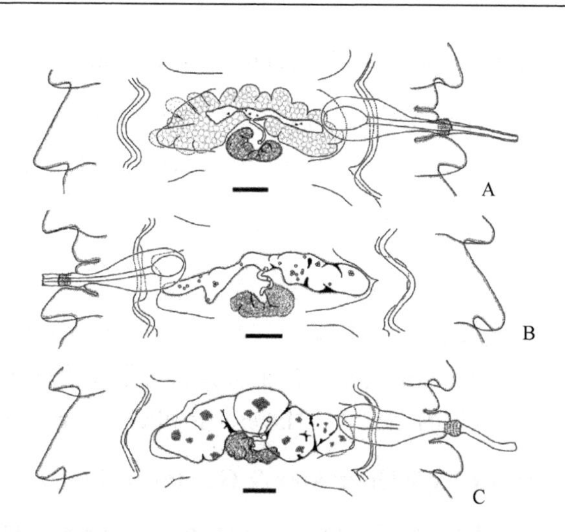

图 18-665 斯雷尔凯尔德单境绦虫的子宫发育结构示意图（引自 Haverkost & Gardner，2009）
为了明晰起见，其他的器官和结构已略去（HWML 60426K）。标尺=0.1mm

表 18-36 单境绦虫属 3 种绦虫的比较

	M. minor		*M. minor*（*n*=4）	*M. macrobursatus*		*M. macrobursatus*（*n*=8）	*M. threlkeldi*		*M. threlkeldi*（*n*=5）
宿主	野生豚鼠（*Cavia aperea*）		野生豚鼠（*C. aperea*）	水豚鼠（*Hydrochoerus hydrochaeris*）		水豚鼠	山绒鼠（*Lagidium peruanum*）		泽鼠（*Holochilus brasiliensis*）
采集地	巴西		巴西	巴西		巴西	秘鲁		玻利维亚
文献源	Rego，1960		Haverkost & Gardner，2009	Rego，1961		Haverkost & Gardner，2009	Parra，1953		Haverkost & Gardner，2009
形态特征		*n*			*n*			*n*	
体总长（mm）	8.4～15.4	4	6.1～15.7(10.9)	12.1～22.4	7	9.4～19.6（15.0）	6～14	5	9.5～20.0（14.4）
最宽（mm）	1.8	4	1.2～1.6（1.4）	3.28	7	1.4～2.6（2.2）	0.4～2	5	1.4～1.9（1.8）
节片数	55～80	4	51～82（67）	85～100	7	62～91（78）	—	5	34～49（40）
未成节 L/W	—	4	0.07～0.11（0.09）	—	7	0.04～0.17（0.09）	—	5	0.16～0.24（0.20）
孕节 L/W	—	4	0.26～0.45（0.35）	—	8	0.15～0.65（0.39）	—	5	0.44～0.73（0.52）
头节直径	392	4	250～325（291）	920	7	544～840（701）	440～530	5	288～480（411）
吸盘直径	122	16	45～125（89）	398	27	232～468（323）	160～190	20	138～192（176）
颈长	—	4	0～88（52）	—	8	0～240（151）	—	5	180～240（214）
颈细部宽	—	1	288	—	8	372～720（555）	—	5	260～356（324）
生殖孔交替	—	4	88～94（90）	—	7	98～00（100）	—	5	98～100（100）
精巢数	50～80		—	—	2	51～53（52）	15～20	5	17～30（24）
精巢宽度	46	38	15～42（28）	46	25	22～38（29）	30	50	42—60（49）
阴茎囊长	435	8	87～186（135）	996	10	191～388（273）	360～440	10	205～84（234
卵黄腺宽	261	8	83～87（137）	365	10	177～313（232）	—	10	135～167（150）
卵巢宽	609	8	235～546（385）	1029	10	446～833（589）	—	10	386～560（471）
不对称指数	—	8	0.45～0.52（0.47）	—	10	0.44～0.54（0.48）	—	10	0.46～0.51（0.49）
精巢分布	—	2	—	—	2	479～508（494）	—	10	353～570（489）
腹排泄管宽	—	2	29～41（35）	—	10	20～66（45）	—	10	14～87（48）
卵直径	50	10	45～53（49）	58	27	45～70（57）	60～66	25	44～56（49）
梨状长度	25		—	29		—	—	25	14～21（18）

注：“—”表示原始描述中未提供数据或测定的样品中特征看不到；括号中的数据为均值；测量单位除有标明外，均为 μm

1）安德森单境绦虫（*Monoecocestus andersoni* Haverkost & Gardner，2010）（图 18-666A～F）

宿主：南美滩鼠［*Graomys domorum*（Thomas，1902）］［鼠型亚目（Myomorpha）：仓鼠科（Cricetidae）］。

采集地：玻利维亚科恰班巴（Cochabamba），贾马乔马（Jamachuma）西 1.3km，海拔 2800m，17°31′32″S，66°07′29″W，采集时间：1993 年 7 月。

共生模式宿主指定：南美滩鼠（MSB 70543）。

感染率和感染强度：2 个个体中 1 个感染，有 2 条虫。

样品贮存：HWML 62672A（全模标本），HWML 62672B（副模标本）。

词源：新种的命名是以纽约美国自然历史博物馆荣誉馆长悉尼安德森（Sydney Anderson）博士的名字命名。他是玻利维亚哺乳动物学领域的领导者，Haverkost 和 Gardner 的同行、良友和导师。

2）易杰夫单境绦虫（*Monoecocestus eljefe* Haverkost & Gardner，2010）（图 18-666G～L）

宿主：黄齿野生豚鼠（*Galea musteloides* Meyen，1832）［天竺鼠亚目（Hystricomorpha）：豚鼠科（Caviidae）］（NK23329）。

采集地：玻利维亚圣克鲁斯（Santa Cruz），博伊贝（Boyuibe）东 53km，海拔 500m，18°16′S，63°11′W。

采集时间：1991 年 7 月。

感染率和感染强度：检测 1 个个体，感染 6 条虫。

样品贮存：HWML 61289A（全模标本）和 HWML 61289B～F（副模标本）。

词源：新种是为纪念已故博士特里拉蒙耶茨（Terry Lamon Yates）命名，他是哺乳动物学和传染病研究的一位领导者，在新热带区和新北区实地调研的一年中，他被当作“老板”享有“eljefe（易杰夫）”绰号，该绰号作为随机字母组合（国际动物命名，1999，编码 11.3 条），适用于男性，是适宜、紧凑、悦耳且令人难忘的绰号（国际动物命名，1999，代码建议 25C）。

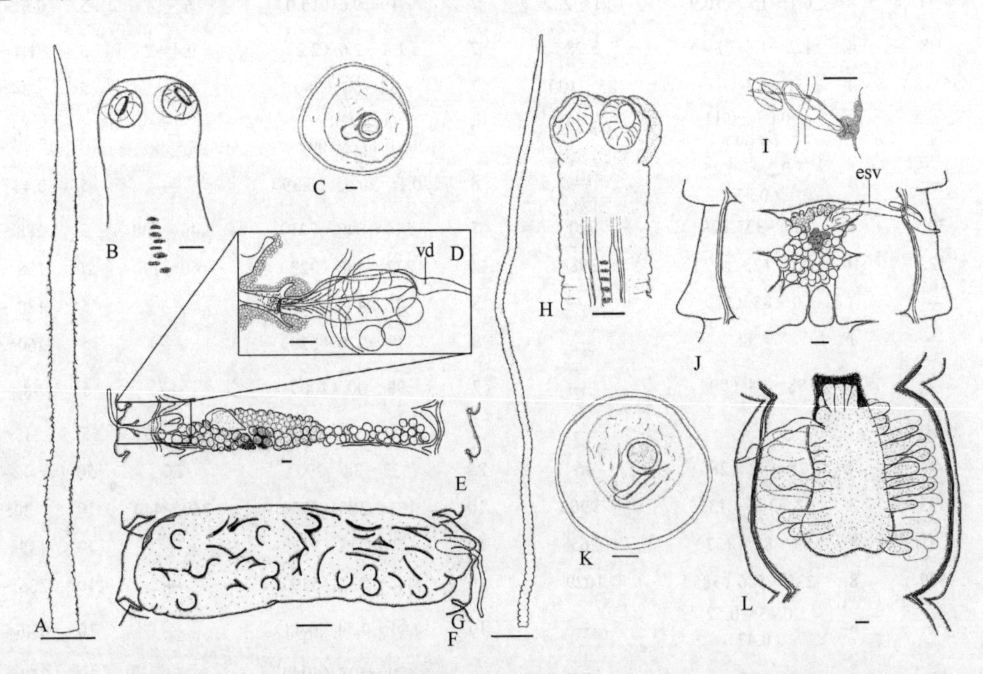

图 18-666　2 种单境绦虫结构示意图（引自 Haverkost & Gardner，2010a）

A～F. 安德森单境绦虫：A. 链体；B. 头节；C. 卵；D. 生殖器官；E. 成节；F. 孕节。G～L. 易杰夫单境绦虫：G. 链体；H. 头节；I. 生殖器官；J. 成节；K. 卵；L. 孕节。缩略词：esv. 外贮精囊；vd. 阴道扩张。标尺：A，G=10mm；B，D，E，H～J，L=0.1mm；C，K=0.01mm；F=0.5mm

3）小头单境绦虫（*Monoecocestus microcephalus* Haverkost & Gardner，2010）（图 18-667A～F）

宿主：南美滩鼠［*Graomys domorum*（Thomas，1902）］（鼠型亚目：仓鼠科）（NK23821，NK23886，

NK23855）（DGR Mamm 30348）。

采集地：玻利维亚塔里哈（Tarija），帕德卡亚（Padcaya）北 11.5km 和东 5.5km，海拔 1900m，21°47'S，64°40'W。

采集时间：1991 年 8 月。

感染率和感染强度：检测 36 个宿主，3 个宿主感染，每个感染的宿主平均感染 4.5 条虫。

样品贮存：HWML 61646B（全模标本），HWML 61646A，C～F（副模标本）HWML 61596（凭证标本），HWML 61622（凭证标本）。

词源：种名源于其小头节。

4）小单境绦虫（*Monoecocestus petiso* Haverkost & Gardner，2010）（图 18-666G～L）

宿主：黄齿野生豚鼠（*Galea musteloides* Meyen，1832）（天竺鼠亚目：豚鼠科）（NK30468）。

采集地：玻利维亚科恰班巴（Cochabamba），罗德奥（Rodeo）库鲁班巴（Curubamba）东南 7.5km，海拔 4000m，17°40'31"S，65°36'04"W。

采集时间：1993 年 7 月。

感染率和感染强度：检测 2 个宿主，1 个宿主感染 5 条虫。

样品贮存：HWML 62702D（全模标本），HWML 62702A～C、E（副模标本）。

词源：种名是指该种的个体小。

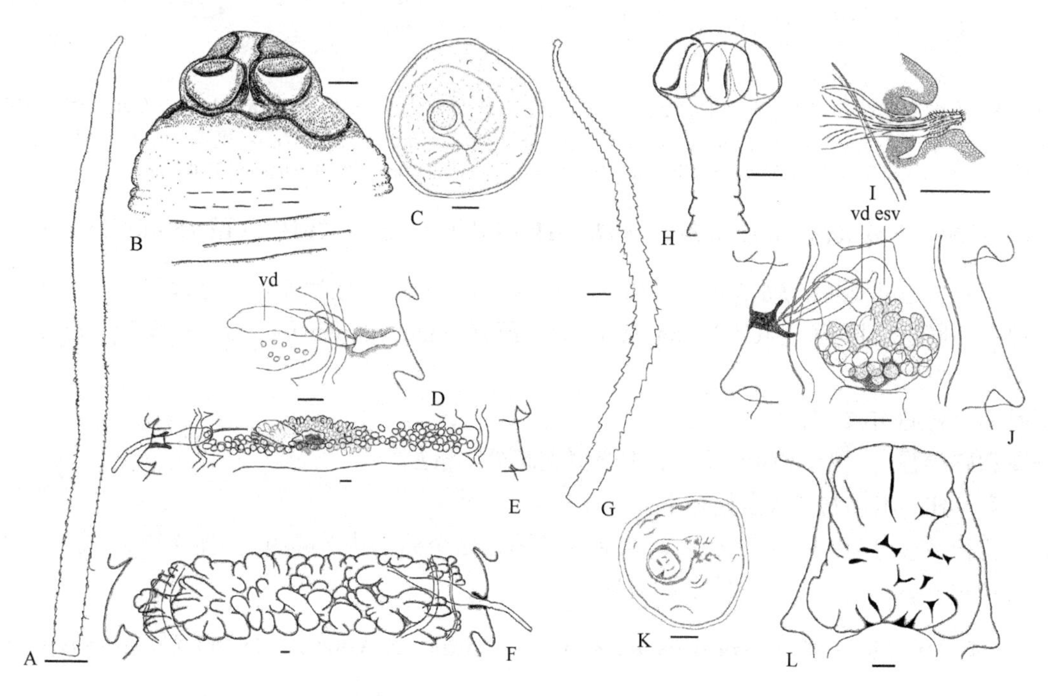

图 18-667 小头单境绦虫（A～F）和小单境绦虫（G～L）结构示意图（引自 Haverkost & Gardner，2010a）
A. 链体；B. 头节；C. 卵；D. 生殖器官；E. 成节；F. 孕节；G. 链体；H. 头节；I. 生殖器官；J. 成节；K. 卵；L. 孕节。缩略词：esv. 外贮精囊；vd. 阴道扩张。标尺：A=5mm；B，D～F，H～J，L=0.1mm；C，K=0.01mm；G=1mm

5）孔侧单境绦虫（*Monoecocestus poralus* Haverkost & Gardner，2010）（图 18-668A～F）

宿主：叶耳鼠（*Phyllotis caprinus* Pearson，1958）（鼠型亚目：仓鼠科）（NK23566）。

采集地：玻利维亚塔里哈（Tarija），塞拉尼亚·萨玛（Serrania Sama），海拔 3200m，21°21′S，64°52′W。

采集时间：1991 年 7 月。

感染率和感染强度：检测 19 个宿主，1 个宿主感染 1 条虫。

样品贮存：HWML 61440（全模标本）。

词源：该种名的命名是因其生殖器官的孔侧性质。

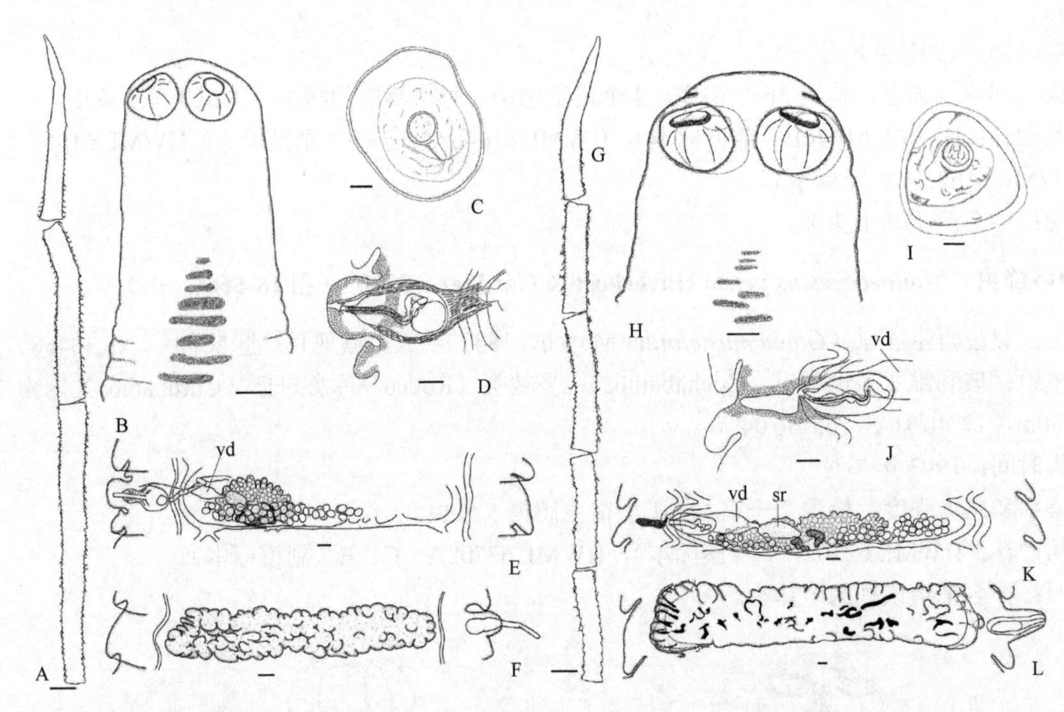

图 18-668　孔侧单境绦虫（A～F）和平淡单境绦虫（G～L）结构示意图（引自 Haverkost & Gardner，2010a）

A. 链体；B. 头节；C. 卵；D. 生殖器官；E. 成节；F. 孕节；G. 链体；H. 头节；I. 卵；J. 生殖器官；K. 成节；L. 孕节。缩略词：sr. 受精囊；vd. 阴道扩张。标尺：A，G=5mm；B，D，E，H，J～L=0.1mm；C，I=0.01mm；F=0.2mm

6）平淡单境绦虫（*Monoecocestus sininterus* Haverkost & Gardner，2010）（图 18-668G～L）

宿主：沃尔夫松叶耳鼠（*Phyllotis wolffsohni* Thomas，1902）（鼠型亚目：仓鼠科）（NK30396）。

采集地：玻利维亚科恰班巴（Cochabamba），贾玛·丘玛（Jama Chuma）西 1.3km，海拔 2800m，17°31′32″S，66°07′29″W。

采集时间：1993 年 7 月。

感染率和感染强度：检测 19 个宿主，1 个宿主感染 1 条虫。

样品贮存：HWML 62667（全模标本）。

词源：新种名意思为“平淡、无趣”。该名字是因为这个标本缺乏鲜明的定性特征，这一物种从其他单境绦虫属物种分离鉴定需要大量的定量测量。

7）麦克杰维茨单境绦虫（*Monoecocestus mackiewiczi* Schmidt & Martin，1978）（图 18-669A～C）

宿主：灰叶耳鼠（*Graomys griseoflavus*）（鼠型亚目：仓鼠科）（UCM16499）。

采集地：巴拉圭博克龙（Boqueron），胡安德沙萨拉查（Juan de Zalazar）。

样品研究：USNPC No. 73083（全模标本），USNPC No. 73084（副模标本）。

上述 7 种单境绦虫的主要形态特征比较见表 18-37。

30b. 阴道开口于阴茎囊后部的生殖腔；精巢位于卵巢前方和后方 ············ 31

31a. 生殖器官单套 ············ 安德里属（*Andrya Railliet*，1893）（图 18-670～图 18-673）

识别特征：链体中等大小。节片具缘膜，宽大于长。生殖孔规则交替。生殖管在渗透调节管背方交叉。内、外贮精囊存在；外贮精囊有明显的腺体样细胞覆盖。精巢分散，主要位于反孔侧。卵巢位于孔侧。阴道位于阴茎囊后部。受精囊存在。子宫最初发生时为细网状。梨形器存在。已知寄生于兔科的兔类，分布于欧洲、非洲和亚洲。模式种：棒头安德里绦虫［*Andrya rhopalocephala*（Riehm，1881）］（图 18-670）。

图 18-669　麦克杰维茨单境绦虫及其他单境绦虫局部结构示意图（引自 Haverkost & Gardner，2010a）

A～C. 麦克杰维茨单境绦虫：A. 头节；B. 卵；C. 成节。D. 小头单境绦虫节片系列中的子宫发育；E. 易杰夫单境绦虫节片系列中的子宫发育。缩略词：sr. 受精囊；vd. 阴道扩张。标尺：A，C=0.1mm；B=0.01mm

表 18-37　几种单境绦虫（*Monoecocestus* spp.）的主要形态特征比较

	安德森单境绦虫（*M. andersoni*）	易杰夫单境绦虫（*M. eljefe*）	小头单境绦虫（*M. microcephalus*）	麦克杰维茨单境绦虫（*M. mackiewiczi*）	麦克杰维茨单境绦虫（*M. mackiewiczi*）	小单境绦虫（*M. petiso*）	孔侧单境绦虫（*M. poralus*）	平淡单境绦虫（*M. sininterus*）
宿主	*Graomys domorum*	*Galea musteloides*	*Graomys domorum*	*Graomys griseoflavus*	*Graomys griseoflavus*	*Galea musteloides*	*Phyllotis caprinus*	*Phyllotis wolffsohni*
文献源	Haverkost & Gardner，2010a	Haverkost & Gardner，2010a	Haverkost & Gardner，2010a	Schmidt & Martin，1978	Haverkost & Gardner，2010a	Haverkost & Gardner，2010a	Haverkost & Gardner，2010a	Haverkost & Gardner，2010a
节片数（平均）（样品数）	165～205（185）（2）	178～264（208）（5）	147～319（196）（10）	200	120～176（148）（2）	49～55（51）（5）	230（1）	211（1）
总长（mm）	99～112（106）（2）	96～167（129）（5）	58～250（102）（10）	70～115	46～75（60）（2）	13.8～18.5（15.5）（5）	116（1）	115（1）
最大宽（mm）	5.04～5.14(5.09)（2）	1.37～1.93（1.67）（5）	3.90～4.85（4.27）（10）	3.5～4.5	3.3～3.6（3.5）（2）	1.00～1.07（1.04）（5）	5.53（1）	4.85（1）
头节宽	420～436（428）（2）	288～368（338）（5）	368～488（433）（9）	360～415	360～400（380）（2）	290～354（319）（5）	372（1）	620（1）
头节长	180～188（184）（2）	124～192（167）（5）	200～248（222）（9）	175～225	188～240（214）（2）	150～96(173)（5）	190（1）	320（1）
吸盘直径	138～150（145）（8）	108～168（149）（20）	128～200（164）（36）	120～160	125～160（144）（8）	127～173（159）（20）	138～140（139）（4）	218～232（224）（4）
颈宽	388～408（398）（2）	260～348（302）（5）	528～712（632）（9）	—	188～230（209）（2）	90～136(115)（5）	408（1）	704（1）

续表

	安德森单境绦虫（*M. andersoni*）	易杰夫单境绦虫（*M. eljefe*）	小头单境绦虫（*M. microcephalus*）	麦克杰维茨单境绦虫（*M. mackiewiczi*）	麦克杰维茨单境绦虫（*M. mackiewiczi*）	小单境绦虫（*M. petiso*）	孔侧单境绦虫（*M. poralus*）	平淡单境绦虫（*M. sininterus*）
精巢数目	58～109（80）（6）	38～60（48）（15）	89～136（109）（29）	—	52～96（66）（6）	15～26（22）（15）	51～71（62）（3）	49～69（61）（3）
精巢宽度	66～118（451）（30）	49～79（63）（75）	30～102（60）（150）	30～48	35～70（50）（30）	28～45（36）（75）	55～69（64）（5）	36～84（54）（15）
阴茎囊长度	433～480（451）（6）	105～272（183）（15）	337～509（432）（30）	360～440	350～411（381）（6）	130～241（167）（15）	343～486（436）（3）	312–445（357）（3）
卵巢宽度	1384～1615（1439）（6）	277～559（361）（15）	959～2261（1242）（30）	240～320	320～930（736）（6）	262～376（303）（15）	584～631（615）（3）	1137～1469（1269）（3）
卵黄腺宽	352～382（370）（6）	106～195（138）（15）	286～679（389）（30）	—	230～310（267）（6）	63～129（106）（15）	320～350（347）（3）	241～352（296）（3）
生殖器交替	68～84（2）	34～52（44）（5）	54～86（44）（10）	—	—	94～100（98）（5）	92（1）	82（1）
卵宽	55～70（62）（10）	40～60（50）（25）	44～64（55）（45）	58～60	52～58（58）（5）	45～57（49）（25）	58～70（63）（10）	55～63（60）（5）
不对称指数	0.38～0.41（0.40）（6）	0.46～0.50（0.48）（15）	0.34～0.45（0.41）（30）	—	0.43～0.48（0.45）（6）	0.51～0.52（0.51）（2）	0.34～0.35	（0.34）（3）

注：测量单位除有标明外，均为 μm

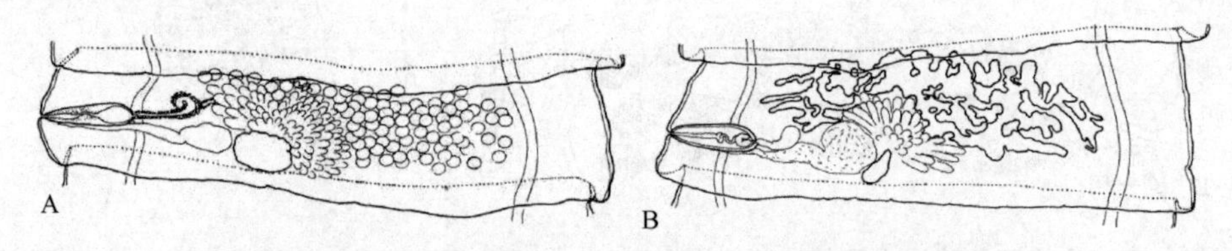

图 18-670　棒头安德里绦虫结构示意图（引自 Beveridge，1994）

A. 成节（注意外贮精囊的加厚腺体样覆盖层）；B. 发育中的网状子宫

Fair 等（1990）报道了安德里属绦虫的劳施安德里绦虫（*A. rauschi*）（图 18-671），采自艮氏田鼠（*Microtus guentheri*），不同于其他同属所有的种的特征在于精巢数目（22～40 个）及其分布。

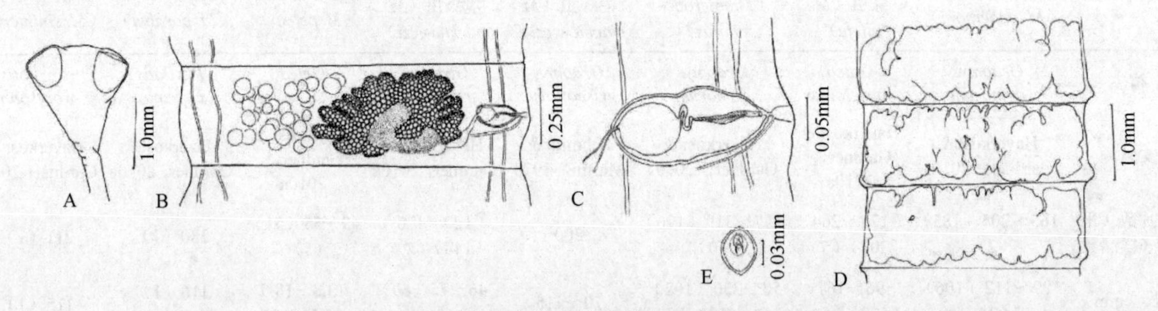

图 18-671　采自以色列田鼠的劳施安德里绦虫结构示意图（引自 Fair et al.，1990）

A. 头节；B. 成节；C. 末端生殖管；D. 孕节；E. 虫卵

Wickström 等（2001）报道了北极安德里绦虫（*A. arctica*）（图 18-672）。该绦虫寄生于全北区环颈旅鼠属（*Dicrostonyx*）的旅鼠。研究了 8 个不同区域这一小肠内寄生绦虫的种群结构，其中 6 个代表了不同属的旅鼠宿主。分子序列标签位点标志和微卫星指纹与形态测量一样用于揭示全北区北极安德里绦虫的种群结构。结果表明这一绦虫种的演化历史参与作用于不同的地理区域的不同过程。在西伯利亚大陆［宿主为鄂毕环颈旅鼠（*D. torquatus*）］寄生虫在不同属宿主的分配与旅鼠宿主的染色体组完全相符，这表明了宿主和寄生虫的共演化历史（协同成种）。而在北极安德里绦虫没有观察到欧亚和北美之间环颈旅鼠属的系统发生的分裂。这表明由于大的内聚性的种群（协同成种），新北区［宿主为环颈旅鼠（*D.*

groenlandicus）] 该寄生虫相对保持着不变。格陵兰种群的独特性及弗兰格尔岛种群也可能独特，可以用周围的隔离、庇护效应或边界效应来进行解释。

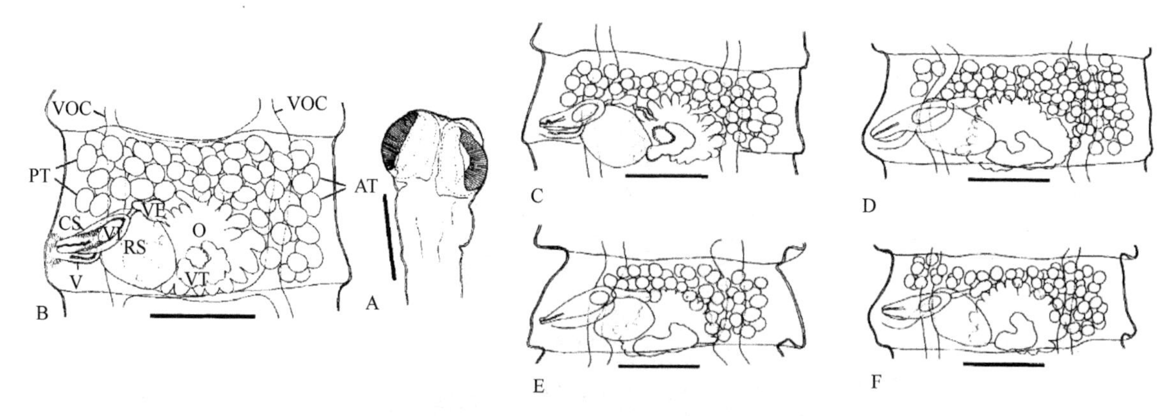

图 18-672 北极安德里绦虫结构示意图（引自 Wickström et al., 2001）

采自努纳武特（Nunavut）地区维多利亚岛环颈旅鼠样品的成节（B）和头节（A）。C～F. 不同地点采到的代表性成节：C. 亚马尔（Yamal）半岛鄂毕环颈旅鼠；D. 西式科雷马三角洲（Western Kolyma Delta）鄂毕环颈旅鼠；E. 弗兰格尔（Wrangel）岛环颈旅鼠；F. 努纳武特（Nunavut）肯特（Kent）半岛地区环颈旅鼠。缩略词：VOC. 腹渗透调节管；PT. 孔侧精巢；AT. 反孔侧精巢；CS. 阴茎囊；VI. 内贮精囊；VE. 外贮精囊；V. 阴道；RS. 受精囊；O. 卵巢。标尺：A=0.20mm；B～F=0.30mm

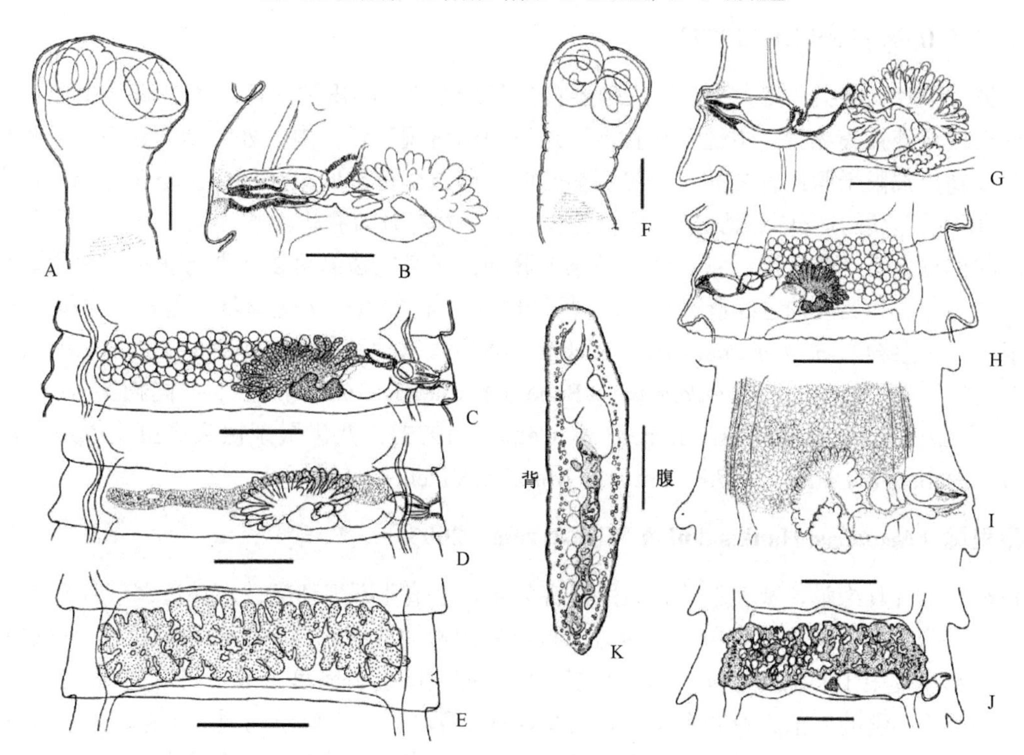

图 18-673 安德里属绦虫结构示意图（引自 Haukisalmi & Wickström，2005）

A～E. 采自匈牙利欧洲野兔（*Lepus europaeus*）的棒头安德里绦虫：A. 头节；B. 末端生殖管；C. 成节；D. 成节中的子宫；E. 预孕节中的子宫。F～J. 采自英国和西班牙穴兔（*Oryctolagus cuniculus*）的穴兔新安德里绦虫组合种：F. 头节；G. 末端生殖管；H. 成节；I. 成节中的子宫；J. 预孕节中的子宫；K. 晚期成节横切面。标尺：A，F，I=0.30mm；B，G=0.20mm；C，D，H，J～K=0.50mm；E=1.00mm

Haukisalmi 和 Wickström（2005）根据近期裸头亚科绦虫的分子系统发生假说重新评估了分布于安德里属和副裸头属的 25 种绦虫分类识别的主要形态特征。目前分析及已存在的数据表明早期子宫的结构和复杂性不是先前假设的那样是裸头亚科绦虫主要的系统发生或系统分类的决定因子，而是早期子宫相对于其他器官的相对位置、结合雌性生殖器官的形态表现，可以直接区分 3 个属，而不与现在的系统发生相矛盾（图 18-674）。提出新安德里属（*Neandrya*）用于容纳穴兔新安德里绦虫［*N. cuniculi*

（Blanchard，1891）］组合种（该种原放在安德里属），对安德里属和副裸头属的识别特征进行了修订并提供了3个属的识别检索表。

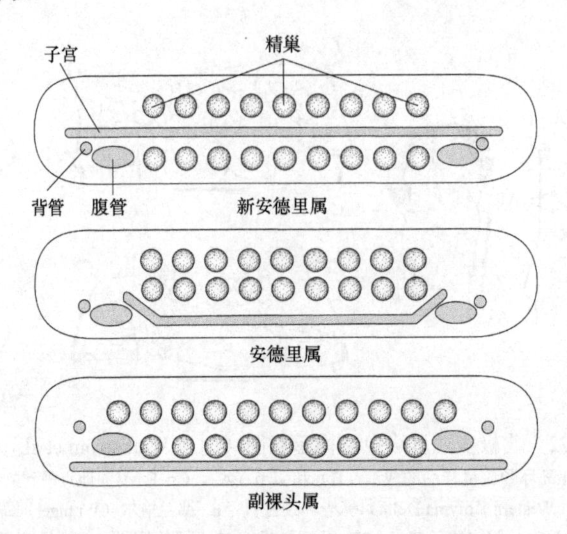

图 18-674　新安德里属、安德里属和副裸头属成节的横断示意图，示早期子宫相对于精巢和纵向渗透调节管位置

（1）安德里属（*Andrya* Railliet，1893）

识别特征：节片具缘膜，宽大于长。生殖器官单套。生殖孔不规则交替。渗透调节管简单，有2对纵向管和横向联合连接腹纵管。生殖管从背方穿过纵向渗透调节管。内、外贮精囊存在。外贮精囊由腺细胞层覆盖。精巢局限于腹纵管之间。卵巢明显分叶。卵黄腺位于卵巢后部。阴道宽度一致，有薄的外腺体样层，开于阴茎囊的后部或后腹部。受精囊长，完全发育时为囊状。子宫位于髓质（不穿入皮质），最初为细网状的横向带，位于腹纵管之间、精巢的腹面；子宫的边缘可以向背方扩展过纵管。完全发育的子宫有稀疏的穿孔和离散的边缘囊或盲支。梨形器存在。已知寄生于兔形目、兔科动物和啮齿目动物。模式种：棒头安德里绦虫［*A. rhopalocephala*（Riehm，1881）］。其他种：林鼠安德里绦虫（*A. neotomae* Voge，1946）和八齿鼠安德里绦虫［*A. octodonensis*（Babero & Cattan，1975）］组合种{同物异名：八齿鼠无摄腺绦虫（*Aprostatandrya octodonensis* Babero & Cattan，1975）；八齿鼠副裸头绦虫［*Paranoplocephala octodonensis*（Babero & Cattan，1975）Tenora，Murai & Vaucher，1986］}。

（2）新安德里属（*Neandrya* Haukisalmi & Wickstrröm，2005）

识别特征：节片具缘膜，宽大于长。生殖器官单套。生殖孔不规则交替。渗透调节管简单，有2对纵向管和横向联合连接腹纵管。生殖管从背方穿过纵向渗透调节管。内、外贮精囊存在。外贮精囊由腺细胞层覆盖。精巢局限于腹纵管之间。卵巢明显分叶。卵黄腺位于卵巢后部。阴道宽度一致，有薄的外腺体样层，开于阴茎囊的后部。受精囊长，完全发育时为囊状。子宫位于髓质（不穿入皮质），最初为细网状覆盖节片的前方和侧方部，从背方伸展过腹纵管，位于节片的中央（精巢之间）的背腹平面。完全发育的子宫有不规则的边缘支囊和复杂的穿孔系统和内部的小梁。梨形器存在。已知寄生于兔形目、兔科动物。模式种：穴兔新安德里绦虫［*Neandrya cuniculi*（Blanchard，1891）］组合种{同物异名：穴兔裸头绦虫（*Anoplocephala cuniculi* Blanchard，1891）；穴兔安德里绦虫［*Andrya cuniculi*（Blanchard，1891）Railliet，1893］；穴兔副裸头绦虫［*Paranoplocephala cuniculi*（Blanchard，1891）Tenora & Murai，1978］}。

（3）副裸头属（*Paranoplocephala* Luhe，1910）

［同物异名：无摄腺属（*Aprostatandrya* Kirshenblat，1938）；副安德里属（*Parandrya* Gulyaev & Chechulin，1996）］

识别特征： 节片具缘膜，宽大于长，末端孕节可能伸长。生殖器官单套。生殖孔不规则交替或位于单侧。渗透调节系统简单，有 2 对纵管，腹纵管间有横向联合。生殖管从背部通过渗透调节管。内、外贮精囊存在。外贮精囊在不同程度上覆盖腺细胞。精巢大部分在反孔侧或在卵巢反孔侧和前方；精巢通常单侧或双侧扩展过纵向渗透调节管。卵巢边缘精分叶。卵黄腺显著重叠于卵巢后部边缘。阴道通常在远端加宽，被厚的外部腺层覆盖，在阴茎囊后部或后腹部开口。子宫位于髓质（不穿透皮质），最初为细网状带，偶尔有稀疏的穿孔，覆盖于节片的前方和侧方部位，精巢和其他器官腹面并在腹面扩展过腹渗透调节管。完全发育的子宫有深边缘囊和不同的形式和复杂性的内部小梁。梨形器存在。已知寄生于啮齿动物。模式种：脐副裸头绦虫［*P. omphalodes*（Hermann，1783）］（图 18-675）。

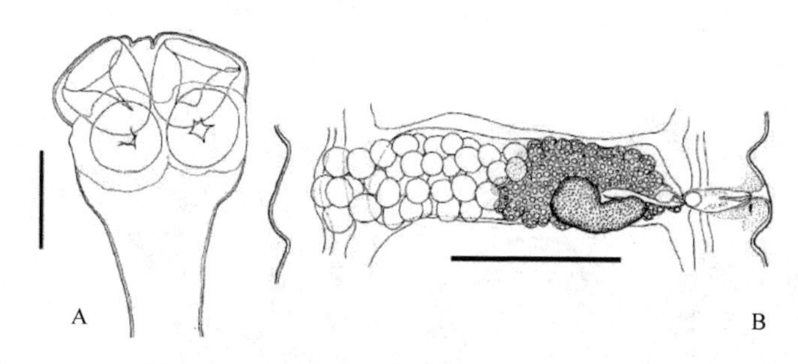

图 18-675 脐副裸头绦虫结构示意图（引自 Haukisalmi & Wickstrröm，2005）
样品采自意大利普通田鼠（*Microtus arvalis*）。A. 头节；B. 成节。标尺=0.50mm

31b. 生殖器官成对……………………………………………………………………………32

32a. 外贮精囊覆盖有腺体样细胞……………………………双安德里属（*Diandrya* Darrah，1930）

识别特征： 链体大型。节片具缘膜，宽大于长。生殖器官成对。生殖管在渗透调节管背方交叉。内、外贮精囊存在；精巢分散于整个髓质。卵巢位于孔侧。阴道位于阴茎囊后部。受精囊存在。子宫最初发生时为细网状。梨形器存在。已知寄生于松鼠科啮齿动物，分布于北美洲。模式种：复合双安德里绦虫（*Diandrya composita* Darrah，1930）（图 18-676A）。

32b. 外贮精囊不存在……………………………………莫尼茨属（*Moniezia* Blanchard，1891）

［同物异名：贝尔茨属（*Baeriezia* Skryabin & Schulz，1937）；布兰查德茨属（*Blanchardiezia* Skryabin & Schulz，1937）；埃兰属（*Eranuides* Semenova，1972）；富尔曼属（*Fuhrmannella* Baer，1925）］

识别特征： 链体大型。节片具缘膜，宽大于长。生殖器官成对。生殖管在渗透调节管背方交叉。精巢分散于整个髓质。卵巢位于孔侧。阴道位于阴茎囊后部。受精囊存在。子宫最初发生时为细网状。节间腺存在或不存在。梨形器存在。已知寄生于反刍类、有蹄类［野猪（suids）?］、啮齿类和灵长类哺乳动物，平胸鸟类（ratite），全球性分布。模式种：扩展莫尼茨绦虫［*Moniezia expansa*（Rudolphi，1810）］（图 18-676B）。

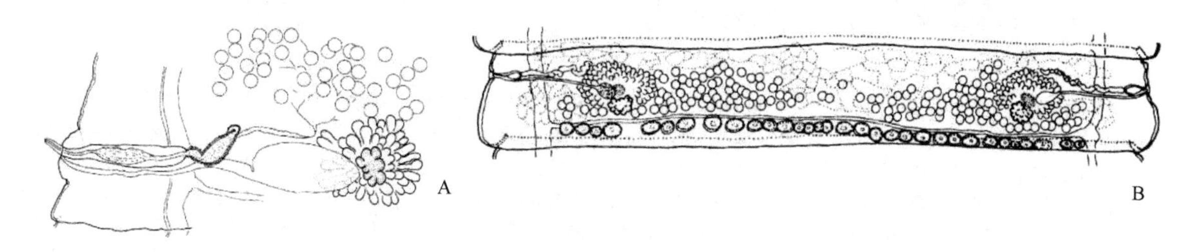

图 18-676 双安德里属和莫尼茨属局部结构示意图（引自 Beveridge，1994）
A. 复合双安德里绦虫成节的侧方区域，注意外贮精囊的加厚覆盖层；B. 扩展莫尼茨绦虫成节

林宇光（1962b）对扩展莫尼茨绦虫的生活史及其中间宿主进行了较详细的研究，结果表明，夏季 27～35℃条件下，地螨感染虫卵后 24h，即能在其体内检获六钩蚴。自虫卵感染至拟囊尾蚴发育成熟需 26～

30 个昼夜。感染后 40 天的拟囊尾蚴才能感染羔羊并发育为成虫。虫卵在地螨体内发育的形态特征见图 18-677；同时实验证明福州有 5 种地螨［*Peloribates banksi*（Ewing，1909）；*Galumna jongipluma*；*Galumna* sp.；超氏菌甲螨（*Scheloribates chauhani* Baker，1945）；*S. lacvigatus*（Koch，1836）］可以作为扩展莫尼茨绦虫的中间宿主。

扩展莫尼茨绦虫与贝氏莫尼茨绦虫（*M. benedeni*）的比较见图 18-678。

Beveridge（2014）对副莫尼茨绦虫属（*Paramoniezia* Maplestone & Southwell，1923）进行了回顾，为采自袋熊（有袋类）的绦虫建立了新属：袋熊绦虫属（*Phascolocestus*），同时重描述了两个采自非洲疣猪［偶蹄目（Artiodactyla）］的莫尼茨绦虫组合种：梅塔姆莫尼茨绦虫（*Moniezia mettami* Baylis，1934）（图 18-679）和疣猪莫尼茨绦虫［*Moniezia phacochoeri*（Baylis，1927）］（图 18-680）。

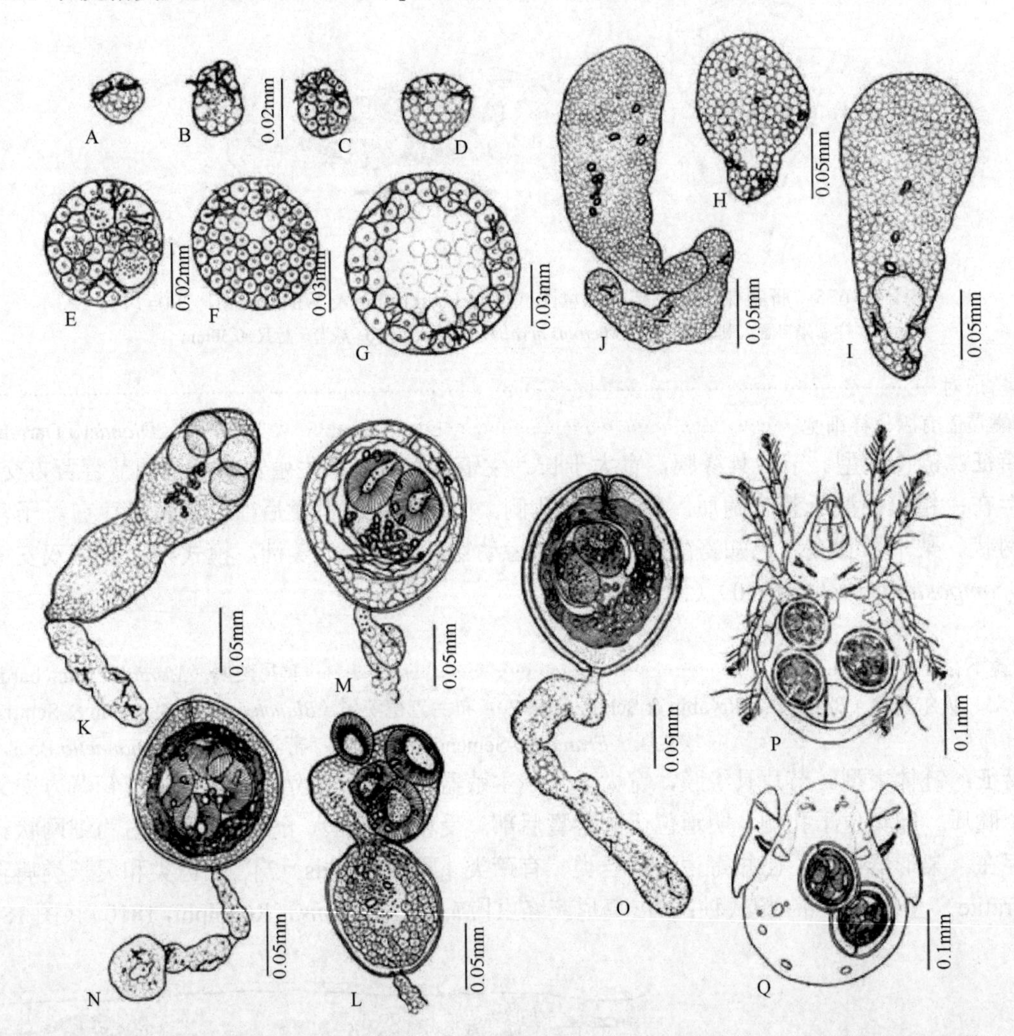

图 18-677　扩展莫尼茨绦虫在中间宿主中的发育形态（引自林宇光，1962b 并重排与重标注等）

A. 地螨感染虫卵 24h，在体腔内检得的六钩蚴；B，C. 感染 3 天的六钩蚴；D. 感染 7 天的六钩蚴；E. 感染 9 天的六钩蚴；F. 感染 10 天的六钩蚴（开始出现原腔）；G. 感染 13 天的六钩蚴（原腔扩大）；H. 感染 15 天的六钩蚴（一端突出呈梨形）；I. 感染 18 天的六钩蚴；J. 感染 19 天的六钩蚴（尾部出现）；K. 感染 20 天的六钩蚴（吸盘出现）；L. 感染 22 天的六钩蚴（头节和头囊分化成两部分）；M. 感染 23 天，拟囊尾蚴雏形出现（头节已经缩入头囊内）；N. 感染 24 天的拟囊尾蚴（体壁内层纤维层形成）；O. 感染 28 天的成熟拟囊尾蚴（头囊呈椭圆形，角质层加厚，纤维层浓密，石灰质颗粒增多）；P. 拟囊尾蚴在地螨（*Scheloribates chauhani* Baker，1945）血腔内的自然情况；Q. 拟囊尾蚴在地螨（*Galumna* sp.）血腔内的自然情况

18.16.4　林斯顿亚科（Linstowiinae）分属检索

1a. 卵黄腺横向伸长，扩展至卵巢外 ………………………………………………………… 2

1b. 卵黄腺实质状，位于卵巢后 ……………………………………………………………… 3

2a. 生殖器官单套……林斯顿属（*Linstowia* Zschokke，1899（图 18-68，图 18-682）
［同物异名：佩拉梅里纳属（*Peramelinia* Spasskiĭ，1987）］

识别特征：链体大型。节片具缘膜，宽大于长。生殖孔不规则交替。生殖管在渗透调节管背方交叉。内、外贮精囊存在。精巢分散。卵巢位于孔侧。阴道位于阴茎囊后方。受精囊缩小。子宫短暂存在。卵黄腺横向伸长。已知寄生于单孔类动物和袋狸（兔）科有袋类动物，分布于澳洲。模式种：针鼹鼠林斯顿绦虫［*Linstowia echidnae*（Thompson，1893）］（图 18-681）。

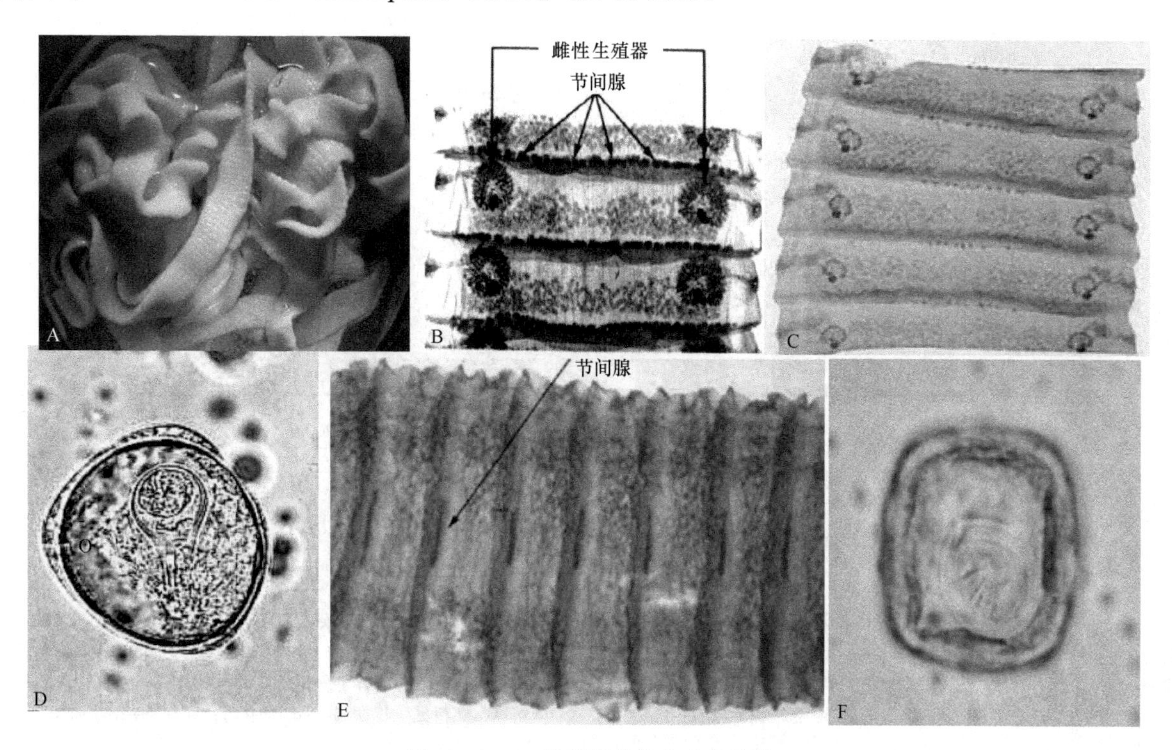

图 18-678　2 种莫尼茨绦虫实物比较

A～D. 扩展莫尼茨绦虫：A. 链体照片；B. 成节照片，示成对的雌性生殖器官及节间腺；C. 幼节照片，注意粗点状节间腺；D. 虫卵（有梨形器）。E，F. 贝氏莫尼茨绦虫：E. 幼节照片，注意带状节间腺；F. 虫卵（无梨形器）（A 引自 http://heima.olivant.fo，但目前已无法打开，其余引自 Madeira 的课件）

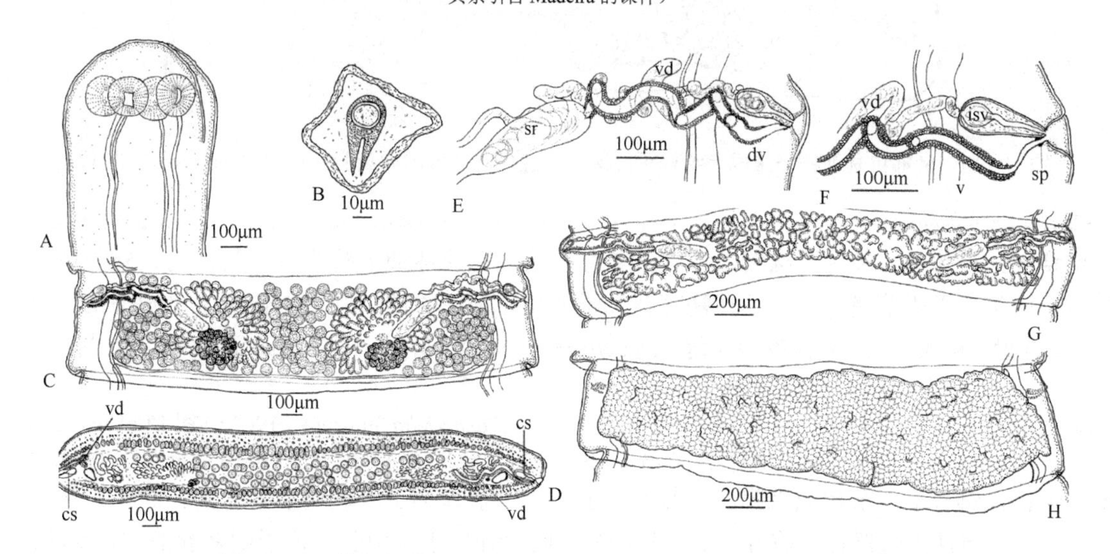

图 18-679　梅塔姆莫尼茨绦虫结构示意图（引自 Beveridge，2014）

标本 MHNG。A. 头节；B. 卵；C. 成节；D. 成节横切；E. 末端节片，示阴茎囊不达渗透调节管及阴道细胞覆盖物；F. 末端生殖管，示阴茎囊的位置相对于渗透调节管的变异；G. 成熟后节片，示分叶的子宫；H. 孕节，示囊状的子宫。缩略词：cs. 阴茎囊；dv. 远端的阴道；isv. 内贮精囊；sp. 阴道括约肌；sr. 受精囊；v. 阴道；vd. 输精管

Gardner 和 Campbell（1992）报道的采自玻利维亚有袋类负鼠属（*Thylamys*）和短尾属（*Monodelphis*）的施密特林斯顿绦虫（*Linstowia schmidii*）不同于伊林吉林斯顿绦虫（*Linstowia iheringi* Zschokke，1904）在于：更小的链体与数目更少的节片，以及卵在孕节中的分布。在玻利维亚，林斯顿属的地理分布似乎受限，仅发生于近查科（Chaco）地区西部边缘、玻利维亚东南部的有袋类动物。这一宿主-寄生虫相互关系可能代表了地理历史的遗迹。

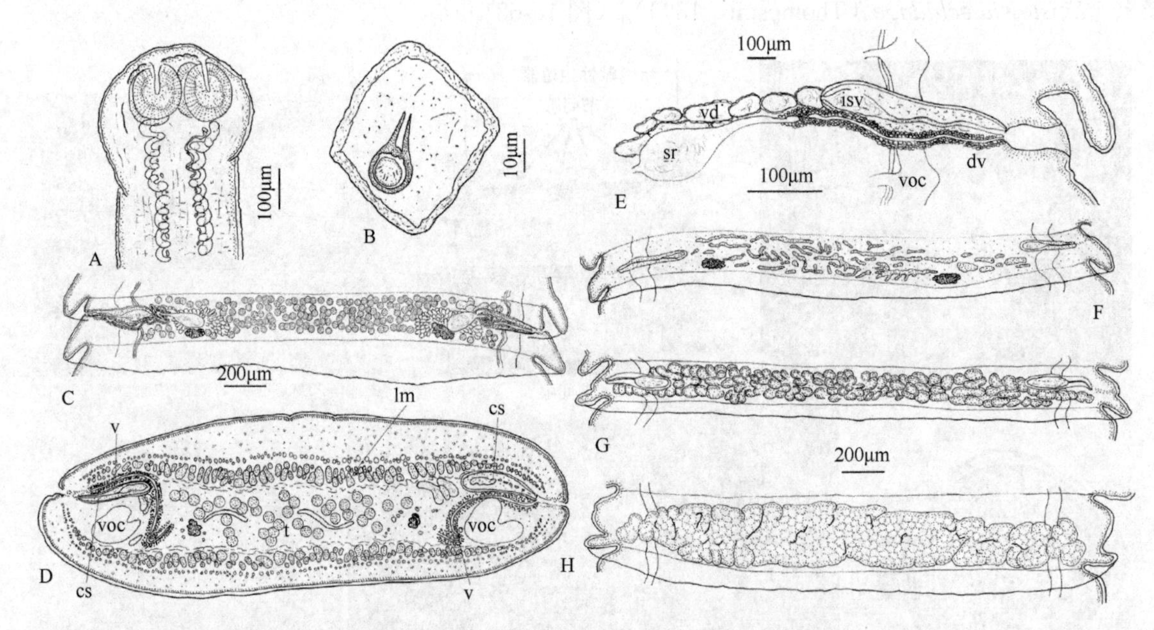

图 18-680　疣猪莫尼茨绦虫组合种结构示意图（引自 Beveridge，2014）

样品采自非洲疣猪（*Phacochoerus africanus*）。A. 头节；B. 卵；C. 成节；D. 成节横切；E. 末端生殖管，示阴茎囊超过渗透调节管和远端阴道的细胞覆盖物；F. 成熟后节片，示早期发育子宫的网状性质；G. 成熟后节片，示一个分叶状子宫的后续发展；H. 孕节，示完全发育的囊状子宫。

缩略词：cs. 阴茎囊；dv. 远端的阴道；isv. 内贮精囊；lm. 纵肌；sr. 受精囊；t. 精巢；v. 阴道；vd. 输精管；voc. 腹渗透调节管

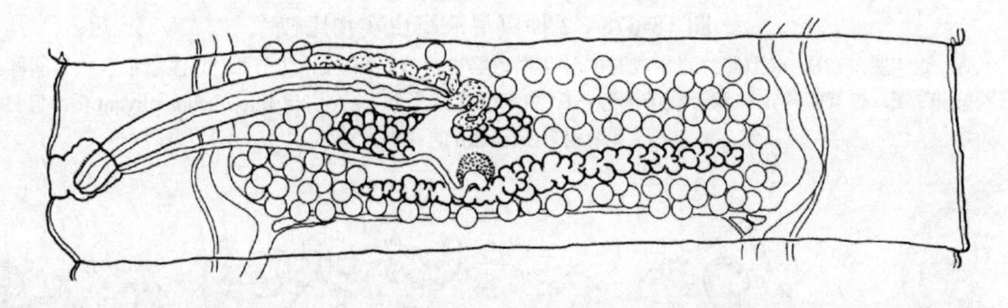

图 18-681　针鼹鼠林斯顿绦虫成节结构示意图，注意横向伸展的卵黄腺（引自 Beveridge，1994）

2b. 生殖器官两套……………………………………………………………………针鼹鼠带属（*Echidnotaenia* Beveridge，1980）

识别特征：链体小。节片具缘膜，宽大于长。生殖管在渗透调节管腹方交叉。内、外贮精囊存在。精巢分散。阴道位于阴茎囊后方。受精囊存在。子宫短暂存在。卵黄腺横向伸长。已知寄生于单孔类动物，分布于澳洲。模式种：毛光针鼹鼠带绦虫［*Echidnotaenia tachyglossi*（Johnston，1913）］（图 18-683A）。

3a. 生殖器官成对……………………………………………潘瑟瑞拉属（*Panceriella* Stunkard，1969）（图 18-683B，图 18-684）

（同物异名：*Panceria* Sonsino，1895，先占用；*Pancerina* Fuhrmann，1899，先占用）

识别特征：链体小。节片无缘膜，成节宽大于长。生殖管位于渗透调节管之间。贮精囊不存在。精巢分为两群，在雌性生殖器官的前方、中央和后方。阴道开口于生殖腔，位于阴茎囊前方。受精囊存在。子宫短暂存在。卵黄腺实质状。已知寄生于巨蜥科的蜥蜴，分布于非洲和中东。模式种：巨蜥潘瑟瑞拉绦虫［*Panceriella varani*（Stossich，1895）］（图 18-683B）。

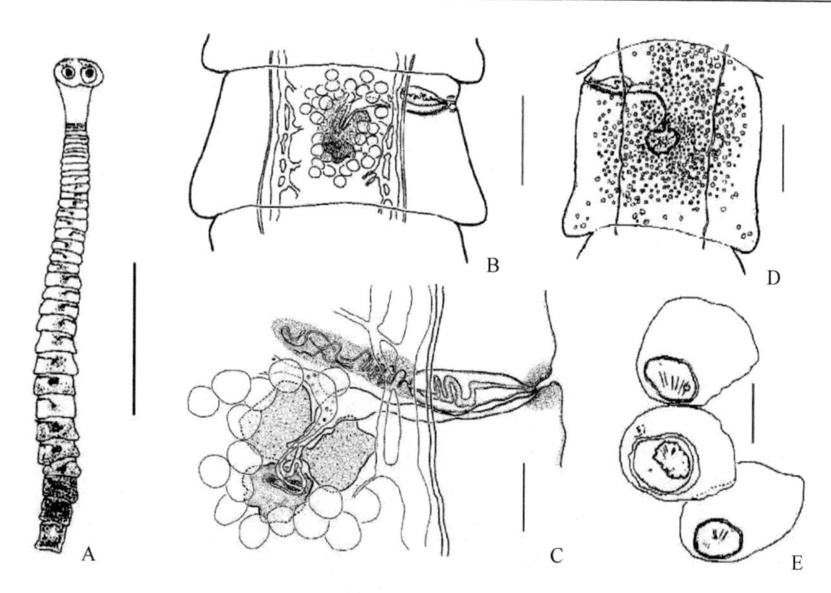

图 18-682 采自玻利维亚有袋类的施密特林斯顿绦虫（引自 Gardner & Campbell，1992 并调整）

A. 链体和头节，示特征性伸长的末端孕节；B. 成节背面观；C. 成节部分放大背面观，示末端生殖器官；D. 倒数第 2 孕节，示卵在整个节片中的分布；E. 卵的详细结构，模糊的卵壳及自最末孕节来的卵囊，图示的卵位于节片边缘不拥挤的区域。标尺：A=3.6mm；B=0.3mm；C=0.1mm；D=0.25mm；E=0.02mm

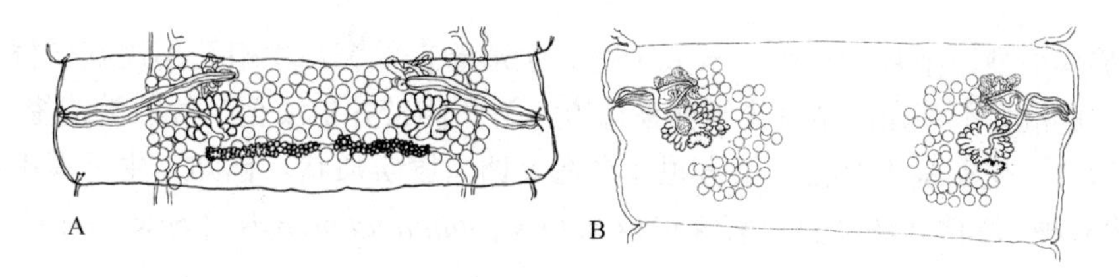

图 18-683 2 属 2 种绦虫成节结构示意图（引自 Beveridge，1994）

A 毛光针鼹鼠带绦虫，注意横向伸长的卵黄腺；B. 巨蜥潘瑟瑞拉绦虫

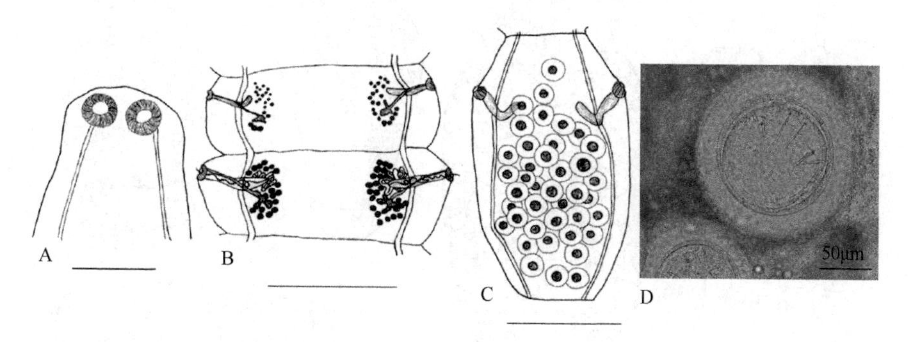

图 18-684 阿联酋潘瑟瑞拉绦虫结构示意图及卵实物（引自 Schuster，2012）

A. 头节；B. 成节；C. 孕节；D. 埋在子宫囊中的卵。标尺：A～C=500μm；D=50μm（结构示意图本身很粗糙，颈区极有可能处于收缩状态）

Schuster（2012）报道了一个采自阿联酋迪拜酋长国沙漠巨蜥（*Varanus griseus*）的阿联酋潘瑟瑞拉绦虫（*P. emiratensis*）新种，该种与模式种巨蜥潘瑟瑞拉绦虫的区别在于：新种链体更短，存在不分节的颈区，精巢数目更少、直径更小。孕节所含的卵囊数目更少。

3b. 生殖器官单套……4

4a. 精巢存在于卵巢前方……5

4b. 精巢存在于卵巢后方和/或侧方但不在前方……8

5a. 精巢完全位于卵巢前方……西奈带属（*Sinaiotaenia* Wertheim & Greenberg，1971）

识别特征：链体适中。节片无缘膜，长大于宽。生殖器官单套。生殖孔不规则交替。生殖管位于渗透调节管之间。贮精囊不存在。精巢分散于雌性生殖器官的前方和侧方。卵巢在节片的后部。阴道位于阴茎囊后方。受精囊存在。子宫短暂存在。已知寄生于沙鼠类啮齿动物，分布于埃及西奈（半岛）。模式种：威滕伯格西奈带绦虫（*Sinaiotaenia witenbergi* Wertheim & Greenberg，1971）（图 18-685A）。

5b. 有些精巢位于卵巢后方……………………………………………………………………………………6

6a. 精巢位于卵巢前方，为两个明显的侧方群……………………………………环斯克亚宾属（*Cycloskrjabinia* Spasskiĭ，1951）

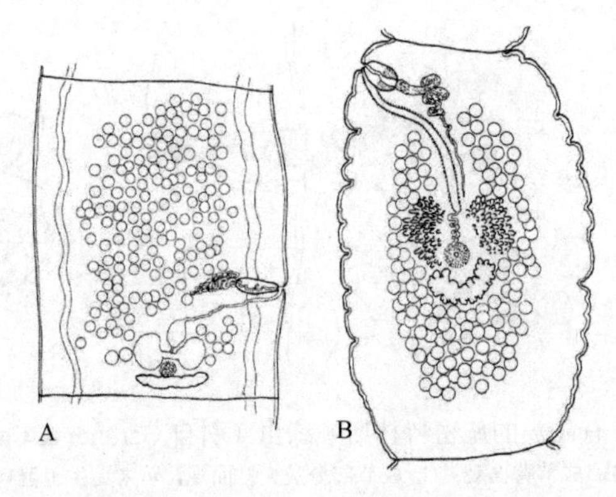

图 18-685　西奈带属和环斯克亚宾属绦虫的成节结构示意图（引自 Beveridge，1994）

A 威滕伯格西奈带绦虫；B. 塔博林环斯克亚宾绦虫

识别特征：链体小型。节片无缘膜，长大于宽。生殖器官单套。生殖孔不规则交替。生殖管与腹方渗透调节管交叉。贮精囊不存在。精巢位于卵巢后方，为两侧带并扩展至节片前端边缘。卵巢位于中央。阴道位于阴茎囊后方。受精囊不存在。子宫短暂存在。卵黄腺实质状。已知寄生于翼手目动物，分布于北美洲和欧洲。模式种：塔博林环斯克亚宾绦虫［*Cycloskrjabinia taborensis*（Loewen，1934）］（图 18-685B，图 18-686）。

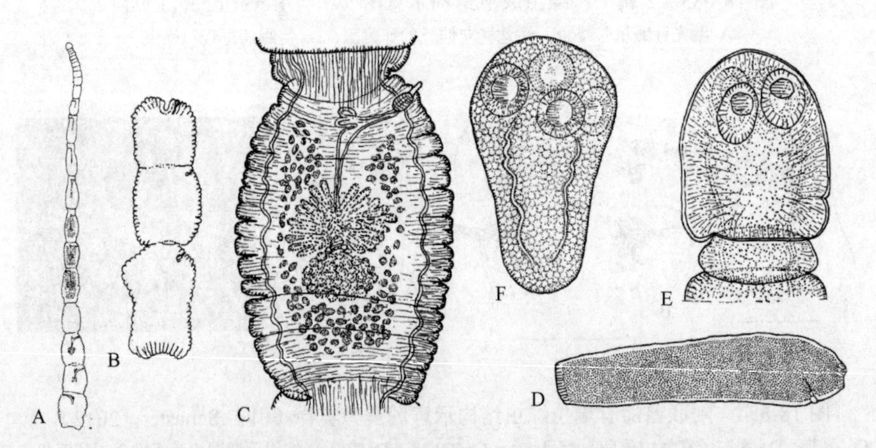

图 18-686　塔博林环斯克亚宾绦虫结构示意图（引自 Stunkard，1961）

A. 前面的 21 节（节片 18 空的显示于 C 图，第 20 节性腺模糊，实质包含了许多卵）；B. 节片 22～24 外形（含发育的卵，肌肉收缩节片形成皱缩的壁）；C. 节片 18（完全成熟，长 1.38mm）；D. 第 25 节（肌肉放松；节片囊状，长 8.2mm）；E. 头节和第 1 节（无颈区？头节长 0.41mm）；F. 新出囊的囊尾蚴（长 0.63mm）

6b. 精巢位于卵巢前方，不为两个明显的侧方群……………………………………………………………7

7a. 节片无缘膜……………………………………………………谢苗诺夫属（*Semenoviella* Spasskiĭ，1951）

识别特征：链体小型。生殖器官单套。生殖孔不规则交替。生殖管与腹方渗透调节管交叉。贮精囊不存在。精巢围绕着雌性生殖复合体。阴茎囊大，横位于髓质区。卵巢位于中央。阴道位于阴茎囊后方。子宫短暂存在。卵黄腺实质状。已知寄生于蜥蜴，分布于南美洲。模式种：无足蜥蜴谢苗诺夫绦虫［*Semenoviella amphisbaenae*（Rudolphi，1819）］（图 18-687A）。

7b. 节片有缘膜……………………………………………………………………副林斯顿属（*Paralinstowia* Baer，1927）（图 18-687B）

［同物异名：伪林斯顿属（*PseudoLinstowia* Spasskiĭ，1987）］

识别特征： 链体小型。生殖器官单套。生殖孔单侧或不规则交替。生殖管于腹方与渗透调节管交叉。贮精囊不存在。精巢分散于整个髓质。卵巢位于中央。阴道位于阴茎囊后方。受精囊存在。子宫短暂存在。卵黄腺实质状。已知寄生于袋鼠科、袋鼬科和袋狸（兔）科有袋类动物，分布于南美洲和澳洲。模式种：伊氏短尾负鼠副林斯顿绦虫［*Paralinstowia iheringi*（Zschokke，1904）］。

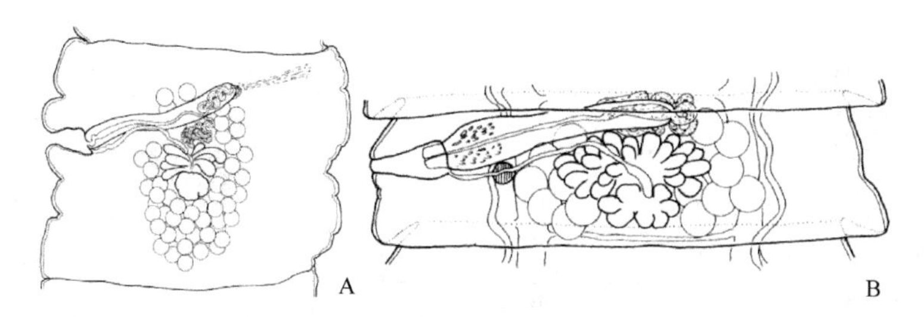

图 18-687 谢苗诺夫属和副林斯顿属绦虫的成节（引自 Beveridge，1994）

A. 无足蜥蜴谢苗诺夫绦虫；B. 西蒙副林斯顿绦虫［*P. semoni*（Zschokke，1896）］

8a. 吸盘有显著、成对的垂饰……………………………………………………树鼩带属（*Tupaiataenia* Schmidt & File，1977）

识别特征： 链体小型。节片具缘膜，宽大于长。生殖器官单套。生殖孔不规则交替。生殖管与背渗透调节管交叉。内、外贮精囊不存在。精巢位于卵黄腺后方。卵巢位于中央。阴道位于阴茎囊后方。受精囊存在。子宫短暂存在。卵黄腺实质状。已知寄生于树鼩，分布于东南亚。模式种：昆廷树鼩带绦虫（*Tupaiataenia quentini* Schmidt & File，1977）（图 18-688，图 18-689A）。

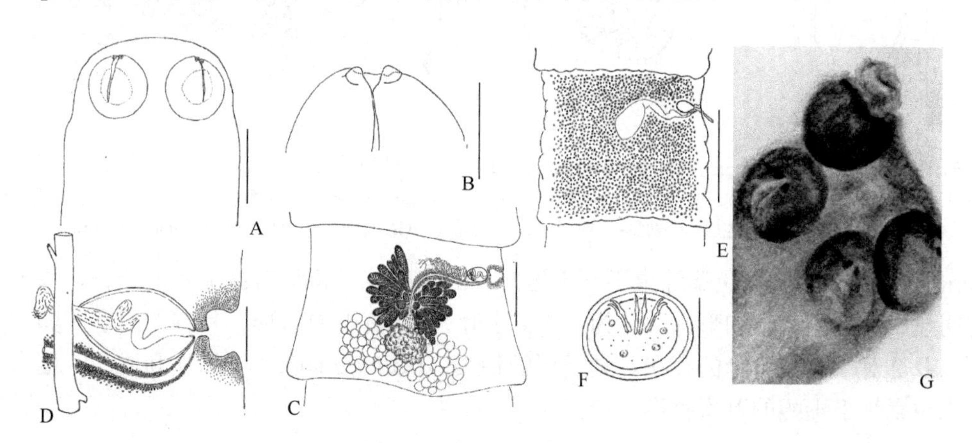

图 18-688 昆廷树鼩带绦虫结构示意图及头节实物

A. 头节；B. 吸盘前缘，示肌肉质垂片；C. 成节腹面观；D. 末端生殖器官腹面观；E. 孕节，示持续存在的受精囊；F. 卵；G. 吸盘上特征性的垂片。标尺：A=0.3mm；B，D=0.1mm；C=0.4mm；E=1mm；F=0.03mm（A～F 引自 Schmidt & File，1977；G 引自 Brack et al.，1987）

8b. 吸盘无垂饰……………………………………………………………………………………………………9

9a. 节片无缘膜……………………………………巢瓣属（*Oochoristica* Lühe，1898）（图 18-689B，图 18-690～图 18-699）

［同物异名：*Diochetos* Harwood，1932；斯克亚宾科拉属（*Skrjabinochora* Spasskiĭ，1948）；巨囊属（*Megacapsula* Wahid，1961）；夏普利属（*Sharpilia* Spasskiĭ，1988）；*Semenochetos* Palladwar & Kalynkar，1989）］

识别特征： 链体小型。全部节片宽大于长或方形或长大于宽，孕节通常长大于宽或略为方形。生殖器官单套。生殖孔不规则交替。生殖管位于渗透调节管之间。内和外贮精囊不存在。精巢位于卵黄腺后方或后方和侧方。卵巢位于中央。阴道位于阴茎囊后方。受精囊存在或不存在。子宫短暂存在。卵黄腺实质状，位于卵巢后。已知寄生于爬行动物和哺乳动物，全球性分布。模式种：结节巢瓣绦虫［*Oochoristica tuberculata*（Rudolphi，1819）］（图 18-689B）。

采自西班牙加那利群岛王蜥［*Gallotia atlantica*（爬行纲：蜥蜴科）］的一巢瓣绦虫属绦虫：费利巢瓣

绦虫（*O. feliui* Foronda et al.，2009）（图 18-691），具有圆形的吸盘和少于 25 个的精巢排为单群；该属的其他种有海金蜥巢瓣绦虫（*O. lygosomae* Burt，1933）；莱戈斯马蒂斯巢瓣绦虫（*O. lygosomatis* Skinker，1935）；伸长巢瓣绦虫（*O. elongata* Dupouy & Kechemir，1973）；琼尼西巢瓣绦虫（*O. jonnesi* Bursey，McAllister & Freed，1997）；君凯亚巢瓣绦虫（*O. junkea* Johri，1950）；麦卡利斯特巢瓣绦虫（*O. macallisteri* Bursey & Goldberg，1996）；诺瓦泽兰达巢瓣绦虫（*O. novaezelandae* Schmidt & Allison，1985）；细小生殖器巢瓣绦虫（*O. parvogenitalis* Dupouy & Kechemir，1973）和索博列夫巢瓣绦虫［*O. sobolevi*（Spasskiĭ，

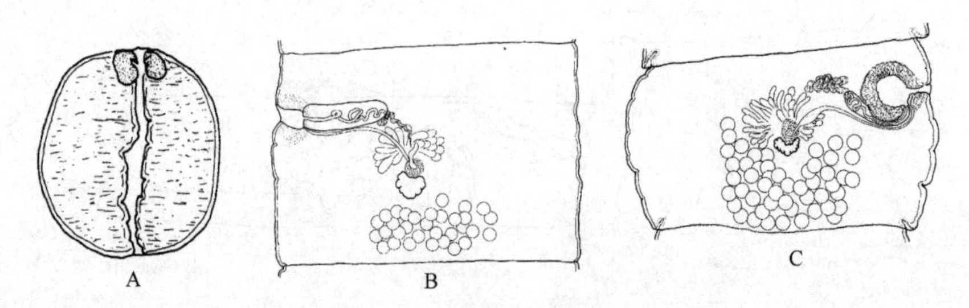

图 18-689　三种绦虫结构示意图（引自 Beveridge，1994）

A. 昆廷树蜥带绦虫的吸盘（示前方的垂饰）；B. 结节巢瓣绦虫的成节；C. 桑格腔带绦虫副模标本的成节

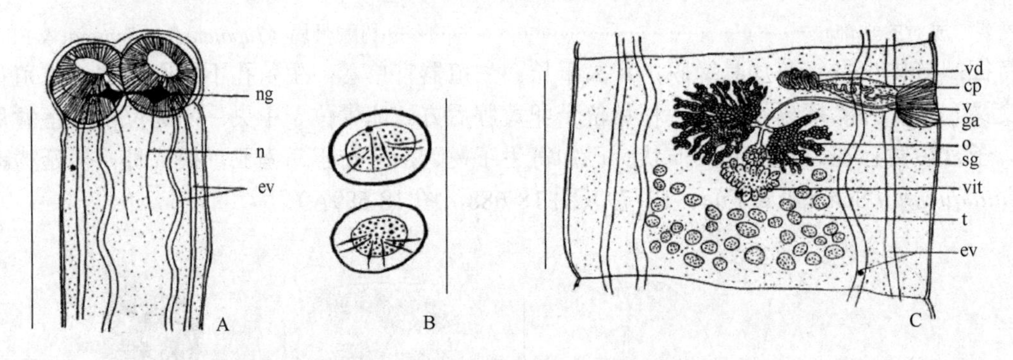

图 18-690　印度巢瓣绦虫（*Oochoristica indica* Misra，1945）结构示意图（引自 Misra，1945）

采自变色树蜥（*Calotes versicolor*）。A. 头节；B. 两个卵，示膜和钩；C. 成节。缩略词：cp. 阴茎囊；ev. 排泄管；ga. 生殖腔；n. 神经；ng. 神经节；o. 卵巢；sg. 壳腺；t. 精巢；v. 阴道；vd. 输精管；vit. 卵黄腺。标尺：A，C=5mm；B=1mm

1948）Spaskii，1951］。费利斯巢瓣绦虫不同于这些种的多样化的特征有：节片的数目、头节和吸盘的大小、颈区的明显、卵巢的大小和形态（分为 5～6 小叶）、卵黄腺的卵形、具棘的阴茎、卵的大小、六钩蚴及其钩，以及 2 对渗透调节管的存在。蜥蜴属的种类（*Gallotia* spp.）为加那利群岛的地方性动物，这是此地成体绦虫寄生于蜥蜴的首次报道。

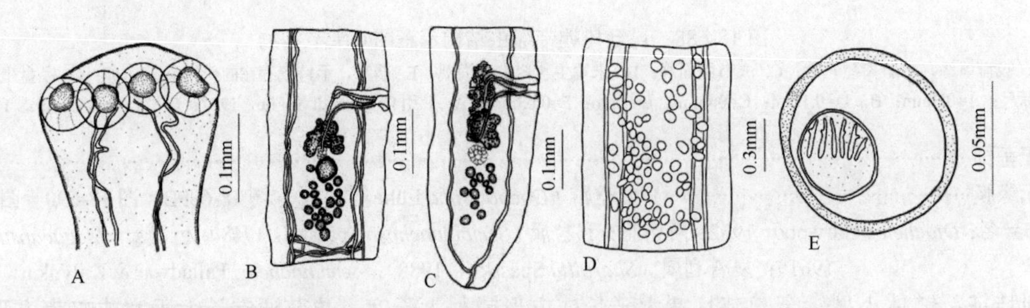

图 18-691　费利巢瓣绦虫结构示意图（图重排自 Foronda et al.，2009）

A. 头节和颈区；B. 成节；C. 预孕节；D. 孕节；E. 卵和六钩蚴

Schuster（2011）描述了采自阿拉伯联合酋长国格纹石龙子或眼斑铜蜥（*Chalcides ocellatus*）的铜蜥巢瓣绦虫（*O. chalcidesi* Schuster，2011）（图 18-692）。他于 2007～2010 年在迪拜检测了 10 个眼斑铜蜥；其中 5 个有巢瓣属绦虫感染。收集到的 37 个绦虫样品中，7 个样品用于描述铜蜥巢瓣绦虫，属于这一种

群的有25～35个精巢，排为两群。卵巢分为4～5小叶，与描述自纳米比亚石鬣蜥（*Agama atra*）的余柏嘞克巢瓣绦虫（*O. ubelakeri*）相似，两种的不同在于铜蜥巢瓣绦虫有明显的颈区、更少的成节数，以及阴茎囊相对于卵巢的位置不同，同时孕节中子宫囊的分布也不同。然从作者的文章描述数据与图内容来看，如此草率地定新种是十分不合适的。

李海云等（1995）记述了变色树晰（*Calotes versicolor* Daudin）的两种巢瓣绦虫：双带巢瓣绦虫（*O. amphisbeteta*）和西格马巢瓣绦虫（*O. sigmoides* Moghe，1926）（图18-693），均为当时中国大陆新记录，变色树蜥作为双带巢瓣绦虫的宿主，为当时国内外宿主新记录。

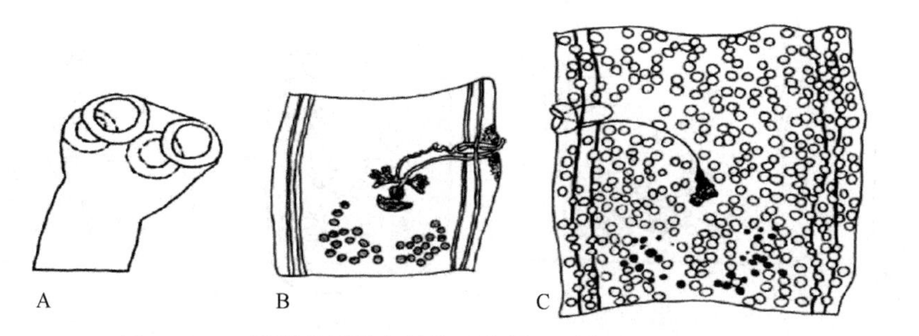

图18-692 铜蜥巢瓣绦虫结构示意图（引自Schuster，2011）

A. 头节；B. 成节；C. 孕节。标尺=200μm

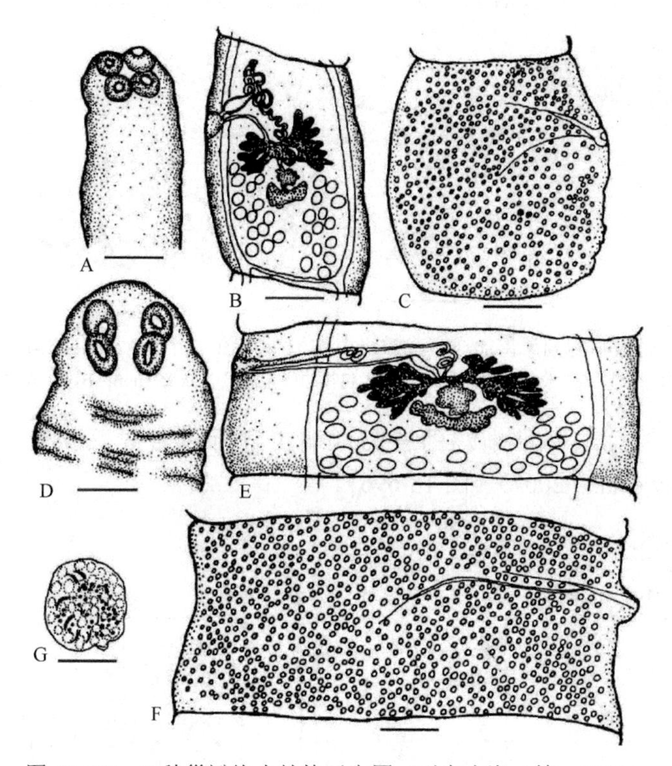

图18-693 2种巢瓣绦虫结构示意图（引自李海云等，1995）

A～C. 双带巢瓣绦虫：A. 头节；B. 成节；C. 孕节。D～G. 西格马巢瓣绦虫：D. 头节；E. 成节；F. 孕节；G. 活动的含六钩蚴的虫卵。标尺：A～F=0.2mm；G=0.02mm

Bursey和Goldberg（1996）报道了采自美国加利福尼亚侧斑蜥蜴（*Uta stansburiana*）[蜥蜴目（Sauria）：角蜥科（Phrynosomatidae）]小肠的巢瓣绦虫新种：麦卡利斯特巢瓣绦虫（*O. macallisteri*）（图18-694）。该种与同属的其他精巢少于25个的种可以通过卵巢的小叶数、节片数目相区别，而与加利福尼亚州的其他种的区别主要是精巢数目或卵黄腺的形态。

Arizmendi-Espinosa等（2005）报道了2002年1月收集的采自墨西哥瓦哈卡（Oaxaca）圣玛利亚米

克特奎拉（Mixtequilla）刺尾鬣蜥［*Ctenosaura pectinata*（Wiegmann，1834）］的另一个种：列昂雷加诺奈巢瓣绦虫（*O. leonregagnonae*）（图 18-695），基于 3 个样本进行了描述。其不同于该属 82 种中 71 种的特征是其更多数目的精巢，分别为每节（78～112）（95）个对少于 65 个。此外，卵巢的叶数很多［31～79（51）叶］，明显不同于其他种的 10 叶，最多为 20 叶。该种亦不同于感染于墨西哥刺尾鬣蜥的阿卡普尔科巢瓣绦虫（*O. acapulcoensis* Brooks，Pérez-Ponce de León & García-Prieto，1999），后者头节的整个实质组织中存在大量染色的颗粒；同样地，阿卡普尔科巢瓣绦虫的精巢达到甚至超过排泄管，而新种限于这些管的中央区域。

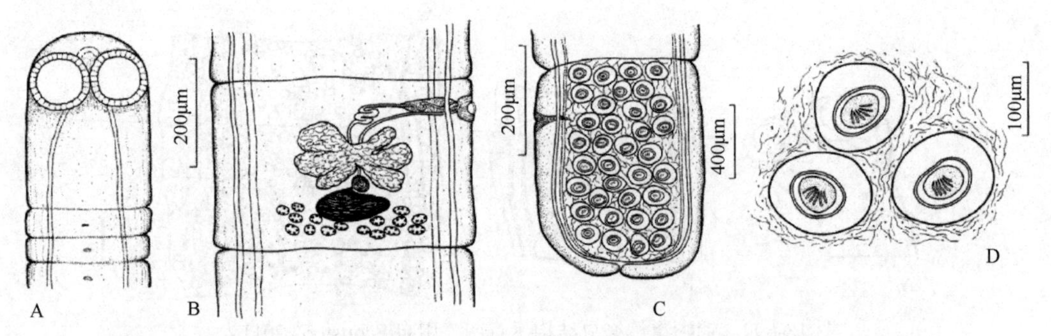

图 18-694　麦卡利斯特巢瓣绦虫结构示意图（引自 Bursey & Goldberg，1996）

A. 头节和颈区；B. 成节；C. 末端节片；D. 有卵和六钩蚴的子宫囊

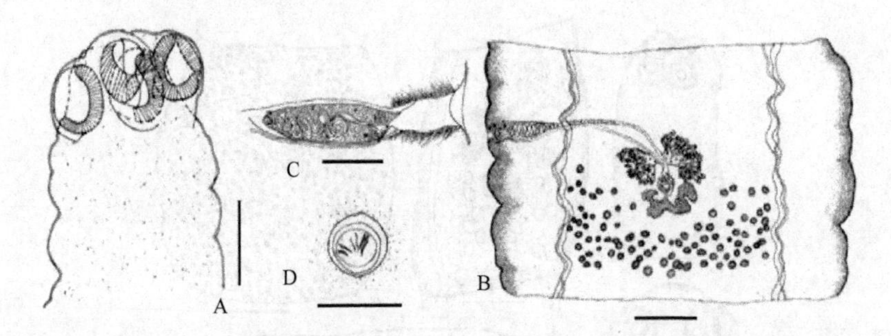

图 18-695　采自墨西哥鬣蜥的列昂雷加诺奈巢瓣绦虫结构示意图（引自 Arizmendi-Espinosa et al.，2005）

A. 头节形态；B. 成节；C. 末端生殖器官；D. 胚膜包住的卵。标尺：A=0.25mm；B，D=0.05mm；C=0.2mm

Bursey 等（2007）在对 14 种蜥蜴的胃肠道蠕虫进行调查时又报道了裸眼蜥巢瓣绦虫（*O. gymnophthalmicola* Bursey et al.，2007）（图 18-696）。

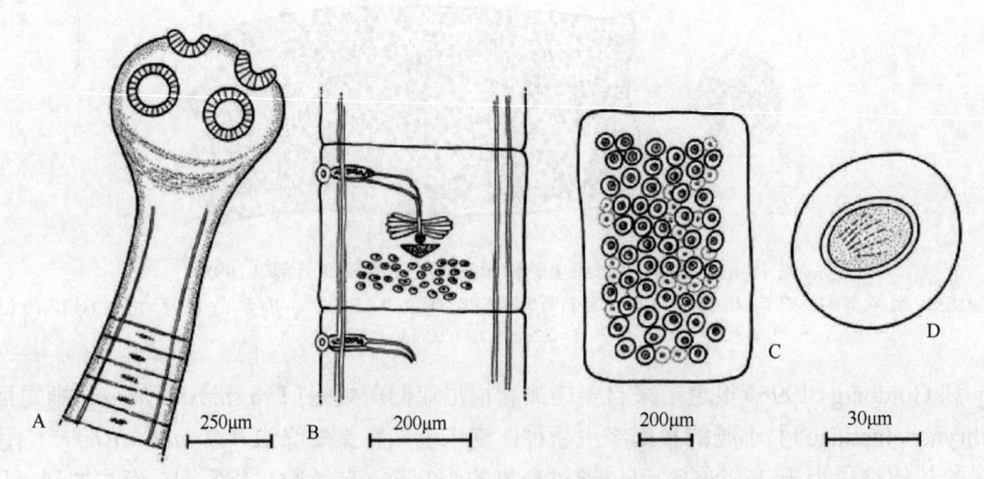

图 18-696　裸眼蜥巢瓣绦虫结构示意图（引自 Bursey et al.，2007）

A. 头节；B. 成节；C. 孕卵节片；D. 子宫囊含有六钩蚴的卵

惠特菲尔德巢瓣绦虫（*O. whitfieldi* Guillén-Hernández et al.，2007）寄生于墨西哥瓦哈卡州盖恩戈拉（Guiengola）废墟中的瓦哈卡黑鬣蜥［*Ctenosaura oaxacana*（Kohler & Hasbun，2001）］（图 18-697）。该种不同于感染新热带区鬣蜥科的同属的其他 3 个种的特征在于具有更少的精巢，平均数［阿卡普尔科巢瓣绦虫为 122 个、瓜纳卡斯特巢瓣绦虫（*O. guanacastensis*）为 62 个、*O. leonregagnonae* 为 95 个、惠特菲尔德巢瓣绦虫为 35 个］不同及一更窄的头节（按上述顺序分别为 0.450～0.600、0.475～0.537、0.5～0.8、0.25～0.26）。鬣鳞蜥巢瓣绦虫（*O. iguanae* Bursey & Goldberg，1996）不同于惠特菲尔德巢瓣绦虫在于有更长的链体（分别为 60～110mm vs 14.4～33.7mm），更少的卵巢小叶（6 vs 11～17）及阴茎囊很少达到排泄管（而在惠特菲尔德巢瓣绦虫中阴茎囊在很大程度上越过排泄管）。

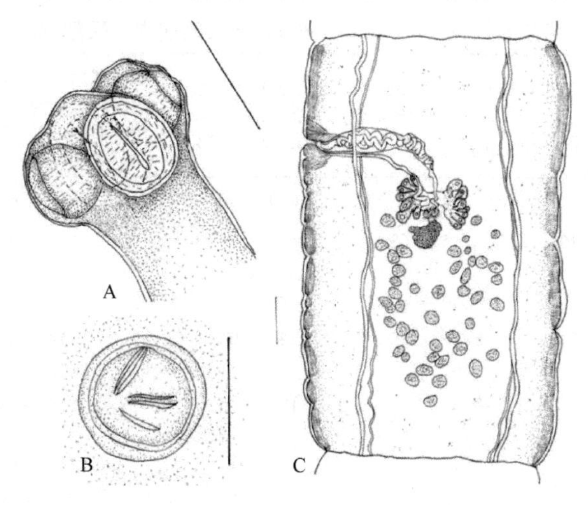

图 18-697　采自墨西哥鬣蜥的惠特菲尔德巢瓣绦虫（引自 Guillén-Hernández et al.，2007）

A. 头节形态；B. 成节；C. 卵由胚膜包住。标尺：A，C=0.25mm；B=0.01mm

Mašová 等（2012）报道了在塞内加尔尼奥科洛科巴（the Niokolo Koba）国家公园对西非脊椎动物的物种多样性及生态学调查期间，采集的两只变色蜥蜴（*Chamaeleo senegalensis* Daudin，1802）［避役科（Chamaeleonidae）］肠道中检获的绦虫新种：库贝克巢瓣绦虫（*O. koubeki*）（图 18-698）。

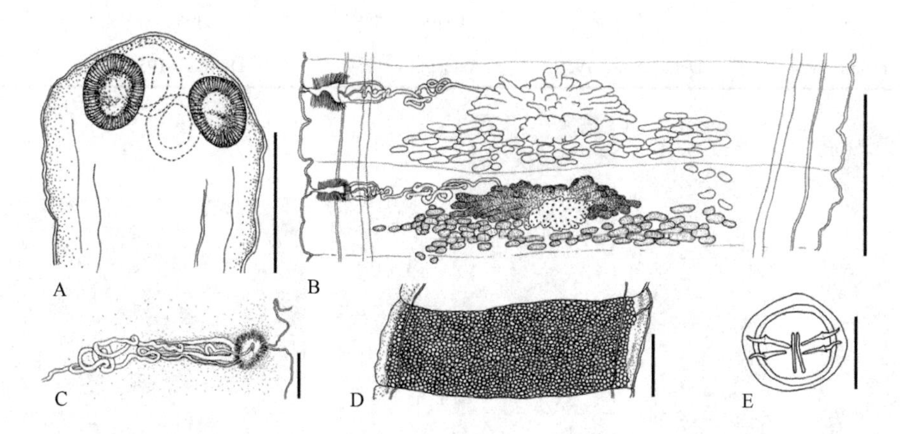

图 18-698　库贝克巢瓣绦虫结构示意图（引自 Mašová et al.，2012）

A. 头节；B. 链体节片中的成节；C. 末端生殖器官；D. 末端孕节；E. 完全形成的六钩蚴。标尺：A，D=500μm；B=600μm；C=200μm；E=50μm

巢瓣属一些种的分布和宿主状况见表 18-38，几种形态相似的巢瓣属绦虫的宿主、采集地和主要形态测量比较见表 18-39。

表 18-38 巢瓣属（*Oochoristica*）一些种的分布和宿主状况

种	分布区	宿主	文献源
蜥蜴巢瓣绦虫（*O. lizardi*）	东方	树蜥属（*Calotes* sp.）	Misra et al.，1989
麦卡利斯特巢瓣绦虫（*O. mcallisteri*）	新北区	沙蜥蜴（*Uta stansburiana*）	Bursey & Goldberg，1996a
鬣鳞蜥巢瓣绦虫（*O. iguanae*）	新热带区	鬣鳞蜥（*Iguana iguana*）	Bursey & Goldberg，1996b
马科伊巢瓣绦虫（*O. maccoyi*）	新热带区	安乐蜥（*Anolis gingivinus*）	Bursey & Goldberg，1996b
琼尼西巢瓣绦虫（*O. jonnesi*）	埃塞俄比亚区	热带壁虎（*Hemidactylus mabouia*）	Bursey et al.，1997
瓜纳卡斯特巢瓣绦虫（*O. guanacastensis*）	新热带区	类鬣蜥（*Ctenosaura similis*）	Brooks et al.，1999
阿卡普尔科巢瓣绦虫（*O. acapulcoensis*）	新热带区	刺尾鬣蜥（*Ctenosaura pectinata*）	Brooks et al.，1999
惠特菲尔德巢瓣绦虫（*O. whitfieldi*）	墨西哥	瓦哈卡黑鬣蜥（*Ctenosaura oaxacana*）	Guillén-Hernández et al.，2007
库贝克巢瓣绦虫（*O. koubeki*）	塞内加尔	变色蜥蜴（*Chamaeleo senegalensis*）	Mašová et al.，2012

表 18-39 几种形态相似的巢瓣属（*Oochoristica*）绦虫的宿主、采集地和主要形态测量比较

比较项	塞勒里巢瓣绦虫（*O. theileri* Fuhrmann，1924）	塞勒里巢瓣绦虫［*O. theileri*（Fuhrmann，1924）］类主要巢瓣绦虫（*O. f. major* Baer，1933）	西里伯巢瓣绦虫（*O. celebensis* Yamaguti，1954）	喙突巢瓣绦虫（*O. rostellata* Zschokke，1905）阿伽莫拉巢瓣绦虫变种（*O. rostellata* var. *agamicolla* Dolfus，1957）	库贝克巢瓣绦虫（*O. koubeki* Mašová, Tenora & Brauš，2012）
头节	300～400	410～576	650～750	580～680	907 × 822
阴茎囊	120	（106～125）×（57～65）	—	150～230	（233～295）×（56～75）
生殖腔	具棘	无棘	无棘	无棘	具棘
卵巢	200～240	—	240～500	120～520	（32～224）×（393～758）
卵黄腺	80～100	—	120～260	150～200	（81～134）×（202～347）
精巢数目	26～30	30～35	22～31	69～80	50～65
精巢群数	2	1	1	1	1
精巢形态	圆形	略卵形	略卵形	圆形	卵形
卵囊数目	<100	<100	<100	<100	>1000
宿主	南非鬣蜥（*Agama hispida* Kaup，1827）［鬣蜥科（Agamidae）］	坦普里避役（*Chamaeleo tempeli* Tornier，1900）［避役科（Chamaeleonidae）］	南蜥（*Mabuya* sp.）［石龙子科（Scincidae）］	彩虹鬣蜥（*Agama bibroni* Duméril & Bibron，1851）（鬣蜥科）	变色蜥蜴（*Chamaeleo senegalensis* Daudin，1802）（避役科）
采集地	南非	东非中部	东印度尼西亚	北非	西非
文献	Fuhrmann，1924	Della Santa，1956	Yamaguti，1959	Dollfus，1954	Mašová et al.，2012

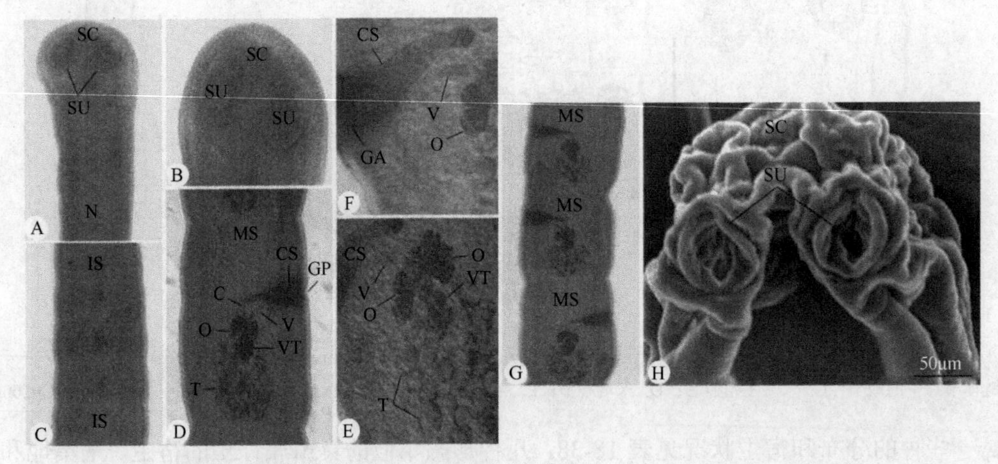

图 18-699 鬣蜥巢瓣绦虫（*O. mutabili*）实物（引自 Morsy et al.，2013）

采自埃及西奈南部埃及鬣蜥（*Agama mutabilis*）。A，B. 头节圆形吸盘和长颈；C. 头节后的未成节，具有发育的性腺原基；D. 成节；E. 成节具有2叶的卵巢在卵黄腺两侧；F. 成节放大；G. 成节；H. 扫描电镜下的头节结构。缩略词：C. 阴茎；CS. 阴茎囊；GA. 生殖腔；GP. 生殖孔；IS. 未成节；MS. 成节；N. 颈区；O. 卵巢；SC. 头节；SU. 吸盘；T. 精巢；V. 阴道；VT. 卵黄腺

9b. 节片有缘膜……10

10a. 生殖腔明显具有很发达的辐射状肌肉，生殖管开口于腔的后部…………………………………………………………
……………………………………………………腔带属（*Atriotaenia* Sandground，1926）（图 18-689C，图 18-700）
［同物异名：叶尔绍夫属（*Ershovia* Spasskiĭ，1951）］

识别特征：链体小型。节片具缘膜，宽大于长。生殖器官单套。生殖孔不规则交替。生殖管与背渗透调节管交叉或位于之间。阴茎囊于后方进入生殖腔。内、外贮精囊不存在。精巢位于雌性生殖复合体后方和侧方。卵巢位于中央。阴道位于阴茎囊后方。受精囊存在。子宫短暂存在。卵黄腺实质状。已知寄生于鼬鼠类和浣熊类哺乳动物，分布于欧洲、北美洲和南美洲。模式种：沙地腔带绦虫［*Atriotaenia sandgroundi*（Baer，1935）］。

Gomez-Puerta 等（2012）描述了一个采自秘鲁库斯科（Cusco）安第斯獾臭鼬（*Conepatus chinga*）［食肉目（Carnivora）：臭鼬科（Mephitidae）］的桑玛西腔带绦虫（*Atriotaenia sanmarci*）新种（图 18-700）。新种与相近种的主要区别在于精巢的分布和更多的数目，即 194～223 vs 沙地腔带绦虫的 40～60，浣熊腔带绦虫［*A. procyoni*（Chandler，1942）Spasskiž 1951］的 47～73 及因奇萨腔带绦虫（*A. incisa* Railliet，1899）的 21～84；同时新种吸盘的直径也大，300～371mm vs 140mm（沙地腔带绦虫）、83～134mm（浣熊腔带绦虫）、70～140mm（因奇萨腔带绦虫）及 155～192mm［戟状腔带绦虫（*A. hastati* Vaucher，1982）］；还有阴茎囊的长度［204～732mm vs 90mm（沙地腔带绦虫）、200～220mm（浣熊腔带绦虫）、100～180mm（因奇萨腔带绦虫）、150～205mm（戟状腔带绦虫）。新种与沙地腔带绦虫和戟状腔带绦虫的区别还在于有更大的链体（122～133mm 分别 vs 10.6mm 和 10mm）。新种是腔带属的第 5 个种。

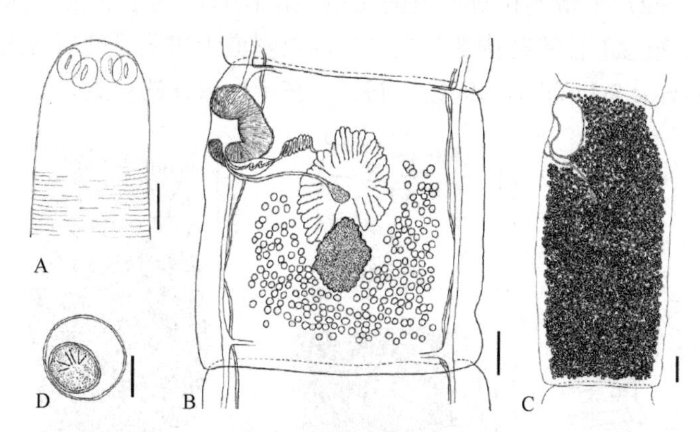

图 18-700　采自安第斯獾臭鼬的桑玛西腔带绦虫（引自 Gomez-Puerta et al.，2012）

A. 有颈的头节；B. 成节；C. 孕节；D. 卵。标尺：A～C=0.5mm；D=0.02mm

10b. 生殖腔无明显的肌肉质结构，生殖管开口于腔的中部……………………………………………………………………11

11a. 精巢始终不变地分为两侧群………………………威滕伯格带属（*Witenbergitaenia* Wertheim，Schmidt & Greenberg，1986）

识别特征：链体小型。节片具缘膜，长宽相当。生殖器官单套。生殖孔不规则交替。生殖管与背渗透调节管交叉。内、外贮精囊不存在。精巢位于雌性生殖器官后方。卵巢位于中央。阴道位于阴茎囊后方。受精囊存在。子宫短暂存在。卵黄腺实质状。已知寄生于鼠科啮齿动物，分布于以色列。模式种：西奈威滕伯格带绦虫（*Witenbergitaenia sinaica* Wertheim，Schmidt & Greenberg，1986）（图 18-701A）。

11b. 精巢单群或链体中有些节片精巢单群……………………………………………马修带属（*Mathevotaenia* Akhumyan，1946）
｛同物异名：负鼠绦虫属（*Opossumia* Spasskiĭ，1951）；倒位属（*Inversia* Spasskiĭ，1951）；摩洛索夫属（*Morosovella* Spasskiĭ，1951）；副三带属（*Paratriotaenia* Stunkard，1965）；马克维兹带属（*Markewitschitaenia* Sharpilo & Kornyushin，1975）；帝汶瑞属（*Timorenia* Spasskiĭ，1987）；希克曼属［*Hickmania*（*Hickmawia*）Spasskiĭ，1987］；裂睾属（*Schizorchodes* Bienek & Grundman，1973）；*Priodontia* Spasskiĭ，1987；*Linstoparonia* Spasskiĭ，1987；马库斯特属（*Mangustella* Spasskiĭ，1987）；*Vasoramia* Spasskiĭ，1987｝

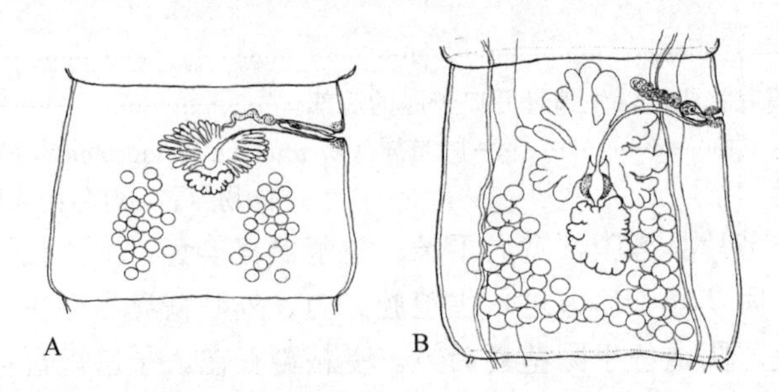

图 18-701 威滕伯格带属和马修带属绦虫的成节结构示意图（引自 Beveridge，1994）

A. 西奈威滕伯格带绦虫；B. 对称马修带绦虫模式标本

识别特征：链体小型。节片具缘膜。生殖器官单套。生殖孔不规则交替。生殖管与背渗透调节管交叉或位于之间。内、外贮精囊不存在。精巢位于雌性生殖器官后方和侧方。卵巢位于中央。阴道位于阴茎囊后方。受精囊存在。子宫短暂存在。卵黄腺实质状。已知寄生于哺乳动物，全球性分布。模式种：对称马修带绦虫［*Mathevotaenia symmetrica*（Baylis，1927）］（图 18-701B）。

Campbell 等（2003）报道的绦虫采自阿根廷的白腹负鼠（*Didelphis albiventris* Lund，1840）和西纳瑞负鼠（*Micoureus cinereus* Temminck，1824）（有袋类：负鼠科），包括新种阿根廷马修带绦虫（*M. argentinensis*）（图 18-702A～F）和双带饰马修带绦虫（*M. bivittate* Janicki，1904）（图 18-702G～I）及一未知的膜壳科绦虫。新种阿根廷马修带绦虫链体相对窄，总长 18～37mm，最大宽度 1.0～1.5mm，135～163 个具缘膜的节片，19～27 个精巢和肌肉质的生殖腔。该种不同于负鼠马修带绦虫［*M. didelphidis*（Rudolphi，1819）］在于生殖管的位置在排泄管之间，以及阴道于阴茎囊的后方进入生殖腔；不同于巴拉圭马修带绦虫（*M. paraguayae* Schmidt & Martin，1978）在于生殖管的位置，受精囊的缺乏和具棘阴茎的

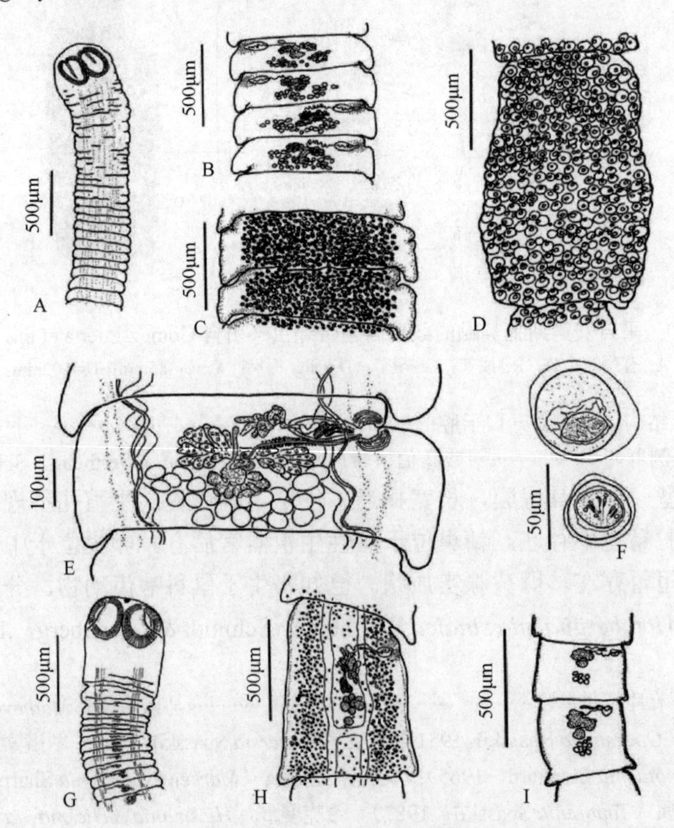

图 18-702 2 种马修带绦虫结构示意图（引自 Campbell et al.，2003）

A～F. 阿根廷马修带绦虫：A. 头节和颈区；B. 成节；C. 早期孕节；D. 晚期孕节；E. 成节背面观；F. 由外卵膜包围的卵。G～I. 双带饰马修带绦虫：G. 头节和颈区，示吸盘收缩入吸盘囊中；H. 孕节，示生殖器官的持续和卵沿着侧方边缘的分布；I. 成节

存在；不同于玻利维亚马修带绦虫（*M. boliviana* Sawada & Harada，1986）和宾夕法尼亚州马修带绦虫（*M. pennsylvanica* Chandler & Melvin，1951）在于具棘阴茎的存在。林斯顿亚科表现为新世界有袋类动物的优势绦虫，以双带饰马修带绦虫代表了普遍和最广泛分布的种类。膜壳科绦虫则是新热带区有袋类动物中首次报道。

Beveridge（2008a）描述了新几内亚马修带绦虫（*M. niuguiniensis*）（图 18-703），采自巴布亚新几内亚的水鼠类啮齿动物粗毛水鼠（*Parahydromys asper* Thomas）。这是该属报道自澳大拉西亚地区的第 3 个种。该种不同于所有寄生于啮齿动物的同属的种在于有伸长的阴茎囊，穿过渗透调节管并扩展进入髓质，同属其他种具有短的卵圆形的阴茎囊，不穿入髓质。它不同于已知澳洲的种：阔脚袋鼩马修带绦虫［*M. antechini*（Beveridge，1977）］和尼克多非马修带绦虫［*M. nyctophili*（Hickman，1954）］，这两种分别发现于袋鼬类有袋动物和蝙蝠，它们各节片中缺乏吻合的渗透调节管。Beveridge（2008a）提供了马修带属所有的种及宿主属、宿主科和地理分布；提出了新的组合双足蜥蜴马修带绦虫［*M. dipodomi*（Bienek & Grundmann，1973）］［从裂睾样属（*Schizorchodes* Bienek & Grundman，1973）移入马修带属］，组合种獴马修带绦虫［*M. genettae*（Ortlepp，1937）］、臭鼬马修带绦虫［*M. mephitis*（Skinker，1935）］、长柄马修带绦虫［*M. pedunculata*（Chandler，1952）］、华莱士马修带绦虫［*M. wallacei*（Chandler，1952）］［从奥斯查绦虫属（*Oschmarenia* Spasskiĭ，1951）移入］及 *M. oedipomidatis*（Stunkard，1965）［从副腔带属（*Paratriotaenia* Stunkard，1965）移入］。

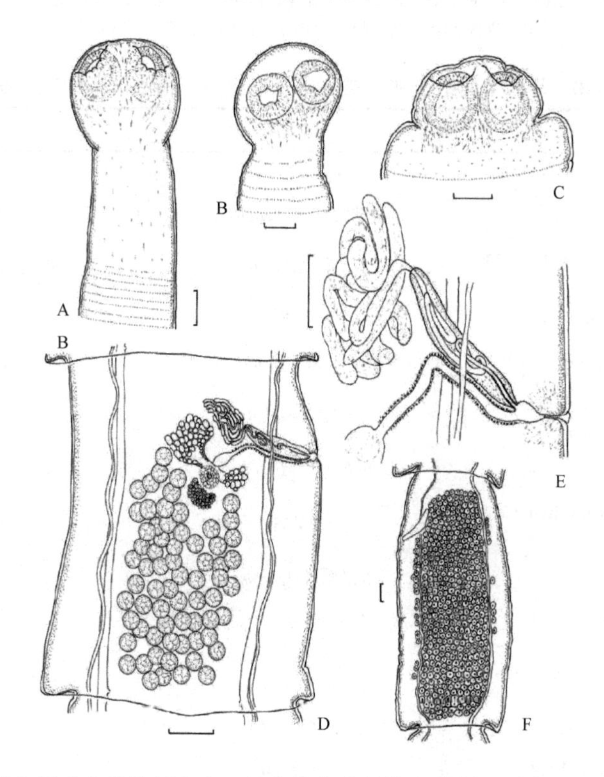

图 18-703　采自粗毛水鼠的新几内亚马修带绦虫结构示意图（引自 Beveridge，2008a）

A～C. 不同收缩状态的头节：A. 放松的头节颈区明显；B. 收缩的样品颈区不明显；C. 高度收缩的样品，头节缩入链体的前端；D. 成节；E. 末端生殖管；F. 孕节。标尺=0.1mm

Bursey 等（2010）描述了巴拿马马修带绦虫（*M. panamaensis*）（图 18-704）。新种采自巴拿马绿棘蜥蜴或称孔雀针蜥（*Sceloporus malachiticus*）。这是报道自蜥蜴宿主的第一个马修带属的绦虫。新种与双带饰马修带绦虫最为相似，它们成熟的卵沿着节片的侧方边缘集中。两种主要的区别包括阴茎囊形状（双带饰马修带绦虫为椭圆形；巴拿马马修带绦虫为球状）及卵巢状况（双带饰马修带绦虫为实质状，由 10～15 个短的小叶组成；巴拿马马修带绦虫的卵巢为二叶状，各叶由 3～4 小叶组成）。

马修带属（*Mathevotaenia*）绦虫的种类名单及宿主属和地理分布区见表 18-40。

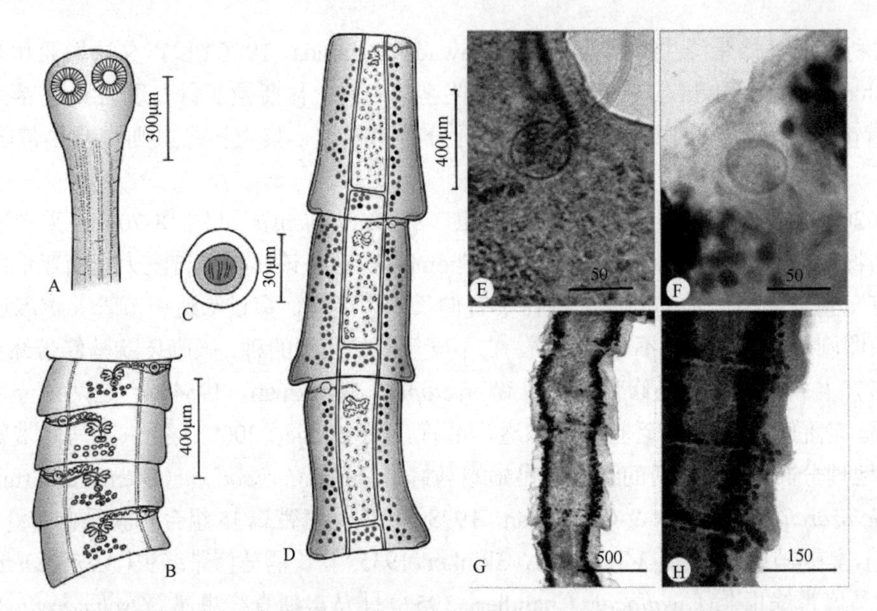

图 18-704　巴拿马马修带绦虫结构示意图及实物（引自 Bursey et al.，2010）

A. 头节和颈区背面观；B. 成节；C. 卵；D. 孕节；E. 阴茎囊和伸出的阴茎；F. 阴茎囊和收缩的阴茎；G. 孕节；H. 孕节边缘，示缘膜。分图 E～H 的标尺单位为 μm

表 18-40　马修带属绦虫的种类名单及宿主属、宿主群和地理分布区

马修带属的种	宿主属	宿主群	地理分布区
寄生于啮齿动物的种			
M. aegyptica Mikhail & Fahmy，1968[2]	非洲跳鼠属（*Jaculus*）	跳鼠科（Dipodidae）	北非
M. assiuti Shaheen，Hamza，Abdul-Rahman & El-Nazar，1990	鼠属（*Rattus*）	鼠科（Muridae）	北非
M. allahabadensis Bhalya & Capoor，1986	鼠属	鼠科	印度
M. deserti（Milleman，1955）Yamaguti，1959	更格卢鼠属（*Dipodomys*）	异鼠科（Heteromyidae）	北美
M. dipodomi（Bienek & Grundmann，1973）组合种[6]（=*Schizorchodes dipodomi*）	更格卢鼠属	异鼠科	北美
M. dissymmetrica Tokobaev & Erkulov，1966	田鼠属（*Microtus*）	田鼠科（Microtidae）	中亚
M. microcephala Shaheen，Hamza，Abdul-Rahman & El-Nazar，1990	鼠属	鼠科	北非
M. niuginiensis n. sp.	水鼠属（*Hydromys*）	鼠科	新几内亚
M. rodentinum（Joyeux，1927）Spasskiĭ，1951[2]	沙鼠属（*Meriones*）、小鼠属（*Mus*）	鼠科	北非
M. symmetrica（Baylis，1927）Akumyan，1946	小鼠属、鼠属 田鼠属（*Cricetulus*）	鼠科 仓鼠科（Cricetidae）	欧洲、亚洲 北美
M. tateri Ghazi，Bilqees & Noor-un-Nisa，2002	大沙属（*Tatera*）	鼠科	巴基斯坦
M. tuvensis Kadenatsii & Sulimov，1964	沙鼠属	鼠科	中亚
寄生于食肉动物的种			
M. amphisbeteta（Meggitt，1924）Spasskiĭ，1951[1, 2]	獴属（*Herpestes*）	獴科（Herpestidae）	印度、缅甸
M. genettae（Ortlepp，1937）组合种=［*Oschmarenia*（*Morosovella*）*genettae*］	獛属（*Genetta*）	灵猫科（Viverridae）	非洲
M. hardoiensis Johri，1961[2]	獴属	獴科	印度
M. herpestis（Kofend，1917）Spasskiĭ，1951	貂獴属（*Galerella*）[4]	獴科	印度
M. ichneumontis（Baer，1924）Spasskiĭ，1951[2]	貂獴属[4]	獴科	非洲
M. pedunculata（Chandler，1952）组合种[2]（=*Oschmarenia pedunculata*）	臭鼬属（*Mephitis*）	臭鼬科（Mephitidae）	北美

续表

马修带属的种	宿主属	宿主群	地理分布区
寄生于食肉动物的种			
M. mephitis（Skinker，1935）组合种=［*Oschmarenia*（*Morosovella*）*mephitis*］	臭鼬属	臭鼬科	北美
M. sanchorensis Nama & Khichi，1973	獴属	獴科	印度
M. wallacei（Chandler，1952）组合种[2]（=*Oschmarenia wallacei*）	斑臭鼬（*Spilogale*）	臭鼬科	北美
寄生于食虫动物的种			
M. aethechini Dollfus，1954[2]	阔脚袋鼩属（*Aethechinus*）	刺猬科（Erinaceidae）	北非
M. figurata（Meggitt，1927）Spasskiĭ，1951[7]	麝鼩属（*Crocidura*）	鼩鼱科（Soricidae）	缅甸
M. erinacei（Meggitt，1920）Spasskiĭ，1951[2]	阔脚袋鼩属、刺猬属（*Erinaceus*）	刺猬科	北非、亚洲
M. paraechinis Nama，1975	猬属（*Paraechinus*）	刺猬科	印度
M. parva（Janicki，1904）Spasskiĭ，1951[2]	刺猬属	刺猬科	欧洲
M. skrjabini Spasskiĭ，1949	刺猬属	刺猬科	中亚
M. pennsylvanica（Chandler & Melvin，1951）Yamaguti，1959[2]	短尾鼩鼱属（*Blarina*）	鼩鼱科	北美
寄生于有袋动物的种			
M. antechini（Beveridge，1977）Beveridge，1994	斑袋鼬属（*Parantechinus*）	袋鼬科（Dasyuridae）	澳洲
M. argentinensis Campbell，Gardner & Navone，2003	负鼠属（*Didelphis*）	负鼠科（Didelphidae）	南美
M. bivittata（Janicki，1904）Yamaguti，1959[3]	负鼠属、鼠负鼠属（*Marmosa*）四眼负鼠属（*Metachirus*）	负鼠科	南美
M. didelphidis（Rudolphi，1819）Spasskiĭ，1951	负鼠属、鼠负鼠属	负鼠科	南美
M. marmosae（Beddard，1914）Spasskiĭ，1951	负鼠属、鼠负鼠属	负鼠科	南美
M. surinamensis（Cohn，1902）Spasskiĭ，1951[2]	负鼠属	负鼠科	南美
寄生于贫齿目的种			
M. surinamensis（Cohn，1902）Spasskiĭ，1951[2]	犰狳属（*Dasypus*）、大犰狳属（*Priodontes*）	犰狳科（Dasypodidae）	南美
M. tetragonocephala（Bremser in Diesing，1856）Spasskiĭ，1951	食蚁兽属（*Myrmecophaga*）、小食蚁兽（*Tamandua*）	犰狳科	南美
M. paraguayae Schmidt & Martin，1978	六带犰狳属（*Euphractus*）	犰狳科	南美
寄生于灵长目的种			
M. oedipomidatis（Stunkard，1965）组合种（=*Paratriotaenia oedipomidatis*）	狨猴属（*Oedipomidas*）	悬猴科（Cebidae）	南美
M. brasiliensis Kugi & Sawada，1970[2]	松鼠猴属（*Saimiri*）	悬猴科	南美（动物园）
M. lemuris（Beddard，1916）Spasskiĭ，1951[2, 5]	蜂猴属（*Nycticebus*）	懒猴科（Lorisidae）	亚洲（动物园）
M. megastoma（Diesing，1850）Spasskiĭ，1951[2]	蛛猴属（*Ateles*）、吼猴属（*Alouatta*）、悬猴（*Cebus*）、绒蛛猴（*Brachyteles*）、青猴属（*Callicebus*）、狨属（*Callithrix*）、狨猴（*Sanguinus*）=狨猴（*Mystax*）	蛛猴科（Atelidae）悬猴科	南美
寄生于蝙蝠的种类			
M. antrozoi（Voge，1954）Yamaguti，1959[2]	洞蝠属（*Antrozous*）	蝙蝠科（Vespertilionidae）	北美
M. boliviana Sawada & Harada，1986	长舌叶鼻蝠属（*Glossophaga*）	叶口蝠科（Phyllostomidae）	南美
M. cubana Zdzitowiecki & Rutkowska，1980	黄花蝠属（*Erophylla*）、花蝠属（*Phyllonycteris*）	叶口蝠科	古巴
M. immatura Rego，1963[2]	长舌叶鼻蝠属	叶口蝠科	南美
M. kerivoulae（Prudhoe & Manger，1969）Schmidt，1986	彩蝠属（*Kerivoula*）、*Tylonecteris*	蝙蝠科	亚洲东南部

续表

马修带属的种	宿主属	宿主群	地理分布区
寄生于蝙蝠的种类			
M. nyctophili（Hickman，1954）Schmidt，1986	澳洲长耳蝠属（*Nyctophilus*）	蝙蝠科	澳洲
寄生于鸟类的种			
M. ornithis Saxena & Baugh，1978	雀属（*Passer*）	雀科（Passeridae）	印度

[1] Meggitt（1934）和 Schmidt（1986）中的 *erinacei* 同义
[2] 这些种的描述没有明确陈述节片具缘膜
[3] 放在 *Linstowia*（*Opossumia*）Spasskiĭ（1951）
[4] 亦报道见于食虫类动物，但宿主鉴定有问题（Joyeux & Baer，1930）
[5] 与 Schmidt（1986）的 *symmetrica* 同义
[6] Schmidt（1986）放在 *Schizorchodes* Bienek & Grundman，1973；Beveridge（1994）将其与马修带属同义化
[7] Schmidt（1986）当作 *Atriotaenia incisa*（Baer，1935）的同物异名

18.16.5 穗体亚科（Thysanosomatinae）分属检索

1a. 每节 1～2 个副子宫器……2
1b. 从各子宫发育出大量小的副子宫器……3
2a. 每节 1 个副子宫器……无卵黄腺属（*Avitellina* Gough，1911）
［同物异名：六线睾属（*Hexastichorchis* Blei，1921）；*Anootypus* Woodland，1928；子囊带属（*Ascotaenia* Baer，1927）］

识别特征：链体大型。节片分界弱，尤其是前方区域；宽大于长。生殖器官单套。生殖孔不规则交替。生殖管与背渗透调节管交叉。内、外贮精囊不存在。精巢位于两侧区，为两群，各群由渗透调节管再细分。胚卵黄腺（由卵巢和卵黄腺结合成）存在。单个副子宫器，具纤维质的囊，各含几个卵。已知寄生于反刍动物，分布于欧洲、亚洲、非洲和北美洲。模式种：中点无卵黄腺绦虫［*Avitellina centripunctata*（Rivolta，1874）］（图 18-705，图 18-706）。

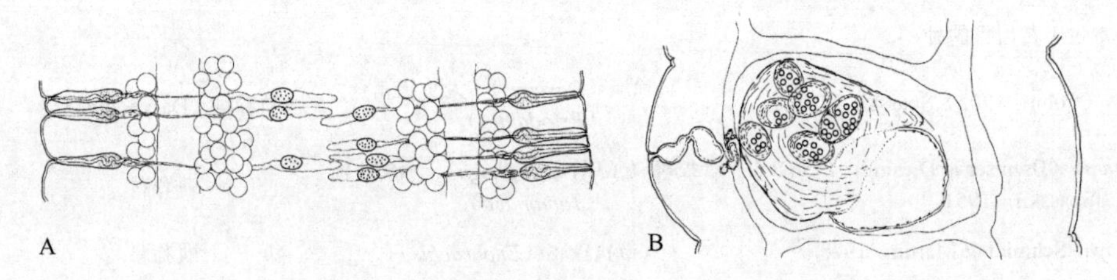

图 18-705　中点无卵黄腺绦虫结构示意图（引自 Beveridge，1994）
A. 成节，注意缺分节现象；B. 孕节有一副子宫器、卵和副子宫囊

2b. 每节 2 个副子宫器……斯泰尔斯属（*Stilesia* Railliet，1893）
［同物异名：阿莉兹属（*Aliezia* Shinde，1969）］

识别特征：链体大型。节片具缘膜，宽大于长。生殖器官单套。生殖孔不规则交替。生殖管位于渗透调节管之间。内、外贮精囊不存在。精巢为两侧群，超过背渗透调节管。胚卵黄腺（由卵巢和卵黄腺结合成）存在。阴道位于阴茎囊后方。受精囊不存在。子宫最初为横管状，有扩大的末端部；各端发育为副子宫器。已知寄生于反刍动物的胆管，分布于亚洲、非洲和欧洲。模式种：球点状斯泰尔斯绦虫［*Stilesia globipunctata*（Rivolta，1874）］（图 18-707）。

3a. 精巢位于两侧，管外群，生殖器官单套……曲子宫属（*Thysaniezia* Skryabin，1926）
［同物异名：曲子宫属（*Helictometra* Baer，1927）］

识别特征：链体大型。节片具缘膜，宽大于长。生殖孔不规则交替。生殖管位于渗透调节管之间。内贮精囊存在。卵巢位于中央。卵黄腺位于卵巢后方。阴道位于阴茎囊后方。受精囊存在。子宫最初为

管状，横向，随后由 300 个以上副子宫囊取代。已知寄生于反刍动物，全球性分布。模式种：卵形曲子宫绦虫［*Thysaniezia ovilla*（Rivolta，1878）］（图 18-708，图 18-709）。

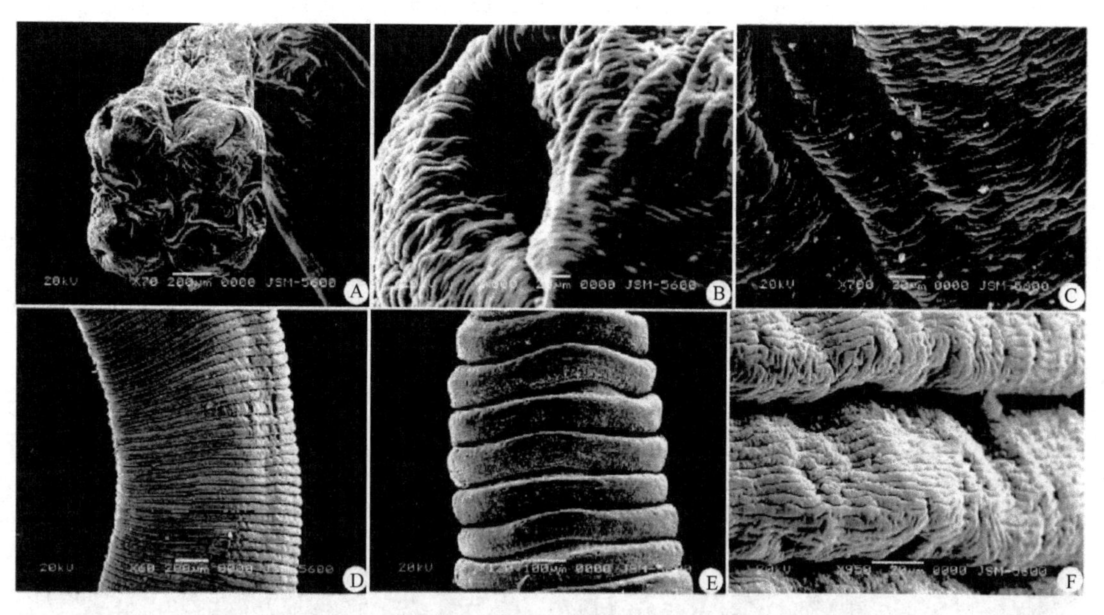

图 18-706　中点无卵黄腺绦虫体表扫描结构（引自 Yildiz，2007）

A. 头节；B. 吸盘放大；C. 吸盘边缘放大；D. 幼节表面；E. 成节表面；F. 成节表面进一步放大

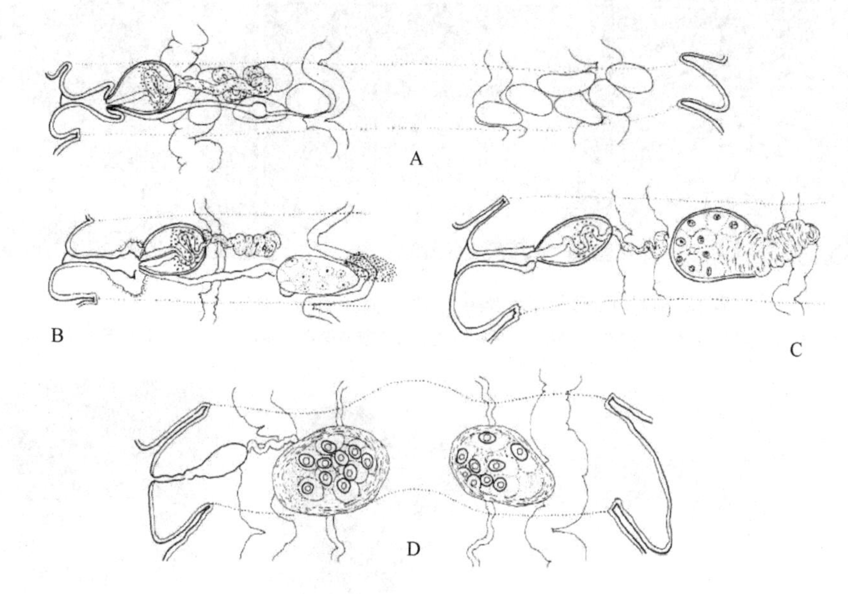

图 18-707　球点状斯泰尔斯绦虫结构示意图（引自 Beveridge，1994）

A. 成节；B. 孕节；C. 发育中的副子宫器；D. 孕节有 2 个副子宫器

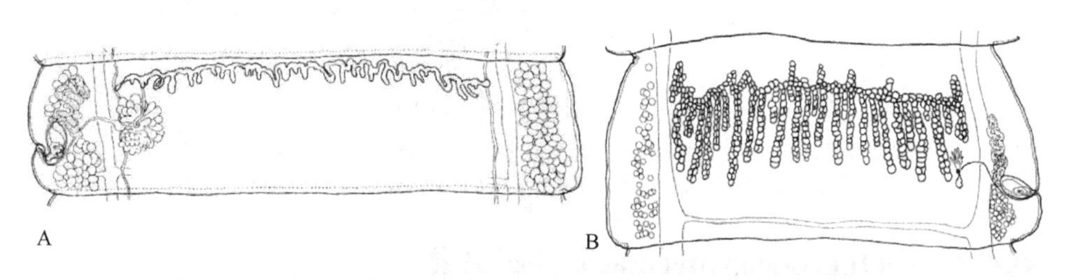

图 18-708　卵形曲子宫绦虫结构示意图（引自 Beveridge，1994）

A. 成节；B. 孕节

3b. 精巢位于子宫后单一连续带区，生殖器官成对……………………………………………………………………… 4

4a. 节片具显著的流苏………………………………………………………………………穗体属（*Thysanosoma* Diesing，1835）

识别特征：链体大型。节片具缘膜，宽大于长。生殖器官成对。生殖管位于渗透调节管之间。贮精囊不存在。精巢数目多，位于子宫后部呈带状。胚卵黄腺存在，位于阴茎囊后方水平。受精囊存在。子宫单一，横向。自子宫的前方发育出大量（>250）副子宫器。已知寄生于反刍动物胆管中，分布于北美洲和南美洲。模式种：放射状穗体绦虫（*Thysanosoma actinioides* Diesing，1835）（图 18-710）。

4b. 节片没有显著的流苏………………………………………………………………………怀俄明属（*Wyominia* Scott，1941）

识别特征：链体大型。节片具缘膜，宽大于长，缘膜多褶。生殖器官成对。生殖管位于渗透调节管之间。贮精囊不存在。精巢数目多，位于子宫后部呈带状。卵巢位于孔侧。卵黄腺位于卵巢后方。阴道位于阴茎囊后部。受精囊存在。子宫单一，横向，随后由约 20 个副子宫器取代。已知寄生于反刍动物胆管中，分布于北美洲。模式种：提顿怀俄明绦虫（*Wyominia tetoni* Scott，1941）。

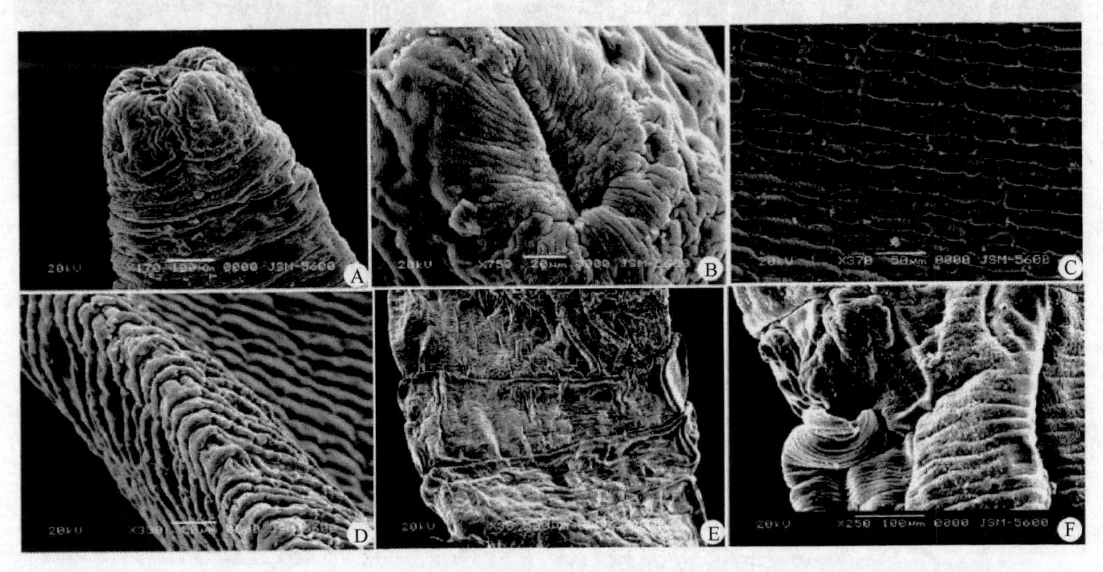

图 18-709　卵形曲子宫绦虫扫描结构（引自 Yildiz，2007）

A. 链体的前方；B. 吸盘放大；C. 未成节表面观，示中央；D. 未成节表面观，示侧方；E. 成熟后节片表面观；F. 生殖孔

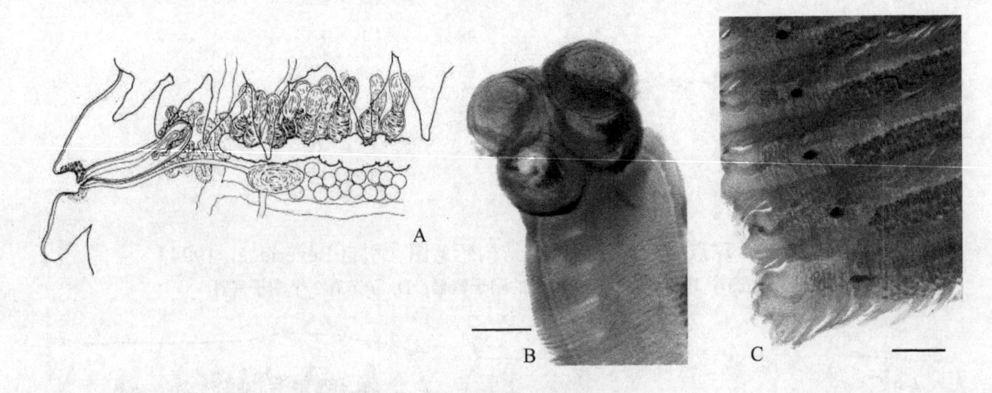

图 18-710　放射状穗体绦虫

A. 成节的侧区，示流苏缘膜、子宫和副子宫器。B，C. 采自沙特阿拉伯骆驼的样品：B. 头节；C. 成节。标尺=500μm

（A 引自 Beveridge，1994；B，C 引自 Omer & Al-Sagair，2005）

18.16.6　无棘帽亚科（Inermicapsiferinae）分属检索

1a. 精巢和卵囊位于纵向渗透调节管之间，卵巢位于中央………………………………穗带属（*Thysanotaenia* Beddard，1911）

识别特征： 链体大型。节片具缘膜，宽大于长。生殖器官单套。生殖管于背方与渗透调节管交叉。贮精囊不存在。节片孔侧区前方缺精巢。卵巢位于亚中央。阴道位于阴茎囊后部。受精囊存在。子宫短暂存在；纤维质卵囊位于渗透调节管之间。已知寄生于狐猴，分布于马达加斯加。模式种：狐猿穗带绦虫（*Thysanotaenia lemuris* Beddard，1911）。

Dronen 等（1999）从 10 只收集自非洲刚果民主共和国基夫（Kivv）湖区较小的草原蔗鼠（*Thryonomys gregorianus*）中检获并描述了刚果穗带绦虫（*T. congolensis*）（图 18-711）。与其他穗带绦虫一样，刚果穗带绦虫的卵巢和卵黄腺位于中央，卵囊和精巢位于渗透调节管之内。刚果穗带绦虫和其他两个已报道的同属种［狐猿穗带绦虫和古巴穗带绦虫（*T. cubensis*）］区别在于：狐猿穗带绦虫寄生于狐猿，而古巴穗带绦虫寄生于人类，刚果穗带绦虫体更小（体长 34～50mm），头节更小（直径 260～410μm），阴茎囊更短（长 115μm），卵更小（直径 40μm）。

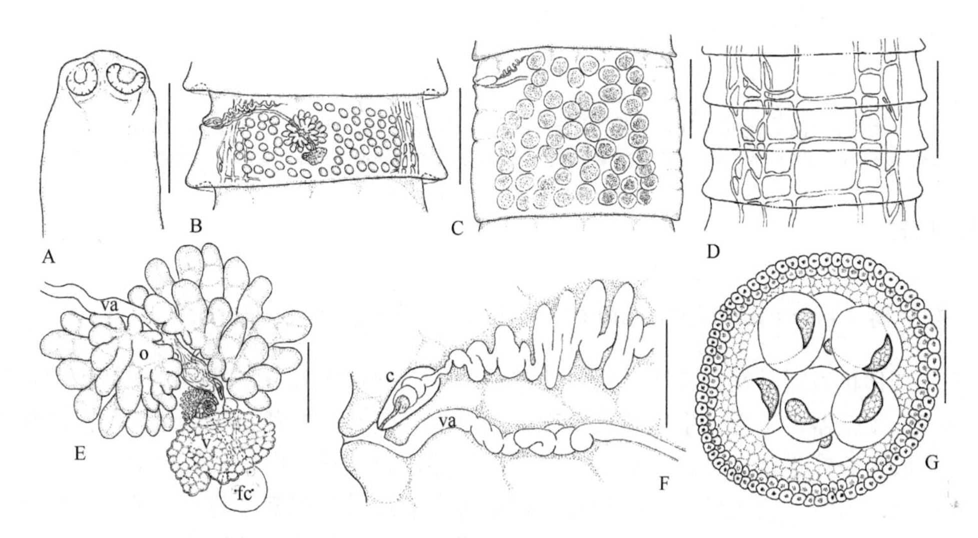

图 18-711 采自草原蔗鼠的刚果穗带绦虫结构示意图（引自 Dronen et al.，1999 重排与重标）

A. 头节；B. 成节；C. 孕节；D. 未成节背排泄管的一般形态；E. 雌性生殖器官复合体，示卵囊、卵巢、卵黄腺和阴道的形成；F. 末端生殖器官，示阴茎囊和阴道；G. 含卵的卵囊。缩略词：c. 阴茎囊；fc. 卵囊；o. 卵巢；v. 卵黄腺；va. 阴道。标尺：A=0.32mm；B=0.40mm；C=0.50mm；D=0.26mm；E=0.06mm；F=0.15mm；G=0.04mm

1b. 精巢和卵囊扩张至渗透调节管外侧，卵巢位于孔侧……2

2a. 精巢均一地分散于整个髓质中……周帽属（*Pericapsifer* Spasskiĭ，1951）

识别特征： 链体小型。节片具缘膜，宽大于长。生殖器官单套。生殖孔单侧。生殖管于背方与渗透调节管交叉。贮精囊不存在。精巢分布区扩张至渗透调节管外。卵巢位于孔侧。阴道位于阴茎囊后部。受精囊存在。子宫短暂存在；纤维质卵囊侧向扩展至渗透调节管外。已知寄生于蹄兔，分布于非洲。模式种：帕根斯特切里周帽绦虫［*Pericapsifer pagenstecheri*（Setti，1897）］。

2b. 精巢分布区有限……3

3a. 精巢位于卵巢后方或后侧方或分为两侧群……无棘帽属（*Inermicapsifer* Janicki，1910）

［同物异名：无吻带属（*Arhynchotaenia* Pagenstecher，1877），先占用；蹄兔带属（*Hyracotaenia* Beddard，1912）］

识别特征： 链体小到大型。节片具缘膜，宽大于长。生殖器官单套。生殖孔单侧。生殖管于背方与渗透调节管交叉。贮精囊不存在。精巢分布于节片后部边缘带区，或卵巢后侧方或为两侧群，扩张至渗透调节管外。卵巢位于孔侧。阴道位于阴茎囊后部。受精囊存在。子宫短暂存在；纤维质卵囊侧向扩展至渗透调节管外。已知寄生于蹄兔类、啮齿类和兔类动物，分布于非洲和亚洲。模式种：蹄兔无棘帽绦虫［*Inermicapsifer hyracis*（Rudolphi，1808）］（图 18-712A～C）。

3b. 精巢限于节片反孔侧区……变帽属（*Metacapsifer* Spasskiĭ，1951）

识别特征：链体小型。节片具缘膜。生殖器官单套。生殖孔单侧。贮精囊不存在。精巢少。卵巢位于孔侧。阴道位于阴茎囊后部。受精囊存在。子宫短暂存在；纤维质卵囊取代子宫。已知寄生于啮齿类动物，分布于非洲。模式种：畸变变帽绦虫［*Metacapsifer aberratus*（Baer，1925）］（图 18-712D）。

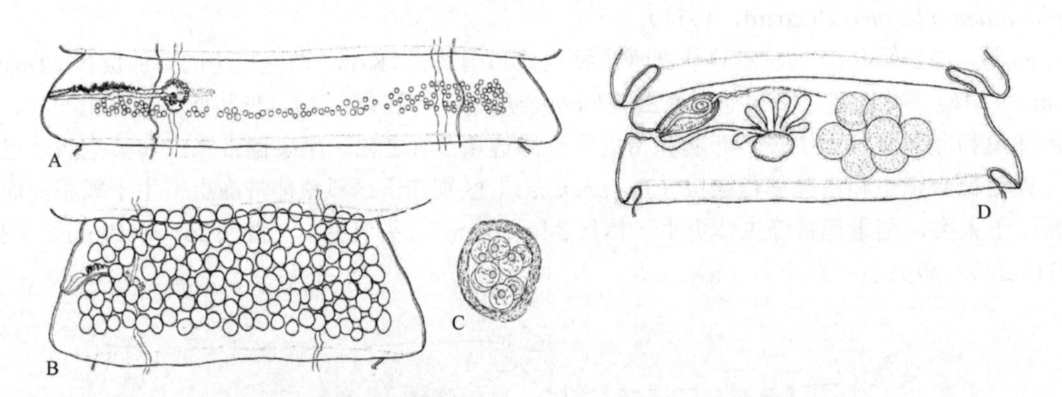

图 18-712　无棘帽属和变帽属绦虫部分结构示意图（引自 Beveridge，1994）
A～C.蹄兔无棘帽绦虫：A. 成节，注意精巢超过渗透调节管；B. 孕节，注意渗透调节管外的卵囊；C. 卵囊。D. 畸变变帽绦虫的成节

18.16.7　其他属

18.16.7.1　兔带属（*Leporidotaenia* Genov，Murai，Georgiev & Harris，1990）

识别特征：链体相当短且宽。皮层有毛状的覆盖物。吸盘朝向前方。颈区不明显。节片具缘膜，宽大于长。缘膜直。生殖器官单套。生殖孔规则交替，有少量变异，位置在节片边缘中央或略偏后。生殖腔强劲，可能形成显著的生殖乳突。生殖管在背部横过渗透调节管。内、外贮精囊存在。阴茎囊突出，明显扩展过腹渗透调节管。阴茎囊牵引肌存在。精巢排在节片反孔侧部，为单一的实质样群，不扩展过反孔侧管。卵巢相当小，圆形、位于中央、稍分叶。阴道长，显著扩展过纵管；在阴茎囊后部进入生殖腔。早期子宫位于节片前部，为横管状；不达纵管。完全发育的子宫由明显的前方和后方的囊组成；明显的横向干支缺。囊状的子宫重叠于功能性的精巢和雌性器官上。梨形器存在。已知寄生于兔形目、兔科动物。模式种：火山兔兔带绦虫［*Leporidotaenia romerolagi*（Kamiya，Suzuki & Villa-R.，1979）Genov，Murai，Georgiev & Harris，1990］（图 18-713，图 18-714）［同物异名：火山兔裸头样绦虫（*Anoplocephaloides romerolagi* Kamiya，Suzuki & Villa-R.，1979）］；全模标本采自火山兔［（*Romerolagus diazi*）Ferrari-Pérez］，贮存于 DPUH（没有序列号），其他样品的数据见 Genov 等（1990）。其他种：伪维默尔兔带绦虫［*L. pseudowimerosa*（Tenora，Murai，Valero & Cutillas，1982）］组合种（图 18-715）；维默尔兔带绦虫［*L. wimerosa*（Moniez，1880）］组合种（图 18-716A、B）；类维默尔兔带绦虫（*L.* cf. *wimerosa*）（图 18-716C～F）；弗洛里斯巴伦兔带绦虫［*L. floresbarroetae*（Rausch，1976）］组合种。

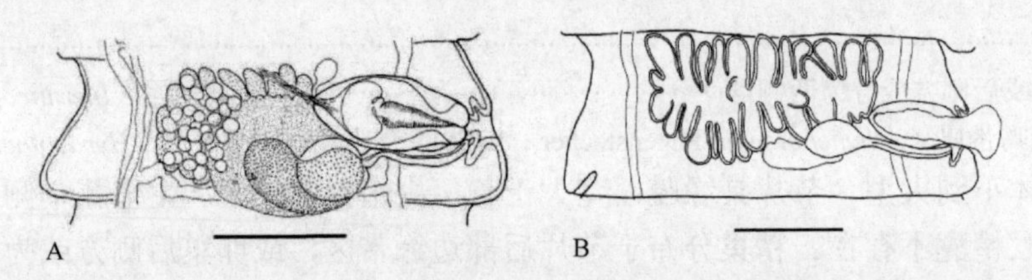

图 18-713　采自火山兔的火山兔兔带绦虫结构示意图（引自 Haukisalmi et al.，2009
A 成节；B. 预孕节中的子宫。标尺：A，B=0.30mm

Genov 等（1990）为原先作为裸头样属的、寄生于兔形目兔科的 4 种绦虫建立兔带属（*Leporidotaenia*）。兔带属与裸头样属不同在于其存在有小棘覆盖的皮层、可伸出的生殖腔、巨大的阴茎囊和高度发达的肌

肉，有与阴茎囊相连的牵引肌，阴道孔相对于雄孔的后方位置，阴茎具有长棘且仅寄生于兔科宿主。该属包括：火山兔兔带绦虫（模式种）（图 18-714）、弗洛里斯巴伦兔带绦虫、伪维默尔兔带绦虫和维默尔兔带绦虫。Genov 等（1990）重描述了除弗洛里斯巴伦兔带绦虫外的其他 3 种，并提供了识别检索表；试图基于家兔和野兔的古地理学解释兔带绦虫种在中美洲与古北区西部的分布区来由。

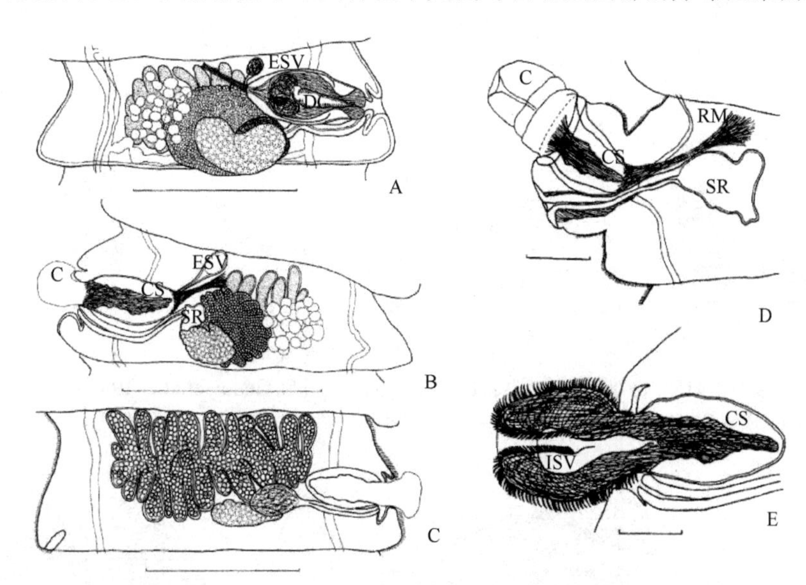

图 18-714 火山兔兔带绦虫结构示意图（引自 Genov et al.，1990）

A. 成节（阴茎内陷，腔不突出）；B. 成节（阴茎外翻）；C. 成熟后节片；D. 成节中的生殖管（生殖腔突出，阴茎外翻）；E. 部分外翻的阴茎和完全保留的棘。缩略词：DC. 阴茎管；ISV. 内贮精囊；ESV. 外贮精囊；C. 阴茎；CS. 阴茎囊；SR. 受精囊；RM. 牵引肌。标尺：A～C=0.5mm；D，E=0.1mm

兔带属（*Leporidotaenia*）绦虫分种检索表

1a. 生殖孔交替……………………………………………………………………………火山兔兔带绦虫（*L. romerolagi*）
1b. 生殖孔单侧……2
2a. 链体很短，不长于 4mm ………………………………………………………………………………………………3
2b. 完全发育的链体长于 6mm……………………………………………………………………………………………4
3a. 链体几乎为楔形；成节长/宽为 1∶（5.8～8.7）；精巢多于 20 个…………………………维默尔兔带绦虫（*L. wimerosa*）
3b. 链体几乎为平行的边缘；成节长/宽为 1∶（1.9～2.5）；精巢不多于 20 个………………………………………………
……………………………………………………………………………………………伪维默尔兔带绦虫（*L. pseudowimerosa*）
4a. 链体长于 15mm；雌性腺位于孔侧；阴茎囊达 450μm；寄生于宿主的胆管…………………………………………
……………………………………………………………………………………弗洛里斯巴伦兔带绦虫（*L. floresbarroetae*）
4b. 链体不长于 15mm；雌性腺绝大多数位于中央；阴茎囊达 760μm；寄生于宿主的小肠………………………………
…………………………………………………………………………………………类维默尔兔带绦虫（*L.* cf. *wimerosa*）

Genov 等（1990）将火山兔兔带绦虫作为属的模式种，同属还有其他 3 个采自火山兔体型小的种：维默尔兔带绦虫、伪维默尔兔带绦虫和弗洛里斯巴伦兔带绦虫。据 Genov 等（1990），这 4 种的特征是具有多棘的皮层，可伸出的生殖腔，巨大、肌肉质的阴茎囊，与阴茎囊相关联的牵引肌存在，阴道孔相对于雄孔的后部位置，阴茎具有长棘，仅发生于兔科的宿主。它们都具有小体型，颈区短或不明显，前方早期的子宫可能重叠但不扩展过腹纵管。由于它们明显的相似性，Genov 等（1990）将火山兔兔带绦虫放在兔带绦虫属，主要与其他 3 种进行了比较。而 Haukisalmi 等（2009）则基于其原始（Kamiya et al.，1979）的描述和详细（Genov et al.，1990）的重描述提出建立另一新属：吉诺夫属（*Genovia*），火山兔兔带绦虫不同于维默尔兔带绦虫、伪维默尔兔带绦虫和弗洛里斯巴伦兔带绦虫之处在于生殖孔的交替（火山兔兔带绦虫中趋向于规则交替），精巢的横向扩展（火山兔兔带绦虫中不重叠于反孔侧腹管），完全发

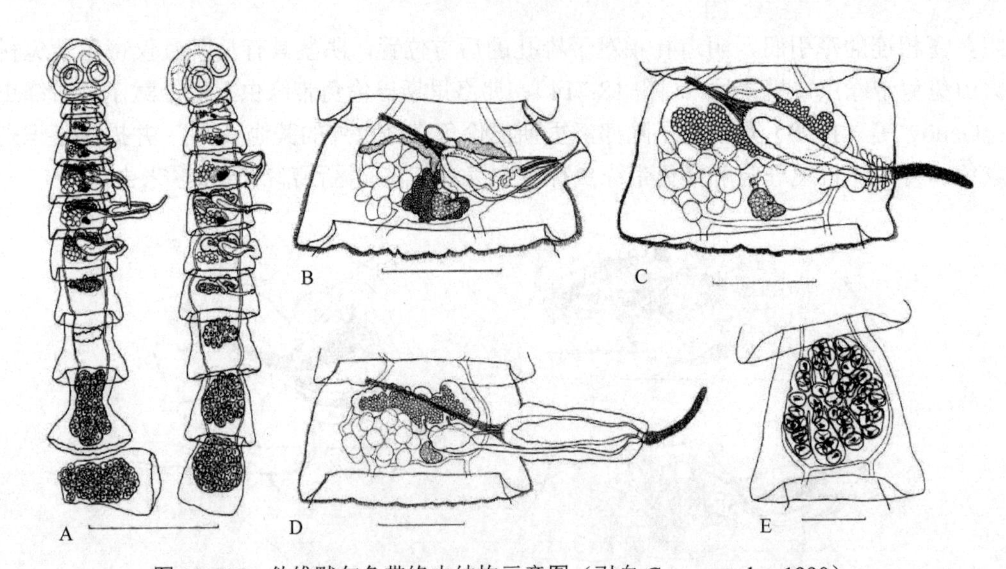

图 18-715　伪维默尔兔带绦虫结构示意图（引自 Genov et al.，1990）

A. 全视图；B. 成节；C. 成熟后节片（生殖腔不突出）；D. 成熟后节片（生殖腔高度突出）；E. 孕节。标尺：A=1mm；B～E=0.2mm

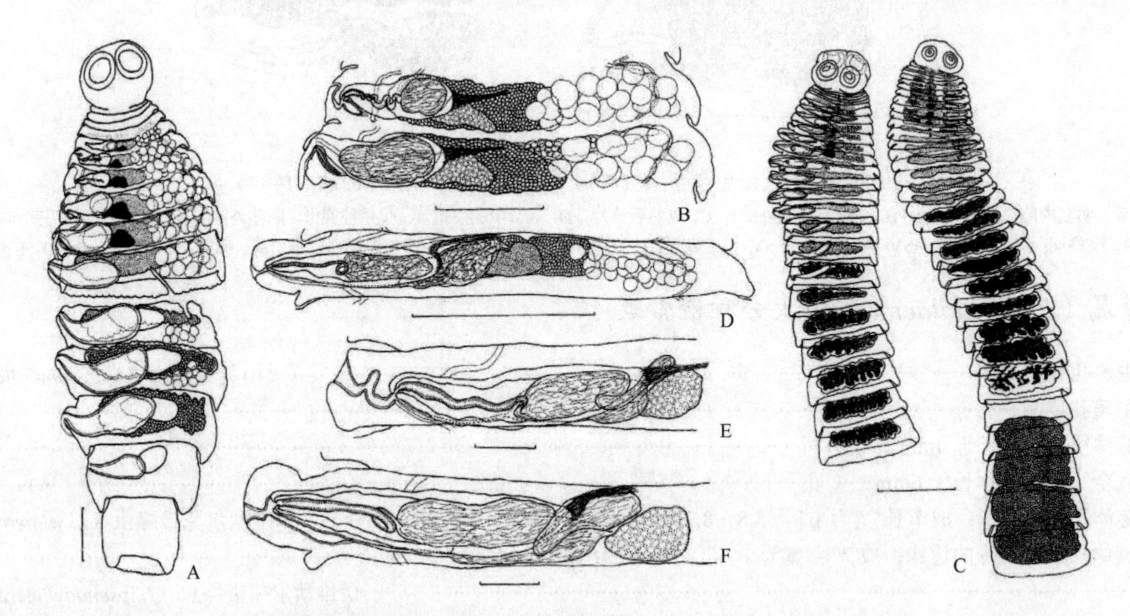

图 18-716　2 种兔带绦虫结构示意图（引自 Genov et al.，1990）

A，B. 维默尔兔带绦虫：A. 全视图；B. 成节。C～F. 类维默尔兔带绦虫：C. 全视图；D. 成节；E. 生殖管（生殖腔不突出）；F. 生殖管（生殖腔突出）。标尺：A，B=0.2mm；C=1mm；D=0.5mm；E，F=0.1mm

育的子宫结构或可能有吸盘的方向（火山兔兔带绦虫中在前方，但模式样本是在压力下固定的）。火山兔兔带绦虫完全发育的子宫的特征是规则的形态、指状的囊，而其他 3 种具有的或是一“树枝状的”子宫或不规则离散的囊和一明显的横向主干或典型的囊状子宫。基于 Genov 等（1990）的重描述，当所有的生殖器官存在并有明显完全的功能的时候，子宫已获得明显的囊化，在这些方面火山兔兔带绦虫不同于所有其他的种。其他种中，雌性腺消失或退化之前，子宫未达到囊化。其他种有一前方的早期子宫，不扩展过腹纵管，兔带属的不同于同亚科相近属，如松鼠带属（*Sciurotaenia* Haukisalmi et al.，2009）和福拉伯斯氏属（*Flabelloskrjabinia* Spasskiĭ，1951）］的特征在于后两者有显著小的链体，规则交替的生殖孔（松鼠带属和福拉伯斯氏属），更少的精巢（松鼠带属和福拉伯斯氏属），更短的阴茎囊（福拉伯斯氏属），阴茎牵引肌的存在（松鼠带属），以及完全发育子宫的结构（松鼠带属和福拉伯斯氏属）。火山兔兔带绦虫栖居于其宿主火山兔（*Romerolagus diazi*）的胆管。

18.16.7.2　吉诺夫属（*Genovia* Haukisalmi et al.，2009）

语源：属的命名是为了向已故的 Todor Genov 教授表示敬意，该教授对裸头亚科绦虫的分类有重要贡献，包括建立兔带属的系统学分析（Genov et al.，1990）。

识别特征：链体短或极小；节片数少。皮层有毛状覆盖物。吸盘指向前侧方。颈区不明显或很短。节片具缘膜，宽大于长。缘膜略弯曲向后。生殖器官单套。生殖孔单侧，位于节片边缘中央或后方。生殖腔强劲，可以形成生殖乳突。生殖管横过背方的渗透调节管。内、外贮精囊存在。阴茎囊突出，显著扩展过腹纵管。阴茎囊的牵引肌存在。精巢少，排列为节片反孔侧部的单一横向或实质样群，通常重叠或略微扩展过腹部反孔侧管。卵巢结构和位置可变。阴道扩展过腹纵管；在阴茎囊后部进入生殖腔。早期的子宫横向管位于节片的前方部，重叠但不扩展过纵管；孔侧端止于阴茎囊前部，部分重叠于其上。完全发育的子宫或有少量浅的前方和后方的囊（明显的横向干缺）或有明显深的囊（横向干存在）。雌性生殖器官的成熟略早于雄性器官；雌性腺与精巢同时消失或略晚于精巢；精巢被扩展的子宫后推。梨形器存在。已知寄生于兔形目、兔科动物。模式种：维默尔吉诺夫绦虫［*G. wimerosa*（Moniez，1880）］组合种（图 18-717）{同物异名：维默尔带绦虫（*Taenia wimerosa* Moniez，1880）；维默尔裸头绦虫［*Anoplocephala wimerosa*（Moniez，1880）Blanchard，1891］；维默尔安德里绦虫［*Andrya wimerosa*（Moniez，1880）Railliet，1893］；维默尔裸头样绦虫［*Anoplocephaloides wimerosa*（Moniez，1880）Baer，1923］；维默尔兔带绦虫［*Leporidotaenia wimerosa*（Moniez，1880）Genov，Murai，Georgiev & Harris，1990］}，全模标本（USNPC 1454）采自欧洲兔［*Oryctolagus cuniculus*（Linnaeus）］。其他种：弗洛里斯巴伦吉诺夫绦虫［*G. floresbarroetae*（Rausch，1976）］组合种{同物异名：弗洛里斯巴伦裸头样绦虫（*Anoplocephaloides floresbarroetae* Rausch，1976），弗洛里斯巴伦兔带绦虫［*Leporidotaenia floresbarroetae*（Rausch，1976）Genov，Murai，Georgiev & Harris，1990］}和伪维默尔吉诺夫绦虫［*G. pseudowimerosa*（Tenora，Murai，Valero & Cutillas，1981）］组合种［同物异名：伪维默尔裸头样绦虫（*Anoplocephaloides pseudowimerosa* Tenora，Murai，Valero & Cutillas，1982），伪维默尔兔带绦虫 *Leporidotaenia pseudowimerosa*（Tenora，Murai，Valero & Cutillas，1982）Genov，Murai，Georgiev & Harris，1990］。

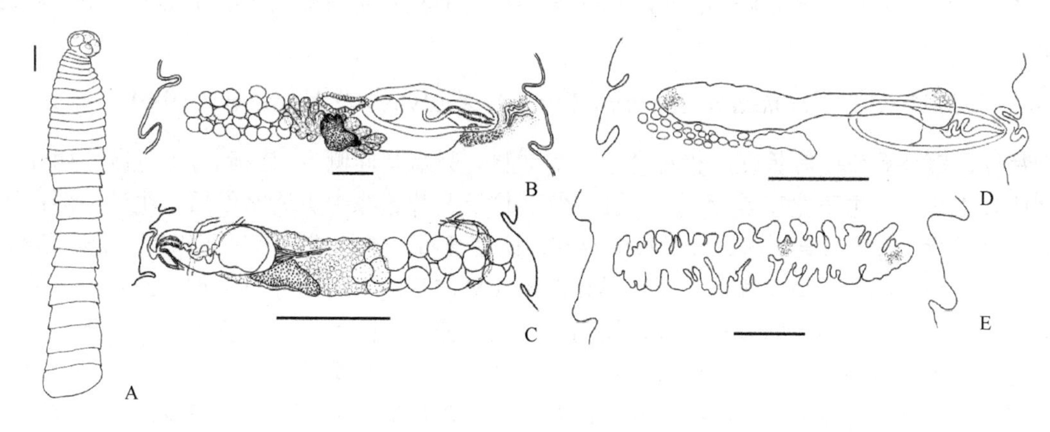

图 18-717　采自雪兔（*Lepus timidus*）的维默尔吉诺夫绦虫结构示意图（引自 Haukisalmi et al.，2009）

A. 链体；B，C. 成节；D，E. 子宫的发育。标尺：A=0.50mm；B=0.10mm；C=0.20mm；D，E=0.30mm

18.16.7.3　非洲贝尔属（*Afrobaeria* Haukisalmi，2008）（图 18-718）

识别特征：链体相当的短且宽。头节与前方的链体无显著区别；颈区短。吸盘指向侧方或前侧方。节片具缘膜，宽明显大于长。生殖器官单套。生殖孔不规则并很频繁的交替，位置在节片边缘的中央。生殖腔强劲，能够形成生殖乳突。生殖管在背侧横过渗透调节管。内、外贮精囊存在。阴茎囊短，可能重叠或仅扩展过腹纵管。阴茎囊牵引肌缺。精巢排列于节片反孔侧部分成一横向的群，重叠于或不扩展过反孔侧腹纵管。相对于节片的大小而言卵巢小、圆形、密分叶。阴道长，显著扩展过腹纵管；在阴茎囊的腹部、后腹部或后部进入生殖腔。早期子宫横管状，有明显的侧向突起，位于髓质中央（纵向的和背腹向），不重叠于纵向渗透调节管。完全发育的子宫树枝状，有分离的前方和后方的囊；横向中央干存在。梨形器存在。寄生于非洲鼠科（murid）的啮齿动物。模式种：棘阴茎非洲贝尔绦虫［*A. acanthocirrosa*（Baer，1924）Haukisalmi，2008］［同物异名：棘阴茎副裸头绦虫（*Paranoplocephala acanthocirrosa* Baer，1924）；沼鼠副裸头绦虫（*P. otomyos* Collins，1972）］；共模标本（MHNG 41784 和 41785）采自南非沟齿沼鼠（*Otomys irroratus*）（Brants）］。其他种：伊索米迪丝非洲贝尔绦虫［*A. isomydis*（Setti，1892）Haukisalmi，2008］｛同物异名：伊索米迪丝带绦虫（*Taenia isomydis* Setti，1892）；伊索米迪丝副裸头绦虫［*P. isomydis*（Setti，1892）Baer，1949］；伊索米迪丝裸头绦虫［*A. isomydis*（Setti，1892）Rausch，1976］｝。

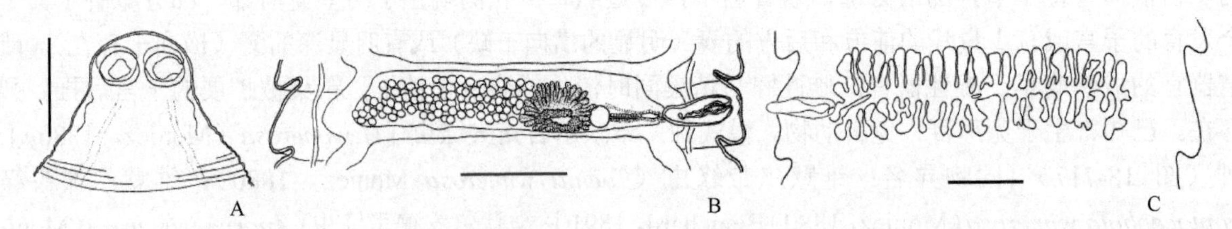

图 18-718　非洲贝尔绦虫（*Afrobaeria* spp.）（引自 Haukisalmi，2008）

A. 采自埃塞垄鼠（*Arvicanthis abyssinicus*）的伊索米迪丝非洲贝尔绦虫全模标本的头节；B，C. 采自非洲沟齿沼鼠的棘阴茎非洲贝尔绦虫：B. 成节；C. 预孕节。标尺：A=0.25mm；B，C=0.50mm

非洲贝尔属最主要的特征是强壮的前方链体（头节不明显），生殖孔很频繁（并不规则的）交替及中央位置（纵向和背腹向）的早期子宫（Haukisalmi，2008）。这一特征组合使其与 Rausch（1976）的裸头样属的所有其他种明显地区分开来。副松鼠带属（*Parasciurotaenia* Haukisalmi et al.，2009）和马绦虫属（*Equinia* Haukisalmi et al.，2009）相似于非洲贝尔属在于有中央位置的早期子宫（纵向），强劲发达的生殖腔，反孔侧精巢通常不重叠于腹纵管，长的阴道和树枝状的子宫；不同于非洲贝尔属之处在于链体更大（副松鼠带属），单侧的生殖孔（副松鼠带属和马绦虫属），更少的精巢（马绦虫属），更长的阴茎囊（马绦虫属）及阴茎牵引肌的存在（副松鼠带属和马绦虫属）。非洲贝尔属绦虫（*Afrobaeria* spp.）的微生境未精确确定。

18.16.7.4　北海道头属（*Hokkaidocephala* Tenora，Gulyaev & Kamiya，1999）

识别特征：链体短或中等长度，相对宽。头节球状。吸盘朝向侧方或前侧方。颈区不明显。节片具缘膜，宽明显大于长。生殖器官单套。生殖孔单侧，位于节片边缘中央或略偏后。生殖腔弱；无生殖乳头。生殖管横过背渗透调节管。内、外贮精囊存在。阴茎囊短，重叠或扩展过腹纵管。无阴茎囊牵引肌。精巢排列于节片反孔侧单一横向群，个别精巢相对于卵巢前孔侧不规则分布；重叠或扩展过前孔侧腹侧纵管。相对于节片的大小而言卵巢相当大，横向、孔侧稀分叶。阴道短，重叠于腹纵管上；在阴茎囊的腹方或后腹方进入生殖腔。早期子宫横管状位于节片的前方部、精巢的腹方，有或无稀少的后部穿孔，重叠或扩展过两侧纵渗透调节管。孔端终止于阴茎囊和外贮精囊的前方。完全发育的子宫有稀少、不规则的后方囊；无前方囊或少而浅。雌性生殖器官与雄性生殖器官同时成熟或略早于雄性器官成熟；雌性腺重吸收后精巢持续重叠于发育的子宫上。梨形器存在。已知寄生于日本的鼠科啮齿动物［姬鼠属的种（*Apodemus* spp.）］。模式种：姬鼠北海道头绦虫［*Hokkaidocephala apodemi*（Iwaki，Tenora，Abe，Oku & Kamiya，1994）Tenora，Gulyaev & Kamiya，1999］（图 18-719B）［同物异名：姬鼠安德里绦虫（*Andrya apodemi* Iwaki，Tenora，Abe，Oku & Kamiya，1994）］；全模标本（DPUH P-722）采自日本姬鼠（*Apodemus argenteus* Temminck）。其他种：贝尔北海道头绦虫［*H. baeri*（Rausch，1976）Haukisalmi，Asakawa，Gubányi，2008］（图 18-719A、C）［同物异名：贝尔裸头样绦虫（*Anoplocephaloides baeri* Rausch，1976）］。

北海道头属的种（*Hokkaidocephala* spp.）可从 Rausch（1976）的其他裸头样属的种中区别开来：区

别特征在于它们完全发育的子宫结构，有不规则的后方囊但很少且浅或无前方的囊（Haukisalmi et al.，2008）。其他的种节片前方早期的子宫重叠于或横过腹纵管，吸盘的侧方或前侧方向也不同（副裸头样属），颈区不明显［微头样属（*Microcephaloides*）、加莱戈样属（*Gallegoides*）］，单侧生殖孔（副裸头样属和加莱戈属），生殖孔的位置（裸头样属），弱发育的生殖腔（吉诺夫属），精巢的反孔侧分布（加莱戈样属）。模式种姬鼠北海道头绦虫最初被分配在安德里属中，因为其子宫被解释为网状（Iwaki et al.，1994）。此特征在随后的姬鼠北海道头绦虫重描述中没有提及（Tenora et al.，1999）。Haukisalmi 等（2008）怀疑这些网状化可能实际上是早期子宫稀疏的后部穿孔，至少存在于贝尔北海道头绦虫（姬鼠北海道头绦虫模式样品中未追踪到子宫发育）。

贝尔北海道头绦虫栖居于宿主小肠的前方（十二指肠）（Rausch，1976）；姬鼠北海道头绦虫栖居于宿主的小肠（区域未精确确定；Iwaki et al.，1994）。

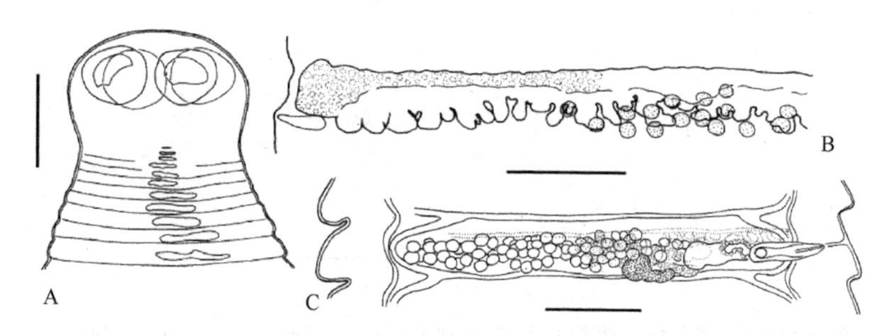

图 18-719　采自日本姬鼠的北海道头属绦虫结构示意图（引自 Haukisalmi et al.，2009）

A. 贝尔北海道头绦虫的头节；B. 姬鼠北海道头绦虫的预孕节子宫；C. 贝尔北海道头绦虫的成节。标尺：A=50mm；B=1.0mm；C=0.30mm

18.16.7.5　松鼠带属（*Sciurotaenia* Haukisalmi et al.，2009）

语源：属的命名是根据其终末宿主横向松鼠（*Sciurus transversaria*）和威氏松鼠（*S. wigginsi*）（松鼠科 Sciuridae）的属名命名的。

识别特征：链体长且宽。吸盘朝向侧方。颈区短。节片具缘膜，宽明显大于长。生殖器官单套。生殖孔单侧或不规则并不频繁交替，位于节片边缘中央略后的位置。生殖腔强劲，可能形成突出的生殖乳突。生殖管在渗透调节管背方穿过。内、外贮精囊存在。阴茎囊显著，明显扩展过腹纵管。阴茎囊牵引肌不存在。精巢排在节片反孔侧区的一横向带；可能重叠于反孔侧腹渗透调节管上但不扩展过管。卵巢相对于节片而言小、圆形，孔侧有相当密的小叶。阴道短，通常不重叠于腹纵管；在阴茎囊后部或后腹部进入生殖腔。早期子宫横管状，位于节片的前方、精巢的腹方，不重叠于纵渗透调节管；孔侧端止于阴茎囊和外贮精囊的前方。完全发育的子宫树枝状，有分离的前方和后方的囊；横向中央干支存在。雌性生殖器官与雄性器官同时成熟或略晚于雄性器官；雌性腺重吸收后精巢持续存在，重叠于发育中的子宫上。梨形器存在。已知寄生于松鼠科啮齿动物。模式种：横向松鼠带绦虫［*Sciurotaenia transversaria*（Krabbe，1879）］组合种（图 18-720）{同物异名：横向带绦虫（*Taenia transversaria* Krabbe，1879）；横向裸头绦虫［*Anoplocephala transversaria*（Krabbe，1879）Blanchard，1891］；横向裸头样绦虫［*Anoplocephaloides transversaria*（Krabbe，1879）Baer，1923］；采自旱獭属动物（*Marmota* sp.）的横向副裸头绦虫［*Paranoplocephala transversaria*（Krabbe，1879）Baer，1927］}；全模标本没有指定。其他种：威氏松鼠带绦虫［*S. wigginsi*（Rausch，1954）］组合种{同物异名：威氏副裸头绦虫（*P. wigginsi* Rausch，1954）；威氏裸头样绦虫［*A. wigginsi*（Rausch，1954）Rausch，1976］}。

与其他前方早期子宫不重叠于腹纵管的种类相比，松鼠带属的不同在于其更大的链体［兔带属和弗洛里斯巴伦吉诺夫绦虫（*G. floresbarroetae*）］，侧向的吸盘（兔带属），颈区的存在［兔带属、福拉伯斯氏属（*Flabelloskrjabinia*）］，精巢的数目（兔带属和弗洛里斯巴伦吉诺夫绦虫），牵引肌的缺乏（兔带属、弗洛里斯巴伦吉诺夫绦虫和福拉伯斯氏属），阴道的长度（福拉伯斯氏属）及完全发育的子宫的结构（兔带属）。松鼠带属和寄生于松鼠科啮齿动物的大型绦虫副松鼠带属（*Parasciurotaenia*）之间的形态差异见副松鼠带属的评论部分。松鼠带属的种（*Sciurotaenia* spp.）的描述和重描述见 Zschokke（1888），Spasskiĭ（1951）（横向松鼠带绦虫）和 Rausch（1954，1976）（威氏松鼠带绦虫）。威氏松鼠带绦虫栖居于小肠；区域未特化。

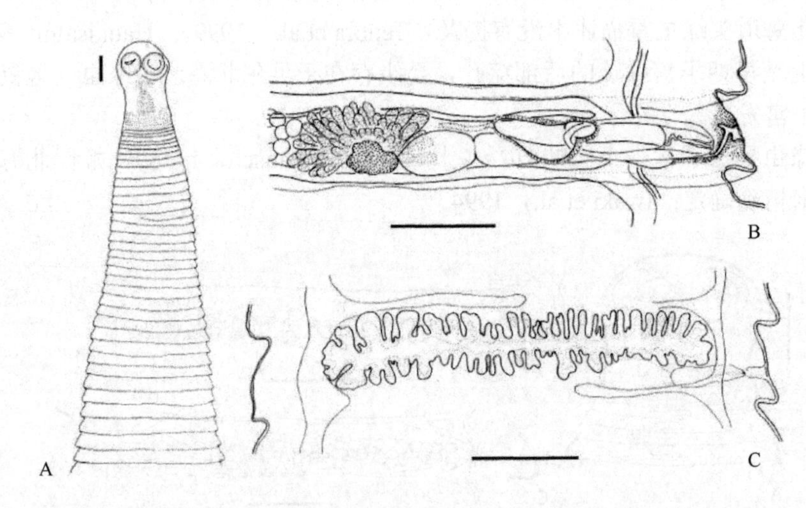

图 18-720　横向松鼠带绦虫结构示意图（引自 Haukisalmi et al.，2009）

样品采自美面黄鼠（*Spermophilus parryi*）。A. 头节和前方的链体；B. 成节；C. 预孕节中的子宫。标尺：A，B=0.50mm；C=1.0mm

18.16.7.6　副松鼠带属（*Parasciurotaenia* Haukisalmi et al.，2009）

语源：属名主体取自其终末宿主松鼠科（Sciuridae）的动物，其模式种表面上类似于松鼠带属（*Sciurotaenia*），故名。

识别特征：链体长且很宽。吸盘指向侧方。颈区明显。节片具缘膜，宽明显大于长。生殖器官单套。生殖孔不规则并频繁交替，位于节片边缘中央位置。生殖腔强劲，可能形成突出的生殖乳突。生殖管在渗透调节管背方穿过。内、外贮精囊存在。阴茎囊短，重叠或不达腹纵管。阴茎囊牵引肌存在。精巢数目多，排为节片反孔侧区的单一横向群；精巢区与反孔侧腹纵管之间有显著的间隔分开。卵巢相对于节片而言小、圆形，孔侧有相当密的小叶。阴道长且很细，显著扩展过腹纵管，具有显著扩张的远端部；在阴茎囊后部进入生殖腔。早期子宫横管状，位于节片中央（纵向和背腹向），不重叠于纵向渗透调节管；孔侧端弯曲，止于外贮精囊的后部。完全发育的子宫树枝状，有分离的前方和后方囊；横向中央干支存在。雌性生殖器官成熟略早于雄性器官；雌性腺重吸收后精巢持续存在，重叠于发育中的子宫上。梨形器存在。已知寄生于松鼠科啮齿动物［旱獭（marmot）］。模式种：茹吉科夫副松鼠带绦虫［*Parasciurotaenia ryjikovi*（Spasskiĭ，1950）］组合种（图 18-721）［同物异名：采自灰旱獭（*Marmota baibacina* Kastschenko）的茹吉科夫副裸头绦虫（*Paranoplocephala ryjikovi* Spasskiĭ，1950）］。全模标本未指定。

副松鼠带属与其相似的 3 个属都有一中央早期子宫（纵向）不重叠于腹纵管。副松鼠带属与其他 3 属的区别在于其更大的链体（非洲贝尔属和马绦虫属），不规则和很频繁交替的生殖孔（马绦虫属），精巢的数目（马绦虫属），精巢区与反孔侧腹纵管之间明显间隔的存在（非洲贝尔属和马绦虫属），阴茎囊的类型（马绦虫属）及阴茎牵引肌的存在（非洲贝尔属）。茹吉科夫副松鼠带绦虫的阴道很长且细并有一特征性的远端膨大，通过该特征能将它从 Rausch（1976）裸头样属的其他种中区别开来。副松鼠带属不同于松鼠带属在于其存在阴茎牵引肌，阴道的长度及结构，早期子宫的纵向位置和早期子宫相对于外贮精囊的孔侧端位置（副松鼠带属在后方，而松鼠带属在前方）。对茹吉科夫副松鼠带绦虫的详细描述见 Spasskiĭ（1950，1951）。茹吉科夫副松鼠带绦虫的微生境没有明确确定。

18.16.7.7 福拉伯斯氏属（*Flabelloskrjabinia* Spasskiĭ，1951）

识别特征：链体长而宽。头节平均大小或很大。吸盘指向前方或前侧方。颈区不明显。节片具缘膜，宽明显大于长。生殖器官单套。生殖孔单侧，位于节片边缘中央略后方。生殖腔强劲，可能形成突出的生殖乳突。生殖管在背方穿过渗透调节管。内、外贮精囊存在。阴茎囊长且细，明显扩展过腹纵管。阴茎囊的牵引肌存在。精巢数目很多，或排为节片反孔侧单一横向群或排在卵巢的反孔侧和孔侧前方；不重叠于反孔侧腹纵管。卵巢大、圆形，位于中央，有密分叶。阴道长，很好地扩展过腹纵管，在阴茎囊的腹方或后腹方进入生殖腔。早期子宫横管状，有或无稀疏的穿孔，位于前方，不重叠于纵渗透调节管。完全发育的子宫树枝状，有分离的前方和后方囊；横向中央主干存在。梨形器存在。已知寄生于奇蹄目动物（Perissodactyls）貘（tapirs）。模式种：貘福拉伯斯氏绦虫［*Flabelloskrjabinia tapirus*（Chin，1938）Spasskiĭ，1951］［同物异名：貘裸头绦虫（*Anoplocephala tapirus* Chin，1938）；貘裸头样绦虫［*Anoplocephaloides tapirus*（Chin，1938）Rausch，1976］；貘副裸头绦虫［*Paranoplocephala tapirus*（Chin，1938）Joyeux & Baer，1961］。采自貘（*Tapirus* sp.），全模标本贮存于岭南大学生物系（编号未确定）。其他种：印度福拉伯斯氏绦虫［*F. indicata*（Sawada & Papasarathorn，1966）Rausch，1976］（图 18-722）{同物异名：印度副裸头绦虫（*P. indicata* Sawada & Papasarathorn，1966）；印度裸头样绦虫［*A. indicata*（Sawada & Papasarathorn，1966）Haukisalmi，2005］。

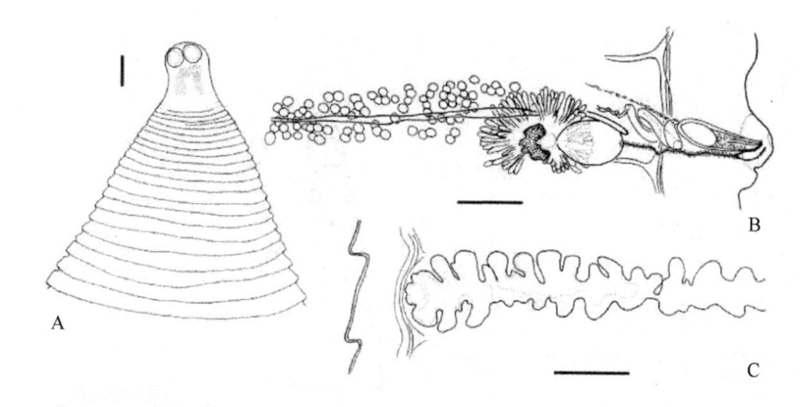

图 18-721 茹吉科夫副松鼠带绦虫结构示意图（引自 Haukisalmi et al.，2009）

样品采自喜马拉雅旱獭（*Marmota himalayana*）。A. 头节和前方的链体；B. 成节；C. 预孕节中的子宫。标尺：A，B=0.50mm；C=1.0mm

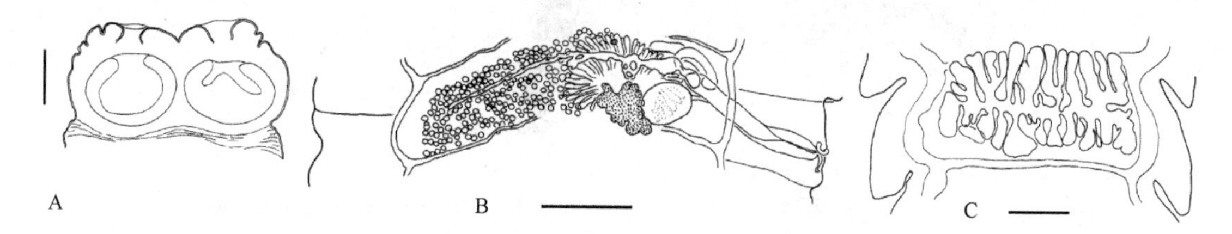

图 18-722 印度福拉伯斯氏绦虫结构示意图（引自 Haukisalmi et al.，2009）

样品采自印度貘（*Tapirus indicus*）。A. 头节；B. 成节；C. 预孕节中的子宫。标尺=1.0mm

由于其前方的早期子宫不扩展过腹纵管，福拉伯斯氏属类似于兔带属、弗洛里斯巴伦吉诺夫绦虫和松鼠带属。它以显著更大的链体（兔带属和弗洛里斯巴伦吉诺夫绦虫）、颈区的不明显（松鼠带属）、单侧的生殖孔（兔带属和威氏松鼠带绦虫）、数目众多的精巢（兔带属和弗洛里斯巴伦吉诺夫绦虫）、阴茎牵引肌的存在（松鼠带属）和阴道的长度（松鼠带属）从这些类群中区别开来（Haukisalmi，2005）。

福拉伯斯氏属绦虫包括一种有反孔侧和前方精巢的种及另一仅有反孔侧精巢的种；而这一差异并无较高的分类价值。

貘福拉伯斯氏绦虫栖居于其宿主的小肠；区域未明确确定（Chin，1938）。

18.16.7.8 伦蒂属（*Lentiella* Rêgo，1964）

Haverkost 和 Gardner（2008）报道了一采自玻利维亚西蒙斯地棘鼠（*Proechimys simonsi*）[（啮齿目）：棘鼠科（Echimyidae）] 的拉莫斯伦蒂绦虫（*Lentiella lamothei*）（图 18-723A～H）。拉莫斯伦蒂绦虫与马查多伦蒂绦虫（*L. machadoi* Rêgo 1964）的区别在于具有更长更窄的链体、更多的节片数、更小的阴茎囊、更小的头节直径，卵中有一更大的梨形器。此外，伦蒂属原被作为单境绦虫属（*Monoecocestus* Beddard，1914）的同物异名，之后得以重新启用。

识别特征：小型裸头科绦虫。头节和吸盘大。未成节、成节和孕节节片宽大于长，后段最末节和倒数第 2 节中没有卵，通常长大于宽。生殖孔规则交替。小但数目多的精巢位于节片的后方部、卵巢和卵黄腺后方，在连续的区域。精巢横向扩展但不覆盖腹部或背部渗透调节管。阴茎囊大，阴茎具棘。阴道在阴茎囊前方进入生殖腔。侧生殖管（阴道和阴茎囊）背方和渗透调节管交叉。卵巢叶状，位于反孔侧略前方。卵黄腺实质状，在卵巢的后方和孔侧。存在有小的受精囊。在未成节中阴道有膨大。无内、外贮精囊。管状子宫从中央向前方弯曲，不占据节片的后方部位。子宫发育 突然，子宫壁完全发育前填充有卵。子宫很少与腹排泄管交叉，仅在孕节中有交叉。子宫可能在腹部或背部与渗透调节管交叉。孕子宫有前、后方和侧向支囊。末端变老的节片中卵脱离，通常无卵。卵有简单的梨形器。已知成体寄生于啮齿类动物，分布于南美洲。模式种：马查多伦蒂绦虫（*L. machadoi* Rêgo，1964）

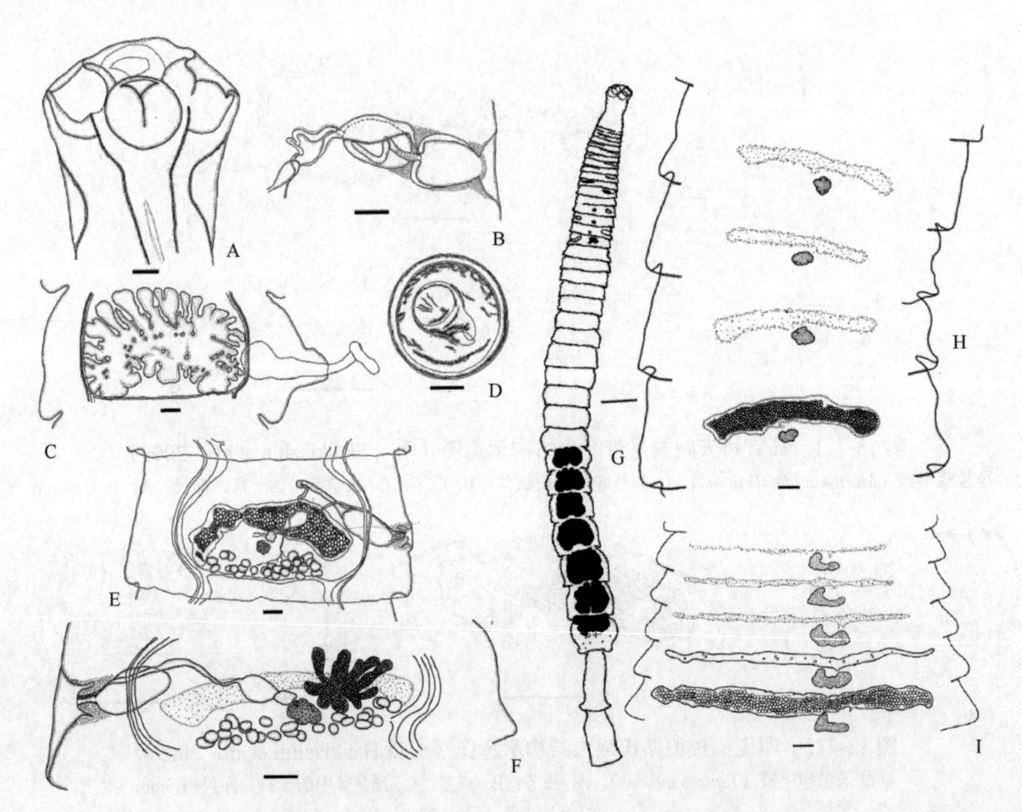

图 18-723 拉莫斯伦蒂和裸头样属绦虫的绦结构示意图（引自 Haverkost & Gardner，2008）

A～H. 拉莫斯伦蒂绦虫：A. 头节；B. 未成节的生殖腔，示阴道膨大；C. 孕子宫；D. 卵，示梨形器和六钩蚴；E. 第 1 成熟后节片；F. 成节；G. 副模标本完整的链体；H. 全模标本子宫发育的详细观察。I. 裸头样属绦虫的子宫发育详细观察。标尺：A～F=0.01mm；G=1mm；H，I=0.1mm

18.16.7.9 兔鼠带属（*Viscachataenia* Denegri et al.，2003）

对采自阿根廷黑毛山绒鼠（*Lagidium viscacia*）[啮齿目（Rodentia）：绒鼠科（Chinchillidae）] 的组合种方形兔鼠带绦虫 [*Viscachataenia quadrata*（Linstow，1904）]（图 18-724，图 18-725）进行了重描述。建立兔鼠带属（*Viscachataenia*）用于容纳 Linstow（1904）的裸头科的绦虫：方形鸣绦虫（*Cittotaenia quadrata*）。属的特征是成对的生殖器官、网状的子宫和阴道在阴茎囊前方进入生殖腔；与单境绦虫属（*Monoecocestus* Beddard，1914）相似，单境绦虫属是南美啮齿动物常见属，但其每节只有 1 套生殖器官。兔鼠鸣绦虫［*Cittotaenia viscaciae*（Spasskiĭ，1951）］和芬德拉伯特绦虫（*Bertiella findlayi* Mazza，Parodi & Fiora，1932）均采自兔鼠（viscachas），被认为是方形兔鼠带绦虫的同物异名。

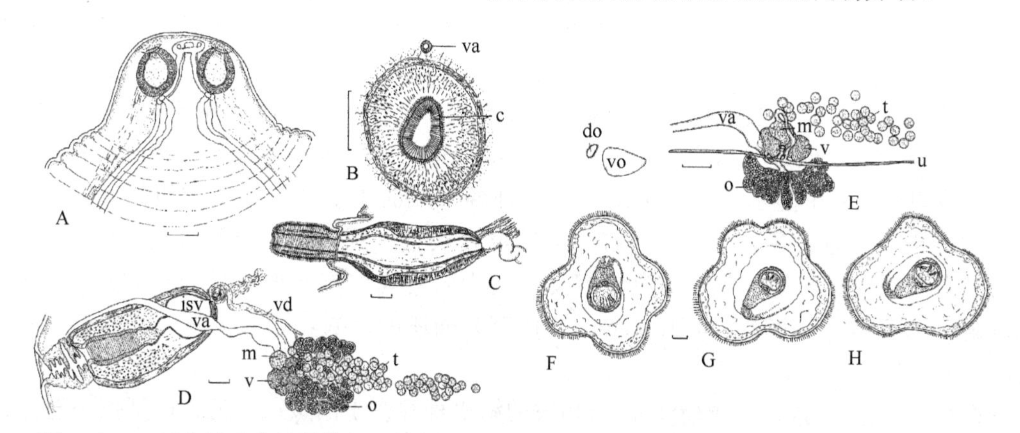

图 18-724　采自黑毛山绒鼠的方形兔鼠带绦虫组合种结构示意图（引自 Denegri et al.，2003）

A. 头节；B. 通过阴茎囊远端部的组织切片示阴道在阴茎囊前方；C. 外翻的阴茎示外翻的生殖腔形成的肉茎及缺乏明显的内贮精囊；D. 生殖器官背腹面观；E. 通过成节生殖器官横向组织切片，背方向上；F～H. 卵，示卵壳叶的形态和数目的变化。缩略词：c. 阴茎；do. 背渗透调节管；isv. 内贮精囊；m. 梅氏腺；o. 卵巢；t. 精巢；u. 子宫；v. 卵黄腺；va. 阴道；vd. 输精管；vo. 腹渗透调节管。标尺：A～E=0.1mm；F～H=0.01mm

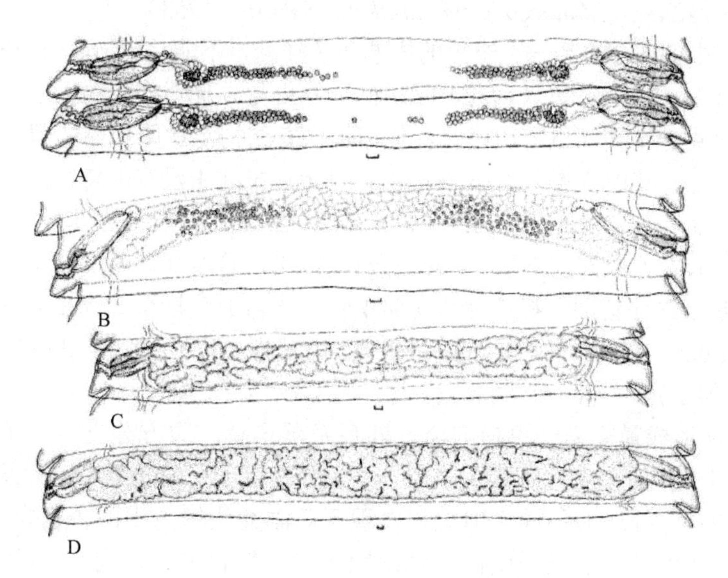

图 18-725　采自黑毛山绒鼠的方形兔鼠带绦虫组合种节片结构示意图（引自 Denegri et al.，2003）

A. 成节，示精巢分布的变化；B. 成熟后节片伴随雌性生殖器官的凋谢、网状的子宫形成，精巢仍持续；C. 预孕节中子宫充满虫卵，失去其网状的外观，但限于渗透调节管之间；D. 孕节有完全发育的子宫使渗透调节管模糊不清。标尺=0.1mm

虽然 Linstow（1904）对方形鸣绦虫的描述简短，但多数特征均有，尤其卵是四叶的，是该种的明显特征。此外，与 MNHG 中的模式标本的可观察的所有的重要特征一致，小的差异存在于其对受精囊的描述和图解上。新材料中，阴道的近端部不同程度地膨大，但由于膨大的形态不稳定，不被识别为受精囊。Linstow（1904）图示阴道于阴茎囊的背方进入生殖腔。这种状况在模式标本中不能肯定，可能是错误的。卵巢的位置在 Linstow（1904）中的描述和图示为位于卵黄腺和梅氏腺的背部。Spasskiĭ（1951）评论这样的排列是很不可能的，几乎可以肯定是错误的。新材料中，这些结构为通常的背腹关系。除了这一可能是错误的差异，可以肯定绦虫是方形鸣绦虫。

比较了新样品和兔鼠鸣绦虫的模式样品后，兔鼠鸣绦虫被暂时作为方形鸣绦虫的同物异名。

Beveridge（1978）注意到两种的阴茎囊结构相似并提出它们是同义。而由于方形鸣绦虫模式材料的质量差及兔鼠鸣绦虫模式材料的不完全自然。Beveridge（1978）认为这一问题的解决需要新材料的收集。Denegri 等（2003）的描述与 Beveridge（1978）的在绝大多数方面一致。Beveridge（1978）陈述无内贮精囊，但新材料有证据表明该囊可能细长或在一些节片中不明显，尤其是当阴茎外翻时。Beveridge（1978）也描述了一个受精囊，但正如上面所解释的一样，是在一新的材料中的，该结构在形态上很易变。对于兔鼠鸣绦虫的卵，Beveridge（1978）描述为球状而不是类似于方形鸣绦虫中的四叶状，差异不易解释，但可能与卵的成熟度相关。兔鼠鸣绦虫仅可在子宫中观察到，相比之下方形鸣绦虫的卵，卵的分叶特性明显、卵表面细发状突起不易观察。Beveridge（1978）亦描述阴道在阴茎囊后方进入生殖腔，而这仅在其图 71 中显示，该图中由生殖腔外翻形成的生殖乳突的后方边缘，可能被错误地当作阴道的末端。新材料绝大多数节片中远端阴道的位置极难看到，仅在少数用镊子移去外层肌肉，阴茎囊错位的节片中看到。在切片上，阴道很容易鉴定为阴茎囊前方一很细长的管。追踪阴道远端的困难可能可以解释 Linstow（1904）和 Beveridge（1978）描述的矛盾。因此兔鼠鸣绦虫暂时被当作方形鸣绦虫的同物异名。

卵形态的差异可能表明两个不同但很密切相关的绦虫种存在于山绒鼠，但目前证据不充分。

芬德拉伯特绦虫为 Mazza 等(1932)描述，采自阿根田胡胡伊(Jujuy)省黑毛山绒鼠(*Lagidium viscacia*)和吐库曼山绒鼠（*L. tucumanus* Thomas）。他们描述了收集到的成体和幼体绦虫，试图找出原模式样品，但没有成功。而测定已发表的图和照片表明他们报道的成体样品可能是方形鸣绦虫，幼体样品是一相关的绦虫：思雷尔克德单境绦虫［*Monoecocestus threlkeldi*（Parra，1953）］。

Mazza 等（1932）中的图 2-4 是一小绦虫的成熟和孕样品，不能从 Parra（1953）原始描述的思雷尔克德单境绦虫中区别开来。Mazza 等（1932）报道的大绦虫与方形鸣绦虫的大小一样，且提供的节片内部形态的描述与思雷尔克德单境绦虫密切相符，他们提供有结构示意图和卵的照片，大多数是四叶并有成群的丝状突起位于壳上，其图 9 是具有 5 叶的卵，是上述描述中没有的特征。Mazza 等（1932）描述的大绦虫虽然缺模式样品，但应该是方形鸣绦虫。方形鸣绦虫的子宫发育先前没人描述。Linstow（1904）简单描述其充满节片，有背、腹部的支囊。Beveridge（1978）描述兔鼠兔鼠带绦虫（*C. viscaciae*）时注意到子宫是网状的，基于这些基础，将该种从有简单管状子宫的莫斯哥瓦绦虫属（*Mosgovoyia*）中移出（Spasskiĭ，1951；Beveridge，1978），暂时放在鸣绦虫属，因其模式种齿状鸣绦虫［*C. denticulate*（Rudolphi，1904）］有一略为网状的子宫。

方形鸣绦虫的子宫形成最初是一单横向索，随后发展出背、腹方分支，产生一复杂的网状子宫，伸展过节片，有一系列平行的分支在各端伸向侧方。完全发育的子宫为囊状。此发育的形式与 Spasskiĭ（1951）和 Rausch（1976）描述的不同，但类似发现于脐副裸头绦虫中的子宫发育形式，正如 Rausch（1976）描述的一样，其中子宫形成一横向索状细胞集群，发育成一横向带，形成穿孔并最终充满节片，成为有分支的囊。子宫发育的描述很可能在更多的种中有详细记录，可能记录了比现在接受的类型更多的变异类型。

网状子宫的存在和成对的生殖器官表明其与鸣绦虫属、莫尼茨属和双安德里属相似。而方形鸣绦虫不同于所有这些属在于阴道在阴茎囊前方进入生殖腔，这是观察到的仅在每节且仅有 1 套生殖器官的单境绦虫属的一个特征。方形鸣绦虫不平常的卵有细发样突起结构，在单境绦虫属的种中有相似的种类，类似的卵如美洲单境绦虫［*M. americanus*（Stiles，1895）］、托马斯单境绦虫（*M. thomasi* Rausch & Maser，1977）和变异单境绦虫［*M. variabilis*（Douthitt，1915）］等，它们的卵也有表面一致的细突起物覆盖（Freeman，1949；Rausch & Maser，1977）。其他描述过卵的种，没有表现出有这一特征（Spasskiĭ，1951；Rego，1961）。方形鸣绦虫的卵有梨形器，其较窄的端部由颗粒状组织小块附于内卵膜上。在整个卵中，它频繁地表现为梨形器在更窄的一端扩展成细长、后弯的角。而如果从卵移出梨形器，并在盖玻片的压力下可能转动，很明显，“角”是卵内膜的简单皱褶。因此梨形器描述自游离的卵，有的可能受压并排出内部结构，而不是子宫中完整的虫卵。方形鸣绦虫独特的特征是有成对的生殖器官及阴道在阴茎囊前方进入生殖腔，表明其应该适合放在新的属，因此提出兔鼠带属。新属的生物地理学的关系表明其衍生自主要寄生于南美啮齿动物的具有 2 套生殖器官的单境绦虫属。生殖器官重复现象在裸头亚科动物中是常见的（Baer，1927；Spasskiĭ，1951；Beveridge，1978）。兔鼠带属和单境绦虫属的一些种卵的不平常的特征进一步支持两属间的关联。方形兔鼠带绦虫原始的宿主被 Linstow（1904）识别为一种主要发生于秘鲁的秘鲁山绒鼠［*Lagidium peruanum*（Nowak，1999)]。兔鼠兔鼠带绦虫的宿主不确定（Beveridge，1978），但很可能是发生于智利［包括瓦尔迪维亚（Valdivia）周围的区域]、秘鲁、玻利维亚和阿根廷等地的黑毛山绒鼠［*L. viscacia*（Nowak，1999)]。Nowak（1999）跟从 Cabrera（1961）识别了 3 种山绒鼠：秘鲁山绒鼠、黑毛山绒鼠和沃尔夫森山绒鼠（*L. wolffsohni* Thomas），后一种发生于智利和阿根廷的极南端。在此亦认为方形鸣绦虫主要寄生于两种山绒鼠，即秘鲁山绒鼠和黑毛山绒鼠。

Wickström 等（2005）对啮齿动物和兔形目动物裸头亚科绦虫的分子系统发生和系统分类进行了研究，为胎盘类哺乳动物裸头亚科的绦虫提出了基于线粒体细胞色素氧化酶 I 基因（*COI*）、核编码的 28S rRNA 基因和 rRNA 的内转达录间隔区 I（*ITS1*）的序列数据的分子系统发生假说。分子系统分析选用了 35 种材料，代表了绦虫的 9 个属，强调寄生于全北区啮齿动物和兔形目动物的种。分析结果的系统发生表明与更早期的系统和形态推导的系统发生假说在一定程度上不一致。特别是与裸头亚科之中更深的系统发生分离主要由子宫的形态决定的观点相矛盾。与早期假说提出的生殖器官双套作为属差异的区分不一致。新宿主的殖民化线系明显是胎盘类哺乳动物裸头亚科绦虫多样化的一个主要方式；系统共演化的证据还模糊不清。系统发生始终如一的区别为一大的单系群，包括所有采自田鼠亚科啮齿动物（田鼠和旅鼠），主要代表属是裸头样属和副裸头属。绦虫“田鼠亚科支”内的系统发生关系仍未得到解决。未解决的多歧的上下节点的一致性支持表明许多线系几乎是同时多样化的快速适应辐射，一系列方案也提出用于田鼠亚科宿主的分析。

18.16.7.10 微头样属（*Microcephaloides* Haukisalmi，Hardman，Rausch & Henttonen，2008）（图 18-726～图 18-728）

识别特征：链体相当短而细。头节小。吸盘埋入头节中，指向侧方或前侧方。颈区明显。节片具缘膜，宽明显大于长。缘膜直或弯向前方。生殖器官单套。生殖孔单侧，位置在节片边缘中央或略后方。生殖器官弱，无生殖乳突。生殖管在渗透调节管背部通过。内、外贮精囊存在。阴茎囊短，重叠或很少扩展过腹纵管。阴茎囊无牵引肌。精巢排列为节片反孔侧部的单一横向群，扩展过反孔侧腹纵管。相对于节片大小而言卵巢很大，或多或少位于孔侧，有稀疏的分叶。阴道短，不扩展过腹纵管，在阴茎囊的腹部或后腹部进入生殖腔。早期子宫横管在节片的前方部，有或没有有孔的末端，位于精巢腹部，在腹部和两侧横过纵向渗透调节管；孔和末端在阴茎囊和外贮精囊的前部或部分重叠于其上。完全发育的（预孕节）子宫通常稀疏成囊，具有宽的前方和后方的囊，在整个发育过程中通常挤压邻近的囊；不存在明显横向的支干。雌性生殖器官与雄性生殖器官同时成熟或雌性生殖器官略早成熟；雌性腺重吸收后精巢持续存在，重叠于发育的子宫上。梨形器存在。已知寄生于衣囊鼠（geomyid）（模式宿主），仓鼠（cricetid）［田鼠亚科（Arvicolinae)］和鼹形鼠科的（spalacid）啮齿动物。模式种：变异微头样绦虫［*M. variabilis*（Douthitt，1915）Haukisalmi，Hardman，Rausch & Henttonen，2008]；共模标本（USNPC 7375，7408，7410 和 49524～49531）采自平原囊鼠（*Geomys bursarius*）。其他种：新丝状微头样绦虫［*M. neofibrinus*（Rausch，1952)］组合种［同物异名：新丝状副裸头绦虫（*Paranoplocephala neofibrinus* Rausch，1952)]；马斯科玛微头样绦虫［*M. mascomai*（Murai，Tenora & Rocamora，1980)］组合种［同物异名：马斯科玛副裸头绦虫（*Paranoplocephala mascomai* Murai，Tenora & Rocamora，1980)]；*M. tenoramuraiae*（Genov & Georgiev，1988）Haukisalmi et al.，2008（同物异名：*Anoplocephaloides tenoramuraiae* Genov & Georgiev，

1984)；尼夫微头样绦虫［*M. nevoi*（Fair，Schmidt & Wertheim，1990)］组合种［同物异名：尼夫副裸头绦虫(*P. nevoi* Fair，Schmidt & Wertheim，1990)］和克雷布斯微头样绦虫[*M. krebsi*(Haukisalmi，Wickström，Hantula & Henttonen，2001)Haukisalmi et al.，2008][同物异名：克雷布斯副裸头绦虫(*P. krebsi* Haukisalmi，Wickström，Hantula & Henttonen，2001)］。注意分子分类表明变异微裸头样绦虫样种包括至少 6 个隐藏种（Haukisalmi et al.，2008）。

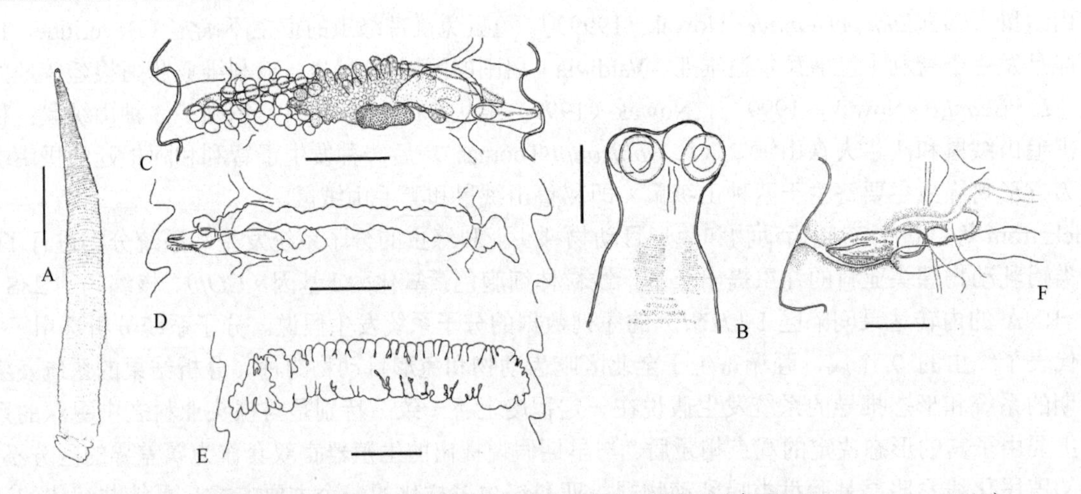

图 18-726　类变异微头样绦虫和变异微头样绦虫结构示意图（引自 Haukisalmi et al.，2009）

A，B. 采自黑田鼠（*Microtus agrestis*）的类变异微头样绦虫（*M.* cf. *variabilis*)：A. 链体；B. 头节。C. 采自根田鼠（*M. oeconomus*）的变异微头样绦虫的成节。D～F. 采自北囊鼠（*Thomomys talpoides*）的变异微头样绦虫：D. 子宫的发育；E. 孕节，示子宫；F. 生殖管和早期子宫。标尺：A=5.0mm；B=0.20mm；C～E=0.30mm；F=0.10mm

微头样属和裸头样属之间的差异上面已有评估。微头样属不同于副裸头样属之处在于其更宽的身体，侧方或前侧方向的吸盘和单侧的生殖孔。微头样属不同于北海道头属主要在于后一属独特的子宫发育，而前一属具有更小的头节及颈区更为明显。加莱戈样属与微头样属明显的分化可能在于精巢的分布及交替的生殖孔。微头样属明显不同于其他裸头科无棘帽亚科的属在于其横向、纵和/或背腹位置的早期子宫。

新丝状微头样绦虫不同于同属的种在于其略大的头节，略长的阴道及可能的不同类型的完全发育的（预孕节中）子宫（在新丝状微头样绦虫中接近于“树枝状的”类型)，而这些差异都不显著，并且仅有 1 单个、部分收缩的样品（全模标本）可利用。新丝状微头样绦虫不分离为独立的属。新丝状微头样绦虫不同于同属的种在于其精巢的位置在卵巢的反孔侧和前方（其他同属的种全位于卵巢的反孔侧)，但这一差异在属水平上不显著。Haukisalmi 等（2008）肯定了采自田鼠属的几个变异微头样绦虫种和采自环颈旅鼠(*Dicrostonyx* spp.)的克雷布斯微头样绦虫为单系，然而没有采自模式宿主东南鼠(*Geomys* Rafinesque)的变异微头样绦虫、新丝状微头样绦虫、*M. tenoramuraiae*、尼氏微头样绦虫和马斯科玛微头样绦虫的系统发生数据。微头样属的种栖居于小肠前部（十二指肠）。

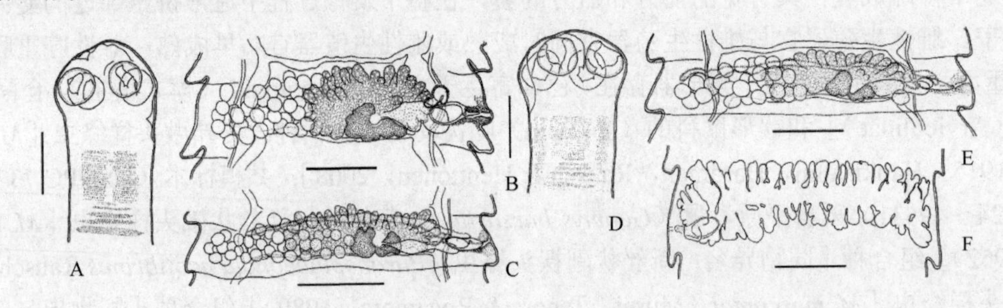

图 18-727　变异微头样绦虫组合种（引自 Haukisalmi et al.，2008）

A. 采自明尼苏达州平原囊鼠（*Geomys bursarius*）的头节；B. 采自伊利诺伊州平原囊鼠（共模标本）的成节；C. 采自明尼苏达州北囊鼠的成节；D. 采自萨斯喀彻温省北囊鼠的头节；E. 采自萨斯喀彻温省北囊鼠的成节；F. 采自明尼苏达州平原囊鼠的预孕节。标尺：A～C=0.30mm；D=0.20mm；E，F=0.50mm

18.16.7.11 马绦虫属（*Equinia* Haukisalmi，2009）

语源：属名取自终末宿主侏儒马（*Equus mamillana*）和普通马（*Equus caballus*）的属名。

识别特征：链体短而宽。吸盘指向侧方。短的颈区存在。节片具缘膜，宽明显大于长。生殖器官单套。生殖孔单侧，位于节片边缘中央或偏后。生殖腔强劲，能形成突出的生殖乳突。生殖管在渗透调节管背部穿过。内、外贮精囊存在。阴茎囊长且细，很明显地扩展过腹纵管。阴茎囊牵引肌存在。精巢排列在节片反孔侧部，为单一横向群；不重叠于反孔侧腹纵管。卵巢小而圆，略偏孔侧，有密集的小叶。阴道长，很明显地扩展过腹纵管。早期子宫横管状，位于中央纵向，不重叠于纵向渗透调节管；孔侧端的位置相对于阴茎囊有变化。完全发育的子宫树枝状，有分离的前方和后方的囊；横向中央主干存在。雌性生殖器官的成熟略早于雄性器官，精巢与雌性器官同时被吸收。梨形器存在。已知寄生于奇蹄目动物（马）。模式种：侏儒马绦虫［*Equinia mamillana*（Mehlis in Gurlt，1831）］组合种（图 18-729）{同物异名：侏儒马带绦虫（*Taenia mamillana* Mehlis in Gurlt，1831）；侏儒马裸头绦虫［*Anoplocephala mamillana*（Mehlis in Gurlt，1831）Blanchard，1891］；侏儒马裸头样绦虫［*Anoplocephaloides mamillana*（Mehlis in Gurlt，1831）Baer，1923］}。采自普通马（*Equus caballus* Linnaeus）；未指定全模标本。

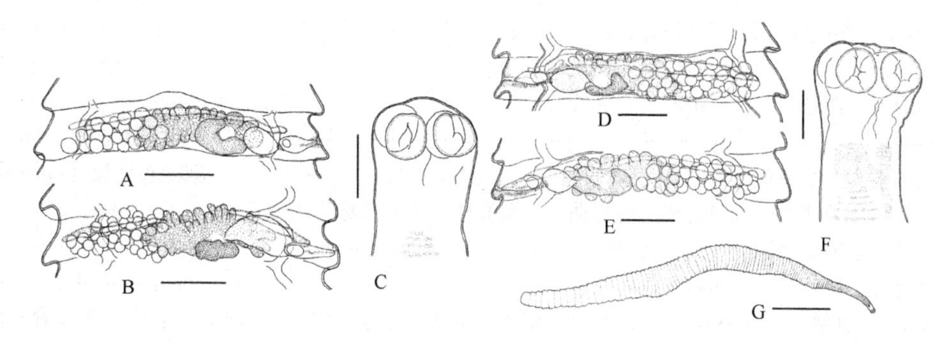

图 18-728 微头样属绦虫未定种的成节、头节和完全发育的链体例（引自 Haukisalmi et al.，2008）

样品采自田鼠（*Microtus* spp.）。A，C. 第 1 支，采自土耳其的艮氏田鼠（*Microtus guentheri*）；B. 第 4 支，采自芬兰的根田鼠（*M. oeconomus*）；D，F，G. 第 5 支，采自阿拉斯加的歌田鼠（*M. miurus*）；E. 第 6 支，采自阿拉斯加的长尾田鼠（*M. longicaudus*）。标尺：A，B，D，E=0.30mm；C，F=0.20mm；G=5.0mm

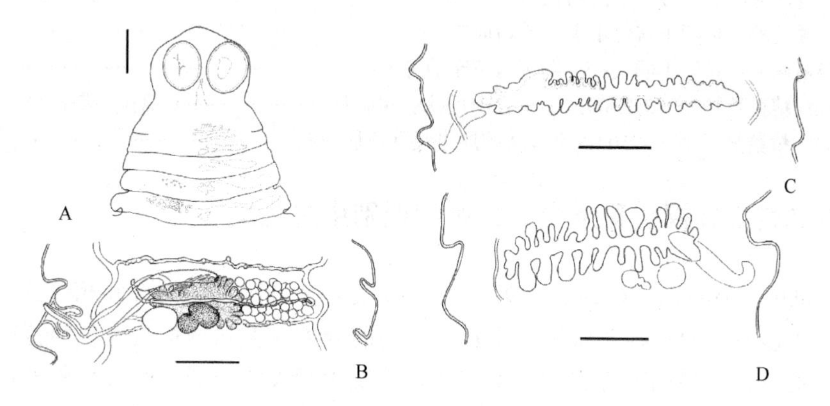

图 18-729 采自马的侏儒马绦虫结构示意图（引自 Haukisalmi，2009）

A. 头节和前方的链体；B. 成节；C，D. 子宫的发育。标尺：A=0.30mm；B，D=0.50mm；C=1.0mm

马绦虫属有中央位置的（纵向）早期子宫，在任何发育期均不重叠于腹纵管，因此类似于非洲贝尔属和副松鼠带属。它与这些属的不同在于更短的链体（副松鼠带属），单侧生殖孔（非洲贝尔属和副松鼠带属），阴茎囊的类型和牵引肌的存在（非洲贝尔属）。在大体解剖上，它亦相似于奇蹄目另一属寄生虫福拉伯斯氏属（*Flabelloskrjabinia*），但不同于后一属在于其显著更小的链体、短颈区的存在、更少的精巢和中央位置的早期子宫（纵向）。侏儒马绦虫的重描述见 Stiles（1896）和 Spasskiĭ（1951）。侏儒马绦虫栖居于宿主的小肠；区域未特异化（Spasskiĭ，1951）。

涉及 Rausch（1976）裸头样属和形态相关类群的检索表（该检索表包括有单套生殖器官、管状早期子宫和突出的反孔侧精巢的裸头亚科绦虫）如下。

1a. 生殖孔交替……2
1b. 生殖孔单侧……8
2a. 生殖孔规则交替（略有变异者）；颈区不明显……兔带属（*Leporidotaenia*）
2b. 生殖孔不规则交替，颈区明显……3
3a. 生殖腔强劲，能形成明显的生殖乳突；阴道长（明显扩展过腹纵管）；早期子宫位于节片中央（在纵向）……4
3b. 生殖腔弱，不能形成生殖乳突；阴道短（刚好穿过腹纵管或更短）；早期子宫位于前方……5
4a. 生殖孔很频繁交替（每 100 节＞50 次变化）……非洲贝尔属（*Afrobaeria*）
4b. 生殖孔不频繁交替（每 100 节≤50 次变化）……5
5a. 精巢在卵巢的孔侧和反孔侧，主要在节片的后部……加莱戈样属（*Gallegoides*）
5b. 精巢仅在卵巢的反孔侧，在节片的前方和后方……6
6a. 体短（＜50mm）；生殖腔弱，不能形成生殖乳突；精巢数目少（＜50）；子宫重叠或扩展过腹纵管……副裸头样属（*Paranoplocephaloides*）
6b. 体长（＞100mm）；生殖腔强劲，可以形成突出的生殖乳突；精巢数目多（＞80）；子宫不重叠于腹纵管……7
7a. 阴茎囊牵引肌缺；阴道短（刚穿过腹纵管或更短）；早期子宫位于前方……松鼠带属（*Sciurotaenia*）
7b. 阴茎囊牵引肌存在；阴道长（明显扩展过腹纵管）；早期子宫位于节片中央（纵向）……副松鼠带属（*Parasciurotaenia*）
8a. 吸盘突出，指向前方；缘膜弯向后方；生殖孔位于节片边缘略前方……副裸头样属（*Anoplocephaloides*）
8b. 吸盘弱，指向侧方或前侧方；缘膜直或向前弯曲；生殖孔位于节片边缘中央或后方……9
9a. 阴茎囊牵引肌缺；阴道短（刚过腹纵管或更短）……10
9b. 阴茎囊牵引肌存在；阴道长（明显扩展过腹纵管）……12
10a. 体长（＞100mm）且宽（＞5mm）；生殖腔强劲，能形成显著的生殖乳突；卵巢小、圆；子宫不重叠于腹纵管……松鼠带属（横系亚属）[*Sciurotaenia*（*Transversaria*）]
10b. 体短（≤100mm）；生殖腔弱，不能形成生殖乳突；卵巢大，横向；子宫重叠或扩展过腹纵管……11
11a. 完全发育的子宫有稀疏的后方囊，前方的囊缺乏或浅；颈区不明显……北海道头属（*Hokkaidocephala*）
11b. 完全发育的子宫有前方和后方囊；颈区明显……微头样属（*Microcephaloides*）
12a. 吸盘朝向侧方；颈区短；早期子宫位于中央或略前方……马绦虫属（*Equinia*）
12b. 吸盘指向前方或前侧方；颈区不明显；早期子宫位于前方……13
13a. 体长（＞50mm）；精巢数目多（＞200），不重叠于反孔侧腹纵管……福拉伯斯氏属（*Flabelloskrjabinia*）
13b. 体短（≤50mm）；精巢数目少（＜50），重叠或扩展过反孔侧腹纵管……吉诺夫属（*Genovia*）

18.16.8　各种形态特征在裸头科绦虫的分类和识别中的意义

Haukisalmi（2009）的修订为 Rausch（1976）中的所有裸头样绦虫属的种和相关的类群提供了属的分类，在一定程度上可以相当简单地对属进行识别。目前的分类着重强调那些表现为特征性的性状和与类（=属）单系群相关的分化，最初在绦虫的田鼠支和系统发生相关的类群。有各种外部特征、生殖孔的交替、生殖腔的突出（=生殖乳头的存在与否），以及内部结构、子宫的发育和位置等。其他被用于额外的属的识别特征（可能没有明显的系统发生意义）有精巢的数目和分布（反孔侧 vs 孔侧+反孔侧），阴茎囊及其相关结构的大小和结构，卵巢的大小和形态及阴道的长度，以及一些上述未讨论的特征。在检索表中，早期的二歧分类基于生殖孔的交替和形成生殖乳突的能力，生殖乳突易于在染色的样品中观察到。

18.16.8.1　外部特征

链体大小和形态的分类意义由绦虫田鼠支 3 个单系群之间的清晰和稳定的差异获得强支撑。裸头样属的绦虫具有一短而宽的（楔形）链体，微头样属的绦虫具有更细、相当短的链体，而狭义副裸头属的绦虫具有一长的链体。双安德里属、安德里属和新安德里属在田鼠支绦虫和它们基础的类群间比其他属具有更长更宽的链体。这 3 个最初提到的支系也具有稳定不同的头节和前方的链体：裸头样属绦虫有一大头节，朝向前方的吸盘，以及通常没有明显的颈区；微头样属绦虫有一小的头节，小而朝向侧方或前侧方的吸盘埋于头节中，并有一短的颈区；副裸头属的绦虫有一大的头节，指向前方的突出的吸盘和一长的颈区。注意副裸头属、安德里属、新安德里属和双安德里属的种不同于 Rausch（1976）的裸头样属的绦虫在于具有一网状的早期子宫（双安德里属有 2 套生殖器官）。

18.16.8.2 生殖孔位置的交替

生殖孔的交替在田鼠支绦虫的 3 个主要线系之间稳定不同，在裸头样属和微头样属绦虫中总是位于单侧，在狭义副裸头属绦虫中不规则且不频繁的交替。在频繁但不规则交替的类群之间也有显著的区别：非洲贝尔属的种和茹吉科夫副松鼠带绦虫比威氏松鼠带绦虫（对于所有这些种，缺乏分子系统学数据）具有更频繁交替的生殖孔。单侧和不频繁（和不规则）交替的生殖孔之间的差异被认为不具有较高分类价值，因此导致同一属中包含了横向松鼠带绦虫（具有单侧生殖孔）和威氏松鼠带绦虫（具有不频繁交替生殖孔）。也有证据表明在同一分子界定的种锯齿状副裸头绦虫（Haukisalmi & Henttonen，2000）和北极副裸头绦虫（Haukisalmi et al.，2001；Wickström et al.，2003）中生殖孔的位置可以是单侧或不频繁交替。

在裸头亚科的文献中，生殖孔有时被描述为“系列交替（serially alternating）”“成套交替（alternating in sets）”“小系列交替（alternating in small series）”或“大系列交替（alternating in large series）”，没有界定所使用的术语。因为这些类型的交替是随机的，在这些术语和“不规则交替”的生殖孔之间没有实质上的差异，唯一的差异就是交替的频率。因此推荐将生殖孔的不规则交替在裸头亚科绦虫的分类研究中量化，或是每 100 节变化的平均/中间数，或是每单侧套节片的平均或中间数。例如，非洲贝尔属的种和茹吉科夫副松鼠带绦虫可以根据它们很频繁交替的生殖孔与不规则交替的生殖孔很容易地与其他种区别开来。在兔带属中规则交替的生殖孔被认为有较高的分类价值，因为它是一不随机的形式，且性质上不同于不规则交替的类型。裸头亚科绦虫中很少见存在趋向于规则交替，因为它形成了单境绦虫（系统学具有网状早期子宫的基础类群）的主要识别特征；同时也似乎是茹吉科夫副松鼠带绦虫的特征。

几乎所有种的生殖孔都在节片边缘的中央或略偏后方；两种类型通常发生于同样的种和属。然而，裸头样属与其他的属不一样，其所具有的生殖孔通常略微但稳定位于节片边缘中央偏前方。这一特征与明显的外部特征一起似乎为裸头样属在田鼠支绦虫提供了一个独征。生殖孔的侧方位置应该由成节决定，因为在更老的伸长的节片中生殖孔会向后移。

18.16.8.3 生殖器官的发育

雌性先熟或雌性器官早发育被用作北海道头属的主要识别特征。而 Haukisalmi 等（2008）表明北海道头属绦虫的生殖器官的发育实质上与裸头属、微头样属和副裸头属的种没有差别。在这些类群中，受精囊（雌性器官）略早于或与贮精囊（雄性器官）同时充满精子。另外，这些类群之间雄性和雌性器官的重吸收实质上没有区别，精巢持续时间长于卵巢和卵黄腺。

除威氏松鼠带绦虫受精囊略晚于贮精囊充满精子外，绝大多数类群有雌性先熟的趋向。而两种松鼠带绦虫的精巢吸收明显晚于雌性器官的吸收意义上是相似的。与松鼠属带绦虫不一样，后一特征也是裸头样属、微头样属、副裸头样属、北海道头属和副松鼠带属的特征。在维默尔吉诺夫绦虫和侏儒马绦虫中，精巢的吸收早于雌性器官或与之同时，似乎实质上可以将它们与其他形态相关的属区别开来。而总体上，生殖器官的发生对于 Rausch（1976）裸头样属中不同类群区别的帮助很有限（表 18-42）。

18.16.8.4　生殖腔和生殖乳突

生殖腔如果能形成显著的生殖乳突则界定为“强劲”。这一特征很容易观察到，因而在裸头绦虫亚科的识别中很有用。在田鼠支绦虫（裸头样属、微头样属、副裸头属 *s. l.*和双安德里属）及它们的基础类群安德里属和新安德里属中生殖腔不强劲，而在前一支基础位置的侏儒马绦虫中存在强劲的生殖腔（Wickström et al.，2005）。这一形式表明不强劲的生殖腔可能是田鼠支绦虫、安德里属和新安德里属形成的单系群的共衍征，强调了这一特征在裸头亚科绦虫分类中的重要意义。除了侏儒马绦虫，强劲发达的生殖腔亦发生于兔带属、吉诺夫属、非洲贝尔属、松鼠带属、副松鼠带属和福拉伯斯氏属，但不发生于副裸头样属、北海道头属和加莱戈样属。这一特征及以下提供的证据表明副裸头样属、北海道头属和加莱戈样属是田鼠支绦虫的一部分或刚好是其基础，而生殖腔强劲发达的属代表了其他的线系。注意除了侏儒马绦虫，后一群尚缺系统数据。

表 18-42　Rausch（1976）裸头样亚科一些种的生殖器官发育状况

属	精子在受精囊中（F）vs 精子在贮精囊中（M）	雌性器官的吸收（F）vs 精巢和其他雄性器官的吸收（M）
Anoplocephaloides spp.	F<M[1]	F<M[1]
Microcephaloides spp.	F≤M[1]	F<M[1]
Paranoplocephaloides schachmatovae	“雌性先成熟”[2]	F<M[2]
Hokkaidocephala spp.	F≤M[1]	F<M[1]
Sciurotaenia transversaria	F<M	F<<M
S. wigginsi	F≥M	F<<M
Parasciurotaenia ryjikovi	F<M	F<M
Genovia wimerosa	F<M	F≥M
Equinia mamillana	F<M	F=M

注：“<”表示略早于；“<<”表示显著早于；“=”表示同时；“>”表示略晚于；“≤”表示略早于或同时；“≥”表示略晚于或同时

[1] 数据来自 Haukisalmi 等（2008）

[2] 数据来自 Gulyaev（1996）

18.16.8.5　雄性相关器官

精巢的数目和分布：在裸头样属、微头样属和狭义副裸头属及后一支中精巢的平均数范围之间没有明显的差异，不稳定区别于系统相关的基础类群。因此，精巢数目用于属区别的额外的唯一显著差异是：福拉伯斯氏属相对于其他属有很多数目的精巢。在所有目前分析的种中，精巢多严格位于卵巢的反孔侧，例外的有尼夫小头节样绦虫、貘福拉伯斯氏绦虫和阿尔法吉诺夫绦虫。精巢的反孔侧和反孔侧+孔侧分布在属水平上被认为没有重要性，因为两种类型均发生于单系的狭义副裸头属。加莱戈样属的识别基于精巢主要位于后方的事实，这一特征不发生于这里讨论的其他种。

阴茎囊和相关的结构：阴茎囊如果规则显著地扩展过腹纵管则列为“长”(典型的约为其长度的一半)，如果不达到腹纵管，重叠其上或略超过之则列为“短”。松鼠带属在这方面是中间类型。小阴茎囊相对于其长度总是相当宽，但火山兔兔带绦虫和吉诺夫属的种也具有长的阴茎囊。田鼠支或其基础类群不能用这一特征评估分类，因为它们都有一短的阴茎囊。而短阴茎囊亦存在于非洲贝尔属和副松鼠带属，这两属基于其他证据，不属于田鼠支或系统发生相关的类群。仅福拉伯斯氏属的种和侏儒马绦虫具有长、细且有些相似的阴茎囊，可能提示它们之间系统发生的亲缘关系，其他标准亦提示此关系。

阴茎囊牵引肌的存在/缺很易于观察，因此在识别中有用。而在有分子系统发生关系的属中始终不变是缺少的，因此其重要性没有得到恰当的评估。牵引肌通常不存在于有短或中间长度阴茎囊的种类中，而存在于有长阴茎囊的种中。外贮精囊（在成熟后节片中）的大小似乎提供了额外的裸头样属的独征，因为这一器官在该属中比现讨论的其他类群中相对大小明显更大（接近或达到阴茎囊的大小）。

外贮精囊腺细胞的存在与突出有时用作标准，以区分裸头亚科绦虫种和属（Beveridge，1994；Genov et al.，1996）。在此考虑的种中，通常有一不规则、相当不发达和染色不良的腺细胞层存在于此器官上，因此，该特征在 Rausch（1976）的裸头样属的分类中没有帮助。而在棒头安德里绦虫和家兔新安德里绦虫中，外贮精囊上的腺细胞层显著并在与相关类群的区别中明显有用，尤其是在广义副裸头属绦虫中。

18.16.8.6 雌性相关器官

卵巢：卵巢大（相对节片的大小），在属中横向和稀疏的分叶表明或建议属于绦虫田鼠支（裸头样属、微头样属、副裸头样属、北海道头属和加莱戈样属），以及小的（相对于节片的大小）、圆形及密集的分叶存在于兔带属、非洲贝尔属、松鼠带属、副松鼠带属、福拉伯斯氏属和马绦虫属。吉诺夫属绦虫的卵巢变化较大。

阴道：与阴茎囊一样，阴道如果规则扩展并显著超出腹纵管时被列为“长”，如果刚超过管或更短则列为“短”。阴道的长度通常与阴茎囊的长度呈正相关，非洲贝尔属是明显的例外（具有短的阴茎囊、长的阴道）。除了是有用的识别辅助特征，阴道长度在副裸头属 *s. l.*（Haukisalmi et al.，2007a）种的单系群之间表现出了显著的差异，但在狭义的副裸头属中不显著。副松鼠属有一长而很细的阴道，且远端有一显著的膨大，这一特征在 Rausch（1976）统计的裸头样属的其他种中是没有的。

子宫的结构和位置：子宫的结构和位置被认为在 Rausch（1976）统计的裸头样属及其他裸头亚科绦虫的分类中有重要意义。虽然 Spasskiĭ（1951）区别的莫尼茨亚科（有一网状的早期子宫）和裸头亚科（有一管状的早期子宫）未得到系统发生数据的支持（Wickström et al.，2005），但在绦虫田鼠支和系统发生相关的类群中单系群的子宫形态之间有稳定的差异。此外，子宫形态提供了额外的田鼠支共衍征，并且更早期也表明子宫的横向和背腹位置许可明确地将形态相关但系统发生独立的安德里属、新安德里属和副裸头属 *s. l.*分离开来（Haukisalmi & Wickström，2005）。

在绦虫田鼠支、副裸头样属、北海道头属和加莱戈样属中早期子宫扩展（腹方）过或规则重叠于腹纵管，但在兔带属、非洲贝尔属、松鼠带属、副松鼠带属、福拉伯斯氏属和马绦虫属中则否。这表明副裸头样属、北海道头属和加莱戈样属是绦虫田鼠支的一部分或与它们密切相关。Rausch（1976）统计的裸头样绦虫“弱”和“强”的生殖腔的分布支持这一结果。吉诺夫属绦虫在此特征上是含糊的，因为它们包括了子宫略微重叠或不重叠于腹纵管的种类。在 Rausch（1976）统计的裸头样属绦虫中绝大多数种类的早期子宫是位于前方的，在狭义的副裸头属（后者有网状的早期子宫）中也一样。虽然其系统发生的重要性还不能适当地进行评估，早期子宫的前-后方位置为非洲贝尔属、副松鼠带属和马绦虫属提供了重要的识别特征，所有这 3 属都有一中央早期的子宫。

在此所考虑的类群中绝大多数的早期子宫表现为腹位（不总是通过横切面来确定）。而在非洲贝尔属的种中，早期子宫明显位于中央（Haukisalmi，2008）及基于 Spasskiĭ（1951）的陈述，在茹吉科夫副松鼠带绦虫中可能也如此。这里所考虑类群的子宫，当重叠或扩展过纵向管时，总是位于腹方。“囊化”的前孕子宫是裸头样属、副裸头样属、兔带属、加莱戈样属及微头样属中绝大多数种的特征。这支持其他证据提示它们除兔带属外的所有属属于或与绦虫田鼠支密切相关。“树枝状”子宫是非洲贝尔属、松鼠带属、副松鼠带属、福拉伯斯氏属和马绦虫属的典型类型，很可能代表了最基础的线系。

18.16.8.7 系统发生和衍征

虽然目前的研究未提出用于 Rausch（1976）统计的裸头样属或其他裸头绦虫的系统发生假说，但形态数据提出了某些稳定的类型。

副裸头样属、北海道头属和加莱戈样属类似于绦虫田鼠支的类群，有一弱的生殖腔（不能形成生殖乳突）及一前方（或前方和中央）早期子宫规则地重叠或在腹方扩展过腹纵管。Rausch（1976）统计的裸头样属的所有其他类群均有一强劲的生殖腔和不规则重叠于腹纵管的早期子宫。副裸头样属、北海道属和加莱戈样属也类似于田鼠支的成员，有短的阴茎囊、缺牵引肌，短的阴道，大的、横向和一稀分叶的卵巢，以及一囊化的晚期子宫，虽然这些特征也发生于田鼠支外的一些类群。此外，绦虫田鼠支的很多种精巢分布于反孔侧和/或孔侧腹纵管的侧方（尤其在广义的副裸头属 *s. l.*和微头样属），但在其他裸头亚科绦虫中很少如此（Beveridge，1994）。

田鼠支的姐妹支（=安德里属+新安德里属）也有弱的生殖腔，但它们或是有一腹方的早期子宫，不规则地重叠于腹纵管（安德里属）或是一中央的（背-腹向）早期子宫在背方扩展出腹纵管（新安德里属）（Haukisalmi & Wickström，2005）。因此，一前方的（或前方和中央的）早期子宫（或管状或网状）规则重叠或从腹方扩展过腹纵管似乎为田鼠支绦虫提供了一共衍性状。由于基础的侏儒马绦虫有强劲的生殖腔，此特征是安德里属+新安德里属+田鼠支绦虫的一个潜在的共衍性状。如果接受这些共衍性状，它将导致预言伪鸣绦虫属和异常头属都有成对的生殖器官和管状、前腹方并扩展过腹纵管的早期子宫，也代表了田鼠支绦虫。分子数据显示已有一个有双套生殖器官的种（复合双安德里绦虫）在田鼠支（Wickström et al.，2005）。伪鸣绦虫属的其他特征也与田鼠支绦虫一致，但阿贝异常头绦虫（*Ectopocephalium abei* Rausch & Ohbayashi，1974）有一早期的有向后弯曲的、终止于阴茎囊和子宫后部的端部的子宫（Rausch & Ohbayashi，1974）。后一特征在这里考虑的种中仅在茹吉科夫副松鼠带绦虫中存在。伪鸣绦虫属种的宿主（衣囊鼠类啮齿动物）也是田鼠支的特征，但异常头属绦虫的宿主（鼠兔类兔形动物）却不是。

已有的分子系统数据表明田鼠类啮齿动物（田鼠和旅鼠）（仓鼠科）仅一次由裸头亚科的绦虫殖民化。基于绦虫田鼠支内的基础的多歧状态，这一支的起始辐射很可能很快，可能反映了它们田鼠宿主快速的多样化（Conroy & Cook，1999）。而在这一绦虫支中，有些种的终末宿主不是田鼠类啮齿动物，而是衣囊鼠（如罕见裸头样绦虫、可变微头样绦虫、伪鸣绦虫属的种、大头副裸头绦虫等），但也有鼠科动物（包括老鼠和鼷鼠）（如阿尔法加勒哥伊德绦虫、北海道属的种和达西米副裸头绦虫等），鼹形鼠科（尼夫微头样绦虫），梳齿鼠类（栉趾鼠副裸头绦虫）和松鼠科动物（原始副裸头绦虫和松鼠副裸头绦虫）。虽然采自非田鼠类宿主的绦虫仍然没有分子系统发生的数据，但它们的差异很可能是由于从田鼠类啮齿动物的次级转移造成。然而至少两种（达西米副裸头绦虫和栉趾鼠副裸头绦虫）与田鼠支绦虫有关，已知它们寄生于非洲的鼠科动物，因为当地没有田鼠类啮齿动物。这两种可能代表了两个不同的、未描述的裸头亚科的属，且它们作为基础种类的位置，不能排除在田鼠支绦虫之内或之外。目前仍无代表 Rausch（1976）统计的田鼠类支外的裸头样属绦虫的分子系统发生数据，因而它们的系统发生位置保持为推测状态。而形态的相似性表明都是奇蹄动物寄生虫的马绦虫属和福拉伯斯氏属的系统发生关系。虽然火山兔兔带绦虫早期已与维默尔吉诺夫绦虫、伪维默尔吉诺夫绦虫和弗洛里斯巴伦吉诺夫绦虫（Genov et al.，1990）安排在同一属，所有都采自兔类，但目前的分析表明它们在实验上系统发生关系可能不密切。而这些和其他相似的问题可能只能由全面的系统分析，包括裸头亚科的绝大多数种类的全面分析才能解决。因为不可能获得所有裸头亚科绦虫的种用于分子研究，分子分析应当与基于宽范围的形态特征［包括 Rausch（1976）统计的］、现用于属修订的裸头样绦虫属的全面分析相伴。

18.16.9 副裸头绦虫的精子形态

Miquel 和 Marchand（1998）研究了脐副裸头绦虫成熟精子的超微结构（图 18-730A）：丝状精子，两端渐尖，缺乏线粒体。前端有一长约 900nm、宽约 200nm 的电子致密物质构成的顶锥及两个冠状体。皮层微管循着 25°～35°螺旋路径沿着整个长度方向，至后端部平行于精子的轴。排列为单一或两个区域，可能部分相互覆盖，轴丝为“9+1”的密螺旋体轴丝类型，缺一围轴鞘并不达到精子的端部。核实质状，为不规则索，螺旋围绕着轴丝。此种精子的核为圆叶目中达轴丝后端外的首种报道。胞质组成依赖于所切的部分，在精子的Ⅲ～Ⅴ区，电子略致密或电子透明并含有大量小的电子致密颗粒。在精子后端部，颗粒状物质由一末端实质状电子致密物质取代。

Miquel 等（2004）研究了采自小林姬鼠（*Apodemus sylvaticus* Linnaeus，1758）（啮齿目：鼠科）小肠自然感染的阿尔法加莱戈样绦虫成熟精子的超微结构（图 18-730B）。阿尔法加莱戈样绦虫的自然精子为丝状，两端渐细，缺乏线粒体。特征为前端存在 1000nm 长的顶锥和两个 140nm 厚的冠状体。轴丝为“9+1”密螺旋体轴丝类型，缺围轴鞘，在精细胞的核后端区水平发生解聚。皮层微管根据雄配子不同区，分成 2～4 区，扭转约 35°，朝向精子的后端部变为平行。核螺旋绕着轴丝，在纵向和横向切面上表现为不规则形态。观察到大量电子致密颗粒，在细胞的后端部转型为电子致密物质。另外，Miquel 等（2004）首次描述了含有螺旋状冠状体精子的前方总长约 15μm，并存在两个不同长度的围绕精子 13～14 圈的冠状体。此超微结构研究结果与其他已研究的种类相比，尤其强调了裸头科的情况。裸头科绦虫精子超微结构有相一致之处，亦有种的特异性。

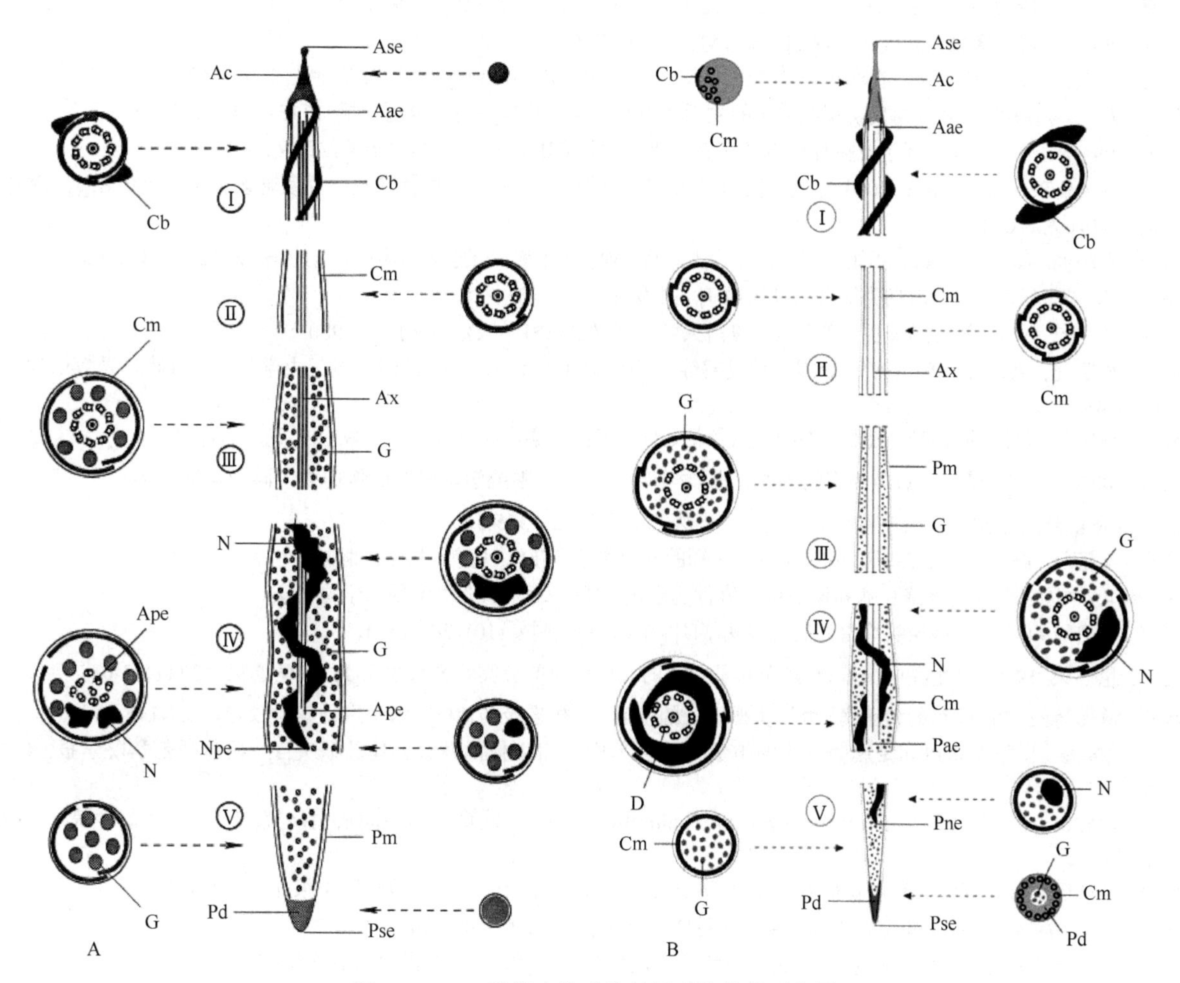

图 18-730　2 种绦虫的成熟精子重构结构示意图

A. 脐副裸头绦虫；B. 阿尔法加莱戈样绦虫。从顶部到后部可以区分为 5 个区（Ⅰ～Ⅴ）。为使示意图更清晰，螺旋形围绕轴丝的皮层微管未显示。缩略词：Aae. 轴丝前端；Ac. 顶锥；Ase. 精子前端；Ape. 轴丝后端；Ax. 轴丝；Cb. 冠状体；Cm. 皮层微管；D. 双联体；G. 电子致密颗粒；N. 核；Npe. 核的后端；Pd. 后部电子致密物质；Pm. 质膜；Pse. 后部精子末端（A 引自 Miquel & Marchand，1998；B 引自 Mique et al.，2004）

参 考 文 献

蔡葵燕，李作民，阎红军，等. 1995. 国内发现兔体美洲杯状莫斯果夫绦虫的形态观察[J]. 中国兽医寄生虫病, 3 (1): 51-53.
陈盛霞，吴亮，徐会娟，等. 2006. 绦虫永久染色标本的制作技术[J]. 中国寄生虫学与寄生虫病杂志, 24 (S1): 58-61.
陈宜瑜. 1998. 中国动物志 硬骨鱼纲：鲤形目. 北京：科学出版社.
程功煌. 1997. 我国鱼类绦虫一新记录属及其一新种[J]. 西南民族学院学报（自然科学版), 23 (1): 34-36.
程功煌，林宇光. 1995. 武夷山鸟类绦虫一新种及一新记录[J]. 厦门大学学报（自然科学版), 34 (6): 995-998.
关家震，林宇光. 1988. 阿尔泰裂睾绦虫生活史研究[J]. 厦门大学学报（自然科学版), 27 (6): 709-713.
简世才. 1984. 棒宫属绦虫在我国的发现[J]. 四川动物, 3 (4): 7-8.
蒋学良，官国钧，颜洁邦. 1986. 在四川山羊体内发现球点状斯泰尔斯绦虫[J]. 中国兽医科技, 16 (1): 63-64.
李贵，张友三，魏海秋. 1982. 柯氏伪裸头绦虫的生活史及其分类问题[J]. 畜牧兽医学报, 13 (3): 29-35, 79-80.
李海云. 1994. 闽滇鸟类绦虫区系及鸭片形皱缘绦虫生活史的研究[D]. 厦门大学博士学位论文.
李海云, Gerard PB, David WH. 2004. 扩张莫尼茨绦虫（绦虫纲：圆叶目）的原肾管及原肾管概念的评述（英文)[J]. 动物学报, 50 (4): 638-644.
李海云，洪凌仙，林宇光. 2006. 扩张莫尼茨绦虫（圆叶目：裸头科）精子的扫描结构[J]. 动物学报, 52 (2): 424-428.
李海云，林宇光. 1995. 武夷山鸟类绦虫三种记述[J]. 武夷科学, 11: 131-135.
李海云，林宇光. 1996. 异带属绦虫一新种[J]. 厦门大学学报（自然科学版), 35 (6): 977-980.
李海云，林宇光，洪凌仙，等. 1995. 蜥蜴两种巢瓣绦虫新记录（圆叶目：裸头科)[J]. 厦门大学学报（自然科学版), 34 (4): 645-648.
李海云，林宇光，洪凌仙. 1997. 云南鸟类绦虫两种记述[J]. 厦门大学学报（自然科学版), 36 (2): 147-150.
李洪涛. 2007. 闽南-台湾浅滩鱼类绦虫的种类调查、季节动态和分子系统学研究[D]. 厦门大学硕士学位论文.
李敏敏. 1964. 纽带条虫一新属三新种的记述[J]. 动物分类学报, (2): 355-366, 364-366.
李庆章，郝艳红，高学军，等. 2008. 猪带绦虫囊尾蚴的发育生物学[M]. 北京：科学出版社.
李展. 2014. 中国部分地区犬绦虫病和原虫病的流行病学调查[D]. 山东农业大学硕士学位论文.
梁永春，李贵. 1990. 柯氏伪裸头绦虫卵的电镜观察[J]. 中国兽医科技, (10): 30-31+51.
廖翔华，伦照荣. 1998. 寄生在中国草鱼、鲤鱼和马口鱼的头槽绦虫的分类和亲缘关系[J]. 科学通报, 43 (11): 3-6.
廖翔华，施鎏璋. 1956. 广东的鱼苗病，九江头槽绦虫的生活史，生态及防治[J]. 水生生物集刊, 2 (2): 129-146.
林宇光. 1962a. 长膜壳絛虫和短膜壳絛虫的拟囊尾蚴在其中间宿主体内发育的比较研究[J]. 福建师范学院学报, 4 (2): 263-283.
林宇光. 1962b. 莫氏擴張絛虫 *Moniezia expansa* (Rudolphi, 1810) 的发育和其中间宿主研究[J]. 福建师范学院学报, (2): 45-68.
林宇光. 1962c. 圆叶蹄蝠膜壳絛虫新种 *Hymenolepis hipposidera* sp. n.[J]. 福建师范学院学报, (2): 185-193.
林宇光. 1976. 萎吻属绦虫三新种和本属分类的讨论[J]. 动物学报, 22 (1): 89-100.
林宇光，关家震，王芃芃，等. 1982a. 横转副裸头绦虫的发育史研究[J]. 动物学报, 28 (4): 368-376.
林宇光，关家震，王芃芃，等. 1982b. 立氏副裸头绦虫的生活史研究[J]. 动物学报, 28 (3): 262-270, 316.
林宇光，李海云，洪凌仙. 1998. 膜壳绦虫属二新种（绦虫纲：圆叶目：膜壳科)[J]. 动物分类学报, 23 (3): 3-5.
门启斐. 2016. 两种蛙吸虫和绦虫的感染调查及种类鉴定[D]. 上海师范大学硕士学位论文.
全福实，姜泰京，李顺玉. 1996. 中殖孔绦虫生活史研究现状[J]. 延边医学院学报, 19 (2): 114-115.
任成林. 1993. 绦虫成虫染制方法的改进[J]. 动物学杂志, 28 (6): 28-29.
孙媛，曾瑶，闫宝佐，等. 2017. 有轮瑞利绦虫（圆叶目：戴维科）精子的超微结构[J]. 华南农业大学学报, 38 (4): 57-61.
汤丽敏. 2007. 犬中殖线绦虫 *Mesocestoides lineatus* 形态结构的观测[J]. 畜牧兽医科技信息, (5): 20.
唐礼全. 1987a. 大鹫绦虫在我国首次发现[J]. 中国兽医科技, 17 (2): 61-62.
唐礼全. 1987b. 立氏副裸头绦虫在甘肃首次记录[J]. 中国兽医科技, 17 (8): 63-64.

唐礼全, 雷中兴, 吴学行. 1989. 我国杜塞尔斯绦虫属一新记录[J]. 中国兽医科技, 19 (2): 48.

唐敏, 韩红玉, 董辉, 等. 2016. 中国野生鸟类绦虫种类与地理分布[J]. 中国动物传染病学报, 24 (6): 56-74.

田慧敏, 李洪涛, 周霖, 等. 2008. 台湾海峡鱼类绦虫的分子系统学研究[J]. 动物分类学报, 33 (2): 294-300.

汪俭, 龙文波, 李云英, 等. 2004. 黔东南州鹅寄生虫调查报告[J]. 贵州畜牧兽医, 28 (5): 17-18.

汪溥钦. 1984. 福建几种鱼类绦虫记述和我国鱼类绦虫名录[J]. 武夷科学, 4 (4): 71-83.

王光雷, 张雁声. 1985. 几种绦虫的形态鉴别[J]. 新疆畜牧业, (1): 51-53.

王文彬, 曾伯平, 姚广. 2006. 鲤鱼肠道内绦虫感染的初步研究[J]. 湖南文理学院学报 (自然科学版), 18 (2): 45-47.

王彦海. 2001. 台湾海峡鱼类绦虫种类、季节动态及两种假叶目绦虫生活史早期发育阶段的观察[D]. 厦门大学博士学位论文.

王彦海, 杨文川. 2001. 厦门海域鱼类瘤槽科平槽属绦虫一新种[J]. 台湾海峡, 20 (2): 200-204.

邬捷. 1981. 四川动物绦虫研究概况及防治措施[J]. 四川农业科技, (5): 27-31.

习丙文, 王桂堂, 吴山功, 等. 2009. 梭形纽带属在中国新纪录及矢梭形纽带绦虫再描述 (绦虫纲, 鲤蠢目) (英文)[J]. 动物分类学报, 34 (3): 407-410.

习丙文, 谢骏, 王桂堂. 2013. 我国鳝头槽绦虫的鱼类宿主种类及其地理分布[J]. 动物学杂志, 48 (6): 817-823.

夏党荣, 薄新文, 马勋, 等. 2012. 绦虫石蜡切片的制作方法[J]. 安徽农业科学, 40 (8): 4595-4597.

薛季德, 韩兆祥, 简树友, 等. 1989. 人体柯氏假裸头绦虫病 8 例[J]. 中国寄生虫病防治杂志, (1): 37.

杨光友, 沙国润, 蔡永华, 等. 2001. 家养林麝四川莫尼茨绦虫病的病原形态观察[J]. 畜禽业, (3): 49.

杨文川, 洪凌仙, 林宇光. 1997. 大裸头绦虫 (*Anoplocephala magna*) 形态描述[J]. 厦门大学学报 (自然科学版), 36 (5): 137-140.

杨文川, 林宇光, 刘根成, 等. 1995. 厦门海水鱼五种锥吻绦虫 (包括一新种) 记述[J]. 厦门大学学报 (自然科学版), 34 (5): 811-817.

杨文川, 林宇光. 1994. 海水鱼瘤槽科钩槽属绦虫两新种记述[J]. 厦门大学学报 (自然科学版), 33 (4): 532-536.

杨文川, 刘根成, 林宇光. 1995. 厦门海域软骨鱼类盘首目绦虫两新种记述[J]. 厦门大学学报 (自然科学版), 34 (1): 109-112.

杨文川, 王彦海. 2002. 福建淡水鱼青鳉腔槽绦虫新种记述[C]//中国动物学会第七届全国青年寄生虫学工作者学术讨论会论文摘要集. 贵阳: 中国动物学会寄生虫学专业委员会 (Chinese Society of Parasitology): 88.

杨文川, 王彦海. 刘升发. 2002. 突吻纽带绦虫记述及幼虫发育研究 (绦虫纲: 纽带绦虫目)[J]. 厦门大学学报 (自然科学版), 41 (2): 247-250.

葉亮盛. 1955. 中国淡水鱼的頭槽條蟲屬的一新種九江頭槽條蟲 (*Bothriocephalus gowkongensis* n. sp.)[J]. 动物学报, 7 (1): 69-73, 83.

余燕, 吴世秀, 刘晓晓, 等. 2015. 河南省蝙蝠绦虫种类记述[J]. 河南师范大学学报 (自然科学版), 43 (6): 118-123.

贠莲, 成源达, 叶立云. 1993. 湖南省鹅鸭绦虫调查研究[J]. 动物学杂志, 28 (4): 16-20.

贠莲, 汤仲祥, 林宇光, 等. 2000. 双宫带绦虫属属征修订及一新种记述 (绦虫纲: 圆叶目)[J]. 动物分类学报 (英文), 25 (1): 26-29.

贠莲, 汤仲祥, 林宇光, 等. 2004. 中国内蒙古锡盟草原啮齿类裸头总科绦虫研究 (绦虫纲, 圆叶目)[J]. 动物分类学报, 29 (2): 248-254.

贠莲, 汤仲祥. 1992. 囊宫科绦虫一新种 (绦虫纲: 圆叶目)[J]. 动物分类学报, 17 (3): 257-261.

贠莲, 汤仲祥. 1993. 饰圈属绦虫一新种 (圆叶目: 漏带科)[J]. 动物分类学报, 18 (4): 402-405.

贠莲, 汤仲祥. 1999. 膜壳科绦虫一新种 (绦虫纲: 圆叶目)[J]. 动物分类学报, 24 (1): 3-5.

员莲. 1973. 白洋淀鸟类寄生蠕虫的调查研究III. 绦虫[J]. 动物学报, 19 (3): 257-266.

员莲. 1982. 山东省微山湖禽类绦虫的调查[J]. 动物分类学报, 7 (1): 27-31.

员莲. 1983. 我国鱼类绦虫一新纪录[J]. 动物分类学报, 8 (1): 16.

曾丽, 杨月中, 白生慧. 1997. 云南蝙蝠绦虫种类的初步研究[J]. 云南农业大学学报, 12 (1): 2-7.

张翠阁, 李光汉. 1988. 斯氏伯知绦虫致死长臂猿及虫体形态描述[J]. 中国兽医科技, 18 (9): 63.

张剑英, 邱兆祉, 丁雪娟. 1999. 鱼类寄生虫与寄生虫病[M]. 北京: 科学出版社.

张正仁. 1988. 大量绦虫寄生、致死成年信鸽一例[J]. 养禽与禽病防治, (3): 35.

周霖. 2007. 台湾海峡鱼类绦虫物种多样性调查及分子系统学初步研究[D]. 厦门大学硕士学位论文.

Abbott LM, Caira JN. 2014. Morphology meets molecules: a new genus and two new species of diphyllidean cestodes from the Yellowspotted skate, *Leucoraja wallacei*, from South Africa[J]. J Parasitol, 100 (3): 323-330.

Abdel-Gaber R, Abdel-Ghaffar F, Bashtar AR, et al. 2016. Interactions between the intestinal cestode *Polyonchobothrium clarias*

(Pseudophyllidea: Ptychobothriidae) from the African sharptooth catfish *Clarias gariepinus* and heavy metal pollutants in an aquatic environment in Egypt[J]. J Helminthol, 90 (6): 742-752.

Abdelsalam M, Abdel-Gaber R, Mahmoud MA, et al. 2016. Morphological, molecular and pathological appraisal of *Callitetrarhynchus gracilis* plerocerci (Lacistorhynchidae) infecting Atlantic little tunny (*Euthynnus alletteratus*) in Southeastern Mediterranean[J]. J Adv Rec, 7 (2): 317-326.

Abdou N El-S, Palm HW. 2008. New record of two genera of *Trypanorhynch* cestodes infecting Red Sea fishes in Egypt[J]. J Egypt Soc Parasitol, 38 (1): 281-292.

Abuladze KI. 1964. Principle of Cestodology[M]//Skryabin KI. *Taeniata* of Animal and Man and Diseases Caused by Them. Vol. Ⅳ. Moscow: Izdatel'stvo 'Nauka': 530pp.

Agustí C, Aznar FJ, Raga JA. 2005. Tetraphyllidean plerocercoids from Western Mediterranean cetaceans and other marine mammals around the world: a comprehensive morphological analysis[J]. J Parasitol, 91 (1): 83-92.

Ahern WB, Schmidt GD. 1976. Parasitic helminths of the American avocet *Recurvirostra americana*: four new species of the families Hymenolepididae and Acoleidae (Cestoda: Cyclophyllidae)[J]. Parasitology, 73 (3): 381-398.

Aho JM, Bush AO, Wolfe RW. 1991. Helminth parasites of bowfin (*Amia calva*) from South Carolina[J]. J Helminthol Soc Wash, 58: 171-175.

Akhmerov AK. 1960. The tapeworms of fishes in the Amur river[J]. Trudy GELAN SSSR, 10: 15-31.

Akhmerov AK. 1969. A new cestode, *Postgangesia orientale* gen. et sp. n., and a new subfamily Postgangesiinae (Cestoda: Proteocephalidae) from silurids of the River Amur[J]. Trudy GELAN SSSR, 20: 3-7.

Akmirza A. 2006. Occurrence of *Callitetrarhynchus gracilis* (Rudolphi, 1819) in Atlantic black skipjack fish[J]. Turkiye Parazitolojii Dergisi, 30 (3): 231-232.

Al Kawari KSR, Saoud MFA, Wanas MQA. 1994. Helminth parasites of fishes from the Arabian Gulf 7. On *Eniochobothrium qatarense* sp. nov. (Cestoda: Lecanicephalidea) and the affinities of *Eniochobothrium* Shipley and Hornell, 1906, *Litobothrium* Dailey, 1969 and *Renyxa* Kurochkin and Slankis, 1973[J]. Jpn J Parasitol, 43: 97-104.

Al Khalaf AN. 2007. Some helminthes of the Great Egret (*Egretta alba*) in Saudi Arabia[J]. Bs Vet Med, 17(1): 6-10.

Albetova LM. 1975. On the proteocephalosis of white fish from Kuchak Lake of the Lower Tabdinsk group of the Tyumen Region[J]. Izv Gos Nauchno-Issled Inst Ozern Rechn Rybn Khoz, 93: 105-107.

Alexander CG. 1963. Tetraphyllidean and Diphyllidean Cestodes of New Zealand Selschians[J]. Trans R Soc N Z, 3: 117-142.

Alexander SJ, McLaughlin JD. 1996. *Fimbriasacculus africanensis* n. gen., n. sp. (Cestoda: Hymenolepididae) from *Anas capensis*, *Anas undulata*, and *Anas erythrorhyncha* (Anatidae) in South Africa[J]. J Parasitol, 82 (6): 907-909.

Al-Sabi MN, Halasa T, Kapel CM. 2014. Infections with cardiopulmonary and intestinal helminths and sarcoptic mange in red foxes from two different localities in Denmark[J]. Acta Parasitol, 59 (1): 98-107.

Alvarez DE. 2008. Parasites of hardhead (*Mylopharodon conocephalus*) and *Sacramento pikeminnow* (Ptychocheilus grandis) from the North Fork Feather River, Plumas and Butte Counties, California[D]. Humboldt State University.

Alves H, Melo ALD. 2011. Metacestodes of *Parvitaenia macropeos* (Cyclophyllidea, Gryporhynchidae) in *Australoheros facetus* (Pisces, Cichlidae) in Brazil[J]. Neotrop Helminthol, 5(2): 279-283.

Alves PV, Chambrier AD, Scholz T, et al. 2015. A new genus and species of proteocephalidean tapeworm (Cestoda), first parasite found in the driftwood catfish *Tocantinsia piresi* (Siluriformes: Auchenipteridae) from Brazil[J]. Folia Parasitol, 62 (1): 6. DOI: 10. 14411/fp. 2015. 006.

Amin OM, Cowen M. 1990. Cestoda from lake fishes in Wisconsin: The ecology of *Proteocephalus ambloplitis* and *Haplobothrium globuliforme* in bass and bowfin[J]. J Helminthol Soc Wash, 57: 120-131.

Aminjan AR, Malek M. 2016. Two new cestode species of *Tetragonocephalum* Shipley & Hornell, 1905 (Lecanicephalidea, Tetragonocephalidae) from *Himantura randalli* Last, Manjaji-Matsumoto & Moore (Myliobatiformes, Dasyatidae) from the Gulf of Oman[J]. ZooKeys, 623: 1-13.

Aminjan AR, Malek M. 2017. Two new species of *Tetragonocephalum* (Cestoda: Lecanicephalidea) from *Pastinachus sephen* (Myliobatiformes: Dasyatidae) from the Gulf of Oman[J]. Folia Parasitol, 64: 014. DOI: 10. 14411/fp. 2017. 01.

Andersen K. 1977. A marine *Diphyllobothrium* plerocercoid (Cestoda, Pseudophyllidea) from blue whiting (*Micromestius poutasson*)[J]. Z Parasit, 52 (3): 289-296.

Andersen KI, Valtonen ET. 1990. On the infracommunity structure of adult cestodes in freshwater fishes[J]. Parasitology, 101 Pt 2: 257-264.

Andreiko OF, Svortsov VG, Konovalov YN. 1969.[Bats Tapeworms from Moldavia] in[Parasites of Vertebrates][M]. Kishinev: Kartya Moldorenyaska: 31-36.

Angelini R, Fabre NN, da Silva ULJr. 2006. Trophic analysis and fishing simulation of the biggest Amazonian catfish[J]. Afr J Agr Res, 1 (5): 151-158.

Anikieva LV. 1991. The use of morphological indices of *Proteocephalus pollanicola* (Cestoda: Proteocephalidea) for a more precise definition of the origin of its host, *Coregonus pollan* Thompson. Parazitologiya, 25: 228-233. (In Russian)

Anikieva LV. 1992. Population morphology of *Proteocephalus torulosus* (Cestoda, Proteocephalidae) from cyprinids of the Karelian lakes[J]. Ecol Parasitol, 135-149: 213.

Anikieva LV. 1992. The morphological variability of a population of *Proteocephalus percae* (Cestoda: Proteocephalidea) in Lake Rindozero[J]. Parazitologiia, 26 (5): 389-395.

Anikieva LV. 1993. Morphological diversity of the populations of *Proteocephalus percae* (Proteocephalidae) in water bodies of Karelia[J]. Parazitologiya, 27 (3): 260-268. (In Russian)

Anikieva LV. 1995. Variability of a perch's parasite *Proteocephalus percae* in the areal of the host[J]. Parazitologiya, 29: 279-288.

Anikieva LV. 1998. Cestodes of the genus *Proteocephalus* (Cestoda: Proteocephalidea) from the European smelt *Osmerus eperlanust*[J]. Parazitologiya, 32: 134-140.

Anikieva LV, Kharin VN. 1997. Interspecific differences of the cestodes of the genus *Proteocephalus* (Proteocephalidae) in freshwater fishes of the holarctict[J]. Parazitologiya, 31 (1): 72-80.

Anikieva LV, Malakhova RP, Ieshko EP. 1983. Ecological analysis of parasites of coregonid fish. Leningrad: Nauka: 168pp. (In Russian)

Antal L, Székely C, Molnár K. 2015. Parasitic infections of two invasive fish species, the Caucasian dwarf goby and the Amur sleeper, in Hungary[J]. Acta Vet Hung, 63 (4): 472-484.

Anthony JD. 1963. Parasites of eastern Wisconsin fishes. Transactions of the Wisconsin Academy of Sciences[J]. Arts and Letters, 52: 83-95.

Arafa SZ, Hamada SF. 2004. Spermatogenesis and sperm ultrastructure of the caryophyllidean cestode, *Monobothrioides chalmersius* (Woodland, 1924) Hunter, 1930[J]. Egypt J Zool, 43: 49-70.

Aragort W, Aguilar A, Outeiral S, et al. 2001. Primera cita de *Echinobothrium brachysoma* Pintner, 1889 (Cestoda: Diphyllidea) en rayas (Chondrichthyes) de la Plataforma Continental de las rías de Muros y Noia (Galicia: N. O. de la Península Ibérica)[C]//3° Congreso de Estudiantes de Posgrado en Economía, Universidad Nacional del Sur.

Ariola V. 1895. Due nuove specie di Botriocefali[J]. Atti Soc Ligustica di Sci Nat Geografiche, 6: 247-254.

Ariola V. 1896. Sulla *Bothriotaenia plicata* (Rud.) e sul suo sviluppo[J]. Atti Soc Ligustica di Sci Nat Geografiche, 7: 117-126.

Ariola V. 1900. Rivisione della famiglia Bothriocephalidae[J]. Archives de Parasitologie, 3: 369-484.

Arizmendi-Espinosa MA, García-Prieto L, Guillén-Hernández S. 2005. A new species of *Oochoristica* (Eucestoda: Cyclophyllidea) parasite of *Ctenosaura pectinata* (Reptilia: Iguanidae) from Oaxaca, Mexico[J]. J Parasitol, 91 (1): 99-101.

Arredondo NJ, de Chambrier A, Gil de Pertierra AA. 2013. A new genus and species of the Monticelliinae (Eucestoda: Proteocephalidea), a parasite of *Pseudoplatystoma fasciatum* (Pisces: Siluriformes) from the Paraná River Basin (Argentina), with comments on microtriches of proteocephalideans[J]. Folia Parasitol, 60 (3): 248-256.

Arredondo NJ, Gil de Pertierra AA, de Chambrier A. 2014. A new species of *Pseudocrepidobothrium* (Cestoda: Proteocephalidea) from *Pseudoplatystoma reticulatum* (Pisces: Siluriformes) in the Paraná River basin (Argentina)[J]. Folia Parasitol, 61 (5): 462-472.

Arredondo NJ, Gil de Pertierra AA. 2008. The taxonomic status of *Spatulifer* cf. *maringaensis* Pavanelli & Rego, 1989 (Eucestoda: Proteocephalidea) from *Sorubim lima* (Bloch & Schneider) (Pisces: Siluriformes), and the use of the microthrix pattern in the discrimination of *Spatulifer* spp.[J]. Syst Parasitol, 70 (3): 223-236.

Arredondo NJ, Gil de Pertierra AA. 2010. *Monticellia santafesina* n. sp. (Cestoda: Proteocephalidea), a parasite of *Megalonema platanum* (Günther) (Siluriformes: Pimelodidae) in the Paraná River basin, Argentina[J]. Syst Parasitol, 76 (2): 103-110.

Arredondo NJ, Gil de Pertierra AA. 2012. *Margaritaella gracilis* gen. n. et sp. n. (Eucestoda: Proteocephalidea), a parasite of *Callichthys callichthys* (Pisces: Siluriformes) from the Paraná River basin, Argentina[J]. Folia Parasitol, 59 (2): 99-106.

Arthur JR. 1992. Asian fish health bibliography and abstracts I: Southeast Asia[M]. Fish Health Section Special Publication No. 1. : 77pp.

Arthur JR, Ahmed ATA. 2002. Checklist of the parasites of fishes of Bangladesh[M]. Rome: FAO Fisheries Technical Paper: 77pp.

Artyukh ES. 1966.[translated title] Davaineata;cestode helminths of wild and domestic animals[M]//Skrjabin KI. Essentials of Cestodology. Vol. VI. Akademiya NAUK SSSR. (In Russian)

Asakawa M, Tenora F, Kamiya M, et al. 1992. Taxonomical Study on the Genus *Catenotaenia* Janicki, 1904 (Cestoda) from Voles in Japan[J]. Bull Biogeogr Soc Japan, 47: 73-76.

Ash A, de Chambrier A, Shimazu T, et al. 2015. An annotated list of the species of *Gangesia* Woodland, 1924 (Cestoda: Proteocephalidea), parasites of catfishes in Asia, with new synonyms and a key to their identification[J]. Syst Parasitol, 91 (1): 13-33.

Ash A, Scholz T, de Chambrier A, et al. 2012. Revision of *Gangesia* (Cestoda: Proteocephalidea) in the Indomalayan Region: morphology, molecules and surface ultrastructure[J]. PLoS One, 7 (10): 1-28.

Ash A, Scholz T, Oros M, et al. 2011. Cestodes (Caryophyllidea) of the stinging catfish *Heteropneustes fossilis* (Siluriformes: Heteropneustidae) from Asia[J]. J Parasitol, 97 (5): 899-907.

Ashour A, Lewis J, Ahmed SE. 1994. A new species of *Neyraia* Joyeux et Timon-David, 1934 (Cestoda: Dilepididae) from the

Egyptian wild birds[J]. J Egypt Soc Parasitol, 24 (2): 457-462.
Ashour AA. 1991. Scanning electron microscopy of the pleurocercoid larva of *Otobothrium* sp. (Cestoda: Trypanorhyncha)[J]. J Egypt Soc Parasitol, 21 (1): 277-282.
Awachie JBE. 1966. Observations on *Cyathocephalus truncatus* Pallas, 1781 (Cestoda: Spathebothriidea) in its intermediate and definitive hosts in a trout stream, North Wales[J]. J Helminthol, 40 (1-2): 1-10.
Bâ CT, Bâ A, Marchand B. 2005. Ultrastructure of the spermatozoon of *Raillietina* (*Raillietina*) *baeri* (Cyclophyllidea, Davaineidae) an intestinal parasite of the multimammate rat, *Mastomys huberti* (Rodentia, Muridae)[J]. Parasitol Res, 97 (3): 173-178.
Ba CT, Marchand B. 1994. Ultrastructural similarity of spermatozoa of some Cyclophyllidea[J]. Parasite, 1994, 1(1): 51-55.
Bâ CT, Marchand B. 1994a. Comparative ultrastructure of the spermatozoa of *Inermicapsifer guineensis* and *Inermicapsifer madagascariensis* (Cestoda, Anoplocephalidae, Inermicapsiferinae), intestinal parasites of rodents in Senegal[J]. Can J Zool, 72 (9): 1633-1638.
Bâ CT, Marchand B. 1994b. Ultrastructure of spermiogenesis and the spermatozoon of *Aporina delafondi*, (Cyclophyllidea, anoplocephalidae), intestinal parasite of turtle doves in senegal[J]. Int J Parasitol, 24 (2): 225-235.
Bâ CT, Marchand B. 1994c. Ultrastructure of spermiogenesis and the spermatozoon of *Raillietina* (*Raillietina*) *tunetensis* (Cyclophyllidea, Davaineidae), intestinal parasite of turtle doves in Senegal[J]. Int J Parasitol, 24 (2): 237-248.
Bâ CT, Marchand B. 1994d. Similitude ultrastructurale des spermatozoïdes de quelques Cyclophyllidea[J]. Parasite 1: 51-55.
Bâ CT, Marchand B. 1995. Spermiogenesis, spermatozoa and phyletic affinities in the Cestoda[M]//Jamieson BGM, Ausio J, Justine JL. Advances in Spermatozoal Phylogeny and Taxonomy. Chicago: The University of Chicago Press Books: 87-95.
Bâ CT, Sene T, Marchand B. 1995. Scanning electron microscope examination of scale-like spines on the rostellumm of five Davaineinae (Cestoda, Cyclophyllidea)[J]. Parasite, 2 (1): 63-67.
Ba T, Wang XQ, Renaud F, et al. 1993. Diversity and specificity in cestodes of the genus *Moniezia*: genetic evidence[J]. Int J Parasitol, 23 (7): 853-857.
Babero B, Cattan PE. 1983. *Catenotaenia neotomae* sp. n. (Cestoda: Dilepidae) parasite de *Neotoma lepida* (Rodentia: Cricetidae) en Nevada USA[J]. Bol Chil Parasitol, 38 (1/2): 12-16.
Baer JG. 1923. Considérations sur le genre Anoplocephala[J]. Bull Soc Neuchâ teloise Des Sci Naturelles, 48: 3-16.
Baer JG. 1927. Monographie de la famille des Anoplocephalidae[J]. Bull Biol France Belge, Suppl (10): 1-241.
Baer JG. 1940. Some avian tapeworms from Antigua[J]. Parasitology, 32 (2): 174-197.
Baer JG. 1954. The taperworm genus *Wyominia* Scott, 1941[J]. Proc Helminthol Soc Wash, 21: 48-52.
Baer JG. 1955. New case of tapeworm *Inermicapsifer arvicanthidis* infection in an East African child[J]. Acta Tropica, 12 (2): 174-176.
Baer JG. 1955. Revision critique de la sous-famille Idiogeninae Fuhrmann, 1907 (Cestodes: Davaineidae) et etude analytique de la distribution des especes[J]. Revue Suisse Zool, 62 (S): 1-51.
Baer JG. 1956. Parasitic helminths collected in West Greenland[M]. Meddelelser Om Gronland udgivne of Kommiss. For Unders. Gronland. Bd. 124: 55pp.
Baer JG. 1959. Exploration du Parc national Congo Belge Miss Baer & Gerber[J]. Helminthes Parasites, 1: 1-80.
Baer JG. 1962. Cestoda. In The zoology of Iceland, II, 12[M]. Copenhagen & Reykjavik: Ejnar Munksgaard: 1-63.
Baer JG. 1969. *Diphyllobothrium pacificum*, a tapeworm from sea lions endemic in man along the coastal area of Peru[J]. J Fish Res Board Can, 26 (4): 717-723.
Baer JG, Joyeux Ch. 1943. Les larves cysticereoïdes de quelques Ténias de la Musaraigne d'eau Neomys fodiens (Schreb.)[J]. Pathobiology, 6 (1-6): 395-399.
Bakhoum AJS, Torres J, Shimalov VV, et al. 2011. Spermiogenesis and spermatozoon ultrastructure of *Diplodiscus subclavatus* (Pallas, 1760) (Paramphistomoidea, Diplodiscidae), an intestinal fluke of the pool frog Rana lessonae (Amphibia, Anura)[J]. Parasitol Int, 60 (1): 64-74.
Ball D, Neifar L, Euzet L. 2003. Proposition de *Scalithrium* n. gen. (Cestoda: Tetraphyllidea) avec comme espècetype *Scalithrium minimum* (Van Beneden, 1850) n. comb. parasite de *Dasyatis pastinaca* (Elasmobranchii, Dasyatidae)[J]. Parasite, 10 (1): 31-37.
Bandoni SM, Brooks DR. 1987a. Revision and phylogenetic analysis of the Amphilinidea Poche, 1922 (Platyhelminthes: Cercomeria: Cercomeromorpha)[J]. Can J Zool, 65 (5): 1110-1128.
Bandoni SM, Brooks DR. 1987b. Revision and phylogenetic analysis of the Gyrocotylidea Poche, 1926 (Platyhelminthes: Cercomeria: Cercomeromorpha)[J]. Can J Zool, 65 (10): 2369-2388.
Banerjee S, Manna B, Sanya AK. 2016. *Djombangia mannai* sp. n. (Cestoidea: Caryophyllidea: Lytocestidae) from a Siluroid Fish in West Bengal, India[J]. Proc Zool Soc, 71 (3): 213-216.
Banerjee S, Manna B, Sanyal AK. 2017. *Spathebothrium vivekanandai* sp. n. (Platyhelminthes: Cestoidea) from a Freshwater Fish *Channa striatus* from West Bengal, India[J]. Proc Zool Soc, 71 (4): 327-330.
Bangham RV. 1941. Parasites of fresh-water fish of southern Florida[J]. Proc Florida Acad Sci, 5: 289-307.

Bangham RV, Venard CE. 1942. Studies on parasites of Reelfoot Lake fish. IV. Distribution studies and checklist of parasites[J]. J Tennessee Acad Sci, 17: 22-38.

Barčák D, Oros M, Hanzelová V, et al. 2014. Phenotypic plasticity in *Caryophyllaeus brachycollis* Janiszewska, 1953 (Cestoda: Caryophyllidea): does fish host play a role?[J]. Syst Parasitol, 88 (2): 153-166.

Baron RW. 1971. The occurrence of *Paruterina candelabraria* (Goeze, 1782) and *Cladotaenia globifera* (Batsch, 1786) in Manitoba[J]. Can J Zool, 49 (10): 1399-1400.

Bartel MH, Hansen MF. 1964. *Raillietina* (*Raillietina*) *loeweni* sp. n. (Cestoda: Davaineidae) from the hare in Kansas, with notes on *Raillietina* of North American mammals[J]. J Parasitol, 50: 448-453.

Barutzki D, Schaper R. 2011. Results of parasitological examinations of faecal samples from cats and dogs in Germany between 2003 and 2010[J]. Parasitol Res, 109 (1): 45-60.

Bates R. 1990. A Checklist of the Trypanorhyncha (Platyhelminthes: Cestoda) of the World (1935-1985)[J]. National Museum of Wales, Zool Ser, 1: 1-218.

Baugh SC, Saxena SK. 1975. On cestodes of Passer domesticus I. *Choanotaenia*, *Raillietina* and *Proparuterina*[J]. Angew Parasitol, 16 (3): 162-169.

Baugh SC, Saxena SK. 1976. On cestodes of Passer domesticus I. *Choanotaenia*, *Raillietine* and *Proparuterina*[J]. Angew Parasitol, 17 (3): 146-160.

Baverstock PR, Adams M, Beveridge I. 1985. Biochemical differentiation in bile duct cestodes and their marsupial hosts[J]. Mol Biol Evol, 2 (4): 321-337.

Baylis HA. 1927. On two adult cestodes from wild swine[J]. Ann Mag Nat Hist, Ser. 9 (112): 417-425.

Baylis HA. 1934. Notes on four Cestodes[J]. Ann Mag Nat Hist, 14 (84): 587-594.

Baylis HA. 1935. Note on the cestode *Moniezia* (Fuhrmannella) transvaalensis (Baer, 1925)[J]. Ann Mag Nat Hist, Ser. 15 (90): 673-675.

Baylis HA. 1939. Further records of parasitic worms from British vertebrates[J]. Ann Mag Nat Hist, 4 (23): 473-498.

Bayoumy EM, El-Monem SA, Ammar EW, et al. 2008. Ultrastructural study of some helminth parasites infecting the Goatfish, *Mullus surmuletus* (Osteichthyes: Mulldae) from Syrt coast, Libya[J]. Life Sci, 5 (1): 17-24.

Bazsalovicsová E, Králová-Hromadová I, Brabec J, et al. 2014. Conflict between morphology and molecular data: a case of the genus *Caryophyllaeus* (Cestoda, Caryophyllidea), monozoic tapeworm of cyprinid fishes[J]. Folia Parasitol, 61 (4): 347-354.

Bean MG. 2008. Occurrence and Impact of the Asian Fish Tapeworm *Bothriocephalus acheilognathi* in the Rio Grande (Rio Bravo del Norte)[J]. Hydrol Earth Syst Sci, 19 (4): 1713-1725.

Bean MG, Skeríkova A, Bonner TH, et al. 2007. First record of *Bothriocephalus acheilognathi* in the Rio Grande with comparative analysis of ITS2 and V4-18S rRNA gene sequences[J]. J Aquat Anim Health, 19 (2): 71-76.

Beaver PC. 1989. *Mesocestoides corti*: mouse type host, uncharacteristic or questionable?[J]. J Parasitol, 75 (5): 815.

Bechtel MJ, Teglas MB, Murphy PJ, et al. 2015. Parasite prevalence and community diversity in sympatric and allopatric populations of two woodrat species (Sigmodontinae: Neotoma) in central California[J]. J Wildl Dis, 51 (2): 419-430.

Beck JW. 1951. *Megacirrus megapodii* n. g., n. sp., a cestode from the Malayan brush turkey, *Megapodius laperouse senex* (Cestoda: Dilepididae)[J]. J Parasitol, 37 (4): 405-407.

Befus A, Freeman RS. 1973. *Corallobothrium parafimbriatum* sp. n. and *Corallotaenia minutia* (Fritts, 1959) comb. n. (Cestoda: Proteocephaloidea) from Algonquin Park, Ontario[J]. Can J Zool, 51 (2): 243-248.

Begg M, Beveridge I, Chilton NB, et al. 1995. Parasites of the Proserpine rock wallaby, *Petrogale persephone* (Marsupialia: Macropodidae)[J]. Australian Mammalogy, 18: 45-53.

Belopolskaia MM. 1973. Cestodes of the family Progynotaeniidae Burt, 1939 from wading birds of the USSR[J]. Parazitologiia, 7 (1): 44-50.

Belopolskaia MM. 1976. Cestodes of the genera *Gyrocoelia* Fuhrmann, 1899 and *Infula* Burt, 1939 (Acoleidae) from the snipes of the Soviet Union[J]. Parazitologiia, 10 (6): 497-505. (In Russian)

Belopolskaia MM, Kulachkova VG. 1973. Taxonomic position of *Amoebotaenia oophorae* Belopolskaia, 1971 (Cestoda: Cyclophyllidea)[J]. Parazitologiia, 7 (6): 551-552.

Beltrame MO, Fugassa MH, Barberena R, et al. 2013. New record of anoplocephalid eggs (Cestoda: Anoplocephalidae) collected from rodent coprolites from archaeological and paleontological sites of Patagonia, Argentina[J]. Parasitol Int, 62 (5): 431-434.

Beltrame MO, Sardella NH, Fugassa MH, et al. 2012. A palaeoparasitological analysis of rodent coprolites from the Cueva Huenul 1 archaeological site in Patagonia (Argentina)[J]. Mem Inst Oswaldo Cruz, 107 (5): 604-608.

Bennett HM, Mok HP, Gkrania-Klotsas E, et al. 2010. Spermatological characters of the spathebothriidean tapeworm *Didymobothrium rudolphii* (Monticelli, 1890)[J]. Parasitol Res, 106 (6): 1435-1442.

Bernot JP, Caira JN, Pickering M. 2015. The dismantling of *Calliobothrium* (Cestoda: Tetraphyllidea) with erection of *Symcallio* n. gen. and description of two new species[J]. J Parasitol, 101 (2): 167-181.

Berra TM. 2001. Freshwater fish distribution[M]. San Diego, California: Academic Press.

Beveridge I. 1976. A taxonomic revision of the Anoplocephalidae (Cestoda: Cyclophyllidea) of Australian marsupials[J]. Aust J Zool, Sl Ser 24 (44): 1.

Beveridge I. 1978. A taxonomic revision of the genera *Cittotaenia* Riehm, 1881, *Ctenotaenia* Railliet, 1893, *Mosgovoyia* Spasskiĭ, 1951 and *Pseudocittotaenia* Tenora, 1976 (Cestoda: Anoplocephalidae)[J]. Mem Mus Hist Nat, Paris, N Ser A, Zool, 10: 1-64.

Beveridge I. 1980. *Echidnotaenia tachylossi* (Johnston) gen. et comb. nov. (Anoplocephalata: Linstowiidae) from the monotreme *Tachyglossus aculeatus* Shaw in Australia[J]. J Helminthol, 54 (2): 129-134.

Beveridge I. 1994. Family Anoplocephalidae Cholodkovsky, 1902[M]//Khalil LF, Jones A, Bray RA. Keys to the Cestode Parasites of Vertebrates. Wallingford: CAB International: 315-366.

Beveridge I. 2001. The use of life-cycle characters in studies of the evolution of cestodes[M]//Littlewood DTJ, Bray RA. Interrlationships of the Platyhelminthes. Taylor & Francis, London: The Systematics Association Special Volume Serie, 60: 250-256.

Beveridge I. 2007. Revision of the *Progamotaenia zschokkei* (Janicki, 1905) complex (Cestoda: Anoplocephalidae), with the description of six new species[J]. Syst Parasitol, 66 (3): 159-194.

Beveridge I. 2008a. *Mathevotaenia niuguiniensis* n. sp. (Cestoda: Anoplocephalidae: Linstowiinae) from the water-rat *Parahydromys asper* (Thomas) in Papua New Guinea, with a list of species of *Mathevotaenia* Akumyan, 1946[J]. Syst Parasitol, 71 (3): 189-198.

Beveridge I. 2008b. Redescriptions of species of *Tetrarhynchobothrium* Diesing, 1850 and *Didymorhynchus* Beveridge & Campbell, 1988 (Cestoda: Trypanorhyncha), with the description of *Zygorhynchus borneensis* n. sp.[J]. Syst Parasitol, 69 (2): 75-88.

Beveridge I. 2009. A re-description of *Progamotaenia ewersi* (Schmidt, 1975) (Cestoda: Anoplocephalidae) from wallabies and kangaroos (Macropodidae), with the description of a new species, *P. ualabati* n. sp.[J]. Trans R Soc S, 133 (1): 1-17.

Beveridge I. 2014. A review of the genus *Paramoniezia* Maplestone et Southwell, 1923 (Cestoda: Anoplocephalidae), with a new genus, *Phascolocestus*, from wombats (Marsupialia) and redescriptions of *Moniezia mettami* Baylis, 1934 and *Moniezia phacochoeri* (Baylis, 1927) comb. n. from African warthogs (Artiodactyla)[J]. Folia Parasitol, 61 (1): 21-33.

Beveridge I, Campbell RA. 1988. A review of the Tetrarhynchobothriidae Dollfus, 1969 (Cestoda: Trypanorhyncha) with descriptions of two new genera, *Didymorhynchus*, and *Zygorhynchus*[J]. Syst Parasitol, 12 (1): 3-29.

Beveridge I, Campbell RA. 1989. *Chimaerarhynchus*, n. g. and Patellobothrium, n. g. two new genera of trypanorhynch cestodes with unique poeciloacanthous armatures, and a reorganisation of the poeciloacanthous trypanorhynch families[J]. Syst Parasito, 14 (3): 209-225.

Beveridge I, Campbell RA. 1992. Redescription of *Halysiorhynchus macrocephalus* (Cestoda: Trypanorhyncha), a genus newly recorded from the Australasian region[J]. Syst Parasitol, 22 (2): 151-157.

Beveridge I, Campbell RA. 1993. New species of *Grillotia* and *Pseudogrillotia* (Cestoda: Trypanorhyncha) from Australian sharks, and definition of the family Grillotiidae Dollfus, 1969[J]. T Roy Soc South Aust, 117: 37-46.

Beveridge I, Campbell RA. 1994. Redescription of *Diesingium lomentaceum* (Diesing, 1850) (Cestoda: Trypanorhyncha)[J]. Syst Parasitol, 27 (2): 149-157.

Beveridge I, Campbell RA. 1998. Re-examination of the trypanorhynch cestode collection of A. E. Shipley, J. Hornell and T. Southwell, with the erection of a new genus, *Trygonicola*, and re-description of seven species[J]. Syst Parasitol, 39 (1): 1-34.

Beveridge I, Campbell RA. 2000. A redescription of *Pintneriella* Yamaguti, 1934 (Cestoda: Trypanorhyncha and an examination of its systematic position[J]. Syst Parasitol, 47 (1): 73-78.

Beveridge I, Campbell RA. 2001a. *Grillotia australis* n. sp. and *G. pristiophori* n. sp. (Cestoda: Trypanorhyncha) from Australian elasmobranch and teleost fishes[J]. Syst Parasitol, 49 (2): 113-126.

Beveridge I, Campbell RA. 2001b. *Proemotobothrium* n. g. (Cestoda: Trypanorhyncha), with the redescription of *P. linstowi* (Southwell, 1912) n. comb. and description of *P. southwelli* n. sp.[J]. Syst Parasitol, 48 (3): 223-233.

Beveridge I, Campbell RA. 2003. Review of the Rhopalothylacidae Guiart, 1935 (Cestoda: Trypanorhyncha), with a description of the adult of *Pintneriella musculicola* Yamaguti, 1934 and a redescription of *P. gymnorhynchoides* (Guiart, 1935) comb. n.[J]. Folia Parasitol, 50 (1): 61-71.

Beveridge I, Campbell RA. 2005. Three new genera of trypanorhynch cestodes from Australian elasmobranch fishes[J]. Syst Parasitol, 60 (3): 211-224.

Beveridge I, Campbell RA. 2007. Revision of the *Grillotia erinaceus* (van Beneden, 1858) species complex (Cestoda: Trypanorhyncha), with the description of *G. brayi* n. sp.[J]. Syst Parasitol, 68 (1): 1-31.

Beveridge I, Campbell RA. 2010. Validation of *Christianella* Guiart, 1931 (Cestoda: Trypanorhyncha) and its taxonomic relationship with *Grillotia* Guiart, 1927[J]. Syst Parasitol, 76 (2): 111-129.

Beveridge I, Campbell RA. 2012. *Bathygrillotia* n. g. (Cestoda: Trypanorhyncha), with redescriptions of *B. rowei* (Campbell, 1977) n. comb. and *B. kovalevae* (Palm, 1995) n. comb.[J]. Syst Parasitol, 82 (3): 249-259.

Beveridge I, Campbell RA. 2013. A new species of *Grillotia* Guiart, 1927 (Cestoda: Trypanorhyncha) with redescriptions of congeners and new synonyms[J]. Syst Parasitol, 85 (2): 99-116.

Beveridge I, Campbell RA, Palm HW. 1999. Preliminary cladistic analysis of genera of the cestode order Trypanorhyncha Diesing, 1863[J]. Syst Parasitol, 42 (1): 29-49.

Beveridge I, Chilton NB, Johnson PM, et al. 1998. Helminth parasite communities of kangaroos and wallabies (*Macropus* spp. and *Wallabia bicolor*) from north and central Queensland[J]. Australian Journal of Zoology, 46: 473-495.

Beveridge I, Duffy C. 2005. Redescription of *Cetorhinicola acanthocapax* Beveridge & Campbell, 1988 (Cestoda: Trypanorhyncha) from the basking shark *Cetorhinus maximus* (Gunnerus)[J]. Syst Parasitol, 62 (3): 191-198.

Beveridge I, Friend SC, Jeganathan N, et al. 1998. *Proliferative sparganosis* in Australian dogs[J]. Austr Vet J, 76 (11): 757-759.

Beveridge I, Jones MK. 2000. *Prochristianella spinulifera* n. sp. (Cestoda: Trypanorhyncha) from Australian dasyatid and rhinobatid rays[J]. Syst Parasitol, 47 (1): 1-8.

Beveridge I, Justine JL. 2006. Gilquiniid cestodes (Trypanorhyncha) from elasmobranch fishes off New Caledonia with descriptions of two new genera and a new species[J]. Syst Parasitol, 65 (3): 235-249.

Beveridge I, Justine JL. 2007. Redescriptions of four species of *Otobothrium* Linton, 1890 (Cestoda: Trypanorhyncha), including new records from Australia, New Caledonia and Malaysia, with the description of *O. parvum* n. sp.[J]. Zootaxa, 1587 (1): 1-25.

Beveridge I, Neifar L, Euzet L. 2004. Review of the genus *Progrillotia* Dollfus, 1946 (Cestoda: Trypanorhyncha), with a redescription of *Progrillotia pastinacae* Dollfus, 1946 and description of *Progrillotia dasyatidis* sp. n.[J]. Folia Parasitol, 51 (1): 33-44.

Beveridge I, Speare R, Johnson PM, et al. 1992. Helminth parasite communities of macropodoid marsupials of the genera *Hypsiprymnodon*, *Aepyprymnus*, *Thylogale*, *Onychogale*, *Lagorchestes* and *Dendrolagus* from Queensland[J]. Wildlife Res, 19 (4): 359-376.

Beveridge I, Spratt DM, Close RL, et al. 1989. Helminth parasites of rock wallabies, *Petrogale* spp. (Marsupialia) from Queensland[J]. Australian Wildlife Research, 16: 273-287.

Beveridge I, Thompson RCA. 1979. The anoplocephalid cestode parasites of the spectacled hare-wallaby, *Lagorchestes conspicillatus* Gould, 1842 (Marsupialia: Macropodidae)[J]. Journal of Helminthology, 53: 153-160.

Beveridge I, Turni C. 2003. *Progamotaenia capricorniensis* sp. nov. (Cestoda: Anoplocephalidae) from wallabies (Marsupialia: Macropodidae) from Queensland, Australia[J]. Parasite, 10 (4): 309-315.

Bhagwant S. 2004. Human *Bertiella studeri* (family Anoplocephalidae) infection of probable Southeast Asian origin in Mauritian children and an adult[J]. Am J Trop Med Hyg, 70 (2): 225-228.

Binkiené R, Kontrimavičius L. 2012. *Mathevolepis alpina* sp. n. (Cestoda: Hymenolepididae) from an alpine shrew: the first record of the genus in Europe[J]. Folia Parasitologica, 59 (4): 295-300.

Binkiené R, Kornienko SA, Tkach VV. 2015. *Soricinia genovi* n. sp. from *Neomys fodiens* in Bulgaria, with redescription of *Soricinia globosa* (Baer, 1931) (Cyclophyllidea: Hymenolepididae[J]. Parasitol Res, 114 (1): 209-218.

Biserova NM, Dudicheva VA, Terenina NB, et al. 2000. The nervous system of *Amphilina foliacea* (Platyhelminthes, Amphilinidea). An immunocytochemical, ultrastructural and spectrofluorometrical study[J]. Parasitology, 121 (Pt 4): 441-453.

Biserova NM, Gordeev II, Korneva JV. 2016. Where are the sensory organs of *Nybelinia surmenicola* (Trypanorhyncha) ? A comparative analysis with *Parachristianella* sp. and other trypanorhynchean cestodes[J]. Parasitol Res, 115 (1): 131-141.

Biserova NM, Kutyrev IA, Jensen K. 2014. GABA in the nervous system of the cestodes *Diphyllobothrium dendriticum* (Diphyllobothriidea) and *Caryophyllaeus laticeps* (Caryophyllidea), with comparative analysis of muscle innervation[J]. J Parasitol, 100 (4): 411-421.

Biswa D, Nandi AP, Chatterjee S. 2014. Biochemical and molecular characterization of the Cyclophyllidean cestode, *Cotugnia cuneata* (Meggit, 1924), an endoparasite of domestic pigeons, *Columba livia* domestica[J]. Journal of Parasitic Diseases, DOI: 10.1007/s12639-012-0203-3.

Bjotvedt G, Hendricks GM. 1982. *Mesogyna hepatica* (Cestoda) in kit foxes[J]. Canine Practice, 9: 17-23.

Blair D. 1993. The phylogenetic position of the Aspidobothrea within the parasitic flatworms inferred from ribosomal RNA sequence data[J]. Int J Parasitol, 23 (2): 169-178.

Blend CK, Dronen NO. 2003. *Bothriocephalus gadellus*, n. sp. (Cestoda: Bothriocephalidae) from the beardless codling *Gadella imberbis* (Vaillant) (Moridae) in the southwestern Gulf of Mexico, with a review of species of *Bothriocephalus*, Rudolphi, 1808 reported from gadiform fishes[J]. Syst Parasitol, 54 (1): 33-42.

Bohórquez GA, Luzón M, Martín-Hernández R, et al. 2015. New multiplex PCR method for the simultaneous diagnosis of the three known species of equine tapeworm[J]. Vet Parasitol, 207 (1-2): 56-63.

Bombarová M, Špakulová M, Oros M. 2005. A karyotype of *Nippotaenia* Mogurndae: the first cytogenetic data within the order Nippotaeniidea (Cestoda)[J]. Helminthologia, 42 (1): 27-30.

Bombarová M, Vítková M, Spakulová M, et al. 2009. Telomere analysis of platyhelminths and acanthocephalans by FISH and Southern hybridization[J]. Genome, 52 (11): 897-903.

Bona FV. 1978. The genus *Clelandia* Johnston, 1909 and its affinities with *Parvitaenia* and *Neogryporhynchus* (Cestoda, Dilepididae)[J]. Ann Parasitol Hum Comp, 53 (2): 163-180.

Bona FV. 1994. Family Dilepididae Railliet & Henry, 1909[M]//Khalil LF, Jones A, Bray RA. Keys to the Cestode Parasites of Vertebrates. Wallingford: CAB International.

Bona FV, Maffi AV. 1987. los Paruterinidae (cestoda) conganchos de patron "rectanguloide". Parte I. observaciones sobre los ganchos rectanguloides y revisión de la literature[J]. Boll Mus Reg Sci Nat, 5: 455-489.

Bondarenko S, Hromada M. 2004. *Aploparaksis mackoi* n. sp. (Cestoda: Hymenolepididae), a parasite of the common snipe *Gallinago gallinago* (L.) from the Slovak Republic[J]. Syst Parasitol, 58 (1): 63-67.

Bondarenko S, Komisarovas J. 2007. Redescription of *Monorcholepis dujardini* (Krabbe, 1869) and *M. passerellae* (Webster, 1952) (Cestoda: Cyclophyllidea: Aploparaksidae) in passerine birds from the Holarctic Region[J]. Folia Parasitol, 54 (1): 68-80.

Bondarenko S, Kontrimavichus V. 2004a. Life-cycles of cestodes of the genus *Branchiopodataenia* Bondarenko & Kontrimavichus, 2004 (Cestoda: Hymenolepididae) from gulls in Chukotka[J]. Syst Parasitol, 57 (3): 191-199.

Bondarenko S, Kontrimavichus V. 2004b. On *Branchiopodataenia* n. g. parasitic in gulls, and its type-species, *B. anaticapicirra* n. sp. (Cestoda: Hymenolepididae)[J]. Syst Parasitol, 57 (2): 119-133.

Bondarenko S, Kontrimavichus V. 2005. *Aploparaksis demshini* n. sp. (Cestoda: Hymenolepididae), a parasite of the woodcock *Scolopax rusticola* Linnaeus, and its life-cycle[J]. Syst Parasitol, 61 (1): 53-63.

Bondarenko S, Kontrimavichus V. 2006. *Aploparaksis kornyushini* n. sp. (Cestoda: Hymenolepididae), a parasite of the woodcock *Scolopax rusticola* (L.), and its life-cycle[J]. Syst Parasitol, 63 (1): 45-50.

Bondarenko SK. 1990. *Aploparaksis pseudofilum* (Clerc, 1902) non Gasowska, 1931 and its postembryonal development[J]. Parazitologiya, 24: 509-517.

Bondarenko SK, Kontrimavichus VL, Vaucher C. 2002. Revision of *Aploparaksis crassirostris* and *A. sinensis* (Cestoda: Hymenolepididae)[J]. Parazitologiia, 36 (2): 117-131.

Bondarenko SK, Rausch RL. 1977. *Aploparaksis borealis* sp. n. (Cestoda: Hymenolepididae) from passeriform and charadriiform birds in Chukotka and Alaska[J]. J Parasitol, 63: 96-98.

Boni TA, Padial AA, Prioli SM, et al. 2011. Molecular differentiation of species of the genus *Zungaro* (Siluriformes, Pimelodidae) from the Amazon and Parana-Paraguay River basins in Brazil[J]. Genet Mol Res, 10 (4): 2795-2805.

Boomker J, Horak IG, Booyse DG, et al. 1991. Parasites of South African wildlife. VIII. Helminth and arthropod parasites of warthogs, *Phacochoerus aethiopicus*, in the eastern Transvaal[J]. Onderst J Vet Res, 58 (3): 195-202.

Borcea L. 1934. Note preliminaire sur les cestodes des Elasmobranches ou Sélaciens de la Mer Noire[J]. Ann Sci Univ Jassy, 19: 345-369.

Borgarenko LF. 1972. Helminths of grebes (Podicipediformes) in Tadzhikistan[M]//Narzikulov MN, Abdusalyamov IA. Voprosy Zoologii Tadzhikistana. Dushanbe: Donish: 39-47. (In Russian)

Borgarenko LF. 1981. Helminths of Birds of Tadzhikistan. Book 1. Cestodes. Dushanbe: Izdatel'stvo 'Donish': 327pp. (In Russian)

Borgarenko LF, Gulyaev VD. 1990. On morphology of the type species of the genus *Joyeuxilepis* (Cestoda, Schistotaeniinae)[J]. Parazitologiya, 24: 350-353. (In Russian)

Borgarenko LF, Gulyaev VD. 1991. Two new amabiliid cestodes from grebes in Tadzhikistan[J]. Sibirskiy Biologicheskiy Zhurnal, 1: 44-48. (In Russian)

Borgarenko LF, Spasskaya LP, Spassky AA. 1972. Cestodes of the genus *Tatria* from the water fowl birds in Tadzhikistan. Izvestiya Akademii Nauk Tadzhikskoy SSR[J]. Otdel Biologicheskih Nauk, 4: 53-57. (In Russian)

Borucinska JD, Bullard SA. 2011. Lesions associated with plerocerci (Platyhelminthes: Cestoda: Trypanorhyncha) in the gastric wall of a cownose ray, *Rhinoptera bonasus* (Mitchill), (Myliobatiformes: Rhinopteridae) from the northern Gulf of Mexico[J]. J Fish Dis, 34 (2): 149-157.

Borucinska JD, Cielocha JJ, Jensen K. 2013. The parasite-host interface in the zonetail butterfly ray, *Gymnura zonura*: Bleeker), infected with *Hexacanalis folifer* (Cestoda: Lecanicephalidea)[J]. J Fish Dis, 36 (1): 1-8.

Brabec J, Kuchta R, Scholz T. 2006. Paraphyly of the Pseudophyllidea (Platyhelminthes: Cestoda): circumscription of monophyletic clades based on phylogenetic analysis of ribosomal RNA[J]. Int J Parasitol, 36 (14): 1535-1541.

Brabec J, Waeschenbach A, Scholz T, et al. 2015. Molecular phylogeny of the Bothriocephalidea (Cestoda): molecular data challenge morphological classification[J]. Int J Parasitol, 45 (12): 761-771.

Brack DR, Naberhaus F, Heymann E. 1987. *Tupaiataenia quentini* (Schmidt & File, 1977) in *Tupaia belangeri* (Wagner, 1841): transmission experiments and Praziquantel treatment[J]. Lab Anim, 21 (1): 18-19.

Braun M. 1894-In: Bronn HG. Klassen und Ordnungen des Thierreichs, Band IV, Vermes, Abt. 1, Cestodes[M], Leipzig: 927-1731.

Bray RA, Jones A, Andersen KI. 1994. Order Pseudophyllidea Carus, 1863[M]//Khalil LF, Jones A, Bray RA. Keys to the Cestode Parasites of Vertebrates. Wallingford: CAB International.

Bray RA, Jones A, Hoberg EP. 1999. Observations on the phylogeny of the cestode order Pseudophyllidea Carus, 1863[J]. Syst Parasitol, 42 (1): 13-20.

Bray RA, Olson PD. 2004. The plerocercus of *Ditrachybothridium macrocephalum* Rees, 1959 from two deep-sea elasmobranchs, with a molecular analysis of its position within the order Diphyllidea and a checklist of the hosts of larval diphyllideans[J]. Syst Parasitol, 59 (3): 159-167.

Bristow GA, Berland B. 1988. A preliminary electrophoretic investigation of the gyrocotylid parasites of *Chimaera monstrosa* L.[J]. Sarsia, 73 (1): 75-77.

Brockerhoff A, Jones MK. 1995. Ultrastructure of the scolex and tentacles of the metacestode of *Polypocephalus* species (Cestoda: Lecanicephalidae) from the blue-swimmer crab *Portunus pelagicus*[J]. Int J Parasitol, 25 (9): 1077-1088.

Brooks DR. 1978. Evolutionary History of the Cestode Order Proteocephalidea[J]. Systematic Zool, 27 (3): 312-323.

Brooks DR. 1989. A summary of the database pertaining to the phylogeny of the major groups of parasitic platyhelminths, with a revised classification[J]. Can J Zool, 67 (3): 714-720.

Brooks DR, Amato JF. 1992. Cestode parasites in *Potamotrygon motoro* (Natterer) (Chondrichthyes: Potamotrygonidae) from southwestern Brazil, including *Rhinebothroides mclennanae* n. sp. (Tetraphyllidea: Phyllobothriidae), and a revised host-parasite checklist for helminths inhabiting neotropical freshwater stingrays[J]. J Parasitol, 78 (3): 393.

Brooks DR, Deardorff TL. 1980. Three proteocephalid cestodes from Columbian Siluriformes fishes, including *Nomimoscolex alovarius* sp. n. (Monticelliidae: Zygobothriinae)[J]. Proc Biol Soc Wash, 47: 15-21.

Brooks DR, Hoberg EP, Houtman A. 1993. Some Platyhelminths inhabiting white-throated sparrows, *Zonotrichia albicollis* (Aves: Emberizidae: Emberizinae), from Algonquin Park, Ontario, Canada[J]. J Parasitol, 79 (4): 610-612.

Brooks DR, Hoberg EP, Weekes PJ. 1991. Preliminary phylogenetic systematic analysis of the Eucestoda Southwell, 1930 (Platyhelminthes: Cercomeria)[J]. Proc Bio Soc Wash, 104: 651-668.

Brooks DR, Mayes MA, Thorson TB. 1981. Systematic review of cestodes infecting freshwater stingrays (Chondrichthyes: Potamotrygonidae) including four new species from Venezuela[J]. Proc Helminthol Soc Wash, 48 (1): 43-64.

Brooks DR, McCorquodale S. 1995. *Acanthobothrium nicoyaense* n. sp. (Eucestoda: Tetraphyllidea: Onchobothriidae) in *Aetobatus narinari* (Euphrasen) (Chondrichthyes: Myliobatiformes: Myliobatidae) from the Gulf of Nicoya, Costa Rica[J]. J Parasitol, 81 (2): 244.

Brooks DR, Mclennan DA. 1993a. Comparative study of adaptive radiations with an example using parasitic flatworms (Platyhelminthes: Cercomeria)[J]. Am Nat, 142 (5): 755-778.

Brooks DR, Mclennan DA. 1993b. Parascript. Parasites and the Language of Evolution[M]. Washington & London: Smithsonian Institution Press: 429pp.

Brooks DR, O'Grady RT, Glen DR. 1985. The phylogeny of the Cercomeria Brooks, 1982 (Platyhelminthes)[J]. Proc Helminthol Soc Wash, 52 (1): 1-20.

Brooks DR, Pérez-Ponce de León G, García-Prieto L. 1999. Two new species of *Oochoristica* Lühe, 1898 (Eucestoda: Cyclophyllidea: Anoplocephalidae: Linstowiinae) parasitic in *Ctenosaura* spp. (Iguanidae) from Costa Rica and México[J]. J Parasitol, 85 (5): 893-897.

Brooks DR, Rasmussen G. 1984. Proteocephalid cestodes from Venezuelan catfish, with a new classification of the Monticelliidae[J]. Proc Biol Soc Wash, 97: 748-760.

Bruňanská M. 1997. *Proteocephalus exiguus* La Rue, 1911 (Cestoda, Proteocephalidae): Ultrastructure of the vitelline cells[J]. Helminthologia, 34 (1): 9-13.

Brŭnanská M. 1999. Ultrastructure of primary embryonic envelopes in *Proteocephalus longicollis* (Cestoda: Proteocephalidea)[J]. Helminthologia, 36 (2): 83-89.

Brunanská M. 2009. Spermatological characters of the caryophyllidean cestode *Khawia sinensis* Hsü, 1935, a carp parasite[J]. Parasitol Res, 105 (6): 1603-1610.

Bruňanská M. 2010. Recent insights into spermatozoa development and ultrastructure in the Eucestoda[M]//Lejeune T, Delvaux P. Human Spermatozoa: Maturation, Capacitation and Abnormalities. New York: Nova Science: 327-354.

Bruňanská M, Bílý T, Nebesářová J. 2015. *Nippotaenia mogurndae* Yamaguti et Myiata, 1940 (Cestoda, Nippotaeniidea): first data on spermiogenesis and sperm ultrastructure[J]. Parasitol Res, 114 (4): 1443-1453.

Brunanská M, Fagerholm HP, Gustafsson MKS. 2000a. Ultrastructure studies of *Proteocephalus longicollis* (Cestoda, Proteocephalidea): transmission electron microscopy of scolex glands[J]. Parasitol Res, 86 (9): 717-723.

Brunanská M, Fagerholm HP, Gustafsson MKS. 2000b. Ultrastructure studies of preadult *Proteocephalus longicollis*, (Cestoda, Proteocephalidea): transmission electron microscopy of scolex sensory receptors[J]. Parasitol Res, 86 (2): 89-95.

Bruňanská M, Fagerholm HP, Nebesářová J, et al. 2010. Ultrastructure of the mature spermatozoon of *Eubothrium rugosum* (Batsch, 1779) with a re-assessment of the spermatozoon ultrastructure of *Eubothrium crassum* (Bloch, 1779) (Cestoda: Bothriocephalidea)[J]. Helminthologia, 47 (4): 257-263.

Brŭnanská M, Gustafsson MK, Fagerholm HP. 1998. Ultrastructure of presumed sensory receptors in the scolex of adult *Proteocephalus exiguus* (Cestoda, Proteocephalidea)[J]. Int J Parasitol, 28 (4): 667-677.

Bruňanská M, Kostič B. 2012. Revisiting caryophyllidean type of spermiogenesis in the Eucestoda based on spermatozoon differentiation and ultrastructure of *Caryophyllaeus laticeps* (Pallas, 1781)[J]. Parasitol Res, 110 (1): 141-149.

Bruňanská M, Matey V, Nebesářová J. 2012. Ultrastructure of the spermatozoon of the diphyllobothriidean cestode *Cephalochlamys namaquensis* (Cohn, 1906)[J]. Parasitol Res, 111 (3): 1037-1043.

Brunanská M, Nebesárová J, Scholz T, et al. 2001. Spermiogenesis in the pseudophyllid cestode *Eubothrium crassum* (Bloch, 1779)[J]. Parasitol Res, 87 (8): 579-588.

Bruňanská M, Nebesářová J, Scholz T, et al. 2002. Ultrastructure of the spermatozoon of the pseudophyllidean cestode *Eubothrium crassum* (Bloch, 1779)[J]. Parasitol Res, 88 (4): 285-291.

Brunanska M, Poddubnaya LG, Dezfuli BS. 2005. Vitellogenesis in two spathebothriidean cestodes[J]. Parasitol Res, 96 (6): 390-397.

Bruňanská M, Poddubnaya LG, Xylander WER. 2012. Spermatozoon cytoarchitecture of *Amphilina foliacea* (Platyhelminthes, Amphilinidea)[J]. Parasitol Res, 111 (5): 2063-2069.

Bruňanská M, Poddubnaya LG. 2006. Spermiogenesis in the caryophyllidean cestode *Khawia armeniaca* (Cholodkovski, 1915)[J]. Parasitol Res, 99 (4): 449-454.

Bruňanská M, Poddubnaya LG. 2010. Spermatological characters of the spathebothriidean tapeworm *Didymobothrium rudolphii* (Monticelli, 1890)[J]. Parasitol Res, 106 (6) 1435-1442.

Bruňanská M, Scholz T, Dezfuli B, et al. 2006. Spermiogenesis and sperm ultrastructure of *Cyathocephalus truncatus* (Pallas, 1781) Kessler, 1868 (Cestoda: Spathebothriidea)[J]. J Parasitol, 92 (5): 884-892.

Brunanská M, Scholz T, Nebesárová J. 2004. Reinvestigation of spermiogenesis in the proteocephalidean cestode *Proteocephalus longicollis* (Zeder, 1800)[J]. J Parasitol, 90 (1): 23-29.

Buhler GA. 1970. The post-embryonic development of Ophiotaenia gracilis Jones, Cheng and Gillespie, 1958, a cestode parasite of bullfrogs[J]. J Wildl Dis, 6 (3): 149-151.

Buhurcu Hİ, Öztürk MO. 2007. Akşehir Gölü'ndeki *Cyprinus carpio* Linnaeus, 1758 ve *Alburnus nasreddini* Battalgil, 1944'nin endoparazit faunası üzerine bir araştırma[J]. Fırat Üniv Fen ve Müh Bil Dergisi, 2: 109-113.

Buitrago-Suárez UA, Burr BM. 2007. Taxonomy of the catfish genus *Pseudoplatystoma* Bleeker (Siluriformes: Pimelodidae) with recognition of eight species[J]. Zootaxa, 1512 (1): 1-38.

Bursey CR, Goldberg SR, Jr SRT. 2007. Gastrointestinal helminths of 14 species of lizards from Panama with descriptions of five new species[J]. Comp Parasitol, 74 (1): 108-140.

Bursey CR, Goldberg SR, Jr SRT. 2010. A new species of *Mathevotaenia*, (Cestoda, Anoplocephalidae, Linstowiinae) from the lizard *Sceloporus malachiticus*, (Squamata, Phrynosomatidae) from Panama[J]. Acta Parasitol, 55 (1): 53-57.

Bursey CR, Goldberg SR, Kraus F. 2005. New genus, new species of Cestoda (Anoplocephalidae), new species of *Nematoda* (Cosmocercidae) and other helminths in *Cyrtodactylus louisiadensis* (Sauria: Gekkonidae) from Papua New Guinea[J]. J Parasitol, 91 (4): 882-889.

Bursey CR, Goldberg SR, Woolery DN. 1996. *Oochoristica piankai* sp. n. (Cestoda: Linstowiidae) and other helminths of *Moloch horridus* (Sauria: Agamidae) from Australia[J]. J Helm Soc Wash, 63 (2): 215-221.

Bursey CR, Goldberg SR. 1992. *Oochoristica islandensis* n. sp. (Cestoda: Linstowiidae) from the Island Night Lizard, *Xantusia riversiana* (Sauria: Xantusiidae)[J]. Trans Am Microsc Soc, 111 (4): 302.

Bursey CR, Goldberg SR. 1996a. *Oochoristica macallisteri* sp. n. (Cyclophyllidea: Linstowiidae) from the ide-blotched lizard, Uta stansburiana (Sauria: Phrynosomatidae), from California, USA[J]. Folia Parasitologica, 43: 293-296.

Bursey CR, Goldberg SR. 1996b. *Oochoristica maccoyi* n. sp. (Cestoda: Linstowiidae) from *Anolis gingivinus* (Sauria: Polychrotidae) collected in Anguilla, Lesser Antilles[J]. Carib J Sci, 32 (4): 390-394.

Bursey CR, Mcallister CT, Freed PS, et al. 1994. *Oochoristica ubelakeri* n. sp. (Cyclophyllidea: Linstowiidae) from the South African Rock Agama, *Agama atra knobeli*[J]. Trans Am Microsc Soc, 113 (3): 400.

Bursey CR, Mcallister CT, Freed PS. 1997. *Oochoristica jonnesi* sp. n. (Cyclophyllidea: Linstowiidae) from the house gecko, *Hemidactylus mabouia* (Sauria: Gekkonidae), from Cameroon[J]. Journal of the Helminthological Society of Washington, 64: 55-58.

Burt DRR. 1939. On the cestode family Acoleidae, with a description of a new dioecious species *Infula burhini* gen. et sp. nov[J]. Ceylon J Sci, 21: 195-208.

Burt DRR. 1979. New cestodes of the genus[J]. Zool J Linn Soc, 65: 71-82 (12).

Burt DRR. 1980. Intraspecific variation in *Diplophallus polymorphus* (Rudolphi, 1819) (Cestoda: Acoleidae) from avocets and stilts (Recurvirostridae) in North America[J]. Biol J Linn Soc, 68 (4): 387-397.

Burt MDB, Sandeman IM. 1969. Biology of *Bothrimonus* (=*Diplocotyle*) (Pseudophyllidea: Cestoda) Part I. History, description, synonymy, and systematics[J]. J Fish Res Boa Can, 26 (4): 975-996.

Burt MDB. 1978. A reappraisal of '*Taenia hetersoma*' including descriptions of two new species of *Tetrabothrius*[J]. Zool J Linn Soc, 62 (4): 365-372.

Burton PR. 1972. Fine structure of the reproductive system of a frog lung-fluke. III. The spermatozoon and its differentiation[J]. J

Parasitol, 58 (1): 68-83.

Buscher HN. 1975. *Railletina* (*Raillietina*) *selfi* sp. n. (Cestoda: Davaineidae) from the desert cottontail in Oklahoma with notes on the distribution of *Raillietina* from north American mammals[J]. Proc Okla Acad Sci, 55: 103-107.

Butler SA. 1987a. Taxonomy of Some Tetraphyllidean Cestodes From Elasmobranch Fishes[J]. Aust J Zool, 35 (4): 343.

Butler SA. 1987b. The taxonomic history of the family Lecanicephalidae Braun, 1900, a little known group of marine cestodes[J]. Syst Parasitol, 10 (2): 105-115.

Byrd EE, Ward JW. 1943. Observations on the segmental anatomy of the tapeworm, *Mesocestoides variabilis* Mueller, 1928, from the opossum[J]. J Parasitol, 29 (3): 217-226.

Cable J, Harris PD. 2002. Gyrodactylid developmental biology: historical review, current status and future trends[J]. Int J Parasitol, 32 (3): 255-280.

Cable RM, Michaelis MB. 1967. *Plicatobothrium cypseluri* n. gen. n. sp. (Cestoda: Pseudophyllidea) from the Caribbean flying fish, *Cypselurus bahiensis* (Ranzani, 1842)[J]. Proc Helminthol Soc Wash, 34: 15-18.

Cable RM, Myers RM. 1956. A dioecious species of *Gyrocoelia* (Cestoda: Acoleidae) from the naped plover[J]. J Parasitol, 42 (5): 510-515.

Cabrera A. 1961. Catalogo de los mammiferos de America del Sur[M]. Revista del Museo Argentino de Ciencia Naturales 'Bernardo Rivadavia', 4: 1-732.

Cai K, Bai J, Chen S. 2012. Two new species of *Schizorchis* (Cestoda: Anoplocephalidae) from leporids (Lagomorpha: Leporidae) in China[J]. J Parasitol, 98 (5): 977-984.

Caira JN. 1985. *Calliobothrium evani* sp. n. (Tetraphyllidea: Onchobothriidae) from the Gulf of California, with a redescription of the hooks of *C. lintoni* and a proposal for onchobothriid hook terminology[J]. Proc Helminthol Soc Wash, 52: 166-174.

Caira JN, Durkin SM. 2006. A New Genus and species of Tetraphyllidean cestode from the spadenose shark, *Scoliodon laticaudus*, in Malaysian Borneo[J]. Comp Parasitol, 73 (1): 42-48.

Caira JN, Healy CJ, Swanson J. 1996. A new species of *Phoreiobothrium* (Cestoidea: Tetraphyllidea) from the great hammerhead shark *Sphyrna mokarran* and its implications for the evolution of the onchobothriid scolex[J]. J Parasitol, 82 (3): 458-462.

Caira JN, Jensen K, Barbeau E. 2012. Global Cestode Database. World Wide Web electronic publication. www. tapewormdb. uconn. edu[2019-10-16].

Caira JN, Jensen K, Barbeau E. 2015. Global Cestode Database. World Wide Web electronic publication[OL]. http: //tapeworms. uconn. edu/[2019-8-16].

Caira JN, Jensen K, Healy CJ. 1999. On the phylogenetic relationships among tetraphyllidean, lecanicephalidean and diphyllidean tapeworm genera[J]. Syst Parasitol, 42 (2): 77-151.

Caira JN, Jensen K, Healy CJ. 2001. Interrelationships among tetraphyllidean and lecani cephalidean cestodes[M]//Littlewood DTJ, Bray R. Interrelationships of the Platyhelminthes. London, U. K. : Taylor and Francis Publishing: 135-158.

Caira JN, Jensen K, Waeschenbach A, et al. 2014a. An enigmatic new tapeworm, *Litobothrium aenigmaticum*, sp. nov. (Platyhelminthes: Cestoda: Litobothriidea), from the pelagic thresher shark with comments on development of known *Litobothrium* species[J]. Invertebr Syst, 28 (3): 231-243.

Caira JN, Jensen K, Waeschenbach A, et al. 2014b. Orders out of chaos-molecular phylogenetics reveals the complexity of shark and stingray tapeworm relationships[J]. Int J Parasitol, 44 (1): 55-73.

Caira JN, Jensen K, Yamane Y, et al. 1997. On the tapeworms of *Megachasma pelagios*: description of a new genus and species of lecanicephalidean and additional information on the trypanorhynch *Mixodigma leptaleum*[M]//Yano K. Biology of the Megamouth Shark. Tokyo: Tokyo University Press.

Caira JN, Jensen K. 2001. An investigation of the co-evolutionary relationships between onchobothriid tapeworms and their elasmobranch hosts[J]. Int J Parasitol, 31 (9): 960-975.

Caira JN, Jensen K. 2014. A digest of elasmobranch tapeworms[J]. J Parasitol, 100 (4): 373-391.

Caira JN, Jensen K. 2015. Insights on the identities of sharks of the *Rhizoprionodon acutus* (Elasmobranchii: Carcharhiniformes) species complex based on three new species of *Phoreiobothrium* (Cestoda: Onchoproteocephalidea)[J]. Zootaxa, 4059 (2): 335-350.

Caira JN, Keeling CP. 1996. On the status of the genus *Pinguicollum* (Tetraphyllidea: Onchobothriidae) with a redescription of *P. pinguicollum*[J]. J Parasitol, 82 (3): 463-469.

Caira JN, Kuchta R, Desjardins L. 2010. A new genus and two new species of Aporhynchidae (Cestoda: Trypanorhyncha) from catsharks (Carcharhiniformes: Scyliorhinidae) off Taiwan[J]. J Parasitol, 96 (6): 1185-1190.

Caira JN, Marques F, Jensen K, et al. 2013a. Phylogenetic analysis and reconfiguration of genera in the cestode order Diphyllidea[J]. Int J Parasitol, 43 (8): 621-639.

Caira JN, Mega J, Ruhnke TR. 2005. An unusual blood sequestering tapeworm (*Sanguilevator yearsleyi* n. gen., n. sp.) from Borneo with description of *Cathetocephalus resendezi* n. sp. from Mexico and molecular support for the recognition of the order Cathetocephalidea (Platyhelminthes: Eucestoda)[J]. Int J Parasitol, 35 (10): 1135-1152.

Caira JN, Pickering M, Schulman AD, et al. 2013b. Two new species of *Echinobothrium* (Cestoda: Diphyllidea) from batoids off South Africa[J]. Comp Parasitol, 80 (1): 22-32.

Caira JN, Reyda FB, Mega JD. 2007. A revision of *Megalonchos* Baer & Euzet, 1962 (Tetraphyllidea: Onchobothriidae), with the description of two new species and transfer of two species to *Biloculuncus* Nasin, Caira & Euzet, 1997[J]. Syst Parasitol, 67 (3): 211-223.

Caira JN, Richmond C, Swanson J. 2005. A revision of *Phoreiobothrium* (Tetraphyllidea: Onchobothriidae) with descriptions of five new species[J]. J Parasitol, 91 (5): 1153-1174.

Caira JN, Rodriguez N, Pickering M. 2013c. New African species of *Echinobothrium* (Cestoda: Diphyllidea) and implications for the identities of their skate hosts[J]. J Parasitol, 99 (5): 781-788.

Caira JN, Ruhnke TR. 1990. A new species of *Calliobothrium* (Tetraphyllidea: Onchobothriidae) from the whiskery shark, *Furgaleus macki*, in Australia[J]. J Parasitol, 76 (3): 319-324.

Caira JN, Runkle LS. 1993. Two new tapeworms from the goblin shark *Mitsukurina owstoni*, off Australia[J]. Syst Parasitol, 26 (2): 81-90.

Caira JN, Tracy R, Euzet L. 2004. Five new species of *Pedibothrium* (Tetraphyllidea: Onchobothriidae) from the tawny nurse shark, *Nebrius ferrugineus*, in the Pacific Ocean[J]. J Parasitol, 90 (2): 286-300.

Caira JN, Tracy R. 2002. Two new species of *Yorkeria* (Tetraphyllidea: Onchobothriidae) from *Chiloscyllium punctatum* (Elasmobranchii: Hemiscylliidae) in Thailand[J]. J Parasitol, 88 (6): 1172-1180.

Caira JN, Zahner SD. 2001. Two new species of *Acanthobothrium* Beneden, 1849 (Tetraphyllidea: Onchobothriidae) from horn sharks in the Gulf of California, Mexico[J]. Syst Parasitol, 50 (3): 219-229.

Calvete C, Lucientes J, Castillo JA, et al. 1998. Gastrointestinal helminth parasites in stray cats from the mid-Ebro Valley, Spain[J]. Vet Parasitol, 75 (2-3): 235-240.

Campbel ML, Gardner SL, Navone GT. 2003. A new species of *Mathevotaenia* (Cestoda: Anoplocephalidae) and other tapeworms from marsupials in Argentina[J]. J Parasitol, 89 (6): 1181-1185.

Campbell RA. 1977. A New Family of Pseudophyllidean Cestodes from the Deep-Sea Teleost *Acanthochaenus lutkenii* Gill, 1884[J]. J Parasitol, 63 (2): 301-305.

Campbell RA. 1983. Parasitism in the deep sea[M]//Rowe GT. The Sea. Vol. 8. New York: John Wiley & Sons: 473-552.

Campbell RA, Andrade M. 1997. *Echinobothrium raschii* n. sp. (Cestoda: Diphyllidea) from *Rhinoraja longi* (Chondrichthyes, Rajoidei) in the Bering Sea[J]. J Parasitol, 83 (1): 115-120.

Campbell RA, Beveridge I. 1987. *Hornelliella macropora* (Shipley & Hornell, 1906) comb. n. (Cestoda: Trypanorhyncha) from Australian elasmobranch fishes and a re-assessment of the family Hornelliellidae[J]. T Roy Soc South Aust, 111: 195-200.

Campbell RA, Beveridge I. 1994. Order Trypanorhyncha Diesing, 1863[M]//Khalil LF, Jones A, Bray RA. Keys to the Cestode Parasites of Vertebrates. Wallingford: CAB International.

Campbell RA, Beveridge I. 2006a. Three new genera and seven new species of trypanorhynch cestodes (family Eutetrarhynchidae) from manta rays, *Mobula* spp. (Mobulidae) from the Gulf of California, Mexico[J]. Folia Parasitol, 53 (4): 255-275.

Campbell RA, Beveridge I. 2006b. Two new species of *Pseudochristianella* Campbell & Beveridge, 1990 (Cestoda: Trypanorhyncha) from elasmobranch fishes from the Gulf of California, Mexico[J]. Parasite, 13 (4): 275-281.

Campbell RA, Callahan C. 1998. Histopathological reactions of the blue shark, *Prionace glauca*, to postlarvae of *Hepatoxylon trichiuri* (Cestoda: Trypanorhyncha: Hepatoxylidae) in relationship to scolex morphology[J]. Folia Parasitol, 45 (1): 47-52.

Campbell RA, Marques F, Ivanov VA. 1999. *Paroncomegas araya* (Woodland, 1934) n. gen. et comb. (Cestoda: Trypanorhyncha: Eutetrarhynchidae) from the freshwater stingray *Potamotrygon motoro* in South America[J]. J Parasitol, 85 (2): 313.

Canaris AG, Ortiz R, Canaris GJ. 2010. A predictable suite of helminth parasites in the long-billed dowitcher, *Limnodromus scolopaceus*, from the Chihuahua desert in Texas and Mexico[J]. J Parasitol, 96 (6): 1060-1065.

Cañeda-Guzmán IC, de Chambrier A, Scholz T. 2001. *Thaumasioscolex didelphidis* n. gen. and n. sp. (Eucestoda: Protcocephalidae) from the black-eared opossum *Didelphis marsupialis* from Mexico, the first proteocephalidean tapeworm from a mammal[J]. J Parasitol, 87 (3): 639-646.

Carbonell E, Castro JJ, Massutí E. 1998. *Floriceps saccatus plerocerci* (Trypanorhyncha, Lacistorhynchidae) as parasites of dolphin fish (*Coryphaena hippurus* L.) and pompano dolphin (*Coryphaena equiselis* L.) in western Mediterranean and eastern Atlantic waters. Ecological and biological aspects[J]. J Parasitol, 84 (5): 1035-1039.

Carfora M, de Chambrier A, Vaucher C. 2003. Le genre *Amphoteromorphus* (Cestoda: Proteocephalidea), parasite de poissons-chats d'Amérique tropicale: Etude morphologique et approche biosystématique par électrophorèse des protéines[J]. Rev Suisse Zool, 110: 381-409.

Carreon N, Faulkes Z. 2014. Position of larval tapeworms, *Polypocephalus* sp., in the ganglia of shrimp, *Litopenaeus setiferus*[J]. Integr Comp Biol, 54 (2): 143-148.

Carreon N, Faulkes Z, Fredensborg BL. 2011. *Polypocephalus* sp. infects the nervous system and increases activity of commercially harvested white shrimp: *Litopenaeus setiferus*[J]. J Parasitol, 97 (5): 755-759.

Carrier JC, Musick JA, Heithaus MR. 2004. Biology of Sharks and Their Relatives[M]. Boca Raton, Florida: CRC Press.

Carvajal J. 1971. *Grillotia dollfusi* sp. n. (Cestoda: Trypanorhyncha) from the skate, *Raja chilensis*, from Chile, and a note on *G. heptanchi*[J]. J Parasitol, 57 (6): 1269-1271.

Carvalho FM, de Resende EK. 1984. Aspectos da biologia de Tocantinsia depressa (Siluriformes, Auchenipteridae)[J]. Amazoniana, 8: 327-337.

Casado N, Moreno MJ, Urrea-París MA, et al. 1999. . Ultrastructural study of the papillae and presumed sensory receptors in the scolex of the *Gymnorhynchus gigas* plerocercoid (Cestoda: Trypanorhyncha)[J]. Parasitol Res, 85 (12): 964-973.

Casado N, Urrea MA, Moreno MJ, et al. 1999. Tegumental topography of the plerocercoid of *Gymnorhynchus gigas* (Cestoda: Trypanorhyncha)[J]. Parasitol Res, 85 (2): 124-130.

Casanova JC, Santalla F, Durand P, et al. 2001. Morphological and genetic differentiation of *Rodentolepis straminea* (Goeze, 1752) and *Rodentolepis microstoma* (Dujardin, 1845) (Hymenolepididae)[J]. Parasitol Res, 87 (6): 439-444.

Casanova JC, Spakulová M, Laplana N. 2000. A cytogenetic study on the rodent tapeworm *Rodentolepis myoxi*[J]. J Helminthol, 74 (2): 109-112.

Catalano S, Lejeune M, Verocai GG, et al. 2014. First report of *Taenia arctos* (Cestoda: Taeniidae) from grizzly (*Ursus arctos horribilis*) and black bears (*Ursus americanus*) in North America[J]. Parasitol Int, 63 (2): 389-391.

César TCP, Luz E. 1993. *Raillitina* (*Raillietina*) *guaricana* n. sp. (Cestoda-Davaineidae), parasite of wild rats from the environmantal protection area of Guaricana, Paraná, Brazil[J]. Mem Inst Oswaldo Cruz, 88 (1): 85-88.

Chai JY, Park JH, Han ET, et al. 2001. A nationwide survey of the prevalence of human *Gymnophalloides seoi* infection on western and southern coastal islands in the Republic of Korea[J]. Korean J Parasitol, 39 (1): 23-30.

Chandler AC. 1925. New records of *Bertiella satyri* (Cestoda) in man and apes[J]. Parasitology, 17: 421-425.

Chandler AC. 1942. Helminths of tree squirrels in southeast Texas[J]. Parasitol, 28: 135-140.

Chandler AC. 1946. Observations on the Anatomy of Mesocestoides[J]. J Parasitol, 32: 242-246.

Chandler AC. 1947. The anatomy of Mesocestoides-corrections[J]. J Parasitol, 33 (5): 444.

Chandler AC. 1948. New species of the genus *Schistotaenia*, with a key to the known species[J]. Trans Am Microsc Soc, 67 (2): 169.

Chechulin AI, Gulyaev VD. 1998. *Paranoplocephala longivaginata* sp. n. (Cyclophyllidea: Anoplocephalidae)-a new cestode from rodents of the Western Siberia[J]. Parazitologiya, 32: 352-356. (In Russian)

Cheng T, Liu GH, Song HQ, et al. 2016. The complete mitochondrial genome of the dwarf tapeworm *Hymenolepis nana*-a neglected zoonotic helminth[J]. Parasitol Res, 115 (3): 1253-1262.

Chernyshenko AS. 1949. New parasites of fish in the Black Sea[J]. Trudy Odesskogo Gosud Uni, 4, 57: 79-91.

Chernyshenko AS. 1955. Materials on the fauna of fish in Odessa Bay[J]. Trudy Odesskogo Gosud Uni, 14 (7): 214-222.

Chertkova AN, Kosupko GA. 1977. Revision of the cestode suborder Mesocestoidata Skryabin, 1940[J]. Trudy Vses Inst Gelmint im. KI. Skryabina, 23: 141-153.

Chertkova AN, Kosupko GA. 1978. The suborder Mesocestoidata Skryabin, 1940[M]//Ryzhikov KM. Principles of Cestodology[M]. Moscow: Nauka: 118-229. (In Russian)

Chervy L. 2002. The terminology of larval cestodes or metacestodes[J]. Syst Parasitol, 52 (1): 1-33.

Chervy L. 2009. Unified terminology for cestode microtriches: a proposal from the International Workshops on Cestode Systematics in 2002-2008[J]. Folia Parasitol, 56 (3): 199-230.

Chilton NB, Andrews RH, Beveridge I. 1996. Genetic evidence for a complex of species within *Rugopharynx australis* (Mönnig, 1926) (Nematoda: Strongyloidea) from macropodid marsupials[J]. Syst Parasitol, 34 (2): 125-133.

Chilton NB, O'Callaghan MG, Beveridge I, et al. 2007. Genetic markers to distinguish *Moniezia expansa* from *M. benedeni* (Cestoda: Anoplocephalidae) and evidence of the existence of cryptic species in Australia[J]. Parasitol Res, 100 (6): 1187-1192.

Chin TG. 1938. A new species of cestode of the family Anoplocephalidae (Cestoda) from tapira (sic)[J]. Lingnan Science Journal, 17: 605-607.

Cho SH, Kim TS, Kong Y, et al. 2013. Tetrathyridia of *Mesocestoides lineatus* in Chinese snakes and their adults recovered from experimental animals[J]. Korean J Parasitol, 51 (5): 531-536.

Choe S, Lee D, Park H, et al. 2016. *Catenotaenia dendritica* (Cestoda: Catenotaeniidae) and Three Ectoparasite Species in the Red Squirrel, *Sciurus vulgaris*, from Cheongju, Korea[J]. Korean J Parasitol, 54 (4): 509-518.

Cholodkovsky N. 1906. Cestodes nouveaux ou peu connus. I[J]. Arch Parasitol, 10: 332-347.

Choukami MH, Haseli M. 2015. Surface ultrastructure and the mitochondrial gene *rrnl* of *Parachristianella indonesiensis* Palm, 2004 (Trypanorhyncha: Eutetrarhynchidae) with the amended generic diagnosis[J]. Parasitol Res, 115 (3): 1105-1112.

Chubb JC. 1982. Seasonal Occurrence of Helminths in Freshwater Fishes Part IV. Adult Cestoda, Nematoda and Acanthocephala[J]. Adv Parasit, 20: 1-292.

Chubb JC, Pool DW, Veltkamp CJ. 1987. A key to the species of cestodes (tapeworms) parasitic in British and Irish freshwater

fishes[J]. J Fish Biol, 31 (4): 517-543.
Chubb JC, Valtonen ET, McGeorge J, et al. 1995. Characterisation of the external features of *Schistocephalus solidus* (Müller, 1776) (Cestoda) from different geographical regions and an assessment of the status of the Baltic ringed seal *Phoca hispida botnica* (Gmelin) as a definitive host[J]. Syst Parasitol, 32 (2): 113-123.
Chulkova VN. 1939. Fauna of fish parasites in vicinities of Batumi[J]. Uchenie Zapiski Leningradskogo Universiteta, 2: 21-32.
Cielocha JJ. 2013. Contributions to the systematics, comparative morphology, and interrelationships of selected lecanicephalidean tapeworms (Platyhelminthes: Cestoda: Lecanicephalidea)[D]. University of Kansas in partial fulfillment of the requirements for the degree of Doctor of Philosophy.
Cielocha JJ, Jensen K, Caira JN. 2014. *Floriparicapitus*, a new genus of lecanicephalidean tapeworm (Cestoda) from sawfishes (Pristidae) and guitarfishes (Rhinobatidae) in the Indo-West Pacific[J]. J Parasitol, 100 (4): 485-499.
Cielocha JJ, Jensen K. 2011. A revision of *Hexacanalis* Perrenoud, 1931 (Cestoda: Lecanicephalidea) and description of *H. folifer* n. sp. from the zonetail butterfly ray *Gymnura zonura* (Bleeker) (Rajiformes: Gymnuridae)[J]. Syst Parasitol, 79 (1): 1-16.
Cielocha JJ, Jensen K. 2013. *Stoibocephalum* n. gen. (Cestoda: Lecanicephalidea) from the sharkray, *Rhina ancylostoma* Bloch & Schneider (Elasmobranchii: Rhinopristiformes), from northern Australia[J]. Zootaxa, 3626 (4): 558-568.
Cielocha JJ, Yoneva A, Jensen K. 2013. Insights into spermatozoon ultrastructure of lecanicephalidean tapeworms (Platyhelminthes: Cestoda)[C]//Meeting of the Society-For-Integrative-And-Comparative-Biology: E35-E35.
Cifrian B, Garcia-Corrales P, Martinez-Alos S. 1993. Ultrastructural study of the spermatogenesis and mature spermatozoa of *Dicrocoelium dendriticum* (Plathelminthes, Digenea)[J]. Parasitol Res, 79 (3): 204-212.
Ćirović D, Pavlović I, Penezić A, et al. 2015. Levels of infection of intestinal helminth species in the golden jackal *Canis aureus* from Serbia[J]. J Helminthol, 89 (1): 28-33.
Clerc W. 1903. Contribution à l'étude de la faune helmintologique de l'oural[J]. Revue Suisse Zool, 11: 241-368.
Cohn L. 1899. Zur Systematik der Vogeltänien[J]. Centralblatt für Bakteriologie, Parasitenkunde und Infektionskrankheiten, 25: 415-422.
Cohn L. 1901. Zur Anatomie und Systematik der Vogelcestoden[J]. Nova Acta Academiae Leopoldino-Carolinae Germanicum Naturae Curiosorum, 79: 271-450.
Coil WH. 1955. *Infula macrophallus* sp. nov., a dioecious cestode parasitic in the blacknecked stilt, *Himantopus mexicanus*[J]. J Parasitol, 41 (3): 291-294.
Coil WH. 1963. The life cycle of a dioecious tapeworm, *Gyrocoelia pagollae* Cable and Meyers, 1956[J]. J Parasitol, 49 (1): 38-39.
Coil WH. 1966. Studies on some dioecious cestodes[M]//Proceedings of the First International Congress of Parasitology. Amsterdam: Elsevier: 31-32.
Coil WH. 1968. Observations on the embryonic development of the dioecious tapeworm *Infula macrophallus*, with emphasis on the histochemistry of the egg membranes[J]. Z Parasit, 30 (4): 301-317.
Coil WH. 1970. Studies on the biology of the tapeworm *Dioecocestus acotylus* with emphasis on the oogenotop[J]. Z Parasit, 33 (4): 314-328.
Coil WH. 1972. Studies on the dioecious tapeworm *Gyrocoelia pagollae* with emphasis on bionomics, oogenesis, and embryogenesis[J]. Z Parasitenkd, 39 (3): 183-194.
Coil WH. 1975. The histochemistry and fine structure of the embryophore of *Shipleya inermis* (Cestoda)[J]. Z Parasitenkd, 48 (1): 9-14.
Coil WH. 1977. Studies on the embryogenesis of the tapeworm *Shipleya inermis* Fuhrmann, 1908 using transmission and scanning electron microscopy[J]. Z Parasitenkd, 52 (3): 311-318.
Coil WH. 1991. Platyhelminthes: Cestoidea[M]//Harrison FW, Bogitsh BJ. Microscopic Anatomy of Invertebrates. Platyhelminthes and Nemertinea. Vol. 3. New York: Wiley-Liss: 211-283.
Colin JA, William HH, Halvorsen O. 1986. One or three gyrocotylideans (Platyhelminthes) in *Chimaera monstrosa* (Holocephali)[J]. J Parasito, 72 (1): 10.
Collard SB. 1970. Some aspects of host-parasites in mesopelagic fishes[M]//Snieszko SF. A Symposium of the American Fisheries Society on Diseases of Fishes and Schellfishes. New York: American Fisheries Society: 57-68.
Compagno LJV. 2005a. Checklist of living Chondrichthyes[M]//Hamlett WC. Reproductive Biology and Phylogeny of Chondrichthyes Sharks Skates and Chimaeras. Enfield (New Hampshire): Science Publishers U. S. : 503-548.
Compagno LJV. 2005b. Global checklist of living chondrichthyan fishes[M]//Fowler SL, Cavanagh RD, Camhi M, et al. Sharks, Rays and Chimaeras: the Status of the Chondrichthyan Fishes. Gland: IUCN: 401-423.
Compagno LJV, Last PR. 1999. Rhinobatidae: Guitarfishes[M]//FAO species identification guide for fishery purposes. The living marine resources of the western central Pacific. Vol. 3. Batoid fishes, chimaeras and bony fishes. Part 1 (Elopidae to Linophrynidae). Rome: FAO: 1423-1430.
Conn DB. 1985. Fine structure of the embryonic envelopes of *Oochoristica anolis*, (Cestoda: Linstowiidae)[J]. Z Parasit, 71 (5): 639-648.

Conn DB. 1990. The rarity of asexual reproduction among *Mesocestoides tetrathyridia* (Cestoda)[J]. J Parasitol, 76 (3): 453-455.

Conn DB. 2004. Comparative aspects of postembryonic development of cestodes (Platyhelminthes) and other animal taxa[M]//Mas-Coma S. Multidisciplinarity for Parasites, Vectors and Parasitic Diseases: Proceedings of the IX European Multicolloquium of Parasitology. Vol. 1. Bologna, Italy: Monduzzi Editore: 319-325.

Conn DB, Galán-Puchades MT, Fuentes MV. 2002. Ultrastructure of cells and extracellular matrices in the hindbody of non-proliferative tetrathyridia of *Mesocestoides lineatus* (Cestoda: Cyclophyllidea)[C]. Proceedings of the 10th International Congress of Parasitology. Bologna: Monduzzi Editore: 535-538.

Conn DB, Maria-Teresa GP, Fuentes MV. 2010. Interactions between anomalous excretory and tegumental epithelia in aberrant Mesocestoides, tetrathyridia from *Apodemus sylvaticus*, in Spain[J]. Parasitol Res, 106 (5): 1109-1115.

Conn DB, McAllister CT. 1990. An aberrant acephalic metacestode and other parasites of *Masticophis flagellum* (Reptilia: Serpentes) from Texas[J]. J Helminthol Soc Wash, 57: 140-145.

Conroy CJ, Cook JA. 1999. MtDNA evidence for repeated pulses of speciation within arvicoline and murid rodents[J]. Journal of Mammalian Evolution, 6 (3): 221-245.

Cooper AR. 1914. On the systematic position of *Haplobothrium globuliforme* Cooper. Tran Roy Soc Can, Series III, 8: 1-5.

Cooper AR. 1917. A morphological study of bothriocephalid cestodes from fishes[J]. J Parasotol, 4 (1): 33-39.

Cooper AR. 1918. North American pseudophyllidean cestodes from fishes. Illinois Biological Monographs[M]. Urbana: University of Illinois, 4: 1-243.

Cortés Y, Muñoz G. 2009. Metazoan parasite infracommunities of the toadfish *Aphos porosus* (Pisces: Batrachoidiformes) in central Chile: how variable are they over time?[J]. J Parasitol, 95 (3): 753-756.

Costa G, Veltkamp CJ, Chubb JC. 2003. Larval trypanorhynchs (Platyhelminthes: Eucestoda: Trypanorhyncha) from black-scabbard fish, *Aphanopus carbo* and oceanic horse mackerel, *Trachurus picturatus* in Madeira (Portugal)[J]. Parasite, 10 (4): 325-331.

Courtney-Hogue C. 2016. Heavy metal accumulation in *Lacistorhynchus dollfusi* (Trypanorhyncha: Lacistorhynchidae) infecting *Citharichthys sordidus* (Pleuronectiformes: Bothidae) from Santa Monica Bay, Southern California[J]. Parasitology, 143 (6): 794-799.

Crangle KD, McKerr G, Allen JM, et al. 1995. The central nervous system of *Grillotia erinaceus* (Cestoda: Trypanorhyncha) as revealed by immunocytochemistry and neural tracing[J]. Parasitol Res, 81 (2): 152-157.

Crosbie PR, Nadler SA, Platzer EG, et al. 2000. Molecular systematics of *Mesocestoides* spp. (Cestoda: Mesocestoididae) from domestic dogs (*Canis familiaris*) and coyotes (*Canis latrans*)[J]. J Parasitol, 86 (2): 350-357.

Crowe DG, Burt MD, Scott JS. 1974. On the ultrastructure of the polycercus larva of *Paricterotaenia paradoxa* (Cestoda: Cyclophyllidea)[J]. Can J Zool, 52 (11): 1397-1405.

Cutmore SC, Bennett MB, Cribb TH. 2010. A new tetraphyllidean genus and species, *Caulopatera pagei* n. g., n. sp. (Tetraphyllidea: Phyllobothriidae), from the grey carpetshark *Chiloscyllium punctatum* Müller & Henle (Orectolobiformes: Hemiscylliidae)[J]. Syst Parasitol, 77 (1): 13-21.

Czaplinski B. 1955. *Aploparaksis stefanskii* sp. n. -nowy gatunek tasiemca z rodziny Hymenolepididae Fuhrmann, 1907 u kaczki domowej (*Anas plathyrhynchos* Dom. (L.))[J]. Acta Parasitologica Polonica, 2: 303-318.

Czaplinski B. 1956. Hymenolepididae Fuhrmann, 1907 (Cestoda), parasites of some domestic and wild Anseriformes in Poland[J]. Acta Parasitologica Polonica, 4: 175-357.

Czaplinski B. 1972. *Diorchis ovofurcata* sp. n. from *Aythya fuligula* and *A. nyroca* in Poland[J]. Acta Parasitologica Polonica, 20: 63-72.

Czaplinski B. 1988. Redescription of *Diorchis longiovum* Schiller, 1953 with remarks on the genus *Schillerius* Yamaguti, 1959 (Cestoda, Hymenolepididae)[J]. Acta Parasitologica Polonica, 33: 115-122.

Czaplinski B, Aeschlimann A. 1987a. Hymenolepididae (Cestoda) parasites des oiseaux d'Australie. II Morphologie et distribution géographique de *Diorchis thomasorum* n. novum, syn. *Diorchis flavescens* sensu Johnston, 1912, nec *Taenia flavescens* Krefft, 1873[J]. Acta Parasitologica Polonica, 32: 39-52.

Czaplinski B, Aeschlimann A. 1987b. Australian Hymenolepididae (Cestoda) parasitizing birds. IV. *Diorchis spratti* sp. n. found in the grey teal *Anas gibberifrons* S. Muller[J]. Bulletin of the Polish Academy of Sciences, Biological Sciences, 35: 225-235.

Czaplinski B, Szelenbaum D. 1974. Morphological and biological differences between *Diorchis ransomi* Johri, 1939 and *Diorchis parvogenitalis* Skrjabin et Mathevossian, 1945 (Cestoda, Hymenolepididae)[J]. Acta Parasitologica Polonica, 22: 113-132.

Czaplinski B, Szelenbaum-Cielecka D. 1986. Morphological and biological studies on *Diorchis danutae* Czaplinski, 1956 and *D. asiatica* Spassky, 1963 (Cestoda, Hymenolepididae)[J]. Acta Parasitologica Polonica, 30: 127-142.

Czaplinski B, Vaucher C. 1994. Family HymenolepididaeAriola, 1899[M]//Khalil LF, Jones A, Bray RA. Keys to the Cestode Parasites of Vertebrates. Wallingford: CAB International: 595-663.

da Silveira EF, Amato SB. 2008. *Diploposthe laevis* (Bloch) Jacobi (Eucestoda, Hymenolepididae) from *Netta peposaca* (Vieillot) (Aves: Anatidae): first record for the Neotropical Region and a new host[J]. Revista Brasileira De Zoologia, 25 (1): 83-88.

D'Alessandro A, Rausch RL. 2008. New aspects of neotropical polycystic (*Echinococcus vogeli*) and unicystic (*Echinococcus oligarthrus*) echinococcosis[J]. Clin Microbiol Rev, 21 (2): 380-401.

Dallarés S, Pérez-Del-Olmo A, Carrassón M, et al. 2015. Morphological and molecular characterisation of *Ditrachybothridium macrocephalum* Rees, 1959 (Cestoda: Diphyllidea) from *Galeus melastomus* Rafinesque in the Western Mediterranean[J]. Syst Parasitol, 92 (1): 45-55.

Davidson WR, Doster GL, Prestwood AK. 1974. A new cestode, *Imparmargo baileyi* (Dilepididae: Dipylidiinae), from the eastern wild turkey[J]. J Parasitol, 60 (6): 949-952.

Davydov VG, Kuperman BI. 1993. The ultrastructure of the tegument and the peculiarities of the biology of *Amphilina foliacea* adult (Plathelminthes, Amphilinidea)[J]. Folia Parasitol, 40 (1): 13-22.

Davydov VG, Poddubnaya LG, Kuperman BI. 1997. An ultrastructure of some systems of the *Diplocotyle olrikii* (Cestoda: Cyathocephalata) inrelation to peculiarities of its life cycle[J]. Parazitologiya, 31 (2): 139-141. (In Russian)

Davydov VG, Poddubnaya LG. 1988. Functional morphology of frontal and uterine glands in cestodes of the order Caryophyllidea[J]. Parazitologiya, 22 (6): 449-457.

de Chambrier A. 1988. *Crepidobothrium garzonii* n. sp. (Cestoda: Proteocephalidae) parasite de Bothrops alternatus Dum. Bibr. & Dum., 1854 (Serpentes: Viperidae) au Paraguay[J]. Rev Suisse Zool, 95 (4): 1163-1170.

de Chambrier A. 1989a. Revision du genre *Crepidobothrium* Monticelli, 1900 (Cestoda: Proteocephalidae) parasite d'ophidiens néotropicaux. I. *C. gerrardii* (Baird, 1860) et *C. viperis* (Beddard, 1913)[J]. Rev Suisse Zool, 96 (1): 191-217.

de Chambrier A. 1989b. Revision du genre *Crepidobothrium* Monticelli, 1900 (Cestoda: Proteocephalidae) parasite d'ophidiens néotropicaux. 2. *Crepidobothrium dollfusi* Freze, 1965, *Crepidobothrium lachesidis* (MacCallum, 1921) and conclusions[J]. Rev Suisse Zool, 96 (2): 345-380.

de Chambrier A. 1990. Redescription de *Proteocephalus paraguayensis* (Rudin, 1917) (Cestoda: Proteocephalidae) parasite de *Hydrodynastes gigas* (Dum., Bibr. & Dum., 1854) du Paraguay[J]. Syst Parasitol, 16: 85-97.

de Chambrier A. 2001. A new tapeworm from the Amazon, *Amazotaenia yvettae* n. gen., n. sp., (Eucestoda: Proteocephalidea) from the siluriform fishes *Brachyplatystoma filamentosum* and *B. vaillanti* (Pimelodidae)[J]. Rev Suisse Zool, 108 (2): 303-316.

de Chambrier A. 2003. Systematic status of *Manaosia bracodemoca* Woodland, 1935 and *Paramonticellia itaipuensis* Pavanelli et Rego, 1991 (Eucestoda: Proteocephalidea), parasites of *Sorubim lima* (Siluriformes: Pimelodidae) from South America[J]. Folia Parasitol, 50 (2): 121-127.

de Chambrier A, Al Kallak SNH, Mariaux J. 2003. A new tapeworm *Postgangesia inarmata* sp. n. (Eucestoda: Proteocephalidea: Gangesiinae), parasite of *Silurus glanis* (Siluriformes) from Iraq and some considerations on Gangesiinae[J]. Syst Parasitol, 55 (3): 199-209.

de Chambrier A, Ammann M, Scholz T. 2010. First species of *Ophiotaenia* (Cestoda: Proteocephalidea) from Madagascar: *O. georgievi* sp. n. a parasite of the endemic snake *Leioheterodon geayi* (Colubridae)[J]. Folia Parasitol, 57 (3): 197-205.

de Chambrier A, Binh TT, Scholz T. 2012. *Ophiotaenia bungari* n. sp. (Cestoda), a parasite of *Bungarus fasciatus* (Schneider) (Ophidia: Elapidae) from Vietnam, with comments on relative ovarian size as a new and potentially useful diagnostic character for proteocephalidean tapeworms[J]. Syst Parasitol, 81 (1): 39-50.

de Chambrier A, Coquille SC, Tkach V, et al. 2009b. Redescription of *Testudotaenia testudo* (Magath, 1924) (Eucestoda: Proteocephalidea), a parasite of *Apalone spinifera* (Le Sueur) (Reptilia: Trionychidae) and *Amia calva* L. (Pisces: Amiidae) in North America and erection of Testudotaeniinae n. subfam.[J]. Syst Parasitol, 73 (1): 49-64.

de Chambrier A, Kuchta R, Scholz T. 2015. Tapeworms (Cestoda: Proteocephalidea) of teleost fishes from the Amazon River in Peru: Additional records as an evidence of unexplored species diversity[J]. Rev Suisse Zool, 122: 149-163.

de Chambrier A, Paulino RC. 1997. *Proteocephalus joanae* sp. n. a parasite of *Xenodon neuwiedi* (Serpentes: Colubridae) from South America[J]. Folia Parasitol, 44 (4): 289-296.

de Chambrier A, Pinacho-Pinacho CD, Hernández-Orts JS, et al. 2017. A New Genus and Two New Species of Proteocephalidean Tapeworms (Cestoda) from Cichlid Fish (Perciformes: Cichlidae) in the Neotropics[J]. J Parasitol, 103 (1): 83-94.

de Chambrier A, Rego AA, Gil de Pertierra AA. 2005. Redescription of two cestodes (Eucestoda: Proteocephalidea), parasites of *Phractocephalus hemioliopterus* (Siluriformes) from the Amazon and proposition of *Scholzia* gen. n.[J]. Rev Suisse Zool, 112: 735-752.

de Chambrier A, Rego AA, Mariaux J. 2004. Redescription of *Brooksiella praeputialis* and *Goezeella siluri* (Eucestoda: Proteocephalidea), parasites of *Cetopsis coecutiens* (Siluriformes) from the Amazon and proposition of *Goezeella danbrooksi* sp. n.[J]. Rev Suisse Zool, 111: 111-120.

de Chambrier A, Rego AA, Vaucher C. 1999. *Euzetiella tetraphylliformis* n. gen., n. sp., (Eucestoda: Proteocephalidae), parasite du poisson d'eau douce néotropical *Paulicea luetkeni* (Siluriformes, Pimelodidae)[J]. Parasite, 6 (1): 43-47.

de Chambrier A, Rego AA. 1994. *Proteocephalus sophiae* n. sp. (Cestoda: Proteocephalidae), a parasite of the siluroid fish *Paulicea luetkeni* (Pisces: Pimelodidae) from the Brazilian Amazon[J]. Rev Suisse Zool, 101: 361-368.

de Chambrier A, Rego AA. 1995. *Mariauxiella pimelodi* n. g., n. sp. (Cestoda: Monticelliidae): a parasite of pimelodid siluroid fishes from South America[J]. Syst Parasitol, 30 (1): 57-65.

de Chambrier A, Scholz T, Beletew M, et al. 2009a. A new genus and species of proteocephalidean (Cestoda) from *Clarias catfishes* (Siluriformes: Clariidae) in Africa[J]. J Parasitol, 95 (1): 160-168.

de Chambrier A, Scholz T, Ibraheem MH. 2004. Redescription of *Electrotaenia malopteruri* (Fritsch, 1886) (Cestoda: Proteocephalidae), a parasite of *Malapterurus electricus* (Siluriformes: Malapteruridae) from Egypt[J]. Syst Parasitol, 57 (2): 97-109.

de Chambrier A, Scholz T, Kuchta R, et al. 2006. Tapeworms (Cestoda: Proteocephalidea) of fishes from the Amazon River in Peru[J]. Comp Parasitol, 73 (1): 111-120.

de Chambrier A, Scholz T, Kuchta R. 2014. Taxonomic status of Woodland's enigmatic tapeworms (Cestoda: Proteocephalidea) from Amazonian catfishes: back to museum collections[J]. Syst Parasitol, 87 (1): 1-19.

de Chambrier A, Scholz T. 2005. Redescription of *Houssayela sudobim* (Woodland, 1935) (Cestoda: Proteocephalidea), a parasite of *Pseudoplatystoma fasciatum* (Pisces: Siluriformes) from the River Amazon[J]. Syst Parasitol, 62 (3): 161-169.

de Chambrier A, Scholz T. 2008. Tapeworms (Cestoda: Proteocephalidea) of firewood catfish *Sorubimichthys planiceps* (Siluriformes: Pimelodidae) from the Amazon River[J]. Folia Parasitol, 55 (1): 17-28.

de Chambrier A, Takemoto RM, Pavanelli GC. 2006. *Nomimoscolex pertierrae* n. sp. (Eucestoda: Proteocephalidea), a parasite of *Pseudoplatystoma corruscans* (Siluriformes: Pimelodidae) in Brazil and redescription of *Nomimoscolex sudobim* Woodland, 1935, a parasite of *Pseudoplatystoma fasciatum*[J]. Syst Parasitol, 64 (3): 191-202.

de Chambrier A, Vaucher C, Renaud F. 1992 Etude des caracteres morpho-anatomiques et des flux géniques chez quatre *Proteocephalus* (Cestoda: Proteocephalidae) parasites de *Bothrops jararaca* au Brésil et description de trois especes nouvelles[J]. Syst Parasitol, 23 (2): 141-156.

de Chambrier A, Vaucher C. 1992. *Nomimoscolex touzeti* n. sp. (Cestoda), a parasite of *Ceratophrys cornuta* (L.): first record of a Monticelliidae in an amphibian host[J]. Mem Inst Oswaldo Cruz, 87 (Suppl. 1): 61-67.

de Chambrier A, Vaucher C. 1994. Etude morpho-anatomique et génétique de deux nouveaux *Proteocephalus* Weinland, 1858 (Cestoda: Proteocephalidae) parasites de *Platydoras costatus* (L.), poisson siluriforme du Paraguay[J]. Syst Parasitol, 27 (3): 173-185.

de Chambrier A, Vaucher C. 1997. Révision des cestodes (Monticelliidae) décrits par Woodland (1934) chez *Brachyplatystoma filamentosum* avec redéfi nition des genres *Endorchis* Woodland, 1934 et *Nomimoscolex* Woodland, 1934[J]. Syst Parasitol, 37 (3): 219-233.

de Chambrier A, Vaucher C. 1999. Proteocephalidae et Monticelliidae (Eucestoda: Proteocephalidea) parasites de poissons d'eau douce du Paraguay avec descriptions d'un genre nouveau et de dix espèces nouvelles[J]. Rev Suisse Zool, 106: 165-240.

de Chambrier A, Waeschenbach A, Fisseha M, et al. 2015. A large 28S rDNA-based phylogeny confirms the limitations of established morphological characters for classification of proteocephalidean tapeworms (Platyhelminthes, Cestoda)[J]. ZooKeys, 500: 25-59.

de Chambrier A, Zehnder MP, Vaucher C, et al. 2004. The evolution of the Proteocephalidea (Platyhelminthes, Eucestoda) based on an enlarged molecular phylogeny, with comments on their uterine development[J]. Syst Parasitol, 57 (3): 159-171.

Deblock S. 1964. Les *Hyménolépis* de Charadriiformes. (Seconde note à propos d'une vingtaine de descriptions dont deux nouvelles)[J]. Annales de Parasitologie Humaine et Comparée, 39: 695-754.

Deblock S, Canaris AG. 2000a. Three *Nadejdolepis* Spasskiĭ & Spasskaya, 1954 (Cestoda: Hymenolepididae) parasites of Charadrii (Aves) of Belize[J]. Syst Parasitol, 47 (3): 193-201.

Deblock S, Canaris AG. 2000b. *Wardium longosacco* (Joyeux & Baer, 1939) n. comb. (Cestoda: Hymenolepididae) parasite of *Charadrius marginatus* (Aves: Charadrii) of South Africa[J]. Syst Parasitol, 47 (1): 23-28.

Deblock S, Canaris AG. 2001a. From some Hymenolepididae (Cestoda) of Alaskan Charadrii birds, where *Nadejdolepis bealli* n. sp., is a parasite of *Calidris alpina*[J]. Syst Parasitol, 48 (2): 151-157.

Deblock S, Canaris AG. 2001b. Three new *Nadejdolepis* Spasskiĭ & Sasskaya, 1954 (Cestoda: Hymenolepididae) parasites of Charadrii (Aves) from Tasmania[J]. Syst Parasitol, 48 (3): 185-202. (In French)

Deblock S, Canaris AG. 2001c. *Helicoductus thulakoceras* n. g., n. sp. (Cestoda: Hymenolepididae) a parasite of *Charadrius marginatus* (Aves: Charadrii) from South Africa[J]. Syst Parasitol, 49 (1): 59-64.

Deblock S, Capron A, Rose F. 1960. Redescription d' *Hymenolopis* (nec *Aploparaksis*) cirrosa (Krabbe, 1869) (Cestoda, Hymenolepididae)[J]. Bull Soc Zool Fr, 85: 58-67.

Della Santa E. 1956. Revision du genre *Oochoristica* Lühe (Cestodes)[J]. Rev Suisse Zool, 63: 1-113.

Delyamure SL, Skryabin AS, Serdiukov AM. 1985. Diphyllobothriata-flatworm parasites of man, mammals and birds[M]. Moscow, Russia: Nauka.

Demshin NI. 1985. Postembryonic development of cestode *Nippotaenia mogurndae* (Cestoda, Nippotaeniidae)[J]. Parazitologiia, 19: 39-43.

Denegri G, Bernadina W, Perez-Serrano J, et al. 1998. Anoplocephalid cestodes of veterinary and medical significance: a review[J].

Folia Parasitol, 45 (1): 1-8.

Denegri G, Dopchiz MC, Elissondo MC, et al. 2003. *Viscachataenia*, n. g. with the redescription of *V. quadrata*, (von Linstow, 1904) n. comb. (Cestoda: Anoplocephalidae) in *Lagidium viscacia*, (Rodentia: Chinchillidae) from Argentina[J]. Syst Parasitol, 54 (2): 81-88.

Denegri GM. 1985. Consideraciones sobre sistemática y distribución geográfica del género *Bertiella* (Cestoda-Anoplocephalidae) en el hombre y en primates no humanos[J]. Geotrópica, 31: 55-63.

Denegri GM. 1986. Movilidad *in vitro* y poder infestante de oncósferas de *Bertiella mucronata* (Cestoda-Anoplocephalidae) de origen humano[J]. Rev Iber Parasitol, 46: 59-61.

Denegri GM, Perez-Serrano J. 1997. Bertiellosis in man: a review of cases[J]. Rev Inst Med Trop SP, 39 (2): 123-127.

Deshmukh RA, Shinde GB. 1979. Three new species of *Tetragonocephalum* Shipley and Hornell, 1905 (Cestoda: Tetragonocephalidae) from marine fishes of west coast of India[J]. Bioresearch, 3: 19-23.

Deshmukh RA, Shinde GB. 1980a. Redescription of *Acanthobothrium crassicolle* Dollfus, 1926 (Cestoda: Onchobothriidae) from a marine fish[J]. Riv Parassitol, 41 (2): 231-234.

Deshmukh RA, Shinde GB. 1980b. *Spinibiloculus ratnagiriensis* gen. n. sp. n. (Cestoda, Onchobothriidae) from a marine fish *Ginglymostoma concolor* of the West Coast of India[J]. Acta Parasitologica Polonica, 27: 431-435.

Devi R. 1975. Pseudophyllidean cestodes (Bothriocephalidae) From marine fishes of Waltair Coast[J]. Riv Parassitol, 36: 279-286.

Dias FJ, São Clemente SC, Pinto RM, et al. 2011. Anisakidae nematodes and Trypanorhyncha cestodes of hygienic importance infecting the king mackerel *Scomberomorus cavalla* (Osteichthyes: Scombridae) in Brazil[J]. Vet Parasitol, 175 (3-4): 351-355.

Diaz JI, Cremonte F, Navone GT. 2011. Helminths of the kelp gull, *Larus dominicanus*, from the northern Patagonian coast[J]. Parasitol Res, 109 (6): 1555-1562.

Diaz JI, Fusaro B, Longarzo L, et al. 2013. Gastrointestinal helminths of Gentoo penguins (*Pygoscelis papua*) from Stranger Point, 25 de Mayo/King George Island, Antarctica[J]. Parasitol Res, 112 (5): 1877-1881.

Didyk AS, Burt MD. 1998. Geographical, seasonal, and sex dynamics of *Shipleya inermis* (Cestoidea: Dioecocestidae) in *Limnodromus griseus* Gmelin (Aves: Charadriiformes)[J]. J Parasitol, 84 (5): 931-934.

Diesing KM. 1850. System Helminthum. Vol. Ⅰ.[M]. Vindobonae: 680pp.

Diesing KM. 1863. Revision der Cephalocotyleen[J]. Abtheilung: Paramecotyleen Sitzungsberichten der Akademie der Wissenschaften Wien Mathematische-Naturwissenschaften Klasse Abtheilung I, 48: 200-345.

Dimitrova YD, Mariaux J, Georgiev BB. 2013. *Pseudangularia gonzalezi* n. sp. and *Gibsonilepis swifti* (Singh, 1952) n. g., n. comb. (Cestoda, Dilepididae) from the House Swift, *Apus affinis* (J. E. Gray) (Aves, Apodiformes) from Franceville, Republic of Gabon[J]. Syst Parasitol, 86 (3): 215-233.

Doby JM, Jarecka L. 1966. Complément à la connaissance de la morphologie et de la biologie de *Proteocephalus macrocephalus* (Creplin 1825), cestode parasite de l'Anguille[J]. Ann Parasitol Hum Comp, 41 (5): 429-442.

Doležalová J, Vallo P, Petrželková KJ, et al. 2015. Molecular phylogeny of anoplocephalid tapeworms (Cestoda: Anoplocephalidae) infecting humans and non-human primates[J]. Parasitology, 142 (10): 1278-1289.

Dollfus RP. 1934. Sur le *Taenia gallinulae* van Beneben, 1858[J]. Annales de Parasitologie Humaine et Comparée, 12: 267-272.

Dollfus RP. 1942. Etudes critiques sur les Tétrarhynques du Muséum de Paris[J]. Arch Mus Nati His Nat, Paris, 6 Ser., 19: 1-466.

Dollfus RP. 1954. Miscellanea helminthologica maroccana XVIII. Quelques cestodes du groupe *Oochoristica Auctorum* récoltés au Maroc avec une liste des cestodes des hérissons (Erinaceidae) et une liste des sauriens et ophidiens (exclus. Amérique et Australie) où ont été trouvée des *Oochoristica[*J]. Arch Inst Pasteur Maroc, 4: 657-714.

Dollfus RP. 1963. Mission Yves-J. Golvan et Jean-A. Rioux en Iran. Cestodes d'oiseaux. I[J]. Cestode d'Accipitriformes. Annales de Parasitologie Humaine et Comparée 38: 23-27.

Dollfus RP. 1964. Sur le cycle évolutif d'un cestode Diphyllide. Identification de la larve chez *Carcinus maenas* (L., 1758), hôte intermédiaire[J]. Ann Parasitol Hum Comp, 39: 235-241.

Dollfus RP. 1969. Quelques espèces de cestodes Tétrarhynques de la côte Atlantique des États unis, dont lune netait pas connue aletat adulte[J]. J Fish Res Board Can, 26 (4): 1037-1061.

Dollfus RP. 1970. D'un cestode ptychobothrien parasite de cyprinide en Iran. Mission CNRS (Theodore Mond), Fevrier 1969[J]. Bull Mus Nati His Nat, 2e Serie, 41: 1517-1521.

Dollfus RPF. 1959. Cestodes et acanthocéphales d'oiseaux récoltés au Pérou par le Dr. Jean Dorst[J]. Bull Soc Zool Fr, 84: 384-395.

Dos Santos VG, Amato SB, Borges-Martins M. 2013. Community structure of helminth parasites of the "Cururu" toad, *Rhinella icterica* (Anura: Bufonidae) from southern Brazil[J]. Parasitol Res, 112 (3): 1097-1103.

Douglas LT. 1958. The taxonomy of nematotaeniid cestodes[J]. Journal of Parasitology, 44: 261-273.

Douthitt H. 1915. Studies on the cestode family Anoplocephalidae[M]. Illinois Biological Monographs, 1: 1-96

Dove ADM, Fletcher AS. 2000. The distribution of the introduced tapeworm *Bothriocephalus acheilognathi* in Australian freshwater fishes[J]. J Helminthol, 74: 121-127.

Dowell AM. 1953. *Catenotaenia californica* sp. nov., a cestode of the kangaroo rat, *Dipodomys panamintinus mohavensis*[J]. Am Midl Nat, 49 (3): 738-742.

Draoui NA, Maamouri F. 1997. Observations on the development of *Clestobothrium crassiceps*, (Rud., 1819) (Cestoda, Pseudophyllidea) gut parasite from *Merluccius merluccius* L., 1758 (Teleostei)[J]. Parasite, 4 (1): 81-82.

Dronen NO, Blend CK. 2003. *Clestobothrium neglectum* (Lönnberg, 1893) n. comb. (Cestoda: Bothriocephalidae) from the tadpole fish *Raniceps raninus* (L.) (Gadidae) from Sweden[J]. Syst Parasitol, 56 (3): 189-194.

Dronen NO, Blend CK. 2005. *Clestobothrium gibsoni* n. sp. (Cestoda: Bothriocephalidae) from the bullseye grenadier *Bathygadus macrops* Goode & Bean (Macrouridae) in the Gulf of Mexico[J]. Syst Parasitol, 60 (1): 59-63.

Dronen NO, Simcik SR, Scharninghausen JJ, et al. 1999. *Thysanotaenia congolensis* n. sp. (Cestoda: Anoplocephalidae) in the Lesser Savanna Cane Rat, *Thryonomys gregorianus* from Democratic Republic of Congo, Africa[J]. J Parasitol, 85 (1): 90-92.

Dronen NO, Wardle WJ, Bhuthimethee M. 2002. Helminthic Parasites from Willets, *Catoptrophorus semipalmatus* (Charadriiformes: Scolopacidae), from Texas, U. S. A. with Descriptions of *Kowalewskiella catoptrophori* sp. n. and *Kowalewskiella macrospina* sp. n. (Cestoda: Dilepididae)[J]. Comp Parasitol, 69: 43-50.

Dubinina MN. 1980. Tapeworms (Cestoda, Ligulidae) of the fauna of the USSR[M]. New Delhi: Amerind Publishing Co. : 262pp.

Dubinina MN. 1982. Parasitic worms of the class Amphilinida (Platyhelminthes)[J]. Trudy Zool Inst, 100: 143pp. (In Russian)

Dubinina MN. 1987. Class tapeworms-Cestoda Rudolphi, 1808[M]//Bauer ON. Key to the Parasites of Freshwater Fishes of the USSR[M]. Leningrad: Nauka: 5-76.

Dursahinhan AT, Nyamsuren B, Tufts DM, et al. 2017. A New Species of *Catenotaenia* (Cestoda: Catenotaeniidae) from *Pygeretmus pumilio* Kerr, 1792 from the Gobi of Mongolia[J]. Comp Parasitol, 84 (2): 124-134.

Dyer WG, AltigR. 1977. *Ophiotaenia olseni* sp. n. (Cestoda: Proteocephalidae) from *Hyla geographica* Spix 1824, in Ecuador[J]. J Parasitol, 63: 790-792.

Dyer WG. 1986. *Ophiotaenia ecuadorensis* n. sp. (Cestoda: Proteocephalidae) from *Hyla geographica* Spix, 1824 in Ecuador[J]. J Parasitol, 72 (4): 599-601.

Eckert J, Von Brand T, Voge M. 1969. Asexual multiplication of *Mesocestoides corti* (Cestoda) in the intestine of dogs and skunks[J]. J Parasitol, 55 (2): 241-249.

Edelényi B. 1964. A hazai Madarak belső-élősködő férgei. III[J]. Debretseni Agrártudományi Főiskola Tudományos Közlemenyei: 173-187.

Ehlers U. 1985. Das Phylogenetische System der Plathelminthes[M]. New York: G Fischer, Stuttgart: 1-317.

Eleni C, Scaramozzino P, Busi M, et al. 2007. Proliferative peritoneal and pleural cestodiasis in a cat caused by metacestodes of *Mesocestoides* sp. Anatomohistopathological findings and genetic identification[J]. Parasite, 14 (1): 71-76.

Essex HE. 1927. The structure and development of *Corallobothrium* with descriptions of two new fish tapeworm[J]. Illinos Biol Monogr, 11: 257-328.

Essex HE. 1929. The Life-Cycle of *Haplobothrium Globuliforme* Cooper, 1914[J]. Science, 69 (1800): 677-678.

Etges FJ. 1991. The proliferative tetrathyridium of *Mesocestoides vogae* sp. n. (Cestoda)[J]. J Helminthol Soc Wash, 58: 181-185.

Euzet L. 1953. Cestodes *tétraphyllides nouveaux* ou peu connus de *Dasyatis pastinaca* (L.)[J]. Ann Parasitol Hum Comp, 28 (5/6): 339-351.

Euzet L. 1955. Quelques cestodes de *Myliobatis aquila* L. Rec. Trav. Lab. Bot., Géol Zool Fac Sci Univ Montpellier[J]. Série Zool, 1: 18-27.

Euzet L. 1959. Recherches sur les cestodes tétraphyllides des sélaciens des côtes de France[J]. Nat Monspeliensia. Ser Zool, 3: 1-266.

Euzet L. 1994. Order Tetraphyllidea Carus, 1863[M]//Khalil LF, Jones A, Bray RA. Keys to the Cestode Parasites of Vertebrates. Wallingford: CAB International.

Euzet L, Radujkovic BM. 1989. *Kotorella pronosom*a (Stossich, 1901) n. gen., n. comb., an intestine parasite of *Dasyatis pastinaca* (L., 1758), type species of the Kotorellidae, a new family of the Trypanorhyncha (Cestoda), parasite intestinal de *Dasyatis pastinaca* (L., 1758)[J]. Ann Parasitol Hum Comp, 64: 420-425.

Euzet L, Swiderski Z, Mokhtar-Maamouri F. 1981. Ultrastructure comparée du spermatozoïde des Cestodes. Relations avec la phylogénèse[J]. Ann Parasitol, 56 (3): 247-259.

Evlanov IA. 1987. Distribution and mechanism of the regulation of the pleurocercoid population count of *Triaenophorus nodulosus* (Cestoda, Triaenophoridae)[J]. Parazitologiia, 21 (5): 654-658.

Eyring KL, Healy CJ, Reyda FB. 2012. A new genus and species of cestode (Rhinebothriidea) from *Mobula kuhlii* (Rajiformes: Mobulidae) from Malaysian Borneo[J]. J Parasitol, 98 (3): 584-591.

Fair JM, Schmidt GD, Wertheim G. 1990. New species of *Andrya* and *Paranoplocephala* from voles and mole-rats in Israel and Syria[J]. J Parasitol, 76 (5): 641-644.

Falavigna DLM, Velho LFM, Pavanelli GC. 2001. Ciclo evolution experimental de *Spasskyelina spinulifera* (Cestoda:

Proteocephalidae). 1. Desenvolvimento em copepodes ciclopoides[C]. Ⅵ Congresso Portugues de Parasitologia e Ⅻ Congreso Espanol de Parasitologia, Porto Portugal, September 18-21, 2001, Abstracts of papers, Acta Parasitol, Port 8: 203.

Falavigna DLM, Velho LFM, Pavanelli GC. 2001. Larvas de proteocephalideos em zooplancton da Planicie Alagavel do alto Rio Parana, Brasil[C]. Ⅵ Congresso Portugues de Parasitologia e Ⅻ Congresso Espanol de Parasitologia, Porto Portugal, September 18-21, 2001, Abstracts of papers, Acta Parasitol, Port 8: 208.

Falavigna DLM, Velho LFM, Pavanelli GC. 2002. Development of *Monticellia spinulifera* (Cestoda: Proteocephalidea) in the Intermediate host under experimental conditions[C]. Tenth International Congress of Parasitology, Vancouver, Canada, August 5-9, 2002, Abstracts of papers, 10: 269.

Faliex E, Tyler G, Euzet L. 2000. A new species of *Ditrachybothridium* (Cestoda: Diphyllidea) from *Galeus* sp. (Selachii, Scyliorhynidae) from the south Pacific Ocean, with a revision of the diagnosis of the order, family, and genus and notes on descriptive terminology of microtriches[J]. J Parasitol, 86 (5): 1078-1084.

Fedorov VB. 1999. Contrasting Mitochondr DNA Diversity Estimates in Two Sympatric Genera of Arctic Lemmings (Dicrostonyx: Lemmus) Indicate Different Responses to Quaternary Environmental Fluctuations[J]. P Roy Soc Biol Sci, 266 (1419): 621-626.

Fedorov VB, Goropashnaya AV. 1999. The importance of ice ages in diversification of arctic collared lemmings (Dicrostonyx): evidence from the mitochondrial cytochrome b region[J]. Hereditas, 130 (3): 301-307.

Fedorov VB, Goropashnaya AV. Jarrell GH, et al. 1999. Phylogeographic structure and Mitochondr DNA variation in true lemmings (*Lemmus*) from the Eurasian Arctic[J]. Bio J Linn Soc, 66 (3): 357-371.

Fernández M, Aznar FJ, Montero FE, et al. 2004. Gastrointestinal helminths of Cuvier's beaked whales, *Ziphius cavirostris*, from the western Mediterranean[J]. J Parasitol, 90 (2): 418-420.

Fischer H. 1968. The life cycle of *Proteocephalus fluviatilis* Bangham (Cestoda) from smallmouth bass, *Micropterus dolomieui* Lacepede[J]. Can J Zool, 46: 569-579.

Fischer H, Freeman RS. 1969. Penetration of Parenteral Plerocercoids of *Proteocephalus ambloplitis* (Leidy) into the Gut of Smallmouth Bass[J]. J Parasitol, 55 (4): 766-774.

Fischthal JH. 1947. Parasites of northwest Wisconsin fishes. I. The 1944 survey[J]. Trans Wis Acad Sci Arts Lett, 37: 157-220.

Fischthal JH. 1950. Parasites of northwest Wisconsin fishes. II. The 1945 survey[J]. Trans Wis Acad Sci Arts Lett, 40: 87-113.

Fischthal JH. 1952. Parasites of northwest Wisconsin fishes. III. The 1946 survey[J]. Trans Wis Acad Sci Arts Lett, 41: 17-58.

Flisser A, Rodríguezcanul R, Willingham ALI, et al. 2006. Control of the taeniosis/cysticercosis complex: future developments[J]. Vet Parasitol, 139 (4): 283-292.

Flisser A, Viniegra AE, Aguilar-Vega L, et al. 2004. Portrait of Human Tapeworms[J]. J Parasitol, 90 (4): 914-916.

Flores-Barroeta L. 1955. Cestodes de Vertebrados. III[J]. Ciencia, 15: 33-38.

Foata J, Quilichini Y, Marchand B. 2007. Spermiogenesis and sperm ultrastructure of *Deropristis inflata* Molin, 1859 (Digenea, Deropristidae), a parasite of Anguilla anguilla[J]. Parasitol Res, 101 (4): 843-852.

Foitová I, Mašová S, Tenora F, et al. 2011. Redescription and resurrection of *Bertiella satyri* (Cestoda, Anoplocephalidae) parasitizing the orangutan (*Pongo abelii*) in Indonesia[J]. Parasitol Res, 109 (3): 689-697.

Foronda P, Abreu-Acosta N, Casanova JC, et al. 2009. A new Anoplocephalid (Cestoda: Cyclophyllidea) from *Gallotia atlantica*[J]. Journal of Parasitology, 95 (3): 678-680.

Foronda P, Casanova JC, Valladares B, et al. 2004. Molecular systematics of several cyclophyllid families (Cestoda) based on the analysis of 18S ribosomal DNA gene sequences[J]. Parasitol Res, 93 (4): 279-282.

Foronda P, Valladares B, Lorenzomorales J, et al. 2003. Helminths of the wild rabbit (*Oryctolagus cuniculus*) in Macaronesia[J]. J Parasitol, 89 (5): 952-957.

Fotedar DN, Chishti MZ. 1976. *Anomotaenia*-Acrocephali New-Species and 1st Record of *Anomotaenia*-Galbulae From Some Birds of Kashmir India[J]. Riv Parassitol, 37 (2-3): 247-252.

Fotedar DN, Chishti MZ. 1980. *Pseudoschistotaenia indica* gen. et sp. nov. (Amabiliidae Fuhrmann, 1980: Cestoda) from Podiceps ruficollis capensis in Kashmir[J]. Riv Parassitol, 41(1): 39-43.

Franssen F, Nijsse R, Mulder J, et al. 2014. Increase in number of helminth species from Dutch red foxes over a 35-year period[J]. Parasit Vectors, 7 (1): 1-10.

Freeman RS. 1949. Notes on the morphology and life cycle of the genus *Monoecocestus* Beddard, 1914 (Cestoda: Anoplocephalidae) from the porcupine[J]. J Parasitol, 35 (6): 605-612.

Freeman RS. 1952. The Biology and Life History of *Monoecocestus* Beddard, 1914 (Cestoda: Anoplocephalidae) from the Porcupine[J]. J Parasitol, 38 (2): 111-129.

Freeman RS. 1959. On the taxonomy of the genus *Cladotaenia*, the life histories of *C. globifera* (Barsch, 1786) and *C. circi* Yamaguti, 1935 and a note on distinguishing between the plerocercoids of the genera *Paruterina* and *Cladotaenia*[J]. Can J Zool, 37 (3): 317-340.

Freeman RS. 1964. Studies on responses of intermediate hosts to infection with *Taenia crassiceps* (Zeder, 1800) (Cestoda)[J]. Rev

Can Zool, 42 (3): 367-385.

Freeman RS. 1973. Ontogeny of cestodes and its bearing on their phylogeny and systematics[J]. Adv Parasitol, 11: 481-557.

Frey JK, Duszynski DW, Gannon WL, et al. 1992. Designation and curation of type host specimens (Symbiotypes) for new parasite species[J]. Journal of Parasitology, 78: 930-932.

Frey JK, Patrick MJ. 1995. Gastrointestinal helminths from the endangered Hualapai vole, *Microtus mogollonensis hualpaiensis* (Rodentia: Cricetidae)[J]. J Parasitol, 81 (4): 641-643.

Freze V. 1974. Reconstruction of the systematics of cestodes of the order Pseudophyllidea Carus, 1863[C]. Proceedings of the Third International Congress of Parasitology, 25-31 August 1974, München, Germany: 382-383.

Freze VI. 1965. *Proteocephalata* in fish, amphibians and reptiles[M]//Skrjabin KI. Essentials of Cestodology. Vol. V. (English trans. 1969). Moskow: Publishing House Nauka: 597pp.

Friggens MM, Duszynski DW. 2005. Four New Cestode Species from the Spiral Intestine of the Round Stingray, *Urobatis halleri*, in the Northern Gulf of California, Mexico[J]. Comp Parasitol, 72 (2): 136-149.

Froese R, Pauly D. 2014. FishBase[OL]. World Wide Web electronic publication. www. fi shbase. org, version[2014-07-25].

Froese R, PaulyD. 2008. FishBase[OL]. World Wide Web electronic publication, Available at: www. fishbase. org, version [2008-07-23].

Fuhrmann O. 1895. Beitrag zur Kenntnis der Vögeltaenien. I. Rev[J]. Suisse Zool, 4: 433-458.

Fuhrmann O. 1899. Deux singuliers taenias d'oiseaux: *Gyrocoelia perversus* n. g. n. sp. et *Acoleus armatus* n. g. n. sp.[J]. Revue Suisse de Zoologie, 7: 341-451.

Fuhrmann O. 1900. Zur Kenntnis de Acoleinae. Zentralblatt für Bakteriologie, Parasitenkunde und Infektionskrankherten. I[J]. Abteilung Originale, 41: 440-452.

Fuhrmann O. 1902. Die Anoplocephaliden der Vögel. Centralblatt für Bakteriologie[J]. Parasitenkunde und lnfektionskrankheiten, I Abt., 32: 122-147.

Fuhrmann O. 1907. Die Systematik der Ordnung der Cyclophyllidea[J]. Zoologischer Anzeiger, 32: 289-297.

Fuhrmann O. 1908. Das Genus *Anonchotaenia* und *Biuterina*. II. Das genus *Biuterina* Fuhrmann. Centralblatt fur Bakteriologie[J]. Parasitenkunde und Infektionskrankheiten. I. Abteilung, 48: 412-428.

Fuhrmann O. 1909. Die Cestoden der Vögel des weissen Nils[M]//Jägerskiöld LA. Results of the Swedish Zoological Expedition in Egypt and the White Nile, Part 3, Uppsala: Library of the Royal University: 1-55.

Fuhrmann O. 1913. Nordische Vogelcestoden aus dem Museum von Göteborg[J]. Meddelanden från Göteborgs Musei Zoologiska Avdelning, Afd, 1: 1-41.

Fuhrmann O. 1918. Cestodes d'oiseaux de la Nouvelle-Calédonie et des Iles Loyalty[J]. Nova Caledonia Zool, 2: 399-449.

Fuhrmann O. 1920. cestoden der Deutschen sü dpolar-expedition 1901-1903[J]. Zoologie, 8: 469-524.

Fuhrmann O. 1924. Two new species of reptilian cestodes[J]. Ann Trop Med Parasitol, 18 (4): 505-513.

Fuhrmann O. 1931. Dritte Klasse des Cladus Plathelminthes. Cestoidea[M]//Kuekenthal W, Krumbach T. Kuekenthal's Handbuch der Zoologie. Berlin and Leipzig: Walter de Gruyter & Co. : 141-416.

Fuhrmann O. 1932. Les ténias des oiseaux[M]. Mémoires de l'Université de Neuchâtel, 8: 381pp.

Fuhrmann O. 1936. *Gynandrotaenia stammeri* n. g., n. sp.[J]. Rev Suisse Zool, 43: 517-518.

Fuhrmann O, Baer JG. 1943. Cestodes[J]. Bull Soc Neuchat Sci Natu, 68: 113-140.

Fyler CA. 2007. Comparison of microthrix ultrastructure and morphology on the plerocercoid and adult scolex of *Calliobothrium* cf. *verticillatum* (Tetraphyllidea: Onchobothriidae)[J]. J Parasitol, 93 (1): 4-11.

Fyler CA, Caira JN. 2006. Five new species of *Acanthobothrium* (Tetraphyllidea: Onchobothriidae) from the freshwater stingray *Himantura chaophraya* (Batoidea: Dasyatidae) in Malaysian Borneo[J]. J Parasitol, 92 (1): 105-125.

Fyler CA, Caira JN. 2010. Phylogenetic status of four new species of *Acanthobothrium* (Cestoda: Tetraphyllidea) parasitic on the wedgefish *Rhynchobatus laevis* (Elasmobranchii: Rhynchobatidae): implications for interpreting host associations[J]. Invertebr Syst, 24 (5): 419-433.

Gabrion C, MacDonald G. 1980. *Artemia* sp. (Crustacea, Anostracea) as intermediate host of *Eurycestus avoceti* Clark, 1954 (Cestoda, Cyclophyllidea) (author's transl)[J]. Ann Parasitol Hum Comp, 55 (3): 327-331. (In French)

Gaevskaya AV, Gusev AV, Delyamure SL, et al. 1975. Key to the parasites of vertebrates of the Black Sea and the Sea of Azov / Parasitic invertebrates of fishes, fish-eating birds and marine animals[M]. Kyiv: Nauk Dumka: 296-364.

Gaevskaya AV, Kovaleva AA. 1991. Handbook of basic diseases and parasites of commercial fishes of the Atlantic Ocean[M]. Kaliningrad: Knizhnoe Izdatelstvo: 208pp. (In Russian)

Galán-Puchades MT, Fuentes MV, Mas-Coma S. 2000. Morphology of *Bertiella studeri* (Blanchard, 1891) sensu Stunkard (1940) (Cestoda: Anoplocephalidae) of human origin and a proposal of criteria for the specific diagnosis of bertiellosis[J]. Folia Parasitol, 47 (1): 23-28.

Galbreath KE, Ragaliauskaite K, Kontrimavichus L, et al. 2013. A widespread distribution for *Arostrilepis tenuicirrosa* (Eucestoda: Hymenolepididae) in *Myodes voles* (Cricetidae: Arvicolinae) from the Palearctic based on molecular and morphological

evidence: historical and biogeographic implications[J]. Acta Parasitol, 58 (4): 441-452.
Galewski T, Tilak M, Sanchez S, et al. 2006. The evolutionary radiation of Arvicolinae rodents (voles and lemmings): relative contribution of nuclear and mitochondrial DNA phylogenies[J]. BMC Evolutionary Biology, 6: 80.
Galkin AK. 1986. On the cestode fauna of grebes (*Podiceps*) of the Kurich Spit[J]. Trudy Zoologicheskogo Instituta AN SSSR, 155: 119-127. (In Russian)
Galkin AK. 1987a. Origin of non-cyclophyllidean cestodes, parasites of gulls[J]. Trudy Zool Inst Akademiya Nauk SSSR (Leningrad), 161: 3-23. (In Russian)
Galkin AK. 1987b. Synonymy of *Anomotaenia microrhyncha* (Krabbe, 1869) (Cestoidea, Dilepididae)[J]. Parazitologiya, 21: 669-672. (In Russian)
Galkin AK. 2003. Peculiarities of rostellum morphology and armature in the genera *Kowalewskiella* and *Himantaurus* (Cyclophyllidea: Dilepididae)[J]. Parazitologiia, 37 (3): 221-228.
Galkin AK. 2014. On the validity of the genus *Otidilepis* Yamaguti, 1959 (Cestoda: Hymenolepididae) and the classification of the rostellar hooks of its type species, *O. tetracis* (Cholodkowsky, 1906)[J]. Parazitologiia, 48 (6): 437-448. (In Russian)
Galkin AK, Mariaux J, Regel KV, et al. 2008. Redescription and new data on *Microsomacanthus diorchis* (Fuhrmann, 1913) (Cestoda: Hymenolepididae)[J]. Syst Parasitol, 70 (2): 119-130.
Galkin AK, Regel KV, Mariaux J. 2006. Redescription and new data on *Microsomacanthus jaegerskioeldi* (Fuhrmann, 1913) (Cestoda: Hymenolepididae)[J]. Syst Parasitol, 64 (1): 1-11.
Gamil IS. 2008. Ultrastructural studies of the spermatogenesis and spermiogenesis of the caryophyllidean cestode *Wenyonia virilis* (Woodland, 1923)[J]. Parasitol Res, 103 (4): 777-785.
Ganapati PN, Rao KH. 1955. On *Bothriocephalus indicus* sp. nov. (Cestoda) from the gut of marine fish, *Saurida tumbil* (Bloch)[J]. J Zool Soc India, 7: 177-181.
Ganzorig S. 1999. New records of Catenotaeniid cestodes from rodents in Mongolia, with notes on thee taxonomy of the Catenotaenia Janicki, 1904 and Hemicatenotaenia Tenora, 1977 (Cestoda: Catenotaeniidae)[J]. Acta Universitatis Agriculturae et Silviculturae Mendelianae Brunensis, 47: 33-38.
Ganzorig S, Oku Y, Gardner SL, et al. 2007. Multiplication of Ovaries in *Ctenotaenia marmotae* (Frölich, 1802) (Cestoda: Anoplocephalidae)[J]. Comp Parasitol, 74 (1): 151-153.
Gao JF, Hou MR, Cui YC, et al. 2017. The complete mitochondrial genome sequence of *Drepanidotaenia lanceolata* (Cyclophyllidea: Hymenolepididae)[J]. Mitochondr DNA, 28 (3): 317-318.
Gardner SL. 1985. Helminth parasites of *Thomomys bulbivorus* (Richardson) (Rodentia: Geomyidae), with a description of a new species of *Hymenolepis* (Cestoda)[J]. Canadian Journal of Zoology, 63: 1463-1469.
Gardner SL, Campbell ML. 1992. A New Species of *Linstowia* (Cestoda: Anoplocephalidae) from Marsupials in Bolivia[J]. J Parasitol, 78 (5): 795-799.
Gardner SL, Schmidt GD. 1988. Cestodes of the genus *Hymenolepis* Weinland, 1858 *sensu stricto* from pocket gophers Geomys and *Thomomys* spp. (Rodentia: Geomyidae) in Colorado and Oregon, with a discriminant analysis of four species of *Hymenolepis*[J]. Canadian Journal of Zoology, 66: 896-903.
Genov T, Éva M, Georgiev BB, et al. 1990. The erection of *Leporidotaenia*, n. g. (Cestoda: Anoplocephalidae) for *Anoplocephaloides* spp. parasitising Leporidae (Lagomorpha)[J]. Syst Parasitol, 16 (2): 107-126.
Genov T, Georgiev BB. 1988. Review of the species of the genus *Anoplocephaloides* Baer, 1923 emend. Rausch, 1976 (Cestoda: Anoplocephalidae) parasitizing Bulgarian rodents, with an analysis of the taxonomic structure of the genus[J]. Parasitol Hungarica, 21: 31-52.
Genov T, Vasileva GP, Georgiev BB. 1996. *Paranoplocephala aquatica*, n. sp. (Cestoda, Anoplocephalidae) from *Arvicola terrestris*, and *Ondatra zibethica*, (Rodentia), with redescriptions and comments on related species[J]. Syst Parasitol, 34 (2): 135-152.
Genov T, Vasileva GP, Georgiev BB. 1996. *Paranoplocephala aquatica* n. sp. (Cestoda, Anoplocephalidae) from *Arvicola terrestris* and *Ondatra zibethica* (Rodentia), with redescriptions and comments on related species[J]. Systematic Parasitology, 34 (2): 135-152.
Genov T. 1984. Helminti na nasekomoyadnite bozajnici I frizachite v Bulgariya (Helminths of insectivorous mammals and rodents in Bulgaria)[M]. Sofia: Izdatelstvona Bulgarskata Akademiya na Naukite: 348pp.
Georgiev BB. 1992. Invalidation of the Genus *Zosteropicola* Johnston, 1912 (Cestoda: Paruterinidae: Anonchotaeniinae)[J]. Systematic Parasitology, 22 (1): 39-44.
Georgiev BB, Bray RA. 1991. *Notopentorchis cyathiformis* (Frölich, 1791) n. comb. and *N. iduncula* (Spassky, 1946) (Cestoda: Paruterinidae) from *Palaearctic swifts* (Aves: Apodiformes), with a review of the genus *Notopentorchis*, Burt, 1938[J]. Syst Parasitol, 20 (2): 121-133.
Georgiev BB, Bray RA, Timothy D, et al. 2006. Cestodes of small mammals: Taxonomy and life cycles[M]//Morand S, Krasnov B R, Poulin R. Micromammals and Macroparasites. Japan: Springer.

Georgiev BB, Gardner SL. 2004. New Species of *Cinclotaenia* Macy, 1973 (Cyclophyllidea: Dilepididae) from *Cinclus leucocephalus* Tschudi (Passeriformes: Cinclidae) in Bolivia[J]. J Parasitol, 90 (5): 1073-1084.

Georgiev BB, Genov T. 1985. Taxonomy and morphology of cestodes, parasites of *Cinclus cinclus* L. in Bulgaria[J]. Parasitologia Hungarica, 18: 49-62.

Georgiev BB, Gibson DI. 2006. Description of *Triaenorhina burti* n. sp. (Cestoda: Paruterinidae) from the Malabar trogon *Harpactes fasciatus* (Pennant) (Aves: Trogoniformes: Trogonidae) in Sri Lanka[J]. Syst Parasitol, 63 (1): 53-60.

Georgiev BB, Kornyushin VV, Genov T. 1987. *Choanotaenia pirinica* sp. n. (Cestoda, Dilepididae), a parasite of the Alpine Chough in Bulgaria[J]. Vestnik Zoologii, N3: 3-7. (In Russian)

Georgiev BB, Kornyushin VV. 1993. Invalidation of the genus *Anomaloporus*, Voge & Davis, 1953 (Cestoda: Paruterinidae sensu lato)[J]. Syst Parasitol, 25 (3): 203-211.

Georgiev BB, Kornyushin VV. 1994. Family Paruterinidae Fuhrmann, 1907[M]//Khalil LF, Jones A, Bray RA. Keys to the Cestode Parasites of Vertebrates. Wallingford: CAB International.

Georgiev BB, Murai E, Rausch RL. 1996. *Burhinotaenia colombiana* n. sp. (Cestoda, Cyclophyllidea) from the double-striped stone curlew *Burhinus bistriatus* (Aves, Charadriiformes) in Colombia[J]. J Parasitol, 82 (1): 140-145.

Georgiev BB, Sanchez MA, Nikolov P, et al. 2005. Cestodes from *Artemia parthenogenetica* (Crustacea, Branchiopoda) in the Odiel Marshes, Spain: A systematic survey of cysticercoids[J]. Acta Parasitologica, 50 (2): 105-117.

Georgiev BB, Vasileva GP, Bray RA, et al. 2002. The genus *Biuterina* Fuhrmann, 1902 (Cestoda, Paruterinidae) in the Old World: redescriptions of four species from Afrotropical Passeriformes[J]. Syst Parasitol, 52 (2): 111-128.

Georgiev BB, Vasileva GP, Bray RA, et al. 2004. The genus *Biuterina* Fuhrmann, 1902 (Cestoda, Paruterinidae) in the Old World: redescriptions of three species from Palaearctic Passeriformes[J]. Syst Parasitol, 57 (1): 67-85.

Georgiev BB, Vasileva GP, Genov T. 1995. *Dictyterina cholodkowskii* (Cestoda: Paruterinidae): Morphology, synonymy and distribution[J]. Folia Parasitol, 42: 55-60.

Georgiev BB, Vaucher C. 2000. *Chimaerula bonai* sp. n. (Cestoda: Dilepididae) from the bare-faced ibis, *Phimosus infuscatus* (Lichtenstein) (Aves: Threskiornithidae) in Paraguay[J]. Folia Parasitol, 47 (4): 303-308.

Georgiev BB, Vaucher C. 2001. Revision of the genus *Parvirostrum* Fuhrmann, 1908 (Cestoda: Cyclophyllidea: Paruterinidae)[J]. Syst Parasitol, 50 (1): 13-29.

Georgiev BB, Vaucher C. 2003. Revision of the Metadilepididae (Cestoda: Cyclophyllidea) from Caprimulgiformes (Aves)[J]. Rev Suisse Zool, 110 (3): 491-532.

Ghazi RR, Khatoon N, Mansoor S, et al. 2002. *Pulluterina karachiensis* sp. n. (Cestoda: Anaplocephalidae) from the Wild Pigeon *Columba livia* Gmelin[J]. Turk J Zool, 26: 27-30.

Ghoshroy S, Caira JN. 2001. Four new species of *Acanthobothrium* (Cestoda: Tetraphyllidea) from the whiptail stingray *Dasyatis brevis* in the Gulf of California, Mexico[J]. J Parasitol, 87 (2): 354-372.

Gibson DI. 1994. Order Amphilinidea Poche, 1922[M]//Khalil LF, Jones A, Bray RA. Keys to the Cestode Parasites of Vertebrates. Wallingford, UK: CAB International.

Gibson DI, Bray RA, Powell CB. 1987. Aspects of the life history and origins of *Nesolecithus africanus* (Cestoda: Amphilinidea)[J]. Annals & Magazine of Natural History, 21(3): 785-794.

Gibson DI, Valtonen ET. 1983. Two interesting records of tapeworms from Finnish waters[J]. Aquilo, 22: 45-49.

Gil de Pertierra AA. 1995. *Nomimoscolex microacetabula* sp. n. y *N. pimilodi* sp. n. (Cestoda: Proteocephalidea) parasitos de Siluriformes del Rio de la Plata[J]. Neotropica, 41: 19-25.

Gil de Pertierra AA. 2003. Two new species of *Nomimoscolex* (Cestoda: Proteocephalidea, Monticelliidae) from *Gymnotus carapo* (Pisces: Gymnotiformes) in Argentina[J]. Mem Inst Oswaldo Cruz, 98 (3): 345-351.

Gil de Pertierra AA. 2009. *Luciaella ivanovae*, n. g. n. sp. (Eucestoda: Proteocephalidea: Peltidocotylinae), a parasite of *Ageneiosus inermis* (L.) (Siluriformes: Auchenipteridae) in Argentina[J]. Syst Parasitol, 73 (1): 71-80.

Gil de Pertierra AA, Arredondo NJ, Kuchta R, et al. 2015. A new species of *Bothriocephalus* Rudolphi, 1808 (Eucestoda: Bothriocephalidea) from the channel bull blenny *Cottoperca gobio* (Günther) (Perciformes: Bovichtidae) on the Patagonian shelf off Argentina[J]. Syst Parasitol, 90 (3): 247-256.

Gil de Pertierra AA, Chambrier AD. 2000. *Rudolphiella szidati* sp. n. (Proteocephalidea: Monticelliidae, Rudolphiellinae) parasite of *Luciopimelodus pati* (Valenciennes, 1840) (Pisces: Pimelodidae) from Argentina with new observations on *Rudolphiella lobosa* (Riggenbach, 1895)[J]. Rev Suisse Zool;Ann Soc Zool Suisse Mus Hist Nat Genève, 107 (1): 81-95.

Gil de Pertierra AA, de Chambrier A. 2013. *Harriscolex nathaliae* n. sp. (Cestoda: Proteocephalidea) from *Pseudoplatystoma corruscans* (Siluriformes: Pimelodidae) in the Parana River basin, Argentina[J]. J Parasitol, 99 (3): 480-486.

Gil de Pertierra AA, Incorvaia IS, Arredondo NJ. 2011. Two new species of *Clestobothrium* (Cestoda: Bothriocephalidea), parasites of *Merluccius australis* and *M. hubbsi* (Gadiformes: Merlucciidae) from the Patagonian shelf of Argentina, with comments on *Clestobothrium crassiceps* (Rudolphi, 1819)[J]. Folia Parasitol, 58 (2): 121-134.

Gil de Pertierra AA, Semenas LG. 2005. *Galaxitaenia toloi* n. gen., n. sp. (Eucestoda: Pseudophyllidea) from *Galaxias platei*

(Pisces: Osmeriformes, Galaxiidae), in the Patagonian region of Argentina[J]. J Parasitol, 91 (4): 900-908.

Gil de Pertierra AA, Semenas LG. 2006. *Ailinella mirabilis* gen. n., sp. n. (Eucestoda: Pseudophyllidea) from *Galaxias maculatus* (Pisces: Galaxiidae) in the Andean-Patagonian region of Argentina[J]. Folia Parasitol, 53 (4): 276-286.

Gil de Pertierra AA, Viozzi GP. 1999. Redescription of *Cangatiella macdonaghi* (Szidat y Nani, 1951) comb. nov. (Cestoda: Proteocephalidae) a parasite of the atheriniform fish *Odontesthes batcheri* (Eigenmann, 1909) from the Patagonian region of Argentina[J]. Neotropica, 45: 13-20.

Goldberg SR, Bursey CR, Cheam H. 1998. Composition and structure of helminth communities of the salamanders, *Aneides lugubris*, *Batrachoseps nigriventris*, *Ensatina eschscholtzii* (Plethodontidae), and Taricha torosa (Salamandridae) from California[J]. J Parasitol, 84 (2): 248-251.

Goldberg SR, Bursey CR, Cheam H. 1998. Gastrointestinal helminths of four gekkonid lizards, *Gehyra mutilata*, *Gehyra oceanica*, *Hemidactylus frenatus* and *Lepidodactylus lugubris* from the Mariana Islands, Micronesia[J]. J Parasitol, 84 (6): 1295-1298.

Goldberg SR, Bursey CR, Gergus EW, et al. 1996. Helminths from three treefrogs *Hyla arenicolor*, *Hyla wrightorum*, and *Pseudacris triseriata* (Hylidae) from Arizona[J]. J Parasitol, 82 (5): 833-835.

Golestaninasab M, Malek M, Roohi A, et al. 2014. A survey on bioconcentration capacities of some marine parasitic and free-living organisms in the Gulf of Oman[J]. Ecol Indic, 37 (1): 99-104.

Golestaninasab M, Malek M. 2016. Two new species of *Rhinebothrium* (Cestoda: Rhinebothriidea) from granulated guitarfish *Glaucostegus granulatus* in the Gulf of Oman[J]. J Helminthol, 90 (4): 441-454.

Gómes DC, Knoff M, São Clemente SC, et al. 2005. Taxonomic reports of Homeacanthoidea (Eucestoda: Trypanorhyncha) in Lamnid and Sphyrnid elasmobranchs collected off the coast of Santa Catarina, Brazil[J]. Parasite, 12 (1): 15-22.

Gómez-Morales MA, Ludovisi A, Giuffra E, et al. 2008. Allergenic activity of *Molicola horridus* (Cestoda, Trypanorhyncha), a cosmopolitan fish parasite, in a mouse model[J]. Vet Parasitol, 157 (3-4): 314-320.

Gómez-Puerta LA, Lopez-Urbina MT, Gonzalez AE. 2009. Occurrence of tapeworm *Birtiella mucronata* (Cestoda: Anoplocephalidae) in the Titi monkey *Callicebus oenanthe* from Peru: new definitive host and geographical record[J]. Vet Parasitol, 163 (1/2): 161-163.

Gómez-Puerta LA, Ticona DS, Lopez-Urbina MT, et al. 2012. A new species of *Atriotaenia* (Cestoda: Anoplocephalidae) from the hog-nosed skunk *Conepatus chinga* (Carnivora: Mephitidae) in Peru[J]. J Parasitol, 98 (4): 806-809.

González MT, Acuña E, Vásquez R. 2008. Biogeographic patterns of metazoan parasites of the bigeye flounder, *Hippoglossina macrops*, in the Southeastern Pacific coast[J]. J Parasitol, 94 (2): 429-435.

Graber M, Blanc P, Delavenay R. 1980. Helminthes des animaux d'Ethiopie. I. Mammiferes[J]. Rev Elev Med Vet Pays Tropic, 33 (2): 143-158.

Graber M, Euzeby J. 1976. *Trichocephaloidis beauporti* n. sp., new Cestode of Charadriiformes and some Passeriformes in Guadelupa[J]. Ann Parasitol Hum Comp, 51 (2): 189-198.

Greben OB. 2007. Redescription of *Diorchis spinata* and *D. tshanensis* (Cestoda, Hymenolepididae), parasites of ducks of Holarctic[J]. Vestnik Zoologii, 41: 99-111. (In Russian)

Greben OB, Kornyushin VV. 2001. New species of amabiliid (Cestoda, Cyclophyllidea) for Ukraine fauna[J]. Vestn Zool, 35: 23-30. (In Russian)

Greiman SE, Tkach VV, Cook JA. 2013. Description and molecular differentiation of a new *Staphylocystoides* (Cyclophyllidea: Hymenolepididae) from the dusky shrew *Sorex monticolus* in Southeast Alaska[J]. J Parasitol, 99 (6): 1045-1049.

Greiman SE, Tkach VV. 2012. Description and phylogenetic relationships of *Rodentolepis gnoskei* n. sp. (Cyclophyllidea: Hymenolepididae) from a shrew *Suncus varilla* minor in Malawi[J]. Parasitol Int, 61 (2): 343-350.

Gresson RA. 1962. Spermatogenesis of a cestode[J]. Nature, 194 (4826): 397-398.

Griffith JE, Beveridge I, Chilton NB, et al. 2000. Helminth communities of pademelons, *Thylogale stigmatica* and *T. thetis* from eastern Australia and Papua New Guinea[J]. Journal of Helminthology, 74: 307-314.

Grubb P. 1993: Wart hog[M]//Wilson D, Reeder D. Mammal Species of the World. Vol. 1, 2nd ed.[M]. Washington and London: Smithsonian Institution Press: 377pp.

Gubanov NM, Fedorov KP. 1970. Fauna of helminths of mouselike rodents of Yakutiya[M]//Cherepanov AI. Fauna Sibiri. Novosibirsk: Nauka: 18-48.

Guiart J. 1927. Classification des tetrarhynques[C]. Association Francais pour l'Avancement de la Sci, 50eme session, Lyon: 397-401.

Guiart J. 1931. Considerations historiques sur la nomenclature et sur la classification des tetrarhynques[J]. Bull Ins Oceanogra, Monaco, 575: 1-27.

Guillén-Hernánde S, García-Prieto L, Arizmendi-Espinosa MA. 2007. A new species of Oochoristica (Eucestoda: Cyclophyllidea) parasite of *Ctenosaura pectinata* (Reptilia: Iguanidae) from Oaxaca, Mexico[J]. The Journal of Parasitology, 93 (5): 136-139.

Gulyaev VD. 1989.[New morpho-ecological types of cysticercoids in cestodes of the sub-family Schistotaeniinae Johri, 1959][M]//Fedorov KP. Ekologiya gelmintov pozvonochnykh Sibiri. Sbornik nauchnykh trudov. Novosibirsk: Nauka

Sibirskoe Otdelenie: 199-213. (In Russian)

Gulyaev VD. 1990. On the morphology and taxonomy of *Tatria* (*s. l.*) (Cestoda, Schistotaeniinae) from the grebes of Western Siberia and Trans-Urals[M]//Cherepanov AI. Novye i Maloizvestnye Vidy Fauny Sibiri. Redkie Gel'minty, Kleshchi i Nasekomye. Novosibirsk: Izdatel'stvo 'Nauka'-Sibirskoe Otdelenie: 4-19. (In Russian)

Gulyaev VD. 1991.[Morphology and taxonomy of Ditestolepidini-cestodes (Cyclophyllidea) of shrews with the seriesmetameric structure of the strobiles][J]. Zool Zh, 70: 44-53. (In Russian)

Gulyaev VD. 1992. Morphological criteria of *Tatria* Kowalewski, 1904 (Cestoda: Schistotaeniinae)[J]. Sibirskiy Biologicheskiy Zhurnal, 4: 68-75. (In Russian)

Gulyaev VD. 1996. The taxonomic independence of *Anoplocephaloides* spp. (Cestoda: Anoplocephalidae) with serial alternation of the genital atria[J]. Parazitologiia, 30 (3): 263-269. (In Russian)

Gulyaev VD. 1997. Origination and homology of rhyncheal apparatus in Trypanorhyncha (Plathelminthes, Cestoda)[J]. Zool Zh, 76: 402-408. (In Russian)

Gulyaev VD. 2002. Development of main characteristics in organization of Cyclophyllidae (Plathelminthes, Cestoda) strobile[J]. Zool Zh, 81 (10): 1201-1209.

Gulyaev VD. 2005. The evolution of the forms of hermaphroditism in Cyclophyllidea (Cestoda). 2. Morphofunctional causes of the formation of tapeworms having a protogynous type of the genital apparatus development[J]. Parazitologiia, 39 (3): 243-251.

Gulyaev VD, Chechulin AI. 1996. *Parandrya feodorovi* gen. n., sp. n. -novaya cestoda (Cyclophyllidea: Anoplocephalidae) ot polevok Sibiri[J]. Parazitologiya, 30: 132-140.

Gulyaev VD, Chechulin AI. 1997. *Arotrilepis microtis* n. sp. (Cyclophyllidea: Hymenolepididae), a new cestode species from Siberian rodents[J]. Res Rev Parasitol, 57 (2) 103-107.

Gulyaev VD, Ishigenova LA, Kornienko SA. 2010. Morphogenesis of the *Staphylocystis furcata* cysticercoid (Cyclophyllidea, Hymenolepididae)[J]. Parazitologiia, 44 (1): 12-21. (In Russian)

Gulyaev VD, Ishigenova LA. 2003. On a life cycle of *Unciunia raymondi* (Cestoda: Cyclophyllidea: Dilepididae)[J]. Parazitologiia, 37 (5): 411-417.

Gulyaev VD, Karpenko SA. 1998.[cestode of the genus *Mathevolepis* Spassky, 1948 (Cyclophyllidea: Hymenolepididae) from shrews of Holarctic][J]. Parazitologiya, 32: 507-518. (In Russian)

Gulyaev VD, Korotaeva VD, Kurochkin YV. 1989. *Paratelemerus seriolella* gen. et. sp. n and *P. psenopsis* sp. n. -new pseudophyllidean cestodes from the perciform fishes of the Australian shelf[J]. Izv Sib Otd An Sssr, 2: 86-91.

Gulyaev VD, Krivopalov AV. 2003. Novyj vid cestody *Paranoplocephala gubanovi* sp. n. (Cyclophyllidea: Anoplocephalidae) ot lesnogo lemminga Myopus schisticolor Vostochnoj Sibiri[J]. Parazitologiya (St. Petersburg), 37: 488-495.

Gulyaev VD, Makarikov AA. 2007. *Relictolepis* gen. n. -a new cestode genus (Cyclophyllidea: Hymenolepididae) from rodents of the Russian Far East and the description of *R. feodorovi* sp. n.[J]. Parazitologiia, 41 (5): 399-405. (In Russian)

Gulyaev VD, Tkachev VA. 1988. A new genus of cestodes from bitterns-*Cyclouterina* gen. nov. (Cyclophyllidea, Gryporhynchidae) and a redescription of *C. fuhrmanni* (Clerc? 1906), comb. nov.[J]. Taksonomiya Zhivotnykh Sibiri: 5-9.

Gulyaev VD, Tolkacheva LM. 1987. A new cestode genus, *Ryjikovilepis* gen. nov., from grebes and redescription of *R. dubininae* (Ryzhikov & Tolkcheva, 1981) comb. nov.[J]. Novye i Maloizvestnye Vidy Fauny Sibiri, 19: 80-88. (In Russian)

Guo A. 2015. The complete mitochondrial genome of *Anoplocephala perfoliata*, the first representative for the family Anoplocephalidae[J]. Parasit Vectors, 8 (1): 549. DOI: 10. 1186/s13071-015-1172-z.

Gupta NK, Arora S. 1979. On *Proteocephalus tigrinus* Woodland, 1925 (Proteocephaloidea: Proteocephalidae), a cestode parasite of *Rana tigrina* at Amritsar (Punjab, India)[J]. Res Bull, (Sci) Punjab Univ, 30: 79-82.

Gvozdev EV, Maksimova AP, Belyakova YV, et al. 1985. Formation of the helminth biocenosis in water accumulation of Little Sorbulak Lake[M]//Gvozdev EV. Helminths of Animals in the Ecosystems of Kazakhstan. Alma-Ata: Izdatel'stvo Nauka: 12-21. (in Russian)

Hansen MF. 1947. Three anoplocephalid cestodes from the prairie meadow vole, with description of *Andtya microti* n. sp.[J]. Trans Am Microsc Soc, 66 (3): 279-282.

Hansen MF. 1948. *Schizorchis ochotonae* n. gen., n. sp. of anoplocephalid cestode[J]. Am Midl Nat, 39: 754-757.

Hanzelová V. 1992. *Proteocephalus neglectus* as a possible indicator of changes in the ecological balance of aquatic environments[J]. J Helminthol, 66 (1): 17-24.

Hanzelová V. 2011. Revision of *Khawia* spp. (Cestoda: Caryophyllidea), parasites of cyprinid fish, including a key to their identification and molecular phylogeny[J]. Folia Parasitol, 58 (3): 197-223.

Hanzelová V, Nábel V, Králová I, et al. 1999. Genetic and morphological variability in cestodes of the genus *Proteocephalus*: geographical variation in *Proteocephalus percae* populations[J]. Can J Zool, 77 (9): 1450-1458.

Hanzelová V, Oros M, Barčák D, et al. 2015. Morphological polymorphism in tapeworms: redescription of *Caryophyllaeus laticeps* (Pallas, 1781) (Cestoda: Caryophyllidea) and characterisation of its morphotypes from different fish hosts[J]. Syst Parasitol, 90 (2): 177-190.

Hanzelová V, Scholz T, Fagerholm HP. 1995. Synonymy of *Proteocephalus neglectus* La Rue, 1911, with *P. exiguus* La Rue, 1911, two fish cestodes from the Holarctic Region[J]. Syst Parasitol, 30 (3): 173-185.

Hanzelová V, Scholz T. 1992. Redescription of *Proteocephalus neglectus* La Rue, 1911 (Cestoda: Proteocephalidae), a trout parasite, including designation of its lectotype[J]. Folia Parasitol, 39 (4): 317-323.

Hanzelová V, Scholz T. 1999. Species of *Proteocephalus* Weinland, 1858 (Cestoda: Proteocephalidae), parasites of coregonid and salmonid fishes from North America: taxonomic reappraisal[J]. J Parasitol, 85 (1): 94-101.

Hanzelová V, Šnábel V, Špakulová M. 1996. On the host specificity of fish tapeworm *Proteocephalus exiguus* La Rue, 1911 (Cestoda)[J]. Parasite J Soc Fran Parasitol, 3 (3): 253-257.

Hanzelová V, Spakulová M, Snábe V, et al. 1995. A comparative study of the fish parasites *Proteocephalus exiguus* and *P. percae* (Cestoda: Proteocephalidae): morphology, isoenzymes, and karyotype[J]. Can J Zool, 73: 1191-1198.

Hanzelová V, Spakulová M. 1992 Biometric variability of *Proteocephalus neglectus* (Cestoda: Proteocephalidae) in two different age groups in the rainbow trout from the Dobsiná dam (East Slovakia)[J]. Folia Parasitol, 39: 307-316.

Hanzelová V, Sysoev AV, Ž Itň an R. 1989. Ecology of *Proteocephalus neglectus* La Rue, 1911 (Cestoda) In the stage of procercoid in Dobsina dam (East Slovakia)[J]. Helminthologia, 26 (2): 105-116.

Hanzelová V, Ž Itň an R, Sysoev AV. 1990. The seasonal dynamics of invasion cycle of *Proteocephalus neglectus* (Cestoda)[J]. Helminthologia, 27 (2): 135-144.

Hardman LM, Haukisalmi V, Beveridge I. 2012. Phylogenetic relationships of the anoplocephaline cestodes of *Australasian marsupials* and resurrection of the genus *Wallabicestus* Schmidt, 1975[J]. Syst Parasitol, 82 (1): 49-63.

Haseli M. 2013. Trypanorhynch cestodes from elasmobranchs from the Gulf of Oman, with the description of *Prochristianella garshaspi* n. sp. (Eutetrarhynchidae)[J]. Syst Parasitol, 85 (3): 271-279.

Haseli M, Azimi S, Valinasab T. 2016. Microthrix pattern of *Pseudogilquinia thomasi* (Palm, 2000) (Cestoda: Trypanorhyncha) and a review of surface ultrastructure within the family Lacistorhynchidae Guiart, 1927[J]. J Morphol, 277 (3): 394-404.

Haseli M, Malek M, Palm HW, et al. 2012. Two new species of *Echinobothrium* van Beneden, 1849 (Cestoda: Diphyllidea) from the Persian Gulf[J]. Syst Parasitol, 82 (3): 201-209.

Haseli M, Palm HW. 2015. *Dollfusiella qeshmiensis* n. sp. (Cestoda: Trypanorhyncha) from the cowtail stingray*Pastinachus sephen* (Forsskål) in the Persian Gulf, with a key to the species of *Dollfusiella* Campbell & Beveridge, 1994[J]. Syst Parasitol, 92 (2): 161-169.

Hassan SH. 1982. *Polypocephalus saoudi* n. sp. Lecanicephalidean cestode from *Taeniura lymma* in the Red Sea[J]. Egypt Soc Parasitol, 12: (2): 395-401.

Haukisalmi V. 1986. Frequency distributions of helminths in microtine rodents in Finnish Lapland[J]. Ann Zool Fenn, 23 (2): 141-150.

Haukisalmi V. 2005. Redescription of Anoplocephaloides indicata (Sawada et Papasarathorn, 1966) comb. nov. (Cestoda, Anoplocephalidae) from *Tapirus indicus[*J]. Acta Parasitologica, 50 (2): 118-123.

Haukisalmi V. 2008. Review of *Anoplocephaloides*, species from African rodents, with the proposal of *Afrobaeria*, n. g. (Cestoda: Anoplocephalidae)[J]. Helminthologia, 45 (2): 57-63.

Haukisalmi V. 2009. A Taxonomic Revision of the genus *Anoplocephaloides* Baer, 1923 *sensu* Rausch (1976), with the description of four new genera (Cestoda: Anoplocephalidae)[J]. Zootaxa, 2057 (2057): 1-31.

Haukisalmi V. 2013. *Afrojoyeuxia* gen. n. and *Hunkeleriella* gen. n., two new genera of cestodes (Cyclophyllidea: Anoplocephalidae) from African rodents[J]. Folia Parasitol, 60 (5): 475-481.

Haukisalmi V, Asakawa M, Gubanyi A. 2008. The status of the genus *Hokkaidocephala* Tenora, Gulyaev & Kamiya, 1999 (Cestoda: Anoplocephalidae), parasites of the endemic Japanese field mice (*Apodemus* spp.)[J]. Zootaxa 1925: 62-68.

Haukisalmi V, Eckerlin RP. 2009. A new anoplocephalid cestode from the southern bog lemming *Synaptomys cooperi*[J]. J Parasitol, 95 (3): 690-694.

Haukisalmi V, Hardman LM, Foronda P, et al. 2010. Systematic relationships of hymenolepidid cestodes of rodents and shrews inferred from sequences of 28S ribosomal RNA[J]. Zool Scr, 39 (6): 631-641.

Haukisalmi V, Hardman LM, Hardman M, et al. 2007a. Morphological and molecular characterisation of *Paranoplocephala buryatiensis*, n. sp. and *P. longivaginata*, Chechulin & Gulyaev, 1998 (Cestoda: Anoplocephalidae) in voles of the genus *Clethrionomys*[J]. Sys Parasitol, 66 (1): 55-71.

Haukisalmi V, Hardman LM, Hardman M, et al. 2008. Molecular systematics of the Holarctic *Anoplocephaloides variabilis* (Douthitt, 1915) complex, with the proposal of *Microcephaloides* n. g. (Cestoda: Anoplocephalidae)[J]. Syst Parasitol, 70 (1): 15-26.

Haukisalmi V, Hardman LM, Hoberg EP, et al. 2014. Phylogenetic relationships and taxonomic revision of *Paranoplocephala* Lühe, 1910 *sensu lato* (Cestoda, Cyclophyllidea, Anoplocephalidae)[J]. Zootaxa, 3873 (4): 371-415.

Haukisalmi V, Hardman LM, Niemimaa J, et al. 2007b. Taxonomy and genetic divergence of *Paranoplocephala kalelai*, (Tenora, Haukisalmi et Henttonen, 1985) (Cestoda, Anoplocephalidae) in the grey-sided vole *Myodes rufocanus*, in northern

Fennoscandia[J]. Acta Parasitol, 52 (4): 335-341.

Haukisalmi V, Henttonen H, Hardman LM, et al. 2009. Review of tapeworms of rodents in the Republic of *Buryatia*, with emphasis on anoplocephalid cestodes[J]. ZooKeys, 8 (8): 1-18.

Haukisalmi V, Henttonen H, Hardman LM. 2006. Taxonomy and diversity of *Paranoplocephala* spp. (Cestoda: Anoplocephalidae) in voles and lemmings of *Beringia*, with a description of three new species[J]. Biological Journal of the Linnean Society, 89: 277-299.

Haukisalmi V, Henttonen H. 2000. Description and morphometric variability of *Paranoplocephala serrata* n. sp. (Cestoda: Anoplocephalidae) in collared lemmings (*Dicrostonyx* spp. Arvicolinae) from Arctic Siberia and North America[J]. Syst Parasitol, 45 (3): 219-231.

Haukisalmi V, Henttonen H. 2001. Biogeography of helminth parasitism in *Lemmus* Link (Arvicolinae), with the description of *Paranoplocephala fellmani* n. sp. (Cestoda: Anoplocephalidae) from the Norwegian lemming *L. lemmus* (Linnaeus)[J]. Syst Parasitol, 49 (1): 7-22.

Haukisalmi V, Henttonen H. 2003. What is *Paranoplocephala macrocephala* (Douthitt, 1915) (Cestoda: Anoplocephalidae) ?[J]. Syst Parasitol, 54 (1): 53-69.

Haukisalmi V, Henttonen H. 2005. Description of *Paranoplocephala yoccozi* n. sp. (Cestoda: Anoplocephalidae) from the snow vole *Chionomys nivalis* in France, with a review of anoplocephaud cestodes of snow voles in Europe[J]. Parasite, 12 (3): 203-211.

Haukisalmi V, Henttonen H. 2007. A taxonomic revision of the *Paranoplocephala primordialis* (Douthitt) complex (Cestoda: Anoplocephalidae) in voles and squirrels[J]. Zootaxa, 1548 (1): 51-68.

Haukisalmi V, Lavikainen A, Laaksonen S, et al. 2011. *Taenia arctos* n. sp. (Cestoda: Cyclophyllidea: Taeniidae) from its definitive (brown bear *Ursus arctos* Linnaeus) and intermediate (moose/elk *Alces* spp.) hosts[J]. Syst Parasitol, 80 (3): 217-230.

Haukisalmi V, Rausch RL. 2003. *Paranoplocephala sciuri* (Rausch, 1947) (Cestoda: Anoplocephalidae), a Parasite of the northern flying squirrel (*Glaucomys sabrinus*), with a discussion of its systematic status[J]. Comp Parasitol, 74: 1-8.

Haukisalmi V, Rausch RL. 2006. Anoplocephalid cestodes of wood rats (*Neotoma*, spp.) in the western U. S. A[J]. Acta Parasitol, 51 (2): 91-99.

Haukisalmi V, Rausch RL. 2007. *Paranoplocephala sciuri* (Rausch, 1947) (Cestoda: Anoplocephalidae), a parasite of the northern flying squirrel (*Glaucomys sabrinus*), with a discussion of its systematic status[J]. Comp Parasitol, 74: 1-8.

Haukisalmi V, Tenora F. 1993. *Catenotaenia henttoneni* sp. n. (Cestoda: Catenotaeniidae), a parasite of voles *Clethrionomys glareolus* and *C. rutilus* (Rodentia)[J]. Folia Parasitol, 40 (1): 29-33.

Haukisalmi V, Wickström LM, Hantula J, et al. 2001. Taxonomy, genetic differentiation and Holarctic biogeography of *Paranoplocephala* spp. (Cestoda: Anoplocephalidae) in collared lemmings (*Dicrostonyx*;Arvicolinae)[J]. Bio J Linn Soc, 74 (2): 171-196.

Haukisalmi V, Wickström LM, Henttonen H, et al. 2004. Molecular and morphological evidence for multiple species within *Paranoplocephala omphalodes* (Cestoda, Anoplocephalidae) in *Microtus voles* (Arvicolinae)[J]. Zool Scr, 33: 277-290.

Haukisalmi V, Wickström LM. 2005. Morphological characterisation of *Andrya* Railliet, 1893, *Neandrya* n. g. and *Paranoplocephala* Luhe, 1910 (Cestoda: Anoplocephalidae) in rodents and lagomorphs[J]. Syst Parasitol, 62 (3): 209-219.

Haverkost TR, Gardner SL. 2008. A new species of *Lentiella* (Cestoda: Anoplocephalidae) from *Proechimys simonsi* (Rodentia: Echimyidae) in Bolivia[J]. Revista Mexicana De Biodiversidad, 79 (9): 99-106.

Haverkost TR, Gardner SL. 2009. A redescription of three species of *Monoecocestus* (Cestoda: Anoplocephalidae) including *Monoecocestus threlkeldi* based on New Material[J]. J Parasitol, 95 (3): 695-701.

Haverkost TR, Gardner SL. 2010a. New species in the genus *Monoecocestus* (Cestoda: Anoplocephalidae) from neotropical rodents (Caviidae and Sigmodontinae)[J]. J Parasitol, 96 (3): 580-595.

Haverkost TR, Gardner SL. 2010b. Two new species of *Andrya* (Cestoda: Anoplocephalidae) from sigmodontine rodents in the neotropics[J]. Comp Parasitol, 77 (2): 145-153.

Healy CJ. 2003. A revision of *Platybothrium* Linton, 1890 (Tetraphyllidea: Onchobothriidae), with a phylogenetic analysis and comments on host-parasite associations[J]. Syst Parasitol, 56 (2): 85-139.

Healy CJ. 2006. Three new species of *Rhinebothrium* (Cestoda: Tetraphyllidea) from the freshwater whipray, *Himantura chaophraya*, in malaysian borneo[J]. J Parasitol, 92 (2), 364-374.

Healy CJ, Caira JN, Jensen K, et al. 2009. Proposal for a new tapeworm order, Rhinebothriidea[J]. Int J Parasitol, 39 (4): 497-511.

Healy CJ, Scholz T, Caira JN. 2001. *Erudituncus* n. gen. (Tetraphyllidea: Onchobothriidae) with a redescription of *E. musteli* (Yamaguti, 1952) n. comb. and comments on its hook homologies[J]. J Parasitol, 87 (4): 833-837.

Heiniger H, Gunter NL, Adlard RD. 2008. Relationships between four novel ceratomyxid parasites from the gall bladders of labrid fishes from Heron Island, Queensland, Australia[J]. Parasitol Int, 57 (2): 158-165.

Herde KE. 1938. Early development of *Ophiotaenia perspicua* La Rue[J]. Trans Am Microsc Soc, 57: 282-291.

Hermida M, Carvalho BF, Cruz C, et al. 2014. Parasites of the mutton snapper *Lutjanus analis* (Perciformes: Lutjanidae) in Alagoas, Brazil[J]. Rev Bras Parasitol Vet, 23 (2): 241-243.

Hernández-Orts JS, Montero FE, Juan-García A, et al. 2013. Intestinal helminth fauna of the South American sea lion *Otaria flavescens* and fur seal *Arctocephalus australis* from northern Patagonia, Argentina[J]. J Helminthol, 87 (3): 336-347.

Hernández-Orts JS, Scholz T, Brabec J, et al. 2015. High morphological plasticity and global geographical distribution of the Pacific broad tapeworm *Adenocephalus pacificus*, (syn. *Diphyllobothrium pacificum*): molecular and morphological survey[J]. Acta Tropica, 149: 168-178.

Herzog KS, Jensen K. 2017. A new genus with two new species of lecanicephalidean tapeworms (Cestoda) from the mangrove whipray, *Urogymnus granulatus* (Myliobatiformes: Dasyatidae), from the Solomon Islands and northern Australia[J]. Folia Parasitol, 64: 004. DOI: 10. 14411/fp. 2017. 004.

Hess E. 1972. Contribution à la biologie larvaire de *Mesocestoides corti* Hoeppli, 1925 (Cestoda, Cyclophyllidea). Note préliminaire[J]. Rev Suisse Zool, 79: 1031-1037.

Hess E. 1980. Ultrastructural study of the tetrathyridium of *Mesocestoides corti*, Hoeppli, 1925: tegument and parenchyma[J]. Z Parasit, 61 (2): 135.

Hidalgo C, Miquel J, Torres J, et al. 2000. Ultrastructural study of spermiogenesis and the spermatozoon in *Catenotaenia pusilla*, an intestinal parasite of *Mus musculus*[J]. J Helminthol, 74 (1): 73-81.

Hildreth MB, Lumsden RD. 1988. Utilization and absorption of carbohydrates by the plerocercus metacestode of *Otobothrium insigne* (Cestoda: Trypanorhyncha)[J]. Int J Parasitol, 18 (2): 251-257.

Hillard DK. 1960. Studies on the helminth fauna of Alaska. The taxonomic significance of eggs and coracidia of some diphyllobothriid cestodes[J]. J Parasitol, 46 (6): 703-716.

Hilmy IS. 1936. Parasites from Liberia and French Guinea. Part III. Cestodes from Liberia[M]. Cairo: Egyptian University, Faculty of Medicine, Publication No. 9.

Hine PM. 1977. New species of *Nippotaenia* and *Amurotaenia* (Cestoda: Nippotaeniidae) from New Zealand freshwater fishes[J]. J R Soc New Zeal, 7 (2): 143-155.

Hoberg EP. 1982. *Diorchis pelagicus* sp. nov. (Cestoda: Hymenolepididae) from the Whiskered Auklet, Aethia pygmaea, and the Crested Auklet, *A. cristatella*, in the Western Aleutian Islands, Alaska[J]. Canadian Journal of Zoology, 60: 2198-2202.

Hoberg EP. 1984. *Alcataenia fraterculae* sp. n. from the horned puffin, *Fratercula corniculata* (Naumann), *Alcataenia cerorhincae* sp. n. from the rhinoceros auklet, *Cerorhinca monocerata* (Pallas), and *Alcataenia larina pacifica* ssp. n. (Cestoda: Dilepididae) in the North Pacific basin[J]. Ann Parasitol Hum Comp, 59 (4): 335-351.

Hoberg EP. 1985. *Reticulotaenia* n. gen. for *Lateriporus australis* Jones and Williams, 1967 and *Lateriporus mawsoni* Prudhoe, 1969 (Cestoda: Dilepididae), from sheathbills, *Chionis* spp., in Antarctica, with a consideration of infraspecific variation and speciation[J]. J Parasitol, 71: 319-326.

Hoberg EP. 1986. Evolution and historical biogeography of a parasite-host assemblage, *Alcataenia* spp. (Cyclophyllidea: Dilepididae) in Alcidae (Charadriiformes)[J]. Canadian Journal of Zoology, 64: 2576-2589.

Hoberg EP. 1989. Phylogenetic relationships among genera of the Tetrabothriidae (Eucestoda)[J]. J Parasitol, 75 (4): 617-626.

Hoberg EP. 1990. *Trigonocotyle sexitesticulae* sp. nov. (Eucestoda: Tetrabothriidae): a parasite of pygmy killer whales (*Feresa attenuata*)[J]. Can J Zool, 68: 1835-1838.

Hoberg EP. 1991. *Alcataenia atlantiensis*, n. sp. (Dilepididae) from the razorbill (*Alca torda*, Linnaeus) in the eastern North Atlantic basin[J]. Syst Parasitol, 20 (2): 83-88.

Hoberg EP. 1994. Order Tetrabothriidea Baer, 1954[M]//Khalil LF, Jones A, Bray RA. Keys to the Cestode Parasites of Vertebrates. Wallingford: CAB International.

Hoberg EP. 1995. Historical biogeography and modes of speciation across high-latitude seas of the Holarctic: concepts for host-parasite coevolution among the Phocini (Phocidae) and Tetrabothriidae (Eucestoda)[J]. Can J Zool, 73 (1): 45-57.

Hoberg EP. 2006. Phylogeny of *Taenia*: species definitions and origins of human parasites[J]. Parasitol Int, 55 Suppl: S23-S30.

Hoberg EP, Adams AM, Rausch RL. 1991. Revision of the genus *Anophryocephalus* Baylis, 1922 from pinnipeds in the Holarctic, with descriptions of *Anophryocephalus nunivakensis* sp. nov. and *A. eumetopii* sp. nov. (Tetrabothriidae) and evaluation of records from the Phocidae[J]. Can J Zool, 69: 1653-1668.

Hoberg EP, Gardner SL, Campbell RA. 1999a. Systematics of the Eucestoda: advances toward a new phylogenetic paradigm, and observations on the early diversification of tapeworms and vertebrates[J]. Syst Parasitol, 42 (1): 1-12.

Hoberg EP, Jones A, Bray RA. 1999b. Phylogenetic analysis among the families of the Cyclophyllidea (Eucestoda) based on comparative morphology, with new hypotheses for co-evolution in vertebrates[J]. Syst Parasitol, 42 (1): 51-73.

Hoberg EP, Mariaux J, Brooks DR. 2001. Phylogeny among the orders of the Eucestoda (Cercomeromorphae): integrating morphology, molecules and total evidence[M]//Littlewood DTJ, Bray RA. Interrelationships of the Platyhelminthes. London: Taylor and Francis.

Hoberg EP, Mariaux J, Justine JL, et al. 1997. Phylogeny of the orders of the Eucestoda (Cercomeromorphae) based on comparative morphology: historical perspectives and a new working hypothesis[J]. J Parasitol, 83 (6): 1128-1147. (Review)

Hoberg EP, Miller GS, Wallner-Pendleton E, et al. 1989. Helminth parasites of northern spotted owls (*Strix occidentalis caurina*) from Oregon[J]. J Wildl Dis, 25 (2): 246-251.

Hoberg EP, Monsen KJ, Kutz S, et al. 1999c. Structure, biodiversity, and historical biogeography of nematode faunas in Holarctic ruminants: morphological and molecular diagnoses for *Teladorsagia boreoarcticus* n. sp. (Nematoda: Ostertagiinae), a dimorphic cryptic species in muskoxen (*Ovibos moschatus*)[J]. Journal of Parasitology, 85: 910-934.

Hoberg EP, Sims DE, Odense PH. 1995. Comparative morphology of the scolices and microtriches among five species of *Tetrabothrius* (Eucestoda: Tetrabothriidae)[J]. J Parasitol, 81 (3): 475-481.

Hockley AR. 1961. On *Skrjabinotaenia cricetomydis* n. sp. (Cestoda, Anoplocephalata) from the gambian pouched rat, Nigeria[J]. Journal of Helminthology, 35: 233-254.

Hoeppli RJC. 1925. *Mesocestoides corti*, a new species of cestode from the mouse[J]. J Parasitol, 12 (2): 91-96.

Hoffman GL. 1999. Parasites of North American freshwater fishe[M]. 2nd ed. Berkeley, Los Angeles, London: University of California Press: 486pp.

Hoffman GL. 1999. Parasites of North American Freshwater Fishes[M]. 2nd ed. Ithaca, New York: Comstock Publishing Associates: 539.

Holland ND, Campbell TG, Garey JR, et al. 2009. The Florida amphioxus (Cephalochordata) hosts larvae of the tampworm *Acanthobothrium brevissime*: natural history, anatomy and taxonomic identification of the parasite[J]. Acta Zool (Stockholm), 90: 75-89.

Holroyd N, Dean AF, Berriman M. 2014. The genome of the sparganosis tapeworm *Spirometra erinaceieuropaei* isolated from the biopsy of a migrating brain lesion[J]. Genome Biol, 15 (11): 510. DOI: 10. 1186/PREACCEPT-2413673241432389.

Hoole D, Carter V, Dufour S. 2010. *Ligula intestinalis* (Cestoda: Pseudophyllidea): an ideal fish-metazoan parasite model?[J]. Parasitology, 137 (3): 425-438.

Hopkins CA. 1959. Seasonal variations in the incidence and development of the cestode *Proteocephalus filicollis* (Rud. 1810) in *Gasterosteus aculeatus* (L. 1766)[J]. Parasitology, 49 (3-4): 529-542.

Horak IG, Biggs HC, Hanssen TS, et al. 1983. The prevalence of helminth and arthropod parasites of warthog, *Phacochoerus aethiopicus*, in South West Africa/Namibia[J]. Onderst J Vet Res, 50 (2): 145-148.

Horsup A, Johnson CN. 2008. Northern hairy-nosed wombat *Lasiorhinus krefftii* (Owen, 1872)[M]//Van Dyck S, Strahan R. The Mammals of Australia. 3rd ed. Chatswood, Sydney: New Holland Publishers.

Hovorka J, Macko JK. 1972. *Diorchis nitidohamulus* sp. n. (Cestoda) aus dem Wirt *Aythya fuligula*[J]. Biológia, Bratislava, 27: 97-103.

Howard R, Moore A. 1980. A complete checklist of the birds of the world[M]. Oxford: Oxford University Press: 701pp.

Hrčkova G, Miterpáková M, O'Connor A, et al. 2011. Molecular and morphological circumscription of *Mesocestoides* tapeworms from red foxes (*Vulpes vulpes*) in central Europe[J]. Parasitology, 138 (5): 638-647.

Hsü HF. 1935. Contributions à l'étude des cestodes de chine[J] Rev Suisse Zool, 42 (22): 477-570.

Hu M, Gasser RB, Chilton NB, et al. 2005. Genetic variation in the mitochondrial cytochrome c oxidase subunit 1 within three species of *Progamotaenia* (Cestoda: Anoplocephalidae) from macropodid marsupials[J]. Parasitology, 130 (1): 117-129.

Hughes RC, Schultz RL. 1942. The genus *Raillietina* Fuhrmann 1920[J]. Bull Okl Agr Mech Coll, 39 (8): 1-53.

Hunkeler P. 1969. La larve d'*Hymenolepis nagatyi* Hilmy, 1936 (Cestoda, Cyclophyllidea)[J]. Z Parasitenk, 32: 176-180.

Hunkeler P. 1972. Les cestodes parasites des petits mammifères (Rongeurs et Insectivores) de Côte-d'Ivoire et de Haute-Volta (Note préliminaire)[J]. Bulletin de la Société Neuchateloise des Sciences Naturelles, 95: 121-132.

Hunkeler P. 1974. Les cestodes parasites des petits mammifères (rongeurs et insectivores) de Côte-d'Ivoire et de Haute-Volta[J]. Revue Suisse de Zoologie, 80: 809-930.

Hunter GW. 1928. Contributions to the life history of *Proteocephalus ambloplitis* (Leidy)[J]. J Parasitol, 14 (2): 229-242.

Hunter GW. 1929. Corrigenda: new Caryophyllaeidae from North America[J]. J Parasitol, 16 (2): 110-110.

Hunter GW, Huninen AV. 1934. Studies on the plerocercoid larva of the bass tapeworm *Proteocephalus ambloplitis* (Leidy), in the small-mouthed bass[C]. Supplement to 23rd Annual Report of the New York State Conservation Department, 1933, No. 8 of a Biological Survey of the Reguette Watershed: 255-259.

Hypša V, Škeříková A, Scholz T. 2005. Multigene analysis and secondary structure characters in a reconstruction of phylogeny, evolution and host-parasite relationship of the order Proteocephalidea (Eucestoda)[J]. Parasitology, 130 (3): 359-371.

Ibraheem MH, Mackiewicz JS. 2006. Scolex development, morphology and mode of attachment of *Wenyonia virilis* Woodland, 1923 (Cestoidea, Caryophyllidea)[J]. Acta Parasitol, 51 (1): 51-58.

Ichihara A. 1974a. A cestode of *Mupus japonicus*, *Glosobothrium nipponicum* Yamaguti, 1952, from Pacific, Japan. Proceedings of the Regional Meetings of the Japanese Society of Parasitology (No. 1). 34th East Japan Regional Meeting in Tokyo, October 13, 1974[C]. 27th South Japan Regional meeting in Kumamono City, November 30, 1974: 1. (In Japanese)

Ichihara A. 1974b. Some parasitic helminths of the marine fishes from New Zealand. 1. A cestode of *Seriolella brama*[J]. Jpn J

Parasitol, 23 (Sl.): 66. (In Japanese)

Ieshko YR. 1980. The polymorphism of embryonic hooks in the oncospheres of cestodes from the genera *Proteocephalus* and *Eubothrium*[J]. Parazitologiya, 14: 56-60.

Illescas-Gomez P. 1982. *Diploposthe laevis* (Bloch, 1782) Jacobi, 1896 (Diploposthidae Poche, 1926);parasito de aves Anseriformes procedentes del Coto de Doñana[J]. Revista Iberica de Parasitologia, 42 (3): 267-276.

Illescas-Gomez P, Lopez-Roman R. 1980. *Tatria acanthorhyncha* (Wedl, 1855) Mrazek, 1905, parasito intestinal de *Podiceps ruficollis* Pallas[J]. Rev Iberica Parasitol, 40: 11-19.

Iomini C, Justine JL. 1997. Spermiogenesis and spermatozoon of *Echinostoma caproni* (Platyhelminthes, Digenea): transmission and scanning electron microscopy, and tubulin immunocytochemistry[J]. Tissue Cell, 29 (1): 107-118.

Ivanov VA. 1997. *Echinobothrium notoguidoi* n. sp. (Cestoda: Diphyllidea) from *Mustelus schmitti* (Chondrichthyes: Carcharhiniformes) in the Argentine Sea[J]. J Parasitol, 83 (5): 913-916.

Ivanov VA. 2004. A new species of *Rhinebothroides* Mayes, Brooks & Thorson, 1981 (Cestoda: Tetraphyllidea) from the ocellate river stingray in Argentina, with amended descriptions of two other species of the genus[J]. Syst Parasitol, 58 (3): 159-174.

Ivanov VA. 2005. A new species of *Acanthobothrium* (Cestoda: Tetraphyllidea: Onchobothriidae) from the ocellate river stingray, *Potamotrygon motoro* (Chondrichthyes: Potamotrygonidae), in Argentina[J]. J Parasitol, 91 (2): 390-396.

Ivanov VA. 2006. *Guidus* n. gen. (Cestoda: Tetraphyllidea), with description of a new species and emendation of the generic diagnosis of *Marsupiobothrium*[J]. J Parasitol, 92 (4): 832-840.

Ivanov VA. 2008. *Orygmatobothrium* spp. (Cestoda: Tetraphyllidea) from triakid sharks in Argentina: redescription of *Orygmatobothrium schmitti* and description of a new species[J]. J Parasitol, 94 (5): 1087-1097.

Ivanov VA, Brooks DR. 2002. *Calliobothrium* spp. (Eucestoda: Tetraphyllidea: Onchobothriidae) in *Mustelus schmitti* (Chondrichthyes: Carcharhiniformes) from Argentina and Uruguay[J]. J Parasitol, 88 (6): 1200-1213.

Ivanov VA, Caira JN. 2012. Description of three new species of *Echinobothrium* (Cestoda: Diphyllidea) from Indo-Pacific elasmobranchs of the genus *Glaucostegus* (Rajiformes: Rhinobatidae)[J]. J Parasitol, 98 (2): 365-377.

Ivanov VA, Caira JN. 2013. Two new species of *Halysioncum* Caira, Marques, Jensen, Kuchta et Ivanov, 2013 (Cestoda, Diphyllidea) from Indo-Pacific rays of the genus *Aetomylaeus* Garman (Myliobatiformes, Myliobatidae)[J]. Folia Parasitol, 60 (4): 321-330.

Ivanov VA, Campbell RA. 2000. Emendation of the generic diagnosis of *Tylocephalum* (Cestoda: Lecanicephalidea: Tetragonocephalidae), and description of *Tylocephalum brooksi* n. sp.[J]. J Parasitol, 86 (5): 1085-1092.

Ivanov VA, Campbell RA. 2002. *Notomegarhynchus navonae* n. gen. and n. sp. (Eucestoda: Tetraphyllidea), from skates (Rajidae: Arhynchobatinae) in the southern hemisphere[J]. J Parasitol, 88 (2): 340-349.

Ivanov VA, Hoberg EP. 1998. A new species of *Acanthobothrium* van Beneden, 1849 (Cestoda: Tetraphyllidea) from *Rioraja castelnaui* (Chondrichthyes: Rajoidei) in coastal waters of Argentina[J]. Syst Parasitol, 40 (3): 203-212.

Ivanov VA, Hoberg EP. 1999. Preliminary comments on a phylogenetic study of the order Diphyllidea van Beneden in Carus, 1863[J]. Syst Parasitol, 42 (1): 21-27.

Ivanov VA, Lipshitz A. 2006. Description of a new diphyllidean parasite of triakid sharks from the deep Red Sea[J]. J Parasitol, 92 (4): 841-846.

Iwaki T, Tenora F, Abe N, et al. 1994. *Andrya apodemi* sp. n. (Cestoda, Anoplocephalidae), a parasite of *Apodemus argenteus* (Rodentia, Muridae) from Hokkaido, Japan[J]. Journal of the Helminthological Society of Washington, 61: 215-218.

Jadhav BV, Shinde GB. 1981. *Cotylorhipis sureshi* n. sp. (Cestoda: Dilepididae) from *Gallus domesticus* at Aurangabad[J]. Bioreaseach.

Jakutowicz K, Korpaczewska W. 1976. Abundances of Mn, Na, Zn, Co, Ag, U and Ba in males and females of *Dioecocestus asper* (Mehlis, 1831) (Cestoda: Dioecocestidae)[J]. Bull Acad Pol Sci Biol, 24 (12): 757-758.

Janicki C, Rosen F. 1917. Le cycle evolutif du *Dibothriocephalus latus* L.[J]. Bull Soc Neuchat Sci Natu, 42: 19-53.

Janicki C. 1926. Cestodes *s. str.* aus Fischen und Amphibien[M]//Jägerskiöld LA. Results of the Swedish Zoological Expedition to Egypt and the White Nile Uppsala: The Library of the Royal University of Uppsala, Part 5: 58pp.

Jansen J, Broek VDE. 1966. Parasites of zoo-animals in the Netherlands and of exotic animals II[J]. Bijdragen Tot De Dierkunde, 36: 65-68.

Jarecka L. 1958. Cladocera as intermediate hosts of certain species of Cestoda. Life cycle of *Anomotaenia ciliata* (Fuhrmann, 1913) and *Hymenolepis furcifera* (Krabbe, 1869). Bulletin del'Academie Polonaise des Sciences, Serie des Sciences Biologiques, 6: 157-166.

Jarecka L. 1960. Life cycles of tapeworms from lakes Goldapiwo and Mamry Polnócne[J]. Acta Parassitol Pol, 8: 47-66.

Jarecka L. 1970. Life cycle of *Valipora campylancristrota* (Wedl, 1855) Baer and Bona 1958-1960 (Cestoda-Dilepididae) and the description of Cercoscolex-a new type of Cestode larva[J]. Bull Acad Pol Sci Biol, 18 (2): 99-102.

Jarecka L. 1975. Ontogeny and evolution of cestodes[J]. Acta Parassitol Pol, 23: 93-114.

Jarecka L, Doby JM. 1965. Contribution to the study of the developmental cycle of a cestode of the *Proteocephalus* genus, parasite of *Coregonus fera*, from Lake Leman[J]. Ann Parasitol Hum Comp, 40 (4): 433.

Jarecka L, Ostas J. 1984. *Hymenolepis arctowskii* sp. n. (Cestoda, Hymenolepididae) from *Larus dominicanus* Licht. of the Antarctic[J]. Acta Parasitol Pol, 29: 189-196.

Jensen K. 2001. Four new genera and five new species of lecanicephalideans (Cestoda: Lecanicephalidea) from elasmobranchs in the Gulf of California, Mexico[J]. J Parasitol, 87 (4): 845-861.

Jensen K. 2005. Tapeworms of Elasmobranchs (Part I) A Monograph on the Lecanicephalidea (Platyhelminthes, Cestoda)[M]. Nebraska: University of Nebraska State Museum Lincoln.

Jensen K. 2006. A new species of *Aberrapex* Jensen, 2001 (Cestoda: Lecanicephalidea) from *Taeniura lymma* (Forsskal): Myliobatiformes (Dasyatidae) from off Sabah, Malaysia[J]. Syst Parasitol, 64 (2): 117-123.

Jensen K, Bullard SA. 2010. Characterization of a diversity of tetraphyllidean and rhinebothriidean cestode larval types, with comments on host associations and life-cycles[J]. Int J Parasitol, 40 (8): 889-910.

Jensen K, Caira JN, Cielocha JJ, et al. 2016. When proglottids and scoleces conflict: phylogenetic relationships and a family-level classification of the Lecanicephalidea (Platyhelminthes: Cestoda)[J]. Int J Parasitol, 46 (5-6) 291-310.

Jensen K, Caira JN. 2008. A Revision of *Uncibilocularis* Southwell, 1925 (Tetraphyllidea: Onchobothriidae) with the Description of Four New Species[J]. Comp Parasitol, 75: 157-173.

Jensen K, Mojica KR, Caira JN. 2014. A new genus and two new species of lecanicephalidean tapeworms from the striped panray, *Zanobatus schoenleinii* (Rhinopristiformes: Zanobatidae), off Senegal[J]. Folia Parasitol, 61 (5): 432-440.

Jensen K, Nikolov P, Caira JN. 2011. A new genus and two new species of Anteroporidae (Cestoda: Lecanicephalidea) from the darkspotted numbfish, *Narcine maculata* (Torpediniformes: Narcinidae), off Malaysian Borneo[J]. Folia Parasitol, 58 (2): 95-107.

Jensen K, Russell SL. 2014. *Seussapex*, a new genus of lecanicephalidean tapeworm (Platyhelminthes: Cestoda) from the stingray genus *Himantura* (Myliobatiformes: Dasyatidae) in the Indo-West Pacific with investigation of mode of attachment[J]. Folia Parasitol, 61 (3): 231-241.

Jensen LA, Heckmann RA. 1977. *Anantrum histocephalum* sp. n. (Cestoda: Bothriocephalidae) from *Synodus lucioceps* (Synodontidae) of Southern California[J]. J Parasitol, 63 (3): 471-472.

Jensen LA, Howell KM. 1983. *Vampirolepis schmidt* sp. n. (Cestoidea: Hymenolepididae) from *Triaenops persicus* (Hipposideridae) of Tanzania[J]. Proc Helminthol Soc Wash, 50: 135-137.

Jensen LA, Schmidt GD, Kuntz RE. 1983. A survey of cestodes from Borneo. Palawan. And Taiwan, with special reference to three new species[J]. Proc Helminthol Soc Wash, 50: 117-134.

Jia YQ, Yan WC, Du SZ, et al. 2014. Pseudanoplocephala crawfordiis a member of genus *Hymenolepis* based on phylogenetic analysis using ribosomal and mitochondrial DNA sequences[J]. Mitochondrial DNA, 27 (3): 1-5.

Johri GN. 1959. Descriptions of two amabiliid cestodes from the little grebe, *Podiceps ruficollis*, with remarks on the family Amabiliidae Braun, 1900[J]. Parasitology, 49 (3-4): 454-461.

Johri LN. 1931. A new cestode from the grey hornbill in India[J]. Annals and Magazine of Natural History, Series 10(8): 239-242.

Jones A. 1980. *Proteocephalus pentastoma* (Klaptocz, 1906) and *Polyonchobothrium polypteri* (Leydig, 1853) from species of Polypterus Geoffroy, 1802 in the Sudan[J]. J Helminthol, 54 (1): 25-38.

Jones A. 1982. A redescription of *Triuterina anoplocephaloides* (Fuhrmann, 1902) (Cestoda: Anoplocephalidae) from African parrots[J]. Syst Parasitol, 4: 253-255.

Jones A. 1994. Family Amabiliidae Braun, 1900[M]//Khalil LF, Jones A, Bray RA. Keys to the Cestode Parasites of Vertebrates. Wallingford, UK: CAB International: 399-405.

Jones A Bray RA. 1994. Family Davaineidae Braun, 1900[M]//Khalil LF, Jones A, Bray RA. Keys to the Cestode Parasites of Vertebrates. Wallingford, UK: CAB International: 407-442.

Jones A, Anderson TJC. 1996. *Raillietina melomyos*, n. sp. (Cestoda, Davaineidae) from mosaic-tailed rats in Papua New Guinea[J]. Syst Parasitol, 33 (1): 73-76.

Jones A, Bray RA, Khalil LF. 1994. Order Cyclophyllidea van Beneden in Braun, 1900[M]//Khalil LF, Jones A, Bray RA. Keys to the Cestode Parasites of Vertebrates. Wallingford: CAB International: 305-678.

Jones A, Bray RA. 1994. Family Davaineidae Braun, 1900[M]//Khalil LF, Jones A, Bray RA. Keys to the Cestode Parasites of Vertebrates. Wallingford: CAB International: 407-442.

Jones A, Khalil LF, Bray RA. 1992. *Pluviantaenia kassalensis*, n. g. n. sp. (Davaineidae), a new cestode from the Egyptian plover *Pluvianus aegyptius*, (L.) in the Sudan[J]. Syst Parasitol, 22 (3): 205-213.

Jones AW, Cheng TC, Gillespie RF. 1958. *Ophiotaenia gracilis* n. sp. a proteocephalid cestode from a frog[J]. J Tenn Acad Sci, 33: 84-88.

Jones AW. 1944. *Diorchis ralli* n. sp., a hymenolepidid cestode from the King Rail[J]. Transactions of the American Microscopical Society, 63: 50-53.

Jones MK. 1985. Morphology of *Baerietta hickmani* n. sp. (Cestoda, Nematotaeniidae) from Australian scincid lizards[J]. J

Parasitol, 71 (1): 4-9.

Jones MK. 1987. *Nematotaenoides Ranae* (Cestoda: Nematotaeniidae) transferred to the genus *Anonchotaenia* (Paruterininae)[J]. Proc Helminthol Soc Wash, 54 (1): 158-160.

Jones MK. 1988. Formation of the paruterine capsules and embryonic envelopes in *Cylindrotaenia*-Hickmani (Jones, 1985) (Cestoda, Nematotaeniidae)[J]. Aust J Zool, 36 (5): 545-563.

Jones MK. 1989. Ultrastructure of the cirrus pouch of *Cylindrotaenia*-Hickmani (Jones, 1985) (cestoda, Nematotaeniidae)[J]. Int J Parasitol, 19 (8): 919-930.

Jones MK. 2000. Ultrastructure of the scolex, rhyncheal system and bothridial pits of *Otobothrium mugilis* (Cestoda: Trypanorhyncha)[J]. Folia Parasitol, 47 (1): 29-38.

Jones MK, Beveridge I. 2001. *Echinobothrium chisholmae* n. sp. (Cestoda, Diphyllidea) from the giant shovel-nose ray *Rhinobatos typus* from Australia, with observations on the ultrastructure of its scolex musculature and peduncular spines[J]. Syst Parasitol, 50 (1): 41-52.

Jones MK, Beveridge I, Campbell RA, et al. 2004. Terminology of the sucker-like organs of the scolex of trypanorhynch cestodes[J]. Syst Parasitol, 59 (2): 121-126.

Jooste R. 1990. A checklist of the helminth parasites of the larger domestic and wild mammals of Zimbabwe[J]. Tran Zimbabwe Sci Assoc, 64: 15-32.

Jordan ML. 2001. Population dynamics of oribatid mites (Acari: Oribatida) on horse pastures of north central florida[D]. University of Florida.

Joy JE. 2008. Intestinal parasites of bowfin, *Amia calva* L., from the Green Bottom Wildlife Management Area, West Virginia, U. S. A.[J]. Comp Parasitol, 75: 138-140.

Joy JE, Triest WE, Walker EM. 2009. Adaptation of *Haplobothrium globuliforme* (Cestoda: Pseudophyllidea) to the intestinal architecture of the bowfin (*Amia calva* L.)[J]. J Parasitol, 95 (1): 69-74.

Joyeux C, Baer JG, Martin R. 1936. Sur quelques cestodes de la Somalie-Nord[J]. Bulletin de la Société de Pathologie Exotique, 29: 82-95.

Joyeux C, Baer JG. 1934. Sur quelques cestodes de France. Archives du Muséum National d' Histoire[M]. Paris, series 6, 11: 157-171.

Joyeux C, Baer JG. 1935. Cestodes d'Indochine[J]. Rev Suisse Zool, 42: 249-273.

Joyeux C, Baer JG. 1936. Faune de France. Les Cestodes[M]. Paris: Paul Lechevalier et fils: 613pp.

Joyeux C, Baer JG. 1943. Sur quelques helminthes du Maroc. Note Preliminaire[J]. Bull Soc Pathol Exotique, 36: 86-88.

Joyeux C, Baer JG. 1945. Morphologie, evolution et position systematique de *Catenotaenia pusilla* (Goeze, 1782) Cestode parasite de Rongeurs[J]. Rev Suisse Zool, 52: 13-51.

Joyeux C, Baer JG. 1950. Sur quelques espèces nouvelles ou peu connues du genre *Hymenolepis* Weinland, 1858[J]. Bulletin de la Société Neuchâteloise des Sciences Naturelles, 73: 51-70.

Joyeux C, Baer JG. 1951. Le genre *Gyrocotyle* Diesing, 1850 (Cestodaria)[J]. Rev Suisse Zool, 58: 371-381.

Joyeux C, Baer JG. 1961. Classe des Cestodes Cestoidea Rudolphi[M]//Baer JG, et al. Traité de Zoologie: Anatomie, Systématique, Biologie: IV. Plathelminthes, Mésozoaires, Acanthocéphales, Némertiens (premier fascicule). Paris: Masson et Cie: 347-560.

Joyeux C, Gendre É, Baer JG. 1928. Recherches sur les helminthes de l'Afrique occidentale franqaise. Collection de la Société de Pathologie Exotique[M]. Monographie II: 120pp.

Joyeux Ch, Baer JG. 1935: Cestodes d'Indochine[J]. Rev Suisse Zool, 42: 249-273.

Jrijer J, Neifar L. 2014. *Meggittina numida* n. sp. (Cyclophyllidea: Catenotaeniidae), a parasite of the Shaw's jird *Meriones shawi* (Duvernoy) (Rodentia: Gerbillinae) in Tunisia[J]. Syst Parasitol, 88 (2): 167-174.

Junk WJ, Soares MGM, Bayley PB. 2007. Freshwater fishes of the Amazon River basin: their biodiversity, fisheries, and habitats[J]. Aquat Ecosyst Health, 10 (2): 153-173.

Justine JL. 1998. Spermatozoa as phylogenetic characters for the Eucestoda[J]. J Parasitol, 84 (2): 385-408. (Review)

Justine JL. 2001. Spermatozoa as phylogenetic characters for the Platyhelminthes[M]//Littlewood DTJ, BrayRA. Interrelationshipsof the Platyhelminthes. London: Taylor and Francis.

Justine JL. 2008a. *Diplectanum parvus* sp. nov. (Monogenea, Diplectanidae) from *Cephalopholis urodeta* (Perciformes, Serranidae) off New Caledonia[J]. Acta Parasitologica, 53: 127-132.

Justine JL. 2008b. Two new species of *Pseudorhabdosynochus*, Yamaguti, 1958 (Monogenea: Diplectanidae) from the deep-sea grouper *Epinephelus morrhua*, (Val.) (Perciformes: Serranidae) off New Caledonia[J]. Syst Parasitol, 71 (2): 145-158.

Justine JL, LambertA, Mattei X. 1985. Spermatozoon ultrastructure and phylogenetic relationships in the monogeneans (Platyhelminthes)[J]. Int J Parasitol, 15 (6): 601-608.

Kamegai S, Ichihara A, Nonobe H, et al. 1967. The 6th and 7th records of human infection with *Mesocestoides lineatus* (Cestoda) in Japan[J]. Research Bulletin of the Meguro Parasitological Museum, 1: 1-7.

Kamiya M, Suzuki H, Villa R B. 1979. A new anoplocephaline cestode, *Anoplocephaloides romerolagi* sp. n. parasitic in the volcano rabbit, *Romerolagus diazi*[J]. Jpn J Vet Res, 27 (3-4): 67-71.

Kappe A. 2004. Parasitologische Untersuchungen von ein-und zweijährigen Karpfen (*Cyprinus carpio*) aus Teichwirtschaften des Leipziger Umlandes während der Winterhaltung[D]. (Dissertation Vet. Med.) Leipzig: Universität Leipzig.

Karpenko SV. 1996. A redescription of *Hepatocestus hepaticus* (Cestoda: Dilepididae) from shrews in western Siberia[J]. Parazitologiia, 30 (5): 463-468.

Karpenko SV, Guliaev VD. 1999. *Brachylepis* gen. n. -a new genus of cestodes (Cyclophyllidea: Hymenolepididae) from shrews in Siberia and the Far East[J]. Parazitologiia, 33 (5): 410-419. (In Russian)

Kassai T. 1999. Veterinary helminthology[M]. Victiria: Butterworth Heinemann Australia: 260pp.

Kavetska KM, Królaczyk K, Kornyushin VV, et al. 2008. First record of species *Microsomacanthus oidemiae* Spassky et Jurpalova, 1964 (Cestoda: Hymenolepididae) in wild ducks of north-western Poland[J]. Wiad Parazytol, 54 (4): 331-334. (In Polish)

Kearn GC. 1998. Parasitism and the playhelminths[M]. London: Chapman & Hall: 544pp.

Keeney DB, Campbell RA. 2001. *Grillotia borealis* sp. n. (Cestoda: Trypanorhyncha) from five species of Bathyraja (Rajiformes: Arhynchobatidae) in the North Pacific Ocean with comments on parasite enteric distribution[J]. Folia Parasitol, 48 (1): 21-29.

Kennedy CR, Nie P, Rostron J. 1992. An insect, Sialis lutaria, as a host for larval *Proteocephalus* sp.[J]. J Helminthol, 66 (1): 7-16.

Khadap RM, Dandwate RR. 2012. A new species *Phoreiobothrium gawali* from *Chrcharis*[sic] *acutus*[Muller and Henle, 1906] at Bancot, Ratnagiri M. S.[J]. Int Multidisciplinary Res J, 2: 62-63.

Khalil LF. 1971. Check list of the helminth parasites of African freshwater fishes[J]. J Parasitol, 58 (5): 884.

Khalil LF. 1994. Order Diphyllidea van Beneden in Carus, 1863[M]//Khalil LF, Jones A, Bray RA. Keys to the Cestode Parasites of Vertebrates. Wallingford: CAB International: 45-50.

Khalil LF, Abdul-Salam J. 1989. *Macrobothridium rhynchobati*, n. g. n. sp. from the elasmobranch *Rhynchobatus granulatus*, representing a new family of diphyllidean cestodes, the Macrobothridiidae[J]. Syst Parasitol, 13 (2): 103-109.

Khalil LF, Abu-Hakima R. 1985. *Oncodiscus sauridae* Yamaguti, 1934 from *Saurida undosquamis* in Kuwait and a revision of the genus *Oncodiscus* (Cestoda: Bothriocephalidae)[J]. J Nat Hist, 19 (4): 783-790.

Khalil LF, Jones A, Bray RA. 1994. Keys to the Cestode Parasites of Vertebrates[M]. Wallingford: CAB International.

Khamkar DD, Shinde GB. 2012. A new species *Tetragonocephalum govindi* n. sp. (Eucestoda: Lecanicephalidea) from Trygon zugei at Panji, Goa, India[J]. Trends Parasitol Res, 1: 22-24.

Khanum H, Farhana R. 2000. Metazoan parasite infestation in *Wallago attu* Bloch and Schneider[J]. Bangladesh J Zool, 28: 153-157.

Kiel Zu. 2002. Reproductive decisions of the hermaphroditic tapeworm *Schistocephalus solidus*[D]. Dissertation zur Erlangung des Doktorgrades der Mathematisch-Naturwissenschaftlichen Fakultat der Christian-Albrechts-Universitat.

Kinsella JM. 1967. Helminths of Microtinae in western Montana[J]. Can J Zool, 45 (3): 269-274.

Kinsella JM, Canaris AG. 2003. *Proterogynotaenia deblock* sp. nov. (Cestoda: Progynotaeniidae) from the red-capped plover, *Charadrius ruficapillus*, from King Island, Tasmania[J]. Pap Proc R Soc Tasmania, 137: 13-15.

Kinsella M, Deblock S. 2000. *Wardium canarisi* n. sp. (Cestoda: Hymenolepididae) parasite of *Arenaria melanocephala* (Aves: Charadrii) of Alaska[J]. Syst Parasitol, 46 (3): 227-234. (In French)

Kirshenblat YD. 1938. Zakonomernosti dinamiky parazitofauni mys chevidnyh gryzunov[D]. Izdanie Lenindgradskogo Gosudarstvenogo Universiteta, Leningrad, USSR: 92pp.

Kirshenblat YD. 1941. Novyj lentochnyj cherv'iz Zakavkazckih polevok[J]. Coobscenija Akademii Nauk Gruzinskoj SSR, 2: 273-276.

Kirshenblat YD. 1949. K gel'mintofaune Zakavkazskogo homyaka (*Mesocricetus auratus brandti* Nehr.)[J]. Uchenye Zap LGU, 101: 111-127.

Kleinertz S, Christmann S, Silva LM, et al. 2014. Gastrointestinal parasite fauna of Emperor Penguins (*Aptenodytes forsteri*) at the Atka Bay, Antarctica[J]. Parasitol Res, 113 (11): 4133-4139.

Klimpel S, Seehagen A, Palm HW, et al. 2001. Deep-water Metazoan Fish Parasites of the World[M]. Berlin, Germany: Logos Verlag: 316pp.

Knapp J, Nakao M, Yanagida T, et al. 2011. Phylogenetic relationships within *Echinococcus* and *Taenia* tapeworms (Cestoda: Taeniidae): an inference from nuclear protein-coding genes[J]. Mol Phylogenet Evol, 61 (3): 628-638.

Knoff M, Clemente SC, Pinto RM, et al. 2004. Taxonomic reports of Otobothrioidea (Eucestoda, Trypanorhyncha) from elasmobranch fishes of the southern coast off Brazil[J]. Mem Inst Oswaldo Cruz, 99 (1): 31-6.

Knoff M, Clemente SC, Pinto RM, et al. 2007. Redescription of *Gymnorhynchus isuri* (Cestoda: Trypanorhyncha) from *Isurus oxyrinchus* (Elasmobranchii: Lamnidae)[J]. Folia Parasitol, 54 (3): 208-214.

Koch KR, Jensen K, Caira JN. 2012. Three new genera and six new species of lecanicephalideans (Cestoda) from eagle rays of the genus *Aetomylaeus* (Myliobatiformes: Myliobatidae) from Northern Australia and Borneo[J]. J Parasitol, 98 (1): 175-198.

Kodedová I, Dolezel D, Broucková M, et al. 2000. On the phylogenetic positions of the Caryophyllidea, Pseudophyllidea and Proteocephalidea (Eucestoda) inferred from 18S rRNA[J]. Int J Parasitol, 30 (10): 1109-1113.

Komisarovas J, Georgiev BB. 2007. Redescriptions of *Monosertum parinum* (Dujardin, 1845) and *M. mariae* (Mettrick, 1958) n. comb. from European passerine birds, with an amended generic diagnosis of *Monosertum* Bona, 1994 (Cestoda: Dilepididae)[J]. Syst Parasitol, 66(1): 43-53.

Komisarovas J, Georgiev BB, Mariaux J. 2007. Redescriptions of *Monopylidium exiguum* (Dujardin, 1845) and *M. albani* (Mettrick, 1958) n. comb. (Cestoda: Dilepididae) from European passerine birds[J]. Syst Parasitol, 68 (2): 87-96.

Kontrimavichus VL, Smirnova LV. 1991. *Hymenolepis beringiensis* sp. n. from the Siberian lemming (*Lemmus sibiricus* Kerr) and the problem of the sibling species in helminthology[M]//Krasnosohekov GP, Roitman VA, Sonin MD, et al. Evoljucia Parazitov. Materialy I Vsesojuznogo Simpoziuma. Tol'yatti: Akademiya Nauk SSSR: 90-104. (In Russian)

Koontz A, Caira JN. 2016. Emendation of *Carpobothrium* ("Tetraphyllidea") from bamboosharks (Orectolobiformes: Hemiscyliidae) with redescription of *Carpobothrium chiloscyllii* and description of a new species from Borneo[J]. Comp Parasitol, 83 (2): 149-161.

Korneva JV, Jones MK, Kuklin VV. 2014. Fine structure of the uterus in tapeworm *Tetrabothrius erostris* (Cestoda: Tetrabothriidea)[J]. Parasitol Res, 113 (12): 4623-4631.

Korneva JV, Jones MK, Kuklin VV. 2015. Fine structure of the copulatory apparatus of the tapeworm *Tetrabothrius erostris* (Cestoda: Tetrabothriidea)[J]. Parasitol Res, 114 (5): 1829-1838.

Korneva JV, Kornienko SA, Jones MK. 2016. Fine structure of uterus and non-functioning paruterine organ in *Orthoskrjabinia junlanae* (Cestoda, Cyclophyllidea)[J]. Parasitol Res, 115 (6): 2449-2457.

Korneva JV, Kornienko SA, Kuklin VV, et al. 2014. Relationships between uterus and eggs in cestodes from different taxa, as revealed by scanning electron microscopy[J]. Parasitol Res, 113 (1): 425-432.

Korneva JV, Kuperman BI, Davydov VG. 1998. Ultrastructural investigation of the secondary excretory system in different stages of the procercoid of *Triaenophorus nodulosus* (Cestoda, Pseudophyllidea, Triaenophoridae)[J]. Parasitology, 116 (4): 373-381.

Korneva JV, Pronin NM. 2015. Fine Structure of the Copulatory Apparatus of *Nippotaenia mogurndae* Yamaguti et Miyato, 1940 (Cestoda, Nippotaeniidea)[J]. Inland Water Biol, 8 (2): 113-120.

Kornienko SA, Binkienè R. 2008. *Neoskrjabinolepis merkushevae* sp. n. (Cyclophyllidea: Hymenolepididae), a new cestode from shrews from the Palaearctic region[J]. Folia Parasitol, 55 (2): 136-140.

Kornienko SA, Binkienè R. 2014. Redescription and systematic position of *Soricinia tripartita* Zarnowski, 1955 (Cestoda: Cyclophyllidea), a cestode species parasitic in shrews of the genus *Sorex*, including erection of *Gulyaevilepis* gen. n.[J]. Folia Parasitol, 61 (2): 141-147.

Kornienko SA, Dokuchaev NE. 2012. Two new cestode species of *Neoskrjabinolepis* Spasskiĭ, 1947 (Cyclophyllidea: Hymenolepididae) from the tundra shrew *Sorex tundrensis* Merriam (Mammalia: Soricidae) in Alaska and Chukotka[J]. Syst Parasitol, 83 (3): 179-188.

Kornienko SA, Gulyaev VD, Mel'nikova YA, et al. 2008. *Neoskrjabinolepis nuda* n. sp. from shrews on Sakhalin Island, Russia, with a taxonomic review of *Neoskrjabinolepis* Spasskiĭ, 1947 (Cestoda: Cyclophyllidea: Hymenolepididae)[J]. Syst Parasitol, 70 (2): 147-158.

Kornienko SA, Lykova KA. 2005. *Brachylepis gulyaevi* nov. sp. (Cestoda: Cyclophyllidea: Hymenolepididae)-a new species of cestodes from shrews of the North-Eastern Altai[J]. Parazitologiia, 39 (3): 252-256. (In Russian)

Kornyushin VV. 1975. Redescription of *Aploparaksis scolopacis* Yamaguti, 1935 (Cestoda, Hymenolepididae) from *Scolopax rusticola* L. in Ukraine[J]. Acta Parasitologica Polonica, 23: 207-212.

Kornyushin VV. 1989. Fauna of the Ukraine. Monogenea and Cestoda. Davaineoidea, Biuterinoidea and Paruterinoidea[M]. Kiev: Naukova Dumka Kiev: 252pp.

Kornyushin VV, Georgiev BB. 1994. Family Metadilepididae Spasskiĭ, 1959[M]//Khalil LF, Jones A, Bray RA. Keys to the Cestode Parasites of Vertebrates. Wallingford: CAB International.

Kornyushin VV, Salamatin RV, Greben OB, et al. 2009. *Spiniglans sharpiloi* sp. n. (Cestoda, Dilepididae), a Parasite of the Common Magpie, Pica pica, in the Palaearctic[J]. Vestnik Zoologii, Supplement N 23: 85-93.

Kornyushin VV, Salamatin RV, Swiderski Z. 2002. A Dilepidid Cestode *Choanotaenia scythica* sp. n. (Cestoda, Dilepididae), the Parasite of the Pheasant (*Phasianus colchicus*) from the Northern Coast of the Black Sea[J]. Vestn Zool, 36 (1): 53-59.

KornyushinVV, Sharpilo LD. 1986. A new taeniid genus (Cestoda, Taeniidae) Parasitic in Mustelidae[J]. Vestn Zool, 3: 10-16.

Korpaczewska W. 1960. Some reflections on *Hymenolepis furcifera* (Krabbe, 1869) and related species[J]. Acta Parasitologica Polonica, 8: 461-470.

Korpaczewska W, Sulgostowska T. 1974. Revision of the genus *Tatria* Kowalewski, 1904 (Cestoda: Amabiliidae), including description of *Tatria iunii* sp. n.[J]. Acta Parassitol Pol, 22: 67-91.

Košuthová L, Koščo J, Miklisová D, et al. 2008. New data on an exotic *Nippotaenia mogurndae* (Cestoda), newly introduced to Europe[J]. Helminthol, 45 (2): 81-85.

Košuthová L, Letková V, Koščo J, et al. 2004. First record of *Nippotaenia mogurndae* Yamaguti and Miyata, 1940 (Cestoda: Nippotaeniidea), a parasite of *Perccottus glenii* Dybowski, 1877, from Europe[J]. Helminthologia, 41 (1): 55-57.

Kowalewski M. 1904. Helminthological studies. Ⅷ. On a new tapeworm, *Tatria biremis* gen. nov. et sp. nov.[J]. Bull Int Acad Sci: 367-369.

Kowalewski M. 1905. Helminthological studies. Ⅸ. On two new species of tapeworms of the genus *Hymenolepis*[J]. Bull Int Acad Sci: 532-564.

Kowalski K. 1995. *Lemmings* (Mammalia, Rodentia) as indicators of temperature and humidity in the European Quaternary[J]. Acta Zool Cracov, 38: 85-94.

Krabbe H. 1869. Bidrag til Kundskab om Fuglenes Baendelor me. Bianco Lunos Bogtrykkeri ved F. S. Muhle[J]. Kjobenhavn: 251-368.

Králová I. 1996. A total DNA characterization in *Proteocephalus exiguus* and *P. percae* (Cestoda: Proteocephalidae): random amplified polymorphic DNA and hybridization techniques[J]. Parasitol Res, 82 (8): 668-671.

Králová-Hromadová I, Minárik G, Bazsalovicsová E, et al. 2015. Development of microsatellite markers in *Caryophyllaeus laticeps* (Cestoda: Caryophyllidea), monozoic fish tapeworm, using next-generation sequencing approach[J]. Parasitol Res, 114 (2): 721-726.

Králová I, Peer YVD, Jirku M, et al. 1997. Phylogenetic analysis of a fish tapeworm, *Proteocephalus exiguus*, based on the small subunit rRNA gene[J]. Molecular & Biochemical Parasitology, 84 (2): 263-266.

Králová I, Spakulová M. 1996. Intraspecific variability of Proteocephalus exiguus La Rue, 1911 (Cestoda: Proteocephalidae) as studied by the random amplified polymorphic DNA method[J]. Parasitol Res, 82 (6): 542-545.

Królaczyk K, Kavetska KM, Kalisińska E, et al. 2011. *Cloacotaenia megalops* (Nitzsch in Creplin, 1829) (Cestoda, Hymenolepididae) in wild ducks in Western Pomerania, Poland[J]. Wiad Parazytol, 57 (2): 123-126.

Królaczyk K, Kavetska KM, Kornyushin VV, et al. 2009. First record of *Microsomacanthus tuvensis* Spasskaya et Spasskiĭ, 1961 (Cestoda, Hymenolepididae) in Poland[J]. Wiad Parazytol, 55 (4): 411-413. (In Polish)

Królaczyk K, Kavetska KM, Kornyushyn VV. 2010. First record of species *Dicranotaenia synsacculata* Macko, 1988 (Cestoda, Hymenolepididae) of the goldeneye *Bucephala clangula* (Linnaeus, 1758) in Poland[J]. Wiad Parazytol, 56 (3): 231-234. (In Polish)

Kuchta R. 2007. Revision of the paraphyletic "Pseudophyllidea" (Eucestoda) with description of two new orders Bothriocephalidea and Diphyllobothriidea[D]. PhD Thesis, Faculty of Biological Sciences, University of South Bohemia, České Budějovice, Czech Republic: 97pp.

Kuchta R, Caira JN. 2010. Three new species of *Echinobothrium* (Cestoda: Diphyllidea) from Indo-Pacific stingrays of the genus *Pastinachus* (Rajiformes: Dasyatidae)[J]. Folia Parasitol, 57 (3): 185-196.

Kuchta R, Esteban JG, Brabec J, et al. 2014. Misidentification of *Diphyllobothrium* Species Related to Global Fish Trade, Europe[J]. Emerg Infect Dis, 20 (11): 1955-1957.

Kuchta R, Hanzelová V, Shinn AP, et al. 2005. Redescription of *Eubothrium fragile* (Rudolphi, 1802) and *E. rugosum* (Batsch, 1786) (Cestoda: Pseudophyllidea), parasites of fish in the Holarctic Region[J]. Folia Parasitol, 52 (3): 251-260.

Kuchta R, Pearson R, Scholz T, et al. 2014. Spathebothriidea: survey of species, scolex and egg morphology, and interrelationships of a non-segmented, relictual tapeworm group (Platyhelminthes: Cestoda)[J]. Folia Parasitol, 61(4): 331-346.

Kuchta R, Scholz T, Brabec J, et al. 2008. Bothriocephalidean tapeworms (Cestoda) from the blackfish, *Centrolophus niger* (Perciformes: Centrolophidae)[J]. Folia Parasitol, 55 (2): 111-121.

Kuchta R, Scholz T, Brabec J, et al. 2008. Suppression of the tapeworm order Pseudophyllidea (Platyhelminthes: Eucestoda) and the proposal of two new orders, Bothriocephalidea and Diphyllobothriidea[J]. Int J Parasitol, 38 (1): 49-55.

Kuchta R, Scholz T, Brabec J, et al. 2015. Chapter Diphyllobothrium, Diplogonoporus and Spirometra[M]//Biology of Foodborne Parasites. Section III Important Foodborne Helminths. Taylor & Francis Group: CRC Press: 299-326.

Kuchta R, Scholz T, Bray RA. 2008. Revision of the order Bothriocephalidea Kuchta, Scholz, Brabec & Bray, 2008 (Eucestoda) with amended generic diagnoses and keys to families and genera[J]. Syst Parasitol, 71 (2): 81-136.

Kuchta R, Scholz T, Hansen H. 2017. Gyrocotylidea Poche, 1926[M]//Caira JN, Jensen K. Planetary Biodiversity Inventory (2008-2017): Tapeworms from Vertebrate Bowels of the Earth. The University of Kansas, Natural History Museu. Pennsylvania: Yurchak Printing, Inc., Landisville: 191-199.

Kuchta R, Scholz T, Justine JL. 2009. Two new species of *Bothriocephalus* Rudolphi, 1808 (Cestoda: Bothriocephalidea) from marine fish off Australia and New Caledonia[J]. Syst Parasitol, 73 (3): 229-238.

Kuchta R, Scholz T. 2004. *Bathycestus brayi* n. gen. and n. sp. (Cestoda: Pseudophyllidea) from the deep-sea fish *Notacanthus bonaparte* in the northeastern Atlantic[J]. J Parasitol, 90 (2): 316-321.

Kuchta R, Scholz T. 2006. *Australicola pectinatus* n. gen. and n. sp. (Cestoda: Pseudophyllidea) from the deep-sea fish *Beryx splendens* from Tasmania[J]. J Parasitol, 92 (1): 126-129.

Kuchta R, Scholz T. 2007. Diversity and distribution of fish tapeworms of the "Bothriocephalidea" (Eucestoda)[J]. Parassitologia, 49 (3): 129-146.

Kuchta R, Scholz T. 2008. A new triaenophorid tapeworm from blackfish *Centrolophus niger*[J]. J Parasitol, 94 (2): 500-504.

Kuchta R, Vlcková R, Poddubnaya LG, et al. 2007. Invalidity of three Palaearctic species of *Triaenophorus* tapeworms (Cestoda: Pseudophyllidea): evidence from morphometric analysis of scolex hooks[J]. Folia Parasitol, 54 (1): 34-42.

Kuczkowski S. 1925. Die Entwicklung im Genus Ichthyotaenia Lonnb. Ein Beitrag Zur Cercometheorie auf Grund experimenteller Untersuchungen[J]. Bull Acad Pol Sci Biol, serie B:423-446.

Kugi G, Fujino T. 1999. A new avian cestode *Malika turdi* n. spp. (Dilepididae: Dipylidiinae) from the golden mountain thrush, Turdus dauma aureus Holandre in Japan[J]. Parasitology International, 48 (2): 179-182.

Kugi G. 2000. *Sobolevitaenia japonensis* n. sp. (Dilepididae: Dilepidinae) from a dusky thrush, *Turdus naumanni eunomus* Temminck, in Oita Prefecture, Japan[J]. Parasitol Int, 48 (3): 199-203.

Kukashev DSh. 1989. The morphology and biology of the cestode *Schistotaenia srivastavai* (Cestoda, Amabiliidae)-a new representative of the fauna of the USSR[J]. Parazitologiia, 23 (5): 436-439.

Kuklin VV, Galaktionov KV, Galkin AK, et al. 2005. A comparative analysis of the helminth fauna of kittiwake *Rissa tridactyla* (Linnaeus, 1758) and glaucous gull *Larus hyperboreus* Gunnerus, 1767 from different parts of the Barents Sea[J]. Parazitologiia, 39 (6): 544-558.

Kuklina MM, Kuklin VV. 2011. Characteristics of protein hydrolysis on the digestive-transport surfaces of the intestine of the kittiwake *Rissa tridactyla* and *Alcataenia larina* (Cestoda, Dilepididae) parasitizing it[J]. Izv Akad Nauk Ser Biol, (5): 550-556.

Kuklina MM, Kuklin VV. 2012. Activity of digestive enzymes of thick-billed murre (*Uria lomvia*) and common murre (*U. aalga*) invaded by cestodes[J]. Zh Evol Biokhim Fiziol, 48 (3): 225-231.

Kuklina MM, Kuklin VV. 2013. Carbohydrate metabolism parameters in the thick-billed murre (*Uria lomvia*) infested with *Alcataenia armillaris* (Cestoda: Dilepididae)[J]. Izv Akad Nauk Ser Biol, (4): 431-436.

Kulakovskaya OP. 1961. On the fauna of the Caryophyllaeidae (Cestoda, Pseudophyllidea) of the USSR[J]. Parasitol Sb, 20: 339-354 (In Russian)

Kuntz RE, Myers BJ, Katzberg AA. 1970. Sparganosis and "proliferative" spargana in vervets (Cercopithecus aethiops) and baboons (*Papio* sp.) from East Africa[J]. J Parasitol, 56: 196-197.

Kuperman BI. 1973. Tapeworms of the genus *Triaenophorus*, parasites of fish. Experimental Systematics, Ecology[M]. Leningrad: Nauka: 208pp. (In Russian)

Kurashima A, Shimizu T, Mano N, et al. 2014. A new combination and a new species of onchobothriid tapeworm (Cestoda: Tetraphyllidea: Onchobothriidae) from triakid sharks[J]. Syst Parasitol, 88 (1): 75-83.

Kurashvili B. 1960. Helminth fauna of fish in the Black Sea (in the area of Poti-Sukhumi and Batumi)[J]. Cesk Parazitol: 251-261.

Kutyrev IA, Pronin NM, Dugarov ZhN. 2011. Composition of leucocytes of the head kidney of the crucian carp *Carassius auratus gibelio* (Cypriniformes: Cyprinidae) as affected by invasion of cestode *Digramma interrupta* (Cestoda;Pseudophyllidea)][J]. Izv Akad Nauk Ser Biol, (6): 759-763.

Kuzmina TA, Hernández-Orts JS, Lyons ET, et al. 2015. The cestode community in northern fur seals (*Callorhinus ursinus*) on St. Paul Island, Alaska[J]. Int J Parasitol Parasites Wildl, 4 (2): 256-263.

Kvach Y, Drobiniak O, Kutsokon Y, et al. 2013. The parasites of the invasive Chinese sleeper *Perccottus Glenii* (Fam. Odontobutidae), with the first report of *Nippotaenia mogurndae* in Ukraine[J]. Knowl Manag Aquat Ec, 409 (5): 437-440.

La Rue GR. 1911. A revision of the cestode family Proteocephalidae[J]. Zool Anzeiger, 38: 473-482.

La Rue GR. 1914. A revision of the cestode family, Proteocephalidae[M]. Illinois Biol Monographs, 1 (1-2): 350pp.

Labriola JB, Suriano DM. 2000. *Wardium paucispinosum* sp. n. (Eucestoda: Hymenolepididae), parasite of *Larus maculipennis* (Aves: Laridae) in Mar del Plata, Argentina;with comments on *Wardium semiductilis* (Szidat, 1964) comb. n.[J]. Folia Parasitol, 47 (3): 205-210.

Lalanne AI, Britos L, Ehrlich R, et al. 2004. *Mesocestoides corti*: a LIM-homeobox gene upregulated during strobilar development[J]. Exp Parasitol, 108 (3-4): 169-175.

Lanka L, Hippargi R, Patil SR. 2013. A new *Tetragonocephalum sepheni* (Cestoda: Lecanicephalidae) from Trygon sephen at Ratnagiri in Maharashtra, India[J]. J Ent Zool, 1: 11-14.

Larry R, John JJ, Steve N. 2013. Foundations of parasitology[M]. Boston: McGraw-Hill International Editions.

Laskowski Z, Rocka A. 2014. Molecular identification larvae of *Onchobothrium antarcticum* (Cestoda: Tetraphyllidea) from marbled rockcod, *Notothenia rossii*, in Admiralty Bay (King George Island, Antarctica)[J]. Acta Parasitol, 59 (4): 767-772.

Last PR, Compagno LJ, Nakaya K. 2004. *Rhinobatos nudidorsalis*, a new species of shovelnose ray (Batoidea: Rhinobatidae) from the Mascarene Ridge, central Indian Ocean[J]. Ichthyol Res, 51: 153-158.

Lavikainen A, Laaksonen S, Beckmen K, et al. 2011. Molecular identification of *Taenia* spp. in wolves (*Canis lupus*), brown bears (*Ursus arctos*) and cervids from North Europe and Alaska[J]. Parasitology International, 60: 289-295.

Levron C, Bruňanská M, Kuchta R, et al. 2006a. Spermatozoon ultrastructure of the pseudophyllidean cestode *Paraechinophallus japonicus*, a parasite of deep-sea fish *Psenopsis anomala* (Perciformes, Centrolophidae)[J]. Parasitol Res, 100 (1): 115-121.

Levron C, Bruňanská M, Marchand B. 2005. Spermiogenesis and sperm ultrastructure of the pseudophyllidean cestode

Triaenophorus nodulosus (Pallas, 1781)[J]. Parasitol Res, 98 (1): 26-33.

Levron C, Bruňanská M, Poddubnaya LG. 2006b. Spermatological characters of the pseudophyllidean cestode *Bothriocephalus scorpii* (Müller, 1776)[J]. Parasitol Int, 55 (2): 113-120.

Levron C, Bruňanská M, Poddubnaya LG. 2006c. Spermatological characters in *Diphyllobothrium latum* (Cestoda, Pseudophyllidea)[J]. J Morph, 267 (9): 1110-1119.

Levron C, Miquel J, Oros M, et al. 2010. Spermatozoa of tapeworms (Platyhelminthes, Eucestoda): advances in ultrastructural and phylogenetic studies[J]. Biol Rev Camb Philos Soc, 85 (3): 523-543.

Levron C, Poddubnaya LG, Kuchta R, et al. 2008a. SEM and TEM study of the armed male terminal genitalia of the tapeworm *Paraechinophallus japonicus* (Cestoda: Bothriocephalidea)[J]. J Parasitol, 94 (4): 803-810.

Levron C, Poddubnaya LG, Kuchta R, et al. 2008b. Ultrastructure of the tegument of the cestode *Paraechinophallus japonicus* (Bothriocephalidea: Echinophallidae), a parasite of the bathypelagic fish *Psenopsis anomala*[J]. Invertebr Biol, 127 (2): 153-161.

Levron C, Sitko J, Scholz T. 2009. Spermiogenesis and spermatozoon of the tapeworm *Ligula intestinalis* (Diphyllobothriidae): phylogenetic implications[J]. J Parasitol, 95 (1): 1-9.

Levron C, Suchanová E, Poddubnaya L, et al. 2009. Spermatological characters of the aspidogastrean *Aspidogaster limacoides* Diesing, 1835[J]. Parasitol Res, 105 (1): 77-85.

Levron C, Ternengo S, Marchand B. 2004. Ultrastructure of spermiogenesis and the spermatozoon of *Monorchis parvus* Looss, 1902 (Digenea, Monorchiidae), a parasite of *Diplodus annularis* (Pisces, Teleostei)[J]. Parasitol Res, 93 (2): 102-110.

Levron C, Yoneva A, Kalbe M. 2013. Spermatological characters of the diphyllobothriidean *Schistocephalus solidus* (Cestoda)[J]. Acta Zool, 94 (2): 240-247.

Li H, Wang Y. 2006. A new species of Onchobothriidae (Tetraphyllidea) from *Chiloscyllium plagiosum* (Elasmobranchii: Orectolobidae) in China[J]. J Parasitol, 92 (5): 1050-1052.

Li H, Wang Y. 2007. A new species of Macrobothriidae (Cestoda: Diphyllidea) from thornback ray *Platyrhina sinensis* in China[J]. J Parasitol, 93 (4): 897-900.

Li J, Liao X. 2003. The taxonomic status of *Digramma* (Pseudophyllidea: Ligulidae) inferred from DNA sequences[J]. J Parasitol, 89 (4): 792-799.

Liang JY, Lin RQ. 2015. The full mitochondrial genome sequence of *Raillietina tetragona* from chicken (Cestoda: Davaineidae)[J]. Mitochondr DNA, 29: 1-2.

Liao XH. 2007. Diversity of the Asiatic tapeworm *Bothriocephalus acheilognathi* parasitizing common carp and grass carp in China[J]. Acta Zool Sinica, 53 (3): 470-480.

Lin YH, Waddell PJ, Penny D. 2002. Pika and vole mitochondrial genomes increase support for both rodent monophyly and glire[J]. Gene, 294: 119-129.

Linstow V. 1904. Neue Beobachtungen an Helminthen[J]. Arch Mikroskopische Anatomie, 64 (1): 484-497.

Linton E. 1905. Notes on cestode cysts, *Taenia chamissonii*, new species, from a porpoise[J]. Proceedings of the United States National Museum, 28: 819-822.

Literák I, Olson PD, Georgiev BB, et al. 2004. First record of metacestodes of *Mesocestoides* sp. in the common starling (*Sturnus vulgaris*) in Europe, with an 18S rDNA characterisation of the isolate[J]. Folia Parasitol, 51 (1): 45-49.

Llewellyn J, Taylor AER. 1964-The evolution of parasitic platyhelminths[C]//Evolution of parasites. Symposium of the British Society for Parasitology (3rd), London, November 6.

Llewellyn J. 1987. Phylogenetic inference from platyhelminth life-cycle stages[J]. Int J Parasitol, 17 (1): 281-289.

Lockyer AE, Olson PD, Littlewood DTJ. 2003. Utility of complete large and small subunit rRNA genes in resolving the phylogeny of the Neodermata (Platyhelminthes): implications and a review of the cercomer theory[J]. Biol J Lin Soc, 78 (2): 155-171.

Logachev ED, Bovt VD. 1976. Endomitosis in the cestode *Dipylidium caninum* (Cestodes, Dipylidiidae)[J]. Tsitol Genet, 10 (4): 364-366.

Logan FJ, Horák A, Stefka J, et al. 2004. The phylogeny of diphyllobothriid tapeworms (Cestoda: Pseudophyllidea) based on ITS-2 rDNA sequences[J]. Parasitol Res, 94 (1): 10-15.

Loos-Frank. 1980. *Mesocestoides leptothylacus* n. sp. Und das nomenklatorische Problem in der Gattung Mesocestoides Vaillant, 1863 (Cestoda: Mesocestoididae)[J]. Tropenmedizin und Parasitologie, 31: 2-14.

Lopes VV, dos Santos HA, da Silva AV, et al. 2015. First case of human infection by *Bertiella studeri* (Blanchard, 1891) Stunkard, 1940 (Cestoda;Anoplocephalidae) in Brazil[J]. Rev Inst Med Trop Sao Paulo, 57 (5): 447-450.

López-Neyra CR. 1952. *Gyrocoelia albaredai* n. sp. Relaciones con Tetrabothriidae y Dilepididae[J]. Revista Ibérica de Parasitología, 12: 319-344.

López-Neyra CR, Diaz-Ungria C. 1957. Cestodes de Venezuela. III. Sobre unos cestodes intestinales de reptiles y mamiferos venezolanos[J]. Mem Soc Cien Nat La Salle, 17: 28-63.

Lubinsky G. 1957. List of helminths from Alberta rodents[J]. Can J Zool, 35: 623-627.

Luchetti NM, Marques FPL, Charvetalmeida P. 2008. A new species of Brooks & Thorson, 1976 (Eucestoda: Tetraphyllidea) from Rosa, Castello & Thorson (Mylliobatoidea: Potamotrygonidae) and a redescription of Marques, Brooks & Araujo, 2003[J]. Syst Parasotol, 70: 131-145.

Lühe M. 1898. Beiträge zur Helminthenfauna der Berberei[J]. Sitz König Preuss Akad Wiss Berlin, 40: 620-628.

Lühe M. 1899. Zur Anatomie und Systematik der Bothriocephaliden[J]. Verh Deut Zool Ges, 9: 30-55.

Lühe M. 1900. Untersuchungen über die Bothriocephaliden mit marginalen Genitalöffnungen[J]. Z Wiss Zool, 68: 87-89.

Lühe MFL. 1902. Revision meines Bothriocephaliden systemes[J]. Zentr Bakter, Parasit, Infekt Hyg. Abt Orig, 31: 318-331.

Lühe MFL. 1910. Parasitische Plattwurmer. II. Cestodes, Heft 18[M]//Brauer A. Die Süsswasserfauna Deutschlands. Jena: Gustav Fischer Verlag: 153pp.

Luo HY, Nie P, Yao WJ, et al. 2003. Is the genus *Digramma synonymous* to the genus *Ligula* (Cestoda: Pseudophyllidea) ? Evidence from ITS and 5′ end 28S rDNA sequences[J]. Parasitol Res, 89 (5): 419-421.

Luo HY, Nie P, Zhang Y A, et al. 2002. Molecular variation of *Bothriocephalus acheilognathi*, Yamaguti, 1934 (Cestoda: Pseudophyllidea) in different fish host species based on ITS rDNA sequences[J]. Syst Parasitol, 52 (3): 159-166.

Lykova KA, Guliaev VD, Mel'nikova IuA, et al. 2006. On the species independence of *Mathevolepis larbicus* Karpenko, 1982 (Cyclophyllidea, Hymenolepididae, Ditestolepidini)[J]. Parazitologiia, 40 (3): 299-305. (In Russian)

Lykova KA, Mel'nikova IuA, Karpenko CV. 2005. *Spasskylepis tiunovi* sp. n. (Cyclophyllidea, Hymenolepididae)-a new cestode species from shrews of the Far East[J]. Parazitologiia, 39 (4): 285-92. (In Russian)

Lymbery AJ, Jenkins EJ, Schurer JM, et al. 2015. *Echinococcus canadensis*, *E. borealis*, and *E. intermedius*. What's in a name?[J]. Trends Parasitol, 31 (1): 23-29.

Lynsdale JA. 1953. On a remarkable new cestode, Meggittina baeri gen. et sp. nov. (Anoplocephalinae) from rodents in Southern Rhodesia[J]. Journal of Helminthology, 27: 129-142.

Mackerras JM. 1958. Catalogue of Australian mammals and their recorded internal parasites. III. Introduced herbivora and the domestic pig[J]. Proc Linn Soc N S, Wales, 83: 143-153.

Mackiewicz JS. 1968. Two New Caryophyllaeid Cestodes from the Spotted Sucker, *Minytrema melanops* (Raf.) (Catostomidae)[J]. J Parasitol, 54 (4): 808.

Mackiewicz JS. 1972. Caryophyllidea (Cestoidea): A review[J]. Exp Parasitol, 31 (3): 417-512.

Mackiewicz JS. 1974. The genus *Caryophyllaeus* Gmelin (Cestoidea: Caryophyllidea) in the Nearctic[J]. Proc Helminthol Soc Wash, 41 (2): 184-191.

Mackiewicz JS. 1982. Caryophyllidea (Cestoidea): Perspectives[J]. Parasitology, 84 (2): 397-417.

Mackiewicz JS. 1988. Cestode transmission patterns[J]. J Parasitol, 74 (1): 60-71. (Review)

Mackiewicz JS. 1994. Order Caryophyllidea van Beneden in Carus, 1863[M]//Khalil LF, Jones A, Bray RA. Keys to the Cestode Parasites of Vertebrates. Wallingford, UK: CAB International: 21-43.

Mackiewicz JS, Blair D. 1978. Balanotaeniidae fam. n. and *Balanotaenia newguinensis* sp. n. (Cestoidea;Caryophyllidea) from *Tandanus* (Siluriformes: Plotosidae) in New Guinea[J]. J Helminthol, 52 (3): 199-203.

Mackiewicz JS, Blair D. 1980. *Caryoaustralus* gen. n. and *Tholophyllaeus* gen. n. (Lytocestidae) and other caryophyllid cestodes from *Tandanus* spp. (Siluriformes) in Australia[J]. Proc Helminthol Soc Wash, 47 (2): 168-178.

MacKinnon BM, Burt MDB. 1985. Histological and ultrastructural observations on the secondary scolex and strobila of Haplobothrium globuliforme (Cestoda: Haplobothroidea)[J]. Can J Zool, 63: 1995-2000.

MacKinnon BM, Burt MDB. 2011. The comparative ultrastructure of spermatozoa from *Bothrimonus sturionis* Duv., 1842 (Pseudophyllidae) *Pseudanthobothrium hanseni* Baer, 1956 (Tetraphyllidae), and *Monoecocestus americanus* Stiles, 1895 (Cyclophyllidea)[J]. Ca J Zool, 62 (6): 1059-1066.

MacKinnon BM, Burt MDB. 2011. Ultrastructure of spermatogenesis and the mature spermatozoon of *Haplobothrium globuliforme* Cooper, 1914 (Cestoda: Haplobothrioidea)[J]. Can J Zool, 63 (6): 1478-1487.

MacKinnon BM, Jarecka L, Burt MDB Ultrastructure of the tegument and penetration glands of developing procercoids of *Haplobothrium globuliforme* Cooper, 1914 (Cestoda: Haplobothrioidea)[J]. Can J Zool, 63 (6): 1470-1477.

Macko JK, Hanzelová V. 1997. *Calixolepis thuli* n. g. n. sp. (Cestoda: Hymenolepididae) from the wood duck Aix sponsa (Anatidae) in America[J]. Systematic Parasitology, 38 (2): 137-145.

Macko JK, Ryšavý B, Špakulová M, et al. 1993. Synopsis of cestodes in Slovakia I. Cestodaria, Cestoidea: Caryophyllidea, Spathebothriidea, Pseudophyllidea, Proteocephalidea[J]. Helminthologia, 30: 85-91.

Macko JK, Ryšavý B. 1968. *Diorchis longihamulus* sp. n. (Hymenolepididae), a new cestode from *Gallinula chloropus cerceris* (Ralliformes)[J]. Folia Parasitologica, 15: 267-270.

Macko JK, Špakulová M. 2002. A description of *Cinclotaenia georgievi* n. sp. (Cestoda: Dilepididae), a tapeworm from the dipper *Cinclus cinclus* (L.) (Passeriformes: Cinclidae)[J]. Syst Parasitol, 52 (1): 75-80.

Madanire-Moyo G, Avenant-Oldewage A. 2013. Occurrence of *Tetracampos ciliotheca* and *Proteocephalus glanduligerus* in *Clarias gariepinus* (Burchell, 1822) collected from the Vaal Dam, South Africa[J]. Onderstepoort J Vet Res, 80 (1): 522.

Madelaire CB, Gomes FR, da Silva RJ. 2012. Helminth parasites of *Hypsiboas prasinus* (Anura: Hylidae) from two Atlantic forest fragments, São Paulo State, Brazil[J]. J Parasitol, 98 (3): 560-564.

Mahon J. 1954. Contributions to the helminth fauna of tropical Africa. Tapeworms from the Belgian Congo Annal Mus Roy Congo Belge[J]. Zool, Ser V, 1: 1-261.

Makarikov AA, Gardner SL, Hoberg EP. 2012. New species of *Arostrilepis* (Eucestoda: Hymenolepididae) in members of Cricetidae and Geomyidae (Rodentia) from the western Nearctic[J]. J Parasitol, 98 (3): 617-626.

Makarikov AA, Guliaev VD. 2009. *Pararodentolepis* gen. n., a new genus of cestodes from rodents, with the description of *P. sinistra* sp. n. (Cyclophyllidea: Hymenolepididae)[J]. Parazitologiia, 43 (6): 454-459. (In Russian)

Makarikov AA, Gulyaev VD, Kontrimavichus VL. 2011. A redescription of *Arostrilepis horrida* (Linstow, 1901) and descriptions of two new species from Palaearctic microtine rodents, *Arostrilepis macrocirrosa* sp. n. and *A. tenuicirrosa* sp. n. (Cestoda: Hymenolepididae)[J]. Folia Parasitol, 58 (2): 108-120.

Makarikov AA, Kontrimavichus VL. 2011. A redescription of *Arostrilepis beringiensis* (Kontrimavichus et Smirnova, 1991) and descriptions of two new species from Palaearctic microtine rodents, *Arostrilepis intermedia* sp. n. and *A. janickii* sp. n. (Cestoda: Hymenolepididae)[J]. Folia Parasitol, 58 (4): 289-301.

Makarikov AA, Mel'nikova YA, Tkach VV. 2015a. Description and phylogenetic affinities of two new species of *Nomadolepis* (Eucestoda, Hymenolepididae) from Eastern Palearctic[J]. Parasitol Int, 64 (5): 453-463.

Makarikov AA, Nims TN, Galbreath KE, et al. 2015b. *Hymenolepis folkertsi* n. sp. (Eucestoda: Hymenolepididae) in the oldfield mouse *Peromyscus polionotus* (Wagner) (Rodentia: Cricetidae: Neotominae) from the southeastern Nearctic with comments on tapeworm faunal diversity among deer mice[J]. Parasitol Res, 114 (6): 2107-2117.

Makarikov AA, Tkach VV, Bush SE. 2013. Two new species of *Hymenolepis* (Cestoda: Hymenolepididae) from murid rodents (Rodentia: Muridae) in the Philippines[J]. J Parasitol, 99 (5): 847-855.

Makarikov AA, Tkach VV, Villa SM, et al. 2015c. Description of two new species of *Hymenolepis* Weinland, 1858 (Cestoda: Hymenolepididae) from rodents on Luzon Island, Philippines[J]. Syst Parasitol, 90 (1): 27-37.

Makarikov AA, Tkach VV. 2013. Two new species of *Hymenolepis* (Cestoda: Hymenolepididae) from Spalacidae and Muridae (Rodentia) from eastern Palearctic[J]. Acta Parasito, 58 (1): 37-49.

Makarikova TA, Guliaev VD, Tiunov MP. 2010. A new species of cestode, *Vampirolepis insula* sp. n. (Cyclophyllidea: Hymenolepididae) from bats of the Sakhalin and Kunashir islands[J]. Parazitologiia, 44 (2): 160-166. (In Russian)

Makarikova TA, Gulyaev VD, Tiunov MP, et al. 2012. A new species of cestode, *Vampirolepis muraiae* n. sp. (Cyclophyllidea: Hymenolepididae), from a Chinese bat[J]. Syst Parasitol, 82 (1): 29-37.

Makarikova TA, Makarikov AA. 2012. First report of *Potorolepis* Spassky, 1994 (Eucestoda: Hymenolepididae) from China, with description of a new species in bats (Chiroptera: Rhinolophidae)[J]. Folia Parasitol, 59 (4): 272-278.

Malakhova RP, Anikieva LV. 1976. On the biology of *Proteocephalus exiguus* in fishes from subfamily Coregonidae[M]. Petrozavodsk: Parasitological studies in Karelian ASSR and Murmansk Region: 168-175.

Maleki L, Malek M, Palm HW. 2013. Two new species of *Acanthobothrium* (Tetraphyllidea: Onchobothriidae) from *Pastinachus* cf. *sephen* (Myliobatiformes: Dasyatidae) from the Persian Gulf and Gulf of Oman[J]. Folia Parasitol, 60 (5): 448-456.

Maleki L, Malek M, Palm HW. 2015. Four new species of *Acanthobothrium* van Benden, 1850 (Cestoda: Onchoproteocephalidea) from the guitarfish, *Rhynchobatus* cf. *djiddensis* (Elasmobranchii: Rhynchobatidae), from the Persian Gulf and Gulf of Oman[J]. Folia Parasitol, 62: 012. DOI: 10. 14411/fp. 2015. 012.

Malhotra S. 1985. Cestode fauna of hill-stream fishes in Garhwal Himalayas, India. I. *Capooria barilii* n. gen., n. sp.[J]. Acta Parasitol Lituanica, 21: 94-99.

Malhotra SK, Capoor VN. 1984. A new cestode *Raillietina* (*Skrjabinia*) *doggaddaensis* n. sp. from *Gallus gallus domesticus* (L.) from India[J]. Korean J Parasitol, 22 (1): 96-98.

Malhotra SK. 1984. Cestode fauna of hill-stream fishes in Grarhwal Himalayas, India. II. *Bothricocephalus teleostei* n. sp. from *Barilius bola* and *Schizothorax richardsonii*[J]. Bol Chil Parasitol, 39 (1/2): 6-9.

Mange Ñ. 1993. Fauna of fishes in the water area of Alushta in the Black Sea[D]. D thesis, Kyiv.

Mansour MFA. 2012. Ultrastructure of the spermatozoon of *Acanthostomum spiniceps* (Digenea: Acanthostomidae), a parasite of *Bagrus* spp. (Siluriformes: Bagridae)[J]. Parasitol Res, 110 (4): 1357-1362.

Maplestone PA, Southwell T. 1923. Notes on Australian cestodes[J]. Ann Trop Med Parasitol, 17: 317-331.

Marcogliese DJ. 1995. The role of zooplankton in the transmission of helminth parasite to fish[J]. Rev Fish Biol Fisher, 5: 336-371.

Marguee F, Brooks DR, Barriga R. 1997. Six Species of *Acanthobothrium* (Eucestoda: Tetraphyllidea) in Stingrays (Chondrichthyes: Rajiformes: Myliobatoidei) from Ecuador[J]. J Parasitol, 83 (3): 475-484.

Mariaux J. 1990. Metadilepididae: a family going West![J]. Bull Soc Franc Parasitol, 8 (S1): 222.

Mariaux J. 1991a. Cestodes of birds from the Ivory Coast. Species of the genus *Anonchotaenia* Cohn, 1990[J]. Syst Parasitol, 20 (2): 109-120.

Mariaux J. 1991b. Cestodes of birds from the Ivory Coast. *Yapolepis yapolepis*, n. g. n. sp. a new metadilepidid (Cyclophyllidea:

Paruterinoidea) parasite of the icterine greenbul (Aves: Pycnonotidae)[J]. Syst Parasitol, 18 (3): 187-191.
Mariaux J. 1994. Avian cestodes of the Ivory Coast[J]. J Helminthol Soc Wash, 61 (1): 50-56.
Mariaux J. 1996. Cestode systematics-any progress[Review][J]. Int J Parasitol, 26 (3): 231-243.
Mariaux J. 1998. A Molecular Phylogeny of the Eucestoda[J]. J Parasitol, 84 (1): 114-124.
Mariaux J, Bona FV, Vaucher C. 1992. A new genus of Metadilepididae (Cestoda: Cyclophyllidea) parasitic in *Terpsiphone rufiventer* (Aves: Muscicapidae) from the Ivory Coast[J]. J Parasitol, 78 (2): 309-313.
Mariaux J, Georgiev BB. 2018. Seven new species of cestode parasites (Neodermata, Platyhelminthes) from Australian birds[J]. Eur J Taxon, 440: 1-42.
Mariaux J, Olson PD. 2001. Cestode systematics in the molecular era[M]//Littlewood DTJ, Bray RA. Interrelationships of the Platyhelminths. London: Taylor & Francis: 127-134.
Mariaux J, Vaucher C. 1989. Cestodes d'oiseaux de Côte-d'Ivoire. II. Parasites de Coraciiformes et Piciformes[J]. Syst Parasitol, 14 (2): 117-133.
Mariaux J, Vaucher C. 1990. A new genus of Dilepididae (Cestoda) of the yellowbill *Ceuthmochares aereus* (Cuculidae) from the Ivory Coast[J]. J Parasitol, 76 (1): 22-26.
Marigo AM, Delgado E, Králová-Hromadová I, et al. 2010. Intra-individual internal transcribed spacer 1 (ITS1) and ITS2 ribosomal sequence variation linked with multiple rDNA loci: a case of triploid *Atractolytocestus huronensis*, the monozoic cestode of common carp[J]. Int J Parasitol, 40 (2): 175-181.
Marigo AM, Delgado E, Torres J, et al. 2012. Spermiogenesis and spermatozoon ultrastructure of the bothriocephalidean cestode *Clestobothrium crassiceps* (Rudolphi, 1819), a parasite of the teleost fish *Merluccius merluccius* (Gadiformes: Merlucciidae)[J]. Parasitol Res, 110 (1): 19-30.
Marigo AM, Eira C, Bâ CT, et al. 2011. Spermiogenesis and spermatozoon ultrastructure of the diphyllidean cestode *Echinobothrium euterpes* (Neifar, Tyler and Euzet 2001) Tyler 2006, a parasite of the common guitarfish *Rhinobatos rhinobatos*[J]. Parasitol Res, 109 (3): 809-821.
Marigo AM, Swiderski Z, Bâ CT, et al. 2011. Spermiogenesis and ultrastructure of the spermatozoon of the trypanorhynch cestode *Aporhynchus menezesi* (Aporhynchidae), a parasite of the velvet belly lanternshark *Etmopterus spinax* (Elasmobranchi, Etmopteridae)[J]. Folia Parasitol, 58 (1): 69-78.
Marinova MH, Georgiev BB, Vasileva GP. 2015. Description of *Diorchis thracica* n. sp. (Cestoda, Hymenolepididae) from the ruddy shelduck *Tadorna ferruginea* (Pallas) (Anseriformes, Anatidae) in Bulgaria[J]. Syst Parasitol, 91 (3): 261-271.
Markevich GI, Kuperman BI. 1982. Natural infestation of copepods by the procercoids of cestodes in a reservoir as a function of varied ecological conditions[Intermediate hosts in the development of fish cestodes, USSR][J]. Bibliographic Information: 113-122.
Marques F, Brooks DR, Monks S. 1995. Five new species of *Acanthobothrium* van Beneden, 1849 (Eucestoda: Tetraphyllidea: Onchobothriidae) in stingrays from the Gulf of Nicoya, Costa Rica[J]. J Parasitol, 81 (6): 942-951.
Marques FP, Brooks DR. 2003. Taxonomic revision of *Rhinebothroides* (Eucestoda: Tetraphyllidea: Phyllobothriidae), parasites of neotropical freshwater stingrays (Rajiformes: Myliobatoidei: Potamotrygonidae)[J]. J Parasitol, 89 (5): 994-1017.
Marques FP, Caira JN. 2016. *Pararhinebothroides* â neither the sister taxon of *Rhinebothroides* nor a valid genus[J]. J Parasitol, 102 (2): 249-259. DOI: 10. 1645/15-894.
Marques FP, Reyda FB. 2015. *Rhinebothrium jaimei* sp. n. (Eucestoda: Rhinebothriidea: Rhinebothriidae): a new species from Neotropical freshwater stingrays (Potamotrygonidae)[J]. Folia Parasitol, 62: 057. DOI: 10. 14411/fp. 2015. 057.
Marques FP, Silva NND, Souza TPD. 2012. Perfil higiênico-sanitário das panificadoras dos grandes supermercados da cidade de Anápolis, GO[J]. Hig Aliment, 26 (204/205): 45-50.
Marques FPL, Brooks DR, Araújo MLG. 2003. Systematics and phylogeny of *Potamotrygonocestus*, (Platyhelminthes, Tetraphyllidea, Onchobothriidae) with descriptions of three new species from freshwater potamotrygonids (Myliobatoidei, Potamotrygonidae)[J]. Zool Scr, 32 (4): 367-396.
Marques FPL, Brooks DR, Lasso CA. 2001. *Anindobothrium* n. gen. (Eucestoda: Tetraphyllidea) Inhabiting Marine and Freshwater Potamotrygonid Stingrays[J]. J Parasitol, 87 (3): 666-672.
Marques FPL, Jensen K, Caira JN. 2012. *Ahamulina* n. gen. (Cestoda: Diphyllidea) from the polkadot catshark, *Scyliorhinus besnardi* (Carcharhiniformes: Scyliorhinidae), off Brazil[J]. Zootaxa, 3 (3352): 51-59.
Marques JF, Santos MJ, Cabral HN, et al. 2005. First record of *Progrillotia dasyatidis* Beveridge Neifar and Euzet, 2004 (Cestoda: Trypanorhyncha) plerocerci from Teleost fishes off the Portuguese coast, with a description of the surface morphology[J]. Parasitol Res, 96 (4): 206-211.
Marques JF, Santos MJ, Gibson DI, et al. 2007. Cryptic species of *Didymobothrium rudolphii* (Cestoda: Spathebothriidea) from the sand sole, *Solea lascaris*, o□ the Portuguese coast, with an analysis of their molecules, morphology, ultrastructure and phylogeny[J]. Parasitology, 134 (7): 1057-1072.
Marwaha J, Jensen KH, Jakobsen PJ. 2013. The protection afforded by the outer layer to procercoids of *Schistocephalus solidus*

during passage through the stomach lumen of their vertebrate host (*Gasterosteus aculeatus*)[J]. Exp Parasitol, 134 (1): 12-17.

Mas-Coma S, Fons R, Galan-Puchades MT, et al. 1984. *Hymenolepis claudevaucheri* n. sp. (Cestoda: Hymenolepididae), premier hélminthe connu chez le plus petit mammifère vivant, *Suncus etruscus* (Savi, 1822) (Insectivora: Soricidae). Révision critique des Cyclophyllidea décrits chez *Suncus murinus* (Linnaeus, 1766)[J]. Vie et Milieu, 34: 117-126.

Mašová Š, Baruš V. 2012. *Oochoristica koubeki* n. sp. (Cestoda, Anoplocephalidae) from African *Chamaeleo senegalensis* (Chamaeleonidae) and emendation of the genus *Oochoristica* Lühe, 1898[J]. Helminthologia, 49 (1): 27-32.

Mašová Š, Kašparová E. 2012. Preliminary report on fish diversity at the Prince Gustav Channel, the northern part of the James Ross Island, Antarctica[J]. Antarctica; Notothenioid fish; Weddell Sea; Prince Gustav Channel, 2 (2): 92-102.

Mašová S, Tenora F, Baruš V, et al. 2010. A new anoplocephalid (Cestoda) from *Tarentola parvicarinata* (Lacertilia: Gekkonidae) in Senegal (West Africa)[J]. J Parasitol, 96 (5): 977-981.

Mašová Š, Tenora F, Baruš V. 2012. *Oochoristica koubeki* n. sp. (Cestoda, Anoplocephalidae) from African *Chamaeleo senegalensis* (Chamaeleonidae) and emendation of the genus *Oochoristica* Lühe, 1898[J]. Helminthologia, 49 (1): 27-32.

Mateo E, Bullock WL. 1966. *Neobothriocephalus aspinosus* gen. et sp. n. (Pseudophyllidea: Parabothriocephalidea), from the Peruvian marine fish *Neptomenus crassus*[J]. J Parasitol, 52: 1070-1073.

Matevosyan EM. 1953. Re-organisation of the classification of dilepidid cestodes. Papers on Helminthology presented to Academician KI Skryabin on his 75th birthday[C]. Moscow: Izdatelstvo Akademii Nauk SSSR: 392-397.

Matevosyan EM. 1963. Principles of Cestodology. Vol. Ⅲ. Dilepidoidea-Tapeworms of Domestic and Wild Animals[M]. Moscow, USSR: Izdatelstvo Akademii Nauk SSSR: 687pp.

Matevosyan EM. 1969. Principles of Cestodology. Vol. Ⅶ. Paruterinoidea-Tapeworms of Domestic and Wild Birds[M]. Moscow: Izdatelstvo'Nauka': 304pp.

Matevosyan EM, Movsesyan SO. 1970. A Revision of the genera *Ascometra* and *Octopetalum* (Cestoda: Paruterinoidea)[J]. Trudy Vses Inst Gel'mintol Imeni Akad KI Skryabina, 16: 137-146. (In Russian)

Matevosyan EM, Okorokov VI. 1959a. Study of neotenic forms of cestodes of aquatic birds in the USSR[J].

Matevosyan EM, Okorokov VI. 1959b. Two new cestode species from *Podiceps ruficollis* and an opinion on the genus *Tatria* Kowalewski, 1904[J]. Trudy Vses Inst Gel'mintol Imeni Akad KI Skryabina.

Matevosyan M, Sailov DI. 1963. A new cestode species *Tatria azerbaijanica* nov. sp. from grebes in the Kazyl-Agachs National Reserve[J]. Trudy Vses Inst Gel'mintol Imeni Akad KI Skryabina, 10: 8-11. (In Russian)

Mathevossian EM, Okorokov VI. 1959. On two new cestode species from the little grebe and comments on the genus *Tatria* Kowalewski, 1904[J]. Trudy Vsesoyuznogo Instituta Gel'mintologii Imeni Akademika K. I. Skryabina, 6: 131-138. (In Russian)

Mathevossian EM. 1942. An analysis of the specific components of the genus *Diploposthe*: Cestodes from Anatidae[J]. Comptes Rendus (Doklady) de L'Académie des Sciences de L'URSS, 24 (9): 265-268.

Mathevossian EM, Sailov DI. 1963. A new cestode specie *Tatria azerbaijanica* nov. sp. from grebes in the Kazyl-Agachs National Reserve[J]. Trudy Vsesoyuznogo Instituta Gel'mintologii Imeni Akademika K. I. Skryabina, 10: 8-11. (In Russian)

Mayes MA, Brooks DR, Tuorson TB. 1981. Two New Tetraphyllidean Cestodes from *Potamotrygon circularis* Garman (Chondrichthyes: Potamotrygonidae) in the Itacuai River, Brazil 12[J]. Comp Parasitol, 48 (1): 38-42.

Mayhew RL. 1925. Studies on the avian species of the cestode family Hymenolepididae[M]. University of Illinois Biological Monographs, 10: 1-125.

Mazza S, Schürmann K, Gutdeutsch H. 1932. A comparative Study of the natural and experimental Infection of the Armadillo in Jujuy by *T. cruzi*[J]. Reunion Soc argentina Patol region norte Tucuman.

Mcallister CT, Conn DB. 1990. Occurrence of tetrathyridia of *Mesocestoides* sp. (Cestoidea: Cyclophyllidea) in North American anurans (Amphibia)[J]. J Wildl Dis, 26 (4): 540-543.

Mcallister CT, Upton SJ. 1987. Parasites of the Great Plains narrowmouth toad (*Gastrophryne olivacea*) from northern Texas[J]. J Wildl Dis, 23 (4): 686-688.

Mccullough JS, Fairweather I. 1983. A SEM study of the cestodes *Trilocularia acanthiaevulgaris*, *Phyllobothrium squali* and *Gilquinia squali* from the spiny dogfish[J]. Z Parasit, 69 (5): 655-665.

Mccullough JS, Fairweather I. 1984. A comparative study of *Trilocularia acanthiaevulgaris*, Olsson 1867 (Cestoda, Tetraphyllidea) from the stomach and spiral valve of the spiny dogfish[J]. Z Parasit, 70 (6): 797-807.

McFarlane D, Mann KA, Harmon BG, et al. 1994. Pleural effusion secondary to aberrant metacestode infection in a horse[J]. Compend Contin Educ Pract Vet, 16: 1032-1035.

McIntosh A. 1941. A new dilepidid cestode, *Catenotaenia linsdalei*, from a pocket gopher in California[J]. Proc Helminthol Soci Wash, 8: 60-62.

McLaughlin JD. 1989. *Echinocotyle capensis* n. sp. (Cestoda: Hymenolepididae) from South African waterfowl[J]. Can J Zool, 67 : 1749-1751.

McLaughlin JD, Burt MDB. 1975. A contribution to the systematics of three cestode species of the genus *Diorchis* Clerc, 1903

reported from birds of the genus *Fulica* L.[J]. Acta Parasitologica Polonica, 23: 213-221.
McLaughlin JD, Burt MDB. 1976. A contribution to the genus *Diorchis* Clerc (Cestoda: Hymenolepididae): a redescription of *Diorchis americana* Ransom, 1909 from *Fulica atra* (Gm)[J]. Canadian Journal of Zoology, 54: 1754-1759.
McLaughlin JD, Burt MDB. 1979. Studies on the hymenolepidid cestodes of waterfowl from New Brunswick, Canada[J]. Canadian Journal of Zoology, 57: 34-79.
McLeod JA. 1933. A parasitological survey of the genus Citellus in Manitoba[J]. Canadian Journal of Research, 9: 108-127.
Meggitt FJ. 1914. The structure and life history of a tapeworm (*Ichthyotaenia filicollis* Rud.) In the stickleback[J]. Proc Zool Soc, London: 113-138.
Meggitt FJ. 1924. The Cestodes of Mammals[M]. London[no publisher]: 282pp.
Meggitt FJ. 1927. On cestodes collected in Burma[J]. Parasitology, 19: 141-153.
Meggitt FJ. 1927. Remarks on the Cestode Families Monticellidae and Ichthyotaeniidae[J]. Ann Trop Med Parasit, 21 (1): 69-87.
Meggitt FJ. 1928. Report on a collection of Cestoda, mainly from Egypt. Part III. Cyclophyllidea (Conclusion): Tetraphyllidea[J]. Parasitology, 20: 315-328.
Meggitt FJ. 1934. On some tapeworms from the bullsnake (*Pityopis sayi*), with remarks on the species of the genus *Oochoristica* (Cestoda)[J]. J Parasitol, 20: 181-189.
Meggitt, FJ. 1924. On two new species of Cestoda from a mongoose[J]. Parasitology, 16: 48-54.
Meinkoth NA. 1947. Notes on the life cycle and taxonomic position of *Haphbotkrium globuliforme* Cooper, a tapeworm of *Amia calva* L.[J]. Trans Am Microsc Soc, 66 (3): 256-261.
Mel'nikova IuA, Lykova KA, Guliaev VD. 2004. *Mathevolepis junlanae* sp. n. (Cyclophyllidea: Hymenolepididae: Ditestolepidini), a new cestode species from shrews of Far East[J]. Parazitologiia, 38 (6): 541-6. (In Russian)
Melo FT, Giese EG, Furtado AP, et al. 2011. *Lanfrediella amphicirrus* gen. nov. sp. nov. Nematotaeniidae (Cestoda: Cyclophyllidea), a tapeworm parasite of *Rhinella marina* (Linnaeus, 1758) (Amphibia: Bufonidae)[J]. Mem Inst Oswaldo Cruz, 106 (6): 670-677.
Mendes P, Eira C, Vingada J, et al. 2013. The system *Tetrabothrius bassani* (Tetrabothriidae) /*Morus bassanus* (Sulidae) as a bioindicator of marine heavy metal pollution[J]. Acta Parasitol, 58 (1): 21-25.
Menoret A, Ivanov VA. 2009. New name for *Progrillotia dollfusi* Carvajal et Rego, 1983 (Cestoda: Trypanorhyncha): description of adults from *Squatina guggenheim* (Chondrichthyes: Squatiniformes) off the coast of Argentina[J]. Folia Parasitol, 56 (4): 284-294.
Menoret A, Ivanov VA. 2011. Descriptions of two new freshwater neotropical species of *Rhinebothrium* (Cestoda: Rhinebothriidea) from *Potamotrygon motoro* (Chondrichthyes: Potamotrygonidae)[J]. Folia Parasitol, 58 (3): 178-186.
Menoret A, Ivanov VA. 2012. Description of plerocerci and adults of a new species of *Grillotia* (Cestoda: Trypanorhyncha) in teleosts and elasmobranchs from the Patagonian shelf off Argentina[J]. J Parasitol, 98 (6): 1185-1199.
Menoret A, Ivanov VA. 2013. A new species of *Heteronybelinia* (Cestoda: Trypanorhyncha) from *Sympterygia bonapartii* (Rajidae), *Nemadactylus bergi* (Cheilodactylidae) and *Raneya brasiliensis* (Ophidiidae) in the south-western Atlantic, with comments on host specificity of the genus[J]. J Helminthol, 87 (4): 467-482.
Menoret A, Ivanov VA. 2015. Trypanorhynch cestodes (Eutetrarhynchidae) from batoids along the coast of Argentina, including the description of new species in *Dollfusiella* Campbell et Beveridge, 1994 and *Mecistobothrium* Heinz et Dailey, 1974[J]. Folia Parasitol, 62: 058.
Merlo-Serna AI, García-Prieto L. 2016. A checklist of helminth parasites of *Elasmobranchii* in Mexico[J]. ZooKeys, 563: 73-128.
Mettrick DF. 1958. Helminth parasites of Hertfordshire birds. II. Cestoda. J Helminthol, 32: 159-194.
Mettrick DF. 1961. *Ethiopotaenia trachyphonoides* gen. n., sp. n. from the crested barbet, *Trachyphonus vaillantii* (Ranzani) (Aves), in Southern Rhodesia[J]. J Parasitol, 47 (6): 875-877.
Mettrick DF. 1962. Some trematodes and cestodes from mammals of central Africa[J]. Rev Biol, 3: 149-170.
Mierzejewska K, Martyniak A, Kakareko T, et al. 2010. First record of *Nippotaenia mogurndae* Yamaguti and Miyata, 1940 (Cestoda, Nippotaeniidae), a parasite introduced with Chinese sleeper to Poland[J]. Parasitol Res, 106 (2): 451-456.
Miquel J, Bâ CT, Marchand B. 1998. Ultrastructure of spermiogenesis of *Dipylidium caninum* (Cestoda, Cyclophyllidea, Dipylidiidae), an intestinal parasite of *Canis familiaris*[J]. Int J Parasitol, 28 (9): 1453-1458.
Miquel J, Feliu C, Marchand B. 1999. Ultrastructure of spermiogenesis and the spermatozoon of *Mesocestoides litteratus* (Cestoda, Mesocestoididae)[J]. Int J Parasitol, 29 (3): 499-510.
Miquel J, Marchand B. 1998. Ultrastructure of spermiogenesis and the spermatozoon of *Anoplocephaloides dentata* (Cestoda, Cyclophyllidea, Anoplocephalidae), an intestinal parasite of Arvicolidae rodents[J]. J Parasitol, 84 (6): 1128-1136.
Miquel J, Nourrisson C, Marchand B. 2000. Ultrastructure of spermiogenesis and the spermatozoon of *Opecoeloides furcatus* (Trematoda, Digenea, Opecoelidae) a parasite of *Mullus barbatus* (Pisces, Teleostei)[J]. Parasitol Res, 86 (4): 301-310.
Miquel J, Swiderski Z, Mackiewicz JS, et al. 2008. Ultrastructure of spermiogenesis in the caryophyllidean cestode *Wenyonia virilis* Woodland, 1923, with re-assessment of flagellar rotation in *Glaridacris catostomi* Cooper, 1920[J]. Acta Parasitol, 53

(1): 19-29.

Miquel J, Swiderski Z, Marigo AM, et al. 2012. SEM evidence for existence of an apical disc on the scolex of *Clestobothrium crassiceps* (Rudolphi, 1819): comparative results of various fixation techniques[J]. Acta Parasitol, 57 (3): 297-301.

Miquel J, Swiderski Z, Neifar L, et al. 2007. Ultrastructure of the spermatozoon of *Parachristianella trygonis* Dollfus, 1946 (Trypanorhyncha, Eutetrarhynchidae)[J]. J Parasitol, 93 (6): 1296-1302.

Miquel J, Swiderski Z. 2006. Ultrastructure of the spermatozoon of *Dollfusiella spinulifera* (Beveridge and Jones, 2000) Beveridge, Neifar and Euzet, 2004. (Trypanorhyncha, Eutetrarhynchidae)[J]. Parasitol Res, 99 (1): 37-44.

Miquel J, Swiderski Z. 2013. Spermatological characteristics of the Trypanorhyncha inferred from new ultrastructural data on species of Tentaculariidae, Eutetrarhynchidae, and Progrillotiidae[J]. C R Biol, 336 (2): 65-72.

Miquel J, Torres J, Foronda P, et al. 2010. Spermiogenesis and spermatozoon ultrastructure of the davaineid cestode *Raillietina micracantha* (Fuhrmann, 1909)[J]. Acta Zool, 91 (2): 212-221.

Miroshnichenko AI. 2004. Parasites of marine fish and invertebrates[J]. Karadag gidrobiology search: Research works devoted to 90-year Karadagskoi Scientific Station named T. I. Vyazemskyi and 25-year Karadag Natural reserves NAS of Ukraine. - Simferopol: SÎNÀÒ, 2: 468-495.

Misra VR. 1945. On a new species of genus *Oochoristica*, from the intestine of *Calotes versicolor*[J]. P Indian AS-Section B, 22 (1): 1-5.

Misra VR, Capoor VN, Singh SP. 1989. An interesting new cestode, *Oochoristica lizardi* sp. nov. (Cestoda: Anoplocephalidae Blanchard, 1891) from the intestine of *Calotes* sp., at Allahabad, UP[J]. Indian Journal of Helminthology, 41: 137-140.

Mladineo I, Zrncic S, Oraic D. 2009. Severe helminthic infection of the Wild brown trout (*Salmo trutta*) in Cetina River, Croatia; Preliminary observation[J]. Bull Eur Ass Fish Pathol, 29 (3): 86-91.

Młocicki D, Swiderski Z, Bruňanská M, et al. 2010. Functional ultrastructure of the hexacanth larvae in the bothriocephalidean cestode *Eubothrium salvelini* (Schrank, 1790) and its phylogenetic implications[J]. Parasitol Int, 59 (4): 539-548.

Moghadam MM, Haseli M. 2014. *Halysioncum kishiense* sp. n. and *Echinobothrium parsadrayaiense* sp. n. (Cestoda: Diphyllidea) from the banded eagle ray, *Aetomylaeus cf. nichofii* off the Iranian coast of the Persian Gulf[J]. Folia Parasitol, 61 (2): 133-140.

Moghe MA, Inamdar NB. 1934. Some new species of avian cestodes from India with a description of Biuterina intricata (Krabbe 1882)[J]. Records of the Indian Museum, 36: 7-16.

Mohr LV. 2001. Helmintofauna do marrecão, *Netta peposaca* (Vieillot, 1816) e da marreca-caneleira, *Dendrocygna bicolor* (Vieillot, 1816) no rio grande do sul[D]. Universidsde federal do rio grande do sul porto alegre.

Mojica KR, Jensen K, Caira JN. 2014. The ocellated eagle ray, *Aetobatus ocellatus* (Myliobatiformes: Myliobatidae), from Borneo and northern Australia as host of four new species of *Hornellobothrium* (Cestoda: Lecanicephalidea)[J]. J Parasitol, 100 (4): 504-515.

Mokhtar-Maamouri F. 1979. The spermiogenesis and spermatozoon ultrastructure of *Phyllobothrium gracile* Weld, 1855 studied by electron microscopy[J]. Z Parasit, 59 (3): 245-258.

Mokhtar-Maamouri F. 1980. Fine aspects of the process of fertilization in *Acanthobothrium filicolle* Zschokke, 1888 (Cestoda: Tetraphyllidea, Onchobothriidae)[J]. Arch Inst Pasteur Tunis, 57 (3): 191-205. (In French)

Mokhtar-Maamouri F. 1982. Ultrastructural study of spermiogenesis in *Acanthobothrium filicolle* var. *filicolle* Zschokke, 1888 (Cestoda, Tetraphyllidea, Onchobothriidae)[J]. Ann Parasitol Hum Comp, 57 (5): 429-442. (In French)

Molnar K, Murai E. 1978. Proteocephalidae skolexek elöfordulása pontynak mint paratenikus gazdának a hasüregeben[J]. Parasitol Hungarica, 11: 143-144.

Monks S, Brooks DR, de Len GP. 1996. A new species of *Acanthobothrium* van Beneden, 1849 (Eucestoda: Tetraphyllidea: Onchobothriidae) in *Dasyatis longus* Garman (Chondrichthyes: Myliobatiformes: Dasyatididae) from Chamela Bay, Jalisco, Mexico[J] J Parasitol, 82 (3): 484-488.

Montgomery SSJ, Montgomery WI, Dunn TS. 1987. Biochemical, physiological and morphological variation in unarmed hymenolepids (Eucestoda: Cyclophyllidea)[J]. Zoological Journal of the Linnean Society, 91: 293-324.

Morandi H, Ponton D. 1989. Life cycle of a proteocephalid cestode parasitic in *Coregonus lavaretus* in Lake Léman[J]. Int J Res Method Education, 28 (1): 5-21.

Moravec F, Mendoza-Franco E, Vivas-Rodriguez C, et al. 2002. Obervations on seasonal changes in the occurrence and maturation of five helminth species in the pimelodid catfish, *Rhamdia quatemalensis*, in the cenote (=sinkhole) Ixinha, Yucatan, Mexico[J]. Acta Soc Zool Bohem, 66: 121-140.

Moravec F, Škoríková B. 1998. Amphibians and larvae of aquatic insects as new paratenic hosts of *Anguillicola crassus* (Nematoda: Dracunculoidea), a swimbladder parasite of eels[J]. Dis Aquat Organ, 34 (3): 217-222.

Morsy K, Bashtar AR, Abdel-Ghaffar F, et al. 2013. First identification of four trypanorhynchid cestodes: *Callitetrarhynchus speciouses*, *Pseudogrillotia* sp. (Lacistorhynchidae), *Kotorella pronosoma* and *Nybelinia bisulcata* (Tentaculariidae) from Sparidae and Mullidae fish[J]. Parasitol Res, 112 (7): 2523-2532.

Morsy K, Ramadan NF, Hashimi SA. 2013. A new species of *Oochoristica* (Eucestoda: Cyclophyllidea) parasite of *Agama mutabilis* (Reptilia: Agamidae) from Egypt[J]. J Egypt Soc Parasitol, 43(3): 715-722.

Movsesyan SO. 1963[A finding of the cestode *Tatria acanthorhyncha* (Wedl, 1855) in the ferruginous duck *Aythya nyroca*.][M]//Ershov VS. Gel'minty cheloveka, zhivotnykh i rastenii i bor'ba s nimi, k 85-letiyu Akad. K. I. Skryabina. Moscow: Izolatel'stro Akademiya Nauk: 157-159. (In Russian)

Mrázek A. 1891. Contributions to the studies on some tapeworms of birds[J]. Věstník Královské České Společnosti Nauk: 97-131. (In Czech)

Mrázek A. 1917. On a larva of the tapeworm *Ichthyotaenia torulosa*[J]. Sborník Zoologicky: 11-17. (In Czech)

Mudry DR, Dailey MD. 1971. Postembryonic development of certain tetraphyllidean and trypanorhynchan cestodes with a possible alternative life cycle for the order Trypanorhyncha[J]. Can J Zool, 49 (9): 1249-1253.

Muller R. 2002. Worms and Human Disease[M]. 2nd ed. Wallingford, UK: CABI Publishing.

Muniz-Pereira LC, Amato SB. 1998. *Fimbriaria fasciolaris* and *Cloacotaenia megalops* (Eucestoda, Hymenolepididae), cestodes from Brazilian waterfowl[J]. Mem Inst Oswaldo Cruz, 93 (6): 767-772.

Murai E, Sulgostowska T, Tenora F. 1988. Tapeworm par asites of *Burhinus oedicnemus* (L., 1758) in Hungary (Cestoda: Progynotaeniidae and Dilepididae)[J]. Acta Zoologica Hungarica, 34: 379-392.

Murphy WJ, Eizirik E, O'Brien SJ, et al. 2001. Resolution of the early placental mammal radiation using Bayesian phylogenetics[J]. Science, 294: 2348-2351.

Nakao M, Lavikainen A, Hoberg E. 2015. Is *Echinococcus intermedius* a valid species?[J]. Trends Parasitol, 31 (8): 342-343.

Nakao M, Lavikainen A, Iwaki T, et al. 2013. Molecular phylogeny of the genus *Taenia* (Cestoda: Taeniidae): proposals for the resurrection of *Hydatigera* Lamarck, 1816 and the creation of a new genus *Versteria*[J]. Int J Parasitol, 43 (6): 427-437.

Nakao M, Lavikainen A, Yanagida T, et al. 2013. Phylogenetic systematics of the genus *Echinococcus* (Cestoda: Taeniidae)[J]. Int J Parasitol, 43 (12-13): 1017-1029.

Nakao M, Yanagida T, Konyaev S, et al. 2013. Mitochondrial phylogeny of the genus *Echinococcus* (Cestoda: Taeniidae) with emphasis on relationships among *Echinococcus canadensis* genotypes[J]. Parasitology, 140 (13): 1625-1636.

Nasin CS, Caira JN, Euzet L. 1997. Analysis of *Calliobothrium* (Tetraphyllidea: Onchobothriidae) with descriptions of three new species and erection of a new genus[J]. J Parasitol, 83 (4): 714-733.

Naylor GJP, Caira JN, Jensen K, et al. 2012. A DNA sequence-based approached to the identification of shark and ray species and its implications for global elasmobranch diversity and parasitology[J]. Bull Am Mus Nat Hist, 367: 1-262.

Naylor GJP, Caira JN, Jensen K, et al. 2012. Elasmobranch phylogeny: a mitochondrial estimate based on 595 species[M]//Carrier JC, Musick JA, Heithaus MR. The Biology of Sharks and Their Relatives. Boca Raton: CRC Press, Taylor & Francis Group.

Ndiaye PI, Agostini S, Miquel J, et al. 2003a. Ultrastructure of spermiogenesis and the spermatozoon in the genus *Joyeuxiella* Fuhrmann, 1935 (Cestoda, Cyclophyllidea, Dipylidiidae): comparative analysis of *J. echinorhynchoides* (Sonsino, 1889) and *J. pasqualei* (Diamare, 1893)[J]. Parasitol Res, 91 (3): 175-186.

Ndiaye PI, Miquel J, Bâ CT, et al. 2002. Spermiogenesis and sperm ultrastructure of *Scaphiostomum palaearcticum* Mas-Coma, Esteban et Valero, 1986 (Trematoda, Digenea, Brachylaimidae)[J]. Acta Parasitol, 47: 259-271.

Ndiaye PI, Miquel J, Bâ CT, et al. 2003b. Ultrastructure of spermiogenesis and spermatozoa of *Notocotylus neyrai* Gonzáles Castro, 1945 (Digenea, Notocotylidae), intestinal parasite of *Microtus agrestis* (Rodentia: Arvicolidae) in Spain[J]. Invert Repr Dev, 43: 105-115.

Ndiaye PI, Miquel J, Bâ CT, et al. 2004. Spermiogenesis and ultrastructure of the spermatozoon of the liver fluke *Fasciola gigantica* Cobbold, 1856 (Digenea: Fasciolidae), a parasite of cattle in Senegal[J]. J Parasitol, 90 (1): 30-40.

Ndiaye PI, Miquel J, Marchand B. 2003c. Ultrastructure of spermiogenesis and spermatozoa of *Taenia parva* Baer, 1926 (Cestoda, Cyclophyllidea, Taeniidae), a parasite of the common genet (*Genetta genetta*)[J]. Parasitol Res, 89: 34-43.

Ndiaye PI, Quilichini Y, Bâ A, et al. 2012. Ultrastructural study of the male gamete of *Glossobothrium* sp. (Cestoda: Bothriocephalidea: Triaenophoridae) a parasite of *Schedophilus velaini* (Perciformes: Centrolophidae) in Senegal[J]. Tissue Cell, 44 (5): 296-300.

Ndiaye PI, Quilichini Y, Sène A, et al. 2011. Ultrastructure of the spermatozoon of the digenean *Cricocephalus albus* (Kuhl & van Hasselt 1822) Loss, 1899 (Platyhelminthes, Pronocephaloidea, Pronocephalidae) parasite of the "hawksbill sea turtle" *Eretmochelys imbricata* (Linnaeus, 1766) in Senegal[J]. Zool Anz, 250: 215-222.

Neifar L, Tyler GA, Euzet L. 2001. Two new species of *Macrobothridium* (Cestoda: Diphyllidea) from rhinobatid elasmobranchs in the Gulf of Gabès, Tunisia, with notes on the status of the genus[J]. J Parasitol, 87 (3): 673-680.

Nelli S, Felix D, Marine A. 2014. Seven new species of helminths for reptiles from Armenia[J]. Acta Parasitol, 59 (3): 442-447.

Nelson JS. 2006. Fishes of the World. 4th ed.[M]. Hoboken, NJ: John Wiley & Sons, Inc. : i-xix, 601pp.

Nie P, Kennedy CR. 1991. Population biology of *Proteocephalus macrocephalus* (Creplin) in the European eel, *Anguilla anguilla* (Linnaeus), in two small rivers[J]. J Fish Biol, 38 (6): 921-927.

Nie P, Wang GT, Yao WJ, et al. 2000. Occurrence of *Bothriocephalus acheilognathi* in cyprinid fish from three lakes in the flood

plain of the Yangtze River, China[J]. Dis Aquat Organ, 41 (1): 81-82.
Nikishin VP, Lebedev DV. 2009. Structure and function of exocyst of cysticercoids *Microsomacanthus lari* (Cestoda, Hymenolepididae)[J]. Vestn Zool, SN23: 153-160.
Nikishin VP. 2009. Structure and differentiation of tissues of cysticercoids. 2. Differentiation of the exocyst in typical diplocyst of *Aploparaksis bulbocirrus* (Cestoda: Hymenolepididae)[J]. Zool Beclozbohoqhbix, 6 (2): 129-145.
Nikolov PN, Cappozzo HL, Berón-Vera B, et al. 2010. Cestodes from Hector's beaked whale (*Mesoplodon hectori*) and spectacled porpoise (*Phocoena dioptrica*) from Argentinean waters[J]. J Parasitol, 96 (4): 746-751.
Nikolov PN, Georgiev BB, Gulyaev VD. 2004. New data on the morphology of species of *Leptotaenia* Cohn, 1901 (Cestoda: Progynotaeniidae)[J]. Syst Parasitol, 58 (1): 1-15.
Nikolov PN, Georgiev BB, Gvozdev EV, et al. 2005. Taxonomic revision of the cestodes of the family Progynotaeniidae (Cyclophyllidea) parasitising stone curlews (Charadriiformes: Burhinidae)[J]. Syst Parasitol, 61 (2): 123-142.
Nikolov PN, Georgiev BB. 2002. The morphology and new records of two progynotaeniid cestode species[J]. Acta Parasitol, 47 (2): 121-130.
Nikolov PN, Georgiev BB. 2008. Taxonomic revision and phylogenetic analysis of the cestode genus *Paraprogynotaenia* Rysavy, 1966 (Cyclophyllidea: Progynotaeniidae)[J]. Syst Parasitol, 71 (3): 159-187.
Nobrega-Lee M, Hubbard G, Gardiner CH, et al. 2007. Sparganosis in wild-caught baboons (*Papiocynocephalus anubis*)[J]. J Med Primatol, 36: 47-54.
Nock AM, Caira JN. 1988. *Disculiceps galapagoensis* n. sp. (Lecanicephalidea: Disculicepitidae) from the shark, *Carcharhinus longimanus*, with comments on *D. pileatus*[J]. J Parasitol, 74 (1): 153-158.
Noever C, Caira JN, Kuchta R, et al. 2010. Two new species of *Aporhynchus* (Cestoda: Trypanorhyncha) from deep water lanternsharks (Squaliformes: Etmopteridae) in the Azores, Portugal[J]. J Parasitol, 96 (6): 1176-1184.
Noseworthy SM Threlfall W. 1978. Some metazoan parasites of ring-necked ducks, *Aythya collaris* (Donovan), from Canada[J]. Journal of Parasitology, 64 (2): 367-368.
Nowak MR. 1999. Walker's mammals of the world. 6th ed.[M]. Baltimore & London: The Jone Hopkins University Press: 1936pp.
Nowak MR, Królaczyk K, Kavetska KM, et al. 2011. Morphological features of *Cloacotaenia megalops* (Nitzsch in Creplin, 1829) (Cestoda, Hymenolepididae) from different hosts[J]. Wiad Parazytol, 57 (1): 31-36.
Noya O, Noya BA, Arrechedera H, et al. 1992. *Sparganum proliferum*: an overview of its structure and ultrastructure[J]. Int J Parasitol, 22: 631-640.
Nybelin O. 1922. Anatomish-systematische Studien über Pseudophyllidien[J]. Goteborgs Kgl Vetenskap, Akad Handl, 26: 1-228.
O'Callaghan MG, Davies M, Andrews RH. 2000. Species of Railietina Fuhrmann, 1920 (Cestoda: Davaineidae) from the emu, Dromaius novaehollandiae[J]. T Roy Soc South Aust, 124 (2): 105-116.
O'Callaghan MG, Davies M, Andrews RH. 2003. Cysticercoids of five species of *Raillietina* Fuhrmann, 1920 (Cestoda: Davaineidae) in ants, *Pheidole* sp., from emu farms in Australia[J]. Syst Parasitol, 55 (1): 19-24.
Okaka CE. 2000. Maturity of the procercoid of *Cyathocephalus truncatus* (Eucestoda: Spathebothriidae) in *Gammarus pulex* (Crustacea: Amphipoda) and the tapeworms life cycle using the amphipod as the sole host[J]. Helminthologia, 37 (3): 153-157.
Okorokov VI. 1956. A new species of cestode, *Tatria mathevossianae* (fam. Ama-btlädae) from *Podiceps ruficollis* (Pallas)[J]. Zool Zh.
Oliva ME, González MT, Acuna E. 2004. Metazoan parasite fauna as a biological tag for the habitat of the flounder *Hippoglossina macrops* from northern Chile, in a depth gradient[J]. J Parasitol, 90: 1374-1377.
Oliveira JB, Morales JA, González-Barrientos RC, et al. 2011. Parasites of cetaceans stranded on the Pacific coast of Costa Rica[J]. Vet Parasitol, 182 (2-4): 319-328.
Olsen OW. 1939a. *Deltokeras muhilobatus*, a new species of cestode (Parauterininae: Dilepiididae) from the twelve-wired bird of paradise (*Seleucides m. melanoleucus* (Daudin): Passeriformes)[J]. Zoologica, 24: 341-344.
Olsen OW. 1939b. *Tatria duodecacantha*, a new species of cestode (Amabiliidae Braun, 1900) from the Piedbilled Grebe (*Podilymbus podiceps podiceps* (Linn.)[J]. J Parasitol, 25 (6): 495-499.
Olsen OW. 1939c. The cysticercoid of the tapeworm *Dendrouterina nycticoracis* Olsen, 1937 (Dilepidiidae)[J]. Proc Helminthol Soc Wash, 6: 20-21.
Olsen OW. 1966. *Diplophallus taglei* n. sp. (Cestoda: Cyctophyllidea) from the viccacha, *Lagidium peruanum* Meyer, 1832 (Chinchillidae) from the Chilean Andes[J]. Helminthological Society: 49-53.
Olsen OW, Haskins AG, Braun CE. 1978. *Rhabdometra alpinensis* n. sp. (Cestoda: Paruterinida: Dilepididea) from southern white-tailed ptarmigan (*Lagopus leucurus altipetens* Osgood) in Colorado, U. S. A., with a key to the species of *Rhabdometra* Cholodkowsky, 1906[J]. Can J Zool, 56 (3): 446-450.
Olson PD, Caira JN. 1999. Evolution of the major lineages of tapeworms (Platyhelminthes: Cestoidea) inferred from 18S ribosomal DNA and elongation factor-1 alpha[J]. J Parasitol, 85 (6): 1134-1159.

Olson PD, Caira JN. 2001. Two new species of *Litobothrium* Dailey, 1969 (Cestoda: Litobothriidea) from thresher sharks in the Gulf of California, Mexico, with redescriptions of two species in the genus[J]. Syst Parasitol, 48 (3): 159-177.

Olson PD, Littlewood DT, Bray RA, et al. 2001. Interrelationships and evolution of the tapeworms (Platyhelminthes: Cestoda)[J]. Mol Phylogenet Evol, 19 (3): 443-467.

Olson PD, Poddubnaya LG, Littlewood DT, et al. 2008. On the position of *Archigetes* and its bearing on the early evolution of the tapeworms[J]. J Parasitol, 94 (4): 898-904.

Olson PD, Ruhnke TR, Sanney J, et al. 1999. Evidence for host-specific clades of tetraphyllidean tapeworms (Platyhelminthes: Eucestoda) revealed by analysis of 18S ssrDNA[J]. Int J Parasitol, 29 (9): 1465-1476.

Olson PD, Tkach VV. 2005. Advances and trends in the molecular systematics of the parasitic Platyhelminthes[J]. Adv Parasitol, 60: 165-243.

Omer OH, Al-Sagair O. 2005. The occurrence of *Thysanosoma actinioides* Diesing, 1834 (Cestoda: Anoplocephalidae) in a Najdi Camel in Saudi Arabia[J]. Veterinary Parasitology, 131(1-2): 165-167.

Oros M, Ash A, Brabec J, et al. 2012. A new monozoic tapeworm, *Lobulovarium longiovatum* n. g., n. sp. (Cestoda: Caryophyllidea), from barbs *Puntius* spp. (Teleostei: Cyprinidae) in the Indomalayan region[J]. Syst Parasitol, 83 (1): 1-13.

Oros M, Hanzelová V, Scholz T. 2009. Tapeworm *Khawia sinensis*: review of the introduction and subsequent decline of a pathogen of carp, *Cyprinus carpio*[J]. Vet Parasitol, 164 (2-4): 217-222.

Oros M, Hanzelová V. 2007. The morphology and systematic status of *Khawia rossittensis* (Szidat, 1937) and *K. parva* (Zmeev, 1936) (Cestoda: Caryophyllidea), parasites of cyprinid fishes[J]. Syst Parasitol, 68 (2): 129-136.

Oros M, Scholz T, Hanzelova V, et al. 2010. Scolex morphology of monozoic cestodes (Caryophyllidea) from the Palaearctic Region: a useful tool for species identification[J]. Folia Parasitol, 57 (1): 37-46.

Ortega N, Price W, Campbell T, et al. 2015. Acquired and introduced macroparasites of the invasive Cuban treefrog, *Osteopilus septentrionalis*[J]. Int J Parasitol Parasites Wildl, 4 (3): 379-384.

Ortega-Olivares MP, Barrera-Guzmán AO, Haasová I, et al. 2008. Tapeworms (Cestoda: Gryporhynchidae) of Fish-Eating Birds (Ciconiiformes) from Mexico: New Host and Geographical Records[J]. Comparative Parasitology, 75: 182-195.

Ortega-Olivares MP, García-Prieto L, García-Varela M. 2014. Gryporhynchidae (Cestoda: Cyclophyllidea) in Mexico: species list, hosts, distribution and new records[J]. Zootaxa, 3795 (2): 101-125.

Ortega-Olivares MP, Rosas-Valdez R, García-Varela M. 2013. First description of adults of the type species of the genus *Glossocercus* Chandler, 1935 (Cestoda: Gryporhynchidae)[J]. Folia Parasitol, 60 (1): 35-42.

Ortlepp RJ. 1964. Observations on the helminths parasitic in warthogs and bushpigs[J]. Onderst J Vet Res, 31: 11-38.

Osmanov SU. 1940. Materials on the parasite fauna of fish in the Black Sea[J]. Uchenie Zapiski Leningradskogo Universiteta, 30: 189-264.

Oßmann S. 2008. Untersuchungen zum Helminthenbefall beim Kormoran (*Phalacrocorax carbo*) und Graureiher (*Ardea cinerea*) aus sächsischen Teichwirtschaften-ein Beitrag zu Parasitenbefall, Epidemiologie und Schadwirkung[D]. Dr med vet, Der Universität Leipzig, Leipzig: 217pp.

Overstreet RM. 1968. Parasites of the inshore lizardfish, *Synodus foetens*, from South Florida, including a description of a new genus of Cestoda[J]. B Mar Sci, 18 (18): 444-470.

Ozer A, Oztürk T, Kornyushin VV, et al. 2014. *Grillotia erinaceus* (van Beneden, 1858) (Cestoda: Trypanorhyncha) from whiting in the Black Sea, with observations on seasonality and host-parasite interrelationship[J]. Acta Parasitol, 59 (3): 420-425.

Paco JM, Campos DM, Araujo JL. 2003. Human bertiellosis in Goias, Brazil: a case report on human infection by *Bertiella* sp. (Cestoda: Anoplocephalidae)[J]. Rev Inst Med Trop Sao Paulo, 45: 159-161.

Padgett KA, Nadler SA, Munson L, et al. 2005. Systematics of *Mesocestoides* (Cestoda: Mesocestoididae): evaluation of molecular and morphological variation among isolates[J]. J Parasitol, 91 (6): 1435-1443.

Palacios M, Barroeta NLF. 1967. Cestodos de vertebrados XI[J]. Revta Iber Parasitol, 27 (1/2): 43-62.

Palm H. 1995. Untersuchungen zur Systematik von Rüsselbandwürmern (Cestoda: Trypanorhyncha) aus atlantischen Fischen[D]. Doctoral thesis, Christian-Albrechts-Universit Kiel, Kiel, Germany: 238pp.

Palm H, Möller H, Petersen F. 1993. *Otobothrium penetrans* (Cestoda; Trypanorhyncha) in the flesh of belonid fish from Philippine waters[J]. Int J Parasitol, 23 (6): 749-755.

Palm HW. 1997. Trypanorhynch Cestodes of Commercial Fishes from Northeast Brazilian Coastal Waters[J]. Mem Inst Oswaldo Cruz, 92 (1): 69-79.

Palm HW. 1999. *Nybelinia* Poche, 1926, *Heteronybelinia* gen. nov. and *Myxoonybelinia* gen. nov. (Cestoda: Trypanorhyncha) in the collections of The Natural History Museum[J]. London Bull Nat Hist Mus Zool Series, 65: 133-153.

Palm HW. 2000 Trypanorhynch cestodes from Indonesian coastal waters (East Indian Ocean)[J]. Folia Parasitol, 47 (2): 123-134.

Palm HW. 2002. A revision of *Microbothriorhynchus* Yamaguti, 1952 (Cestoda: Trypanorhyncha), with the redescription of *M. coelorhynchi* Yamaguti, 1952 and the description of *M. reimeri* n. sp.[J]. Syst Parasitol, 53 (3): 219-226.

Palm HW. 2004. The Trypanorhyncha Diesing 1863[M]. Bogor: IPB-PKSPL-Press: 710pp.

Palm HW. 2008. Surface ultrastructure of the elasmobranchia parasitizing *Grillotiella exilis*, and *Pseudonybelinia odontacantha*, (Trypanorhyncha, Cestoda)[J]. Zoomorphology, 127 (4): 249-258.

Palm HW. 2010. *Nataliella marcelli* n. g., n. sp. (Cestoda: Trypanorhyncha: Rhinoptericolidae) from Hawaiian fishes[J]. Syst Parasitol, 75 (2): 105-115.

Palm HW. 2011. Fish Parasites as Biological Indicators in a Changing World: Can We Monitor Environmental Impact and Climate Change?[J]. Parasitol Res Monographs, 2: 223-250.

Palm HW, Caira JN. 2008. Host specificity of adult versus larval cestodes of the elasmobranch tapeworm order Trypanorhyncha[J]. Int J Parasitol, 38 (3-4): 381-388.

Palm HW, Overstreet RM. 2000. *Otobothrium cysticum* (Cestoda: Trypanorhyncha) from the muscle of butterfishes (Stromateidae)[J]. Parasitol Res, 86 (1): 41-53.

Palm HW, Poynton SL, Rutledge P. 1998. Surface ultrastructure of plerocercoids of *Bombycirhynchus sphyraenaicum* (Pintner, 1930) (Cestoda: Trypanorhyncha)[J]. Parasitol Res, 84 (3): 195-204.

Palm HW, Waeschenbach A, Littlewood DT. 2007. Genetic diversity in the trypanorhynch cestode *Tentacularia coryphaenae* Bosc, 1797: evidence for a cosmopolitan distribution and low host specificity in the teleost intermediate host[J]. Parasitol Res, 101 (1): 153-159.

Palm HW, Waeschenbach A, Olson PD, et al. 2009. Molecular phylogeny and evolution of the Trypanorhyncha Diesing, 1863 (Platyhelminthes: Cestoda)[J]. Mol Phylogenet Evol, 52 (2): 351-367.

Palm HW, Walter T. 1999. *Nybelinia southwelli* sp. nov. (Cestoda, Trypanorhyncha) with the re-description of *N. perideraeus* (Shipley & Hornell, 1906) and synonymy of *N. herdmani* (Shipley & Hornell, 1906) with *Kotorella pronosoma* (Stossich, 1901)[J]. Bull Nat Hist Mus Zool, 65: 123-132.

Palm HW, Walter T. 2000. Tentaculariid cestodes (Ord. Trypanorhyncha) from the Muséum d'Histoire Naturelle Paris[J]. Zoosystema, 22 (4): 641-666.

Palm HW, Walter T, Schwerdtfeger G, et al. 1997. *Nybelinia* Poche, 1926 (Cestoda: Trypanorhyncha) from the MoÃsambique coast, with description of *N. beveridgei* sp. nov. and systematic consideration of the genus[J]. S Afr J Mar Sci, 18 (1): 273-285.

Papazoglou LG, Diakou A, Patsikas MN, et al. 2006. Intestinal pleating associated with *Joyeuxiella pasqualei* infection in a cat[J]. Vet Rec, 159 (19): 634-635.

Parodi SE, Widakowich V. 1916. Sobre una nueva especie de Taenia[J]. Prensa Médica Argentina Revista Sud-Americana de Ciencias Médicas, 27: 337-338.

Parra BE. 1953. *Perutaenia threlkeldi*, n. g. n. sp. Cestoda: Anoplocephalidae from *Lagidium peruanum[*J]. Journal of Parasitology, 39 (3): 252-255.

Pathan DM, Bhure DB, Madle RS. 2011. Studies on the cestode genus *Cephalobothrium*, Shipley et Hornell, 1906 from *Dasyatis uarnak* with description of a new species[J]. Asian J Anim, 6 (1): 46-48.

Pavanelli GC, Rego AA. 1989. Novas especies de proteocefalídeos (Cestoda) de Hemisorubim platyrhynchos (Pisces-Pimelodidae) do estado do Parana[J]. Rev Bras Biol, 49: 381-386.

Pavanelli GC, Rego AA. 1991. Cestoides proteocefalídeos de *Sorubim lima* (Schneider, 1801) (Pisces-Pimelodidae) do Rio Paraná e reservatório de Itaipu[J]. Rev Bras Biol, 51: 7-12.

Pavanelli GC, Rego AA. 1992. *Megathylacus travassosi* sp. n. and *Nomimoscolex sudobim* Woodland, 1935 (Cestoda: Proteocephalidea) parasites of *Pseudoplatystoma corruscans* (Agassiz, 1829) (Siluriformes, Pimelodidae) from the Itaipu Reservoir and Parana River, Paraná State, Brazil[J]. Mem Inst Oswaldo Cruz, 87 (Suppl. 1): 191-195.

Pavliuk RS. 1973. Cysticercoides *Tatria decacantha* Fuhrmann, 1913 (Cestoda: Amabiliidae) from dragonflies in Western Regions of the Ukraine[J]. Parazitologiia, 7 (4): 353-356.

Pawar LB, Shewale SS, Patil DN, et al. 2013. A new species *Phoreiobothrium gawali* from *Carcharias acutus* (Muller and Henle, 1906) at Bankot, Ratnagiri M. S. India[J]. Int J Bioassays, 2 (8): 1166-1167.

Pelicice FM, Agostinho AA. 2008. Fish-passage facilities as ecological traps in large Neotropical rivers[J]. Conserv Biol, 22 (1): 180-188.

Pereira J. 1998. Trypanorhyncha (Cercomeromorphae, Eucestoda) nos Sciaenidae (Neopterygii, Perciformes) do litoral do Rio Grande do Sul: sistematica, estrutura das comunidades componentes e sua utilizcao indicatores da estrutura trofica da assembleia hospedeira[D]. PhD thesis, Univeridade Federal do Parana, Brazil: 247pp.

Petkeviciute R, Regel KV. 1994. Karyometrical analysis of *Microsomacanthus spasskii* and *M. Spiralibursata*[J]. J Helminthol, 68 (1): 53-55.

Petkeviciute R. 1996. A chromosome study in the progenetic cestode *Cyathocephalus truncatus* (Cestoda: Spathebothriidea)[J]. Int J Parasitol, 26 (11): 1211-1216.

Petkevičiūte R. 2003. Comparative karyological analysis of three species of *Bothriocephalus* Rudolphi 1808 (Cestoda: Pseudophyllidea)[J]. Parasitol Res, 89 (5): 358-363.

Pfeiffer F, Kuschfeldt S, Stoye M. 1997. Helminth fauna of the red fox (*Vulpes vulpes* LINNE 1758) in south Sachsen-Anhalt-1: Cestodes[J]. Dtsch Tierarztl Wochenschr, 104 (10): 445-448. (In German)

Phillips AJ, Georgiev BB, Waeschenbach A, et al. 2014. Two new and two redescribed species of *Anonchotaenia* (Cestoda: Paruterinidae) from South American birds[J]. Folia Parasitol, 61 (5): 441-461.

Phillips AJ, Mariaux J, Georgiev BB. 2012. *Cucolepis cincta* gen. n. et sp. n. (Cestoda: Cyclophyllidea) from the squirrel cuckoo *Piaya cayana lesson* (Aves: Cuculiformes) from Paraguay[J]. Folia Parasitol, 59 (4): 287-294.

Pichelin S, Cribb TH, Bona FV. 1998. *Glossocercus chelodinae* (MacCallum, 1921) n. comb. (Cestoda: Dilepididae) from freshwater turtles in Australia and a redefinition of the genus *Bancroftiella* Johnston, 1911[J]. Syst Parasitol, 39 (3): 165-181.

Pichelin S, Thomas PM, Hutchinson MN. 1999. A checklist of helminth parasites of Australian reptiles[J]. Rec South Aust Mus, Monograph Series No. 5: 1-61.

Pickering M, Caira JN. 2008. *Calliobothrium schneiderae* n. sp. (Cestoda: Tetraphyllidea) from the Spotted Estuary Smooth-Hound Shark, *Mustelus lenticulatus*, from New Zealand[J]. Comp Parasitology, 75 (2): 174-181.

Piekarska J, Kuczaj M, Wereszczyńska M, et al. 2012. Occurrence of tapeworms of the family Anoplocephalidae in herds of dairy cattle in Lesser Poland and in Lower Silesia, Poland[J]. Ann Parasitol, 58 (2): 97-99.

Pilar FR. 2002. Estudio faunístico y sistemático de helmintos de aves canarias[D]. Departamento de Parasitologia, Ecología y Genética. Universidad de La Laguna, Tenerife, Spain.

Pintner T. 1928. Helminthologische Mitteilungen[J]. I. Zool Anz, 76: 318-322.

Pinto RM, Gomez DC. 1976. Contribuicao ao conhecimento da fauna he1mintol6gica da Regiao Amazonica;cestodeos[J]. Mem Inst Oswaldo Cruz, 74: 53-64.

Pinto RM, Gonçalves L, Gomes DC, et al. 2001. Helminth Fauna of the Golden Hamster Mesocricetus auratus in Brazil[J]. Journal of the American Association for Laboratory Animal Science, 40 (2): 21-26.

Pinto RM, Knoff M, São Clemente SC, et al. 2006. The taxonomy of some Poecilacanthoidea (Eucestoda: Trypanorhyncha) from elasmobranchs off the southern coast of Brazil[J]. J Helminthol, 80 (3): 291-298.

Pinto RM, Noronha D. 1972. Contribuicao ao conhecimento da fauna helmintologica do Municipio de alfenas, estado de minas gerais[J]. Mem Inst Oswaldo Cruz, 70 (3): 391-407.

Pinto RM, Vicente JJ, Noronha D, et al. 1994. Helminth parasites of conventionally maintained laboratory mice[J]. Mem Inst Oswaldo Cruz, 89: 33-49.

Pippy JH, Aldrich FA. 1969. *Hepatoxylon trichiuri* (Holden 1802) (Cestoda-Trypanorhyncha) from the giant squid Architeuthis dux Steenstrup 1857 in Newfoundland[J]. Can J Zool, 47 (2): 263-264.

Poche F. 1924. Die Entstehung der Russel Der Tetrarhynchiden[J]. Zool Anz, 59: 100-104.

Poche F. 1926. Das System der Platodaria[J]. Arch Naturgesch, 91: 241-459.

Poddubnaya L, Bruňanska M, Kuchta R, et al. 2006. First evidence of the presence of microtriches in the Gyrocotylidea[J]. J Parasitol, 92 (4): 703-707.

Poddubnaya LG, Gibson DI, Olson PD. 2007. Ultrastructure of the ovary, ovicapt and oviduct of the spathebothriidean tapeworm *Didymobothrium rudolphii* (Monticelli, 1890)[J]. Acta Parasitol, 52 (2): 127-134.

Poddubnaya LG, Gibson DI, Swiderski Z, et al. 2006. Vitellocyte ultrastructure in the cestode *Didymobothrium rudolphii* (Monticelli, 1890): possible evidence for the recognition of divergent taxa within the Spathebothriidea[J]. Acta Parasitol, 51 (4): 255-263.

Poddubnaya LG, Kuchta R, Bristow GA, et al. 2015. Ultrastructure of the anterior organ and posterior funnel-shaped canal of *Gyrocotyle urna* Wagener, 1852 (Cestoda: Gyrocotylidea)[J]. Folia Parasitol, 62: 027.

Poddubnaya LG, Kuchta R, Levron C, et al. 2009. The unique ultrastructure of the uterus of the Gyrocotylidea Poche, 1926 (Cestoda) and its phylogenetic implications[J]. Syst Parasitol, 74 (2): 81-93.

Poddubnaya LG, Mackiewicz JS, Brunanska M, et al. 2005. Ultrastructural studies on the reproductive system of progenetic *Diplocotyle olrikii* (Cestoda, Spathebothriidea): ovarian tissue[J]. Acta Parasitol, 50 (3): 199-207.

Poddubnaya LG, Mackiewicz JS, Kuperman BI. 2003. Ultrastructure of *Archigetes sieboldi* (Cestoda: Caryophyllidea): relationship between progenesis, development and evolution[J]. Folia Parasitol, 50 (4): 275-292.

Poddubnaya LG, Scholz T, Kuchta R, et al. 2008. Ultrastructure of the surface structures and secretory glands of the rosette attachment organ of *Gyrocotyle urna* (Cestoda: Gyrocotylidea)[J]. Folia Parasitol, 55 (3): 207-218.

Poddubnaya LG, Xylander WER. 2010. Ultrastructure of the ovary of *Amphilina japonica* Goto and Ishii, 1936 (Cestoda) and its implications for phylogenetic studies[J]. Syst Parasitol, 77 (3): 163-174.

Pogoreltseva TP. 1952. Parasites of fish of the north-eastern part of the Black Sea[J]. Trudy Inst Zool Kiev, 8: 100-120. (In Ukrainian)

Pogoreltseva TP. 1960. Materials to the study of tapeworms-parasitic in fish in the Black Sea[J]. Trudy Karadagskoj Biologicheskoj Stantsii, 16: 143-159.

Pogoreltseva TP. 1970. Parasite fauna of elasmobranch fish in the Black Sea[J]. Questions of Marine Parasitology: 106-107.

Pool DW, Chubb JC. 1985. A critical scanning electron microscope study of the scolex of *Bothriocephalus acheilognathi* Yamaguti, 1934, with a review of the taxonomic history of the genus *Bothriocephalus* parasitizing cyprinid fishes[J]. Syst Parasitol, 7: 199-211.

Pospekhova NA. 2009. Rostellar glands in two cestodes of the family Dilepididae[J]. Parazitologiia, 43 (1): 57-69.

Pospekhova NA, Regel KV, Gulyaev VD. 2014. Ultrastructural study of protective envelopes in *Dioecocestus asper* (Cestoda: Dioecocestidae) megalocercus[J]. Parazitologiia, 48 (2): 89-96.

Pospekhova NA, Regel KV. 2013. Ultrastructure of the cercomer of the metacestode *Microsomacanthus paraparvula* Regel, 1994 (Cestoda: Hymenolepididae)[J]. J Helminthol, 87 (4): 483-488.

Pramanik PB, Manna B. 2005. *Cephalobothrium gogadevensis* new species (Cestoidea: Lecanicephalidae) from *Rhinobatus granulatus* Cuv., 1829 from Bay of Bengal at Digha Coast, India[J]. J Natural History, 1: 38-43.

Premvati G. 1969. Studies on *Haplobothrium bistrobilae* sp. nov. (Cestoda: Pseudo-phyllidea) from *Amia calva* L.[J]. Pro Helminthol Soc Wash, 36 (1): 55-60.

Presswell B, Poulin R, Randhawa HS. 2012. First report of a gryporhynchid tapeworm (Cestoda: Cyclophyllidea) from New Zealand and from an eleotrid fish, described from metacestodes and *in vitro*-grown worms[J]. J Helminthol, 86 (4): 453-464.

Priemer J. 1980. Life cycle of *Proteocephalus neglectus* (Cestoda) from rainbow trout *Salmo gairdneri*[J]. Angew Parasitol, 21 (3): 125-133.

Priemer J. 1982. Bestimmung von Fischbandwurmern der Gattung *Proteocephalus* (Cestoda: Proteocephalidae) in Mitteleuropa[J]. Zool Anz, 208: 244-264.

Priemer J. 1987. On the life-cycle of *Proteocephalus exiguus* (Cestoda) from *Salmo gairdneri* (Pisces)[J]. Helminthologia, 24: 75-85.

Priemer J, Goltz A. 1986. *Proteocephalus exiguus* (Cestoda) as a parasite of *Salmo gairdneri* (Pisces)[J]. Angew Parasitol, 27 (3): 157-168.

Prigli M. 1975. The role of aquatic birds in spreading *Bothriocephalus gowkongensis* Yeh, 1955 (Cestoda)[J]. Parasitol Hung, 8: 61-62.

ProKopic J. 1967. *Hymenolepis muris-sylvatici* (Rudolphi, 1819)=*Variolepis crenata* (Goeze, 1782)[J]. Folia Parasitol, 14: 365-369.

Pronina SV, Pronin NM. 1988. Interrelationships in systems helminths-fishes (at tissue, organ and organismal levels)[M]. Moscow: Nauka: 177pp.

Protasova EN. 1974. On the systematics of cestodes of the order Pseudophyllidea, parasites of fish[J]. Trudy Gel'mintologicheskoi Laboratorii, 24: 133-144. (In Russian)

Protasova EN, Mordvinova TN. 1986. A ptychobothriid cestode, *Tetrapapillocephalus magnus* n. g. n. sp. (Pseudophyllidea, Ptychobothriidae) from marine fish[J]. Parazitologiya, 20: 313-316.

Protasova EN, Parukhin AM. 1986. New genera and species of cestodes (Pseudophyllidea, Amphicotylidae) from marine fish[J]. Parazitologiya, 20: 278-287.

Protasova EP. 1977. Principles of cestodology[M]//Ryzhikov KM. Bothriocephalata-Cestodes of Fish. Vol. 8. Moscow, USSR: Izdatelstvo Nauka: 298pp. (In Russian)

Protasova EP, Kuperman BI, Roitman VA, et al. 1990. Caryophyllid tapeworms of the fauna of USSR[M]. Moscow, Russia: Nauka: 237.

Prouza A. 1978. Life cycle of the tapeworm *Proteocephalus neglectus* La Rue, 1911[a parasite of trouts][J]. Sbornik Vedeckych Praci USVU, Praha, 8: 56-63.

Puga S, Formas JR. 2005. *Ophiotaenia calamensis*, a new species of proteocephalid tapeworm from the Andean aquatic frog *Telmatobius dankoi* (Leptodactylidae)[J]. Proc Biol Soc Wash, 118: 245-250.

Puga S. 1996. A new host and taxonomic notes for *Baerietta chilensis* (Cestoda: Nematotaeniidae)[J]. Bol Chil Parasitol, 51 (1-2): 34-35.

Purivirojkul W, Boonsoong B. 2012. A new species of Tetraphyllidean (Onchobothriidae) cestode from the brown-banded bambooshark *Chiloscyllium punctatum* (Elasmobranchii: Hemiscylliidae)[J]. J Parasitol, 98 (6): 1216-1219.

Quentin JC. 1971. Morphologie comparee des structures cephaliques et genitales des oxyures du genre Syphacia[J]. Annales de Parasitologie, 46: 15-60.

Quentin JC. 1994. Family Catenotaeniidae Spasskiĭ, 1950[M]// Khalil LF, Jones A, Bray RA. Keys to the Cestode Parasites of Vertebrates. Wallingford, Oxon: CAB International: 768pp.

Quilichini Y, Foata J, Justine JL, et al. 2009. Sperm ultrastructure of the digenean *Siphoderina elongata* (Platyhelminthes, Cryptogonimidae) intestinal parasite of *Nemipterus furcosus* (Pisces, Teleostei)[J]. Parasitol Res, 105 (1): 87-95.

Quilichini Y, Foata J, Justine JL, et al. 2010. Ultrastructureal study of the spermatozoon of *Heterolebes maculosus* (Digenea, Opistholebetidae), a parasite of the porcupinfish Diodon hystrix (Pisces, Teleostei)[J]. Parasitol Int, 59 (3): 427-434.

Radha T, Satyaprema VA, Ramalingam K, et al. 2006. Ultrastructure of polymorphic microtriches in the tegument of *Raillietina echinobothrida* that infects *Gallus domesticus* (Fowl)[J]. Journal of Parasitic Diseases, 30 (2): 153-162.

Radhakrishman S, Nair NB, Balasubramanian NK. 1983. Adult cestode infection of the marine teleost fish *Saurida tumbil* (Bloch)[J]. Acta Ichtyol Pisca, 13: 75-97.

Railliet A, Henry A. 1909. Les cestodes des oiseaux par O. Fuhrmann[J]. Rec Med Vet, 86: 337-338.

Ramadevi P, Rao KH. 1974. The larva of *Echinobothrium reesae* Ramadevi, 1969 (Cestoda: Diphyllidea) from the body cavity of a pasiphaeid crustacean *Leptochela aculeocaudata* Paulson, 1875[J]. J Helminthol, 48 (2): 129-131.

Ramadevi P. 1969. *Echinobothrium reesae* (Cestoda: Diphyllidea) from the sting rays of Waltair coast[J]. Ann Parasitol Hum Comp, 44 (3): 231-240.

Ramnath, Jyrwa DB, Dutta AK, et al. 2014. Molecular characterization of the Indian poultry nodular tapeworm, *Raillietina echinobothrida* (Cestoda: Cyclophyllidea: Davaineidae) based on rDNA internal transcribed spacer 2 region[J]. J Parasit Dis, 38 (1): 22-26.

Randall JE, Justine JL. 2008. *Cephalopholis aurantia* × *C. spiloparaea*, a hybrid serranid fish from New Caledonia[J]. Raffles Bull Zool, 56 (1): 157-159.

Randhawa HS, Poulin R. 2010. Evolution of interspecific variation in size of attachment structures in the large tapeworm genus *Acanthobothrium* (Tetraphyllidea: Onchobothriidae)[J]. Parasitology, 137 (11): 1707-1720.

Ransom BH. 1909. The Taenioid cestodes of North American birds[J]. Smithsonian Institute, US Nat Mus Bull, 69: 1-141.

Rao KH. 1954. A new bothriocephalid parasite (Cestoda) from the gut of the fish *Saurida tumbil* (Bloch)[J]. Current Science, 23: 333-334.

Rao KH. 1959. Observations on the Mehlis' gland complex in the liver fluke *Fasciola hepatica* L.[J]. J Parasitol, 45 (3): 347-351.

Rao KH. 1960. Studies on *Penetrocephalus ganapatii*, a new genus (Cestoda: Pseudophyllidea) from the marine teleost *Saurida tumbil* (Bloch)[J]. Parasitology, 50 (1-2): 155-163.

Rausch R. 1946. *Paranoplocephala troeschi*, new species of cestode from the meadow vole, *Microtus p. ennsylvanicus* Ord[J]. Transactions of the American Microscopical Society, 65: 354-356.

Rausch R. 1947. *Bakererpes fragilis* n. g., n. sp., a cestode from the nighthawk (Cestoda: Dilepididae)[J]. J Parasitol, 33 (5): 435-438.

Rausch R. 1948. Notes on cestodes of the genus *Andrya* Railliet, 1883, with the description of *A. ondatrae* n. sp. (Cestoda: Anoplocephalidae)[J]. Transactions of the American Microscopical Society, 67: 187-191.

Rausch R. 1951. Studies on the Helminth Fauna of Alaska. VII: On Some Helminths from Arctic Marmots with the Description of *Catenotaenia reggiae* n. sp. (Cestoda: Anoplocephalidae)[J]. J Parasitol, 37: 415-418.

Rausch R. 1952. Studies on the helminth fauna of Alaska. XI. Helminth parasites of microtine rodents; taxonomic considerations[J]. J Parasitol, 38 (5): 415-444.

Rausch R. 1954. Studies on the Helminth Fauna of Alaska: XX. The Histogenesis of the Alveolar Larva of *Echinococcus* Species[J]. J Infect Dis, 94 (2): 178-186.

Rausch R, Morgan BB. 1947. The genus *Anonchotaenia* (Cestoda; Dilepididae) from North American birds, with the description of a new species[J]. Trans Am Microsc Soc, 66 (2): 203-211.

Rausch R, Schilier E. 1949. A contribution to the study of North American cestodes of the genus *Paruterina* Fuhrmann, 1906[J]. Zool Sci Contrib N Y Zool Soc, 34 Pt. 1 (1-6): 5-8.

Rausch RL. 1967. A consideration of infraspecific categories in the genus *Echinococcus* Rudolphi, 1801 (Cestoda: Taeniidae)[J]. J Parasitol, 53 (3): 484-491.

Rausch RL. 1969. Diphyllobothriid cestodes from the Hawaiian monk seal, *Monachus schauinslandi* Matschie, from Midway Atoll[J]. J Fish Res Board Can, 26 (4): 947-956.

Rausch RL. 1970. Studies on the helminth fauna of Alaska. XLV. *Schistotaenia srivastavai* n. sp. (Cestoda: Amabiliidae) from the red-necked grebe, *Podiceps grisegena* (Boddaert)[M]//Singh KS, Tandan BK. H. D. Srivastava Commemoration Volume. Uttar Pradesh: Ind Vet Res Ins, Izatnagar.

Rausch RL. 1976. The genera *Paranoplocephala* Lühe, 1910 and *Anoplocephaloides* Baer, 1923 (Cestoda: Anoplocephalidae), with particular reference to species in rodents[J]. Ann Parasitol Hum Comp, 51 (5): 513-562.

Rausch RL. 1980. Redescription of *Diandrya composita* Darrah, 1930 (Cestoda: Anoplocephalidae) from nearctic marmots (Rodentia: Sciuridae) and the relationships of the genus *Diandrya* emend[J]. Proc Helminthol Soc Wash, 47 (2): 157-164.

Rausch RL. 1985. Parasitology: retrospect and prospect[J]. J Parasitol, 71: 139-151.

Rausch RL. 1994. Family Mesocestoididae Fuhrmann, 1907[M]//Khalil LF, Jones A, Bray RA. Keys to the Cestode Parasites of Vertebrates. Wallingford: CAB International.

Rausch RL. 2003. Cystic echinococcosis in the Arctic and Sub-Arctic[J]. Parasitology, 127 (S1): S73-S85.

Rausch RL. 2005. *Diphyllobothrium fayi* n. sp. (Cestoda: Diphyllobothriidae) from the Pacific walrus, *Odobenus rosmarus divergens*[J]. Comp Parasitol, 72: 129-135.

Rausch RL, Hilliard DK. 1970. Studies on the helminth fauna of Alaska. XLIX. The occurrence of *Diphyllobothrium latum*

(Linnaeus, 1758) (Cestoda: Diphyllobothriidae) in Alaska, with notes on other species[J]. Can J Zool, 48 (6): 1201.

Rausch RL, Maser C. 1977. *Monoecocestus thomasi* sp. n. (Cestoda: Anoplocephalidae) from the Northern Flying Squirrel, *Glaucomys sabrinus* (Shaw), in Oregon[J]. J Parasitol, 63 (5): 793-799.

Rausch RL, McKown RD. 1994. *Choanotaenia atopa* n. sp. (Cestoda: Dilepididae) from a Domestic Cat in Kansas[J]. J Parasitol, 80 (2): 317-320.

Rausch RL, Ohbayashi M. 1974. On Some Anoplocephaline Cestodes from Pikas, *Ochoto*na spp. (Lagomorpha), in Nepal, with the Description of *Ectopocephalium abei* gen. et sp. n.[J]. J Parasitol, 60 (4): 596-604.

Rausch RL, Rausch VR. 1990. Reproductive anatomy and gametogenesis in *Shipleya inermis* (Cestoda: Dioecocestidae)[J]. Ann Parasit Hum Comp, 65: 229-237.

Redón S, Berthelemy NJ, Mutafchiev Y, et al. 2015. Helminth parasites of *Artemia franciscana* (Crustacea: Branchiopoda) in the Great Salt Lake, Utah: first data from the native range of this invader of European wetlands[J]. Folia Parasitol, 62: 030.

Rees G. 1958. A comparison of the structure of the scolex of *Bothriocephalus scorpii* (Müller 1776) and *Clestobothrium crassiceps* (Rud 1819) and the mode of attachment of the scolex to the intestine of the host[J]. Parasitology, 48 (3-4): 468-492.

Rees G. 1959. *Ditrachybothridium macrocephalum* gen. nov. sp. nov. a cestode from some elasmobranch fishes[J]. Parasitology, 49 (1-2): 191-209.

Rees G. 1969. Cestodes from Bermuda fishes and an account of *Acompsocephalum tortum* (Linton, 1905) gen. nov. from the lizard fish *Synodus intermedius* (Agassiz)[J]. Parasitology, 59 (3): 519-548.

Rees G. 1973. Cysticercoids of three species of *Tatria* (Cyclophyllidea: Amabiliidae) including *T. octacantha* sp. nov. from the haemocoele of the damsel-fly nymphs *Pyrrhosoma nymphula* Sulz and *Enallagma cyathigerum* Charp[J]. Parasitology, 66 (3): 423-446.

Regel KV, Guliaev VD, Pospekhova NA. 2013. On the life cycle and morphology of metacestodes *Dioecocestus asper* (Cyclophyllidea: Dioecocestidae)[J]. Parazitologiia, 47 (1): 3-22. (In Russian)

Regel KV, Kashin VA. 1995. The life cycle and fine morphology of the embryophores in *Microsomacanthus paraparvula* (Cestoda: Hymenolepididae), a parasite of diving ducks in Chukotka[J]. Parazitologiia, 29 (6): 511-519. (In Russian)

Regel KV. 1994. *Microsomacanthus paraparvula* sp. n. (Cestoda: Hymenolepididae)-a parasite of diving ducks in Chukotka[J]. Parazitologiia, 28 (2): 92-98. (In Russian)

Regel KV. 2000. The cestode fauna of the fam. Hymenolepididae in the anatine birds of Chukotka. The genus *Dicranotaenia*[J]. Parazitologiia, 34 (4): 302-314. (In Russian)

Regel KV. 2005. Cestode of the family Hymenolepididae from ducks of Chukotka: *Microsomacanthus parasobolevi* sp. n. -a widely distributed parasite of eider ducks[J]. Parazitologiia, 39 (2): 146-514.

Rego AA. 1960. Noto previo sobre urna no vo especie do genero Monoecocestus Beddard, 1914 (Cestoda, Ciclophyll idea)[J]. Atas Soco Biol Río de Janeiro, 4: 67-68.

Rego AA. 1961[On the validity of the genus "*Luheella*" Baer, 1924 (Cestoda, Diphyllobothriidae)][J]. Rev Bras Biol, 21 (2): 155.

Rego AA. 1968. Sobre tres cestodes de aves Charadriiformes[J]. Mem Inst Oswaldo Cruz, 66: 107-115.

Rego AA. 1984. Proteocephalidea from Amazonian freshwater fishes: new systematic arrangement for the species described by Woodland as *Anthobothrium* (Tetraphyllidea)[J]. Acta Amaz, 14 (1-2): 86-94.

Rego AA. 1987. Cestóides proteocefalídeos do Brasil. Reorganizaçâo taxonômica[J]. Rev Bras Biol, 47: 203-212.

Rego AA. 1990. Cestóides proteocefalídeos parasites de pintado, *Pseudoplatystoma corruscans* (Agassiz) (Pisces, Pimelodidae)[J]. Ciência e Cultura, 42: 997-1002.

Rego AA. 1992. Redescription of *Gibsoniela mandube* (Woodland, 1935) (Cestoda: Proteocephalidae), a parasite of *Ageneiosus brevifilis* (Pisces: Siluriformes) and reappraisal of the classifi cation of the proteocephalideans[J]. Mem Inst Oswaldo Cruz, 87: 417-422.

Rego AA. 1994. Order Proteocephalidea Mola, 1928[M]//Khalil LF, Jones A, Bray RA. Keys to the Cestode Parasites of Vertebrates. Wallingford: CAB International: 257-293.

Rego AA. 1995. A new classification of the Cestode order Proteocephalidea Mola[J]. Revta Bras Zool, 12 (4): 791-814.

Rego AA. 1997. *Senga* sp., ocurrence of a pseudophyllid cestode in Brazilian freshwater fish[J]. Mem Inst Oswaldo Cruz, 92: 607.

Rego AA. 1999. Scolex morphology of proteocephalid cestodes parasites of Neotropical freshwater fishes[J]. Mem Inst Oswaldo Cruz, 94: 37-52.

Rego AA. 2000. Cestode parasites of neotropical teleost fresh-water fishes[M]//Salgado-Maldonado G, García Aldrete A, Vidal-Martínez V. Metazoan Parasites in the Neotropics: a Systematic and Ecological Perspective. Mexico DF: Instituto de Biología, Universidad Nacional Autónoma de México.

Rego AA, Chambrier AD, Hanzelová V, et al. 1998. Preliminary phylogenetic analysis of subfamilies of the Proteocephalidea (Eucestoda)[J]. Syst Parasitol, 40 (1): 1-19.

Rego AA, Chubb JC, Pavanelli GC. 1999. Cestodes in South American freshwater teleost fishes: keys to genera and brief description of species[J]. Rev Bras Zool, 16 (2): 299-367.

Rego AA, de Chambrier A. 2000. Redescription of *Tejidotaenia appendiculata* (Baylis, 1947) (Cestoda: proteocephalidea), a parasite of *Tupinambis teguixin* (Sauria: Teiidae) from South America[J]. Mem Inst Oswaldo Cruz, 95 (2): 161.

Rego AA, Ivanov V. 2001. *Pseudocrepidobothrium eirasi* (Rego and de Chambrier, 1995) gen. n. and comb. nov. (Cestoda, Proteocephalidea), parasite of a South American freshwater fish, and comparative cladistic analysis with *Crepidobothrium* spp.[J]. Acta Sci Bioll Sci: 363-367.

Rego AA, Pavanelli GC. 1985. *Jauella glandicephalus* gen. n. sp. n. e *Megathylacus brooksi* sp. n., cestóides proteocefalídeos patogênicos para o jaú, *Paulicea luetkeni*, peixe pimelodídeo[J]. Rev Bras Biol, 45: 643-652.

Rego AA, Pavanelli GC. 1990. Novas especies de cestoides proteocefalideos parasitas de peixes nao siluriformes[J]. Rev Bras Biol, 50: 91-101.

Rego AA, Pavanelli GC. 1992. Redescrição de *Nomimoscolex admonticellia* (Woodland), comb. n. (Cestoda: Proteocephalidea), parasito de *Pinirampus pirinampu* (Spix), um siluriforme de água doce Redescription of *Nomimoscolex admonticellia* (Woodland), comb. n. (Cestoda: Proteocephalidea) pa[J]. Zoologia, 9 (3-4): 283-289.

Rego AA, Pavanelli GC. 1992. Redescription of *Nomimoscolex admonticellia* (Woodland), comb. n. (Cestoda: Proteocephalidea) parasite of *Pinirampus pirinampu* (Spix), a freshwater siluriform fish[J]. Rev Bras Zool, 9 (3-4): 283-289.

Reimer LW. 1993. Parasites of *Merluccius capensis* and *M. paradoxus* from the coast of Namibia[J]. Appl Parasitol, 34 (2): 143-150.

Reis RE. 2013. Conserving the freshwater fishes of South America[J]. Int Zoo Yearbook, 47 (1): 65-70.

Renaud F, Gabrion C. 1988. Speciation in Cestoda: evidence for two sibling species in the complex *Bothrimonus nylandicus* (Schneider 1902) (Cestoda: Cyathocephalidae)[J]. Parasitology, 97 (1): 139-147.

Renaud F, Gabrion C, Romestand B. 1984. Le complexe *Bothriocephalus scorpii* (Mueller, 1776). Différenciation des espèces parasites du Turbot (*Psetta maxima*) et de la Barbue (*Scophthalmus rhombus*). Étude des fractions protéiques et des complexes antigéniques[J]. Ann Parasit Hum Comp, 59: 143-149.

Reshetnikova AV. 1955. Parasite fauna of Black Sea mullets[J]. Proc Karadag Biol Station, 13: 71-95.

Retief NR, Avenant-Oldewage A, du Preez HH. 2007. Ecological aspects of the occurrence of asian tapeworm, *Bothriocephalus acheilognathi* Yamaguti, 1934 infection in the largemouth yellowfish, *Labeobarbus kimberleyensis*, in the Vaal Dam, South Africa[J]. Phys Chem Earth, 32 (15): 1384-1390.

Reyda FB. 2008. Intestinal helminths of freshwater stingrays in southeastern Peru, and a new genus and two new species of cestode[J]. J Parasitol, 94 (3): 684-699.

Reyda FB, Marques FP. 2011. Diversification and species boundaries of *Rhinebothrium* (Cestoda; Rhinebothriidea) in South American freshwater stingrays (Batoidea; Potamotrygonidae)[J]. PLoS One, 6 (8): e22604.

Reyda FB, Olson PD. 2003. Cestodes of cestodes of Peruvian freshwater stingrays[J]. J Parasitol, 89 (5): 1018-1024.

Richmond C, Caira JN. 1991. Morphological investigations into *Floriceps minacanthus*, (Trypanorhyncha: Lacistorhynchidae) with analysis of the systematic utility of scolex microtriches[J]. Syst Parasitol, 19 (1): 25-32.

Riffo LR. 1991. La fauna de parasitos metazoos del lenguado de ojo grande *Hippoglossina macrops* Steindachner, 1876 (Pisces: Bothidae)[J]. una aproximación ecológica. Medio Ambiente, 11: 54-60.

Rintamäki P, Valtonen ET. 1988. Seasonal and size-bound infection of *Proteocephalus exiguus* in four coregonid species in northern Finland[J]. Folia Parasitol, 35: 317-328.

Riser NW. 1942. A new proteocephalid from *Amphiuma tridactylum* Cuvier[J]. Trans Am Microsc Soc, 61 (4): 391-397.

Riser NW. 1955. Studies on cestode parasitesof sharks and skates[J]. J Tennessee Academy Sciences, 30: 265-311.

Robert F, Gabrion C. 1991. Experimental approach to the specificity in first intermediate hosts of bothriocephalids (Cestoda, Pseudophyllidea) from marine fish[J]. Acta Ecologica, 12: 617-632.

Rohde K. 1986. Ultrastructural studies of *Austramphilina elongata* Johnston, 1931 (Cestoda, Amphilinidea)[J]. Zoomorphology, 106: 91-102.

Rohde K. 1987. The formation of glandular secretion in larval *Austramphilina elongata* (Amphilinidea)[J]. International Journal for Parasitology, 17 (3): 821-828. Rohde K. 1988. Phylogenetic relationship of free-living and parasitic Platyhelminthes on the basis of ultrastructural evidence[M]//Ax P, Ehlers U. Free-living and Symbiotic Platyhelminthes. Stuttgart: Gustav Fischer: 353-357.

Rohde K. 1990. Phylogeny of Platyhelminthes, with special reference to parasitic groups[J]. Int J Parasitol, 20 (8): 979-1007.

Rohde K. 1994. The minor groups of parasitic Platyhelminthes[J]. Adv Parasitol, 33: 145-234.

Rohde K. 2000. Species of Amphilinidea. Tree of Life (eds. Maddison DR, Maddison WP)[OL]. http://phylogeny. arizona. edu/tree/eukaryotes/animals/platyhelminthes/amphilini dea/amphilinidea. html[2019-5-9].

Rohde K. 2007a. Amphilinidea. McGraw-Hill Encyclopedia of Science and Technology[M]. Vol. 1. (electronic version). New York: McGraw-Hill.

Rohde K. 2007b. Gyrocotylidea. McGraw-Hill Encyclopedia of Science and Technology[M]. Vol. 8. New York: McGraw-Hill: 313.

Rohde K, Georgi M. 1983. Structure and development of *Austamphilina elongata* Johnston, 1931 (Cestodaria:

Amphilinidea)[J]. Int J Parasitoll, 13 (3): 273-287.

Rohde K, Watson N. 1986a. Ultrastructure of spermatogenesis and sperm of *Austamphilina elongata* (Platyhelminthes, Amphilinidea)[J]. J Submicrosc Cytol, 18 (2): 361-374.

Rohde K, Watson N. 1986b. Ultrastructure of the sperm ducts of *Austramphilina elongata* (Platyhelminthes, Amphilinidea)[J]. Zool Anz, 217: 23-30.

Rohde K, Watson N. 1987. Ultrastructure of the protonephridial system of larval *Austramphilina elongata* (Platyhelminthes, Amphilinidea)[J]. J Submicrosc Cytol, 19 (1): 113-118.

Rohde K, Watson N. 1988. Development of the protonephridia of *Austramphilina elongata*[J]. Parasitol Res, 74 (3): 255-261.

Rohde K, Watson N, Garlick PR. 1986. Ultrastructure of three types of sense receptors of larval *Austramphilina elongata* (Amphilinidea)[J]. Int J Parasitol, 16: 245-251.

Roitman VA. 1965. *Fissurobothrium unicum* n. g., n. sp. (Amphicotylidae, Marsipometrinae), a new pseudophyllidean from fish in the Amur basin[J]. Trudy Gel'mintologicheskoi Laboratorii, 15: 127-131. (In Russian)

Rosas-Valdez R, León PPD. 2004. Phylogenetic analysis on genera of Corallobothriinae (Cestoda: Proteocephalidea) from North American ictalurid fishes, using partial sequences of the 28S ribosomal gene[J]. J Parasitol, 90 (5): 1123.

Rozario T, Newmark PAA. 2015. Confocal microscopy-based atlas of tissue architecture in the tapeworm *Hymenolepis diminuta*[J]. Experimental Parasitology, 158: 31-41.

Ruedi V, de Chambrier A. 2012. *Pseudocrepidobothrium ludovici* sp. n. (Eucestoda: Proteocephalidea), a parasite of *Phractocephalus hemioliopterus* (Pisces: Pimelodidae) from Brazilian Amazon[J]. Rev Suisse Zool, 119 (1): 137-147.

Ruhnke TR. 1994a. *Paraorygmatobothrium barberi*, n. g. n. sp. (Cestoda: Tetraphyllidea), with amended descriptions of two species transferred to the genus[J]. Syst Parasitol, 28 (1): 65-79.

Ruhnke TR. 1994b. Resurrection of *Anthocephalum*, Linton, 1890 (Cestoda: Tetraphyllidea) and taxonomic information on five proposed members[J]. Syst Parasitol, 29 (3): 159-176.

Ruhnke TR. 1996a. Systematic resolution of *Crossobothrium* Linton, 1889, and taxonomic information on four species allocated to that genus[J]. J Parasitol, 82 (5): 793-800.

Ruhnke TR. 1996b. Taxonomic resolution of *Phyllobothrium*, van Beneden (Cestoda: Tetraphyllidea) and a description of a new species from the leopard shark *Triakis semifasciata*[J]. Syst Parasitol, 33 (1): 1-12.

Ruhnke TR, Caira JN, Carpenter SD. 2006. *Orectolobicestus* n. g. (Cestoda: Tetraphyllidea), with the description of five new species and the transfer of *Phyllobothrium chiloscyllii* to the new genus[J]. Systematic Parasitology, 65(3): 215-233.

Ruhnke TR, Caira JN, Carpenter SD. 2006. *Orectolobicestus*, n. g. (Cestoda: Tetraphyllidea), with the description of five new species and the transfer of *Phyllobothrium chiloscyllii*, to the new genus[J]. Syst Parasitol, 65 (3): 215-233.

Ruhnke TR, Caira JN, Cox A. 2015. The cestode order Rhinebothriidea no longer family-less: a molecular phylogenetic investigation with erection of two new families and description of eight new species of *Anthocephalum*[J]. Zootaxa, 3904 (1): 51-81.

Ruhnke TR, Caira JN. 2009. Two new species of *Anthobothrium* van Beneden, 1850 (tetraphyllidea: phyllobothriidae) from carcharhinid sharks, with a redescription of *Anthobothrium laciniatum* Linton, 1890[J]. Syst Parasitol, 72 (3): 217-227.

Ruhnke TR, Curran SS, Holbert T. 2000. Two new species of *Duplicibothrium* Williams & Campbell, 1978 (Tetraphyllidea: Serendipidae) from the Pacific cownose ray *Rhinoptera steindachneri*[J]. Syst Parasitol, 47 (2): 135-143.

Ruhnke TR, Healy CS. 2006. Two new species of *Paraorygmatobothrium* (Cestoda: Tetraphyllidea) from weasel sharks (Carcharhiniformes: Hemigaleidae) of Australia and Borneo[J]. J Parasitol, 92 (1): 145-150.

Ruhnke TR, Seaman HB. 2009. Three new species of *Anthocephalum* Linton, 1890 (Cestoda: Tetraphyllidea) from dasyatid stingrays of the Gulf of California[J]. Syst Parasitol, 72 (2): 81-95.

Rushworth RL, Boufana B, Hall JL, et al. 2015. *Rodentolepis straminea* (Cestoda: Hymenolepididae) in an urban population of *Apodemus sylvaticus* in the UK[J]. Journal of Helminthology: 1-7.

Rushworth RL, Boufana B, Hall JL, et al. 2016. *Rodentolepis straminea* (Cestoda: Hymenolepididae) in an urban population of *Apodemus sylvaticus* in the UK[J]. J Helminthol, 90 (4): 476-482.

Rusinek OT. 1986. Variability of oncosphere hooks of the genus *Proteocephalus* (Cestodes Proteocephalidae) Parasites of Baikal Lake fishes[J]. Proc Zool Inst, Leningrad, 155: 128-133.

Rusinek OT. 1987a. Cestodes of the genus *Proteocephalus*, parasites of fishes in the Lake Baikal[J]. Parazitologiya, 21: 127-133.

Rusinek OT. 1987b. Zum Lebenszyklus von *Proteocephalus exiguus* (Cestoda) im Baikalsee[J]. Angew Parasitol, 28: 33-36.

Rusinek OT. 1989. The life cycle of *Proteocephalus thymalli* (Cestoda, Proteocephalidae)-a parasite of the Arctic grayling from Lake Baikal[J]. Parazitologiia, 23 (6): 518-523.

Rusinek OT, Bakina MP, Nikolskii AV. 1996. Natural infection of the calanoid crustacean *Epischura baicalensis* by procercoids of *Proteocephalus* sp. in Listvenichnyi Bay, Lake Baikal[J]. J Helminthol, 70 (3): 237-247.

Rusinek OT, Pronin NM. 1991. *Proteocephalus thymalli* (Annenkowa-Chlopina, 1923) and *P. exiguus* La Rue, 1911(92-110). In

Dynamics of helminth infections in animals[M]. Ulan Ude: Dinamika zarazhennosti zhivotnykh gel'mintami: 202pp.

Rybicka K. 1957. Three species of the genus *Diorchis* Clerc, 1903 occurring in European coot (*Fulica atra* L.)[J]. Acta Parasitologica Polonica, 5: 449-477.

Rybicka K. 1966. Embryogenesis in cestode[J]. Adv Parasitol, 4: 107-186.

Rysavy B. 1966. Nuevas especies de Cestodos (Cestoda: Cyclophyllidea) de aves para Cuba[J]. Poeyana, Serie A, 19: 1-22.

Rysavy B, Macko JK. 1971. Bird cestodes of Cuba I. Cestodes of birds of the orders Podicipediformes, Pelecaniformes and Ciconiiformes[J]. Zoologia, 1: 1-28.

Rysavy B, Sitko J. 1992. Tapeworms (Cestoda) of birds from Moravia (Czech and Slovak Federal Republic)[J]. Přírodovědné práce ústavů Československé akademie věd v Brně, 26: 1-93.

Rysavy B, Sitko J. 1995. New findings of tapeworms (Cestoda) of birds from Moravia and synopsis of bird cestodes from Czech Republic[J]. Prirodovedne Prace Ustavu Ceskoslovenske Akademie Ved v Brne, 29 (5): 1-66.

Ryzhikov KM, Gvozdev EV, Tokobaev MM, et al. 1978. Keys to the helminths of the rodent fauna of the USSR. Cestodes and trematodes[M]. Moskva: Izdatel'stvo Nauka: 232pp. (In Russian)

Ryzhikov KM, Ryšavý B, Khokhlov IG, et al. 1985. Helminths of fish-eating birds of the Palaearctic region. 2. Cestoda and Acanthocephales[M]. Prague: Academia: 412pp.

Ryzhikov KM, Tolkacheva LM. 1975. Taxonomic review of the Amabiliidae (Cestoda, Cyclophyllidea)[J]. Zool Zh, 54: 498-502.

Ryzhikov KM, Tolkacheva LM. 1981.[Principles of cestodology. Vol. X. Acoleata-Cestodes of Birds.][M] Moscow, USSR: Akademiya Nauka: 215pp. (In Russian)

Saarma U, Jõgisalu I, Moks E, et al. 2009. A novel phylogeny for the genus *Echinococcus*, based on nuclear data, challenges relationships based on mitochondrial evidence[J]. Parasitology, 136 (3): 317-328.

Sadovskaya NP. 1965.[on fauna of cestodes of insectivorous from Primorskiy kray.][M]//Leonov VA, Mamaev YL, Oshmarin PG. Paraziticheskye Chervi Domashnikhi Dikikh Zhivotnych Vladivostok: 290-297. (In Russian)

Saeed I, Maddox-Hyttel C, Monrad J, et al. 2006. Helminths of red foxes (*Vulpes vulpes*) in Denmark[J]. Vet Parasitol, 139 (1-3): 168-179.

Salamatin RV. 1999. Cestodes of the genus *Spiniglans* (Dilepididae) from crows (Corvidae) in Ukraine[J]. Vestnik Zoologii, 33(N 1/2): 75-81. (In Ukrainian)

Salgadomaldonado G, Matamoros WA, Kreiser BR, et al. 2015. First record of the invasive Asian fish tapeworm *Bothriocephalus acheilognathi* in Honduras, Central America[J]. Parasite, 22: 5.

Salgado-Maldonado G, Pineda-López RF. 2003. The Asian Fish Tapeworm *Bothriocephalus acheilognathi*: a Potential Threat to Native Freshwater Fish Species in Mexico[J]. Biol Invasions, 5 (3): 261-268.

Sandeman IM, Burt MDB. 1972. Biology of *Bothrimonus* (=*Diplocotyle*) (Pseudophyllidea: Cestoda): ecology, life cycle, and evolution;a review and synthesis[J]. J Fisheries Res Board Can, 29 (10): 1381-1395.

Sanmartín ML, Alvarez F, Barreiro G, et al. 2004. Helminth fauna of Falconiform and Strigiform birds of prey in Galicia, Northwest Spain[J]. Parasitol Res, 92 (3): 255-263.

Santalla F, Casanova JC, Durand P, et al. 2002. Morphometric and genetic variability of *Rodentolepis asymmetrica* (Hymenolepididae) from the Pyrenean mountains[J]. J Parasitol, 88 (5): 983-988.

Santos JL, Magalhães NB, Dos Santos HA, et al. 2012. Parasites of domestic and wild canids in the region of Serra do Cipó National Park, Brazil[J]. Rev Bras Parasitol Vet, 21 (3): 270-277.

Saoud MF, Ramadan MM, Hassan SI. 1982. On *Echinobothrium helmymohamedi* n. sp. (Cestoda: Diphyllidea); a parasite of the sting ray *Taeniura lymma* from the Red sea[J]. J Egypt Soc Parasitol, 12 (1): 199-207.

Sato H, Kamiya H, Ohbayashi M. 1988. Hymenolepidid and Dilepidid cestodes with armed rostellum in shrews, *Sorex* spp., from Hokkaido, Japan[J]. Jpn J Vet Res, 36: 119-131.

Sato H, Okamoto M, Ohbayashi M, et al. 1988. A new cestode, *Raillietina* (*Raillietina*) *oligocapsulata* n. sp. and *R.* (*R.*) *demerariensis* (Daniels, 1895) from venezuelan mammals. Japanese Journal of Veterinary Research, 36(1): 31-45.

Sato H, Suzuki K. 2006. Gastrointestinal helminths of feral raccoons (*Procyon lotor*) in Wakayama Prefecture, Japan[J]. J Vet Med Sci, 68 (4): 311-318.

Sato H, Tenoras F, Kamiya M. 1993. *Anoplocephaloides dentatoides* sp. n. from the Gray Red-backed Vole, Clethrionomys mfocanus bedfordiae, in Hokkaido, Japan[J]. J Helminthol Soc Wash, 60 (1): 105-110.

Sawada I. 1954a. Morphological studies on the chicken tapeworm *Raillietina* (*Raillietina*) *echinobothrida*[J]. Dobutsugaku Zasshi=Zoological Magazine, 63: 200-203.

Sawada I. 1954b. Studies on the subgenus of *Raillietina rangoonica*[J]. Doubutsugaku Zasshi, 63: 381-382.

Sawada I. 1955. *Raillietina* (*Raillietina*) *galli*[J]. Dobutsugaku zasshi, 64 (4): 105-107.

Sawada I. 1964. On the genus *Raillietina* Fuhrmann 1920, 1[J]. J Nara Gakugei Univ Nat Sci, 2 (12): 19-36.

Sawada I, Kugi G. 1975. Studies on the Helminth Fauna of Kyûshû Part 3. Three species of Hymenolepididae cestodes from anserine birds in Ôita Prefecture[J]. Bull. Nara Univ Educ, 24 (2): 5-11.

Saxena SK, Bauch SC. 1978. On cestodes of passer domesticus II. *Anonchotaenia* and *Mathevotaenia*[J]. Angew Parasitol, 19 (2): 85-106.

Schad GA. 1954. Helminth parasites of mice in northeastern Quebec and coast of Labrador[J]. Can J Zool, 32: 215-224.

Schaeffner BC. 2014. Review of the genus *Eutetrarhynchus* Pintner, 1913 (Trypanorhyncha: Eutetrarhynchidae), with the description of *Eutetrarhynchus beveridgei* n. sp.[J]. Syst Parasitol, 87 (3): 219-229.

Schaeffner BC, Beveridge I. 2012. *Cavearhynchus*, a new genus of tapeworm (Cestoda: Trypanorhyncha: Pterobothriidae) from *Himantura lobistoma* Manjaji-Matsumoto & Last, 2006 (Rajiformes) off Borneo, including redescriptions and new records of species of *Pterobothrium* Diesing, 1850[J]. Syst Parasitol, 82 (2): 147-165.

Schaeffner BC, Beveridge I. 2013a. *Dollfusiella* Campbell & Beveridge, 1994 (Trypanorhyncha: Eutetrarhynchidae) from elasmobranchs off Borneo, including descriptions of five new species[J]. Syst Parasitol, 86 (1): 1-31.

Schaeffner BC, Beveridge I. 2013b. *Poecilorhynchus perplexus* n. g., n. sp. (Trypanorhyncha: Eutetrarhynchidae) from the brownbanded bambooshark, *Chiloscyllium punctatum* Müller & Henle, from Australia[J]. Syst Parasitol, 85 (1): 1-9.

Schaeffner BC, Beveridge I. 2013c. *Pristiorhynchus palmi* n. g., n. sp. (Cestoda: Trypanorhyncha) from sawfishes (Pristidae) off Australia, with redescriptions and new records of six species of the Otobothrioidea Dollfus, 1942[J]. Syst Parasitol, 84 (2): 97-121.

Schaeffner BC, Beveridge I. 2013d. *Prochristianella mattisi* sp. n. (Trypanorhyncha: Eutetrarhynchidae) from the wedgenose skate, *Dipturus whitleyi* (Rajiformes: Rajidae), from Tasmania (Australia)[J]. Folia Parasitol, 60 (3): 257-263.

Schaeffner BC, Beveridge I. 2013e. Redescriptions and new records of species of *Otobothrium* Linton, 1890 (Cestoda: Trypanorhyncha)[J]. Syst Parasitol, 84 (1): 17-55.

Schaeffner BC, Gasser RB, Beveridge I. 2011. *Ancipirhynchus afossalis* n. g., n. sp. (Trypanorhyncha: Otobothriidae), from two species of sharks off Indonesian and Malaysian Borneo[J]. Syst Parasitol, 80 (1): 1-15.

Schaeffner VG, Rego AA. 1992. Peritoneal and visceral cestodes larvae in Brazilian Freshwater fish[J]. Mem Inst Oswaldo Cruz Rio de Janeiro, 87 (S1. 1): 257-258.

Schell SC. 1955. *Schistotaenia colymba* n. sp. from the horned grebe (*Colymbus auritus* L.)[J]. Trans Am Microsc Soc, 74: 347-350.

Schiller EL. 1951. The cestoda of Anseriformes of the North Central States[J]. American Midland Naturalist, 46 (2): 444-461.

Schmelz MO. 1941. Quelque cestodes nouveaux d'oiseaux d'Asie[J]. Revue Suisse Zool, 48: 143-199.

Schmidt GD. 1970. How to Know the Tapeworms[M]. Dubuque, Iowa: Brown Co. Publishers.

Schmidt GD. 1986. Handbook of tapeworm identification[M]. Boca Raton, FL: CRC Press.

Schmidt GD, Canaris A G. 1992. Tapeworms of the families Progynotaeniidae Fuhrmann, 1936 and Dioecocestidae Southwell, 1930 from shorebirds of South Africa[J]. Syst Parasitol, 23 (1): 37-42.

Schmidt GD, File S. 1977. *Tupaiataenia quentini* gen. et sp. n. (Anoplocephalidae: Linstowiinae) and other tapeworms from the common tree shrew, *Tupaia glis*[J]. J Parasitol, 63 (3): 473-475.

Schmidt GD, Greenberg Z, Wertheim G. 1986. *Raillietina* (*Raillietina*) *alectori* sp. n. and other avian cestodes from Israel and Sinai[J]. Bull Mus Nati Hist Nat, Paris, Ser. 4, Section A, 8: 101-109.

Schmidt GD, Push AO. 1972. *Parvitaenia ibisae* sp. n. (Cestoidea: Dilepididae), from birds in Florida[J]. J Parasitol, 58 (6): 1095-1097.

Schmidt GD, Roberts LS. 2000. Foundations of parasitology[M]. Boston: McGraw-Hill International Editions.

Scholz T. 1986. Observations on the ecology of five species of intestinal helminths in perch (*Perca fluviatilis*) from the Macha Lake fishpond system, Czechoslovakia[J]. Vestnik Ceskoslovenske Spolecnosti Zoologicke, 50: 300-320.

Scholz T. 1989. Amphilinida and Cestoda, Parasites of Fish in Czechoslovakia[J]. Acta Sci Nat Brno, 23 (4): 1-56.

Scholz T. 1990. *Caryophyllaeides ergensi* sp. n. (Cestoda: Caryophyllidea) from *Leuciscus leuciscus baicalensis* from Mongolia[J]. Folia Parasitol, 37 (3): 231-235.

Scholz T. 1991. Studies on the development of the cestode *Proteocephalus neglectus* La Rue, 1911 (Cestoda: Proteocephalidae) under experimental conditions[J]. Folia Parasitol, 38 (1): 39.

Scholz T. 1993. Development of *Proteocephalus torulosus* in the intermediate host under experimental conditions[J]. J Helminthol, 67 (4): 316-324.

Scholz T. 1997. Life-cycle of *Bothriocephalus claviceps*, a specific parasite of eels[J]. J Helminthol, 71 (3): 241-248.

Scholz T. 1998. Taxonomic status of *Pelichnibothrium speciosum* Monticelli, 1889 (Cestoda: Tetraphyllidea), a mysterious parasite of *Alepisaurus ferox* Lowe (Teleostei: Alepisauridae) and *Prionace glauca* (L.) (Euselachii: Carcharinidae)[J]. Syst Parasitol, 41 (1): 1-8.

Scholz T. 1999. Life cycles of species of *Proteocephalus* Weinland, 1858 (Cestoda: Proteocephalidae), parasites of freshwater fishes in the Palearctic region: a review[J]. J Helminthol, 73 (1): 1-19.

Scholz T, Brabec J, Králová-Hromadová I, et al. 2011. Revision of *Khawia* spp. (Cestoda: Caryophyllidea), parasites of cyprinid fish, including a key to their identification and molecular phylogeny[J]. Folia Parasitol, 58 (3): 197-223.

Scholz T, Bray RA, Kuchta R, et al. 2004. Larvae of gryporhynchid cestodes (Cyclophyllidea) from fish: a review[J]. Folia Parasitol, 51 (2-3): 131-152.

Scholz T, Bray RA. 2001. *Probothriocephalus alaini* n. sp. (Cestoda: Triaenophoridae) from the deep-sea fish *Xenodermichthys copei* in the North Atlantic Ocean[J]. Syst Parasitol, 50 (3): 231-235.

Scholz T, Chambrier A D, Prouza A, et al. 1996. Redescription of *Proteocephalus macrophallus*, a parasite of Cichla ocellaris (Pisces: Cichlidae) from South America[J]. Folia Parasitol, 43 (4): 287-291.

Scholz T, de Chambrier A, Beletew M, et al. 2009a. Redescription of *Proteocephalus glanduligerus* (Cestoda: Proteocephalidea), a parasite of clariid catfishes in Africa with a unique glandular apical organ[J]. J Parasitol, 95 (2): 443-449.

Scholz T, de Chambrier A, Kuchta R. 2008. Redescription of the tapeworm *Monticellia amazonica* de Chambrier et Vaucher, 1997 (Cestoda: Proteocephalidea), a parasite of *Calophysus macropterus* (Siluriformes: Pimelodidae), from the Amazon River in Brazil and Peru[J]. Acta Parasitol, 53 (1): 30-35.

Scholz T, de Chambrier A. 2003. Taxonomy and biology of proteocephalidean cestodes: current state and perspectives[J]. Helminthologia, 40 (2): 65-77.

Scholz T, Garcia HH, Kuchta R, et al. 2009b. Update on the human broad tapeworm (genus *Diphyllobothrium*), including clinical relevance[J]. Clin Microbiol Rev, 22 (1): 146-160.

Scholz T, Hanzelová V, Králová I, et al. 1998. Synonymy of *Proteocephalus pollanicola* Gresson, 1952 (Cestoda: Proteocephalidae), a parasite of pollan, *Coregonus autumnalis* Pollan, with *P. exiguus* La Rue, 1911[J]. Syst Parasitol, 40 (1): 35-41.

Scholz T, Hanzelová V, Škeříková A, et al. 2007. An annotated list of species of the *Proteocephalus* Weinland, 1858 aggregate *sensu* de Chambrier, et al. (2004) (Cestoda: Proteocephalidea), parasites of fishes in the Palaearctic Region, their phylogenetic relationships and a key to their identification[J]. Syst Parasitol, 67 (2): 139-156.

Scholz T, Hanzelová V, Šnábel V. 2014. The taxonomic status of *Proteocephalus dubius* La Rue, 1911 (Cestoda: Proteocephalidae), a puzzled parasite from perch (*Perca fluviatilis* L.)[J]. Parasite-journal De La Societe Francaise De Parasitologie, 2 (2): 231-234.

Scholz T, Hanzelová V. 1998. Tapeworms of the genus *Proteocephalus* Weinland, 1858 (Cestoda: Proteocephalidae), parasites of fishes in Europe[J]. Studie AV ČR, Academia. Prague, Czech Republic, 2 (98): 119pp.

Scholz T, Kuchta R, Salgado-Madonado G. 2002. Cestodes of the family Dilepididae (Cestoda: Cyclophyllidea) from fish-eating birds in Mexico: a survey of species[J]. Syst Parasitol, 52 (3): 171-182.

Scholz T, Kuchta R, Williams C, et al. 2012. *Bothriocephalus acheilognathi*[J]. Fish Parasites: Pathobiology and Protection, 1934: 282-297.

Scholz T, Moravec F. 1993. Finding of *Proteocephalus* sp. Larva (Cestoda: Proteocephalidae) in *Sialis lutaria* (Insecta: Megaloptera)[J]. Acta Soc Zool Bohemoslov, 57: 159-160.

Scholz T, Moravec F. 1994. Seasonal dynamics of *Proteocephalus torulosus* (Cestoda: Proteocephalidae) in barbel (*Barbus barbus*) from the Jihlava River, Czech Republic[J]. Folia Parasitol, 41: 253-257.

Scholz T, Pech-Ek M C, Rodriguez-Canul R. 1995. Biology of *Crassicutis cichlasomae*, a parasite of cichlid fishes in Mexico and Central America[J]. J Helminthol, 69 (1): 69-75.

Scholz T, Salgado-Maldonado G. 2001. Metacestodes of the family Dilepididae (Cestoda: Cyclophyllidea) parasitising fishes in Mexico[J]. Syst Parasitol, 49 (1): 23-39.

Scholz T, Shimazu T, Olson PD, et al. 2001. Caryophyllidean tapeworms (Platyhelminthes: Eucestoda) from freshwater fishes in Japan[J]. Folia Parasitologia, 48 (4): 275-288.

Scholz T, Škeříková A, Hanzelová V, et al. 2003. Resurrection of *Proteocephalus sagittus*, (Grimm, 1872) (Cestoda: Proteocephalidea) based on morphological and molecular data[J]. Syst Parasitol, 56 (3): 173-181.

Scholz T, Špakulová, M, Šnábel V, et al. 1997. A multidisciplinary approach to the systematics of *Proteocephalus macrocephalus* (Creplin, 1825) (Cestoda: Proteocephalidae)[J]. Syst Parasitol, 37 (1): 1-12.

Scholz T, Zd'Árská Z, De CA, et al. 1999. Scolex morphology of the cestode *Silurotaenia siluri* (Batsch, 1786) (Proteocephalidae: Gangesiinae), a parasite of European wels (*Silurus glanis*)[J]. Parasitol Res, 85 (1): 1-6.

Schumacher G. 1914. Cestoden aus *Centrolophus* (L.)[J]. Zoologische Jahrbucher, 36: 149-198.

Schuster RK. 2011. *Oochoristica chalcidesi* n. sp. (Eucestoda: Linstowiidae) from the ocellated skink, *Chalcides ocellatus* (Forskal, 1775) in the United Arab Emirates[J]. J Helminthol, 85 (4): 468-471.

Schuster RK. 2012. *Panceriella emiratensis* sp. nov. (Eucestoda, Linstowiidae) from desert monitor lizard, *Varanus griseus* (Daudin, 1803) in the United Arab Emirates[J]. Acta Parasitol, 57 (2): 167-170.

Schuster RK, Coetzee L. 2012. Cysticercoids of *Anoplocephala magna* (Eucestoda: Anoplocephalidae) experimentally grown in oribatid mites (Acari: Oribatida)[J]. Vet Parasitol, 190 (1-2): 285-288.

Sharma ML. 1947. On a new species of the genus *Rhabdometra* Cholodkovski (1906), family Dilepididae (Fuhrmann, 1907), subfamily Paruterininae (Fuhrmann, 1908) from the intestine of *Turodoides terricolor terricolor*[sic][J]. Proc Nat Acad Sci

India, B 17 (Part II): 67-78.

Seck MT, Marchand B, Bâ CT. 2008. Spermiogenesis and sperm ultrastructure of *Carmyerius endopapillatus* (Digenea, Gastrothylacidae), a parasite of *Bos taurus* in Senegal[J]. Acta Parasitol, 53 (1): 9-18.

Sharma S, Mathur KM. 1987. On a new cestode of the family Davaineidae Railliet et Herry, 1909 from red whiskered bulbul[J]. J Curr Biosci, 4: 17-20.

Sharpilo VP, Kornyushin VV, Lisitsina OI. 1979. *Batrachotaenia carpathica* sp. n. (Cestoda: Ophiotaeniidae) a new species of proteocephalid cestodes from amphibians of Europe[J]. Helminthologia, 16: 259-264.

Shimazu T. 1993. Redescription of *Paraproteocephalus parasiluri* (Yamaguti, 1934) n. comb. (Cestoidea: Proteocephalidae), with notes on four species of the genus *Proteocephalus*, from Japanese freshwater fishes[J]. J Nagano Prefectural College, 48: 1-9.

Shimazu T. 1994. A New Species of the Genus *Gangesia* (Cestoidea: Proteocephalidae) from the Biwa Catfish of Japan[J]. Proc Jpn Soc Syst Zool, 51 (10): 3-7.

Shimazu T. 1999. Redescription and life cycle of *Gangesia parasiluri* (Cestoda: Proteocephalidae), a parasite of the Far Eastern catfish *Silurus asotus*[J]. Folia parasitol, 46 (1): 37-45.

Shinde GB. 1968. A new species of cestode, *Nematotaenia mabuiae* (Nematotaeniidae Luhe, 1910) from a reptile, *Mabuia carinata* in India[J]. Riv Parassitol, 29 (2): 115-118.

Shinde GB. 1975. On a new species of *Oncodiscus* Yamaguti, 1934 from marine fish in Andhra Pradesh, India[J]. Marathwada Uni J Sci, 14: 339-343.

Shinde GB. 1984. A new species of the genus *Anonchotaenia* Southwell, 1930 from the Passer domesticus in Maharashtra[J]. Riv Parassitol, 45: 395-402.

Shinde GB. 1984. A new species of the genus *Anonchotaenia* Southwell, 1930 from the Passer domesticus in Maharashtra[J]. Riv Parassitol, 45: 395-402.

Shinde GB, Deshmukh RA. 1980a. On *Senga khami* n. sp. (Cestoda: Ptychobothriidae) from a freshwater fish[J]. Indian J Zool, 8 (1-2): 30-33.

Shinde GB, Deshmukh RA. 1980b. Two new species of *Marsupiobothrium* Yamaguti, 1952 (Cestoda: Phyllobothriidae) from marine fishes[J]. Curr Sci, 643-644.

Shinde GB, Motinge RK, Pardeshi KS. 1993. On a new species of the genus *Phoreiobothrium* (Cestoda: Onchobothridae[sic]) from a marine fish, *Carcharias acutus* at Ratnagiri (M. S.) India[J]. Indian J Helminthol, 45: 116-119.

Shulman SS. 1954. On the specificity of fish parasites[J]. Zool Zhur, 33: 14-25.

Simmonds NE, Barber I. 2016. The Effect of Salinity on Egg Development and Viability of *Schistocephalus solidus* (Cestoda: Diphyllobothriidea)[J]. J Parasitol, 102 (1): 42-46.

Simmons JE. 1974. Gyrocotyle: a centure-old enigma[M]//Vernberg WN. Symbiosis in the sea. Columbia: University of South Carolina Press: 195-218.

Singal DP. 1963. On a new cestode belonging to the genus *Anonchotaenia* Cohn, 1900, from the house sparrow, Passer domesticus indicus Jardine and Selby, 1835[J]. Proc Zool Soc, 16: 215-218.

Singh KP. 1959. Some avian cestodes from India, IV. Species belonging to families Amabiliidae, Diploposthidae and Progynotaeniidae[J]. Indian J Helminthol, 11: 63-74.

Singh KS. 1952. Cestode parasites of birds[J]. Ind J Helminthol, 4: 1-72.

Singh KS. 1952. Cestode parasites of birds[J]. Ind J Helminthol, 4: 1-72.

Singh KS. 1956. *Hymenolepis vogeae* n. sp., from an Indian Field Mouse, *Mus buduga* Thomas, 1881[J]. Transactions of the American Microscopical Society, 75: 252-255.

Singh KS. 1964. On six new avian cestodes from India[J]. Parasitology, 54: 177-194.

Singh KS. 1964. On six new avian cestodes from India[J]. Parasitology, 54: 177-194.

Šípková L, Levron C, Freeman M, et al. 2010. Spermiogenesis and spermatozoon of the tapeworm *Parabothriocephalus gracilis* (Bothriocephalidea): ultrastructural and cytochemical studies[J]. Acta Parasitol, 55 (1): 58-65.

Sípková L, Levron C, Oros M, et al. 2011. Spermatological characters of bothriocephalideans (Cestoda) inferred from an ultrastructural study on *Oncodiscus sauridae* and *Senga* sp.[J]. Parasitol Res, 109 (1): 9-18.

Sitko J, Heneberg P. 2015. Composition, structure and pattern of helminth assemblages associated with central European storks (Ciconiidae)[J]. Parasitol Int, 64 (2): 130-134.

Skeríková A, Hypsa V, Scholz T. 2004. A paraphyly of the genus *Bothriocephalus* Rudolphi, 1808 (Cestoda: Pseudophyllidea) inferred from internal transcribed spacer-2 and 18S ribosomal DNA sequences[J]. J Parasitol, 90 (3): 612-617.

Skeríková A, Hypsa V, Scholz TV. 2001. Phylogenetic analysis of European species of *Proteocephalus* (Cestoda: Proteocephalidea): compatibility of molecular and morphological data, and parasite-host coevolution[J]. Int J Parasitol, 31 (10): 1121-1128.

Skrjabin KI. 1964. Essentials of cestodology. Vol. IV. Taeniata of animals and man and diseases caused by them[M]. 1964 (俄语版, 530pp.) 1970 (英文版 549pp.). Moscow: Izdatel'stvo 'Nauka'.

Skrjabin KI, Matevosyan EM. 1942.[Corrections to errors and controversies in the taxonomy of the cestodes of the family Hymenolepididae.][J]. Doklady Akademii Nauk SSSR, 36: 188-191.
Skrjabin KI, Mathevossian EM. 1945. Tapeworms-Hymenolepidids of Domestic and Game Birds[M]. Moscow: Sel'khozgiz: 488pp. (In Russian)
Smith CF. 1951. Two anoplocephalid cestodes, *Cittotaenia praecoquis* Stiles and *Cittotaenia megasacca* n. sp. from the western pocket gopher, *Thomomys talpoides*, of Wyoming[J]. Journal of Parasitology, 37 (3): 312-316.
Smith CF. 1954. Four new species of cestodes of rodents from the high plains, central and southern Rockies and notes on *Catenotaenia dendritica*[J]. J Parasitol, 40 (3): 245-254.
Smithers SR. 1954. On a new anoplocephalid cestode, *Pulluterina nestoris* gen. et sp. nov. from the kea (*Nestor notabilis*)[J]. Journal of Helminthology, 28 (1-2): 1-8.
Smyth JD. 1994. Introduction to animal parasitology. 3rd ed.[M]. Cambridge: Cambridge University Press: 549pp.
Smyth JD, McManus DP. 1989. The Physiology and Biochemistry of Cestodes[M]. Cambridge: Cambridge University Press.
Šnábel V, Hanzelová V, Fagerholm HP. 1994. Morphological and genetic comparison of two *Proteocephalus*, species (Cestoda: Proteocephalidae)[J]. Parasitol Res, 80 (2): 141-146.
Šnábel V, Hanzelová V, Mattiucci S, et al. 1996. Genetic polymorphism in *Proteocephalus exiguus* shown by enzyme electrophoresis[J]. J Helminthol, 70 (4): 345-349.
Sofi TA, Ahmad F. 2014. Comparative karyological analysis of three species of *Bothriocephalus* Rudolphi 1808 (Cestoda: Pseudophyllidea) from *Schizothorax* species of Kashmir valley[J]. J Parasit Dis, 38 (1): 16-21.
Sogandares-Bernal F. 1955. Some helminth parasites of fresh and brackish water fishes from Louisiana and Panama[J]. J Parasitol, 41: 587-594.
Soljdatova AP. 1944. A contribution to the study of the development cycle in the cestode *Mesocutoides lineatus* (Goeze, 1782), parasitic of carnivorous mammals[J]. Dokl Akad Nauk Sssr, 45: 310-312.
Sonune MB. 2012. A new species of the Genus *Neyraia* (Cestoda: Dilepidiae) from Aurangabad M. S.[J]. India Bios Discov, 3 (2): 176-178.
Southwell T. 1925. A Monograph on the Tetraphyllidea: with Notes on related Cestodes[M]. Memoirs of the Liverpool School of Tropical Medicine (New Series) No. 2: 363pp.
Southwell T. 1930a. Fauna of British India, Ceylon and Burma-Cestoda Vol. 1[M]. London: Taylor & Francis: 391pp.
Southwell T. 1930b. Fauna of British India, Ceylon and Burma-Cestoda Vol. 2[M]. London: Taylor & Francis: 262pp.
Southwell T, Hilmy IS. 1929. On a New Species of from an Indian Shark[J]. Ann Trop Med Parasit, 23 (3): 381.
Špakulová M, Hanzelová V. 1992. The karyotypes of *Proteocephalus percae* (Cestoda: Proteocephalidae)[J]. Folia Parasitol, 39: 324-326.
Spasskaya LP. 1961. Cestodes of birds of Tuva. IV. Hymenolepididae of waterfowl[J]. Acta Veterinaria Academiae Scientiarum Hungaricae, 10: 311-338. (In Russian)
Spasskaya LP, Spasskiĭ AA. 1971. Cestodes of Birds in Tuva[M]. Kishinev: Izdatel'stvo 'Shtiinstsa': 252pp. (In Russian)
Spasskaya LP, Spasskiĭ AA. 1977. Cestodes of birds in the USSR. Dilepididae of terrestrial birds[M]. Moscow: Nauka: 299 (In Russian)
Spasskaya LP, Spasskiĭ AA. 1978. Cestodes of birds in the USSR. Dilepidids of aquatic birds[M]. Izdatel'stvo 'Nauka' Moscow: 315pp. (In Russian)
Spasskiĭ AA. 1947. The position of the genus *Echinorhynchotaenia* Fuhrmann, 1909 in the Cestoda[J]. Doklady Akademii Nauk SSSR, 58: 513-515.
Spasskiĭ AA. 1948. Change of function of the attachment apparatus in the cestode *Insinuarotaenia schikhobalovi* gen. et sp. nov.[J]. Doklady Akademii Nauk SSSR, 59: 825-827. (In Russian)
Spasskiĭ AA. 1950. New family of cestodes-Catenotaeniidae n. fam. and a review of the system of anoplocephalids (Cestoda: Cyclophyllidea)[J]. Dokl Akad Nauk Sssr: 597-599.
Spasskiĭ AA. 1951. Biologic and taxonomic importance of the reticular structure in the uterus of anoplocephalids[J]. Dokl Akad Nauk Sssr, 76(1): 165-168.
Spasskiĭ AA. 1958. Short analysis of the classfication of cestodes[J]. Cesk Parazitol, 5: 163-171. (In Russian)
Spasskiĭ AA. 1963. Principles of cestodology[M]//Skryabin KI. Hymenolepididae-Tapeworms of Wild and Domestic Birds. Part I. Vol. II. Moscow: Izdatel'stvo 'Nauka': 418pp. (In Russian)
Spasskiĭ AA. 1969. A conparative ecological and morphological analysis of cestodes of the genus *Choanotaenia*[M]//Spasskiĭ AA. Parasites of Vertebrates. Kishinev: Izdatel'stvo Kartya Moldovenyasli.
Spasskiĭ AA. 1977. Identity of the genera *Hexaparuterina* and *Metrliasthes* (Estoda, Cyclophyllidea) and remarks on the systematics of the Paruterinidae[J]. Izvestiya Akademii Nauk Moldavskoi SSR. Biologicheskikh i Khimicheskikh Nauk No. 5: 65-70. (In Russian)
Spasskiĭ AA. 1988. Classification of *Hymenolepis macrorchida* in the genus *Idiogenoides* (Cestoda, Davaineidae)[J]. Parazitologiia,

22 (2): 180-181. (In Russian)

Spasskiĭ AA. 1990. New subfamily of taeniid tapeworms (Cestoda: Cyclophyllidea)[J]. Izv Akad Nauk Mold Ssr. Seriya Bio i Khimich Nauki, No. 1: 73.

Spasskiĭ AA. 1991. A brief essay on the systematics of the Paruterinidae[J]. Izv Akad Nauk Mold Ssr, Biologicheskikh i Khmicheskikh Nauki, 2: 43-52.

Spasskiĭ AA. 1992. Classification of cestodes[J]. Selskokhozyaistvennaya Biologiya, 6: 107-114. (In Russian)

Spasskiĭ AA, Romanova NE, Naydenova NV. 1951.[New data on the parasitic worms of *Ondatra zibethica* (L.)][J]. Trudy Gel'mintologicheskoy Laboratorff Akademii Nauk SSSR, 5: 42-52.

Spasskiĭ AA, Shumilo RP. 1965. The phenomenon of postlarval development of proboscis and hooks in cestodes belonging to the genus *Triaenorhina*, n. gen. (Paruterinidae)[J]. Dokl Akad Nauk Sssr, 164 (6): 1436-1438.

Spasskiĭ AA, Spasskaya LP. 1965. Revision of the genus *Paricterotaenia* (Cestoda: Dilepididae)[J]. Parazity Zhivothykh i Ras teniy, 1: 84-103. (In Russian)

Spasskiĭ AA, Spasskaya LP. 1968. Insufficient morphological criteria of the genus *Himantocestus* (Gyrocoeliinae: Diploposthidae)[J]. Helminthologia, 8-9: 531-536.

Spasskiĭ AA, Spasskaya LP. 1973. Gryporhynchinae n. subf. in Cestoda, Cyclophyllidea. Izv Akad Nauk Mold Ssr[J]. Seriya Biologicheskikh i Khimicheskikh Nauk, 5: 56-58. (In Russian)

Spasskiĭ AA, Spasskaya LP. 1976. Cestodes of Birds in The USSR. Dilepididae of Terrestrial Birds[M]. Izdatel'stvo Moscow: Nauka: 252pp. (In Russian)

Spasskiĭ AA, Spasskaya LP. 1977. Brief results of the phylogenetic analysis of two dilepidid tapeworm tribes, Dilepidini and Laterotaeniini[M]//Spasskiĭ AA, Shumilo RP, Kharshun AI. Ekto-i Endoparazity Zhivotnykh Moldavii. Kishinev: Izdatelstvo Shtiintsa: 3-30. (In Russian)

Spassky AA. 1947. The position of the genus *Echinorhynchotaenia* Fuhrmann, 1909 in the Cestoda[J]. Dokl Akad Nauk Sssr, 58: 513-515. (In Russian)

Spassky AA. 1948.[*Mathevolepis petrotschenkoi* nov. gen. nov. sp., a new species with uterine pore][J]. Dokl AN SSSR, 8: 1513-1515. (In Russian)

Spassky AA. 1951. Anoplocephalate Tapeworms of Domestic and Wild Animals[M]. Moscow: The Academy of Sciences of the USSR: 783pp.

Spassky AA. 1954.[Classification of the hymenolepidids of mammals][J]. Trudy Gel'mintologicheskoy Laboratorii Akademii Nauk SSSR, 7: 120-167. (In Russian)

Spassky AA. 1959. On phylogenetic relations of the subfamily Metadilepidinae nov. subfam. (Cestoda; Cyclophyllidea)[J]. Helminthologia, 1: 155-158.

Spassky AA. 1963. Hymenolepidids helminths of wild and domesticated birds. Part 1. Vol. 2.[M]. Nauka, Moscow: Osnovy Tcestodologii: 418pp. (In Russian)

Spassky AA, Karpenko SA. 1983.[A new genus of hymenolepidid cestodes from insectivorous][J]. Izvestiye AN Moldavskoi SSR. Seria biologicheskih i chimicheskih nauk. Parazitologiya, 3: 56-61. (In Russian)

Spassky AA, Spasskaya LP. 1976. On the systematics of amabiliids and davaineids (Cestoda: Amabiliidae, Avaineidae)[M]//Spassky AA, Shumilo RP, Kharsun AI. Parazity Teplokrovnykh Zhivotnykh Moldavii. Kishinev: Shtiintza: 3-31. (In Russian)

Speare R, Beveridge I, Johnson PM, et al. 1983. Parasites of the agile wallaby, *Macropus agilis* (Marsupialia)[J]. Aust Wildl Res, 10 (1): 89-96.

Specht D, Voge M. 1965. Asexual multiplication of mesocestoides tetrathyridia in laboratory animals[J]. J Parasitol, 51 (2): 268-272.

Srivastava AK, Capoor VN. 1980. On a new cestode, *Hexacanalis sasoonensis* n. sp. of the family Lecanicephalidae Braun, 1900 order Lecanicephalidea Baylis, 1920 from the sting rays *Trygon marginatus* (Blyth) from Sasoon Dock (Bombay)[J]. Indian J Helminthol, 1: 18-22.

Srivastava AK, Khare RK, Jadhav BV. 2006. On a new pseudophyllidean cestode, *Dactylobothrium choprai*, gen. nov., sp. nov., from *Channa ounctatussicsis*[sic] (Bl.)[J]. Flora and Fauna (Jhansi), 12: 85-88.

Ssolonitzin JA. 1933. Mehrfacher Tetrathyridios der serösen Höhlen des Hundes[J]. Z Infektionskr Parasitar Rank Hyg Haustiere, 45: 44-156.

Stiles CW. 1896. A revision of the adult tapeworms of hares and rabbits[J]. Proceedings of the United States National Museum, 19: 145-235.

Stoitsova SR, Georgiev BB, Dacheva RB. 1995. Ultrastructure of spermiogenesis and the mature spermatozoon of *Tetrabothrius erostris* Loennberg, 1896 (Cestoda, Tetrabothriidae)[J]. Int J Parasitol, 25 (12): 1427-1436.

Stossich M. 1897. Note parassitologiche[J]. Boll Soc Adr Sc Nat Trieste, 18: 1-10.

Stradowski M. 1993. Variability of the position of organs in *Hymenolepis diminuta* tapeworms at different ages[J]. Acta

Parasitologica, 38: 23-28.

Stunkard HW. 1953. *Raillietina demerariensis* (Cestoda), from *Proechimys cayennensis trinitatus* of Venezuela[J]. J Parasitol, 39: 272-279.

Stunkard HW. 1961. *Cycloskrjabinia taborensis* (Loewen, 1934), a cestode from the red bat, *Lasiurus borealis* (Müller, 1776), and a review of the family Anoplocephalidae[J]. J Parasitol, 47 (6): 847-856.

Stunkard HW. 1967. Platyhelminthic Parasites of Invertebrates[J]. J Parasitol, 53 (4): 673-682.

Subhapradha CK. 1955. Two new bothriocephalids from the marine fish *Saurida tumbil* (Bloch)[J]. Proc Indian Aca Sci, B, 41: 20-30.

Sulgostowska T. 1977. Redescription of the species *Diploposthe laevis* (Bloch, 1782) and *D. bifaria* (Siebold in Creplin, 1846) and revision of the genus (Cestoda, Hymenolepididae)[J]. Acta Parasitologica Polonica, 24 (23): 231-248.

Suriano DM, Labriola JB. 1998. Redescription of *Anonchocephalus chilensis* (Riggenbach, 1896) (Pseudophyllidea: Triaenophoridae) and description of *A. patagonicus* n. sp.[J]. Bol Chil Parasitol, 53: 73-77.

Sweatman GK, Williams RJ. 1963. Comparative studies on the biology and morphology of *Echinococcus granulosus* from domestic livestock, moose and reindeer[J]. Parasitology, 53 (3-4): 339-390.

Swiderski Z. 1972. Fine structure of the oncosphere of the cestode, *Catenotaenia pusilla* (Goeze, 1782) (Cyclophyllidea, Catenotaeniidae)[J]. Cellule, 69 (2): 205-237.

Swiderski Z. 1985. Spermiogenesis in the proteocephalid cestode *Proteocephalus longicollis*[J]. Proc Elec Microsc Soc South Africa, 24: 181-182.

Swiderski Z. 1986. Sperm differentiation in cestodes[J]. Arch Androl, 17 (2): 159-160.

Swiderski Z. 1996. Fertilization in proteocephalid cestode *Proteocephalus longicollis* (Zeder, 1800)[C]//Cottell D, Steer M. Proc 11th Eurp Congr elec micro, Dubin, Ireland.

Swiderski Z, Poddubnaya LG, Zhokhov AE, et al. 2014. Ultrastructural evidence for completion of the entire miracidial maturation in intrauterine eggs of the digenean *Brandesia turgida* (Brandes, 1888) (Plagiorchiida: Pleurogenidae)[J]. Parasitol Res, 113 (3): 1103-1111.

Swiderski Z, Chomicz L, Grytner-Ziecina B, et al. 2000. Electron microscope study on vitellogenesis in *Catenotaenia pusilla* (Goeze, 1782) (Cyclophyllidea, Catenotaeniidae)[J]. Acta Parasitol, 45: 83-88.

Swiderski Z, Eklu-Natey RD. 1978. Fine structure of spermatozoon of *Proteocephalus longicollis* (Cestoda, proteocephalidea). Proc 9th Int Congr Electron Microsc: 572-573.

Swiderski Z, Mackiewicz JS. 2002. Ultrastructure of spermatogenesis and spermatozoa of the caryophyllidean cestode *Glaridacris catostomi* Cooper, 1920[J]. Acta Parasitol, 47: 83-104.

Swiderski Z, Miquel J, Azzouz-Maache S, et al. 2016. Fertilization in the cestode *Echinococcus multilocularis* (Cyclophyllidea, Taeniidae)[J]. Acta Parasitol, 61 (1): 84-92.

Swiderski Z, Miquel J, Feliu C, et al. 2015. Functional ultrastructure of the parenchymatic capsules of the cestode *Thysanotaenia congolensis* (Cyclophyllidea, Anoplocephalidae, Inermicapsiferinae)[J]. Parasitol Res, 114 (1): 297-303.

Swiderski Z, Miquel J, Torres J, et al. 2013. Early intrauterine embryonic development of the bothriocephalidean cestode *Clestobothrium crassiceps* (Rudolphi, 1819), a parasite of the teleost *Merluccius merluccius* (L., 1758) (Gadiformes: Merlucciidae)[J]. C R Biol, 336 (7): 321-330.

Swiderski Z, Młocick D, Mackiewicz JS, et al. 2009. Ultrastructure and cytochemistry of vitellogenesis in *Wenyonia virilis* Woodland, 1923 (Cestoda, Caryophyllidea)[J]. Acta Parasitol, 54 (2): 131-142.

Swiderski Z, Subilia L. 1985. Ultrastructure of the spermatozoon of the cestode *Oochoristica agamae* (Cyclophyllidea, Linstowiidae)[J]. Elektronmikroskopievereniging van Suidelike Afrika, 15: 185-186.

Swiderski Z, Tkach V. 1997c. Ultrastructure of oncospheral hook formation in the nematotaeniid cestode, *Nematotaenia dispar* (Goeze, 1782)[J]. Int J Parasitol, 27 (3): 299-304.

Swiderski Z, Tkach V. 1997b. Differentiation and ultrastructure of the paruterine organs and paruterine capsules, in the nematotaeniid cestode *Nematotaenia dispar* (Goeze, 1782) Lühe, 1910, a parasite of amphibians[J]. Int J Parasitol, 27 (6): 635-644.

Swiderski Z, Tkach V. 1997a. Differentiation and ultrastructure of oncospheral and uterine envelopes in the nematotaeniid cestode, *Nematotaenia dispar* (Goeze, 1782)[J]. Int J Parasitol, 27 (9): 1065-1074.

Swiderski Z, Tkach VV. 1997d. Ultrastructure of the infective eggs of the hymenolepidid cestode, *Ditestolepis tripartita* (Zarnowski, 1955), a parasite of shrews[J]. Acta Parasitol, 42 (1): 46-54.

Swiderski Z, Xylander WE. 2000. Vitellocytes and vitellogenesis in cestodes in relation to embryonic development, egg production and life cycle[J]. Int J Parasitol, 30 (7): 805-817. (Review)

Swofford D. 2002. PAUP*. Phylogenetic analysis using parsimony (*and other methods). Version 4[M]. Sunderland, Massachusetts: Sinauer Associates.

Sysoev AV. 1983. The copmosition of intermediate hosts of *Proteocephalus torulosus* (Batsch) (Cestoda: Proteocephalidae) and the dynamics of invasion of Copepoda with this parasite under conditions of Karelia[J]. Helminthologia, 20: 97-102.

Sysoev AV. 1985. On the composition of intermediate hosts of cestodes parasitic in the nine-spined stickleback[J]. Angew Parasitol, 26: 147-150.

Sysoev AV. 1987. Seasonal dynamics of invasion of copepods with procercoids of cestodes in small lakes of Karelia[J]. Angew Parasitol, 28: 191-204.

Sysoev AV, Freze VI, Andersen KI. 1994. On the morphology of procercoids of the genus *Proteocephalus* (Cestoda, Proteocephalidae)[J]. Parasitol Res, 80 (3): 245-252.

Sysoev AV, Freze VI, Zitnan R, et al. 1988. Modus of chronecological substitution of hosts in polyhostal species of cestodes[J]. Helminthologia, 25: 287-299.

Sysoev AV, Hanzelova V, Yakushev VY, et al. 1992. Some peculiarities of the process of infection transmission in cestodes of the genus *Proteocephalus*[J]. Helminthologia, 29: 19-23.

Szidat L, Soria MF. 1954. Nuevos parásitos de *Leptodactylus ocellatus* (L.) (Amphibia, Leptodactylidae) de la República Argentina[J]. Comunicaciones del Instituto Nacional de Investigación de las Ciencias Naturales y Museo Argentino de Ciencias Naturales Bernardino Rivadavia, 13: 189-210.

Tadros G. 1966. On the classification of the family Bothriocephalidae Blanchard, 1849 (Cestode)[J]. J Vet Sci United Arab Repub, 3: 39-43.

Tadros G. 1967. On a new cestode *Bothriocephalus prudhoei* sp. nov. from the Nile catfish *Ciarías anguillaris* with some remarks on the genus *Clestobothrium* Lühe, 1899[J]. Bulletin of the Zoological Society of Egypt, 21: 78-88.

Tadros G. 1968. A redescription of *Polyoncobothrium clarias* (Woodland, 1925) Meggitt, 1930 (Bothriocephalidae: Cestode) with a brief rewiew of the genus *Polyoncobothrium* Diesing, 1854 and the identity of the genera *Tetracampos* Dollfus, 1935, and *Oncobothriocephalus* Yamaguti, 1959[J]. J Vet Sci United Arab Repub, 3: 39-43.

Takao Y. 1986. A new cestode, *Atelemerus major* n. sp. found in a marine fish in Japan (Pseudophyllidea: Echinophallidae)[J]. Jpn J Parasitol, 35: 175-182.

Taleb-Hossenkhan N, Bhagwant S. 2012. Molecular characterization of the parasitic tapeworm *Bertiella studeri* from the island of Mauritius[J]. Parasitol Res, 110 (2): 759-768.

Talwar PK, Jhingran AG. 1991. Inland fishes of India and adjacent countries. Vol. 1.[M]. New Delhi, India: Oxford and IBH Publishing Co., Pvt. Ltd. : 542pp.

Tantalean MV, Carvajal GC, Martinez RR, et al. 1982. Helmintos parasitos de peces marinos de la Costa Peruana[J]. NCTL Naturaleza, Ciencia y Tecnologia Local, serie Divulgacion Cientifica, 1: 1-36.

Tanzola RD. 1992. *Diorchis pararansomi* sp. n. from *Fulica armillata* Vieillot in Argentina[J]. Helmintologia, 29: 45-48.

Taylor EL. 1928. *Moniezia* a genus of cestode worms, and the proposed reduction of its species to three[J]. Proc US Natl Mus (Wash), 74: 1-9.

Temirova SI, Skryabin AS. 1978. The suborder Tetrabothriata (Ariola, 1899) Skrjabin, 1940[M]//Principle of cestodology. Vol. Ⅸ. Tetrabothriata and Mesocestoidata, Cestodes of Birds and Mammals. USSR: Izdatel'stvo Akad Nauk SSR: 7-117. (In Russian)

Tenora BF, Mura E, Vaucher C. 1984. On Anoplocephalidae (Cestoda), parasitising Rodentia and Lagomorpha in Europe[J]. Parasitol Hungarica, 17: 51-57.

Tenora BF, Mura E, Vaucher C. 1986. On *Andrya* Railliet, 1893 and *Paranoplocephala* Luehe, 1910 (Cestoda: Monieziinae)[J]. Parasitol Hungarica, 19: 43-75.

Tenora BF, Mura E. 1975. Cestodes recovered from rodents (Rodentia) in Mongolia[J]. Ann Hist Nat Mus Nat Hung, 67: 65-70.

Tenora F. 1976. Tapeworms of the family Anoplocephalidae Cholodkowsky, 1902; evolutionary implications[J]. Acta Scientiarum Academiae Scientiarum Bohemoslovacae Brno, Nova Series, 10 (5): 1-37.

Tenora F. 1977. Reorganization of the system of cestodes of the genus *Catenotaenia* Janicki, Evolutionary implications[J]. Acta Univ Agric, 25: 163-170.

Tenora F. 1996. *Andrya communis* Douthitt, 1915 (Anoplocephalidae), a parasite of *Clethrionomys* spp. (Arvicolidae) in the nearctic region[J]. Helminthologia, 33: 37-41.

Tenora F. 2005. *Mesocestoides litteratus* (Batsch, 1786) (Cestoda), parasite of *Vulpes vulpes* (L., 1758) (Carnivora) in the Czech Republic[J]. Acta Univ Agr et Silvi Mendel Brun, 53: 185-188.

Tenora F, Asakawa M, Kamiya M. 1994. *Hymenolepis pseudodiminuta* sp. n. (Cestoda: Hymenolepididae) from *Apodemus* spp. (Rodentia: Muridae) in Japan[J]. Helminthologia, 31: 185-189.

Tenora F, Ganzorig S, Kamiyva M. 1998. Notes on the morphology of the Japanese isolate of *Echinococcus multilocularis* (Cestoda)[J]. Acta Universitatis Agriculturae Et Silviculturae Mendelianae Brunensis, 46(1): 129-135.

Tenora F, Gubányi A, Murai É. 1999. *Paranoplocephala maseri* n. sp. (Cestoda, Anoplocephalidae), a parasite of sagebrush voles *Lemmiscus curtatus* (Rodentia) in the USA[J]. Systematic Parasitology, 42: 153-158.

Tenora F, Henttonen H, Haukisalmi V. 1983. On helminths of rodents in Finland[J]. Ann Zool Fenn, 20 (1): 37-45.

Tenora F, Mas Coma S, Murai E, et al. 1980. The system of cestodes of the suborder Catenotaeniata Spassky, 1963[J]. Parasitol

Hung, 13: 39-57.
Tenora F, Murai É, Vaucher C. 1985. On some *Paranoplocephala* species (Cestoda: Anoplocephalidae) parasitizing rodents (Rodentia) in Europe[J]. Parasitologica Hungarica, 18: 29-48.
Tenora F, Murai E. 1978. Anoplocephalidae (Cestoda) parasites of Leporidae and Sciuridae in Europe[J]. Acta Zool Acad Sci Hung, 3-4: 415-429.
Tenora F, Murai E. 1980. The genera *Anoplocephaloides* and *Paranoplocephala* (Cestoda) parasites of Rodentia in Europe[J]. Acta Zool-Acad Sci H, 26 (1-3): 263-284.
Tenora F, Wiger R, Baruš V. 1979. Seasonal and annual variations in the prevalence of helminths in a cyclic population of *Clethrionomys glareolus*[J]. Holarctic Ecology, 2: 176-181.
Terefe Y, Hailemariam Z, Menkir S, et al. 2014. Phylogenetic characterisation of *Taenia* tapeworms in spotted hyenas and reconsideration of the 'Out of Africa' hypothesis of *Taenia* in humans[J]. Int J Parasitol, 44 (8): 533-541.
Thatcher VE. 2006. Amazon Fish Parasites[M]. Curitiba, Paraná, Brazil: Universidade Federal do Paraná: 508pp.
Thenius E. 1972. Grundzuge der Verbreitungsgeschichte der Saugetiere[J]. Jena: Gustav Fischer Verlag: 345pp.
Thenius E. 1979. Die Evolution der Säugetiere. Eine Übersicht über Ergebnisse und Probeme[M]. Stuttgart & New York: Gustav Fisher Verlag: 295pp.
Thomas LJ. 1930. Notes on the life history of *Haplobothrium globuliforme* Cooper, a tapeworm of *Amia calva* L.[J]. J Parasitol, 16 (3): 140-145.
Thomas LP. 1983. Fine Structure of the Tentacles and Associated Microanatomy of *Haplobothrium globuliforme* (Cestoda: Pseudophyllidea)[J]. J Parasitol, 69 (4): 719-730
Thompson RC, Lymbery AJ, Constantine CC. 1995. Variation in *Echinococcus*: towards a taxonomic revision of the genus[J]. Adv Parasitol, 35 (2): 145-176.
Thompson RCA. 2008. The taxonomy, phylogeny and transmission of *Echinococcus*[J]. Exp Parasitol, 119 (4): 439-446.
Tieri E, Mariniello L, Ortis M, et al. 2006. Endoparasites of chub (*Leuciscus cephalus*) in two rivers of the Abruzzo region of Italy[J]. Vet Ita, 42 (3): 271-279, 261-269.
Tinnin DS, Ganzorig S, Gardner SL. 2011. Helminths of small mammals (Erinaceomorpha, Soricomorpha, Chiroptera, Rodentia, and Lagomorpha) of Mongolia[J]. Special Publications Museum of Texas Tech University, 59: 50pp.
Tkach V, Swiderski Z, Mlocicki D. 2013. Egg ultrastructure of the amabiliid cestode *Tatria biremis* Kowalewski, 1904 (Cyclophyllidea, Amabiliidae), with an emphasis on the oncospheral envelopes[J]. Acta Parasitol, 58 (3): 269-277.
Tkach VV, Kornyushin VV. 1997. On the systematic position of *Hymenolepis blarinae* Rausch & Kuns, 1950 (Cestoda, Hymenolepididae), with a re-description of the holotype[J]. Systematic Parasitology, 37 (1): 21-25.
Tkach VV, Makarikov AA, Kinsella JM. 2013. Morphological and molecular differentiation of *Staphylocystis clydesengeri* n. sp. (Cestoda, Hymenolepididae) from the vagrant shrew, *Sorex vagrans* (Soricomorpha, Soricidae), in North America[J]. Zootaxa, 3691: 389-400.
Tkach VV, Velikanov VP. 1991. *Pseudhymenolepis turkestanica* sp. n. (Cestoda: Hymenolepididae), a new cestode from shrews[J]. Ann Parasitol Hum Comp, 66 (2): 54-56.
Tkach VV. 1994. Description of cysticercoid of *Coronacanthus vassilevi* Genov, 1980 (Cestoda: Hymenolepididae)[J]. Parasite, 1 (2): 161-165.
Tokiwa T, Taira K, Yamazaki M, et al. 2014. The first report of peritoneal tetrathyridiosis in squirrel monkey (*Saimiri sciureus*)[J]. Parasitol Int, 63 (5): 705-707.
Tolkacheva LM. 1991. Cestodes of the USSR fauna: Genus Diorchis[M]. Moscow: Izdatel'stvo Nauka: 180 pp. (In Russian)
Torres J, Bâ CT, Miquel J. 2012. Spermiogenesis and spermatozoon ultrastructure of the bothriocephalidean cestode *Clestobothrium crassiceps* (Rudolphi, 1819), a parasite of the teleost fish *Merluccius merluccius* (Gadiformes: Merlucciidae)[J]. Parasitol Res, 110 (1): 19-30.
Torres J, Eira C, Miquel J, et al. 2015. Effect of Intestinal Tapeworm *Clestobothrium crassiceps* on Concentrations of Toxic Elements and Selenium in European Hake *Merluccius merluccius* from the Gulf of Lion (Northwestern Mediterranean Sea)[J]. J Agric Food Chem, 63 (42): 9349-9356.
Torres J, Miquel J, Motjé M. 2001. Helminth parasites of the eurasian badger (*Meles meles* L.) in Spain: a biogeographic approach[J]. Parasitol Res, 87 (4): 259-263.
Torres J, Peig J, Eira C, et al. 2006. Cadmium and lead concentrations in *Skrjabinotaenia lobata* (Cestoda: Catenotaeniidae) and in its host, *Apodemus sylvaticus* (Rodentia: Muridae) in the urban dumping site of Garraf (Spain)[J]. Environ Pollut, 143 (1): 4-8.
Tretjakova ON. 1948. Two new helminths of birds of the Cheliabinsk oblast-*Philophthalmus muraschkinzewi* and *Tatria skrjabini* n. sp.[J]. Sb Rab Gelmintol: 232-236.
Troncy PM, Graber M, Thal J. 1972. Enquete sur la pathologie de la faune sauvage en Afrique centrale. Le parasitisme des Suides sauvages. Premiers resultats d'enquete[J]. Rev Ele Med Vet, 25: 205-218.
Tubangui MA, Masilungan VA. 1937. Tapeworm parasites of Philippine birds[J]. Philippine Journal of Science, 62: 409-438.

Turcekova L, Králová-Hromadová I. 1995. Characterization of DNA restriction profiles and rRNA gene restriction fragment length polymorphisms of *Proteocephalus exiguus* and *P. neglectus* from geographically distinct regions[J]. J Helminthol, 69 (2): 159-163.

Turni C, Smales LR. 2001. Parasites of the bridled nailtail wallaby (*Onychogalea fraenata*) (Marsupialia: Macropodidae)[J]. Wildl Res, 28 (4): 403-411.

Twohig ME, Caira JN, Fyler CA. 2008. Two new cestode species from the dwarf whipray, *Himantura walga* (Batoidea: Dasyatidae), from Borneo, with comments on site and mode of attachment[J]. J Parasitol, 94 (5): 1118-1127.

Tyler GA. 2001. Diphyllidean cestodes of the Gulf of California, Maxico with descriptions of two new species of *Echinobothrium* (Cestoda: Diphyllidea)[J]. J Parasitol, 87 (1): 173-184.

Tyler GA. 2006. Tapeworms of Elasmobranchs (Part II) A Monograph on the Diphyllidea (Platyhelminthes, Cestoda)[D]. University of Nebraska State Museum Lincoln, Nebraska.

Tyler GA, Caira JN. 1999. Two new species of *Echinobothrium* (Cestoidea: Diphyllidea) from myliobatiform elasmobranchs in the Gulf of California, Mexico[J]. J Parasitol, 85 (2): 327-335.

Ubelaker JE. 1983. The morphology, development and evolution of tapeworm larvae[M]//Arme C, Pappas PW. Biology of the Eucestoda, Vol. 1. London: Academic Press: 235-296.

Ukoli FMA. 1965. Three cestodes from the families Diploposthidae Poche, 1926, Dioecocestidae Southwell, 1930 and Progynotaeniidae Fuhrmann, 1936 found in the black-winged stilt, *Himantopus himantopus* (Linn. 1758) in Ghana[J]. J Helminthol, 39 (4): 383-398.

Ulmer MJ, James HA. 1976. Studies of the helminth fauna of Iowa II: Cestodes amphibians[J]. Proc Helminthol Soc Wash, 43: 191-200.

Valkounová J. 1983. Distribution of cestodes among domestic ducks and free-living aquatic birds[J]. Vet Med, 28 (4): 231. (In Czech)

Valkounová J. 1987. Comparative studies on the morphology, histology, and histochemistry of metacestodes (Hymenolepididae, Dilepididae and Dipylidiidae)[J]. Folia Parasitol, 34 (2): 117-128.

Van Der Land J, Dienske H. 1968. Two new species of Gyrocotyle (Monogenea) from chimaerids (Holocephali)[J]. Zool Medel, 43 (8): 97-106.

Vasileva GP, Dimitrov GI, Georgiev BB. 2002. *Phyllobothrium squali* Yamaguti, 1952 (Tetraphyllidea, Phyllobothriidae): redescription and first record in the Black Sea[J]. Syst Parasitol, 53 (1): 49-59.

Vasileva GP, Georgiev BB, Genov T. 1996. Redescription and new records of *Mackoja podirufi* (Macko, 1962), with an amended diagnosis of *Mackoja* Kornyushin, 1983 (Cestoda, Hymenolepididae)[J]. Syst Parasitol, 34 (3): 171-177.

Vasileva GP, Georgiev BB, Genov T. 1998a. Redescription of *Chimaerula leonovi* (Belogurov & Zueva, 1968) n. comb. (Cestoda, Dilepididae)[J]. Syst Parasitol, 40 (3): 229-235.

Vasileva GP, Georgiev BB, Genov T. 1998b. Redescription of *Hymenolepis hoploporus* Dollfus, 1951, with the erection of the new genus *Dollfusilepis* (Gestoda, Hymenolepididae)[J]. Rev Suisse Zool;Ann Soc Zool Suisse Mus Hist Nat Genève, 105 (2): 319-329.

Vasileva GP, Georgiev BB, Genov T. 1999. Palaearctic species of the genus *Confluaria* Ablasov (Cestoda, Hymenolepididae): redescriptions of *C. multistriata* (Rudolphi, 1810) and *C. japonica* (Yamaguti, 1935), and a description of *Confluaria* sp[J]. Syst Parasitol, 44 (2): 87-103.

Vasileva GP, Georgiev BB, Genov T. 2000. Palaearctic species of the genus *Confluaria* Ablasov (Cestoda, Hymenolepididae): redescriptions of *C. podicipina* (Szymanski, 1905) and *C. furcifera* (Krabbe, 1869), description of *C. pseudofurcifera* n. sp., a key and final comments[J]. Syst Parasitol, 45 (2): 109-130.

Vasileva GP, Gibson DI, Bray RA. 2003a. Taxonomic revision of *Joyeuxilepis* Spassky, 1947 (Cestoda: Amabiliidae): redescriptions of *J. acanthorhyncha* (Wedl, 1855) and *J. fuhrmanni* (Solomon, 1932), a key and a new generic diagnosis[J]. Syst Parasitol, 56 (3): 219-233.

Vasileva GP, Gibson DI, Bray RA. 2003b. Taxonomic revision of *Joyeuxilepis* Spassky, 1947 (Cestoda: Amabiliidae): redescriptions of *J. biuncinata* (Joyeux & Baer, 1943), *J. decacantha* (Fuhrmann, 1913) and *J. pilatus* Borgarenko & Gulyaev, 1991[J]. Syst Parasitol, 56 (1): 17-36.

Vasileva GP, Gibson DI, Bray RA. 2003c. Taxonomic revision of *Tatria* Kowalewski, 1904 (Cestoda: Amabiliidae): redescriptions of *T. appendiculata* Fuhrmann, 1908 and *T. duodecacantha* Olsen, 1939, a key and an amended diagnosis of *Tatria* (*sensu stricto*)[J]. Syst Parasitol, 55 (2): 97-113.

Vasileva GP, Gibson DI, Bray RA. 2003d. Taxonomic revision of *Tatria* Kowalewski, 1904 (Cestoda: Amabiliidae): redescriptions of *T. biremis* Kowalewski, 1904 and *T. minor* Kowalewski, 1904, and the description of *T. gulyaevi* n. sp. from Palaearctic grebes[J]. Syst Parasitol, 54 (3): 177-198.

Vasileva GP, Kornyushin VV, Genov T. 2001 Hymenolepidid cestodes from grebes (Aves, Podicipedidae) in Ukraine: the Genera *Dollfusilepis* and *Parafimbriaria*[J]. Vestn Zool, 35 (2): 3-14.

Vasileva GP, Redón S, Amat F, et al. 2009. Records of cysticercoids of *Fimbriarioides tadornae* Maksimova, 1976 and *Branchiopodataenia gvozdevi* (Maksimova, 1988) (Cyclophyllidea, Hymenolepididae) from brine shrimps at the Mediterranean coasts of Spain and France, with a key to cestodes from *Artemia* spp. from the Western Mediterranean[J]. Acta Parasitologica, 54 (2): 143-150.

Vasileva GP, Skirnisson K, Georgiev BB. 2008. Cestodes of the horned grebe *Podiceps auritus* (L.) (Aves: Podicipedidae) from Lake Myvatn, Iceland, with the description of *Confluaria islandica* n. sp. (Hymenolepididae)[J]. Syst Parasitol, 69 (1): 51-58.

Vasileva GP, Tkach VV, Genov T. 2005. Two new hymenolepidid species (Cestoda, Hymenolepididae) from water shrews Neomys fodiens Pennant (Insectivora, Soricidae) in Bulgaria[J]. Acta Parasitologica, 50 (1): 56-64.

Vasileva GP, Vaucher C, Tkach VV, et al. 2004. Taxonomic revision of *Hilmylepis* Skryabin & Matevosyan, 1942 (Cyclophyllidea: Hymenolepididae)[J]. Syst Parasitol, 59 (1): 45-63.

Vaucher C. 1971. Les cestodes parasites des Soricidae d'Europe. Etude anatomique, révision taxonomique et biologie[J]. Revue Suisse de Zoologie, 78: 1-113.

Vaucher C. 1982. Considérations sur la spécificité parasitaire des cestodes parasites de mammifères insectivores. Deuxième Symposium sur la Spécificité Parasitaire des Parasites de Vertébrés, 13-17 avril 1981[J]. Mémoires du Muséum National d'Histoire Naturelle, Paris, Sér. A, Zoologie, 123: 195-201.

Vaucher C. 1992. Revision of the Genus *Vampirolepis* Spasskiĭ, 1954 (Cestoda: Hymenolepididae)[J]. Mem Inst Oswaldo Cruz, Rio de Janeiro, 87 (S1): 299-304.

Velikanov VP, Tkach VV. 1993. New cestode species (Cestoda, Hymenolepididae) from desert shrew[J]. Vestnik Zoologii, 27: 3-11. (In Russian)

Verma SC. 1926. On a new proteocephalid cestode from an Indian fresh-water fish[J]. Allahabad Univ Stud, 2: 353-362.

Verma SC. 1928. Some cestodes from Indian fishes, including four new species of Tetraphyllidea and revised keys to the genera *Acanthobothrium* and *Gangesia*[J]. Allahabad Univ Stud, 4: 119-176.

Verster A. 1969. A toxonomic revision of the genus *Taenia* Linnaeus, 1758 *s. str.*[J]. Onderstepoort J Vet Res, 36: 3-58.

Vidal V, Ortiz J, Diaz JI, et al. 2012. Gastrointestinal parasites in Chinstrap Penguins from Deception Island, South Shetlands, Antarctica[J]. Parasitol, 111 (2): 723-727.

Vidal-Martínez VM, Torres-Irineo E, Romero D, et al. 2015. Environmental and anthropogenic factors affecting the probability of occurrence of *Oncomegas wageneri* (Cestoda: Trypanorhyncha) in the southern Gulf of Mexico[J]. Parasit Vectors, 8 (1): 609.

Videira M, Velasco M, Dias L, et al. 2013. *Gobioides broussonnetii* (Gobiidae): a new host for *Pterobothrium crassicolle* (Trypanorhyncha) on Marajó Island, northern Brazil[J]. Rev Bras Parasitol Vet, 22 (3): 398-401.

Vieira FM, Luque JL, Lima Sde S, et al. 2012. *Dipylidium caninum* (Cyclophyllidea, Dipylidiidae) in a wild carnivore from Brazil[J]. J Wildl Dis, 48 (1): 233-234.

Vigueras PI. 1941. Nota Sobre *Hymenolepis Chiropterophila* n. sp. y clave para la determinacion de *Hymenolepis* de Chiroptera[J]. Sepatrado de la Revista "Universidad de la Habana": 152-163.

Vigueras PI. 1942. *Proteocephalus bufonis* n. sp. (Cestoda), parasito del intestino de *Bufo peltacephalus*, (Amphibia)[J]. Notas Helmintol, 5: 208-209, 220-221.

Voge M. 1948. A new anoplocephalid cestode, *Paranoplocephala kirbyi*, from Microtus californicus californicus[J]. Transactions of the American Microscopical Society, 67(3): 299-303.

Voge M. 1952. *Mesogyna hepatica* n. g. n. sp., (Cestoda: Cyclophyllidea) from the kitfox, *Vulpes macrotis*[J]. Trans Am Microsc Soc, 71 (4): 350-354.

Voge M, Davis BS. 1953. Studies on the cestode genus *Anonchotaenia* (Dilepididae, Paruterininae) and related forms[J]. Univ Calif Pub Zool, 59: 1-30.

Voge M, Davis BS. 1953. Studies on the cestode genus *Anonchotaenia* (Dilepididae, Paruterininae) and related forms[J]. Univ Calif Pub Zool, 59: 1-30.

Vojtkova L, Koubkova B. 1990. Helminth fauna of caddis-fly larvae (Megaloptera)[J]. J Faculty Sci, Masaryk Uni, Brno, Seria Biol, 20: 494-495.

von Linstow O. 1879. Helminthologishe Untersuchungen[J]. Jahresh Ver vaterl Natur Wütt, 35: 313-342.

von Linstow O. 1879. Helminthologishe Untersuchungen[J]. Jahresh Ver vaterl Natur Wütt, 35: 313-342.

von Nickisch-Rosenegk M, Lucius R, Loos-Frank B. 1999. Contributions to the phylogeny of the Cyclophyllidea (Cestoda) inferred from mitochondrial 12S rDNA[J]. J Mol Evol, 48 (5): 586-596.

Waeschenbach A, Webster BL, Bray RA, et al. 2007. Added resolution among ordinal level relationships of tapeworms (Platyhelminthes: Cestoda) with complete small and large subunit nuclear ribosomal RNA genes[J]. Mol Phylogenet Evol, 45 (1): 311-325.

Waeschenbach A, Webster BL, Littlewood DT. 2012. Adding resolution to ordinal level relationships of tapeworms (Platyhelminthes: Cestoda) with large fragments of mtDNA[J]. Mol Phylogenet Evol, 63 (3): 834-847.

Wagner ED. 1917. Uber den Entwicklungsgang und Baueiner Fischtaenie (*Ichthyotaenia torulosus* Batsch)[J]. Jena Zeitschrift fur

Naturwissenschaften, 55: 1-66.

Wagner ED. 1953. A New Species of *Proteocephalus* Weinland, 1858, (Cestoda), with Notes on Its Life History[J]. Trans Am Microsc Soc, 72: 364-369.

Wagner ED. 1954. The life history of *Proteocephalus tumidocollus* Wagner, 1953 (Cestoda), in rainbow trout[J]. J Parasitol, 40: 489-498.

Wang CR, Qiu JH, Zhao JP, et al. 2006. Prevalence of helminthes in adult dogs in Heilongjiang Province, the People's Republic of China[J]. Parasitol Res, 99 (5): 627-630.

Wang LN, Ge LY, Miao F, et al. 2004. Application of EITB in immunodiagnosis of cysticercosis[J]. Chin J Parasitol Parasitic Dis, 22 (2): 98-100.

Wang YH, Liu SF, Yang YR. 2004. *Parabothriocephalus psenopsis* n. sp. (Eucestoda: Pseudophyllidea) in *Psenopsis anomala* from Taiwan Strait, Chaina[J]. J Parasitol, 90: 623-625.

Wardle RA, Mcleod JA, Radinovsky S. 1974. Advances in the Zoology of Tapeworms, 1950-1970[M]. Minneapolis: Minnesota Press.

Wardle RA, McLeod JA. 1952. The zoology of tapeworms[M]. Minneapolis: Minnesota Press.

Wardle RA, McLeod JA. 1968. The zoology of tapeworms[M]. New York: Hafner Publishing Company.

Watson EE. 1911. The genus *Gyrocotyle*, and its significance for problems of cestode structure and phylogeny[J]. Univ Calif Publ Zool, 6 (15): 353-468.

Watson NA, Rohde K. 1995. Ultrastructure of spermiogenesis and spermatozoon of *Neopolystoma spratti* (Platyhelminthes, Monogenea, Polystomatidae)[J]. Parasitol Res, 81 (4): 343-348.

Webster JD. 1951. Systematic notes on North American Acoleidae (Cestoda)[J]. J Parasitol, 37 (2): 111-118.

Weekes PJ. 1986. Growth and Development of *Amurotaenia decidua* Hine, 1977 in a copepod[M]//Howell KJ. Parasitology-Quo Vadit? Handbook (Sixth International Congress of Parasitology, Brisbane), Canberra. Aus Acad Sci: 255.

Wertheim G. 1954. A new anoplocephalid cestode from the gerbil[J]. Parasitology, 44: 446-449.

Wicht B, Ruggeri-Bernardi N, Yanagida T, et al. 2010. Inter-and intra-specific characterization of tapeworms of the genus *Diphyllobothrium* (Cestoda: Diphyllobothriidea) from Switzerland, using nuclear and Mitochondr DNA targets[J]. Parasitol Int, 59 (1): 35-39.

Wicht B, Scholz T, Peduzzi R, et al. 2008. First record of human infection with the tapeworm *Diphyllobothrium nihonkaiense* in North America[J]. Am J Trop Med Hyg, 78 (2): 235-238.

Wickström LM, Hantula J, Haukisalmi V, et al. 2001. Genetic and morphometric variation in the Holarctic helminth parasite *Andrya arctica* (Cestoda, Anoplocephalidae) in relation to the divergence of its lemming hosts (*Dicrostonyx* spp.)[J]. Zool J Linnean Soc, 131 (4): 443-457.

Wickström LM, Haukisalmi V, Varis S, et al. 2003. Phylogeography of the circumpoplar *Paranoplocephala artica* species complex (Cestoda: Anoplocephalidae) parasitizing collard lemmings (*Dicrostonyx* spp.)[J]. Mol Ecol, 12 (12): 3359-3371.

Wickström LM, Haukisalmi V, Varis S, et al. 2005. Molecular phylogeny and systematics of anoplocephaline cestodes in rodents and lagomorphs[J]. Syst Parasitol, 62 (2): 83-99.

Widmer VC, Georgiev BB, Mariaux J. 2013. A new genus of the family Hymenolepididae (Cestoda) from *Sephanoides sephaniodes* (Apodiformes, Trochilidae) in Northern Patagonia (Chile)[J]. Acta Parasitol, 58 (1): 105-111.

Willemse JJ. 1967. The host-parasite relation between fresh-water fishes and tapeworms of the genus *Proteocephalus*[J]. Arch Neer Zool, 17: 289-291.

Willemse JJ. 1968. *Proteocephalus filicollis* (Rudolphi, 1802) and *Proteocephalus ambiguus* (Dujardin, 1845), two hitherto confused species of cestodes[J]. J Helminthol, 42: 395-410.

Willemse JJ. 1969. The Genus *Proteocephalus* in the Netherlands[J]. J Helminthol, 43: 207-222.

Williams CF, Reading AJ, Scholz T, et al. 2012. Larval gryporhynchid tapeworms (Cestoda: Cyclophyllidea) of British freshwater fish, with a description of the pathology caused by *Paradilepis scolecina*[J]. J Helminthol, 86 (1): 1-9.

Williams DD. 1979. *Archigetes iowensis* (Cestoda: Caryophyllidae) from *Limnodrilus hoffmeisteri* (Annelida: Tubificidae) in Wisconsin[J]. Proc Helminthol Soc Wash, 46 (2): 272-274.

Williams DD, Sutherland DR. 1981. *Khawia sinensis* (Caryophyllidea: Lytocestidae) from *Cyprinus carpio* in North America[J]. Proc Helminthol Soc Wash, 48 (2): 253-255.

Williams H, Jones A. 1994. Parasitic worms of fish[J]. Rev Inst Med Trop SP, 36 (6): 387-389.

Williams HH. 1960. The intestine in members of the genus *Raja* and host-specificity in the Tetraphyllidea[J]. Nature, 188 (4749): 514-516.

Williams HH. 1964. Some new and little known cestodes from Australian elasmobranchs with a brief discussion on their possible use in problems of host taxonomy[J]. Parasitology, 54: 737-748.

Williams HH. 1968. The taxonomy, ecology and host-specificity of some Phyllobothriidae (Cestoda: Tetraphyllidea), a critical revision of *Phyllobothrium* Beneden, 1849 and comments on some allied genera[J]. Philos Trans R Soc London. Series B. Biol

Sci, 253: 231-307.

Williams HH, Colin JA, Halvorsen O. 1987. Biology of gyrocotylideans with emphasis on reproduction, population ecology and phylogeny[J]. Parasitology, 95 (1): 173-207.

Wirtherle N, Wiemann A, Ottenjann M, et al. 2007. First case of canine peritoneal larval cestodosis caused by *Mesocestoides lineatus* in Germany[J]. Parasitol Int, 56 (4): 317-320.

Witenberg G. 1932. On the cestode subfamily dipylidiinae stiles[J]. Z Parasit, 4 (3): 542-584.

Wolffhügel R. 1948. *Ophiotaenia noei* n. sp. (Cestoda)[J]. Biologica, 5: 15-29.

Wolfgang RW. 1956. Helminths parasites of reptiles, birds and mammals in Egypt. *Catenotaenia aegyptica* sp. nov. from myomorph rodents, with additional notes on the genus[J]. Canadian Journal of Zoology, 34: 6-20.

Woodland WNF. 1925. On some remarkable new Monticellia-like and other cestodes from *Sudanese siluroids*[J]. Q J Microsc Sci, 69: 703-729.

Woodland WNF. 1926. On the genera and possible affinities of the Caryophyllaeidae: a reply to Drs. O Fuhrman and J G. Baer[J]. Proc Zool Soc London: 49-69.

Woodland WNF. 1927. A revised classification of the tetraphyllidean cestoda, with descriptions of some Phyllobothriidae from Plymouth[J]. Proc Zool Soc Lon, Part 3: 519-548.

Woodland WNF. 1933. On a new subfamily of proteocephalid cestodes-the Othinoscolecinae-from the Amazon siluroid fish *Platystomatichthys sturio* (Kner)[J]. Parasitology, 25 (4): 491-500.

Woodland WNF. 1934a. On six new cestodes from Amazon fishes[J]. Proc Zool Soc London, 104 (1): 33-46.

Woodland WNF. 1934b. On the Amphilaphorchidinae, a new subfamily of proteocephalid cestodes, and *Myzophorus admonticellia*, gen. and sp. n., parasitic in *Pirinampus* spp. from the Amazon[J]. Parasitology, 26 (1): 141-149.

Woodland WNF. 1935a. Additional cestodes from the Amazon siluroids pirarara, dorad, and sudobim[J]. Proc Zool Soc London, 105: 851-862.

Woodland WNF. 1935b. Some more remarkable cestodes from Amazon siluroids fish[J]. Parasitology, 27 (2): 207-225.

Woodland WNF. 1935c. Some new proteocephalids and a ptychobothriid (Cestoda) from the Amazon[J]. Proc Zool Soc London, 105: 619-623.

Wootten R. 1974. Studies on the life history and development of *Proteocephalus percae* (Müller) (Cestoda: Proteocephalidea)[J]. J Helminthol, 48 (4): 269-281.

Xi BW, Oros M, Wang GT, et al. 2009. *Khawia saurogobii* n. sp. (Cestoda: Caryophyllidea) from freshwater fish *Saurogobio* spp. (Cyprinidae) in China[J]. J Parasitol, 95 (6): 1516-1519.

Xi BW, Oros M, Wang GT, et al. 2013. *Khawia abbottinae* sp. n. (Cestoda: Caryophyllidea) from the Chinese false gudgeon *Abbottina rivularis* (Cyprinidae: Gobioninae) in China: morphological and molecular data[J]. Folia Parasitol, 60 (2): 141-148.

Xi BW, Xie J, Zhou QL, et al. 2011. Mass mortality of pond-reared *Carassius gibelio* caused by *Myxobolus ampullicapsulatus* in China[J]. Dis Aquat Organ, 93 (3): 257-260.

Xiao N, Qiu J, Nakao M, et al. 2005. *Echinococcus shiquicus* n. sp. a taeniid cestode from Tibetan fox and plateau pika in China[J]. Int J Parasitol, 35 (6): 693-701.

Xiao N, Qiu J, Nakao M, et al. 2006. *Echinococcus shiquicus*, a new species from the Qinghai-Tibet plateau region of China: discovery and epidemiological implications[J]. Parasitol Int, 55: S233-S236.

Xylander WER. 1986. Zur Ultrastruktur and Biologie der Gyrocotylida und Amphilinida und ihre Stellung im System der Plathelminthen[D]. Doctoral thesis. University of Gottingen: 1-307.

Xylander WER. 1987. Ultrastructural studies on the reproductive system of Gyrocotylidea and Amphilinidea (Cestoda). II. Vitellaria, vitellocyte development and vitelloduct of *Gyrocotyle urna*[J]. Zoomorphology, 107: 293-297.

Xylander WER. 1988. Ultrastructural studies on the reproductive system of Gyrocotylidea and Amphilinidea (Cestoda). I. Vitellarium, vitellocyte development and vitelloduct in *Amphilina foliacea* (Rudolphi, 1819)[J]. Parasitol Res, 74 (4): 363-370.

Xylander WER. 1989. Ultrastructural studies on the reproductive system of Gyrocotylidea and Amphilinidea (Cestoda): spermatogenesis, spermatozoa, testes and vas deferens of *Gyrocotyle*[J]. Int J Parasitol, 19 (8): 897-905.

Xylander WER. 1990. Ultrastructure of the lycophora larva of *Gyrocotyle urna* (Cestoda, Gyrocotylidea)[J]. Zoomorphology, 109 (6): 319-328.

Xylander WER. 1991. Ultrastructure of the lycophora larva of *Gyrocotyle urna* (Cestoda, Gyrocotylidea). V. Larval hooks and associated tissues[J]. Zoomorphology, 111: 59-66.

Xylander WER. 1992. Investigations on the protonephridial system of postlarval *Gyrocotyle urna* and *Amphilina foliacea* (Cestoda)[J]. Int J Parasitol, 22 (3): 287-300.

Xylander WER. 1993. Ultrastructural investigations of spermatogenesis and morphology of spermatozoa, vas efferens and receptaculum seminis of *Amphilina foliacea* (Cestoda, Amphilinidea)[J]. Verhand Deutch Zool Ges, 86: 184.

Xylander WER. 2001. The Gyrocotylidea, Amphilinidea and the early evolution of Cestoda[M]//Littlewood DTJ, Bray RA. Interrelationships of the Platyhelminthes. London: Taylor and Francis: 103-111.

Xylander WER. 2005. The Gyrocotylidea[M]//Rohde K. Marine Parasites. Sydney: CSIRO: 89-92.

Xylander WER, Poddubnaya LG. 2009. Ultrastructure of the neodermal sclerites of *Gyrocotyle urna* Grube and Wagener, 1852 (Gyrocotylidea, Cestoda)[J]. Parasitol Res, 105 (6): 1593-1601.

Yakushev VY. 1984. Seasonal dynamics of the incidence of whitefish (*Coregonus albula* L.) invasion with a cestode *Proteocephalus exiguus* (Cestoda: Proteocephalidae) in Karelia[J]. Helminthologia, 21: 123-130.

Yamaguchi A, Yokoyama H, Ogawa K, et al. 2003. Use of parasites as biological tags for separating stocks of the starspotted dogfish *Mustelus manazo* in Japan and Taiwan[J]. April Fisheries Science, 69 (2): 337-342.

Yamaguti S, Miyata I. 1940. *Nippotaenia mogurndae* n. sp. (Cestoda) from a Japanese freshwater fish, *Mogurnda obscura* (Temm. et Schleg.)[J]. Jpn J Med Sci Sect VI: Bacteriol Parasitol, 1 (4): 213-214.

Yamaguti S. 1934. Studies on the helminth fauna of Japan. Part 4. Cestodes of fishes[J]. Jpn J Zool, 6: 1-112.

Yamaguti S. 1935. Studies on the helminth fauna of Japan. Part 6. Cestodes of birds. Ⅰ[J]. Jpn J Zool, 6: 183-232.

Yamaguti S. 1938. Studies on the helminth fauna of Japan. Part Two new species of frog cestodes[J]. Jpn J Zool, 7: 553-558.

Yamaguti S. 1942. Studies on the Helminth Fauna of Japan, Part 42: Cestodes of Mammals, II[M]. Kyoto, Japan: Published by the author.

Yamaguti S. 1951. Studies on the helminth fauna of Japan. Part Cestodes of marine mammals and birds[J]. Arbeiten Aus Der Medizinischen Fakultät Zu Okayama. 7.

Yamaguti S. 1952. Studies on the helminth fauna of Japan. Part Cestodes of fishes, II[J]. Acta Med Okayama, 8: 1-78.

Yamaguti S. 1956. Studies on the helminth fauna of Japan. Part Cestodes of birds, III[M]. Okayama: Published by the author.

Yamaguti S. 1959. Systema Helminthum. Vol. II. The Cestodes of Vertebrates[M]. New York: Interscience: 860pp.

Yamaguti S. 1968. Cestode parasites of Hawaiian fishes[J]. Pacific Science, 22: 21-36.

Yamasaki H, Ohmae H, Kuramochi T. 2012. Complete mitochondrial genomes of *Diplogonoporus balaenopterae* and *Diplogonoporus grandis* (Cestoda: Diphyllobothriidae) and clarification of their taxonomic relationships[J]. Parasitol Int, 61 (2): 260-266.

Yan H, Bo X, Liu Y, et al. 2013. Differential diagnosis of *Moniezia benedeni* and *M. expansa* (Anoplocephalidae) by PCR using markers in small ribosomal DNA (18S rDNA)[J]. Acta Vet Hung, 61 (4): 463-472.

Yang W. 2007. A list of fish cestodes reported from China[J]. Syst Parasitol, 68 (1): 71-78.

Yera H, Kuchta R, Brabec J, et al. 2013. First identification of eggs of the Asian fish tapeworm *Bothriocephalus acheilognathi* (Cestoda: Bothriocephalidea) in human stool[J]. Parasitol Int, 62 (3): 268-271.

Yildiz K. 2007. Avitellina centripunctata ve Thysaniezia ovilla'nın Taramalı Elektron Mikroskobu (SEM) ile İncelenmesi[J]. Turkiye Parazitolojii Dergisi, 31 (4): 292-295.

Yoneva A, Georgieva K, Mizinska Y, et al. 2006. Ultrastructure of spermiogenesis and mature spermatozoon of *Skrjabinoporus merops* (Cyclophyllidea, Metadilepididae)[J]. Acta Parasitol, 51 (3): 200-208.

Yoneva A, Georgieva K, Nikolov PN, et al. 2009. Ultrastructure of spermiogenesis and mature spermatozoon of *Triaenorhina rectangula* (Cestoda: Cyclophyllidea: Paruterinidae)[J]. Folia Parasitol, 56 (4): 275-283.

Yoneva A, Kuchta R, Mariaux J, et al. 2017. The first data on the vitellogenesis of paruterinid tapeworms: an ultrastructural study of *Dictyterina cholodkowskii* (Cestoda: Cyclophyllidea)[J]. Parasitol Res, 116 (1): 327-334.

Yoneva A, Kuchta R, Scholz T. 2014. First study of vitellogenesis of the broad fish tapeworm *Diphyllobothrium latum* (Cestoda, Diphyllobothriidea), a human parasite with extreme fecundity[J]. Parasitol Int, 63 (6): 747-753.

Yoneva A, Levron C, Nikolov PN, et al. 2012. Spermiogenesis and spermatozoon ultrastructure of the paruterinid cestode *Notopentorchis* sp. (Cyclophyllidea)[J]. Parasitol Res, 111 (1): 135-142.

Yoneva A, Scholz T, Bruňanská M, et al. 2015a. Vitellogenesis of diphyllobothriidean cestodes (Platyhelminthes)[J]. C R Biol, 338 (3): 169-179.

Yoneva A, Scholz T, Młocicki D, et al. 2015b. Ultrastructural study of vitellogenesis of *Ligula intestinalis* (Diphyllobothriidea) reveals the presence of cytoplasmic-like cell death in cestode[J]. Front Zool, 12 (1): 35. DOI: 10. 1186/s12983-015-0128-7.

Yoneva A, Swiderski Z, Georgieva K, et al. 2008. Spermiogenesis and sperm ultrastructure of *Valipora mutabilis* Linton, 1927 (Cestoda, Cyclophyllidea, Gryporhynchidae)[J]. Parasitol Res, 103 (6): 1397-1405.

Yoneva A, Levron C, Oros M, et al. 2011. Ultrastructure of spermiogenesis and mature spermatozoon of *Breviscolex orientalis* (Cestoda: Caryophyllidea)[J]. Parasitol Res, 108 (4): 997-1005.

Yoshida S. 1917. Some cestodes from Japanese Selachians, including five new species[J]. Parasitology, 9 (4): 560-592.

Yousefi A, Eslami A, Mobedi I, et al. 2014. Helminth Infections of House Mouse (*Mus musulus*) and Wood Mouse (*Apodemus sylvaticus*) from the Suburban Areas of Hamadan City, Western Iran[J]. Iran J Parasitol, 9 (4): 511-518.

Yurakhno MV. 1992. On the taxonomy and phylogeny of some groups of cestodes of the order Pseudophyllidea[J]. Parazitologiia, 26: 449-461.

Zaleśny G, Hildebrand J. 2012. Molecular identification of *Mesocestoides* spp. from intermediate hosts (rodents) in central Europe (Poland)[J]. Parasitol Res, 110 (2): 1055-1061.

Zamparo D, Brooks DR, Barriga R. 1999. *Pararhinebothroides hobergi* n. gen. n. sp. (Eucestoda: Tetraphyllidea) in *Urobatis tumbesensis* (Chondrichthyes: Myliobatiformes) from coastal Ecuador[J]. J Parasitol, 85 (3): 534-539.

Zd'arská Z, Nebesárová J. 2003. Ultrastructure of the early rostellum of *Silurotaenia siluri* (Batsch, 1786) (Cestoda: Proteocephalidae)[J]. Parasitol Res, 89 (6): 495-500.

Zehnder MP, de Chambrier A, Vaucher C, et al. 2000. *Nomimoscolex suspectus* n. sp. (Eucestoda: Proteocephalidea: Zygobothriinae) with morphological and molecular phylogenetic analyses of the genus[J]. Syst Parasitol, 47 (3): 157-172.

Zehnder MP, de Chambrier A. 2000. Morphological and molecular analyses of the genera *Peltidocotyle* Diesing, 1850 and *Othinoscolex* Woodland, 1933, and morphological study of *Woodlandiella* Freze, 1965 (Eucestoda, Proteocephalidea), parasites of South American siluriform fishes (Pimelodidae)[J]. Syst Parasitol, 46 (1): 33-43.

Zehnder MP, Mariaux J. 1999. Molecular systematic analysis of the order Proteocephalidea (Eucestoda) based on mitochondrial and nuclear rDNA sequences[J]. Int J Parasitol, 29 (11): 1841-1852.

Zhang G, Chen J, Yang Y, et al. 2014. Utility of DNA barcoding in distinguishing species of the family Taeniidae[J]. J Parasitol, 100 (4): 542-546.

Zschoche M, Caira JN, Fyler CA. 2011. A new species of *Acanthobothrium* van Beneden, 1850 (Tetraphyllidea: Onchobothriidae) from *Pastinachus atrus* (Macleay) (Batoidea: Dasyatidae) in Australian waters, with a reassessment of the host associations of *Acanthobothrium* spp. parasitising *Pastinachus* spp.[J]. Syst Parasitol, 78 (2): 109-116.

Zschokke F. 1888. Recherches sur la structure anatomique et histologique des cestodes des poissons marins[J]. Mémoires Institut National Genevois, 17: 396pp.

Zschokke F. 1905. Das genus *Oochoristica* Lühe[J]. Z Wiss Zool, 83: 53-67.

Zubchenko AV. 1985. Use of parasitological data in studies of the local groupings of rock grenadier, *Coryphaenoides rupestris* Gunner. Parasitology and pathology of marine organisms of the World Ocean[J]. NOAA Technical Report NMFS, 25: 19-23.

Zubova OA, Guliaev VD, Kornienko SA. 2010. *Soricinia sawadai* sp. n. (Cyclophyllidea: Hymenolepididae), a new cestode species from the shrews of Sakhalin Island[J]. Parazitologiia, 44 (3): 232-239. (In Russian)

Гребень ОБ, Корнюшин ВВ. 2001. НовыевфаунеУкраинывидыцестодсемейства Amabiliidae (Cestoda, Cyclophyllidea)[M]//Руководство к практическим занятиям в клинике нервных болезней[J]. Медгиз, 14 (9): 114-123; Vestn Zool, 35 (4): 23-30.

Гуляев ВД, Коняев СВ. 2004. *Isezhia golovkovae* gen. n., sp. n. (Cyclophyllidea, Schistotaeniidae)-новаяцестодамалойпоганки (*Tachybaptus ruficollis*) изСреднейАзии[J]. Vestn Zool, 38 (5) 3-9.

致　谢

在《绦虫学基础》撰写工作断断续续开展的20余年时间里，作者不断得到老一辈绦虫学工作者、博士生导师林宇光先生的鼓励、支持与帮助。厦门大学杨文川教授和洪凌仙教授为本著作提供了相应文献资料并给予热心帮助。同时还得到国外一些绦虫学工作者寄赠的研究成果资料。华南农业大学硕士研究生闫宝佐、穆莉、孙艳敏、陈立和曾瑶等均对著作的完成有一定的帮助。

华南农业大学教务部门、华南农业大学动物科学学院及温氏集团的领导和同事为《绦虫学基础》的完成提供了适宜条件和必要的支持与帮助。

国家自然科学基金委员会和广东省自然科学基金委员会曾立项资助绦虫相关研究。

作者的家人也给予了充分的理解、支持与包容。

在此衷心感谢所有帮助、关心、支持过作者的单位、领导、同事、同行与亲朋好友们。

书中所有引图都标明了出处，极少数引图的网址之前是能够打开的，但由于各种原因目前无法打开，在此表示歉意。由于引用的图较多，有些是早期文献，无法逐一联系到原作者，在此对所有引用图的原作者表示衷心的感谢！